细胞治疗
理论与实践

主　审　王福生　魏于全

主　编　贾战生　陈　智

副主编　朱海红　梁　亮　周　云
　　　　张　静　李明阳　边培育

人民卫生出版社
·北京·

版权所有，侵权必究！

图书在版编目（CIP）数据

细胞治疗理论与实践 / 贾战生，陈智主编 . —北京：
人民卫生出版社，2024.3
ISBN 978-7-117-36134-7

Ⅰ. ①细… Ⅱ. ①贾… ②陈… Ⅲ. ①干细胞 – 临床
应用 – 研究 Ⅳ. ①Q24

中国国家版本馆 CIP 数据核字（2024）第 062372 号

人卫智网	www.ipmph.com	医学教育、学术、考试、健康，购书智慧智能综合服务平台
人卫官网	www.pmph.com	人卫官方资讯发布平台

细胞治疗理论与实践

Xibao Zhiliao Lilun yu Shijian

主　　编：贾战生　陈　智
出版发行：人民卫生出版社（中继线 010-59780011）
地　　址：北京市朝阳区潘家园南里 19 号
邮　　编：100021
E - mail：pmph @ pmph.com
购书热线：010-59787592　010-59787584　010-65264830
印　　刷：北京盛通印刷股份有限公司
经　　销：新华书店
开　　本：889 × 1194　1/16　印张：48
字　　数：1920 千字
版　　次：2024 年 3 月第 1 版
印　　次：2024 年 5 月第 1 次印刷
标准书号：ISBN 978-7-117-36134-7
定　　价：499.00 元

打击盗版举报电话：010-59787491　E-mail：WQ @ pmph.com
质量问题联系电话：010-59787234　E-mail：zhiliang @ pmph.com
数字融合服务电话：4001118166　E-mail：zengzhi @ pmph.com

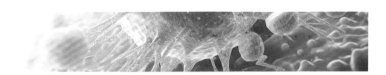

编　　委

（按姓氏笔画排序）

丁　旭　西安国际医学中心医院
于艳秋　中国医科大学基础医学院
万东君　中国人民解放军联勤保障部队第九四〇医院
马　力　河南省人民医院
马宏炜　中国人民解放军空军军医大学基础医学院
马春燕　西安国际医学中心医院
王　刚　浙江树人学院
王　娟　上海医药工业研究院
王春雨　中国人民解放军联勤保障部队第九四〇医院
王临旭　中国人民解放军空军军医大学第二附属医院
王媛媛　西安国际医学中心医院
王福生　中国人民解放军总医院第五医学中心
叶传涛　中国人民解放军空军军医大学第二附属医院
白　海　南方医科大学顺德医院
白喜龙　昆明理工大学灵长类转化医学研究院
冯　媛　中国人民解放军空军军医大学第二附属医院
边培育　中国人民解放军空军军医大学第一附属医院
边惠洁　中国人民解放军空军军医大学基础医学院
朱海红　浙江大学医学院附属第一医院
华进联　西北农林科技大学动物医学院
华春婷　浙江大学医学院附属邵逸夫医院
刘　莉　上海医药工业研究院
刘　满　中国人民解放军空军军医大学国家分子医学转化中心
刘　瑾　中国人民解放军空军军医大学第二附属医院
刘　毅　兰州大学第二医院
刘世宇　中国人民解放军空军军医大学第三附属医院
刘柏麟　西安国际医学中心医院
刘保池　上海市公共卫生临床中心
刘锦程　陕西省人民医院
安　军　中山大学附属第三医院
苏　松　中国人民解放军空军军医大学第一附属医院
李　力　西安国际医学中心医院
李　灿　中国人民解放军空军军医大学国家分子医学转化中心
李　娜　西北农林科技大学动物医学院
李　蓓　中国人民解放军空军军医大学第三附属医院
李红霞　中国人民解放军空军军医大学空军特色医学中心
李明阳　中国人民解放军空军军医大学基础医学院
李学拥　中国人民解放军空军军医大学第二附属医院
李晓苗　中国人民解放军空军军医大学第一附属医院
李梦苑　中国人民解放军空军军医大学第二附属医院
杨　柳　中国人民解放军空军军医大学第一附属医院
杨　洁　中国人民解放军空军军医大学第二附属医院

轩　昆　中国人民解放军空军军医大学第三附属医院
吴　涛　中国人民解放军联勤保障部队第九四〇医院
吴振彪　中国人民解放军空军军医大学第二附属医院
张　静　西安国际医学中心医院
张明杰　深圳市汉科生物工程有限公司
张贺龙　中国人民解放军空军军医大学第二附属医院
张富洋　中国人民解放军空军军医大学第一附属医院
陆　丹　西安国际医学中心医院
陈　智　浙江大学医学院附属第一医院
陈丽华　中国人民解放军空军军医大学基础医学院
邵骏威　浙江大学医学院附属第二医院
林炳亮　中山大学附属第三医院
周　云　中国人民解放军空军军医大学第二附属医院
周冬梅　西安国际医学中心医院
周红梅　广州金域医学检验集团股份有限公司
周雅馨　中国人民解放军空军军医大学空军特色医学中心
郑秋仙　浙江大学医学院附属第一医院
赵青川　西安国际医学中心医院消化病医院
姜　泓　中国人民解放军空军军医大学第二附属医院
贺世明　西安国际医学中心医院
聂勇战　中国人民解放军空军军医大学第一附属医院
贾青鸽　西安国际医学中心医院
贾战生　西安国际医学中心医院
晏贤春　中国人民解放军空军军医大学基础医学院
徐　哲　中国人民解放军总医院第五医学中心
徐欣元　中国人民解放军空军军医大学基础医学院
栾荣华　中国人民解放军空军军医大学第一附属医院
郭永红　上海市浦东新区公利医院
郭建成　郑州大学精准医学中心
陶　凌　中国人民解放军空军军医大学第一附属医院
黄月华　中山大学附属第三医院
黄艳红　西安国际医学中心医院
曹　丰　中国人民解放军总医院
梁　亮　中国人民解放军空军军医大学基础医学院
梁　洁　中国人民解放军空军军医大学第一附属医院
梁雪松　中国人民解放军海军军医大学第一附属医院
彭　莎　西北农林科技大学动物医学院
蕙　瑞　中国人民解放军联勤保障部队第九四〇医院
韩　骅　中国人民解放军空军军医大学基础医学院
程　浩　浙江大学医学院附属邵逸夫医院
储　屹　中国人民解放军空军军医大学第一附属医院
雷　鹏　中国人民解放军联勤保障部队第九四〇医院
雷迎峰　中国人民解放军空军军医大学基础医学院

3

参编人员

（按姓氏笔画排序）

马国慧　王一飞　王铭麒　邓静雯　成　妮　朱　彤　乔　瑞　李凌霏　李梦颖
杨　静　杨艳茹　吴凤天　何新月　沈娱汀　宋俊阳　张　涵　张　静　陈　瑶
胡丹萍　秦兰怡　顾心雨　柴　佳　徐　佳　高　远　高　祎　郭　皓　郭紫瑄
唐雪原　黄　龙　黄春红　曹会娟　梁宇同　程　浩　靳俊功　蔡萧鹏　管　俊

学术秘书

叶传涛　李梦苑　任艳丽

主编简介

贾战生

医学博士、主任医师、教授、博士生导师。现任西安国际医学中心医院感染肝病科细胞治疗中心主任，陕西省研究型医院学会细胞治疗专业委员会主任委员，中华预防医学会感染病学分会常务委员，陕西省医师协会感染科医师分会名誉会长，陕西省医学会感染病学分会和肝病学分会常务委员。西北大学医学院内科学教授，传染病学教研室主任，博士研究生导师。

从事医学感染与免疫、内科学传染病学临床、教学和科研 40 余年。曾任中国人民解放军空军军医大学唐都医院传染科全军感染病诊疗中心主任，中国医师协会整合感染病防控与管理专业委员会首任主任委员，陕西省医师协会感染科医师分会首任会长。获全军优秀研究生导师、陕西三秦人才和西安人才。

长期从事病毒性肝炎和慢性肝病的防治，细胞治疗的理论与实践研究。先后主持和负责国家"863"专题研究，"十一五"和"十二五"传染病重大专项课题，国家自然科学基金课题 10 项。在国内外期刊发表论文 300 余篇。曾获陕西省科技进步奖一等奖、二等奖和军队科技进步奖二等奖和三等奖多项。主编和副主编专著 6 部，其中主编人民卫生出版社出版的专著 3 部，分别是《肝病细胞治疗基础与临床》（2005 年），《临床微生物学》（2010 年）和《细胞治疗理论与实践》（2024 年）。

陈 智

浙江大学教授、博士生导师。现任浙江大学医学院卫生政策与医院管理研究中心主任、浙江省司法鉴定协会会长、浙江省可持续发展研究会医疗技术专业委员会主任委员、浙江省医师协会人文医学专业委员会名誉主任委员。

从事感染病学临床、教学和科研工作 40 年，享受国务院政府特殊津贴，曾任浙江大学医学院党委书记、常务副院长；中华医学会肝脏病学分会副主任委员、浙江省医学会肝病学分会主任委员、感染病学分会主任委员等职务。长期致力于病毒性肝炎发病机制与诊治的研究，先后主持和承担了"十一五""十二五""十三五"国家传染病重大专项、"973"课题、国家自然科学基金及浙江省科技厅重大项目等课题，在国内外发论文 400 余篇，获国家科技进步奖一等奖 2 项，浙江省科技进步奖一等奖 1 项、二等奖多项，第十届吴阶平-保罗·杨森医学药学奖一等奖等，曾获全国优秀科技工作者、教育部优秀骨干教师等荣誉；主编《人类病毒性疾病》《临床微生物学》等专著。

内容提要

　　本书是一部系统介绍细胞治疗学领域最新知识的专著,由一批从事该领域研究的国内外基础科学家和临床医学专家,带领青年学者,花费3年多时间编写而成。全书内容分为3篇,共46章,系统介绍了细胞治疗学的理论、技术和临床应用实践。第一篇为理论篇,包括13章,主要包括细胞治疗学概论、细胞生物学基础、免疫细胞治疗的基础、干细胞和胚胎干细胞的理论、多能干细胞、细胞外小体、细胞衰老凋亡和类器官等理论知识;第二篇为技术篇,分为13章,重点介绍细胞培养扩增技术、干细胞技术、细胞工程和编程技术、细胞核移植技术、细胞基因编辑和修饰技术、细胞库的建设技术和规范、细胞治疗产品的转运递送及评价等;第三篇为实践篇,共有20章,分别介绍细胞治疗在遗传病、肿瘤、感染性疾病、抗衰老整形美容,生殖医学,以及临床13个专业系统疾病中的研究现状和临床应用,并介绍了当前国内外关于细胞治疗的相关政策、法规和伦理学等问题。

　　本书在编写过程参考了国内外大量最新文献,并结合作者的研究经验和临床应用体会,注重系统性、科学性与实用性的集合,力求全面系统地反映细胞治疗学领域的研究成果,将新理论、新技术与临床应用实践有机结合,以期将当前细胞治疗学领域的基础研究成果,尽早尽快地推向临床实践,为人类健康事业和健康中国服务,让细胞治疗事业造福人类,使广大患者获益。本书内容丰富,图文并茂,可供各基础医学学科、临床各专业医师和从事细胞生物学研究工作的人员参考,也可作为医学院校学生和研究生的参考用书。

序

　　人类在漫长进化的过程中，始终伴随着与疾病共存和斗争，由巫术肇始的医学，从实践经验积累到系统深入研究，不断催生人类社会文明的进步和发展，不断丰富和完善对疾病预防和治疗的认知，不断刻印从农业文明到工业文明再到信息文明的演进轨迹，不断揭示从必然王国向自由王国悄然迈进的内在规律。

　　站在21世纪的视角，回眸医学在治疗手段上的进阶，概括地说，以往的医学均是以药物和手术作为其两大支柱，这也为医学主体分成内科和外科提供了支撑基础。从医学模式上看，目前已融入了社会、心理的因素，现代医学对疾病和健康有了全新的认识，对卫生保健体系提出了更高的要求，但从总体看，对许多遗传病、代谢性疾病、退行性疾病、晚期肝硬化、器官衰竭，特别是恶性肿瘤的治疗依然受限，与社会对医学和健康事业的迫切需求尚有很大差距。

　　随着医学的加速发展，92年前由Paul Niehans率先开展的活细胞疗法已被认为是细胞疗法的开端，在造血干细胞异体骨髓移植、TIL治疗黑色素瘤、TCR-T与CAR-T细胞治疗可行性和靶点的证实及相关产品的先后上市、T细胞基因编辑、胚胎干细胞的分离培养，到iPSC的发现与应用、首个免疫治疗药物获批上市、单细胞技术、免疫细胞治疗快速发展、肿瘤免疫治疗等，细胞治疗的理论研究和临床应用在深度和广度上都得到拓展，这预示着细胞治疗时代已经全面开启。此外，循证医学、转化医学、精准医学、数字医学特别是整合医学概念的提出，在很大程度上把握了医学的发展需求，更新了医学的时代理念，细胞治疗与上述新概念的悄然整合，为人类医学更有力地保障健康提供了非常广阔的想象空间和美好前景。

　　我国在细胞治疗领域虽然起步较晚，但发展势头迅猛，重要研究成果不断涌现，细胞治疗技术和产品相继得到应用，专利申请数量大幅提升，特别是政策和计划支持与监管体系建设全面跟进，尽管也曾经历过波折，但总体呈现出蓬勃发展的态势。

　　仅以人类面临的共同课题——衰老为例，研究者正在力图窥探细胞治疗的潜在价值。由于新生人口数量减少和寿命普遍延长，世界范围内人口老龄化趋势不断演进，我国已经迈入老龄化国家行列。衰老伴随的老年慢病源于器官的衰老和退变，要实现健康老龄化（healthy aging）的目标，就牵涉到众多分子与细胞层面的重要指标，与细胞结构和功能相关的端粒损耗、核内小体紊乱、细胞周期阻滞、线粒体功能障碍都是反映细胞衰老的生物标志物。生命在一般情况下是一种沿着时间轴的单向矢量变化过程，各种层面因素的影响构成一个复杂网络，看起来必须运用整合医学才能厘清并加以调整和修正。由于干细胞研究领域的一系列重大突破，干细胞抗衰老迅速进入临床实践中，并取得了令人鼓舞的结果。这就在某种程度上，巧妙回避了对诸多衰老相关复杂因素的逐步阐明，直接在细胞层次瞄准衰老靶标，从而显著地加速干预细胞衰老，让老年人实现"老而不衰"的全新医学追求。用哲学观点分析，干细胞抗衰老技术抓住了衰老的主要矛盾，切中了衰老的普遍性，而要在矛盾的主要方面做好这篇大文章，必须充分运用整合医学的理念，从局部到整体、从演绎到归纳、从微观到宏观综合掌控，最终达成目标。

正是在这样一个大背景和关键的节点，由贾战生教授和陈智教授共同主编的《细胞治疗理论与实践》论著撰稿完成，行将付梓。基于下述三点，我对这一论著的出版发行十分赞赏和看好。其一，目前国内关于细胞治疗的专著尚少，显然与细胞治疗的发展状况不相适应，这部专著的编写，对于大学、医院和研究院所开展相关工作，培养从事该领域研究和临床工作的各类人才，能够发挥重要作用。其二，主编贾战生教授在 2005 年已经编撰了《肝病细胞治疗：基础与临床》一书，引起国内相关领域同仁的广泛关注，并为编写《细胞治疗理论与实践》积淀了良好基础。此外，《细胞治疗理论与实践》在撰写过程中，又与浙江大学陈智教授合作，并且邀请了一大批掌握最新动态、具有开拓精神的中青年学术骨干参与各章节编写，注重理论与实践、基础与临床、标准规范与道德伦理紧密整合，既体现了系统性、科学性及新颖性，又突出了实用性、规范性和逻辑性，而在相关论著涉及较多的细胞治疗产品及市场前景等方面，没有花费更多笔墨，可以说，这样的总体安排做到了重点突出、详略得当。其三，图表及参考文献丰富，对于读者延伸阅读和深化对相关内容的理解都大有助益。

细胞治疗的生物学、医学和社会学价值毋庸置疑，但要将其价值转化为现实治疗效果并符合伦理学的客观要求，既是一个系统工程（在医学上就是细胞层面的整合），又是一个艰苦的求索过程。只有勇于开拓和勤于探索的人才能在细胞治疗这方土地上不懈耕耘、播撒种子、精心培植，最后才能收获丰厚的果实。正是基于这一点，我非常高兴为《细胞治疗理论与实践》一书作序，并期待此书出版后，能继续盯住细胞治疗的前沿动态，适时加以修订和补充完善。

是为序。

中国工程院院士
美国医学科学院外籍院士
法国医学科学院外籍院士
中国抗癌协会理事长
2023 年 8 月 4 日

前　言

　　疾病与健康是人类生存发展和社会文明进步始终面临的重大课题,随着生命科学特别是医学的快速进步,人类对生命过程的机制认识业也发生了革命性的变化,疾病谱不断扩大,老龄化社会快速演进,慢性病、退行性疾病、恶性肿瘤、重大传染性疾病等正在成为人们关注的焦点问题。然而,传统医学在新的态势面前常常捉襟见肘,技术和理论库存不足,与社会进步和人类健康需求存在显著差距,手术和药物等既往行之有效的治疗手段处于相对尴尬的境地。

　　21世纪是生命科学和医学承前启后、飞速进步的时代,重大颠覆性成果集中涌现,细胞和基因治疗已经以"第三次医学革命"和"医学治疗的第三大支柱"的身份崭露头角,为新世纪人类健康事业开辟了全新道路,细胞治疗就是其中最具代表性的一个前沿领域,是医学发展最快的领域之一。细胞治疗包括干细胞治疗和免疫细胞治疗两大板块,经过30多年的迅速发展,理论日益趋向成熟,技术手段得到进一步完善,新产品的研发生产正在提速,逐步打破了固有的医疗格局和区分界线,一大批新技术相继产生,新概念、新词汇层出不穷,新成果的临床转化步伐加快,随着基因编辑修饰技术、3D类器官技术和人工智能技术的结合与整合,干细胞治疗技术和免疫细胞治疗技术,以及产业化发展,细胞治疗产品的"药物化"和"个性化"的发展,为诸多慢性病、退行性疾病、传染性疾病和严重威胁人类生命的重大疾病的预防和治疗,开启了全新的策略和路径,展现出十分乐观的美好前景,为人类健康带来新的曙光。

　　在生命活动过程中,作为机体结构和功能基本单位的细胞,由于多种因素如感染、创伤、衰老、遗传、心理等,都会造成机体不同层次的细胞功能障碍和缺损,其发生机制和自我修复或人工修复,在分子层面与基因表达修饰、信号转导、免疫调节、蛋白表达和修饰、干细胞激活、能量传递等密切相关。这就需要以细胞治疗为基础,融会预防医学、转化医学、再生医学、精准医学、整合医学等学科的理念和手段,达到新的稳态,为机体健康、组织器官修复、疾病治疗、延缓衰老、降低死亡率等开辟崭新途径。

　　随着社会文明的进步,人民对生活质量也提出了更高的要求。在我国卫生健康事业蓬勃发展的大背景下,以大健康、大科技、大创新的视角审视细胞治疗,实现从传统药物和手术治疗到细胞治疗的跃升,一方面需要进一步加大细胞治疗的理论探索和实践应用;另一方面也对细胞治疗产品的安全性、有效性、可控性提出了更高的要求;此外,在管理监督和伦理道德方面也需要同步推进、协同发力;在整体战略上,既要高度重视细胞治疗领域的人才队伍建设,又要统筹布局,加速建成一批区域性的细胞治疗研究技术平台、临床转化应用中心和生产培训基地,加强不同单位之间的合作和国际学术交流,持续加大投入,加快应用成果的审批过程,形成优势互补、强强联合、凝聚合力,以更好地满足社会现实需求,提升我国在国际细胞治疗领域的话语权和核心竞争力。

　　正是基于上述思考,我们首先从肝病入手,在2005年完成了《肝病细胞治疗:基础与临床》的编撰,提出了细胞治疗的理念与技术发展的迫切需求。鉴于国内外十年多来,在细胞治疗领域的发展突飞猛进,以及我国与西方发达国家在核心技术与转化应用方面存在的差距,深切感到形势逼人,时不我待。随后,我们就进入了本书的筹划和编写工作。国内外细胞治疗正在全方位进步,相关文献呈爆炸性增长,我们力求客观准确地反映该领域的总体面貌和最新前沿动态,在提高编撰内容科学性、系统性、新颖性和可读性上下功夫,在编写过程中广泛听取各方面专家的意见和建议,多次更新编写框架、调整目录、增添章节,注重理论与临床应用的有机结合,特别吸收了一批富有朝气、勇于进取的青年学术拔尖人才参与到书稿的编写队伍中来。为了提高编写质量,采用多种方法进行沟通和书稿互审,这期间尽管经历了新冠疫情时期,但在各位编写同行的共同努力下,克服了许多困难,最终完成了书稿的编撰任务。

　　本书内容涵盖细胞治疗学的理论、技术和临床应用实践。首先从细胞生物学基础入手，对细胞的生命活动、细胞器的结构和功能，以及细胞的死亡方式进行详细描述，再从细胞-细胞和细胞-环境间互作水平介绍外泌体、凋亡小体等结构，接着关注干细胞与免疫细胞，搭建完整的知识体系。从理论出发，与实践结合，最后聚焦细胞治疗学的实践，将提高原创型基础研究产品的产出和临床应用。同时，还关联到细胞治疗的标准、规范和伦理，参考文献已经追踪到 2024年。全书分为 3 篇 46 章，190 余万字，288 幅插图，每章前有提要，以便读者有纲可循，各章后列了经过认真遴选的参考文献，为读者延伸阅读提供便利。同时插入了大量的图片和表格，以帮助理解相关原理和机制，并节省版面。

　　衷心感谢樊代明院士为本书作序。衷心感谢王福生院士和魏于全院士，不辞辛苦，抽出宝贵时间，审理稿件，并提出修改意见。书稿插图主要由作者自绘或由中国人民解放军空军军医大学基础医学院李改霞老师协助绘制，在此表示感谢！

　　本书是在细胞治疗方面所做的一次大胆探索，内容丰富，图文并茂，逻辑清楚，实例适度，可供各基础医学学科、临床相关科室医师和从事细胞治疗相关工作的研究人员、管理专家、企业技术人员参考，也可作为综合院校和医学院校本科生、研究生及进修人员教学培训参考用书。

　　由于细胞治疗学涉及众多学科领域，发展日新月异，部分内容和观点尚存争议，加之主编的学术水平限制，在整体内容的把握上不够全面，部分章节间或多或少存在内容的重复，难免存在一定的不足，恳请广大读者不吝斧正，以期在日后进一步修订完善。

贾战生　　陈　智

2024 年 2 月 22 日

目　录

第一篇

理论篇：细胞治疗学理论

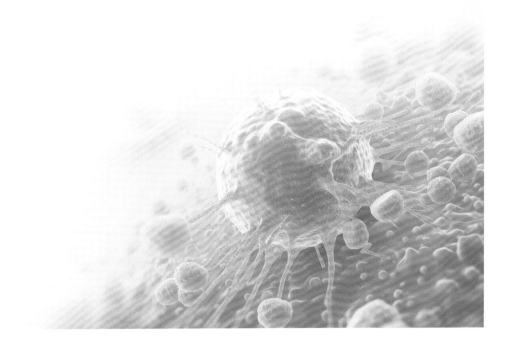

第一章　细胞治疗学概述

提要:细胞治疗是生命科学的前沿学科,是细胞生物学和临床医学交叉结合的产物。细胞治疗学作为临床治疗学的一个分支,是医学科学发展最快的领域之一,是生命科学领域为人类健康服务最为"直接"的一个新兴学科,近30年的发展跌宕起伏,也最为迅猛。本章共5节,分别介绍细胞治疗的基本概念、发展历程、研究现状、发展趋势,以及与转化医学和产业化发展等。

第一节　细胞治疗的基本概念

细胞治疗(cell therapy)是一个快速发展的领域,是生命科学的前沿学科,是细胞生物学和临床治疗学交叉结合的产物。细胞治疗学(cell therapiology/cell therapeutics)作为临床治疗学的一个分支,是医学科学发展最快的领域之一,是人类健康服务最为现实的学科。细胞是生命个体的基本结构单位,多种形态和功能各异的细胞,有序地组成生命有机体,发挥新陈代谢、生长发育、生育繁殖等功能,保持着生物种群的相对稳定。对于生命个体而言,任何因疾病,如感染、创伤、衰老和遗传等因素引起的细胞和组织,乃至器官功能的缺损或障碍,均有望依赖具有高度增殖能力的细胞进行治疗。

30多年来,随着生命科学领域多学科理论的发展,分子生物学、发育生物学、细胞生物学、免疫学、实验血液学、干细胞与再生医学、转化医学等学科发展快速;随着分子和细胞工程技术、基因编辑修饰技术、人工智能和3D技术的快速发展,胚胎干细胞技术、细胞核移植技术、诱导多能干细胞技术、多种组织来源的间充质干细胞,尤其是干细胞扩增技术日益成熟与完善;不同的免疫活性细胞在体外修饰、激活、扩增等在临床研究和治疗疾病中显示出良好的应用前景。

近年来,国内外的科学家和临床学家不断努力,推动着干细胞在临床治疗疾病、延缓衰老、促进健康的道路上艰难前行,在细胞治疗的理论、技术和临床实践中取得了令人瞩目的成就,使临床应用干细胞来治疗疾病的愿望得以实现,也使"细胞治疗学"作为一门独立的学科应运而生。

一、细胞治疗的定义

细胞治疗的概念有狭义和广义之分。狭义的细胞治疗,就是指将原代或体外培养扩增的具有正常功能的细胞,通过注射或植入的方法导入体内,代偿因各种原因丧失功能的细胞,达到治疗疾病的目的;或将细胞在体外经过基因修饰改造重新编程,把基因修饰的细胞用于治疗疾病的方法,其实质就是将活细胞输入到机体,达到治疗疾病目的的方法。广义的细胞治疗,则包括所有与细胞有关的治疗手段,如细胞提取物、细胞因子的应用,以及活细胞输入等方法,以调整、修复机体细胞或器官的功能,还包括应用细胞支持的组织工程产品,对器官功能的临时替代,如生物人工肝等,甚至包括由细胞构成的整体,如组织器官移植。

二、细胞移植与细胞治疗

细胞移植和细胞治疗是两个既相同又有区别的概念。

细胞移植强调对细胞操作的过程,细胞治疗强调这个操作的目的是用于治疗疾病。对细胞移植而言,可以用于治疗疾病,也可以研究细胞的分化、增殖、免疫功能等。对细胞治疗来说,最大的任务是产生大量可供治疗量的细胞,而且细胞在体内必须存活,并对机体产生功能代偿,或发挥治疗目的,如调节免疫功能、杀伤肿瘤细胞作用等。因此,了解细胞的分化、增殖,以及在体内的命运,是细胞治疗的基础。造血干细胞移植、肝细胞移植、表皮细胞移植、胰岛细胞移植、角膜移植、皮肤移植等,其目的就是治疗因相应细胞功能受损而引起的疾病,都属细胞治疗的范畴。

三、细胞治疗的分类

(一)根据细胞种类

依据治疗用细胞的来源将细胞治疗分为自体细胞治疗和异体细胞治疗,胎儿及附属产物来源的细胞都归为异体细胞治疗。由于细胞作为治疗产品的免疫排斥反应已不成为临床治疗的主要障碍,故常常将细胞治疗分为干细胞治疗和免疫细胞治疗两类。

1. 干细胞治疗　干细胞是具有多向分化潜能、自我更新能力的细胞。用于临床治疗的干细胞主要包括间充质干细胞(mesenchymal stem cell,MSC)、骨髓造血干细胞(bone marrow hematopoietic stem cell,BM-HSC)、胚胎干细胞(embryonic stem cell,ESC)、诱导多能干细胞(induced pluripotent stem cell,iPSC)等。一方面,利用干细胞的分化和修复原理,把健康的干细胞移植到患者体内,可达到修复病变组织或重建功能正常的组织器官的目的。另一方面,利用 MSC 的营养和免疫调控作用,改善组织微环境也可以发挥治疗功效。干细胞尤其是患者自体干细胞较易获得,其致癌风险及免疫排斥较低,并且不涉及伦理争议,被更多地应用于临床。干细胞及其衍生的产品为有效修复人体重要组织器官损伤,如心血管疾病、代谢性疾病、血液系统疾病、自身免疫病等复杂疾病的治疗提供了新途径。

2. 免疫细胞治疗　免疫细胞是机体防御系统的重要组成部分,能够识别和杀伤对人体有害的入侵者,免疫细胞包括 T 细胞、B 细胞、NK 细胞、DC 等。免疫细胞治疗是利用机体自身免疫细胞,经过体外培养、扩增,达到治疗剂量并回输到患者体内,以增加机体免疫细胞的数量,提高免疫防御的强度;或者是对免疫细胞进行改造,多采用特异性抗原受体修饰等以增强其靶向杀伤的功能,然后再回输到患者体内,以有效识别并杀伤血液及组织中的病原体、癌细胞、突变的细胞,打破免疫耐受,增加免疫防御的宽度。

(二) 根据细胞治疗的机制和目的

将细胞治疗分为细胞功能替代治疗、免疫细胞治疗、基因修饰的细胞治疗等。

1. 细胞功能替代治疗　许多疾病都是由于细胞功能缺陷或异常造成的。通过移植功能正常的细胞恢复其丧失的功能,可以从根本上对疾病进行治疗。如胰腺或胰岛细胞移植治疗 1 型糖尿病,也早已在临床上开展。对于那些已经丧失胰岛功能的糖尿病患者来说,移植有功能的胰岛细胞是糖尿病患者摆脱胰岛素治疗的痛苦和长期维持血糖正常的一个好方法。目前,干细胞治疗是细胞功能替代治疗应用里发展最为迅速的领域之一。干细胞是具有多向分化潜能、自我更新能力的细胞。用于临床治疗的干细胞主要包括 BM-HSC、MSC、iPSC、ESC 等。HSC 移植用于治疗临床疾病是研究最早的细胞治疗。随着 ESC 技术、成体干细胞技术等的进展,以及体外培养、扩增、诱导、分化、储存等技术的突破,用于细胞治疗的各种"种子细胞",如 MSC 等体外扩增培养储存相继成功,可以满足临床治疗需求,推动了临床细胞治疗的快速发展,使临床应用干细胞来治疗疾病的愿望得以实现。

2. 免疫细胞治疗　免疫细胞治疗是当今国际生物医学发展的一个重要研究领域。免疫细胞治疗也称细胞过继免疫治疗,是分离患者外周血中的单个核细胞,在体外进行激活、扩增或基因修饰改造,然后输入患者体内,以调节和增强机体的免疫功能,治疗因免疫功能紊乱而导致的疾病,或达到直接杀伤肿瘤细胞和抗病毒感染的作用。免疫细胞治疗还可用于抗衰老治疗。

目前,细胞过继免疫治疗分自体和异体过继免疫治疗。可用于过继免疫治疗的细胞有:

(1) 杀伤性 T 细胞:即细胞毒性 T 淋巴细胞(cytotoxic T lymphocyte,CTL),在 T 细胞免疫应答中起重要作用。CTL 的功能特点是可以在主要组织相容性复合体(major histocompatibility complex,MHC)限制的条件下,直接、连续、特异性地杀伤靶细胞。依据 MHC-I 类分子特异的多肽结合基序合成的多肽,在体外诱导产生的抗原特异性 CTL,

用于治疗感染性疾病和肿瘤性疾病。

(2) 树突状细胞:树突状细胞(dendritic cell,DC)被认为是最强有力的抗原提呈细胞,对体内静息 T 细胞的激活最有效率,因此,作为免疫系统的始动者和前哨,它们正在成为免疫学研究的核心。

(3) 调节性 T 细胞:调节性 T 细胞(regulatory T cell,Treg)是一类控制体内自身免疫反应性的 T 细胞亚群,是维持机体免疫耐受的重要因素之一。Treg 功能缺陷或缺失可直接导致炎症性疾病,在许多慢性炎症性疾病中发挥着重要作用。Treg 通过主动调节的方式,抑制自身反应性 T 细胞的活化与增殖,在抑制自身免疫病和实体器官移植排斥反应方面有广大应用空间。然而,Treg 的免疫抑制作用可促使肿瘤细胞发生免疫逃逸,间接加快了肿瘤细胞的增殖,增强其浸润能力。因此,通过降低 Treg 的抑制活性,以抑制肿瘤生长值得进一步探索。

(4) 其他过继免疫细胞:目前生物医学界公认的自体细胞免疫疗法包括淋巴因子激活的杀伤细胞(lymphokine-activated killer cell,LAK cell)疗法、细胞因子诱导的杀伤细胞(cytokine induced killer cell,CIK cell)疗法、DC-CIK 细胞疗法、自然杀伤细胞(natural killer cell,NK cell)疗法、DC-T 细胞疗法、肿瘤浸润性淋巴细胞(tumor infiltrating lymphocyte,TIL)疗法等。其中,LAK 细胞疗法是最早的过继治疗方法,是利用体外细胞扩增技术,将具有抗病毒和抗肿瘤活性的免疫活性 T 淋巴细胞,在体外经 T 淋巴细胞扩增因子刺激大量扩增,进而输入患者体内,增加患者的免疫功能,达到清除病毒和肿瘤细胞的目的。

随着生物技术的发展,新的免疫细胞亚群及其特殊的功能不断被发现,也为免疫细胞治疗提供了新的潜在来源。比如,2024 年 1 月,*Cell* 发文报道了 2 型固有淋巴细胞(type 2 innate lymphoid cell,ILC2)在肿瘤杀伤中的强大作用。ILC2 是一种具有淋巴细胞形态但不表达谱系发育分子的独特免疫细胞亚群,呈 T 细胞特异性抗原受体和 B 细胞受体阴性。该群细胞不需要肿瘤抗原激活,可直接杀伤肿瘤细胞。从健康捐献者机体采集并进行高效扩增,有望成为抗肿瘤治疗的种子细胞。

3. 基因修饰的细胞治疗　基因治疗是指通过基因添加、基因修饰、基因沉默等方式修饰个体基因的表达或修复异常基因,达到治愈疾病目的的疗法。采用生物工程的方法获取具有特定功能的细胞并通过体外扩增、特殊培养等处理,使这些细胞具有增强免疫、杀死病原体和肿瘤细胞等功能,从而达到治疗某种疾病的目的。自基因治疗进入临床试验后,有关的基础研究已取得很大进展,如多种疾病相关基因的确定、新型载体系统的开发、治疗基因向靶细胞的高效转移等。这些领域的发展极大地推动了基因治疗技术的临床应用。

(1) 针对干细胞基因修饰治疗:为了使目的基因能在患者体内长期或永久地表达,并且表达具有靶向性,必须选择一种合适的靶细胞。因为干细胞具有自我更新或自我复制的能力而成为基因治疗的理想靶细胞。最早用于基因治疗的干细胞是造血干细胞(hematopoietic stem cell,HSC)。

目前可用于细胞基因修饰治疗的病种,如先天性基因缺陷的遗传病、某些明确基因变异的肿瘤、明确病毒整合的基因病;可用的干细胞包括自体来源的 MSC、BM-HSC、iPSC,也应属于此类细胞治疗。干细胞的临床应用和基因治疗的有机结合,将为人类遗传性和获得性疾病的治疗带来新的希望。

(2)针对免疫细胞基因修饰的细胞治疗:在免疫细胞治疗方面,目前最为活跃的是肿瘤免疫细胞治疗。为了增强 T 细胞对靶标的识别能力和杀伤作用,科学家开启了对 T 细胞的改造。早期,为了增强 T 细胞对某些肿瘤抗原的识别,将识别特定肿瘤抗原的 T 细胞受体(T cell receptor, TCR)表达在 T 细胞表面,建立 TCR-T 细胞。再将改造后的 T 细胞回输至患者体内,使其特异性地识别和杀伤表达抗原的肿瘤细胞,从而达到治疗肿瘤的目的。另外,CAR-T (chimeric antigen receptor T cell immunotherapy)疗法即嵌合抗原受体 T 细胞免疫治疗,通过将能识别某种肿瘤抗原的抗体的抗原结合部位与 CD3-ζ 链或 FcεRIγ 的胞内部分在体外偶联为一个嵌合蛋白,通过基因转导的方法转染患者的 T 细胞,使其表达嵌合抗原受体(CAR)。CAR-T 细胞能够特异性地识别肿瘤细胞,且靶向杀伤作用更强。

四、细胞治疗的研究范畴

细胞治疗学作为医学治疗学的一个分支,其研究范畴包括细胞治疗的基础理论探索、细胞治疗的技术方法研究和细胞治疗的临床应用实践摸索。

(一)细胞治疗的基础理论探索

将正常或生物工程改造过的人体细胞移植或输入患者体内,以替代受损细胞(干细胞疗法),或过继更强的免疫杀伤功能(免疫细胞治疗),从而达到治疗疾病的目的。细胞治疗的基本理论包括细胞生物学基础理论,如细胞的基本结构、细胞信号转导、细胞间通信、细胞的增殖与分化;细胞在生命过程中的代谢与更新,干细胞的基本理论,细胞的基因编程,细胞凋亡、衰老与疾病的发生发展;亚细胞结构分子在生命发生发展中的变化,如细胞内质网应激、非折叠蛋白反应和细胞外囊泡与疾病的发生发展;参与生命稳态维持的免疫细胞的分类、功能及过继免疫的原理;细胞治疗的免疫学理论,类器官技术的发展及在再生医学中的应用等。

(二)细胞治疗的技术方法研究

随着细胞工程、干细胞生物学、免疫学、分子技术、组织工程技术等的快速发展,细胞治疗技术也愈发成熟,包括细胞基因治疗的修饰技术、细胞核移植技术、生物组织工程技术、细胞体外扩增技术、细胞培养技术、干细胞移植技术、肿瘤新抗原与免疫治疗新策略、细胞基因工程技术、细胞基因组编辑技术、自体骨髓细胞输注技术、干细胞库建设技术、细胞递送技术方式等。针对细胞治疗基础研究与临床转化中亟待解决的问题,干细胞多能性维持、细胞重编程的分子机制、干细胞与微环境的相互作用、干细胞定向分化及转分化、免疫细胞耐受、免疫细胞特异性等方面需要重点关注,尤其是细胞治疗临床转化的核心技术。

随着干细胞研究的发展,类器官体系应运而生,并于 2017 年被 *Nature Methods* 评为生命科学领域的年度技术。类器官(organoid),是通过将适当的多能干细胞或者特定组织的祖细胞嵌入适当的细胞外基质中,并使用含有特定生长因子的细胞培养基进行培养。在此生长条件下,嵌入的细胞增殖并自我组成类器官结构。此体外三维细胞培养物与对应的器官拥有类似的空间组织,并能够重现对应器官的部分功能,从而提供一个高度生理相关系统。

(三)细胞治疗的临床应用实践探索

传统医学习惯用外界药物来干预病源,而细胞治疗则是提供了一种全新的医疗思路,即以人体自身作为治疗的出发点,利用活细胞作为药物来治疗疾病。目前,细胞治疗的临床实践探索涉及多种疾病,如遗传病、血液系统疾病、实体肿瘤、神经系统疾病、肝脏疾病、心血管疾病、病毒感染性疾病(包括新冠病毒感染)、消化系统疾病、内分泌代谢病、肾脏疾病、自身免疫病、骨科疾病、呼吸疾病与结核病、生殖系统疾病、口腔疾病等;细胞治疗技术在烧伤创面及整形与皮肤美容方面,以及抗衰老与老年病防治中也有应用。

加强细胞治疗的临床应用研究是当前推动细胞治疗事业发展的重点领域。细胞治疗事业需要各临床学科研究型医生的积极参与;需要针对不同疾病、不同阶段和复杂的疾病状态综合制定临床研究方案;需要根据临床特点选择合适的细胞种类和治疗方法;既要遵循细胞治疗的基本规范和共识,又要结合每一种疾病的个体特殊情况,制定个体化的合适方案。同时,细胞治疗产品的标准、规范,细胞治疗的伦理也不容忽视,临床研究的政策法规和对研究者的保护等还需要不断完善。

细胞治疗的研究范畴还包括用于疾病治疗的细胞来源,在体外培养扩增的方法,诱导分化的条件;治疗细胞的应用(输注)方法、途径、细胞的用量、疗程等,选择疾病的适应证;研究治疗的细胞在体内的命运,即衰老及死亡的规律;研究细胞在临床多种疾病治疗中的作用,并从细胞治疗的分子、细胞和整体水平探讨细胞治疗的机制。

五、细胞治疗的发展目标

随着细胞工程、基因工程、组织工程等技术的飞速发展和相互融合,细胞治疗技术将成为下一代药物的发展方向,有望救治人类目前尚无有效治疗手段或方法的疾病。《"十三五"国家战略性新兴产业发展规划》中,将干细胞与再生医学、肿瘤免疫细胞治疗、CAR-T 细胞治疗等新型诊疗服务列为发展的重点任务。以干细胞和免疫细胞为代表的细胞疗法,在越来越多种疾病的临床应用中显示出有效的作用,因其高度精准化和个性化的优势,已成为未来人类医学发展的热门方向。

(一)细胞治疗的总体发展目标

以深化干细胞研究和促进免疫细胞治疗转化应用为目的,优化整合细胞治疗研究资源,培养创新能力强的高水平科研和临床研究队伍，加速细胞治疗基础和临床前研究，实现细胞基本理论和技术的突破，开发并推广一批临床级细胞治疗产品，制定细胞治疗产品的临床应用标准，为发展细胞治疗新技术和提高疾病的治水平提供基础理论支持。

细胞治疗的总体目标：以人民健康为宗旨，依据健康中国的总体目标，发挥细胞治疗先进技术的优越性，解决百姓疑难疾病的治疗困惑，满足抗衰老和年轻美丽的健康需求，推动细胞治疗事业发展，惠及普通大众，最终实现细胞治疗人人可及、人人获益。

（二）为实现目标需要加强的相关措施

1. 加强政策层面的制度化与支持 细胞治疗和基因治疗产品不同于其他生物制品，有其独特的生命活性和发挥作用要求，并有个体化特征。因此，需要从政府决策层面给予相关支持，在国家层面布局建立区域性细胞治疗中心或基地，规范培养相关人才，包括负责生产制备、科学研究、临床治疗研究等专业人员，并进行资质认证。

2. 尽快建立规范标准 需要从国家和政府层面建立规范化的干细胞库，标准化的细胞生产、保存、冷链运输、输注程序；建立临床不同疾病的细胞治疗适应证、制定相关专家共识或诊疗指南，指导细胞治疗临床试验研究规范实施；对特殊疾病和个体需要，建立制定个体化细胞治疗方案，并允许配套相关法律伦理保护研究者。

3. 促进科学家、临床医生和企业家的结合 干细胞治疗产品的开发，如脐带间充质干细胞可以作为通用产品开发，需要按照国家药物申报管理程序批准，依据科学家研究的技术路线流程，生物技术公司企业投入开发，临床医生依据临床病例，共同制定研究方案，开展规范的多中心临床研究，最后制定某种疾病的治疗方案，建立专家共识或指南。免疫细胞的治疗可以是共性产品，也可以进行个体定制的特殊细胞治疗产品，结合疾病种类和免疫细胞类型进行选择和设计。

4. 加强科学知识普及宣传 细胞治疗技术是生命科学领域发展最为迅猛的一种先进技术，也是和人民生命健康关系最为密切的技术之一，需要宣传普及细胞治疗知识，让广大医务人员了解基本的细胞治疗知识，获悉细胞治疗产品并不是神秘不可及。同时，以科学普及的易读物形式或新媒体形式，宣传细胞治疗的基本原理和方法，让广大人民群众了解细胞与健康之间的相互关系，以免误入歧途。把细胞治疗做成一种普适的治疗方式，而不是一种昂贵的"奢侈品"，使广大需要的患者能够从细胞治疗的新技术成果中获益，为改善人民健康、减缓衰老，助力创造美好生活服务。

（三）2030 年或 2050 年的具体（期望）目标

1. 细胞治疗理论技术 研究干细胞多能性、定向分化、重编程的分子机制，探索重大疾病的细胞治疗途径，重点突破细胞的获得、维持和转化调控的机制；揭示微环境与干细胞的相互作用规律。研制以大动物和非人灵长类为特色的用于干细胞临床前研究的重要疾病模型及相关评估方案；针对心、肝、胰等器官的重大疾病，研制若干具有重大临床需求的人工组织器官；阐明干细胞再生修复治疗的机制，取得干细胞应用领域关键技术重大突破，推动符合伦理标准、规范化细胞临床治疗评价体系的建立。

2. 细胞治疗产品智能化 广谱细胞产品：抗炎、抗衰老、广谱抗肿瘤细胞；定制细胞产品：CAR-T 细胞、CAR-NK 细胞等个体化抗肿瘤产品；3D 培养器官产品：定制器官；细胞产品制备、存储、运输、检测智能化。

3. 细胞治疗应用规范化 人才团队、制备、应用等行业专业化培训；制度规范、产业规范、医保报销制度完善；建立治疗实施方案的专家指南或共识。

4. 细胞治疗受者大众化 对健康人保健、抗衰老、美容；对普通患者抗炎、免疫调理；对特殊患者定制抗肿瘤免疫细胞、定制人工器官功能替代。

5. 细胞治疗价格平民化 广谱细胞产品价格低廉，常规保健药；定制细胞产品医保报销，大众可负担。

六、细胞治疗与干细胞和再生医学

细胞治疗的发展依赖于生命科学、基础医学和临床医学的不断进步，其研究范围几乎涉及所有生命科学和医学的各个学科领域。在我国"十三五"规划、"十四五"规划和《"健康中国 2030"规划纲要》中，干细胞都是国家发展战略，也是医疗科技发展的必然方向。随着社会人口老龄化加重，化学药物、外科手术等传统医疗手段已越来越受到人口老化、慢性病及肿瘤高发的挑战，以干细胞、免疫细胞治疗等为代表的细胞治疗新技术发展迅猛，已成为当今世界生物医药领域研发的热点。

细胞治疗，尤其是干细胞治疗的进步，极大地促进了再生医学（regenerative medicine）的快速发展。再生医学是应用生命科学、材料科学、临床医学、计算机科学和工程学等学科的原理和方法，研究和开发用于替代、修复、重建或再生人体各种组织器官的理论和技术的新兴学科和前沿交叉领域（图 1-1-1）。通过研究机体的正常组织特征与功能、创伤修复与再生机制及干细胞分化机制，寻找有效的生物治疗方法，促进机体自我修复与再生，或构建新的组织与器官，以维持、修复、再生或改善损伤组织和器官功能。再生医学的发展标志着医学将步入重建、再生、"制

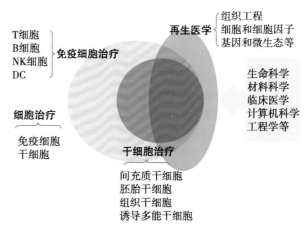

图 1-1-1 细胞治疗与再生医学的关系

造"、替代组织器官的新时代,为人类面临的大多数医学难题(如心血管疾病、自身免疫病、糖尿病、恶性肿瘤、阿尔茨海默病、帕金森病、先天性遗传缺陷等疾病和各种组织器官损伤)带来了新的希望。再生医学的内涵已不断扩大,包括组织工程、细胞和细胞因子治疗、基因治疗和微生态治疗等。

随着生命科学、基础医学和临床医学的不断进步,以干细胞治疗为核心的再生医学,将成为继药物治疗、手术治疗后的另一种疾病治疗途径,并有望成为新医学革命的核心。

第二节　细胞治疗的发展历程

自 1930 年,瑞士外科医生 Niehans 教授从未出生的胎羊器官中获得的细胞提取物注射入人体的临床前探索以来,在不到 100 年的时间里,细胞治疗的发展经历了漫长的探索和发展。随着干细胞生物学、免疫学、分子技术、组织工程技术等科研成果的快速发展,细胞治疗作为一种安全而有效的手段,在临床治疗中的作用越来越突出,被誉为"未来医学的第三大支柱"。2016 年,全球基因治疗市场规模仅有 2 040 万美元,而 5 年后市场已经扩张了 100 余倍,达到了 23 亿美元,预计在今后 10 年还将以近 20% 的年复合增长率增长。细胞治疗有望成为继手术治疗、化学药物治疗、放射治疗等治疗方法后的新型疗法,为医学领域吹来一阵新风(图 1-1-2)。

一、细胞治疗的启蒙

细胞治疗的起源可追溯到几千年前,在公元前 1 600 年古埃及的象形文字中就发现有将动物器官的提取物注射入人体,以延长寿命的记载。历史上首例组织移植术发生在大约 2 000 年前。尔后,瑞士的哲学家、医生 Paracelsus 首次将目光转向了细胞移植并发现细胞治疗具有神奇的功效。19 世纪末,巴黎生理学家 Brown Squard 也认识到了细胞治疗的潜力,向自己体内注射了一种小牛睾丸的提取物。19 世纪后期,细胞生物学之父,诺贝尔奖获得者,法国

人 Alexis Carrel 用多种动物的心脏提取物混合而成的培养液对一小块小鸡的心脏组织进行体外培养,使其在小鸡死去 25 年后仍然存活,使整个医学界为之震撼。

二、细胞治疗的临床前探索

20 世纪 20 年代,俄国的眼科医生 Vladimir Filatov 开始采用一种由胚胎细胞提取物与芦荟提取液的混合物,治疗视网膜炎、视网膜点状退行性变等获得明显效果。1930 年,著名的瑞士外科医生 Niehans 教授研究了大量用动物腺体移植入人体,以治疗相应器官功能不全的患者的实例,并发现从未出生的胎羊器官中获得的细胞提取物注射入人体后不会引起机体的排斥反应,首次将现代细胞治疗技术运用于临床治疗。在此后的 40 年中,Niehans 教授运用同样的细胞治疗法拯救了 50 000 例以上的患者。

20 世纪 70 年代,Kment 博士在经过大量的动物实验后指出,细胞治疗可以改善认识能力、增加机体组织的弹性、改善组织的内呼吸。而衰老的动物在注入其他物种的胚胎细胞后,"竟然恢复了年轻的状态"。到 20 世纪 70 年代末期,无论是从临床的经验,还是通过一些检测技术,细胞治疗的疗效都已经得到了充分的证明。

20 世纪 70 年代,在 Seglen 建立的经典原位二步胶原酶灌注法的基础上,经过改良,肝细胞的分离纯化技术不断提高,肝细胞的体外培养技术也在不断改进。学者们开启了肝细胞移植治疗肝病的研究。肝细胞移植(hepatocyte transplantation,HCT)作为一种肝移植的替代治疗手段,为治疗肝功能衰竭、纠正遗传性肝缺陷提供了新的治疗选择。作为肝移植的桥梁,它能延续原发性移植肝无功能的受体的生命,也可以帮助由病毒或药物引起的暴发性肝衰竭的患者渡过难关,直至肝功能恢复。

三、细胞治疗的临床应用

临床上应用细胞移植的目的是治疗相关的细胞功能受损发生的疾病,实质就是细胞治疗。从临床治疗学来讲,细胞治疗可以分为以下 3 个阶段:

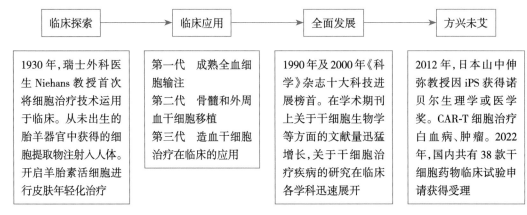

图 1-1-2　细胞治疗的发展历史

（一）全血细胞输注与皮肤移植治疗

全血细胞输入是临床上第一代细胞治疗，也是真正意义上的细胞治疗的开始，以后发展为成分输血，将血液的有形成分根据细胞的不同分开，然后根据患者的需要输注，以替代因血液细胞成分减少出现的功能障碍。由于输血技术和血液保存方法的改进，使输血治疗的适应证不断扩大，从而挽救了数以万计的伤员和生命垂危患者的生命，也推动了外科学技术的发展，并为移植免疫学的发展作出了贡献。皮肤移植技术兴起于 19 世纪，法国的 Reverdin 首先报道了自体表皮皮肤移植技术。这种方法会出现植皮后皮片挛缩、瘢痕增生、影响关节活动等，进而影响了其在临床上的广泛应用。之后陆续有医生提出点状植皮法、皮片移植等。皮肤移植技术广泛应用于大面积烧伤、创伤、各种急慢性创面，为创面组织的修复作出了巨大的贡献。然而，血细胞及皮片在体外并未培养增殖，在体内也只是功能的替代，因此，进一步发展具有增殖能力的细胞治疗成为研究的主要目标。

（二）骨髓和外周血造血干细胞移植

骨髓和外周血造血干细胞移植治疗疾病是第二代细胞治疗。骨髓是成年个体的造血器官，骨髓细胞具有造血功能，含有造血干细胞，因此骨髓输入治疗血液系统疾病成为造血干细胞治疗的初衷。

造血干细胞的治疗历史始于 20 世纪 30 年代零星的骨髓移植的报道。1939 年，Rasjek 和 Osgood 分别将新鲜的骨髓注入骨髓和静脉中治疗再生障碍性贫血。1945 年日本广岛、长崎原子弹爆炸后，大批伤员的急性放射病激起了科学界对骨髓治疗研究的强烈兴趣，促使了实验性骨髓移植的开始。1950 年，Lorenz 等证明，对致死量照射的小鼠输注同种骨髓可恢复有效造血，随后证明骨髓内有形成分在受照射者骨髓腔内成活并重建造血功能。1958—1963 年，以 Mathe 为代表的科学家应用骨髓移植治疗白血病获得初步成功，但也发现了移植排斥和移植物抗宿主反应，推动了免疫抑制剂的发展和临床应用。

20 世纪 70 年代以后是造血干细胞移植发展的快速阶段。随着人类白细胞抗原（human leukocyte antigen，HLA）的发现、新型免疫抑制剂的问世、抗细菌和抗病毒药物的应用，以及重组造血因子的支持疗法的发展，大大促进了骨髓移植和造血干细胞治疗技术的发展和应用。

（三）干细胞及免疫细胞治疗——开启细胞治疗的新时代

体外扩增制备的干细胞库及免疫细胞库为第三代细胞治疗。细胞治疗从基础研究、市场研发到临床应用都呈现出百花齐放的峥嵘景象。美国哈佛生物学家乔治戴利曾说，如果 20 世纪是药物治疗的时代，那么 21 世纪就是细胞治疗的时代。

1. 从骨髓移植到 ESC、iPSC、MSC 等干细胞库的建立　近年来，干细胞研究取得许多重要成果，干细胞调控的基本原理不断被报道，相关技术手段不断被发掘，临床转化成果日趋涌现。目前，我国医学研究登记备案信息系统和卫健委公布的干细胞临床研究备案项目已超 100 项，批准

设立的干细胞临床研究备案机构已达 133 家。截至 2022 年 5 月，国内共有 38 款干细胞药物临床试验申请获得受理，其中 28 款获准默许进入临床试验。目前获批进入临床试验的干细胞药物，其治疗效果主要体现在组织修复和免疫调节两个方面，有 11 款集中在免疫系统方面，这要归功于干细胞强大的免疫调节能力；有 7 款干细胞新药的临床试验针对肺相关疾病的治疗；其他干细胞新药临床试验有针对运动系统（骨关节修复相关 5 款）、消化系统（肝衰竭和牙周炎治疗各 1 款）、内分泌系统（糖尿病并发症治疗 1 款）、神经系统（脑卒中治疗 1 款）和循环系统（地中海贫血治疗 1 款）疾病的治疗。

2. 从早期的 LAK 细胞、CIK 细胞、CTL、TIL 到 TCR-T 和 CAR-T 细胞治疗　肿瘤细胞免疫治疗已经从第一代的 LAK 细胞发展到第六代的 CAR-T 细胞，抗肿瘤的特异性和靶向性不断增强，伴随着杀伤活性和持久性也显著增强。同时，在现有技术升级迭代的基础上，也逐渐衍生出许多新的技术，如通用型 CAR-T 细胞、CAR-NK 细胞等。目前，T 细胞和 DC 产品已经被批准上市。其中大多数 T 细胞产品应用于血液系统恶性肿瘤的 CAR-T 细胞治疗，而 DC 产品则用于治疗实体肿瘤的疫苗。

第三节　细胞治疗的研究现状

细胞治疗是目前医药研发的前沿领域。近年来，基于细胞治疗及细胞制剂的临床研究和药品研发都经历了爆炸式增长。尤其是 2017 年，美国食品和药品监督管理局（FDA）先后批准了两款 CAR-T 细胞治疗上市，用于治疗急性淋巴细胞白血病和大 B 细胞淋巴瘤，这更是标志着细胞治疗时代的到来。除此之外，使用患者自身的角膜缘干细胞修复受损的角膜上皮细胞和利用成体干细胞治疗克罗恩病的临床试验也大获成功。截至 2022 年初，全球经批准的细胞治疗产品共有 33 款，包括 12 种免疫细胞（CAR-T 细胞 8 种，DC 3 种，CIK 细胞 1 种）和 21 种干细胞（脐血造血干细胞 10 种，间充质干细胞 10 种，角膜缘干细胞 1 种）。细胞治疗在糖尿病、心血管疾病、子宫内膜疾病、卵巢早衰、造血功能疾病、脑和脊髓神经损伤、阿尔茨海默病、帕金森病、风湿性关节炎、红斑狼疮硬皮病、肝硬化、肿瘤等疾病的治疗上都取得了令人振奋的成果。

目前，细胞治疗主要围绕以间充质干细胞为代表的干细胞治疗技术和以 CAR-T 细胞为代表的肿瘤免疫治疗两个方面。中国在细胞治疗领域的基础研究处于世界前列，一些领先企业正在积极进行相关技术的研发，加紧全产业链的布局。

一、细胞治疗技术研究现状

（一）干细胞治疗技术研究现状

目前，全球批准上市的干细胞药物有十余种，涉及的适应证包括急性心肌梗死、退行性关节炎、移植物抗宿主病、克罗恩病、血栓闭塞性动脉炎等，更多的产品还处在临床试验的不同阶段。干细胞治疗在疾病治疗和再生医学领

域具有的广阔应用前景,被认为有可能成为继药物治疗、手术治疗后的第三代疾病治疗途径,市场增速和前景相当可观。随着干细胞监管政策的逐渐完善和科研投入的不断增加,我国干细胞产业近年来发展迅猛,形成上游干细胞采集和存储、中游干细胞技术及药物研发、下游干细胞移植治疗构成的完整产业链。目前,国内领先企业已经与医院、科研机构等展开大量的合作,共同推进干细胞从基础科研到临床应用的快速转化。据国内专家预测,未来 5 年,我国干细胞市场规模增速将达到 45% 左右。

(二)以 CAR-T 为代表的肿瘤免疫细胞治疗技术研究现状

在肿瘤免疫细胞治疗方面,CAR-T 是国际上研究最为火热的肿瘤免疫治疗方法,其在白血病、淋巴瘤、多发性骨髓瘤的治疗中展现出惊艳的治疗效果。从全球来看,CAR-T 的研发既包括新靶点的探索,如 BCMA、CD123、CD33 等,也包括新适应证的拓展,如由血液肿瘤向实体瘤进阶。全球已有多家公司的项目推进到了临床阶段,预计未来将陆续有针对不同肿瘤的 CAR-T 产品问世。除了炙手可热的 CAR-T 细胞治疗外,CAR-NK 细胞技术的研发正在国内外悄悄兴起。和 T 细胞相比,NK 细胞对肿瘤的杀伤力更强,免疫原性更低。经过 CAR 结构修饰后的 NK 细胞,也能够高效地识别肿瘤细胞,并通过释放杀伤介质、诱导细胞凋亡等多种手段杀伤肿瘤细胞。目前,应用 CAR-T 细胞治疗白血病和淋巴瘤已经逐渐成熟,靶向实体瘤治疗成为新的攻关方向。

二、细胞治疗的环境政策现状

目前,我国细胞治疗的政策环境也在向好发展。随着国内外细胞治疗技术的不断发展,我国相关政府部门也陆续出台了法律法规和指导原则,极大地促进了我国细胞产业的发展。2015 年以来,国家出台了《干细胞临床研究管理办法(试行)》《干细胞制剂制备质量管理自律规范》和我国首个《干细胞通用要求》等政策文件,政策监管日趋规范。2017 年 12 月 22 日,原食药监总局又颁布了《细胞治疗产品研究与评价技术指导原则(试行)》,为我国细胞治疗产品作为药品属性的规范化产业化生产拉开序幕。目前,我国细胞治疗产品处在类双轨制的发展阶段。类双轨制就是一个细胞治疗的产品或者技术,既可以按照药监局审批的生物制品类完成新药临床试验注册后,通过Ⅰ期、Ⅱ期、Ⅲ期的临床试验,最后按照药品进行上市,也可以通过卫健委和药监局出台的《干细胞临床研究管理办法(试行)》,通过两委局的备案以后在单个中心开展研究者发起的备案临床研究。除了监管政策不断完善外,我国政府对干细胞研发的技术及人才也给予了大量的资金支持。在科技部发布的《"干细胞及转化研究"试点专项 2019 年度项目申报指南(征求意见稿)》中明确提出,中央财政拨款 4 亿用于干细胞及转化研究。

三、细胞治疗面临的挑战与突破

近年来针对各种疾病的细胞治疗的研究取得了重大进展,但依旧存在许多挑战(图 1-1-3),例如,寻找稳定的细胞来源、保证良好的安全性、限制与宿主免疫系统的不良反应,以及提供质优价廉的治疗方案。随着生物工程技术的发展和创新,基因组和表观基因组编辑、合成生物学和生物材料等技术为细胞治疗提供了技术突破。基于 CRISPR/Cas 的基因编辑技术工具在活细胞中重编程人类基因组和表观基因组,为通用型 CAR-T 细胞治疗铺平了道路,如靶向 CD19 的 CAR-T 细胞。利用合成生物学,将凋亡相关基因导入输注的细胞中,可用于控制移植细胞的清除。生物材料的研发,用于提高移植细胞的存活,降低宿主免疫排斥。目前,半渗透性生物材料和水凝胶已被用于改善治疗细胞的输送、活力、保存和安全性。

另外,细胞治疗的临床转化和批量应用也存在一系列亟待解决的问题,包括如何确定合适的细胞来源,产生足够可行、有效和安全的产品,以满足患者和疾病的需求。为解决这些难题,应对挑战,一方面,国家要继续加大基础研究的投入,创造良好的科研环境,培养和吸引国际一流人才;另一方面,还需要企业和科研院所加大研发力度,突破细胞治疗的核心技术,打造先进的自动化、工业化的细胞生产工艺体系;同时,相关行业主管部门也要对细胞治疗的政策法规进行进一步的细化和完善,引导行业良性有序发展。

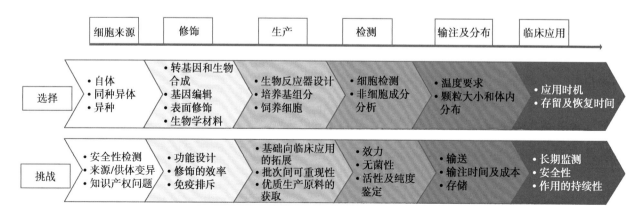

图 1-1-3　细胞治疗过程及面临的挑战

第四节　细胞治疗的发展趋势

随着基础研究和多学科领域的整合发展,细胞治疗正如雨后春笋般兴起,为诸多难治性疾病提供了有效治疗的希望。细胞治疗产品市场是生物医药市场增长最快的子领域之一。随着投资的加大,干细胞及免疫细胞市场规模增长迅速。在相关政策的助推和市场投入的支持下,针对细胞治疗的研发力度逐渐增强,也会加快细胞治疗技术及应用的发展。目前,细胞治疗的发展呈现出快速的技术迭代更新。包含干细胞、免疫细胞等在内的多种细胞均能接受基因改造,成为新的细胞治疗产品。随着基因编辑、细胞培养等技术日趋完善,兼具两者优势的基因修饰细胞治疗拥有远超传统疗法的精确性和有效性,展现出广阔的治疗前景。(图 1-1-4)

一、干细胞治疗技术发展

近年来,基于慢病毒载体和基因编辑结合自体造血干细胞移植的基因编辑干细胞技术得到了长足发展,在临床应用方面也展现出了极大的潜力。除此之外,干细胞分化研究(包括胚胎干细胞、体外诱导分化的多能甚至全能干细胞)联合组织工程等技术助力了再生医学的快速发展,"人造子宫"的成功更让人相信,通过 iPSC 培养出人体组织器官将成为可能;MSC 的分泌及免疫调控功能和外泌体技术,使得间充质干细胞的应用空间进一步扩大,基于干细胞的器官技术的发展为药物筛选提供了更廉价高效的试验模型等。

(一) MSC

MSC 功能较多,应用广泛,主要功能是进行细胞移植治疗,亦可作为一种理想的靶细胞用于基因治疗,同时在生物组织工程和免疫治疗中也有一定的应用。近年来,MSC被大量应用于实验和临床研究中,已有大量研究揭示了它在心血管、神经系统、运动系统、消化系统、自身免疫病、血液系统、泌尿系统、眼科、骨科、妇科等系统疾病的诊断和治疗上的应用价值。全球已有近 20 款 MSC 产品获批上市。我国已开始用 MSC 治疗临床上一些难治性疾病,如脊髓损伤、脑瘫、肌萎缩侧索硬化症、系统性红斑狼疮、系统性硬化症、克罗恩病、卒中、糖尿病、糖尿病足、肝硬化等,根据初步的临床报告,MSC 对这些疾病的治疗都取得明显的疗效。

(二) iPSC

iPSC 来源于体细胞,经典的制备 iPSC 技术路线主要包括以下步骤:①选择宿主细胞;②选择外源重组因子;③重组因子导入宿主细胞;④重编程产生 iPSC。iPSC 具有多向分化和自我更新能力,能够分化为所有三个胚层的细胞,在建立疾病模型、进行药物研发及自体细胞移植等领域中具有巨大的应用前景。在临床应用方面,iPSC 是当前干细胞研究的热点和焦点,在器官再生、修复和疾病治疗方面极具应用价值。关于 iPSC 在神经系统疾病、传染病、遗传性疾病和癌症等方面的应用研究日益增多。

(三) 成体干细胞

成体干细胞能够自我更新,并且具有定向分化能力和特定组织定居能力,是存在于胎儿和成人不同组织内的多能干细胞,在维持机体功能稳定、生理性细胞更新和组织损伤修复中具有重要作用。成体干细胞移植一般不存在成瘤和伦理学压力,从成人组织(器官)分离培养功能细胞在技术上已经十分成熟,大规模扩增技术也基本解决。近年来,神经干细胞在神经系统疾病尤其是脑、脊髓损伤、卒中中的应用研究更是取得突破性进展。神经干细胞就是指具有分化为神经元、星形胶质细胞和少突胶质细胞的能力,能自我更新并足以提供大量脑组织细胞的细胞。通常具有以下特性:来源于神经系统,并能产生神经组织;自我更新的能力;能通过不对称细胞分裂产生除自我子代(仍然是干细胞)以外的其他类型的细胞。神经干细胞移植是修复和替代受损脑组织的有效方法,能部分重建神经环路和功能;作为基因载体,用于颅内肿瘤和其他神经疾病的基因治疗,利用神经干细胞系的细胞作为基因治疗载体,弥补了病毒载体的一些不足。目前,神经干细胞的分离、培养、鉴定还有许多工作需要去做,诱导神经干细胞分化的微环境、诱导分化细胞的功能、神经元在脑内迁移的特性和机制等难题还有待进一步研究,神经干细胞的临床应用也有很多问题需要解决,但是,神经干细胞在修复受损神经组织、细胞及神经疾病基因治疗方面有良好且广泛的应用前景。

(四) 类器官技术

类器官是由干细胞或器官祖细胞在体外培养、自我组装而形成的微型三维结构。此种具备自更新、自组装能力的微型器官结构与体内组织器官结构高度相似,包含多种细胞类型,能较好地模拟体内组织器官的部分功能,是近年

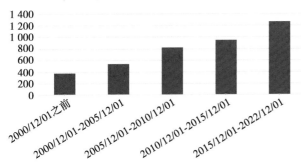

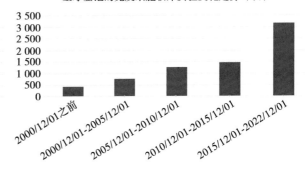

图 1-1-4　全球登记的干细胞及免疫细胞临床试验变化趋势

来生物医学领域最具突破性的前沿技术之一。与传统细胞实验及动物实验相比,类器官模型解决了既往原代细胞平面培养无法长期稳定扩增、细胞之间相互作用及细胞与基质之间通信缺乏的局限性。在生理状态下,细胞表型的建立及功能的维持往往取决于细胞之间及细胞与周围环境之间的信号转导,类器官模型能够在科学研究中有效建立细胞周围信号交流通路,从而更为贴近真实状态下的细胞状态。此外,类器官模型的构建可以有效改善常规动物模型构建费时费力及种属差异所导致的实验结果偏差,相较于哺乳动物模型具有更好的实验可及性和实验稳定性。近年来,类器官所展示的这种自我更新(self-renewal)、自我分化(self-differentiation)、自我组织(self-organization)的特性,对于疾病模型的建立、抗肿瘤药物的高通量筛选、病毒感染性疾病生物学研究、疫苗研发、再生医学及精准医学的研究具有重大意义。

二、免疫细胞治疗技术发展

经过十几年的发展,得益于基因编辑技术、肿瘤抑制微环境理论等的发展,肿瘤细胞免疫治疗已经从早期的LAK细胞、CIK细胞、TIL发展到特异性较高的TCR-T细胞治疗和高特异性高杀伤力的CAR-T、CAR-NK细胞。免疫细胞治疗的靶向性和特异性不断增加,对于肿瘤细胞的杀伤力也更强。免疫细胞治疗已展现出确切的临床疗效。目前,免疫细胞治疗在肿瘤领域大放异彩,给治愈晚期癌症并最终攻克肿瘤带来了希望。2019年8月,纽约癌症研究所分析了全球癌症免疫治疗的现状,发现疗法总数从2年前的2 030种增加到了3 876种,其中细胞免疫治疗增长得最快,在过去2年出现了797种新的治疗方法。该研究发现,全球目前共有1 202项癌症细胞免疫治疗,美国和中国分别有507项和376项,位居前两位。可以预见,将来会有更多的免疫细胞治疗的创新疗法出现。未来,免疫细胞治疗将会继续朝着精准、安全和长效三个方面迈进,例如,进一步深入研究免疫细胞的基因工程修饰,突出肿瘤患者个体化治疗,探究免疫细胞回输至患者体内后迁移的具体分子机制,引导足量效应细胞至肿瘤部位,开发治疗实体瘤的新靶点等,此外,还可结合传统肿瘤治疗方法,包括单克隆抗体、细胞因子和肿瘤疫苗等,进一步增强抗瘤效果。未来免疫细胞治疗定能给更多患者带来福音。

1. NK细胞技术及其应用　NK细胞治疗的初步研究集中在增强内源性NK细胞的抗肿瘤活性,体外扩增和活化NK细胞并过继转移,均已显示出积极的抗肿瘤作用。目前,增加肿瘤浸润NK细胞数量(NK细胞过继传输)并提高浸润NK细胞的活力(基因修饰NK细胞)是NK细胞治疗的两大主要策略。NK细胞治疗已在多种肿瘤中开展了临床试验研究,涉及血液系统肿瘤(如白血病、淋巴瘤和骨髓瘤等)和实体瘤(肺癌、鼻咽癌和胃癌等)。研究表明,NK细胞治疗对血液系统肿瘤治疗效果更好,异体来源NK细胞综合疗效最好。NK细胞在肿瘤免疫治疗方面已展现出巨大潜力,未来治疗方向也将沿着精准治疗的目标前进,如通过装载CAR提高NK细胞治疗的靶向性和有效率,联

合放化疗、靶向治疗和其他免疫治疗等手段是NK细胞治疗亟待探索的方向。同时,NK细胞在感染领域也初露锋芒,有研究发现,小鼠干细胞分化来源的CAR-NK细胞可抑制HIV复制,为NK细胞治疗HIV感染带来了希望。NK细胞移植可以增强机体的免疫功能,促进衰老细胞的清除,在抗衰老研究领域中也有巨大的应用空间。

2. CAR-T细胞技术(CAR-NK细胞等)　CAR-T细胞治疗的原理是基于T细胞活化的信号转导和肿瘤特异性识别。2017年8月30日,美国食品和药品监督管理局(FDA)批准靶向CD19的CAR-T细胞上市,用于治疗难治性或出现二次及以上复发的25岁以下的B细胞急性淋巴细胞白血病患者,标志着CAR-T细胞治疗真正进入临床应用。同年10月18日,全球第二个CAR-T细胞治疗——YesCata被FDA批准上市,用于治疗成人复发或难治性大B细胞淋巴瘤。截至目前,已有6种CAR-T细胞产品获FDA批准,适用于大B细胞淋巴瘤(LBCL)、急性B淋巴细胞白血病(B-ALL)、套细胞淋巴瘤和滤泡性淋巴瘤等。优化CAR-T细胞输注方案是值得探索的重要问题,目前细胞因子释放综合征、脱靶效应、神经系统毒性等不良反应,以及复发率高等问题不容忽视。与CAR-T细胞治疗相比,CAR-NK细胞治疗有以下优势:①安全性更高,通常不会诱导CRS和神经毒性等毒副作用,在体内停留时间短,不产生记忆细胞;②异体NK细胞不需要HLA匹配,不会诱发移植物抗宿主病(graft versus host disease,GVHD);③广谱抗肿瘤作用,不需要肿瘤特异性识别,不受细胞表面MHC分子影响;④细胞来源广泛,包括外周血、脐带血、NK细胞系和多能干细胞,且易于体外分离和扩增。肿瘤细胞通过多种免疫逃逸机制逃避NK细胞的杀伤,限制了NK细胞的抗肿瘤作用。

3. 工程B细胞疗法　B细胞是体液免疫的基础,识别抗原后可被激活、增殖分化形成生发中心,并分化成记忆性B细胞与浆细胞。浆细胞为长寿细胞,可持续分泌抗体。在血液系统恶性肿瘤和自身免疫性疾病中,B细胞是CAR-T细胞等免疫细胞疗法的重要干预靶点。随着人B细胞体外培养、扩增、修饰和分化等技术的不断发展和突破,B细胞以其抗体分泌和免疫调控功能,也被视为细胞治疗的种子细胞逐渐引发关注。在体外,通过基因编辑技术进行改造,使B细胞携带目标蛋白编码基因,并培养分化成所需浆细胞进行体内回输。改造后的B细胞可以表达多种蛋白质,产生持久免疫应答。工程B细胞疗法在癌症、单基因遗传病、蛋白质缺乏症、自身免疫疾病、传染性疾病等显示出治疗潜力。在艾滋病患者研究中,对患者体内的B细胞进行基因工程改造,使其分泌靶向病毒的广谱中和抗体;在1型黏多糖贮积症患者研究中,溶酶体内酶的缺陷或缺乏导致的α-L-艾杜糖苷酸酶缺乏是其主要致病机制,通过对患者B细胞进行基因改造,使其持续产生大量的治疗蛋白,从而改善患者的病情进展。大量研究显示,工程B细胞在蛋白质缺乏症、感染性疾病、自身免疫性疾病和肿瘤等领域展现广阔应用前景。无疑,工程B细胞疗法将可能成为细胞治疗的新赛道。

4. DC 治疗及其他免疫细胞　DC 可诱导机体的抗肿瘤免疫和肿瘤免疫耐受,是肿瘤免疫治疗的重要媒介,但肿瘤微环境存在大量免疫抑制因子抑制 DC 的激活、招募和分化,并可抑制 DC 的抗原提呈能力。通过激活促炎因子释放并上调共刺激分子,从而促进 DC 的抗肿瘤免疫反应,如粒-巨噬细胞集落刺激因子(granulocyte-macrophage colony stimulating factor,GM-CSF)可直接刺激 DC 激活、分化和迁移。体内使用可被内源性 DC 提呈的肿瘤相关抗原(tumor associated antigen,TAA),也是 DC 抗肿瘤免疫的重要途径之一。DC 成熟对其免疫原性抗原提呈至关重要,因此,联合抗原的免疫佐剂可更有效地促进 DC 成熟并发挥其抗肿瘤作用。DC 疫苗的抗肿瘤作用已有较多临床研究,其主要用于黑色素瘤、前列腺癌和肾癌等高免疫原性肿瘤。该过程包括自体 DC 分离或体外生成,体外改造和扩增后回输至患者体内。目前唯一经临床批准的,基于 APC 的疫苗是 Sipuleucel-T,其主要由血液 APC 组成,其中组装有由前列腺癌和 GM-CSF 组成的重组融合蛋白抗原。随着其在肿瘤免疫中的研究不断深入及 DC 培养方法的不断改进,以 DC 为基础的抗肿瘤免疫治疗将使更多患者获益。肿瘤相关巨噬细胞(tumor associated macrophage,TAM)经过募集、极化、表达的细胞因子和趋化因子可以通过抑制机体抗肿瘤免疫力促进肿瘤进展。

三、干细胞及其细胞产品在抗衰老和美容方面的应用

随着生命科学技术的进步、医疗水平的发展和人类生活水平的提高,人类寿命显著延长,同时人类对生活质量、体态仪容的追求也更高。干细胞在抗衰老和美容方面的生物潜能被逐渐发现。干细胞具有分化再生、改善微环境稳态、旁分泌等多种生物功能,可以促进机体更新和分化,提高机体修复和再生能力,进而改善疾病状态、修复损伤和延缓衰老。同时,通过干细胞激活机体处于休眠状态的组织干细胞群,促进局部血液循环和营养供应,以促进机体的新陈代谢,减少胶原蛋白流失,减少皮肤皱纹和色素产生,在美容领域也有巨大的应用空间。目前,已经有干细胞相关的抗衰老和美容产品逐步投入市场,随着技术的发展和相关准则规范的出台,干细胞及其细胞产品会迎来更大的市场。

四、创新技术推动细胞治疗事业发展

自动化制备工艺是解决细胞制备标准化、产业化、质量控制难题的关键。结合人工智能技术、机器学习、硬件、软件、激光等技术,根据 FDA 使用的标准和广为接受的生物测定进行识别、鉴定,建立人工智能推动的细胞制备储存运输工程平台,以避免因为知识水平、经验等人为因素造成的细胞生产过程的错误或可变性。3D 培养技术在培养扩增效率方面远胜传统的 2D 培养瓶方法,而且减少了人员操作成本,是将来细胞培养的一个方向。优化 3D 培养系统,突破细胞治疗产品扩增瓶颈限制,实现细胞治疗产品"按需"使用,降低细胞生产成本,规范临床治疗用细胞

收费价格,让老百姓治疗用细胞有"可及性",使新技术为人类健康服务。理论发现和技术引进推动细胞治疗研究突破,如农业方面的造肉技术,引用改进到细胞治疗领域,让肌肉细胞生产"白蛋白",治疗低蛋白血症等;3D 打印技术、类器官技术引入细胞治疗领域,打造"人造器官",解决器官移植供体来源困难及排斥反应等问题。随着技术革新和基础研究的突破,未来细胞治疗事业的发展将有无限的潜能。

第五节　细胞治疗与转化医学和产业化发展

细胞治疗从基础研究到临床应用的转化再到产业化的发展经历了漫长而曲折的历程。

一、细胞治疗技术从基础研究到临床应用的发展

同其他生物医药产业的发展一样,细胞治疗经历了从基础研究到转化研究并最终形成能够在临床上用于治疗患者的产品的漫长过程。无论是最早的干细胞治疗,还是目前广泛研究的 CAR-T 细胞治疗,无不经历了漫长的探索积累方取得临床治疗的突破。在 1989 年,CAR-T 技术被提出,在此期间,科学家对 CAR 结构进行了大量的优化和改造,直至 2012 年,CAR-T 细胞治疗才真正应用于临床患者,成功救治了一例白血病患者。同样,自 2012 年首例 CAR-T 细胞治疗成功治愈白血病患者的临床案例,直至 2017 年,首个 CAR-T 产品得以上市,到现在已经有 6 款 CAR-T 产品陆续上市。由此可见,对于细胞治疗技术产品的开发,从整个技术的发现到最后做成一个产品,需要经历漫长而艰辛的过程。

二、细胞治疗产业化发展

细胞治疗产业的发展需要打造一个生态系统,需要政、产、学、研、医和资本市场的共同参与,需要不同领域的人才积极加入进来,一起推动细胞治疗技术的临床转化和发展。

(一)技术推动

整个细胞治疗产业大体上分上游、中游和下游。上游:细胞存储和设备试剂耗材;中游:技术研发和新药的转化;下游:定制研发生产(contract development and manufacturing organization,CDMO)和临床应用。上游产业的发展是整个细胞治疗开展的基础。目前,在整个细胞产业链里面,细胞存储是中国发展最成熟的领域,而设备、耗材和试剂在未来可能是非常重要或潜在增长的领域。近五年来,国家政策的大力支持极大地促进了中游产业的发展。其中干细胞药物和以 CAR-T 为代表的免疫细胞药物的研发,是众多企业竞争的热点领域。近几年,CDMO 模式的出现及规模的逐渐扩大,更有效地促进了细胞治疗的临床转化。随着细胞治疗药物临床试验的开展、技术转化和成果的产生,如何提高患者的治疗效果和远期的生存质量,也将

是临床应用上需要解决的重要问题。

人工智能、基因编辑、mRNA疫苗等技术的发展为这些问题的解决提供了新方向。

1. 人工智能技术的突飞猛进成为细胞治疗发展的助推剂 患者病情的复杂性和异质性,生产制造和供应链的挑战(特别是个性化治疗),以及与患者的匹配性等,使得细胞治疗的广泛应用仍面临一定挑战。人工智能正在加速生命健康与生物医药领域向着更快速、精准、安全、经济、普惠的方向稳步发展。人工智能在蛋白质结构预测、CRISPR基因编辑技术、抗体/TCR/个性化疫苗研发、精准医疗、AI辅助药物设计等方面的研究已成为国际前沿战略性研究热点。人工智能可以在多个方面促进细胞治疗的发展,包括目标识别、有效载荷设计优化、转化和临床开发,以及端到端(E2E)数字化等。如通过预测能够提高靶活性和最小细胞毒性的CAR,确定可能的候选基因;通过对数千种CAR结构的大规模筛选,识别具有高肿瘤特异性结合力和同时激活免疫系统能力的候选基因。在转化和临床开发阶段,人工智能和机器学习算法可以帮助识别患者,估计最佳剂量,预测严重不良事件。同时,通过对临床前研究数据、临床应用数据、患者预后长期跟踪数据进行整合和数据训练,构建人工智能预测平台,可提高速度、减少临床失败、降低整个研发价值链的成本,加速细胞疗法的发展。目前,美国哈佛大学著名学者George Church教授联合创建JURA Bio生物技术疗法研发公司,将人工智能、机器学习及T细胞受体(TCR)研发平台进行整合,以开发TCR-T细胞治疗,为每位患者创建个体化的治疗性多克隆候选药物库。

2. CAR-T细胞与基因编辑结合开辟实体肿瘤和抗衰老治疗的新方向 CAR-T细胞治疗在急性淋巴细胞白血病和非霍奇金淋巴瘤等血液系统恶性肿瘤的治疗中取得巨大成功,为那些常规治疗失败的患者带来新的希望。CAR-T细胞在实体肿瘤治疗中的应用被寄予厚望,同时也面临一系列挑战。与血液系统肿瘤相比,实体肿瘤具有缺乏特异性抗原、抗原异质性、免疫抑制性微环境及物理屏障等特点,导致CAR-T细胞的应用缺乏有效靶点、转运和浸润受抑制,且肿瘤微环境免疫抑制和内源性T细胞抑制等,也使得CAR-T细胞的疗效难以发挥。在CAR-T细胞治疗实体瘤的研究中,有研究团采用CAR-T细胞治疗和mRNA疫苗联合应用,以达到"1+1>2"的效果。CAR-T细胞治疗攻克实体瘤任重道远。在衰老领域,通过清除衰老细胞,可以使衰老组织恢复活力、改善年龄相关疾病、延长健康寿命。目前,采用CAR-T细胞特异性清除衰老组织中的衰老细胞也是抗衰老领域的热点之一。例如,四川大学华西医院赵旭东教授研究发现,靶向衰老细胞中明显上调的NKG2D配体(NKG2DL),开发NKG2D-CAR-T细胞疗法,能够在体外细胞模型、小鼠和非人灵长类动物体内选择性靶向清除表达NKG2DL的衰老细胞。靶向衰老特异性抗原的CAR-T细胞疗法,在治疗衰老和由衰老驱动的年龄相关疾病中具有巨大的应用空间。

3. 间充质干细胞技术与mRNA技术结合增强细胞治疗效能 MSC缺乏靶向性,针对特定的疾病疗效有限。而

单纯的RNA药物的直接给药,易被降解,很难实现高效递送和翻译,甚至容易引起患者免疫反应。目前,mRNA多以脂质纳米颗粒(lipid nanoparticles,LNP)为递送体,LNP由人工合成,面临免疫原性问题。MSC具有良好的呈递功能,同时具有免疫调控、趋化性等生物学功能,可作为mRNA递送系统载体。整合这两种技术路线,构建mRNA修饰的干细胞,利用MSC的抗炎作用,结合特定mRNA进行药物递送,既达到了针对特定疾病的缓释和靶向效果,又避免了mRNA药物本身面临的免疫反应和递送效率等障碍。干细胞技术与mRNA技术相结合,将提高细胞治疗的疗效。

(二)政策推动

细胞治疗作为一种新兴的技术,其产业化发展的监管政策也经历了不断尝试和改进。在中国,回顾最近这几年,监管经历了几个阶段。从最早的自由发展阶段,到取消第三类医疗技术及魏则西事件以后,细胞治疗经历了短暂的调整期。随着2017年两办(中央办公厅和国务院办公厅)的《关于深化审评审批制度改革鼓励药品医疗器械创新的意见》,关于药品审评审批制度改革这个纲领性文件出台以后,又陆续出台了很多关于细胞治疗的指导原则和相关的法规,特别是2019年8月新版《中华人民共和国药品管理法》和2020年1月由国家市场监督管理总局颁发的《药品注册管理办法》的出台,为细胞药物未来如何按照药品进行注册上市提供了一个依据和通道。目前,我国细胞治疗产品处在类双轨制的发展阶段,既可以按照药监局审批的生物制品类在完成新药注册后,通过Ⅰ期、Ⅱ期、Ⅲ期的注册临床试验,最后按照药品进行上市,也可以按照《干细胞临床研究管理办法(试行)》,通过卫健委和药监局进行备案。

(三)资本市场推动

细胞治疗产业化的发展也离不开资本的助推和市场的认可。目前,资本对于细胞治疗产业的投入是巨大的,这也推动了细胞治疗企业的迅猛发展。而早期阶段,细胞治疗的费用,与传统的医药服务相比,其价格相对较高。尤其是以CAR-T为代表的免疫细胞治疗产品价格高昂,但得益于需求,细胞治疗产品在全球市场上的销售额仍不断增长。随着产业化的发展、成本的降低和技术的成熟,降低费用也将势在必行。

细胞治疗技术的持续突破与积累、药品审批制度的改革创新和资本市场的推动,为中国的细胞治疗产业的发展提供了历史机遇,促进了国内细胞治疗产业的迅猛发展。但同时也面临着诸多挑战,包括材料、技术、资金、人才和政策等多方面。只有克服这些挑战,抓住黄金时代提供的机遇,中国方能在细胞治疗产业发展中立于世界先列。

资本助推的细胞治疗智能平台建设会加速细胞治疗产业化发展。细胞治疗能够应用于多种疾病,包括癌症、心血管疾病、神经系统疾病、自身免疫疾病等,但因其成本昂贵、异质性强、生产周期长等限制,目前患者可及性十分有限。随着人工智能和生命科学技术的不断整合发展,已有公司开始构建细胞制剂制备、存储、临床应用等细胞治疗智能化平台。美国一家细胞疗法制造商推出了世界上第一个商业规模的细胞治疗集成开发与制造机构(Integrated

Development and Manufacturing Organization,IDMO）。该平台集成了所有单元操作所需的技术,包括先进的机器人技术、专用技术和相互连接的软件等,且每个模块都是一个完整自动化的工厂,可支持自体和异体细胞治疗过程和约90%的细胞治疗模式。IDMO 智能工厂的紧凑型自动化技术可以使劳动力和设施规模减少90%,从而使生产力增加10倍。通过自动化平台构建,可降低不同医院或实验室制备的细胞产品的异质性,减少制备周期,使细胞制剂能够满足大规模患者需求,造福广大患者。

三、细胞治疗的监管与发展

加强细胞治疗的临床应用研究是当前的重点领域,需要各临床学科研究型医生的积极参与;需要针对不同疾病、不同阶段和复杂的疾病状态综合制定临床研究方案;需要根据临床特点选择细胞种类和方法。既要遵循细胞治疗的基本规范和共识,又要结合每一种疾病的个体情况,选择合适的方案。临床研究的政策法规和对研究者的保护等还需要不断明确。2021 年,中国细胞治疗研发管线数量达到了695 种,和美国一起主导了全球细胞治疗的研发管线。在细胞治疗监管领域,美国已经形成了一套成熟且完备的制度体系;在中国,监管部门陆续出台的细胞治疗相关政策制度,也逐渐构建起了中国特有的细胞治疗领域监管体系。中国的细胞治疗监管分为医疗技术和药品两个路径,大致

经过了三个阶段,分别是1993年至2015年,监管较为宽松;2016 年,严格调整阶段;2017 至今的全面规范阶段。2016年以前,我国已认识到细胞治疗的广阔前景,各项政策以强调细胞治疗的重要性为主,监管总体宽松,细胞治疗企业处于自由发展的状态,大量开展临床研究项目,也出现了不少细胞治疗乱象,尤其是2016 年4 月的"魏则西"事件,反映出当时我国细胞治疗存在监管漏洞。随后,国家调整了相应的监管尺度。自 2017 年开始,国家各部委和地方政府出台相应文件,大力推动细胞治疗技术研究及应用,规范和引导整个细胞治疗产业向前发展。可以预见,随着对细胞治疗风险等级的分级分类进一步规范和精准化,以及对监管主体的进一步明确,国家相关监管体系将进一步规范化、全面化和细致化。

四、细胞治疗事业造福人类健康

近年来,生物技术的发展和科技手段的进步,为细胞治疗事业的发展提供了强大的驱动力,在科学家、医学家和企业家的共同推动下,细胞治疗为难治性疾病、肿瘤、衰老等提供了新的干预选择,国家政府规范的管理监督和有效的支持调控是细胞治疗技术临床转化和发展的保障(图 1-1-5)。产、学、研、医、政,以及资本市场和不同领域的人才的共同参与,打造细胞治疗事业的生态系统,造福人类健康。

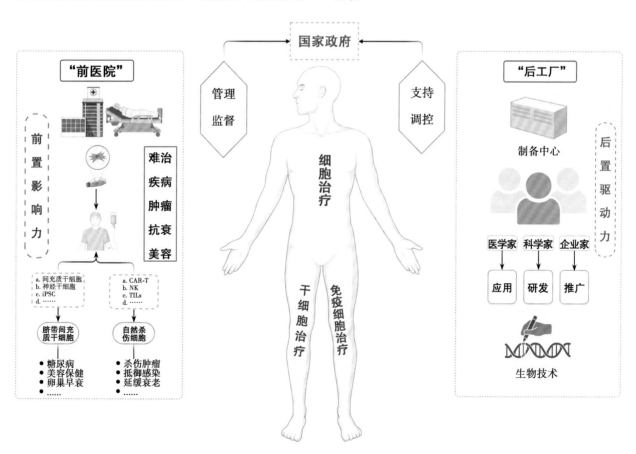

图 1-1-5　产、学、研、医、政综合发力推动细胞治疗事业的发展

（贾战生　边培育　郭建成）

参考文献

［1］ 贾战生 . 肝病细胞治疗 . 北京:人民卫生出版社,2005 年 .

［2］ Christine M Poch,Kylie S Foo,Maria Teresa De Angelis,et al. Migratory and anti-fibrotic programmes define the regenerative potential of human cardiac progenitors. Nat Cell Biol,2022,24 (5):659-671.

［3］ Yamanaka S. Pluripotent Stem Cell-Based Cell Therapy-Promise and Challenges. Cell Stem Cell,2020,27(4):523-531.

［4］ Caroline McLaughlin,Pallab Datta,Yogendra P Singh,et al. Mesenchymal Stem Cell-Derived Extracellular Vesicles for Therapeutic Use and in Bioengineering Applications. Cells, 2022,11(21):3366.

［5］ Natalia Yudintceva,Natalia Mikhailova,Viacheslav Fedorov, et al. Mesenchymal Stem Cells and MSCs-Derived Extracellular Vesicles in Infectious Diseases:From Basic Research to Clinical Practice. Bioengineering(Basel),2022,9(11):662.

［6］ Aboul-Soud MAM,Alzahrani AJ,Mahmoud A. Induced Pluripotent Stem Cells(iPSCs)-Roles in Regenerative Therapies,Disease Modelling and Drug Screening. Cells,2021,10(9):2319.

［7］ Caleb J Bashor,Isaac B Hilton,Hozefa Bandukwala,et al. Engineering the next generation of cell-based therapeutics. Nat Rev Drug Discov,2022,21(9):655-675.

［8］ Lily Li-Wen Wang,Morgan E Janes,Ninad Kumbhojkar,et al. Cell therapies in the clinic. Bioeng Transl Med,2021,6(2):e10214.

［9］ Ella Buzhor,Lucy Leshansky,Jacob Blumenthal,et al. Cell-based therapy approaches:the hope for incurable diseases. Regen Med, 2014,9(5):649-672.

［10］ Bagher Farhood,Masoud Najafi,Keywan Mortezaee. CD8(+) cytotoxic T lymphocytes in cancer immunotherapy:A review. J Cell Physiol,2019,234(6):8509-8521.

［11］ Jennifer Yejean Kim,Yoojun Nam,Yeri Alice Rim,et al. Review of the Current Trends in Clinical Trials Involving Induced Pluripotent Stem Cells. Stem Cell Rev Rep,2022,18(1):142-154.

［12］ Ferreira LMR,Muller YD,Bluestone JA,et al. Next-generation regulatory T cell therapy. Nat Rev Drug Discov,2019,18(10): 749-769.

［13］ Caroline Raffin,Linda T Vo,Jeffrey A Bluestone. T_reg cell-based therapies:challenges and perspectives. Nat Rev Immunol,2020, 20(3):158-172.

［14］ Robert C Sterner,Rosalie M Sterner. CAR-T cell therapy:current limitations and potential strategies. Blood Cancer J,2021,11(4): 69.

［15］ Guozhu Xie,Han Dong,Yong Liang,et al. CAR-NK cells:A promising cellular immunotherapy for cancer. EBioMedicine, 2020,59:102975.

［16］ VI Seledtsov,AG Goncharov,GV Seledtsova. Clinically feasible approaches to potentiating cancer cell-based immunotherapies. Hum Vaccin Immunother,2015,11(4):851-869.

［17］ Keywan Mortezaee,Jamal Majidpoor. NK and cells with NK-like activities in cancer immunotherapy-clinical perspectives. Med Oncol,2022,39(9):131.

［18］ Shuo Wang,Xiaoli Wang,Xinna Zhou,et al. DC-CIK as a widely applicable cancer immunotherapy. Expert Opin Biol Ther,2020, 20(6):601-607.

［19］ Amrendra Kumar,Reese Watkins,Anna E Vilgelm. mCell Therapy With TILs:Training and Taming T Cells to Fight Cancer. Front Immunol,2021,12:690499.

［20］ Xiaotao Jiang,iang Xu,Mingfeng Liu,et al. Adoptive CD8(+)T cell therapy against cancer:Challenges and opportunities. Cancer Lett,2019,462:23-32.

［21］ Kedar Kirtane,Hany Elmariah,Christine H Chung,et al. Adoptive cellular therapy in solid tumor malignancies:review of the literature and challenges ahead. J Immunother Cancer,2021, 9(7):e002723.

［22］ Margot Jarrige,Elie Frank,Elise Herardot,et al. The Future of Regenerative Medicine:Cell Therapy Using Pluripotent Stem Cells and Acellular Therapies Based on Extracellular Vesicles. Cells,2021,10(2):240.

［23］ Rebekah M Samsonraj,Michael Raghunath,Victor Nurcombe, et al. Concise Review:Multifaceted Characterization of Human Mesenchymal Stem Cells for Use in Regenerative Medicine. Stem Cells Transl Med,2017,6(12):2173-2185.

［24］ Frans Schutgens,Hans Clevers. Human Organoids:Tools for Understanding Biology and Treating Diseases. Annu Rev Pathol, 2020,15:211-234.

［25］ Rossi G,Manfrin A,Lutolf MP. Progress and potential in organoid research. Nat Rev Genet,2018,19(11):671-687.

［26］ Benedetta Artegiani,Hans Clevers. Use and application of 3D-organoid technology. Hum Mol Genet,2018,27(R2):R99-R107.

［27］ Xinyi Xia,Fei Li,Juan He,et al. Organoid technology in cancer precision medicine. Cancer Lett,2019,457:20-27.

［28］ Ayesha Aijaz,Matthew Li,David Smith,et al. Biomanufacturing for clinically advanced cell therapies. Nat Biomed Eng,2018,2 (6):362-376.

［29］ Dong Yang,Bin Sun,Shirong Li,et al. NKG2D-CAR T cells eliminate senescent cells in aged mice and nonhuman primates. Sci Transl Med,2023,15(709):eadd1951.

［30］ Chaojie Zhu,Qing Wu,Tao Sheng,et al. Rationally designed approaches to augment CAR-T therapy for solid tumor treatment. Bioact Mater,2024,33:377-395.

［31］ Chen Tang,Shaliu Fu,Xuan Jin,et al. Personalized tumor combination therapy optimization using the single-cell transcriptome. Genome Med,2023,15(1):105.

［32］ Zhenlong Li,Rui Ma,Hejun Tang,et al. Therapeutic application of human type 2 innate lymphoid cells via induction of granzyme B-mediated tumor cell death. Cell,2024,187(3):624-641.

［33］ Caijun Sun,Teng Zuo,Ziyu Wen. B cell engineering in vivo: Accelerating induction of broadly neutralizing antibodies against HIV-1 infection. Signal Transduct Target Ther,2023,8(1):13.

［34］ Alessio D Nahmad,Cicera R Lazzarotto,Natalie Zelikson,et al. In vivo engineered B cells secrete high titers of broadly neutralizing anti-HIV antibodies in mice. Nat Biotechnol,2022,40(8): 1241-1249.

［35］ 曾庆想,李淳伟,李婵,等 . 干细胞标准化的研究进展 . 中国 生物制品学杂志,2022,35(9):1143-1148+1152.

［36］秦锋,顾建英.干细胞治疗与抗皮肤衰老的现状与未来.中华整形外科杂志,2022,38(9):961-969.

［37］黄小慧,黄凯琪,张琪,等.我国干细胞临床研究管理现状及对策思考.现代医院管理,2021,19(1):21-25.

［38］张宇.中国细胞治疗新药开发和产业化发展的机遇与挑战.药学进展,2023,47(1):1-5.

第二章 细胞生物学基础

提要:细胞是生物体结构和功能的基本单位,也是生命活动的基本单位。随着新技术的发展应用,人类从细胞的整体水平、显微水平、分子水平等多个层次对细胞有了深入了解,进一步以动态的研究观念解析细胞的发展进化,细胞结构、功能及细胞各种生命活动的规律。本章主要介绍细胞的分类和细胞的显微结构,阐述了细胞生命活动涉及的多种信号转导方式和途径,以及细胞之间的相互沟通协作的主要机制等方面的内容。整章内容共计 4 节,分别为细胞的基本结构、细胞的超微结构、细胞信号转导和细胞间通信。

细胞治疗技术的主体是细胞,对细胞生物学方面的深入研究和系统认识在细胞治疗技术的发展和应用中具有重要意义。细胞最早是由英国物理学家 R.Hooke 于 1665 年用自己制造的显微镜观察木栓薄片时发现的,命名为"cell"。随着显微镜技术、免疫细胞化学技术、细胞培养技术,以及生物化学和分子生物学等技术的出现和开发应用,以细胞为研究对象的细胞生物学学科蓬勃发展起来。当前细胞生物学研究已经成为生命科学研究中最活跃和最前沿的领域之一,并与多种学科形成交叉渗透。细胞是生物形态和功能活动的基本单位,所有生物学的答案最终都要到细胞中去寻找。

第一节 细胞的基本结构

除病毒之外,地球上存在的所有生物都是由细胞组成的,细胞是生命的基本单位。生物体的新陈代谢和在此基础上所表现的生长、发育、繁殖、遗传、变异及进化等一切生命活动都是在细胞内或细胞的基础上进行的。最简单的生物是单细胞生物。单细胞生物可以在不同类型的环境中生存,在极端寒冷或高温的环境中,或在有氧或厌氧条件下,甚至被甲烷气体包围,还有一些可以寄生在其他生物体内。细胞也可以构成多细胞生物,在这种情况下,不同的细胞被特化为具有不同功能的细胞,相互进行交流,共同协作,使机体能够作为一个整体正常地生存、繁殖。从单细胞生物到多细胞生物,生命的形式也由低等走向高等。

所有生物体的细胞都由一个共同的祖先细胞进化而来,经过无数次的分裂、突变和选择,祖先细胞的后代性状和功能逐渐趋异,呈现出生命的多样性。虽然后代细胞随进化逐渐趋异,但是因为源于一个共同祖先,所以细胞的基本结构具有共性。同时,在细胞水平上,所有细胞都使用相似的方法来存储、维护和表达遗传信息,具有类似的能量代谢、分子转运和信号转导过程。

亚里士多德最初建立生物学时,因为缺乏观测微观世界的仪器,因此他将生物简单地划分为动物和植物。显微镜的诞生使人们得以在微观尺度下观察这个世界,进而发现了细菌的存在,才有了后来 E.Chatton 于 1937 年提出的

将生物分为真核生物和原核生物,原因是动物细胞与植物细胞的差别远小于它们与细菌的差别。原核生物即由单一原核细胞形成的生物,包括细菌、衣原体、支原体、蓝细菌和古菌等。原核生物的进化地位较低,细胞结构简单,其主要特点是没有以核膜为界的细胞核;而真核生物是指由单一真核细胞或多个真核细胞构成的生物,包括动物、植物、真菌等。真核生物的进化地位较高,其细胞具有细胞核和组成内膜系统的各种细胞器。

依据 16S rRNA 序列上的差别,美国微生物学家 C.R.Woese 认为细菌、古菌和真核生物是从一个具有原始遗传机制的共同祖先分别进化而来的,因此将三者各划为一域,构成了三域系统,即细菌域、古菌域和真核域(图 1-2-1)。目前,研究人员已经在这三域中发现许多共同的基因,说明在进化早期,基因的水平转移和传递相当普遍,这一假说可以解释不论是哪个分支的细胞都具有许多共同基因。

一、原核细胞

原核细胞(prokaryotic cell)都很小,一般直径小于 $10\mu m$。它们结构简单,细胞外由细胞膜包绕,胞膜外有一层由蛋白多糖和糖脂组成的坚韧细胞壁(cell wall),对细胞起保护作用。少数细胞的细胞壁外还有胶质层。

原核细胞内有一个含有 DNA 的区域,但无被膜包围,这个区域称为拟核(nucleoid),拟核内仅含有一条不与蛋白质结合的裸露 DNA 链。细胞质中没有内质网、高尔基复合体、溶酶体及线粒体等膜性细胞器,但含有与蛋白质合成有关的核糖体。原核生物包括支原体、衣原体、细菌、放线菌、蓝绿藻、古菌等。

(一)支原体

支原体(mycoplasma)(图 1-2-2)是目前已知最小、结构最简单的能自我复制的细胞生物,整个基因组少于 500 个基因,没有细胞壁,球菌状(coccus)是支原体在培养中的最基本形态,具有复制能力的最小球菌体直径为 300nm。支原体的细胞膜由磷脂和蛋白质构成,比例约为 1 : 2。胞质内有呈环形的双链 DNA 分子,唯一的细胞器是核糖体。支原体和医学关系密切,是肺炎、脑炎和尿道炎的病原体。

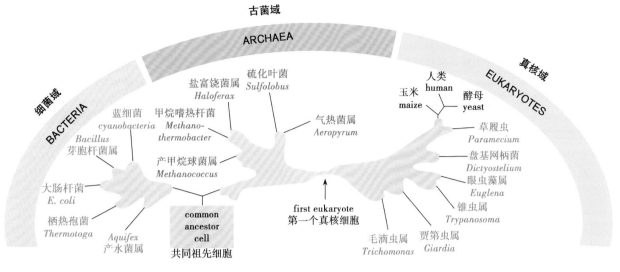

图 1-2-1　生物的三域系统

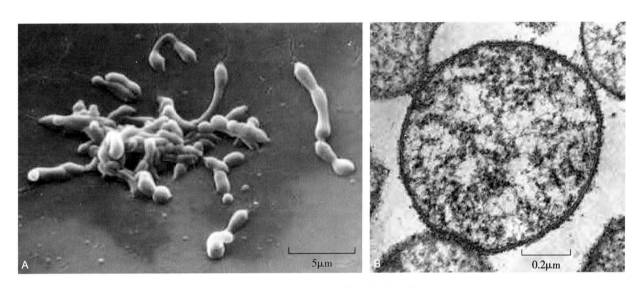

图 1-2-2　支原体细胞超薄切片电镜照片

A. 扫描电镜显示支原体的不规则形状,并且无细胞壁;B. 透射电镜显示支原体的细胞膜形态,胞质内可看到线状的染色体和黑颗粒状的核糖体

（二）细菌

细菌是原核细胞的主要代表,在自然界中分布广泛,种类多且数量大,与人类的关系极为密切。细菌的形态多种多样,大致可分为杆状(rod 或 bacillus)、球状、丝状(filamentous)和螺旋状(spirillum)等。

细菌的结构从外到内依次为细胞壁、细胞膜、细胞质和核区。除此之外,细菌还含有鞭毛(flagellum)、菌毛(pilus)、荚膜(capsule)和芽孢(endospore)等特殊结构(图 1-2-3)。

细胞壁的主要成分为肽聚糖(peptidoglycan),肽聚糖相互交联形成网状结构,为细胞提供了一个牢固的"支架"。

在细胞壁外面,很多细菌还有一层以多糖为主要成分

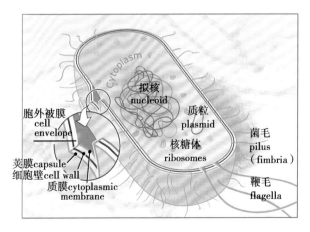

图 1-2-3　细菌结构示意图

的多糖包被(glycocalyx)。多糖包被依细菌种类的不同在厚度、组织和化学组成上有所不同。一种包被结构较松散,容易从细胞表面洗掉,称为黏液层(slime layer),另一种包被较厚,结构较致密,称为荚膜。荚膜具有保护作用,也是细菌在真核细胞内寄生的保护伞。很多杆菌和螺旋菌具有鞭毛,直径约15nm。除了鞭毛外,很多细菌还有比鞭毛短的菌毛,细菌可以通过菌毛黏附在各种基质上或与宿主细胞受体结合,以完成入侵宿主的第一步。细菌的细胞膜为双分子层结构,分为细胞膜内膜、细胞膜外膜和内外膜中间的间隙,膜上均有蛋白存在。此外,膜上还含有和某些代谢有关的酶类。

细菌的细胞质中除含有大量的核糖体外,无其他膜性细胞器。核糖体大多数游离于细胞质中,但有些附着在细胞膜的内表面。细菌的整个基因组DNA呈环状,位于细胞内的拟核区。其基因组结构很少有重复序列,构成某一基因的编码序列排列在一起,无内含子。因此,细菌蛋白质合成时,转录和翻译同时进行,无须对转录而来的mRNA进行加工。

在细胞质内,除了基因组DNA外,很多细菌还有质粒(plasmid)——一种小的环状DNA分子,能在细胞内独立复制扩增,并随着寄主细胞的分裂而被遗传到子代细胞。质粒的天然构型看起来就像麻花一样呈超螺旋状。质粒对宿主细菌本身一般不是必需的,也就是说细菌可以将质粒丢弃而对自己正常的细胞功能没有什么影响。但质粒本身带有许多基因,这些基因的表达产物可以赋予细菌很多新的特性,如一些基因能表达降解抗生素的酶,使细菌不被抗生素杀死;另一些则让细菌具有重金属的抗性等。质粒的存在无疑能帮助细菌抵抗恶劣的环境。由于环境污染和抗生素的滥用,更出现了能抵抗多种抗生素的"超级细菌",即多重耐药性细菌。

利用质粒能自我复制和带有抗性基因的特点,将质粒改造后,就成为基因工程中的载体,可以用来克隆人们所要的基因(带有外源基因的质粒称为重组质粒),并将此重组质粒转到细菌细胞中(通常是大肠杆菌)进行扩增,以获得足够多的基因进行研究;或者基因表达,生产对人类有用的蛋白质,如药物、酶等。载体已成为分子生物学和基因工程研究的重要工具。

(三)古菌

古菌是一类在极端环境(如极热、极冷、极酸、缺氧等)中生存而形态类似于细菌的原核生物。

古菌的细胞壁由多种成分构成,包括多糖和蛋白质,可能还有无机成分,不含肽聚糖。而古菌与细菌最大的区别在于细胞膜的膜脂性质。绝大多数细菌和真核生物的膜脂主要由甘油酯组成,其直链脂肪酸和甘油通过酯键相连;而古菌的膜脂则由甘油醚构成,其饱和支链烃与甘油通过醚键相连,因而古菌的细胞膜具有单分子层的结构。这种特征似乎赋予了古菌对极端温度的稳定性,但与此同时,也令其失去了对温度变化的适应性。

古菌可以看作是真核生物和细菌的杂合体,但兼具专有的一些特征,而这种特征也反映了它们在进化上的位置。

二、真核细胞

真核细胞(eukaryotic cell)比原核细胞进化程度高、结构复杂。高等生物由200多种真核细胞组成,其形态是多种多样的,可因细胞类型、功能和细胞彼此间相互关系的不同而不同,如红细胞为圆盘状,有利于O_2和CO_2的气体交换;具有防御功能的白细胞和其他吞噬细胞常为不定形,其形状可以改变;执行运动、收缩功能的肌细胞多为梭形;具有传导作用的神经细胞呈树枝状,除胞体外,还有许多长短不等的突起,以传送各种刺激;上皮细胞多为扁平状及柱形状。细胞离开了有机体分散存在时,形状往往发生变化,如平滑肌细胞在体内呈梭形,而离体培养时则可呈多角形。

一般说来,原核细胞直径小于$10\mu m$,而真核细胞的直径在$10\sim100\mu m$。对于真核生物而言,大多数动植物细胞直径一般在$20\sim30\mu m$。其中,动物细胞的卵细胞体积大多数都大于其体细胞。直观的例子是作为原核生物的支原体,其直径只有$0.1\mu m$,而鸵鸟的卵黄直径可达5cm。

在光学显微镜下,真核细胞的结构可分为细胞膜、细胞质和细胞核,在细胞核中可看到核仁。真核细胞的结构具有以下特点:

(一)内膜系统

由原核细胞进化而来的真核细胞,除分化出细胞核外,细胞膜内陷,构成复杂的内膜系统(endomembrane system)。真核细胞的特征之一是区域化(compartmentalization),而这种区域化正是通过内膜系统完成的。内膜系统在细胞质内精巧地分隔出许多封闭性区室,形成各种膜性细胞器,如内质网、高尔基复合体、溶酶体和过氧化物酶体等。这些细胞器均能独立地执行各自的生化反应,又相互合作地执行各种生命活动。组成这些膜性细胞器的膜具有相似的单位膜结构,即电镜下的内外两层电子致密的"暗"层中间夹着电子密度低的"亮"层,膜厚度约为7nm。这些膜性结构和细胞器均含有其特异的酶系和具有功能的蛋白质,从而在细胞内有条不紊地执行其功能。大分子和小分子进出膜性隔室是由嵌入在膜中的蛋白质控制的。独立隔室的内部叫内腔(lumen),其水状环境和周围的胞质溶胶不同。

与其他膜性细胞器(如内质网、高尔基复合体、溶酶体等)不同,线粒体和叶绿体是由双层膜包被,且含有遗传物质,这与原核细胞极其相似,而这种相似性为内共生学说(endosymbiotic theory)提供了基础。内共生学说假设线粒体和叶绿体曾经是某种细菌,偶然进入了真核生物的细胞质后,就在其中定居生存。而这种共生赋予了宿主新的能力,如进行呼吸作用或是光合作用。在某个进化节点,进入宿主体内的寄生者也因宿主提供了相应的功能,进而丢掉自己冗余的功能,逐渐特化为宿主所需的细胞器。而事实上,线粒体和叶绿体比起独立生活的细菌,确实少了很多必需的遗传功能。

(二)细胞核

与原核细胞相比,真核细胞出现了将遗传信息DNA围绕起来的核膜(核膜也属于内膜系统的一部分),形成细胞核。在电子显微镜下可以发现核膜表面散布着浅坑,这个结构被称为核孔（nuclear pore）。核孔是细胞核和细胞质之间的物质交换通道，允许离子和小分子在核质和细胞质之间自由扩散，但是大分子物质（如蛋白质、蛋白-RNA 复合物、mRNA）的进出是受到调控的。核孔的数目也因细胞种类、代谢状况的不同而有差别，在转录活性低或不转录的细胞中，核孔的数量较少。

细胞核是细胞内最重要的细胞器，核内包含有由 DNA 和蛋白质构成的染色体（chromosome）。有丝分裂间期染色体结构疏松，称为染色质（chromatin）；有丝分裂过程中染色体凝缩变短，称为染色体。核内的 DNA 与蛋白质是以结合形式而存在的。细胞核中还有一个折光率较低的区域，被称为核仁（nucleolus）。核糖体 RNA 的合成就发生在这个区域。大多数真核细胞都只有一个细胞核，真菌和其他一些种类的细胞可能含有多个细胞核，而哺乳动物的红细胞在成熟时会失去细胞核。

细胞核的出现具有重大的意义。首先，与原核生物相比，拥有细胞核的真核生物可以对基因表达进行更为精细的调控。在原核生物中，翻译和转录的过程是耦合进行的：mRNA 的翻译在其转录完成之前就开始了——这样的方式容易产生有缺陷的蛋白质。而在真核细胞中，为了降低这种出错风险，从前体 RNA 到 mRNA 的产生在细胞核内进行了精细的加工，而只有在这些加工步骤完成后，mRNA 的翻译才能启动。而这种分步加工的方式正是由于真核细胞分隔出了细胞核才得以实现。生物大分子在细胞核和细胞质之间的运输都是受到细胞调控的，通过核孔完成，在细胞核中转录完成的 mRNA 只有转运到细胞质中才能进行翻译，因为细胞质中含有 mRNA 翻译所必需的物质；而细胞核中进行的复制、转录等过程也需要许多蛋白质参与，这些蛋白也必须从细胞质中通过核孔转运至细胞核内。其次，细胞核对细胞中的 DNA 起到保护作用。真核细胞比原核细胞含有更多的 DNA，某些真核细胞中 DNA 含量甚至是原核细胞的 104 倍。DNA 与蛋白质结合，被包装成染色质，而染色质中 DNA 的双链断裂对细胞来说是致命的。在有丝分裂间期，染色质结构相对松散，因而 DNA 复制和翻译所需的酶可以接触到 DNA。但是当染色质结构疏松时，它也更容易受到伤害。细胞骨架的运动会产生剪切力，在有丝分裂间期如果没有核膜对染色质进行保护，DNA 很容易受到破坏。相反，在有丝分裂过程中，染色质结构会变得非常致密成为染色体，虽然核膜在这个过程中会破裂，使 DNA 暴露于细胞质环境中，但高度浓缩的染色体不易受到剪切力的破坏。

（三）细胞质基质

细胞质基质也称为细胞质溶胶（cytosol），是细胞质中除各种细胞器和内容物以外的稳定均质且半透明的水基凝胶，含 80% 左右的水分，具有液态性。其体积约占细胞质的一半。细胞质溶胶的化学成分按分子量大小分为大、中、小分子三大类。大分子包括蛋白质、多糖、脂蛋白和核糖核酸等；中等分子有脂肪酸、寡糖、氨基酸、核苷酸等；其余为小分子物质如水和无机盐（K^+、Na^+、Cl^-、Mg^{2+} 和 Ca^{2+} 等）。细胞质溶胶并不是均一的溶胶结构，其中还含有由微管、微丝和中间纤维组成的细胞骨架结构。细胞骨架蛋白作为细

胞器和酶的附着点，参与维持细胞形态，并与细胞运动、物质运输和信号转导有关。

细胞质溶胶具有较大的缓冲容量，为细胞内各类生化反应的正常进行提供了相对稳定的离子环境，为细胞器行使其功能供给所需要的一切底物。许多代谢过程是在细胞质溶胶中完成的，如蛋白质、核酸和脂肪酸的合成，糖酵解，磷酸戊糖途径和糖原代谢等，同时还是与细胞信号转导有关的信号分子的所在场所。

第二节　细胞的超微结构

20 世纪 30 年代，电子显微镜的发明，使人们观察细胞内部超微结构成为可能。电子显微镜下，在真核细胞中可以看到由单位膜组成的膜性细胞器，如内质网、高尔基复合体、溶酶体、过氧化物酶体、线粒体，细胞骨架结构，如微丝、微管和中间纤维，以及细胞核中的超微结构，如染色质和核基质（图 1-2-4）。

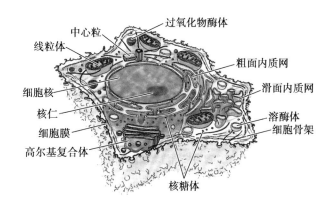

图 1-2-4　动物细胞结构模式图

一、细胞膜

细胞膜（cell membrane）是围绕在细胞最外层、将细胞与周围环境隔开的薄膜，具有"两暗夹一明"的单位膜结构。细胞膜的化学成分主要有膜脂、蛋白质和糖类。膜脂构成膜的基本骨架，为脂双分子层（图 1-2-5）。根据膜蛋白与脂双分子层的结合方式可分为：内在膜蛋白（internal membrane protein）或跨膜蛋白（transmembrane protein）、周边蛋白质（peripheral protein）和脂锚定蛋白（lipid anchored protein）。膜蛋白的含量和种类与膜的功能密切相关。细胞膜上的糖类以低聚糖或多聚糖的形式共价结合在膜蛋白或膜脂上，相应地形成糖蛋白（glycoprotein）或糖脂（glycolipid）。在大多数真核细胞表面，电镜下可观察到一层绒毛状的多糖物质，由膜蛋白、膜脂和蛋白聚糖的糖链向外伸展交织而成，称为糖萼（glycocalyx）。糖萼暴露在细胞表面，好似细胞接收或发射信号的"天线"，在细胞识别和信号转导中具有重要作用。

细胞膜中各种成分的种类和数量在细胞膜上是不均匀分布的，称为膜的不对称性。同时，脂双层为液晶态二维流体，膜脂分子、脂蛋白可以多种方式运动，称为膜的流动

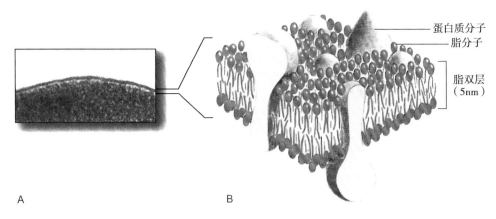

图 1-2-5 细胞膜的结构

A. 单位膜的电镜照片;B. 细胞膜三维结构模式图

性。膜的不对称性和流动性是细胞膜的主要特性,对于细胞发挥功能有重要意义。细胞膜在许多特定场合可向外形成大量的纤细突起(微绒毛、纤毛),或向内形成各种形式的内褶,以利于其功能活动。相邻细胞的细胞膜之间还可形成闭锁小带、黏着带、桥粒和间隙连接等各种特化结构,以保持细胞间的联系。此外,细胞还通过膜上的黏附分子介导相邻细胞之间的粘连,对维持机体组织结构形态特征、参与细胞识别和细胞分化等均具有重要作用。

细胞膜中有一些富含胆固醇和鞘磷脂的微区,其中聚集一些特定种类膜蛋白,这些区域比其他部分厚,更有秩序且较少流动,称为脂筏(lipid raft)。脂筏的直径为70~100nm,其上载有数百个蛋白质分子。脂筏不仅存在于质膜上,也存在于高尔基复合体膜上。质膜上的脂筏与小窝蛋白-1(caveolin-1)结合后内陷形成小窝(caveolae),可将细胞外生物活性分子转运至细胞内,同时在信号转导方面发挥重要作用。

细胞膜作为细胞的机械性和化学性屏障具有一系列重要的功能,如细胞内外的物质交换、细胞运动、细胞识别和细胞的生长调控等。

二、内质网

内质网(endoplasmic reticulum,ER)广泛分布于除成熟红细胞以外的所有真核细胞的胞质中,是由膜构成的小管(ER tubule)、小泡(ER vesicle)或扁囊(ER lamina)连接成的三维网状膜系统,遍布于细胞质中,细胞核附近较密集。在一些细胞中,小管、小泡和扁囊这三种结构单位可全部存在,而在另一些细胞则只具有其中的一种或两种。内质网膜与高尔基复合体及细胞核核膜相连续,内质网腔与核膜腔相通。内质网常常因细胞种类、分化状态和生理功能的不同而呈现出形态结构、数量多少和发达程度的差别,例如在大量合成抗体的浆细胞中,细胞质中的内质网很发达。

内质网膜主要由脂类和蛋白质组成。在内质网膜上含有 30~40 种酶,葡萄糖-6-磷酸酶是标志酶。此外,NADPH-细胞色素 c 还原酶、NADH-细胞色素 b_5 还原酶、细胞色素 b_5、细胞色素 P_{450} 和 NADPH-细胞色素 P_{450} 还原酶等构成了内质网上的电子传递体系,和内质网的解毒功能有关。

内质网有两种类型:粗面内质网(rough endoplasmic reticulum,RER)和滑面内质网(smooth endoplasmic reticulum,SER)。

(一)粗面内质网

因内质网的表面附着有核糖体颗粒而得名。电镜下,粗面内质网多呈扁平囊状,排列较为整齐,腔内含有均质的低或中等电子密度的蛋白样物质(图 1-2-6)。在蛋白质合

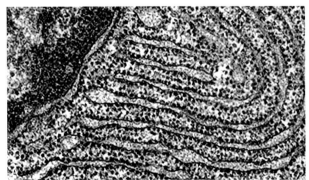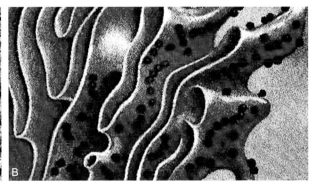

图 1-2-6 粗面内质网的形态结构

A. 粗面内质网透射电镜图;B. 粗面内质网立体结构模式图

成及分泌活性高的细胞,粗面内质网增多。在萎缩的细胞和有某种物质贮积的细胞,其粗面内质网则萎缩和减少。当细胞受损时,粗面内质网上的核糖体往往脱落于胞质内,粗面内质网的蛋白合成下降或消失;当损伤恢复时,其蛋白合成也随之恢复。粗面内质网数量的多寡也常反映肿瘤细胞的分化程度。

粗面内质网的主要功能是进行蛋白质的合成、修饰加工、分选和转运。合成的蛋白质包括分泌性蛋白、细胞外基质蛋白、膜蛋白和构成细胞器中的驻留蛋白。以分泌性蛋白为例,蛋白质的合成起始于细胞质溶胶中的核糖体,这一过程包括核糖体被新生肽链上的信号肽引导到内质网膜,在核糖体上合成的不断延长的多肽链穿过内质网膜并进入内质网腔,在腔内通过分子伴侣的帮助进行正确折叠,继而发生蛋白质的 N-糖基化修饰,最后加工好的蛋白质经由高尔基复合体输出到细胞外。

(二)滑面内质网

滑面内质网表面无颗粒,多由分支小管和圆形小泡构成,常与粗面内质网相通(图 1-2-7)。大部分细胞中粗面内质网和滑面内质网同时存在,仅比例不同,但有些特殊的细胞仅含有其中的一种。

滑面内质网的功能多样。脂类合成是其最为重要的功能之一,细胞所需要的全部膜脂几乎都是由内质网合成的。滑面内质网含有丰富的氧化及电子传递酶系,是细胞解毒的主要场所,如肝细胞的滑面内质网能对一些低分子物质如药物、毒物、胆红素等进行生物转化。平滑肌和横纹肌细胞中的滑面内质网则特化为肌质网(sarcoplasmic reticulum),通过释放和摄入 Ca^{2+} 来调节肌肉的收缩。滑面内质网膜在葡萄糖-6-磷酸酶等酶的作用下参与糖原分解过程,其是否参与糖原合成尚待进一步研究。

三、高尔基复合体

高尔基复合体(Golgi complex)见于一切有核细胞,在电镜下是由数个扁平囊泡堆在一起形成的高度有极性的膜性细胞器。根据形态、极性特征划分为扁平囊泡、小囊泡和大囊泡三种组成部分(图 1-2-8)。扁平囊泡,现统称为潴泡(cistern),是主体特征结构组分,其凸面朝向细胞核和内质网,称为形成面(forming face)或顺面(cis-face),凹面侧向细胞膜称为成熟面(mature face)或反面(trans-face)。小囊泡,现统称小泡(vesicle),一般认为顺面由附近的粗面内质网芽生、分化而来,参与物质转运和潴泡结构补充。大囊泡,现统称液泡(vacuole),是见于成熟面的分泌小泡(secretory vesicle)。

高尔基复合体的主要成分为脂类和蛋白质,其化学组成介于内质网膜和细胞膜之间。高尔基复合体含有多种酶类,如催化糖蛋白质合成的糖基转移酶、催化糖脂合成的磺基-糖基转移酶、氧化还原酶、磷脂酶、磷酸酶和酪蛋白磷酸激酶等,其中糖基转移酶是高尔基复合体的标志酶。

高尔基复合体的形态结构与分布状态在不同的细胞中有很大的差异。在胰腺细胞、甲状腺细胞、肠黏膜上皮细胞等具有生理极性的细胞中,高尔基复合体常分布在细胞核附近并趋向于一极。在肝细胞中,高尔基复合体则沿着胆小管分布在细胞边缘。在分化发育成熟且具有旺盛分泌功能的细胞中,高尔基复合体较为发达。高尔基复合体的主要功能是将内质网合成的蛋白质进行加工、分类、包装,然后分门别类地送到细胞特定的部位或分泌到细胞外。这些活动分别是在高尔基复合体的不同区室完成的。顺面高尔基复合体筛选由内质网新合成的蛋白质和脂类,并将其大部分转入中间扁平囊区,小部分再返回内质网。转入到中间扁平囊区的物质进行蛋白质的糖基化修饰、糖脂形成和多糖合成。反面高尔基复合体则执行蛋白质的分选功能,最终经分选的蛋白质成为分泌蛋白、跨膜蛋白或溶酶体蛋白。其可能的机制为经过修饰的蛋白质具有可被高尔基复合体膜上专一受体识别的分选信号,进而选择、浓缩,形成不同去向的衣被小泡,衣被小泡中包含有经分选的蛋白

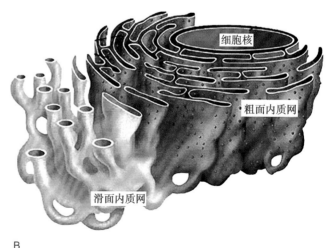

图 1-2-7 滑面内质网的形态结构
A. 滑面内质网透射电镜图;B. 滑面内质网与粗面内质网结构关系示意图

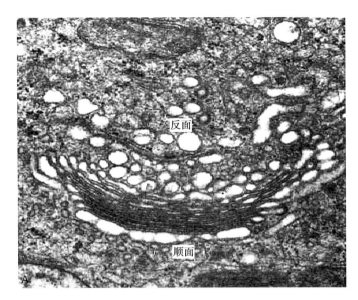
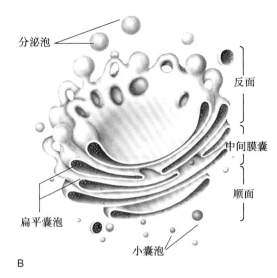

分泌泡

反面

中间膜囊

顺面

扁平囊泡

小囊泡

图 1-2-8 高尔基复合体的结构
A.高尔基复合体透射电镜图;B.高尔基复合体结构模式图

质。衣被小泡在运输过程中,其衣被返回到高尔基复合体的反面,内容物则到达靶部位如溶酶体或细胞膜,以膜融合的方式将内容物释放。

四、溶酶体

溶酶体(lysosome)是由一层单位膜包围的内含多种酸性水解酶的膜性细胞器(图 1-2-9),其主要功能是进行细胞内消化。溶酶体形状大小不一,一般直径为 0.2~0.8μm。不同细胞中溶酶体的数量差异巨大,典型的动物细胞含有几百个溶酶体。

在溶酶体中可含有 60 多种能够分解机体几乎所有生物活性物质的酸性水解酶,分为核酸酶、蛋白酶、糖苷酶、

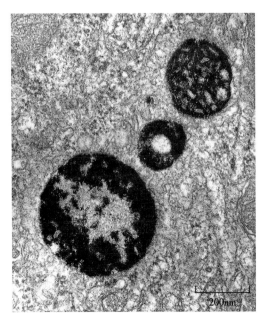

图 1-2-9 溶酶体形态结构的透射电镜照片

脂酶、磷酸酶和硫酸脂酶等六大类,最适宜 pH 值通常为 3.5~5.5,其中酸性磷酸酶是溶酶体的标志酶。溶酶体膜内含有质子泵,可将 H^+ 泵入溶酶体内,从而维持酸性环境。溶酶体膜中富含两种高度糖基化的跨膜整合蛋白 IgpA 和 IgpB,可能有利于保护溶酶体膜免受溶酶体内蛋白酶酸性水解酶的消化分解。

溶酶体具有异质性。不同溶酶体中所含的水解酶不完全相同且种类有限,因此表现出不同的生化或生理性质。一般将之划分为初级溶酶体(primary lysosome)、次级溶酶体(secondary lysosome)和三级溶酶体(tertiary lysosome)三种基本类型。

初级溶酶体是指形成途径刚刚产生的溶酶体,只含有酶,没有底物,内含物均一,无明显颗粒。初级溶酶体内的酶通常处于非活性状态。次级溶酶体是指初级溶酶体和底物结合的溶酶体,它反映出溶酶体的活动性,可分为异噬溶酶体(heterophagic lysosome)和自噬溶酶体(autophagolysosome)。异噬溶酶体消化的物质来自细胞外的外源性物质,如细菌、坏死组织碎片或可溶性液体物质等。自噬溶酶体消化的物质来自细胞本身的各种组分,如衰老和崩解的细胞器或自噬体(autophagosome)。三级溶酶体是指次级溶酶体在完成对绝大部分作用底物的消化、分解作用之后,尚有一些不能被消化、分解的物质残留其中,随着酶活性的逐渐降低以至最终消失,进入了溶酶体生理功能作用的终末状态。此时又被易名为残余体(residual body)。残余体可被排出细胞或在细胞中积累,如肝细胞中的脂褐质(lipofuscin)、含铁小体(siderosome)和髓样结构(myelin figure)等。组成溶酶体的膜蛋白、膜脂和酶类始由内质网合成,经高尔基复合体加工修饰、分选和运输,最后经反面高尔基复合体出芽形成特殊运输小泡并与晚期内体(late endosome)融合,形成内体性溶酶体。

溶酶体的主要功能是通过对经胞吞(饮)作用摄入的外来物质或细胞内衰老、残损的细胞器进行消化,使之分解成为可被细胞重新利用的小分子物质,从而对更新细胞成分、维持生理功能和机体防御保护具有重要作用。此外,溶酶体还参与个体发生和机体发育过程,如精子进入卵细胞的受精过程、蝌蚪尾部的消失等。溶酶体也参与某些腺体分泌的调节,如甲状腺素分泌。

五、过氧化物酶体

过氧化物酶体(peroxisome)是一层单位膜包裹的,内含氧化酶和过氧化氢酶的细胞器,多呈圆形或卵圆形。电镜下,在过氧化物酶体中常观察到电子致密度高的结晶状核心,称为类核体(nucleoid)或类晶体(crystalloid),此为尿酸氧化酶所形成(图1-2-10)。

过氧化物酶体中含有的酶多达40余种,主要分类为三类:氧化酶、过氧化氢酶和过氧化物酶,其中前两种酶类丰富,过氧化氢酶为标志酶。

过氧化物酶体的主要功能为解毒作用。其氧化酶利用分子氧,通过氧化还原反应去除特异有机底物上的氢原子,产生过氧化氢。而过氧化氢酶又利用过氧化氢去氧化各种反应底物(如甲醛、甲酸、酚、醇等),从而有效消除细胞代谢所产生的过氧化氢和毒性物质,起到保护细胞的作用。如饮酒进入人体的乙醇,主要就是通过此种方法被氧化解毒的。此外,过氧化物酶体还能调节细胞氧张力和分解脂肪酸等高能分子。

六、线粒体

线粒体(mitochondrion)呈线状、粒状或杆状。电镜下,线粒体是由双层单位膜套叠而成的封闭性膜囊结构。外膜是线粒体最外层所包绕的一层单位膜,光滑平整。外膜上有多种转运蛋白,它们形成2~3nm的水相通道小孔。内膜比外膜稍薄,由内膜直接包围的空间因含有基质,称为基质腔或内腔。内膜与外膜之间的空间称为外腔或膜间腔(图1-2-11)。电镜下,可观察到线粒体上存在着内膜与外膜接触的膜间隙狭窄的地方,称为转位接触点,是蛋白质等物质进出线粒体的通道。内膜上有大量向内腔突起的折叠,形成嵴(cristae)。嵴常呈锯齿状,也可呈层板状、管状及纵行状。嵴增加了内膜表面积,能量代谢活跃的细胞线粒体嵴数量多。

内膜(包括嵴)的内表面附着许多富含蛋白质的颗粒,称为基粒,每个线粒体有10^4~10^5个。基粒由头部、柄部和基片三部分组成,头部具有酶活性,能催化ADP磷酸化生成ATP,因此,基粒又叫ATP合酶复合体。

线粒体是细胞中含酶最多的细胞器,目前已确认120余种,在行使细胞氧化功能时起重要作用。线粒体的基质腔内有其独特的双链环状DNA和核糖体,具有自己的遗传系统和蛋白质翻译系统。在活细胞中,线粒体不断地进行分裂与融合,达到相互平衡,这对于线粒体形态塑造、功能维持、应对环境变化有重要作用。同时,线粒体在能量代谢和自由基代谢中产生大量超氧阴离子,通过链式反应形成活性氧。

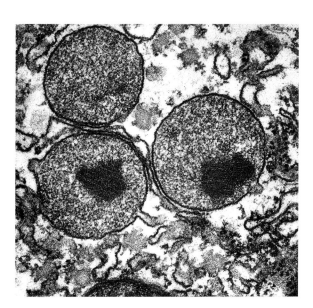

图1-2-10 过氧化物酶体电镜图

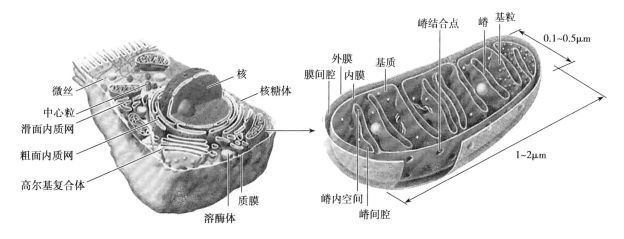

图1-2-11 线粒体的结构
左为线粒体在细胞内的分布;右为线粒体结构示意图

线粒体最主要的功能是通过一系列酶系所催化的氧化还原反应进行能量转换,其中主要是对营养物质氧化并与磷酸化耦联生成 ATP。这种功能称为细胞呼吸(cellular respiration)或细胞氧化(cellular oxidation)。线粒体还参与调节细胞增生,以及凋亡和坏死,如线粒体产生的活性氧水平较低时促进细胞增生,水平较高时促进细胞凋亡。

七、细胞骨架

在真核细胞中,广泛分布的蛋白纤维网架系统对细胞形态和内部结构的合理排布起支架作用,称为细胞骨架(cytoskeleton)。细胞骨架由三类蛋白组成:微管(microtubule)、微丝(microfilament)和中间纤维(intermediate filament)(图 1-2-12),均由各自的蛋白质亚基装配而成。

(一)微管

微管是由 13 条原纤维纵行螺旋排列的中空圆柱形,在大多数细胞中仅长数微米,但在神经元的轴突中长达数厘米。构成微管的基本成分是微管蛋白,包括 α 微管蛋白、β 微管蛋白和 γ 微管蛋白,其中前两者以异二聚体的形式首尾相接构成原纤维。γ 微管蛋白虽然含量低(<1%),但对微管的形成、数量、位置和微管的极性确定起重要作用。除微管蛋白外,微管上还有微管结合蛋白,它是维持微管结构和功能所必需的成分。微管以单管、二联管和三联管的形式存在于细胞中。二联管和三联管仅存在于某些特化的细胞结构中,如纤毛和鞭毛的杆状部分由二联管构成,基部则由三联管构成。

(二)微丝

电镜下,微丝是由双股肌动蛋白丝以右手螺旋排列形成,每旋转一圈的长度为 37nm,正好为 14 个球状肌动蛋白分子聚合的长度。肌动蛋白是组成微丝的亚单位。此外,肌动蛋白丝还需要微丝结合蛋白的协助,才能形成各种亚细胞结构,如应力纤维和肌原纤维等,从而发挥微丝的功能。

(三)中间纤维

中间纤维是细胞骨架蛋白成分最复杂的一种,其单体是蛋白质纤维分子,已发现 50 多种。根据其组织来源和免疫原性,将中间纤维蛋白分为 5 种类型:角蛋白(表达于上皮细胞或外胚层起源的细胞)、结蛋白(表达于成熟肌肉细胞)、波形纤维蛋白(表达于间质细胞和中胚层起源的细胞)、胶质纤维酸性蛋白(表达于中枢神经系统的胶质细胞)和神经纤丝蛋白(表达于中枢和外周神经系统的神经元)。这些中间纤维蛋白是长的线性蛋白,由头部、杆部和尾部三部分组成。杆部的氨基酸高度保守,而头部和尾部的氨基酸高度可变,决定着中间纤维蛋白的种类。

细胞骨架不仅在维持细胞形态、承受外力、保持细胞内部结构的有序性方面起重要作用,还参与了细胞运动、物质运输、能量转换、信息传递和细胞分裂等一系列重要的生命活动。

八、细胞核

细胞核(nucleus)是真核细胞中由双层单位膜组成的最大和最重要的细胞器,一般位于细胞中央,但在有些细胞例外,如脂肪细胞中,细胞核被脂滴挤于边缘。通常一个细胞只有一个细胞核,但肝细胞、肾小管细胞和软骨细胞有双核,而破骨细胞的核多达数百个。细胞核的形状多样,可呈球形、杆状、分叶状和锯齿状等。

结构完整的细胞核存在于间期细胞中,包括核膜(nuclear membrane)、核仁(nucleolus)、染色质(chromatin)和核基质(nuclear matrix)等部分(图 1-2-13)。电镜下,核膜由两层基本平行的、呈同心排列的单位膜组成,即外核膜

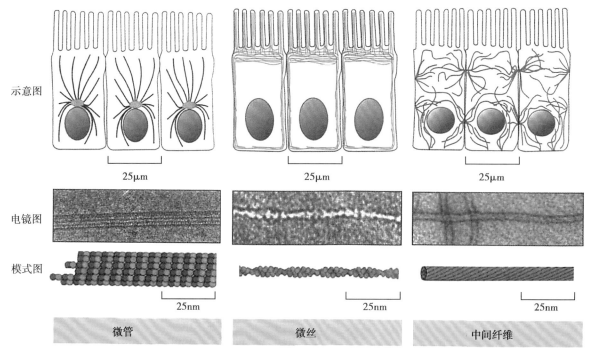

图 1-2-12　细胞骨架的三种类型
示意图:细胞骨架在细胞内分布示意图;电镜图:电镜下的细胞骨架结构;模式图:根据电镜观察结果绘制的细胞骨架结构模式图

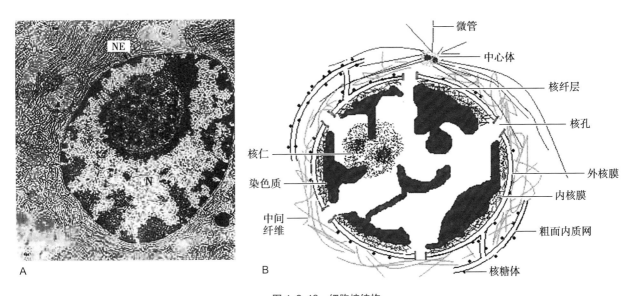

图 1-2-13　细胞核结构
A. 大鼠胰腺细胞核电镜照片（N:细胞核；NE:核膜）;B. 间期细胞核结构模式图

和内核膜。外核膜面向胞质,与粗面内质网相连续,其形态、组成及生化行为与粗面内质网相似,被认为是内质网的特化区域。外核膜表面附着有核糖体,可进行蛋白质的合成。内核膜下有一层纤维蛋白网附着,为核纤层,是一层由高密度纤维蛋白组成的网络片层结构,对核膜起支持作用。内、外核膜融合形成核孔。核孔在核膜上的密度一般为 35~65 个/μm^2,在代谢或增殖活跃的细胞中核孔较多。电镜下,核孔是由蛋白质构成的复杂结构,即核孔复合体,介导了细胞核与胞质间的物质运输。

间期细胞核中弥散着由 DNA 和组蛋白构成的染色质,呈不规则细丝状,分为功能活跃呈伸展状态的常染色质（euchromatin）和功能惰性呈凝缩状态的异染色质（heterochromatin）,在细胞进入分裂期后,染色质通过螺旋、折叠等过程变成粗短的染色体（chromosome）。核仁在真核细胞间期核中出现,电镜下呈裸露无膜的纤维网状结构,由三个不完全分隔的部分组成,包括纤维中心、致密纤维组分和颗粒组分,是 rRNA 合成、加工和核糖体亚基装配的场所。核基质是以纤维蛋白成分为主的纤维网架结构,分布在整个细胞核内。核基质可能参与遗传信息的复制、表达和加工等生命活动。

细胞核是遗传物质 DNA 储存的场所,是生命活动的调控枢纽。细胞核的出现使遗传信息的转录和翻译在不同的时间和空间上进行,转录发生在细胞核中,而加工和翻译在胞质中,这使真核细胞 RNA 前体在进行蛋白质合成前可进行有效的剪切和修饰,从而确保了真核细胞基因表达的准确和高效。

第三节　细胞信号转导

细胞的一切生命活动都与信号有关。多细胞生物个体的细胞每时每刻都在接收和处理来自胞内和胞外的各种信号,这些细胞信号的传递在生命中具有重要的作用,它影响甚至控制着细胞的代谢、运动、增殖、分化和死亡等行为。除在神经元内部（即从细胞的一端到另一端）主要通过电信号传递外,在大多数情况下,细胞与细胞间的信号转导,主要依赖化学信号来实现。这种通过化学信号分子与细胞表面受体作用来影响细胞内信使分子的水平变化,进而引起细胞应答反应的一系列过程,称为信号转导（signal transduction）。

阐明细胞信号转导的途径及其分子机制,对于认识细胞在代谢、运动、增殖、分化和死亡等多种生命过程中的表现和调控方式,以及对于这些生命活动本质的理解具有重大的理论价值。同时,对于认识各种疾病的分子发病机制和发现新的诊疗手段也具有非常重要的实用价值。随着近年来分子生物学技术手段的不断改进,人们对细胞内信号转导的认识也越来越深入。现已知道细胞内存在多种信号转导方式和途径,它们在多个层次上交叉调控,形成一个复杂的网络系统。

一、信号转导分子

细胞信号转导是将来自细胞外的信息传递到细胞内各种效应分子的过程。通过此过程,细胞将外源信号经特异性的受体转变为细胞内多种分子活性、浓度或含量、细胞内定位等的变化,从而改变细胞的某些代谢过程或生物学行为如生长速度、细胞迁移能力,甚至引起细胞凋亡。在细胞外信号进入并在细胞内传递的过程中,主要涉及的分子可分为四大类:①细胞所接收的各种外源信号;②介导细胞外信号向细胞内传递的特异性受体;③构成细胞内信号转导途径的各种信号转导分子;④执行各种生物学效应的效应分子。因此,细胞外信号、受体、信号转导分子和效应分子是细胞信号转导的分子基础。

（一）第一信使分子

通常将胞外信号分子称为第一信使（first messenger）。细胞所接受的胞外信号既可以是物理信号（声、光、热、电、磁、力）,也可以是化学信号,但是在细胞转导中最广泛的信号是化学信号。这些化学信号分子包括小肽、蛋白质、气体分子（NO、CO）、氨基酸、核苷酸、脂类和胆固醇衍生物等,其共同特点是:①特异性,只能与特定的受体结合;②高效性,几个分子即可发生明显的生物学效应,这一特性有赖于细胞的信号逐级放大系统;③可被灭活,完成信息传递后可被降解或修饰而失去活性,保证信息传递的完整性和细胞免于疲劳。

根据细胞外信号溶解性、来源等特点,将其可分为可溶型信号分子（soluble signaling molecule）和膜结合型信号分子（membrane-bound signaling molecule）。

1. 可溶型信号分子　在多细胞生物中,细胞通过分泌一些化学物质（如蛋白质或小分子有机化合物）而发出信号,这些信号分子作用于靶细胞表面或细胞内的特异性受体,调节靶细胞的功能,从而实现细胞之间的信息交流,这些细胞分泌的可溶性化学物质称为可溶型信号分子。根据可溶型信号分子的溶解特性,可将其分为脂溶性化学信号（liposoluble chemical signal）和水溶性化学信号（water-soluble chemical signal）两大类;而根据可溶型信号分子在体内作用的方式、距离和范围,则可将其分为神经递质（neural transmitter）、内分泌信号（endocrine）和旁分泌信号（paracrine）三大类（表 1-2-1）。有些旁分泌信号还作用于发出信号的细胞自身,称为自分泌（autocrine）,作为游离分子在细胞间传递。

表 1-2-1　可溶型信号分子的分类

	神经分泌	内分泌	旁分泌及自分泌
化学信号的名称	神经递质	激素	细胞因子
作用距离	nm	n	mm
受体位置	膜受体	膜或胞内受体	膜受体
举例	乙酰胆碱、谷氨酸	胰岛素、甲状腺激素、生长激素	表皮生长因子、白介素、神经生长因子

激素是由内分泌细胞（如肾上腺、睾丸、卵巢、胰腺、甲状腺、甲状旁腺和垂体）合成的化学信号分子,一种内分泌细胞基本上只分泌一种激素。参与信号转导的激素有三种类型:蛋白与肽类激素、类固醇激素和氨基酸衍生物激素。通过激素传递信息是最广泛的一种信号转导方式,这种通信方式的距离最远,覆盖整个生物体。神经递质是由神经元的突触前膜终端释放,作用于突触后膜上受体的小分子物质,是神经元与靶细胞之间的化学信使,一般作用时间和作用距离均短,如乙酰胆碱和去甲肾上腺素等。细胞因子是由各种不同类型的细胞合成并分泌到细胞外液中的信号分子,它们不进入血液,只能作用于周围的细胞,如生长因子、前列腺素和气体分子 NO 等。

2. 膜结合型信号分子　在多细胞生物中,每个细胞的细胞膜外表面都有很多蛋白质、糖蛋白和蛋白聚糖分子;相邻细胞可通过细胞膜表面分子的特异识别和相互作用而传递信号。当细胞通过细胞膜表面分子发出信号时,这些分子就被称为膜结合型信号分子或接触依赖性信号分子（contact-dependent signaling molecule）,并与其靶细胞表面能识别它们的特异性分子（即受体）结合,将信号传入靶细胞内。这种通过相邻细胞膜表面分子间相互作用接收并传递信号的细胞通信方式称为膜表面分子接触通信（contact signaling by membrane-bound molecule）。相邻细胞间黏附因子的相互作用、T 淋巴细胞与 B 淋巴细胞表面分子的相互作用等均属于这一类通信方式。

（二）受体

受体（receptor）是一种能够识别和选择性结合某种配体（信号分子）的大分子物质,多为糖蛋白,一般至少包括两个功能区域,即与配体结合的区域和产生效应的区域。当受体与配体结合后,构象改变而产生活性,启动一系列过程,最终表现为生物学效应。受体与配体间的作用具有三个主要特征:特异性、饱和性和高度的亲和力。

根据靶细胞上受体存在的部位,可将受体分为细胞内受体（intracellular receptor）和细胞表面受体（cell surface receptor）。细胞内受体可存在于胞质或细胞核中,其介导亲脂性信号分子的信息传递,如胞内的类固醇激素受体。细胞内受体通常有两个不同的结构域,一个是与 DNA 结合的结构域,另一个是激活基因转录的 N 端结构域。此外,它有两个结合位点,一个是与配体结合的位点,位于 C 末端,另一个是与抑制蛋白结合的位点。细胞内受体在没有与配体结合时,抑制蛋白抑制了受体与 DNA 的结合,若是有相应的配体,则释放出抑制蛋白。因此,细胞内受体是基因转录调节蛋白,在与配体结合后,其分子构象发生改变,进入功能活化状态。其 DNA 结合区与 DNA 分子上的激素调节元件（hormone regulatory element,HRE）相结合,通过稳定或干扰转录因子对 DNA 序列的结合,选择性地促进或抑制基因转录。胞内受体介导的信号转导反应过程很长,细胞产生效应一般需要经历数小时至数天。

细胞表面受体介导亲水性信号分子的信息传递,通常由与配体相互作用的细胞外结构域、将受体固定在细胞膜上的跨膜结构域和起传递信号作用的细胞内结构域三部分组成;根据其结构和功能不同,又可分为离子通道型受体、G 蛋白耦联受体和酶耦联受体（表 1-2-2）。

表 1-2-2　三种膜受体的特点

特性	离子通道型受体	G 蛋白耦联受体	酶耦联受体
内源性配体	神经递质	神经递质、激素、趋化因子、外源刺激（光、气味）	生长因子、细胞因子
结构	寡聚体形成的孔道	单体	具有或不具有催化活性的单体
跨膜区段数目	4 个	7 个	1 个
功能	离子通道	激活 G 蛋白	激活蛋白酪氨酸激酶,激活蛋白丝/苏氨酸激酶
细胞应答	去极化与超极化	去极化与超极化,调节蛋白质功能和表达水平	调节蛋白质功能和表达水平,调节细胞分化和增殖

离子通道型受体(ion-channel-linked receptor)既是信号结合位点,又是离子通道,其跨膜信号转导无须中间步骤,如乙酰胆碱闸门 Na^+、Ca^{2+} 通道。当神经递质与受体结合后,导致受体本身通道蛋白的构象改变,离子通道开放或关闭,瞬时将细胞外信号转换为电信号,改变细胞的兴奋性。离子通道型受体主要分布于神经细胞和可兴奋细胞的细胞膜上。

G 蛋白耦联受体(G protein-coupled receptor)是指配体与细胞表面受体结合后,触发受体蛋白构象改变,后者再进一步调节 G 蛋白的活性而将配体的信号传递到细胞内。可与这类受体结合的配体有肾上腺素、血清素和胰高血糖素等。

酶耦联型受体(enzyme-linked receptor)分为两类,一类是本身具有激酶活性,如表皮细胞生长因子(epidermal growth factor,EGF)、血小板衍生生长因子(platelet derived growth factor,PDGF)和集落刺激因子(colony stimulating factor,GSF)等肽类生长因子受体;另一类是本身没有酶活性,但可以连接非受体酪氨酸激酶,如细胞因子受体超家族。这类受体的共同点是:①通常为单次跨膜蛋白;②接受配体后发生二聚化而激活,启动其下游信号转导。已知的酶耦联型受体如受体酪氨酸激酶、酪氨酸激酶连接的受体、受体酪氨酸磷脂酶和受体丝氨酸/苏氨酸激酶等。

(三)细胞内信号转导分子

细胞特异性的受体识别并结合特定的细胞外信号,将其转换成细胞内一些蛋白质分子和小分子活性物质可以识别的配体信号,进而通过这些分子将其传递至其他分子并引起细胞应答,这些能够传递信号的细胞内蛋白质分子和小分子活性物质被称为信号转导分子(signal transducer)。信号转导分子是构成细胞内信号转导途径的分子基础,根据其作用特点,主要分为小分子第二信使、酶和信号转导蛋白三大类。

1. 小分子第二信使 细胞内能够传递信号的小分子活性物质常称为第二信使(second messenger)。目前公认的第二信使有环磷酸腺苷(cyclic AMP,cAMP)、环磷酸鸟苷(cyclic GMP,cGMP)、二酰基甘油(diacylglycerol,DAG)、三磷酸肌醇(inositol-1,4,5-triphosphate,IP3)、磷脂酰肌醇-3,4,5-三磷酸(phosphatidylinositol-3,4,5-triphosphate,PIP3)、Ca^{2+} 和 NO 等。第二信使的作用是对胞外信号起转换和放大的作用。确定一种小分子活性物质是否属于第二信使,它应具有细胞内小分子第二信使的几个特点:①在完整细胞中,其浓度(如 cAMP、cGMP、DAG、IP3 等)或分布(如 Ca^{2+})可在细胞外信号的作用下发生迅速改变;②该分子类似物可模拟细胞外信号的作用;③阻断该分子的变化可阻断细胞对外源信号的反应;④在细胞内有特定的靶分子;⑤可作为别构效应剂作用于靶分子;⑥不位于能量代谢途径的中心。表 1-2-3 列举了部分第二信使的名称、代谢酶、靶分子及参与的生理功能。

2. 酶 细胞内许多信号转导分子都是酶,其中蛋白激酶(protein kinase,PK)与蛋白磷酸酶(protein phosphatase)是一对催化蛋白质可逆性磷酸化修饰的重要酶类。磷酸化修饰可以提高或降低酶分子的活性,蛋白质的磷酸化与去磷酸化是快速调节细胞内信号转导分子活性的最主要方式。除此以外,细胞内还有一些催化第二信使生成与转化的酶,如前面所述的腺苷酸环化酶(adenylate cyclase,AC)和鸟苷酸环化酶(guanylate cyclase,GC)等。

蛋白激酶是一类磷酸转移酶,其作用是将 ATP 的 γ 磷酸基转移到底物特定的氨基酸残基上,使蛋白质磷酸化,可分为蛋白丝氨酸/苏氨酸激酶、蛋白酪氨酸激酶、蛋白组/赖/精氨酸激酶、蛋白半胱氨酸激酶和蛋白天冬氨酸/谷氨酸激酶等。蛋白激酶在信号转导中的主要作用有两个方面:①通过磷酸化调节蛋白质的活性,磷酸化和去磷酸化是绝大多数信号通路组分可逆激活的共同机制,有些蛋白质在磷酸化后具有活性,有些则在去磷酸化后具有活性;②通过蛋白质的逐级磷酸化,使信号逐级放大,引起细胞反应。

蛋白磷酸酶使磷酸化的蛋白质发生去磷酸化,与蛋白激酶相对应而存在,与蛋白激酶共同构成了蛋白质活性的调控系统。无论蛋白激酶对其下游分子的作用是正调节还是负调节,蛋白磷酸酶都将对蛋白激酶所引起的变化产生衰减或终止效应。依据蛋白磷酸酶所作用的氨基酸残基不同,它们被分为蛋白丝/苏氨酸磷酸酶和蛋白酪氨酸磷酸酶。少数蛋白磷酸酶具有双重作用,可同时除去酪氨酸和丝/苏氨酸残基上的磷酸基团。

表 1-2-3 细胞内主要的第二信使

名称	浓度的调节	代表性靶分子	涉及的一些细胞功能
cAMP	由 AC 催化 ATP 生成,经 cAMP 依赖的 PDE 将其水解为 AMP	PKA、离子通道	代谢、转录、味觉、嗅觉
cGMP	由 GC 催化 GTP 生成,经 cGMP 依赖的 PDE 将其水解为 GMP	PKG、离子通道	心肌和平滑肌收缩、视觉
IP3	由 PLC 水解 PIP2 生成	IP3 受体(一种钙离子通道)	同 Ca^{2+}
DAG	由 PLC 水解 PIP_2 生成	PKC	转录、细胞骨架重组、细胞增殖
Ca^{2+}	细胞外钙内流及细胞内钙库的释放	PKC、钙调蛋白	转录、细胞骨架重组、细胞增殖
PIP3	由 PI3K 催化 PIP_2 磷酸化生成	PKB	代谢、细胞黏附
NO	NOS	GC、细胞色素	心肌和平滑肌收缩、氧化应激

cAMP:cyclic AMP;cGMP:cyclic GMP;AC:adenylate cyclase;GC:guanylate cyclase;PDE:phosphodiesterase;PK:protein kinase;IP3:inositol-1,4,5-triphosphate;DAG:diacylglycerol;PLC:phospholipase;PIP3:phosphatidylinositol-3,4-triphosphate;NOS:NO synthase。

3. 信号转导蛋白 除了第二信使和作为信号转导分子的酶，信号转导途径中还有许多没有酶活性的蛋白质，它们通过分子间的相互作用被激活，或激活下游分子而传导信号，这些信号转导分子被称为信号转导蛋白（signal transduction protein），主要包括 G 蛋白、衔接蛋白和支架蛋白。

G 蛋白全称为 GTP 结合蛋白（GTP binding protein），也称为鸟苷酸结合蛋白。所有真核细胞的 G 蛋白耦联受体都具有相似的结构，为一条连续跨膜 7 次的 α 螺旋多肽链，其氨基酸组成高度保守，各跨膜螺旋结构之间有环状结构，胞内和胞外各 3 个。N 端位于胞外，C 端位于胞内（图 1-2-14）。跨膜区的 α 螺旋结构片段是受体与配体结合的部位，跨膜第五和第六区间的细胞内环则是 G 蛋白识别 1- 的区域。当配体和 G 蛋白耦联受体结合时，受体被激活，进而结合 G 蛋白，使 G 蛋白激活。

G 蛋白具有结合 GDP 和 GTP 的能力，并具有 GTP 酶活性，在各种细胞信号转导途径中，G 蛋白起到开关作用。G 蛋白结合 GTP 或 GDP 时其构象不同，当其结合的核苷酸为 GTP 时处于活化形式，可结合并别构激活下游分子，使相应的信号转导途径开放；而当其结合的 GTP 水解成为 GDP 时，G 蛋白则回到非活化状态，关闭相应的信号转导途径。G 蛋白主要包括位于细胞质膜内侧、并可与 G 蛋白耦联受体相结合的异源三聚体 G 蛋白和位于细胞质内的低分子量 G（也称为小 G 蛋白，small G protein）。G 蛋白由 α、β、γ 三个亚基组成，目前 G 蛋白家族已有多种成员，其多样性主要由 α 亚基的结构和功能决定。若对效应蛋白起激活作用，则 α 亚基称为 α_s（s 代表 stimulate），相应的 G 蛋白称为 Gs 蛋白；反之则称为 α_i 亚基（i 代表 inhibit）和 Gi 蛋白。

二、细胞信号转导途径

一些典型的信号转导途径的组成、过程、基本特点及生物学效应如下：

（一）G 蛋白耦联受体介导的 AC-cAMP-PKA 信号转导途径

AC 是位于细胞膜上的 G 蛋白的效应蛋白，是 cAMP 信号传递系统的关键酶。根据 G 蛋白对 AC 的激活或抑制，将此途径分为激活 AC 途径和抑制 AC 途径。

1. 激活 AC 途径 细胞在静息状态下，G 蛋白的三个亚基呈聚合状态，α 亚基与 GDP 结合。当胞外出现激活性配体如肾上腺素时，配体与 G 蛋白耦联受体结合，使受体构象改变从而暴露出 G 蛋白结合位点。G 蛋白与配体-受体复合物的结合，导致 G 蛋白与 GDP 亲和力下降，与 GTP 亲和力增加，故 α 亚基与 GTP 结合。这种结合使 α 亚基与 β、γ 亚基分离，α 亚基继而与 AC 结合，激活 AC。激活的 AC 催化 ATP 生成 cAMP。因 α 亚基本身具有 GTP 酶活性，当其催化 GTP 变位 GDP 时，α 亚基与 β、γ 亚基重新结合形成三聚体，并关闭信号（图 1-2-15）。

在这一信号通路中，作为第二信使的 cAMP 水平的升高，可产生两种生理效应：激活靶酶（如分解糖原的酶类）和启动基因表达。cAMP 发挥作用主要是通过激活 cAMP 依赖的蛋白激酶 A（cAMP-dependent protein kinase，PKA），使下游信号蛋白的丝氨酸/苏氨酸残基磷酸化，从而实现对基因表达的调控。

2. 抑制 AC 途径 参与这一通路的是 Gi 蛋白，通过抑制 AC 活性，降低细胞质中 cAMP 的水平来调节细胞的生物学效应，或者通过 β、γ 亚基复合物与游离 Gs 的 α 亚基结合，阻断 Gs 的 α 亚基对腺苷酸环化酶的活化。

（二）受体酪氨酸激酶/Ras 信号转导途径

位于细胞膜上起受体作用的酪氨酸激酶称为受体酪氨酸激酶。此外，在胞质中存在的酪氨酸激酶受细胞内其他化学信号的调控。受体酪氨酸激酶为跨膜蛋白，胞外区

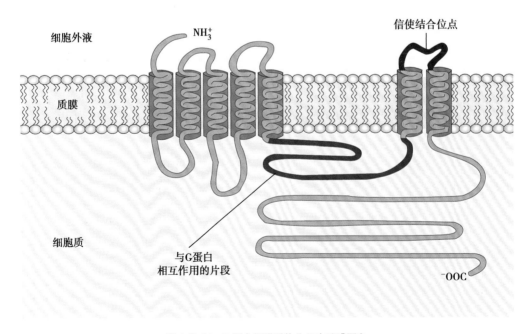

图 1-2-14 G 蛋白耦联受体为 7 次跨膜蛋白

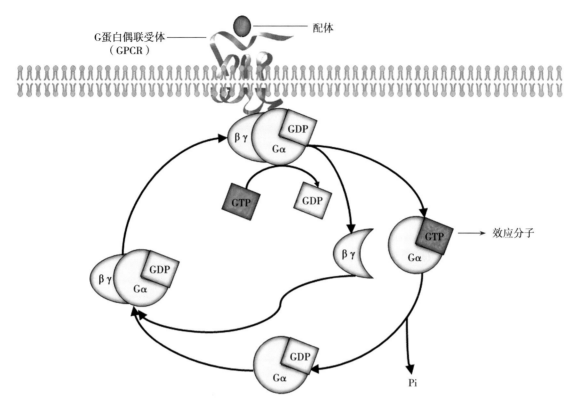

图 1-2-15 Gs 调节模型

为配体结合区,胞内区具有酪氨酸激酶的活性。当配体与受体酪氨酸激酶的胞外区结合后,引起该蛋白质构象变化,导致受体二聚化（dimerization）形成同源或异源二聚体,二聚体彼此相互磷酸化胞内段酪氨酸残基,从而形成多个 SH2（Src homology domain）结合位点,可以与具有 SH2 结构域的蛋白质结合,激活后的蛋白质进一步催化细胞内的生化效应,从而把胞外信号转导到细胞内部。这类受体主要有 EGFR、PDGFR、FGFR 等。

EGFR 参与的受体酪氨酸激酶/Ras 信号转导途径是目前研究得比较清楚的一条主要的信号转导途径。Ras 蛋白是原癌基因 c-ras 的表达产物,分子质量为 21 000,系单体 GTP 结合蛋白,具有弱的 GTP 酶活性。具体为:①EGF 与相应的受体结合导致受体二聚化,激活受体的蛋白激酶活性;②受体细胞质结构域的酪氨酸自身磷酸化,形成可被 SH2 识别和结合的位点,从而与含 SH2 结构域的接头蛋白 Grb2（growth factor receptor-bound protein 2,Grb2;含有 1 个 SH2 结构域和 2 个 SH3 结构域）结合;③然后 Grb2 的 2 个 SH3 结构域与鸟苷酸交换因子 SOS（sonofsevenless,是小 G 蛋白调节因子 GEF 家族成员,可促进 Ras 释放 GDP 并与 GTP 结合而活化;SOS 富含脯氨酸模体可与 SH3 结构域结合,因而可被 Grb2 的 2 个 SH3 结构域募集进入信号通路）分子中富含脯氨酸的序列结合,并激活 SOS;④活化的 SOS 结合在质膜中非活性状态的 Ras（小分子 G 蛋白）上,并促进 Ras 释放 GDP,与 GTP 结合进而活化 Ras

（在此过程中,Grb2 蛋白起连接蛋白的作用,将激活的受体与 Ras 连接起来）;⑤活化的 Ras 蛋白（Ras-GTP）可激活 Raf（属于 MAPK kinase kinase,MAPKKK）,激活的 Raf 使 MEK（MAPK kinase,MAPKK）发生磷酸化而激活,激活的 MEK 再使 ERK（MAPK）磷酸化而激活,由此完成了 MAPK 的级联激活（Raf-MEK-ERK）;⑥激活的 ERK 转位至细胞核内,通过磷酸化作用激活多种效应蛋白包括一些转录因子（如 Elk-1、c-Jun、c-Fos 等）,磷酸化的转录因子与 DNA 结合的亲和力大大增加,增强了特异基因的转录,从而使细胞对外来信号产生生物学应答（图 1-2-16）。上述的 Ras-MEK-ERK 途径是 EGFR 的主要信号通路之一。由于 EGFR 的胞内段存在多个酪氨酸磷酸化位点,因此除 Grb2 外,还可募集其他含有 SH2 结构域的信号转导分子,激活 PLC-IP3/DAG-PKC 途径、PI3K 等其他信号途径。

Ras 蛋白处于活化状态的时间很短,大约 30 分钟,其内在的 GTP 酶活性很快使其恢复到非活性状态。Ras 信号转导的解除主要是通过特异磷酸酶将被磷酸化激活的激酶中的磷酸基团除去。

Ras 信号转导途径与细胞的生长分裂有相当大的关系,并且与细胞的癌变密切相关。研究已经发现参与 Ras 信号转导的许多蛋白或酶与癌的发生有关,有些参与癌基因的诱导表达。在 Ras 途径中,只要是与癌基因诱导表达有关的蛋白突变,都会导致癌变。

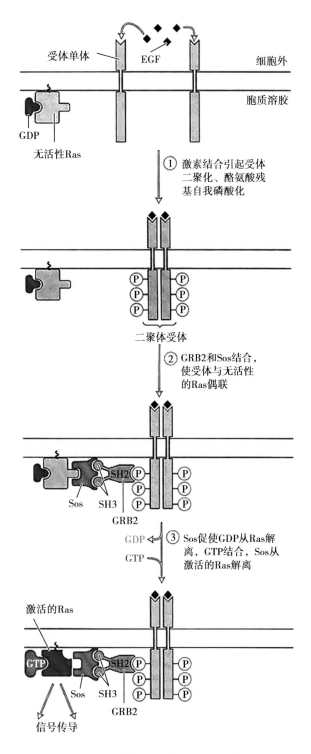

图 1-2-16　受体酪氨酸激酶/Ras 信号转导

（图中标注文字，自上而下）

受体单体　EGF　细胞外

胞质溶胶

GDP

无活性Ras

① 激素结合引起受体二聚化、酪氨酸残基自我磷酸化

二聚体受体

② GRB2和Sos结合，使受体与无活性的Ras偶联

Sos　SH3　SH2

GRB2

③ Sos促使GDP从Ras解离，GTP结合，Sos从激活的Ras解离

GDP

GTP

激活的Ras

GTP　Sos　SH3　SH2

GRB2

信号传导

第四节　细胞间通信

细胞间通信(cell communication)是指生物体内一些细胞发出信号(生物、化学或物理信号),而另一些细胞通过直接或间接接触接收信号并将其转变为细胞内各种分子活动的变化,从而改变细胞内的某些物质和能量代谢,以及生命活动的过程。所有的多细胞生物体内都存在细胞间通信,

以协调身体各部分细胞的活动。在高等动物中,神经系统、内分泌系统和免疫系统发挥功能,都离不开细胞间通信。细胞间通信是有别于胞外信号分子与受体结合后所引起的信号转导,信号转导是细胞针对外源信号所发生的细胞内生物化学变化及效应的全过程,而细胞间通信是依赖细胞间隙、相邻细胞间表面分子的直接连接或细胞与细胞外基质的黏附、细胞释放的化学信号分子和外泌体等进行细胞间信息传递进而行使生命活动的过程。细胞间通信主要有四种方式(图 1-2-17)。①间隙连接通信:实现代谢耦联或电耦联。②细胞膜表面分子接触通信:通过细胞间表面分子直接接触或细胞与细胞外基质的黏附(细胞间接触的信号分子与受体都是跨膜蛋白)的通信方式。③化学通信:包含内分泌、旁分泌、自分泌和化学突触四种方式。④外泌体通信:介导细胞间通信的新方式。

一、间隙连接通信

间隙连接是动物组织中普遍存在的一种细胞连接,这种连接方式为相邻细胞间的离子和小分子物质开辟了一个通道,这种通道是无选择性的。间隙连接的主要特征是在相邻细胞质膜间连接区域有 2~4nm 的细胞间隙,间隙中丛集圆柱状的连接子(connexon)通道,小分子物质可以直接通过连接子进行交流。

连接子是间隙连接的基本结构单位,每个连接子长 7.5nm,外径 6nm,由 6 个相同或相似的穿膜连接蛋白亚单位——连接子蛋白(connexin)环列而成,呈筒状,中央形成孔径 1.5~2nm 的亲水性通道,两个相邻细胞各自的连接子相互对接,形成细胞间直接连接的通道(图 1-2-18),允许分子量在 1 500Da 以下的无机盐和水溶性分子(如葡萄糖、氨基酸、cAMP 和 Ca^{2+} 等)通过。每个间隙连接可含有几个到几千个连接子。连接子蛋白有 4 个 α 螺旋结构的跨膜区,此为连接子蛋白高度保守的区域,不同连接子蛋白的差异主要体现在其胞质中的 C 端,目前已经从不同的组织或不同的动物中分离出 20 余种不同的连接子蛋白。

在不具有电兴奋性细胞构成的组织中,通过间隙连接可建立细胞间的代谢互助和代谢耦联(metabolic coupling),使得葡萄糖、氨基酸、核苷酸和维生素等各种小分子水溶性物质能够快速地从一个细胞输送到相邻的细胞中去,从而保证了同一组织中不同细胞间物质的相互交流、平均分配和功能状态的平衡与协调。

在含有电兴奋细胞的组织中,间隙连接形成一个电阻抗低于细胞膜其他部分的电通路,可以允许各种带电离子经由其通道在相邻细胞间穿梭,此即所谓的电耦联(electric coupling)。这样使得动作电位在细胞之间迅速传导,而不像在化学突触处发生延迟,如通过间隙连接的电耦联使心肌的收缩和小肠平滑肌的蠕动同步进行。

间隙连接连接子的功能状态经常受膜电位、胞内 Ca^{2+} 浓度和 pH 值等多因素的影响。当细胞膜电位降低,pH 值下降及 Ca^{2+} 浓度升高时,均可使连接子通道直径变小以至关闭。当组织中某些细胞受损伤时,细胞膜破损,胞外 Ca^{2+} 内流,则连接子通道保护性关闭,以避免相邻细胞受损伤。

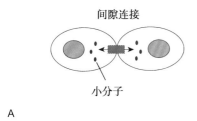

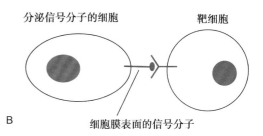

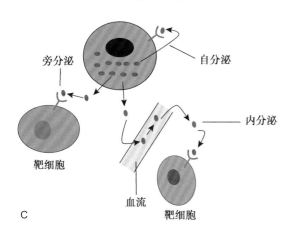

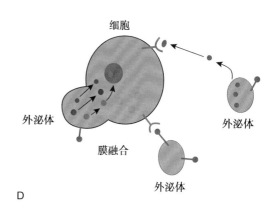

图 1-2-17 细胞间通信方式

A. 间隙连接通信;B. 细胞膜表面分子接触通信;C. 化学通信;D. 外泌体通信

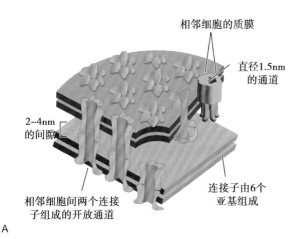

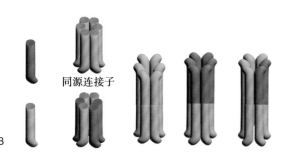

图 1-2-18 间隙连接的结构

A. 间隙连接三维结构示意图;B.连接子蛋白与连接子

二、细胞膜表面分子接触通信

膜表面分子接触通信(contact signaling by membrane-bound molecule)是指细胞通过表面信号分子与另一细胞表面或细胞外基质的信号分子直接接触,特异识别和相互作用,即细胞识别(cell recognition),进而进行信息传递,最终引起细胞应答的过程。细胞识别是通过细胞黏附分子介导的细胞黏附(cell adhension)过程,是生物界极为普遍的细胞生命现象。如在胚胎发育过程中,同类细胞彼此间相互黏附是各种组织结构构筑的重要途径;在成体体内,细胞黏附不仅是维持机体整体组织结构特征的重要形式之一,也是多种组织结构基本功能状态的一种体现。

在多细胞生物体内,每个细胞的细胞膜外表面都有很多黏附分子(蛋白质、糖蛋白和蛋白聚糖分子);相邻细胞间可通过细胞膜表面分子选择性地识别和相互作用进而传递信号。相邻细胞间黏附分子的相互作用、抗原提呈细胞与T淋巴细胞相互识别、T淋巴细胞与B淋巴细胞表面分子的相互作用等均属于这一类通信方式。

细胞识别可发生在以下细胞之间:①同种同类细胞间的识别,如胚胎分化过程中神经细胞对周围细胞的识别,输血和植皮引起的反应可以看作同种同类不同来源细胞间的识别。②同种异类细胞间的识别,如精子和卵子之间的识别;T与B淋巴细胞间的识别。③异种异类细胞间的识别,如病原体对宿主细胞的识别。

参与细胞识别的黏附因子都是跨膜蛋白,在胞内与细胞骨架成分相连,而且多数依赖 Ca^{2+} 或 Mg^{2+} 等二价金属阳离子,目前至少已发现四种类型:钙黏蛋白(cadherin)、选择素(selectin)、整合素家族(integrin family)和免疫球蛋白超家族(Ig-superfamily,IgSF)。

钙黏蛋白是一类依赖 Ca^{2+} 的同亲型细胞黏附分子,在胚胎发育中的细胞识别、迁移和组织分化,以及成体组织器官的构成中起重要作用。选择素也是依赖 Ca^{2+} 的细胞黏附分子,但是异亲型,他们能特异性地识别并结合其他细胞表面寡糖链中的特定糖基,介导白细胞与血管内皮细胞或血小板的识别和黏附,在炎症反应和免疫反应中起重要作用。选择素根据其表达细胞的类型可分为:L-选择素(leukocyte selectin),在各种白细胞上都表达;P-选择素(platelet selectin),主要表达于血小板和内皮细胞上;E-选择素(endothelial selectin),表达于活化的内皮细胞上。

整合素家族蛋白是依赖于 Ca^{2+} 或 Mg^{2+} 的一类异亲型黏附分子,介导细胞之间,以及细胞与细胞外基质之间的相互黏附和识别,具有联系细胞外部因素和细胞内部结构(细胞骨架)的功能,广泛分布于脊椎动物的细胞膜表面。免疫球蛋白超家族是一类含有类似免疫球蛋白结构域但无 Ca^{2+} 依赖性的黏附分子,可介导同亲型黏附,如各种神经细胞黏附分子(neural cell adhesion molecule,N-CAM/NCAM);也可介导异亲型黏着,如细胞黏附分子等。大多数免疫球蛋白超家族黏附分子介导淋巴细胞和免疫细胞应答需要的细胞(巨噬细胞、其他淋巴细胞和靶细胞)之间的特异性黏附,也有一些成员介导非免疫细胞的黏附如 N-CAM。

三、化学通信

在多细胞生物中,细胞通过分泌一些化学物质(如蛋白质或小分子有机化合物)发出信号,这些信号分子作用于靶细胞表面或细胞内的特异性受体,调节靶细胞的功能,从而实现细胞之间的信息交流。在生物体中除神经细胞内部(即从细胞的一端到另一端)主要通过电信号传递信息外,大多数情况下细胞间的通信依赖于细胞分泌的可溶型化学信号分子。脂溶性化学信号包含:类固醇激素、甲状腺激素、前列腺素、维生素 A、维生素 D、脂类和气体等,这类信号能进入细胞内,通过识别细胞内受体激活下游信号通路(图 1-2-19)。水溶性化学信号包含:细胞因子、趋化因子、生物活性肽、氨基酸及其衍生物、核苷和核苷酸等,这类信号不能进入细胞,通过识别胞外受体进而启动细胞应答(图 1-2-19)。

根据可溶型信号分子在体内作用的方式、距离和范围,则可将其分为内分泌信号(endocrine)、旁分泌信号(paracrine)、自分泌信号(autocrine)和神经递质(neurotransmitter)四大类。内分泌信号,包含胰岛素、甲状腺素、肾上腺素和肿瘤坏死因子(TNF)等,是由内分泌器官的细胞分泌,经血液、淋巴液或其他细胞外液运送到靶细胞进而引起靶细胞的应答,该类信号作用的靶细胞距离远,范围广,甚至可以引起全身性反应,作用于靶细胞持续时间长,比如肾上腺髓质分泌的肾上腺素可调节糖代谢,促进肝

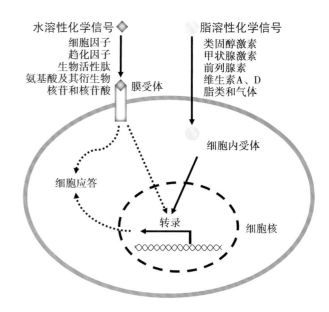

图 1-2-19　水溶性和脂溶性化学信号

糖原和肌糖原的分解,增加血糖和血液中的乳酸含量,如巨噬细胞分泌的肿瘤坏死因子在高浓度时可经血液运输到远处,进而作用于靶细胞。旁分泌信号和自分泌信号是由细胞分泌的一类活性物质,包含生长因子、前列腺素和一氧化氮(nitric oxide,NO)等,他们不进入血液,而是通过细胞外液介导作用于邻近的靶细胞。旁分泌信号经局部扩散作用于附近的靶细胞,比如 DC 分泌的白介素-12(IL-12)可刺激周围的 T 淋巴细胞分化;而自分泌信号则作用于分泌信号的细胞本身或同类细胞,比如 T 淋巴细胞产生的白介素-2(IL-2)可刺激自身的生长(图 1-2-20)。

神经递质(包含乙酰胆碱、谷氨酸、氨基丁酸和去甲肾上腺素等)是由神经元的突触前膜终端释放,作用于突触后膜上的特殊受体。化学突触是可兴奋细胞之间的通信连接方式,它通过释放神经递质来传导神经冲动。化学突触的组成包括神经末梢突触前突起终末、突触间隙和突触后膜。神经末梢胞质内的突触小泡内含有合成的神经递质。前突起终末远端的细胞膜即为突触前膜。突触后膜是有受体的神经元胞体或轴突与树突的细胞膜。突触间隙是指存在于突触前膜和突触后膜之间约 20nm 的细胞间隙,其中含蛋白质、多糖及唾液酸等物质。当神经冲动(动作电位)抵达神经末梢时,突触小泡与突触前膜融合,将神经递质释放入突触间隙内,突触后膜上的相关受体与神经递质结合,导致靶细胞膜电位改变,引发靶细胞产生动作电位。由此可见,化学突触介导的细胞间通信,是一个将电信号转换为化学信号,然后再将化学信号转换为电信号的过程,因此发生动作电位在传递中有延迟的现象。化学突触是一种间接而慢速的信息传递形式。

四、外泌体通信

外泌体(exosome)是直径 40~100nm 的盘状囊泡,由肥大细胞、树突状细胞、B 淋巴细胞、神经元、脂肪细胞、内皮细胞,以及上皮细胞等多种类型的细胞在生理和病理状态

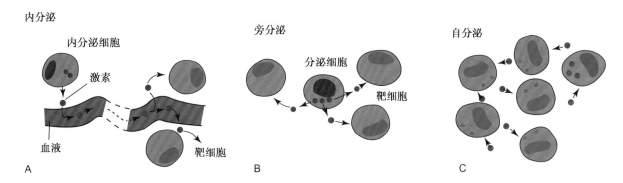

图 1-2-20 内分泌、旁分泌和自分泌的作用方式

下分泌,广泛存在于血液、尿液、唾液、淋巴液、胆汁、乳汁、羊水、脑脊液、癌性积液等中,介导细胞间物质和信息的传递。外泌体中包含有脂类、蛋白质和核酸(mRNA、miRNA、circRNA 和 lncRNA 等)等物质,主要通过三种方式进行细胞间通信:①外泌体为囊性小泡,可以直接和细胞膜融合,使其内含物无选择性地释放到靶细胞进行信息传递;②外泌体通过其膜表面的分子与靶细胞膜表面的分子直接作用而激活靶细胞相关的信号路;③外泌体也可以释放活性物质与靶细胞受体结合进而活化靶细胞的下游信号通路。外泌体通信是人们首次认识到细胞间基因水平的信息传递,它揭示了细胞间 RNA 的信息转移,完善了细胞间通信的方式。

(刘满 李灿 边惠洁)

参考文献

[1] 安威,周天华.医学细胞生物学.4版.北京:人民卫生出版社,2021.

[2] Alberts B,Johnson A,Lewis J,et al. Molecular Biology of the cell. 6th ed. New York:Garland Publishing Inc,2014.

[3] Woese CR. A new biology for a new century. Microbiol Mol Biol Rev,2004,68(2):173-186.

[4] Fullekrug J,Simons K. Lipid rafts and apical membrane traffic. Ann N Y Acad Sci,2004,1014:164-169.

[5] 陈誉华,陈志南.医学细胞生物学.6版.北京:人民卫生出版社,2018.

[6] 左伋,刘艳平.细胞生物学.3版.北京:人民卫生出版社,2015.

[7] 曹雪涛.医学免疫学.7版.北京:人民卫生出版社,2018.

[8] 吕社民,边惠洁,左伋.人体分子与细胞.2版.北京:人民卫生出版社,2021.

[9] Shu WS,Huang LN. Microbial diversity in extreme environments. Nat Rev Microbiol,2022,20(4):219-235.

[10] Rout MP,Field MC. The Evolution of Organellar Coat Complexes and Organization of the Eukaryotic Cell. Annu Rev Biochem,2017,20(86):637-657.

[11] Bennett CF,Latorre-Muro P,Puigserver P. Mechanisms of mitochondrial respiratory adaptation. Nat Rev Mol Cell Biol,2022,23(12):817-835.

[12] Akhmanova A,Kapitein LC. Mechanisms of microtubule organization in differentiated animal cells. Nat Rev Mol Cell Biol,2022,23(8):541-558.

[13] Lala T,Hall RA. Adhesion G protein-coupled receptors: structure,signaling,physiology,and pathophysiology. Physiol Rev,2022,102(4):1587-1624.

[14] Hilger D,Masureel M,Kobilka BK. Structure and dynamics of GPCR signaling complexes. Nat Struct Mol Biol,2018,25(1):4-12.

[15] Nussinov R,Tsai CJ,Jang H. Ras assemblies and signaling at the membrane. Curr Opin Struct Biol,2020,62:140-148.

[16] Mathieu M,Martin-Jaular L,Lavieu G,et al. Specificities of secretion and uptake of exosomes and other extracellular vesicles for cell-to-cell communication. Nat Cell Biol,2019,21(1):9-17.

[17] Chiasson-MacKenzie C,McClatchey AI. Cell-Cell Contact and Receptor Tyrosine Kinase Signaling. Cold Spring Harb Perspect Biol,2018,10(6):a029215.

[18] Moreno-Layseca P,Icha J,Hamidi H,et al. Integrin trafficking in cells and tissues. Nat Cell Biol,2019,21(2):122-132.

第三章　细胞的增殖、分化与基因编程

提要:细胞增殖是细胞生命活动的重要特征之一。细胞增殖是生物发育和繁殖的基础。细胞增殖的顺利完成是通过细胞周期的有序进行来实现的,表现出严格的时间和空间特异性。细胞种类繁多,各种细胞之间的细胞周期长短各异。细胞分化是多细胞有机体发育的基础和核心,细胞分化实质是组织特异性基因在时间和空间上的差异表达所致,是细胞内一系列特异的基因在诱导因素的作用下有序表达的结果。在特殊情况下,已经分化的细胞转变为另一种形态、功能和特征完全不同的细胞,即细胞基因重编程(reprogramming)。无论是细胞增殖、分化,抑或重编程,都受到严密的调控机制监控,一旦发生异常,就会引起人体功能失常,甚至是引发疾病。

第一节　细胞增殖和细胞周期

一、细胞增殖是个体生长发育的重要过程

细胞增殖(cell proliferation)是重要的生命特征,是细胞以分裂的方式增加细胞数量的过程,一切动植物的生长与发育都是通过细胞增殖来实现的。细胞增殖包括遗传物质 DNA 的复制和细胞分裂两部分,是生物体生长、发育、繁殖和遗传的基础。例如,一个受精卵经过细胞分裂和分化,可发育成一个新的多细胞个体,并且通过细胞分裂,将遗传物质平均地分配到两个子细胞中。

细胞分裂是一个亲代细胞形成两个子代细胞的过程,是个体生长发育的重要过程,是细胞重要的生命现象和特征。其中,单细胞生物,以细胞分裂的方式产生新的个体;多细胞生物,以细胞分裂的方式产生新的细胞。

真核生物的细胞分裂有三种方式,包括有丝分裂、无丝分裂和减数分裂。其中有丝分裂是人、动物、植物、真菌等一切真核生物中最为普遍的分裂方式,是高等真核细胞增殖的主要分裂方式。有丝分裂是一个连续的变化过程,持续时间不等(0.5~2 小时),按时间顺序可以分为前期、中期、后期和末期;有丝分裂通过纺锤体或其他分裂装置,将遗传物质平均分配到两个子细胞,保证了遗传的持续性和稳定性;有丝分裂是一个连续的细胞事件,主要包括细胞膜的崩解和重建、染色质凝聚形成染色体和染色质的重新形成、纺锤体的形成和染色体的运动及细胞质的分裂等。

二、细胞周期的基本概念和特点

细胞分裂的过程呈周期性进行,生物体细胞生命开始于母细胞的分裂,通常将从一次细胞分裂形成子细胞开始到下一次细胞分裂形成子细胞为止所经历的过程称为细胞周期(cell cycle)。其中,子细胞形成是一次细胞分裂结束的标志;母细胞的遗传物质复制并均等地分配给两个子细胞,是完成一个细胞周期的结果。

对于真核细胞,细胞周期分为分裂期(mitotic phase,也称为 M 期)和分裂间期(interphase),其中分裂间期包括 DNA 合成前期(G_1 期)、DNA 合成期(S 期)和 DNA 合成后期(G_2 期)。一个细胞周期内,分裂期和间期所占的时间相差较大,分裂期仅占细胞周期的 5%~10%,并且根据细胞种类不同,一个细胞周期的时间也不相同。另外,长期停止在 G_1 期的细胞称为 G_0 细胞,此时细胞处于静息状态,保持一定的正常代谢活动,直到接收到特殊的细胞外信号,才进入新的细胞周期。

分裂间期为细胞分裂的准备阶段。在分裂间期,细胞合成新的物质,包括多种细胞器、大量的蛋白质和遗传物质,其中染色体复制发生在 S 期(主要进行 DNA 分子的复制)。在 M 期,间期复制形成的姐妹染色体分离,同时平均分配其他细胞内容物,最终形成一对子代细胞,完成一个细胞周期。

具体来说,G_1 期是细胞生长和 DNA 复制准备期,主要进行 RNA 及蛋白质合成。此时 RNA 聚合酶活性升高,产生大量 rRNA、tRNA 和 mRNA,合成大量的蛋白质(包括 S 期所需要的酶类如 DNA 聚合酶等,以及多种重要蛋白质如细胞周期蛋白、抑素等);细胞内多种蛋白质在 G_1 期发生磷酸化修饰,如组蛋白、某些蛋白激酶的磷酸化修饰;此外,此时期细胞膜对物质的转运加强,包括氨基酸、葡萄糖等营养物质和 K^+ 离子、磷酸腺苷(cyclic AMP,cAMP)等。

S 期为 DNA 合成期,是细胞周期中最重要的阶段,主要完成 DNA 复制及组蛋白合成等,最终完成染色体的复制。此时,DNA 合成所需的多种酶(如 DNA 聚合酶、DNA 连接酶、核苷酸还原酶等)含量或活性明显升高;组蛋白合成与 DNA 复制同步进行,并与复制完成的 DNA 结合,组装成核小体,进一步形成染色体;组蛋白磷酸化修饰持续进行;中心粒复制完成。

G_2 期为有丝分裂准备期,此时细胞大量合成 ATP 及蛋白质,如微管蛋白,是纺锤体组装材料,在后续的细胞分裂过程中发挥重要作用;此外,还合成某些特定蛋白和细胞因子,为细胞进入 M 期做好准备工作。

M 期即分裂期,此时细胞完成分裂,使染色体平均分配

到两个子细胞。这一时期,细胞形态结构都发生明显变化,包括染色质凝集及分离,核仁核膜破裂及重新出现,纺锤体形成,细胞核、胞质一分为二等过程。

因此,按照 $G_1 \rightarrow S \rightarrow G_2 \rightarrow M$ 方向,细胞完成一个细胞周期,完成细胞增殖的过程,并根据细胞增殖和细胞周期的特点不同,可以将细胞分为以下三种,包括:长期停留在 G_0 期细胞(这些细胞一般情况下不增殖,当受到损伤等刺激后,恢复增殖能力,重新开始细胞周期,包括平滑肌细胞、血管内皮细胞等),终末分化细胞(这些细胞完全失去增殖能力,损伤死亡后不可再生,包括心肌细胞和神经细胞等)和持续分裂的细胞(包括消化道上皮细胞和皮肤表皮细胞等)。

三、细胞增殖和细胞周期的调控机制

细胞增殖的顺利完成及细胞周期的有序进行,表现出严格的时间和空间特异性,受到精确的调控(图 1-3-1)。如果上述细胞增殖及细胞周期的调控机制出现异常或失去功能,细胞就会出现染色体水平的异常和基因水平的突变等,引起疾病。例如,细胞增殖失去控制,引起细胞过度增殖,就会发生肿瘤;反之,细胞增殖受到抑制,会引发功能不全,如发育不良等。

细胞增殖和细胞周期具有完整的调控机制,包括细胞周期检查点(check point)、细胞周期调控系统,以及胞外信号通路等,以确保一个细胞周期中染色体只复制一次,且复制的染色体在正确的时间平均分配到两个子代细胞。

(一)细胞周期检查点

细胞周期检查点是细胞周期中的一套保证 DNA 复制和染色体分配的检查机制,依顺序分为:G_1-S 期检查点,S 期检查点,G_2 期检查点和 M 期检查点。当细胞周期进程中出现异常事件,如 DNA 损伤或 DNA 复制受阻时,这类调节机制就被激活,及时地中断细胞周期的运行,待细胞修复或

排除故障后,细胞周期才能恢复运转。

具体来说,四个检查点内容不同:G_1-S 期检查点决定细胞是否进行分裂、发生凋亡或进入 G_0 期,决定了细胞是否增殖;S 期检查点检测 DNA 是否发生损伤及损伤的 DNA 分子是否得到修复,决定了受损伤的或异常的 DNA 分子不能进行复制;G_2 期检查点可防止携带受损 DNA 或未完成复制 DNA 的细胞进入有丝分裂期,控制细胞是否进入 M 期;M 期检查点即纺锤体检查点,监控姐妹染色体是否稳定地附着在纺锤体上,能阻止受损的细胞继续进行分裂。因此,细胞周期检查点可以有效保证染色体数目的完整性及细胞周期正常运转。

(二)细胞周期调控系统

细胞增殖和细胞周期有序进行,依赖于细胞周期调控系统,包括细胞周期蛋白(cyclin)、细胞周期蛋白依赖性激酶(cyclin dependent kinase,CDK)和细胞周期蛋白依赖性激酶抑制因子(CDK inhibitor,CKI)等。

1. 细胞周期蛋白　其中,细胞周期蛋白是真核细胞中随细胞周期时相的转换、浓度变化随之发生变化的一类蛋白质,它们依细胞周期进程而出现或消失。最初在海胆研究中发现,细胞内某些蛋白质的含量随着细胞周期的进程出现改变,在有丝分裂早期此蛋白含量迅速增加,随后急剧下降,在下一个有丝分裂早期又出现含量增加的现象。这些周期性出现和消失的蛋白就是细胞周期蛋白。

目前已经发现细胞周期蛋白是一些功能相似的蛋白,由一个基因家族编码,种类多达数十种。在细胞周期各个阶段,不同的周期蛋白相应表达,并与细胞中其他蛋白结合,进行调节。

细胞周期蛋白在细胞中呈周期性出现,有明显的时间特异性。研究发现,G_1 期表达的有 cyclin C、D、E,且表达仅限于 G_1 期,进入 S 期蛋白即降解,故称为 G_1 期周期蛋白,发挥调节 G_1 期向 S 期转化过程的作用。cyclin A,合成于

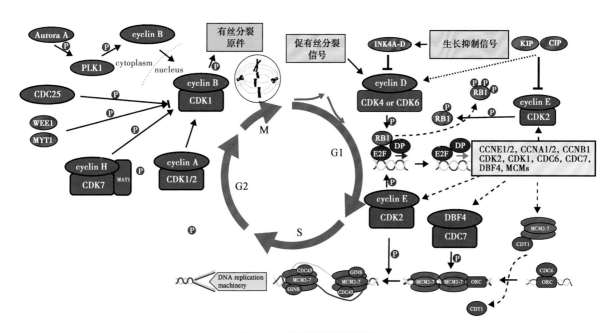

图 1-3-1　细胞周期及调控网络

G_1 期向 S 期转化的过程中,于 M 期中期消失,主要作用于 S 期,称为 S 期周期蛋白。而 cyclin B 从 S 期后期开始表达,于 G_2/M 期达到高峰,M 后期降解消失,称为 M 期周期蛋白。

细胞周期蛋白的表达量在细胞周期中表现出明显的时间特异性,提示细胞内存在降解周期蛋白的机制。现已知,泛素蛋白酶体系统在此降解过程中发挥重要作用。细胞周期蛋白可被泛素化修饰,经泛素活化酶、连接酶等标记后,可与蛋白酶体识别,进一步降解。因此,泛素蛋白酶体系统可以降解清除细胞周期蛋白,并通过适时降解特异性细胞周期蛋白,确保细胞周期单方向顺利进行。

2. 细胞周期蛋白依赖性激酶 细胞周期蛋白依赖性激酶 CDKs 的活性在细胞周期中同样呈周期性变化。CDK 属于丝氨酸/苏氨酸激酶家族,是一类必须与细胞周期蛋白结合后才具有激酶活性的蛋白激酶,催化磷酸基团与底物丝氨酸/苏氨酸残基共价结合,发挥相应作用。需要指出的是,与细胞周期蛋白不同,CDK 的表达水平比较恒定;CDK 只有与特异性 cyclin 结合时才表现出激酶活性,结合前述细胞周期蛋白在细胞中周期性表达的现象,因此 CDK 调控蛋白磷酸化的激酶活性也表现出周期性变化。

目前已发现十余种人 CDK 分子,在细胞周期的不同阶段,分别结合特定的细胞周期蛋白,并进行磷酸化修饰,从而调控细胞周期的进程。研究发现,CDK 单独存在时不表现出激酶活性,其激酶活性依赖于细胞周期蛋白的结合和后续磷酸化修饰。此外,CDK-细胞周期蛋白复合物还发挥除调节细胞周期外的作用,如转录调节及细胞凋亡等。

3. 细胞周期蛋白依赖性激酶抑制因子 CDK 的活性还受到细胞周期蛋白依赖性激酶抑制因子 CKI 的负性调节作用。现已经发现多种 CKI,根据分子量,哺乳动物的 CKI 可以分为 KIP(kinase inhibition protein)及 INK4(inhibitor of CDK4)两个家族。KIP 家族包括 p21^{cip1}、p27^{kip1}、p57^{kip} 等,能够特异性抑制 G_1-S 期和 S 期 CDK 的激酶活性;INK4 家族包括 p16^{ink4a}、p15^{ink4}、p18^{ink4c} 等,特异性抑制 cyclin D1-CDK4 和 cyclin D1-CDK6 复合物。

除了上述 CKI,"桥梁蛋白"14-3-3 蛋白也可以发挥抑制 CDK 活性而阻断细胞周期进展的作用。

(三)胞外信号通路

细胞外信号通路是细胞增殖的基础,保证了严格的细胞周期顺序及相关基因的有序表达,确保细胞周期进程及细胞周期的不同阶段顺利进行。

1. 生长因子刺激细胞增殖 首先,生长因子可刺激细胞增殖。生长因子是一类具有刺激细胞生长活性的细胞因子,源于细胞的自分泌或旁分泌,多为多肽,包括表皮生长因子、神经生长因子、转化生长因子和血管内皮生长因子等。上述生长因子与细胞膜上的特异性受体结合后,经信号转换和传递过程,通过 Ras 途径、cAMP 途径激活转录因子 c-Myc,从而促进 cyclin D、E2F 等基因表达,促使 G_0 期细胞进入 G_1 期,启动细胞增殖的进程。

一般来说,一种细胞的细胞周期和增殖同时受到多种生长因子的调节,而同一生长因子又可以同时调节不同类型细胞的细胞周期和增殖情况,且效应不一定完全一致。此外,生长因子的浓度及细胞膜表面受体的数量、活性等因素,同样决定生长因子的效应。

除了生长因子,发挥类似作用的还包括抑素(抑制细胞周期进程的一种糖蛋白)、cAMP 及 cGMP(第二信使,通过调控 DNA 及组蛋白合成,从而维持正常细胞周期)等。

2. 多条信号转导通路参与调控细胞周期与细胞增殖 细胞表面受体接受胞外信号后,通过构象变化将信号转入胞内,然后启动胞内多条信号转导通路,进一步将信号传递到细胞核内,从而促进或抑制特定基因的表达,发挥调控细胞增殖的作用。

丝裂原激活蛋白激酶(mitogen-activated protein kinase,MAPK)由 MAPKKK(MAPKK kinase)、MAPKK(MAPK kinase)和 MAPK 组成,是依次激活的酶级联反应体系,通过调控与细胞周期和细胞增殖相关蛋白的表达,发挥调控细胞增殖、分化和凋亡等作用。MAPK 包括 ERK、JNK/SAPK 和 p38 MAPK 三个亚家族。其中 ERK 的激活可以促进细胞从 G_0 期进入 G_1 期,进而促进细胞增殖;JNK/SAPK 可磷酸化激活 c-jun,进一步促进 *ATF2*、*ELK1*、*TP53*、*SAP-1α* 和 *c-Fos* 等基因的表达,促进细胞从 G_0 期进入 G_1 期,促进细胞增殖;p38 MAPK 的激活通过降低 cyclin D1 的表达量,阻滞细胞通过 G_1-S 检查点,抑制细胞周期,继而抑制细胞增殖。

TGF-β/Smad 信号转导通路发挥抑制细胞增殖的作用,具体而言,TGF-β 信号通过 Smad 传递至核内,降低 G_1 期细胞 cyclin 和 CDK 的活性与表达水平,同时诱导表达 CKI,使细胞停滞在 G_1 期。此外,TGF-β 能下调 c-Myc 的表达水平,抑制 c-Myc 促进细胞从 G_1 期到 S 期的作用,从而抑制细胞增殖。

NF-κB 信号转导通路激活促进细胞增殖,通过促进 cyclin D1 的表达,促进细胞从 G_1 期进入 S 期;下调 GADD45,恢复 CDC2/cyclin B 的活性,促进细胞通过 G_2-M 期检查点而促进细胞的增殖。

PKC 信号转导通路通过参与 G_1-S 期和 G_2-M 期转换实现调控;而 AKT/PKB 信号通路通过激活 CDK 促进细胞增殖。

除上述信号通路之外,癌基因和抑癌基因对调控细胞增殖发挥重要作用,癌基因的异常活化和抑癌基因的失活导致细胞周期调控机制被破坏,诱发细胞异常增殖、失控性生长,与肿瘤发生密切相关。

第二节 细胞分化

一、细胞分化与个体发育

哺乳动物生命个体源自受精卵,从一个具有发育全能的受精卵发育到具有 200 多种不同细胞组成的成熟个体,经历多次细胞分裂和细胞分化。其中,细胞分化(cell differentiation)是指细胞获得或产生不同形态特征、生理生化功能的过程。细胞分化会使同一来源的细胞在时间和空间上产生差异,形成不同类型的细胞,其本质在于特定基因在特定时间、特定空间的选择性表达(图 1-3-2)。一般来

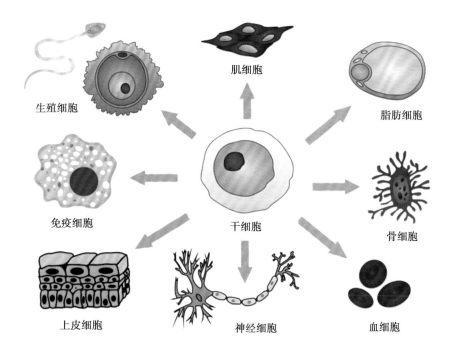

生殖细胞　肌细胞　脂肪细胞

免疫细胞　干细胞　骨细胞

上皮细胞　神经细胞　血细胞

图 1-3-2　细胞分化

说，细胞分化的过程不可逆，但是在某些情况下，已分化细胞的基因表达模式也可以发生可逆性改变，退回到未分化状态，称为去分化（dedifferentiation）。

细胞分化与个体发育密切相关，在胚胎发育过程中，受精卵经历细胞增殖（多次细胞分裂）使得细胞数目增加，与此同时，通过细胞分化，获得大量不同类型的细胞（包含各种不同形态、结构和生理功能的细胞），最终构成不同的组织器官，即机体通过细胞增殖使细胞数量增加，通过有序的细胞分化增加细胞类型，进而构成不同的组织、器官和系统，进行各种生命活动。因此，细胞增殖和细胞分化是一个受精卵发育成为成熟生物体的基础。

多细胞个体发育一般包括胚胎发育和胚后发育，细胞分化贯穿其全过程。从受精卵开始，经细胞分裂产生的子代细胞会逐渐产生出特定的形态结构、生理功能和生化特征等。在出现这些可识别的特征之前，个体发育过程会经历一个阶段，称为细胞决定，确定了细胞只能向特定方向分化，例如某些细胞将最终转化为神经细胞或心肌细胞。在这一阶段，虽然细胞并未显示出特定的形态特征，但是此时已经形成预定区，使得细胞只能按一定的规律和方向发育分化成特定的细胞、组织、器官和系统（向特定方向分化）。

二、细胞分化的特点

细胞分化是一个渐进的过程，贯穿于生命的全过程。对于哺乳动物来说，从受精卵开始，细胞分化的能力逐渐受到限制，细胞逐渐由全能性（totipotency）到多能性（pluripotency），最后到单能性（unipotency）。全能性指一定条件下细胞可以分化发育成一个完整生物个体的能力；多能性指细胞可以分化成体内大多数细胞类型的能力；单能性指细胞只能分化成某一特定类型细胞的能力。

上述细胞分化的潜能逐渐"变窄"，从全能性细胞直至终末分化细胞。但是，即使是终末期细胞的细胞核，仍有全能性，称为全能性细胞核。克隆羊 Dolly 就是根据细胞核全能性的特点，利用成年羊乳腺细胞核培育出来的克隆动物，证实特化的终末期体细胞的细胞核仍保留形成正常成熟个体的全部基因，体现出发育潜能。

细胞分化具有时空性，多细胞个体细胞有时间上的分化，也有空间上的分化。时间上的分化指一个细胞在不同的发育阶段具有不同的形态结构和功能；而空间上的分化指来源于同一细胞的后代，空间位置不同或细胞环境不同时，细胞的形态结构和功能也不同。伴随着细胞增殖、细胞数目的增多，细胞分化的程度变高，细胞间的差距变得显著，进一步构成结构、功能各异的组织和器官。

细胞分化通常在细胞增殖（细胞分裂）的基础上完成，二者密切相关。分化必然伴随着分裂，但分裂的细胞不一定就分化；分化程度越高，细胞分裂能力越差。细胞分化发生在细胞的 G_1 期，早期胚胎发育阶段，细胞快速分裂，但细胞分化缓慢；终末阶段细胞，分裂速度变缓，而分化程度较高。例如，心肌细胞分化程度高，就很少分裂甚至失去分裂能力。

细胞分化是一个相对稳定和持久的过程，自然条件下细胞一旦分化为某一稳定的类型后，就不能逆转到未分化状态。

三、细胞的转分化与去分化

细胞分化贯穿于生命全过程并伴随着特异性基因的阶段性表达，使得细胞获得特有的形态结构、生理功能和生化特征，并在正常生理条件下使结构和功能保持稳定状态。但是，某些特定情况下，已经分化的细胞可以重新退回到未分化状态，称为去分化，使得细胞重新获得全能性。如蝾螈断肢再生时的表皮细胞形成胚芽细胞的过程。此外，在一些条件下,已经分化的细胞可以转变为另一种形态、功能和特征完全不同的细胞,称为转分化(transdifferentiation)。

第三节   细胞分化的基因调控

细胞分化实质是组织特异性基因在时间和空间上的差异表达所致,是细胞内一系列特异的基因在诱导因素的作用下有序表达的结果。细胞分化受到一系列的信号分子调控,在转录、翻译和翻译后修饰等环节对细胞分化基因进行了调控(图1-3-3)。细胞分化贯穿于生命的全过程,是一个渐进的过程,其本质是特异性基因的阶段性表达。

一、细胞分化的本质是特异性基因的阶段性表达

在个体发育与细胞分化的过程中,基因组DNA根据一定的时间-空间顺序,呈现出选择性表达或差异表达。研究发现,同一来源的细胞分化阶段不同,表达的基因和蛋白差异明显。其中,已分化细胞特异性表达的蛋白称为奢侈蛋白,编码此蛋白的基因称为奢侈基因。除了特异性表达的

蛋白外,所有的已分化细胞都存在的、维持细胞基本生理活动的蛋白称为管家蛋白,编码的基因称为管家基因,即管家蛋白保证了细胞的基本生存,奢侈蛋白体现了细胞的不同特征;其本质就是基因的选择性表达,一些基因处于活化状态,而另一些基因处于抑制状态。因此,细胞分化就是细胞结构和功能特化的过程。

例如,所有分化类型的细胞中都存在细胞骨架蛋白、膜蛋白、组蛋白和代谢相关酶类,就是管家蛋白,这些蛋白维持了细胞生存;骨骼肌细胞中的肌球蛋白和肌动蛋白、红细胞中的血红蛋白等就是奢侈蛋白,发挥特殊的作用,表现出分化细胞特有的功能和特征。

二、细胞分化受到一系列的信号分子调控

细胞分化是由于基因差异表达所致,调控主要发生在转录水平,需要多种信号通路的精细协调,如Wnt、Hedgehog、Notch、BMP信号通路等。细胞外信号通过膜受体将信号传递到胞内,再通过胞内信息传递,激活相应的信号转导途径,并进一步形成信号转导网络。

其中,Wnt是一种分泌型糖蛋白,通过自分泌或旁分泌

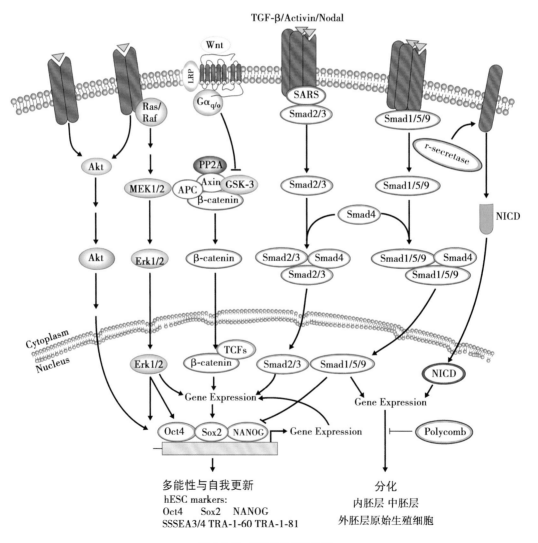

图1-3-3   细胞分化调控信号

发挥作用;β-catenin 在细胞质中累积并转位入核,与 T 细胞因子(T cell factor/lymphoid enhancer factor,TCF/LEF)相互作用,调节靶基因的表达,发挥调节细胞增殖和分化的作用。Notch 信号通路由受体、配体和 DNA 结合蛋白组成,当 Notch 受体与配体结合后,Notch 经蛋白酶切割,暴露出胞内段(Notch intracellular domain,NIC),后者进入细胞核并与 DNA 结合蛋白结合,发挥调节靶基因的作用,调节细胞发育和成熟的过程。

需要指出的是,在细胞分化的过程中,不同信号转导通路之间相互影响,互相协调,形成信号转导网络。细胞外信号可以通过不同受体将信号传递到胞内,经不同的通路,共同调节某一生物学效应;同一信号分子可以激活不同的信号通路,发挥不同的生物学效应;不同信号通路之间或同一信号通路的不同节点,信息传递有交叉,发挥协同激活或抑制的作用。

三、细胞间相互作用在细胞分化中的作用

在个体发育过程中,细胞间的相互作用对细胞分化有重要作用,表现出胚胎诱导(embryonic induction),即胚胎发育过程中,一部分细胞对其邻近细胞产生影响并决定其分化方向的现象。胚胎诱导在个体发育过程中,具有严格的区域特异性和时空特异性。

研究发现,胚胎诱导是通过细胞释放旁分泌因子实现的,常见的旁分泌因子包括成纤维细胞生长因子、Wnt 家族蛋白、TGF-β 超家族等,它们与细胞表面的受体结合,将信号传递至细胞内,通过相应的信号转导通路,调节特定基因的表达,诱导胚胎细胞发育和分化。

此外,胚胎发育中还存在一种负反馈机制,即已分化的细胞抑制邻近的细胞进行相同分化,同样发挥重要的作用。

四、其他因素在细胞分化的作用

除了相邻细胞之间可发生相互作用外,不相邻的远距离细胞之间通过激素也可以发挥相互作用。激素是远距离

细胞间相互作用的分化调节因子,是个体发育晚期的细胞分化调控方式。激素分为甾类和多肽类两种,其中甾类激素分子小、脂溶性好,可穿过细胞膜进入细胞,与胞内特异性受体结合形成激素-受体复合物,后者入核,发挥转录调控作用,激活或抑制特异基因的转录;而多肽类激素分子量大,不能穿过细胞膜,可以与膜表面受体结合,通过细胞内信号转导通路将信号传递入核,影响转录过程,同样可以激活或抑制特异基因的转录。

除了激素外,环境因素也影响细胞分化,物理、化学或生物性环境因素均影响细胞分化与个体发育,如低等脊椎动物的性别决定就与环境因素密切相关,孵化温度可以决定爬行动物的性别,具体表现为受精卵在低温下孵化是一种性别,而在高温下孵化就是另一种性别。

第四节　细胞基因编程

细胞分化使得细胞获得特有的形态结构、生理功能和生化特征,并在正常生理条件下使结构和功能保持稳定状态。但是在一些特殊条件下,已经分化的细胞可以转变为另一种形态、功能和特征完全不同的细胞,称为转分化(transdifferentiation)或重编程(reprogramming)。已分化细胞会维持其功能的稳定性,正常情况下不同类型的分化细胞之间的转化不会自发发生,但是在慢性组织损伤或组织再生时,会出现转分化现象。

转分化包括两个阶段:首先是去分化,成熟细胞回到相对原始的状态;然后激活内在的分化程序再进行分化。例如,诱导肝细胞分化为胰岛分泌细胞时,成熟肝细胞先去分化并出现干细胞的表型,再分化成为胰岛素分泌细胞。

细胞的特定状态是由一些转录因子共同作用和决定的,理论上,改变转录因子的组合,就可以使已经分化的细胞转变成为另一种细胞,其本质就是一组基因被关闭或被重启(图 1-3-4)。现阶段对于转分化的研究多集中在体外

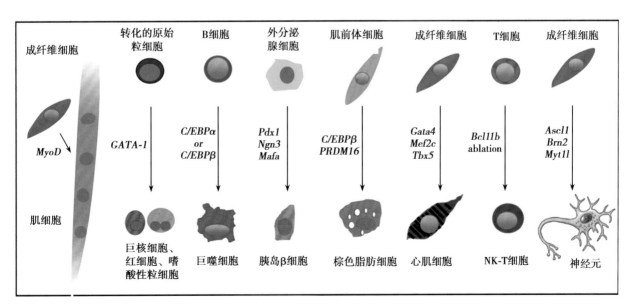

图 1-3-4　转录因子诱导转分化

培养体系,已明确通过特定的激素和细胞因子刺激,就可以使胰腺细胞转分化为肝细胞、成肌细胞转化为脂肪细胞等。由于肝脏和胰腺都来自内胚层的相邻区域,脂肪细胞和成肌细胞都来自中胚层,提示细胞的转分化与发育的紧密联系。

已经分化的细胞不具备全能性,但是细胞核仍具有全能性,因此可以通过一定的方法和手段使已分化细胞可以重新获得分化的全能性。目前的研究证实,通过实验手段可以逆转细胞分化的进程并改变细胞状态,重新恢复到全能性状态,常用的方法包括核移植、细胞融合及 iPSC 等。

核移植是最早应用的细胞重编程技术,分为胚胎细胞核移植和体细胞核移植;体细胞核移植就是克隆羊 Dolly 的原理,应用广泛。iPSC 的方法是利用 4 个转录因子(Oct4、Klf-4、Sox2 和 c-Myc),诱导已分化细胞重新获得 ESC 的特征,并可转化为心肌细胞和神经细胞等。

利用细胞重编程,可以建立长期稳定传代的患者特异的细胞系,进行个体化药物筛选;细胞重编程能够将细胞命运逆转为具有再生能力干细胞的状态,可以利用来自患者体细胞获得的干细胞作为细胞治疗的良好材料。因此,这一领域的系列发现为再生医学、疾病个体化治疗及药物筛选提供了巨大的前景。

第五节　细胞增殖分化异常与疾病

细胞增殖的顺利完成及细胞周期的有序进行,表现出严格的时间和空间特异性,受到精确的调控。如果细胞增殖及细胞周期的调控机制出现异常或失去功能,细胞就会出现染色体水平的异常和基因水平的突变等,引起疾病。例如,细胞增殖失去控制,引起细胞过度增殖,就会发生肿瘤;反之,细胞增殖受到抑制,就会引发功能不全,如发育不良等疾病。

同样的,细胞分化是机体正常发育所必需的过程,正常分化的细胞具有组织器官高度特异性,有特定的形态、功能和基因表达谱;如细胞分化异常,则同样会引起多种疾病。

一、细胞增殖异常

细胞增殖是细胞数目增加的过程,包括细胞生长和细胞分裂,是生物体生长发育的重要过程,伴随生命的全过程;增殖过程主要受到生长因子的调控,还受到多种信号转导通路的调控,中间任意一个或多个环节出现错误,增殖能力出现异常升高或降低,都会引起疾病。

细胞增殖是生物体生长的主要因素,细胞分裂产生新的细胞,以补充替代衰老或死亡的细胞,维持组织细胞数量的恒定和正常生理功能。机体细胞始终维持在一定的数目并发挥正常的生理功能,增殖能力是相对稳定的。一般来说,生物体个体生命从一个受精卵开始,通过有序的增殖和分化,形成特定的组织和器官,进一步发育成为正常个体;细胞增殖除了发育的重要作用外,还是组织损伤修复的重要基础,与衰老密切相关。

(一) 细胞增殖与组织修复

正常个体具有完整的损伤修复机制,当机体的某些细胞、组织受到损伤后,机体会立即启动细胞增殖,修复或替代损伤部分。例如,正常情况下,肝细胞增殖速度缓慢,当肝脏受到外伤后,肝细胞会迅速分裂以替代受损的细胞。因此临床上肝外伤或肝部分切除患者的肝脏,会很快恢复到正常水平,大小和功能均一致。但是,如果是肌肉组织或神经组织细胞受损,由于细胞高度分化,失去了增殖能力,无法修复原组织,只能由未分化的间充质细胞进行分裂增殖补充受损部位。需要指出的是,此时修复后的部位较原组织结构功能都出现明显不同,失去了原组织的正常结构和功能。

G_0 期细胞在收到相应信号后,会进入 G_1 期,启动细胞周期、完成细胞增殖。因此,上述组织修复能力的异同在于成熟组织中是否含有 G_0 期细胞,如果含有 G_0 期细胞,组织在受到损伤后,会迅速进入细胞周期开始分裂增殖,补充受损细胞,最终完成修复。

组织修复完成后,理想状态是完全恢复正常的结构和功能,但修复能力除了受组织细胞本身的增殖能力影响外,还受到多种因素的调节,具体如下:

细胞间作用,细胞生长过程中如果相互接触就会停止生长,称为接触抑制。

细胞外基质,胶原蛋白、蛋白多糖、黏连蛋白等,除了作为连接物和支持物把细胞连接在一起外,还有控制细胞增殖、分化的作用。

生长因子、抑素等细胞因子,特异性结合受体,进一步激活细胞内信号转导通路,通过调节 CDK 和 cyclin,调控细胞增殖,从而影响组织修复。

(二) 细胞增殖与衰老

正常细胞具有有限生长的特性,经一定倍增生长后,细胞失去增殖能力并停止分裂,称为细胞衰老。不同的组织细胞衰老与增殖的情况不同,骨髓干细胞、精原细胞等低分化细胞可以继续分裂,不易衰老,而成纤维细胞、红细胞等高分化细胞等,不再分裂。

细胞衰老表现为细胞在一定的时间内仍维持代谢活性,但失去了对促分裂因子的反应能力和 DNA 合成能力,不能进入 S 期,持续处于 G_1 期,失去细胞分裂增殖的能力。细胞衰老表现为增殖抑制、细胞数量减少,继而造成细胞形态和细胞器的改变,进一步引起组织器官的衰老。

研究发现,衰老细胞中 cyclin、CDK 和 CKI 的表达量和活性均出现变化;此外,衰老细胞中 RB 蛋白磷酸化水平处于较低水平。以上衰老细胞不同于正常增殖细胞的特点,很有可能就是衰老细胞失去分裂增殖能力的原因(图 1-3-5)。

(三) 细胞增殖异常与疾病

正常情况下,细胞增殖与细胞凋亡处于动态平衡状态中,当增殖能力出现异常并打破平衡状态,就会引起疾病。

动脉粥样硬化是常见的临床心血管疾病,发病机制比较复杂,目前已确定血管平滑肌细胞过度增殖是动脉粥样硬化的病理基础,参与疾病进程的每个阶段。在粥样斑块形成早期,血管平滑肌就出现迁移和增殖,增殖的血管平滑

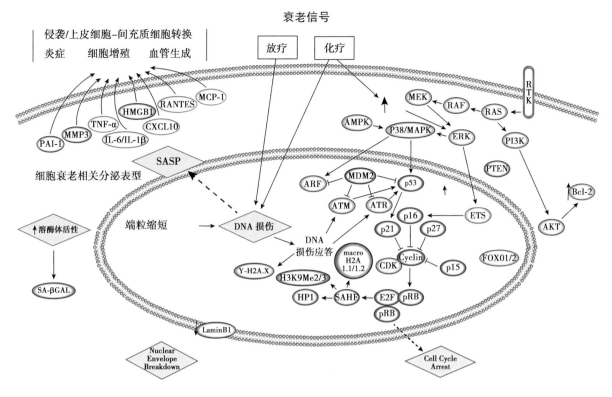

图 1-3-5 细胞衰老信号

肌细胞可迁移至血管内膜,吞噬脂质形成泡沫细胞,并释放出大量的细胞因子,进一步促进血管平滑肌的大量迁移和增殖,结果造成弥漫性内膜增厚,伴随胶原、纤维和糖蛋白的沉积,最终形成纤维斑块。异常增殖信号和促炎症细胞因子促进血管平滑肌增殖,最终形成动脉粥样硬化。

消化道上皮细胞不典型增生是临床较为常见的疾病,在多种化学因素和机械因素的影响下,出现增生的细胞有大小不一、形态多样、核大且浓染、核分裂象增多等现象,常被认为是癌前病变,与肿瘤发生有关。从正常消化道上皮到不典型增生,直至肿瘤发生的过程,都受到复杂的调控机制的影响,其中细胞周期相关基因和蛋白出现明显的变化,如 *cyclin E* 和 *CDK2* 的转录和蛋白表达水平均出现明显升高,其中 cyclin E 结合并激活 CDK2,促使细胞通过 G_1-S 期检查点,启动细胞周期、促进细胞增殖,形成不典型增生。如果此增殖信号持续,则最终会引起肿瘤。

二、细胞分化异常

正常分化的细胞具有特定的形态和功能,进而维持机体正常的功能;而细胞分化异常会导致疾病的发生,甚至引起肿瘤。

(一) 细胞分化异常与肿瘤

正常分化(高度分化或终末分化)的细胞,增殖能力有限,不可无限复制,具有显著的组织器官特异性,表现出特定的细胞形态和功能。而肿瘤细胞是增殖和分化异常的细胞,表现出如下显著特征:肿瘤细胞处于低分化或未分化状态;肿瘤细胞具有无限增殖的能力和侵袭转移的能力。

肿瘤细胞典型的形态特征显示出低分化和高增殖的

特点,如细胞核大、核仁数目多、内膜系统不发达、细胞间连接减少等,并且肿瘤细胞缺乏正常分化细胞的功能,不能合成某些蛋白质,从而失去原组织细胞正常的功能。

肿瘤细胞,尤其是恶性肿瘤细胞,可以无限传代,成为永生细胞,并且可以进入血管和淋巴管,在体内广泛种植播散。某种程度上,肿瘤细胞类似于胚胎细胞,同样处于未分化或低分化状态,并具有强大的增殖能力,但是后者的增殖和分化都高度有序。

细胞分化是一个定向的、受到严密调节的过程,表现为特定基因按照一定的时间和空间顺序表达,归因于基因有顺序、有选择性地被激活或抑制。一般来说,高度分化的细胞增殖能力有限,而终末分化的细胞不能进行增殖。但是,肿瘤细胞缺乏分化成熟细胞的形态和功能,失去了原组织细胞的形状,并对相应调节机制失去反应。

就来源来说,肿瘤中所有的细胞来源于同一个恶变细胞,而根据增殖分化特性,肿瘤细胞群体可分为干细胞、过渡细胞、终末细胞和 G_0 细胞。其中,肿瘤干细胞在肿瘤的发生发展中发挥重要作用。

(二) 干细胞分化异常导致肿瘤发生

据统计,人类的肿瘤 90% 以上都是上皮来源的,归因于上皮细胞更新快、复制和转录过程中突变的概率高。突变累积导致肿瘤发生是一个长期的过程,由于干细胞可以通过自我更新在体内长期存在,而分化终末期细胞存活时间有限,故干细胞发生突变并引发肿瘤的机会要多;此外,由于干细胞始终处于自我更新的激活状态,故与终末期细胞相比,只需要相对更少的突变,干细胞就会引发肿瘤。

突变的干细胞出现分化异常,进一步导致肿瘤发生。

正常情况下,干细胞增殖和分化受到多种因素的调控。研究发现,生理情况下干细胞处于相应的微环境中,并受到多条信号通路的调控,以维持干细胞活性,进行正常的增殖和分化。其中任意一个因素失常,都有可能导致干细胞分化异常,进而引发肿瘤。

其中,细胞信号调控机制失调是肿瘤发生的重要原因。如 β-catenin 突变或 APC 突变等造成 β-catenin 在细胞核内异常累积,导致 Wnt 通路持续激活,造成干细胞持续增殖,引起结直肠癌等;*PTEN*、*APC*、*Ras*、*TP53*、*Rb* 等癌基因或抑癌基因,对维持干细胞相关信号通路的正常作用也发挥重要作用,癌基因异常激活或抑癌基因失活,均有可能引起正常干细胞发生异常增殖和分化,引起肿瘤发生。

另外,干细胞所处微环境的改变也是肿瘤发生的重要原因。一般情况下,干细胞所处微环境相对恒定,包含多种细胞、细胞因子、黏附分子和细胞外基质等。慢性炎症是诱发肿瘤的重要原因,因为炎性微环境可以招募血源性的 MSC,与细胞发生融合后会导致细胞发生重编程,并且炎性微环境的细胞因子能够持续激活与细胞增殖和分化相关的信号通路,造成正常干细胞异常增殖和分化,引起肿瘤发生。

除上述原因外,非编码 RNA 及表观遗传学调控机制也可能是正常干细胞转化为肿瘤细胞的重要原因。

最新的研究发现,肿瘤中存在一种可以不断自我更新并维持其异质性(恶性性状)的细胞,定义为肿瘤干细胞(cancer stem cell,CSC)。肿瘤干细胞的增殖能力和分化能力均高于一般的肿瘤细胞,与肿瘤的转移和复发等恶性进展密切相关。肿瘤干细胞的理论和研究为肿瘤的发生机制提供了新的认识,并为临床肿瘤治疗提供了新的方向和理论依据,具有重要的意义。

(徐欣元 梁亮)

参考文献

[1] 杨恬.细胞生物学.北京:人民卫生出版社,2005.

[2] 宋今丹.医学细胞生物学.北京:人民卫生出版社,2007.

[3] 周春燕,冯作化.医学分子生物学.北京:人民卫生出版社,2014.

[4] Liu L,Michowski W,Kolodziejczyk A,et al. The cell cycle in stem cell proliferation,pluripotency and differentiation. Nat Cell Biol,2019,21(9):1060-1067.

[5] Coudreuse D,Nurse P. Driving the cell cycle with a minimal CDK control network. Nature,2010,468(7327):1074-1079.

[6] Swaffer MP,Jones AW,Flynn HR,et al. CDK Substrate Phosphorylation and Ordering the Cell Cycle. Cell,2016,167(7):1750-1761.

[7] O'Leary B,Finn RS,Turner NC. Treating cancer with selective CDK4/6 inhibitors. Nat Rev Clin Oncol,2016,13(7):417-430.

[8] Merrell AJ,Stanger BZ. Adult cell plasticity in vivo:de-differentiation and transdifferentiation are back in style. Nat Rev Mol Cell Biol,2016,17(7):413-425.

[9] Jopling C,Boue S,Izpisua Belmonte JC. Dedifferentiation,transdifferentiation and reprogramming:three routes to regeneration. Nat Rev Mol Cell Biol,2011,12(2):79-89.

[10] Hydbring P,Malumbres M,Sicinski P. Non-canonical functions of cell cycle cyclins and cyclin-dependent kinases. Nat Rev Mol Cell Biol,2016,17(5):280-292.

[11] Ivey KN,Srivastava D. MicroRNAs as regulators of differentiation and cell fate decisions. Cell Stem Cell,2010,7(1):36-41.

[12] Clarke MF. Clinical and Therapeutic Implications of Cancer Stem Cells. N Engl J Med,2019,380(23):2237-2245.

[13] Li S,Wang L,Wang Y,et al. The synthetic lethality of targeting cell cycle checkpoints and PARPs in cancer treatment. J Hematol Oncol,2022,15(1):147.

[14] Pagano M,Jackson PK. Wagging the dogma;tissue-specific cell cycle control in the mouse embryo. Cell,2004,118(5):535-538.

[15] Basu S,Greenwood J,Jones AW,et al. Core control principles of the eukaryotic cell cycle. Nature,2022,607(7918):381-386.

[16] Zheng C,Tang YD. The emerging roles of the CDK/cyclin complexes in antiviral innate immunity. J Med Virol,2022,94(6):2384-2387.

[17] Kõivomägi M,Swaffer MP,Turner JJ,et al. G1 cyclin-Cdk promotes cell cycle entry through localized phosphorylation of RNA polymerase Ⅱ. Science,2021,374(6565):347-351.

[18] Li Q,Jiang B,Guo J,et al. INK4 Tumor Suppressor Proteins Mediate Resistance to CDK4/6 Kinase Inhibitors. Cancer Discov,2022,12(2):356-371.

[19] Bury M,Le Calvé B,Ferbeyre G,et al. New Insights into CDK Regulators:Novel Opportunities for Cancer Therapy. Trends Cell Biol,2021,31(5):331-344.

[20] Chou J,Quigley DA,Robinson TM,et al. Transcription-Associated Cyclin-Dependent Kinases as Targets and Biomarkers for Cancer Therapy. Cancer Discov,2020,10(3):351-370.

[21] Chandarlapaty S,Razavi P. Cyclin E mRNA:Assessing Cyclin-Dependent Kinase(CDK)Activation State to Elucidate Breast Cancer Resistance to CDK4/6 Inhibitors. J Clin Oncol,2019,37(14):1148-1150.

[22] Sullivan RJ. Dual MAPK/CDK Targeting in Melanoma:New Approaches,New Challenges. Cancer Discov,2018,8(5):532-533.

[23] Mohamed TMA,Ang YS,Radzinsky E,et al. Regulation of Cell Cycle to Stimulate Adult Cardiomyocyte Proliferation and Cardiac Regeneration. Cell,2018,173(1):104-116.

[24] Ingham M,Schwartz GK. Cell-Cycle Therapeutics Come of Age. J Clin Oncol,2017,35(25):2949-2959.

第四章　细胞凋亡与衰老

提要:细胞凋亡是细胞的一种基本生物学现象,在多细胞生物去除不需要的或异常的细胞、生物体的进化、内环境的稳定和多个系统的发育中起着重要作用。细胞衰老是有丝分裂期的细胞经历内源或外源的压力损伤后永久性地退出细胞增殖周期。细胞衰老过程中发生一系列的形态结构变化,直接导致其相应功能的丧失。衰老细胞在生物体组织中以生理和病理状态积累,导致组织修复、衰老和癌变等。人类大多数疾病随着年龄增加而出现,如阿尔茨海默病、心血管疾病、特发性肺纤维化、2型糖尿病和骨质疏松症等。总之,细胞凋亡与衰老在长期的进化中所形成的复杂调控机制对于维持生物体的正常功能是极其重要的。

第一节　细胞凋亡

一、概述

细胞凋亡(apoptosis)指为维持内环境稳定,由基因控制的细胞自主的有序的死亡。细胞凋亡与细胞坏死不同,细胞凋亡不是一个被动的过程,而是主动过程,它涉及一系列基因的激活、表达和调控等过程,并不是病理条件下自体损伤的一种现象,而是为了更好地适应生存环境而主动争取的一种死亡过程。

(一)细胞凋亡与细胞程序性死亡

早在1972年,Kerr等已发现从细胞形态、超微结构和生化变化等方面来分析,发现细胞有两种死亡形式:细胞坏死(necrosis)和细胞程序性死亡(programmed cell death,PCD)。其实,从严格的词学意义上来说,细胞程序性死亡与细胞凋亡是有很大区别的。PCD是个功能性概念,用来描述一个多细胞生物体中某些细胞死亡是个体发育中一个预定的,并受到严格程序控制的正常组成部分。例如蝌蚪变成青蛙,其变态过程中尾部的消失伴随大量细胞死亡,高等哺乳类动物指间蹼的消失、视网膜发育和免疫系统的正常发育都必须有细胞死亡的参与。这些形形色色的在机体发育过程中出现的细胞死亡有一个共同特征,即散在地、逐个地从正常组织中死亡和消失,机体无炎症反应,而且对整个机体的发育是有利和必需的。因此认为动物发育过程中存在的细胞程序性死亡是一个发育学概念,而细胞凋亡则是一个形态学概念,描述一件有着一整套形态学特征的与坏死完全不同的细胞死亡形式。

(二)细胞凋亡与细胞坏死

虽然凋亡与坏死的最终结果极为相似,但它们的过程与表现却有很大差别。

坏死是细胞受到强烈理化或生物因素作用引起细胞无序变化的死亡过程,表现为细胞胀大,胞膜破裂,细胞内容物外溢,核变化较慢,DNA降解不充分,引起局部严重的炎症反应。凋亡是细胞对环境的生理性病理性刺激信号、环境条件的变化或缓和性损伤产生的主动有序变化的死亡过程,其细胞及组织的变化与坏死有明显的不同(表1-4-1)。

表1-4-1　细胞凋亡与细胞坏死的比较

	细胞凋亡	细胞坏死
1. 性质	生理性/病理性,特异性	病理性,非特异性
2. 诱因	较弱刺激,非随机发生	强烈刺激,随机发生
3. 基因调控	有	无
4. 生化特点	主动过程,有新蛋白合成,耗能	被动过程,无新蛋白合成,不耗能
5. 形态改变	细胞皱缩,核固缩,胞膜、细胞器相对完整	细胞肿胀,细胞结构溶解、破坏
6. 凋亡小体	有	无
7. DNA变化	片段化(180~200bp),电泳呈"梯"状条带	弥散性降解,电泳呈均一片状
8. 溶酶体改变	相对完整	破裂
9. 炎症反应	局部无炎症反应	局部炎症反应

(三)细胞凋亡的作用

细胞凋亡有重要的生理意义,凋亡作为生理过程,具有以下三种作用:①确保正常发育、生长:在器官、组织的形成、成熟中发挥作用,如细胞团中多余细胞的清除,形成具备复杂结构的组织器官。②维持内环境的稳定:清除受损、衰老和突变的细胞,如针对自身抗原T细胞的清除、子宫内膜周期性剥脱、受损不能修复的细胞或发生癌前病变的细胞通过凋亡被清除。③发挥积极的防御作用:细胞凋亡参与机体的防御反应,例如当机体受到病毒感染时,被感染的细胞发生凋亡,使DNA降解,整合于其中的病毒DNA也随之被破坏,从而阻止了病毒复制。

二、细胞凋亡的过程

细胞凋亡的过程大致可分为以下四个阶段:凋亡信号

转导,凋亡基因激活,细胞凋亡的执行,凋亡细胞清除。全过程需数分钟至数小时不等,各阶段都有负调控因子,以形成完整的反馈环路,使凋亡受到精确、严密的调控。

（一）凋亡信号转导

细胞内外凋亡诱导因素通过各种受体作用于细胞后,细胞产生一系列复杂的生化反应,形成与细胞凋亡的第二信使,然后通过胞内的信号转导途径激活后续凋亡程序。

研究较多的有:①胞内 Ca^{2+} 信号系统。细胞凋亡时胞内游离的 Ca^{2+} 浓度显著上升,用钙载体升高 B 淋巴细胞内 Ca^{2+} 的水平,可诱导 B 淋巴细胞的凋亡;用钙螯合剂降低细胞内 Ca^{2+} 的水平,可阻止细胞凋亡。胞内 Ca^{2+} 浓度上升可激活 Ca^{2+} 依赖的谷氨酰胺转移酶,活化核转录因子等触发细胞凋亡。②cAMP/PKA 信号系统。胞内 cAMP 浓度上升,可激活 cAMP 依赖的 PKA,使其靶蛋白上某些氨基酸残基磷酸化,改变蛋白质功能。用可透过胞膜的双丁酰cAMP 处理,可引起培养的髓样白血病细胞或胸腺细胞发生凋亡。③Fas 蛋白/Fas 配体信号系统。Fas 蛋白是细胞膜上的跨膜蛋白,Fas 作为一种普遍表达的受体分子,可出现于多种细胞表面,但 FasL 的表达却有其特点,通常只出现于活化的 T 细胞和 NK 细胞。Fas 蛋白和 Fas 配体或抗Fas 抗体结合,引起神经鞘磷脂酶活性上升,使神经鞘磷脂分解产生神经酰胺,激活相应的蛋白激酶,引起细胞凋亡。Fas 蛋白也可通过 Ca^{2+} 信号系统传导信息而导致细胞凋亡。④神经酰胺信号系统。有学者用神经酰胺处理 u937 白血病细胞,结果细胞出现凋亡形态学特征。电离辐射、TNF-α、Fas 抗原、糖皮质激素均可通过神经酰胺信号系统诱导细胞凋亡。⑤二酰甘油/蛋白激酶 C 信号系统。蛋白激酶 C(protein kinase C,PKC)由三组同工酶组成,其中PKCβ_1 与细胞凋亡关系密切。活化的 PKCβ_1 可诱导 u937白血病细胞凋亡;抑制 PKC 活性,可抑制糖皮质激素诱导的小鼠胸腺细胞凋亡。⑥酪氨酸蛋白激酶信号系统。酪氨酸蛋白激酶介导的信号系统对细胞凋亡起负调控作用。酪氨酸蛋白激酶被激活后,将靶蛋白上的酪氨酸磷酸化,进而使 Ras 蛋白活化,引起蛋白质磷酸化并产生促细胞分化的效应,此信号途径被阻断可引起细胞凋亡。生长因子或细胞因子缺失引起的细胞凋亡是由于酪氨酸蛋白激酶不能被有效激活所致。

（二）凋亡基因激活

调控凋亡的基因接收由信号转导途径传来的死亡信号后按预定程序启动,并合成执行凋亡所需的各种酶类和相关物质。细胞凋亡相关基因有数十种,根据功能不同分为三类:促进凋亡基因如 Bax、caspase-1、wtP53 等,抑制凋亡基因如 Bcl-2、IAP,双向调控基因如 c-Myc、Bcl-x。野生型 P53(wtP53)具有诱导细胞凋亡的功能,该基因发生突变后可抑制细胞凋亡。P53 蛋白是 DNA 结合蛋白,在细胞周期的 G_1 期发挥检查点的功能,一旦发现有缺陷的 DNA,就阻止细胞进入细胞周期,并启动 DNA 修复机制,若修复失败,P53 则启动细胞凋亡机制。Bcl-2 是 B 细胞淋巴瘤/白血病-2(B cell lymphoma/leukemia-2)基因的缩写,是第一个被确认有抑制凋亡作用的基因。Bcl-2 的高表达能阻止

多种凋亡诱导因素(如射线、化学药物等)所引发的细胞凋亡。c-Myc 是一种癌基因,它不仅能诱导细胞增殖,也能诱导细胞凋亡,具有双向调节作用。在 c-Myc 基因表达后,如果没有足够的生长因子持续作用,细胞就发生凋亡,反之细胞处于增殖状态。BCL-x 基因可翻译出两种蛋白 BCL-XL和 BCL-Xs,前者抑制细胞凋亡,后者促进细胞凋亡,BCL-x激活后是否导致细胞凋亡与这两种蛋白哪一种起到主导作用有关。

（三）细胞凋亡的执行

凋亡的主要执行者是核酸内切酶(endogenous nuclease DNase)和 caspase,前者彻底破坏细胞生命活动所需的全部指令,后者导致细胞结构全面解体。在细胞凋亡过程中,DNase 执行染色质 DNA 切割任务。正常情况下,该酶可以无活性的形式存在于细胞核内,Ca^{2+}/Mg^{2+} 可增强它的活性,而 Zn^{2+} 能抑制它的活性。但是细胞内外的凋亡诱导因素不能直接激活该酶,需要经过一系列胞内信号转导环节才能被激活。caspase 是富含半胱氨酸的门冬氨酸特异水解酶(cysteine-containing aspartate-specific protease)的缩写,对底物门冬氨酸部位有特异水解作用,该酶家族有 10 多个成员。caspase 在凋亡中的主要作用是:灭活细胞凋亡的抑制物(如 Bcl-2),水解细胞的蛋白质结构,导致细胞解体,形成凋亡小体;在凋亡级联反应中水解相关活性蛋白,从而使该蛋白获得或丧失某种生物学功能。实验表明,细胞色素 C 从线粒体释放是细胞凋亡的关键步骤,释放到细胞质的细胞色素 C 在 ATP 存在的条件下能与凋亡相关因子1(Apaf-1)结合,使其形成多聚体,并促使 caspase-9 与其结合形成凋亡小体,caspase-9 被激活,并激活其他的效应caspase 如 caspase-3 等,从而诱导细胞凋亡。

（四）凋亡细胞清除

已经凋亡的细胞可被邻近的巨噬细胞或其他细胞吞噬、分解。

三、凋亡时细胞的主要变化

（一）形态学变化

从形态学观察细胞凋亡的变化是多阶段的,细胞凋亡首先出现的是细胞体积缩小,连接消失,微绒毛消失,与周围的细胞脱离,然后是细胞质密度增加,线粒体膜电位消失,通透性改变,细胞脱水、空泡化(blebbing),释放细胞色素 C 到胞质,核质浓缩、固缩。内质网不断扩张并与胞膜融合,形成膜表面的芽状突起,称为出芽(budding)。晚期核质高度浓缩融合成团,染色质集中分布在核膜的边缘,呈新月形或马蹄形分布,称为染色质边集(margination)。胞膜皱缩内陷,分隔包裹胞质,形成泡状小体,称为凋亡小体(apoptotic body),这是凋亡细胞特征性的形态学改变。凋亡小体内成分主要是胞质、碎裂的核物质和亚细胞超微结构,有的凋亡小体完全由固缩核染色质组成,有的仅含胞质成分。凋亡小体可迅速被周围专职或非专职吞噬细胞吞噬、消化。整个凋亡过程无细胞内容物外溢,因此不引起周围的炎症反应。

（二）生物化学变化

胞质内 Ca^2 浓度升高,细胞内活性氧增多,质膜通透性

变大，Ⅱ型谷氨酰胺转移酶和钙蛋白酶活性升高。DNA内切酶活性被激活升高，切割产生不同长度的DNA片段，为180~200bp的整倍数，而这正好是缠绕组蛋白寡聚体的长度，提示染色体DNA恰好是在核小体与核小体的连接部位被切断，产生不同长度的寡聚核小体片段。这种降解表现在琼脂糖凝胶电泳中就呈现为特异的梯状（Ladder）图谱，这是判断凋亡发生的客观指标之一。DNA片段化断裂是细胞凋亡的关键性结局。

（三）细胞凋亡的检测

对细胞凋亡形态学的观察有HE染色光镜观察和电子显微镜、相差显微镜、共聚焦激光扫描显微镜检查。对DNA降解片段的分析有琼脂糖凝胶电泳检测DNA和Southern Blotting方法。荧光标记膜蛋白V（Annexin V）染色和流式细胞技术可以对活体或已固定的凋亡细胞进行定量分析。还有末端脱氧核苷酸转移酶介导的脱氧尿苷三磷酸缺口末端标记术（TUNEL）染色，以及免疫组化、荧光免疫酶测定caspase活性、膜变化检测（膜电位、线粒体功能完整性分析实验）。

四、细胞凋亡的相关因素

（一）诱导性因素

细胞凋亡是一个程序化过程，正常情况下并不启动。当细胞受到凋亡诱导因素作用时，它才会启动细胞凋亡程序。在少数情况下，细胞凋亡可自发产生，但多数是在诱导因素的作用下发生的，常见的诱导因素有：①激素和生长因子失衡：生理水平的激素和生长因子是细胞正常生长的必要因素，一旦缺乏，细胞会发生凋亡；相反，某些激素和生长因子过多也可导致细胞凋亡，如强烈应激引起大量糖皮质激素分泌，诱导淋巴细胞凋亡。②理化因素：射线、高温、强酸、强碱、乙醇、抗癌药物等，均可导致细胞凋亡，如电离辐射可产生大量氧自由基，使细胞处于氧化应激状态，DNA受损，细胞凋亡。③免疫因素：免疫细胞在生长、分化及执行防御、自稳、监视功能中，分泌免疫分子参与免疫细胞或靶细胞的凋亡过程，如细胞毒T淋巴细胞可分泌颗粒酶，引起靶细胞凋亡。④微生物因素：细菌、病毒等致病微生物及其毒素可诱导细胞凋亡，如HIV感染时，可导致大量CD4+T淋巴细胞凋亡。

（二）抑制性因素

一些细胞因子具有抑制凋亡的作用，从细胞培养基中将其去除后，依赖它们的细胞会发生凋亡；反之，在培养体系中加入所需的细胞因子后，可促进细胞内存活基因的表达，从而抑制细胞凋亡。某些激素对于防止靶细胞凋亡，维持其正常存活是必须的。例如，当腺垂体功能低下或被摘除时，肾上腺皮质细胞失去促肾上腺皮质激素（ACTH）刺激，可发生细胞凋亡，引起肾上腺皮质萎缩。睾丸酮对前列腺细胞，雌激素对子宫平滑肌细胞都有类似的作用。其他某些二价金属阳离子如Zn^{2+}，药物如苯巴比妥、半胱氨酸蛋白酶抑制剂，病毒如EB病毒、牛痘病毒CrmA及中性氨基酸，也有抑制细胞凋亡的作用。

五、细胞凋亡的发生途径

（一）死亡受体信号途径

死亡受体信号途径由细胞外死亡信号激活，死亡信号由细胞外死亡配体与膜上相应的死亡受体结合而传递到胞内部，caspase-2、caspase-8、caspase-10等分子被募集激活，从而产生下游一连串生物效应。

细胞表面的凋亡受体属于肿瘤坏死因子受体（tumor necrosis factor receptor，TNFR）家族的跨膜蛋白，主要包括Fas、TNFR-1、CAR1、NGFR、DR3（death receptor 3，死亡受体3）、DR4、DR5等几种，以Fas/FasL为代表的死亡受体信号途径是凋亡途径中研究最早、最清晰的一种。死亡受体配体通过受体寡聚化启动信号转导，从而导致特异的接头蛋白被募集，以及caspase级联反应的激活。FasL的结合诱导Fas三聚化，从而通过接头蛋白FADD招募启动caspase-8，caspase-8寡聚化并通过自催化被激活。激活的caspase-8可通过两条并行级联反应诱发凋亡：它既可以直接剪切并激活caspase-3，也可以剪切Bcl-2家族的促凋亡蛋白Bid。切短的Bid（tBid）转位到线粒体中，诱导细胞色素C释放，从而激活caspase-9和caspase-3，诱导细胞凋亡。TNF-α/TNFR1和DR-3L/DR3通过接头蛋白TRADD/FADD和激活caspase-8，促进细胞凋亡。TRAIL和DR4或DR5结合后导致受体三聚化，组成死亡诱导信号复合物（death inducing signal complex，DISC），并激活caspase-8，从而发挥诱导凋亡作用。

（二）线粒体信号途径

线粒体内外膜上存在多种通道，这些通道的开放与关闭可引起膜内外离子浓度变化和跨膜电位（ΔΨm）变化，能量合成明显下降，促凋亡物质释放，从而导致凋亡发生。关于线粒体膜通透性转换孔（mitochondrial permeability transition pore，MPTP）的研究较多，PTP开放会引起线粒体膜通透性增大，使细胞凋亡的启动因子从线粒体释放出来，如细胞色素C、凋亡诱导因子（apoptosis inducing factor，AIF）、核酸内切酶G（EndoG）、凋亡蛋白酶激活因子（Apaf）、第二种线粒体衍生的caspase激活子（second mitochondria-derived activator of caspase，Smac）等，进一步激活caspase或非caspase依赖的凋亡物质，引起细胞凋亡。

Bcl-2家族蛋白在线粒体膜上分布很多，它们的变化调节着膜通道如PTP的开放和促凋亡物质的流动。Bcl-2家族中的Bcl-Xs、Bax、Bad、Bak、Bik、Bid和Bag-1分布于细胞质中，具有促进细胞凋亡的作用；Bcl-2和Bcl-XL主要分布在线粒体膜和细胞质中，具有抑制细胞凋亡的作用。

胞内Ca^{2+}失衡可通过多种途径诱导细胞凋亡，如激活蛋白磷酸酯酶、钙神经碱等一系列与线粒体凋亡相关的蛋白质；高Ca^{2+}下调Bcl-2在线粒体膜上的表达，从而诱导凋亡；Ca^{2+}可加速PTP开放，一过性释放线粒体内的Ca^{2+}诱导凋亡。线粒体是细胞产生活性氧的重要部位，高浓度活性氧也可启动细胞凋亡信号。

（三）内质网信号途径

内质网是细胞内一个广阔、精细的膜结构，除红细胞外，内质网见于所有细胞。内质网有极强的内稳态体系，但缺血再灌注损伤、氧化应激等处理，引发内质网应激（endoplasmic reticulum stress，ERS），启动细胞凋亡。主要的生物学效应包括转录因子 CHOP/GADD153 表达增多、ASK1/JNK 和 caspase 家族成员等凋亡分子的激活，caspase-12 激活、Bcl-2 表达下降等诱导凋亡。

内质网是细胞的钙库，多种刺激因素可引起钙释放，参与 Bad 和 caspase 的激活过程。三磷酸肌醇介导的钙释放也与凋亡直接相关。此外，内质网钙超载还可激活转录因子 NF-κB，启动多种凋亡诱导基因的表达，从而诱导凋亡发生。

内质网上存在着多种可被 caspase 切割的底物，如 Bap31、固醇调节元件结合蛋白、信号识别颗粒 72、三磷酸肌醇受体等。被切割产物可以进入细胞核，调控凋亡因子表达水平或影响 caspase 的活化。

（四）钙离子与细胞凋亡

细胞内 Ca^{2+} 在维持细胞增殖、能量代谢和氧代谢等过程中发挥重要作用，细胞 Ca^{2+} 稳态失调是凋亡过程中普遍存在的事件，Ca^{2+} 作为一个重要的胞内信号转导因子，通过多种途径参与凋亡过程的调节。各种应激损伤致细胞内电压依赖的 Ca^{2+} 通道激活，细胞外的 Ca^{2+} 进入细胞内，加之细胞内 Ca^{2+} 排出障碍，共同造成钙超载，进一步引发 PTP 不可逆开放，线粒体跨膜电位显著降低，线粒体肿胀破裂，细胞色素 C 释放进入胞质，与 Apaf、caspase-9 结合，连同 ATP 构成凋亡体，激活 caspase-3，最终导致依赖细胞色素 C 和 caspase 途径的细胞凋亡。细胞内 Ca^{2+} 浓度升高，激活 Ca^{2+}/Mg^{2+} 依赖性核酸内切酶，使核染色质 DNA 降解成单个或寡核苷酸小体。Ca^{2+} 还能激活谷氨酰胺转移酶，催化细胞内肽链间的酰基转移，在肽链间形成共价键，使细胞骨架蛋白分子间发生广泛交联，有利于凋亡小体形成。Ca^{2+} 可激活核转录因子如 NF-κB，加速细胞凋亡。Ca^{2+} 在 ATP 的配合下使 DNA 链舒展，暴露出核小体之间的连接区内的酶切位点，有利于 DNA 内切酶切割 DNA。Ca^{2+} 还参与线粒体凋亡途径和内质网应激凋亡途径。

（五）自由基与细胞凋亡

自由基是指在原子或分子轨道中含有不成对电子的分子，可以是不带电荷的原子或分子，也可以是带电荷的离子。生物体内一定水平的自由基是维持正常生命活动所必需的。自由基主要有活性氧自由基（reactive oxygen species，ROS）及活性氮自由基（reactive nitrogen species，RNS），在细胞凋亡中起重要作用。

ROS 破坏机体正常的氧化/还原动态平衡，造成生物大分子（核酸、蛋白质、脂质）的氧化损伤，干扰正常的生命活动，引起严重的氧化应激（oxidative stress），引起细胞膜结构破坏，改变细胞膜的通透性，使 Ca^{2+} 内流增加，诱导细胞凋亡。ROS 作用于线粒体和内质网，诱导细胞凋亡。ROS 使线粒体 DNA（mtDNA）编码的呼吸链复合物的结构功能发生变化，使电子传递效率降低，线粒体膜通透性升高，$\Delta\Psi m$ 下降，线粒体功能异常，Apaf-1、细胞色素 C 等凋亡蛋白释放，caspase 激活，最终导致细胞凋亡。此外，呼吸链功

能异常及电子传递障碍又促进细胞产生大量 ROS，形成恶性循环。内质网是细胞内最主要的 Ca^{2+} 库，氧化还原状态的改变和 ROS 的存在影响了内质网的通道功能，进而影响 Ca^{2+} 平衡，并协同其他因素引发线粒体产生大量 ROS。另外，内质网钙泵对氧化破坏也敏感，钙衰竭也可由活性氧攻击引起，引起蛋白质折叠。线粒体与内质网凋亡途径相互影响，是由活性氧和钙离子介导的。

RNS 主要包括一氧化氮（NO）和二氧化氮（NO_2），NO 在生物体内的作用有双重性，既可刺激超氧阴离子、过氧化氢和羟自由基诱发脂质过氧化作用而诱发细胞凋亡，又可以介导细胞膜的抗氧化反应而抑制细胞凋亡，这两种作用取决于生物体内自由基的相对浓度。通常情况下，NO 将线粒体作为靶标，通过线粒体介导的途径引起细胞凋亡。由 NO 引发的细胞凋亡途径类似依赖线粒体凋亡途径中的已知信号通路，但更强调 p53 传输 NO 引发的凋亡信号，在凋亡执行过程中的作用。NO 还具有广泛的抗凋亡功能，低剂量的 NO 能通过改变线粒体通透性而阻断 caspase 激活，从而阻断细胞凋亡的路径。

死亡信号途径、线粒体、内质网、钙通道和自由基途径既可单独启动，又可联合作用，形成级联瀑布效应，促进细胞凋亡，维持机体细胞群体数量的稳态。caspase 依赖的细胞凋亡约占体内稳态细胞周转的 90%，并调节炎症、细胞增殖和组织再生。凋亡细胞是如何介导这些不同的效应的，目前尚不完全清楚。凋亡的淋巴细胞和巨噬细胞释放特定的代谢物，同时保持其细胞膜的完整性。这些代谢物在不同的原代细胞和细胞系之间共享，通过不同的刺激诱导细胞凋亡。某些代谢途径在细胞凋亡过程中继续保持活性，只释放特定途径中的某些代谢物。在功能上，凋亡代谢物分泌体诱导健康邻近细胞的特定基因程序，包括抑制炎症、细胞增殖和伤口愈合。细胞凋亡失调（凋亡不足和/或凋亡过度）可成为某些疾病的重要发病机制。

第二节　细胞凋亡与疾病

生理状态下的细胞凋亡在调节组织生长和维持机体内环境稳定中发挥着重要作用。凋亡细胞的清除受到精细调控，会被邻近细胞及招募的吞噬细胞快速有效地清除，避免死亡细胞内容物外流引起炎症反应。若机体内凋亡细胞不能被及时清除，凋亡碎片长期存在，有可能引起慢性炎症和自身免疫病。此外，细胞凋亡清除机制异常还与肿瘤、神经退行性变、心血管疾病等有关。吞噬细胞迅速清除凋亡细胞对维持组织内环境稳定具有重要意义。凋亡细胞清除缺陷与各种炎症和自身免疫有关。相反，在特定的条件下，如特定的细胞死亡诱导物杀死肿瘤细胞，可以促进免疫原性反应和抗肿瘤免疫。

一、自身免疫病

免疫系统在发育过程中通过细胞凋亡将针对自身抗体的免疫细胞清除。如果胸腺功能异常，负选择机制失调，细胞凋亡不足，针对自身抗原的 T 细胞就可存活，进而

攻击自身组织。自身免疫病最主要的特征是自身抗原受到自身抗体或致敏 T 淋巴细胞的攻击,造成器官组织损伤,如多发性硬化、系统性红斑狼疮、类风湿性关节炎、慢性甲状腺炎等。

(一)多发性硬化

多发性硬化(multiple sclerosis,MS)是一种常见的以中枢神经系统炎症脱髓鞘病变为特征的自身免疫病,为研究其发病机制及治疗方法,在体外建立了实验性自身免疫性脑脊髓炎(experimental autoimmune encephalomyelitis,EAE)模型。目前普遍认为 MS/EAE 是由致病性 T 淋巴细胞介导的自身免疫病。致病性 CD4$^+$ T 细胞的凋亡可能有助于EAE 的治疗。

(二)系统性红斑狼疮

系统性红斑狼疮(systemic lupus erythematosus,SLE)是一种累及多脏器的、病因未明的多因素自身免疫病,细胞凋亡在 SLE 发病机制中的作用越来越重要。SLE 有两个特殊的凋亡特点:不规则的凋亡和凋亡小体清除能力的下降。SLE 患者存在免疫细胞凋亡和凋亡调控的异常,如外周血淋巴细胞凋亡速度快、凋亡率高、凋亡基因表达异常等,异常的凋亡与自身抗原和抗体及凋亡基因的产生有关。自身组织成分变性浓聚于凋亡小体,凋亡小体清除障碍也可导致 SLE。未及时清除的凋亡细胞质膜破裂后释放核小体碎片、DNA、组蛋白成分等,统称凋亡物质。凋亡中产生的核小体是 SLE 主要的自身抗原,对 SLE 有高度特异性。对核小体及其他染色体成分的抗原识别,可能是抗 dsDNA 抗体产生的起始事件。Fas-FasL 途径及肿瘤坏死因子相关诱导凋亡配体(TNF related apoptosis inducing ligand,TRAIL)在SLE 中起重要作用。增强的 AhR 转录特征与 SLE 患者的疾病相关,转录因子 AhR 的快速激活依赖于凋亡细胞 DNA和模式识别受体 TLR9 之间的相互作用。

(三)类风湿性关节炎

类风湿性关节炎(rheumatoid arthritis,RA)是一种慢性自身免疫性的炎症性关节炎。RA 的形成是由于细胞浸润、细胞增殖增加和细胞死亡受损,包括淋巴细胞和成纤维细胞样滑膜细胞(FLS)在内的关节内活化细胞由于凋亡受损而存活了很长时间。存活蛋白(survivin)作为一种重要的抗凋亡蛋白,其对细胞凋亡的抑制作用可导致 RA 中自反应性 T 淋巴细胞的持续存在,以及 FLS 的肿瘤样表型。在RA 患者的滑膜组织和成纤维滑膜细胞可检测出 Fas/FasL减少或突变、细胞因子和原癌基因过度表达、抑癌基因 p53突变等,从而导致炎症细胞凋亡不足,表现为抑制凋亡和诱导凋亡免疫稳态失衡的病理改变。RA 患者外周血 CD4$^+$ T细胞凋亡减少,与相关凋亡蛋白表达降低、Bcl-2 表达增强有关。巨噬细胞凋亡抑制剂/CD5L 的高表达与 RA 的疾病活性相关。

二、肿瘤

肿瘤的形成是多因素、多阶段、长期的过程,机制复杂,细胞增殖过度是肿瘤发病的一个途径,细胞凋亡受抑制和细胞死亡不足是肿瘤发病的另一途径。凋亡细胞死亡缺陷可促进癌症的发生,而激发和恢复肿瘤细胞发生凋亡的能力是肿瘤防治的有效途径。

(一)凋亡蛋白抑制因子

凋亡蛋白抑制因子(inhibitor of apoptosis protein,IAP)主要有 Bcl-2、survivin、livin、XIAP 等。促生存的 Bcl-2 蛋白通过抑制细胞死亡效应因子 BAX 和 BAK 来防止细胞凋亡。BH3 蛋白通过中和促生存的 Bcl-2 蛋白来启动细胞凋亡。结构分析和药物化学促进了小分子药物的发展,这些小分子药物模拟 bh3 蛋白的功能来杀死癌细胞。Bcl-2 抑制剂 venetoclax 已被批准用于治疗难治性慢性淋巴细胞白血病。survivin 参与细胞的有丝分裂、细胞周期调控、促进细胞转化,可抑制肿瘤凋亡并与肿瘤细胞耐药性的产生有关。survivin 高表达可抑制多种因素如 p53、caspase 等诱导的细胞凋亡。survivin 在肿瘤患者的癌组织中高表达往往提示预后不良,多项对血清、胸腔积液、支气管上皮 survivin的检测研究提示,survivin 有望作为一项早期诊断指标。生存蛋白(livin)在大多数正常成人组织中不表达或低表达,但在某些恶性肿瘤组织中高表达,与肿瘤生存期相关。livin可能通过抑制多种 caspase,激活 TAK1/JNK1 信号转导通路,诱导 NF-κB 激活 AKT 等途径抑制细胞凋亡。X 连锁的抑制凋亡蛋白(X-linked inhibitor of apoptosis protein,XIAP)是 IAP 家族中最有效的 caspase 抑制分子,可通过抑制caspase 活性或多种细胞凋亡途径来调节细胞凋亡。

(二)线粒体蛋白 Smac

线粒体蛋白 Smac 在凋亡信号的刺激下,从线粒体释放到细胞质,与 IAP 结合并抑制其抗凋亡活性,从而促进凋亡。Smac 在细胞凋亡的死亡受体途径也发挥一定作用。TRAIL 激活 caspase-8-tBid-bax 级联反应,促使 Smac迅速释放到细胞质中,Smac 蛋白与 XIAP 结合并消除对caspase-3 的抑制作用,促进靶细胞凋亡。Smac 在肿瘤组织中表达降低,使凋亡阈值提高,从而使肿瘤细胞更容易侵袭和转移。Smac 的表达与肿瘤进展、恶性程度及肿瘤转移呈负相关。

(三)p53

p53 基因能发现 DNA 损伤并诱导暂时性生长停滞而使 DNA 得到修复,若 DNA 损伤较重,则引发不可逆的生长停滞或细胞凋亡。p53 的这一功能可阻止异常细胞变为肿瘤细胞。野生型 p53 基因主要通过诱导肿瘤细胞凋亡而发挥抑癌作用。当 p53 基因突变或缺失时,细胞凋亡减弱,机体肿瘤发生率上升。肝癌、胃癌、结肠癌、肺癌、乳腺癌、前列腺癌等多种肿瘤的发生与 p53 基因突变有关。p53 在化疗诱导的肿瘤细胞凋亡中也起重要作用。此外,p53 通过改变 miRNA 的表达水平促进凋亡,包括肿瘤抑制 miRNA如 miRNA-34a、let-7a、miRNA-15/16 等。

此外,Bcl-2、XIAP 和 p53 基因导致的细胞凋亡异常,对血液系统肿瘤的发展起重要作用,同时为肿瘤治疗提供多个靶点。

三、病毒感染性疾病

病毒与其感染的宿主细胞凋亡关系复杂,被病毒感染的细胞发生凋亡是机体的抗病毒防御机制,而病毒抑制被感染的细胞发生凋亡则是病毒的生存机制。病毒为了完成自身的复制周期,进化出多种抗凋亡机制,如表达病毒抗凋亡蛋白,激活宿主的抗凋亡机制,包括编码 caspase 的抑制物,增强 Bcl-2 的表达,抑制 FasL 和 TNF 活性等,直到产生子代病毒。

(一) 甲型流感病毒

甲型流感病毒(influenza A virus,IAV)是一种呼吸道病原体,可在世界范围内导致严重的发病率和死亡率。它们影响细胞的增殖、蛋白质合成、自噬和凋亡等过程。IAV 在感染初期通过上调抗凋亡的磷脂酰肌醇-3 激酶-蛋白激酶 B(PI3 K-AKT)途径抑制细胞凋亡,在感染后期通过抑制该途径并上调促凋亡的 p53 途径抑制细胞凋亡。这为病毒蛋白的复制和生产,以及病毒粒子的形成提供了足够的时间,一旦病毒引起细胞凋亡,病毒粒子就会从细胞中释放出来,使邻近的细胞受到感染,以支持有效的病毒复制和繁殖的方式调节宿主细胞凋亡。caspase-6 促进细胞程序性死亡途径的激活,在宿主抵抗 IAV 感染中发挥重要作用。此外,caspase-6 促进了选择性活化巨噬细胞的分化,caspase-6 在促进 IAV 感染期间的炎症小体激活、细胞死亡和宿主防御方面发挥重要作用。

(二) EB 病毒

EB 病毒(Epstein-Barr virus,EBV)又称人类疱疹病毒 4 型(human herpes virus type 4,HHV-4),主要感染 B 淋巴细胞,具有潜伏感染的特点,人类通常在婴幼儿期就感染了 EBV,95% 的成人携带 EBV,被感染细胞中的 EBV 不进行繁殖和复制。EBV 在缺乏免疫监视时能使 B 细胞转化为无限增殖状态,可能是 EBV 致癌性机制。EBV 能导致传染性单核细胞增多症、Burkitt 淋巴瘤、霍奇金病、鼻咽癌、喉癌等。EBV 可通过上调 Bcl-2 抑制 B 淋巴细胞凋亡。

(三) 人类免疫缺陷病毒 1 型

人类免疫缺陷病毒 1 型(human immunodeficiency virus type 1,HIV-1)治疗的进展已经将这种曾经致命的感染转变为一种可控制的慢性疾病,抗逆转录病毒治疗在减少 HIV-1 潜伏期方面的无效促使了对 HIV-1 潜伏期和免疫逃逸机制的研究。细胞凋亡在 CD4[+] T 细胞减少中扮演了重要角色,包括主要由死亡受体介导的活化诱导的细胞死亡(activation induced cell death,AICD)和由 Bcl-2 相关蛋白介导的活化 T 细胞自身死亡(activated T cell autonomous death,ACAD)。HIV 感染细胞表达 gp120(glycoprotein gp120)、Tat(trans-activator of transcription)、Nef(negative regulatory factor)、Vpr(viral protein R)、Vpu(viral protein unique)等,上调 FasL、下调 Bcl-2,促进细胞凋亡。受 HIV 感染的巨噬细胞分泌 TNF 增多,与 TNFR 结合启动死亡程序,也刺激 CD4[+] T 细胞产生大量氧自由基,通过氧化应激触发细胞凋亡。HIV 感染使树突状细胞和巨噬细胞 TRAIL 表达增加,通过死亡受体 DR4 和 DR5 相互作用促进细胞凋亡。Bcl-2 蛋白是细胞凋亡的主要调控因子之一,是 HIV-1 诱导改变的主要靶点,使用 Bcl-2 抑制剂可能消除潜在病毒库。

四、心血管疾病

(一) 缺血再灌注损伤

缺血再灌注损伤(ischemia reperfusion injury,IRI)指经过一段时间缺血、缺氧的组织器官在恢复血流灌注和氧气供应后,其代谢、功能、结构损伤反而更严重,最初常见于心肌梗死和缺血性脑卒中,目前在器官移植如肝、肾等器官也较常见。缺血再灌注损伤的细胞不但有坏死,也有凋亡。心肌细胞坏死无法挽救,但细胞凋亡的调控为心肌缺血或 IRI 的防治开辟了新的途径。许多基因包括原癌基因和抑癌基因如 Bcl-2、P21、p53、立早基因、Fas 基因均参与细胞凋亡的调控,主要通过细胞因子信号转导途径、线粒体途径、氧化应激途径、钙超载、有丝分裂原激活蛋白激酶(MAPK)信号转导途径、丝/苏氨酸蛋白激酶(AKT)信号转导途径、凝集素样低密度氧化脂蛋白受体 1(lectin-like oxidized low density lipoprotein receptor-1,LOX-1)通路等。通过抑制细胞凋亡防治 IRI 的主要方法有钙离子拮抗剂、抗氧化剂、蛋白酶抑制剂、促红细胞生成素等。

(二) 心肌细胞凋亡

心肌细胞凋亡在心力衰竭的发生发展中起重要作用,氧化应激、压力或容量负荷过重、细胞因子(如 TNF)、缺血、缺氧等都可诱导心肌细胞凋亡。对心力衰竭患者的心脏标本研究显示,心肌细胞凋亡指数(apoptotic index,发生凋亡的细胞核数/100 个细胞核)为 5%~35.5%,而对照水平仅 0.2%~0.4%。心肌细胞凋亡是代偿性心肌肥厚转向失代偿性心力衰竭的关键因素之一。阻断心肌细胞凋亡的信号通路有助于阻止凋亡的发生。

五、肝病

无论导致肝病的原因是什么,肝损伤的第一阶段在大部分情况下都表现为过度的肝细胞凋亡。过度肝细胞凋亡出现在病毒性肝炎、酒精性与非酒精性脂肪性肝病、胆汁淤积性肝病和威尔逊病等,持续凋亡与肝纤维化、肝衰竭相关,而凋亡不足与肝癌发生发展相关。肝细胞凋亡主要通过死亡受体和线粒体凋亡途径实现。肝细胞高表达死亡受体(Fas、TNFR、DR 等),与相应配体结合后活化 caspase。线粒体凋亡途径主要是线粒体对 DNA 损伤、氧化应激和病毒蛋白的应答反应,受 Bcl 家族蛋白调节。

(一) 酒精性肝病

酒精性肝病(alcoholic liver disease,ALD)是长期大量饮酒导致的中毒性肝损伤,可导致酒精性肝炎、肝纤维化和肝硬化。近期研究表明,酒精是肝细胞的一种凋亡诱导剂,肝细胞凋亡是酒精性肝损伤的一个重要机制。ALD 患者的肝细胞凋亡程度与疾病的严重程度相关。实验性研究也表明,体内外酒精暴露可增加肝细胞凋亡数。酒精诱发肝细胞凋亡的发病机制可能有活性氧产生过多,氧化应激诱导的线粒体功能障碍,酒精在体内代谢诱导肝细胞内细胞色素氧化酶 2E1 的生成,以及死亡受体诱导的凋亡。

(二) 肝细胞癌

肝细胞癌(hepatocellular carcinoma,HCC)的发病原因

很多,常表现为癌细胞凋亡不足、抗凋亡的细胞发生克隆增殖。HCC 形成时,癌细胞表面各种死亡受体会发生缺如,癌细胞也会下调形成凋亡信号复合物的蛋白质组分。肝脏内主要抑制凋亡的蛋白有 XIAP、Bcl-2、Mcl-1,HCC 患者若高表达 XIAP 则预后很差。凋亡抑制蛋白 survivin 在肝癌组织中呈高表达,并可能通过抑制 caspase-9 蛋白抑制肿瘤细胞凋亡。此外有研究表明,肝癌细胞进入血液循环后,大多数未形成转移灶,而是通过各种途径发生细胞凋亡而被清除,表明细胞凋亡在防止肿瘤侵袭转移中也发挥作用。

针对细胞凋亡在疾病中的作用和不同凋亡作用靶点,人们正在研究各种防治疾病的新方法。如合理利用凋亡相关因素,干预凋亡信号转导,调节凋亡相关基因,调控凋亡相关的酶,防止线粒体跨膜电位的下降等。近年来,有证据表明,凋亡小体对于维持体内平衡是必不可少的,并且对很多疾病有治疗作用,包括癌症、动脉粥样硬化、糖尿病、肝纤维化和伤口愈合等。

第三节　细胞衰老

一、概述

细胞衰老(cell senescence,CS,)是有丝分裂期的细胞经历内源或外源的压力损伤后永久性地退出细胞增殖周期,通常由 DNA 损伤引起。1961 年,Leonard Hayflick 和 Paul Moorhead 在人成纤维细胞的培养中发现,体外培养的细胞分裂次数是有限的,这也被称为"海弗利克极限(Hayflick limit)",实验证明了细胞衰老的概念。现在普遍认为,除了具有干细胞样特性的细胞类型外,只有转化的恶性细胞会无限复制,而非转化细胞则不会。除了在体外受控条件下发育的 ESC 或 iPSC,此类细胞还包括内源性生殖干细胞和成体干细胞。衰老细胞与静息细胞和终末分化细胞均不同,其中静息细胞能够重新进入细胞周期。后来的研究发现,这种类型的细胞衰老是由于细胞在不断分裂的过程中端粒缩短所致,也被称为复制性细胞衰老(replicative senescence)。然而,有些损伤刺激如 DNA 损伤、致癌基因诱导、氧化应激、化疗、线粒体功能障碍和表观遗传改变等引起的细胞衰老不依赖于端粒的缩短,这些急性损伤导致的细胞衰老也被称为早发性细胞衰老(premature senescence)。

二、细胞衰老的主要变化

衰老细胞的特征是形态学和功能改变、细胞分裂阻滞、免疫相关功能改变,以及出现促炎症表型(表 1-4-2)。

衰老细胞体积膨大,细胞核增大并出现多核现象。细胞分泌细胞外基质蛋白酶及胶原酶增大,导致细胞间距变大。由于可用的细胞基质蛋白减少,细胞不能良好锚定,也影响细胞复制。衰老细胞会发生功能减退,包括 DNA、RNA、蛋白质等合成效率下降。细胞周期分为分裂间期和分裂期(M 期),分裂间期分为 G_1 期(第一时间间隔期,gap1)、S 期(复制期,synthesis)、G_2 期(第二时间间隔期,

表 1-4-2　衰老细胞的共同特点

细胞形态学改变	细胞增大,出现多核细胞,细胞外基质分解
细胞功能改变	DNA 复制相关蛋白减少,RNA 合成和相关蛋白减少,整体蛋白合成效率下降
细胞分裂阻滞	细胞周期延长,G_1-S 期的分子"刹车",细胞仍能响应胞外有丝分裂信号
免疫相关功能改变	细胞内垃圾增多,无功能蛋白质残留,细胞整体代谢功能下降,炎症因子分泌增多

gap2)。G_1 期到 S 期的过程中,分子刹车的激活导致细胞周期变慢也许是复制减缓的成因。由于衰老细胞内的有丝分裂信号仍能响应细胞外的丝裂原,因此衰老细胞的复制阻滞可能发生于 G_1 期。衰老细胞内无功能蛋白质残留,细胞整体代谢功能下降,炎症因子或趋化因子,称为衰老相关分泌表型(senescence-associated secretory phenotype,SASP),SASP 的产生会恶化细胞微环境。衰老细胞还可以通过自分泌或旁分泌巩固衰老表型并促进邻近细胞衰老、阻碍组织再生与重塑、促进肿瘤形成,促进衰老相关疾病的发生。衰老细胞的堆积与众多年龄相关疾病的发生有关。

需要注意的是,并非所有衰老细胞都表现出所有的衰老生物标志物。此外,衰老生物标志物不一定为衰老细胞所特有,例如某些标志物也可在凋亡细胞或休眠细胞中观察到。因此,衰老细胞的鉴别有赖于对多种生物标志物的观察。

(一)形态学和代谢变化

与分裂细胞相比,衰老细胞通常增大并呈扁平形状。衰老细胞出现广泛空泡化,有时为多核。核纤层蛋白的蛋白质被认为参与核稳定、染色质结构和基因表达。由于核纤层蛋白 B1(lamin B1)表达丧失,可观察到核膜完整性破坏。衰老细胞积累功能失调的线粒体,并表现出活性氧(reactive oxygen species,ROS)水平升高,还可观察到溶酶体内容物增加和溶酶体活性改变,表现为 pH 值为 6.0 时,β 半乳糖苷酶(β-galactosidase)活性增加,使其成为广泛采用的细胞衰老生物标志物。

(二)稳定的细胞周期停滞

只有具有稳定细胞周期停滞的细胞才被视为衰老。与休眠细胞不同,衰老细胞不会因任何已知生理刺激而重新进入细胞周期。细胞周期停滞由 p53/p21CIP1 和 p16INK4A/pRb 肿瘤抑制基因通路所介导。DNA 损伤修复系统在检测到 DNA 损伤后会对该区修复,激活磷酸化核蛋白 p53 的蛋白激酶,p53 的激活会引起其与 p21 蛋白基因的启动区结合,p21 蛋白能抑制细胞周期蛋白-细胞周期蛋白依赖性蛋白激酶复合物的活性而暂停细胞周期。此外,p53 信号通路还与端粒缩短相互作用影响细胞衰老。在衰老细胞中经常观察 p16INK4A 的表达,这是一种有用的生物标志物,但 p16INK4A 也在 pRb 阴性肿瘤和细胞系中高度表达。

(三)染色质重构和基因表达改变

衰老细胞的标志特征是广泛的染色质重构,最显著的是衰老相关异染色质簇集(senescence-associated heterochromatin foci,SAHF)的形成。这些兼性异染色质位点在促增殖基因沉默中发挥作用,包括 E2F 靶标基因如周期素 A。衰老细胞通常包含 30~50 个 SAHF,其特征为 4'6-二脒基-2-苯基吲哚(4'6-diamidino-2-phenylindole,DAPI)亮染,以及组蛋白 macroH2A、异染色质蛋白 1(Heterochromatin Protein 1,HP1)和组蛋白 H3 赖氨酸 9 二甲基化或三甲基化(histone H3 lysine 9 dimethylation/trimethylation,H3K9Me2/3)免疫反应性。尽管 SAHF 在衰老时经常观察到,但一些细胞出现衰老时并不形成 SAHF。

(四)DNA 损伤

DNA 损伤是衰老的重要特征。衰老细胞表现出持续的 DNA 损伤应答(DNA damage response,DDR),最终触发细胞周期停滞。衰老细胞含有一种胞核损伤灶,称为具有增强衰老的染色质改变的 DNA 片段(DNA segments with chromatin alterations reinforcing senescence,DNA-SCARS),导致激活的 p53、共济失调-毛细血管扩张突变蛋白(ataxia-telangiectasia mutanted,ATM)和 Rad3 相关蛋白(ATM and Rad3 related,ATR)等 DDR 蛋白积累。在 DNA 损伤部位,被招募的 ATM 会发生自磷酸化,被激活的 ATM 又会磷酸化组蛋白家族 2A 变异体(histone family 2A variant,H2AX),成为 γH2AX(磷酸化的 H2AX)。一方面,γH2AX 为 DNA 损伤检测点 1(DNA-damage checkpoint 1,MDC1)提供了一个锚定位点后,与 p53 结合蛋白 1(p53-binding protein 1,53BP1)和乳腺癌基因 1(breast cancer 1,BRCA1)相互作用,激活细胞周期检测点激酶 2(checkpoint kinase 2,ChK2)。另一方面,DNA 双键断裂会激活 ATR,最终激活 ChK1,导致细胞周期被抑制,细胞衰老。

(五)衰老相关分泌表型

许多衰老细胞会出现一种促炎症的衰老相关分泌表型(SASP),可介导非细胞自主的衰老效应,包括有益和有害的效应。SASP 由促炎症细胞因子、趋化因子、生长因子和基质重塑酶等组成,如 IFN-γ、TNF-α、SPINK1、IL-6、IL-8、SFRP2 等,其确切组成随细胞和组织环境,以及诱导衰老的刺激而显著不同。这些分泌因子促进与相邻细胞和免疫系统的通信,最终影响衰老细胞的命运。此外,衰老诱导的慢性炎症可引起系统性免疫抑制,可能导致包括癌症在内的疾病发生。这种慢性炎症还可能导致衰老相关的组织损伤和变性。

虽然已经确定了多种衰老诱导因子和生理、病理衰老相关过程,但迄今为止,衰老细胞还没有一个可靠的标志,因此需要测量多种标志来确定衰老细胞的状态(表 1-4-3)。

三、细胞衰老的发生机制

(一)自由基理论

氧化自由基也被称为活性氧(reactive oxygen species,ROS),包括超氧自由基($\cdot O_2^-$)、过氧化氢(H_2O_2)及羟自由基($\cdot OH$),是机体内一类能独立存在、含活泼不成对电子的特殊物质,是机体生命活动中各种生化反应的中间代谢产物。机体防御系统具有高度化学活性,正常情况下,机体

表 1-4-3　衰老细胞检测标志

大而平的形态学	显微镜观察
细胞质膜沉积	氧化型波形蛋白,小凹蛋白,DeP1,DPP4
溶酶体成分增加	pH 值 6 时 β 半乳糖苷酶,脂褐素
DNA 损伤标志	γ-H2AX,磷酸化-ATM,磷酸化-p53,53BP1
细胞核变化	DAPI,LaminB1
细胞周期停止	集落形成实验,BrdU/EdU 掺入,p16^{INK4a},p21^{Waf1},Ki-67
衰老相关异染色质簇集(SAHF)	HP1,H3K9me3,H3K27me3
衰老相关分泌表型(SASP)	细胞因子:IL-1,IL-6,IL-8;趋化因子:CCL2;金属蛋白酶:MMP-1,MMP-3
凋亡抵抗	Bcl-2,Bcl-w,Bcl-xL
线粒体功能失调	线粒体荧光探针,电子显微镜
细胞质核染色质片段	DAPI

中各种抗氧化酶和小分子非酶抗氧化剂与自由基的产生处于动态平衡状态,但随着年龄增长,自由基过剩或抗氧化剂缺乏等使生物膜结构遭到破坏、细胞器功能出现障碍,继而损伤蛋白质、脂质等生物大分子物质,使这些分子的生物活性降低。膜磷脂上的过氧化物累积使细胞和线粒体膜维持内外屏障作用减弱,化学反应的发生受到影响。细胞 DNA 转录和翻译过程中复合物的氧化损伤会导致错误氨基酸序列。ROS 可以影响在 DNA 修复机制中发挥作用的蛋白质,使错误无法修复。ROS 还影响损伤蛋白的清理能力,导致损伤蛋白过度累积。衰老的自由基学说认为,在机体衰老的有氧代谢过程中,自由基水平的增加或抗氧化剂的缺失使机体抗氧化能力下降和细胞毒性增加,最终造成生物膜、氨基酸链及 DNA 分子结构的不可逆损伤,导致机体衰老相关退行性疾病的产生,加速衰老进程。

(二)线粒体理论

线粒体是真核细胞能量提供和储存场所,含有核染色体外基因组线粒体 DNA(mitochondrial DNA,mtDNA),具独立的遗传信息复制、转录和翻译功能。与核基因组不同,mtDNA 只含有外显子,且缺乏组蛋白保护和有效的基因修复系统,使 mtDNA 比核基因组更易突变。线粒体是活性氧(ROS)的主要来源,其产生的 ROS 对 mtDNA 造成氧化损伤,引发 mtDNA 突变而产生有缺陷的电子传递链,产生更多 ROS,造成 ROS 积累和 mtDNA 突变的恶性循环,导致细胞损伤,加快衰老进程。假定每个细胞内有多拷贝的 mtDNA,如突变影响到所有分子,称为同质性,如仅影响一定比例的分子,称为异质性。

尽管有临床表型异质性和遗传异质性,但是已经发现了 mtDNA 突变的几种趋势:①mtDNA 点突变:通常为母系遗传,同家族中有多个成员受累,分为转运核糖核酸(tRNA)的点突变和编码蛋白基因的点突变。②mtDNA 片段缺失:很少遗传(可能只通过反复中间重排),且缺失没有

同质性。mtDNA 缺失与衰老的相关性最早发现于对帕金森病患者的脑组织 mtDNA 缺失研究中,该类疾病患者均检测到 4 977bp 缺失。③mtDNA 同质点突变:通常引起相对温和的生物化学缺陷,且仅影响一个器官或组织(如耳聋或心肌病)。④异质突变:影响多器官系统,特别是脑、脊髓、肌肉、外周神经、心脏和内分泌器官。异质性水平与器官受累的程度相关,与临床表型的严重程度相关,因为通常受累组织中有严重的生化缺陷。⑤mtDNA 重排:健康老人大脑组织中存在着不同程度的 mtDNA 重排,并呈现增龄性积累趋势。

(三)端粒与复制性衰老理论

端粒存在于真核细胞染色体末端,由端粒 DNA 和结合蛋白组成,端粒 DNA 含有大量胸腺嘧啶(T)和鸟嘌呤(G),是高度保守的重复核苷酸序列。对于一个新复制的 DNA来说,其端粒含有 5 000~10 000 个碱基对。真核生物的有丝分裂过程中,当 DNA 聚合酶到达后随链模板编码区域末端时,可使用端粒作为最后一段冈崎片段合成 RNA 引物,一小段(10~50 个)端粒碱基对因此丢失。这一过程可防止染色质末端复制过程中基因信息的丢失。端粒可减少核酸酶对染色体的降解及染色体间的相互融合,作为端粒酶作用的底物,保证染色体复制时的完整性。在活跃的有丝分裂细胞中(如生殖细胞和干细胞),端粒的长度能够通过端粒酶(telomerase)的作用得到保持。端粒酶是一种自身携带模板的逆转录酶,是由 RNA 模板与具有催化和调控功能的各种蛋白亚基构成的核糖核蛋白复合体。端粒酶能够以自身的 RNA 提供模板,维持端粒的结构和长度。多数体细胞在正常情况下不表达端粒酶,端粒会随复制的进行而缩短。体细胞中端粒酶的缺失及衰老细胞中端粒缩短,都支持有丝分裂时钟理论(mitotic clock theory),该理论提出衰老细胞端粒缩短,引起细胞周期阻滞。端粒长度与衰老的关系,作为反映衰老的综合性指标受到越来越多的重视。

端粒的 DNA 损伤激活共济失调-毛细血管扩张突变蛋白(ATM)和 ATM 与 Rad3 相关蛋白(ATR),激活周期蛋白依赖性蛋白激酶(cyclin-dependent kinase,CDK)抑制因子,导致细胞周期永久抑制。细胞复制性衰老的不同模式有:①癌基因突变导致原癌基因 Ras 相关核蛋白 GTP 酶(RasGTP)或原癌基因 Ras 相关的蛋白激酶(Raf)激活,作用于细胞外信号调节激酶(MEK),影响 p38 和 p16 基因表达,或作用于丙酮酸脱氢酶,影响 p21 基因的表达,最终激活 CDK 抑制因子,引发细胞衰老。②DNA 损失反应(DDR)激活 ATM 和 ATR 蛋白激酶,影响 p53 和 p21 基因,激活 CDK 抑制因子,引发细胞衰老。③转化生长因子(transforming growth factor,TGF)-β 或磷脂酰肌醇 3 激酶(phosphoinositide 3-kinase,PI3K)动员信号转导蛋白受体,影响 p21 基因的表达,激活 CDK 抑制因子,引发细胞衰老。

(四)免疫学理论

老年人因感染性疾病造成的死亡率比年轻人高,老年人群接种流感疫苗后受保护的比例比年轻人低,显然,老年人的免疫系统功能降低。

人类的免疫系统分为天然(固有)免疫系统和获得性(适应性)免疫系统。天然免疫系统很大程度上依赖中性粒细胞和巨噬细胞进入被感染区的能力。这些细胞的数量并没有随年龄增长而减少,因此天然免疫系统与年龄相关的功能退行可能是由于细胞吞噬功能降低,细胞因子和趋化因子产生能力减低。DC 为最重要的抗原提呈细胞,在固有免疫和适应性免疫发挥作用的过程中起到关键性作用。衰老导致浆细胞样树突状细胞(plasmacytoid dendritic cell,pDC)数量降低,其分泌肿瘤坏死因子 TNF-α、IL-6、IL-12和 Toll 样受体(Toll-like receptors,TLR)等促炎因子水平均降低,DC 的抗原提呈能力减弱,从而引发免疫功能衰退。

适应性免疫依赖于淋巴细胞对抗原进行反应。T 细胞杀伤功能减退是免疫衰老最重要的组成部分,主要表现为幼稚 T 细胞减少和记忆效应 T 细胞增多。记忆 T 细胞克隆扩增为辅助性 T 细胞是机体对抗原作出免疫反应的重要步骤,这一能力也随年龄增加而降低。如果记忆 T 细胞不能发挥最大作用,免疫反应就减弱。成熟 B 细胞数量也随年龄增加而减少,寡克隆记忆 B 细胞增多,其产生的抗体减少,抗体的抗原亲和力下降,导致对致病源和疫苗接种的反应下降,尽管外周 B 细胞总数不随年龄变化。同时,衰老还导致 B 细胞耐受机制受损,从而引起自身免疫病的发病率增加。

(五)表观遗传修饰与衰老

表观遗传修饰在衰老进程中发生的复杂变化可能是衰老的决定性因素之一,DNA 甲基化、组蛋白修饰及微小RNA(miRNAs)的表达等表观遗传学因素使衰老的调控不只局限于"基因决定论"。DNA 甲基化是指甲基化酶将甲基转移到 DNA 序列的碱基上发生甲基化的过程。衰老过程中,5-甲基胞嘧啶(DNA 甲基化的产物)的分布发生显著改变,表现为 DNA 甲基化的总体减少和局部增加。甲基化增加的位置主要在一些基因的启动子区域,造成一些肿瘤或衰老相关基因的沉默。

组蛋白修饰是一种重要的影响染色质结构的途径,从而调节基因活性的修饰手段,乙酰化和去乙酰化是其中最普遍的两种形式,可通过影响组蛋白赖氨酸残基的带电性质改变染色质的紧密程度。组蛋白甲基化通过具体形态和结合的特定蛋白来决定基因激活或沉默。另有学者表示,下调组蛋白甲基转移酶(enhancer of zeste homolog 2,EZH2)能迅速引起 DNA 损伤,并在不丧失 H3K27me3 标记的情况下引发衰老。miRNA 来源于 RNA 转录,调控靶标 mRNA,通过直接或间接调节 p53-p21、p16-pRb 通路等,调控基因表达、细胞衰老,进而调节衰老进程及机体寿限。

四、细胞衰老的基因调控

早老症(progeria)是罕见的遗传状况,以身体发育迟缓和快速衰老为特征。Hutchinson-Gilford 早老症影响婴幼儿,易发生心血管和神经系统疾病,Werner 综合征一般在 10 多岁或 20 多岁开始出现,易死于癌症和动脉粥样硬化。由于 Werner 综合征患者比 Hutchinson-Gilford 早老症患者寿命更长,被认为是更好的衰老模型。Werner 综合征由 WRN 基因突变引起。WRN 基因产生的 WRN 蛋白参与

DNA 的维护和修复,协助 DNA 复制。WRN 蛋白功能缺失或下降导致细胞衰老及机体症状。

（一）细胞衰老的三个阶段

细胞衰老的机制相互作用,许多基因在细胞衰老中起作用,但对其途径仍缺乏全面的认识。有学者将其总结为三个阶段:诱因(端粒缩短、非端粒 DNA 损伤、生长因素剥夺)、DNA 损伤反应(氧化应激反应、DNA 损伤灶、ATM 和 ATR 信号)、生长停止(衰老)(图 1-4-1)。

（二）细胞衰老的机制

DNA 损伤应答（DNA damage response,DDR）通过快速募集大量的蛋白质来感应、放大及传导 DNA 损伤信号。哺乳动物细胞中,由减数分裂重组 11 同源物 A（MRE11A）、RAD50 和 Nijmegen 断裂综合征 1（NBS1）分子所组成的 MRE11-RAD50-NBS1（MRN）复合体可作为 DSB 的感应器,在 DDR 的早期即被快速地招募到 DNA 损伤位点。MRN 同时募集共济失调毛细血管扩张突变蛋白（ATM）、ATM 与 Rad3 相关蛋白（ATR）等到 DNA 双链断裂（DNA double strand breaks,DSB）处。MRN 作为 ATM 的底物被磷酸化是 DNA 损伤信号转导所必需的,MRN 又募集了 ATM/ATR 的其他底物,包括组蛋白 H2AX、复制蛋白 A（replication protein A,RPA）和 RAD 家族成员等,H2AX 磷酸化后形成 γH2AX 复合物,成为其他接头蛋白如肿瘤抑制 p53 结合蛋白 1（tumor suppressor p53 binding protein 1,TP53BP1）的锚定位点,以形成显微镜下可见的 DNA 损伤聚集点（DNA damage foci）,成为 DSB 的标志。ATM 或 ATR 的激活可以导致下游传感器激酶检查点激酶 1（checkpoint kinase 1,CHK1）和 CHK2、检查点蛋白如 p53、细胞周期依赖性激酶抑制剂 p21 等的活化,以及细胞分裂周期 25（cell division cycle 25,CDC25）的抑制,传递 DNA 损伤信号到下游的效应分子。

如果 DNA 损伤不能修复,细胞生长停止,则导致不可恢复的复制性衰老或细胞程序性死亡。p53 基因是目前研究较清楚的一种抑癌基因,p53 作为转录因子,可激活上百种基因表达,这些 p53 靶基因直接参与细胞周期的调控、DNA 损伤修复,以及细胞衰老、分化、凋亡的调控,其控制的信号途径对衰老具有重要作用。p21 是抑制 cyclin-CDK 复合物的调控因子。p53-p21 主要通过两种机制参与细胞衰老:一是如上所述的端粒酶缩短引起的细胞复制性衰老过程中,ATM 激活 p53-p21 表达上调,导致细胞衰老。二是在癌基因诱导的细胞衰老过程中,癌基因 Ras 的表达可促进表达 p53 的细胞停滞在细胞周期 G₁ 期,激活衰老通路。p16 参与细胞衰老主要与 Rb 信号通路相关,p16 通过抑制细胞周期蛋白和 CDK 构成的复合物对 Rb 蛋白的磷酸化作用,从而抑制 Rb 蛋白结合 E2Fs 转录因子,抑制 DNA 复制相关基因的转录,诱导细胞周期在 G₁ 期停滞。而 p38-MAPK 通路通过上调 BMI1、ETS1 和 ETS2 的表达,进而转录激活 p16^INK4A,介导细胞周期永久性阻滞。转录因子蛋白家族 NF-κB 在炎性衰老中有重要作用。当细胞受到内外界各种衰老相关刺激后,NF-κB 信号通路被激活,活化的 NF-κB 进入细胞核并与 DNA 结合,参与细胞内免疫反应。

沉默信息调节因子（silent information regulator 2,SIR2）家族是烟酰胺腺嘌呤二核苷酸（nicotinamide adenine dinucleotide,NAD）依赖的脱乙酰基酶,是一类重要的调控寿限的基因。SIR2 相关酶类（Sirtuins）是 SIR2 的同源蛋白,哺乳动物的 Sirtuins 蛋白家族包含 7 个成员（Sirt1~7）,其中 Sirt1、Sirt3 和 Sirt6 被证实与衰老有关。研究表明,Sirt1 可通过直接调节 FoxO、p53 和 NF-κB 信号通路影响细胞抗逆性,抑制细胞凋亡,调控新陈代谢（热量消耗、脂肪贮存等）及抑制炎症等延缓细胞衰老；Sirt6 通过调节与新陈代

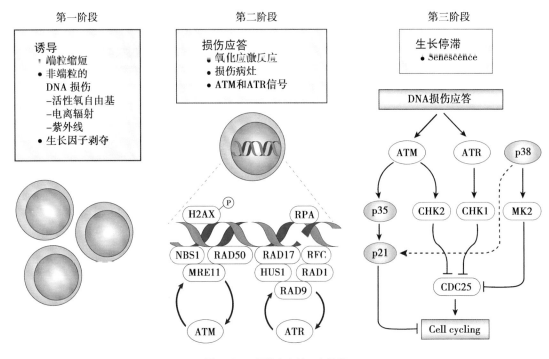

图 1-4-1　细胞衰老的三个阶段

谢和应激胁迫相关的基因,促进碱基及 DNA 损伤修复,提高染色体的稳定性。

雷帕霉素靶蛋白(mammalian target of rapamycin,mTOR)是一种丝/苏氨酸蛋白激酶,是生物体内主要的氨基酸和营养感受器,在食物充足时促进合成代谢,驱动生长。腺苷酸单磷酸活化蛋白激酶(adenosine monophosphate activated protein kinase,AMPK)则是生物体内的另一个营养与能量感受器,通过感知 AMP 与 ATP 比值的升高进而促进分解代谢,抑制合成代谢。在多种模式动物中,增强 AMPK 的活性或抑制 mTOR 的活性都可以延长其寿命。当 mTOR 被抑制而 AMPK 被激活时,细胞内整体的蛋白质、脂类和糖类的合成会下降,同时细胞内储藏和废弃的蛋白质、脂类和糖类会更多地被分解再利用,加强了呼吸作用,最终达到寿命延长的效果。mTOR 信号通路失调与许多衰老相关重大疾病如神经退行性病变、代谢综合征、肿瘤、心血管疾病等的发生发展密切相关,抑制 mTOR 的活性可以延缓衰老。

(三)衰老细胞具有抗凋亡作用

研究发现,叉头框蛋白 O4(forkhead box protein O4,FOXO4)主要在衰老细胞中表达,对衰老细胞的存活起着关键性作用,而在非衰老细胞中几乎不表达。人成纤维细胞受到照射后,p53-FOXO4 相互作用引起成纤维细胞衰老,并出现凋亡抵抗特性。细胞受到应激刺激后会启动一系列应激信号通路,阻滞细胞周期,并进行损伤修复。若细胞不能修复,继续进入细胞周期可能会出现细胞凋亡或衰老。研究显示,细胞内 p53 依赖的信号通路激活水平的高低,对损伤细胞发生凋亡还是衰老,起着决定性作用。细胞应激时,如果 p53 的水平较低,激活下游凋亡通路效应蛋白的能力较弱,细胞会出现衰老而不是凋亡;细胞中对抗凋亡的 Bcl-2 家族蛋白包括 Bcl-2、Bcl-XL 和 Bcl-W 的表达水平升高,也是细胞出现衰老的原因之一。p53 的翻译后修饰也会影响到细胞是发生衰老还是凋亡,如果 K117 乙酰化位点缺失,细胞会丧失凋亡的能力,但仍可以通过 p53-p21 通路诱导细胞衰老。

有学者通过荟萃分析得出了复制性细胞衰老的分子特征,分析了 526 个过表达基因和 734 个低表达基因,发现在大多数组织中,衰老相关基因表达与相应的癌相反,而甲状腺和子宫中的基因变化类似。随后,他们在人乳腺成纤维细胞中通过实验验证了 26 个诱导细胞衰老形态或生物标志物的基因。其中 13 个基因(C9orf40、CDC25A、CDCA4、CKAP2、GTF3C4、HAUS4、IMMT、MCM7、MTHFD2、MYBL2、NEK2、NIPA2 和 TCEB3)是诱导衰老表型的强有力的基因,他们能减少细胞数量,激活 p16/p21,并诱导类似细胞衰老的形态变化。

总之,细胞衰老是多种机制诱发、多种基因参与调控的细胞变化,细胞衰老是许多疾病的发病机制之一,调控细胞衰老是人类防治这些疾病的新途径。

第四节 细胞衰老与疾病

衰老细胞在生物体组织中以生理和病理状态积累,导致组织修复、衰老和癌变等。人类大多数疾病随着年龄增加而出现,如阿尔茨海默病、心血管疾病、特发性肺纤维化、2 型糖尿病、骨关节炎和骨质疏松症等。

一、阿尔茨海默病

阿尔茨海默病(Alzheimer's disease AD)是一种与年龄相关的,引起记忆、思维和行为出现问题的痴呆症。阿尔茨海默病主要分为三类:早发性、迟发性和家族性。早发性比较罕见;迟发性最常见,占 80%~90%,发病年龄通常大于 65 岁;家族性占 5% 左右,发病年龄为 40 多岁,与该型发生相关的基因定位于 1、14、21 号染色体,与淀粉样前体蛋白的加工相关,可能导致淀粉样斑块形成。

(一)神经元发生 β-淀粉样蛋白沉积

大脑中 90% 的细胞为神经胶质细胞,小神经胶质细胞约占神经胶质细胞的 10%,主要位于神经元周围,它的本质是免疫细胞。小神经胶质细胞如何损伤和激活尚不明确,当受伤或感染发生时,小神经胶质细胞被激活,转变成巨噬细胞,持续分裂,修复损伤,端粒迅速缩短后功能失调,产生 β-淀粉样蛋白,引发神经元毒性作用。病情进一步发展,β-淀粉样蛋白沉积,形成斑块沉积物。过度磷酸化的 Tau 蛋白在神经元体中聚集,形成双螺旋纤丝,导致细胞微管结构分解,增加神经退行的风险,并导致神经元纤维缠结。

(二)AD 的风险因素

尽管对 AD 的病因不明,但位于载脂蛋白 E(apolipoprotein E,ApoE)基因上的一个遗传变异在迟发性 AD 患者群中的分布频率显著高于正常对照人群。ApoE 基因位于 19 号染色体,有三种常见的等位基因,即 E2(AD 保护型,7%)、E3(白人中常见基因型,79%)、E4(AD 风险型,14%)。ApoE4 基因型并不导致 AD,而是增加患病风险。近来有研究发现,在 Tau 介导的神经退行性疾病的小鼠模型中积累了衰老的星形胶质细胞和小胶质细胞。

在清除衰老细胞转基因小鼠(INK-linked apoptosis through targeted activation of caspase,INK-ATTAC)中,通过给药 AP20187 清除这些衰老细胞可以防止胶质增生、可溶性和不溶性 Tau 蛋白的过磷酸化导致神经纤维缠结(neurofibrillary tangle,NFT)沉积,以及皮质和海马神经元的退化,以维持认知功能。另有研究者发现,利用达沙替尼(dasatinib,D)和槲皮素(quercetin,Q)组合清除组织中的衰老细胞,也可以减少 Tau 蛋白介导的神经退行性疾病中 NFT 沉积和神经退行性变。这表明衰老细胞在 Tau 介导的神经退行性疾病的发生和发展中发挥了重要作用,提示阿尔茨海默病的预防和治疗需要在细胞衰老的大背景下思考。

二、心血管疾病

心血管系统随年龄的增长发生轻到中度的功能退行,60 岁以上的人都存在动脉斑块。动脉斑块进展为动脉粥样硬化性疾病有四个高危因素:年龄、吸烟、高血脂、高血压。动脉管壁最内层细胞——内皮细胞随着时间的推移受到的损伤最重。内皮细胞衰老,线粒体丢失,细胞状态恶化,无法维持为动脉壁提供弹性和韧性的弹性蛋白和胶原蛋白的能力。

(一) 动脉斑块和血管结构功能变化

衰老引起血管结构功能变化,导致血管管腔增大、管壁增厚、血管硬度增加、血管内皮功能损坏、脉压增大等,诱发或加重高血压、脑卒中、动脉粥样硬化和血管钙化等疾病。血管钙化导致血管壁僵硬性增加、顺应性降低,引起心肌缺血、心力衰竭,促进血栓形成、斑块破裂,是心脑血管疾病高发病率和高死亡率的重要因素。

衰老是血管钙化的重要诱因之一,多种衰老相关因素参与了血管钙化的发生发展。血管钙化时主要是中膜血管平滑肌细胞(vascular smooth muscle cell,VSMC)发生表型转化促进钙化的发生。衰老的 VSMC 更容易发生成骨样转化,进而促进血管钙化。人类衰老的 VSMC 表现出衰老标志分子细胞周期蛋白依赖性激酶抑制因子 p16 和 p21 水平,以及 β 半乳糖苷酶活性的增加,同时还伴随着大量骨相关的增加和钙化抑制因子的表达减少。

(二) 抗衰老基因对血管损伤疾病的保护作用

Klotho 是一种抗衰老基因,Klotho 敲除小鼠的平均寿命仅有 2 个月左右,在 4 周时出现明显的早衰症状,并且表现为重度高钙血症、高磷血症和全身广泛的血管钙化,并表现出严重的生长缺陷、衰老加速和过早死亡。体外给予 Klotho 或过表达 Klotho 则减轻钙化。Klotho 还可通过下调 p21cip1 mRNA 的水平延缓细胞衰老。SIRT1 在血管损伤性疾病中具有重要的保护作用,在体外培养的中膜血管平滑肌细胞中,高浓度的磷酸盐刺激诱导的细胞衰老和钙化与下调 SIRT1 的表达进而激活 p21 有关。磷酸盐在体内分布广泛,参与细胞信号转导、能量代谢、核酸合成、骨代谢和维持酸碱平衡等过程。衰老人群往往出现磷代谢的失调,机体内磷酸盐循环水平升高会加速老化、增加患心血管疾病的风险。

(三) 细胞外囊泡传递衰老信号

研究发现,来自衰老细胞的细胞外囊泡(extracellular vesicles,EVs)作为一种传递信号释放至细胞外,可以介导邻近细胞的早期衰老。将衰老的人内皮细胞释放的囊泡,加入到 VSMC 的培养液中会诱导其钙化,其作用效果同高磷诱导作用相似。囊泡内携带有大量的钙、促钙化的膜联蛋白 A2 和膜联蛋白 VI,以及 BMP2。衰老内皮释放的囊泡可能通过沉积在胞外基质中促进基质矿化,或者进入 VSMC 内部促进其发生成骨样转化,使血管钙化,增加心血管疾病风险。

(四) 心脏前体细胞存在衰老

在一项对 32~86 岁心血管病患者的心脏前体细胞(cardiac progenitor cell,CPC)的分析中发现,老年受试者(>70 岁)超过一半的 CPC 是衰老的,衰老的 CPC 分泌的 SASP 因子使原本健康的 CPC 衰老。研究者通过在年老野生型小鼠中使用 D+Q 或在 INK-ATTAC 小鼠模型中清除衰老细胞,激活了驻留的 CPC,增加了 Ki-67、EdU 阳性的心

肌细胞的数量。利用低密度脂蛋白受体缺陷小鼠作为研究动脉粥样硬化的模型小鼠,给予高脂饮食后,粥样损伤部位出现 SA-β-Gal 阳性衰老细胞,主动脉弓斑块部位 p16^{INK4A}、p19Arf 表达增加,基质金属蛋白酶 MMP-3、MMP-13 和炎症因子 IL-1α、TNF-α 等 SASP 因子分泌增加。在启动斑块形成过程中,血管内皮下方出现衰老标记阳性的泡沫样巨噬细胞堆积,高水平表达一些细胞因子,形成斑块病理性改变。动脉粥样硬化斑块中,衰老标记巨噬细胞分泌的炎症因子与斑块的进展和不稳定性有关;清除衰老细胞后斑块明显缩小,晚期斑块的稳定性增加。

三、特发性肺纤维化

不考虑抽烟、伤害、感染及其他肺功能损伤的情况,我们的肺在逐渐衰老。随着年龄增长,我们的肺部细胞越来越少,肺泡细胞、间质细胞、免疫相关细胞及毛细血管壁细胞的端粒也越来越短,导致肺部疾病加重。

特发性肺纤维化(idiopathic pulmonary fibrosis,IPF)是一种病因不明,以肺间质重塑为特征的致命性疾病,可导致肺功能受损。IPF 的危险因素包括基因突变、吸烟、职业性接触和感染因素,但与 IPF 临床疾病表达/进展最密切相关的是衰老。肺纤维化的发展是由于不断的损伤加上遗传和年龄相关的危险因素,导致肺泡上皮细胞损伤的结果。损伤的上皮细胞分泌一系列生长因子、趋化因子/细胞因子和蛋白酶,这些因子可促进肌成纤维细胞的活化,并由于肺泡上皮的修复能力下降(衰老)而使受损的肺泡上皮被纤维化组织替代。IPF 肺(包括肺泡上皮 Ⅱ 型细胞、成纤维细胞和内皮细胞)中有大量的衰老生物标志物,表达高水平的细胞周期抑制因子 p21,p16 和/或 p53,以及较高活动的衰老相关的 β- 半乳糖苷酶(SA-β-gal)。成纤维细胞是细胞外基质蛋白的主要生产者,在肺纤维化的发展中起着中心作用。研究表明,IPF 肺中的成纤维细胞表现出衰老表型,DNA 损伤程度增加,表达更高水平的细胞周期抑制因子和 SASP。p16 的表达随着疾病的严重程度而增加,衰老细胞已在 IPF 肺和实验性肺纤维化模型中被鉴定。

除了端粒缩短、氧化应激、线粒体功能失调等导致细胞衰老的原因外,研究发现,miR-34a、miR-34b 和 miR-34c 在 IPF 肺泡 Ⅱ 型上皮细胞中显著升高,这与增加衰老标志 p16、p21、p53、SA-β-gal,减少表达 miR-34 靶基因,包括 E2F1、c-Myc 和细胞周期蛋白 E2 是一致的。miR-34a、miR-34b 或 miR-34c 在肺上皮细胞中过表达也诱导细胞衰老。

有研究证明,衰老的成纤维细胞可以被 D+Q 选择性杀死,在 INK-ATTAC 转基因小鼠中清除衰老细胞,可以改善肺部功能和身体健康。在一项双中心开放标签研究中,给 14 例 IPF 患者间歇性 DQ(D:100mg/d,Q:1 250mg/d),评估实现 senolytics 干预的可行性,探讨衰老相关分泌表型(senesence secretory phenotype,SASP)的相关性。结果显示 senolytics 可以缓解 IPF 的生理功能障碍。

四、2 型糖尿病

胰岛素抵抗及 β 细胞胰岛素分泌缺陷是 2 型糖尿病发病最重要的两个环节。衰老常伴肥胖、氧化应激及炎症增加、沉默调节蛋白（Sirts）活性降低、肌肉减少及线粒体功能障碍，上述因素常影响胰岛素信号通路，导致 β 细胞胰岛素分泌缺陷及胰岛素抵抗增加，从而使 2 型糖尿病发病的易感性增加。

衰老的胰岛 β 细胞在组织内累积引起 β 细胞功能障碍，脂肪细胞衰老导致脂质代谢障碍等。脂肪祖细胞的衰老是脂肪生成的关键负调控因子，它既通过细胞自主机制，又通过 SASP 影响邻近细胞。例如，衰老细胞分泌的 SASP 组分可以促进胰岛素抵抗在小鼠模型的体内代谢，通过干扰胰岛素信号，阻碍脂肪生成和吸引免疫细胞。衰老的脂肪祖细胞一旦形成，就可以通过抑制脂肪生成来影响邻近细胞的功能。此外，衰老细胞还通过分泌活化素 A、IL-6、TNF 等 SASP 因子直接促进胰岛素抵抗，引起 2 型糖尿病及其并发症。另外，糖尿病的高血糖、炎症微环境及脂毒性等，能够促使细胞衰老并进一步累积。细胞衰老可能既是 2 型糖尿病发生的原因，又是其发展的结果。

SIRT1 是胰岛素分泌的正调节因子，具有抗细胞衰老、抗细胞凋亡、抗氧化及针对细胞损伤的抗炎作用。SIRT1 一方面通过调节糖脂代谢、胰岛素产生及敏感性而调节糖稳态，以及调节解偶联蛋白 2 的表达而增强 β 细胞分泌胰岛素；另一方面通过减少胰岛素受体信号通路的蛋白质（如蛋白酪氨酸磷酸酶 1B）的表达改善胰岛素抵抗。然而，衰老使 SIRT1 的活性减弱，从而阻止胰岛素信号通路的胰岛素受体亚基 2（insulin receptor subunit 2，IRS-2）酪氨酸磷酸酶的去乙酰化，增加胰岛素抵抗及 2 型糖尿病发病的易感性。

衰老导致 β 细胞的周期激活因子叉头框 M1（FoxM1）表达减少，FoxM1 是细胞周期与细胞分化的调节基因，高表达于多种增生细胞，而在衰老细胞（包括胰岛细胞）中表达降低；同时，细胞周期抑制因子 p16^{INK4a} 随其降低而表达增加。p16^{INK4a} 是细胞周期蛋白依赖性激酶抑制剂（CDKI），可阻滞细胞周期，抑制胰岛细胞增殖再生能力。研究发现，过度表达转基因 p16^{INK4a} 的年轻小鼠的 β 细胞增殖能力降低至老年小鼠水平，而敲除 p16^{INK4a} 后，其增殖力显著增加。证实 p16^{INK4a} 可下调衰老 β 细胞的再生能力，影响 2 型糖尿病患者的胰岛素分泌。

联合 D+Q 治疗降低了衰老性脂肪细胞祖细胞的丰度，而衰老性脂肪祖细胞是导致 2 型糖尿病及其并发症的关键细胞类型。

五、骨关节炎和骨质疏松症

（一）骨关节炎

骨关节炎（osteoarthritis，OA）是一种多因素引起的关节软骨细胞退化损伤的疾病。随着软骨细胞衰老，细胞端粒变短，关键蛋白如软骨蛋白（胶原蛋白、蛋白多糖）的基因表达变缓，软骨中蛋白质代谢越来越慢，软骨开始退化损伤。研究者发现，骨关节炎患者的软骨细胞中存在衰老的软骨细胞，具有 SA-β-gal 阳性染色、端粒长度缩短和线粒体变性等特征。研究者利用 p16-3MR 转基因小鼠前交叉韧带横截术制造骨关节炎模型，发现小鼠关节软骨和滑膜中积累了衰老细胞，经更昔洛韦给药后诱导关节软骨和滑膜中的衰老细胞发生凋亡，选择性地清除这些细胞可以减轻 OA 的发展，减轻疼痛，提供软骨恢复的早期环境。

关节内注射 senolytics 分子 UBX0101，清除关节软骨中的衰老细胞，也减轻了关节炎带来的疼痛，促进了软骨生长。此外，在全膝关节置换术患者软骨细胞的体外培养中选择性地清除衰老细胞，可以降低衰老和炎症标志物的表达，同时增加软骨组织细胞外基质蛋白的表达。这些发现支持了衰老细胞可以作为退行性关节疾病的治疗靶点。

（二）骨质疏松症

骨质疏松症是一种常见的骨骼疾病，特征是骨质量和强度的降低，骨折风险增加。通常开始于 50 岁之后或女性更年期之后。女性在绝经后，由于雌激素水平下降，骨质流失加速，使女性患骨质疏松症的风险大大增加。绝经后骨质疏松症（postmenopausal osteoporosis，PMOP）是绝经后妇女面临的严重健康问题。miRNA-128（miR-128）与衰老、炎症信号和炎症性疾病（如 PMOP）相关，也有调节成骨/脂肪分化的报道。在卵巢切除诱导的小鼠骨实验发现，miR-128 水平依赖于破骨细胞分化活性，而 miR-128 在骨髓来源巨噬细胞中过表达或抑制则分别显著增加或减少破骨细胞发生。miR-128/SIRT1/NF-κB 信号轴调节细胞衰老及 PMOP 的形成。

另有研究发现，在野生型小鼠中，骨密度、骨体积和蛋白表达水平随着年龄的增长而逐渐降低，并伴有成骨细胞骨形成下降和破骨细胞骨吸收增加。在基因编码合成 1,25-二羟基维生素 D［1,25(OH)D］酶的杂合缺失小鼠模型中，小鼠的氧化应激和 DNA 损伤参数明显升高，而抗氧化酶的表达水平明显下调；衰老骨细胞和骨髓间充质干细胞（bone marrow mesenchymal stem cell，BM-MSC）的百分比、SASP 分子和 p16、p19、p53 蛋白的表达水平均在骨组织中显著升高。研究表明，1,25(OH)D 不足通过增加氧化应激和 DNA 损伤，诱导骨细胞衰老和 SASP，进而抑制成骨细胞骨形成，促进破骨细胞骨吸收，从而加速与年龄相关的骨丢失。此外，研究表明，p16 的缺失可以通过抑制氧化应激、骨细胞衰老和破骨细胞骨吸收、促进成骨和成骨细胞等途径来预防雌激素不足引起的骨质疏松症。

细胞衰老体现在人体各系统器官的方方面面，细胞治疗衰老相关疾病的进展也是日新月异。细胞治疗在抗衰老和老年病的防治详见第四十二章。

（周云　边培育　贾战生）

参考文献

［1］　成军 . 现代细胞凋亡分子生物学 . 3 版 . 北京 : 科学出版社，2017.

[2] Green DR. The Coming Decade of Cell Death Research:Five Riddles. Cell,2019,177(5):1094-1107.

[3] Horbay R,Bilyy R. Mitochondrial dynamics during cell cycling. Apoptosis,2016,21(12):1327-1335.

[4] Tiwari M,Prasad S,Shrivastav TG,et al. Calcium signaling during meiotic cell cycle regulation and apoptosis in mammalian oocytes. J Cell Physiol,2017,232(5):976-981.

[5] Hafner A,Bulyk ML,Jambhekar A,et al. The multiple mechanisms that regulate p53 activity and cell fate. Nat Rev Mol Cell Biol,2019,20(4):199-210.

[6] Singh R,Letai A,Sarosiek K. Regulation of apoptosis in health and disease:the balancing act of BCL-2 family proteins. Nat Rev Mol Cell Biol,2019,20(3):175-193.

[7] Bock FJ,Tait SWG. Mitochondria as multifaceted regulators of cell death. Nat Rev Mol Cell Biol,2020,21(2):85-100.

[8] Medina CB,Mehrotra P,Arandjelovic S,et al. Metabolites released from apoptotic cells act as tissue messengers. Nature, 2020,580(7801):130-135.

[9] Hinz B,Lagares D. Evasion of apoptosis by myofibroblasts:a hallmark of fibrotic diseases. Nat Rev Rheumatol,2020,16(1): 11-31.

[10] Shinde R,Hezaveh K,Halaby MJ,et al. Apoptotic cell-induced AhR activity is required for immunological tolerance and suppression of systemic lupus erythematosus in mice and humans. Nat Immunol,2018,19(6):571-582.

[11] Zafari P,Rafiei A,Esmaeili SA,et al. Survivin a pivotal antiapoptotic protein in rheumatoid arthritis. J Cell Physiol,2019, 234(12):21575-21587.

[12] Hafner A,Bulyk ML,Jambhekar A,et al. The multiple mechanisms that regulate p53 activity and cell fate. Nat Rev Mol Cell Biol, 2019,20(4):199-210.

[13] Carneiro Benedito A,El-Deiry Wafik S. Targeting apoptosis in cancer therapy. Nat Rev Clin Oncol,2020,17(7):395-417.

[14] Merino D,Kelly GL,Lessene G,et al. BH3-Mimetic Drugs: Blazing the Trail for New Cancer Medicines. Cancer Cell,2018, 34(6):879-891.

[15] Ampomah PB,Lim LHK. Influenza A virus-induced apoptosis and virus propagation. Apoptosis,2020,25(1-2):1-11.

[16] Zheng M,Karki R,Vogel P,et al. Caspase-6 Is a Key Regulator of Innate Immunity Inflammasome Activation and Host Defense. Cell,2020,181(3):674-687.e13.

[17] Chandrasekar AP,Cummins NW,Badley AD. The Role of the BCL-2 Family of Proteins in HIV-1 Pathogenesis and Persistence. Clin Microbiol Rev,2019,33(1):e00107-e00119.

[18] Mehrbod P,Ande SR,Alizadeh J,et al. The roles of apoptosis, autophagy and unfolded protein response in arbovirus,influenza virus,and HIV infections. Virulence,2019,10(1):376-413.

[19] Del RDP,Amgalan D,Linkermann A,et al. Fundamental Mechanisms of Regulated Cell Death and Implications for Heart Disease. Physiol Rev,2019,99(4):1765-1817.

[20] Zouein FA,Booz GW. Targeting mitochondria to protect the heart:a matter of balance? Clin Sci,2020,134(7):885-888.

[21] Wang J,Toan S,Zhou H. New insights into the role of mitochondria in cardiac microvascular ischemia/reperfusion injury.Angiogenesis,2020,23(3):299-314.

[22] Schwabe RF,Luedde T. Apoptosis and necroptosis in the liver:a matter of life and death. Nat Rev Gastroenterol Hepatol,2018,15 (12):738-752.

[23] Hernandez-Segura A,Nehme J,Demaria M. Hallmarks of Cellular Senescence. Trends Cell Biol,2018,28(6):436-453.

[24] Yosef R,Pilpel N,Tokarsky-Amiel R,et al. Directed elimination of senescent cells by inhibition of BCL-W and BCL-XL. Nat Commun,2016,7:11190.

[25] Sacco A,Belloni L,Latella L. From development to aging:the path to cellular senescence. Antioxid Redox Signal,2021,34(4):294-307.

[26] Zhang WQ,Qu J,Liu GH,et al. The ageing epigenome and its rejuvenation. Nat Rev Mol Cell Biol,2020,21(3):137-150.

[27] Chatsirisupachai K,Palmer D,Ferreira S,et al. A human tissuespecific transcriptomic analysis reveals a complex relationship between aging,cancer,and cellular senescence. Aging Cell, 2019,18(6):e13041.

[28] Avelar RA,Ortega JG,Tacutu R,et al. A multidimensional systems biology analysis of cellular senescence in aging and disease. Genome Biol,2020,21(1):91.

[29] Ito T,Teo YV,Evans SA,et al. Regulation of Cellular Senescence by Polycomb Chromatin Modifiers through Distinct DNA Damage and Histone Methylation Dependent Pathways. Cell Rep,2018, 22(13):3480-3492.

[30] Bussian TJ,Aziz A,Meyer CF,et al. Clearance of senescent glial cells prevents tau-dependent pathology and cognitive decline. Nature,2018,562(7728):578-582.

[31] Musi N,Valentine JM,Sickora KR,et al. Tau protein aggregation is associated with cellular senescence in the brain. Aging Cell,2018, 17(6):e12840.

[32] Baker DJ,Petersen RC. Cellular senescence in brain aging and neurodegenerative diseases:evidence and perspectives. J Clin Invest,2018,128(4):1208-1216.

[33] Lewis-McDougall FC,Ruchaya PJ,Domenjo-Vila E,et al. Aged-senescent cells contribute to impaired heart regeneration. Aging Cell,2019,18(3):e12931.

[34] Justice JN,Nambiar AM,Tchkonia T,et al. Senolytics in idiopathic pulmonary fibrosis:Results from a first-in-human, open-label,pilot study. Ebio Medicine,2019,40:554-563.

[35] Khosla S,Farr JN,Tchkonia T,et al. The role of cellular senescence in ageing and endocrine disease. Nat Rev Endocrinol, 2020,16(5):263-275.

[36] Jeon OH,Kim C,Laberge RM,et al. Local clearance of senescent cells attenuates the development of post-traumatic osteoarthritis and creates a pro-regenerative environment. Nature Medicine, 2017,23(6):775-781.

[37] Shen GY,Ren H,Shang Q,et al. miR-128 plays a critical role in murine osteoclastogenesis and estrogen deficiency-induced bone loss. Theranostics,2020,10(10):4334-4348.

[38] Qiao WX,Yu SX,Sun HJ,et al. 1,25-Dihydroxyvitamin D insufficiency accelerates age-related bone loss by increasing oxidative stress and cell senescence. Am J Transl Res,2020,12 (2):507-518.

[39] Li J,Karim MA,Che H,et al. Deletion of p16 prevents estrogen deficiency-induced osteoporosis by inhibiting oxidative stress and osteocyte senescence. Am J Transl Res,2020,12(2):672-683.

[40] Li X,Liu Y,Liu X,et al. Advances in the Therapeutic Effects of Apoptotic Bodies on Systemic Diseases. Int J Mol Sci,2022,23(15):8202.

[41] Morana O,Wood W,Gregory CD. The Apoptosis Paradox in Cancer. Int J Mol Sci,2022,23(3):1328.

第五章　细胞内质网应激和非折叠蛋白反应

提要:本章围绕"内质网应激和非折叠蛋白反应"展开,介绍了内质网的结构、功能,以及内质网应激和非折叠蛋白反应的相关信号通路,并基于此进一步阐述了内质网应激和非折叠蛋白反应在临床中的应用。整章内容共计4节,分别为细胞内质网应激和非折叠蛋白反应、非折叠蛋白反应通路和信号分子、非折叠蛋白反应与疾病的发生发展和非折叠蛋白反应的临床应用。

内质网是真核细胞中重要的细胞器,是由封闭的膜系统及其围成的腔形成的互相连通的网状结构组成,参与蛋白质的合成与折叠、脂质的合成,以及钙离子(Ca^{2+})稳态的维持等多种生物学功能。当某些因素造成内质网功能失调时,就会发生内质网应激,此时细胞将启动非折叠蛋白反应(unfolded protein response,UPR)来应对内质网功能异常。内质网应激和UPR参与代谢性疾病、纤维化和肿瘤等多种疾病的发生发展,调节内质网应激和UPR相关分子的表达及功能,能够显著缓解疾病的进程。因而,针对内质网应激和UPR的干预已成为多种疾病治疗研究的新方向。

第一节　内质网和非折叠蛋白反应

内质网是由大小、形态均不同的膜性小管、扁囊和小泡彼此相连所构成的三维网管结构体系,负责跨膜和分泌蛋白的生物合成、折叠、成熟、稳定和运输。当细胞受到某些病理生理损伤,导致内质网功能紊乱时,会引发内质网应激。机体为了应对这种紊乱,将启动非折叠蛋白反应以恢复内质网的正常生理功能。既往研究表明,UPR参与多种疾病的发生发展,因此,研究内质网应激和UPR不仅能够为理解疾病的发病机制提供理论基础,还能够为临床疾病治疗提供新的靶点与方向。

一、内质网的结构及功能

(一)内质网的结构

内质网(endoplasmic reticulum,ER)是细胞质中由彼此相通的一系列囊腔和细管组成的一个隔离于细胞基质的管道系统,最早由Porter等人于1945年运用电镜观察小鼠成纤维细胞时发现。根据膜表面是否有核糖体附着,可将内质网分为粗面内质网(rough ER,RER)和滑面内质网(smooth ER,SER),粗面内质网和滑面内质网在细胞中相互联系或彼此分离。此外,内质网在细胞中分布广泛,并且能够与其他细胞器相互作用(图1-5-1),如:①大量研究表明,内质网与线粒体之间存在广泛的物理连接,在对HeLa细胞的研究中发现,线粒体表面的5%~20%与内质网接触。

这种接触形成的线粒体相关膜(mitochondria-associated membranes,MAMs)在磷脂合成、机体炎症反应、Ca^{2+}稳态和内质网应激等方面均发挥重要作用。同时,越来越多的蛋白质或蛋白质之间的相互作用被证明参与调节内质网-线粒体接触,包括:线粒体融合蛋白2(mitofusin2,Mfn2)、囊泡相关膜蛋白相关蛋白B(vesicle-associated membrane protein-associated protein B,VAPB)与蛋白酪氨酸磷酸酶相互作用蛋白51(protein tyrosine phosphatase interacting protein 51,PTPIP51)相互接触,以及三磷酸肌醇受体(inositol triphosphate receptors,IP3R)与电压依赖性阴离子通道(voltage-dependent anion channels,VDAC)之间的相互作用等。②内质网与质膜(plasma membrane,PM)的接触存在于大多数细胞中,多种蛋白质参与调节内质网-质膜接触位点的形成。哺乳动物细胞中,内质网钙传感器基质相互作用分子1(stromal interaction molecule 1,STIM1)和质膜钙通道钙释放激活钙通道调节分子1(calcium release-activated calcium channel modulator 1)在细胞缺钙时相互作用,并驱动内质网-质膜接触的形成。肌肉细胞中,连接素驻留在内质网内,同时与质膜结合,是维持内质网-质膜接触的关键。酵母中,内质网蛋白Ice2和Scs2对内质网-质膜接触的形成产生重要作用。③内质网与内体的相互作用受StAR相关脂转移蛋白3(StAR-related lipid transfer protein 3,STARD3)和STARD3NL调节,有助于内体中胆固醇含量的维持。此外,由线粒体分布和形态因子1(mitochondrial distribution and morphology 1,MDM1)/分拣连接蛋白13(sorting nexin 13,SNX13)复合物介导的内质网与内体溶酶体系统的相互作用,还能够促进内质网参与的细胞自噬。

(二)内质网的功能

内质网通过其本身或者与其他细胞器的相互接触调节细胞功能,包括:参与蛋白质的合成、钙的储存和调节、脂质的合成与转运、葡萄糖代谢等。这些不同的功能表明,内质网作为一个动态的"营养感应"细胞器,在协调能量变化、代谢重编程和调节新陈代谢等方面均发挥重要作用。

蛋白质的合成与折叠:内质网参与跨膜蛋白的合成、折叠、成熟、分泌和降解,确保只有正确折叠的蛋白才能够

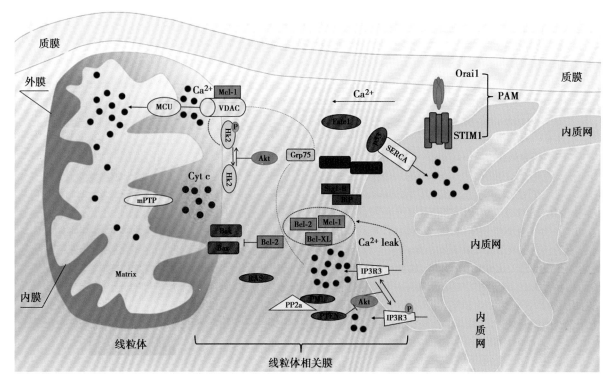

图 1-5-1 内质网与其他细胞器的相互作用

被送到它们的特定作用部位。大约 30% 的蛋白质以内质网作为共翻译靶点，在从内质网分泌出来之前，它们暴露在一个富含伴侣蛋白和折叠酶的环境当中，这种环境有利于它们的折叠、组装和翻译后修饰。内质网内的蛋白质加工包括信号序列切割、N-连接的糖基化、二硫键的形成或异构化、脯氨酸的异构化和脂质结合，这些均有助于蛋白质正确折叠构象的形成。错误折叠的蛋白质严重影响机体的功能，甚至威胁生命，因此受到严格的控制。内质网作为质量控制系统起到了纠正错误折叠蛋白质的作用，或者当错误折叠的蛋白最终无法纠正时，则防止其分泌，协助蛋白质的降解。

脂质合成：内质网在膜的产生、脂滴/囊泡的形成、脂肪积累和能量储存方面发挥重要作用。脂质合成定位于膜表面和细胞器接触部位，脂滴/囊泡的输出受内质网的调控，内质网通过不断改变其膜结构从而适应细胞内脂质浓度的变化。

Ca^{2+} 稳态的维持：Ca^{2+} 作为第二信使参与了许多细胞内和细胞外信号转导，在基因表达、蛋白质合成和运输、细胞增殖、分化和凋亡中发挥重要作用。内质网是细胞内 Ca^{2+} 储存的主要场所，其多种功能都是以 Ca^{2+} 依赖的方式进行的，从而调控整个细胞内的钙稳态。因此，内质网和胞质内都需要对 Ca^{2+} 水平不断进行稳态调节，以保证内质网中 Ca^{2+} 浓度和氧化还原电位远高于细胞质。维持 Ca^{2+} 稳态是内质网内多种机制相互作用的结果，如：内质网膜上 ATP 依赖的 Ca^{2+} 泵用于 Ca^{2+} 从胞质到管腔的转运；内质网腔内 Ca^{2+} 结合的伴侣蛋白用于隔离游离 Ca^{2+}；内质网膜通道用于调节 Ca^{2+} 向胞质的释放等。同时，这些机制还可以

通过内质网与其他细胞器的相互接触得以加强，进而满足细胞在功能上的需要。

二、内质网应激与非折叠蛋白反应

内质网参与机体内诸多重要的生物学功能，环境、生理和病理等因素均可能导致内质网功能紊乱，从而引起内质网应激（endoplasmic reticulum stress，ERS）。引发内质网应激的常见原因包括：Ca^{2+} 稳态的改变、氧化还原状态的改变、能量缺乏、脂质过载，以及未折叠或错误折叠的蛋白质的堆积等，此外，细胞脂质成分对于膜流动性的干扰也是造成脂毒性内质网应激的重要原因之一。当蛋白质由内质网向高尔基体释放受阻，未折叠或错误折叠的蛋白质在内质网中堆积时，机体为了纠正这一错误，将减少细胞内的转录和翻译过程，进而减少蛋白质的合成；同时，还将上调内质网中分子伴侣的表达，增强内质网的蛋白折叠能力。除此之外，内质网相关性蛋白降解途径相关基因的表达上调，增强降解未折叠或错误折叠蛋白质的数量，也能够缓解细胞的内质网应激。人们将在内质网应激条件下，为了恢复由未折叠或错误折叠蛋白导致的细胞功能紊乱或介导细胞死亡（凋亡）所做出的一系列反应统称为非折叠蛋白反应（unfolded protein response，UPR）。

第二节 非折叠蛋白反应通路和信号分子

非折叠蛋白反应和内质网相关的蛋白质降解（endoplasmic reticulum-associated degradation，ERAD）是细胞中两个关键的质量控制体系。UPR 因内质网中错误折

叠蛋白的积累被激活,而 ERAD 负责降解清除内质网中错误折叠的蛋白。由于 ERAD 中许多基因的表达受 UPR 调控,ERAD 是 UPR 不可或缺的一部分;同时,ERAD 亦可直接调节 UPR 感受器 IRE1α 分子的表达和功能。

一、非折叠蛋白反应

UPR 由三种内质网应激感受蛋白介导:蛋白激酶样内质网激酶(protein kinase RNA-like endoplasmic reticulum kinase,PERK),转录激活因子 6(activating transcription factor 6, ATF6)和肌醇依赖性激酶 1α(inositol-requiring enzyme-1α, IRE1α)。正常情况下,葡萄糖调节蛋白 78(glucose regulated p rotein 78kD,GRP78)与内质网管腔内三种跨膜蛋白的 N 端紧密结合,以阻止内质网应激感受器的激活,并阻断 UPR 下游信号的转导。当存在过多错误折叠或未折叠蛋白时,GRP78 与 PERK、ATF6 和 IRE1α 解离,并与错误折叠或未折叠蛋白结合,激活这三个信号分子,触发一系列下游信号通路的活化(图 1-5-2)。上述三种通路的激活,一方面能够增大内质网中的容量,增强其蛋白折叠能力;另一方面能够有效降解未折叠或错误折叠蛋白,减少新合成的蛋白质进入内质网,从而缓解内质网应激。

IRE1α-XBP1 途径具有多种生理功能,如诱导 ERAD、调节脂肪酸合成和蛋白质分泌。哺乳动物的 IRE1 有两种亚型:IRE1α 和 IRE1β。IRE1α 是一种跨膜蛋白激酶,广泛表达于每个细胞的 ER 膜上,而 IRE1β 仅在胃肠道上皮细胞中表达。IRE1α 有两个酶结构域:一个是丝氨酸/苏氨酸激酶结构域,另一个是位点特异性核酸内切酶,它能够自动调节其 mRNA 的表达。错误折叠蛋白蓄积后,GRP78 从 IRE1α 解离,游离的 GRP78 与错误折叠蛋白结合,诱导

IRE1α 二聚化和自磷酸化。活化的 IRE1α 在 X 盒结合蛋白 1(X-box-binding protein 1,XBP1)mRNA 特定剪接位点切割下一个 26nt 的内含子后,形成剪切型 XBP1。剪切后的 XBP1 作为一种重要的转录因子可以转位到细胞核并与非折叠蛋白反应元件结合,从而诱导 GRP78、ERAD 和脂肪生成途径组件相关基因的表达。IRE1α 还可以通过一种被称为调节 IRE1 依赖性衰减(regulated IRE1-dependent decay,RIDD)的方式来调控其他 mRNA 的表达。内质网应激情况下 RIDD 活化增强,IRE1α 的过度激活通过抑制抗凋亡的 miRNAs 前体的功能来诱导细胞凋亡。

正常情况下 ATF6 与内质网膜结合,但当蛋白质稳态被破坏时,ATF6 将迁移至高尔基体,由位点 1 蛋白酶(site 1 protease,S1P)和位点 2 蛋白酶(site 2 protease,S2P)进行切割;随后进入细胞核与非折叠蛋白反应元件结合,增强编码 UPR、GRP78、ERAD 组件和 XBP1 分子基因的表达。此外,ATF6 在促进细胞存活的同时,还可以通过上调 C/EBP 同源蛋白(C/EBP homology protein,CHOP)途径促进细胞凋亡。CHOP 是一种促凋亡转录因子,在内质网应激过程中,它可以诱导内质网氧化还原素 1(ER oxidoructin 1, ERO1)将钙离子从内质网释放到细胞质中,从而介导细胞凋亡。同时,CHOP 通过激活生长停滞和 DNA 损伤诱导蛋白(growth arrest and DNA damage inducible protein 34, GADD34)也能够促进细胞的凋亡。

PERK 作为另一种内质网跨膜激酶,当 GRP78 从其管腔结合域中释放出来时,PERK 被自动磷酸化,随后磷酸化的 PERK 促进在真核细胞中具有蛋白质翻译起始作用的真核起始因子 2α(eukaryotic initiation factor 2α,eIF2α)的激活,进而抑制蛋白质合成中的翻译过程。除此之外,研究发

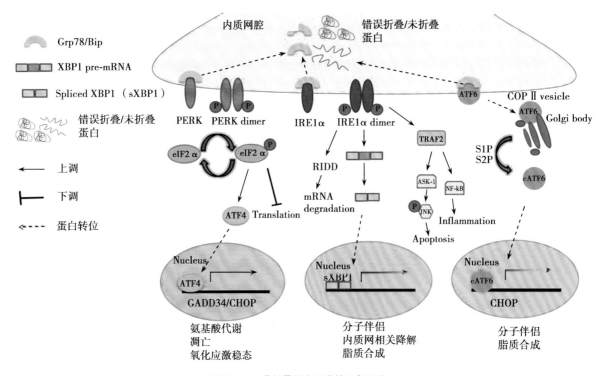

图 1-5-2　非折叠蛋白反应的三条通路

现,PERK 的二聚化或磷酸化能够促进转录因子 ATF4 的表达,ATF4 激活 CHOP 途径增强未折叠或错误折叠蛋白引发的细胞凋亡。

二、内质网相关的蛋白质降解途径

ERAD 是 Jeff Brodsky 提出的一个概括性术语,它包括所有通过内质网膜传递错误折叠的蛋白质来进行蛋白酶体降解的一般或特殊途径。降解错误折叠蛋白途径的选择取决于蛋白质的不同特性,如:折叠缺陷的位置、错误折叠蛋白质的拓扑结构,以及 N-连接寡糖、二硫键或顺式构型中的肽基-脯氨酸键的存在。当发生内质网应激导致错误折叠或未折叠蛋白增多时,为了防止其扰乱细胞内稳态,错误折叠或未折叠蛋白暴露的疏水结构域与核糖体相关复合物 Bcl-2-相关永生基因 6(Bcl-2-associated athanogene 6,BAG6)及 BAG6 相关泛素连接酶环指蛋白 126(ring finger protein 126,RNF126)结合,使得 26S 蛋白酶体有效降解错误折叠或未折叠蛋白。

新生多肽链进入内质网后,许多蛋白质需要进行 N-糖基化。N-糖基化是一个多步骤复杂的过程,它将脂质连接的预组装寡糖转移到特定序列基序中天冬酰胺的酰胺侧链上。预组装寡糖由 3 个葡萄糖残基、9 个甘露糖残基和 2 个 N-乙酰氨基葡萄糖残基组成,并由多种酶辅助产生,如:葡萄糖苷酶I/II、葡萄糖转移酶、钙调素/钙网状蛋白和甘露糖苷酶。N-聚糖结构有助于糖蛋白的折叠,而某些甘露糖修饰的 N-聚糖包含将错误折叠蛋白进行 ERAD 的信息,表明甘露糖的修饰是 ERAD 中重要的一步。此外,研究发现,哺乳动物细胞中的三种酶,包括:内质网甘露糖苷酶样蛋白(ER degradation-enhancing α-mannosidase-like proteins,EDEMs)、内质网甘露糖苷酶I(ER mannosidaseI,ER ManI)和内质网凝集素-9(osteosarcoma amplified-9,OS-9)参与错误折叠蛋白的 ERAD。EDEMs 有三种异构体:EDEM1、EDEM2 和 EDEM3,研究发现,EDEM3 在其 C-末端具有蛋白酶相关基序,可以加速转染的 HEK293 细胞中糖蛋白的 ERAD,而 E147Q EDEM3 突变体的过表达则可消除甘露糖修饰和减弱 ERAD 进程;EDEM1 与 ER ManI 相互作用,将 N-聚糖修饰为 Man7-5GlcNAc2,有助于糖蛋白的降解;与 EDEMs 和 ER ManI 不同,OS-9 含有甘露糖 6-磷酸同源性受体(mannose 6-phosphate receptor homology,MRH)结构域,发挥凝集素的功能,可识别 C-末端甘露糖修饰的 N-聚糖缺乏,从而参与错误折叠或未折叠蛋白的降解。

由于泛素-蛋白酶体系统[ubiquitin(Ub)-proteasome system,UPS]定位于胞质当中,错误折叠或未折叠蛋白需要从内质网运送到胞质中进行降解,泛素连接酶 E3 在这一过程中起到重要作用。目前研究人员在哺乳动物 ERAD 中至少发现了 10 种不同的 E3,其中含有羟甲基戊二酰辅酶 A 还原酶降解蛋白 1(Hmg-CoA reductase degradation protein 1,HDR1)和自分泌运动因子受体(autocrine motility factor receptor,AMFR,gp78)的两种 E3 被人们广泛研究。HDR1 与其辅因子 sel-1 样基因(sel-1 like,SEL1L)结合,形成一个位于内质网膜上的复合体,将底物输送至细胞质中。SEL1L-HRD1 复合体是 ERAD 中一个重要的位点,敲除这两种蛋白中的任何一个都会导致小鼠胚胎死亡。gp78 与 BAG6 伴侣复合体结合作用于 HRD1 下游,促进错误折叠蛋白的 ERAD。错误折叠或未折叠蛋白释放入胞质后,泛素激活酶 E1 与泛素 C-末端结合,并伴有 ATP 的水解。激活的泛素随后被传递到泛素结合酶 E2,E2 依次与携带错误折叠蛋白的 E3 结合,促进泛素与错误折叠底物的赖氨酸残基的共价连接。最后,26S 蛋白酶体识别多泛素链,并开始进行错误折叠蛋白质的降解。

第三节　非折叠蛋白反应与疾病的发生发展

UPR 参与机体多种生命活动过程,在调节疾病的发生发展中发挥重要作用。目前普遍认为,内质网功能障碍和蛋白质未能定位到指定位置是导致人类许多疾病的原因,包括:代谢性疾病、神经退行性疾病和肿瘤等。因此,明确 UPR 与疾病之间的关系,不仅为探讨疾病的发生机制提供理论基础,还将为临床疾病的治疗提供新的靶点与方向。

一、UPR 与 2 型糖尿病

肥胖是一种复杂的代谢紊乱疾病,会导致许多威胁生命的疾病的发生发展,如:心脏病、2 型糖尿病或癌症等。既往研究表明,肥胖和 2 型糖尿病小鼠的肝脏和脂肪组织中内质网应激的信号分子 PERK 和 IRE1α 的磷酸化水平增强有关。

胰岛素在胰腺 β 细胞的内质网中合成,当对胰岛素的需求超出了内质网的合成能力时,容易引发内质网应激,进而激活内质网应激感受器 PERK 及其下游的 eIF2α。Perk$^{-/-}$ 小鼠的一个重要特征是由于胰腺 β 细胞的破坏而患有糖尿病。在 Perk$^{-/-}$ 小鼠中,内质网应激情况下,PERK 无法控制蛋白质的合成。事实上,当 Perk$^{-/-}$ 小鼠体内葡萄糖水平过高时,胰岛素不受控制的合成会进一步触发内质网应激。内质网应激长期得不到缓解将会启动凋亡程序,最终导致 β 细胞的破坏和糖尿病的发生发展。尽管在全身 PERK 基因敲除小鼠模型中发现 PERK 分子在糖尿病的发生发展中发挥重要作用,但出乎意料的是,胰腺 β 细胞特异性 PERK 缺陷小鼠并没有发生糖尿病,相反,它们有正常数量的 β 细胞,表现出正常的葡萄糖耐受和低血糖水平,造成这二者结果差异的原因有待进一步研究。另外,eIF2α 基因突变小鼠(eIF2α^{S51A})在胚胎发育后期表现出胰腺 β 细胞功能缺陷,并出现严重的低血糖症状,出生后无法存活超过 18 小时。造成 eIF2α^{S51A} 小鼠低血糖的因素有很多,包括:较低的糖异生酶水平和肝脏中糖原储存减少。相反,杂合子 eIF2α^{S51A} 小鼠具有正常的胰腺细胞和血糖水平,在正常饮食情况下表现出正常的糖耐受和胰岛素敏感,但给予其高脂饮食时,杂合子 eIF2α^{S51A} 小鼠相比正常小鼠更容易发生肥胖。

磷脂酰肌醇 3- 激酶（phosphotidyl inositol 3-kinase，PI3K）的调节亚单位 p85α 和 p85β 与 XBP1 相互作用，并且这种作用在 XBP1 的核转位中发挥十分重要的作用，有助于 XBP1 在餐后状态下的核转位，以抑制糖异生，减少营养物质过多导致的内质网应激。然而，在肥胖症中，p85s 和 XBP1s 的接触被破坏，XBP1 的核转位和伴侣蛋白的上调显著减少，表明 XBP1 的失活导致肥胖患者中内质网应激的发生，从而引发胰岛素抵抗和 2 型糖尿病。在随后的实验中，将肥胖和糖尿病小鼠肝脏中的 XBP1 进行重建，发现小鼠的糖耐量和胰岛素敏感性均增高，并且血糖降低到正常水平。有趣的是，XBP1 还直接与肥胖小鼠中参与糖异生的叉头转录因子 1（forkhead box O1，FoxO1）相互作用，从而独立于其对内质网折叠能力和胰岛素信号的影响来调节葡萄糖稳态。例如：适度的肝脏 XBP1 过表达通过蛋白酶介导的 FoxO1 降解，在胰岛素缺乏或胰岛素抵抗小鼠模型中没有改善胰岛素信号或内质网折叠能力，而是直接改善了血糖的浓度。此外，由于 FoxO1 的积累，无法结合 DNA 的 XBP1s 突变体可以降低严重胰岛素抵抗肥胖小鼠的血清葡萄糖浓度，并增加葡萄糖耐量。在胰岛素处理的胰腺细胞中过表达 XBP1 会降低细胞核内 FoxO1 的水平。这些研究表明，XBP1 除了作为转录因子调节基因表达外，还在改善葡萄糖稳态方面发挥重要作用。

二、UPR 与纤维化

（一）肝纤维化

肝纤维化是一种肝脏疾病，是指由于各种原因导致的肝内结缔组织异常增生，任何原因造成的肝脏损伤，在修复过程中都有可能产生纤维化。临床上常见的肝纤维化的病因主要有：病毒性肝炎、酒精肝、脂肪肝和自身免疫病等。

肝星状细胞（hepatic stellate cell，HSC）是肝脏中重要的纤维化细胞，为了修复肝脏中的受损组织，激活的 HSC 会产生和分泌细胞外基质（extracellular matrix，ECM）蛋白。在许多分泌细胞中，蛋白质分泌增强与内质网应激和 UPR 信号有关，表明 UPR 信号可能在 ECM 蛋白的加工和分泌中起关键作用。

IRE1α 在 HSC 激活中的重要作用最早是在发现乙醇或氧化应激能够引起 XBP1 增加的情况下被报道出来的。此外，转化生长因子 β（transforming growth factor β，TGF-β）促进 HSC 中 XBP1 的切割。而 4μ8C（一种阻断 IRE1α 激酶和核酸内切酶信号的非竞争性抑制剂）介导的 IRE1α 抑制能够减少 TGF-β 诱导的 XBP1，以及促进 GPR78、α 平滑肌肌动蛋白（α smooth muscle actin，αSMA）、I 型胶原 α1 和结缔组织生长因子（connective tissue growth factor，CTGF）的表达。越来越多的证据表明，XBP1 通过增加蛋白质的分泌促进 HSC 的激活：首先，XBP1 与 TGF-β 在 HSC 活化过程中诱导内质网扩张，增强内质网的分泌能力；其次，XBP1 对于运输和高尔基体组织蛋白 1（golgi organization protein 1，TANGO1）的表达至关重要，而 TANGO1 是 I 型胶原内质

网输出机制的关键组成部分。除此之外，XBP1 过表达时，TGF-β 信号途径的主要诱导物 SMAD2 和其下游成分的表达并不发生改变，提示 XBP1 是通过增加内质网容量和上调蛋白分泌机制，而不是通过增强 TGF-β 信号促进 HSC 的激活。

IRE1α 同样能够通过 p38 影响 HSC 的激活，p38 是一种丝裂原活化蛋白激酶（mitogen-activated protein kinase，MAPK），参与调节细胞增殖和自噬，但也可以促进 IRE1α 下游的凋亡。在 HSC 中，UPR 诱导的 p38 活化调节 TGF-β 的信号转导，衣霉素诱导 IRE1α 下游的 p38 磷酸化，抑制 p38 可以降低 I 型胶原 α1 和 αSMA 的表达。

PERK 在肝纤维化中发挥重要作用。Koo 等人研究发现，相比于轻症肝纤维化患者，重度肝纤维化患者的内质网应激标志物（GPR78 和 CHOP）蛋白水平显著升高；小鼠模型中，暴露于衣霉素的小鼠在第 2 天与第 3 天体内纤维化标记物（TGF-β 或 α-SMA）表达上调；此外，在 CCL₄ 诱导的肝脏纤维化模型中，免疫组织化学结果发现，p-PERK 在 CCL_4 处理后的肝组织中的表达显著增强，并与 α-SMA 共存，表明内质网应激 PERK 通路能够影响肝纤维化。

SMADs 在 TGF-β 级联信号通路和自发诱导中发挥关键作用。已有研究表明，重度纤维化患者体内 SMAD2 的水平远高于轻度患者；运用 CCL_4 处理的小鼠 SMAD2 的水平显著增加。当小鼠体内注射衣霉素后，其肝脏中的 SMAD2 表达水平明显升高，表明内质网应激促进肝脏中 SMAD2 的表达。进一步研究内质网应激导致 SMAD2 表达水平升高的机制，发现衣霉素处理人 LX-2 细胞后，SMAD2 基因的转录活性下降 20%，表明内质网应激介导的 SMAD2 表达增加可能依赖于转录后调控。MIR18A 是一种 SMAD2 表达的抑制剂，研究发现，衣霉素处理细胞后可以显著减少 MIR18A 的水平。那么内质网应激是如何对 MIR18A 进行调控的呢？在对衣霉素处理的 LX-2 细胞的观察中发现，异质核糖核蛋白 A1（heterogeneous nuclear ribonucleoprotein A1，HNRNPA1）的含量显著降低（HNRNPA1 是初级 MIR18A 成熟加工所必需的蛋白质），转染编码 PERK 显性负突变异构体减弱了衣霉素对 HNRNPA1 的抑制作用，而针对 IRE1α 或 ATF6 的 siRNA 则无法改变其抑制作用。因此，内质网应激时，磷酸化的 PERK 可以通过抑制 HNRNPA1 减弱 MIR18A 的表达，从而增加 SMAD2 的含量，促进肝纤维化。

（二）肺纤维化

特发性肺纤维化（idiopathic pulmonary fibrosis，IPF）是一种严重的间质性肺病，其特征是进行性呼吸困难、运动不耐受、低氧血症和呼吸衰竭。胶原沉积和上皮细胞下活化的成纤维细胞聚集与 IPF 的发生有关，这些成纤维细胞可由增生的 II 型肺泡上皮细胞（alveolar epithelial cell，AEC）或具有细支气管外形的上皮细胞组成。重塑肺泡塌陷造成局灶性纤维化，并延伸至邻近的肺实质，导致细小蜂窝状和牵引性支气管扩张，这是肺纤维化的重要特征之一。此外，免疫细胞在疾病的发生发展中发挥重要作用，M2 型巨噬细

胞在 IPF 实质区表达增多,并分泌多种细胞因子影响肺部纤维化。

内质网应激和 UPR 信号通路通过介导细胞凋亡、成纤维细胞的激活和分化、上皮-间充质转化(epithelial-mesenchymal transition,EMT),以及炎症反应的活化和极化参与肺纤维化的形成。IPF 患者肺部内质网应激标志物主要存在于Ⅱ型 AEC 中,通过免疫组织化学技术发现家族性和散发性 IPF 患者 AEC 中 GPR78、EDEM 和 XBP1 的表达增加。此外,Korfei 等人报道了 IPF 患者肺部组织切片 AEC 中 ATF4、ATF6 和 CHOP 的表达水平升高。

内质网应激调控血管内皮细胞存活/凋亡的具体机制还不完全清楚,当Ⅱ型 AEC 产生的突变表面活性蛋白 C(surfactant protein C,SFTPC)在肺上皮细胞中表达时,突变蛋白在内质网中积累,并诱导产生内质网应激。在培养的过表达 SFTPC 突变形式的Ⅱ型 AEC 中,Mulegeta 等人发现 caspase-4/12 是诱导细胞凋亡的重要介质,同时,博来霉素能够诱导肺纤维化,在表达突变 SFTPC 的Ⅱ型 AEC 小鼠肺组织中可以检测到 caspase-12 和裂解的 caspase-3 的激活。CHOP 也与内质网应激依赖的 AEC 凋亡有关,然而目前研究 CHOP 缺失对肺纤维化的影响结果并不一致。Tanaka 等人报道了 CHOP 缺陷小鼠在博来霉素处理后可减少 AEC 的凋亡和肺纤维化;相反,Ayaub 等人发现在博来霉素处理后,与野生对照组相比,CHOP 缺陷小鼠的死亡率和纤维化程度更高。除了 CHOP 途径,内质网应激同样能够通过其他几种机制介导 AEC 凋亡。钙调蛋白依赖性蛋白激酶Ⅱ(calmodulin-dependent kinase Ⅱ,CaMK Ⅱ)是内质网中重要的 Ca^{2+} 调节蛋白,并且能够调控细胞凋亡。运用 AEC 特异性表达 CaMK Ⅱ抑制肽 AC3-Ⅰ的转基因小鼠抑制 CaMK Ⅱ,能够减少细胞内 Ca^{2+} 和 CHOP 的含量、减少 AEC 的凋亡,同时减弱博来霉素处理后的肺纤维化。此外,Bueno 等人研究发现,IPF 患者肺中线粒体保护因子 PTEN 诱导假定激酶 1(PTEN-induced putative kinase 1,PINK1)表达水平下降;在实验动物模型中,内质网应激导致 AEC 的 PINK1 水平降低,并伴有生物学功能的改变和 AEC 凋亡增加。PINK1 缺失也可以引发内质网应激,提示内质网应激、线粒体功能障碍和纤维化之间可能存在反馈机制。

成纤维细胞的活化和分化能够诱导肺部纤维化。运用博来霉素处理小鼠 6 小时后,小鼠体内内质网应激相关蛋白增多、成纤维细胞增殖能力增强。此外,博来霉素可激活 PI3K/AKT 信号通路及其下游的哺乳动物雷帕霉素靶蛋白(mammalian target of rapamycin,mTOR),mTOR 与成纤维细胞的增殖密切相关。为确定博来霉素诱导的肺纤维化是否与肺成纤维细胞增殖有关,对肺成纤维细胞标记物成纤维细胞特异性蛋白 1(fibroblast specific protein1,FSP1)和细胞增殖标记物 Ki-67 进行免疫组织化学染色时发现,博来霉素处理后,FSP-1 和 Ki-67 的表达增加;当加入内质网应激抑制剂时,FSP-1 和 Ki-67 的表达水平降低,表明内质网应激抑制剂可以抑制博来霉素诱导的肺纤维化中的肺成纤维细胞的增殖活性。

苯丁酸(phenylbutyric acid,PBA)是一种低分子脂肪酸,用于治疗儿童尿素循环障碍和镰状细胞疾病。大量研究表明,PBA 作为一种化学伴侣分子,可以抑制内质网应激和 UPR 信号的激活。博来霉素处理的小鼠中 GPR78 的表达上调,IRE1α、CHOP 和 eIF2α 的磷酸化水平升高。当用 PBA 刺激博来霉素处理的小鼠时,GPR78 的含量和 IRE1α、CHOP、eIF2α 的磷酸化水平显著降低;α-SMA 作为 EMT 的标志物,当博来霉素刺激时,免疫组织化学结果显示小鼠体内 α-SMA 阳性细胞数明显增加,PBA 能够有效抑制肺中博来霉素诱导的 α-SMA 水平升高。肺纤维化的特点之一是细胞外基质的过度沉积,博来霉素处理的小鼠肺组织中两个胶原基因 Col1α1 和 Col1α2 的表达上调,PBA 显著减弱博来霉素诱导的肺内 COL1α1 和 COL1α2 的表达。此外,PBA 还能够减轻博来霉素诱导的肺内基质蛋白的沉积。以上这些结果提示,PBA 在博来霉素诱导的肺纤维化中能够减轻内质网应激介导的 EMT。

巨噬细胞具有可塑性,根据巨噬细胞表面标志物的表达、特定细胞因子的产生,以及其生物学活性,可将巨噬细胞分为经典活化巨噬细胞(M1 型巨噬细胞)和替代性活化巨噬细胞(M2 型巨噬细胞)两种。M1 型巨噬细胞分泌较高水平的促炎症细胞因子(如 TNF-α、IL-1α、IL-1β、IL-6 等),具有强大的抗微生物和抗肿瘤活性,诱导组织损伤、抑制组织再生和伤口愈合。M2 型巨噬细胞在抗炎方面发挥重要作用,其产生的 IL-10 和 TGF-β 能够帮助巨噬细胞发挥清除碎屑和凋亡细胞,促进组织修复和伤口愈合的功能。为了研究 GPR78 对肺纤维化的影响,研究者首先建立了 GPR78 单倍体缺乏模型小鼠($Grp78^{+/-}$),并通过口咽插管感染博来霉素发现,相比于野生对照组,$Grp78^{+/-}$ 小鼠肺部并未发生明显变化,且胶原沉积和 αSMA 表达水平明显低于对照组。研究者对小鼠支气管肺泡灌洗液(bronchoalveolar lavage fluid,BALF)中的细胞类型进行分析,发现博来霉素处理后第 7 天,$Grp78^{+/-}$ 小鼠 BALF 中的巨噬细胞数量减少,中性粒细胞数量没有显著变化;进一步结果显示,对照组小鼠肺部 M2 型巨噬细胞增多,而 $Grp78^{+/-}$ 小鼠肺组织中很少检测到 M2 型巨噬细胞,提示调节内质网应激能够通过影响巨噬细胞的活化改变肺部组织的纤维化。Wang 等人研究发现,微囊藻毒素-亮氨酸-精氨酸(microcystin-leucine-arginine,MC-LR)能够减轻肺部的纤维化,将博来霉素处理的大鼠暴露于 MC-LR 后,其体内炎症细胞的数量和胶原沉积显著降低。为了探讨 MC-LR 对于 EMT 和成纤维细胞-肌成纤维细胞转化(fibroblast-myofibroblast transition,FMT)的影响,研究者建立了体外培养的人Ⅱ型肺泡上皮细胞(A549)、人胎肺成纤维细胞(MRC5)和小鼠胚胎成纤维细胞(NIH3T3)模型。MC-LR 并不影响 TGF-β 诱导的 A549、MRC5 和 NIH3T3 细胞的间质特征或纤维化标志物的表达。有趣的是,当 A549、MRC5 和 NIH3T3 与经 IL-4 预处理的小鼠单核/巨噬细胞系 RAW264.7 共培养时,观察到 MC-LR 对 EMT 或 FMT 具有抑制作用。接下来用 IL-4 诱导的向 M2 表型极化的骨髓巨噬细胞(bone marrow-derived macrophages,

BMDM)与 A549、MRC5 和 NIH3T3 细胞共培养,进一步证实了 MC-LR 对 EMT 和 FMT 的抑制作用。此外,研究还发现,MC-LR 能够减少 CD206⁺M2 型巨噬细胞的表达,提示 MC-LR 对博来霉素诱导的肺纤维化的改善作用可能与巨噬细胞的极化水平密切相关;MC-LR 通过抑制 GPR78 介导的内质网应激调节巨噬细胞极化,进而影响肺组织的纤维化程度。

三、UPR 与肿瘤

在肿瘤微环境中,癌细胞会由于外部或自身因素导致内质网管腔内不正确折叠的蛋白聚积,从而引发内质网应激。当这种情况发生时,适应性机制 UPR 被触发,以帮助细胞应对这种变化,并恢复内质网稳态。越来越多的证据表明,UPR 信号在肿瘤发生发展的不同阶段均发挥重要,如维持细胞增殖和抵抗细胞死亡、诱发基因突变、改变细胞新陈代谢水平、促进炎症反应和肿瘤细胞侵袭、转移和血管生成等。

(一) 肿瘤细胞内质网应激的来源

在癌症的发生发展过程中,肿瘤抑制基因失活和/或癌基因突变,使细胞增殖与细胞外生长因子的调控解偶联。肿瘤细胞中导致内质网应激的因素很多,包括:高分泌性癌症,如多发性骨髓瘤,会产生极高水平的免疫球蛋白,容易导致持续的内质网应激;特殊的细胞行为也会导致细胞分泌能力增强,如在 EMT 过程中 PERK 会被激活;同样,抑癌基因 p53、PTEN、TSC1 或 TSC2 缺乏所引起的致癌转化显著提高了蛋白质的合成效率,引发内质网应激;癌基因 HRAS(G12E)、BRAF(V600E)、c-Myc 或 Src 过表达时,蛋白质合成增加并伴随内质网应激;新生基因发生突变导致细胞内 UPR 激活等。然而,癌基因的表达并不总诱导内质网应激,高表达的 Myc 使大量人类癌细胞株在外源性脯氨酸耗尽时免受内质网应激的影响;经 Ras 转化的 Myc^high 细胞表现出较低水平的内质网应激,但在 Ras 被抑制后 UPR 激活,表明其他因素的调节能够影响 Myc 与内质网应激之间的关系;此外,肿瘤细胞最初产生内质网应激,以应对更高的复制和代谢需求,但其后期可能会通过增强稳定的内质网蛋白折叠能力来减弱此过程。

肿瘤微环境(tumor microenvironment,TME)中缺氧、营养剥夺和酸性代谢产物堆积均导致内质网应激。正常细胞主要依赖氧化磷酸化和无氧糖酵解产生 ATP,而肿瘤细胞则更加倾向于通过有氧糖酵解产生,这一现象被称为沃伯格效应,快速分裂的癌细胞会消耗葡萄糖产生大量的乳酸代谢物;活性氧(reactive oxygen species,ROS)可以产生高反应性的过氧化脂质副产物,这些副产物与各种内质网伴侣结合形成具有破坏性的共价复合物;营养缺乏,特别是葡萄糖和谷氨酰胺的缺乏,抑制了己糖胺生物合成途径(hexosamine biosynthetic pathway,HBP)所需的代谢中间产物,HBP 产生的 N-连接糖基化的底物是内质网中进行蛋白质折叠所必需的。

(二) 肿瘤细胞的存活与休眠

内质网应激和 UPR 的激活在肿瘤的发生发展过程中

起重要作用。UPR 信号通路不仅能抑制过度产生的错误折叠蛋白的 mRNA 翻译,而且还能上调伴侣蛋白的表达以修复错误折叠的蛋白质,而过度的未折叠或错误折叠蛋白积累能够诱导细胞死亡(凋亡)。与此相反的是,癌细胞表现出与正常细胞不同的反应。在不利于细胞生存的条件下,如缺氧、氧化应激、营养缺乏和低 pH 值等,癌细胞更加倾向于调节它们的内质网驻留蛋白和伴侣蛋白来提高细胞活力。用内质网应激诱导剂,如毒胡萝卜素,一种肌浆内质网钙 ATP 酶(sarcoplasmic-endoplasmic reticulum calcium ATPase,SERCA ATPase)选择性抑制剂处理荷瘤小鼠时,可促进肿瘤生长。IRE1α 可通过其核酸内切酶活性触发适应性反应和细胞死亡途径。在适应性反应过程中,激活的 IRE1α 可以促进 XBP1 的表达,间接诱导 ERAD,从而帮助细胞存活。例如,XBP1 基因敲除小鼠发生白血病的速度明显慢于野生型小鼠。此外,另一种内质网相关的跨膜蛋白 PERK 可以提高肿瘤细胞在不利环境中的活力。激活的 PERK 可以磷酸化 eIF2α,从而抑制 eIF2α 依赖的蛋白质合成。一旦 eIF2α 被抑制,ATF4 将上调在蛋白质合成和抗氧化方面起重要作用的基因,促进肿瘤细胞存活。有研究表明,部分 PERK⁻/⁻ 肿瘤细胞在缺氧条件下存活率较低,并丧失了血管生成能力。

肿瘤细胞适应不断变化的微环境的另一种方式是细胞休眠,肿瘤细胞通过细胞休眠可以避开有害的环境条件,并在以后获得最佳条件时被重新激活、增殖并保持代谢活性。肿瘤发生早期、远处微转移和治疗过程中都可以观察到休眠细胞。内质网应激中的 GPR78 和 PERK 蛋白能够帮助肿瘤细胞发生对药物治疗的逃逸。PERK 可能通过诱导 GPR78 蛋白或通过依赖于 Nrf2 和 ATF4 转录激活的解毒作用来介导细胞存活。过表达的 GPR78 蛋白可以抑制 caspase-7 和 caspase-3 依赖的凋亡或内质网驻留 caspase-12 的激活。此外,研究表明,GPR78 通过与细胞内约 25% 的钙结合来阻止 Ca²⁺ 释放,从而介导其抗凋亡作用。在耐药细胞中,GPR78 的 Ca²⁺ 螯合作用上调,可以阻断 Ca²⁺ 诱导的细胞凋亡信号。

(三) 肿瘤细胞的转移

肿瘤转移过程中,癌细胞脱离原发肿瘤部位,浸润周围的细胞外基质和间质细胞层,进入血液或淋巴循环系统,定植于异位组织,最终形成新的肿瘤组织。UPR 参与了肿瘤转移过程中的多个方面。SCNN1B 是位于染色体 16p12.2 上,编码上皮钠通道的 β 亚基,研究表明,SCNN1B 的高表达是胃癌患者,特别是晚期胃癌患者较长生存期的独立预后因素。全基因组甲基化分析证实,胃癌组织中 SCNN1B 启动子高度甲基化。通过启动子的甲基化,SCNN1B mRNA 的表达在胃癌细胞系和原发性胃癌中保持沉默。为了进一步研究 SCNN1B 是否与肿瘤的迁移有关,对细胞系进行创伤愈合实验发现,过表达的 SCNN1B 可显著抑制 AGS、BGC823、MGC803 和 MKN45 细胞的迁移。那么 SCNN1B 是如何对肿瘤细胞迁移进行调控的呢? 研究发现,SCNN1B 与 GPR78 相互作用能够显著抑制 GPR78 蛋白水平,GPR78 表达下调通过影响 UPR 中 PERK、XBP1s、ATF4 和 CHOP

等分子的表达介导细胞死亡。因此,SCNN1B 作为胃癌患者的生存标志物,可在胃癌细胞中触发 UPR,抑制肿瘤细胞的转移并诱导细胞死亡,延长患者的生存时间。肿瘤细胞增殖加上血管供应不足会导致细胞缺氧,在宫颈癌细胞中,缺氧能够激活 UPR 中的 PERK/eIF2α/ATF4 途径,其通过诱导溶酶体相关膜蛋白 3(lysosome associated membrane protein 3,LAMP3)的表达促进肿瘤细胞的转移。同时,干扰 PERK 信号通路可以抑制缺氧导致的淋巴结转移。TP53 基因的错义突变使得 P53 蛋白可以获得致癌特性,研究发现,获得功能突变的 p53 蛋白能够促进肿瘤细胞的侵袭、转移和化疗耐药。此外,有证据表明,突变的 p53 蛋白可以调节 UPR,以提高内质网应激下的细胞存活率。从机制上讲,突变的 p53 蛋白增强了 UPR 中 ATF6 的活化,并协同抑制促凋亡的 UPR 效应器 JNK 和 CHOP,从而帮助肿瘤细胞的存活与转移。如:在 TP53 错义突变的三阴性乳腺癌细胞模型中,研究者发现 ATF6 的激活是肿瘤细胞生存和侵袭所必需的。人表皮生长因子受体 2(human epidermal growth factor receptor 2,HER2)的激活在乳腺癌的发生发展中发挥重要作用。ATF4 是 UPR 的关键调节因子,与细胞迁移和肿瘤转移密切相关。有研究表明,HER2 可以通过上调 ATF4 抑制 E-钙黏附素的表达,从而诱导肿瘤细胞迁移。当 E-钙黏附素的表达恢复时,可有效抑制 HER2 或 ATF4 介导的细胞迁移。

(四)肿瘤免疫

UPR 在免疫系统中的作用是在研究 B 细胞向浆细胞分化的过程中发现的。XBP-1 缺陷的 B 淋巴细胞分化为浆细胞的能力严重缺陷。此外,研究还发现 IRE1α-XBP1 通路可以调节 CD8α 经典树突状细胞(cDC)的表型和功能。XBP1 基因缺陷的 cDC 无法和初始 CD8⁺T 细胞相互作用,提示

XBP1 在 CD8α cDC 的抗原提呈功能中发挥重要作用。有趣的是,UPR 与一些模式识别受体(pattern recognition receptor,PRR)具有协同作用,Toll 样受体 2(toll-like receptors2,TLR2)和 TLR4 的活化激活 IRE1α-XBP1 途径,可调节巨噬细胞中促炎症细胞因子的产生(图 1-5-3)。

虽然我们的免疫系统理论上应该能够识别恶性肿瘤细胞并针对它们进行破坏,但肿瘤微环境是高度免疫抑制的。尽管 CD8⁺T 细胞可以被募集到肿瘤微环境中,但它们很少发挥正常的免疫功能。肿瘤微环境是由基质细胞(成纤维细胞、内皮细胞等)和浸润免疫细胞[CD8⁺T 细胞、调节性 T 细胞、髓系来源的抑制细胞(myeloid-derived suppressor cell,MDSC)和 DC 等]组成的。Glimcher 小组研究发现,在肿瘤微环境中,肿瘤相关的 CD11c⁺ 巨噬细胞中的 IRE1α 表达上调;另一项研究显示,ATF4/CHOP 通路在肿瘤浸润性 MDSC 中被激活。因此,UPR 可能在调节肿瘤免疫中发挥重要作用。抗肿瘤免疫反应在很大程度上依赖于碱性亮氨酸拉链转录因子 ATF 样蛋白 3(basic leucine zipper transcription factor ATF-like protein 3,BATF3)依赖的 CD8α 样树突状细胞对肿瘤抗原的交叉提呈作用,CD8α⁺DC 表现出较高水平的 IRE1α 活性,导致 XBP1 的结构性剪接,提示 IRE1α-XBP1 途径可能在抗肿瘤免疫反应中起关键作用。卵巢癌诱导内质网应激并激活 T 细胞 UPR 中的 IRE1α-XBP1 通路,以调控其线粒体呼吸及抗肿瘤能力。人卵巢癌标本中分离的 T 细胞 XBP1 上调与肿瘤中 T 细胞浸润减少有关。因此,控制内质网应激或靶向 IRE1α-XBP1 信号可能有助于恢复宿主 T 细胞功能和抗肿瘤能力。

不同细胞中 PERK 分子对于免疫功能的调节并不一致。一项研究显示,黄热病病毒激活的 eIF2α 激酶 GCN2

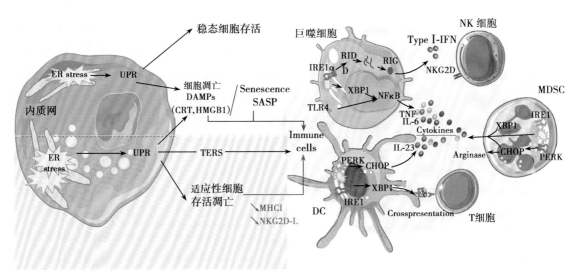

图 1-5-3 非折叠蛋白反应调节肿瘤细胞的免疫原性和免疫应答

导致细胞自噬增强,从而改善 DC 的抗原提呈能力。然而,在 MDSC 中,PERK-eIF2α 信号通路的作用结果相反,而 PERK/CHOP 的激活有助于细胞因子和精氨酸酶的分泌,两者都具有免疫抑制而不是免疫激活作用。肿瘤 MDSC 中 PERK 信号增强。PERK 缺失时,能够将 MDSC 转化为髓系细胞,从而激活 CD8⁺T 细胞介导的抗肿瘤免疫。同时,PERK 缺乏的肿瘤 MDSC 表现出 NF-E2 相关因子 2(NF-E2-related factor 2,NRF2)驱动的抗氧化能力降低和线粒体呼吸受损。此外,NRF2 信号减弱引起胞质线粒体 DNA 水平升高,从而促进干扰素基因刺激蛋白(stimulator of interferon genes,STING)依赖的抗肿瘤I型干扰素的表达。

（五）肿瘤血管生成

实体瘤中,在应激条件下,尤其是低氧环境中,癌细胞会采取多种方式维持能量平衡,包括:产生缺氧诱导因子(hypoxia-inducible factor,HIF)、发生 UPR 和进行细胞大自噬。血管生成是肿瘤细胞维持代谢平衡的重要机制,参与调节血管生成的因子主要有:成纤维细胞生长因子(fibroblast growth factor,FGF)、血小板衍生生长因子(platelet-derived growth factor,PDGF)、IL-8 和血管内皮生长因子(vascular endothelial growth factor,VEGF)等。低氧条件下,肿瘤细胞诱导 HIF 促进促血管生成因子(如 VEGF 和促红细胞生成素)的合成与表达。既往研究表明,HIF 与 UPR 协同作用能够调节 VEGF 水平和血管生成活性。然而,VEGF 的分泌容易被 ECM 隔离,因此需要巨噬细胞分泌的基质金属蛋白酶(matrix metalloproteinases,MMP)对 ECM 进行降解,ECM 降解后,VEGF 与血管内皮细胞上的 VEGF 受体结合,才能够发挥促血管生成的作用。

UPR 可以通过调节几种促血管生成因子的转录来促进血管生成。VEGF 在发生内质网应激的细胞中表达上调,从而促进快速生长的肿瘤存活。VEGF 的表达受 ATF4 和 VEGF 启动子结合的直接调控,这种机制不仅发生在肿瘤细胞中(如三阴性乳腺癌),同时也发生在内皮细胞中,其中 XBP1 的表达对血管生成至关重要,其可能是通过与 VEGF 的调节因子 HIF1α 的相互作用来实现的。PERK 与肿瘤中的血管生成有关,PERK⁺/⁺ 肿瘤组织显示内皮细胞微血管形成增加,而 PERK⁻/⁻ 肿瘤组织血管形成减少,VEGF 和I型胶原诱导蛋白(VEGF and type 1 collagen-inducible protein,VCIP)在这一过程中可能发挥重要作用。VCIP 参与 VEGF 和 bFGF 诱导的毛细血管生成,在缺氧条件下,细胞通过完全依赖于 PERK 的 5′端非编码区内部启动翻译调控的方式表达 VCIP,提示 PERK 通路在缺氧条件下肿瘤血管生成中发挥重要作用。Drogat 等人研究发现,UPR 中除了 PERK,IRE1α 信号通路同样能够影响肿瘤组织血管生成。在缺氧或低糖的情况下,IRE1α 的激活能够上调 VECF-A 在细胞中的表达水平。而 IRE1 基因的显性负效应突变小鼠,以及 IRE1α 基因敲除小鼠的肿瘤细胞则无法在缺氧或缺糖条件下触发 VEGF-A 的上调,提示 IRE1α 依赖的信号通路在应对组织缺氧时发挥重要作用,并且能够调控血管形成和肿瘤发展。除此之外,还有研究发现 VEGF 能够通过磷脂酶 C(phospholipase C,PLC)-γ 与哺乳动物雷帕霉素靶蛋白复合物 1(mammalian target of rapamycin complex 1,mTORC1)的相互作用直接激活 UPR 中的三种感受分子,而此时细胞中并没有内质网应激的发生。ATF6 和 PERK 的激活通过促进 mTORC2 介导的 AKT 磷酸化促进 VEGF 在内皮细胞中发挥功能,PLCγ、ATF6 或 eIF2α 的敲除显著抑制了 VEGF 诱导小鼠基质胶中的血管生成,表明细胞或许能够跳过内质网应激直接通过 UPR 调节血管生成。

第四节　非折叠蛋白反应的临床应用

在许多疾病中针对内质网应激和 UPR 的治疗已成为热点课题,包括:代谢性疾病、神经系统变性疾病、肿瘤等(图 1-5-4)。然而,由于该系统的适应性和动态平衡性,阻断 UPR 可能会导致许多意想不到的后果,应该谨慎对待,如:PERK、ATF6、IRE1α 或 XBP1 基因敲除小鼠的产前或新生期死亡率升高。尽管存在上述问题,有研究发现,一种小分子抑制剂可以变构调节 IRE1α 寡聚体(但不是二聚体)的 RNA 酶活性,从而使细胞在内质网应激的情况下存活,提示,对 UPR 信号分子精确调节可能会对疾病的预后产生积极作用。

一、代谢性疾病

脂肪组织炎症与肥胖和 2 型糖尿病等代谢性疾病的发生有关,维甲酸相关孤儿受体 α(retinoic acid-related orphan receptor α,RORα)参与了脂肪组织炎症反应的调节。ob/ob 小鼠的不同组织中均出现胰岛素抵抗和炎症反应,研究发现,在 ob/ob 小鼠模型中,炎症细胞因子(TNF-α、IL-6 和 MCP1),以及巨噬细胞特异性标志物 F4/80 的 mRNA 表达水平显著增加,且 RORα 的表达水平在肥胖小鼠附睾脂肪组织的成熟脂肪细胞中显著上调。研究者运用腺病毒介导 RORα 过表达或用 RORα 特异性激动剂 SR1078 处理小鼠后,发现小鼠体内细胞因子 TNF-α、IL-6 和单核细胞趋化蛋白-1(monocyte chemotactic protein 1,MCP-1)的 mRNA 表达水平显著升高,且脂肪组织中浸润的巨噬细胞数量增多。此外,RORα 影响细胞中的 UPR,对 SR1078 处理后的小鼠进行基因表达分析发现,UPR 相关基因 mRNA 表达上调、PERK 和 IRE1α 分子的磷酸化水平增强。当减轻小鼠的内质网应激反应时,RORα 诱导的肥胖小鼠炎症反应相应减弱。因此,研究 RORα 的表达、炎症反应和 UPR 信号之间的关系,可能对肥胖相关疾病的靶向治疗具有重要意义。

2 型糖尿病低密度脂蛋白受体缺陷(low-density lipoprotein receptor-deficient,Ldlr⁻/⁻)小鼠的特征是肥胖、胰岛素抵抗和肝脏脂肪变性。腺病毒转染的沉默信息调节因子 2 相关酶 1(silent mating type information regulation 2 homolog 1,SIRT1)在 Ldlr⁻/⁻ 小鼠和遗传性肥胖的 ob/ob 小鼠的肝脏中过度表达,可以减轻肝脏的脂肪变性,并改善全身胰岛素抵抗。研究发现,SIRT1 减轻脂肪变性和改善胰岛素抵抗的作用是通过降低 mTORC1 活性、抑制 UPR 和增强肝脏胰岛素受体信号转导，导致肝脏糖异生减少和糖耐量增高来完成的。此外，白藜芦醇以 SIRT1 依赖的方式降低衣霉素诱导的 XBP1 剪接，以及 GPR78 和 CHOP 的表达；衣霉素处理的 SIRT1 缺陷小鼠胚胎成纤维细胞显示 mTORC1 活性显著增强、内质网稳态和胰岛素信号转导受损，提示，在 2 型糖尿病中，SIRT1 充当 UPR 信号的负性调节剂，SIRT1 主要通过抑制 mTORC1 和内质网应激来减轻肝脂肪变性、改善胰岛素抵抗和恢复葡萄糖水平稳定。

另外，PBA 和牛磺熊去氧胆酸衍生物（taurine-conjugated ursodeoxycholic acid derivative，TUDCA）这些低分子量化合物可以通过稳定蛋白质构象，提高内质网的蛋白折叠能力，从而减轻糖尿病的症状。TUDCA 或 PBA 处理肝细胞可抑制 PERK/eIF2α 信号通路，以及 JNK 和 XBP1 的表达。在严重肥胖和胰岛素抵抗的瘦素缺乏 ob/ob 小鼠模型中，PBA 和 TUDCA 改善了小鼠体内的葡萄糖稳态，并降低了 PERK 和 IRE1α 磷酸化和 JNK 活性。临床上，PBA 给药能够部分阻止脂肪乳注射引起的胰岛素抵抗和 β 细胞功能障碍。

二、纤维化

博来霉素能够诱导小鼠的肺纤维化。气管内注射博来霉素 3 天后，小鼠肺内可见明显的间质水肿和炎症细胞的浸润；7 天后小鼠肺泡壁厚度增加、肺泡结构被破坏；14 天后出现肺纤维化。此外，注射博来霉素后的第 1 天和第 3 天，在小鼠肺内观察到气道和肺泡上皮细胞中 CHOP 蛋白的表达持续增加。为了研究 CHOP 对肺纤维化的影响，研究者将 Chop$^{-/-}$ 小鼠和 WT 小鼠分别注射博来霉素后发现，相较于 WT 小鼠，Chop$^{-/-}$ 小鼠肺内胶原沉积和肺泡结构破坏明显减轻，BALF 中总蛋白浓度、白细胞总数、IL-1β，以及 caspase-11 的 mRNA 表达水平降低，提示，CHOP 对于肺纤维化的发生发展具有重要作用。TUDCA 可以抑制细胞中的 CHOP 蛋白，TUDCA 处理的肺纤维化小鼠肺纤维化程度明显减轻，且 CHOP、IL-1β 和 caspase-11 的 mRNA 表达降低。因此，运用 TUDCA 抑制 CHOP 表达可能是临床上一种预防肺纤维化的有效策略。

PBA 影响肾脏的纤维化。在大鼠 UUO 模型中，4-PBA 模拟大鼠肾脏内源性内质网伴侣，显著降低了 UUO 大鼠肾脏中 GPR78、CHOP、ATF4 和磷酸化 JNK 蛋白水平，并减轻 UUO 大鼠肾脏组织中 α-SMA、CTGF 蛋白的表达，以及肾小管间质纤维化和细胞凋亡。此外，PBA 对于 TGF-β 诱导的肾小管上皮细胞内质网应激相关分子、促纤维化因子和凋亡标志物的表达具有拮抗作用。因此，PBA 作为内质网伴侣可以改善内质网应激诱导的肾小管细胞凋亡和肾纤维化。

内质网应激参与肝纤维化的形成。研究者利用 αSMA 启动子驱动过表达 HSC 中的 Bip 蛋白有效地减少了 CCL$_4$ 或衣霉素诱导的肝纤维化形成。尽管这种方式还未运用到临床治疗中，但这项研究表明，靶向 HSC 中的 UPR 信号可能与靶向肝细胞中的 UPR 信号一样重要。抗纤维化治疗的另一种方式是 UPR 诱导的 HSC 凋亡。这一方法要求药物专门针对激活的 HSC 进行调节，而对肝细胞几乎没有影响，因此较为困难。Wang 等人发现，抗癌药物依托泊苷能够抑制 LX-2 细胞的增殖，并导致高水平的细胞凋亡。用依托泊苷处理后的细胞中内质网应激标志物 CHOP、Bip、caspase-12、p-eIF2α 和 IRE1α 的表达升高；依托泊苷对于 LX-2 细胞的抑制作用主要是通过内质网应激激活的 JNK 信号通路。

三、肿瘤

由于 UPR 不仅可以促进生物适应性生存，还可能导致中毒性死亡，因此 UPR 在肿瘤治疗方面的运用越来越受到人们的关注，开发能够触发严重内质网应激诱导细胞死亡或抑制保护性细胞存活的 UPR 靶向化合物可能成为肿瘤治疗的潜在策略与方法。

PERK 被认为是抗肿瘤治疗的一个重要靶点。在内质网应激情况下，PERK 的激活可以磷酸化 eIF2α。磷酸化的 eIF2α 阻止蛋白质进入内质网中、减少 mRNA 的翻译和蛋白质的合成。PERK-eIF2α 的激活增加了体内 ATF4 的表达水平，ATF4 通过控制氨基酸的生物合成和运输，以及抗氧化应激反应来促进细胞生存。PERK-eIF2α-ATF4 信号通路与肿瘤生长和耐药有关。UPR 的 PERK-eIF2α-ATF4 通路增加了肿瘤细胞对低氧应激的耐受性，并介导肿瘤细胞中 VEGF-A 转录的上调。最近，有报道称 PERK 基因缺陷的细胞对于内质网应激非常敏感，而减弱 PERK 的表达能够抑制体内对辐射具有抵抗力的癌细胞。GSK2606414 是一种 PERK 抑制剂，它选择性地与 PERK 的激酶结构域结合，并使其激酶结构域处于非活性构象。GSK2606414 已经被证明在体内能够抑制胰腺癌的肿瘤生长。此外，GSK2656157 是 GSK2606414 的优化版本，具有良好的药代动力学，并可以口服通过血脑屏障。GSK2656157 抑制 PERK 的自动磷酸化，调节氨基酸代谢、血液灌注和血管密度，从而防止体内肿瘤的生长。

大量研究表明，IRE1α-XBP1 信号通路影响肿瘤的进展。在多种癌症（如乳腺癌、肝癌）中可以观察到 XBP1 的表达上调。XBP1 缺陷的肿瘤细胞在内质网应激或缺氧条件下表现出高敏感性。异种移植模型中，IRE1α 的显性负变异体结构或 XBP1 的表达水平降低可抑制肿瘤发生过程中的血管生成和肿瘤细胞的生长。此外，通过下调某些参与 UPR 的基因抑制 IRE1α-XBP1 通路可以促进细胞凋亡，并在 XBP1 缺陷的细胞中产生 ROS。Sheng 等人发现，IRE1α 核糖核酸酶特异性抑制剂 MKC8866 在多种临床前癌症模型中抑制前列腺癌细胞的生长，并表现出与现有前列腺癌药物的协同作用。c-Myc 信号是前列腺癌中活性最高的致癌信号之一，而 IRE1α-XBP1 通路的激活是 c-Myc 活化所必需的。此外，XBP1 特异性基因表达与前列腺癌的预后密切相关。在结肠癌的发展过程中，IRE1α 同样发挥重要作用。IRE1α 基因敲除可抑制体外结肠癌细胞的增殖和体内异种移植瘤的生长。此外，IRE1α 的表达缺陷降低了结肠癌干细胞的干性和肠道类器官的生长。IRE1α 基因消融小鼠的结肠炎相关结肠癌的发生率显著降低。

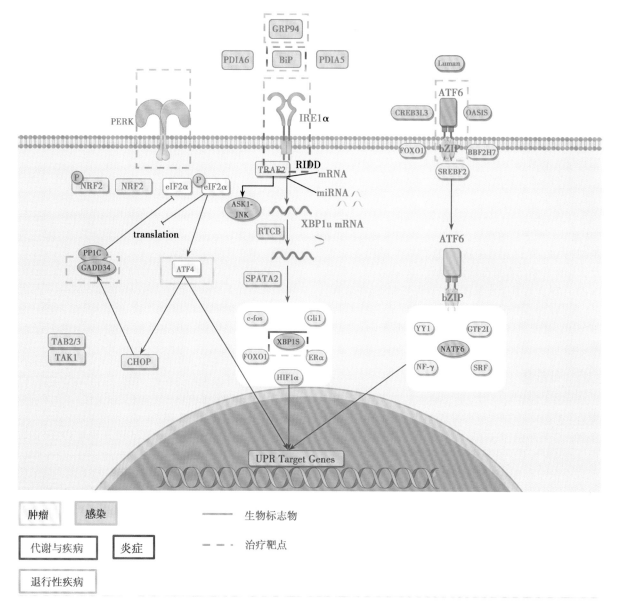

图 1-5-4　UPR 相关疾病生物标志物和治疗靶点

ATF6 已被证明是处于休眠状态的鳞癌细胞中一个重要的标志物。ATF6 可以诱导 RHEB 的表达,RHEB 激活 mTOR 信号转导通路,对处于休眠状态的癌细胞产生治疗抗性,提示针对 ATF6 的靶向治疗可能成为新的鳞癌治疗策略之一。

除此之外,一项临床研究发现,多囊卵巢综合征患者体内内质网应激的水平增高,当使用虾青素对患者进行治疗时,患者卵巢颗粒细胞中内质网应激相关分子的 mRNA 及蛋白水平明显降低,同时使用虾青素后,患者体内高质量卵母细胞、高质量胚胎和卵母细胞成熟率均高于未治疗患者,提示内质网应激能够影响多囊卵巢综合征患者的疾病进展。

（沈娱汀　陈丽华）

参考文献

[1] Borgese N, Francolini M, Snapp E. Endoplasmic reticulum architecture: structures in flux. Current opinion in cell biology, 2006, 18 (4): 358-364.

[2] Namgaladze D, Khodzhaeva V, Brune B. ER-Mitochondria Communication in Cells of the Innate Immune System. Cells, 2019, 8 (9): 1088.

[3] Almanza A, Carlesso A, Chintha C, et al. Endoplasmic reticulum stress signalling-from basic mechanisms to clinical applications. The FEBS journal, 2019, 286 (2): 241-278.

[4] Fregno I, Molinari M. Proteasomal and lysosomal clearance of faulty secretory proteins: ER-associated degradation (ERAD) and ER-to-lysosome-associated degradation (ERLAD) pathways. Critical reviews in biochemistry and molecular biology, 2019, 54 (2): 153-163.

［5］ Celik C,Lee SYT,Yap WS,et al. Endoplasmic reticulum stress and lipids in health and diseases. Progress in lipid research, 2023,89:101198.

［6］ Wang M,Law ME,Castellano RK,et al. The unfolded protein response as a target for anticancer therapeutics. Critical reviews in oncology/hematology,2018,127:66-79.

［7］ Hsu SK,Chiu CC,Dahms HU,et al. Unfolded Protein Response (UPR)in Survival,Dormancy,Immunosuppression,Metastasis, and Treatments of Cancer Cells. International journal of molecular sciences,2019,20(10):2518.

［8］ Kemp K,Poe C. Stressed:The Unfolded Protein Response in T Cell Development,Activation,and Function. International journal of molecular sciences,2019,20(7):1792.

［9］ Zhou Y,Lee J,Reno CM,et al. Regulation of glucose homeostasis through a XBP-1-FoxO1 interaction. Nature medicine,2011,17 (3):356-365.

［10］ Maiers JL,Malhi H. Endoplasmic Reticulum Stress in Metabolic Liver Diseases and Hepatic Fibrosis. Seminars in liver disease, 2019,39(2):235-248.

［11］ Ajoolabady A,Kaplowitz N,Lebeaupin C,et al. Endoplasmic reticulum stress in liver diseases. Hepatology,2023,77(2): 619-639.

［12］ Kim RS,Hasegawa D,Goossens N,et al. The XBP1 Arm of the Unfolded Protein Response Induces Fibrogenic Activity in Hepatic Stellate Cells Through Autophagy. Scientific reports, 2016,6:39342.

［13］ Maiers JL,Kostallari E,Mushref M,et al. The unfolded protein response mediates fibrogenesis and collagen I secretion through regulating TANGO1 in mice. Hepatology,2017,65(3):983-998.

［14］ Mora AL,Rojas M,Pardo A,et al. Emerging therapies for idiopathic pulmonary fibrosis,a progressive age-related disease. Nature reviews Drug discovery,2017,16(11):755-772.

［15］ Burman A,Tanjore H,Blackwell TS. Endoplasmic reticulum stress in pulmonary fibrosis. Matrix biology,2018,68-69: 355-365.

［16］ Hsu HS,Liu CC,Lin JH,et al. Involvement of ER stress, PI3K/AKT activation,and lung fibroblast proliferation in bleomycin-induced pulmonary fibrosis. Scientific reports,2017,7 (1):14272.

［17］ Wang J,Xu L,Xiang Z,et al. Microcystin-LR ameliorates pulmonary fibrosis via modulating CD206(+)M2-like macrophage polarization. Cell death & disease,2020,11(2): 136.

［18］ Gomez-Sierra T,Jimenez-Uribe AP,Ortega-Lozano AJ,et al. Antioxidants affect endoplasmic reticulum stress-related diseases. Vitamins and hormones,2023,121:169-196.

［19］ Papaioannou A,Chevet E. Driving Cancer Tumorigenesis and Metastasis Through UPR Signaling. Current topics in microbiology and immunology,2018,414:159-192.

［20］ Habshi T,Shelke V,Kale A,et al. Role of endoplasmic reticulum stress and autophagy in the transition from acute kidney injury to chronic kidney disease. Journal of cellular physiology,2023,238 (1):82-93.

［21］ Cubillos-Ruiz JR,Bettigole SE,Glimcher LH. Tumorigenic and Immunosuppressive Effects of Endoplasmic Reticulum Stress in Cancer. Cell,2017,168(4):692-706.

［22］ Fernandez-Alfara M,Sibilio A,Martin J,et al. Antitumor T cell function requires CPEB4-mediated adaptation to chronic endoplasmic reticulum stress. Embo journal,2023,42(9): e111494.

［23］ Qian Y,Wong CC,Xu J,et al. Sodium Channel Subunit SCNN1B Suppresses Gastric Cancer Growth and Metastasis via GRP78 Degradation. Cancer research,2017,77(8):1968-1982.

［24］ Kwon J,Kim J,Kim KI. Crosstalk between endoplasmic reticulum stress response and autophagy in human diseases. Animal cells and systems,2023,27(1):29-37.

［25］ Sicari D,Fantuz M,Bellazzo A,et al. Mutant p53 improves cancer cells' resistance to endoplasmic reticulum stress by sustaining activation of the UPR regulator ATF6. Oncogene,2019,38(34): 6184-6195.

［26］ Zeng P,Sun S,Li R,et al. HER2 Upregulates ATF4 to Promote Cell Migration via Activation of ZEB1 and Downregulation of E-Cadherin. International journal of molecular sciences,2019,20 (9):2223.

［27］ Mohamed E,Cao Y,Rodriguez PC. Endoplasmic reticulum stress regulates tumor growth and anti-tumor immunity:a promising opportunity for cancer immunotherapy. Cancer immunology immunotherapy,2017,66(8):1069-1078.

［28］ Wang H,Mi K. Emerging roles of endoplasmic reticulum stress in the cellular plasticity of cancer cells. Frontiers in oncology,2023, 13:1110881.

［29］ Vanacker H,Vetters J,Moudombi L,et al. Emerging Role of the Unfolded Protein Response in Tumor Immunosurveillance. Trends in cancer,2017,3(7):491-505.

［30］ Song M,Sandoval TA,Chae CS,et al. IRE1alpha-XBP1 controls T cell function in ovarian cancer by regulating mitochondrial activity. Nature,2018,562(7727):423-428.

［31］ Bonsignore G,Martinotti S,Ranzato E. Endoplasmic Reticulum Stress and Cancer:Could Unfolded Protein Response Be a Druggable Target for Cancer Therapy? International journal of molecular sciences,2023,24(2):1566.

［32］ Mohamed E,Sierra RA,Trillo-Tinoco J,et al. The Unfolded Protein Response Mediator PERK Governs Myeloid Cell-Driven Immunosuppression in Tumors through Inhibition of STING Signaling. Immunity,2020,52(4):668-682.

［33］ Sheng X,Nenseth HZ,Qu S,et al. IRE1alpha-XBP1s pathway promotes prostate cancer by activating c-MYC signaling. Nature communications,2019,10(1):323.

［34］ Jabarpour M,Aleyasin A,Nashtaei MS,et al. Astaxanthin treatment ameliorates ER stress in polycystic ovary syndrome patients:a randomized clinical trial. Scientific reports,2023,13 (1):3376.

[35] Koike H,Harada M,Kusamoto A,et al. Roles of endoplasmic reticulum stress in the pathophysiology of polycystic ovary syndrome. Frontiers in Endocrinology,2023,14:1124405.

[36] Szymanski J,Janikiewicz J,Michalska B,et al. Interaction of Mitochondria with the Endoplasmic Reticulum and Plasma Membrane in Calcium Homeostasis,Lipid Trafficking and Mitochondrial Structure. International journal of molecular sciences,2017,18(7):1576.

第六章 细胞外囊泡

提要：从原核生物到真核生物，所有细胞都能释放各种类型的膜包被的囊泡，统称为细胞外囊泡（extracellular vesicle, EV），用于细胞与细胞和细胞与环境间的交流。根据 EV 的细胞来源、形态及内容物的不同，可将其分为外泌体、微囊泡和凋亡小体三大类。由于 EV 具有细胞信息传递功能和药物开发价值，这大大推动了人们对 EV 的理论与应用研究。本章将分 5 节分别介绍细胞外囊泡的发现与分类，外泌体、微囊泡、凋亡小体的形成释放机制、生物学功能，以及外泌体在临床实践中应用的现状与展望。

细胞外囊泡是自然界中细胞生命活动的产物，是一种包裹核酸、蛋白、脂类等分子的纳米级磷脂双分子层颗粒。细胞外囊泡的发现和研究拓展了人们对细胞器的认识视野。近年来，越来越多的研究证实细菌可以分泌 EV 作为抗生素和噬菌体的"诱饵"，从而发挥防御功能；此外，EV 还在传递毒力因子、细胞间通信、介导基因水平转移、营养和电子传递、促进生物膜的形成中发挥重要作用。

第一节 细胞外囊泡的发现与分类

一、细胞外囊泡的发现

体内几乎所有的细胞在生理和病理条件下均可以释放 EV，体外培养的细胞在静息状态或者受到特定刺激时也会释放 EV。EV 可以从血液、尿液、唾液、羊水、乳汁、关节液、脑脊液、精液及恶性腹水等多种体液和体外细胞培养液中分离获取。EV 中包含母细胞相关的蛋白质（如细胞表面受体、信号通路分子及细胞黏附分子等）、脂类（鞘磷脂、胆固醇、磷脂酰丝氨酸和神经酰胺等）、核苷酸（DNA、mRNA、miRNA 及其他非编码 RNA 等）和糖等多种生物活性物质，通过靶细胞内化、受体-配体间相互作用或脂质膜融合等多种方式，广泛参与细胞之间的信息传递，对维持各种生理过

程至关重要，如免疫监视、凝血、干细胞维护、组织修复等。

在传染病和炎症、神经系统疾病和癌症等多种病理过程中，EV 也参与其中并可以作为监测疾病进展和治疗反应等的标记物，同时由于它们具有递送生物活性物质的功能，且具有良好的细胞相容性，可开发成为新的药物载体。这些 EV 的存在为多方位、多角度揭示疾病发生、发展机制提供了丰富的生物学信息，有望成为生物医学研究和应用开发的技术平台。近年来研究发现，EV 在组织损伤修复及细胞再生领域也具有巨大的研究价值。如间充质干细胞（mesenchymal stem cell, MSC）来源的 EV 具有与 MSC 相似的生物学效应，如减少细胞凋亡、减轻炎症反应、促进血管生成、抑制纤维化、提高组织修复潜力等，而且易提取、改造，与干细胞移植相比，其致瘤风险较低，在损伤修复的生物学治疗中具有广阔的应用前景。

二、细胞外囊泡分类

根据 EV 的细胞来源、形态大小及其内容物的不同，可将其分为外泌体、微囊泡和凋亡小体三大类。三类 EV 的形成释放机制和方式不同：外泌体起源于内涵体并最终通过多囊泡体或直接途径释放；微囊泡通过细胞膜"出芽"方式释放；而凋亡小体则由细胞凋亡裂解后释放。三类 EV 的主要特征及形成释放机制见表 1-6-1 及图 1-6-1。

表 1-6-1 细胞外小体的分类及主要特征

分类	外泌体	微囊泡	凋亡小体
大小	40~100nm	100~1 000nm	1 000~4 000nm
起源	内涵体	细胞质膜	细胞质膜
形成机制	管腔内囊泡（ILV），多囊泡体（MVB）	磷脂酰丝氨酸外化，Ca^{2+} 依赖性	凋亡相关通路
释放方式	MVB 与质膜融合释放，ILV 直接释放	细胞膜出芽	细胞裂解
表面标记	Alix/CD9/CD63/CD81/TSG101	CD11a/CD11b/CD66b、CD14/CD20/CD41a/CD42a、CD61/CD62b/CD235a/CD51、CD105/CD114/CD146/CD62	Annexin V/Tsp/C3b
内含物	脂质/蛋白质/mRNA	脂质/蛋白质/mRNA	脂质/蛋白质/mRNA

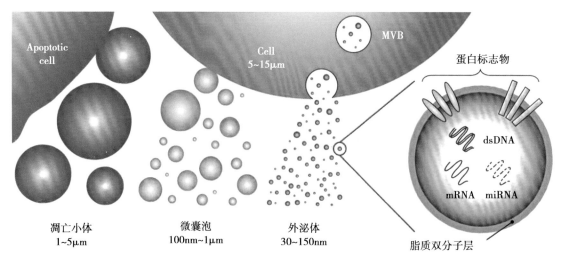

图 1-6-1 三种细胞外囊泡

第二节 外泌体

外泌体(exosomes)是细胞外囊泡的一种,由细胞分泌的直径 40~100nm 的小囊泡,具有双层脂质结构。1983年,人们在研究大鼠网织红细胞时发现了这种小囊泡,1987年,Johnstone 等将这种小囊泡正式定义为"exosomes",即外泌体。随后的研究中,人们在大多数活体内细胞、各种人体体液和多种体外培养的细胞中都发现了外泌体的存在。

最初,外泌体只被认为是细胞处理废物的一种方式,直到 2007 年 Valadi 等在外泌体中首次发现 miRNA 和 mRNA 等遗传物质,其潜在的功能性研究随之大量展开。进一步的研究表明,外泌体可作为信号分子的载体,介导细胞间通信和大分子的传递,促进蛋白质、脂质、mRNA、miRNA 转运,并影响疾病的发展,将参与生理和病理过程的信号分子传递到受体细胞。外泌体不是细胞合成的单纯聚合物,而是由细胞"胞吐"而来,耐受性更好,同时也可以作为药物的有效载体。

由于外泌体广泛存在于体液中,不仅容易获取,而且携带了其来源细胞内的特异性物质,使其在科研及临床方面具有潜在用途。近年来大量文献报道干细胞来源的外泌体在损伤组织修复及再生方面发挥重要作用,尤其是 MSC 来源的外泌体内所包含的蛋白或 RNA 成分与受损细胞进行信息交流,可以对靶细胞进行生物学功能调控,因此 MSC 来源的外泌体在损伤组织与再生方面的作用也成为研究热点。

一、外泌体的形成释放过程及其成分

(一)外泌体的形成与释放

细胞膜内陷形成早期内涵体,内涵体的界膜多处凹陷,向内出芽形成管腔内囊泡(intraluminal vesicle,ILV),ILV 为亚细胞双层膜结构,其膜结构中富含鞘磷脂、胆固醇和神经酰胺等成分,同时含有少量脂筏等,而 ILV 形成时将一些特定的胞质蛋白质、miRNA 及 mRNA,甚至一些小的可溶性生物因子,如趋化因子、生长因子、转录因子、细胞因子等纳入其中,形成直径 40~100nm 的封闭空间。

细胞通过两种途径释放外泌体。

1. 经典途径 ILV 可进一步转变为具有动态亚细胞结构的多囊体(multi-vesicle body,MVB),MVB 是真核细胞重要的蛋白运输与分拣中心,并与信号转导、细胞质分裂、基因沉默、自噬、病毒出芽等过程密切相关。MVB 可通过两种机制产生:即内吞体分选转运复合体机制(endosomal sorting comples required for transport,ESCRT)和非依赖 ESCRT 机制。ESCRT 机制由一组胞质蛋白复合物发挥作用,其能识别泛素化修饰的膜蛋白。泛素标记物被第 1 个 ESCRT 复合物 ESCRT-0 识别,ESCRT-0 富集到内体膜并将泛素化的物质传递给 ESCRT-I 和 ESCRT-II,ESCRT-I 中的 Tsg101 识别二硫键诱导内体膜凹陷,再通过 ESCRT-III 剪切芽颈,形成 MVB。但在无 ESCRT 的情况下,MVB 可通过其丰富的四跨膜蛋白 CD63,也可通过神经酰胺诱导细胞膜出芽促进 MVB 的形成。MVB 可与细胞膜融合并将 ILV 释放到细胞外即为外泌体。

2. 直接途径 ILV 直接由细胞膜通过"胞吐"作用释放到细胞外,而不与其他外泌体混合或者通过 MVB 途径。外泌体的生成是一个连续性的过程,某些类型的细胞如血小板经活化刺激后可增加外泌体的释放,其他因素如自由基压力、UV 放射、膜胆固醇含量降低及胞内钙离子水平升高等也能增加外泌体的含量。

(二)外泌体的成分

不同细胞来源的外泌体表面携带有相似的保守蛋白,如 CD9、CD63、CD81、Alix、Tsg101 等,其内部则分别含有与其来源细胞相关的特异性生物学物质。这些物质不仅能反映其来源细胞类型(如成熟网织红细胞来源的外泌体含有大量转铁蛋白受体,而淋巴细胞或树突状细胞来源的外泌体中则含量较少),更重要的是,还与其来源细胞的生理功能或病理改变密切相关(如肿瘤细胞来源的外泌体既含有肿瘤抗原又含有肿瘤特异性 miRNA)。

二、外泌体的生物学特性及功能

(一)外泌体的生物学特性

外泌体由来源细胞释放入外环境后,距离较近的可由

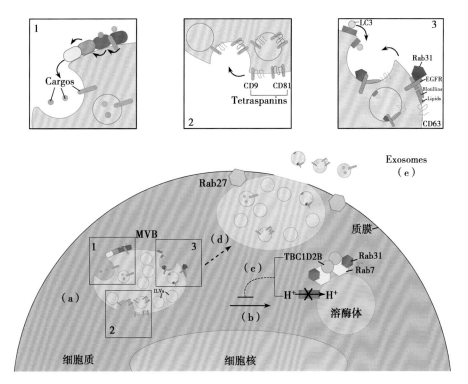

图 1-6-2 外泌体的生物发生过程

图 1-6-3 外泌体的生物学功能

近分泌途径直接被受体细胞吸收,距离稍远的可由旁分泌途径被吸收,还有部分外泌体进入体循环,作用于全身各个系统由内分泌途径被吸收。外泌体进入靶细胞的途径可以有两种:一是通过靶细胞吞作用被摄入到细胞内;二是通过膜融合的方式与靶细胞膜融合,进而直接释放其中含有的物质及信息到目的细胞。

源细胞分泌含有细胞特异性 RNA 的外泌体作用于靶细胞后,可诱导其表型重组而获得组织特征性的表型;而靶细胞分泌的外泌体内载有的 mRNA 可在源细胞内翻译出相应的蛋白质,载有的 miRNA 可通过降解源细胞内的 mRNA 或抑制 mRNA 翻译来调控目的蛋白的表达,从而调控源细胞的病理和生理过程,因此细胞间的信息交流是双向的。现已被识别的外泌体蛋白包括:4次跨膜蛋白(CD9、CD63、CD81、CD82)、热休克蛋白(HSP70、HSP90)、脂质相关蛋白和磷脂酶,以及与外泌体来源相关的细胞特异性蛋白。这些蛋白在帮助外泌体进出细胞的过程中发挥重要作用,同时因为这些蛋白的保守性,也将其作为表面标记来鉴定体外分离得到的外泌体。

(二)外泌体的功能

来源于不同细胞的外泌体在不同的生理、病理阶段具有不同的功能。

正常细胞来源的外泌体能改变受损细胞表型及功能,而病变细胞来源的外泌体也能向正常细胞传递有害的生物信息。越来越多的研究证明外泌体参与机体的各种生理或病理过程,如抗原呈递、免疫反应、肿瘤转移、蛋白清除、基因交换等。外泌体不仅可以反映来源细胞的内容物,还可体现来源细胞的生理病理状态,因而利用外泌体作为生物标记物不仅来源易得、检测方便、变化较早、伤害较小,且由于外泌体膜与来源细胞的细胞膜具有同源性,故利用细胞膜上大量富集的蛋白进行免疫分选能提高诊断率。

此外,外泌体还具有作为药物载体的巨大潜力。理想的药物载体需要能逃避宿主免疫系统,被靶细胞特异性吸收,具有足够时长的循环半衰期,无毒性,且能加载多种不同的药物。因此外泌体作为一种天然的脂质体,被认为较目前广泛使用的人工合成脂质体具有更多优势。

三、外泌体的分离与提取方法

外泌体的分离方法包括差速离心法、ExoQuick 外泌体快速提取试剂盒法、免疫亲和沉降法、蔗糖密度梯度-超速离心法和微流体分离法等。其中差速离心法是最常用的外泌体分离方法,即通过较低的离心速度从培养基中分离出颗粒较大的物质,然后外泌体、小胞外囊泡及蛋白质再以非常高的速度(100 000×g)离心产生沉淀。因此,差速离心只能富集而不能纯化外泌体。富集的外泌体、小胞外囊泡及蛋白质通过生物化学、质谱或电子显微镜等相关技术进行物理、化学及生物表征,从而得到进一步鉴定。然而离心后沉淀物中细胞外囊泡和外泌体等难以进行鉴定分析。常见外泌体分离方法的优缺点见表 1-6-2。

表 1-6-2 常见外泌体分离方法的优缺点

分离方法	优点	缺点
超速离心法	经典常用的方法、浓度高、适合大样本量	费时、费力,需要超速离心设备,高速离心会破坏外泌体
密度梯度离心法	高纯度提取分离方法、适合大多数样本中外泌体的提取	费时、费力,需要超速离心设备,高速离心会破坏外泌体
超滤法	操作简便、快捷,回收率高	滤膜容易破坏或堵塞,外泌体易附着在膜上而导致其损伤
亲和层析法	特性高、纯度高	成本高,产量低,仅适用于无细胞样品
沉淀法	操作简便,不需要专业设备,可以扩大样本容量	杂蛋白比较多,外泌体的形态参差不齐,试剂昂贵

通常,对于普通细胞器(如高尔基体和线粒体等)而言,可以利用其特异性生物标记物进行鉴定。外泌体不是静态细胞器,其经历了内体、ILV 和 MVB 一系列连续成熟的过程,在此过程中不断获取并失去不同的蛋白质,因此外泌体不会有一个特异性标记物。但外泌体会表达一些4次跨膜蛋白(CD63、CD81 和 CD9),其中 CD63 可以用作目前研究外泌体的标记物,如在研究非依赖性 ESCRT 的 MVB 的形成时需要 CD63。在许多研究中,Tsg101 也被用作外泌体的标记物,用于研究 ESCRT 依赖性外泌体的形成。

四、外泌体在组织损伤修复与再生中的作用

干细胞在组织修复与再生方面具有广阔的应用前景,已被广泛应用于转化医学领域。同时,干细胞移植始终存在一定的潜在风险,如移植细胞可能引起血管栓塞、干细胞遗传物质变异、促进肿瘤转移和致瘤致畸等问题。近年来的研究表明,干细胞所发挥的组织修复与再生功能在很大程度上是由其旁分泌作用实现的,而不是其在损伤部位的增殖和分化。而外泌体是其中一种重要的旁分泌因子,越来越多的证据表明,其在干细胞修复损伤组织和组织再生方面起到了关键作用。

(一)外泌体在皮肤损伤修复中的作用

皮肤瘢痕形成和经久不愈是皮肤损伤治疗过程中最主要的难题。而脐带间充质干细胞(umbilical cord mesenchymal stem cell, UC-MSC)来源的外泌体(hucMSC-Exo)内含的 Wnt4 可以提高 β-连环链蛋白的转位和活力,从而促进皮肤细胞的增殖、迁移和血管新生。hucMSC-Exo 在皮肤缺损小鼠模型中可减少瘢痕形成和肌成纤维细胞的积累。这些功能主要是依赖于 hucMSC-Exo 包含的 miRNA,通过高通量 RNA 测序和功能分析,证明了 hucMSC-Exo 富含一组 miRNA(miR-21、miR-23a、miR-125b 和 miR-145),通过抑制 TGF-β2/SMAD2 信号通路抑制 α-平滑肌肌动蛋白和胶原过量沉积,从而抑制肌成纤维细胞的形成,进而阻止了瘢痕的形成。

脂肪MSC来源的外泌体（ASCs-Exo）能够以剂量依赖性方式刺激成纤维细胞的增殖、迁移和胶原蛋白合成，并促进细胞周期蛋白1、N-钙黏蛋白、I型胶原、Ⅲ型胶原和增殖细胞核抗原的表达，从而促进皮肤伤口的愈合。ASCs-Exo还通过传输miR-125a到内皮细胞，抑制Notch配体DLL4的表达，促进血管内皮尖端细胞的形成，调节内皮细胞血管生成。

（二）外泌体对心肌缺血再灌注损伤的保护作用

MSC来源的外泌体（MSC-Exo）能够减轻心肌缺血再灌注（I/R）损伤。在I/R模型，再灌注前5分钟静脉注入MSC-Exo可以使梗死面积减少45%，其减少程度与注入的量呈正相关。该保护效应由MSC-Exo与心肌细胞直接相互作用所获得，并且需MSC-Exo保持完整性。不仅如此，MSC-Exo对I/R心脏具有后续保护作用。在瘢痕成熟过程中，MSC-Exo能够降低梗死部位厚度变薄程度。MSC-Exo不间断治疗至28天，左心室的功能和结构可恢复至与基准线值没有差别，舒张末期容积和收缩末期容积也在正常值范围内。左心室的收缩能力、舒张能力和射血分数比阴性对照组显著提高。

因此MSC-Exo不仅能够减少心肌梗死面积，也能够长期保护心脏功能和减少心脏不良重塑。对比MSC-Exo和I/R心肌的蛋白质发现，MSC-Exo的治疗机制可能是通过蛋白互补实现的。MSC-Exo将糖酵解酶和具有抗氧化作用的还原酶及谷胱甘肽硫转移酶转运到I/R心肌，使心肌细胞产生更多的ATP并减少氧化应激，从而减少细胞的死亡数量。同时MSC-Exo表达的CD73将AMP水解为腺苷，腺苷与其受体结合后激活AKT和ERK1/2等再灌注损伤补救激酶（RISC）信号通路，这些激酶通过诱导生存信号和包围促凋亡蛋白的方式减少细胞凋亡。

（三）外泌体可促进骨损伤修复及软骨组织再生

目前临床上可供选择的骨缺损修复替代材料种类繁多，但仍存在成活率低、稳定性差及免疫排斥反应等问题，因此急需研发新的无副作用的修复材料及再生疗法。研究表明，外泌体可以通过激活人类iPSC来源MSC（hiPS-MSC）的PI3K/AKT信号通路增强β-磷酸三钙（β-TCP）的骨诱导活性，外泌体+β-磷酸三钙组合支架比单纯β-磷酸三钙具有更好的成骨活性，可增强实验动物血管生成和骨形成能力，促进骨缺损部位的骨再生，提示外泌体可以作为生物材料的活性因子来提高材料的生物活性。

外泌体产生水平较低的小鼠与野生型小鼠相比，股骨骨折后的愈合明显延缓，而向这些小鼠体内注射MSC来源的外泌体可加速形成肥大软骨细胞，并促进血管化，从而加快骨折愈合。同时，向野生型小鼠体内注射MSC来源的外泌体，骨折愈合的时间也明显缩短。进一步的研究提示，外泌体发挥增强成骨和血管生成作用可能与其携带的miRNA如miR-21、miR-4532、miR-125b-5p、miR-338-3p等有关。

由于关节软骨几乎不具备先天自愈能力，且软骨再生通常又需要相对较长的时间，因此关节软骨缺损一直是临床治疗中的一大挑战。过表达miR-140-5p的滑膜MSC来源的外泌体（SMSC-140-Exo）可增强软骨组织再生。具体机制为SMSC-Exo携带的Wnt5a和Wnt5b通过Wnt信号通路，增强软骨细胞的增殖和迁移，激活Yes相关蛋白（YAP）。

（四）外泌体在肝脏损伤修复方面的作用

人iPSC衍生的间充质基质细胞产生的外泌体（hiPSC-MSC-Exo）可以通过抑制细胞凋亡、抑制炎症反应、减轻氧化应激反应，从而减轻肝脏缺血再灌注损伤。而人UC-MSC来源的外泌体（hucMSC-Exo）可以有效减少由四氯化碳诱导的肝衰竭小鼠的死亡，促进肝氧化损伤的恢复。进一步探究发现是hucMSC-Exo携带的谷胱甘肽过氧化物酶1（GPX1），具有解毒、减少氧化应激和凋亡的作用。在对乙酰氨基酚和过氧化氢诱导的肝损伤模型中，骨髓间充质干细胞来源的外泌体（BM-MSC-Exo）能提高细胞增殖相关蛋白的表达，抑制对乙酰氨基酚和过氧化氢诱导的肝细胞凋亡，上调抗细胞凋亡蛋白的表达，从而保护毒物引起的肝损伤。

（五）外泌体在脑损伤修复和神经再生方面的作用

MSC来源的外泌体对脑损伤组织具有修复作用，可以促进神经轴突的生长。弱化外泌体中argonaut2（初级miRNA复合体中的一个蛋白）的表达可以阻断这种促进作用。神经元体和轴突都会摄取MSC来源的外泌体，而肉毒神经毒素（BoNTs）可以通过影响可溶性N-乙基马来酰亚胺敏感因子附着蛋白受体（SNARE）复合体来阻断这一过程。

另外，提高miR-17-92基因簇水平MSC来源的外泌体，可以激活神经元内PTEN/mTOR信号通路，其对轴突的促进作用明显强于原始MSC来源的外泌体。在脊髓损伤后全身给予MSC来源的外泌体可以显著减小病变范围并促进受损区域功能恢复。另外，MSC来源的外泌体治疗减轻了受损脊髓的细胞凋亡和炎症。探究其内在机制发现，促炎症细胞因子（肿瘤坏死因子α和白介素-1β）和促细胞凋亡蛋白（Bax）的表达水平在MSC来源的外泌体处理后显著降低，而抗炎因子（IL-10）和抗细胞凋亡蛋白（Bcl-2）的表达水平上调。并且，MSC来源的外泌体还表现出显著的促进血管生成作用。另有研究发现，脂肪MSC及其外泌体的联合治疗可减少大鼠急性缺血性卒中的梗死面积，促进神经功能恢复。

五、外泌体在细胞治疗应用中面临的问题及前景展望

尽管大量的实验研究数据都证明了外泌体在各种组织损伤修复及再生中起到了积极和关键的作用，但其真正应用于细胞治疗的临床实践仍面临着诸多问题，如各种生物体液中外泌体的提取量不足，应用体外培养细胞产生的外泌体受到培养介质、细胞传代衰减和生物污染等诸多因素干扰而影响了外泌体的效力，现有常用的外泌体提取方法不能保证外泌体的纯度和均一性，外泌体的储存条件和储存介质可能导致其效力下降和清除困难等。此外，外泌体作为生物治疗制剂的安全性还有待于进一步的研究考证。

当然,现阶段科研人员已经针对这些问题进行了积极的探索,比如寻找更有效的产生外泌体的干细胞来源,应用理化及生物刺激得到更多产量的外泌体,研究新的更加可靠的提纯和分类鉴定各种外泌体亚类的方法,对外泌体进行有效的修饰以提高其应用效力等。总而言之,目前外泌体在医学领域的研究还处于起步阶段,各种功能及作用机制尚未完全了解,但相信未来随着研究的深入进行,以及新方法新技术的开发和突破,外泌体在细胞治疗领域将具有广阔的应用前景。

第三节 微囊泡

微囊泡(microvesicle,MV),亦称为微粒体或脱落囊泡,指的是那些通过细胞膜出芽形成的直径在100~1 000nm的小泡。无论是生理或是病理状态下,机体内几乎所有的细胞都向胞外释放各种微囊泡(图1-6-4)。MV最早被当作是细胞碎片,而随着研究的深入,人们才逐渐认识到其作为载体发挥着细胞间信号传递交换的功能。MV内含有脂质、胞质蛋白、mRNA和miRNA,并参与了调控靶细胞功能的过程。MV内携带了很多其母细胞的膜相关蛋白,因此可以应用相应的抗体通过流式细胞术分析MV的来源。根据来源细胞和诱发MV释出的刺激物的不同,MV携带的脂质、蛋白和核酸组分的差异巨大。而这一特点也导致其下游作用物质及效应的千差万别。

大量的体外试验证明了MV在细胞凋亡、免疫调控、肿瘤迁移、病毒扩散等方面起重要作用,近年来的研究发现,MV在组织再生中同样发挥着重要的生物学作用。干细胞来源的MV通过细胞内化作用可转移生物活性物质进入靶细胞,在组织损伤模型中可重编程损伤组织细胞表型,促进组织再生和修复。其作用机制可能与MV富含生物活性脂质、抗凋亡因子、生长因子或细胞因子,转移mRNA和调控miRNA到损伤组织细胞,调控靶细胞功能有关。因此,开发干细胞来源的MV应用于组织再生和修复治疗,有可能成为一种更加安全有效的无细胞治疗策略。

一、微囊泡的形成及释放机制

微囊泡最初在血液系统中被发现,1967年,Wolf等报道激活的血小板能够释放细胞膜囊泡,并称之为"血小板

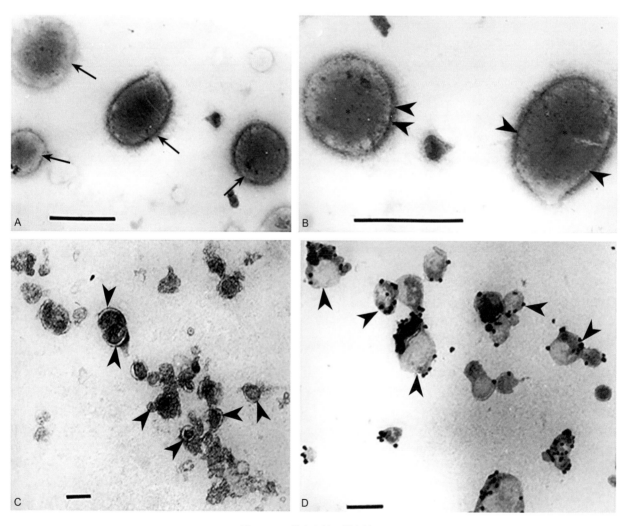

图 1-6-4　微囊泡的透射电镜图

尘埃"。随后的研究发现,除血小板外,循环血液中的红细胞、中性粒细胞、淋巴细胞和单核细胞,以及血管内皮细胞和部分平滑肌细胞同样能够释放此类物质。由于这种细胞膜来源的产物为膜性结构,并呈圆形外观,形状近似微小的囊泡,因此将其称为"微囊泡"。

细胞在正常生理条件下可以产生少量微囊泡,在某些病理条件下(如缺氧、辐射、氧化应激等),特别是当细胞被激活或者处于细胞凋亡进程时,微囊泡的产生明显增多。活化或凋亡细胞的共同特征是正常的膜磷脂不对称分布消失,导致主要表达在细胞膜内侧磷脂酰丝氨酸更多地外化暴露在细胞表面,细胞骨架发生重排导致细胞膜向外鼓泡,从而使 MV 释放到细胞外。这种微囊泡脱落可移除局部磷脂对称分布的细胞膜,使细胞恢复到静息状态。磷脂酰丝氨酸可与膜联蛋白 V 及乳凝集素发生特异性结合,利用这一特点可应用流式细胞仪检测并分离 MV。

然而,由于有些 MV 表面并不表达磷脂酰丝氨酸,部分 MV 的形成可能不需要伴随磷脂酰丝氨酸的外化。其产生过程可能与胞质内钙离子浓度的增加和细胞骨架的重构有关,钙离子通过激活胞质内蛋白酶影响细胞骨架结构,钙蛋白酶和凝溶胶蛋白裂解骨架蛋白的网状结构,造成细胞骨架破坏,使细胞膜以"出芽"的方式释放 MV。

二、微囊泡的生物学特性

MV 含有母细胞来源的脂质、蛋白(如信号蛋白、转录调控因子、逆转录酶和跨膜蛋白等)、RNA(mRNA、miRNA),以及完整的细胞器如线粒体等。

MV 可通过多种方式参与靶细胞功能的调控:①释放内部的可溶性介质直接与靶细胞结合影响靶细胞的功能;②通过 MV 表面的配体与靶细胞的受体结合继而激活或抑制靶细胞内的转导通路;③MV 外膜与靶细胞膜融合后转移内容物(主要是 mRNA 和 miRNA),或者被巨噬细胞及内皮细胞通过吞噬或内吞作用进入细胞内发挥作用;④作为载体转移完整的细胞器或致病因子。

在特定的情况下,微囊泡也能以载体形式将病毒(如人类免疫缺陷病毒或朊病毒)传递给其他细胞,既可以直接把病毒传递给靶细胞,也可通过病毒结合未感染细胞表面受体来完成。由于来源细胞和诱发 MV 释出的刺激物的不同,MV 携带的脂质、蛋白和核酸组分的差异巨大。而这一特点也导致其下游作用物质及效应的千差万别。比如,从患者动脉粥样斑块分离的 MV 可刺激内皮细胞增生,而来自同一患者外周循环中的 MV 则不具备这一功能。很多研究以体外试验获得的 MV 为研究对象,对 MV 的生物学功能进行了一定程度的证明,但这些结论仍需要通过体内试验进一步验证。

三、微囊泡在组织损伤修复及再生中的作用和机制

不同来源的干细胞,如造血干细胞、MSC、脂肪干细胞、神经干细胞和心肌干细胞等所释放的 MV,在不同实验动物的各种器官及组织损伤模型中,均显示能有效地抑制损伤组织细胞的凋亡,并刺激其增殖和促进微血管再生。组织损伤处的细胞释放带有遗传信息的 MV,MV 将信息传递到骨髓来源的干细胞,使其表型发生变化以获得受损组织的特征。同时,干细胞来源的 MV 诱导损伤组织存活细胞的去分化,使其重新进入细胞周期,从而促进组织再生。细胞之间通过传递 MV 携带的相关遗传信息而进行持续的基因调节,这可能是调节细胞表型变化的重要机制。

(一) 微囊泡在各种组织损伤修复及再生中的作用

人骨髓间充质干细胞来源的 MV(MSC-MV)在肾脏组织损伤修复过程中可起到与 MSC 移植相似的作用,在体外试验和甘油诱导的严重免疫缺陷小鼠急性肾损伤模型中,均能发挥促进肾小管上皮细胞增殖的效应,且其作用为 RNA 依赖性,而通过 RNase 预处理,保护效应随即消失,提示该保护效应可能与 MV 携带并传递的 mRNA 有关。MSC-MV 可转移与间充质表型、转录控制、增殖和免疫调控等相关的特定 mRNA,这些 mRNA 随后在损伤组织细胞内翻译成蛋白,与可溶性因子一起增强 MSC 的治疗效应。内皮祖细胞来源的 MV 通过转移促血管生成的 miR-126 和 miR-296,可重编程残存肾脏组织细胞,对肾脏缺血再灌注损伤起到保护作用。并且这种 MV 转移的 miR-126 和 miR-296,在体外也可促进胰岛血管再生,诱导胰岛内皮细胞增殖、迁移和抑制细胞凋亡,其机制可能与 MV 诱导的胰岛内皮细胞 PI3K/AKT 和 eNOS 信号转导途径的激活有关。

另有报道证明,人 MSC-MV 能够转移角化细胞生长因子(keratinocyte growth factor,KGF)mRNA 到损伤的肺泡内表达,对大肠杆菌内毒素诱导的急性肺损伤具有治疗作用。MV 在肝脏损伤的修复和肝细胞再生过程中同样发挥了积极作用,在切除 70% 肝实质的大鼠模型中,注入人肝干细胞来源 MV 穿梭 mRNA(MV-shuttled mRNA),可加速肝脏形态和功能恢复。MV 与肝细胞体外共培养显示,人肝干细胞来源 MV 可刺激人和大鼠肝细胞增殖并抑制细胞凋亡。在猪和小鼠心肌缺血再灌注损伤模型中,再灌注前经静脉给予采用 Myc 永生化 ESC 分化的 MSC 来源的 MV(MSC-MV),能显著减少心肌梗死面积,起到心脏保护作用。而转导了 GATA-4 基因的 MSC-MV 内存在抗凋亡作用的 miR-221 高表达,且能被心肌细胞快速内化,起到心肌保护作用。ESC 来源的 MV 可诱导视网膜 Müller 细胞内与多能性、细胞增殖和早期视觉相关的基因上调,这些基因与视网膜的保护和重塑相关,并可下调瘢痕相关基因,以及参与分化和细胞周期阻滞的 miRNA 表达水平。

(二) 微囊泡发挥组织修复与再生功能的机制

干细胞来源的 MV 介导的组织修复与再生作用可能与以下因素有关:MV 富含生物活性脂质;MV 膜表面含有抗凋亡和刺激生长的细胞因子,如血管内皮生长因子、干细胞生长因子等;MV 可通过转移 mRNA、调控 miRNA 和各种功能性蛋白提高整个细胞功能。MV 通过表面的配基与靶细胞表面受体结合,或在膜融合后将母细胞的表型特征传递给靶细胞,从而影响靶细胞的生物学功能。

干细胞所处的微环境决定其表型变化,MV 通过在细胞间传递遗传信息而发挥调节作用,这种持续的调节是调

节干细胞表型变化的关键因素。损伤的细胞与骨髓来源或固有的干细胞之间的遗传信息的交换是双向性的:一方面损伤细胞释放的 MV 可以重组干细胞的表型,从而使其具有组织特异性,另一方面,干细胞来源的 MV 可以诱导损伤处存活细胞重新进入细胞周期进而促进组织再生。

干细胞富含 MV,ESC 来源的 MV 是调节干细胞自我更新和扩增的关键成分。当 MV 内的 RNA 失活时,MV 体内和体外的组织修复能力消失,说明 MV 的组织修复能力依赖于囊泡内的 RNA。BM-MSC 来源的 MV 含有特定的 miRNA 特征,MV 内的 miRNA 不是随机聚集的,并且其 RNA 含量与刺激因素呈现明显的量效关系,这说明 MV 特定物质的聚集可能受一种特殊机制调控。通过微阵列比较骨髓和肝 MSC 及它们释放的 MV 内的 miRNA 图谱,发现部分 miRNA 同时存在于 MV 和来源细胞内,部分 miRNA 选择性存在于 MV,部分 miRNA 仅存在于母细胞内,认为 MSC-MV 存在控制 miRNA 的分选机制,当靶细胞缺乏某些 miRNA 时,通过 MV 选择性地转移这些 miRNA。

研究表明,在 MSC 和 MSC-MV 中同时存在的 miRNA,主要与生长发育、细胞存活和分化作用相关,而一些在 MSC-MV 内富含的 miRNA 主要与免疫细胞调控有关。干细胞来源的 MV 富含某些特定的蛋白和转录因子,可能存在某种细胞机制选择区分这些分子进入 MV。应用蛋白质谱分析骨髓 MSC-MV,确定了 730 种蛋白,功能分析显示 MSC-MV 内不仅含有与细胞增殖、黏附、迁移和形态变化等细胞进程相关的蛋白,而且含有大量表面受体、信号通路分子,以及细胞黏附分子和 MSC 抗原,这些分子可能与 MSC-MV 的生物学效应有关。干细胞来源的 MV 介导的 mRNA 或蛋白质转移可能诱导了成熟细胞的再分化,触发增殖程序,从而有助于损伤组织的修复。

四、微囊泡在细胞治疗应用领域面临的问题及前景展望

(一)微囊泡的生物学功能需要进一步细化阐明

作为新发现的细胞之间信息传递的途径,MV 参与了多种生命活动的病理生理进程。目前人们对 MV 在生理和病理情况下作用机制的认识还不够全面彻底,如 MV 内具体的生物活性成分、调节 MV 内生物活性分子聚集、释放的刺激因素或分子路径,以及 MV 表面配基的选择特异性结合等问题有待于更多的研究来阐明。

(二)微囊泡生产的标准化和规范

MV 在优化干细胞扩增、促进组织再生方面有重要的应用前景。且其单独应用还可避免干细胞移植后的诸多副作用,有可能成为替代干细胞修复损伤的生物制剂。虽然众多研究结果均表明 MV 具有治疗相关性,是一种潜在的、有吸引力的治疗手段和研究方向。然而,MV 的应用研究领域仍然有几个基本问题需要解决。例如,获取大量 MV 的方法和操作的可重复性,MV 的纯化及鉴定方法仍未有统一方案,不同来源 MV 效应标准的未确定等。

(三)微囊泡应用的安全性需要临床验证

尽管动物实验的初步研究显示 MV 的给予是安全的,但仍需相关实验验证其长期的安全性。此外,在临床应用之前,MV 的生物分布和持续生物效应,安全应用领域范围和有效剂量等还需要进一步研究。基于干细胞 MV 可有效地模拟干细胞在组织损伤修复和再生方面发挥的积极作用,未来有可能通过大规模生产 MV,或修饰其结构来达到更好的治疗效应。如通过控制细胞培养条件刺激细胞释放更多的 MV,通过遗传修饰 MV 的表型及其携带的活性物质以达到更好的治疗目的。

第四节　凋亡小体

细胞凋亡(apoptosis)是一种程序性细胞死亡过程,它在机体的胚胎发育、免疫应答和组织稳态中起着至关重要的作用。细胞过度凋亡可导致多种神经退行性疾病的发生,如阿尔茨海默病、帕金森病和亨廷顿病;相反,细胞凋亡的缺失也会导致自身免疫病的发生,如系统性红斑狼疮(SLE),也被称为狼疮,由于机体免疫系统紊乱错误地攻击身体许多部位的健康组织导致。

凋亡小体(apoptotic body,AB)是由凋亡细胞产生的具有膜成分和亚细胞结构的小泡,这些凋亡小体包含多种细胞成分,如 miRNA、mRNA、DNA、蛋白质、脂质等,能够促进凋亡细胞的分解、清除,以及与其他细胞进行信号交流(图 1-6-5)。凋亡小体的典型特征为 $AnnV^+/DAPI^+/histone^+$,它可以由多种类型的细胞产生,并且能够被巨噬细胞、树突状细胞、上皮细胞、内皮细胞和成纤维细胞等多种细胞吞噬,随后又在溶酶体中内化、摄取和降解。凋亡小体仅在细胞发生凋亡的情况下产生,在体外可以通过多种方式进行诱导,如紫外辐照、H_2O_2、药物和饥饿处理等。此外,凋亡小体可能会将其中的活性成分传递给邻近细胞产生生物学效应。随着近年研究的深入,研究者发现,凋亡的发生与组织再生的启动密切相关,并得出凋亡是促进再生的重要驱动力。

一、凋亡小体的形成过程

凋亡小体在细胞凋亡的过程中产生,细胞凋亡的过程分为几个阶段,首先是核染色质的凝结,其次是膜泡化,最后是细胞内容物裂解形成独特的膜囊,称为凋亡小体或凋

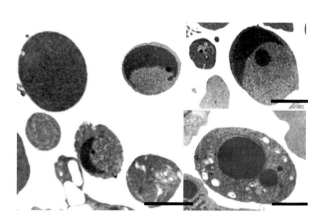

图 1-6-5　凋亡小体的透射电镜图

亡体。其一般体积较大的粒径为 1 000~4 000nm，并以囊泡内存在细胞器为特征，在此过程中也有粒径为 50~500nm 的小囊泡被释放出来。目前尚不清楚这些小泡是否由凋亡过程中发生的膜泡形成。现有的数据表明，膜泡在一定程度上是由肌动蛋白-肌球蛋白（actin-myosin）相互作用介导的。在这些变化中，最典型的特征是磷脂酰丝氨酸转移到脂质层的外叶，这些转移的磷脂酰丝氨酸与 Annexin V 结合，并被吞噬细胞识别。这些变化为血小板反应蛋白 Tsp 或补体蛋白 C3b 的结合创造了场所，Tsp 和 C3b 依次被吞噬细胞受体识别，因此，Annexin V、Tsp 和 C3b 成为了凋亡小体三种公认的标志物。（图 1-6-6）

二、凋亡小体的生物学功能

与外泌体和微囊泡一样，凋亡小体（AB）也被归为一种细胞外囊泡，它可以由多种类型细胞产生，包括 T 细胞、单核细胞、巨噬细胞、成纤维细胞、内皮细胞、表皮细胞、软骨细胞及肿瘤细胞等。不同的细胞来源和微环境使凋亡小体具有功能上的特异性。例如脑膜上皮细胞能够吞噬凋亡小体，通过促炎因子（IL-6、IL-8、IL-16）和趋化因子（MIF、CXCL1）的分泌发挥免疫抑制作用；心肌细胞来源的凋亡小体能够促进新生心肌细胞的增殖及分化；巨噬细胞来源的凋亡小体通过转运 miRNA-221/222 促进小鼠肺上皮细胞的增殖；血管内皮细胞来源的凋亡小体中富含 IL-1，能诱导单核细胞分泌趋化蛋白及 IL-8 诱发炎症；软骨细胞来源的凋亡小体表达的功能特性有助于在衰老和骨关节炎中观察到病理性软骨钙化；肿瘤细胞形成的凋亡小体可以通过微丝阻断剂进行预防。

遗传信息可以通过凋亡小体的摄取来传递。细胞传递遗传物质的能力似乎并不只存在于一类细胞外囊泡中，在移植了肿瘤的小鼠中，凋亡小体也可以在机体血液中被检测到；更重要的是，小鼠成纤维细胞对 H-rasV12 或人 c-Myc 转染细胞来源的凋亡小体的摄取，导致了体外接触抑制的丧失和体内的致瘤表型。凋亡小体的产生并不是一个随机过程，而是受多个分子及信号通路的精密调控，如 caspase 介导的 ROCK1 激活、肌动蛋白收缩及 PANX1 活性的平衡等。

三、凋亡小体对组织稳态及再生潜能的维持

（一）凋亡小体促进血管生成和心肌梗死后心脏功能恢复

MSC 移植已被广泛应用于多种疾病的治疗，如心肌梗死（MI）、自身免疫病、糖尿病、肝硬化、肾脏损伤等。已证实的潜在治疗机制包括移植和分化、旁分泌信号、细胞-细胞相互作用、外泌体分泌，这些 MSC 的治疗机制是在移植的 MSC 存活一定时间的前提下发挥作用的。然而，许多研究表明，只有一小部分移植的 MSC 最终能够存活并融入宿主组织中。

此外，在心肌缺血等特定条件下，缺氧、炎症细胞因子、促凋亡因子等促凋亡微环境对移植 MSC 的生存产生很大影响，即移植 MSC 伴随着低存活率和大量凋亡现象。因此，考虑到移植 MSC 所产生的治疗作用，研究认为，细胞凋亡可能在这些治疗作用中发挥作用。通过动物实验证明，在大鼠心肌梗死（MI）模型中，移植的 MSC 会发生大量凋亡现象，并且释放凋亡小体，进一步研究表明，凋亡小体能够调节受体内皮细胞（EC）的自噬来促进血管生成和心脏功能恢复。在机制上发现凋亡小体激活了 EC 中的溶酶体功能，增加 LAMP1 和 TFEB（TFEB 是溶酶体生物发生和自噬的主基因）的蛋白表达，上调的 TFEB 通过激活宿主 EC 自噬相关基因表达，促进血管生成和心肌梗死后心脏功能的恢复。此研究揭示了凋亡小体在组织修复中的作用，为血管生成和心脏功能恢复相关药物治疗提供了新的证据。此外，移植 MSC 通过释放凋亡小体，促进血管生成，也暗示了凋亡小体可以促进组织修复和再生的潜在机制。

（二）凋亡小体维持机体 MSC 再生潜能和改善骨量减少

细胞在凋亡过程中释放大量凋亡小体，其中含有多种蛋白质、miRNA 和 mRNA 等信号分子，然而凋亡小体的生物学功能仍很大程度上不明确。最新研究发现，循环凋亡小体在维持机体 MSC 再生潜能中发挥关键作用。据报道，凋亡小体形成的减少会显著损害骨髓 MSC 的自我更新能力及骨/脂肪分化能力，通过系统注入外源性凋亡小体，MSC 的损伤得到修复，骨质表型得到改善。进一步研究发现，凋亡小体中含有并转运的 miR-328 和 RNF146 是其发挥生物学功能的关键信号分子，MSC 能够吞噬凋亡小体，通过整合素 αvβ3 和 miR-328/RNF146 抑制 Axin1 激活 Wnt/β-catenin 通路。该研究发现，在生理和病理环境中，凋亡小体在维持 MSC 和骨内环境稳定中的未知作用，并暗示了凋亡小体可能用于治疗骨质疏松症。

（三）凋亡小体可促进干细胞增殖和维持上皮组织稳态

上皮组织稳态的维持需要持续清除和替换受损的干细胞。虽然细胞凋亡和细胞分裂已经被广泛研究，但这些

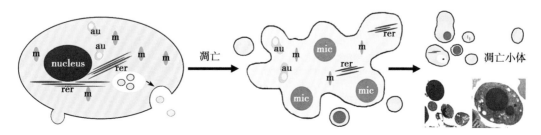

图 1-6-6　凋亡小体的形成过程

过程在活体组织中是如何协调的仍不清楚。最新研究发现,凋亡小体的产生既促进凋亡细胞的清除,又介导与邻近干细胞的细胞间通信,即死亡的干细胞通过 caspase 依赖性产生含有 Wnt8a 的凋亡小体来促进活上皮细胞的更新,从而促进与邻近干细胞的通信。研究显示,基底干细胞吞噬凋亡小体,激活 Wnt 信号通路,并被刺激分裂以维持组织范围内的细胞数量。抑制细胞死亡或 Wnt 信号通路均可消除凋亡诱导的细胞分裂,然而 Wnt8a 信号过表达诱导细胞死亡可导致干细胞数量的增加。这些研究表明,凋亡小体的摄入代表了一种连接死亡和分裂的调节机制,以维持干细胞总数和上皮组织的稳态。此研究可能为干细胞调节机制提供有价值的见解。

四、展望

凋亡小体是凋亡细胞释放的特征性膜泡。这些囊泡含有凋亡 DNA 和细胞质的包膜碎片。凋亡小体也具有重要的信号功能,它们携带 "find-me" 和 "eat-me" 分子信号,目的是将吞噬细胞吸引到凋亡位点并促进凋亡细胞清除。此外,凋亡小体与其他类型的细胞外囊泡(如外泌体和微囊泡)不同,凋亡小体在凋亡细胞的死亡过程中被特异性释放,其他囊泡是由正常的活细胞不断产生的。近年大量的研究显示,凋亡细胞释放的凋亡小体在干细胞促进组织再生和修复上发挥重要的作用,因此,对细胞凋亡过程中的相关分子及信号通路的探讨,以及对凋亡小体的生物学功能阐明是目前研究的热点。

第五节　外泌体的临床实践

外泌体的货物递送作用在疾病进展中起着非常重要的作用。了解外泌体在疾病通路中的作用对于发展基于外泌体的治疗和诊断至关重要(图 1-6-7)。本节描述了外泌体在癌症、心血管疾病、神经退行性疾病和 HIV/获得性免

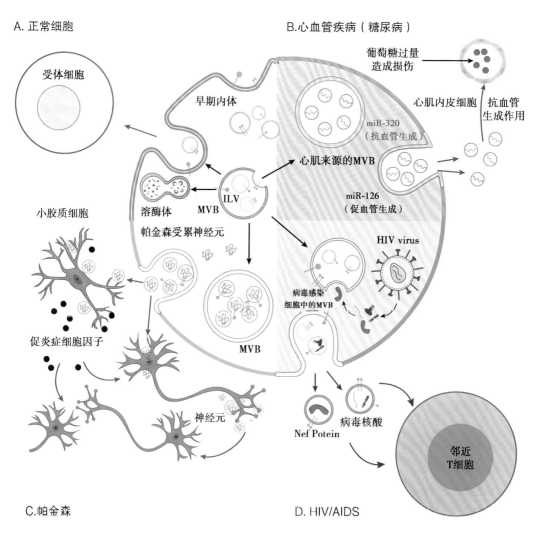

图 1-6-7　外泌体与疾病

A. 正常生物发生途径;B. 来源于心肌细胞的外泌体可通过上调邻近内皮细胞中抗血管生成的 miR-320 和下调促血管生成的 miR-126,从而在糖尿病引起的心血管疾病的发展中发挥作用;C. 在帕金森病的发病机制中,以来自受感染神经元和小胶质细胞的外泌体作为载体,传递 α-突触核蛋白和促炎症细胞因子;D. HIV 感染的细胞分泌含有病毒基因组、抗原和其他 HIV 相关蛋白的外泌体,这些病毒产物转移到其他细胞中,促进了 HIV 感染

疫缺陷综合征（AIDS）中的作用，最后总结了外泌体用于诊断和治疗的临床试验进展。

一、外泌体在疾病发病中发挥的作用

（一）心血管疾病

外泌体含有大量具有抗血管生成和抗炎作用的miRNA 和蛋白质，从而有助于防止糖尿病和肥胖患者心血管等疾病的进展。糖尿病大鼠心肌细胞分泌富含抗血管生成 miRNA 320（miR-320），缺乏促血管生成 miR-126 的抗血管生成的外泌体。这种外泌体的抗血管生成活性抑制了因高血糖所致的损伤后的血管修复，增加了心血管并发症的风险。来自高血压大鼠的巨噬细胞衍生的外泌体含有低水平的抗炎 miR-17；在高血压患者中，这种巨噬细胞衍生的外泌体可能会促进人类冠状动脉内皮细胞的炎症，从而导致心血管疾病。

（二）神经退行性疾病

在帕金森病中，含有感染性蛋白质的外泌体的传播，诱导了一系列细胞间感染。帕金森病的特征在于路易体的组织病理学形成，路易体由错误折叠的 β-突触核蛋白组成。外泌体可以充当其宿主 α 突触核蛋白载体，使得其宿主 α 突触核蛋白聚集，并且促使 α 突触核蛋白能够在神经元到神经元、神经元到神经胶质和神经胶质到神经胶质之间传播。含有 α 突触核蛋白的外泌体被神经胶质细胞（小胶质细胞和星形胶质细胞）摄取，并且 α 突触核蛋白引起神经炎症反应，这是帕金森病发病机制的核心。受感染的神经胶质细胞通过分泌促炎因子和其他外泌体触发神经退行性变。因此 α 突触核蛋白可能参与帕金森病发病机制中的恶性炎症循环。

在阿尔茨海默病中，一些类型的外泌体可以促进疾病进展，而另一些类型的外泌体则可以阻止疾病进展。外泌体在阿尔茨海默病斑块中富集，这些斑块是脑中 β-淀粉样蛋白的聚集体，其引起突触信号阻断，如这些斑块中高浓度的外泌体含有蛋白标记物 ALIX。而一部分含有 mi-R186 或 miR-124-3p 的外泌体则可通过减少 β-淀粉样蛋白生成或抑制 Tau 蛋白磷酸化的方式改善阿尔茨海默病的病情。

（三）艾滋病病毒/艾滋病

艾滋病是由艾滋病病毒（HIV）感染及其对免疫系统的攻击引起的。HIV 感染的细胞装载有病毒产物，影响源自感染细胞的外泌体的组成。外泌体中的 HIV 相关因素会影响疾病进展。HIV 感染细胞的外泌体将负调节因子（Nef）蛋白输送到附近的 CD4$^+$ T 细胞，以诱导其凋亡和耗竭，这是艾滋病发病的主要原因。外泌体递送的 HIV miRNA 抑制细胞凋亡，促进慢性炎症，并增强病毒转录，这些因素都会促进疾病进展。

二、利用外泌体开展的临床试验

随着外泌体在疾病途径中的作用越来越明确，外泌体被越来越多地用于疾病治疗和诊断。目前，尽管没有美国食品和药品监督管理局（FDA）批准的应用于临床的外泌体产品，但正在进行的基于外泌体的治疗和诊断的临床试

验数量在持续增加。图 1-6-8 总结了截至 2023 年 4 月 18 日，将外泌体应用于临床研究，并在 Clinical Trials 中注册的 311 项临床试验（关键词："Exosome"）。

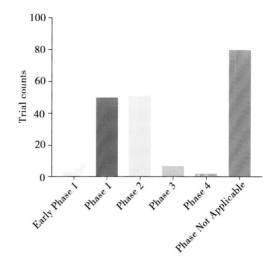

图 1-6-8 外泌体临床试验阶段

在这些临床试验中，有 35.4% 的临床试验处于临床Ⅰ期或Ⅱ期，25.7% 临床试验还未应用于临床，进入临床Ⅲ期的临床试验占 0.02%，进入临床Ⅳ期的临床试验占 0.006%。这些临床试验的适应证包括肿瘤、认知障碍、阿尔茨海默病、心力衰竭、卒中和牙周炎、糖尿病、心血管疾病、炎性疾病、肺损伤、视网膜病变。特别是全球新冠疫情暴发以来，很多临床试验将外泌体用于治疗新冠肺炎。

本节讨论了正在开展的外泌体作为治疗剂、生物标志物和治疗靶点的临床试验。外泌体在癌症治疗和诊断中的应用，如外泌体被用于靶向癌症干细胞、激活免疫反应、增强抗肿瘤免疫，以及诊断或监测胃肠道癌、肺癌和乳腺癌治疗后患者的反应。

三、外泌体治疗疾病的策略

免疫细胞衍生的外泌体，可以促进免疫反应以对抗疾病。然而，干细胞衍生的外泌体，可以通过再生作用保护受损组织。在临床试验（NCT01159288）中，使用含有抗原呈递 MHC 类Ⅰ/Ⅱ和共刺激分子的 DC 衍生的外泌体作为非小细胞肺癌癌症患者化疗后的免疫治疗剂。在这项临床试验中，外泌体促进了 NK 细胞的抗肿瘤活性。其他相关研究也表明，由疾病或感染相关细胞产生的外泌体可以促进免疫反应。来源于肺癌 A549 细胞衍生的外泌体的内含物发生改变，用这些外泌体治疗增强了细胞因子和趋化因子的释放，并促进了先天性免疫反应。这些实例证明了外泌体在对抗疾病和损伤中的效用。基于外泌体的治疗策略可分为直接方法、间接方法或替代方法。

（一）直接方法：外泌体作为治疗剂

直接方法利用外泌体在细胞之间转移蛋白质和核酸的能力，将外泌体用作治疗疾病或损伤的药物载体。在临

床试验(NCT03384433)中,患有急性缺血性卒中的受试者,接受了来源于 BM-MSC 的外泌体治疗。miR-124 具有促进神经发生的功能,将其转染到 MSC 衍生的外泌体中,这些外泌体改善了神经功能,并促进了卒中后的神经发生和血管生成。试验过程中发生了不良事件,包括脑水肿、癫痫发作,并在 12 个月的随访期内监测到卒中复发情况。与传统的细胞治疗相比,外泌体通过全身递送和给药提供了更好的稳定性、免疫耐受性、疗效。

外泌体由于体积小,可以作为药物载体通过血脑屏障进入中枢神经系统。例如,在用 MSC 衍生的外泌体治疗阿尔茨海默病小鼠时,可以观察到神经发生促进和认知功能恢复,并且从人 UC-MSC 衍生的外泌体可通过小胶质细胞激活来减轻神经炎症,从而修复认知功能障碍和进一步消除淀粉样蛋白 β 蛋白沉积。基于这些试验结果,一些生物技术公司正在开发用于治疗阿尔茨海默病的 MSC 衍生的外泌体、用于穿透血脑屏障的神经干细胞衍生外泌物和用于预防传染病的基于外泌体的疫苗平台。

(二)间接方法:外泌体作为生物标志物

在生物发生研究的背景下,人们发现外泌体的动态性质和分子特征可以用作疾病和其他临床条件的指标,并作为治疗效果的预测因素。外泌体存在于循环和所有体液中,在不同的温度和环境中均表现出高稳定性。这些特性降低了储存和运输成本,增加了外泌体作为治疗药物和生物标记物的临床价值。

研究人员收集并分析了各种活检组织中的外泌体,以研究疾病的发病机制,评估临床治疗的疗效,并寻求更好的治疗策略。例如,在临床试验(NCT03034265)中,从 24 例高血压患者的尿液中分离出外泌体,并对其进行了分析,以研究难以治疗的高血压,其特征是,即使服用两种或两种以上的抗高血压药物,血压仍未控制。研究发现,这种情况是由肾钠浓度异常引起的,由肾素-血管紧张素-醛固酮系统调节;因此,通过测量患者血浆中的激素血管紧张素肽(如 Ang II)来评估该系统。尿液外泌体被列为主要观察指标,因为它们是肾功能的指标,为衡量药物治疗效果提供了标准。其原理是外泌体由肾小管上皮细胞分泌到尿液中,并含有钠通道,如 Na^+-Cl^- 协同转运蛋白、上皮钠通道亚基和 $Na^+-K^+-Cl^-$ 2 型协同转运蛋白,它们是高血压药物呋塞米和噻嗪的靶点。因此,外泌体特性可用于评估肾脏性能和药物敏感性。这项临床研究证明了外泌体作为生物标志物在疾病临床诊断中的应用前景。到目前为止,几项研究证实了外泌体作为治疗剂或治疗后的生物指标,特别是在心血管疾病中,显示出非常重要的作用。例如,使用 ESC 衍生的外泌体,一方面,可以通过阻断胱天蛋白酶-1 依赖性细胞死亡,提高 M2 型巨噬细胞和抗炎细胞因子的水平,大大减轻阿霉素诱导的心脏损伤和心肌细胞肥大。另一方面,抗缺氧心脏祖细胞来源的外泌体的分泌增强可能是监测替卡格雷疗效的可靠生物标志物,替卡格雷是一种口服选择性和可逆的非噻吩并吡啶 P2Y12 抑制剂。这些研究证明了外泌体作为生物标志物和治疗剂的多功能性。

(三)替代方法:消除促进疾病的外泌体

另一种治疗策略是消除促进疾病的外泌体。该策略旨在通过终止外泌体的循环来防止疾病进展,某些外泌体含有疾病相关内含物,如病毒 miRNA 和蛋白质、促进肿瘤转移的免疫抑制因子或对抗治疗剂的肿瘤生长信号。在临床试验(NCT04453046)中,对于头颈部鳞状细胞癌(HNSCC)的志愿者,他们在第 1 天和第 21 天用血液过滤装置(血液净化器)进行治疗,以从循环中去除免疫抑制外泌体。这种治疗以前曾被证明可以从丙型肝炎和 HIV 患者的血浆中清除病毒颗粒,并在一项临床试验(NCT04595903)中证明了其疗效,该试验旨在从新冠感染患者的循环中清除 SARS-CoV2 病毒。在 HNSCC 研究中,受试者还接受了派姆单抗(pembrolizumab)治疗,它是一种美国食品和药品监督管理局批准的用于一线治疗 HNSCC 的单克隆抗体。在这种组合治疗过程中,循环外泌体被靶向清除,也被用作评估治疗效果的指标。监测治疗前、治疗中和治疗后外泌体的浓度消耗和恢复动力学,作为次要观察指标,并评估治疗效果。

另外,还有些研究通过使用药物作为抑制剂抑制外泌体的生物发生,去除了有害的疾病相关外泌体。例如,化疗药物替皮法尼和酮康唑引起 C4-2B 细胞和 PC-3 细胞中外来体生物发生和分泌的剂量依赖性降低。这些外泌体抑制药物正在进行临床试验,用于治疗 HNSCC 患者(NCT03719690),以及另一项用于术前治疗复发性胶质瘤或乳腺癌症脑转移患者的试验(NCT003796273)。这些研究表明,通过使用血液净化器等外部设备或使用外泌体生物发生抑制剂来去除有害外泌体可能是一种可行的治疗策略。

四、外泌体诊断

外泌体在临床诊断方面有很大的潜力。目前的临床试验使用外泌体作为诊断生物标志物,主要基于它们在细胞间通信和疾病进展中的作用,以及它们的相关内含物和表面蛋白质。例如,来自受感染的大胶质细胞的外泌体携带 α 突触核蛋白和促炎症细胞因子,并有助于帕金森病的进展。外泌体在癌症诊断中也发挥着重要作用,以它们的表面和内部生物标记物(例如 miRNA、蛋白质)作为疾病的指标。因此,本节详细介绍了利用外泌体诊断其他疾病的临床试验,包括心血管疾病、神经退行性疾病和免疫重建炎症综合征(IRIS)。这些例子的选择是基于外泌体临床试验中的疾病患病率,以及每个病例中使用的诊断方法的新颖性。本节介绍了基于外泌体的诊断分析的推荐验证特征。

(一)心血管疾病

在临床研究 NCT03478410 中,使用外泌体数量和内含物来表征由于高血压、动脉粥样硬化和心脏异常引起的心房颤动。另有研究正在研究外泌体 mRNA 和 miRNA 如何改变心肌细胞基因的表达情况。为了阐明心血管衍生的外泌体与心房颤动之间的关系,该试验检查了患有和不患有心房颤动的患者从心外膜脂肪中释放的外泌物是否不同,并评估外泌体作为心律失常的生物标志物,用于预防和治疗。

（二）神经退行性疾病

目前还没有帕金森病的诊断方法，只有在患者死亡和尸检后才能作出明确诊断。外泌体有望用作帕金森病和其他神经退行性疾病（如阿尔茨海默病）的早期诊断的生物标志物。如上所述，外泌体通过 α 突触核蛋白的转运参与帕金森病的进展。外泌体含量和亮氨酸重复激酶 2（LRRK2）是帕金森病研究中正在探索的潜在生物标志物；LRRK2 的突变是该疾病的一个原因。在临床试验 NCT01860118 中，比较了 601 例帕金森病患者和健康志愿者的外泌体蛋白，以及血液和尿液生物标志物，以建立一种评估 LRRK2 抑制剂效果的测定方法。这项试验试图通过使用外泌体生物标志物开发一种帕金森病的诊断方法。

目前诊断阿尔茨海默病的方法包括正电子发射断层扫描、脑脊液（CSF）蛋白含量评估和质谱法检测 β-淀粉样蛋白聚集体。因此，需要替代方法来诊断阿尔茨海默病。外泌体有助于阿尔茨海默病的发展，并可作为治疗靶点。正在进行的临床试验 NCT03275363 和 NCT03944603 是对阿尔茨海默病风险患者外泌体行为的纵向研究。

临床试验 NCT03944603 以 60~89 岁的患者每两年血液和脑脊液外泌体标志物的变化为主要观察指标。通过研究衰老与免疫系统生物标志物之间的关系，深入了解阿尔茨海默病认知能力下降和发展的潜在机制。

（三）TB-HIV 共感染患者的免疫重建炎症综合征

由于外泌体含有大量 miRNA，因此，其在免疫疾病诊断中可能发挥重要作用。宿主细胞 miRNA 靶向 HIV 基因，可用于表征 HIV 疾病表型。然而，miRNA 在急性感染、HIV 和 TB 合并感染中的作用尚不清楚。免疫重建炎症综合征（IRIS）是一种自相矛盾的状态，患者的病情因免疫力修复而恶化，接受抗逆转录病毒疗法（ART）的 HIV 患者就是一个例子。在同时感染结核病和艾滋病病毒的患者中，IRIS 是一个特别令人担忧的问题，因为一种情况的治疗可能会使另一种情况恶化。目前还没有 IRIS 检测，IRIS 的诊断也很复杂。为了开发 IRIS 测定法并了解外泌体 miRNA 转运在 IRIS 中的作用，正在进行的临床试验 NCT03941210 分析了 HIV/TB 共感染 IRIS 患者中 miRNA 的表达，以检测外泌体作为 IRIS 的潜在预测和预后生物标志物。在 134 例参与者中，74 例是结核-艾滋病合并感染者（37 例是结核-IRIS，37 例是非结核 IRIS），20 例是艾滋病病毒携带者，20 例有新活动性结核病，20 例健康。通过流式细胞术对血浆和外泌体 miRNA 样品进行了分析。

（四）基于外泌体诊断分析的验证

外泌体内含物和外泌体生物标志物的测定，可用于疾病检测。美国 FDA 指南规范了在美国临床使用前对诊断测定的评价，以确保基于外泌体的诊断测定的质量与批准的诊断测定的质量相匹配。根据临床和实验室标准协会（CLSI）指南 EP 09 c、EP 15-A3、EP 05-A3、EP 7-A3、EP 17-A2、EP 28-A3 C 和 EP 6-A 所述，基于外泌体的诊断测定所需的推荐验证特征如下所列：

1. 准确度　检测试剂盒的分析物读数与样本的真实分析物浓度的接近程度。当外泌体的亚型还没有明确定义时，准确性的困难出现，可以使用回收研究来解决，其中已知的外泌体的量被添加到对照样品中。

2. 精密度　多个独立实验结果的一致性。精密度具有浓度依赖性，建议使用多个浓度的靶外来体生物标志物。

3. 分析灵敏度　样品中可以用测定法精确测定的物质的最小量。由空白限、检测限、定量限确定。

4. 分析专属性　测量测定是否捕获正确的生物标志物。重要的是要意识到与靶外来体相似的囊泡的存在，或测定中抑制性化合物的存在。

5. 参考区间　通常在没有检测疾病或状况的个体中发现的值范围。

6. 线性度和范围　线性度用于建立测定的范围，可以准确确定测试结果的跨度，并通过不同稀释的目标外泌体来确定。

7. 样品类型　外泌体存在于多种样品类型中，包括血液、尿液和脑脊液。根据分析物的纯度和浓度，在给定的样品类型内，样品质量可能会有很大差异。

五、小结

目前虽然有大量研究证据支持外泌体可作为新的诊断和治疗手段，但仍需要进一步的临床研究进行验证。外泌体的分离、纯化和保存还存在一定的局限性。一般达到临床有效的治疗剂量至少需要 10~100g 的外泌体，然而 1mL 培养基通常可以获得小于 1μg 的外泌体。此外，从生物体液中分离出来的外泌体具有高度异质性且纯度低，优化分离纯化外泌体的方法是关键，在保持其原始组成的同时要减少由污染物或特定亚群引起的不良副作用，以提高其治疗效果。若目前的这些局限性被克服，将有助于我们加深对外泌体功能的了解，并促进新的治疗策略的发展。

（马力　白喜龙　刘世宇）

参考文献

[1] Théry Clotilde, Witwer Kenneth W, Aikawa Elena, et al. Minimal information for studies of extracellular vesicles 2018 (MISEV2018): a position statement of the International Society for Extracellular Vesicles and update of the MISEV2014 guidelines. J Extracell Vesicles, 2018, 7(1): 1535750.

[2] EL Andaloussi Samir, Mäger Imre, Breakefield Xandra O, et al. Extracellular vesicles: biology and emerging therapeutic opportunities. Nat Rev Drug Discov, 2013, 12(5): 347-357.

[3] Gurunathan Sangiliyandi, Kang Min-Hee, Jeyaraj Muniyandi, et al. Review of the Isolation, Characterization, Biological Function, and Multifarious Therapeutic Approaches of Exosomes. Cells, 2019, 8(4): 307.

[4] Lemoinne Sara, Thabut Dominique, Housset Chantal, et al. The emerging roles of microvesicles in liver diseases. Nat Rev Gastroenterol Hepatol, 2014, 11(6): 350-361.

[5] Sabin Keith, Kikyo Nobuaki. Microvesicles as mediators of tissue regeneration. Transl Res, 2014, 163(4): 286-295.

[6] Liu Dawei, Kou Xiaoxing, Chen Chider, et al. Circulating

apoptotic bodies maintain mesenchymal stem cell homeostasis and ameliorate osteopenia via transferring multiple cellular factors. Cell Res,2018,28(9):918-933.

[7] Candia M Kenific,Haiying Zhang,David Lyden. An exosome pathway without an ESCRT. Cell Res,2021,31(2):105-106.

[8] Brock Courtney K,Wallin Stephen T,Ruiz Oscar E,et al. Stem cell proliferation is induced by apoptotic bodies from dying cells during epithelial tissue maintenance. Nat Commun,2019,10(1):1044.

[9] Yuanwang Jia,Li Yu,Tieliang Ma,et al. Small extracellular vesicles isolation and separation:Current techniques,pending questions and clinical applications. Theranostics,2022,12(15):6548-6575.

[10] Han Young Kim,Seunglee Kwon,Wooram Um,et al. Functional Extracellular Vesicles for Regenerative Medicine. Small,2022,18(36):e2106569.

[11] Edit I Buzas. The roles of extracellular vesicles in the immune system. Nat Rev Immunol,2023,23(4):236-250.

[12] Ziyin Pan,Weiyan Sun,Yi Chen,et al. Extracellular Vesicles in Tissue Engineering:Biology and Engineered Strategy. Adv Healthc Mater,2022,11(21):e2201384.

[13] Chaehwan Oh,Dahyeon Koh,Hyeong Bin Jeon,et al. The Role of Extracellular Vesicles in Senescence. Mol Cells,2022,45(9):603-609.

[14] Yijie Li,Jianzhi Wu,Runping Liu,et al. Extracellular vesicles:catching the light of intercellular communication in fibrotic liver diseases. Theranostics,2022,12(16):6955-6971.

[15] David W Greening,Rong Xu,Anukreity Ale,et al. Extracellular vesicles as next generation immunotherapeutics. Semin Cancer Biol,2023,90:73-100.

[16] Fariba Mahmoudi,Parichehr Hanachi,Azadeh Montaseri. Extracellular vesicles of immune cells:immunomodulatory impacts and therapeutic potentials. Clin Immunol,2023,248:109237.

[17] Feiyang Qian,Zena Huang,Hankang Zhong,et al. Analysis and Biomedical Applications of Functional Cargo in Extracellular Vesicles. ACS Nano,2022,16(12):19980-20001.

[18] Yuki Takahashi,Yoshinobu Takakura. Extracellular vesicle-based therapeutics:Extracellular vesicles as therapeutic targets and agents. Pharmacol Ther,2023,242:108352.

[19] Mahsan Banijamali,Pontus Höjer,Abel Nagy,et al. Characterizing single extracellular vesicles by droplet barcode sequencing for protein analysis. J Extracell Vesicles,2022,11(11):e12277.

[20] Dongbin Yang,Weihong Zhang,Huanyun Zhang,et al. Progress,opportunity,and perspective on exosome isolation-efforts for efficient exosome-based theranostics. Theranostics,2020,10(8):3684-3707.

[21] Raghu Kalluri,Valerie S LeBleu. The biology,function,and biomedical applications of exosomes. Science,2020,367(6478):eaau6977.

[22] Chadanat Noonin,Visith Thongboonkerd. Exosome-inflammasome crosstalk and their roles in inflammatory responses. Theranostics,2021,11(9):4436-4451.

[23] Megan Cully. Exosome-based candidates move into the clinic. Nat Rev Drug Discov,2021,20(1):6-7.

[24] Chen Wang,Zhelong Li,Yunnan Liu,et al. Exosomes in atherosclerosis:performers,bystanders,biomarkers,and therapeutic targets. Theranostics,2021,11(8):3996-4010.

[25] Roi Isaac,Felipe Castellani Gomes Reis,Wei Ying,et al. Exosomes as mediators of intercellular crosstalk in metabolism. Cell Metab,2021,33(9):1744-1762.

[26] Marko Dimik,Pevindu Abeysinghe,Jayden Logan,et al. The exosome:a review of current therapeutic roles and capabilities in human reproduction. Drug Deliv Transl Res,2023,13(2):473-502.

[27] Houman Kahroba,Mohammad Saeid Hejazi,Nasser Samadi. Exosomes:from carcinogenesis and metastasis to diagnosis and treatment of gastric cancer. Cell Mol Life Sci,2019,76(9):1747-1758.

[28] So-Hee Ahn,Seung-Wook Ryu,Hojun Choi,et al. Manufacturing Therapeutic Exosomes:from Bench to Industry. Mol Cells,2022,45(5):284-290.

[29] Jiao He,Weihong Ren,Wei Wang,et al. Exosomal targeting and its potential clinical application. Drug Deliv Transl Res,2022,12(10):2385-2402.

[30] Man Wang,Li Zhou,Fei Yu,et al. The functional roles of exosomal long non-coding RNAs in cancer. Cell Mol Life Sci,2019,76(11):2059-2076.

[31] Menghui Zhang,Shengyun Hu,Lin Liu,et al. Engineered exosomes from different sources for cancer-targeted therapy. Signal Transduct Target Ther,2023,8(1):124.

[32] Ye Lu,Zizhao Mai,Li Cui,et al. Engineering exosomes and biomaterial-assisted exosomes as therapeutic carriers for bone regeneration. Stem Cell Res Ther,2023,14(1):55.

[33] Diantha van de Vlekkert,Xiaohui Qiu,Ida Annunziata,et al. Isolation and Characterization of Exosomes from Skeletal Muscle Fibroblasts. J Vis Exp,2020(159):10.3791/61127.

[34] Vivek Agrahari,Vibhuti Agrahari,Pierre-Alain Burnouf,et al. Extracellular Microvesicles as New Industrial Therapeutic Frontiers. Trends Biotechnol,2019,37(7):707-729.

[35] Mathilde Mathieu,Lorena Martin-Jaular,Grgory Lavieu,et al. Specificities of secretion and uptake of exosomes and other extracellular vesicles for cell-to-cell communication. Nat Cell Biol,2019,21(1):9-17.

[36] Ye Tian,Manfei Gong,Yunyun Hu,et al. Quality and efficiency assessment of six extracellular vesicle isolation methods by nano-flow cytometry. J Extracell Vesicles,2019,9(1):1697028.

[37] Rossella Crescitelli,Cecilia Lässer,Jan Lötvall. Isolation and characterization of extracellular vesicle subpopulations from tissues. Nat Protoc,2021,16(3):1548-1580.

[38] Thanaporn Liangsupree,Evgen Multia,Marja-Liisa Riekkola. Modern isolation and separation techniques for extracellular vesicles. J Chromatogr A,2021,1636:461773.

[39] Abhimanyu Thakur,Xiaoshan Ke,Ya-Wen Chen,et al. The mini player with diverse functions:extracellular vesicles in cell biology,disease,and therapeutics. Protein Cell,2022,13(9):

631-654.

[40] Dennis K Jeppesen, Aidan M Fenix, Jeffrey L Franklin, et al. Reassessment of Exosome Composition. Cell, 2019, 177 (2): 428-445.e18.

[41] Frederik J Verweij, Leonora Balaj, Chantal M Boulanger, et al. The power of imaging to understand extracellular vesicle biology in vivo. Nat Methods, 2021, 18 (9): 1013-1026.

[42] Chungmin Han, Hyejin Kang, Johan Yi, et al. Single-vesicle imaging and co-localization analysis for tetraspanin profiling of individual extracellular vesicles. J Extracell Vesicles, 2021, 10 (3): e12047.

[43] Tobias Tertel, Melanie Schoppet, Oumaima Stambouli, et al. Imaging flow cytometry challenges the usefulness of classically used extracellular vesicle labeling dyes and qualifies the novel dye Exoria for the labeling of mesenchymal stromal cell-extracellular vesicle preparations. Cytotherapy, 2022, 24 (6): 619-628.

[44] Thomas Wollert, James H Hurley. Molecular mechanism of multivesicular body biogenesis by ESCRT complexes. Nature, 2010, 464 (7290): 864-869.

[45] Ying Feng, Fuliang Zhan, Yanying Zhong, et al. Effects of human umbilical cord mesenchymal stem cells derived from exosomes on migration ability of endometrial glandular epithelial cells. Mol Med Rep, 2020, 22 (2): 715-722.

[46] Guo-Hong Cui, Jing Wu, Fang-Fang Mou, et al. Exosomes derived from hypoxia-preconditioned mesenchymal stromal cells ameliorate cognitive decline by rescuing synaptic dysfunction and regulating inflammatory responses in APP/PS1 mice. FASEB J, 2018, 32 (2): 654-668.

[47] James J Lai, Zoe L Chau, Sheng-You Chen, et al. Exosome Processing and Characterization Approaches for Research and Technology Development. Adv Sci (Weinh), 2022, 9 (15): e2103222.

[48] Hongwei Wang, Lijuan Hou, Aihui Li, et al. Expression of serum exosomal microRNA-21 in human hepatocellular carcinoma. Biomed Res Int, 2014, 2014: 864894.

[49] Mengjiao Shen, Kaili Di, Hongzhang He, et al. Progress in exosome associated tumor markers and their detection methods. Mol Biomed, 2020, 1 (1): 3.

第七章　干细胞概述

提要：干细胞（stem cell，SC）存在于胚胎发育阶段和成熟个体的不同组织内，具有自我更新和分化的潜能。根据发育阶段、分化潜能和组织来源不同，干细胞主要有 3 种分类方法（详见后续章节内容）。由于干细胞独特的功能及潜在应用价值，人们对干细胞的研究越来越深入，干细胞在疾病治疗、抗衰老、整形美容等领域也得到了越来越广泛的应用。本章将分 4 节分别介绍干细胞的来源与类型、基本特征、分化与诱导、研究与应用进展等内容。

干细胞的"干"，译自英文"stem"，为"茎干"和"起源"之意。从字面意义上看，干细胞就是起源细胞。自 20 世纪 90 年代以来，对干细胞的研究不断深入，其定义也在不同层面不断修正。在功能上，干细胞被定义为一类具有自我更新（self-renewal）能力和多向分化潜能的未分化或低分化细胞，存在于从胚胎到成体的几乎所有组织器官，是在特定条件下可以分化成不同功能细胞的一类原始细胞。以干细胞为主题的相关研究是现今生命科学的前沿和热点之一。近年来，国际干细胞研究领域的重要突破接连不断：利用诱导多能干细胞（iPSC）培育出肝脏、胆管、胰脏、大脑等多种迷你器官；鉴定出人类血液干细胞的关键调节因子；找到了干细胞治疗 1 型糖尿病的新方法等。经过 20 多年的积累，我国的干细胞研究也取得很大成就，并逐步在应用领域拓展开来。截至 2021 年底，已有 111 个干细胞临床研究项目经国家卫生健康委员会和药监局备案。这些基础研究和临床应用领域的新进展无疑为干细胞技术应用于医学实践注入了新动力，使得干细胞技术治病前景可期。

第一节　干细胞的来源与类型

成体干细胞的起源尚不清楚，甚至在某些情况下还存在争议。目前较为公认的模型假设它们出现于体细胞谱系确定之后，然后定植在它们各自的干细胞龛中。这既能维持其分化潜能，又能限制其分化潜能。与之相比，干细胞的起源问题在胚胎干细胞（ESC）中研究得较为清楚，因此，我们就从早期胚胎中介绍干细胞的起源。

一、干细胞的来源

（一）早期胚胎干细胞

小鼠和人类的 ESC 直接来自囊胚形成后的植入前胚胎的内细胞团。这群细胞通常能产生外胚层，最终可产生所有成体组织，这可能有助于解释 ESC 表现出的发育可塑性。实际上，ESC 在体外几乎等同于外胚层，因为它们具有所有体细胞谱系分化能力，并且在小鼠中能产生生殖系嵌合体。当合子发育至囊胚阶段时，某些细胞的发育潜能已经被限制。此时，胚胎的外细胞团已开始分化形成滋养外胚层，对小鼠的研究发现，从滋养外胚层中也衍生出了胚胎滋养层干细胞。这些特化的细胞可以产生滋养外胚层谱系的所有细胞类型，包括分化的巨大滋养层细胞。在胚胎发育的卵圆筒阶段，即小鼠胚胎发育的第 6.5 天（E6.5），外胚层附近的细胞群（图 1-7-1）即为原始生殖细胞（primordial germ cell，PGC），这些细胞随后被排除在体细胞限制之外。

PGC 迁移至生殖嵴并在其中定殖，产生成熟的生殖细胞和有功能的成体配子。在到达生殖嵴之前或之后阶段均可分离获得 PGC，并且在体外用适当的因子培养时，能生成胚胎生殖细胞（embryonic germ cell，EGC）。就其分化潜能和对嵌合小鼠生殖系的贡献而言，EGC 具有 ESC 的许多特性。但二者之间最显著的区别在于，EGC 可能（这取决于其发育阶段）在特定基因具有印记。因此，某些 EGC 系不能产生正常的嵌合小鼠。

重要的是，尚未从早期胚胎中分离出全能干细胞。ESC 和 EGC 可产生所有体细胞谱系和生殖细胞，但极少会形成滋养外胚层、胚外内胚层或胚外中胚层。分离获得的小鼠滋养外胚层干细胞，也仅能产生滋养外胚层谱系的细胞。是否能从全能胚胎阶段衍生和维持细胞还有待观察。尽管我们对早期胚胎中细胞命运的了解还不完全，但似乎在原肠胚以后发现的唯一多能干细胞就是 PGC（成年祖细胞和畸胎瘤除外）。

PGC 可能在原肠胚形成的过程中通过在外胚层附近发育并随后迁移到了胚胎内部而逃避了生殖层的特化。这种发育策略可能不是 PGC 所独有的，其他干细胞也具有相似的发育起源。或者，成年干细胞可能起源自 PGC，但尚未得到证实。

（二）成体干细胞的个体发育

尽管大多数成体干细胞的起源尚不清楚，但阐明成体干细胞个体发育的研究仍有助于揭示其特定的谱系关系，并揭示其可塑性和潜能。此外，关于成体干细胞起源分子机制的探究也能为后续操控其分化方向奠定基础。目前对成体干细胞起源的了解主要基于对造血干细胞和神经干细胞的研究。

1. 造血干细胞（hematopoietic stem cell，HSC）的发育　尽管小鼠造血细胞的发育发生在原肠形成（E7.5）之

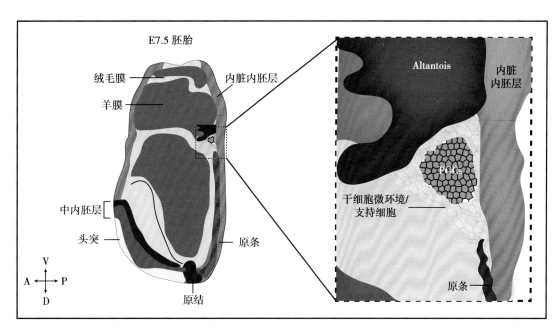

图 1-7-1　小鼠胚胎 E7.5 示意图
显示了外胚层附近发育中的原始生殖细胞（PGC）的位置

后不久，与成体 HSC 具有相同活性的小鼠 HSC 最早发现于妊娠中期（E10.5）。这些现象说明，胚胎可能存在着一个不是由 HSC 建立的独特造血谱系。因此，胚胎造血可能多次或持续发生，而 HSC 的出现可能不早于造血细胞分化或者与之相伴。

在小鼠中，第一个造血部位是胚外卵黄囊，随后是胚内主动脉-性腺-中肾（aorta-gonad-mesonephros，AGM）区。但在这些部位中哪一个产生了成体造血系统，更重要的是，HSC 产生于何处尚不清楚。非哺乳动物胚胎移植实验和对小鼠的研究提示，哺乳动物胚胎，特别是 AGM，可生成成体造血系统和 HSC。有趣的是，妊娠期 AGM 不但是 PGC 迁移途中的"港湾"，也被认为是产生 MSC、血管祖细胞或成血管细胞的场所。

2. 神经干细胞（neural stem cell，NSC）的发育　NSC 的发育始于原肠形成后，由胚外外胚层形成神经组织。NSC 的出现与神经板的诱导和祖细胞类型受限相吻合。然而，干细胞在发育中的神经上皮的确切定位和频度仍然未知，需要找到特异的标记来阐明这个问题。在该领域中一种新兴观点认为，胚胎神经上皮产生放射状胶质细胞，后者发育为脑室周围星形胶质细胞，这些细胞构成了胚胎和成年中枢神经系统内的 NSC。发育中和成体的 NSC 似乎可以获取发育的时间和空间信息。例如，从不同神经区域分离的干细胞产生区域特异性的后代。此外，一些研究也表明，时间信息编码于 NSC 内：早期的干细胞会更频繁地产生神经元，而更多的成熟干细胞会优先分化为神经胶质。此外，当 NSC 移植到早期大脑皮层中时，更成熟的 NSC 似乎无法正确分化出适合年轻阶段的细胞。

迄今为止的研究表明，神经系统发育遵循经典谱系层级，即由共同的祖细胞以时空特异性方式产生大多数（即使不是全部）的分化细胞类型。神经系统中也可能存在罕见的干细胞（这些干细胞或许不是神经起源的），在产生多种体细胞类型和在缺乏时空约束方面，具有更大的可塑性。

二、干细胞的类型

发育过程中，干细胞原型为合子（受精卵），由卵细胞和精子融合所产生，具有产生体内各种类型组织与细胞的完全"潜能"，即"全能性"。随着胚胎不断生长，体内开始出现"多能"的干细胞，其发育潜能受到了一定程度的限制。这些细胞通过分裂与分化，形成哺乳动物的胚层，然后进一步发育为器官与组织（图 1-7-2）。从胚胎到成体，根据发育阶段、分化潜能和组织来源不同，干细胞主要有 3 种分类方法。

（一）根据干细胞的发育阶段分类

根据干细胞所处的发育阶段，可将干细胞分为胚胎干细胞和成体干细胞。

1. 胚胎干细胞（embryonic stem cell，ESC）　ESC 是指由胚胎内细胞团或原始生殖细胞经体外抑制培养而筛选出的细胞。此外，ESC 还可以利用体细胞核转移技术来获得。ESC 具有发育全能性，在理论上可以诱导分化为机体中所有种类的细胞；ESC 在体外可以大量扩增、筛选、冻存和复苏而不会丧失其原有的特性。然而因伦理争议、成瘤性免疫排斥等问题，ESC 的应用受到严重限制。

2. 成体干细胞　成体干细胞是指存在于一种已经分化组织中的未分化细胞，这种细胞能够自我更新，并且能够特化形成组成该类型组织的细胞。成体干细胞存在于机体的各种组织器官中。目前发现的成体干细胞主要有：造血干细胞、BM-MSC、神经干细胞、肝干细胞、肌肉卫星细胞、皮肤表皮干细胞、肠上皮干细胞、视网膜干细胞、胰腺干细胞等。

（二）根据干细胞分化潜能的不同分类

按照此种分类方式，干细胞可分为全能干细胞、多能干细胞、单能（专能）干细胞（图 1-7-3）。

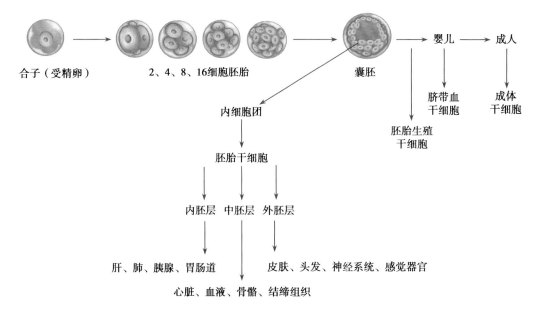

图 1-7-2   发育过程中胚胎干细胞与成体干细胞起源

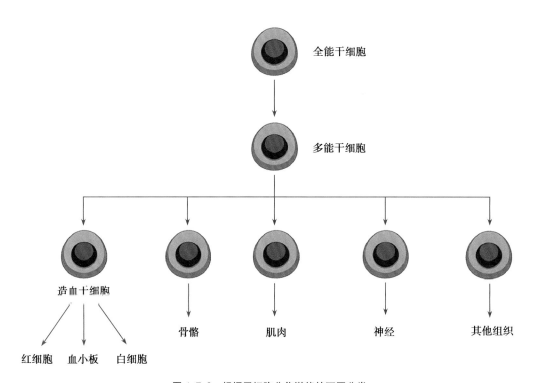

图 1-7-3   根据干细胞分化潜能的不同分类

1. 全能干细胞(totipotent stem cell)   具有自我更新和分化形成任何类型细胞的能力,有形成完整个体的分化潜能,如 ESC,具有与早期胚胎细胞相似的形态特征和很强的分化能力,可以无限增殖并分化成为全身 200 多种细胞类型,进一步形成机体的所有组织、器官。

2. 多能干细胞(pluripotent stem cell)   多能干细胞具有产生多种类型细胞的能力,但却失去了发育成完整个体的能力,发育潜能受到一定的限制。例如,造血干细胞可分化出至少 12 种血细胞,BM-MSC 可以分化为多种中胚层组织的细胞(如骨、软骨、肌肉、脂肪等)及其他胚层的细

胞(如神经元)。科学家们目前也趋向于将可分化细胞类型有限的多能性干细胞称为"多潜能干细胞(multipotent stem cell)",例如,脑部的神经干细胞可以分化为胶质和神经元,但不能分化成其他细胞。

3. 单能(专能)干细胞(uinpotent stem cell)   常被用来描述在成体组织、器官中的一类细胞,其只能向单一方向分化,产生一种类型的细胞。在许多已分化组织中的成体干细胞是典型的单能干细胞,在正常情况下只能产生一种类型的细胞,如上皮组织基底层的干细胞、肌肉中的成肌细胞又叫卫星细胞。这种组织是处于一种稳定的自我更新状

态。然而,如果这种组织受到损伤,并且需要多种类型的细胞来修复时,则需要激活多能干细胞来修复受伤的组织。

（三）根据干细胞组织来源的不同分类

根据组织来源不同,又可以将干细胞分为骨髓干细胞、组织器官干细胞、生殖干细胞、iPSC 及在肿瘤组织中的肿瘤干细胞（cancer stem cell,CSC）等。

第二节　干细胞的基本特征

组织稳态的维持是机体重要的生理过程,这一动态平衡通过细胞程序性死亡、死亡细胞清除并被新的细胞所替换而维持。不同组织中存在的具有自我更新能力的成体干细胞可以保证这种替换。干细胞聚集的"场所"称为干细胞微环境或干细胞龛（stem cell niche）,由一组细胞构成。在胚胎发育过程中,多种龛因子影响 ESC 的基因表达,从而调控其自我更新和分化;在成体中,干细胞龛维持着成体干细胞处于休眠状态,一旦组织损伤,成体干细胞从微环境中接收到刺激信号时才进行分裂。

大多数血细胞寿命短暂,造血系统是发生细胞替换的典型例子。在造血过程中,新的成熟血细胞以分级体系形成。造血干细胞（hematopoietic stem cell,HSC）位于该体系的最上层,构成维持造血功能的有限的未成熟细胞池。1961 年,Ernest McCulloch 和 James Till 在关于正常小鼠骨髓细胞放射敏感性的研究中,首次提出造血系统中存在干细胞。随后,他们与其他研究组进一步描述了这些细胞的特性。

在许多细胞行为方面,干细胞都和其他细胞一样,历经增殖、静息、凋亡、老化、黏附和迁移。但是,干细胞还有区别于其他细胞的两个关键特性——在不成熟状态下具有自我更新或增殖的能力,以及分化为一个或多个特定谱系的多向分化能力。

一、干细胞的自我更新能力

干细胞可以产生与其自身完全相同的子代细胞,或者说干细胞能够保持不成熟状态而不被耗竭的这种特性被称为"干性"或"自我更新能力"。例如,造血干细胞一方面需要分化为血液和免疫细胞,另一方面需要维持数十年的造血作用。"自我更新"常常被当作"单一"现象被讨论,实际上,它是增殖、抑制细胞凋亡和抑制分化三种现象的结合,最终维持干细胞数量的相对恒定。

大多数体外培养的体细胞均显示有限数量（少于 80）的群体倍增,之后发生复制停滞或老化。与之相比,体外培养的干细胞似乎具有"无限"的增殖能力。因此,在不进行致癌性转化的情况下,群体倍增数达两倍（即 160）以上的细胞可被认为"具有广泛的增殖能力"。如来源于人或小鼠的胚胎干细胞（embryonic stem cell,ESC）和神经干细胞（neural stem cell,NSC）。

在体内,成体干细胞应表现出足够的增殖能力,能够良好地维持机体组织器官稳态,并在动物的整个生命周期持续存在。例如,造血干细胞（HSC）的自我更新能力可通过移植实验证明。将单个 HSC 移植到先前经致死性剂量照射的宿主中可以重建所有造血谱;将这些 HSC 移植到第二（或第三）受体中,可以对自我更新能力的强弱程度进行评估。

二、干细胞具有多向分化能力

干细胞具有较强的多向分化能力,既可以在较长的时间里保持静止状态,也可以在较短的时间内连续分裂;既能分化成各种不同的胚层组织细胞,也能分化成同一系统内各个谱系的细胞。不同的干细胞,其分化的潜能也有所不同。例如,ESC 的分化具有全能性,能够分化发育为机体的任一组织器官;多能干细胞位于谱系较高层次,可以生成多种类型的分化细胞（具有不同形态和基因表达谱）。同时,只能产生一种类型的分化后代的具有自我更新能力的细胞仍是干细胞。这样的单能（或专能）细胞可被称为祖细胞。祖细胞通常是干细胞的后代,只是它们的分化潜能和自我更新能力更有限。

此外,干细胞也能够分泌多种活性因子影响其所处微环境,或对其所在原位组织的其他细胞产生影响。干细胞能够分泌一类脂质囊泡,内含 RNA、蛋白质等生物活性物质,即干细胞源性细胞外囊泡,可以在细胞间传递信息,具有促进组织再生的作用。细胞外囊泡可以避免干细胞治疗的一些缺陷,如有效细胞数目不足及免疫原性问题,并且具备诸多优势,包括易于获得、可长期存储、易于包装等,这为组织再生提供了无细胞治疗的全新前景。

第三节　干细胞的分化与诱导

多细胞生物体通过细胞增殖使细胞数目不断增多的过程中,也伴随着细胞的分化,产生类型各异的细胞。在多细胞生物体的每个体细胞中,遗传物质的组成是相同的;然而,在不同类型的细胞中,其基因的表达模式并不完全相同。细胞分化是不同细胞中基因差异性表达的结果。根据干细胞来源不同,分别介绍 ESC 的分化与诱导和成体干细胞的分化。

一、胚胎干细胞的分化与诱导

1981 年,Evans 和 Kauffman 用不同方法首次成功分离获得小鼠 ESC。近 40 年来,有大量研究表明,小鼠 ESC 能够在体外被诱导分化为绝大多数类型的成体细胞,小鼠 ESC 已成为研究发育分化、基因表达调控与基因治疗等的理想模型。1998 年,Thomson 等首次成功分离并建立人 ESC 系,使得用诱导分化的成熟细胞进行细胞和组织替代治疗成为可能。

（一）胚胎干细胞的分离方法

1. 分离自胚胎内细胞团　从早期胚胎内细胞团（inner cell mass,ICM）分离 ESC,是获得 ESC 的主要途径。可通过免疫外科手术法、机械剥离法、组织培养法等方法去除胚胎滋养层细胞,获得囊胚 ICM 进行体外分化抑制培养。由于不同动物的胚胎发育存在差异,因此用该法分离 ESC 时需注意获取囊胚的时间。

2. 分离自原始生殖细胞 原始生殖细胞是生殖细胞前体,具有二倍体染色体。前面介绍过 PGC 的发生、迁移路径,因此,通过获取 PGC 移动到的相应组织就能获得 PGC。再经过消化后接种于饲养层细胞进行分化抑制培养,就可以获得 ESC。

3. 分离自胚胎瘤细胞 胚胎瘤细胞(embryonic carcinoma cell)是可以形成畸胎瘤的细胞。分离自胚胎瘤细胞的干细胞称为 EC 细胞,EC 细胞转化成恶性表型的可能性小。

(二)体外诱导胚胎干细胞定向分化机制

个体的发育过程,从细胞水平看,是不同发育阶段、不同组织部位的细胞表现出不同形态、不同生长方式和不同的生理功能。从分子水平看,细胞分化的差异是基因表达时空性差异的结果。这种基因表达差异除由细胞内在发育程序决定外,还受细胞外环境的影响和调控。ESC 体外定向诱导分化的原理,就是选择合适的诱导剂和诱导模式,通过诱导剂与细胞表面受体相结合,或使细胞发生轻度可逆性损伤等,使被诱导的细胞按照预定的细胞类型方向分化。将这些定向分化的细胞进行分离和培养,即可得到所需特定类型的细胞。

ESC 主要通过多种类型的表观遗传学修饰维持其多潜能性,这些表观遗传学修饰包括 DNA 甲基化、组蛋白修饰、染色质重塑等。

ESC 与已分化的体细胞在染色质结构方面存在极大的差异,表现为与体细胞的染色质相比:①ESC 的染色质呈现出一种更为松散的状态,且常染色质的区域更多。这种松散的状态意味着 DNA 与组蛋白八聚体的结合并不紧密,从而呈现为一种超动态(hyperdynamic)的结构。这种结构被认为是 ESC 基因组具有可塑性的原因。②ESC 基因组中具有较多的组蛋白乙酰化、组蛋白 H3K4 甲基化修饰、组蛋白 H3K27 甲基化修饰,较少的组蛋白 H3K9 甲基化修饰。尽管 ESC 中可以高水平地表达 DNA 甲基转移酶(de novo DNA methyltransferase),但 ESC 基因组范围内总体 DNA 甲基化水平低于体细胞基因组范围内的 DNA 甲基化水平。

(三)体外诱导胚胎干细胞定向分化方法

ESC 的诱导分化是目前干细胞研究的热点之一,目前 ESC 体外诱导分化的方法有 ESC 与其他细胞共培养、外源性生长因子诱导、特异性转录因子异位表达法等。

1. ESC 与其他细胞共培养 微环境对诱导 ESC 分化具有很大影响。微环境中独特的细胞外基质成分、三维空间结构均影响着 ESC 未分化表型的维持,也决定着 ESC 诱导分化的方向。最常用的传统的人 ESC 培养方法是将其培养于成纤维细胞饲养层上或含有成纤维细胞的条件培养基中,并且加入碱性成纤维因子(bFGF)。

2. 外源性生长因子诱导 导入外源性基因也可使 ESC 发生定向分化。如果把在发育特定阶段起决定性作用的基因导入 ESC 基因组中,将会使 ESC 精准地分化为某一特定类型的细胞。此外,体外培养的 ESC 对细胞因子也具有依赖性。在培养过程中撤除或添加某些细胞因子,可促进 ESC

的增殖或分化。常用的诱导因子有视黄酸(retinoic acid, RA)、成纤维细胞生长因子(fibroblast growth factor,FGF)、骨形态发生蛋白(bone morphogenetic proteins,BMP)等。

3. 特异性转录因子异位表达法 将细胞系特异性表达的基因转入 ESC,并使其表达产生特异性转录因子,从而诱导 ESC 向特定细胞类型分化。

二、成体干细胞的分化

1961 年,从 McCulloch 和 Till 最早从事骨髓研究开始,至今已经在不同组织器官,如脑、骨髓、血管和外周血、骨骼肌、肝组织、卵巢上皮和睾丸等中发现了众多成体干细胞,这些细胞可以为多种疾病的治疗提供宝贵的资源。多数成体干细胞都生活在组织特定微环境——干细胞龛中,干细胞龛既有利于干细胞增殖,又利于其分化。成体干细胞具有有限的细胞分裂能力,并且其分化能力也仅限于少数或一个谱系。这两个特性是成体干细胞和 ESC 之间最显著的差异。二者的相同之处在于,成体干细胞的自我更新和分化能力的维持是依靠其基因组中各种类型的表观遗传修饰,在其向特定类型细胞分化的过程中,也伴随着大量的表观遗传变化。

(一)造血干细胞分化

HSC 被定义为多能干细胞的异质性群体,它们可以分化为成体血液系统的髓系或淋巴系细胞类型。在早期脊椎动物胚胎发育过程中,HSC 作为可分化为内皮细胞和胚外造血母细胞,驱动卵黄囊血管系统的发育。我们所说的"成体"HSC 发生在发育后期,与造血细胞无关,但是,在胚胎发生过程中,驱动早期 HSC 形成的类似信号和转录调控机制也被认为在胎儿发育乃至成年中起作用。1978 年,Schofield 等发现 HSC 存在于出生后骨髓的特定"龛"内,"龛"内复杂的相互作用的信号途径调控着干细胞的干性维持和正确分化。

在过去的 40 年中,这一"龛"的概念得到了扩展:骨髓内膜和血管龛之间相互作用调控 HSC 的发育及在发育和成熟的血液系统中的机制逐渐被揭示。骨内膜是骨髓与骨之间的交界区域,成骨细胞位于其间并分泌大量的细胞因子,这些细胞因子通过"骨内膜龛"驱动 HSC 的发育、维持和行为。例如,血小板生成素和血管生成素被认为可以维持 HSC 的静息态。这些成骨细胞还表达膜结合配体,如 Jagged(Notch 信号途径配体)、N-钙黏蛋白和趋化因子,包括基质细胞衍生因子(SDF-1),这些信号分子都已被证实可以促进干细胞的自我更新和髓系生成。

骨髓内 HSC 的归巢和迁移特性在很大程度上归因于 SDF-1 的调控,该因子不限于骨内膜龛,包括血管龛的血管内皮细胞、基质细胞和成骨细胞都能分泌 SDF-1。体外研究提示,由破骨细胞骨破坏而释放的、隶属于 TGFB 超家族的骨形态发生蛋白 TGFB1、BMP2 和 BMP7A 导致 HSC 恢复静息态。此外,较高的骨内离子浓度也可以调节 HSC 的行为,增加骨内钙的水平会促进表面迁移。交感神经系统(SNS)是骨内膜龛的组成之一,可为骨髓中 HSC 的动员提供指引信号。"血管龛"是 HSC 第二个关键调控环境,大量的研究显示,骨髓血管在 HSC 的维持中发挥重要作用。在胚胎期,成血管细胞形成胚外血管,该血管的内皮成分能产生 HSC。在成体,肝脏和脾脏的血管可以驱动这些器官的造血作用。

血管内皮细胞是驱动体内造血的重要因素:①细胞因子受体 gp130,又名 IL6-ST、IL-β 和 CD130,由血管龛的血管内皮细胞分泌,具有促进造血的作用。在 HSC 和内皮细胞中特异敲除 gp130 后,小鼠表现为低细胞性骨髓,并在出生后一年内死亡。此外,骨髓移植实验表明,将 gp130 缺陷小鼠骨髓移植给辐照后小鼠能够挽救后者的造血功能,但是,相反的移植未能产生相同的结果。可见,糖蛋白 gp130 在血管龛中发挥对造血功能的调控作用。②血管龛决定 HSC 在骨髓中的锚定。靠近血窦内皮细胞的 CAR 网状细胞在 HSC 的迁移和锚定中发挥作用,通过分泌 SDF-1 吸引 HSC。HSC 的增殖也直接受到血窦内皮中 CAR 细胞谱系分泌的 CXCL12 的调控。令人惊讶的是,绝大多数 HSC(97%)都位于骨髓和内皮的 CAR 细胞附近,从信号传递和迁移的角度看,这提示了两种细胞之间的密切联系。该区域的 CAR 细胞也能分泌干细胞因子(SCF,具有促进细胞增殖作用的因子)。

无论是在骨内膜龛,还是血管龛,其中的小生物活性信号分子(如类花生酸)和低氧环境都直接影响 HSC 的行为。例如,前列腺素是被研究最广泛的类花生酸的亚类,已被证明可以促进 HSC 表面 CXCR4 的表达,从而增强 HSC 的迁移能力。在缺氧条件下,当骨髓中的氧气水平降至某个阈值以下时,会促进造血作用。图 1-7-4 说明了骨内膜龛和血管龛与 HSC 的关系。

(二)神经干细胞分化

中枢神经系统(central nervous system,CNS)的主要特征之一是其组织不能再生,由于疾病或伤害造成的损伤通常是永久性的,影响较长远。自 80 多年前 Santiago Ramony

Cajal 提出的在成体中“没有新的神经元”的概念后,这一观点被普遍接受。1967 年,波士顿麻省理工学院的 Joseph Altman 和 Gopal Das 观察到成年豚鼠大脑中存在有丝分裂活动。Altman 进一步用氚放射性标记胸腺嘧啶发现,这些有丝分裂的神经细胞可分化为具有成熟神经元表型的细胞,称为“微神经元”。然而,Altman 和 Das 的最初发现直至 20 世纪 90 年代再次确认成年人大脑中的神经发生现象时才被重视。这些发现再次催生神经发生(neurogenesis)的研究,即以神经干细胞作为关键工具探究成体神经发生的谱系决定(determination)和特化(commitment)等事件的相关生化和分子机制,这也推动了神经干细胞可塑性在神经系统相关疾病(如中枢神经系统修复)治疗中的应用。

在胚胎发育过程中,中枢神经系统成熟的开始(称为神经诱导)是神经干细胞(NSC)或干细胞样前体细胞产生特定神经和神经元表型的时间点。因此,NSC 可以被定义为多能前体细胞——仅具有产生神经元、星形胶质细胞或少突胶质细胞的能力。成体神经发生与胚胎发育过程中 NSC 成熟类似,在胚胎发育过程中,NSC 的行为可分为 3 个主要阶段。

第一阶段:扩增

柱状神经干细胞(或称神经上皮细胞)在胚胎发育早期,以对称分裂的形式驱动种群增长,为后续命运决定做细胞储备。在脊椎动物胚胎中,该事件发生在早期胚胎脑室和脑膜表面的近端。对称分裂除了增加神经上皮细胞的数量外,还推动成熟神经元在这些结构表面的形成。这些事件共同促进出生后中枢神经系统的组织和功能发育。

第二阶段:神经发生

在神经上皮细胞(现常称为神经干细胞)的神经发生阶段,神经上皮细胞以不对称方式分裂,一个子细胞保持有丝分裂状态,而另一个子细胞退出细胞周期并分化为神经元谱系细胞。NSC 的这种细胞分裂模式快速构建了脑室

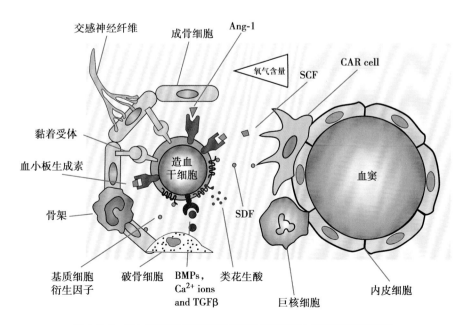

图 1-7-4　造血干细胞与所在的骨内膜龛与血管龛之间相互作用示意图

生发层(germinal ventricular zone,VZ)的细胞框架,并最终产生许多对神经功能至关重要的终末分化细胞。绝大多数神经发生事件都发生在这一区域。随着神经管增厚,NSC会接受多种信号,这些信号驱动NSC发生从柱状到放射状的形态转变,最终发育为放射状胶质细胞(radial neuroglia cell)。这些细胞最终产生皮质星形胶质细胞,并可能通过持续的不对称分裂形成皮质神经元。在成体大脑中,神经发生贯穿整个生命过程,主要发生在侧脑室的脑室下带(subventricular zone,SVZ)和齿状回(dentate gyrus,DG)的颗粒下带(subgranular zone,SGZ)。(图1-7-5)

驱动胚胎和成体中枢神经系统神经发生的外在和内在分子事件:首先,Wnt信号通路与胚胎和成体神经发生密切相关,特别是调控发育和成熟阶段的海马区。NSC不但接受来自星形胶质细胞的Wnt信号,同时也受到来自其自身的Wnt信号的调控。Wnt/β-catenin信号通路上调bHLH转录因子NeuroD1表达,介导神经干细胞向神经元的终末分化。bHLH转录因子家族对胚胎发育期和成年期的神经发育具有重要影响。Neurogenin1和2是神经元决定因子,控制发育中的背根神经节(dorsal root ganglia,DRG)的神经发生;Mash1(Ascl1)驱动嗅球中的GABA能中间神经元发育;Neurogenin2和Tbr2促进近肾小球区谷氨酸能神经元的发育。bHLH抑制分子——Hes家族则通过拮抗这些蛋白和其他bHLH蛋白的神经源性作用,从而维持后期神经源性多样性所需神经干细胞数量。其次,sonic hedgehog/smoothened作为重要的促有丝分裂信号通路,在发育中的胚胎和成年大脑中驱动NSC增殖。最后,转录因子Sox2在维持成体大脑中NSC数目中起关键作用。作为抑制性转录因子,Sox2被认为可以抑制胶质细胞表面标志分子GFAP的表达。

第三阶段:胶质发生

在绝大多数神经发生结束后,VZ区的部分NSC开始生成各类型的胶质细胞。这一事件主要发生在大脑近端区域SVZ。在胶质发生阶段,NSC丧失了部分多能性,特化为神经胶质样表型。这些神经胶质祖细胞最终产生包括星形胶质细胞和放射状胶质细胞的终末分化神经胶质细胞。在这个NSC多能性逐渐丧失的阶段,Hideyuki Okano与同事发现转录因子COUP-TFII在降低GFAP等终末分化标记的表观遗传沉默中发挥重要作用。此外,其他转录因子,如Neurogenin2、olig2和Sox10也通过调控少突胶质细胞成熟而促进神经胶质细胞发生。与此相反,同源盒转录因子

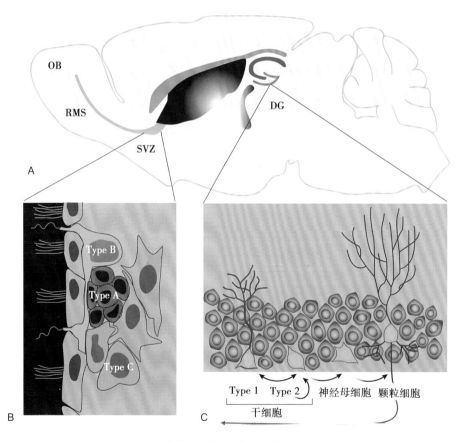

图1-7-5 成体大脑中的神经发生

A. 成体NSC主要位于大脑的两个生发区:侧脑室的SVZ和海马的SGZ。B. 部分SVZ中相对静止的GFAP+放射状细胞(B型细胞)有成为成年NSC的潜力,并可产生快速分裂、短暂扩增的非放射NSC(C型细胞),进而生成由RMS向OB迁移的神经母细胞(A型细胞)。C. 在成年SGZ,GFAP+Sox2+放射状细胞群是静息态的NSC(1型细胞)。它们与活跃增殖的、可生成星形胶质细胞和成神经母细胞的GFAP-Sox2+非放射状NSC(2型细胞)共存。神经母细胞迁移到颗粒细胞层并成熟为神经元

Emx2、Sox5、Sox6 和螺旋转录因子 Foxg1,通过完全不同的机制负性调控胶质细胞发生。发育经典信号途径如 Notch、BMP、Hedgehog 和 FGF 对于早期抑制神经发生和晚期促进神经胶质发生均至关重要,已有研究证明这些生长和分化因子直接通过上述转录因子发挥作用。

因此,在胚胎发育过程中和出生后,由 CNS 来源的 NSC 作为终末分化的神经元和神经胶质细胞来源的能力至关重要。NSC 自身及调控 NSC 的信号通路的治疗潜力相当可观,NSC 来源的新生神经元或神经胶质细胞,可能为脊髓损伤、帕金森病等疾病的治疗提供新思路和新方法。

第四节　干细胞研究与应用进展

干细胞和再生医学技术的研究始于 20 世纪 60 年代,McCulloch 和 Till 发现并命名了造血干细胞。近年来,随着生物技术的快速发展,干细胞在基础研究和临床应用两方面都取得了巨大进步。目前该技术已经广泛用于治疗老年痴呆、帕金森综合征、卒中、心脏病和糖尿病等疾病。

一、基础研究不断突破

弗莱堡大学医学院的研究小组成功地破译了细胞分化过程中基本的分子调控机制,发现胚胎 TGF-β 和 Wnt 信号是通过 T-box 因子家族的基因调节转录因子 Eomes 和 Brachyury "开启"中胚层和内胚层细胞分化的基因程序,同时,T-box 因子还充当基因阻遏物,通过抑制相应的基因程序来阻止神经组织的形成。加州大学圣地亚哥医学院的研究人员成功将高度特化的神经干细胞移植到小鼠的脊髓损伤部位,并记录了移植过程,发现神经干细胞移植物在这些小鼠中生长并填充损伤部位,并与现有的神经元网络整合,这表明神经干细胞移植物能够自我组装成类似脊髓的神经网络,在功能上与宿主神经系统相结合。中国科学院昆明动物研究所的研究人员揭示多能干细胞中 lncRNA 介导的基因组稳态调控新机制。此外,毛囊干细胞的调控机制、生殖细胞打破对称性从而特化形成卵母细胞的分子机制,以及雄性生殖细胞的命运转变过程和调控机制等重大关键科学问题也得到了深入揭示。

2016 年,人类细胞图谱(human cell atlas,HCA)计划正式提出,其目标是绘制出人体中的每种细胞类型,从而改变对生物学、感染和疾病的认识。从此,细胞谱系研究成为前沿热点之一。2022 年 5 月,细胞谱系研究取得重大进展,以多篇高水平科研论文的形式发表于美国《科学》杂志。剑桥大学威康·桑格研究所的研究人员及其合作者对来自 12 个成年器官捐赠者的 16 个组织中的 330 000 个免疫细胞的 RNA 逐一进行了测序,通过比较来自同一供体的多个组织中的特定免疫细胞,确定了包括特定的巨噬细胞、T 细胞和 B 细胞在内的大约 100 种不同类型的免疫细胞,以及它们在不同组织中的分布。桑格研究所的研究人员和合作者使用空间转录组学和单细胞 RNA 测序创建了一个跨越 9 个器官的人类免疫系统发育图谱,揭示了参与血液和免疫细胞形成的组织。哈佛博德研究所的研究人员及其合作者创建了一个跨组织图谱来分析来自多个冷冻储存组织的 200 000 个细胞,重点关注罕见和常见疾病基因。使用新的机器学习算法,系统地将图谱中的细胞与 6 000 种单基因疾病和 2 000 种复杂的遗传疾病和性状相关联,以识别可能与疾病有关的细胞类型和基因程序。来自陈·扎克伯格生物中心的研究人员使用活细胞的单细胞 RNA 测序分析来自同一供体的许多器官,近 50 万个细胞的集合提供了来自活细胞的独特广泛的跨组织图谱,并创建了一个被研究人员称为 Tabula Sapiens 的数据集。该数据集详细描述了 400 多种特定细胞类型、组织的分布和跨组织基因表达的变化。

作为干细胞领域的重大突破之一,类器官技术因利用干细胞进行体外三维培养形成包含其代表器官特性的细胞簇而备受医学科研领域关注。近年来,"类器官 +"更有望给类器官研究带来新亮点:类器官技术与活体实时成像技术相结合,有望实时观察到人类早期发育过程;类器官技术与生物 3D 打印结合,有望实现基于类器官的功能性治疗;类器官技术与"人类细胞图谱(human cell atlas,HCA)"技术结合,类器官细胞图谱将推进包括罕见遗传病、复杂多因素疾病、精准肿瘤治疗等以疾病为中心的研究。

二、临床研究取得重大进展

帕金森病(Parkinson's disease,PD)又名震颤性麻痹,是常见于老年人的神经退行性疾病。在帕金森病患者中,产生多巴胺的神经元短缺会导致颤抖和行走困难。2018 年 10 月,日本京都大学医学院的科研人员首次开展将 iPSC 衍生的多巴胺前体细胞植入到帕金森病患者大脑中的临床试验。2020 年,来自美国布罗德研究所、麻省总医院、波士顿儿童医院和达纳-法伯癌症研究所的两个研究团队各自发现了一组遗传性基因变异,这些变异会增加造血干细胞(HSC)在人的一生中积累这些基因突变的风险,最终会导致癌症或易患心血管疾病。杜克大学的研究人员揭示了为什么在清除 MSC 之后,它还能继续抑制体内炎症的机制。2021 年,得克萨斯大学西南医学中心吴军课题组使用 3D 培养体系,通过对不同细胞信号通路的调控,成功用人多能性干细胞(pluripotent stem cell)分化诱导出人类早期胚胎样结构(命名为 Blastoid)。该结构与人囊胚期胚胎(blastocyst)具有类似的结构,正确地表达相应的基因与蛋白,并且可以在体外发育 2~4 天,形成类羊膜囊等结构。

此外,2020 年,中国科学院分子细胞科学卓越创新中心(生物化学与细胞生物学研究所)曾艺课题组成功鉴定小鼠胰岛中的干细胞类群,并借助干细胞与血管内皮细胞共培养,获得了有功能的小鼠胰岛类器官。北京大学邓宏魁团队发现多能干细胞能高效制备胰岛细胞,且安全有效地改善糖尿病猴的血糖控制,在此基础上,2022 年,通过对化学小分子进行大量筛选和组合,成功开发出化学小分子诱导技术,使人成体细胞逆转为人 CiPSC,实现人成体细胞发育过程的"逆转"。

三、临床应用进入实质阶段

美国、欧盟和日本等国家和地区的干细胞疗法相继已获批进入临床治疗。2015 年,TiGenix 获得了美国食品和药品监督管理局(FDA)对干细胞疗法Ⅲ期临床试验的批准,该临床试验是目前为止针对复杂肛瘘克罗恩病患者最大规模的随机性研究。获得欧盟"地平线 2020"全额资助、由欧盟多个成员国爱尔兰(总协调)、德国、英国、意大利、荷兰和比利时等国跨学科医学科研人员组成的欧洲 NEPHSTROM 研发团队,开发出被称为间充质基质细胞的基质干细胞疗法,可有效调节病患的免疫反应,减缓和阻止糖尿病肾病的继续恶化。该研发团队已获得欧盟颁发的Ⅲ期临床试验许可,并在爱尔兰、英国及意大利等国的 3 家医院开展各 40 例糖尿病肾病的临床试验。2019 年 3 月,日本批准了大阪大学使用人 iPSC 培养角膜细胞并移植给患者的临床试验,这是全球首次批准此类临床试验,也是日本批准的用 iPSC 治疗的第六种疾病,此前已利用 iPSC 实施过老年黄斑变性、心脏病、帕金森病、脊髓损伤等疾病的临床治疗。我国目前有 11 个干细胞产品通过新药注册申报获批进入临床研究,涉及的适应证包括炎症性肠炎、特发性肺纤维化、难治性急性移植物抗宿主病、类风湿性关节炎、膝骨关节炎、缺血性脑卒中、糖尿病足溃疡、新冠肺炎引起的急性呼吸窘迫综合征等。细胞的来源大部分是不同组织来源的 MSC,以及人胚干细胞来源的 M 细胞(间充质样细胞)、自体成体肺干细胞。

全球再生医学有 1 066 项临床注册研究项目在开展,其中Ⅰ期 381 项(基因治疗产品 111 项,基因修饰的细胞治疗产品 222 项,细胞治疗产品 42 项,组织工程产品 6 项);Ⅱ期研究 591 项(基因治疗产品 209 项,基因修饰的细胞治疗产品 215 项,细胞治疗产品 144 项,组织工程产品 23 项);Ⅲ期临床研究 94 项(基因治疗产品 32 项,基因修饰细的胞治疗产品 15 项,细胞治疗产品 30 项,组织工程产品 17 项)。申报的适应证仍以肿瘤、心血管疾病、骨骼肌肉类疾病等慢性病为主。

(梁亮　贾战生　韩骅)

参考文献

[1] 郑颖,邓诗碧,陈方. 干细胞与再生医学技术发展态势研究,中国生物工程杂志,2022,42(4):111-119.

[2] Yu L,Wei Y,Duan J,et al. Blastocyst-like structures generated from human pluripotent stem cells. Nature,2021,591(7851):620-626.

[3] Lin Wang,Jingzheng Li,Hu Zhou,et al. A novel lncRNA Discn fine-tunes replication protein A(RPA)availability to promote genomic stability. Nature Communications,2021,12(1):1-15.

[4] Choi S,Zhang B,Ma S,et al. Corticosterone inhibits GAS6 to govern hair follicle stem-cell quiescence. Nature. 2021,592(7854):428-432.

[5] Nashchekin D,Busby L,Jakobs M,et al. Symmetry breaking in the female germline cyst. Science,2021,374(6569):874-879.

[6] Erik L Bao,Satish K Nandakumar,Xiaotian Liao,et al. Inherited myeloproliferative neoplasm risk impacts hematopoietic stem cell. Nature,2020,586(7831):769-775.

[7] Steven Ceto,Kohei J Sekiguchi,Yoshio Takashima,et al. Neural Stem Cell Grafts Form Extensive Synaptic Networks that Integrate with Host Circuits after Spinal Cord Injury. Cell Stem Cell,2020,27(3):430-440.e5.

[8] elena Tosic,Gwang-Jin Kim,Mihael Pavlovic,et al. Eomes and Brachyury control pluripotency exit and germ-layer segregation by changing the chromatin state. Nature Cell Biology,2019,21(12):1518-1531.

[9] 韩晔,刘强,齐燕,等. 专利视角下国际干细胞领域发展态势剖析. 世界科技研究与发展,2019,41(4):392-402.

[10] Robert Lanza,Anthony Atala. Essentials of Stem Cell Biology. 3rd ed. Amsterdam:Elsevier,2014.

[11] Morita Y,Iseki A,Okamura S,et al. Functional characterization of hematopoietic stem cells in the spleen. Exp Hematol,2011,39(3):351-359.e3.

[12] Lilly AJ,Johnson WE,Bunce CM. The haematopoietic stem cell niche:new insights into the mechanisms regulating haematopoietic stem cell behaviour. Stem Cells Int,2011,2011:274564.

[13] Okano H. Neural stem cells and strategies for the regeneration of the central nervous system. Proc Jpn Acad Ser B Phys Biol Sci,2010,86(4):438-450.

[14] Lefebvre V. The SoxD transcription factors Sox5,Sox6,and Sox13 are key cell fate modulators. Int J Biochem Cell Biol,2010,42(3):429-432.

[15] Mu Y,Lee SW,Gage FH. Signaling in adult neurogenesis. Curr Opin Neurobiol,2010,20(4):416-423.

[16] Omatsu Y,Sugiyama T,Kohara H,et al. The essential functions of adipo-osteogenic progenitors as the hematopoietic stem and progenitor cell niche. Immunity,2010,33(3):387-399.

[17] Arai F,Yoshihara H,Hosokawa K,et al. Niche regulation of hematopoietic stem cells in the endosteum. Ann N Y Acad Sci,2009,1176:36-46.

[18] Hoggatt J,Singh P,Sampath J,et al. Prostaglandin E2 enhances hematopoietic stem cell homing,survival,and proliferation. Blood,2009,113(22):5444-5455.

[19] Wexler EM,Paucer A,Kornblum HI,et al. Endogenous Wnt signaling maintains neural progenitor cell potency. Stem Cells,2009,27(5):1130-1141.

[20] Rakic P. Evolution of the neocortex:a perspective from developmental biology. Nat Rev Neurosci,2009,10(10):724-735.

[21] Cavallaro M,Mariani J,Lancini C,et al. Impaired generation of mature neurons by neural stem cells from hypomorphic Sox2 mutants. Development,2008,135(3):541-557.

[22] DeMarchis S,Bovetti S,Carletti B,et al. Generation of distinct types of periglomerular olfactory bulb interneurons during development and in adult mice:implication for intrinsic properties of the subventricular zone progenitor population. J Neurosci,2007,27(3):657-664.

[23] Adams GB,Chabner KT,Alley IR,et al. Stem cell engraftment at the endosteal niche is specified by the calcium-sensing receptor. Nature,2006,439(7076):599-603.

[24] Katayama Y,Battista M,Kao WM,et al. Signals from the sympathetic nervous system regulate hematopoietic stem cell

egress from bone marrow. Cell,2006,124(2):407-421.

[25] Kriegstein A,Noctor S,Mart í nez-Cerdeño V. Patterns of neural stem and progenitor cell division may underlie evolutionary cortical expansion. Nat Rev Neurosci,2006,7(11):883-890.

[26] Sugiyama T,Kohara H,Noda M,et al. Maintenance of the hematopoietic stem cell pool by CXCL12-CXCR4 chemokine signaling in bone marrow stromal cell niches. Immunity,2006,25 (6):977-988.

[27] Yao L,Yokota T,Xia L,et al. Bone marrow dysfunction in mice lacking the cytokine receptor gp130 in endothelial cells. Blood, 2005,106(13):4093-4101.

[28] Lie DC,Colamarino SA,Song HJ,et al. Wnt signalling regulates adult hippocampal neurogenesis. Nature,2005,437(7063): 1370-1375.

[29] Kessaris N,Jamen F,Rubin LL,et al. Cooperation between sonic hedgehog and fi broblast growth factor/MAPK signalling pathways in neocortical precursors. Development,2004,131(6):1289-1298.

[30] Arai F,Hirao A,Ohmura M,et al. Tie2/angiopoietin-1 signaling regulates hematopoietic stem cell quiescence in the bone marrow niche. Cell,2004,118(2):149-161.

[31] 裴雪涛. 干细胞生物学. 北京:科学出版社,2003.

[32] Sakamoto M,Hirata H,Ohtsuka T,et al. The basic helix-loop-helix genes Hesr1/Hey1 and Hesr2/Hey2 regulate maintenance of neural precursor cells in the brain. J Biol Chem, 2003,278(45):44808-44815.

[33] Lai K,Kaspar BK,Gage FH,et al. Sonic hedgehog regulates adult neural progenitor proliferation in vitro and in vivo. Nat Neurosci, 2003,6(1):21-27.

[34] Chandran S,Kato H,Gerreli D,et al. FGF-dependent generation of oligodendrocytes by a hedgehog- independent pathway. Development,2003,130(26):6599-6609.

[35] Alvarez-Buylla A,García-Verdugo JM,Tramontin AD. A unified hypothesis on the lineage of neural stem cells. Nat Rev Neurosci, 2001,2(4):287-293.

[36] Batard P,Monier MN,Fortunel N,et al. TGF-(beta)1 maintains hematopoietic immaturity by a reversible negative control of cell cycle and induces CD34 antigen up-modulation. J Cell Sci,2000, 113(Pt 3):383-390.

[37] Varnum-Finney B,Xu L,Brashem-Stein C,et al. Pluripotent, cytokine-dependent,hematopoietic stem cell are immortalized by constitutive Notch1 signaling. Nat Med,2000,6(11):1278-1281.

[38] Alvarez-Buylla A,Theelen M,Nottebohm F. Proliferation "hot spots" in adult avian ventricular zone reveal radial cell division. Neuron,1990,5(1):101-109.

第八章 胚胎干细胞

提要:胚胎干细胞(embryonic stem cell,ESC)是从早期胚胎分离、培养出来的一种具有无限增殖能力和全向分化能力的干细胞。ESC 可以在体外长久和稳定自我复制,并可分化为机体所有类型的功能细胞。因此,ESC 作为生物医学细胞治疗的理想细胞,在细胞治疗、组织工程和药物筛选等生命医学研究中展现出巨大的应用前景。本章将分 5 节分别概述 ESC 的研究概况、生物学特性、标志、增殖与分化机制、研究的意义及应用前景等内容。

ESC 是从附置前早期胚胎内细胞团(inner cell mass,ICM)分离、体外抑制分化培养出来的一种具有无限增殖能力和全向分化能力的干细胞。ESC 既像培养的一般细胞那样,可以在体外无限扩增、进行遗传操作选择和冻存,且不会丢失其多能性;又类似于胚胎细胞,含有正常的二倍体核型,具有发育为完整个体的全能性,并且 ESC 可以在体外长久和稳定地自我复制,实现"永生"。在适当条件下,ESC 可被诱导分化为内、中、外 3 个胚层的几乎所有类型细胞,也可与受体胚胎嵌合,生产包括生殖系在内的各种组织的嵌合体个体。因此 ESC 是研究哺乳动物早期胚胎发生、细胞组织分化、基因表达调控等发育生物学基础研究的理想模型系统和工具细胞,也是进行动物胚胎工程开发、临床医学研究和治疗各种疾病,修复受损伤的组织和器官的一个重要途径,具有广泛的应用前景。

第一节 胚胎干细胞的研究概况

1998 年,美国 Thomson 和 Shamblott 两个研究组分别从早期胚胎和原始生殖细胞(PGC)建立了人 ESC 系,在国际上引起了轰动。*Science* 将人类 ESC 的研究成果评为 1999 年世界十大科技进展之首,美国《时代》周刊将其列为 20 世纪末世界十大科技成就之首,并认为 ESC 和人类基因组将同时成为新世纪最具发展和应用前景的领域,由此掀起了 ESC 研究的热潮。近 20 年来,ESC 的研究一直热度未减,伴随着高通量测序、单细胞测序、类器官培养、iPSC、CRISPR/Cas9 基因编辑等技术的蓬勃发展,对 ESC 的研究也越来越多。基于 20 年来积累的大量临床前安全性和有效性研究数据,干细胞药物产品前期研发已趋于完善,目前已跨入后期临床研究和应用转化阶段。

一、动物和人类 ESC 研究概况

ESC 研究起源于 20 世纪 70 年代对畸胎瘤的研究。1981 年,Evans 和 Kaufman 从延缓着床的小鼠囊胚 ICM 中分离出小鼠的 ESC,从此全球就掀起了 ESC 研究的热潮。1998 年,美国威斯康星大学的 Thomson 教授在建立灵长类动物 ESC 的基础上,建立了人 ESC;同年,Shamblott 团队用流产胎儿性腺成功地分离和培养并建立了人胚胎生殖细胞系(embryonic germ cell,EGC)。

自 1981 年 Evans 等人首先建立了小鼠 ESC,在此之后近 20 年内,科学家相继在早期胚胎建立了小鼠、大鼠、猪、牛、兔、绵羊、山羊、水貂、仓鼠、灵长类动物(恒河猴、狨)和人 ESC。从 PGC 分离克隆到小鼠 EGC 后,科学家分别自 PGC 分离克隆到人、山羊、牛、鸡等类 EGC。目前,人们仅在小鼠 ICM 和 PGC 建立了 ESC,其他动物和人类仅得到类 ESC(图 1-8-1)。除小鼠、大鼠和人类 ESC 有标准细胞系外,其他动物尚未见到可收藏储存的标准 ESC。

二、我国 ESC 研究现状

国内在 ESC 方面的综合性研究虽然起步较晚,但发展非常迅速,在多个领域已走到了世界前列。在基础研究方面,尚克刚、赖学良等人先后建立了小鼠和兔细胞系,盛惠珍研究小组在国际上首次构建了人-兔核移植重构胚。在应用研究方面,窦忠英团队从人 ESC 中分化诱导得到心脏跳动样细胞团,中国军事医学科学院发现了"人胚胎干细胞素",用于临床多种疾病的治疗并取得了明显效果。另外,研究人员可以在成分明确的无动物源条件下建立和培养 hESC,邓宏魁团队通过小分子诱导得到全能性的扩展多能干细胞系(extended pluripotent stem cell,EPSC);ICM 的来源不再局限于被遗弃的胚胎,近年有许多研究表明可以从孤性胚胎中分离得到,如周琪团队从直接激活 MII 的卵母细胞形成的孤雌囊胚中分离得到 pESC,以及用精子替换卵母细胞核形成的胚胎中分离而来的孤雄胚胎干细胞(androgenetic haploid embryonic stem cell,AG-haESC),这两种 ESC 也已成功建系。使用无饲养层体系建立 ESC 也成为目前研究的热点。这些细胞系的建立为遗传学研究提供了重要工具,一定程度上也缓解了干细胞来源方面的道德压力。不过最近 10 年的胚胎干细胞的研究主要集中在诱导分化和临床应用,目前已跨入后期临床研究和应用转化阶段,这将在第五节进行详细讲解。

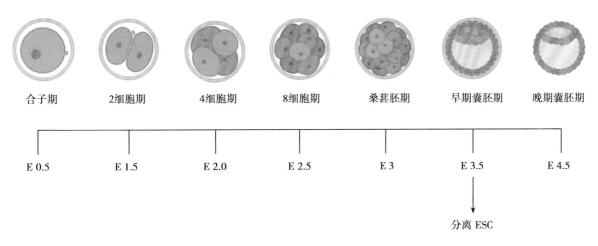

合子期　　2细胞期　　4细胞期　　8细胞期　　桑葚胚期　　早期囊胚期　　晚期囊胚期

E 0.5　　E 1.5　　E 2.0　　E 2.5　　E 3　　E 3.5　　E 4.5

分离 ESC

图 1-8-1　ESC 的分离

第二节　胚胎干细胞的生物学特性

ESC 较一般细胞除具特定的细胞形态、生长特性,特定的细胞表面抗原和酶,正常的二倍体核型外,还具有以下几个特性:

一、多能性

ESC 具有发育的多能性。ESC 具有发育为构成机体所有细胞类型中的任何一种组织细胞的潜力。在体外,ESC 可被诱导分化出包括三个胚层在内的所有分化细胞(图 1-8-2);若将 ESC 注射到免疫缺陷 SCID 小鼠或同源动物体内,可分化产生由三个胚层细胞组织构成的畸胎瘤。ESC 具有种系传递功能。ESC 能与另一正常胚胎嵌合,获得包括生殖系在内的嵌合体个体。具有生殖系嵌合能力的多能性是 ESC 具有可塑性的基础,这正是 ESC 的美妙之处,也是 ESC 优于成体干细胞的特点。总之,全能性(或多能性)是 ESC 的核心。

二、无限扩增

理论上,ESC 具无限扩增的特性。体外无限扩增的特性是 ESC 研究和应用的一个前提和关键。早期胚胎细胞具有全能性,但其数量很少,相对来说其实际应用意义不

大。ESC 在体外适宜条件下,能在未分化态下无限增殖,且可以保持其遗传物质的稳定,为 ESC 的研究和应用提供了无限的细胞来源。

三、可操作性

在体外,可以对 ESC 进行遗传操作选择,如导入异源基因、报告基因或标志基因,诱导某个基因突变,基因打靶或导入额外的原有基因使之过度表达,通过 CRISPR/Cas9 技术进行基因敲除和敲入等。理论上,ESC 经遗传操作选择后仍能保持其扩增和发育的全能性或多能性,因此可经遗传操作选择制备转基因细胞株或基因缺失、突变或过量表达的杂合或纯合细胞株进行各种基因功能分析。

第三节　胚胎干细胞的标志

一、早期 ESC 的形态结构特征

各种哺乳动物的 ESC 都具有早期胚胎相似的形态结构特征:细胞体积小;核大,核质比高,多为常染色质;胞质较少,结构简单;具有一个或多个核仁,且大;胞质内细胞器成分少,但游离核糖体较丰富,且有少量的线粒体;超微结构显示具有未分化的外胚层细胞特性。ESC 在体外分化抑制培养的过程中,呈克隆状生长,集落隆起,细胞界限不清,边缘整齐,折光性强,有立体感。小鼠 ESC 的直径为 7~18μm,猪、牛、羊 ESC 的颜色较深,直径为 12~18μm。

另外,ESC 具有一些特异的细胞表面标志,这些表面标志可以帮助分离纯化 ESC,还可以用于判断 ESC 是否发生了分化。大多数哺乳动物 ESC 均表达较高的 AKP 活性,且表达高端粒酶活性。当用碱性磷酸酶染色时,ESC 呈棕红色,而周围的成纤维细胞呈淡黄色,该方法可用于 ESC 分化与否的鉴定。

二、ESC 的特异性表面标志

ESC 表达早期胚胎细胞的阶段特异性表面抗原

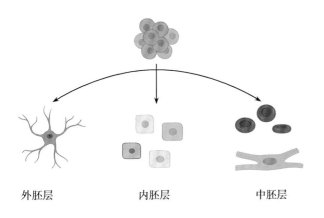

外胚层　　内胚层　　中胚层

图 1-8-2　ESC 具有分化为三种胚层细胞的能力

（stage-specific embryonic antigen，SSEA）。在胚胎的原始外胚层细胞，ESC 和 PGC 的表面均可检测到 SSEA-1 的表达。灵长类 ESC 还表达 SSEA-3、4 及高分子糖蛋白（TRA-1-60、TRA-1-81）。小鼠 ESC 中 SSEA-1 的表达自 8 细胞期开始，直到原始外胚层形成期，而且其起源因子（genesis）、生殖细胞核因子（germ cell nuclear factor，GCNF）及生长因子（GDF-3）检测均阳性，但不表达 SSEA-3 或 SSEA-4，而体外培养的分化小鼠 ESC 则不表达 SSEA-1。另外，小鼠 ESC 还表达一些能快速降低分化的分子标记，如一些转录因子如 L17、Rex1、GBX2、Oct4、UTF2 和 Pem 等。大鼠 ESC 表达 SSEA-1、IL-6。牛 ESC 表达 SSEA-1、SSEA-3、SSEA-4。研究表明，人 ESC 显示与小鼠 ESC 不同的细胞表面抗原表型，而且他们分化为胚外细胞或体细胞后抗原表达有明显变化。人 ESC 表达以下所有分子标志物：Oct3/4、TDGF、Sox2、LeftyA、Thy-1、FGF4、Rex1、SSEA3、SSEA4、TRA-1-81、TRA-2-54 和 GCTM-2，这些分子标志物在未分化的人 ESC 中高表达，在分化细胞中不表达或低表达。

目前发现的有关 ESC 标记越来越多，表 1-8-1 是有关 ESC 的标志。

表 1-8-1　灵长类和小鼠多能细胞表面标志及生长特性

	小鼠 EC、ESC、EGC	人 EC	猴 ESC	人 ESC	人 EGC
SSEA-1	+	-	-	-	+
SSEA-3	-	+	+	+	+
SSEA-4	-	+	+	+	+
TRA-1-60	-*	+	+	+	+
TRA-1-81	-*	+	+	+	+
GCTM-2	-*	+	+	+	?
AKP	+	+	+	+	+
Oct4	+	+	+	?	+
Genesis	+（ES）	+	?	?	+
P63	?	?	?	?	?
生殖细胞核因子	+（ES,EC）	+	?	?	?
GDF-3	+（ES,EC）	+	?	?	?
Cripto（TDGF-1）	+（ICM,外胚层）	+	?	?	?
依赖饲养层细胞	ES,EG,部分 EC	部分、少数呈高克隆率	依赖	依赖	依赖
已知因子有助于干细胞更新	LIF 和其他因子通过 gp130 作用	?	?	不依赖	LIF，bFGF，Forskolin

注:* 抗体对老鼠细胞不反应,尚不明确是由于老鼠细胞不表达,还是抗体具种属特异性。

+ 表示反应呈阳性;- 表示反应呈阴性;? 表示未见报道。

第四节　胚胎干细胞的增殖与分化机制

体外培养 ESC,其在增殖及未分化状态时表现出对细胞因子的依赖性。例如,体外培养小鼠 ESC,撤除白血病抑制因子(LIF)就会分化。近年来,对 ESC 增殖或分化调节机制的研究表明,胞外信号调节通路——信号转导及转录活化蛋白 3(signal transducer and activator of transcription 3,STAT3)及胞外信号调节激酶(extracellular signal regulated kinase,ERK)在 ESC 自我更新及其诱导分化方面起重要作用。人 ESC 的自我更新是通过若干个信号通路(FGF2、MAPK/ERK、PI3K/AKT、IGF 和 Activin/Nodal)的活化或抑制来实现的,这些信号通路对人 ESC 的维持意义重大。Ying 等发现,MEK 抑制剂 PD0325901 和 GSK3 抑制剂 CHIR99021 联合使用,就能够充分维持 ESC 的自我更新。

ESC 增殖或分化的信号调节模式为:胞外信号(配体)与细胞表面受体结合后,激活与该受体耦联的酪氨酸激酶(JAK),JAK 活化后使 STAT3 和 ERK 上的酪氨酸磷酸化,活化后的 STAT3 和 ERK 进一步调节 ESC 特定基因的表达,使其增殖或分化。此外,酪氨酸磷酸酶(SHP2)亦可直接或通过调节 ERK 的活性间接参与 ESC 增殖或分化的调节。

一、STAT3 信号通路对胚胎干细胞增殖及分化的调节

(一) STAT3 信号通路对胚胎干细胞增殖的调节

STAT3 信号通路对小鼠 ESC 特性维持起到重要功能。细胞因子(IL-2、6-LIF 等)通过信号受体复合物 gp130 激活,JAK 及 STAT3 的信号级联传导作用于 ESC 内的靶基因,调节其增殖。缺失功能性 gp130,则 STAT3 活性降低,阻断了细胞因子 LIF 信号通路,进而导致 LIF 不能抑制 ESC 分化。当 ESC 用维甲酸(retinoic acid,RA)诱导或撤除 LIF 而出现分化时,酪氨酸磷酸化的 STAT3 的含量迅速降低,其 DNA 结合活性降低。STAT3 活性水平对于维持 ESC 未分化状态起决定作用。

小鼠 ESC 在含有 LIF 和其他能激活 LIF 受体信号通路的因子如 oncostatin M、CNF 或 IL-6 和 IL-6 受体结合,能维持小鼠 ESC 的未分化增殖。LIF 与小鼠 ESC 的 LIFβ/GP130 异二聚体结合,激活 JAK/Stat3 信号通路,维持小鼠 ESC 自我更新和抑制分化。但人类和其他灵长类 ESC 多能性的维持并不像小鼠 ESC 依赖于 LIF 能维持其未分化增殖,人 ESC 多能性的维持不依赖于 STAT3 信号。未分化人 ESC 多能性的维持需要激活 Smad2/3、TGF-β、PI3K/AKT/PKB 等信号通路,可能在人 ESC 多能性的维持中具有重要作用,BMP-2 及其拮抗物在人 ESC 分化调控中发挥作用。这表明不同物种的胚胎发育有差异,人类和其他灵长类及小鼠 ESC 的增殖和分化调控不同。

(二) STAT3 对胚胎干细胞分化的调节

STAT3 对 ESC 分化的调节机制具体表现在以下几个方面:①STAT3 维持与 ESC 多能性有关的特异基因(如

Oct4 基因）的表达。STAT3 调节 Oct4 持续表达，而 Oct4 基因的表达产物转录因子 Oct4 对于胚胎多能性干细胞的确立与维持是必不可少的。②STAT3 可调节 ESC 的细胞周期。对 STAT3 突变（STAT$^{-/-}$）细胞及 BAF3 类型细胞 gp130 信号的研究显示，STAT3 活性与周期蛋白依赖激酶抑制因子 p27kip1 的表达减少有关，进一步得出 STAT3 可加速细胞周期的进程。③STAT3 抑制指导分化的信号转导蛋白的活性。通过对多种细胞类型的 gp130 检测，发现 STAT3 与 ERK 信号存在一种互相拮抗的关系，比如，活化后的 ERK 促进分化细胞系的建立，而 STAT3 可阻断 ERK 的活化。另外，STAT3 信号通路与 ERK 信号通路在基因表达水平上相互竞争，调节分化基因的表达。例如，STAT3 与 DNA 结合位点结合后，占据了 ERK 的结合位点，从而关闭分化基因的表达；相反，ERK 先与 DNA 结合位点结合后，STAT3 则不能再结合，从而诱导分化基因的表达。

二、ERK 信号通路对胚胎干细胞增殖及分化的调节

（一）SHP-2/ERK 信号对胚胎干细胞增殖的调节

ERK 信号通路对 ESC 的增殖具有调节作用。用 ERK 通路的抑制剂 PD098059 处理 ESC 后，ESC 的增殖不受影响，表明 ERK 信号不能直接调节 ESC 的增殖。粒细胞集落刺激因子受体（G-CSFR）/gp130 突变受体稳定导入 ESC 的实验表明，突变 SHP-2 受体延长了 STAT3 信号的活化作用，增强了 ESC 增殖能力；SHP-2 表达时可负调节 ESC 的增殖信号。SHP-2 不表达对于维持 ESC 的增殖是必要的。

（二）SHP-2/ERK 信号对胚胎干细胞分化的调节

催化无活性 SHP-2 的过量表达可抑制体外单层培养及胚胎中 ESC 的分化，说明 SHP-2 对胚胎早期分化进程具有重要的调节作用。同时，ERK 活化是通过诱导细胞周期蛋白 D1 的表达，并使细胞处于 G_1 期。因此，ERK 有助于 ESC 中与分化有关基因的表达。有关 ESC 主要维持与分化机制见图 1-8-3。

（三）NANOG 对 ESC 多能性的维持

2003 年，Kaoru Mitsui 等发现一种命名为 NANOG 的 ESC 内源性同源异型蛋白（来自 Tir Na Nog，意为长生不老，land of the ever young）能够独立于 LIF/STAT3，独自维持 ICM 和 ESC 的多能性。NANOG 在 ESC、EGC 和胚胎癌细胞中表达，但在造血干细胞、腔壁内胚层、成纤维细胞、成体组织或分化的 ESC 中不表达。NANOG 分子出现于致密桑葚胚的内部细胞中，这些细胞将来分化成胚泡的 ICM，而 ICM 是 ESC 的来源。NANOG 分子可持续在 ESC 和上胚层中表达，但在着床前阶段其表达下调。在 NT2 畸胎癌细胞和几株肿瘤细胞中检测到 NANOG 的 mRNA，显示在癌症发生期间可诱导形成 NANOG 分子。NANOG 缺失的 ESC 失去多能性，并分化为胚外内胚层。NANOG 维持 ESC 自我更新的能力，其中的一个机制可能是抑制了分化基因（如 Gata4 和 Gata6）的转录。Oct3/4 的原始功能是阻止 ICM 和 ESC 的滋养外胚层分化，而 NANOG 则是独立阻止 ICM 和 ESC 分化为胚外内胚层，并保持其多能性。

第五节　胚胎干细胞研究的意义及应用前景

ESC 在生命科学的各个领域都有着重要而深远的影响，尤其在克隆动物、转基因动物生产、发育生物学、药物的发现和筛选、动物和人类疾病模型、细胞组织和器官的修复和移植治疗、组织工程研究上有着极其诱人的应用前景。

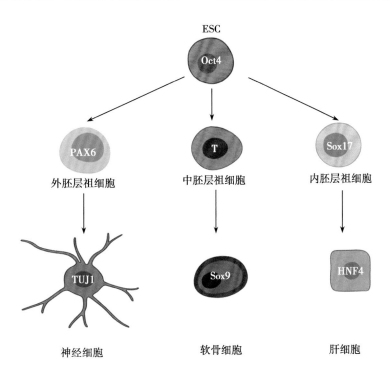

图 1-8-3　ESC 维持与分化机制

一、生产克隆动物的高效材料

理论上,ESC 可以无限传代和增殖而不失去其基因型和表现型,以其作为核供体进行核移植后,在短期内可获得大量基因型和表现型完全相同的个体;利用良种家畜胚胎或 PGC 分离克隆 ESC,用 ESC 进行核移植可迅速扩繁良种家畜,可大大加快家畜育种工作的进程,迅速提高有利基因及其组合在群体中的比例;ESC 与胚胎嵌合生产克隆动物,可解决哺乳动物远缘杂交的困难问题,生产珍贵动物品种;亦可使用 ESC 进行异种动物克隆,对于保护珍稀濒危野动物有重要意义。

自绵羊"多莉"问世至今,体细胞克隆牛、山羊、猪、鼠均有成功的报道。仅从生产克隆动物而言,体细胞克隆具有易于取材的优点,但应注意的是,体细胞克隆动物的成功率仍很低;相当多的个体在出生后表现出严重的生理或免疫功能缺陷等问题,且多是致命的。法国农业研究院称90% 的克隆牛不能正常生长,需对此进行进一步的研究。另据报道,"多莉"羊早衰是由于其继承了供核细胞的生理年龄,其体细胞染色体上的端粒较相应年龄正常动物短,而 ESC 高度表达端粒酶活性,这也从侧面揭示了用 ESC 和 PGC 比体细胞核移植具有更现实的应用前景。但杨向中克隆牛研究组发现,老年动物体细胞克隆后代不会早衰。Wakayama 等用长期传代(30 代以上)的小鼠 ESC 克隆出31 只小鼠,14 只存活,而目前体细胞克隆动物用的体细胞均是新分离细胞或传代较少的细胞,有人认为体细胞容易突变。现在看来,体细胞克隆动物尚不能简单地替代 ESC 克隆,ESC 克隆研究仍很有必要,也很有前途。

二、ESC 是生产转基因动物的高效载体

目前常用的转基因动物生产方法是向受精卵中注射目的基因。外源基因的整合表达、筛选工作只能在个体水平上进行,这样工作困难烦琐,周期长,尤其对大型家畜,而利用 ESC 作为载体,在体外定向改造 ESC,使得基因的整合数目、位点、表达程度和插入基因的稳定性及筛选工作等都在细胞水平上进行,这就容易获得稳定、满意的转基因ESC。经过动物克隆途径,可获得携带目的基因的转基因动物,或通过与胚胎嵌合得到嵌合体动物,ESC 在嵌合体中分化发育成全能性的生殖细胞,即可得到携带目的基因的转基因动物(技术路线见图 1-8-4)。

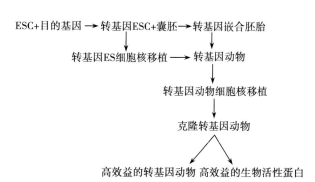

图 1-8-4 ESC 生产转基因动物的理想技术路线

三、发育生物学研究的理想体外模型系统

由于哺乳动物胚胎小,又在子宫内发育,因此很难在体内连续动态地研究其早期胚胎发育、细胞组织分化及基因表达调控,而来源于胚胎的 ESC 具有全能性(多能性)、可操作性及无限扩增的特性,因此 ESC 提供了在细胞和分子水平上研究个体发育过程中极早期事件的良好材料和方法。随着人类基因组学研究和基因芯片、基因诱捕、类器官等生物技术的应用,比较 ESC 及不同发育阶段的干细胞和分化细胞的基因转录和表达,可确定胚胎发育及细胞分化的分子机制,发现新基因。结合基因打靶技术,可发现不同基因在生命活动中的功能等。

四、高效新型药物的发现、筛选及动物和人类疾病的模型

ESC 提供了新药物的药理药效、毒理及药物代谢等细胞水平的研究手段,可大大减少药物实验所需实验动物的数量,ESC 还可用来研究动物和人类疾病的发生机制和发展过程,以便找到有效和持久的治疗方法。同时,新药在临床使用前需要进行一系列的检测和实验,这些实验都依靠动物来完成,但是动物模型实验不可能完全反映药物对人体细胞的作用。ESC 能模拟体内细胞或组织对被检测药物的反应,使结果更接近真实情况,从而提供更安全、更有效、更经济的药物筛选模型。于洲等对建立的 ESC 神经发育毒性评价模型的研究证明,其可以作为体外发育毒性评价方法对神经发育毒物进行筛选。此外,由于 ESC 类似于早期胚胎组织,它还可用来揭示哪些药物会干扰胎儿的发育,引起出生缺陷,并且还可利用人 ESC 建立人类疾病模型,在分子水平上研究疾病的发生机制,帮助寻找更有效的治疗方法和药物。

近年来,科学家通过定向诱导分化培养人 ESC 产生各种类器官。类器官拥有与对应器官类似的空间结构和生理功能,例如胰岛细胞筛选用于治疗糖尿病等疾病的药物,可广泛用于体外疾病模型的构建,靶向药物筛选,甚至直接用于人体内器官移植(图 1-8-5)。2015 年以来,国内外多个团队先后建立了基于体外立体三维(three dimensions,3D)环境下的人 ESC 源肺类器官分化平台,人 ESC 源肺器官不仅在体外模拟了体内肺发育的立体环境,同时让细胞与细胞之间能够广泛地相互作用,人 ESC 源肺类器官包含肺近端气管及肺远端肺泡的多种类型细胞。

五、细胞、组织、器官修复和移植治疗或组织工程的理想种子细胞

ESC 最诱人的前景和用途是生产组织和细胞,因为它具有发育分化构成机体的所有类型组织细胞的能力,任何外界损伤或机体自身疾病引起的损伤疾病都可以通过移植由 ESC 定向分化而来的特异组织细胞或器官来治疗,如帕金森病、阿尔茨海默病、脊髓损伤、多系统硬化症、心肌损伤、糖尿病、肝硬化、肾衰竭和各种血液疾病等重大疾病患者都可以获得新生。用患者自体 ESC 或其分化的重要功

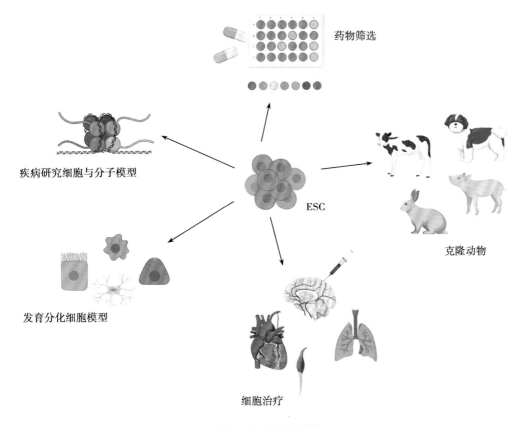

药物筛选

疾病研究细胞与分子模型

ESC

克隆动物

发育分化细胞模型

细胞治疗

图 1-8-5 ESC 的应用

能细胞做种子细胞,进一步借助组织工程技术构建一些组织器官,将使人体中的任何器官和组织一旦出现故障,像损坏的汽车零件一样可被随意更换和修理。

近 10 年来,关于 ESC 诱导分化为其他细胞的研究呈井喷式爆发,目前所使用的诱导方法主要包括:外源性生长因子诱导 ESC 分化、转基因诱导 ESC 分化、ESC 与其他细胞共培养的方式诱导 ESC 分化等。现在 ESC 可在体外诱导分化为神经细胞、脂肪细胞、成骨细胞、软骨细胞、肝细胞、心肌细胞、滋养层细胞、角化细胞、生殖细胞、内皮细胞、造血细胞、肺细胞和胰岛细胞等多种细胞类型,技术和相关调控机制研究已经比较成熟。

近期有研究发现,ESC 体外诱导为单倍体精细胞,经过体外受精和辅助生殖技术,并能产生可育的小鼠后代,可以让具有生殖缺陷的个体产生后代;体外诱导 ESC 成为神经细胞,可以用于脊髓损伤治疗,将来甚至可以用于治疗脑部损伤和帕金森病等。上述人 ESC 来源功能细胞可以直接用于患者体内移植,也可先与细胞外基质等生物材料混合制备生物墨水,通过生物 3D 打印制备具有一定外形和生物学功能的器官或组织,然后再用于患者体内移植。目前,生物 3D 打印技术可在体外构建心脏瓣膜、人耳、骨骼、肌肉、肝脏、肾脏和视网膜等,大大扩展了 ESC 的临床应用范围。

六、展望

时至今日,人 ESC 研究已有 20 年时间,我们取得了很

多成就,也遇到了许多问题。2006 年,Yamanaka 报道了体细胞在四个转录因子 Oct4、Klf4、Sox2 和 c-Myc 的作用下可以重编程为 iPSC。由于人类 iPSC 可以较容易地由个体自身的体细胞经诱导获得,同时避免伦理方面的问题,因此,iPSC 被认为是替代 ESC 的良好材料。然而 iPSC 的细胞异质性、诱导效率低与安全性未知等因素,导致 ESC 依然具有其不可替代的作用。

由于 ESC 容易形成畸胎瘤而具有强大的致瘤性。在发现小鼠 ESC 几十年后,什么因素驱动 ESC 形成肿瘤仍然是一个悬而未决的问题。干细胞致瘤性是基于干细胞的再生医学疗法的主要障碍。我们对人 iPSC 致瘤性的理解,可能是未来针对患者的再生医学最有希望的治疗方式。

最近的一些研究发现,人 ESC 显示无效的 G_1/S 检查点和核苷酸切除修复活性,并且在人 ESC 中观察到了高水平的损伤诱导突变,类似于修复缺陷细胞中的突变。存活的细胞也变得具有更强的抵抗力,从而导致突变细胞在培养中不断富集。这也是目前 ESC 应用要面对的挑战。

总之,ESC 的基础研究和转化是再生医学领域的重要研究课题。继传统化学药品和外科手术后,具有自我更新能力和多向分化潜能的 ESC 有望成为新的疾病治疗药物,将在神经退行性疾病、特定组织或细胞缺损性及生殖障碍性疾病等难治性疾病的治疗中发挥重要作用。干细胞研究及转化应用有望为众多常规治疗无法根治的难治性疾病,如糖尿病、心血管病、神经退行性疾病等,提供新的治疗方法。基于近 20 年来积累的大量临床前安全性和有效性研

究数据,干细胞药物产品前期研发已趋于完善,目前已跨入后期临床研究和应用转化阶段。随着干细胞技术的发展,具有自我更新和多向分化能力的 ESC 将成为一类新型的疾病治疗手段。

(华进联　彭莎　李娜)

参考文献

[1] Thomson JA,Itskovitz-Eldor J,Shapiro SS,et al. Embryonic stem cell lines derived from human blastocysts. Science,1998,282 (5391):1145-1147.

[2] Shamblott MJ,Axelman J,Wang SP,et al. Derivation of pluripotent stem cells horn cultured human primordial germ cells. P Natl Acad Sci USA,1998,95(23):13726-13731.

[3] Chenghai Li. Strengthening regulations,recent advances and remaining barriers in stem cell clinical translation in China: 2015-2021 in review. Pharmacol Res,2022,182:106304.

[4] Hao J,Cao J,Wang L,et al. Requirements for human embryonic stem cells. Cell proliferation,2020,53(12):e12925.

[5] Evans MJ,Kaufman MH. Establishment in culture of pluripotential cells from mouse embryos. Nature,1981,292(5819):154-156.

[6] N. de Souza. Stem cells:Human stem cells from cloned embryos. Nature methods,2013,10(7):606.

[7] Hua J,Yu H,Liu S,et al. Derivation and characterization of human embryonic germ cells:serum-free culture and differentiation potential. Reproductive biomedicine online,2009,19(2): 238-249.

[8] 徐兰,李斌. 人胚胎干细胞建系和培养的研究进展. 现代生物医学进展,2012,12(32):6393-6397+6388.

[9] Yang Y,Liu B,Xu J,et al. Derivation of Pluripotent Stem Cells with In Vivo Embryonic and Extraembryonic Potency. Cell,2017, 169(2):243-257,e225.

[10] Mai Q,Mai X,Huang X,et al. Imprinting Status in Two Human Parthenogenetic Embryonic Stem Cell Lines:Analysis of 63 Imprinted Gene Expression Levels in Undifferentiated and Early Differentiated Stages. Stem cells and development,2018,27(6): 430-439.

[11] Kaur J,Tilkins ML,Eckert R,et al. Methods for culturing human embryonic stem cells in a xeno-free system. Methods Mol Biol, 2013,997:115-126.

[12] Worku MG. Pluripotent and Multipotent Stem Cells and Current Therapeutic Applications:Review. Stem cells and cloning,2021, 14:3-7.

[13] 陈枕枕,牛昱宇. 人胚胎干细胞建系的研究进展. 生命科学, 2018,30(8):906-910.

[14] Nakamura K,Aizawa K,Yamauchi J,et al. Hyperforin inhibits cell proliferation and differentiation in mouse embryonic stem cells. Cell Prolif,2013,46(5):529-537.

[15] Garfield AS. Derivation of primary mouse embryonic fibroblast (PMEF)cultures. Methods in molecular biology,2010,633: 19-27.

[16] Ying QL,Wray J,Nichols J,et al. The ground state of embryonic stem cell self-renewal. Nature,2008,453(7194):519-523.

[17] Yin C,Fufa T,Chandrasekar G,et al. Phenotypic Screen Identifies a Small Molecule Modulating ERK2 and Promoting Stem Cell Proliferation. Frontiers in pharmacology,2017,8:726.

[18] Liu S,Li C,Xing Y,et al. Effect of transplantation of human embryonic stem cell-derived neural progenitor cells on adult neurogenesis in aged hippocampus. American journal of stem cells,2014,3(1):21-26.

[19] Y Park,Choi IY,Lee SJ,et al. Undifferentiated propagation of the human embryonic stem cell lines,H1 and HSF6,on human placenta-derived feeder cells without basic fibroblast growth factor supplementation. Stem cells and development,2010,19 (11):1713-1722.

[20] Idrees M,Oh SH,Muhammad T,et al. Growth Factors,and Cytokines;Understanding the Role of Tyrosine Phosphatase SHP2 in Gametogenesis and Early Embryo Development. Cells-Basel, 2020,9(8):1798.

[21] Liu XY,Yao YY,Ding HG,et al. USP21 deubiquitylates NANOG to regulate protein stability and stem cell pluripotency. Signal Transduct Tar,2016,1:16024.

[22] A Saunders,Li D,Faiola F,et al. Context-Dependent Functions of NANOG Phosphorylation in Pluripotency and Reprogramming. Stem Cell Rep,2017,8(5):1115-1123.

[23] E Callaway. Dolly at 20:The inside story on the world's most famous sheep. Nature,2016,534(7609):604-608.

[24] M Cooper. Regenerative medicine:stem cells and the science of monstrosity. Med Humanit,2004,30(1):12-22.

[25] Dye BR,Hill DR,Ferguson MA,et al. In vitro generation of human pluripotent stem cell derived lung organoids. Elife,2015, 4:e05098.

[26] Li N,Ma W,Shen Q,et al. Reconstitution of male germLine cell specification from mouse embryonic stem cells using defined factors in vitro. Cell Death Differ,2019,26(10):2115-2124.

[27] T Nouspikel. Genetic instability in human embryonic stem cells: prospects and caveats. Future Oncol,2013,9(6):867-877.

第九章　诱导多能干细胞

提要: 诱导多能干细胞(induced pluripotent stem cell,iPSC)来源于体细胞,具有多向分化和自我更新能力。这一重大发现,在细胞治疗、再生医学、疾病建模和药物研发等众多医学领域中有着广阔的应用前景。近年来,关于诱导多能干细胞在神经系统疾病、传染病、遗传性疾病和癌症等方面的应用研究日益增多。本章分 5 节分别介绍 iPSC 的发现与建立、定向分化、研究方法、实践应用和存在的问题等。

多能干细胞(pluripotent stem cell,PSC)是当前干细胞研究的热点和焦点,在器官再生、修复和疾病治疗方面极具应用价值。ESC 作为多能干细胞的一种,能分化成各种器官细胞,但因为涉及伦理、免疫排斥反应等问题而应用受限。诱导多能干细胞是通过基因转染技术,导入特定的转录因子,将终末分化的动物或人的体细胞重编程为多能性干细胞。诱导多能干细胞来源于体细胞,具有多向分化和自我更新能力,是干细胞研究领域的一大突破。但目前仍存在许多亟待解决的科学问题,以最大限度地发挥其潜力。(表 1-9-1)

表 1-9-1　不同类型干细胞的优缺点

	优点	缺点
胚胎干细胞(ESC)	无限增殖,多向分化	供体来源困难,异体输注存在免疫排斥风险 成瘤性 体外保持全能性的条件复杂 伦理争议
诱导多能干细胞(iPSC)	不涉及伦理问题 无限增殖 多向分化,可分化为多个胚层细胞 来源广泛,避免了免疫排斥反应 可以通过基因编辑技术产生同基因对照细胞系	畸胎瘤 不同来源体细胞重编程效率各异 在有快速增殖和高分化潜能的同时,细胞核型易发生改变,导致遗传和表观遗传稳定性下降
专能干细胞	无免疫排斥反应和伦理学问题	增殖能力及分化潜能有限
单能干细胞	无免疫排斥反应和伦理学问题	只能向一种类型的细胞分化

第一节　诱导多能干细胞的发现与建立

一、诱导多能干细胞的发现

2006 年,日本京都大学 Yamanaka 团队首次报道,通过在 ESC 培养条件下引入 4 个转录因子 Oct3/4、Sox2、Klf4 和 c-Myc,统称 OSKM,转染到小鼠的成纤维细胞中,发现可诱导其发生转化,产生的细胞具有 ESC 的形态和生长特性,无论是在表观遗传,还是在分化潜能上都与 ESC 极为相似,因此被称为诱导多能干细胞(induced pluripotent stem cell,iPSC)。2007 年,Thompson 实验室报道,采用慢病毒载体引入 Oct4、Sox2、NANOG 和 Lin28,诱导人皮肤成纤维细胞重编程为 ESC 样的多能干细胞。

2013 年,*Science* 杂志(*Science Express*)刊登了北京大学生命科学学院邓宏魁教授团队的一项原创性研究成果,使用小分子化合物诱导体细胞重编程为多能干细胞,称为化学诱导多能干细胞(chemically induced pluripotent stem cell,CiPSC),开辟了一种全新的体细胞重编程途径。iPSC 与其他干细胞的最大区别就在于并非是直接来源于人体器官和组织,而是一种通过基因编辑而来的干细胞。与其他多能干细胞相比,iPSC 来源丰富,可以从多种物种细胞类型中获得。体内几乎所有的细胞都有成为 iPSC 的潜力。

目前,已经从多种体细胞如 T 细胞、B 细胞、造血干细胞、成纤维细胞、从毛囊中分离的角质细胞、牙齿和脂肪组织 MSC、骨髓细胞、尿液中的肾上皮细胞、胃和肝细胞、神经干细胞、祖细胞、黑素细胞、胚胎和胚外组织样脐血和羊膜细胞等,通过重编程建立诱导多能干细胞。无论细胞来源和诱导方法如何,iPSC 都保持着 ESC 的关键特征,包括在培养中无限繁殖的能力,以及从三个胚胎胚芽层中分别产生细胞的能力,并且个体特异来源的多能干细胞不涉及免疫排斥及伦理问题,在再生医学、生物制药等领域有着重要而广泛的应用前景。此外,在小鼠、猪、兔、猴子、山羊、马、牛、鸡和鱼等动物中也都建立了诱导多能干细胞。这些不同来源和物种的 iPSC 有助于理解发育、繁殖和进化等生物现象。此外,iPSC 已从一些高度濒危物种的细胞中重编程诱导出来,将有助于保护或恢复这些物种。不同的组织对重编程表现出不同的易感性,组织来源影响重编程的效率和保真度。

iPSC 的细胞形态类似于胚胎细胞,体外可以无限传代,并且能够保持正常的细胞核型;能表达 ESC 特异性标记分子,内源多能基因表达谱与胚胎细胞类似,并具有多向分化潜能。体内体外分化试验能够分化成内、外、中胚层组织细胞。

二、诱导多能干细胞系的建立

新建立的 iPSC 细胞株的鉴定一般包括以下几个方面:

(一)形态鉴定

诱导多能干细胞有经典的 ESC 样形态,细胞集落形态扁平、紧密,形状比较规则。细胞体积小,细胞核大而圆,染色质较少,质核比例高。有正常的核型。

(二)免疫细胞化学染色

多能干细胞通常表达一些特定的标记分子,如 Oct4、Sox2、NANOG 等,可以通过免疫细胞化学染色等方法来检测这些标记分子的表达情况。iPSC 有碱性磷酸酶活性,经碱性磷酸酶染色后呈阳性。

(三)流式细胞学

通过流式细胞仪检测多能干细胞表面标记物的表达情况,如 CD44、CD90、CD105 等,同时还可以通过流式细胞术检测细胞周期和凋亡情况等。

(四)基因表达分析

裂解细胞提取 DNA,进行 PCR 扩增,通过实时荧光定量 PCR 等方法来检测多能干细胞特异性基因的表达情况,如内源多能基因 NANOG、Oct4、Rexl、Sox2 等,以及外源编程基因 Sox2、Klf4、Oct4、c-Myc 的表达量。鉴定外源性基因是否被插入到了 iPSC 的细胞核中。检测内胚层基因(Sox17、GATA4、AFP)、中胚层基因(TBX1)、外胚层基因(Sox1、PAX6)表达量的差异。对 iPSC 进行核型分析,判断体细胞被重编程为 iPSC 后能否保持正常的细胞核型。检测 iPSC 是否表达 ESC 细胞特异性膜蛋白(SSEA3、SSEA4)、质蛋白(TRA-1-60、TRA-1-81)和核蛋白(NANOG)。

(五)自我更新和细胞分化能力

多能干细胞具有在体外分化为多种不同细胞类型的潜能,通过诱导分化实验来检测多能干细胞的分化能力,如能否分化为心肌细胞、神经细胞、肝细胞等。iPSC 在体外先悬浮培养形成拟胚体,然后进行贴壁扩增培养,裂解拟胚体细胞提取细胞 RNA,应用 RT-PCR 方法检测内源性基因(NANOG、Oct4)、内胚层基因(AFP、GATA4、Sox17)、中胚层基因(TBX1)、外胚层基因(PAX6、Sox1)的相对表达量。在特定的培养条件下,iPSC 在体外可分化形成三个胚层的组织,采用免疫组织化学方法检测不同胚层的特异性抗原,如微管蛋白(外胚层)、结蛋白(中胚层)、胎儿球蛋白(内胚层)等,可以对 iPSC 的体外分化特性进行鉴定。iPSC 在体内可分化畸胎瘤,瘤内含内胚层、中胚层、外胚层来源的组织细胞。

第二节　诱导多能干细胞的定向分化

iPSC 的定向分化是指将多能干细胞分化为特定的细胞类型,如心脏细胞、肝细胞等,以满足实验和临床需要。目前已成功将 iPSC 分化为造血干细胞、心肌细胞、神经元、肝细胞等成体干细胞或终末分化细胞,并利用这些细胞探索了某些疾病的治疗。iPSC 的定向分化在细胞治疗和再生医学方面具有巨大的潜力。

通过提供大量的特定类型的细胞,用于研究疾病的发病机制、药物筛选和组织工程等。如通过依次添加特定的细胞因子和生长因子来模拟肝脏发育的培养条件,可以驱动 iPSC 分化为表达特定肝脏标志物,例如肝核因子 4α(HNF4α)或白蛋白,并显示肝细胞特异性功能的肝细胞样细胞。有研究发现,使用维甲酸和成骨蛋白 4 改变 iPSC 的培养环境,可将其定向分化为角质形成细胞,这些细胞完整表达角质形成细胞标记物。iPSC 定向分化的角质形成细胞在体外能形成完整的表皮组织,种植在免疫缺陷小鼠同样会产生完整的表皮。除此之外,其他皮肤组成细胞如黑素细胞及成纤维细胞均可由 iPSC 定向分化获得。

(一)iPSC 定向分化的步骤

iPSC 的定向分化通常需要遵循以下步骤:iPSC 的预处理;定向分化诱导因子的添加;培养基的调整;在定向分化诱导因子的作用下,iPSC 开始分化为特定类型的前体细胞。此时,需要调整培养基的营养物质、生长因子、细胞外基质(ECM)等成分,以满足分化细胞的生长和发育需要。在定向分化诱导因子和培养基的作用下,iPSC 开始分化为特定类型的细胞。为了确认分化细胞的类型和质量,需要进行细胞鉴定。常用的鉴定方法包括免疫荧光法、RT-PCR、流式细胞术等。iPSC 的定向分化是一个多步骤的过程,需要科学合理地选择定向分化诱导因子、培养基成分和鉴定方法,以确保分化细胞的类型和质量符合要求。

(二)常见的定向分化方法和技术

一般来说,定向分化的过程涉及细胞信号通路的调节和特定的培养条件。常见的定向分化方法和技术有:①单细胞培养:将多能干细胞转移到单个培养皿中,使其单独生长,从而避免不同细胞类型之间的相互影响,有利于在特定的培养条件下进行定向分化。②小分子化合物诱导:通过添加特定的小分子化合物来模拟体内的信号通路,从而实现定向分化。例如,用抑制多能性基因表达的小分子化合物来促进多能干细胞向特定类型分化,如向心肌细胞分化的 CHIR99021 和 IWP-2 等。③细胞因子诱导:通过添加特定的细胞因子来模拟体内的信号通路,从而实现定向分化。例如,添加神经营养因子(NGF)和巨噬细胞刺激因子(M-CSF)等可以促进多能干细胞向神经元和巨噬细胞分化。④基因调控:通过基因工程技术改变特定基因的表达,从而调节细胞的命运。例如,通过过表达特定基因或 RNAi 技术沉默特定基因来实现多能干细胞的定向分化。⑤三维培养:将多能干细胞在三维环境中培养,可以更好地模拟体内环境,从而促进细胞定向分化。总体来说,iPSC 的定向分化需要结合多种方法和技术,以实现细胞特定的命运和功能。

第三节 诱导多能干细胞的研究方法

经典的制备 iPSC 技术路线主要包括以下步骤:①选择宿主细胞;②选择外源重组因子;③重组因子导入宿主细胞;④重编程产生 iPSC。

一、选择宿主细胞

iPSC 来源丰富,理论上说,任何类型的体细胞都可以被重编程为 iPSC,目前已对多种体细胞通过诱导获得 iPSC。但不同组织来源的体细胞诱导生成多能干细胞的重编程效率及所需因子不同。不同来源的 iPSC 在致癌性上有很大的差异。由不同细胞类型产生的 iPSC 通常保留一些谱系特异性表观遗传特征,称为表观遗传记忆,这可能会影响 iPSC 的功能。iPSC 中残存对供体细胞的表观记忆,影响 iPSC 的下游分化。而且不同来源的 iPSC 残留的表观遗传记忆也可能会影响 iPSC 表型和移植结果。

(一) 可获得性

宿主细胞需要容易获得,且数量足够。最初采用皮肤成纤维细胞,可采取创伤相对较小的皮肤活检,很容易从患者身上获取,且获取的细胞数量多,是最常用的 iPSC 来源之一,但也存在取材部位感染的风险。外周血细胞可通过常规静脉采血获取,创伤性小,是重编程的理想细胞来源之一。目前已经从 T 细胞、B 细胞、造血干细胞、纤维细胞等细胞中建立了 iPSC。脂肪细胞也可以用于制备 iPSC。脂肪细胞可以通过抽脂手术获得,因此对于需要大量细胞的应用来说是一种比较方便的来源。尿液细胞是一种新兴的 iPSC 来源细胞。尿液中的细胞数量较多,且容易获得,因此具有一定的应用潜力。其他易于获取、无风险的重编程细胞来源还有从毛囊收集的角质形成细胞、牙髓细胞、多种组织的上皮细胞等。

(二) 健康状态

宿主细胞需要健康,没有重要疾病的基因突变或表观遗传改变,以确保 iPSC 的质量,如年轻的健康人的细胞。选择细胞来源时需要考虑的一个问题是,某些类型的细胞如血细胞和皮肤成纤维细胞,可能携带更高的突变负担。此外,供体年龄对 iPSC 的安全性也可能构成风险,因为 iPSC 中表观遗传和遗传畸变的可能性随着年龄的增长而增加。

(三) 与研究目的相适应

宿主细胞的选择应该与研究目的相适应。如需要制备特定类型细胞的 iPSC,应该选择与该类型细胞相似的宿主细胞。

(四) 伦理问题

宿主细胞不应该引起伦理争议,避免了胚胎干细胞研究特有的一些伦理问题。

二、选择外源重组因子

目前常用的重组因子主要包括转录因子和小分子化合物两种。转录因子通过调节基因表达来实现 iPSC 的制备。已经发现多种可用于 iPSC 制备的重编程转录因子,如 Oct4(octamer-binding transcription factor 4)、Sox2[SRY(sex determining region Y)-box 2]、Klf4(Kruppel-like factor 4)、c-Myc(v-Myc avian myelocytomatosis viral oncogene homolog)等。多能性维持因子是能够维持干细胞多潜能的重要因子,如 Oct4、Sox2、NANOG 等。这些因子可以保持干细胞的自我更新和多能性状态,因此是制备 iPSC 的必要因子。

(一) 最初生产 iPSC 的四种转录因子

iPSC 最初由成纤维细胞与携带四种转录因子(Oct4、Sox2、Klf4 和 c-Myc,OSKM)的整合病毒转导而得。起初,转录因子 Oct4 被认为是四个重编程因子中最重要的,必不可少的。而 Sox2、c-Myc 和 Klf4 被认为是可以替代的转录因子,并非体细胞重编程为 iPSC 所绝对必需。而最近的研究发现,Sox2、Klf4 和 c-Myc(SKM)的组合足以将小鼠体细胞重编程为 iPSC。c-Myc 启动了重编程的过程,在多能调控因子被激活之前起作用,它的加入极大地提高了重编程效率。它影响的可能是细胞增殖而不是多能性。虽然 c-Myc 不是体细胞重编程为诱导多能干细胞所必需,但在细胞重编程中,c-Myc 基因的加入有助于提高诱导效率,c-Myc 通过下调细胞基因促进细胞代谢并向 ESC 的转换。c-Myc 在细胞增殖、细胞周期调控、细胞分化、细胞凋亡等方面发挥重要作用,是多个癌症的致癌基因之一。

在 iPSC 的制备中,c-Myc 主要通过调节基因表达来实现细胞重编程。c-Myc 可以调节细胞增殖和细胞周期相关基因的表达,从而提高 iPSC 的制备效率。此外,c-Myc 还可以调节细胞凋亡相关基因的表达,保证细胞的生存和增殖,从而促进 iPSC 的制备。但 c-Myc 是一个公认的癌基因,与其他三个转录因子一样,在各种类型的癌症中高度表达。c-Myc 的过度表达会导致细胞增殖的不稳定性和细胞周期的紊乱,进而增加细胞的突变和肿瘤形成的风险。因此,在 iPSC 的制备中,需要控制其表达水平和使用时间,以减少其对细胞的不良影响。

Oct4、Sox2 和 Klf4 作为维持 ESC 多能性的基因正性调节因子,能够抑制促分化基因的表达,促进细胞向干细胞转变。Sox2 在神经干细胞发育中发挥重要作用,可以促进 iPSC 的制备,提高 iPSC 的质量和纯度,但 Sox2 在 iPSC 制备中的作用较为有限,需要与其他转录因子联合使用才能达到较好的效果。Klf4 在多种细胞类型中都有表达,并参与了细胞增殖、分化、凋亡等多种生物学过程。在 iPSC 的制备中,Klf4 通常与其他外源转录因子(如 Oct4、Sox2、c-Myc 等)联合使用,促进细胞的增殖和分裂,同时也能够提高细胞的再生能力和自我更新能力,从而增加 iPSC 的生长和繁殖速度。Oct4 可以促进细胞分化成为多种不同的细胞类型,同时也能够维持细胞的多能性和干性。Oct4 可以调控多种基因的表达,包括一些与细胞增殖、分化、凋亡等相关的基因。然而,这些转录因子的过表达与细胞突变和肿瘤生成有关。在特定肿瘤中,这些转录因子还与肿瘤进展和预后不良有关。因此研究者们一直致力于寻求更安全、简单、有效的iPSC诱导策略。

（二）其他产生iPSC的转录因子

除了OSKM外,很多转录因子已被证明可以将体细胞重编程为iPSC,如Nr5a2、NANOG、Lin28、Glis1、Esrrb等。众多研究者已进行了多次研究,尝试来替换重编程因子的组合,了解每个因子的作用,进而提高重编程技术的效率和安全性。

重编程的效率和特异性是选择重编程转录因子时需要考虑的重要因素。重组因子的效率和安全性是选择的重要因素。效率高的重组因子可以提高iPSC的制备效率,而安全性高的重组因子可以减少制备过程中的风险。一般来说,转录因子的选择应该能够高效地转化成熟细胞为iPSC,而且不应该引起不必要的细胞死亡或细胞突变等负面影响。重编程转录因子的选择还需要考虑致瘤性等安全性问题。此外,选择重编程转录因子的来源也需要考虑,一些来源不明的因子可能存在质量问题,可能会对细胞产生不良影响。最后,选择重编程转录因子还需要考虑经济性和可用性。一些重编程转录因子可能价格昂贵或者难以获得,这会影响到iPSC的制备和应用成本。

（三）用小分子化合物生产iPSC

小分子化合物则通过调节信号通路来实现iPSC的制备。科学家们已证实,维生素C及多种小分子化学物质可以在功能上取代一些转录因子,并显著提高了重编程效率和iPSC的质量。在诱导体系中加入维生素C、化学物质BIX01284(地西泮喹唑啉胺衍生物)、BayK 8644(二氢吡啶类钙激动剂)、PD0325901(有丝分裂原激活蛋白激酶)、组蛋白去乙酰化酶抑制剂(如丙戊酸、曲古抑菌素A和辛二酰苯胺异羟肟酸)、DNA甲基转移酶抑制剂及一些中药小分子(如人参皂苷),均有助于提高小鼠和人类的体细胞重编程。目前用于制备iPSC的常用小分子化合物包括:CHIR99021可以抑制GSK-3β,促进Wnt信号通路的激活,从而促进iPSC的制备。PD0325901可以抑制MEK,阻断MAPK信号通路,从而促进iPSC的制备。SB431542可以抑制TGF-β受体,阻断TGF-β信号通路。Y-27632可以抑制ROCK,促进细胞生存和增殖,从而促进iPSC的制备。化学小分子在重编程诱导中的使用,对细胞重编程效率及质量的提高有重要意义,并且消除了外源序列整合至基因组致癌基因过度表达的风险。但目前小分子物质的使用仍处于探索阶段,尚未发现不需要转录因子导入而单独使用小分子物质成功重编程的方法,且作用机制并不十分明确,尚需要进一步的研究。

三、重组因子导入宿主细胞——重编程方法

（一）逆转录病毒和慢病毒整合基因组重编程

逆转录病毒和慢病毒整合基因组重编程是利用逆转录病毒或慢病毒将外源转录因子导入到细胞中,使其重编程为iPSC。iPSC的前期研究中普遍使用逆转录病毒载体将转录因子导入成体细胞,目前建立iPSC系所使用的慢病毒载体属于逆转录病毒的一种。逆转录病毒(retrovirus)和慢病毒(lentivirus)都是RNA病毒,它们具有将RNA逆转录成DNA的能力。在逆转录病毒和慢病毒整合基因组重编程中,外源转录因子的基因序列被插入到逆转录病毒或慢病毒的基因组中,然后通过基因转染等方式导入到目标细胞内。在细胞内,病毒的RNA逆转录成为DNA,然后被整合到宿主细胞的染色体中。

外源转录因子的基因序列被整合到目标细胞的基因组中后,可以重新激活目标细胞的多能性基因,诱导成为iPSC。最初的iPSC重编程研究利用逆转录病毒载体表达重编程因子。逆转录病毒通常仅感染分裂细胞。慢病毒是逆转录病毒家族的一种,可以感染非分裂细胞。逆转录病毒和慢病毒整合基因组重编程具有高效、简便的优点,可以促进iPSC的制备。虽然逆转录病毒和慢病毒载体被证明是iPSC重编程的强大载体,但这些递送系统的主要缺点是携带转基因的病毒整合是随机的,可能导致不确定的基因突变和肿瘤的形成。逆转录或慢病毒介导的重编程因子转染体细胞,存在随机的多位点的基因组DNA整合。Klf4与c-Myc具有癌基因活性。而且,整合到细胞基因组中的病毒基因组的拷贝数可能会有很大的差异。

这些病毒系统所实现的稳定的基因组整合有利于高且连续的因子表达和高效的iPSC产生。虽然病毒诱导对于细胞重编程的基础研究是有用的,但它与细胞移植治疗是不兼容的,因为逆转录病毒对基因组的整合存在重编程后转基因被重新激活的风险,增加了重编程细胞的致瘤性,而且基因组的插入可能影响细胞正常基因的功能,因此原始的重编程方法不适合临床应用于细胞移植治疗,被禁止在临床应用。

（二）非整合重编程

1. 腺病毒　腺病毒是一种非整合病毒,能够将外源基因以非插入方式导入细胞,使外源基因游离表达,完全避免了整合病毒或转座子的使用,降低了癌基因被激活的危险。而且腺病毒载体具有高效的基因导入率,可以使iPSC的诱导效率更高。腺病毒载体的基因表达垂直传递,不会受到DNA甲基化等表观遗传学机制的影响,可以确保外源基因在iPSC中稳定表达。腺病毒载体对细胞的毒性低,可以保证iPSC的生长和分化。然而,细胞重编程需要多轮转导,有限的转基因容量和低效率仍然限制了腺病毒作为诱导多能性的载体的使用,尚不能达到临床应用的水平。此外,使用病毒载体可能在细胞移植后引起宿主的免疫反应,导致iPSC被机体排斥,限制了其在临床中的应用。腺病毒载体的基因容量有限,无法承载过大的基因序列。腺病毒载体的构建和扩增过程复杂,需要较高的技术水平和设备。

2. 仙台病毒(sendai virus)　仙台病毒是在核外进行复制的单链RNA病毒,被认为是最安全的病毒诱导载体。自20世纪50年代被分离以来,仙台病毒作为基础生物学和应用生物学的研究工具一直占据着独特的位置。仙台病毒保留在被感染细胞的细胞质中(即宿主基因组中没有整合),并且可以稳健地表达重新编程的基因。仙台病毒对人类无致病性,其作为病毒载体有几个优点:①作为mRNA

病毒,它在其生命周期中不会进入细胞核,从而消除了修饰宿主基因组和/或通过表观遗传变化引起基因沉默的风险;②能够在体外感染多种细胞类型;③由于其非整合性质,病毒基因组被稀释到每个细胞复制,允许其从重编程的细胞中除去;④它允许产生大量的蛋白质,从而允许感染的多重性减少。然而,仙台病毒作为载体的基因表达是短暂的,需要多次感染才能实现较高效的 iPSC 诱导,而且容易被机体免疫识别和排斥,可能会影响 iPSC 在体内的应用。

3. 小分子化合物重编程　邓宏魁研究组在 *Science* 上发表的文章 *Pluripotent Stem Cells Induced From Mouse Somatic Cells by Small-Molecule Compounds* 报道了重大突破,他们首次利用小分子化合物将体细胞重编程为多能干细胞。

(1)附加型质粒(episomal vector):在基于游离质粒的重编程中,可通过基于 oriP/EBNA1 的游离载体实现重编程因子的延长表达。这些质粒包含 Epstein-Barr 病毒衍生的 oriP/EBNA1 病毒元件,该质粒转染人细胞后表达 EBNA-1 蛋白,然后识别 OriP 序列,诱导质粒的独自扩增。oriP/EBNA1 元件可促进游离质粒 DNA 在分裂细胞中的复制,因此允许重编程因子表达足够长的时间以启动重编程过程,质粒最终会从增殖细胞中丢失。转座子是基于 DNA 的载体,在转座酶的帮助下整合到宿主基因组中。PiggyBac 是一类转座子,最初是从蜂巢蛾细胞中鉴定出来的,有两个反向的末端重复。尽管含有重编程因子的 PiggyBac 盒被整合到细胞中,但它们可以在 iPSC 建立后通过转座酶的第二次处理从宿主基因组中移除。在大多数情况下,这种切除不会在基因组上留下任何痕迹。

在 mRNA 重编程中,细胞被编码重编程因子体外转录的 mRNA 转染。这种方法被认为比基于 DNA 的方法包括非整合的方法有更小的突变风险。然而,该策略需要减轻由于引入合成核酸而在细胞中引起的强烈免疫原性应答。

(2)蛋白质转染法:将外源重编程因子制备成蛋白质并转染到成体细胞中,从而实现细胞的重编程。利用穿膜肽与转录因子融合表达的重组蛋白来诱导 iPSC,相继在小鼠和人类细胞中获得成功,这无疑是一个重大突破。因为这种方法完全避免了遗传物质的导入。鉴于蛋白直接诱导 iPSC 的重编程过程不涉及任何遗传修饰,所以,从 iPSC 的临床应用安全性方面来看,这种诱导方法是目前最安全的。但重组蛋白的表达纯化困难,而且诱导效率非常低。

4. 可编程的特异性核酸酶　已开发的可编程的特异性核酸酶包括锌指核酸酶(zinc finger nuclease,ZFN)、转录激活子样效应因子核酸酶(transcription activator-like effector nuclease,TALEN)和 CRISPR/Cas9(clustered regularly interspaced short palindromic repeat-Cas9)系统,通过诱导基因修饰部位的 DNA 双链断裂,显著提高了基因编辑效率。其中,CRISPR/Cas9 技术由于其设计简单、使用方便等优点,在人类 iPSC 的基因编辑中得到广泛应用。CRISPR/Cas9 技术是一种 RNA 引导的基因编辑方法,采用有核酸内切酶功能的细菌来源的特定蛋白质(Cas9)和一个专门设计合成的向导 RNA(guide RNA,gRNA),又称小向导 RNA(small guide RNA,sgRNA)或单向导 RNA,引导

目标基因的特定位点发生双链断裂。gRNA 通过与配对序列杂交来引导 DNA 双链断裂的位置。这种基因编辑技术可以使研究人员将致病突变引入野生型 iPSC,并消除患者 iPSC 中的此类突变,从而为基于 iPSC 的疾病建模。首先,从个体患者细胞中获得 iPSC,使用 CRISPR/Cas9 等基因编辑技术创建同基因对照;随后,iPSC 分化成特定的细胞类型,并对产生的细胞进行研究以识别疾病特异性表型。在分子水平上对这些表型进行研究,可以发现新的病理机制,为药物的开发和个体化治疗提供机会。iPSC 模型有可能识别药物反应性患者亚群,包括散发性疾病。编程诱导方法的改进提高了 iPSC 的编程效率和质量。CRISPR/Cas9 基因编辑技术已广泛应用于 iPSC 的诱导中,在此基础上开发的基于自体 iPSC 的治疗方法,可以实现致病基因的修复。

这些重编程方法的主要区别在于重编程效率、技术困难度和是否有基因组整合。最近的一项综合研究比较了用于衍生 iPSC 的各种无整合方法,认为不同技术产生的 iPSC 在质量上没有实质性差异,可以根据实验室的需要安全地进行选择。例如,使用仙台病毒对成纤维细胞和血细胞有疗效,并且可以作为商业试剂使用,但临床级仙台病毒的不可用性,使得它在生成临床用 iPSC,如细胞移植方面的用处不大。RNA 转染在成纤维细胞中快速有效,但在血细胞中没有报道有效。采用何种方法应基于 iPSC 的使用目的,如基础研究对所选方法的限制较少,因为牵涉到的安全问题相对少。

总的来说,iPSC 株系的基因组、表观基因组和转录变异导致细胞行为尤其是分化的差异。这些发现说明为 iPSC 应用(包括细胞疗法、疾病建模和药物发现)、建立生成选择最佳 iPSC 克隆的方法的重要性。

第四节　诱导多能干细胞的实践应用

iPSC 可以分化为三个胚层的细胞,在建立疾病模型、进行药物研发及自体细胞移植等领域中具有巨大的应用前景(图 1-9-1)。

一、细胞疗法

许多严重的或终末期疾病,例如终末期肝硬化、心力衰竭、血友病、骨髓瘤等,目前还未能研发出治愈这些疾病的药物,最有效的方法是异体移植。但异体器官移植存在供体缺乏、免疫排斥反应等风险。

(一)自体细胞疗法

自体细胞疗法已在临床上得到较为广泛的运用,在造血系统疾病和上皮细胞疾病的临床应用上成功率较高。除血液和骨髓外,所有其他形式的细胞治疗均要求供体细胞在体外培养中增殖以获取移植所需的大量细胞,但细胞培养会使细胞遭受氧化和机械应激等潜在损害,可能导致基因突变和染色体异常、衰老和感染。到目前为止,几乎所有用于临床试验的细胞都是从患者或供体组织中分离出来的干细胞或祖细胞(包括脐带血),其中 ESC 还适用于损伤组

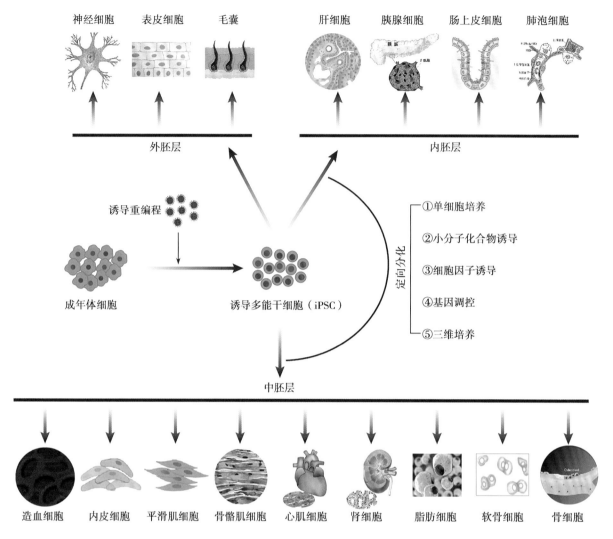

神经细胞　表皮细胞　毛囊　　　　肝细胞　胰腺细胞　肠上皮细胞　肺泡细胞

外胚层　　　　　　　　　　　内胚层

诱导重编程

成年体细胞　　　诱导多能干细胞（iPSC）

定向分化
①单细胞培养
②小分子化合物诱导
③细胞因子诱导
④基因调控
⑤三维培养

中胚层

造血细胞　内皮细胞　平滑肌细胞　骨骼肌细胞　心肌细胞　肾细胞　脂肪细胞　软骨细胞　骨细胞

图 1-9-1　iPSC 定向分化途径

织的成体干细胞或祖细胞不明确的或难以进行体外扩增的情况,但存在伦理、免疫排斥和致瘤性等问题。

（二）自体 iPSC 的治疗潜能

iPSC 可以分化成各种类型的细胞,如心肌细胞、肝细胞、胰岛细胞等,这类细胞具有原代细胞相似的形态、基因和功能,来源广,患者特异性,个体多样性,基因稳定性,表型稳定性,可大量获得等优点。而且自体 iPSC 的使用可以避免与 ESC 移植相关的免疫学和伦理问题。将来自患者的体细胞诱导成多能干细胞,继而分化为患者缺乏的成熟体细胞或组织特异性成体干细胞,用于细胞移植、组织再生等,修复机体损伤,促进疾病恢复。例如,利用 iPSC 技术,从脑部退行性病变的患者身上获取的皮肤或者血液细胞能够诱导生成多能干细胞,然后分化为受该疾病影响的神经细胞。

（三）个体化定制的自体 iPSC

体细胞被重新编程成多能状态,然后分化成不同的细胞系,这为基于个性化自体细胞治疗多种疾病提供了理论依据。与此同时,使用 iPSC 作为替代的细胞治疗不需要使用免疫抑制药物来防止组织排异,而是利用靶向基因修复

策略,如同源重组和锌指核酸酶来修复遗传缺陷,从而避免了组织排异。这些策略为产生无限数量的干细胞提供了机会,这些干细胞分化后可用于研究疾病机制、筛选和开发药物,或进行合适的细胞替代疗法。

（四）类器官技术的应用

类器官是将具有多向分化潜能的干细胞或组织细胞在特定环境下培养分化成为能模拟原生器官结构和功能的三维结构。相比传统的二维培养模式,类器官更接近生理细胞组成和行为。近年来,随着 iPSC 技术的发展,研究人员将 iPSC 应用于类器官的构建,用于模拟人体器官的结构和功能,在诸多类器官构建的研究中获得了进展,在各种疾病模型研究、药物筛选、精准医疗、基因治疗等领域有广阔的应用前景,如 iPSC 可以分化成胰岛细胞,用于构建人工胰岛,治疗糖尿病患者。iPSC 可以分化成肝细胞,构建人工肝脏,用于药物毒性测试、疾病模型的研究,以及肝移植前的预备治疗等。

二、疾病建模

疾病模型是了解疾病的发病机制及筛选治疗药物必

不可缺的工具。由于患者体细胞来源的原代细胞数量有限、难以在体外培养扩增，因此利用生物基因技术构建动物或细胞疾病模型有重要的应用价值。但动物模型存在物种差异，细胞模型与患者遗传背景及生理条件也不完全相同，故应用受限。

（一）基于 iPSC 建立遗传病模型

iPSC 可以从感兴趣的疾病患者的体细胞中，通过诱导重编程成为 iPSC，随后再将其分化为与患者基因型相同的疾病特异性细胞类型，如心肌细胞、神经元等，从而建立疾病模型，研究疾病的发生和发展机制。由于 iPSC 是通过体细胞转化而来的，因此不涉及伦理问题。目前，大量研究已经证实了 iPSC 技术应用于构建人类疾病模型的巨大潜力。因此，对于难以获取原生组织或难以建立可靠动物模型的疾病，可采用人类细胞来构建疾病模型，用于疾病重演和研发治疗药物等。

基于 iPSC 的疾病建模被广泛用于研究由单一基因突变引起的疾病（单基因突变），这些疾病一般发病时间较早，是 iPSC 治疗的理想病种。iPSC 易从患者身上获得，并分化为与疾病相关的细胞如神经元等。此外，考虑到从 iPSC 分化出的细胞在分化发育程度上的相对不成熟，相对于发病年龄较晚的疾病来说，从 iPSC 分化出的细胞表型更适合为早期发作的疾病提供良好的模型。例如，从患者来源的 iPSC 分化出的神经元被用于脊髓性肌萎缩症（SMA）的疾病建模。脊髓性肌萎缩症是由存活运动神经元 1（SMN1）突变引起的早发疾病，SMN1 中的突变导致运动神经元的变性和随后的肌肉萎缩。1 型 SMA 患者通常在出生后 6 个月出现症状，疾病进展迅速，到 2 岁时致命。

在最初的基于 iPSC 的疾病建模研究中，将来自 1 型 SMA 患者的成纤维细胞衍生的 iPSC 分化为与疾病相关的细胞类型，即运动神经元。与来自未受影响的对照组运动神经元相比，源自患者的 iPSC 分化的运动神经元的存活期降低。此外，用丙戊酸和妥布霉素（两种已知能诱导 SMN1 表达的化合物）能够治疗源自患者的 iPSC 导致 SMN1 蛋白水平升高。这项研究提供了原则性证据，即患者来源的 iPSC 可用于模拟早期发作的遗传疾病，并可用作潜在的药物筛选平台。在晚发病的疾病中，细胞衰老可能是一种重要的发病机制，但人类 iPSC 分化的细胞通常具有胚胎样特性，所以对起病较晚的疾病进行建模具有一定的挑战性。不过，有研究显示，诱导的细胞衰老可以用来帮助成功地建立晚发病的疾病模型，用细胞应激物诱导从人类 iPSC 分化的细胞老化。例如以线粒体功能或蛋白质降解为靶标的吡咯菌酯等化合物异位表达的基因产物早老蛋白等，会导致这些细胞过早老化。但是，细胞应激源或早老蛋白的表达是否可以通过类似于正常衰老的机制引起细胞衰老尚待确定。

（二）基于 iPSC 建立肝脏疾病和遗传病模型

Vallier 实验室首次使用非神经元（即中胚层或内胚层）性 iPSC 进行肝脏疾病建模。他们将肝脏中出现的各种遗传性代谢紊乱患者的 iPSC 分化为肝细胞样细胞（hepatocyte like cell，HLC），这些遗传性代谢紊乱疾病包括 α_1-抗胰蛋白酶（A1AT）缺乏症、家族性高胆固醇血症、糖原贮积病 1A 型、Crigler-Najjar 综合征或遗传性酪氨酸血症 1 型等。这些肝细胞样细胞表现出合成白蛋白和细胞色素 P450 代谢的功能特性，以及相应疾病的主要病理学特征，包括内质网错误折叠的 α_1-抗胰蛋白酶（alpha-1 antitrypsin，A1AT）聚集，低密度脂蛋白（low density lipoprotein，LDL）受体介导的胆固醇摄取不足，以及胞质脂质及糖原的过度积累。

在随后的研究中，他们使用锌指核酸酶（zinc finger nuclease，ZFN）和 piggyBac 技术纠正了 A1AT 缺乏症患者的 iPSC 中的致病基因突变，从而恢复了诱导 HLC 中 A1AT 蛋白的结构和功能。这首次证明了 iPSC 和基因编辑技术相结合用于自体细胞治疗。此外，iPSC 也应用于尿素循环障碍的研究。瓜氨酸血症分为两种亚型：1 型（新生儿型）和 2 型（成人型）。1 型瓜氨酸血症（CTLN1）是由 ASS1 基因突变引起的尿素循环障碍常染色体隐性遗传疾病，该基因编码尿素循环酶精氨酸琥珀酸合成酶（argininosuccinate synthetase，ASS），该疾病的临床特点是新生儿高氨血症，威胁生命，从 CTLN1 患者体细胞中诱导生产 iPSC 并分化为肝细胞样细胞（HLC）。CTLN1-HLC 具有较低的尿素生成，体外试验给予精氨酸（精氨酸在临床上用于治疗尿素循环障碍）可改善表型。这种 CTLN1-iPSC 模型提高了对 CTLN1 病理生理学的理解，可用于寻求新的治疗方法。

含有致病性变异基因的 2 型瓜氨酸血症是由 SLC25A13 基因突变引起的，该基因编码柠檬酸，是 ASS 的重要辅助因子，该型表现出较晚的发作时间和较轻的临床表现。2 型瓜氨酸血症除导致高氨血症和瓜氨酸血症外，还会导致脂肪肝的发展。2 型患者中 iPSC 到 HLC 的分化部分重现了该疾病中出现的尿素循环衰竭，包括功能异常的线粒体氧化和线粒体结构异常，导致脂质积聚。然而，1 型患者中 iPSC 分化为 HLC 导致尿素生成降低，但瓜氨酸在培养物中没有积累，这与疾病表型不同。添加 L-精氨酸（一种临床上用于治疗尿素循环障碍的氨基酸）可改善两种细胞的表型。

鸟氨酸氨基转移酶缺乏症（OTCD）是 X 连锁遗传的尿素循环障碍性疾病，主要表现为高氨血症。从含有 OTCD 致病性变异基因的体细胞中诱导出 iPSC，随后对 iPSC 进行基因编辑，校正突变基因，并诱导分化为肝细胞样细胞（iPSC-HLC），与未编辑的 iPSC-HLC 相比，校正突变基因的 iPSC-HLC 表现出显著的表型改善。除肝细胞样细胞外，iPSC 还能分化为可形成 3D 类器官的胆管样细胞（cholangiocyte-like cell，CLC）。

（三）基于 iPSC 建立心血管疾病模型

在心血管疾病领域，iPSC 也得到广泛应用，如构建长 QT 综合征、Brugada 综合征、儿茶酚胺敏感性多形性室性心动过速等心律失常疾病模型。以往的心律失常模型大多是利用生物技术建立的细胞或动物模型，但心肌细胞离子通道结构极为复杂，来自人体的心肌细胞难以获取，且难以体外培养。人体细胞来源的 iPSC 不仅可以在体外无限增殖，且具有和患者相同的遗传背景，可用于构建心律失常疾病细胞模型。

（四）iPSC 在肿瘤发生机制中的作用

iPSC 在肿瘤发生机制的研究中也将产生推动作用。遗传学突变积累与表观遗传学异常是肿瘤发生与进展内在的因素。将携带肿瘤易感基因或具有形成肿瘤倾向遗传背景的正常细胞重编程为 iPSC，诱导再分化为特定组织类型的细胞，通过观察肿瘤的发生，鉴定关键的肿瘤内环境形成的抑制因素与促进因素。既往研究结果显示，将肿瘤细胞本身重编程为干细胞具有相当的难度，即肿瘤细胞对重编程具有抵抗性，而 iPSC 技术的出现为这一操作带来希望。

肿瘤细胞具有特定的遗传学背景，如果能通过 iPSC 技术将其重编程为干细胞，将清除掉肿瘤特有的表观遗传学状态，通过诱导分化成对等的正常表型细胞，比较在该遗传学背景条件下表观遗传学变化与肿瘤发生的关系。近年来，肿瘤研究领域一个重要的突破是对肿瘤干细胞的识别与鉴定，然而目前仍不能高效、高纯度地对肿瘤干细胞进行体外扩增与长期培养，如果能通过 iPSC 技术将分化的处于短暂维持状态的肿瘤细胞重编程为肿瘤干细胞，将会给肿瘤研究领域带来巨大的发展机会。

（五）其他散发性疾病

对于散发性疾病，iPSC 也提供了一种新的方法来研究。迄今为止，已经使用源自 iPSC 的细胞类型研究了许多散发性疾病，例如在神经退行性疾病的研究中，iPSC 衍生的神经元已被用于模拟阿尔茨海默病、帕金森病和亨廷顿病等。

1. 阿尔茨海默病 阿尔茨海默病（AD）是一种进行性神经退行性疾病，是老年性痴呆最常见的原因之一，表现为进行性认知功能障碍，随着病情的发展，会影响记忆、语言、行为和情感等。阿尔茨海默病的发病可能与神经元纤维缠结及淀粉样蛋白的异常沉积有关。目前，阿尔茨海默病的治疗尚无根治方法，主要采取对症治疗和康复训练等辅助治疗手段。近年来，基于干细胞和基因编辑技术的阿尔茨海默病研究也在不断发展，为该病的治疗和预防提供了新的思路和希望。在临床上，绝大部分阿尔茨海默病病例属于散发性病例，构建散发性疾病模型显得尤为重要。对来自散发性阿尔茨海默病患者的 iPSC 衍生的神经细胞进行分析观察，可发现这些病例表现出与由特定基因突变引起的家族性阿尔茨海默病不同的表型。研究人员发现，家族性阿尔茨海默病和散发性阿尔茨海默病患者神经细胞内的 Aβ 寡聚体，与 ER 应激和氧化应激有关，而用二十二碳六烯酸（docosahexaenoic acid，DHA）治疗可以减弱这些应激效果。上述发现将有助于人们理解为何 DHA 治疗产生的临床效果存在差异性，并指出 DHA 实际上只对一部分患者有效。

通过 iPSC 技术，研究人员发现，不同的阿尔茨海默病患者的发病机制并不相同。但是，使用 iPSC 建模散发性疾病通常比建模单基因疾病更为困难，因为通常认为此类疾病的表型变化是基因突变与环境因素共同作用导致的。来源于散发疾病患者的 iPSC 可能包含有与疾病相关的风险基因变异，因此使用 iPSC 模拟基因变异和表观遗传背景的变化，为此类疾病建模是相当复杂的。并且这样的变异是

散发性疾病建模中需要解决的重要问题，因为散发性疾病 iPSC 衍生细胞的表型比单基因疾病 iPSC 衍生的细胞表型要复杂得多。

2. 帕金森病等散发病 基于人类散发性疾病的 iPSC 建模的一个关键问题是如何产生仅在相关风险变异上不同的成对的等基因细胞系。CRISPR/Cas9 技术的开发有效地解决了这一关键问题，在 CRISPR/Cas9 技术中，风险变量是唯一变量，可以创建一个受控良好的系统。最近，研究者以这种方法为基础，生成了在帕金森病相关风险变异体上不同的同基因 iPSC 品系，与等位基因特异性测定相结合，结合等位基因特异性分析，可以对这种遗传风险进行强有力的剖析。这一实验策略可用于研究与其他疾病相关的遗传危险因素。

（六）加深人们在细胞分子水平对疾病的认识

通过 iPSC 构建体外疾病模型，加深人们在细胞分子水平对疾病的认识。利用 iPSC 可以产生大量细胞用于研究疾病相关功能缺陷的分子基础或者研发和测试新药物。在此领域，研究者们不断尝试，并取得了很大进展。以往由于疾病的发病机制复杂及相关细胞组织难以获得，导致对疾病的研究受限。早期的研究模型是使用 ESC，但随着人类 iPSC 技术的出现，由于其可用性高及无伦理问题，人类 iPSC 已经成为首选研究方案。在心血管疾病、神经系统疾病、血液系统疾病等领域，诱导多能干细胞在构建体外疾病模型、疾病机制研究、药物筛选和安全性评价，以及建立特异性 iPSC 细胞系等方面都得到了越来越多的应用。

1. 疾病特异 iPSC 动物疾病模型 由于种属差异不能真实反映人类疾病，利用疾病特异的人类 iPSC 系建立的 iPSC 疾病模型，可以弥补这方面的不足。与传统的细胞体外模型相比，人类 iPSC 在疾病建模方面的优势包括：来源于人类、容易获取、可以扩增、能产生几乎所有细胞类型、避免了与人类 ESC 相关的伦理问题和利用患者特异性 iPSC 开发个体化药物等。此外，基因编辑技术的发展，尤其是 CRISPR/Cas9 技术，使基于基因的人类 iPSC 疾病模型的快速建立成为可能。

当前已建立包括神经系统疾病（帕金森病、亨廷顿病、肌萎缩侧索硬化、脊髓性肌萎缩、唐氏综合征等）、血液系统疾病（范科尼贫血、镰状细胞贫血、β 地中海贫血、原发性骨髓纤维化）、代谢系统疾病（1 型糖尿病、戈谢病、肌营养不良、莱施-奈恩综合征、Shwachman-Bodian-Diamond 综合征）及心肌病等疾病的特异 iPSC 系。

2. 利用人体 iPSC 研究宿主-病原体相互作用和抗感染 在感染领域，由于宿主-病原体相互作用的物种特异性限制了非人类模型向临床转化的可能性，而来自人的 iPSC 衍生的系统为模拟多种传染性病原体和器官系统之间的宿主-病原体相互作用开辟了新的研究方向。使用 iPSC 在细胞水平上模拟感染，由人类 iPSC 分化的细胞可作为病原性病毒感染的靶标，在人类免疫缺陷病毒（human immunodeficiency virus，HIV）、单纯疱疹病毒、登革热病毒、寨卡病毒等领域都有应用前景。因此，未来的人类 iPSC 模型可能在传染病领域发挥至关重要的作用。

3. 其他拓展　用于药物筛选的人类 iPSC 器官模型有望在鉴定和验证疫苗、新型抗生素和抗病毒药等方面取得重大进展。心血管疾病方面,在心肌受损后的修复、心肌疾病、心律失常、心力衰竭等疾病动物模型的建立、药物的心脏毒性检测和筛选等方面也有应用空间,在细胞和分子层面上增强了对疾病的理解。除了传染性疾病和遗传性疾病模型,iPSC 还可用于癌症的疾病建模,促进了人们对肿瘤性疾病的认知和肿瘤药物的研发。

三、药物筛选

iPSC 具有提供生物学同类的细胞类型的潜力。这些细胞可以用于针对各类组织细胞的化合物鉴定、化合物筛选、靶标验证和作为新药发现的工具。药物研发及大规模药物筛选需要很多细胞,iPSC 可以无限增殖,并且疾病特异 iPSC 本身就是筛选药物的目标。来自特定个体的 iPSC 代表着高度个体化的细胞来源,可以用于评价个体化药物治疗。与使用永生化细胞系的动物模型相比,患者特异性 iPSC 分化得到的疾病特异性功能细胞能更准确地反映药物的疗效。iPSC 可用于毒理学测试和筛查,即使用 iPSC 或其衍生的特定组织的细胞,通过活细胞来评估该组织的细胞对化合物或药物的安全性。

（一）通过 iPSC 疾病模型发现新的适应证

已批准的药物通过 iPSC 疾病模型可发现新的适应证,即在现有的已被批准用于特定疾病的药物中,找到其在其他疾病中的新应用。利用从 iPSC 分化而来的疾病特异性功能细胞,在临床化合物数据库筛选可改善疾病表型的药物,从而绕过长时间的临床前开发和临床研究早期阶段,直接作为临床疗法迅速进行临床试验,扩大药物适用范围。使用基于 iPSC 的疾病模型进行有效的大规模药物筛选的可行性,以及在人类 iPSC 中高度稳健的基因打靶,这两者对于将 iPSC 技术转化为治疗现在无法治疗的疾病的新疗法至关重要。

许多药物筛选是基于可能与疾病发病机制相关的靶点。然而,靶向筛选成功率低。因此研究者对表型筛选产生了极大兴趣。表型筛选的复兴得益于 iPSC 的发现。iPSC 的多能性意味着这些细胞可以分化为多种疾病相关的细胞类型,特别是通过其他方法很难获得的细胞类型,如神经元。患者衍生的 iPSC 模型使得在培养皿中重建疾病表型和病理学成为可能。从患者来源的 iPSC 分化出的细胞可以表现出分子和细胞表型,如果已知决定某一疾病表型的基因,则可以通过基因编辑方法确认该表型是否确实与疾病相关,并且可以在患者样本和/或动物模型中进一步验证。除了表型筛选外,iPSC 还可用于靶向筛选。

（二）使用 iPSC 进行个性化药物筛选

目前利用人类 iPSC 模型已进行了许多药物筛选,并通过表型筛选或靶向筛选确定潜在的候选药物。对于未来的药物筛选,散发性疾病 iPSC 应便于检查疾病是否由遗传因素（如 SNPs、体细胞突变、突变或表观遗传因素）引起。这些进展可以进一步打开使用 iPSC 进行个性化药物筛选的大门。疾病特异性 iPSC 的另一个应用是药物重新定位,即

对已经批准用于特定疾病的现有药物进行测试,以在其他疾病中找到新的应用。新药的研发成本很高,高昂的成本主要是由于反复失败,尤其是后期临床试验中的失败,后期临床试验失败的原因主要是意料之外的副作用。新候选药物可能会发生许多无法预料的不良反应,尤其是对心脏和肝脏的毒性。因此,科学家们积极开发能够更有效地预测候选药物引起严重副作用的方法。借助 iPSC 进行药物筛选,能够筛选出可能因后期试验的毒性而失败的候选药物。比如,iPSC 衍生的肝细胞可以表达功能分子如细胞色素 P450 酶,清除代谢吲哚菁绿,并对已知的肝毒性药物产生反应。

（三）iPSC 在药物筛选和开发中的应用扩展

iPSC 在药物筛选和开发中的应用已经扩展到许多疾病。长 QT 期间综合征是一种先天性疾病,与离子通道功能异常、心电图上 QT 间期延长和室性心律失常引起的心源性猝死的高风险有关。科学家已经在动物模型中进行了许多研究,以探索这种综合征的潜在发病机制。但心肌细胞有复杂的电生理特性,而且缺乏体外来源的人心肌细胞,无法模拟这种疾病的患者特异性变异,导致研究受阻。在一项使用 iPSC 捕获遗传变异生理机制的原理验证研究中,Moretti 和同事选择了一个受 1 型长 QT 综合征（KCNQ1 基因发生突变）影响的家庭,并鉴定了 KCNQ1 基因的常染色体显性错义突变（R190Q）。从两个家庭成员和两个健康对照者中获得了真皮成纤维细胞,并用编码人类转录因子 Oct3/4、Sox2、Klf4 和 c-Myc 的逆转录病毒载体感染了它们,以产生多能干细胞,然后将这些细胞定向分化为心肌细胞。

研究发现,诱导多能干细胞可维持 1 型长 QT 间期综合征的疾病基因型并产生功能性心肌细胞,单个细胞表现出"心室""心房"或"淋巴结"表型。与对照组相比,源自 1 型长 QT 间期综合征患者的"心室"和"心房"细胞的动作电位持续时间明显延长。对 R190Q-KCNQ1 突变在发病机制中作用的进一步表征显示,R190Q-KCNQ1 突变与 I（Ks）电流降低 70%~80%、通道激活和失活特性改变有关。进一步研究表明,这些细胞对儿茶酚胺诱导的快速心律失常的敏感性增加,并鉴定出加重病情的化合物（包括异丙肾上腺素）。用肾上腺素能受体阻滞剂治疗这些心肌细胞可减轻长 QT 表型。重要的是,这些研究确定了 iPSC 的细胞模型可以用于确定药物复杂的心脏毒性作用,以及确定保护性药物和最佳药物剂量。

许多药物和候选药物尽管通过了动物实验测试,却由于对人体的不良反应而未能进入市场。如果能在药物开发的早期阶段,对人类毒性作用进行预测,将大大降低药物研发成本,但由于缺乏丰富和稳定的人体样本而难以实现。人类 iPSC 的特点则提供了解决这个问题的方法。

（四）iPSC 在疾病建模中发展到 3D 器官模型和体内嵌合体

从首次对 iPSC 在疾病建模中的应用至今,疾病模型已经从二维单细胞水平的分化,发展到日益复杂的 3D 器官模型和体内嵌合体。用干细胞培养的人体组织是理想的器官再造来源。英国已经报道利用 3D 打印技术为癌症患

者重塑面部,已有研究者将 3D 打印拓展到人 ESC 层面,当 3D 打印技术能够结合 iPSC 技术时,组织工程学将迈上一个新的台阶。在众多此类研究中,iPSC 中的基因为在类器官水平上逆转疾病表型提供了理论性证据,该方法将来可以应用于基于 iPSC 的自体实体器官疾病疗法中,在组织和器官水平了解疾病的发病机制。利用来自小鼠和人类的组织干细胞和多能干细胞,已经为包括大脑、视网膜、肠、肾、肝、肺和胃在内的多个器官生成了类器官。

人类 iPSC 衍生的类器官与内源性细胞组织和器官结构相似,已被开发用于各种应用,并且由于其能够模拟人类生理和发育的细胞环境,可以研究细胞间相互作用而更有应用前景。事实上,3D 类器官已经被用来模拟人体器官的发育和疾病,测试治疗化合物和细胞移植。此外,由于不同细胞类型(如神经元和星形胶质细胞)在 3D 结构中的相互作用,类器官中生成的细胞在功能上比使用定向分化方法获得的细胞更成熟。因此,3D 类器官有助于在发育相关的时空背景下对疾病病理学进行研究,并有可能实现在器官水平上模拟药物反应。3D 类器官为基于 iPSC 的疾病建模提供了非常有前景的工具,但其技术也有局限性。与传统的 2D 可复制平台相比,创建一个具有更高效率和可复制性的 3D 平台是一个挑战。另一个挑战是目前的类器官系统缺乏血管化,导致缺乏持续的营养供应,类器官的生长和成熟受到限制。类器官系统和嵌合体模型的不断改进将拓宽基于 iPSC 的细胞治疗的前沿领域,并有可能改变包括传染病、肿瘤学和组织移植在内的多种学科的发展和研究方向。

四、个体化医学

使用 CRISPR 等基因编辑技术,可以在许多类型细胞中精确、定向地进行基因敲除或敲入,包括单碱基改变,纠正干细胞基因组内的基因差误。重编程罕见病患者的体细胞,诱导得到患者特异性 iPSC,结合基因编辑工具修正患病基因。将患者 iPSC 与基因组编辑技术相结合,为个性化医疗增添了新的途径。这一方法在单基因疾病治疗中尤为有效,通过重编程,患者特异性的诱导多能干细胞应用于单基因遗传性疾病中的细胞治疗,如诱导患者的体细胞生成 iPSC,并以正常的基因替代致病基因,然后用基因纠正后的 iPSC 移植,以恢复组织器官功能。目前已经有越来越多的研究评估 iPSC 作为细胞替代的疗效和安全性。

（一）疾病特异性的人类 iPSC 的衍生和分化

生成针对患者的干细胞一直是再生医学领域的一个长期目标。人类 iPSC 的发现提供了一种新策略。很多研究报道了疾病特异性的人类 iPSC 的衍生和分化,然而,该领域的主要挑战是 iPSC 在疾病相关表型的证明,以及对疾病发病机制和疾病进行建模的能力。家族性自主神经功能障碍（familial dysautonomia,FD）是一种罕见的遗传性致命性周围神经疾病,由参与转录的 IKBKAP 基因点突变引起。该疾病的特征是自主神经和感觉神经元的消耗。

（二）特异性疾病患者 iPSC 有助于治疗药物的筛选

虽然许多传统的基于细胞的模型已经被用来研究家族性自主神经失调的发病机制和筛选候选药物,但还没有使用与症状相关的人类细胞类型。由于缺乏合适的模型系统,人们对家族性自主神经功能障碍（FD）中周围神经系统的特异性和神经元丢失的机制了解甚少。2009 年,Lee 和他的同事利用患者特异性的 FD-iPSC 进行衍生和定向分化。纯化的 FD-iPSC 衍生谱系中的基因表达分析表明,IKBKAP 在体外具有组织特异性错剪,患者特异性的 IKBKAP 转录水平低,从而验证了疾病相关的细胞类型可以在体外准确地反映疾病的发病机制。此外,作者使用 FD-iPSC 来验证和筛选候选药物的功效。该研究提示 iPSC 有助于治疗药物的发现,并为建模和产生预测性测试以确定该疾病的临床表现提供平台。

利用患者细胞构建 iPSC 疾病模型,使用 CRISPR/Cas9 修复引起疾病的点突变位点,深入研究点突变的病理性作用。阿尔茨海默病（AD）是一种进行性和不可逆转的神经退行性疾病,可导致神经细胞变性和脑萎缩,被认为是最常见的痴呆形式。PSEN1 基因 A79V 突变可引起阿尔茨海默病,通过研究此突变对细胞表型的影响,可帮助研究者深入研究此疾病的病理,从而开发出更有效的治疗方法。研究者将阿尔茨海默病患者的体细胞诱导为 iPSC,然后用野生型序列替换点突变序列,修正突变的基因。通过研究患者的 iPSC 和修正后的 iPSC,可以得知该突变对细胞表型的影响,从而深入研究该突变的病理性作用。

五、生物学研究

iPSC 可以用于生物学研究,如分子机制研究、基因编辑等。iPSC 可以通过 CRISPR/Cas9 基因编辑产生同基因对照细胞系。已经使用基于 CRISPR/Cas9 系统的基因编辑技术建立了多种疾病模型,包括心肌病、瓣膜疾病、原发性微脑瘤、囊性肝纤维化、结肠直肠癌等。血友病目前的治疗方法是通过注射凝血因子来补充缺失的凝血因子,但是治疗效果有限且需要长期治疗。

因此,基因编辑技术成为治疗血友病的一种新方法,CRISPR/Cas9 系统可用于血友病的基因治疗。通过 CRISPR/Cas9 系统精确剪切细胞中的基因,从而激活凝血因子的表达,这种方法目前正在开展临床试验。或者通过 CRISPR/Cas9 系统精确剪切患者缺失或异常的凝血因子基因,并插入正常的凝血因子基因,精确修复缺失或异常的凝血因子基因。这种方法需要精确的基因编辑技术和有效的基因递送系统,目前还处于实验室研究阶段。总之,CRISPR/Cas9 系统作为一种基因编辑技术,在血友病治疗中具有很大的潜力。未来,随着技术的不断发展,基因编辑技术有望成为治疗血友病等遗传性疾病的新方法。

此外,iPSC 也可以用于其他产品的研发,如 3D 生物打印、组织工程等。在工业规模生物反应器大规模生产和分化 iPSC 技术也在以惊人的速度发展。

第五节 诱导多能干细胞存在的问题

尽管 iPSC 技术具有非常瞩目的前景,但仍存在许多挑战。将细胞重编程为多能状态需要整体的表观遗传重构并引入表观遗传变化,其中一些是重编程发生所必需的,而另一些则是在此过程中无意中引入的。

一、iPSC 的致瘤性问题和解决方案

iPSC 的致瘤性是大家非常关注的问题。由于诱导生成 iPSC 时会利用外源性转录因子和载体,而且多能干细胞在培养物中长期培养可能积累核型异常和拷贝数变异,并失去杂合性,因此有可能在宿主体内形成肿瘤。在动物模型中观察到,移植多能干细胞后形成含有全部三个胚层细胞的畸胎瘤。因此,需要高度精确地调控移植细胞的分化情况,防止异常分化。细胞分化培养过程中可能产生基因异常,目前最有效的细胞重编程方法都是以逆转录病毒或者慢病毒为基础,存在病毒 DNA 整合到宿主基因组引起突变的风险。

另外,一些用于诱导重编程的基因有致瘤潜能,在诱导重编程时使用不能整合的病毒或小分子代替逆转录病毒虽然一定程度上减少了这种风险,但仍不能完全消除人们对于修饰后的细胞生长发生改变的疑虑。另一个相当明显的致瘤风险是对其来源的整合载体的使用。虽然已经证明病毒的整合与重编程过程没有直接联系,但在未分化细胞的繁殖过程中,会产生基因组的改变,以及引入的转基因重新激活的风险。为了开发安全的基于 iPSC 的治疗方法,必须克服致瘤障碍。人们提出了应对这种风险的一般策略:从培养物中彻底分化或完全消除残留的多能干细胞;干扰肿瘤进展基因,以防止剩余的多能细胞形成肿瘤,以及肿瘤在患者体内形成后的检测和清除。目前有多种方法可以用来诱导体细胞重编程为 iPSC,重编程方法也由结合性逐渐进展到非结合性诱导。有研究者使用非染色体结合性诱导方法降低外源性转基因插入宿主染色体而致瘤的风险,包括质粒、creloxp 酶切除、蛋白转运技术等。iPSC 培养条件的选择也经历了从饲养层细胞到无饲养层的转变。

有研究证明,小分子抑制剂可以诱导未分化的人类多能干细胞选择性和完全的细胞死亡,而不影响其分化衍生物。用这些抑制剂处理 iPSC 衍生的细胞产物可以降低其潜在的致瘤性。另一个可能的解决方案是在移植前通过荧光细胞分类法对所需细胞类型进行阳性选择和针对人类 ESC 标记物的阴性选择,来对 iPSC 来源的细胞进行分类。最后,可以在移植前在动物模型中测试致瘤性风险。然而,这种方法可能不适用于疾病进展迅速的患者。

二、iPSC 克隆在分化效率上有差异和解决方案

iPSC 克隆在分化效率上有差异,在选择疾病模型研究的对照组时,这些变化是很重要的。应用 CRISPR/Cas9 技术可能有助于解决这个问题。多份报告显示,对 iPSC 突变进行基因校正可以改善分化细胞的疾病表型。除了纠正疾病 iPSC 中的基因突变外,研究人员还成功地将基因突变引入健康的 iPSC。然而,将 CRISPR/Cas9 技术与 iPSC 技术相结合仍存在一些挑战,包括 CRISPR/Cas9 编辑的非目标效应、检测成本高,以及基因编辑在未知致病突变或风险

方面的遗传疾病中的应用受限。iPSC 及其衍生的细胞与患者共享同一基因组,提供了一个无法通过其他方法获得的患者体细胞库,但这些细胞在成熟度和功能上表现出差别异质性,从而导致实验观察的差异。这种变异性甚至适用于从同一个体获得的 iPSC,妨碍了对疾病表型的准确评估。这些变异可能源于克隆间的遗传变异、表观遗传修饰、iPSC 的来源、每个 iPSC 克隆中残余转基因的存在、女性 X 染色体失活状态等,需要考虑到这些因素以提高基于 iPSC 的疾病模型的质量和数量。

三、iPSC 的动物模型和人类疾病模型存在差异,以及疾病特异的不同

来自 iPSC 的实验基本都是动物模型,而动物疾病模型和人类疾病是有差异的,而且很多疾病并不是单一的疾病特异性 iPSC 系就能表达的。单凭简单地模拟细胞的遗传学变异,很难反映疾病的复杂发病机制。最后,iPSC 来源的细胞治疗如何确定正确的分化程度。完全分化成熟的终末分化细胞可能会很快衰老和死亡,部分组织可能需要的是祖细胞,而非完全成熟的终末分化细胞。

因此,在临床使用前需要仔细筛选 iPSC 衍生产品,以寻找潜在风险的遗传改变,并进行严格测试以确保其纯度、质量和无菌性。一旦细胞被安全输送,理想情况下应监测患者潜在肿瘤的发展和免疫系统的激活。

从 iPSC 被发现至今,其在细胞治疗和药物研发中的应用取得了很大进展。iPSC 提供了一个很有前景的模型,可以用来研究疾病的机制,发现新的治疗方法和发展真正的个性化治疗。

(曹会娟 林炳亮)

参考文献

[1] Takahashi Kazutoshi,Tanabe Koji,Ohnuki Mari,et al. Induction of pluripotent stem cells from adult human fibroblasts by defined factors. Cell,2007,131(5):861-872.

[2] Takahashi Kazutoshi,Yamanaka Shinya. Induction of pluripotent stem cells from mouse embryonic and adult fibroblast cultures by defined factors. Cell,2006,126(4):663-676.

[3] Peter Karagiannis,Kazutoshi Takahashi,Megumu Saito,et al. Induced Pluripotent Stem Cells and Their Use in Human Models of Disease and Development. Physiol Rev,2019,99(1):79-114.

[4] Son JS,Park CY,Lee G,et al. Therapeutic correction of hemophilia A using 2D endothelial cells and multicellular 3D organoids derived from CRISPR/Cas9-engineered patient iPSCs. Biomaterials,2022,283:121429.

[5] Yanhong Shi,Haruhisa Inoue,Joseph C Wu,et al. Induced pluripotent stem cell technology:a decade of progress. Nat Rev Drug Discov,2017,16(2):115-130.

[6] Sequiera GL,Srivastava A,Sareen N,et al. Development of iPSC-based clinical trial selection platform for patients with ultrarare diseases. Sci Adv,2022,8(14):eabl4370.

[7] Ebert AD,Yu J,Rose FF Jr,et al. Induced pluripotent stem

cells from a spinal muscular atrophy patient. Nature,2009,457 (7227):277-280.

[8] Jansen J,Reimer KC,Nagai JS,et al. SARS-CoV-2 infects the human kidney and drives fibrosis in kidney organoids. Cell Stem Cell,2022,29(2):217-231.e8.

[9] Choi SH,Kim YH,Hebisch M,et al. A three-dimensional human neural cell culture model of Alzheimer's disease. Nature,2014, 515(7526):274-278.

[10] Wang Z,McWilliams-Koeppen HP,Reza H,et al. 3D-organoid culture supports differentiation of human CAR+ iPSCs into highly functional CAR T cells. Cell Stem Cell,2022,29(4):515-527. e8.

[11] Ng S,Schwartz RE,March S,et al. Human iPSC-derived hepatocyte-like cells support Plasmodium liver-stage infection in vitro. Stem Cell Reports,2015,4(3):348-359.

[12] Rowe R Grant,Daley George Q. Induced pluripotent stem cells in disease modelling and drug discovery. Nat Rev Genet,2019,20 (7):377-388.

[13] Papapetrou EP. Patient-derived induced pluripotent stem cells in cancer research and precision oncology. Nat Med,2016,22(12): 1392-1401.

[14] Lim RG,Quan C,Reyes-Ortiz AM,et al. Huntington's Disease iPSC-Derived Brain Microvascular Endothelial Cells Reveal WNT-Mediated Angiogenic and Blood-Brain Barrier Deficits. Cell Rep,2017,19(7):1365-1377.

[15] Giacomelli E,Vahsen BF,Calder EL,et al. Human stem cell models of neurodegeneration：From basic science of amyotrophic lateral sclerosis to clinical translation. Cell Stem Cell,2022,29 (1):11-35.

[16] Magdy T,Jouni M,Kuo HH,et al. Identification of Drug Transporter Genomic Variants and Inhibitors That Protect Against Doxorubicin-Induced Cardiotoxicity. Circulation,2022,145(4): 279-294.

[17] Li S,Guo J,Ying Z,et al. Valproic acid-induced hepatotoxicity in Alpers syndrome is associated with mitochondrial permeability transition pore opening-dependent apoptotic sensitivity in an induced pluripotent stem cell model. Hepatology,2015,61(5): 1730-1739.

[18] Alessandra Moretti,Milena Bellin,Andrea Welling,et al. Patient-specific induced pluripotent stem-cell models for long-QT syndrome. N Engl J Med,2010,363(15):1397-1409.

[19] Gabsang Lee,Eirini P Papapetrou,Hyesoo Kim,et al. Modelling pathogenesis and treatment of familial dysautonomia using patient-specific iPSCs. Nature,2009,461(7262):402-406.

[20] Sampaziotis F,Segeritz CP,Vallier L. Potential of human induced pluripotent stem cells in studies of liver disease. Hepatology, 2015,62(1):303-311.

[21] Rashid ST,Corbineau S,Hannan N,et al. Modeling inherited metabolic disorders of the liver using human induced pluripotent stem cells. J Clin Invest,2010,120(9):3127-3136.

[22] Yusa K,Rashid ST,Strick-Marchand H,et al. Targeted gene

correction of α1-antitrypsin deficiency in induced pluripotent stem cells. Nature,2011,478(7369):391-394.

[23] Yoshitoshi-Uebayashi Elena Yukie,Toyoda Taro,Yasuda Katsutaro,et al. Modelling urea-cycle disorder citrullinemia type 1 with disease-specific iPSCs. Biochem Biophys Res Commun, 2017,486(3):613-619.

[24] Zabulica M,Jakobsson T,Ravaioli F,et al. Gene Editing Correction of a Urea Cycle Defect in Organoid Stem Cell Derived Hepatocyte-like Cells. Int J Mol Sci,2021,22(3):1217.

[25] Sampaziotis F,de Brito MC,Madrigal P,et al. Cholangiocytes derived from human induced pluripotent stem cells for disease modeling and drug validation. Nat Biotechnol,2015,33(8): 845-852.

[26] Luce E,Steichen C,Allouche M,et al. In vitro recovery of FIX clotting activity as a marker of highly functional hepatocytes in a hemophilia B iPSC model. Hepatology,2022,75(4):866-880.

[27] Hu Y,Yang Y,Tan P,et al. Induction of mouse totipotent stem cells by a defined chemical cocktail. Nature,2023,617(7962): 792-797.

[28] Velychko S,Adachi K,Kim KP,et al. Excluding Oct4 from Yamanaka Cocktail Unleashes the Developmental Potential of iPSCs. Cell Stem Cell,2019,25(6):737-753.e4.

[29] Yuan Y,Cotton K,Samarasekera D,et al. Engineered Platforms for Maturing Pluripotent Stem Cell-Derived Liver Cells for Disease Modeling. Cell Mol Gastroenterol Hepatol,2023,15(5): 1147-1160.

[30] Kukla DA,Khetani SR. Bioengineered Liver Models for Investigating Disease Pathogenesis and Regenerative Medicine. Semin Liver Dis,2021,41(3):368-392.

[31] Berger DR,Ware BR,Davidson MD,et al. Enhancing the functional maturity of induced pluripotent stem cell-derived human hepatocytes by controlled presentation of cell-cell interactions in vitro. Hepatology,2015,61(4):1370-1381.

[32] Takagi R,Ishimaru J,Sugawara A,et al. Bioengineering a 3D integumentary organ system from iPS cells using an in vivo transplantation model. Sci Adv,2016,2(4):e1500887.

[33] Cui K,Chen T,Zhu Y,et al. Engineering placenta-like organoids containing endogenous vascular cells from human-induced pluripotent stem cells. Bioeng Transl Med,2022,8(1):e10390.

[34] Cong L,Ran FA,Cox D,et al. Multiplex genome engineering using CRISPR/Cas systems. Science,2013,339(6121): 819-823.

[35] Kim K,Doi A,Wen B,et al. Epigenetic memory in induced pluripotent stem cells. Nature,2010,467(7313):285-290.

[36] Fusaki N,Ban H,Nishiyama A,et al. Efficient induction of transgene-free human pluripotent stem cells using a vector based on Sendai virus,an RNA virus that does not integrate into the host genome. Proc Jpn Acad Ser B Phys Biol Sci,2009,85(8):348-362.

[37] Novelli G,Spitalieri P,Murdocca M,et al. Organoid factory：The recent role of the human induced pluripotent stem cells(hiPSCs) in precision medicine. Front Cell Dev Biol,2023,10:1059579.

第十章 间充质干细胞

提要：间充质干细胞是一种具有多向分化潜能的非造血成体干细胞，在细胞治疗中应用广泛。本章首先概述了间充质干细胞的发现、标准、功能及临床应用，并根据间充质干细胞来源不同，分 5 节依次介绍骨髓间充质干细胞（BM-MSC）、脐带间充质干细胞（UC-MSC）、脂肪间充质干细胞及其他来源间充质干细胞的生物学特性、临床应用，并基于此进行综合评价与展望。

间充质干细胞（mesenchymal stem cell，MSC）作为具有多向分化潜能的非造血成体干细胞，拥有自我更新和分化能力，并具备免疫调节特性。由于 MSC 来源广泛、取材方便、易于体外扩增、可塑性强、免疫原性低、冻存后活性损失小和无毒副作用等特点，成为基础医学和临床医学组织器官损伤修复，以及再生医学中常用的细胞，许多相关临床研究已经完成或正在进行中，MSC 在各系统疾病治疗中的应用取得了一定程度的突破。

第一节 间充质干细胞概述

MSC 是一群来源于中胚层的成纤维细胞样、易于黏附于塑料培养瓶底生长的干细胞，可以来源于多种组织，主要存在于成体结缔组织和器官间质等组织中。MSC 在不同的诱导条件下可分化为骨细胞、软骨细胞、脂肪细胞、肌腱、肌肉细胞、神经细胞、脂肪细胞、心肌细胞、肝细胞、胰岛细胞等多种细胞，具有广泛的临床应用前景。由于其具有多向分化潜能，成为修复或替代受伤或病变组织器官的治疗细胞；由于其具有免疫调节特性，成为自身免疫病、炎症、血液病和移植手术中极有前景的治疗方法；由于其具有基因呈递功能，成为基因治疗中载体工具的良好选择，受到大量的研究关注。

一、间充质干细胞的发现与命名

MSC 曾被不同研究者赋予不同的名称，包括骨髓基质细胞（bone marrow stromal cell）、骨髓基质干细胞（bone marrow stromal stem cell）、多能基质细胞（multipotent stromal cell）、中胚层干细胞（mesodermal stem cell）、间质基质细胞（mesenchymal stromal cell）、医用信号细胞（medicinal signaling cell）等，这些名称反映间充质干细胞不同方面的特点。目前，大部分研究采用间充质干细胞（MSC）这一名称。

早在 1867 年，德国病理学家 Cohnheim 在研究伤口愈合时，首次提出骨髓中存在非造血干细胞的观点，指出成纤维细胞可能来源于骨髓。1966 年，Friedenstein 等人发现骨髓细胞移植能在体内分化为成骨细胞。1968 年提出成骨细胞、造血细胞祖细胞概念。1971 年通过动物实验证实成骨祖细胞的存在。1974 年通过贴壁分离培养法，从骨髓中分离出一种成纤维细胞样细胞，发现其能够分化为成骨细胞集落，也支持造血细胞克隆形成。1987 年提出这种骨髓基质细胞（bone marrow stromal cell）是成骨干细胞（osteogenic stem cell）的概念，并发现其体外大量扩增后，仍能够在体内定向分化成骨组织。1988—1990 年，确定成骨干细胞属于基质细胞，具有分化成骨细胞和软骨细胞的能力，将其称为骨髓基质干细胞（bone marrow stromal stem cell）。1991 年，Arnold I. Caplan 教授提出 MSC 来源于中胚层（mesodermal），将这些骨髓来源的、可附着到培养皿中形成成纤维细胞集落形成单位、在培养液中具有多系分化能力的细胞正式命名为间充质干细胞（mesenchymal stem cell，MSC），他选择这个术语是因为间质组织的特征是包含松散联系的、无极性的细胞，并被大量细胞外基质包围，这些细胞在体外具有多能性和克隆性，故称之为"干细胞"。虽然 Caplan 教授在 2017 年提出 MSC 在机体内并没有表现出多能性，因此在体内不是真正的干细胞，建议改名为"医用信号细胞"，但"间充质干细胞"的命名还是保留了下来，并被广泛应用。

二、间充质干细胞的标准

根据国际细胞治疗协会（ISCT）下属间充质和组织干细胞委员会提出的定义，人 MSC 的最低标准：①在标准培养条件下，MSC 必须具有对塑料底物的黏附性；②CD105、CD73、CD90 呈阳性，CD45、CD34、CD14 或 CD11b、CD79α 或 CD19 和 HLA-DR 呈阴性；③在体外标准分化条件下，MSC 能分化为成骨细胞、脂肪细胞和软骨细胞。

三、间充质干细胞的来源与分化

MSC 的胚胎起源仍不清楚。有研究显示，MSC 可能来源于主动脉-性腺-中肾（AGM）区的背主动脉的支撑层。与之一致，MSC 样细胞在人早期血液中循环。成人 MSC 常驻于许多组织，对这些组织的正常更新代谢发挥作用，当组织需要修复时，这些细胞经刺激后开始增生分化。在过去的几十年，除了最早发现的骨髓来源，人们已从许多其他器官或组织中分离出 MSC，例如，脂肪组织、脐血、脐带、胎盘、羊水、羊膜液、毛囊、脑骨膜、软骨膜、牙髓、真皮、肌肉、肺、肝、脾脏等(图 1-10-1)。

MSC 有自我更新、增殖和多向分化的能力,在特定条件下向中胚层细胞分化,包括成骨细胞、脂肪细胞和成软骨细胞等,也可以向外胚层及内胚层分化,例如肝细胞、神经细胞及神经胶质细胞、胰岛 β 细胞、肺细胞、肌腱细胞等(图 1-10-2)。MSC 在经过连续传代和冷冻保存之后,仍具有多向分化和自我复制的潜能。

MSC 的这些功能使其具有强大的促进受损组织或器官修复再生潜能,相关研究进展已成为再生医学发展的一个重要突破口。将 MSC 以某种方式移植到体内,取代受损的细胞,或通过招募内源性组织特异性干细胞进而修复旧的组织或产生新的组织,从而修复和恢复严重的组织损伤,甚至更换整个器官。大量研究发现,MSC 可以促进骨重建、软骨修复、支持肌肉骨骼组织再生,为临床骨组织工程提供候选材料,在修复椎间盘、维持生物力学和减轻疼痛方面是有效的手术替代方案;MSC 具有再生神经组织的潜能,促进神经系统功能恢复,在脑损伤和修复周围神经方面,可能有着不错的结果;MSC 不仅可再生组织,而且可修复器官,如心脏、肝脏、肾脏、角膜、气管和皮肤等。MSC 是很有前景的治疗手段,其更多的治疗潜力正在不断被开发及应用。

四、间充质干细胞分化的机制

MSC 能够分化为多种细胞类型,有望作为组织损伤修复和退行性疾病的细胞治疗来源。关于干细胞谱系特异性分化机制的研究和认识有助于对 MSC 分化的精细调控和充分利用,对组织愈合和细胞治疗至关重要。MSC 的具体分化机制仍不十分清楚,目前发现主要与以下因素有关:

(一)内源性调控

1. 转录因子 在 MSC 向特定谱系分化的过程中,有不同的关键转录因子,在不同谱系分化的初始和后期发挥重要作用,也常被用作分化的标志。例如,Runx2(Runt-related transcription factor 2)的激活与 MSC 成骨分化有关。PPARγ 与 MSC 成脂分化相关,研究表明,PPAR γ 可影响 MSC 成骨-成脂平衡,启动成骨分化通路向成脂的转换。Sox9(SRY-related high-mobility-group box 9)是一种通过控制软骨细胞特异性基因表达在软骨细胞发育中发挥重要作用的转录因子,Sox9 还能够调节细胞外基质基因的表达,如胶原蛋白 2 和 9,对软骨形成起重要作用。SCX(scleraxis)是调节肌腱相关基因激活的转录因子,有助于肌腱细胞的发育。有研究表明,SCX 的表达可直接影响人骨髓 MSC 的肌腱原性。MyoD(Myoblast deter-mination protein 1)是肌源性分化的主要调控因子,MyoD 过表达对 iPSC 向成熟心肌细胞分化具有刺激作用,MyoD 在 MSC 肌源性分化早期也呈高表达。迄今为止,关于 MSC 外胚层和内胚层分化的主要调节因子的公开数据仍十分有限。(图 1-10-3)

2. 信号转导通路 微环境中的特定信号通过信号转导通路传递,引起 MSC 内部转录因子激活或抑制,进一步

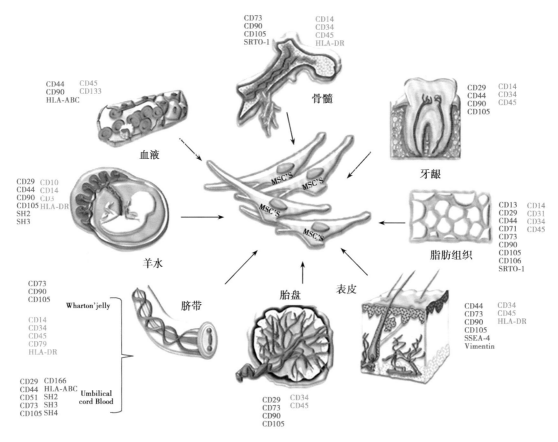

图 1-10-1 MSC 来源于不同组织的示意图

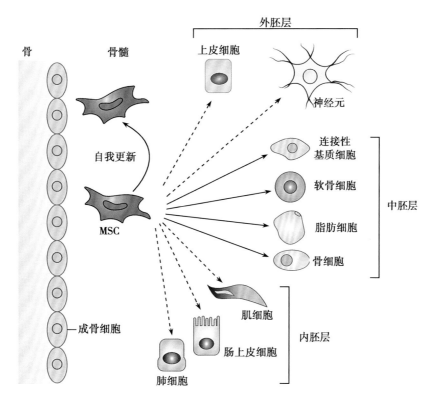

图 1-10-2　MSC 具有多向分化功能的示意图

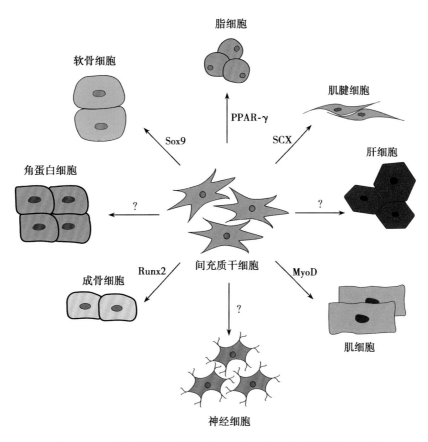

图 1-10-3　由关键转录因子调控的间充质干细胞多谱系分化潜能示意图

启动基因表达。研究发现,在骨髓 MSC 分化为多种组织的过程中都有 Wnt 信号转导通路的激活,Wnt3a 和 Wnt5b 的激活使 MSC 向肌肉细胞分化;Wnt1、Wnt3a、Wnt4、Wnt7a 和 Wnt7b 的激活使 MSC 增殖和向软骨分化,Wnt5a 和 Wnt11 存在于未分化 MSC 中,并抑制 MSC 的分化。MAPK(mitogen activated protein kinases)途径和 p38 抑制 MSC 成脂分化。丝裂原活化蛋白激酶的激酶 1 抑制剂 PD98059 则通过 MAPK 途径,下调 PPAR-r2 的表达,抑制 MSC 成脂分化,Notch/Jagged 信号通路在 MSC 向肝细胞、胆管细胞的分化、成熟过程中起重要作用。

3. 关键基因 Nicofa 等运用 mieros AGE 法确定了由未分化的人骨髓 MSC 形成的单细胞源性克隆表达的 2 353 个独立基因,显示骨髓 MSC 克隆的同时表达多种间充质代表性转录子,包括软骨细胞、成骨细胞、成肌细胞和造血支持基质,因此,表达的转录本反映了细胞的发育潜能,表明即使无外源信号刺激,体外培养的骨髓 MSC 也表达分化的间充质系的特征。

4. 选择性剪接 关键转录因子和生长因子的选择性剪接在 MSC 分化中发挥重要作用。在 MSC 分化为骨细胞、脂肪细胞和软骨细胞的过程中,关键转录调控因子如 RUNX2、PPARγ 和 PTHrP 的选择性剪接在调节 MSC 增殖和细胞命运方面起着重要作用,但尚未被充分研究清楚。

选择性剪接产生的特异同源异构体的表达有助于通过激活同源异构体特异的转录靶点或拮抗 WT 蛋白功能来确定细胞分化类型。此外,许多编码 MSC 分化关键决定因素的 mRNA 前体的选择性剪接,通过微调同源异构体表达平衡、控制亚细胞定位和其他分子间相互作用,如 RNA-蛋白及蛋白-蛋白相互作用,以确保 MSC 的分化。关键转录因子和生长因子的选择性剪接受不同 RBPs 的差异表达调控(包括时间和空间调控),并调节剪接体与目标剪接位点的结合。多项研究揭示了关键转录因子通过直接与 RNA 结合,进一步招募剪接调控因子到顺式作用元件上来调控选择性剪接的调控机制。到目前为止,已有很多研究报道了选择性剪接在 MSC 分化中的潜在作用(图 1-10-4)。

(二)外源性调控

1. 细胞因子 微环境中的各种因子表现类型、浓度和应用次序是影响 MSC 分化的重要因素(图 1-10-5)。细胞局部的微环境包括细胞周围多种细胞因子、激素、基质细胞、细胞外基质(extracellular matrix,ECM)等,细胞因子的作用尤为重要。在微环境中,由于细胞因子影响而激活的细胞分化程序引起细胞的横向分化(图 1-10-6)。体外培养的 MSC 经 TGF-β 诱导分化为成软骨细胞,经 5-Aza 诱导则分化为心肌细胞,经肝细胞生长因子(HGF)诱导则分化为肝细胞。此外,表皮生长因子(epidermal growth factor,

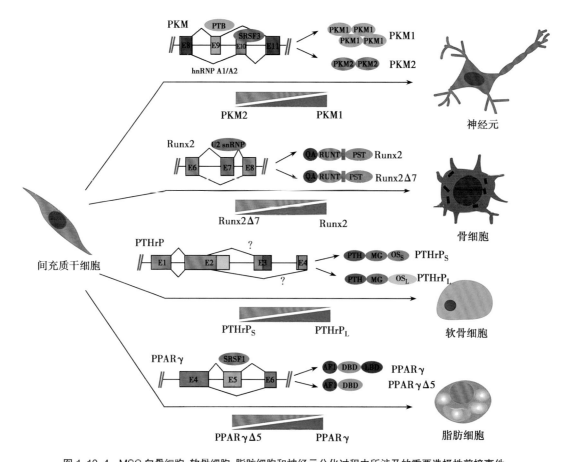

图 1-10-4 MSC 向骨细胞、软骨细胞、脂肪细胞和神经元分化过程中所涉及的重要选择性剪接事件

图中箭头上方示意图代表剪接模式,所得到的蛋白质异构体结构具有指示的结构域。箭头下方的示意图表示每种剪接异构体的表达水平与功能结果之间的关系

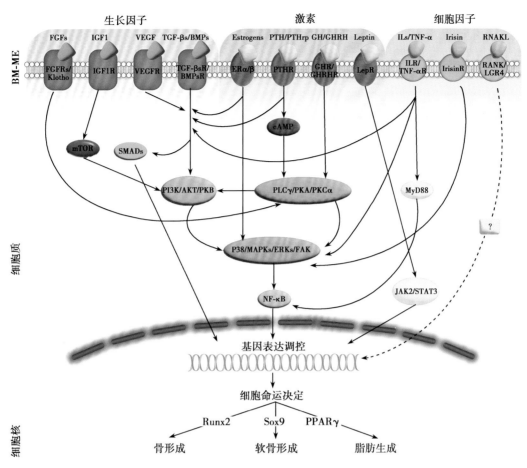

图 1-10-5 细胞因子激活的 MSC 分化机制

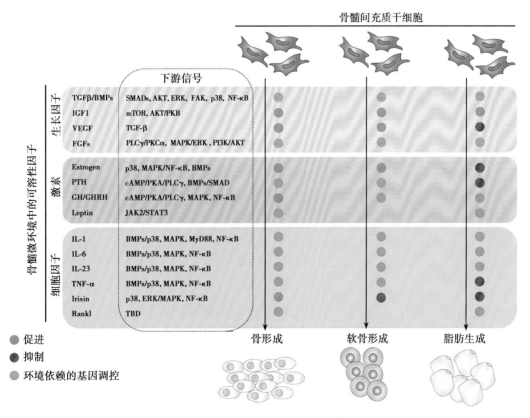

图 1-10-6 细胞因子对 MSC 三系分化的影响

EGF)、成纤维细胞生长因子(fibroblast growth factors,FGF)、白介素-3(interleukin-3,IL-3)、干细胞因子(stem cell factor,SCF)、肌生成抑制素 M(myostatin M,MSTN-M)、肿瘤坏死因子 α(tumor necrosis factor,TNF-α)和胰岛素样生长因子(insulin-like growth factor,IGF)等也参与了 MSC 向肝细胞的分化,与 HGF 起协同作用。

2. 细胞之间相互作用 Ranga PPa 等分别利用接触培养法和条件培养法培养人 BM-MSC 和心肌细胞,发现接触培养组 BM-MSC 表达肌球蛋白重链、β-actin 和 cTnT,而条件培养组只表达 β-actin,这表明除了可溶性细胞信号分子外,直接细胞-细胞相互作用促进干细胞的分化。体内外试验均显示,MSC 与其他细胞(浦肯野细胞、心肌细胞和肝细胞等)共培养时有自发的细胞融合,并在没有诱导剂的情况下分化成其他细胞,提示细胞融合可能是促进 MSC 分化的原因之一。

3. 干细胞归巢 有研究发现,MSC 表现出"归巢"特性,在组织器官受损伤时,损伤局部表达多种趋化因子、黏附因子、生长因子等各种信号分子,吸引 MSC 向病变部位迁移,并在局部微环境诱导下分化为特异的组织细胞参与自身修复。Bartholomew 等用 γ 射线对狒狒进行 10Gy 辐照射,造成多器官损伤,然后用绿色荧光蛋白标记的 MSC 联合 HSC 输注,发现标记的 MSC 存在于受损的肌肉、皮肤、骨髓和肠黏膜,且受伤组织得到修复。

另外,许多刺激因素在干细胞分化过程中起作用,包括生化刺激(例如小分子化合物、生长因子和 miRNA 等)可以与细胞表面受体相互作用并进一步调节分化过程,另有物理力刺激(例如周期性机械牵张、流体剪切应力、基质刚度与形态、微重力和电刺激等)可以改变细胞形状并影响 MSC 的分化命运。

五、间充质干细胞的旁分泌作用

MSC 分泌大量的旁分泌因子,统称为分泌组,参与受损组织的再生过程(图 1-10-7)。其包括细胞外基质成分、参与黏附过程的蛋白质、酶及其激活剂和抑制剂、生长因子和结合蛋白、细胞因子和趋化因子等。这些因子对其调控过程具有不同的影响。MSC 分泌促进血管生成的因子,如血管内皮生长因子,但 MSC 也可能通过表达 γ 干扰素诱导的单核因子,以及金属蛋白酶 1 和 2 的组织抑制剂来抑制这一过程。MSC 分泌趋化因子在阻断或刺激细胞趋化的过程中发挥重要作用,如 CCL5、CXCL12、CCL8 等。

在再生过程方面,MSC 分泌具有抗凋亡作用的生长因子,包括肝细胞生长因子(hepatocyte growth factor,HGF)、胰岛素样生长因子 1(insulin-like growth factor 1,IGF-1)、VEGF、中性粒细胞趋化诱导的细胞因子(cytokine induced by a chemoattractant for neutrophil chemoattractant,CINC-3)、组织抑制金属蛋白酶 1(tissue inhibitor of metalloproteinases 1,TIMP-1)、组织抑制金属蛋白酶 2(tissue inhibitor of metalloproteinases 2,TIMP-2)、骨桥蛋白(osteopontin)、生长激素、bFGF 结合蛋白(bFGF binding protein,FGF-BP),以

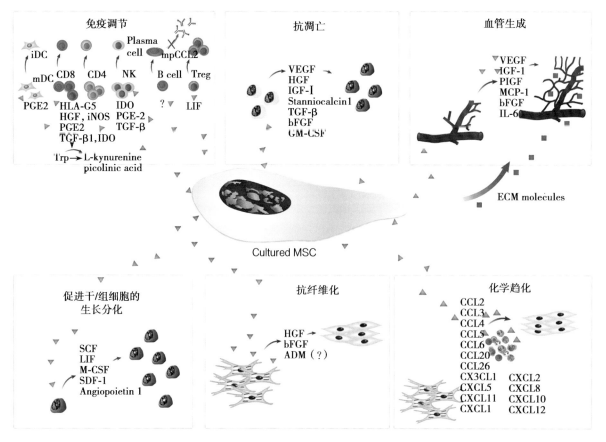

图 1-10-7 MSC 旁分泌功能的示意图

及脑源性生长因子、脑源性神经营养因子。

MSC 分泌的促增殖因子分别为：转化生长因子 α（transforming growth factor α，TGF-α）、HGF、表皮生长因子（epidermal growth factor，EGF）、神经生长因子（nerve growth factor，NGF）、碱性成纤维细胞生长因子（basic fibroblast growth factor，bFGF）、胰岛素样生长因子 1 结合蛋白-1、胰岛素样生长因子 1 结合蛋白-2、（insulin-like growth factor 1 binding protein，IGFBP）、巨噬细胞集落刺激因子（macrophage colony-stimulating factor，M-CSF）。MSC 分泌的生长因子在再生过程中也有减少组织纤维化的能力，包括角质形成细胞生长因子（keratinocyte growth factor，KGF）、HGF、VEGF、血管生成素-1（angiopoietin-1，Ang-1）、SDF1、IGF-1、EGF、NG、TGF-α。

已有关于 MSC 分泌组抗癌特性与癌细胞相互作用的报道。但 MSC 对肿瘤形成的影响还未有定论。一些研究表明，MSC 分泌组内因子能够减少某些类型癌细胞（如非小细胞肺癌）的增殖、活性和迁移，而其他研究表明，MSC 释放的因子可能增加癌细胞的移动性、侵入性和形成转移的能力（例如乳腺癌细胞）。在对细菌的反应中，MSC 分泌的 IL-6、IL-8、CCL5、PGE$_2$、TNF-α、IL-1β、IL-10、VEGF、SDF-1 等细胞因子水平会发生变化。MSC 还含有抗菌、抗寄生虫和抗病毒活性物质。

六、间充质干细胞的免疫调节作用

在过去的几年内，MSC 在免疫和炎症疾病方面的应用迅速展开，针对这些疾病的临床试验明显增多。越来越多的证据强调 MSC 在免疫调节中的作用。MSC 可以通过多种方式与免疫细胞相互作用，包括细胞间的直接接触，或通过分泌细胞因子和其他物质等。MSC 与免疫细胞之间的相互作用已经被广泛研究（图 1-10-8）。

（一）T 细胞

MSC 对 T 细胞的抑制功能已经在许多疾病中得到证明，包括系统性红斑狼疮（SLE）、类风湿性关节炎（Ra）、GVHD 和肝脏疾病等。MSC 可以通过分泌一系列抗炎分子和诱导 Treg 生成等方式来抑制 T 细胞的功能，例如分泌一氧化氮（NO）、吲哚胺 2,3-双加氧酶（IDO）、前列腺素 E$_2$（PGE$_2$）、白介素-10（IL-10）、细胞程序性死亡配体 1（PD-L1）、转化生长因子 β1（TGF-β$_1$）、IL-6、血红素氧合酶-1（HO-1）、肝细胞生长因子（HGF）和凝集素。MSC 抑制 CD8$^+$ T 细胞的活性和细胞毒性。研究发现，MSC 在受 γ 干扰素（IFN-γ）刺激时表达高水平的 IDO，并促进色氨酸向犬尿氨酸的降解，这反过来抑制活化的 T 细胞增殖，此外，MSC 还可以通过 Fas/Fasl 途径促进 T 细胞凋亡。MSC 对 CD4$^+$ T 细胞的分化发挥作用。MSC 能抑制幼稚 CD4$^+$ T 细胞向 Th1 和 Th17 细胞分化，但能促进 CD4$^+$CD25$^+$ FOXP3$^+$ 调节性 T 细胞（Treg）和 IL-10$^+$ Treg 的分化。MSC 能够分泌 TGF-β 并激活 Smad2（SMAD family member 2）信号，促进 Treg 分化过程。在自身免疫性脑脊髓炎模型中，MSC 疗法使 Treg 数量增多、Th17 数量减少，最终使疾病得到改善。

（二）B 细胞

MSC 也可以影响 B 细胞免疫反应。早期研究表明，MSC 可以通过将细胞周期阻滞在 G$_0$/G$_1$ 期并通过直接接触参与 PD-1/PD-L1 通路来抑制 B 细胞增殖。此外，MSC 可以抑制小鼠 B 细胞终末分化过程中 IgG1 和 IgM 的产生。与这些影响相关的潜在机制也正在被探索。MSC 可以分泌 CCL2，抑制信号转导和激活转录因子 3（signal transducer and activator of transcription 3，STAT3）的激活，促进浆细胞中 B 细胞特异性转录因子的表达，从而抑制 B 细胞中 Ig 的产生。此外，MSC 能够产生趋化因子受体 CXCR4/5/7 来改

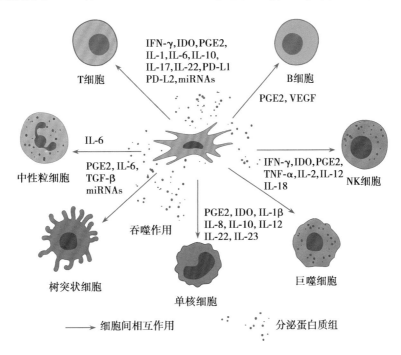

图 1-10-8　MSC 的免疫调节作用

变 B 细胞的趋化能力。Schena 等发现 MSC 能够抑制 B 细胞受体激活的 B 细胞增殖,而且 MSC 治疗能显著提高 SLE 小鼠肾组织病理学评分。另外,MSC 可以诱导产生 IL-10 的 CD19$^+$CD24^{high}CD38^{high} 调节性 B 细胞(Breg)。与此一致,Chao 等人发现,MSC 通过显著增加产生 IL-10 的 CD5$^+$ Breg 细胞数量,缓解了实验性结肠炎。在同一疾病小鼠模型中,将 MSC 与 B 细胞共培养,MSC 能够通过诱导非传统产生 IL-10 的 CD23$^+$CD43$^+$ Breg 细胞而促进 B 细胞的免疫抑制活性。

(三)单核巨噬细胞

单核细胞可分化为 M1 型巨噬细胞,主要发挥促炎作用或分化为 M2 型巨噬细胞,主要发挥抑炎作用。M2 型巨噬细胞通过分泌高水平的 IL-10 和低水平的 IL-6、IL-12、IL-1β、TNF-α,以及更强的吞噬能力而抑制炎症。MSC 在巨噬细胞极化过程中发挥着重要作用,并可以在体外和体内促进其向 M2 表型分化。研究发现,MSC 诱导的巨噬细胞(MSC-educated macrophages,MEMs)表达更多抑制性分子,例如 PD-1/PD-L1,并且具有与正常巨噬细胞相当不同的基因谱,包括抗炎和组织修复正相关基因。MEMs 在促进 GVHD 和放射损伤小鼠模型的存活率方面优于 MSC。MSC 能分泌 TNF-α-激活基因 6 蛋白(TNF-α-stimulated gene 6 protein,TSG6),与巨噬细胞表面 CD44 分子相互作用,抑制酵母聚糖诱导的腹膜炎小鼠模型中巨噬细胞 TLR2 介导的 NF-κB 激活。MSC 可以上调 TGF-β1 表达,通过募集巨噬细胞至炎症部位来缓解结肠炎。此外,MSC 分泌外泌体通过降低 IL-6 水平并增加 IL-10 和单核细胞化学诱导蛋白-1(monocyte chemo-attractant protein-1 MCP-1)的水平,促进巨噬细胞主要向 M2 型分化。

(四)其他免疫细胞

自然杀伤(natural killer,NK)细胞是先天性免疫反应的关键免疫细胞。MSC 可以抑制 NK 细胞的增殖和细胞毒性。在肝损伤模型中,MSC 治疗可以抑制 NK 细胞的活化并改善肝脏条件。树突状细胞(dendritic cell,DC)是最有效的抗原呈递细胞,MSC 能抑制它们的成熟、活化和迁移。在暴发性肝衰竭模型中,MSC 也可以诱导调节性 DC 改善疾病进展。MSC 还可通过加强中性粒细胞的抗菌能力,起到辅助清除细菌的作用,抑制中性粒细胞凋亡,延长其寿命。

七、间充质干细胞的基因递呈功能

MSC 易于转染或转导外源基因,并高效、长期表达,因此可作为一种基因治疗的载体工具用于系统或局部疾病的治疗,综合发挥细胞治疗与基因治疗的作用(图 1-10-9)。Horwitz 等将野生型 Ⅰ 型胶原基因导入 MSC 治疗儿童成

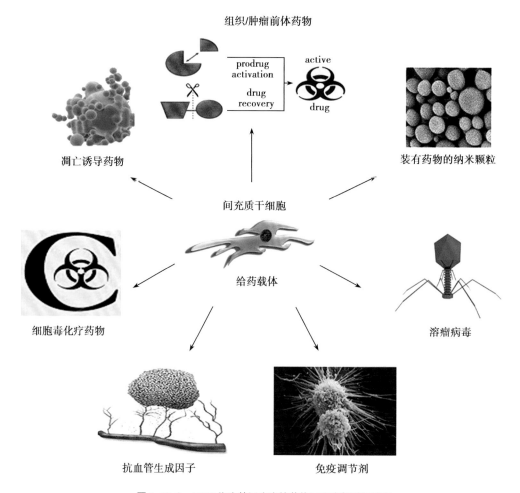

图 1-10-9　MSC 作为基因治疗的载体工具发挥递呈功能

骨不全症,结果发现有新的骨密质形成,且骨的生长速度加快,骨折发生率降低。此外,MSC 可向发生肿瘤恶变的细胞、组织或器官移动、聚集,其具体机制仍不十分清楚,部分研究发现 MSC 能抑制肿瘤细胞生长,而另有部分研究提示 MSC 能够促进肿瘤生长和转移。已有研究将 MSC 作为携带自杀基因、促凋亡或抑制细胞周期基因、免疫刺激基因和抗血管生成基因等修饰基因,以及溶瘤病毒的有效细胞载体进行抗肿瘤治疗的应用,获得了较好的结果。MSC 与基因治疗的联合使用展示出广阔的临床应用前景。

八、间充质干细胞的临床应用

MSC 功能较多,应用广泛,主要功能是进行细胞移植治疗,亦可作为一种理想的靶细胞用于基因治疗,同时在生物组织工程和免疫治疗中也有一定的应用。近些年 MSC 被大量应用于实验和临床研究中,已有大量研究揭示了它在心血管、神经系统、运动系统、消化系统、自身免疫病、血液系统、泌尿系统、眼科、骨科、妇科等系统疾病的诊断和治疗上的应用价值(图 1-10-10)。全球已有近 20 款 MSC 产品获批上市(图 1-10-11)。我国已开始用 MSC 治疗临床上一些难治性疾病,如脊髓损伤、脑瘫、肌萎缩侧索硬化症、系统性红斑狼疮、系统性硬化症、克罗恩病、卒中、糖尿

病、糖尿病足、肝硬化等,根据初步的临床报告,MSC 对这些疾病的治疗都取得明显的疗效。MSC 移植治疗的机制比较复杂,包括归巢、组织修复和再生、免疫调节、抗炎、抗凋亡、促血管生成、免疫细胞激活、抗菌等各种机制交叉作用。

九、提高间充质干细胞疗效的方法

目前主要通过以下几个方面对 MSC 进行修饰,以提高 MSC 的治疗效果:①通过病毒转导或 CRISPR/Cas9 技术对 MSC 进行基因修饰,使 MSC 具有更强的归巢、效力或扩展能力;②利用小分子、缺氧等条件刺激启动 MSC,以改善 MSC 的功能、生存和疗效,从而提高其疗效;③通过应用生物材料策略,提供 MSC 黏附支架来改善 MSC 的生存和功能,包括修改生物材料的尺寸、刚度、空间形状因素、表面化学和微结构等;④利用 MSC 分泌组作为药物传递平台进行治疗(图 1-10-12)。

总之,随着生物学技术的发展,MSC 展示出诱人的临床应用前景,为人类摆脱重大疾病带来希望。不同组织来源的 MSC 具有某些方面的差异性,例如 MSC 含量、分离培养方法、增殖速度、免疫调节能力、分泌细胞因子水平、分化细胞类型、临床应用等。目前最常见应用于临床的骨髓、脐带、脂肪来源 MSC 已成为基础和临床研究的热点。

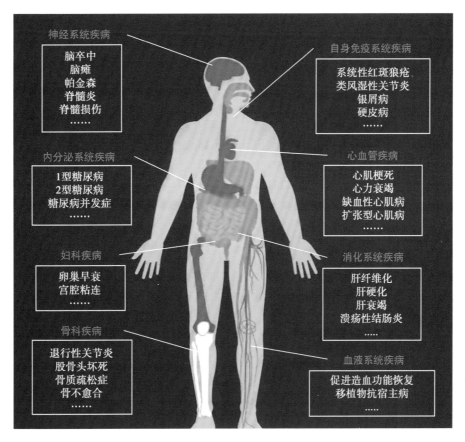

图 1-10-10　MSC 的临床应用

商品名	国家	批准	适应证	细胞类型	来源
Osteocel	美国	2005	骨修复	异体骨髓间充质干细胞	骨髓
Prochymal	美国	2009	移植物抗宿主病	异体骨髓来源间充质干细胞	骨髓
AlloStem	美国	2010	骨修复	异体脂肪间充质干细胞	脂肪
CardioRel	印度	2010	心肌梗死	自体间充质干细胞	/
MPC	澳大利亚	2010	骨修复	自体间质前体细胞产品	骨髓
Grafix	美国	2011	急性/慢性伤口	异体胎盘膜间充质干细胞	胎盘
Cellgram-AMI	韩国	2011	急性心肌梗死	自体骨髓间充质干细胞	骨髓
Cellentra VCBM	美国	2012	骨修复	骨基质异体间充质干细胞	骨基质
Cartistem	韩国	2012	膝关节软骨损伤	脐带血间充质干细胞	脐带血
Cuepistem	韩国	2012	复杂性克罗恩病并发肛瘘	自体脂肪间充质干细胞	脂肪
Trinity ELITE	美国	2013	骨修复	骨基质异体间充质干细胞	骨基质
OvationOS	美国	2014	骨修复	骨基质异体间充质干细胞	骨基质
NeuroNATA-R	韩国	2014	肌萎缩性侧索硬化症	自体骨髓间充质干细胞	骨髓
Stempeucel	印度	2015	血栓闭塞性动脉炎	骨髓混合间充质干细胞	骨髓
Temcell	日本	2016	移植物抗宿主病	骨髓间充质干细胞	骨髓
Stemirac	日本	2018	脊髓损伤	自体骨髓间充质干细胞	骨髓
Alofisel	欧盟	2018	复杂性克罗恩病并发肛瘘	异体脂肪间充质干细胞	脂肪
RNL-AstroStem	日本	2018	阿尔茨海默病	自体脂肪间充质干细胞	脂肪

图 1-10-11 全球已获批上市的 MSC 产品

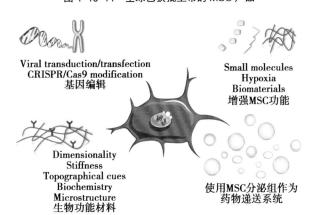

Viral transduction/transfection
CRISPR/Cas9 modification
基因编辑

Small molecules
Hypoxia
Biomaterials
增强MSC功能

Dimensionality
Stiffness
Topographical cues
Biochemistry
Microstructure
生物功能材料

使用MSC分泌组作为
药物递送系统

图 1-10-12 提高 MSC 疗法疗效的方法

第二节 骨髓间充质干细胞及应用

一、骨髓间充质干细胞的生物学特性

骨髓(bone marrow,BM)是成人多能干细胞的宝贵来源,包括造血干细胞(hematopoietic stem cell,HSC)、内皮祖细胞(endothelial progenitor cell,EPC)和 MSC。MSC 为骨髓中除 HSC 外另一大类具有多向分化潜能的多能干细胞(图 1-10-13),来源于中胚层未分化的间质细胞(mesenchymal cell),体外培养中贴壁生长。因其呈纤维细胞样外观,故早期被称为集落形成单位成纤维细胞(clony forming units fibroblasts,CFU-F)。又由于它可以分化为骨髓基质等多种间充质组织,因此又被称为基质干细胞(stromal stem cell)或 MSC。其可分化成多种类型的结缔组织细胞,如成骨细胞、成软骨细胞、成肌细胞、成脂肪细胞、支持造血的基质细胞,甚至可以分化成传统认为是终末细胞的心肌细胞和神经细胞,还可分化为神经胶质细胞。另外,MSC 分化具有组织特异性,即 MSC 所到达的组织微环境可诱导其定向分化。研究表明,MSC 的密度对细胞扩增速度和分化特性有较大影响。Sekiya 等发现,培养密度为 10 或 50 个/cm² 时,细胞增殖速度最快;密度在 1~1000 个/cm² 时,再循环干细胞(RS)的亚群 RS-1 A、RS-1 B、RS-1 C 所占的比例逐渐改变,并直接影响到 MSC 的分化方向。因此,认为培养时应该选择适当的 MSC 密度。骨髓中 MSC 的含量较少,即 2~5 MSC/1×10⁶ 单核细胞,但它能广泛扩增,如 20mL 骨髓抽吸液就能产生 10¹³ MSC,接近成人身体细胞总数。

通过光学显微镜观察,在培养液中 MSC 显示出类似成纤维细胞外观,并与成纤维细胞有一定同源性的特征,通常认为,MSC 细胞体积小,核质比大,不表达分化相关的标志如 I、II、III 型胶原、碱性磷酸酶或 osteopontin;在细胞贴壁附着后则细胞均一致地表达 SH2、SH3、CD29、CD44、CD71、CD90、CD106、CD120a、CD124 等其他多种表面蛋白,但不表达造血系统的标志,如 CD14、CD34 及白细胞共同抗原 CD45。对细胞周期的研究显示,只有少数 MSC 正在活跃地复制(大约有 10% 处于 S+G₂+M 期),而大多数细胞处于 G₀/G₁ 期。细胞周期每个阶段的检控点和时间跨度均不明确,高比例的 G₀/G₁ 期细胞暗示着 MSC 具有高度的分化潜能;但过多的传代培养会损坏细胞的功能,甚至出现 MSC 的凋亡。人骨髓 MSC 传代培养多数样本于 P10 代以后开始出现衰老现象。早、中、晚 3 代传代培养具有以下共同特征:传代培养潜伏期为 24~36 小时;传代培养对数增殖期为 4~6 天;对数增殖期结束后至接种后 8~9 天,MSC 生长逐渐缓慢,进入平台期。在细胞培养过程中可利用 MSC 贴壁生长的特性将其分离纯化,而造血细胞由于是悬浮生长,在换液时被逐步清除。

骨髓 MSC 主要的生物学特性总结如下:

特异性抗原有:SH2、SH3、SH4、STRO-1、α-平滑肌肌动蛋白、MAB1740。

细胞因子及生长因子有:白介素-1α、6、7、8、11、12、14、15、LIF、SCF、Flt-3 配体、GM-CSF、G-CSF、M-CSF。

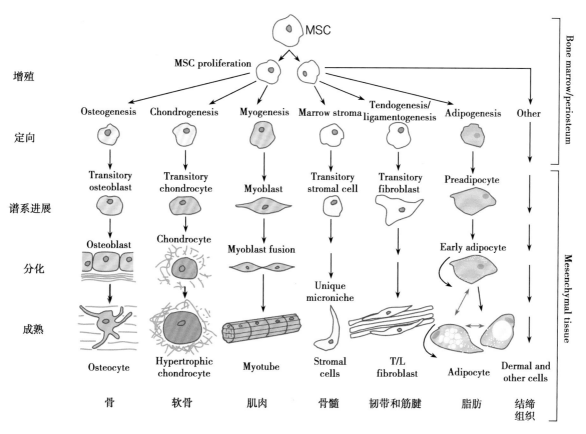

图 1-10-13　骨髓 MSC 的多向分化功能

细胞活素及生长因子受体有:IL-1、RIL-7、RIL-4R、IL-6R、IL-7R、LIFR、SCFR、G-CSFR、IFNR、TNF-IR、TNF-ⅡR、TGF-β1R、TGF-β2R、bFGFR、PDGFR、EGFR。

黏附分子有:整合素-αvβ3、αvβ5,整合素链 α1~α5、β1~β4,ICAM-1,ICAM-2,LFA-3,L-选择素,内皮素,CD44。

细胞外基质有:胶原Ⅰ~Ⅵ型、蛋白聚糖、纤维结合素、透明质酸聚糖。

其中 CD44 是多种配体的受体,在骨髓对细胞外基质的构建中起主要作用,在 MSC 中强表达。此外,MSC 还表达 SB-10 等抗原。随着人们对 MSC 研究的不断深入,我们相信,将会有更多 MSC 的生物学特性被逐步揭示(表 1-10-1)。

免疫荧光检测显示,骨髓 MSC 阳性表达 MSC 标志物 CD44 和 CD90。免疫化学染色显示,骨髓 MSC 成骨分化培养 3 周后碱性磷酸酶(ALP)阳性表达。油红 O 染色显示,成脂分化培养 3 周后,部分骨髓 MSC 出现脂滴积累。

二、骨髓间充质干细胞在临床中的应用

骨髓 MSC 与脂肪组织来源 MSC 显示出相同的免疫调节和支持造血功能,但与脂肪组织来源 MSC 相比,骨髓 MSC 更能定向分化成软骨和成骨细胞系。骨髓 MSC 已被证明可以改善骨关节软骨损伤、肺损伤、肾脏疾病、糖尿病、心肌梗死、肝损伤和神经障碍后的组织损伤和功能改善(图 1-10-14)。

（一）在骨组织工程中的应用

骨髓 MSC 是目前最成熟的骨组织工程和再生细胞,作

表 1-10-1　骨髓 MSC 的表面分子

存在的分子	不存在的分子
整合素:	
α1,α2,α3,α5,α6,αγ,β1,β3,β4	β2,α4,αL
生长因子及细胞因子受体:	
bFGFR,PPGFR,IL-1R,IL-3R,IL-4R,IL-6R,IL-7R	EGFR-3,IL-2R
IFN-rR,TNF-IR,TNF-ⅡR,TGF-β1R,TGF-β2R	
细胞黏附分子:	
ICAM-1,ICAM-2,VCAM-1,L-selectin,	ICAM-3,Cadherin-5,E-selectin,
LFA-3,ALCAM	P-selectin,PECAM-1
混杂的抗原:	
transferrin receptor,CD9,Thy-1,SH-2,	CD4,CD14,CD34,CD45,VWF
SH-3,SH-4,SB-10,SB-20,SB-21	

为骨组织工程的种子细胞,是众多种子细胞中研究最多的细胞。19 世纪 60 年代,人们就发现移植到皮下、肌肉等处的自体红骨髓可形成新骨。Owen 等研究发现,骨髓中的 MSC 具有多向分化潜能,可分化为成骨系细胞、成纤维系细胞、脂肪细胞和网状细胞。Malekzadeh 等的研究也表明,

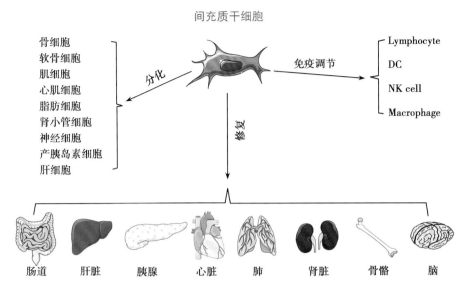

图 1-10-14　骨髓 MSC 的主要功能

在一定诱导物存在的条件下,可使 MSC 向成骨系细胞方向分化,在体外培养时具有成骨细胞样细胞表型,将培养的细胞植入体内可产生矿化骨组织。

MSC 可来源于机体各部位的骨髓,人的 MSC 通常取自髂骨,不同来源的 MSC 的功能状态不一。此外,分离的 MSC 功能状态还受到取材部位和机体年龄的影响。Milne 等发现,椎骨来源 MSC 的碱性磷酸酶活性低于股骨来源的 MSC,而骨特异性蛋白(OC)mRNA 的水平较后者高。Daivs 等观察到,随着年龄增长,MSC 的成骨活性呈下降趋势,认为这是由于骨祖组织的数目减少和/或对生长因子的反应性降低所致。

Maniatopoulos 等首次报道了从成年大鼠的骨髓获取的 MSC,在体外培养条件下,能形成钙化的骨样组织,经 X 线衍射分析,并证实钙化组织具有羟基磷灰石样结构,证明体外培养 MSC 可以向成骨细胞分化并形成类骨组织。Bruder 等用从正常人的骨髓中分离培养的 MSC 修复无胸腺鼠的骨缺损,得到了与 Kadiyala 的研究相似的结果,其生物力学测试表明,移植 12 周时,移植物和邻近骨干间的抗扭转强度和刚度,是无 MSC 移植物的 2 倍。Goshima 等通过免疫组化方法证实,在修复的早期,移植物上的骨组织来源于供体(人)的 MSC。

Kadiyala 等将多孔磷酸钙与大量 MSC 复合后,植入大鼠体内,代替被去除的 8mm 骨膜,8 周后观察孔内骨形成占据 40% 空间,对照植入全骨髓的仅有 17%。以人的 MSC 进行同样的实验,通过抗体区分孔中的骨形成来源,发现全部来自接种的人的 MSC。12 周时测量植入物的力学强度,实验组强度达整骨的 40%,是对照的 2 倍。至 16 周时,观察孔中骨形成形态与原位骨类似。同时以大动物,如狗作为受体的实验也有相似结果。Kon 报道,将自体 MSC 接种在多孔羟基磷灰石陶瓷载体上,植入绵羊体内修复长骨缺陷,2 个月后,接在胫骨截断处的植入物比对照组有显著骨形成。主要表现在内部大孔也有骨形成,且强度远高于对

照组。以上结果表明,将 MSC 用于骨组织工程治疗骨缺损更具优越性,更加有利于应用于临床。

McQillan 等揭示 β 甘油磷酸钠可以为骨细胞分化和增殖提供磷原子,能增加碱性磷酸酶在成骨细胞中的表达,从而促进生理性钙盐的沉积、钙化。1,25-(OH)2 维生素 D3 可促进骨祖细胞增殖,还可以在无地塞米松、17-β 雌二醇、维生素 C 的情况下诱导 MSC 向成骨细胞转化,并能增加碱性磷酸酶的活性,且对 MSC 向成骨细胞分化的影响呈剂量依赖性。近年来,Hansen 等证实维生素 D3 在体外通过抑制成骨细胞样骨肉瘤细胞的凋亡来促进成骨。

Walsh 等发现生理需要量的地塞米松没有促进 MSC 细胞数量的增加,但有促进 MSC 向成骨方向分化和成熟的作用,而超生理量的地塞米松则对成骨细胞的更新和骨髓 MSC 的成熟,保持其子代的特性有影响,但分化为成骨细胞的数量却减少。

TGF-β 超家族是重要的骨诱导因子。实验证实,TGF-β 超家族成员诱导成骨的活性与其各自诱导 TIEG(转移生长因子诱导的早期基因)表达的能力相一致,即 TGF-β>BMP-2>BMP-4> 激活素 >BMP-6。Cheng 等通过腺病毒将 BMP-2 的基因转染在体外培养的骨髓 MSC 后,将其植入兔 L_5/L_6 横突间的间隙,4 周后通过影像学和组织学发现,在植入部位有明显的新骨形成,而腺病毒(对照)组没有新骨形成。

1997 年,Bruder 等对培养条件下 MSC 的生长增殖和成骨分化特性进行了实验,发现这种成人 MSC 可以在体外分裂(38±4)次,并且保持纺锤形态和成骨潜能直至细胞衰竭。细胞进行冷冻复苏后培养传代达 15 次,并且细胞的增殖分化能力未受影响。这说明成人 MSC 仍具有增殖能力,反映出它们是胚胎期的间充质始祖细胞在成人体内的留存细胞。

1998 年,Nuttall 报道已表达骨钙素 OCN 的成骨细胞能被 100% 诱导表达成脂肪细胞;肥大的软骨细胞可以转

分化而表达成骨细胞的标志物。所以人们推测 MSC 在分化过程中存在双潜能细胞阶段,Thomas 认为 leptin(勒帕茹碱)可能是成骨和脂肪分化的生理调控剂,作用于 MSC 的分化过程。所以很有可能在 MSC 的分化过程中存在这样的协调者,使 MSC 的分化适应各种生理需要。

Caplan 等研究表明,MSC 要经过多个独立的分化阶段,才能演变为成骨细胞。根据不同阶段细胞表现出的表面抗原,对 MSC 到成骨细胞这一演变进行了动态描述:骨祖细胞→前成骨细胞→过渡型成骨细胞→分泌型成骨细胞→骨细胞性成骨细胞→骨细胞。研究发现,STRO-1 为骨祖细胞早期的细胞标记之一。

在正常骨髓中,MSC 分化多潜能具有重要的生理意义。MSC 具有分化为成骨细胞的特性,可为骨生长及骨修复提供细胞来源(图 1-10-15);分化为破骨支持细胞,在骨转换时对破骨细胞发出信号;分化为脂肪细胞,可为不同的造血需要提供灵活的反应空间。

(二) 在血液系统的应用

MSC 是骨髓基质细胞的前体细胞,是骨髓微环境的重要细胞组成(图 1-10-16),并且由于其临床细胞治疗的可及性,对治疗造血干细胞植入不良具有重要的基础和临床意义。动物实验表明,MSC 能促进体内的造血重建,国内外已开始在临床上尝试 MSC 与骨髓细胞共移植的方案,促进患者骨髓移植后的造血重建过程。有研究者通过测定

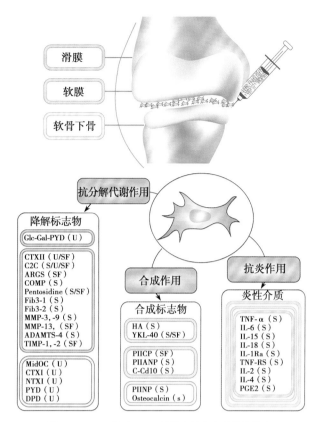

图 1-10-15　骨髓 MSC 关节注射治疗骨性关节炎

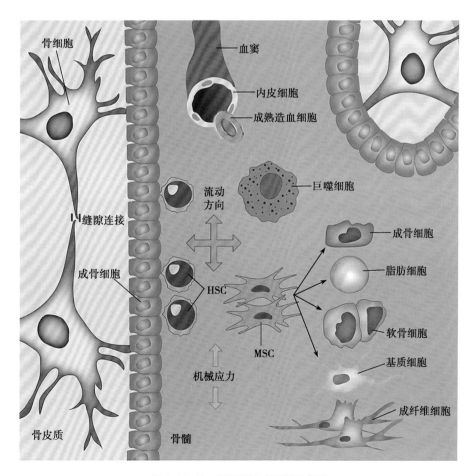

图 1-10-16　骨髓 MSC 微环境示意图

移植后患者骨髓的 CFU-F,以反映其 MSC 数量,研究骨髓移植前预处理对 MSC 的影响。结果表明,移植后的一段时间,患者骨髓的 CFU-F 数明显少于正常人和缓解期白血病患者,有显著性差别($p<0.001$),推测骨髓移植前的预处理损伤了患者骨髓中的 MSC。同时检测 19 例移植患者的外周血象,血红蛋白为(95 ± 27)g/L;白细胞为(3.4 ± 1.5)× 10^9/L;血小板为(73.2 ± 45.7)× 10^9/L,表明患者已恢复了造血重建,但低于正常值,这是否与 MSC 或微环境受损有关则需要进一步研究。他们对 2 例移植患者进行动态检测,CFU-F 分别在 194 天和 300 天后达到正常,表明 MSC 受损后可能恢复较慢。由于例数较少,受损的 MSC 恢复和时间关系还需要进一步研究。Case Western 大学应用自体外周血干细胞和 10^6/kg MSC 移植来治疗乳癌患者,MSC 植入后无副作用,且同以前相比,其中性粒细胞(8 天平均 >500/μL)、血小板(13.5 天平均 >50 000/μL)均在移植后迅速增长。

宫立众等观察了 MSC 输注对小鼠外周血干细胞移植后造血恢复的影响。实验研究结果表明,MSC 联合外周血干细胞输注,能显著增加大剂量放、化疗处理实验动物骨髓有核细胞数,增加骨髓造血祖细胞水平和 CFU-F 的产率,加速白细胞计数的恢复,说明 MSC 和造血干细胞有协同作用。MSC 移植加速外周血干细胞移植后的造血恢复,原因可能是增加造血干细胞向骨髓内迁移和植入,增加骨髓有核细胞数量和祖细胞水平,加速造血微环境的修复和重建。是否增加了造血生长因子的分泌和细胞外基质尚待进一步研究。

Koc 等对进展期乳腺癌患者采用大剂量化疗后,同时进行自体外周血干细胞和骨髓 MSC(剂量为 1 × 10^6~2.2 × 10^6/kg)回输,未见明显毒性,患者造血重建速度明显加快,中性粒细胞 >0.5 × 10^9/L 的中位时间为 8(6~11)天、血小板 ≥20 × 10^9/L 的中位时间为 8.5(4~19)天,提示大剂量化疗后输注骨髓 MSC 可以缩短骨髓抑制时间,有利于尽快恢复患者的自主造血功能。

最近,Lee 等报道 1 例 20 岁高危急性髓细胞白血病女性患者,接受父亲 HLA 半相合异基因外周血 CD34$^+$ 造血干细胞移植,联合供者体外扩增的骨髓 MSC,造血功能快速重建,无急、慢性移植物抗宿主病,移植 31 个月后仍持续完全缓解,提示 MSC 可有效地用于急性白血病的半相合造血干细胞移植。

最新研究发现,RIG-I-NRF2 是调控 MSC 抗氧化的关键信号,也是维持 MSC 干细胞自我更新、多向分化和发挥造血支持功能的关键信号。与此一致的是,临床研究也发现,植入不良患者的骨髓 MSC 具有较高的活性氧水平和较差的自我更新及多向分化潜能。同时发现,骨髓 MSC 中的 RIG-I-NRF2 信号是调控造血干细胞移植后应急髓系分化(emergency myelopoiesis)抵抗细菌感染的关键机制,多种刺激因素导致的骨髓 MSC 中 RIG-I 的表达上调,是造成骨髓微环境损伤、成骨减少、移植后造血、免疫重建障碍和机体抗感染能力下降的主要原因。

此外,尚有文献报道,MSC 通过某种未知的机制,抑制 T 淋巴细胞反应,从而在异基因造血干细胞移植中减轻或消除患者的移植物抗宿主反应,提高其生活质量(图 1-10-17)。

(三)在神经系统的应用

传统观点认为,中枢神经系统的神经细胞是一种终末细胞,即细胞处于有丝分裂后状态,缺乏再生能力。创伤和

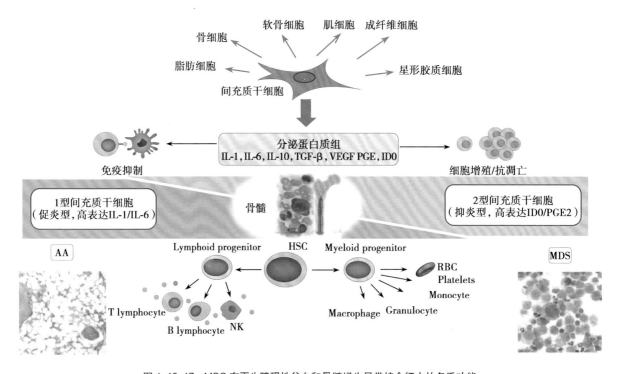

图 1-10-17   MSC 在再生障碍性贫血和骨髓增生异常综合征中的多重功能
MSC 通过可溶性介质(分泌组)的分泌对骨髓(BM)生态位、先天和适应性免疫发挥支持及调节作用

病理过程引起的神经元丢失是一个不可逆的过程。近年来,干细胞研究的迅猛发展使这一概念面临重大修正。

Woodbury 等将 β 巯基乙醇或二甲基亚砜加入 BM-MSC 中,部分 BM-MSC 表达了神经元特异性烯醇化酶(NSE)、神经元特异性核蛋白(NeuN)、神经丝 M 和 Tau 蛋白;5 小时后,被诱导的细胞表达了 Nestin(神经细胞前体细胞的标志);6 天后,Nestin 表达消失,而 TrkA(一种神经生长因子受体)则在 5 小时~6 天之间持续表达。这提示 MSC 诱导后逐渐向成熟的神经细胞转化。

1998 年,Azizi 等将人类的骨髓基质细胞植入鼠纹状体,发现大约 20% 的植入细胞迁移至其他脑区,移植细胞的迁移路径与已知的神经干细胞及星形细胞的迁移路径相同,即从脑室下带沿着白质束迁移到皮质、纹状体、前脑和小脑等部位,未发现炎症和免疫反应,迁移后会失去骨髓基质细胞在培养中的典型特征,而形成星形胶质细胞的许多特征,获得了与神经胶质细胞移植相似的结果。

Brazelton 等观察到,在体内条件下,外源性的 MSC 在小鼠脑内可转变为神经元(表达 NEUN、NF 等神经元标志蛋白)。继发现体内 MSC 能分化成神经细胞后,人们开始探讨体外 MSC 分化成神经细胞的条件。目前已经有一些关于骨髓 MSC 分化成神经细胞的体外试验研究报道。体外诱导 MSC 向神经细胞分化的试剂主要包括:视黄酸(retinoic acid,RA)、生长因子(单独或联合使用)、抗氧化剂、脱甲基试剂、增加细胞内环磷腺苷(cyclicAMP,cAMP)的试剂、生理学的神经元诱导 noggin 和中药单体黄芩苷等。Sanchez-Ramos 等均采用 MSC 通过体外诱导成为神经细胞。在一定条件下,MSC 在体内体外均可诱导分化为神经细胞,这无疑是对其干细胞特性认识的又一重要方面。

考虑到中枢神经系统结构的异常复杂性,MSC 植入与造血干细胞移植相比困难要大得多。故脑内干细胞增殖的影响调控因素引起了科学家们的极大兴趣。研究发现,体内干细胞的功能状态受学习因子、年龄、糖皮质激素、谷氨酸能系统和生长因子等很多因素的影响,复杂环境(enriched environment)、幼龄、肾上腺切除(即糖皮质激素阻断)、谷氨酸受体拮抗及脑室内注射某些生长因子均可促进 MSC 向神经细胞的增殖和分化。最近 Magavi 研究组报道,通过诱导成年小鼠大脑皮层前特定神经元的定向同步凋亡,可在正常状况下使丧失了神经发生能力的新皮层重新看到神经元的产生,推测凋亡使抑制神经可塑性的因素失活,进而发挥对神经发生的激活作用。

这些结果表明,MSC 经过诱导超过了传统的分化成间质细胞系的概念,可以分化成神经细胞,而且由于 MSC 易增殖,这样可以构成丰富、易获得且可以自体移植的细胞库来治疗许多种神经系统疾病(图 1-10-18)。

治疗创伤性脑损伤的异体成人骨髓 MSC 疗法已经获得日本厚生劳动省(MHLW)的创新医疗产品 Sakigake 指定,这种指定用于快速授权在日本开发的创新药物产品(图 1-10-19)。

侯玲玲等将体外扩增并转染了增强型绿色荧光蛋白(enhanced green fluorescent protein,EGFP)的人 MSC 注入

帕金森病大鼠脑内纹状体中,在大鼠脑中可存活较长时间(10 周以上),迁移并分布于纹状体、皮质和脑内血管壁,并且分化成表达人 NF、NSE 和 GFAP 的神经细胞;帕金森病大鼠的异常行为有所缓解,转圈数减少。实验结果表明,骨髓 MSC 有望成为治疗 PD 的种子细胞。

近来发现,将 MSC 和 2VAD(caspase 抑制剂)同时注入脑内,可促进移植 MSC 的存活,并且促进大脑中动脉闭塞后的神经功能恢复。由于仅有 1%~10% 的 MSC 表达了神经元或神经胶质细胞标志物,神经系统的功能恢复很难由这些细胞在脑内分化成为有功能的神经细胞来解释。目前认为,缺血区神经营养因子的增加、凋亡下降、细胞增生和新生血管形成可能是缺血鼠神经功能恢复的主要原因。

目前,MSC 移植中所使用的细胞主要是未经诱导的 MSC。Dezawa 等人发现,先在体外将 MSC 诱导为具有 Schwann 细胞形态特点的细胞,再将其移入截断的坐骨神经末端,与移植未诱导的 MSC 相比,移植诱导后的 MSC 可使坐骨神经再生更显著。诱导后的 MSC 是否更有助于神经系统疾病的恢复值得进一步研究。

MSC 移植对神经系统损伤的治疗作用在不同的实验研究中得到了证实,其作用机制可能是多方面的。首先,MSC 移植后向病变部位的组织渗透融合、替代损伤细胞、重建神经环路,从而达到恢复神经功能的目的。一些移植的 MSC 在新的环境下表达神经细胞的表型。另外,MSC 同宿主神经组织间的相互作用,可导致一些细胞因子的产生,这些细胞因子对神经功能的恢复发挥积极的作用。

(四)在心血管领域的应用

人体组织、器官如肝脏、骨骼肌、皮肤等在受到损伤后,组织自身有能力修复;虽然最近的研究表明,心肌梗死后在梗死灶边缘及正常心肌组织中也有少量心肌细胞发生有丝分裂,但在心脏,一旦心肌坏死后,其内在修复机制不足以恢复损伤心肌的功能,外源性细胞(或心源性干细胞)的移植有望成为防止和逆转心力衰竭的一项基本生物技术措施。在心血管领域研究应用的干细胞移植技术主要是骨髓干细胞移植、ESC 移植及骨骼肌干细胞(BM-MSC)移植

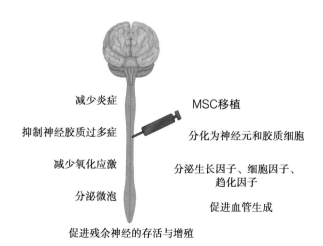

减少炎症

抑制神经胶质过多症

减少氧化应激

分泌微泡

MSC移植

分化为神经元和胶质细胞

分泌生长因子、细胞因子、趋化因子

促进血管生成

促进残余神经的存活与增殖

图 1-10-18 骨髓 MSC 在改善脊髓损伤中的作用

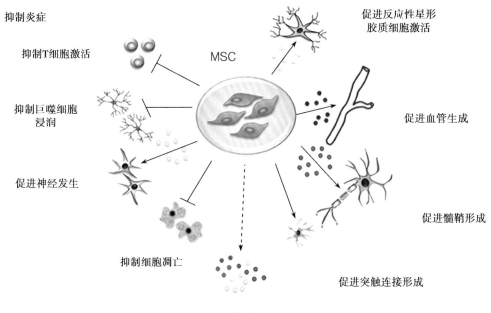

抑制炎症

抑制T细胞激活

抑制巨噬细胞
浸润

促进神经发生

抑制细胞凋亡

分泌神经营养因
子/血管生成因子

MSC

促进反应性星形
胶质细胞激活

促进血管生成

促进髓鞘形成

促进突触连接形成

图 1-10-19   MSC 治疗脑部损伤的作用

这 3 类，其中最有临床应用潜力的当数 BM-MSC。

尽管以往已发现有几种不同来源的细胞可作为细胞水平心肌成形术的供体细胞，如平滑肌细胞、骨骼肌成肌细胞、ESC 及胎儿心肌细胞等，但由于供体细胞与宿主心肌细胞之间不能形成很好的电-机械耦联、存在排斥反应或有悖道德伦理规范等，使其很难广泛应用于临床。直到近年发现，MSC 在一定条件下，通过诱导分化可出现心肌原性表型，即可分化为心肌细胞，这为自体 MSC 移植治疗心力衰竭提供了实验依据。此外，骨髓抽吸术为临床常规开展技术，骨髓标本获取容易，并可重复进行，这点为其他供体细胞所不及。

Orlic 等利用 MSC 的归巢（homing）特点及其分化的组织特异性，通过注射 SCF 和粒细胞集落刺激因子，促进骨髓中 Lin-c-kitpos 细胞增生，增加血液循环中 Lin-c-kitpos 细胞数量，从而使 Lin-c-kitpos 细胞到达坏死心肌部位的可能性增加，促进心肌修复。实验结果证实，在急性心肌梗死时，细胞因子介导的骨髓细胞易位 27 天后引起梗死部位明显的心肌组织再生，并且新生的心肌细胞、动脉及毛细血管在结构和功能上均与存活心肌组织发生整合。最终疗效：细胞因子诱导的心肌修复可使死亡率减少 68%，心肌梗死面积缩小 40%，心腔扩大程度降低 26%，左室舒张末压降低 70%，射血分数逐渐增加，血液动力学明显改善。由此认为，Lin-c-kitpos 细胞迁移至心肌梗死部位，进行增殖、分化成心肌细胞、平滑肌细胞和内皮细胞的机制可能与 c-kit/SCF 信号转导通路有关。

冠状动脉的闭塞和随后的心肌缺血迅速导致心肌坏死，尽管有证据表明心肌细胞亚群有修复的能力，但这些再生只限定于有活力的心肌。心肌、小动脉和梗死区域毛细血管的丧失是无法避免的，随着时间的推移，瘢痕组织形成。以前认为心肌细胞和神经细胞一样，不可再生，如同神经细胞死亡后由胶原组织来替代一样，心肌组织死亡后将由瘢痕组织来替代，这样健存的心肌细胞仅能部分代偿失去的心脏舒缩功能，具有完整舒缩功能的心肌细胞大量丧失，终将发展成充血性心力衰竭。MSC 可以通过骨穿重复获得，且被移植以前或作为自体移植物以前可以在体外充分扩增，所以 MSC 移植的应用潜力很大。MSC 移植不同于传统的器官移植，术后无须长期服用免疫抑制剂，但由于这是一项新兴的技术，还有很多问题有待解决，比如 MSC 来源于骨髓，量有限，无法大量获取，必将影响干细胞数量，而干细胞未达到一定数量是无法存活的（即便存活，作用也很微小）。由于缺血性心脏病大都是老年患者，而 MSC 随年龄的增加而逐步减少，使得取材量难有保证。随着体外培养技术的日益成熟，这个问题可能被解决。在 MSC 的注射部位上，早期通过心肌梗死部位直接注射，这样 MSC 在瘢痕组织中形成心肌细胞，但瘢痕组织缺乏血液供应，必将导致新生的心肌细胞缺乏血供而致移植失败。此后，多采取瘢痕组织内注射结合血管重建术（如 PTCA、CABG 等）或者瘢痕组织周围注射（MSC 通过缝隙连接等与心脏瘢痕组织连为一体），效果较为理想，也有通过梗死相关冠脉内注射和左心室注射的报道，但不如前两种常见（图 1-10-20）。

目前，通过以 MSC 为供体细胞的心肌成形术治疗心力衰竭的研究，大都集中在动物实验水平，临床应用仅限于个案报道。Tomita 等将成年小鼠 MSC 经 5-氮杂胞苷诱导处理后，移植到心肌冻伤鼠模型的心肌瘢痕组织中，可分化为心肌细胞，并表达心肌特异蛋白肌钙蛋白 I，同时有血管生成，并且心脏功能也得以改善。

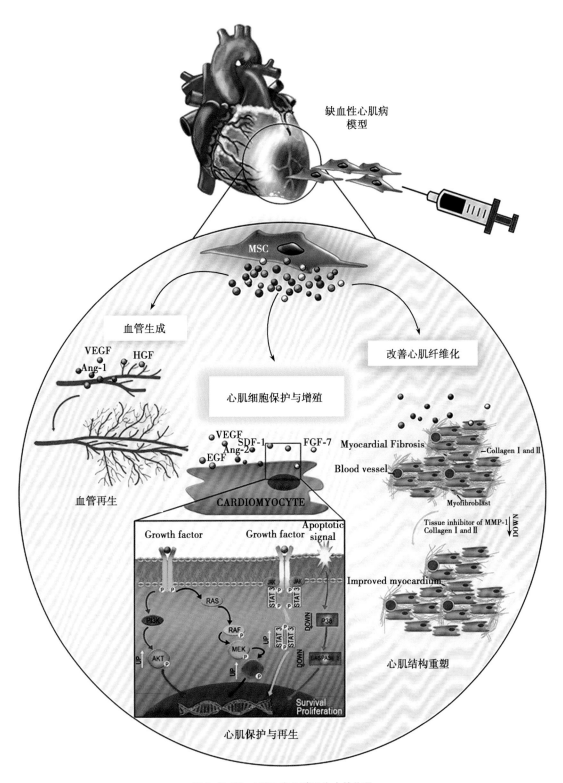

图 1-10-20　MSC 在心脏再生中的作用

通过旁分泌及外分泌作用促进血管新生,通过抑制细胞凋亡、调节炎症平衡、内源性心脏再生和减少纤维化的作用发挥修复作用

此外,最新报道,德国罗斯托克大学医学院成功给一例心肌梗死患者的梗死相关血管内注入自体 MSC,患者术后心功能明显改善,尚未发现任何并发症。但对该治疗方法的长期疗效及安全性还需继续观察评价。

(五)在肿瘤治疗中的应用

肿瘤微环境不断产生多种细胞因子、趋化因子等黏附分子,在炎症部位对 MSC 起趋化作用。例如,SDF-1 和 CXCR4 是干细胞募集的重要介质,尤其是对肿瘤部位 MSC 的募集。肿瘤微环境引起缺氧,并上调缺氧诱导的转录因子 HIF-1α,该蛋白激活促血管生成因子,如血管内皮生长因子(VEGF)、成纤维细胞生长因子(FGF-2)、巨噬细胞迁移抑制因子、肿瘤坏死因子及许多促炎症细胞因子,同时诱导 MCP-1 趋化因子,参与 MSC 向肿瘤的迁移。在肿瘤微环境中,MSC 直接或间接与肿瘤细胞相互作用,影响肿瘤的进展。骨髓 MSC 旁分泌多种抑制性生长因子和细胞因子,作用于炎症细胞或肿瘤细胞,破坏细胞增殖、细胞存活、血管生成等。骨髓 MSC 亦可直接通过抑制与肿瘤细胞增殖相关的信号通路,如 PI3K/AKT、细胞周期等,与肿瘤细胞相互作用,发挥抗肿瘤作用(图 1-10-21)。

此外,MSC 对受损组织和肿瘤部位的趋向性使其成为一种极有前景的药物递送载体。研究发现,通过病毒载体对 MSC 进行基因修饰,使其编码肿瘤抑制因子(TRAIL、PTEN、HSV-TK/GCV、CD/5-FC、NK4、PEDF、apoptin、HNF4α)或免疫调节细胞因子(IFN-α、IFN-γ、IL-2、IL-12、IL-21、IFN-β、CX3CL1)或基因表达调节因子(miRNA 及其他非编码

RNA),或装载化疗药物(如 DOX、PTX、GCB、CDDP),是有效的抗肿瘤治疗手段。MSC 中分离出的微囊泡(MV)是传递这些药物的另一种方法。

三、骨髓间充质干细胞临床应用的综合评价及展望

一直以来,人们都认为多能干细胞的分化潜力已受到了一定的限制,比如神经干细胞只能分化成神经元和胶质细胞,造血干细胞分化的最终产物只能是各种血细胞和淋巴细胞,而且分化只能单向进行,即随着分化的进行,干细胞的潜能只能逐渐缩小而无法逆转。最近几年的研究结果却对这些传统的观点提出了极大的挑战。

最近,Woodbury 等证实大鼠及人的骨髓 MSC 经体外传代后,在特定条件下可分化为神经元。这种特殊的现象被称为多能干细胞的横向分化(transdifferentiation)。更不可思议的是,Toru Kondo 等发现,培养条件下,少突胶质细胞的前体在特定情况下可发生所谓的逆分化(reprogram)而形成多能神经干细胞,后者进一步成为神经元。所有这些均说明,在某些情况下,最接近的环境中的信号能够支配一个细胞的命运,预示着自然给发育中的细胞的自由权远比想象中的要大得多。

与其他干细胞相比,骨髓 MSC 有着其难以比拟的优势:①取材方便,骨髓穿刺就能得到该细胞,无伦理道德问题;②培养增殖速度快,短期内可大量扩增;③可通过血脑屏障;④同种异体移植或异种移植都未出现免疫排斥反应。

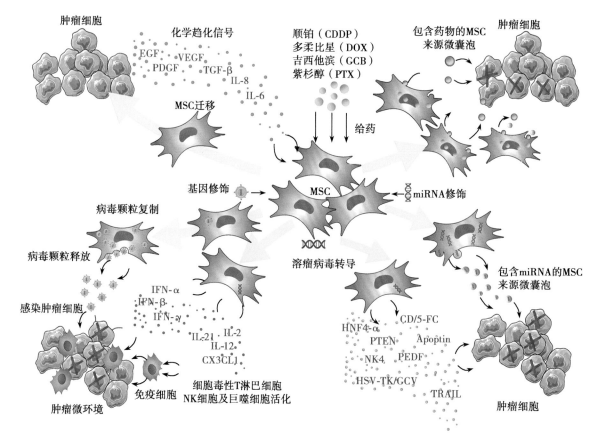

图 1-10-21　MSC 在肿瘤治疗中的应用

目前,对骨髓 MSC 的实验及临床应用的研究虽已取得了很大的进展,但该领域的研究尚处于探索阶段,以下问题有待解决:①MSC 的分离、纯化,实验证明,体外的 MSC 均为多种细胞的混杂,如何才能有效地获得纯的 MSC,有待对 MSC 的细胞学特点和分化各阶段细胞标志物的进一步研究;②MSC 增殖、分化的控制需要合适的条件,如何既能控制增殖,避免形成肿瘤,又能在适当的时候启动所需的分化路径,还有待进一步研究;③MSC 基因治疗所面临的靶向性、转染效率持续表达、可控性等普遍性问题;④如何提高所需要细胞的转化率。由于骨髓 MSC 来源广泛,具有多潜能性,分离培养较易,且植入反应较弱,并易于外源基因的转染和表达,是具有细胞治疗和基因治疗临床某些疾病潜在实用价值的有效载体。

总之,随着对骨髓 MSC 研究的不断深入及其应用于临床后,结果令人鼓舞,其前景也十分广阔,但同时还面临着许多具体问题需要解决。这些问题的解决对胚胎发育的研究及疑难疾病的治疗必将起到极大的推动作用。可以预见,MSC 特性的逐步阐明将把我们带入一个医学的新纪元。相信在不久的将来,随着人们对 MSC 的研究进一步深入,MSC 在临床的应用将会展现更广阔的前景。

第三节 脐带间充质干细胞及应用

一、脐带间充质干细胞的生物学特性

脐带间充质干细胞(UC-MSC)与 BM-MSC 和其他来源的 MSC 相似,都是易于贴壁,且表达干细胞的标志物,如 CD10、CD13、CD29、CD44、CD90 和 CD105,而不表达与造血相关的标志物。UC-MSC 在基础研究和临床应用方面还具有更多的优势:首先,UC-MSC 的来源和分离培养相对方便,脐带作为胎儿娩出后的医疗废弃物,来源丰富,易于获取,易于运输,且便于大规模培养出 MSC,而无须骨髓穿刺,没有伦理限制;其次,UC-MSC 源于生命的早期阶段,与其他来源的 MSC 相比更加原始,在体内移植时,具有较低的免疫原性;另外,UC-MSC 与 BM-MSC 相比,具有不同水平的免疫调节和分化功能,例如,研究发现,UC-MSC 与 BM-MSC 相比,分泌细胞生长因子的总量明显高于 BM-MSC,具有更强的诱导调节性 T 细胞(Treg)功能和降低 DC 的内吞作用能力,以及更强的增殖能力和成骨分化率。其治疗效果已经在一些临床前和临床研究中得到了证实。

干细胞可以从脐带的不同部位获取,包括华通氏胶(Wharton's Jelly)、脐带内膜和血管周围区域(图 1-10-22)。多数研究采用华通氏胶来源的 UC-MSC。华通氏胶来源的 MSC 活性强、质量高且数量丰富,每 1 厘米脐带组织中即可分离约 150 万个 MSC。其分离方法主要有两种:组织块贴壁法和酶消化法。在组织块贴壁法中,剔除脐静脉与脐动脉后,剥离华通氏胶,将其碎化处理,手工切成 1~2mm³ 的均匀组织块,组织块培养 7 天不受干扰,弃去非贴壁细胞,获得贴壁的 MSC。组织块贴壁法的缺点是组织块经常

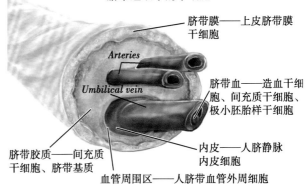

脐带组织中的干细胞

图 1-10-22 脐带间充质干细胞来源

漂浮在培养基中,且可能无法提供一致的 MSC 数量。在酶消化法中,使用胶原酶、胰蛋白酶、透明质酸酶中一种或几种组合处理剪碎的脐带组织,在短时间内可以获得人 UC-MSC。与组织块贴壁法相比,酶消化法可以提供更均匀的细胞群和更一致的细胞数,但由于操作过程中有一定程度的细胞机械损伤和化学污染,其所得到的 MSC 质量不如组织块贴壁法。

UC-MSC 主要的生物学特性如下:

1. 表面标记 与 MSC 相似的表面标记:CD29、CD44、CD90、CD73、CD105、CD144、CD166、HLA-ABC 阳性;内皮细胞标志物 CD31 阴性;造血细胞标志物 CD34、CD45、CD117 阴性;HLA-DR 阴性。不同于 MSC 的表面标记:CD133 阴性。不同于 BM-MSC 的表面标记:UC-MSC 弱表达 SH2、CD105、CD49e;较低水平表达 CD106;极低水平表达 HLA-ABC,提示其是异源细胞治疗的更好选择。UC-MSC 的表型特征可能会受培养代数、培养基、培养方法的影响。

2. 转录组特征 研究表明,UC-MSC 高表达胚胎期基因,例如 LIFR、ESG1、Sox2、TERT、NANOG、POUF1、Oct4、LIN28、DNMT3B、GABRB3 等,提示脐带可能是更原始的 MSC 来源。此外,UC-MSC 表达与形态发生相关的蛋白编码基因:SHH、neuregulin-1 和 4、SNA2、Wnt4。与其他组织来源的 MSC 相比,UC-MSC 在骨发育、肝脏和心血管发育、神经发育等方面的相关基因的表达存在差异。UC-MSC 表达骨骼和软骨发育相关基因(BMP4、BMP2)低于皮肤 MSC;UC-MSC 更高水平表达心血管发育相关基因 GATA6、HAND1、ICAM1、VCAM1;UC-MSC 更高水平表达肝脏发育相关基因 AFP、DKK1、DPP4、DSG2;UC-MSC 高表达神经外胚层标记物,提示 UC-MSC 在心血管再生医学、神经退行性疾病中均有潜在应用价值。

3. 趋化因子及受体 MSC 的迁移由 MSC 表达的多种分子介导,包括生长因子、趋化因子和受体,以及由免疫细胞产生的趋化因子介导。MSC 对多种因子(包括 PDGF、VEGF、IGF-1、IL-8、骨形成蛋白 BMP-4、BMP-7)表现出显著的趋化反应,并表达多种趋化因子受体(例如 CCR1、CCR4、CCR7、CXCR5 和 CCR10),这些趋化因子可能沿

着趋化因子梯度向损伤组织迁移。研究发现，CCR3 在 UC-MSC 中的表达高于在 BM-MSC 中的表达，而 BM-MSC 表达较高水平的 CCR1、CCR7、CCRL2、CX3CR1 和 CXCR5，两种来源的 MSC 在 CCR5、CCR6 和 CCRL1 的表达相似。此外，与 BM-MSC 相比，CXCL1、CXCL2、CXCL5、CXCL6 和 CXCL8 在 UC-MSC 中的表达水平上调。这些趋化因子是血管再生的有效启动子，通过与内皮细胞上的 CXCR2 受体结合来介导其活性。相反，促进免疫和非免疫细胞归巢的 CXCL12 和 CXCL13，在 BM-MSC 中表达上调。与 BM-MSC 相比，UC-MSC 更高水平表达 IL-1A（促进 CXCL8 表达）和 TNF-α（促进血管生成因子表达），较低水平表达 IL-16（在哮喘炎症中发挥免疫调节作用）和 CCRL12（在控制气道炎症反应和肺 DC 运输中发挥作用）。

二、脐带间充质干细胞在临床中的应用

与经典的 BM-MSC 比较，UC-MSC 的绝大多数生物学特征与 BM-MSC 相似，但在来源与获取、增殖能力、CFU-F 形成能力、HLA-I 表达和神经诱导分化能力等方面要优于 BM-MSC。因此，作为一种新型种子细胞，UC-MSC 不但能够成为 BM-MSC 的理想替代物，而且具有更大的应用潜能和更广阔的应用前景（图 1-10-23）。

（一）UC-MSC 在糖尿病及其并发症中的应用

糖尿病是一组以胰岛素分泌不足和/或胰岛素反应受损导致高血糖为特征的代谢性疾病。研究发现，糖尿病动物静脉注射 UC-MSC 可以归巢到胰岛，并分化为功能性的胰岛样细胞。这些细胞影响巨噬细胞极化，同时阻断 NLRP3 炎症小体和炎症因子的激活。其抗炎作用可以改善糖尿病病程。糖尿病患者静脉注射 UC-MSC 后 6 个月至 1 年，患者代谢指数改善，胰岛素和 c 肽水平升高，Treg 数量升高，而糖化血红蛋白、空腹血糖和每天胰岛素需要量降低。这提示 UC-MSC 治疗糖尿病安全有效（图 1-10-24）。

糖尿病并发症，例如糖尿病足、糖尿病肾病、糖尿病创面溃疡和糖尿病视网膜病变等，往往是致残和致死的主要原因。在糖尿病足的临床治疗中，UC-MSC 可靶向修复溃疡，促进血管内皮生长因子（vascular endothelial growth factor，VEGF）和脑源性神经营养因子（brain-derived neurotrophic factor，BDNF）的生成。这些因子通过刺激角质细胞释放细胞角蛋白 19 和形成细胞外基质，促进溃疡组织上皮形成。所有接受治疗的患者，臂-踝指数、经皮氧压和跛行距离均有显著改善。此外，新形成的血管密度增加，溃疡部分或完全愈合。因此，UC-MSC 被认为是治疗糖尿病足的有效策略。

UC-MSC 在糖尿病肾病的临床治疗中，通过降低炎症细胞因子的表达，增加 Sertoli 细胞数量，上调其蛋白表达，促进肾脏中抗凋亡蛋白表达来发挥治疗作用。糖尿病大鼠

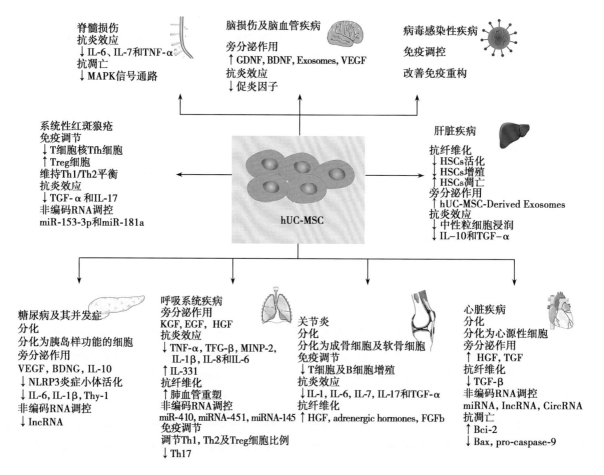

图 1-10-23 UC-MSC 的临床应用及作用机制

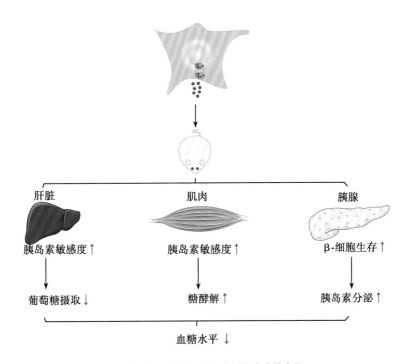

图 1-10-24　UC-MSC 在糖尿病中的应用

人 UC-MSC 通过逆转胰岛素靶组织的胰岛素抵抗来下调 2 型糖尿病的血糖,缓解 β 细胞的破坏

实验表明,治疗后大鼠血糖、血尿素氮、24 小时尿白蛋白排泄率显著降低。

UC-MSC 对慢性糖尿病创面愈合也有促进作用。在临床研究中,5 例 30~60 岁的慢性糖尿病创面未愈合患者接受 UC-MSC 移植,随访 1 个月。UC-MSC 治疗后创面愈合时间显著缩短,创面面积显著缩小,但其机制尚不清楚。可能与巨噬细胞极化有关,IL-10、VEGF 等细胞因子分泌增加,IL-6 分泌减少,某些基因表达上调。

在治疗糖尿病视网膜病变的动物实验中,UC-MSC 体外诱导分化为神经功能细胞后移植到体内。随着时间延长,视网膜微血管通透性降低,血管渗漏减少。此外,Thy-1、IL-1β、IL-6、lncRNA 和心肌梗死相关转录本(myocardial infarction-related transcript,MIAT)表达显著降低,表明 UC-MSC 在糖尿病视网膜病变治疗中具有广阔的应用前景。

(二)UC-MSC 在肝脏疾病中的应用

常见的肝脏疾病包括肝炎、肝硬化和肝癌,纤维化是肝脏多种慢性疾病发展的共同途径。肝星状细胞(hepatic stellate cell,HSC)的活化是肝纤维化进展的关键因素,而 UC-MSC 可抑制其活化。UC-MSC 通过下调转化生长因子 1(transforming growth factor-1,TGF-1)和 Smad3 的表达,同时上调 Smad7 的表达来抑制 HSC 增殖。动物研究表明,UC-MSC 通过增加基质金属蛋白酶(matrix metalloproteinase,MMP)的表达,尤其是 MMP-13 的表达,加速纤维基质的降解,促进 HSC 凋亡。UC-MSC 与活化的 HSC 共培养可通过减少胶原沉积来抑制其增殖,诱导细胞凋亡。且 UC-MSC 可通过旁分泌机制阻止 HSC 的激活。由此可见,UC-MSC 是 HSC 增殖和凋亡的重要调节剂,提

示 UC-MSC 输注可以延缓甚至逆转肝纤维化及由此引起的肝脏疾病。

此外,UC-MSC 来源的外泌体(UC-MSC-derived exosomes,UC-MSC-ex)可通过抑制 NLRP3 炎症复合物相关蛋白的激活,降低 NLRP3 炎症小体的表达,降低丙氨酸转氨酶(alanine transaminase,ALT)、天冬氨酸转氨酶(aspartate aminotransferase,AST)和促炎症细胞因子水平,起到抗炎作用。同时,UC-MSC-ex 还能减少中性粒细胞的浸润,减少体内肝细胞的氧化应激和凋亡,具有保护肝脏免受氧化损伤和缺血再灌注损伤的抗氧化功能。

研究发现,在自身免疫性肝病的治疗中,MSC 具有优秀的抗炎和双向免疫调节功能,可以与肝脏中的免疫细胞相互作用,广泛抑制多种免疫细胞的活化和功能,包括 T 细胞、B 细胞、NK 细胞、DC、巨噬细胞、粒细胞等,发挥免疫调节作用(图 1-10-25)。此外,MSC 抗纤维化作用和分化成肝细胞的特征,使其逐渐成为治疗自身免疫性肝病极有希望的疗法。有研究采用 MSC 治疗自身免疫性肝炎,证实其能有效降低肝脏炎症及损伤,并且其治疗作用可能与调控巨噬细胞极化相关。

UC-MSC 移植具有显著的肝保护作用,且不会引起严重的不良反应和肿瘤形成。UC-MSC 可能为肝炎、肝纤维化、肝硬化等肝脏疾病提供新的治疗策略(图 1-10-26)。

(三)UC-MSC 在系统性红斑狼疮中的应用

系统性红斑狼疮(systemic lupus erythematosus,SLE)是一种累及多器官的自身免疫性炎症性结缔组织病,多见于年轻女性。对大多数患者而言,SLE 的传统治疗方法可以控制病情,但伴随较高的不良反应发生率,如感染、卵巢功能衰竭、恶性肿瘤、骨质疏松和其他疾病,严重影响患者

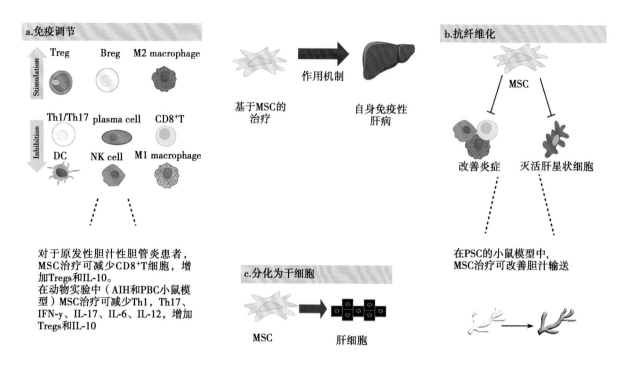

图 1-10-25　MSC 治疗自身免疫性肝炎

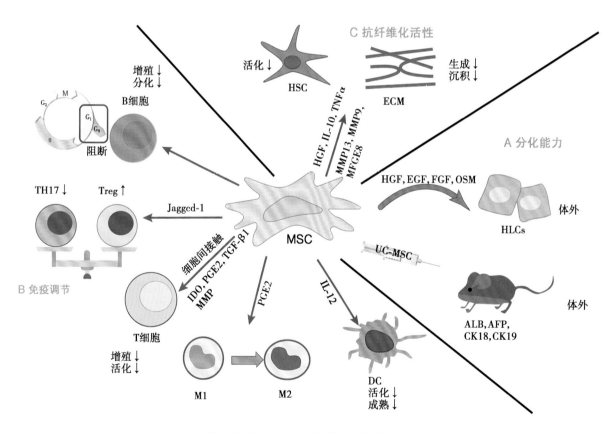

图 1-10-26　UC-MSC 在肝病中的作用机制
A. MSC 在体外和体内均分化为肝细胞样细胞;B. MSC 调节先天和适应性免疫系统的效应细胞;C. MSC 缓解肝纤维化

的生活质量。UC-MSC 的免疫调节功能已被广泛应用于各种自身免疫病的治疗,特别是在药物治疗无效的严重难治性 SLE 中,并取得了一定疗效(图 1-10-27)。

临床研究证明,UC-MSC 治疗 SLE 安全有效。UC-MSC 治疗后,患者总生存率超过 80%,BILAG 或 SLEDAI 评分明显降低。此外,血清白蛋白、抗体、补体水平、外周血白细胞、血小板数量和 24 小时蛋白尿水平均有改善。UC-MSC 可抑制 T 细胞增殖,增加 Treg 数量,抑制 Tfh 细胞扩增,维持 Th1/Th2 平衡,降低 TNF-α 和 IL-17 的水平,从而发挥治疗 SLE 的作用。此外,UC-MSC 治疗 SLE 可上调

miR-153-3p 和 miR-181a 的表达,这些 miRNA 与免疫性疾病有关,为未来机制研究提供方向。

（四）UC-MSC 在关节炎中的应用

关节炎是一种影响关节及周围组织的炎症性疾病。其病因复杂,主要与自身免疫反应、感染和创伤有关。传统治疗不能有效解决免疫耐受机制缺陷的问题,且副作用明显。MSC 成为治疗这类疾病的新策略。UC-MSC 能够分化为成骨细胞,抑制 T 淋巴细胞增殖并促进 T 淋巴细胞凋亡,减少 IL-1、IL-6、IL-7、IL-17、TNF-α 的分泌,抑制炎症反应,从而有效治疗关节炎。治疗后,患者的关节功能和生活质量均明显改善,Lysholm 评分、WOMAC 评分、SF-36 量表评分、健康指数(health index,HAQ)、关节功能指数(joint function index,DAS28)均有改善。

UC-MSC 还具有软骨保护作用,这可能与炎症减少、延缓软骨破坏相关。同时 UC-MSC 抑制 MMP-13、X 型胶原 α₁ 链、环氧化酶-2 的表达,促进软骨细胞增殖,骨关节炎软骨细胞促进 UC-MSC 分化成软骨细胞。此外,UC-MSC 具有抗纤维化功能,并可能通过分泌 HGF 影响关节炎的进程。已有研究表明,单次注射 UC-MSC 的治疗方案并不能提供令人满意的疗效,在临床实践中,通常建议 3~5 次的细胞给药。

UC-MSC 治疗关节炎具有以下特性:①分化为软骨或成骨细胞,修复软骨,使膝关节软骨再生;②释放可溶性分子如细胞因子、生长因子、免疫调节因子等发挥免疫调节作用;③抑制未成熟 DC 和 NK 细胞增殖,抑制细胞因子的细胞毒性,诱导巨噬细胞从促炎表型 M1 向抗炎表型 M2 分化,并分泌 IL-10 和营养因子。UC-MSC 的这些特性可以减轻炎症并促进组织修复。此外,UC-MSC 可抑制 T 细胞和 B 细胞的增殖,其免疫调节特性明显延缓了骨关节炎的进展。UC-MSC 在关节炎治疗中具有广泛的应用潜力(图 1-10-28)。

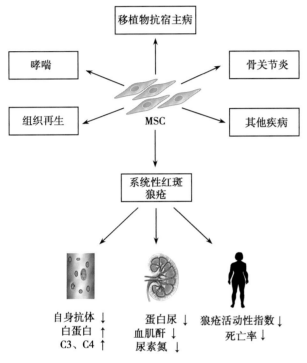

图 1-10-27　MSC 治疗系统性红斑狼疮

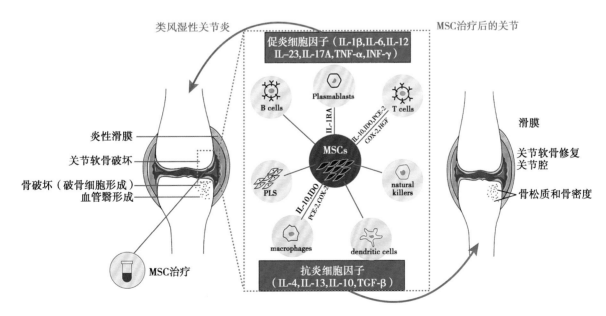

图 1-10-28　MSC 及其分泌因子在类风湿性关节炎中的免疫调节作用

（五）UC-MSC 在脑损伤、脑血管疾病中的应用

脑损伤、脑卒中等脑血管疾病的死亡、致残率较高。传统药物疗法疗效有限，且损伤后遗症严重。研究发现，UC-MSC 治疗后，患者的运动和神经功能评分明显提高，提示 UC-MSC 治疗可以显著逆转脑功能损伤。动物实验证明，UC-MSC 移植可增加 VEGF 的释放，刺激血管生成，并通过降低炎症因子水平而产生抗炎作用。此外，UC-MSC 通过增加神经胶质细胞源性神经营养因子（glial cell-derived neurotrophic factor，GDNF）和 BDNF 的表达，并减少肥厚性小胶质细胞/巨噬细胞的数量，从而减少神经元凋亡，发挥神经保护作用。

近年来，经鼻给药 UC-MSC 或 UC-MSC-ex 治疗脑损伤和脑血管疾病作为一种无创、安全的治疗方法已受到广泛关注。UC-MSC-ex 可抑制炎症相关基因和促炎因子的表达。且输注外泌体能增加髓鞘形成，减少胶质细胞增生。UC-MSC-ex 能调节小胶质细胞和星形胶质细胞的活化，降低 TNF-α 和 IL-1β 的水平，增加 IL-10、BDNF 和胶质细胞源性神经营养因子的形成。这些外泌体产生抗炎作用并强化神经细胞功能。UC-MSC 用于脑损伤的递送方法有腰椎穿刺、动静脉输注、脑内直接注射、植入生物材料等。静脉注射可能导致大多数 UC-MSC 滞留在肺部，不能迁移到大脑或其他器官。动脉注射在机体内的分布比静脉注射更为广泛。UC-MSC 联合其他药物或辅助治疗方法的疗效优于单一治疗。例如 UC-MSC 移植联合微创血肿抽吸治疗脑出血，或联合尼莫地平治疗放射性脑损伤，疗效优于单一治疗。

UC-MSC 及其外泌体治疗脑血管疾病，主要通过下调炎症相关基因、降低促炎因子水平来诱导抗炎作用，并同时促进 VEGF 的释放，促进新生血管形成。UC-MSC 和 UC-MSC-ex 能提高 BDNF 和胶质细胞源性神经营养因子的水平，对神经元有保护作用。由于 UC-MSC 的生物学特性和脑血管疾病的独特属性，不同的移植途径会影响 UC-MSC 归巢于脑实质的数量和空间分布，从而影响治疗效果。UC-MSC 治疗脑血管疾病的用药途径已成为当前研究的热点（图 1-10-29）。

（六）UC-MSC 在脊髓损伤中的应用

脊髓损伤（spinal cord injury，SCI）是由外伤、炎症和其他因素引起的脊髓横断面损伤。SCI 导致损伤部位以下的运动、感觉及其他神经功能受损或丧失。一旦发生 SCI，特别是外伤性损伤，应尽快抢救，维持血容量，预防神经源性休克。复苏后应给予药物治疗，修复受损的神经纤维，维持脊髓稳定，防止进一步神经损伤。然而，药物治疗效果有限，且皮质类固醇具有显著的副作用。UC-MSC 具有极强的增殖、分化和自我更新潜能，治疗 SCI 疗效好、副作用小，有望成为 SCI 的替代治疗方法。

临床研究发现，UC-MSC 治疗后的 SCI 患者能够恢复肠道和膀胱功能，并显著改善感觉、运动和生活自理能力，美国脊髓损伤协会评分和日常生活活动评分均增高。多项研究表明，及时移植 UC-MSC 可促进神经功能恢复，从而有效治疗 SCI。重复剂量的 UC-MSC 单独给药或联合人神

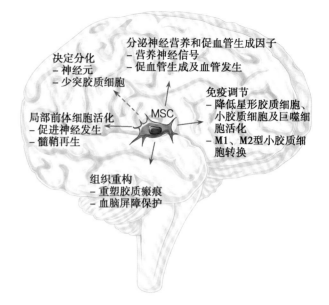

图 1-10-29　MSC 治疗神经系统疾病的机制

经干细胞（human neural stem cell，HNSC）、GDNF 和缺氧条件可提高细胞治疗效果。UC-MSC 改善 SCI 的疗效是通过抑制 SCI 后激活的丝裂原活化蛋白激酶（mitogen-activated protein kinase，MAPK）通路，并减少脊髓神经元凋亡。UC-MSC 还能减少炎症细胞因子 IL-6、IL-7、TNF-α 的分泌，从而减少损伤部位的炎症反应，促进神经元再生，减少胶质瘢痕形成。UC-MSC 治疗脊髓损伤的研究进展迅速，但其临床应用仍面临诸多问题，其详细的机制和疗效仍需大规模的临床试验来探索（图 1-10-30）。

（七）UC-MSC 在心脏疾病中的应用

心脏疾病是全世界首要死因，每年有 2000 万 30~70 岁的人死于心脏病。目前的治疗方法包括心脏移植、手术干预和药物治疗。手术治疗通常伴随并发症，除非病情严重，否则一般不推荐手术治疗。即使患者存活下来，病情好转，也需要长期的维持治疗。UC-MSC 为心脏疾病提供了一种相对安全有效的替代治疗方法。

已有研究证明 UC-MSC 能治疗和缓解各种心血管疾病，包括心肌梗死、心力衰竭、心肌缺血和心肌炎。研究发现，UC-MSC 可促进心肌组织再生和血管生成，并抑制炎症反应，显著降低梗死面积和死亡率，UC-MSC 移植改善了 NYHA 心功能分级、明尼苏达心力衰竭生活质量问卷评分及 6 分钟步行试验结果，显著提高了患者的生活质量。静脉输注 UC-MSC 对稳定型心力衰竭和射血分数降低的患者安全有效，在接受 UC-MSC 治疗的患者中观察到左心室功能、功能状态和生活质量均得到改善。此外，UC-MSC 的旁分泌作用可通过增加动脉粥样硬化斑块稳定性、降低斑块体积、降低血脂水平、减少内皮细胞功能失调、降低炎症等作用抵抗动脉粥样硬化（图 1-10-31）。

UC-MSC 对心脏作用的机制尚不完全清楚，但已有研究发现，UC-MSC 可通过增加抗凋亡蛋白 Bcl-2 的表达，降低促凋亡蛋白 Bax 和 pro-caspase-9 的表达来发挥抗凋亡作用。过表达 NK 2 homeobox 5（nkx2.5）和 pygopus family

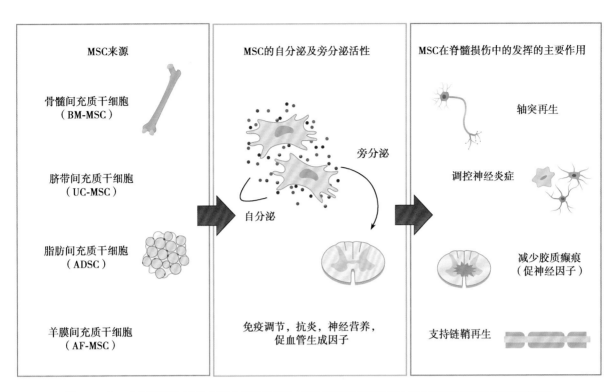

图 1-10-30　来源于骨髓、脐带、脂肪组织和羊膜的 MSC 移植到损伤脊髓时,移植物细胞对宿主脊髓环境有益

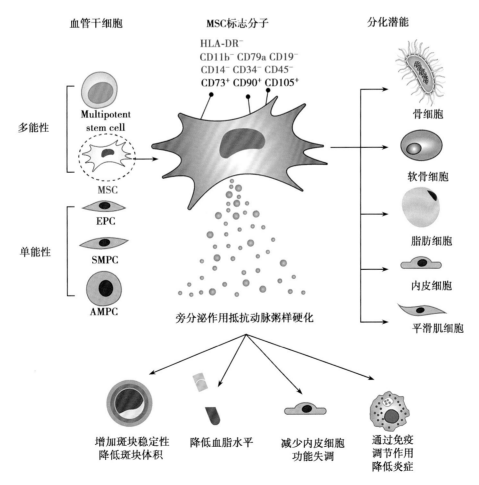

图 1-10-31　MSC 抗动脉粥样硬化作用

PHD finger 2(PyGO2)蛋白,调控 p53-p21 通路,可促进 UC-MSC 向心源性细胞分化。诱导的心肌细胞可与宿主心肌细胞形成心肌闰盘,形成功能性合胞体,直接参与心脏收缩。通过这种方式,移植的细胞增强心肌局部收缩功能,减少坏死梗死区域,增加了射血分数。长期随访发现,诱导血管形成也是心脏损伤后修复的重要部分。且 UC-MSC 可分泌 HGF 发挥抗炎作用。UC-MSC 产生的白介素、TNF-α、集落刺激因子、趋化细胞因子可抑制心肌炎症,减轻心肌纤维化程度。UC-MSC 可通过 ERK1/2 通路影响心肌成纤维细胞中 MMP/TIMP 系统的表达,抑制与心肌细胞肥厚相关的 TGF-β 的产生,有助于预防心肌纤维化。UC-MSC 还能上调超氧化物歧化酶(super-oxide dismutase,SOD)和谷胱甘肽(glutathione,GSH)的水平,降低梗死心肌的丙二醛(malondialdehyde,MDA)浓度,减轻氧化应激和细胞外基质重构。此外,UC-MSC 可以通过调节 miRNA、lncRNA、circRNA 的表达,间接发挥治疗心脏病的作用。

(八)UC-MSC 在呼吸系统疾病中的应用

典型的呼吸系统疾病包括急性肺损伤、支气管哮喘和慢性阻塞性肺疾病。UC-MSC 治疗显著提高了呼吸系统疾病患者的功能评分和存活率。UC-MSC 肺内灌注可通过旁分泌 KGF 减轻肺部炎症,改善肺功能。导致肺部炎症减轻的其他机制包括过表达白介素-33(interleukin-33,IL-33)和拮抗剂白介素-1 受体样-1(IL-1 receptor-like-1),抑制蛋白外渗和中性粒细胞增殖,以及分泌炎症因子 TNF-α、IL-6 和巨噬细胞炎症蛋白 2(macrophage inflammation protein 2,MIP-2)。MSC 对哮喘的有效治疗作用主要通过调节免疫反应和抗炎活性而实现。肺内注射 MSC 可通过调节 Th1、Th2 和 Treg 的比例减轻哮喘气道的炎症反应,并通过抑制 Th17 信号通路减弱气道高反应性。

UC-MSC 在慢性阻塞性肺炎中的作用主要依赖于以下机制:①减少气道炎症,抑制 IL-1β、TNF-α、TGF-β、IL-6、IL-8 等炎症因子分泌,抑制炎症引起的氧化应激;②促进 KGF、干细胞生长因子、HGF、EGF 等生长因子的分泌,促进组织修复,增强肺灌注;③重塑肺血管,改善肺功能;④表达 miR-410、miR-451 和 miR-145 来调控肺功能。UC-MSC 在急性呼吸窘迫综合征中,可通过产生大量的 Angiopoietin-1(Ang-1)和 HGF 改善肺泡积液清除率损伤;Ang-1 是 Tie2 受体的配体,可通过抑制白细胞-内皮相互作用并上调紧密连接,从而影响内皮通透性,在血管稳定中发挥关键作用;HGF 通过与 c-Met 受体相互作用,抑制上皮细胞凋亡,并调节细胞运动、细胞生长和形态发生。

UC-MSC 在肺部疾病的治疗应用已有 10 多年的历史。UC-MSC 主要通过抗炎和抗纤维化活性、免疫调节、旁分泌机制来保护肺组织,还通过调节 miRNA 的表达来间接治疗肺部疾病(图 1-10-32)。

(九)UC-MSC 在病毒感染中的应用

MSC 能通过增强抗病毒免疫以抑制病毒复制及促进病毒清除,并使机体在清除病原体和抑制过度免疫反应之间保持平衡。多项临床研究证明,MSC 在 COVID-19 感染的治疗中发挥重要作用。COVID-19 感染过程中,病毒感染激活免疫系统并产生炎症因子,使循环中促炎因子水平急剧升高,引起细胞因子风暴,导致严重的器官损伤甚至导致患者死亡。多项研究报道了 UC-MSC 用于治疗 COVID-19 感染肺炎,并取得良好疗效(图 1-10-33)。UC-MSC 对新冠病毒感染重症患者的治疗作用与其自我更新、多向分化、免疫调节功能有关。可能通过以下机制:①可分泌抑炎因子如 IL-10 等,抑制过度免疫应答和细胞因子风暴;②具有自我更新和多向分化潜能,可在肺部受损部位定向分化产生功能细胞发挥修复功能,稳定肺微血管和肺泡上皮细胞屏障;③调节免疫稳态、缓解肺炎及继发性感染、修复肺部损伤。

此外,UC-MSC 还能有效恢复 H_5N_1 病毒感染患者受损的肺泡清除率和蛋白通透性。UC-MSC 改善免疫无应答者(immune non-responder,INR)的免疫重建,可能是逆转 HIV-1 感染 INRs 免疫缺陷的一种新的免疫治疗方法。UC-MSC 是一种安全可行的用于生产抗病毒疫苗的人类二倍体细胞(human diploid cell,HDC)来源。UC-MSC 抗病毒治疗已取得一定疗效,但其应用研究才刚刚开始,需深入开展科学研究,谨慎进行临床应用。

(十)UC-MSC 在生殖系统中的应用

卵巢早衰(premature ovarian failure,POF)是女性常见的疾病之一,可导致 1% 的女性不孕,其临床特征是雌激素不足或雌激素缺乏,促性腺激素水平升高,闭经,以及年龄小于 40 岁女性卵泡发育不良。目前,POF 的预防和治疗非常有限,最常用的激素替代疗法不能有效恢复卵巢功能。随着再生医学的发展,MSC 疗法为 POF 带来了新的前景(图 1-10-34)。研究发现,对于卵巢早衰导致的长期不孕症患者,UC-MSC 治疗通过增加雌二醇浓度、改善卵泡发育、增加窦卵泡数量来保持卵巢功能。

动物研究发现,UC-MSC 静脉注射和原位卵巢微注射均能改善卵巢功能,其中静脉注射方法更优。UC-MSC 促进卵巢 HGF、VEGF 和 IGF-1 的表达,改善卵巢的储备功能。UC-MSC 治疗后,血клетки浆中 P、E2、IL-4 的水平升高,而 IFN-γ、FSH 和 IL-2 水平降低,此外,小鼠健康卵泡的总数增加,闭锁卵泡的数量减少。另有研究采用环磷酰胺构建 POF 大鼠模型,尾静脉注射 UC-MSC 后,UC-MSC 能够减轻化疗药物诱导的 POF,增加神经生长因子(nerve growth factor,NGF)和原肌凝蛋白受体激酶 A(tropomyosin receptor kinase A,TrkA)的水平,通过 NGF/TrkA 信号通路降低促卵泡激素受体(follicle-stimulating hormone receptor,FSHR)和 caspase-3 的水平。UC-MSC 还能够通过对卵巢上皮的直接触发作用和/或通过调节 TGF-β、CK8/18 及 PCNA 的组织表达,间接丰富卵巢生态位,改善紫杉醇注射后的卵巢功能,这些分子在调节卵泡形成和抑制胱天蛋白酶 3(caspase-3,CASP3)caspase-3 诱导的细胞凋亡中是必不可少的。此外,UC-MSC 膜性囊泡可能通过 PI3K/AKT 信号通路增加血管生成来恢复卵巢功能,UC-MSC 外泌体也被用于体外预防和治疗化疗诱导的 GC 凋亡,UC-MSC 中表达的血红素氧合酶-1 在恢复卵巢功能中具有重要作用,通过激活 JNK/Bcl-2 信号通路,调节自噬及上调 $CD8^+CD28^-$ T

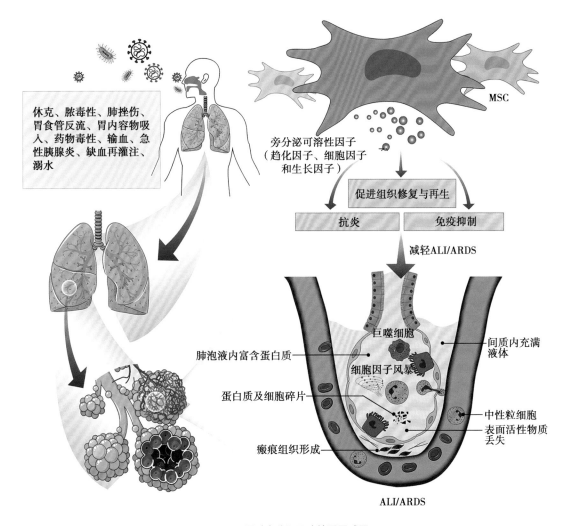

图 1-10-32 MSC 通过旁分泌可溶性因子减弱 ALI/ARDS

在 ALI/ARDS 期,免疫细胞(如巨噬细胞、中性粒细胞)在肺泡间隙积聚,产生大量细胞因子,引发细胞因子风暴,最终导致肺泡上皮细胞表面活性物质减少,肺泡间隙和间质内积液,导致肺泡和肺间质水肿,MSC 可通过旁分泌可溶性因子的免疫调节作用,在缓解 ALI/ARDS 中发挥关键作用

细胞循环来发挥作用。

宫内粘连和剖宫产瘢痕憩室是子宫损伤后愈合不良的主要并发症。目前常用的治疗方法有药物治疗和宫腔镜手术,但这些方法并没有被证明是完全有效的,且有一些副作用,如感染、血栓形成和肝功能损害等。体内外研究和临床病例报告表明,MSC 疗法可以促进子宫内膜再生。临床研究对宫内粘连患者及剖宫产瘢痕憩室患者进行子宫内注射 UC-MSC,结果发现,患者子宫内膜厚度、子宫体积、剖宫产瘢痕憩室均有改善趋势。对于子宫损伤后愈合不良的患者,MSC 移植可能是一种有前途的治疗方法,但仍需更大的样本量来评估其安全性和疗效。

此外,MSC 也用于治疗男性不育。体外研究发现,用含有全反式维甲酸、睾酮及睾丸细胞条件的培养液对 UC-MSC 进行体外诱导,UC-MSC 能分化成生殖细胞,表达生殖细胞特异性标志物 Oct4、c-kit、CD49f、Stella、Vasa 等。体内研究将 UC-MSC 显微注射到消除了内源性精子的小鼠生精小管内,结果显示,UC-MSC 迁移至生精小管基底膜,表达生殖细胞标志物,提示 UC-MSC 移植入体内后能进一步向生殖细胞分化,且生精小管的组织结构亦得到明显修复。另有体内研究发现,UC-MSC 移植入动物体内后,并不能直接分化为精原细胞,更可能是通过旁分泌作用分泌营养因子,促进精子发生过程。目前已有 MSC 治疗男性不育的临床研究正在开展,UC-MSC 治疗男性不育的临床研究目前正处于起步阶段。

(十一) UC-MSC 在其他疾病中的应用

UC-MSC 通过免疫调节作用降低移植物抗宿主病(graft versus host disease,GVHD)的发生率,并缓解其临床症状。UC-MSC 可增加 GVHD 患者的 B 淋巴细胞、Treg 数量和 Th1/Th2 比值,减少 NK 细胞数量。在孤独症患者中,UC-MSC 移植可显著提高脑脊液中 HGF、BDNF 和神经生长因子(nerve growth factor,NGF)的水平。在股骨头坏死患者中,UC-MSC 可显著减少股骨头坏死的体积,增加氧释放指数。动脉输注 UC-MSC 后,细胞迁移到骨坏死区域,分化为成骨细胞,起到治疗作用。在炎性肠炎患者中,UC-MSC 治疗可显著降低皮质类固醇用量,这可能与调节 IL-6、IL-7 和 IL-10 的表达有关。在阿尔茨海默病患者中,

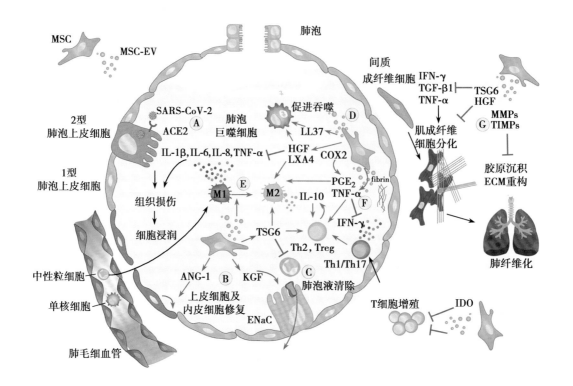

图 1-10-33 MSC 和衍生外泌体减少 COVID-19 感染后急性呼吸窘迫综合征肺损伤的潜在作用机制

A. SARS-CoV-2 感染会导致细胞和组织损伤,释放 DAMPs、PAMPs 和炎症介质,这些介质被邻近细胞和肺泡巨噬细胞感知,放大肺泡中的炎症反应,促进免疫细胞浸润和富含蛋白质的肺泡水肿液的积累;MSC 及其来源的外泌体。B. 可以通过增加肺泡液的清除来减轻炎症并触发组织修复,具有抗凋亡和抗氧化作用,恢复受损的肺泡、上皮细胞和内皮细胞。C. 减少中性粒细胞活化,同时也减少炎症细胞浸润。D. 增强肺泡巨噬细胞的吞噬作用和活力。E. 减少炎症和诱导单核细胞 M2 极化,促进 IL-10 产生。F. 促进 Th1 和 Th17 细胞向调节性 T 细胞和 Th2 细胞转换,并调节 T 细胞增殖。G. 预防肺纤维化

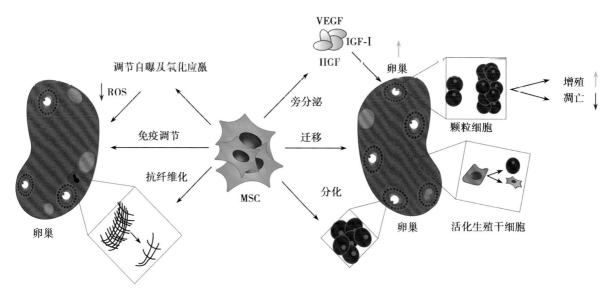

图 1-10-34 MSC 治疗卵巢早衰及机制

以 MSC 为基础的治疗机制包括迁移、增殖、抗凋亡、旁分泌、抗纤维化、免疫调节,以及调节自噬和氧化应激的作用,生殖干细胞的激活也有参与

UC-MSC 可改善认知功能障碍,清除淀粉样 β 蛋白沉积,刺激脑小胶质细胞激活,降低促炎症细胞因子水平,增加抗炎症细胞因子水平,抑制神经炎症。这些变化对阿尔茨海默病患者的预后有重要影响。在多发性硬化患者中,静脉输注 UC-MSC 是安全有效的,随访 1 年后,在大脑和颈脊髓 MRI 扫描中未发现活动性病变。因此,UC-MSC 在多种疾病中显示出有效的治疗作用,但这些作用的理论基础仍有待建立。

三、脐带间充质干细胞临床应用的综合评价及展望

近年来,UC-MSC 在临床应用方面取得了巨大进展,已有越来越多的相关临床试验正在进行或已完成,并有越来越的相关基础研究正在开展。UC-MSC 在多种疾病治疗中显示出极大的应用前景,为患者带来新的希望。但仍有以下问题亟待思考与解决:

1. **深入研究 MSC 治疗各种疾病具体的机制** 由于 UC-MSC 的治疗作用是多方面的,且每种疾病的发病机制也不同,因此对于某种疾病,UC-MSC 发挥治疗作用的机制也不尽相同,如何在特定疾病中最大化地发挥疾病所需 UC-MSC 的功能,以及使治疗效果持久保持,是当前研究的重要问题。仍需进一步深入研究各种疾病的具体发病机制、UC-MSC 治疗疾病的作用机制。

2. **针对不同疾病的临床研究方案需要加强** UC-MSC 的应用研究才刚刚开始,对于其用法用量、不良反应、致瘤性和安全性的研究仍不足,细胞移植剂量、给药途径、细胞移植时间窗的选择、注射率和移植频率等技术问题仍有待解决,此外,由于多数 UC-MSC 通过血管内输送发挥治疗作用,其血液相容性问题也得到广泛关注,仍需设计大规模、多样本、多中心、长期随访研究来验证 UC-MSC 治疗各种临床疾病的有效性和安全性。

3. **UC-MSC 的标准化和规范化** UC-MSC 的来源和分离培养方法等特点使其便于大规模培养、标准化生产,但目前大规模生产还处于初级阶段,仍需进一步完善干细胞库建立标准及方法,加强干细胞制剂的开发和质量控制。

总之,UC-MSC 具有卓越的分化潜能、较强的增殖能力和较低的免疫原性,其应用不受伦理道德限制,且容易工业化大规模制备。UC-MSC 在临床中的应用越来越广泛,其在治疗方面的应用也取得了极大的进展,可能成为具有广泛临床应用前景的多能干细胞。UC-MSC 的进一步深入研究和临床应用必将在不久的将来造福人类。

第四节 脂肪间充质干细胞及应用

一、脂肪间充质干细胞的生物学特性

脂肪间充质干细胞(adipose mesenchymal stem cell, ADSC),又被称为脂肪来源的成体干细胞(adipose derived adult stem cell)、脂肪来源的基质/干细胞(adipose derived stromal/stem cell)和脂肪基质细胞(adipose stromal cell)等,

国际脂肪治疗科学联合会将其称为"脂肪源性干细胞"。ADSC 是从脂肪组织中分离得到的一种具有多向分化潜能的干细胞(图 1-10-35)。脂肪组织来源于中胚层,从中获取的 ADSC 具有高扩增潜能,并能分化成多种间质组织,可向脂肪细胞、软骨细胞、肌细胞、成骨细胞、神经细胞、神经胶质细胞及胰岛细胞分化,可分泌多种促血管生成因子和抗凋亡因子而抗炎、抗氧化,可抵抗氧自由基的损伤;能够在体外稳定增殖且衰亡率低,同时具有取材容易、人体内储备量大、来源广泛、少量组织即可获取大量干细胞、适宜大规模培养、对机体损伤小、适宜自体移植等优点,有望成为修复受损的组织和器官的干细胞来源,是近年来新的研究热点之一。

(一) ADSC 分离方法

目前最常用的 ADSC 分离方法是利用组织块消化及贴壁法从脂肪抽吸物中分离得到的 ADSC。最常见的脂肪组织来源是从腹部、大腿或臀部分离的皮下白色脂肪组织。采用脂肪抽吸术,将得到的脂肪组织,用 D-Hank's 液反复冲洗,剪碎。用预温的 0.1% I 型胶原酶,37℃,消化 1 小时。100 目筛网过滤除去未消化的组织。将滤出液置入离心管中,1 000r/min,室温离心 10 分钟,弃上清液。用 D-Hank's 液重悬洗涤,反复 2~3 次,以除去 I 型胶原酶,离心,弃上清液,并用移液管反复吹打,使之成为单细胞悬液,计数,获得基质血管部分(stromal vascular fraction,SVF),SVF 即当脂肪组织被物理方法或酶消化分解时,产生的细胞颗粒,由除了在加工过程中耗尽的脂肪细胞外,脂肪组织中发现的所有类型的细胞组成。将 SVF 以 $1 \times 10^6 \sim 2 \times 10^6$/mL 的接种密度接种于完全培养基中,置于 37℃,5%CO_2 的培养箱中培养。原代细胞培养 24 小时后,可见少量细胞贴壁,48 小时后细胞呈成纤维化细胞形态,并且快速生长,换液,并用 PBS 轻轻洗涤,弃去组织块和未贴壁的细胞,以后每 3 天换液一次。获得 ADSC,是相对均匀的纺锤形、成纤维细胞样细胞群。当细胞达 80%~90% 融合时,常规消化传代。

来自年轻供体的 ADSC 比老年供体的 ADSC 增殖率更高,但分化能力随年龄增长保持不变,比 BM-MSC 具有优势。ADSC 培养 11~12 代停止生长,但与 UC-MSC 相比,增殖能力更强。ADSC 还保持着向中胚层起源细胞分化的潜能,只有不到 1% 的细胞表面表达 HLA-DR 蛋白,免疫原性低,具有免疫调节作用,适合临床治疗异体移植和耐药免疫紊乱。

(二) ADSC 主要的生物学特性

1. **表面标志** 人 ADSC 表达 MSC 表面标记,包括细胞黏附分子 CD29、CD44、CD146 和 CD166,受体分子 CD90 和 CD105,GPI 锚定酶 CD73,而不表达造血细胞表面抗原,包括 CD11b、CD13、CD14、CD19 和 CD45(<2%),也不表达内皮标记 CD31 和 HLA-DR。ADSC 几乎和 BM-MSC 表达相同 CD 标记,其不同处是:ADSC 表达 CD49d(α4 整合素),而 BM-MSC 不表达;BM-MSC 表达 CD106(血管细胞黏附分子,VCAM),而 ADSC 不表达。有研究发现,表达 CD34 的人基质血管部分细胞群在 ADSC 中富集,这与 BM-MSC 相反,但该抗原的表达仅在早期培养传代中有报道。另一

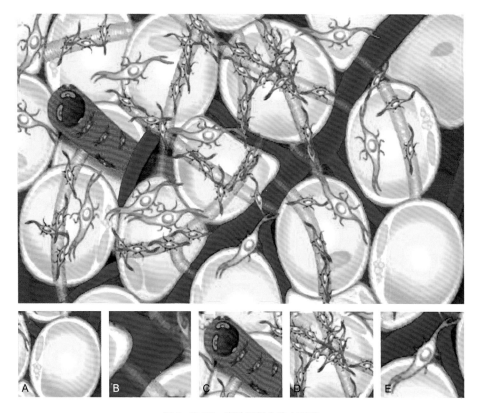

图 1-10-35 脂肪组织中的 ADSC

A. 脂肪细胞；B. 细胞外基质；C. 围绕血管的周细胞，在血管生成中起重要作用；D. 间充质干细胞；E. 前脂肪细胞

种表面抗原 Stro-1 是经典 BM-MSC 相关抗原，而据报道 ADSC 不表达。此外，有研究发现，ADSC 可能通过 CD271 标记被特异识别，该标记在老年人中持续表达，与高增殖和分化能力相关。

2. 分泌的细胞因子 ADSC 能分泌一定量的细胞因子，表达水平较高的细胞因子有肝细胞生长因子（HGF）、血管内皮生长因子（VEGF）、胎盘生长因子（PGF）、转化生长因子 β（TGF-β）；表达水平中等的细胞因子有成纤维细胞生长因子-2（FGF-2）、血管生成素-1（Ang-1）；表达水平较低的细胞因子有血管生成素-2（Ang-2）；有利于建立更好的损伤修复微环境。此外，在肿瘤坏死中，ADSC 还能分泌营养因子，调节细胞生长，并对 β-肾上腺素能阻断剂和活化的蛋白激酶磷酸化作用表现出脂解反应。

与 BM-MSC 相比，单细胞 RNA 测序分析显示，ADSC 群体的转录组异质性较低，且 ADSC 较少依赖线粒体呼吸来产生能量，此外，ADSC 具有较低的人白细胞抗原 I 类抗原表达水平和较高的免疫抑制能力。

二、脂肪间充质干细胞在临床中的应用

（一）ADSC 在创面愈合和皮肤再生中的应用

以干细胞为基础的创面愈合治疗方法已在皮肤美学外观和功能恢复方面得到应用（图 1-10-36）。ADSC 通过诱导产生大量细胞外基质蛋白，促进伤口愈合进入增殖和重塑阶段，能够克服人工培养的自体表皮移植所产生的局限性，例如复发性开放性伤口、长期和瘢痕收缩增加等，在

慢性创伤修复方面具有突出的能力。此外，ADSC 可以促进脂肪组织的存活，并与游离脂肪一起，成为软组织扩大手术的真正替代品，例如隆胸和面部组织缺损的修复。ADSC 分泌的生长因子和抗炎症细胞因子可以阻止细胞凋亡并诱导新血管生成，尤其是在治疗严重肢体缺血方面更具优势。临床研究使用自体或同种异体 ADSC 治疗烧伤，单独使用或与表皮移植联合使用均可改善皮肤移植成活率。临床使用自体 ADSC 治疗光老化皮肤，可使弹性组织完全再生。BM-MSC 或 UC-MSC 治疗溃疡、瘢痕和烧伤患者时，已显示出较好的治疗进展，而 ADSC 在该领域具有更为广泛的应用优势。此外，ADSC 抗衰老的临床研究也在逐渐开展。

（二）ADSC 在关节炎中的应用

骨关节炎（osteoarthritis，OA）是一种退行性疾病，存在关节软骨和骨的破坏，通常表现在膝关节、手、臀部、脚和脊椎。膝关节是最常见出现问题的部位。典型症状包括疼痛、关节僵硬、肿胀，导致关节活动范围缩小。应用组织工程方法，ADSC 显示出显著的软骨形成潜能，被用于骨骼和软骨的再生和修复。已有多项 ADSC 治疗 OA 临床试验正在开展。虽然这些试验的结果好坏参半，但自体 ADSC 已被证明是安全的，并对疾病相关的疼痛有一定的改善作用。各种临床问卷调查结果显示，许多患者在受损伤关节处应用 ADSC 后，疼痛、功能、活动能力和整体生活质量得到改善，持续几个月到两年以上。对骨关节炎临床试验的荟萃分析发现，ADSC 的治疗效果比 BM-MSC 更稳定，ADSC 可能是一种更可控的干细胞来源，可能更适应在缺氧关节腔

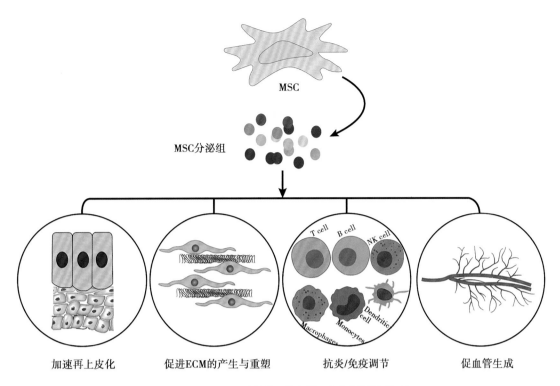

图 1-10-36　MSC 及其外泌体在创面愈合中的作用机制

生态位中生存,并可能在调节炎症方面表现出优势。然而,还未有报道疾病病理生理学的根本改善。

类风湿性关节炎(rheumatoid arthritis,RA)是一种慢性炎症性自身免疫病,与自身免疫病、骨与软骨畸形、全身性疾病有关。常见症状有疼痛、僵硬和肿胀,通常伴发进行性残疾和关节功能障碍。目前,风湿性关节炎还没有治愈方法。MSC 治疗 RA 的临床试验始于 10 多年前,尽管各研究的组织来源不同,但已有报道 MSC 治疗后,RA 的严重程度有显著改善。脂肪来源的 MSC 具有与其他来源的 MSC 相当的免疫调节特性,但更实用、更经济、更容易获得。ADSC 可分化为多种组织,包括软骨、肌肉、肌腱/韧带和骨,并能够调节免疫反应和促进再生,在 RA 临床前模型中显示出极大的治疗潜力,临床研究亦发现单次自体 ADSC 给药在改善 RA 患者的关节症状方面既安全又高效(图 1-10-37)。

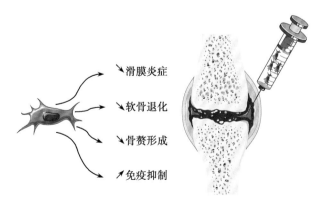

图 1-10-37　MSC 关节腔内注射治疗风湿病

通过释放营养因子和细胞接触,MSC 可以减少软骨退变、骨赘形成和滑膜炎症

（三）ADSC 在心血管疾病中的应用

心血管疾病(cardiovascular disease,CVD)是全球死亡的首要原因。缺血性心脏病是最常见的心血管疾病。ADSC 在 CVD 临床前动物模型中显示出令人鼓舞的结果,ADSC 可改善心脏功能参数,表现为增加左室射血分数、壁厚、收缩力和 6 分钟步行试验距离,同时降低左室舒张末期直径、左室收缩末期直径和整体重构。基于这些数据,一些 ADSC 治疗心肌缺血、心肌梗死和心力衰竭(充血性和慢性)的临床试验正在开展(图 1-10-38)。APOLLO 试验评估了 ST 段抬高心肌梗死患者冠状动脉内输注 ADSC 的安全性和可行性,随访 6 个月后发现血管再形成、心脏功能改善、心脏瘢痕减少。ATHENA 试验通过心肌内途径给重度慢性心肌梗死患者注射 ADSC,结果患者心功能提高,闭塞血液灌注改善。另有 2 期 ADVANCE 试验旨在评估 ADSC 降低 ST 段抬高急性心肌梗死患者梗死面积的能力,尚在进行中。这些数据表明 ADSC 可有效降低心肌缺血后心肌功能障碍。

（四）ADSC 在神经退行性疾病中的应用

多发性硬化(multiple sclerosis,MS)是一种常见的慢性神经退行性疾病,由异常的髓磷脂炎症反应驱动,髓磷脂是中枢神经系统的组成部分。对髓磷脂的免疫攻击导致脊髓和大脑的白质和灰质脱髓鞘病变,虽然大多数 MS 患者被诊断为复发缓解型,但大多数患者最终发展为严重虚弱的持续进展型。向 MS 患者脑室内注射自体脂肪来源的血管间质细胞(stromal vascular fraction,SVF),患者均病情平稳或有改善的迹象,表明此方法是安全的。脑室内注射自体 SVF 已成为阿尔茨海默病、肌萎缩性侧索硬化症、进行性多发性硬化、帕金森病、脊髓损伤、创伤性脑损伤和卒中的潜在治疗方法(图 1-10-39)。

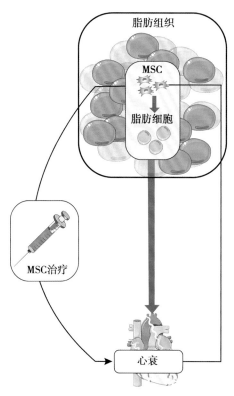

图 1-10-38　ADSC 治疗心衰

ADSC 可转分化为具有多种神经元特性的神经元样细胞，如突触传递、动作电位、多巴胺和神经营养因子的分泌、自发的突触后电流。ADSC 移植后的旁分泌效应也是其治疗获益的主要机制。这些分泌因子可能直接作用于神经保护或通过免疫调节影响参与血管生成、突触生成、神经胶质生成和神经发生的许多介质的表达或分泌，从而发挥治疗作用。

（五）ADSC 在炎症性肠病中的应用

ADSC 具有改善重症炎症性肠病（inflammatory bowel disease，IBD）临床症状和组织学活性的能力。对抗生素、免疫调节剂和手术修复难治的 IBD 患者，瘘管周围注射 ADSC 可以提高瘘管闭合率，缩短临床缓解的中位时间。在大多数研究中，至少 50% 接受 ADSC 治疗的患者在 240 天内瘘管达到完全闭合。在一项临床研究中，80% 和 75% 的患者（n=36）接受 ADSC 治疗后 1 年和 2 年瘘管仍然完全闭合。在 ADSC 治疗严重 IBD 患者的临床研究中，ADSC 具有减轻临床 M 症状和组织学活性的能力。

（六）ADSC 在放射性损伤中的应用

已有多项 ADSC 治疗放射性损伤的临床应用。随着放射治疗、介入性放射治疗或心脏病学治疗的广泛应用，伤口和其他器官的辐射损伤越来越多。慢性放射性伤口

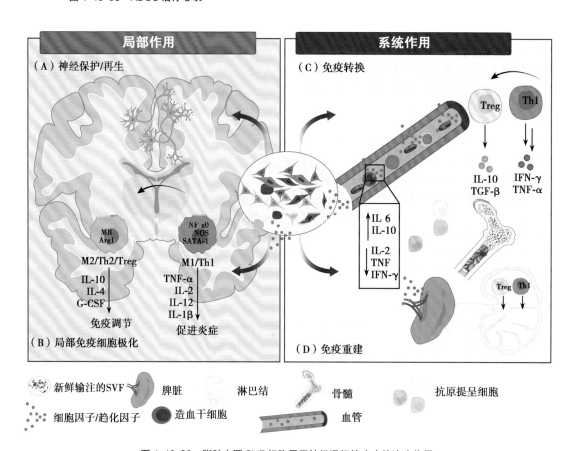

图 1-10-39　脂肪来源 SVF 细胞用于神经退行性疾病的治疗作用

SFV 通过影响局部和远端环境发挥治疗作用。局部：A. 通过 SVF 释放生长和可溶性因子发挥神经保护和再生作用。B. SVF 诱导巨噬细胞和 T 细胞极化为免疫调节细胞。全身性：C. SVF 在血清中释放抗炎因子，并全身传播；D. 进入脾脏和淋巴，介导免疫调节和重建

由于组织缺血和纤维化,通常不能采用皮瓣手术或植皮等传统方法治疗。辐射伤口一旦出现,就会产生坏死、感染和各种器官(如心脏)的纤维化。这些慢性辐射损伤可以通过向组织提供充足的血液来改善。ADSC 在慢性放射性创伤和心肌疾病的治疗中具有广阔的前景,可改善辐照伤口的血液灌注和毛细血管密度。注射 ADSC 后,皮瓣血管分布增加,放射皮瓣的活性增加,ADSC 还可以刺激成纤维细胞增殖,促进 VEGF 等多种细胞因子的表达(图 1-10-40)。

(七) ADSC 外泌体的应用

目前已有研究将 ADSC 衍生的外泌体和细胞外囊泡作为输注完整细胞治疗疾病的替代方法(图 1-10-41)。在临床前研究中,ADSC 衍生的外泌体和细胞外囊泡通过促进组织再生、调节免疫活性和影响临床前模型中的组织稳态,显示出潜在的治疗前景。临床前研究表明,ADSC 外泌体在体外和体内通过刺激人真皮成纤维细胞增殖和迁移,增加胶原合成,诱导创面愈合。ADSC 外泌体能通过增加胶原蛋白的合成加速皮肤伤口的愈合。ADSC 外泌体能通过降低皮肤中炎症细胞的水平改善特应性皮炎。ADSC 外泌体对心脏和肾脏的缺血再灌注损伤有益。ADSC 外泌体雾化吸入可通过降低肺炎症和组织学的严重程度,使小鼠肺损伤模型存活率提高。然而相关临床试验尚待进一步开展。

三、脂肪间充质干细胞临床应用的综合评价及展望

ADSC 由于组织来源丰富、获取方便、增殖能力强、收集过程创伤小,成为干细胞的首选来源之一。ADSC 治疗产品在自体和异体的一些临床适应证中表现出卓越的治疗效果,是替代、修复和再生死亡或受损细胞的潜在工具。但仍有以下问题亟待思考与解决:

(一) 供体的一般状况

捐助者年龄、BMI、健康状况、环境因素、种族、性别等特征对 ADSC 的质量有一定的影响,供者特征对 ADSC 的生物学特点及治疗潜力的影响仍需进一步研究,以更深入地了解 ADSC 的治疗效果及机制。

(二) 制备及操作规范化

ADSC 的细胞制备及操作过程需进一步规范化。需完善细胞分离、培养条件、增殖、差异和鉴定方法的标准化制备方案,确保其安全性和有效性。此外,ADSC 功能受到长期扩张培养和冷冻保存的影响,需进一步规范 ADSC 的操作流程,包括质量检验、储存、运输、使用等管理规程。

(三) 评价系统需要健全

ADSC 的免疫调节和血管生成特征促进肿瘤细胞的生长,因此使用前及使用后的安全评估是必要的。并需要深入了解宿主相关因素,包括局部环境和最佳治疗时机,以掌握控制输注后影响 ADSC 发挥作用的因素。

总之,脂肪组织在人体内储量丰富,通过抽脂从中获得的大量 ADSC,具有自我更新增殖及多向分化潜能,且免疫原性低,减少了排斥反应和副作用,有望成为修复受损的组织和器官的干细胞来源,越来越多的临床前及临床研究预示了 ADSC 的广泛临床应用前景,预计随着研究的深入,

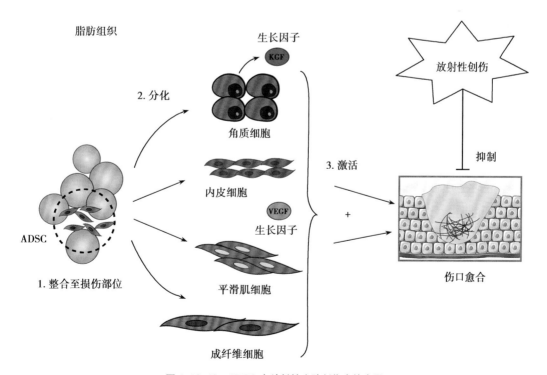

图 1-10-40　ADSC 在放射性皮肤创伤中的应用
ADSC 对角质形成细胞和内皮细胞具有显著的可塑性。脂肪谱系的干细胞有能力分化为上皮细胞,获得功能性角化
细胞表型,并分化为血管细胞。这些细胞可用于促进辐射引起的皮肤损伤的修复

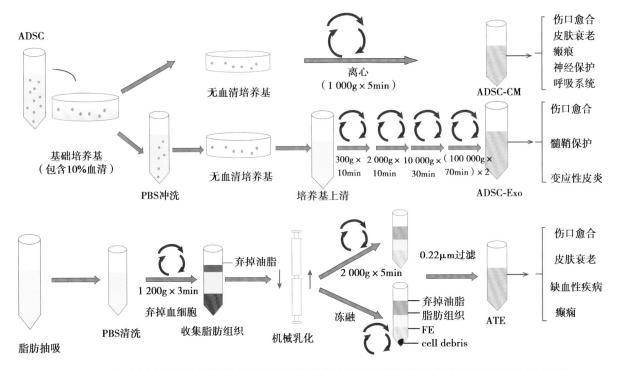

图 1-10-41 脂肪来源性干细胞条件培养基、脂肪来源性干细胞外泌体、脂肪组织提取物的制备及其临床应用示意图

在不久的将来,ADSC 必将为临床使用及科研提供更好的便利。

第五节 其他来源间充质干细胞

除了骨髓、脐带、脂肪组织,从真皮组织、椎间盘、羊膜组织、羊水、各种牙齿组织、人胎盘、嗅觉黏膜外周血、成人来源的经血等其他组织中也发现了 MSC 或 MSC 样细胞。

一、羊膜间充质干细胞

羊膜间充质干细胞(amniotic mesenchymal stem cell,A-MSC)来源于羊膜组织。电镜下,羊膜从内而外可分为5层:上皮层、基底膜层、致密层、成纤维细胞层和海绵层。A-MSC 来源于成纤维细胞层。胎儿娩出后,胎盘羊膜和脐带常被"废弃",因此羊膜组织取材方便,属无创操作,且其免疫原性低、抗炎效果显著,且不具有致瘤性,已成为细胞替代治疗和再生医学研究领域的细胞来源。

A-MSC 常见的分离培养方法有酶消化法、percoll 液分离法和组织块贴壁法等。原代 A-MSC 呈短梭形或多角形贴壁生长,P3 代的细胞大部分呈长梭形,细胞可传至P30 代左右。A-MSC 阳性表达 MSC 表面标志物如 CD90、CD105、CD73 和 CD271 等,表达 ESC 表面标志物 Oct3/4、SSEA-3、SSEA-4、Sox2、NANOG、REX-1 和 BMP-4,不表达CD45、CD34、CD14 和 HLA-DR,不表达上皮特异性表面标志物 CK19、CD324 等。

A-MSC 具有可塑性和多向分化潜能,能够向 3 个胚层不同组织来源的细胞分化。研究发现,采用转化生长因子 β_1、bFGF 及透明质酸可诱导 A-MSC 向韧带细胞分化;采用高度特异性的肌腱细胞标记物 Scx 作为阳性调控因子,可促进 hA-MSC 定向分化为肌腱细胞,且胶原I和III、纤连蛋白、基质金属蛋白酶-2 等肌腱相关分子的表达增高;A-MSC 还可以分化为成骨细胞和肌细胞等。A-MSC 向病理组织细胞分化潜能及通过分泌活性细胞因子发挥免疫调节作用,是其发挥疾病治疗效应的主要机制。

目前已有许多 A-MSC 治疗各种疾病的临床前研究报道,如肺损伤、阿尔茨海默病、肾损伤、心肌梗死、脑梗死、关节炎、肝损伤、创面愈合和睾丸修复等。此外,用 A-MSC 治疗异种移植的急性移植物抗宿主病小鼠,结果显示,小鼠的临床表现及靶器官病理损伤减轻。

二、羊水干细胞

羊水是一种对发育中的胎儿具有保护作用和营养成分的液体,主要由水、电解质、化学物质、营养物质和生长中的胚胎脱落的细胞组成。在羊水细胞的异质群体中,研究者发现一种具有 ESC 和成体干细胞共同特征的多能细胞,即羊水干细胞(amniotic fluid stem cell,AFSC)。与 ESC 不同,将 AFSC 注射到免疫受损动物体内不会致瘤,且 AFSC 的提取无损母亲健康,也不会损伤人胚胎,避免了有关 ESC 的伦理争论。

大多数 AFSC 具有与成人 MSC 相似的多能间充质表型,在 RNA 和蛋白水平表达多能性标记物 Oct4、SSEA-4、NANOG,以及干细胞标记物波形蛋白和碱性磷酸酶。但 AFSC 通常不表达其他干细胞标志物如 SSEA-3 和 TRA-1-81,这表明这些细胞很可能不是完全未分化细胞。约 1% 的 AFSC 表达表面抗原 c-kit(CD117),在细胞生存、增殖和分化中发挥作用。一些研究者认为,在异质 AFSC 培养中只有 c-kit 阳性细胞为干细胞群,然而,c-kit 阳性和 c-kit 阴性羊水细胞具有相似的形态和增殖特征,并能够在特定的培养条件下向成骨和成脂谱系分化。其中,c-kit 阳性细胞比 c-kit 阴性细胞表达更高水平的 Oct4、Sox2 和 NANOG,且表现出更强的分化为心肌样细胞能力,表明 c-kit 阳性细胞可能比 c-kit 阴性细胞具有更多的干细胞特性。基于 AFSC 表达部分但不是全部的干细胞标志物和一些间充质标志物,一些研究者认为 AFSC 是 MSC。

AFSC 具有多向分化潜能,在各种诱导因子的存在下,能够分化成多种细胞系,包括造血、神经源性、成骨、软骨源性、脂肪源性、肾和肝细胞系,并形成纤维细胞、脂肪细胞和骨细胞。

研究发现,AFSC 与 BM-MSC 具有相似的细胞形态与增殖能力、相近的成骨分化潜能,但两者在细胞黏附和炎症反应方面的基因表达存在差异,且 AFSC 低表达 HLA-ABC,不表达 HLA-DR,产生免疫排斥的可能性低,适合异体治疗使用。另有研究发现,AFSC 可参与细胞的发育和生长,在短暂地促进健康肠上皮细胞生长方面具有独特的作用,对新生儿坏死性肠炎具有潜在的预防治疗价值。AFSC 被认为是再生医学领域很有应用前景的细胞来源,但其临床应用相关研究仍十分有限。

三、来自结缔组织的多能间充质细胞

几乎从包括人在内的哺乳动物的每一个器官的结缔组织和从皮肤创面肉芽组织分离出的外胚层样多能干细胞(pluripotent epiblast stem cell,PPELSC),它可以分化成所有外胚层、中胚层和内胚层的特定衍生物。PPELSC 具有很强的自我更新能力。其分子表型具有一定的 ESC 特点,如表达 SSEA-1、3、4 和 Oct4。PPELSC 在体外可诱导分化为骨、软骨、骨骼肌肌管、脂肪细胞和成纤维细胞。在体内,转染 Lac-Z 基因的 PPELSC 克隆被整合入心肌、血管和结缔组织,但没有检测到表达心脏分化标志物的 β 半乳糖苷酶细胞。大鼠 PPELSC 在促进胚胎胰腺细胞分化成胰岛细胞的培养基中,被诱导分化成三维胰岛样结构,这些细胞表达不同类型胰岛细胞的特异分子,包括胰岛素、胰高血糖素和生长抑素。

四、牙髓干细胞

2000 年首次报道从第三磨牙的牙髓组织中分离和鉴定出干细胞,即牙髓干细胞(dental pulp stem cell,DPSC),随后研究者在口腔和牙齿组织中分离发现不同来源的干细胞,如人脱落乳牙干细胞、牙周膜干细胞、牙滤泡祖细胞、顶端乳头和牙龈组织 MSC 等。牙源性干细胞具有成骨细胞、成软骨细胞、成脂细胞、成纤维细胞、成肌细胞、成内皮细胞、成牙本质细胞、成神经细胞等分化潜能,并且具有更强的牙源性分化潜能。DPSC 是一种异质细胞群体,其中

包括成牙本质祖细胞和两种近似于骨髓 MSC 的干细胞。DPSC 起源于神经嵴细胞,表达多种神经嵴细胞发育相关基因及神经干细胞标志物巢蛋白等,巢蛋白阳性的 DPSC 具有分化为神经元的潜力(图 1-10-42)。临床前研究已经开发出多种基于 DPSC 移植的治疗策略,最近的临床进展证实,牙髓切除后,DPSC 移植能够原位重建神经血管化的生理性牙髓结构,为牙髓疾病的治疗提供一种新的再生方法。

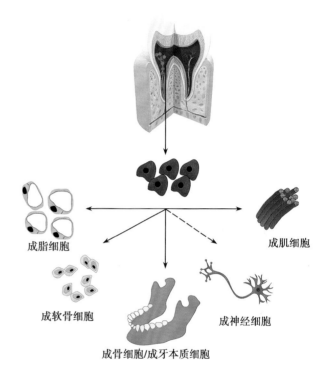

图 1-10-42　DPSC 具有多向分化潜能
DPSC 是从成人牙髓中分离出来的,可以在体外扩增并分化为多种细胞系,包括所有结缔组织细胞系和一些神经细胞细胞系

随着生物科学技术的发展,各种来源的 MSC 在疾病治疗及再生医学领域展示出诱人的临床应用前景,目前已经能在哺乳动物和人类获得足够数量的 BM-MSC、ADSC、UC-MSC 用于细胞移植治疗。在细胞治疗领域蓬勃发展的同时,关于 MSC 细胞制备及操作过程规范化的研究,用法用量、不良反应、致瘤性和安全性的研究,治疗疾病相关机制的研究仍需进一步加强,以使 MSC 的应用范围进一步扩大。相信不久的将来,MSC 必将给人类一个惊喜,为人类摆脱重大疾病带来希望。

(张静　叶传涛　成妮　贾战生)

参考文献

[1] Caplan AI. Mesenchymal Stem Cells:Time to Change the Name! Stem Cells Transl Med,2017,6(6):1445-1451.

[2] Jovic D,Yu Y,Wang D,et al. A Brief Overview of Global Trends in MSC-Based Cell Therapy. Stem Cell Rev Rep,2022,18(5):

1525-1545.

［3］ Mezey É. Human Mesenchymal Stem/Stromal Cells in Immune Regulation and Therapy. Stem Cells Transl Med,2022,11（2）: 114-134.

［4］ Zha K,Tian Y,Panayi AC,et al. Recent Advances in Enhancement Strategies for Osteogenic Differentiation of Mesenchymal Stem Cells in Bone Tissue Engineering. Front Cell Dev Biol,2022,10: 824812.

［5］ Park JW,Fu S,Huang B,et al. Alternative splicing in mesenchymal stem cell differentiation. Stem Cells,2020,38（10）:1229-1240.

［6］ Weng Z,Wang Y,Ouchi T,et al. Mesenchymal Stem/Stromal Cell Senescence:Hallmarks,Mechanisms,and Combating Strategies. Stem Cells Transl Med,2022,11（4）:356-371.

［7］ Kou M,Huang L,Yang J,et al. Mesenchymal stem cell-derived extracellular vesicles for immunomodulation and regeneration: a next generation therapeutic tool?Cell Death Dis,2022,13（7）: 580.

［8］ Lan T,Luo M,Wei X. Mesenchymal stem/stromal cells in cancer therapy. J Hematol Oncol,2021,14（1）:195.

［9］ Lin Z,Wu Y,Xu Y,et al. Mesenchymal stem cell-derived exosomes in cancer therapy resistance:recent advances and therapeutic potential. Mol Cancer,2022,21（1）:179.

［10］ Jin HJ,Bae YK,Kim M,et al. Comparative analysis of human mesenchymal stem cells from bone marrow,adipose tissue,and umbilical cord blood as sources of cell therapy. Int J Mol Sci, 2013,14（9）:17986-18001.

［11］ Andrzejewska A,Dabrowska S,Lukomska B,et al. Mesenchymal Stem Cells for Neurological Disorders. Adv Sci（Weinh）,2021,8 （7）:2002944.

［12］ Bi Y,Guo X,Zhang M,et al. Bone marrow derived-mesenchymal stem cell improves diabetes-associated fatty liver via mitochondria transformation in mice. Stem Cell Res Ther,2021,12（1）:602.

［13］ Qi Lou,Kaizheng Jiang,Quanhui Xu,et al. The RIG-Ⅰ-NRF2 axis regulates the mesenchymal stromal niche for bone marrow transplantation. Blood,2022,139（21）:3204-3221.

［14］ Miceli V,Bulati M,Gallo A,et al. Role of Mesenchymal Stem/Stromal Cells in Modulating Ischemia/Reperfusion Injury: Current State of the Art and Future Perspectives. Biomedicines, 2023,11（3）:689.

［15］ Drela K,Stanaszek L,Snioch K,et al. Bone marrow-derived from the human femoral shaft as a new source of mesenchymal stem/stromal cells:an alternative cell material for banking and clinical transplantation. Stem Cell Res Ther,2020,11（1）:262.

［16］ Liu J,Gao J,Liang Z,et al. Mesenchymal stem cells and their microenvironment. Stem Cell Res Ther,2022,13（1）:429.

［17］ Thanaskody K,Jusop AS,Tye GJ,et al. MSCs vs. iPSCs:Potential in therapeutic applications. Front Cell Dev Biol,2022,10: 1005926.

［18］ Bukreieva T,Svitina H,Nikulina V,et al. Treatment of Acute Respiratory Distress Syndrome Caused by COVID-19 with Human Umbilical Cord Mesenchymal Stem Cells. Int J Mol Sci, 2023,24（5）:4435.

［19］ Chetty S,Yarani R,Swaminathan G,et al. Umbilical cord mesenchymal stromal cells-from bench to bedside. Front Cell Dev Biol,2022,10:1006295.

［20］ Feng H,Liu Q,Deng Z,et al. Human umbilical cord mesenchymal stem cells ameliorate erectile dysfunction in rats with diabetes mellitus through the attenuation of ferroptosis. Stem Cell Res Ther,2022,13（1）:450.

［21］ Ahani-Nahayati M,Niazi V,Moradi A,et al. Umbilical Cord Mesenchymal Stem/Stromal Cells Potential to Treat Organ Disorders;An Emerging Strategy. Curr Stem Cell Res Ther,2022, 17（2）:126-146.

［22］ Huang J,Li Q,Yuan X,et al. Intrauterine infusion of clinically graded human umbilical cord-derived mesenchymal stem cells for the treatment of poor healing after uterine injury:a phase I clinical trial. Stem Cell Res Ther,2022,13（1）:85.

［23］ Rodríguez-Eguren A,Gómez-Álvarez M,Francés-Herrero E,et al. Human Umbilical Cord-Based Therapeutics:Stem Cells and Blood Derivatives for Female Reproductive Medicine. Int J Mol Sci,2022,23（24）:15942.

［24］ Li Y,Wu H,Jiang X,et al. New idea to promote the clinical applications of stem cells or their extracellular vesicles in central nervous system disorders:Combining with intranasal delivery. Acta Pharm Sin B,2022,12（8）:3215-3232.

［25］ Fu YX,Ji J,Shan F,et al. Human mesenchymal stem cell treatment of premature ovarian failure:new challenges and opportunities. Stem Cell Res Ther,2021,12（1）:161.

［26］ Li L,Mu J,Zhang Y,et al. Stimulation by Exosomes from Hypoxia Preconditioned Human Umbilical Vein Endothelial Cells Facilitates Mesenchymal Stem Cells Angiogenic Function for Spinal Cord Repair. ACS Nano,2022,16（7）:10811-10823.

［27］ Czerwiec K,Zawrzykraj M,Deptuła M,et al. Adipose-Derived Mesenchymal Stromal Cells in Basic Research and Clinical Applications. Int J Mol Sci,2023,24（4）:3888.

［28］ Shi MM,Yang QY,Monsel A,et al. Preclinical efficacy and clinical safety of clinical-grade nebulized allogenic adipose mesenchymal stromal cells-derived extracellular vesicles. J Extracell Vesicles,2021,10（10）:e12134.

［29］ Vij R,Stebbings KA,Kim H,et al. Safety and efficacy of autologous,adipose-derived mesenchymal stem cells in patients with rheumatoid arthritis:a phase I/Ⅱa,open-label, non-randomized pilot trial. Stem Cell Res Ther,2022,13（1）:88.

［30］ Yi J,Zhang J,Zhang Q,et al. Chemical-Empowered Human Adipose-Derived Stem Cells with Lower Immunogenicity and Enhanced Pro-angiogenic Ability Promote Fast Tissue Regeneration. Stem Cells Transl Med,2022,11（5）:552-565.

［31］ Charles-de-Sá L,Gontijo-de-Amorim NF,Rigotti G,et al. Photoaged Skin Therapy with Adipose-Derived Stem Cells. Plast Reconstr Surg,2020,145（6）:1037e-1049e.

［32］ Singer W,Dietz AB,Zeller AD,et al. Intrathecal administration of autologous mesenchymal stem cells in multiple system atrophy. Neurology,2019,93（1）:e77-e87.

［33］ Qayyum AA,van Klarenbosch B,Frljak S,et al. Effect of allogeneic adipose tissue-derived mesenchymal stromal cell treatment in chronic ischaemic heart failure with reduced ejection fraction-the

SCIENCE trial. Eur J Heart Fail,2023,25(4):576-587.

[34] Liu QW,Huang QM,Wu HY,et al. Characteristics and Therapeutic Potential of Human Amnion-Derived Stem Cells. Int J Mol Sci,2021,22(2):970.

[35] Maraldi T,Russo V. Amniotic Fluid and Placental Membranes as Sources of Stem Cells:Progress and Challenges. Int J Mol Sci, 2022,23(10):5362.

[36] Kwack KH,Lee HW. Clinical Potential of Dental Pulp Stem Cells in Pulp Regeneration:Current Endodontic Progress and Future Perspectives. Front Cell Dev Biol,2022,10:857066.

第十一章　细胞治疗的免疫学基础

提要:细胞治疗的免疫学基础起源于组织相容性抗原的发现,细胞治疗的技术在不断发展,但都需要克服移植排斥的问题。本章首先介绍了组织相容性抗原的发现和移植排斥反应过程中参与的细胞类型,基于移植方式的不同,分6节分别介绍了组织相容性抗原、移植排斥的免疫细胞、成体细胞移植免疫、骨髓造血干细胞移植免疫、胚胎干细胞的免疫原性、核移植胚胎干细胞与供体免疫,详细阐述了不同移植方式对供体免疫的影响,总结了降低移植排斥风险的相应手段。

随着多能干细胞、CRISPR/Cas9 和其他基因编辑技术的出现,生产免疫系统看不见的"现成的"供体细胞,也称为"通用细胞"的时代已经开始。

细胞治疗是指用患者自体或异体具有特定功能的细胞对病变的组织进行修复或分泌具有治疗作用的细胞因子的一种治疗方法,又称为细胞移植治疗。细胞治疗既需要克服由于组织相容性抗原的差异引起的移植排斥反应,又要达到调节机体免疫功能的作用。移植的细胞来源主要分为成体干细胞和胚胎干细胞。了解细胞移植过程中排斥反应的免疫学基础理论和对机体免疫调节的机制,采取有效措施来避免不良反应和提高疗效,是细胞治疗研究的中心课题之一。

第一节　组织相容性抗原

19 世纪末 20 世纪初科学家发现,当他们将实验动物的肿瘤组织移植到其他品系动物时,组织不能存活,这是有关组织不相容现象最早的报道,即在同一种属的不同个体之间进行组织移植可发生排斥反应。进一步研究表明,这种现象的本质为特异性免疫应答,是由表达于细胞表面的同种异型抗原引起的,这类抗原被称为组织相容性抗原(histocompatibility antigen),也被称为移植抗原(transplantation antigen)。目前已发现的机体内参与移植排斥反应的抗原系统超过 20 个,其中介导机体产生强烈的移植排斥反应的抗原被称为主要组织相容性复合体,而产生相对较弱的移植排斥反应的抗原则被称为次要组织相容性复合体。除此之外,ABO 血型系统也是介导排斥反应的重要抗原系统。主要组织相容性复合体(major histocompatibility complex,MHC)是由多个基因及其等位基因编码的复杂的抗原系统,这些基因位于同一条染色体上,并构成连锁紧密的复合体。不同种属的哺乳动物之间,MHC 所编码的抗原系统命名不同,但具有类似的结构与功能。人类主要组织相容性复合体称为人类白细胞抗原(human leukocyte antigen,HLA),因最早在白细胞表面发现,故而得名。

一、人类白细胞抗原的基因结构

HLA 复合体(HLA complex)位于人第 6 号染色体上,由 400 万个碱基对组成,包含 100 多个基因座位。根据它们各自结构及具体功能的不同,HLA 复合体基因可分为三大类,分别为 HLA-Ⅰ类基因、HLA-Ⅱ类基因和 HLA-Ⅲ类基因。每一类基因里面包含许多基因座位或亚区。

(一) HLA-Ⅰ类基因

HLA-Ⅰ类基因又被分为三类:经典的 HLA-Ⅰ类基因(又称为 HLA-Ⅰa 基因)、非经典 HLA-Ⅰ类基因(又称为 HLA-Ⅰb 基因)和 MHC-Ⅰ链相关基因(MHC-class Ⅰ chain related gene,MIC)家族,这三类基因所编码的蛋白功能不同。经典的 HLA-Ⅰ类基因由 HLA-A、HLA-B、HLA-C 三个基因座位构成,分别编码 HLA-A 分子、HLA-B 分子、HLA-C 分子,构成 HLA-Ⅰ类分子的 α 链。其产物在各种细胞上表达极为广泛,且有较高的多态性,主要参与抗原提呈和免疫调控,在移植排斥的发生过程中,发挥主要作用。非经典 HLA-Ⅰ类基因的基因座位包括 HLA-E、HLA-F、HLA-G 等,分别编码 HLA-E 分子、HLA-F 分子、HLA-G 分子,主要参与免疫调控。在 MHC-Ⅰ类链相关基因家族中目前发现只有 MICA、MICB 两个基因编码功能性产物,其余均为假基因。MICA 和 MICB 的表达产物主要分布于上皮细胞表面,是 NKG2D-DAP10 复合物的配体,主要通过配体与受体的结合激活免疫细胞发挥细胞毒作用。

(二) HLA-Ⅱ类基因

HLA-Ⅱ类基因也可分为三类,分别是经典的 HLA-Ⅱ类基因、非经典的 HLA-Ⅱ类基因及抗原加工提呈相关基因。

1. 经典分类　经典的 HLA-Ⅱ类基因分为 HLA-DP、HLA-DQ、HLA-DR 三个亚区,每个亚区又分为数个功能基因和假基因。亚区 HLA-DP 包括两个功能基因 DPA1、DPB1 和两个假基因 DPA2、DPB2;亚区 HLA-DQ 包括两个功能基因 DQA1、DQB1 和三个假基因 DQA2、DQB2、DQB3;亚区 HLA-DR 包括五个功能基因 DRA1、DRB1、DRB3、DRB4、DRB5 和五个假基因 DRB2、DRB6、DRB7、DRB8、DRB9。其中,HLA-DR 亚区个体差异最大,除了存在等位基因的差异外,九个 DRB 基因座位在数量上也存在差异,不同个体携带不同的 HLA-DRB 基因座位。经典的 HLA-Ⅱ类基因中 A 和 B 基因座位分别编码 MHC-Ⅱ类分子的 α 及 β 两条链,主要参与抗原提呈,在移植排斥的发生中,也起着主要的作用(尤其是 HLA-DR)。

2. 非经典分类 非经典的 HLA-Ⅱ类基因主要包括 HLA-DM 和 HLA-DO 两个亚区。HLA-DM 亚区由两个基因座位 DMA 和 DMB 构成,缺乏丰富的多态性。HLA-DM 主要发挥分子伴侣的作用,参与抗原提呈细胞对外源性抗原的加工处理及外源性抗原肽与 HLA-Ⅱ类分子抗原肽结合槽结合的过程。HLA-DO 亚区由 DOA 和 DOB 两个基因座位构成,缺乏多态性。其基因产物可通过与 HLA-DM 结合成复合物,调节 HLA-DM 的功能。

3. 抗原加工提呈相关基因 抗原加工提呈相关基因包括 β 型蛋白酶体亚单位(proteasome subunit beta type,PSMB)基因、TAP 相关蛋白(TAP associated protein)基因和抗原肽转运蛋白(transporter of antigen peptide,TAP)基因,在内源性抗原肽的加工、处理及转运过程中发挥作用。

(三) HLA-Ⅲ类基因

HLA-Ⅲ类基因主要编码补体家族的部分蛋白、热休克蛋白及肿瘤坏死因子(tumor necrosis factor,TNF)基因家族蛋白,在炎症及相关免疫过程中发挥作用。

二、人类白细胞抗原的遗传特点

除了基因结构的复杂,HLA 复合体的复杂还源于其特殊的遗传特点,包括高度多态性(polymorphism)、多基因性(polygeny)、连锁不平衡(linkage disequilibrium)和单体型(haplotype)遗传。

(一) 高度多态性

在稳定遗传随机婚配群体中,某基因座位存在两个及以上等位基因,且各个等位的基因频率大于 1% 的现象被称为遗传多态性。HLA 复合体是已知的人体内最复杂的基因系统,其多态性也非常复杂。针对 HLA 复合体中所有的基因座位,目前已鉴定出近万个等位基因。

1. HLA 复合体多态性的遗传学基础

(1) 等位基因的多态性:等位基因是指位于同源染色体同一位置控制相对性状的基因。同一基因座位由于基因突变可能出现两个及以上等位基因,即等位基因的多态性。等位基因的多态性体现了 HLA 复合体高度多态性,其每一座位都有大量的等位基因。

(2) 共显性:一般来说,一个体细胞中同源染色体同一位置的两个等位基因只表达一个基因所编码的蛋白质分子。如果两条同源染色体上的两个等位基因都是显性基因,都可以表达各自的蛋白分子,这就被称为共显性。这大大增加了 HLA 所编码蛋白的复杂性。

(3) 多基因性:在下文中详细描述。

2. HLA 多态性的生物学意义 特定 HLA 等位基因产物对所提呈的抗原具有一定的选择性,而病原体多种多样,并且时刻处于变异中。HLA 复合体高度复杂的多态性是 HLA 遗传背景高度多样性的重要表现,进而大大扩大了可

用的提呈抗原肽类型的范围。这可能是高等动物对抵抗病原体等不利因素的适应性表现,对于维持种群的生存和延续具有重要作用。

由于 HLA 的多态性,几乎不可能存在两个不同个体拥有完全相同的 HLA 类型的情况,因而 HLA 型别可以被用作区分个体独特性的标志,在法医学上可用于进行个体识别。另外,由于 HLA 单体型遗传的特点,HLA 分型也是亲子关系鉴定的重要手段。不过在器官移植中,HLA 的高度多态性也是阻碍选择合适供者的一大难题。

(二) 多基因性

多基因性是指多个基因座位构成的基因复合体,且各个基因座位所编码产物的功能相同或相似。这使得不同个体细胞表面均表达一组结构和功能相似的 HLA 分子,且个体之间有独特的抗原肽结合特性。这大大扩大了个体结合不同种类抗原肽的范围。

(三) 连锁不平衡

基因频率是群体中等位基因的数量与该群体中该基因座位上所有等位基因总和的比率。在随机交配的群体中,基因频率可在没有自然选择或新突变干预的情况下保持不变。如果一个单体型是由 HLA 复合体中每个位点的等位基因随机组合而成,那么某个单体型出现的频率应该等于构成该单体型的基因频率的乘积。事实上,HLA 基因并不是随机组成单体型的,有些基因可能会比其他基因更高或更低概率地连接在一起,这种现象称为连锁不平衡。但是 HLA 复合体存在连锁不平衡现象的生物学意义目前还不清楚。

(四) 单倍型遗传

遗传学上将在一条染色体上紧密连锁的一组基因称为一个单倍型。HLA 复合体是一组紧密连锁的基因。紧密连锁的 HLA 基因几乎不进行同源染色体交换,并可作为一个完整的遗传单元传递给后代,故称为单倍型遗传。根据单倍型遗传规律,在父母将 HLA 复合体传给后代的过程中,每个后代都有两个 HLA 单倍型,一个来自父亲,一个来自母亲,两个孩子有 25% 的概率完全相同。

三、HLA 基因分型方法

HLA 基因分型方法根据检测方法的不同分为血清学分型和 DNA 分型两种。早期研究者通过血清学技术或细胞学技术检测抗原特异性,从而对 HLA 基因产物进行分型。随着测序技术的发展,研究者可通过检测各等位基因 DNA 序列进行 HLA 分型。血清学分型方法的重点是检测 HLA 的多样性,而 DNA 分型方法着重于检测基因序列本身的多态性。目前 DNA 分型方法主要分为两种:基于核酸序列识别的方法和基于序列分子构型的方法。

(一) 血清学分型

1964 年,Terasaki 建立了 HLA 微量淋巴细胞毒实验方法来分析受试者的 HLA 型别,其主要过程是从全血或淋巴组织中分离出淋巴细胞,与 HLA-特异性抗体包被的微孔板孵育,加入补体,使能与淋巴细胞表面 HLA 结合的特异性抗体通过经典途径激活补体,导致靶细胞水解(淋巴细

胞毒性)。多年来,这种血清学方法是确定 HLA 配型的重要方法,也是国际通用的标准技术。但血清学方法存在诸多限制,如确定 HLA 特异性抗体需要做大量的筛查工作,一些 HLA 很难用血清学方法鉴定;HLA 的交叉反应影响了分型结果的准确性,进而影响亚型的进一步确定等。因此,世界卫生组织统一了 HLA 基因分型的命名和与血清学分型的对应关系,使 HLA 的研究转入基因水平的研究。

(二) DNA 分型

主要包括基于核酸序列识别的方法和基于序列分子构型的方法,常用的方法大致可分为 5 大类:

1. 限制性片段长度多态性分析(restriction fragment length polymorphism,RFP) 其原理是不同的 DNA 模板由于序列的差异在限制性内切酶的作用下可以被切成大小不同的片段,其电泳迁移率也存在差异。基于此原理,科学家可以通过电泳分离、印迹、探针杂交等一系列技术处理并分析目的基因。

2. 聚合酶链式反应寡核苷酸探针杂交方法(sequence specifie oligonucleotide,PCR-SSO) 其原理是通过序列特异性寡核苷酸探针与扩增后的 PCR 基因片段杂交的方法分析鉴定目的基因。

3. 聚合酶链式反应单链构象多态性分析(PCR-single strand conformational polymorphism,PCR-SSCP) 其原理是将 PCR 产物变性成 DNA 单链,通过聚丙烯酰胺凝胶电泳分离,只要有一个核苷酸不同,即可出现电泳迁移率改变,出现不同的条带,进行多态性分析。

4. DNA 测序(sequencing) DNA 测序方法能直接读到目的片段核苷酸的完整序列,重复性好,分辨率高,自动化程度高,是 HLA 分型最直接、最精确、最可靠的方法,常用于对新发现的 HLA 特异性进行 DNA 序列分析。

5. 特异性引物 PCR 技术(PCR sequence-specific primer,PCR-SSP) 利用特异性等位基因引物进行 PCR,扩增得到的 DNA 片段因分子量的不同而被凝胶电泳方法区别。

上述两种 HLA 分型技术都有其自身的特点:DNA 测序分型方法是目前最直接、准确、可靠的,常用于新发现的 HLA 特异性的 DNA 序列,需要昂贵的设备。采用 PCR-RFLP 和 PCR-SSCP 进行 HLA 分型更灵敏、准确,检测时间短,但方法复杂。PCR-SSP 和 SSO 技术具有较高的特异性和灵敏度,操作简单、快速、易于判读结果,是一种理想而高效的检测匹配手段,其应用前景可观。

四、HLA 命名原则

HLA 等位基因由世界卫生组织 HLA 系统因子命名委员会(WHO Nomenclature Committee for factors of the HLA system)统一命名,采用数字命名的方法,定期在 *Tissue Antigens* 杂志上发表有关新鉴定的 HLA 等位基因的详细资料。HLA 序列的官方数据库为 IMGT/HLA 序列数据库。

根据《HLA 系统命名规则》,每个 HLA 等位基因采用唯一的数字表示。等位基因命名的数字长度根据其序列及其最接近的基因决定,至少采用 4 位数字命名,必要时采用

6 位和 8 位数字。HLA 基因座位采用大写字母右上角加星号(*)的方式表示,星号前为基因座位,星号后数字表示等位基因。根据结构和功能的不同,等位基因可分不同的主型(一般代表基因编码产物的抗原特异性),用前两位数字表示。主型又分为若干亚型,用后两位数字表示,这两位数字按照 DNA 序列被确定的先后顺序排列。前 4 位数字不同的等位基因之间至少有一个核苷酸不同,且其表达产物的氨基酸序列也不同。如果等位基因之间仅仅是编码序列中氨基酸发生同义置换而蛋白结构不发生改变,可采用第 5、6 位数字表示。第 7、8 位数字表示等位基因在非翻译区的序列不同。有时需要在上述等位基因数字后面添加字母后缀,以表示其编码产物的表达状态。后缀"N"表示不能表达的无效等位基因,可选择性表达的等位基因则采用后缀"C""A""L""S"或"Q"表示。其中"C"表示基因产物只在胞质内;"A"表示基因产物异常表达;"L"表示基因产物在细胞表面低水平表达;"S"表示基因产物为分泌型的分子;"Q"表示等位基因表达有疑问。(表 1-11-1)

表 1-11-1　HLA 命名示例

命名	含义
HLA-DRB1	一个 HLA 基因座位
HLA-DRB1*13	一组编码 DRB1*13 的等位基因
HLA-DRB1*1301	一个具体的 HLA 等位基因
HLA-DRB1*1301N	一个无效的等位基因
HLA-DRB1*130102	一个等位基因的同义置换,序列改变不导致氨基酸序列改变
HLA-DRB1*13010202	一个等位基因在编码区之外存在突变
HLA-DRB1*1303L	表示等位基因编码蛋白水平明显下降

五、HLA 与移植免疫

HLA 兼容性通过多种途径影响移植免疫。针对 HLA 的体液免疫机制:供体 HLA 刺激受体 B 细胞产生共同抗体,该抗体是慢性排斥和移植失败的主要危险因素。Ⅰ类抗原 HLA-A、B、C 是同种抗体的主要靶抗原,Ⅱ类抗原 HLA-DR、DQ 的同种抗体反应性也可导致移植物的存活失败。针对 HLA 的细胞免疫机制:受体 T 细胞可直接识别供体抗原提呈细胞表面的 HLA,产生特异性针对供体 HLA 的强烈的 T 细胞应答。移植物的损伤由同种特异性效应 T 细胞介导,这些 T 细胞浸润在移植物中启动移植排斥。Ⅰ类抗原主要激活细胞毒 T 细胞,而Ⅱ类抗原激活辅助和效应 T 细胞分泌炎症细胞因子。此外,供体的 HLA 被受体抗原提呈细胞加工处理后提呈给受体 CD4$^+$ T 细胞,间接激活 T 细胞。由于移植物中的 HLA 持续存在,可促使宿主产生慢性排斥反应。

(一) 实体器官移植

肾脏移植已经发展成为一项常规的器官移植项目,虽然手术的失败率极低,但是术后预防及处理移植物排斥反应是移植成功的主要障碍。首先要关注的是早期抗原介导

的排斥反应,即超级性排斥反应。确保供体和受体之间的 ABO 血型相合,在移植前筛查受者体内抗供者 HLA 特异性抗体,并在移植前做交叉配型,可以避免超级性排斥反应的发生。

避免 HLA 不相合可促进移植肾的存活,降低急性排斥和对不相合抗原致敏的发生率。HLA 位点不相合数越少,移植肾的存活时间越长,其中最重要的就是 HLA-DR 相合,其次是 HLA-A 和 HLA-B。但移植 10 年后,这三个基因座位对移植肾的存活作用是相同和累加的。由于免疫抑制剂的应用,由 HLA 配型不佳所导致的移植排斥明显减少。HLA 相合移植还有一个优点,即可以防止受体被多个非己 HLA 表位致敏。HLA 相合较差的肾移植后,患者会变得高度敏感,可产生与 50% 以上供者发生反应的抗体。如果这些患者进行第二次移植,寻找交叉配型合适的供者会更为困难。

但由于冷缺血时间、供体和受体之间的器官大小相适等因素更为重要,实际操作时很少考虑 HLA 配型的问题。

(二)造血干细胞移植

与造血干细胞移植结果相关的是编码 HLA-Ⅰ类和 HLA-Ⅱ类抗原的基因。受供者之间 HLA-Ⅰ类的 HLA-A、HLA-B、HLA-C 和 HLA-Ⅱ类的 HLA-DR 基因相合,可减少移植物排斥及移植物抗宿主病的发生率,提高存活率。受供者 HLA 相合程度直接影响移植效果,受供者 HLA 之间相合程度越高,移植排斥的发生率越低。美国国家骨髓捐献计划(National Marrow Donor Program, NMDP)规定的供者选择标准为:HLA-DR、HLA-A、HLA-B 基因座位上的 6 个抗原中至少 5 个相合。但使用 HLA 不相合供者不是造血干细胞移植的禁忌,尤其是对于疾病高风险患者,在找不到合适的 HLA 供者时,放弃 HLA 不相合的供体可能因移植的延迟而导致患者死亡。

(三)与输血的关系

反复输血的患者体内可产生 HLA 抗体,介导白细胞或血小板破坏从而引发输血反应。在临床输血反应中,55%~75% 为发热性非溶血性输血反应,这些反应大多是 HLA 抗体破坏白细胞后释放致热源所致。由 HLA 抗体引起的非溶血性输血反应主要表现为头晕、恶心、寒战、发热等。在严重的情况下,可能出现肺部综合征。由于联合化疗的广泛使用,需要输注血小板的患者越来越多。血小板制剂中难免残留淋巴细胞,而且血小板膜上也存在 HLA-A、HLA-B 抗原,因而很容易产生 HLA 免疫应答。一旦产生 HLA 抗体,就可能导致随机供血者血小板输注无效等后果。

第二节 移植排斥的免疫细胞

移植排斥本质上是一种特异性免疫应答,由抗原提呈细胞(antigen presentation cell, APC)通过吞噬、溶酶体降解等过程将移植物抗原片段消化为分子量较小的抗原肽,抗原肽与 MHC 分子结合形成 MHC-肽复合物并表达在细胞表面。MHC-肽复合物与 T 细胞表面的 T 细胞受体(T cell receptor, TCR)结合,介导 T 细胞活化。在整个过程中,多

种类型的细胞包括 T 淋巴细胞、B 淋巴细胞、巨噬细胞、NK 细胞等都发挥了重要作用。下面分别展开叙述。

一、T 淋巴细胞

在移植排斥反应中,T 淋巴细胞是主要的效应细胞。根据表面分子表达及功能差异,T 淋巴细胞可分为辅助性 T 细胞、细胞毒性 T 细胞、调节性 T 细胞等。根据是否曾被特异性抗原活化,T 细胞又可分为初始 T 细胞、效应 T 细胞及记忆 T 细胞。T 细胞产生免疫应答,识别抗原是第一步。在移植排斥反应中,因为存在供者和受者两种 MHC 分子,T 细胞抗原识别方式比普通的抗原识别更复杂。在移植免疫中,根据受者 T 淋巴细胞所识别的 MHC 分子来源的不同,对抗原的识别可分为直接识别、间接识别及半直接识别。

(一)T 淋巴细胞识别抗原的方式

1. **直接识别** 指受者 T 淋巴细胞的 TCR 直接与供者 APC 表面的 MHC-抗原肽复合物结合,并产生免疫应答。直接识别导致的排斥反应非常剧烈。此外,由于直接提呈不经过 APC 胞内加工过程,使得 T 细胞能够迅速激活,在短时间内就可以引发反应。因此,直接识别方式在移植早期移植排斥中发挥重要作用。

2. **间接识别** 间接识别即常规的 TCR 识别自体 MHC-肽复合物的过程。受者 APC 通过摄取、加工、提呈移植抗原肽与受者 T 细胞结合,并激活 T 细胞,引起排斥反应。在急性排斥反应的早期,间接识别机制与直接识别机制发挥重要的协同作用;在急性排斥反应的中后期和慢性反应中,间接识别机制发挥主要作用。

3. **半直接识别** 指受者的 CD8$^+$T 细胞通过直接途径识别受体 APC 表面的肽-供体 MHC-Ⅰ分子。受体 APC 表面的肽-供体 MHC-Ⅰ分子的来源可能为:①供者 APC 将其完整的细胞膜(包括同种异型 MHC)转移给受者 APC;②供者 APC 释放分泌小体,并与受者 APC 包膜融合,使受者 APC 获得供者肽-MHC 复合物。同时受者 CD4$^+$T 细胞通过间接途径识别供者抗原肽-受者 MHC-Ⅱ类分子复合物。半直接识别途径参与移植排斥反应的确切生物学意义及作用特点尚不清楚,可能在移植排斥早期、晚期均发挥作用。

(二)不同种类 T 细胞发挥移植排斥作用的方式

1. **CD4$^+$T 淋巴细胞** CD4$^+$T 淋巴细胞以分泌细胞因子为主,通过调节其他免疫细胞的功能来发挥作用。活化的 CD4$^+$T 淋巴细胞可大量分泌 IL-2,IL-2 分子与自身淋巴细胞表面的 IL-2R 结合,正反馈促进 IL-2 的分泌;同时,APC 分泌的 IL-6 与 T 细胞表面的 IL-6R 结合,又可进一步促进 IL-2 的分泌,使 CD4$^+$T 细胞处于持续激活状态,并大量浸润移植物局部,释放多种促炎症细胞因子 IFN-γ、TNF-β、IL-2。IFN-γ 能促进单核巨噬细胞进入移植物并且活化,TNF-β 对移植物细胞有直接毒性作用。以上的细胞因子共同作用参与迟发型超敏反应,造成移植物组织损伤。除此之外,这些细胞因子也可通过促进移植物细胞表达 MHC 分子,促进移植排斥反应。

2. **CD8$^+$T 淋巴细胞** CD8$^+$T 淋巴细胞是参与杀伤移植物的主要免疫细胞。CD8$^+$T 淋巴细胞的 TCR 通过识

别移植物中 APC 表面的 MHC-I-抗原肽复合物,同时在 CD4⁺T 淋巴细胞分泌的 IFN-γ、IL-12、IL-2 等细胞因子的辅助下进一步活化,并释放穿孔素和颗粒酶,从而杀伤移植物细胞。此外,CD8⁺T 淋巴细胞也可以通过表达 FasL 与移植物细胞表面的 Fas 结合引起移植物细胞凋亡。在某些情况下,CD4⁺T 淋巴细胞识别移植物中的 MHC-Ⅱ类分子后,也可产生细胞杀伤效应,介导移植物排斥反应的发生。

3. 记忆性 T 细胞　同种反应性记忆性 T 细胞(Tm 细胞)在移植排斥中同样发挥重要作用,Tm 细胞数量的多少与心、肝等器官移植排斥的发生率和严重程度呈正相关。受者体内具有的针对同种异型移植抗原的 Tm 细胞主要有以下来源:受者在移植术前曾因怀孕、输血、此前的同种移植等原因接受过同种抗原刺激;受者在移植术前曾受到病毒等病原微生物感染,产生特异性 Tm 细胞,而这种 Tm 细胞恰好与移植抗原具有交叉反应性(cross reactivity)。病毒诱导的 Tm 细胞有很大一部分可以和同种异体移植抗原产生交叉反应,据报道,大约80%用全病毒诱导的 T 细胞系可以对同种异体的 HLA 产生反应。交叉反应发生的机制是:同种异体抗原肽-MHC 复合物与病毒特异性的抗原肽-MHC 复合物有着类似的界面结构,即分子模拟,因而可以被病毒特异性 TCR 所识别;TCR 也可以识别界面结构不同的抗原肽-MHC 复合物,使二者稳定结合后体系的能量最低,即遵循熵焓互补的化学规律。最新研究发现,在没有同种异体抗原的暴露及病毒感染的情况下,机体也会产生同种反应性 Tm 细胞。没有经过任何抗原刺激的无菌小鼠体内也有同种反应性 Tm 细胞,从而导致心脏移植失败。这种 Tm 细胞可能是机体内源性信号刺激或者从初始 T 细胞自发产生的。

4. Th17 细胞　Th17 细胞也是参与移植排斥反应的重要效应细胞。研究发现,肾、肺移植后,移植物组织中 IL-17 含量增加,与急性排斥反应程度呈正相关。T-bet 缺陷小鼠可出现 Th1 细胞缺失,表明 CD4⁺Th17 细胞参与诱导同源性炎症,促进慢性排斥反应的发生;去除 Th-17 细胞或阻断 IL-17 可明显延长移植心脏的存活时间。

在同种异体移植排斥反应中,多种免疫细胞产生的细胞因子形成协同、拮抗或相互调节的细胞因子调控网络,例如,巨噬细胞产生的 IL-12 能诱导初始 CD4⁺T 细胞分化为 Th1 细胞;而 Th1 细胞产生的 IFN-γ 可抑制巨噬细胞产生 IL-23(IL-12 家族成员)、抑制 Th17 细胞分化及 IL-17 的产生。研究表明,IL-12/IFN-γ 通路与 IL-23/IL-17 通路间存在交互调节作用。

5. Treg　Treg 是调控移植排斥反应的重要细胞亚群。研究发现,在肝、肺等器官移植中,血液循环中 Treg 数量与移植物存活呈正相关。在造血干细胞移植中,由于肠黏膜 Treg 数量较少,肠道成为急、慢性 GVHD 首要发生的部位。

二、其他细胞

(一)树突状细胞

树突状细胞(DC)是专职的抗原提呈细胞,DC 识别并提呈抗原,是引发特异性免疫应答的起始步骤。DC 不仅在免疫应答的发生中起重要作用,在调节免疫耐受方面也发挥了重要作用。因而在移植排斥中,DC 的状态非常重要。

在造血干细胞移植过程中,研究者发现,DC 除了有促进移植排斥的发生外,还有调控免疫耐受的作用,这个免疫调控作用主要由调节性 DC(regulatoly dendritic cell,regDC)、浆细胞样 DC(plasmacytoid dendritic cell,pDC)及半成熟 DC(semimature dendritic cell,smDC)参与。小鼠实验证实,供者 smDC 可以明显降低 CD4⁺T 淋巴细胞在移植物中的浸润,从而降低移植排斥反应,提高移植物的存活时间。这些调节免疫耐受的 DC 还可以通过降低共刺激分子,增加免疫抑制性因子的释放,降低抗原的提呈,诱导并维持调节性 T 细胞的产生来介导免疫耐受。针对 DC 调节免疫耐受的这个特点,对接受移植的患者,注射体外诱导的调节免疫耐受的 DC 或许会成为一种降低移植排斥反应发生的手段。

(二)B 细胞

B 细胞在体液免疫中发挥主导作用。B 细胞激活并分化为浆细胞,并产生针对抗原的特异性抗体。抗体参与杀伤移植物细胞的机制有以下几点:

1. 抗体依赖的细胞介导的细胞毒作用(antibody dependent cell mediated cytotoxicity,ADCC)　表达 IgG Fc 受体的免疫细胞,如 NK 细胞、巨噬细胞和中性粒细胞等与结合在供者细胞表面的 IgG 的 Fc 段结合,释放穿孔素、颗粒酶等细胞毒性物质参与杀伤靶细胞。

2. 补体依赖的细胞毒作用(complement dependent cytotoxicity,CDC)　特异性抗体与移植物细胞膜表面抗原结合,形成复合物并激活经典的补体途经,形成攻膜复合体,裂解靶细胞。补体沉积在急性抗体介导的排斥反应中起重要作用。

3. 调理作用　抗体作用于靶细胞,使靶细胞易被吞噬细胞识别并吞噬。抗体与游离的组织相容性抗原结合,形成的免疫复合物,可沉积于血管内或肾小球基底膜,并激活补体,引发Ⅲ型超敏反应。但是,抗体也可与移植物表面抗原结合形成免疫复合物封闭移植物抗原,阻止受者免疫效应细胞对移植物抗原的识别和对移植物的排斥。此时发生免疫中和作用,可防止或延缓排斥反应的发生。

(三)NK 细胞

生理状态下,自身 MHC-I 分子或者自身抗原肽-MHC-I 类分子复合物可与 NK 细胞表面表达的杀伤细胞抑制性受体(killer cell inhibitory receptor,KIR)结合,并产生负向调节信号,抑制 NK 细胞的杀伤功能。当同种异体器官移植后,受体 NK 细胞表面的 KIR 不能识别非己 MHC 分子,NK 细胞的抑制效应减弱,产生组织杀伤作用。此外,活化的 T 细胞可以释放 IFN-γ、IL-2 等细胞因子促进 NK 细胞的活化,从而杀伤移植物,产生排斥反应。

(四)巨噬细胞

巨噬细胞可以吞噬、加工、提呈抗原,分泌炎症细胞因子,除此之外,还可以调节其他免疫细胞的功能,诱导移植物内皮细胞的炎症反应,从而导致移植物组织损伤及纤维化,最终导致移植失败。不过,巨噬细胞是一种异质性很强的细胞群体,有些巨噬细胞亚群发挥着重要的免疫调控作用,抑制同种异体反应性 T 细胞的功能,抑制 DC 的成熟,诱导 Treg 的分化,从而产生对移植物的免疫耐受。

第三节 成体细胞移植免疫

胚胎干细胞(ESC)具有分化成多种细胞谱系的潜力和无限的增殖能力,是再生医学的细胞来源。ESC 的内皮细胞和平滑肌细胞对多种感染因素和炎症因子的反应有限甚至没有反应。当 ESC 被植入患者的伤口部位,它们会暴露于病原体和炎症细胞因子,由于缺乏防御机制,它们的功能将受影响。有研究表明,人 ESC 不表达或低表达 MHC 及其他共刺激分子,未分化和分化的 ESC 均不刺激 T 细胞的增殖,由其衍生的 MSC 也不能诱导细胞毒 T 细胞脱颗粒,表明 ESC 具有"免疫特权",使其能够逃避宿主细胞毒 T 细胞的直接杀伤。但也有研究提示,ESC 衍生的分泌胰岛素的细胞和血管祖细胞中 MHC 分子表达上调,与移植排斥相关。因此,目前普遍的认知是 ESC 上 MHC 表达较低,但当 ESC 分化后,MHC 表达上调,加速移植排斥反应。

一、脐血干细胞及脐带间充质干细胞

人类胎盘是干细胞的重要储存库。与成体干细胞相比,在增殖和可塑性方面具有优势。与从骨髓、脂肪组织和子宫内膜等其他来源获取的干细胞不同,这些胎盘和脐带组织很容易获得大量干细胞,其干细胞衍生物很容易恢复,捐赠者无须进行任何侵入性外科手术。胎盘来源干细胞(placenta-derived stem cell,PDSC)和脐带干细胞(umbilical cord-derived stem cell,UCDSC)的这些特性使它们在细胞治疗和再生医学中具有吸引力。

(一)胎儿源性间充质干细胞的表型特征

胎儿干细胞大多是 MSC。MSC 表达 CD29、CD44、CD90、CD73、CD105 和人类白细胞抗原(HLA)-ABC,相反,内皮细胞标志物 CD31,造血细胞标志物 CD34、CD45 和 CD117 及 HLA-DR 呈阴性。人 UC-MSC(human umbilical cord mesenchymal stem cell,hUC-MSC)的表面分子标志物与 MSC 相似,但 CD133 阴性。同时,八聚体结合转录因子 4(octamer-binding transcription factor 4,Oct4)、NANOG、性别决定区 Y box 2(sex determining region Y-box 2,Sox2)和 Kruppel-like 因子 4(Kruppel-like factor 4,KLF4)仅低水平表达,提示 hUC-MSC 是介于 ESC 和成熟细胞间的原始干细胞。在添加胎牛血清的培养基中,hUC-MSC 也能表达阶段特异性胚胎抗原 4(stage-specific embryonic antigen 4,SSEA4)。hUC-MSC 的表型特征受传代次数、培养基和方法影响。

(二)hUC-MSC 免疫原性低细胞增殖力强

hUC-MSC 的 HLA 分析表明它们完全来源于胎儿,没有母体 HLA。介导 hUC-MSC 对 T 细胞抑制作用的吲哚胺 2,3-双加氧酶表达的显著上调,提示了这些细胞强大的免疫抑制特性。与骨髓 MSC 相比,hUC-MSC 在细胞特异性培养基中增殖更快,HLA-I 类分子表达较低,且通过致耐受因子表达而具有更强的免疫抑制作用,表明它们在

免疫调节方面可能优于骨髓 MSC。另一项研究也提示了 hUC-MSC 具有更低的免疫原性和更高的细胞增殖率及迁移潜力。

(三)hUC-MSC 的功能特性

hUC-MSC 具有以下功能:①分化潜能:中胚层可分化为脂肪细胞、骨细胞、软骨细胞等,外胚层可分化为神经元、星形胶质细胞和胶质细胞等,内胚层可分化为肝细胞和胰岛细胞。②免疫调节:hUC-MSC 低表达甚至缺失主要 MHC-Ⅱ类和共刺激分子,抑制 T 细胞、B 细胞和 NK 细胞增殖,改变免疫细胞功能。③抗癌作用:肿瘤的衰减作用可通过细胞-细胞接触和内化,磷酸肌醇 3-激酶(PI3K)和 AKT 信号通路,以及 hUC-MSC 的条件培养基和细胞裂解液等实现对癌细胞系的治疗。④旁分泌作用:hUC-MSC 通过分泌角质形成细胞生长因子(KGF)、肝细胞生长因子(HGF)、表皮生长因子(EGF)等可溶性分子促进组织再生。⑤抗炎作用:hUC-MSC 抑制炎症因子白介素-1β(IL-1β)、肿瘤坏死因子 α(TNF-α)和白介素-8(IL-8)的分泌,减轻炎症和氧化应激,从而抑制细胞凋亡。⑥抗纤维化活性:hUC-MSC 刺激纤维化相关细胞凋亡和 HGF 等分子的分泌。抗纤维化功能还可以通过调节相关信号通路和促进血管重构来介导。

(四)脐带血含有多种干细胞

目前,大量的非 ESC 干细胞可来源于骨髓、脂肪组织和脐带血(umbilical cord blood,UCB)等。UCB 为再生医学提供了一种免疫兼容的干细胞来源。与骨髓或细胞因子动员的外周血相比,具有种族多样性、相对易收集、可随时从脐带血库获得冷冻保存单位、降低移植物抗宿主病的发病率和严重程度,以及供体和受体间人类白细胞抗原差异更高的耐受性等特点。除了肿瘤学领域,UCB 的临床应用已经扩展到多个领域,如重建免疫缺陷、纠正先天性血液异常和诱导血管生成等。

UCB 含有约 40% 的单核细胞、40% 的淋巴细胞、10% 的中性粒细胞和其他类型的白细胞,其余 10% 是干细胞和祖细胞,包括 CD34$^+$ 内皮祖细胞、CD133$^+$ 多能干细胞和 CD105$^+$ MSC。与骨髓相比,UCB 的 CD34$^+$ 细胞在体外具有更强的增殖潜力。在体内移植时,UCB 比骨髓或动员外周血具有更强的再增殖能力。脐带血来源的 CD34$^+$ 细胞的强大造血活性可能归因于这样一个事实,即与来自成人来源的干细胞相比,脐带血是一种发育不成熟的干细胞来源。

与骨髓来源的 MSC 具有相似的形态学和表型,UCB 衍生的 MSC 在体外主要表现为成纤维细胞样形态,其免疫表型包括 CD73、CD90、CD105、CD44、CD146 和 CD166。有研究报道,UCB 衍生的 MSC 与骨髓来源的 MSC 可通过细胞间黏附分子 1(intercellular cell adhesion molecule-1,ICAM-1)的表达水平来区分,即 CD54,其在 UCB 衍生的 MSC 上的表达水平高于其在骨髓来源的 MSC 上的表达水平。

二、异体细胞或组织移植

移植细胞和组织而不存在移植排斥的风险,也不需要强大的免疫抑制药物,这种前景是移植医学的"圣杯"。现

在,随着多能干细胞、CRISPR/Cas9 和其他基因编辑技术的出现,生产免疫系统看不见的"现成的"供体细胞,也称为"通用细胞"的时代已经开始。生产这种细胞的一个重要方法涉及与免疫识别相关的基因,特别是 HLA-I 和 HLA-II 类蛋白。其他方法利用某些细菌、病毒、寄生虫、胎儿和癌细胞所使用的免疫伪装策略,即通过修饰细胞来表达免疫抑制分子,如 PD-L1 和 CTLA-4 Ig,诱导免疫系统对异基因细胞疗法的耐受。

（一）移植排斥对细胞治疗的影响

自移植医学诞生以来,移植排斥问题就一直困扰着移植医学领域的专家们。到 20 世纪初,移植排斥问题已变得很明显,一些人类组织相关性疾病可以通过移植成功治疗,如甲状腺、皮肤、动脉或静脉。直到 1970 年,环孢霉素产生的免疫抑制作用使器官和细胞移植变得司空见惯。不幸的是,免疫抑制会导致显著的副作用,包括增加机会性感染和癌症的易感性,以及涉及几乎所有器官系统的广泛的其他并发症。生成能逃避免疫检测的细胞和组织(这被称为万能细胞和组织),可以减少甚至消除免疫抑制药物的使用,极大地扩展了移植医学的应用范围。

（二）生成万能细胞或组织解决排斥反应

异体细胞和组织移植的主要免疫障碍是 MHC 分子的表达,也称为人类白细胞抗原(HLA)。它们由一组高度多态性的基因编码,包括 HLA-I 类(HLA-A、HLA-B 和 HLA-C)和 HLA-II 类(HLA-DP、HLA-DM、HLA-DO、HLA-DQ 和 HLA-DR)分子。HLA-I 类分子在所有有核细胞表面均有表达,并向细胞毒 $CD8^+$ T 细胞递抗原。NK 细胞可通过"缺失自我"反应检测和清除表面 HLA-I 类分子下调的细胞,这种反应是在 NK 细胞上的 CD94/NKG2A 等抑制性受体无法与 HLA-I 类分子结合时发生的。而 HLA-II 类分子则向 $CD4^+$T 辅助细胞提供抗原,主要通过特异性抗原呈递细胞表达。

通过设计单个 HLA 工程的 iPSC 或 ESC 系,避开异基因反应和 NK 细胞裂解,可以避免对自体或与患者相匹配的细胞系的需要。HLA-I 类分子由一个多态重链与一个共同 β_2 微球蛋白(β_2M)亚基组成。通过靶向破坏 iPSC 中的 β_2M 基因,已经设计出 HLA-I 类阴性的 iPSC。虽然这些细胞不刺激细胞毒性 T 细胞,但它们仍然可以被 NK 细胞裂解。然而,最近的研究表明,这种依赖于 NK 细胞的裂解可以通过强制表达非多态 HLA 分子如 HLA-E 来预防。

（三）HLA 改造工程

HLA/MHC 分子一直被认为在组织相容性中起着关键作用,特别是在排斥异基因细胞和组织方面。供体和受体 HLA 等位基因的匹配在造血细胞移植中尤为重要,尽管患者往往能更好地耐受实体器官移植的 HLA 不匹配,但这仍然会对患者的预后产生负面影响。此外,在不匹配的同种异体移植中,为了促进供体细胞存活而需要的长时间的免疫抑制可能导致危及生命的后果。因此,通过基因调控 HLA/MHC 表达改造通用供体细胞和组织,避免移植排斥和免疫抑制,是一项有前途的工程。

1. 对 HLA-I 类分子的改造　敲除 B2m 基因的小鼠,缺乏 MHC-I 分子的表面表达并伴随 $CD8^+$T 细胞相关免疫应答的严重缺陷,但其他的免疫功能没有明显异常。类似地,转运蛋白分子 TAP1 或 TAP2 发生突变的人,其 HLA-I 类分子的表面表达较低,影响了 $CD8^+$T 细胞相关免疫应答,但机体可以保持相对健康。因此,HLA-I 类阴性干细胞有望分化为再生医学中使用的大多数细胞类型。小鼠 $B2m^{-/-}$ 品系是第一代小鼠通用供体实验的早期来源,在同种异体移植实验中得到了证实。RNA 干扰和体内技术被用来降低人类 iPSC 中 HLA-I 类基因的表达。另一个值得关注的问题是,宿主 DC 暴露于死亡的 HLA-I 类阴性供体细胞时,其抗原交叉表达仍可能刺激对异体 HLA 蛋白的免疫反应。然而,即使发生这种情况,完整的、活的 HLA-I 类阴性供体细胞也不会在其细胞表面产生来源于 HLA-I 类分子的肽抗原,从而避免了这种免疫反应。

在 $B2m^{-/-}$ 小鼠骨髓移植实验中发现,HLA-I 类表达的缺乏导致了 NK 细胞对供体细胞的破坏。这种自我缺失反应在造血细胞移植中显然很重要,因为在造血细胞移植中,$B2m^{-/-}$ 细胞不太可能作为通用供体细胞。然而,自我缺失反应对非造血细胞类型移植的重要性很难预测。NK 细胞在人异体实体器官移植中起着复杂的作用,其自身缺失反应也可能成为 HLA-I 类阴性细胞实体器官移植的障碍。

创建可以克服自我缺失反应的通用细胞的一种方法是对细胞进行改造,使它们只表达特定的非多态 HLA-I 类分子,如Ib 类分子 HLA-E、HLA-F 和 HLA-G,经过改造的细胞可以抑制 NK 细胞溶菌作用而不发生同种异体反应。HLA-E 与其他 HLA-I 类蛋白的信号序列结合并表达肽,是 CD94/NKG2A 受体的配体。HLA-G 通常表达于不表达 HLA-A、HLA-B 或 HLA-C 的胎盘细胞滋养层细胞表面,通过抑制受体 KIR2DL4 和 ILT2 的相互作用,保护这些细胞不受 NK 细胞介导的裂解。目前对 HLA-F 的功能了解较少,但已知其也能与 NK 细胞抑制性受体相互作用。

对于只表达一种具有有限多态性的 HLA-I 类分子的细胞,另一种可选择的策略是创造一种可表达一种特定多态 HLA-Ia 类分子(HLA-A、HLA-B 或 HLA-C)的等位基因的细胞系,这种等位基因可与抑制性 NK 细胞受体结合。然而,这可能会导致不匹配的受体产生异基因排斥反应,因此不会产生一个"通用的"供体细胞。所有这些策略都假设其他多态 HLA-I 类分子不表达于细胞表面,因此必然伴有多个 HLA-A、HLA-B、HLA-C 重链等位基因或 B2m 的遗传突变。HLA-E 和 HLA-G 过表达已被证明可降低 PSC 及其分化后代的免疫原性,包括其对 NK 细胞介导的细胞毒性的敏感性。

2. 对 HLA-II 类分子的改造　HLA-II 类蛋白(HLA-DP、HLA-DQ 和 HLA-DR)是在抗原呈递细胞(例如 B 细胞、巨噬细胞和 DC)表达的多态性 α 链和 β 链的异二聚体。基于这些细胞类型的疗法需要结合 HLA-I 类和 HLA-II 类工程来防止同种异体反应,如果这些疗法要求这些细胞的抗原呈递功能保持完整,那么通用供体细胞将无法解决这一问题。对于其他类型的细胞,HLA-II 类工程可能不是必需的;但是,它仍然可以提供优势,因为某些非专业的抗原呈递细胞(例如基质细胞或胰岛 β 细胞)在暴露于炎症细胞因子后可以表达 HLA-Ⅱ类蛋白。与消除 HLA-Ⅰ类分子不同,消除 HLA-Ⅱ类分子表面表达不会激活 NK 细胞的"缺失自我"反应。

　　一种更简单的方法是剔除表达所有 HLA-Ⅱ类基因所需的转录因子基因。由于四种不同转录因子基因(CⅡTA、RFX5、RFXAP 或 RFXANK)之一的突变,患有裸淋巴细胞综合征的人缺乏 HLA-Ⅱ类基因表达。通过在小鼠中敲除 CⅡTA,科学家们创建了 HLA-Ⅱ类阴性小鼠模型。在人 PSC 中敲除 CⅡTA 和 RFXANK,可观察到 HLA-Ⅱ类基因不能在这些细胞分化的后代中表达。除了预期的 T 细胞和免疫缺陷外,HLA-Ⅱ类基因的缺陷小鼠和人类 PSC 发育正常,同时缺乏 MHC-Ⅰ和Ⅱ类表达的小鼠也是如此,这表明 HLA-Ⅱ类阴性的通用供体 PSC 可用于产生许多治疗相关的细胞类型。

　　3. 改造 HLA 的优势　改造过的通用型供体细胞缺乏多态 HLA 表达是其主要优点。首先,来自 ESC 或 iPSC 的单个细胞系可以被扩展,分化成治疗细胞类型,准备供人类使用并得到管理机构的认证。这使得对单个细胞产物的广泛分析成为可能,包括 RNA 和蛋白质的表达特征表征、安全检测、相关的鉴别分析和全基因组测序,从而避免任何具有不良特征的细胞克隆。与患者来源的 iPSC 不同,通用供者细胞无疾病相关突变,所以适合治疗遗传性疾病。重要的是,通用供体细胞也可以进一步用于各种目的,如改善分化,确保安全或增强治疗细胞功能。

　　4. "通用细胞"的安全风险　使用 HLA 阴性细胞有很多值得讨论的具体问题。考虑到 HLA 表达缺失或减少有助于肿瘤细胞逃避免疫反应,恶性转化是一个值得关注的问题。事实上,MHC-Ⅰ类和Ⅱ类缺陷小鼠和人类不容易发生肿瘤,这表明 MHC/HLA 分子的缺失本身并不会促进肿瘤的形成。然而,有理由认为,如果移植的 HLA 阴性细胞发生恶性转化,通过正常的免疫机制将难以消除。因此,对移植的细胞群进行致癌突变的筛选尤为重要,这仍然是一个不完善的过程,尽管可能在未来几年得到改善。然而,在细胞治疗产品中,或移植后出现的罕见的未被筛选的致癌细胞仍然是有可能的,因此,PSC 衍生的细胞应被设计成包含自杀基因,以便在发生恶性转化时清除它们。另一个问题是病毒感染的 HLA 阴性细胞,它可能不会被通常可以消灭感染细胞的免疫细胞识别。

第四节　骨髓造血干细胞移植的免疫

　　异基因造血干细胞移植(Allo-HSCT)是血液系统恶性疾病有效的治疗手段。免疫学问题是移植的核心问题,包括造血干细胞植入和移植排斥,感染,移植物抗宿主病(graft versus host disease,GVHD),免疫耐受和移植后免疫重建等。

一、HLA 的免疫学考虑

　　1958 年,Dausset 和 Van Wood 等学者认识到 HLA 的存在,即移植抗原——人类主要组织相容性复合体(MHC),

通过 MHC 分子识别异体抗原是供者移植物进入受体内引起免疫反应的基础。人 MHC 是位于 6 号染色体上一段长度为 4Mb 的区域,包含一系列基因,编码两类具有高度多态性的细胞表面糖蛋白,包括 HLA-Ⅰ类和 HLA-Ⅱ类抗原分子。Ⅰ类分子由单一的多态性 α 链(重链)构成,含有 338~341 氨基酸残基,与 β_2 微球蛋白的轻链非共价结合,包含 HLA-A、HLA-B、HLA-C。Ⅱ类抗原由 3 个位点的基因编码,由一条单一的 α 链和一条 β 链非共价结合而成。DRA、DQA1 和 DPA1 分别编码 HLA-DR、HLA-DQ、DP 抗原,9 个特征性的 DRB 基因编码多态性的 HLA-DR β 链,这些抗原在移植过程中可以激发免疫反应。

　　编码 HLA-Ⅰ类和 HLA-Ⅱ类抗原的基因密切相连,在家庭成员中呈"单倍体"方式遗传,重组的频率很低。

　　(一)家庭成员中 HLA 相合供者易鉴定

　　HLA 相合的同胞供者在家庭成员中很易鉴别,尤其是家庭成员的 HLA 为杂合型、父母单倍体能够被可靠的标记和鉴定。对于患者而言,找到与父母单倍体完全相合的同胞供者的概率为 25%,称为"HLA 基因型相合"。同胞全相合不仅是在配型分析的 HLA 分子多态性方面,而且在其他 MHC 多态性方面均相合。对于无关供者,HLA 相合的含义则不同,相合仅指检测位点的多态性相合,而其他 MHC 分子可能不相合。由于 HLA 高度多态性的免疫学特征,两个非亲缘无关供受者在 HLA-A、B、C、DR、DQ、DP 的位点完全相合的概率微乎其微,这也构成了 HLA 相合同胞移植与 HLA 配型相合无关供者移植后 GVHD 发生率不同的免疫学基础。

　　(二)APC 通过 MHC 分子提呈抗原信息给 T、B 细胞

　　MHC-Ⅰ类和Ⅱ类抗原具有相似的结构,均由 8 个反向平行的 β 片层和 2 个 α 螺旋组成抗原结合槽。HLA 分子的多态性残基主要位于 β 片层和 α 螺旋,这些残基都指向 2 个螺旋。与 MHC-Ⅰ类和Ⅱ类分子结合的短片段肽转移到细胞表面并被 T 细胞识别;多肽主要通过 N'末端和 C'末端与 MHC-Ⅰ类分子结合槽中的氨基酸之间的氢键和疏水作用而结合,MHC-Ⅰ类分子结合的多肽通常为 8~11 个氨基酸,可以是内源性蛋白,也可以是细胞内吞的外源性蛋白,内体蛋白酶(如组织蛋白酶)可以将内化的蛋白降解为肽,然后与 MHC 分子结合。与 MHC-Ⅰ类分子不同,Ⅱ类分子的多肽结合槽中的氨基酸与整条多肽的主链形成氢键,两端是打开的,所以对于多肽长度的限制不大,提呈的抗原肽长度可为 8~30 个氨基酸残基,在多肽中部通常有 3~4 个锚定残基。此外,MHC 相关分子 CD1 家族分子提供脂类或糖脂类抗原,这些抗原通常是亲水基团暴露在外,为 T 细胞受体(TCR)所识别。抗原提呈细胞(APC)通过 MHC 分子向 CD4+ T 细胞和 CD8+ T 细胞提呈抗原是 T 细胞活化的前提和关键环节。

二、NK 细胞

　　淋巴细胞发育的最初阶段在骨髓中,多能 CD34+ 造血祖细胞分化为 T 细胞、B 细胞、NK 细胞和 DC。在成熟过程中,CD34 的表达随着系特异性标志物的表达增加而减弱。

NK 细胞的发育,与 CD34 丢失、天然细胞毒性受体 NKp44 和 NKp46 获得有关。

(一) NK 细胞分化的表达标志(CD56)与重要细胞因子

NK 细胞的进一步分化以 CD56 的表面表达为标志。可以根据其 CD56 水平分为两个表型和功能上不同的外周血 NK 细胞群,它们占循环淋巴细胞的 10%~15%。在这些 NK 细胞中,2%~10% 高表达 CD56,并被命名为 CD56^{bright},该亚群受到 IL-2 刺激后迅速增殖,产生高水平的炎症细胞因子,并缺乏 CD16 和杀伤性免疫球蛋白样受体(KIR)。尽管 CD56^{bright} 细胞仅占外周血和脾脏 NK 细胞的一小部分,但在次级淋巴组织中却富集,在其中它们分化为 CD56^{dim} NK 细胞。外周血中 90% 的 NK 细胞被归类为 CD56^{dim}。该亚群在 IL-2 或 IL-15 的刺激下,增殖能力有限,并表达 CD16、KIR 和成熟标记 CD57,且含有大量的细胞毒性颗粒,可使其发挥效应。在体外使用基质细胞和外源性细胞因子,可实现 NK 细胞向 bright 和 dim 的分化过程。

由于缺乏 IL-15、IL-15Rα 或 STAT5 的小鼠表现出严重的 NK 细胞缺陷,因此 IL-15 被视为促进体内 NK 细胞发育的重要细胞因子。虽然在体外 IL-15 促进 NK 细胞分化和增殖,体内 IL-15 与 IL-15Rα 形成一个复合体,作为助细胞膜结合配体,反式激活 NK 细胞。IL-15 的反式表达在体内稳定了细胞因子,细胞因子能活化 NK 细胞和 CD8^+T 细胞。

(二) NK 细胞的激活和抑制受体

NK 细胞表达一系列激活和抑制受体。识别 HLA 分子的 NK 细胞主要表达两种类型的抑制受体:识别 HLA-A、HLA-B 或 HLA-C 同种异体的杀伤免疫球蛋白样受体(KIR)和识别 HLA-E 的异源二聚体 CD94/NKG2A。NKG2A 和抑制性 KIR 都有较长胞质尾端,含有串联免疫受体酪氨酸基抑制性基序(ITIMs),这些基序在交联时被磷酸化,导致酪氨酸磷酸酶的募集,从而抑制 NK 细胞激活。当 NK 细胞与被病毒感染或转化而降低 HLA 表达的这些细胞相互作用时,它们就会解除抑制。这使信号向激活方向倾斜,NK 细胞发挥其细胞毒性和产生细胞因子的功能。

除了 KIR 家族基因外,NK 细胞还编码多种其他激活和抑制受体。NKG2 家族由几个成员组成,通常需要与 CD94 进行异源二聚才能结合配体。NKG2A 具有抑制作用并与 HLA-E 结合,而 NKG2C 具有激活作用并与 HLA-E 结合,但亲和力较低。NKG2D 在细胞表面以同质二聚体的形式表达,识别非经典 MHC 分子(MICA 和 MICB),以及其他非 MHC 分子(ULBP1-6),这些分子通常在病毒感染或肿瘤形成等应激反应时上调。另一个家族的抑制受体,白细胞免疫球蛋白样受体(leukocyte immunoglobulin-like receptors,LILRs),也结合几个经典和非经典的 HLA-Ⅰ类分子,以及 ul18,一个 cmv 编码的糖蛋白。最具特征的 LILR 家族成员是 LILRB1(LIR-1)。天然细胞毒性受体(NCRs)通常是激活的,NKp44 和 NKp46 可以结合病毒血凝素。其他 NCRs,如 NKp30,也可以识别其他多种肿瘤或热休克相关蛋白。

其他激活受体包括:CD96 和 DNAM-1,它们与脊髓灰质炎病毒受体结合并触发杀伤和黏附;CD160 通过与 HLA-C 结合引发细胞毒性;NKp80,被认为通过对髓细胞 AICL 的识别参与了急性髓系细胞白血病(acute myelocytic leukemia,AML)的杀伤;CD2 通过与 LFA-3 的结合为共刺激分子服务;而 SLAM 家族受体 2B4(CD244)则通过与 CD48、NTB-A、CRACC 结合产生活化作用,而 CRACC 与 CD48、NTB-A、CRACC 是亲同的,可以促进 NK 细胞活化。最后,CD16(Fcγ 受体Ⅲ)通过识别抗体 Fc 段实现 NK 细胞的 ADCC 作用。虽然人类有 CD16A 和 CD16B 两种亚型,但只有 CD16A(即 CD16)在 NK 细胞上表达。CD16 主要存在于成熟 NK 细胞 CD56^{dim} 亚群中。NK 细胞介导的 ADCC 在应对病毒感染、自身免疫和保护某些类型的肿瘤中发挥作用。因此,利用针对肿瘤抗原的单克隆抗体(mAbs)作为 NK 细胞介导的 ADCC 是一种有价值的治疗手段。

(三) NK 细胞的功能与受体表达的关系

抑制性受体在人 NK 细胞发育过程中的功能至关重要。不表达抑制性受体尤其是 KIR 或 NKG2A 也较少表达的 NK 细胞,缺乏必要的信号通路,保持低应答。

在造血细胞移植(hematopoietic cell transplantation,HCT)中,NK 细胞的培养和功能获得,是使细胞对缺少 HLA 配体的肿瘤靶细胞产生同种反应的必要条件。HCT 后,同种异体反应细胞的成熟与功能获得受 HLA-Ⅰ类分子相互作用的影响。此外,移植后,供体 NK 细胞可以与供体造血干细胞一起成熟。大量证据支持,移植后配体相关的抑制性 KIR 和 Ly49 表达,这表明 MHC 可以调节 NK 细胞抑制库的形成。然而,一些研究表明,如果存在足够数量的受体 NK 细胞,会去除异基因供体干细胞。一项研究表明,虽然低剂量的骨髓细胞输注不足以使宿主消灭供体 NK 细胞,但高剂量的骨髓细胞可以诱导受体对供体 NK 细胞的耐受。更有研究表明,供体 MHC 可以促使受体 NK 细胞产生对同种异体干细胞的耐受。这些研究的差异可能源于移植细胞数量的差异和受体或供体细胞的相关处理差异,这可能会导致应激配体的增加,使 NK 细胞耐受性的诱导下降。

HCT 后,通过增加白血病细胞上 NKG2D、DNAM-1 和 NCRs 受体的配体表达,可以打破供体 NK 细胞对受体白血病细胞的耐受。另外,在供体 KIR 受体与 KIR 配体(HLA)失配的情况下,失去抑制信号也会打破耐受。表达配体的受体白血病细胞,可被供者 NK 细胞靶向作用,以减少复发。移植的 NK 细胞对受体健康的非造血组织具有耐受性,这些组织不表达配体。此外,NK 细胞可以消除用来激活异基因 T 细胞的受体 DC,以减少移植物抗宿主病。

三、T 细胞

T 细胞发育过程分为骨髓内发育和胸腺内发育,HSC 在骨髓微环境中发育、分化为多能祖细胞(multipotent progenitor,MPP),再进一步分化为髓系和淋巴系前体细胞(common thymocyte progenitor,CTP),再分化为 T 前体细胞(early thymocyte progenitor,ETP),ETP 在 CCL21、CCR7 及其受体的参与下,迁移至胸腺;ETP 在胸腺内发育,分为 DN1 到 DN4 四个阶段。人 T 细胞经历祖细胞从骨髓向胸腺迁移,经历双阴性,双阳性到单阳性阶段,也经过 TCR 重排,阳性选择,分别成熟为 CD8⁺T 细胞和 CD4⁺T 细胞。在 αβT 细胞中有少量从 CD4⁺CD8⁺TCRαβ 分化来的"非常规"细胞,如 NKT 细胞和 CD8α 内皮淋巴细胞。

(一)T 细胞对同种抗原的识别

T 细胞对同种抗原的识别可以分为直接识别和间接识别,前者指供者 APC 将其表面 MHC 分子或抗原肽-MHC 分子复合物直接提呈给受者同种反应性 T 细胞,使其产生免疫应答,无须经过 APC 处理;后者指供者移植物中的细胞或 MHC 抗原经过受者 APC 加工处理后,以供者抗原肽-受者 MHC 分子复合物的形式提呈给受者 T 细胞使之活化,产生免疫反应。

T 细胞必须接受 APC 传递的信号。两者的相互作用依次分为:黏附、识别、激活。APC 与 T 细胞在外周血和淋巴组织中随机碰撞,通过细胞表面黏附分子及其配体(包括 LFA-3 及其配体 CD2、ICAM-1)相互作用发生接触;T 细胞通过 TCR 识别 APC 细胞表面的 MHC 提呈的抗原。这一过程称为第一信号系统,具有抗原特异性和 MHC 限制性,内源性抗原肽通过 MHC-I 类分子提呈给 TCR,外源性抗原肽通过 II 类分子提呈给 TCR。T 细胞的激活不仅需要第一信号系统,还需要第二信号系统即协同刺激,不受抗原特异性和 MHC 限制。CD28 仅表达于 T 淋巴细胞和浆细胞,CD28 在 APC 表面的配体为 B7.1(CD80)、B7.2(CD86)等。T 细胞还表达 CTLA-4,促进 T 细胞激活、发生增殖和分泌细胞因子。

T 细胞活化可产生几种结果:①T 细胞产生 IL-2,分化为效应和记忆 T 细胞;②在细胞周期 S 期,TCR 信号与 Fas-FasL 相互作用可导凋亡或活化诱导的细胞死亡;③低于适度刺激的 TCR 信号,T 细胞处于一种缺乏 IL-2 产生的无能状态;④通过一致性受体介导的低于适度刺激的共刺激信号或强烈信号,可产生适应性免疫耐受。

(二)效应 T 细胞发挥细胞毒作用

活化的效应 T 细胞分泌细胞因子,介导细胞毒性。在单核或活化的 DC 分泌的 IL-12 作用下,T 细胞分化为产 I 型细胞因子(IFN-γ、淋巴素)的效应细胞,这些 I 型细胞因子活化巨噬细胞。在 IL-4 的作用下,T 细胞分化为分泌 II 型细胞因子(IL-4、IL-5)的效应细胞,IL-4、IL-5 促进 B 细胞增殖和分化。在 IL-6 和 TGF-β 存在的条件下,活化的 T 细胞可表达转录因子 RORγt、分泌 IL-17A 和 IL-17F,形成 Th17 细胞。Th9 和 Th22 是两类新型 CD4⁺ 辅助性 T 细胞亚群,在移植免疫方面值得关注。

(三)诱导 T 细胞免疫耐受

T 细胞免疫耐受是指在抗原刺激下,T 细胞不能被激活,不能产生特异性免疫效应细胞及特异性抗体,从而不能执行正常免疫应答。在异基因造血干细胞移植中,诱导免疫耐受的方法有:①利用 G-CSF、GM-CSF、IL-11 等处理供者;②阻断供者 T 细胞与受者 APC 相互作用所需的黏附分子或共刺激分子;③调节性免疫细胞。

四、移植物抗宿主病

同种异体造血细胞移植(HCT)的数量持续增长,每年进行超过 25 000 次同种异体移植。同种异体 HCT 期间的移植物抗白血病/肿瘤(GVL)作用可有效根除许多恶性血液病。使用供体白细胞输注,非清髓性预处理和脐带血(UCB)移植等新策略的开发有助于扩大同种异体 HCT 的适应证。在过去的几年中,特别是在老年患者中尤其如此。预防感染,免疫抑制剂的应用,对症支持护理和基于 DNA 的组织分型也改善了同种 HCT 的预后。然而,同种 HCT 的主要并发症移植物抗宿主病(GVHD)仍然具有致命性,因此限制了这种疗法的应用。

50 年前,比林汉姆(Billingham)对 GVHD 的发展提出了三个要求:移植物必须包含具有免疫功能的细胞;受体必须表达供体中不存在的组织抗原;且接受者不能有效清除移植细胞。现在已知,具有免疫功能的细胞是 T 淋巴细胞,GVHD 可以发生于各种临床环境中,如当含有 T 细胞的组织(如血液制品)、骨髓和实体器官从一个个体移植到另一个无法消除这些免疫细胞的个体,这些自身免疫功能受到抑制,并接收另一个体白细胞的患者,极易发生 GVHD。

当供体 T 细胞与受体细胞上的蛋白质相互作用时,就会发生 GVHD。其中最重要的是 HLA,它具有高度的多态性,由主要组织相容性复合体(MHC)编码。I 类 HLA(A、B 和 C)蛋白几乎在体内所有有核细胞上表达。II 类蛋白质(DR、DQ 和 DP)主要在造血细胞(B 细胞、DC、单核细胞)上表达,但当炎症或损伤后,其他细胞类型也能诱导表达。现在,基于聚合酶链反应(PCR)技术对 HLA 基因进行高分辨率 DNA 分型已经大大取代了先前的方法。急性 GVHD 的发生与 HLA 蛋白之间的错配程度直接相关,因此理想情况下,供体和受体在 HLA-A、HLA-B、HLA-C 和 HLA-DRB1 处匹配("8/8 匹配"),但是 UCB 移植可能容忍错配。

尽管患者和供体之间具有 HLA 相同性,但由于 HLA 位点以外位点和"次要"组织相容性抗原(HA)的遗传差异,约 40% 接受 HLA 相同移植物的患者会发生急性 GVHD。一些次要 HA,如 HY 和 HA-3,在所有组织上均表达,并且是 GVHD 和 GVL 的靶标。其他次要 HA,如 HA-1 和 HA-2,在造血细胞上表达最多(包括白血病细胞),因此可能较少发生 GVHD,而诱导更大的 GVL 效应。

GVHD 经典"细胞因子风暴"中涉及的供体和受体的细胞因子多态性,被认为是 GVHD 的危险因素。在一些研究中,TNF-α、IL-10、IFN-γ 变异与 GVHD 相关。与先天免疫有关蛋白质的遗传多态性,如核苷酸寡聚结构域 2 和角蛋白 18 受体,也与 GVHD 相关。未来确定最佳移植供体的策略会充分结合 HLA 和非 HLA 遗传因素。

(一)急性 GVHD 的病理生理学

急性 GVHD 的病理生理学,需要考虑两个重要原则。第一,急性 GVHD 是供体淋巴细胞注入受体内导致剧烈炎症的正常反应,这是淋巴细胞遭遇新异物环境时发挥的正常功能。第二,通常刺激供体淋巴细胞的受体组织已被基础疾病,先前感染和移植调节方案破坏。因此,这些组织产生促进供体免疫细胞活化和增殖的分子(有时称为"危险"信号)。急性 GVHD 的发展可以分为三个阶段:①激活 APC;②供体 T 细胞的活化、增殖、分化和迁移;③靶组织破坏。(图 1-11-1)

第一阶段:抗原提呈细胞(APC)的激活

第一步涉及通过潜在疾病和 HCT 方案激活 APC。受损宿主组织产生"危险"信号,包括促炎症细胞因子(如 TNF-α)、趋化因子,且宿主 APC 上表达黏附分子,MHC 抗原和共刺激分子增加。调节对胃肠道的损害尤为重要,因为允许其他炎性刺激的系统移位,例如包括脂多糖(LPS)或其他病原体相关分子模式在内的微生物产物,可进一步增强宿主 APC 的激活。移植前预处理方案会促进 LPS 或其他病原体相关分子模式(pathogen-associated molecular patterns,PAMPs)在内的微生物产物移位,进而刺激 APC 活化。胃肠道的次级淋巴组织是活化的 APC 与供体 T 细胞相互作用的起始部位。另外,非造血干细胞如 MSC 或基质细胞,可以减少同种异体 T 细胞反应,但机制仍不清楚。

宿主 APC 的激活增加了急性 GVHD 风险,这一概念统一了许多与该风险看似不相干的临床关联,如晚期恶性肿瘤、更剧烈移植前预处理方案和病毒感染史。APC 主要通过 Toll 样受体(Toll-like receptor,TLR)识别病原体相关分子模式 PAMPs。例如,TLR4 识别 LPS,并且突变的 TLR4 小鼠对 LPS 刺激发生的 GVHD 频率较低。其他识别病毒 DNA 或 RNA 的 TLR 可以激活 APC 并增强 GVHD,解释了病毒感染与 GVHD 发生频率升高之间的关系。

第二阶段:供体 T 细胞活化

供体 T 细胞在应对宿主 APC 时增殖和分化,这是

GVHD 的核心步骤。第一阶段产生的"危险"信号通过增加共刺激分子的表达,部分增强这种活化。动物模型中已通过阻断共刺激途径成功阻止 GVHD 的发生,但尚未在大型临床试验中得到验证。

在动物模型中,将调节性 T 细胞(Treg)添加到含有常规 T 细胞的供体移植物中时,可以抑制常规 T 细胞的增殖并预防 GVHD。Foxp3 蛋白是 Treg 发育的主要开关,Treg 占 CD4$^+$T 细胞的 5%。Treg 分泌抗炎症细胞因子 IL-10 和 TGF-β,通过接触依赖性抑制 APC 发挥作用。在临床急性 GVHD 中使用 Treg,需要采用改进的技术来鉴定和扩增它们。

宿主和供体的自然杀伤 T 细胞(NKT)可调节急性 GVHD。研究显示,宿主 NKT 细胞以 IL-4 依赖性方式抑制急性 GVHD。有一临床试验提示,用全淋巴照射做预处理,显著降低了 GVHD 的发生率,并增强了宿主 NKT 细胞的功能。而供体 NKT 细胞可以降低 GVHD 的发生率,并增强穿孔素介导的 GVL。

免疫细胞活化导致快速的细胞内生化级联反应,促进蛋白质基因转录,包括细胞因子及其受体。急性 GVHD 期间,产生大量的 Th1 细胞因子(IFN-γ、IL-2 和 TNF-α),其中 IL-2 是目前治疗和预防 GVHD 的主要靶点,例如使用环孢素、他克莫司抑制 IL-2 的释放,以及针对 IL-2 及其受体的单克隆抗体(mAb),阻断 IL-2 的作用,从而干扰免疫应答,减轻排斥反应。但是新的数据表明,IL-2 在 CD4$^+$CD25$^+$ Treg 的产生和维持中起着重要的作用,说明对 IL-2 的长期作用可能会影响 HSCT 后长期耐受性。IFN-γ 具有放大或缩小 GVHD 的功能。一方面,IFN-γ 可以增加趋化因子受体、MHC 蛋白和黏附分子等的表达,提高单核细胞和巨噬

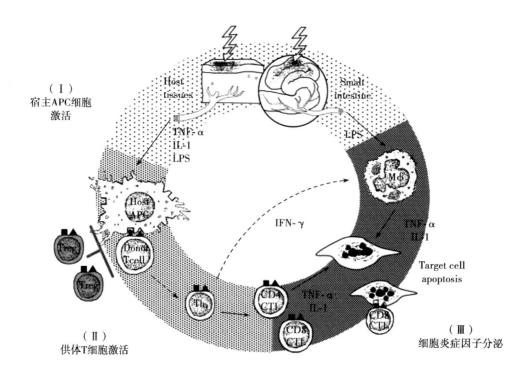

图 1-11-1　急性 GVHD 的发展

细胞对 LPS 等刺激的敏感性,加速了细胞内级联反应。另一方面,IFN-γ 可以通过直接损伤胃肠道和皮肤上皮产生一氧化氮,诱导免疫抑制从而放大 GVHD。然而,IFN-γ 也可通过加速活化供体 T 细胞凋亡来抑制 GVHD。同时,由于供体 T 细胞早期极化,使分泌的 IFN-γ 减少而 IL-4 增多,也可以减弱实验性急性 GVHD。IL-10 在抑制免疫反应中起关键作用,临床数据表明,它可能调节急性 GVHD。TGF-β 是另一种抑制性细胞因子,可以抑制急性 GVHD,但会加剧慢性 GVHD。因此,任何细胞因子分泌的时机和持续时间都可能决定该细胞因子对 GVHD 严重程度的特异性作用。

第三阶段:细胞和炎症效应子阶段

此过程是效应细胞〔如细胞毒性 T 淋巴细胞(CTL)和 NK 细胞〕和可溶性炎症介质(如 TNF-α、IFN-γ、IL-1 和一氧化氮)综合作用的复杂级联反应。它们造成局部组织损伤,并进一步促进炎症和靶组织破坏。

急性 GVHD 的主要效应细胞是 CTL 和 NK 细胞。依赖 Fas/FasL 途径介导靶标裂解的 CTL 在 GVHD 肝损伤(肝细胞表达大量 Fas)中占主导地位,而使用穿孔素/颗粒酶途径的 CTL 在 GVHD 胃肠道和皮肤损伤中更为重要。趋化因子指导供体 T 细胞从淋巴组织向靶器官迁移,从而引起损伤。巨噬细胞炎性蛋白 1α(MIP-1α)及其他趋化因子,如 CCL2-5、CXCL2、CXCL9-11、CCL17 和 CCL27 过度表达,促进效应细胞向靶器官归巢。在肠道 GVHD 期间,整联蛋白(如 α4β7 及其配体 MadCAM-1)表达能促进供体 T 细胞向派尔集合淋巴结归巢。

受损的肠黏膜或皮肤渗漏的微生物产物(如 LPS)会作用于 TLR,刺激炎症细胞因子的分泌。胃肠道特别容易受到 TNF-α 的破坏,并且在急性 GVHD "细胞因子风暴" 的扩大和传播中起主要作用。TNF-α 既可由供体细胞也可由宿主细胞产生,并且通过以下三种不同的方式起作用:①它激活 APC 并增强同种抗原的呈递;②通过诱导炎症趋化因子将效应细胞募集到靶器官;③直接导致组织坏死。

(二)GVHD 的预防

大多数中心的 GVHD 预防都基于钙调神经磷酸酶抑制剂(CNI)和短疗程甲氨蝶呤(MTX)。通过分别干扰钙依赖性 IL-2 基因激活和新嘌呤代谢,CNI 和 MTX 协同作用,非选择性地抑制淋巴细胞活化和增殖。用 ATG 广泛去除 T 细胞,可以阻止 GVDH,但不能提高生存率。大约 40% 接受 HLA 匹配的 HCT 的患者会发展为需要大剂量皮质类固醇的 GVHD。但是,多达 60% 的患者对皮质类固醇的反应不足,这预示了预后不良。

现将多种方法分为四类:①细胞外介质和受体;②细胞内信号转导;③转录/翻译的调控;④调节性细胞。

1. 细胞外介质和受体 细胞因子和趋化因子影响 T 细胞分化途径和向 GVHD 靶器官的运输,但它们也介导直接的组织伤害作用。

(1)IL-6:越来越多的证据表明,IL-6 是 GVHD 发病机制中的关键炎症细胞因子。IL-6 通过增加 Th1 和 Th17 亚群,减少 Treg 和直接细胞毒性来调节 GVHD。HCT 后,用 IL-6$^{-/-}$ 敲除小鼠或 IL-6 的中和抗体可显著降低 GVHD,而不损害 GVT。在临床上,抗 IL-6 受体抗体妥西珠单抗(目前已被 FDA 批准用于类风湿关节炎)在一小批Ⅳ级 GVHD 患者中显示出活性。

(2)IL-21:Th1 和 Th17 分化的重要调节剂,同时抑制诱导型(iTreg)的产生。IL-21 抑制剂或 IL-21 缺陷 T 细胞的使用减轻了小鼠胃肠道 GVHD。此外,尽管消化道 GVHD 的发生率降低,但 IL-21 抑制剂并未减弱 GVT 的作用。在 GVHD 患者胃肠道的临床样品和在预防性给予抗人 IL-21 的人异种移植模型中,IL-21 蛋白表达增加。

(3)IL-23:与接受野生型移植物的动物相比,IL-23 缺乏的供体骨髓降低了 GI GVHD 的发生率。在从结肠中纯化出来的 DC 中,IL-23 及其受体的水平升高了,但在其他 GVHD 靶位却没有升高。增加的 IFN-γCD4$^+$ T 细胞介导了这些炎症作用。

(4)CCR5:干扰免疫细胞运输,阻止了与启动 GVHD 的 APC 的相互作用。例如,同种异体刺激后,CCR5 在 T 淋巴细胞中表达上调,并指导向靶组织归巢。研究证明,带有 CCR5 Delta32 突变(导致功能丧失)的 HCT 受体可不发生 GVHD。在一项新近完成的人体研究中,马拉韦罗是 CCR5 的小分子拮抗剂,已被添加到标准 GVHD 预防中,并获得了较有希望的结果,目前正在进一步研究中。

人们也开始关注与上皮修复有关的细胞因子和肠道干细胞(ISC)。ISC 对移植前预处理和 GVHD 的细胞毒性敏感。同样,IL-22 由先天淋巴组织和肠道 T 细胞产生,能降低组织对 GVHD 的敏感性,说明 IL-22 缺乏促进 ISC 丢失,肠道损伤和更严重的 GVHD。尽管 IL-22 在临床上还未应用,但 Wnt 激动剂(如 R-spondin1,R-Spo1)可通过抑制炎症细胞因子,保护 ISC,从而修复肠上皮,促进肠道愈合,并组织 GVHD 加重。

(5)α$_1$-抗胰蛋白酶(AAT):AAT 是一种肝脏产生的丝氨酸蛋白酶抑制剂,可抑制中性粒细胞弹性蛋白酶,其缺乏会导致肺气肿和肝硬化。在胰岛细胞移植模型中,人类 AAT 治疗首次被证明能促进同种异体移植耐受,随后的研究也表明,AAT 还可以通过抑制多种促炎症细胞因子来诱导同种异体耐受。在 MHC 不同且匹配的 GVHD 模型中,在 HCT 之前和之后立即应用人 AAT 可以降低 GVHD,增加 Treg 与效应 T 细胞的比率,且不损害 T 细胞应答。治疗动物的多种促炎症细胞因子水平显著降低,但抗炎症细胞因子 IL-10 的分泌增加,表明 AAT 通过调节宿主 DC 反应来影响 GVHD。AAT 减弱 DC 反应的机制可能涉及,减少组织产生的与损伤相关的非感染性信号(DAMP),如硫酸肝素(HS),HS 在 GVHD 会升高。在人严重胃肠道 GVHD 患者的粪便样品中观察到 AAT 浓度升高,与钙卫蛋白一起预测了类固醇的难治性。鉴于这些发现,正在进行类固醇难治性 GVHD 的外源性 AAT 补充的临床试验。

2. 细胞内信号转导 JAK/STAT 和 NF-κB 途径最重要,因为它们被认为在介导 GVHD 中起着核心作用,部分是通过决定 T 细胞功能。

JAK2 是一种非受体酪氨酸激酶,与细胞表面受体结合,促进包括细胞外刺激物如细胞因子(IL-6、IL-23),向信号转导子和转录激活蛋白(STAT)的传递,STAT可以调节转录。在人T细胞与髓样DC之间的初次接触中,用小分子TG101348在体外选择性地抑制JAK2,可启动持久的抗原特异性耐受。在体外,JAK2抑制与Treg和效应T细胞的比率增加有关。JAK抑制剂在临床上已被批准用于骨髓纤维化治疗,因此可以对其进行研究以治疗和预防临床GVHD。实际上,最近的报告表明,用鲁索替尼阻断JAK1/2可以降低小鼠模型中GVHD相关死亡率。此外,托法替尼(CP-690550)对JAK3的抑制作用,也减弱了MHC-异种鼠模型的GVHD。

(1)酪氨酸激酶(Syk):是另一种非受体酪氨酸激酶,参与TLR的信号转导。临床可用的福司他替尼对Syk的抑制作用,可降低小鼠供体的T细胞在体内扩增,减轻GVHD,而不会影响针对白血病靶标或CMV的细胞毒活性。

STAT3:IL-6、IL-21和IL-23共同激活STAT3。在GVHD的慢性硬皮病模型中,CD4$^+$T细胞内的STAT3缺失阻止了硬化的病理学证据。另外,STAT3消融后,Treg通过胸腺依赖性和非依赖性途径增加。进一步的研究表明,STAT3对于T细胞活化和急性GVHD很重要。持续的STAT3激活使nTreg变得不稳定。随后使用STAT3的小分子抑制剂,证明STAT5磷酸化、FOXP3去甲基化和iTreg扩增均增加。总之,炎症细胞因子共同调节STAT,进而决定T细胞的分化和功能。但是,STAT信号调节炎症基因中的作用在不同的免疫细胞亚群中是不同的,特别是在T细胞和APC中。

(2)NF-κB:信号转导是通过调节细胞因子产生、白细胞募集和细胞存活来确定的炎症反应介质。尽管NF-κB与多种炎性疾病有关,但其在GVHD中的作用近来才得到关注。替代(RelB/p52)和经典(c-Rel/p50)NF-κB途径的转录因子在静息细胞胞质中,激活后积聚在APC和T细胞的细胞核中。宿主DC活化后,RelB在细胞核内表达增加。RelB$^{-/-}$嵌合小鼠早期GVHD发生率较低,而移植RelB$^{-/-}$供体骨髓可改善晚期GVHD。与野生型相比,RelB$^{-/-}$型常规DC数量减少,增殖较少,并产生较少的细胞因子。同样,替代途径的激活可以通过促进p52/RelB二聚化的NIK(NF-κB诱导激酶)完成。NIK过表达导致多个器官淋巴细胞浸润,而NIK缺乏可阻止CD4$^+$T细胞依赖性GVHD。在MHC匹配和不匹配的GVHD模型中,c-Rel介导的经典NF-κB途径可以促进淋巴细胞生存。而缺乏c-Rel的T细胞诱导的GVHD水平较弱,但保留了它们GVL的功能。

3. 转录/翻译的调控 翻译调控包括翻译后修饰(post-translational modification,PTM),例如磷酸化、乙酰化、泛素化和二联化。同样,转录调控,特别是通过表观遗传学的调控,越来越涉及GVHD的生物免疫学。抑制DNA甲基化、组蛋白乙酰化和组蛋白甲基化均可诱导耐受。由于表观遗传状态可改变,科学家们已开始使用药物进行早期试验,以开发其预防GVHD的潜在作用。

(1)DNA甲基化:DNA甲基转移酶抑制导致几个基因启动子甲基化不足。Choi等证明了体内、外低甲基化剂

azacitidine(Aza)处理可诱导CD4$^+$CD25$^-$T细胞FOXP3表达及其他下游表观遗传改变,从而起到抑制作用。在MHC不匹配移植模型中,Aza促使外周效应T细胞转化,减轻了GVHD,同时保留了GVL能力。在临床上,de Lima及同事证明了HCT后可以安全地使用Aza。在HCT后3个月内,阿联珠单抗与Aza联合使用使Treg数量增加,且保留完整的T细胞毒性。

(2)组蛋白乙酰化:HDACi使组蛋白高度乙酰化,并具有抗肿瘤作用,但它们也具有免疫抑制特性。它们调节DC,并增强Treg。HDACi还通过促进IDO表达,减少促炎症细胞因子和共刺激分子,从而减少了GVHD。此外,TLR激动剂诱导IDO,减少结肠损伤。HDACi对不同的HDAC有不同的作用,并非所有HDACi都具有相似的作用。在某些模型中可以观察到,强效HDAC(panobinostat和LBH589)可加速GVHD。但是,在最近的一项多中心I/II期试验中,减弱的移植前预处理后应用伏立诺他减轻了人GVHD。180天的II~IV级GHVD发生率为28%,但是有些仅限于上消化道GVHD,III~IV级的发生率为12%。尽管减弱的移植前预处理与较弱的抗肿瘤作用有关,但是复发率并未增加(2年为16%)。与未经伏立诺他治疗的患者相比,应用伏立诺他的患者血清IL-6和TNF-α水平明显降低,而IDO mRNA和Treg水平较高。

4. 调节性细胞

(1)间充质干细胞:MSC是一种能在体外快速扩增的MAPC,在适当条件下可分化为软骨细胞、成骨细胞和脂肪细胞等。骨髓是最常见的MSC来源,但它也存在于大多数组织中。MSC的功能主要是非免疫原性和免疫抑制,可以促进组织修复和造血。MHC-II类分子和共刺激分子缺失,以及MHC-I类低表达,预示着MSC更具有免疫特异性,并支持其跨越MHC屏障。最近的临床前研究表明,人BM-MSC在体内定位于脾边缘区,并通过前列腺素E$_2$(PGE$_2$)调节该区域的T细胞功能。

骨髓MSC利用多种机制来抑制GVHD相关的先天和适应性免疫反应。MSC来源的IL-6可以抑制DC成熟,而TGF-β、吲哚胺2,3-dioxygenase(IDO)、一氧化氮和PGE$_2$可以减弱T细胞增殖。IDO诱导T效应细胞凋亡和Treg分化,并通过细胞接触,PGE$_2$和IL-10介导的机制抑制辅助性T(Th)17的分化。MSC表达免疫检查点PD-L1,当发生GVHD时,IFN-γ上调PD-L1的表达,增强其抑制的能力。MSC通过下调趋化因子(CCL1、CCL3、CCL8、CCL17和CCL22)、CD4 T细胞的趋化因子受体(CCR4和CCR8)和单核/巨噬细胞的趋化因子受体(CCR1)的表达来限制效应T细胞向靶组织迁移。体外培养的MSC外泌体通过CD73、PD-L1、galectin-1和IL-10的mRNA对NK、B和T细胞具有免疫抑制作用。

Le Blanc等人验证了MSC治疗GVHD的临床安全性和可行性,他们对一例患有严重的类固醇难治性GVHD的儿童使用了单倍型相同的MSC,效果非常明显,GVHD症状迅速且显著好转。这项研究促使大量病例报告和临床试验使用自体、单倍体或第三方HLA不匹配的MSC治疗类

固醇难治性急性 GVHD,即 aGVHD。

MSC 能安全地治疗类固醇耐药性 aGVHD 和慢性 GVHD(cGVHD),但仍需要精心设计前瞻性随机试验来确定疗效。大多数关于 MSC 的研究都是针对 GVHD 的治疗,但也有一些是针对 GVHD 的预防。最近发表的一项对这些试验的荟萃分析表明,还不能明确移植后 24 小时内输注 MSC 对随后的移植或 GVHD 的影响。

(2)多能成体祖细胞(multipotent adult progenitor cell, MAPC):与 MSC 类似,MAPC 是骨髓来源的非免疫原性扩增的成体干细胞,它们的免疫调节、免疫抑制和组织再生能力,目前正在 GVHD 中被探索。与 MSC 相比,MAPC 具有更广泛的分化能力,包括间充质细胞、内皮细胞和内胚层细胞。MAPC 具有更大的扩增潜能,可以从单个供体获得大规模的现成产品,降低可变性。MAPC 通过 PGE$_2$ 和 IDO 介导的增殖抑制,以及 Th1、Th22、Th17 细胞分化,抑制同种异体 T 细胞反应,而不依赖于细胞接触、Treg、IL-10 或 TGF-β。在 T 细胞输注前将 MAPC 经脾内灌注,可作为 GVHD 预防措施显著降低小鼠 GVHD。

(3)骨髓来源的抑制细胞(myeloid-derived suppressor cell,MDSC):MDSC 是具有免疫抑制性的髓系细胞,在炎症和癌症时扩增。它首先在癌症患者中被发现,能浸润肿瘤并抑制抗肿瘤 T 细胞反应,从而确定了它们在 GVHD 治疗中的潜力。可根据表型,将 MDSC 分为 3 个亚群:在人类中,粒细胞多形核白细胞(PMN)-MDSC 表达 CD11b$^+$CD14$^-$CD15$^+$,髓系(M)-MDSC 表达 CD11b$^+$CD14$^+$HLA-DR$^-$$^{/lo}$CD15$^-$,未成熟/早期 MDSC 表达 CD33$^+$。大量抑制性 MDSC 主要来源于小鼠骨髓或人外周血单核细胞。

MDSC 抑制 T 细胞包括多种方式,包括精氨酸酶-1、一氧化氮(NO)、活性氧(ROS)、血红素氧合-1、TFG-β、IL-10。MDSC 抑制 NK 细胞毒性和 B 细胞增殖,促进 Treg。例如,在小鼠中,含有大量 ROS 的 PMN-MDSC 以接触依赖的方式抑制抗原特异性 T 细胞,而 M-MDSC 产生 NO 和精氨酸酶-1 以非特异性方式抑制抗原特异性 T 细胞。M-MDSC 比 PMN-MDSC 更强,后者在肿瘤中更常见,这表明 M-MDSC 可能在保护 GVL 反应的同时,限制 GVHD 的风险。

(4)NK 细胞:供体 NK 细胞对 GVHD 非常敏感,在 GVHD 中,由于常规 T(Tcon)细胞消耗 IL-15 而不能成熟,导致供体 NK 依赖性病原体和白血病特异性免疫缺陷。在没有 GVHD 和/或 IL-15 的情况下,过继性 NK 细胞移植最有效。供体激活的小鼠 NK 细胞移植在保留 GVL 的同时降低了 aGVHD。在 GVHD 小鼠中,供体的 T 细胞和少量 Treg 具有对 NK 杀伤作用的易感性。NK 细胞可清除宿主抗原提呈细胞(APC),限制供体 T 细胞扩增。同种异体造血干细胞移植患者的 GVHD 降低与供体 NK 细胞数量及同种异体反应有关。

输注时间也非常关键。在骨髓移植后早期,给予外源性 IL-2,活化的供体 NK 细胞抑制了 GVHD。相反,激活的 NK 细胞也可以产生促炎症细胞因子,促进小鼠和人类 GVHD 的发生。

向非异基因造血干细胞移植患者输注单倍体相合 NK 细胞,不太可能发生 aGVHD。在异基因造血干细胞移植前,向患者输注 NK 细胞和 IL-2,可能发生 aGVHD。而在异基因造血干细胞移植后,输注 NK 细胞但不补充 IL-2,发生 aGVHD 的风险相对较低。

NK 细胞中有一小群异质性细胞表达 CD4 和/或 CD8,两者都不能与 NK 特异性分子共表达。NKT 细胞对由 MHC 样结构呈递的脂质抗原作出反应。Th1、Th2 细胞因子大量生产,iNKT 细胞通过释放 Th2 型抑炎因子(如 IL-4),快速抑制炎症,抑制 aGVHD 的发生。

在啮齿动物中,供体或宿主 CD4$^+$ iNKT 细胞输注促进了 Treg 扩增,既不损害 GVL 作用,又改善了 aGVHD,其比例为 1∶20 iNKT/T 细胞。iNKT 细胞在移植后早期被排斥,但 aGVHD 的致死率降低。在供体移植物中,CD4$^+$ iNKT 细胞数量增加与 aGVHD 减少相关。用辐照杀灭淋巴细胞的预处理与较低的 aGVHD 发生率,增加的宿主 NKT 细胞量和 iNKT/T 细胞比率相关,提示 iNKT 细胞增多可降低 aGVHD 的风险。

(5)先天淋巴样细胞(innate lymphoid cell,ILC):ILC 缺乏 T 细胞和 B 细胞受体,主要分布在黏膜表面,对病原体作出快速应答。第 1 群(ILC1,分泌 IFN-γ;包括 NK 细胞),第 2 群(ILC2,分泌 IL-4、IL-5、IL-13),第 3 群(包括淋巴组织诱导细胞和黏膜分泌 IL-17 和/或 IL-22 的 ILC3)。IL-22 是一种具有抗炎和促炎特性的多效性细胞因子。在骨髓移植后早期,受体 ILC3 分泌的 IL-22 或外源性 IL-22 能减弱小鼠胃肠道中的 GVHD,对肠道干细胞具有保护和/或刺激作用。相反,由 Th22 细胞分泌的 IL-22 促进皮肤 GVHD。异基因造血干细胞移植的重点在于保证 ILC2 高表达,而 ILC3(或其分泌产物)在异基因造血干细胞移植后存在于小肠和结肠固有层,在 aGVHD 中扮演免疫调节和肠道损伤修复的作用。

异基因造血干细胞移植后 12 周的患者中,循环 ILC2 明显减少。相反,移植前高度活化(CD69$^+$)的 ILC 患者 aGVHD 和黏膜炎减轻。有研究显示,在老年人和接受脐带血移植或非清髓作用下的患者中,ILC 减少。在异基因造血干细胞移植小鼠中,化疗或放疗作用使下消化道 ILC 耗竭,并恢复缓慢。有研究提示,在治疗第 0 天或第 7 天输注体外扩增的供体小鼠 ILC2,可缓解 GVHD,减少肠道损伤,减少供体 Th1 和 Th17 细胞,增加 ILC2 来源的 IL-13 诱导的 MDSC,并为组织修复提供 ILC2 来源的双调节因子。多次供体 ILC2 输注能降低 aGVHD 的致死率,同时保留了 GVL。

固有层 CCR6$^+$NKp46-IL7Rα$^+$ILC3(淋巴组织诱导样)细胞分泌 IL-22,促进肠道干细胞上皮再生。由于 GVHD 会消耗小鼠肠道 ILC3,因此,无论是可使组织再生、发挥抗菌能力和 DC 耐药特性的供体 ILC3,还是可分化为 ILC1、ILC2 和 ILC3 的常见 ILC 前体,都值得进行临床前和临床试验。

(6)**调节性 T 细胞(Treg)**:调节性 T 细胞抑制 Tcon 细胞反应。研究最多的是高表达 CD25$^+$(高亲和性 IL-2R)和转录因子 FoxP3 的 CD4$^+$T。FoxP3 可以在胸腺发育早期(所谓天然或胸腺 Treg,简称 nTreg)稳定表达,也可以在体

外或体外激活后诱导表达（简称诱导 Treg、iTreg）。FoxP3 在 nTreg 中以非甲基化状态稳定表达，但在 iTreg 中呈甲基化且不稳定。在异基因造血干细胞移植和 GVHD 中，Treg 发育障碍可能是由于胸腺细胞生成受损和在循环中易死亡的特性，这促进了 aGVHD，尤其是 cGVHD。在临床前试验中，nTreg 输注可以预防 aGVHD 和逆转 cGVHD。相比之下，移植后输入 iTreg 时，其表型不稳定，会失去 FoxP3 表达，尽管 IL-2 和雷帕霉素可以部分解决这一问题，使用 iTreg 预防 GVHD 仍不可靠。

Treg 只占外周血中 CD4 T 细胞的 2%~10%，要输注一定数量级的 Treg，需要在体外进行扩增。大规模的 nTreg 体外扩增已得到实现，将脐带血来源的 nTreg 作为 GVHD 的预防措施有较好的效果，GVHD 发生率非常低。

目前，nTreg 输注是预防和治疗 GVHD 最有效的细胞疗法。nTreg 对 GVL 的效果在临床前试验中存在差异，取决于使用的模型和恶性肿瘤。Treg 缓解 GVDH 的机制包括再生细胞因子的释放（如双调蛋白），APC 功能抑制（如通过 CTLA-4），以及通过分泌抑制分子（如腺苷、TGF-β、IL-35、IL-10）抑制 Tcon 功能。

第二种 Treg 类型是 iTreg，它表达 CD8、HLA-I。在稳态情况下，CD8[+] iTreg 不表达 FoxP3，但在体内受到刺激，或体外有 IL-2 和 TGF-β 存在的情况下表达 FoxP3。虽然这些 CD8[+] iTreg 在体外可以抑制 Tcon 反应，但在小鼠模型骨髓移植后不稳定，可转变成 Th1 细胞，加重 GVHD。

分泌高水平 IL-10 但 FoxP3 阴性的 Treg 亚群被称为 1 型调节性 T（Tr1）细胞。这些细胞典型地分泌 IFN-γ，其在起始阶段需要 Tbet 和 blimp-1 转录因子，但是 Tr1 细胞的稳定持续依赖于 Eomes。在供体 nTreg 严重缺乏的 aGVHD 中，Tr1 细胞是主要的 Treg，而 Tr1 细胞的缺乏加重 GVHD。Tr1 细胞是否可用于治疗，目前正在试验阶段。

随着 Treg 和 Tr1 细胞越来越多地被了解，人们正在尝试调节这种微环境，促进 Treg 在体内增殖。这包括提供外源性生长因子 IL-2，更好地将 IL-2 靶向 Treg 的新方法开始临床试验。同时，肿瘤坏死因子受体-2 激动剂也被证明可以扩增受体 Treg，对缓解 aGVHD 有效。另外，临床试验通过抑制 IL-6 来改变 Treg 分化，正在进行中。IL-6 抑制促进了 Treg 和 Tr1 细胞扩增。

五、移植后免疫重建

HCT 后可能发生移植后免疫缺陷延长，特别是在治疗恶性肿瘤和使用 T 细胞去除的移植物后。T 细胞和 B 细胞的再生需要相当长的时间，特别是当胸腺由于年龄和先前的治疗而失去大部分功能的时候。GVHD 及免疫抑制药物也可延迟免疫重建。患者易受机会性感染，在许多情况下是致命的。因此，需要有效的方法来加速移植后的免疫重建。

（一）输注去除 T 细胞的移植物

去除 T 细胞是指特异性清除抗受体的同种异体 T 细胞。异体 T 细胞移植可在不诱导 GVHD 的情况下，通过恢复 T 细胞库从而增强免疫重建，从而达到抗感染免疫的

目的。一种方法是基于活化相关细胞表面标记如 CD25、CD69、CD71 或 CD134 而去除同种异体 T 细胞。其他的方法是使用化疗药物、光动力清除或基于增殖的方法来清除 T 细胞。这些同种异体 T 细胞去除有几点局限性，包括激活标记的不同步表达、仅刺激免疫优势克隆、留下较少同种异体 T 细胞，以及单个激活标记无法识别所有的同种异体 T 细胞。

（二）输注病原体特异性 T 细胞

体外扩增的病原特异性 T 细胞克隆移植可以恢复 HCT 后对 EB 病毒（EBV）和巨细胞病毒感染的免疫。这些病毒特异性 T 细胞可以利用抗原特异性四聚体在体外扩增。输注这些 T 细胞可以控制疾病。但扩增过程需要特殊的专业知识，且只能恢复对特定病原体的免疫能力，因此限制了该方法的普遍适用性。

（三）移植扩增的淋巴样祖细胞

进入胸腺的淋巴样祖细胞可以限制 T 细胞的重建，在移植供体中加入 T 淋巴样祖细胞已被证明可以增强实验中异体造血干细胞移植后的免疫重建。Zakrzewski 等和 Dallas 等人的研究表明，通过调控 Notch 信号通路在体外扩增 T 细胞前体，再将其输注到患者，可以增强免疫重建。除了促进免疫恢复外，移植这些 T 细胞前体还可增强 GVL 效应，而不诱发 GVHD。一项研究表明，将在体外产生的 T 细胞前体与 CD34[+] 细胞共移植，可以使免疫缺陷小鼠体内快速产生 T 细胞。

（四）移植自杀基因转导的供体 T 细胞

一些研究表明，在控制 GVHD 的同时使用自杀基因转导的供体 T 细胞可以增强免疫重建。当 GVHD 出现时，该转基因可以快速杀灭供体 T 细胞。在一项非随机 I~II 期临床试验中，Ciceri 等人将单纯疱疹病毒胸苷激酶自杀基因转导的供体 T 细胞输注到经骨髓清除作用后的单倍同型 HCT 受者体内，这些患者更好地重建了免疫系统，减少了感染。在发生 GVHD 的患者中，使用更昔洛韦杀死转基因阳性 T 细胞，从而控制 GVHD。该研究中一个有趣的发现是，给予基因转导的供体 T 细胞可以促进供体来源非转导 T 细胞的重建，表明转导的 T 细胞促进了供体 T 细胞的扩增。

（五）生物制剂的使用

几种外源性因素已被证明可以增强动物模型的免疫重建。尽管角化细胞生长因子可改善动物模型的胸腺功能，但临床试验没有证明其疗效。目前小规模的临床试验阻断性激素可以增强胸腺造血。动物研究表明，角化细胞生长因子与性激素阻断剂可能具有协同效应，需要在临床试验中进一步验证。

第五节　胚胎干细胞的免疫原性

胚胎干细胞（embryonic stem cell，ESC）起源于受精卵母细胞分化的囊胚的内细胞团，具有无限扩增和广泛的自我更新能力，以及分化成任何体细胞组织的潜力，如产生胰岛素的胰腺细胞、形成心肌的心肌细胞，以及形成神经和脑组织的神经元，是目前再生医学领域细胞替代治疗最佳的细胞来源之一。由于 ESC 处于细胞原始的未分化状态，

因而长期以来一直被认为具有"免疫特权",可以长时间地躲避宿主免疫系统的识别并避免受到攻击。然而,越来越多的研究显示了这一观点的片面性,就人类胚胎干细胞(human embryonic stem cell,hESC)而言,虽然 hESC 自身具有的免疫原性较低,但随着细胞分化程度的增加,其免疫原性也在相应地增强。尽管 hESC 拥有 ESC 的功能,但涉及免疫原性的相关问题仍未得到充分解决,避免排斥反应的方案在很大程度上尚未得到测试。

一、胚胎干细胞抗原

大多数情况下,在遗传无关的个体之间进行组织或器官移植会导致免疫反应的发生,从而导致移植排斥。在同一种属的不同个体之间,由于等位基因差异而形成的多态性产物,即同种异型抗原,主要包括:主要组织相容性复合体(major histocompatibility complex,MHC)、次要组织相容性复合体(minor histocompatibility complex)和 ABO 血型抗原这三组抗原。另外,在涉及以异种组合进行的 ESC 移植的研究中,排斥是由不同于上述三组抗原的异种抗原诱导的。

(一)主要组织相容性复合体或人类白细胞抗原

MHC 是一组编码动物主要组织相容性复合体的基因群的统称,在人类中被称为人类白细胞抗原(human leukocyte antigen,HLA)。MHC 编码的蛋白在细胞表面表达,用于区分自我和非我,因此,MHC 蛋白的差异是移植 ESC 及其分化衍生物的严重障碍。MHC 区包含约 200 个对免疫识别至关重要的基因,它编码两类主要的具有高度多态性的细胞表面糖蛋白,其关键作用是结合自身蛋白和外源病原体产生的肽段,将信号从抗原呈递细胞(antigen presenting cell,APC)传递到 T 淋巴细胞。HLA 系统包含六个主要基因座来编码这两类分子:I 类分子包括 HLA-A、HLA-B 和 HLA-C,其主要功能是递呈衍生自细胞内和病毒蛋白的肽段,以供 CTL 识别;II 类分子包括 HLA-DR、HLA-DQ 和 HLA-DP,主要结合源自细胞外蛋白质和致病物质加工的肽段,并被辅助性 T 细胞(helper T cell,Th 细胞)识别。这两类分子具有不同的细胞分布,HLA-I 类分子在人有核细胞上普遍表达,而 HLA-II 类分子基本只在骨髓来源的 APC 和胸腺上皮细胞上表达。HLA 基因是人类基因组中多态性最高的基因,并且至少有六个不同的 MHC 等位基因同时共显性表达。因此,遗传无关的个体之间 MHC 等位基因完全匹配的可能性非常低。

先前的报道表明,小鼠 ESC 几乎不表达可检测的 MHC-I 类和 MHC-II 类分子,完全成熟的拟胚体(embryoid bodies,EBs)仅表达低水平的 MHC-I 类抗原。与之不同的是,未分化的 hESC 低表达 MHC-I 类抗原,但不表达 MHC-II 类抗原。当 hESC 在体外分化为 EBs 时,它们的 MHC-I 类分子表达增加了 2~4 倍,MHC-II 类分子仍未被检测到。用 γ 干扰素处理未分化的 hESC,会诱导 MHC-I 类分子的表达。研究发现,hESC 上 MHC-I 类抗原的低表达是由于某些抗原加工器(antigen-processing machinery,APM)组分 mRNA 转录缺失所致,而分化过程中增加了 APM mRNA 的转录,从而

增加了细胞表面 MHC-I 类分子的表达。基于这些现象,我们提出了 hESC 及其衍生物具有"免疫特权"的特性,虽然 hESC 不能在体内外直接激活 T 细胞,但移植后的 hESC 仍被多种免疫机制排斥。

(二)次要组织相容性复合体

次要组织相容性复合体以等位基因变体的形式存在于不同的个体中,但它们并不以细胞表面分子的形式表达。源自这些分子的肽段可能会在移植后被 APC 呈递,但由于它们不形成易于接近的靶标,因此它们不会引起次要组织相容性复合体不匹配导致的强大的排斥反应。在原本没有引发免疫反应的个体中,通过标准的免疫抑制疗法就可以轻松控制次要组织相容性复合体抗原的任何反应。值得注意的是,在 HLA 相同的骨髓移植中,多种次要组织相容性复合体抗原的组合是导致抗移植物宿主病(graft versus host disease,GVHD)的主要原因之一,这种情况发生在大约 40% 的患者中。导致临床 HSC 移植排斥和 GVHD 的次要组织相容性复合体抗原,包括 HA-1 衍生的肽和雄性 H-Y 基因产物,被雌性免疫细胞识别为外源性蛋白。线粒体基因产物是次要组织相容性复合体抗原的另一个例子,当 ESC 系来源于核移植产生的胚胎时,它与再生医学的关系取决于卵母细胞的来源。

(三)血型抗原

血型抗原指表达于红细胞及某些组织细胞表面、决定血型的抗原,如人类 ABO 血型抗原。人类和高等灵长类表达的 ABO 血型抗原大量存在于红细胞、血管内皮细胞和上皮细胞的表面。一旦出现供体和受体 ABO 血型不合,受体体内长期存在的 IgM 和 IgG 抗体可以与移植细胞或组织迅速结合,激活补体级联和凝血反应,导致III型超敏反应,引起广泛的细胞裂解和广泛的组织损伤。最近的研究发现,hESC 和 iPSC 在体外分化出的细胞类型,包括肝细胞和心肌细胞样细胞,都表达了 ABO 抗原,这表明移植医学同样需要进行 ABO 血型匹配。其他血型抗原,如 Kell、Duffy 和 Lewis,也可能与 ESC 的移植排斥反应相关,尽管目前它们在异体器官移植和星状细胞移植中还没有被发现有已知的作用。

二、胚胎干细胞引发的移植排斥反应

(一)胚胎干细胞移植引发适应性免疫反应

T 淋巴细胞是识别移植物抗原并且介导移植排斥反应的主要细胞,目前认为 T 细胞识别同种异体抗原的机制有 3 种:直接识别、间接识别和半直接识别(图 1-11-2)。

1. 直接识别 指受体 T 细胞直接识别供体 APC 表面同种异型 MHC 分子的方式,可以在移植初期引发快速的排斥反应。由于 ESC 不表达 MHC-II 类分子,因而不会在移植后短期内激活 T 细胞直接识别途径。然而移植后的 ESC 均不能维持多能状态,并且会自发分化成表达 MHC 分子的各种细胞类型,不排除分化出表达 MHC-II 类分子的 APC,从而导致同种异体排斥反应。

2. 间接识别 指受体 T 细胞识别由自身 APC 加工提呈后的供体 MHC 抗原肽,常引起迟发的排斥反应。移植术后,受体 APC 可以摄取并加工 ESC 表面的同种异型

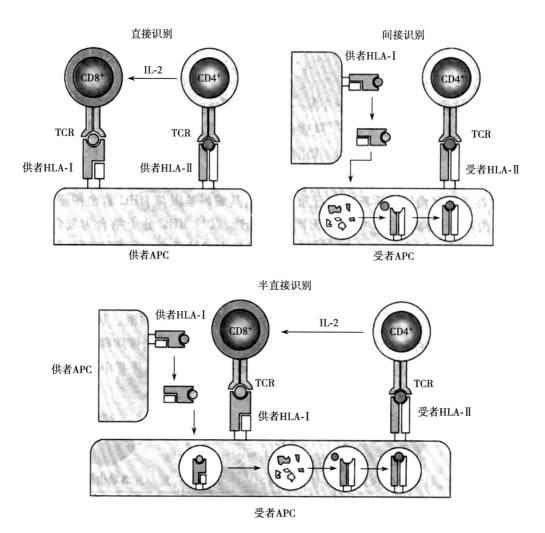

图 1-11-2 T 细胞识别同种异体抗原的模式

MHC-Ⅰ类分子,并通过 MHC-Ⅱ类分子途径提呈给 CD4⁺T 细胞,被激活的 CD4⁺T 细胞可以分泌多种细胞因子,来促进抗原特异性的 CTL 和 B 淋巴细胞增殖,最终导致移植排斥。间接识别在慢性排斥反应和急性排斥反应的中、晚期发挥了重要作用。

3. 半直接识别 指受体 T 细胞既可以直接识别转移到受体 APC 表面的供体抗原肽-供体 MHC 分子复合物,又可以间接识别自身 APC 表面 MHC 分子提呈的来自供体的 MHC 分子抗原肽复合物。目前认为,半直接识别可能在移植排斥反应的早期和中晚期发挥作用。

此外,激活的移植抗原特异性 CD4⁺Th 细胞还可以辅助 B 细胞分化为浆细胞,激活体液免疫。浆细胞可以通过分泌特异性抗体,发挥免疫黏附、调理作用、补体依赖的细胞毒作用和抗体依赖的细胞介导的细胞毒性作用,间接参与排斥反应的发生。

(二)胚胎干细胞移植引发固有免疫反应

除了适应性免疫细胞,固有免疫效应细胞也在宿主抗移植物反应中发挥了重要作用,如 NK 细胞。在正常情况下,NK 细胞表面的抑制性受体可以和自身细胞表面的 MHC-Ⅰ类分子或自身抗原肽-自身 MHC-Ⅰ类分子复合物结合,启动负调控信号从而抑制 NK 细胞杀伤活性。研究发现,人类和小鼠的 ESC 都很容易受到 NK 细胞的杀伤,这可能与 ESC 的 MHC-Ⅰ低表达和 NK 细胞上 NKG2D 配体的上调有关。此外,活化的 T 细胞分泌的多种细胞因子可以激活 NK 细胞,并增强其细胞毒作用,参与对移植物的免疫排斥。

三、降低移植排斥反应的策略

尽管 ESC 的免疫原性较小,但仍不可避免地被受体强大的免疫系统识别为外来细胞,从而导致移植排斥反应。因而接受移植的患者将面临终生的免疫抑制治疗,免疫抑制剂方案可以有效地抑制同种异体免疫反应,但传统的免疫抑制疗法(例如西罗莫司、他克莫司和霉酚酸酯)只能使 ESC 的存活率略有提高,几乎没有证据表明在移植后 3~4 周内细胞可以移植成活。因此,针对不同移植排斥反应机制的预防及治疗策略正在不断地开发与完善,目前主要有以下几种(图 1-11-3):①诱导移植物受体的中枢和外周免疫耐受,避免移植排斥反应的激活;②建立特殊的 ESC 库,使 hESC 具有不同的 HLA 和 ABO 谱,可以与受体进行匹配;③使用体细胞核移植(somatic cell nuclear transfer,SCNT)技术或 pESC 来构建与受体表达相似抗原的 hESC;④通过

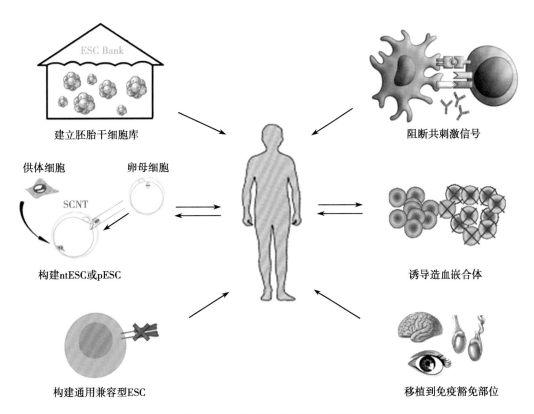

图 1-11-3　降低移植排斥反应的策略

遗传修饰构建通用兼容型胚胎干细胞;⑤将 ESC 移植到免疫功能低下的部位,避免受到免疫系统攻击。

（一）诱导移植物受体的免疫耐受

除了使用免疫抑制剂的方法,诱导机体免疫耐受也是抑制移植物受体移植排斥反应激活及进展的主要方式。免疫耐受是免疫系统对特定组织或细胞无反应的状态,免疫系统建立对自身细胞的耐受可以防止自身免疫疾病的发生。T 细胞耐受分为中枢耐受和外周耐受两种,中枢耐受是指在胸腺阴性选择过程中去除与自身 MHC 反应性过高的细胞克隆;外周耐受涵盖胸腺外部发生的几种机制,包括外周缺失、无能、耗竭和 Treg 的抑制功能。

1. 通过构建造血嵌合体诱导中枢耐受　在某些情况下,如果移植物受体携带供体特异性多谱系造血作用(又称为混合造血嵌合体),则可能不需要进行供受体 MHC 配型。诱导造血嵌合体技术通过清除患者自身骨髓细胞,同时向患者注射供体来源的骨髓细胞导致造血共存。由于供体 APC 聚集在胸腺中,参与了对患者自我识别 T 细胞的阴性选择,从而允许来自同一供体来源的组织和器官的移植,且不发生严重的排斥反应。造血嵌合体主要适用于那些接受骨髓清除治疗的患者。有研究发现,将大鼠 ESC 系注射到 MHC 完全不匹配的大鼠门静脉后,可以诱导稳定的混合造血嵌合。然而 hESC 在这一方法上的潜力尚不清楚,且未分化的 hESC 直接注射可能会形成畸胎瘤,也没有迹象表明 hESC 与大鼠 ESC 一样,会分化并起胸腺 APC 的作用。

2. 外周耐受诱导　异体移植排斥主要由 T 细胞依赖性免疫应答介导,破坏 T 细胞共刺激途径或激活抑制性途径,可以诱导免疫耐受形成。先前的研究表明,标准的免疫抑制药物方案可以显著降低免疫反应,从而延长 hESC 衍生的异种移植物的存活时间,但最终无法阻止移植排斥。最佳的 T 细胞活化反应需要两个信号,抗原特异性 T 细胞受体(T cell receptor,TCR)的连接和非抗原特异性共刺激分子的辅助信号。T 细胞活化最重要的共刺激信号包括 APC 上的 CD40 与 T 细胞上的 CD40L 之间的结合,以及 APC 上的 CD80/CD86 与 T 细胞上的 CD28 的相互作用(图 1-11-4A)。当通过 TCR 刺激 T 细胞而没有伴随的共刺激信号时,会导致 T 细胞进入无反应状态,称为 T 细胞无能。因此,有可能通过破坏 T 细胞共刺激途径(例如 CD28⁻CD80/CD86 和 CD40⁻CD40L 途径)来诱导同种异体 hESC 的免疫耐受。细胞毒性 T 淋巴细胞相关抗原 4(cytotoxic T lymphocyte-associated antigen-4,CTLA-4)是一种具有免疫负调节功能的共刺激分子,由活化的 T 细胞表达,可以比 CD28 大 10~20 倍的亲和力与 CD80/CD86 结合,然后将抑制信号传递至 T 细胞。有研究表明,使用三种共刺激受体阻断抗体 CTLA-4 Ig、抗 CD40L 抗体和抗淋巴细胞功能相关抗原 1 处理的小鼠,可以预防移植 hESC 或 hESC 衍生的内皮细胞产生的异种移植排斥反应,减少促炎症细胞因子(例如 IL-2 和 Tnfrsf9)的表达,减少幼稚 T 细胞向 Th1 型表型的极化,建立了异种免疫系统的免疫耐受性(图 1-11-4B)。

值得注意的是,与小鼠模型的原始 T 细胞相比,接受移植的人类同种反应性 T 细胞中,高达 50%表现出记忆表

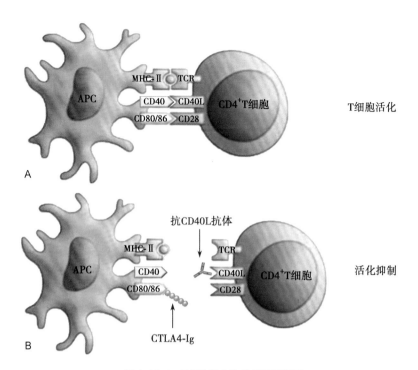

图 1-11-4   T 细胞活化和外周耐受诱导

型,并且诱导小鼠的免疫系统实现同种异体免疫耐受比人类的更容易。因此,在小鼠模型中生效的免疫耐受策略的推广必须在人类免疫系统的条件下重新评估。为了解决这个瓶颈,最近的研究开始使用重组了人类免疫系统的人源化小鼠来研究 hESC 的免疫反应。目前已通过使用人源化小鼠,证明在转基因 hESC 衍生的细胞上 CTLA-4 Ig 和 PD-L1 的表达可有效保护这些细胞免受同种异体人类免疫反应的影响,而且不会引起系统性免疫抑制。但由于表达 CTLA-4 Ig/PD-L1 的细胞具有免疫逃逸性,也因此容易感染和罹患癌症。为了使风险最小化,自杀性胸腺嘧啶激酶基因在这些细胞中的共表达支持了开发安全有效的策略来保护 hESC 衍生的同种异体移植物免受移植排斥的可行性。

(二)建立胚胎干细胞库

降低移植物免疫原性的主要策略是通过选择供体来最大程度地减少供体和受体之间的同种异体抗原差异。由于 hESC 表达 HLA-I 类抗原,也可能表达 ABO 抗原,因此在选择供体细胞时,需要测试这些抗原与受体细胞的反应情况,以改善供体和受体之间的匹配,对供体细胞进行选择时,需统一使用 ABO 血型检查法进行交叉匹配,来测试移植物受体的抗体是否会与供体细胞发生特异性反应。建立包含各种 HLA 类型的 ESC/iPSC 的干细胞库,以为目标人群提供与其 HLA 匹配的细胞/组织来克服免疫屏障是一项重要的举措。国际干细胞库的开发应包括表达一系列代表世界各地不同地理种群和种族的 HLA 类型的细胞,为目标人群提供更有价值的匹配。目前国际脐带血干细胞库已经很完善,它们包含新生儿分娩时获得的脐带血单位,这些单位表达 HLA 分子并被冷冻保存,用于未来在无亲缘关系的造血干细胞移植中使用。我国科学家曾建立了一个包含 188 个 hESC 系的干细胞库,并评估了该库与当地人群实际

HLA 的匹配能力,发现无论种族差异如何,该干细胞库都可以为当地 24.9%~56.3% 的人群提供有效的匹配。

(三)构建核移植胚胎干细胞或孤雌胚胎干细胞

体细胞核移植技术(somatic cell nuclear transfer technology, SCNT)指将患者的体细胞细胞核转移到去核受体卵母细胞中,通过重编程,使体细胞核恢复全能性并能够启动胚胎发育的技术。核移植的胚胎干细胞(nuclear transfer embryonic stem cell, ntESC)可以用于衍生多能干细胞,并且可以在体外纠正致病突变。由于 ntESC 与核供体拥有相同的核基因组,因此它们可用于治疗,包括细胞移植和疾病建模。克隆的人类胚胎发育到囊胚期的效率极低,人类 ntESC 的衍生非常困难,2013 年,Mitalipov 团队首次建立了第一个以胎儿或婴儿成纤维细胞作为核供体细胞的人类 ntESC 细胞系,使治疗性克隆成为现实。值得注意的是,减少移植的 hESC 与受体 HLA 之间的错配可能是可行的,但仍不可能找到次要组织相容性复合体和其他潜在的未知抗原表达与受体完全相同的 hESC,至少核供体与 ntESC 中源自卵母细胞的线粒体次要组织相容性复合体可能存在微小差异,而产生移植排斥。

pESC 源自从未受精卵母细胞获得的囊胚的内部细胞团,这些卵母细胞已被激活,可以在没有雄性配子参与的情况下发育。从人类、非人类灵长类动物和猪等几种物种中分离出来的 pESC 系在增殖,多能性标志物的表达,以及在体外和体内产生高度特异性组织的能力方面类似于胚胎干细胞。父系基因组的缺失保证了其与卵母细胞供体的组织相容性,这也使得 pESC 可能比双亲 ESC 有更低的移植排斥风险,从而有助于干细胞的疗法中 ESC 系与患者之间的匹配。然而,由于由基因组的纯母本起源引起的潜在表观遗传不稳定性,pESC 的临床应用可能受到限制。

（四）通过遗传修饰构建通用兼容型胚胎干细胞

ESC 上表达的 MHC 分子是引起受体 T 细胞应答最主要的原因,因此可以通过破坏 MHC 分子的表达来降低 ESC 的免疫原性。最近有研究探索了通过沉默/敲除 HLA 基因或决定 HLA 表达和功能的基因,以及通过表达编码免疫抑制分子的基因来产生通用兼容型 hESC(universally compatible hESC,UC-hESC),发现 UC-hESC 衍生的移植物比野生对照组的移植排斥小得多,因此有潜在的可能性适用于任何 HLA 类型的患者的移植。目前研究发现的 UC-hESC 的构建策略主要有以下四种(图 1-11-5):

1. 通过沉默/敲除 HLA-I 类分子重链基因或轻链 β₂-微球蛋白(β₂-microglobulin,β₂M)的基因来抑制 HLA-I

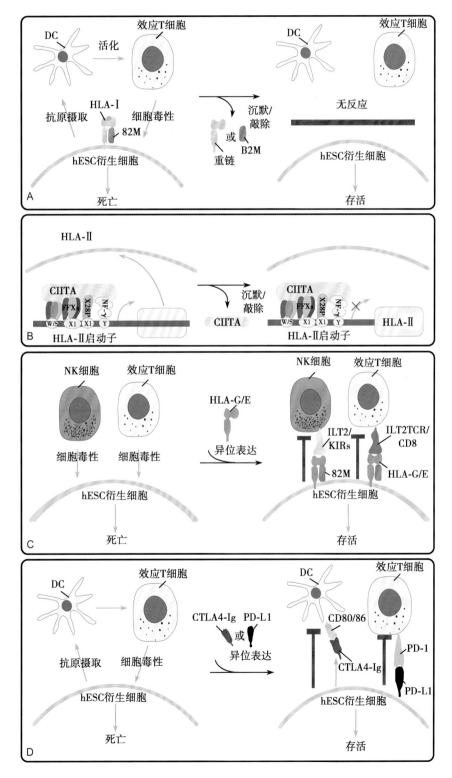

图 1-11-5 通过遗传修饰构建通用兼容型胚胎干细胞

类分子在 hESC 细胞表面的组装和表达,表面没有 HLA-I 类分子的 hESC 对宿主的 DC 和 T 细胞而言"不可见",因此可以作为同种异体移植存活。

2. 通过沉默/敲除 MHC-Ⅱ类反式激活因子(MHC-class Ⅱ transactivator,CⅡTA)抑制 HLA-Ⅱ在 hESC 表面的转录。没有 HLA-Ⅱ的 hESC 不会触发 HLA-Ⅱ依赖性移植排斥反应,同时 CⅡTA 还可以调节其他基因的转录,包括 HLA-Ⅰ。

3. 通过增加 HLA-G 或 HLA-E 在 hESC 衍生细胞上的表达,这类非经典 HLA 分子可通过与 NK 细胞抑制性受体相互作用来抑制 NK 细胞的活化,例如杀伤细胞免疫球蛋白样受体(killer cell Ig-like receptors,KIRs)和免疫球蛋白样转录子2(Ig-like transcripts 2,ILT2),通过与 ILT2 或 TCR 相互作用抑制活化的 T 细胞的增殖,并通过与 CD8 相互作用来诱导 CD8⁺T 细胞的凋亡。

4. 通过过表达免疫抑制分子 PD-L1 和 CTLA-4 Ig 异位 PD-L1 可以与效应 T 细胞上表达的 PD-1 相互作用激活免疫抑制通路;异位 CTLA-4 Ig 可以竞争性地与 DC 表面的 CD80/86 分子结合,以阻止 T 细胞的激活,从而导致 T 细胞失能或耐受。

然而,UC-hESC 仍具有免疫原性,它们逃避移植排斥的原因仅仅在于细胞膜上 HLA 缺失或触发移植排斥的信号被抑制,但它们尚未在具有强大同种异体免疫反应的宿主体内进行测试。另外,构建 UC-hESC 过程可能会增加由移植物引起的致瘤性风险,例如在细胞培养和分化过程中可能会导致 hPSC 或它们的衍生物发生遗传畸变而产生恶性肿瘤,这也是我们需要关注的重点之一。

(五)将胚胎干细胞移植到免疫功能低下的部位

同种异体移植的排斥率不仅取决于 MHC 错配,还取决于移植部位。在机体的某些特定部位,例如眼睛、大脑或睾丸前部,其在解剖上与免疫细胞隔绝或局部微环境中存在免疫抑制机制,因此一般不对外来抗原产生免疫应答,这些部位称为免疫豁免区。免疫豁免区可以通过至少三种机制获得免疫特权:①这些部位具有非典型的淋巴引流,并通过特殊的物理屏障与身体的其余部分分开;②免疫特权位点产生免疫抑制性细胞因子,例如转化生长因子 β;③表达 Fas 配体(FasL,CD95L),该配体可诱导表达 Fas(CD95)的

淋巴细胞凋亡。有关于帕金森病患者中不匹配的胎儿来源的多巴胺能神经元移植的累积数据表明,这些移植物即使没有使用免疫抑制治疗也可以存活数年并改善患者症状。因此,将分化的 hESC 移植到免疫豁免区提高其生存率或许是可行的。

第六节 核移植胚胎干细胞与供体免疫

体细胞核移植(somatic cell nuclear transfer,SCNT)技术通过将供体细胞的细胞核转移到去核卵母细胞中,将终末分化的体细胞基因组重编程为全能状态,从而获得与供体特异性或同基因的胚胎。自 1996 年 Dolly 羊诞生以来,人们通过 SCNT 技术获得了多种哺乳动物的克隆。2013 年,Mitalipov 团队首次通过抑制受体卵母细胞的过早激活,结合曲古抑菌素 A 治疗,建立了第一个人类 ntESC 细胞系。2018 年,我国科学家通过 SCNT 技术,用胎猴成纤维细胞成功克隆了两只健康的食蟹猴,证实了 SCNT 技术克隆非人类灵长类动物的可行性。SCNT 技术的不断发展,为再生医学提供了新的治疗思路,应运而生的还有"治疗性克隆"的概念。

治疗性克隆指利用 SCNT 技术,将来源于患者的体细胞核移植到去核卵母细胞,随后供体细胞核迅速出现核膜破裂,发生染色体早熟凝集,形成中期染色体。重建的 SCNT 卵母细胞被人工激活,启动发育程序,形成囊胚。衍生自胚胎的干细胞携带着患者的核基因组,被诱导分化为替代细胞,例如心肌细胞替代受损的心脏组织,产生胰岛素的胰岛 β 细胞,骨关节炎的软骨细胞,或治疗帕金森病的多巴胺能神经元等,然后被移植回核供体患者,用于替代疗法(图 1-11-6)。由于 ntESC 可以从选定的去核卵母细胞获得健康的线粒体,因此遗传或获得性线粒体 DNA(mitochondrial DNA,mtDNA)疾病尤其适合使用 SCNT 技术进行治疗。

一、核移植胚胎干细胞的免疫原性

由于 SCNT 衍生的 ntESC 与核供体拥有相同的核基因组,因此当 ntESC 及其分化的细胞被移植回核供体时,不会引发供受体 MHC 错配所致的免疫反应。ntESC 的免疫原

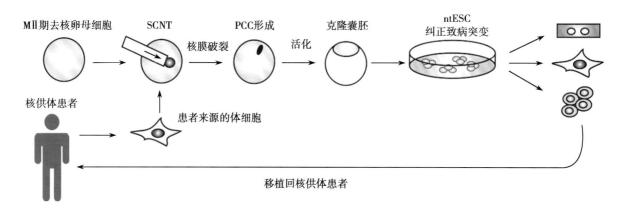

图 1-11-6 治疗性克隆流程示意图

性主要由核受体卵母细胞胞质中存在的线粒体蛋白产生。

（一）线粒体蛋白的合成

线粒体是一种半自主细胞器，mtDNA 是线粒体中的遗传物质，编码多种用于线粒体呼吸复合物的组装和活性的关键蛋白质。mtDNA 被许多蛋白质包裹，形成均匀分布在线粒体基质中的核苷，这对线粒体功能至关重要。除了mtDNA，细胞核基因也参与编码了线粒体的大多数蛋白质。虽然线粒体基因组可以独立地进行复制、转录和翻译，但其自身结构和生命活动都需要核基因的参与并受其调控。值得注意的是，线粒体中的 DNA 和 RNA 是不和细胞中其他部分进行交换的，因此一旦线粒体丢失某个功能基因，细胞将无法代替其发挥功能。这也是使用 SCNT 技术治疗遗传或获得性 mtDNA 疾病的重要原因。

（二）线粒体蛋白的免疫原性

线粒体蛋白是一种次要组织相容性复合体（minor histocompatibility complex），移植错配的 mtDNA 编码蛋白可以诱导同种异体排斥反应。有研究发现，小鼠 ntESC 中的同种异体线粒体足以激活明显的 Th 细胞活化，并被抗原特异性的细胞毒性 T 细胞识别和杀伤，同时也可以诱导 ntESC 特异性抗体产生，从而损害 ntESC 移植物的存活。尽管线粒体这种次要组织相容性复合体错配引起的同种异体免疫反应要明显弱于 MHC 错配，但在采用 ntESC 进行移植治疗时，线粒体蛋白的免疫原性仍值得我们重视。

mtDNA 编码蛋白除了自身具有的免疫原性，它或许还可以通过影响 ntESC 表面 MHC 的表达来影响供体免疫反应。最近有报道发现，由于人类 mtDNA 大规模移码缺失产生的新肽可以与 MHC-Ⅰ类和Ⅱ类等位基因混杂结合，激活 CD4 和 CD8 T 细胞，并被 CD8 记忆 T 细胞识别。进一步研究表明，mtDNA 突变产生的异常线粒体肽甚至可能引起 MHC 过表达，从而增强其免疫原性。此外，在小鼠和人类中，均存在 mtDNA 缺失的细胞中 MHC-Ⅰ类等位基因表达增加。尽管这一机制可能有助于免疫监视并及时清除线粒体突变的细胞，但在 SCNT 移植中可能具有潜在的危害。

二、核移植胚胎的线粒体杂合性及其影响因素

（一）核移植胚胎的线粒体杂合性

在正常的受精卵中，线粒体遗传物质呈严格的母性遗传特征，父系 mtDNA 在受精前会受到以下机制的调控：受精前，精子的 mtDNA 在精子伸长过程中被线粒体核酸内切酶 G 清除。受精后，父系 mtDNA 可能被泛素化标记后被溶酶体或蛋白酶体降解；也可能被线粒体核酸内切酶 G 清除，随后父系线粒体通过自噬或蛋白酶体系统降解。这些机制显著降低了受精卵 mtDNA 的异质性，然而通过 SCNT 技术获得的重构胚往往同时含有供受体来源的胞质及其mtDNA，并且由于多种因素导致供体线粒体无法正常降解，使许多核移植重构胚及其克隆后代中存在线粒体异质性现象，主要有以下四种表型：①所有细胞线粒体均来源于卵母细胞；②所有细胞线粒体均来源于核供体细胞；③所有细胞均含有供受体两种细胞来源的线粒体；④仅在某些组织细胞中存在线粒体杂合，其他组织细胞中线粒体呈单一来源。

（二）影响线粒体杂合性的因素

供体细胞的类型、供体细胞的发育阶段、核移植的方法和供受体细胞的相互作用等多种因素都会影响克隆胚中线粒体的表型。

1. 供体细胞的类型　由于不同类型的细胞所需的能量不同，细胞中含有的线粒体和 mtDNA 的数量也不尽相同。例如，采用心肌细胞这类高能量消耗的细胞作为核供体，其胞质中线粒体含量也较高，在核移植过程中不可避免地会将胞质带入受体细胞，其后代中出现线粒体杂合表型的概率也更大。

2. 供体卵裂球所在胚胎的发育阶段　Gottfried Brem 等人的研究发现，采用不同时期的卵裂球作为核供体，获得的胚胎克隆以不同的比率包含供受体两种类型的 mtDNA，并且卵裂球所处的分裂时期越早，后代中供体细胞来源的mtDNA 含量越高。这可能是由于 mtDNA 在囊胚阶段之前仅分裂但并不复制，单个细胞胞质中含有的 mtDNA 数量随着卵裂球分裂的逐渐减少导致的。

3. 核移植的方法　SCNT 主要有电融合法和注射法两种方法。

（1）电融合法：通过将供体细胞置于受体细胞的卵黄周隙中，并用电脉冲介导两者融合并激活，这种方法获得的重构胚所含供受体线粒体遗传物质的比例相当。

（2）注射法：通过将分离的细胞核直接注入去核卵母细胞的胞质中，形成的重构胚中仅含少量附着于供体细胞核上的 mtDNA。

4. 核质相互作用　在亲缘关系较远的种间核移植中，核受体细胞来源的线粒体缺乏由自身核基因编码的支持线粒体存活的相关因子而被逐渐降解，因此其克隆后代中，只存在核供体来源的线粒体。在近缘的异种核移植中，胞质中的线粒体可以在核供体核基因编码的线粒体蛋白的支持下存活发育，同时由于泛素化、自噬-蛋白酶体系统的作用，核供体来源的线粒体发生降解，导致其克隆后代的线粒体大多来源于去核卵母细胞。

结合以上线粒体杂合性的影响因素，我们或许可以通过选择早期的供体卵裂球、采用胞质内注射法进行核移植、远缘异种核移植，以及把供体细胞分离出来的线粒体注入重构胚中等方法来提高核移植胚及后代中核供体来源的线粒体比例。然而，这一举措无法用于构建治疗线粒体疾病的 ntESC。此外，线粒体杂合性过高可能会导致克隆后代线粒体功能紊乱，进而引发线粒体疾病。

除了和移植 ESC 可能引发的供体移植排斥反应外，治疗性克隆还必须认真考虑与使用来自克隆囊胚的 ESC 有关的伦理和道德问题。例如，尽管发育成个体的能力尚未确立，但胚胎前体是一个人吗？囊胚是否具有与成人，甚至胎儿或早期原肠胚相同的权利？这种手术的潜在治疗益处是否大于危害？能否圆满地解决这些问题将对确定核移植方法在再生医学领域的发展和运用具有深远的意义。

（陈智　陈瑶　黄春红）

参考文献

[1] Liu Z,Cai Y,Wang Y,et al. Cloning of Macaque Monkeys by Somatic Cell Nuclear Transfer. Cell,2018,172(4):881-887.e7.

[2] Yan C,Duanmu X,Zeng L,et al. Mitochondrial DNA:Distribution,Mutations,and Elimination. Cells,2019,8(4):379.

[3] Matoba S,Zhang Y. Somatic Cell Nuclear Transfer Reprogramming:Mechanisms and Applications. Cell Stem Cell,2018,23(4):471-485.

[4] Robert Lanza,David Russell,Andras Nagy. Engineering universal cells that evade immune detection. Nature Reviews. Immunology,2019,19(12):723-733.

[5] Wai Kit Chia,Fook Choe Cheah,Nor Haslinda Abdul Aziz,et al. A Review of Placenta and Umbilical Cord-Derived Stem Cells and the Immunomodulatory Basis of Their Therapeutic Potential in Bronchopulmonary Dysplasia. Frontiers in Pediatrics,2021,9:615508.

[6] Qixin Xie,Rui Liu,Jia Jiang,et al.What is the impact of human umbilical cord mesenchymal stem cell transplantation on clinical treatment? Stem Cell Reaserch,2020,11(1):519.

[7] Bruce R. Blazar,Kelli P. A MacDonald,Geoffrey R. Hill.Immune regulatory cell infusion for graft versus host disease prevention and therapy. Blood,2018,131(24):2651-2660.

[8] Zuber J,Sykes M. Mechanisms of Mixed Chimerism-Based Transplant Tolerance. Trends in immunology,2017,38(11),829-843.

[9] Matoba S,Zhang Y. Somatic Cell Nuclear Transfer Reprogramming:Mechanisms and Applications. Cell stem cell,2018,23(4),471-485.

[10] Siu JHY,Surendrakumar V,Richards JA,et al. T cell Allorecognition Pathways in Solid Organ Transplantation. Frontiers in immunology,2018,9:2548.

[11] Timothy P. O'Connor,Ronald G. Crystal. Genetic medicines:treatment strategies for hereditary disorders. Nature Review Genetics,2016,7(4):261-276.

[12] Banoth B,Cassel SL. Mitochondria in innate immune signaling. Translational Research,2018,202:52-68.

[13] Bashor C J,Hilton I B,Bandukwala H,et al. Engineering the next generation of cell-based therapeutics. Nature Reviews Drug Discovery,2022,21(9):655-675.

[14] Duarte LRF,Pinho V,Rezende BM,et al. Resolution of Inflammation in Acute Graft versus host disease:Advances and Perspectives. Biomolecules,2022,12(1):75.

[15] Zheng D,Wang X,Zhang Z,et al. Engineering of human mesenchymal stem cells resistant to multiple natural killer subtypes. International Journal of Biological Sciences,2022,18(1):426-440.

[16] Yamanaka S. Pluripotent Stem Cell-Based Cell Therapy-Promise and Challenges. Cell Stem Cell,2020,27(4):523-531.

[17] Todorova D,Zhang Y,Chen Q,et al. hESC-derived immune suppressive dendritic cell induce immune tolerance of parental hESC-derived allografts. EBioMedicine,2020,62:103120.

[18] Tigano M,Vargas D C,Tremblay-Belzile S,et al. Nuclear sensing of breaks in mitochondrial DNA enhances immune surveillance. Nature,2021,591(7850):477-481.

[19] Romanazzo S,Lin K,Srivastava P,et al. Targeting cell plasticity for regeneration:From in vitro to in vivo reprogramming. Advanced Drug Delivery Reviews,2020,161-162:124-144.

[20] Penack O,Marchetti M,Ruutu T,et al. Prophylaxis and management of graft versus host disease after stem-celltransplantation for haematological malignancies:updated consensus recommendations of the European Society for Blood and Marrow Transplantation. The Lancet. Haematology,2020,7(2):e157-e167.

[21] Orrantia A,Terrén I,Astarloa-Pando G,et al. Human NK Cells in Autologous Hematopoietic Stem Cell Transplantation for Cancer Treatment. Cancers,2021,13(7):1589.

[22] Li X,Ramadori P,Pfister D,et al. The immunological and metabolic landscape in primary and metastatic liver cancer. Nature Reviews Cancer,2021,21(9):541-557.

[23] Karahan GE,Claas FHJ,Heidt S. Heterologous Immunity of Virus-Specific T Cells Leading to Alloreactivity:Possible Implications for Solid Organ Transplantation. Viruses,2021,13(12):2359.

[24] Jo S,Das S,Williams A,et al. Endowing universal CAR T-cell with immune-evasive properties using TALEN-geneediting. Nature Communications,2022,13(1):3453.

[25] Cassandra R Harapas,Elina Idiiatullina,Mahmoud Al-Azab,et al. Organellar homeostasis and innate immune sensing. Nature Reviews Immunology,2022,22(9):535-549.

[26] Guan J,Wang G,Wang J,et al. Chemical reprogramming of human somatic cells to pluripotent stem cells. Nature,2022,605(7909):325-331.

[27] Flahou C,Morishima T,Takizawa H,et al. Fit-For-All iPSC-Derived Cell Therapies and Their Evaluation in Humanized Mice With NK Cell Immunity. Frontiers in Immunology,2021,12:662360.

第十二章　免疫细胞治疗

提要:细胞疗法是一类快速发展的治疗方法,是药物开发的一种全新模式。免疫细胞治疗是近年来最先进的疗法之一,多种研究已经证明该疗法在临床上有良好的治疗效果。免疫细胞治疗的适用范围正在逐步扩大,包括癌症、感染、同种异体移植和自身免疫等。CAR-T 或 NK 细胞,工程改造的 TCR 和 TIL 疗法已经并且正在血液和实体瘤中进行测试。随着免疫学、基因工程、基因编辑和合成生物学等学科与免疫细胞治疗之间的联系不断紧密,免疫细胞治疗的复杂性得以逐步增强,提高了效力和安全性,并拓宽了此类疗法治疗其他疾病的潜力。

第一节　免疫细胞治疗概况

一、简介

机体免疫系统通过识别病原微生物和衰老及肿瘤细胞表面特定标记物,从而发挥免疫防御和免疫监视的作用。同时,机体通过复杂的免疫调节网络,介导免疫耐受和免疫调节,以维持内环境稳定。目前发现,多种疾病如自身免疫病、细菌感染、过敏反应和肿瘤等,都与免疫系统异常有关。随着医学理论和技术的发展,除了常见疾病的治疗方法,细胞治疗已逐渐进入临床。细胞治疗是利用患者自体或异体成体细胞或干细胞对组织器官进行修复的一种疾病治疗方法,免疫细胞治疗作为其中的一种,现已被应用于肿瘤和病毒感染等治疗。

免疫细胞治疗又称为过继免疫细胞治疗,其主要环节

有免疫细胞的收集、体外激活扩增和成品的回输。免疫细胞治疗的分类包括非特异性免疫细胞治疗和特异性免疫细胞治疗,前者包括淋巴因子激活的杀伤细胞(lymphokine-activated killer cell,LAK cell)、肿瘤浸润性淋巴细胞(tumor infiltrating lymphocyte,TIL)、抗 CD3 诱导的活化杀伤(anti-CD3 antibody induced activated killer,CD3AK)细胞、细胞因子诱导杀伤(cytokine induced killer,CIK)细胞、扩增活化自体淋巴细胞(expanding activated autologous lymphocytes,EAALs)等细胞治疗;后者则主要包括 T 细胞、DC(dendritic cell,DC)、自然杀伤(natural killer,NK)细胞及巨噬细胞免疫治疗。(图 1-12-1)

二、治疗原理

在免疫力低下的肿瘤和病毒感染患者中,机体丧失

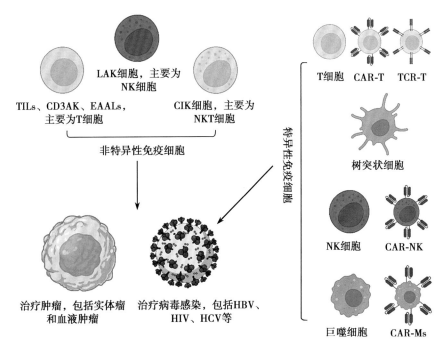

图 1-12-1　免疫细胞治疗的应用

了免疫监视和免疫防御的能力,肿瘤细胞和病毒可大量复制增殖。免疫细胞治疗借助分子生物学和生物工程等技术,外源性补充足够数量的正常免疫细胞,从而激发并增强机体对肿瘤和病毒抗原的免疫应答,达到治愈疾病的目的。

三、发展历程

人类对免疫系统的认识是从与传染病斗争开始的。经验免疫时期,中国古代医学家用罹患某种疾病患者的体液,用来预防他人再患某种传染病,体现的便是"预防免疫",具有代表性的是人痘接种预防天花。18世纪,英国 Jenner 用"牛痘"接种也成功预防了人群感染天花,标志着科学免疫治疗时代的到来。随后免疫学迅猛发展,陆续发现多种免疫细胞、细胞因子和抗原抗体。19世纪后叶,Metchnikoff 提出了吞噬细胞理论,为细胞免疫奠定基础。

1976年,Morgan 发现小鼠脾脏细胞培养上清液含有可促进并维持 T 细胞长期培养的细胞因子,被称为 T 细胞生长因子,并于1979年更名为白介素-2(interleukin 2,IL-2)。IL-2 是一个开创性发现,刺激了科学家们对肿瘤细胞免疫反应的广泛研究。1984年,美国国立癌症研究院 Rosenberg 团队,首次使用 IL-2 刺激外周血淋巴细胞,并将得到的 LAK 细胞用于恶性肿瘤患者的治疗,44%(11例/25例)患者的肿瘤缩小超50%,其中有1例转移性黑色素瘤患者的肿瘤完全消退,是免疫细胞治疗肿瘤的首个成功病例。随后,免疫细胞治疗方法不断进步,出现了如 TIL、CIK 细胞、CD3AK 细胞和 EAALs 等治疗方法。

四、非特异性免疫细胞治疗

(一) LAK 细胞免疫治疗

1982年,Rosenberg 等研究发现,肿瘤患者的外周血淋巴细胞体外经 IL-2 刺激后,可扩增为广谱的肿瘤杀伤细胞,并将其命名为 LAK 细胞。如今发现,LAK 细胞并非独立的淋巴细胞亚群,而是 T 细胞或 NK 细胞体外培养时诱导成的杀伤细胞。LAK 细胞可产生自各种淋巴细胞和组织,如外周血淋巴细胞、胸导管淋巴细胞、脐带血淋巴细胞、淋巴结、脾脏、胸腺、骨髓和肿瘤浸润性淋巴细胞等。1984年11月,美国食品和药品监督管理局批准将 LAK 细胞用于肿瘤治疗,并在1992年批准为转移性肾癌的治疗药物。早期有学者尝试将 LAK 细胞应用于病毒感染性疾病治疗。在人类免疫缺陷病毒(human immunodeficiency virus,HIV)感染患者中,LAK 细胞活性较低,适量 IL-2 治疗可恢复并增加 LAK 细胞的活性,促进 LAK 细胞对 HIV 感染细胞的细胞毒作用。在乙型肝炎病毒(hepatitis B virus,HBV)感染患者中,LAK 细胞的应用能有效抑制病毒复制,并使患者出现病毒学和血清学转阴。但由于体外难以获得足够数量的 LAK 效应细胞和大剂量 IL-2 带来的全身性毒副作用,如全身性炎症和毛细血管渗漏综合征等,其逐渐被其他新型免疫细胞治疗方法代替。

(二) TIL 免疫治疗

1986年,Rosenberg 等在不同类型小鼠肿瘤组织中分离出一群有抗肿瘤作用的淋巴细胞,被命名为 TIL。TIL 具有明显的异质性,主要包括 T 细胞、B 细胞、单核细胞和 NK 细胞。TIL 在体内呈免疫耐受状态,离体培养的 TIL 可脱离肿瘤微环境的抑制,重新获得活化增殖能力,并通过细胞毒性 T 淋巴细胞(cytotoxic T lymphocyte,CTL)发挥肿瘤细胞杀伤的作用。

1988年,Rosenberg 将 TIL 应用于治疗恶性黑色素瘤,其中60%(12例/20例)的患者观察到肿瘤消退。目前对 TIL 的临床研究涉及各种恶性肿瘤,如黑色素瘤、乳腺癌、宫颈癌、肾细胞癌、白血病和淋巴瘤等,但主要仍以黑色素瘤为主。TIL 对各种肿瘤的疗效不同,反应性高度可变,或是因为肿瘤突变、CD4[+] T 和 CD8[+] T 细胞变异的淋巴细胞浸润和髓系浸润成分等因素导致。TIL 治疗环节主要包括:肿瘤组织淋巴细胞离体扩增,受体淋巴细胞清除预处理和 TIL 输注后 IL-2 支持。最常见毒性是由于淋巴细胞清除预处理导致的血细胞减少症和 IL-2 输注后的全身毒性反应。

(三) CD3AK 免疫治疗

19世纪80年代,有研究发现 CD3 单克隆抗体具有较强丝裂原作用,可激活所有外周血 T 细胞。1988年,Ting 等发现小鼠脾脏细胞加入 CD3 单克隆抗体和少量 IL-2,可产生与 LAK 细胞具有相似细胞毒性的细胞群,且其扩增能力和抗肿瘤活性更强,体外存活时间更久,于是将其命名为 T3AK(T3-induced activated killer)细胞,即后来的 CD3AK 细胞。随后的研究发现,CD3AK 细胞是一组以 CD3[+] T、CD4[+] T 和 CD8[+] T 细胞为主的异质性细胞群,且人外周血单个核细胞等都作为 CD3AK 细胞的前体。根据诱导培养过程中 CD3 单克隆抗体是否持续存在,将该细胞群分为 CD3AK[+] 细胞和 CD3AK[-] 细胞两个亚群,CD3AK[+] 细胞毒作用比 CD3AK[-] 细胞更强。

CD3AK 细胞是继 LAK 细胞和 TIL 后,具有抗肿瘤活性的免疫细胞。其抗肿瘤机制主要有两个,其一是 CD3 单克隆抗体激活淋巴细胞群介导组织相容性抗原非限制性溶瘤作用,其二是 CD3 单克隆抗体刺激 T 淋巴细胞产生 γ 干扰素(interferon-γ,IFN-γ)和肿瘤坏死因子(tumor necrosis factor,TNF)等细胞因子,间接杀伤肿瘤细胞。CD3AK 细胞的应用可改善肿瘤患者 T 细胞亚群比例失调和功能低下的情况,有效控制肿瘤进展并减少不良反应。现已用于多种恶性肿瘤治疗,如肝癌、肺癌和乳腺癌等。同时配合手术、化疗和放疗等治疗手段,可明显提高肿瘤治疗效果。

目前除了应用于治疗肿瘤外,CD3AK 细胞也可用于抗 HBV 感染。研究发现,CD3AK 细胞免疫治疗能使 HBV 患者实现血清学和病毒学有效转阴,且联合抗病毒药物后治疗效果更好。

(四) 细胞因子诱导的杀伤细胞免疫治疗

1991年,Schmidt-Wolf 等用 IFN-γ、IL-2 等刺激外周血单核细胞,得到具有抗肿瘤活性的细胞群,命名为 CIK 细胞。CIK 细胞的效应细胞主要为 CD3[+]CD56[+] 细胞,因其兼具 T 细胞特异性抗瘤活性和 NK 非限制性杀瘤特点,使其成为治疗肿瘤和病毒感染的潜在方法。

研究表明,CIK 细胞具有广谱抗肿瘤效果,可裂解新鲜非培养的肿瘤细胞,并且对 LAK 细胞和 NK 细胞产生抗性的肿瘤细胞也有杀伤作用。2010 年,CIK 细胞国际注册中心成立,旨在收集 CIK 细胞临床试验数据并行后续分析。2015 年,该机构总结了 45 项肿瘤治疗临床研究,包括胰腺癌、肺癌、肝细胞肝癌、乳腺癌和多发性骨髓瘤等,发现 CIK 细胞对上述肿瘤均有治疗效果且副作用较小。接受 CIK 细胞治疗的患者,机体免疫力和功能得到显著恢复,临床受益率和总体生存期明显增加。后续研究发现,将 DC 与 CIK 细胞共培养得到的 DC 与细胞因子诱导的杀伤细胞(dendritic cell combined with cytokine-induced killer cell, DC-CIK cell),既能促进 DC 成熟,又能促进 CIK 细胞增殖并提高 CIK 细胞抗肿瘤活性,在多种肿瘤中展现出了良好的治疗效果,如在 HBV 治疗中,CIK 细胞和 DC-CIK 细胞对抑制病毒复制和改善肝功能均有作用。

（五）EAALs 免疫治疗

1993 年,Sekine 等用抗 CD3 单克隆抗体和 IL-2 共培养癌症患者外周血淋巴细胞,获得了新的抗肿瘤淋巴细胞群,即 EAALs。EAALs 由 30% CD4[+]T 细胞和 60% CTL 组成。当 EAALs 回输至患者体内后,可增加患者 CTL 和自然杀伤 T 细胞(natural killer T cell, NKT)的数量。这种改变使 EAALs 既可对肿瘤组织进行特异性杀伤,又能对人类淋巴细胞抗原(human lymphocyte antigen, HLA)表达下调的肿瘤细胞产生直接杀伤作用。

EAALs 免疫治疗主要集中在肿瘤治疗中。最早临床试验发现,EAALs 免疫治疗可使术后的肝癌患者复发率降低 18%,且无复发生存期显著延长,副作用主要为自限性低热。随后临床试验发现,EAALs 免疫疗法可使大部分肺癌晚期患者病情稳定,且能延长晚期胃癌患者的总生存期。一例个案报道也发现,EAALs 免疫疗法能延长Ⅳ期胰腺癌患者的无病生存率。由于晚期肿瘤患者均出现了远处转移,单纯 EAALs 免疫治疗难以清除体内最初的肿瘤负荷,但 EAALs 免疫疗法仍是值得进一步探究的肿瘤治疗方法。

几种非特异性免疫细胞治疗的总结,见表 1-12-1。

五、特异性免疫细胞治疗

（一）T 细胞免疫治疗

1967 年,Miller 首先发现胸腺来源淋巴细胞不是产生抗体的前体细胞,但其在抗原刺激下可辅助骨髓来源淋巴细胞产生抗体,由此将淋巴细胞分为 2 个类群,胸腺来源淋巴细胞即后来命名的 T 细胞。成熟的 T 细胞参与细胞免疫应答,也在体液免疫应答中发挥重要的辅助作用。目前,T 细胞免疫治疗应用于肿瘤、病毒感染和自身免疫病等治疗领域。

T 细胞在肿瘤中的应用策略主要有 TIL 免疫治疗和 T 细胞基因修饰治疗。如上所述,TIL 是直接从肿瘤组织分离扩增的异质性细胞群,主要应用于黑色素瘤的治疗。第二种策略指通过基因修饰,转移编码克隆 T 细胞受体或靶向肿瘤特异性抗原的合成嵌合抗原受体的遗传物质,从而增强 T 细胞的抗肿瘤作用。T 细胞受体工程改造 T 细胞(T cell receptor engineered T cell, TCR-T cell)主要靶向黑色素瘤、大肠癌及滑膜瘤等,均有明显的临床效果。嵌合抗原受体 T 细胞(chimeric antigen receptor-modified T cell, CAR-T cell)也在多种肿瘤疾病治疗中取得了效果,但主要集中在血液系统恶性肿瘤,如淋巴瘤和急/慢性淋巴细胞白血病等。

在病毒治疗中,病毒特异性 CTL(针对 EBV、巨细胞病毒、腺病毒、BK 病毒和人疱疹病毒 6)和针对 HIV 的 CAR-T 细胞治疗方法,均展现出了较好的治疗效果。调节性 T 细胞(regulatory T cell, Treg)过继免疫治疗在移植物抗宿主病(graft versus host disease, GVHD)、移植排斥和自身免疫病(1 型糖尿病、系统性红斑狼疮和肌萎缩性侧索硬化症等)均展示出了一定疗效。

表 1-12-1　非特异性免疫细胞治疗

治疗名称	起始细胞类型	起始细胞数量	体外刺激物	产出细胞主要类型	扩增效率	产出细胞特异性	主要临床研究	副作用
LAK 细胞	外周血单个核细胞为主	多	IL-2	NK 细胞	低	非特异	血液系统肿瘤,HBV 感染	IL-2 输注后的全身毒性
TIL	肿瘤浸润性淋巴细胞	-	IL-2	CD8[+]T 细胞	低	特异	黑色素瘤	血细胞减少症和 IL-2 输注后的全身毒性
CD3AK 细胞	外周血单个核细胞为主	多	CD3 单克隆抗体	CD3[+]T 细胞	中	非特异	恶性肿瘤,HBV 感染	IL-2 输注后的全身毒性
CIK 细胞	外周血单个核细胞为主	多	CD3 单克隆抗体、IL-2 和 IFN-γ	NKT 细胞	高	非特异	血液系统肿瘤,HBV 感染	副作用小
EAALs	外周血单个核细胞为主	少	CD3 单克隆抗体和 IL-2	CD8[+]T 细胞	更高	特异	消化系统肿瘤	副作用小

（二）树突状细胞免疫治疗

树突状细胞(dendritic cell,DC)最早是由 Steinman 和 Cohn 于 1973 年发现并命名,它们在介导先天免疫应答并诱导适应性免疫应答进程中发挥重要作用。DC 能高效摄取内源性和/或外源性抗原,加工处理后递呈给 T 细胞,从而诱导 CTL 生成。

基于 DC 在免疫应答中的关键作用,研究人员将 DC 作为增强肿瘤免疫应答和抗病毒治疗的理想工具。通过将肿瘤抗原特异性肽/蛋白质/肿瘤细胞溶解物与 DC 体外共培养,之后将递呈肿瘤抗原的 DC 回输至载瘤宿主,继而激活 CTL 发挥抗肿瘤活性。1995 年以来,已有多项临床试验证明 DC 肿瘤疫苗在肿瘤免疫治疗中的疗效,包括黑色素瘤、B 细胞淋巴瘤、急性髓系白血病和肝细胞肝癌等。此外,通过基因工程技术改造的 DC,可有效增强肿瘤相关抗原表达,加强免疫细胞淋巴结迁移和募集,从而减轻肿瘤微环境免疫抑制作用并增强抗肿瘤效果。2010 年第一个基于 DC 疫苗的抗肿瘤药物,Sipuleucel-T 被批准应用于前列腺癌患者。同样地,将病毒特异性抗原刺激 DC 回输至患者体内,也可达到杀灭病毒的目的。现经临床验证的 DC 治疗性抗病毒疫苗,主要针对的病毒有 HBV、HIV 和 HCV 等,虽评价疗效标准不同,但这些抗病毒疫苗均可引起 CTL 特异性应答。

然而,DC 强大的抗原提呈能力是一把双刃剑。在自身免疫病(如 1 型糖尿病、类风湿性关节炎和克罗恩病等)或移植物免疫排斥反应等的发病过程中,DC 充当了始动者。近来研究发现,体外培养的致耐受性 DC,在回输至此类患者体内后,能有效减缓免疫反应强度并达到治疗疾病的目的。

（三）自然杀伤细胞免疫治疗

1975 年,Kiessling 和 Herberman 实验室均发现一群具有靶向杀伤肿瘤细胞作用的新淋巴细胞亚群,即后来命名的 NK 细胞。与 T、B 细胞相比,NK 细胞不需要事先免疫即可获得细胞溶解活性,其可通过直接天然细胞毒性或通过抗体依赖性细胞毒性裂解肿瘤细胞,具有直接迅速的特点。通过用骨髓或脐带血获得的自体或同种异体外周血制备 NK 细胞,已经在肿瘤治疗中展示出良好的治疗效果。

NK 细胞的首次临床应用是在 20 世纪 80 年代,当时是将 IL-2 激活的 LAK 细胞注入癌症患者体内。此后,在一项为期 11 年的随访研究中探索了 NK 细胞与肿瘤发展之间的关系,研究表明,NK 细胞毒性活性低与癌症易感性具有相关性。目前,已开展多项 NK 细胞治疗肿瘤的临床试验,主要集中在血液系统肿瘤,也包括实体瘤(如乳腺癌、肾细胞瘤和非小细胞肺癌等)。细胞培养类型主要有自体 NK 细胞和异体 NK 细胞,但自体来源 NK 细胞的临床效果有限,异体 NK 细胞由于可以降低 GVHD 而得到更广泛应用。由于肿瘤微环境免疫抑制因素的影响,NK 细胞免疫治疗尚未发挥最大潜力。为此,研究者探索联合应用单克隆抗体、免疫调节剂和联合化疗等策略,以期提高 NK 细胞对肿瘤的杀伤作用。同时,经过基因工程改造的嵌合抗原受体修饰的 NK 细胞(chimeric antigen receptor modified

natural killer cell,CAR-NK cell),使 NK 细胞能特异识别靶细胞,已在血液系统肿瘤中展现出良好的治疗效果。

此外,人源化小鼠干细胞分化来源的 CAR-NK 细胞可抑制 HIV 复制,为免疫疗法用于 HIV 感染治疗带来了新希望。目前,在国际临床试验注册网站上有 2 项关于 NK 在 HIV 免疫治疗中的临床研究(NCT03346499、NCT03899480),其安全性和有效性有待证明。

（四）巨噬细胞免疫治疗

19 世纪后叶,Paul 和 Recklinghausen 分别描述了血液和组织中存在一类具有吞噬功能的单核样细胞,之后 Metchnikoff 将其描述总结并命名为巨噬细胞。目前认为,巨噬细胞就是位于组织的外周血单核细胞,它们在病原体感染、肿瘤发生发展中发挥重要作用。现巨噬细胞的免疫治疗主要集中在肿瘤领域。

20 世纪 70 年代,研究发现巨噬细胞既有抗肿瘤活性,又有促进癌细胞生长和转移的能力,目前认为该群细胞的两面性是由于不同分化类型所导致的。肿瘤细胞和基质细胞分泌趋化因子诱导外周血单核细胞在肿瘤局部募集,并分化为 M1 和 M2 型肿瘤相关巨噬细胞(tumor associated macrophage,TAM)两群。研究证明,M1 型 TAM 具有杀伤肿瘤细胞作用,而 M2 型 TAM 则表现为促肿瘤生长,TAM 更多表现为 M2 型。通过阻止单核细胞向肿瘤局部募集、抑制 TAM 向 M2 型分化、诱导 M2 型向 M1 型转化等策略,靶向 TAM 治疗肿瘤的方案取得了令人鼓舞的治疗效果。另外,Klichinsky 等通过基因工程技术编辑的人类嵌合抗原受体修饰巨噬细胞(chimeric antigen receptor modified macrophages,CAR-Ms),在人源化荷瘤小鼠模型中展现了特异性的吞噬作用和肿瘤清除率,目前 Klichinsky 团队将开始进行 I 期试验,以评估转移性 HER2 过表达肿瘤患者 CAR-Ms 的治疗效果。有理由相信,未来将会有更多基于巨噬细胞的治疗应用于临床。

六、中国的免疫细胞治疗

免疫细胞治疗在中国最早被应用于癌症治疗。2016 年,应用 CIK 细胞和 DC-CIK 细胞治疗滑膜瘤的患者被宣布治疗无效死亡后,当年 5 月,原国家卫生和计划生育委员会便叫停了生物免疫治疗,并随后颁布了相关规定,免疫细胞治疗属于临床研究,不能进入临床医疗应用范围。为使细胞治疗造福于更多的癌症患者,2019 年国家卫生健康委员会发布了新的体细胞治疗临床研究应用管理方案,拟有条件地允许安全且有效的体细胞治疗项目经过备案,可在相关医疗机构中转化应用。

七、免疫细胞治疗现状和未来

经过十几年的发展,免疫细胞治疗已展现出确切的临床疗效。目前,免疫细胞治疗在肿瘤领域大放异彩,给治愈晚期癌症并最终攻克肿瘤带来了希望。2019 年 8 月,纽约癌症研究所分析了全球癌症免疫治疗的现状,发现疗法总数从 2 年前的 2 030 种增加到了 3 876 种,其中细胞免疫治疗增长得最快,在过去 2 年出现了 797 种新的治疗方法。

该研究发现,全球目前共有 1 202 项癌症细胞免疫治疗,美国和中国分别有 507 项和 376 项,位居前两位。可以预见,将来会有更多免疫细胞治疗的创新疗法出现。

未来,免疫细胞治疗将会继续朝着精准、安全和长效三个方面迈进,例如,进一步深入研究免疫细胞的基因工程修饰,突出肿瘤患者的个体化治疗,探究免疫细胞回输至患者体内后迁移的具体分子机制,引导足量效应细胞至肿瘤部位,开发治疗实体瘤的新靶点等,此外,还可结合传统肿瘤治疗方法,包括单克隆抗体、细胞因子和肿瘤疫苗等,进一步增强抗瘤效果。有理由相信,未来免疫细胞治疗定能给更多患者带来福音。

第二节 T 细胞过继免疫治疗

T 细胞过继免疫治疗,是目前肿瘤治疗研究和临床试验的热点话题。嵌合抗原受体 T 细胞(CAR-T 细胞)和 T 细胞抗原受体嵌合 T 细胞(TCR-T 细胞),是当前 T 细胞过继肿瘤免疫治疗中的主要策略。尤其是目前已获得 FDA 批准的 CAR-T 细胞治疗,正在改变部分血液系统肿瘤的治疗模式。然而,T 细胞过继免疫治疗在实体瘤中仍收效甚微。

一、概述

1961 年,Miller 在小鼠胸腺中发现了一群淋巴细胞,该类细胞不具备分泌抗体的能力,但可在抗原刺激下辅助骨髓来源淋巴细胞产生抗体,由此将淋巴细胞分为两个亚群,即 T 细胞和 B 细胞。T 细胞成熟后定植于外周免疫器官,在适应性免疫应答中占有重要地位。T 细胞的缺陷、耗竭和癌变会导致机体对病原微生物易感、抗肿瘤效应减弱并诱发淋巴瘤等。

二、T 细胞的发育

T 细胞是骨髓来源淋巴干细胞在胸腺中发育成熟后,再通过血液和淋巴循环分布至全身免疫器官和组织发挥作用的。T 细胞均来源于造血干细胞。骨髓多能造血干细胞在骨髓分化为淋巴样祖细胞后,经血液循环至胸腺成为早期胸腺祖细胞。胸腺祖细胞不表达 CD4 和 CD8,该类细胞经过一轮分裂后进入 T 细胞受体(T cell recptor,TCR)基因重排、"阳性选择"和"阴性选择"阶段。

TCR 基因群主要包括 Vβ、Dβ、Jβ、Vα 和 Jα 基因。胸腺祖细胞 β 基因和 α 基因依次表达并形成相连肽链,嵌套在未成熟 T 细胞表面。此时,胸腺祖细胞分化为 CD4 和 CD8 双阳 T 细胞。该双阳 T 细胞在胸腺皮质层接触皮质上皮自身抗原肽-主要组织相容性复合体分子并结合,具有强亲和力的 T 细胞才能存活,该选择过程称为"阳性选择"。随后,与 MHC-II类分子较好结合的成为 CD4+ 单阳 T 细胞,与 MHC-I分子有更高亲和力的成为 CD8+ 单阳 T 细胞。阳性选择中存活下来的单阳 T 细胞继续移向胸腺髓质区,并与胸腺髓质上皮细胞表面自体抗原-MHC 分子相结合,高亲和力单阳细胞发生凋亡,少部分分化为 Treg,未凋亡的存活单阳细胞则成为成熟初级 T 细胞,该过程称为"阴性选择"。经过阳性选择和阴性选择,最初到达胸腺的 T 细胞中有 98% 发生死亡,存活下来的 2% 成为具有成熟免疫功能的 T 细胞。当抗原呈递细胞上的 MHC 分子和共激活分子与 T 细胞上的 TCR 和共刺激分子受体同时结合时,T 细胞可激活并进一步增殖分化,进而发挥免疫效应。

三、T 细胞分类和功能

虽然在胸腺中就分化出了 CD4+ 和 CD8+T 细胞,但外周 T 细胞还要发生进一步分化。分化后的 T 细胞,根据功能可进一步分为辅助性 T 细胞(helper T cell,Th)、CTL 和 Treg。

(一)辅助性 T 细胞

Th 对其他淋巴细胞活动起辅助作用,包括 B 细胞发育、CTL 和巨噬细胞激活。Th 均有 CD4 分子表达,当遇到抗原呈递细胞结合外部抗原时可被激活,快速分裂并开始分泌细胞因子调节反应。Th 可根据分泌细胞因子不同分为 Th1、Th2 和 Th17。Th1 主要分泌I型细胞因子 IFN-γ、TNF 和 IL-2 等,发挥细胞免疫作用;Th2 分泌II型细胞因子 IL-4、IL-5 和 IL-10 等,辅助 B 细胞活化并发挥体液免疫作用;Th17 主要分泌 IL-17、IL-21 和 TNF-α 等,参与机体固有免疫和炎症发生发展。

(二)细胞毒性 T 淋巴细胞

细胞毒性 T 淋巴细胞(CTL)表面的 CD8 蛋白可通过特异性识别内源性抗原肽-MHC-I类分子复合物,杀伤癌细胞和病毒感染细胞,还可通过分泌细胞因子 IL-2 和 IFN-γ 等调节巨噬细胞和 NK 细胞功能。

(三)调节性 T 细胞

根据诱导部位不同,Treg 可分为自然调节性 T 细胞和诱导调节性 T 细胞,自然调节性 T 细胞从胸腺分化来,后者在外周经抗原及其他因素诱导产生。二者均表达 FOXP3 作为表面标记物,在免疫应答中发挥负性调节作用。Treg 可及时有效地结束免疫反应,抑制自体免疫 T 细胞,防止免疫反应对机体自身造成过度损害。

四、T 细胞过继免疫治疗的应用

T 细胞过继免疫治疗主要是收集人体自身 T 细胞,体外激活并扩增后回输至患者体内治疗疾病。目前,T 细胞的过继免疫治疗主要应用于肿瘤、病毒感染和自身免疫病等领域。(图 1-12-2)

(一)抗肿瘤

T 细胞在肿瘤免疫监视和清除中发挥重要作用。通过对肿瘤抗原具有高亲和力和高识别力的 T 细胞进行体外扩增后回输至体内,从而增强其抗肿瘤功能,该方法称为肿瘤 T 细胞过继免疫治疗。目前肿瘤 T 细胞过继免疫治疗策略主要有两种,主要包括 TIL 免疫治疗和 T 细胞基因修饰治疗(TCR-T、CAR-T)等。

1. 肿瘤浸润性淋巴细胞(TIL) TIL 是在肿瘤病变中发现的异质性细胞群,主要由 T 细胞组成。在肿瘤患者体内,TIL 处于免疫耐受状态,离体培养后 TIL 可重新获得抗肿瘤能力,回输至患者体内后,可依靠 CTL 发挥肿瘤杀伤作用。

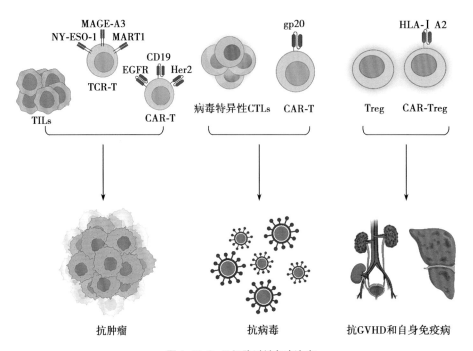

图 1-12-2 T 细胞过继免疫治疗

最早的 TIL 临床试验,是 1988 年 Rosenberg 进行的转移性黑色素瘤研究。该研究通过 TIL 和 IL-2 治疗,实现 60% 的患者肿瘤消退(12 例/20 例)。后来通过组合化疗和全身放疗,TIL 治疗转移性黑色素瘤的总缓解率和完全缓解率分别约为 50% 和 20%。尽管 TIL 可从多种癌症中分离出来,但因黑色素瘤外显子突变率远高于其他肿瘤,目前 TIL 的应用仍主要集中在黑色素瘤,该类肿瘤患者大量突变编码的肿瘤抗原表位成为可重复诱导产生特异性 TIL 的基础,也是后续 TIL 治疗靶标。但是,治疗前淋巴结清扫、IL-2 应用后的副作用和昂贵的治疗费用,是限制其应用的主要因素。

2. 基因修饰 T 细胞 如前所述,TIL 治疗应用的主要局限性是难以鉴定其他癌症类型的抗原特异性 T 细胞,且 TIL 疗法的每个患者都要进行淋巴结清扫,需要在保持抗肿瘤功能的同时,保持持续产生和扩增 T 细胞的能力。为克服上述障碍,已在正常外周血 T 细胞基因修饰的基础上开发了新方法,该手段称为基因修饰 T 细胞,主要包括 TCR-T 和 CAR-T。

(1)T 细胞受体基因工程改造 T 细胞:TCR-T 是通过克隆肿瘤特异性 T 细胞 TCR 基因,而后借助病毒载体将其转入正常 T 细胞中,使该种 T 细胞可特异性杀伤肿瘤细胞。2006 年,第一项 TCR-T 治疗转移性黑色素瘤报道,使用对 T 细胞可识别黑色素瘤抗原 1(melanoma antigen recognized by T-cells-1,MART1)有特异性 TCR 的 T 细胞,在少数接受治疗的患者中观察到了持续客观反应且没有明显毒性,并且输注的 TCR 修饰 T 细胞持续在患者体内存在超过 1 年。此后,其他试验测试了针对其他抗原的 TCR,包括黑色素瘤 GP100、大肠癌癌胚抗原、黑色素瘤、滑膜瘤纽约食管癌抗原 1(New York esophageal cancer antigen 1,NY-ESO-1)和黑色素瘤抗原 3(melanoma associated antigen 3,MAGE-A3)等,上述试验都观察到了临床反应。

TCR-T 存在以下治疗优势:TCR-T 由外周血 T 细胞产生,可识别细胞内肿瘤特异性抗原或肿瘤相关抗原;具有免疫记忆功能,可在体内存活较长的时间。但许多 TCR-T 试验都伴随脱靶毒性,比如靶向 MAGE-A3 的 TCR-T 细胞治疗转移性黑色素瘤时发现了致命的心脏毒性,此类毒性或与心脏组织中 MAGE-A3 高表达有关。目前 TCR-T 应用的技术问题有,TCR-T 细胞受白细胞相关抗原,如 MHC 限制,以及肿瘤局部免疫抑制微环境可降低免疫细胞杀伤活性等。

(2)嵌合抗原受体修饰的 T 细胞:CAR-T 是利用基因工程技术在体外制备表达嵌合抗原受体的 T 细胞后再回输,从而发挥治疗作用的方法。CAR 主要由胞外肿瘤抗原结合区,促进抗原结合铰链区,固定 CAR 跨膜区和胞内信号转导区四部分组成。从 Gross 提出第一代 CAR-T 以来,目前已经出现了四代 CAR-T。

CAR-T 已用于多种肿瘤临床试验并取得疗效,尤其是血液系统肿瘤。目前研究最多的是靶向 CD19 的 CAR-T,其在治疗淋巴瘤和急/慢性淋巴细胞白血病中均取得了较好的治疗效果。2017 年 8 月,美国食品和药品监督管理局(Food and Drug Administration,FDA)批准了 CAR-T 细胞治疗"Kymriah"用于治疗 3~25 岁难治或复发急性 B 淋巴细胞白血病。然而,目前实体瘤的临床结果令人失望,或是受限于实体瘤复杂肿瘤微环境和肿瘤抗原高度异质性。

CAR-T 相较于 TCR-T 的优势是不受 MHC 分子限制,可靶向已下调的 MHC-I 分子,无法加工或递呈蛋白质的肿瘤,这是其用于肿瘤治疗的优势。CAR-T 细胞治疗的常见副作用是细胞因子释放综合征和脱靶效应。在未来,通过不断的技术改进,有望减少治疗带来的不良反应。

(二)抗病毒

1. 病毒特异性 CTL 疗法 1994 年,临床研究人员发现,输注供体白细胞能治疗骨髓移植后白血病患者爱泼斯坦-巴尔病毒(Epstein-Barr virus,EBV)相关淋巴增殖性疾病,由此认为可能是由于输注的白细胞含有对 EBV 预先致敏的病毒特异性 CTL。后来研究陆续证实,具有严重免疫抑制的患者中,同种异体病毒特异性 CTL 对 EBV 感染和 EBV 相关淋巴瘤、巨细胞病毒、腺病毒、BK 病毒和人疱疹病毒 6 感染具有较高的应答率。现在,使用现成病毒特异性 CTL 库,可治疗多种常见病毒(包括 HBV),也成功提高了病毒相关癌症治疗效果。但大多数患者的残存免疫功能会导致排斥反应出现,所以后期研究仍需集中在过继转移自体病毒特异性 CTL 或基因工程病毒反应性 TCR 上。

2. CAR-T 细胞治疗人类免疫缺陷病毒 1998 年,出现了针对 HIV 感染的 CAR-T 细胞治疗临床试验,将 HIV 包膜蛋白 gp120 亚基作为识别并结合抗原的第一代 CAR。虽然试验结果未显示出控制 HIV 感染的功效,但在联合抗逆转录药物治疗后,许多患者表现出了长期生存,并在输注后 11 年以上测试样本中仍有 98% 的患者证明有 CAR-T 细胞存在持续的迹象。目前,许多科研工作者致力于提高 HIV 特异性 CAR-T 的功效,包括 CAR-T 细胞持久性和工程化多特异性,以克服病毒异质性。

(三) 用于治疗自身免疫病和其他疾病

Treg 在维持免疫稳态和抑制过度免疫激活的过程中起关键作用。Treg 发育或功能缺陷导致不受控制的免疫反应和组织破坏可导致炎症性疾病,例如 GVHD 和自身免疫病等。通过体外纯化扩增 Treg 并回输至患者体内,达到诱导或重建免疫耐受的目的。

Treg 的治疗效果,最早是在 CVHD 小鼠模型中发现的,在异基因造血干细胞移植时加入 Treg 能明显延迟甚至阻止 GVHD 进展。后来,当在人体应用 Treg 治疗 GVHD 时,研究者发现可缓解症状并在慢性 GVHD 中降低药理学免疫抑制。而后,在 1 型糖尿病临床试验中发现 Treg 治疗是安全可行的。另外,有两项较小的研究评估了 Treg 在系统性红斑狼疮和肌萎缩性侧索硬化症中的应用,均展示出了一定的疗效。

将 CAR-T 重定向抗原特异性的优势与 Treg 融合在一起,为实体器官或造血干细胞移植,以及其他与免疫相关疾病诱导耐受性提供了一种新的治疗选择。2016 年,靶向人白细胞抗原 I 类分子 A2(HLA-I A2)的 CAR 成功转导了人 Treg,后研究者发现此类 CAR-Treg 能够缓解和防止人皮肤异种移植模型中皮肤移植排斥反应。目前,几个自身抗原特异性 CAR-Treg 开发正在临床前模型成功应用,包括 1 型糖尿病、自身免疫性肝炎、炎性肠疾病、脑炎、关节炎和几种稀有疾病。

最近,研究人员开发出了嵌合自体抗体受体(chimeric autoantibody receptors,CAARs)的 T 细胞技术。利用寻常型天疱疮小鼠模型,构建去嵌入糖蛋白 3 CAAR-T,其对表达抗糖蛋白 3 BCR 的细胞有细胞毒性,可特异并持续消除糖蛋白 3 特异性 B 细胞,达到了治愈疾病的目的。该研究表明,CAAR-T 细胞可用于治疗 B 细胞介导的自身免疫病,如类风湿性关节炎和系统性红斑狼疮等。

五、结语

T 细胞过继免疫治疗快速发展,已在肿瘤、病毒感染性疾病和自身免疫病中显示出较好的前景。在未来几年,T 细胞过继免疫治疗在癌症和其他疾病治疗方面将会越来越重要。但基于目前的研究结果,将 T 细胞过继免疫治疗转化为实体瘤具有极大挑战性,且这些治疗对其他疾病作用有限。利用基因编辑技术、异位转录因子异位表达、多特异性结合物、布尔门控和其他合成系统复杂生物工程方法,最终将决定下一代免疫细胞治疗的使用前景。

第三节 树突状细胞过继免疫治疗

树突状细胞(dendritic cell,DC)作为重要的抗原呈递细胞,在调节先天性免疫和获得性免疫反应中都扮演着重要的角色。肿瘤组织中存在着不同亚群的 DC,它们的功能各不相同。深入了解 DC 亚群在肿瘤微环境中的多样性和功能,可以有效提高 DC 的抗肿瘤免疫疗法。不同 DC 亚群在调节抗肿瘤免疫反应中的功能各异,基于 DC 免疫疗法的研究进展,为肿瘤免疫治疗的基础和临床研究提供新的思路和策略。

一、概述

DC 因其成熟细胞具有树突样伪足而得名。作为机体免疫应答启动者和体内功能最强大的专职抗原提呈细胞(antigen presenting cell,APC),DC 可刺激初始 T 细胞活化增殖,并可通过其免疫调节作用,参与肿瘤、感染和自身免疫病等疾病的发生发展。

DC 可诱导机体的抗肿瘤免疫和肿瘤免疫耐受,是肿瘤免疫治疗的重要媒介,但肿瘤微环境存在大量免疫抑制因子抑制 DC 的激活、招募和分化,并可抑制 DC 的抗原提呈能力。随着研究不断进展,深入了解 DC 的生物学作用和抗肿瘤机制,是寻找有效的 DC 免疫治疗方法的基础,而 DC 免疫治疗的进展,可为寻找最优联合免疫治疗策略提供科学依据。(图 1-12-3)

二、树突状细胞的生物学作用、来源、分群与分布

1973 年,Steiman 和 Cohn 在小鼠脾脏组织中分离得到了 DC。虽然外周血中 DC 仅占外周血总单个核细胞 1% 以下,其在肿瘤组织内和淋巴器官中所占比例也相对较低,但该类细胞对启动机体抗原特异性免疫应答和免疫耐受发挥重要作用。DC 的来源、分布、表型和功能具有明显异质性,其主要来源于骨髓中的髓样干细胞和淋巴样干细胞。根据其来源和表型特征,DC 可分为髓系 DC(myeloid dendritic cell,mDC),又称为传统 DC(conventional dendritic cell,cDC)和淋巴系 DC(lymphoid dendritic cell,lDC),又可称为浆细胞样 DC(plasmacytoid dendritic cell,pDC)。

DC 分化发育又可以分为前体期、未成熟期、迁移期和成熟期四个时期。人和小鼠 DC 又可根据不同的标记物分

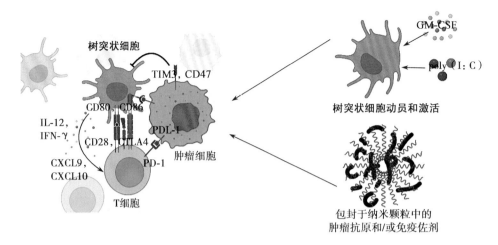

图 1-12-3 树突状细胞过继免疫治疗

为不同亚群。小鼠 cDC 主要来源于骨髓中的 DC 前体细胞(common DC precursors,CDP),其又可以分为 CD8 α⁺ 和/或 CD103⁺ 的 cDC1s 和 CD11b⁺ 的 cCD2s 亚群。而 B220⁺ 的 pDC 根据其来源是 CDP 或淋巴系前体细胞,也可进一步分为两种不同亚群。当机体发生炎症反应时,血液中单核细胞以趋化因子 C-C 基元受体 2(chemokine C-C motif receptor 2,CCR2)依赖的方式进一步部分分化为单核来源的 DC(monocyte-derived DC,MoDC)。人类外周血中 DC 亚群可分为 CD141⁺ 的 cDC1s,CD1c⁺ 的 cDC2s 和 CD123⁺ 的 pDC。虽然上述分子在小鼠体内也有转录水平相似的分子,但其功能并不完全一致。且随着单细胞测序等实验手段的广泛应用,人体血液和淋巴结中的 DC 已发现不同于传统分型的新型 DC,且研究提示,不同组织微环境中 DC 亚群的鉴别标志物可能不同。

不同的 DC 亚群因为其表面模式识别受体(pattern recognition receptor,PRR)表达不同而功能各异,尤其是其对 T 细胞的抗原提呈能力。传统观点认为,pDC 对初始 T 细胞的抗原提呈能力较弱,但也有研究发现,刺激人和小鼠 pDC 可有效启动 CD8⁺ T 细胞介导的免疫反应。cDC1s 因为可有效处理并交叉递呈 MHC-I 类分子上的外源抗原并激活 CD8⁺ T 细胞,并可诱发 CD4⁺ T 细胞向 1 型 T 辅助细胞(type 1 T helper,Th1)极化,可诱导针对胞内病原体和肿瘤细胞的细胞免疫反应。cDC2s 被认为可专职诱导 CD4⁺ T 细胞介导的免疫反应。但由于人类 cDC2s 存在明显的异质性,有"DC 样"和"单核细胞样"cDC2s,不同表型其功能也存在差异。研究发现,因周围环境不同,cDC2s 可诱导 CD4⁺ T 细胞向不同亚群转化并激活 CD8⁺ T 细胞。MoDC 主要由炎症反应诱导产生,可根据具体环境差异诱导 CD4⁺ T 细胞向不同亚群分化。但因 cDC2s 也表达某些 MoDC 标志物,因而 MoDC 有时被归类为一群可塑性较强的单核细胞而非 DC。由此,明确人体不同疾病环境中 MoDC 的具体表型和功能,仍是一个亟待解决的科学问题。

三、树突状细胞对肿瘤的影响

肿瘤微环境(tumor microenvironment,TME)中,DC 可通过捕获、处理并递呈肿瘤相关抗原(tumor associated antigens,TAAs)至 MHC-I 类分子,并提供共刺激信号和细胞因子加剧 T 细胞免疫反应。CD8⁺ T 细胞被认为是抗肿瘤免疫的主要效应细胞,因此 DC 对 TAAs 的交叉提呈在机体的抗肿瘤免疫反应中发挥重要作用。cDC1s 是重要的交叉提呈肿瘤抗原的 DC,可诱导抗肿瘤的 CD8⁺ T 细胞免疫反应和 CD4⁺ T 细胞极化。碱性亮氨酸拉链转录因子 ATF-3(basic leucine zipper transcription factor ATF-like 3,BATF3)依赖的 cDC1s 对高免疫原性肿瘤的排斥反应至关重要,cDC2s 也可诱导 CD4⁺ T 免疫反应。cDC2s 和 MoDC 也可交叉递呈肿瘤抗原,尤其是化疗后,其可直接或交叉提呈 TAAs。

受到刺激后,DC 可发育成熟并表达细胞因子受体和共刺激分子。成熟 DC 中趋化因子 C-C 基元受体 7(chemokine C-C-motif receptor 7,CCR7)显著上调,其在肿瘤浸润性淋巴细胞向肿瘤引流淋巴结(tumor draining lymph nodes,TDLNs)迁移和 TME 招募 DC 的过程中发挥重要作用。DC 可表达共刺激分子 CD80 和 CD86,通过与 CD28 或细胞毒性 T 淋巴细胞相关抗原 4(cytotoxic T lymphocyte-associated antigen-4,CTLA-4)结合激活或抑制 T 细胞。DC 还有其他共刺激分子,可参与 T 细胞启动和再激活,深入了解共刺激分子的作用方式,并发现新型共刺激分子,是近年肿瘤免疫治疗的又一热点方向。该类共刺激分子包括 CD137L-CD137、OX40L-OX40、GITRL-GITR、CD70-CD27、CD40-CD40L 等。CD137L 主要表达在 APCs,促进 T 细胞的激活并延长其存活时间。OX40L 主要在 DC 和巨噬细胞上表达,也可促进 T 细胞存活。而 DC 上的 GITRL 可促进 CD8⁺ T 细胞免疫反应,并促进 T 细胞耐受 Treg 介导的免疫抑制。DC 表达的 CD70 可促进 CD8⁺ T 细胞的启动、分化和抗肿瘤免疫。同时,共刺激分子也可以介导 T 细胞对 DC 功能的调控,如 DC 上 CD40 与 T 细胞 CD40L 结合,可诱导 DC 激活。

DC 分泌的细胞因子也可影响 T 细胞抗肿瘤免疫,如细胞因子白介素-12(interleukin,IL-12)和I型干扰素(type I interferons,IFN-I)。各类 DC 均可产生 IL-12,但 cDC1s 是其主要来源。IL-12 可促进 CD8⁺ T 细胞和 Th1 型细胞激活。DC 主要通过 cGAS-STING 通路感受肿瘤细胞核酸而分泌 IFN-I，参与抗肿瘤免疫。DC 也可产生趋化因子促进 T 细胞招募，如 CXC 趋化因子 9（CXC-chemokine ligand 9，CXCL9）和 CXCL10。

DC 可诱导抗肿瘤免疫，也可以诱导肿瘤的免疫耐受。当 DC 递呈 TAAs 且无共刺激信号辅助时，常导致 T 细胞无能，且抑制性受体广泛结合可限制 T 细胞活性。T 细胞上 CTLA-4 与 CD28 竞争性结合 DC CD80 和 CD86，抑制共刺激信号传递和 T 细胞活化。DC 及其他细胞上表达的细胞程序性死亡配体 1（programmed cell death 1 ligand 1，PDL1）和 PDL2 通过与 T 细胞上的 PD-1 结合，抑制 T 细胞增殖和细胞因子产生。

DC 也可通过改变代谢底物影响 T 细胞功能。L- 色氨酸主要通过吲哚胺 2,3- 二加氧酶 1（indoleamine 2,3-dioxygenase 1，IDO1）转化为 L- 犬尿氨酸而清除。DC 识别凋亡细胞或 CTLA-4 与 CD80 或 CD86 结合后，可诱导其分泌 IDO1。IDO1 可抑制 CD8$^+$ T 细胞、NK 细胞和浆细胞增殖和起效，并促进 Treg 分化。

四、肿瘤微环境对树突状细胞功能的影响

除了 TAAs 和损伤相关分子模式（damage associated molecular patterns，DAMPs），TME 还有复杂的免疫抑制网络，可抑制 DC 浸润和其抗肿瘤作用，该类免疫抑制因子也是提高免疫治疗效果的重要靶点。

TME 可抑制 cDC 的募集和分化。正常的 TME 中 cDC1s 数量相对较少，但 TME 中 cDC1s 数量增加可改善肿瘤患者预后并可提高肿瘤患者抗 PD-1 免疫治疗的反应性。但肿瘤细胞可以限制 cDC1s 招募从而发生免疫逃逸。例如，肿瘤细胞可通过 β- 连环蛋白降低 CCL4 的表达从而降低 TME 中 cDC1s 的浸润，加速肿瘤生长。浸润肿瘤的 NK 细胞通过产生 CCL5 和 XCL1 募集 cDC1s 并促进其存活，而肿瘤细胞则通过产生前列腺素 E$_2$ 降低其数目促进肿瘤细胞生长。主要由 NK 细胞产生的 FMS 样酪氨酸激酶 3 配体（FMS like tyrosine kinase 3 ligand，FLT3L）是 cDC 分化发育的重要调控介质。而肿瘤细胞分泌的血管生长因子可抑制 FLT3L 活性，因此抑制 cDC。

TME 可抑制 DC 的激活和抗原呈递。发生免疫原性死亡细胞的吞噬过程会诱导 cDC 的激活和效应 T 细胞的启动，但在肿瘤中，该作用常被抑制。例如，化疗后引发的免疫原性死亡依赖于高迁移率族蛋白 B1（high mobility group protein B1，HMGB1），其可帮助 cDC 募集并感知死亡细胞释放的核酸，发挥警示作用，但肿瘤细胞高表达 TIM3，可抑制 HMGB1 的作用。肿瘤细胞可表达 CD47，通过抑制 cDC2s 信号调节蛋白 α 抑制 DC 对肿瘤细胞线粒体 DNA 的感知，从而抑制 IFN-I 的产生。TME 还可抑制 DC 细胞因子的分泌，TME 中的巨噬细胞可通过分泌 IL-10 抑制 cDC1s 中 IL-12 的产生。肿瘤细胞还可分泌肝脏 X 受体 -α 抑制剂，抑制 CCR7 介导的 cDC 从肿瘤到 TDLNs 的迁移。其他，如乳酸和脂质过氧化副产物等也可影响 DC 对 TAAs 的提呈。TME 中的肿瘤抑制因子也可以抑制 pDC 产生 IFN-I 的能

力从而抑制其抗肿瘤效果。

五、树突状细胞免疫治疗研究进展

（一）树突状细胞的动员和激活

细胞因子可以动员 DC，如粒 - 巨噬细胞集落刺激因子（granulocyte-macrophage colony stimulating factor，GM-CSF）可直接刺激 DC 激活、分化和迁移。同时，使用 FLT3L 也显示出较强的促进 CD8$^+$ T 细胞激活并增强抗肿瘤免疫的效果。

免疫佐剂可通过阻断 TME 对 DC 的免疫抑制作用激活 DC，并促进其对细胞的抗原提呈，也是近年基于 DC 免疫治疗的研究热点。尤其是 DC 高表达的 TLR 配体的衍生物，如合成的 TLR3 激动剂聚胞苷酸 [poly（I:C）]。因人类 CD141$^+$ cDC1s 高表达 TLR3，故是该治疗手段的主要靶细胞。体外试验和前临床研究已经表明，poly（I:C）可有效激活 DC 和 NK 细胞，诱导促炎症细胞因子释放，促进 CD8$^+$ T 细胞的抗肿瘤免疫反应。较多 TLR7/TLR8 激动剂的临床试验也在不断开展，该激动剂几乎可作用于所有 DC 亚群，通过激活促炎因子释放并上调共刺激分子，从而促进 DC 抗肿瘤免疫反应。

（二）应用抗原激活树突状细胞抗肿瘤免疫

体内使用可被内源性 DC 提呈的 TAAs，也是 DC 抗肿瘤免疫的重要途径之一。该类 TAAs 主要包括长短肽段和可帮助表达 TAAs 的病毒或肿瘤细胞裂解物。在新兴技术的推动下，主要来源于突变蛋白的新兴抗原 TAAs 为疫苗免疫治疗提供了新的思路。但 TAAs 疫苗的有效性取决于个体肿瘤的突变速率，如在肺癌、高突变负荷黑色素瘤和胰腺癌中往往更容易获益。

DC 成熟对其免疫原性抗原提呈至关重要，因此，联合抗原的免疫佐剂可更有效地促进 DC 成熟并发挥其抗肿瘤作用。TAAs 和免疫佐剂可封装于纳米颗粒或脂质体等颗粒投递系统中，中等大小（5~100nm）的纳米粒子更容易到达淋巴结。病毒编码的 TAAs 疫苗可同时表达共刺激分子，如 poly（I:C）和 GM-CSF。因此，寻找更有效促进 DC 抗肿瘤免疫活性的抗原和刺激因子组合，将会为肿瘤患者带来更多临床获益。

提高体内运输抗原和免疫佐剂至 DC 的特异性，是提高其抗肿瘤作用的重要途径。C 型凝集素受体在不同 DC 亚群上有不同的表达水平，是目前常用的 DC 体内刺激靶受体。TAAs 还可与其他非 C 型凝集素受体偶联，或是其配体，如 CD40 或抗甘露糖受体，偶联抗体的抗原和佐剂，其疗效优于单用抗原和佐剂。抗体和 DC 上抗原特异性结合后，可发挥协同作用，促进 T 细胞抗肿瘤免疫反应。例如病毒抗原与抗 CD40 和抗甘露糖受体结合，可有效促进 cDC 和 MoDC 交叉提呈能力。因为抗体可结合的抗原和免疫佐剂数量有限，抗体结合聚合物纳米颗粒运输系统在近年受到了较多关注。因此，通过靶向 DC 受体在体内递送抗原和佐剂，有望增强 DC 的抗肿瘤效果，并减少佐剂的副作用。

（三）树突状细胞疫苗

DC 疫苗的抗肿瘤作用已有较多临床研究，其主要用

于黑色素瘤、前列腺癌和肾癌等高免疫原性肿瘤。该过程包括自体 DC 分离或体外生成,体外改造和扩增后回输至患者体内。目前唯一经临床批准的,基于 APC 的疫苗是 Sipuleucel-T,其主要由血液 APC 组成,其中组装有由前列腺癌和 GM-CSF 组成的重组融合蛋白抗原。

DC 疫苗的培养首先需获取 DC 前体细胞,用细胞因子混合物如 GM-CSF 或 IL-4 诱导分化,随后使用细胞因子组合促进 DC 成熟。成熟 DC 负载抗原后接种至患者体内。肿瘤抗原负载是 DC 疫苗成功的关键。而 DC 疫苗注射的途径和剂量,可影响 DC 向 TDLNs 的迁移和对 CD8$^+$T 细胞的抗原提呈。

在体外的可控离体环境中负载抗原并促进 DC 成熟,是 DC 疫苗的优势,可避免接触更多致耐受信号,有多种免疫佐剂和抗原类型可供选择,需要做好严格的质量控制,而其缺点主要是个体化优化条件具有一定复杂性,且成本较高。

六、结语

基于 DC 的免疫治疗可提高肿瘤免疫治疗疗效,但仍需不断寻找其最佳的组合和最优的疫苗接种策略,而了解 DC 及其不同亚群在肿瘤进展中的不同生物学作用是基础。DC 可通过多种途径发挥其抗肿瘤作用。随着其在肿瘤免疫中的研究不断深入及 DC 培养方法的不断改进,以 DC 为基础的抗肿瘤免疫治疗将使更多患者获益。

第四节　NK 细胞过继免疫治疗

NK 细胞可泛特异性识别恶性病变细胞,具有广谱抗肿瘤作用。NK 细胞杀伤活性和瘤内浸润数量与患癌风险和癌症治疗预后显著相关,因此增加 NK 细胞数量、提高 NK 细胞活力成为 NK 细胞过继免疫治疗的主要策略。研究表明,NK 细胞治疗联合传统肿瘤治疗手段能够有效提高肿瘤治疗效果。针对实体瘤,NK 细胞联合疗法应用可能会显著增强疗效。

一、概述

自然杀伤(natural killer,NK)细胞是 1975 年,由 Kiessling 和 Herberman 实验室几乎同时发现的一类不需提前免疫即可溶解肿瘤细胞的淋巴细胞。研究发现,NK 细胞数目占外周血淋巴细胞总数的 10%~15%,不仅与抗感染和抗肿瘤有关,某些情况下还可参与超敏反应和自身免疫病的发病及进展。

二、NK 细胞发育及活化

NK 细胞在胎肝中开始发育,个体出生后可转移至骨髓、胸腺。骨髓微环境是其分化发育的重要场所。造血干细胞可依次分化为 NK 祖细胞和 NK 前体细胞,再发育为成熟 NK 细胞。在多种细胞因子和转录因子的协同作用下,过渡型的 NK 细胞在各器官和组织中进一步成熟分化。NK 细胞主要分布于骨髓、肝脏、脾脏和黏膜等部位,不

同组织的 NK 细胞,其来源、发育途径和表型功能都表现出一定的组织特异性。

NK 细胞活化受表面活化性受体和抑制性受体的双重调控,并不表达特异性抗原识别受体。活化受体主要包括 NKp46、NKp30、NKp44、免疫球蛋白样杀伤受体和 C 型凝集素样受体 NKG2D 等,抑制性受体主要包括免疫球蛋白样杀伤受体家族和 C 型凝集素样受体 NKG2A 等。抑制性受体可以和自身细胞 MHC-I 结合发挥抑制作用。病毒感染时,靶细胞表达的病毒蛋白可被 NK 细胞受体作为"非我"抗原直接识别,诱导 NK 细胞的活化。

三、NK 细胞分群和功能

人类 NK 细胞可根据 CD56 分子表面密度分为 CD56^{bright} 和 CD56^{dim} 两个亚群。占外周血 NK 细胞 90% 的终末 CD56^{dim}NK 细胞以杀伤功能为主,该类细胞激活后可大量释放颗粒酶和穿孔素杀伤靶细胞,但该类细胞产生细胞因子的能力较低。占外周血 NK 细胞约 10% 的 CD56^{bright}NK 细胞亚群主要位于二级淋巴器官如肝脏和子宫。该亚群细胞是过渡分化的 NK 细胞,在细胞因子如 IL-12、IL-15 和 IL-18 等作用下可增殖分化,并分泌细胞因子,如 IFN-γ、TNF 和 IL-10 等,协调其他免疫细胞发挥免疫调节作用。

NK 细胞主要通过以下三种机制发挥其杀伤作用。第一种是通过释放杀伤介质颗粒酶和穿孔素使靶细胞凋亡。第二种是通过膜 TNF 家族分子与靶细胞配体直接结合诱导靶细胞凋亡。第三种是通过抗体依赖细胞介导的细胞毒作用(antibody-dependent cell-mediated cytotoxicity,ADCC)发挥杀伤作用,通过抗靶细胞的抗体 IgG Fab 段特异性识别靶细胞并发挥 ADCC 作用。

四、NK 细胞治疗

CAR-T 在淋巴瘤和白血病患者中取得的治疗效果,引起了人们对使用免疫细胞作为癌症治疗方式的极大兴趣。但由于 CAR-T 细胞治疗的局限性,如治疗后引起细胞因子释放综合征和脱靶效应,促使探索其他免疫细胞类型(如 NK 细胞)的研究不断出现。NK 细胞在肿瘤治疗中具有其独特优势,首先,NK 细胞可进一步分化的细胞亚群种类较少,功能相对单一,且其在体内存活的时间较短,发生不可预期副作用的风险较低。其次,由于 T 细胞免疫治疗存在免疫排斥反应,大多数患者需要自体细胞移植,NK 细胞因为没有 T 细胞受体,异体 NK 细胞免疫治疗很少会合并严重的移植物抗宿主反应。因此,T 细胞和 NK 细胞可在来源和机制方面互补,具有良好的临床应用前景。

NK 细胞疗法的初步研究主要集中于增强内源性 NK 细胞抗肿瘤活性,体外扩增和活化 NK 细胞过继转移,均已显示出积极的抗肿瘤作用。20 世纪 80 年代,Rosenberg 团队发现 LAK 细胞对小鼠多种肿瘤具有治疗作用,且证实 LAK 细胞是一群以 NK 细胞为主的淋巴细胞群体。此后,进行了 LAK 细胞治疗顽固转移性癌症患者的临床试验,结果发现,44% 的患者出现了肿瘤客观消退。由此,NK 细胞开始用于肿瘤治疗。(图 1-12-4)

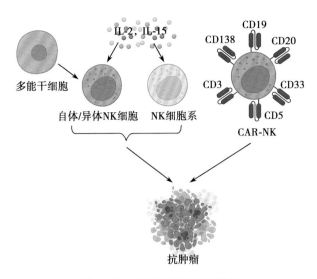

图 1-12-4　NK 细胞过继免疫治疗

（一）细胞来源

NK 细胞过继免疫治疗的细胞来源主要有自体 NK 细胞、异体 NK 细胞、细胞系和多能干细胞诱导的 NK 细胞。自体和异体 NK 细胞是 NK 细胞过继免疫治疗的主要来源，后两者是现今的研究热点。细胞系 NK-92、NKL、KHYG-1 和 NKG 已在体外证实了其抗肿瘤活性，NK-92 已被 FDA 批准用于肾细胞癌和晚期恶性黑色素瘤的临床试验。体外多能干细胞可向 NK 细胞分化，并介导 ADCC 作用，在小鼠模型中展现出较强的抗肿瘤活性。由此，iPSC 衍生 NK 细胞可作为治疗细胞的再生来源，且可进行基因修饰（嵌入肿瘤相关特异性抗体）以增强抗肿瘤效果。

（二）刺激因子

IL-2 具有促进 T 细胞和 NK 细胞存活和增殖的能力，因此是在上述过继细胞疗法中应用的第一个细胞因子。早期对 LAK 细胞的研究，是将患者外周血单核细胞在 IL-2 刺激下得到具有杀伤活性的 NK 细胞。但由于 LAK 细胞产生的临床反应类似 IL-2 单药治疗，所以后来采用白细胞分离术联合高剂量和长期 IL-2 刺激，以获得更多纯净 NK 细胞。IL-15 也可刺激 NK 细胞扩增。相较 IL-2，IL-15 可扩大 NK 细胞扩增量并提高 NK 细胞的抗肿瘤效应。但由于 IL-15 的持续刺激可导致 NK 细胞衰竭，所以选择最佳剂量和时间对 NK 细胞活化至关重要。其他刺激 NK 细胞扩增的细胞因子包括 IL-21、IL-12 和 IL-18，但仍以 IL-2 和/或 IL-15 刺激为主。

（三）治疗策略

目前，增加肿瘤浸润 NK 细胞数量并提高浸润 NK 细胞的活力是 NK 细胞治疗的两大主要策略。NK 细胞的应用策略主要包括 NK 细胞过继传输和基因修饰 NK 细胞。NK 细胞过继传输是将外周血和细胞系来源或多能干细胞诱导而来的 NK 细胞输至患者体内，从而增加患者体内 NK 细胞的数量和活性。而后者则主要将 CAR 转载于 NK 细胞，增强其抗肿瘤靶向性。

CAR-NK 细胞可增强 NK 细胞靶向性，从而提高其肿瘤抑制作用，目前处在临床前和临床初始阶段的研究有，靶

向 CD19、CD20、CD33、CD138、SLAMF7、CD3、CD5 和 CD123 等几种抗原。理论上，CAR-NK 细胞生命周期短，产生的细胞因子，如 IFN-γ 和 GM-CSF 等比 T 细胞产生的毒性低，因此比 CAR-T 细胞更安全。近期一项 I 期临床试验使用 CD33 定向 CAR-NK-92 细胞治疗复发性难治性急性髓系白血病患者，未显示严重不良反应，提示 CAR-NK 细胞或是 CAR-T 细胞的安全替代品。

（四）相关临床研究

NK 细胞疗法已在多种肿瘤中开展了临床试验研究，涉及血液系统肿瘤（如白血病、淋巴瘤和骨髓瘤等）和实体瘤（肺癌、鼻咽癌和胃癌等）。研究表明，NK 细胞治疗对血液系统肿瘤治疗效果更好，异体来源 NK 细胞综合疗效最好。

1. 血液系统肿瘤　临床研究表明，自体 NK 细胞可治疗急性髓系白血病，但是临床疗效评估不佳。其主要原因可能是 IL-2 在诱导自体 NK 细胞扩增的同时，还可使调节性 T 细胞扩增，后者可抑制 NK 细胞增殖和功能。由于上述限制，使用异体 NK 细胞成为研究者探索的方向。异体 NK 细胞在造血干细胞移植时可以介导较强的移植物抗白血病效应，从而显著降低 GVHD 的发生率。在造血干细胞移植的 112 例急性髓系白血病患者中，51 例出现 NK 细胞同种异体反应，61 例未出现。前者较后者移植后排斥反应和 GVHD 的发生率更低，生存率更高。据统计，单纯干细胞移植患者 2 年总生存率约为 15%，而干细胞移植联合 NK 细胞治疗的白血病患者 2 年总生存率可达到 36%。NK 细胞可使无法接受干细胞移植的复发性难治性白血病达到 40% 的完全缓解。另外，体外扩增 NK 细胞具有临床活性，其对复发或难治性骨髓瘤患者多次输注耐受良好。NK 细胞的泛特异性杀伤作用使其在血液系统肿瘤治疗中展现出较大潜力。

2. 实体肿瘤　NK 细胞单独治疗实体瘤效果不佳。针对乳腺癌和卵巢癌的研究发现，异体 NK 细胞过继转移后会被宿主排斥，只有 29% 的卵巢癌患者达到部分缓解。黑色素瘤中仅约 18% 的患者无疾病进展，其余均无临床应答。在大肠癌、肾细胞癌和食管癌等临床研究中，NK 细胞过继免疫治疗均无应答。目前考虑这种低应答效率主要与肿瘤免疫微环境抑制相关。故应用免疫调节剂和特异性抗体在内的多种药物联合应用，是提高 NK 细胞抗实体瘤的主要发展方向。

在患有复发性/难治性神经母细胞瘤的儿童中应用异体 NK 细胞联合单克隆抗体和化疗药物治疗，取得了有意义的临床效果。该实验应用的抗去唾液酸神经节苷脂单克隆抗体，通过 NK 细胞参与的 ADCC 介导了肿瘤细胞的溶解过程。另外，应用 NK 细胞联合抗 IgG1 抗体治疗可使 50%（4 例/8 例）的胃癌和结肠癌患者达到部分缓解。由此证明，NK 细胞联合疗法可增强实体瘤疗效。

五、展望

NK 细胞在肿瘤免疫治疗方面已展现出巨大潜力，未来治疗方向也将沿着精准治疗的目标前进，如通过装载

CAR 提高 NK 细胞治疗的靶向性和有效率,联合放化疗、靶向治疗和其他免疫治疗等手段是 NK 细胞治疗亟待探索的方向。同时,NK 细胞在感染领域也初现锋芒,有研究发现,小鼠干细胞分化来源的 CAR-NK 可抑制 HIV 复制,为 NK 细胞治疗 HIV 感染带来了希望。

第五节　巨噬细胞治疗

肿瘤相关巨噬细胞(tumor associated macrophages,TAMs)的募集、极化、表达的细胞因子和趋化因子可以通过抑制机体抗肿瘤免疫力促进肿瘤进展。研究发现,靶向这些途径的新型疗法可以间接刺激细胞毒性 T 细胞的活化和募集,并与检查点抑制剂、化学疗法、放射方法等疗法产生协同作用。抑制 TAMs 的募集、存活、增殖、极化,促进其吞噬作用的药物,为肿瘤患者的治疗提供了新的思路。

一、肿瘤相关巨噬细胞来源

现代血统追踪技术和单细胞测序技术的发展,使人们对巨噬细胞起源的理解发生了深刻的变化。研究显示,大多数组织驻留的巨噬细胞并非像先前所认为的来源于骨髓祖细胞,而是来源于卵黄囊或胎儿肝脏。基于小鼠肿瘤模型研究发现,TAMs 几乎都是骨髓来源的,肿瘤细胞在肿瘤原发部位和转移部位通过释放炎症信号募集单核细胞并使其进一步分化成 TAMs,进而促进肿瘤进展。在胰腺癌和神经胶质瘤模型中的 TAMs 是胎肝来源和骨髓源性巨噬细胞的混合物。一般而言,循环单核细胞的募集对于 TAMs 的积累至关重要。集落刺激因子 1 受体(colony stimulating factor 1 receptor,CSF1R)是控制体内几乎所有巨噬细胞分化和存活的主要跨膜受体。在 CSF1R 缺乏的情况下,小鼠几乎全部的巨噬细胞都将消失,然而在肺部的巨噬细胞受到集落刺激因子 2(colony-stimulating factor-2,CSF2)的调节,巨噬细胞可以正常。在胰腺癌模型中,卵黄囊来源的巨噬细胞而不是骨髓源性巨噬细胞具有促进肿瘤发展的作用,提示 TAMs 来源很重要。明确不同起源的 TAMs 的临床意义,探究其异质性和动态变化,可为独立地靶向 TAMs 亚群提供科学依据。

二、肿瘤相关巨噬细胞的可塑性和多样性

单核细胞和巨噬细胞在微生物感染、组织损伤、细胞因子和代谢产物等的刺激下会发生功能的极化(激活)。一项共识研究强调了单核巨噬细胞谱系细胞具有极高的可塑性,以及需要仔细定义实验条件并避免因使用相同术语指代细胞暴露于不同的信号而引起的混淆。共识认为,巨噬细胞被 γ 干扰素(interferon-γ,IFN-γ)和内毒素(lipopolysaccharide,LPS)激活后发生 M1 型极化,也称为经典型巨噬细胞。巨噬细胞被白介素-4(IL-4)/IL-13 激活发生 M2 型极化,即替代性巨噬细胞激活。M1 型和 M2 型极化的巨噬细胞有很多不同点,如在细胞因子分泌和趋化因子库等方面,在铁、葡萄糖和叶酸代谢,以及甘露糖受体等方面也不尽相同。M1 型极化的巨噬细胞可以抵抗细胞内病原体和肿瘤细胞,而 M2 型极化的巨噬细胞参与细胞耐药、免疫调节,以及组织修复和重塑。肿瘤和宿主细胞发放的信号影响 TAMs 的功能和表型。在不同的肿瘤和组织环境中的 TAMs 功能受到低氧、细胞因子如转化生长因子 β(transforming growth factor β,TGF-β),以及癌细胞的代谢产物如乳酸等的影响。

三、肿瘤相关巨噬细胞在恶性肿瘤中的意义

2001 年,通过基因敲除乳腺癌的小鼠 CSF-1,发现肿瘤进展和转移受到抑制,证明巨噬细胞具有促进肿瘤的作用。随后各种小鼠肿瘤模型也进一步证明了巨噬细胞可以促进肿瘤进展和转移。针对人类不同肿瘤研究的荟萃分析表明,TAMs 在肿瘤部位的高浸润与乳腺癌、胃癌、口腔癌、卵巢癌、膀胱癌和甲状腺癌的不良预后密切相关。随后该观点在关于乳腺癌、胃癌、霍奇金淋巴瘤和非小细胞肺癌(non-small cell lung cancer,NSCLC)的相关荟萃分析得到进一步的证实。巨噬细胞通过刺激血管生成,促进肿瘤细胞转移、侵袭,并抑制抗肿瘤免疫,进而促进肿瘤的发生和转移,而且巨噬细胞促进肿瘤细胞在转移部位存活和生长。TAMs 具有可识别的分子标记、转录组、表型,因此 TAMs 具有作为肿瘤治疗靶点的潜力。这里,我们介绍 TAMs 与传统治疗方法之间的相互作用。

四、传统治疗方法

(一) 放射治疗

电离辐射通过诱导细胞 DNA 损伤,杀伤 DNA 修复能力受损的肿瘤细胞。但放射治疗对 TAMs 的作用目前仍不清楚。传统放射治疗后肿瘤细胞发生损伤,释放大量的炎症细胞因子,激活固有免疫系统招募具有组织修复表型的巨噬细胞导致肿瘤复发。当肿瘤细胞发生免疫原性细胞死亡,固有免疫系统激活将肿瘤释放抗原呈递给适应性免疫系统进而杀伤肿瘤细胞。新辅助低剂量 γ 照射,一方面可以使肿瘤血管正常化,另一方面可以通过促进肿瘤特异性 T 细胞的募集,进而杀伤肿瘤细胞。进一步研究发现,低剂量照射后,肿瘤组织内的巨噬细胞通过产生 T 细胞趋化因子、下调免疫抑制相关分子,抑制血管生成介质,促进杀伤肿瘤细胞。因此,TAMs 与 CD8 阳性 T 细胞之间的相互作用在放射治疗杀伤肿瘤细胞中具有至关重要的作用。

(二) 化学治疗

肿瘤微环境中的巨噬细胞在化学治疗反应和耐药中起重要作用。通过抑制 CSF1 的表达能够逆转异种移植小鼠模型中乳腺癌细胞系的化学耐药性,表明 TAMs 在化疗的耐药性中起到一定的作用。紫杉醇联合抗 CSF1R 抗体对乳腺癌小鼠模型的治疗效果优于单独使用,减少了肿瘤负担和血管密度,增加了细胞毒性 T 细胞浸润。紫杉醇治疗后,TAMs 通过促进组织蛋白酶的产生增加淋巴管生成,促进肿瘤细胞转移。在 5-氟尿嘧啶治疗大肠癌的模型中,TAMs 通过释放二胺腐胺导致肿瘤细胞对凋亡产生抗性。阿霉素可以增加血管周围的 TAMs,其通过表达血管内皮生长因子(vascular endothelial growth factor,VEGF)促

进血管生成,促进肿瘤的复发,使用针对血管周围TAMs的CXCR4阻断剂可以抑制阿霉素治疗后肿瘤的复发。吉西他滨通过激活Th17细胞反应促进肿瘤的进展。研究发现,在肺癌、结肠癌和胰腺癌等模型中,TAMs通过保护肿瘤干细胞,使得肿瘤细胞对多种药物产生耐药性。在控制良好的肿瘤模型中,通过对TAMs促进肿瘤功能途径的鉴定,为化学治疗和TAMs阻断联合治疗的综合评估铺平了道路(表1-12-2)。

表 1-12-2 肿瘤相关巨噬细胞(TAMs)促进肿瘤细胞对化学治疗耐药的途径

肿瘤类型	药物	机制
乳腺癌	紫杉醇	集落刺激因子1依赖的TAMs招募增加,TAMs通过增加组织蛋白酶的产生引起淋巴管生成增加,促进肿瘤转移
结肠癌	5-氟尿嘧啶	TAMs通过释放腐胺引起肿瘤细胞对凋亡产生抗性
乳腺癌	阿霉素	血管周围的TAMs增加,TAMs通过表达血管生长因子促进血管生成,促进肿瘤的复发
淋巴瘤	吉西他滨+5-氟尿嘧啶	激活Th17细胞反应
肺癌、结肠癌、胰腺癌	各种药物	保护肿瘤干细胞

(三)免疫治疗

肿瘤细胞可以表达肿瘤特异性突变即肿瘤新抗原,新抗原在黑色素瘤和肺癌发生率较高而在血液系统恶性肿瘤,如急性髓细胞性白血病、急性淋巴细胞白血病和慢性粒细胞性白血病中表达较低。T细胞需要通过主要组织相容性复合体(major histocompatibility complex,MHC)呈递的肿瘤新抗原获得第一信号,另外需要T细胞上的CD28和抗原呈递细胞上表达的共刺激分子(CD80和CD86)相互作用,提供的第二信号才能完全被激活,从而杀伤肿瘤细胞。肿瘤细胞不表达CD80和CD86,因此如果没有其他抗原呈递细胞如DC、巨噬细胞等提供的第二信号,T细胞将不能被激活。20世纪80年代,针对肿瘤新抗原的DNA或肽的肿瘤疫苗发展迅速,但结果并不像预期的那样惊人,提示肿瘤环境中T细胞活化的调控很复杂。

肿瘤组织有大量的免疫抑制细胞浸润包括调节性T细胞、TAMs、肿瘤成纤维细胞、骨髓来源的抑制细胞等。免疫疗法领域迅速发展,特别是免疫检查点抑制剂的发现,包括针对细胞毒性T淋巴细胞相关抗原(cytotoxic T lymphocyte-associated antigen-4,CTLA-4)、细胞程序性死亡蛋白-1(programmed cell death protein-1,PD-1)及其配体PD-L1的抗体。免疫检查点抑制剂的主要功能是抑制T细胞"刹车",从而有效地发挥其抗肿瘤免疫反应。目前,已批准用于肿瘤治疗的检查点抑制剂包括pembrolizumab、nivolumab、cemiplimab(抗PD-1);atezolizumab、avelumab和

durvalumab(抗PD-L1);ipilimumab(抗CTLA-4)。另外,有三种用于治疗淋巴细胞性白血病和大B细胞淋巴瘤的嵌合抗原受体T细胞免疫治疗,该疗法主要通过促进肿瘤毒性T淋巴细胞的募集和激活,减少或消除肿瘤负荷来达到治疗目的。高表达PD-1的TAMs吞噬肿瘤细胞的能力下降,科学家提出一种假设,通过调节肿瘤组织中的免疫抑制细胞可以改善检查点抑制剂的疗效。此外,研究发现,CSF1表达与黑色素瘤中CD8阳性T细胞和CD163阳性TAMs的浸润有关,联合使用抗PD-1和抗CSF1R抗体治疗可以促进黑色素瘤的消退。目前,不同实体肿瘤背景下进行检查点抑制剂和抗TAMs药物(如抗CSF1R抗体)联合使用的临床试验正在进行中。

五、靶向肿瘤相关巨噬细胞的方法

(一)抑制肿瘤相关巨噬细胞的招募

肿瘤微环境中肿瘤细胞通过释放趋化因子和细胞因子包括CCL2、IL-1β、CSF1、血管内皮生长因子A等募集巨噬细胞到肿瘤部位,因此可以通过阻断上述通路,抑制肿瘤相关巨噬细胞的招募,进而抑制肿瘤进展(图1-12-5)。研究发现,血清和肿瘤组织中CCL2水平升高与各种肿瘤的不良预后有关。肿瘤细胞通过释放CCL2促进表达CCR2受体的巨噬细胞向肿瘤部位募集,使用CCL2的抗体可以减少前列腺癌、乳腺癌、肺癌、肝癌和黑色素瘤等原发部位肿瘤的负荷和肿瘤的远处转移。CCR2抑制剂包括CCX872-B、PF-04136309、MLN1202和BMS-813160等,正在进行治疗实体肿瘤临床试验。PF-04136309与奥沙利铂、伊立替康、叶酸、5-氟尿嘧啶联合治疗用于局部晚期胰腺癌患者的Ib期临床试验。33例患者中有16例接受重复的影像评估后,有客观肿瘤反应(肿瘤缩小),其中32例肿瘤达到局部控制(疾病稳定,部分反应或完全响应)。IL-1β,一种可促进骨髓细胞募集进入小鼠肺癌、乳腺癌和胰腺肿瘤的细胞因子,也是治疗的靶点之一。接受IL-1受体拮抗剂抗体(anakinra)与5-氟尿嘧啶、贝伐单抗联合治疗难治性结直肠癌患者,中位生存期延长,并且肿瘤标志物水平明显下降。

(二)抑制肿瘤相关巨噬细胞的增殖和生存

CSF1R对巨噬细胞的增殖和存活有重要作用(图1-12-5)。针对CSF1R的不同抗体和小分子正在作为单一疗法或与放射治疗、化学治疗或免疫治疗结合的方式进行不同临床试验。使用CSF1R抗体或激酶抑制剂可以更好地抑制乳腺癌的生长,以及提高化学疗法和放射疗法疗效。TAMs来源的胰岛素样生长因子1可以激活磷脂酰肌醇3-激酶(phosphatidylinositol-3-kinase,PI3K)依赖的信号通路,促进肿瘤细胞增殖,使用CSF1R抗体和胰岛素样生长因子1受体的抑制剂可以抑制上述通路导致的肿瘤细胞增殖,抑制肿瘤进展。另有抗CSF1R抗体emactuzumab,可以通过减少TAMs抑制皮下结肠癌小鼠模型中肿瘤细胞的生长。在人乳腺癌的异种移植模型中,发现使用CSF1R抗体可以逆转小鼠对化学疗法的耐药性。

(三)促进肿瘤相关巨噬细胞复极化

大量证据支持TAMs具有促肿瘤作用。诱导TAMs释放

的炎症细胞因子包括 IL-12、诱导型一氧化氮合成酶和肿瘤坏死因子 α(tumor necrosis factor-α,TNF-α)。基因敲除或药物抑制骨髓磷酸肌醇 3-激酶 γ(phosphatidylinositol-3-kinaseγ,PI3Kγ),可以促进 TAMs 释放 TNF-α、IL-12 等细胞因子,促进 CD8 阳性 T 细胞的浸润,杀伤肿瘤细胞(图 1-12-5)。布鲁顿酪氨酸激酶(Bruton's tyrosine kinase,BTK)是 PI3Kγ 的下游分子,BTK 的抑制剂 ibrutinib 可以刺激炎症性巨噬细胞极化,减少骨髓细胞浸润,并增加小鼠胰腺导管腺癌中 CD8 阳性 T 细胞的浸润。组蛋白脱乙酰基酶(histone deacetylases,HDACs)是负责去除组蛋白上的乙酰基,调控表观遗传的关键。

研究发现,在乳腺癌小鼠模型中,TMP195(Ⅱa 类 HDACs 抑制剂)可使 TAMs 重新向促炎症细胞因子方向极化,并且 TMP195 增加了标准化学疗法方案(卡铂和紫杉醇)的药效和治疗的持久性,与检查点抑制剂 PD-1 治疗具有协同作用,可以减少肿瘤负荷,减少肿瘤转移。受体相互作用的丝氨酸/苏氨酸蛋白激酶 1(receptor-interacting serine/threonine protein kinase 1,RIP1)也在调节免疫应答和存活中起关键作用(图 1-12-5)。RIP1 在人和小鼠的胰腺导管腺癌模型的 TAMs 中表达上调,使用 RIP1 小分子抑制剂 GSK547 可以使 TAMs 重新极化为促炎状态,通过增加 MHC-Ⅱ、TNF-α 和 IFN-γ 表达抑制肿瘤的生长。促进巨噬细胞复极化的另一个靶点是 Janus 激酶 2/信号转导子和转录激活子 3(Janus kinase-2,Jak2/signal transducer and activator of transcription 3,Stat3),Stat3 在髓样细胞中被激活,具有免疫抑制作用。Stat3 抑制剂 TTI-101 正对晚期肿瘤患者进行Ⅰ期临床试验。Jak1/2 抑制剂 ruxolitinib 已被批准用于治疗骨髓纤维化、牛皮癣和类风湿性关节炎。细菌

颗粒(例如脂多糖)和病毒核酸(RNA 或 DNA)通过激活巨噬细胞的 Toll 样受体(Toll like receptors,TLRs)使巨噬细胞向促炎表型极化(图 1-12-5)。TLR 7/8 激动剂可以诱导巨噬细胞复极化,提高杀伤黑色素瘤的活性。TLRs 激动剂在髓样细胞中能够有效地促进巨噬细胞炎性极化,同时会诱导巨噬细胞表达 PD-L1 限制其作用。

在实体瘤临床试验中发现,通过联合使用 PD-1 抑制剂和 TLRs 激动剂可以延长药物作用的时间。CD40 是肿瘤坏死受体家族的成员,可促进炎症性巨噬细胞的极化,并释放大量促进炎症的细胞因子如 IL-1、IL-12、TNF-α。研究发现,使用 CD40 激动剂和 CSF1R 抗体进行联合治疗,TAMs 在耗尽之前进行复极化,创造炎症环境,即使对免疫检查点治疗无反应的肿瘤也可产生有效 T 细胞杀伤肿瘤细胞的效应。抗 CD40 抗体和重组 CD40 配体目前正作为单一药物,或与化学治疗、免疫治疗或肿瘤疫苗联合使用,进行实体肿瘤的多项临床试验。最近,补体系统已成为肿瘤免疫治疗的新兴目标。单独使用补体成分 5a 受体(complement component 5a receptor,C5aR)抑制剂或紫杉醇不会显著影响肿瘤进展,但二者联合使用可以通过促进 TAMs 向促进炎症的表型复极化,随后招募细胞毒性的 T 细胞到肿瘤部位有效地杀伤肿瘤细胞。

(四)吞噬

CD47 是人类和小鼠髓样和内皮细胞上血小板反应蛋白和 CD36 的受体,CD47 可以保护宿主细胞免受巨噬细胞吞噬。通过抑制 CD47 可促进巨噬细胞介导的吞噬肿瘤作用和 T 细胞激活。CD47 通过与巨噬细胞表达人信号调节蛋白(human signal regulatory protein α,SIRPα)结合,抑制巨噬细胞的吞噬作用(图 1-12-5)。阻止 SIRPα 与 CD47,

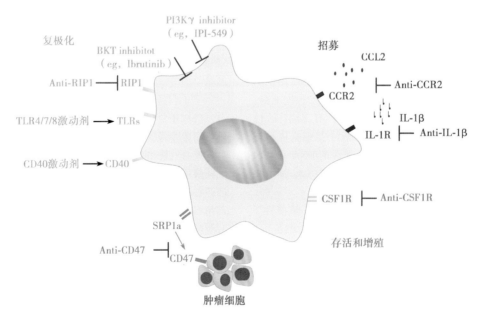

图 1-12-5 靶向巨噬细胞治疗在肿瘤治疗中的策略

CCL2:趋化因子 2;CCR2:趋化因子 2 受体;IL-1β:白介素-1β;CSF1R:集落刺激因子 1 受体;PI3Kγ inhibitor:磷酸肌醇 3 激酶 γ 抑制剂;BTK inhibitor:布鲁顿酪氨酸激酶抑制剂;RIP1:丝氨酸/苏氨酸蛋白激酶 1;TLR7/8:Toll 样受体 7/8;SIRP α:人信号调节蛋白

可以促进淋巴瘤的小鼠模型、急性髓细胞白血病和 B 细胞淋巴瘤的异种移植模型中巨噬细胞的吞噬作用。目前,针对人 CD47 单克隆抗体和 SIRPα-Fc 融合蛋白组成的 CD47 抑制剂在实体瘤中的应用,正在进行相关临床试验。

六、总结

TAMs 通过促进血管生成、肿瘤细胞活化、肿瘤转移和抑制免疫参与肿瘤的发生发展。通过靶向 TAMs 的招募、存活与增殖、吞噬、复极化等方面可以抑制肿瘤进展。然而,巨噬细胞也是抵抗细菌和真菌感染的主要参与者,巨噬细胞的过度活化导致加速的免疫反应,例如噬血细胞综合征和巨噬细胞活化综合征。因此我们需要谨慎地采取靶向巨噬细胞的方法进行治疗。

(陈智　徐佳　蔡萧鹏　邓静雯)

参考文献

［1］曹雪涛.医学免疫学.6 版.北京:人民卫生出版社,2013.

［2］Weber EW,Maus MV,Mackall CL. The Emerging Landscape of Immune Cell Therapies. Cell,2020,181(1):46-62.

［3］Perez CR,De Palma M. Engineering dendritic cell vaccines to improve cancer immunotherapy. Nat Commun,2019,10(1):5408.

［4］Anderson NR,Minutolo NG,Gill S,et al. Macrophage-Based Approaches for Cancer Immunotherapy. Cancer Res,2021,81(5):1201-1208.

［5］Xin Yu J,Hubbard-Lucey VM,Tang J. Immuno-oncology drug development goes global. Nat Rev Drug Discov,2019,18(12):899-900.

［6］Hanssens H,Meeus F,De Veirman K,et al. The antigen-binding moiety in the driver's seat of CARs. Med Res Rev,2022,42(1):306-342.

［7］Ferreira LMR,Muller YD,Bluestone JA,et al. Next-generation regulatory T cell therapy. Nat Rev Drug Discov,2019,18(10):749-769.

［8］Schubert ML,Schmitt M,Wang L,et al. Side-effect management of chimeric antigen receptor(CAR)T-cell therapy. Ann Oncol,2021,32(1):34-48.

［9］Fritsche E,Volk HD,Reinke P,et al. Toward an Optimized Process for Clinical Manufacturing of CAR-Treg Cell Therapy. Trends Biotechnol,2020,38(10):1099-1112.

［10］Lemoine J,Vic S,Houot R. Disease-specific outcomes after chimeric antigen receptor T-cell therapy. Eur J Cancer,2022,160:235-242.

［11］Chan JD,Lai J,Slaney CY,et al. Cellular networks controlling T cell persistence in adoptive cell therapy. Nat Rev Immunol,2021,21(12):769-784.

［12］Rodrigues PF,Alberti-Servera L,Eremin A,et al. Distinct progenitor lineages contribute to the heterogeneity of plasmacytoid dendritic cell. Nat Immunol,2018,19(7):711-722.

［13］Villani AC,Satija R,Reynolds G,et al. Single-cell RNA-seq reveals new types of human blood dendritic cell,monocytes,and progenitors. Science,2017,356(6335):eaah4573.

［14］Murphy TL,Murphy KM. Dendritic cell in cancer immunology. Cell Mol Immunol,2022,19(1):3-13.

［15］Wculek SK,Cueto FJ,Mujal AM,et al. Dendritic cell in cancer immunology and immunotherapy. Nat Rev Immunol,2020,20(1):7-24.

［16］Shimasaki N,Jain A,Campana D. NK cells for cancer immunotherapy. Nat Rev Drug Discov,2020,19(3):200-218.

［17］方芳,肖卫华,田志刚. NK 细胞肿瘤免疫治疗的研究进展.中国免疫学杂志,2019,35(9):1025-1030.

［18］Mylod E,Lysaght J,Conroy MJ. Natural killer cell therapy:A new frontier for obesity-associated cancer. Cancer Lett,2022,535:215620.

［19］Pittet MJ,Michielin O,Migliorini D. Clinical relevance of tumor associated macrophages. Nat Rev Clin Oncol,2022,19(6):402-421.

［20］Sana Arnouk,Timo W M De Groof,Jo A Van Ginderachter. Imaging and therapeutic targeting of the tumor immune microenvironment with biologics. Adv Drug Deliv Rev,2022,184:114239.

［21］Ali N Chamseddine,Tarek Assi,Olivier Mir,et al. Modulating tumor associated macrophages to enhance the efficacy of immune checkpoint inhibitors:A TAM-pting approach. Pharmacol Ther,2022,231:107986.

［22］Cassetta L,Pollard JW. Targeting macrophages:therapeutic approaches in cancer. Nat Rev Drug Discov,2018,17(12):887-904.

［23］Ming Yang,Daniel McKay,effrey W Pollard,et al. Diverse Functions of Macrophages in Different Tumor Microenvironments. Cancer Res,2018,78(19):5492-5503.

［24］Yang Q,Guo N,Zhou Y,et al. The role of tumor associated macrophages(TAMs)in tumor progression and relevant advance in targeted therapy. Acta Pharm Sin B,2020,10(11):2156-2170.

第十三章　类器官技术与细胞治疗

提要：过去 10 年，干细胞研究领域能取得关键进展要得益于类器官（organoid）体系的飞速发展。类器官由干细胞或器官祖细胞在体外培养、自我组装而形成的微型三维结构，此类体外培养系统包括一个自我更新干细胞群，可分化为多个器官特异性的细胞类型，包含其代表器官的一些关键特性。作为近年来生物医学领域最具突破性的前沿技术之一，类器官技术已广泛应用于疾病模型构建、抗癌药物筛选、基因及细胞治疗等方面，为生物医学基础研究、药物研发和临床精准医疗提供了理想模型，并在再生医学中表现出重要的应用潜力。

第一节　类器官技术概述

传统医学及生物学研究主要依赖细胞及动物实验，这种局限于二维层面的研究工具及手段较难准确反应组织、器官在机体中的生理功能和状态。

一、类器官技术的诞生与原理

随着干细胞技术的逐步成熟及完善，伴随着 3D 打印技术的快速发展，类器官应运而生。顾名思义，类器官即为由干细胞或器官祖细胞在体外培养、自我组装而形成的微型三维结构。此种具备自更新、自组装能力的微型器官结构与体内组织器官结构高度相似，包含多种细胞类型，能较好地模拟体内组织器官部分功能，是近年来生物医学领域最具突破性的前沿技术之一。类器官在基因谱、组织结构和功能方面与它们来源的天然组织或器官非常相似，从而为发育生物学、疾病建模、药物筛选和细胞治疗提供了一个极具前景的研究平台。

类器官技术依托于干细胞和发育生物学原理，依赖成体干细胞（ASC）、多能干细胞（PSC）及 iPSC 可以在体外无限增殖，并具备分化和自组织的能力，利用细胞外基质（extracellular matrix，ECM）提供的三维培养微环境对其进行立体培育，依次添加多种干细胞生态位因子，促使干细胞在离体的 3D 环境下发育成多谱系或具备相应谱系的具有特定空间构造的组织相似体。即便体外培养产生的类器官并非真实的人体器官，但其可以高度还原体内器官的细胞构成及功能状态，并在长期扩增的同时保持遗传表型的稳定性，有效反映与生理学相近的组织结构和行为。

二、类器官模型的研究发展

与传统细胞实验及动物实验相较，类器官模型解决了既往原代细胞平面培养无法长期稳定扩增、细胞之间相互作用及细胞与基质之间通信缺乏的局限性。在生理状态下，细胞表型的建立及功能的维持往往取决于细胞之间及细胞与周围环境之间的信号转导，类器官模型能够在科学研究中有效建立细胞周围信号交流通路，从而更为贴近真实状态下的细胞状态。此外，类器官模型的构建可以有效改善常规动物模型构建费时费力及种属差异所导致的实验结果偏差，相较于哺乳动物模型具有更好的实验可及性和实验稳定性。

近年来，类器官所展示的这种自我更新（self-renewal）、自我分化（self-differentiation）、自我组织（self-organization）的特性对于疾病模型的建立、抗肿瘤药物的高通量筛选、病毒感染性疾病生物学研究、疫苗研发、再生医学及精准医学的研究具有重大意义。2020 年，类器官的全球市场规模已达 5 亿美元，并且将在接下来的几年呈现急速增长的态势。同时类器官研究被列入"十四五"国家重点研发干细胞专项和国家自然科学基金委员会支持项目，是我国推动类器官领域快速发展的良好契机。随着再生医学研究的进展，本节将针对类器官的发育模型、培养技术及其在医学中的应用进行详尽总结。

第二节　人类发育的类器官模型

一、哺乳动物的早期胚胎发育模型

哺乳动物胚胎发生过程中形态和功能的建立是一个极为复杂的过程，涉及多个调控水平。早期人类胚胎发育包括广泛的谱系多样化、细胞命运分化和组织模式。虽然在 1914 年已经初步描绘出人类胚胎发育的过程，但胚胎发育一直以来是大家关注的发育阶段的"黑匣子"。尽管早期人类胚胎发育具有基础性和临床重要性，但由于种间差异和对人类胚胎样本的可获得性有限，科学家们目前为止仍然不清楚对早期人类胚胎发育的原因。为此，人们一直在尝试体外培养哺乳动物胚胎。

（一）小鼠胚状体

随着技术的发展，科学家们建立了多种哺乳动物 ESC 体外研究模型。其中胚状体（embryoid bodies，EBs）作为体外研究胚胎细胞分化过程的模型已有 50 多年。胚状体最初被定义为胚胎细胞形成的聚集物。在哺乳动物模型系统中，小鼠早期囊胚分化后，能够成为生成基因工程小鼠模型的高度先进的遗传工具和成为具有种系能力的小鼠,这使得胚状体成为研究哺乳动物发育的细胞和分子原理最常用的模型。第一个使用培养细胞(称为胚泡的结构)概括囊胚形成的体外模型使用于小鼠胚泡。这些基于 ESC 的模型揭示了细胞的同质群体如何通过自组织过程产生不同的细胞分化。

(二)人类胚胎培养

目前已能将人胚胎在体外培养 14 天。2016 年,英国剑桥及美国洛克菲勒大学科学家 Magdalena Zernicka-Goetz 和 Ali H. Brivanlou 共同建立了胚胎体外延迟培养技术,突破了研究瓶颈。由于人类胚胎培养 14 天的伦理限制,如何体外培养着床后的胚胎仍然是该领域的关注点。

(三)食蟹猴胚胎体外培养

2019 年 11 月,昆明理工大学等研究团队实现了食蟹猴胚胎体外 20 天的培养,培养胚胎呈现出了与体内发育胚胎高度一致的形态学与基因表达特征。我国研究人员首次证明灵长类动物胚胎可以在没有母体支撑的情况下体外发育至原肠运动,并重现了灵长类动物早期胚胎发育的几个关键事件。2021 年 3 月,以色列的研究团队在 *Nature* 上报道了一种新的小鼠胚胎体外培养方法,可以将小鼠着床后胚胎(E5.5)培养全器官发生阶段(E11)。结合多种体外培养技术,有望实现哺乳动物胚胎的全程体外培养。

(四)胚胎干细胞构建了人早期胚胎样结构

ESC 的建立同样促进了人们对早期胚胎发育的认识。ESC 具有自组装的特点,利用这一特点,研究者得以在体外模拟构建早期胚胎样结构。2021 年 3 月,美国和澳大利亚的两个团队,分别利用幼稚态(naïve state)人 ESC 和人 iPSC 构建了人早期胚胎样结构。该人早期胚胎样结构具有类似人囊胚的细胞组成和转录组特征,一般而言,ESC 和 iPSC 衍生的类器官显示出复杂的结构和细胞组织,由大量细胞类型组成,这些细胞类型根据它们所代表的器官的相应发育阶段而变化和成熟,可以部分模拟早期胚胎发育过程。这些新的发展方向和研究动态可能促进人类对早期胚胎发育的认识和人类重大疾病的防治。

二、胚胎干细胞自组装模型

早期哺乳动物胚胎主要由三种不同组织发育而来:外胚层(epiblast)来源的胚胎组织,滋养外胚层(trophectoderm)来源的胎盘和原始内胚层(primitive endoderm)来源的卵黄囊。胚胎组织与上述两种胚外组织相互调节、共同协作是胚胎结构完整功能完善的重要前提。

(一)胚胎发育过程

胚胎着床后发育包括许多复杂的过程,是干细胞及其后代自组织形成胚胎躯体的结果。最近开发的干细胞类器官模型为在体外解构这些过程的动力学提供了强大的平台。ESC、iPSC 和胎儿组织产生的类器官保留了它们最初发育阶段的特征,可诱导细胞分化获得胚胎发育的变化过程。

1. 内胚层

(1)胃肠道:内胚层组织来源的 ESC 和 iPSC 中,刺激 TGF-β 信号形成内胚层,然后根据培养条件分化为胚胎肠道的相关部分。在一项研究中,用外源 Wnt3a 的成纤维细胞条件培养基培养小鼠和人 ESC 的内胚层细胞。人 ESC 和 iPSC 来源的内胚层细胞加入 FGF4 和 Wnt3a,形成后肠和肠道类器官。Noguchi 等人对鼠 ESC 来源的内胚层诱导 Barx1 表达,并同时调控 SHH 和 Wnt 信号途径,将内胚层分化为前肠,并最终建立分泌胃蛋白酶原和胃酸的近生理胃类器官,具有基本的蠕动收缩功能。在其他研究中,对人 ESC 和 iPSC 来源的内胚层,调控 FGF、Wnt、BMP、视黄酸和 EGF 信号,仅形成了胃的腺体、凹部和颈部区域的细胞类型,缺少胃体细胞。

(2)肝肺部:iPSC 衍生的肝芽含有人内皮细胞和间充质细胞,短期培养后移植生成了血管化的、有功能的肝组织。通过 Activin A 和 Notch 信号通路,产生人 iPSC 衍生的功能性胆管类器官。在人 ESC 来源的内皮细胞中添加 Hedgehog 激动剂,产生表达近端和远端肺标记的上皮类器官。

2. 外胚层 ESC 和 iPSC 被诱导形成类胚体(EB)状聚集体,这些聚集体经过外胚层特化后,走向神经或非神经的命运。小鼠 ESC 与特定的 ECM 成分培养,产生了类似视网膜色素(外壳)和胚胎视杯(凹陷)结构的区域特异性视网膜类器官。

Eiraku 等人首创的 SFEBq(无血清培养类胚体状聚集体)方法产生端脑类配体,Lancaster 等人使用生物反应器,产生重现大脑多个区域的类器官。从这两种方法得到的脑器官显示出离散的皮质层和增殖的祖细胞区,其中含有胶质细胞和能够产生电刺激的神经元,与人类大脑发育的早期阶段相似。调控 BMP、FGF 和 TGF-β 信号通路,从鼠 ESC 衍生出非神经外胚层的感觉细胞和毛细胞的内耳类器官。

3. 中胚层 调控人 iPSC 中的 GSK3-β 和 FGF 通路,从中间中胚层状态产生肾类器官。这些类器官包含人类胎儿肾的形态和部分的导管、小管和肾小球。人类肾脏类器官的 3D 模型克服了 2D 单层、短期 3D 聚集体和与小鼠成纤维细胞共培养的局限性。

3D 类器官培养最先为 2009 年的肠道类器官培养系统的开发。这种新的方法提供了一种定义明确、稳定的培养系统,能够长期维持来自 Lgr5+ 干细胞或分离隐窝的上皮组织的生长。

(二)类原肠胚模型

胚胎植入后,脏侧内胚层(visceral endoderm,VE,可发育为原始内胚层)诱导外胚层极化并开始成腔,随后与滋养外胚层来源的胚外外胚层的腔整合形成前羊膜腔,这些过程对后续的胚胎对称发育状态打破、前后轴形成及原肠胚形成至关重要。目前关于此类研究最先进的模型是类原肠胚(gastruloid),类原肠胚是 ESC 组成的聚集体(aggregates),能够形成伸长的结构并具有三个不同的胚层,目前的研究所建立的类原肠胚模型缺乏形态发生过程。德国马克斯·普朗克分子遗传学研究所建立了在体外能够自组装形成躯干样结构,并具有神经管和体节的新型 ESC 类器官模型。英国剑桥大学的 Magdalena Zernicka-Goetz 教授团队将小鼠 ESC 与胚外滋养层干细胞（TSC）共培养可体外自发组装成 ETS 胚胎，此 ETS 胚胎虽然可重现出类似正常早期胚胎发育的前羊膜腔形成—中胚层发育—原始生殖细胞发育等关键事件，但其并不能经历上皮—间质转化（epithelial-mesenchymal transition，EMT）等过程形成原肠胚，Magdalena Zernicka-Goetz 教授团队将 ESC、TSC 与胚外内胚层来源的 XEN 细胞共培养，发现此三种细胞亦可自发重组为 ETX 胚胎，此 ETX 胚胎除可发生前羊膜腔形成—中胚层发育—原始生殖细胞发育过程，还可继续经历 EMT 及终末内胚层发育过程，形成原肠胚样结构。

三、多能干细胞来源的类器官模型

人多能干细胞（hPSC）具有自我更新和分化的潜能，在适宜的条件下几乎可以体外扩增和分化为任何成年组织细胞类型，用于人体各器官正常发育和疾病进展的研究。目前广泛应用于临床研究的 hPSC 主要有 ESC（hESC）和 iPSC（hiPSC）。1981 年从小鼠早期胚胎中分离出小鼠多能干细胞，1998 年从人类胚泡中分离出人类 ESC，为类器官技术的产生和发展奠定了基础。类器官领域的突破性发现发生在 2009 年，Clevers 等人通过在 Matrigel 中进行 3D 培养，从成人肠干细胞中生成了肠类器官，这是历史上第一次

实现类器官的构建。从此之后，类器官领域发展迅速，产生和培养了更多的其他类器官，包括肠、肺、肾、前列腺和大脑。（图 1-13-1）

（一）皮肤类器官模型

人 iPSC 在无限增殖能力和分化成三种不同胚胎谱系（内胚层、中胚层和外胚层）的能力方面类似于 ESC，中胚层和外胚层分别是皮肤的真皮和表皮的前体。人类多能干细胞（PSC）能够再现人类皮肤的复杂性，它们表现出完全复层的毛囊间表皮。使用人 iPSC 分化的皮肤疾病模型开发了一种模拟胚胎皮肤发育的多步骤方案，它可以从人类多能干细胞生成复杂的皮肤，通过转化生长因子 β（TGF-β）和成纤维细胞生长因子（FGF）信号通路的逐步调节，在球形细胞聚集体中共诱导颅上皮细胞和神经嵴细胞。经过 4~5 个月的潜伏期后，可形成一个由复层表皮、富含脂肪的真皮和带有皮脂腺的色素毛囊组成的囊肿样皮肤器官。以器官样毛囊中的默克尔细胞为目标，模仿与人类触摸相关的神经回路，形成感觉神经元和施万细胞的网络形成神经样束。单细胞 RNA 测序和与胎儿标本的直接比较表明，皮肤类器官相当于发育中期的人类胎儿的面部皮肤。

（二）泪腺类器官模型

泪腺功能障碍与许多眼部疾病有关，最近研究人员建

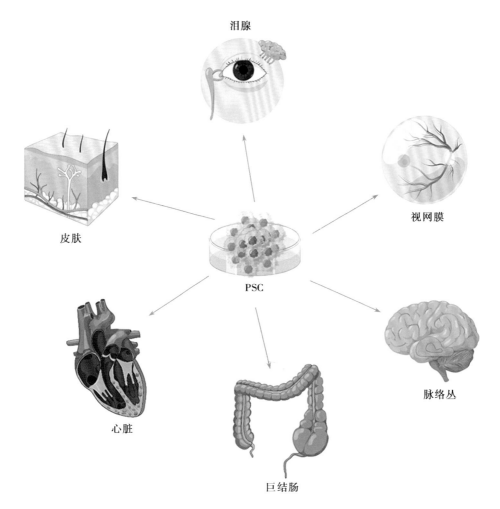

图 1-13-1 多能干细胞来源的类器官模型举例

立了由 ASC 和 PSC 衍生的泪腺类器官模型。当泪腺类器官暴露于去甲肾上腺素后,开始肿胀,继而产生泪液。令人兴奋的是,泪腺类器官能够发育出泪管状结构,并在移植到小鼠体内时产生成熟的撕裂。此外,这种方式建立的泪腺类器官在移植到大鼠体内时显示功能成熟。泪腺类器官的移植,可以成为干眼病等疾病治疗的重要手段。

泪腺分泌眼泪来润滑和保护眼睛。泪腺功能障碍与许多眼病有关。泪腺类器官是泪腺源自 ASC 的类有机化合物和 PSC。最近的一项研究使用小鼠泪腺和人类 ASC 产生泪腺类器官。一旦暴露于去甲肾上腺素中,泪腺类器官开始肿胀并产生泪液产物。此外,泪腺类器官能够发育成泪管样结构,并在移植到小鼠体内后产生成熟的泪液。在另一项最近的研究中,从 iPSC 产生的 2D 眼状培养物中分离泪腺原基,产生泪腺类器官。进行 3D 培养时,这些细胞产生了具有导管和腺泡的泪腺类器官,这些腺体与体内泪腺非常相似。将这些泪腺类器官移植到大鼠体内后,泪腺类器官的功能逐渐成熟。泪腺类器官的移植,为治疗干眼症、舍格伦综合征等眼科疾病带来了希望。

(三)视网膜类器官和含有视神经囊泡的脑类器官

视网膜类器官是源自人类多能干细胞(hPSC)的三维(3D)结构,可模拟视网膜的空间和时间分化,使其可用作体外视网膜发育模型。视网膜类器官可以与脑类器官组装,后者是源自 hPSC 的 3D 自组装聚集体,包含不同的细胞类型和类似于人类胚胎大脑的细胞结构。

(四)脉络丛类器官模型

脉络丛(ChP)是大脑中的上皮屏障结构,产生脑脊髓液(CSF),是支持健康大脑功能的重要营养物质、激素和信号线索的来源。此外,ChP 是重要的门控通道,决定了哪些物质可以进入脑实质,使其成为一个重要的药理学靶点。最近开发的 PSC 衍生的 ChP 类器官模型产生了在形态学上与 ChP 相似的充满液体的上皮隔室,并概括了 ChP 的功能,类似于在生物活体内 ChP 发育,ChP 类器官首先产生假层神经上皮,接着是柱状和立方形上皮,最后是人ChP 的特征性立方形上皮。ChP 的分泌功能和屏障功能都保留在 ChP 类器官中,ChP 类器官可靠地预测了药物物质的脑渗透性——将它们确立为药物测试的有价值的工具。

(五)先天性巨结肠症模型

人类多能干细胞(hPSC)可以形成具有各种发育信号的顺序激活和抑制的神经嵴干细胞(NCC)。先天性巨结肠(HSCR)是一种由肠神经系统(ENS)发育缺陷引起的复杂的先天性疾病。它是由于肠神经嵴干细胞(ENCC)无法增殖、分化和/或迁移,导致远端结肠中肠神经元缺失,从而使结肠运动功能障碍。ENCC 与内胚层上皮细胞和邻近肠道间充质细胞之间的持续相互作用对于 ENS 的正常发育至关重要,这些相互作用的中断可能导致 HSCR。由于该疾病的寡源性,某些 HSCR 病症无法在动物模型中进行表型复制。由肠上皮和来源于患者 hPSC 的 ENCC 组成的三维(3D)"迷你肠"可以提供接近生理的环境,从而提供更好的 HSCR 疾病模型。

(六)三维心脏形成类器官

源自人类多能干细胞(hPSC)的心脏形成类器官(HFO)是一种复杂的、高度结构化的早期心脏、前肠和脉管系统发育体外模型。Andersen 等人利用小鼠 PSC 衍生出"心前区类器官",形成两个心脏区域,与相应发育阶段的体内对应器官高度相似。

(七)肝细胞类器官

使用类器官技术可以部分再现肝脏器官发生。实质祖细胞(即成肝细胞)与确定比例的非实质细胞(NPC)(即内皮细胞和间充质细胞)的组合重建了类似于肝芽发育早期阶段的细胞组成和微环境。该过程被称为间质缩合,其关键特征是由基质细胞驱动的自发组织形成,包括内部微血管的形成。当移植时,这些结构设法将它们的血管系统与宿主血管系统融合,提供肝脏必需的功能。产生肝器官样体的早期尝试使用来源于多能干细胞和非实质人类原代细胞的成肝细胞。

四、利用类器官研究大脑发育模型

人 ESC 向神经上皮细胞的分化遵循体内神经外胚层规范的基本原则。通过该方案产生的原始神经上皮细胞可进一步被诱导成具有前脑、中/后脑和脊髓特性的神经元及神经胶质细胞,中脑类器官模拟早期胚胎神经发育并概括LRRK2-p.Gly2019Ser 相关基因表达。

脑类器官是一种源自人类 ESC 或多能干细胞的类似人脑的体外 3D 培养系统,能够模拟人类大脑的结构和功能。类器官在脑中表现出各种细胞类型,如星形胶质细胞、小胶质细胞和少突胶质细胞,以及模拟脑组织的机械/化学信号和结构表型。Lancaster 等人在 2013 年报道了实现对脑类器官的最早尝试。该方法始于从 PSC 或 ESC 产生胚状体(EBs)。与动物模型和细胞培养等研究方法相比,脑类器官可以在一定程度上在试管内模拟早期人类胚胎脑的发育过程和结构特征,并能更好地维持人类特有的基因型和蛋白表达水平。利用脑类器官,可以在体外观察到更详细和丰富的神经发育过程,包括神经细胞的动态变化和分布,以及大脑的组织和形态。脑类器官的生成方法丰富且不断改进,近期报道了一种体内血管化的脑类器官。大脑类器官可以模仿早期大脑发育的动态时空过程,模拟各种人类大脑疾病,并作为一个有效的临床前平台来测试和指导个性化治疗。

(一)脑类器官在探索人脑发育中的现状

1998 年,汤姆森等人成功分离出人 ESC,并用于脑发育和病理学研究的含小胶质细胞的人脑类器官(microglia-containing human brain organoids,MC-HBOs)。最早的在试管内用于脑研究的模型是胚状体(EB)衍生的神经玫瑰花结(NR)。神经玫瑰花结是一种人类神经管状结构,出现在hiPSC 分化为脑类器官的过程中,是各种神经细胞分化的基础。hiPSC 技术的进一步发展,促进了 iPSC 神经球和三维神经上皮组织的产生,它们可以在一定程度上反映人脑的遗传特征,但并没有形成完整复杂的脑结构,它们缺乏大脑不同亚分节之间的协调性。钱等人(2016)应用微生物反应器维持寨卡病毒(ZIKV)处理的大脑区域特异性类器官。Kirwan 等人(2015 年)还利用人 iPSC 系成功构建了大脑皮层神经网络的类器官模型,可以模拟大脑皮层网络的发育和功能。Pham 等人(2018 年)将人 iPSC 培养成脑类器官,将相同来源的 iPSC 分化成内皮细胞(EC),并在 3D 培养一段时间后用 250 000 个内皮细胞重新包埋类器官基质凝胶,产生血管化的脑类器官。Dang 等人(2016 年)对类器官进行 RNA 测序,发现培养至第 30 天的脑类器官的基因表达谱与妊娠 8~9 周的人类胎儿脑样品的基因表达谱非常相似。为了使脑类器官血管化,Mansour 等人通过将脑类器官移植到小鼠的脑中并允许宿主脉管系统侵入脑类器官。在移植后的 14 天内,观察到宿主脉管系统广泛渗透到移植的类器官中,并且类器官在小鼠脑中存活了 233 天。细胞存活和成熟在活生物体内血管化的类器官增加,并且在宿主脑中形成突触连接。

脑类器官与真实人脑差异较大,其中一个关键的挑战是血管系统的建立。而血管化主要有两个途径:体内移植构建和体外培养构建。研究人员将脑类器官移植到小鼠大脑皮层中,小鼠的血管会浸润到植入的类器官,使这一移植体存活超过 200 天。体外培养则可以利用共培养诱导血管内皮细胞分化,有助于改善脑类器官长期培养中出现的中心坏死现象。2019 年,研究人员利用气液界面培养全脑类器官,提高了神经元存活率。特异性脑类器官在近年来迅速发展。模拟皮层、中脑、小脑、丘脑、海马、脊髓等区域的特异性脑类器官均已有报道被成功构建。

脑类器官的研究尚处于初步阶段,除了与干细胞疗法面临相似的挑战外,全脑类器官存在一定的异质性,脑类器官存在批次效应、可重复性,以及体内和体外发育进程差异的问题,血管化脑类器官和更复杂、更具成熟神经网络的脑类器官的构建仍需要进一步探索。2024 年 1 月 8 日,Hans Clevers 等人从人类胎儿大脑组织开发出了体外自组织的大脑类器官——FeBO(fetal brain organoids),人胎儿脑组织来源的大脑类器官保留了其来源的特定大脑区域的各种特征,是研究人类大脑发育的宝贵新工具。自从十多年前该研究团队开发了第一个人类肠道类器官以来,类器官已经被开发用于几乎所有人体组织,包括健康和疾病组织。我们能够从大多数人体器官组织中获得类器官,但却无法从大脑组织中获得类器官,而该研究标志着在大脑类器官领域取得的新突破。总之,FeBO 构成了一个互补的中枢神经系统类器官平台,这为研究大脑发育相关疾病,包括脑肿瘤的发展和治疗提供了有价值的新手段。

1. 小头畸形和神经炎症模型　原发性小头畸形(MCPH)是一种神经发育障碍,大脑体积明显缩小。已经在几个基因中鉴定出常染色体隐性突变,所有这些基因编码定位于有丝分裂纺锤体的蛋白质。迄今为止,MCPH 的发病机制主要局限在小鼠模型中进行研究。2013 年,兰卡斯特等人将从小头症患者获得的 CDK5RAP2 杂合截短突变的成纤维细胞重新编程为人 iPSC,首次使用 hiPSC 诱导分化为脑器官样,并研究小头畸形。他们诱导并定向分化 hiPSC,使其产生具有内、中、外胚层的胚状体结构,然后经过神经外

胚层和神经上皮层,最终形成类似于早期胚胎大脑皮层的结构,可以反映早期胚胎阶段人脑的发育过程。

2. 大脑区域器官模型　一些研究人员试图将这些独立的大脑区域器官结合起来,以探索大脑发育和神经疾病的机制和复杂过程,开发了各种离散但相互依赖的大脑区域。其中包含含有祖细胞群的大脑皮层,这些祖细胞群组成并产生成熟的皮层神经元亚型。此外,类大脑器官再现了人类皮质发育的特征,即具有丰富的外部放射状胶质干细胞的特征性祖细胞区组织。Bagley 等人在单个基质胶液滴中一起培养腹侧和背侧胚状体(EBs),概括了在人类前脑中间神经元从腹侧迁移到背侧区域的过程。除此之外,Xiang 等人共同培养了内侧神经节隆起(MGE)和皮质类器官,产生了融合的皮质类器官(hfMCOs)。在融合的丘脑和皮质类器官中模拟了人类丘脑和皮质之间的轴突投射。总的来说,大脑区域类器官可以用来概括人脑特定区域之间结构和功能的相互作用,在彻底改变人脑发育、神经功能通路探索和中枢神经系统疾病的研究方面显示出巨大的潜力。因此,很多已经在细胞或动物实验中研究过功能的基因或分子,可以用脑类器官进行深入研究。

(二)脑类器官在神经障碍建模中的应用——人类神经退行性疾病建模

神经退行性疾病(NDD)是一组病理和临床上不同的疾病,包括帕金森病(PD)、阿尔茨海默病(AD)、肌萎缩性侧索硬化症(ALS)和以错误折叠蛋白质的积累及人脑受影响区域功能神经元的丧失为特征的其他神经疾病。NDD 的治疗需要神经变性的机制和有效的药物筛选系统。3D 脑类组织为人类 NDD 的研究提供了革命性的工具,允许对来自患者的人体组织进行非侵入性分析。

1. 阿尔茨海默病模型　人 iPSC 衍生的神经元和胶质细胞用于阐明阿尔茨海默病的致病机制。Choi 和他的同事实现了 AD 人类神经祖细胞的首次 3D 培养,其中细胞悬浮在由 Matrigel 组成的支持基质中进行培养。这些人类神经元祖细胞(human neuronal progenitor cell,hNPC)被设计成过表达 PSEN1 及携带 FAD 突变的模型,表现出 Aβ 及 pTau 聚集和相关的神经炎症,并反映了 AD 中的小胶质细胞募集、神经毒性活动和一氧化氮(NO)释放。最近,具有 FAD 突变或来自唐氏综合征的 hiPSC 分化为皮质类器官,其也显示出 Aβ 和 pTau 聚集物的积累,以及比对照类器官更高的细胞死亡发生率。这些研究表明,与大多数动物模型相比,这种类器官培养可以在 3D 系统中模拟 AD 的一些神经病理学特征,为 AD 的病理学研究提供更加精确、全面的模型。

2. 帕金森病模型　在世界范围内,神经系统疾病是导致残疾的主要原因,帕金森病是增长最快的疾病。先前的研究主要依赖于小鼠,但其不能再现患者身上的所有主要病理特征。帕金森病(PD)是一种常见的神经退行性变疾病,其特征是中脑黑质中多巴胺(DA)神经元进行性损失。毒性神经细胞内 α 突触核蛋白(α-syn)聚集体、线粒体功能障碍、囊泡运输缺陷和内溶酶体降解受损是 PD 病理特征的基础。2021 年,Hyunsoo Shawn Je 等人首次构建了模

拟帕金森病主要病理特征的微型大脑,利用携带葡糖脑苷脂酶基因(GBA1)和α突触核蛋白(α-syn;SNCA)干扰的人多能干细胞产生的人中脑样类器官(hMLO)来研究帕金森病的基因型与表型关系,其中重述α-syn和路易体相关病理学,以及hMLO模型中神经变性过程的特定目的。该研究提供了一种研究退行性脑疾病如何进展和探索可能的治疗方法的新途径。

第三节　类器官的培养技术

一、上皮类器官培养

(一)小肠和结肠类器官

结合3D培养系统和构成关键肠道生态位信号的生长因子,研究人员建立了一种新的培养系统,允许从单个Lgr5⁺干细胞中生长上皮类器官("小肠道")。肠道碎片与冷EDTA螯合缓冲液孵育,通过重力分离肠隐窝单位。将分离的肠隐窝或单个Lgr5⁺干细胞嵌入基质胶中,用人肠干细胞培养基(HISC)培养,基础培养基补充几种关键生长因子,如EGF、Wnt3a、R-spondin-1、EGF、胃泌素、烟酰胺、A83-01和SB202190。在培养的前两周加入ROCK抑制剂Y-27632。人结肠隐窝培养物也可以在相同的培养条件下生长。这些类器官可以通过每周1∶5的分裂来传代,并表现出与它们相应的源组织相似的结构和基因表达谱。

(二)胃类器官

与小肠隐窝类似,将分离的胃腺与含有Wnt3a、R-spondin-1、EGF、B27、EGF、FGF10、乙酰胱氨酸、胃泌素、A83-01、Y-27632和肌素的胃类器官培养基嵌入基质胶中。此外,研究发现,GF、SB202190、CHIR99021和A83-01的加入诱导了具有出芽结构的胃类器官的形成,且呈浓度依赖性。PGE₂和A83-01延长了类器官培养的寿命。烟酰胺促进了初始类器官的形成,但限制了后续培养中类器官的寿命。总的来说,在不同的培养条件下可以产生不同类型的胃类器官,如在缺乏烟酰胺的培养基中产生含有腺体和凹坑结构域的完全型类器官,在完全培养基中产生含有腺体型类器官,以及在缺乏Wnt的培养基中产生含有凹坑型类器官。所有类器官每周以1∶2/1∶3的比例传代2次,连续培养1年以上,生长行为和形态表型没有变化。此外,这些细胞可以用含有5% DMSO的培养基低温保存,重新解冻到室温时具有70%的活力,但其生长速度没有下降。

(三)乳腺类器官

正常的乳腺类器官可以从正常的肌上皮细胞或管腔细胞群中培养出来。去除EGF会导致成熟的管腔细胞相对增加,同时基底细胞也相对减少。相比之下,去除肝调节蛋白β1、SB202190或FGF7和FGF10会导致成熟的管腔细胞相对减少,而另一个乳腺谱系则增加。显著的变化是,去除A83-01和Noggin导致管腔内祖细胞相对增加,而去除R反应蛋白则相反。这些发现表明,类器官培养基的组成可以影响类器官培养中乳腺谱系的相对比例,为进一步

研究乳腺上皮细胞分化和非细胞自主信号转导提供了新的框架。在这种培养条件下,正常乳腺类器官可长期繁殖16个月,建立效率为95%,每2~4周传代。这些类器官主要表现为囊性表型或有腔的腺泡型,要么是孤立的,要么与出芽状态有关,还可观察到固体球体。

(四)肝脏类器官

来自人类肝脏的成人胆管来源的双能祖细胞也实现了肝类器官的长期扩增。通过测序分析得出在培养数月后,肝脏类器官在结构和染色体水平上具有高度稳定的基因组。为了从成人胆管来源的双能祖细胞建立肝类器官,培养基应包括N2、B27、N-乙酰半胱氨酸和胃泌素,以及生长因子EGF、R-spondin、FGF10、HGF、烟酰胺、A83-01和FSK。应在培养的前3天内加入Noggin、Wnt和Y27632或hES细胞克隆恢复液。细胞分化后,应去除培养基中的n-乙酰半胱氨酸、R-spondin、FGF10、烟酰胺和FSK,但应包括FGF19、DAPT、BMP7和地塞米松。肝脏类器官以1∶8~1∶4的分裂比例每7~10天传代一次,持续至少6个月。在组织学水平上,来自健康肝组织的类器官显示出有序、均匀的囊肿状中空结构,被描述为两种导管样表型:单层上皮或与假层上皮分化。

(五)胰腺类器官

对于正常的人类胰腺类器官培养,A83-01、R-spondin-1和Wnt3a、EGF、FGF10、胃泌素和PGE₂,是增殖所必需的生长因子,而不是HGF。在这些培养条件下,类器官在20代或6个月后停止增殖,但可以低温保存。随后,通过加入FSK并增加R-spondin-1的浓度来优化培养基,类器官可以1∶6~1∶4的分裂比传代,建立效率高(>90%)。人胰腺类器官表现出单层形态和与原始组织一致的上皮极化。

(六)肺类器官

有研究在含有Noggin、A83-01和Wnt3a的肺培养基中建立了5个正常的支气管类器官(NBOs),可成功传代超过10代。在这种培养条件下,NBOs从第4代开始呈现出芽状管状或圆形,这可能与培养基成分或切除组织的区域有关。通过调节SHH、VEGF和FGF信号通路,可以产生具有分支形态发生和囊泡样结构的肺类器官。

(七)前列腺类器官

对于正常的前列腺类器官培养,由烟酰胺、EGF、PGE₂、FGF2和A83-01组成的生态位因子的混合物对维持延长类器官的生长至关重要。然而,去除这些因素中的任何一个都会导致雄激素受体(AR)表达水平降低。更严重的是,R-spondin或Noggin的缺失导致了AR表达的虚拟消失。二氢睾酮(DHT)的加入可以强烈地促进管腔类器官的形成,但却不是类器官维持所必需的。在上述培养条件下,研究人员最初观察到具有多层上皮的固体球形结构,但在扩张2~3周后形成了可见管腔的类器官。基底和腔内来源的类器官都可以稳定地核型传代至少4个月,它保留了基底和腔内上皮层结构,并在培养中保留了雄激素反应性。然而,腔内类器官的建立效率较低(1%~2%),>95%的类器官表现为囊性形态,而基底类器官的建立效率为60%~70%,>95%表现为固体形态。

（八）口腔黏膜类器官

口腔黏膜正常上皮来源的类器官在含有 EGF、B27 补充剂、烟酰胺、A83-01、N-乙酰半胱氨酸、FGF10、PGE₂、FGF2、FSK、R-spondin、CHIR99021 和 Noggin 的类器官培养基中成功生长,但不含 Wnt3a。建立的正常类器官可长期扩增（>15 代）,生长效率为 65%,可低温保存并成功恢复。

二、胸腺类器官培养

人工胸腺类器官（ATO）培养用胰蛋白酶消化法获得 MS5-hDLL1（或 MS5 或 OP9-DL1）细胞,再悬浮于无血清 ATO 培养基（RB27）中,该培养基由 RPMI 1640,4% B27 补充剂,在 PBS 中重构的 $30\mu mL$ 抗坏血酸 2-磷酸倍半镁盐水合物,1% 青霉素-链霉素,1%Glutamax,5ng/mL 重组人 FLT3 配体（rhFLT3L）和 5ng/mL 重组人 IL-7（rhIL-7）组成。每周新鲜制备 RB27,根据图 1-13-2 所示,将 1.5×10^5~6×10^5MS5-hDLL1 细胞与 3×10^2~1×10^5 纯化的 $CD34^+CD3^-$ HSPC 细胞融合在 1.5mL 微离心管中,并在 4℃,300g 离心 5 分钟。小心地取出上清液,并通过短暂的涡旋重悬细胞颗粒。将颗粒转移到一个 $0.4\mu m$ 的膜上,并在 RB27+IL-7+FLT3L+ 抗坏血酸中培养 6~12 周。

三、大脑类器官培养

将 hiPSC 分离成单细胞,并使用皮质分化培养基在脂质涂层的 96 孔 V 底板中,以每聚集 10 000 个细胞,每孔 100mL 的密度重新聚集。皮质分化介质添加 Rho 激酶抑制剂（Y-27632,$20\mu M$,第 0~3 天）、Wnt 抑制剂（IWR1-ε,$3\mu M$,第 0~18 天）和 TGF-β 抑制剂（SB431542,$5\mu M$,第 0~18 天）。在第 3、6 天更换介质,然后每 2~3 天更换一次,直到第 18 天。第 18 天,将聚集物转移到 DMEM/F12 培养基中的超低黏附 6 孔板中,添加谷氨酰胺、N2、脂质浓缩液、真菌酮（$2.5\mu g/mL$）和青霉素/链霉素（100U/mL）,并在 $40\%O_2$、$5\%CO_2$ 条件下生长。从第 35 天开始,在培养基中加入胎牛血清（10% v/v）、基质凝胶（1% v/v）和肝素（$5\mu g/mL$）。

四、类器官芯片技术

类器官芯片（organoids-on-chips）是将"类器官"和"器官芯片"两种生命科学和工程学领域前沿技术相结合,旨在使类器官变得更易于操作和可控,从而尽可能全面地反映人体内部复杂的内环境。器官芯片技术和类器官代表着两种根本不同但互补的方法,以实现在体外重现人体器官复杂性的相同目标。器官芯片技术是依靠我们对人体器官的了解来设计的人造结构,其中细胞及其微环境受到精确控制。相反,类器官遵循内在发育程序,从自组织干细胞发育而来,以复制其体内对应物的关键结构和功能特性。

类器官是由 ESC、诱导多能干细胞（iPSC）或成体干细胞（ASC）的自组织形成的。在正确的信号提示下,培养的干细胞可以被指示形成三维类器官。细胞通常在基质凝胶（一种常用的细胞外基质）、低贴壁培养板或悬滴法上培养,形成三维球状体。在长期培养中,很难向类器官提供足够的营养物质和气体。与传统的类器官培养不同,微流控系统在类器官培养中具有以下优势:可以产生形态梯度,能够血管化和灌注类器官进行长期培养,能够产生生物力学线索。功能较为完备的类器官芯片包括以下 4 个要素:微流控芯片本体、芯片上的细胞或微组织、用于施加物理化学刺激的微执行部件和监测细胞生理生化状态的微传感器。例如在肠道类器官芯片研究中,原代人肠细胞是从健康成人的内镜活检中分离出来的,然后将细胞与内皮细胞一起在 PDMS 微流控芯片中培养。将细胞暴露于循环机械应变下,以模拟肠道蠕动。培养的类器官表现出极化细胞结构、肠道屏障功能、CYP3A4 的表达和诱导能力,可以更好地预测人的药代动力学。

第四节　类器官技术在医学中的应用

一、类器官与再生医学

组织、器官的损伤修复,以及其生理功能的重建一直以来是医学领域研究的重大课题,再生医学作为一门交叉学科,从广义上是指利用生命科学、材料科学、工程与计算机科学等多学科的理论方法,对体内组织进行再生的理论及技术。通过对机体正常组织特征与功能的研究,通过激活机体内源性干细胞,或植入外源性干细胞、干细胞衍生细

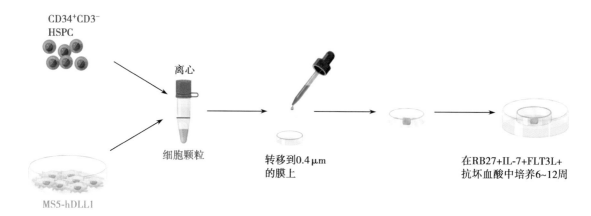

图 1-13-2　人工胸腺类器官培养方法

胞、组织及器官,寻找有效的生物治疗方法,促进机体自我修复与再生,或构建新的组织与器官以维持、修复、再生或改善损伤组织和器官的功能。而从狭义上讲,则是指应用生命科学、材料科学等理论与方法,研发用于替代、修复、重建或再生人体各种组织器官的理论和技术的新兴学科和前沿交叉领域。

再生医学是一个广泛的领域,包括基因治疗、组织工程(tissue engineering,TE)、组织器官移植、组织器官缺损的再生与生理性修复,以及活体组织器官的再造与功能重建等多个方面。国际再生医学基金会目前已明确将组织工程列为再生医学的分支学科,其主要通过在体外构建活体组织或器官,应用于受损部位,从而达到组织形态和功能的重建。当下围绕视网膜类器官来源的光感受器细胞疗法已经开展了临床试验,移植类器官来源的视网膜薄片能够改善视觉功能。CRISPR/Cas9 改造 iPSC 衍生的类器官经处理后可得到 RPE 片,移植 RPE 可治疗晚期眼病(如 RP、AMD 和 Stargardt 病),此外,构建肝脏类器官以克服肝源短缺也是一个有前景的方向。

当前,再生医学的主要研究方向涵盖了 TE、干细胞、细胞因子和基因治疗。TE 作为一门新兴的边缘学科,是生物学、材料学、细胞系与医学等多学科结合的产物,是再生医学的研究热点。组织工程学是应用工程学、生命科学和材料学的原理与方法,将在体外培养、扩增的功能相关的活细胞种植于多孔支架上,细胞在支架上增殖、分化,构建生物替代物,然后将之移植到组织病损部位,达到修复、维持或改善损伤组织功能的一门科学。通过实验室将人体某部分的组织细胞进行体外培养扩增,然后把培养细胞种植和吸附在天然或人工合成的细胞外基质(支架)上,经过一段时间的培养后,一并移植到人体所需要的部位,形成正常结构和功能的组织或器官,重建解剖和生理功能,以达到提高生存质量和延长生命活动的目的。

组织工程学的核心要素包括发挥主要功能作用的种子细胞、可供细胞进行生命活动的支架材料和调节细胞增殖及分化的生物活性分子三个方面的研究内容。其中支架材料和种子细胞是组织工程目前研究的重要内容,而支架材料作为组织工程研究的人工细胞外基质(extracellular matrix,ECM),为细胞的停泊、生长、繁殖、新陈代谢、新组织的形成提供支持。

种子细胞是组织器官构建中的核心成分,它决定着组织器官的种类。细胞的来源通常包括自体细胞、同种细胞、异种细胞、干细胞与基因改质细胞等。自体细胞,是指从患者自己身上取下来的细胞;同种细胞,是指别人捐出来的细胞;异种细胞,是指由其他动物身上取下来的细胞;干细胞,是指人体未分化且分裂增生能力极强的原始细胞;基因改质细胞,则是利用基因工程技术改质后,具有特殊功能的动物细胞。

支架(人工细胞外基质)材料是指能与组织活体细胞结合并能植入生物体的三维结构体,支架材料是种子细胞的载体,必须具有良好的组织相容性,并可被人体逐步降解、吸收,而且还应适宜了不同细胞贴壁、增殖和分化的要求。人工细胞外基质主要是利用可分解的天然或合成高分子材料制备而成,具有多孔性的结构,以仿真原本生物体内细胞外基质的环境,使得细胞能够迁入,并于此人工细胞外基质内增生;之后,人工细胞外基质会逐渐被生物体内的酶素或水分所分解,让受损的组织逐渐地再生与修复。

有了细胞和其依赖生长的人工细胞外基质后,还需要加入能传达细胞贴附、增生、迁徙与分化信息的贴附因子、生长因子、细胞素等蛋白质分子。将生长因子用于组织工程技术中时,有两种不同的方式:生长因子直接复合到支架上,或者在支架构建之后再与其复合;在支架上同时移植能分泌生长因子的细胞。

组织工程的特点是借助工程学方法,由细胞构筑人体组织,明确"组织再生"的核心理念,所以一些学者认为组织工程亦可称为"再生医学"。组织工程的意义不仅在于为解除患者痛苦提供新的治疗方法,更重要的是,提出了复制"组织""器官"的新思想,它标志着"生物科技人体时代"的到来,是"再生医学的新时代",是"一场深远的医学革命"。

再生医学与组织工程两者既有区别又有联系,再生医学通常是体内研究,而组织工程通常为体外研究,再生医学的研究范围较组织工程相对更为广泛,但组织工程的概念提出早于再生医学。随着再生医学及组织工程研究的不断深入,两者的关系也愈来愈密切。随着组织工程内涵的不断扩大,凡可以引导组织再生的多种方法及技术均列入组织工程的范畴,其不仅是一种新的治疗手段的补充,更重要的是提出了复制组织及器官的新理念。组织工程作为再生医学的外延,目前已成为再生医学的主要研究方向。

二、类器官与肿瘤精准医学

(一)肿瘤类器官生物样本库建设

肿瘤类器官生物样本库的主体是肿瘤组织样本处理和定向培养后形成的具有肿瘤属性的类器官。大量的类器官可以随时调用,进行有目的的冻存与复苏,从而开展针对性的实验研究。该项技术日趋成熟,为更好地了解肿瘤的生长特性、侵袭能力及生物学行为,早日攻克肿瘤治疗的耐药性等难题,研究人员在不同癌种中积极构建其生物样本库(表 1-13-1)。

1. 胰腺导管腺癌类器官样本库　胰腺导管腺癌(pancreatic ductal adenocarcinoma,PDAC)占所有胰腺恶性肿瘤的 90% 以上,存活率非常低,患者的死亡率及发病率相似。据此,纽约州唐纳德联合芭芭拉扎克医学院等机构共收集 117 例胰腺癌患者的肿瘤样本,包括 16% 的黑人、9% 的亚洲人、7% 的西班牙裔或拉丁裔,是目前报道的最大、最具种族多样性的胰腺导管腺癌类器官生物样本库。该库的建立依托于医院内镜患者及手术患者的组织样本。对于内镜诊断患者,通过细针活检方法获得新鲜组织样本。对于手术患者,收集其癌及癌旁新鲜组织。以上样本均在低温培养基中孵育并于 24 小时内及时处理。

2. 纯间充质恶性肿瘤类器官样本库　据统计,在儿童癌症中,肉瘤占儿童所有实体瘤的 21%,属于恶性实体瘤中常见的一类。由荷兰玛西玛公主小儿肿瘤中心牵头,乌得勒支大学分子医学中心等机构的研究人员参与下共同建立了一个包含有 19 株特征明确、注释完善的儿科横纹肌肉瘤(rhabdomyosarcomas,RMS)类器官样本库,该库囊括了 RMS 所有的主要亚型,其构建成功率为 41%,是首个纯间充质恶性肿瘤(肉瘤)来源的肿瘤类器官样本库。该样本库中大部分样本为小针活检而得,另外约 4% 由浸润肿瘤细胞的骨髓抽吸物获得。将样品切碎后接种在细胞外基质(ECM)替代品 BME 液滴中,并作为单细胞悬浮液接种在 BME 补充培养基中培养。在此过程中,若保留了特定肿瘤标志物的表达,并且培养扩增至少足以进行药物筛选,则标志着成功建立了 RMS 类肿瘤模型。

表 1-13-1　肿瘤类器官生物样本库举例

起源器官	样本数量	组织学亚型	组织形态学比较
结直肠	结直肠癌 22 例配对癌旁组织 19 例	癌前病变腺癌	与供体组织类似,囊性或实性样特征得以保留
	结直肠肿瘤 55 例配对正常肠组织 41 例	腺癌(分化程度未具体说明)	保留了供体肿瘤的组织病理学结构
	直肠癌 80 例	腺癌	与供体肿瘤组织病理学结构相一致
胰腺	胰腺癌 39 例	导管腺癌	N/A
	胰腺癌 114 例	导管腺癌	与供体组织类似
肝脏	肝细胞癌胆管癌 8 例	肝细胞癌联合肝细胞胆管癌	与供体组织类似
膀胱	泌尿道癌 20 例	鳞状细胞癌	与供体肿瘤组织病理学结构相一致
乳房	导管叶状癌 95 例	腺癌	保留了供体肿瘤的组织病理学结构
卵巢	高级别浆膜癌 33 例	尚未全面报道	N/A
	交界性肿瘤 56 例	浆液性和黏液性	与供体组织类似

3. 结直肠癌类器官生物样本库　结直肠癌(colorectal cancer,CRC)是一种常见的消化道恶性肿瘤,在我国恶性肿瘤发病率中位居第三位。Hans Clevers 团队在 2015 年首次建立了结直肠癌类器官生物样本库,该研究团队用 27 例手术切除的结直肠癌样本成功培育出了 22 例结直肠癌类器官,总体成功率达 90%,并且经过传代后均可冻存,复苏后的成活率在 80% 以上。此后,又有多个结直肠癌样本库被建成,愈加成熟的样本库能够更好地揭示结直肠癌的基因组特征及开展药物筛选等工作。最新一项研究中,来自中国台湾的阳明交通大学医院等机构从 148 例结直肠癌患者体内,获得了 146 例非肿瘤样本和 151 例肿瘤样本,其类器官构建成功率分别为 93% 和 76%。

4. 乳腺癌类器官生物样本库　乳腺癌(breast cancer,BC)作为全球女性最常见的癌症和癌症死亡的原因,通常包括 20 多个不同的亚型,它们在基因、形态学和临床上都存在差异,具有较强的异质性。荷兰的 Hans Clevers 团队完成了规模宏大的乳腺癌类器官项目(Patient Derived Organoid,PDO)。与其他建立的人类器官相比,BC 类的特殊之处在于使用抗雌激素受体的抗体(SP1)、孕酮受体抗体及 HER2 抗体分离细胞,使用贴壁的 BME 滴剂并覆盖优化的 BC 类器官培养基,结果证明此方法的培养成功率在 80% 以上。在 155 例患者的肿瘤中,建立了 95 个容易扩增的 BC 类器官系,并在组织学亚型、分级或受体状态中未见偏倚。

(二)肿瘤类器官培养

肿瘤类器官的培养相较于正常类器官更加复杂,培养周期更长,在培养过程中遇到的问题更多。经过无数研究团队的探索和努力,根据文献总结和实际操作的一些经验整理出以下要点,以供大家参考。

1. 取材　取材时区分癌与癌旁组织。在提取肿瘤组织时尽量选择富含血管区域并剔除坏死组织、神经、肌肉及脂肪组织。若原位取材建系失败,可考虑取转移灶中的肿瘤组织,或者分选循环肿瘤细胞进行诱导培养。剔除后的肿瘤组织应留取部分进行冻存,用于和培养后的肿瘤类器官进行对比鉴定。剔除后的肿瘤组织剪碎后应立即进行消化解离,消化液一般由胶原酶、胰酶、DNA 酶和透明质酸构成;消化条件为 37℃ 恒速水平摇床下消化。需要注意的是,不同组织用到的酶不同,消化时间也不同,肠类器官通常不超过 1 小时,而肝类器官则要解离 2 小时以上。在消化中途可取上清液在镜下观察,如果出现 3~10 个的细胞团,则停止消化。

2. 培养　肿瘤类器官的培养需要在 3D 环境中进行,近年来所有方案都选用 DMEM/F12 培养基作为基底,该类培养基适合克隆培养,含有较为丰富的营养因子。此外,还会添加多种因子如 Wnt 信号通路激活剂、酪氨酸受体激酶的配体、TGF-β 信号通路抑制剂、ROCK 抑制剂等提高培养效率。为防止污染可能,严格无菌操作并可加入抗生素孵育。(表 1-13-2)

表 1-13-2　肿瘤类器官培养常用因子举例

类别	名称	功能
信号通路激活剂	Murine Wnt3a	Wnt 通路激活剂
	Human EGF	促进上皮和表皮细胞增殖
	Human FGF-basic	激活 TK,促进细胞增殖和分化
	Human HGF	促进肝脏相关细胞增殖
	Forskolin	腺苷酸环化酶激活剂
信号通路抑制剂	A83-01	转化生长因子 β I 型受体,抑制上皮间质转化
	SB202190	MAPK 信号通路抑制剂,抑制细胞分化
	Y-27632	Rho 激酶抑制剂,影响细胞骨架,促进细胞分化
其他	Nicotinamide	维生素 B₃,提供酶的活性底物
	N-Acetyl-L-cysteine	ROS 抑制剂,具有抗氧化作用
	Prostaglandin E2	参与机体多系统生理功能

3. 传代 类器官传代时弃去培养基后，加入预冷基质胶回收液吹打基质胶，将培养孔内的基质胶全部回收后离心，弃去基质胶回收液，加入 Tryple 消化液进行消化，消化期间可在镜下观察，若类器官团块大部分解离为 3~10 个的细胞团时，则停止消化。消化后细胞进行传代，此时的细胞含有大量的肿瘤干细胞，消化后的每个细胞小团块都可能会形成类器官，可根据之前收获类器官时培养孔内类器官的生长个数和大小综合考虑传代密度，一般以第一代的肿瘤类器官种板密度达到 20%~30% 为宜。注意作药敏实验，建议选择第一代或者第二代的肿瘤类器官进行，否则发生基因突变的概率会增加。

（三）类器官技术与肿瘤基础研究

1. 探索传染源与癌症发展之间的联系 据统计，1/5 的癌症病例与传染源有关，但不能确定特定病原体促进恶化的机制，因此研究与病原体共培养的类器官是必要的。例如胃类器官可用于研究慢性幽门螺杆菌感染与胃癌之间的关系。当微注射幽门螺杆菌时，胃类器官会引起强烈的原发性炎症反应，并已被用于证明幽门螺杆菌如何在胃上皮定位和定植。此外，病毒感染也可以在类器官中建模，这表明类器官-病毒共培养模型也可以用于癌症研究。

2. 用于研究肿瘤发生发展的潜在突变过程 癌症是由驱动基因突变的逐渐积累所引起的。因此，深入了解在组织稳态和肿瘤发生过程中活跃的突变过程非常重要。健康类器官培养物在很长一段时间内的高遗传稳定性使得研究者能够详细研究诱变过程。例如，使用源自单一干细胞的肠类器官培养物来确定其在整个生命过程中的全基因组突变模式，而后进行全基因组测序，从而获得特定的突变特征。

3. 类器官中的癌症遗传学建模 类器官可用于建模和研究特定器官中的癌症发生和进展。目前，此类研究在 CRC 类器官中的研究较多。研究人员通过 CRISPR/Cas9 基因组编辑引入常见的 CRC 驱动突变的组合，生成 CRC 进展模型，进一步明确了 APC 和 TP53 的缺失是染色体不稳定和非整倍性的关键驱动因素，这是 CRC 的特征。在皮下异种移植到小鼠体内后，四重突变的类器官生长为侵袭性腺癌。当相同的肿瘤类器官被原位移植到小鼠的盲肠中时，肝脏和肺中会发生自发性转移。

4. 用于研究癌症相关过程和信号通路 利用小鼠小肠类器官进行的研究表明，在胃癌中发现的 RHOA 的高频热点突变的表达，会诱导对失巢凋亡的抗性。使用 CRISPR/Cas9 工程化表达 *BRAF V600E* 突变的人类结肠类器官可证明 TGF-β 信号转导将锯齿状结肠腺癌驱动为间充质亚型的 CRCs，其预后非常差。在该模型中同样发现 *RNF43* 突变激活 Wnt-β-连环蛋白信号转导。

（四）类器官与抗癌药物研发

类器官模型可用于研发阶段的药物筛选，如研究人员通过建立视网膜类器官揭示了视网膜母细胞瘤的细胞起源与治疗靶点。此外，还可以用于药物的疗效、毒性评估等，有望成为较二维细胞模型或动物模型更为真实的疾病模型。肝脏类器官已经用于不同疾病的研究，包括肝癌、HBV

感染、代谢相关脂肪性肝病和其他代谢疾病。针对肝癌，Sun 等人利用成纤维细胞转分化及基因编辑技术构建了肝脏类器官，在体外模拟 HCC 机制，也可以利用患者肿瘤细胞构建肝脏类器官以进行个性化治疗方案研究。针对威尔逊氏症、A1AT 缺乏症、CTLN1、酸性脂酶缺乏症、囊性纤维化等单基因疾病涉及肝脏疾病，均可以利用类器官加基因编辑技术进行建模和药物筛选。在新药研发平台中，药物筛选与药效学评价平台全面的肿瘤类器官系列模型，可应用于肿瘤类器官药物筛选、临床前研究、0 期临床研究、适应症扩展研究等。最早开始在肿瘤免疫平台进行实验，通过搭建的类器官免疫共培养平台，将肿瘤类器官与免疫细胞共培养，还原肿瘤的免疫微环境，用于体外评价免疫检查点抑制剂如 PD-1、PD-L1、CTLA-4、免疫调节剂等免疫相关药物的疗效。在实验中，正常组织模型平台人和动物来源的正常组织类器官，包括肠道、肝、肾、胰腺等，用于对照和机制研究。

首先，肿瘤临床上可以推广的药筛模型必须满足三大基本要求：需要在短时间内出具药敏检测结果、药物筛查通量高、预测效果准确，而类器官在这三方面对比其他药筛方法都显现出了强劲优势。一般从采样到出具药敏结果控制在 2 周之内，且多个实验平行开展。此外，研究者在类器官中测试 55 种抗癌药物发现样本灵敏度 100%，与临床相似度极高。类器官目前可筛选的药物种类包括化疗药、小分子靶向药、抗体药物等。药筛的核心检测指标，通常为 IC_{50} 和细胞抑制率，根据这些指标在筛查的药物中选取对肿瘤抑制效果最佳的药物。总之，类器官用于检测靶向药物和免疫治疗的敏感性在未来还有极大的发挥空间和应用潜力。（表 1-13-3）

表 1-13-3 类器官用于肿瘤药物研发的优势比较

	模型特点	类器官	细胞系	PDX
药物研发	高通量潜力	高	高	低
	药物筛选	更与患者相关	中等	更与患者相关
	个性化用药	可能	不可能	可能

（李明阳 李梦苑 杨艳茹 宋俊阳 李凌霏）

参考文献

［1］ Alessia Deglincerti, Gist F Croft, Lauren N Pietila, et al. Self-organization of the in vitro attached human embryo. Nature, 2016, 533(7602):251-254.

［2］ Shahbazi MN, Jedrusik A, Vuoristo S, et al. Self-organization of the human embryo in the absence of maternal tissues. Nat Cell Biol, 2016, 18(6):700-708.

［3］ Alejandro Aguilera-Castrejon, Bernardo Oldak, Tom Shani, et al. Ex utero mouse embryogenesis from pre-gastrulation to late organogenesis. Nature, 2021, 593(7857):119-124.

［4］ Leqian Yu, Yulei Wei, Jialei Duan, et al. Blastocyst-like structures generated from human pluripotent stem cells. Nature, 2021, 591

（7851）:620-626.

［5］ Xiaodong Liu,Jia Ping Tan,Jan Schröder,et al. Modelling human blastocysts by reprogramming fibroblasts into iBlastoids. Nature, 2021,591（7851）:627-632.

［6］ Aliya Fatehullah,Si Hui Tan,Nick Barker. Organoids as an in vitro model of human development and disease. Nat Cell Biol, 2016,18（3）:246-254.

［7］ Jesse V Veenvliet,Adriano Bolondi,Helene Kretzmer,et al. Mouse embryonic stem cells self-organize into trunk-like structures with neural tube and somites. Science,2020,370（6522）:eaba4937.

［8］ Lika Drakhlis,Santoshi Biswanath,Clara-Milena Farr,et al. Human heart-forming organoids recapitulate early heart and foregut development. Nat Biotechnol,2021,39（6）:737-746.

［9］ Veronika Ramovs,Hans Janssen,Ignacia Fuentes,et al. Characterization of the epidermal-dermal junction in hiPSC-derived skin organoids. Stem Cell Reports,2022,17（6）:1279-1288.

［10］ Marie Bannier-Hélaouët,Yorick Post,Jeroen Korving,et al. Exploring the human lacrimal gland using organoids and single-cell sequencing. Cell Stem Cell,2021,28（7）:1221-1232.e1227.

［11］ Nina S Corsini,Juergen A Knoblich. Human organoids:New strategies and methods for analyzing human development and disease. Cell,2022,185（15）:2756-2769.

［12］ Lika Drakhlis,Santoshi Biswanath Devadas,Robert Zweigerdt. Generation of heart-forming organoids from human pluripotent stem cells. Nat Protoc,2021,16（12）:5652-5672.

［13］ Alise Zagare,Kyriaki Barmpa,Semra Smajic,et al. Midbrain organoids mimic early embryonic neurodevelopment and recapitulate LRRK2-p.Gly2019Ser-associated gene expression. Am J Hum Genet,2022,109（2）:311-327.

［14］ Yang HHN,Siu HC,Law S,et al. A Comprehensive Human Gastric Cancer Organoid Biobank Captures Tumor Subtype Heterogeneity and Enables Therapeutic Screening. Stem Cell, 2018,23（6）:882-897.

［15］ Bartfeld S,Bayram T,van de Wetering M,et al. In vitro expansion of human gastric epithelial stem cells and their responses to bacterial infection. Gastroenterology,2015,148（1）:126-136. e126.

［16］ Rosenbluth JM,Schackmann RCJ,Gray GK,et al. Organoid cultures from normal and cancer-prone human breast tissues preserve complex epithelial lineages. Nat Commun,2020,11（1）:1711.

［17］ Huch M,Gehart H,van Boxtel R,et al. Long-Term Culture of Genome-Stable Bipotent Stem Cells from Adult Human Liver. Cell,2015,160（1-2）:299-312.

［18］ Kim M,Mun H,Sung CO,et al. Patient-derived lung cancer organoids as in vitro cancer models for therapeutic screening. Nat Commun, 2019,10（1）:3991.

［19］ Karthaus WR,Iaquinta PJ,Drost J,et al. Identification of multipotent luminal progenitor cells in human prostate organoid cultures.

Cell,2014,159（1）:163-175.

［20］ Driehuis E,Kolders S,Spelier S,et al. Oral Mucosal Organoids as a Potential Platform for Personalized Cancer Therapy. Cancer Discov,2019,9（7）:852-871.

［21］ Seet CS,He C,Bethune MT,et al. Generation of mature T cells from human hematopoietic stem and progenitor cells in artificial thymic organoids. Nat Methods,2017,14（5）:521-530.

［22］ Bershteyn M,Nowakowski TJ,Pollen AA,et al. Human iPSC-Derived Cerebral Organoids Model Cellular Features of Lissencephaly and Reveal Prolonged Mitosis of Outer Radial Glia. Cell Stem Cell,2017,20（4）:435-449.e434.

［23］ Norman Sachs,Joep de Ligt,Oded Kopper,et al. A Living Biobank of Breast Cancer Organoids Captures Disease Heterogeneity. Cell, 2018,172（1-2）:373-386.e10.

［24］ Driehuis E,Kretzschmar K,Clevers H. Establishment of patient-derived cancer organoids for drug-screening applications. Nat Protoc,2020,15（10）:3380-3409.

［25］ Drost J,Clevers H. Organoids in cancer research. Nat Rev Cancer, 2018,18（7）:407-418.

［26］ Masayuki Fujii,Mariko Shimokawa,Shoichi Date,et al. A colorectal tumor organoid library demonstrates progressive loss of niche factor requirements during tumorigenesis. Cell Stem Cell,2016,18（6）: 827-838.

［27］ Jarno Drost,Ruben van Boxtel,Francis Blokzijl,et al. Use of CRISPR-modified human stem cell organoids to study the origin of mutational signatures in cancer. Science,2017,358（6360）: 234-238.

［28］ Bon-Kyoung Koo,Johan H van Es,Maaike van den Born,et al. Porcupine inhibitor suppresses paracrine Wnt-driven growth of Rnf43;Znrf3-mutant neoplasia. Proc Natl Acad Sci USA,2015, 112（24）:7548-7550.

［29］ Jian Zhou,Min Wu,Gen Yang. Decoding γδ T cell anticancer therapies:integrating CRISPR screens with tumor organoids. Signal Transduct Target Ther,2023,8（1）:423.

［30］ Jessica E Young,Lawrence S B Goldstein. Human-Induced Pluripotent Stem Cell（hiPSC）-Derived Neurons and Glia for the Elucidation of Pathogenic Mechanisms in Alzheimer's Disease. Methods Mol Biol,2023,2561:105-133.

［31］ Junghyun Jo,Lin Yang,Hoang-Dai Tran,et al. Lewy Body-like Inclusions in Human Midbrain Organoids Carrying Glucocerebrosidase and α-Synuclein Mutations. Ann Neurol,2021, 90（3）:490-505.

［32］ Adriana Mulero-Russe,Andrés J García. Engineered Synthetic Matrices for Human Intestinal Organoid Culture and Therapeutic Delivery. Adv Mater,2024,36（9）:e2307678.

［33］ Delilah Hendriks,Anna Pagliaro,Francesco Andreatta,et al. Human fetal brain self-organizes into long-term expanding organoids. Cell,2024,187（3）:712-732.

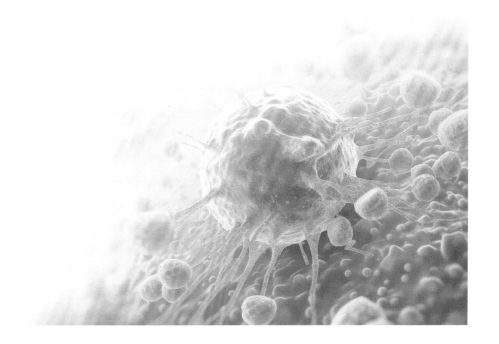

第二篇

技术篇：细胞治疗的技术

第十四章　细胞基因治疗修饰技术

提要：在治疗技术发展的今天,人们可以将基因修饰改造方法与细胞治疗技术有效结合,产生经过基因改造的细胞治疗产品,用于疾病治疗。根据接受基因编辑时的环境,将基因修饰治疗分为体内细胞基因治疗和体外细胞基因治疗。后者即是通俗意义上的基因修饰的细胞治疗。本章包括 7 节,介绍细胞基因修饰的基本原理、细胞基因修饰技术和应用,然后分节专门介绍 CAR-T、CAR-NK、TCR-T、AAPC 细胞治疗技术。

细胞治疗一般是指把正常或经生物工程改良过的、具备特定功能的人体细胞导入到患者体内,以取代受损细胞或行使更强的功能来治疗疾病的一项技术。基因修饰的细胞治疗是指将患者的细胞(一般是成体干/祖细胞)分离培养,再对离体细胞开展基因修饰以修复患者细胞的遗传缺陷,再通过自体回输来进行治疗。基因编辑技术是一种利用特异性工程核酸酶对真核生物基因组进行靶向修饰的一种技术手段。传统的基因工程技术只能将核酸片段随机插入到基因组中,而基因编辑技术则能高选择性地实现靶基因的矫正、置换、沉默等操作,使基因治疗功能更丰富、更稳定、更安全。

第一节　细胞基因修饰的基本原理

基因治疗是指通过修饰或操纵基因的表达从而改变细胞遗传学特性以治疗疾病的一种生物医学手段。1990年,美国食品和药品监督管理局正式批准了首例基因治疗临床试验,一例患有先天性腺苷脱氨酶缺乏症的小女孩,经过基因治疗技术导入正常的腺苷脱氨酶基因,成功恢复了患者体内的 ADA 合成,开创了基因治疗的先例。目前,基因治疗在遗传病、恶性肿瘤、心血管疾病等严重威胁人类健康的疾病研究中备受瞩目,其作用机制主要包含以下方面：①致病基因的直接修复,例如镰刀型细胞贫血等单位点突变的遗传病治疗,这是最直观的基因治疗方法；②缺陷基因的功能补偿,例如地中海贫血和遗传性视网膜病的治疗,此时不一定需要敲除原本存在的缺陷基因；③致病基因的失活/激活,如家族性高胆固醇血症的治疗与艾滋病的预防等；④新功能基因的引入,例如应用嵌合抗原受体 T 细胞治疗白血病等。

实现细胞在基因水平的改变需要强大的基因编辑工具,亦称基因修饰技术。基因编辑工具在细胞内完成基因修饰的过程可以概括为三个步骤：①编辑工具在基因组上的正确定位；②通过核酸酶介导产生 DNA 损伤；③借助细胞内 DNA 损伤修复机制进行 DNA 修复,并依据疾病的类型选择不同的作用机制,以实现基因修正、置换、增补等操作。通过阐明生物学机制、改进疾病建模、实施基因治疗和

开发精密药物,基因编辑工具为基因治疗的研究带来了革命性的变化,无疑是基因治疗的基石。基因编辑工具自面世以来便广受科学家关注,在漫长的发展史中不断更新换代。从传统的基因工程技术到锌指核酸酶、转录激活子样效应物核酸酶技术,再到 CRISPR/Cas9 技术的推广,新兴基因编辑工具的开发一路高歌猛进。

而为了将基因编辑工具导入到目标细胞内并确保其正确发挥功能,安全高效的载体递送系统是必不可少的。传统上的基因转移主要通过物理方法及化学方法实施,而新兴的组织靶向递送系统主要包含病毒载体和非病毒载体两大类。其中病毒载体是当下主流的递送系统,在现行的基因治疗方案中被广泛运用,但由于其包装能力有限,且拥有免疫原性和插入诱变等缺点,病毒载体的进一步临床应用受到限制。近来,非病毒载体的优化进步,包括使用以脂质、聚合物、多肽和无机纳米颗粒为基础的递送系统,已经可以认为这些非病毒载体递送方法是病毒载体的可行替代方案。

根据细胞在接受基因编辑时的环境不同,基因治疗可以分为体内基因治疗和体外基因治疗。前者是利用装载有外源基因的递送载体,将基因药物直接导入到靶器官,进行原位细胞的基因编辑。后者即是通俗意义上的基因修饰的细胞治疗,靶细胞将在体外接受基因修饰后引入患者体内。相对于在体治疗,离体细胞介导的基因治疗的一个显著优势在于有更多的递送体系可供选择,其基因修饰可以通过电转、阳离子脂质体等物理方法或慢病毒、腺病毒等病毒载体而实现。这些导入方式成功率更高,并且离体细胞方便培养和传代,有助于研究人员筛选和应用有价值的细胞群。同时,许多离体治疗还可通过递送方式的选择等手段控制基因编辑工具进入细胞的剂量,从而减少脱靶效应,并避免转入基因在正常细胞中不可预见的异位表达。

细胞治疗的发展,也与离体细胞的分离纯化、培养等技术的进步密切相关。将外源片段精确无误地插入到特定位点,并确保其正常表达是基因修饰细胞治疗的一个目标。如今基因修饰和细胞治疗的可行性已经初步获得了学界的认同,逐步实现了从基础研究到临床运用的成功转化(图2-14-1)。

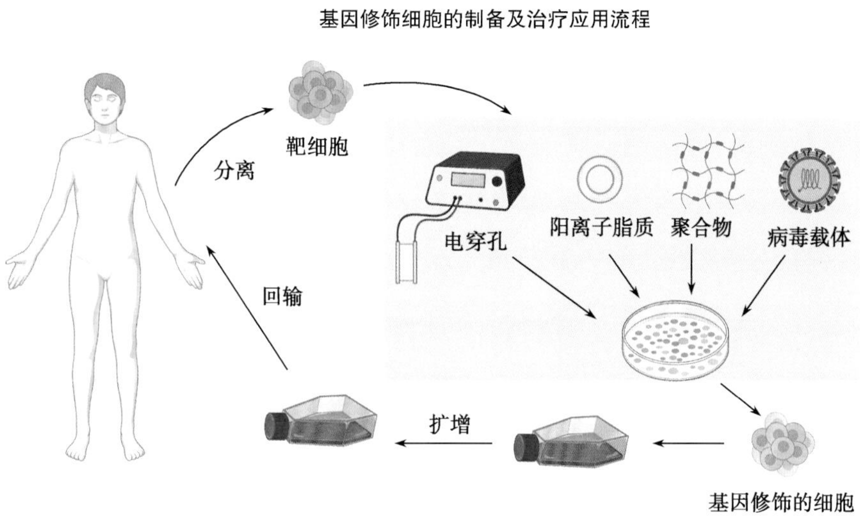

基因修饰细胞的制备及治疗应用流程

图 2-14-1　基因修饰的细胞治疗

第二节　细胞基因修饰技术

基因修饰,主要是指利用生物化学方法编辑 DNA 序列,改变宿主细胞基因型,或者使原有基因型的效应得到强化。基因修饰技术,是指对基因组特定序列进行改造的一种技术方法,包括当下最主流的人工核酸酶系统,如 CRISPR/Cas9,以及传统的基因工程技术,如 T-DNA 插入、转座因子、化学诱变等,但是这些传统方法难以控制、特异性低,需要进一步用互补方法验证表型和目的基因的连锁关系;虽可对基因定点敲除,但无法彻底敲除基因的表达,且无法在后代中恢复。相比之下,新一代基因修饰技术精准、高效、具有广泛的适用性,因而备受科研工作者青睐。其中最具代表性的便是 CRISPR/Cas9 技术,其革命性地提升了基因修饰的效能,并为基因修饰的细胞治疗的发展提供了便利。本节将重点介绍细胞基因修饰的基本策略。

基因编辑的开展依赖于人工核酸内切酶(engineered endonuclease,EEN)。这些核酸酶能够识别特异 DNA 序列并切割产生 DNA 双链断裂(double strand break,DSB),再依赖细胞内源性的 DNA 修复机制来实现基因修饰,这些机制在哺乳动物细胞主要包括非同源末端连接(non-homologous end joining,NHEJ)和同源重组(homologous recombination,HR)。NHEJ 修复机制较为简单,主要包含经典 NHEJ(c-NHEJ)和替代 NHEJ(alt-NHEJ)两种相互竞争的修复方式。它不依赖 DNA 同源性,因此理论上可在细胞周期的任一时期发生。研究证明,c-NHEJ 在细胞中功能多样但不乏精确,而 alt-NHEJ 修复则有可能导致插入或缺失突变,影响了基因编辑的准确性。HR 修复方式精确但低效,需要依赖同源 DNA 作为修复模板,因此仅存在于 S 期或 G_2 期的细胞中。当细胞核内没有对应的同源 DNA 作为参照时,NHEJ 是细胞 DNA 损伤修复的首选方式。

一、锌指核酸酶技术

1983 年,科学家在非洲爪蟾的转录因子ⅢA 中发现锌指蛋白(zinc finger protein,ZFP),并据此研制出了第一种人工核酸内切酶——锌指核酸酶(zinc finger nuclease,ZFN),它的出现奠定了基因组靶向修饰的基础。ZFN 能够识别基因组中相对较长的靶序列并切割产生 DSB,然后依赖细胞固有的损伤修复机制实现广泛的基因修饰。

锌指核酸酶由一系列锌指蛋白和 Fok Ⅰ核酸内切酶活性区域连接形成,其中 ZFP 负责特异性识别,Fok Ⅰ负责切割。ZFN 靶位点含有 2 个锌指结合位点,由 Fok Ⅰ切割结构域识别的 5~7bp 间隔区序列分开。当每个 ZFP 结构域在 DNA 的主槽中沿 3′到 5′的方向结合 3 或 4 个碱基后,两个 Fok Ⅰ结构域二聚化并对间隔区进行切割,进而实现基因编辑操作(图 2-14-2A)。

通过人工设计锌指结构并采用不同的转染方式,目前已在多种动物和细胞模型中实现了基因编辑操作。ZFN 技术优势明显,应用范围广,由于借助了细胞固有的 DNA 修复机制,其编辑效率相较于传统技术实现了飞跃。然而,锌指核酸酶往往受限于上下文依赖效应,一旦面对较为庞大的基因组,ZFN 很容易受到与目标靶点高度相似的重复序列的干扰,导致 ZFN 的序列识别特异性低,容易诱发脱靶效应并产生潜在的毒性。此外,针对不同的靶标基因需要重新设计新的锌指结构,因此通用性较为欠缺是 ZFN 的显著缺点。

二、转录激活子样效应物核酸酶

2007 年,有研究报道了来自黄单胞菌的一种蛋白可识别并结合植物基因组上的特异 DNA 片段,通过模拟宿主生物的转录因子,诱导能使病原自身受益的基因表达。这种蛋白即是首个发现的转录激活子样效应物(transcription activator-like effectors,TALEs)。2 年后,利用该蛋白特异识别 DNA 的特性所开发的转录激活因子样效应物核酸酶(transcription activator-like effector nucleases,TALENs)登上科学舞台,成为第二代基因编辑工具。类似 ZFN,TALEN(图 2-14-2B)由 TALE 重复模块和 Fok Ⅰ组成。TALE 主要

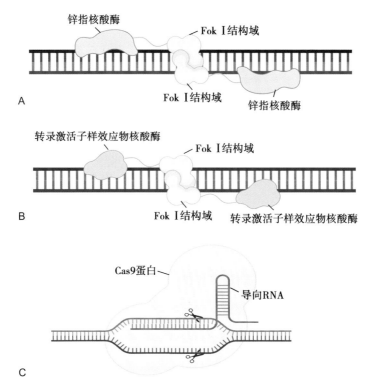

图 2-14-2   主要的核酸内切酶有 ZFN（A）、TALE（B）和 CRISPR/Cas9（C）

包含 DNA 识别结构域、C 端核定位序列和靶基因转录激活结构域 3 个元件，其中 DNA 识别结构域是一串重复的残基序列，每个单位由 34 个氨基酸组成，其中高度可变的第 12 和 13 位氨基酸决定了 DNA 识别的特异性。

相较于锌指核酸酶，TALEN 对基因组特定位点的识别规则更加简洁，方便了蛋白的人工设计过程。同时，不受上下文依赖效应的限制，TALE 的重复氨基酸序列模块理论上可以特异性地结合任何一种单碱基，拥有更普遍的 DNA 识别能力。TALEN 具有类似 ZFN 的作用机制，主要由 TALE 进行靶点识别后，二聚化的 Fok I 切割产生 DSB 并依赖 NHEJ 或 HR 进行修复。

许多研究表明，TALEN 在生物毒性和活性方面优于 ZFN，已经在人类诱导多能干细胞和一系列模式动物中实现了高效、精准的基因修饰。如今 TALEN 技术依旧是广受关注的基因编辑工具之一，拥有广阔的应用前景，在基因功能研究、细胞系筛选、干细胞基因修饰等领域均展现出非凡的研究价值。

三、CRISPR/Cas 技术

（一）CRISPR/Cas9 系统

1987 年，来自日本的研究人员首次发现大肠杆菌 Escherichia coli K12 的碱性磷酸酶基因附近区域存在 29 个核苷酸的重复序列，这些重复序列被不相关的非重复间隔序列中断。2002 年，该结构被统一定义为成簇规律间隔短回文重复序列（clustered regularly interspaced short palindromic repeat，CRISPR）。2013 年，研究人员完成了首次基于 Cas9 的真核细胞基因组编辑。与真核生物相似，细菌等原核生物也具有后天免疫系统，而 CRISPR/Cas 系统是其适应性免疫的主要组成部分，用于防御病毒和外源核酸片段的入侵。

CRISPR 由前导序列、若干短而高度保守的重复序列和多个间隔序列组成。前导序列长度一般为 300~500bp，富含 A、T 碱基，可作为启动子激活 CRISPR 序列转录，形成 CRISPR RNA（crRNA）。重复序列通常是包含回文序列长度为 18~50bp 的区域，其转录产物促进了核酸二级结构的稳定。间隔序列的长度一般是 17~84bp，是从外源 DNA 中获得的独特片段，当相应病原再次入侵时，能提供针对外源 DNA 的序列特异性免疫。Cas（CRISPR associated）通常出现在 CRISPR 位点的邻近区域，其编码的蛋白是一种与 Fok I 功能类似的核酸酶，能在向导 RNA（gRNA）和 PAM 序列（protospacer adjacent motif）的指导下切割特定的 DNA 靶点。其中，Cas9 是最为大众所熟知的 Cas 家族成员。它拥有 REC、PI、Ruvc、HNH 等结构域，其中后两者具有核酸酶活性。

CRISPR/Cas9 技术拥有异乎寻常的普遍适用性，能在绝大多数生物体的各种细胞中开展，并能精确、专一地实现靶点切割，这使得它迅速成为了研究人员的掌上明珠。该系统运作时，crRNA 与反式激活 RNA（trans-activating RNA，tracrRNA）被转录出来，并通过互补的重复序列结合形成 tracrRNA/crRNA 复合物。此复合物依赖靶 DNA 与间隔序列部分片段的同源性结合至特定位点，从而引导 Cas9 蛋白发挥核酸酶活性进行切割（图 2-14-2C）。在实际应用时，我们可以通过重新设计并融合两种 RNA，使其转化为单向导 RNA（single-guide RNA，sgRNA）来完成引导 Cas9

正确定位的任务。

Cas9 的跨时代意义在于它是一种 RNA 导向的双链 DNA 结合蛋白，能够同时定位三种生物大分子，因此拥有不容忽视的改造价值。如果将 Cas9 的核酸酶活性去除并结合上一种新的蛋白，使其在特定 sgRNA 的引导下靶定至相应序列，理论上能将任何融合蛋白及 RNA 定位至任意序列处，展现了 CRISPR/Cas9 系统在基因编辑领域的潜在价值。

目前，2020 年荣获诺贝尔奖的 CRISPR/Cas9 技术是基因修饰技术中当之无愧的明星。现以首个应用于哺乳动物的 Cas9 蛋白 SpCas9 为例阐明该系统的机制：SpCas9/tracrRNA/crRNA 复合物首先识别基因组上的 5′-NGG PAM 序列，其上游有 20nt 的靶标 DNA 与 crRNA 碱基互补结合后，SpCas9 改变构象，利用 RuvC 和 HNH 结构域切割 PAM 序列 5′ 上游 3 个碱基处的双链 DNA，产生平末端 DSBs。

为了进一步提升 CRISPR/Cas9 技术的实用性，研究人员需要关注以下问题：

1. 拓展 Cas9 的应用广度　野生型 SpCas9 仅能识别一个 PAM 序列，这限制了 SpCas9 在全基因组的广泛使用。为此，多项研究已经研制出了各种 Cas9 蛋白变体以适应不同 PAM 序列，拓展了该系统的工作范围。

2. 减少脱靶　由于带正电的氨基酸和带负电的磷酸骨架能产生非特异性结合，Cas9 的核酸酶结构域可能误定位于靶 DNA 序列之外，这导致 Cas9 识别 DNA 的特异性并不高。同理，Cas9 蛋白变体的开发能有效提升识别特异性，目前已有许多优秀的突变体投入使用，如 SpCas9-HF1。除此之外，通过遗传筛选来鉴定能够提高编辑准确性的突变，亦有助于降低脱靶活性。有研究开发了一种基于酵母的检测方法来鉴定优化的 spCas9 变体，得到了能同时保持编辑效率并提高编辑准确性的突变体 evoCas9，拥有出色的低脱靶特点。还有研究通过噬菌体辅助连续进化（phage-assisted continuous evolution，PACE）来进化一个 SpCas9 的变体（xCas9），使其在保证高 DNA 特异性的基础上能识别更为广泛的 PAM 序列。也有研究在大肠杆菌中运用定向进化方法，开发出兼具高特异性和低细胞毒性的 Sniper-Cas9。此外，sgRNA 的序列和长度也与脱靶的发生密切相关，研究表明，合理缩短 sgRNA 序列、合理控制种子区 GC 碱基含量等方式能有效提高其特异性。现在，越来越多的高保真 Cas9-sgRNA 系统不断涌现，有逐渐替代传统技术的趋势。

3. 减少 Cas9 大小　目前通常使用腺相关病毒（adeno-associated virus，AAV）包装 Cas9 和 sgRNA 一并导入靶细胞中。但由于病毒存在 DNA 的容量限制，sgRNA 往往无法和 SpCas9 装载进同一个载体中，因此研制更小的 Cas9 是十分必要的。

（二）CRISPR/Cas12 系统

CRISPR/Cas12a 来自 II 类 V 型 CRISPR/Cas 系统，是目前基因编辑应用领域新兴的分子剪刀。来自 Acidaminococcus spp. 的 Cas12a（As-Cas12a）在 gRNA 引导下，以 5′-TTTV 作为 PAM 序列，利用 RuvC 和 Nuc 结构域切割下游靶标 DNA，产生带有黏性末端的 DSBs。为了降低 Cas12a 对特定 PAM 序列的依赖，有学者开发出一种 Cas12a 变体，其在传统 5′-TTTV PAM 位点上表现出成倍的编辑效能，并能靶向 5′-TTTT 等扩展 PAM 位点。同样来自 II 类 V 型 CRISPR/Cas 系统的 Cas12b，如 Alicyclobacillus acidoterrestris Cas12b（AacCas12b）需要较高温环境以行使功能，因此在人类细胞基因编辑领域发展受限。最近从组织芽孢杆菌中鉴定出的 BhCas12b 有希望成为人类基因编辑候选工具，但在 37℃ 时，野生型 BhCas12b 对于非靶 DNA 链有更高的选择性，其产生 DSB 的功能并不理想。通过人工设计，研究人员确定了克服这一限制的功能获得性突变，目前的突变体 BhCas12b 已经能在人类细胞系中进行高特异性的基因编辑。

（三）CRISPR/Cas13 系统

Cas13a 来自 II 类 VI 型 CRISPR/Cas 系统，能在 gRNA 的引导下实现对单链 RNA 特异序列的精准切割。其依靠 3′-H PFS 序列（protospacer flanking site）切割 ssRNA，但部分 Cas13，如来源于 Leptotrichia wadei 的 Cas13a（LwaCas13a）没有显著的 PFS 序列依赖。Cas13a 的另一特点是其在 gRNA 的帮助下完成目标位点切割后，还参与附近非靶向 RNA 的"侧枝"切割，据此研究人员开发出了一种基于 Cas13a 的体外核酸检测系统。来自同一家族的 Cas13b 依靠 3′-NAN/NNA 或 5′-D 的 PFS 序列也能够靶向 ssRNA。但部分 Cas13b，如 Prevotella sp. Cas13b（PspCas13b）并不存在显著的 PFS 序列依赖，更具深入研究价值。

（四）RCas9 系统

通常的 Cas9 仅能切割 dsDNA。最近发现，当 PAM 作为单独的 DNA 寡核苷酸（PAMmer）反式呈递时，Cas9 在相关 gRNA 引导下也能特异性地结合并切割靶标 RNA。这类以 RNA 作为底物的 Cas9 即是 RCas9。此外，来自 Cas9 家族的 SaCas9 和 CjCas9 等也能在不依赖 PAM 的情况下切割 ssRNA。RCas9 系统可以在活体细胞中识别和编辑 RNA 底物，推进细胞基因表达的研究，并有希望成为疾病特异性的诊断和治疗工具。

CRISPR/Cas 系统不仅在基础研究中大放异彩，作为一种颇具前景的基因编辑工具，其临床应用价值也逐步显现。目前，有许多疾病的治疗策略都离不开 CRISPR/Cas 的技术支持，比如：①嵌合抗原受体 T 细胞免疫治疗（chimeric antigen receptor T cell immunotherapy，CAR-T）：用 CRISPR/Cas 破坏抑制性受体（如 PD-1 等），能赋予 CAR-T 细胞更强大的免疫活性，从而加强对肿瘤细胞的杀伤作用。还可以借助其敲除 T 细胞免疫相关受体（如内源性 T 细胞受体，endogenous TCR），降低排斥反应的发生。②β-血红蛋白疾病（地中海贫血和镰刀型细胞贫血）：胎儿血红蛋白（HbF）能抑制镰状血红蛋白（HbS）的聚合并减轻此类疾病的症状，因此，在成人红细胞中重新唤醒 HbF 的表达是一种可行的治疗策略。CRISPR/Cas9 能通过创建人工突变、编辑转录 HbF 沉默子和调节表观遗传中间体，使 HbF 的诱导表达得以实现。③Leber 先天性黑矇：CEP290 突变是该病的首要病因，CRISPR/Cas 系统可精确去除该突变产生的新的剪接供体位点，从而恢复正常的 mRNA 加工。现在，无论是在经批准的临床试验还是基础研究中，CRISPR/Cas 系统介导的治疗策略已逐步涉及心血管系统、血液系统、神经系统等相关疾病的各个方面，如遗传性疾病、肿瘤、免疫性疾病等，表现出普适而强大的治疗潜力。(图 2-14-2)

第三节　细胞基因修饰的应用

将整合有外源基因片段的细胞回输，从而达到治疗效果的技术，就是细胞治疗技术。基因治疗是将外源的正常基因导入患者的特定组织或细胞进行适当有调控的表达，以纠正或补偿基因缺陷或异常，从而达到治疗疾病的目的。将基因治疗和细胞治疗合二为一，能融合并共同发挥二者的优势，具有高效、精准、高特异性的优势，已展现了许多有价值的研究成果，富有广阔的应用前景。例如通过基因修饰提高 CAR-T 细胞对肿瘤细胞的特异识别能力，再回输至患者体内用以杀伤肿瘤。2017 年，首款靶向 CD19 的二代 CAR-T 产品经美国 FDA 批准上市，开创了 CAR-T 细胞治疗新纪元。随着相关技术的不断进步，类似研究的临床应用也正在加速拓展。

一、基因修饰的干细胞

(一) 干细胞是基因修饰靶细胞的首选

干细胞因具有自我更新与增殖分化能力，是基因修饰靶细胞的首选。基因修饰的干细胞的临床应用为治愈许多棘手的人类疾病带来新的希望。如利用自体基因修饰造血干细胞用于治疗以 ADA 酶缺陷为病因的重症联合免疫缺陷 (ADA-SCID)。2016 年 5 月，欧盟 EMA 批准了首个上市的体外基因修饰的造血干细胞基因治疗产品，用于治疗罕见病 ADA-SCID。兼具靶点选择自由、载体构建简便、脱靶效应低等优点的 CRISPR 系统从众多基因编辑技术中脱颖而出，在干细胞基因修饰中最受青睐。

造血干细胞定向基因治疗是该领域最具发展潜力的方向，这些接受了基因校正的干细胞具有治愈由血液系统发育和功能改变引起的单基因遗传病的潜力，如免疫缺陷、红细胞和血小板疾病。相关产品的批准上市及大量研究已经证明了该治疗策略的有效性。例如，CRISPR/Cas9 技术能通过创建人工突变等多种方式使 HbF 在成人红细胞中重现，而通过基因编辑破坏 T 淋巴细胞的 CCR5 基因可能使个体产生 HIV 抗性，从根本上阻断艾滋病的发生。有研究表明，一部分移植后的多能祖细胞具有谱系偏向性，并能独立于造血干细胞供应，保持存活与自我更新的能力。为治疗疾病，或许仅需要对拥有上述特性的细胞群进行基因修饰即可。类似的发现有助于进一步提升干细胞定向基因治疗的效率。

(二) 基因修饰的干细胞是再生医学治疗工具

在再生医学治疗领域，基因修饰的干细胞具有革命性地治疗创伤性疾病的潜能，使组织再生更加高效。细胞生长因子的正常表达与功能行使是组织再生的关键。因此，通过基因修饰增强干细胞的生长因子表达可加速局部损伤的修复。例如，肝细胞生长因子 (HGF) 是一种作用广泛的细胞因子，可通过影响多种涉及炎症和免疫应答的病理生理过程，包括促进细胞迁移及成熟、抑制炎症和纤维化、改变抗原呈递功能和细胞因子分泌等环节影响成体器官组织再生。接受 HGF 基因治疗的间充质干细胞 (MSC) 可精确定位至受损部位，提高 HGF 的局部浓度以利于组织再生，其有效性已经在动物模型研究中得到了证实，类似的治疗策略也有望在临床中实际应用。

(三) 基因修饰的干细胞是抗肿瘤治疗的武器

基因修饰的干细胞在肿瘤治疗领域同样具有深厚的研究价值。有报道指出，以骨髓来源的间充质干细胞为代表的许多干细胞可以接受肿瘤本身的旁分泌信号等方式浸润到肿瘤微环境中，并通过分泌细胞因子左右肿瘤的生长。为此，如果能通过基因修饰改变干细胞的分泌状态，再使其归巢到肿瘤组织后破坏局部微环境，有望达到治疗肿瘤的目的。

近年来，针对人体其他类型干细胞的基因编辑治疗策略也得到了长足的发展。例如，利用 CRISPR/Cas9 系统校正囊性纤维化患者肠干细胞中突变的 CFTR 基因，其治疗价值已在类器官研究中得到了支持。这提示对患者原代成体干细胞进行基因矫正或许将成为治疗单基因遗传病的一种新技术手段。也有研究将目光朝向生殖干细胞，在动物模型中利用 CRISPR/Cas9 系统编辑精原干细胞并筛选出靶向成功的细胞系，使后代从罹患父系遗传疾病的命运中得以解放。需要指出的是，涉及生殖细胞的基因编辑往往伴随道德层面的挑战，在安全性与伦理审查未得到保障之前，不可贸然将其用于临床研究。

二、基因修饰的免疫细胞

目前，基因修饰的免疫细胞在肿瘤领域的应用较为广泛。传统的免疫细胞治疗包含树突状细胞共培养的细胞因子诱导的杀伤细胞 (DC-CIK cell)、自然杀伤细胞 (NK cell) 等非特异性免疫细胞。而较为先进的 CAR-T 细胞治疗则属于特异性细胞疗法，不仅符合精准医学的要求，也彰显了相关技术的长足进步。基因修饰的免疫细胞用于疾病治疗的 CAR-T 细胞，是经过靶向基因修饰的特异性杀伤 T 细胞。TCR 基因修饰 T 细胞治疗通过将肿瘤抗原特异性受体导入 T 细胞中，再把这些细胞回输给患者达到治疗肿瘤的目的。早期的 T 细胞治疗包括淋巴细胞激活的杀伤细胞 (LAK 细胞)、肿瘤浸润性淋巴细胞 (TIL) 等。它们在难治的转移性黑色素瘤和肾癌患者中有一定疗效。对于部分转移性黑色素瘤患者而言，TIL 是治疗的最佳方法，可以产生广泛而持久的反应并达到完全缓解。在患者体内拥有抗原特异性 TCR 的细胞往往仅占所有 T 细胞的一小部分，这限制了 T 细胞治疗的临床应用。而基因编辑技术则为这项治疗策略带来了新生，从反应性 T 细胞群中利用基因技术鉴定出具有肿瘤特异性抗原的 TCR 分子，再将对应的基因药物引入 T 细胞基因组中，并诱导其正确表达，最终获得高特异性的杀伤 T 细胞。随着基因修饰和 T 细胞治疗技术的不断成熟,相信两者的结合会成为治疗肿瘤性疾病的一种有效的手段。

三、基因编辑疗法的安全性

目前,细胞治疗已经取得了一些临床成果,为持续挖掘其深在的治疗潜力,越来越多的研究人员力争从提升疗效与安全性、控制成本、拓展应用范围等方面对技术进行优化。作为治疗人类疾病的工具,其安全性考量应当放在首位。在基因编辑疗法的发展历程中也无可避免地发生过一些不良事件,给相关技术的发展造成了一定打击。

(一) 在原癌基因处随机性插入

在使用病毒载体进行干细胞基因修饰时,病毒所携带的结构元件可能意外整合进干细胞基因组的任意位置,导致潜在的突变风险。而干细胞或诱导多能干细胞(induced pluripotent stem cell,iPSC)往往具有染色体不稳定性,在体外反复传代培养后,易累积致癌突变。这些风险为干细胞治疗的临床应用带来了一定的负面影响。2008 年的一篇报道讲述了 4 例重症联合免疫缺陷(SCID-X1)患者因基因治疗而罹患白血病的案例。接受基因治疗时,虽然逆转录病毒载体成功将缺失的 IL-2 受体 γ(IL2RG)基因转染到了患者 CD34⁺骨髓前体细胞中并产生疗效,但是病毒的激活载体随机插入到了 BMI1、LMO2、CCND2 三个原癌基因附近,激活了异常的基因表达并因此致病。为避免此类不良事件,有许多研究在载体设计等方面提出了各种改进建议。同时,开展涉及利用病毒载体的干细胞基因治疗时,都有必要进行安全性的监测。

(二) 微环境和干细胞的同时突变

微环境和干细胞的同时突变亦会产生严重的安全隐患。2014 年,1 例急性髓系白血病的日本男性病患接受了 HLA 匹配成功的外周血干细胞移植,但在 27 个月之后,白血病复发,测序发现供体细胞中存在 IDH2 和 DNMT3A 突变。这可能是因为供体拥有健全的免疫监视系统,足以抵御突变基因的致癌效应。而接受移植的患者因免疫抑制剂的影响和骨髓微环境的生长促进作用,无法控制供体细胞的快速增殖,进而导致白血病的发生。

(三) 潜在的脱靶隐患

潜在的脱靶效应所导致的细胞毒性同样不容忽视。脱靶效应导致的表型改变在短时间内或许不易显现,但是随着时间的推移,效应累积所产生的影响将会变得难以估计。虽然许多降低脱靶效应的策略日趋完善,但仍有研究表明,在一些特殊 PAM 位点或者与靶点相似度较低位点发生的脱靶效应是难以避免的。近年来,CRISPR/Cas9 技术的发展也推进了相关预测和检测方法的显著进步。一些高效的体内外实验方法,例如 GUIDE-seq、Digenome-seq、CIRCLE-seq 等,可以用于潜在的低频脱靶位点的检测。尽管这些方法目前仍难以覆盖所有的脱靶现象,但基因编辑疗法临床运用的安全性已经得到了一定的技术保障。

半个多世纪前,科学家采用了蛋白质的体外合成技术,破译了第一个遗传密码。彼时人类刚刚窥见了生命科学的冰山一角,对于许多威胁健康的遗传病仍束手无策。

而如今,我们已经部分明晰了细胞和基因的本质,许多曾经的不治之症也因基因编辑的广泛开展获得了治愈的可能。CRISPR/Cas9 等先进工具的应用也为基因编辑领域带来新的生机。如何正确利用这些技术手段高效、安全地治愈人类疾病,一直以来都是研究的重点。为提升效率,一种可行的方法是挑选更为合适的递送载体,从而控制入胞的基因药物剂量。例如,根据工具和靶细胞的差异选取不同的病毒载体,或选用阳离子脂质体包裹的核糖核蛋白递送系统以提高编辑效率,同时降低脱靶、选取组织特异性的纳米递送系统导入 mRNA 等。同时,人工核酸内切酶系统也值得进一步完善。巨型核酸酶与 TALEN 技术的有机融合、CRISPR 系统中 PAM 限制的突破和蛋白家族的扩容、sgRNA 与供体 DNA 的结构改造,都有助于提高编辑成功率和发现新的位点。

在安全性上,新 CRISPR 工具的开发、降低脱靶效应的策略优化,以及脱靶预测和检测技术都有助于预防和及早识别不良事件的发生。如今的 CRISPR 系统不再局限于单纯的核酸切割,通过选用不同类型的蛋白与之复合,它还能够进行单碱基编辑、基因表达调控和表观遗传修饰。针对不同类型的疾病,这些工具不断获得功能和安全性上的完善,并投入到临床使用,进一步丰富了基因治疗的适应证。虽然短时间内尚无法将基因编辑技术自如地应用于人体的所有器官,但随着干细胞和类器官体外培养技术的发展,不仅造血系统能逐步在体外高度重现其生理功能,肠道、肝脏等组织的类器官研究也实现了快速进步,为基因编辑技术的临床转化研究提供了极大的便利。目前基因修饰的细胞治疗在血液系统疾病领域的发展相对成熟,如何确保接受修饰的细胞能安全有效地在实体系统中发挥作用是未来值得探究的问题。

基因编辑技术的面世、发展与成熟,为诸多领域带来深刻变革,针对许多疾病治疗的创新策略如雨后春笋般涌现。但基因修饰的细胞治疗在诸多方面仍有长远的进步空间。科研工作者应勇攀科学高峰,秉持职业道德,致力于科学的发展进步,让基因编辑技术更好地惠及全人类。

第四节　CAR-T 细胞治疗

一、CAR-T 细胞治疗概念和基本步骤

(一) CAR-T 细胞治疗的概念

嵌合抗原受体 T 细胞(chimeric antigen receptor T cell,CAR-T cell)治疗是指通过基因修饰技术体外改造 T 细胞,使其表达相关嵌合抗原受体(CAR),再将其回输至肿瘤患者体内杀伤抗原相关肿瘤细胞,从而达到治疗肿瘤的目的。

(二) CAR-T 细胞治疗的基本步骤

整个治疗过程如图 2-14-3 所示,包括:①从患者外周血中分离纯化自身 T 淋巴细胞;②通过基因载体将肿瘤抗原特异性 CAR 基因转导入 T 细胞,体外大量扩增 CAR-T 细胞至临床治疗所需剂量;③化疗清淋预处理后,静脉回

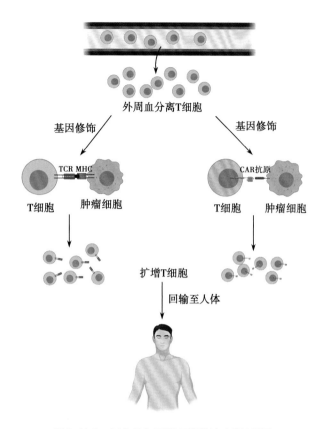

图 2-14-3 CAR-T 与 TCR-T 细胞治疗的流程图

输 CAR-T 细胞至患者体内；④观察疗效并严密监测不良反应。

二、CAR-T 的结构和原理

(一) CAR 的结构

CAR 分子是靶向目标表面分子的重组受体，如图 2-14-4 所示，其结构主要包括胞外抗原结合区、跨膜结构区和胞内信号区三部分。胞外抗原结合区分为促进抗原受体与肿瘤抗原结合的胞外铰链区，以及肿瘤相关抗原（tumor associated antigen，TAA）结合区，后者为单链可变片段（single-chain fragment variable，scFv）或配体；跨膜区主要起到连接膜外区和膜内区的作用，将 CAR 分子锚定在细胞膜上，主

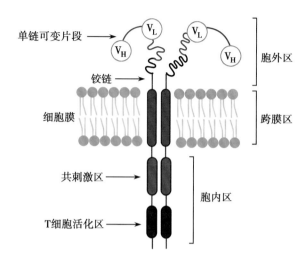

图 2-14-4 嵌合抗原受体的经典结构构成

要由 CD28、CD4 或 CD8 等构成；胞内区发挥信号转导功能，分为 T 细胞活化区（提供 T 细胞活化的第一信号，激活 T 细胞的增殖信号通路）和共刺激区（提供 T 细胞活化的第二信号，维持 T 细胞的生存时间），共同负责 T 细胞的完全活化。不同信号分子的选择对构建的 CAR-T 细胞增殖分化、活性和因子分泌起到关键性作用。

如图 2-14-5 所示，根据 CAR 的胞内结构域，CAR 的设计研究已经经历了从第一代到第五代的变迁。第一代 CAR 最初被称为"T-bodies"，通过表达与肿瘤抗原相结合的单链可变区联合胞内 T 细胞受体信号域（CD3ε），使表达 T-body 的 T 细胞与肿瘤细胞结合，介导杀伤功能，但因为缺乏合适的共刺激信号，这种 T 细胞无法有效扩增，不具备大规模杀灭肿瘤细胞的能力，其应用价值有限。第二代 CAR 是在第一代 CAR 的基础上增加了单一的共刺激信号结构域，目前应用最多的第二代 CAR 的共刺激信号结构域主要来自 CD28 或 4-1BB。相同的受体以最佳激活 T 细胞递送第一信号和第二信号，能增强持久性和增殖性，以及分泌细胞因子增强抗肿瘤效果，因此第二代 CAR 比第一代 CAR 在体外的杀伤能力更强。2017 年，以 CD19 作为靶点的第二代 CAR 被美国食品和药品监督管理局（food

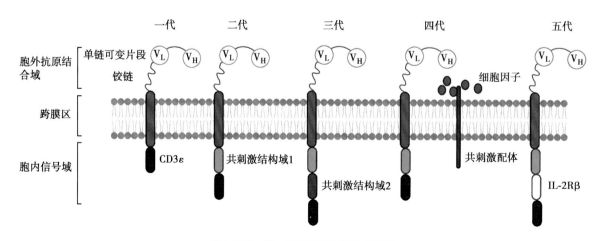

图 2-14-5 第一代到第五代 CAR 的结构

and drug administration,FDA）批准上市,其中 Kymriah 以 4-1BB 作为共刺激结构域,另一款 Yescarta 以 CD28 作为共刺激结构域,用于治疗白血病和淋巴瘤。第三代 CAR 则结合了两个共刺激结构域,比如 CD28 和 4-1BB 或 CD28 和 OX40,以期获得更好的疗效。但临床上第三代 CAR 研究尚未成熟,仍存在风险。第四代 CAR-T 技术可募集除 T 细胞以外的免疫细胞至肿瘤,能很好地解决由于肿瘤细胞异质性导致的部分 T 细胞不能被特异性识别的问题。第四代 CAR-T 细胞又被称为 TRUCK（T cells redirected for universal cytokine killing）,除了共刺激因子外,还有可编码 CAR 的载体,如白介素（interleukin,IL）-12 等细胞因子,增强活化 CAR 的信号通路并募集先天免疫细胞来清除肿瘤细胞。第五代 CAR-T 就是通用型 CAR-T（UCAR-T）,它以基因编辑技术为基础,设计可以阻止人体发生排斥反应的基因,并且可以进行异体 T 细胞的提前制备,无个体限制,可实现规模化生产与治疗。综合来看,第二代 CAR-T 是目前临床上的主流技术,稳定性较高且技术工艺较为成熟。

（二）CAR-T 细胞治疗的原理

CAR-T 细胞治疗的原理是基于 T 细胞活化的信号转导和肿瘤特异性识别的概念。初始 T 细胞的活化需要通过双信号通路完成。第一信号通路传递抗原特异性识别信号,由 T 细胞受体（TCR）与 MHC-抗原肽的结合构成,即 T 细胞对抗原识别;第二信号通路是抗原非特异性协同刺激信号,由抗原呈递细胞（antigen-presenting cell,APC）表达的协同刺激分子与 T 细胞表面的相应受体或配体相互作用介导的信号。两种信号共同参与,为 T 细胞的活化提供信息,诱导 T 细胞发生级联反应,最终 T 细胞活化为细胞毒性 T 淋巴细胞（CTL）。当 CTL 与患者体内含有相同 MHC-抗原肽的肿瘤细胞相遇后,二者特异性结合,刺激 CTL 产生细胞毒性作用,释放颗粒酶、穿孔素等物质,直接介导肿瘤细胞溶解;同时释放粒细胞巨噬细胞集落刺激因子（GM-CSF）、γ 干扰素（IFN-γ）等炎症因子,招募巨噬细胞等固有免疫细胞杀伤肿瘤组织。CAR-T 细胞治疗将抗体与抗原的特异性识别和 CTL 对靶向细胞的毒性作用相结合,特异性地识别靶向肿瘤细胞的抗原,活化 T 细胞以杀死肿瘤细胞。

（三）CAR-T 细胞的基因转导方法

基因转导可以分为病毒和非病毒的方法。前者包括慢病毒载体、逆转录病毒载体和腺病毒及腺相关病毒载体等,后者包括脂质体介导的基因转移、转座子系统和 mRNA 电穿孔技术。大多数 CAR-T 细胞的制备是利用病毒载体系统进行转导。（表 2-14-1）

1. γ 逆转录病毒载体 逆转录病毒载体（retroviral vector,RV）是第一个也是广泛应用于临床的病毒载体。γRV 转染范围广,能转导多种类型的细胞,但由于外周血淋巴细胞没有进行有效的循环,所以它们在被 γRV 成功转导之前需要被体外激活;病毒基因组能整合到宿主基因组,保证目的基因长期、稳定地表达;转基因负荷量大;生产技术成熟,可批量生产。

2. 慢病毒载体 由于慢病毒载体（lentiviral vector）含有顺式作用元件中央多聚嘌呤区（central polypurine tract,cPPT）,因此其能有效感染静止 T 细胞。

3. 转座子 转座子是由一个携带 CAR（转座了）的质粒和另一个携带转座酶的质粒组成的双组分系统。首先,两种组分被电穿孔到外周血单个核细胞（peripheral blood mononuclear cell,PBMC）中,表达的转座酶作用于 CAR 两侧的末端反向重复序列（terminal inverted repeat,TIR）,切割 CAR（转座子）并随后整合到靶细胞基因组中的 TA 二核苷酸序列上。转座和稳定的基因组整合完成后,T 细胞表面就能表达出 CAR 蛋白。一般电穿孔后 3~4 周内即可产生临床上足够数量的 CAR-T 细胞,目前,效果比较好的是"睡美人系统（sleeping beauty,SB）"转座子系统和"Piggy Bac（PB）"转座子系统,这些细胞的安全性和有效性正在临床恶性肿瘤的治疗中进行测试。

4. mRNA 电穿孔技术 目前认为 mRNA 电穿孔是最安全的 T 细胞基因转导方法。将编码目的基因的 mRNA 与增加稳定性和长期表达的修饰物,通过电穿孔技术导入

表 2-14-1 CAR-T 细胞制备的载体系统优劣势对比

载体系统	特点	优势	劣势
γ 逆转录病毒	稳定整合	已有 20 多年的临床安全性研究历史	致造血干细胞插入突变 某些淋巴细胞（如 NK 细胞）修饰效率较低 携带 DNA 片段大小小于慢病毒 易于沉默转基因,尤其在造血干细胞中 需要诱导细胞分裂以利于整合
慢病毒	稳定整合	转导效率高 可转染静息 T 细胞	生产成本高于 γ 逆转录病毒 LTR 序列和 HIV 附属基因存在潜在遗传毒性（三代自我失活载体已除去了这些序列,安全性有提升）
DNA（转座子）	稳定整合	携带 DNA 片段能力强于逆转录病毒 转基因表达水平高且持久 制备成本低廉	尚无临床安全性和遗传毒性方面的研究 需要转座酶、转座子 2 种 GMP 试剂
RNA	瞬时表达	无插入风险,安全性高	CAR 表达时间较短 需要输注多个剂量 CAR-T 细胞

细胞质中,mRNA 不需要进入细胞核就能表达,发生插入突变的概率极低。mRNA 电穿孔技术能转导静止或增殖缓慢的 T 细胞;转导效率高,多在 90% 以上;设计相对容易,性价比高。

（四）CAR-T 细胞的优势

1. 无 MHC 限制性 CAR-T 细胞不受 MHC 抗原呈递范围的限制,通过抗原抗体结合机制特异性识别肿瘤抗原,能够更有效地杀伤表达抗原特异性的肿瘤细胞,避免了肿瘤细胞通过 MHC 下调的逃逸,这是 CAR-T 细胞的最大优势。

2. 可识别多种抗原 MHC 只能提呈蛋白质片段,而 CAR-T 不仅能够识别肽类抗原,还能识别糖类和糖脂类抗原,扩大了抗原靶点范围,应用较为广泛。

3. 免疫记忆潜能 CAR-T 细胞能够长期在体内存活,CAR-T 细胞回输到患者体内后将有效识别肿瘤细胞,被激活并继续增殖,形成持续的杀伤力,还将通过释放细胞因子等方式招募数量更多、种类更全的免疫细胞来协同作战。

三、CAR-T 细胞治疗的应用

2017 年 8 月 30 日,美国食品和药品监督管理局（FDA）批准靶向 CD19 的 CAR-T 细胞——Kymrial 产品上市,成为全球第一个获批的 CAR-T 细胞治疗产品,用于治疗难治性或出现二次及以上复发的 25 岁以下的 B 细胞急性淋巴细胞白血病,标志着 CAR-T 细胞治疗真正进入临床应用。同年 10 月 18 日,全球第二个 CAR-T 细胞治疗——YesCata 被 FDA 批准上市,用于治疗成人复发或难治性大 B 细胞淋巴瘤。截至 2021 年底,已有 6 种 CAR-T 细胞产品获 FDA 批准,适用于大 B 细胞淋巴瘤（LBCL）、急性 B 淋巴细胞白血病（B-ALL）、套细胞淋巴瘤和滤泡性淋巴瘤等。

（一）血液系统肿瘤

1. B 细胞淋巴瘤 B 细胞淋巴瘤是指起源于 B 淋巴细胞的肿瘤性疾病,可以分为霍奇金淋巴瘤和非霍奇金淋巴瘤。淋巴瘤是一种异质性很强的恶性肿瘤,病理类型十分复杂,疾病转归差异极大。B 细胞淋巴瘤的治疗和预后取决于淋巴瘤的具体类型和分期分级。侵袭性淋巴瘤的治疗一般采用靶向治疗、常规化疗药物、放疗等联合治疗方案,必要时可行造血干细胞移植,有治愈的可能。惰性淋巴瘤通常发展缓慢,可保持多年疾病稳定及长期生存,但是无法治愈。近年来,CAR-T 细胞治疗在治疗 B 细胞淋巴瘤方面取得了较好疗效。2017 年 10 月,FDA 批准 2 个 CD19 CAR-T 产品 Axicabtagene ciloleucel（axis-cel）和 Tisagenlecucel 用于治疗复发或难治性大 B 细胞淋巴瘤。

2. 白血病 白血病是一类造血干细胞的恶性克隆性疾病,因白血病细胞增殖失控、分化障碍、凋亡受阻,而停滞在细胞发育的不同阶段。在骨髓和其他造血组织中,白血病细胞大量增生积累,使正常造血受抑制并浸润其他器官或组织。CD19 属于 Ig 超家族,是一种表面蛋白,在除浆细胞外的大多数 B 系淋巴细胞上高度表达,在 B 系淋巴细胞以外的正常组织上不表达,参与 B 细胞的增殖、分化、活化及抗体产生等,还可促进功能性 B 细胞受体（B cell receptor,BCR）的信号转导。CD19 阳性的急性淋巴细胞白血病的治疗首选 CAR-T 细胞治疗。CAR-T 细胞治疗不仅可以降低耐药患者体内的肿瘤负荷,还可以提高疾病缓解率,在血液恶性肿瘤治疗中具有良好的应用前景。

3. 多发性骨髓瘤 多发性骨髓瘤（multiple myeloma,MM）是浆细胞恶性增殖性疾病,特征为骨髓中的浆细胞异常增生,大部分病例还伴有单克隆免疫球蛋白分泌,最终导致器官或组织损伤,主要患病群体为老年人。B 细胞成熟抗原（B cell maturation antigen,BCMA）属于肿瘤坏死因子超家族,因其在多种骨髓瘤细胞系上高表达,在其他类型的细胞系上不表达,因而成为 CAR-T 细胞治疗最佳的靶向抗原。目前临床上用于治疗血液恶性肿瘤的 2 种靶向 BCMA 受体结构的 CAR-T 细胞治疗主要包括 Abecma 和 Carvykti。

（二）实体肿瘤

CAR-T 细胞治疗实体瘤刚刚起步。实体瘤缺乏类似特异性存在的肿瘤相关抗原,导致 CAR-T 细胞的分子靶点会同时表达在肿瘤细胞和正常细胞表面,导致杀伤非肿瘤细胞的严重副作用。目前的研究热点主要集中在如何提高 CAR-T 细胞的疗效上,例如延长 CAR-T 细胞在患者体内的存活时间,增加 CAR-T 细胞的归巢能力等。某些实体瘤细胞表面表达的抗原,例如人类表皮生长因子受体 2（human epidermal growth factor receptor-2,HER2）和间皮素（mesothelin,MSLN）等正在被尝试用于实体肿瘤的 CAR-T 细胞治疗。

影响 CAR-T 细胞应用于临床实体瘤治疗的原因主要是实体瘤特殊的肿瘤微环境（tumor microenvironment,TME）。TME 是指肿瘤的发生、生长、转移,以及肿瘤细胞所处的内外环境,它不仅包括肿瘤所在组织的结构、功能和代谢,也与肿瘤细胞自身的（核和胞质）内在环境有关。在实体瘤的 TME 中,肿瘤血管是由肿瘤基质中的成纤维细胞（CAFs）和多种生长因子的调控而生成的。TME 环境下的异常导管系统和正常血管结构不同,在这种环境下会导致 T 细胞存活率下降,功能衰竭,也会导致 CAR-T 细胞很难在肿瘤内部迁移。TME 的基质屏障由结缔组织形成,所以具有物理上阻碍 CAR-T 细胞进入并降低运输效率的作用。TME 中还存在各种免疫抑制细胞如调节性 T 细胞（regulatory T cell,Treg）、骨髓来源的抑制细胞（myeloid-derived suppressor cell,MDSC）和抑制性免疫分子如 IL-10 等,通过降低肿瘤微环境中的抗肿瘤免疫反应来促进肿瘤免疫逃逸。此外,实体瘤的实质是由多个克隆来源的众多肿瘤细胞组成的,实体瘤具有显著的抗原异质性、可转移性。肿瘤细胞表面靶点抗原的表达并不完全一致,且不同肿瘤细胞上的靶点也不完全一样,致使单靶点的 CAR-T 细胞难以杀伤所有肿瘤细胞,从而为选择肿瘤特异性靶点抗原造成困难,限制了 CAR-T 细胞的广泛应用。这些障碍和免疫抑制机制是导致 TME 形成并最终造成实体瘤治疗效果不佳的主要原因。

四、CAR-T 细胞治疗面临的挑战与解决策略

(一) CAR-T 细胞治疗面临的挑战

1. CAR-T 细胞治疗的不良反应

(1) 细胞因子释放综合征(cytokine release syndrome, CRS):CRS 是由 CAR-T 细胞和其他免疫细胞过度释放炎症细胞因子造成的。CRS 常发生于 CAR-T 细胞输注后数小时至 14 天内的任何时间,在肿瘤患者接受 CAR-T 细胞治疗后,大量免疫细胞被激活并迅速增殖,引起 IL-6、IL-1、IL-12、肿瘤坏死因子 α(tumor necrosis factor-α, TNF-α)、α 干扰素(interferon-α, IFN-α)和粒细胞-巨噬细胞集落刺激因子(granulocyte-macrophage colony stimulating factor, GM-CSF)等细胞因子的过度级联释放,形成"细胞因子风暴"。患者表现为发热、疲劳、肌痛、关节痛,可进展为低血压、呼吸困难、凝血障碍、休克和器官功能障碍等。CRS 是目前临床中最常见的 CAR-T 细胞的毒副作用,这些症状一般可逆,但严重时也会导致机体多器官损害甚至危及生命。这突出了早期识别和管理 CRS 的重要性,尽早处理及应用细胞免疫治疗,可将不良反应降到最低水平。

(2) 脱靶效应(on-target/off-tumor):理想的肿瘤抗原应该是只在肿瘤细胞中表达,而在正常细胞中不表达。事实上,多数靶抗原会在正常组织细胞中低水平表达,目前尚未发现肿瘤特异性抗原,这导致 CAR-T 细胞在杀伤肿瘤细胞的同时,也会对正常组织细胞造成损伤,即产生脱靶效应。

(3) 神经系统毒性:神经系统毒性也称为免疫效应细胞相关神经毒性综合征(immune effector cell-associated neurotoxicity syndrome, ICANS),可与 CRS 同时发生,也可继发于 CRS。临床表现为注意力和意识障碍、痴呆、视觉幻觉、癫痫症状。典型的 ICANS 通常持续 2~4 天,也可持续数小时至数周。一般可逆,但严重时可引起脑水肿,威胁患者生命。对于单独出现的 ICANS,类固醇是主要的治疗药物。神经系统毒性的具体病理生理学机制尚不清楚,可能与细胞因子及 T 细胞进入中枢神经系统产生免疫损伤相关。

2. CAR-T 细胞治疗后肿瘤复发率高 CAR-T 细胞治疗对复发性/难治性急性 B 淋巴细胞白血病的治疗有效率高达 90%,对慢性淋巴细胞白血病和部分 B 细胞淋巴瘤的有效率也超过 50%。然而很多完全缓解的患者在治疗不久后就发生复发。经历复发的患者可以分为 CD19$^+$或 CD19$^-$型,这取决于白血病细胞上 CD19 的表面表达。基因的重排或缺失是 CD19$^-$型患者复发的主要原因。另外,免疫抑制分子的表达,如白血病细胞和 CAR-T 细胞 PD-L1 与 PD-1 结合会导致 CAR-T 细胞功能降低,以及 CAR-T 细胞的耗竭和功能的丧失也是复发的原因之一。

(二) 解决 CAR-T 细胞治疗问题的策略

1. 提高 CAR-T 细胞治疗的安全性

(1) CRS 的管理:IL-6 在 CRS 的发展中发挥关键作用,托珠单抗(tocilizumab,针对 IL-6 受体的单克隆抗体)和司妥昔单抗(siltuximab,可直接中和 IL-6)已成为治疗中重度 CRS 患者的首选用药。大多数患者使用托珠单抗后,CRS 严重程度显著缓解。使用托珠单抗对 CAR-T 细胞治疗及其临床效果影响不大,因此与司妥昔单抗相比,托珠单抗更常用。皮质类固醇能抑制炎症反应,一定程度上能缓解 CRS,但由于皮质类固醇能抑制 T 细胞功能和/或诱导 T 细胞凋亡,长期大量使用会抑制 CAR-T 细胞的疗效,甚至清除 CAR-T 细胞导致肿瘤复发。因此,皮质类固醇药物不作为治疗 CRS 的一线药物,仅当 IL-6 拮抗剂治疗无效时才考虑使用皮质类固醇。

(2) 减少脱靶效应:自杀基因是指将某些病毒或细菌的基因导入靶细胞中,其表达的酶可催化无毒的药物前体转变为细胞毒性物质,从而导致携带该基因的受体细胞被杀死。添加到 CAR-T 细胞中的自杀基因可以导致基因修饰细胞的选择性消融,防止对邻近细胞和/或组织的附带损伤。目前主要有 3 种"自杀基因",包括单纯疱疹病毒胸苷激酶(herpes simplex viral thymidine kinase, HSV-TK)基因、可诱导半胱氨酸蛋白酶 9(inducible caspase 9, iC9)基因和截断表皮生长因子受体(epithelial growth factor receptor, EGFR)基因,其优缺点比较见表 2-14-2。

(3) 神经系统毒性的管理:CAR-T 所产生神经毒性的临床处理较为复杂。目前临床上采用糖皮质激素治疗 ICANS。推荐的治疗方法是每 6 小时服用 10mg 地塞米松,直至症状消失。如果发生 4 级 ICANS,应给予高剂量的甲泼尼龙(例如,每 24 小时 1 000mg)。如果患者在发生 ICANS 的同时有 CRS 的发生,需要用托珠单抗对患者进行治疗。

2. 针对 CAR-T 细胞治疗后易复发的策略

(1) 多靶位治疗:CAR-T 细胞治疗后复发最常见的原

表 2-14-2 用于 CAR-T 研究的 3 种"自杀基因"策略

自杀基因	前体药物	优点	缺点
HSV-TK	更昔洛韦	研究最早,临床经验丰富 前体药物已商业化,易于获取	产物具有免疫原性 仅作用于分裂细胞 效应发挥时间长(数天甚至数周)
截断 EGFR	西妥昔单抗	效应发挥时间较快(24~48 小时) 前体药物已经商业化,易于获取 可作用于分裂细胞和不分裂细胞	存在潜在毒性反应,前体药物也会清除表达 EGFR 的正常细胞
iC9	AP1903	效应发挥时间快(1 小时以内) 可作用于分裂细胞和不分裂细胞	前体药物尚未商业化,不易获取

因是 CD19 缺失,导致靶标阴性细胞大量增殖,CAR-T 细胞治疗失败。除 CD19 外,BALL 细胞的常见表面标志物包括 CD20、CD22 和 CD123,同时靶向多个靶位可以提高治疗效果。目前,多靶位治疗手段疗效仍存在争议,需要后续临床试验验证具体的疗效和安全性。

（2）阻断免疫抑制分子:免疫抑制分子能够抑制 CAR-T 细胞在体内的杀伤功能,比较常见的是 PD-L1 和 PD-1。有实验表明,PD-1 缺陷的 CD19-CAR-T 细胞在体外增强了 CD19-CAR-T 细胞介导的肿瘤细胞杀伤功能,并增强了体内肿瘤异种移植物的清除。

（3）其他:CAR-T 细胞在体内的消耗也会导致肿瘤复发,当糖皮质激素与 CAR-T 细胞同时使用时,会加快 CAR-T 细胞的消耗。适当减少糖皮质激素的使用可以减少 CAR-T 细胞的消耗,延长细胞在体内的存活时长,提高临床疗效。此外,CAR-T 细胞的输注方案也很重要,优化输注方案是值得探索的重要问题。

第五节　CAR-NK 细胞治疗

一、NK 细胞与 CAR-NK 细胞治疗

（一）NK 细胞

自然杀伤细胞(natural killer cell,NK cell)是机体固有免疫的重要组成部分,属于固有淋巴样细胞(innate lymphoid cell,ILC)中的 ILC1 亚群,在宿主抗病毒感染和抗肿瘤免疫中发挥着重要作用。NK 细胞占外周血淋巴细胞的 10%~15%,根据 CD56 与 CD16 的表达情况可分为 CD56^{dim}CD16$^+$ 和 CD56^{bright}CD16$^-$ 两类,其组织分布和功能各不相同。CD56^{dim}CD16$^+$NK 细胞是外周血 NK 细胞的主要部分,占细胞总数的 90%,是完全成熟的 NK 细胞,在免疫杀伤中占主导地位,细胞毒性较强。CD56^{bright}CD16$^-$NK 细胞未完全成熟,主要分泌细胞因子,细胞毒性较弱。CD56^{bright}CD16$^-$NK 细胞在外周血中含量较少,主要分布在二级淋巴器官中。

NK 细胞的杀伤活性受其表面多种抑制性受体和激活性受体的调控。NK 细胞的抑制性受体包括免疫球蛋白样受体(KIRs)、异二聚体 C 型凝集素受体(NKG2A)和白细胞免疫球蛋白样受体亚家族 B 成员,可与细胞表面的 MHC-Ⅰ 类分子结合并传递抑制信号使 NK 细胞"沉默"。NK 细胞的活化是通过细胞表面的激活性受体与细胞表面配体特异性结合,主要是天然细胞毒性受体 NCRs、NKp46、NKp30、NKp44、C 型凝集素样活化免疫受体 NKG2D 和信号淋巴细胞激活分子(SLAM)家族受体,通过释放穿孔素和颗粒酶直接杀伤靶细胞,表达 FasL 和 TNF 相关凋亡诱导配体(TNF-related apoptosis-inducing ligand,TRAIL),与肿瘤细胞表面受体结合诱导细胞凋亡。此外,NK 细胞通过其表达的 Fc 受体识别包被于靶抗原上的抗体 Fc 段,直接杀死靶细胞,称为抗体依赖细胞介导的细胞毒性(antibody-dependent cell-mediated cytotoxicity,ADCC)。当 NK 细胞与正常细胞接触时,健康细胞表达的 MHC 分子会激活 NK 细胞表面抑制性受体,抑制 NK 细胞激活避免其误伤健康细胞。然而,当 NK 细胞接触低表达 MHC 分子的肿瘤细胞时,细胞表达抑制性信号缺失,NK 细胞激活进而杀伤肿瘤细胞。

（二）CAR-NK 细胞

1. CAR-NK 细胞治疗的概念　嵌合抗原受体 NK 细胞(CAR-NK)技术是增强 NK 细胞靶向性和杀伤功能的过继免疫细胞治疗技术。CAR-NK 技术是在 NK 细胞扩增技术得到的大量 NK 细胞的基础上,通过基因工程修饰,在 NK 细胞表面表达能够和肿瘤特定抗原结合的嵌合抗原受体,回输后能够特异性识别带有特定抗原的肿瘤细胞,触发机体免疫反应,从而清除肿瘤细胞。CAR-NK 细胞治疗的原理与过程与 CAR-T 细胞治疗基本相似。

2. CAR-NK 的结构　CAR-NK 的研发大多基于前期从 CAR-T 研发中积累的方法和策略,同时 CAR-NK 具有自己独特的个性化设计。例如,选择 DNAX 相关蛋白 12(DNAX-associated protein 12,DAP12)和 DAP10 作为胞内信号转导结构域,可与 NKG2D 结合并提供激活信号,激活 NK 细胞的细胞毒性。CD244 是一种淋巴细胞活化分子相关受体,调控 NK 细胞的有效刺激和共刺激信号促进 NK 细胞的信号转导。

二、CAR-NK 细胞治疗的优势

肿瘤细胞通过多种免疫逃逸机制逃避 NK 细胞的杀伤,限制了 NK 细胞的抗肿瘤作用。CAR-NK 细胞治疗是新型肿瘤免疫治疗方法,它可以克服 NK 细胞在肿瘤免疫治疗中的缺陷,并优于 CAR-T 细胞治疗。

与 CAR-T 细胞治疗相比,CAR-NK 细胞治疗有以下优势:①安全性更高,通常不会诱导 CRS 和神经毒性等毒副作用,在体内停留时间短,不产生记忆细胞;②异体 NK 细胞不需要 HLA 匹配,不会诱发移植物抗宿主病(graft versus host disease,GVHD);③广谱抗肿瘤作用,不需要肿瘤特异性识别,不受细胞表面 MHC 分子的影响;④细胞来源广泛,包括外周血、脐带血、NK 细胞系和多能干细胞,且易于体外分离和扩增。

三、CAR-NK 细胞治疗的应用

（一）血液系统肿瘤

CD19-CAR-NK 细胞杀伤功能明显增强,对血液系统肿瘤有很高的应答率。开发脐带血来源的同种异体 CD19-CAR-NK 细胞,在表达 CD19 CAR 的同时共表达 IL-15,临床试验显示,没有观察到明显的细胞因子释放综合征(CRS)、GVHD 和神经毒性。除了 CD19 外,淋巴瘤和白血病的 CAR-NK 细胞临床研究也针对 CD7 和 CD33。

MM 疾病进展与 NK 细胞功能损伤相关,目前用于治疗 MM 的 CAR-NK 细胞产品多使用 NK92 细胞系,靶向的肿瘤抗原多为 CD319 和 CD138。CD319 又称细胞表面糖蛋白 CD2 子集 1(CS1),在 MM 细胞表面高度表达,参与骨髓瘤细胞黏附和生长,是治疗 MM 的靶点。CD138,也称为类肝素样硫酸蛋白多糖,参与骨髓瘤细胞的黏附、生长和成

熟,是诊断 MM 的主要标志物。CD319-CAR-NK92 细胞和 CD138-CAR-NK92 细胞能抑制 MM 生长,发挥抗肿瘤活性。

（二）实体瘤

胶质母细胞瘤（glioblastoma,GBM）是最常见的恶性原发性脑肿瘤,治疗主要采用常规的手术切除,然后是放疗、化疗和抗血管生成,GBM 患者预后仍然很差。表皮生长因子受体（epidermal growth factor receptor,EGFR）在多种癌症中高表达,与癌症进展和不良预后相关。EGFR 的突变常见于 GBM,主要是 EGFR Ⅲ 型突变体（EGFR variant Ⅲ,EGFRvⅢ）。可识别 EGFR 野生型和突变体的双重特异性的 CAR-NK 细胞的疗法,已被证明可以延长携带胶质母细胞瘤的动物存活期。针对多种乳腺癌细胞表面高表达抗原的 CAR-NK 细胞治疗能有效治疗乳腺癌,包括 HER2、组织因子和 EpCAM。卵巢癌已被靶向间皮素抗原或 CD24 受体的 CAR-NK 细胞治疗,而胰腺癌能被 CAR-NK 细胞通过识别 ROBO1 抗原或叶酸受体靶向癌细胞。

四、CAR-NK 细胞治疗面临的挑战

（一）运输到所需的肿瘤部位

快速归巢到肿瘤部位对于过继细胞治疗效果至关重要,并且受 NK 细胞释放的趋化因子与肿瘤细胞之间复杂的相互作用控制,NK 细胞归巢到肿瘤部位的效率一直存在争议。趋化因子在白细胞向肿瘤部位迁移的过程中发挥重要作用,活化的内皮细胞也会与循环淋巴细胞相互作用。促进 CAR-NK 细胞向肿瘤部位迁移和浸润有利于改善免疫效应细胞在体内的抗肿瘤作用。

（二）免疫抑制肿瘤微环境

TEM 对 NK 细胞的免疫抑制与癌症预后相关,TEM 抑制 NK 细胞成熟和增殖,并有利于肿瘤增殖。

（三）慢病毒转导效率低

慢病毒转导系统是进行细胞内基因修饰和传递的常用方法,然而 NK 细胞对慢病毒具有抗性,这限制了 CAR-NK 细胞批量生产。细胞的转导方法仍需进一步改进,同时也需要对基于 NK 细胞的 CAR 结构进行筛选和优化。

第六节　TCR-T 细胞治疗

一、TCR-T 细胞治疗概念

T 细胞受体工程改造 T 细胞（T cell receptor engineered T cell,TCR-T cell）通过整合编码传统的 TCR 基因进行重新编辑,利用能够识别肿瘤膜抗原的嵌合抗原受体（融合抗原结合域及 T 细胞信号结构域）或识别 MHC 呈递的独特肿瘤肽的 T 细胞受体来激活效应 T 细胞,使 T 淋巴细胞能够重新高效地识别靶细胞。

二、TCR-T 细胞治疗原理及过程

（一）TCR 的理化性质

TCR 是 T 细胞表面的特征性标志,能够特异性识别抗原和介导免疫应答。TCR 分子属于免疫球蛋白超家族,是由两条不同的肽链构成的异二聚体,每条肽链又可分为胞外区、跨膜区和胞质区三部分。胞外区包括结合抗原的可变区（V 区）和与之相连的恒定区（C 区）。TCR 可分为 αβTCR 和 γδTCR 两类,外周血中 90%~95% 的 T 细胞表达 αβTCR。

（二）TCR-T 细胞形成和激活

TCR-T 细胞技术通过转染能识别肿瘤相关抗原的 TCR 基因到宿主 T 细胞中,使 T 细胞表达能特异性识别 TAA 的 TCR,并具有分泌细胞因子和特异性杀伤肿瘤细胞的能力。在 T 细胞杀伤靶细胞的过程中需要抗原提呈细胞递呈抗原,并形成抗原肽-MHC 分子复合物,才能被 TCR 的可变区识别并初步活化 T 细胞;同时与 T 细胞接触的 APC 也被活化,上调共刺激分子（CD80、CD86、CD137L 或 ICOSL）表达,与 T 细胞表面共刺激分子（CD28、CD27、CD134、CD137 或 ICOS）相互作用,产生 T 细胞活化第二信号。T 细胞被完全活化后诱导毒性 T 淋巴细胞分泌杀伤因子有效杀伤靶细胞,或通过 Fas/FasL 途径诱导靶细胞凋亡。

（三）TCR-T 细胞治疗的基本过程

如图 2-14-3 所示,TCR-T 细胞治疗与 CAR-T 细胞治疗流程基本相同。①找出一种或多种肿瘤抗原作为治疗靶点,再获得特异识别肿瘤抗原的 TCR 序列;②利用基因工程技术将编码抗原特异的 TCR 基因序列导入患者自身 T 细胞中,从而获得特异识别肿瘤抗原的 TCR-T 细胞;③TCR-T 细胞通过体外培养进行大量扩增之后,被回输到患者体内以杀死肿瘤细胞。如表 2-14-3 所示,TCR-T 细胞和 CAR-T 细胞在肿瘤抗原识别和受体结构等方面存在差异。

表 2-14-3　CAR-T 和 TCR-T 细胞治疗的优劣势比较

	CAR-T	TCR-T
存在 HLA 限制性	否	是
需要抗原加工	否	是
限于蛋白质类抗原	否	是
针对细胞表面抗原	是	否
存在 TCR 错配风险	否	是

三、TCR-T 细胞治疗的挑战

（一）通过减少 TCR 错误配对来增强 TCR 表达和功能

TCR-T 细胞治疗依赖于 mRNA 或肿瘤反应性 TCR 基因的病毒转导,将 T 细胞特异性重定向到肿瘤细胞。使用 mRNA 或随机整合的病毒来递送外源性 TCR,使内源性 TCR 基因保持完整,这可能会导致引入的 TCR 链和内源性 TCR 链之间存在一定程度的错误配对。错误配对会带来一定的安全风险,因为表达错误配对 TCR 的 T 细胞可能对患者的 MHC 分子具有自动反应性,导致移植物抗宿主病（GvHD）甚至死亡。

为了减少错配发生的概率,目前有多种外源 TCR 的改构策略,这些策略主要涉及 TCR α 和 β 链的修饰改造。一种方式是用小鼠恒定区替换人 TCR α 和 β 链的 C-末端区

域。由于鼠源 TCR 链之间的配对倾向性，这种鼠源化 TCR 不仅与人 T 细胞内源性 TCR 链之间的错配明显减少，在人 T 细胞表面表达水平增高，且鼠源化 TCR 与人 CD3 形成的复合物比人 TCR 更为稳定。虽然这种转化在降低错配方面表现出了明显优势，但由于外源（鼠源）蛋白序列的引入可能使宿主对转导的自身 T 细胞产生免疫排斥反应。另一种方式是通过在外源 TCR 的 α 和 β 链恒定区引入半胱氨酸，使表达的外源 TCR 在胞内区形成额外的二硫键，以增加链间的亲和力，减少内外源 TCR 链间的错配，这种修饰使 TCR 链配对的正确率高达 95%。另外，可能由于与 CD3 复合物的组装优势，半胱氨酸的修饰还显著增加了外源 TCR 的表达水平。相对鼠源化 TCR，这种单个氨基酸的修饰引发免疫原性的可能性相对较小。还有一种类似的修饰方法，在 TCR β 链 C 区引入精氨酸，在 TCR α 链 C 区引入甘氨酸，在 α、β 链间形成 "knob-in-hole" 结构，通过空间位阻增加目标 α 和 β 链的配对倾向。

同时，还有一种非 CD3 依赖性的嵌合抗原受体修饰方法，类似 CAR 结构，直接将 CD3ε 与 TCR α 链和 TCR β 链的可变区融合。这种融合受体不会与内源性 TCR 链配对，因此也避免了形成自体反应 TCR 二聚体的风险。由于 T 细胞内 CD3 分子的数量有限，错配的 TCR 二聚体占用 CD3 分子会进一步减少正确配对的 TCR 复合物可用的 CD3 分子数量，降低转导 TCR-T 细胞的功能活性。这种修饰在解决错配问题的同时也解除了胞内 CD3 分子的数量对 TCR 表达数量的限制，但不排除这种融合突变引发宿主免疫排斥，或由于扰乱了胞内信号通路降低细胞功能活性的可能。

TCR 的表达水平与 T 细胞被靶抗原激活的敏感性相关。除修饰 TCR 提高其配对正确率外，还可通过多种间接调节的方式增加 TCR-T 细胞的活性，如选用延伸因子-1α（EF-1α）、SFFV 等强启动子进行密码子优化，载体增加中央聚嘌呤序列和土拨鼠感染病毒转录后调节元件（woodchuck hepatitis virus posttranscriptional regulatory，wPRE）等元件。在增加表达的同时，协调转导的 TCR α 和 β 链的表达也有助于提高其配对正确性及 TCR 的表达量。一般认为，将 α 和 β 链基因放在同一个表达载体上，既可协调链间的表达量，还可降低多个载体插入引起突变的概率。同一载体基因间采用内部核糖体切入位点（internal ribosomal entry site，IRES）元件或病毒 2A 肽有助于提高 α 和 β 链基因的表达协调性，但这些结构仍存在下游基因表达较少，或 2A 肽可能引起免疫原性等不足。另外，去除 α 和 β 链的 N 糖基化位点提高 TCR 活性、沉默内源性 TCR 的表达避免错配、干扰胞内抑制信号通路等方法也正在进一步探索中。

（二）增强基因工程 T 细胞的持久性和抗肿瘤功能

T 细胞持久性是持久免疫监测的基本要求。大多数无反应患者体内肿瘤特异性 T 细胞持久性不足，相反，达到完全缓解或无复发生存的患者体内工程 T 细胞增殖能力较强并保持长期持久性。为了维持转移的 T 细胞的持久性，已经共同施用了多种细胞因子促进 T 细胞的存活和扩增。标准 ACT 方案包括使用细胞毒性药物（包括环磷酰胺和氟达拉滨）去除淋巴细胞，然后在 T 细胞转移后给予重组人

IL-2。IL-2 的全身递送在维持功能活性的同时扩增 T 细胞，已获得 FDA 批准用于 CAR-T 和 TCR-T 细胞免疫治疗。

（三）增强工程 T 细胞在实体瘤中的归巢和迁移

为了实现肿瘤根除，癌症特异性 CTL 需要迁移并渗透到实体瘤中，这是由肿瘤分泌的趋化因子和 CTL 上表达的趋化因子受体之间的相互作用驱动的。当 CTL 表达低密度趋化因子受体或与肿瘤分泌的特定趋化因子不匹配时，这一过程将会被限制。这为设计肿瘤特异性 T 细胞的趋化因子受体创造了机会，以匹配 TME 中丰富的趋化因子或细胞因子。

（四）克服免疫抑制肿瘤微环境

基因工程 T 细胞浸润到肿瘤中是对抗癌症的第一步。肿瘤微环境成分可以相互作用，诱导恶性细胞生长并迁移，逃避免疫系统攻击。

（五）通过靶向新抗原增强肿瘤特异性杀伤

许多肿瘤相关抗原（TAA）被发现并作为癌症免疫治疗的靶标进行了研究，包括癌症睾丸抗原（纽约食管鳞状细胞癌 1，NY-ESO-1）、黑色素瘤相关抗原（MAGE-A3、MAGE-A4）、分化抗原（T 细胞识别的黑色素瘤抗原 1，MART-1）、酪氨酸酶/gp100、过表达癌基因（Wilms 肿瘤抗原 1，WT1），以及器官特异性抗原（例如前列腺特异性抗原），或在分化过程中瞬时表达的细胞类型特异性抗原（例如末端脱氧核苷酸转移酶），或通常仅在胚胎发育期间表达的 TAA（例如癌胚抗原）。虽然其中许多已经进展到临床阶段，但许多 TAA 在正常组织中的残留表达通常导致 TAA 靶向治疗的毒性。因此，需要找到真正只靶向肿瘤的特异性抗原。

四、TCR-T 细胞治疗的应用

TCR-T 细胞可识别细胞膜表面或细胞内来源的肿瘤特异性抗原，其中靶向 NY-ESO-1 的 TCR-T 细胞在国内外治疗难治复发性黑色素瘤、滑膜肉瘤、多发性骨髓瘤和肺癌等临床试验研究中，已经展示了良好的安全性和有效性，是目前最有可能在实体瘤取得突破的 T 细胞免疫疗法。与 CAR-T 细胞相比，TCR-T 细胞治疗发生细胞因子释放综合征及神经毒性的可能性小，但由于其高反应性，TCR-T 细胞能够识别在任何细胞/组织中能与之结合的抗原，对正常组织产生毒副作用。

第七节 人工抗原提呈细胞治疗

一、人工抗原提呈细胞的概念

抗原提呈细胞（antigen presenting cell，APC）是能够加工抗原并以抗原肽 MHC 分子复合物的形式将抗原肽提呈给 T 细胞的一类细胞，在机体免疫识别、免疫应答与免疫调节中起重要作用。APC 分为专职性 APC（professional APC）和非专职性 APC（non-professional APC）。专职性 APC 组成性表达 MHC-Ⅱ类分子和 T 细胞活化所需的共刺激分子和黏附分子，具有显著的抗原摄取、加工、处理与提呈功能，

包括树突状细胞(dendritic cell,DC)、单核巨噬细胞、B淋巴细胞;非专职性APC在一般情况下不表达MHC-Ⅱ类分子,但在炎症条件下也会表达MHC-Ⅱ类分子和T细胞活化所需的共刺激分子和黏附分子,具有一定的抗原处理和提呈功能,包括内皮细胞、成纤维细胞、上皮及间皮细胞、嗜酸性粒细胞等。相对于专职性APC,非专职性APC抗原处理和提呈能力较弱。人工抗原提呈细胞(artificial antigen presenting cell,AAPC)模拟抗原提呈细胞呈递抗原的行为,将抗原识别和共刺激信号偶联到细胞或非细胞载体上,使T细胞活化。

二、人工抗原提呈细胞制备载体的选择

(一) 细胞载体

主要为通过基因工程修饰的同种异体或者异种细胞,包括果蝇细胞、鼠成纤维细胞和人白血病细胞。

(二) 非细胞载体

尽管以细胞为载体的AAPC能够模拟出很强的抗原提呈功能,诱导活化特异性的CTL,但是由于载体细胞可能表达一些非肿瘤抗原和其他共刺激或者抑制因子,使得T细胞表达信号的具体控制出现困难,以及载体细胞的异种性质,使得通过基因工程改造的载体细胞在体内应用的远期效果充满不确定性。为了更好地控制载体上所表达的抗原肽和共刺激分子,同时避免使用同种异体细胞,因此发展出非细胞载体的AAPC。

1. 乳胶微粒AAPC　为了诱导T细胞扩增,球形聚苯乙烯珠可以涂有针对CD3和CD28的抗体。结果表明,大小在4~5μm的微珠可以最佳地诱导T细胞活化。这些非特异性颗粒只能诱导CD4+辅助性T细胞的长期增殖,并且不能支持CD8+CTL在延长培养期的生长,这表明CD8+T细胞需要额外的刺激来维持其效应功能。

2. 磁珠AAPC　由于聚苯乙烯颗粒不可生物降解,在体内可能有毒或诱发栓塞,因此在将离体扩增的T细胞注入患者体内之前,必须将其从CTL群体中去除。已经研制出通过用聚苯乙烯涂覆氧化铁芯来开发微型磁性乳胶包珠,这允许在CTL在输注之前通过磁力消耗直接去除AAPC。这些磁珠最初涂有抗CD3和抗CD28,用于非特异性CD4+T细胞扩增。同样,用肽-MHC复合物替代抗CD3会导致抗原特异性T细胞扩增。与非磁性乳胶珠类似,这些颗粒可以很容易地制备并且容易获得。

3. 生物降解的AAPC　为了促进AAPC中细胞因子或其他可溶性因子的释放,已经开发了可生物降解的系统。这些可生物降解的AAPC在其表面上呈现信号,类似于聚苯乙烯颗粒,但结合IL-2或其他感兴趣的可溶性分子的缓慢释放。由可生物降解共聚物聚乳酸-乙醇酸(PLGA)组成的颗粒已广泛应用于缓释系统。

(朱海红　管俊　顾心雨)

▰▰▰ 参考文献 ▰▰▰

[1] 朱碧云,李林夕,王立人,等. 基因编辑技术在细胞治疗中的研究进展. 中国细胞生物学学报,2019,41(4):573-582.

[2] 方凯伦,杨辉. CRISPR/Cas工具的开发和应用. 科学通报,2020,65(11):973-990.

[3] Gupta SK,Shukla P. Gene editing for cell engineering:trends and applications. Crit Rev Biotechnol,2016,37(5):672-684.

[4] Jiang,L,Wang W. Genetically modified immune cells for cancer immunotherapy. Sci China Life Sci,2018,61(10):1277-1279.

[5] Ashmore-Harris C,Fruhwirth GO. The clinical potential of gene editing as a tool to engineer cell-based therapeutics. Clin Transl Med,2020,9(1):15.

[6] Shim G,Kim D,Park GT,et al. Therapeutic gene editing:delivery and regulatory perspectives. Acta Pharmacol Sin,2017,38(6):738-753.

[7] Dai HR,Wang Y,Lu XC,et al. Chimeric antigen receptors modified T cells for cancer therapy. J Nat Cancer Inst,2016,108(7):djv439.

[8] Neelapu SS,Tummala S,Kebriaei P,et al. Chimeric antigen receptor T cell therapy-assessment and management of toxicities. Nat Rev Clin Oncol,2018,15(1):47-62.

[9] 陈绍丰,朱志朋,吴艳峰. CAR-T细胞治疗肿瘤临床应用的挑战及对策. 中国肿瘤生物治疗杂志,2019,26(7):802-809.

[10] 钱丽玲,陈蒋庆,吴晓燕,等. 细胞治疗的典范:嵌合抗原受体T细胞疗法. 生物工程学报,2019,35(12):2339-2349.

[11] 童晨曦,宋银宏. 嵌合抗原受体基因修饰的NK细胞治疗实体瘤的研究进展. 中国免疫学杂志,2018,34(10):1578-1580+1584.

[12] 刘欣,赵娜. CAR-NK细胞在肿瘤免疫学治疗中的应用. 免疫学杂志,2020,36(4):358-363.

[13] 梁皓,肖向茜,盛望. CAR-NK细胞在癌症免疫治疗中的研究进展. 生物技术通讯,2019,30(2):258-263.

[14] 蒋亚楠,于怀海,孙雨飞,等. CAR-NK细胞过继免疫治疗治疗肿瘤的研究进展. 转化医学电子杂志,2018,5(11):80-83.

[15] Harris DT,Kranz DM. Adoptive T cell therapies:a comparison of T cell receptors and chimeric antigen receptors. Trends Pharmacol Sci,2016,37(3):220-230.

[16] Ichikawa J,Yoshida T,Isser A,et al. Rapid Expansion of Highly Functional Antigen-Specific T cells from Melanoma Patients by Nanoscale Artificial Antigen Presenting Cells. Clin Cancer Res,2020,26(13):3384-3396.

[17] Mallet-Designe VI,Stratmann T,Homann D,et al. Detection of low-avidity CD4+T cells using recombinant artificial APC:following the antiovalbumin immune response. J Immunol,2003,170(1):123-131.

[18] Thomas AK,Maus MV,Shalaby WS,et al. A cell-based artificial antigen-presenting cell coated with anti-CD3 and CD28 antibodies enables rapid expansion and long-term growth of CD4+T lymphocytes. Clin Immunol,2002,105(3):259-272.

[19] Butler MO,Hirano N. Human cell-based artificial antigen-presenting cells for cancer immunotherapy. Immunol Rev,2014,257(1):191-209.

[20] Ye K,Li F,Wang R,et al. An armed oncolytic virus enhances the efficacy of tumor-infiltrating lymphocyte therapy by converting tumors to artificial antigen presenting cells in situ. Mol Ther,

2022,30(12):3658-3676.

[21] He J,Xiong X,Yang H,et al. Defined tumor antigen-specific T cells potentiate personalized TCR-T cell therapy and prediction of immunotherapy response. Cell Res,2022,32(6):530-542.

[22] 李君,张毅,陈坤玲,等. CRISPR/Cas 系统:RNA 靶向的基因组定向编辑新技术. 遗传,2013,35(11):1265-1273.

[23] 王立生,吴祖泽. 精准医学时代的细胞治疗. 精准医学杂志,2018,33(2):95-97+101.

[24] 史彤,李积宗. 基因治疗发展现状及展望. 药学实践杂志,2022,40(4):296-301+313.

[25] 王瑞,周欣洁,杜熙钦,等. 新一代基因编辑工具研究进展. 中国药科大学学报,2022,53(6):633-642.

[26] 刘国庆,徐一童,冼勋德. 基因治疗:过去、现在和未来. 中国

医药导刊,2023,25(1):9-12.

[27] Wang SW,Gao C,Zheng YM,et al. Current applications and future perspective of CRISPR/Cas9 gene editing in cancer. Mol Cancer,2022,21(1):57.

[28] Sinclair F,Begum AA,Dai CC,et al. Recent advances in the delivery and applications of nonviral CRISPR/Cas9 gene editing. Drug Deliv Transl Res,2023,13(5):1500-1519.

[29] Esyunina D,Okhtienko A,Olina A,et al. Specific targeting of plasmids with Argonaute enables genome editing. Nucleic Acids Res,2023,51(8):4086-4099.

[30] Stefanoudakis D,Kathuria-Prakash N,Sun AW,et al. The Potential Revolution of Cancer Treatment with CRISPR Technology. Cancers(Basel),2023,15(6):1813.

第十五章 细胞核移植技术与治疗性克隆

提要:核移植技术是指通过显微操作技术将供体细胞核转移到去核卵母细胞而获得重构胚的过程。从 20 世纪 50 年代开始到现在,核移植技术得到了广泛的发展和深入的研究,并在临床医学,尤其是细胞治疗领域展示出喜人的应用前景,有望利用患者自身的细胞培育出新组织和器官,用于治疗多种疾病。本章前三节主要介绍了生物的生殖学基础、核移植技术的原理、核移植技术的发展;后两节介绍了动物克隆技术和治疗性克隆技术。

在细胞治疗中,可供选择的细胞大致可分为 2 类,一类是异体细胞,另一类是自体细胞。但是异体细胞移植带来的免疫排斥反应,目前尚无较好的解决办法。理想的移植细胞应该是自体细胞,然而在实际应用中,很难获得足够量的自体细胞。在这种情况下,以细胞核移植技术为基础的体细胞克隆技术为获得足量的治疗性细胞提供了一种全新的途径。

细胞核移植(nuclear transfer or nuclear transplantation)是将供体细胞核移植进预先去核的发育成熟的卵母细胞或早期合子内,形成一个新的重构胚(reconstituted embryo),在受体胞质的作用下,移入核重编发育程序(reprogramming),像正常受精卵一样,经过细胞分裂、分化并在母体内发育成与供体细胞基因型完全相同的个体。细胞核移植研究不仅在胚胎学、育种学、细胞生物学、发育生物学等学科具有重要理论意义,而且在临床医学上也展示出诱人的应用前景。在科研上,可以用核移植技术研究细胞的全能性、发育和衰老过程中基因表达的调控作用等。在临床医学上,细胞核移植技术有望利用患者自身的细胞培育出新组织和器官,用于治疗糖尿病、阿尔茨海默病、帕金森病和肝脏、肾脏功能衰竭等多种疾病。

核移植技术应用于细胞治疗,具有广阔前景:①通过核移植技术可以获得大量治疗性干细胞,为疾病提供丰富的细胞来源;②克隆技术结合转基因技术获得大量带有目的基因的治疗性细胞;③核移植技术结合基因修饰技术可以用来治疗与遗传有关的疾病。

第一节 生殖生物学基础

生物通过生殖或繁殖的方式形成新的个体,使其遗传物质和生物性状获得复制。根据生物形成新个体的方式,将生物的繁殖分为无性生殖和有性生殖(图 2-15-1)。

一、生物体的无性生殖和有性生殖

在无性繁殖中生物个体的营养细胞或营养体的一部分,直接生成或经过孢子而产生能独立生活的子体,如眼虫、水螅等低等生物。有性生殖包括同配生殖、异配生殖和

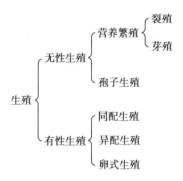

图 2-15-1 生物的生殖方式

卵式生殖。一般情况下,雌配子和雄配子互相结合,成为二倍体的合子以后,才能发育成新个体。如果雌配子的发育和恢复二倍体没有经过雄配子的融合,而是由于内在或外在因素的影响,这种卵子不经过受精而发育成子代的繁殖方式称为孤雌生殖或单性生殖(parthenogenesis),是一种特殊的有性生殖。

二、动物有性生殖的两种形式

(一)两性生殖形式

两性生殖由雌雄配子携带单倍体的细胞核,比如人的精子和卵子各含 23 条染色体,相互作用完成受精过程,在适宜的环境中发育成子代。

在哺乳动物的生殖过程中,精原细胞在雄性生殖器官中经过减数分裂形成精子,精子体积小,仅为卵子的 1/10 000,呈流线型,精核固缩,结构致密,在电子显微镜下几乎看不到染色质丝和核仁;卵子在雌性动物的卵巢发育,成熟的卵母细胞体积增大,胞质内富含大量蛋白质、mRNA、保护性化学物质,以及形态形成因子。在进入中囊胚转换点转录自身的 mRNA 之前,这些大量的母源性 mRNA 是受精后卵子的发育所需的,一直到受精卵分裂 12~13 次。形态形成因子定位于卵子的不同区域,在卵裂过程中分配到不同的细胞中,指导细胞向"既定"的方向分化。

精子通过射精进入雌性动物生殖道内,得到激活,在

趋化因子的作用下向输卵管方向移动。在此过程中获得对卵子受精的能力，细胞核、顶体、细胞内离子浓度、腺苷酸环化酶等均发生改变。到达卵子表面后，经卵黄膜上存在的精子受体介导，与卵黄膜或透明带作用，发生顶体反应，反应产生的水解酶溶解与精子结合的卵黄膜或透明带，并在此部位发生精卵细胞膜的融合。这种精子受体介导的精卵识别存在严格的物种特异性，异种间的精卵几乎不可能发生结合。

精子膜与卵膜发生融合之后，精子内的细胞核、线粒体和中心粒进入到卵内，父本来源的线粒体在卵内降解，只有母源线粒体存活。精核在卵内依赖 cAMP 的蛋白激酶作用下，染色质与特异性组蛋白解离，然后与卵质内的组蛋白重新结合，染色质解凝，疏松的染色质重新合成核膜，形成雄性原核。当雌性原核完成第二次减数分裂时，雄原核变大，并向雌原核移动；当两原核相遇，核膜解体，染色质凝缩成染色体，形成二倍体合子核，受精过程结束。受精使卵子内的胞质发生重排，在此后的卵裂过程中，胞质中的形态形成因子被分配至特定的细胞中，导致特定基因的激活或被抑制，致使细胞向不同方向分化。

（二）单性生殖形式

单性生殖由雌性生殖细胞发育成新个体，如孤雌生殖、雌核发育等。在自然界，雌核发育是鱼类单性生殖中的一种重要方式，如帆鳉、银鲫和花鳉属中的 3 种类型就是由孤雌生殖繁衍后代。其雌鱼产出的卵子与母本具有完全相同的染色体组分，精子唯一的作用是激活卵子发育，后代一般不具有父本的性状。

纵观自然界生物圈内生物的繁殖方式，通过无性生殖方式和单性生殖方式获得的子代个体中，其遗传物质与母体遗传物质得到全息复制，是同一的，二者之间的基因组具有等值性，DNA 含量没有发生变化，染色体组数没有变化，基因数目没有变化。

第二节　细胞核移植的原理

当两个动物之间的基因达到完全同一性时，比如在天然雌核发育鱼类中进行的组织移植实验表明，彼此之间就可以接受组织移植物，并可以与母本互相移植。然而，这种基因同一性优势是通过无性繁殖或单性生殖方式获得的。高等哺乳动物个体之间能否获得这种优势？自 1952 年美国科学家 Briggs 和 King 开创了细胞核移植技术后，直至 1962 年，英国科学家 Gurdon 才用此技术克隆了体色一致的 20 只非洲爪蟾。1986 年，胚胎细胞核移植牛获得成功。1997 年，Wilmut 等用体细胞克隆羊的成功引起了世界震动。以细胞核移植为基础的克隆技术为人类带来了全新的观念和光明前景。历经半个多世纪的探索，结果证实应用人工的无性繁殖方法——核移植技术，哺乳动物可以不经过有性生殖过程，而由正常二倍体细胞繁衍后代。

一、原理

核移植技术获得成功的两个基本前提，一是移植细胞核恢复全能性，二是重构胚完成核形态重塑和表观遗传重编程。

（一）移植细胞核恢复全能性

动物体内的所有细胞，包括生殖细胞，它们都具有相同的遗传物质，理论上，细胞核在发育上具有全能性。

供体细胞核移入去核的卵细胞或受精卵，在受体卵胞质内多种因子的作用下，供核发生一系列调整转化，经过去分化，去除原有细胞印记，恢复全能性，最终发育成一个完整的个体。供核细胞分化程度与克隆效率密切相关，分化程度直接影响着其细胞核发育的全能性。克隆实验研究表明，供核细胞分化程度越高，克隆成功率越低，分化程度影响着供体核重新编程的难易程度。

（二）重构胚完成核形态重塑和表观遗传重编程

供体细胞核移植到受体卵后，核形态发生重塑，已经发育的细胞核重新回到未分化的起点，在卵母细胞胞质中存在的调控早期胚胎发育因子的作用下，完成表观遗传重新编程，激活并启动正常的胚胎发育，最后发育成由供体核指导的、与供体遗传性状完全一致的个体。

二、重构胚的核形态重塑

早期的哺乳动物的胚胎发育是由母源因素调控的，至卵裂期转为合子核调控，由此引起一系列的核形态及相关分子生物学变化。在重构胚发育中，卵母细胞首先要将分化的供体细胞转变为受精卵时的状态，然后再重新启动其发育程序。

供体核移入去核的 M II 期卵母细胞中，供核发生一系列的核重塑事件。最早可以观察到的是供体核膨隆，其后是核仁消失，核膜破裂（nuclear envelope break down，NEBD）和早熟染色体凝集（premature chromosome condensation，PCC），以及之后的纺锤体重组、移植核与卵母细胞胞质特异蛋白的互换。经过这一过程，供体核在受体胞质中完成形态的重塑。NEBD、PCC 的程度取决于成熟促进因子（maturation promoting factor，MPF）的活性和核在 MPF 中的时间，MPF 能促进卵母细胞的成熟和有丝或减数分裂。NEBD 的发生使胞质中的因子可以接近 DNA，促使 DNA 的复制；PCC 发生时，处于 G_1/G_0 期的细胞核会凝集成单个染色单体，随着胞质被激活，MPF 活性下降，染色体去凝集，核膜重新形成，在胞质因子的作用下，DNA 开始复制。

移植核与卵母细胞胞质进行不受限制的蛋白交换是核重塑的关键环节。由于染色质的紧密包绕结构并不利于蛋白的互换，必要的松解措施有利于互换过程的完成。这些措施包括：对重构胚进行降低甲基化或增加组蛋白乙酰化的处理，比如 5-氮-2'-脱氧胞苷、组蛋白去乙酰化酶抑制剂。这些措施可以提高核移植胚胎的发育率和克隆效率。

三、重构胚的重新编程机制及影响因素

在正常机体的发育生长过程中，在不改变遗传物质的基础上，通过表观遗传学修饰（包括甲基化、去甲基化、组蛋白变化等），使基因组中的一些基因表达，另一些基因沉默，从而使机体在时空发育进程中获得准确调控。在核移

植胚胎基因组开始激活之前，体细胞原有的表观修饰将逆转，去除原有分化记忆，以保证形成新的个体发育所必需的基因精确活化。这种变化称为表观遗传重编程或表观重塑。不完全的表观重塑、DNA甲基化模式或组蛋白乙酰化异常，将影响细胞核移植胚胎的发育效率。

表观重编程的事件包括复活沉默基因、消除细胞分化记忆、使胚胎基因恰当地表达，每一步都包含着复杂的表观遗传学调控。大量不同种类动物的核移植实验证明，移植核重新编程中关键调整变化包括：DNA甲基化/去甲基化、组蛋白修饰、基因印记、染色体重组、端粒恢复等。

DNA去甲基化水平影响体细胞核移植胚胎的重编程。DNA甲基化是指在DNA甲基转移酶（DNA methyltransferase，DNMT）的作用下，将S-腺苷蛋氨酸的甲基转移至胞嘧啶残基的第五位碳原子上。DNA的甲基化状态是由DNMT建立和维持的。TET蛋白酶可催化5-甲基胞嘧啶碱转化为5-羟甲基胞嘧啶，启动DNA去甲基化。哺乳动物早期胚胎发育过程中，存在广泛的去甲基化，这是细胞维持全能性的关键步骤。在重构胚重编程中，基因组发生了复杂的去甲基化和甲基化变化，基因组中胞嘧啶的甲基化程度不但引起基因结构的改变，而且基因启动子区域的甲基化也会影响基因的时空表达，进而影响基因的活性。

核移植过程中所用的体细胞基因组是高度甲基化且已经高度分化的，它是如何去除其自身的基因修饰而恢复至类似于合子的全能性？在分析克隆牛的桑葚胚和囊胚中的一些重复序列和单一序列时，发现其甲基化水平和供体细胞基因组相似，甚至比正常胚胎的还要高。尽管供核被导入去核的卵母细胞时，会发生部分主动去甲基化，但进一步地去甲基化并没有出现，相反却在胚胎相当多的部位出现了过早的甲基化过程，提示去甲基化不完全是影响核移植胚胎发育的一个重要因素。基于此，在目前的核移植操作过程中，通过抑制DNMT活性，已明显提高体细胞核移植胚胎的发育率及克隆效率。

组蛋白修饰是影响体细胞核移植重编程的另外一个重要因素。染色体中组蛋白的氨基酸末端的多种共价变化，包括乙酰化、甲基化、磷酸化，改变组蛋白与染色质的空间结构，影响染色体的复制与转录。组蛋白脱乙酰酶（histone deacetylase，HDAC）可调节组蛋白的乙酰化水平，达到对基因表达的表观调控。组蛋白脱乙酰酶抑制剂（histone deacetylase inhibitor，HDACi）通过其功能基团与HDAC的Zn^{2+}形成螯合物，抑制其活性，提高细胞内组蛋白的乙酰化程度，起到调控靶基因的表达水平。目前HDACi已广泛应用于动物克隆胚胎发育，改善不同物种胚胎发育的重编程。HDACi的使用能将小鼠克隆胚胎效率从1%提高到6%。曲古抑菌素A（trichostatin A，TSA）是一种常用的HDACi，TSA能使体细胞克隆鼠的存活率提升5倍，猴的重构胚的囊胚发育率由4%提升至18%。二代测序发现，克隆胚胎重编程抵抗区（reprogramming-resistant regions，RRRs）富含转录抑制标记物H3K9me3，提示供体细胞中组蛋白H3K9me3是核移植胚胎表观重编程的一个主要障碍。小鼠克隆胚胎2-细胞期和4-细胞期，注射H3K9me3特异

性去甲基化酶Kdm4的mRNA，解决了植入前胚胎发育停滞的问题，显著提高了囊胚的发育率，极大改善了核移植效率。

雌雄配子携带相同的单倍染色体形成合子后，在特定的组织和特定的发育阶段选择性地表达母源或父本的等位基因，而"沉默"的父本或母源的等位基因，即印记基因。基因印记提供了一种特异于父本或母源的基因剂量控制机制，这些印记基因在发育过程中起着重要的调控作用。如小鼠胚胎发育过程中，父本的胰岛素样生长因子Ⅱ（insulin growth factor Ⅱ，IGF-Ⅱ）在整个胚胎发育中均有活性，而母本的IGF-Ⅱ仅在少数神经细胞中有活性；当母源IGF-Ⅱ基因突变后，小鼠能发育成正常个体，而当父本IGF-Ⅱ基因发生变异后，则生长迟缓。Xist基因是X染色体上顺式调控X染色体失活的印记基因，其转录产物通过包围整条X染色体使得X染色体失活。Xist在小鼠克隆胚胎桑葚胚期开始异常高表达，导致染色体水平的大面积基因下调。删除供体细胞核的Xist基因或将小干扰RNA（small interfering RNA，siRNA）注射入体细胞核移植胚，消除或抑制Xist基因的表达，小鼠的出生率和克隆效率显著提升。

尽管大多数报道显示克隆牛、羊、猪、鼠的端粒长度与年龄相仿的对照组动物细胞端粒长度没有显著差异，但是克隆胚胎的端粒酶活性可能滞后于体外成熟的胚胎，而且重构胚端粒长度因供体细胞核类型的不同而不同，如"Dolly"克隆羊的供体细胞为乳腺上皮细胞，重构胚的端粒长度较正常胚胎端粒长度短，这可能是"Dolly"的寿命比正常羊寿命短的原因。

核移植技术最早是为了研究细胞分化中遗传物质所起的作用，研究核质相互作用，然而时至今日，核移植技术日趋完善，并且产生了体细胞克隆动物，但是对于核移植过程中核质之间的关系和重构胚的表观再编程机制仍未完全清楚。

四、细胞核移植与动物克隆

克隆（clone）是指一个遗传单位或一个生命单位，通过无性繁殖方式，产生生物学上完全相同的遗传单位。分子水平的克隆指DNA片段大量自我完全复制；细胞水平的克隆指一个细胞分裂增殖所形成的一个细胞群；而个体水平的克隆，即动物的无性繁殖，则主要借助于核移植技术，将供体细胞核移入去核的卵母细胞，不经过精子穿透等有性受精过程即被激活，分裂并发育成个体，使得核供体的基因得到完全复制。借助核移植技术获得的个体之间的遗传背景、基因型、表型完全一致，这种动物称为克隆动物。根据核供体细胞的分化程度不同，可分为胚胎细胞克隆动物与体细胞克隆动物。

第三节　细胞核移植的发展

细胞核移植研究大致经历了四个阶段：第一阶段，在两栖动物和鱼类中进行的细胞核移植，证明了细胞核移植的可能性；第二阶段，在哺乳动物中进行的核移植；第三阶段，同种动物之间的体细胞核移植；第四阶段，异种动物之

间的核移植。

一、同种动物核移植

早在 1938 年，德国胚胎学家 Spemann 做了一个实验，将蝾螈受精后分裂前的卵，用头发缚成不完全分开的两部分，中间有胞质相通，结果有核的一半能分裂，而另一半则不能分裂；至分裂到 4 或 16 细胞期，将缚的头发松开，让一个核进入原来没有核的部分，然后将发圈缚紧，使两半完全分开，结果两半都能发育成正常胚。这说明这些 16 细胞期的细胞核发育能力既是相等的，也是全能的。据此他提出一种设想：借助细胞核移植技术，如果将不同发育阶段的细胞核移到无核的卵中，将对研究核质互作关系具有重要意义。

1952 年，美国费城 Lankenau 医学研究所学者 Briggs 和 King 将豹蛙囊胚顶部细胞的核移入去核卵母细胞中，结果显示部分重构卵能发育至囊胚。1962 年，英国牛津大学生物学家 Gurdon 等将蝌蚪肠细胞的核移植到去核的卵母细胞，约有 1% 的胚胎成蝌蚪，首次利用成体细胞核移植技术成功克隆出蝌蚪。此后诸多学者相继在不同种两栖类中进行了同种胚胎细胞核或成体细胞核移植方面的研究。1963 年，我国科学家童第周等首次报道了鱼类的细胞核移植。

由于哺乳动物卵母细胞的直径小，取材困难，相较于两栖类，哺乳动物的核移植研究比较困难。1975 年，牛津大学 Bromhall 将桑葚胚期的细胞核移入兔去核卵母细胞，重构胚发育至桑葚胚。1981 年，Illmensee 和 Hoppe 通过注射法把小鼠内细胞团细胞移入去核合子中，最终获得发育成年的小鼠，这是首次哺乳动物细胞核移植成功的报道。由于该研究未能被其他学者重复出来，并未能得到认可。1983 年，美国费城 Mcgrath 和 Solter 采用将受精后的合子细胞核移入去核的小鼠卵母细胞，获得发育至成年的小鼠。随后，广泛开展多种哺乳动物的胚胎细胞核移植研究。

1996 年，英国学者 Campbell 和 Wilmut 以 9 天龄绵羊胚盘传代细胞作为核供体，以去核绵羊卵母细胞为受体构建核移植胚，并获得成活后代，这是世界首例以传代细胞为供体获得成活子代，标志着核移植研究由胚胎细胞核移植向体细胞核移植的过渡。1997 年，Wilmut 以 6 岁绵羊的乳腺上皮细胞为供核，移入去核卵母细胞，得到世界上第一头体细胞核移植绵羊——"Dolly"，这是生物学史上一个里程碑式的事件。在之后的 20 多年里，科学家利用体细胞核移植技术成功克隆出多种哺乳动物，比如奶牛、猪、鼠、马等。

2018 年，中国科学院上海生命科学院孙强团队用食蟹猴胎儿成纤维细胞作为供体细胞核，成功克隆出"中中"和"华华"，这是首次利用体细胞核移植技术克隆出非人灵长类动物。

哺乳动物体细胞克隆研究见表 2-15-1。

二、异种动物核移植

与同种动物核移植相比较，异种核移植的核供体细胞和核受体细胞为来源于两个不同的物种。最初进行异种动物核移植研究，其主要目的是研究不同物种之间构建的克隆胚的核质相互作用特点、核质结构变化，以及遗传物质的

表 2-15-1　哺乳动物体细胞克隆研究

时间	作者	克隆动物	供体细胞
1997 年	Wilmut 等	绵羊	乳腺上皮细胞
1998 年	Wakayama 等	小鼠	卵丘颗粒细胞
1998 年	Kato 等	奶牛	胚胎成纤维细胞
1998 年	Baguisi 等	山羊	胚胎成纤维细胞
1999 年	Onishi 等	猪	胚胎成纤维细胞
2002 年	Chesne 等	兔	卵丘颗粒细胞
2002 年	Shin 等	猫	卵丘颗粒细胞
2003 年	Galli 等	马	成体成纤维细胞
2003 年	Zhou 等	大鼠	胚胎成纤维细胞
2005 年	Lee 等	狗	成体成纤维细胞
2007 年	Shi 等	水牛	胚胎成纤维细胞
2010 年	Wani 等	骆驼	卵丘颗粒细胞
2018 年	Liu 等	食蟹猴	胚胎成纤维细胞

表达规律，探索细胞核在异种动物卵母细胞质中去分化和再分化的可能性及适宜条件，对于拯救濒危动物、建立人类胚胎干细胞有重要价值。

1977 年，Deroeper 等以小鼠胎儿成纤维细胞、仓鼠细胞及人宫颈癌细胞系（Hela）为核供体细胞，分别移入去核的两栖类动物卵中，仅有以 Hela 细胞为核供体的重构胚发育到囊胚阶段。1986 年，Mcgrath 利用原核互换技术进行了小鼠种间的核移植，但是所有重构胚在未形成桑葚胚和囊胚之前便终止了分裂。这些探索为之后哺乳动物异种核移植研究提供了宝贵经验。

随着核移植技术的不断完善，异种动物核移植的研究逐步取得进展。至 1990 年，Wolfe 等以家牛胚胎细胞为核供体，以北美野牛、山羊、仓鼠的去核卵母细胞为核受体，进行异种核移植，并将融合胚植入绵羊输卵管内进行体内培养，但牛-北美野牛、牛-山羊囊胚的发育率仅为 1.9%、1.2%。1993 年，梅祺等以小鼠 8 细胞期的细胞核为核供体，移入兔去核卵母细胞制作重构胚，杂交胚胎膨胀后期与兔 32 细胞期的同种核移植胚胎的膨胀情况相似，将小鼠-家兔核质杂交胚胎移入体内，囊胚发育率为 5.4%。

在体细胞核移植成功之前，异种核移植大多采用动物的早期胚胎作为供体细胞；在同种体细胞核移植成功后，异种核移植研究也尝试采用体细胞作供体核。1998 年，Dominko 等将野牛、绵羊、猪、猴、大鼠的耳部皮肤成纤维细胞作为供核细胞，移入去核的家牛 M Ⅱ 期卵母细胞内，结果显示，重组的种间核移植胚可发育到囊胚，野牛、绵羊、猪、猴的囊胚形成率分别为 17.3%、13.9%、14.3%、16.6%。1999 年，陈大元首次进行了大熊猫-兔的异种核移植研究，分别采用大熊猫骨骼肌、乳腺和子宫上皮细胞作为核供体，移入兔的去核卵母细胞，重构胚均能发育至囊胚阶段。2000 年，Lanza 等报道，采用印度野牛体细胞作供体细胞，移植到去核的家牛卵母细胞，经体外培养后重构胚移植到

受体家牛,妊娠并产出一头发育正常的野牛——"Noah",虽然出生后 2 天死亡,但这一结果证明哺乳动物体细胞可以在异种动物卵母细胞内完成移植核重编程,并完成整个发育过程。2010 年,沼泽水牛-水牛的异种核移植实验获得了一头沼泽水牛。这些研究提示,种系之间的关系是影响异种克隆胚胎发育率的重要原因。大部分异种间的重构胚发育到囊胚阶段出现发育阻滞现象,这可能与异种重构胚在去分化和重新编程不完全、核质互作不协调、卵母细胞激活方法等多种因素有关。

不同动物种间核移植研究见表 2-15-2。

表 2-15-2　不同动物种间核移植研究

时间	作者	供体	供核细胞	受体	结果
1977	Deroeper 等		Hela 细胞	爪蟾	发育至囊胚
1990	Wolfe 等	牛	4.5~5.5 天胚胎	北美野牛	形成囊胚
1993	梅祺等	小鼠	8 细胞期胚胎	兔	体内培养到囊
1994	Waksmundzka 等	大鼠	原核期胚胎	小鼠	1~2 细胞期阻滞
1998	Dominko 等	绵羊	皮肤成纤维细胞	家牛	形成囊胚
1998	Mitalipova 等	绵羊	体细胞	牛	形成囊胚
1999	White 等	盘羊	体细胞	家羊	形成囊胚
1999	陈大元等	大熊猫	骨骼肌细胞、子宫上皮细胞、乳腺细胞	兔	形成囊胚
1999	Lanza 等	人	白细胞、口腔黏膜上皮细胞	牛	形成囊胚
2000	李光鹏等	小鼠	胚胎细胞	猪	形成囊胚
2000	张涌等	山羊	皮肤成纤维细胞	牛	形成囊胚
2001	Lanza 等	印度野牛	体细胞	家牛	出生 2 天死亡
2010	Yang 等	水牛	体细胞	沼泽水牛	成活

第四节　体细胞核移植——动物克隆技术

目前公认的哺乳动物体细胞核移植技术的程序(图 2-15-2),基本沿袭了 Wilmut 等建立的克隆绵羊模式。体细胞核移植技术主要包括供体细胞的准备、细胞周期的调控、受体细胞的来源及去核准备、细胞核移植操作、细胞融合、重构胚的激活和体外培养等环节,其中每个环节都影响核移植的效果。

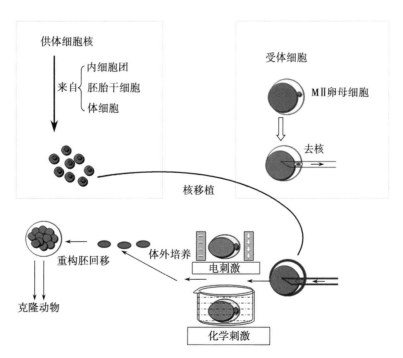

图 2-15-2　细胞核移植过程示意图

一、供体细胞核的准备

体细胞核移植的成功在很大程度上取决于是否能够获得充足的、条件适宜的供体细胞。核供体的准备是核移植技术的首要关键环节。理论上讲,获得大量同源性供体核是提高细胞核移植克隆胚胎效率的主要方法。

(一)供体细胞来源及细胞类型

用于核移植的细胞有多种,最早采用早期胚胎的卵裂球,这在 1997 年 Wilmut 等报道"Dolly"羊之前的文献主要是以此类细胞作为供核,这些细胞具有全能性或多能性,相对来说核移植的成功率高。用培养的干细胞作为供核的研究也不少,因为干细胞也被认为是具有多能性或全能性。1996 年,Campbell 等报道用培养的绵羊胚胎细胞的 1~3 代或用经休眠处理的 6~13 代作为供核进行核移植获得了后代。其实他们所用的细胞也已经发生了分化,但这种分化很有限。克隆羊"Dolly"是第一次用高度分化的哺乳动物体细胞作为供核获得的个体,第一次证实了体细胞核仍具有全能性。

目前用于核移植的供体细胞有三大类:胚胎细胞、早期胚胎细胞和体细胞。随着生物技术的发展,成年哺乳动物体细胞核移植的成功,使人们对哺乳动物细胞分化的机制有了新的认识,利用体细胞核移植技术进行克隆动物的研究取得很大进展,体细胞克隆的牛、猪、山羊、兔、猫等已相继成功。目前,已有用卵丘细胞、睾丸支持细胞、脑神经细胞进行核移植得到克隆小鼠胎儿;用成年雄性小鼠尾尖皮肤细胞作供体核得到克隆小鼠;用卵丘细胞、输卵管上皮细胞、乳腺上皮细胞、耳皮肤成纤维细胞、肌肉细胞和培养传代又冻存复苏的颗粒细胞作供体核的克隆牛、以颗粒细胞为供核的克隆猪、以胎儿成纤维细胞为核供体的克隆兔等已成功实现。在克隆牛的研究中发现,以卵丘细胞作为供体,其克隆效率明显高于乳腺上皮细胞和皮肤成纤维细胞。

尽管体细胞核移植研究取得了突破性进展,可用于核移植的体细胞种类还很有限,且核移植总效率仍很低。分化的体细胞经过处理达到去分化,重新发育成新个体的内在机制有待进一步研究揭示。

(二)供体细胞的分离

核移植前可采用机械吹打分散或酶消化分散,使贴壁生长的供体细胞团成为单个细胞,用于核移植操作。

(三)供体细胞周期的调控

影响核移植成败的一个重要因素是供体细胞核与受体细胞周期同步化,这直接关系到核移植的效率。由于供体细胞核与受体细胞质融合后,核质相互作用等过程的协调是重构胚发育到分娩的关键因素。因此,在进行核移植前,应考虑细胞周期阶段的相互协调性。其中,对供体细胞周期的调控是引导细胞核重新启动的必要步骤。

正常生长的体细胞或培养的体细胞中,大部分进行着有丝分裂,它们经过 G_1、S、G_2、M 四个阶段完成一次细胞周期,由一个细胞变成两个细胞,G_1 期是处于 M 期与 S 期之间的一个阶段,这一阶段决定细胞是否开始一个细胞周期,并为细胞进入 S 期作好准备,此时细胞核为 2 倍体,进入 S 期,DNA 开始合成,这一阶段的核物质处于活跃的复制状态。G_2 期是位于 S 期和 M 期之间的时期,该期的细胞核为 4 倍体。经过 M 期,在 S 期复制的遗传物质被平均地分配到两个子细胞中,处于不同细胞周期时相的细胞核移入受体卵母细胞后,也会发生不同的变化。

在体细胞核移植研究中,"Dolly"成功克隆的研究结果表明,供体细胞核应处于静止期(G_0),避免 S 期,重构胚的发育率高,而当处于 S 期的细胞核移入去核卵母细胞时,在 MPF(促成熟因子)的作用下,容易引起多倍体或非整倍体,影响胚胎的正常发育。近年来的研究显示,处于 G_1、G_2 期甚至 M 期的供体细胞也可以成功获得核移植动物。通常使供体细胞同步化就是将供体细胞经诱导处理使其处于 G_0、G_1 和 M 期。为获得这些时期的细胞,在核移植研究中,细胞周期调控的常用方法有:①利用细胞贴壁生长接触抑制的特性将其调节在 G_0/G_1 期。这种方法只需将细胞体外培养至 100% 汇合成单层,即可使细胞自发地停留在生长静止期。②通过低浓度血清饥饿法和 DNA 合成抑制剂,如艾非地可宁(aphidicolin),将其调节在 G_1/S 期;③利用细胞微管抑制剂,如络可达唑(nocodazole),阻止微管蛋白聚合和纺锤体形成,使细胞停留在有丝分裂期(M 期)。

细胞培养法和血清饥饿法处理的牛胎儿成纤维细胞作供核细胞,与 M Ⅱ 期去核卵母细胞融合,其融合率无显著差异,但经血清饥饿法处理后的囊胚发育率显著高于一般细胞培养法(26% vs 15%)。无论是采用血清饥饿法,还是常规培养法,均可形成核移植重构胚。

目前还没有直接证据表明哪种同步化方法使细胞处于哪一个周期更有利于重新编程,因此,在种间核移植研究中,供体的处理及其对异质胚胎发育的影响尚需进一步研究。

二、受体细胞的准备

(一)受体细胞类型

到目前为止,已有三类受体细胞用于核移植产生了后代。第一类是去除原核的合子,比如将原核移入去除原核的合子中获得了小鼠,但此类受体仅局限于用原核或假原核作为供体。第二类是早期胚胎,如将 8 细胞卵裂球移入去核的 2 细胞中获得了小鼠,但在这之前,已证明 8 细胞卵裂球仍具有全能性,所以这类受体也只适合于具有全能性的卵裂球。第三类受体是 M Ⅱ 期卵母细胞,处于 M Ⅱ 期的卵母细胞内含各种胚胎发育的细胞因子,包括高水平的 MPF 和有丝分裂原活化蛋白激酶,能够诱导移植核发生 NEBD 和 PCC,促进移植核复制和开启重编程。这是哺乳动物核移植使用最多的一类受体,用这一类受体接受各阶段胚胎的卵裂球、早期胎儿细胞、体细胞或 ESC 均获得了后代。

(二)受体细胞的来源

目前核移植的受体大多来源于卵母细胞。获取卵母细胞的常用方法主要有两种:一种是收集屠宰场宰杀动物卵巢中的卵细胞,经过体外成熟培养后可用于多种动物核移植。随着卵母细胞体外成熟培养体系的不断完善，这种方法已经成为大型家畜，如猪、牛、羊等核移植研究普遍采用的方法。

另一种是采用激素刺激使动物产生超过正常数量的排卵，称为超数排卵。这种方法在小型实验动物尤其是大鼠、小鼠、兔等多采用。人类的辅助生育技术也采用此法获得卵细胞。但由于超数排卵效果受动物遗传特性、健康状况、营养状况、年龄、发情周期的阶段、卵巢功能、季节，以及激素品种和用量等多种因素的影响，所以，获得卵母细胞的质量和数量均难以保证。超数排卵迄今仍是动物繁殖中一个有待改进的问题。

另外，卵母细胞冷冻保存解冻后，亦可用作核受体。Booth 等利用 Open-pulled straw 法玻璃化冷冻的牛卵母细胞解冻后作为核受体，用体外新鲜的胚胎细胞作供体核进行核移植，获得了双胎的结果（出生后死亡），表明冷冻复苏后的卵母细胞质能够支持核移植后的重构胚发育到个体出生。可见冷冻卵母细胞有可能成为核移植卵母细胞的又一个来源。

（三）卵母细胞去核方法

1. 盲吸法　用微细玻璃管在第一极体下盲吸，吸除第一极体及处于分裂中期的染色体和周围的部分胞质。不同动物卵母细胞的盲吸法去核效率不尽相同。兔卵母细胞去核成功率较高，达 92%，而牛和绵羊卵母细胞质中由于存在大量脂滴，中期染色体在光学显微镜下无法看到，影响去核成功率，为此，可先用荧光染料 Hoechst33342 对牛和绵羊卵母细胞 DNA 进行活体染色，后在紫外光下去核，以提高去核成功率。

2. 半卵法　用微细玻璃针在透明带上做一切口后，用微细玻璃管吸去一半染色质至另一半空透明带内，然后用 Hoechst33342 染色，确定不含染色体的一半为胞质受体。研究表明，Hoechst33342 不会降低去核卵的存活率，细胞质容量减少的卵母细胞重排供体核的能力并不降低，但对克隆胚胎发育能力存在影响。

3. 功能性去核法　Hoechst33342 染料与卵母细胞 DNA 结合后，以紫外线照射，使核功能丧失。该法虽然避免了对卵母细胞的机械损伤，但紫外线照射对细胞质和克隆胚胎发育能力有影响。

4. 偏振光核示踪技术去核法　将卵母细胞置于 Spindle View 偏振光系统的倒置显微镜下，其纺锤体区域较其他部位明亮，可清楚显示染色体位置，以利于去核的操作准确完全。之后在 Spindle View 的基础上，开发出的 OosightTM Imaging System，可以快速高效地将 M Ⅱ 期卵母细胞核去掉，去核成功率提高到 100%，将去核时间缩短至 1 分钟之内，避免了"盲吸法"去核对卵母细胞的损伤，以及传统染色、紫外照射对胚胎的损伤，提高了囊胚的发育率。利用该方法，猴的囊胚发育率由原来的 1% 提升至 16%。

核移植的首要环节是受体卵母细胞核必须完全去除。如去除不完全，可导致克隆胚胎染色体的非整倍性，造成多倍体、卵裂异常、发育受阻和胚胎早期死亡等，是哺乳动物核移植效率低的原因之一，所以卵母细胞去核方法极为重要。在核移植胚胎中，卵母细胞要肩负调节供体核重建的功能，卵母细胞的去核程度与重构胚再程序化的状况密切相关，特别是卵母细胞的核质比对核的重建有重要作用。在对兔核移植胚胎研究时发现，当核质比等于卵母细胞（去除的卵母细胞核及部分细胞质体积等于供体卵裂球）时，核移植胚的体外囊胚发育率上升到 78.53%，当核质比大于卵母细胞时，体外囊胚发育率仅为 50%。核质比改变后影响胚胎发育的机制目前尚不清楚，卵母细胞质内母源性 mRNA 的量可能是影响异常核质比胚胎发育的一个重要原因。

三、细胞核移植操作及重构胚的激活

（一）细胞核移植方法

将供体细胞核移入去核受体细胞的方法主要有两种：注射法和融合法。

1. 注射法　利用注核针抽吸供体细胞核后，将核直接注射入细胞质中。注射法对卵膜及卵细胞质损伤大，容易造成卵母细胞死亡。按供体移入部位的不同将核移植分为两类：①透明带下移植注射。将吸入供体的注射针经透明带切口插入透明带间隙，利用注射针将整个供核细胞注射至受体细胞卵周隙，这就需要在注射后进一步使供体细胞与受体细胞融合。缓慢将供体细胞推入，并使其与卵母细胞膜接触，退出注射管，完成移植步骤。②胞质内注射。一般是用压电陶瓷微注射系统把供体核注入胞质内，该注射系统能提高注核效率，降低卵母细胞的损伤，提高核移胚的存活率。

2. 融合法　融合法降低了受体细胞及胞质的机械性损伤。融合法有化学融合、病毒融合及电融合、"火努鲁鲁（Honululu）"法等。①仙台病毒法：将仙台病毒与供体核一起注入去核受体卵中，促进细胞融合。②电融合法：通过细胞在强电场短时间的作用下，使两个相邻的细胞膜接触的区域在瞬间融合。③化学融合法：聚乙二醇可以使细胞发生融合，但由于聚乙二醇的毒副作用，用之甚少。

（二）重构胚激活

由于缺少了自然受精过程中受精卵的激活过程，核移植构建的重构胚还需要得到充分的激活才能开始新的编程和发育。常用的激活处理方式有电激活和化学激活两类。以往的核移植是由电诱导完成供体细胞的植入，因此在电融合时就完成了克隆胚胎的激活。在实际应用中，应考虑不同动物卵母细胞的卵龄和 MPF 下降水平的关系，选择合适的时间进行核移植，以获得良好的效果。

化学激活是另一种较为有效的克隆胚胎激活方法。常用的化学试剂包括：钙离子载体 A23187；蛋白合成抑制剂，如放线菌酮（cycloheximide，CHX）；蛋白质磷酸化抑制剂，如 6-二甲氨基嘌呤（6-dimethylaminopurine，6-DMAP）；还有能够引起钙离子波动的生物化学试剂，如乙醇、三磷酸肌醇（IP3）等，可能通过细胞质内 Ca^{2+} 浓度升高和 MPF 失活使卵母细胞激活。

无论电激活还是化学试剂激活，单一的方法都不足以使卵母细胞充分激活。目前成功的核移植研究中，不同种动物、不同细胞的激活方法、激活时间各有差异，且效果不一。所以，有必要针对某一选定动物，寻求一种或几种高效、稳定、重复性好的激活方法，以提高核移植胚胎的激活效率。

四、核移植重构胚的体外培养和移植

核移植后的重构胚需要在体外培养一段时间，观察其发育状态。目前已获成功的不同体细胞克隆动物均有其特殊的体外培养体系，比如培养液种类、组分、液滴体积、培养温度等互有差异。因此，针对不同的体细胞核移植，应选择适宜的培养条件，促进重构胚的发育。重构胚早期发育阻滞是哺乳动物胚胎体外培养中的普遍现象，研究者利用形态学、生物化学、分子生物学、显微操作等手段探索各种因素对早期胚胎发育阻滞的影响，建立了克服胚胎早期发育阻滞的不同体外培养系统。

以哺乳动物的子宫内膜细胞、颗粒细胞、非洲绿猴肾细胞等作为辅助细胞建立的共培养体系，有促进核移植胚胎体外发育及提高生存质量的作用，但共培养系统对胚胎的作用机制仍不完全明了。在含血清共培养体系中，血清中含有大量的促细胞生长因子和未知内含物，可能干扰胚胎的发育；有研究将无血清输卵管上皮细胞与重构胚共培养，去除血清这一复杂因素，亦取得不同程度的有利结果。

目前，体外培养系统的最大缺陷是无法完全模拟体内环境，满足早期胚胎分化发育的需求，这可能是导致胚胎吸收、流产、死胎或出生后死亡的重要原因。因此，胚胎体外培养的最突出问题是如何更好地模仿体内环境，建立一种完善的培养系统或模式，提高体外培养效率。

五、转基因克隆动物

转基因克隆动物技术是转基因动物技术与克隆动物技术的有机结合，它是以动物体细胞为受体，将目的基因以DNA转染的方式导入能进行传代培养的动物体细胞，再以这些体细胞为核供体，进行动物克隆。尽管以成年动物高度分化的体细胞为核供体制作克隆动物的技术体系尚需总结完善，但以胎儿体细胞为核供体的克隆技术已趋于成熟，体细胞克隆绵羊、奶牛、山羊相继获得了成功。上述理论和技术的突破提示，直接以胎儿体细胞为转基因受体细胞，继而以转基因体细胞为核供体制作转基因克隆动物的技术路线是可行的。采用简便的体细胞转染技术实施目标基因的转移，可以在实验室条件下进行转基因整合预检和性别预选，避免家畜生殖细胞来源困难和低效率。

转基因克隆动物技术的采用，使基因转移效率大为提高，使快速扩增转基因动物成为可能；同时，结合胚胎性别鉴定技术，可生产出所期望性别的转基因动物。转基因克隆动物技术在畜牧业上的应用前景也相当令人期待，即通过转染的方法先将目标基因导入家畜体细胞，再利用克隆技术使携带目标基因的家畜快速扩大种群。

随着转基因和克隆技术的日趋成熟，转基因克隆动物技术有望成为创建遗传工程动物的重要技术，在该领域的深度研发将成为生物工程商业化方向的热点。

六、影响重构胚发育的因素

核移植重构胚能否成功发育受多方面的因素影响，比如供体细胞分化程度、受体和供体细胞周期化、受体卵的质量、受体细胞去核方法、重构胚的表观重塑、体外培养的条件等。既包括技术操作方面的因素，又涉及核质互作、表观重编程。

（一）技术操作方面因素

在纤维操作时，尽可能减少对供体、受体细胞的破坏，降低诱导剂处理对细胞骨架的损伤，避免染色体结构出现异常，选择适宜的融合激活方式，提高核移植胚胎发育效率。在保证去核成功的前提下，尽量减少受体胞质的流失，优化操作流程和方法，比如在克隆猴"中中"和"华华"的去核过程中，研究者采用了偏振光核示踪技术快速高效地将M II期卵母细胞的核去掉，避免了盲吸去核对受体胞质的损伤。

重构胚激活方式对后期发育至关重要。激活程序可分为前激活和后激活，前者指先激活去核卵母细胞再移入供体细胞；后者是先构建重构胚再激活。在激活方式上，不同种类动物采用的激活方式亦不同，如"Dolly"羊采用电激活法，而小鼠克隆多采用在培养基中添加锶离子和细胞松弛素B的化学激活方式；克隆猴"中中"和"华华"的重构胚则加用ionomycin、6-dime-thylaminopurine和TSA激活。

（二）核质互作

1. 细胞周期因素　一般选用处于G_0/G_1期的细胞作为供核细胞，与M II期去核卵母细胞融合形成重构胚，在大量MPF的作用下，尽管重构胚发生PCC，但不会对细胞核造成明显损伤；而处于S期的细胞核发生PCC时，则会引起DNA损伤。

2. 基因印记与供体细胞核分化程度　基因印记是细胞生长发育分化调控的一种重要方式。不同分化程度、不同组织的供体细胞，其基因印记也不同，这对重构胚的重编程有很大影响，可能因基因组的错误印记而使胚胎发育受阻或异常。从克隆动物的成功率看，随着细胞分化程度的增高，克隆成功率下降。因为分化细胞中基因印记一旦发生，在重构胚中，受体胞质的再程序化因子对印记基因的去分化作用不充分，进而影响重构胚的发育。

3. 供核基因组量的变化　供体细胞核的全能性和可塑性直接影响着重构胚的正常发育，对供核全能性的影响因素有：细胞分化过程中选择性的基因扩增、基因组扩增和染色体丢失；体外培养过程中的氧化损伤导致基因组的不稳定及染色体的病理性改变等。

七、核移植研究存在的问题

哺乳动物核移植技术的迅速发展主要归功于核移植技术流程的优化和对供核表观重编程机制的深入认识。目前，胚胎细胞核移植和胚胎细胞继代核移植技术已趋于成熟，开始步入商业化研究阶段，而体细胞核移植及异种动物核移植存在的问题和缺陷却不容忽视。

尽管距离成功克隆青蛙已经有50余年，但目前的体细胞核移植胚胎发育效率普遍低,仅为 5%~10%,而且克隆动物大多存在妊娠时间长、出生体重异常偏大、免疫力低下、运动能力差、器官发育异常、出生后对环境适应性差等现象。不同种属的克隆动物也存在差异,比如,克隆牛容易出现肥胖,克隆猪容易出现低体重及胎盘发育不良。因此,目前不应盲目追求克隆动物的数量,而是要深入研究核移植供体受体核质间的互作机制,从更深层次解析重组胚胎早期发育的调节机制。以下几个因素需要明确:

第一,核重新编程不完整、遗传基因印记不足、染色体倍数不正确,以及性别可能对体细胞核移植的成功带来影响。在分析核移植小鼠的重构胚后发现,重构胚发育异常的绝大部分原因可能是表观遗传重塑不完全,包括基因组印记不足、X 染色体失活、染色体数量错误等,原因及其作用的机制仍未完全清楚。

第二,体细胞核移植中供体细胞端粒长度。对体细胞核移植羊"Dolly"的染色体端粒的分析显示,其端粒长度比正常同龄绵羊短,这也意味着在克隆动物的同时也克隆了动物的年龄。研究发现,老龄动物的成纤维细胞在体外经多次传代后,其重构胚及出生后的克隆动物染色体端粒可恢复到正常出生动物的水平,而且核移植动物后代的皮肤成纤维细胞比对照组细胞的端粒长,细胞功能出现幼化;也有研究发现,核移植后代的染色体端粒长度比供体细胞的平均染色体端粒长,这提示核移植胚胎保留了供体核在体内生长和体外培养期间所发生的染色体修饰,而在核移植动物发育过程中这种修饰发生了逆转,确切的机制仍不清楚。

第三,体细胞的选择和传代。在目前可用的供体细胞中,卵丘细胞的核移植效率相对较高。供体细胞传代次数越多,其发生基因突变的可能性越大,这是克隆动物供体来源方面存在的问题,只有研究清楚动物的基因组发生突变的机制,并对体细胞的基因加以修复,才能大幅度提高核移植的效率。

八、核移植技术的应用前景

(一)在医学中的应用

以人的体细胞为供核体,其他人或适宜动物的卵母细胞为受体,构建重构胚,建立人的多能干细胞系,治疗人类疾病,即治疗性克隆。这为一些慢性疾病如 2 型糖尿病、遗传性肝脏疾病、退行性脑病的治疗提供了希望。

核移植技术结合转基因技术大大缩短了有性方式筛选转基因动物的周期,提高了转基因的效率。利用体细胞克隆技术生产含人凝血因子IX的转基因羊,在将来的生物药品生产中具有巨大的潜在应用价值。将猪的体细胞进行适当的基因改造,由此获得克隆猪的器官就有希望应用在临床。

利用克隆技术制作人类疾病的动物模型,用于药物的临床筛选、评价。由于遗传背景相同,可以显著提高临床试验的效率,减少实验动物的用量。

(二)畜牧业中的应用

利用核移植技术,提高培育优良品种家畜的速度,克

服了传统的有性生殖方式培育动物周期长、性状难以控制的缺点。而且在核移植前可以选择不同性别的体细胞控制克隆动物的性别。

(三)动物物种多样性保护

异种核移植技术的成熟,将为地球上即将灭绝的濒危动物拯救作出重大贡献。我国科学家尝试利用核移植技术将大熊猫的体细胞移植到兔去核卵母细胞中。

(四)生物学中的应用

在发育学中,既往认为细胞的分化造成细胞内染色体发生的改变是不可逆的,分化细胞与胚胎细胞在基因组层面上产生了本质的差别。体细胞核移植的成功,证明了成年动物分化的细胞仍具有发育上的多能性。利用体细胞核移植技术可以研究细胞分化过程中遗传物质发生怎样的修饰,分化的细胞如何在卵母细胞胞质内去分化,表观遗传重编程发生的机制,以及不同种间动物细胞核与细胞质之间的相容性等问题。可以利用基因敲除技术与核移植技术研究一些基因在胚胎发育过程中的功能和作用。

第五节　核移植胚胎干细胞——治疗性克隆技术

根据克隆目的的不同,可将克隆分为:①生殖性克隆,代替有性生殖过程,以获得动物子代;②治疗性克隆,以患者的体细胞核为供核,将重构胚培育至囊胚阶段,从内细胞团分离出核移植胚胎干细胞(nuclear transfer embryonic stem cell,ntESC),为患者提供与自身遗传物质一致的细胞组织或器官,用于疾病治疗。

目前临床上有许多功能障碍性疾病,如阿尔茨海默病、帕金森病、心功能衰竭、糖尿病、肝硬化、肾功能衰竭、血液病、皮肤烧伤等,需要采用组织细胞或器官移植治疗。但现在用于替代治疗的细胞、组织或器官大多来源于同种异体。由于不同个体间的主要组织相容性复合体存在差异,造成了移植后产生免疫排斥反应,移植物难于在患者体内长期存活,严重制约治疗效果,尽管免疫抑制剂有一定作用,但同时也带来相应的副作用。近年来,体细胞克隆技术和胚胎干细胞技术突破性的进展,使克隆性治疗成为现实。

1998 年,Thomson 等利用 36 个体外受精的人胚胎成功地分离出 5 株人 ESC 样细胞,首次成功建立人 ESC 系。2001 年,Terruhiko Wakayama 等使用种间的、杂交的和突变型的小鼠体细胞第一次建立了动物 ntESC,在体外成功地诱导分化成神经细胞,在体内诱导分化出生殖细胞。2013年,Tachibana 等首次获得了人的 ntESC。之后,相继有实验室报道获得了糖尿病、黄斑变性患者体细胞来源的 ntESC,为组织、器官功能受损的患者带来福音。尽管异种核移植胚胎干细胞系尚未建立起来,但这已经为解决长期困扰临床医学的难题指明了今后研究的方向。

尽管治疗性克隆和生殖性克隆在原理上是一致的,但在实现的技术路线上还是有一些差别:①前者核供体细胞必须为人体细胞,后者为动物来源的细胞;②前者重构胚仅需发育至囊胚,后者还需将体外培育的重构胚回移至代孕

母体动物子宫或输卵管内,进一步发育成个体。

一、人重构胚的构建

利用体细胞克隆技术建立人重构胚,是治疗性克隆的第一步。尽管目前体细胞克隆的成功率仍不高,但克隆胚发育到囊胚的比例一般可达到 30%,甚至达到 39%,说明克隆性治疗是可行的(图 2-15-3)。

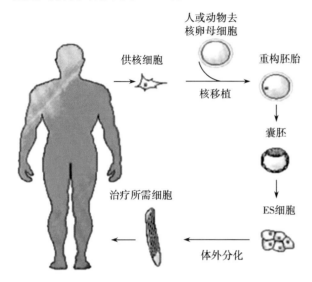

图 2-15-3   克隆性治疗的技术路线图

获得治疗性克隆所需的成熟卵母细胞有两个途径:一是来源于医院试管婴儿多余的正常卵母细胞,或者利用外科手术切除的人卵巢中未成熟卵泡,并通过体外培养方法使其成熟,但由于受到多种因素的制约,这种来源非常有限;二是利用动物的卵母细胞。动物的卵母细胞容易获取,而且异种克隆胚胎已有成功的经验,利用动物的卵母细胞,制作人-动物重构胚,这可能是将来解决卵母细胞来源瓶颈的一条可行办法。

然而人-动物重构胚还有几个重要问题尚未解决:①动物的线粒体在重构胚细胞中的命运;②受体细胞质与供体核的相容性;③异种重构胚的安全性。通过分析人的体细胞核与异种的细胞质杂交细胞的线粒体表明:细胞核和线粒体蛋白复合物成分不相容时,杂交细胞不能存活。据研究表明,同种克隆胚细胞中线粒体可能完全来自卵母细胞,也可能同时来源于卵母细胞和供核细胞,但异种重构胚在发育早期含有二种线粒体,后来供核体的线粒体取代了受体的线粒体。利用人-动物重构胚制备治疗性克隆胚胎,有可能由于带进去供核体的线粒体而缓解了动物线粒体与人的细胞核之间的不相容性。

由于核与质的相互作用,受体的线粒体可能逐渐消失,最后被供核细胞的线粒体所取代。由此看来,去核卵母细胞与供核体细胞融合的异种克隆可以解决异种动物线粒体与核的不相容性,同时还可清除动物线粒体可能对人体产生的危害。但是人和动物的重构胚存在的第三个问题,即安全性问题尚待解决。受体卵浆中存在的异种蛋白包括细胞器及 mRNA 能否也像线粒体一样完全被供核体的所

取代,仍不清楚。另外一方面是致病源性。只有这些问题都解决了,利用动物卵母细胞作为受体细胞构建人-动物重构胚,才能解决治疗性克隆中人卵母细胞来源不足的困扰。

2003 年,上海第二医科大学的 ChenYing 研究小组构建了人-兔重构胚。核供体细胞分别为 5、42、52、60 岁四个年龄组的人皮肤成纤维细胞,与兔去核卵母细胞构建异种重构胚,培育并获得 ntESC,通过分子生物学方法分析证实该 ntESC 细胞具有人源性,诱导条件下可分化为神经、肌肉等三个胚层细胞。2007 年,美国 Mitalipov 教授的团队以恒河猴皮肤成纤维细胞作为供体核,成功建立灵长类动物的 ntESC 系。在此基础上,2013 年,Tachibana 等最终建立了世界首例人克隆 ntESC 系。至此,人类 ntESC 研究进入一个崭新阶段。2014 年,1 型糖尿病患者的 ntESC 细胞系也成功建立,并且可以分化产生胰岛素的 β 细胞。研究证,实体细胞核移植获得的克隆胚胎干细胞,其线粒体几乎均来自卵母细胞,这为线粒体疾病患者提供了一个可能的治疗手段。2017 年,Mitalipov 课题组利用极体作为供体DNA,实现了人类第一极体核移植胚胎,该方法能最大程度地防止母源性线粒体疾病的发生。

二、治疗性克隆的策略和途径

（一）核移植胚胎干细胞全能性的体外维持和定向分化

人干细胞要应用于克隆性治疗,有两个问题亟须解决。

1. 胚胎干细胞全能性的长期维持   胚胎干细胞在培养过程中很容易自发性地分化成各种类型的细胞。要保持胚胎干细胞的全能性,在培养时可以利用一些分化抑制因子,近年在研究 ESC 的培养条件时发现了一些促进 ESC 分裂生长和抑制其分化的因子(表 2-15-3)。影响 ESC 增殖生长和抑制其分化的因子很多,常用的抑制 ESC 分化的因子是白血病抑制因子(leukaemia inhibitory factor,LIF)、碱性成纤维细胞生长因子(basic fibroblast growth factor,bFGF)等,在培养基中去除这些因子,ESC 会自发分化。利用这些因子对 ESC 的影响,维持 ESC 在体外的增殖和多能性,为以后诱导其分化和治疗性克隆提供稳定的细胞来源。

目前人胚胎干细胞(hESC)的培养体系有 2 种,一是含饲养层培养体系,早期使用丝裂霉素 C 或 γ 射线灭活的小鼠胚胎成纤维细胞(mouse embryonic fibroblast,MEF)作为饲养层,至今仍是 hESC 培养常见的体系。但 MEF 在体外培养代次有限,且为鼠源性物质,临床应用有安全隐患。为避免异源污染,现尝试用人羊水间充质干细胞、骨髓间充质干细胞、成纤维细胞等作为饲养层。二是无饲养层培养体系。利用层粘连蛋白、Matrigel 作为基质胶,用于 hESC 的培养。

另外有研究表明,胚胎干细胞的分化是由分化子代细胞通过细胞间的诱导信号产生的,因此可以通过建立特异性的胚胎干细胞选择系统来保持其全能性,如重组标记基因 Oct4neofos 中包含 Oct4 基因启动子和编码新霉素磷酸转移酶片段,这种重组基因只在未分化的胚胎干细胞中表达,而在分化 ESC 中表达水平很低,在选择培养液中加入

新霉素,由于分化 ESC 不能耐受新霉素而死亡,使得未分化 ESC 得以生长。

表 2-15-3 ESC 的调节因子

名称	作用
视黄酸	对 ESC 有促分化作用
白血病抑制因子(LIF)	通过 I 类 CK 受体 LIF-R 和 gp130 异二聚体的介导,最终通过激活 STAT3 转录因子激活靶基因,维持 ESC 体外生长,抑制其分化
碱性成纤维细胞生长因子(bFGF)	bFGF 促进 ESC 生长;FGF-4 促进滋养层前体细胞增殖,抑制其分化
细胞转录因子 Oct4、NANOG、Sox2、Tcf3	促进 ESC 生长,抑制 ESC 分化
骨形成蛋白(BMP)	与 LIF 协同作用,抑制 ESC 分化

2. ESC 的定向分化和分离纯化 ESC 可以向三种胚层细胞中的任何一种分化。对于哪些因素能定向诱导 ESC 分化和作用机制尚不完全清楚,但已发现一些因子促使胚胎干细胞向某一方向分化。维生素 C、维生素 E、EPO、IL-2、IL-3、GM-CSF、M-CS 能调节 ESC 向各种血细胞发育;BMP4 能诱导 ESC 表达心肌 β 球蛋白基因;TGF-β 和 activin-A 抑制 ESC 向内胚层和外胚层分化,允许 ESC 分化为中胚层细胞;bFGF、BMP-4 和 EGF 允许 ESC 分化为外胚层和中胚层细胞;RA 能诱导 ESC 向神经元分化,FGF-4 能促使 ESC 向肝细胞分化。

ESC 在体外培养中,可以向肝细胞方向分化。Miyashita H 用 RT-PCR 分析实验揭示 ESC 在体外贴壁培养和分化形成类胚体时,在类胚体的边缘可检测到肝脏形成的早期和晚期基因的表达,这为研究肝脏的形成机制和 ESC 用于肝脏疾病的治疗提供了基础。为了进一步观察 ESC 向肝细胞分化的情况,将肝细胞核因子3(HNF3β)转染入 ESC 形成类胚体 5 天后,移入贴壁培养体系,7 天后,免疫组化方法检测到白蛋白的分泌,在没有转染 HNF3β 的对照组 ESC,白蛋白检测呈阴性,此外 RT-PCR 显示,ES^{HNF3+} 细胞在分化过程中 AFP、α_1-抗胰蛋白酶等肝细胞相关基因均表达。

由于 ESC 经过各种因子诱导分化,最终形成的常常是多种类型细胞的混合物,而非单一类型的细胞,因此有效地分离目的细胞是非常重要的,否则会有潜在的危险,因为 ESC 在体内有可能形成畸胎瘤。ntESC 定向分化后,在治疗前必须经过细胞的纯化。利用基因转染技术、同源重组技术等获得细胞特异性标志,结合选择性培养系统、流式细胞分析技术、免疫磁珠吸附技术等可以将目的细胞选择出来,常用的方法有细胞诱捕法、抗体捕获方法等。利用细胞诱捕法,从分化的 ESC 中分离出分泌胰岛素的细胞,从 ESC 中分离到心肌细胞,纯度大于 99%。ESC 抗体捕获法是利用抗体与抗原特异性结合的原理,在不改变细胞原有基因结构的基础上也能高效地捕获到目的细胞,无任何潜在的危险。

以绿色荧光蛋白(enhanced green fluorescent protein,EGFP)结合流式荧光细胞分选技术(fluorescence-activated cell sorting,FACS)为例说明纯化 ESC 分化的神经前体细胞。tau 基因表达一种微管结合蛋白,这种蛋白特异性地表达在神经细胞中。将 EGFP 的 cDNA 基因通过同源重组或基因转染的方法插入 tau 基因的外显子 1 的基因框内。ESC 在诱导分化为神经细胞后,在胞质内表达一种包含 EGFP 的融合蛋白,呈现很强的绿色荧光,利用 FACS 技术可以将其分离,而非神经细胞则不表达这种融合蛋白。

(二)治疗性克隆的治疗途径

根据 ntESC 的分化情况,治疗途径有 ESC 原位替代治疗和定向分化细胞替代疗法。原位移植中,体内可以为 ESC 生长和分化提供良好的微环境,减少细胞在体外培养过程中的死亡丢失,在特定的器官环境内有利于 ESC 的分化。将小鼠 ESC 直接植入四氯化碳损伤 24 小时后的小鼠肝脏内,这些转染有绿色荧光蛋白的 ESC 迁移入受损伤的肝组织内,表现出肝细胞特征,修复了受损肝细胞的功能。这些细胞在体外的生长形态与典型的成熟肝细胞的形态一致,能表达肝细胞的特异性基因产物。缺点是某些 ESC 有可能发生癌变。为了降低这种风险,在 ESC 中转入“控制系统”,如将含有白喉毒素(DTA)的四环素(TCN)诱导性控制载体转入 ESC 中,给予四环素后,能选择性地诱导 DTA 的表达,杀死可能恶变的 ES 来源的细胞。

核移植干细胞体外定向分化后用于治疗比 ESC 原位移植更易于调控,应用的范围更广,不仅可以在体内植入,对于那些已经失去体内治疗机会的患者,也可以在体外产生治疗作用。如将 ES 来源的肝细胞应用于人工肝系统,将会大大提高目前人工肝系统的效率。

三、治疗性克隆研究的进展

治疗性克隆将为替代性治疗提供良好的、丰富的、持久的细胞、组织和器官来源,可用于治疗多种疾病,如帕金森病、阿尔茨海默病、脊髓损伤、卒中、烧伤、心脏病、糖尿病、骨关节炎和类风湿性关节炎等。

随着 ESC 体外培养技术和体外定向诱导分化技术的不断提高,在治疗性克隆的动物模型研究方面已取得了一些成绩。Brustle 等将体外分化的小鼠 ESC 来源的树突状细胞和星形细胞的前体细胞,移植到髓鞘缺陷的模型大鼠脊髓神经节的背侧,发现树突状细胞的前体细胞能在宿主神经轴突周围长出髓鞘。形成髓鞘的移植细胞不只是局限在移植的部位,而且可向纵深和横向扩展。髓鞘层的重新出现有可能恢复病损的神经功能。实验证明,用 ESC 产生的神经胶质前体细胞可以用于修复神经轴突外的髓鞘系统。将 ESC 衍生来的分泌胰岛素的细胞移植到 STZ(streptozocin)诱导的糖尿病小鼠脾内,1 周后模型鼠的高血糖得到了纠正,而对照组假手术的糖尿病小鼠高血糖未得到改善。2018 年,Dieter Egli 研究小组,将来自 1 型糖尿病患者的体细胞 ntESC 在体外诱导分化成 C 肽阳性的细胞移植入免疫缺陷小鼠体内,移植细胞在体内能够分泌胰岛素，并且维持小鼠的正常血糖水平。上述实验说明，由 ESC 分化来源的体细胞可以修复或替代动物体内病损的组织，恢复其正常的生理功能。ntESC 为自体细胞移植治疗提供了可行性。治疗性克隆的动物模型研究的成功证明人治疗性克隆的可行性，为治疗性克隆在临床上应用提供了可靠的实验依据。

四、问题与展望

治疗性克隆为解决生物医学领域的诸多问题开辟了一条崭新的道路，其研究应用也拓展到其他相关领域。由于大多数哺乳动物类的胚胎发育过程非常相似，应用同样的技术，将会促进畜牧业、制药业等方面的蓬勃发展。但克隆性治疗目前存在许多问题，使克隆性治疗用于临床治疗尚有很多困难需要克服。

(一) 核移植技术问题

即克隆成功率非常低。实验数据显示，在同种核移植中，不同组织体细胞核移植发育成个体的成功率：小鼠脑、足细胞 0，绵羊乳腺细胞 0.23%，小鼠卵丘细胞 1.2%~1.6%，牛输卵管上皮细胞 2%，牛卵丘细胞 5%；而异种核移植发育成个体的成功报道至今仍属罕见。因此影响克隆胚胎发育过程中的关键环节和因素还有待于进一步的认识。近年来，单细胞测序技术有望深化我们对核移植胚胎重编程过程的理解，揭示 DNA 甲基化、组蛋白修饰等表观遗传作用的精确调控机制，提高核移植技术的效率。

(二) 干细胞技术

尽管哺乳动物干细胞研究取得了很多成绩，但还有一些问题困扰着人们，比如，目前对于干细胞的体外增殖和分化研究只是经验性的，干细胞的分化受哪些因素的调控，如何影响其分化增殖，异种核移植干细胞在体外分化过程中印记基因能否得到正确表达等。

(三) 伦理问题

争论的焦点主要集中在以下方面：能否用具有生物学意义上的"人"胚胎作治疗用途？通过克隆人类胚胎，提取干细胞或分化出某些器官治疗某些严重的疾病，是有利的；

但同时又破坏了人类胚胎，违背了不伤害的原则。关于利用动物去核卵子与人体细胞融合而产生胚胎来提取干细胞的伦理问题，也是争论的一个焦点。人畜细胞不可避免地结合和相互作用侵犯了生命的尊严。世界发达国家政府对克隆技术都采取了比较谨慎的态度。目前绝大多数的国家和组织禁止克隆技术用于人类生殖领域。随着核移植技术本身的完善和改进，以及人们对克隆性治疗的深入认识，在健康和伦理、道德与法律之间的争论逐渐达成共识。美国政府允许科学家使用人类胚胎进行治疗性克隆研究，但同时禁止以培育婴儿为目的的再生性克隆的人类胚胎克隆，政府基金不能用于资助体细胞核移植研究。治疗性克隆直接服务于人类疾病治疗，比克隆完整动物更有意义，相信治疗性克隆的逐渐应用，必将在生物医学上开辟一个新疆界。

人胚胎克隆面临的许多伦理问题，也可用其他途径解决，并且规避伦理风险。如图 2-15-4 给出了 3 种可能的方法：第一种方法，来自患者自身的健康细胞在体外转分化（从一种细胞组织形态转变为另一种组织细胞）为需要的细胞后，再回输患者体内。转分化现象在两栖类和鸟类动物中存在，而在哺乳动物中极少发生，视网膜细胞和胰岛细胞可能存在转分化能力，其机制不清楚。2006 年，日本 Shinya Yamanaka 等用 4 个转录因子：Oct4、Sox2、Klf4 和 c-Myc 成功建立诱导多能干细胞（induced pluripotent stem cell，iPSC），完成体细胞重编程向 iPSC 的转化，解决了干细胞临床应用的来源和伦理限制，开辟了再生医学的全新领域。此后大量报道采用 iPSC 技术获得患者特异性多能干细胞，用于遗传病的治疗研究。2013 年，北京大学邓宏魁课题组利用小分子化合物诱导小鼠体细胞重编程为 iPSC，实现了 iPSC 技术革命性的突破。第二种方法，利用患者自体干细胞，将自体造血干细胞移植至病变部位，替代损伤或失去功能的细胞。难点在于自体干细胞获得困难。第三种方法，直接用患者体细胞核移入去核的干细胞，去分化获得 ESC。这种方法目前技术难度仍然较大。2019 年，日本学者提出"细胞拓扑重连技术"（cell-cell topological reconnection technique）概念，如图 2-15-5 所示，利用微流

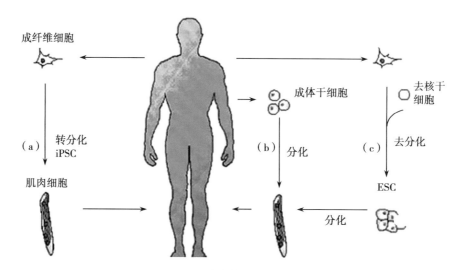

图 2-15-4 克隆性治疗的替代途径

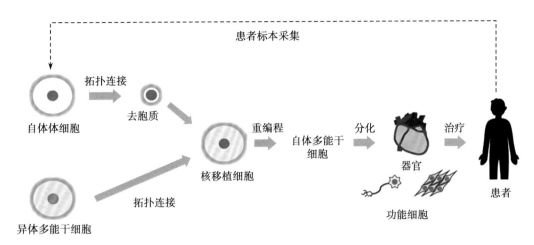

图 2-15-5　基于"细胞拓扑重连技术"的克隆治疗

体系,对单个细胞进行"手术"操作,将干细胞的胞质反向"注入"去胞质体细胞,完成体细胞的重组,使其获得多能性。这项技术简化了传统的核移植复杂的手工操作过程,为治疗性克隆提供了一种新的方法。

(万东君　王春雨)

参考文献

[1] 贾战生. 肝病细胞治疗基础与临床. 北京:人民卫生出版社,2005.

[2] 杨旭琼,吴珍芳,李紫聪. 哺乳动物体细胞核移植表观遗传重编程研究进展. 遗传,2019,41(12):1099-1109.

[3] 陈枕枕,牛昱宇. 人胚胎干细胞建系的研究进展. 生命科学,2018,30(8):906-910.

[4] 陈建泉,沙红英,成国祥. 治疗性克隆研究进展. 中国实验动物学报,2007(5):390-394.

[5] Byrne JA,Pedersen DA,Clepper LL,et al. Producing primate embryonic stem cells by somatic cell nuclear transfer. Nature,2007,450(7169):497-502.

[6] Czernik M,Anzalone DA,Palazzese L,et al. Somatic cell nuclear transfer:failures,successes and the challenges ahead. Int J Dev Biol,2019,63(3-4-5):123-130.

[7] Gao R,Wang C,Gao Y,et al. Inhibition of aberrant DNA re-methylation improves post-implantation development of somatic cell nuclear transfer embryos. Cell Stem Cell,2018,23(3):426-435.

[8] Hou P,Li Y,Zhang X,et al. Pluripotent stem cells induced from mouse somatic cells by small-molecule compounds. Science,2013,341(6146):651-654.

[9] Hu J,Wang J. From embryonic stem cells to induced pluripotent stem cells-Ready for clinical therapy? Clin Transplant,2019,33(6):e13573.

[10] Kanda S,Shiroi A,Ouji Y,et al. In vitro differentiation of hepatocyte-like cells from embryonic stem cells promoted by gene transfer of hepatocyte nuclear factor 3 beta. Hepatol Res,2003,26(3):225-231.

[11] Liu Z,Cai Y,Wang Y,et al. Cloning of macaque monkeys by somatic cell nuclear transfer. Cell,2018,174(1):245.

[12] Ma H,O'Neil RC,Marti Gutierrez N,et al. Functional human oocytes generated by transfer of polar body genomes. Cell Stem Cell,2017,20(1):112-119.

[13] Matoba S,Zhang Y. Somatic Cell Nuclear Transfer Reprogramming:Mechanisms and Applications. Cell Stem Cell,2018,23(4):471-485.

[14] Niemann H. Epigenetic reprogramming in mammalian species after SCNT-based cloning. Theriogenology,2016,86(1):80-90.

[15] Okanojo M,Okeyo KO,Hanzawa H,et al. Nuclear transplantation between allogeneic cells through topological reconnection of plasma membrane in a microfluidic system. Biomicrofluidics,2019,13(3):034115.

[16] Sui L,Danzl N,Campbell SR,et al. β-cell replacement in mice using human type 1 diabetes nuclear transfer embryonic stem cells. Diabetes,2018,67(1):26-35.

[17] Tachibana M,Amato P,Sparman M,et al.Human embryonic stem cells derived by somatic cell nuclear transfer. Cell,2013,153(6):1228-1238.

[18] Takahashi K,Yamanaka S. Induction of pluripotent stem cells from mouse embryonic and adult fibroblast cultures by defined factors. Cell,2006,126(4):663-676.

[19] Wilmut I,Bai Y,Taylor J. Somatic cell nuclear transfer:origins,the present position and future opportunities. Philos Trans R Soc Lond B Biol Sci,2015,370(1680):20140366.

[20] Yamada M,Johannesson B,Sagi I,et al. Human oocytes reprogram adult somatic nuclei of a type 1 diabetic to diploid pluripotent stem cells. Nature,2014,510(7506):533-536.

[21] Yu L,Wei Y,Duan J,et al. Blastocyst-like structures generated from human pluripotent stem cells. Nature,2021,591(7851):620-626.

[22] Vargas LN,Silveira MM,Franco MM. Epigenetic Reprogramming and Somatic Cell Nuclear Transfer. Methods Mol Biol,2023,2647:37-58.

[23] Buckberry S,Liu X,Poppe D,et al. Transient naive reprogramming corrects hiPS cells functionally and epigenetically. Nature,2023,620(7975):863-872.

第十六章 生物组织工程

提要：生物组织工程融合了细胞生物学、工程科学、材料科学和外科学等知识，构建成具有功能的组织和器官，为器官移植供体短缺问题带来了希望。本章共 7 节，从组织工程的原理及技术、组织工程研究的特征、生物反应器、体外生物人工肝、三 D 打印技术、肝脏组织工程和其他器官的组织工程等方面，介绍各系统组织工程。

组织工程（tissue engineering）的概念是 1987 年美国国家科学基金会正式提出的。它是应用工程学和生命科学的原理，开发用于恢复、维持及提高受损伤组织和器官功能的生物学替代物的科学。组织工程学作为一门多学科交叉的新兴前沿学科，融合了细胞生物学、工程科学、材料科学和外科学等知识。组织工程的研究内容包括：种子细胞的性质；细胞外基质替代物（生物材料支架）的性质及选取；种子细胞和细胞外支架材料的相互作用；认识哺乳动物正常和病态组织或器官结构和功能关系，以研究工程组织对机体内各种病损组织的替代。在组织工程研究中，利用细胞生物学、分子生物学和材料科学等学科的最新技术，建立由细胞和生物材料构成的三维空间复合物是其核心内容；具有一定数量和正常功能的组织细胞群作为"种子细胞"在体内发挥细胞替代功能是其关键环节；而由生物材料制成的具有特定空间结构的支持物则是细胞获取营养、气体交换和排泄废物等的场所，也是形成新的具有一定形态和功能的组织、器官的物质基础。组织工程的诞生与发展为人类再造各种人体组织和器官、解决棘手的器官移植供体短缺问题带来了希望，同时也推动了医学科学的发展，是未来生物医学研究的热点。

第一节 组织工程的原理及技术

组织工程的基本原理和技术是利用组织细胞的体外培养原理、借助生物工程及材料技术，构建具有功能的组织和器官，因此，组织工程的关键是体外细胞培养与生物材料的结合。

在组织生长发育过程中，不同的细胞是通过一定的机制聚集并分化，形成有功能的整体。构建组织工程器官的原理是，在对相应器官、组织的细胞进行体外培养时，应用工程学的方法和手段操纵这一复杂过程，使其具有组织、器官的一切生理功能，为相关疾病的治疗提供有力保证。

目前，体外构建含活细胞成分的工程组织、器官的核心方法是首先分离自体或异体组织细胞，经体外扩增达到一定的细胞数量后，将这些细胞种植在预先构建好的聚合物骨架上。这种骨架提供了细胞生长的支架（scaffold），在适宜的生长条件下，细胞沿聚合物骨架迁移、铺展、生长和分化，最终发育成具有特定形态和功能的组织工程器官。这一技术的关键是细胞在体外培养过程中，通过模拟体内组织生活的微环境，使细胞正常生长和分化。主要包括三个关键步骤：①大规模扩增从体内分离细胞；②将细胞种植在聚合物支架上，通过支架的内部结构与表面性能的优化设计，在细胞材料及细胞-细胞的相互作用下，诱导细胞分化；③采用灌注培养系统，维持稳定的环境条件，使工程组织维持长期的分化状态。图 2-16-1 是细胞分离和培养过程示意图。根据这一程序，已成功地在体外培养了人工软骨、皮肤、肾上腺等多种组织器官。

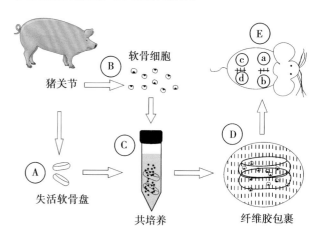

图 2-16-1 细胞分离和培养过程示意图

一、生物材料技术

从蛛丝到胞外基质蛋白来源的材料给生物材料支架提供了良好的样本。自然产生的生物材料支架（如胶原蛋白）经化学修饰后，可赋予人们合意的特性。但是，自然界仍然是最完美的材料工程师，而对可塑性的需求又激励人类材料工程师进行合成材料的研究和开发。因此，生物相容性的合成材料正越来越多地用作生物材料支架，如自我组装的多肽、有机多聚物、无机材料或混合的同聚物等已用于制造人工生物材料的支架。近年来，对控制生物材料几何特性的重要性也有了充分的认识。为了诱导合适的细胞分化，就必须存在具有促进"细胞-基质"和"细胞-细胞"

间几何结构形成的物理特性的基质。对生物材料的最大要求是不能引发宿主强烈的免疫排斥反应(材料的生物相容性)。

随着对材料与生物体相互作用机制的深入研究,这一概念已发展到材料的生物活性,且可诱导宿主组织再生的有利反应。体外构建组织或器官需要应用外源的三维支架,这种聚合物支架的作用除了在新生组织完全形成之前提供足够的机械强度外,还包括提供三维支架,使不同类型细胞可以保持正确的接触方式,以提供特殊的生长及分化信号,细胞才能进行正确的基因表达和分化,从而形成具有特定功能的新生组织,并且可参与工程组织与受体组织的整合。

构建支架的材料包括天然材料(natural material)和合成材料(synthetic material)。几种自然来源的动物产物,如基于胶原蛋白的生物支架,以及它们的衍生物和生物相容性同聚物,已用于细胞吸附的支架。但是,对所有动物来源的生物材料来说,一个潜在的问题是它们可能携带危险的病原体。如朊病毒是一种细胞内蛋白质,能够跨物种传播,亦为疯牛病的病原体。伴随着朊病毒跨物种传播到人类,介导传播性海绵状脑病(transmissible spongiform encephalopathies,TSE)。尽管用极端的pH值或温度可以摧毁许多致病因子,但是朊病毒对化学或物理降解具有极端的抵抗力。其他病毒也可能在动物来源的生物材料中作为病原体而携带。合成材料可以很容易地加工成不同的形态结构,在设计制造的过程中能对材料的许多性能进行控制,包括机械强度、亲水性、降解率等。与之相比,天然材料不易提取和加工,而且材料的物理性可能受到限制,但天然材料具有特殊的生物活性,并且通常不易诱发受体的免疫排斥反应。因而材料的优化设计途径是将化学合成的高分子材料与天然成分偶联在一起形成的杂合材料。合成材料具有高机械强度、可降解及易加工等性能,而天然成分包含细胞表面受体的特异识别位点,在调控细胞生长发育方面具有特异生物活性,这对于构建复杂的组织具有重要作用。

(一)合成生物材料的生物兼容性

合成生物材料能将携带生物源性的病原体或污染物的危险降低到最低程度。在控制药物释放、组织修复和组织工程等方面,合成的生物材料展示了诱人的特性。近年来,研制开发的合成生物材料取得了体内生物兼容性的可喜进步。合成生物材料最大的优点是它们能被设计成符合人们特定需要的东西。通过插入能促进细胞吸附的生物活性基序(motif),提高设计的可塑性。例如,细胞黏附基序精氨酸、甘氨酸和天冬氨酸是整合素即细胞黏附受体的配体。在某些情况下,合成的生物材料由自然产生的如氨基酸等小分子的多聚物组成。其碱性单元表现出良好的生理兼容性和最小的细胞毒性,并且来自生物分子的生物材料的降解产物能插入至新合成的生物分子或在宿主体内被代谢。其他合成的生物材料由体内不存在的诸如陶瓷的物质分子组成。这些材料(例如骨组织替代材料)表现出如高抗拉性等令人满意的特性。

(二)理想的细胞外基质骨架的要求

理想的细胞外基质骨架应符合下列要求:①表面相容性:支架的表面特性在细胞黏附和生长中起重要作用。表面化学特性和表面微结构能使细胞黏附和生长,并为细胞生长、增殖、分泌基质提供良好的微环境,并且能很好地维持和促进细胞的表型表达。②生物相容性:植入体内后,高分子材料及其降解产物不会引起炎症、移植排斥反应及毒副作用。③可塑性:易于复杂操作,可加工成三维结构,一旦植入体内,仍可保持形态。④结构相容性:渗透性至少达到90%,增加材料空隙率可增大材料表面积与体积之比,保证细胞与支持性材料的作用能大面积进行,以提供足够的空间,使细胞在支架上均匀分布、生长、分泌基质,并维持已分化细胞的功能。精确合理的材料结构设计有利于细胞附着、营养成分的渗入和细胞代谢产物的排出。⑤生物降解性:在组织形成过程中逐渐被分解、吸收,不影响新形成组织的结构和功能。⑥降解的可调节性:高分子支架的降解速度与不同组织的再生速度相匹配,在完成组织再生后,高分子材料能立即被机体降解吸收,彻底被天然组织所代替。⑦具有一定的力学性能及可消毒性:支架结构具有合适的硬度、强度和弹性,以维持细胞和组织赖以生存的空间,直到新生组织产生自支架系统。

(三)可控制组织生长发育的聚合物支架

聚合物支架在三个尺度范围可以控制组织的生长发育过程:①决定工程组织总的形状和大小;②支架孔隙的形态结构和大小,调节细胞迁移与生长;③用于制造支架材料表面的化学性质,调节与其相接触细胞的黏附、铺展与基因表达过程。

目前已开发的天然高分子材料主要有明胶、海藻酸盐、甲壳素、毛发、血管、脉管、脱水胶原及天然珊瑚等;合成分子材料主要有聚乳酸、聚羟基乙酸、聚羟基酸与聚乳酸的共聚物(copolymers of lactic and glycolic aid,PLGA)、聚原酸酯、聚磷酸酯、聚酸酐等;有机材料与无机材料的复合物主要有羟基磷灰石-甲壳素复合物、羟基磷灰石-聚乳酸复合物。应用最多的化学合成的生物降解性高分子材料主要是聚乳酸及聚羟基乙酸等,并形成了多个品种,有未经编织的单纤维合成材料、经编织的网状合成材料、具有包囊的多孔海绵状材料等。随着材料科学的不断发展,在组织工程器官的研究中,支持细胞培养的新型材料将会不断出现。

另外,最近还发现了一类由自我组装的寡肽组成的生物材料。

(四)两性寡肽组成生物材料支架

这些生物材料支架的成分是自我互补的两性寡肽组成,它们有规则的重复单位:带正电的氨基酸残基(赖氨酸或精氨酸)和带负电的氨基酸残基(天冬氨酸或谷氨酸)被亲水性残基(丙氨酸或亮氨酸)分开。自我互补的两性寡肽包含50%的带电残基,并且以交替的离子亲水性和不带电的疏水性氨基酸的周期重复为特征。如RAD16-Ⅰ(以单个字母代替氨基酸,其序列为AcN-RADARADARADARADA-CNH2)和RAD16-Ⅱ(其序列为AcN-RARADADARARADADA-CNH2)。尽管RAD16-Ⅰ和RAD16-Ⅱ长度相同,氨基酸数目也相同，但是 RAD16-Ⅰ有（RADA）n 的空间模式（其中 n 代表重复数），而 RAD16-Ⅱ只有两个（RARADADA）n 的空间模式。等浮力（在溶液中自由漂浮，既不下沉也不升至表面）的基质支架能被编织成有相对黏稠的各种各样的几何形式，要么像带子，要么像线条，要么成片状。肽和盐浓度，连同处理仪器的维数，决定了宏观基质的几何结构和维数。圆二色性分光镜显示，基于 RAD、ELK 和 EAK 的具有如前描述的典型周期性的肽链，在水溶液中展示出强大的β片层二级结构。这些新发现的生物材料为生物组织工程的研究和应用增添了活力，相信随着工程学和生物学等的发展，更好、更理想的生物支架材料将不断被开发出来。

二、细胞培养系统技术

体内组织的生长发育过程是在一定的内环境条件下进行的。常规的体外单层培养方法不能提供组织正常生长发育所需的环境条件，通常的后果是细胞发生分化现象，培养的细胞不仅失去了正常形态，而且失去其生化和功能性质。用于组织工程培养系统的设计原则是通过模拟体内环境，提供工程组织生长发育所必需的生化条件，并针对不同组织提供细胞分化所需的特殊条件。实现这一目的，除了要保证细胞的生长外，还需要根据所培养的组织类型，设计模拟组织生长发育的微环境，促进不同的细胞分化。

与单层细胞培养相比，三维组织培养通常含有很高的细胞密度，需要频繁换液，以保持营养环境的稳定。因此，在培养系统的设计中，通常采用灌注培养方式来维持 pH 值和营养物质的稳定，这种培养方式也避免了在对工程组织的长期培养过程中，由于换液操作而带来的污染风险。具体操作方法请参考相关书籍，在此不再赘述。

第二节　组织工程研究的特征

组织工程的基本原理是将体外培养、扩增的正常组织细胞，吸附于一种生物相容性良好并可被机体吸收的生物材料上形成复合物，将细胞-生物材料复合物植入机体组织、器官的病损部位，细胞在生物材料逐渐被吸收的过程中，形成新的具有特定形态和功能的相应组织、器官，达到修复创伤和重建功能的目的。因此，细胞、生物材料及培养系统的选择是组织工程研究的主要特征。

一、细胞来源

（一）种子细胞的来源分类

建立一个可靠的细胞来源是组织工程的关键。组织工程中，重要的因素是种子细胞的来源。种子细胞为支架材料提供生命源泉，并能形成组织的功能细胞。

依据其来源可分为自体、同种异体和异种细胞 3 种。①自体细胞：可由活检或穿刺所得到的组织，进行分离培养，获得所需的功能细胞。②同种异体细胞：主要来自胚胎、新生儿或成体组织。③异种细胞：主要来自猪、牛等动物。其中干细胞研究最为突出。机体细胞都表达一定的抗原性，特别是内皮细胞具有强烈的同种异体原性，所以组

织工程细胞一般采用自体组织细胞，这一点人们已经达成共识。构建组织工程的细胞应是：容易培养，黏附力强；分子结构和功能与正常组织细胞相似；临床上易取得，具有实用性。

（二）理想细胞应具备的特征

从生物工程学角度看，用于组织工程器官的理想细胞应具有以下特征：①人源性；②表型正常；③易于获得；④易于培养，且能迅速生长至高密度；⑤保持良好分化状态的时间应为数天至数周；⑥具有成熟细胞的所有生物代谢功能。理论上讲，自身或正常人细胞用于组织工程最为理想。但在实际工作中，自身或正常人细胞来源较为困难，例如在肝脏组织工程中，利用自身组织分离培养建立组织工程是不现实的（尤其是终末期肝病患者）。由于胎肝细胞可在体外继续分化增殖，且免疫原性较弱，很少引起异性蛋白反应，若用于组织工程，有望取得较好疗效，但其来源受限，也涉及伦理学问题，因此难以推广应用。

国外在肝脏组织工程研究中常使用的细胞有：猪、狗、兔、鼠等哺乳动物的肝细胞和肝肿瘤细胞株 Hep G2、人肝细胞株 HHY41、猪肝细胞株 HepLiu D63 等，其中猪肝细胞是目前使用最多的细胞，由肝肿瘤细胞或正常肝细胞转化而来的肝细胞株具有正常肝细胞的某些主要功能，且在体外培养时增殖能力强，可迅速达到肝脏组织工程研究所需的细胞数量，但其移植后的安全性问题尚未解决。因此，目前的各种细胞来源均存在一定的弊端。

（三）干细胞作为组织工程的细胞来源前景广阔

近年来，一种新的潜在性细胞来源——干细胞日益受到研究者的重视。

1. 胚胎干细胞（ESC）　具有发育的多能性，可从早期胚胎的原始胚胞及原始生殖细胞中分离培养获得。ESC 可分化为各种组织所需要的细胞，有望以此来解决组织工程所需的细胞。按照组织工程对细胞材料的要求，干细胞最符合条件，可在体外诱导分化成各种细胞并大量增殖，而且源于人胚胎，无异性排斥反应，不存在肿瘤基因整合等后顾之忧。由于人 ESC 的细胞培养条件特殊，虽然可以用多种诱导物质定向诱导分化，但要成为组织工程种子细胞还有很多科学问题有待研究解决。这一研究已在小鼠和羊的实验中获得成功，在人的治疗性克隆研究方面也已取得十分突出的进展。如果获得成功，将为组织工程的构建提供无抗原性、分裂增殖能力强、功能活跃的新型种子细胞。

2. 成体干细胞（ASC）　在 20 世纪 90 年后期，ASC 的可塑性才被人们认识。现在已经知道，不仅骨髓组织中存在的间充质干细胞（MSC）在一定条件下，可向成骨细胞、软骨细胞、成肌细胞、脂肪细胞、成纤维细胞等分化，而且在其他组织如皮肤、肝、神经等也存在干细胞，这些干细胞还存在相互转化的现象。有研究表明，左心辅助装置的内腔有单层内皮细胞形成，提示在血液系统中存在内皮细胞的前体细胞。Shi 等成功地在外周血、脐血、骨髓中分离提纯 CD34⁺内皮细胞前体细胞——成血管细胞，在体外加入纤维生长因子、胰岛素样生长因子-1、血管内皮生长因子，诱导并使之分化成内皮细胞。通过建立狗骨髓移植模型，证

明这些 CD34$^+$细胞来源于骨髓,可以在植入的瓣膜表面形成单层内皮细胞层。

利用 MSC 进行组织工程研究有以下优势:①取材方便,且对机体无害,MSC 可取自自体骨髓,简单的骨髓穿刺即可获得;②MSC 取自自体,由它诱导而来的组织在进行移植时不存在组织配型及免疫排斥问题;③MSC 分化的组织类型广泛,理论上讲,它能分化为所有的间充质组织类型,如软骨、脂肪、肌肉及肌腱等。目前用于分离 MSC 的方法主要有:密度梯度离心法、贴壁筛选法和流式细胞仪分离法三种。尽管目前的研究才刚刚开始,这两种细胞却已显现出巨大的潜能,有可能取代成人血管种子细胞,成为最理想的组织工程细胞。

3. 诱导多能干细胞(iPSC)　第九章中专门叙述。

二、生物材料

如前所述,组织工程的生物材料已开发出多种,但应用于组织工程研究中的生物材料为数尚少。组织工程研究中应用的生物支架材料作为组织工程研究的人工细胞外基质(ECM),为细胞的停泊、生长、繁殖、新陈代谢、形成新组织提供支持。

(一) 组织工程的生物材料种类

目前研究较多的有以下几种:①可降解高分子材料:国内外研究较多的是聚羟基乙酸(PGA)、聚乳酸(polylactic acid,PLA)、聚羟基乙酸与聚乳酸的共聚物(PLGA)、聚乙烯乙醇(ployvinyl alcohol,PVA)多孔海绵等。这些材料具有可标准化生产、可降解、细胞相容性好等优点,但其酸性降解产物有可能对细胞的活性产生不利影响,同时其亲水性、细胞相容性、力学强度等均尚待改进。②陶瓷类材料:目前研究较成熟的是多孔羟基磷灰石(HA)、磷酸三钙等。这类材料生物相容性好,有一定强度,是骨的无机盐成分,常用作骨组织工程的支架材料。但由于它们降解慢,脆性大,降低了这类材料的实用性。③复合材料:将有机材料如 PGA 与无机材料如 HA 复合,或将 HA 与胶原、生长因子如骨形态发生蛋白(BMP)复合形成复合材料,可克服单纯材料的缺点,具有强度高、韧性好的优点,目前已广泛应用于临床。④生物衍生材料:生物组织经过处理后获得的材料称为生物衍生材料。来源于人体的生物衍生材料保留了正常的网架结构,组织相容性好,是较为理想的组织工程支架材料,如胶原凝胶、脱细胞真皮构建组织工程皮肤,纤维蛋白凝胶构建组织工程软骨等。脱细胞、去抗原处理的生物衍生骨支架构建的组织工程骨已有临床应用个案报道。

(二) 复合材料的研究进展

通过具有不同性能材料的复合,可以达到"取长补短"的效果,有效解决材料的强度、韧性及生物相容性问题,是生物材料新品种开发的有效手段。提高复合材料界面之间的相容性是复合材料研究的主要课题。根据使用方式不同,研究较多的是:合金、碳纤维、高分子材料、无机材料(生物陶瓷、生物活性玻璃)、高分子材料的复合研究。此外,近几年对纳米材料(nanomaterial)或纳米复合材料的研究有了新的突破。纳米材料是颗粒尺寸在 1~100nm 的微粒,相继问世的有:纳米金属材料、纳米半导体膜、纳米陶瓷、纳米瓷性材料、纳米生物医学材料等,已广泛用于各个领域,其研究也得到了越来越多的重视。

(三) 三维结构的细胞支架材料是发展方向

组织工程细胞支架材料为细胞提供黏附、增殖、分化,进而为组织的形成提供三维结构。模仿天然的细胞外基质——胶原的结构,制成的含纳米纤维的生物可降解材料已开始应用于组织工程的体外及动物实验,将具良好的应用前景。国内清华大学研究开发的纳米级羟基磷灰石/胶原复合物在组成上模仿了天然骨基质中的无机和有机成分,其纳米级的微结构类似于天然骨基质。多孔的纳米羟基磷灰石/胶原复合物形成的三维支架为成骨细胞提供了与体内相似的微环境。细胞在该支架上能很好地生长并能分泌骨基质。体外及动物实验表明,此种羟基磷灰石/胶原复合物是良好的骨修复纳米生物材料。这已成为组织工程支架材料研究的方向之一。

聚乳酸(polylactic acid,PLA)材料是组织工程研究中常用的聚合物支架材料,采用特殊的颗粒滤过技术(particulate leaching technique)可使 PLA 形成多孔海绵状聚合物。此类多孔聚合物可促进纤维血管组织的形成,有助于植入体内的细胞和组织的进一步增殖。Mooney 等将不同比例的 PLA 或 PLGA 溶解在氯仿中,制成浓度为 10%~20% 的溶液,取 0.12mL 溶液载入聚四氟乙烯圆柱中,用 0.4g 氯化钠部分填充,制成 1mm 厚的海绵,然后将氯仿蒸发掉,再通过在蒸馏水中 37℃过滤 48 小时,将氯化钠析出,使用之前用光照射使乙烯氧化,达到消毒的目的。将分离肝细胞加入聚合物内培养后即可进行体内移植,植入体内 1~2 天后聚合物降解吸收,释放出肝细胞。

Kim 等在肝脏组织工程的生物材料研究中,采用三维印刷制作(three-dimensional printing,3DP)技术将 PLGA 制成合成微孔、3D 可降解聚合物。经 3DP 技术处理,混合有 45~150μm 大小氯化钠颗粒的 PLGA 粉末被重建成一系列很薄的薄片,经蒸馏水作用 48 小时后,盐结晶析出,产生 60% 的高孔隙率,微孔直径大小 45~150μm,将制备好的聚合物支架置于反应器内进行肝脏组织工程的研究。

三、细胞培养系统

组织工程细胞技术可分为三类:①分别提取、分别培养、分层种植:取来新鲜组织,对内皮细胞和间质细胞分别提取,然后各自培养,种植时先种间质细胞,再种内皮细胞。②混合提取、分别培养、分层种植:细胞提取时将内皮细胞和间质细胞一齐取下,体外将细胞分离,分别加以培养扩增,分层种植。③混合提取、联合培养、混合种植:两种细胞一并提取,不分离,联合培养,并一齐无序地种植到支架表面。上述方法中,哪种方法较好,目前尚无定论。

近年的研究发现,血管内皮细胞(EC)的多种功能是依赖剪切力的。剪切力作为一种调节因子,调节 EC 的基因表达。Kim 等提出了动态培养的概念,在旋转或震荡中培养,增加了细胞附壁的机会。研究发现,EC 在流动培养条件下生长良好,血管 EC 被拉长,其长轴方向与流场方向趋于一致。在不同流动培养方式的作用下,EC 能适应剪切力递增式和阶跃式增加的作用,阶跃式增加剪切力更加方便,在流动培养中切实可行。

肝脏组织工程的细胞培养不同于普通细胞培养,而与体外生物人工肝支持系统有相似之处。一般来说,三维结构的高密度、大规模培养是肝脏组织工程研究的基本技术和方法,符合这一技术要求的培养方法主要有悬浮高密度培养、中空纤维培养、高分子材料支架灌流反应器培养等。

(一) 悬浮高密度培养

属于悬浮高密度肝细胞培养的技术方法有微载体培养、球形体培养、微囊包裹培养和胶原凝胶固定培养等,这些方法在体外生物人工肝支持系统的构建中较为有效和可靠,同样也适合肝细胞移植和肝脏组织工程的研究。由于这些培养方法的特点是高密度、高活性、大量培养肝细胞,而且取用方便,故适合上述生物人工肝三个不同领域的研究与应用。悬浮高密度培养细胞的另一个十分重要的特征是培养的肝细胞呈三维立体结构,细胞之间建立了广泛的细胞联系,可以说是组织工程肝脏的雏形。唯独这种方式培养的肝细胞球/团块没有血管结构,中心营养等问题尚待解决。将上述培养方法与生物降解支架相结合,是肝脏组织工程研究的重要内容之一。

(二) 中空纤维管培养

中空纤维管培养的优点是,在有限的体积内提供巨大的肝细胞黏附和物质交换表面积,而且肝细胞间可相互紧密接触,有利于形成三维结构,肝细胞的功能可长期维持,尤其是纤维管腔内培养法,凝胶收缩后形成槽形管道输送物质,与体内肝细胞的生长环境非常相近,有利于肝细胞的增殖和生存。同时,营养肝细胞的培养液经槽形管道循环,使肝细胞能最大限度地长时间发挥作用。有人用 William-E 培养液在中空纤维小管内用鼠肝细胞进行培养,发现在 7 天的研究期内鼠肝细胞生长良好,具有很好的功能表达,每个肝细胞平均产白蛋白 0.6pg/h,清除利多卡因 0.74pg/h,培养结束时通过电镜观察到培养的肝细胞中具有存活肝细胞特有的超微结构:胆管、细胞间连结、过氧化物酶、线粒体等结构。

整个中空纤维管于培养箱中进行培养,培养液中的营养物质通过管壁上的微孔与培养的肝细胞进行物质交换,当培养的肝细胞增殖到一定数量时,将培养液换成血液后可进行生物人工肝支持治疗。肝细胞产生的凝血因子、促肝细胞生长因子等通过微孔进入患者血液,而患者血液中的毒性物质也可通过微孔由培养的肝细胞进行代谢,用中空纤维管培养肝细胞型生物人工肝辅助治疗动物和人的急性肝衰竭均取得了较好的肝支持效果。另外,中空纤维管肝细胞还具有交换时间长、效率高和取用方便等优点,是目前广泛应用的方法。

(三) 高分子材料支架灌流培养

灌流培养(perfusion culture)是把细胞和培养基一起加入反应器后,在细胞增长和产物形成的过程中,不断地将部分条件培养基取出,同时又连续不断地灌注新的培养基。它与半连续式操作的不同之处在于取出部分条件培养基时,绝大部分细胞均保留在反应器内,而半连续培养在取培养物时同时也取出了部分细胞。

灌流培养常使用的生物反应器主要有两种形式。

一种是用搅拌式生物反应器悬浮培养细胞,这种反应器必须具有细胞截流装置,细胞截留系统开始多采用微孔膜过滤或旋转膜系统,最近开发的有各种形式的沉降系统或透析系统。中空纤维生物反应器是连续灌流操作常用的一种。它采用的中空纤维半透膜,透过小分子量的产物和底物,截流细胞和分子量较大的产物,在连续灌流过程中将绝大部分细胞截留在反应器内;近年来,中空纤维生物反应器被广泛应用于产物分泌性动物细胞的生产,主要用于培养杂交瘤细胞生产单克隆抗体。

另一种形式是固定床或流化床生物反应器,固定床是在反应器中装配固定的篮筐,中间装填聚酯纤维载体,细胞可附着在载体上生长,也可固定在载体纤维之间,靠上搅拌中产生的负压,迫使培养基不断流经填料,有利于营养成分和氧的传递,这种形式的灌流速度较大,细胞在载体中高密度生长。流化床生物反应器是通过流体的上升运动使固体颗粒维持在悬浮状态进行反应,适合于固定化细胞的培养。

灌流培养的共同优点是:①细胞截流系统可使细胞或酶保留在反应器内,维持较高的细胞密度,一般可达 10^7~10^9/mL,从而较大地提高了产品的产量;②连续灌流系统,使细胞稳定地处于较好的营养环境中,有害代谢废物浓度积累较低;③反应速率容易控制,培养周期较长,可提高生产率,目标产品回收率高;④产品在罐内停留时间短,可及时回收到低温下保存,有利于保持产品的活性。连续灌注培养法是近年来用于哺乳动物细胞培养生产分泌型重组治疗性药物和嵌合抗体,以及人源化抗体等基因工程抗体较为推崇的一种操作方式。

灌流培养的最大的缺点是污染概率较高,长期培养中细胞分泌产品的稳定性,以及规模放大过程中的工程问题。

在肝脏组织工程研究中,利用高分子生物材料黏附固定肝细胞进行高密度大量培养也是常用的方法之一。尤其在构建生物反应器方面,近年来进行了大量研究。高分子聚合材料具有多孔隙、三维立体结构、生物相容、可大量黏附肝细胞进行灌流培养等优点,这种培养方式将支架降解,并进一步结合内皮细胞培养和血管构建技术,使其具有血管结构,就可形成新的功能性肝组织块,从而用于体内移植。

第三节   生物反应器

生物反应器是指利用转基因活体动物的某种能够高效表达外源蛋白的器官或组织来进行工业化生产活性功能蛋白(或多肽)的技术。它是 20 世纪 90 年代初期发展起来的一种高效生产活性功能蛋白的生物技术。自从 1987 年美国科学家 Gordon 等人首次利用小鼠乳腺生产出人类医用蛋白质 tPA 之后,生物反应器立即就引起了科学界和企业界的巨大关注。他们相信,生物反应器技术将在 21 世纪初即形成低投入、高产出的巨大生物产业,是生物技术中充满活力和前景、最为灿烂的高技术之一。大量生产有重要医用价值的珍贵蛋白不仅是人类的梦想,更重要的是可以拯救成千上万个生命垂危的患者;保健蛋白和新型生物材料等的生产,不仅可以极大地提高人民的健康生活水平,同时也能够进一步保障国家安全。生物反应器的研究与开发主要集中在美国、英国、加拿大、法国、荷兰等少数几个西方发达国家的十几家公司。同时,这些国家的政府也支持有关生物反应器技术平台的基础性研究工作。与发达国家相比,我国在生物反应器研究与开发领域相对落后。

从广义上讲,生物反应器包括天然的生物反应器和人工制备的生物反应器。前者如用于表达的生物反应器包括动物血液、泌尿系统、精囊腺、乳腺等,还包括禽蛋和昆虫(例如家蚕)个体等,其中动物乳腺生物反应器是目前国际上唯一证明可以达到商业化生产水平的生物反应器。后者如体外生物人工肝支持系统中的生物反应器。

一、动物乳腺生物反应器

乳腺反应器系统是以动物乳腺为生产系统。

(一)动物乳腺反应器系统的优点

同大肠杆菌生产系统相比,动物乳腺反应器系统具有很多优点:①动物的基因形式和人类相同,从人类染色体上切下来的任何基因都可以直接转移到动物体内,使分离和克隆基因的方法相对简单。②用动物乳腺生产外源蛋白质,产量很高。目前在初乳中已经达到70g/L,在常乳中达到35g/L。③动物乳腺细胞可以使任何基因正确表达,并能进行正确的后加工。因此,动物乳腺细胞所生产的蛋白质与天然产品在结构和活性上没有区别。此外,乳腺是一个相对独立的系统,血液中的蛋白质有时可以进入奶中,但奶中的蛋白质永远不会进入血液。因此,在乳腺中生产的任何蛋白质,即使是生理功能很强的激素类蛋白质,也不会影响动物本身的健康。④乳汁中的蛋白质种类较少,主要是酪蛋白、乳球蛋白、白蛋白和从血液中扩散而来的少量血清蛋白及免疫球蛋白。因此,提纯重组基因在奶中表达的目标蛋白,相对要容易一些。⑤用大肠杆菌发酵生产人类蛋白质是一个工业过程,需要精良的设备;而用乳腺生产同类产品是一个农业过程,如果不考虑产品提纯,则不需要复杂设备。牛、羊吃的是草料,生产的是奶,奶中的珍贵蛋白完全是常规奶的高附加值产品,其生产成本之低没有其他系统可以相比。⑥用乳腺生物反应器生产产品可以对市场做出灵活反应。由于牛、羊体内重组的外源基因是可以遗传给后代的,因此,在市场对产品需求旺盛时可扩大畜群;市场缩小时可以减少畜群头数;需要等待市场时可以用保存精液或胚胎的方法保种,减少经济损失。⑦作为一种农业生产过程,乳腺生物反应器系统可以充分利用可再生的天然资源,对环境造成的不良影响很轻微。⑧乳腺生物反应器系统除了可以用来生产药物外,也可以生产食品、保健品和新型生物材料。

(二)乳腺反应器系统的主要用途

乳腺反应器系统有以下主要用途:①生产多肽类药物及新型生物材料。例如,胰岛素、干扰素、促红细胞生成素等。②生产基因工程疫苗。由于受基因工程载体的容量限制,目前所生产的基因工程疫苗都是以一小段病毒外壳蛋白或细菌膜蛋白作为抗原,其免疫性不如灭活的全病毒或细菌。如果使用乳腺生物反应器,就可以生产病毒的完整外壳蛋白,或细菌的免疫决定蛋白质,其效果就会与常规疫苗相同。③生产抗体。目前市场上销售的抗体,因产量很小,成本高,只能用于诊断。其实,如果能够大量生产抗体,许多疾病就可以用抗体治疗,真正做到对症下药,避免因大量使用抗生素而产生的副作用及体内微生物失衡。④生产酶制剂。如用量很大的工业用酶(淀粉酶、糖化酶、蛋白酶、酒精脱氢酶等),以及生命科学研究中使用的工具酶。⑤生产营养品。如生产无乳糖奶(中国人中不能或难以消化乳糖的人的比例较高,如果能把乳糖酶基因导入奶牛体内,就可以生产无乳糖牛奶)、在牛奶中增加人的转铁蛋白(转铁蛋白有良好的营养保健功能,能够抑制大部分有害的肠胃细菌,且对有益细菌如双歧杆菌起促进作用)、生产人牛混合奶等。由此可以看出,乳腺乃是迄今为止最理想的生物反应器。

二、生物人工肝反应器

在体外生物人工肝支持(artificial liver support,ALS)系统中,生物反应器是其核心部分,其性能直接关系到人工肝支持的效率和效果。生物反应器设计必须满足两个基本功能,一是为肝细胞提供良好的生长、代谢环境;二是实现肝衰竭患者血液或血浆与肝细胞作用,为进行物质交换提供理想的场所。

生物人工肝装置及对肝功能衰竭治疗效果最有影响的关键部分是生物反应器。随着工程科学及材料科学的发展,对生物反应器的研究步伐在加快,反应器中所用细胞种类的增多及对细胞培养表型稳定性的增加,使临床应用生物反应器治疗患者成为现实。设计合理的生物反应器应具备适当的双向物质转运,以便为生物反应器中的肝细胞提供足够的营养,保持细胞活力,排除治疗细胞的产物;根据生物分子量的大小,选择半透膜,在患者及生物反应器中进行物质交换;保持细胞活力及功能。目前,肝细胞在生物的反应器中培养不能长期保持肝细胞的功能是一大难题,其原因是不能在体外为肝细胞生长提供一个合适的微环境。因此,在设计生物反应器时不但要考虑有效的物质转运,还要考虑细胞生长的微环境及相关的化学促进因子。

研究指出,要保持人的生命,细胞数量至少是正常人的10%~30%,成人至少要150~450g肝细胞,因此,要求生物反应器有一定的培养空间。目前研究及应用的生物反应器主要有以下几种:

(一)中空纤维生物反应器

中空纤维反应器有内腔及外腔,常将肝细胞黏附于中空纤维的外腔,根据不同来源的细胞选择合适截割分子量的生物膜,避免发生异种细胞产物所引起的免疫反应,但肝细胞在生物反应器中分布不均,易造成细胞活力下降。Jasmund等指出,生物反应器的肝细胞有高的氧消耗,他们设计了一种新的可供氧的中空纤维生物反应器 OXY-HFB (图 2-16-2),将肝细胞种植在中空纤维的外腔,并控制氧及温度,培养介质在中空纤维外腔灌注。他们发现供氧的中空纤维生物反应器有多种优点,不仅可获得高密度的细胞,而且易掌握。为了验证该生物反应器的效果,在超过 3 周的培养中,他们检测了尿素合成、白蛋白合成、糖的消耗、氧的水平及 pH 值等,结论提示该生物反应器生物化学作用稳定,能保持细胞活力。Mazariegos 等用中空纤维反应器培养 70~100g 猪肝细胞,用于一位暴发性肝功能衰竭患者的治疗,结果表明生物反应器安全。目前,该生物反应器在美国进行 Ⅰ、Ⅱ 期的安全评估。Custer 等研究中空纤维生物反应器对培养细胞的影响,指出在 50mL/L 二氧化碳及氮平衡条件下,氧合器的氧在 20%~70% 的范围内变动,氧消耗率及细胞功能稳定,没有观察到氧中毒的征象。在另外的实验研究中,观察到随着细胞数量增加,氧消耗量也随之增加。但 Flendrig 等在鼠动物实验中,造成鼠肝缺血致肝功能衰竭,肝细胞培养在无生物膜的中空纤维生物反应器中直接用血或血浆灌注,结果与对照组比较,鼠的生存状态明显改善,生命全部延长。目前,中空纤维生物反应器应用广泛,其最大优势是表面积与体积的比大,便于代谢物的转运,且能保持最小的死腔。

(二) 平板单层生物反应器

平板单层生物反应器是将细胞种植在平板上,其优点是细胞分布均匀,微环境一致,但表面积与体积之比下降。Shito 等设计了一种带有内膜氧合器的微管道平板单层生物反应器,将猪肝细胞培养在反应器中,观察肝细胞在体外灌注及动物实验中的生物合成功能,结果表明,体外灌注 4 天,肝细胞的蛋白合成稳定。体内试验用鼠作动物模型,24 小时在鼠血浆中检测猪白蛋白,发现这种生物反应器作为肝支持系统很有潜力,有望更进一步研究。Tilles 等比较带有内膜氧合器及不带内膜氧合器的平板单层生物反应器,结果是带有氧合器的生物反应器能使肝细胞稳定,生物合成功能加强,而不带内膜氧合器者与之相反,因此指出,在临床应用的生物反应器的设计应考虑到相关的问题,以便提高治疗效果。

(三) 灌注床或支架生物反应器

该生物反应器是将肝细胞种植在灌注床或支架上,其优点是与细胞直接接触,增加了物质的转运,也促进了三维结构的形成,同时也容易扩大细胞容量,缺点是灌注不均匀,易堵塞。Kawada 等根据灌注床或支架生物反应器的设计原理,将肝细胞装入多孔的玻璃球微载体内,利用培养液从外周向中心产生一个营养及氧气的梯度,形成高密度的细胞且具有高度活力,三维结构的细胞呈球形,类似于体内肝细胞分布的过程,球形细胞间保持紧密的接触,培养液在细胞空间自由流动,结果提示这种反应器能提供一个较好的三维细胞培养环境,使细胞能产生其本来的功能。Nakazawa 等将猪肝细胞种植在多管道的聚氨基甲酸乙酯泡沫床内,形成许多细胞球形聚集物,当猪肝功能衰竭后,用这种装置支持治疗,与对照组比较,治疗组血氨的产生被抑制,肝性脑病发生率低,血糖稳定,血肌酐及乳酸盐得到改善,生命体征平稳,并有尿的排泄,生存时间明显延长。Glicklis 等将刚分离的鼠肝细胞培养在多孔结构的藻酸盐支架内,该支架各孔之间互相连接。在培养的时间内,细胞数量未变化,细胞活力无下降,提示在该系统内,藻酸盐海绵能为肝细胞的生长提供一个有益的环境,通过肝细胞的集簇性促进培养肝细胞功能的维持。

(四) 包被悬浮生物反应器

该生物反应器是将肝细胞用材料包裹,制成多孔微胶囊,然后进行灌注培养。其优点是所有细胞有相同的微环境,有大量细胞培养的空间,减少免疫反应的发生。缺点是细胞稳定性差,物质交换能力受限。Khan 将山羊肝细胞包被于藻酸盐多聚赖氨酸微胶囊内,评估该装置对氨、葡萄糖及抗体介导下的细胞毒作用。在灌注量为 30mL/min,给氧处理的条件下,结果是最适合的细胞数量是 120 亿~180 亿,去除氯化铵 2.5~5.0mmol/L,包被的肝细胞未见溶解,结论是包被的细胞能去除氨,并保持细胞活力,包被也能保护肝

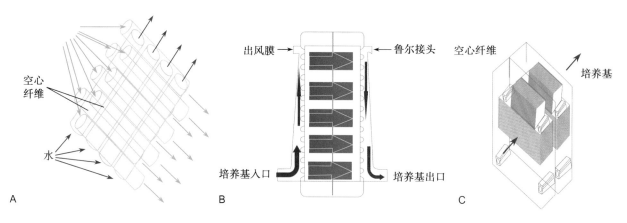

图 2-16-2   OXY-HFB 的组装

A. 膜的排列。微孔氧化纤维片(聚丙烯)和热交换纤维片(聚乙烯)交叉排列。薄片之间和纤维之间的距离为 200μm。B. 介质流。使介质通过入口进入壳体(聚碳酸酯),并均匀地通过膜包流到出口。在第一部分中,介质被加热并充氧。在第二部分,氧化和二氧化碳的去除发生。C. 膜包的布置。介质在纤维外空间通过膜包垂直于中空纤维膜流动

细胞在抗体介导下的细胞溶解。Chia等用双层聚合膜包被鼠肝细胞，外层用25% 2-羟乙基甲基丙烯酸酯、25% 2-甲基丙烯酸、50%甲基丙二酸盐合成聚合体，内层用修饰的胶原，作为增加肝细胞的功能的合适衬底，且只允许白蛋白以下的分子渗透，但不能阻止营养、氧气、生长因子及代谢产物的交换，结果指出包被肝细胞可用于生物反应器治疗患者。

总之，肝病发生率不断上升及供体肝脏的缺乏，使以细胞为基础对肝功能衰竭的治疗引起广大医学工作者的关注。目前，体外生物人工肝支持系统仍存在一些问题，需继续加以研究解决。细胞方面主要存在细胞来源的选择、细胞培养的稳定性、异种细胞引起的免疫反应及感染、肿瘤细胞系对人体的影响等；生物反应器装置还不能完全提供细胞黏附、细胞与细胞间的作用、细胞与基质作用的结构，造成物质转运与细胞功能的不完善；临床治疗存在对不同病因所致的肝功能衰竭，没有一致的疗效标准及一致的临床试验设计，但部分临床治疗病例及动物实验证明，体外生物人工肝支持系统对肝功能衰竭的治疗是有效的，随着细胞生物学、材料科学及工程学的不断发展，经过广大科技工作者的共同努力，不断对人工肝装置进行完善，相信对肝功能衰竭的治疗将带来新的飞跃。

第四节　肝脏组织工程

肝脏组织工程研究始于20世纪90年代，是组织工程领域中重要的学科之一，但与其他器官组织工程相比，发展相对缓慢，迄今尚未见成功构建出肝脏组织供临床移植应用，有关的基础与实验研究亦相对滞后。关键的原因就在于，肝脏由多种细胞成分和多种管道系统组成，结构与功能十分复杂，一般的细胞培养与生物材料技术很难在体外模仿肝脏的结构与功能，因而也使肝脏组织工程的研究充满了挑战。

目前，肝脏组织工程的研究集中在两方面，即体外系统和植入性应用系统。前者是指当前发展较为迅速的体外生物人工肝支持系统（见本章第四节）；后者为真正意义上的"人造肝"研究，是肝细胞移植技术与组织工程学技术结合的产物。从治疗角度讲，可以归为肝细胞替代治疗。肝细胞植入法可能达到永久性的肝细胞功能替代。目前的实验方法是将肝细胞植入到一种附着于微孔支架、有包囊、可降解的聚合物载体上，制成人造肝。在这种特殊的设计下，

肝细胞可以分泌蛋白质及其他肝标记物，同时能清除胆红素和尿素等代谢产物。

然而，肝脏组织工程的最大障碍是肝细胞的来源问题和重塑肝脏复杂的结构系统。肝脏的细胞成分，包括以肝细胞为主的实质细胞、血管内皮细胞、造血细胞来源的Kupffer细胞等，如何将这些细胞有机地排列，重建具有肝脏复杂功能的结构，都影响着肝脏组织工程的发展。所种植的肝细胞能否在体内替代肝脏功能需要一定的条件：①肝细胞必须置于两层去水的胶原夹层之间，并与聚合物紧密相贴，在体外培养一段时间后移植入体内，以发挥肝细胞的分泌功能；②肝细胞必须移植于有充分血液供应的条件下，以供应氧气和营养物质；③肝细胞的数量要足够维持必需的代谢功能。由于自体肝细胞来源问题，异体细胞的排斥反应，同时，肝细胞尚不能替代所有肝脏的复杂结构、形态和功能，不能再造胆导系统以蓄积和排泌胆汁，因此尚无法构建真正的"人造肝"，以满足肝脏功能衰竭的替代治疗。随着干细胞技术的研究进展，多能干细胞的分离、培养、体外诱导分化的成功，以及胚胎干细胞和核移植胚胎干细胞的研究，有望解决肝脏组织工程中的细胞问题，同时需要生物材料支架研究的紧密配合，以推进"人造肝"早日应用于临床。

一、肝脏不同细胞混合培养系统的研究

肝脏包含6种不同的细胞，各种细胞有其不同的生化反应。但每一种细胞的生化反应依靠它与其他细胞及细胞外基质网络的相互作用。因此，发展组织工程肝脏必须要了解肝细胞发挥其最大生理功能的条件。肝非实质细胞是肝组织的重要成分，内皮细胞、星状细胞、成纤维细胞及Kupffer细胞等与肝细胞的分化、代谢活性及再生能力等密切相关。

Ries等研究证实，肝非实质细胞与肝细胞进行混合培养可大大改善肝细胞活性及分化状态（图2-16-3），有助于保持肝细胞特异性代谢功能。Mitaka等将从大鼠肝分离的小肝细胞、成熟肝细胞、肝内皮细胞、Kupffer细胞、窦内皮细胞及星状细胞等共同培养，结果显示，由于肝非实质细胞增加了细胞间连接及细胞外基质沉积，小肝细胞形态逐渐由扁平状变为立体状，肝细胞特异性功能得以增强（图2-16-3），表明混合培养可使小肝细胞进一步分化为成熟肝细胞，该研究还显示肝非实质细胞的聚集有助于细胞间管状或囊状结构的形成。

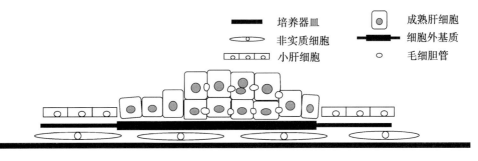

图2-16-3　肝组织细胞的混合培养

Michalopoulos 等的研究证实,肝细胞与肝非实质细胞混合培养可促进肝细胞分化和增殖,电镜显示,分化肝细胞的超微结构接近正常,增殖细胞核抗原阳性率明显增加。肝内皮细胞在肝窦内参与微血管形成,与肝内微循环的建立密切相关,同时还能分泌前列腺素,并对血浆中变性大分子具有吞噬作用。Kano 等将内皮细胞进行体外培养,证实肝内皮细胞集落内易形成小管状结构,且肝内皮细胞在与其他肝非实质细胞共同培养时还可进一步分化为成熟肝细胞及胆管上皮细胞。

肝星状细胞存在于 Disse 间隙,星状细胞数量不多,但与肝窦内皮细胞及肝实质细胞的接触面广,1 个星状细胞与 2~3 个肝窦内皮细胞及 20~40 个肝实质细胞相连,从而形成以星状细胞为中介的三位一体结构功能单位,称为星状细胞单位(stellon)。星状细胞对肝实质细胞损伤后的再生和修复有重要作用,成纤维细胞对肝细胞的支持作用亦不容忽视。Bhatia 等研究了肝细胞与成纤维细胞共同培养对肝细胞特异性功能的影响,结果显示,与成纤维细胞相邻的肝细胞白蛋白合成及尿素生成等肝特异性功能明显高于远离成纤维细胞的肝细胞。

二、肝脏三维结构与管状结构的建立

肝脏是一个特殊的器官,在组织工程的构建中需要大量的肝细胞构成三维结构,同时需要其中有管状结构形成。早在 1985 年,Landry 等就用球形聚集法培养新生大鼠的肝细胞,发现可重建三维样结构,并构成肝细胞、胆管样细胞,且储存有细胞外基质,拉开了肝脏组织工程研究的序幕。之后,一些学者尝试通过共同培养肝细胞及成纤维样细胞生长肝脏器官,尽管其分化功能保持了较长时间,但成纤维样细胞和肝细胞均不能较好增殖,造成了细胞聚集的大小受限和细胞定位紊乱。因此,肝细胞和肝脏非实质细胞及细胞外基质和肝细胞之间的相互作用在成熟肝细胞的许多分化功能中起同等效应,而且这种效应需要长久保持,才能达到肝细胞生命的不衰。

Mitaka 等分离大鼠小肝细胞、成熟肝细胞、肝脏内皮细胞、Kupffer 细胞及星状细胞体外进行培养,发现小肝细胞快速增殖而形成集落。肝脏内皮细胞及星状细胞增殖而包围集落。2 周后,肝脏内皮细胞及星状细胞侵犯集落下面,侵犯的细胞逐渐贮存细胞外基质诱导小肝细胞形态的改变,由于形态的改变,肝细胞白蛋白、连蛋白 32 及色氨酸 2,3 加二氧酶 mRNA 表达增加。另外,有人发现细胞外基质在肝细胞生长及分化中发挥重要作用,如果细胞培养在细胞外基质上,肝脏的许多特异功能将会保持较长时期。

Mooney 等将肝细胞种植在 1mm 厚的 PLA 海绵上,黏附 1 小时,然后将有细胞种植或无细胞种植的海绵装置植入大鼠的肠系膜上,并与门腔旁路相通,观察移植物中细胞及受体组织的生长情况发现,无肝细胞的装置植入后,从宿主生长来的纤维管组织迅速向内生长。有肝细胞的装置植入 1 周后,观察到随孔隙度的增加,肝细胞数量也增加。更重要的发现是细胞及支架装置相互融合。持续 1~2 年后,PLA 支架将会逐渐降解吸收,且聚合支架装置的降解率根

据组织生长特性而得到控制。将同样的装置移植到网膜上,也得到同样的结果。

日本学者 Harada 等认为小肝细胞是肝祖细胞,能够分化为成熟肝细胞,并与肝脏非实质细胞作用,能重建肝脏组织。他们收集了鼠小肝细胞克隆,然后再种植在胶原泡沫上,给予适宜的培养条件,发现小肝细胞能增殖扩张形成肝组织,随着培养时间的延长,Albuimin 的分泌及其他肝脏蛋白的产量随之而增加,在泡沫中培养时,细胞的数量明显高于单层培养,且发现存在形态和功能不同的细胞,一些 Cytokeratin 19 阳性的细胞形成胆管样结构,提示鼠的小肝细胞和非实质细胞能够在胶原泡沫中快速重建肝组织。日本学者也发现制瘤素 M、尼克酰胺、二甲基亚砜结合应用,在体外三维鼠胚胎肝细胞培养中具有强力诱导小肝细胞克隆增殖及成熟的作用。

另有研究者开发了一种新的方法,以高效和可再生的方式从人类多能干细胞(pluripotent stem cell,PSC)中获得功能成熟的人类肝器官,包括人类胚胎干细胞和诱导的 PSC。类肝细胞在形态上与成人肝脏组织来源的上皮类肝细胞难以区分,并表现出自我更新的能力。随着进一步成熟,它们的分子特征与肝组织相似。器官保存了成熟肝脏的特性,包括血清蛋白的产生,药物代谢和解毒功能,活跃的线粒体生物能,再生和炎症反应。

三、肝脏培养方法及氧气与营养供应

肝脏是一个代谢极其活跃的器官,营养物质及氧气对于肝细胞的生存、增殖具有非常重要的作用。Kim 等在用合成的生物降解聚合支架进行肝细胞移植的研究中发现,由于缺乏氧气及营养物质,聚合支架上没有足够数量的活肝细胞,其作为治疗终末期肝病新方法的主要限制是缺乏大量移植肝细胞在外周组织的存活。

鉴于门静脉在保持正常肝脏的营养中起重要作用,实验中将肝细胞种植在具有较高面积与体积比的多孔三维聚合管道上,并以小肠黏膜下层为连结门静脉及下腔静脉的管道,从而提高氧气及营养物质转运的能力,建立了聚合支架上肝细胞直接与门静脉相连的动物模型。研究发现,小肠黏膜下层有较好的组织相容性,并具有抗感染、诱导移植物中血管快速生长、与原始组织结构相似等特点。该模型为大量肝细胞移植提供了一个新的方法,并且可供给组织再生时所需要的氧气及营养物质。同时,由于有血管及组织在支架聚合物上生长,并能增强移植肝细胞的生长能力,这也为组织工程肝脏的移植提供了动物模型。

在另外的探索方法中,Kim 等将肝脏实质细胞及非实质细胞种植在微孔聚合支架上,装配成一个管状网络结构,研究培养介质的静止与流动状况对培养细胞的影响,结果发现,流动介质对细胞生物学活性有较好的作用,介质流动情况下的氧分压、葡萄糖明显高于静止状况,而 pH 值更符合生理条件,二氧化碳分压及 HCO_3^- 水平在两种情况下无明显变化。扫描电镜观察到,在静止及流动状态下均有大量肝细胞黏附于支架上,并证明在流动状况下,肝细胞合成蛋白的能力高于静止条件下。以上结果说明,微孔聚合支架

对肝细胞有很好的黏附性,网络及微孔为组织器官的重建提供了结构模板,增加了新的血管形成,提高了运输氧气及营养物质的能力,同时也加强了废物排泄的能力。在体外流动条件下,可以允许细胞沿着支架重造模型,同时,可提供更多的氧气、二氧化碳及更符合生长条件的 pH 值。微环境下更有利于细胞的生长代谢及功能。作者认为,在肝脏组织工程的细胞培养中,通过管道直接流动是基本的条件,它更有利于培养肝细胞的代谢,促进细胞的蛋白合成,从而使更多的肝细胞成活及增殖。

肝细胞生化指标实时在线检测,在肝细胞 3D 大规模培养中起着重要作用,需加快对肝细胞培养过程中生化参数检测的实时、在线、微量化方面的研究,解决自动取样困难、控制系统复杂和体积大等难点。有研究研制出了一种台式生物反应器系统,该系统由 3 个主要部分组成:生物反应器壳体,循环灌流体组件,以及用于计算机控制的连接硬件。生物反应器放置在一个封闭的细胞培养箱中,从而获得细胞生长所需的稳定的环境温度。生物反应器灌流入口和出口分别集成 3 个传感器,用来实时、在线监测 pH 值、溶解氧浓度和 CO_2 值,并通过计算机图形界面实时显示和自动控制生物反应器内的灌流速度、温度和 pH 值等,也可由人工干预改变培养环境参数,实现人机交互调节。

第五节 其他器官的组织工程

近年来,随着生物工程技术的发展,组织工程技术及医疗市场正以前所未有的速度快速增长,组织工程已成为当今医学科学中最令人鼓舞的领域。自组织工程学诞生之日起,就引起了临床医学、材料科学、细胞生物学和分子生物学等相关学科专家们的高度重视,研究进展非常迅速。目前,在培养的骨、软骨、皮肤、周围神经、血管和心脏瓣膜等方面的研究均取得了令人瞩目的成就。

一、骨组织工程

目前,骨组织工程研究主要集中在两个方面:一是骨组织诱导,即使用一种多孔性、可降解支架来填充缺损。这种支架具有骨诱导和骨传导能力,能引发成骨细胞及该区域其他细胞长入并吸附于支架上。随着基质堆积,骨组织逐渐形成,并重塑形。由于其具有愈合和重塑的潜能,使非有机组合的孔状物质随组织长入形成有机结构的骨组织。二是细胞传输,骨传导支架上的自体成骨细胞,对于骨缺损的愈合具有重要作用。成骨细胞移植有助于骨组织的长入和细胞外基质的形成。植入细胞能释放广谱生长因子促进骨诱导和骨再生。多聚 α-羟化酯是一种很有前途的细胞传输物质。Kim 等采用成骨细胞-聚羟基乙酸(PGA)复合物修复裸鼠颅骨缺损,证明有骨组织修复功能,而单纯聚合物填充和未做任何填充的缺损均未修复。曹谊林首次采用组织工程技术在裸鼠体内再生了带血管的骨组织并用于修复缺损。

二、软骨组织工程

人工软骨是第一种获得成功的组织工程化组织。有学者将可以降解的生物材料制备成载体支架,取新生小牛关节表面软骨细胞接种于支架上,形成细胞-生物材料复合物,在培养 1 周后植入裸鼠皮下,植入 12 周后观察所有标本形成了新的软骨组织,生物材料在第 12 周完全降解,由植入的软骨细胞和新形成的软骨组织所替代。曹谊林教授率先在国内开展了人造软骨的研究,他们在生物材料塑形、细胞-生物材料复合物的体外培养,以及植入方法和技术上进行了改进,在裸鼠体内形成了具有皮肤覆盖的人耳郭形态的软骨组织。这标志着组织工程技术可以形成具有复杂表面结构的软骨组织,使组织工程从基础向临床应用的努力迈出了重大的一步,向人们展示了组织工程研究的广阔前景,被誉为组织工程研究的一个里程碑,此后又将患者特异性耳形软骨进行体外再生并应用于耳郭重建(图 2-16-4)。

三、皮肤组织工程

皮肤是人体最大的组织,与外环境接触,具有重要的屏障功能。各种创伤或烧伤损害的皮肤组织,小面积的创伤或烧伤可以通过移植自体皮肤得到良好的修复,但对于大面积严重深度烧伤或慢性皮肤溃疡的患者,人工皮肤暂时覆盖就成为治疗的重要措施。人工真皮(dermagraft)就是利用组织工程技术形成商品化的,可用于临床的真皮替代物,它诱导正常皮肤的愈合过程。其基础是取自异体包皮培养的成纤维细胞,建立细胞株并经过病原检测,将第 8 代细胞接种于聚合物支架上,制备成人工真皮组织。目前,已用于临床的人工真皮有多种,如用于治疗严重烧伤患者的人工真皮——dermagraft-TC,用于治疗慢性皮肤溃疡的人工真皮——dermagraft-Ulcer,在临床上都取得了很好的效果。由美国一家公司研制、命名为"Apligraf"的人工皮肤是最先上市的组织工程产品。

四、周围神经组织工程

在导管中接种施万细胞,将神经导管与神经连接后,向导管内注入施万细胞悬液或施万细胞凝胶,有促进神经再生的作用,但效果并不十分满意。若将高密度纯化的施万细胞与专用 ECM 混合后,接种在 PLA 纤维丝上,再将此复合物植入中空、多孔、可降解纤维管中,桥接大鼠坐骨神经缺损,用组织学、电生理检查证明,其修复效果与自体神经移植相当。采用转壁式生物反应器所产生的微重力,使施万细胞均匀地接种在 PGA 支架材料上,用这种技术不仅使细胞分布均匀,还能节省细胞量。因此,神经组织工程为神经缺损的治疗带来了新的希望。

五、血管组织工程

理想的人工血管是利用组织工程技术,将活细胞种植于血管支架上,制造出一种与受体组织相容性好、无免疫原性、有活力、耐久性长、可塑性好的生物血管。这种理想的血管不但具有自我修复能力,移植后能维持管腔的长期通畅,而且能为正在成长的患者提供增长能力,从而提高移植血管的长期疗效。组织工程化血管应具有与生理动脉相似

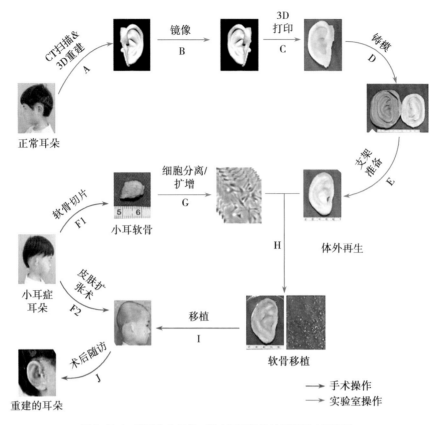

图 2-16-4　基于体外组织工程人耳形软骨的耳郭重建示意图

的结构与功能。其研究主要包括以下 3 个方面：细胞外基质替代物的研究；种子细胞制取、培养、种植的研究；组织工程化血管应用的研究。其中种子细胞制取、培养、种植的研究是关键性步骤。

六、心脏瓣膜组织工程

心脏瓣膜（heart valve）疾病通常需要用机械的或生物修复的瓣膜替代品来进行手术或替换。手术后多数患者的生存率和生活质量均有提高，但目前的瓣膜替代品仍存在一些缺点，尤其在儿科的应用中。虽然从生理学上可成功地实施相关操作，但再次手术通常需要代替无功能的替代品，以适应患者的生长。工程组织的应用提供了无阻塞、无血栓形成的组织瓣膜，它能把含有受损部位进行重建和修复的活细胞提供给细胞外基质。理想地讲，它可能随受体的成长而生长。由于修复或重建受损的心脏瓣膜组织工程是多学科原理和方法的整合，因此需要了解正常和病理瓣膜（包括胚胎发育机制、组织修复和所起作用的生物力学）结构与功能之间的关系，以及通过化学的、药物的、机械的或基因的操作方法来控制对损伤、物质刺激和生物材料表面的细胞和组织应答。因此，心脏瓣膜组织工程为瓣膜的重建和修复开辟了新的途径。

除骨、软骨、皮肤、周围神经、血管、心脏瓣膜组织工程外，角膜、胰、肾、泌尿系统等组织工程也有研究和应用的报道，在此不再一一赘述。

综上所述，组织工程研究主要涉及 3 个关键的制约因素：种子细胞、支架材料和有助于细胞生长、分化的外环境。尽管在组织工程"种子细胞"研究领域，尤其是针对干细胞的研究显示了良好的前景，但到目前为止，人们对干细胞的了解仍然存在许多盲区，需要进行深入研究，如了解干细胞分化的分子机制，探讨多能干细胞向移植所需细胞分化的技术和条件。其次，在将干细胞移植之前，必须克服免疫排斥问题。另外，人胚胎干细胞植入体内后，有一定的致瘤问题也有待进一步研究和克服，因此在进行体内移植前，必须将未分化的多能干细胞全部去除。用于组织工程的生物材料——组织工程支架是组织工程的基础，是组织工程领域中一个不可或缺的环节。近年来，组织工程支架材料领域的研究极为活跃，人们不仅在组织工程的最早产品人工皮肤领域进行了更为完善的研究和开发，同时，在诸如人工骨、软骨、神经、血管材料等各系统，都进行了大量的研究和探索，新型生物支架材料不断出现，为组织工程的应用奠定了基础。

21 世纪是生命科学的时代，组织工程作为一门新兴生物高技术，具有广阔的应用前景。可以预见，随着干细胞技术的发展，在体外培养时的增殖、长期培养、材料生物相容性等问题均可能得到解决。世界范围内大量颇具想象力的创造性实验研究已经证实，制造生物杂交型器官完全可行。因此，有理由相信，经过广大科学工作者的不懈努力，组织工程器官的研究也会在未来取得突破性进展，为疾病的治疗开辟新的领域。

第六节　3D 打印技术及应用

组织工程为近来医学发展的重点,基于组织工程获得的组织和器官具有材料易获得、无明显排斥反应等优点,可能成为将来用于进行组织修复、器官移植的主要来源。生产适合在体内移植、能初步满足器官功能需要、适宜种植细胞生长的可吸收支架是目前急需解决的问题。近年来采用合成原料或天然原料,以 3D 打印技术制造支架材料或其他更为复杂的立体结构都取得了巨大的成功。3D 打印技术又称"添加制造技术",在 20 世纪 80 年代中期由 Charles Hull 首次提出,并率先应用于航空航天和汽车工业。是一种由计算机辅助设计三维数字模型,通过成型设备将材料逐层累积形成一个实体对象的新型数字化成型技术。完成此过程需借助采用特定材料的 3D 打印机来实现,而对于不同的成型系统,由于其打印材料及成型原理不同,其成型过程也存在差异。3D 打印器官模型的流程可以总结为四步:医学成像、图像处理、3D 打印、后处理(图 2-16-5)。

一、成型技术

(一) 3D 喷印

其原理为先在工作台上均匀地铺上单位厚度的粉末材料,再由计算机辅助设计的三维模型数据引导打印喷头,按指定路径喷出液态黏结剂使粉末黏结,之后打印平台下移一个单位平面,重复上述过程,逐层叠加最终生成 3D 打印产品。现在可以利用患者的细胞作为原材料打印功能齐全的器官。喷墨生物 3D 打印有两种常见的方式:连续喷墨印刷和按需滴墨喷墨印刷。虽然喷墨打印可以提高沉积材料的吞吐量,但由于喷嘴存在一些缺陷,很难打印出高浓度的液体(超过 1 000 万个细胞/mL),同时由于喷嘴附近的剪切压力,造成细胞损伤的风险增加。

(二) 光固化立体印刷

该成型技术利用紫外激光照射液态光敏树脂使其发生聚合、交联反应而固化的原理,同样由计算机按 3D 模型数据控制激光在某一单位平面的运动轨迹,使该层光敏树脂材料聚合固化,之后在该固化的树脂上再覆盖一层液态树脂,重复扫描固化直至模型打印完成。

(三) 选择性激光烧结

该成型技术利用激光束产生高温,使粉末类的材料熔融,冷却后再固化的原理,由计算机控制激光束运动轨迹,以设定的速度和能量密度进行扫描,该层扫描完成固化后移至下一单位层面,最终形成所需模型实体。

(四) 熔融沉积成型

成型原理与光固化立体印刷类似,使用材料为丝状的热熔性材料,在打印之前将材料加热至半流体状态,由计算机控制喷头在 3D 模型截面轮廓处喷出熔融状态的材料,之后材料迅速冷却凝固。如此层层反复进行至模型打印成型。

(五) 静电纺丝

静电纺丝技术是指聚合物溶液或者熔体在高压静电场作用下形成纤维的过程,是一种简单、快捷,且可以较大规模制备均匀、连续的纳米结构材料的方法,其制备的纤维直径可从几十个纳米到几微米,可以对人造肌肉、神经、血管等复杂的人体组织器官进行模拟。影响静电纺丝的因素有很多,包括纺丝溶液的固有性质(例如聚合物种类、聚合物分子链结构、溶液的浓度和黏度、溶液的导电性、溶剂的极性和表面张力情况等)、纺丝条件(例如电场强度、纺丝距离、聚合物溶液的挤出速度等)。

二、生物材料

(一) 海藻酸钠水凝胶

海藻酸钠是从褐藻类的海带或马尾藻中提取碘和甘露醇后的副产物,海藻酸钠具有良好的生物相容性、生物降解性和 pH 值敏感性。海藻酸钠水凝胶与其他聚合物相比,具有价格低、来源丰富、易塑形、更好的亲水性、易于细胞吸附、营养物质易于渗透等特点。此外,海藻酸钠还能促进巨噬细胞和人浆细胞的许多免疫学功能。因此,其具有较好的生物相容性和力学性能,是目前最有前景的生物材料之一。

(二) 明胶

明胶是胶原经温和而不可逆的断裂后的主要产物,化学性质稳定。构成蛋白质的氨基酸大约有 20 种,而明胶就含有其中的 18 种,因此其还具有极高的生物相容性。明胶中缺少色氨酸,是胶原变性所得的产物,属蛋白质大分子范畴。明胶微球广泛用于生物材料,因为明胶和光引发剂的混合物通过暴露于紫外线的环境下,可以在挤出期间或之后实现快速交联。此外,明胶具有丰富的整合素结合基序,

图像收集
2D图像数据

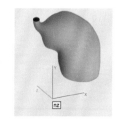

CAD处理
2D数字数据和STL文件

3D打印
物理部分

后处理
完成模型

图 2-16-5　3D 打印器官模型的流程

如纤连蛋白、波形蛋白和体外结合蛋白，它们通常参与细胞增殖过程。虽然光固化成型技术是用于高分辨率明胶生物材料打印的方法，但挤出式生物打印技术是明胶生物材料打印最广泛应用的方法，并且其使用相对容易。

（三）天然来源的生物支架

主要的天然支架有胶原薄膜、明胶支架、晶状体囊、血浆、羊膜。天然的生物支架可以通过不同的物理、化学或酶学去细胞方法从细胞、组织和器官中获得。天然生物支架具有良好的细胞相容性、力学特性和生物降解性，有利于细胞生长、增殖、黏附及分化，可有效地降低其免疫原性，从而避免过敏反应和疾病传播。

（四）去细胞的细胞外基质

细胞外基质是细胞分泌到细胞外间充质中的蛋白质和多糖类大分子物质，具有高度组织有序的细胞外微环境，可形成结构复杂的网架，连接各个组织结构，对细胞的生长、发育和细胞生理活动具有关键的调节作用，是细胞的外环境。但是，天然的细胞外基质由多种蛋白质组成（主要分为胶原、糖蛋白、氨基聚糖及蛋白聚糖、弹性蛋白4大类），结构复杂，不易在体外培养重构。通过不同物理、化学或酶学去细胞方法从细胞、组织和器官获得天然的细胞外基质，为这一难题的解决提供了新的解决途径。去细胞化基质具有良好的细胞相容性、力学特性和生物降解性，有利于细胞生长、增殖、黏附及分化，可有效地降低其免疫原性，从而避免过敏反应和疾病传播。去细胞的细胞外基质是通过去除自身组织的细胞成分及一些小分子抗原，保留细胞外基质，最为接近正常组织结构及微环境，理论上最为适合细胞的生长、分化及基质分泌，被认为是生物打印应用中具有巨大潜力的材料。

三、3D打印技术在组织工程中的应用

（一）支架

在组织工程领域中，人工三维支架有助于支持组织的生成。为了达到组织再生的目的，支架必须具有高孔隙度、足够的孔径、适当的力学性能、生物降解性、生物相容性。基于人工支架在神经修复、血管修复、软骨组织修复、心脏瓣膜修复等多个领域的相关研究显示，个性化的3D打印支架可以满足以上优良特性。李玥等采用3D打印技术制备了具有多孔结构的聚羟基脂肪酸酯/硅酸钙人工骨支架，此复合支架的多孔隙结构清晰，且支架孔隙之间有较好的连通性，检测结果表明，该复合支架力学性能高、压缩性能良好，且降解速率较快，有利于骨缺损的修复。有研究通过3D打印技术和纳米二氧化硅的表面修饰，制备了以聚己内酯为材料的多孔气管支架（PTS），并将天然移植气管和PTS移植气管植入体质相似的动物体内，HE染色发现，经改造的多孔支架的细胞亲和力明显提高，动物在急性期后的免疫排斥反应明显下降，表明其组织相容性良好。Bertassoni等以多种水凝胶为原料生物打印人工血管，并验证所构建的血管能够促进物质交换，提升细胞生存及分化能力。Lueders等以可吸收的聚合材料为基础，通过3D打印的方式构建出精细的心脏瓣膜支架，旨在寻找一种既适

宜在体内移植，又具有足够韧性能满足心脏瓣膜功能发挥的可吸收支架，然后将来源于人脐带的血管细胞种植于聚合材料上，以获得人工心脏瓣膜，其远期目标为，在人工心脏瓣膜植入人体后，随着自体细胞的不断生长及可吸收支架的不断吸收，构建出完整的心脏瓣膜。

（二）组织和器官

传统组织工程是将细胞封装到可降解生物支架中，细胞无法精确接种到支架内部，生长因子也只能影响到支架表面细胞的生长分化。2000年，美国Clemson大学的Thomas Boland教授提出"细胞及器官打印"的崭新概念，这也是现代意义上生物3D生物打印技术的起源，3D生物打印技术是把细胞、生长因子和营养成分等组成的"生物墨汁"等，按照需求将组织微观材料逐层精确定位，最后构建出具有生物活性的组织或器官。当人的某一部位损伤时，可以利用3D生物打印技术实现组织的再生或器官移植。Isaacson等将3D生物打印技术应用于角膜组织工程领域，利用现有的三维数字人体角膜模型和合适的支架，制作出与天然角膜基质结构相似的人造角膜。该研究中，3D打印机内部的生物墨水采用的是从人体角膜组织中分离的角化细胞，结果显示，该角化细胞在打印后第1天和第7天均表现出较高的细胞活力，为角膜移植提供了新的治疗途径（图2-16-6）。Michael等利用激光辅助生物打印技术将角质细胞和纤维细胞在精确的三维空间中分层打印，制成了人工皮肤替代物。在裸鼠背部皮肤褶腔上测试皮肤结构时，打印的细胞保持活性并能持续增殖分泌细胞外基质。此外，在伤口边缘也生长了一些血管，有利于修复。有研究员利用Transwell功能系统构建三维人体皮肤模型，这种混合3D细胞打印系统以聚己内酯网状结构为支撑，采用喷墨涂敷模块均匀分布角质形成细胞，并利用成纤维细胞填充真皮层，最终该皮肤模型显示出良好的生物学特性。Mannoor等将接种软骨细胞的藻酸盐水凝胶基质3D打印成人耳形状，再将银纳米粒子打印成耳蜗形状，制成仿生耳，这种打印出来的仿生耳比人耳能接收到更广频率的声音（图2-16-7）。美国康奈尔大学的生物学家使用干细胞和生物高分子材料也打印出能正常工作的心脏瓣膜，而且干细胞能够逐渐转换为人体细胞。

目前已有研究通过3D生物打印技术打印出气管、肝脏、心脏、软骨组织和血管系统等结构，但是所构造出的3D打印器官都比较微型和相对简单，常常不具备血管、神经、淋巴系统，只能通过主血管的扩散获得营养，如果打印的组织或器官厚度超过150~200mm，则会因距离过远而无法实现与血管之间的正常气体交换。因此，3D打印的器官需要由精确的多细胞结构和脉管系统构成，但目前这一目标尚未实现。血管化和有效灌注是心脏组织工程长期面临的挑战。研究者报道了生物工程的可灌注微血管构建，其中人类胚胎干细胞来源的内皮细胞被接种到有微通道和周围的胶原基质中。在体外，内皮细胞容易在血管壁内发芽，并与血流下基质中新生的内皮管吻合。当植入梗死大鼠心脏时，灌注性微血管移植物与冠状动脉的结合程度在植入后5天高于非灌注性自组装结构。光学显微血管造影显示，

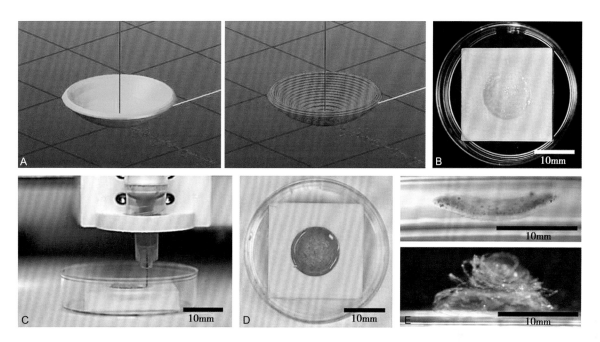

图 2-16-6　采用支撑结构,以 3% 海藻酸盐打印角膜结构,使用生物油墨 3D 打印优化角膜

A.将数字角膜导入计算机,并通过预览将打印的同心圆方向显示出来。B.支撑结构采用悬浮水凝胶的自由形态可逆包埋(FRESH)涂层,便于角膜结构的生物 3D 打印。C. 3D 生物打印过程视图,用台盼蓝染色以增加可见性。D. 3D 生物打印角膜结构孵化。E. 孵育 8 分钟后吸入 FRESH,小心地将角膜结构从支架上移除

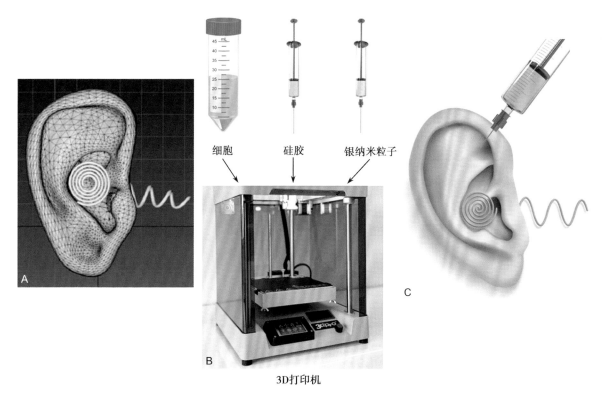

图 2-16-7　生物和电子的三维交织通过增材制造的仿生耳朵

A. 仿生耳的 CAD 图。B.(上)功能材料,包括生物(软骨细胞)、结构(硅胶)和电子(注入 agnp 的硅胶),用来形成仿生耳朵。(下)3D 打印机用于打印过程。C. 3D 打印仿生耳朵示意图

可灌注的移植物的血管密度大 6 倍，血管速度高 2.5 倍，容量灌注率高 20 倍。植入含有外源的心肌细胞的可灌注移植物显示更高的心肌细胞和血管密度。因此，预先形成的血管网络增强了血管重塑和加速冠状动脉灌注，可能在植入后支持心脏组织。这些发现将促进下一代心脏组织工程设计。

近期，研究人员利用生物工程技术的进步来改善具有功能性和机械标志特征的血管组织的 3D 生物打印技术。他们利用天然聚合物的交联特性开发出了一种能进行导管生物打印的双网水凝胶生物墨水，这些胆管拥有血管组织的关键生理学特征，包括较强的血管收缩、血管扩张、可灌注性，以及能和机体原始组织相媲美的屏障功能。另有研究人员采用抽吸辅助生物打印，由人内皮细胞、癌细胞和成纤维细胞组成的异型肿瘤被精确地生物打印在中央血管系统的特定位置。内皮细胞与癌细胞的加入使肿瘤血管化，为体外研究肿瘤-内皮相互作用提供了一个理想的共培养模型。

（三）体外组织建模

体外组织模型是由组织工程或者生物 3D 打印的方式，以细胞、生长因子、水凝胶为材料构建组织模型，可以为组织修复、疾病模型构建、体外药物测试提供相比于传统二维细胞模型更为精准的体外三维多细胞模型，使得体外药物测试的效果更为准确。因此，体外组织模型的构建吸引了大量的研究者，如构建三维人类非酒精性肝脂肪变性和纤维化模型、准生理流动条件下人工生物脱细胞心脏瓣膜的体外钙化研究、三维肿瘤模型生物制造、心血管 3D 打印、利用干细胞来制造活的生物杂交神经组织以建立神经网络的三维模型、肺微生理系统在 COVID-19 建模和药物发现中的应用等。

随着未来更好的医学打印材料的发现及技术的发展，3D 打印技术不仅可以用于制造出有生理活性的人体组织器官，使受损组织得以修复再生，还能打印出微观水平的蛋白质载体、通道蛋白等结构，为解决人体生化物质代谢障碍等问题提供新的思路。

第七节　器官芯片

一、器官芯片的概念

器官芯片是一种通过微芯片制造方法制造的微流体细胞培养设备。该设备包含连续灌注腔室，具有多细胞层结构、组织界面、物理化学微环境和人体血管循环，也可认为是可模拟和重构人体器官生理功能的细胞培养微工程设备。器官芯片由两大部分组成，一是本体，由相应细胞按照实体器官中的比例和顺序搭建；二是微环境，包括器官芯片周边的其他细胞、分泌物和物理力。器官芯片是人工器官的一类。器官芯片是多研究领域融合的结果，一套完整的器官芯片体系，涉及微流控、组织工程、微电子、干细胞、检测技术等多项技术。该技术具有极大潜力，可促进组织发育学、器官生理学和疾病病因学的研究。器官芯片对于研

究分子作用机制、药物候选者的优先次序、毒性测试和生物标志物鉴定特别有价值。

器官芯片最早是由 Michael L. Shuler 等人提出，其利用芯片来构建和模拟人体组织微环境。最经典的是在 2010 年，由哈佛大学的 Ingber 团队成功构建的肺器官芯片在 *Science* 上发表。该芯片模型（图 2-16-8）分为上下两层，中间被生物膜分开，上层为肺细胞，流通的是空气，下层为肺毛细血管细胞，流通的是培养液。两边为真空侧室，通过循环吸力来使两侧的真空通道进行伸缩，从而带动膜上细胞的收缩，达到与人体肺细胞呼吸时的状态，实现传统培养皿不可能实现的呼吸功能。该肺芯片可模拟人体肺泡中的呼吸伸缩生理过程，是肺部器官体外生理功能的最优模型。该肺模型之所以很经典，是因为该模型可以对微环境进行精准操控，如剪切力、张力、压力等。因为这些物理性的因素对于细胞在微环境中是很重要的，很大程度上影响细胞的分化及组织的功能。正是由于这些因素的存在，才促成了器官功能的显现。从此之后，器官芯片开始了革命性的发展，之后便涌现出来了肠芯片、肝芯片、脑芯片、肾芯片、血管芯片等。

二、器官芯片的应用

动物模型有很多不可控因素，器官芯片在解决药物吸收、代谢及毒性方面有不可代替的优势，可同时测定药物吸收、分布、代谢、消除和毒性等药代动力学参数，快速进行多种药物的抗肿瘤筛选和肝肾毒性评价。最重要的是，样品使用量低、通量高、使用安全、污染小。器官芯片应用广泛，在高通量药物筛选、药物吸收代谢、药物开发、人体循环系统、药物毒理学、人工仿生微环境、细胞间互作，以及细胞与细胞外基质互作、新型体外培养平台等方面都有所发展。为了更好地为未来的研究做准备，为科研人员、药物研发及医疗领域的专家学者提供一个全面的、可检索的数据库，东南大学顾忠泽院长带领团队成员构建了 OCDB（片上器官数据库）数据库。

2022 年 8 月，美国食品和药品监督管理局首次完全基于在人类器官芯片研究中获得的临床前疗效数据，与已有的安全性数据相结合，批准了赛诺菲补体 C1s 蛋白靶向抗体药物 Sutimlimab 治疗新适应证（两种罕见自身免疫脱髓鞘疾病）的临床试验 IND 申请。2023 年 5 月底，国家药监局网站显示，恒瑞医药 HRS-1893 片获批开展临床试验。HRS-1893 通过特殊机制抑制心肌过度收缩，拟用于治疗肥厚型心肌病和心肌肥厚导致的心力衰竭，是国内第一个使用心脏器官芯片数据获批 IND 的新药。

器官芯片的另一个大规模重要应用将是个体化治疗。现阶段，已有一部分器官芯片所用的细胞来自患者的自身细胞（如皮肤），一旦患者的诱导多能干细胞用于器官芯片成为常态，就有可能在由患者自身细胞组成的类器官芯片上试验药物。用这样一种完全是自身器官的体外试验结果去指导治疗，可谓是一种真正意义上的个体化治疗，因此有可能极大地改善治疗效果。

器官芯片还有可能作为一种检验手段，用于监控病程

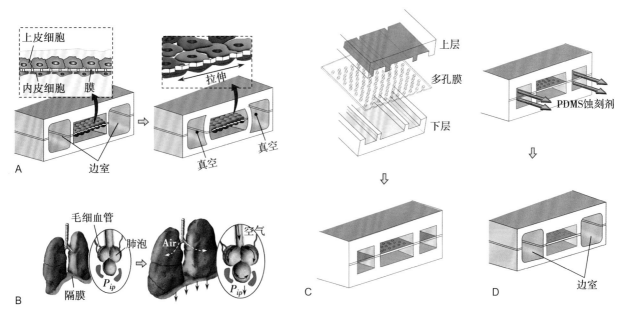

图 2-16-8 人类肺芯片微型装置

A. 肺芯片示意图。使用一种薄的、多孔的、柔性的、涂有细胞外基质的聚二甲基硅氧烷（PDMS）膜微通道形成肺泡-毛细血管屏障。该设备通过改变侧室的气压引起 PDMS 膜的机械拉伸，重现生理呼吸运动。B. 肺模式图。C、D. 芯片制备。上下两层 PDMS 膜和中间的 PDMS 多孔膜利用 PDMS 蚀刻剂接合，形成上下两层，以及两个侧方微腔

进展中细胞层面的种种变化，成为新一代即时诊断的重要组成部分。人们需要在器官系统监控其中的各部分细胞的细微变化。这些变化往往在实体中难以实现。有研究者在肝芯片上完成了对细胞线粒体功能障碍的实时监控，也有人在心芯片上优化灌注参数以保持人右心房组织活检存活 3.5 小时，使用循环伏安法实时评估活性氧 ROS 总量。

器官芯片还会是一种重要的模型平台，提供一种在相对简单的生物体外对极其复杂的生物体内开展模拟研究的途径。国内林炳承教授所在的微流控器官芯片团队与肾内科林洪丽教授团队合作，设计了一种基于微流控器官芯片技术的肾小球及其微环境的生理模型，为深入研究高血压肾损害时血流动力学对肾小球的滤过功能中内皮细胞与足细胞生物学功能的损伤作用及机制研究提供了一种相对理想的体外病例模型。联合团队周孟嬴等据此构建了一个高通量、流体可控、符合体内肾小球解剖结构基本特征的微流控器官芯片生理模型，重现了高灌注、高滤过、高跨膜压微环境的变化，以及这些变化所引起的肾小球滤过屏障功能损伤。

三、类器官芯片

类器官（organoids）又称微小器官（mini-organ），取自体内组织器官，是在体外经过 3D（三维）培养而成，它包含一种以上与来源器官相同的细胞类型，细胞组织方式与来源器官相似，因此拥有真实器官的复杂三维结构，具有稳定的遗传学特征，能在体外进行长期培养，并能部分模拟来源器官或组织所特有的生理功能，重现相应器官的部分功能。这项技术始于 2009 年，荷兰 Hubrecht 研究所的 Hans Clevers 博士成功将人类成体干细胞在体外培养形成具有增殖隐窝和高分化绒毛的小肠结构，证实 LGR5⁺ 的小肠干细胞能够分化形成类器官，开创了类器官研究的时代。此后，来自日本、德国、美国的科研人员分别构建出肝芽、迷你肾和微型大脑。类器官芯片可以对药物药效和毒性进行更有效、更真实的检测，也可用于个体化治疗。由于类器官可由人类 iPSC 直接培养生成，相比于动物模型，会在很大程度上避免因动物和人类细胞间的差异而导致的检测结果不一致性。

把上述类器官置于微流控芯片上，使其受到可控的微量流体的作用，就可成为类器官芯片。类器官芯片模型可以提供一个对微血管进行灌注的接口，使物质在类器官内的传递方式尽量与体内保持一致，以相对真实地反映人体器官（如心脏、肝脏、肠道、肾脏）在疾病状态和药物刺激下的变化，以检测药物的效果和安全性。

人体是一个复杂精密的系统，不同的组织和器官通过血液、神经、淋巴循环等相互影响、相互补充，形成一个有机整体。因此，除了单种器官芯片，有学者研究了多器官组合芯片，如肠肝组合、肝肾组合、心肝肺组合，甚至由心脏、肌肉、神经元和肝组织组成的功能性的四器官芯片系统，用于评估多器官的活性和药物对它们的毒性。研究结果对器官之间的相互作用、药物毒性和活性的研究有重要意义。

希望研究者们将生物反应器、3D 生物打印技术、器官芯片技术等新兴技术进行整合，最终为疾病治疗和药物测试开发一个更合适的平台。

（周云 郭建成 贾战生）

参考文献

［1］ 贾战生. 肝病细胞治疗：基础与临床. 北京：人民卫生出版社，

2005.

［2］李柯,张广浩,张丞,等.体外 3D 规模化扩增肝细胞的培养体系及自动化,智能化生物反应器的评估.中国组织工程研究, 2022,26(19):3100-3107.

［3］林炳承,罗勇,刘婷娇,等.器官芯片.北京:科学出版社, 2019.1

［4］Barralet JE,Wallace LL,Strain AJ. Tissue engineering of human biliary epithelial cells on polyglycolic acid/polycaprolactone scaffolds maintains long-term phenotypic stability. Tissue Eng, 2003,9(5):1037.

［5］徐冬冬,楚强,杨芸芸,等.可用于功能性成分研究的 Caco-2 细胞中空纤维反应器的构建.浙江大学学报(农业与生命科学版),2016,42(4):401-410.

［6］Badhe Ravindra V,Chatterjee Abhinav,Bijukumar Divya,et al. Current advancements in bio-ink technology for cartilage and bone tissue engineering. Bone,2023,171:116746.

［7］Krupnick AS,Balsara KR,Kreisel D,et al. Fetal liver as a source of autologous progenitor cells for perinatal tissue engineering. Tissue Eng,2004,10(5-6):723-735.

［8］Kulig KM,Vacanti JP. Hepatic tissue engineering. Transpl Immunol,2004,12(3-4):303-310.

［9］Kelm JM,Fussenegger M. Microscale tissue engineering using gravity-enforced cell assembly. Trends Biotechnol,2004,22(4): 195-202.

［10］Kale S,Biermann S,Edwards C,et al,Three-dimensional cellular development is essential for ex vivo formation of human bone. Nat Biotechnol,2000,18(9):954-958.

［11］Lin P,Chan WC,Badylak SF,et al. Assessing porcine liver-derived biomatrix for hepatic tissue engineering. Tissue Eng, 2004,10(7-8):1046-1053.

［12］Leclerc E,Furukawa KS,Miyata F,et al. Fabrication of microstructures in photosensitive biodegradable polymers for tissue engineering applications. Biomaterials,2004,25(19): 4683-4690.

［13］McClelland RE,Coger RN. Effects of enhanced O(2)transport on hepatocytes packed within a bioartificial liver device. Tissue Eng,2004,10(1-2):253-266.

［14］Michael S,Sorg H,Peck CT,et al. Tissue engineered skin substitutes created by laser-assisted bioprinting form skin-like structures in the dorsal skin fold chamber in mice. PLoS One, 2013,8(3):e57741.

［15］Mannoor MS,Jiang Z,James T,et al. 3D printed bionic ears. Nano Lett,2013,13(6):2634-2639.

［16］Yan Q,Hanhua Dong HH,Su J,et al. A Review of 3D Printing Technology for Medical Applications. Engineering,2018,4: 729-742.

［17］Bae SW,Lee KW,Park JH,et al. 3D bioprinted artificial trachea with epithelial cells and chondrogenic-differentiated bone marrow-derived mesenchymal stem cells. Int J Mol Sci,2018,19

(6):1624.

［18］Bejeri D,Streeter BW,Nachlas ALY,et al. A bioprinted cardiac patch composed of cardiac-specific extracellular matrix and progenitor cells for heart repair. Adv Healthc Mater,2018,7(23): e1800672.

［19］Redd MA,Zeinstra N,Qin W,et al. Patterned human microvascular grafts enable rapid vascularization and increase perfusion in infarcted rat hearts. Nat Commun,2019,10(1):584.

［20］Mun Seon Ju,Ryu Jae-Sung,Lee Mi-Ok,et al. Generation of expandable human pluripotent stem cell-derived hepatocyte-like liver organoids. J Hepatol,2019,71(75):970-985.

［21］Di Wang,Sushila Maharjan,Xiao Kuang,et al. Microfluidic Bioprinting of Tough Hydrogel-based Vascular Conduits for Functional Blood Vessels. Science Advances,2022,8(43): eabq6900.

［22］Madhuri Dey,Myoung Hwan Kim,Mikail Dogan,et al. Chemotherapeutics and CAR-T Cell-Based Immuno therapeutics Screening on a 3D Bioprinted Vascularized Breast Tumor Model. Adv Funct Mater,2022,15:2203966.

［23］Jin Z,Li Y,Yu K,et al. 3D Printing of Physical Organ Models: Recent Developments and Challenges. Adv Sci,2021,8(17): e2101394.

［24］De Bournonville S,Lambrechts T,Vanhulst J,et al. Towards self-regulated bioprocessing:a compact benchtop bioreactor system for monitored and controlled 3D cell and tissue culture. Biotechnol J,2019,14(7):e1800545.

［25］李玥,卢晓龙,王晨宇,等.3D 打印 PHA/硅酸钙复合支架材料的制备及性能表征.塑料科技,2018,46(8):5.

［26］Isaacson A,Swioklo S,Connon CJ. 3D bioprinting of a corneal stroma equivalent. Exp Eye Res,2018,173:188-193.

［27］Zhou G,Jiang H,Yin Z,et al. In Vitro Regeneration of Patient-specific Ear-shaped Cartilage and Its First Clinical Application for Auricular Reconstruction. EBioMedicine,2018,28:287-302.

［28］Inoue K,Watanabe T,Hirasawa H,et al. Liver support systems as perioperative care in liver transplantation-historical perspective and recent progress in Japan. Minerva Gastroenterol Dietol, 2010,56(3):345-353.

［29］Huh D,Matthews BD,Mammoto A,Montoya-Zavala M,Hsin HY, Ingber DE. Reconstituting organ-level lung functions on a chip. Science,2010,328(5986):1662-1668.

［30］Zhou M,Zhang X,Wen X,et al. Development of a Functional Glomerulus at the Organ Level on a Chip to Mimic Hypertensive Nephropathy. Sci Rep,2016,6:31771.

［31］Rossi G,Manfrin A,Lutolf MP. Progress and potential in organoid research. Nat Rev Genet,2018,19(11):671-687.

［32］Oleaga C,Bernabini C,Smith A,et al. Multi-Organ toxicity demonstration in a functional human in vitro system composed of four organs. Sci Rep,2016,6:20030.

第十七章　细胞体外扩增技术

提要：本章主要介绍了细胞体外扩增技术的基本进展，对目前在临床试验中应用较多的细胞及扩增方法做了详细介绍。整章内容共计 5 节，分别为细胞体外扩增技术概述、NK 细胞体外扩增技术、T 细胞体外扩增技术、间充质干细胞体外扩增技术、胚胎干细胞体外扩增技术。

近年来，细胞治疗是医药开发的新领域，已经有一些细胞产品在治疗肿瘤等疾病方面获得了良好的临床治疗效果。目前我国免疫细胞领域已有两款 CAR-T 产品成功获得国家药品监督管理局（NMPA）的上市批准，并正式作为药品在临床应用。如何获得高质量、足够数量的细胞产品是细胞治疗领域的关键，而细胞体外扩增技术是其重要的基础。本章简述了常见的几种细胞扩增技术。

第一节　细胞体外扩增技术概述

通过细胞扩增（cell expansion）治疗疾病的技术包括体内扩增和体外扩增两大类。体内扩增技术通常是用非细胞类产品诱导体内的某种细胞扩增活化，达到防治疾病的目的。比如，注射 IL-2 诱导体内的淋巴细胞扩增活化，最终起作用的是在体内扩增活化后的淋巴细胞，但这类治疗并不属于细胞治疗。细胞治疗包括免疫细胞和干细胞治疗，作为新一代生物制品已经在临床上用于防治疾病。细胞治疗中使用的产品直接就是功能性细胞。和其他药品一样，细胞制品只有达到足够的数量纯度和活性时才能取得相应的疗效。在体外使某种功能性细胞达到足够数量、纯度和活性的技术就是细胞体外扩增活化技术。用体外扩增活化的细胞产品治疗疾病的疗法就是细胞治疗。细胞治疗的疗效之所以比以往其他疗法的好，关键在于细胞的体外扩增活化技术。

一、细胞扩增的两种方法

细胞扩增方法可分为悬浮培养与贴壁培养。其中悬浮培养以空间有效的形式具有高产量的益处。然而，一些细胞的培养必须通过传统的贴壁细胞培养方法，以保持细胞的生长和正常的功能。对于传统的贴壁细胞培养，即细胞的平面培养，细胞在培养过程中只能沿平面延伸，属于细胞的二维（two dimensional，2D）培养技术。这种培养方式经济、便利、易操作，但是扩增效率有限，不能满足大量细胞培养的需求。近年来，科学界一直在建立更贴近自然状态的细胞培养技术。其中，一种与活体组织内的细胞外基质相似的，能更好地模拟细胞在体内生长环境的培养技术，即细胞的三维（three dimensional，3D）培养技术应运而生。

二、3D 细胞培养技术的发展

3D 细胞培养是指利用多孔支架、胶原凝胶等为细胞提供一个更加接近体内生存条件的微环境，细胞以 3D 空间的方式与细胞外基质（extracellular matrix，ECM）、各种细胞因子、化学因子及其他细胞发生交流和相互作用。细胞所处的微环境对细胞行为有着重要的影响。

传统的细胞体外培养，只能提供一种宏观的、二维的细胞生长环境，而细胞体内微环境是一个三维立体的培养空间，为了更好地模拟体内的微环境（图 2-17-1），三维培养体系受到了越来越多的关注。体内细胞处于具有特征性生

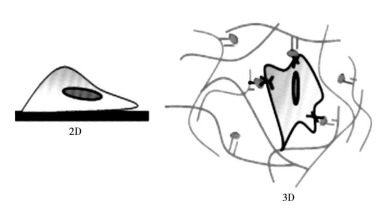

2D

3D

图 2-17-1　传统细胞培养（2D）和 3D 细胞培养的示意图

物物理和生物力学信号的三维环境中，这些信号影响细胞功能，如迁移、黏附、增殖和基因表达。一些用于组织工程的分化和形态发生过程已被证明优先发生在 3D 环境而不是 2D 环境中。间充质干细胞（MSC）在 3D 聚乙二醇（PEG）水凝胶中培养时，与在组织培养塑料表面上相比，显著上调平滑肌特异性蛋白（如 αSMA 和肌球蛋白）的表达。与 2D 相比，人胚胎干细胞（hESC）衍生的心肌细胞在 3D 培养物中的分化效率要高得多，功能性心脏特异性标志物（如 MLC-2A/2V、cTnT、ANP、α-MHC 和 KV4.3）显著上调。具有家族性阿尔茨海默病突变的人类神经干细胞只有在 3D 培养时才能重排淀粉样蛋白 β 斑块和神经元纤维缠结。如果培养得当，来自大脑的多能干细胞可以产生神经类器官（器官球体或脑组装体）。

三、3D 细胞培养系统建模用于疾病研究

3D 细胞培养系统可以使用允许对细胞微环境进行建模的简单操作的方法进行合成。3D 细胞培养系统可通过对不同疾病状态进行细胞建模进行研究，这也减少了对动物模型的需求。在 3D 体外培养细胞以研究药物剂量的影响更为现实，因为细胞在 2D 模型中与在 3D 模型中对药物的反应不同，在 3D 细胞中，会形成药物的天然屏障，例如细胞层，而不仅仅是单层和紧密连接，将细胞紧密地结合在一起，通过阻断或减缓来影响药物的扩散。可以合成三维支架以支持 3D 细胞生长（详见第十六章），同时具有生长因子、药物或基因递送。3D 细胞培养在组织工程和再生医学中有直接应用。

第二节　NK 细胞体外扩增技术

NK 细胞又称自然杀伤细胞（nature killer cell，NK cell），属于大颗粒淋巴细胞，来源于骨髓，占外周血淋巴细胞的 5%~15%，是重要的免疫细胞之一。NK 细胞于 1975 年被首次鉴定，它能够在缺少 T、B 细胞的情况下直接杀伤肿瘤细胞。与具有细胞毒性的 CD8⁺T 细胞不同，NK 细胞杀伤肿瘤细胞时不需要预先致敏就可以直接杀伤 MHC 阴性的肿瘤细胞，因而 NK 细胞在细胞过继免疫治疗中被广泛应用。

一、NK 细胞的来源

NK 细胞主要来源自体 NK 细胞、同种异体 NK 细胞、iPSC 来源的 NK 细胞、NK-92 细胞系和 CAR-NK 细胞（图 2-17-2）。原代 NK 细胞目前在临床治疗中应用最为广泛。由于 NK 细胞在外周血淋巴细胞中所占的比例较低，故建立有效的 NK 细胞体外扩增技术是研究 NK 细胞的功能及进行 NK 细胞免疫治疗的物质基础。

二、NK 细胞的扩增技术

（一）三种 NK 细胞扩增技术

目前体外扩增原代 NK 细胞的技术主要有三种：一是采用免疫磁珠细胞分选，从外周血单个核细胞（PBMC）中纯化 NK 细胞，然后在体外加入 IL-2、IL-15 等因子扩增培养；二是直接利用多种细胞因子刺激，从 PBMC 中扩增培养 NK 细胞；三是采用基因工程的方法在 K562 细胞上同时表达 IL-15、CD137L、IL-21 等分子，作为饲养细胞，并以此

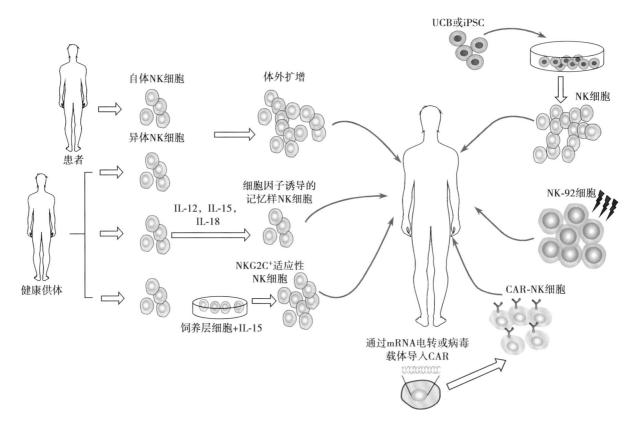

图 2-17-2　NK 细胞扩增示意图

滋养细胞来刺激 PBMC 中 NK 细胞的增殖。第一种方法由于扩增效率不高且纯度不够,使其应用受限;第二种利用 IL-2、IL-15 等细胞因子刺激扩增培养 NK 细胞的方法安全性较好,临床应用价值高,但扩增倍数和纯度仍有待提高。第三种方法扩增 NK 细胞的效果目前最好。

（二）无滋养细胞的 NK 细胞体外扩增培养方法

这里介绍一种 NK 细胞体外扩增培养的方法,其创新点在于:无须饲养细胞,利用含有肝素钠、CD16 抗体（αCD16）和人免疫球蛋白包被液包被培养瓶,激活 NK 细胞,通过 IL-2、IL-15 和 IL-18 多种纯因子组合刺激 NK 细胞扩增,获得数量多、纯度高的 NK 细胞。

具体步骤如下:

1. 培养基和试剂　无血清培养基、淋巴细胞分离液、肝素钠、αCD16 和人免疫球蛋白。

2. 培养瓶包被　用含有肝素钠、αCD16 和人免疫球蛋白的包被液铺满非 TC 处理的 T75 培养瓶底部,将培养瓶置于 4℃ 冰箱静置。8~12 小时后吸弃培养瓶内液体,并用 PBS 洗涤培养瓶 2 遍,用于以下操作。包被液中肝素钠含量为 500U/mL、αCD16 含量为 5μg/mL、人免疫球蛋白为 1mg/mL。

3. 外周血采集　抽取 50mL 外周血,置于 10mL 无菌肝素钠采血管内,2~4 小时内分离。

4. 血浆的灭活　将外周血放入离心机离心,转速为 3 000r/min,时间 10 分钟。获得上层血浆和下层血液,取上层血浆 56℃ 灭活 30 分钟,将灭活血浆在离心力为 3 000g 的条件下离心 10 分钟,弃去底部血小板和补体,获得自体血浆,置于 4℃ 无菌保存。

5. 单个核细胞的分离　用生理盐水调整下层血液的细胞密度,调整细胞密度为 $4 \times 10^6 \sim 10 \times 10^6$/mL,提前在 50mL 离心管中加入淋巴细胞分离液,将上述调整细胞密度的血液缓慢加入分离液上,可用移液管嘴在离心管壁小心划出几条通道,保证血液平稳地平铺在分离液上;将 50mL 离心管放入离心机,设置离心力为 800g,升降挡位至 0~1 档,离心 30~40 分钟,吸取单个核细胞层于 50mL 离心管中,加入生理盐水 30~40mL,混匀置于离心机中,离心力 300g,离心 10 分钟,弃上清液,重复洗涤 2~3 次。淋巴细胞分离液与血液的体积比例为 1∶3~1∶1。

6. 种瓶　将细胞以 $1 \times 10^6 \sim 2 \times 10^6$/mL 的密度接种于

事先被包被的 T75 培养瓶中,加入 10mL 无血清完全培养基培养,其中含有步骤 4 的自体血浆、IL-2、IL-15 和 IL-18。放入 37℃,5% CO_2 培养箱培养。无血清完全培养基中自体血浆、IL-2、IL-15 和 IL-18 的含量分别为 2.5~10wt%、1 000~1 200IU/mL、15~20ng/mL 和 20~25ng/mL。

7. 扩增　经过 3 天的静置培养,根据细胞的生长情况补加新鲜的无血清完全培养基或者只补加自体血浆和 IL-2、IL-15、IL-18 因子,确保细胞密度在 $0.8 \times 10^6 \sim 1.2 \times 10^6$/mL。

8. 扩大培养　当细胞数量过多时,把细胞转移到没有被包被过的 T225 培养瓶中,及时观察细胞的生长状况,每 2~3 天补一次液,同时保证细胞密度在 $0.8 \times 10^6 \sim 1.2 \times 10^6$/mL。自体血浆用完后则不再补加血浆。

9. 细胞的收获和鉴定　连续培养细胞 14~18 天之后,收获细胞,并取出一部分用于细胞计数和流式细胞分析鉴定。

第三节　T 细胞体外扩增技术

近年来,基于 T 细胞的疗法已在治疗 B 细胞急性淋巴细胞白血病和非霍奇金淋巴瘤中取得前所未有的临床成功,逐渐被尝试用于多种疾病的治疗,特别是在实体瘤的治疗方面进展迅速。

一、T 细胞激活两个独立的协同信号

T 细胞激活至少需要两个独立而且有协同作用的信号:①T 细胞受体（TCR）与多肽-MHC 复合物特异性结合;②T 共刺激分子与抗原呈递细胞上的受体结合。在体内,双刺激信号由抗原呈递细胞（antigen presenting cell, APC）提供,其以特定的时空模式将信号呈递给 T 细胞,并使之活化与扩增。在体外,需要制备抗原呈递细胞提供双刺激信号,其信号传递不如体内,故实现快速扩增功能性 T 细胞一直是一个重要而又具有挑战性的问题。

二、滋养层细胞和外源细胞因子

目前已经开发出多种方法用于体外扩增 T 细胞,其中合成人工 APC（aAPC）对于多克隆 T 细胞扩增最为有效,但是饲养细胞残余去除困难。在临床应用上,CD3（αCD3,TCR 刺激）和 CD28（αCD28,共刺激信号）的活化抗体偶联的磁珠是最常用的扩增系统之一（图 2-17-3）。另外,为促

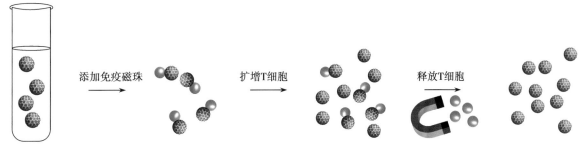

| 人T细胞扩增器可用于
细胞分离及活化 | CD3/CD28免疫磁珠活化
（信号1和信号2） | T细胞扩增 | 无磁珠的经扩增的
T细胞可用于检测 |

图 2-17-3　CD3 和 CD28 的共同活化扩增 T 细胞示意图

进多克隆 T 细胞激活，还需要添加外源性白介素-2（IL-2）。

（一）培养基和试剂

1. 10% 胎牛血清的 RPMI1640　青霉素终浓度为 100U/mL；链霉素终浓度为 100U/mL。

2. 人淋巴细胞分离液。

3. CD3/CD28 免疫磁珠。

4. MACS 缓冲液。

（二）人外周血单个核细胞的分离

每毫升外周血大约可获得 $1×10^6$ 个单个核细胞。

1. 采血，稀释（外周血：稀释液=1：1）。

2. 在离心管中加入人淋巴细胞分离液，沿倾斜的管壁缓缓加入稀释的外周血（Ficoll：稀释血=1：2）。

3. 20℃，440g，离心 20~30 分钟。

4. 离心后轻轻吸取中间白膜层，移入另一试管中。

5. 加入足量的稀释液充分洗涤，400g，离心 5 分钟，弃上清液。

6. 细胞沉淀加 RPMI1640 培养液重悬，即可用于 T 细胞的磁珠分选。

（三）CD3⁺T 细胞分选

1. 适量的 MACS 缓冲液洗涤 PBMC（10^7/mL），300g，离心 10 分钟，弃上清液。

2. MACS 缓冲液重悬 PBMC（80μL/10^7 PBMC），加入 CD3 免疫磁珠（20μL/10^7 PBMC），混匀，4℃孵育 15 分钟。

3. MACS 缓冲液（1~2mL/10^7 cells）洗涤细胞 1 次，300g，离心 10 分钟，弃上清液。

4. 500μL MACS 缓冲液重悬细胞。

5. 将 MS 分离柱放置于磁力架上，加入 500μL MACS buffer 预清洗分离柱。

6. 将上述得到的细胞悬液加入预先洗涤过的 MS 分离柱，先流出的细胞为未标记的 CD3⁻T 细胞。MACS 缓冲液洗涤分离柱 3 次。

7. 将分离柱从磁力架上取下，放入合适的管子内，加 1mL MACS 缓冲液至分离柱内，洗脱液即为 CD3⁺T 细胞，细胞计数后，用含 10% 胎牛血清的 RPMI1640 培养基重悬。

（四）CD3⁺T 细胞的激活和扩增

1. CD3/CD28 免疫磁珠预先洗涤。

2. 涡旋 30 秒以上重悬 CD3/CD28 免疫磁珠。

3. 取需要量的 CD3/CD28 免疫磁珠加至一个新的管中。

4. 加入与磁珠体积相等的缓冲液（至少 1mL），混匀（涡旋 5 分钟或者颠倒混匀 5 分钟）。

5. 将管子置于磁力架上 1 分钟，弃上清液。

6. 将管子从磁力架上取下，加入与第 2 步取出的磁珠体积相等的培养液重悬 CD3/CD28 免疫磁珠。

（五）CD3⁺T 细胞激活和扩大培养

1. 将 CD3⁺T 细胞调整密度至 $1×10^6$/mL，于 24 孔细胞培养板中培养。

2. 加入 25μL 预先洗涤并用培养液重悬的 CD3/CD28 免疫磁珠，使得磁珠和细胞的比例为 1：1。

3. 37℃，5% CO_2 培养箱中培养 3 天。

4. 继续培养 7~10 天，培养基为含 10% 胎牛血清的 RPMI1640，内加 rIL-2（工作浓度 30IU/mL），每 2~3 天更换 1 次培养液，细胞数达到（2~2.5）×10^6/mL 或者培养液发黄时进行传代，细胞密度控制为（0.5~1）×10^6/mL。

5. 如果用于流式分析，在染色前需将磁珠去除，将管子置于磁力架上 1~2 分钟，将含有细胞的上层液体转移至新的管子以分离磁珠。

（六）CD3⁺T 细胞的鉴定

1. 细胞活性鉴定　4g/L 台盼蓝与细胞悬液（1：9）染色 3 分钟后，置于显微镜下观察细胞存活率。细胞存活率=染色阴性细胞数/细胞总数×100%。计算 200 个细胞中活细胞的百分比。

2. 流式细胞术检测　FITC 标记的抗人 CD3 抗体和 PE 标记的抗人 CD8 抗体，按 1：1 抗体/10^5 细胞的比例，4℃避光孵育染色 30 分钟，预冷的 PBS 洗涤后，重悬细胞待流式细胞术检测。同型对照抗体为人 IgG-FITC、人 IgG-PE。

第四节　间充质干细胞体外扩增技术

一、间充质干细胞有不同来源

间充质干细胞（MSC）是临床研究使用最多的干细胞之一，其在组织修复和自身免疫病的治疗方面已经上市。MSC 具有高增殖的能力，因此可体外扩增足够数量的细胞以满足组织器官再生的需要。MSC 具有多向分化能力，可分化为成骨细胞、软骨细胞、成肌细胞、脂肪细胞和成纤维细胞，而且 MSC 可以在诱导后表达内皮细胞、神经样细胞和心肌细胞的特征性标志物。单独移植 MSC 或将 MSC 种植在生物支架上已经用于组织器官损伤修复。MSC 来源于早期的中胚层和外胚层，最初在骨髓中被发现。MSC 可以从成年人的骨髓、骨骼肌肉、脂肪组织、滑膜及其他结缔组织中分离，也可以从脐血、脐带或胎盘中分离，并且可根据不同的表面标志和功能进行分类。

二、界定 MSC 的三条基本标准

MSC 在形态上呈纺锤形的成纤维细胞状，能附着在塑料或玻璃培养皿上生长，形成均匀的集落或贴壁的融合层。由于来源不同，细胞分离扩增的方法存在差异，为此，国际细胞治疗学会（ISCT）制定了界定 MSC 的三条基本标准。①贴壁生长；②具有以下表型特征：≥95% 的细胞表达 CD105、CD73 和 CD90 等，而绝大多数不表达 CD45、CD34、CD14、CD11b、CD79a 及 CD19 等，也不表达 MHC-II 类分子，如 HLA2DR 抗原等；③具有分化为成骨细胞、脂肪细胞、成软骨细胞等三类细胞的能力。由于 MSC 的多潜能分化特性，最早用于组织修复。近年来研究表明，它还具有免疫调节作用，具体表现为抑制免疫细胞增殖、抗炎症等作用。

三、骨髓来源的 MSC 分离培养方法

MSC 是近年来干细胞研究的热点，来源比较丰富，不

同来源的 MSC 在表型、分离方法方面差别较大。现简要介绍研究较多的骨髓来源的 MSC 分离培养方法。

（一）培养基和试剂

1. MSC 完全培养基（CCM） α-MEM：α-低限量基础培养液，其中无核苷酸或脱氧核苷酸；L-谷氨酰胺终浓度为 4mmol/L；非热灭活的 FBS 终浓度为 20%，青霉素终浓度为 100U/mL；链霉素终浓度为 100U/mL。

2. 胰蛋白酶/EDTA 胰蛋白酶 0.25%，EDTA 1mmol/L，溶于 PBS 中。

（二）骨髓来源的 MSC 分离

1. 去除抗凝管盖子，将骨髓液转移至 50mL 离心管中。加入室温的 HBSS，确保体积达到 25mL。

2. 取另一个 50mL 离心管，加入 20mL Ficoll-paque 淋巴细胞分离液，将 25mL 细胞悬液轻轻加到 Ficoll 上层。HBSS 与 Ficoll 间的界面不能被破坏。

3. 室温 1 800g 离心 30 分钟。

4. 离心完毕，于 Ficoll 和 HBSS 的界面收集白色细胞层，将其移至新的 50mL 离心管中。

5. 用 HBSS 将收集到的细胞悬液体积调至原体积的 3 倍，室温 1 800g 离心 10 分钟。重复洗涤。

6. 用 30mL 预热至 37℃的 MSC 完全培养液重悬细胞。

7. 取 10μL 细胞悬液加入到 10μL 台盼蓝中，血细胞计数器评价细胞的存活率，存活率需高于 80%。

8. 将 30mL 细胞悬液移至直径 15cm 的组织培养皿中，于 5% CO_2 培养箱中培养至少 15 小时。

9. 从培养箱中取出培养皿，吸出培养基。

10. 加入 20mL 预热的 PBSA，洗涤单层细胞，弃去。

11. 重复洗涤 3 次。

12. 加入 30mL 预热的新鲜 MSC 完全培养液。

13. 每隔一天重复此洗涤和更换培养基的操作，共 6 天。

14. 6 天后，在倒置显微镜下观察单层细胞，贴壁的、成纤维细胞样 MSC 克隆在培养皿中清晰可见。有时可能有造血细胞污染的迹象，但这些细胞可以在传代时被除去。

（三）骨髓来源的 MSC 传代培养

1. 观察上述方法分离的 MSC。如果培养物中小的、贴壁的、纺锤形的成纤维细胞样细胞汇合至 60% 时，对其进行处理。

2. 用 20mL 预热的 PBSA 润洗单层细胞后，加入 5mL 胰蛋白酶/EDTA。将培养皿置于 37℃，2 分钟，在 10× 放大倍数视野下观察单层细胞，贴壁细胞应正从塑料培养瓶上脱落。将培养皿置于 37℃，2 分钟，再次观察。重复观察直到 90% 的 MSC 已从培养瓶中脱落下来。

3. 加入 5mL MSC 完全培养基，将 10mL 悬液移至 15mL 离心管中，500g 离心 10 分钟。

4. 离心完毕，弃上清液，每管用 1~2mL 预热的 PBSA 重悬沉淀。如有必要，混合多管细胞悬液，只进行一次细胞计数。

5. 取 10μL 细胞悬液加入 10μL 台盼蓝中，用血细胞计数器进行计数，合适的细胞悬液浓度为（2~5）×10^5 个/mL，存活率需高于 80%。胰蛋白酶消化后用于传代的

早期培养物悬液，亦可进行集落形成单位（CFU）测定、冻存或分化测定。

6. 将细胞以 50~100 个/cm^2 的密度接种到培养皿中，保持低密度以保证快速的自我更新和多潜能特性。用预热的 MSC 完全培养基以 $7×10^3$（终密度为 50 个/cm^2）~$1×10^4$（终密度为 100 个/cm^2）的密度重悬 MSC。

7. 预备适当数量的 15cm 培养皿，加入 25mL 预热的 MSC 完全培养基。

8. 接种 1mL 细胞悬液。来回滑动培养皿（勿打圈）使细胞分布均匀。培养皿置于培养箱中，标记为一代细胞。

9. 培养 2~3 天后，观察并评价形态。MSC 应为小的、纺锤形、频繁折光的双联体。

10. 从培养皿中吸出培养基，用 20mL 预热的 PBSA 润洗，加入 25mL 预热的新鲜 MSC 完全培养基。

11. 每次传代时所需的培养皿数量取决于可以接种的细胞数量。方案中的上述体积适用于 MSC 接种至单个 15cm 培养皿中。如有需要，可按此例扩大以接种多个培养皿。

上述 MSC 的培养是常使用的传统细胞单层培养，也称为 2D 培养，虽然 2D 培养对细胞扩增方便且高效，但它高度人工化，忽略了细胞与细胞，细胞与细胞基质之间相互作用激活细胞信号网络的重要性。因此，研究者提出了 MSC 体外培养的新方法，即三维细胞培养技术。

（四）MSC 的三维培养

MSC 的三维培养主要通过细胞间聚集或细胞与生物材料间的黏附实现，比 2D 培养在细胞扩增效率方面具有明显的优势（图 2-17-4）。

1. 无生物材料支撑的 MSC 三维培养 主要通过空间限制或是重力影响等方式将细胞局限在有限的空间内，增加细胞间接触，使细胞依靠它们之间的黏附分子聚集成球，以细胞球的形式进行培养。这种类型的 3D 培养可通过悬滴法、液滴法、低吸附培养板法、凹型孔板法等多种方式实现。虽然上述方法可较为精确地控制细胞球体的大小，但由于工作量较大、成本高，仅适用于科学研究，难以实现规模化培养和临床转化。此外，采用细胞搅拌器培养 MSC，剥夺 MSC 贴壁条件，使 MSC 自发聚集形成细胞球，虽然这种优化的培养方式可减少工作量，增加 3D 细胞球获取量，但细胞球大小差异明显，且较多散在单细胞游离于培养基中缓慢凋亡，影响成球细胞的生长状态。

2. 生物材料支撑的 MSC 三维培养 包含着生物信号分子的支架材料可以通过引导移植的细胞黏附、增殖和分化，或者在组织再生部位自发的细胞浸润来介导组织形成。3D 支架通常是生物兼容性的，以与组织生长相适应的速度降解和被吸收，因此决定了同化再生细胞结构的形状和功能。不管是合成的还是天然的 3D 支架，都有优于 2D 表面支架的优势。虽然天然材料提供了重要的信号分子来介导生物兼容性，但它们往往缺乏合成材料的机械支持力。而复合材料则可以用来结合他们不同的优点。MSC 三维培养生物支架多为水凝胶支架，由亲水性聚合物、共聚物或单体大分子交联获得，多种可选择的材料确保了支

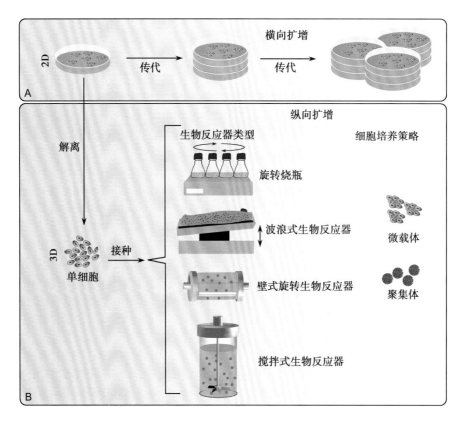

图 2-17-4　MSC 细胞 2D 和 3D 培养的示意图

架的生物相容性。同时,可添加生物活性因子促进细胞增殖和分泌以改善治疗效果,但由于其特殊的结构特性,不利于规模化制备和细胞培养。因此,基于生物支架的 MSC 的三维培养技术多应用于 MSC 分泌功能和组织损伤修复的研究。

3. 基于微载体的 MSC 三维培养　随着生物材料研究的发展,生物材料制备的微载体可应用于 MSC 的三维培养。目前,微载体的类型多种多样,根据使用材料的不同可分为多糖类、纤维素类、蛋白质类和高分子合成材料等,如按照微载体结构可分为实心微载体和多孔微载体。多孔微载体具有更大的生长空间,不仅为 MSC 的生长提供支撑条件,促进 MSC 的黏附和触角延伸,保障内部细胞生长所需的物质交换,还可有效模拟细胞体内生长的微环境,增强细胞抗性,弥补规球形三维培养所面临的诸多缺陷,如减少搅拌剪切力对细胞造成的损伤和避免物质交换障碍而导致球体内部细胞逐渐凋亡,使最终收获细胞量大幅提高的同时维持细胞活力。因此,基于多孔微载体的 MSC 三维培养已成为当前 MSC 研究的热点之一。

第五节　胚胎干细胞体外扩增技术

一、胚胎干细胞特性简介

胚胎干细胞(embryonic stem cell,ESC)是由胚胎内细胞团(inner cell mass)或原始生殖细胞经体外抑制培养而筛选出的细胞。未分化的胚胎干细胞应具有以下特征:保持未分化状态下的高增殖能力、长期体外培养环境中保持正常核型、表达干细胞的特征性标志、组成性的高端粒酶活性及分化形成几乎所有类型体细胞的能力。从理论上讲,胚胎干细胞可以发育分化为完整个体,并可以分化成全身所有的细胞类型。

二、胚胎干细胞的形态与培养

ESC 具有与早期胚胎细胞相似的形态结构,细胞核大,有一个或几个核仁,胞核中多为常染色质,胞质质少,结构简单。体外培养时,细胞排列紧密,呈集落状生长。用碱性磷酸酶染色,胚胎干细胞呈棕红色。细胞克隆和周围存在明显界限,形成的克隆细胞彼此界限不清,细胞表面有折光较强的脂状小滴。细胞克隆形态多样,多数呈岛状或鸟巢状。小鼠胚胎干细胞的直径 7~18μm;猪、牛、羊胚胎干细胞的颜色较深,直径 12~18μm。胚胎干细胞具有不确定的分裂和分化能力,能够分化成哺乳动物发育过程中出现的所有三个胚层,即外胚层、内胚层和中胚层。现已证明小鼠胚胎干细胞可以分化为心肌细胞、造血细胞、卵黄囊细胞、骨髓细胞、平滑肌细胞、脂肪细胞、软骨细胞、成骨细胞、内皮细胞、黑素细胞、神经细胞、神经胶质细胞、少突胶质细胞、淋巴细胞、胰岛细胞、滋养层细胞等。人类胚胎干细胞也可以分化为滋养层细胞、神经细胞、神经胶质细胞、造血细胞、心肌细胞等。

三、胚胎干细胞培养方法介绍

通常用两类细胞作为 ESC 培养的滋养细胞,即原代培养的胚胎鼠成纤维细胞（MEF）或小鼠成纤维细胞 STO 系（来源于近交系 SIM 小鼠）。经 γ 射线照射或丝裂霉素 C 处理以抑制其有丝分裂活性，然后接种至明胶包被的培养皿，作为胚胎干细胞培养的滋养细胞。人胚胎干细胞一般来源于 6~7 日龄的植入前的胚泡细胞分离出的内细胞团，并且在成纤维细胞滋养层上培养。应用最广泛的支持人胚胎干细胞的滋养层细胞是小鼠胚胎滋养细胞。

（一）培养基和试剂配制

1. 人胚胎干细胞完全培养液 DMEM/F12M 或 DMEM

谷氨酰胺	20mmol/L
β-巯基乙醇	10^{-4}mol/L
非必需氨基酸（NEAA）	100×
青霉素、链霉素	100×
碱性成纤维细胞生长因子（bFGF）	4ng/mL
血浆	10%
血清替代物	10%

2. 小鼠胚胎滋养细胞完全培养液（含 Glutamax 的 DMEM，不含丙酮酸钠）

胎牛血清（FBS）	10%
非必需氨基酸	100×
β-巯基乙醇	0.1mmol/L
L-谷氨酰胺	2mmol/L

3. 丝裂霉素 C 保存液　将丝裂霉素 C 溶解于 DMEM，终浓度为 50μg/mL。

4. 0.1% 明胶　将 0.1g 明胶溶于 100mL PBS 中。

（二）小鼠胚胎滋养细胞原代培养

1. 脱颈处死妊娠 15.5~16.5 天的妊娠鼠（小鼠品系包括 SV129、C57BL 等）。

2. 用 75% 乙醇擦洗鼠的腹面。

3. 剪开皮肤和组织暴露子宫。

4. 取出子宫并放到含有 PBS 的塑料平皿里。

5. 从子宫中取出胚胎。

6. 剪去胎鼠的头部、四肢和尾部，并清除内脏器官。

7. 把胚胎剩余部分放在 50mL 离心管里用 PBS 洗 3 遍。

8. 把胚胎剩余部分转入干净的塑料平皿中，去掉 PBS，把胚胎切成 2mm 大的小块。

9. 将切碎的胚胎装入离心管中，加入 10mL 0.25% 的胰蛋白酶，在 37℃孵育 10~20 分钟。

10. 使小块沉淀下来，从离心管中取出 5mL 胰蛋白酶及分散的细胞，放到无菌的 50mL 离心管中。

11. 加入等体积的小鼠胚胎滋养细胞完全培养基抑制胰蛋白酶活性。

12. 再加入 5mL 0.25% 胰蛋白酶到原先的含有胚胎的离心管里，并在 37℃孵育 10~20 分钟。

13. 重复步骤 10、11、12，大约进行 5 次孵育，将所有加入的胰蛋白酶及分散的细胞放入同一个 50mL 离心管中。只有没溶解的软骨将被留在原先含有胚胎的离心管中。

14. 振荡胰蛋白酶消化的细胞悬液，并允许剩余的小块沉淀。

15. 取出并保存上清液，去除沉淀。

16. 离心上清液，1 000r/min，5 分钟。

17. 用小鼠胚胎滋养细胞完全培养基重悬沉淀，并用台盼蓝计数活细胞数量。

18. 用小鼠胚胎滋养细胞完全培养基调整细胞浓度至 $5×10^5$ 个/mL。

19. 在 37℃、5% CO_2 细胞培养箱里孵育过夜。

20. 第二天，用小鼠胚胎滋养细胞完全培养基换液置换旧的培养基以去除细胞的碎片。

（三）小鼠胚胎滋养细胞传代

1. 当小鼠胚胎滋养细胞达到 80%~90% 融合时，从培养瓶中吸出培养基并用 PBS 洗 2 次细胞。

2. 加入足量胰蛋白酶，使之覆盖细胞，置于 37℃、5%CO_2 培养箱中，孵育 1~4 分钟，倒置显微镜观察，当细胞间隙增大并变圆时，轻轻地敲击使小鼠胚胎滋养细胞进一步脱离培养瓶。加入等体积的小鼠胚胎滋养细胞完全培养基终止消化，并用吹管反复吹打，形成单细胞悬液。

3. 将细胞悬液置于离心管中，1 000r/min 离心 5 分钟。

4. 用小鼠胚胎滋养细胞完全培养基重悬并按 1:2 或 1:3 的比例接种于新的培养瓶中，加入相应体积的小鼠胚胎滋养细胞完全培养基，置于 37℃、5% CO_2 细胞培养箱中继续培养。体外培养的小鼠胚胎滋养细胞在 4 代之后可能发生衰老或改变，所以一般使用前代（p0~p3）的小鼠胚胎滋养细胞作为人胚胎细胞系细胞的滋养层细胞。

（四）小鼠胚胎滋养细胞冻存

1. 从含有小鼠胚胎滋养细胞的培养瓶中去除培养液，并用 PBS 洗 2 遍。

2. 每个培养瓶中加入胰蛋白酶 1mL，37℃孵育（1~4 分钟），倒置显微镜观察，当细胞间隙增大并变圆时，轻轻地敲击使小鼠胚胎滋养细胞进一步脱离培养瓶。加入等体积的小鼠胚胎滋养细胞完全培养基终止消化，并用吹管反复吹打，形成单细胞悬液。

3. 将细胞悬液置于离心管中，1 000r/min 离心 5 分钟。

4. 以 900μL FBS 重悬细胞，加入冻存管中，并加入 100μL 二甲基亚砜（DMSO）。

5. 将冻存管立即储存到 -80℃冰箱过夜。

6. 第二天，把冻存管放到液氮里长期保存。

（五）小鼠胚胎滋养细胞滋养层制备

1. 用小鼠胚胎滋养细胞完全培养液以 1:10 的比例稀释丝裂霉素 C 保存液，配制成丝裂霉素 C 工作液。

2. 当小鼠胚胎滋养细胞达到 80%~90% 融合时，从培养瓶中弃去培养基，并用 PBS 洗 2 次细胞。加入丝裂霉素 C 工作液，37℃孵育 2~3 小时。

3. 在丝裂霉素 C 孵育期间，把 0.1% 明胶涂到培养板或培养瓶，至少在使用前 5 分钟涂板。

4. 弃去丝裂霉素 C 工作液，用 PBS 洗细胞 2 次，加入 1mL 的 0.25% 胰蛋白酶，在 37℃孵育细胞（1~4 分钟），倒置显微镜观察，当细胞间隙增大并变圆时，轻轻地敲击使小鼠胚胎滋养细胞进一步脱离培养瓶。加入等体积的小鼠胚胎滋养细胞完全培养基终止消化，并用吹管反复吹打，形成单细胞悬液。

5. 将细胞悬液置于离心管中,1 000r/min 离心 5 分钟。

6. 用小鼠胚胎滋养细胞完全培养液重悬小鼠胚胎滋养细胞使其沉淀,用血细胞计数板计数细胞,调整细胞密度至 $2×10^5$~$1×10^6$/mL 接种至用明胶处理过的培养板或培养瓶中,细胞将在 6 小时内贴壁。

7. 把新接种的培养板或培养瓶放置于 37℃、5% CO_2 细胞培养箱中,准备第二天使用。

(六)人胚胎干细胞建系

1. 使胚胎生长到胚泡阶段,通常为 5 天。

2. 将无透明圈的胚泡与抗人抗体孵育 10 分钟,此抗体用含有 Glutamax 的 DMEM 稀释 30%~50%(如果胚胎没有从透明圈里孵出,用 5~10μL 的 0.5% 链霉蛋白酶在 37℃孵育直到透明圈溶解)。

3. 用人胚胎干细胞系完全培养液快速冲洗胚泡使抗人抗体失活。

4. 用 5~10μL 20% 的豚鼠补体与胚泡在 37℃孵育 5~15 分钟,溶解胚胎滋养层,并用吸管轻轻吹吸胚胎促进溶解过程。

5. 当胚胎滋养层完全溶解,用吸管轻轻地取出完整的内层细胞团并转移到含有 500μL 人胚胎干细胞完全培养基的小鼠胚胎滋养细胞的 4 孔板中,置于 37℃、5% CO_2 细胞培养箱中培养。

6. 胚胎内细胞团细胞会在 2~5 天内贴壁,要每天观察细胞的生长情况。要在原位停留 15 天以上,如果需要,可以添加新的灭活的小鼠胚胎滋养细胞(只有当集落大到足以传代时才能将它转到新的小鼠胚胎滋养细胞的 4 孔板中)。内细胞团来源的细胞具有类干细胞的形态,通常出现在集落的中心。

7. 当克隆达到 0.1~0.5mm 大小时,用拉长的玻璃吸管将它们切割成 2~10 小块,并转移到新的失活的小鼠胚胎滋养细胞培养板中,每 5~7 天重复一次。

(七)用胰酶消化法进行人胚胎干细胞的传代

1. 弃去培养液,并用 PBS 冲洗细胞 2 遍。

2. 加入足量胰蛋白酶,使之覆盖细胞,置于 37℃、5%CO_2 细胞培养箱中,孵育 2~5 分钟。

3. 倒置显微镜观察,当细胞克隆变圆但仍贴附时,加入小鼠胚胎滋养细胞完全培养基终止消化。轻柔吹打 5~10 次,将克隆分散为小的细胞团块。

4. 将细胞悬液转移至离心管中,1 000r/min 离心 5 分钟。

5. 吸去上清液,用人胚胎干细胞培养基重悬细胞。以 1:3 或 1:4 的比例传代至小鼠胚胎细胞滋养层上生长。

(八)人胚胎干细胞冻存

1. 胰酶消化法消化细胞并离心。

2. 加入 1mL 冻存液(90% FBS 和 10% DMSO)重悬细胞,并加入冻存管中。

3. 将冻存管移入-80℃冰箱过夜。

4. 第二天移入液氮中长期保存。

(雷迎峰　白喜龙　张明杰)

参考文献

[1] Van der Meer AD, Orlova VV, ten Dijke P, et al. Three-dimensional co-cultures of human endothelial cells and embryonic stem cell-derived pericytes inside a microfluidic device. Lab A Chip, 2013, 13(18):3562-3568.

[2] Sart S, Tsai AC, Li Y, et al. Three-dimensional aggregates of mesenchymal stem cells:Cellular mechanisms, biological properties, and applications. Tissue Eng Part B Rev, 2014, 20(5):365-380.

[3] Evans MJ, Kaufman MH. Establishment in culture of pluripotential cells from mouse embryos. Nature, 1981, 292(5819):154-156.

[4] Phan MT, Lee SH, Kim SK, et al. Expansion of NK Cells Using Genetically Engineered K562 Feeder Cells. Methods Mol Biol, 2016, 1441:167-174.

[5] Fernández L, Leivas A, Valentín J, et al. How do we manufacture clinical-grade interleukin-15-stimulated natural killer cell products for cancer treatment? Transfusion, 2018, 58(6):1340-1347.

[6] Vidard L, Dureuil C, Baudhuin J, et al. CD137(4-1BB)Engagement Fine-Tunes Synergistic IL-15- and IL-21-Driven NK Cell Proliferation. J Immunol, 2019, 203(3):676-685.

[7] Shman TV, Vashkevich KP, Migas AA, et al. Phenotypic and functional characterisation of locally produced natural killer cells ex vivo expanded with the K562-41BBL-mbIL21 cell line. Clin Exp Med, 2022, Online ahead of print.

[8] Sudarsanam H, Buhmann R, Henschler R. Influence of Culture Conditions on Ex Vivo Expansion of T Lymphocytes and Their Function for Therapy:Current Insights and Open Questions. Front Bioeng Biotechnol, 2022, 10:886637.

[9] Ueda T, Shiina S, Iriguchi S, et al. Optimization of the proliferation and persistency of CAR T cells derived from human induced pluripotent stem cells. Nat Biomed Eng, 2023, 7(1):24-37.

[10] Schmidts A, Marsh LC, Srivastava AA, et al. Cell-based artificial APC resistant to lentiviral transduction for efficient generation of CAR-T cells from various cell sources. J Immunother Cancer, 2020, 8(2):e000990.

[11] Rendra E, Scaccia E, Bieback K. Recent advances in understanding mesenchymal stromal cells. F1000Res, 2020, 9:F1000 Faculty Rev-156.

[12] Mendicino M, Bailey AM, Wonnacott K, et al. MSC-based product characterization for clinical trials:an FDA perspective. Cell Stem Cell, 2014, 14(2):141-145.

[13] Li M, Chen H, Zhu M. Mesenchymal stem cells for regenerative medicine in central nervous system. Front Neurosci, 2022, 16:1068114.

[14] Benayahu D. Mesenchymal stem cell differentiation and usage for biotechnology applications:tissue engineering and food manufacturing. Biomater Transl, 2022, 3(1):17-23.

[15] Brylka S, Böhrnsen F. EMT and Tumor Turning Point Analysis in 3D Spheroid Culture of HNSCC and Mesenchymal Stem Cells. Biomedicines, 2022, 10(12):3283.

[16] Tosolini M, Jouneau A. From Naive to Primed Pluripotency:

In Vitro Conversion of Mouse Embryonic Stem Cells in Epiblast Stem Cells. Methods Mol Biol,2016,1341:209-216.

[17] O'Leary T,Heindryckx B,Lierman S,et al. Derivation of human embryonic stem cells using a post-inner cell mass intermediate. Nat Protoc,2013,8(2):254-264.

[18] O'Leary T,Heindryckx B,Lierman S,et al. Tracking the progression of the human inner cell mass during embryonic stem cell derivation. Nat Biotechnol,2012,30(3):278-282.

[19] Peura TT,Schaft J,Stojanov T. Derivation of human embryonic stem cell lines from vitrified human embryos. Methods Mol Biol, 2010,584:21-54.

[20] Lerou P. Embryonic stem cell derivation from human embryos. Methods Mol Biol,2011,767:31-35.

第十八章　细胞培养的基本技术

提要: 本章主要介绍细胞培养相关基本技术,包括基本培养技术、培养细胞功能和性状的生物学检测技术等,共5节内容。第一节介绍原代培养、传代培养、器官培养等基本概念及方法;第二节介绍细胞形态学、超微结构、增殖、运动、凋亡等检测方法;第三节介绍染色体相关分析技术和高通量基因组学技术;第四节介绍流式细胞术基本概念及流式分选步骤及方法等;第五节介绍细胞培养方法的改进。

细胞治疗的基础是获取足量高纯度的目的细胞,细胞的数量和质量对治疗起决定性的作用,因此,细胞培养技术的建立与提高对于细胞治疗的成功与否至关重要。完整的细胞培养过程涉及细胞获取、培养,以及功能和性状鉴定等多个步骤,本章将对这些步骤进行详细介绍,从多个角度阐明如何获取高质量可用于细胞治疗的细胞。

第一节　基本培养技术

细胞培养工作开始于20世纪初,现已广泛应用于生物学、医学等各个领域,成为重要的基础科学之一。细胞培养广义上包括动物和植物的细胞培养,但是在本章中仅讨论动物的细胞培养,简称细胞培养。细胞培养(cell culture)是指单个细胞在体外合适的培养基及环境中生长、增殖,可分为原代培养和传代培养。

一、细胞的原代培养

将动物的某种组织从活体中取出,经机械或酶消化法将组织分散成单细胞,置于合适的培养基和温度等条件下,使细胞得以生存、生长和增殖,这一过程称为原代培养(primary culture)(图2-18-1)。原代培养细胞离体时间短,具有二倍体遗传特性,一定程度上反映了体内生长的特性,适合药物测试、细胞分化等实验研究。原代培养中动物组织的分离分散是其中的重要步骤之一,可根据不同的实验目的和组织种类,采取相应的手段。

(一)机械分散法

体内各种组织由多种细胞和纤维成分组成,结合紧密,为获取大量生长良好的细胞,必须将组织细胞分散开,使细胞解离出来,同时对细胞不造成过大伤害。在实际操作中,可用剪刀和镊子将组织剪切成小块后接种在细胞培养皿中,于细胞培养箱中将培养皿倒置培养后再翻正培养,以更好地促进组织块贴壁生长。该方法操作简便易控,无须昂贵的酶制剂,可以很好地降低实验成本,此外,较少的组织便能培养出较多的细胞。但此方法可能对组织造成一定损伤,同时在后续培养中细胞生长缓慢,并且很有可能伴有成纤维细胞的污染,限制了该方法的进一步应用。

(二)酶消化分离法

消化法是在将组织分离成小块的基础上,应用酶制剂进一步分散组织,使组织分散成单个细胞或细胞团,最后加入培养液制成细胞悬液进行培养。根据组织的不同,可选用适宜的消化方法。

1. 胰蛋白酶-EDTA制剂消化法　胰蛋白酶适用于消化间质较少的软组织,如胚胎、上皮、肾等组织,对于纤维性组织或较硬的癌组织效果较差。由于溶液中 Ca^{2+} 和 Mg^{2+} 对胰蛋白酶的活性有一定的抑制作用,因此胰蛋白酶常与EDTA混合使用,EDTA可螯合 Ca^{2+} 和 Mg^{2+},此外,血清有抑制胰蛋白酶活性的作用,可用含血清的培养基终止消化反应。该方法消化效果较好,在后续的提纯中不易使成纤维细胞掺杂进来,但其消化作用过于强烈,若消化时间掌控不当,可损伤细胞活性。

2. 胶原酶消化法　该方法适用于消化纤维性组织、上皮组织和癌组织等。胶原酶可特异性地分解组织细胞间质中的胶原蛋白,对上皮细胞的影响较小,可使上皮细胞与胶原蛋白成分脱离而不受伤害。该方法适用于一些对细胞的纯度和活性要求相对较高的实验,但其操作步骤较为烦琐,此外,酶制剂的价格普遍昂贵,会导致实验成本大幅增加。

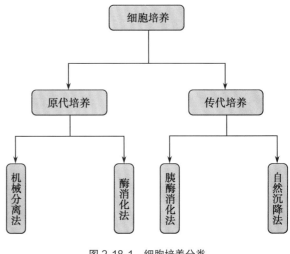

图 2-18-1　细胞培养分类

二、细胞的传代培养

传代培养（subculture）是指为了维持细胞的存活和生长，将原代培养的细胞分离、稀释接种到新的培养瓶中继续扩大培养的过程。细胞在瓶壁汇合后，需进行分离扩大再培养，否则细胞会因生存空间不足或密度过大，导致营养不足进而引起细胞衰老、生长停滞或死亡等，此外，传代培养可被用于细胞的体外大量扩增、细胞系的建立和利用培养细胞进行各种体外试验。细胞每进行一次分离再培养称为传一代，包括细胞从接种培养到再分离培养期间的一段时间。

传代培养方法根据细胞类型而定（图 2-18-1）。对于贴壁型细胞可采用胰蛋白酶消化法进行传代培养，部分贴壁生长但黏附不牢固的细胞可通过直接吹打方式传代。悬浮型细胞可采用自然沉降法或离心进行传代。由于不同类型的细胞对酶消化液的敏感度不同，因此在具体实验中需要掌握消化时间以降低对细胞的损伤。

三、细胞的冻存与复苏

（一）细胞的冻存

长期传代的细胞在暂时不用时可采用低温冷冻的方法保存，降低细胞代谢，该过程称为细胞冻存（cell cryopreservation）。冻存细胞时需要加入二甲基亚砜（DMSO）和甘油等保护剂，这些保护剂可使细胞内水分渗出到细胞外，减少胞内冰晶的产生，从而避免细胞产生内源性机械损伤。目前，常用的冻存方法主要包括传统方法和程序降温两大类。传统方法是指将冻存管依次置于 4℃（10 分钟）、-20℃（30 分钟）、-80℃（16~18 小时）和液氮（-196℃，长期储存）条件下；程序降温是指将冻存管放入渐冻盒后放置于-80℃冰箱中过夜（12 小时），再将细胞转移至液氮中长期保存。整个细胞冻存的过程需遵循"慢冻"的原则，即让细胞在缓慢降温的条件下逐渐冷冻。

（二）细胞复苏

细胞复苏（cell thawing）是指将冻存中的细胞解冻后重新培养，使其恢复生长的过程。细胞复苏时，将冻存细胞的冻存管从液氮取出后，迅速放入 37℃水浴中，轻轻摇动冻存管，使其液体迅速融化，同时，为进一步减小 DMSO 的毒性，可将解冻后的细胞缓慢加入含培养基的离心管中，降低 DMSO 的浓度。整个细胞复苏的过程需遵循"速融"的原则，主要防止 DMSO 在液体状态下对细胞的毒性作用。

四、器官培养

器官培养（organ culture）是指从供体取得器官或组织块后，在不损伤正常组织结构的条件下在体外进行培养，即仍保持器官组织结构的完整性，重点观察细胞在正常三维体系中的生物调节作用。器官培养的方法主要有：

（一）琼脂基质培养法

将血浆基质或鸡胚浸出液与琼脂混合，形成较为稳定的半固体培养基，然后将器官组织放置在其上进行培养。此法可用于发育和形态发生的研究。

（二）格栅培养法

将组织器官直接培养于大小为 25mm×25mm 的正方形格栅上。将格栅及其上面的外植体放置于培养皿内，加入培养基，再将培养小室放置在充满 CO_2 和 O_2 混合气体的密闭容器内。本法可用于对氧气需求较高的组织，例如前列腺、肾脏、甲状腺和垂体。

（三）旋转通气法

器官组织块贴附在培养皿底部并加入培养基覆盖，将该培养皿放置于旋转平台上，以一定转速摇动培养皿，使培养液和气相交替通过组织块表面，可用于支气管上皮、乳腺上皮、食管上皮等的培养。

（四）类器官培养

类器官培养（organoid culture）是将具有干性潜能的细胞进行 3D 培养，从而形成相应器官的部分组织。类器官可最大程度地模拟体内上皮结构，并能长期传代培养。理想的类器官拥有与对应器官类似的空间组织，并能够重现对应器官的部分功能，从而提供一个高度生理相关系统。目前已成功建立了人与小鼠的胃、小肠、肝脏、胰腺等类器官模型。这些类器官模型均能进行长期培养，且具有稳定的表型和遗传学特征。类器官培养技术在再生医学、精准医疗，以及药物毒性和药效试验等领域具有潜在的应用前景。

五、细胞培养的基本环境和条件

体外细胞培养所需的基本环境、生存条件及物质代谢过程与体内细胞基本相同，但随着生存条件的改变也会有一定的差异。

（一）细胞培养的基本环境

无论从事何种细胞或器官培养，培养环境无毒、无菌是保证培养细胞稳定生存和增殖的首要条件。无菌技术主要包括以下几部分：

1. 工作环境的无菌及仪器表面处理　细胞培养室是一个较为独立的干净空间，其中包含超净工作台、生物安全柜和培养箱等仪器。可采用紫外线对细胞培养室的空气、超净工作台和培养箱表面进行消毒，一般距紫外灯 2.5m 的距离内直接照射 20~30 分钟即可，也可用 75% 酒精、10% 苯扎溴铵用于细胞培养室的工作面、墙壁、地面和空气等进行灭菌处理。

2. 培养用品的清洗和无菌处理　细胞培养常用的玻璃器皿清洗的一般步骤为煮沸 10 分钟→刷洗→流水振荡冲洗→烤干→清洁液浸泡 24 小时→流水振荡冲洗→沥水→蒸馏水浸泡 2 次，每次 12 小时→烤干备用。对于塑料培养器皿，这些产品主要是一次性使用商品，已经消毒灭菌，打开即可使用。所有清洗完毕后的培养用品需要经过灭菌才能供后续使用。灭菌前所有培养用品需进行适当的包装，以保证灭菌后不受到外界的污染。消毒灭菌的方法有多种，随物品不同，采用的方法也不同。总体而言，可分为物理方法和化学方法两大类。物理方法包括湿热（高压蒸汽）、干热、过滤和紫外线等；化学方法包括使用化学消毒剂、抗生素等。

3. 无菌操作的基本要领　第一,要做好培养前的实验用品准备工作,根据实验的要求进行物品清点包装,在工作前移入超净工作台内;第二,超净工作台在使用前先用0.2% 苯扎溴铵或 75% 酒精擦拭工作台面,同时打开紫外线灯照射 20~30 分钟进行灭菌,正式操作时需要关闭紫外线灯打开风机;第三,进行操作前,需用肥皂刷洗手和前臂,再用流水冲洗,然后用 75% 酒精或 0.2% 苯扎溴铵擦洗;第四,在无菌条件下操作时,首先要点燃酒精灯,此后一切操作都需经过火焰烧灼或在火焰旁进行;第五,进行细胞培养操作时,动作要准确敏捷,但又不能太快,以防空气流动,增加污染机会。

(二) 细胞培养的基本条件

细胞培养需要较为严格的条件,对水、温度、酸碱度、渗透压、气体和营养等有较为严格的要求。

1. 水　体外培养细胞用液必须使用新鲜三蒸水配制,也可购买商品化的培养基等液体。

2. 温度　培养细胞的最适温度为 37℃,偏离此温度,可影响细胞的正常生长及代谢,甚至会引起细胞死亡。

3. 酸碱度　细胞培养的 pH 值最适为 7.2~7.4,当 pH 值低于 6 或高于 7.6 时,细胞的生长会受到影响,甚至引起死亡。多数类型的细胞对偏酸性的耐受性较强,而在偏碱性的情况下会很快死亡。因此培养过程一定要控制 pH 值。

4. 渗透压　人血浆渗透压约为 290mmol/L,可视为培养细胞的理想渗透压。对大多数细胞来说,渗透压在 260~320mmol/L 都适宜。

5. 气体　细胞的生长代谢离不开气体,容器空间中的 O_2 和 CO_2 用以保证细胞体内代谢活动的进行,但作为代谢产物的 CO_2 在培养环境中还有另一个重要的作用,即调节 pH。当细胞生长旺盛时,CO_2 含量过多,会使培养液的 pH 值下降;反之,若容器中 CO_2 过少,培养液的 pH 值上升。细胞培养所用的 CO_2 培养箱可根据需要持续地提供一定比例的 CO_2 气体,这样可使培养液维持一个比较稳定的 pH 范围。

6. 营养　体外培养的细胞所需营养必须从培养液中获取。目前在细胞培养中广泛使用的是合成培养基,其主要成分由氨基酸、维生素、糖类、无机盐和其他一些辅助物质组成。根据培养对象和目的不同,已设计出多种培养基,常用的有:RPMI 1640、DMEM、F12 等。对于动物细胞来说,合成培养基只能维持细胞的生存,要想使细胞更好地生长和繁殖,还需补充部分天然培养基,如人或动物的血清、血浆和胎汁等。通常是添加 10%~20% 的小牛血清。无血清培养基由基础培养基和替代血清的补充因子组成,如生长因子、激素、促黏附、转铁蛋白等活性物质,这类培养基价格比较昂贵。

第二节　培养细胞性状的生物学检测

体外培养的细胞具有增殖、运动的能力,此外,在某些刺激条件下可发生死亡,这些细胞的生物学特性反映了细胞的状态和外界刺激(药物等)的作用效果,通过对细胞的这些生物学特性进行检测,可对细胞生理、病理过程进行深入研究。常用细胞性状检测方法包括以下几个方面(图 2-18-2):

一、培养细胞的形态学观察

(一) 活细胞观察

细胞培养法允许实验者在细胞培养的不同阶段,进行观察和记录活细胞的变化过程,最常用的观察记录方法是相差显微镜观察和摄像。细胞在体外培养过程中需要每天进行显微镜观察,及时了解细胞的形态、数量改变、有无污染等生长状态。细胞生长状态良好时,在显微镜下可观察到细胞透明度大,折光性强,轮廓不清晰。生长状态不良的细胞轮廓变清晰,折光性变弱,胞内有空泡、脂滴、颗粒等出现,细胞之间空隙变大,细胞形态不规则。情况严重时,还可看到细胞表面和周围出现丝絮状物,甚至部分细胞死亡、崩解、漂浮等。

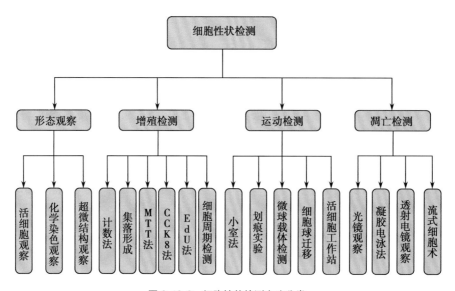

图 2-18-2　细胞性状检测方法分类

（二）化学染色观察

培养细胞可进行固定制成永久标本进行染色观察。固定染色观察是细胞培养中常用的显示细胞形成的技术，能揭示细胞的微细结构。培养细胞可用各种方法染色，有一般和特殊之分。一般化学染色观察为观察细胞的一般形态，如常用的 Giemsa 染色、苏木精-伊红（H&E）染色法等；特殊染色为用于观察细胞的特殊成分和结构的方法，如酶细胞化学、免疫细胞化学方法等。

（三）超微结构观察

培养细胞具有层次薄和材料新鲜的特点，固定时很容易穿透，固定效果很好，适于做电子显微镜观察。电子显微镜包括透射电子显微镜（transmission electron microscope）和扫描电子显微镜（scanning electron microscope）两种。

1. 透射电子显微镜　其主要由照明系统、样品调节系统、成像系统、观察与照相系统和真空系统组成。成像原理与光学显微镜原理基本一样，不同的是透射电子显微镜用电子束作光源，用电磁场作透镜。由电子枪发射出的电子束经加速和聚集后投射到非常薄的样品上；样品内致密处透过的电子量少，稀疏处透过的电子量多；经过物镜的会聚焦和初级放大后，电子束进入下级的中间透镜和第一、第二投影镜进行综合放大成像，最终被放大了的电子影像透射在观察室内的荧光屏上，其可以看到光学显微镜下无法看清的小于 $0.2\mu m$ 的亚显微和超微结构。

2. 扫描电子显微镜　其由电子光学系统、信号检测与显示系统、真空系统和电源系统组成。其工作原理是用一束极细的电子束扫描样品，在样品表面激发出二次电子，二次电子的多少与电子束入射角有关，即与样品的表面结构有关，二次电子信号被探测器收集转换成电信号，经视频放大后输入到显像管栅极，调制与入射电子束同步扫描的显像管亮度，得到反映样品表面形貌的图像，主要用于组织和细胞表面形貌，以及细胞器表面超微结构的观察，所形成的图像具有很强的立体感，可以很好地显示细胞及细胞超微结构的三维空间结构。目前，配置普通电子枪的扫描电子显微镜分辨率为 6nm，场发射电子枪的扫描电子显微镜的分辨率可达 1~2nm。

二、细胞增殖能力检测

细胞增殖（cell proliferation）是细胞在周期调控因子的作用下，通过 DNA 复制、RNA 转录和蛋白质合成等一系列复杂反应而进行的分裂过程，是生物体生长、发育、繁殖和遗传的基础。细胞增殖检测广泛应用于分子生物学、免疫学、肿瘤生物学、药理学等研究领域，是评价细胞代谢、生理和病理状况的重要方法。目前，检测细胞增殖能力的方法有很多种，主要包括计数法测定生长曲线、细胞集落形成实验、四甲基偶氮唑盐微量酶反应法（MTT 法）、CCK-8 法、5-乙炔基-2-脱氧尿苷法（EdU 法）、细胞周期检测等。

（一）计数法测定生长曲线

细胞生长曲线是观察细胞生长基本规律的重要方法，根据细胞生长曲线可分析细胞的增殖速度、确定细胞传代、冻存和具体实验操作的最佳时间。细胞生长曲线一般可通过计数法进行测定。首先选择生长状态良好的细胞，消化制成细胞悬液，经过细胞计数后，以合适的密度接种至 24 孔培养板中，保证每孔细胞数量一致。每隔 24 小时吸弃 3 个孔的培养液，消化、混悬细胞，进行细胞计数，得到细胞密度的平均值。以培养时间为横轴，细胞数为纵轴，绘制细胞生长曲线。标准的生长曲线近似"S"形。一般在传代后的第一天细胞数目有所减少，经过几天的潜伏期、迅速增殖的对数期，最后达到平台期。

（二）细胞集落形成实验

细胞集落形成实验（colony formation assay）是测定单个细胞增殖能力的有效方法之一，常用于抗癌药物敏感性测试。其原理是：单个细胞在体外增殖 6 代以上，其后代所组成的细胞群体，称为集落或克隆。通常每个克隆含有 50 个以上的细胞，大小在 $0.3~1mm^3$ 之间。通过计数克隆形成率和数量，可对单个细胞的增殖潜力做定量分析。克隆形成率（%）=克隆数/接种细胞数×100。常用的方法有平板克隆形成实验和软琼脂克隆形成实验。

1. 平板克隆形成实验　该实验适用于贴壁生长的细胞，包括培养的正常细胞和肿瘤细胞。该方法简单，不需要制备琼脂糖培养基，细胞可在培养皿底部形成克隆。

2. 软琼脂克隆形成实验　该方法适用于非锚着依赖性生长的细胞，如骨髓造血干细胞、肿瘤细胞系和转化细胞系等。其利用琼脂液无黏着性又可凝固的特性，将细胞混入琼脂液中，琼脂液凝固可以将细胞置于一定位置，琼脂中细胞可能向周围做全方位的移动，因此可以用来检测细胞的主动移动能力。细胞在适宜的培养基中会增殖，从而可以测定细胞克隆形成率。

（三）MTT 法

该方法的主要原理是活细胞中线粒体琥珀酸脱氢酶能催化四甲基偶氮唑盐（MTT）形成蓝色产物甲臢，并沉淀在细胞中，沉淀的量与活细胞数和功能状态成正相关。DMSO 能溶解沉淀，溶液颜色深浅与所含的甲臢量成正比，再用酶标仪在 570nm 波长处测其光吸收值，可间接反映活细胞数量。MTT 法简单、快速，广泛用于新药筛选、毒性实验等，但该方法灵敏性较差，重复性不佳，仅适用于贴壁生长的细胞。

（四）CCK-8 法

CCK-8（cell counting kit-8）试剂盒是用于检测细胞增殖、细胞毒性的试剂盒，为 MTT 法的替代方法。试剂盒中含有 2-(2-甲氧基-4-硝基苯基)-3-(4-硝基苯基)-5-(2,4-二磺酸苯)-2H-四唑单钠盐（WST-8），在 1-甲氧基-5-甲基吩嗪硫酸二甲酯的作用下被细胞线粒体中的脱氢酶还原为具有高度水溶性的橙黄色甲臢产物，甲臢量与活细胞数量成正比。与普通的 MTT 法相比，CCK-8 法具有操作简便、适用于悬浮细胞、灵敏度高、重复性好等优点，但该方法的试剂价格较贵。

（五）EdU 法

EdU 是一种胸腺嘧啶核苷类似物，其化学结构特点是脱氧胸腺嘧啶环上与 5 位 C 原子相连的甲基被乙炔基取代，在 S 期细胞增殖时可作为底物掺入到正在复制的 DNA

链中，可用 Apollo® 荧光染料与 EdU 发生特异性的共轭反应进行高效快速的细胞增殖检测。与传统的免疫荧光染色比较，EdU 反应非常快速，能在几分钟内完成，且不需要进行 DNA 变性处理，只需简单的几个步骤，使得组织成像更简单易行，因此适用于高通量筛选试验，尤其适合进行 siRNA、miRNA、小分子化合物及其他药物的筛选试验。

（六）细胞周期检测

细胞周期（cell cycle）是指连续分裂的细胞从上一次有丝分裂结束到下一次有丝分裂结束所经历的整个过程，主要分为 G_0、G_1、S、G_2 和 M 期，可根据处于 S、G_2 和 M 期细胞的比例判定细胞的增殖能力强弱，处于该时期的细胞比例越大，则细胞增殖能力越强，反之，增殖能力越弱。目前，细胞周期的分析方法主要是核酸荧光染料标记方法，其中碘化丙啶（propidium iodide，PI）是细胞周期研究中应用最广泛的染料，其可结合细胞内的双链 DNA、RNA，经 488nm 激发后发射红色荧光，其与核酸结合后发射强度可提高 20 倍。分析时，细胞先经 75% 乙醇固定通透后，降解细胞内 RNA，加入一定浓度的 PI，利用流式细胞仪检测 PI 发射光强度可确定细胞周期。除了 PI 以外，核酸荧光染料还有烟酸己可碱 33342/333258（Hoechst 33342/333258）、二脒基苯基吲哚（DAPI）、溴化乙锭（ethidium bromide）等。

三、细胞运动能力检测

单个细胞的运动方式有多种，极少数细胞通过纤毛和鞭毛进行运动，大多数动物细胞通过爬行的方式在细胞外基质或固体表面上运动。细胞的运动依赖于细胞骨架，而在细胞运动中细胞骨架的重排和细胞移动的方向受到细胞外信号的精密调控，并由微管和微丝协同完成。细胞运动能力在器官发育、疾病发生发展的过程中发挥重要的作用，因此，细胞运动能力的检测是判定细胞代谢、生理和病理状况的重要方法。目前，常用的检测细胞运动能力的方法有 Transwell 小室法、划痕实验、微球载体检测、细胞球迁移检测和活细胞工作站荧光显微镜记录技术。

（一）Transwell 小室法

该方法是检测细胞运动的经典方法，已被用于检测不同类型细胞的运动能力。Transwell 小室是一个可放置在孔板里的小杯子，其底部具有通透性的薄膜是整个实验装置的核心部分，其带有微孔，孔径应略小于细胞的直径，以防止细胞直接漏入外室。将 Transwell 小室放入相应的培养板中，小室内称上室，培养板内称为下室，上、下室分别盛装相应的培养液。将细胞接种在上室内，一段时间后，可运动穿过薄膜至小室外侧，进一步通过结晶紫染色可以检测穿过薄膜的细胞数，进而评价细胞的运动和迁移能力。该方法适宜终点检测，难以实时监测细胞的运动变化。

（二）划痕实验

划痕实验的原理简单且操作便捷，适用于任何贴壁细胞，在细胞运动的检测中广泛应用。该方法中细胞运动的能力反映为划痕宽度的变化，操作时，在体外培养板中培养的单层贴壁细胞上，用微量枪头在细胞生长的中央区域划线，去除中央部分的细胞，然后继续培养一段时间，在此时间内可每隔几个小时观察周边细胞是否迁移至中央划痕区，以此判断细胞的运动能力。

（三）微球载体检测

该方法是将待测细胞均匀包被于微球载体上，随后置于细胞培养板内孵育，在规定时间内取出微球载体，对细胞培养板内留存的细胞进行固定、染色及显微镜下定量分析。由于微球载体的表面积局限且恒定，因此，当细胞附着于载体上时，其总数相对稳定；同时，包被于载体上的单层细胞排列紧密，可在一定程度上模拟体内细胞的紧密连接状态。

（四）细胞球迁移检测

该方法与微球载体检测法的原理类似，其不同之处在于不使用任何载体而构建具有一定三维结构的由多层细胞构成的细胞球，因此，适用于该方法的细胞必须具备形成细胞球的能力。细胞球由多层细胞由内向外依次组成，可以更好地模拟生理状态下细胞间的连接与微结构，将已形成的细胞球置于培养板中，继续维持适宜的细胞培养条件，培养板底被细胞所覆盖面积的变化可间接反映出细胞的运动能力。此外，在细胞培养板中预铺基质细胞，可以模拟肿瘤细胞球与基质细胞相互作用而发生的侵袭和迁移。

（五）活细胞工作站荧光显微镜记录技术

活细胞工作站主要由高级自动倒置显微镜、活细胞长时间孵育系统、z 轴微光切系统、单色仪、高灵敏冷 CCD、图像软件工作站、CO_2 控制器、CO_2 培养箱、温度控制器组成，可在活细胞状态下对细胞运动的相关信息进行直观而详尽的分析。由于活细胞工作站整合了显微镜技术，因此可对细胞的运动轨迹进行详细记录。

四、细胞凋亡检测

细胞凋亡（apoptosis）是指为维持内环境稳定，由基因控制的细胞自主地有序性死亡。细胞凋亡与细胞坏死不同，它并不是病理条件下细胞自体损伤的一种现象，而是为了更好地适应生存环境而主动争取的一种死亡过程。有关细胞凋亡的研究手段包括形态学观察、生物化学与分子生物学检测等。

（一）普通光镜观察凋亡细胞

细胞凋亡时会出现典型的形态学特征，如胞膜有小泡生成，细胞固缩，核质浓缩，染色质凝聚，DNA 降解，最终形成许多凋亡小体（apoptotic body）。细胞涂片或经过多种染色后可直接在光学显微镜下观察细胞凋亡现象。如经过 H&E 染色后，凋亡细胞的细胞核呈蓝黑色，细胞质呈淡红色，其在组织中常单个散在分布，细胞核浓缩、染色致密、有破碎；凋亡细胞经甲基绿-派洛宁染色后，细胞核呈绿色或绿蓝色，胞质呈红紫色。总体而言，普通光学显微镜观察法简便易行，但主观性判断的比重较大，标准不易掌握。

（二）琼脂糖凝胶电泳检测凋亡细胞

正常活细胞 DNA 基因组条带由于分子量大，迁移距离短，因此在进行琼脂糖凝胶电泳时停留在加样孔附近。坏死细胞由于其 DNA 的不规则降解会显现一条连续的膜状条带；而细胞凋亡时，DNA 在核小体单位之间的连接处断裂，形成 50~300kb 长的 DNA 大片段，或 180~200bp 整数倍的寡核苷酸片段,在凝胶电泳上表现为梯形电泳图谱(DNA ladder)。

1. 经典的琼脂糖凝胶电泳　经典的琼脂糖凝胶电泳用于分开低分子量 DNA,在凋亡细胞群中可观察到典型的 DNA 梯形,但常规的琼脂糖凝胶电泳法在样品量较少的情况下,敏感性往往不够,并且不能进行定量分析。

2. 脉冲场凝胶电泳　脉冲场凝胶电泳(pulse field gel electrophoresis,PFGE)应用于分离纯化大小在 10~2 000kb 的 DNA 片段。PFGE 电泳时在两个不同方向的电场中周期性交替进行,相对较小的 DNA 分子在电场转换后可以较快地转变移动方向,而较大的 DNA 分子则需要的时间较长,最终小分子移动的速度比大分子快。PFGE 可分为倒转电场凝胶电泳(FIGE)、偏转正弦场凝胶电泳(BSFGE)和正交场凝胶电泳(CFAGE)。

3. 单细胞凝胶电泳　单细胞凝胶电泳(single cell gel),又称彗星分析(comet assay)或微凝胶电泳(microgel electrophoresis)。电泳时损伤的 DNA 从核中溢出,向阳极方向泳动,产生一个尾状带,未损伤的 DNA 部分则保持球形,二者共同形成"彗星"。DNA 受损越严重,产生的断链和断片越多,长度也越小,在相同的电泳条件下迁移的 DNA 量就越多,迁移的距离就越长。在一定范围内,通过"彗星"的长度和经荧光染色或银染色后的"彗星"荧光强度或光密度,来确定 DNA 的损伤程度,因此可以定量检测单个细胞中的 DNA 损伤,这是一种快速简便的凋亡检测方法。"彗星"鉴定可用于检测凋亡细胞寡核小体片段,其比流式细胞术能更早地检测出凋亡细胞,特别适用于少数甚至单个细胞的检测。

(三) 透射电子显微镜观察凋亡细胞

由于凋亡细胞的形态学变化大多发生在超微结构,光学显微镜难以观察,而透射电子显微镜可清楚地观察到细胞结构在凋亡不同时期的变化。采用透射电子显微镜进行形态学观察是判断细胞凋亡最可靠的方法,也是迄今为止判断凋亡最经典的方法,被认为是确定细胞凋亡的"金标准"。

1. 凋亡细胞早期的形态　在细胞凋亡早期,细胞核染色质沿核膜内侧排列、边集形成半月形,随后细胞核发生固缩,表现为电子密度增强,核型不规则,核膜内陷,继而发生核碎裂,在细胞质内可见多个电子密度增强的胞核碎块。细胞体积变小,细胞质浓缩,细胞器保存较好,或轻度增生,线粒体数目轻度增加、肿胀,胞质内空泡增多,细胞膜表面微绒毛和伪足减少或消失,可见细胞膜芽生出泡的现象。

2. 凋亡细胞晚期的形态　在细胞凋亡的晚期,可见由质膜包裹的内有完整细胞器和细胞核碎块的凋亡小体。

3. 透射电子显微镜检测细胞凋亡的不足之处　①透射电子显微镜检测细胞凋亡只能定性,不能定量;②标本处理过程复杂,电子显微镜设备相对昂贵,对检查者的技术水平要求较高,不适于大批标本检测;③在组织切片上进行电镜观察时,有时凋亡很难与正常细胞有丝分裂象鉴别,因为两种情况均可出现染色质浓聚。如同时进行荧光染色,可弥补电镜观察的不足。

(四) 原位末端标记法检测细胞凋亡

凋亡细胞的一个重要特征是内源性核酸内切酶发生活化,它可将 DNA 逐步地进行切割、降解,最终导致基因组 DNA 在核小体间发生断裂,断裂缺口处产生一系列 3′-OH 末端,可在末端脱氧核苷酸转移酶(terminal deoxynucleotidyl transferase,TdT)的催化下,将脱氧核糖核苷酸和荧光素或辣根过氧化物酶形成的衍生物标记到 DNA 的 3′-末端,从而通过荧光显微镜、流式细胞仪或普通光镜等方法进行检测,即 TUNEL(TdT-mediated dUTP nick-end labeling)法检测细胞凋亡。该方法主要是基于形态学与生物化学相结合的测定方法,通过对单个凋亡细胞核或凋亡小体进行原位染色,准确反映细胞凋亡特有的生物化学特征和形态学特性。它是目前原位检测细胞凋亡最快速、特异、敏感的方法。由于 DNA 断裂发生在凋亡的早期,因此该法对早期凋亡细胞检测有较高的灵敏性。

(五) 流式细胞术检测细胞凋亡

凋亡细胞的定量分析常借助于流式细胞仪检测,其主要方法如下:

1. 线粒体膜电位检测　线粒体膜电位检测主要采用阳离子型荧光染料。在正常细胞中,该染料在线粒体内聚集,发出明亮的红色荧光,而细胞凋亡后,线粒体膜电位发生改变,染料无法进入线粒体而只能以单体形式存在胞质中,发出绿色荧光。通过流式细胞仪检测红色荧光到绿色荧光的变化,意味着膜电位下降,细胞发生凋亡。

2. 细胞周期检测　细胞各个时期由于 DNA 含量不同从而与荧光染料(如 PI)等的结合量也不同,通过流式细胞术检测得到的荧光强度也不一样。G_2/M 期 DNA 含量是 G_0/G_1 期的 2 倍,而 S 期介于两者之间。由于凋亡细胞的 DNA 含量较少,因而在细胞 G_0/G_1 期前有一个亚二倍体峰,被认为是凋亡细胞。但是由于坏死细胞的 DNA 含量也减少,因此这种方法很难区分凋亡和坏死的细胞。

3. caspase-3 蛋白检测　caspase 蛋白家族在介导细胞凋亡过程中发挥重要作用,其中 caspase-3 为细胞凋亡关键的执行分子。正常情况下,caspase-3 以酶原的形式存在于胞质中,在细胞凋亡的早期阶段被激活,活化的 caspase-3 由两个小亚基(12kD)和两个大亚基(17kD)组成,裂解相应的胞质和胞核底物,最终导致细胞凋亡。通过流式细胞术分析 caspase-3 阳性细胞数和平均荧光强度,可以计算凋亡细胞百分比。

4. Annexin V/PI 检测　正常细胞中,磷脂酰丝氨酸(PS)只分布于细胞膜脂质双分子层的内侧层。而在细胞凋亡早期阶段,细胞质膜会发生一系列形态学特征改变,主要表现在细胞膜不对称性的变化。磷脂酰丝氨酸从细胞膜脂质双分子层的内侧层翻转至外侧层,暴露于细胞的外表面。Annexin V 是一种钙离子依赖性的磷脂结合蛋白,与磷脂酰丝氨酸有高度亲和力,因此 Annexin V 可作为检测细胞早期凋亡的指标之一。用荧光素如 FITC 标记 Annexin V 作为荧光探针,借助流式细胞仪检测细胞早期凋亡的发生。核酸染料 PI 能透过凋亡中晚期和死细胞的细胞膜,使细胞核染成红色,而不能透过完整的细胞膜。因此通过 Annexin

V 和 PI 的联合使用,可以把处于不同凋亡时期的细胞区分开来。

5. DNA 断裂检测　晚期凋亡细胞由于 DNA 断裂,出现很多 DNA 条带,利用末端脱氧核苷酸转移酶(TdT)能将荧光素标记的 dUTP 标记到断裂的 DNA 末端,使凋亡的细胞具有荧光,借助流式细胞仪进行凋亡细胞的检测。

第三节　细胞遗传学性状检测

细胞遗传学主要是从细胞学的角度,特别是从染色体的结构和功能,以及染色体和其他细胞器的关系研究遗传现象,阐明遗传和变异的机制(图 2-18-3)。染色体(chromosome)是在细胞有丝分裂过程中细胞核内遗传物质形成的一种结构。与有丝分裂间期的染色质相比,染色体具有相对固定的结构和数目。通过对细胞分裂过程中形成的染色体数目、形态和结构的观察,可以充分了解机体遗传物质的变异及规律。随着技术的发展,对细胞中遗传物质的结构、数目、功能的解析越来越精细与简便。

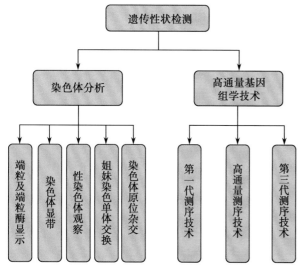

图 2-18-3　细胞遗传性状检测方法分类

一、染色体相关分析技术

(一)染色体标本制备

人体外周血中每毫升含有 $1\times10^6\sim3\times10^6$ 个淋巴细胞,它们通常处于有丝分裂的 G_0 或 G_1 期,不进行细胞有丝分裂。当在体外细胞培养基中加入植物凝集素(phytohemagglutinin)时,外周血中的红细胞发生凝集,同时也刺激淋巴细胞重新进入到细胞分裂周期中。使用有丝分裂阻断剂秋水仙素或秋水仙胺破坏纺锤体,使正在分裂的淋巴细胞发生停滞,其中有丝分裂中期细胞大多处于赤道板上,形态清晰、数目可见,便于观察。

制备细胞染色体标本时,用低渗溶液处理离体培养的细胞,红细胞因渗透压吸水而发生质膜膨胀破裂,同时淋巴细胞也膨胀,有助于细胞内染色体的分散。离心沉淀淋巴细胞,去掉含有胀破的红细胞成分的上清液。利用固定液

固定淋巴细胞,细胞内染色体的结构同时也被固定,并用 Giemsa 液对染色体标本进行染色。该方法简单、方便,并且可连续观察同一患者的染色体。

(二)端粒及端粒酶显示技术

端粒(telomere)是真核生物细胞染色体末端的一小段重复非转录 DNA 与相关蛋白质组成的特殊结构,发挥着防止染色体降解、非正常重组和末端融合缺失等重要作用。端粒酶(telomerase)是一种核糖核蛋白逆转录酶,由一个基本的催化亚基和 RNA 模板,以及端粒相关蛋白组成,其主要功能是负责端粒的延伸,对维持端粒的稳定性和适当长度有着重要作用。端粒的长短和端粒酶的功能异常与细胞的衰老、肿瘤发生和年龄相关疾病风险等有着密切关系。因此,高灵敏度检测端粒长度和端粒酶活性对于疾病机制研究和临床诊断显得尤为重要。

1. 端粒长度显示技术　目前,端粒长度的检测技术主要包括端粒末端限制性片段分析(terminal restriction fragment,TRF)、实时定量聚合酶链式反应(quantitative polymerase chain reaction,qPCR)、定量荧光原位杂交(quantitative fluorescence *in situ* hybridization,Q-FISH)和流式荧光原位杂交(flow cytometry and flow fluorescence *in situ* hybridization,flow FISH)等。

(1)TRF 技术:TRF 技术是最早应用的端粒长度检测方法,被称作端粒长度检测的"金标准"。该方法的原理是利用限制性核酸内切酶(如 Rsa Ⅰ和 Hinf Ⅰ)消化切割待检测样本 DNA,基因组 DNA 被切割成短片段,而端粒 DNA 不被切割,仍以较大片段保留。经琼脂糖凝胶电泳将大小不同的 DNA 片段分离,转移至尼龙膜或硝酸纤维素膜上,用端粒 DNA 特异性探针进行 Southern blot 杂交,进而检测端粒长度。该方法的测量结果只能提供细胞整体水平的长度,难以反映单个端粒的实际长度,尽管其存在众多局限性,但目前仍被广泛用于端粒长度与衰老和相关疾病关系的研究。

(2)qPCR 技术:qPCR 技术由 Cawthon 于 2002 年提出。该技术是利用单个细胞中端粒扩增产物(T)与端粒的一个单拷贝基因量(S)比值(telomere-to-single copy gene ratio,T/S ratio)定量端粒的长度。该方法适用于临床诊断和流行病学等大规模样本研究。

(3)Q-FISH 技术:Q-FISH 技术是使用荧光标记的(CCCTAA)3 肽核酸探针与有丝分裂中期染色体上的端粒 DNA 杂交,通过检测荧光信号,与已知端粒长度的标准品比对目的端粒长度。其优点是能检测每条染色体上的端粒长度,还能检测端粒融合时间及极短端粒重复序列(<0.5kb)的末端;该方法不适用于静止期细胞,且衰老细胞较少进入 S 期,故不适合应用于衰老细胞。

(4)flow FISH 技术:flow FISH 技术是在 Q-FISH 的基础上发展而来的,能精确检测出每个细胞的平均端粒长度,并能用于检测经流式细胞仪分选的细胞亚群的端粒长度,具有通量高、重复性好的特点。

2. 端粒酶活性显示技术　近些年,已经开发出多种测定端粒酶活性的方法,Kim 开发的以聚合酶链反应

（polymerase chain reaction，PCR）为基础的端粒重复序列扩增法（telomeric repeat amplification protocal，TRAP），因其超高的灵敏度，已被发展为端粒酶活性的标准分析方法。随着技术的不断进步，研究者们也已经进一步开发了许多PCR-free 分析方法，并将之应用到端粒酶活性的检测中，如光学传感器、表面等离子共振、电致化学发光、电化学检测和指数等温扩增分析等。

（1）TRAP 技术：TRAP 技术是一个单管反应，首先，从细胞或组织中提取端粒酶合成端粒重复序列，接着从外源添加端粒链引物，然后将这些延伸后的产品作为模板进行PCR 扩增，随后进行聚丙烯酰胺凝胶电泳鉴定，最后使用密度测定法进行定量，从而实现端粒酶活性的检测。该方法可以实现高通量高灵敏度的检测，但该方法需要使用昂贵的设备和试剂，且相当耗时，此外，该方法在筛选有效端粒酶抑制剂时易受 PCR 反应产物的影响，因此，该方法也存在较多局限性。

（2）紫外吸收法：纳米金由于其自身较高的消光系数和粒径依赖型的光学性能，在构建生物传感平台方面显示出极大的应用潜力，被应用到众多领域的检测。基于纳米金的分析方法的主要优点是分子识别行为可以转换成颜色改变，继而可通过紫外可见光谱简单测定出来。端粒是富含鸟嘌呤核苷的折叠核酸链，在 K^+ 和氯化血红素的存在下，端粒单元自组装成氯化血红素/G-四联体结构，表现出辣根过氧化物酶催化活性，可催化硫醇类物质（如 L-半胱氨酸）氧化成二硫化物。L-半胱氨酸可促进 Au 纳米颗粒聚集，伴随着紫外吸收的变化，从红色（单个金纳米粒子）变为蓝色（团聚的金纳米粒子），该过程可被用来定量分析端粒酶活性。

（3）等温扩增法：该方法基于 DNA 等温扩增的策略，通过链置换扩增激发，使用限制性内切酶刻痕于一个识别位点，并利用聚合酶多次复制和重置目标，实现 25 分钟的超快检测。该方法不仅具有 TRAP 的优越性，在此基础上还有一定的提升。它放弃了昂贵的热循环方法，使该法更加廉价，在临床上更加通用，此外，其检测时间相较于其他方法大大缩短。

（4）电化学分析法：该方法是基于鸟嘌呤氧化信号来检测端粒酶活性的免标记电化学分析方法，这种分析技术利用碳石墨电极作为电化学传感器。通过以端粒重复序列扩增为基础的 PCR 分析法，将鸟嘌呤的氧化信号作为端粒酶活性的量度来进行电化学检测。相较于其他检测方法，其具有快速、简单、廉价且无放射性的优点。

（三）染色体显带技术

通过显带染色等处理，使染色体的一定部位显示出深浅不同的染色体带纹，这些带纹具有物种及染色体的特异性，可更有效地鉴别染色体和研究染色体的结构和功能，该技术称为染色体显带技术（chromosome banding technique）。显带技术将人类的 24 种染色体显示出各自特异的带纹，称为带型（banding pattern），如 Q 显带、G 显带、R 显带等。带型可分为整体显带和局部显带，在常用的显带技术中，G 显带、Q 显带、R 显带等属于染色体整体显带；T 显带、C 显带、

N 显带等属于局部显带。

1. Q 显带　用荧光染料氮芥喹吖因（quinacrine mustard）处理染色体后，在荧光显微镜下观察到染色体沿长轴显示出宽窄和亮度不同的若干条横纹，称为 Q 显带，其中亮带富含 AT，暗带富含 GC，显带效果稳定，缺点是荧光持续时间短，标本难以长期保存。

2. G 显带　将染色体标本用碱、胰蛋白酶或其他盐溶液处理后，再用 Giemsa 染色，染色体上出现与 Q 显带相似的带纹，在显微镜下可见颜色深浅相间的带纹，称为 G 显带。G 显带技术简便，带纹清晰，染色体标本可长期保存。

3. R 显带　用盐溶液处理标本后，用 Giemsa 染色，显示出与 G 显带颜色相反的带纹，称反显带或 R 显带。R 显带的带纹与 G 显带相反，R 显带有利于测定染色体长度，观察末端区的结构异常，此显带技术主要用于研究染色体末端缺失和结构重排。

4. T 显带　将染色体标本加热处理后，再用 Giemsa 染色，主要显示染色体的端粒部分，称 T 显带。

5. C 显带　用碱处理标本后，再用 Giemsa 染色，可使着丝粒和次级缢痕结构的异染色质部分深染，该带纹称为 C 显带。C 显带技术用来研究着丝粒区、Y 染色体及次缢痕区结构上的变化。

6. N 显带　用硝酸银染色，可使染色体的随体和核仁组织区（nucleolar organizing region，NOR）呈现特异性的黑色银染物，这种银染色阳性的 NOR 称作 Ag-NOR。

（四）性染色质的观察

性染色质（sex chromatin）是指高等哺乳动物体细胞核内的一种可被碱性染料染成深色的染色小体。人类的性染色体（X 染色体和 Y 染色体）在间期细胞中为性染色质。

1. 正常人的性染色体　正常女性有两条 X 染色体，间期细胞中的 X 染色质通常只有一条具有转录活性，另一条 X 染色体常浓缩成染色较深的染色质体，附于核膜内侧边缘，此即为巴氏小体（Barr body），又称 X 小体。正常男性细胞在间期核中只有 Y 染色质，无 X 染色质。

2. 性染色体的镜检　通常使用口腔黏膜、头发根鞘、外周血细胞、羊水等制备 X 和 Y 染色质。由于取材方便，方法简单，性染色质检测广泛应用于性别畸形的诊断中，检查羊水细胞的性染色质，还可用于产前诊断胎儿性别。

（1）X 染色体的观察：观察 X 染色质时，以洁净压舌板轻刮患者口腔颊黏膜细胞涂于洁净玻片上，铺平后用 95% 乙醇固定，用硫堇、Schiqq 试剂或甲苯胺蓝等方法处理标本，镜检 300 个左右的细胞，在核膜内缘可看到楔形、椭圆形等形状的深蓝色（硫堇染）或紫红色（Schiqq 试剂染）染色小块，即"巴氏小体"。

（2）Y 染色体的观察：Y 染色体长臂的远端经过荧光染料氮芥喹吖因染色后，可发出明亮的荧光，直径为 $0.3\sim1\mu m$。

（五）姐妹染色单体交换实验

当一条染色体的两条单体在同一位置发生同源片段的易位时，由于该交换是对等的，所以染色体的形成没有改变，该现象称作姐妹染色单体交换（sister chromatid exchange,SCE)。通常用姐妹染色单体区分染色法(sister chromatid differentiation)研究姐妹染色单体交换。

实验原理:在细胞培养基中加入 5-溴-2'-脱氧尿苷(5-bromo-2'-deoxyuridine,BrdU),当 DNA 复制时,BrdU 可作为核苷酸前体物取代胸腺嘧啶而被掺入到新合成的 DNA 链中。当细胞在 BrdU 环境中生长两个细胞周期后,DNA 半保留复制的特点使同一条染色体的两条姐妹染色单体中,一条染色单体的 DNA 双链都被 BrdU 取代,而另一条染色单体的 DNA 仅一条链被 BrdU 取代。在结构上双股含 BrdU 的姐妹染色单体的 DNA 螺旋化程度低,对 Giemsa 染料的亲和力弱,故染色较深。如果两条姐妹染色单体同在某些部位发生互换,由于姐妹染色单体染色上的明显差异,则在互换处可见一界限明显、颜色深浅对称的互换片段。SCE 频率是 DNA 损伤的灵敏指标,是检测诱变剂或致癌物的常规指标之一。

(六)染色体原位杂交技术

原位杂交(in situ hybridization,ISH)是利用核酸分子单链之间有互补的碱基序列,将标记的外源核酸(探针)与样本上待测 DNA 或 RNA 互补配对,结合成专一的核酸杂交分子,经一定的检测手段将待测核酸在组织、细胞或染色体上的位置显示出来。为显示特定的核酸序列,必须具备3 个重要条件:①固定组织、细胞或染色体;②具有能与特定片段互补的核苷酸序列(探针);③有与探针结合的标记物。目前应用较多的非放射性标记物是生物素(biotin)和地高辛(digoxigenin),二者都是半抗原,生物素能与亲和素形成稳定的复合物,通过连接在亲和素或抗生物素抗体上的显色物质(如酶、荧光素等)进行检测。地高辛是一种类固醇半抗原分子,可利用其抗体进行免疫检测,原理类似于生物素的检测。地高辛标记核酸探针的检测灵敏度高,特异性优于生物素标记,其应用日趋广泛。

原位杂交技术主要包括:基因组原位杂交技术、原位 PCR 技术和荧光原位杂交技术。

1. 基因组原位杂交技术 基因组原位杂交技术(genome *in situ* hybridization)是利用物种之间 DNA 同源性的差异,用另一物种的基因组 DNA 以适当浓度封阻,在靶染色体上进行原位杂交。

2. 原位 PCR 技术 原位 PCR 技术是通过 PCR 技术对靶核酸序列在染色体上或组织细胞内进行原位扩增使其拷贝数增加,然后通过原位杂交技术进行检测,从而对靶核酸序列进行定性、定位和定量分析。原位 PCR 技术大大提高了原位杂交技术的灵敏度和专一性,可用于低拷贝甚至单拷贝基因的定位。

3. 荧光原位杂交技术 荧光原位杂交技术(fluorescence in situ hybridization,FISH)是将直接与荧光素结合的寡聚核苷酸探针或采用间接法用生物素、地高辛等标记的寡聚核苷酸探针与变性后的染色体、细胞或组织中的核酸按照碱基互补配对原则进行杂交,经变性-退火-复性-洗涤后即可形成靶 DNA 与核酸探针的杂交体,直接检测或通过免疫荧光系统检测,最后在荧光显微镜下观察,即可对待测 DNA 进行定性、定量或相对定位分析。

在此基础上发展起来的多彩色荧光原位杂交(multicolor fluorescence in situ hybridization)是用几种不同的荧光素或混合标记的探针进行原位杂交,能同时检测多个靶位,各靶位在荧光显微镜下和照片上的颜色不同,呈现多种色彩,可同时检测多个基因,在检测遗传物质的突变和染色体基因定位等多方面得到了广泛的应用。

二、高通量基因组学技术

(一)核酸的分离提取

细胞中的核酸包括脱氧核糖核酸(DNA)和核糖核酸(RNA),完整提取细胞中的 DNA 和 RNA 是后续检测的前提,二者的提取方法有所不同。

1. DNA 的提取 细胞在蛋白酶 K、十二烷基磺酸钠(SDS)的作用下,胞膜和核膜破裂、蛋白质变性并降解、DNA 与蛋白质分开。用饱和酚、氯仿抽提使 DNA 与蛋白质分离,在高盐存在下用乙醇沉淀收集 DNA,最后得到纯度较高的 DNA。目前,针对不同类型样本的 DNA 提取均有相应的试剂盒供使用。

2. RNA 的提取 该方法的原理是利用高浓度强变性剂异硫氰酸胍使细胞结构迅速破坏,将存在于细胞质及核中的 RNA 释放出来。此外,高浓度异硫氰酸胍和 β-巯基乙醇还使细胞内的 RNA 酶失活,使释放的 RNA 不被降解。细胞裂解后,通过酚、氯仿等有机溶剂处理,使 RNA 与其他细胞组分分离开来,得到纯化的总 RNA。RNA 提取的过程中需要严格防止 RNA 污染,并抑制 RNA 酶的活性。目前,常用的商品化提取试剂为 Trizol,此外,还有针对不同目的的提取试剂盒。由于 RNA 容易降解,因此在后续实验中需要将 RNA 反转录成互补 DNA(complementary DNA,cDNA)稳定保存。

(二)DNA 测序技术

上述内容主要从染色体角度探究细胞的遗传特性。染色体由 DNA 与核小体组成,其中 DNA 是遗传信息的储存者,解析 DNA 序列对于破译生命活动的生理或病理过程至关重要。DNA 测序技术是分析 DNA 序列(一级结构)的方法,化学降解测序及双脱氧末端终止法是第一代测序技术,随着技术的快速发展,第二代测序技术实现了大规模测序,目前第三代测序技术已经可以进行单分子测序。

1. 第一代测序技术 1973 年,Maxam 和 W Gilbert 发明了化学降解法进行 DNA 测序,1977 年,F Sanger 建立了双脱氧核苷酸末端终止测序法(chain terminator sequencing),因此,也称为 Sanger 测序法。后来,在双脱氧末端终止法的基础上,利用荧光标记技术替代同位素标记技术,实现测序的自动化过程。

(1)双脱氧末端终止法(Sanger 测序法):其原理是由于双脱氧核苷三磷酸(ddNTP)的 2、3 位置不含羟基,在 DNA 合成反应中不能形成磷酸二酯键,使 DNA 合成反应中断。在 4 个 DNA 合成反应体系中分别加入 4 种不同的带有放射性同位素标记的 ddNTP,得到一系列不同长度的核酸片段,这些片段的 3'端是 ddNTP,通过凝胶电泳和放射自显影后,根据电泳带的位置确定待测分子的 DNA 序列。

Sanger 测序技术的优点是操作快、简单、准确率高和测序较长,但测序速度慢,通量低。在此基础上,应用 4 色荧光(标记引物 5′ 端或者 ddNTP 终止底物)、单色荧光(标记引物 5′ 端,或者 dNTP 底物)标记方式,产生全自动激光荧光 DNA 测序技术,实现制胶、进样、电泳、检测、数据分析的全自动化。DNA 测序长度在 1kb 左右。

(2)化学降解测序法(chemical degradation sequencing):该方法过程和判读程序复杂,首先将待测 DNA 用 32P 标记其 5′ 端,然后用特定的化学试剂处理 32P-DNA,这些化学试剂可以选择性地移除 DNA 中的特定碱基,如肼可以移除嘧啶碱基(C 或 T),但在高盐时则仅移除胞嘧啶(C);酸移除嘌呤碱基(A 或 G);硫酸二甲酯攻击鸟嘌呤等,最后用哌啶切开无碱基位点的磷酸二酯骨架,形成不同长度的 DNA 片段,再经过高分辨率聚丙烯酰胺凝胶电泳,根据电泳条带推测出 DNA 碱基排列。化学降解测序法读取的 DNA 片段较短(<500bp),而且在最后分析电泳片段时,更加复杂。读取 T 和 A 时可直接从电泳的单条带判断;而读取 G 和 C 时需要根据 G 和 A+G,或者 C 和 C+T 两条带进行判定。

2. 第二代测序技术 DNA 第二代测序技术(next-generation sequencing)又称高通量测序(high throughput sequencing),采用矩阵分析技术,实现了大规模平行化操作,矩阵上的 DNA 样本可以被同时并行分析;不再采用电泳技术,使得 DNA 测序仪得以微型化,测序成本大大降低;边合成边测序,测序速度大幅提高。其技术原理是:首先构建 DNA 模板文库,将 DNA 固定在芯片表面或微球表面,然后通过扩增形成 DNA 簇或扩增微球,最后利用聚合酶或者连接酶进行一系列循环的反应操作,通过采集每个循环反应中产生的光学事件信息,获得 DNA 片段的序列。第二代测序技术已广泛应用于基因组的从头测序、基因组重测序、外显子测序、表观基因组测序等。目前比较成熟的第二代测序技术平台包括 454 测序、Solexa 测序、SOLiD 测序等。第二代测序技术的缺点是读序片段短,扩增高 GC 含量片段受限。

3. 第三代测序技术 第三代测序技术(third-generation sequencing)实现了单分子测序,不需要对模板进行扩增。主要包括单分子实时测序(single molecular real-time sequencing,SMRT)、真正单分子测序(true single molecular sequencing)、基于荧光共振能量转移的测序(fluorescence resonance energy transfer sequencing)和单分子纳米孔测序(nanopore DNA sequencing)等。其中 SMRT 测序技术已可读取超过 20 000bp 的 DNA 片段。该技术可以对 RNA 直接测序,避免逆转录带来的误差;可以直接检测甲基化的 DNA,实现对表观修饰位点的检测;进行 SNP 检测,发现稀有碱基突变位点及频率。但是第三代测序技术的准确率要低于第二代测序技术。下面简单介绍几种单分子测序技术:

(1)单分子实时测序(SMRT)技术:该技术是基于荧光标记的边合成边测序技术,其原理是:将 1 分子 DNA 聚合酶和 DNA 模板固定在零模波导(zero-mode waveguide)

孔底部,4 种不同荧光标记的 dNTP(荧光标记在磷酸基团上)通过布朗运动随机进入检测区域与聚合酶结合,与 DNA 模板匹配的碱基生成化学键的时间比其他碱基停留的时间长,这有利于荧光标记的 dNTP 被激发而检测到相应的荧光信号,识别延伸的碱基种类,之后经过信息处理可测定 DNA 模板序列。由于荧光标记在磷酸基团上,在聚合反应时将被切去,有利于反应持续进行,因此 SMRT 具有超长读长和实时测序的优点。检测背景荧光噪声低、测序时间短、无须模板扩增,可直接检测表观修饰位点,避免 PCR 扩增导致的误差。

(2)真正单分子测序技术:该技术是将待测 DNA 序列打断成小片段后用末端转移酶连上 polyA,与芯片上固定的 polyT 杂交结合。dNTP 用单色荧光标记,并且其 3′ 端连有抑制基团,使聚合反应只发生一次。聚合反应时,每次只加入一种荧光标记的 dNTP,若能配对结合则可检测到荧光信号,然后切去荧光基团和 3′ 端的抑制基团,加入新的荧光标记 dNTP 和聚合酶,重新进行聚合反应,循环进行多次聚合反应。优点是不需要 PCR 扩增或连接酶,适合 RNA 直接测序或用逆转录酶替代 DNA 聚合酶进行 RNA 直接测序。缺点是测序的平均读长相对较短,原始数据准确率相对低,价格昂贵等。

(3)单分子纳米孔测序技术:该技术的原理是单个碱基或 DNA 分子通过纳米通道时,会引起通道中离子电流发生变化,不同碱基引起的变化会有差异,对这些变化进行检测可以得到相应碱基的类型,进而测定 DNA 链的序列。单分子纳米孔测序有独特的优势:超长读长,测序速度快,无须 DNA 聚合酶或者连接酶,也无须 dNTP 读长;缺点是通量和精度偏低。

(三)单分子光学图谱技术

真核基因组由于存在着各种重复序列(如着丝粒、端粒等)和较长的缺失,现有测序技术的缺陷变得日益突出。无论第二代或第三代测序技术,都面临着无法简单而直观地看到整个基因组范围的结构变化,如重复序列的组装、结构变异的识别等,现阶段测序技术无法彻底摆脱单纯利用测序技术进行拼接组装的局限。因此,需要一项辅助技术弥补该缺陷,即单分子光学图谱技术(optical mapping)。

Irys/Saphyr 系统利用单链内切酶对基因组 DNA 的特异位点进行酶切,并在 DNA 聚合酶的作用下引入带有荧光的碱基,用连接酶将缺口填补,标记整条 DNA,再利用极细的毛细管电泳将 DNA 分子拉直,将每个 DNA 单分子线性化展开,随后进行超长单分子高分辨率荧光成像,即生成了一幅酶切位点分布图。

该技术主要应用于辅助基因组组装和结构变异分析。基因组结构变异(structure viriation,SV)通常是指基因组内大于 1kb 的 DNA 片段缺失、插入、重复、倒位、易位和 DNA 拷贝数变化,SV 对人类遗传多样性和疾病易感性起着重要的作用,其作为复杂疾病的生物标志物越来越受到关注,该技术在个人基因组组装和大尺度结构变异筛查方面具有天然的优势,为原始数据的精确性和行业差异化发展提供帮助,推动精准医学的进步和研究应用。

第四节　细胞分离技术——流式细胞术

前面提到,可通过机械分散法、酶消化法获取大量的细胞进行后续的培养,然而这些方法所得到的是包含各种类型细胞的混合样本。在实际工作中,研究者往往只关注其中某一种细胞(如血管内皮细胞等)的生物学特性和功能,因此需要对所关注的细胞进行分离纯化。目前,纯化细胞的方法主要有两种,包括荧光激活细胞分选术(fluorescence-activated cell sorting,FACS)和磁性激活细胞分选术(magnetic-activated cell sorting,MACS),本节内容主要阐述利用FACS分离纯化细胞。

一、流式细胞术的基本概念

流式细胞术(flow cytometry)是 20 世纪 60 年代末开始发展起来的细胞定性和定量的技术,经过 50 多年的发展,其应用越来越广泛,包括基础医学、生物学、临床医学和环境监测等。其通过收集激光照射到细胞后的散射光信号和荧光信号反映细胞的物理化学特征,并根据这些物理化学特征分选获得感兴趣的细胞。

(一)基本原理

特定波长的激光束直接照射到高压驱动的液流内的细胞,产生的光信号可被多个接收器接收,一个是在激光束直线方向上接收前向角散射光信号,其他是在激光束垂直方向上接收到的光信号,包括侧向角散射光信号和荧光信号。以上这些信号被相应的接收器接收,根据接收到的信号的强弱波动就能反映出每个细胞的物理化学特征。

(二)流式细胞术的三大要素

流式细胞术具有三大要素,分别是流式细胞仪、样品细胞和荧光染料(或荧光素偶联抗体)。

1. 流式细胞仪　流式细胞仪是流式细胞术的操作平台,包含液流系统、光路系统、检测分析系统和分选系统等。根据其功能不同可以分为分析型流式细胞仪和分选型流式细胞仪,前者只能做流式分析,后者能够同时进行流式分析和流式分选。

2. 样品细胞　流式细胞术检测的对象是呈独立状态的悬浮于液体中的细胞,即单细胞悬液。流式细胞术不能直接检测组织块中的细胞,在检测之前需要将脏器或组织制备成单细胞悬液,然后标记上荧光素偶联抗体,才能够被流式细胞仪检测。

3. 荧光染料　样品细胞只有标记荧光染料或荧光素偶联抗体进而被特定波长的激光照射后才能发射特定波长的荧光信号,从而得到样品细胞表达某抗原分子强弱情况等化学特征,否则只能通过分析散射光信号得到样品体积大小和颗粒度等物理特征。

(三)群体信息

流式细胞术关注的是细胞的群体信息,比如有多少比例的细胞表达某种抗原分子或合成某种细胞因子等,而非关注其中某一个细胞的特性。所以,流式细胞术得到的经常是一个比例值(如阳性比例),或者平均荧光强度等群体信息。

(四)Logicle 数据形式

Logicle 数据形式又称双向指数(bi-exponential)数据形式,是一种新的流式图数轴的数据表示形式。Logicle 数据是将检测到的荧光信号值减去非特异性荧光信号值,然后以对数形式显示。该数据形式有利于验证荧光通道之间的补偿是否调节得当。当补偿调节得当时,阴性细胞群的平均荧光值为零,细胞平均分布于零值线的两侧,基本呈对称分布;如果补偿调节不够,显示阴性细胞多数位于零值线以上,相反则补偿调节过度。

二、流式细胞仪的分类

流式细胞仪根据其功能主要分为分析型流式细胞仪和分选型流式细胞仪两种。下面将分别介绍几款分析型和分选型流式细胞仪。

(一)分析型流式细胞仪

分析型流式细胞仪只能用于流式分析,细胞样品经流式细胞仪的液流系统被仪器分析后最终进入废液桶,不能回收利用。

1. Accuri™ C6 Plus 个人型流式细胞仪　该款流式细胞仪方便易用、维护简单且价格实惠,占用空间小,重量较轻,重量仅为 13.6kg,操作简便,可支持一系列应用。其配备有蓝色和红色激光器、2 种散射检测器和带有根据许多常用荧光染料进行优化的光学滤光器的 4 种荧光检测器,包括 FITC、PE 和 APC 等。在液流系统中采用不加压的独特蠕动泵驱动液流系统。该系统可准确监测每次运行的样本体积,不使用计数微球就可计算每微升的绝对计数或样本浓度。

2. FACSCanto Ⅱ 流式细胞仪　FACSCanto Ⅱ 是一台兼顾科研需求和临床检测的高端分析型流式细胞仪。该款流式细胞仪配备双激光或三激光,可实现 8 色分析。仪器采用全反射的光路结构设计,避免透射过程对光信号的损耗,提高了仪器检测的灵敏度和速度,分析速度可达 10 000 个/s。其专门配备有 FACSCanto 临床软件,包含淋巴细胞亚群、HLA-B27 等临床自动检测和分析软件,直接报告检测结果,生成实验报告。

3. iCyte 自动化成像流式细胞仪　该款流式细胞仪将显微成像技术和流式细胞术相结合,不仅能够提供整个细胞群的物理化学特征,而且能够对每个检测到的细胞进行成像。其配备有 488nm、635nm 和 405nm 3 个激光器,散射光信号用于细胞成像;此外,有 4 个荧光信号通道接收相应的荧光信号用于常规的流式分析。

(二)分选型流式细胞仪

分选型流式细胞仪能够分选回收样品细胞内的目标细胞,用于后续功能实验。

1. BD FACSAria Ⅲ 流式细胞仪　该流式细胞仪是一种高速台式分选型流式细胞仪。其使用石英杯流动池和八角形、三角形光路收集系统,使整个系统具有超高的灵敏度和分辨率。该流式细胞仪的分析速度可达 100 000 个/s,分选速度可达 70 000 个/s。其配备有 488nm、633nm 和 407nm 3 个激光器,总共可以检测 15 个参数信号。

2. MoFlo XDP 流式细胞仪　该款流式细胞仪配置 2 台高精密度数字化处理器,一个用于收集、分析数据和操作控制,另一个用于处理和分析荧光和电子信号,有利于提高仪器的信号接收和信息处理的能力。该仪器可选配 488nm、635nm、405nm 等 7 种激光器,可实现多色多参数同时分析和分选。仪器采用触摸式控制屏和 Smartsampler 智能化全自动进样装置,适当简化了操作步骤,Interllisort 模块可以帮助使用者监控分选过程。

3. SH800 流式细胞分选仪　该仪器是 Sony 公司研发的首台用于细胞光学分析的流式细胞分选仪,利用 Sony 的蓝光光盘等激光学技术,可以进行自动光学排列和细胞结构分选。该仪器配备一个具有 4 个波长(405nm、488nm、561nm 和 638nm)的激光源,可处理各种荧光基团,分选速度可达 100 000 个/s。

三、流式细胞术样品的制备

流式细胞仪检测分析的对象是细胞或者细胞样颗粒性物质,其要求样品新鲜,液氮冷冻保存或者固定处理后的样品都不能用于流式检测。在具体实验中,应根据细胞来源选择相应的制备方法。获取单细胞悬液后,需要将细胞与荧光素偶联抗体或者荧光染料相结合,进一步可以分析该荧光信号的强弱进而间接反映样品细胞的某些特征。

(一) 样品制备的方法

1. 独立细胞样品制备　对于体外培养的悬浮细胞,可直接收集细胞于离心管中,离心沉淀细胞,然后用磷酸盐缓冲液(PBS)重悬后,标记相应的荧光素偶联抗体;对于贴壁细胞,需用胰蛋白酶消化细胞后,用培养基或 PBS 重悬,收集细胞,离心后标记荧光素偶联抗体;对于外周血细胞,可以利用 Ficoll-hypague 或者直接红细胞裂解液裂解红细胞的方法。

2. 免疫器官样品制备　免疫器官主要由免疫细胞组成,免疫细胞之间基本是相互独立的,很少形成稳定的连接,相比于实体器官更容易制成单细胞悬液。小鼠骨髓细胞一般提取股骨和胫骨内的骨髓,其方法是用 1mL 注射器在股骨或胫骨的两端钻孔,然后用注射器吸取培养基反复吹洗骨髓腔;对于胸腺、脾脏和淋巴结,只需直接将脏器经钢网研磨即可。

3. 实体脏器样品制备　实体脏器如肺脏、肝脏和肿瘤组织内含有较多的结缔组织,细胞之间结合紧密,在研磨前需要用 I 型、IV 型或 V 型胶原酶于 37℃条件下消化,然后进行研磨过滤,后续步骤与其他类型细胞基本相同。

(二) 荧光素偶联抗体及其标记方法

荧光信号是流式细胞仪接收处理的重要信号,其接收的荧光信号来源于结合在细胞上的荧光素,分析该荧光信号的强弱即可判定样品细胞的某些特征。

1. 荧光素　荧光素(fluorochrome)多是一些化学试剂,有天然的、半天然的,也有人工合成的。荧光素在未被激发时外层电子处于基态,当被特定波长的激光激发后,外层电子接收到足够的能量会跃迁到激发态,这时外层电子不稳定,会自发从激发态回到基态,同时释放出特定波长

的荧光。目前,常用的荧光素有异硫氰酸荧光素(FITC)、藻红蛋白(PE)、别藻青蛋白(APC)、多甲藻叶绿素蛋白(PerCP)、Alexa Fluor 系列荧光素等,不同荧光素所用的激发波长不同,在选择荧光素时,需要根据流式细胞仪的激光器确定。

2. 荧光素偶联抗体　其由荧光素和抗体两部分组成,抗体可以是单克隆抗体或多克隆抗体。在标记细胞时,荧光素偶联抗体中的抗体部分可与相应的抗原分子特异性结合,其中荧光素可被相应激光激发后发射特定波长的荧光信号,根据接收信号的强弱可判断该细胞表达相应抗原分子的情况。

3. 样品封闭　抗体包含特异性结合抗原位点 Fab 段和相对保守的 Fc 段,前者可决定抗体的特异性。在某些情况下,细胞表面表达 Fc 段受体(FC receptor,FcR),可与 Fc 段发生非特异性结合,使得细胞带上荧光素,这样无法区分该细胞表达特异性抗原分子或仅仅是表达 FcR,因此,在荧光素偶联抗体标记细胞之前需要消除非特异性结合的影响,可在标记抗体之前用血清全 IgG 抗体与样品充分混匀,4℃条件下孵育 15 分钟,可使样品细胞表面的 FcR 饱和。

4. 荧光素偶联抗体标记　该标记方法较为简单,只需在样品单细胞悬液中加入适量的荧光素偶联抗体,充分混匀,于 4℃条件下静置 30 分钟,然后用 PBS 洗去游离的抗体,重悬细胞后即可上样分析。标记方法根据抗体不同可分为直接标记法和间接标记法,即前者使用荧光素偶联抗体,后者由两步标记组成,如第一步用生物素(biotin)偶联抗体标记细胞,第二步用荧光素偶联链霉亲和素(streptavidin,SA)标记细胞。

四、流式细胞分选术分选细胞

流式细胞分选术分选细胞的流程如图 2-18-4,相比于磁珠分选,流式细胞术分选细胞具有较多优势:①目标细胞需要 2 个或者 2 个以上的标记共同识别时。②如果样品细胞的某种抗原表达有强弱之分,磁性分选只能分选高表达群,而流式分选可以将高表达、低表达和阴性细胞群三者分开,可以同时分选这三种细胞。③流式细胞分选可以根据细胞的大小和颗粒度进行分选。④流式分选一次可以同时进行四种目标细胞分选,而磁性分选一次只能筛选到一种细胞。但是流式分选对设备和技术员的要求较高,对细胞刺激较大。下面将详细介绍流式细胞分选在实际工作中的应用。

(一) 独立群体细胞分选

独立群体细胞是指需要分选的目标细胞在流式图上独立成群,与非目标细胞之间有明显的界线,可以完全分离开,不存在混合区域。在分选该种目标细胞时,流式细胞仪能够准确鉴别目标和非目标细胞,得率最高、纯度最高,是最理想的分选情况。

利用流式细胞术分选细胞时,希望待分选的目标细胞能够独立成群。使目标细胞形成独立群体细胞需要考虑两个问题:①选择最为恰当的抗原分子作为目标细胞的标志,如选择位于细胞表面的标志性分子,同时标志性抗原分

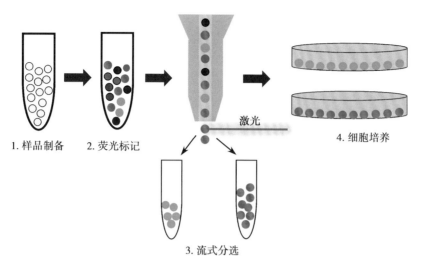

1. 样品制备　　2. 荧光标记　　　　　　　　　激光　　　　4. 细胞培养

3. 流式分选

图 2-18-4　流式细胞术分选流程

子最好是目标细胞与非目标细胞表达量差异最大的一个抗原分子；②选择荧光信号较强的荧光素，如 PE 和 APC 荧光素发射的荧光信号较强，可以作为首选对象。

（二）流式分选非独立细胞群体

当代表该细胞亚群的抗原分子表达较弱或者与非目标细胞群在表达上相差不多时，两者在流式图上就可能达不到完全分界，此时的目标细胞就是非独立细胞群体。在这种情况下，目标细胞与非目标细胞所在细胞区会发生重叠，可被分为纯阳细胞区、中间混合区、纯阴细胞区。在保证分选后细胞纯度的前提下尽量提高细胞的得率，可通过调整设门的范围保证设门圈取的区域刚好是纯细胞区域，此时非目标细胞没有掺入的机会，既能够保证分选后细胞的纯度，也可保证细胞的最大得率。在实际工作中，流式分析者可根据经验大致判断纯细胞区域和混合细胞区域界线的确切位置，然后设门，最后根据上样分选后的细胞判断设门是否理想。

（三）流式分选低比例细胞群体

低比例细胞群体是指需要分选的目标细胞占样品细胞的比例小于 1% 的细胞群体，由于低比例细胞群属于弱势细胞群，经常会受到强势细胞群的辐射影响，影响该低比例细胞群体的分选纯度和得率。在实际工作中可通过以下几种方法进行更有效的分选，提高分选细胞的纯度和得率。

1. 流式分选结合磁性分选　分选低比例细胞群体时可采用流式分选结合磁性分选的方法。先用磁性分选的方法富集目标细胞群，去除或减弱强势细胞群的影响后，提高目标细胞群的比例，然后用流式分选的方法纯化目标细胞，此时的低比例细胞群体的比例提高，能够保证分选后的细胞纯度和得率。该方式可有效去除样品中的细胞碎片、小颗粒性物质等，减少样品堵塞流式喷嘴的概率；此外，该方法可大幅度减少流式分选的样品细胞的总量，缩短流式分选所需的时间。

2. 二次分选法　二次分选法是指进行两次流式分选。第一次流式分选后可以将原来低比例的目标细胞群变成强势细胞群，在后面的分选中可以保证细胞的纯度。此外，

在第一次分选时可以选择富集模式，可使细胞的得率接近 100%，第二次可选择纯化模式，这样才能保证最后的细胞纯度。使用该方法进行分选前应考虑目标细胞是否能够接受两次刺激，分选后的细胞活力是否能够达到后续功能实验要求。如果目标细胞无法承受两次流式分选，经历两次流式分选后细胞大部分死亡，则不能采取该方法。

第五节　细胞培养方法的改进

第一部分内容已经介绍了细胞培养的基本原则和方法，然而在实际工作，可能需要对细胞培养的方法进行多方面改进，才能获得最佳的培养条件，在此条件下，细胞的状态可以达到最佳，最适合用作后续的一系列功能实验。本节内容总结了部分细胞培养的改进方法。

原代培养中的细胞来源于人或动物的某种组织，需要经过各种酶消化或机械法进行处理后，重悬于合适的培养基中，然后才能在培养皿中进行生长和繁殖。相比于细胞系的培养，原代培养的培养条件更加复杂、苛刻，常常需要研究者对各步骤的条件不断进行摸索。

一、细胞来源

动物机体内细胞会随着其年龄增加而发生衰老，活力降低，因此在选用动物时应该选用年龄较小的动物进行原代细胞培养，可根据实际工作需求选取适当年龄的小鼠，一般为 6~8 周龄。

二、消化用酶

前面已介绍不同酶的消化原理不同，因而可适用于不同类型组织的消化。对于间质较少的软组织，如胚胎组织、上皮组织等，可选用胰蛋白酶，而对于纤维性组织和癌组织等，一般选用胶原酶进行消化。此外，酶的浓度和消化时间对于细胞活力具有重要影响，过高浓度和过长消化时间均可引起细胞活力降低甚至死亡，过低浓度和过短消化时间可能导致组织解离不充分，因此需要优化酶的消化浓度和

时间。对于胶原酶而言，工作液浓度一般为 1mg/mL，消化时间为 30~60 分钟。

三、培养基

原代培养细胞对培养基中的成分要求较高，可能需要加入多种促细胞生长因子，并且不同类型的细胞对培养基的成分需求也不同。研究者可在实际工作中根据培养细胞的类型选择合适的培养基，如培养原代血管内皮细胞，可选用专用的内皮细胞培养基（endothelial cell medium，ECM），其包含基础培养基、胎牛血清和多种促生长因子，可维持内皮细胞的生存、生长和繁殖。如培养小鼠背主动脉平滑肌细胞，可选用含终浓度为 10% 胎牛血清的 DMEM 培养基，在此基础上可加入适当浓度的血小板源性生长因子 B（PDGF-B）。目前，众多生物技术公司提供商品化的不同细胞专用培养基，研究者可根据自身培养的细胞进行选择。

四、细胞提纯

体外培养细胞源于动物机体，而机体内的细胞都是混杂生长，因而原代培养的一些细胞在应用分离方法后获得的细胞悬液中仍会存在大量杂质，如细胞间质中的胶原纤维、成纤维细胞或红细胞等，尤其是成纤维细胞，会显著影响后续的实验流程。在体外培养的细胞中即使都是纤维样细胞或上皮样细胞，种类也有不同。对体外培养的细胞进行实验研究都要求采用单一种类细胞，这样才能对某一种类细胞的功能、形态等的变化进行研究。下面介绍几种细胞提纯的方法：

（一）红细胞裂解法

利用不同种类细胞的渗透性不同进行分离，使用红细胞裂解液特异性地将红细胞裂解而不伤害其他细胞，从而有效地将悬液中的红细胞除去。

（二）反复贴壁法

根据其他细胞与成纤维细胞的生长和爬壁速度上存在的差异，可以在培养时趁其他细胞尚未贴壁而成纤维细胞已贴壁时，将细胞悬液转入另一培养瓶中继续培养。一般反复操作 3 次以上，就可以有效去除大部分成纤维细胞，同时减少其他细胞的损失。

（三）差速离心法

不同类型细胞的沉降系数不同，因此在特定离心速度下的不同细胞的沉降程度也不同。可利用离心机对细胞悬液进行差速离心，将所需细胞与其他杂质分离，从而提取出较高浓度的细胞悬液。

（四）Percoll 分层液密度梯度分离法

Percoll 是经过处理的对细胞无毒副作用的硅胶颗粒混悬液，其颗粒直径大小不一，在与细胞悬液混合并离心后可形成连续的密度梯度，之后便可以根据所需细胞的漂浮密度来选择性地进行吸附，将密度不同的细胞分离纯化，如肾脏等器官的上皮细胞种类众多，可采用该方法进行分离纯化。

（五）培养基限定法

某些细胞在生长过程中必须存在或去除某种物质，否则将无法生长。而其他细胞则与之相反，可以利用这种技术来纯化细胞，如筛选细胞常用的含嘌呤霉素的条件性培养基等。

（六）克隆法

在同一种细胞中，存在生物学特性不完全相同的亚群，他们的功能和生长特点略有差异，可以采用克隆法进行筛选，即将细胞分成单个细胞，使之分别生长形成克隆，然后对每一个克隆进行测试，选择出所需要的克隆。

（七）流式细胞仪分离法

方法见第四节内容。

五、培养细胞污染的检测与防治

培养细胞的污染是指细胞培养环境中混入对细胞生存有害的成分和造成细胞不纯的异物，包括生物类（真菌、细菌、病毒和支原体）、化学物质及细胞，其中以微生物污染最多见。微生物可通过空气、未彻底消毒的器械、不规范实验操作、污染的血清、污染的组织样本等混入培养环境。体外培养细胞一般没有抵抗污染的能力，污染可导致细胞生长缓慢甚至停止、胞质出现大量堆积物、变圆或崩解等，最终从瓶壁脱落。因此，针对微生物污染的检测与防治对于细胞培养而言至关重要。

（一）真菌污染

真菌的种类很多，污染培养细胞的多为烟曲霉、黑曲霉、毛霉菌、孢子霉等。霉菌污染后多数在培养液中形成白色或浅黄色漂浮物。一般肉眼可见，较易被发现，短期内培养液不浑浊，倒置显微镜下可见在细胞之间有纵横交错穿行的丝状、管状及树枝状菌丝，并悬浮飘荡在培养液中。对于霉菌的污染，可以考虑用制霉菌素 25μg/mL 或酮康唑 10μg/mL 对细胞进行处理。

（二）细菌污染

细菌污染常见的是大肠杆菌、白色葡萄球菌、假单胞菌等。细菌污染后，培养基短期内会变浑浊、颜色变黄。多是在传代、换液、加样等开放性操作之后发生。确定污染后可加入 5~10 倍抗生素（青霉素-链霉素）作冲击处理。一般原代培养的细胞需要在培养液中加入 5~10 倍抗生素，以确保无菌污染。

（三）支原体污染

支原体（mycoplasma）是一种大小介于细菌和病毒之间（最小直径为 0.2μm），并独立生活的微生物。其污染的特点是短期无变化，具有隐蔽性，可长期与细胞共存、培养基一般不发生浑浊、细胞无明显变化。支原体一般吸附或散在分布于细胞表面和细胞之间，在镜下常可见到细胞核及胞质内出现大小不等的颗粒或空泡。

目前实验室可通过 DNA 荧光染色法结合直接培养法、PCR 法、滚环扩增技术、瓜氨酸测定法、放射自显影方法进行检测。支原体的清除一般不选用抗生素，主要通过抗血清处理法、高温处理法、小鼠腹腔巨噬细胞清除法等。因在日常细胞培养过程中支原体污染常被忽视，因此可定期对实验室中的培养物进行支原体检测。

（四）细胞交叉污染

细胞交叉污染一般来自细胞建株和细胞传代过程中

两种或两种以上细胞之间的污染。光镜下可发现细胞的形态发生改变,与正常该细胞株的形态不同。

细胞系的种系来源可通过各种免疫学实验、同工酶分析和细胞遗传学方法进行确定。细胞发生交叉污染,通常不能挽回,只能放弃细胞。为避免细胞的交叉污染,在进行多种细胞培养操作时,所用器具要严格区分,最好做上标记便于辨别。严格按照顺序进行操作,避免一起进行时发生混乱。在进行换液或传代操作时,滴管等不要触及细胞培养瓶口,以免把细胞带到培养液中污染其他细胞。

(晏贤春　梁亮)

参考文献

[1] 吕社民,边惠洁. 人体分子与细胞基础. 北京:人民卫生出版社,2018.

[2] 司徒镇强,吴军正. 细胞培养. 西安:世界图书出版西安公司,2007.

[3] 唐宇,徐文姬,郭皖北,等. 人正常上皮细胞的原代培养. 中南大学学报(医学版),2017,42(11):1327-1333.

[4] Cacciamali A,Villa R,Dotti S. 3D cell cultures:evolution of an ancient tool for new applications. Front Physiol,2022,13:836480.

[5] Wang Y,Jeon H. 3D cell cultures toward quantitative high-throughput drug screening. Trends Pharmacol Sci,2022,43(7):569-581.

[6] Conchinha NV,Sokol L,Teuwen LA,et al. Protocols for endothelial cell isolation from mouse tissues:brain,choroid,lung,and muscle. STAR Protoc,2021,2(3):100508.

[7] Shahani P,Datta I. Mesenchymal stromal cell therapy for coronavirus disease 2019:which? When? and how much? Cytotherapy,2021,23(10):861-873.

[8] 叶兴,黄河浪. 端粒长度检测技术与方法进展及其优缺点比较. 广东医学,2018,39(1):148-155.

[9] Ghosh RP,Meyer BJ. Spatial organization of chromatin:emergence of chromatin structure during development. Annu Rev Cell Dev Biol,2021,37:199-232.

[10] 郑婷婷,冯恩泽,田阳. 端粒酶活性检测研究进展. 应用技术学报,2018,18(1):1-13.

[11] Dweck A,Maitra R. The advancement of telomere quantification methods. Mol Biol Rep,2021,48(7):5621-5627.

[12] Selvakumar SC,Preethi KA,Ross K,et al. CRISPR/Cas9 and next generation sequencing in the personalized treatment of cancer. Mol Cancer,2022,21(1):83.

[13] Ying YL,Hu ZL,Zhang SL,et al. Nanopore-based technologies beyond DNA sequencing. Nat Nanotechnol,2022,17(11):1136-1146.

[14] Malekshoar M,Azimi SA,Kaki A,et al. CRISPR/Cas9 targeted enrichment and next-generation sequencing for mutation detection. J Mol Diagn,2023,25(5):249-262.

[15] 陈朱波,曹雪涛. 流式细胞术——原理、操作及应用. 2版. 北京:科学出版社,2014.

[16] John P Nolan. The evolution of spectral flow cytometry. Cytometry A,2022,101(10):812-817.

[17] Manohar SM,Shah P,Nair A. Flow cytometry:principles,applications and recent advances. Bioanalysis,2021,13(3):181-198.

[18] Robinson JP. Flow cytometry:past and future. Biotechniques,2022,72(4):159-169.

[19] 陈思瑶,吴亚猛,张琳娜,等. 细胞培养过程中常见的微生物污染及处理方法. 吉林医药学院学报,2016,37(1):47-50.

[20] Djemal L,Fournier C,Hagen JV,et al. Review:High temperature short time treatment of cell culture media and feed solutions to mitigate adventitious viral contamination in the biopharmaceutical industry. Biotechnol Prog,2021,37(3):e3117.

第十九章　造血干细胞移植技术

提要：造血干细胞移植作为细胞治疗实践的先行者,带领并推动细胞治疗理论与临床研究的发展。造血干细胞的获取、移植并在体外改造后移植,已用于治疗临床多种疾病。本章共3节,分别介绍造血干细胞、造血干细胞移植与应用。

第一节　造血干细胞

造血干细胞(hematopoietic stem cell,HSC)是造血组织的多能干细胞,因取材方便,是最早进行研究的干细胞,所以对其生物学特性及分化调节等有了较全面的了解。造血干细胞移植术作为治疗恶性血液病和骨髓衰竭性疾病、部分遗传性疾病的有效方法之一,在临床上已取得了显著的疗效,所以成为目前研究和临床应用最广泛和深入的成体干细胞。

一、造血的发生

造血细胞包括造血干细胞(HSC)、祖细胞(progenitor)、前体细胞(precursor)及成熟血细胞。造血是由多能的(multipotential)造血干细胞不断进行增殖与分化,补充造血祖细胞,并依次分化成熟为前体细胞及血细胞的动态平衡过程。正常成人每天约需转换 10^{11} 个血细胞。

(一)胚胎卵黄囊造血期

胚胎期造血最早出现在卵黄囊,在胚胎第19天左右就可以看到卵黄囊上的中胚层间质细胞开始分化聚集成团,称为血岛。卵黄囊定居的造血干细胞为"胚胎造血干细胞",具备多系分化潜能,能够重建胎鼠造血,但不能重建成年鼠造血,亦称为原血干细胞。血岛外周的细胞逐渐变长,分化为血管的内皮细胞;中间的细胞变圆,彼此分离,分化为最早的造血干细胞,进一步分化为初级原红细胞。此类细胞,形态类似于巨幼红细胞。尿囊移植实验证明尿囊亦定居有脏壁中胚层来源的原血干细胞,能在鸡胚宿主中分化为造血细胞和内皮细胞。胚胎的主动脉旁胚脏壁(PAS)及进一步发育形成的主动脉-性腺-中肾(AGM)区,是"成体造血干细胞"的发源地。PAS/AGM位于胚胎躯干腹段,包括脏壁中胚层、腹主动脉、生殖嵴/性腺、中肾、周围间质和部分间质中胚层。在PAS/AGM区,可观察到造血灶如动脉、肠系膜动脉和脐动脉内的造血细胞丛,以及类似卵黄囊血岛的间质造血灶。AGM区的造血干细胞可支持成年鼠长期造血。这说明造血干细胞的发育需要合适的环境。

(二)胚胎肝、脾造血期

在胚胎2个月后,卵黄囊萎缩退化,由肝、脾取代造血功能。肝脏造血期始于胚胎第2个月,对于2~5个月的胎

儿,肝脏是主要的造血地点。在肝细胞索与毛细血管内皮细胞之间有散在的来源于卵黄囊的造血干细胞,它们能分化为形态与骨髓中原红细胞相同的定型原红细胞。因此肝主要以生成红细胞为主。第4个月以后的胎儿,肝脏才有粒细胞生成。肝脏不生成淋巴细胞。在胎儿第3个月左右,脾脏也短暂参加造血,主要生成红细胞、粒细胞、单核细胞和淋巴细胞,脾脏中的造血干细胞是从卵黄囊和肝迁移而来,淋巴细胞来源于胸腺。造淋巴细胞及单核细胞的活动维持至出生。

(三)胎儿骨髓造血期

胎儿自第4~5个月起,进入骨髓造血期,在管状骨的原始腔内,骨小梁的静脉窦附近,开始制造红细胞、粒细胞和巨核细胞,同时也生成淋巴细胞和单核巨噬细胞,因此骨髓不仅是造血器官,也是中枢淋巴器官和单核巨噬细胞系统的器官之一。

出生后自幼儿至成人,骨髓是正常情况下唯一能生成红细胞、粒细胞和血小板的场所。骨髓也能生成淋巴细胞和单核细胞。脾和淋巴结成为终生制造淋巴细胞的器官。

(四)出生后骨髓造血

骨髓是一种封闭在骨髓腔中的海绵状、胶状组织,可分为由造血细胞组成的红髓和主要由脂肪细胞组成的黄髓两部分。正常成人骨髓组织的重量为1 600~3 700g,占体重的3.4%~5.9%,大约相当于肝的重量,其中红髓重量约1 000g,只占全部骨髓的50%左右,但黄髓是仍然保持造血潜能的造血后备组织,当机体需要增加血细胞生产时,又转变为红髓参加造血。骨髓中复杂和丰富的血管系统、神经系统、基质细胞(血窦外膜细胞、脂肪细胞、巨噬细胞、纤维细胞等)和细胞外基质构成了造血微环境。它们直接或间接地诱导造血细胞的增殖和分化,参与造血的调节。

总的来说,血液细胞的发育和分化是一个多阶段连续过程。胚胎细胞发育分化为多能造血干细胞和血管干细胞,多能造血干细胞在多种因素的作用下,分化、发育、成熟,经早期造血干细胞、造血干细胞、淋巴系和髓系祖细胞阶段,最终分化为各系血细胞。

二、骨髓造血微环境

骨髓(bone marrow)位于骨髓腔内,是出生后最主

要的造血组织。骨髓由许多造血单位组成,这种造血单位被称作骨髓造血微环境或骨髓造血龛(bone marrow microenvironment or niche)。造血干细胞位于彼此交联、动态调控的骨髓造血龛中,源源不断地生成有功能的成熟血细胞,提供生理更新和应激补充。骨髓造血龛根据生理功能不同,可分为静息 HSC 储存龛、维稳态 HSC 分裂龛、动态 HSC 增殖龛和祖细胞发育龛。造血干细胞置身于龛组成细胞组分构成的三维空间结构中,与这些细胞直接接触或通过细胞因子或基质间接地建立复杂但有序的信号传递网络,从而保证造血有序和有效地进行(图 2-19-1)。

(一) 静息 HSC 储存龛

静息 HSC 储存龛位于骨小梁(trabecular bone)骨内膜附近的骨髓腔中,目前已知的细胞组分包括成骨细胞、破骨细胞、CAR 细胞、nestin⁺MSC、成纤维细胞、Schwann 神经胶质细胞等,也被称为骨内膜龛(endosteal niche)。静息 HSC 储存龛最重要的功能是储备整个生命期所需的 HSC,使其处于深度静止状态,代谢活动缓慢,极少进入细胞周期进行分裂,常常数周甚至数月处于静止期。其生物学意义在于:减少干细胞分裂次数,减少干细胞因分裂而发生的基因异常突变、染色体异位等。

(二) 维稳态 HSC 分裂龛

主要由成骨细胞、破骨细胞、CAR 细胞、nestin⁺MSC、

成纤维细胞、血窦内皮细胞等组成。和静息 HSC 不同的是,维稳态 HSC 处于代谢活化状态,需要适当的营养物质和氧气供应完成有氧酵解和提供能量完成细胞增殖分裂。维稳态 HSC 进行非对称性分裂需要骨内膜细胞的调控,并从血窦中吸取营养和氧气,因此维稳态 HSC 分裂龛需要同时紧邻骨内膜和血窦,该龛也称为骨内膜血管龛(endosteal-vascular niche),得以区分同在骨内膜附近的静息 HSC 储存龛。维稳态 HSC 分裂龛行使两项重要功能:维持和调控 HSC 的非对称性分裂,介导 HSC 在骨内膜龛和中央髓区血管龛之间的移动。生理情况下,每天有 1% 的处于分裂期的 HSC 进入血液循环中。HSC 需要从骨内膜转移到骨髓中央血管龛才能进入血液循环,维稳态 HSC 分裂龛的结构特点提示其可能介导这一运动过程。

(三) 动态 HSC 增殖龛

在大量失血等造血应激情况下,HSC 会离开骨内膜血管区而进入骨髓中央的血窦周围即血管龛(vascular niche)进行增殖。该龛由表达 SCF 的血窦内皮细胞、LEPR 阳性血管周基质细胞(leptin receptor-expressing perivascular stromal cells,LEPR⁺stomal cell)、CAR 细胞、单核/巨噬细胞等组成。血管龛内增殖活跃的 HSC 进行对称性分裂,其寿命是有限的,随着分裂次数的增加,自我更新能力逐渐减弱。这一特性有很重要的生物学意义:快速增殖分裂的细

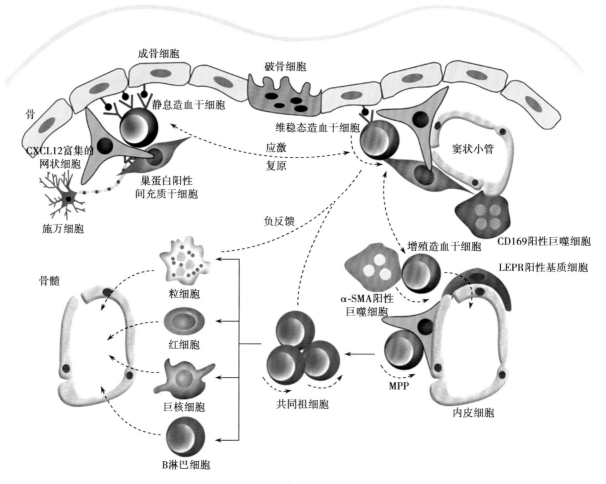

图 2-19-1 骨髓造血微环境结构示意图

胞,其 DNA 复制很易发生突变,当突变积累到一定程度,细胞会发生恶变,HSC 有限的生命可以避免恶变的发生。

(四)祖细胞发育龛

骨髓中央的细胞龛除了支持细胞周期活化的 HSC(cycling HSC)进行扩增外,还提供特定的环境支持和调控造血祖细胞的定向分化和成熟。目前研究比较清楚的有 B 细胞发育龛和巨核细胞发育龛。

B 细胞发育龛的组成细胞,包括 CAR 细胞、IL-7 表达细胞、成骨祖细胞和树突状细胞(dendritic cell,DC)等。pre-pro-B 细胞龛:pre-pro-B 细胞有 B220$^+$FLT3$^+$的表型特征,需要与 CAR 细胞直接接触才能完成该阶段的发育。pro-B 细胞龛:pro-B 细胞的表型特征是 B220$^+$KIT$^+$,该阶段的发育需要离开 CAR 细胞,并与 IL-7 表达细胞接触才能完成发育。pre-B 细胞龛:pre-B 的细胞表型为 B220$^+$IL-7Rα$^+$,该时期细胞离开 IL-7 表达细胞,与 Galectin$^+$基质细胞接触(也不与 CAR 细胞接触)。未成熟 B 细胞:未成熟 B 细胞表型为 B220$^+$IgM$^+$,迁移到血液循环中到达脾脏发育为成熟 B 细胞,当成熟 B 细胞遇到抗原变成浆细胞后,重新返回骨髓并与 CAR 细胞接触。巨核细胞发育龛:巨核细胞祖细胞在血管龛中发育成熟,需要与血窦内皮细胞相互作用才能完成,细胞间的相互作用是由巨核细胞活化因子介导的,包括 SDF-1 和碱性成纤维生长因子-4(fibroblast growth factor-4,FGF-4),能增强 VCAM-1 和迟发性抗原-4(very late antigen-4,VLA-4)的功能,介导 CXCR4$^+$巨核细胞定位在血管龛,促进巨核祖细胞的生存成熟和血小板释放。

三、造血细胞与内皮细胞的关系

如前所述,来源于中胚层的原血干细胞可分化为内皮细胞和早期造血干细胞,其分化方向取决于各胚层的诱导信号,内胚层提供中胚层发育的正信号,类似于血管内皮生长因子(vascular endothelial growth factor,VEGF)、碱性成纤维细胞生长因子(basic fibroblast growth factor,bFGF)、转化生长因子 β(transforming growth factor-β,TGF-β)等的作用;外胚层则提供发育的负信号,类似于表皮生长因子(epithelial growth factor,EGF)、转化生长因子 α(TGF-α)等的作用。

(一)中胚层造血细胞单一起源学说

造血细胞单一起源学说研究认为,脏壁中胚层可分化为造血干细胞和血管干细胞,这种血管干细胞构建胚胎腹侧器官血管网,而体壁中胚层则不能向造血细胞方向分化,只分化产生血管干细胞,这种血管干细胞构建胚胎外侧器官血管网。因此,原血干细胞只存在于胚胎时期的脏壁中胚层,为原始造血细胞和定向造血细胞共同的前体细胞。而造血细胞双起源学说的研究者认为,原始造血细胞来源于中胚层或原血干细胞,而定向造血细胞则来源于内皮前体细胞,内皮前体细胞为定向造血细胞多向分化提供了一个适宜的环境。他们认为,主动脉、脐肠系膜动脉和脐动脉区域最早出现造血干细胞。在鸟胚实验中,研究者发现,特定阶段的主动脉内皮细胞具有原血干细胞的潜能,"造血内皮细胞"向腔内突起形成主动脉内造血细胞丛,同时向

间质侵入,形成主动脉腹侧的主动脉旁造血灶。

(二)两类骨髓细胞的特征性标志分子

原血干细胞在自身基因表达调控及外部环境细胞因子的作用下,经不对称分裂,开始向造血和血管两系细胞分化,表达各谱系特征性的表面分子,最终发育成为两类细胞。AC133$^+$被认为是造血干细胞的特征性表面标志,但 AC133$^+$细胞在血管生成因子的作用下却可以分化为内皮细胞,这表明 AC133$^+$可能是内皮祖细胞的表面标志;也有可能是由于外部发育信号的改变,早期造血细胞改变了发育方向。原血干细胞的发育过程中,会存在决定细胞命运的关键调控点,从而保证细胞定向发育。内皮细胞和造血细胞表达 CD31、CD34、促红细胞生成素(erythropoietin,EPO)受体等共同的细胞表面分子,一方面说明两种细胞来源于共同的祖先,另一方面说明它们在彼此的发育过程中,需要相互协调,甚至可能相互转化交叉。因此,在发育过程中,造血系统生成的因子如粒细胞集落刺激因子(G-CSF)、粒巨细胞集落刺激因子(GM-CSF)、IL-3、IL-4、IL-5、IL-6、IL-8、EPO 等能够影响内皮细胞的功能。同样,一些血管生成因子如 bFGF、VEGF、TGF-β 等也能作用于造血系统。

四、原血干细胞的特征与分离

研究证明,胚外造血开始于卵黄囊血岛,胚内造血部位在 PAS/AGM 区。原血干细胞是造血干细胞和血管干细胞的共同祖先,但并不是所有内皮细胞和造血细胞都来自原血干细胞。卵黄囊原始造血细胞源自原血干细胞,定向造血干细胞则直接来自具有造血潜能的内皮细胞。体壁中胚层来源的内皮细胞由内皮前体细胞直接发育而来。原血干细胞在发育中需要多种因子的共同作用和多个基因的序列调控。胚胎细胞和 ESC 体外分化实验已证明原血干细胞的存在。

(一)原血干细胞的特征

体外分离和培养原血干细胞已获得成功,这些研究主要集中在胚胎细胞、ESC 和成体细胞。各实验室对原血干细胞标志认识不同,报道的原血干细胞标志有 VEGFR2/Flk1/KDR$^+$、Flk1$^+$SCL$^+$、TEK$^+$、Flk1$^+$VE$^-$cadherin$^+$ 和 PCLP1。Eichmann 等从鸡原肠胚阶段的中胚层中分离出 VEGFR2$^+$细胞,经细胞克隆培养,一个 VEGFR2$^+$细胞克隆在不同条件下可以分化为红系、巨核系、巨噬祖细胞和内皮细胞。在培养皿中加入 VEGF,可诱导分化为内皮细胞;不加 VEGF 组,则向造血细胞分化,同时 VEGFR2 表达消失。这说明内皮细胞的分化需要 VEGF,而造血细胞分化可能经由另一种尚未发现的 VEGFR2 的可溶性配体途径。

(二)原血干细胞分化与分离

Faloon 等认为 SCL 基因编码的转录因子是决定原血干细胞向两系分化的关键点。从小鼠胚胎 AGM 区也成功分离出向两系分化的 TEK$^+$细胞。此外,根据 ESC 分化谱系分析,Flk1$^+$VE$^-$cadherin$^+$细胞就是原血干细胞。也有作者发现一种在结构上与 CD34 相近的新表型 PCLP1,PCLP1$^+$细胞能够向内皮细胞和造血细胞分化。ESC 体外培养形成的胚胎小体包含原始集落-形成细胞(blast colony-forming cell,BL-CFC),具有向造血细胞和内皮细胞双向分化的潜能。Robertson 等又获得了在发育阶段上较 BL-CFC 早的细胞集落,将其称为过渡集落(transitional colony)。BL-CFC 表达 Flk1,不表达中胚层特异标志 Brachyury 蛋白,而过渡集落表达 Brachyury,从骨髓、外周血、脐带血 CD34⁺ 细胞中分选出的 CD34⁺VEGFR2 细胞,占 CD34⁺ 细胞的 0.1%~0.5%。其中 CD34⁺VEGFR2⁺ 细胞是多能造血干细胞,而 CD34⁺VEGFR2⁻ 是定向造血祖细胞。

Shi 等通过狗骨髓移植实验证明,血液中存在骨髓来源的循环内皮祖细胞(CEPs),并且证明 CD34⁺ 细胞在 FGF、IGF-1 和 VEGF 的作用下可分化为内皮细胞。大多数 CD34⁺VEGFR2⁺ 细胞表达 AC133。Peichev 等诱导 CD34⁺VEGFR2⁺ 向内皮细胞分化,分化终末的成熟内皮细胞不再表达 AC133,可见 AC133 是一个理想的 CEPs 的表面标志。经动物实验证明,AC133⁺ 细胞在 SCID 小鼠体内形成血管。原血干细胞单细胞培养的实验发现,一个培养孔中出现两系细胞克隆的概率在 1% 左右。

在成体中也发现存在原血干细胞,Fiedler 等报道从原发性血小板增多症转化的急性白血病患者身上获得了类似原血干细胞的细胞系 UKE-1。分离原血干细胞提供纯化造血干细胞的新方法,为造血干细胞的表型鉴定铺平了道路。此外,由原血干细胞分化而来的血管干细胞将为缺血性疾病患者提供血管新生的种子细胞。

五、造血干细胞的特征与分离

HSC 由原血干细胞分化而来,是具有多向分化潜能的定向成体造血干细胞,其具有干细胞的自我更新(self-renewal)及长期造血系统重建的能力。

(一) HSC 缺乏特异性检测

HSC 的形态同淋巴细胞类似,因而不能辨认,迄今为止,亦缺乏特异性检测标志,因此,了解与研究 HSC 的生物学特性,只能依靠功能性或间接方法进行分析。造血干细胞在体内极少,生理状态时,单位时间内绝大多数(99.5%)的造血干细胞处于细胞周期的静止期(G₀ 期),仅有极少数干细胞进行分化以维持造血的动态平衡。处于 G₀ 期的造血干细胞并非长期静止,而是依次不断地进入细胞周期进行细胞分裂。HSC 的增殖及分化是不均衡或不同步的。因此,HSC 是处于不同发育等级状态的不纯一的细胞群,其中包括多能造血干细胞和逐步分化的髓系和淋巴系干细胞,如小鼠的髓系干细胞(脾集落形成单位,CFU-S)具有向多细胞系分化及造血重建的潜能。随着发育等级的下降,将逐步部分失去其多向潜能及生物学特性。

(二) HSC 动力学模型分析和 CD34⁺ 细胞群

根据造血干细胞的动力学模型分析,在增殖及分化过程中,可能产生不对称性分裂,即分裂产生一个干细胞及一个祖细胞,或产生两个不同细胞系的祖细胞,造血干细胞的增殖与分化,是由有序的特异性基因及转录因子调节,且受造血微环境调控作用的影响。

造血干/祖细胞表面标志的研究,促进了以干/祖细胞分离纯化及细胞生物学特性的研究和临床应用。现认为造血干细胞均表达 CD34 抗原,其高表达与干细胞较早期相关。基于细胞表面标志,应用多参数流式细胞术方法,已可获得富集的造血干细胞及最早期祖细胞。CD34⁺ 细胞群的形态学表现为小淋巴样细胞或原始细胞样,人骨髓单个核细胞中,1%~3% 表达 CD34 抗原,其中包括髓系及淋巴系干/祖细胞。CD34⁺ 细胞中,具有 HSC 特性的细胞则低于 1%。在 CD34 抗原表达的基础上,进一步结合其他表面抗原标志,如 Thy-1、CD38、Lin、CD45RO、CD123 等,可鉴别干细胞和各系的祖细胞,一般认为各系 HSC 或最早期祖细胞占 CD34⁺ 细胞的比例低于 10%。真正的多能 HSC 的表型仍未能确定,目前很难获得纯化的 HSC 群。HSC 的纯化,对干细胞移植、基因治疗和最终了解其生物学特性,具有十分重要的意义。

(三) 多能造血干细胞群

造血细胞体外培养,提供了了解造血细胞发生进程的有效方法。骨髓细胞体外长期培养获得的长期培养启动细胞(long term culture-initiating cell,LTC-IC),可反映 HSC 的许多生物学特性。LTC-IC 在骨髓细胞中为 1~2/10 个骨髓细胞。迄今为止,被认为是体外培养功能性分析所能检测到的最早期造血细胞,也是目前唯一研究人 HSC 的替代实验模型。骨髓细胞经 5-氟尿嘧啶(5-FU)预处理,获得对 5-FU 高度抵抗的高增殖潜能集落形成单位(high proliferative potential-colony forming cell,HPP-CFC),被认为是最早期祖细胞,亦具有某些造血干细胞的生物学特性。不论是 LTC-IC 或 HPP-CFC,均不是长期造血系统重建的多能 HSC 群。

(四) 造血重建时的多能 HSC

生理稳定状态时,多能 HSC 一般不进行增殖或扩增,但在应激状态或移植后造血重建时,则能够克隆性扩增。造血干/祖细胞长期造血系统重建,表明 HSC 在体内自我更新,产生更多的干细胞而获得体内扩增。但 HSC 的体外扩增程度有限,对进行 HSC 移植的广泛性和安全性来说仍是主要障碍。采用迅速更换培养液,并加入低剂量的外源性集落刺激因子,已可获得 LTC-IC 的扩增,此外,2023 年初,Nakauchi 等建立了一个用化学激动剂和己内酰胺基聚合物取代外源性细胞因子和白蛋白的培养系统,可允许人类 HSC 的长期体外扩增,可能有助于解读人类 HSC 在健康和疾病中的异质性。

六、造血祖细胞的特征与分离

造血祖细胞是由 HSC 分化产生,具有定向性,可以向特定的血细胞系发育,或称为谱系特异性定向祖细胞(lineage-specific committee progenitor)。造血祖细胞的形态无法辨认,亦难纯化,应用体外培养技术,对祖细胞集落的细胞生物学特性已有较充分的了解,包括最早期祖细胞(high proliferative potential colony-forming cell,HPP-CFC)、多向祖细胞(myeloid progenitor cell,CFU-GEMM),以及早期、晚期各系祖细胞。定向祖细胞按各细胞系分为红系爆式集落形成单位(BFU-E)、红系集落形成单位(CFU-E)、巨核系集落形成单位(CFU-Meg 或 CFU-MK)、粒系集落形成单位

（CFU-G）、单核系集落形成单位（CFU-M），以及嗜碱性细胞（CFU-Baso）、嗜酸性细胞（CFU-Eo）、T 淋巴细胞（CFU-TL）和 B 淋巴细胞（CFU-BL）等集落形成单位。同 HSC 一样，随着发育等级的下降，亦逐步失去共分化潜能，至各系祖细胞，则只能定向增殖及分化为形态可辨认的前体细胞及成熟血细胞。

已知细胞表面糖蛋白 CD34 是造血干祖细胞表面应用最多的标志物，利用 CD34 的表达可以从骨髓和血液中鉴定和分离 HSC，CD34$^+$细胞不表达成熟血细胞具有的所谓谱系（Lin）标志，如 CD2、CD3、CD11b、CD11c、CD14、CD16、CD19、CD24、CD56、CD66b 和 CD235 等；在其他标志物表达方面具有异质性，如 CD38、CD45RA、Thy-1（CD90）和 CD49f 等（表 2-19-1）。

表 2-19-1　造血干祖细胞鉴定和分离用表面标志

细胞亚群	标志物
造血干细胞（HSC）	Lin$^-$CD34$^+$CD38$^-$CD45RA$^-$CD90$^+$CD49f$^+$
多能祖细胞（MPP）	Lin$^-$CD34$^+$CD38$^-$CD45RA$^-$CD90$^-$CD49f$^-$
多能淋系祖细胞（MLP）	Lin$^-$CD34$^+$CD38$^-$CD45RA$^+$CD90$^-$
普通髓系祖细胞（CMP）	Lin$^-$CD34$^+$CD38$^+$CD45RA$^-$
巨核细胞-红系祖细胞（MEP）	Lin$^-$CD34$^+$CD38^{lo}CD45RA$^-$
巨核细胞集落形成单位（CFU-Mk）	Lin$^-$CD34$^+$CD38$^-$CD45RA$^-$
红系爆式形成单位（BFU-E）	Lin$^-$CD34$^+$CD38$^+$CD45RA$^-$
粒细胞-巨噬细胞祖细胞（GMP）	Lin$^-$CD34$^+$CD38$^+$CD45RA$^+$
普通淋系祖细胞（CLP）	Lin$^-$CD34$^+$CD38$^{-/lo}$CD45RA$^+$CD90$^-$

第二节　造血干细胞移植

一、造血干细胞移植的历史

HSC 移植是现代医学发展的重要成就，初期发展缓慢，在 Thomas 阐明异基因骨髓移植治疗重型再生障碍性贫血和白血病的基本机制及临床应用之后，干细胞移植迅速在世界各国开展。因此，Thomas 获得 1990 年度诺贝尔生理学或医学奖。

（一）造血干细胞移植术的萌芽

19 世纪末至 20 世纪中叶，科学家开始应用骨髓治疗疾病，但未引起足够的重视，仅有少数报道。1891 年，Brown-Sequard 首次应用口服骨髓的治疗方法，认为贫血和白血病与造血缺陷有关。1896 年，Quine 报道了试用的结果，但随即有许多学者反驳此观点（Bilings 1894 和

Hamilton 1895），因此这种早期想法没有能得到进一步的研究。1899 年有学者将骨髓注入骨组织治疗贫血。此后有学者（Leake 1923）用红骨髓和脾脏的提取物成功治疗了几例用其他方法治疗无效的贫血患者，这种疗效可能与混合物中的铁有关。1937 年，Schretzenmyl 首先将骨髓的活细胞进行移植尝试，他应用新鲜自体或异体骨髓，肌内注射治疗寄生虫感染，取得一定的效果。其他学者（Qsgood 1939 年）试用骨髓静脉输注或髓腔内注射治疗血液疾病，未引起重视，在基础和临床未进行深入研究，使骨髓移植术进展缓慢。

（二）造血干细胞移植术的早期探索研究阶段

1950—1980 年是 HSC 移植术的早期研究阶段。第二次世界大战使世界各国都投入巨大的人力及物力用于核武器的研究，广岛、长崎原子弹爆炸也使核辐射病和辐射防护成为生物医学研究的重要热点，同一时期毒气弹氮芥气的使用和研究，促进了近代肿瘤化疗药物的发展，也为移植的开展提供了保证。随着人们对辐射病中骨髓辐射损伤的认识，开始了早期动物骨髓移植的研究。

1950 年，Jacobson 等报道，在致死量辐射的小鼠，输注骨髓或屏蔽脾脏后可以存活。1952 年，Lorenz 等给急性辐射损伤的小鼠和豚鼠植入骨髓组织，能重建造血。随后以骨髓移植为方案的 HSC 移植技术在晚期白血病和重型再生障碍性贫血患者中的临床试用取得一定疗效。1957 年，作为现代 HSC 移植奠基人的 Thomas 博士，在《新英格兰医学杂志》撰文 "化疗和放疗患者静脉输注骨髓" 中写道：如果骨髓输注可能使致死量辐射的鼠和猴存活，那么将来可更好地用于人类治疗。优先选择的患者是遭受辐射的白血病患者和需要肾移植的泌尿疾病患者。当时研究人员认识到骨髓移植可能具有两种潜在的应用，其一，纠正骨髓衰竭综合征；其二，作为化疗和放疗后骨髓衰竭的保护性措施。由此，国际上开展了异基因骨髓移植，以及自体骨髓移植动物实验和临床应用研究。异基因骨髓移植的主要并发症为移植排斥反应，称为移植物抗宿主病（GVHD），在 HLA 系统被认识之前，体外进行混合淋巴细胞培养，被用于移植前的供受体之间配型。

1957 年，临床骨髓移植早期研究的先驱 Mathe 提出：需要大剂量放疗根除受体的恶性疾患，足量供体骨髓有利于植入和无菌护理措施的应用。1958 年，在前南斯拉夫的 Cinca 等 6 名科学家意外遭受大剂量 γ 和中子射线混合辐射，1 名科学家因遭受严重辐射而死亡，剩余 5 名科学家中的 4 名估计遭受了 30~100cGy 辐射，输注异基因骨髓，经检测红细胞抗原提示植入成功。

1961 年，MaFarland 等用骨髓移植治疗 20 例再生障碍性贫血，移植前未行骨髓清除预处理，输入单个核细胞数量（0.7~40）×10^9，初期部分患者有效，但最终极少有骨髓植入者。这时研究者认识到异体骨髓输入前需要某种条件（form of conditioning），以后称为预处理。

1963 年，Mathe 首先描述用皮质激素和抗肿瘤抗生素治疗人类移植物抗宿主病（当时称之为 "继发性疾病"）可能有利于去除白血病细胞，有利于白血病的缓解，且认为

植入成功可能是由于患者未输血而缺乏免疫。1969 年,DeKoning 试用骨髓移植治疗重症免疫缺陷性疾病。随着细胞生物学和免疫学的发展,尤其是 HLA 系统的确定和 HLA 分析方法的完善(Daussett 1965 和 Terasaki 1964),使临床开展异体骨髓移植成为可能。

Thomas 领导的西雅图研究组成功地治疗再生障碍性贫血和白血病,标志着现代模式的临床应用骨髓移植治疗血液疾病的开始。1957 年,他在开创性工作的基础上,探索总结了骨髓移植动物模型的预处理(移植前的受者处理)方案,提出了合理有效的全身照射剂量,并使用甲氨蝶呤预防移植物抗宿主病,分别在 1972 年和 1977 年应用异因骨髓移植治疗重型再生障碍性贫血与晚期白血病患者,均取得了较好的疗效。时至今日,西雅图研究组在世界骨髓移植方面仍处于领先地位。1958 年,Kurnick 报道自体骨髓移植,但对于骨髓清除的预处理量、骨髓输注与造血恢复的关系缺乏了解。直到 1978 年,美国国家肿瘤移植研究所的 Appelbaum 等报道大剂量化疗后用自体骨髓移植作为支持治疗的方法以后,自体骨髓移植才逐步得到广泛应用。

(三) 造血干细胞移植术的发展时期

1980—2000 年是 HSC 移植术的发展时期。随着细胞生物学、免疫学、分子生物学和药理学的飞速发展,对 HSC 的生物学特性、体外分离技术、移植物抗宿主病的预防、移植物抗白血病效应、全环境保护、预防感染、减少移植相关毒副作用等方面进行了综合深入的研究,使接受 HSC 移植者的生存率日益提高、死亡率逐渐降低,但许多患者由于受到供者干细胞来源的限制,大约只有 30% 的患者有机会得到 HLA 配型相合的骨髓供者。

为解决供体缺乏的问题,1986 年,美国建立了国家骨髓库(NMDP),开展 HLA 相合无关供者的异基因骨髓移植,到 1994 年为止,NMDP 的注册志愿者达 340 万人,其中 250 万检测 HLA-A 和-B 位点,另 90 万人还检测了 HLA-DR 位点。除骨髓库以外,脐血移植也受到人们的密切关注。1989 年,Gluck man 等首先报道用 HLA 匹配的脐血移植治疗范科尼贫血。以后其他学者也报道用 HLA 相合或不相合脐血移植治疗恶性及非恶性血液疾病。

脐血库和骨髓库的建立,部分解决了供体来源受限的问题,除此之外,人类又探索研究外周血中能否得到 HSC。20 世纪 60 年代已证实外周血中存在 HSC(Goodman JW 1962 和 Epstern RB 1966),但因其数量较少,未引起人们的重视。1988 年,Kessinger 曾用未动员的外周血干细胞移植来重建造血。以后随着对干细胞动力学、免疫表型的进一步研究和细胞分离技术的改善,研究者开展细胞因子和/或化疗药物动员骨髓内的干细胞进入外周血中,经血细胞分离机采集干细胞进行异体和自体造血干细胞移植。90 年代,外周血 HSC 的移植成功,进一步推动了临床 HSC 移植的应用。

在异基因骨髓移植过程中,研究者发现,有轻度 GVHD 的患者移植后白血病的复发率较低。1979 年,Weiden 等首先提出移植物抗白血病(GVL)效应。1990 年,Kolb 首先报道异基因骨髓移植后复发的慢性髓系白血病患者应用供体淋巴细胞输注治疗后获得再次缓解。1997 年,Collins 报道了该方案在欧洲多个骨髓移植中心的应用结果。虽然作为过继免疫治疗此方法的确切机制尚不清楚,但 GVL 的作用确实存在,取得了广泛的临床共识,值得进一步研究。1998—1999 年,Slavin 及 Storb 在动物及部分患者中使用骨髓非清除的预处理方案进行异基因骨髓移植术取得一定的疗效,使清髓和清免疫的大剂量放化疗预处理方案得到扩展,使异体 HSC 移植可用于不适合大剂量放化疗预处理的老年人等恶性血液病的治疗。

(四) 国内 HSC 移植的发展与北京方案的确立

1992 年,我国成立了中华骨髓库,2002 年阳光骨髓库成立。至 2022 年,中华骨髓库已有超过 300 万志愿捐献者,10 000 多名捐献者捐献移植成功。经国家批准设立的 7 家脐血库已存储近 170 万份脐血,全国的公共库存储量为 6.75 万份。骨髓库和脐血库的建设极大地满足了国内移植的需要。安徽省立医院在脐血移植应用方面做了大量的临床研究和应用,确立了脐血移植新理论和新模式,是继日本脐血移植之后,移植数量和移植成功率及疗效最好的临床移植机构,其技术水平国际领先。

异基因 HSC 移植的发展进步离不开人类主要组织相容性复合体(HLA)的基础研究和配型技术的开发与应用。由于 HLA 的限制性,Allo-SCT 长时间内仅局限于在 HLA 全相合的供、受者间进行,但同胞之间 HLA 的相合概率仅为 25%。1979 年,O'Reilly 首次报道采用父亲 HLA 部分相合 HSCT 治疗重症联合免疫缺陷病子女,获得成功。HLA 单倍体(半相合)HSC 移植早期的研究主要是通过加大预处理强度来实现 HLA 单倍体相合干细胞的植入,但加大预处理强度增加了全身毒性,使移植相关病死率增高,早期的移植相关病死率高达 35%。

国内的单倍体相合移植工作起步较晚,但发展快,北京大学人民医院黄晓军团队采用 G-CSF 动员的骨髓联合外周血干细胞,用强效免疫预处理方案(大剂量阿糖胞苷、白舒非、环磷酰胺、抗胸腺细胞球蛋白),建立了 GIAC 技术体系,进行 HLA 单倍体相合干细胞移植,其核心是应用抗胸腺细胞球蛋白(ATG)体内去除 T 淋巴细胞,同时应用 G-CSF 动员的骨髓造血干细胞的免疫调节作用,以增加植入和减轻 GVHD 的目的,临床取得比较好的效果。

早期报道用该法治疗 250 例急性白血病患者,3 年无病生存率达 64%,移植相关病死率为 22%,Ⅱ~Ⅳ度急性 GVHD 为 45.8%,Ⅱ~Ⅳ度急性 GVHD 为 13.4%,慢性 GVHD 为 53.9%,广泛性 GVHD 为 22.6%。该移植模式已经在国内广泛应用,在国际被称为“北京方案”,同时用于治疗急性重症再生障碍性贫血也已经获得良好效果。多家中心研究结果表明,HLA 单倍体相合移植的长期疗效与 HLA 全相合的亲缘供者移植和非血缘 HLA 全相合 HSC 移植结果相近。Luo Y 等报道,采用前瞻性研究进行了单中心 90 例 HLA 亲缘全相合移植、116 例非血缘 HLA 全相合移植和 99 例 HLA 单倍体相合移植的比较,其 5 年的无病生存率分别为 63.6%、58.4% 和 58.3%,三组之间无明显差异,单倍体移植的 5 年复发率为 15.4% 明显低于非血缘全合移植(28.2%,*p*=0.07),表明单倍体 HSC 移植的移植物抗白血病效应(GVL)较强。

一项应用"北京方案"的多中心 HLA 全相合 HSC 移植与 HLA 单倍体相合移植治疗急性髓系白血病(AML)CR1 的研究,共纳入 451 例中高危 AML CR1 的患者,其中 HLA 单倍体相合组 231 例,HLA 全相合组 219 例,3 年总生存率(OS)分别为 79% 和 82%,3 年无事件生存率(EFS)为 74% 和 78%,3 年复发率皆为 15%,非复发病死率为 13% 和 8%。结果表明,在 AML CR1 进行 HLA 全相合 HSC 移植和 HLA 单倍体相合移植长期生存无差异。"北京方案"的成功应用和在国内的广泛推广,使掌握单倍体移植技术的移植单位越来越多,移植成功率越来越高。也已证明"北京方案"在临床移植中较国外的体外去 T 方案和移植后应用环磷酰胺方案有明显的优势,其广泛应用和技术的不断成熟,使白血病的移植数量远超 HLA 配型相合的移植,处于国际领先地位。

综上所述,HSC 移植技术的历史主要是异基因移植的发展史,经历了一个世纪的漫长发展过程,从初期的萌芽阶段、早期研究到目前的发展阶段,人类的认识经历了从实践到理论,然后又从理论到实践的过程,是一个逐步提高的过程。在此过程中,以"北京方案"为基础的中国单倍体 HSC 和脐血 HSC 移植的临床应用在国际移植领域作出了中国贡献。

二、造血干细胞移植的骨髓微环境结构基础

HSC 移植后,要重建造血需完成两个事件:其一是 HSC 归巢(homing);其二是 HSC 植入/再生(engraftment/repopulation)。两者是相辅相成而又不同的过程,都是通过相似的迁移和黏附机制进行(图 2-19-2)。归巢是一个迅速完成的过程,不涉及细胞增殖,不同分化阶段的细胞均可完成这个过程,但植入/再生需要发生细胞自我更新和增殖,只有干细胞才具有这个特性。

(一)造血干细胞归巢

归巢是一个快速完成的过程,通常在数小时或 1~2 天内完成。归巢由 2 个步骤组成,其一是跨越血管/骨髓内皮屏障,其二是短暂定位于骨髓造血区。整个过程包括迁移、黏附、滚动、跨越和定位等,大量的黏附分子和细胞因子参与这个过程。HSC 经静脉移植后,细胞随着血液循环迁移至骨髓窦状血管内皮区,并通过选凝素(selectin)和整合素(integrin)与血管内皮上的受体结合,使 HSC 黏附在血管内皮上。由于血流的应切力,黏附不紧密的 HSC 可以在内皮细胞上滚动,直到与内皮细胞锚定紧密。锚定过程主要依赖 HSC 表达的 CD44 分子,CD44 可以与内皮细胞上的透明质酸(hyaluronan)和骨桥蛋白(osteopontin)结合,其作用是使 HSC 伸展和黏附至内皮细胞上。SDF-1 是广泛表达于骨髓血管内皮细胞和骨髓基质细胞的趋化因子,与黏附于血管内皮细胞的 HSC 表面的 CXCR4 结合,介导 HSC 跨越内皮细胞进入骨髓造血龛中,暂时定位于动态 HSC 增殖龛中。

(二)造血干细胞植入/再生

归巢的 HSC 与骨髓造血龛形成突触结构。突触结构的形成有利于 HSC 的滞留(retention)。在这一突触中,细胞黏着分子起重要的调节作用,许多黏着分子构成一个网络连同细胞外基质(extracellular matrix,ECM)驱使 HSC 固定到不同的龛组成细胞(特别是成骨细胞和 CAR 细胞)附近,HSC 与龛组成细胞的紧密黏附和并排关系有利于建立有效的细胞间配体及受体的互相作用和信号通路。归巢的

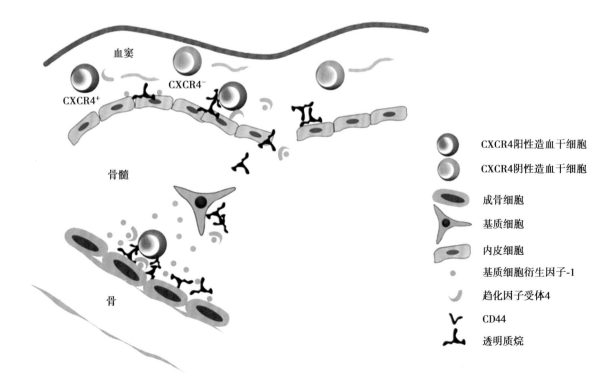

图 2-19-2　造血干细胞归巢与植入/再生示意图

HSC 被这些信号通路激活,发生自我更新和增殖分化,重建正常造血及免疫系统。正常造血重建完毕后,部分 HSC 通过维稳态 HSC 分裂龛进入静息 HSC 储存龛,维持静息状态,以备生理平衡或应激时动员。

三、造血干细胞移植技术的原理、分类及适应证

随着 HSCT 技术不断发展、完善,干细胞来源不断增多,临床疗效不断提高,扩展了临床适应证,通过 HSCT,有60 余种过去的不治之症得到了缓解或根治。

(一)造血干细胞移植的原理

HSC 移植的原理是对适合移植的患者给予大剂量放疗和化疗或联合化疗的预处理,目标是清除患者体内的肿瘤细胞及免疫清除抑制,然后把预先采集的自体或异体骨髓或外周血 HSC 输注给患者,使移植的 HSC 在患者体内重建正常造血和免疫,从而达到治疗恶性肿瘤的目的(图2-19-3)。

据此原理,HSC 移植技术可用于治疗骨髓衰竭性疾病如再生障碍性贫血等,以及恶性肿瘤如白血病、淋巴瘤和骨髓瘤等。其重建免疫系统和免疫功能的作用可用于治疗遗传性免疫缺陷性疾病和重度自身免疫病等。

(二)造血干细胞移植的分类方法

1. 根据基因的差别分类 HSC 移植可分为:

(1)自体造血干细胞移植:采集分离冷冻保存自身的骨髓或外周血干细胞,预处理后回输入体内,重建自身造血和免疫功能。

(2)异体造血干细胞移植:包括同基因和异基因移植,同基因是指同卵双胞胎之间的移植,因基因型完全相同,类似于自体移植;异基因移植是指同胞或非血缘不同个体间的

HLA 配型相合或不相合的移植。

(3)异种移植:人与不同系动物之间的造血干细胞移植,因存在免疫屏障,现阶段只限于实验研究。

2. 根据造血干细胞来源 HSC 来源不同可分为:

(1)骨髓移植(BMT):移植物为自体或异体骨髓 HSC。

(2)外周血 HSC 移植(PBSCT):移植物为动员、分离、采集的外周血 HSC,因动员药品和采集设备的进步和应用,外周血 HSC 移植是现阶段的主要移植类型。

(3)脐血干细胞移植:脐血含有丰富的 HSC 与造血祖细胞,并且来源较广,易于采集和冻存,属废物利用,供者无任何危险,同时由于脐血库的建立,使脐血 HSC 成为重要的移植物来源,尤其在儿童中成为需要 HSC 移植疾病的重要的移植技术。

(4)CD34$^+$HSC 移植:CD34 为 HSC 重要的抗原标志,从异体骨髓、外周血或脐带血等移植物中分离纯化的 CD34 阳性细胞进行移植,可以最大可能地减少移植物中的 T 淋巴细胞等免疫细胞的混入,减少或避免 GVHD。2004 年,AVERSA 等采用免疫磁珠分离获得纯化的 CD34 阳性造血干细胞,同时去除移植物中 T 淋巴细胞,并用超大剂量 HSC(CD34$^+$细胞>10×10^6/kg)进行 HLA 单倍体相合 HSC 移植。临床应用研究发现,此技术移植失败率增高、移植后免疫缺陷时间长和白血病复发率高,其复发率高达 40%~60%,并且获取超大剂量的纯造血干细胞存在一定困难,费用昂贵。目前分选 CD34$^+$细胞移植在临床血液病治疗中较少使用。

(5)混合 HSC 移植:为博采异基因 HSC 移植的移植物抗瘤效应(GVL)及自体造血干细胞移植不受供者限制的优点,我们采用了混合 1/6 量的 HLA 半相合异基因骨髓干细胞的自体 HSC 进行移植,取得了较好的临床疗效,值得研究和推广应用。

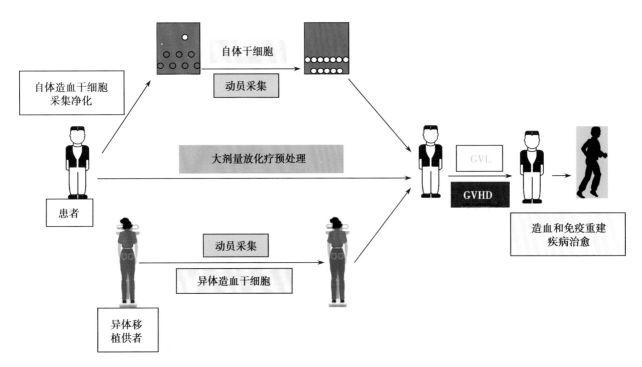

图 2-19-3 自体和异体造血干细胞移植过程模式

异体或异基因 HSC 移植也可按 HLA 配型情况分为全相合移植和部分相合或半相合移植（也叫单倍体移植）。甚至在异体移植中，按预处理方案的不同可分为清髓性 HSC 移植和非清髓（减低预处理剂量）移植。

各类别移植的特点见表 2-19-2。

3. 根据供者 HLA 配型结果不同，HSC 移植也可分为三类：

（1）同基因异体 HSC 移植：供者来源于遗传背景完全相同的同卵双胞胎，移植效果相当于自体移植，无移植物抗宿主病发生，治疗首次缓解的 AML、ALL 等恶性血液病移植后因缺乏移植物抗肿瘤效应复发率高，根据 Gale 分析 1994 年 IBMTR 数据，3 年 DFS 低于异基因移植，复发率高于异基因移植，对再生障碍性贫血可以通过同基因移植来达到治疗效果。

（2）HLA 全相合异体 HSC 移植：HLA 配型技术是异基因移植的基础，在 20 世纪 70—80 年代，所有 HSCT 均采用 HLA 配型相合供者 HSC，患者仅有 25%~30% 的机会获得全相合同胞供者，80 年代中期逐步开展 HLA 全相合非血缘异基因外周血干细胞移植，并逐步在世界范围内建立骨髓捐献者登记库，使患者有机会找到全相合供者行 HSC 移植。

（3）亲缘 HLA 部分相合 HSC 移植：由于人类主要组织相容性复合体（HLA）的限制，Allo-SCT 长时间内局限于在 HLA 全相合的供、受者间进行，但同胞之间 HLA 的相合概率仅为 25%。1979 年，O'Reilly 首次报道采用父亲 HLA 部分相合 HSCT 治疗重症联合免疫缺陷患儿女，获得成功，随着免疫学的发展和免疫抑制药物的开发应用，HSC 移植技术取得了长足的进步，使亲缘 HLA 部分相合干细胞移植成为可能，其中亲缘 HLA 单倍型移植在过去 10 年中得到发展。为保证单倍型移植的成功，需突破免疫屏障使异基因干细胞成功植入，同时需避免致死性的 GVHD 发生，并使患者在移植后达到良好的免疫重建。

Luo Y 等采用前瞻性研究报道了单中心 HLA 亲缘全相合移植（MSD-HSCT）、非血缘 HLA 全相合 HSC 移植（URD-HSCT）和 HLA 单倍体相合移植（HRD-HSCT）的治疗效果。90 例 HRD-HSCT，116 例 MSD-HSCT，有 99 例 HRD-HSCT 进入分析，HRD-HSCT 表现出较强的移植物抗白血病效应，5 年的复发率（15.4%）明显低于 URD-HSCT（28.2%，$p=$ 0.07）。MSD-HSCT、URD-HSCT 和 HRD-HSCT 5 年的无病生存率分别为 63.6%、58.4% 和 58.3%，三组之间无明显差异。

近年来，国内亲缘单倍型移植占到异基因移植的 60% 以上。在欧美，由于移植后大剂量环磷酰胺（PTCy）移植模式的成功，HLA 单倍体相合 HSC 移植的应用也明显增多。PTCy 方案也是预防 GVHD 的最重要的创新性移植技术，其机制是阻断 T 细胞的激活和迁移，诱导与受者抗原呈递细胞接触增殖时同种异体反应性 T 细胞的凋亡。

（三）造血干细胞移植的适应证

随着药物治疗水平和移植技术的进步，HSC 移植的适应证逐步拓展和变化，移植适应证的选择与移植相关风险和非移植方法治疗后的生存率、生存质量等密切相关。目前异基因 HSC 移植多用于恶性血液病的根治性治疗（表 2-19-3），包括成人急性淋巴细胞白血病、世界卫生组织（WHO）确定的高危成人急性髓系白血病、高危及输血依赖的骨髓增生异常综合征、高危组及复发后第二次缓解的儿童急性淋巴细胞白血病，异基因干细胞移植后能使首次缓解的 AML、ALL 的治愈率分别达到 60%、50%，是此类疾病治愈的重要方法。

异基因 HSC 移植还可以用于治疗重症再生障碍性贫血、地中海贫血、阵发性睡眠性血红蛋白尿、镰刀细胞疾病、

表 2-19-2　各种类型 HSC 移植的优缺点

移植类型	干细胞来源	主要优势	缺点
异基因骨髓移植（Allo-BMT）	HLA 相合或半相合胞或 HLA 相合非血供者骨髓	移植后复发率低；具有 GVL 作用	HLA 相合较少；GVHD 和其他并发症较重；供者需手术采髓；供受者均有年龄限制
异基因外周血干细胞移植（Allo-PBSCT）	HLA 相合或半相合胞或 HLA 相合非血供者外周血干细胞	复发率较低；造血重建快；感染并发症较少；具有 GVL 作用	HLA 相合较少；慢性 GVHD 发生率较高；需多次动员和采集；供受者均有年龄限制
自体骨髓移植（ABMT）	自体骨髓	不受供者限制；无 GVHD；并发症少；年龄限制较宽	移植物中有肿瘤残留；无 GVL 效应
自体外周血干细胞移植（APBSCT）	自体外周血干细胞	同自体骨髓；造血重建快；移植物中残留肿瘤细胞少	前期治疗影响动员采集有时较困难，需多次采集，或用特殊动员剂
同基因骨髓或外周血干细胞移植（syn-BMT syn-PBSCT）	同卵双胞胎供者骨髓或外周血干细胞	无 GVHD；易植入；并发症少	供者比例低；无 GVL 效应，移植后易复发
CD34$^+$造血干细胞移植	从骨髓、外周血或脐血磁分选的 CD34$^+$干细胞	同自体移植；移植物中残留肿瘤细胞少；曾用于半相合或不合移植	需复发度高 CD34$^+$细胞磁分选富集系统；植活延迟或困难；感染率高；复发率高
脐血造血干细胞移植（CBSCT）	脐带血造血干细胞	来源丰富方便；造血重建能力强；GVHD 发生率低	不易植入；无 GVL 作用；复发率高

表 2-19-3 造血干细胞移植适应证和选择

移植的目标疾病	适用的移植类型	移植目标
急性白血病(AML、ALL)	高危 AML、成人 ALL 选择 Allo-SCT;低危 AML 和部分年轻成人 ALL 可选择 ASCT;难治复发性 AML 和 ALL 可选择 Allo-SCT	治愈率约 60%
骨髓增生异常综合征	中高危和部分输血依赖性患者可选择 Allo-SCT	治愈率约 60%
恶性淋巴瘤	高危进展型和复发难治性淋巴瘤主要以 ASCT 为主,部分难治复发者可选择 Allo-SCT	早期移植治愈率 70%~80%
多发性骨髓瘤	以 ASCT 治疗为主,甚至可行二次 ASCT;部分年轻患者可选择 Allo-SCT,是唯一治愈的方法	姑息治疗,可明显延长生存期
实体肿瘤(乳腺癌、卵巢癌、神经母细胞瘤等)	主要选择化疗敏感性肿瘤行大剂量放化疗 ASCT	治愈? 降低复发率
重型再生障碍性贫血	Allo-SCT	治愈率约 80%
自身免疫病	重型 SLE 和 RA,以及多发性硬化等行 ASCT	减少复发和疾病进展
遗传性免疫缺陷性疾病	Allo-SCT	治愈率约 80%
其他遗传性或基因异常性疾病(地中海贫血、PNH、镰刀细胞疾病、范科尼贫血等)	Allo-SCT	治愈率约 90%

注:AML 急性髓系白血病;ALL 急性淋巴细胞白血病;Allo-SCT 异基因造血干细胞移植;ASCT 自体造血干细胞移植;SLE 系统性红斑狼疮;RA 类风湿性关节炎;PNH 阵发性睡眠性血红蛋白尿。

范科尼贫血等良性血液系统疾病,治愈率高疗效可靠。

自体 HSC 移植多用于低危且微小残留(MRD)阴性成人 AML、侵袭性非霍奇金淋巴瘤、复发难治性霍奇金淋巴瘤、多发性骨髓瘤等。

另外,自体 HSC 胞移植还可以用于部分自身免疫病(ADS),如克罗恩病、溃疡性结肠炎、类风湿性关节炎、SLE、多发性肌炎-皮肌炎等,其他还可用于代谢性疾病,如骨硬化成骨不全病、神经鞘脂肪沉积病、先天性角化不良、免疫缺陷病 Wiskoll-Aldrich 综合征等。据 EULAR/EBMT 统计,移植后 65% 的患者获得缓解。

第三节 造血干细胞移植的应用

一、自体 HSC 移植与临床应用

自体 HSC 移植(auto-HSCT)是目前使用最为广泛的移植方法之一,在目前新药时代,仍然对多种各种淋巴瘤、多发性骨髓瘤、自身免疫病和化疗敏感性恶性实体肿瘤等具有有效的治疗作用,而且因技术成熟和安全有效,已可以在基层医院开展。

(一)自体 HSC 移植治疗恶性淋巴瘤

淋巴瘤已成为发病率最高的血液淋巴系统恶性肿瘤性疾病。联合化疗或免疫化疗已成为淋巴瘤的重要治疗方法,其显著提高了患者的近期疗效和长期生存,如弥漫大 B 细胞淋巴瘤 R-CHOP 方案治疗后 5 年生存达 60% 以上,但对于高侵袭性和复发难治性淋巴瘤,auto-HSCT 仍为重要的治疗甚至是治愈的方法。

1. auto-HSCT 治疗淋巴瘤的适应证 auto-HSCT 适用于对化疗敏感、年龄相对较轻且体能状态较好的具有不

良预后因素的非霍奇金淋巴瘤(NHL)的一线诱导化疗后的巩固治疗;也适用于一线治疗失败后挽救治疗敏感的患者的巩固治疗。

一线 auto-HSCT 巩固治疗:

(1)年龄 ≤65 岁的套细胞淋巴瘤(MCL),auto-HSCT 一线巩固治疗是标准治疗的重要组成部分。

(2)除外低危间变性淋巴瘤激酶(ALK)阳性间变性大细胞淋巴瘤(ALCL)的各种类型侵袭性外周 T 细胞淋巴瘤(PTCL)。

(3)年轻高危弥漫大 B 细胞淋巴瘤(DLBCL)。

(4)科学设计的经伦理委员会批准的临床试验。

(5)虽然尚缺乏充足的证据,但 auto-HSCT 一线巩固治疗可能提高以下患者的无进展生存时间(PFS),甚至总生存时间(OS):①对化疗敏感的淋巴母细胞淋巴瘤(LBL);②双打击淋巴瘤(DHL),2016 年 WHO 分类更新为高级别 B 细胞淋巴瘤,伴随 MYC 和 Bcl-2 和/或 Bcl-6 易位、MYC/Bcl-2 蛋白双表达的 DLBCL(DEL);③治疗敏感、残留肿块直径<2cm 的转化淋巴瘤;④原发性中枢神经系统淋巴瘤(PCNSL)。

二线 auto-HSCT 挽救性治疗:

auto-HSCT 对于复发或难治患者解救治疗有效(完全缓解或部分缓解)的各种类型侵袭性淋巴瘤和部分惰性淋巴瘤的 auto-HSCT 是挽救性治疗的优先选择。

(1)auto-HSCT 作为标准的挽救性巩固治疗策略:①挽救治疗化疗敏感的复发或原发难治(一线诱导治疗反应部分缓解、稳定或进展)的 DLBCL;对于复发或难治的 DHL 或 DEL,挽救性 auto-HSCT 治疗的疗效差,不作为推荐。②对于化疗敏感的第 1 次或第 2 次复发的滤泡性淋巴瘤(FL),特别是一线免疫化疗缓解时间短(<2~3 年)或高

滤泡淋巴瘤国际预后指数（FLIPI）的患者，推荐 auto-HSCT 挽救性治疗；③对于免疫化疗敏感的复发或原发难治的霍奇金淋巴瘤（HL），推荐 auto-HSCT 挽救性治疗；但单纯放射治疗后复发或局限病灶复发的 HL 患者，挽救免疫化疗可获得良好的疗效，可不给予 auto-HSCT 巩固治疗。

（2）auto-HSCT 可作为挽救性巩固治疗的合适选择：①非 auto-HSCT 一线治疗后复发、挽救治疗敏感、不适合异基因造血干细胞移植治疗的 MCL；②挽救治疗敏感、不适合异基因 HSC 移植治疗的 PTCL；③多次复发的某些惰性淋巴瘤，如华氏巨球蛋白血症（WM）和边缘区淋巴瘤（MZL）；④一线治疗获得部分缓解或挽救治疗敏感的伯基特淋巴瘤（BL）；⑤科学设计的经伦理委员会批准的临床试验。

（3）影响 auto-HSCT 挽救性治疗的主要因素：早期复发（治疗 CR 后<12 个月）、复发时的危险度分层、既往治疗、对挽救治疗的敏感性和移植前疾病状态。正电子发射计算机断层显像（PET/CT）扫描是重要的 HL 和 DLBCL 疗效评估方法，auto-HSCT 前获得 PET/CT 阴性的患者疗效明显优于阳性者，可作为移植前患者选择的重要参考。

2. 一线 auto-HSCT 巩固治疗的移植时机　适合一线 auto-HSCT 治疗的患者，采用各类型淋巴瘤常规治疗方案治疗后，应在疾病缓解后早期（3~4 个疗程）进行动员，采集自体外周血 HSC。联合化疗疗程次数较多的患者，动员失败的发生率增高。

3. 造血干细胞的来源及外周血干细胞的动员和采集

（1）HSC 来源：自体 HSC 可来源于骨髓或外周血，近年来随着动员、分离采集技术和设备的进步，以及移植后造血功能重建速度快、移植相关并发症少等优点，自体外周血 HSC 已成为 auto-HSCT 最多和重要的来源。

（2）自体骨髓 HSC 采集：骨髓中干细胞标志 CD34 阳性细胞约为 1%，骨髓采集的部位常为髂骨前后嵴，采用骨髓穿刺采集，常需数十个穿刺点采集，采集骨髓液容积达到 10~15mL/kg，总单个核细胞（MNC）为（1~2）×10^8/kg。

（3）自体外周血干细胞（APBSC）的动员采集和保存：正常外周血液循环中 CD34 阳性细胞约为 0.1%，分离外周血干细胞前需动员骨髓中更多的 CD34 阳性细胞进入血液循环。

常用的动员技术和方法有静态细胞因子动员和化疗联合细胞因子动员（表 2-19-4）。

1）采用静态单独重组人粒细胞集落刺激因子（rhG-CSF）动员：剂量应达到 10~16μg/（kg·d）。

2）化疗联合 rhG-CSF 是淋巴瘤和骨髓瘤等患者 APBSC 最常采用的动员策略。rhG-CSF 的剂量通常为 10~16μg/（kg·d）。动员化疗方案常用的药物如大剂量环磷酰胺（3~7g/m^2）或依托泊苷（1.6~2.0g/m^2）等。若采用大剂量环磷酰胺或依托泊苷，通常在化疗后第 9 天注射 rhG-CSF，1 次/12h，第 12 天开始当血细胞分离机采集 MNC，或外周血白细胞计数快速升高至>5×10^9/L 时，或单核细胞比例为 20%~40% 时，或有条件结合外周血 CD34 阳性细胞达到 10 个/μL 时，可作为采集的阈值，达到 20 个/μL 容易获得采集成功。

3）普乐沙福（plerixafor）动员：普乐沙福是一种 CXCR4 趋化因子受体拮抗剂，可有效提高 PBSC 的动员效果。rhG-CSF 动员失败的患者，可以应用 rhG-CSF 联合普乐沙福动员，或根据外周血液循环 CD34 细胞计数（如外周血 CD34 阳性细胞计数<20×10^6/L）预先应用普乐沙福。PBSC 释放入外周血通常在普乐沙福注射后 4~6 小时达到峰值。

4）化疗联合普乐沙福和 rhG-CSF 可能获得更佳的动员效果，但尚需前瞻性临床研究评估。

PBSC 采集：采集用血细胞分离机使用干细胞分离程序进行分离，分离前需评估患者的外周静脉条件，必要时开放中心静脉通路，循环血量一般按患者血容量的 2~3 倍计算（患者血容量按 70mL/kg），一次动员采集天数（次数）一般不超过 4 天（或 4 次）。

PBSC 保存：干细胞保存采用细胞冷冻保护剂二甲基亚砜（DMSO）进行干细胞的低温保存，采集后的干细胞加入到含 10%DMSO 的细胞营养液中，分装于血液冻存袋内，经程控冷冻系统降温至-80℃，再投入液氮（-196℃）贮存，理论上可以保存 8 年或以上；也可采用-80℃低温冰箱冷冻法保存。单次 auto-HSCT 需要采集的 CD34^+ 细胞数最好大于 2×10^6/kg。

（4）推荐的 PBSC 采集目标和数量：auto-HSCT 的理想干细胞剂量尚不确定，总体来说，更多的干细胞数量能够促进快速植入，目前推荐的 PBSC 最小目标剂量为 2×10^6/kg 的 CD34^+ 细胞，最佳剂量为（4~6）×10^6/kg。对于需要进行 auto-HSCT 但 PBSC 采集不足 2×10^6/kg 的 CD34^+ 细胞时，在加强支持治疗的前提下，（1~2）×10^6/kg CD34^+ 细胞可支持 auto-HSCT 治疗，但造血功能重建或恢复可能延迟。

采集过程中推荐的干细胞采集目标为（3~5）×10^6/kg

表 2-19-4　不同动员方案的比较

动员方案	动员效果	安全性	方便性	费用	其他
单用 G-CSF	一般	好 骨痛常见	好 动员到采集常需 5 天	低	
化疗联合 G-CSF	中等 不同患者动员效果相差较大	差 骨髓抑制	差 动员到采集常需 14 天	中	如出现并发症，动员可能会放弃
G-CSF 联合普乐沙福	好	中等 骨痛常见	一般	高	

CD34⁺细胞。单次采集数目达到 2.5×10⁶/kg CD34⁺细胞，优于延长动员，多次采集获得 5×10⁶/kg CD34⁺细胞，说明计划双次或多次 auto-HSCT，应采集更多数量的 HSC 保存。

4. auto-HSCT 前的检查和评估　移植过程中的预处理是一个联合强化疗治疗，患者的耐受性至关重要，所以 auto-HSCT 前应对患者进行全面评估，以选择可耐受适合 auto-HSCT 治疗的患者。

（1）auto-HSCT 前患者的评估：①完整的病史和体格检查。②患者体能状态评估，常用美国东部肿瘤协作组（ECOG）或卡氏（KPS）评分标准进行评分；造血干细胞移植共患指数（HCT-IC）；同时进行营养状况、社会和心理学状态等评估。③血常规、分类及肝肾功能等血生化检查，以及其他感染、炎症、免疫等相关指标检查。④疾病状态的评估包括淋巴瘤、骨髓瘤或白血病移植的疾病状态（CR 或 PR 等），或进行包括增强 CT、MRI 或 PET/CT 扫描，骨髓穿刺和淋巴结活检等；对于高危或有中枢神经系统侵犯病史或高风险的患者，必要时进行腰穿脑脊液检查。⑤病毒血清学检查（包括单纯疱疹病毒、水痘-带状疱疹病毒、EBV、CMV、HBV、HCV 和 HIV 血清学检查等），以及 ABO 血型检查。⑥主要脏器特别是心、肺、肾和肝功能检查评估等。

（2）适合 auto-HSCT 移植的标准：除外疾病类型，auto-HSCT 的疗效与接受治疗患者的疾病状态、生理学状态和并发症等密切相关，各种评估和检查有助于选择 auto-HSCT 的最佳患者，尚无标准的年龄和评估参数值用于设限绝对禁忌证。以下指标可作为选择的参考：①年龄：既往骨髓瘤 auto-HSCT 的年龄上限为 ≤65 岁的患者；随着预处理方案的优化、外周造血干细胞的应用，以及造血生长因子、广谱抗生素等支持治疗的进展，auto-HSCT 的非复发死亡（NRM）明显减低，auto-HSCT 可安全地用于治疗 ≤75 岁、一般状况良好而无明显脏器功能和合并症的老年患者。②生理状态和脏器功能：auto-HSCT 时，通常建议 KPS 评分≥60 分；左室射血分数（LVEF）≥45%，无未控制的心动过速或快-慢综合征；肺功能检查 1 秒用力呼气容积（FEV1）≥60% 和一氧化碳弥散量（DLCO）≥50%；血清胆红素≤2mg/dL 或 ≤34.2μmol/L；丙氨酸氨基转移酶（ALT）和天冬氨酸氨基转移酶（AST）≤ 正常值的 2 倍；血肌酐≤1.5mg/dL 或 ≤132μmol/L 或肌酐清除率 ≥60mL/min。③无未控制的第二肿瘤。④无未控制的活动性感染。

5. 预处理方案　auto-HSCT 预处理的目的是最大限度地清除或降低肿瘤负荷，所以理想的预处理方案是选择与前期化疗无交叉耐药物联合大剂量应用，是一种清髓性的预处理，参考异基因造血干细胞移植预处理方案，白消安+环磷酰胺（BU+CY）和全身照射+环磷酰胺（TBI+CY）仍是基础（表 2-18-6），但因 auto-HSCT 预处理时无须免疫抑制，所以应用时依病程不同变化较多，但整体尚无标准的预处理方案。

常用的预处理方案包括 BEAM 方案（卡莫司汀+依托泊苷+阿糖胞苷+美法仑）、BEAC 方案（卡莫司汀+依托泊苷+阿糖胞苷+环磷酰胺）、CBV 方案（环磷酰胺+依托泊苷+卡莫司汀）和包含 TBI 的方案。对于原发中枢神经

系统淋巴瘤，预处理方案包含噻替哌（thiotepa），可以提高 auto-HSCT 的疗效。

6. auto-HSCT 后治疗　auto-HSCT 主要的缺陷是疾病复发，也是导致患者治疗失败和死亡的主要原因，auto-HSCT 后有效的维持治疗，有助于减少复发和治疗失败，提高生存率。auto-HSCT 后维持治疗没有标准的治疗方案，有证据和共识的治疗方案介绍如下：

（1）利妥昔单抗维持治疗：利妥昔单抗是针对 B 淋巴细胞表面 CD20 的单克隆抗体，临床与化疗联合（R-CHOP）治疗 B 细胞淋巴瘤，已成为“金标准”方案，但是 auto-HSCT 术后一般不推荐使用，特别是移植前接受足疗程、足剂量利妥昔单抗治疗的患者。惰性 B-NHL 或套细胞淋巴瘤（MCL）的患者，auto-HSCT 后采用利妥昔单抗治疗可以延长 PFS，但 OS 获益不明确。

（2）放射治疗：对于巨块型或有残留病灶的 NHL 患者，auto-HSCT 前（后）可给予受累部位放射治疗，以获得更好的缓解或降低局部病灶复发，但对生存的影响不确定。移植后放疗的时机通常为 auto-HSCT 后 1~3 个月，且造血功能完全恢复后。

（3）auto-HSCT 后新药维持治疗：NHL 常用靶向药物如 BCR 受体抑制剂（包括 BTK 抑制剂、SYK 抑制剂、PKCβ 抑制剂）、蛋白酶体抑制剂、免疫调节药物、PI3K/AKT/mTOR 抑制剂、Bcl-2 抑制剂、组蛋白去乙酰化酶抑制剂、抗 CD30 单克隆抗体和免疫治疗（包括 PD-1 单抗或 CAR-T 细胞治疗）等，对于移植后具有高危复发风险的患者，可以参加此类 auto-HSCT 后维持治疗的临床试验。

（二）自体 HSC 移植治疗多发性骨髓瘤

多发性骨髓瘤（multiple myeloma，MM）是以老年人发病为主的浆细胞恶性克隆性疾病，随着新药的研发和应用，MM 的存活期明显延长。但至今为止，大剂量化疗联合造血干细胞支持的 auto-HSCT 仍是适合移植 MM 患者的主要治疗方式。

20 世纪 80 年代初，auto-HSCT 开始应用于 MM 的治疗，患者的总生存（OS）期明显延长，因此 auto-HSCT 一直被认为是年龄 ≤65 岁新诊断 MM 患者的首选治疗选择。在新药时代，auto-HSCT 在新诊断 MM 患者的治疗中仍有很重要的地位。

1. auto-HSCT 患者的选择

（1）年龄：一般而言，auto-HSCT 在 65 岁以下且无严重脏器功能障碍的患者中进行；对于 65 岁以上的 MM 患者，应进行仔细的生理状态评估，应在经验丰富的治疗移植单位进行 auto-HSCT。

（2）肾功能损害是 MM 患者常见的临床表现，即使不能完全恢复甚至仍需血液透析，也并非接受 auto-HSCT 的禁忌证，诱导治疗后部分患者肾功能可完全恢复正常或明显改善，不影响移植，但需调整降低预处理药物的剂量。

（3）其他：对于肺功能评估中 FEV1<60% 和/或弥散功能占预计值的百分比<60%，暂不宜行 auto-HSCT；患者原有心脏疾病或因继发淀粉样变性导致心功能不全时，需充分改善心功能，达到心脏功能 II 级以上并且肌钙蛋白 T

（TnT）<0.06μg/L 等，或行移植并注意防止心肌毒性药物应用并密切监测。

2. auto-HSCT 前的诱导治疗　适合移植的初诊 MM 患者移植前需行诱导治疗，以尽快减轻肿瘤负荷，恢复脏器功能。目前诱导方案以三药联合为主，包括：硼替佐米+来那度胺+地塞米松（VRD）、硼替佐米+沙利度胺+地塞米松（VTD）、硼替佐米+环磷酰胺+地塞米松（VCD）、伊沙佐米+来那度胺+地塞米松（IRD）、硼替佐米+脂质体阿霉素+地塞米松（PAD）、沙利度胺+阿霉素+地塞米松（TAD）、沙利度胺+环磷酰胺+地塞米松（TCD）等。近期国际上已推荐在三药基础上联合单克隆抗体（抗 CD38 单克隆抗体）的诱导治疗方案，可提高移植前的疗效。

拟行 auto-HSCT 的 MM 患者诱导药物的选择需注意避免对造血干细胞的毒性蓄积作用，如来那度胺及烷化剂等细胞毒药物，避免影响造血干细胞的采集和造血重建，蛋白酶体抑制剂、沙利度胺、单克隆抗体及糖皮质激素均不损伤造血干细胞，但随着化疗疗程次数的增加，对正常造血干细胞的损伤可能也增加，因此一般建议应用含此类药物的化疗不超过 4 个疗程即进行造血干细胞采集。

诱导化疗前还应评估是否有心肌淀粉样变性及其严重程度，如有心肌淀粉样变性，应避免使用心肌毒性药物；伴肾功能不全者，建议使用含硼替佐米的联合方案，如使用来那度胺，应根据肌酐清除率调整药物剂量；伴髓外浆细胞瘤的 MM 患者，建议使用含细胞毒药物的多药联合化疗。

3. auto-HSCT 干细胞动员采集时机和移植时机的选择　初诊 MM 诱导治疗 4 个疗程即可进行造血干细胞的动员采集，增加化疗疗程并不明显增加病情的缓解，反而使干细胞采集数量和质量下降。

初诊适合移植的 MM 患者的早期移植指诱导治疗缓解后立即移植，即移植在诊断后 1 年内进行。晚期移植是诱导治疗后先采集造血干细胞冻存备用，随后予药物巩固维持治疗，至首次复发后再进行移植。

早期行 auto-HSCT 患者的 PFS 时间较晚期行 auto-HSCT 患者更长，患者的生活质量更高。因此认为早期 auto-HSCT 是符合移植条件的 MM 患者的标准治疗，特别是诱导治疗后微小残留病（MRD）未转阴的高危和标危 MM 患者。目前研究证明，对于诱导治疗后 MRD 转阴的标危 MM 患者，也可进行晚期 auto-HSCT，但巩固维持治疗的并发症和生理状态等可能使约 25% 的患者在未来疾病复发时因各种原因无法实施 auto-HSCT。

研究表明，诱导治疗的缓解深度对 auto-HSCT 后患者的预后有影响，诱导治疗缓解程度越深，移植后的 PFS 时间和 OS 时间越长，尤其是获得 MRD 阴性的患者。但对于部分仅获得疾病稳定（SD）或微小缓解（MR）的 MM 患者，由于后续造血干细胞采集及预处理采用大剂量细胞毒药物，有别于诱导治疗应用的蛋白酶体抑制剂和/或免疫调节剂，因此即使诱导治疗 4 个疗程后未能获得非常好的部分缓解（VGPR）及以上疗效，也可能从 auto-HSCT 中获益。

4. PBSC 的动员、采集和保存　MM 患者 PBSC 的动员采集和保存，见本节。

二次移植在 MM 患者中被证明有一定的 PFS 和 OS 优势，所以对适于和拟行二次移植的患者，建议在第一次动员时即采集满足两次 auto-HSCT 所需的造血干细胞数量，为高危患者的双次移植或标危患者进行挽救性二次移植储备两次移植所需的干细胞。

5. 推荐的 PBSC 采集目标和数量　见本节。

6. MM 患者 auto-HSCT 的预处理和 HSC 回输　美法仑是 MM 患者 auto-HSCT 预处理方案中使用最多的药物，美法仑 200mg/m² 被推荐为 MM 患者的标准预处理方案。为减少移植相关并发症和死亡率，对于肾功能不全（血清肌酐清除率<60mL/min）的患者，美法仑剂量应减至 140mg/m²。

CVB 方案（环磷酰胺 50mg/kg，每天 1 次，-3~-2 天；依托泊苷 10mg/kg，每天 1 次，-5~-4 天；白消安 0.8mg/kg，每 6 小时 1 次，-8~-6 天）、BUCY 方案（白消安 0.8mg/kg，每 6 小时 1 次，-7~-4 天；环磷酰胺 60mg/kg，每天 1 次，-3~-2 天）等其他方案也在临床中选择使用。

预处理前需应用止吐药，并需充分碱化、水化、降尿酸，丙戊酸钠或苯巴比妥预防癫痫。造血干细胞输注前需要进行造血干细胞解冻、复苏。造血干细胞输注时需预防与 DMSO 输注相关的并发症，如应用苯海拉明、糖皮质激素预防 DMSO 的过敏反应。

7. MM 患者 auto-HSCT 后的巩固与维持治疗

（1）MM 患者移植后巩固治疗：对于高危或非高危 MM 患者移植后未获 CR 或 MRD 阳性患者，auto-HSCT 后可使用与原有效诱导化疗方案相同或相似的方案继续治疗 2~4 个疗程，称为巩固治疗。

（2）维持治疗：对于非高危且 auto-HSCT 后获得 CR 或以上疗效的患者，或 auto-HSCT 后巩固治疗结束，应进入维持治疗。目前常用于维持治疗的药物包括沙利度胺、来那度胺、伊沙佐米和硼替佐米。其中沙利度胺不建议用于伴高危细胞遗传学异常的患者，对于细胞遗传学标危的患者，沙利度胺仍可作为维持治疗药物之一，推荐剂量为每晚 100~200mg。细胞遗传学标危及中危患者应用来那度胺的维持治疗获益更多，推荐剂量是 10mg/d，肾功能损伤患者应用来那度胺需调整剂量。对于伴高危细胞遗传学患者，建议采用硼替佐米单药或联合用药，一般每 2~3 个月为 1 个疗程。伊沙佐米维持治疗的剂量是 4mg（有肾功能损害者减少至 3mg），每个月的第 1、8、15 天使用。维持治疗持续至少 2 年。

8. 双次 auto-HSCT 在高危 MM 患者中的应用　MM 患者的 auto-HSCT 仍是一种有效的姑息性治疗方法，对于部分高危 MM，有身体及经济条件的患者，在适合双次移植和合理选择的情况下，可行双次 auto-HSCT。

双次移植是在第一次 auto-HSCT 后的 6 个月内进行计划中的第二次 auto-HSCT 为双次移植或叫串联移植（tandem transplantation）。

新药时代，二次移植不再根据第一次移植后的疗效决定，而是在具有高危因素的 MM 患者中进行。高危 MM 患者在第一次移植后无论获得何种疗效，均建议在半年内进行第二次移植。需要强调的是，计划双次移植的患者首次诱导治疗 4 个疗程后即采集两次移植所需的干细胞，两次移植之间不进行巩固和维持治疗。第二次移植采用的预处理方案多采用美法仑剂量为 140~200mg/m²。

9. 挽救性二次 auto-HSCT 在 MM 患者中的应用   对 MM 患者 auto-HSCT 后，在规范的巩固和维持治疗过程中或治疗后复发的患者，复发后进行的再次 auto-HSCT 即为挽救性二次移植。目前认为，第一次移植后 PFS 时间在 2 年以上、有足够的干细胞、体能状态佳的 MM 患者可考虑挽救性二次移植。挽救性二次移植前需进行再诱导治疗，有效后再进行挽救性二次 auto-HSCT。因第一次移植应用大剂量环磷酰胺动员、美法仑预处理并进行来那度胺维持治疗，干细胞骨髓受损，往往导致动员失败。患者首次诱导治疗 4 个疗程后即采集两次移植所需的干细胞，仍是推荐的最佳干细胞来源。挽救性二次移植前的评估非常重要，预处理方案仍可选择大剂量美法仑（200mg/m²），需根据疾病状态调整剂量或试用新药联合。需注意挽救性二次移植后的造血重建可能会延迟。

（三）自体 HSC 移植治疗其他恶性肿瘤

1. 乳腺癌   自体外周血干细胞支持可以使化疗剂量增加近 10 倍，乳腺癌仍属于化疗敏感性肿瘤，而转移性乳腺癌是常规化疗常耐药，成为不可根治的肿瘤。自 20 世纪 80 年代开始进行前瞻性大剂量化疗的临床试验以来，多数研究结果表明，大剂量化疗产生高应答率并提高了这部分患者的长期疗效。对于转移性乳腺癌患者自体干细胞支持下的多种大剂量方案化疗，近期有效率可达 90%，CR 率高达 60%，明显比常规化疗高，远期生存率在 20%~30%，但迄今尚未能证实 auto-HSCT 能提高转移性乳腺癌的远期生存率。

近期有报道回顾分析了 1995—2001 年进行的 29 例三阴性乳腺癌自体造血干细胞移植的长期随访结果，患者均为局部进展（2 例ⅡB 和 27 例Ⅲ期），中位年龄 43 岁，11 例患者有 4~9 个区域淋巴结受累，16 例有 10 个以上区域淋巴结受累，4 例为 T₄ 或炎性乳腺癌，2 例为同侧锁骨上淋巴结受累。患者均经手术和以蒽环类联合紫杉类为基础的新辅助化疗或辅助化疗。移植前的大剂量化疗预处理方案为环磷酰胺［1 875mg/(m²·d)］，第 6、5、4 天共 3 天，顺铂［55mg/(m²·d)］连续输注 72 小时（第 6、5、4 天），卡莫司汀（600mg/m²）第 3 天应用。移植后中位随访 16 年（1~19 年），中位 OS 为 15 年（95% CI:3~19），中位 DFS 为 14 年（95% CI:1~19）。结果表明，局部进展/高危三阴性乳腺癌进行大剂量化疗和自体造血干细胞移植可以提高患者的总生存率。

随着造血干细胞移植技术的进步，移植的相关死亡率降低，使移植的安全性和成功率明显提高，在乳腺癌尤其是高危乳腺癌中的应用可能有一定的疗效，值得开展随机对照研究。

2. 小细胞肺癌（SCLC）   小细胞肺癌是对化疗敏感，但极易复发的恶性肿瘤，既往希望通过超大剂量化、放疗来进一步提高疗效。Humblet 等进行了第一个 HDC 联合自体 HSC 移植临床试验，结果证实移植组在治疗反应和无事件生存期方面存在优势，但与标准化疗比较，总生存期无差别，且 TRM 较高。当然这一临床研究因进行时间较早存在局限性。

Dana Farber 癌症中心将常规化疗后 CR 和接近 CR 的 SCLC 29 例，行局部侵犯野放疗和全颅预防性放射治疗，然后采用超大剂量化疗和 auto-HSCT 治疗，随访 36 个月~10 年，5 年无事件生存率（EFS）52%，广泛型患者 2 年无进展生存率 15%~20%，主要的治疗失效原因是局部复发。故不少专家建议在移植前接受常规化疗时，应早期加入同期胸部放射治疗，有可能进一步提高治疗效果。除强化治疗策略外，尚有人尝试用多疗程高剂量强度化疗，或连续 2~3 个疗程超大剂量化疗，在 SCLC 治疗早期即进行高强度化疗，以期进一步提高疗效。例如 Humoblet 等（1996）采用 4 个疗程大剂量后胸部放疗 40Gy，治疗 39 例局限型 SCLC，CR 率达 64%，中位无恶化生存期和总生存期分别为 14 个月和 28 个月，而且胸部复发率仅为 41%（5/12）。目前的研究结果表明，多疗程大剂量强度化疗是可行的，毒性可以接受，部分报道移植患者疗效的改善，其临床价值有待进一步证实。

随着维持治疗等化疗新策略的发展和靶向治疗药物的涌现，高剂量化疗与晚期非小细胞肺癌的标准治疗相比并无优势，在今后也很难成为多数患者的最佳选择。但随着移植技术的进步，支持治疗和维持治疗药物的应用，移植相关并发症明显减少，安全性明显提高，新治疗策略和靶向药物与大剂量化疗 HSC 支持在难治复发的晚期 SCLC 也许有优化探索空间。

3. 生殖细胞肿瘤   对于已反复接受常规含 DDP 化疗方案，并多次复发的耐药患者，曾有人试用超大剂量卡铂+VP16±IFO 化疗加 ABMT 支持，缓解率约 50%，15%~20% 的患者可以长期生存，胚胎癌效果较好，复发纵隔非精原性生殖细胞肿瘤效果极差。如果对 DDP 敏感，并且 HCG 较低，移植后长期生存可达 55%（BeyerJ，1996）。Schmoll 等采用大剂量化疗治疗预后不良的睾丸肿瘤，以期通过早期应用大剂量化疗防止耐药性的产生，提高长期生存率，结果 2 年生存率为 89%。迄今为止，多数认为 auto-HSCT 对化疗敏感复发的生殖细胞肿瘤疗效确定，可进一步提高部分晚期复发患者的根治率。

4. 卵巢癌   晚期和复发耐药卵巢癌预后较差，不少中心采用超大剂量化疗+auto-HSCT 的治疗方法。根据 Cure 等的报道，先用含 DDP 方案治疗 6 个疗程，然后转用大剂量马法兰或卡铂+CTX 化疗，并加 auto-HSCT 支持，治疗 57 例Ⅲ、Ⅳ期上皮性卵巢癌，取得较为满意的长期生存率。中位随访 74 个月，3 年和 5 年生存率分别为 72%、59%，3 年和 5 年 DFS 为 45%、23.5%，但复发率仍较高（41/60）。到目前为止，大量Ⅱ临床研究报告表明 HDC 可能提高敏感复发和Ⅲ、Ⅳ期卵巢癌常规化疗后、术后的治疗效果。目前仍有待前瞻性随机对照研究和长时间的观察结果。

5. 儿童肿瘤   儿童肿瘤中最常见的类型是神经母细胞瘤，70% 的晚期患者常规化疗后复发。美国 Children's

Cancer Group 曾进行神经母细胞瘤的前瞻性随机对照研究，535 例晚期患者接受常规化疗，379 例（51%）获得 CR 或接近 CR，然后分成 ABMT+HDC 组（189 例）和继续常规化疗组（190 例），结果两组毒性相似，3 年 EFS 分别为 34% 和 18%（p=0.045），可能因常规化疗组复发后的部分患者转采用 ABMT 作为挽救治疗的缘故。两组总的生存率无差别，尽管仍有不少争议，但 ABMT+HDC 在治疗晚期、化疗敏感神经母细胞的作用基本可以确立。此外，HDC 对晚期和敏感复发 Wilm's 瘤（肾母细胞瘤）和尤因肉瘤等儿童恶性实体瘤有一定的临床价值。

二、异基因 HSC 移植与临床应用

异基因 HSC 移植（Allo-HSCT）已经广泛用于恶性血液病和非恶性血液病的治疗，并且是部分难治性血液病的唯一治愈方法。

（一）Allo-HSCT 的适应证和移植时机

1. 恶性血液病

（1）急性髓系白血病（AML）

1）急性早幼粒细胞白血病（APL）：诱导分化与亚砷酸等的联合治疗，已使 APL 成为可治愈性白血病的一种，患者一般不需要移植，只在下列情况下有移植的适应证：①APL 初始诱导失败；②首次复发的 APL 患者，包括分子生物学复发（巩固治疗结束后 PML/RARα 连续两次阳性按复发处理）、细胞遗传学复发或血液学复发，经再诱导治疗后无论是否达到第 2 次血液学完全缓解，只要 PML/RARα 仍阳性，具有 Allo-HSCT 指征。

2）AML（非 APL）对年龄 ≤60 岁者：①CR1 期的 AML：按照 WHO 分层标准处于预后良好组的患者，经过 2 个以上疗程达到 CR1；或对于 ETO 阳性的 AML 患者 2 个疗程巩固强化后 ETO 下降不足 3log 或在强化治疗后由阴性转为阳性；按照 WHO 分层标准处于预后中、高危组；骨髓增生异常综合征（MDS）转化和相关 AML 或治疗相关的 AML。②≥CR2 期的 AML：均具 Allo-HSCT 指征。首次血液学复发的 AML 患者，经诱导治疗或挽救性治疗达到 CR2 后，争取尽早进行 Allo-HSCT；≥CR3 期的任何类型的 AML 患者均应行 Allo-HSCT。③未获得 CR 的 AML：难治及复发性各种类型 AML，如果不能获得或预计不能获得 CR，可以进行清白血病性预处理的挽救性 Allo-HSCT。

对年龄>60 岁者，如果患者疾病符合上述条件，应对患者的身体状况和生理年龄进行全面评估，如符合 Allo-HSCT 的条件，结合患者意愿，可在有经验的单位进行 Allo-HSCT 治疗。

（2）急性淋巴细胞白血病（ALL）

对年龄>14 岁者：

1）CR1 期的 ALL：原则上推荐 14~60 岁的所有 ALL 患者在 CR1 期进行 Allo-HSCT，尤其是诱导缓解后 8 周 MRD 未转阴或具有预后不良临床特征的患者应尽早移植。对于部分青少年患者，如果采用了儿童化疗方案，移植指征参考儿童指南，也可评估行 auto-HSCT，移植后进行维持治疗（见本章自体移植部分）。>60 岁的患者，身体状况符合 Allo-HSCT 者，可以在有经验的单位尝试在 CR1 期进行移植。

2）≥CR2 期的 ALL：均具 Allo-HSCT 指征。

3）挽救性移植：难治、复发后不能缓解的患者，可尝试性进行清白血病性预处理的 Allo-HSCT；此类患者也可应用 CAR-T 细胞或 CD19-CD3 双特异性单克隆性抗体进行移植前减瘤或桥接后进行 Allo-HSCT。

对年龄 ≤14 岁者：

1）CR1 期的 ALL：联合诱导化疗后 33 天未达到血液学 CR；达到 CR 但化疗 12 周时检测微小残留病（MRD）仍 ≥10^{-3}；伴有 MLL 基因重排阳性，年龄<6 个月或起病时白细胞（WBC）>$300×10^9$/L；伴有 Ph 染色体阳性的患者，尤其是对泼尼松早期反应不好或酪氨酸激酶抑制剂（TKI）与化疗联合治疗后 MRD 未达到 4 周和 12 周均为阴性标准。

2）≥CR2 期的 ALL：很早期复发及早期复发 ALL 患者后 CR2 期（附件 1），应选择进行 Allo-HSCT；所有 CR3 以上 ALL 患者均具有移植适应证。

3）挽救性移植：年龄 ≤14 岁的难治、复发后不能缓解的患者，Allo-HSCT 治疗选择同年龄>14 岁。

（3）慢性髓性白血病（CML）：TKI 的临床应用，CML 已成为慢性疾病，患者 10 年存活接近 90%，绝大部分患者已无须选择移植治疗，但以下情况仍可选择进行 Allo-HSCT。

1）新诊断的儿童和青年 CML 患者，或成人 Sokal 评分高危而 EBMT 风险积分 ≤2，具有配型相合的同胞供者时；或有配型较好的其他供体，在患者或家长完全知情和理解移植利弊的情况下，也可以选择移植，或先进行 TKI 治疗，择期进行 Allo-HSCT。

2）对于 TKI 治疗失败或可及性 TKI 治疗不耐受的慢性期患者，可根据患者的年龄和意愿考虑移植。

3）对于 T315I 突变的 CML 患者，选择三代对 T315I 敏感的 TKI 如奥雷巴替尼或普纳替尼等，缓解后可考虑 Allo-HSCT。

4）对三代 TKI 治疗反应欠佳、失败或不耐受的所有患者，可进行 Allo-HSCT。

5）加速期或急变期患者可选择进行 Allo-HSCT，移植前首选 TKI 治疗。

（4）骨髓增生异常综合征（MDS）：对于 MDS 及 MDS/骨髓增殖性肿瘤（MPN）[慢性幼年型粒-单核细胞白血病（CMML）、不典型 CML、幼年型粒-单核细胞白血病（JMML）、MDS/MPN 未分类]患者，年龄或身体状况评估适合移植，下列情况可考虑行 Allo-HSCT：

1）MDS 患者 IPSS 评分中危 Ⅱ 及高危患者应尽早接受移植治疗。

2）MDS 患者 IPSS 低危或中危 Ⅰ 伴有严重中性粒细胞或血小板减少或输血依赖的患者。

3）儿童 JMML 患者。

（5）骨髓纤维化（MF）：中危 Ⅱ 和高危原发或继发性 MF 患者，可考虑行 Allo-HSCT。

（6）多发性骨髓瘤（MM）：Allo-HSCT 是 MM 唯一治愈的方法，适用于具有根治愿望的年轻患者，尤其是具有高危

遗传学核型的患者,如 t(4;14);t(14;16);17p-,或初次自体造血干细胞移植(auto-HSCT)后疾病进展需要挽救性治疗的患者。

(7)霍奇金淋巴瘤(HL):难治或 auto-HSCT 后复发患者。

(8)非霍奇金淋巴瘤(NHL)

1)慢性淋巴细胞白血病/小淋巴细胞淋巴瘤(CLL/SLL):年轻患者在下列情况下具有 auto-HSCT 指征:①嘌呤类似物无效或获得疗效后 12 个月之内复发;②以嘌呤类似物为基础的联合方案或 auto-HSCT 后获得疗效,但 24 个月内复发;③具有高危细胞核型或分子学特征,在获得疗效或复发时;④发生 Richter 转化。

2)其他类型 NHL:对于滤泡淋巴瘤、弥漫大 B 细胞淋巴瘤(DLBCL)、套细胞淋巴瘤、淋巴母细胞淋巴瘤和 Burkitt 淋巴瘤、外周 T 细胞淋巴瘤、NK/T 细胞淋巴瘤等,在复发、难治或≥CR2 患者具有 Allo-HSCT 指征。成年套细胞淋巴瘤、淋巴母细胞淋巴瘤、外周 T 细胞淋巴瘤、NK/T 细胞淋巴瘤患者,当配型相合的供者存在时,CR1 期患者也可以考虑 Allo-HSCT。

2. 非恶性血液病

(1)再生障碍性贫血(AA)

1)新诊断的重型再生障碍性贫血(SAA):患者年龄<50 岁(包括儿童患者),病情为 SAA 或极重型 SAA(vSAA),具有 HLA 相合的同胞供者;儿童 SAA 和 vSAA 患者,非血缘供者≥9/10 相合,HSCT 也可以作为一线选择;有经验的移植中心可以在患者及家属充分知情的条件下选择单倍体供者的其他替代供者的 Allo-HSCT。

2)免疫抑制治疗(IST)无效或复发、难治 SAA:①经 IST 失败或复发,<50 岁的 SAA 或 vSAA,有非血缘供者、单倍体相合供者具有移植指征,在有经验的单位,也可以选择脐血移植;②经 IST 治疗失败或复发,年龄 50~60 岁,体能评分≤2,病情为 SAA 或 vSAA,有同胞相合供者或非血缘供者也可进行移植;有经验的移植中心可以在患者及家属充分知情的条件下选择单倍体供者的其他替代供者的 Allo-HSCT。

3)输血依赖的非 SAA 患者,移植时机和适应证同 SAA。

(2)阵发性睡眠性血红蛋白尿症(PNH):PNH 或 SAA/PNH 综合征患者,有输血依赖、无药物选择或药物可及性差,参考 SAA 选择,或考虑行 Allo-HSCT。

(3)地中海贫血:对于儿童(2~6 岁),依赖输血的重型地中海贫血,如重型地中海贫血、重型血红蛋白 E 复合地中海贫血、重型血红蛋白 H 病等,或选择进行 Allo-HSCT。

(4)范科尼贫血:为一种罕见遗传性骨髓衰竭性疾病,属于先天性再生障碍性贫血,或选择在输血不多且并未转变为 MDS 或白血病时进行 Allo-HSCT。

(5)其他:如重症联合免疫缺陷综合征(SCID)、湿疹-血小板减少免疫缺陷综合征(WAS)等先天性缺陷,黏多糖累积症等先天遗传代谢病等。

(二)预处理方案

预处理是指在移植前对患者进行的放疗和/或化疗,通过预处理可清除体内的恶性肿瘤细胞,为正常 HSC 植入提供足够的生长空间,同时,预处理可抑制受者的免疫系,让其无力排斥移植的 HSC 而使移植成功,预处理方案是 HSC 移植技术体系中最重要的环节。

目前预处理方案一般由放疗、化疗和生物制剂组成。全身照射(TBI)是预处理中最常用的放疗方式,与化疗相比,TBI 具有较强的免疫抑制作用,拥有广谱的抗肿瘤活性,而且与化疗药物之间没有交叉耐药,射线可以穿透由于生理屏障造成的肿瘤细胞庇护所,如中枢神经系统和睾丸。预处理常用 TBI 可分为单次照射和分次照射,单次照射时总剂量常为 7.5~10Gy,分次照射一般在 3 天内进行 5~6 次,总剂量 10~14Gy。采用不同的放疗设备,其剂量率也要进行相应调整,在剂量率增加时,总剂量要减小。

每一种化疗药物在不同情况下均有其最大耐受剂量或剂量限制性,在有造血干细胞支持的情况下,髓外毒性是限制化疗药物剂量增加的关键因素。表 2-19-5 列举了预处理中常用药物的最大耐受剂量,超过此剂量可能会出现不可逆的脏器损伤。在预处理方案中,化疗药物剂量趋于个体化,一般按理想体重计算预处理药物剂量,如果患者的实际体重低于理想体重,则按照实际体重给药,反之则按照理想体重计算预处理药物剂量。

在制定预处理方案时,化疗药物的半衰期决定了其在方案中应用的顺序,半衰期长的药物在预处理的前阶段使用,半衰期短的药物后用,并注意化疗药物可能对回输的造血干细胞造成的损伤,回输造血干细胞要与最后一次化疗药物保持一定的时间间隔,如 Ara-C≥12h;Mel 和 Cy≥24h;BU、VP-16 和 Vm-26≥48h;BCNU≥72h。

关于生物制剂,抗人胸腺细胞球蛋白(ATG)是预处理中最常用的生物制剂。ATG 的主要作用是免疫抑制,可以抑制甚至清除 T 细胞和 NK 细胞的功能,较常用于再生障碍性贫血和无关供者,以及半相合移植的预处理。

习惯上按放化疗剂量的不同,预处理方案可分为清髓性预处理方案(MAC)、减低强度或剂量的预处理方案(RIC),以及挽救性移植的增加强度的预处理方案。但其分类界限并不是绝对的,预处理方案放化疗剂量的选择应结合患者年龄、疾病种类、疾病状态、身体状况、移植供者来源等因素。在国内,年龄在 55 岁以下的患者一般选择清髓性剂量的预处理方案;年龄大于 55 岁或虽然不足 55 岁但重要脏器功能受损或移植指数大于 3 的患者,可以考虑选择

表 2-19-5 预处理常用药物最大耐受剂量

Cy	BU	VP-16	Mel	Ara-C	BCNU
200mg/kg	16mg/kg	3 000mg/m²	225mg/m²	36g/m²	300mg/m²

Cy 环磷酰胺;BU 白消安;VP-16 依托泊苷;Mel 左旋苯丙氨酸氮芥;Ara-C 阿糖胞苷;BCNU 卡莫司汀。

RIC 方案,RIC 方案提高了耐受性,但需要通过加用或增加免疫抑制剂和移植前后的细胞治疗降低移植后疾病的复发率;而具有复发难治的年轻恶性血液病患者,可以接受增加强度的清白血病的预处理方案。增加强度的预处理在一定程度上降低了复发率,但可能带来移植相关死亡率增加。

1. 恶性血液病的预处理方案

(1)清髓性预处理方案(MAC):经典的 MAC 为全身照射(TBI)和环磷酰胺(Cy),以及白消安(BU)和 Cy,用法用量见表 2-19-6。

表 2-19-6　经典的清髓性预处理方案

清髓性预处理方案	药物	总剂量	应用时间/d
TBI+Cy	Cy	120mg/kg	−6,−5
	TBI	12~14Gy	−3,−2,−1
BU+Cy	BU	16mg/kg(口服)或 12.8mg/kg(静脉滴注)	−7,−6,−5,−4
	Cy	120mg/kg	−3,−2

常用的还有在经典 TBI+Cy 和 BU+Cy 方案基础上的改良方案,后者以北京大学血液病研究所的方案在国内应用最多,如用于同胞相合移植的 mTBI+Cy 和 mBU+Cy,用于单倍体移植和非血缘供者移植的 mTBI+Cy+ATG 和 mBU+Cy+ATG。

(2)减低强度预处理方案(RIC):RIC 方案有多种,主要为包括氟达拉滨(Flu)的 Flu+Cy、Flu+BU 和 Flu+Mel 等化疗方案,以及含低剂量照射(mTBI)的 mTBI+Cy+ATG 等方案。

(3)挽救性移植的预处理方案:常用于难治和复发的急性白血病等患者,也可叫清白血病预处理方案,可用 FLAG 或 GLAG 方案后加经典方案或进行改良,也可在经典方案的基础上增加一些药物,常用大剂量 Ara-C、VP-16、Mel、Flu、赛替哌等(TT)等。

也可以采用白血病的清髓预处理方案,如经典 BUCy 或 TBICy 方案,北京大学人民医院采用改良 BUCy 方案。

2. 非恶性血液病

(1)SAA:同胞相合移植的预处理方案为 Cy-ATG,非血缘供者移植推荐采用 FluCy-ATG 方案,单倍体相合的移植治疗 SAA 尚无统一的预处理方案(表 2-19-6)。

(2)地中海贫血:采用与白血病相同的常规强度预处理方案疗效欠佳,国内一般采用加强的预处理方案(表 2-19-6)。

(3)范科尼贫血:HSCT 治疗范科尼贫血经常采用 Flu+Cy+ATG 预处理[Flu 150mg/m², Cy 5~10mg/(kg·d),共 4 天;兔抗人 ATG 10mg/kg]进行 Allo-HSCT,替代供者移植可以再增加低剂量 TBI。

(三)HLA 配型及供者选择原则

1. HLA 配型　Allo-HSCT 的异体即异基因造血干细胞来源于异体健康供者,由于人类白细胞抗原(HLA)的差异是重要的移植屏障,既往认为 HLA 相合同胞为移植的最

佳供者来源,但由于家庭的小型化,有同胞 HLA 相合供者的可移植患者越来越少,Allo-HSCT 移植治疗受到很大的限制。过去 10 多年,国内外学者为解决 Allo-HSCT 供者来源进行了系列研究,建立了多种单倍体移植的技术方案,主要有意大利和德国学者建立的体外去除 T 淋巴细胞的方案,美国学者建立的基于移植后环磷酰胺(Cy)诱导免疫耐受的巴尔的摩方案,以及北京大学团队建立的基于粒细胞集落刺激因子(G-CSF)和 ATG 诱导免疫耐受的北京方案,单倍体移植技术的成熟,Allo-HSCT 使同胞之间、亲子之间,甚至堂表亲血缘之间均可选择作为单倍体供者。

从 HLA 配型的角度,供者选择首选 HLA 相合的同胞,次选单倍体相合亲属、非血缘志愿供者和脐血。在没有相合的同胞供者时,供者的选择应结合患者的情况(病情是否为复发高危、年龄、身体状况)、备选供者的具体情况(年龄、性别等),及移植单位的经验综合考虑。

(1)同胞全相合供者移植特点:①Allo-HSCT 的首选类型,但同胞间 HLA 相合率为 25%;②能够取到足够数量的细胞,对于高危复发的患者,可以预存备用或再次采集;③可以根据需要获得骨髓和/或外周造血干细胞;④移植物进入患者体内容易植活;⑤排斥反应小;⑥合并症少。

(2)单倍体相合供者移植特点:①绝大多数患者可以找到单倍体相合供者,而且单倍体供者往往不止 1 个,可以从中选优;②无须长时间等待,供者配型及查体一般 2~3 周,特别适于需要尽早移植的患者;③能够取到足够数量的细胞,对于高危复发的患者,可以预存备用或再次采集;④可以根据需要获得骨髓和/或外周造血干细胞;⑤对于高危的恶性血液病患者,移植后血液病复发率较非血缘移植低;⑥急性 GVHD(aGVHD)发生率较非血缘移植略高,需要经验丰富的移植团队;⑦移植疗效与配型相合的同胞供者移植、非血缘供者移植疗效相似。

在单倍体相合供者中,建议选择顺序为:子女、男性同胞、父亲、非遗传性母亲抗原(NIMA)不合的同胞、非遗传性父亲抗原(NIPA)不合的同胞、母亲及其他旁系亲属。

(3)非血缘供者移植特点:①查到供者的机会低,选择余地有限;②查询供者到移植需要等待的时间长,一般 3~6 个月;③对 HLA 配型相合的相合程度要求高,HLA-A、HLA-B、HLA-C、DRB1、DQ 高分辨中,最好的供者为高分辨 9/10 或 10/10 相合,8/10 相合同时满足 HLA-A、HLA-B、DRB1 中 5/6 相合时也可以考虑;④存在悔捐风险;⑤再次获取淋巴细胞或造血干细胞有一定难度;⑥非血缘移植后重度 aGVHD 发生率略低于单倍体移植,但在标危患者中复发率高于单倍体相合移植;⑦存活率和无病存活率与单倍体相合的供者移植相似。

(4)脐血移植的特点:①查询快、获得及时,无悔捐问题;②细胞数量受一定限制,CBT 选择标准要结合配型、细胞数和病情综合考虑。对于恶性血液病,供受者 HLA 配型 ≥4/6 位点相合,冷冻前 TNC>(2.5~4.0)×10⁷/kg(受者体重),CD34⁺细胞>(1.2~2.0)×10⁵/kg(受者体重);对于非恶性疾病,HLA ≥5/6 位点相合,有核细胞计数(TNC)>3.5× 10⁷/kg(受者体重),CD34⁺ 细胞>1.7×10⁵/kg(受者体重);

③GVHD 发生率低且程度轻;④造血重建较慢,感染发生率较高;⑤不能再次获得造血细胞,需要移植经验丰富的团队;⑥治疗恶性血液病时可以达到与非血缘供者移植相似的疗效。

2. 供者选择的原则　当患者不具备同胞相合的供者时,高复发风险患者首选有血缘关系的单倍体供者,以利于及时移植和移植后淋巴细胞输注,预计移植后不需要细胞治疗的标危患者,可选择非血缘供者,儿童患者可以选择脐血移植。总之,移植的疗效受多个环节影响,与移植的预处理强度、供者选择和患者的病情、身体状况密切相关,对于群体的处理需要做到规范,对每例患者的病情处理应该个体化。理想的状况是从诊断开始就将患者进行危险度分层,为患者设计总体的治疗方案,有计划地使患者在最恰当的时机接受 HSCT 治疗。

(葸瑞　吴涛　白海)

参考文献

[1] Zhang X, Zhou J, Han X, et al. Update on the Classification of and Diagnostic Approaches to Mature T cell Lymphomas. Arch Pathol Lab Med, 2022, 146(8): 947-952.

[2] Shankland KR, Armitage JO, Hancock BW. NonHodgkin lymphoma. Lancet, 2012, 380(9844): 848-857.

[3] Snowden JA, Sánchez-Ortega I, Corbacioglu S, et al. Indications for haematopoietic cell transplantation for haematological diseases, solid tumours and immune disorders: current practice in Europe, 2022. Bone Marrow Transplant, 2022, 57(8): 1217-1239.

[4] Colita A, Colita A, Bumbea H, et al. LEAM vs BEAM vs CLV conditioning regimen for autologous stem cell transplantation in malignant lymphomas. Retrospective comparison of toxicity and efficacy on 222 patients in the first 100 days after transplant, on behalf of the Romanian Society for Bone Marrow Transplantation. Front Oncol, 2019, 9: 892.

[5] Iida M, Liu K, Huang XJ, et al. Trends in disease indications for hematopoietic stem cell transplantation in the Asia-Pacific region: A report of the Activity Survey 2017 from APBMT. Blood Cell Ther, 2022, 5(4): 87-98.

[6] Kanate AS, Majhail NS, Savani BN, et al. Indications for hematopoietic cell transplantation and immune effector cell therapy: guidelines from the American Society for Transplantation and Cellular Therapy. Biol Blood Marrow Transplant, 2020, 26(7): 1247-1256.

[7] Benson AB, Venook AP, Al-Hawary MM, et al. Colon Cancer, Version 2.2021, NCCN Clinical Practice Guidelines in Oncology. J Natl Compr Canc Netw, 2021, 19(3): 329-359.

[8] Duarte RF, Labopin M, Bader P, et al. Indications for haematopoietic stem cell transplantation for haematological diseases, solid tumours and immune disorders: current practice in Europe, 2019. Bone Marrow Transplant, 2019, 54(10): 1525-1552.

[9] 中国临床肿瘤学会. 淋巴瘤诊疗指南. 北京:人民卫生出版社, 2021.

[10] 达万明. 自体造血细胞移植. 兰州:甘肃科学技术出版社, 1995.

[11] Stiff PJ, Unger JM, Cook JR, et al. Autologous transplantation as consolidation for aggressive non-Hodgkin's lymphoma. N Engl J Med, 2013, 369(18): 1681-1690.

[12] Villa D, Sehn LH, Savage KJ, et al. Bendamustine and rituximab as induction therapy in both transplant-eligible andineligible patients with mantle cell lymphoma. Blood Adv, 2020, 4(15): 3486-3494.

[13] 中国抗癌协会血液肿瘤专业委员会,中华医学会血液学分会白血病淋巴瘤学组,中国临床肿瘤学会抗淋巴瘤联盟. 造血干细胞移植治疗淋巴瘤中国专家共识(2018 版). 中华肿瘤杂志, 2018, 40(12): 927-934.

[14] Yamasaki S, Chihara D, Kim SW, et al. Risk factors and timing of autologous stem cell transplantation for patients with peripheral T cell lymphoma. Int J Hematol, 2019, 109(2): 175-186.

[15] Wang S, Xu L, Feng J, et al. Prevalence and incidence of multiple myeloma in urban area in China: a national population-based analysis. Front Oncol, 2020, 9: 1513.

[16] Liu W, Liu J, Song Y, et al. Mortality of lymphoma and myeloma in China, 2004-2017: an observational study. J Hematol Oncol, 2019, 12(1): 22.

[17] Rajkumar SV, Dimopoulos MA, Palumbo A, et al. International Myeloma Working Group updated criteria for the diagnosis of multiple myeloma. Lancet Oncol, 2014, 15(12): e538-e548.

[18] Lakshman A, Rajkumar SV, Buadi FK, et al. Risk stratification of smoldering multiple myeloma incorporating revised IMWG diagnostic criteria. Blood Cancer J, 2018, 8(6): 59.

[19] D'Agostino M, Cairns DA, Lahuerta JJ, et al. Second Revision of the International Staging System (R2-ISS) for Overall Survival in Multiple Myeloma: A European Myeloma Network (EMN) Report Within the HARMONY Project J Clin Oncol, 2022, 40(29): 3406-3418.

[20] Kumar S, Paiva B, Anderson KC, et al. International Myeloma Working Group consensus criteria for response and minimal residual disease assessment in multiple myeloma. Lancet Oncol, 2016, 17(8): e328-e346.

[21] 中华医学会血液学分会浆细胞疾病学组,中国医师协会多发性骨髓瘤专业委员会. 中国多发性骨髓瘤自体造血干细胞移植指南(2021 年版). 中华血液学杂志, 2021, 42(5): 353-357.

[22] Hoshina Y, Galli J, Wong KH, et al. GABA-A Receptor Encephalitis After Autologous Hematopoietic Stem Cell Transplant forMultiple Myeloma: Three Cases and Literature Review. Neurol Neuroimmunol Neuroinflamm, 2022, 9(6): e200024.

[23] Khan AO, Rodriguez-Romera A, Reyat JS, et al. Human Bone Marrow Organoids for Disease Modeling, Discovery, and Validation of Therapeutic Targets in Hematologic Malignancies. Cancer Discov, 2023, 13(2): 364-385.

[24] Bayan Al-Share, Hadeel Assad, Judith Abrams, et al. Role of High-Dose Adjuvant Chemotherapy Followed by Autologous Stem Cell Transplantation in Locally Advanced Triple-Negative Breast Cancer: A Retrospective Chart Review. J Oncol, 2022, 2022: 1-9.

［25］Charlesworth CT,Hsu I,Wilkinson AC,et al. Immunological barriers to haematopoietic stem cell gene therapy. Nat Rev Immunol,2022,22（12）:719-733.

［26］Bogeska R,Mikecin AM,Kaschutnig P,et al. Inflammatory exposure drives long-lived impairment of hematopoietic stem cell self-renewal activity and accelerated aging. Cell Stem Cell,2022, 29（8）:1273-1284.e8.

［27］Dalle IA,Paranal R,Zarka J,et al. Impact of luteinizing hormone suppression on hematopoietic recovery after intensive chemotherapy in patients with leukemia. Haematologica,2021,106（4）: 1097-1105.

［28］Gudmundsson KO,Du Y. Quiescence regulation by normal haematopoietic stem cells and leukaemia stem cells. FEBS J, 2023,290（15）:3708-3722.

［29］Pollyea DA,Bixby D,Perl A,et al. NCCN Guidelines Insights: Acute Myeloid Leukemia,Version 2.2021. J Natl Compr Canc Netw,2021,19（1）:16-27.

［30］Al-Mashdali AF,Aldapt MB,Rahhal A,et al. Pediatric Philadelphia-Negative Myeloproliferative Neoplasms in the Era of WHO Classification:A Systematic Review. Diagnostics（Basel）,2023, 13（3）:377.

［31］Felker S,Shrestha A,Bailey J,et al. Differential CXCR4 expression on hematopoietic progenitor cells versus stem cells directs homing and engraftment. JCI Insight,2022,7（9）:e151847.

［32］Lv M,Jiang Q,Zhou DB,et al. Comparison of haplo-SCT and chemotherapy for young adults with standard-risk Ph-negative acute lymphoblastic leukemia in CR$_1$. J Hematol Oncol,2020,13 （1）:52.

［33］Zhang XH,Chen J,Han MZ,et al. The consensus from The Chinese Society of Hematology on indications,conditioning regimens and donor selection for allogeneic hematopoietic stem cell transplantation:2021 update. J Hematol Oncol,2021,14（1）: 145.

［34］Xu Z,Huang X. Cellular immunotherapy for hematological malignancy:recent progress and future perspectives. Cancer Biol Med,2021,18（4）:966-980.

［35］Le Bris Y,Costes D,Bourgade R,et al. Impact on outcomes of mixed chimerism of bone marrow CD34$^+$sorted cells after matched or haploidentical allogeneic stem cell transplantation for myeloid malignancies. Bone Marrow Transplant,2022,57（9）: 1435-1441.

［36］Masatoshi Sakurai,Kantaro Ishitsuka,Ryoji Ito,et al. Chemically defined cytokine-free expansion of human haematopoietic stem cells. Nature,2023,615（7950）:127-133.

第二十章　肿瘤新抗原与免疫治疗新策略

提要:随着基因组测序的广泛应用和新生抗原预测技术的发展,基于肿瘤新抗原的免疫治疗成为新的研究热点。新抗原作为免疫治疗的理想靶标,由肿瘤细胞突变基因编码的新生抗原决定。针对新抗原的主要免疫治疗方法是基于新抗原的肿瘤疫苗和新抗原的 T 细胞过继转移治疗(ACT)等,均取得了一些突破,但仍有许多挑战和困难需要克服。本章共 6 节,包括肿瘤新抗原在肿瘤免疫中的作用,肿瘤新抗原的筛选、鉴定与种类,以及基于新抗原的过继细胞疗法和其他疗法,新抗原疫苗应用中的挑战与发展方向。

第一节　肿瘤新抗原在肿瘤免疫中的作用

近年来,肿瘤免疫治疗领域取得了突破性的进展,随着肿瘤疫苗、嵌合抗原受体 T 细胞(CAR-T 细胞)和免疫抑制剂 PD-1/PD-L1 抗体等肿瘤免疫治疗方法的临床应用,使肿瘤免疫治疗走上了实际应用的舞台,成为手术、化疗、放疗和靶向治疗之后又一种肿瘤治疗方法,并有望成为肿瘤治疗的最重要手段。

一、肿瘤免疫循环

肿瘤免疫的理论基础主要是肿瘤免疫循环(图 2-20-1),

包括:①肿瘤细胞释放出肿瘤新抗原或肿瘤相关抗原;②抗原被抗原呈递细胞(APC)摄取、加工并与 MHC 复合物结合形成抗原肽-MHC 复合物呈递于细胞表面;③在外周淋巴器官中,通过双信号启动使 T 细胞激活,即 TCR 识别 APC 表面的抗原肽-MHC 复合物形成抗原特异性识别信号,而 APC 表面的 B7 分子识别 T 细胞表面的 CD28 形成共刺激信号;④活化的细胞毒性 T 淋巴细胞(CTL)通过血液循环运输至肿瘤组织;⑤CTL 跨越血管内皮,侵润肿瘤组织;⑥CTL 通过 TCR 识别肿瘤细胞表面的肿瘤新抗原或肿瘤相关抗原;⑦CTL 通过颗粒酶 B 等杀伤肿瘤细胞。通过上述肿瘤免疫循环机制,机体可以有效杀伤肿瘤细胞。癌

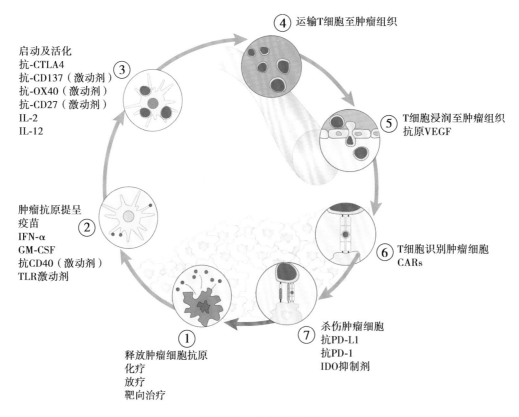

图 2-20-1　肿瘤免疫循环

症免疫循环的所有步骤都需要正常运作,以产生有效的免疫反应。一旦肿瘤细胞本身的变化或肿瘤微环境的改变使抗肿瘤免疫循环出现异常状态,会导致抗肿瘤免疫缺陷,从而引起癌症的发生和进展。

二、肿瘤细胞的特异肿瘤抗原

肿瘤免疫理论和应用的基础取决于肿瘤细胞是否表达肿瘤抗原(tumor antigen),以及这些抗原是否能被细胞毒性 T 细胞受体(TCR)特异性识别,从而激活 T 细胞的免疫反应。肿瘤抗原可以分为肿瘤相关抗原(TAA)、肿瘤种系抗原(CGA)、病毒相关抗原,或者肿瘤特异性抗原(TSA)等类别。其中,TAA 或 CGA 是癌细胞基因发生复制或扩增导致蛋白表达增加所产生,这些抗原不仅在肿瘤细胞表面表达,在一些正常组织中也会有低表达水平。因此,靶向TAA 或 CGA 可能会导致严重的自身免疫疾病,例如自身免疫性肝炎、结肠炎、急性肾衰,甚至死亡。与前两者不同的是,肿瘤特异性抗原,也被称作新抗原(neoantigen),则是因为癌细胞基因发生点突变、缺失突变或基因融合等导致氨基酸编码序列改变而产生的与正常细胞表达的蛋白不同的新异常蛋白。如果这些新抗原在细胞内(肿瘤细胞或 APC)被降解为短肽段(抗原表位),并与 MHC-I 类或 MHC-II 类分子高亲和力结合,以复合物的形式呈递到细胞表面,被 T细胞识别,就能激活机体的免疫系统,引起一系列免疫应答反应。

三、肿瘤新抗原的释放是始动肿瘤免疫关键

作为癌症免疫循环的第一步,肿瘤新抗原的释放是肿瘤免疫中关键的始动因素。正是这些突变产生的肿瘤新抗原在肿瘤细胞坏死或凋亡后释放,引发了肿瘤免疫循环的启动。被释放的肿瘤新抗原由 APC 捕获,主要是树突状细胞(DC),并运输到局部淋巴结,将新抗原呈递到幼稚 T 细胞,从而启动 T 细胞免疫。肿瘤细胞所表达的新抗原和肿瘤相关抗原缺失或发生改变后,无效的抗原释放将会影响树突状细胞对 T 细胞抗原的递呈和激活,阻止癌症免疫循环的进一步发展,从而导致 T 细胞对肿瘤细胞的无效识别。

经常观察到的高肿瘤突变负荷(tumor mutational burden,TMB)与免疫检查点抑制剂(immune checkpoint inhibitors,ICI)反应之间的相关性,可以解释为在高突变负担的情况下,肿瘤新抗原的可用性更高。因此 TMB 越高,对 ICI 治疗的反应率越高。此外,抗原的结构,特别是抗原呈递机制,也会影响它们是否被 APC 递呈,由于肿瘤抗原只有在与 MHC-I 分子结合后被有效递呈至肿瘤细胞的表面才能被免疫细胞所识别杀伤,肿瘤细胞表面 MHC-I 类分子表达明显下降或缺失也可导致免疫逃逸。

四、肿瘤新抗原决定抗肿瘤免疫应答质量

肿瘤新抗原是决定免疫治疗中抗肿瘤免疫应答质量的关键。通过对免疫循环各个环节的调节,肿瘤免疫治疗提高了肿瘤细胞的免疫原性和对效应细胞杀伤的敏感性,协助机体免疫系统杀伤肿瘤。这些创新性的肿瘤免疫治疗

手段,包括免疫检查点调控、T 细胞过继免疫治疗、肿瘤疫苗等,与传统的化疗相比,具有高效性、广谱性、持久性和低毒性等优势。

目前,针对新抗原的肿瘤疫苗的一般实施流程是:先收集肿瘤组织,然后同时测定肿瘤组织的 DNA 序列和RNA 序列,通过生物信息学分析得到在肿瘤组织中的非同义突变,再通过编辑或合成这些突变的多肽,在体外试验中进一步筛选能够引起免疫反应的突变多肽,最终确定有效果的肽段进行注射。肿瘤新抗原疫苗在原位癌或微小残留疾病中显示出一些临床益处。然而,在晚期肿瘤中,由于免疫逃避占据主导,治疗性疫苗单一疗法尚未显示良好的临床疗效。究其原因,可能与肿瘤新抗原的应答质量不佳有关。化疗和/或放疗可能由于诱导凋亡/坏死而促进肿瘤新抗原的释放,未来通过肿瘤新抗原疫苗联合化疗、放疗或其他治疗策略,可能为肿瘤治疗提供新的思路。

总而言之,肿瘤新抗原是肿瘤免疫治疗的重要基础,预测和筛选在多种肿瘤中普遍存在的、与 MHC 结合能力较强的、免疫原性较高的、活性较高的肿瘤新抗原是目前肿瘤疫苗研究和肿瘤免疫治疗的关键所在。

第二节 肿瘤新抗原的筛选与鉴定

基因突变是肿瘤新抗原产生的基础,其基本原理是如果突变肽段能够被自身 MHC 分子有效地递呈到细胞表面并被 T 细胞识别,那么此突变则可能产生新生表位,并通过某些机制驱动免疫原性反应。然而,并不是每一个突变都会产生新抗原。能够诱导新表位特异性 T 细胞的突变仅占肿瘤 1%~2% 的突变。基因突变具有很强的异质性,不同个体、不同时间、不同细胞都会产生不同的突变,从而表达相应的新抗原。不同肿瘤、不同肿瘤患者也都有其独特的新抗原谱。不同新抗原诱导 T 细胞相关肿瘤细胞杀伤作用的能力也有不同。因此,获得肿瘤新抗原的主要难点在于如何精准地找到肿瘤的"突变组"(mutanome)或者新抗原组(neoantigenome),并从中筛选并鉴定出癌细胞中能够有效地被 T 细胞识别、能带来最优免疫反应的肿瘤新抗原,是开发个体化癌症疫苗的关键之一。

一、体细胞突变形成肿瘤新抗原的影响因素

有效的肿瘤新抗原需满足如下条件:首先,肿瘤新抗原必须具有肿瘤特异性,防止脱靶效应影响患者健康组织。其次,肿瘤新抗原必须递呈到肿瘤细胞表面,以使免疫细胞识别并杀伤肿瘤细胞。最后,有效的新抗原必须能够激活免疫应答——也就是说,需要具有免疫原性。从海量的肿瘤肽中筛选新的抗原并不简单,需考虑多种因素,如患者的人类白细胞抗原(HLA)类型、肿瘤细胞异质性和与肽段加工相关的信息。

此外,体细胞突变的数量及类型也同样影响新抗原的形成。

(一)突变数量

基于全基因组、全外显子或 target panel 测序,我们已经

知道肿瘤基因组去除胚系突变（germline mutation）后的体细胞突变（somatic mutation）数量，即肿瘤突变负荷（TMB）。一般以肿瘤非同义突变总数量或每1兆碱基（1Mb）的突变数量来表示。在临床上，不经过筛选，仅有一部分肿瘤患者对PD-1/PD-L1抑制剂有效。理论上TMB越高，最后产生的能够被T细胞识别的新抗原也越多。而肿瘤TMB<1/Mb，几乎不太可能产生新抗原，对PD-1/PD-L1抑制剂不敏感。临床研究的数据也表明，多个瘤种PD-1/PD-L1抑制剂治疗的客观缓解率（ORR）确实与TMB成正相关。

（二）突变类型

与原编码序列差异越明显的突变，越容易产生被T细胞识别的新抗原。突变与原编码序列差异越明显，产生异常蛋白外源性即"非己"特征越明显，免疫原性越强。肿瘤突变中95%的突变是点突变（substitutions），其余包括插入/删除突变（insertion/deletion）或移码突变（frameshift）。很明显，插入/删除及移码突变导致氨基酸序列和空间结构的改变会比较大，与MHC分子结合的亲和力会更强，被T细胞识别为新抗原的可能性越大。对黑色素瘤的研究发现，某些对CTLA-4抑制剂持续应答的患者新抗原具有共同保守的4肽序列表位，与病原体序列非常相似，易于被T细胞识别，这可能是黑色素瘤患者对免疫检查点抑制敏感的真正原因，而不是单纯的TMB高。只是TMB越高，出现4肽序列表位的可能性越高。此外，驱动突变形成新抗原是最理想的状态，因为同一个肿瘤内几乎所有肿瘤细胞都具有这种突变，如果产生新抗原，那么针对新抗原的T细胞能消灭大部分肿瘤细胞。可惜的是，驱动突变很少产生新抗原，在20 000个黑色素瘤中发现的20种新抗原，只有8%的新抗原来自驱动突变，而92%的新抗原来自非驱动突变。

二、新抗原的筛选与鉴定

当前标准的新抗原预测路径主要包括四个步骤：①样本获取及原始测序数据预处理，HLA分型；②基因组比对和变异检测；③MHC结合和呈递新抗原预测；④新抗原的优先级排序和选择（图2-20-2）。具体而言，就是通过深度测序，比较肿瘤样本与健康组织外显子、全基因组中的异同，快速、高通量地得到肿瘤组织的全部非同义突变和患者的HLA分型。通过应用机器学习算法，利用患者肿瘤测序数据将MHC-Ⅰ处理和递呈途径的各个过程进行建模，通过免疫信息学工具预测潜在的新抗原表位。进一步通过合成预测的新肽段，并使用各种分析方法［如ELISPOT、荧光标记的HLA四聚体（HLA tetramer）］等评估自体T细胞的免疫反应。

（一）样本获取及原始测序数据预处理与HLA分型

获得可靠的肿瘤组织是获得可靠原始测序数据的前提。获取新鲜肿瘤组织后冷冻保存，能够最大程度地维持DNA及RNA的完整度，减少基因测序的技术误差。常见组织快速冻存方式为利用液态氮急速降温，但由于液态氮操作具有低温冻伤风险，须事先规划流程并且确认可行性后施行。穿刺活检是获得肿瘤组织的常用方法，然而，由于

癌细胞的高度差异性，单一检体采样分析结果不完全代表病患体内肿瘤的基因突变全貌。如果能够进行连续性采样，特别是针对抗药性肿瘤采样，就有可能找到新产生的突变。石蜡包埋是临床上肿瘤组织样本的主要保存方式，可比较原发灶与转移灶或复发肿瘤的基因突变，搭配显微切割技术，能够增加肿瘤组织中癌细胞的比例。

在NGS出现之前，通过cDNA文库筛选T细胞新抗原表位的方法，费时费力，难以推广。随着测序技术和生物信息学的发展，可对正常和肿瘤组织分别进行全外显子测序（WES）或全基因组测序（WGS），能够更可靠地筛选更多潜在新抗原，如基因融合和染色体重排、拷贝数变异，为新抗原疫苗临床应用奠定了基础。

新抗原必须与MHC分子结合并呈递，以诱导T细胞应答。编码MHC复合物的HLA基因具有高度多态性和患者特异性。因此，新抗原预测依赖于HLA分型的准确性，大多数集中于MHC-Ⅰ类分子预测，尽管MHC-Ⅱ类分子预测也很重要，但较少用于抗原预测。总的来说，大多数HLA-Ⅰ分型软件性能较好。常用的软件包括OptiType和PolySolver，准确度超过95%的其他软件，包括HISAT-genotype、HLA*PRG、HLA-HD、HLA-LA和xHLA。RNA-seq数据也可用于HLA分型，尽管性能不如DNA测序数据。除HLA等位基因缺失外，HLA基因位点变异或表达下调均可影响新抗原呈递，并导致肿瘤免疫逃逸。因此，新抗原预测时，需要考虑HLA基因表达和变异。PolySolver可识别遗传变化，而LOHHLA可识别HLA拷贝数变异导致的杂合性缺失。

（二）基因组比对和变异检测

HLA分型后，将DNA和RNA测序数据与参考基因组进行比对，常用的比对软件包括Burrows-Wheeler和STAR。随后进行肿瘤特异性变异分析，包括外显子或全基因组肿瘤突变筛选，重点关注单核苷酸变异（SNVs）、插入和缺失（indels）等突变。缺失常导致移码变异，使氨基酸序列和空间结构改变比较大，与MHC分子结合的亲和力会更强，被T细胞识别为新抗原的可能性越大。

（三）新抗原结合亲和力和呈递预测

在大量的候选肿瘤新生抗原中，往往只有少部分才是具备免疫原性的真实新生抗原。MHC分子对新抗原的呈递对于T细胞有效识别至关重要。大多数的抗原预测模型都是通过将突变蛋白裁切为适合MHC-Ⅰ递呈的长8~11个氨基酸的肽段。再通过基于高通量测序数据结合亲和力算法进行肿瘤新抗原预测。目前大多数预测工具以基因序列为基础，少数以结构为基础。但由于传统基因测序所预测的结果不一定会真实表达成新抗原，因此导致新抗原具有较高的假阳性率，带来后期验证成本的巨大浪费。质谱分析方法可以直接鉴定真实呈递在肿瘤细胞表面的新生抗原肽段，质谱鉴定抗原肽的重要条件之一是获取MHC洗脱肽；最常用的方法是采用免疫沉淀等方法获取MHC洗脱肽。其鉴定的原理是将肿瘤细胞表面的抗原肽从HLA分子上洗脱下来，对其进行质谱分析。目前的质谱技术使得从细胞系和患者组织中识别数千个MHC呈递的肽序列成为可能。质谱分析法用于新抗原筛选的一个优势是它极

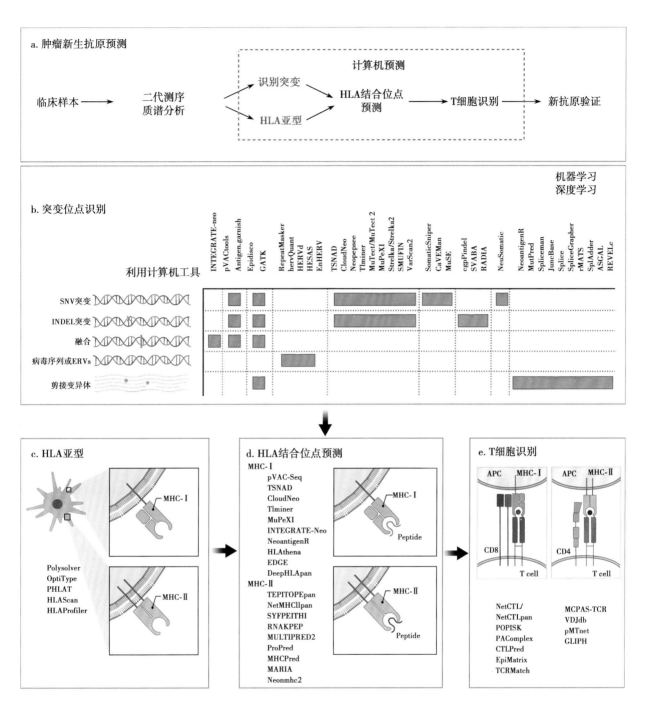

图 2-20-2　肿瘤新抗原预测的工作流程

大缩小了新生抗原的候选范围,可以极大地提高新生抗原的筛选准确性。

（四）新抗原的优先级排序和选择

新抗原优先级排序是最后一个环节。目前认为,MHC-Ⅰ结合的新抗原可能是影响新抗原免疫原性的最强因素。因此,大多数预测在优先级排序时赋予该参数最高的权重。新抗原所结合的 HLA 等位基因的拷贝数状态和表达水平,也影响新抗原优先级排序,因为 HLA 基因低表达会影响相关新抗原的呈递效果。因此,在新抗原预测中,能够与多个 HLA 等位基因结合的新抗原排序更靠前。其他特征,如蛋白酶体降解和抗原加工相关转运,在基于质谱分析的预测模型时显示出微弱的影响。肿瘤新抗原选择联盟发表了一系列特征和相应的阈值,对 MHC-Ⅰ呈递肽的新抗原呈递和免疫原性有显著影响。除了结合亲和力和基因表达水平外,研究者还发现疏水性和 pMHC 稳定性（>1.4h）与新抗原呈递相关。

优先排序后,对候选新抗原的体外免疫原性评估至关重要,超过 90% 的预测新抗原为非免疫原性。免疫原性预测可通过体外 ELISPOT 检测进行免疫原性评估,检测抗原特异性 CD8+T 细胞产生的细胞因子,或通过细胞内细胞因子染色（肽 HLA 多聚体染色）进行。尽管目前正在探索新的和优化的筛选方法,但这些检测方法通常耗时且昂贵,进一步延长了生产时间，并增加了治疗的总成本。这也凸显了对创新的智能预测方法的需求。

最终，是确定新抗原选择。新抗原选择的目的是过滤掉不合适的新抗原，只保留置信度高的高质量新抗原。新抗原肽的数量是另一个关键问题。同时靶向多个表位可产生更强的免疫应答。此外，在治疗中错误的靶点选择和错误的表位识别，新抗原特异性 T 细胞与非突变抗原的交叉反应，可导致免疫系统不能精准地杀伤肿瘤细胞，造成免疫失衡。为了平衡这两个因素，通常选择多达 20 种新抗原肽，最大限度地提高每个患者的免疫原性和真阳性新抗原的比例。

上述这些方法可能有几个局限：一是这些肿瘤样本往往来自患者的活检，而活检获得的小块肿瘤可能不具有代表性；二是目前的分析算法仅能确保单核苷酸变异（SNV）和插入/删除突变的准确性，但无法准确体现出表观遗传学、转录、翻译、翻译后修饰等环节为癌症新表位带来的影响。三是找到肿瘤突变后，我们还需要从中做出选择，挑选出最适合开发成疫苗的突变类型。限于成本与技术，无法将所有的突变都置入产品之中，并且只有部分突变序列能够让效应 T 细胞发生免疫反应。

总之，虽然新抗原在肿瘤治疗中取得了良好的临床进展，但具有免疫原性的新抗原数量较少，预测比较困难。因此，新抗原研究领域需要更优化的算法和经过验证的准确预测方法，以选择更可靠的高免疫原性新表位。这也是目前亟待解决的重要问题。对于肿瘤新抗原预测算法，需要考虑的因素很多，包括 HLA 分型、抗原表达、突变分析、预测肽加工、TCR 结合力、MHC 亲和力、PMHC 稳定性、肿瘤新抗原来源等，还包括 T 细胞识别、TCR 分析和免疫细胞分析，以评估 T 细胞反应。通过整合研究资源，建立全球新抗原检测的算法和标准，共同努力预测更精确的抗癌靶点，是推进个性化肿瘤疫苗研究和应用的必由之路。

第三节　肿瘤新抗原的种类

肿瘤新抗原有三种分类方式：第一类是根据其突变是否存在患者之间的共性，将其分为共享新抗原和个性化新抗原；第二类是根据其在不同临床环境下激发免疫反应的能力，将其分为保护性新抗原、限制性新抗原及被忽视的新抗原；第三类，根据其分子特征的不同，肿瘤新抗原还可以分为单核苷酸变体衍生新抗原、核苷酸的插入和删除突变衍生新抗原、融合基因衍生新抗原和剪接变体衍生新抗原等。

一、共享新抗原和个性化新抗原

共享新抗原是指在不同癌症患者中常见的、不存在于正常基因组中的突变抗原，其具有高度免疫原性，有可能被筛选为具有相同突变基因患者的广谱治疗性癌症疫苗（表2-20-1）。个性化新抗原是指存在于单独一个或少数几个患者中的突变抗原，具有高度个性化特征，在不同的癌症患

者中具有不同的免疫调控效应，因此，个性化新抗原制剂药物只能特异性地针对每个患者，即个性化治疗，难以用于广谱的临床治疗。

根据驱动基因突变的频率表明，靶向共享新抗原可能会使大部分患者受益。与个性化的新抗原相比，公共的新抗原靶向免疫治疗也有利于共享相同新抗原的患者。例如，新抗原预测在早期进行，通常针对每个患者个性化。但只要在患者的肿瘤细胞中检测到这样一种共享的新抗原，就可以直接应用到相应的现成新抗原靶向免疫疗法中进行验证和治疗，可以大大缩短研发周期。针对公共新抗原的现成精确免疫治疗将广泛适用于许多患者，并在可扩展性方面相对于个性化新抗原具有巨大优势。

但现成的公共新抗原治疗的一个潜在缺点是，没有一个患者可能有一个以上公共新抗原可供靶向。同一肿瘤不同个体中新抗原种类和数量的不同，表现出明显的个体异质性。癌症通常有多个个性化的新抗原，原则上有助于组合靶向，并减轻由于克隆进化过程中抗原丢失而产生治疗抵抗的风险。因此，新抗原在肿瘤免疫治疗中的应用将趋于个性化。个体化的癌症疫苗可以单独或与其他疗法联合作用，以增加强度和持久的抗肿瘤作用，提高患者的生存率和生活质量，最终改善癌症患者的治疗结果。个体化癌症疫苗治疗癌症患者的可行性、安全性和免疫原性决定了它将是未来重要的发展趋势。在可预见的未来，个体化的癌症疫苗将使大多数患者获得精准治疗。

二、保护性新抗原、限制性新抗原及被忽视的新抗原

不同的新抗原在不同的临床环境下产生激发抗癌免疫反应的作用。有些新抗原在尚未接受过治疗的患者体内就能激发强力的抗癌免疫反应，它们通常与更好的预后相关；而另一些新抗原只有在患者接受免疫检查点抑制剂治疗之后，才能激活抗癌免疫反应（表 2-20-2）。

（一）保护性新抗原

在未接受过治疗的癌症患者中，也可自发产生针对新抗原的 CD4+ 和 CD8+ T 细胞。这些新抗原可能具有一种保护功能，它们能够在癌症临床症状尚不明显的时候介导早期的肿瘤排斥，或者降低肿瘤生长速度，抑制转移的发生，并防止原发肿瘤手术切除后的复发，即保护性新抗原（guarding neoantigens）。保护性新抗原的主要特征是在未接受过免疫疗法治疗的患者中，这些新抗原的表达就足以驱动具有临床意义的抗肿瘤免疫反应。保护性新抗原可以分为两类，第一类是强抗原新抗原，在肿瘤细胞中高度表达，而且可以与 MHC 蛋白高亲和力结合并且形成稳定复合体的新抗原。这些特征会在原位瘤出现早期就激发强力的细胞毒性 T 细胞反应，抑制原位瘤的生长和转移，直至完全表现为免疫抑制的 TME。这类抗原在人类中很难发现，关于它的最有力证据来自小鼠模型，这些肿瘤具有非常高的突变负荷。第二类保护性新抗原类型能够被已经存在的交叉反应性（cross-reactive）记忆 T 细胞识别，即幼稚 T 细胞在过去受到其他抗原的激活而生成了记忆 T 细胞，而这

表 2-20-1　在泛癌和不同肿瘤类型中最常见的共享新抗原（超过 1%）

癌种	蛋白质	突变	HLA 等位基因	频率 [1]	蛋白质	突变	频率 [2]	软件数量 [3]
Pan-cancer	BRAF	V600E	A*03:01	1.51%	BRAF	V600E	2.81%	5
BLCA	ERBB2	S310F	A*02:01	2.21%	ERBB2	S310F	4.66%	4
BRCA	PIK3CA	E545K	B*44:02	1.32%	PIK3CA	E545K	3.67%	5
CESC	PIK3CA	E545K	A*03:01	2.80%	PIK3CA	E545K	6.29%	4
COAD	KRAS	G12D	A*02:01	5.28%	KRAS	G12V	7.29%	3
GBM	EGFR	A289V	A*02:01	2.65%	EGFR	G598V	3.97%	3
HNSC	PIK3CA	E545K	B*44:02	1.21%	PIK3CA	E545K	2.63%	5
KIRP	MET	M1250T	B*51:01	1.43%	MET	M1250T	1.43%	3
LIHC	CTNNB1	S45P	A*03:01	1.40%	TP53	R249S	2.51%	5
LUAD	KRAS	G12C	A*03:01	2.15%	KRAS	G12C	3.52%	5
LUSC	PIK3CA	E545K	A*03:01	1.43%	TP53	V157F	2.66%	4
OV	TP53	R273H	A*02:01	1.31%	TP53	1195T	2.30%	3
PAAD	KRAS	G12D	A*02:01	13.86%	KRAS	G12D	22.89%	3
READ	KRAS	G12V	A*02:01	7.52%	KRAS	G12V	12.03%	4
SKCM	BRAF	V600E	A*03:01	9.87%	BRAF	V600E	19.10%	5
STAD	ERBB3	V104M	C*06:02	1.70%	TRIM49C	S327R	1.95%	5
THCA	BRAF	V600E	A*03:01	11.27%	BRAF	V600E	21.11%	5
UCEC	KRAS	G12D	A*02:01	2.46%	PIK3CA	R88Q	4.55%	3

1. 泛癌及不同肿瘤类型中最常见共享新抗原的概率。

2. 当被认为是疫苗的靶点时，泛癌和不同肿瘤类型中最常见的共享新抗原的概率。

3. 5 个软件（NetMHCPAN V2.8/V4.0、PSSMHCPAN、MHCFlurry V1.2.0 和 NetMHC-V4.0）的数量预测相同的新抗原。

BLCA：膀胱尿路上皮癌；BRCA：乳腺浸润性癌；CESC：宫颈鳞癌和宫颈内腺癌；COAD：结肠腺癌；GBM：多形性胶质母细胞瘤；HNSC：头颈部鳞状细胞癌；KIRP：肾乳头状细胞癌；LIHC：肝细胞癌；LUAD：肺腺癌；LUSC：肺鳞状细胞癌；OV：卵巢浆液性囊腺癌；PAAD：胰腺腺癌；READ：直肠腺癌；SKCM：皮肤黑色素瘤；STAD：胃腺癌；THCA：甲状腺癌；UCEC：子宫内膜癌。

表 2-20-2　新抗原按潜在功能影响分类

分类	特征	估计频率	小鼠	人	临床相关性
保护性新抗原	具有强抗原性的强新抗原，能驱动新抗原特异性细胞毒 T 细胞的早期启动和快速扩增	极其罕见	DDX5 SPTBN1	NA	初治免疫治疗宿主抗肿瘤免疫的预后相关驱动因素
	异源免疫诱导记忆 T 细胞交叉识别的新抗原	<2% 的突变	SIY	MUC16	
抑制性抗原	在初始免疫治疗宿主中具有免疫原性并诱导 PD-1 记忆 T 细胞在 ICB 下增殖和扩增的新抗原	<2% 的突变	LAMα4 整合素 β1	ATR	初治宿主由于免疫抑制导致其免疫失活 ICBs 临床疗效的主要驱动因素
被忽视的新抗原	新抗原不会在荷瘤宿主中诱导相关的免疫应答，但一旦通过疫苗接种诱导记忆效应 T 细胞，就能够驱动肿瘤免疫	所有突变的 15%~25%	KIF18B	RETSAT	对初治免疫治疗或 ICBs 治疗的宿主肿瘤控制没有影响 通过扩大新抗原疫苗接种后肿瘤特异性 T 细胞库来赋予多特异性抗肿瘤 T 细胞应答

ATR：共济失调毛细血管扩张及 RAD3 相关蛋白；DDX5：DEAD 蛋白 5；ICBs：免疫检查点抑制剂；KIF18B：类动蛋白 18B；LAMα4：层粘连蛋白亚基 α4；MUC16：黏蛋白 16；PD-1：细胞程序性死亡蛋白 1；RETSAT：全反式视黄醇 13,14-还原酶；SPTBN2：光谱蛋白 β 链，非红细胞 1（也称为 Spectrin-β2）。

些记忆 T 细胞表达的 T 细胞受体(TCR)恰好能够识别肿瘤表达的新抗原。比如,曾经被病毒、肠道微生物群或其他病原体激活的 T 细胞可能识别的某些肿瘤新抗原。由于激活记忆 T 细胞的阈值比激活幼稚 T 细胞的阈值要低 50 倍,这意味着那些因为表达水平不够高、与 MHC 亲和力不强,或无法形成稳定复合体而无法在淋巴结中激活幼稚 T 细胞的新抗原,可能激活已经存在的交叉反应性记忆 T 细胞。保护性新抗原控制着癌症的自然进展过程,并且与未接受过免疫疗法治疗的癌症患者的更好预后相关。免疫检查点抑制剂或新抗原疫苗可能进一步增强已有的 T 细胞对新抗原保护的反应。它的一个潜在缺陷是由于在癌症早期出现,可能成为癌症免疫逃逸的首要目标。

(二)限制性新抗原

并不是所有在患者中自发产生的新抗原特异性 T 细胞都能够行使杀伤癌细胞的作用。有些针对新抗原的 T 细胞只有在接受免疫检查点抑制剂治疗之后才重新被激活,这些 T 细胞识别的抗原即为限制性新抗原(restrained neoantigens)。被限制的新抗原能够激发 T 细胞反应,但其抗原性比保护性抗原的新抗原弱,而且被诱导的 T 细胞不能完全或充分扩张,肿瘤生长速度超过 T 细胞,免疫功能受到既定 TME 的抑制,其不能阻止疾病进展,可能需要进一步激活,以促进肿瘤疾病的有利进程,而这个过程可以通过 ICB 治疗实现,已有研究证明,持久的临床反应与新表位特异性 T 细胞的扩张相关。限制性新抗原仍然需要在肿瘤中高度表达,与 MHC 蛋白高亲和力结合并且构成稳定复合体,它们能够预测免疫疗法的临床效益。

(三)被忽视的新抗原

在人类癌症中,只有很少一部分突变能够生成激起自发 T 细胞反应的保护性新抗原或者限制性新抗原。大部分基因突变产生的蛋白虽然能够被 MHC 分子呈现,具有免疫原性,但引起的免疫反应绝大多数在治疗前检测不到,需要通过重新接种疫苗才能诱导临床相关的 T 细胞反应,这些抗原称为被忽视的新抗原(ignored neoantigens)。这些抗原的呈现水平不足以激活幼稚 T 细胞,但是超过激活记忆 T 细胞的阈值。已有研究显示,在小鼠中利用新一代测序发现的癌症基因突变中,15%~40% 的突变作为疫苗抗原可以激发强力的 T 细胞应答反应。癌症疫苗的作用就是让在淋巴结中驻留的树突状细胞呈递足够数量的新抗原,从而激活幼稚 T 细胞。

综合来看,保护性新抗原和限制性新抗原是个体化癌症疫苗应该包括的高度相关靶点,特别是在疾病早期治疗或辅助治疗中;被忽视的新抗原是新抗原疫苗或使用个体化 TCR-T 的细胞治疗丰富和互补的靶点来源。这三种类型的新抗原都应该被纳入包含多种新抗原的癌症疫苗中,并且在临床试验中评估不同类型新抗原的功能。由于疫苗诱导的 T 细胞上调 PD-1,即使对 ICB 单一治疗耐药或难治的患者,也可能在疫苗和 ICB 的联合治疗中获益。疫苗也可能会扩大 ICB 治疗预先存在的 T 细胞库,其中包括被忽略的新抗原。此外,通过对抗由 Treg 介导的免疫抑制机制,ICB 可以降低引发幼稚 T 细胞所需的新抗原呈递阈值,从而通过抗原扩散扩大 T 细胞应答。

三、单核苷酸变异体、核苷酸插入或删除突变和基因融合衍生新抗原

根据突变的类型,可将新抗原分为单核苷酸变异体、核苷酸插入或删除突变和基因融合衍生新抗原。

(一)单核苷酸变异体衍生新抗原

单核苷酸变异体(SNVs)代表基因组内单核苷酸的交换,是大多数癌症中最丰富的突变类型。大多数 SNVs 通过单一氨基酸替代发生非同义突变,所产生的突变肽很可能会被 MHC-Ⅰ呈递到肿瘤细胞表面。SNVs 是临床试验中新抗原预测工作的重点,可预测免疫检查点阻断的临床疗效。除了识别单个的 SNVs,一些实验研究报告了来自共同突变的新抗原,常见的癌基因突变如转移性结直肠癌患者中的 KRASG12D 和胶质瘤中的 IDH1R132H 可触发与肿瘤退化相关的抗原特异性免疫应答。然而,总的来说,体细胞癌症突变是高度个体化的,由 SNVs 产生的新抗原极少在不同患者间共享,因此限制了基于共享肿瘤新抗原的有效通用癌症疫苗的开发。

(二)核苷酸插入或删除突变衍生新抗原

核苷酸的插入和删除突变(INDELs)也可最终导致新抗原的产生。外显子区域 INDELs 的突变会导致密码子的变化,形成新的开放阅读框,并可能产生大量与自身高度不同的新抗原,因此具有更高免疫原性的可能性。INDELs 还可能引入过早停止密码子,从而导致相应无义介导的 RNA 衰变(NMD)。INDELS 候选新表位比 SNVS 候选新表位具有更好的主要组织相容性复合体(MHC)结合能力。在黑色素瘤患者中,基于 INDELs 的新抗原与 PD-1 或 CTLA-4 的 ICIs 治疗反应显著相关。

(三)染色体的基因融合衍生新抗原

融合基因可能来源于染色体内和染色体间的重排导致两个无关基因连接起来产生融合基因。大多数融合基因会产生框外转录本,这些转录本可能会产生较长的新的蛋白序列和大量的候选新抗原。一个突出的例子是 BCR-ABL1 融合基因,它存在于约 90% 的慢性粒细胞白血病(CML)患者中。实验证据支持这种共享融合的免疫原性。随着二代测序技术的发展,在各类肿瘤中发现了大量新的融合基因,包括前列腺肿瘤、头颈肿瘤等。在一个对 PD-1 阻断有反应的头颈癌患者中,尽管 SNV 负荷低,但观察到针对 DEK-AFF2 融合基因的 T 细胞反应,而其他突变类型没有导致 T 细胞反应。总的来说,基因融合是相对罕见的事件,融合基因衍生新抗原的免疫治疗效用还需进一步研究。

(四)转录组水平导致新抗原产生

转录组水平的新抗原来源包括转录本选择性剪接、RNA 编辑、编码蛋白的非编码区。蛋白组学上也可发生选择性剪接,蛋白酶体可以剪切和粘贴肽序列,然后释放与原始蛋白质序列不匹配的肽。剪接变异的选择性剪接通过一个基因表达多个 RNA 和蛋白质异构体来产生多样性和谱系特异性,并可能产生新表位序列。剪接变异衍生的新抗

原是治疗性新抗原疫苗扩展到其他具有显著可变剪接的低突变肿瘤的方式之一。

第四节　新抗原疫苗在肿瘤免疫治疗中的应用

肿瘤免疫治疗的主要目标是充分利用机体的免疫功能来杀灭肿瘤细胞,通过检测这些不同的抗原成分,利用这些抗原成分诱导机体产生抗肿瘤免疫应答,就可以达到诊断和治疗肿瘤的目的,并有可能使患者获得持久的肿瘤治疗获益。肿瘤新抗原诱导机体发生新抗原特异性T细胞应答,是实现免疫治疗临床获益的关键。从理论上讲,新抗原是理想的免疫治疗靶标。肿瘤新抗原仅存在于肿瘤细胞中而不存在于正常的组织细胞中,它们可以被宿主免疫系统识别为非自身抗原。因此可以引发真正的肿瘤特异性T细胞免疫反应。

此外,由于新抗原在正常细胞上不表达,不太可能触发自身免疫反应,避免对非肿瘤组织造成"脱靶"损伤。这些特点使得肿瘤新抗原成为基于T细胞的肿瘤免疫治疗的理想靶点,具有广泛的治疗前景和临床应用价值。随着基因组学、数据分析和癌症免疫疗法的快速发展,通过多组学方法快速地寻找到新抗原成为可能,通过合理地选择候选新抗原,并开发出基于新抗原的个体化肿瘤疫苗和T细胞过继免疫治疗方法,能够针对个体肿瘤新抗原产生免疫应答,成为癌症免疫治疗的又一条新途径。

近年来,免疫疗法迅速发展,成为手术、化疗和放疗之外的成熟肿瘤治疗策略。新的抗原在肿瘤免疫治疗中起着关键作用。随着高通量组学的广泛应用和新抗原预测技术的发展,新抗原的鉴定、筛选和鉴定加速了肿瘤患者个体化免疫治疗的发展,基于新抗原的免疫治疗成为新的研究热点。

免疫疗法一般分为两类:主动免疫疗法和被动免疫疗法。主动免疫疗法主要是癌症疫苗,被动免疫治疗主要包括过继细胞疗法、溶瘤病毒和单克隆抗体等。目前,针对肿瘤新抗原的两种主要免疫治疗方法是基于新抗原的肿瘤疫苗和基于新抗原的T细胞过继转移治疗(ACT)。同时,采用基于新抗原疫苗联合ICBs或其他疗法的联合方案正在进行临床前或临床研究中,以期减少ICBs诱导的免疫耐受,最大限度地提高抗肿瘤免疫活性。

一、新抗原疫苗制备流程

以新抗原为靶点的肿瘤疫苗旨在激发和扩增体内对新抗原特异性的T细胞,以增强患者的抗肿瘤免疫功能。以新抗原为靶点的肿瘤疫苗基于高通量测序或质谱分析进行筛选,能有效激活抗肿瘤免疫反应,且安全性较好。因此,基于新抗原的肿瘤疫苗研究迅速成为近年来肿瘤研究的热点之一。肿瘤新抗原疫苗有多种形式,包括合成多肽(SLP)疫苗、树突状细胞(DC)疫苗、核酸(DNA/mRNA)疫苗等。

新抗原疫苗的制备流程大致如下:①确定新抗原。通过测序技术分离患者肿瘤组织/细胞和正常组织/细胞,并进行全基因组/全外显子测序,以确定突变抗原,即新抗原。②预测包含突变位点的氨基酸序列是否具有免疫原性,并建立新抗原表位数据集。③进行体外免疫学实验(如ELISPOT、细胞杀伤实验),以验证具有免疫原性的新抗原表位。④抗原表位多肽的合成,表位库的制备。⑤利用佐剂乳化多肽制备成多肽疫苗,或从患者PBMC中分离培养DC,多肽库体外负载DC,制备成DC疫苗;或进一步在体外刺激生成CTL。⑥疫苗回输(皮下/静脉)。⑦疫苗免疫原性及疗效监测(图2-20-3)。

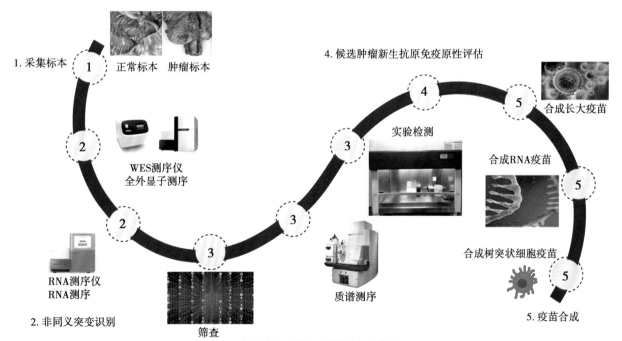

图 2-20-3　新抗原疫苗的制备流程

二、基于新抗原的治疗性疫苗

新抗原疫苗具有可行性高、安全性高、生产工艺简单等优点,是激发、增强和多样化抗肿瘤 T 细胞免疫应答的有效途径。不同形式的基于新抗原的疫苗(如多肽、核酸和 DC 疫苗)正在不同类型的肿瘤患者的临床试验中进行评估,多项研究证实了新抗原靶向肿瘤疫苗对多种肿瘤模型的有效性和可行性(表 2-20-3)。目前的多肽和核酸疫苗主要针对来自体细胞突变的预测新抗原,包括 SNV、移码 INDELs 和基因融合。DC 疫苗既可以通过与合成多肽或核酸脉冲作用来针对选定的新抗原,也可以通过引入全细胞裂解物(WCL)来针对整个 TSA。

(一)合成多肽疫苗

目前,基于合成多肽的新抗原疫苗已在多个临床试验中得到应用,一些临床试验已经显现出多肽肿瘤新抗原疫苗的抗肿瘤效力。新抗原肽可以生产为基因编码的长肽或融合的多肽和化学合成的短肽。多肽经过亲和层析、尺寸排阻层析(SEC)或高压液相色谱(HPLC),获得纯度为 >98% 的无菌、无内毒素的产品。经 MS 验证后,这些多肽与适当的佐剂混合用于皮下注射免疫。NeoVax 是一种针对黑色素瘤患者的个体化新抗原肽疫苗,在一项 I 期临床试验中(NCT01970358),选择经病理证实为 ⅢB/C 和

ⅣM1a/b 期高危黑色素瘤患者,术后中位数 18 周后接受 NeoVax 治疗。以 20 种新抗原为靶点的个体化肽疫苗由聚 ICLC 配制而成,聚 ICLC 是一种合成的双链 RNA(dsRNA)模拟物,可刺激 TLR3 和 MDA5。通过刺激 MDA5,Poly-ICLC 可有效诱导 IFN-Ⅰ和 IL-15。它还可促进 T 细胞扩增和增强 T 细胞浸润,使其成为肽癌疫苗的有效佐剂。

2017 年 7 月,在同一期 *Nature* 上,来自哈佛大学 Dana-Farber 癌症中心和德国美因茨大学的两个团队分别发表论文,报道了针对黑色素瘤的"个体化疫苗"临床试验。尽管两个团队所制备的疫苗类型及其方法不同,但均取得了重大突破,证实了新抗原疫苗能使黑色素瘤患者治疗获益。哈佛大学的 Ott 等通过 WES 方法,获得 6 例黑色素瘤患者的肿瘤细胞和正常细胞的 DNA 信息,确定体细胞突变位点;通过对肿瘤细胞进行 RNA-seq 来预测并验证突变等位基因的表达,进而预测哪些突变多肽可以结合患者自体 HLA-A 或 HLA-B。根据一种特定肽对每例患者中 MHC 分子的预测亲和力,为每位患者合成了包括 13~20 种不同的含有新抗原的合成长肽疫苗 NeoVax,分别靶向相应新抗原表位。然后在 6 例有高复发风险的黑色素瘤患者身上开展了临床试验。将 NeoVax 经皮下注射到 6 例黑色素瘤患者体内,共注射 7 剂疫苗;这些肽在患者体内被释放,从而使 T 细胞产生抗癌免疫反应。结果显示,该疫苗是安全的,在

表 2-20-3　目前正在开展的基于新抗原的肿瘤疫苗临床研究

干预措施	NCT 编号	阶段	状态	肿瘤类型	联合用药
新抗原疫苗	NCT03558945	I	招募中	胰腺癌	无
新抗原疫苗	NCT03359239	I	招募中	尿路/膀胱癌	阿替利珠单抗
新抗原疫苗	NCT03645148	I	招募中	胰腺癌	GM-CSF
多肽疫苗	NCT03558945	II	未招募	TNBC	白蛋白紫杉醇,度伐利尤单抗
多肽疫苗	NCT03929029	I	未招募	黑色素瘤	纳武利尤单抗,伊匹木单抗
多肽疫苗	NCT03715985	I	招募中	实体瘤	无
多肽疫苗	NCT01970358	I	已启动,未招募	黑色素瘤	无
多肽疫苗	NCT03639714	I/II	招募中	实体瘤	纳武利尤单抗,伊匹木单抗
多肽疫苗	NCT03956056	I	未招募	胰腺癌	辅助化疗
多肽疫苗	NCT02287428	I	已启动,未招募	胶质瘤	放疗
多肽疫苗	NCT02950766	I	招募中	肾癌	伊匹木单抗
多肽疫苗	NCT03219450	I	未招募	淋巴细胞白血病	环磷酰胺
多肽疫苗	NCT03422094	I	招募中	胶质瘤	纳武利尤单抗,伊匹木单抗
DC 疫苗	NCT03871205	I	未招募	肺癌	无
DC 疫苗	NCT02956551	I	招募中	NSCLC	无
DC 疫苗	NCT03674073	I	招募中	肝细胞癌	微波消融
DC 疫苗	NCT03300843	II	招募中	实体瘤	无
RNA 疫苗	NCT03480152	I/II	招募中	实体瘤	无
DNA 疫苗	NCT03532217	I	招募中	前列腺癌	纳武利尤单抗,伊匹木单抗
DNA 疫苗	NCT03122106	I	招募中	胰腺癌	辅助化疗
DNA 疫苗	NCT03199040	I	招募中	TNBC	度伐利尤单抗

随访期间（25 个月）没有发现意外的毒性作用。在这 6 例患者中，其中 4 例患者在接种疫苗后 25 个月内没有肿瘤复发，2 例患者出现疾病进展，但使用抗 PD-1 治疗后获得完全缓解。在所有使用的 97 个新抗原表位中，58（60%）个可诱导出特异性 CD4⁺T 细胞反应，15（16%）个可诱导出特异性 CD8⁺T 细胞反应。

2021 年，作者更新了该研究的最新进展，结果显示，8 例晚期黑色素瘤、手术后有高复发风险的患者，在接受个性化的癌症疫苗治疗后，由疫苗引发的新抗原特异性 T 细胞反应的长期持续存在，已经持续超 4 年（56 个月），8 例患者的病情目前均无进展。观察到记忆性新抗原特异性 T 细胞，并且拥有多种 T 细胞受体克隆型，表现出不同的功能亲和力。

（二）树突状细胞疫苗

像 DC 一样，APCs 不断向免疫系统递送抗原，使其成为传递新抗原的有效平台。自体 DC 可以从患者身上分离并暴露于新抗原，然后再将其注射回患者体内，以激发新抗原特异性免疫反应。体外负载肿瘤抗原的血液分离的单核细胞或造血祖细胞有效地提高了基于新抗原的疫苗抗肿瘤效果。负载新抗原的 DC 疫苗可以扩大抗肿瘤免疫的抗原广度和克隆多样性。

2015 年，Carreno 首次报道了新抗原疫苗的 Ⅰ 期临床试验（NCT00683670）。该研究入组了 3 例 Ⅲ 期黑色素瘤患者，利用全外显子测序从 3 例 Ⅲ 期黑色素瘤患者不同部位的肿瘤组织分析出错义突变，预测并鉴定出 7 个与 HLA-A* 02:01 结合分数高的新抗原表位，用这些抗原刺激 DC 制备 DC 疫苗。结果显示，首次 DC 输注后 2 周检测到强烈的新抗原 T 细胞免疫应答，8~9 周达顶峰；并且四聚体染色法在疫苗输注后的患者中检测到新抗原特异性 CD8⁺T 细胞，而在最后一次 DC 输注后 4 个月仍可检测到记忆性 T 细胞。该研究证实新抗原多肽刺激 DC 能够诱导黑色素瘤患者产生新抗原特异性 T 细胞反应，然而，该项研究并未评价 DC 疫苗对 3 例患者治疗的临床疗效。多项临床试验正在研究个性化新抗原 DC 疫苗对实体肿瘤，如黑色素瘤、膀胱癌、结直肠癌、食管癌、乳腺癌、卵巢癌、胰腺癌、肝细胞癌、肺癌和胃癌的有效性和安全性。

DC 可通过多种技术负载新抗原，包括自体肿瘤的完整 mRNA 脉冲、合成肽脉冲和自体全肿瘤裂解物（WTL）脉冲，以及与肿瘤细胞融合的脉冲。mRNA 转染是 DC 产生新抗原最简单的方法。除了引入新的抗原，mRNA 电穿孔还可以向 DC 输送功能蛋白，提供额外的激活和成熟信号。全肿瘤 mRNA 转基因的 DC 疫苗在体外诱导 T 细胞反应，并提高晚期黑色素瘤免疫应答者的生存（NCT01278940）。全肿瘤 mRNA 负载的 DC 疫苗还能诱导新抗原特异性的 T 细胞反应，在多种肿瘤的患者中表现出安全性，包括黑色素瘤、肾癌、前列腺癌、子宫和卵巢癌、结直肠癌、胰腺癌、多发性骨髓瘤和 AML。

用合成肽直接脉冲是另一种简单的技术，可以将新抗原衍生的表位负载到 DC 上，从而诱导必要的免疫反应。这种方法需要准确地识别和预测个体中现有的合适表位，

然后将这些表位合成多肽甚至全长蛋白质，以适当地触发患者 DC 上的 HLA 呈递。在几项临床试验中，个性化的新抗原肽冲击的 DC 已被测试用于治疗癌症，包括黑色素瘤、卵巢癌、非小细胞肺癌和胰腺癌。用合成的长肽和佐剂 Poly（Ⅰ:C）脉冲的 DC 拓宽了黑色素瘤中新抗原特异性 T 淋巴细胞的广度和多样性。80% 的肺泡型横纹肌肉瘤中的 t（2;13）易位导致 PAX-FKHR 融合蛋白被内源性加工产生由 HLA-B7 呈递的断点表位。用 PAX-FKHR 新抗原 SPQNSIRHNL 融合多肽刺激 DC 产生特异性 CTL 效应，导致横纹肌肉瘤细胞溶解。经 AR 和 ESFT 融合的新抗原特异性断点肽（包括 EWS/FLI-1、EWS/FLI-2、PAX3/FKHR 和 rhIL-2 处理的自体淋巴细胞）脉冲的 DC 回输给患者，该方案对融合断点多肽产生了 39% 的免疫应答。个性化新抗原多肽脉冲的自体 DC 疫苗也结合化疗或 ICBs 治疗晚期肺癌和胰腺癌（NCT05195619、NCT04627246、NCT02956551）。

自体 WTL 脉冲的 DC 在诱导广泛的抗肿瘤免疫方面是安全有效的，这已经在各种恶性肿瘤中得到了广泛研究。在复发的卵巢癌患者中，氧化 WTL 脉冲的自体 DC 耐受性良好，并能激发强大的抗肿瘤 T 细胞反应。该疫苗可以放大针对来自体细胞突变的新表位的 T 细胞反应，包括针对新型新表位的 T 细胞克隆和针对已知新表位的亲和力显著更高的克隆。此外，新抗原可以通过电融合技术负载到 DC 中，只融合两种细胞类型的细胞质而不损害细胞核，从而维持这些细胞的细胞功能。除了表达肿瘤抗原，融合细胞还增强了 DC 的共刺激能力。DC-肿瘤细胞融合疫苗已在肾癌、乳腺癌、多发性骨髓瘤和黑色素瘤中进行了测试。在肾癌患者中，融合细胞诱导肿瘤特异性免疫反应和疾病消退。总的来说，这些临床前和临床研究证明，基于新抗原的 DC 疫苗可以诱导肿瘤特异性 T 细胞反应，提供一种可行、安全和有效的实体肿瘤免疫治疗方法。

（三）核酸疫苗

与多肽疫苗一样，核酸疫苗，如 RNA 和 DNA 疫苗，也具有低成本和非 HLA 特异性的优势。核酸疫苗可以在一次接种中传递多个肿瘤新抗原，触发细胞和体液抗肿瘤免疫反应。

1. mRNA 技术用于肿瘤的临床治疗——mRNA 疫苗 目前，mRNA 技术已广泛应用于肿瘤的临床治疗、传染病的预防和蛋白质编码治疗。mRNA 疫苗因其安全、高效、快速和低成本工业化生产，以及能够编码全部抗原而具有相当大的抗肿瘤潜力。目前，体外转录（IVT）是用于产生包含新抗原序列 mRNA 的主要方法。IVT 后，在 mRNA 上增加帽子结构，以增加其稳定性，降低其免疫原性。经过 SEC 或切向流过滤（TFF）纯化后，选择合适的递送系统（如脂质体和聚合物）将 mRNA 导入细胞和组织中翻译目标新抗原，从而激活免疫反应。基于肿瘤特异性新抗原的个性化 mRNA 疫苗由于缺乏中枢免疫耐受而比共享的肿瘤相关自身抗原诱导更有效的免疫反应。例如，在 13 例可评估的黑色素瘤患者中，新抗原特异性 mRNA 疫苗激活了几个新表位特异性的 CD4⁺ 和 CD8⁺T 细胞，极大地降低了复

发的累积发生率，并导致持续的无进展生存。mRNA-4650疫苗包含明确的新抗原、来自驱动基因突变的新抗原和预测的 HLA-Ⅰ表位，可同时激发 CD8$^+$ 和 CD4$^+$T 细胞反应，优先选择 CD4$^+$T 细胞反应，没有严重副作用。个性化的 mRNA-4157 和 BNT122 疫苗的临床研究目前正在进行中。mRNA-4157 单药治疗或与 PD-1 抑制剂联合使用具有良好的耐受性，并在临床试验中诱导新抗原特异性 T 细胞反应（NCT03313778、NCT03897881）。在三阴性乳腺癌（TNBC）患者中进行的一项 RNA 疫苗Ⅰ期试验（NCT02316457）显示出高度有效的多表位 T 细胞反应，增加了手术和（新）辅助化疗后 TNBC 患者的临床收益。此外，BioNTech 还探索了 RO7198457 疫苗与 PD-L1 抗体联合治疗各种实体肿瘤，包括黑色素瘤、NSCLC 和结直肠癌。

2. mRNA 编码的新抗原疫苗　与多肽疫苗相比，mRNA 编码的新抗原疫苗可能提供适当但更有效的免疫原性反应和治疗效果。这种优势可能源于 mRNA 作为蛋白质合成模板的生物学功能。mRNA 疫苗能够在人体内对蛋白质产物进行翻译后修饰，这有可能呈现各种表位，而不受特定的 HLA 类型的限制。此外，许多新抗原表位可以整合到同一主干中，产生无数新抗原，这些新抗原既可以作为独立的分子存在，也可以作为一系列多编码序列存在。开发的基于 RNA 的多新表位方法就是一个这样的例子。每个患者选择的 10 个突变被改造成 2 个合成的药理优化的 RNA 分子，每个分子编码 5 个接头连接的 27mer 肽（NCT02035956）。还有临床试验中的个性化癌症疫苗，包括 mRNA-4157 和 mRNA-4650，其含有一个可编码多达 30 种不同新抗原的 mRNA 骨架。因此，mRNA 疫苗可以表达来自患者自身肿瘤的各种新抗原，产生更强的免疫反应。

在体内有效地应用 mRNA 疫苗，需要保持 mRNA 的稳定性和 mRNA 在细胞内的有效分布。由于 RNA 本质上不稳定，早期的尝试主要集中在它的稳定性上。5′帽结构、3′ ploy（A）尾的长度和非翻译区（UTR）的调控元件都已为此目的进行了优化。体内有效的 mRNA 治疗也需要有效的细胞内递送。脂类、钙和磷酸盐纳米制剂是一种保护 RNA 免受细胞外核糖核酸酶影响的方法，从而提高了递送效率和免疫原性。基于 LNP-mRNA 制剂的几种个性化癌症疫苗的临床研究已经启动。LNP 制剂的 mRNA-4157 和 mRNA-4650 疫苗单独用于原发实体瘤患者或与 PD-1 抑制剂（NCT03313778、NCT03897881、NCT03480152）联合使用。先进的 RNA-Lipoplex 制剂在全身 DC 靶向和同步诱导高效适应性和先天性免疫反应（NCT02410733、NCT023457）方面的优势已被开发和探索作为治疗性癌症疫苗。

另一个值得注意的是与肿瘤相关的给药途径。在同基因肿瘤模型中，静脉给药比皮内或皮下注射更可取，可诱导更高水平的 T 细胞应答。给药途径决定了 IFN 对 mRNA-Lipoplex 疫苗诱导的 T 细胞应答的拮抗作用。当 mRNA-Lipoplex 疫苗皮下注射时，IFN 信号会抑制抗原特异的 T 细胞反应；反之，静脉注射时会增加 T 细胞反应。静脉注射已广泛用于临床给药，可将 mRNA 疫苗直接输送到肿瘤内注射不可及的恶性肿瘤或那些无法到达淋巴结的肿瘤（NCT03897881、

NCT03480152、NCT03908671 和 NCT03948763）。总之，基于新抗原的 mRNA 疫苗受益于保持其稳定性和提高递送效率的方法。

3. DNA 疫苗是一个多功能平台　与 RNA 和多肽疫苗相比，DNA 疫苗是一个多功能平台，具有许多优点，例如能够适应任何序列而不影响其稳定性或溶解性，以低成本快速工业化生产，无须复杂的冷链程序即可轻松储存。编码所预测新抗原的 DNA 序列被构建到合适的表达载体中，并在原核细胞中进行扩增和纯化。然后通过肌内或皮下注射结合电穿孔将质粒 DNA 引入细胞或组织，其中新抗原表达以诱导免疫反应。DNA 疫苗在增强免疫方面也有显著的优势，包括通过抗原诱导的 CD4$^+$ 和 CD8$^+$T 细胞反应激活体液免疫，以及通过识别双链 DNA 结构刺激先天性免疫反应。合理选择肿瘤特异性新抗原可以扩大免疫反应范围，克服抗原丢失、修饰和耐受等问题，从而提高 DNA 疫苗的免疫原性。基于多表位肿瘤抗原的 DNA 疫苗在乳腺癌 E0771 或 4T1 的荷瘤小鼠身上诱导出类似于多肽疫苗的治疗性抗肿瘤反应。将治疗性 DNA 疫苗和抗 PD-1 治疗相结合，能协同控制小鼠肿瘤的生长。

一种优化的多表位新抗原 DNA 疫苗编码与突变泛素相关的长表位与 ICBs 疗法联合使用，也能在胰腺神经内分泌肿瘤患者中诱导出强大的新抗原特异性免疫反应。目前有大量基于新抗原的 DNA 疫苗对实体瘤进行临床试验，包括 TNBC、晚期小细胞肺癌、胶质母细胞瘤、胰腺癌和小儿复发性脑肿瘤。尽管个性化的 mRNA 和 DNA 疫苗的疗效和成功率不如 ICBs 和 T 细胞疗法，但核酸肿瘤疫苗的配方和制备仍取得巨大的改进，这将进一步加快基于新抗原的个性化核酸疫苗在癌症患者中的临床应用。

第五节　基于新抗原的过继细胞疗法和其他疗法

一、基于新抗原的过继细胞疗法

具有高免疫原性的新抗原为 ACT 提供了极好的靶点，ACT 使用患者自己天然存在的或基因工程的抗肿瘤淋巴细胞。基于新抗原的过继细胞疗法，包括 TIL 和具有新型 TCR 或 CAR 的基因工程免疫细胞，目前已成功地用于多种恶性肿瘤的治疗。

（一）TIL 的过继转移

50 多年前，人们就发现 CD8$^+$T 淋巴细胞具有识别和清除癌细胞的能力。已经证明，过继转移体外扩增的自体 TIL 而不经基因修饰，可以诱导某些人类癌症的完全缓解。这些 TIL 是从患者身上提取的，在特定情况下扩增，并准备增强其抗癌活性。然后，将该细胞产物回输给同一患者，这些患者之前接受过非清髓性淋巴清除化疗和随后的细胞因子治疗（如 IL-2），从而刺激了强大的抗肿瘤免疫反应。

1. TIL 对新抗原具有丰富的特异性　在实现完全和持久的肿瘤消退方面优于未选择的 TIL。与肿瘤抗原特异性 TCR 的低亲和力相比，大多数新抗原特异性 TCR 表现出显

著更高的亲和力，甚至对相对较低水平表达的同源抗原也表现出更高的亲和力。即使是少量与肿瘤特异性新抗原几乎没有亲和力的 T 淋巴细胞，也可以通过适当的制造工艺来扩展用于治疗的应用。过继转移富含新抗原靶向 T 细胞的 TIL 是一种很有前途的治疗策略，即使对于突变负担较低的肿瘤也是如此。

新抗原反应性 TIL 介导了上皮性癌的显著消退，包括晚期乳腺癌、转移性胆管癌、结直肠癌、黑色素瘤和宫颈癌。在上皮性癌新抗原反应性 T 细胞的最早前瞻性研究中，低 TMB 的转移性胆管癌患者显示肿瘤有效消退长达 35 个月，首次提供了新抗原靶向 TIL 可以诱导转移性上皮癌消退的具体证据。对输注产物的回顾分析表明，CD4⁺T 辅助细胞对 ERBB2IP 突变有反应，表明新抗原特异性的 CD4⁺T 细胞在控制转移性上皮癌方面具有潜在功能。转移性胃肠癌患者的 TIL 中有 CD4⁺和/或 CD8⁺T 细胞识别的由体细胞肿瘤突变产生的新抗原。尽管这些患者没有共同的免疫原性表位，但 CD8⁺TIL 可以靶向许多患者中普遍存在的热点驱动突变 KRAS-G12D。类似地，在转移性结直肠癌患者中，针对 KRAS-G12D 突变的 CD8⁺TIL 诱导了针对表达 HLA-C*08：02 的肺转移的有效抗肿瘤免疫反应。新抗原反应性 T 细胞的潜在抗肿瘤作用也得到了实体瘤患者 TIL 产品输注研究的支持。HPV16⁺转移性宫颈鳞癌患者对根据其对 HPV 抗原的敏感性和大剂量 IL-2 选择的 TIL 完全有效，后续研究发现，近 35% 的 TIL 可以识别肿瘤突变产生的抗原，而病毒抗原反应性 TIL 的这一比例为 14%，这表明个性化的新抗原反应性 CD8⁺T 细胞负责肿瘤消退。

2. TIL 已被广泛用于难治性转移性恶性肿瘤　TIL 已被用于治疗对当前疗法无效的转移性恶性肿瘤患者。靶向 CTSB、CADPS2、KIAA0368 和 SLC3A2 四个基因的特定突变的 TIL 过继转移，与 IL-2 和 pembrolizumab 一起，导致化疗难治的 HR+转移性乳腺癌完全持久地消退。对现有疗法无效的转移性黑色素瘤患者，在接受全身放疗或化疗后，自体 TIL 转移及 IL-2 的客观缓解率可达 50%~70%。转移性非小细胞肺癌且对抗 PD-1 治疗无效的患者显示出联合使用 TIL、IL-2 及抗 PD-1 的免疫治疗的临床应答（NCT03215810、NCT04032847）。总之，这些研究提供了强有力的证据，证明新抗原反应性 T 细胞可改善对当前治疗耐药的上皮性癌症的临床预后。

3. TIL 对新抗原覆盖的频率和广度是决定疗效的关键　TIL 的频率和广度决定抗肿瘤治疗的疗效。肿瘤反应性 TIL 的数量和质量在不同癌症中是变量，与抗肿瘤免疫反应具有复杂的相关性。例如，肿瘤反应性 TIL 仅限于少数细胞，因为在卵巢癌和结直肠癌中，只有约 10% 的 CD8⁺T 细胞可以识别自体 TSA，在一些存在 TIL 的患者中甚至没有发现肿瘤反应性 TCR。相比之下，在转移性乳腺癌、胃肠癌和非小细胞肺癌患者的输注产品中检测到了新抗原反应性 TIL。因此，评估肿瘤内 T 细胞库的比例及其识别自体肿瘤的能力，对于预测人类癌症免疫治疗的临床活性至关重要。人 CD8⁺TIL 可以识别除肿瘤抗原以外的多种表位（如病毒抗原）形成旁观者 T 细胞，可能作为效应细

胞浸润到组织中。在不同的特征和表型下，新抗原特异性 TIL 通常表现出比血液移居的旁观者和调节性 TIL 更强的抗肿瘤活性和肿瘤特异性扩增。CD39 是 T 细胞对肿瘤的反应性和 T 细胞耗竭的标志，可用于识别多种恶性肿瘤中的肿瘤反应性 T 细胞。

4. CD8⁺TIL 具有与肿瘤特异性细胞重叠的特征　在肿瘤部位缺乏 CD39 的表达和持续抗原刺激的迹象情况下，CD8⁺TIL 中 CD39 的表达频率与几个重要的临床参数，如突变负担和存活率相关。因此，CD39 可能是评估癌症免疫治疗预后的一个有前途的指标。CD39 的表达也可以作为鉴定、分离和扩增肿瘤反应性 T 细胞的生物标志物。使用转录组和表位的细胞索引（CITE-seq）和基于特征（如 CD39 和 CXCL13 的表达）的 TCR 测序，在非小细胞肺癌 TIL 中可以鉴定出新的抗原反应性 TCR，CD8⁺和 CD4⁺T 细胞的成功率分别为 45% 和 66%。基于 CD39 表达的干细胞样、自我再生和肿瘤特异性 TIL 的免疫磁性细胞分选，将使小鼠的中位生存期提高 60%。总的来说，共同优化肿瘤特异性 TCR 库的质量将提高 ACT 的治疗效力。

5. TIL 中 T 细胞的内在特征影响新抗原导向 ACT 的效率　T 细胞的内在特征，包括表型、亲和力和持久性，也影响新抗原导向 ACT 的效率。对 TIL 产物的高维分析鉴定出两个 CD8⁺T 细胞群体：一个具有记忆祖细胞 CD39 阴性干细胞样表型 CD39⁻CD69⁻，另一个具有高度分化的耗竭 CD39 阳性状态（CD39⁺CD69⁺）。TIL 持续暴露于瘤内微环境中的抗原后，其表型明显向耗竭细胞状态（PD-1⁺CD39⁺）转变，近年来发现，伴随着 CD8⁺T 细胞活性的逐渐丧失和 PD-1 等抑制性受体的过度表达，PD-1⁺CD8⁺T 细胞保留了分化较少的干细胞样 TIL 亚群，具有自我更新、扩增、持续、终末分化和体内优越的抗肿瘤活性。与 ACT 无应答者相比，ACT 应答者具有干细胞样新抗原反应性 TIL 的库，其大量扩增并提供分化的亚群，促进 T 细胞的持久性和长期的肿瘤控制。与其耗竭状态一致，祖细胞耗竭细胞相对于真正的中央记忆细胞表现出对中心记忆特征的不足的富集，与从效应记忆产生的 T 细胞相比，来自中央记忆群体的 T 细胞表现出更强的抗原复制潜力和更长的体内持久性。通过分离和扩增理想的具有记忆表型的新抗原特异性 T 细胞，使 T 细胞具有干细胞样特性，用癌症疫苗增强肿瘤外的记忆特异性，从而解除 TIL 衰竭的纠缠，可以为创建更有效的基于 T 细胞的免疫疗法铺平道路。

（二）基因工程抗肿瘤免疫细胞

免疫细胞，包括 T 细胞、NK 细胞和巨噬细胞，可以在体外进行基因改造，以产生 TCR 和 CAR，从而将其特异性重新定向到新抗原。由于肿瘤特异性体细胞突变编码的肿瘤新抗原在 ACT 治疗中已成为 CD8⁺和 CD4⁺T 细胞的主要抗原靶点，且没有针对正常组织的毒性，因此基于新抗原的免疫细胞的快速发展在实体肿瘤的治疗中具有良好的效果。一些新抗原靶向的 TCR-T 和 CAR-T 细胞治疗正在早期临床中积极研究，显示出诱人的治疗前景。

1. TCR-T 细胞　TCR 转导的 T 细胞可以靶向任何表面或细胞内的抗原。几个小组已经证明了从新抗原鉴定

到设计新抗原靶向细胞毒性 TCR-T 细胞的有效方法的可行性。当新抗原被识别和预测时,分离新表位特异性 T 细胞并对其 TCR 进行测序。具有已知新抗原反应性的候选 TCR 序列可以通过转座子或 CRISPR/Cas9 系统导入 T 细胞。这些表达新抗原特异性 TCR 的工程细胞在验证了它们的肿瘤活性后被注入患者体内。

经过改造的高亲和力 TCR 使 CD8$^+$T 细胞对含有新抗原的肿瘤具有特异性的细胞毒作用。针对复发融合基因 CBFB-MYH11 的 TCR 赋予 CD8$^+$T 细胞在体外和融合基因驱动的 AML 患者来源的小鼠异种移植(PDX)模型中的抗白血病活性。类似地,用 TCR 转导的外周血淋巴细胞对突变的 KRAS 变体 G12V 和 G12D 高度反应,可以在 PDX 模型中识别多个携带适当 KRAS 突变的 HLA-A*11:01 胰腺细胞系。转导了对突变的 KRAS 变体 G12V 和 G12D 高度反应的 TCR 的外周血淋巴细胞,可以识别多个携带适当 KRAS 突变的 HLA-A*11:01 胰腺细胞系。在晚期胰腺癌患者的临床试验中研究了经工程设计表达 TCR 的自体 T 细胞的安全性和有效性,特别是针对 HLA-A*11:01 呈递的公共新抗原 KRAS-G12V 或 G12D(NCT04146298、NCT05438667)。此外,与个性化新抗原特异性 TCR 一起设计的自体 T 细胞也被用于实体肿瘤,如卵巢癌、肺癌、结直肠癌、胰腺癌、胆管癌和妇科癌症(NCT05292859、NCT05194735、NCT04520711)。

在 TCR-T 治疗中,用新抗原特异性 TCR(neoTCR)代替内源性 TCR,可以准确地将 T 细胞重定向到由 HLA 呈递的特异性新抗原的肿瘤细胞。最近开发的非病毒精确基因组编辑技术可以同时敲除内源性 TCR 或 CAR 基因并引入 neoTCR 或 CAR,从而更快地生产临床级别的 T 细胞。基于这种非病毒精确 TCR 替换技术,可以为一个患者提供多种具有明显个性化的 neoTCR 的 T 细胞产品,以提高抗肿瘤效果。16 例难治性实体癌患者接受了 3 种具有独特个性化 neoTCR 的 TCR-T 细胞产品,其中 5 例患者病情稳定,其余 11 例患者病情进展对治疗反应最佳。因此,基于这种非病毒精准 TCR 替代方法,为实体肿瘤患者创建一种广泛适用的、肿瘤特异性的、量身定制的 T 细胞治疗方案是可行和安全的。

2. CAR-T 细胞　与 TCR-T 细胞相比,CAR-T 细胞方法具有显著的优势,因为它们不依赖于 HLA 的表达和新抗原提呈,而这些表达和提呈通常被癌细胞用于免疫逃避。CAR 分子的工程表达包含一个细胞内信号和共信号结构域,以及细胞外抗原结合域,使 CAR-T 细胞能够结合任何有抗体的细胞表面蛋白,然后激活不依赖于 MHC 的 CAR-T 细胞。使用 CD19 靶向 CAR-T 细胞治疗 B 细胞恶性肿瘤患者的早期临床试验显示了出色的结果,而用于治疗实体癌患者的 CAR-T 细胞由于抗原性有限而显示出较差的结果。肿瘤新抗原启发了创造性的解决方案,并给了实体肿瘤患者 CAR-T 细胞治疗的希望。适合 CAR-T 的肿瘤特异性表面新抗原的数量有限,可以通过整合识别肿瘤表面新抗原 pMHC 复合体的单链可变区(scFv)来克服。具有识别癌基因核磷蛋白(NPM1c)表位-HLA-A2 复

合体的 scFv 的 CAR-T 细胞对 NPM1c+HLA-A2+白血病细胞和 AML 细胞具有很强的细胞毒作用,没有或最小的 on-target/off-tumor 毒性。

重新定向到新抗原的 CAR-T 细胞正在血液学测试,实体瘤正在临床试验中进行测试。实体肿瘤中基于新抗原的 CAR-T 细胞治疗最著名的例子是来自 EGFRvⅢ突变的新抗原,它是由 30% 的胶质母细胞瘤患者中的一段自发的胞外区域框内缺失引起的,使其成为 CAR-T 细胞治疗的理想靶点。可以识别 EGFRvⅢ新抗原的 CAR 已被创建为慢病毒载体的一部分,并加入了缺失配体结合域和细胞质激酶域的截短的 EGFR,以用于体内示踪和必要的 CAR-T 细胞的消融。人 EGFRvⅢ+异种皮下和原位模型显示,EGFRvⅢ导向的 CAR-T 细胞可以控制肿瘤的生长。在另一项针对复发性胶质母细胞瘤患者的试点项目中测试了自体抗 EGFRvⅢ CAR-T 细胞的安全性和有效性(NCT02844062)。然而,由于胶质母细胞瘤的高度异质性,靶向 EGFRvⅢ只会杀死一小部分肿瘤细胞。

即使抗原是不完全特异的,也可以在 CAR-T 细胞中使用 Boolean 逻辑门,通过启动肿瘤特异性新抗原来提高肿瘤识别的特异性,并通过靶向肿瘤统一表达的抗原来提高肿瘤细胞的清除效率。T 细胞可以产生针对肿瘤普遍表达的抗原的 CAR,比如 EphA2 和 IL13R2,在被高度肿瘤特异性的新抗原(如 EGFRvⅢ)激活并经训练后,可以进行彻底的肿瘤摧毁。此外,合成 Notch(synNotch)调节的 CAR 激活保持了相当大比例的 T 细胞处于幼稚/干细胞记忆状态,从而提高了抗肿瘤免疫力。在携带有 EGFRvⅢ异质性表达的脑内 PDX 的免疫缺陷动物中,EGFRvⅢ synNotch CAR-T 细胞在抗肿瘤活性和 T 细胞持久性方面优于传统的组成性表达的 CAR-T 细胞,而不会造成 off-tumor 损害。带有启动和杀灭回路的 T 细胞诱导 CAR 驱动的细胞毒作用,这种细胞毒作用在空间上仅限于启动细胞的附近,从而防止携带杀伤性抗原但缺乏启动抗原的远程正常组织的 off-tumor 杀伤。

3. CAR-NK 细胞　除了 T 细胞,NK 细胞也可以被改造,从而表达 CAR。NK 细胞具有与 CD8$^+$细胞毒性 T 细胞相同的功能,但它们不依赖于 MHC-Ⅰ介导的肿瘤新抗原呈递。因此,CAR-NK 细胞具有针对突变负荷极低且缺乏新抗原提呈的肿瘤进行免疫治疗的潜力。用新表位特异性 CAR 武装 NK 细胞可显著改善其对 NPM1 突变 AML 的抗肿瘤反应,而不会引起脱靶毒性。此外,NK 细胞通过释放 GM-CSF 进一步启动 DC 成熟和新抗原呈递,并通过产生 CCL5 来招募新抗原特异性 CCR5$^+$CD8$^+$T 细胞。因此,由于修饰的 NK 细胞增加了适合免疫治疗的癌症类型。

二、针对新抗原的抗体治疗

抗体疗法已经成功地用于癌症治疗,例如针对 ICBs 的抗 PD-1/PD-L1/CTLA-4 抗体。与不能靶向细胞内蛋白的常规抗体相比,TCR-mimic(TCRm)抗体或突变相关新抗原(MANA)特异性抗体可以通过聚焦于 pMHC 复合体识别细胞内新抗原。TCRm 抗体比 TCR 具有更强的亲和力,后者

已被证明是将 on-target、off-tumor 效应降至最低的关键。

（一）新抗原靶向抗体转化的多种治疗形式

肿瘤新抗原靶向抗体易于转化为多种抗肿瘤治疗形式，包括全长抗体、抗体-药物偶联物（ADCs）和 BsAb。如上所述，TCRm 抗体部分也可以通过 CAR-T 细胞治疗来驱动新抗原的特异性活性，这在治疗某些癌症方面被证明非常有效。此外，这些基于抗体的免疫策略有可能为任何肿瘤表现出靶向公共新抗原的患者开发现成的产品。

噬菌体展示、酵母展示和遗传平台是用来检测人TCRm 抗体的一些技术，这些抗体对 HLA 上所呈现的新抗原具有极高的特异性。为了鉴定突变型 pMHC 复合体的 scFv，首先建立了编码大量 scFv 序列的噬菌体或酵母展示文库。使用竞争选择技术，随后鉴定了与预定的HLA 型相结合的突变多肽的特异性克隆。高通量遗传平台 PresentER 由编码 MHC- Ⅰ 多肽库的微型基因组成。通过评估 TCR-like 治疗剂对大量 MHC- Ⅰ 配体库的反应性，PresentER 可用于确定 T 细胞和 TCRm 抗体的开关靶点。将试剂及其相应的 pMHC 复合体的结构分析与文库筛选相结合，有助于提高 TCRm 抗体的特异性评估。根据晶体结构，一种名为 ESK1 的人 TCRm 抗体以不同于 TCRs 的方式附着在 WT1 衍生的多肽/HLA-A*02:01 上，通过使用该结构来预测 ESK1 与几种不同的 HLA-A*02 亚型的高亲和力结合，以及潜在的 off-target 结合，可以扩大 ESK1 治疗的可能患者群体。

（二）发展公共新肿瘤抗原抗体的治疗形式

源自复发驱动基因突变的公共新抗原，包括癌基因和TSG，提供了共同的靶点，可能使相当大比例的患者受益。针对来自癌基因突变的公共新抗原（EGFR、KRAS、PIK3CA和 CTNNB1）的 scFv 已被鉴定并转化为治疗形式。例如，已通过噬菌体展示鉴定出一种针对 KRAS 突变衍生多肽的scFv 和一种针对 EGFR 突变衍生多肽的 scFv。这些单链抗体只能识别与 HLA 结合的多肽，如 KRAS 多肽/HLA-A2 或EGFR 多肽/HLA-A3 复合体。针对 KRAS（G12V）-HLA-A2的 scFv 被转化为全长抗体，即使突变的多肽-HLA 复合体与正常的野生型相比只有一个氨基酸差异，该抗体也能与之反应。

与癌基因不同的是，来自 TSG 重复突变的公共新抗原不能触发免疫反应，因为它们要么因非重复突变而变得不活跃，要么由于无义介导的 RNA 衰变而产生低水平。由于发现了针对 p53 pMHC 复合体的 TCRm 抗体，表征良好的TSG p53 是一个特殊的病例。由于 MHC 结合的限制，含有突变型 p53 序列的多肽是不常见的；然而，表达突变型 p53的肿瘤可能会增加表达和 MHC 分子介导的野生型 p53 多肽的呈现，这将突变 p53 的肿瘤与表达野生型 p53 的健康细胞区分开来。因此，针对野生型 p53 125-134 多肽的TCR-like 抗体 P1C1TM 与 HLA-A24:02（HLA-24）MHC 等位基因结合，可以靶向含有突变 p53 和 HLA-A24 的肿瘤。PNU-159682-P1C1TM 在体内模型中对表达突变型 p53 的结肠癌细胞的致死作用证明了 P1C1TM 作为抗体-药物偶联物的这种特异性使 P1C1TM 能够有效地向突变 p53 的肿

瘤传递细胞毒有效载荷。

（三）基于新抗原和双特异性抗体的抗肿瘤策略

bsAb 可用于解决细胞表面突变型 p53 pMHC 复合体密度不足以将 T 淋巴细胞招募到肿瘤部位的问题。双特异性 T 细胞接合器（BiTE）是一种 bsAb 构建体，通过同时结合肿瘤细胞上的新抗原和 T 细胞上的 CD3 复合体，为T 细胞的激活提供有效而有力的信号。即使新抗原-MHC复合体在低水平表达，高效的 bsAb 也能够决定性地逆转p53 不可成药的说法。从 p53 错义突变体（R175H）产生的多肽可以由 HLA-A*02:01 呈递，在细胞表面形成突变型 p53 pMHC 复合体，作为天然的 TCR 配体激活 T 细胞。通过利用大容量噬菌体文库筛选，研究者发现了一段与HLA-A*02:01 限制性 p53 R175H 新抗原亲和力增强的 H2抗体片段，将这一 TCRm 抗体片段与 CD3 特异性抗体片段融合，产生一种 bsAb，可以提高 T 细胞的活性，在表达 p53 R175H pMHC 复合体的动物模型中识别和摧毁癌细胞和移植物。

二聚体 T 细胞结合 bsAb 也是基于人 TCRm 抗体，对突变的 LMP2A 肽-HLA-A*02:01 和突变的 RAS 肽-HLA复合体具有良好的特异性。这些 bsAb 在精确激活 T 细胞和杀伤表达内源性、难以置信的低数量突变新抗原和同源 HLA 等位基因的靶癌细胞方面有效。此外，bsAb 还用于靶向恶性肿瘤中来自异常 PTM 的公共新抗原。结合CD3 和针对 pIRS2 衍生的磷酸肽的 TCRm 的 bsAb，能够以pIRS2- 和 HLA-A*02:01 限制的方式杀灭肿瘤细胞，或者，由肿瘤新抗原的单抗 TCR 部分引导的可溶性结构也可以偶联到抗 CD3 抗体成分上，产生一组双特异性分子，称为免疫动员抗原单抗（ImmTAC）。ImmTAC 克服了过去阻碍基于 TCR 的免疫治疗方法的生物物理限制，并可能根据其蛋白质组特征来靶向任何细胞。具有极低表面表位浓度的癌细胞被由 ImmTAC 引导的 T 淋巴细胞成功地杀死。

因此，基于 TCRm 抗体的策略可以用于靶向源自癌基因和 TSGs 突变的新抗原，而使用传统方法难以根除这些新抗原，从而能够开发出更有针对性的抗癌疗法。鉴于TCR-mimic 抗体与多肽-HLA 分子的亲和力比天然 TCR 好得多，为了防止与给定肽无关的 HLA 组分的交叉反应或结合，必须适当地筛选 TCR-mimic 抗体。与设计的 TCR 类似，可以通过对 off-target 多肽进行负选择来防止交叉反应。至少有一种合成试剂的交叉反应比同等的天然受体表现出更低的交叉反应。2024 年 1 月 18 日，Amit 等人在分析近13 万个 T 细胞的数据之后发现，对免疫治疗有反应的 T 细胞与 DC 存在相互作用，而拉近 DC 和 T 细胞的距离，让二者密切接触的双特异性抗体，可以促进 T 细胞的激活和增殖，增强 T 细胞的抗肿瘤活性。他们进一步开发了一种双特异性 DC-T 细胞抗体（BiCE），用以促进 PD-1⁺T 细胞和cDC1 之间的相互作用。重要的是，BiCE 不仅适用于原发性肿瘤，也适用于发生多处转移的肿瘤，还能抑制癌症的转移。该研究成果描述了一种以增强 DC 与 T 细胞相互作用为目的的新型抗体免疫疗法，这种疗法不仅有强大的抗肿瘤效果，还对那些对 PD-1 抑制剂耐药的肿瘤有活性，对于

癌症免疫治疗是一种重要的补充。

三、联合疗法

由于新抗原图谱的异质性和不断进化的癌症免疫逃避机制，单一免疫疗法对晚期癌症患者的治疗效果不佳。结合几种免疫疗法可以同时针对癌症免疫周期的不同阶段，包括抗原释放和呈递、免疫细胞启动和激活、免疫细胞向肿瘤的转移和浸润，以及癌细胞的识别和杀伤，从而提高抗癌疗效。另一种策略是将具有不同作用机制的治疗方法结合起来，以克服肿瘤异质性诱导的耐药性。所有靶向癌细胞必须具有相同的新抗原表达和提呈模式，否则，没有预测的新抗原的抗性克隆可以存活并赋予克隆性生长优势。因此，精确免疫治疗可以与常规治疗相结合，如放化疗，在不依赖新抗原的情况下杀死癌细胞，实现更显著和更持久的治疗效果（图2-20-4）。

（一）基于新抗原的免疫治疗与免疫检查点抑制剂

基于免疫检查点抑制剂（ICBs）的免疫治疗在包括肾细胞癌、非小细胞肺癌和黑色素瘤在内的多种恶性肿瘤中取得了持久的抗肿瘤效果。然而，在没有肿瘤特异性效应T细胞的情况下，患者对ICBs治疗没有反应。此外，ICBs治疗只影响抗癌免疫途径的一两个阶段，如抗CTLA-4抗体调节免疫细胞的启动和激活，而抗PD-1/PD-L1抗体集中在T效应细胞的最终负调节。因此，只有一小部分患者对单一药物有抗肿瘤反应。新抗原载量和肿瘤内异质性可以预测ICB反应的生物标志物。有理由相信，通过将ICBs与基于新抗原的免疫治疗方法相结合，提高肿瘤反应性T细胞，将实现更有效的抗肿瘤反应。ICBs通过靶向新抗原（包括PRKDC、EVI2B和S100A9）在复发的多发性骨髓瘤患者中增强特异性T细胞反应。与单一治疗相比，新抗原疫苗（PancVAX）与两种检查点调节剂（如抗PD-1和激动剂OX40抗体）相结合改善肿瘤消退。

对于对新抗原无效的实体肿瘤患者，在抗PD-1治疗后无反应或复发的情况下，以mRNA为基础的新抗原疫苗（如mRNA-4157、mRNA-5671和BNT122）在多个临床试验中与免疫检查点抑制剂联合使用。免疫抑制调节剂，如PD-1、PD-L1、CTLA-4和TIM3，经常被新抗原疫苗上调。

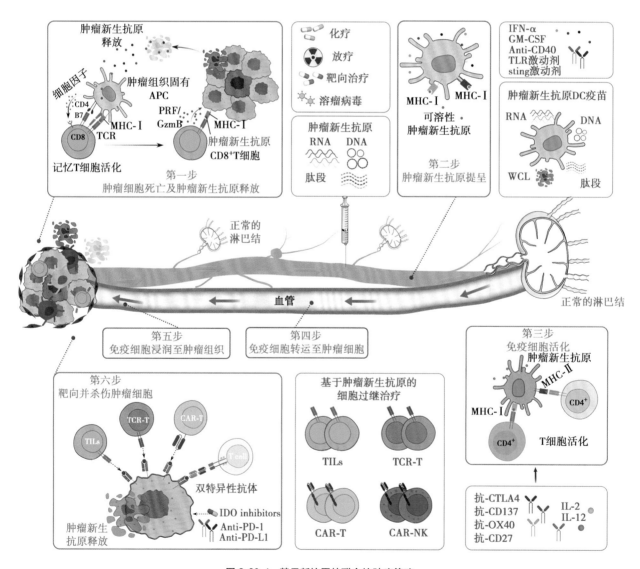

图 2-20-4   基于新抗原的联合抗肿瘤策略

ICBs 可以缓解新抗原疫苗的这种负面影响，导致快速而持久的 CD8⁺T 细胞对恶性肿瘤的控制。因此，新抗原疫苗和 ICBs 的联合使用可以达到更好的抗肿瘤免疫应答预期效果。

ICBs 治疗可以进一步提高 CTL 的抗肿瘤效果，包括那些针对突变相关新抗原的 CTL。TIL 通常少量存在于肿瘤内，并由于抑制性微环境而表现出不可逆转的低反应性。因此，大多数癌症患者不符合 TIL 治疗的条件。免疫治疗对 PD-1 抑制剂有反应的患者有较高比例的 TIL，表明 ICBs 可以促进新抗原反应性淋巴细胞向肿瘤的渗透。阻断 PD-1 抑制信号可诱导 PD-1⁺CD8⁺ 细胞的扩增，导致肿瘤部位 PD-1⁺CD8⁺ 细胞循环短暂升高和效应 T 细胞数量增加。此外，ICBs 可以通过克服抑制性微环境来重振耗尽的新抗原特异性 T 细胞。持续暴露于 TSA 可促进以高表达 PD-1 和 CD39 为特征的 CD8⁺T 细胞的耗竭。肿瘤内高表达 PD-1 的 CD8⁺T 细胞表现出固有的高识别肿瘤的能力。鉴于高亲和力新抗原对 CD39⁺CD8⁺T 细胞的激活作用，高亲和力新抗原高表达组的肝细胞癌患者从抗 PD-1 的治疗中受益更多。

（二）基于新抗原的免疫疗法和传统疗法

大多数化疗药物和放射治疗是基于其直接的细胞毒作用而设计的，但没有考虑到它们对免疫系统的影响。这些常规治疗过程中的基因组损伤和基因转录改变可以促进肿瘤特异性新抗原的产生，从而显示出刺激抗肿瘤免疫反应的潜力。因此，FDA 批准的几种使用常规疗法和免疫疗法的联合疗法已经被开发出来。

化疗和放射治疗可以用来增加肿瘤特异性新抗原的释放，绕过新抗原数量不足等问题来刺激 T 细胞反应。在一例对 CTLA-4 阻断和放射治疗完全有效的转移性非小细胞肺癌患者中，KPNA2 的新抗原突变在放射治疗中上调。此外，辐射可通过增加肿瘤细胞表面 MHC-Ⅰ 的表达来提高现有的多肽呈递水平。通过扩大细胞内新抗原库和增加 MHC-Ⅰ 依赖的呈递，辐射将促进新抗原特异性 CD8⁺ 细胞对细胞的杀伤。在免疫原性较差的 TNBC 小鼠模型中，放射治疗增加了具有免疫原性突变的基因的表达。基于放射诱导的免疫原性突变的新抗原疫苗可诱导 CD4⁺ 和 CD8⁺T 细胞，从而提高放射治疗的疗效。值得注意的是，辐射诱导的高度亚克隆新抗原可能会被 DNA 损伤反应（DNA damage response，DDR）抑制剂恶化，干扰针对克隆性肿瘤新抗原的 T 淋巴细胞的产生。为了解决这些问题，需要对亚克隆肿瘤抗原的形成进行更多的研究，以及对联合放射治疗、DDR 抑制剂和基于新抗原的治疗进行彻底的研究。

在化疗和靶向治疗过程中，肿瘤细胞经常会发生新的突变，包括逆转突变，从而导致耐药。许多逆转被预测为编码肿瘤特异性新抗原，为通过 CAR-T 细胞治疗、免疫检查点抑制剂或抗肿瘤疫苗对抗耐药性提供了一种潜在的策略。乳腺癌相关基因的逆转突变只是临床铂类药物和 PARP 抑制剂耐药期间发生的一个例子。通过接种肿瘤疫苗，然后用环磷酰胺（CTX）和其他药物预处理，也可以增加新抗原特异性 T 淋巴细胞的数量和功能活性。总之，这些研究证明，当传统疗法与基于新抗原的免疫疗法结合使用时，可以增强肿瘤控制。

第六节　新抗原疫苗应用中的挑战与发展方向

尽管基于新抗原的肿瘤疫苗研究取得了一些突破，但仍处于临床试验阶段，仍有许多挑战和困难需要克服，才能最终将个性化新抗原肿瘤疫苗应用于更多肿瘤患者。这些挑战包括新抗原挑选策略的优化、个人化疫苗的可及性、新佐剂或不同疫苗剂型的临床研究，以及最佳的联合治疗方式等。此外，临床患者选择、癌种差异、治疗时间点选择及临床试验终点设计，都可能影响治疗的结果，需要不同领域专业人员协作找出最佳治疗策略。

一、肿瘤新抗原筛选与鉴定的复杂性

在开发肿瘤新抗原疫苗之前，需要先在肿瘤细胞中找到并鉴定新抗原，这一过程可能很复杂且耗时。此外，并不是所有的新抗原都具有免疫原性，因此只有少数新抗原才能作为肿瘤新抗原疫苗的组分使用，这限制了可用于肿瘤新抗原疫苗的新抗原数量，并且可能导致肿瘤新抗原疫苗的效果不一致。

（一）肿瘤的异质性

首先，肿瘤突变基因的确定依赖于基因测序的结果，但依赖于核酸扩增的基因测序技术本身就可能带来额外的基因突变。其次，二代基因测序技术仅对单核苷酸突变的测定结果较为准确，而对插入突变、缺失突变的检测能力非常有限。更重要的是，肿瘤存在异质性。除了不同肿瘤、不同患者、不同病灶的差异之外，即使是同一个部位的肿瘤，其内部的基因突变状况也存在着时间（随着肿瘤发展而不同）和空间（随着肿瘤的具体位置而不同）上的差异。而基因测序所使用的肿瘤样本，通常只是肿块中的一小部分，无法代表整个肿瘤的基因突变状况，这又为肿瘤新抗原的选择增加了新的变量。另外，肿瘤免疫微环境影响 T 细胞的应答。肿瘤组织的微环境是一种免疫抑制的环境，不利于 T 细胞免疫反应的发生，即使新抗原在体外可以诱导明显的 T 细胞反应，其在肿瘤组织内诱导 T 细胞反应的能力依然不能确定。研究人员还在寻找有效的方法来提高肿瘤新抗原疫苗的免疫原性，以提高其对肿瘤细胞的杀伤能力。

（二）新抗原的预测准确性较低

肿瘤组织中仅有极少数能够成为"真正的"肿瘤新抗原，即能被表达在肿瘤细胞表面，结合 MHC-Ⅱ 类分子，激活 CD4⁺T 细胞；或是能被 MHC-Ⅰ 类分子递呈来激活 CD8⁺T 细胞。而如何确定哪些突变基因具备上述特征则是目前新抗原研究领域的技术难题。基于人工智能的算法能够快速缩小目标范围，同时节省成本，但目前算法还存在诸多困难。随着生物信息学技术、人工智能和机器学习的发展，相信这个问题很快就会得到解决。

筛选肿瘤患者的最佳新抗原方案有：①对样本的质控规范化：新抗原常常使用配对的肿瘤和正常样本。样本的

质量参差不齐，肿瘤异质性是导致不同研究差异巨大的重要原因。新抗原的预测也大大受益于肿瘤和匹配的正常样本，以消除生殖系变异，确保真正的体细胞突变检测。各个科研单位应该立足于本院丰富的临床资源优势，或者与优势单位开展合作研究，形成可持续发展，建立自己的标准化、规范化、高质量的生物样本库，对肿瘤新抗原的发现具有重要意义。②多途径获取高质量数据：首先，用于新抗原预测的下游管道需要极高质量的下一代测序（NGS）数据或者质谱数据。传统的检测方法，如全外显子测序，由于化学和捕获方面的困难，其基因组区域的覆盖较差。如果未覆盖区域包含突变引起免疫原性抗原表位，则突变不会被发现。而且在可预见的未来，为了尽量减少遗漏候选抗原，新抗原仅靠 DNA 测序是不够的，表达的抗原更有可能是具有免疫原性的，拥有一个包含基因组和转录信息的综合数据集有助于确定变量是否确实被表达，成为真正意义上的新抗原。③提高新抗原预测准确性：从体细胞变异体中确定正确的多肽，并对患者的 HLA 区域进行分型只是一个非常复杂的过程的第一步。每一个不同的肽序列都有可能被蛋白酶体处理，被运输到 MHC 负载，最终被免疫系统识别。根据患者的 HLA，只有特定的突变才能被正确地处理并加载到 MHC 中。随着检测技术的改进，不仅要改进这些具有挑战性的基因的已知结合基序，还要努力改进肽的处理，并建立更好的结合预测算法。在生物信息学社区中有各种各样的工具，然而，至关重要的是确定哪些是最准确的，哪些领域可以通过制定新的办法加以改进，这依赖数字时代的新趋势和新技术，如大数据科学、云计算和高性能计算，以及数字化制造解决方案，通过将机器学习工具应用于大数据集，不断改进预测性新表位算法。

二、新抗原疫苗的可及性

在确定肿瘤新抗原序列后，目前主要通过肿瘤疫苗和基于新抗原的细胞疗法两种方式，来激活机体的免疫反应。肿瘤疫苗复杂的制备过程及高昂的费用大大降低了其可及性，主要体现在研发成本和疫苗生产成本。降低成本的一个重要途径是研发"通用型"新抗原疫苗：在不断累积个体化新抗原疫苗临床试验数据的基础上，鉴定并发现有效刺激机体特异性免疫反应的新抗原表位，制备包含多靶点、多表位的"鸡尾酒"式新抗原疫苗，即"通用型"疫苗。但目前来看，通用型疫苗研发难度非常大，很难找到通用靶点，无法通过规模效应来降低成本。而基于新抗原的细胞疗法，理论上其治疗效果会优于肿瘤疫苗，但由于增加了基因测序和抗原筛选的步骤，需要改造多个靶向不同靶点的 T 细胞，其成本将远远高于使用单一、固定靶点的 CAR-T 治疗。

三、开发和生产周期过长

以目前的技术条件，肿瘤患者常常要等 3 个月以上才能使用个体化疫苗，肿瘤患者愿不愿意等待和能不能够等待这么长时间，将是肿瘤新抗原药物应用的一大障碍。开发周期长导致研发成本增加，实验室和企业的巨大压力也不利于疫苗的临床应用。因此，在流程上缩短个性化疫苗

的研制时间非常关键。如何将肿瘤新抗原药物的开发周期尽可能缩短到 4 周以内，是这个领域迫切需要解决的问题。

四、肿瘤新抗原疫苗的安全性

尽管肿瘤新抗原疫苗的副作用通常较少，但仍有可能出现自身免疫反应，导致患者出现过敏症状或更严重的不良反应。因此，在使用肿瘤新抗原疫苗之前，需要进行充分的安全评估，以确保它们的使用是安全的。

五、新抗原疫苗的联合治疗

目前，新抗原免疫治疗尚未正式获批用于临床，原因主要在于单用新抗原的抗肿瘤活性尚未达到预期的疗效。另外，实体瘤复杂的免疫抑制微环境会导致免疫逃逸。每个肿瘤都有其独特的免疫微环境，以逃避抗肿瘤免疫应答。根据微环境的不同特征，目前认为肿瘤微环境主要有三种免疫类型：免疫炎症型、免疫豁免型和免疫沙漠型。

（一）免疫炎症型

炎性肿瘤的微环境具有较高的免疫原性，其中存在大量的免疫细胞浸润。然而，肿瘤的免疫逃逸限制了免疫细胞的活性。因此，新抗原与免疫检查点抑制剂联合治疗具有重要的临床价值。联合使用这些药物可以产生扩大的肿瘤反应性 T 细胞库，这些 T 细胞可以识别新抗原表现在肿瘤细胞上的抗原。新抗原免疫治疗或 T 细胞过继免疫治疗产生的新抗原特异性、肿瘤浸润性 T 细胞还可以刺激免疫微环境中的 IFN-γ 的产生。相关临床研究已经证明，联合治疗具有良好的疗效和潜力。这些研究包括黑色素瘤中新抗原与免疫检查点抑制剂联合、乳腺癌中 TIL-ACT 癌症疫苗与帕博利珠单抗联合。在这些临床案例中，一旦新抗原特异性 T 细胞进入免疫抑制性微环境，就能发挥其功能。

（二）免疫豁免型

在免疫豁免型肿瘤中，肿瘤细胞的周围存在大量免疫细胞，但由于细胞间隙间质致密，免疫细胞无法渗透到肿瘤细胞内，而是被限制在肿瘤细胞的外围基质。因此，使用新抗原或免疫检查点抑制剂治疗时，诱导或重新激活的新抗原特异性 T 细胞无法到达肿瘤区域。新抗原治疗联合抗血管治疗能够增加免疫细胞浸润，改善预后。免疫豁免型肿瘤中，免疫检查点抑制剂联合抗血管治疗显著提升了临床获益，在肾细胞癌和肝细胞癌中已取得积极的治疗效果。

（三）免疫沙漠型

免疫沙漠型肿瘤中，肿瘤周围缺乏免疫细胞浸润。在这种情况下，新抗原免疫治疗或免疫检查点抑制剂治疗效果较差，确定免疫沙漠型肿瘤的有效治疗方案至关重要。免疫原性细胞死亡（ICD）治疗是目前正在探索的策略之一。放疗、化疗和溶瘤病毒治疗均可引起 ICD，释放新抗原，包括癌症抗原、受损蛋白、损伤相关分子模式和促炎症细胞因子，这些因子吸引并触发免疫系统对抗癌细胞，由非免疫原性转变为免疫原性，促使机体产生抗肿瘤免疫应答。积极探索新抗原疫苗与 PD-1 抑制剂等其他治疗方法的联合，以肿瘤疫苗和免疫检查点抑制剂为代表的肿瘤免疫治疗是近年来最具发展潜力的肿瘤治疗研究新热点。治疗性

肿瘤疫苗这个过去几乎无望的创新技术和产品，正一步步以异常清晰的面目逐渐显现。CTLA-4、PD-1 或 PD-L1 等检查点抑制剂和个体化肿瘤疫苗相结合的组合疗法将具有无限的潜力。尽管目前最理想的治疗方案是在手术、放疗和化疗后使用这些疫苗作为辅助治疗手段，但肿瘤疫苗与这些方法的联合，值得进一步探索。

Catherine J. Wu 等提出了 4 种有望在短期内改善新生抗原疫苗的策略：①改进抗原预测。改进 HLA 结合算法，增加靶向癌细胞表达的新生抗原的可能性，基于质谱的方法可以识别被肿瘤细胞处理和呈现的肽。②开发联合治疗方案。个性化新生抗原疫苗可与其他疗法如检查点抑制剂（ICIs）联合使用，防止免疫逃逸。放疗、化疗等传统治疗方法也可以增强新生抗原疫苗的作用。③开发和使用临床前模型。临床前模型的使用对优化剂量、给药途径、免疫佐剂和疫苗给药方法非常重要。④改进生产过程。个性化疫苗的生产可能更加昂贵和耗时。简化表位的分析和选择，简化多肽或 DNA 的快速生产，将大幅降低个性化疫苗的成本和生产时间。（图 2-20-5）

尽管存在很多挑战，但肿瘤新抗原疫苗仍然是一种具有潜力的肿瘤治疗方法。我们有理由相信，随着临床数据的积累，基于新抗原的肿瘤治疗方法将会适用于更多的癌种，基于肿瘤新生抗原的疗法仍然是癌症免疫疗法中很有前景的领域，使更多患者从中获益，在人类肿瘤治疗发展史留下浓墨重彩的一笔。

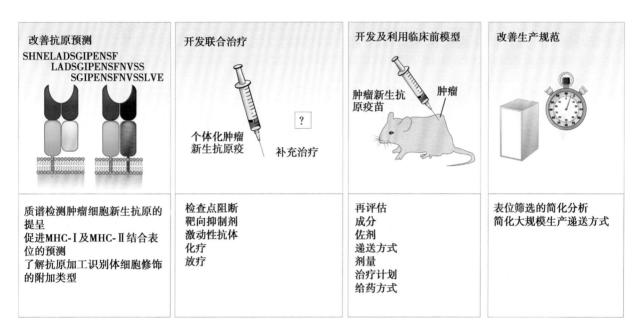

图 2-20-5　提高癌症个性化新生抗原疫苗的策略

（聂勇战　李明阳　刘瑾）

参考文献

［1］ Carreno BM, Magrini V, Becker-hapak M, et al. Cancer immunotherapy. A dendritic cell vaccine increases the breadth and diversity of melanoma neoantigen-specific T cells. Science, 2015, 348（6236）: 803-808.

［2］ Caushi JX, Zhang J, JI Z, et al. Transcriptional programs of neoantigen-specific TIL in anti-PD-1-treated lung cancers. Nature, 2021, 596（7870）: 126-132.

［3］ Chandran SS, Ma J, Klatt MG, et al. Immunogenicity and therapeutic targeting of a public neoantigen derived from mutated PIK3CA. Nat Med, 2022, 28（5）: 946-957.

［4］ Chaudhry K, Dowlati E, Bollard CM. Chimeric antigen receptor-engineered natural killer cells: a promising cancer immunotherapy. Expert Rev Clin Immunol, 2021, 17（6）: 643-659.

［5］ Chen DS, Mellman I. Elements of cancer immunity and the cancer-immune set point. Nature, 2017, 541（7637）: 321-330.

［6］ Chen KS, Reinshagen C, Van Schaik TA, et al. Bifunctional cancer cell-based vaccine concomitantly drives direct tumor killing and antitumor immunity. Sci Transl Med, 2023, 15（677）: eabo4778.

［7］ Chu J, Gao F, Yan M, et al. Natural killer cells: a promising immunotherapy for cancer. J Transl Med, 2022, 20（1）: 240.

［8］ Deng Z, Tian Y, Song J, et al. mRNA Vaccines: The Dawn of a New Era of Cancer Immunotherapy. Front Immunol, 2022, 13: 887125.

［9］ Dong X, Ren J, Amoozgar Z, et al. Anti-VEGF therapy improves EGFR-vⅢ-CAR-T cell delivery and efficacy in syngeneic glioblastoma models in mice. J Immunother Cancer, 2023, 11（3）: e005583.

［10］ Foy SP, Jacoby K, Bota DA, et al. Non-viral precision T cell receptor replacement for personalized cell therapy. Nature, 2023, 615（7953）: 687-696.

［11］ Fritah H, Rovelli R, Chiang CL, et al. The current clinical landscape of personalized cancer vaccines. Cancer Treat Rev, 2022,106:102383.

［12］Guo Z,Yuan Y,Chen C,et al. Durable complete response to neoantigen-loaded dendritic-cell vaccine following anti-PD-1 therapy in metastatic gastric cancer. NPJ Precis Oncol,2022,6（1）:34.

［13］Gupta RG,Li F,Roszik J,et al. Exploiting Tumor Neoantigens to Target Cancer Evolution:Current Challenges and Promising Therapeutic Approaches. Cancer Discov,2021,11（5）:1024-1039.

［14］Ho SY,Chang CM,Liao HN,et al. Current Trends in Neoantigen-Based Cancer Vaccines. Pharmaceuticals（Basel）,2023,16（3）:392.

［15］Hu Z,Leet DE,Allesoe RL,et al. Personal neoantigen vaccines induce persistent memory T cell responses and epitope spreading in patients with melanoma. Nat Med,2021,27（3）:515-525.

［16］Hu Z,Ott PA,Wu CJ. Towards personalized,tumour-specific, therapeutic vaccines for cancer. Nat Rev Immunol,2018,18（3）:168-182.

［17］Jou J,Harrington KJ,Zocca MB,et al. The Changing Landscape of Therapeutic Cancer Vaccines-Novel Platforms and Neoantigen Identification. Clin Cancer Res,2021,27（3）:689-703.

［18］Keskin DB,Anandappa AJ,Sun J,et al. Neoantigen vaccine generates intratumoral T cell responses in phase Ib glioblastoma trial. Nature,2019,565（7738）:234-239.

［19］Kim NJ,Yoon JH,Tuomi AC,et al. In-situ tumor vaccination by percutaneous ablative therapy and its synergy with immunotherapeutics:An update on combination therapy. Front Immunol,2023,14:1118845.

［20］Levy P L,Gros A. Fast track to personalized TCR T cell therapies. Cancer Cell,2022,40（5）:447-449.

［21］Lhuillier C,Rudqvist NP,Yamazaki T,et al. Radiotherapy-exposed CD8$^+$and CD4$^+$neoantigens enhance tumor control. J Clin Invest,2021,131（5）:e138740.

［22］Li T,Li Y,Zhu X,et al. Artificial intelligence in cancer immunotherapy:Applications in neoantigen recognition,antibody design and immunotherapy response prediction. Semin Cancer Biol,2023,91:50-69.

［23］Lybaert L,Lefever S,Fant B,et al. Challenges in neoantigen-directed therapeutics. Cancer Cell,2023,41（1）:15-40.

［24］Niemi JVL,Sokolov AV,Schioth HB. Neoantigen Vaccines: Clinical Trials,Classes,Indications,Adjuvants and Combinatorial Treatments. Cancers（Basel）,2022,14（20）:5163.

［25］Pao SC,Chu MT,Hung SI. Therapeutic Vaccines Targeting Neoantigens to Induce T cell Immunity against Cancers. Pharmaceutics,2022,14（4）:867.

［26］Poorebrahim M,Mohammadkhani N,Mahmoudi R,et al. TCR-like CARs and TCR-CARs targeting neoepitopes:an emerging potential. Cancer Gene Ther,2021,28（6）:581-589.

［27］Puig-saus C,Sennino B,Peng S,et al. Neoantigen-targeted CD8（+）T cell responses with PD-1 blockade therapy. Nature,2023,615（7953）:697-704.

［28］Sahin U,Derhovanessian E,Miller M,et al. Personalized RNA mutanome vaccines mobilize poly-specific therapeutic immunity against cancer. Nature,2017,547（7662）:222-226.

［29］Singh N,June CH. Boosting engineered T cells. Science,2019,365（6449）:119-120.

［30］Tran E,Turcotte S,Gros A,et al. Cancer immunotherapy based on mutation-specific CD4$^+$T cells in a patient with epithelial cancer. Science,2014,344（6184）:641-645.

［31］Wang C,Huang H,Davis MM. Grouping T cell Antigen Receptors by Specificity. Methods Mol Biol,2022,2574:291-307.

［32］Wolf NK,Kissiov DU,Raulet DH. Roles of natural killer cells in immunity to cancer,and applications to immunotherapy. Nat Rev Immunol,2023,23（2）:90-105.

［33］Xie N,Shen G,Gao W,et al. Neoantigens:promising targets for cancer therapy. Signal Transduct Target Ther,2023,8（1）:9.

［34］Yang C,Lou G,Jin WL. The arsenal of TP53 mutants therapies: neoantigens and bispecific antibodies. Signal Transduct Target Ther,2021,6（1）:219.

［35］Zhang Q,Jia Q,Zhang J,et al. Neoantigens in precision cancer immunotherapy:from identification to clinical applications. Chin Med J（Engl）,2022,135（11）:1285-1298.

［36］Zhang Z,Lu M,Qin Y,et al. Neoantigen:A New Breakthrough in Tumor Immunotherapy. Front Immunol,2021,12:672356.

［37］Itai Y S,Barboy O,Salomon R,et al. Bispecific dendritic-T cell engager potentiates anti-tumor immunity. Cell,2024,187（2）:375-389.

第二十一章　基因工程技术在细胞治疗研究中的应用

提要: 利用基因并改变基因,一直是人们改造基因服务人类的一个梦想。把基因工程技术应用于细胞改造,然后应用改造的细胞治疗人类疾病,因此发展出了细胞基因工程技术。本章共4节,分别介绍基因工程技术原理,细胞治疗中的基因定点修饰技术,细胞治疗研究中基因表达、基因突变和细胞功能的检测技术,细胞治疗的动物模型等,围绕基因进行多方面阐述,全面了解细胞基因和改造基因技术,让细胞治疗技术为人类健康服务。

从1953年科学家沃森和克里克解开DNA双螺旋结构,将基因研究带到分子水平开始,再到1966年科学家们破译了遗传密码,开启新的基因研究方向,越来越多的科学家们踏上基因改造之路。小到转基因农作物如抗虫棉、转基因动物如转基因小鼠、犯罪现场的法医鉴定;大到对于人类遗传疾病的基因治疗、单克隆抗体药物的制备等,细胞基因工程已经应用到人类生活的各个方面。

第一节　基因工程技术原理

基因工程(gene engineering)指的是在体外应用酶学方法对DNA分子按照既定的方案进行剪切并重新连接,导入适当的宿主细胞,从而扩增有关DNA片段,表达相应基因产物。基因克隆对很多领域的研究都至关重要,比如研究基因的结构和功能、促进蛋白质工程发展、合成转基因生物、助力医学诊疗和DNA测序的基因组分析等。因此基因工程又称重组技术DNA(recombinant DNA technology)、基因操作(gene manipulation)、分子克隆(molecular cloning)或基因克隆(gene cloning)等。

20世纪70年代初,美国科学家保罗·伯格在实验室中构建了第一个重组DNA分子,从此产生了基因工程技术。基因工程涉及很多复杂的操作,但是基本的操作步骤是一致的,主要包括:①获取目的基因;②选择相关载体;③体外连接目的基因和相应载体;④将重组的DNA导入宿主细胞;⑤重组DNA的筛选与鉴定。

一、获取目的基因

(一) 化学合成法

此法主要针对分子量小而不易得的DNA片段,如果目的基因的核苷酸序列或者其产物的氨基酸序列已知,可以通过DNA自动合成仪,按照已知序列将每一个核苷酸加到所接的寡核苷酸链上,目前常用的是磷酸酰胺法、固定合成法等。

(二) PCR技术

PCR技术可以在体外有效扩增目的DNA片段。如果目的基因的全部核苷酸序列已知,可以通过合成与模板

DNA互补的引物,在4种核苷酸底物充足的情况下,重复循环"变性-退火-延伸"这三步基础反应,合成所需要的目的基因,还可以将含有目的基因的DNA片段有效扩增放大到几百万倍。如果目的DNA片段的核苷酸序列两端未知而中间部分序列已知,可以通过反向PCR进行扩增,即利用合适的限制性内切酶消化处理DNA片段,再通过连接酶将酶切片段进行自身环化,根据已知序列设计两端巢式引物,用连接后的环状分子作为模板进行环状PCR,由此可以特异性地扩增已知序列两侧的未知DNA片段,最后通过拼接得到完整的靶基因序列(图2-21-1)。

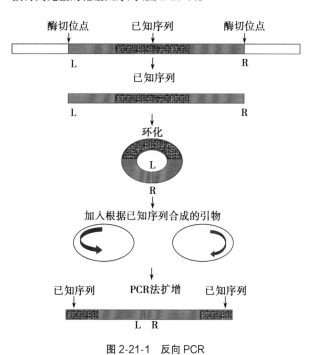

图 2-21-1　反向 PCR

(三) 从基因组文库中获取

基因组文库是指含有某种生物全部遗传信息的重组DNA分子的克隆总和。一个好的基因组文库应具有以下特征:①具有一个生物体全部的重复基因克隆片段,可以分离出这个生物体基因组的任何一段序列;②理想的基因克隆片段应该是由序列随机产生的,不存在对任何特定的序

列产生偏倚;③克隆片段应该保持稳定,避免在后续重组 DNA 分子构建及复制转录中出现基因序列的错配缺失。

　　构建基因组文库方法一般通过限制性核酸内切酶法或机械剪切法等,将分离纯化的生物体基因组的全部 DNA 分子切成特定大小的片段,将其分别与载体连接,此处需注意载体和 DNA 片段的纯度,以及两者在连接反应体系中的比率。最后利用转化或感染的方法将重组 DNA 分子都引入宿主细胞并进行繁殖(图 2-21-2)。适用于构建基因组文库的载体包括黏性质粒、λ 噬菌体、YAC 克隆载体等。

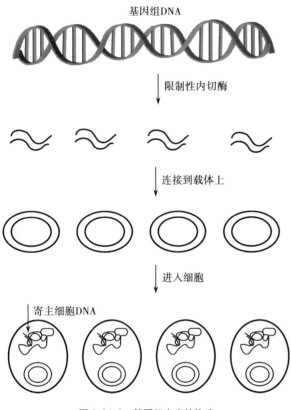

基因组DNA

限制性内切酶

连接到载体上

进入细胞

寄主细胞DNA

图 2-21-2　基因组文库的构建

　　(四) 从 cDNA 文库中获取

　　cDNA 文库属于部分基因组文库,指某种特定细胞特定状态下的全部 cDNA 的克隆总和。在一个机体的不同细胞或者同种细胞的不同阶段,以及受到不同的物理、化学、生物刺激(如辐射、有毒物质、病毒感染等),细胞内基因表达的种类与数量也是不同的。由于 cDNA 是以特定状态下细胞内的 mRNA 为模板,通过反转录酶催化合成的互补 DNA,所以 cDNA 文库的克隆片段不带有内含子,也可体现此文库的组织基因特异性。

　　构建 cDNA 文库首先需要提取细胞中高质量的 mRNA。RNA 易降解,主要是因为 RNA 易被 RNA 酶切割,RNA 酶通过破坏其磷酸二酯键导致 RNA 链断裂。异硫氰酸胍可以裂解细胞,使 RNA 释放到溶液中,可用于提取 RNA。加入苯酚、氯仿后离心,RNA 进入水相层,而 DNA 和蛋白质进入有机层,从而分离提取 RNA。接下来以寡核苷酸 oligo(dT)作为引物,加入 4 种脱氧核苷酸,用 AMV(或者

MMLV)反转录酶催化第一股链的合成,再以第一链为模板,由 DNA 聚合酶 I 催化第二股链的合成并修齐两端后,在双链 cDNA 末端接上人工接头,即可与有关载体连接,并对重组 DNA 进行包装及转染。适用于构建 cDNA 文库的载体包括 pUC 质粒、λ 噬菌体等。

二、选择相关载体

　　基因克隆中目的 DNA 分子的载体需满足以下条件:可以在宿主细胞内进行多次复制并且稳定保存;载体分子要相对较小,一般理想情况下是小于 10kb,因为大分子在纯化过程中容易发生降解。目前应用比较广泛的载体分别是质粒和噬菌体。

　　(一) 质粒

　　质粒是在细菌或者其他生物体内发现的小环状 DNA,它可以在宿主细胞内进行自我复制并且稳定表达相关产物,比如细菌产生对氯霉素或者氨苄西林的耐药性,大多是因为体内出现携带抗生素耐药基因的质粒。利用细菌的耐药表型也可用于筛选指定质粒是否成功转入细菌内并且稳定表达。质粒的拷贝数和大小也是基因克隆过程中需要考虑的问题。前文提到,理想情况下载体最好小于 10kb。质粒大小从 1kb 到超过 250kb 不等,只有小部分质粒可以用于基因克隆。质粒的拷贝数取决于质粒本身的复制特性,严紧型质粒在每个细菌内只含有 1~2 个,而松弛型质粒在细菌内可以多达 50 个,甚至更多。当然,恒定的拷贝数与质粒复制控制系统、质粒大小及培养条件相关。通过质粒的特性可以将质粒分为以下 5 类:

　　1. F 质粒　　F 质粒,又称致育质粒,携带 tra 基因,并且具有促进质粒接合转移的功能。最常见的例子就是大肠杆菌中的 F 质粒,在大肠杆菌的接合过程中,F 质粒可以传递到另一个大肠杆菌细胞中。

　　2. R 质粒　　R 质粒,又称耐药质粒,可以使宿主细菌对一种及以上的抗生素产生耐药,比如氯霉素、氨苄西林。R 质粒可以从耐药细菌传递到敏感细菌,从而对抗生素的治疗产生影响,在临床中引起极大重视。例如 RP4,一种从铜绿假单胞菌中分离的耐药质粒,也可以出现在许多其他细菌中。

　　3. Col 质粒　　Col 质粒,具有编码大肠杆菌素的基因,例如大肠杆菌的 ColE1 型质粒,可以杀死其他不含大肠杆菌素的细菌。

　　4. 降解质粒　　降解质粒可以使宿主细菌代谢特殊分子(甲苯、水杨酸等),如假单胞菌属的 TOL 质粒。

　　5. 侵入性质粒　　侵入性质粒,可以使宿主细菌产生致病能力,比如根癌农杆菌中发现的 Ti 质粒,可以导致双子叶植物的冠瘿病。

　　(二) 噬菌体

　　噬菌体是一类特异性感染细菌的病毒。噬菌体结构简单,仅包含一个具有复制能力的 DNA 分子或 RNA 分子,包裹在保护性蛋白衣壳之中。其感染细菌后,可以将自身的 DNA 分子转导进细菌并进行复制。噬菌体感染细菌的过程如下:噬菌体附着在细菌外表面,并将自身的 DNA 分

子转导入细菌胞体内。接着噬菌体的 DNA 分子编码特异性复制酶并完成自身 DNA 分子复制。最后噬菌体 DNA 分子编码衣壳蛋白,完成组装并重新从细菌体内释放(图 2-21-3)。

目前只有 λ 和 M13 噬菌体可以作为克隆载体。

1. λ 噬菌体　λ 噬菌体的基因组大小约 49kb,并且已完成基因作图和 DNA 测序,完善基因位点等相关信息。λ 噬菌体作为克隆载体具备以下两个重要特征:一是其功能性基因聚集在一起,插入目的 DNA 分子后可以实现对一群基因的控制,而不只是单个基因;二是 λ 噬菌体是线性 DNA,两侧有黏性末端,即单链延伸出 12 个核苷酸,称为 COS 位点,可以使线性 DNA 进入宿主细胞内闭合成环。

2. M13 噬菌体　M13 噬菌体基因组小于 λ 噬菌体,大约 10kb,具有双链环状 DNA,某些情况下是单链环状 DNA。M13 噬菌体作为克隆载体具备以下三个重要特征:一是足够小,是理想的重组 DNA 分子的载体;二是容易在大肠杆菌内培养获取;三是它的复制型可以通过滚环复制机制产生单链环状 DNA,单链 DNA 在基因克隆中可用于 DNA 测序或者体外突变等。

传统的载体选择通常聚集在质粒、λ 噬菌体等。现在病毒也被应用在克隆载体中,例如腺病毒、逆转录病毒等。随着材料科学及分子生物学的发展,一些非病毒载体凭借安全性能高和性价比高等优势逐渐被认为具有广阔的发展前景,例如石墨烯、磁性纳米材料、阳离子基因载体等。研究发现,石墨烯通过氢键和范德华力可结合特定基因,并成功被细胞摄取,发挥引入外源性基因或使基因沉默等作用。Sharma 等利用一种含有乳酸-钴-乙醇酸的纳米颗粒转运 p53 基因并局部瘤内注射到前列腺癌小鼠模型上,结果显示,较对照组有抑制肿瘤的作用。

三、体外连接目的基因和相应载体

构建重组 DNA 分子的最后一步是体外连接,是指将待克隆的 DNA 分子和载体分子相连接。这一过程需要 DNA 连接酶来催化 DNA 分子之间形成磷酸二酯键。

所有的活细胞都会产生 DNA 连接酶,但是用于基因克隆的 DNA 连接酶一般来源于感染了 T4 噬菌体的大肠杆菌。DNA 连接酶的一个重要的作用就是修复双链 DNA 分子中某一链上出现的磷酸二酯键的断裂,即一个碱基 3′-OH 末端和它相邻碱基的 5′-P 末端,使二者生成磷酸二酯键,从而把两个相邻的碱基连接起来,这在 DNA 复制和重组过程中至关重要。DNA 连接酶可以将任意两个 DNA 分子连接起来,但这种连接效率较低,而两个 DNA 分子互补的黏性末端可以通过碱基间氢键形成较稳定的结构,这样更容易被 DNA 连接酶捕获完成高效连接。

最经典的方法是酶切-克隆经典连接法,用限制性核酸内切酶切割 DNA 分子,可以产生平末端或者黏性末端。若为黏性末端,可用相同的内切酶分别切割目的 DNA 和载体 DNA 后,再用 DNA 连接酶连接得到重组 DNA 分子。若为平末端,则目的 DNA 可以在低浓度 ATP 及 T4 DNA 连接酶的作用下与平末端载体连接,也可以通过添加 DNA 接头、寡核苷酸接头或同聚物产生黏性末端。

自 20 世纪 90 年代起,新的体外连接技术不断出现,让基因克隆技术跨上一个新台阶,它们分别是位点特异性重组克隆技术及同源重组克隆法。位点特异性重组克隆技术包括 1998 年 Liu 等首次报道的通用载体质粒融合系统(univector plasmid-fusion system,UPS)和 1999 年 Invitrogen 公司推出的 Gateway 克隆系统(Gateway cloning system)。通用载体质粒融合系统是将带有目的基因片段的通用载体(pUNI 或供载体)与含有各种调控元件的宿主载体(pHOST

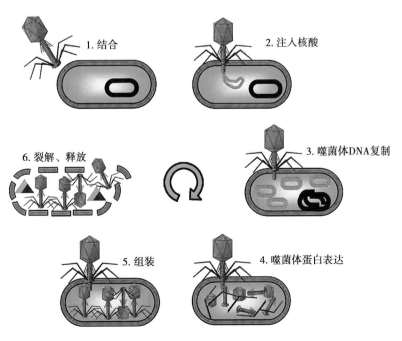

图 2-21-3　噬菌体 DNA 的组装与释放

或受载体)融合,使其在宿主载体的不同调控元件如启动子等的控制下完成表达载体的构建。利用 UPS 可以构建出各种适用于不同系统的表达载体,还可以将宿主载体携带的基因组文库与新的表达载体融合,变成多个文库。Gateway 克隆系统是利用 λ 噬菌体整合酶催化的位点特异性重组反应,识别载体和外源 DNA 的重组酶特异识别位点,并催化其断裂和重接,从而将目的基因克隆到目标载体上。Gateway 克隆系统实现了基因快速克隆和载体间平行转移,可以进行多片段克隆,而且可以保持重组反应后目的基因插入方向和开放阅读框不变,使基因克隆更加高效、快捷。此外还有 Gibson 克隆法、In-Fusion 克隆法、CloneEZ 克隆法、正负向选择克隆法等。

四、重组 DNA 导入宿主细胞

宿主细胞又称受体细胞,是指能摄取外源 DNA 并使其稳定维持的细胞。在前面的过程中出现的未连接的载体、DNA 片段、插入错误的 DNA 重组分子等都需要转入宿主细胞内进行进一步筛选。宿主细胞分为原核细胞和真核细胞,原核细胞可以作为克隆宿主和表达宿主,进行目的基因重组、扩增。真核细胞一般作为表达宿主,进行基因表达。根据研究目的,一般选用宿主细胞应考虑其安全性(如不适宜在人体内生存,DNA 不易转移等)、遗传性(如选择限制缺陷与重组缺陷的菌株作为宿主菌,提高转化效率)等。

将重组 DNA 分子导入宿主细胞,常用的方法有转化(transformation)、转染(transfection)和转导(transduction)。

(一) 转化

转化是指将含有外源基因的重组质粒或其他外源DNA 导入处于感受态的宿主细胞,并使其获得新的表型的过程(图 2-21-4)。大肠杆菌是常见的转化用宿主细胞,通过化学转化法和电穿孔转化法使感受态大肠杆菌细胞获得摄取外源性 DNA 的能力。化学转化法常用冰预冷的氯化钙制备感受态细胞,将重组 DNA 与感受态细胞在冰上共同孵育并热激后,在 37℃摇床上震荡培养 1 小时,然后接种在琼脂平板上,得到转化的菌落。一个菌落中所有细菌具有相同的遗传组成,则为细菌的克隆。挑取单个、圆形、半透明、光滑的菌落到带有抗性的液体培养基中继续扩增,使其后生长出来的所有菌落都有同样的外源性 DNA 序列,这个过程叫克隆化(cloning),通过这种方法,可以实现特定的重组 DNA片段扩增。电穿孔转化法比化学转化法效率高 1~2 个数量级,一般应用在构建文库或酵母菌转化的过程中。

(二) 转染

转染是真核细胞主动摄取或被动导入外源 DNA 片段

而获得新的表型的过程,根据基因导入宿主细胞的方式不同,可将基因转染技术分为物理法、化学法和生物法。

1. 物理法   指通过基因枪、电穿孔技术及显微注射技术等物理手段将目的基因导入。

(1)基因枪技术:是采用纳米级金或钨颗粒包被外源基因后,由加速器装置高速摄入受体细胞中,使目的基因在胞内逐渐释放并表达的技术。

(2)电穿孔技术:指在高压脉冲的作用下,细胞膜内外的电化学势能发生变化而产生跨膜电位,使细胞膜表面发生暂时性结构改变而形成微孔。利用这一原理,外源基因得以通过膜表面微孔进入细胞内,并整合到受体细胞基因组中。

(3)显微注射技术:指借助于显微镜将外源基因直接注射至受体细胞核及受体细胞基因组中,进而得以表达的一种基因转染方法。

2. 化学法   指利用化学试剂携带外源基因进入受体细胞的技术,主要包括磷酸钙-DNA 共沉淀法、脂质体介导的基因转染法、DEAE-葡聚糖转染法、阳离子聚合物转染法。

(1)磷酸钙-DNA 共沉淀法:磷酸钙-DNA 共沉淀法是将 DNA 质粒与氯化钙溶液混合后,在磷酸盐缓冲液中形成磷酸钙-DNA 沉淀,从而便于吸附于受体细胞膜表面,继而通过细胞膜的内吞作用使目的基因整合到靶细胞基因组中。

(2)脂质体介导的基因转染法:脂质体是两性分子如磷脂或鞘脂分散于水相中形成的具有双分子层结构的封闭囊泡,内为疏水尾部,外为亲水头部。与 DNA 分子形成复合体后,外层的脂质体与细胞膜融合,使囊泡内的外源DNA 进入细胞内,外源基因整合至受体细胞基因组中并得以表达。

(3)DEAE-葡聚糖转染法:DEAE-葡聚糖转染法利用其较高的分子质量,可与 DNA 分子形成复合物,并通过内吞作用进入受体细胞,大大提高了目的基因的转染效率。

(4)阳离子聚合物转染法:阳离子聚合物可通过内吞作用进入宿主细胞,常用的阳离子聚合物有 Vigo-Fect高效真核转染试剂、梭华、二乙氨乙基葡聚糖、聚凝胺、多聚-L-赖氨酸等。该聚合物不同于阳离子脂质体,阳离子聚合物因不含疏水部分而在水中溶解度高,可以方便地进行化学修饰,不破坏细胞结构。

3. 生物法   分为原生质体转染和病毒转染。

(1)原生质体转染法:原生质体为去除细胞壁的细胞成分,包括细胞膜和细胞质。原生质体转染法通过人为方

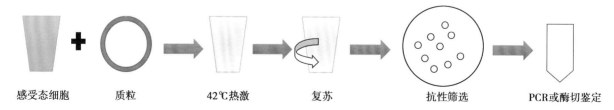

感受态细胞   质粒   42℃热激   复苏   抗性筛选   PCR或酶切鉴定

图 2-21-4   转化过程

法去除植物细胞原有细胞壁或抑制新生细胞壁合成,从而使外源基因渗入细胞中。由于此方法对细胞具有较高的选择性,且转染效率低等诸多劣势,目前已少用。

(2)病毒转染法:以病毒为媒介,携带目的基因的病毒感染宿主细胞,以在宿主细胞内表达目的基因的方法。有逆转录病毒载体、腺相关病毒载体和慢病毒载体等。

1)逆转录病毒载体:携带目的基因的逆转录病毒载体可通过表面膜糖蛋白与宿主细胞膜表面受体识别而进入宿主细胞内,并在逆转录酶的作用下合成病毒DNA。感染的宿主细胞进行有丝分裂时,病毒DNA整合至宿主基因组中形成前病毒,并使目的基因在子代细胞中得以表达。由于该法只能用于感染增殖期细胞,适用范围较窄,且安全性差等原因,目前使用较少。

2)腺相关病毒载体:腺相关病毒为线状单链DNA病毒,转染效率不受细胞生长发育状态的影响,并且能在细胞内实现免疫逃逸。其生产制备依赖于辅助病毒,且能携带的基因片段长度有限,应用时存在一定的局限性。

3)慢病毒载体:慢病毒属于逆转录病毒,最初由人免疫缺陷病毒改装而来。与逆转录病毒类似,慢病毒基因组可整合至宿主基因组并连续传代。慢病毒载体介导的基因转染技术具有极高的转染效率,且宿主范围广、可携带基因片段长等优势。

(三)转导

转导是指以噬菌体、黏粒及Fosmid为媒介,将DNA小片段在细菌细胞之间转移的过程。

五、目的基因的筛选与鉴定

目的序列与载体正确连接的效率问题、重组DNA分子导入细胞的效率问题等导致我们得到的宿主细胞不一定都带有所需要的目的序列。筛选出含有目的序列的阳性克隆并加以扩增是基因克隆技术的重要步骤。以下就常用技术的基本原理进行介绍。

(一)遗传学方法

常见的就是平板筛选法,根据质粒携带的遗传学标志如针对某种抗生素的抗性基因,在含有相应抗生素的平板上将菌体涂布均匀,非转化子即被杀死,可以生长的是已转化的细菌,由此进行挑选。另外还有蓝白斑筛选法等。

(二)核酸杂交法

对从基因组文库、cDNA文库或重组质粒中筛选出目的基因最有效的方法之一就是对菌斑或者菌落做杂交探测,可以直接筛选和鉴定阳性克隆。常用的方法是将硝酸纤维膜或尼龙膜覆于具有转化后生长的菌落平板上,处理去除所有污染物质,用碱处理膜上的DNA,菌落释放的DNA就吸附在膜上,再与标记的核酸探针杂交,核酸探针可以用放射性核素或者其他标记物标记,洗膜,用X胶片曝光,从而挑选含有目的序列的菌落。

(三)PCR技术

PCR技术对阳性克隆的筛选十分有效,它能在极短的时间内将目的基因扩增到数百万倍,利用靶基因引物或载体上通用引物进行扩增,再通过琼脂糖凝胶电泳对比,可以

直接观察到产物,PCR技术原理示意图见图2-21-5。

基因克隆技术的发展过程中始终伴随着人们对这一技术应用前景的担忧。随着转基因生物、人类基因组学、基因治疗和其他相关研究的发展,随之而来对其技术产生的伦理问题也引发社会热议,例如之前引起广泛争议的CCR5基因编辑的胎儿的诞生。基因克隆技术是一把双刃剑,在取得辉煌的科研成就之前,我们需要权衡利弊,并避免技术的误用、滥用。

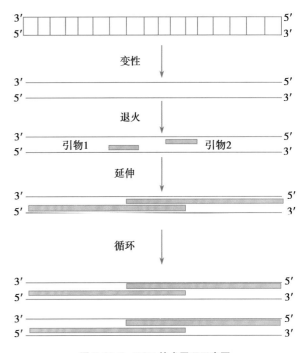

图2-21-5 RCR技术原理示意图

第二节 细胞治疗的基因定点修饰技术

2007年,诺贝尔生理学或医学奖授予了马里奥·卡佩奇(Mario Capecchi)、奥利弗·史密斯(Oliver Smithies)和马丁·埃文斯(Martin Evans),以表彰他们对小鼠胚胎细胞中基因打靶(gene targeting)技术的贡献。

三位科学家的研究,使得修饰和改造哺乳动物细胞基因组成为可能,所产生的革命性技术变革为现在的基础医学研究、治疗药物研发,甚至人类遗传疾病的治疗奠定了基础。

自20世纪开始,科学家就一直致力于生命本质的探索。

在20世纪早期,格里菲斯(Frederick Griffith)首先证明了DNA是遗传物质;20世纪中期,沃森(Watson)和克里克(Crick)两位伟大的生物学家开创性地发现了遗传物质DNA的双螺旋结构,为生物医学基因操作技术奠定了基础;随后,克里克教授发现了遗传物质转化为表型执行者(蛋白)的中心法则;从此,生物学中的一个普遍问题是基因组如何转化为表型。在20世纪众多遗传发现的同时,科学家们根据自己的实验模型,培育了大量的模式生物,建立了标准化的操作技术;这些模式生物包括细菌(如大肠杆菌)、

真菌(如酵母)、植物(如拟南芥)、昆虫(如果蝇、线虫)、鱼类(如斑马鱼)、两栖动物(如非洲爪蟾)和哺乳动物(如大鼠、小鼠);这些模式生物从原核生物到脊椎动物,通过基因操作技术实现生物医学问题的探索。

基因打靶(gene targeting)技术的定义为对细胞或个体遗传信息片段精确靶向,使得基因片段发生缺失、插入、突变,甚至基因片段替换等,从而实现靶向的基因片段在后代子细胞或个体子代中保持遗传性状稳定的一种技术。该技术的建立引发了对特定基因相关功能的革命,能够揭示从动物多样性到人类疾病的众多生物学现象的分子基础。目前,DNA 测序技术的进步使真核生物的基因组研究达到了空前的分辨率,但仍旧缺乏关于基因组大小或蛋白质编码基因数量与生物复杂性的相关性研究。

一、同源重组的基因打靶

同源重组(homologous recombination)是指发生在非姐妹染色单体之间或同一染色体上含有同源序列的 DNA 分子之间或分子之内的重新组合。同源重组是一种基因重组,其中核苷酸序列在两个相似或相同的双链或单链核酸分子之间交换(通常是 DNA)。它是细胞最广泛使用的方法,用于准确修复两条 DNA 链上发生的有害断裂,称为双链断裂(DSB)。同源重组还会在减数分裂过程中产生新的

DNA 序列组合。尽管不同生物和细胞类型之间的同源重组差异很大,但对于双链 DNA,大多数形式都涉及相同的基本步骤。

(一)双链 DNA 同源重组有相同的基本步骤

在发生双链断裂后,在断裂的 5′末端附近的 DNA 片段被切除。在随后的链入侵步骤中,断裂的 DNA 分子突出的 3′端随后"侵入"未断裂的相似或相同的 DNA 分子(图 2-21-6)。同源重组在众多生命形式中进化保守,表明这是一种几乎普遍的生物学机制。在 20 世纪 80 年代初期,一系列先驱在建立基于同源性的方法之前,通过显微注射受精卵细胞产生了转基因小鼠。这些研究预先注射编码病毒抗原的质粒进入卵细胞,再将其植入假怀孕的雌性受体小鼠。可以观察到,转基因在后代小鼠基因组内存在各种拷贝的插入,且在不同体细胞类型中有表达,并通过种系细胞得以传播。但是,整合是以非靶向方式发生的,具有随意性,且没有拷贝数控制,不同批次间存在差异。利用这一显微注射方法,还生产了转基因兔、猪和绵羊等。这些研究代表了动物科学和转基因动物领域的重大进展。后续的研究发现,这种遗传修饰可能会干扰宿主基因组中的基因表达模式,诱导突变和/或基因失活。

(二)通过基因重组实现靶向的遗传修饰

通过对同源重组过程中 DNA 修复的理解,由马里奥·

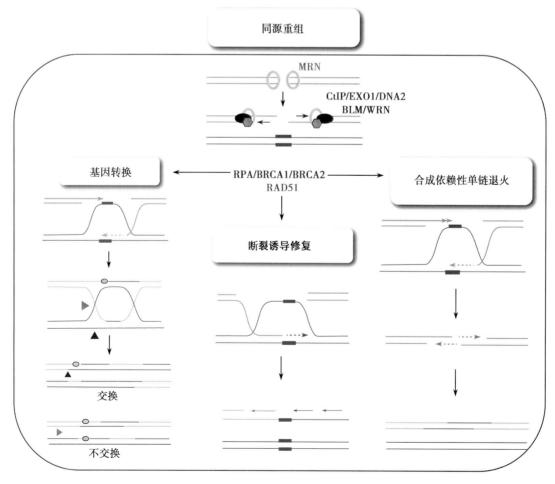

图 2-21-6 通过同源重组起作用的双链断裂修复模型

卡佩奇和拉朱·库切拉帕蒂领导的小组在培养的哺乳动物细胞中产生了有针对性(靶向)的遗传修饰。通过电穿孔或显微注射,引入外源 DNA 载体作为靶基因组序列的模板。这些靶向载体与靶向基因组序列具有高度同源性,这有利于同源重组机械的识别,从而引入不同类型的修饰,如序列插入或缺失。然而,通过同源重组靶向成功的细胞,只占到一小部分转染的哺乳动物细胞,限制了这一技术有效靶向受精卵并产生完整的转基因动物的应用。

20 世纪 80 年代,胚胎干细胞(ESC)培养技术的建立,为同源重组依赖的靶向转基因小鼠多能细胞的特定基因座提供可能。在这之前,将多种哺乳动物细胞的技术策略应用到选择同源重组的 ESC 克隆,然而成功案例很少。1987年,马里奥·卡佩奇和奥利弗·史密斯报告了 HPRT 基因在小鼠 ESC 中的靶向作用。最后,按照建立的 ESC 靶向修饰方法,研究人员培育出针对不同基因的基因敲除小鼠。使用转基因小鼠(包括敲除和敲入基因),对人类疾病进行建模,可以在生物医学研究的各个领域普遍应用,如癌症、心血管、免疫学、发育生物学等。但是,使用同源重组的方法产生的转基因小鼠模型具有局限性,特别是胚胎致死率、非自主基因功能引起的表型改变、技术流程操作复杂,以及在基因表达的可诱导性和组织特异性等方面。

二、基于重组酶的条件性基因靶向:Cre-LoxP 系统和 Flp-FRT 系统

胚胎基因靶向技术是转基因的先驱,然而这一技术却可能导致胚胎过早死亡,而无法评估其基因表型。有文献报道称,种系敲除小鼠中 30%~40% 会发生胚胎致死或围产期致死。此外,由于一些器官的发育要依赖另外的器官,所以会产生多器官畸形的表型,这再次证明充分了解基因功能的复杂性十分重要。总而言之,在所有体细胞中都发生了基因修饰的这些负面效应,亟待具有目标基因的组织特异性或发育特异性的转基因模型。这里,我们将重点介绍转基因模型中使用最广泛的两个位点特异性重组酶(site-specific recombinases,SSR)系统:Cre-LoxP 系统和Flp-FRT 系统。

(一) Cre-LoxP 系统

Cre-LoxP 系统是一种特定位点的重组酶系统,可在基因组 DNA 的特定位点上进行删除、插入、易位甚至倒位等操作,具有十分广泛的应用。Cre-LoxP 系统首先发现于 P1 噬菌体,在细菌分裂时参与基因组重组。

环化重组酶(cyclization recombination enzyme,Cre)是一个大小为 38kD、有 4 个亚基的蛋白质,能特异识别 LoxP序列,介导 LoxP 位点间的序列重组。LoxP(locus of X-over P1)位点位于 P1 噬菌体基因组内,由 34bp 序列组成,包括两个 13bp 的反向重复序列夹着一个不对称的 8bp 间隔区序列。

1. Cre-LoxP 系统的作用机制 LoxP 序列一般是成对出现,如果两个 LoxP 位点的方向相同,则 Cre 将两个 LoxP 位点所夹的基因序列切除;如果两个 LoxP 位点方向相反,则两个 LoxP 位点所夹的基因序列被反转;如果两个 LoxP 序列位于不同染色体上,则可以将供体序列与原始序列交换。其中,Cre 酶负责识别 LoxP 位点序列并切割(图2-21-7)。随着 Cre-LoxP 系统应用的广泛开展,科研工作者发现了多种 LoxP 序列变体序列,使用者可以在相关网站上查到。同时还要注意,LoxP 位点的间隔序列不同和两个LoxP 位点所操作的基因大小是影响 Cre-LoxP 系统效率的关键因素。

2. Cre-LoxP 系统是一种功能强大的工具 Cre-LoxP系统是控制基因组 DNA 中特定位点重组事件的遗传工具。

该系统使研究人员能够操纵各种转基因生物来控制基因表达,删除不需要的 DNA 序列并修改染色体结构,常用于规避由许多基因的系统性失活引起的胚胎致死性。Cre-LoxP 重组也可用于转基因动物建模,含有 Cre 修饰的小鼠品系可以更精确地控制重组酶介导的切除时间。

此外,CreER 可诱导系统是一种将雌激素受体与 Cre连接而成的嵌合蛋白,此蛋白仅在他莫昔芬(tamoxifen)存在的情况下易位到细胞核内而被激活,因此,实现了 Cre 介导重组的时序控制功能。

(二) Flp-FRT 系统

类似于 Cre-LoxP 系统,Flp-FRT 系统也是一个基于位

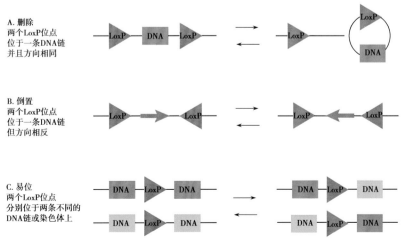

A. 删除
两个LoxP位点
位于一条DNA链
并且方向相同

B. 倒置
两个LoxP位点
位于一条DNA链
但方向相反

C. 易位
两个LoxP位点
分别位于两条不同的
DNA链或染色体上

图 2-21-7 Cre-LoxP 系统

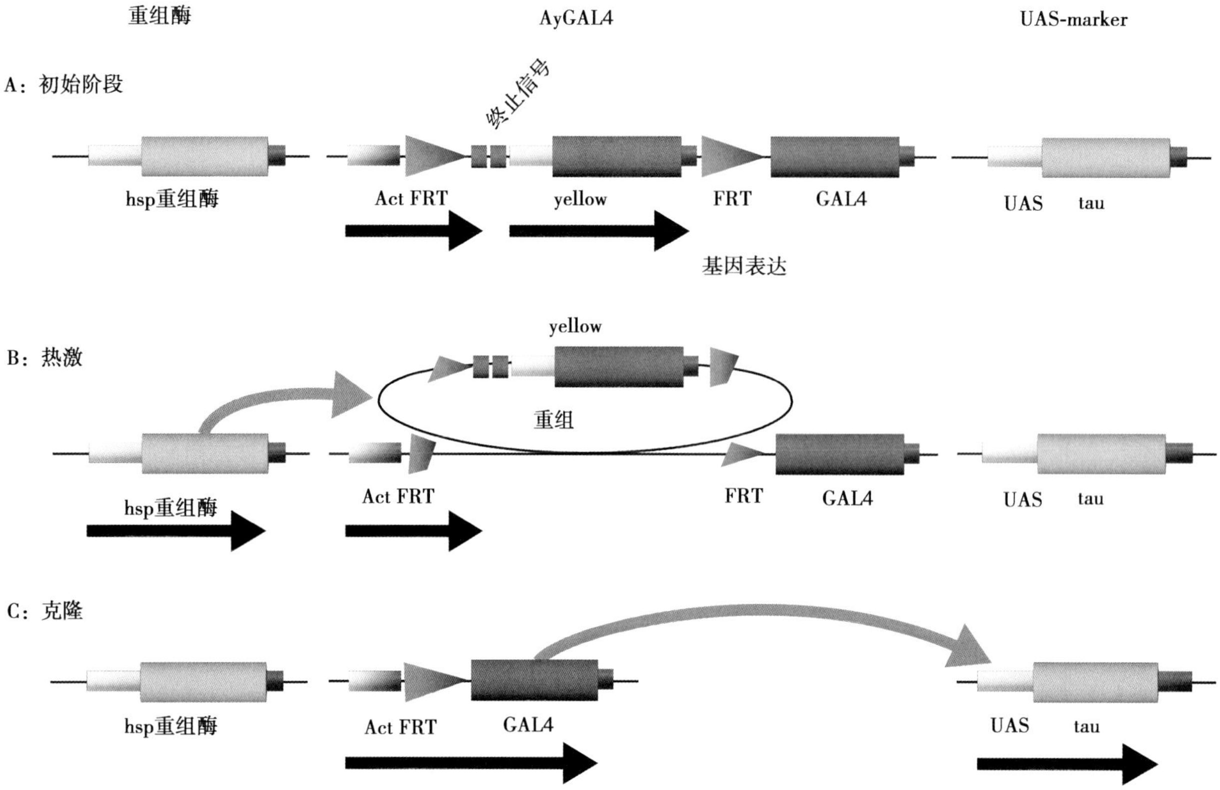

重组酶   AyGAL4   UAS-marker

A:初始阶段

hsp重组酶   Act FRT   yellow   FRT   GAL4   UAS   tau

基因表达

B:热激

hsp重组酶   Act FRT   FRT   GAL4   UAS   tau

C:克隆

hsp重组酶   Act FRT   GAL4   UAS   tau

图 2-21-8   Flp-FRT 系统

点特异性重组酶的基因操作系统。Flp(Flippase)是一个重组酶,类似于 Cre,它识别的位点是 FRT(short flippase recognition target),类似于 loxP 序列。Flp-FRT 系统源于面包酵母的 2μm 质粒,Flp 重组酶识别的 FRT 位点同样是 34bp 的 DNA 序列,左右各 13bp 的回文结构,中间夹 8bp 的间隔序列。与 Cre-LoxP 系统类似,当 FRT 在同一条 DNA 上且方向相同时,则两个 FRT 位点之间的基因被删除;FRT 方向相反,则基因被倒转(图 2-21-8)。

目前,基于 SSR 的基因打靶技术已经取得了长足进步,产生了大量的满足不同要求的转基因动物,但仍然存在一些局限性。第一,至少两个不同的转基因品系(Cre 和 LoxP)是实现组织和/或发育阶段特异性基因敲除或基因敲除小鼠的必需条件。当打算进行多次敲除时,转基因的数量和所需的杂交数量可能非常费时费力,相应费用增加。第二,这些 SSR 介导的遗传修饰对于修饰单个或几个核苷酸(例如点突变)则不可行。第三,使用基于重组酶的方法需要仔细分析 SSR 酶的生物学效应,某些 Cre 品系中,Cre 酶的表达会诱导某些表型发生,其中包括细胞死亡、染色体畸变、DNA 损伤和不育。这些技术的局限性,将迫使科学家发现新的技术并加以解决。

三、基于核酸酶的基因组编辑

在过去的 30 年中,出现了多种基因组操纵的新方法,并且已经开发出了一系列能够特异性靶向目标基因组区域,并切割 DNA 磷酸二酯键的核酸酶。新的基因组编辑的概念有所扩展,通过基因工具产生靶基因区域的 DNA 双链断裂(DNA double-strand breaks,DSB),激活细胞内源性 DNA 修复机制,从而引入靶向突变。在没有同源修复模板的情况下,插入/缺失(insertions/deletion,InDel)可能会通过容易出错的非同源末端连接(non-homologous end joining,NHEJ)发生。这些可改变靶基因的开放阅读框(open reading frame,ORF),导致终止密码子过早出现或干扰氨基酸序列的翻译。值得注意的是,NHEJ 诱导的 InDel 是随机的,因此无法预测结果。在突变的基因组区域内生成 InDel,也可以通过纠正引起突变的疾病来恢复基因功能。

四、新发现的三种工程核酸酶

锌指核酸酶(zinc finger nuclease,ZFN)、转录激活因子样效应物核酸酶(transcription activator-like effector nucleases,TALEN)和 CRISPR/Cas 系统,详见第二十二章。

第三节   细胞治疗的检测技术

基因支持着生命的基本构造和性能,储存着生命的种族、血型、孕育、生长、凋亡等过程的全部信息。基因表达是一个把遗传信息反映到蛋白分子结构上,控制蛋白质合成的过程,有其特定的规律,并受到机体各种因素的调节和控制。基因表达的差异,引起的性状差异,有利于细胞适应不同的环境条件及满足生长发育的不同阶段。细胞基因性状探查和表达的检测,是探索细胞功能必不可少的部分,检测细胞基因状态能更彻底地了解细胞的生物性状。根据基因表达:基因—信使 RNA(mRNA)—蛋白质分子环节,检测对象和方法不同,分述如下:

一、DNA(基因)检测

(一) DNA 印迹

基因成分是 DNA,检测基因即检测 DNA。Southern Blotting 是最为常用的 DNA 特定序列检测技术方法。

(二) 原理

Southern Blotting 是分子生物学中用于检测 DNA 样本中特定 DNA 序列的一种方法。Southern Blotting 结合电泳分离的 DNA 片段转移到滤膜和随后的片段检测探针杂交。该方法以英国生物学家埃德温·南斯(Edwin Southern)的名字命名,他于 1975 年首次发表了该方法。

经限制性核酸内切酶消化的 DNA 片段可在琼脂糖凝胶中被分离开,但却难以在胶中直接与探针杂交进行检测。如果把凝胶中的 DNA 片段经变性后,按原有顺序在高盐缓冲液中,利用虹吸现象使其转移到固定支持物上,如硝酸纤维薄膜或尼龙膜。然后与 ^{32}P 标记的相对应结构的探针分子杂交,这样可以使转移到膜上并与放射性核素探针杂交后的 DNA 分子,用放射自显影术呈现出来。

二、RNA 检测

在细胞培养的分析中,常常要了解某一基因的表达状况,检测细胞中是否存在转录的 mRNA(转录与否及量的多少),这是最直接和确切的方法。这一过程涉及总 RNA 的提取、电泳分离、转膜(Northern Blotting)及放射性核素标记的探针等步骤。Northern 并非人名,是根据 Southern(南氏)而相应以"北"(Northern)命名的方法,也是常用的技术,其原理与 DNA 检测的基本原理相同。

Northern Blotting,又称 RNA Blotting,是一种用于分子生物学研究的技术,通过检测样本中的 RNA(或分离的 mRNA)来研究基因表达。

在细胞分化和形态形成过程中,以及在异常或疾病条件下,通过测定特定的基因表达,可以观察细胞对结构和功能的控制。Northern Blotting 包括使用电泳分离 RNA 样本大小,并检测与部分或整个目标序列互补的杂交探针。术语"Northern Blotting"实际上是专门指 RNA 从电泳凝胶到印迹膜的毛细管转移,然而,整个过程通常被称为 Northern Blotting。Northern Blotting 技术是由斯坦福大学的 James Alwine、David Kemp 和 George Stark 在 Gerhard Heinrich 的贡献下于 1977 年开发的。

三、蛋白质检测

(一) Western Blotting

免疫印迹(又称蛋白质印迹),或称 Western Blotting,是一种广泛应用于分子生物学和免疫遗传学的分析技术,用于检测组织匀浆或提取物样本中的特定蛋白质。简单地说,先对样品进行蛋白质变性,然后进行凝胶电泳。一种合成的或动物来源的抗体(称为一抗),它识别并结合特定的靶蛋白。将电泳膜在含有一抗的溶液中孵育,然后将多余的抗体冲洗掉。添加二抗,二抗可以特异性识别一抗并与之结合,通过染色、免疫荧光和放射能等多种方法可使结合一抗和二抗的蛋白可视化,从而间接检测特异性靶蛋白。

(二) 酶联免疫吸附测定

酶联免疫吸附试验(ELISA)是一种常用来测定生物样品中抗体、抗原、蛋白质和糖蛋白的免疫学试验方法。典型例子有 HIV 感染的诊断、妊娠试验、细胞因子测定、细胞上清液或血清中的可溶性受体测定。ELISA 测定通常在 96 孔板中进行,允许在单个试验中测量多个样本。这些板需要是特殊的吸收板(如 NUNC 免疫板),以确保抗体或抗原粘在表面。每一种 ELISA 检测一种特定的抗原,各种抗原的试剂盒也很多见。

四、基因性状的检测方法

(一) 基因长度多态性检测

同一基因的结构或核苷酸排列顺序,在不同个体中不完全相同,称多态性(polymorphism)。基因多态性并不一定影响基因的功能,但可以作为区别个体的标志。在同一条染色体上排列着众多的基因,称基因连锁。限制性内切酶片段长度多态性(restriction fragment length polymorphism,RFLP)是一种常用的基因分析方法。

DNA 多态性是由于 DNA 点突变、随机丢失和插入或不等数量的串联重复序列所产生的现象。基因突变可分为有害突变和无害突变两类,发生在结构基因中能导致癌变、引起异常产物和发生病态表型的突变属有害突变,对机体结构和功能无任何影响的突变,属于无害突变或中性突变,还有的基因突变使个体对环境的适应性更强,则属于有益突变。所有突变都可导致基因多态性。

RFLP 通过内切酶消化 DNA,产生不同大小的片段,揭示多态性。此外,插入、缺失和重复序列也影响基因分析结果。这些信息对遗传研究和家族分析具有重要意义。

(二) 基因遗传变异检测

1. 点突变检测　点突变是基因最为常见的变异之一,有的变异规律,如 *ras* 癌基因常发生 12 位密码子和 61 位密码子的点突变,*p53* 抗癌基因第 6 外显子的 196 位密码子点突变,载体脂蛋白 *ApoB* 基因第 3 500 密码子突变等,都可以用 PCR/RFLP 法检测出。

2. 基因杂合性丢失检测(loss heterozygosity,LOH)　所谓杂合性丢失即等位基因之一丢失,导致杂合性现象,根据 Knudson 癌变两次突变说,抗癌基因发生杂合性丢失个体,成为癌变易感人群。因此用 RFLP 法检测抗癌基因杂合性丢失,有测知易感人群和预防意义。

五、DNA 序列分析

从 DNA 双螺旋结构的确定到基因组图谱的绘制,都与基因测序技术密不可分。迄今为止,基因组测序技术经历了三个阶段,即以 Sanger 测序、高通量测序及单分子测序为代表的三代测序的进展。随着测序速度的提升及成本的降低，通过对患者基因组的全面评估指导临床治疗成为可能。

（一）第一代测序技术

1977 年，"基因组学之父"、诺贝尔化学奖得主 Frederick Sanger 率先利用 Sanger 测序法完成了噬菌体 X174 的基因组测定，并先后在 1981 年和 1982 年获取了人类线粒体基因组（全长 16 569 个核苷酸）及 λ 噬菌体基因组（全长 48 502 个核苷酸），为基因组测序的发展奠定了基础。Sanger 测序法是一种以 DNA 复制为基本原理，以双脱氧核苷三磷酸（ddNTP，缺乏链延伸所需的 3' 端羟基）的链终止特性为手段，并通过凝胶电泳和放射自显影确定目的基因序列的方法。Sanger 测序法测量精确度接近 100%，目前仍被看作基因测序技术的"金标准"，但其存在的耗时长、通量低、成本高等问题，限制了其大规模应用，由此衍生了第二代测序技术。

（二）第二代测序技术

以高通量基因测序为核心，主要包括 Roche/454 焦磷酸测序、Illumina/Solexa 聚合酶合成测序、ABI/SOLiD 连接酶测序、Ion PGM 半导体芯片测序和华大 MGISEQ 测序等 5 种主流测序方法，详细比较见表 2-21-1。这 5 种高通量测序方法在数据产量、质量等方面各不相同，其中 Roche/454 焦磷酸测序具有最长测序读长（600~1 000bp）及最低通量（0.5~1.0Gb/run）的特点；Illumina/Solexa 聚合酶合成测序读长较短（100bp），通量较大（600Gb/run）；ABI/SOLiD 连接酶测序读长远低于前两种测序技术（50bp），但应用双碱基编码及克隆链接校正系统大大提高了测序的精度，适用于具有高质量参考基因组序列物种的重测序；Ion PGM 半导体芯片测序借助半导体芯片技术，具有使用简便、成本低等优势；华大 MGISEQ 测序可选择多种读长，且测序速度快、准确度高。高通量测序目前作为核心基因测序技术极大推动了现代生物学研究的进展，已广泛应用于多个领域。

（三）第三代测序技术

主要包括并行单分子合成测序、单分子实时合成测序、纳米孔单分子测序及半导体测序等，其特点是不经过 PCR 扩增，边合成边测序。与第二代测序技术相比，cDNA 文库的构建过程得以简化，并避免了由扩增造成的错误配对而引起的测序误差，且这种方式也避免了反应体系中碱基含量的影响。第三代测序技术也在读长上进行了优化，

后续拼接工作更简化，能直接对目标基因进行测序，展现出了极大的应用前景。其缺点在于单读长的错误率偏高，需重复测序以纠错，增加了测序成本，非常依赖 DNA 聚合酶的活性，且生信分析软件不够丰富、数据积累少。

（四）测序技术的应用

1. 全基因组测序　可分为全基因组 de novo 测序和全基因组重测序。

（1）全基因组 de novo 测序：又被称为全基因组从头测序，是一种不依赖于已知基因序列，直接测定待测样本基因序列的技术，并利用生物信息学分析技术完成对测序产生的大量 DNA 序列片段的排序和重新拼接，进而绘制完整的基因序列图谱。2010 年，科学家首次利用全基因组 de novo 测序技术完成对大熊猫基因组的测序，证明了使用第二代测序技术对大型真核生物的基因组进行准确、高效、快速的从头组装及测序的可行性，以及物种起源进化研究的重要意义。

（2）全基因组重测序：是基于已知的基因组序列比对同种的个体进行基因组测序的技术。此方法可以检测出单核苷酸多态性、插入缺失突变、拷贝数变异和结构变异等信息，也需要基于生物信息学相关的分析，实现对同一物种不同个体基因组间的结构及功能差异的注解。全基因组重测序目前广泛应用于基因突变检测、目标性状基因定位及物种起源进化研究。

2. 简化基因组测序　是采用以标签序列代表全基因组信息的测序手段。具体是将 DNA 进行切割，然后通过对特定片段进行高通量测序，实现对高密度单核苷酸多态性位点的快速鉴定，并能显著降低基因组的复杂度，步骤简单，成本低廉。常用的简化基因组测序技术有限制性酶切位点关联 DNA 测序（restriction-site-associated DNA sequencing，RAD-seq）、简化代表文库测序、基因分型测序等，其中高通量、高精度、高效率的 RAD-seq 目前广泛应用于单核苷酸多态性标记开发、超高密度基因组图谱构建、重要性状候选基因定位和群体遗传进化分析等。

3. 宏基因组测序　通过检测从环境样品中提取的微生物混合基因组 DNA，建立文库并进行高通量测序，从而研究微生物的遗传多态性及群落功能。用于宏基因组测序分析的主要策略为全基因组测序分析及 16s rDNA 测序分析，其中，16s rDNA 测序分析通过提取环境样品中的 16s

表 2-21-1　5 种主流第二代测序技术的特征及优缺点

测序技术	测序读长/bp	通量/(Gb/run)	优点	缺点
Roche/454 焦磷酸测序	600~1 000	0.5~1.0	可在短时间内获取大量高读长序列数据	成本高、数据准确度低
Illumina/Solexa 聚合酶合成测序	100	600	广泛用于微小 RNA 测序	待测样品需要长时间的制备和分析
ABI/SOLiD 连接酶测序	50	460	准确度极高，用于具有高质量参考基因组序列物种重测序	测序读长较短
Ion PGM 半导体芯片测序	400	5	测序速度快、准确度高、成本低	—
华大 MGISEQ	多种读长	150~1 440	测序速度快、准确度高、读长可选择	—

rDNA,从而建立微生物质粒文库,对测序数据进行去噪处理并分类,以供多样性分析和系统发育树构建等后续工作的展开。

4. 单细胞全基因组测序　单细胞全基因组测序技术是在单细胞水平对全基因组进行扩增与测序的一项新技术。其原理是将分离的单个细胞的微量全基因组 DNA 进行扩增,在获得高覆盖率的完整基因组之后,通过外显子捕获之后进行高通量测序,用于揭示细胞群体差异和细胞进化关系。该技术主要解决了用组织样本测序时,因样本少而出现的细胞异质性难题,为从单核苷酸水平深入研究癌症发生、发展机制及其诊断、治疗提供了新的研究思路,并开辟了新的研究方向。这一新方法还可被广泛用于其他重要的生物研究领域,如组织器官内细胞基因组的异质性研究、干细胞的异质性研究、生殖细胞的遗传重组研究、胚胎的植入前遗传学诊断研究、法医学少量 DNA 测序等。如下为具体应用领域:

(1)胚胎发育:由于单细胞的获取比较困难,所以目前大多以精子和卵子作为单细胞测序的主要目标细胞,而大规模地进行精细胞和卵细胞的测序,对早期胚胎发育研究有着无可替代的重要意义。高覆盖度的单个精子全基因组测序,构建了迄今为止重组定位精度最高的个人遗传图谱,这一技术方法在男性不育症研究和肿瘤早期诊断及个体化治疗等生物医学领域有着广泛的应用前景。

(2)癌症基因:目前来说,单细胞测序最常见的应用是癌症研究。由于癌细胞中基因组部分被删除或者扩增,从而引起关键基因的缺失或者表达过量,干扰了正常细胞的生长,因此利用这种方法就能分析基因拷贝数目,从而诊断癌症。

(3)微生物单细胞测序:此方法可应用于不同环境中的单个细菌细胞进行测序,从大海深处到医院病房及人体内。这种经济高效的方法应该有助于微生物分类和进化的探索,且能够挖掘出一些环境微生物,其基因和通路能够为生物技术和生物医学所用。

5. 空间转录组测序　高通量单细胞测序技术的应用,使得在推断细胞类型和轨迹方面取得了巨大的成功,初步揭示了细胞命运决定、细胞谱系和发育轨迹的问题。然而,空间异质性仍然是一个棘手的问题。通过结合成像和测序,空间转录组学可以绘制出组织中特定转录本存在的位置,鉴定特定基因的表达位置,从而更加全面地从分子层次研究组织,使得向实现单细胞分辨率下获得基因表达位置信息的目标更进了一步。空间组学技术依据通量主要分为两类:低通量包括微解剖基因表达技术、原位杂交技术和原位测序技术;高通量为基于空间条形码的技术。空间转录组测序技术通过将传统组织学技术的优势与高通量 RNA 测序技术相融合,不仅可以提供研究对象的转录组等数据信息,同时还能定位其在组织中的空间位置,这对于癌症发病机制、神经科学、发育生物学等众多领域都有非常广泛的应用场景。

(1)神经生物学:基于空间转录组学的方法已经建立了整个小鼠大脑或特定区域的详细图谱,如视觉皮层、初级运动皮层、中颞回、下丘脑视前区、海马和小脑。相关研究在对背外侧前额叶皮质的分析中确定了已知精神分裂症和孤独症相关基因的空间模式,从而提出了精神分裂症遗传易感性的机制。

(2)发育生物学:时间分辨的空间转录组图谱有助于阐明心脏发育、精子发生和肠道发育的空间动力学。同样,对人类子宫内膜在月经周期的增殖期和分泌期的全面研究发现调节向纤毛或分泌型上皮细胞分化中的关键信号通路。

(3)疾病研究:除了正常的发育和生理,空间转录组学很适合研究疾病中的组织结构紊乱。空间转录组学能够识别在癌症中起作用的机制,即正常生理功能的组织结构发生改变。例如,在皮肤鳞状细胞癌中发现了免疫调节性癌细胞状态。空间转录组学还为神经退行性疾病(包括阿尔茨海默病和肌萎缩侧索硬化症)、感染和炎症过程(如麻风病、流感和败血症),以及风湿病(包括类风湿性关节炎和脊柱关节炎)中组织失调机制提供了见解。

(4)其他:空间转录组学在发现疾病因子、建立空间图谱、描绘空间蓝图等方面已得到了广泛的应用和推广,但其潜力远不止于此。例如,在细胞间通信的研究中,不同细胞类型的相互作用是从转录组学数据和已知的配体受体复合物中推断得出的,然而,单个细胞之间正在进行的相互作用很难被立即捕捉到。因此,将空间转录组学引入细胞间通信研究是值得期待的。此外,单细胞组学技术在许多方面促进了空间转录组学的发展,例如,可以从细胞分型提供标记基因,这反过来又可以利用空间位置信息协助单细胞组学区分亚群。此外,由于基于图像的空间研究方法可以提供亚细胞视图来观察单个细胞内的分子行为,这使得分析基因-基因相互作用组、基因调控网络和多模态组学成为可能。

六、细胞培养物检测与移植后细胞监控检测

在细胞治疗研究中,细胞培养物检测和移植后细胞监控检测是两个重要的阶段,它们有助于确保治疗细胞的质量、活力和功能。

(一)细胞培养物检测

1. 细胞培养　治疗细胞会在实验室中进行培养,以确保其生长、繁殖和功能正常。

2. 细胞鉴定　通过细胞表面标记物或特定基因的表达等方式,验证细胞的身份和纯度,以确保所使用的细胞符合治疗目的。

3. 细胞活力检测　利用细胞存活率、增殖指标(如 MTT、CCK-8 等实验)来评估细胞的健康状态,确保细胞具有足够的活力。

4. 细胞功能检测　根据治疗的具体目的,对细胞的特定功能进行测试,例如细胞的分泌活性、免疫调节性能等。

5. 细胞质量控制　监测培养条件,保证细胞培养的质量和稳定性,包括培养基配方、温度、湿度、CO_2 浓度等。

(二)移植后细胞监控检测

1. 细胞存活率检测　在移植后,检测细胞的存活率,确保移植细胞在体内仍然保持活力。

2. 细胞定位和分布 利用标记技术，追踪移植细胞的位置和分布情况，确保它们到达目标组织或器官。

3. 功能评估 根据治疗的具体目的，检测细胞在体内的特定功能表现，如分泌活性、免疫调节效果等。

4. 治疗效果评估 监测移植细胞对疾病的治疗效果，包括症状改善、病理学指标等。

5. 安全性评估 定期检测移植细胞对宿主的影响，包括炎症反应、免疫反应等，确保治疗的安全性。

这些检测阶段是细胞治疗研究中不可或缺的环节，可以保证治疗细胞的质量、安全性和疗效。同时，合理的监控和评估也是细胞治疗研究成功的关键。

第四节 细胞治疗的动物模型

细胞治疗的动物模型是在动物身上进行实验以评估细胞治疗方法的疗效、安全性和机制的模拟体系。这些模型对于在临床前阶段评估细胞治疗的效果和潜在风险至关重要。

一、主要的动物模型

1. 小鼠模型 小鼠是最常用的动物模型之一，具有许多人类疾病的模拟体系。它们的遗传、免疫和生理学特性，使其成为广泛研究的对象。

2. 大鼠模型 类似于小鼠，大鼠也被广泛用于模拟各种疾病，包括心血管疾病、糖尿病等。

3. 家兔模型 家兔的心脏、血管等结构与人类相似，因此在心血管疾病的研究中经常被选用。

4. 猪模型 由于其器官大小和生理学特性与人类较为接近，因此猪模型在心脏病、糖尿病等领域的研究中具有重要地位。

5. 狗模型 狗的生理和病理特性与人类较为相似，特别是在心血管疾病研究中经常被使用。

6. 非人灵长类动物模型 如猕猴等，其生理结构和免疫系统相对接近人类，但由于成本和伦理等因素，使用相对较少。

7. 小型家畜模型 如山羊等，也可用于某些研究，例如生殖器官的疾病模型。

8. 特定疾病模型 一些特定的动物模型已经建立用于模拟特定的疾病情况，如心肌梗死模型、帕金森病模型等。

在选择动物模型时，研究者需要考虑到模型与所研究疾病的相似性、实验的可行性、伦理问题和研究目的等因素。综合考虑这些因素可以使动物模型研究更具有科学价值和临床前实验的指导意义。

二、人源化小鼠模型（HLA转基因鼠）

目前用于临床前研究的许多小动物模型无法准确预测人类的反应，因为它们的遗传背景与人类有很大的不同；非人灵长类动物和其他大型动物模型面临成本高、样本数量有限和伦理争议等问题。此外，两种模型都无法消除物种特异性临床前研究的影响，因此，许多临床前动物实验结果大大不同于人类的临床反应。

多项研究表明，种间MHC分子的遗传差异是导致差异的重要因素之一。因此，通过在实验动物体内将动物MHC分子替换为人类HLA分子，可以有效提高动物模型预测人类免疫反应的准确性。

小鼠与人类共享高达95%的基因和80%的遗传产物。小鼠的遗传背景已经被研究得很透彻了，选择近交小鼠作为人类HLA携带者，在观察HLA分子对细胞免疫反应的调节时，可以有效地减少其他遗传背景的影响。20世纪80年代，分子生物学的迅速发展和转基因技术的成熟，为将体外克隆的人类特异性HLA基因插入小鼠基因组提供了技术支持。更重要的是，由于MHC的多态性和连锁性，每个个体遗传了几种不同的HLA单倍型，这就造成了很难观察人体单HLA限制性反应。因此，将某些HLA分子转移到小鼠体内，可以单独检测该HLA分子在体内的免疫学特性，避免与其他HLA分子在抗原呈递上的竞争。

将人类典型MHC基因导入小鼠体内，敲除小鼠H-2基因，建立HLA转基因小鼠模型。这些转基因小鼠模型的免疫反应仅受HLA分子的限制，细胞免疫反应与人类一致。毫无疑问，HLA转基因小鼠模型是提高临床前研究准确性的有效工具。

目前报道的人源化MHC动物模型包括HLA-I类和HLA-II类转基因小鼠模型，分别侧重于检测细胞毒性T淋巴细胞（CTLs）和辅助性T细胞（Th）的功能。

（一）HLA-I类转基因小鼠模型

1. HLA-I类转基因小鼠模型 Kievits F等人在1987年报道了第一个人源化的MHC-I类转基因小鼠模型HLA-B27，证明了该模型的细胞毒性T淋巴细胞（CTL）可以利用人源化的HLA-B27限制性分子特异性识别病毒蛋白。之后，尽管研究表明人类HLA-I类分子的抗原决定基与小鼠H-2 I类分子不是一模一样的，但Sesma L等人通过体外实验证明鼠源细胞的1 551个表位与人源细胞的1 372个表位相比，其中有1 161个表位是相同的。因此，小鼠体内的微环境可以满足人类HLA-I类分子的正常复制、修饰和运输，实现与人体相似的抗原呈递过程。

2. HLA-I类转基因小鼠模型的优化 HLA-I类分子为异源抗原，具有高多态性，由一个糖基化的链和一个轻链通过非共价键组成。随着对HLA-I类分子的结构和免疫功能的深入了解，不断优化HLA-I类转基因小鼠，解决在应用HLA-I类转基因小鼠时遇到的问题。这个过程可以分为三个阶段。

第一阶段，将HLA全分子直接整合到小鼠基因组中，比如早期研发的HLA-A2、HLA-B7、HLA-B27、HLA-Cw3等模型，但是这些模型仍然具有一定的局限性。由于人HLA分子中a3功能区与小鼠CD8分子结合力弱，以及小鼠H-2 I类分子存在的关系，导致小鼠的H-2 I类分子限制性免疫反应对人HLA-I类分子限制性免疫反应产生竞争性抑制的作用，使得在这些小鼠模型中仍然以H-2 I类限制性免疫反应为主，无法体现出人HLA限制性免疫反应单独发挥的功能。研究表明,当 H-2 与 HLA 分子同时在小鼠体内存在的情况下,重组进去的 HLA 分子在小鼠淋巴细胞表面的表达显著下降。

第二阶段,科学家们使用了两种不同的方法对 MHC 转基因小鼠模型的构建进行了改进。其中一种方法是间接针对人 HLA 分子与小鼠 CD8 分子结合力弱的问题,对人 CD4 或 m/H CD8 分子进行重编码,使得 HLA 与 CD4 或 CD8 辅助分子进行有效结合,增强抗原呈递的第二信号;另外一种方法是直接面向人 HLA 分子与小鼠 CD8 分子结合力弱的问题,科学家们对 HLA 转基因分子的结构进行优化,使用鼠源 a3 功能区来替换之前的跨膜 a3 功能区,构建 HLA 分子嵌合体,鼠源的 a3 结构解决了人 HLA 与 mCD4 或 mCD8 之间的结合问题,其中具有代表性的小鼠模型为 HLA-B27(HHM)小鼠。虽然经过上述方法优化后的小鼠模型能够产生一定程度的针对 HLA 的特异性免疫反应,但是大多数的细胞免疫仍然是由鼠源的 H-2 分子进行调控。

因此,科学家们采取了第三阶段的构建策略,即构建 HLA-A Ⅱ转基因嵌合载体,该载体包含了 HLA-A Ⅱ启动子、重链 a1 和 a2 功能区、轻链 B2m、H-2Db 的 a3 功能区和跨膜区,除此之外,还对鼠源 H-2 的重要组分 B2m 和 IAB 进行了敲除。在新设计的 HLA-A Ⅱ转基因嵌合载体中,科学家们使用了鼠源 H-2 的 a3 功能区去替代人源 HLA-A Ⅱ 的 a3 功能区,而对于鼠源 H-2 Ⅰ及Ⅱ类分子的重要组分 B2m 和 IAB,通过碱基插入的方法将原功能基因分离成不同大小的基因片段,从而达到"敲除"的目的,来沉默 H-2 分子的表达。经过改造后的 HLA-A Ⅱ小鼠,排除了 H-2 Ⅰ 类限制性免疫反应的竞争性抑制,从而仅可以产生针对 HLA-A Ⅱ的限制性免疫反应。

(二)HLA-Ⅱ类转基因小鼠模型

1. HLA-Ⅱ类转基因小鼠模型 人类试验受到技术和伦理的限制;然而,当前没有有效的广泛的动物模型可以代替人类病例来满足这一要求。HLA-Ⅱ类转基因小鼠模型最初的目的是研究 HLA 与某些疾病之间的易感性,并进一步用于观察 CD4$^+$T 细胞对病毒、寄生虫、肿瘤的反应和自身免疫。目前,科学家已经建立了一系列 MHC-Ⅱ类分子人源化的转基因小鼠模型,如 HLA-DR01、HLA-DR03、HLA-DP4、HLA-DR15、HLA-DQ6、HLA-DQ8,用于类风湿关节炎、多发性硬化症、胰岛素依赖型糖尿病或腹腔疾病的研究。

与 HLA-Ⅰ类转基因小鼠相似,分子生物学和转基因技术的发展为构建 HLA-Ⅱ类转基因小鼠的可行性奠定了基础。1983 年,通过将 HLA-DR 基因导入小鼠细胞,第一个 HLA-Ⅱ类转基因小鼠诞生。2 年后报道 HLA-DP 转基因小鼠,HLA-DP 对 CD4$^+$T 细胞免疫功能的影响符合预期。然而,这些人源化小鼠模型同时表达人类Ⅱ类和小鼠 MHC-Ⅱ类抗原。很难区分免疫反应是由小鼠 MHC-Ⅱ类分子引起的还是由人类 MHC-Ⅱ类分子介导的。在这种情况下,我们从以下几个阶段,采用了许多策略来优化这些小鼠模型。

2. HLA-Ⅱ类转基因小鼠模型的优化 与其他 MHC-Ⅱ

类分子一样,HLA-Ⅱ类分子和 H-2 Ⅱ类分子都是异源二聚体,由一条 α 链和一条 β 链组成,每条链上都有两个结构域:α1、α2、β1、β2。在抗原提呈中,由 α1 和 β1 形成沟来结合表位,负责抗原提呈;α2 和 β2 形成跨膜结构域,锚定 MHC-Ⅱ类分子到细胞膜。因此,基于 MHC-Ⅱ类分子结构设计 HLA-Ⅱ类转基因小鼠模型的优化。

第一阶段:在本阶段,HLA-Ⅱ类转基因小鼠仅诱变人类 MHC-Ⅱ类 α 链或 β 链,并在体内与小鼠互补链偶联。例如,最初的 HLA-DR 转基因小鼠模型仅仅是导入了人的 DRα 链及成对的小鼠 Eβ 链,没有 DR 的 β 链;或者只有 DRβ 链和成对的小鼠 Eα 链,没有 DR 的 α 链。在这种情况下,小鼠的 T 细胞可以部分接受人类 HLA-Ⅱ类分子的限制。随后的改进是通过同时将人的 α 链和 β 链基因引入小鼠基因组,使完整的 HLA 抗原能够在小鼠背景下发挥作用,如 HLA-DR1 和 HLA-DR2 转基因小鼠。除 HLA 基因的结构外,还考虑了 HLA 的启动子。一些小鼠模型,如 HLA-DQw6、HLA-DR3、HLA-DRw17 和 HLA-DR1,使用来自人类 MHC 区域的启动子,而另一些小鼠模型使用小鼠 MHC 区域的启动子表达 DR4。所有这些小鼠模型仍被报道在 HLA 限制反应方面效率低下。

第二阶段:除了优化人类 MHC-Ⅱ类分子表达外,还考虑了 T 淋巴细胞的 CD4 分子与靶细胞 MHC-Ⅱ类分子的相互作用。有研究报道,与人 CD4 和外源性 HLA 分子的相互作用相比,小鼠 CD4 与外源性 HLA 分子的相互作用相对较弱。因此,当前有两个选择,一个是修改 MHC-Ⅱ类分子嵌合结构,伍兹团队采取了这个策略,在 HLA-DR 的转基因小鼠中使用小鼠的 α2 和 β2 结构域取代人的 α2 和 β2 结构域,结果表明,嵌合结构(DR-α1,β1,I-Eα2,β2)有助于刺激更强的小鼠 CD4$^+$T 细胞反应。另一种方法是将小鼠 CD4 替换为人 CD4。虽然 Altmann 等人报道 HLA-DR1/hCD4 转基因小鼠的 CD4$^+$T 细胞库动员与 HLA-DR1 转基因小鼠相同,但多项研究报道,HLA 与 hCD4 的相互作用优于 HLA 与 mCD4 的相互作用。此外,hCD4 启动子来自小鼠基因组,如 HLA-DR4 小鼠的小鼠 CD3 基因启动子和 HLA-DQ6 小鼠的小鼠 CD2 启动子。

第三阶段:如上所述,科学家们在提高 HLA-Ⅱ类转基因小鼠与人类的相似性方面做了大量的工作。但许多研究表明,H-2 与 HLA 分子共表达会引起小鼠的免疫反应向某个方向发展。因此,在 1991 年,科斯格罗夫等人开发了一种缺少 H-2 Ⅱ类的小鼠模型;1999 年,马德森等人通过同源重组和 Cre 重组酶介导的切除工程发明了另外一种敲除小鼠 MHC-Ⅱ类的小鼠模型。这些小鼠模型随后被广泛用于开发仅表达人类 MHC-Ⅱ类分子而不表达所有小鼠 H-2 Ⅱ类分子的小鼠模型,以突出 HLA-Ⅱ类限制性免疫。在这些新的小鼠模型中,证明人类 MHC-Ⅱ类分子在功能上被激活并参与塑造胸腺中的 CD4$^+$T 细胞库,介导外周的 CD4$^+$T 细胞反应。据报道,HLA 转基因和 H-2 Ⅱ类敲除小鼠模型的成熟 CD4$^+$T 细胞库与 C57BL/6 小鼠不同。重要的是,在这些小鼠模型中呈现给 CD4$^+$T 细胞的多肽被证明与携带相同 MHC-Ⅱ类单倍型患者呈现给 CD4$^+$T 细胞的多肽相似。

总之，目前可用的 HLA-Ⅱ类转基因小鼠具有模拟人类细胞反应的高能力。但仍有一些局限性有待解决。这些小鼠的 HLA-Ⅱ类分子只是 HLA-Ⅱ类抗原中的一种，而人类的 CD4+T 细胞反应是不同 HLA-Ⅱ类分子相互作用的结果。因此，应开发更多不同类型的小鼠模型进行实验治疗。

（三）HLA-Ⅰ/Ⅱ双转基因小鼠模型

与 HLA-Ⅰ和 HLA-Ⅱ单转基因小鼠相比，HLA-Ⅰ和 HLA-Ⅱ双转基因小鼠可以观察 MHC-Ⅰ和 MHC-Ⅱ分子在免疫应答中的协同作用，这对于研究病毒发病机制或筛选抗病毒疫苗都具有独特的优势。2004 年，Anthony 等人通过引入人类 HLA-A2 和 HLA-DR1 基因，敲除小鼠 H-2 Ⅰ类和Ⅱ类分子，成功建立了人类 HLA-A2/DR1 转基因小鼠模型。这些小鼠的细胞免疫反应完全受人类 HLA 分子的限制，与人类细胞免疫反应极为一致。特别是 HLA-DR1 分子能够调节小鼠 B 细胞介导的体液免疫反应，进而影响 CTL 反应。尽管 CD8+T 细胞数量的百分比低于野生型小鼠，但是表达功能的转基因 HLA-A2.1 分子导致外周血 CD8+T 细胞群比例明显增加，达到脾脏细胞总数的 2%~3%，而在 β2m 敲除的小鼠中表达量只有 0.6%~1%。此外，与野生型 B6 小鼠相比，外周血 CD8+T 细胞的 TCR 功能差异很大，这表明 CD8+T 细胞活性是很高的。同样，HLA-DR1 分子在 HLA-A2/DR1 转基因小鼠中也有相同的表达情况，CD4+T 细胞占脾细胞总数的 13%~14%。相反，在 H-2 Ⅱ类敲除的小鼠中，只有 2%~3% 的细胞是 CD4+T 细胞群，该结果与小鼠缺乏 MHC-Ⅱ类分子的最初报告一致。因此，该小鼠模型在研究 T 细胞表位和评价基于细胞免疫的保护性疫苗时，能够反映人类的自然免疫反应，为疫苗研究和评价提供了较为理想的技术和模型。此外，该双转基因双敲除小鼠模型是一种用于移植重建人外周血淋巴细胞和组织的小动物模型。

（陈智　郭紫瑄　吴凤天　郑秋仙　王刚　邵骏威）

参考文献

［1］Junjie Tan，Joachim Forner，Daniel Karcher，et al. DNA base editing in nuclear and organellar genomes. Trends Genet，2022，38（11）：1147-1169.

［2］Satheesh Kumar，Lewis E Fry，Jiang-Hui Wang，et al. RNA-targeting strategies as a platform for ocular gene therapy. Progress in retinal and eye research，2023，92：101110.

［3］Jasin Hodzic，Lejla Gurbeta，Enisa Omanovic-Miklicanin，et al. Overview of Next-generation Sequencing Platforms Used in Published Draft Plant Genomes in Light of Genotypization of Immortelle Plant（Helichrysium Arenarium）. Med Arch，2017，71（4）：288-292.

［4］Atif Khurshid Wani，Nahid Akhtar，Reena Singh，et al. Genome centric engineering using ZFNs，TALENs and CRISPR-Cas9 systems for trait improvement and disease control in Animals. Vet Res Commun，2023，47（1）：1-16.

［5］F Ann Ran，Patrick D Hsu，Jason Wright，et al. Genome engineering using the CRISPR-Cas9 system. Nat Protoc，2013，8（11）：2281-2308.

［6］Kamand Tavakoli，Alireza Pour-Aboughadareh，Farzad Kianersi，et al. Applications of CRISPR-Cas9 as an Advanced Genome Editing System in Life Sciences. BioTech（Basel），2021，10（3）：14.

［7］Monika K Verma，Sanjana Roychowdhury，Bidya Dhar Sahu，et al. CRISPR-based point-of-care diagnostics incorporating Cas9，Cas12，and Cas13 enzymes advanced for SARS-CoV-2 detection. J Biochem Mol Toxicol，2022，36（8）：e23113.

［8］Leila Haery，Benjamin E Deverman，Katherine S Matho，et al. Adeno-Associated Virus Technologies and Methods for Targeted Neuronal Manipulation. Front Neuroanat，2019，13：93.

［9］Verma，Mansi et al. Genome Sequencing. Methods in molecular biology，2017，1525：3-33.

［10］Vincent，Antony T. Next-generation sequencing（NGS）in the microbiological world：How to make the most of your money. J Microbiol Methods，2017，138：60-71.

［11］Catarina Silva，Miguel Machado，José Ferrão，et al. Whole human genome 5'-mC methylation analysis using long read nanopore sequencing. Epigenetics，2022，17（13）：1961-1975.

［12］Aarjoo Sharma，Sanjeev Balda，Mansi Apreja，et al. COVID-19 Diagnosis：Current and Future Techniques. International journal of biological macromolecules，2021，193（Pt B）：1835-1844.

［13］胡维新. 医学分子生物学. 2 版. 北京：科学出版社，2014.

［14］朱圣庚，徐长法. 生物化学. 4 版. 西安：西北工业大学出版社，2017.

［15］Jenny Lange，Haiyan Zhou，Amy McTague. Cerebral Organoids and Antisense Oligonucleotide Therapeutics：Challenges and Opportunities. Frontiers in molecular neuroscience，2022，15：941528.

［16］胡晓，姜龙，王宝宝，等. MHC 分子与肿瘤免疫及治疗的研究进展. 生命科学，2021，33（7）：833-843.

［17］孔梓宇，柳毅，汪晖. Cre-LoxP 条件性基因敲除的实际应用策略. 中国生物化学与分子生物学报，2022，38（9）：1125-1132.

［18］石惠. 基于双重组酶的可逆性基因敲除系统及外切酶介导的基因编辑系统的建立. 北京：中国科学院大学，2021.

［19］卢俊南，褚鑫，潘燕平，等. 基因编辑技术：进展与挑战. 中国科学院院刊，2018，33（11）：1184-1192.

［20］兰泓，张玉祥. 基因克隆技术及其进展. 中国医药生物技术，2015，10（5）：448-452.

［21］安钢力. 实时荧光定量 PCR 技术的原理及其应用. 中国现代教育装备，2018（21）：19-21.

［22］Asadi，Rozi，Hamidreza Mollasalehi. The mechanism and improvements to the isothermal amplification of nucleic acids，at a glance. Analytical biochemistry，2021，631：114260.

第二十二章　细胞基因组编辑技术

提要:基因组编辑技术是对细胞或动物的基因组进行有目的地改造或修饰,也称为"编辑"。十余年来,经锌指核酸酶技术、TALE 核酸酶技术、CRISPR/Cas9 系统及碱基编辑器技术几代的发展,现已广泛用于生物细胞基因组的遗传学改造。随着近年来合成基因组学的发展,创造了基因组人工修改的新方法,即"编写"基因组技术。本章用 3 节专门介绍这几种基因编辑技术的基本原理和应用。

疾病的需求牵引和推动着细胞和基因工程技术的发展。细胞生物学和分子生物学理论与技术的发展,推动着新的基因改造技术不断创新。锌指核酸酶技术(zinc finer nuclease,ZFN)、TALE 核酸酶技术(transcription activator-like effector)、CRISPR/Cas9(clustered regularly interspaced palindromic repeats/CRISPR-associated proteins)系统及合成基因组学(synthetic genomics)的碱基编辑器技术等,就是应运而生的新技术,为基因改造发明了新的工具,有力地推动了细胞治疗技术的发展。

从 20 世纪 80 年代开始,人们在分子生物学、发育生物学和细胞生物学的知识积累下,逐渐建立起基因打靶(gene targeting)技术,可以在动物实现精准的基因组改造。近年来,基因编辑(gene editing)或基因组编辑技术(genome-editing technique)的快速发展,终于使得人们能够以较高的效率和基因位点特异性定点修饰细胞或动物的基因组。更进一步,合成生物学(synthetic biology)理论和技术的发展,创建了合成基因组学(synthetic genomics),对细胞基因组进行人为干预成为可能,在细胞水平对基因进行改造,用以治疗疾病的梦想得以实现。

第一节　序列特异性核酸酶介导的基因组编辑技术

定点修饰细胞基因组是人类长久以来的梦想。简单的基因修饰,包括向野生型细胞里转染真核表达载体,以对特定的基因进行过表达(overexpression),从而补充欠缺的蛋白质分子;或者转入某些抑制基因表达分子,如小干扰RNA(siRNA),抑制目的基因表达。为实现这一目标,首先需要通过设计构建真核表达载体,将目标基因置于一组真核细胞基因表达调控序列的控制下;然后转染细胞,使目标基因在治疗细胞中得以持久和高水平地表达。这种基于实现基因过表达或抑制目的基因表达(基因沉默)的基因修饰细胞治疗相对容易实现。

在细胞治疗层面,还需要考虑治疗用靶细胞的选择,要考虑细胞的来源、免疫原性、在体内发挥的作用等。可以采用成熟细胞进行基因编辑,也可以采用干细胞进行基因

改造,实现治疗疾病的目的。一般情况下,用于细胞功能替代治疗的细胞,最好选择未经过基因修饰的自体干细胞,以减少机体排斥反应,或基因修饰带来的不可预测的后果。在疾病状态下,天然细胞并不能发挥理想的治疗效果,往往需要对细胞进行特定的基因修饰。

近年来,新发展的基因编辑技术和细胞培养技术的进步,使有目的的定点基因改造成为可能,多种过去无法治疗的遗传病可以实现基因水平的治疗。基因组编辑技术是一种在染色质水平上,对特定基因的 DNA 碱基序列进行定向改造的遗传操作技术。最早出现的基因组编辑技术依赖于人工设计的序列特异性核酸酶。

一、基于序列特异性核酸酶的基因组编辑技术原理

基于序列特异性核酸酶的基因组编辑技术的基本原理是,利用一类天然的或人工设计构建的 DNA 序列特异性核酸内切酶,在染色质 DNA 的特定位置切开 DNA 双链,造成 DNA 双链断裂(double strand break,DSB)。DNA 双链断裂可以触发细胞的 DNA 损伤反应(DNA damage response,DDR),使得细胞激活其自身的 DNA 修复系统并进行 DNA 双链断裂的修复。现有的分子生物学理论认为,DNA 的双链断裂修复涉及两种机制,一种是非同源末端连接(non-homologous end joining,NHEJ),另一种是同源重组(homologous recombination,HR)修复。无论最终采用何种机制修复 DNA 双链断裂,都会在修复断裂的双链 DNA 的过程中,在断裂点产生随机或定向的 DNA 序列改变,如碱基的缺失、插入、转换等,从而达到定位、定向改造染色质 DNA 的目的。因此,这一类基因组编辑的过程从原理上可分为两个大的步骤:

(一)利用序列特异性核酸酶特定位置切断 DNA

这一过程由一系列的天然或人工构建的序列特异性核酸酶来实现。这些酶可在染色质 DNA 上高度特异性地切断 DNA,因此是基因组编辑技术成功的关键。早期用于基因组编辑的位点特异性核酸酶是两类依据人工设计的、靶向 DNA 特定 DNA 序列的内切核酸酶,即锌指核酸酶和转录激活因子样效应物核酸酶。此后又依托细菌的

适应性免疫系统的工作原理,设计出了成簇的规律间隔的短回文重复序列/CRISPR 相关蛋白质(clustered regularly interspaced palindromic repeats/CRISPR-associated proteins,CRISPR/Cas)系统。这一系统虽然也采用 Cas9 核酸酶切割 DNA,但其对基因组 DNA 的特异性识别不是依赖蛋白质,而是基于 CRISPR 的非编码 RNA 序列。值得注意的是,这些依赖于序列特异性核酸酶的基因组编辑技术对于其靶 DNA 序列的识别都不是绝对的,因此都有可能在基因组 DNA 的非靶向位置产生断裂,产生不需要的 DNA 突变,即脱靶效应(off-target effect)。因此位点特异性核酸酶的设计、精细的细胞和分子操作,以及脱靶效应的有效监测和筛选,在基因组编辑中十分重要。

(二)利用细胞 DNA 修复机制改变 DNA 序列

如上所述,序列特异性核酸酶主要依靠能够识别特异性 DNA 序列的人工设计的核酸酶在基因组 DNA 上造成双链 DNA 断裂,此后则启动细胞的 DNA 损伤修复机制,在修复的过程中造成基因组 DNA 序列的改变。DNA 损伤应答是针对不同的 DNA 损伤发生的一系列复杂的细胞反应,以协调完成对 DNA 损伤的修复。

对于 DNA 双链断裂而言,主要有两种修复机制。①当细胞内不含与断裂 DNA 序列同源的 DNA 分子(同源 DNA 供体)时,细胞会启用非同源末端连接(NHEJ)的方式进行修复。这一过程不需要模板 DNA 分子的帮助,而是修复相关蛋白直接识别并结合 DNA 断裂点,并将 DNA 断端牵拉在一起,再经一些核酸酶的降解和 DNA 聚合酶的延伸对断端进行修剪,最后在 DNA 连接酶的作用下将断裂的 DNA 连接成完整的 DNA 分子。断端修剪的过程会引起 DNA 断裂点处的碱基插入、缺失等,进而导致修复后的 DNA 序列改变,实现基因编辑。②当细胞内含有与断裂 DNA 序列同源的 DNA 分子供体时,细胞则会启动同源重组(HR)进行修复,最终在 DNA 断裂点形成与同源 DNA 分子供体相同的 DNA 序列改变,据此可以将一个外源基因插入到基因组上,从而实现该基因的定向突变。由于第一步位点特异性核酸酶造成 DNA 双链断裂可以发生在二倍体细胞的两条染色质上,根据这些原理,基因组编辑技术可以在二倍体细胞和生殖细胞实现基因的定点突变、定点转基因、定点纠正基因缺陷、准确激活基因等基因组改造的目的(图 2-22-1)。下面介绍两种序列特异性核酸酶介导的基因组编辑技术。

二、锌指核酸酶基因编辑技术

锌指核酸酶(zinc finer nuclease,ZFN)是一种人工改造的核酸内切酶,由一个 DNA 识别域和一个非特异性核酸内切酶(Fok I 核酸酶)结构域构成。其 DNA 识别域是一系列能结合特异 DNA 序列的锌指结构域,可以靶向结合在染色质 DNA 的特定位点,而核酸内切酶则执行 DNA 剪切功能。这样,锌指核酸酶能够特异性地在染色质 DNA 上制造双链断裂,再经过 DNA 损伤修复而改变 DNA 序列。该技术具有操作简单、效率高、应用范围广等优点,已经应用于许多植物和动物的基因组编辑,如烟草、大豆、斑马鱼、小鼠、猪、牛等,以及各种人类细胞中进行基因编辑。

(一)锌指核酸酶技术的基本原理

锌指核酸酶识别特异性 DNA 序列的基础是其锌指结构域。每个锌指结构域都可特异性识别 3 个连续的碱基组合;将锌指结构域进行排列组合就可以构建出识别并结合不同的 DNA 序列的特异性锌指核酸酶。如果一个锌指核酸酶包含 4 个锌指结构域,就可以识别 12bp 的 DNA 序列;而新型的锌指核酸酶为可识别两段 DNA 序列的二聚体,被识别的序列间有 5~7bp 的间隔序列;所以二聚体中一对锌指核酸酶的锌指结构域组合可特异识别长约 30bp 的 DNA 双链。在理论上,锌指核酸酶能够在染色质 DNA 上特异性识别和结合特定的 DNA 序列、造成 DNA 双链断裂。

锌指核酸酶因其简单易行的优点而广泛应用于基因敲除及基因组编辑。最早的锌指核酸酶由 Kim 等在 1996

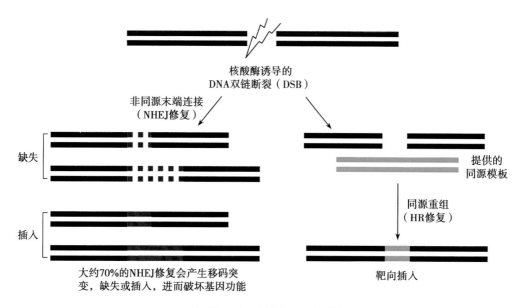

图 2-22-1 基因组编辑的基本原理

年构建,包含 3 个锌指结构域和 Fok Ⅰ内切核酸酶。这样的锌指核酸酶通过 9bp 识别染色质 DNA,而 Fok Ⅰ也无须形成二聚体便可对 DNA 进行切割,因而脱靶现象和非特异DNA 损伤严重。之后,科学家对 Fok Ⅰ核酸酶进行了定向改造,产生的新型 Fok Ⅰ核酸酶只有在 2 个锌指核酸酶单体结合相邻的两段 DNA 序列后才可形成具有酶活性的异源二聚体,发挥 DNA 内切酶作用,这样就将锌指核酸酶需要识别的碱基数扩大了一倍,大大降低了锌指核酸酶的脱靶概率。后来,有研究者通过将锌指核酸酶的锌指结构域数量从 3 个提高到 4 个,甚至 6 个,进一步提高了锌指核酸酶识别 DNA 序列的特异性。

1. 锌指核酸酶的结构　锌指核酸酶由 1 个 DNA 识别域和 1 个非特异性核酸内切酶结构域构成。DNA 识别域由一组(一般 3~4 个)Cys2-His2 锌指基序串联组成,以一定的特异性识别并结合 3′→5′方向 DNA 链上一个特异的碱基三联体和 5′→3′方向的一个碱基。现已公布的从自然界筛选的和人工突变的具有高特异性的锌指基序可识别所有的 GNN 和 ANN,以及部分 CNN 和 TNN 三联体。将 3~6 个识别不同靶位点序列的锌指基序串联,则能特异识别并结合更长的靶序列。理论上而言,长度为 15~16 个核苷酸的核苷酸序列,其在人类基因组中可能只出现一次,相当于用锌指基序作为识别的基本单位时,需要 5~6 个锌指基序串联。而建立一个包含了所有可能序列的锌指基序库需要包含 43~64 种锌指基序。

锌指蛋白基序源于转录因子家族,广泛存在于从酵母到人类的真核细胞,其共有序列为(F/Y)-X-C-X2-5-C-X3-(F/Y)-X5-ψ-X2-H-X3-5-H(其中 X 为任意氨基酸残基,ψ 是疏水性氨基酸残基)。它能形成 α-β-β 二级结构,每个锌指基序含有一个锌离子,位于双链反平行的 β 折叠和 α 螺旋之间,并且与 β 折叠一端中的两个半胱氨酸残基和 α 螺旋羧基端部分的两个组氨酸残基形成四配位化合物。α 螺旋的 16 个氨基酸残基决定锌指基序的 DNA 结合特异性,其骨架结构保守。从结构上看,α 螺旋插入 DNA 双螺旋的大沟,其 1、2、3、6 位置上的氨基酸残基与 DNA 链接触。

若将多个锌指基序串联起来形成一个锌指基序组,便可识别一段特异的 DNA 序列并与之特异结合。在此基础上,将这种由多个锌指基序构成的 DNA 结合结构域与Ⅱ型限制性内切酶 Fok Ⅰ的活性中心(DNA 切割结构域)相连

接,就可构建成锌指核酸酶,达到定点切割 DNA 的目的。Fok Ⅰ是来自海床黄杆菌(Flavobacterium okeanokoites)的一种限制性内切酶,活性中心由其 C 端 96 个氨基酸残基编码,只有在二聚体状态时才能切割 DNA。这样,用两个锌指核酸酶识别相邻的两段 DNA 序列,识别后使各自的 Fok Ⅰ形成二聚体,发挥切割作用。

2. 锌指核酸酶的作用　针对靶序列设计 8~10 个锌指基序构成 DNA 结合结构域,将 DNA 结合结构域连在 DNA 核酸酶 Fok Ⅰ上,便构成锌指核酸酶,实现靶 DNA 的序列特异性双链切割。目前,锌指核酸酶要切割靶位点,必须以二聚体的形式结合到靶位点上。因此两个锌指核酸酶单体分别识别 5′到 3′方向和 3′到 5′方向的 DNA 链。当两个锌指核酸酶单体分别结合到位于 DNA 两条链上、间隔 5~7bp 的靶序列后,两个单体 Fok Ⅰ结构域发生二聚化,进而激活 Fok Ⅰ核酸内切酶的剪切功能,使 DNA 在特定位点产生双链断裂,并启动细胞内的 DNA 损伤修复机制。如前所述,如果是启动了非同源末端连接(NHEJ)机制进行修复,则在锌指核酸酶切割位点由于末端的整修而造成碱基/DNA小片段的随机性丢失或插入,引起基因的靶向敲除;若经同源重组(HR)的机制修复,则可在同源 DNA 分子(同源供体)存在的情况下实现修复的同时,整合同源供体上的DNA 改变,实现靶基因敲除、敲入等修饰,达到对基因组DNA 进行特异性编辑的目的(图 2-22-2)。

（二）锌指核酸酶的应用

1. 锌指核酸酶的设计　锌指核酸酶识别 DNA 序列的特异性由一系列锌指基序串联组成的 DNA 结合结构域决定。因此设计锌指核酸酶主要就是设计如何将多个Cys2-His2 锌指基序串联,并且通过改变 α 螺旋中特定位点的氨基酸残基,使得每个锌指基序能够识别和结合靶DNA 序列连续的特定碱基三联体。

对于全基因组来说,为了确保对靶 DNA 序列的特异性识别,必须将 8~10 个锌指基序串联形成锌指核酸酶。目前应用最广泛的锌指结构域是 Cys2-His2 锌指基序,为设计序列特异性的锌指核酸酶提供了最好的骨架。人工设计的锌指基序采用通用的氨基酸序列作为模板;在一个锌指基序中有 7 个氨基酸残基用于识别碱基三联体,改变这些位置的氨基酸残基即可识别不同的三联体碱基。

2. 采用锌指核酸酶进行基因组编辑　采用锌指核酸酶在培养的细胞中对基因组 DNA 进行基因组编辑时,首先

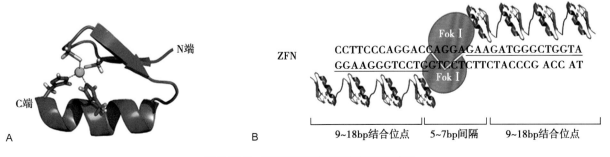

图 2-22-2　锌指结构和锌指核酸酶作用示意图

需要针对目的基因 DNA 靶位点设计锌指核酸酶，构建表达锌指核酸酶的质粒载体；将锌指核酸酶表达质粒转入宿主细胞后，即可采用设计好的检测方案，采用 PCR、测序等方法筛选和鉴定阳性细胞克隆，进而进行脱靶检测、转录产物、蛋白产物鉴定，以及目标性状的分析；需要进行生殖系的基因突变时，可以将获得的阳性细胞采用体细胞核移植的方法获得基因组编辑动物。

锌指核酸酶技术能够对靶基因进行定点切割，继而通过断裂点末端修饰造成 DNA 序列随机改变，或者通过同源重组造成 DNA 序列的定向改变，因此是一种高效的新型基因打靶技术。锌指核酸酶技术已在黑长尾猴、大鼠、线虫、小鼠、中国仓鼠、非洲爪蟾卵细胞、斑马鱼、果蝇、海胆、家蚕、拟南芥、烟草、玉米、大豆等模式生物或经济物种的体细胞或生殖细胞中，以及体外培养的人类细胞系中，如 T 淋巴细胞、皮肤干细胞、诱导多能干细胞（induced pluripotent cell，iPSC）等细胞类型中成功实现了基因组基因的定点突变；在模式生物如果蝇、斑马鱼、大鼠等物种中还获得了可以稳定遗传的突变体，大大降低了在新的物种中开展基因打靶的难度。利用锌指核酸酶技术在人类体细胞进行的基因定向改变，也为单基因突变造成的遗传性疾病的治疗带来了希望。

三、转录激活因子样效应物核酸酶基因编辑技术

虽然锌指核酸酶能够有效地进行细胞的基因组编辑，但锌指核酸酶对 DNA 序列的识别还是没有达到令人满意的程度。2009 年，有人在植物病原菌黄单胞菌（Xanthomonas）中发现了一种天然蛋白，称为转录激活因子样效应物（transcription activator-like effector，TALE），也称为 TAL 效应物。TAL 效应物在黄单胞菌感染植物时分泌，可以通过其中心区的 34 个氨基酸残基的重复序列特异性识别并结合到宿主基因的启动子上，激活宿主基因的表达，从而帮助细菌进行感染。

TAL 效应物分子的 DNA 结合域的氨基酸序列与其识别的靶 DNA 分子的核酸序列有着相对恒定的对应关系。这种恒定的对应关系使得人们针对特定的 DNA 序列可以设计出特异性的 DNA 结合蛋白的氨基酸序列；与核酸内切酶融合后，即可构建出 TALE 核酸酶（TALE nuclease，TALEN）。TALEN 针对基因组 DNA 靶位点，由人工设计的 TALE 负责识别和结合 DNA 序列，由核酸酶负责对目标

DNA 序列进行切割，再由 DNA 损伤修复机制在该位点进行 DNA 双链断裂修复，实现 DNA 编辑。

（一）TALE 蛋白结构和对靶序列的识别

TALE 蛋白的中部是 DNA 结合结构域，用于特异性识别并结合特异 DNA 序列。这段氨基酸残基序列是一段很长的重复序列，由数目不同、长度为 33~35 个氨基酸残基的重复单位串联而成，其后的 C 端是一个含有 20 个氨基酸残基的半重复单位。这些重复单位的氨基酸残基的组成相当保守，除了第 12 和 13 位氨基酸可变外，其他位置的氨基酸残基相对固定，这两个氨基酸残基称为重复可变双氨基酸残基（repeat variable diresidues，RVD）。

包含不同 RVD 的 TALE 蛋白重复单位能够相对特异地分别识别 A、T、C、G 碱基中的一种或多种。在自然界中，与这 4 种碱基较高频率相对应的 4 种 RVD 分别是 NI、NG、HD 和 NN（表 2-22-1）。借助这种对应关系，针对需要编辑的靶位点 DNA 序列设计出 TALE，与 Fok I 连接即成 TALEN。

与锌指核酸酶相比，TALEN 是由 TALE 代替了锌指核酸酶的锌指 DNA 结合结构域，再与 Fok I 核酸内切酶结构域融合形成的位点特异性核酸酶。TALEN 通过 TALE 识别特异的 DNA 序列，进而使 Fok I 二聚化激活核酸内切酶活性，在特异的靶 DNA 序列上产生双链断裂，实现精确的基因组编辑。

进行基因编辑时，将特异性识别靶 DNA 序列的 TALE 与核酸内切酶 Fok I 基因融合，构建成 TALEN 融合蛋白表达载体。TALEN 表达载体转染细胞后，表达的两个 TALEN 融合蛋白即可特异性识别并结合靶 DNA，并使两个 Fok I 核酸内切酶形成二聚体并激活，在两个靶位点之间剪切目标 DNA 形成双链 DNA 断裂，激活 DNA 损伤修复机制。细胞若通过非同源末端连接（NHEJ）方式修复 DNA，则可能删除或插入一定数目的碱基，使得目的基因失活或敲除；若存在同源修复模板，细胞则可通过同源重组（HR）的方式修复 DNA，并按照修复模板对目标 DNA 进行点突变、碱基替换、插入特定序列标记等修饰（图 2-22-3）。

TALEN 的发明使基因组编辑的效率和可操作性得到了提高，对于目的片段的切割效率接近 40%。目前，TALEN 也在不同物种细胞的基因组编辑中被广泛应用。

（二）TALEN 的应用

1. TALEN 的构建　为了提高 TALEN 的编辑效率，在构建 TALEN 时，左、右臂的长度一般为 12~19bp；左、右臂

表 2-22-1　TALE 蛋白氨基酸残基序列与识别的 DNA 碱基

重复可变的双氨基酸残基对（RVD）	特异识别碱基
组氨酸-天冬氨酸（His-Asp，HD）	C
天冬酰胺-异亮氨酸（Asn-Ile，NI）	A
天冬酰胺-天冬酰胺（Asn-Asn，NN）	G 或 A
天冬酰胺-甘氨酸（Asn-Gly，NG）	T
天冬酰胺-组氨酸（Asn-His，NH）	G

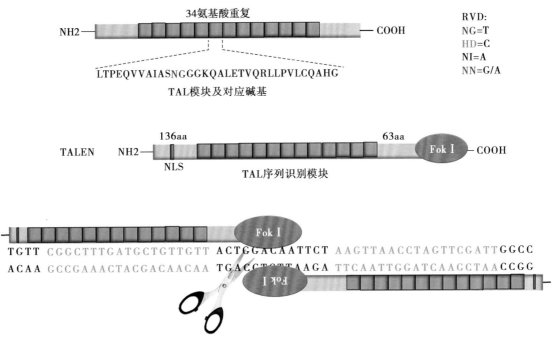

图 2-22-3　TALEN 作用示意图

之间的间隔为 12~21bp,间隔序列的 GC 含量要低。一些实验室相继开发了 TALEN 靶位点设计软件,在设计 TALEN 时可以参考使用。

2. 利用 TALEN 在培养细胞中进行基因组编辑　TALEN 作为细胞基因组编辑的工具,在酵母、拟南芥、水稻、果蝇、斑马鱼、iPSC 等多个植物、动物体系和体外培养细胞中得到验证。在培养的细胞中进行基因编辑或编辑动物基因组的基本流程与锌指核酸酶相似。首先都需要针对目的基因 DNA 靶位点设计 TALEN 并构建其表达载体;然后按常规转染方法将 TALEN 表达载体转染入宿主细胞;按照事先设计的方法进行 PCR 或测序筛选和鉴定阳性细胞克隆,并在 mRNA 水平和蛋白水平验证对目标基因的敲除;如果需要构建基因敲除动物,则采用获得的敲除阳性细胞进行体细胞核移植,制备基因编辑动物,并对所获得的基因编辑动物的靶基因进行 DNA 水平鉴定;最后进行脱靶检测、转录产物和蛋白产物鉴定、目标性状分析。

与锌指核酸酶相比,TALEN 的核酸识别单元与 G、A、T、C 四种碱基有恒定的对应关系,能识别任意目标基因序列,不受上下游序列影响。所以 TALEN 的设计和构建更加方便、快捷,脱靶率更低,并用于高通量表型筛选。TALEN 技术建立以来已经得到广泛应用。

第二节　CRISPR/Cas9 基因组编辑技术

ZFN 和 TALEN 技术对于基因组编辑的发展作出了不可磨灭的贡献。这两种编辑工具均依靠蛋白质与 DNA 的相互作用在基因组上进行定位,然后由 Fok I 核酸酶对基因组 DNA 双链进行剪切。其最大的缺点就是当要锚定新的基因位置时,需要对锚定蛋白进行重新设计和合成,这就加大了基因组编辑的工作量和难度,使其较难适应高通量的基因组编辑工程。

近年出现的 CRISPR/Cas9 系统,对于基因组上基因的定位则是利用 RNA 与 DNA 间的相互作用,对于新基因位置的锚定只需要一小段新的 RNA 序列,相对于新合成蛋白,大大减少了工作量。CRISPR/Cas9 系统具有特异性高、合成简便、使用方便、毒性小、费用低等优点,因而成为一个革命性的强大基因组编辑工具,现已广泛应用于人、大鼠、小鼠、斑马鱼、果蝇、家蚕、线虫、酵母、拟南芥、烟草、高粱、水稻和小麦等各类动植物个体或细胞基因组的遗传学改造。在此基础上拓展形成的其他相关技术,尤其是碱基编辑器技术,更是为未来人类遗传病的治愈提供了技术基础。

一、CRISPR/Cas9 介导的基因组编辑

(一) 原核 CRISPR/Cas9 系统的结构和功能

CRISPR/Cas (clustered regularly interspaced palindromic repeats/CRISPR-associated proteins) 系统,即"成簇的、规律间隔的短回文重复序列及 CRISPR 相关蛋白"系统,是存在于大多数细菌与古细菌中用来防御外源核酸(如病毒、质粒)入侵的一套特异性防御机制,是原核生物特有的一类适应性免疫系统。

1. 原核 CRISPR/Cas9 系统的结构　CRISPR/Cas 系统主要由 CRISPR 序列和编码 Cas 蛋白的基因两大部分构成。CRISPR 序列是原核生物基因组上一种存储外来核酸序列的记忆库,大约占细菌基因组的 1%,包含一系列重复序列-间隔序列单元(repeat-spacer units)和一个的前导序列(leader sequence),单元重复次数最高可达 250 次。重复序列长 21~48bp,含有回文序列,其转录物可形成类似发

夹结构的二级结构。在同一细菌中，重复序列的碱基组成和长度相对保守，在不同的细菌之间则会有差异。间隔序列（spacer）长26~72bp，与重复序列间隔排列，每两个重复序列被一个间隔序列隔开；间隔序列由捕获的外源DNA组成，序列差异较大，包含着被捕获的外源基因组DNA中的高特异性保守序列，以确保在之后转录出的RNA可与外源基因组精确配对。当有同样序列的外源DNA入侵时，可被宿主识别，进行剪切并使之被破坏，达到保护自身的目的。在CRISPR序列的上游有一个长20~534bp的前导序列，富含AT，含有驱动CRISPR重复序列和间隔序列转录的启动子。CRISPR序列不包含开放阅读框，因此只表出出非编码RNA。

在CRISPR位点附近存在一系列编码CRISPR相关蛋白（CRISPR-associated proteins，Cas）的基因。在整个CRISPR/Cas系统中，Cas蛋白在最初捕获外源基因片段和下一步剪切外源基因上发挥重要作用。当CRISPR被转录后，Cas蛋白可将CRISPR RNA加工成沉默RNA，并通过此沉默RNA对外来的同源DNA起切割作用。

在不同细菌中，CRISPR/Cas系统大体可以被分为两类，第一类包含Ⅰ、Ⅲ和Ⅳ型，第二类包含Ⅱ、Ⅴ和Ⅵ型。在第一类中，对于外源基因组的剪切需要包含多个Cas蛋白的复合物和引导RNA；在第二类中，对于外源基因的剪切只需要一个单一的Cas蛋白，例如Ⅱ型中的Cas9蛋白和Ⅴ型中的cpf1蛋白。所以，Ⅱ型CRISPR/Cas9系统相对简单，只需要单一的Cas9蛋白和两个非编码RNA：crRNA（CRISPR-derived RNA）和tracrRNA（trans-activating RNA），即可介导外源DNA片段的降解。在这一系统中，一旦外源的DNA进入胞内，细菌的RNaseⅢ即催化crRNA成熟；成熟的crRNA通过碱基配对与tracrRNA结合，形成双链RNA；进而这一crRNA:tracrRNA二元复合体指导Cas9在crRNA引导序列依赖碱基互补识别的特定位点剪切目标DNA。

2. 原核CRISPR/Cas系统的作用和机制　在细菌抵抗外来基因的"适应性免疫"过程中，CRISPR/Cas系统的作用大体分为三个步骤：间隔序列的获取（adaptation）、CRISPR RNA（crRNA）的合成与加工、外源入侵DNA的识别及干扰降解（interference）。

（1）间隔序列的获取：外源基因如噬菌体或者质粒DNA侵入到细菌内部后，其基因组中的一些保守区会作为原间隔序列（proto-spacer），被CRISPR/Cas系统中的某些Cas蛋白识别和剪切。Cas蛋白对于靶基因间隔序列的识别是基于位于间隔序列下游的PAM（proto-spacer adjacent motif）基序。因此PAM序列在间隔序列获取和CRISPR系统的体外设计中都起重要作用。不同于CRISPR/Cas系统的PAM识别序列也不同。当Cas蛋白识别间隔序列后，会把此基因片段剪切下来，并插入到CRISPR的前导序列和相邻的重复序列的中间，形成新的间隔序列。这样，再遇到同样的外源基因入侵时，方可针对其基因组进行剪切和破坏。

（2）CRISPR RNA（crRNA）的合成加工：当外源基因

在此入侵时，在前导序列中的启动了的作用下，CRISPR序列开始被转录。这个转录是连续的，转录出的RNA产物是一条长链，包含了CRISPR序列中所有的间隔序列和重复序列，称为crRNA前体（precursor transcript，pre-crRNA）。长链的pre-crRNA随之被细菌体内的管家基因表达的酶或某些Cas蛋白加工剪切，成为成熟的、含单一间隔序列的crRNA。crRNA部分来自间隔序列，因而含有目标基因组互补的序列；同时，crRNA可以引导Cas蛋白去剪切目标基因组中的基因。

（3）外源入侵核酸的识别及干扰降解：成熟的单一间隔序列的crRNA与Cas蛋白和其他的RNA组分组成复合物，crRNA可以与外源基因中的基因互补配对，并引导Cas蛋白或蛋白复合物对外源的目标基因组进行剪切。crRNA和Cas相关蛋白质组成的复合物根据不同种类CRISPR系统而不同。在最常用的Ⅱ型系统中，crRNA与tracrRNA互补配对，再与Cas9蛋白形成复合物进行目标DNA的剪切。

（二）CRISPR/Cas9基因组编辑系统的原理

CRISPR/Cas9基因组编辑技术，简称CRISPR/Cas9技术，是一种在细菌CRISPR/Cas系统基础上构建的、由RNA指导Cas9核酸酶对基因组中的特定基因进行靶向DNA修饰的技术。该技术的核心是利用序列特异性的RNA将Cas9核酸酶带到基因组上的具体靶点，通过对DNA分子进行双链切割，激活细胞的DNA修复应答，从而对特定基因位点进行突变。因此，除了DNA的靶向切割外，后续的DNA突变步骤与ZFN及TALEN技术有相同的机制。

1. CRISPR/Cas9技术的原理　目前，人工设计的CRISPR/Cas9系统已经比较简单和高效，只由一条单链向导RNA（single-guided RNA，sgRNA）和Cas9蛋白构成。sgRNA是在Ⅱ型CRISPR系统上，通过基因工程手段对crRNA和tracrRNA进行改造，将其连接在一起得到一条融合的crRNA和tracrRNA单链嵌合RNA，具有与野生型RNA类似的活力，但更加简便。Cas9蛋白来自产脓链球菌（*Streptococcus pyogenes*）的Ⅱ型CRISPR系统，是一种能够降解DNA分子的核酸酶（nuclease）。Cas9含有两个酶切活性位点，其中的HNH核酸酶结构域剪切互补链，而RuvCI结构域剪切非互补链。

在这一系统中，sgRNA中的crRNA向导序列（20核苷酸）特异性识别并结合目标基因的靶序列，同时crRNA通过碱基配对与tracrRNA结合形成双链RNA，此tracrRNA/crRNA二元复合体中的crRNA向导序列可引导Cas9蛋白到达靶向序列。在sgRNA识别的目标基因序列后必须要有一段PAM序列辅助sgRNA中向导序列的靶向定位。PAM序列一般为NGG，可将间隔序列定位于入侵的靶基因组。Cas9蛋白最终在靶序列位点剪切双链DNA产生双链断裂。此后，如果采用NHEJ修复则可造成基因敲除，而采用HR修复则既可造成基因敲除，也可造成基因敲入（图2-22-4）。

2. CRISPR/Cas9技术的特点　相较于ZFN和TALEN技术，CRISPR/Cas9系统本身是一个天然存在于原核生物的基因干扰系统，用于细菌对外来入侵的基因组进行"免

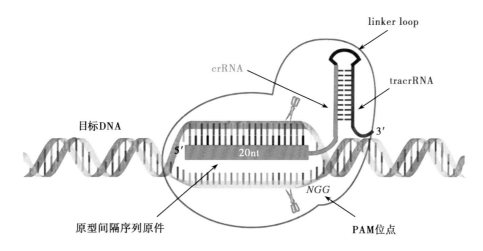

sgRNA: crRNA+linker loop+tracrRNA

图 2-22-4 CRISPR/Cas9 的作用示意图

疫"。在经过人工开发后,这一系统介导的基因组编辑由 crRNA 指导,其对靶序列的识别依赖于 RNA 与 DNA 的碱基配对,相比于 ZFN 和 TALEN 系统中蛋白质对 DNA 序列的识别要更加精确,只要有一个碱基不配对,就不会实现 Cas9 对 DNA 的切割。这样就降低了系统脱靶切割、造成细胞毒性的概率。目前的 CRISPR/Cas9 系统只需要设计与靶序列互补的 sgRNA 即可,其他组分都已经模块化,相对于 ZFN 和 TALEN 也更为简单和廉价,并提高了基因操作的效率。

作为最新一代基因编辑技术,CRISPR/Cas9 技术没有物种、细胞、基因序列限制。适合于 sgRNA 识别的目标基因靶序列在基因组上广泛存在,理论上基因组中每 8 个碱基即可能存在一个 PAM 序列 NGG,也就能找到一个可用 CRISPR/Cas9 进行编辑的位点,而 TALEN 和 ZFN 系统则在数百甚至上千个碱基中才能找到一个可编辑的位点,而且 Cas9 活性明显高于人工构建的 ZFN 和 TALEN 核酸酶活性。sgRNA 的设计过程简单易行,专业网站的在线软件可辅助设计,避免了 ZFN 和 TALEN 方法中制备有活性的人工合成核酸酶所需要的烦琐步骤。将 Cas9、sgRNA 和报告基因构建于一个质粒,不但可做到一个质粒就可修饰一个基因,而且报告基因方便使用荧光显微镜或药物筛选,加速获得基因突变的细胞系。

CRISPR/Cas9 系统在真核基因组编辑中也存在着一些不足。Cas9 蛋白对于目标序列的切割不仅仅依靠 crRNA 序列的匹配,在目标序列(相当于前间隔序列)附近必须存在 PAM 基序,若目标序列周围不存在 PAM 或者无法严格配对,Cas9 蛋白就不能行使核酸酶的功能,这使得 CRISPR/Cas9 并不能对任意序列进行切割。此外,CRISPR/Cas9 系统靶向的序列仅需 10 多个碱基对的精确配对,这可能降低 CRISPR/Cas9 系统切割的特异性。这些缺点需要在实际应用中不断进行系统优化,逐渐加以解决。

(三) CRISPR/Cas9 技术的应用

利用 CRISPR/Cas9 技术可在细胞水平进行基因敲除、基因敲入,以及其他人工设计的基因序列改变。这一过程仅涉及在细胞中表达 sgRNA 和 Cas9,便能够对目的基因进行操作。目前,已有将 sgRNA、Cas9、报告基因等同时构建于一个质粒的表达载体系统,使得操作更加简便高效。

1. 利用 CRISPR/Cas9 技术建立基因敲除细胞系 其基本过程是首先利用在线软件选择靶位点和待敲除位点的序列,根据设计的 sgRNA 靶点序列合成一对序列互补的 DNA 片段,插入表达质粒构建表达 sgRNA 的载体,然后用表达 sgRNA 和 Cas9 的质粒转染细胞。表达的 sgRNA 引导 Cas9 蛋白在靶位点剪切双链 DNA,细胞启动 NHEJ 介导的 DNA 损伤修复,即可完成 Cas9 介导的基因敲除。下面简要介绍利用 CRISPR/Cas9 技术建立基因敲除细胞系的实验流程。

(1)设计 sgRNA 靶点序列与合成:在数据库(NCBI 或 ENSEMBLE)中利用在线软件查找靶基因的基因序列,分析序列特征和相应的基因组结构,明确编码区的外显子/内含子结构和其他 DNA 结构元件。按照靶基因本身的性质选择候选的待敲除位点,最终确定敲除位点。一般可选择 PAM(NGG)序列 5'-端的一段 20nt 长的碱基序列作为原间隔序列,即待敲除的靶位点,并确认该原间隔序列在全基因组中是唯一的(没有重复)。对于蛋白编码基因,可将基因敲除位点设计在具有编码重要功能结构域的外显子;若不确定基因产物性质,可将待敲除位点设计在包含起始密码子(ATG)的外显子上;如果是 miRNA,则可将待敲除位点设计在编码成熟 miRNA 的外显子或在编码成熟 miRNA 的外显子的 5' 和 3' 侧翼序列。确定待敲除位点后,选择 23~250bp 的外显子序列输入到在线免费设计 sgRNA 的软件 Input 框中,进行设计运算,软件会自动输出 sgRNA 序列。根据设计的 sgRNA 靶点序列,合成一对序列互补的 DNA 片段(sgRNA 模板序列位于 PAM 序列前,PAM 序列的特征为 NGG，N 可以为任意核苷酸）。

（2）构建可表达 sgRNA 的表达载体：选择合适的可表达 sgRNA、Cas9 的质粒（有多种商业化产品可供选择），将合成的 DNA 单链片段以逐步降温的方法退火成双链，然后与预先酶切处理的质粒载体进行连接，转化感受态的大肠杆菌，再进行涂板、抗生素筛选培养，挑取单克隆并扩大培养，对阳性克隆进行鉴定并测序。

（3）sgRNA 活性检测：虽然目前的 CRISPR/Cas9 系统已经大为简化，但一个周期的基因敲除/敲入实验仍然相对漫长。所有在进入下一阶段实验前，应该对 sgRNA 的活性进行检测。有多个方法可用于 sgRNA 的活性检测。一般可以选购商品化的 pSG-target 克隆试剂盒，自行构建报告载体后用于检测 sgRNA 的活性及敲除效率。商品化产品一般包括阳性和阴性对照 sgRNA，以及 SSA report target 质粒。其检测原理是，将一个终止密码子插入荧光素酶（或 GFP）基因的编码区中央，荧光素酶（或 GFP）基因就会失去活性。为检测 Cas9/sgRNA 的剪切活性，将一个 Cas9/sgRNA 的靶点位置序列插在终止子后，在 Cas9/sgRNA 的作用下，在靶点位置产生 DNA 双链断裂，细胞通过同源重组方式修复 DNA，形成一个有活性的荧光素酶（或 GFP）基因。通过与对照组对比检测荧光素酶（或 GFP）活性，就可反映 Cas9/sgRNA 剪切的活性水平。

此外，按照 CRISPR/Cas9 的作用原理，靶序列经 Cas9/sgRNA 切割后，如果缺乏修复模板，将主要以非同源重组的方式进行修复，并在断裂点或多或少会插入或删除一些碱基。因此，如果将切割前、后的靶序列经 PCR 扩增，进行变性、退火，将形成错配双链，再用错配酶（常用的是 CEL1 或 T7E1 酶）处理，其将识别错配的杂合双链并剪切之。将酶切产物进行电泳，比较切割条带与未切割条带的比例，即可反映出 Cas/sgRNA 的活性。

如果 Cas/sgRNA 靶点位置中间序列存在某种限制性内切酶的酶切位点，也可直接用该限制性内切酶判断切割效率，即通过 Cas9/sgRNA 作用发生了突变，该酶切位点将可能被破坏，从而不能被内切酶切。可采用电泳的方法估计突变效率，以突变效率的高低来衡量 sgRNA 的活性。

（4）利用 Cas9/sgRNA 质粒建立基因敲除细胞系：可以利用脂质体、电穿孔转染等方法将 sgRNA 表达质粒和 Cas9 表达质粒共同转染入细胞，或将 Cas9/sgRNA- 报告基因的单一表达质粒转染入细胞。通过荧光报告基因（如 GFP）的表达判断转染效率，进而采用有限稀释法获得转染阳性的克隆。在荧光显微镜下观测细胞克隆生长情况，选择表达 GFP 的克隆，适时进行胰酶消化后，提取部分细胞的基因组 DNA，进行 PCR 扩增、测序。根据测序结果确定基因是否突变和突变基因的类型。将携带有双突变等位基因的阳性克隆扩增、保存，以便进一步的表型分析。

2. 利用 CRISPR/Cas9 技术建立基因敲入细胞系　CRISPR/Cas9 基因敲入技术与上述基因敲除细胞系的建立类似，但是在利用 CRISPR/Cas9 切割双链 DNA 后，需要提供一段同源的 DNA 修复模板，使得细胞优先启动 HR 修复途径，以同源 DNA 为模板定点修复被切断的基因。所提供的同源 DNA 模板可以是野生型同源基因，也可以是经过特定的序列修饰的等位基因。无论何种情况，修复后的 DNA 序列将与提供的同源修复模板完全相同。因此，CRISPR/Cas9 基因敲入的实验主要流程也与上述基因敲除实验类似，包括设计 Cas9/sgRNA 及修复用的同源 DNA 模板；构建 sgRNA 和 Cas9 表达质粒，以及修复用同源 DNA 模板质粒；将 Cas9/sgRNA、同源 DNA 模板共同转染靶细胞；利用转染筛选标志如 GFP 筛选转染阳性的克隆；扩增细胞克隆后，用 PCR、测序检测基因组 DNA 的改变。实验步骤简述如下：

（1）设计 sgRNA 及修复用同源 DNA 模板：靶基因利用在线软件设计 sgRNA，原则与基因敲除实验相同。DNA 修复模板设计要求在 CRISPR/Cas9 切开位点两侧各有约 600bp 的同源臂。

（2）构建 sgRNA 表达质粒及修复 DNA 模板质粒：将选定的 sgRNA 设计与 CMV 启动子驱动的 Cas9 基因一起克隆到商品化的质粒载体中，获得 Cas9 和 sgRNA 的表达载体。将 DNA 修复模板插入商品化载体。对 sgRNA 的切割效率进行检测。

（3）将上述两个质粒共转靶细胞：用适当的转染方法将上述两种质粒转染至靶细胞。筛选转染阳性的细胞，进行克隆化培养、保存。

（4）基因敲入的检测：去各个细胞克隆的部分细胞，提取基因组 DNA，用 PCR、测序等方法检测是否发生基因敲入。

3. 利用 CRISPR/Cas9 技术编辑动物的基因组　传统的基因敲除动物是基于细胞内的基于同源重组和胚胎干细胞的发育全能性。其主要缺点是培养的细胞中，在转染的载体 DNA（带有同源重组臂序列）和染色体 DNA 之间发生同源重组的效率通常极低，只有 1%~5%。此外，胚胎干细胞的培养条件苛刻，代价高昂，而且只有少数模式动物的胚胎干细胞被建系。目前，CRISPR/Cas9 技术已成为建立基因修饰小鼠的主要方法。

一方面，CRISPR/Cas9 技术进行基因敲除或敲入的效率高，速度快，可实现多基因的同时修饰；另一方面，在基因修饰阶段可以采用胚胎干细胞，但不依赖于胚胎干细胞，而可在任意细胞中实现，再通过核移植入激活的卵母细胞，即可获得动物，甚至可直接在受精卵中开展，因此不受胚胎干细胞来源的限制。采用这一方法建立基因修饰小鼠，一般最快 2 个月即可得到 F0 代阳性小鼠，5 个月得到 F1 代杂合子小鼠。采用受精卵注射的基本流程如下：

（1）载体设计与构建：确定待敲除基因的靶位点，设计识别靶序列的 sgRNA，合成一对序列互补的 DNA 片段。在商品化体外转录载体上构建可表达 sgRNA 和 Cas9 的质粒，并对 sgRNA 进行活性检测。另外构建用于同源重组的基因打靶载体。

（2）体外转录 sgRNA 和 Cas9 的 mRNA：根据选用的体外转录载体，使用特定引物，以上述质粒为模板，以高保真酶分别对 Cas9 和 sgRNA 基因进行 PCR 扩增。纯化扩增产物用作体外转录模板。用体外转录系统合成 Cas9 的 mRNA 和 sgRNA。注意，Cas9 的 mRNA 需要进行 5′ 加帽和

3′加尾修饰以确保其翻译活性。

（3）小鼠受精卵原核注射：按常规技术进行受精卵的原核注射，注射内容包括体外转录的 sgRNA 和 Cas9 的 mRNA，以及基因打靶载体 DNA。注射后的受精卵按常规技术进行培养观察和子宫内移植。

（4）小鼠的鉴定：待小鼠出生后，利用 PCR 对 F0 代小鼠进行基因型鉴定。选取带有预期突变的小鼠用作传代和进一步实验。

4. CRISPR/Cas9 技术在疾病治疗中的应用　CRISPR/Cas9 靶向基因改造（敲除、敲入）技术是最新发展起来的一种强有力的基因组编辑工具，现已广泛应用于各种实验动物如斑马鱼、线虫、果蝇、小鼠、大鼠，经济动植物如家蚕、烟草、高粱、水稻和小麦等的基因改造，以及在各种细胞系中进行基因组的遗传学改造。未来，这种技术也可能应用于人体，进行人类遗传病的治疗。需要特别强调的是，目前 CRISPR/Cas9 技术并未达到完善的地步，在细胞和动物体内采用的 CRISPR/Cas9 技术，以及其他基因组编辑技术如 ZFN 和 TALEN，都不能排除不可预知的后果。所有涉及人体的基因组编辑治疗研究和应用，都必须遵守严格的医学伦理学规范和法律，不得随意展开。目前已经开展的实验研究主要针对一些有严重临床表现的罕见遗传病、癌症、心血管疾病等。

例如，进行性假肥大性肌营养不良（Duchenne muscular dystrophy，DMD）是一种 X 染色体隐性遗传疾病，主要发生于男孩，发病率是 1/5 000。其病因是抗肌营养不良蛋白（dystrophin）的基因缺陷。抗肌营养不良蛋白是维持肌肉纤维强度的必需分子，其缺陷造成骨骼肌和心肌退化。绝大多数患者会逐渐失去行走能力，到 10 岁就要靠轮椅生活，然后失去呼吸功能，依靠呼吸机生存，大约在 25 岁死亡。2015 年，三个研究小组在 *Science* 同时发表论文，报道了使用 CRISPR/Cas9 技术从 DMD 模型小鼠基因组成功纠正缺陷的 DMD 基因，使患有这种有遗传病的成年小鼠表达出必需的肌肉蛋白。2022 年 8 月，美国食品和药品监督管理局批准了首款临床治疗 DMD 的 CRISPR。2022 年 10 月，一名 DMD 患者接受了由 rAAV9（重组腺相关病毒 9 型）递送的 CRISPR 基因编辑疗法，但可能由于对高剂量的 rAAV 产生先天性免疫反应，在接受治疗 8 天后死亡。这些结果表明，CRISPR 基因编辑和基因治疗用于临床治疗前仍需谨慎探索。

β 地中海贫血由珠蛋白基因突变引起，会造成严重的血红蛋白缺乏。全球每 10 万人中有 1 人受到这种疾病的影响，目前还没有能够治愈 β 地中海贫血的方法。2014 年，有研究报道，将 β 地中海贫血患者的皮肤成纤维细胞转变为 iPSC，再用 CRISPR/Cas9 编辑技术修复 iPSC 基因组中突变的珠蛋白基因。之后，把经过基因修复的 iPSC 诱导分化为红细胞，发现这些红细胞的珠蛋白表达恢复正常。这可能成为未来临床治疗 β 地中海贫血的根本性手段。

二、CRISPR/Cas9 系统的拓展

在经典的 CRISPR/Cas9 系统中，Cas9 酶切割 DNA 靶位点的确定依赖于 CRISPR RNA（crRNA）通过碱基配对与 tracrRNA 形成的嵌合 RNA（tracrRNA/crRNA）。后者借助 crRNA 的另一部分序列与靶 DNA 位点进行碱基配对，进而引导 Cas9 结合到该靶 DNA 位点上并进行切割。在实际应用时，人们已经将 tracrRNA 和 crRNA 这两种向导 RNA（gRNA）融合在一起形成单向导 RNA（single guide RNA，sgRNA），可以引导酶 Cas9 结合到靶 DNA 序列上并进行切割。此外，CRISPR/Cas9 的基因组编辑能力只能发生在前间隔序列邻近基序（protospacer adjacent motif，PAM）的附近。只有 DNA 靶位点附近存在 PAM 序列时，才能激活 Cas9 酶并进行准确切割。

（一）招募 RNA 结合蛋白的 RNA 结构域融合

这一系统的一个重大拓展是将 sgRNA 与模块化的招募 RNA 结合蛋白的 RNA 结构域融合在一起，从而将 sgRNA 转化为支架 RNA（scaffold RNA，scRNA），使之可以更广泛地将任何蛋白招募到特定的 DNA 序列附近。另一个重要拓展是对 Cas9 核酸酶进行改造。Cas9 核酸酶含有两个具有切割活性的结构域：HNH 结构域和切割与 crRNA 互补的 DNA 链，而 RuvC 结构域切割非互补链。RuvC 结构域可再分为三个亚结构域：RuvC Ⅰ 接近 Cas9 的氨基端、RuvC Ⅱ 和 RuvC Ⅲ 位于 HNH 结构域的两侧。突变 RuvC Ⅰ 结构域的两个关键氨基酸残基中的一个（D10A 或 H840A），得到仅能切割与 crRNA 互补的 DNA 链，而不能切割非互补 DNA 链的 Cas9 切口酶（Cas9 nickase，nCas9）；同时突变 Cas9 中的这两个位点则可得到仅对 DNA 有结合活性但没有切割活性的 dCas9（nuclease-dead Cas9）。这些拓展是 CRISPR/Cas9 系统由单纯的靶向 DNA 切割转向 DNA 序列特异性的靶向蛋白质招募和新的酶活性的引入。

（二）招募转录因子的接头融合蛋白

比如，dCas9 很快被用于特异性地调控基因表达。将 dCas9 与转录因子或招募转录因子的接头蛋白融合，由 sgRNA 靶向到靶基因的基因转录起始位点（transcription start sites，TSS）附近，即可起到调控基因转录的作用。例如有人将 dCas9 与转录抑制因子 KRAB（Krüppel-associated box）融合，可特异性地抑制基因表达（CRISPR interference，CRISPRi），干扰效率远高于 RNAi。另外，如果将 dCas9 与转录激活因子融合，并有特定的 sgRNA 靶向到启动子，则 dCas9 可以将转录激活因子招募到 TSS 位点，促进基因转录激活（CRISPR activation，CRISPRa）。

（三）用于构建文库进行全基因组筛选

在上述基础上，CRISPR/Cas9 系统还可被用于构建文库，进行全基因组筛选。其基本原理是构建靶向全基因组序列的 sgRNA 文库，同时引入有剪切活性的 Cas9，则获得靶向全基因组的基因敲除文库（genome-scale CRISPR/Cas9 knockout，GeCKO）；引入基于 dCas9 的转录激活因子则获得靶向全基因组的基因激活文库。采用慢病毒包装后，以低 MOI（multiplicity of infection，常为 0.3）感染细胞，筛选出病毒感染阳性的细胞，即可进行表型筛选。获得表型阳性的细胞进行基因组测序，可以获得影响该表型的基因信息。

三、基于 CRISPR/Cas9 的碱基编辑器

如上所述，CRISPR/Cas9 基因组编辑技术是通过在靶基因上定点产生 DNA 双链断裂，诱发细胞内的同源重组和非同源末端连接修复途径，从而实现对靶基因 DNA 的碱基删除、插入、替换等修饰。显然，这一基因编辑技术与序列特异性核酸酶介导的基因编辑一样，很难实现高效稳定的单碱基突变。然而，人类大约 2/3 的遗传病是单核苷酸变异引起的。因此，开发一种精准、高效的在基因组 DNA 上实现单碱基替换的技术十分必要。近年来，在拓展的 CRISPR/Cas9 平台上，已经开发了一系列碱基编辑器（base editor），用于实现基因组 DNA 上定向的单碱基突变。这些碱基编辑器不依赖 DNA 双链断裂，而是利用 CRISPR/Cas9 平台将特定的碱基修饰酶定向引导至基因组 DNA 靶点附近，实现碱基的定位、定向改变，因此在原理上与基因组编辑技术有很大不同。

（一）胞嘧啶碱基编辑器

胞嘧啶碱基编辑器（CBE）的核心元件是无催化活性的 Cas 蛋白（deactivated Cas9，dCas9）或只切割一条链的 Cas9 蛋白（nickase Cas9，nCas9）与可作用于单链 DNA 的胞嘧啶脱氨酶，即由无完全切割活性的 Cas9 蛋白与胞嘧啶脱氨酶组成的融合蛋白。这样，靶向特定基因的 sgRNA 可将融合蛋白引导到靶基因 DNA，使得胞嘧啶脱氨酶结合到由 Cas9 蛋白、sgRNA 及靶基因组 DNA 形成的 R-loop 区中的单链 DNA，并将该单链 DNA 上一定范围内的胞嘧啶（C）脱氨变成尿嘧啶（U），进而通过 DNA 复制或修复再将 U 转变为胸腺嘧啶（T），从而实现 C-G 碱基对被 T-A 碱基对替换。

胞嘧啶碱基编辑器的发展经历了几个阶段的不断完善。第一代胞嘧啶碱基编辑器（BE1，rAPOBEC1-XTEN-dCas9）由大鼠胞嘧啶脱氨酶（rAPOBEC1）基因和无切割活性的 dCas9 基因由 16 碱基长的 XTEN 接头（XTEN linker）连接构建而成。其可在体外实现相对有效的碱基编辑，但在哺乳动物细胞内的编辑效率很低，原因是细胞内存在的尿嘧啶 DNA 糖基化酶（UDG）可识别 U-G 错配，切割尿嘧啶和磷酸骨架之间的糖苷键，进而通过碱基切除修复途径（BER）将 U 逆转为 C。为解决这一问题发展了第二代胞嘧啶碱基编辑器（BE2），在融合蛋白中引入了噬菌体的尿嘧啶 DNA 糖基化酶抑制物（UGI），即 rAPOBEC1-XTEN-dCas9-UGI，可抑制 UDG 的作用，提高了编辑效率。第三代胞嘧啶碱基编辑器（BE3，rAPOBEC1-XTEN-nCas9-UGI）将 BE2 的 dCas9 更换为 nCas9（D10A），可特异性地在非编辑链上产生缺口，刺激细胞碱基错配修复（MMR），以含有 U 的编辑链作为模板进行修复，从而增加编辑效率。第四代胞嘧啶碱基编辑器（BE4，rAPOBEC1-XTEN-nCas9-2UGI）则是在 BE3 的基础上融合了第二个拷贝的 UGI，增强对 UDG 的抑制作用，使得碱基编辑更加精准。此外，还可在剪辑编辑器上插入核定位信号，以及进行融合蛋白的密码子优化等，提高在细胞内碱基编辑的效率。

其他的胞嘧啶脱氨酶也被用于开发胞嘧啶碱基编辑器。例如，将来自海鳗（sea lamprey）的活化诱导胞苷脱氨酶（activation-induced cytidine deaminase，AID）与 nCas9 融合，可构建出 nCas9-AID 碱基编辑器。而 CDA1 和 APOBEC3G 也已经被尝试，但在编辑中表现出各自的碱基偏好。

（二）腺嘌呤碱基编辑器

与 CBE 相似，腺嘌呤碱基编辑器（ABE）的核心组成元件是 nCas9 与腺嘌呤脱氨酶组成的融合蛋白。当融合蛋白在 sgRNA 的引导下被靶向到特定的基因组 DNA 时，腺嘌呤脱氨酶可结合到单链 DNA 上，将一定范围内的腺嘌呤（A）脱氨变成次黄嘌呤（I），I 在 DNA 水平会被当作鸟嘌呤（G）进行复制，从而实现 A-T 碱基对至 G-C 碱基对的直接替换。然而，目前已知的腺嘌呤脱氨酶不能以 DNA 为底物对 A 碱基进行脱氨反应。为此，Liu 实验室将大肠杆菌的腺嘌呤脱氨酶 TadA 进行了随机突变，并构建了 TadA 与 dCas9 融合的随机突变库，通过 ABE 恢复氯霉素、卡那霉素、大观霉素等抗性基因的功能，结合其他定向进化策略，获得能直接作用于单链 DNA 的腺嘌呤脱氨酶。再将 nCas9 与野生型腺嘌呤脱氨酶 ecTadA 和经过定向进化的腺嘌呤脱氨酶 ecTadA* 二聚体融合，从而建立了能在人类细胞中进行 A 碱基编辑的 ABE（ABE7.10，ecTadA-ecTadA*-nCas9）。在哺乳动物及植物细胞中，ABE7.10 可以高精度地实现 A 碱基的替换。

（三）先导编辑器

CBE 和 ABE 组合使用可以有效地进行 4 种碱基转换，即 C→T，G→A，A→G，T→C。为了实现更全面的碱基转换，人们又开发出先导编辑器（prime editor，PE），不仅可有效实现所有 12 种碱基转换，包括 CBE 和 ABE 不能实现的 8 种碱基转换（C→A，C→G，G→C，G→T，A→C，A→T，T→A，T→G），还能进行多碱基的精准插入（最多可插入 44bp）和删除（最多删除 80bp）。

PE 仍然是以 CRISPR/Cas9 系统为基础，但对 sgRNA 和 Cas9 都进行了改造。对于 sgRNA，在其 3' 末端增加一段 RNA 序列，获得的 RNA 被称作 pegRNA；对于 Cas9，则是构建 nCas9（H840A）与逆转录酶融合的融合蛋白。pegRNA 上新增加的 RNA 序列一部分作为引物结合位点（PBS），与断裂的靶 DNA 链 3' 末端互补，以起始逆转录过程，另一部分序列则作为逆转录模板，携带有目标点突变或插入缺失突变，以实现精准的基因编辑。

因此，PE 的工作原理如图 2-22-5 所示：在 pegRNA 的引导下，nCas9 切断含 PAM 的靶 DNA 链；断裂的靶 DNA 链与 pegRNA 的 3' 末端的 PBS 序列互补结合；逆转录酶沿逆转录模板序列进行逆转录反应；反应结束后，DNA 链的切口处会形成处在动态平衡中的 5' flap 结构和 3' flap 结构（flap 结构是指 gDNA 末端有单个碱基与靶 DNA 链不互补的双链 DNA 结构），其中 3' flap 结构的 DNA 链携带有目标突变，而 5' flap 结构的 DNA 链则无任何突变。细胞内 5' flap 结构易被结构特异性内切酶识别并切除，之后经 DNA 连接和修复便实现了精准的基因编辑。这一系统经进一步优化，其碱基突变和插入/删除的效率不断得到提升。

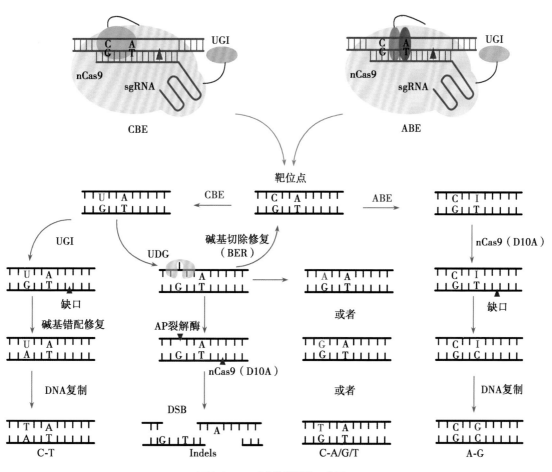

图 2-22-5　碱基编辑器的工作原理

第三节　合成基因组学技术

上述基因组编辑技术都是对细胞或动物的基因组进行有目的的修改,即"编辑"。近年来,合成基因组学的发展却从另一个方向探索对基因组的修改,即基因组的从头合成,可以看作是基因组的"编写"。合成生物学(synthetic biology)是 21 世纪初开始迅速发展的新学科,其学术目标在于将传统的分子生物学"解析"出来的生命分子再"组装"起来,形成具有生命特征的人工系统。合成生物学的两个重要研究方向:一是利用已知功能的生物分子构建"生物回路",另一个则是生物的全基因组合成。这种通过重新设计和构建自然存在的、序列已知的生命体的基因组,来认识基因组的功能和作用机制,并服务于人类健康的技术,称为合成基因组学技术。重新编写生命体的基因组可以回答生命科学的一系列重大问题,如一个生命体的整个基因组信息,是如何协调运作完成生命性状的遗传、发育和应对环境刺激的?支持一个生命体的最小基因组的信息是哪些?基因组是如何进化的?另外,合成基因组技术也为细胞治疗和动物基因治疗技术提供了巨大的可能性。

合成基因组学的生物化学基础是 DNA 的化学合成和克隆技术。相关技术已经在数十年前建立并成熟。20 世纪 70 年代报道了从脱氧核糖核酸化学合成的第一个基因——酵母丙氨酸 tRNA 基因。但这时的基因合成仅是按照基因序列合成的单个基因,并证实合成的基因具有其自身的生物学功能,如可以被转录。在合成生物学时代,DNA 合成技术已不仅仅是合成出具有基因自身功能的 DNA 分子,而是要将这个基因放在生物系统的背景下,完成特定的生物学功能,如构建或修改代谢途径、组装细菌基因组乃至构建"原创的"原核生物。最近,更是发展到合成真核生物的染色体和构建"原创的"真核生物。在这一发展历程中,DNA 的化学合成不是技术难点,难点是化学合成的寡核苷酸片段如何组装成一个基因组。除了基因组的设计、化学合成、组装技术,合成基因组学也涉及基因组移植技术。这些研究方兴未艾。本节将简要介绍一些已经完成或开展的生物基因组的合成和组装技术,以及其主要的生物学意义。

一、病毒基因组的合成与组装

病毒出于其生命周期的特征和需要,其基因组通常相对较小。病毒不能脱离宿主细胞而生存,但在宿主细胞或细胞抽提液存在的情况下,病毒的基本生命过程仍然可以被再现,如病毒基因的表达、复制和组装成具有感染宿主细胞能力的病毒颗粒。因此,为验证合成基因组学的概念,首先选择了合成病毒基因组。

率先完成全基因组化学合成的病毒基因组是脊髓灰质炎病毒基因组。脊髓灰质炎病毒是小RNA病毒家族肠道病毒,基因组为7 740bp的单链RNA,可在人类细胞中高效复制。全长脊髓灰质炎病毒cDNA的化学合成和分层组装分为三个步骤。首先化学合成约70bp的寡核苷酸,通过末端重叠互补序列组装成0.4~0.6kb的DNA片段;之后通过连接将0.4~0.6kb的片段克隆到质粒,得到三个分别为1.9kb、2.7kb和3.0kb的基因片段;最后利用限制酶将这三个重叠的DNA片段克隆到质粒T7启动子下游,组装成全长cDNA。测序确认后,进一步通过DNA重组方法或基因定点突变方法获得正确的全长克隆,并保留某些与天然序列不同但不影响基因功能的DNA序列作为人工合成基因的水印(watermark)标记。进一步的生物学实验证实,体外转录自合成的病毒基因组(cDNA)的RNA,可以在来自HeLa细胞的无细胞抽提液中,翻译合成脊髓灰质炎病毒蛋白;新合成的病毒衣壳蛋白可包装体外转录合成的病毒RNA,产生有感染能力的脊髓灰质炎病毒。这一研究首次证实体外化学合成的生物基因组具有生物活性,能包装成具有感染力的病毒。

噬菌体是常用的生物学研究模型系统。采用改进的组装方法,噬菌体X174的基因组(5 386bp)很快被合成。野生型噬菌体T7是能够感染大肠杆菌的裂解性噬菌体,其基因组为39 937bp线状双链DNA。已鉴定的57个基因编码60个蛋白,其中35个功能已知。为了更好地了解组成T7噬菌体的不同分子如何构成有功能的噬菌体,人们重新设计了噬菌体T7的基因组以优化其内部结构,并便于应用。为此,先明确了对于噬菌体功能必需的基本遗传元件和对其生存非必需的重叠遗传元件,如启动子、蛋白编码区、核糖体结合位点等,并在此基础上设计了人工合成的噬菌体T7,命名为T7.1。T7.1的基因组避免了编码不同蛋白的DNA序列的重叠,编码一个蛋白的DNA序列只有一个功能;每个基因和元件通过整合单一限制酶位点而便于操作。研究者用12 179bp的人工合成DNA替换了野生型基因5'部分的11 515bp,包括所有5' DNA元件和新加入限制酶切点。形成的半合成噬菌体基因组包含了原噬菌体的关键特征,但更加简单和易于操作各个遗传元件。这一研究说明,编码自然生物系统的基因大片段组件可以被系统性重新设计和构建。

合成病毒基因组具有一定的医学意义。其可以在仅获得病毒基因序列而未获得生物学毒株时,通过人工基因组合成获得有活性的病毒,从而可以迅速开展病毒的致病机制、疫苗研发等研究。

二、细菌基因组的合成和组装

细菌基因组远远大于病毒基因组,所以细菌基因组DNA片段在合成后,往往需要在某种宿主生物体内通过前体DNA片段的重组进行组装。一般而言,微生物基因组的组装只能在进化上距离较远的宿主细胞中进行,如集胞藻PCC6803在枯草杆菌细胞中组装、生殖道支原体在酿酒酵母细胞中组装。这时,供体DNA在转录上是沉默的,不会干扰宿主的生存。集胞藻PCCW6803是一种被广泛研究的藻青菌,其基因组为3.57Mbp。一项研究通过PCR克隆集胞藻PCCW6803基因组DNA片段,再序贯整合进入受体枯草杆菌的基因组,可构建得到4个800~900kb的大片段,证明可以采用体内方法在细菌基因组产生非合成的大型基因组构件。这一策略被用于重构小鼠线粒体和水稻叶绿体的全长基因组,并最终回收为环状的、核外合成DNA产物。

J Craig Venter研究所用化学合成的寡核苷酸片段在啤酒酵母中组装了完整的生殖道支原体(*Mycoplasma genitalium*)基因组,长580kp。合成的基因组基本与野生型G37株相同,仅M408基因被一个抗生素标志破坏以阻止致病性和便于筛选。在基因间区域插入数个"水印"序列作为合成的基因组标记。这些序列的起始及末端都有终止密码子,因此不能被翻译成蛋白,但是作为一种密码,它们却人为编码一些额外的信息,如人名、研究所名称,甚至一些名言名句。生殖道支原体基因组的分层合成分为三个步骤,即从化学合成的寡核苷酸组装5~7kb的重叠DNA片段;在大肠杆菌细菌人工染色体上通过体外重组连接成24kb、72kb和144kb中间体;再在酿酒酵母中通过同源重组组装成完整的目标基因组。类似的技术路线被用于化学合成蕈状支原体(*Mycoplasmamycoides*)的基因组,其大小为108kb,化学合成和组装路线为以下三个步骤:首先从合成的寡核苷酸重叠片段搭建1 080bp的DNA片段,再组装成109个大约10kb的大片段;然后这些片段在10个库中被重组为11个约100kb的区段;最后11个区段通过重组形成完整的蕈状支原体基因组。所有的组装都在酵母体内通过同源重组进行,只有2个是在体外通过酶连接而成。合成和组装的蕈状支原体基因组被移植入与之相近的山羊支原体受体细胞,形成新的、完全由合成的基因组控制的蕈状支原体细胞(JVCI-syn1.0)。与野生型CO001668菌株相比,化学合成的JVCI-syn1.0基因组包含4个水印序列、1个设计的4kb基因缺失,以及20个位点的核苷酸多态性。新创造的细胞具有蕈状支原体的表型特征,能够持续自我复制。这些研究证明了合成基因组学原理的可行性,即可以采用化学合成的片段构建染色体规模的活性DNA分子;同时表明,即使合成基因组与天然蕈状支原体基因组相比存在差异,基于计算机设计的基因组序列也可以产生活的细胞。

三、真核染色体的合成和组装

与细菌基因组相比,真核基因组在形式和功能上都有很大的区别。哺乳动物核基因组都是线性DNA分子,其复制、重组、转录等功能涉及无数的功能元件,给真核基因组的设计和合成带来重大挑战。所以合成真核细胞基因组首先选定的是最简单的真核模式生物酵母的基因组。酿酒酵母有16条染色体,高度易重组。首先设计和合成的是酵母3号染色体。第一步是用计算机软件进行了整个天然3号染色体的计算机编辑,设计了一系列的删除、插入和碱基替换,形成人工合成3号染色体(synⅢ)的设计序列。

synⅢ编码一个嵌入的重组系统,称为 SCRaMbLE(synthetic chromosome rearrangement and modification by LoxP-mediated evolution),用于支持在体内用 Cre 重组酶对 synⅢ 染色体进行进一步编辑。合成的 synⅢ(316 667bp)比天然染色体Ⅲ(272 871bp)多 13.8%。

分层构建 synⅢ 的工作流程分为三个步骤。第一步,用 PCR 法从化学合成的重叠的 60~79mer 寡核苷酸构建 750bp 的“构件模块(building blocks,BB)”;第二步,利用尿嘧啶特异性切除反应(USER)或酵母同源重组介导的穿梭载体克隆,将 BB 搭建成 2~4kb 的重叠 DNA 微组件(minichunks)。第三步,相邻微组件通过重叠 BB 在酵母中经同源重组依次构建成约 10kb 的组件(chunks)和 30~60kb 的巨组件(megachunks),再组装成 synⅢ。获得的 synⅢ 占酵母整个基因组的 2.5%。其中有大量序列改变,但并未改变酵母的适应性(图 2-22-6)。

全人工合成的酵母基因组被称为 Sc2.0,由一个国际科学家联盟实施,我国北京基因组研究所也参与其中。合成 Sc2.0 酵母基因组应该能够产生野生型的全部表型和适应性;不含有使基因组不稳定的元件,以免合成酵母基因组不稳定或发生重排;应该具有遗传可塑性以便于后续研究。通过设计和合成 Sc2.0,可以加深对真核基因组结构和功能进化的认识,并为后续应用研究奠定基础。

四、合成生物学用于改造干细胞

因干细胞具有发育多能性而在细胞治疗领域有着更广阔的应用前景。合成生物学、光遗传学等技术进一步拓宽了干细胞治疗的设计与应用前景。Tim Stüdemann 等人通过向诱导多能干细胞(iPSC)诱导出的心肌组织中植入

PSAM-GlyR 与光控制的 Ilmo4,使其成为由荧光素酶底物 CTZ 激活而节律性跳动的工程心脏组织(EHT),移植入小鼠左心室,可改善其心脏损伤。

由于干细胞可以响应肿瘤微环境(TME)中的迁移信号而向肿瘤迁移渗透,从而克服抗癌药物、T 细胞难以渗透达到预期治疗效果的问题,且可减少抗癌药物的全身毒性。因此,同时具有相对非免疫原性与天然肿瘤趋向性的神经干细胞和间充质干细胞成为最佳载药选择。利用无铜点击化学偶联二苯并环辛炔(dibenzocyclooctyne,DBCO)与叠氮化物的反应将 DBCO 包裹的紫杉醇、免疫检查点抑制剂或其他抗癌药物特异性地传递到肿瘤相关的叠氮化物包被的间充质干细胞中,增强其呈递能力与持久性,抑制肿瘤生长。

传统的基因治疗技术,结合新发展的基因编辑技术,与细胞治疗技术的有效融合,为人们治疗疾病提供了理想手段。一方面,人类可以通过特异性地突变基因组中的基因,制造丧失功能的突变体,是对基因功能进行遗传学研究的基础;另一方面,应用本章描述的新发展的基因编辑技术,对细胞或个体的基因组实施精准的定点干预,实现彻底治愈此类疾病的目的。人们还可以将干细胞技术和免疫细胞技术联合并拓展,实现当前许多难治性疾病,如晚期恶性肿瘤,传统方法效果不佳的患者,实施靶免疫细胞治疗,提高人们的生存欲望,延长生存时间。

然而,由于表达水平不易控制、外源基因转染造成细胞基因表达异常等问题;还需要特别强调的是,对人体细胞,尤其是生殖系(germline)细胞进行的任何基因修饰都需要经过严格的医学伦理学评估,不可随意进行。此外,目前的基因组编辑技术还面临一些尚未克服的难题,在临床应用上应格外谨慎。

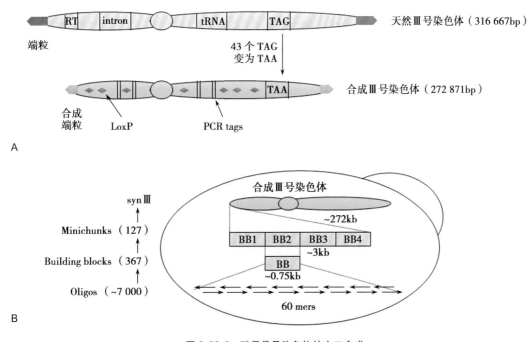

图 2-22-6　酵母Ⅲ号染色体的人工合成

(梁亮　韩骅　解国涛)

参考文献

［1］ 李奎.动物基因组编辑.北京:科学出版社,2017.

［2］ 杨荣武.分子生物学.2版.南京:南京大学出版社,2017.

［3］ 韩骅,高国全.医学分子生物学实验技术.4版.北京:人民卫生出版社,2020.

［4］ Xie F,Ye L,Chang JC,et al. Seamless gene correction of β-thalassemia mutations in patient-specific iPSCs using CRISPR/Cas9 and piggyBac. Genome Res,2014,24(9): 1526-1533.

［5］ Xiang Meng,Tiangang Wu,Qiuyue Lou,et al. Optimization of CRISPR-Cas system for clinical cancer therapy. Bioeng Transl Med,2023,8(2):e10474.

［6］ Zu Y,Tong X,Wang Z,et al. TALEN-mediated precise genome modification by homologous recombination in zebrafish. Nature Methods,2013,10(4):329-331.

［7］ Rees HA,Liu DR. Base editing:precision chemistry on the genome and transcriptome of living cells. Nat Rev Genet,2018, 19(12):770-788.

［8］ 宋凯.合成生物学导论.北京:科学出版社,2018.

［9］ Myers CJ,Beal J,Gorochowski TE,et al. A standard-enabled workflow for synthetic biology. Biochem Soc Transact,2017,45 (3):793-803.

［10］ Weber W,Fussenegger M. Emerging biomedical applications of synthetic biology. Nat Rev Genet,2012,13(1):21-35.

［11］ 吴晓昊,廖荣东,李飞云,等.合成生物学在疾病诊疗中的应用.合成生物学,2023,4(2):1-20.

［12］ Stüdemann T,Rössinger J,Manthey C,et al. Contractile Force of Trans-planted Cardiomyocytes Actively Supports Heart Function After Injury. Circulation,2022,146(15):1159-1169.

［13］ Takayama Y,Kusamori K,Nishikawa M. Click Chemistry as a Tool for Cell Engineering and Drug Delivery. Molecules,2019,24 (1):172.

［14］ Layek B,Sadhukha T,Prabha S. Glycoengineered mesenchymal stem cells as an enabling platform for two-step targeting of solid tumors. Biomaterials,2016,88:97-109.

［15］ Hargadon KM,Johnson CE,Williams CJ. Immune checkpoint blockade therapy for cancer:An overview of FDA approved immune checkpoint inhibitors. Int Immunopharmacol,2018,62: 29-39.

［16］ Komor AC,Kim YB,Packer MS,et al. Programmable editing of a target base in genomic DNA without double-stranded DNA cleavage. Nature,2016,533(7603):420-424.

［17］ Davis JR,Wang X,Witte IP,et al. Efficient in vivo base editing via single adeno-associated viruses with size-optimized genomes encoding compact adenine base editors. Nat Biomed Eng,2022,6 (11):1272-1283.

［18］ Song CQ,Jiang T,Richter M,et al. Adenine base editing in an adult mouse model of tyrosinaemia. Nat Biomed Eng,2020,4(1): 125-130.

［19］ Xiao Tan,Justin H. Letendre,James J. Collins,et al. Synthetic biology in the clinic:engineering vaccines,diagnostics,and therapeutics. Cell,2021,184(4):881-898.

［20］ Ninglin Zhao,Yingjie Song,Xiangqian Xie,et al. Synthetic biology-inspired cell engineering in diagnosis,treatment,and drug development. Signal Transduct Target Ther,2023,8(1): 112.

第二十三章　自体骨髓细胞输注技术

提要: 本章分 6 节介绍骨髓的结构和骨髓有核细胞的功能,骨髓的采集和有核细胞的分离与检测,骨髓干细胞的输注途径,骨髓有核细胞治疗临床实践。基本原理是骨髓干细胞有分化成多种细胞的潜能,在不同器官微环境中可以转化为不同的细胞,或者分泌有关因子,修复细胞损伤,改善器官的功能。作者结合自己临床应用治疗的体会,并附有成功典型病例报告。

第一节　骨髓的结构

骨髓是人体的造血组织,位于长骨的髓腔及所有骨松质内,占体重的 4%~6%,由多种成分构成,除血液细胞外,还包含基质细胞、神经细胞、血管系统。骨髓是人体最大的造血器官。成年人的骨髓分为红骨髓和黄骨髓。胎儿及婴幼儿时期的骨髓都是红骨髓,大约从 5 岁开始,长骨干的骨髓腔内出现脂肪组织成为黄骨髓,并随年龄增长而增多。成人的红骨髓和黄骨髓约各占一半,红骨髓主要分布在扁骨、不规则骨和长骨骺端的骨松质中,造血功能活跃;黄骨髓内仅有少量的幼稚血细胞,故仍保持着造血潜能,当机体需要时可转变为红骨髓进行造血。

一、造血组织

造血组织主要由网状结缔组织和造血细胞组成。网状细胞和网状纤维构成造血组织的网架,网孔中充满不同发育阶段的各种血细胞,以及少量造血干细胞、巨噬细胞、脂肪细胞和间充质细胞等。

(一) 骨髓是个体一生的造血组织

目前认为,造血细胞赖以生长发育的内环境,即造血诱导微环境极为重要。骨髓造血诱导微环境包括骨髓神经成分、微血管系统及纤维、基质,以及各类基质细胞组成的结缔组织成分,并随着个体发育不断成熟和变化。基质细胞是造血微环境中的重要成分,包括网状细胞、成纤维细胞、血窦内皮细胞、巨噬细胞、脂肪细胞等。一般认为,骨髓基质细胞不仅起支持作用,并且分泌体液因子,调节造血细胞的增殖与分化(图 2-23-1)。

(二) 骨髓造血组织中血细胞的分布特点

发育中的各种血细胞在造血组织中的分布呈现一定规律性。幼稚红细胞常位于血窦附近,成群嵌附在巨噬细胞表面,构成幼红细胞岛;随着细胞的发育成熟而贴近并穿过血窦内皮,脱去胞核成为网织红细胞。幼稚粒细胞多远

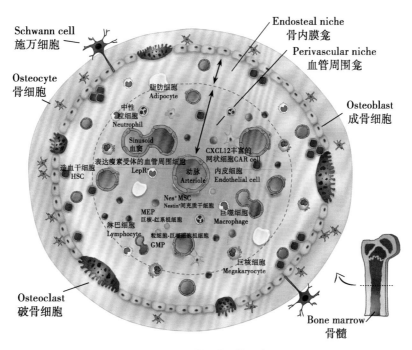

图 2-23-1　骨髓微环境示意图

离血窦,当发育至晚幼粒细胞具有运动能力时,则借助变形运动接近并穿入血窦。巨核细胞常常紧靠血窦内皮间隙,将胞质突起伸入窦腔,脱落形成血小板。这种分布状况表明造血组织的不同部位具有不同的微环境造血诱导作用。

二、血窦

血窦是骨髓-血液的屏障,由动脉毛细血管分支组成。成熟的血细胞在骨髓中成熟后,穿越血窦进入到血液循环中。血窦上有内皮细胞,窦壁的外面附着周细胞,血窦形状不规则,其窦腔大而迂曲,最终汇入骨髓的中央纵行静脉。窦壁衬贴有孔内皮,内皮基膜不完整,呈断续状。基膜外有扁平多突的周细胞覆盖,当造血功能活跃,血细胞频繁穿过内皮时,覆盖面减小。血窦壁周围和血窦腔内的单核细胞和巨噬细胞,有吞噬清除血流中的异物、细菌和衰老死亡血细胞的功能。各种血细胞都有一定的寿命,红细胞的寿命平均约120天,白细胞的寿命为数天、数周或数年。血细胞不断地衰老和死亡,这些信息不断地传递到骨髓,骨髓造血干细胞就不断地增生。由新生的血细胞不断补充衰老和死亡的血细胞,使外周血液循环中的血细胞数量和质量保持动态平衡,维持造血组织环境稳态,支持生命个体功能持续。

三、造血干细胞

(一) 造血干细胞起源于人胚胎卵黄囊的血岛

受精后第2周末,人胚胎卵黄囊壁的血岛就出现造血干细胞(hematopoietic stem cell,HSC);当胚体建立循环后,HSC经血流迁入胚肝。第3~6个月的胎儿肝是主要的造血器官,含HSC较多,可以应用分离的胎肝造血细胞治疗再生障碍性贫血等血液病。出生后,HSC主要存在于红骨髓,约占骨髓有核细胞的0.5%,其次是脾和淋巴结,外周血中也有极少量。脐带血中也含有一定数量的HSC,因此,脐带血也是血液研究者们获取HSC的一个重要来源。近年研究发现,HSC还存在于肺脏中,负责全身不少于1/3的血小板的生成。

(二) 造血干细胞的基本特性

HSC的基本特性是:①有很强的潜能,在一定条件下能反复分裂,大量增殖,但在一般生理状态下,多数细胞处于G_0期静止状态;②有多向分化能力,在一些因素的作用下能分化形成不同的祖细胞;③有自我复制能力,即细胞分裂后的子代细胞仍具原有特征,故HSC可终身保持恒定的数量。

HSC是生成各种血细胞的原始细胞,又称多能干细胞。HSC在一定的微环境和某些因素的调节下,增殖分化为各类血细胞的祖细胞,称造血祖细胞,它也是一种相当原始的具有增殖能力的细胞,但已失去多向分化能力,只能向一个或几个血细胞系定向增殖分化,故也称定向干细胞。HSC不断分化、发育,成熟后形成具有特定形态、表达特异表面标志物的不同种类与功能的血细胞。

当血细胞成熟后,从骨髓中释放到循环外周血中,发挥其特有的生物学功能。红细胞主要负责运输氧气,血小板主要负责凝血,粒细胞和淋巴细胞负责免疫等。血细胞发生是HSC经增殖、分化直至成为各种成熟血细胞的过程。成熟的血细胞包含:红细胞、巨核细胞、巨噬细胞、血小板、粒细胞、T细胞、B细胞和NK细胞等。

第二节　骨髓有核细胞的功能

骨髓有核细胞是指骨髓细胞中含有细胞核的细胞,骨髓细胞中除了成熟红细胞和血小板外,其余的细胞都有细胞核,包括粒细胞系、巨核细胞系、淋巴细胞系、单核细胞系等。通过骨穿采集的骨髓中包含有不同发育阶段的各种血细胞和间充质干细胞。

一、骨髓有核细胞的演变过程

在正常情况下,血细胞从原始到成熟阶段的整个发育演变过程有一定的规律性。①细胞体积:随着血细胞的发育成熟,细胞体积由大变小,巨核细胞则相反,发育越成熟,胞体越大。②细胞核:从大到小,红细胞成熟的过程中细胞核逐渐消失;核形从圆形到不规则,粒细胞系最后为分叶状,淋巴细胞系及浆细胞系变化不大;染色质从细致疏松到粗糙密集;核膜从不明显到明显;核仁从有到无。③胞质量:由少到多,淋巴细胞变化不明显,瑞氏染色和吉姆萨染色示胞质由深蓝到浅蓝,成熟粒细胞和红细胞可转为粉红和淡红色;颗粒由无到有。④胞核与胞质体积之比从大到小。

(一) 骨髓有核细胞比例

骨髓细胞中,粒细胞系统占比最大,约1/2。一般原始粒细胞<0.02,早幼粒细胞<0.05,以中性杆状核最多,其比值大于分叶核粒细胞,也多于晚幼粒细胞,嗜酸性粒细胞<0.05,嗜碱性粒细胞<0.01。红细胞系(有核红细胞)占骨髓细胞的比例居第二位,约1/5,以晚幼红细胞居多,中幼红细胞次之,原始红细胞<0.01,早幼红细胞般<0.05,无巨幼红细胞。淋巴细胞约占1/5,小儿偏高,有时可达0.4,单核细胞一般<0.04,浆细胞一般<0.015。

(二) 非造血细胞少量存在

非造血细胞包括间充质细胞、网状细胞、吞噬细胞、组织嗜碱性细胞等可少量存在,它们的比值虽然很低,但却有骨髓成分的标志。

巨核细胞计数尚没有统一的方法,一般骨髓涂片检测,全片巨核细胞数7~35个,其中原始巨核细胞占0~0.01,幼稚巨核细胞0~0.05,颗粒性巨核细胞0.1~0.3,产生血小板巨核细胞0.44~0.60,裸核巨核细胞0.08~0.3。由于产生血小板的巨核细胞在骨髓中停留的时间很短,一旦有血小板产生,就立即将血小板释放出去,所以在实际骨髓涂片检测中,正常骨髓中往往以颗粒型巨核细胞为主,裸核巨核细胞次之。

(三) HSC是主要成分

骨髓中主要是HSC,还有间充质干细胞、内皮始祖细胞等,这些细胞有向多种细胞分化的潜能,可以修复和补充全身多个器官中的细胞损伤，或者称为骨髓类胚胎样细胞，所以很多疾病可以用自体骨髓干细胞治疗。同种异体骨髓移植还可以用于治疗白血病、再生障碍性贫血等疾病。骨髓 HSC 可以直接从红骨髓中采集，也可以应用粒细胞刺激因子等动员剂，促进骨髓中的 HSC 进入周围血液，然后从外周血液中采集。直接从红骨髓中可以采集到更原始的干细胞。骨髓中越是原始的干细胞，越是有分化成其他种类细胞的潜能。用骨髓细胞治疗不同器官损伤时往往需要把骨髓有核细胞分离出来，然后将骨髓有核细胞输注到靶器官。

（四）MSC 是多种细胞的前体

MSC 起源于中胚层，被认为是多种细胞的前体细胞。近年来，研究者们发现，MSC 能分化成许多非中胚层类型的细胞，参与多种组织器官的损伤修复。1998 年，Ferrari 等人在 Science 发表文章，将遗传标记的 MSC 注入腓肠肌受损的小鼠体内，可以迁移到损伤的肌组织中，分化成为肌细胞，进行损伤修复。2003 年，Ortiz 等人的研究结果显示，在博来霉素诱导的小鼠肺纤维化模型中，当小鼠肺损伤后，MSC 会响应损伤归巢到肺中，显著降低了博来霉素诱导的肺组织内炎症和胶原沉积的程度。2015 年，Nakamura 等报道了 MSC 在骨骼肌再生中的作用。2017 年，Park 等做的几项临床前研究证明了 MSC 移植可以减轻严重脑室内出血（IVH）引起的脑损伤。目前，MSC 在多种细胞中的损伤修复作用逐步被揭示。

二、造血组织的修复与再生

HSC 对造血细胞的修复与再生作用毋庸置疑，然而，HSC 是否可以转分化为非造血系统的细胞至今仍存在争议。学术界目前存在两种不同的观点。一种观点认为 HSC 存在转分化，并在一定条件下 HSC 可以转分化为其他类型的细胞，从而对该类型的细胞进行修复。2001 年，Krause 教授研究小组发表在 Cell 上的文章，研究结果显示，骨髓来源的单个 HSC 移植后，在致死辐照的受体小鼠内可以转分化成大多数的非造血组织类型的细胞。他们移植骨髓来源的干细胞（使用 PKH26$^+$Fr25Lin$^-$标记分选）到致死剂量照射的小鼠体内，发现骨髓来源的单个干细胞可以分化成多种非造血组织类型的细胞，包括支气管、肺、小肠、胃、皮肤、胆管细胞等，在移植重建成功的小鼠的肺（支气管和肺泡）、食管、胃、小肠、结肠、肾小管、胆管和皮肤等都检测到供体来源的并带上皮细胞标志——角蛋白的细胞。

随后，Ogawa 等人报道了相似的结果，他们的结果显示，单个造血干细胞可以分化为成纤维细胞、肌成纤维细胞、脂肪细胞和其他的组织器官细胞，且作者认为成纤维细胞和肌成纤维细胞对于组织器官的结构完整性起着重要作用，并为其他类型细胞的增殖和分化提供支持。另外也有研究认为，在心肌梗死部位和肝星状细胞部位发现的成纤维细胞和肌成纤维细胞源自 HSC。Yamada 等人通过脂多糖诱导肺损伤小鼠模型后，移植骨髓细胞进入肺受损小鼠体内，发现骨髓来源细胞可以沉积于炎症部位并分化形成

内皮和上皮细胞，进而修复肺损伤。

我国学者，厦门大学夏宁邵教授等研究用乙肝病毒感染免疫缺陷鼠做成鼠肝硬化动物模型，然后用人的骨髓 MSC 经免疫缺陷鼠肝硬化模型的脾脏穿刺输注，经过脾静脉到门静脉进入肝脏，可以修复肝硬化模型鼠的肝细胞损伤。这些研究都提示骨髓来源的干细胞可以转分化为非造血类的组织细胞。

第三节　骨髓的采集

一、骨髓采集的传统方法

捐献骨髓供体在完善各项检查及机体动员准备后，于骨髓采集前一天入院行术前准备，包括抽血查血凝常规、血常规，穿刺处常规备皮，术前晚沐浴，要求全身清洗干净，晚八时起禁食禁饮，晨起空腹解除大、小便，更换消毒衣裤，术前 30 分钟肌内注射苯巴比妥 0.1g 及阿托品 0.5mg 后入手术室，建立静脉通路并保留导尿，行硬膜外麻醉，患者全身放松取俯卧位，调整手术床抬高后臀部至适当高度，尽量暴露穿刺部位，必要时垫软枕于患者两侧骨盆处，使患者更舒适。由于抽取骨髓时骨髓腔内的血液亦同时被抽取，为预防捐赠者损失过多红细胞造成贫血或血压过低，在捐献骨髓前需要捐赠者做自体备血，即在捐献前几周逐步采集自身血液 600mL 存储在体外，在骨髓采集手术时输入。

骨髓 HSC 采集需要在全身麻醉或硬膜外麻醉行外科手术进行，麻醉后穿刺针插入臀部两侧的髂骨内抽取骨髓细胞，需要在髂骨的多点穿刺，抽取骨髓的量依患者体重而定，一般要抽出 500~800mL 骨髓液。采集骨髓的同时向体内回输原先备好的自体血，以免贫血发生。术后，需防止伤口部位出血，伤口部位如感觉疼痛，应对症处理，大多数捐赠者可能会感到腰部有酸痛感。另外，由于麻醉剂的作用，有的捐赠者会有恶心呕吐感觉；由于体内白细胞计数暂时减少，可能会有轻度发烧的现象。出现上述这些情况也可由医生对症进行处理。

二、外周静脉血 HSC 的采集

从外周静脉血中直接采集 HSC，过程和普通捐献成分血的过程相同，但是需要将大量存在于骨髓中的 HSC 动员到外周血中。HSC 捐献前每天静脉注射一针动员剂，第 5 天采集骨髓干细胞。动员剂可将骨髓血中的 HSC 大量动员到外周血中，从捐献者手臂静脉处采集全血，通过血细胞分离机提取 HSC。与此同时，将其他血液成分回输捐献者体内。由于整个采集过程是在一个封闭和符合医疗安全要求的环境中进行，因此是非常安全的。采集总量为 50~100mL，含 10g 左右的 HSC。人体对 HSC 具有很强的再生能力。正常情况下，人体各种细胞每天都在进行新陈代谢，按照生成、衰老、死亡的循环往复。失血或捐献 HSC 后，可刺激骨髓加速造血，1~2 周内，血液中的各种血细胞恢复到原来的水平。因此，捐献 HSC 不会影响健康。

三、自体骨髓采集

用自体骨髓细胞治疗自身疾病,没有任何排斥反应,不需要应用免疫抑制药物,所以自体骨髓细胞治疗不同于异体骨髓移植,不需要采集很多自体骨髓。骨髓干细胞输注到自体不同器官,在不同器官的微环境中可能分化成不同的细胞或者分泌一些细胞因子,促进不同器官中损伤细胞的修复重建。笔者对肝硬化、糖尿病、膝关节退行性变、股骨头坏死、卵巢早衰、脑卒中后遗症等多种疾病采用自体骨髓细胞治疗,在局部麻醉下用特制的多孔骨穿针从髂前上棘做骨穿,抽取骨髓的注射器中预充抗凝液,每次采集骨髓约100mL,数分钟可以完成骨髓采集。这种方法采集骨髓不需要住院,大大方便了自体骨髓细胞的临床应用。笔者设计的多孔骨髓穿刺针,采集骨髓时骨穿针多个孔与骨小梁的接触面积大,可以采集更多的骨髓干细胞(图2-23-2)。

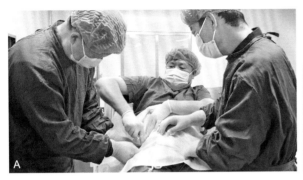
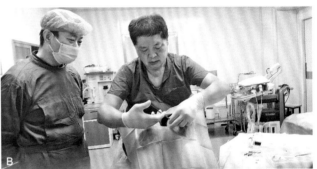

图2-23-2 作者自己做膝关节腔输注骨髓有核细胞
A.作者在局部麻醉下为自己做骨穿采集骨髓;B.作者自己穿刺膝关节腔注入自体骨髓有核细胞

第四节 骨髓有核细胞分离与检测

根据骨髓各种细胞成分比重的不同,对加抗凝和分离液的骨髓进行离心可以使骨髓分层。骨髓中的脂肪细胞位于最上层,血浆位于离心管上部,成熟红细胞比重最大,会沉降到试管底部。分离液的比重介于成熟红细胞和有核细胞之间,通过离心可以分层成熟红细胞和其他有核细胞;也可以首先进行骨髓离心,将最上面的脂肪细胞层吸出,再将血浆层吸出。然后将所有骨髓细胞吸出加到淋巴细胞分离液(Ficoll)的试管中再次做密度梯度离心,Ficoll的比重介于有核细胞与红细胞之间,因为血液中各有形成分的比重存在差异,所以得以分离。

红细胞和粒细胞密度大于分层液,同时因红细胞遇到Ficoll凝集成串钱状而沉积于管底。血小板则因密度小而悬浮于血浆中,唯有与分层液密度相当的单个核细胞集中在血浆层和分层液的界面中,呈白膜状,吸取该层细胞,经洗涤离心重悬。本法分离单个核细胞的纯度可达95%,淋巴细胞占90%~95%,细胞获得率可达80%以上,其高低与室温有关,超过25℃时会影响细胞获得率。再次离心后将红细胞与有核细胞分开,然后吸出有核细胞做不同器官的治疗。作者试用肝素生理盐水抗凝,不加淋巴细胞分离液用离心机做细胞分离,或者用全自动骨髓细胞分离设备分离有核细胞,这样分离骨髓有核细胞以后,骨髓血浆和红细胞可以从外周静脉回输,这种方法采集的骨髓都不会浪费,分离出的骨髓有核细胞在B超引导下精准输注到靶器官,临床效果更好。

一、骨髓细胞检测

血细胞分析仪主要是对血液有形成分(红细胞、白细胞、血小板等)的定量测量,不同原理、不同档次的仪器可检测的参数也不同。例如采用电阻抗法进行细胞测量的检测装置主要由2个电极组成,极间电压恒定。未加入血样时鞘流液流速稳定,使得极间阻值维持不变。由于血细胞是不良导体,稀释后的血样在鞘流液的引导下以恒定速率通过电极时,进样微孔附近电极间的液体被排开,阻值发生变化,产生计数电脉冲信号。脉冲信号的幅度表征血细胞体积,数目表征血细胞数量。

红细胞和血小板在体积上存在较大差异,因此,通过设置脉冲幅度阈值可在单测量通道内对二者进行有效区分:一般将2~35fL的颗粒统计为血小板,大于36fL的颗粒统计为红细胞。脉冲信号经过幅度甄别器、滤波、信号放大器及算法处理,得出相应分类的数目。有核红细胞和白细胞可同时进行测量,加入溶血剂溶解成熟红细胞后,采用聚次甲基荧光染料进行核染色,检测其荧光强度便可明显区分出两个细胞群。电阻抗法和射频技术也被用于测量幼稚细胞:根据幼稚细胞表面相对成熟的细胞膜脂质较少的特点,在细胞稀释液中加入硫化氨基酸,由于占位不同,使得结合在幼稚细胞表面的氨基酸较多,具有一定抵抗溶血剂的作用。血样加入溶血剂后成熟细胞破碎,则通过电阻法可检测出幼稚细胞的大小,而射频技术用于测量细胞核的大小和颗粒的多少。这种血细胞分析仪可以初步检测骨髓中的细胞分类、成熟细胞数量、单个核细胞和幼稚细胞的数量、巨大未成熟细胞(LIC)的数量。外周血中很少有LIC,

根据骨髓血中 LIC 的数量和百分比,可初步推测骨髓干细胞的数量和百分比。

二、人工智能在骨髓细胞检测中的应用

人工智能在医学领域的应用可以实现自动化、智能化、数据化和标准化。自动化的报告审核系统能够将患者的治疗方案、各种检查项目和治疗情况等进行大数据的综合分析,随时观察某个指标的变化趋势。血液细胞的人工智能检查,是通过专家标注完成标准化,根据细胞的大小、颜色、颗粒和胞核等性征建库;将待检血涂片与其比对,实现智能化的初步分析分型;同时能够与临床结合进行大数据的研究与分析,深度挖掘研究数据。人工智能应用于血细胞分析仪,使其在血涂片和液体涂片细胞识别方面日新月异,取得长足进步。其原理大致为:设备首先在 10 倍物镜下对血涂片进行扫描并定位白细胞,再转为 50 倍油镜扫描确定单层红细胞,分析红细胞形态并对血小板数量进行评估,继续转为 100 倍油镜扫描分析定位的白细胞,对异常有核细胞进行识别与初筛。设备可将异常红细胞进行简单分类,识别异常白细胞,并对其形态进行简单初筛。

第五节　骨髓干细胞的输注途径

骨髓干细胞具有多向分化潜能性,可以对多种损伤细胞进行修复。基本原理是将骨髓干细胞移植到不同器官微环境,可能会转化成不同细胞,或者分泌某些细胞因子修复损伤细胞,改善器官功能。

一、根据靶器官和治疗目的选择输注途径和方法

骨髓细胞输注可以通过周围静脉,也可以通过其他途径。例如通过放射介入股动脉肝动脉插管肝内输注治疗肝硬化;也可以通过开腹手术经网膜右静脉插管埋置输液港在上腹部皮下,然后穿刺输液港输注骨髓细胞进入肝内;还可以 B 超介入精准进行肝脏、胰腺、肾脏、卵巢、关节腔等部位穿刺输注,用于多个器官的骨髓干细胞输注治疗。

二、超声引导是必要措施

从外周静脉输注最容易,但是到达肺部以外的靶器官

干细胞数量最少,所以没有精准靶器官输注骨髓细胞的效果好。开腹经网膜右动脉或者静脉插管埋置输液港仅限于糖尿病或者肝硬化的治疗,而且损伤比较大,需要住院治疗,因为建立了固定通道,经输液港输注自体骨髓不需要做细胞分离。放射介入可以精准输注到靶器官,但是需要比较复杂的设备,做经股动脉插管后需要压迫穿刺部位,卧床休息数小时,需要住院治疗。B 超引导下细针穿刺靶器官输注自体骨髓细胞,创伤小,操作容易,可以精准把骨髓细胞输注到靶器官,做完治疗后可以自由活动,方便临床应用(图 2-23-3)。

三、根据不同器官输注体积有所不同

一般做自体骨髓细胞治疗每次用 5 支 20mL 注射器,每支注射器预充 4mL 肝素生理盐水,采集满的 5 支注射器包括骨髓 80mL 和肝素生理盐水 20mL。将包含肝素生理盐水的 100mL 骨髓做密度梯度离心分离出浓缩骨髓细胞,在红细胞和血浆之间的白膜层 2~4mL,包含有核细胞 2×10^8~4×10^8 个。根据器官的不同,输注的骨髓浓缩细胞体积不同,可以根据紧贴白膜层上部血浆的多少确定采集骨髓浓缩细胞的容积大小。一般每个关节腔、卵巢、肾脏可以输注 2mL,胰腺输注 4mL,胰腺输注 5mL,肝脏输注 10mL。

四、自体骨髓细胞体外扩增输注

HSC 能够在骨髓中快速扩增,补充正常细胞衰亡所缺失的血细胞。骨髓在体外培养增殖所获得的一般是 MSC,如果在体外定向培养增殖 HSC,则需要实验室模拟骨髓的造血微环境,骨髓有网状结构、血窦、内皮细胞,还有不断的传导信息。例如发生急性阑尾炎,信息传导到骨髓,需要骨髓干细胞快速生成大量的白细胞,这时我们检测外周血白细胞总数明显增高;如果是发生某种病毒感染,信息传导到骨髓,需要骨髓干细胞生成有关淋巴细胞产生抗体,中性粒细胞对病毒感染没有明显作用,这时我们检测外周血白细胞总数不高,淋巴细胞比例可能增高。如果希望骨髓干细胞转化成肝细胞,则需要模拟肝脏的微环境,添加肝细胞生长因子等试剂,但是目前实验室条件很难模拟肝脏的微环境,所以目前体外培养还不能把干细胞培养成有功能的肝细胞。

我们把骨髓有核细胞直接移植到有细胞损伤的器官,

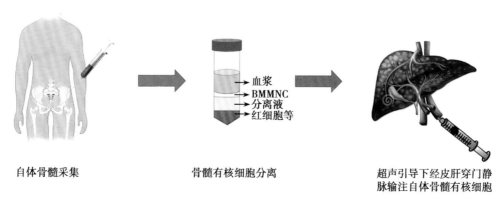

自体骨髓采集　　　　骨髓有核细胞分离　　　　超声引导下经皮肝穿门静脉输注自体骨髓有核细胞

图 2-23-3　超声引导下穿刺肝门静脉进行骨髓有核细胞移植治疗肝硬化

在这样的微环境中，具有多向分化潜能的骨髓干细胞就可能分化成器官微环境中需要的细胞。这种简单的方法可以使骨髓干细胞在目前最先进的实验室难以模拟的微环境中转化成自体器官中所需要的细胞。

第六节 骨髓有核细胞治疗临床实践

一、骨髓有核细胞治疗肝硬化

作者从 2009 年进行脾脏切除手术加自体骨髓经门静脉输注治疗艾滋病合并失代偿期肝硬化患者，发现患者肝功能改善，全身情况明显好转。自体骨髓经门静脉输注 1 年后复查肝脏体积增大，瞬时弹性影像检测提示肝脏硬度减低。然后将这种方法应用到没有艾滋病病毒感染的失代偿期肝硬化患者，将患者分为常规治疗组，常规治疗加脾切除加自体骨髓经门静脉输注组，常规治疗不切脾加自体骨髓经门静脉输注组，目的是比较自体骨髓门静脉输注与常规治疗是否有明显差异，也比较脾切除与不做脾切除对治疗的影响。

（一）临床资料

2016—2019 年在复旦大学附属公共卫生临床中心、同济大学附属东方医院、中国人民解放军海军军医大学第三附属医院、上海交通大学医学院附属仁济医院对多种病因引起的失代偿期肝硬化患者做自体骨髓经门静脉输注治疗。排除肝硬化合并肝癌、糖尿病、肝肾综合征等合并症。符合入组条件的患者 137 例，均确诊为失代偿期肝硬化，观察自体骨髓经门静脉输注对肝硬化的疗效。

将 137 例失代偿期肝硬化患者分为 3 组，其中 30 例采用常规治疗，包括抗病毒治疗和保肝利尿等治疗。55 例常规治疗加脾切除和网膜右静脉插管埋置输液港自体骨髓输注治疗，在全身麻醉下手术，探查见肝脏明显结节性肝硬化，脾肿大，腹水 500~7 500mL。手术行脾切除，然后将输液港导管经网膜右静脉插入，埋置在上腹部皮下。术中从髂前上脊穿刺抽取骨髓 40mL，然后经皮穿刺埋置在上腹部皮下的输液港穿刺窗，将自体骨髓缓慢推注进入门静脉，最后用肝素盐水 5mL 注入输液港防止凝血。52 例在常规治疗的基础上不切脾，做上腹部小切口网膜右静脉插管埋置输液港自体骨髓输注治疗。在全麻或者局部麻醉下上腹部小切口长约 4cm，找到胃网膜右静脉插管，上腹部皮下埋置输液港，术中经输液港输注自体骨髓 40mL。术后 1 个月和 3 个月分别再次经输液港输注自体骨髓 40mL，以后根据肝功能改善情况再次输注，方法同前。常规手术准备之外，手术前后继续应用抗病毒药物治疗。

（二）结果与结果分析

30 例进行常规治疗 3 个月，肝功能和血常规各项指标没有明显变化，2 例死于消化道出血。55 例脾切除加网膜右静脉插管埋置输液港患者，4 例手术后脾切除创面渗血，术后 7 天内死于肝衰竭，51 例入组资料做统计分析。52 例仅做网膜右静脉插管埋置输液港患者，2 例手术后消化道出血，7 天内死于肝衰竭。

目前对失代偿期肝硬化没有特别有效的药物治疗方法，阻断对肝细胞进一步损坏的因素是对病毒性肝炎肝硬化的基本治疗。用核苷类药物如恩替卡韦、替诺福韦等抗乙肝病毒药物治疗可以控制乙型肝炎病毒的大量复制，但是不能清除乙肝病毒，需要长期抗病毒治疗。丙肝肝硬化用抗病毒药物 3 个月基本可以清除丙肝病毒。保护肝细胞的常用的药物如谷胱甘肽、肝宁、益肝灵、肌苷等。补充维生素 C、E 及 B 族维生素等改善肝细胞代谢，具有防止脂肪性变和保护肝细胞的作用。针对低蛋白血症和腹水，给予输注白蛋白和利尿等治疗，但是这些治疗不能解决肝硬化的根本问题，如果经常规药物治疗肝功能仍然失代偿，患者会逐渐发展为肝衰竭。

本研究结果显示，常规治疗组经过 3 个月没有改善肝功能，而且有 2 例因消化道出血后死于肝衰竭。对 55 例采用脾切除加经胃网膜右静脉埋置输液港输注自体骨髓，52 例不切脾经胃网膜右静脉埋置输液港输注自体骨髓。结果脾切除手术后 1 周内 4 例因创面渗血肝衰竭死亡，不切脾经胃网膜右静脉埋置输液港输注自体骨髓手术后 1 个月内 2 例因消化道出血肝衰竭死亡，比较单纯常规药物治疗，脾切除加经胃网膜右静脉埋置输液港输注自体骨髓，不切脾经胃网膜右静脉埋置输液港输注自体骨髓 3 组在 3 个月内的病死率，没有显著差异（$p>0.05$）。但是不做脾切除仅做自体骨髓经门静脉输注和常规药物治疗组都有 2 例死于消化道出血引起的肝衰竭，与手术没有关系。比较常规治疗、常规治疗加脾切除和自体骨髓门静脉输注 3 组的效果，血清白蛋白、凝血酶原时间、血清总胆红素、腹水这些指标，自体骨髓门静脉输注组较前两组有明显好转，提示自体骨髓门静脉输注可以明显改善肝功能。

比较常规治疗加脾切除和自体骨髓门静脉输注与常规治疗不切脾加自体骨髓门静脉输注两组的治疗效果，肝功能都有明显改善，但是不做脾切除组的脾功能亢进没有明显变化，脾切除组的周围血白细胞、血红蛋白、血小板都有明显增多。所以对失代偿期肝硬化做脾切除有较大手术风险，可以先作上腹部小切口埋置输液港输注自体骨髓，待肝功能好转，如果仍然有明显脾功能亢进，可以再次手术做脾切除。

重症肝病做自体骨髓经门静脉输注可以改善肝硬化，但是手术风险很高，即使仅做上腹部小切口，经网膜右静脉插管埋置输液港也有可能诱发肝衰竭。我们在 2019 年改进了门静脉输注方法，采集骨髓后先分离出有核细胞，然后在 B 超引导下经皮穿刺肝内门静脉输注。这种方法不需要住院，穿刺采集骨髓和经皮肝穿部位拔除穿刺针以后压迫数分钟，穿刺部位就不会再出血。B 超可以清晰显示穿刺针进入肝内门静脉，输注骨髓有核细胞时可以看到有核细胞在门静脉内的移动轨迹和在肝内的分布，也就是骨髓有核细胞具有 B 超造影剂的作用。我们在用注射器抽吸采集骨髓时预充肝素盐水在注射器中，可以防止采集的骨髓在注射器中凝集。分离骨髓有核细胞后，肝素使有核细胞带有负电荷防止聚集发生凝血。带负电荷的有核细胞与门静脉中的血流有密度不同的界面，超声在遇到不同界面时产生回声，所以在 B 超仪器检查时可以看到骨髓有核细胞在肝内的运动轨迹。这种方法创伤微小，不留手术瘢痕，可以在局部麻醉下完成，患者不需要住院。对有大量腹水的患者也可以用这种方法把骨髓有核细胞移植到肝内门静脉，不用担心做手术埋置输液港必须放出部分腹水才能找出网膜右静脉插管，埋置到上腹部的输液港也常因为凝血障碍发生手术创面渗血。这种几乎是接近无创的方法，把骨髓有核细胞经 B 超引导精准移植到有细胞损伤的肝硬化微环境中，骨髓有核细胞可能会在这种微环境中转化成肝细胞改善肝功能。

（三）典型病例

病例 1. 患者男，56 岁，失代偿肝硬化大量腹水合并脐疝（图 2-23-4A）。CT 检查提示肝脏明显萎缩，肝脏体积 1 302mm³，大量腹水，脾脏肿大（图 2-23-4B）。在多家医院就诊后都认为需要做肝移植。作者对患者进行脾切除加脐疝修补，自体骨髓经门静脉输注治疗。手术后 3 个月，肝功能 Child-Pugh 分级从 C 级转成 A 级，手术后 1 年，肝功能正常，腹部伤口愈合良好（图 2-23-4C）。CT 检查提示肝脏明显增大，体积 1 796mm³，腹水基本消失（图 2-23-4D）。对于肝功能 C 级的患者手术风险比较高，围手术期输注白蛋白、凝血酶原复合物、纤维蛋白原，改善肝脏功能，手术中经胃网膜右静脉插管埋置骨髓输注装置，输注自体骨髓。随着自体骨髓干细胞在肝内发生复杂的变化，肝硬化组织中的胶原纤维被降解和吸收，肝脏组织增生和体积增大，肝功能好转，门静脉压力会逐渐降低。

病例 2. 患者男，62 岁，失代偿期肝硬化大量腹水合并脐疝。高高凸起的脐疝皮肤已经有破损，一旦自发破裂，可能有生命危险。先放出 7 000mL 腹水后做疝修补术和经网膜右静脉插管埋置输液港输注自体骨髓。手术后又出现腹水，放置腹腔引流管每天引流腹水约 2 000mL。随着自体骨髓输注进入门静脉后，肝功能逐渐好转，腹水逐渐减少。术后 3 周拔出腹腔引流。疝修补伤口感染，局部换药处理后感染创面逐渐缩小。术后 3 个月，肝功能逐渐好转。腹水基本消失，伤口基本愈合。（图 2-23-5）

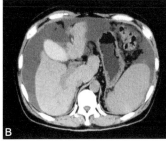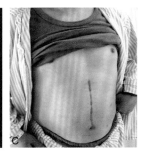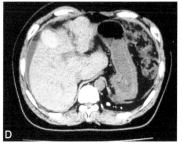

图 2-23-4　失代偿肝硬化大量腹水合并脐疝患者脾切除加自体骨髓输注手术治疗前后照片
A. 手术前照片；B. 手术前腹部 CT 照片；C. 脾切除加自体骨髓输注后 1 年患者照片；D. 骨髓输注 1 年后对比手术前同一部位 CT 照片

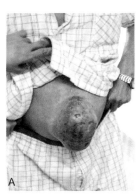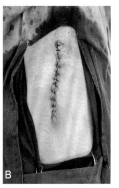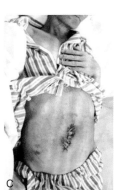
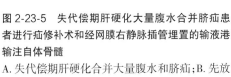

图 2-23-5　失代偿期肝硬化大量腹水合并脐疝患者进行疝修补术和经网膜右静脉插管埋置的输液港输注自体骨髓
A. 失代偿期肝硬化合并大量腹水和脐疝；B. 先放出 7 000mL 腹水，做脐疝修补和经网膜右静脉插管置输液港输注自体骨髓；C. 脐疝修补和输注自体骨髓后 3 周，腹水逐渐减少，手术伤口有感染；D. 脐疝修补和输注自体骨髓后 3 个月，腹水基本消失，手术伤口基本愈合；E. B 超引导下精准肝脏输注自体骨髓细胞

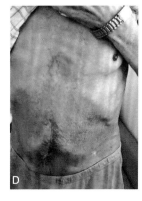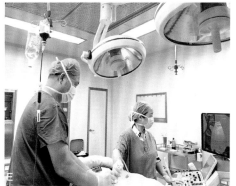

二、糖尿病的自体骨髓细胞治疗

糖尿病（diabetes mellitus，DM）是一组以慢性高血糖为特征的代谢性疾病。高血糖则是由于胰岛素分泌缺陷或其生物作用受损，或两者兼有引起。糖尿病因长期存在的高血糖，导致各种组织器官，特别是眼、肾、心脏、血管、神经的慢性损害和功能障碍。1型糖尿病发病年龄轻，大多<30岁，起病突然，多饮多尿多食消瘦症状明显，血糖水平高，不少患者以酮症酸中毒为首发症状，血清胰岛素和C肽水平低下，ICA、IAA或GAD抗体可呈阳性。单用口服降糖药无效，需用胰岛素治疗。2型糖尿病常见于中老年人，肥胖者发病率高，常伴有高血压、血脂异常、动脉硬化等疾病。起病隐袭，早期无任何症状，或仅有轻度乏力、口渴、血糖增高不明显者，需做糖耐量试验才能确诊。血清胰岛素水平早期正常或增高，晚期低下。糖尿病的诊断一般不难，空腹血糖大于或等于7.0mmol/L和/或餐后2小时血糖大于或等于11.1mmol/L即可确诊。糖尿病的常规治疗包括：饮食控制、适当锻炼、健康教育、自我监测血糖和药物治疗等。

（一）临床资料

作者用自体骨髓细胞经门静脉输注治疗肝硬化取得了明显疗效。对于肝硬化合并糖尿病，将自体骨髓细胞通过网膜右动脉胰十二指肠动脉输注到胰腺，是否可以促进胰岛β细胞的修复重建呢？我们观察24例失代偿期肝硬化合并糖尿病患者做自体骨髓输注治疗的疗效，其中10例做网膜右静脉插管埋置输液港，14例做网膜右动脉和网膜右静脉插管埋置输液港，采集自体骨髓经网膜右动脉和网膜右静脉-门静脉输注。

常规的保肝利尿和应用胰岛素或者降糖药等治疗，病毒性肝炎引起的肝硬化使用抗病毒药物治疗。常规手术准备，手术前后继续应用保肝利尿、胰岛素等治疗。全身麻醉或者局部麻醉下手术，上腹部小切口，腹水量大的患者先负压吸引放出部分腹水，将胃前壁钳夹提起，找到胃网膜血管。其中10例做网膜右静脉插管埋置输液港自体骨髓输注治疗，14例做网膜右静脉和网膜右动脉分别插管埋置输液港自体骨髓输注治疗。术中从髂前上脊穿刺抽取骨髓40~80mL，然后经皮穿刺埋置在上腹部皮下的输液港穿刺窗，将自体骨髓缓慢推注进入门静脉和经输液港输注自体骨髓进入网膜右动脉到胰十二指肠动脉，最后用肝素盐水5mL注入输液港防止凝血。术后1个月和3个月分别再次经输液港输注自体骨髓40~80mL，以后根据肝功能和胰岛功能改善情况再次输注，方法同前。

（二）结果与结果分析

10例网膜右静脉插管埋置输液港患者中有2例手术后腹部埋置输液港创面淤血，术后10天逐渐吸收，肝功能逐渐好转，胰岛素用药量不变，空腹血糖没有明显变化。14例做网膜右静脉和网膜右动脉分别插管埋置输液港患者中有4例手术后腹部埋置输液港创面淤血，术后10天逐渐吸收，肝功能逐渐好转，术后胰岛素用药量不变（1个月以后如果空腹血糖降低到6mmol，逐渐减少胰岛素用药量）。

对失代偿期肝硬化，如果不做肝移植，常规药物治疗没有明显疗效。多数患者逐渐发展为肝功能衰竭。干细胞可以修复损伤的肝细胞而改善肝功能。骨髓中有多种干细胞和细胞因子，用自体骨髓经门静脉输注可以促进肝硬化的肝功能重建，干细胞有向多种细胞分化的潜能，在不同的微环境中受某些因子的调控，可以分化为不同的细胞，或者产生某些细胞因子，促进损伤细胞的修复。我们观察经网膜右静脉插管埋置输液港输注自体骨髓和经网膜右动脉与静脉分别插管埋置输液港输注自体骨髓的两组患者1个月，凝血酶原时间、白蛋白、血清胆红素、腹水这几项指标都有明显好转（$p<0.05$），提示肝脏合成多种凝血因子、白蛋白的功能和促进胆红素代谢功能改善，随着白蛋白升高，血管胶体渗透压升高，肝硬化程度减轻和门静脉压力降低，腹水逐渐减少。经过3~4次自体骨髓经门静脉输注，随访1年发现，这两组患者的肝功能都明显好转（$p<0.01$），有些患者的肝功能大致恢复正常。

肝脏还有在血糖高时将葡萄糖转化成肝糖原，血糖低时分解肝糖原成为葡萄糖而调节血糖的功能。所以有些肝硬化患者合并糖尿病是由于肝脏调节血糖的功能障碍，因此也称为肝源性糖尿病。这些糖尿病应该随着肝功能的好转而血糖调节功能也恢复正常。对10例失代偿期肝硬化仅做了经网膜右静脉到门静脉的自体骨髓输注，在1个月后肝功能好转，空腹血糖有降低（$p<0.05$）。但是继续单纯从门静脉输注自体骨髓，随着肝功能的继续好转，空腹血糖没有明显变化，提示这些肝硬化合并糖尿病的患者引起血糖增高的主要原因不是肝脏，可能是胰岛功能不全。

异体胰岛移植是较常应用的一种治疗糖尿病的方法，目的是替代受损的胰岛细胞功能。这种异体胰岛移植需要用免疫抑制剂。然而随着时间延长，机体排斥反应仍然会使移植的胰岛失去功能。动物实验脐带间充质干细胞可以激活β细胞生长因子的表达和分泌胰岛素样生长因子1（IGF1），提高胰岛活力和胰岛素分泌。但是异体脐带MSC也会因排异而失去作用。诱导多能干细胞（iPSC）诱导分化为胰岛细胞可以提供无限的胰腺细胞来源，然而这种方法比较复杂，目前在临床还不能获得足够数量的葡萄糖应答β细胞用于移植治疗。

用自体骨髓经过网膜右动脉插管埋置输液港输注自体骨髓，骨髓干细胞可以经网膜右动脉、胰十二指肠动脉进入胰腺。在有胰岛细胞损伤的微环境中，骨髓干细胞可能会转化成胰岛细胞，或者分泌某些细胞因子促进胰岛损伤细胞的修复重建，血糖的调节功能好转。如果将自体骨髓仅经门静脉输注，部分干细胞也会经门静脉回流到右心房和右心室，经过肺循环以后可以进入体循环，可能有非常少量的干细胞进入胰腺。由于干细胞数量太少，所以胰岛功能虽有所改善，但不明显。但是将自体骨髓从网膜右动脉、胰十二指肠动脉输注，对胰岛功能的改善明显优于单纯经门静脉输注。这个临床观察也提示自体骨髓干细胞输注到有肝硬化的肝脏可以修复损伤的干细胞，改善肝功能，自体骨髓干细胞输注到有胰岛细胞损伤的胰腺可修复损伤的胰岛细胞,改善胰岛 β 细胞的功能,不同器官有细胞损伤的微环境能促进骨髓干细胞转化成不同的细胞或者分泌某些因子促进受损伤器官的功能恢复。

对肝硬化合并糖尿病患者,做上腹部切口经网膜右静脉插管埋置输液港时顺便经网膜右动脉埋置输液港,即使血糖没有明显变化,但埋置输液港手术对肝硬化有明显效果,因此做埋置输液港手术是有意义的。目前还不能准确预测哪些患者对自体骨髓输注到胰腺有明显的治疗效果,所以没有对没有肝硬化的糖尿病患者做上腹部切口经网膜右动脉埋置输液港的手术。

2019 年,作者改进了自体骨髓细胞输注方法,这种方法不需要住院,穿刺髂前上棘采集骨髓分离出有核细胞,然后在 B 超引导下经皮胰腺穿刺输注。经皮胰腺穿刺部位拔除穿刺针以后压迫数分钟,一般不会有穿刺部位出血。B 超可以清晰地看到穿刺针进入胰腺内,输注骨髓有核细胞可以看到胰腺密度逐渐增高,提示骨髓有核细胞逐渐在胰腺内扩散分布。这种方法创伤微小,可以对合并肝硬化患者或者单纯糖尿病患者进行自体骨髓有核细胞胰腺内输注治疗。骨髓有核细胞在有胰岛细胞损伤的胰腺微环境中修复损伤的胰岛细胞,改善胰岛功能。

(三) 典型病例

病例 1. 患者男,58 岁,失代偿肝硬化,糖尿病合并肝右叶肝癌已经作介入栓塞治疗。每天用胰岛素约 40 单位,空腹血糖仍然在 9mmol 左右。突然发生消化道出血,先做内镜套扎食管下端曲张破裂出血的血管,套扎后继续出血,采用内镜下注射硬化剂后仍然出血,再用三腔两囊管压迫等治疗仍然不能完全控制消化道出血。急诊手术脾切除加贲门周围血管离断,经网膜右动脉和网膜右静脉分别插管埋置输液港,手术中做自体骨髓经门静脉和网膜右动脉输注。手术后第 7 天 CT 检查提示大量腹水、肝硬化、体积缩小,脾脏已经切除(图 2-23-6A)。空腹血糖稳定在 6mmol/L,肝功能好转。手术后 3 个月 CT 检查,与图 2-23-6A 显示在肝右叶肿瘤栓塞部位的同一个断层层面,提示肝脏体积增大,少量腹水(图 2-23-6B)。复查肝功能大致正常,肝病面容消退,空腹血糖基本正常。逐渐减量胰岛素,最后停

用胰岛素,空腹血糖仍然正常。手术后 1 年,复查肝功能正常,不用胰岛素空腹血糖基本正常。

病例 2. 失代偿期肝硬化腹水合并糖尿病,腹壁皮脂腺囊肿切除以后伤口 3 年不愈。每天用胰岛素 40 单位、保肝利尿等治疗,腹水逐渐增多,腹部伤口每天有少量脓性分泌物,每天需要伤口局部换药治疗。2015 年做脾切除加经网膜右静脉和网膜右动脉埋置输液港,自体骨髓输注治疗后(图 2-23-7),肝功能改善,血糖逐渐恢复正常,手术后 1 个月后到医院复查,腹部正中脾切除手术伤口和腹部 3 年不愈的皮脂腺囊肿切除术后的伤口完全愈合。逐渐停用胰岛素后血糖大致正常,自体骨髓输注 3 年以后复查,肝功能正常,血糖大致正常,仍然不用胰岛素,伤口愈合良好。

三、骨髓移植在脑卒中的应用

(一) 临床资料

脑卒中是一组以脑组织缺血及出血性损伤症状为主要临床表现的疾病,又称脑卒中或脑血管意外。该病发病急,有极高的致残率和致死率。脑卒中是全球长期致残的首位原因。临床上最常见的是缺血性脑卒中,包括脑梗死和脑血栓形成,占脑卒中的 80%~85%。尽管在脑卒中的发病机制上已有广泛的认识,但目前对于这种破坏性疾病的治疗很不理想。虽然静脉注射组织型纤维酶原激活剂(tissue plasminogen activator,t-PA)和机械取栓术是可行的,但由于 t-PA 的治疗窗较窄(卒中后 4.5 小时使用有效)极易引起出血,而机械取栓术的治疗窗亦只有 6 小时。因此,仅有小部分患者得到溶栓治疗和机械取栓治疗。另外,超过一半的治疗患者仍存在明显的致残,且 90% 的患者在发病 90 天后其脑功能无明显改善。

目前,已经建立的细胞移植途径包括:脑实质内注射、脑室注射、静脉注射及动脉注射。尽管通过立体定位进行的脑实质内注射能够精确定位,并有证据显示直接注射的细胞迁移到缺血区域,但通常细胞分布到整个损伤区的概率小。因此,这种方法限制了细胞在成年脑中的迁移潜力。静脉注射是相对容易、非侵入性的途径,允许细胞广泛分布,使细胞暴露于来源于损伤区化学趋化因子的信号,其

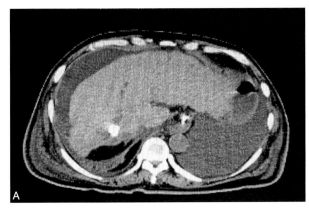
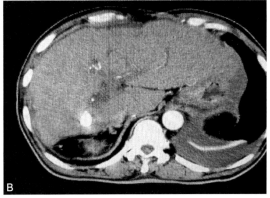

图 2-23-6　手术后 CT 检查

A. 手术后第 7 天 CT 检查提示肝周围和脾床大量腹水、肝硬化、体积缩小,肝右叶肿瘤介入栓塞有碘油沉积,脾脏已经切除;B. 手术后 3 个月 CT 检查,与图 A 显示在肝右叶肿瘤栓塞部位的同一个断层层面,提示肝脏体积增大,少量腹水

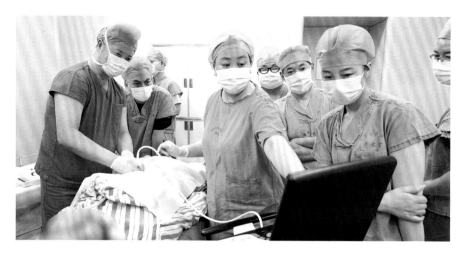

图 2-23-7 B超引导下精准胰腺输注自体骨髓细胞

引导细胞选择性地聚集在损伤区域。但静脉注射导致细胞分散在全身，尤其是细胞被卡在或过滤在肺、肝或脾脏等器官，只有小部分细胞能到达损伤脑组织，因此，需要大量的细胞。相比静脉注射，动脉注射提供细胞靶向整个缺血损伤区的机会，且细胞绕过肺、肝或脾脏等器官。另外，动脉注射的微导管是临床实践常用的技术，但动脉注射细胞具有导致微血管阻塞及脑血流量减少的风险。我们采用 B 超检查颈动脉，首先查看有无颈动脉狭窄，颈动脉内膜有无明显增厚，有无动脉粥样硬化斑块。如果没有明显的动脉硬化斑块，评估做颈动脉穿刺风险不大，可以在 B 超引导下用静脉输液留置针穿刺颈动脉，将留置针送入颈动脉后可以清晰地看到留置针套管中颈动脉搏动。这时将分离出的自体骨髓有核细胞经留置针输注进入颈动脉。这种方法安全且有效，可将大量干细胞移植到脑部缺血损伤区域。

脑室注射的优点是细胞能够到达大部分的脑表面，尽管这种方法的成功更依赖于细胞的迁移特性、其在脑脊液中的导航能力及穿透血-脑脊液到达脑实质的能力。但人的脑室注射需要在颅骨钻孔以放置脑室微导管，因而具有很高的侵袭性。相比脑室注射，椎管注射具有脑室注射同样的优点，但其侵袭性较脑室注射低，患者更容易接受。作者已经开展了椎管内注射自体骨髓有核细胞治疗缺血性脑卒中的临床研究，初步结果表明，其具有促进脑卒中患者脑功能恢复的作用。研究发现，自体骨髓有核细胞的疗效来源于不同细胞亚型，包括淋巴细胞、髓样细胞及间充质干细胞等细胞均是脑保护作用所必需的。

（二）典型病例

病例 1. 患者女，56 岁，脑外伤手术后昏迷 1 个月，上肢肌力 2~3 级，下肢肌力 1~2 级。采集自体骨髓 100mL，用全自动细胞分离机分离出有核细胞 8mL。患者侧卧位做腰穿，放出 8mL 脑脊液，将 8mL 自体骨髓有核细胞经腰穿针输注，分离有核细胞以后的血浆和红细胞经周围静脉输注。1 周后上肢肌力逐渐恢复，术后 3 个月上肢肌力恢复接近正常，下肢肌力 3~4 级，坐轮椅出院。配合功能锻炼，下肢肌力逐渐恢复，术后 6 个月来医院复查，行走自如。

病例 2. 患者女，79 岁，膝关节退行性变合并脑梗死，双下肢运动无力，膝关节痛，经椎管内输注自体骨髓有核细胞和膝关节腔输注自体骨髓有核细胞后下肢肌力逐渐恢复，膝关节痛消失。

四、膝关节退行性变的细胞治疗

（一）临床资料

作者比较了用脐带间充质干细胞膝关节输注和用自体骨髓有核细胞膝关节输注，发现用脐带间充质干细胞膝关节输注后多数有局部疼痛不适，一般持续 2~3 天，用自体骨髓有核细胞膝关节输注后没有副作用，观察长期效果更好。但是用脐带间充质干细胞不需要做骨穿和分离细胞，操作方便。对做骨髓穿刺有恐惧的患者可以选择体外扩增培养的干细胞。

（二）典型病例

病例 1. 患者 61 岁，女，双膝关节困胀隐痛 3 年。上下楼梯行走后加重，做理疗，口服止痛药，局部敷贴膏药等治疗无效。MRI 照片显示髌骨和股骨之间软骨明显磨损，胫骨和股骨之间软骨轻度磨损。采用自体骨髓细胞膝关节注入治疗，先平卧位局部麻醉下经髂前上棘骨穿采集骨髓 100mL，然后将骨髓送到实验室做密度梯度离心分离出骨髓有核细胞，将分离出的骨髓有核细胞吸入注射器，患者平卧屈膝位，做膝关节部位消毒，穿刺膝关节注入自体骨髓有核细胞。输注后自体骨髓有核细胞后无任何不良反应，膝关节疼痛逐渐减轻（图 2-23-8）。

病例 2. 作者本人，曾多次获得省级大学生运动会长跑冠军，大运动量训练使膝关节软骨有损伤，行走时间长或上楼梯时膝关节有酸困感。为了体验骨穿采集骨髓是否严重疼痛，自己为自己做骨穿采集骨髓，分离出有核细胞以后，自己做膝关节腔输注，膝关节酸困感逐渐消失（图 2-23-2）。

五、恶性肿瘤化疗前后的自体骨髓保存与回输

恶性肿瘤已经是危及人类生命健康的第二杀手。2020年，全球新发癌症病例 1 929 万例，其中我国新发癌症 457 万人。化疗对恶性肿瘤是一种很重要的治疗措施，但是化

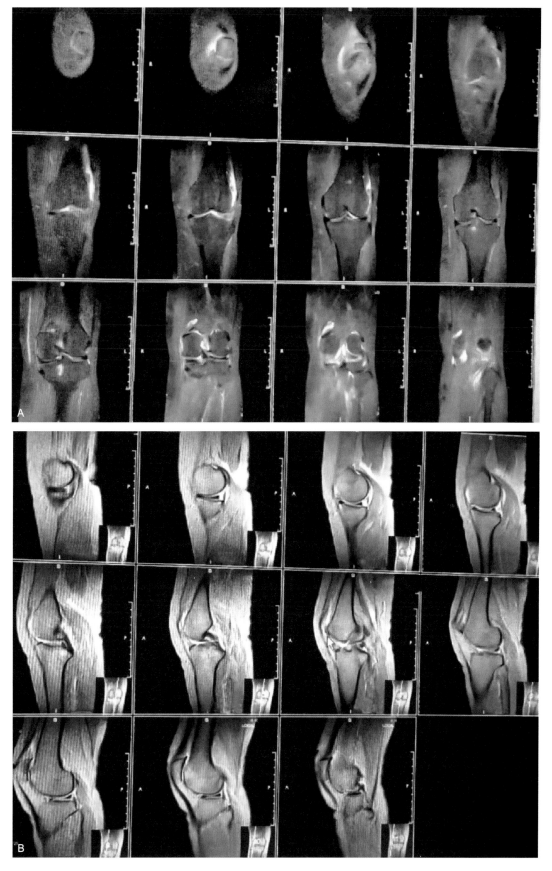

图 2-23-8　自体骨髓细胞膝关节注入治疗关节疼痛

A. T_2WI 冠状位显示胫骨内侧平台软骨扁薄,软骨下见 T_2WI 高信号囊变;B. T_1WI 矢状位显示轮廓不规则,髌骨下关节面变薄,局部表现局限性低信号,正常的三层显示不清

疗会造成骨髓抑制和免疫系统损伤。所有抗癌药物因缺少精确的选择性而对正常和肿瘤细胞均有毒性。骨髓是人体内最易受害的组织,故骨髓抑制是限制许多抗癌药物使用量的原因。虽然从动物肿瘤实验见到许多抗癌药的剂量反应曲线很陡峻,但在人体内由于骨髓抑制而不敢试图证实在动物中观察到的疗效。对于已经有严重免疫损伤的艾滋病合并肿瘤的患者,用常规的化疗方案可能加重损伤免疫系统和严重的骨髓抑制,容易发生严重的感染性并发症。

化疗后骨髓抑制的分度通常是根据化疗后血细胞成分量的变化来分度的,一般分成四度,拿白细胞举例,正常人的白细胞大于 $4.0 \times 10^9/L$,降到 3.0×10^9~$3.9 \times 10^9/L$ 为一度,降到 2.0×10^9~$2.9 \times 10^9/L$ 为二度,1.0×10^9~$1.9 \times 10^9/L$ 为三度,小于 $1.0 \times 10^9/L$ 为四度,同时也要关注血小板和血红蛋白的量,还要根据血小板、血红蛋白的含量进一步明确诊断。骨髓抑制程度越深,越需要患者引起注意,越需要进行进一步的抢救治疗,通常可以用增加血小板、白细胞的药物来改善患者的身体情况。理论上对恶性肿瘤细胞应该用最强的剂量在最短的时间内杀灭肿瘤细胞。但是杀伤肿瘤细胞的化疗药物也同时杀伤增生活跃的 HSC,所以化疗方案一般要考虑杀伤肿瘤细胞又不能对 HSC 造成严重抑制。艾滋病合并淋巴瘤患者化疗后白细胞往往低于 $1.0 \times 10^9/L$,有些患者使用粒细胞刺激因子的效果仍然不明显,患者可能在化疗后死于感染性并发症。

自体 HSC 移植是指在化疗前先采集正常的骨髓或外周血 HSC,再对实体瘤患者进行根治性剂量放、化疗,尽可能地杀伤肿瘤细胞,然后回输干细胞,"解救"受抑制的骨髓,达到既杀伤肿瘤细胞的目的,又可避免正常骨髓受抑制带来的危险,从而提高了实体瘤的缓解率,并有望使部分患者达到痊愈。

作者曾经对艾滋病合并肝硬化患者做脾切除手术,经网膜右静脉插管埋置植入式骨髓输注系统作自体骨髓输注时发现明显促进了肝功能重建,而且意外发现也促进了免疫重建。随后又对没有肝硬化、因腹部外科疾病手术的艾滋病患者也经网膜右静脉插管埋置输液港作自体骨髓输注,也发现促进了免疫重建,而且没有任何不良反应。这些发现证明经网膜右静脉输注自体骨髓是安全通道,而且可以促进艾滋病患者的免疫重建。然后对艾滋病合并淋巴瘤、结肠癌等恶性肿瘤患者手术时经网膜右静脉插管埋置植入式骨髓输注系统,在化疗前先抽取自体骨髓加入骨髓保存液放置于 -20℃ 冰箱保存,化疗后 5 天经埋置的骨髓输注系统回输保存的自体骨髓,发现化疗后骨髓抑制的恢复明显加快。化疗药物也可以造成肝细胞损伤,可能骨髓经门静脉输注到肝内,骨髓中的 MSC 可以修复肝损伤,HSC 经过肝脏以后可能归巢到骨髓,解救被抑制的骨髓而促进骨髓重建。

作者将艾滋病合并恶性肿瘤患者分为常规化疗组和常规化疗加骨髓保存回输组,包括结肠癌、胃癌、肝癌、淋巴瘤、卡波西肉瘤等。研究结果可能为普通肿瘤患者采用同样方法化疗探索出一种重要途径。该研究的特色是对很多免疫功能明显低下的艾滋病合并肿瘤患者,常规化疗可能

加重免疫损伤和骨髓抑制,导致患者严重感染而死亡,不做化疗也没有生存希望。而这种创新治疗方法已经使一些患者取得了良好的疗效,暂未发现任何副作用,是一种非常安全的治疗方法。采用自体骨髓回输不需要在体外分离和扩增,不属于干细胞技术,这样就避开了干细胞治疗属于三类技术的门槛。化疗前采集自体骨髓保存,常规化疗方案进行化疗,虽然可以造成骨髓抑制,但是不会清除骨髓 HSC,化疗后回输保存的骨髓,对解除化疗药物的骨髓抑制起辅助作用。

（一）临床资料

观察 2015 年 1 月到 2019 年 12 月 38 例艾滋病相关淋巴瘤患者进行肿瘤切除或者切取肿瘤组织活检的手术,患者男 23 例,女 15 例,年龄 22~70 岁。术前检测 HIV 抗体阳性,在当地疾病控制中心确诊 HIV 感染。30 例患者已经用抗逆转录病毒治疗,8 例患者手术前检查时才发现 HIV 感染,没有用抗逆转录病毒治疗。

术前全部患者应用抗逆转录病毒治疗,纠正一般情况,包括抗结核、抗真菌等治疗合并症,有明显贫血患者给予输血、输白蛋白等治疗。对发生在颈部、腋部、腹股沟部位的肿块,做切除或者切取部分肿瘤组织活检;对腹部肿块或者合并消化道出血、肠梗阻等并发的消化道肿瘤,做剖腹手术切除肿瘤或者切取肿瘤组织活检。病理组织学检查确定全部为非霍奇金淋巴瘤,根据淋巴瘤的不同类型确定化疗方案。

对 38 例淋巴瘤合并 HIV 感染患者做肿瘤手术切除或者切取活检后化疗,分为常规化疗组 20 例,常规化疗加自体骨髓化疗前保存,化疗后输注保存的自体骨髓组 18 例。观察化疗前后周围血象及淋巴细胞亚群的变化。

手术后 2 周左右,准备化疗前,局部麻醉下在患者髂前上棘穿刺,用特制的多孔骨髓采集器采集患者骨髓 50mL,将骨髓注入含 50mL 骨髓保存液的 100mL 塑料袋中,放置于 -20℃ 冰箱中保存。每个化疗疗程结束 5 天后,取出低温保存的骨髓,放置在 39℃ 恒温水浴箱中复温。手持骨髓保存袋在水浴箱中不停摆动,约 3 分钟骨髓完全解冻,然后将保存的骨髓经患者周围静脉输注。

（二）结果与结果分析

肿瘤切除或者切取肿瘤组织活检手术都顺利。手术后病理检查弥漫大 B 淋巴瘤 19 例,伯基特淋巴瘤 14 例,其他种类淋巴瘤 5 例。PET/CT 检查都没有骨转移。手术后约 2 周,伤口基本愈合后开始化疗。化疗前两组 T 淋巴细胞亚群和血常规检测差异无统计学意义（$p>0.05$）,每次化疗后 10 天检测两组淋巴细胞亚群和血常规,比较骨髓保存组和常规化疗组的各项指标,差异有统计学意义（$p<0.05$）。做常规化疗的患者在每个化疗疗程以后多数有明显的骨髓抑制和免疫损伤加重,需要用粒细胞刺激因子、促红细胞生成素等药物帮助恢复血象,延长恢复的间歇时间才能再做下一个疗程的化疗。一般在 3 个化疗疗程以后,骨髓抑制更明显,需要间隔 4 周以上才能再次化疗。做自体骨髓保存,化疗后回输自体骨髓的患者比常规化疗患者明显促进骨髓重建。化疗加输注骨髓与化疗不输骨髓组比较不同时

间节点 CD4$^+$ T 淋巴细胞、CD8$^+$ T 淋巴细胞、白细胞、血小板、血红蛋白都有明显增高。化疗加输注骨髓组手术后 1 年内 2 例死于肿瘤转移（11.1%），常规化疗组手术后 1 年内 7 例死于感染或肿瘤转移（35%）。卡方检验统计学无显著差异（$p>0.05$）。

HIV 感染者合并淋巴瘤一般免疫功能都有明显损伤，我们治疗的这 38 例患者，CD4$^+$ T 淋巴细胞平均值低于 200cell/μL，正常值在 500cell/μL 以上。化疗对多数淋巴瘤有较好疗效，很多淋巴瘤经过 6 个疗程化疗可以治愈。但是化疗药物杀伤肿瘤细胞的同时，也损伤造血系统的各类细胞。艾滋病患者已经有明显的免疫损伤，如果常规化疗，往往加重免疫损伤和造成严重的骨髓抑制，很多患者不是死于肿瘤广泛转移，而是死于免疫损伤引起的严重感染。用化疗药物杀死肿瘤细胞又尽可能地减少对正常造血系统的损伤，是对已经有严重免疫损伤的艾滋病合并淋巴瘤患者治疗的难题。我们设想化疗前采集自体骨髓放冰箱保存，化疗结束后 5 天，化疗药物基本排出体外，再把保存的骨髓经周围静脉回输，是否可以保护这些骨髓干细胞不受化疗药物的影响，回输体内以后归巢到骨髓，促进造血系统恢复功能？

一般做异体骨髓移植需要采集至少 200mL 骨髓，对患者进行大剂量化疗清空骨髓干细胞，然后输注异体骨髓，还需要用免疫抑制药物控制排斥反应。我们对合并淋巴瘤的 HIV 感染者，做化疗前采集自体骨髓 50mL 放置于保存液中 -20℃冰箱保存，然后进行常规化疗，不需要致死性剂量化疗药物清空骨髓。化疗后 5 天，化疗药物基本被排出体外。这时检查周围血象都有明显减低，白细胞总数往往低于 $2×10^9$/L。一般治疗需要用粒细胞刺激因子，有严重贫血的输注红细胞，有严重血小板降低者输注血小板等治疗。做骨髓保存的患者，经外周静脉回输保存的骨髓。化疗后 10 天，也是自体骨髓回输的第 5 天，比较做自体骨髓回输和常规化疗的患者，白细胞、血小板和血红蛋白都有明显升高（$p<0.05$），说明自体骨髓保存化疗后回输，骨髓中的干细胞明显促进了骨髓重建。

由于艾滋病患者常规化疗后骨髓抑制恢复较慢，化疗会加重免疫损伤，需要延长化疗后到下一个疗程的间隔时间，可能会使没有被化疗药物杀死的癌细胞获得较长的恢复时间，容易产生抗药性，不利于杀灭肿瘤细胞。常规化疗组 1 年内的病死率为 35%，常规化疗加自体骨髓保存回输组 1 年内的病死率为 11.1%。虽然统计学处理无显著差异（$p>0.05$），这可能与入组例数少有关。

抗逆转录病毒药物应用可以控制 HIV 对 CD4$^+$ T 淋巴细胞的破坏，促进免疫重建。我们在化疗中持续应用抗逆转录病毒药物，特别是原来没有用过抗病毒治疗的患者，抗逆转录病毒药物应用后明显促进免疫重建。虽然化疗可以使 CD4$^+$ T 淋巴细胞短时间降低，但是持续应用抗病毒药物，总的趋势是 CD4$^+$ T 淋巴细胞逐渐增高。化疗前骨髓保存，化疗后回输保存的骨髓，与常规化疗组相比较，CD4$^+$ T 淋巴细胞明显增高（$p<0.05$），说明自体骨髓保存化疗后回输，骨髓中的干细胞明显促进了骨髓重建。

（三）典型病例

常规化疗病例 1. 患者男，48 岁，艾滋病，发现右侧腋部肿块 5 个月，进行性增大，到上海市公共卫生临床中心就诊时淋巴瘤已经破溃。做切取肿瘤组织活检，病理诊断为 B 细胞淋巴瘤。做化疗后肿瘤缩小，出现明显的骨髓抑制，用粒细胞刺激因子等促进骨髓重建。血象恢复后再次化疗。4 个疗程化疗后肿瘤明显缩小，但是出现严重的骨髓抑制。用粒细胞刺激因子、促红细胞生成素等治疗效果不好，死于肿瘤广泛转移。

骨髓保存回输病例 1. 患者 37 岁，男，发现左侧腋部肿块 4 个月，肿块破溃，发现 HIV 感染 1 个月。CD4$^+$ T 细胞数 59cell/μL。局部换药治疗后破溃增大。转到上海市公共卫生临床中心外科，切取病理活检报告为弥漫大 B 细胞淋巴瘤，采用抗病毒治疗和 EPOCH 方案化疗。化疗前采集自体骨髓保存，化疗结束 5 天后回输自体骨髓。3 个疗程化疗和综合治疗后，破溃的肿块基本消失，6 个疗程化疗和综合治疗后，局部伤口愈合（图 2-23-9）。CD4$^+$ T 细胞数增加到 121cell/μL。全身情况明显好转。

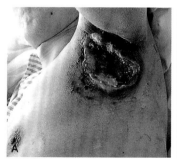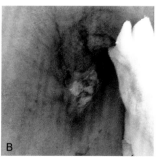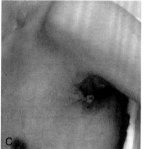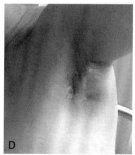

图 2-23-9 骨髓保存回输病例
A. 化疗前患者腋部淋巴瘤破溃；B. 患者 3 个疗程化疗和综合治疗后，全身情况明显好转，腋部破溃伤口明显缩小，骨髓抑制，回输保存的骨髓促进骨髓重建；C. 3 个疗程化疗和综合治疗后，伤口接近愈合；D. 6 个疗程化疗和综合治疗后，伤口完全愈合

（刘保池 张静）

参考文献

［1］ Simonelli C,Zanussi S,Pratesi C,et al. Immune recovery after autologous stem cell transplantation is not different for HIV-infected versus HIV-uninfected patients with relapsed or refractory lymphoma. Clinical Infectious Diseases,2010,50(12):1672-1679.

［2］ Pan XN,Zheng LQ,Lai XH. Bone marrow-derived mesenchymal stem cell therapy for decompensated liver cirrhosis:a meta-analysis. World J Gastroenterol,2014,20(38):14051-14057.

［3］ Mohamadnejad M,Alimoghaddam K,Bagheri M,et al. Randomized placebo-controlled trial of mesenchymal stem cell transplantation in decompensated cirrhosis. Liver Int,2013,33(10):1490-1496.

［4］ Kisseleva T,Gigante E,Brenner DA. Recent advances in liver stem cell therapy. Curr Opin Gastroenterol,2010,26(4):395-402.

［5］ Madhava P,Zacharoulis D,Miroslav N,et al. Autologous Infusion of expanded mobilized adult bone marrow-derived CD34⁺ cells into patients with alcoholic liver cirrhosis. Am J Gastroenter,2008,103(8):1952-1958.

［6］ Gilchrist ES,Plevris JN. Bone marrow-derived stem cells in liver repair:10 years down the line. Liver Transpl,2010,16(2):118-129.

［7］ Sharma M,Rao PN,Sasikala M,et al.Autologous mobilized peripheral blood CD34(+)cell infusion in non-viral decompensated liver cirrhosis. World J Gastroenterol,2015,21(23):7264-7271.

［8］ 刘保池.疾病与衰老的细胞治疗.上海:上海科学技术文献出版社,2023.

［9］ 刘保池,李垒,司炎辉,等.失代偿肝硬化合并胆囊结石的自体骨髓肝内输注治疗.肝胆胰外科杂志,2016,28(1):10-12.

［10］ 刘保池.肝炎后失代偿期肝硬化的治疗与手术技巧.国际外科学杂志,2017,44(1):35-37.

［11］ 刘保池,冯铁男,李垒.自体骨髓对失代偿期肝硬化合并小肝癌的治疗.肝胆胰外科杂志,2017,29(3):188-191.

［12］ 刘保池,冯铁男,李垒.伴HIV感染的结直肠癌患者化疗后自体骨髓回输临床观察.中华结直肠疾病电子杂志,2017,6(3):212-216.

［13］ 刘保池.肝硬化的手术与细胞治疗.中华消化病与影像杂志(电子版),2018,8(5):193-196.

［14］ Baochi Liu,Xiaodong Chen,Yufang Shi. Curative Effect of Hepatic Portal Venous Administration of Autologous Bone Marrow in AIDS Patients with Decompensated Liver Cirrhosis. Cell Death & Disease,2013,4(7):e739.

［15］ Baochi Liu,Yixuan Liu,Mingrong Cheng,et al. Hepatic infusion of autologous bone marrow promotes immune reconstitution in a patient suffering from HIV Kaposi's sarcoma. British J Bio-medical Research,2019,3(1):799-804.

［16］ Baochi Liu,Mingrong Cheng,Xiaodong Chen,et al. Autologous bone marrow cell transplantation in the treatment of HIV patients with compensated cirrhosis. Bioscience Reports,2020,40(6):BSR20191316.

［17］ 刘保池,郎林,李垒,等.自体骨髓移植治疗失代偿期肝硬化的临床观察.肝胆胰外科杂志,2020,32(10):585-589.

［18］ 刘保池,朱焕章.细胞治疗临床研究.上海:复旦大学出版社,2019.

［19］ 刘保池.细胞治疗与延缓衰老.北京:科学技术文献出版社,2020.

［20］ 刘保池,郎林,孙进喜.肝硬化门静脉高压上消化道出血的救治.国际外科学杂志,2021,48(1):5-9.

第二十四章　干细胞库建设与技术规范

提要：本章系统阐述了干细胞库建设与技术规范的相关内容。第一节重点介绍了干细胞库建设规范，涉及国内外干细胞库建设概况、法规与伦理、场地规划与设计、资源要求和信息管理等，明确了干细胞库建设的基本原则和要求，对干细胞库的标化建设具有重要意义。第二节阐明了干细胞库全流程的技术规范，包括供者材料/干细胞与信息采集、包装运输、接收与入库，以及干细胞制备、冻存与存储技术、干细胞检测与质量控制、干细胞出库与临床反馈等内容，对干细胞库的技术操作和技术保障具有参考与指导价值。

第一节　干细胞库建设规范

一、干细胞库建设概况

细胞治疗技术作为一种创新型的医疗技术已成为最前沿的疾病治疗手段，受到全球医疗领域的关注，其中干细胞治疗为一些难治性疾病带来了新的希望，随着干细胞基础研究与临床转化的不断突破，世界干细胞产业也迎来迅猛发展，截至目前，全球获批的干细胞药物已有 20 多种，预计到 2030 年，包括干细胞疗法在内的再生医学领域将拥有超过 1 000 亿美元的市场，吸引了全球各地志在未来的企业及投资者。整个细胞治疗产业链分为上游细胞存储与设备、中游细胞治疗产品、下游市场应用。目前上游产业技术发展最成熟，中下游都还在研究探索阶段。

全球细胞存储市场在逐年增长，预估 2020—2027 年复合年增长率为 20.17%。在全球细胞存储市场分布中，欧美国家占据最多，中国约 1%，与发达国家 10%~15% 的存储率相比差距较大，发展空间更广，目前国内已有大量的不同规模的细胞存储服务企事业机构兴起。

干细胞作为一种珍贵的生物遗传资源，可以通过组织工程和器官再造技术用于组织修复和器官移植，以及新药开发、基因治疗、免疫调控治疗等诸多领域。随着居民收入的增长、对健康意识的提升和细胞疗法技术加速，我国居民消费者对细胞存储的认知程度也在逐渐上升，2020 年我国细胞存储市场规模约为 86.54 亿元，2021 年全球干细胞库市场价值达到 68 亿美元。展望未来，预计到 2027 年市场将达到 109 亿美元，2022—2027 年的复合年增长率为 8.42%，具有巨大的社会效益和经济效益，干细胞库也将是下一代干细胞疗法中最有前途和增长最快的部分之一。此外，干细胞库的规范化建设有利于建立一套完整的干细胞制备标准，并进行质量控制与信息化管理，促进全球干细胞研究交流合作和干细胞制剂统一标准的质量体系制定，为干细胞治疗提供高质量的种子细胞资源。除此之外，建立干细胞库有利于标准化干细胞的收集、处理、储存、检测和分发，对干细胞相关的临床应用、病理、治疗、随访等可进行

统筹与管理，促进了干细胞临床应用的可持续性发展。此外，干细胞库的标准化建设能使干细胞临床转化研究进一步提速，尤其是在临床级别的干细胞生产培养工艺、建立质控体系、干细胞体外 3D 培养、多能干细胞定向分化/转分化、遗传和表观遗传的操控等方面的突破，将对临床应用推广具有重要意义。

干细胞库按提供方式可分类为公共库和自体库。公共库所储存的干细胞是他人的干细胞，以满足移植需要；自体库则是储存在自己出生或健康时采集的部分干细胞，以备自己生病时用。目前，自体脐血储存多由父母为子女来做，私人干细胞库目前主导市场，占有最大份额。基于应用的方向，干细胞库可划分为个体化应用、研究应用和临床应用。

20 世纪 90 年代初，美国、英国、德国、法国、日本、澳大利亚和西班牙等国相继建立了干细胞库。现目前全球干细胞库在区域层面上，主要分为北美、欧洲、亚太地区、中东、非洲和拉丁美洲，其中北美目前在全球市场中占主导地位。另外，国际干细胞库行动计划（The International Stem Cell Banking Initiative, ISCBI）也于 2007 年启动，旨在联合世界各国及地区政府的干细胞库，创建一个全球干细胞库网络，以促进干细胞研究及其临床应用。2012 年以来，韩国国家干细胞库一直致力于多能干细胞（PSC）的储存，开发了质量和伦理都符合标准的细胞系以供分发，截至 2020 年，在 69 个保藏株系中，已分发 4 株研究级人类胚胎干细胞（hESC）株和 19 株诱导多能干细胞（iPSC）株用于再生医学。西班牙国家干细胞银行（Banco Nacional de Líneas Celulares, BNLC）于 2006 年成立，并在同年更新了之前的辅助生殖技术法，允许使用体外受精后剩余的冷冻胚胎进行研究，目前在 BNLC 注册的人类胚胎干细胞系（hESC）和人类诱导多能干细胞系（hiPSC）有 40 个。英国干细胞库（UK stem cell bank, UKSCB）成立于 2003 年，提供人类胚胎、胎儿和成人干细胞系的储存，致力于促进质量控制干细胞系的使用和共享，以支持干细胞疗法的科学研究和临床开发。

在中国，干细胞已上升为重要战略资源，涉及国家安

全、民族、涉核、航空航天等许多特殊领域，如何安全有效地保存并利用干细胞资源，对促进我国人口健康、维护人口安全、控制重大疾病和推动医药创新具有重要作用。干细胞库的建设是干细胞转化与临床应用中的基础环节，只有做好扎实的基础，方可有效地保护我国人类生物资源，快速实现成熟的干细胞治疗模式。

干细胞研究已成为生命科学领域的前沿热点，据Clinical Trials统计，截至2022年10月，全球已登记的干细胞相关临床试验已超过7 000项，其中近3 000项已完成临床试验研究。干细胞治疗作为中国发展战略与医疗科技发展的必然方向之一，2013年，原国家卫生部与食品药品监督管理局共同发布了《干细胞临床试验研究基地管理办法（试行）》，2015年先后出台了《干细胞临床研究管理办法（试行）》和《干细胞制剂质量控制及临床前研究指导原则（试行）》两大政策，涉及干细胞生命周期全过程如采集、接收、制备、储存、复苏、运输等相关的国家标准、行业标准、地方标准和团体标准也相继出台。

2016年，我国将细胞治疗纳入"健康中国2030计划"后，细胞医学被提高到了政策层面，鼓励和支持干细胞、免疫细胞等研究、转化和产业发展，国家药品监管部门已经为相关制剂通过药品审批制定配套政策，审批后可以迅速广泛应用，既有利于保障医疗质量安全，又有利于产业化、高质量发展，国家药品监督管理局发布了《人源性干细胞产品药学研究与评价技术指导原则（征求意见稿）》，在规范和指导干细胞产品的药学研发和申报上，有了更规范的要求。2019年9月，中国国家干细胞资源中心（NSCRC）组织成立了国家干细胞资源中心创新联盟，该联盟汇集了中国最重要的九个细胞和干细胞生物样本库中心，形成了一个科学卓越共享标准网络，为中国建立干细胞领域资源。截至目前，干细胞创新平台已有10家成员单位，包括国家干细胞资源库、国家干细胞转化资源库、国家生物医学实验细胞资源库、国家模式与特色实验细胞资源库、华南干细胞转化库、华南细胞与干细胞库、西南肿瘤干细胞库、生殖干细胞库、人类干细胞国家工程研究中心干细胞库和血液系统疾病细胞资源库。面向干细胞领域发展趋势，平台共设置细胞资源、信息管理、产业转化、标准管理和学术研究五个工作组，协同推动平台的共建、共享、共克时艰、共筑生态等重要工作。2022年，我国政府对于研发干细胞技术加大支持力度，由科技部、卫健委、发改委、药监局等九部委联合印发的《"十四五"医药工业发展规划》，明确将免疫细胞治疗、干细胞治疗、基因治疗产品等纳入规划内容，干细胞正式被写入我国第十四个五年规划和"2035年愿景目标"中。自2017年我国加入国际人用药品注册技术协调理事会（International Council for Harmonisation of Technical Requirements for Pharmaceuticals for Human Use, ICH），标志着干细胞药品研发和注册技术要求与国际接轨之路已经全面打开并进入全球化时代。2023年4月出台的《人源干细胞产品药学研究与评价技术指导原则（试行）》和《药品GMP指南》（第2版），为按照药品管理相关法规进行研发和注册申报的人源细胞产品的上市申请阶段的药学研究提

供了技术指导。

截至2023年8月，我国批准设立的干细胞临床研究备案机构近160家，共有130多个临床研究项目通过备案。为鼓励新药研发和提高新药审批效率，我国开启了新药临床默认审批制度，新药临床试验也由过去的审批制度转变为默示许可制，干细胞作为新药，采用默认许可方式将加快临床转化的进度，为更多难治疾病的患者们提供了更多的治疗希望。在干细胞临床应用方面，根据国家药品监督管理局药品审评中心（CDE）公示信息显示，截至2023年10月，近60个干细胞新药项目获得国家临床默示许可，包括胎盘、脐带、牙髓、宫血、异体/自体脂肪来源的间充质干细胞，适应证包括膝骨关节炎、类风湿性关节炎、糖尿病足溃疡、银屑病、肺纤维化、肝衰竭、卒中、急性呼吸窘迫综合征、牙周炎、克罗恩病和GvHD。干细胞研究已涉及8大系统中近200种疾病，包括呼吸系统、神经系统、内分泌系统、运动系统、免疫系统、生殖系统、循环系统和消化系统。

总之，在政策与市场的双重驱动下，我国干细胞库建设正在向标准化、规模化、自动化、智能化、信息化、集约化方向发展，干细胞技术走向规范化、产业化，基于干细胞库资源的技术开发已经逐渐拥有与国际"并跑"的水准，在细胞替代治疗、系统重建、组织工程、基因治疗和美容抗衰老等领域的应用正不断取得新的进展。

随着国内和国际上再生医学科研人员的不断努力，干细胞所蕴含的科技力量正在逐渐为人所知的临床案例中得以展露，干细胞为很多难治疾病的治疗甚至是治愈指明了方向。现已经在超过百种疾病的临床研究中加入了干细胞，并且从启动的干细胞临床研究项目进展中不难看出，干细胞在多种疾病中拥有着巨大的治疗前景。相信随着临床试验数量不断增加，有望在未来迎来成果密集产出的爆发期，从而为更多疑难杂症的患者带去希望。

二、建设规范

在干细胞库的建设方面，欧美国家均采用行业标准来规范细胞库的操作和运行，在细胞库规模化、规范化、标准化管理方面，欧美国家甚至东南亚国家的大部分细胞库以美国AABB体系来规范细胞资源的采集、制备、存储、发放、临床应用等众多环节。我国发布的《生物样本库质量和能力通用要求》《人类生物样本库管理规范》《脐带血造血干细胞库技术规范（试行）》《干细胞制剂质量控制及临床前研究指导原则（试行）》等标准规范，对干细胞库的建设、质量控制和质量保证等方面具有重要的指导与参考价值，部分省市也颁布了细胞建设和质量管理相关的行业标准和管理规范，如河北省发布的《细胞制备中心建设与管理规范》《综合细胞库建设与管理规范》，深圳市发布的《人类血液来源免疫细胞库建设与管理规范》等，这些为打造标准化的干细胞资源库提供了坚实的理论基础支撑。

干细胞库是干细胞医疗行业最基础、最前端的模块之一，需确立安全、规范、稳定、可追溯的干细胞管理流程，从源头保证制备出符合质量标准的细胞制剂，并进一步保证细胞制剂临床转化应用的安全性和有效性。为了顺应不断

增长的干细胞资源需求,确保干细胞制剂的安全性、有效性和质量可控性,推动干细胞治疗技术的研发、转化、生产及应用,明确干细胞库的建设规范要求至关重要。干细胞库的规范化建设涉及法规与伦理要求、资质、人员、环境、设施设备、干细胞全过程控制与质量保证等,包括供者招募、筛选检测、采集、制备、质检、存储、分发、临床应用等众多环节。

（一）法规与伦理规范

干细胞行业必须协调科学、科学家和公众的共同需求而发展。干细胞研究与应用涉及诸多伦理问题,如 ESC 的取材、单性繁殖、人兽混种、干细胞制剂的安全性、干细胞的致瘤/致癌性,以及与其他临床研究相似的伦理风险等。目前,国内外干细胞研究与应用的相关法规对干细胞研究与应用提出了一些伦理规范要求。国际干细胞研究学会（The International Society for Stem Cell Research,ISSCR）也更新了其干细胞研究和临床指南,以解决干细胞科学和其他相关领域的进展,以及相关的伦理、社会和政策问题。

1. 国外干细胞的伦理规范　加拿大卫生研究所（Canadian Institution of Health Research）于 2002 年 3 月公布了《人类多能型干细胞研究指导方针》,规定允许联邦资金资助的专案,包括使用已存在的人类干细胞系,使用因人工生殖目的制造但已经是永远不再需要的胚胎,捐赠胚胎的人在研究人员告知后同意自由使用胚胎做研究,在胚胎制造及使用上禁止任何商业交易行为。2006 年又更新了《人类全能干细胞研究的指导方针》替代了早期的指导方针。根据该指导方针,下列行为被禁止:①涉及为取得干细胞系而创造人类胚胎的研究;②涉及利用体细胞核移转进入人类子宫（克隆）,或者以发展中的人类胚胎干细胞系为目的而刺激未受精卵产生人类胚胎的研究;③涉及直接捐赠胚胎干细胞系的研究;④涉及人类或非人类的胚胎干细胞、胚胎生殖细胞、原始生殖细胞的嵌合的研究。

德国于 2002 年 6 月颁布《干细胞法（关于确保人类胚胎干细胞进口与利用的胚胎保护法案）》,自此,德国研究人员即可合法利用进口的人类胚胎干细胞进行研究。其中进口的胚胎干细胞的利用均需取得主管机关的核准,且仅能为如下研究目的所利用:①该研究需具备高度的研究性,以获悉学术知识的基础研究;或该研究乃基于医疗知识扩展,为研发应用于人体的诊断性、预防性或治疗性程序。②该实验所欲达成的研究目的、所欲解答疑问,已尽可能利用动物细胞或动物实验释明,但除了进行人类胚胎干细胞研究外,无法达成研究目的者。

新加坡生命伦理咨询委员会（Bioethics Advisory Committee of Singapore,BAC）于 2002 年发表《人类干细胞研究、生殖性克隆和治疗性克隆的伦理、法律与社会问题》,禁止生殖性克隆,但支持治疗性克隆,因为治疗性克隆研究具有巨大的科学价值与潜在的医学利益。

英国是干细胞研究领域占据领先地位且研究最自由的一个国家,也是欧洲第一个允许人体胚胎研究的国家,基本上除不能克隆人外,几乎没有其他限制。英国也相继出台条例《人工授精与胚胎法案》《人工授精与胚胎（研究目

的）条例》《人工授精与胚胎授权条例》。

2. 国内干细胞伦理规范　为保证生物医学领域人干细胞的研究活动遵守我国的有关规定、尊重国际公认的生命伦理准则,并促进人干细胞研究的健康发展,应遵守相关伦理规范。干细胞库的发展需格外注意知情同意、隐私保护等伦理问题。其中胚胎干细胞应遵守 2003 年科技部和卫生部联合下发的《人胚胎干细胞研究伦理指导原则》。

干细胞等生物新技术快速发展,既为生物学、医学和农学研究带来重大突破的可能,也可能因误用、滥用、谬用等引发生物安全和伦理风险。《干细胞临床研究管理办法（试行）》提出机构伦理委员会应当按照《涉及人的生命科学和医学研究伦理审查办法》对干细胞临床研究项目进行独立的伦理审查,同时规定干细胞的来源和获取过程应当符合伦理。2020 年,我国卫健委医学伦理专家委员会办公室修订发布《涉及人的临床研究伦理审查委员会建设指南（2020 版）》,进一步明确了伦理审查的基本原则和操作规程,并在附则六关于干细胞临床研究伦理审查中,细化对包括胚胎来源的干细胞供者筛选标准和供者知情同意书样稿等内容的伦理审查要求。近年来,随着干细胞临床研究的逐步开展,国家卫健委与国家药监局每年组织或委托第三方开展干细胞临床研究机构和项目现场核查、抽查,督促备案机构落实主体责任,建立健全学术委员会和伦理委员会审查机制,其中干细胞来源、供者知情同意等均为审查重点内容。科技部高度重视科技伦理制度建设,会同相关部门积极推进完善科技伦理工作机制。加强国家科技计划的伦理审查机制建设,协调推进全国科技伦理治理体系建设工作。科技部、原卫生部联合印发《人胚胎干细胞研究伦理指导原则》,对指导胚胎干细胞的采集、保藏和使用等发挥着重要作用。2019 年,科技部、财政部联合印发《关于进一步优化国家重点研发计划项目和资金管理的通知》,要求相关项目承担单位建立伦理审查委员会,加强审查和监管。

3. 法规与伦理评估规范　目前,干细胞主要来源于骨髓、脂肪、外周血、脐带血、脐带、胎盘、囊胚或流产胚胎期组织、胎儿期组织等,干细胞来源的临床样本采集、存储等,须遵守《中华人民共和国人类遗传资源管理条例》及《人类遗传资源管理暂行办法》的规定,在人类遗传资源办公室批准的范围内开展工作。

建设临床级干细胞库,应遵循国家法律法规及国际干细胞研究协会（ISSCR）关于干细胞研究和临床转化的基本伦理原则及干细胞来源伦理评估指南,机构应设立干细胞临床研究专家委员会和伦理委员会,为干细胞临床研究规范管理提供技术支撑和伦理指导。细胞来源的伦理评估应按照安全、自主、有益与公正的基本原则,充分权衡风险和获益,不能为了可能的临床治疗前景而忽视供者所承受的风险,如果一定程度的损害或影响不可避免,应采取必要措施尽可能减少对供者身体、精神和经济上的损害。对无预期获益的生物材料供者,其承受的风险不能显著高于最小风险,受到损害的供者可以得到相应的免费诊疗和/或合理赔偿。与此同时,对于制备后剩余的样本应妥善合规处理。

4. 知情同意规范　采集用于制备干细胞的人体生物材料时,采集机构与相关人员应有效实施知情同意,真实、准确和充分地为供者提供有关生物材料采集的目的、干细胞采集、制备、保藏、转运和/或利用中的风险,以及目前干细胞研究和应用状况等相关信息,使供者理解这些信息,并有能力根据这些信息作出恰当的决定。对于自主能力受限的弱势个体或人群,应获得法定监护人或其他法定代理人的知情同意。采集前的供者知情同意必须提供详细的信息和自愿提供相关说明,包括但不仅限于未来可能的用途,如预期的治疗、商业应用和潜在的研究;采集前必需的健康筛查,供者个人隐私和健康信息泄露的风险及其控制措施。

知情同意的过程应充分告知包括干细胞来源的人体生物材料采集和干细胞研究的关键方面。如果采集卵子,需要告知卵子采集相关的长期风险;如果采集的生物材料用于制成多能干细胞或基因修饰干细胞,则知情同意书和知情同意的过程中应讨论包括但不限于:这个细胞系有部分基因或所有基因与生物材料供者相同,干细胞系可能会与其他机构的研究者共享,用于目前无法预测的其他研究;告知供者基因测序的结果可能会与去标识的细胞和/或组织关联,也可能会与供者及其亲属关联。此外,供者对干细胞来源生物材料的采集、处理、用途及可能的获益,享有知情同意权;同时享有退出权利,除非生物材料及相关信息已利用和/或无法撤回;不合格的生物材料或剩余的生物材料及其相关信息的处置方式、供者的相关权益、退出的程序和方式等都应当充分告知。

(二)场地规划与设计规范

干细胞库场地规划与设计应与所开展的业务范围相适应,应合理设计及布局人员、物料、污物等流向,最大限度地减少微生物污染的风险,并防止人员和材料在不同区域之间移动时的交叉污染。规划总体划分为洁净区和非洁净区。洁净区至少包含:更衣区、缓冲区、细胞制备区、细胞培养区、配液区、微生物检测区。非洁净区至少包含:样本接收区、检测区(免疫学、细胞生物学、理化等)、物料存放区、干细胞储存区、清洗消毒区、污物处置区、档案存放区及办公区等;开展供者招募、征询与体检业务时,需设立相应的区域,并确保供者的隐私保护。在进行无菌活动和加工或包装易感产品的区域,应制定具有警报和行动限制的微生物和环境监测程序。

1. 供者样本接收区　供者样本接收区应能满足执行样本的登记、编号、核对、取样和暂存功能,建立样本拒收程序,配备相应的基本设备,配置见表2-24-1。

供者样本接收区一经核查出含有传染性疾病病原体的自体供体样本,应当隔离存放,每个包装都有明显标识。供者样本在使用前,应当对每批供体样本进行质量评价,内

表2-24-1　制备区设施设备配置

序号	功能区	数据系统及设备	基本仪器设备
1	更衣区		自动洗手设备、自动手烘干设备、感应式消毒液给液设备
2	缓冲区		
3	细胞制备区	电脑及信息终端、电子标识读写系统	生物安全柜、冷冻离心机、二氧化碳培养箱、倒置荧光显微镜、显微镜、普通光学显微镜、4℃医用冰箱、热合机、细胞计数仪、二氧化碳气体供应系统
4	配液区	电脑及信息终端、电子标识读写系统	生物安全柜、4℃医用冰箱
5	样本接收区	电脑及信息终端、电子标识读写系统	4℃医用冰箱、热合机、电子天平、恒温培养箱
6	检测区	电脑及信息终端、电子标识读写系统	全自动微生物培养监测仪、流式细胞仪、细胞计数仪、三分类/五分类血细胞计数仪、酶标仪或全自动酶免工作站、梯度PCR仪、实时定量荧光PCR仪或全自动血液筛查核酸检测工作站、电泳仪、凝胶成像系统、洁净工作台、生物安全柜光学显微镜、离心机、荧光倒置显微镜、二氧化碳培养箱、电热恒温培养箱、电热鼓风干燥箱、纯水仪或纯化水系统、高压灭菌器、4℃医用冰箱、-20℃医用冰箱、-80℃冰箱
7	物料储存区	电脑及信息终端、电子标识读写系统	4℃医用冰箱、-20℃医用冰箱、-80℃冰箱
8	清洗消毒区		灭菌柜、电热鼓风干燥箱、超声波清洗仪、纯水仪、洗衣机、高压灭菌锅
9	气体储存区		二氧化碳气体供应系统、液态氮气供应系统
10	档案存放区	电脑及信息终端、电子标识读写系统	
11	细胞储存区		液氮罐、程序降温仪、4℃医用冰箱、-80℃冰箱、氧浓度监测设备
12	信息中心	电脑及信息终端、电子标识读写系统	信息管理系统

容至少应当包括:①确认供体样本来自指定的医疗机构及供体,并按照要求核对相关信息;②运输过程中的温度监控记录完整,温度符合规定要求;③供体样本从医疗机构采集结束至放行前的时长符合规定的时限要求;④供体样本包装完整,无破损,如有破损则不得放行,并按不合格物料处理;⑤运输、储存过程中出现的偏差,应当按规程进行调查和处理。

2. 前处理与制备区规划　前处理与制备区环境属于洁净区,各功能的布局应合理清晰,不应该交叉混合使用,且应符合人、物分流的原则。其中人流通道与洁净口应设缓冲室。废物和污染物应设置专用传递窗,不应与细胞产品或洁净物品合用一个传递窗。传递窗送风方式应该采用上送侧回的方式。其中通道门的开启方向应由低洁净级向高洁净级的方向开启。除更衣室外,所有洁净区不应安装水池和地漏。干细胞制剂的生产操作环境的洁净度级别,可参考表2-24-2选择(其中干细胞制备区相应设施设备见表2-24-1)。细胞制备操作相关区域的空气洁净度要求按国家药品监督管理局食品药品审核查验中心发布的《细胞治疗产品生产质量管理指南(试行)》实施,如在非完全密封的细胞操作(如分离、培养、灌装等),以及与干细胞直接接触的无法终端灭菌的试剂和器具的操作,外部环境应为(此功能间)B级洁净环境,局部为A级洁净环境,其中空气洁净度见表2-24-3。使用含有传染病病原体的供者材料生产细胞产品时,其生产操作应当在独立的专用生产区域进行,并采用独立的空调净化系统,产品暴露于环境的生产区域应保持相对负压。宜采用密闭系统或设备进行干细胞产品的生产操作;密闭系统或设备放置环境的洁净度级别

可适当降低,应当定期检查密闭系统或设备的完整性。

3. 干细胞存储区　干细胞存储区可根据业务功能需求设置,如种子库、主库、工作库、中间品库、成品待检库等。理想的存储环境为气相液氮(-196 ~ -150 ℃)。通风、照明和空气指标(包括氧分压)应符合液氮安全存放要求和安全操作要求,应配置安全防护用品及设施,并配备实时环境、安全监控及报警系统。液氮存储区域的地面应该选择用环氧树脂,做到耐压、耐冻、防滑、防爆。此外,应配置液氮存储备用系统,根据实际需求实现镜像保存或建立异地备份库,建立容灾计划与突发事件发生的应对机制与应急预案(其设计应符合GB/T 14174)。

4. 干细胞检测实验室　干细胞检测实验室区应与制剂生产区分设在不同的系统中进行,质量检测区相应设施设备见表2-24-1。开展干细胞检测并出具报告的实验室应具备检验检测机构资质认定(CMA),获得生物安全实验室(BSL-2)备案,为提升公信力,可通过中国合格评定国家认可委员会(CNAS)的资质认可,如ISO17025或ISO15189。

5. 污物处置区　污物处置区应该放有专用的、有标识的容器用于暂存,且标识应根据危险废物的性质和危险性进行分类,还应配备高压灭菌锅用于工作人员灭活含活性、高致病性生物因子的废物。

三、资源要求

(一)人员要求

干细胞库应建立完善的组织架构,规定管理路径与人员岗位职责。关键人员是在决策、管理、操作实施方面能

表2-24-2　干细胞制剂制备环境的洁净度级别

洁净度级别	干细胞制剂生产操作示例
B级背景下的局部A级	1. 处于未完全密封状态下产品的生产操作和转移 2. 无法除菌过滤的溶液、培养基的配制
C级背景下的A级送风	1. 生产过程中采用注射器对处于完全密封状态下的产品、生产用溶液进行取样 2. 后续可除菌过滤的溶液配制
C级	产品在培养箱中的培养
D级	1. 采用密闭管路转移产品、溶液或培养基 2. 采用密闭设备、管路进行的生产操作、取样

表2-24-3　洁净区空气洁净度等级

洁净级别	悬浮粒子最大允许数(颗粒数/m²)				含菌浓度			
	静态		动态		沉降菌 (Φ90mm, cfu/皿/4h)	浮游菌 (cfu/m³)	表面微生物	
	≥0.5μm	≥0.5μm	≥0.5μm	≥0.5μm			接触碟 (Φ55mm,cfu/皿)	5指手套 (cfu/手套)
A级	3 520	20	3 250	20	<1	<1	<1	<1
B级	3 520	29	352 000	2 900	≤5	≤10	≤5	≤5
C级	352 000	2 900	3 520 000	29 000	≤50	≤100	≤25	
D级	3 520 000	29 000	不作规定	不作规定	≤100	≤200	≤25	

够影响细胞质量的人员,应至少包括医学负责人、制备负责人、检测实验室负责人、质量管理负责人和质量受权人,制备负责人与质量负责人不得互相兼任。关键岗位人员应当具有相应的学历与专业知识(如微生物学、生物学、免疫学、生物化学、生物制品学等),确保能够在生产、质量管理中履行职责。医学负责人应当取得执业医师资格证书,具有临床经验,具有至少三年从事生物制品或者细胞产品应用及管理方面的实践经验,接受过相关知识培训。实验室负责人、制备负责人、质量负责人除具有相关专业知识外,至少五年从事生物制品或细胞产品实验室或质量管理的实践经验,并接受相关的专业知识培训。质量负责人还应具备质量管理的实践经验,其中至少三年的细胞产品质量管理经验。从事细胞产品生产、质量保证、质量控制及其他相关工作(包括清洁、维修人员等)的人员还应当经过生物安全防护的培训并获得授权,所有培训内容应符合国家关于生物安全的相关规定,尤其是预防传染病病原体传播的相关知识培训。

此外,应建立培训计划并考核评估培训效果。首先要明确各岗位的培训内容,对员工进行入职和上岗培训,使其了解所从事工作的生物安全风险,特殊岗位执业人员应持证上岗;其次建立人员能力评估流程和程序,对员工进行上岗考核和定期的能力评估,评估考核通过后方可上岗,评估考核不合格的人员要进行培训或调岗。对员工提供岗前、上岗、转岗培训,应对高风险操作人员进行专门的岗位培训和能力考核,应由专人负责培训管理工作,并建立整体的培训实施计划,培训记录应予以保存。应建立人员健康卫生管理要求,保护细胞产品质量和相关人员健康。对执行细胞操作相关的岗位人员应有健康要求,每年应至少进行一次健康检查,预防职业暴露,有呼吸道感染症状,患有 HBV、HCV、HIV、梅毒等传染性疾病,体表有伤口,疾病导致的发热状态和其他可能导致细胞产品污染或人员受伤的人员,不得执行与细胞操作相关的工作,不得进入细胞制备、检测、存储区域。

(二) 设施与设备要求

基础设施保障:根据样本的生物危害性,干细胞库划分为清洁区、半污染区和污染区,并对各分区配备相应的安全保障设备,建立完善的安全保障措施。严格按要求进行压差设计,有利于气流从清洁区向污染区流动,最大限度地减少室内回流与旋涡;室内每小时通风次数不低于 6 次,在氮气浓度超标时,每小时的通风次数提高至 12 次;干细胞在超低温与深低温存储条件下保存,维持稳定的供电与液氮供应非常关键。为了保障干细胞库的用电安全,应配备 UPS 和发电机组保证所有存储设备的不间断供电。建立火警烟雾监控系统与灭火装置,采用七氟丙烷灭火;干细胞检测实验室区域设置喷淋装置,水池设有洗眼器等。楼面的承重能力能满足自动化超低温存储设备、自动化气相液氮罐、自动化前处理与质控设备等大型设备的安置。干细胞库区所有出入通道均设置门禁管理模块,可通过分配不同门禁权限实现不同区域的人员管理。

干细胞库应建立完整的设备采购、验收、使用、维保和报废流程,以及完善的设备管理制度,为每台设备建立档案,并编写操作规程。严格按照维护规程要求对设备进行清洁、消毒及维护保养,并予以记录。关键设备应能达到所要求的精密度,定期开展校准和调试工作。应配备足够的存储设备,并设置专职管理岗和安全岗,明确设备管理员的职责。建立应急预案,保证关键设备出现故障或断电等情况时能采取及时有效的补救措施,干细胞库设备的技术特征及要求见表 2-24-4。设备的清洁程序必须经过验证,确保仪器设备与细胞产品的关联性,确保仪器设备出现故障时能够识别并召回所有相关细胞产品。在对其进行任何维修或更改导致其规格发生更改后,视情况进行重新鉴定或重新校准方可再次投入使用。

(三) 物料要求

应建立物料采购程序与规程,确保物料的正确标识、接收、检验、存储、发放、使用和发运,防止污染、交叉污染、混淆和差错。干细胞产品制备、检测、储存和发放等环节所使用的直接接触细胞制品或影响检测结果的物料,应符合国家法律法规要求,适用于人体,或经过验证对人体健康无不良影响,对检测结果的精确性和灵敏度无影响。物料应具备质量检测合格证明文件,并尽量采用国家已批准可临床应用的产品。应建立供应商管理制度,必须经审核合格后方可列为定点采购单位。如需变更供货单位,应经物资采购部门进行重新评审,合格后方可采购。同时应配置与产能相匹配的物料存放区,关键物料(包括采集运输容器、制备、细胞产品的冻存、检测等所用物料)应按厂家说明书和具体的技术要求进行储存,设立物料待检区,进行初检,核对采购合同,确保货物与合同中的内容一致。按照质量管理规定,由技术人员对关键物料进行抽检,检测合格后方可登记入库。每批接收的供体材料,至少应当检查以下各项内容:①来源于合法的医疗机构,且经企业评估批准;②运输过程中的温度监控记录完整,温度和时限符合规定要求;③包装完整无破损;④包装标签内容完整,至少含有能够追溯到供体的个体识别码、采集日期和时间、采集量及实施采集的医疗机构名称等信息,若采用计算机化系统的,则包装标签应当能追溯到上述信息;⑤供体材料采集记录;⑥供体的临床检验报告,至少应当有检测传染性疾病病原体的结果。一旦发生紧急事件,应立即启动紧急物料管理程序。对于未经检验或临时紧急采购的物料应进行有效管控。物料应严格按照其说明书使用,不得超越其规定范围。物料使用过程中应及时填写物料使用记录,确保其与细胞产品的关联性,便于细胞产品的追溯和召回。非独立包装物料使用过程中应有防止污染、交叉污染、混淆和差错的措施。

(四) 环境要求

干细胞库各区环境应有在线实时监测系统,如氧气监测系统、温湿度监测系统、洁净度监测系统等。①通风应符合 GB 50243—2002 的要求。②环境温度应控制在 16~28℃。③湿度控制在 45%~65% 为宜;氧浓度应不小于 19.5%。④照明应符合 GB 50034—2013 的要求,一般照明的照度值大于 300LX,对照度有特殊要求的区域应设置

表 2-24-4　干细胞库常用设备的技术特征及要求

序号	设备名称	技术特征及要求
1	洁净工作台	垂直或水平洁净空气,并确保达到实时 A 级净化要求;带紫外灭菌消毒功能,自带或可安装视频和粒子监测可追溯系统
2	生物安全柜	达到动态 A 级净化要求,对人、样品和环境的三重保护功能;具有预约定时功能,能自动消毒、自动开关机,设备风速风压监控系统,工作面与环境之间的压差不应低于 10Pa;配备紫外灯定时功能;自带或可安装视频和粒子监测可追溯系统
3	冷冻离心机	可配置适用于 50mL/500mL 等规格离心管的适配器;最大容量不低于 20L;不平衡检测;温度设定范围–10~40℃;瞬时离心功能;多程序、档位可设定
4	二氧化碳培养箱	可配备内部分隔培养空间功能,内置高精确度的传感器实现环境测量功能;内置自动灭菌功能。分隔门设计确保快速恢复温湿度;整合气体防护系统可控开关自动转换气体;抗菌内壁防范使用过程中可能出现的污染,备有设备端口通信功能和软件管理功能
5	倒置荧光显微镜	具有物镜转换器,具有同轴粗、微调旋钮,行程不少于 9mm,备有上限位装置,双层光路设计,可同时 4 路采集原像的图像获取系统,具有中间 2 级放大率转换器,视场可变光阈调节,外置电源供应。具有图像采集和传输功能,自带图像控制分析软件
6	程控降温仪	具有液氮精确注射功能;原位发泡绝热设计,确保冷冻室内样本温度均一;内置密码保护功能;高精度热偶温控探头可连续显示腔体/样本温度;自带电脑软件控制可无限编程
7	气相液氮罐	液氮液位测量、液位自动控制;双通道温度测量,多用途可调节报警,密码保护;自动充液,后备电池;改进的液氮冷冻系统,气相基础设计,在液氮充填及样品复原过程中维持稳定的–150℃及以下的低温环境,保证样本安全
8	–20℃/–80℃冰箱	高精度电子温控系统,精准控制箱体内部温度,高低温报警值可按需设定;密码锁定保护功能可防止随意调整运行参数;可选配监控模块及专用软件实现远程监控、短信报警;安全门锁设计防止开门异常,双层门封设计锁住冷气增加保温效果,鹰嘴型内门栓可选配双锁结构,防盗设置确保样本安全
9	灭菌柜	采用微电脑控制技术,触摸式按键,全过程自动程序控制;具有正压动态脉冲排气功能,彻底排除灭菌室内冷空气,确保蒸汽的饱和度;具有快速排气和慢排气自动控制功能,避免液体灭菌时液体的溢出;灭菌循环结束,蜂鸣提示。具有预热控制功能;超温自动保护装置、防干烧保护装置、门安全联锁装置等安全设置点
10	自动细胞计数仪	基于台盼蓝/AOPI 染色法,测量细胞种类多,全方位的细胞特征检测能力;整合先进的光学成像技术和智能图像识别技术,自带软件系统具有图像分析功能和数据库管理功能;具有用户分级控制及系统密码保护功能;具数据输出功能
11	快速细胞分析仪	运行稳定,开机自动调校,误差率低于 0.5%;测量灵敏精确,能够进行细胞团校正;可存储测量标准,确保检测标准的一致性和结果的可对比性
12	血细胞分析仪	采用 SRV 旋转阀分血、自动界标、隔膜泵结合时间定量技术,保证精确的检测结果,具有全中文操作界面、无氰化物试剂等安全、方便的特点;具备全血和末梢血预稀释两种检测模式,均可取得精确的 19 项血液参数:CBC(WBC、RBC、HGB、HCT、MCV、MCH、MCHC、PLT),白细胞三分群结果(Lvmph%、Neut%、Mixed%),以及 RDW-SD、RDW-CV、PDW、MPV、P-LCR,具备数据存储及联网输出功能,以满足实验室对数据管理的需求
13	4℃医用冰箱	精确微电脑控制,风冷系统,确保箱内温度恒定;内置高低温报警,传感器故障报警;宽电压带设计,适合电压不稳定地区
14	纯水仪	具有进水水质监测,Uv 能量探头,确保 TOC 测量的准确性;自带纯水箱再循环功能;远程系统控制,组件可升级,离子交换柱可更换
15	普通光学显微镜	采用无限远校正系统光学系统(UIS2);物镜可平场消色差;目镜(FN12.防霉处理);载物台垂直运动,具有粗、微调旋钮,微调最小距离 25μm;内置透射光照明及聚光镜。出色的图像分辨力,更高的可靠性和坚固性,卓越的图像质量

工作照明,在冻存样本附近使用冷光源照明。⑤环境噪声排放现值应不大于60dB。⑥总送风量中(非单向流)应有10%~30%的新风量。⑦非洁净区和洁净区之间、不同功能和级别房间之间的压差>10Pa。洁净区内不同功能和级别的房间之间宜保持适当的压差梯度,以防止污染和交叉污染。应控制干细胞储存的环境参数,例如温度和湿度,并应使用校准的监测设备进行监测。按规定的时间间隔记录温度和/或液氮水平,并且必须保留对这些参数的监测记录。如果存储区域有带有声音信号的警报系统,警报警告应在持续监控或配备人员,以便立即采取纠正措施并适当记录和调查。

四、信息管理规范

细胞库的信息管理应参照GB/T 37864—2019、GB/T 20269建立数字化信息平台,供应链各相关方通过信息交互,建立产品标识和追溯系统,实现对细胞全程信息化管理。该系统宜采用经验证的计算机化系统,应当可以实现对产品从供者到患者或从患者到供者的双向追溯,包括从供者材料接收、运输、生产、检验和放行,直至成品运输和使用的全过程。

建立信息交流机制,及时交流供者材料采集、产品使用,以及与产品质量相关的关键信息等。对供体材料伪名化,每个供者的一次单采对应一个唯一追溯码,并与相应的供体材料识别号、自体细胞批号进行关联,确保在供体材料接收、自体细胞流通、交付、使用过程中,不会发生混淆、差错,系统应覆盖供应链全流程,确保供者材料或细胞产品与患者之间的匹配性,且具有可追溯性。信息化管理系统宜具备且不局限于以下功能:①质量检测管理功能:样本登记、检测管理、复核和档案审核管理。②质量管理功能:样本审核、评估和放行。③信息管理功能:样本信息查询与统计。④制备管理功能:制备任务分派、制备档案审核。⑤物料管理功能:制备物料管理。⑥订单管理功能:制备订单下达管理。⑦运输管理功能:系统可以记录完整的运输信息,将运输人员、紧急联系人等信息关联唯一追溯码,同时具备实时温度、实时定位、报警功能,当产品温度、时效或位置等发生异常时,系统自动触发报警,并立即推送报警信息。

信息管理系统应明确系统未来能承载的容量,确保其能满足进一步添加和/或处理与细胞样本相关的信息和数据。当信息系统用于细胞库活动时,应有计算机系统的软件、硬件和数据库的安装、变更和使用程序。该程序应至少包括保护数据的完整性、安全控制和备份系统,防止数据的丢失或损坏。细胞库应按合同协议规定提供访问所需要数据和信息的服务,宜向利益相关方提供访问可利用的生物样本目录的途径。应定期检查、更新和维护基础信息数据库,保证系统调用数据的准确性,并建立备用系统,定期进行测试。

第二节 干细胞库技术规范

干细胞库技术规范覆盖从来源到高质量制剂形成的全过程,不仅包括供者材料的获得、转运、制备[如分离、纯化、扩增、修饰、干细胞(系)的建立、诱导分化、冻存和冻存后的复苏等过程],体外细胞质量检测等,还涉及过程质量管理、风险管控与持续改进等内容,如干细胞库相关伦理敏感性、冷链保持与实时监控、环境洁净等级、原辅材料与试剂、污染控制、工艺与方法学验证、分析与反馈机制等。

我国明确干细胞监管实行"双轨制"模式,一种模式是按照"药品"进行严管,即美国施行的模式,需要完成Ⅰ、Ⅱ、Ⅲ期等临床试验;另一模式是按照"医疗技术"监管,类似于日本、澳大利亚、英国等国家的模式,即不需要一个中央政府监管部门的审批,仅通过医院的伦理委员会就能够审批,然后能更快地进行临床研究阶段。机构在进行干细胞临床研究前需获得干细胞临床研究机构与临床研究项目的双备案,由于我国尚未有获批的干细胞产品,所以本节按照"医疗技术"监管路径对临床级干细胞库技术规范进行阐述。

一、供者材料与信息采集

(一) 干细胞临床研究项目立项与备案

临床研究的供者材料采集应基于干细胞临床研究项目,即在采集前需完成项目立项,其标准化流程为项目申请、科学审查、伦理审查,获得机构的审批完成后,需进一步通过国家卫健委和国家药监局(国家两委局)备案后才能开展研究工作。特别值得注意的是,按照国家卫健委和国家药监局《关于做好2019年干细胞临床研究监督管理工作的通知》的要求,自2019年起,干细胞临床研究机构和项目备案结合进行,不再单独开展干细胞临床研究机构备案。只有干细胞临床研究机构和项目备案材料同时符合备案要求才可以备案。

第一,科研项目负责人应向本单位或上级单位的科学技术管理部门和伦理审查机构提交干细胞临床研究项目立项书与原料样本采集入库申请书。申请书内容包括但不限于以下内容:①研究目的、意义和创新性、预期研究目标;②研究方案、技术路线、拟解决的关键科学问题等;③项目负责人及团队信息;④自体或异体供者、受者的入组和排除标准;⑤研究的样本量和统计学数据。机构科学委员会对项目申请进行科学技术审查,提出学术意见和建议,做出学术评估,保障项目研究方案的科学性与可行性。伦理审查委员会进行伦理审查并签发书面意见,所有会议及其决议均应有书面记录并归档。

第二,机构干细胞临床研究办公室负责汇总相关备案申报材料,一式两份报送至省卫生健康委行政部门,所需准备的材料包括:①干细胞临床研究项目备案申请表;②干细胞临床研究项目立项备案材料;③机构学术委员会审查意见;④机构伦理委员会审查批件;⑤所需的其他材料。省卫生健康委行政部门会同药品监管部门审核通过后报送国家卫健委与国家药监局备案,同时在医学研究登记备案信息系统进行相关信息登记。两委局备案通过后,机构方可开展干细胞临床研究工作。

第三,项目负责人应向干细胞库提交拟采集样本入库申请书。申请书包括但不限于以下信息与资料:①项目基本信息(立项申请书副本及立项批复);②伦理审查委员会批复(副本);③伦理审查委员会批准的知情同意书版本;④预期样本规模及计算依据;⑤拟入库样本信息,包括但不限于入库病种、病例数(例/a)、样本类型、样本量(份/a)、预计年使用量(份/a);⑥样本操作规程,包括样本采集、处理、保存与质量控制;⑦拟采集的信息(最小数据集);⑧随机抽查样本/干细胞进行质控检测的频次。

(二) 供者材料与信息采集规范

1. 供者合格性筛选　干细胞库应建立并执行干细胞供者评估标准,确认供者采集的适宜性,供者样本来源应符合国家相关的法律法规和伦理的要求,供者样本的获取操作步骤应符合规范或经过研究和验证。供者筛查大致包括体检、审查相关病历、当前病史征询访谈及相关传染病风险的识别。

干细胞供者分为自体与异体供者两种,供者的既往病史、家族史、性别、年龄、血型及组织相容性等因素非常复杂。为避免供者遗传因素及病史所造成的干细胞制剂的毒性和病原体感染的风险,保证干细胞制剂来源的安全性和可控性,采集前应按规定的质量要求与标准进行入组筛查、健康体检和传染病因子检测,包括供者的一般信息、既往病史、家族史、在收集前 7 天或收集后 7 天内传染病因子如包括人类免疫缺陷病毒(HIV-1/HIV-2)、乙型肝炎病毒(HBV)、丙型肝炎病毒(HCV)、人类嗜 T 细胞病毒(HTLV)、EB 病毒(EBV)、巨细胞病毒(CMV-IgG 和 IgM)及梅毒螺旋体(TP)等,以及必要的遗传疾病筛查,必要时收集供者的 ABO 血型、HLA- I 、HLA- II 类分型资料。筛查合格的供者签署知情同意书后进入采集流程。异体的供者应无血液系统疾病、内分泌系统疾病、恶性肿瘤史、性传播疾病及高危人群史、吸毒史、一般传染性疾病或其他遗传疾病,HIV、HBV、HCV、TP、HTLV、EBV 与 CMV 检测应为阴性。

2. 知情同意书签署　供者材料与信息采集前需获得供者的知情同意。对于未成年人、无民事行为能力供者,应获得其法定代理人或监护人的知情同意。在法定代理人或监护人知情同意的情况下,如未获得供者的知情同意,不得收集样本与信息。收集前应确保供者充分知情、理解相关风险和权益,全面和准确地认识相关告知内容。确保供者自愿作出是否同意的决定,并签署知情同意书。签署的《知情同意书》一式三份,分别由供者、采集机构和干细胞库三方保存或备份保存,研究人员及干细胞库工作人员应当对供者的个人信息采取保密措施。

3. 样本与信息采集　干细胞制剂是通过采集供者的骨髓、脂肪、脐带、胎盘、羊膜、外周血等组织或细胞进行分离、扩增、筛选、制备等操作获得,干细胞库应建立并遵循标准操作规程进行样本与信息的采集,严格按照无菌操作原则,将污染、感染和病原体传播的风险降到最低。

供者材料的采集宜参考相关规范,如 ISO/TS 20658、《全国临床检验操作规程》,以及相关国家/行业标准的要求,如 WS/T 359、WS/T 640、WS/T 661 等,新生儿脐带(血)或胎盘、人脂肪、骨髓、子宫内膜和牙齿样本采集可参照 DB32/T 3544—2019 进行。采集需由临床医师或有资质的人员进行供者材料的采集,应记录采集人员的姓名、科室/单位、采集过程和采集日期与时间,并包括对所采集样本的性状和数量的描写。干细胞原料获取后立即对样本容器进行标识或编码,并确保实验室接收后应将新标识/编码与原有的标识/编码进行关联。采集并记录供者材料的获取方式、途径和相关的临床资料(一般信息、既往病史、家族史及遗传性疾病相关信息),根据情况收集供者的 ABO 血型、HLA 分型信息。干细胞原料的获取与处理如非同一机构操作,应由最终送检机构按要求将前序信息汇总,随样本一起送达干细胞制备部门。

临床级干细胞库信息数据采集范围广泛,主要涵盖三大模块:①临床模块,遵从《药物临床试验质量管理规范》,主要实现了临床前、中、后干细胞供者与受试者的相关信息管理,如临床研究立项、科学与伦理审核、知情同意、供者与受试者的人口统计学信息、入组排除标准、病史、体检、筛选检测信息,应用后反馈的检测数据与随访信息等;②制备与质检模块,包括样本的清点接收、干细胞的分离、纯化、扩增、冷冻、复苏、转运、质量检测等信息管理,如制备、质检方案、方法学及其验证信息、干细胞生长条件和培养基、过程中相关的质量检测与数据控制等;③存储库模块,实现了原始样本与干细胞制剂及其衍生物等的信息管理,同时,此模块实现了供者/受试者信息、干细胞制剂信息与临床信息的关联,通过组合查询,可快速检索到目标样本与制剂,包括细胞名称、细胞类型、来源、编码(二维码),信息系统可追踪监控冻存细胞位置、库存水平、使用情况和质量控制数据生成等。宜采用 Browser/Server 模式和模块化设计,使得各模块通过端口对接实现干细胞临床研究全过程的数据跟踪和双向追溯性管理,构建符合管理路径和工作流程的干细胞临床研究信息管理系统,可追踪供者、受试者、关键物料、关键设备、操作流程、细胞、样本或服务历史、应用情况或所处位置等信息;干细胞临床研究的医疗机构是干细胞制剂和临床研究质量管理的责任主体,应对干细胞临床研究项目进行立项审查、登记备案和过程监管,并对干细胞制剂制备和临床研究全过程进行质量管理和风险管控。

二、供体材料/干细胞包装运输

干细胞库应建立并维护在运输过程中保护样本/干细胞质量的政策、过程和程序,并与送检方确认,以减少变质、防止损坏,确保运输过程中干细胞的完整性和安全性。应对运输前的包装进行必要的控制,以确保符合国家和/或国际运输和航运法规规定的要求。运输容器应在规定的时间间隔内进行性能确认,以确保其在预期的运输或装运期间保持在可接受的温度范围内,非冻存干细胞的主容器应被放置在密封防漏的二级容器中。运输应根据需求,提供不同层级的温控环境,如原料样本、液体状态运输的干细胞应保存在指定温度范围内的容器中,维持其活性、功能和特征,抑制传染物质,在一段时间内不超过标准操作规程中指定的温度;冷冻保存的干细胞制剂应保存在标准操作规程中指定的、适合干细胞和冷冻保护剂的温度范围内。干细胞中间产品和物料的转运有特殊要求时，如温度、时限等，应当对转运条件有明确的规定，并在转运过程中进行相应的监控且有相应记录。

此外，应按照相关法律法规关于低温材料和生物材料运输的规定对转运容器进行标识（贴上标签），确保能够正确识别并使承运人知晓适当的处理方式，持续监控细胞运输中温度的范围，且与运输持续时间相适应，转运容器中附随的文件应单独密封包装。

干细胞库还应当建立应急预案和处理规程，当获知供体材料/干细胞在运输过程中有质量风险时，如包装袋破损、标签信息错误和脱落，或者温度在运输过程中超标，应当立即启动应急处理并展开调查，相关应急处理和调查应当有记录和报告。

三、供体材料/干细胞的接收与入库

干细胞库应制定并执行样本/干细胞接收、拒收退回和隔离的程序，接收时应记录转运容器达到时的温度，对于冷藏供体材料/干细胞，接收记录应包括运输过程中的容器温度。在接收时应视情况检查供体材料/干细胞，如容器外观、有无破损与污染、标识是否完整、供体材料/干细胞性状等，以确定其可接受性。

应当保持以下记录：①发送机构与采集机构名称；②供者名称；③干细胞 ID；④唯一供者标识（如果适用，身份证号）；⑤接收日期和时间；⑥采集和/或制备的日期和时间；⑦有效期（如适用）；⑧接收时应检查（如适用）外观、温度可接受性、是否存在明显的污染迹象、容器的完整性、标识的完整性；⑨接收和/或检查人员；⑩接收、隔离或拒绝的标示。接收后应将信息反馈给发送方，一旦发现不合格情况，应按拒收标准与发送方进行及时沟通，做退回或报废处置并做详细记录。

四、干细胞制备

干细胞制剂的制备环境需满足国家药品监督管理局食品药品审核查验中心发布的《细胞治疗产品生产质量管理指南（试行）》规定。干细胞制剂制备的所有过程中使用的耗材和试剂需符合 GMP 标准。尽可能避免使用动物源性或成分不明确的试剂，禁止使用同种异体人血清或血浆，以确保干细胞制剂的质量。临床级干细胞的制备应严谨、审慎并进行独立审查和监督，确保其安全性和有效性。即使对细胞进行最小的体外操作都有可能引入额外风险，如病原体污染、培养代数增加导致的细胞基因型和表型不稳定，在长期、压力环境下可能会变为非整倍体或发生 DNA 重组、缺失及其他基因或表观遗传异常，从而带来严重的病理改变，如癌症，故临床级干细胞的制备应遵循 GMP 程序，防止原料和产品在生产过程中被污染，所有试剂与制备过程均应遵守质量控制体系与规程，确保试剂质量、制备工艺与制定的方案一致，形成细胞鉴定、纯度和潜能分析标准，而对于传染病因子阳性的干细胞，需在独立设置的阳性间进行制备。制备过程中的关键性物料必须做到：①先验证

性能，确保有效性且符合国家相关规定；②直接与原始样本及干细胞制剂接触的物料必须无菌且对人体无害，并符合要求的级别，尽可能使用药用级别的物料；③非无菌物料和非一次性物料必须清洁和灭菌，灭菌合格并被监控；④记录使用的关键物料，确保可完整准确地追踪到每个环节中物料的详细信息，包括使用的试剂/耗材/设备清单、生产厂家、批次号、合格证等，关键试剂如血清、酶和生长因子的分析证书（certificate of analysis，COA）副本，测试过程和结果等。在细胞培养或保存时，除了尽可能避免使用抗生素外，还应避免使用动物源性或成分不明确的试剂、人源或动物源性血清，动物源性成分应尽可能用规定的化学成分替代，禁止使用同种异体人血清或血浆，以确保干细胞制剂的质量。

干细胞制备室应建立操作过程控制，干细胞操作（复苏、培养、分离、分化、冻存等）过程中使用的政策、过程和程序，应包括以下方面：①实验室着装、净化服和个人防护装备的使用；②使用生物安全柜或其他环境受控空间（如适用）；③每个特定工序所需的物料和设备；④物料的操作；⑤关键计算步骤；⑥原料、干细胞、培养基或容器间试剂的转运；⑦原料、干细胞、培养基、试剂或其他用于干细胞处理材料的取样；⑧温度、湿度和气体（如氧气和二氧化碳）的可接受控制限值（如适用）；⑨干细胞副产物和废物的处置。

五、干细胞冻存与存储技术规范

干细胞的冻存与存储应根据每种干细胞制品属性和规格制定适合的程序降温方法，监控程序降温过程。干细胞存储期间，应制定干细胞制品的有效期验证和稳定性考察计划，每一批次的干细胞产品均应设置留样细胞，定期提取留样细胞进行质量稳定性检测评估，并出具质量报告。存储操作人员应在存储过程中填写干细胞存储记录，内容应至少包括：①干细胞产品名称、批号和唯一识别信息；②冻存体积、细胞活力、细胞数量或浓度；③冷冻保护剂的名称、体积或浓度；④冻存过程的温度记录；⑤干细胞产品和留样细胞的存储位置；⑥操作场所、开始和完成时间；⑦所用设备信息及操作人员识别信息。存储记录应由生产制备负责人、技术负责人、医学负责人及质量受权人进行审阅。对使用液氮的设备进行液氮补充操作时，应至少两个人共同完成。如存储库内的干细胞制品因不合格或其他原因需要进行废弃，应按照《医疗废物管理条例》的要求进行无害化处理。

用于干细胞存储的区域应相对独立，并建立进入权限的管理程序。干细胞产品宜存储于－150℃及以下的气相液氮中，用于留样检测的细胞应与其代表的终产品存放在同一储罐内。存储干细胞产品的液氮罐应配置能够自动报警的监控系统，持续监控并定期记录温度和液氮液位水平，标签及记录应标明保存温度和储存效期。储存状态的干细胞产品未经批准不得随意变更储存位置和状态。应制定冻存细胞产品长期稳定性考察计划，定期对储存系统稳定性及储存细胞产品的活性进行监测。应使用库存管理系统确

定每个干细胞产品的位置和状态,必要时可实行镜像保存。储存还应注意以下事项:①不用可对干细胞产品产生不良影响的物料及试剂;②应杜绝交叉污染;③细胞产品应确保标签标识清晰,方便识别,避免混淆不当分发。

六、干细胞检测与质量控制

实验室应建立干细胞质量评估的测量方法、标准和检测规程,以确保检测的可靠性、准确性及精确性,如规定方法学的选择、确认与验证程序,检验程序应至少符合国家标准、卫生行业标准或中国药典规定的程序。检验程序的验证宜参考相关国家/行业标准,如 WS/T 403、WS/T 406、WS/T 494 等,以及 CNAS 相关指南要求,如 CNAS-GL028、CNAS-GL037、CNAS-GL038、CNAS-GL039。定量检验程序的分析性能验证内容至少应包括正确度、精密度和可报告范围,定性检验程序的分析性能验证内容至少应包括符合率、使用时,还应包括检出限、灵敏度、特异性等。

干细胞本身有可能携带病原微生物,如细菌、支原体、分枝杆菌、内源性病毒和外界污染的病毒。如果干细胞基质被病毒等病原微生物污染,直接影响产品的安全性。因此原始细胞库(primary cell bank,PCB)、主细胞库(master cell bank,MCB)和工作细胞库(work cell bank,WCB)建立后,生产终末细胞(end of product cells,EOPC)收获时,以及获得收获液(unprocessed bulk,UPB)后,均需要进行细胞检定。细胞检定主要包括以下几个方面:细胞鉴别、无菌检查、支原体检查、内外源病毒污染检查、成瘤性检查等,各类型干细胞库检定项目描述见表 2-24-5。

临床级干细胞制剂全面质量检验和放行检验应严格进行,并对留样进行第三方复核检验,为确保干细胞治疗的安全性和有效性,每批干细胞制剂均须符合现有干细胞知

识和技术条件下全面的质量要求。干细胞制剂的质量检测包括一般生物学属性、生物学安全性、生物学有效性的检测,以确保所获得的细胞特征与功能正常。一般生物学属性主要包括:细胞的活性、状态、纯度和均一性,细胞核型。生物学安全性检测主要包括:细菌、真菌、病毒、支原体、内毒素和培养基及添加剂残留(如激素、血清、蛋白质等)的检测。生物有效性检测主要包括:细胞特殊功能的检测,如吞噬作用、蛋白质分泌功能、电生理特征等。由于不同类型的细胞具有不同的特征与功能特征,所以需有针对性地建立质量检测标准与检测程序的操作规程。干细胞关键质量属性检测及方法学见表 2-24-6。

七、干细胞出库与临床反馈

干细胞库应建立干细胞出库申请、审批、放行审核程序,由申请方填写干细胞出库申请单,按审批次序审核申请单并签字后递交到干细胞库,干细胞库人员通过信息管理筛选查询并锁定申请方所需求的干细胞,预约取干细胞时间,并提前备好运输耗材(如冷链保存介质、容器等)。

在发放每一份干细胞之前,应由指定人员复核包括过程、干细胞放行检测结果及病史在内的全部记录并签字批准出库,出库时检查外观与标识的完整性,并做好登记、存档。不合格的干细胞制剂应按《医疗废物管理条例》规定进行处置。

干细胞库还应建立干细胞应用后的临床反馈机制,即申请方在干细胞使用后,应及时向干细胞库反馈干细胞质量情况并返回反馈表。

干细胞库应收集制剂使用后的临床随访资料、相关不良反应等,如有死亡,应记录原因,并根据临床反馈的意见和建议进行持续改进。

表 2-24-5 各类型干细胞库检定项目

检测项目		MCB	WCB	UPB	EOPC
细胞鉴别		+	+	−	(+)
细菌、真菌		+	+	+	+
支原体		+	+	+	+
分枝杆菌		(+)	(+)	(+)	(+)
内外源病毒污染	细胞形态观察及血吸附试验	+	+	−	+
	体外不同指示细胞接种培养	+	+	−	+
	动物和鸡胚体内接种法	+	−	(+)	+
	逆转录病毒检查	+	−	+	+
	种属特异性病毒检查	(+)	−	+	−
	牛源性病毒检查	(+)	(+)	−	(+)
	猪源性病毒检查	(+)	(+)	−	(+)
	其他特定病毒检查	(+)	(+)	(+)	(+)
成瘤性		(+)	(+)		
致瘤性		(+)	(+)		

备注:"+"为必检项目,"−"为非强制检定项目。"(+)"表示需要根据细胞特性、传代历史、培养过程等情况要求的检定项目。

表 2-24-6 干细胞关键质量属性检测及方法学

属性	检测	方法学
干细胞特性	短串联重复序列（STR）	PCR（对供者起始样本与干细胞各批次的 STR 图谱分析比较）
微生物学特征及无菌性	细菌	参见 2020 版《中国药典》（三部）及 GB/T 40365—2021《细胞无菌检测通则》6.方法选择和附录 A
	真菌	
	病毒	
	支原体	
	内毒素	
遗传保真度与稳定性	残余载体（如适用）	适当的特异性检测
	核型分析	中期染色体 G 显带分析、染色体计数
	单核苷酸多态性阵列（SNP）	TaqMan 探针法、测序法
	相关标志物和遗传因素分析	WGS/WES
干细胞活力	干细胞活细胞率	台盼蓝染料排斥试验、流式细胞术
	干细胞群体倍增时间	MTT 比色法
干细胞鉴定	细胞表型（特定的生物标志物）如 iPSC 表达 SSEA4、TRA1-60、Oct4、NANOG 等；MSC 表达 CD73、CD90、CD105 等	流式细胞术
	定向分化能力（如 MSC 成脂、成骨、成软骨等）	条件培养基诱导分化
干细胞潜能（适用时）	多能性	克隆碱性磷酸酶（AP）染色、免疫荧光法、PCR
	分化潜能	拟胚体（EB）形成、三胚层分化试验
	分子	Pluritest™、hPSC Scorecard™
传染病因筛选及内外源病毒因子污染	人源性 HBV、HCV、HIV1/2、EBV、CMV、HTLV Ⅰ/Ⅱ、HPV、HHV6/7 等；梅毒螺旋体等	ELISA、PCR、RPR、TRUST、TPPA
	动物源性病毒（牛、猪、鼠等）	参见 2020 版《中国药典》（三部）细胞培养直接观察法、血吸附/血凝试验、乳鼠接种、鸡胚接种、产物增强性逆转录检测法（PERT）
成瘤性/致瘤性	成瘤性/致瘤性	动物体内接种法（裸鼠）、软琼脂克隆形成

（周红梅 何新月）

参考文献

［1］ Stacey GN，Healy L. The International Stem Cell Banking Initiative（ISCBI）. Stem Cell Research，2021，53：102265.

［2］ Stacey GN，Hao J. Biobanking of human pluripotent stem cells in China. Cell Prolif，2022，55（7）：e13180.

［3］ Kim JH，Jo HY，Ha HY，et al. Korea National Stem Cell Bank. Stem Cell Research，2021，53：102270.

［4］ Aran B，Lukovic D，Aguilar-Quesada R，et al. Pluripotent stem cell regulation in Spain and the Spanish National Stem Cell Bank. Stem Cell Research，2020，48：101956.

［5］ Healy L，Hunt C，Young L，et al. The UK Stem Cell Bank：its role as a public research resource centre providing access to well-characterised seed stocks of human stem cell lines. Adv Drug Deliv Rev，2005，57（13）：1981-1988.

［6］ Glicksman MA. Induced Pluripotent Stem Cells：The Most Versatile Source for Stem Cell Therapy. Clin Ther，2018，40（7）：1060-1065.

［7］ Diaferia GR，Cardano M，Cattaneo M，et al. The science of stem cell biobanking：investing in the future. J Cell Physiol，2012，227（1）：14-19.

［8］ Chalmers D，Rathjen P，Rathjen J，et al. Ethics and Governance of Stem Cell Banks. Methods Mol Biol，2017，1590：99-112.

［9］ 中国医药生物技术协会. 干细胞来源伦理评估指南. 中国医药生物技术，2022，17（3）：271-288.

［10］ 中华人民共和国卫生部. 医院洁净手术部建筑技术规范：GB 50333—2013. 北京：中国建筑工业出版社，2013.

［11］ 中国医药工程设计协会. 医药工业洁净厂房设计标准：GB 50457—2019. 北京：中国计划出版社，2019.

［12］ 中国建筑科学研究院. 生物安全实验室建筑技术规范：GB 50346—2004. 北京：中国建筑工业出版社，2004.

［13］ 国家卫生计生委办公厅，国家食品药品监管总局办公厅. 干细胞制剂质量控制及临床前研究指导原则（试行）. 国卫办科教发〔2015〕46 号.

第二十五章　细胞治疗产品开发流程和临床前研究模型

提要：细胞治疗是指将人自体、异体或异基因来源的活细胞经体外操作或处理后，用于患者疾病治疗的过程，这些活细胞，即为细胞治疗产品。细胞治疗为一些难治性疾病提供了新的治疗思路与方法，具有广阔的应用前景和巨大的市场价值。该领域当前正处于快速发展的阶段，其临床应用和规模化生产正在逐渐起步。本章共 3 节，参考相关法规要求，梳理了细胞治疗产品的开发流程，并就细胞治疗产品的开发流程、临床前评价内容和临床前评价模型进行详细介绍。

第一节　细胞治疗产品开发流程概述

细胞治疗领域内的治疗用细胞，主要有免疫细胞，以及以人胚胎干细胞（hESC）、成体干细胞（adult stem cell，ASC）、人诱导多能干细胞（hiPSC）等为代表的干细胞。所治的疾病包括恶性肿瘤、严重创伤、罕见病等许多目前治疗效果不佳的疾病。在社会老龄化与人们对健康需求不断提升的现阶段，对细胞治疗疾病和抗衰老需求，助推细胞治疗产业的发展势如破竹，而细胞和基因治疗领域也成为各国、各企业在生物医药发展及竞争中的一条新赛道。干细胞和免疫细胞等细胞治疗产品也已作为需要重点发展的生物药被明确写入《中国制造 2025》和《"十四五"医药工业发展规划》中。

药物开发从早期药物发现开始到完成临床试验，再到批准上市，是一个漫长的过程。目前传统药物已经建立起

一整套完备且成熟的产品开发流程和技术指南。而生物药物，尤其是细胞治疗产品的临床应用和规模化生产处于蓄力起步阶段，细胞治疗类产品技术发展迅速，且产品差异性较大，国内外监管模式具有差异等原因，使得可供我国治疗产品参考的开发经验和规范指南缺乏。为此，相关部门基于当前的科学认知和针对细胞治疗产品相关技术的发展现状，为进一步推进该领域的健康发展，出台了诸如《细胞治疗产品研究与评价技术指导原则（试行）》《细胞治疗产品生产质量管理指南（试行）》《干细胞临床研究管理办法（试行）》及《体细胞治疗临床研究和转化应用管理办法（试行）》等一系列法规和指南，对细胞治疗产品的研发、生产、上市等过程进行评价和规范（表 2-25-1）。对细胞治疗产品产业化阶段在生产质量管理方面的技术要求进行了细化和完善。

目前细胞治疗产品有两个开发途径。一个途径是申

表 2-25-1　细胞治疗相关法规指南

实施时间	发布部门	政策名称
2003-03	国家药品监督管理局（CFDA）	《人基因治疗研究和制剂质量控制技术指导原则》
2003-03	CFDA	《人体细胞治疗研究和制剂质量控制技术指导原则》
2003-12	科学技术部、卫生部	《人胚胎干细胞研究伦理指导原则》
2009-11	卫生部	《脐带血造血干细胞治疗技术管理规范（试行）》
2011-03	卫生部	《药品生产质量管理规范》
2011-08	工业和信息化部	《机械搅拌式动物细胞培养罐》
2015-03	深圳市市场监督管理局	《人类间充质干细胞库建设与管理规范》
2015-05	国务院	《中国制造 2025》
2015-07	卫计委、CFDA	《干细胞临床研究管理办法（试行）》
2015-07	卫计委、CFDA	《干细胞制剂质量控制及临床前研究指导原则（试行）》
2016-10	中国医药生物技术协会	《免疫细胞制剂制备质量管理自律规范》
2016-10	中国医药生物技术协会	《干细胞制剂制备质量管理自律规范》

续表

实施时间	发布部门	政策名称
2016-10	工业和信息化部	《医药工业发展规划指南》
2016-12	CFDA、国家药品监督管理局药品审评中心（CDE）	《细胞治疗产品研究与评价技术指导原则（试行）》
2017-10	深圳市市场监督管理局	《综合细胞库设置和管理规范》
2017-10	CFDA	《CFDA 药物临床试验审批征求意见稿》
2017-12	中国细胞生物学学会干细胞生物学分会（CSSCR）	《干细胞通用要求》
2018-09	中国医药生物技术协会	《嵌合抗原受体修饰 T 细胞（CAR-T 细胞）制剂制备质量管理规范》
2018-11	国家卫生健康委员会	《医疗技术临床应用管理办法》
2019-06	FACT	Common Standards for cellular therapies
2020-07	国家药典委员会	《中国药典》（三部）2020 年版
2020-04	CFDA、卫健委	《药物临床试验质量管理规范》
2021-12	多部联发	《"十四五"医药工业发展规划》
2022-05	CDE	《免疫细胞治疗产品药学研究与评价技术指导原则（试行）》
2022-10	国家药品监督管理局食品药品审核查验中心（CFDI）	《细胞治疗产品生产质量管理指南（试行）》

请为细胞制剂，按照药品（生物制品类）进行研发与注册申报；另一个途径则是申请为第三类医疗技术，按照医疗技术或其他管理路径进行研发与注册申报。前者由国家药品监督管理局（National medical products administration，NMPA）按照药品进行监管，申报和审批后再进行临床试验。后者则需要相应管理规定及技术要求，由国家卫健委进行备案监管，备案通过后再进行临床研究。除此之外，我国目前就细胞治疗产品在临床阶段的监督管理而言，实行"双轨制"。一方面可按照生物制品类注册申报，通过Ⅰ期、Ⅱ期、Ⅲ期注册临床研究和新药申请后获批上市销售；另一方面，还可以按照《干细胞临床研究管理办法（试行）》，通过国家卫生健康委员会和国家药品监督管理局的备案后，开展研

究者发起的备案临床研究。需要注意的是，在商业化和出口方面，我国仍然按照药品上市原则进行管理。而在本章，我们主要针对第一种情况，即细胞治疗产品申请为细胞制剂，并按照药品进行研发与注册申报所需要经历的流程展开讨论。

根据法规申请为细胞制剂并按照药品进行研发与注册申报的细胞治疗产品，在开发过程可以被概括为临床前研究、试验性新药（investigational new drug，IND）申请及Ⅰ~Ⅲ期临床试验、细胞治疗产品上市 NDA 申请和最后的上市后药物监测（即Ⅳ期临床试验）四个阶段，其中临床前研究主要包括细胞药物发现、药学研究、临床前药效研究和临床前安全性评价（图 2-25-1）。

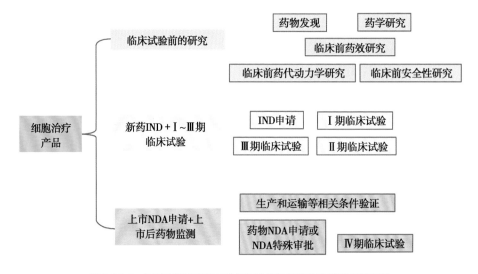

图 2-25-1　细胞制剂参照药品进行研发与注册申报的开发流程框架

第二节　细胞治疗产品开发流程详解

一、细胞治疗产品开发流程——细胞药物发现

该阶段主要是明确治疗的疾病,然后针对疾病进行治疗用细胞的选择并确定技术路线。

根据细胞来源,细胞治疗可分为自体细胞治疗和异体细胞治疗。前者指利用患者自身的细胞进行体外分离扩增,然后回输体内进行疾病治疗;后者在疾病治疗中所用的细胞则来源于捐献者或细胞库。根据所选择的细胞类型,则可分为干细胞治疗、免疫细胞治疗、体细胞治疗。其中干细胞(前体细胞)包括 hESC、hiPSC 和 ASC。免疫细胞包括非特异性免疫细胞,例如树突状细胞(DC)、淋巴因子激活的杀伤细胞(LAK 细胞)、细胞因子诱导的杀伤细胞(CIK 细胞)、自然杀伤细胞(NK 细胞);特异性免疫细胞,如嵌合抗原受体 T 细胞(CAR-T 细胞)、T 细胞受体基因工程 T 细胞(TCR-T 细胞)、肿瘤浸润性淋巴细胞(TIL)等。体细胞则包括肝细胞、血管内皮细胞、角膜上皮细胞和软骨细胞等。

二、细胞治疗产品开发流程——药学研究

《细胞治疗产品研究与评价技术指导原则(试行)》对细胞治疗产品的药学研究部分作了明确要求,临床用样品(细胞制剂)的生产全过程应当符合《药品生产质量管理规范》的基本原则和要求:细胞治疗产品的生产需要建立全过程控制体系;具有经过严格的工艺验证并已建立清晰的关键控制点的生产工艺;严格控制生产用材料的质量并建立生产线清场的操作规范等。同时,细胞治疗产品也需要充分考虑细胞本身具备体内生存、自主增殖和/或分化能力等基本特征,综合评估供者细胞应用的合理性,并从生产用材料、分离制备工艺及过程控制、质量研究与质量控制,以及稳定性研究多方面进行细胞治疗产品的药学研究和质量控制。

(一)生产用材料

生产用材料主要指用于制备细胞治疗产品的物质或材料,包括细胞、培养基、细胞因子、各种添加成分、冻存液、基因修饰/改造用物质和辅料等。药学研究主要包括对细胞(供者细胞、生产用细胞)的来源、获取、运输、分选、检验或保存等操作步骤的研究和验证;对其他生产用材料(原材料、辅料)来源、组成、用途、用量、质量控制、使用的必要性、合理性和安全性等情况进行研究和明确;除此之外,在一般情况下还应在细胞采集前对供者进行包括健康状况(如一般信息、既往病史和家族性遗传病等)、病原微生物的感染和在危险疫区停留情况的筛查与调查,且应尽量采用已经获得批准用于人体的或符合药典标准的原材料或辅料,对于生物来源的原材料应进行全面的外源因子检测,严格防止可能存在的外源因子传播的风险。

(二)分离、制备工艺与过程控制

细胞治疗产品的分离、制备工艺是指从供者获得供者细胞到细胞成品输入受者体内的一系列体外操作的过程。

在这一部分,应进行工艺的研究与验证,不断优化制备工艺,建立规范的工艺操作步骤、工艺控制参数、内控指标和废弃标准,并对生产的全过程进行监控。其目的就是证明工艺的可行性和稳健性,避免工艺发生偏移,并通过工艺的优化减少物理、化学或生物学作用对细胞的特性产生非预期的影响,减少杂质的引入和污染风险。

(三)质量研究与质量控制

这一环节主要是为了对生产的细胞产品质量进行研究、制定质量检验和放行检验项目及标准,并最终对产品进行质量控制,从而保障被放行的细胞产品质量达标。《干细胞制剂质量控制及临床前研究指导原则(试行)》还建议利用不同的体外试验方法对符合质量检测和放行检测标准的细胞制剂进行全面的安全性、有效性及稳定性研究。

细胞产品的质量研究应选择有代表性的生产批次和合适的生产阶段样品(如初始分离的细胞、制备过程中的细胞或成品等)进行研究。其主要研究内容包括但不限于:细胞特性分析(如基因型、表型鉴定;表面标志物表达情况分析;分化潜能等)、功能性分析(主要根据产品特性建立合适的细胞功能检测分析方法并进行检测)、纯度分析(如活细胞百分含量、亚细胞类别百分含量等)和安全性分析(如成瘤性、致瘤性、免疫反应及细胞内外源致病因子等)。

对于细胞治疗产品的质量控制与放行,《细胞治疗产品研究与评价技术指导原则(试行)》《细胞治疗产品生产质量管理指南(试行)》《细胞治疗产品生产质量管理指南(试行)》等多项法规建议在完成产品质量研究,以及对生产工艺和生产过程充分理解的基础上,制定能够在相对短的时间内反映细胞制剂的质量及安全信息的放行检验项目及标准,然后根据检验项目及标准对中间样品和终产品进行检验。细胞产品应当在产品的信息完整、正确、可追溯且符合放行检验要求的情况下方可放行。除此之外,自体细胞产品或采用异体供者材料生产的需与患者配型使用的细胞产品,放行前还应当核实供者材料或细胞的来源信息,并确认其与患者之间的匹配性。

(四)稳定性研究

与传统药物一样,细胞治疗产品同样存在半成品、药物(细胞)产品存储和运输的问题。这就需要研究生产过程中临时保存的样品和最终的细胞治疗产品在不同条件和环境下的稳定性,并根据试验结果确定细胞治疗产品的保存液成分与配方、保存条件、运输条件和相应条件下的有效期。

为达到这一目的,需要参照一般生物制品稳定性研究的要求,根据产品自身的特点、代表性的储存和运输条件,以及临床用药的需求来设计合理的稳定性研究方案并确定检测项目和指标,最后利用具有代表性的细胞样本开展研究。检测项目建议包含生物学效力、细胞纯度、细胞特性、活细胞总数、细胞活率、功能细胞总数和无菌性等内容。

三、细胞治疗产品开发流程——临床前试验

细胞制剂的临床前研究,可以通过在合适的受试物和

体内外模型上的试验,获取细胞产品在人体内可能达到的治疗效果、作用机制、不良反应、适宜的输入或植入途径和剂量等临床研究所需的信息,从而为治疗方案的安全性和有效性提供支持和依据,因此它是细胞治疗产品进行临床试验和上市注册之前最重要的环节之一。

广义的临床前研究包含了上文所提到的药物发现和药学研究的部分,但在本节我们仅讨论包含细胞治疗产品的安全性评价、药效学研究和药代动力学研究评价这几个主要部分的临床前研究。细胞治疗产品与常规小分子化学药物在物理化学特性、免疫学和毒理学性质、代谢过程、制剂配方、作用机制等方面均有差异,不同产品的治疗原理、体内生物学行为、临床应用也存在差别。这些因素使得临床前评价方法不能完全照搬传统、标准的非临床研究评价方法,而是要"具体情况具体分析"。

(一)细胞治疗产品的临床前研究中受试物和动物模型的选择

细胞治疗产品的临床前研究中的受试物即所研究的细胞治疗产品。临床前研究为申请临床试验前最重要的一道门槛,故临床前研究评价试验应以尽量模拟临床治疗为基本原则。

1. 选择的受试物的生产工艺及质量控制应与拟用于临床试验的受试物尽可能一致 当然,考虑到后续试验动物选择的限制,可使用生产工艺及质量标准与用于临床试验的受试物尽可能相似的动物源替代品,且需提供必要的比较数据,同时,临床试验的受试物和临床试验的受试物的异同均应在新药申报时予以说明。除此之外,细胞治疗产品在给药前还需对受试物进行质量检测。

2. 细胞治疗产品的给药方式也应能最大程度模拟临床拟用给药方式 若实在无法模拟临床给药方式,临床前研究中需选择科学且合理的替代给药方式/方法,当使用特殊的给药装置给药时,非临床试验采用的给药装置系统应与临床一致。

3. 细胞治疗产品临床前研究所选用的体内外试验模型也需要在生理、病理等多方面与人体具有可比性 所选模型对细胞治疗产品的生物反应与预期人体反应接近或相似,且体内试验需要根据不同目的选择合适种属的动物进行试验。对动物模型的选择而言,具体主要包括:①生理学和解剖学与人类具有可比性;②对人体细胞产品或携带人类转基因的细胞产品的免疫耐受性;③临床给药系统/流程的可行性;④对产品进行长期安全性评估的可行性。

(二)细胞治疗产品的临床前药效学评价

药效学研究主要是通过可靠的方法确定细胞治疗产品在疾病治疗时的作用机制、作用强度、药物作用的量效关系、药物作用的选择性和生物学效应标志物。因此,它是药物评估的前提基础,主要用于:①确定受试药物有无疗效;②鉴别合适的有效剂量及安全剂量方案;③阐明受试药物的作用特点;④揭示可能的作用机制、药物浓度与药理作用/副作用间的关系;⑤也可以补充指导临床用药,必要时证明药物联合应用的合理性。

作用机制研究就是明确药物进入体内后是如何发挥

药效的。作用强度其实也就是药物作用的效果,常见的指标就是半抑制浓度(IC_{50})、半最大效应浓度(EC_{50})、抑瘤率、最小抑菌浓度(MIC)。有了这些药效强度指标,可以大致地对采用相同试验模型的目标药物的药效强度进行比较。而量效关系,就是剂量与疗效之间的关系。通常来说,在一定范围内,剂量越大,疗效越好,比较关注的数据是最小有效浓度/剂量和半数有效浓度/剂量。在实际的细胞治疗产品临床前药效学研究试验设计中,应考虑细胞治疗产品的作用机制、疾病周期长短和给药方式等因素,结合细胞治疗产品的特性和存活时间,可以采用相关的体外和体内模型完成细胞治疗产品的药效学研究。在体外研究中,应验证该药物的作用机制,为随后进行的体内试验提供参考;在体内药效研究中,则应考虑细胞治疗产品的作用机制、疾病周期长短和给药方式等因素,并结合细胞治疗产品的特性和细胞在体内的存活时间,确定给药剂量、途径、频率和周期等。

(三)细胞治疗产品的临床前药物代谢动力学研究评价

药物代谢动力学(pharmacokinetic)是定量研究药物吸收、分布、代谢和排泄等体内过程,并运用数学原理和方法阐述体内药物浓度随时间变化规律的一门学科。不同于传统药物吸收、分布、代谢、排泄的药动学特性,对于细胞治疗产品的药物代谢动力学研究则侧重于细胞的分布、迁移、归巢、存续时间和后续的分化转归这些内容上。

根据相关指南要求,在细胞治疗产品的临床前药物代谢动力学研究中,我们可以研究和建立干细胞有效标记技术和动物体内干细胞示踪技术,对细胞产品进行示踪,研究其分布、迁移和归巢。同时,对于细胞治疗产品在体内存续时间的研究,必要时可以进行动态观察直至移植的细胞消失或功能丧失。对于部分细胞治疗产品,需要细胞进入体内后进一步正确分化为所需的功能细胞发挥其治疗作用或者发挥功效后在一定时间内发生功能衰退甚至消失从而保证安全性,因此针对细胞进入体内后的分化情况的研究,需要对细胞产品分化的程度及其后果(功能化或去功能化、安全参数)进行定量或定性评价研究。而对于经基因修饰/改造操作的人源细胞,除上述常规的药物代谢动力学研究外,还需对目的基因的存在、表达和表达产物的生物学作用进行研究。

细胞治疗产品进入体内后是否能归巢分布于作用部位,能在作用部位维持存活多久,是否会迁移至其他非目标部位,是否能正确分化为治疗所需的功能细胞,是否会发生我们所不期望出现的异常分化或增殖,经基因修饰/改造的细胞是否具有所期望的体内生物学效应,经基因修饰/改造的细胞是否出现异常的体内生物学效应等问题,对于确定细胞治疗产品的有效性和安全性至关重要。进行相应的药物代谢动力学研究也是了解药物在体内的变化规律并进行给药方案设计及优化(如确定给药剂量和间隔时间等)的重要依据。因此,在进行临床试验前,需要在合适的动物模型的基础上借助活细胞标记、示踪技术、影像技术、PCR技术、免疫组化技术等进行动态观察与研究。

（四）细胞治疗产品的临床前安全性评价

临床前安全性评价是临床前研究中不可或缺的一部分，其目的在于解释人体研究启动前至整个临床开发过程中的药理学和毒理学作用，具体可解释为：①确定人体使用的安全起始剂量和随后的剂量递增方案；②确定潜在毒性靶器官并研究这种毒性是否可逆；③确定临床监测的安全性参数。鉴于细胞治疗的特殊性，其临床前的安全有效性评价具有较大难度和局限性。

参考《生物制品注册分类及申报资料要求（试行）》《人基因治疗研究和制剂质量控制技术指导原则》《中华人民共和国药典》《生物技术药物的临床前安全性评价 S6 R1》《细胞治疗产品研究与评价技术指导原则（试行）》等法规指南，细胞治疗产品的安全性评价在基于遵从《药物非临床研究质量管理规范》（GLP）的前提下可总结为以下几点内容：①安全药理学试验；②单次给药毒性试验；③重复给药毒性试验；④免疫原性和免疫毒性试验；⑤致瘤性/致癌性试验；⑥生殖毒性试验；⑦遗传毒性试验；⑧特殊安全性试验；⑨其他毒性试验。

《中华人民共和国药典》及《生物技术药物的临床前安全性评价 S6 R1》中对试验模型也进行了规范要求，表明在进行安全性评价时，一般应包括两种相关种属的动物，且应该使用两种性别的动物，仅使用单一性别动物时，应阐明其合理性。但在某些情况下，一种相关种属可能已经足够得出较为科学的结论：①只能确定一种相关种属的动物；②对该产品的生物学活性已经十分了解；③两种动物的短期毒性试验结果相似，随后要进行的长期毒性研究中可能可以使用一种动物。如果缺乏相关动物模型，可以选择体外试验、同源动物模型、基因敲除及转基因模型、人源化动物等开展试验，以研究细胞治疗产品的药理和毒理学特性。在提供了使用动物疾病模型评价安全性的科学合理性说明的前提下，甚至可以用疾病动物模型替代正常动物进行毒性研究。

就安全性评价中试验用动物的样本量而言，样本量小可能会影响对毒性严重程度观察的准确性，导致未能观察到毒性事件，但这种情况往往见于大动物模型和非人类灵长动物研究，可以通过增加观察次数和延长观察时间而得到部分补偿。

1. 安全药理学试验 安全药理学试验的观察对象为细胞产品进入体内后对重要的系统如中枢神经系统、心血管系统和呼吸系统的影响，主要是为了研究治疗范围内或治疗范围以上剂量的细胞制剂所具有的潜在的不期望出现的对生理功能的不良影响。如果对已有的动物和/或临床试验结果产生怀疑，可能影响人的安全性时，则应对中枢神经系统、心血管系统和呼吸系统进行更深入的研究，即追加安全药理学研究，而对细胞产品对泌尿系统、自主神经系统、胃肠道系统和其他器官组织这些器官功能的影响进行观察研究，则为补充安全药理学试验。

2. 单次给药毒性试验 由 CFDA 在 2014 年最新发布的《药物单次给药毒性研究技术指导原则》中指出：该指导原则所指为广义的单次给药毒性研究，即可通过对动物进行单次或 24 小时内多次给予受试物，并在此后一段时间内连续观察动物的情况，来了解动物所产生的毒性反应及其严重程度，从而获得剂量与全身和/或局部毒性之间的剂量-反应关系。这有助于阐明药物的毒性作用，了解毒性靶器官，也可为后续诸如重复给药毒性试验和某些药物 I 期临床试验的剂量设计提供一定的参考。该指导原则对单次给药毒性试验的常规观察时间和观察指标给出了一些建议与参考：常规观察一般为给药后连续观察至少 14 天，观察指标参考表 2-25-2。

细胞治疗产品具有能长时间发挥功能或诱导长期效应的特点，在进行试验时应该充分考虑细胞或细胞效应的存续时间，因此其单次给药毒性试验时的观察时间一般应长于常规的单次给药毒性试验观察时间。

3. 重复给药毒性试验 重复给药毒性试验是描述动物重复接受受试物后的毒性特征，其意义在于：①预测受试物可能引起的临床不良反应，包括不良反应的性质、程度、量效和时效关系、可逆性等；②判断受试物重复给药的毒性靶器官或靶组织；③可能确定未观察到临床不良反应的剂量水平；④推测第一次临床试验的起始剂量，为后续临床试验提供安全剂量范围；⑤为临床不良反应监测及防治提供参考。

对于细胞产品的重复给药毒性试验，试验设计应在参考《药物重复给药毒性试验技术指导原则》包含常规毒理学试验研究的基本要素的基础上，结合细胞治疗产品的

表 2-25-2 急性毒性试验的观察指标

观察内容	指征	可能涉及的组织、器官或系统
鼻孔呼吸阻塞，呼吸频率和深度改变，体表颜色改变	呼吸困难：呼吸困难或费力，喘息，通常呼吸频率减慢	
	腹式呼吸：膈膜呼吸，吸气时膈膜向腹部偏移	CNS 呼吸中枢，肋间肌麻痹，胆碱能神经麻痹
	喘息：吸气很困难，伴随喘息声	CNS 呼吸中枢，肺水肿，呼吸道分泌物蓄积，胆碱能功能增强
	呼吸暂停：用力呼吸后出现短暂的呼吸停止	CNS 呼吸中枢，肺心功能不全
	紫绀：尾部、口和足垫呈现青紫色	肺心功能不全，肺水肿
	呼吸急促：呼吸快而浅	呼吸中枢刺激，肺心功能不全
	鼻分泌物：红色或无色	肺水肿，出血

续表

观察内容	指征	可能涉及的组织、器官或系统
运动功能:运动频率和特征的改变	自发活动、探究、梳理、运动增加或减少	躯体运动,CNS
	嗜睡:动物嗜睡,但可被针刺唤醒而恢复正常活动	CNS睡眠中枢
	正位反射(翻正反射)消失:动物体处于异常体位时所产生的恢复正常体位的反射消失	CNS,感觉,神经肌肉
	麻痹:正位反射和疼痛反应消失	CNS,感觉
	僵住:保持原姿势不变	CNS,感觉,神经肌肉,自主神经
	共济失调:动物行走时无法控制和协调运动,但无痉挛、局部麻痹、轻瘫或僵直	CNS,感觉,自主神经
	异常运动:痉挛,足尖步态,踏步,忙碌,低伏	CNS,感觉,神经肌肉
	俯卧:不移动,腹部贴地	CNS,感觉,神经肌肉
	震颤:包括四肢和全身的颤抖和震颤	神经肌肉,CNS
	肌束震颤:包括背部、肩部、后肢和足趾肌肉的运动	神经肌肉,CNS,自主神经
惊厥(癫痫发作):随意肌明显地不自主收缩或痉挛性收缩	阵挛性惊厥:肌肉收缩和松弛交替性痉挛	CNS,呼吸衰竭,神经肌肉,自主神经
	强直性惊厥:肌肉持续性收缩,后肢僵硬性伸展	CNS,呼吸衰竭,神经肌肉,自主神经
	强直性-阵挛性惊厥:两种惊厥类型交替出现	CNS,呼吸衰竭,神经肌肉,自主神经
	窒息性惊厥:通常是阵挛性惊厥并伴有喘息和紫绀	CNS,呼吸衰竭,神经肌肉,自主神经
	角弓反张:背部弓起、头向背部抬起的强直性痉挛	CNS,呼吸衰竭,神经肌肉,自主神经
反射	角膜性眼睑闭合反射:接触角膜导致眼睑闭合	感觉,神经肌肉
	基本条件反射:轻轻敲击耳内表面,引起外耳抽搐	感觉,神经肌肉
	正位反射:翻正反射的能力	CNS,感觉,神经肌肉
	牵张反射:后肢被牵拉至从某一表面边缘掉下时缩回的能力	感觉,神经肌肉
	对光反射:瞳孔反射;见光瞳孔收缩	感觉,神经肌肉,自主神经
	惊跳反射:对外部刺激(如触摸、噪声)的反应	感觉,神经肌肉
眼睛指征	流泪:眼泪过多,泪液清澈或有色	自主神经
	缩瞳:无论有无光线,瞳孔缩小	自主神经
	散瞳:无论有无光线,瞳孔扩大	自主神经
	眼球突出:眼眶内眼球异常突出	自主神经
	上睑下垂:上睑下垂,针刺后不能恢复正常	自主神经
	血泪症:眼泪呈红色	自主神经,出血,感染
	瞬膜松弛	自主神经
	角膜浑浊,虹膜炎,结膜炎	眼睛刺激
心血管指征	心动过缓:心率减慢	自主神经,肺心功能不全
	心动过速:心率加快	自主神经,肺心功能不全
	血管舒张:皮肤、尾、舌、耳、足垫、结膜、阴囊发红,体热	自主神经,CNS,心输出量增加,环境温度高
	血管收缩:皮肤苍白,体凉	自主神经,CNS,心输出量降低,环境温度低
	心律不齐:心律异常	CNS,自主神经,肺心功能不全,心肌梗死

续表

观察内容	指征	可能涉及的组织、器官或系统
流涎	唾液分泌过多:口周毛发潮湿	自主神经
竖毛	毛囊竖毛组织收缩导致毛发蓬乱	自主神经
痛觉缺失	对痛觉刺激(如热板)反应性降低	感觉,CNS
肌张力	张力低下:肌张力全身性降低	自主神经
	张力过高:肌张力全身性增高	自主神经
胃肠指征	排便干硬固体,干燥,量少	自主神经,便秘,胃肠动力
	排便:体液丢失,水样便	自主神经,腹泻,胃肠动力
	呕吐或干呕	感觉,CNS,自主神经(大鼠无呕吐)
	多尿,红色尿	肾脏损伤
	尿失禁	自主感觉神经
皮肤	水肿:液体充盈组织所致肿胀	刺激性,肾功能衰竭,组织损伤,长时间静止不动
	刺激性,肾功能衰竭,组织损伤,长时间静止不动	刺激性,炎症,过敏

摘自《药物单次给药毒性研究技术指导原则》。

特殊性来设计,以期获得尽可能多的安全性信息。例如:①采用能够对细胞治疗产品产生生物学活性的动物种属进行重复给药毒性研究;②除常规观察指标外,结合产品特点,增加行为学检测、神经功能测试、心功能评价、眼科检查、异常/异位增生性病变(如增生、肿瘤)、生物标志物、生物活性分子的分泌、免疫反应,以及与宿主组织的相互作用等观察指标;③设置合适的对照组,以及包含临床拟用剂量范围和最大可行剂量的多个剂量组;④试验设计一般应包括恢复期,以确定药理学/毒理学作用的可逆性或潜在恶化和/或潜在的延迟毒性效应,大多数生物技术药物的动物研究期限为 2 周至 6 个月,对于药理毒理作用持续时间较长的细胞产品,重复给药研究的期限应根据临床暴露的预期持续时间和适应证适当延长监测期,直至证实毒性反应的可逆性。表 2-25-3 以脐带间充质干细胞临床前安全性评价的重复给药毒性试验设计为例,介绍动物、分组和处理。

4. 免疫原性和免疫毒性试验　药物的免疫原性是指药物和/或其代谢物诱发对自身或相关蛋白的免疫应答或免疫相关事件的能力,它受同源或非同源治疗、给药部位、细胞的成熟状态、给药次数、免疫性疾病和免疫系统的衰老情况等多种因素的影响。因此可以参考《药物免疫原性研究技术指导原则》,结合产品特点及临床应用来设计免疫原性评价试验。在进行免疫原性评价时,应重点关注异体细胞产品的免疫原性,并充分考虑动物模型与临床患者的差异。需要尽量选择与人体对受试物反应接近的动物种属进行免疫原性评价。除细胞产品中细胞本身导致的免疫原性外,还需关注细胞产品如诱导多能干细胞等的制备过程中所使用或产生的物质所导致的免疫原性反应。有必要时,可对细胞治疗产品的组成成分进行分别的免疫原性评价(图 2-25-2)。

除免疫原性之外,细胞治疗产品在治疗过程中还可通过对免疫系统的作用来产生免疫毒性。由于不同疾病状态

表 2-25-3　试验设计案例——脐带间充质干细胞临床前安全性评价:重复给药毒性试验

动物	分组	详细处理信息
5~6 周龄 SPF 级 健康 SD 大鼠	高剂量组 25 只雄 +20 只雌(MSCs 2.5×10^6 个/kg)	1~4 周、9~12 周以及 17~20 周每周 1 次注射。最后 1 次注射后观察 2 周进行相应评估
	中剂量组 20 只雄 +25 只雌(MSCs 5×10^6 个/kg)	
	低剂量组 20 只雄 +25 只雌(MSCs 1×10^7 个/kg)	
	溶媒对照组 25 只雄 +20 只雌(溶媒对照剂)	

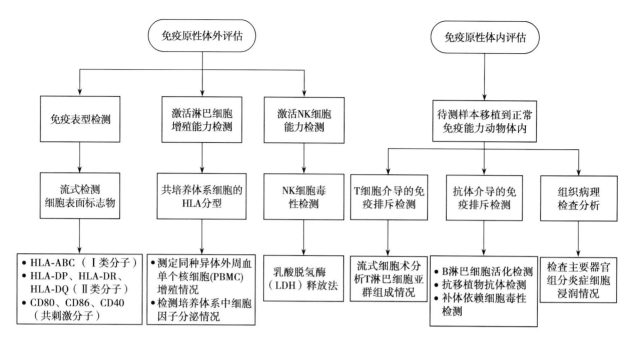

图 2-25-2 免疫原性体内外评估

下的动物可能对细胞治疗产品的反应不同,可以选择正常动物和疾病动物模型分别进行免疫毒性的评价。具体试验包括常规毒性检测内容中免疫毒性指标观察和另外的免疫毒性测试。其中常规检测观察指标主要有:①受试对象的白细胞整体数量和白细胞的种类数量;②受试对象血液内的球蛋白;③受试对象的淋巴器官/组织的大体解剖;④受试对象的胸腺和脾脏的器官重量和组织学检查。对于另外增加的免疫毒性测试,则为在常规检测内容中加入卫星组进行对比检测,增加相关免疫学指标。

5. 致瘤性/致癌性试验 细胞治疗产品的致瘤性主要是指细胞产品进入体内后,导致受体的正常细胞形成肿瘤的能力,其主要取决于细胞类型、分化状态、体外培养时间、体内分布和迁移、体内存活期等因素。所有细胞治疗产品都应该进行致瘤性试验,其中需要重点关注的细胞治疗产品是多潜能细胞、经过体外复杂操作或基因修饰的细胞和可能长期存留于体内的细胞。由于存在异种的免疫排斥反应,所以肿瘤发生为小概率事件。致瘤性试验必须使用临床拟用产品进行试验,人源性细胞治疗产品的致瘤性试验一般推荐使用免疫抑制的啮齿类动物进行试验,且致瘤性试验需要包含足够的动物数目、研究持续时间和细胞量。

除此之外,细胞治疗产品进入体内后,其促进肿瘤增殖的能力(促瘤性)也应被测试。

6. 其他测试 根据细胞治疗产品的特点与临床应用情况,应考虑对局部耐受性、组织兼容性及对所分泌物质的耐受性进行评估。同时,当人源性细胞治疗产品与 DNA 或其他遗传物质存在直接的相互作用时,方需进行遗传毒性试验,而对于采用基因修饰/改造的细胞治疗产品,则需要关注致癌基因的活化等特性带来的安全性风险。

四、细胞治疗产品开发流程——新药 IND 及临床试验

(一) 新药研究申请

试验性新药(investigational new drug,IND),一般是指尚未经过上市审批,正在进行各阶段临床试验的新药。IND 申请,即新药研究申请,目的在于向药监部门提供数据证明药物具备开展临床试验的安全性和合理性,获准后方可开展临床试验。一般来说,在完成支持药物临床试验的临床前研究后,即可进入 IND 申请流程,提出新药首次药物临床试验申请。

根据 2020 年最新颁布的《药品注册管理办法》,这个过程需要首先设计 I 期临床试验方案并确定有资质的研究机构,随后与 CDE 进行 Pre-IND 会议交流并获得 CDE 审评意见,然后按照申报资料要求提交相关研究资料,最后获得 IND 默许即可根据获批的 I 期临床试验方案开展临床试验。

需要明确的是,药物临床试验应当在具备相应条件并按规定备案的药物临床试验机构开展,目前我国已有干细胞临床研究备案机构 100 余家。

(二) 细胞治疗产品的临床试验

临床试验指以人体(患者或健康受试者)为对象的试验,旨在发现或验证某种试验药物的临床医学、药理学和其他药效学作用、不良反应,或者试验药物的吸收、分布、代谢和排泄,以确定药物疗效与安全性的系统性试验。药物临床试验分为 I 期临床试验、II 期临床试验、III 期临床试验、IV 期临床试验和生物等效性试验。

在细胞治疗产品上市注册前,需要完成的是 I~III 期临床试验。I 期临床试验为专注于药物安全性的临床试验的

研究阶段。该阶段研究的目的主要是确定药物最常见和最严重的不良事件,以及确定药物在体内代谢和排泄的过程。因此,该阶段研究招募的临床试验志愿者通常包含健康志愿者。而研究所获得的人体对于新药的耐受程度和药代动力学等数据,可以为制定给药方案提供依据。Ⅱ期临床试验为有效性初步研究的阶段。主要目的是收集药物对所针对的疾病的有效性的初步数据,即确定受试药物是否对患有某种病症/疾病的人有治疗效果。但同时,也会继续评估安全性,并研究短期不良事件。该阶段主要根据具体研究目的,采用包括随机盲法对照临床试验在内的多种研究形式获得研究数据,为Ⅲ期临床试验研究设计和给药剂量方案的确定提供依据。Ⅲ期临床试验为收集更多关于药物安全性和有效性的信息,进行治疗作用确证的研究阶段。其目的是进一步验证药物对目标适应证患者的治疗作用和安全性,评价利益与风险关系。这些目的主要通过研究不同人群和不同剂量,以及将该药物与其他药物联合使用等来达到。该阶段的试验一般应为具有足够样本量的随机盲法对照试验,最终得到的研究结果和数据可以为药物注册申请的审查提供充分的依据。(表 2-25-4)

(三)临床研究内容

根据药物特点和研究目的,新药开发中临床研究主要包括临床药效学研究、临床药代动力学研究、剂量探索、临床有效性研究、临床安全性研究和确证性临床试验等内容。而对不同细胞治疗产品而言,则需要根据产品性质,具体调整具体的研究内容和试验设计,拟定适宜的临床试验方案。通常来说,临床试验方案是一份描述一项试验的目的、设计、方法学、统计学和组织实施的文件。试验设计中应详细描述能确定如何实施一项临床试验的信息,如入组/排除标准、给药方式、数据处理方式、不良反应处理方式等。而细胞治疗产品的生物学特性特殊,因此在临床试验设计和研究中,产品特性、生产特点、临床前研究的结果、特定的给药方法或联合治疗策略等均需考虑。

1. 临床安全性研究 细胞制剂的安全性监测应贯穿于产品研发的全过程。在临床研究阶段,针对安全性的评价应该:①采用一般性检查和监测方法,确定预期和非预期的安全性问题;②针对细胞制剂的特定预期安全性问题进行评估;③收集临床试验中的所有不良事件,注意一些重要生物学过程的改变;④对于预期具有长期活性的产品,应对患者进行随访并持续监测安全性和药理学活性,从而确定治疗产品的长期有效性及与产品相关的安全性问题。

一般安全性监测通常包括:①症状记录;②常规的临床检查。具体的监测项目取决于多种因素,如产品的性质和作用机制、研究人群、动物研究的结果和任何相关的临床经验。针对细胞制剂的特定预期安全性问题主要包括:①急性或迟发性输注反应;②自身免疫性;③移植物失功能或细胞制剂失活;④移植物抗宿主反应;⑤伴发恶性疾病;⑥供体传染性疾病的传播;⑦病毒重新激活等。而生物学过程的改变主要包括:免疫应答、免疫原性、感染、恶性转化等。

除此之外,重复给药产品建议进行临床安全性研究,确定最大安全剂量时应该考虑到重复给药的可能性。同时,临床试验应该制定研究停止标准、风险评估方案,从而对是否需要因不良反应或其他不安全因素等终止临床试验进行评估。

2. 临床药效学研究 在早期临床试验中,其主要目的是评价产品安全性,常见的次要目的则是初步评估产品有效性,即药效学评价。临床药效学的评估指标主要有:潜在有效性的短期效应;长期结局。具体来说包含:基因表达、细胞植入情况、形态学变化、其他生物标志物、免疫功能变化、肿瘤体积改变等细胞制剂活性评估和各类生理应答评估的指标。除此之外,针对细胞制剂的不同使用目的,还可进行细胞治疗产品功能学检测、结构/组织学检测等。而当细胞制剂包含非细胞成分时,则应对该产品进行生物相容性、体内降解速率和生物学功能等进行综合评估。

3. 临床药代动力学研究 对于细胞治疗产品的临床药代动力学研究应尽可能开展体内过程研究。需要重点检测细胞的活力、增殖与分化能力、体内的分布/迁移和相关

表 2-25-4 Ⅰ~Ⅲ期临床试验的目的和基本要求

临床试验	目的	基本要求
Ⅰ期临床试验	初步了解试验药物对人体的安全性情况,观察人体对试验药物的耐受及不良反应,确定新药的最大耐受剂量	包括初步的临床药理学、人体安全性评价试验及药代动力学试验;建议 20~30 例
	了解人体对试验药物的吸收、分布、代谢、消除等情况,获得新药的药代动力学资料	
Ⅱ期临床试验	初步评价药物对目标适应症患者的治疗作用和安全性,在特定人群中,确定药物的有效性	Ⅱ期试验必须设对照组进行盲法随机对照试验;建议不少于 100 例
	获得有效性终点指标和安全性资料,为Ⅲ期临床试验研究设计和给药剂量方案的确定提供依据	
Ⅲ期临床试验	进一步验证药物对目标适应证患者的治疗作用和安全性,评价利益与风险关系,最终为药物注册申请的审查提供充分的依据	试验一般应为具有足够样本量的随机盲法对照试验,但也可以不设盲,进行随机对照开放试验;建议不少于 300 例

的生物学功能。如果需要对细胞治疗产品进行多次(重复)给药,设计临床方案时应考虑细胞治疗产品在体内的预期存活时间及相应的功能。

4. 剂量探索 早期临床试验的目的之一是探索细胞治疗产品的最小有效剂量或最佳有效剂量范围。如可能,还应确定最大耐受剂量。细胞制剂的首次人体试验起始剂量一般难以从传统的临床前药代动力学和药效学中评估确定,因此应该基于对细胞产品生物学效力,以及产品的质量控制研究和临床前研究中所获得的结果来确定细胞制剂给药剂量。剂量递增方案(约为 3 倍)中,给药剂量增幅的设定应该考虑到细胞制剂特有的安全性风险、临床前数据中与剂量变化有关的风险,以及现有的临床数据。同时,原则上在初步了解产品的毒性和作用持续时间之前,人体试验大多采用单次给药或一次性给药方案。对于重复给药方案,也应设定足够的给药间隔和随访时间,以观察急性和亚急性不良事件。

5. 临床有效性研究 临床有效性研究的目的包括:①在目标患者人群中,采用具有临床意义的治疗终点来证明治疗的有效性;②提供可产生最佳治疗效果的临床给药方案;③评价所用产品治疗效果能够持续的时间;④提供针对目标人群,包含现有治疗方法在内的获益-风险评估。

通常,有足够样本量、与标准治疗或安慰剂或历史疗效进行比较的临床有效性的确证性试验应该在目标适应证人群开展,在确定具有临床意义的治疗终点与治疗有效性的前提下,可以使用以往经过验证或普遍认可的替代终点。如果产品的有效性依赖于该产品长期维持生物学活性,则应提供长期的患者随访计划。

五、细胞治疗产品开发流程——细胞治疗产品注册上市和Ⅳ期临床试验

(一)细胞治疗产品新药申请

新药申请(new drug application,NDA)是指药品注册申请人(以下简称申请人)依照法定程序和相关要求提出药物临床试验、药品上市许可、再注册等申请和补充申请,药品监督管理部门基于法律法规和现有科学认知进行安全性、有效性和质量可控性等审查,决定是否同意其申请的活动。

一般来说,在完成支持药品上市注册的药学、药理毒理学和药物临床试验等研究,确定质量标准,完成商业规模生产工艺验证,并做好接受药品注册核查检验的准备后,即可提出药品上市许可申请。

根据 2020 年最新颁布的《药品注册管理办法》,这个过程主要为:首先与 CDE 进行 Pre-IND 会议交流并获得 CDE 审评意见,随后按照申报资料要求提交相关研究资料至药品审评中心,由药品审评中心组织药学、医学和其他技术人员,按要求对通过形式审查、符合要求的药品进行上市许可申请审评,审评过程中基于风险启动药品注册核查、检验,相关技术机构应在规定时限内完成核查、检验工作,最后对综合审评结论通过的药品,批准上市并发给药品注册证书。

(二)细胞治疗产品药品注册申请注意事项

1. 申报注册分类 根据《生物制品注册分类及申报资料要求(试行)》,生物制品分为预防性生物制品和治疗性生物制品两类。而申请人欲将细胞治疗类产品按药品进行注册上市的,可按治疗用生物制品相应类别要求进行申报。

治疗用生物制品按照产品成熟度不同,可以分为:①1类:新型生物制品;②2 类:改良型生物制品;③3 类:境外上市、境内未上市的生物制品;④4 类:境内已上市的生物制品;⑤5 类:进口生物制品。全新的基因治疗和细胞治疗类生物制品(例如创新机制、新载体、新靶细胞等),应当按照注册分类 1 类新型生物制品申报。在境内外已上市制品的基础上进行改进的基因治疗和细胞治疗类生物制品,应当按照注册分类 2 类改良型生物制品申报。当然,除了儿童用药的外推之外,改良型新生物制品应当具有明显的临床优势,或者在制品的安全性、质量控制方面有显著的改进。

2. 药品申报注册的注意事项 药品注册证书有效期为 5 年,药品注册证书有效期内,持有人应当持续保证上市药品的安全性、有效性和质量可控性。在有效期届满前 6 个月申请药品再注册。

在申请药品上市注册前,应当完成药学、药理毒理学和药物临床试验等相关研究工作并完成商业规模生产工艺验证。确保 NDA 申报时各研究基本满足上市申请要求。其中药物非临床安全性评价研究应当在经过药物非临床研究质量管理规范认证的机构开展,药物临床试验应当经批准,并在符合相关规定的药物临床试验机构开展。无论是临床前研究还是临床试验,均应遵守相应的质量管理规范。申请注册的数据、资料和样品,应当是真实、充分、可靠的,需要能证明药品的安全性、有效性和质量可控性。

申请人在药品上市许可申请前的关键阶段,可以就重大问题与药品审评中心等专业技术机构进行沟通交流(即 Pre-NDA 会议),申请人在进会议中需明确会议目的、提出具体的沟通交流问题、充分准备资料和研究数据,从而解决 NDA 申报前存在的关键技术问题。

在进行注册申报时,申报资料的通用技术文档结构包含行政文件和药品信息、概要、药学研究资料、非临床研究报告、临床研究报告 5 部分。具体包含内容可参照按照《生物制品注册分类及申报资料要求(试行)》要求(临床前研究报告和临床研究报告应包含的重点内容示例见图 2-25-3 和图 2-25-4)。

(三)Ⅳ期临床试验

根据《药品注册管理办法》,完成上述临床试验和相关资料准备,药物被批准上市后,通常会由申请人自主进行应用研究,即Ⅳ期临床试验(或被称为上市后监测)。该阶段的主要目的是对药物安全性、有效性、质量可控性或最佳使用条件等信息进行进一步确证,考察在广泛使用条件下的药物疗效和不良反应,评价在普通或者特殊人群中使用的获益与风险关系等,从而为改进给药剂量等提供依据,并加强对已上市药品的持续管理。

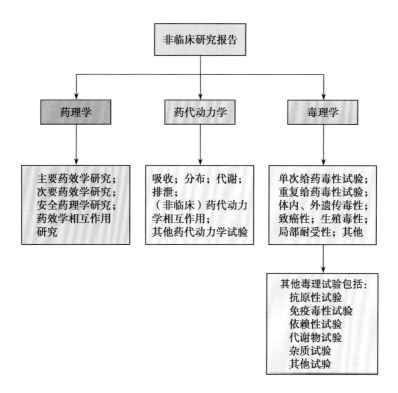

图 2-25-3　临床前研究报告应包含的重点内容示例

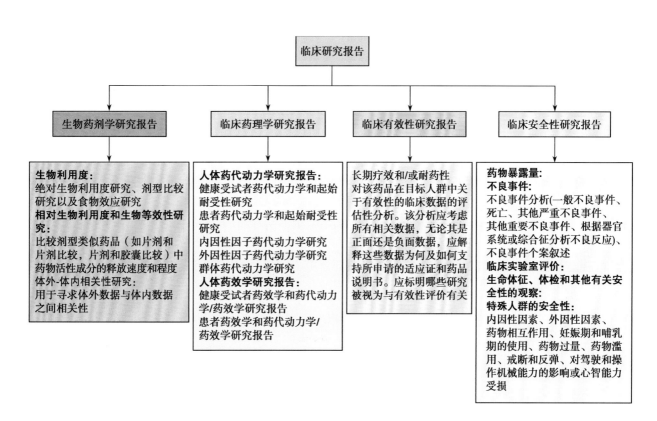

图 2-25-4　临床研究报告应包含的重点内容示例

第三节　细胞治疗产品临床前研究模型

与传统药物一样，细胞治疗产品也需要进行临床前研究，进行药效、安全性和药代动力学等相关方面的研究，在这些临床前研究中，使用的模型分为体内模型和体外模型。其中，临床前药代动力学/药效学（PK/PD）研究主要是通过分析方法来检测正常或疾病模型中受试物和生物标志物的分布，从而描述药物在给药后与时间相关的效应和药效。它有助于更好地了解药物暴露、疗效和毒性之间的关系，因此其主要使用体内模型。体内模型主要指各类动物模型，例如小鼠、大鼠、兔、犬、猪、猴等。而体外模型则指基于各类细胞（如原代人体细胞、细胞系和人多能干细胞衍生的功能细胞等）体外培养技术构建的生理、病理模型，是能在体外模拟体内生理条件，从而研究相应生理、病理、毒理等反应的工具。目前，有报道的常用于细胞治疗产品临床前研究的体外模型主要有普通 2D 培养的细胞模型、以类器官为代表的 3D 培养细胞模型，以及以微流控器官芯片为代表的复杂体外模型。几种临床前模型优劣势对比见表 2-25-5。

一、细胞治疗产品临床前研究的体外模型

体外模型是目前新药开发和科学研究过程中不可或缺的一个平台。随着各类细胞培养技术和医工交叉学科领域的快速发展，体外模型在种类和形式上越来越多样，可以实现的功能越来越多，在还原体内生理和病理情境的能力也越来越强，可供广大科研人员选择的模型越来越多。本节，我们将对目前常见的几类用于细胞治疗产品临床前研究的体外模型进行整理与分享。

（一）用于细胞治疗产品临床前研究的普通 2D 培养细胞模型

体外 2D 培养的细胞一直以来是药物开发的临床前研究中极为重要且应用广泛的一种模型。体外培养的细胞来源非常丰富，如动物原代细胞、动物细胞系、人原代细胞、人细胞系、人细胞株等。

用于临床前药效学研究的主要是能模拟相应疾病的病理表现，具有相应疾病表型的细胞。这些细胞可以是直接从疾病动物或者人体内相应病变组织器官提取的原代细胞或提取后建系的细胞，也可以是由正常动物或人体细胞（细胞系）经特殊处理所获得的细胞。根据各类疾病的发病机制和疾病特征，包含基因编辑、化合物处理在内的多种技术与方法也成为这些细胞的制备与获取的工具，且同一种疾病细胞模型也可以有一种甚至多种构建方法。例如，作为遗传代谢疾病的 Wilson 病，其主要病理特征为铜的代谢异常所导致的铜异常堆积。而造成该表现的原因在于 ATP7B 基因突变导致的组织（尤其是肝脏）中铜（Cu）转运蛋白 ATP7B 的失活和铜过载。针对此特性，有研究报道可以通过在基因中（C.2333G>T）中的 R778L 突变使用聚类定期间隙的短语重复（CRISPR）/Cas9 系统进入野生型人胚胎干细胞（hESC），然后通过将其进一步诱导分化成肝细胞样细胞（HLC），从而进行相应药物治疗效果的探索。还有报道显示可以将 Wilson 患者来源的肝细胞用作研究 Wilson 相关治疗方式有效性的体外模型。除此之外，还有直接敲除 ATP7B 基因的肝细胞作为体外模型进行临床前药效学的研究。而临床前安全性研究中，除了可以用各类疾病细胞模型外，还可以应用各类正常的细胞模型来探究相应新药，尤其是其中的一些关键组分对正常细胞的毒性和产生的影响。例如在载细胞生物水凝胶用于损伤修复的探索过程中，通常会应用正常细胞系与水凝胶成分进行生物相容性的研究。

对于细胞治疗产品的临床前研究，尤其是进入体内发挥损伤修复、功能替代作用的细胞治疗产品而言，由于发挥作用的机制原理、评判标准等特殊性，应用体外模型进行药效研究较为困难，应用案例多集中于安全性评价和作用机制研究中。Kotikalapudi 等利用致胖环境（Ob-T2D）中的脂肪细胞研究了间充质干细胞（mesenchymal stem cell，MSC）治疗的有益效果，他们以高棕榈酸为诱导致胖环境，将 MSC 与脂肪细胞在此环境中共培养，然后使用 2-NBDG 测定法通过 FACS 分析葡萄糖的摄取能力。结果提示 MSC 共培养在致肥环境中增加了脂肪细胞的葡萄糖摄取能力，MSC 通过激活 PI3K/AKT 信号通路刺激葡萄糖摄取。Huang 等从原发性卵巢功能不全（primary ovarian insufficiency，POI）患者和年轻的输卵管因子不孕患者（年龄<40 岁）中分离

表 2-25-5　几种临床前模型优劣势对比

	2D	3D（类器官/细胞球）	复杂体外模型	动物模型
异质性	差	好	好	好
血管和免疫系统	无	部分	部分	有
高通量筛药	能	能	能	否
培养成本	低	较低	较高	高
构建难易	难	较易	较难	难
模拟体内环境及疾病发展	差（无生理内环境）	较好（细胞外基质）	较好（血管）	好
构建生物数据库	能	能	能	能（细胞及部分内环境）
可操作性（基因改造）	易	较易	较易	较难

出人卵巢颗粒细胞（hGC）。通过用人胎儿间充质干细胞（fMSC）处理这些hGC，他们发现fMSC可减少POI hGC中的氧化损伤，增加氧化保护，改善抗凋亡作用，并抑制细胞凋亡，它可能通过介导MT1及其下游基因来增强hGC的生物活性，从而恢复卵巢功能。

对于肿瘤的免疫疗法而言，体外模型是很好的临床前药效研究平台。各类2D培养的肿瘤细胞系细胞甚至是患者来源肿瘤细胞，成为CAR-T等免疫细胞治疗的临床前研究体外模型。如Mensali等通过对2D培养的表达荧光素酶的结肠癌细胞系HCT 116细胞进行细胞毒性测试，评估了瞬时TCR转染的T细胞对移码突变TGF-βRⅡ靶细胞的杀伤效果。Köksal等人用体外培养的Burkitt淋巴瘤细胞系BL41和弥漫性大B细胞淋巴瘤细胞系U-2932证明了CD37靶向mRNA CAR-T细胞的肿瘤杀伤效率。Kenderian等人设计了具有CD33靶向mRNA的CAR-T细胞，将其与人MOLM14细胞系细胞反应后观察到了特定的细胞死亡，验证了其细胞毒性作用。Schutsky等人在体外培养了人卵巢癌细胞系OVCAR3、A187和SKOV3，这些细胞在人FRα定向的IVT mRNA CAR-T细胞处理后出现明显的细胞死亡。

总的来说，因为体外2D培养的细胞获取和培养相对简单，且基本具备相应细胞的特性，还能对相应刺激与处理作出反应，仍然是目前应用最为广泛的体外模型之一。但2D培养的细胞在拟合人体正常生理和疾病状态下微环境等部分较为薄弱，其对外界刺激的反应可能与实际人体内细胞对相应刺激的反应大相径庭。而随着生物技术及材料化学等相应学科的发展，越来越多更为复杂的体外模型如以类器官为代表的3D培养模型，以及以微流控技术为代表的复杂体外模型逐渐出现，并开始提供更拟合实际情况的体外研究模型。

（二）用于细胞治疗产品临床前研究的体外3D培养细胞模型

过去10年，从共培养技术到3D打印支架和类器官培养，疾病建模和生成模拟生物过程的精确实验模型取得了巨大的发展。生成精确的实验模型是了解基础生物学、疾病发展和治疗反应的关键，但生成一个器官的复杂生物环境来研究疾病进展或治疗，也是一项具有挑战性的任务。

随着时间的推移，人们采用了各种工具来生成能够再现人类生物学（或至少是其某些特性）的实验模型。新的离体模型对于理解发病机制、宿主反应，以及开发预防和治疗所需的特征至关重要。传统的二维（2D）体系，细胞系是生长自生物组织的转化细胞，这些细胞很容易培养，并且可以进行实验性的改造。三维（3D）培养细胞模型例如类器官和细胞球，是由单种或多种细胞类型组成的三维构建体，相较于2D细胞模型，3D培养的细胞在细胞组成、细胞分布、细胞行为、细胞功能等方面更接近体内的实际情况，可产生代谢梯度，从而产生具有良好细胞间和细胞-ECM相互作用，能够更大程度地重现器官或病理结构、组织微环境甚至是相应的功能。而与动物模型相比，体外3D培养细胞模型可以降低实验复杂性，更重要的是能够研究人类发育和疾病的各个方面，为疾病进展和药物反应研究提供了新工具。同时，因为这些3D培养的细胞模型在形态上与普通的2D培养的细胞具有明显的差异，因此在细胞治疗产品的体外研究中，相较于2D培养的细胞模型在结果的直接观察方面也有独特的优势。

1. 基于3D培养细胞的疾病模型　类器官与细胞球为目前应用比较广泛的两种3D模型。其中，类器官指器官特异性细胞的集合，这些细胞从干细胞或器官祖细胞发育而来，并能以与体内相似的方式经细胞分序和空间限制性的系别分化而实现自我组建。而细胞球是由黏附细胞聚集的趋势驱动形成的细胞集合。多种细胞类型均可制备细胞球，细胞球中可以包含单种细胞，也可以包含多种细胞成分。它们已有效作为疾病建模和治疗的工具，为发育、稳态和发病机制提供更基本、更可靠的依据，并可能为疾病的诊断和治疗提供新的转化方法。

毒性研究以前一直依赖于动物，但各种组织中解剖学、功能和形态的物种差异阻碍了对毒性机制的准确理解和对人类毒性的准确预测的获得。此外，动物研究既昂贵又耗时，这可能会限制测试的物质数量，使用人源性类器官进行体外测定可以克服这些问题，因此需要进一步努力开发新的体外测定系统，以更好地反映人类脏器的生理功能。绝大多数候选药物在Ⅰ期试验进行到临床批准过程中被中止，目前常用的细胞和动物实验结果并不能顺利地转化到临床，而人源性类器官为药物临床前研究提供了更精确的手段。此外，类器官还可用于药物筛选。目前针对中枢神经系统有效药物的需求量越来越大，然而大脑脉络丛上皮细胞（choroid plexus epithelial cell，ChP）有分泌脑脊液和构成血脑屏障两个主要功能，能够阻止绝大多数治疗药物进入大脑，常导致临床前试验的失败。Pellegrini等研究发现，ChP类器官能够分泌与脑脊液性质相似的无色液体，而且具有与体内的血脑屏障相似的强选择性，可用于中枢神经系统药物的预测和筛选。

2. 基于3D培养的细胞模型在细胞治疗产品的临床前研究中的应用　类器官还原了原始肿瘤的基因修饰和表型特征，使其成为肿瘤药物开发的有吸引力的临床前模型。然而，由于缺乏基质细胞和免疫细胞，在体外对肿瘤微环境（tumor microenvironment，TME）进行建模仍然是一项挑战。由于缺乏标准化和生理相关的体外检测平台，限制了抗癌药物的快速和早期筛选，以及缺乏临床益处的预测生物标志物，是这一努力方向的主要障碍。肿瘤类器官和免疫细胞共培养系统增强免疫肿瘤药物的开发，目前通过体外共培养肿瘤类器官与各种免疫细胞来重建TME的组成部分，以评估免疫肿瘤学（immuno-oncology，IO）候选药物、双特异性T细胞的肿瘤杀伤作用。

CAR-T细胞在治疗血液系统恶性肿瘤方面取得了很大的成功，但在治疗实体瘤方面效果不佳，部分原因是难以进入和免疫抑制的肿瘤微环境。此外，CAR-T细胞治疗可能会导致潜在的危及生命的副作用，包括细胞因子释放综合征和神经毒性。目前对CAR-T细胞治疗效果的临床前测试通常在小鼠肿瘤模型中进行，这通常无法预测毒性。

三维类器官模型正被用于 CAR-T 细胞功效和毒性评估。Huang 等建立了一个基于患者来源的膀胱癌类器官的体外技术平台来评估 CAR-T 细胞介导的膀胱癌细胞毒性(图2-25-5)。这些膀胱癌类器官概括了亲本癌症组织的异质性和关键特征,可用于体外 CAR-T 细胞的临床前测试。在其他实体瘤所有测试的 CAR 可识别抗原中,MUC1 黏蛋白(muc1 protein)同时在类器官和亲本肿瘤组织中表达。

鉴于表面抗原谱,制备了靶向 MUC1 的第二代 CAR-T 细胞,用于模拟 BCO 中的体外免疫治疗反应,发现特异性免疫细胞毒性仅发生在 MUC1 类器官中,而不发生在 MUC1 类器官或对照 CAR-T 细胞中。

胶质母细胞瘤(glioblastoma,GBM)是成人中最常见的恶性脑肿瘤。最近的免疫治疗方法在体外和临床前动物模型中都产生了有希望的效果。L Diener 等评估了 PDPN-CAR-T 细胞在 GBM 患者衍生的类器官(PDO)中的性能。PDPN 蛋白(Podoplanin)在 GBM 中表现出稳定且增加的表达,因此被选为合适的靶抗原。总共有 3 例患者的 PDO 接受了 PDPN-CAR-T 细胞治疗,并证明了PDPN-CAR-T 细胞的有效性。

Madhuri 等还开发了一种基于动态流动的三维生物打印血管化肿瘤模型。该模型采用抽吸辅助生物打印,用于肿瘤球体的精确定位,可以抽吸肿瘤球体并将其置于仿生基质中,能够动态筛选化疗和免疫疗法(图2-25-6)。由转移性乳腺癌细胞、内皮细胞和成纤维细胞组成的异型肿瘤球状体在基于胶原蛋白/纤维蛋白的仿生基质中精确地进行生物打印。当生物打印到灌注脉管系统的近端时,转移性乳腺癌细胞的侵袭指数更高,也说明该方法对肿瘤位置的精确控制。这些 3D 生物打印设备成功证明了肿瘤细胞摄取阿霉素后肿瘤体积的剂量依赖性减少。此外,科学家们还发现 CAR-T 细胞经过工程改造,可以识别转移性乳腺癌细胞上的 HER2 蛋白,并最终在识别 HER2 后诱导癌细胞凋亡。CAR-T 细胞通过中央脉管系统灌注显示CAR-T 细胞广泛募集到内皮化脉管系统,T 细胞浸润到肿瘤部位和肿瘤生长减少。这种可灌注肿瘤模型可以通过药物或免疫调节剂的高通量筛选来开发新的抗癌疗法,最终将有助于推进精准医学领域的发展。

患者来源类器官和免疫细胞的共培养系统可用于评估癌症免疫疗法和精准医学的疗效。科学家们已经提出了

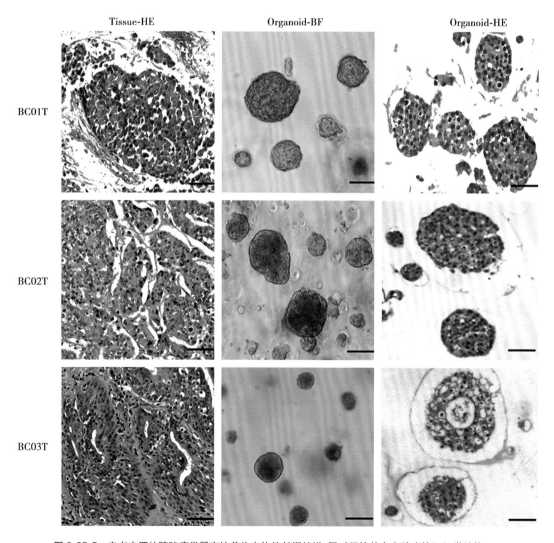

图 2-25-5　患者来源的膀胱癌类器官培养物在体外长期扩增,同时保持其亲本肿瘤的组织学结构

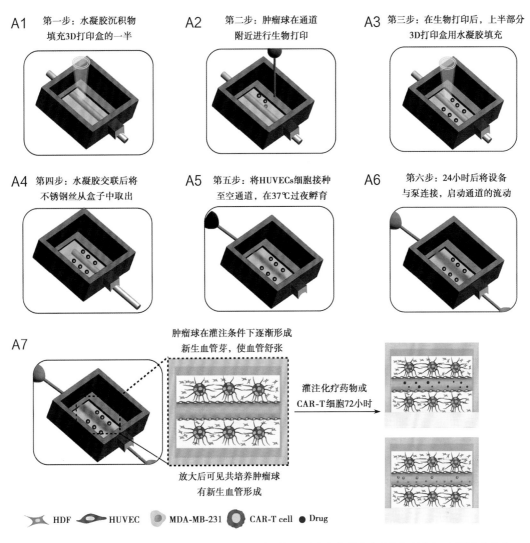

A1　第一步：水凝胶沉积物填充3D打印盒的一半

A2　第二步：肿瘤球在通道附近进行生物打印

A3　第三步：在生物打印后，上半部分3D打印盒用水凝胶填充

A4　第四步：水凝胶交联后将不锈钢丝从盒子中取出

A5　第五步：将HUVECs细胞接种至空通道，在37℃过夜孵育

A6　第六步：24小时后将设备与泵连接，启动通道的流动

A7

肿瘤球在灌注条件下逐渐形成新生血管芽，使血管舒张

灌注化疗药物或CAR-T细胞72小时

放大后可见共培养肿瘤球有新生血管形成

HDF　HUVEC　MDA-MB-231　CAR-T cell　Drug

图 2-25-6　采用抽吸辅助生物打印制造的 3D 可灌注肿瘤模型：生物打印的肿瘤球状体在灌注下逐渐发育出血管生成芽

基于 PDO 模型的癌症个性化临床前 CAR-T 细胞检测的清晰工作流程，这将加速转化研究，以改善实体瘤的个性化免疫治疗。

（三）用于细胞治疗产品临床前研究的复杂体外模型

近年，随着科技的发展，细胞培养方式的革命，越来越多新型的更为复杂的体外模型，如细胞球、类器官、共培养细胞、生物打印模型、器官芯片等，如雨后春笋般出现。这些模型更加拟合体内实际情况，且无动物伦理困扰，在疾病研究和药物研发中占据越来越重要的地位。而包含复杂体外模型（complex *in vitro* models，CIVM）在内的微生理系统（microphysiological systems，MPS）为推进科学和技术发展，增强制药行业开发变革性解决方案的能力提供了助力。MPS 被设计用来模拟人类或动物器官和组织的生理相关功能，它是从具有较低复杂性的模型（如共培养、球体）中吸取的经验教训开发的更复杂模型（如 3D 微流体或多器官）（图 2-25-7），可以为药物疗效和安全性评估提供独特的见解，并且比目前在探索阶段用于药物发现和开发的体外模型更能预测体内生物学。

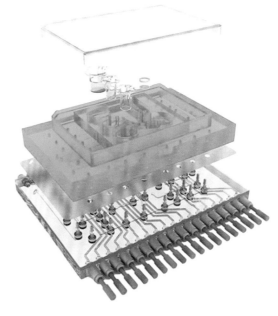

图 2-25-7　微生理系统（MPS）平台展示图

1. 以微流控芯片为代表的复杂体外模型(CIVM) 是在生物聚合物或组织源性基质中具有多细胞环境的系统,是一种 3D 结构,可能包括以下两种或两种以上因素:①机械因素,如拉伸或灌注(如呼吸、肠道蠕动、流量);②合并原代或干细胞来源的细胞;③免疫系统成分。其中,微流控芯片是比较具有代表性的 CIVM。

微流控芯片技术是指把生物、化学、医学分析过程的样品制备、反应、分离、检测等基本操作单元集成到一块微米尺度的芯片上,并且能够自动完成分析全过程的一项技术。微流控芯片是微流控技术的下游应用单元,是当前微全分析系统领域发展的重点。通过微型电子机械系统技术,微流控芯片能够在固体芯片表面构建微型生物化学分析系统,快速、准确地实现对蛋白质、核酸,以及其他特定目标对象的处理和检测,特别是在肿瘤类器官培养、抗癌药物筛选、癌症生物标志物检测、单细胞测序和纳米粒子制备等领域。微流控芯片结合下游分析可以识别癌症进展的分子、细胞和生物物理学特征,具有巨大的发展前景。

2. 基于微流控芯片的临床前研究模型 传统的二维(2D)癌细胞培养方便,但不能反映肿瘤微环境(TME)的复杂信息。与 2D 细胞培养相比,三维(3D)癌细胞培养,包括类器官,可以更好地模拟 TME,尤其是 3D 球体,它表现出复杂的细胞异质性和细胞-细胞外基质(ECM)的相互作用。然而,3D 水凝胶细胞培养缺乏组织-组织界面,需要大量细胞。传统意义上的肿瘤球体仍然无法再现机械力,使用微流体装置预成型 3D 癌细胞培养可以解决这个问题。使用微流控芯片、2D 培养、3D 水凝胶、3D 肿瘤球体和肿瘤类器官可以通过高通量和自动化的方式提供可靠的数据。

因此微流控芯片使其在临床前癌症模型的开发中得到更广泛的应用(图 2-25-8)。

通过转移形成的继发性肿瘤是癌症死亡的主要原因。肿瘤进展和转移是一系列事件的逐步级联,包括原发性肿瘤生长、血管生成、肿瘤细胞侵袭、内渗、外渗和转移到继发部位。在过去的几十年里,许多研究已经展示了几种类型的人体器官芯片模型。有研究报道,非小细胞肺癌(NSCLC)的原位癌器官芯片模型用于研究对酪氨酸激酶抑制剂(TKI)的治疗反应(图 2-25-9),发现 TKI 治疗反应对呼吸运动的物理线索很敏感,机械呼吸运动可能会抑制 NSCLC 对 TKI 治疗的反应。用于模拟癌症转移过程的微流体装置通常应用于多种细胞类型,以培养两种或多种类器官。

不同的类器官被一些特定的生物材料分隔开,并通过通道和可控流体相互连接。设计并构建一种多器官微流控芯片来模拟肺癌向大脑、骨骼和肝脏的转移。类器官被分为不同的腔室,在每个腔室中接种不同类型的细胞以培养不同的类器官,且每个类器官通过侧通道相连。培养基流过微血管通道模拟血液循环,可有效地探索肺癌转移的潜在机制。当然,癌症模型并不是简单地复制生理和病理状态。大规模生产可靠的微流控肿瘤类器官芯片模型,可以实现快速、高通量的药物筛选和疾病信号的可视化、定量化实时动态监测。

就药物而言,动物研究之后通常会在健康人类志愿者身上进行仔细的临床试验,然后在患者身上进行试验。安全测试是一种分层的、逐步的方法。安全性数据是在重复剂量毒性研究中建立的,这些研究用于为首次人体试验的起始剂量提供信息。

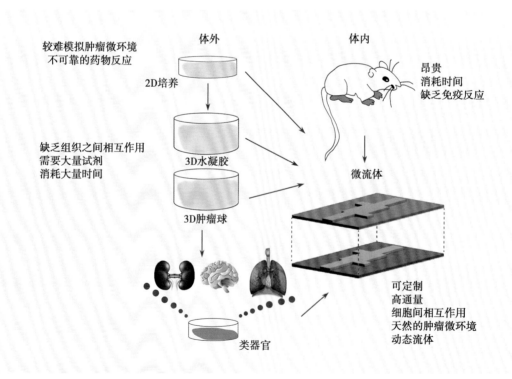

图 2-25-8 微流控芯片作为一项很有前途的技术,可以将这些细胞培养模式灵活地整合到芯片上

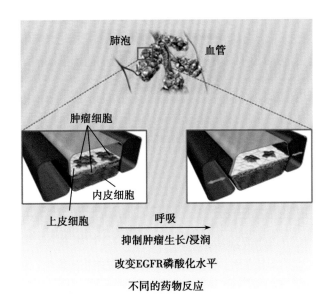

图 2-25-9　微流控芯片器官(器官芯片)细胞培养技术用于非小细胞肺癌(NSCLC)的体外人类原位模型

一般来说,最好使用药理学相关的模型,即表达药物靶点和调节下游效应的模型与人类相似,具有药代动力学相容性、良好的生物利用度和可比较的代谢特征。随后启动亚急性和慢性毒性试验,以支持越来越长的临床试验。对于无法获得人体数据的药物安全性的其他方面,包括遗传毒性、致癌性和生殖毒性,非临床研究通常是在上市前建立风险评估安全性信息的唯一方法。但是人类和动物生理学和毒理学之间的差异表明,动物研究并不总是对人类健康的良好预测,这可能导致低估/高估危害(对于化学品)、风险和功效(对于药物)。规避这些问题,并进行物质特定功能特性的机制研究和药物的药效学研究的途径是使用基于微流控芯片技术的 CIVM。迄今为止,已经开发类器官芯片模型来模拟不同器官之间的相互作用,以推进用于药物和毒性测试的适当体外模型的开发。在药物筛选中,类器官芯片可以确认不存在毒性作用和治疗预期目标途径的有效性。例如,已经通过结合肝脏和肿瘤的微流控芯片模型证明了依赖代谢的药物毒性和抗癌功效。

3. 微流控芯片在细胞治疗产品临床前研究中的应用

(1)器官芯片在肿瘤细胞治疗研究中的应用:在一项研究中,肿瘤芯片装置被用于研究工程 TCR-T 细胞的抗肿瘤功效。该系统能够观察和分析特定的 T 细胞免疫监测功能,包括 T 细胞向肿瘤的定向迁移及其随后在芯片上的肿瘤杀伤功能。另外,Wiklund 建立了一个基于超声波的 3D 微孔板装置,用于研究 NK 细胞对特定肿瘤的杀伤作用。该装置由多孔微孔板和环形超声换能器组成。微孔板由硅晶片制成,中心有阵列(10×10)孔,该孔黏合在载玻片上。这种方法能够观察 NK 细胞迁移和 NK 细胞与实体肿瘤之间的相互作用。

过继细胞疗法(ACT)已成为过去几十年发展最快的肿瘤免疫疗法之一,特别是 CAR-T 细胞治疗,它的主要难

点是它是从 B 细胞恶性肿瘤扩展到其他癌症类型,包括实体瘤。另外,由于与肿瘤微环境(TME)相关的各种困难,CAR-T 细胞治疗对实体瘤的疗效仍然有限。作为下一代体外模型,微加工和基于微流体的 iCoC 现在能够在生理尺度上精确操纵细胞的空间位置、血管屏障、趋化因子转运和生物物理力等。

使用类似的模型,Lee 等人研究了单核细胞在细胞程序性死亡蛋白 1(PD-1)/程序性死亡配体 1(PD-L1)对乙型肝炎病毒(HBV)特异性 TCR-T 细胞的免疫抑制作用。研究表明,PD-L1[+] 单核细胞的比例明显高于在癌细胞上观察到的比例。这表明单核细胞可能对阻碍 TCR-T 细胞的细胞毒活性具有根本影响。iCoC 模型也证实了单核细胞通过 PD-1/PD-L1 信号抑制 TCR-T 细胞的潜力。这意味着 TCR-T 细胞的工程方法可以在早期药物开发阶段实施以评估 ACT 制备方法,以及在临床环境中确定最有效的 TCR-T 细胞类型,以进行个性化治疗。

(2)肺器官芯片在细胞治疗研究中的应用:Ingber 等设计了一种仿生肺芯片微系统,该系统复制了人肺的肺泡毛细血管结构,用于研究细菌或炎症细胞因子诱导的细胞迁移。微流体装置由两个侧室和一个主通道组成。该系统展示了用于细胞迁移研究的模型,并为药物递送和毒性研究的动物模型提供了替代选择。慢性阻塞性肺疾病(COPD)是一种与呼吸困难相关的肺部疾病,由气道狭窄引起。中性粒细胞趋化性具有表征和诊断 COPD 的潜力。Beebe 等开发了一种微流体方法来研究哮喘患者中性粒细胞的趋化性,用于 COPD 的诊断应用。

(3)淋巴结芯片在细胞治疗研究中的应用:树突状细胞(DC)是免疫系统中最有效的抗原呈递细胞。通常,DC存在于外周组织中而不被激活,并且在抗原激活后,它们通过淋巴管迁移到 LN。Yarmush 等研究开发了一种微流体 LN-on-CHIP 模型装置,用于评估 DC 趋化性和 DC-T细胞相互作用。通过计算 T 细胞室中 T 细胞的钙水平来评估 DC 促进的 T 细胞活化。基于这种 LN-on-CHIP 模型,成熟 DC(mDC)可比未成熟 DC(iDC)引起更强的 T 细胞活化。

综上所述,微流控芯片在细胞治疗不仅在再生医学中的干细胞治疗临床前研究中有重要作用,在癌症器官芯片模型细胞治疗的领域也得到应用。这些应用不仅限于评估内皮细胞的活化和通透性,还用于研究工程化 T 细胞和先天免疫细胞之间的关系、肿瘤细胞免疫微环境和细胞的不良反应与炎症反应。

二、临床前研究的体内模型

动物模型(animal model)是基于实验动物建立的模拟人类疾病或满足研究的动物,是人类疾病研究的"技术瓶颈",也是疫苗、药物从实验室走向临床应用的"试金石"。生物医学研究的进展常常依赖于使用动物模型作为实验假说和临床假说的试验基础。人类各种疾病的发生发展是十分复杂的,要深入探讨其疾病的发病机制及疗效机制,不能也不应该在患者身上进行。但是可以通过对动物进行

各种疾病和生命现象的研究，进而推用到人类身上，来为人类的疾病和衰老提供治疗方向。人类疾病的动物模型（animal model of human diseases）是生物医学科学研究中所建立的具有人类疾病模拟性表现的动物实验对象和材料。截至 2017 年，全世界已建立有价值的人类疾病动物模型超过 5 000 种，其中我国建有近 2 000 种（表 2-25-6）。随着生命科学、现代医学的迅速发展，大量的人类疾病动物模型被成功建立。将这些动物模型的疾病特征、发病机制与人类相关疾病之间进行全面评价和比较研究，广泛应用于人类疾病的预防、诊断和治疗，人类疾病动物模型的重要性和实用性日益突显。使用动物模型是现代生物医学研究中一个极为重要的实验方法和手段，有助于更方便、更有效地认识人类疾病的发生、发展规律和研究防治措施。疾病动物模型是生物医学研究和生物医药等产业发展不可或缺的支撑条件，一个好的疾病动物模型须尽可能满足与人类疾病比较的"三性"特征，即发病机制同源性、行为表象一致性、药物治疗预见性，同时具有创建易行性、重现性与经济性的特点。缺乏合适的动物模型是许多重大疾病发病机制解析、预防、诊断预后标志物发现、药物筛选和评价、疫苗开发的重要瓶颈。因此，各国都在不断开发、建立与完善各类疾病动物模型。

（一）人类疾病动物模型的分类

动物模型按照造模方式可分为自发性、诱发性、基因工程三大类；按系统疾病可分为心血管系统、消化系统、呼吸系统、泌尿系统、生殖系统等十六大类疾病模型；按动物种属分为小鼠、大鼠、犬、小型猪、非人灵长类等物种造模的疾病模型。下面就造模方式分类的模型进行介绍。

1. 自发性动物模型（naturally occuring or spontaneous animal models） 自发性动物模型是取自动物自然发生的疾病，或由于基因突变的异常表现通过定向培育而保留下来的疾病模型。如大鼠的结肠腺癌、肝细胞癌模型，家犬的基底细胞癌、间质细胞癌模型等十余种。突变系的遗传性疾病很多，可分为代谢性疾病、分子性疾病、特种蛋白合成异常性疾病等。这类疾病的发生在一定程度上减少了人

为因素，更接近于人类疾病，因此国际社会比较重视对自发性动物疾病模型的开发。

2. 诱发性动物模型（experimental artificial or induced animal models） 诱发性动物模型是通过物理、生物、化学等致病因素的作用，人为诱发出的具有类似人类疾病特征的动物模型。诱发性动物模型制作方法简便，实验条件容易控制，重复性好，在短时间内可诱导出大量疾病模型，广泛用于药物筛选、毒理、传染病、肿瘤、病理机制的研究。但诱发性动物模型是通过人为限定方式而产生的，多数情况下与临床所见自然发生的疾病有一定差异，况且许多人类疾病还不能用人工诱发的方法复制，因而又有一定的局限性。

3. 基因工程动物模型

（1）转基因动物模型：转基因动物是指将外源性基因用实验方法插入动物受精卵细胞或胚胎干细胞的基因组而获得具有插入基因特性，并能正常繁衍的动物。当外源基因在转基因动物体内表达，并培育其表型与人类疾病症状相似的动物模型，则称其为转基因动物模型。目前，转基因动物模型主要用于疾病发病机制的研究和检测新的治疗方案并进行药效评价、药物筛选。未来，随着转基因技术与实验动物这一交叉学科的发展，转基因动物模型将在实验生理学、药理学等领域得到更加广泛的应用。虽然转基因动物模型具有传统动物模型无法比拟的优点，但现已建立的转基因动物模型还存在一些局限性，如品系过少（主要是小鼠），转基因动物模型"失真"，转基因技术难度大，以及诸多安全性问题，如转基因动物携带外源基因，释放至环境中可能通过杂交导致"基因逃逸"，使外源基因转到其他野生近缘种造成"基因污染"，危及生物多样性。转基因动物模型仍需进行完善和改进，以便今后在人类疾病的防治研究中起更重要的作用。

（2）基因敲除动物模型：基因敲除是 20 世纪 80 年代末发展起来的一种新型分子生物学技术，是指对一个结构已知但功能未知的基因，从分子水平上设计实验，将该基因去除，或用其他顺序相近基因取代，然后从整体观察实验动

表 2-25-6　部分人类疾病的动物模型举例

疾病类型	使用的动物
获得性免疫缺陷综合征（AIDS）	猴子
阿尔茨海默病（Alzheimer's disease，AD）	小鼠
炭疽（anthrax）	兔子、豚鼠
癌症、恶性肿瘤	小鼠、斑马鱼
心血管疾病	狗（人工心脏瓣膜）、兔子（高血压和动脉粥样硬化）、猪（再狭窄）
囊性纤维化	小鼠
糖尿病	狗、小鼠
食管括约肌功能障碍	野生负鼠
乙型肝炎和丁型肝炎	土拨鼠
帕金森病（Parkinson's disease，PD）	小鼠

物,推测相应基因的功能。基因敲除动物是指应用基因敲除技术和胚胎干细胞技术将个体基因组特定位点上的目的基因删除或灭活的一类动物。1988 年,人类培育了第 1 例基因敲除动物模型,揭开了基因敲除动物模型建立的序幕。人类几乎所有的疾病都与基因有关,基因敲除动物模型的建立,为研究人类疾病提供了一个崭新的方法,尤其是遗传性疾病。基因敲除技术可以帮助科学家极为精确地操作单个基因,通过这项技术,人们可以非常清楚地了解遗传改变,研究以前经典遗传无法了解的基因表现型效应,这对于搞清每个基因的作用无疑是个重要的里程碑。但这一技术也带来一些难以预见的问题。近年来,动物机体是否有冗余基因、基因敲除模型的表型是否是由突变的靶基因造成,已成为人们争论的焦点。基因敲除动物模型的研究随着基因敲除技术的发展,胚胎干细胞分离培养技术、基因打靶技术、产生嵌合体小鼠效率的提高,朝着更广、更深的领域发展。

(二)动物模型构建的原则

1. 相似性　在动物身上复制人类疾病模型,目的在于从中找出可以应用于临床患者的有关规律。因为动物与人到底不是一种生物,所以始终存在一些风险。例如在动物身上无效的药物不等于临床无效,同样,在动物身上有效的药物不等于在临床有效。因此,设计动物疾病模型的一个重要原则就是,所复制的模型应尽可能近似于人类疾病的情况,能够找到与人类疾病相同的动物自发性疾病当然最好。例如大白鼠原发性高血压就是研究人类原发性高血压的理想模型。与人类完全相同的动物自发性疾病模型毕竟不可多得,往往需要人工加以复制。为了尽量做到与人类疾病相似,首先要注意动物的选择。其次,为了尽可能做到模型与人类相似,还要在实践中对方法不断加以改进。

2. 重复性　理想的动物模型应该是可重复的,甚至是可以标准化的。例如用一次定量放血法可百分之百造成出血性休克,百分之百死亡,这就符合可重复性,达到了标准化要求。为了增强动物模型复制时的重复性,必须在动物品种、品系、年龄、性别、体重、健康情况、饲养管理;实验及环境条件、季节、昼夜节律、应激、室温、湿度、气压、消毒灭菌;实验方法步骤;药品生产厂家、批号、纯度规格、给药剂型、剂量、途径、方法;麻醉、镇静、镇痛等用药情况;仪器型号、灵敏度、精确度;实验者操作技术熟练程度等方面保持一致,因为一致性是重现性的可靠保证。

3. 可靠性　复制的动物模型应该力求可靠地反映人类疾病,即可特异地、可靠地反映某种疾病或某种功能、代谢、结构变化,具备该种疾病的主要症状和体征,经化验或 X 线照片、心电图、病理切片等证实。若易自发地出现某些相应病变的动物,就不应加以选用,易产生与复制疾病相混淆的疾病者也不宜选用。

4. 适用性和可控性　供医学实验研究用的动物模型,在复制时,应尽量考虑到临床应用和便于控制其疾病的发展,以利于研究的开展。如雌激素能终止大鼠和小鼠的早期妊娠,但不能终止人的妊娠。因此,选用雌激素复制大鼠和小鼠终止早期妊娠的模型是不适用的,因为在大鼠和小

鼠筛选带有雌激素活性的药物时,常常会发现这些药物能终止妊娠,似乎可能是有效的避孕药,但一旦用于人则并不成功。所以,如果知道一个化合物具有雌激素活性,用这个化合物在大鼠或小鼠观察终止妊娠的作用是没有意义的。

5. 易行性和经济性　在复制动物模型时,所采用的方法应尽量做到容易执行和合乎经济原则。灵长类动物与人最近似,复制的疾病模型相似性好,但稀少昂贵。很多小动物如大小鼠、地鼠、豚鼠等也可以复制出十分近似的人类疾病模型。它们容易做到遗传背景明确,体内微生物可控、模型性显著且稳定,年龄、性别、体重等可任意选择,而且价廉易得、便于饲养管理,因此可大量使用。除了在动物选择上要考虑易行性和经济性原则外,在模型复制的方法、指标的观察上也要注意这一原则。

(三)动物模型在细胞治疗中的应用

疾病动物模型可在病理学研究、发病机制探讨、药效学及生物标志物的验证等方面发挥作用。在众多动物中,啮齿类动物最为常用,其具有与人类基因水平高度同源、免疫力及对外界环境的适应力强、存活率高、繁殖快、易获得等特点,故被更多研究者所选用。

1. 间充质干细胞治疗　间充质干细胞(MSC)是一类早期未分化细胞,具有自我更新、自我复制、无限增殖及多向分化潜能等特点,可通过分泌细胞因子、减少炎症、减少组织细胞凋亡、促进内源性组织器官的干祖细胞增殖及进行免疫调节,从而作为种子细胞达到修复组织器官的效果。现已应用于多种疾病的治疗。

慢性肝病是由于肝损伤因素如病毒、自身免疫、胆汁阻塞、毒物、代谢疾病等引起肝脏慢性损伤。虽然肝移植是治疗终末端肝病的有效方法,然而由于可供移植的肝源非常紧缺,加上手术并发症、免疫排斥和高昂的医疗费用等问题,限制了这一治疗方法的应用,因此迫使人们寻找更为有效的治疗策略。间充质干细胞有着免疫调节、分化成肝细胞、促进原位肝细胞再生和抑制肝星状细胞的激活等能力,所以利用 MSC 开展细胞移植治疗在慢性肝病的治疗中具有非常广阔的前景。而啮齿类动物有着便宜、繁殖快和易改造基因的特点,被认为是 MSC 研究良好的动物模型。各类人的肝病动物模型的建立和运用,在 MSC 移植治疗肝病的临床前研究中具有重要意义,为今后在 MSC 中开展临床治疗的广泛应用提供安全性和有效性评价的科学依据。

目前现有的 MSC 治疗肝病动物模型主要集中在用自体或异体的 MSC 治疗 CCl4 诱导的啮齿类动物模型。Jung 等人通过尾静脉向 CCl4 诱导的大鼠肝纤维模型移植了 1×10^6 个人脐带血的 MSC,4 周后分化成了肝样细胞。Nasir 和 Li 等分别通过肝内和尾静脉向 CCl4 诱导的小鼠纤维模型输注了同种异体的骨髓 MSC 后发现明显降低了肝纤维化和改善了肝功能。所以,建立与人类疾病有高度相似性的动物模型(如利用基因编辑技术建立的动物模型),在 MSC 治疗肝病的临床前研究有着至关重要的作用,将有助于更好地认识人类肝病的发生及发展规律和治疗,在 MSC 治疗人类肝病的生物医学研究中有广阔的前景。

阿尔茨海默病(Alzheimer's disease,AD),又称老年痴

呆症，是一种原发性中枢神经系统退行性疾病。AD 是一种慢性疾病，患者处于无外显症状的临床前期时间为 8~10 年，65 岁以上老人的发病率为 1%~3%。目前，AD 治疗以胆碱酯酶抑制剂和 N-甲基-D-天冬氨酸受体（N-methyl-D-aspartic acid receptor，NMDA）拮抗剂为主。前者主要通过降低乙酰胆碱的水解速度从而提高其在患者体内的含量，后者通过抑制 AD 患者过度激活的 NMDA 受体、减少神经元凋亡来发挥作用。它们可维持退化的神经元功能，但无再生修复功能，因此对于早期 AD 患者的疗效较好，但中晚期患者收效甚微，而且这些药物治疗并不能阻断 AD 的病程进展。因此，进一步研究 AD 的新治疗方法是临床急需攻关的重大问题。

MSC 来源于中胚层，具有自我更新和多向分化潜能，且其免疫原性低，在再生医学治疗中作为"种子"细胞，是治疗 AD 的新型方法。骨髓间充质干细胞（bone marrow mesenchymal stem cell，BM-MSC）来源于骨髓基质干细胞，作为最早被发现的 MSC，是探讨 MSC 应用研究的"金标准"。BM-MSC 分离操作简单，可体外培养；它的免疫原性低，可异体移植，在动物体内长期存活，而且它的应用符合伦理要求，是干细胞治疗中的理想选择。进一步深入研究发现，BM-MSC 具有归巢性，移植后可转移至损伤和炎症部位，不仅能向骨、软骨和脂肪组织分化，还能在特定条件下分化为神经样细胞，可补充和替代已退化的神经元，因此具有神经元再生潜能。近年来的研究显示，BM-MSC 不仅可以激活小胶质细胞、促进吞噬 Aβ 蛋白并释放 Aβ 降解酶以减少老年斑沉积，还可以通过促进细胞自噬功能，增强对 Aβ 蛋白的清除，以延缓 AD 的进展。此外，BM-MSC 可分泌多种生长因子和抗炎因子，诱导血管生成和神经发生，增加突触连接，调节免疫微环境，减少神经元凋亡，维持神经元活性。因此，BM-MSC 不仅可预防/治疗早期患者，对中晚期患者的治疗也有广阔的应用前景。

目前，细胞移植治疗中常用的 AD 模型动物主要模拟淀粉样变性的病理特征，分为 Aβ 诱导的 AD 模型动物和遗传修饰的模型动物两类。Aβ 是老年斑的主要成分，在海马/脑室注射聚集态 Aβ（Aβ1~42、Aβ1~40、Aβ25~35）片段可导致神经元凋亡，引起胶质细胞增生的炎症反应，进而产生淀粉样变性，模拟老年斑的病理现象，形成学习记忆能力衰退的 AD 动物模型。该种造模方法操作简单，造模成功率高、稳定性好且耗时短，不仅可用于小鼠，也可以用于大鼠模型的构建。然而该方法在注射的过程中会难以避免地造成脑组织穿透性机械损伤，导致不可预知的神经功能受损。BM-MSC 用于 AD 的模型小鼠治疗已经有数十年的历史，积累了大量的经验。数据显示，BM-MSC 可缓解多种 AD 模型小鼠认知功能障碍，但 BM-MSC 应用于临床还需要克服诸多问题，不断深入研究。

2. CAR-T 细胞治疗　嵌合抗原受体 T 细胞已成为近年来癌症免疫疗法领域的研究热点，由于其具有特异性高、选择性强等优点，在肿瘤治疗领域中具有巨大的潜力（CAR 的基本结构和 CAR-T 细胞治疗机制见图 2-25-10）。同时，CAR-T 细胞治疗可能带来特殊毒性风险，包括细胞因子释放综合征、神经毒性、B 细胞减少和靶向与脱靶毒性等。尽量在研发早期、在人体使用前获得 CAR-T 产品的有效性和安全性等非临床信息至关重要，选择合适的动物模型进行上述相关研究可以大大提高对临床结果的预测性。目前，已用于 CAR-T 产品研究和正处于探索阶段的动物模型主要包括同源小鼠模型、转基因小鼠、移植瘤小鼠模型、免疫系统重建人源化小鼠和灵长类动物模型（CAR-T 细胞治疗血液系统恶性肿瘤常用靶点见图 2-25-11）。

同源小鼠模型具有完整的免疫系统，可以负荷鼠源肿瘤，一般用于早期的 CAR-T 细胞药效学研究，同时，鼠源 CAR-T 细胞可以与鼠肿瘤相关抗原（TAA）靶向结合，因此可以用来检测靶向性和脱靶毒性。但这种模型仅限于用来研究鼠源 CAR-T 细胞的有效性和毒性，无法完整地反映人源 CAR-T 细胞在体内的生物学效应和毒性作用。转基因小鼠也是免疫系统正常模型，表达人 TAA，但研究对象是鼠源 CAR-T 细胞，该模型适用于 CAR-T 细胞的功能验证和毒性作用研究，但不能再现人源肿瘤的性质，无法直接验证人源 CAR-T 细胞的药效和安全性。移植瘤小鼠模型

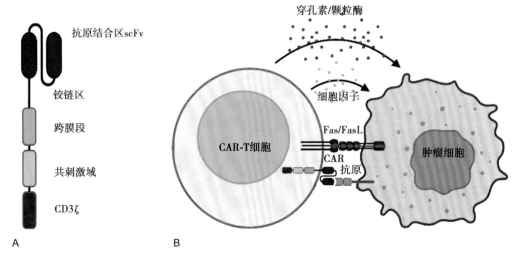

图 2-25-10　CAR 的基本结构和 CAR-T 细胞治疗机制

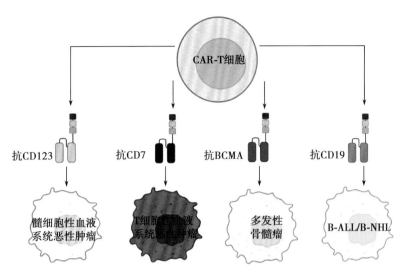

图 2-25-11　CAR-T 细胞治疗血液系统恶性肿瘤常用靶点

目前最理想的是重度联合免疫缺陷小鼠 NOD-SCID-IL2rg（NSG）鼠等，该模型可以直接移植人源肿瘤，是研究人源 CAR-T 细胞有效性的最佳选择。但由于该模型没有宿主免疫系统，不能完全模拟人体中的 CRS，也无法观察 CAR-T 细胞与体内其他免疫细胞或组织的相互作用，无法检测脱靶作用。免疫系统重建人源化小鼠是目前最接近人免疫系统的动物模型，该模型目前研究较多的是向免疫缺陷鼠中移植人 CD34+ 造血干细胞/祖细胞（human CD34+ hematopoietic stem/progenitor cells，CD34+HSPCs），使小鼠在一定程度上获得人的免疫系统，再向其体内移植人源肿瘤细胞或组织。此外，还有人免疫系统肿瘤小鼠（human immune system tumor mice，HTM）、患者来源的异种移植肿瘤（patient-derived xenograft tumor，PDX）小鼠和人免疫系统 PDX 小鼠等人源化小鼠模型，由于该模型具备了人的免疫系统，移植了人的肿瘤，因此是评价 CAR-T 细胞免疫疗法有效性和安全性（如细胞因子风暴和脱靶效应）较理想的模型。但该模型尚处于研究的初期阶段，没有统一的标准，还不能全面用到非临床研究中。灵长类动物模型理论上最接近人的免疫系统和生理学功能，但人源肿瘤和人源 CAR-T 细胞容易与灵长类动物发生免疫排斥。

目前 CAR-T 细胞产品常用的药效学和药代学研究模型是移植瘤鼠模型。对严重免疫缺陷鼠（如 NSG、NPG）尾静脉或皮下接种肿瘤细胞或组织，荷瘤成功后输注 CAR-T 细胞，小动物生物发光成像技术（bioluminescence imaging，BLI）能最直接反映 CAR-T 细胞的治疗效果，免疫相关的细胞因子水平可以间接反映药效。药代学研究常用的研究方法包括流式细胞术、免疫组化、定量 PCR，以及一些新技术如新一代原位杂交 RNAscope 等，主要检测 CAR-T 细胞在体内的增殖、分布和存续时间。

CAR-T 细胞治疗产品的非临床研究也要遵从《药物非临床研究质量管理规范》（GLP）。在模型评价的选择上，免疫正常鼠适用于评价 CAR-T 细胞的靶向与脱靶作用，但仅限于注射鼠源性 CAR-T 细胞；在免疫缺陷鼠中移植人源肿瘤，注射人源 CAR-T 细胞，可以作为疾病模型对一般毒性指标进行观察，但无法检测脱靶作用，也较难考察细胞因子风暴作用。免疫系统 HIS 小鼠模型、PDX 小鼠模型可以较好地模拟人的免疫系统，是对 CAR-T 细胞进行安全性评价较理想的动物模型，但由于人 CD34+HSPCs 细胞在小鼠体内分化的骨髓和淋巴细胞与在人体内分化的同类细胞存在较大差别，系统尚未完善，因此自发病的发生率比免疫缺陷小鼠更高。同时，由于对小鼠进行免疫系统重建的工作量太大，难度较高，而安全性评价实验对小鼠的数量要求较多，导致人源化小鼠未全面应用于 CAR-T 细胞的非临床安全性评价中。对毒性指标的检测，常使用免疫缺陷小鼠或荷瘤小鼠进行较全面的常规毒理学检测，检测指标包括临床症状、体重变化、摄食量、血清生化、病理学检查等。

（刘莉　王娟　赵青川　王一飞　秦兰怡）

参考文献

［1］U.S. Department of Health and Human Services，Food and Drug Administration，Center for Biologics Evaluation and Research. Guidance for human somatic cell therapy and gene therapy.（1998-03）［2018-01-05］. https://www.fda.gov/downloads/biologicsbloodvaccines/guidancecomplianceregulatoryinformation/guidances/cellularandgenetherapy/ucm081670.pdf.

［2］中华人民共和国国家卫生和计划生育委员会，国家食品药品监督管理总局. 干细胞制剂质量控制及临床前研究指导原则（试行）. 国卫办科教发〔2015〕46 号. 2015-7-31.

［3］国家食品药品监督管理总局. 细胞治疗产品研究与评价技术指导原则（试行）. 2017-12-18.

［4］国家药品监督管理局. 国家药监局关于发布生物制品注册分类及申报资料要求的通告.（2020 年第 43 号）. 2020-6-29.

［5］国家卫生计生委，食品药品监管总局. 关于印发干细胞临床研究管理办法（试行）的通知. 国卫科教发〔2015〕48 号. 2015-7-20.

［6］ Kim D,Kim SB,Ryu JL,et al. Human Embryonic Stem Cell-Derived Wilson's Disease Model for Screening Drug Efficacy. Cells,2020,9（4）:872.

［7］ Li Z,Hu S,Cheng K. Chemical Engineering of Cell Therapy for Heart Diseases. Acc Chem Res,2019,52（6）:1687-1696.

［8］ Kalinina A,Bruter A,Persiyantseva N,et al. Safety evaluation of the mouse TCRα-transduced T cell product in preclinical models in vivo and in vitro. Biomed Pharmacother,2022,145:112480.

［9］ Mensali N,Myhre MR,Dillard P,et al. Preclinical assessment of transiently TCR redirected T cells for solid tumour immunotherapy. Cancer Immunol Immunother,2019,68（8）: 1235-1243.

［10］ Li M,Belmonte JI. Organoids-Preclinical Models of Human Disease. New England Journal of Medicine,2019,380（6）: 569-579.

［11］ Aberle MR,Burkhart RA,Tiriac H,et al. Patient-derived organoid models help define personalized management of gastrointestinal cancer. British Journal of Surgery,2018,105（2）: e48-e60.

［12］ Dey M,Kim MH,Nagamine M,et al. Biofabrication of 3D breast cancer models for dissecting the cytotoxic response of human T cells expressing engineered MAIT cell receptors. Biofabrication, 2022,14（4）:10.

［13］ Rudmann DG. The Emergence of Microphysiological Systems （Organs-on-chips）as Paradigm-changing Tools for Toxicologic Pathology. Toxicologic Pathology,2019,47（1）:4-10.

［14］ Hassell BA,Goyal G,Lee E,et al. Human Organ Chip Models Recapitulate Orthotopic Lung Cancer Growth,Therapeutic Responses,and Tumor Dormancy In vitro. Cell Rep,2017,21: 508-516.

［15］ Guo QR,Zhang LL,Liu JF,et al. Multifunctional microfluidic chip for cancer diagnosis and treatment. Nanotheranostics,2021, 5（1）:73-89.

［16］ 吴玥,薛婧,魏强,等. 国家动物模型资源共享信息平台的建立. 中国实验动物学报,2022,30（8）:1080-1086.

［17］ Czekaj,Piotr,Król,Mateusz,et al. Assessment of animal experimental models of toxic liver injury in the context of their potential application as preclinical models for cell therapy. European journal of pharmacology,2019,861:172597.

［18］ ICH. ICH M3（R2）guideline on non-clinical safety studies for the conduct of human clinical trials for pharmaceuticals. Amsterdam:EMA,2013.

［19］ Maulana TI,Kromidas E,Wallstabe L,et al. Immunocompetent cancer-on-chip models to assess immuno-oncology therapy. Adv Drug Deliv Rev,2021,173:281-305.

［20］ 牛俊涛,刘曙光,蒋宁,等. 4NQO涂抹法诱发大鼠喉癌前病变动物模型建立的研究. 中华耳鼻咽喉头颈外科杂志,2022, 57（8）:969-973.

［21］ Lee Jong Geol,Lee Jong Geol,Lee Jong Geol,et al. Knockout rat models mimicking human atherosclerosis created by Cpf1-mediated gene targeting. Scientific reports,2019,9（1）: 2628.

［22］ Y Ando,EL Siegler,HP Ta,et al. Evaluating CAR-T cell therapy in a hypoxic 3D tumor model Adv. Healthc. Mater,2019,8（5）: 1900001.

［23］ SWL Lee,G Adriani,E Ceccarello,et al. Characterizing the role of monocytes in T cell cancer immunotherapy using a 3d microfluidic model.Front. Immunol,2018,9:416.

［24］ Pavesi A,Tan AT,Koh S,et al. A 3D microfluidic model for preclinical evaluation of tcr-engineered t cells against solid tumors. JCI Insight,2017,2（12）:e89762.

［25］ Ferreira GS,Veening-Griffioen DH,Boon WPC,et al. Levelling the translational gap for animal to human efficacy data. Animals, 2020,10（7）:1199-1113.

［26］ Christakou AE,Ohlin M,Onfelt B,et al. Ultrasonic three-dimensional on-chip cell culture for dynamic studies of tumor immune surveillance by natural killer cells. Lab Chip, 2015,15:3222-3231.

［27］ Mitra B,Jindal R,Lee S,et al. Microdevice integrating innate and adaptive immune responses associated with antigen presentation by dendritic cell. RSC Adv,2013,3:16002-16010.

［28］ Yu L,Li Z,Mei H,et al. Patient-derived organoids of bladder cancer recapitulate antigen expression profiles and serve as a personal evaluation model for CAR-T cells in vitro. Clin Transl Immunology,2021,10（2）:e1248.

［29］ Wick JY,Zanni GR. Search for solutions:animal models of disease. Consult Pharm,2006,21（5）:364-378.

第二十六章　细胞治疗用细胞的递送形式

提要:本章共包含 5 节内容,分别为常见细胞递送方式、基于细胞悬液的细胞递送、基于生物支架的细胞递送、基于类器官的细胞递送和基于细胞片的细胞递送。第一节常见细胞递送方式简要介绍了目前常见的几种细胞递送方式。第二到五节对细胞悬液输注、生物支架移植、类器官移植或输注、细胞片移植这四种常见的细胞递送手段及其应用作了较为详细的介绍。

第一节　常见细胞递送方式

采用细胞治疗,需将正常或生物工程改造过的人体细胞移植或输入患者体内。新输入的细胞可以替代受损细胞或者具有更强的免疫杀伤功能,从而达到治疗疾病的目的。这时,合适的递送细胞方式就显得尤为重要,尤其是在实体瘤的治疗中,不同的递送方法可以快速有效地将治疗性细胞递送至相应位置,发挥作用。

一、概述

细胞治疗的进展为癌症等之前难以治愈的疾病带来了希望。治疗性细胞目前主要通过手术移植或注射等方式来递送。然而,广泛实施癌症细胞疗法的一个关键挑战是免疫系统的控制调节,因为细胞治疗具有一些潜在的严重不良影响,包括自身免疫和非特异性炎症等。了解如何提高细胞治疗的应答率,降低脱靶效应,是提高疗效和控制不良反应的关键。

由于实体瘤面临的输送障碍,如其紧凑的肿瘤微环境,大多数免疫疗法最初是在血液学癌症中进行评估的。最近,美国食品和药品监督管理局(FDA)批准了几种免疫疗法,包括激活细胞因子和用于检查点阻断的单克隆抗体,用于实体瘤治疗。CAR-T 细胞治疗尚未被 FDA 批准用于实体瘤,但研究人员正在开发对实体瘤细胞具有高度特异性的 CAR-T 细胞。就安全性而言,细胞疗法可在某些患者中诱导自身免疫副作用,导致对健康组织的攻击,如细胞因子释放综合征和血管渗漏综合征,会导致严重的低血压、发烧、肾功能障碍和其他可能致命的副作用。

药物或细胞传递系统已被广泛应用于提高免疫治疗的疗效和降低非靶向细胞毒性,作为一个集成平台,提供单个疗法或多种疗法,并调节针对细胞的不同免疫反应。常用的药物递送系统包括纳米颗粒(nano-particles,NPs)、基于细胞的递送、抗原递送系统、基于细胞外囊泡的递送、水凝胶和广泛应用于药物靶向递送的生物材料和生物支架等。例如,树突状细胞(dendritic cell,DC)、抗原提呈细胞(antigen presenting cell,APC),可以获得、处理并向 T 细胞呈递肿瘤特异性抗原,以诱导抗肿瘤免疫应答。一种基于

NPs 的 mRNA 疫苗,编码肿瘤抗原到 DC,能够刺激抗原特异性的细胞毒性 T 淋巴细胞在体内对 TNBC 的反应。

以更安全、更可控的方式进行癌症免疫治疗的新方法可以将这些治疗剂的治疗潜力扩大到更广泛的患者群体,并可以减少毒性。改进的递送技术也可以增加细胞疗法在患病组织内的积累,能够更有效地靶向所需的肿瘤和/或免疫细胞,并减少偏离目标的不良影响。

二、常见的细胞递送方式

(一) 基于细胞悬液的细胞递送

细胞治疗按照细胞种类可以分为干细胞治疗和免疫细胞治疗。在直接输注细胞悬液的治疗方法中,细胞治疗可采用全身给药(如静脉输注)和局部给药两种方式,在回输前需要做肿瘤标志物、凝血、乙肝、丙肝、梅毒、艾滋病传染检测。

静脉输注是多数细胞治疗的主要给药方式。在这种方法中,细胞进入血液并流经整个身体,操作简便、侵袭性小、可重复性强,所以临床治疗中较为常见。例如 CAR-T 细胞治疗目前就是通过静脉输注的方式进行。同样,通过回输新鲜的免疫细胞可以逆转 T 细胞衰竭,并可以治疗慢性病毒感染。但 T 细胞过继免疫治疗的一个主要限制是移植细胞的活力和功能在给药后迅速下降,细胞留存时间不足。因此,这种基于细胞的疗法需要同时给予辅助药物,以最大限度地提高细胞的疗效和性能。然而,这些药物需要全身给予高剂量,导致许多毒副作用,同时,这种注射方法对于治疗实体瘤并不理想,因为实体瘤具有致密的组织,存在于特定的位置,具有隐藏和抵御免疫细胞的防御的作用,细胞很难浸润来攻击肿瘤。

细胞治疗的局部给药比较复杂,包括鞘内注射(常见于神经系统病变)、局部注射(关节腔内注射、椎间盘、心肌注射、肌内注射、气管注射)、结合生物材料或基质(烧伤烫伤、膝关节炎、子宫内膜损伤、椎间盘等)。局部给药方式可控性强,细胞可以快速定位在病灶,相对效果更好。不同的适应证,相同适应证中不同的病程,不同的治疗诉求,可以采用不同的给药方式。例如,在治疗缺血性卒中慢性期阶段的方案中,局部给药比全身给药更有效。局部给药方式

在细胞药物临床试验的使用已经较为广泛。已注册的间充质干细胞临床试验中有 49% 采取局部给药。大多数已进入Ⅲ期临床试验的间充质干细胞疗法已在各种临床适应证（包括慢性腰痛、肛周瘘管和慢性心力衰竭）中使用了局部给药（即鞘内、病灶内和心内膜）。

针对某些疾病，使用局部注射的方式将治疗性细胞"送到"损伤位置进行修复可以达到更好的效果，可提高干细胞归巢性、细胞与靶标的作用时间，便于发挥更好的临床效果。然而，移植后的细胞在给药部位的保留时间和存活率不足是一个挑战，病灶部位形成的恶劣微环境也会影响治疗效果。

为了克服以细胞悬液的形式进行细胞递送的情况下细胞异常定位、无法靶向精准递送细胞等障碍，目前正在探索由纳米颗粒、组织工程或两者组合组成的递送技术。

（二）基于组织工程——生物支架的细胞递送

除了这些依赖于全身给药的方法外，研究人员还在探索局部递送的技术，如基于组织工程的可植入生物材料等。组织工程技术最早是由 Langer 和 Vacanti 于 20 世纪 80 年代末提出的，其基本原理是将正常细胞植入到支架材料内，形成细胞-支架复合物并进行培养，待器官组织成形或功能完备以后，植入病患体内，同时支架材料逐步被降解和吸收，最终达到组织修复和重建的目的。组织工程的核心是建立细胞与生物材料的三维空间复合体，即具有生命力的活体组织。

组织工程的三要素包括种子细胞、支架材料、生长因子。细胞是一切生物组织最基本的结构单位，是组织工程中最重要的一部分。参与组织缺损修复的细胞来源既可以是同种自体细胞、同种异体细胞，也可以是异种细胞；既可以是外源性组织工程材料构建时已负载的种子细胞，也可以是材料植入体内后由邻近组织迁移而来的细胞，即原位组织工程技术。同时，需要年轻、有活力、分化能力好的细胞，如骨髓间充质干细胞、皮肤表皮干细胞、牙源性干细胞等，便于获得足够数量并保持特定生物学活性的细胞，保证组织构建的成功。支架材料主要承担细胞外基质的功能，用于支撑细胞成长为一个完整的组织的框架。常用的支架材料有：碳纤维、镁合金、生物陶瓷、聚乳酸等。通常支架材料除了具有良好的物理性能和生物相容性之外，还需要具有可降解的性能，在体内逐渐分解成水和二氧化碳后消失，最终被自身支架（细胞外基质）替代。原位组织工程中，支架材料还应具有募集损伤部位周边细胞的功能。因此，合适的支架选择是组织工程的关键。最后，细胞的生长受多种生长因子的调节，加入合适的生长因子可引导和协调组织内细胞的各种活动，如皮肤需要加表皮生长因子，要长出神经就需要加神经生长因子。

基于支架的输送系统需要侵入性手术来植入。除了可植入支架，海藻酸盐水凝胶、明胶和介孔二氧化硅微棒在内的材料正在研究中，以创造局部免疫原性环境，在体内招募、激活和释放免疫细胞，而不需要手术植入。这些材料都是高度变形和自组装的，因此可以通过注射给药。但人工合成的生物材料由于生物相容性等问题，目前尚未能广泛应用于临床。各种天然的生物材料（如各种脱细胞基质）具有与人体极为相似的组织结构和力学性能，在经过脱细胞等一系列处理后，其抗原性大大降低，特别是以动物为来源的天然生物材料，来源广泛、成本低廉，是一种极有前途的生物材料。

（三）基于类器官的细胞递送

类器官（organoid）是将组织干细胞在体外进行培养，保持原始干细胞功能并不断分裂分化形成在空间和结构上与来源器官组织、基因、结构和功能相似的微组织。与现有二维（2D）和三维（3D）细胞培养相比，类器官是不同类型和功能细胞的有机结合体，更接近体内细胞生存空间、生长状态及功能，弥补了传统研究中细胞简单模型与动物复杂模型的不足，为生命体关键功能研究提供了重要的实验基础，并在疾病机制研究、药物筛选、再生医学等方面具有重大理论意义和应用前景。

在类器官众多的应用领域中，类器官作为器官移植的一种可靠的供给来源，是类器官研究中的一个重要方向。经过十多年的快速发展，科学家们已经能在实验室利用细胞培育、分化、自组装成各种类似人体组织的 3D 结构，制造出肝脏、胰腺、胃、心脏、肾脏甚至乳腺等在内的各种类器官。例如荷兰 HUB 中心建立的类器官样本库（organoid-bank），就是希望类器官能够如骨髓库一样，可以为患者提供配型和可靠的器官来源。而科学家们在过去十几年中也已经证明，在实验室里由干细胞培养而来的小型类器官组织可以整合到包括小鼠的肝脏、肺等组织在内的许多器官中，用来修补损伤器官。目前，除研究及移植较为成熟的肠道类器官外，其他类器官还包括甲状腺类器官、胸腺类器官、睾丸类器官、上皮类器官、心脏类器官、舌类器官等，均被报道用于移植治疗相应的疾病。

作为一项正式诞生至今仅十余年的前沿技术，干细胞衍生类器官技术的广泛应用仍处于起步阶段，但已经展出了治疗顽疾的潜力，类器官技术为再生医学带来了巨大希望。目前临床上很多疾病都迫切需要增加器官供应或提供全器官移植的替代方法。在世界范围内，器官捐献者一直是短缺的，只有有限数量的患者能从这种治疗中获益。而基于细胞的类器官移植疗法可以提供一个有利的替代方案。

但另一个方面来说，虽然在很多方面类器官能模拟真实器官的内部结构，但某些与真实器官功能和发育紧密相关的结构特性至今还无法拥有，如缺乏血管系统，这是人体器官生长发育中获取能量的重要结构。因此，目前为止，类器官还不能称为真实器官的"缩小版"，仍然是微型和简单的器官模型。此外，类器官研究和运用的标准化问题仍有待解决。

（四）基于细胞片工程技术的细胞递送

细胞膜片技术（cell sheet technology，CST）通过物理的方法将扩增融合的细胞从培养皿底壁分离，获得膜片状细胞结构，是一种无须支架的细胞移植方法，可无创性地获取细胞，避免了酶消化对细胞生物学功能的损伤，不仅保留了完整的细胞外基质（extracellular matrix，ECM），还保留了重要离子通道和生长因子受体等,可以促进细胞间及细胞与胞外基质间的相互作用。作为一种无支架的组织工程技术,组织工程细胞片不仅可以避免支架材料带来的不利影响,而且可通过组装进一步形成更为复杂的三维功能化组织,因而在生物医学领域备受关注。

不同于散在的细胞植入,细胞片可以完整地保留细胞之间的连接和大量的细胞外基质,具有移植细胞数量多、存活率高等优点。细胞膜片技术的细胞来源广泛,例如脂肪来源的再生细胞、成肌细胞等,均可培养成膜片。骨髓间充质干细胞(bone marrow derived mesenchymal stem cell,BM-MSC)具有较强的自我增殖能力,产生的免疫原性少,来源丰富,且取材方便,培养的成功率高,且具有向成骨细胞、心肌细胞、脂肪细胞、软骨细胞、肌腱细胞、神经细胞等潜在分化的能力,是一种较为理想的细胞膜片的细胞来源。

近年来,CST 广泛应用于组织与器官重建,包括角膜、骨、牙髓-牙本质复合体等。在某些领域,已将 CST 应用到临床试验阶段。细胞膜片具有丰富的细胞外基质和紧密的细胞间连接,无须缝合就能较紧密地附着于其他细胞膜片、器官组织、生物材料表面,且靶细胞被外基质固定很少流失,上述特性为以多层细胞膜片复合为基础构建 3D 组织提供了可能性,是一项具有前景的技术,但目前尚处于发展初期,缺乏更多的实验观察,仍有大量问题需要解决,如制备方法单一、体内存活时间未知等,离成功应用于临床还有较大的距离。在植入生物体时,种植体表面的细胞膜片的损耗量也值得研究;对于膜片种植体的长期保存也是一个需要时间探索的挑战。

三、总结

缺氧、TME 中营养物质含量低、肿瘤细胞突变导致的异质性等都显著抑制了免疫细胞的功能。不同的给药途径会影响递送细胞的治疗效果。静脉注射会将细胞输送至全身,对于血液肿瘤治疗效果较好。对于部分实体肿瘤来说,使用肿瘤内注射或可植入支架的局部递送可能会导致药物在肿瘤中的更高积聚,但对于不易接近的肿瘤来说,这可能是不可行的。同时,经过多年研究发现,组织工程对支架材料的生物相容性要求较高,支架植入体内后容易发生免疫排斥反应,引起组织纤维化。

而基于无支架的细胞递送目前发展较多的包括类器官和细胞片移植。两者均基于体外干细胞的培养,生成与原始组织特征相近的细胞群,通过手术移植至体内,是目前研究较多发展较快的细胞治疗递送技术,几乎涉及体内所有重要的器官和组织。然而,体外培养系统目前尚未能够完美再现所有组织及器官的内部结构,同时移植的方式及位置的选择也是一大挑战。

总的来说,所有递送手段已被证明有望在临床应用。细胞输注、生物材料、无支架的类器官和细胞片作为免疫治疗输送技术,目前正在快速发展(几种细胞治疗递送方式优劣势对比见表 2-26-1)。随着这些免疫治疗策略和输送系统的进步,我们将改善恶性肿瘤及各种复杂疾病的治疗方案,提高细胞治疗的疗效。在这一过程中,必然会推动生物技术产业的发展。患者渴望新的高效治疗方法,加上巨大的市场潜力,必将推动细胞治疗与再生医学向纵深发展。

表 2-26-1　几种细胞治疗递送方式优劣势对比

	细胞悬液	生物支架	类器官	细胞片
体外制备	易	难	较易	较易
体外制备成本	较低	较高	较高	较高
递送体内操作性	易	针对皮肤、牙齿等部位操作较简易,针对其他器官操作较难	针对皮肤、肠道等部位操作较简易,针对其他器官操作较难	针对皮肤、黏膜表面操作较简易,针对其他器官操作较难
细胞移植方式	注射	注射、手术移植等	雾化、手术移植等	皮下移植、手术移植等
侵入性	小	较小	大	大
体内留存时间	短	长	较长	较长
体内活性	低	高	较高	较高
研究进展	血液肿瘤、部分实体瘤、神经退行性疾病、关节炎等	T 细胞局部输送、骨骼修复、牙周组织修复、角膜修复、皮肤修复等	皮肤修复、大肠炎等	食管类疾病、眼部疾病、心血管疾病等

第二节　基于细胞悬液的细胞递送

细胞悬液就是通过消除细胞与细胞、细胞与基质间的连接而得到的悬液。该过程可以通过化学方法(酶解、非酶解)、物理方法(研磨、匀浆等)、物理化学相结合的方法实现。细胞悬液移植技术便是利用组织工程学方法对组织进行处理得到的细胞悬液,并以适当的方式移植于机体相应的部位,以达到修复人体各种组织或器官损伤后的功能和形态目的的新型治疗方法。在细胞治疗中,通常将正常或者生物工程改造的人体细胞以生理盐水为载体制成细胞悬液，并通过静脉输注、静脉推注、腹腔、器官内注射等方式移植或输注患者体内，达到治疗相关临床疾病的目的。

一、细胞悬液常用递送方式

细胞悬液移植是多种疾病细胞治疗中最常见的治疗方式。单细胞悬液通常使用全身给药方式或局部给药方式进行递送至体内。

（一）全身细胞输注或局部输注治疗

全身细胞输注治疗主要通过血液循环实现治疗细胞的递送，是侵入性较小的给药手段，常见的递送方式有静脉输注或动脉输注。与静脉输注相比，通过介入手段经冠状动脉输注输注在心肌梗死部位，经颅外颈内动脉输注到脑损伤部位效率更高。干细胞治疗因其高效的靶向能力，适用于全身递送，通常采用回输干预，即通过静脉输注进行，普遍以生理盐水为载体，与平时的输液流程相似。

局部输注治疗可将工程细胞直接注射到组织或器官中，常见的途径有微创介入、局部注射、腰椎穿刺蛛网膜下腔注射、脑室穿刺注射、枕大池穿刺注射、气管内滴注、皮肤部位直接注射等。局部给药的选择取决于目标组织的可及性及所递送的细胞类型的靶向能力。局部给药方式可控性强，细胞可以快速定位到病灶，相对效果更好。局部给药后，诸多因素影响着细胞的存活，无论是存活时间还是数量。其中，尤为重要的是病灶部位形成的恶劣微环境，影响着局部给药后细胞的存活质量。研究表明，移植后数小时内，仅不到 5% 的移植细胞仍在注射部位。一项使用放射线标记的间充质干细胞治疗冠心病的研究发现，间充质干细胞在注射 1 小时后只有 2.1% 仍在注射部位，其他大部分出现在肝脏和脾脏。免疫介导的损伤和细胞凋亡，也会影响局部给药后细胞的存活。

（二）细胞回输速度和方式影响治疗效果

Kiderlen 等发现，尽管移植回输速度在不同给药方式之间存在显著差异，但这些差异对白细胞减少症的持续时间没有影响，同时，白细胞减少症的持续时间与输注细胞的量和抗生素的使用有关。细胞回输过快会增加急性、可能危及生命的不良事件的风险。在回输细胞时，应充分考虑所有可能的影响因素，包括细胞回输时温度、细胞储存用 DMSO 含量、回输速度等。在多种影响因素中找到一个合适的中间点，对于细胞的回输治疗是非常必要的。而具体给药的方式选择，取决于很多因素，最主要的是适应证。

二、临床应用

患者自体干细胞较易获得，致癌风险也很低，同时也没有免疫排斥及伦理争议等问题，并已应用于临床。自体造血干细胞移植已广泛应用于临床各类疾病的治疗，主要包括血液类疾病、器官移植、心血管系统疾病、肝脏疾病、神经系统疾病、组织创伤等。用于临床治疗的干细胞种类主要有骨髓干细胞、造血干细胞、神经干细胞、皮肤干细胞、胰岛干细胞、脂肪干细胞等。目前临床主要应用的是 HSC 移植，即将健康的造血干细胞移植入体内，通过重建造血和免疫系统而达到根治血液系统疾病的一种治疗方法。例如严重再生障碍性贫血的患者可以通过 HSC 移植达到基本治愈或缓解；此外，HSC 移植还可用于白血病、难治性或复发性淋巴瘤、骨髓瘤等疾病。

（一）恶性血液病的细胞治疗

在恶性血液病的治疗中，HSC 移植是目前治疗的主要方法之一，由 E. Donnell Thomas 于 1957 年首次实施。HSC 移植是指用正常的 HSC 替代患者骨髓中异常的细胞，可以分为自体 HSC 移植和异体 HSC 移植。自体移植又分为自体骨髓细胞移植、自体外周血干细胞移植；异体移植有异体骨髓细胞移植、脐带血 HSC 移植。其中自体 HSC 移植存在不需要供者、不受患者年龄限制、没有移植物抗宿主病并发症、治疗费用相对较低等优势，更容易被患者接受。临床上对于部分恶性血液病采用自体 HSC 移植作为一线巩固治疗方案，其疗效明显优于单纯化疗，能大大延长患者的生存期。

（二）干细胞治疗神经系统疾病

干细胞治疗在神经系统疾病中的应用也已经开展了广泛研究，主要适应证包括缺血性脑卒中、脊髓损伤、帕金森病、阿尔茨海默病等。神经系统疾病包括中枢和周围神经系统的多种疾病，与其他类型疾病相比，其治疗方法有限，相应的药物批准率也很低。近年来，随着干细胞治疗的发展，神经系统疾病的治疗也有了新的治疗手段。迄今为止，已经注册了 200 多项应用各种干细胞方法治疗神经系统疾病的临床研究。阿尔茨海默病（Alzheimer's disease，AD）是神经系统疾病的一种，同时也是痴呆的主要类型，是一种进行性疾病，这意味着它会随着时间的推移而恶化。随着 AD 的进展，大脑其他部位的神经元也会受损或被破坏。最终，大脑中使人能够执行基本身体功能（例如行走和吞咽）的神经元会受到影响。帕金森病（PD）是仅次于 AD 的第二大常见神经退行性疾病。尽管目前可以通过药物或手术治疗来改善患者的生活质量，但这些都不能减缓或阻止病情的继续发展。

细胞治疗技术的进步为包括 AD 在内的无法治愈的神经退行性疾病提供了新的治疗手段。通过移植的干细胞替代退化或受损的神经细胞，激活内源性神经的生成，从而达到治疗的目的。其中干细胞来源包括人类胚胎干细胞（human embryonic stem cell，hESC）、MSC、神经干细胞（neural stem cell，NSC）、来自骨髓或其他组织如脐带或嗅鞘细胞的 MSC、人诱导多能干细胞（human induced pluripotent stem cell，hiPSC），以及来自体细胞的直接诱导神经元等。

免疫细胞治疗是一种通过回输患者自身或者供者的免疫细胞来杀伤肿瘤的治疗方式，将正常的或者某些具有特定功能的细胞采用生物工程方法获取或通过体外扩增、特殊培养处理后，使这些细胞具有增强免疫、杀死病原体和肿瘤细胞、促进组织器官和机体康复等治疗功效，然后将这些细胞移植或输入患者体内，达到治疗或者缓解疾病的目的。过继性 CD8$^+$ T 细胞治疗（ACT）便是免疫细胞治疗中的一种，是将来源于患者的肿瘤特异性 T 细胞在体外进行扩增，之后回输给患者以达到治疗的目的。

（三）临床常用的免疫细胞治疗

目前，常见的免疫细胞治疗有肿瘤浸润性淋巴细胞（TIL）、T细胞受体基因工程T细胞（TCR-T细胞）和嵌合抗原受体T细胞（CAR-T细胞）治疗。TIL治疗是指从患者肿瘤组织中分离出淋巴细胞，在体外进行大规模扩增与培养后回输至患者体内，进而特异性地杀伤肿瘤细胞。TCR-T细胞治疗是指通过体外对T细胞进行基因编辑，向T细胞转导识别特异性肿瘤抗原的TCR基因序列（α链和β链），从而获得特异性识别肿瘤抗原的TCR-T细胞，TCR-T细胞经过体外扩增培养后，回输至患者体内发挥特异性杀伤肿瘤的功能。CAR-T细胞治疗是通过分离患者自身或健康供体的T细胞进行激活和基因改造以产生CAR-T细胞，然后将其回输至患者体内，通过细胞外结构域特异性识别表达抗原的靶细胞后，信号域刺激T细胞增殖、细胞溶解和细胞因子分泌，发挥抗肿瘤作用。

与传统药物治疗相比，细胞免疫治疗选择性高，细胞药物能感知复杂的人体内环境，只在特定的环境中激活；局部浓度高，细胞药物可以主动迁移到靶组织或靶细胞内发挥作用，减少脱靶效应；可以个性化定制，细胞治疗可以针对特定患者设计药物，并且可应用合成生物学设计基因开关，控制药物的合成或释放，使治疗效果最大化。尽管免疫细胞治疗已取得了长足的进展，并在血液系统恶性肿瘤和一部分实体瘤患者中显示出一定的临床疗效，但在实体瘤治疗领域中仍存在抗原异质性和免疫逃逸、免疫细胞浸润能力不足、T细胞耗竭等问题，仍需要不断去探索和改善。

（四）脐带间充质干细胞治疗糖尿病

糖尿病是一种胰岛功能障碍或胰岛素分泌缺陷导致的以高血糖为特征的代谢性疾病。目前，糖尿病的外科疗法有胰岛移植等组织器官移植法，但存在供体不足、免疫排斥风险大和抗排斥药物昂贵等问题，难以在临床上普及；内科疗法有注射胰岛素、口服药物等，虽可不同程度地控制病情，但难以根治糖尿病。随着对干细胞的深入研究，其在糖尿病的治疗中也得到了应用。随萍等就采用静脉和局部注射脐带间充质干细胞（UC-MSC）来对糖尿病足患者进行治疗。观察组患者在常规治疗的基础上静脉和多点肌内注射UC-MSC，结果显示，静脉联合局部注射脐带间充质干细胞治疗糖尿病足，能明显减轻患者足部症状，降低患者Wagner分级，提高临床疗效。

（五）骨关节炎的细胞治疗

骨关节炎（osteoarthritis，OA）是骨科常见疾病，也是引起老年人膝关节疼痛、功能减退和残疾的主要原因。膝关节骨关节炎（KOA）作为常见的骨关节炎，其发病率逐年升高。目前KOA的治疗方法包括保守治疗（功能锻炼、药物治疗、关节内注射激素）和手术治疗。尽管这些治疗方法可在一定程度上减轻患者的疼痛症状及改善关节活动度，但并不能促进受损关节软骨的再生。以干细胞为基础的治疗方法已逐渐应用于关节软骨的修复和再生，并取得一定效果。脂肪间充质干细胞（ADSC）作为种子细胞，具有成软骨潜能、自我更新能力和免疫调节能力，使其成为KOA治疗中可修复受损软骨的理想工具。局部注射ADSC是治疗KOA最常用、最简便的方法，可缓解疼痛、改善功能，其优势在于操作简便、可重复进行、创伤小。Freitag等将30例KOA患者随机分为3组，治疗组1接受单次膝关节ADSC注射，治疗组2接受2次膝关节ADSC注射，对照组采用保守治疗。治疗后，与对照组相比，关节内注射ADSC的患者临床症状均显著改善，其中接受2次注射的患者获得更佳的临床疗效。

三、总结

细胞治疗在人类疾病的治疗中展现出了巨大的潜力，目前已应用于多种疾病的治疗。相较于传统中药、西药治疗，药物成分在体内很快被代谢分解并排出体外，从而丧失药效，细胞治疗中细胞植入体内，通过增殖分化替代或修复功能障碍的组织细胞，并融合为正常组织器官的一部分，从而达到治疗疾病的目的。

同时，不同的细胞治疗途径也有着各自的优缺点。全身给药方式，操作简便，可多次给药，但细胞常常无法到达目标组织，从而使其不足以将治疗细胞输送到患病部位。局部给药方式可使细胞快速定位到病灶，相对效果更好，但缺点是容易造成新的创伤或并发症。不同的适应证，选择合适的给药方式尤为重要。此外，患者的选择也是一个重要的考虑因素。患者的细胞毒性反应、炎症状态和病灶微环境的变化，是给予细胞治疗后临床疗效的重要因素。

第三节　基于生物支架的细胞递送

一、生物支架的定义

包含着生物信号分子的支架材料可以通过引导移植的细胞黏附、增殖和分化或者在组织再生部位自发的细胞浸润来介导组织形成。主要包括天然材料与合成材料。

天然材料包括：蚕丝、胶原蛋白、明胶、透明质酸等。它的优势是可生物降解、容易获得、具有生物活性、能与细胞相互作用。缺点是天然材料成本高、非黏附和体内测试通常需要第二层防护以保证安全、难以控制去细胞化的程度。

合成材料包括：PEG、PGA、PMMA等。它的优势是促进受损组织结构的恢复惰性保质期长、很容易订制所需的孔隙率、降解时间可预见。而缺点是使用高毒性溶剂低的孔隙连通性、支架制成后的同质细胞接种存在困难、高度多孔支架会有弱的机械性能、缺乏支架厚度的控制。

二、材料种类与制备方法

（一）合成材料

主要指多孔材料，包括海绵或泡沫多孔支架，在组织工程中已被广泛使用。这些材料通常具有较高的孔隙率和均质的连通结构。以下为常见的制备方法：

多孔支架材料的制备方法

1. 盐析法　晶体盐放入模具，将聚合物倾倒在盐上，聚合物穿透盐晶体之间的空隙。待聚合物硬化后，将盐透析于溶剂中。它的优点包括简单、多功能性、能控制孔洞的几何形状和大小。

2. 溶剂浇铸法　将聚合物溶解于有机溶剂中，然后将其与陶瓷颗粒混合，把溶液浇铸于一个预先设定的三维模具。这种技术的主要优点是易于制造。主要的缺点是只有简单的形状可以制造，连通性较低。

3. 气体发泡法　聚合物迅速搅拌形成泡沫，硬化形成一个固态的海绵状物体，泡沫的气泡最终形成支架的孔隙。这种技术的主要优点是它不需要任何溶剂或固体致孔剂。缺点是孔与孔之间往往不形成一个相互连通的结构。

（二）天然材料

天然材料包括胶原、透明质酸（HA）、蚕丝、壳聚糖、PLA、PLGA、PCL、PU 和 PEVA，以水凝胶最为常见。作为支架材料，因为它们体现了像组织一样的柔度，同时具有黏弹性，间隙流动性和类似于天然组织的可扩散传送特性。

制备方法

（1）溶剂浇铸和颗粒沥滤：改良过的已被用于制备水凝胶。

（2）气体发泡：发泡技术同样可以用于制备水凝胶支架。

（3）冷冻干燥：将聚合物按所需的浓度溶于溶剂中冷冻，随后低压冻干除去溶剂。它不需要高温或分离过滤步骤，支架具有较高的孔隙率和连通性。它的限制因素是处理时间长，产生孔径较小。

（三）微流控芯片

使用微流控芯片制备水凝胶是一个十分具有前景的技术。这种技术的主要优点是可制备具有均一孔径、孔隙率和复杂样式的水凝胶。可重复的水凝胶三维细胞培养体系可以用微流控芯片实现。

三、细胞在各类支架中的应用

（一）用于不可生物降解和可吸收的金属支架

作为骨替代物的第一代材料，与陶瓷或聚合物相比，金属 3D 支架因其高机械强度、抗疲劳性和印刷加工性而在承重应用中广受欢迎。常用的金属生物材料包括钛、不锈钢、钴铬基合金和镁。钛是一种金属生物材料，具有良好

的生物相容性、抗拉强度和耐腐蚀性。具有 3D 结构的多孔钛支架有利于血管形成、营养和气体运输、细胞接种。

（二）用于低降解生物陶瓷、玻璃和微晶玻璃支架

陶瓷生物材料通常包括具有骨传导和骨诱导特性的无机钙或磷酸盐。陶瓷可分为惰性、半惰性和非惰性，它们通常很脆，但表现出良好的抗压性和耐腐蚀性。羟基磷灰石、β-磷酸三钙和生物活性玻璃是用于骨再生 3D 支架最常见的生物材料之一，无细胞毒性，生物相容性好。

（三）用于聚合物支架

聚合物材料由于其独特的特性，如生物相容性、可重复的机械、物理特性、可加工性和低廉的价格，被广泛用于修复创伤组织。由于不可生物降解的合成聚合物支架需要手术切除，因此未得到广泛使用。

图 2-26-1 展示了支架在恶性骨治疗（热疗）和缺损骨再生中潜在应用的方案。

（四）用于软组织应用的支架

这些支架被制造用以再生和模仿要修复的原始软组织的解剖结构。聚合物是构建软基质的常用生物材料，广泛用于生产大多数移植器官，如肾脏和肝脏，但也成功应用于肌肉、心脏瓣膜、膀胱和胰腺的再生等。

（五）用于天然聚合物支架

天然聚合物是可生物降解和具有生物活性的材料，可分为蛋白质、多糖和多核苷酸。作为 ECM 中的主要蛋白质，胶原蛋白 3D 支架广泛应用于软骨、脉管系统、神经和肌肉再生。在不进行额外修改的情况下，胶原水凝胶显示出生物识别的内在能力。

四、基于支架的细胞递送在疾病治疗中的应用

基于支架的输送系统需要侵入性手术来植入。除了可植入支架，海藻酸盐水凝胶、明胶和介孔二氧化硅微棒在内的材料正在研究中，以创造局部免疫原性环境，在体内招募、激活和释放免疫细胞，而不需要手术植入。这些材料都是高度变形和自组织的，因此可以通过注射给药。

（一）T 细胞局部输送

聚合物支架最近已被研究用于将 T 细胞局部输送到

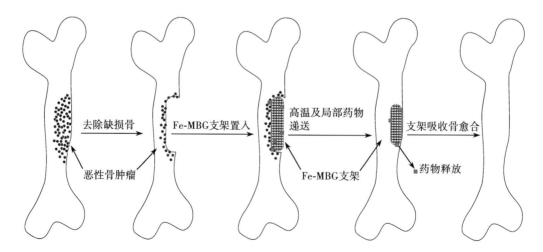

图 2-26-1　支架在恶性骨治疗（热疗）和缺损骨再生中潜在应用的方案

肿瘤微环境。除了将T细胞定位在肿瘤部位或肿瘤附近之外，聚合物支架还可以作为细胞储库，随着材料降解，使繁殖的T细胞从储库中释放。目前热门的研究包括水凝胶等物质，水凝胶的流变特性使可注射性和储库形成成为可能。与T细胞黏附受体结合的肽也可以化学偶联到聚合物支架上，模仿T细胞通常结合胶原纤维，从而使其能够从支架迁移到肿瘤中，实现局部T细胞介导的肿瘤破坏和全身抗肿瘤免疫的目的。

例如，近期斯坦福大学的研究人员将相应的信号蛋白添加到一种具有与生物组织相同的特性的水凝胶中，在肿瘤旁边注射携带CAR-T细胞的水凝胶，在机体内部提供一个临时的环境，免疫细胞可获得长时间的繁殖并被激活，活化的CAR-T细胞可随着时间的推移不断攻击肿瘤。水凝胶介导的原位给药有许多优点，包括易于使用、增加局部治疗剂、延长治疗保留时间等。

总的来说，生物材料介导的局部T细胞递送方法可以通过克服局部免疫抑制障碍来提高T细胞过继免疫治疗不能手术的实体肿瘤的效率。促进T细胞在聚合物支架内的扩增，消除了体外扩增T细胞进行系统给药治疗的需要，并最大限度地减少了与毒副作用相关的系统给药调理方案的需要。这些疗法的有效性取决于，使用这种方法在体内肿瘤中生成T细胞的时间是否相对于在体外扩增T细胞所需的时间更短。此外，这种设计用于局部靶向肿瘤的方法是否能够消除晚期癌症的远处转移仍有待阐明。

（二）骨骼缺损修复

传统临床使用的植骨材料主要分为自体骨、同种异体骨、经特殊处理的异种骨和人工骨材料等，但这些都存在适用性和并发症等缺陷。组织工程改变了骨缺损的传统治疗模式，通过体外培养骨骼组织作为修复材料，可以达到理想的效果。

（三）牙周组织缺损修复

牙周疾病是人类最常见、最多发的疾病之一，可造成牙周支持组织进行性破坏，最终导致牙齿丧失。传统的牙周病治疗方法能有效控制病情发展、阻止牙周附着进一步丧失，但对于已丧失牙周组织的再生却不理想。牙周组织再生是一个复杂的过程，近年来，组织工程学利用牙源性干细胞构建、修复牙周组织，为牙周组织的再生带来了希望。

（四）角膜修复

角膜病是我国主要的致盲性眼病之一，其中感染性角膜炎是角膜盲的主要原因。对于药物难以控制的角膜感染，角膜移植术是控制感染、患者复明的唯一希望。目前组织工程制备的脱细胞角膜基质作为较理想的角膜替代材料已开始应用于临床，相信随着研究的深入，生物工程角膜能够发挥更大的潜能，打破我国角膜供体资源不足的现状。

（五）皮肤修复

皮肤是人体最大的器官，受外界刺激时易造成损伤，急性创伤愈合后易形成瘢痕和创面收缩。皮肤全层缺损、创面大的患者往往需要皮肤移植，但大面积皮肤缺损或皮肤烧伤者接受自身皮肤移植会在皮肤上出现新的创面。组织工程皮肤结构和人正常皮肤一致，常用于慢性创面的

治疗，临床可替代自体或异体皮肤移植，且术中不需要利用患者自体皮肤，免除了对患者的二次伤害，具有较好的应用前景。

目前利用组织工程进行修复的组织器官还有心脏、肾、肝、消化道、肌肉等。但人工合成的生物材料由于生物相容性等问题，目前尚未能广泛应用于临床。各种天然的生物材料（如各种脱细胞基质）具有与人体极为相似的组织结构和力学性能，在经过脱细胞等一系列处理后，其抗原性大大降低，特别是以动物为来源的天然生物材料，来源广泛、成本低廉，是一种极有前途的生物材料。

五、生物支架的挑战与未来展望

3D支架不仅应该为再生组织和移植细胞提供支持，还应该实现调节或治疗物质的局部释放。这种能够满足各种生化和/或功能要求的支架通常由具有有助于局部再生的、有特定互补特性的生物材料的不同组合产生。尽管3D支架研究取得了相当大的进展，但仍有许多挑战需要解决，使得选择合适的支架和生物材料变得相当困难。应该考虑到，细胞和生长因子结合的支架由于其低活力和稳定性而难以储存。此外，固定化物质的长期释放并不总能在促进功能恢复或提供营养或抗炎支持的微环境中实现预期效果。

3D支架的一些主要挑战：根据预期应用调整具有优化表面特性的支架结构、生物力学特性和降解率；如何增加神经血管形成，抑制局部坏死和植入失败；如何形成能够进行空间和功能性细胞调节的多组织类型支架；如何简化制造过程等。解决这些问题后，3D支架的开发可能会改善组织再生，并将3D支架的应用从动物的筛选和评估转移到预期的临床用途。目前仍然存在多种因素的影响，包括空间限制、生物力学可比性，以及其他最终影响细胞微环境变化的因素，这些变化都是未来发展需要注意的问题。

第四节 基于类器官的细胞递送

一、类器官与组织工程

几个世纪以来，人们不断在进行器官的组织或细胞的体外人工重建。近10年来，器官技术作为一个完整的技术领域才系统地出现，并在组织工程中发挥重要作用。类器官技术的最初发展可以追溯到20世纪70年代，当时James G. Rheinwatd和Howard Green培养出了分层鳞状上皮细胞群，这为在体外培养三维结构提供了基础，但所使用的方法只是在一些培养条件下将原始人类角质细胞镀在3T3成纤维细胞上的简单做法。后来，与细胞外生物学和悬浮培养有关的技术取得了重大进展，为类器官技术的进一步发展铺平了道路。到2009年，Hans Clevers的研究小组报告，肠道类器官可以由一个单一肠道干细胞生成。这一成就成为类器官技术史上的一个里程碑，它启发了之后许多类似于外胚层、中胚层和内胚层的其他器官的主要3D结构的产生，推动了类器官技术在组织工程中的应用。

由于器官发育研究模式和器官移植供体来源的局限性，组织工程的早期研究以产生体内器官的功能性替代品为主。从 2 500 年前开始，人们就试图用牛骨组织雕刻的假牙来取代缺失的牙齿。此后，人们用一些人工结构取代其他受损组织。以往组织工程研究的贡献可以分为两类：一是逐渐确定了许多可用的生物材料；二是成功制备了几种模拟细胞外基质的三维基质，例如天然水凝胶、合成水凝胶、杂化水凝胶。与此同时，干细胞生物学的研究也已经开展了大量的工作，旨在体外产生多样化的细胞类型。然而，干细胞，特别是成体干细胞在体外的维持和扩展能力有限，仍然阻碍着干细胞的应用。近年来，随着干细胞生态位，以及支持和调控干细胞的关键信号通路的阐明，类器官技术取得了巨大进展，极大地促进了组织工程的发展。

二、类器官的定义

类器官是由干细胞或器官祖细胞发育而来器官特异性细胞的集合，以与体内相似的方式经细胞分序和空间限制性的系别分化而实现的自我组建。类器官类似于组织器官，它本身是一种基于 3D 体外细胞培养系统建立的与体内的来源组织或器官高度相似的一种模型。这些 3D 体外培养系统可复制出已分化组织的复杂空间形态，并能够表现出细胞与细胞之间，细胞与其周围基质之间的相互作用和空间位置形态。而其本身又能做到与体内分化的组织器官具有相似的生理反应。与传统 2D 细胞培养模式相比，3D 培养的类器官包含多种细胞类型，突破了细胞间单纯的物理接触联系，形成了更加紧密的细胞间，细胞与基质间高

度的相互作用，形成具有功能的"微型器官"，能更好地用于模拟器官组织的发生过程及生理病理状态，因而在基础研究和临床诊疗方面具有广阔的应用前景。

三、类器官的培养

类器官制备的典型方法首先要将亲本组织解离成单个细胞或小块细胞，分离出胚胎或多能干细胞，将这些细胞放置在体外细胞外基质（ECM）中培养，如基底膜提取物（BME）、Matrigel 或 Geltrex，使其能够三维生长。类器官中包含多种已分化的细胞类型，其中一种以上与来源器官相同，即在体内相应的器官中也有存在。比如，小肠上皮的所有细胞类型在 Sato 等报道的小肠类器官模型中均有体现。在培养时，类器官培养通常需要使用包含多种生长因子的培养基，这种生长因子已知能在相关上皮的干细胞中触发再生反应，关键成分通常是：Wnt 信号的激活物，如 Wnt 配体和 LGR5L-Respondin（Rspo）；酪氨酸受体激酶的配体，如表皮生长因子，可促进上皮细胞增殖，以及转化生长因子β/骨形态发生蛋白信号的抑制剂，如 Noggin，可诱导上皮分化。介导类器官形成的信号通路与体内器官发育与稳态维持的信号通路是相同的。制备不同的类器官需要使用不同的添加物组合，即使是结构非常相近的组织，制备类器官所需的添加物组合也不相同。（图 2-26-2）

类器官的细胞组织方式与来源器官相似，基于它们的自组织能力、多能干细胞，形成与来源组织结构和功能相似的三维结构，模拟体内组织环境，表现出来源器官所特有的生理功能。

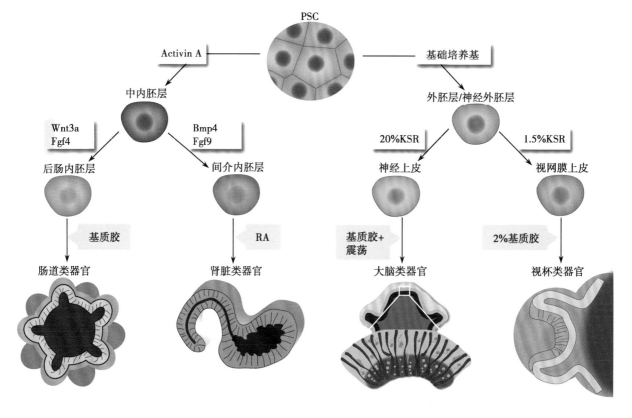

图 2-26-2　类器官培养制备方法举例展示

四、类器官用于组织工程细胞递送的优势

开发基于细胞的病变组织疗法是再生医学中最有前途的研究方向之一。细胞递送方法是细胞治疗概念的重要组成部分。只有当这些方法确保有效的植入和治疗相关的细胞存活数量时，才有可能成为临床常规的疗法。基于细胞的疗法旨在通过替换组织中受损或患病的细胞来纠正疾病的原因，还取决于开发有效的细胞递送形式，以将细胞放置和保留在需要它们的部位。目前应用于临床前和临床试验的三种无支架递送形式是单细胞注射、细胞片技术和微组织技术。微组织技术是一种混合方法，必须通过手术植入的全尺寸组织构建体和可以注射的单个细胞。微组织是直径在 100~500μm 的细胞重新聚集体，具有在受控培养条件下由分散细胞产生的组织结构和功能。

类器官的特征决定了它是最佳的组织工程细胞递送手段之一。类器官所构建的"定制化"干细胞 3D 微组织，可模拟天然生理微环境为各类干细胞(如间充质干细胞、造血干细胞及多能干细胞分化细胞等)量身定做适合其体外生长和/或分化的"微环境"，实现各类干细胞体外规模化、高质量扩增和培养，为细胞治疗保质保量地提供细胞药物来源。目前，在临床研究或试验应用的细胞疗法中，数以百万、千万计的游离细胞被注射至人体的循环系统或病灶组织之中，但通常干细胞存在体内定位差、存活率低等有效性问题，以及免疫排斥等安全性问题。细胞递送形式的选择取决于要治疗的单个组织和疾病。在所有情况下，首要目标是高细胞保留，其次是良好的整合能力和最佳存活率，副作用小，对患者的压力最小。

五、类器官在组织工程和疾病治疗领域的应用进展

细胞移植疗法显示出严重皮肤伤口快速再上皮化的潜力。使用自动微雾化装置(AMAD)将人表皮类器官递送到严重皮肤伤口部位，增强类器官的均匀和集中递送，促进其植入和分化以进行皮肤重建。严重的皮肤伤口通常与大面积受损组织有关，导致含有电解质和蛋白质的液体大量流失，最终结果是临床上对皮肤感染的脆弱性。关闭这些大开口的疗法可有效减少严重皮肤伤口的并发症。通过优化设计和使用气动 AMAD，在喷雾过程中有效保护了类器官的存活和功能。喷洒的人表皮类器官中的细胞参与了伤口部位表皮的再生，并显著加速了伤口愈合。(图 2-26-3)

超过 50% 的肾衰竭患者由于缺乏可移植的器官和高昂的维持护理费用而无法获得透析和移植的救生治疗。预计未来 10 年，随着糖尿病和高血压这一最高致病因素的发病率在全球范围内增加，特别是在缺乏当前治疗基础设施的国家，这种护理差距将急剧扩大。为了解决这一差距，研究者开发了一种临床上可行的基于细胞的肾脏再生策略，该策略能够通过将支架封装的祖细胞衍生类器官递送到肾

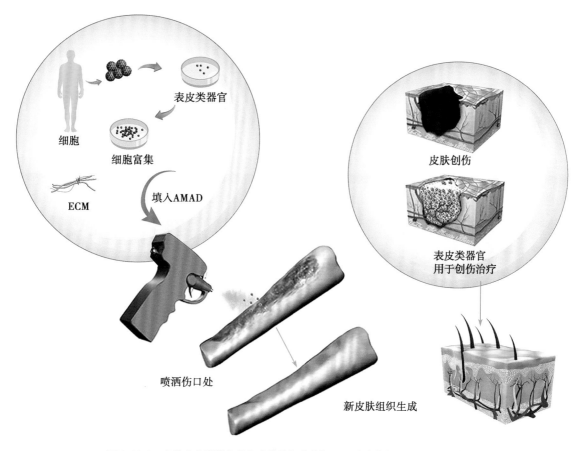

图 2-26-3　人体表皮类器官的自动微雾化递送(AMAD)治疗大面积和不规则伤口

实质中来开发功能性肾单位结构。肾祖类器官的递送形成肾脏结构，并促进体内快速肾组织整合。这种再生策略可以弥合目前肾衰竭患者护理的差距。

对于类器官的移植应用，关键的问题在于类器官的数量，以及回输的位置与方式。科学家们在过去十几年中已经证明，在实验室里由干细胞培养而来的小型类器官组织可以整合到许多器官中，包括小鼠的肝脏、肺等组织，用来修补损伤的器官。早在 2012 年，Sato 就参与小鼠肠道类器官的移植实验，在此次实验中，类器官作为扩增 LGR5⁺ISC 干细胞的一种手段。将构建好的 EGFP 荧光小鼠结肠类器官解离成片段，用含有 matrigel 的 PBS 重悬，用灌肠器逐滴滴到结肠中。每只小鼠移植约 500 个肠道类器官。移植成功之后，用胶封闭小鼠的肛门 6 个小时，防止将移植的类器官排泄出去。结果显示，小鼠急性结肠炎和结肠上皮的损伤明显减轻，同时移植进去的肠道干细胞在受体小鼠的结肠中形成了有功能的上皮层和隐窝结构，并且在体内分化出了各种应有的细胞种类。

2021 年 2 月，Sato 实验室通过移植小肠的类器官到结肠，将部分结肠的上皮转变为小肠上皮，将结肠转变为小肠化的结肠，用于治疗短肠综合征模型的大鼠，取得了良好的治疗效果。此次类器官使用麻醉开腹手术，去除大鼠的结肠上皮，并将小肠类器官移植到相应位置。同一时间段，在发表于 *Science* 上的一项研究中，研究人员在人体组织中推进了这一方法，并证明由成人胆管细胞培养的"迷你胆管"可以移植到人体肝脏中。这为肝脏疾病的治疗提供了新方法，也为修复捐赠器官，以使更多的器官可用于移植铺平了道路。同时，这项研究证实基于细胞疗法可以用来修复受损的肝脏，是胆管细胞生物学和再生医学方面的巨大进步。

除研究及移植较为成熟的肠道类器官外，研究可移植的其他类器官还包括甲状腺类器官、胸腺类器官、睾丸类器官、上皮类器官、心脏类器官、舌类器官等。舌类器官是指至少部分概括舌头生理方面的类器官。可使用表达 BMI1 的上皮干细胞产生上皮舌类器官，但这种类器官培养物缺乏味觉感受器。而直接从分离的表达 Lgr5- 或 LGR6 的味觉干/祖细胞中可成功创建味蕾类器官。

2022 年 7 月 7 日，日本东京医科齿科大学研究团队宣布实施了干细胞衍生器官移植人体的临床研究，他们对一例难治性溃疡性大肠炎患者移植了使用患者自身健康的肠道黏膜干细胞培养的类器官。这种再生医疗的尝试属于世界首创，如若进展顺利，那么不仅意味着溃疡性大肠炎可能被彻底治愈，还有望推动主要在消化道出现的难治性疾病克罗恩病的治疗。

作为一项正式诞生至今仅 13 年的前沿技术，干细胞衍生类器官技术的广泛应用仍处于起步阶段，但已经展出了治疗顽疾的潜力。器官技术为再生医学带来了巨大希望。目前临床上很多疾病都迫切需要增加器官供应或提供全器官移植的替代方法。在世界范围内器官捐献者一直是短缺的，只有有限数量的患者能从这种治疗中获益。而基于细胞的类器官移植疗法可以提供一个有利的替代方案。

六、讨论

类器官是近年细胞学领域取得突破性发展的一种体外 3D 细胞培养技术，是由干细胞或者从患者身上提取的肿瘤组织在特定的 3D 体外微环境下自组织发育而来的、高度模拟体内真实器官特征的小型化的体外器官模型，是与原器官组织结构和生物信息高度一致的"微组织"；这种仿生的"生理和病理 3D 微组织"可为再生医学、药物筛选和病理机制研究提供新型理论基础和解决方案。

目前，体外细胞培养的环境和真实细胞微环境相距甚远，无法重现体内生理和病理过程中微环境的组成，以及细胞间、细胞和胞外基质、因子等活性物质间的相互作用和动态变化，因此体外培养的细胞和组织在形态和功能上都难于重现或长时间维持体内相关特性，而这构成了细胞/组织工程的核心问题和挑战，大大限制了相关细胞治疗和人造组织等的转化和应用。为应对上述挑战而生的新兴研究方向"微组织工程"，旨在"微尺度上"构建精确可控、具有仿生结构和功能的细胞"微环境"。干细胞在世界多个国家被视为"药物"进行管理和审批。和传统的"小分子化学药"和"大分子抗体药"相比，细胞药物的体外扩增制备和体内递送治疗都更加复杂和充满挑战。

随着预期寿命和慢性病发病率的上升，器官移植预计会增加。再生医学技术旨在修复和再生功能不良的器官。一个目标是实现无免疫抑制状态，以提高生活质量，减少并发症和毒性，并消除终身抗排斥治疗的成本。再生医学技术在广泛的领域和应用中具有前景，例如促进天然细胞系的再生，新组织或器官的生长，疾病状态的建模和增强现有离体移植器官的活力。创新策略包括去细胞化以制造无细胞支架，这些支架将用于器官制造，三维打印和种间囊胚互补的模板。诱导多能干细胞是干细胞技术的一项创新，它减轻了与胚胎干细胞相关的伦理问题和缺乏多能性的其他祖细胞的限制。

工程组织可能成为重建因先天性疾病或急性损伤损害的组织元件的一种材料来源，但开发适合移植的类器官组织还有很多工作要做。类器官技术是移植使用的绝佳替代方案。通过更深入地了解干细胞生物学和发育生物学，以及 3D 打印等材料技术的未来进展，并对每个体内对应组织器官的结构和功能进行完全建模，我们可以展望新的类器官技术将促进组织工程，以及基础和临床研究的发展。

第五节 基于细胞片的细胞递送

一、概述

细胞治疗是一种很有前景的临床治疗方法，通过移植活细胞来达到治疗以往难治性疾病的效果，可以追溯到几百年前，经历了漫长的尝试。随着干细胞和再生医学的快速发展，细胞治疗已成为治疗损伤器官或组织的一种可行方法。迄今为止，治疗性细胞已成为一种新型药物，广泛应用于抗衰老、心脏修复、恶性肿瘤、终末期肝病等，甚至被用于拯救重症 COVID-19 患者的生命。

随着细胞治疗的飞速发展，出于各类新研发的细胞药物的应用考虑，研究人员也在不断寻找适合细胞治疗的细胞递送方法。细胞悬液注射是将单细胞悬液注射到受损区域，帮助宿主进行组织再生和功能康复的一种细胞移植方式，因其方便、易操作而被广泛应用。尽管其在低血容量性休克、血液系统恶性肿瘤等疾病中显示出强大的适用性和益处，然而，在某些疾病中，细胞间的相互作用可能对损伤修复的疗效和方式具有重要意义。一旦贴壁细胞被置于悬浮状态，它们的形态、活力和功能可能会受到影响。注射细胞的位置和非均匀分布也不能得到控制，这些都对治疗的有效性产生影响。此外，使用胰蛋白酶等蛋白水解酶获取细胞可能会同时降解细胞表面蛋白，从而影响注射细胞的分化，甚至导致其功能丧失。

"细胞膜片工程"是一种支持膜片状结构的无酶细胞分离的技术。与传统的酶消化法相比，该技术收获的产物保留了细胞分泌的 ECM，以及体外培养过程中建立的细胞-基质和细胞间连接。它是一种新兴的不需要支架即可制备细胞密集的组织的技术，这些组织不需要酶消化就可以作为膜片样结构而获得功能性组织再生所必需的物质，如离子通道和生长因子受体等关键膜蛋白，以及细胞间和细胞外基质连接，都被保留下来并保持完整。此外，细胞膜片移植避免了额外的缝合，因为在制作过程中保留的 ECM 和纤维连接蛋白有助于移植物黏附在移植部位，然后介导适当的组织再生和功能恢复。它突破了传统组织工程的局限性，在某些情况下可以将更多的细胞递送到目标部位。本节就细胞膜片的制备方法、类型及其与细胞治疗的结合应用进行介绍。

二、细胞膜片的制备方法

细胞膜片的制备需要细胞在培养表面的附着和脱离之间达到微妙的平衡。随着材料科学的发展，合成了具有良好生物相容性和可控细胞黏附能力的材料，并将其应用于细胞膜片的形成。用于细胞膜片释放的刺激物包括温度、电化学因素、机械力、磁力、光等。目前，制备"细胞片"的主要方法包括借助热响应性聚合物表面的热触发制备；利用磁铁矿纳米粒子（magnetite nanoparticles，MNPs）的基于磁力的细胞片制备；借助电子控制涂层的电化学极化法；pH 控制的细胞片层制备；借助光响应聚合物表面的光诱导制备；离子浓度相关的细胞片层制备，以及利用刮片技术的物理方法等。

（一）温度响应性细胞膜片制备

温度响应性细胞膜片制备是目前发展最成熟的细胞膜片制备技术，它在 20 世纪 90 年代由日本的 Okano 等人首次提出。他们制备了涂有聚 N-异丙基丙烯酰胺（PIPAAm）的培养皿，并成功培养获得了牛肝细胞片。该技术首先对 n-异丙基丙烯酰胺单体进行同时聚合，然后在电子束（electron beam，EB）下将交联聚合物链均匀接枝到聚苯乙烯或氨基玻璃基板上。接枝在培养皿上的纳米厚 PIPAAm 层

相对疏水，因此在 37℃合适的培养条件下表现出塌陷、致密的结构，确保了细胞的附着和增殖。当培养温度降低到较低的低温临界溶液温度（lower critical solution temperature，LCST，32℃）或更低时，PIPAAm 表面将变得亲水并转变为完全展开的链构象，导致细胞自发分离，并能够收获"片状细胞组装体"。

2014 年研究人员报道了一种制备温度响应细胞培养表面的优化简便方法。他们将溶解在水中的 PIPAAm 单体滴入用硫代水杨酸预处理过的聚苯乙烯（PS）培养皿中，然后使用高压汞灯或市售发光二极管灯进行波长为 405nm 的可见光照射，在此基础上，成功地将 PIPAAm 与巯基蒽酮光引发剂接枝在 PSt 盘子上。他们进一步通过降低温度至 20℃成功制备了细胞片。

4 年后，Yoshikatsu 等人开发了一种通过温度和机械应力的双重刺激来控制细胞黏附和分离的方法。他们制备了由聚 N-异丙基丙烯酰胺（PIPAAm）凝胶接枝聚二甲基硅氧烷（PIPAAm-pdms）组成的可拉伸温度响应细胞培养表面，加速了细胞薄片的剥离和收获。这些新的培养表面可以结合各种刺激，调整表面性质，以适应不同的细胞黏附性，满足各种细胞片的制造要求。总而言之，用于细胞膜片制造的热敏材料必须具有优良的生物相容性和温度响应特性，支持细胞组装的形成，并允许在生物无毒的条件下发生相变。（图 2-26-4）

（二）基于磁力的细胞片制备

从在 PIPAAm 表面培养皿上成功制备细胞膜片开始，该学科也经历了快速的发展，并合成了一些新的温敏材料来优化细胞膜片的制备。然而，这种方法收获细胞片层的时间长，异型细胞的组装和分层能力弱，在形成复杂组织（如管状结构）时不能超越共培养的细胞类型限制，细胞结构的详细和严格构建也难以满足。因此，基于磁力的组织制作方法应运而生。在这种方法中，MNPs（主要是氧化铁

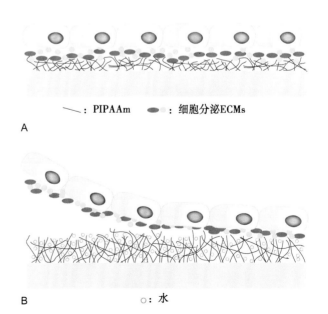

——：PIPAAm　　●：细胞分泌ECMs

A

B　　　　　○：水

图 2-26-4　热触发细胞片制备的示意图

纳米粒子）被浸渍到靶细胞中，以确保它们可以被培养板下的磁铁吸引。分布在培养板背面的磁铁也是必不可少的，因为它们提供了磁力。通过使用和去除磁力，最终可以将细胞组装成薄片并收获。

Ito 等人在 2004 年首次展示了他们基于磁力的细胞片制备技术。该方法使用在生物和医疗中已广泛应用的含有可以标记生物分子或活细胞的 MNPs 的磁铁矿阳离子脂质体（MCL），将磁标记的细胞在培养皿中共培养，利用放置在培养板背面的磁铁提供的磁力，使细胞在一般不能附着的条件下实现了附着。当细胞间建立连接后再去除置于培养板下的磁铁，即可从培养皿中收获细胞膜片。

在基于磁力的细胞片层制造中，MNPs 是关键，这涉及在细胞磁化标记预处理中 MNPs 的内化。氧化铁纳米颗粒因其相对安全而被广泛应用于组织工程领域。然而，这些外源性颗粒长期相互作用对细胞表型、活力、增殖能力和功能的不利影响尚不确定。因此，磁铁蛋白（magneto ferritin），一种生物 MNPs 在 2014 年被报道用于细胞膜片的构建，它具有更强的磁性能力，且更安全，有望成为氧化铁 MNPs 的替代品，以克服金属 MNPs 的不利影响。此外，Dzamukova 等人描述了一种通过阳离子聚电解质稳定的 MNPs 进行细胞表面工程的简便方法，并报道了分层双层平面细胞片层和 3D 多细胞球体的制备。这种方法中使用的 MNPs 通过直接沉积到细胞膜上并产生介孔半透层来呈现磁响应细胞，不会破坏细胞膜的完整性、抑制酶活性、影响细胞黏附和细胞骨架的形成，也不会诱导细胞凋亡，是一种极有潜力的制备策略。（图 2-26-5）

（三）基于聚电解质的电化学控制细胞片制备

电化学控制是构建细胞片层的另一个理想方法（图 2-26-6）。Gentil 等人提出了一种使用电子寻址和电子响应表面的细胞片层工程平台，涉及聚电解质单层和多层膜。将大鼠颅骨成骨细胞（rat calvarial osteoblasts，RCO）膜片、NIH3T3 膜片或人牙周膜细胞（human periodontal ligament cells，PDLCs）膜片施加于聚电解质包被的电子控制表面，以生物相容性聚合物 RGD 修饰的聚 l-赖氨酸-接枝-聚乙二醇（PLL-g-PEG/PEGRGD）为涂层，这种聚阳离子可以通过 α/β 整合素结合序列精氨酸-甘氨酸-天冬氨酸（RGD），促进细胞与自体组织之间的特异性相互作用，因此在该方法中被合成用作介质来实现细胞黏附并防止非特异性蛋白被非功能化的 PEG 臂吸附。

单层聚电解质涂层可以通过简单地将带电的基底（如 ITO）浸入聚阳离子聚合物的稀溶液中获得，因为这些聚阳离子聚合物可以通过静电相互作用，自发地吸附在带相反电荷的导电基底（铟锡氧化物、ITO）上。多层聚电解质涂层可以通过将带电表面浸入聚阳离子和聚阴离子交替的稀溶液中逐层涂覆。由于聚电解质单层和多层膜可以通过电化学极化从导电衬底上解吸，通过施加正电位来减弱聚电解质和导电衬底之间的相互作用，诱导细胞片层的脱离。同时，水的电解会引起基材电化学极化过程中局部 pH 值的变化，可能导致聚电解质表面的溶解，促进细胞片层的分离。但是 PLL-g-PEG/PEG 聚合物是一种弱聚电解质，会形成相对柔软和高度水合的涂层，即使接受生物配体如纤维连接蛋白或 RGD（精氨酸-甘氨酸-天冬氨酸）的功能化处理，仍可能对一些细胞的黏附性较差。经过进一步研究和探索，Gentil 等提出了一种基于聚电解质的新型平台，将阳离子型聚（丙烯胺盐酸盐）（PAH）和阴离子型聚（苯乙烯磺酸）（PSS）聚电解质逐层沉积在 ITO 底物上获得的涂层，通过改变蛋白质微环境（如 pH 降低），显著降低吸附的蛋白质层的稳定性，从而使细胞膜片脱离。当培养基的 pH 值降低到 4.0 时，生长在 PAH/PSS 涂层 ITO 电极上的连续完整的细胞片在 2~3 分钟内很容易脱落。此外，这种聚合物具有更好的稳定性，意味着它可以在细胞片层分离后保持完整性，可重复使用。

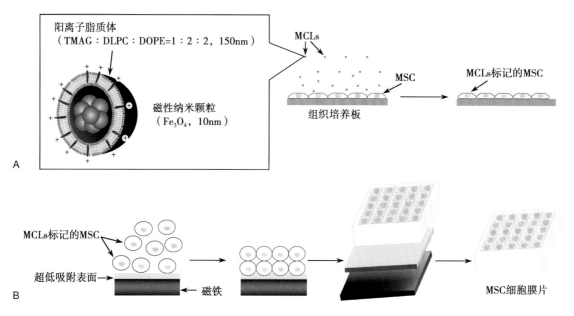

图 2-26-5   磁力触发细胞片制备的示意图

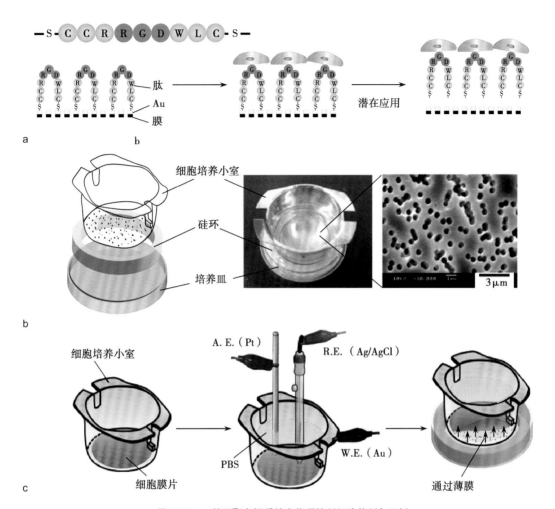

图 2-26-6　基于聚电解质的电化学控制细胞片制备示例

（四）其他策略

除了上述方法外，还有其他方法可以获得适用于特定类型细胞的细胞膜片。光诱导细胞片层技术作为一种具有显著优势的新方法，随着技术的快速发展而出现。Hong 等人首先提出了一种侵入性较小的方法，即通过光照使培养涂层的表面润湿性发生转变，从而为细胞片层的制作提供了一种有效便捷的方法。二氧化钛（TiO₂）具有良好的生物相容性，在 380nm 以下波长安全照明下会发生光致润湿性转变，因此可选择二氧化钛作为制备 TiO₂ 纳米点膜（TN）的原料。这种纳米点薄膜被涂覆在石英衬底上，以支持细胞在正常培养条件下附着。在 380nm 紫外线（UV）照射下，TiO₂ 纳米点膜变得亲水，从而降低了细胞黏附能力，该表面增殖的细胞可以在 5 分钟内以片状结构释放出来。此外，已经有报道利用 UV（365~366nm）和 TiO₂ 表面构建了小鼠颅骨来源的前成骨细胞（MC3T3-E1）细胞膜片、NIH3T3 细胞膜片、骨髓 MSC 膜片，以及可转移的由人 MSC 和人脐静脉内皮细胞（MSC-EC）组成的预血管化复合细胞膜片。除 UV 照明外，使用可见光（400~800nm）、绿光（510nm）和近红外光（808nm）可制备 MC3T3-E1 细胞膜片、hMSC 膜片和人成纤维细胞（hFCs）膜片等。

Baek 等人设计了一种高效温和、触发表面剪裁的方法来调节细胞与其培养表面之间的黏附程度，并利用细胞-底物相互作用的直接和精确调节，在等温条件下获得了完整的细胞片层。他们利用非极性的疏水二乙烯基苯（DVB）和极性的亲水的 4-乙烯基吡啶（4VP），通过化学气相沉积（iCVD）制备了均相共聚物聚二乙烯基苯-co-4-乙烯基吡啶［p（DVB-co-4VP）或 pDV］。通过调节 DVB 与 4VP 的输入流量比，将共聚物膜沉积在组织培养塑料（TCP）上，可以精确地控制表面能，并系统地调节细胞的附着和脱离。通过浸泡在没有 Ca²⁺ 和 Mg²⁺ 的 D-PBS 中，改变整合素结合域 ECM 蛋白和细胞黏附分子（cam）的配体结合构象后，可以收获接种到培养板上的细胞，整个释放过程约 100 秒，预计不会诱导任何细胞毒性。虽然二价阳离子不能影响所有与细胞-细胞连接相关的跨膜蛋白，但这些蛋白在无 Ca²⁺ 和无 Mg²⁺ 的条件下保持稳定，有助于片层状结构的形成。

此外，还可以采用如机械方法、离子浓度诱导等方法制作细胞片。简化的机械方法可以使用细胞刮板、移液管尖端或煮过的注射器针头在短时间内制作出具有良好灵活性的完整细胞片，而其他方法则需要特殊的材料或设备。

三、利用细胞膜片工程技术递送细胞用于疾病治疗

临床前研究进展

基于新兴细胞膜片工程技术的再生医学已广泛应用于角膜损伤、食管病变、牙周病、心脏疾病、肝脏疾病等各种组织器官损伤的临床前研究。在实验动物中,细胞膜片治疗相应的病变是有效且总体安全的,为进一步临床应用提供了有利的证据。

1. 细胞膜片用于内分泌疾病的治疗　糖尿病是一种代谢性疾病,其特征是由胰岛素分泌缺陷和/或胰岛素生物作用受损引起的血糖水平升高。该疾病可引起心血管事件、糖尿病肾病、糖尿病视网膜病变、神经病变等并发症。由于糖尿病(尤其是胰岛素缺乏性糖尿病)的传统治疗方法在长期控制血糖方面仍有不足,因此有了旨在恢复内源性胰岛素分泌的糖尿病细胞疗法,而细胞膜片工程作为一种细胞递送方法可能在该疗法中发挥先进作用。Shimizu等于2009年用温度反应性培养皿制备大鼠胰岛细胞膜片并移植到受体大鼠皮下。移植和植入的细胞片成功地形成了具有生物学功能的二维胰岛结构。在链脲佐菌素(streptozotocin)诱导的糖尿病严重联合免疫缺陷(SCID)小鼠中,这种胰岛移植物也被证明具有感知和释放胰岛素的功能,并逆转糖尿病。此后,Hirabaru等形成了由大鼠胰岛和大鼠MSC组成的工程细胞膜片。将大鼠胰岛移植到融合后的MSC上,将共培养的胰岛+MSC片层移植到糖尿病SCID小鼠体内,研究者发现,利用MSC片层支架可以实现胰岛的皮下移植。此外,MSC膜片对维持胰岛功能具有保护作用。

该领域的研究还表明,MSC可以被其他支持细胞替代,如脂肪组织来源的基质细胞(ADSC)和成纤维细胞。与单纯胰岛移植相比,在由支持细胞和胰岛组成的工程细胞膜片制作中,支持细胞膜片可通过分泌细胞因子和提供丰富的ECM来促进胰岛在移植早期的活力和整合,这意味着它们是胰岛移植中更好的选择。除皮下移植外,还可利用其他部位来突破植入部位的限制。肝脏表面和腹膜壁也被证明适合胰岛植入。同时制备胰岛素分泌细胞(insulin-producing cell,iPC)膜片,解决胰岛短缺和免疫排斥的难题。

甲状腺是一种内分泌腺,通过产生和分泌甲状腺激素在生命功能中发挥重要作用(如维持正常生殖和控制基本生理机制等)。甲状腺功能异常会影响人体健康,这与多种因素有关。Arauchi等首次制作了大鼠甲状腺细胞膜片,并将其移植到接受甲状腺全切除术的大鼠皮下,以测试其治疗甲状腺功能减退症的有效性。移植后1周,移植物中检测到功能性毛细血管,形态学分析显示,移植物中有典型的甲状腺滤泡组织。甲状腺全切引起的甲状腺功能减退在细胞膜片移植后得以恢复。此后,Huang等从甲状腺癌或格雷夫斯病患者的非肿瘤组织中获得原代人甲状腺细胞,成功构建了功能性患者特异性非肿瘤甲状腺细胞膜片。

2. 细胞膜片工程在肝病治疗中的应用　迄今为止,细胞膜片工程构建的肝组织具有与原发肝脏相似的肝脏特异性功能,如蛋白质分泌、对再生刺激的反应和药物代谢活性。此外,工程细胞膜片在体内的血管化和长期活性也得到了验证。这些研究证明,细胞移植在治疗肝脏疾病方面具有良好的疗效和可行性。Baimakhanov等制备了大鼠多层Hep-fibroblasts片,并将其移植到接受了放射照射和部分肝切除术(partial hepatectomy,PH)的同种异体肝衰竭大鼠的皮下部位,观察到移植物有血管化倾向,有增殖活性,周围有血管化,同时,移植组大鼠的存活率和血清白蛋白浓度明显高于对照组,提示移植细胞膜片为肝脏代谢提供了支持,改善了肝功能。hiPSC衍生的肝细胞样细胞(iPS-HLCs)膜片也被证明可以改善四氯化碳(CCl_4)诱导的致死性肝衰竭小鼠的肝功能。iPS-HLCs片移植到肝表面可通过分泌肝细胞生长因子缓解肝衰竭。

3. 细胞膜片工程在心血管疾病治疗中的应用　心脏组织工程是治疗严重心力衰竭最有希望的方法之一。据报道,单层HUVECs膜片在缺血再灌注损伤模型小鼠中获得了巨大的治疗效果。使用多功能的Tetronic-tyramine水凝胶快速制备HUVECs片,然后移植到血管结扎诱导的缺血后肢小鼠的损伤部位,与直接注射的细胞悬液相比,细胞膜片在靶部位的维持时间更长,组织坏死更慢。细胞膜片在处理心肌梗死大鼠等缺血性心肌病模型动物中也有类似的优势。为了与宿主建立血管连接并获得更好的治疗效果,需要在工程细胞膜片中添加内皮系细胞。这些细胞膜片中的内皮网络将在移植后不久与宿主血管连接,并在细胞膜片中共培养。除内皮系细胞外,有研究报道,MSC和iPSC等干细胞与心肌细胞(CMs)共培养,细胞膜片内的细胞间相互作用促进了干细胞的增殖、内皮分化标志物ETS1的表达和Notch信号的激活。

Kawamura等将7个iPSC衍生的心肌细胞(hiPS-CMs)膜片移植到心肌梗死小型猪的心外膜上,然后将大网膜放在移植物上并固定在心包。结果表明,带蒂大网膜瓣可增强hiPS-CMs片移植物的活性。因此,对缺血性心肌病大鼠具有促进血管生成、调节血管成熟、减轻纤维化、减轻心室重构的长效治疗作用。应用细胞膜片工程技术构建更复杂、更厚的血管化软组织、曲面和中空组织结构,在治疗外周血管病(PVD)和心肌疾病等心血管疾病方面均具有优势。

4. 细胞膜片工程在眼科疾病治疗中的应用　随着生命科学和生物材料的不断发展,细胞膜片工程在眼科疾病的治疗中取得了巨大进展。hPSC已成功分化为多种眼样细胞系,并已被用于制备多种细胞膜片。一些临床前研究已经在利用细胞膜片(如角膜干细胞膜片、OMECs膜片、esc膜片、iPSC衍生的RPE膜片和MSC膜片)治疗眼科疾病的效率和安全性方面进行了努力。Zhang等尝试用多层ESC细胞片治疗角膜缘干细胞缺乏(LSCD)模型兔。角膜基质上的植片发生分化,利于角膜上皮层的重建,无结膜植入或周围新生血管形成。ADSC来源的角膜上皮在NGMA涂层衬底的帮助下形成细胞片,然后将这些细胞片铺在被正庚醇损伤的角膜表面,表现出损伤愈合和眼表重建效果。

除了上面提到的应用,构建表达特异性标志物的功能细胞片,在治疗终末期肾病、预防子宫内膜损伤后宫腔粘连、肌腱损伤修复、皮肤创面愈合和组织缺损修复、口腔和牙周组织的再生修复等应用中均有不俗的表现。总之,这一系列实验和报道证明了细胞膜片工程技术在各类疾病损伤的细胞治疗中具有良好性能和应用前景,是一种具有巨大潜力细胞治疗的细胞递送方式。

四、细胞膜片工程的临床试验进展

细胞膜片工程中保留的 ECM 层作为一种胶水,可确保细胞膜片与宿主的目标位置紧密黏附,而无须使用人工支架或进行缝合等额外操作。由于这些特点,细胞膜片移植应用于临床是非常可行的。目前,细胞膜片工程在医学领域的应用研究已从临床前基础研究转向临床试验,细胞膜片治疗已被更广泛的大众所熟知,为临床难治性疾病的治疗提供了新思路。我们检索了国际临床试验注册平台(ICTRP)的临床试验注册数据库,总结了截至 2021 年 1 月注册的与细胞片层治疗相关的临床试验(不包括终止状态),结合数据我们可以发现,近年来开展的临床试验有 40 余项,多集中在食管黏膜和眼表病变,缺乏有效的治疗方法。大部分的细胞是口腔黏膜细胞。这可能与非角化、无毛发、抗感染、促进创面再生的能力有关。而且,相对于其他类型的细胞,口腔黏膜细胞更容易获得。

(一)细胞膜片治疗食管疾病的临床试验

Ohki 等为 9 例浅表食管肿瘤患者制备培养口腔黏膜细胞(COMECs)膜片,在患者食管病变切除后立即通过内镜将这些自体上皮细胞膜片移植到溃疡表面。在随访和评估中,他们报告了移植物的整合及其对瘢痕形成和食管狭窄的预防作用。此外,患者特定的细胞膜片通过航空运输是安全的。已报道的临床试验结果均表明,细胞膜片移植可安全有效地促进 ESD 术后食管的再上皮化,提高患者的生活质量,是一种安全且有前景的再生医学技术。

(二)细胞膜片在眼表病和视网膜疾病中的临床试验

Nishida 等早在 2004 年就报道了 4 例双眼全角膜干细胞缺乏(LSCD)患者接受自体 COMECs 膜片移植,证实了不缝合的细胞片移植可用于重建角膜表面,恢复双眼严重眼表疾病患者的视力。此后,研究者尝试使用自体口腔黏膜上皮细胞膜片治疗数例角膜缘上皮干细胞缺乏(NCT02149732)患者。根据不良事件和复合标准,包括角膜无上皮化比例、角膜上皮化比例、改善视力、角膜结膜上皮、血管蒂数量和血管活性等,评估细胞膜片移植的安全性和有效性。结果表明,COMECs 膜片移植是眼表疾病患者眼表重建的一种有效、安全的方法。除了眼表疾病的治疗,细胞膜片工程也为视网膜再生提供了突破口。Takahashi 研究团队成功制备了满足临床需求的单层 RPE(hiPSC-RPE)膜片,并在临床试验中评估了自体 hiPSC-RPE 膜片对年龄相关性黄斑变性(AMD)的作用(UMIN000011929)。他们发现移植后的移植物具有满意的完整性,色素克隆的扩大与 2015 年报道的 hESC-RPE 混悬液注射治疗 AMD 的研究(NCT01345006)相似,表明一些光感受器细胞已经再生和恢复。

(三)细胞膜片在心脏疾病中的临床试验

2012 年,Sawa 等首次报道了 1 例 56 岁男性扩张型心肌病(DCM)患者接受自体成肌细胞片层移植后,临床状况明显改善。这名幸运的男子在移植后停用了左心室辅助系统(LVAS),未发生危及生命的心律失常。此后,They 通过 7 例严重缺血性心脏病合并慢性心力衰竭患者的临床试验,评估了自体骨成肌细胞膜片(TCD-51073)治疗严重缺血性心脏病引起的心力衰竭的安全性和有效性(注册号:UMIN000008013)。随着美国纽约心脏协会(NYHA)心功能分级、SAS、左室射血分数(LVEF)等超声心动图参数的变化,他们认为 TCD-51073 能维持和改善心功能,证明了 TCD-51073 移植治疗严重缺血性心脏病和慢性心力衰竭的可行性和安全性。另一项研究(UMIN000003273)从 15 例缺血性心肌病患者和 12 例扩张型心肌病患者分离出自体骨骼肌细胞制备细胞膜片,证实了细胞膜片治疗重度充血性心力衰竭的安全性和可行性。然而,直到最近才明确了细胞膜片移植后左心室(LV)恢复的发生率和长期结局,并且这项最新的报告宣布,70% 的缺血性心肌病患者从细胞膜片移植中获得长期优势,不仅表现在 LV 功能方面,也表现在功能容量和生存方面。此外,iPSC 衍生的心肌细胞制备的细胞膜片也已被批准用于治疗心脏病患者的临床试验。

五、总结与展望

细胞膜片工程因其独特的特点和优势,已广泛应用于再生医学的基础研究,在多个领域甚至进入临床试验阶段。已经有不同的刺激,如温度变化、磁力、可控的电化学变化、光等来调节细胞的黏附和脱离。根据不同的刺激,采用不同的制备方法制备了多种类型的细胞膜片,满足了不同的应用需求,在不使用三维支架的情况下生成了各种类型的三维组织结构。利用血管床的体外血管化也已成功开展,并成功扩大了细胞致密组织的厚度和体积,组织中心无坏死。细胞膜片的替代制造方法与可形成的细胞膜片的多种类型和结构之间的关系不是独立或恒定的。相反,在基础研究和临床应用中,我们可以根据被模拟再生的组织器官的特性,设计并结合细胞膜片的制作方法和形成结构,从而促进细胞膜片的个性化和精准化。

使用细胞膜片工程技术构建的产品保留了完整的细胞-细胞连接和相关的 ECM。基于该技术的细胞治疗可将多种治疗性细胞递送至损伤部位,移植物可在预设位置稳定存在而无须缝合,从而避免了对机体的额外损伤。与细胞悬液注射相比,许多临床前研究已证实细胞膜片移植在安全性和有效性方面具有优势。细胞膜片工程在眼表重建、视网膜光感受器再生、牙周组织修复、食管黏膜愈合、表皮皮肤再生等方面的应用已进入临床试验阶段。

目前细胞膜片制作成本仍较高,可能限制该技术的推广,与其他移植策略相比,细胞片层或较厚组织的制备和收获非常耗时,可能影响使用的便利性。但近年来研究人员正在探索更广泛应用的细胞资源和更经济的制备方法，设计快速制备方法来解决经济和时间成本高的问题。同时，3D 打印等新兴技术的发展，为设计制造适应复杂结构制备要求的细胞片图案培养表面和培养容器提供了新的机遇。

细胞膜片工程技术的进步有望扩大再生医学中目标疾病的数量，并使我们能够生产出用于治疗传统疗法无法治愈的疾病的构建体。未来，具有复杂结构的预血管化三维组织、可重建组织极性和模拟天然结构的微图案细胞膜片可能是细胞膜片工程下一阶段的发展趋势。在各学科交叉的相互支持下，未来有望实现更大组织的重建与再生，从而为难治性疾病提供新的治疗方案。

（赵青川　胡丹萍　程浩　黄龙　乔瑞）

参考文献

[1] Riley RS, June CH, Langer R, et al. Delivery technologies for cancer immunotherapy. Nat Rev Drug Discov, 2019, 18 (3): 175-196.

[2] Kiderlen TR, Ronneburger L, Marretta L, et al. Retrospective comparison of reinfusion procedures and subsequent leukopenia in autologous stem cell transplantation. International Journal of Hematology, 2021, 114 (4): 459-463.

[3] Nikolova MP, Chavali MS. Recent advances in biomaterials for 3D scaffolds: A review. Bioact Mater, 2019, 4: 271-292.

[4] Langer R, Vacanti JP. Tissue engineering. Science, 1993, 260 (5110): 920-926.

[5] Yang M, Olaoba OT, Zhang C, et al. Cancer Immunotherapy and Delivery System: An Update. Pharmaceutics, 2022, 14: 1630.

[6] Sirkka B Stephan, Alexandria M Taber, Ilona Jileaeva, et al. Biopolymer implants enhance the efficacy of adoptive T cell therapy. Nat. Biotechnol, 2015, 33 (1): 97-101.

[7] Abigail K Grosskopf, Louai Labanieh, Dorota D Klysz, et al. Delivery of CAR-T cells in a transient injectable stimulatory hydrogel niche improves treatment of solid tumors. Science Advances, 2022, 8 (14): eabn8264.

[8] Yui S, Nakamura T, Sato T, et al. Functional engraftment of colon epithelium expanded in vitro from a single adult Lgr5+ stem cell. Nat Med, 2012, 18 (4): 618-623.

[9] Sampaziotis F, Muraro D, Tysoe OC, et al. Cholangiocyte organoids can repair bile ducts after transplantation in the human liver. Science, 2021, 371 (6531): 839-846.

[10] Tang W. Challenges and advances in stem cell therapy. Biosci Trends, 2019, 13 (4): 286.

[11] Lancaster MA, Knoblich JA. Organogenesis in a dish: modeling development and disease using organoid technologies. Science, 2014, 345 (6194): 1247125.

[12] 韦中玲, 蒋艺枝, 王玉, 等. 自体造血干细胞移植一线巩固治疗恶性血液病 17 例的临床分析. 皖南医学院学报, 2022, 41 (5): 467-470.

[13] Jiang Xiaotao, Xu Jiang, Liu Mingfeng, et al. Adoptive CD8 T cell therapy against cancer: Challenges and opportunities. Cancer letters, 2019, 462: 23-32.

[14] Enomoto J, Mochizuki N, Ebisawa K, et al. Engineering thick cell sheets by electrochemical desorption of oligopeptides on membrane substrates. Regen Ther, 2016, 3: 24-31.

[15] Hu L, Zhao B, Gao Z, et al. Regeneration characteristics of different dental derived stem cell sheets. J Oral Rehabil, 2020, 47 Suppl 1: 66-72.

[16] Chang M, Liu J, Guo B, et al. Auto Micro Atomization Delivery of Human Epidermal Organoids Improves Therapeutic Effects for Skin Wound Healing. Front Bioeng Biotechnol, 2020, 8: 110.

[17] Fujita I, Utoh R, Yamamoto M, et al. The liver surface as a favorable site for islet cell sheet transplantation in type 1 diabetes model mice. Regen Ther, 2018, 8: 65-72.

[18] Yu Na Lee, Hye-Jin Yi, Eun Hye Seo, et al. Improvement of the therapeutic capacity of insulin-producing cells trans-differentiated from human liver cells using engineered cell sheet. Stem Cell Res Ther, 2021, 12 (1): 3.

[19] Masayoshi Ishida, Kohei Tatsumi, Katsumi Okumoto, et al. Adipose Tissue-Derived Stem Cell Sheet Improves Glucose Metabolism in Obese Mice. Stem Cells Dev, 2020, 29 (8): 488-497.

[20] Tatsumi K, Okano T. Hepatocyte Transplantation: Cell Sheet Technology for Liver Cell Transplantation. Curr Transplant Rep, 2017, 4 (3): 184-192.

[21] Ben M'Barek K, Bertin S, Brazhnikova E, et al. Clinical-grade production and safe delivery of human ESC derived RPE sheets in primates and rodents. Biomaterials, 2020, 230: 119603.

[22] Bardag-Gorce F, Hoft RH, Wood A, et al. The Role of E-Cadherin in Maintaining the Barrier Function of Corneal Epithelium after Treatment with Cultured Autologous Oral Mucosa Epithelial Cell Sheet Grafts for Limbal Stem Deficiency. J Ophthalmol, 2016, 2016: 4805986.

[23] Oliva J, Ochiai K, Florentino A, et al. Feeder Cells Free Rabbit Oral Mucosa Epithelial Cell Sheet Engineering. Tissue Eng Regen Med, 2018, 15 (3): 321-332.

[24] Kamao H, Mandai M, Okamoto S, et al. Characterization of human induced pluripotent stem cell-derived retinal pigment epithelium cell sheets aiming for clinical application. Stem Cell Reports, 2014, 2 (2): 205-218.

[25] Gu S, Xing C, Han J, et al. Differentiation of rabbit bone marrow mesenchymal stem cells into corneal epithelial cells in vivo and ex vivo. Molecular vision, 2009, 15 (9-11): 99-107.

[26] Iraha S, Tu HY, Yamasaki S, et al. Establishment of Immunodeficient Retinal Degeneration Model Mice and Functional Maturation of Human ESC-Derived Retinal Sheets after Transplantation. Stem Cell Reports, 2018, 10 (3): 1059-1074.

[27] Iwata T, Washio K, Yoshida T, et al. Cell sheet engineering and its application for periodontal regeneration. J Tissue Eng Regen Med, 2015, 9 (4): 343-356.

[28] Satoshi Kainuma, Shigeru Miyagawa, Koichi Toda, et al. Long-term outcomes of autologous skeletal myoblast cell-sheet transplantation for end-stage ischemic cardiomyopathy. Mol

Ther,2021,29(4):1425-1438.

[29] Takagi S,Mandai M,Gocho K,et al. Evaluation of Transplanted Autologous Induced Pluripotent Stem Cell-Derived Retinal Pigment Epithelium in Exudative Age-Related Macular Degeneration. Ophthalmol Retina,2019,3(10):850-859.

[30] Shimizu K,Ito A,Yoshida T,et al. Bone tissue engineering with human mesenchymal stem cell sheets constructed using magnetite nanoparticles and magnetic force. J Biomed Mater Res B Appl Biomater,2007,82(2):471-480.

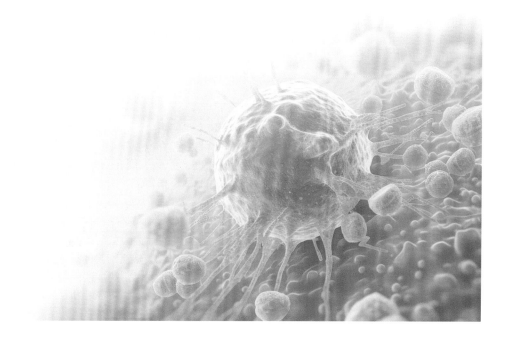

第三篇

实践篇：细胞治疗的
临床实践

第二十七章　遗传病的细胞治疗

提要:遗传病指由遗传物质改变引起的或者是由致病基因所控制的一类疾病。随着分子生物学和细胞生物学的发展,基因改造和基因编辑技术不断成熟,并与干细胞技术有效融合,有目的地从细胞水平编辑遗传物质,用改造正常的细胞治疗遗传性疾病得以实现。本章分为 8 节,从遗传病的细胞治疗策略、子宫内干细胞治疗入手,并介绍了肌营养不良、溶酶体贮积症、骨形成障碍、遗传性代谢性肝病和血液相关遗传病等的细胞治疗研究和应用实践。

遗传病(genetic disorder)是将遗传因素作为唯一或主要病因的疾病的总称,是一类涉及范围十分广泛的疾病,患者可表现为外貌畸形、代谢障碍、器官功能低下等,目前,这类疾病的治疗方式十分有限。随着分子生物学和基因工程技术的飞速发展,特别是重组 DNA 技术在医学中的应用,遗传病的治疗已逐步从传统的手术治疗、饮食疗法和药物疗法等跨入了基因治疗、细胞治疗的研究。遗传病细胞治疗是将外源基因克隆至一个合适的载体细胞(如体外培养的自体或异体细胞)或将正常人的细胞,经筛选后将能表达外源基因的受体细胞重新输回受试者体内的过程。针对血友病、地中海贫血、进行性假肥大性肌营养不良等疾病的遗传病基因、细胞治疗在临床中取得了令人振奋的治疗效果,为疾病的治疗提供了新的选择。遗传病的细胞治疗已成为最具发展潜力的全球性前沿医药领域之一,在治疗遗传病和恶性肿瘤方面独具优势。

第一节　遗传病的细胞治疗策略

遗传病细胞治疗时靶细胞的选用应该是在体内能保持相当长的寿命或者具有分裂能力的细胞,这样才能使被转入的基因有效地、长期地发挥治疗作用。因此选择用于细胞治疗的靶细胞特别重要,一般应具有以下特点:①较坚固,足以耐受处理,并易于由人体分离又便于输回体内;②具有分裂增殖优势,生命周期长,能长期有效地发挥治疗作用,易于接受外源遗传物质的转化;③易于受外源遗传物质的转化;④在选用反转录病毒载体时,目的基因表达最好具有组织特异性。干细胞和前体细胞都是理想的用于转基因治疗的靶细胞,目前使用较多的是干细胞、诱导多能干细胞、骨髓基质细胞、皮肤成纤维细胞、肝细胞、肌细胞、内皮细胞、淋巴细胞、角质细胞和肿瘤细胞等。

一、干细胞

干细胞(stem cell)是一类具有自我更新、高度增殖和多向分化潜能的细胞群体。它们可以通过细胞分裂维持自身细胞群的数量,同时又可以进一步分化,成为不同的组织细胞,构成机体的各种组织和器官。干细胞分为胚胎干细胞(ESC)及成体干细胞(adult stem cell,ASC)。ESC 是人体各种组织细胞的起源,它处于个体发育的顶端,可以分化成人体的 206 种组织细胞。ASC 存在于成体的各种组织中,具有多向分化潜能,可以分化为某一组织的多种细胞,如造血干细胞(HSC)分化为造血细胞、淋巴细胞;间充质干细胞(MSC)分化为成骨细胞、脂肪细胞、软骨细胞等;神经干细胞(NSC)分化为神经元、星形胶质细胞、少突胶质细胞等。

(一) 胚胎干细胞

胚胎干细胞(ESC)具有多能性,能诱导成任何一种由胚胎正常发育而来的细胞类型,如神经细胞、胰岛细胞、肌肉细胞等,从而使帕金森病、早期老年痴呆、糖尿病的细胞治疗成为可能。

(二) 造血干细胞

造血干细胞(HSC)是骨髓中具有高度自我更新能力、能永久重建造血功能的细胞,同时,作为前体细胞能进一步分化为其他血细胞,并能保持基因组 DNA 的稳定性。目前骨髓的抽取、体外培养、再植入等技术均已成熟,因此骨髓造血干细胞可用于如 β 地中海贫血、严重联合免疫缺陷病等遗传病的细胞治疗。

(三) 间充质干细胞

间充质干细胞(MSC)属于中胚层多能干细胞,存在于各种组织间,如脂肪组织、脐带、胎盘、羊水、肌肉组织。间充质干细胞具有向不同细胞系分化的潜能,在体外经诱导后可以分化为成骨细胞、脂肪细胞、软骨细胞、心肌细胞、神经细胞、肝细胞、胰岛细胞。间充质干细胞容易分离得到,在体外贴壁生长,形成纤维细胞样的细胞群,容易扩增,性质稳定。

(四) 神经干细胞

神经干细胞(NSC)能自我更新,并具有分化为神经元、星形胶质细胞和少突胶质细胞、肌细胞的能力,能转化为造血细胞并重建造血系统。神经干细胞治疗的遗传病包括溶酶体贮积病、少年型家族性黑矇性痴呆、佩-梅病(Pelizaeus-Merzbacher disease),已进入临床研究,目前处于 Ⅰ、Ⅱ期临床阶段。

（五）皮肤干细胞

皮肤干细胞具有维持和修复皮肤损伤的功能。目前研究较多的是表皮干细胞和真皮干细胞。表皮干细胞具有无限更新能力，维持皮肤正常组织结构和细胞内环境稳定。真皮干细胞可作为真皮修复细胞的来源细胞，在体内参与皮肤的不断更新，也可在体外进行扩增培养，具有多向分化潜能。

（六）肝干细胞

肝干细胞是肝细胞和胆管内皮细胞的前体细胞，通过自身的对称性和不对称性分裂方式进行自我复制，同时产生肝脏组织中不同发育阶段和不同分化方向的细胞。肝干细胞具有产生替代正常死亡的肝细胞、修补肝脏损伤、负责肝脏再生、产生肝细胞和胆管上皮细胞等功能。

（七）胰腺干细胞

胰腺干细胞能产生胰岛组织，具有自我更新、不断增殖、定向分化的能力。胰腺干细胞具有以下特征：体外培养呈克隆样生产；能分化为具有胰岛素分泌功能的 β 细胞，具有正常生理功能，并表达 β 细胞表面标记；细胞内具有胰岛素、消化酶颗粒，可移植至体内，并能发挥调节血糖等正常生理功能。

二、诱导多能干细胞

随着对成熟细胞重新编程的研究不断深入，诱导已经成熟的体细胞去分化为多能干细胞即 iPSC 的技术逐渐成熟。iPSC 具有治疗效果好、安全性高且避免伦理问题等优势。（图 3-27-1）

2007 年，Hanna 等通过将人源化的镰状细胞贫血的小鼠成纤维细胞诱导成 iPSC，采取基因打靶技术改正了突变的基因，然后将修正的 iPSC 分化得到的造血祖细胞移植回小鼠体内，首次建立了通过 iPSC 技术进行治疗的小鼠模型。2008 年，Park 首次将包括假肥大型肌营养不良（DMD）、慢性进行性舞蹈病和 21-三体征在内的 10 种遗传病的患者细胞诱导成 iPSC，并对这 10 种 iPSC 的全能性进行了鉴定。

在神经系统疾病中，Dimos 等将一位 82 岁的肌萎缩侧索硬化症（ALS）患者的体细胞诱导成 iPSC 后，用病毒转导，定向分化为在该疾病中被损坏的运动神经元。Ebert 等将脊髓性肌萎缩症（SMA）患者的皮肤成纤维细胞诱导得到 iPSC，并将该细胞定向分化成运动神经元。尤为突出的是，他们通过 SMA 疾病机制研究，使用运动神经元存活基因（SMN）诱导复合物刺激增加该运动神经元中的 SMN 蛋白水平，从而对该疾病进行治疗。这项研究为对疾病特异的 iPSC 进行机制研究和药物筛选打下了良好的基础。2010 年，Hargus 利用帕金森病患者的 iPSC 成功诱导出多巴胺神经元，植入大鼠模型后，能够改变大鼠的运动功能。这些实验表明，iPSC 能诱导出神经元，为神经退行性病变的治疗带来了希望。

在血液系统疾病中，Raya 等运用携带 FANCA 蛋白的慢病毒载体感染先天性全血细胞减少症（Fanconi 贫血）患者，对患者体细胞进行基因修正，再将修正后的体细胞诱导成 iPSC，该 iPSC 的 FA 通路恢复正常，并可分化成正常的造血干细胞。随后，Mueller 等证明低氧状态下的 Fanconi 贫血患者的体细胞可不经基因修复直接诱导成 iPSC。镰

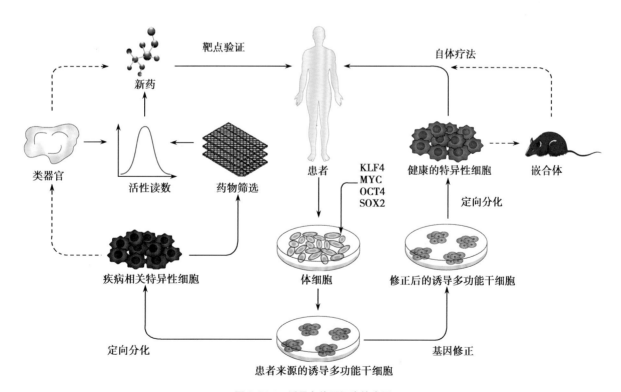

靶点验证　　　　　　　　　　　　　　　自体疗法

新药

类器官　　活性读数　药物筛选　　患者　KLF4　健康的特异性细胞　嵌合体
　　　　　　　　　　　　　　　　　MYC
　　　　　　　　　　　　　　　　　OCT4　　定向分化
　　　　　　　　　　　　　　　　　SOX2

疾病相关特异性细胞　　　　体细胞　　修正后的诱导多功能干细胞

定向分化　　　　　　　　　　　　　　基因修正

患者来源的诱导多功能干细胞

图 3-27-1　诱导多能干细胞的应用

将成熟的体细胞去分化为 iPSC。对患者体细胞进行基因修正，或将其直接定向分化成目标细胞，再将修正后 iPSC 导入患者体内。此外，iPSC 还可用于药物的筛选

刀型细胞贫血病（SCD）是由点突变引起 β 珠蛋白第 6 位谷氨酸被缬氨酸替代，导致血红蛋白结构异常，Hanna 等将 SCD 小鼠成纤维细胞电转正常 β 珠蛋白基因后诱导成 iPSC，再注回 SCD 小鼠体中，SCD 小鼠可检测到正常 β 珠蛋白基因表达。随着 CRISPR/Cas9 技术的发展，iPSC 技术与 CRISPR/Cas9 技术联合治疗 SCD 和 β 地中海贫血等研究不断被报道。LIU 等应用 CRISPR/Cas9 联合小分子化合物修正 β 地中海贫血 iPSC 突变的 β 珠蛋白基因，在保证修正后细胞保持正常核型与完全多能性的同时，提高了修正效率且无脱靶作用，为应用 CRISPR/Cas9 联合 iPSC 治疗血红蛋白病提供了新方法。

三、骨髓基质细胞

骨髓基质细胞可通过抽取骨髓，经培养后获得。经修饰的骨髓基质细胞可通过静脉输注骨巢。1988 年，Zipori 等首先将小鼠 IL-3 基因转移到小鼠骨髓基质细胞中。1990 年，Corey 将促红细胞生成素基因（Epo）转移到体外长期培养的骨髓基质细胞中。鉴于骨髓基质细胞生长于血液循环丰富的骨髓中，又能表达外源基因，因此有望成为一种良好的靶细胞。1994 年，Lozier 等用 pCEP4-狗IX因子质粒与 hTfpL/AdpL 分子结合物离体转染血友病 B 狗骨髓基质细胞，3 天后狗IX因子达到最高表达量 440ng/（10^6 细胞/24h）。

最近，卢大儒等用带有人 FIX cDNA 的反转录病毒载体 pLNCIX 转染人原代骨髓基质细胞，人 FIX 因子离体表达量约为 5.5μg/（10^6 细胞/24h），活性 80%，该结果为目前国际上人 FIX 表达量最高值。但骨髓基质细胞最大的缺点是其体外传代及扩增能力远不如皮肤成纤维细胞。

四、皮肤成纤维细胞

与骨髓细胞途径相比，利用皮肤细胞进行基因转移及表达的研究起步较晚，但在很短时间内取得了很大进展。皮肤细胞，特别是皮肤成纤维细胞，容易获取并在体外培养，也容易植回体内，需要时可移走。皮肤细胞属于已分化的细胞，影响外源基因表达的因素较少。已有不少基因得到良好的表达，合成和分泌的蛋白质可以通过血液循环供各种类型细胞使用。1987 年，Palmer 等鉴于骨髓细胞中外源基因在动物体内表达水平普遍较低，开始将注意力转移到皮肤成纤维细胞，结果发现，反转录病毒载体在原代皮肤成纤维细胞具有很高的转移效率（均超过 50%）。通过反转录病毒载体的基因转移，已使人体成纤维细胞能够产生具有生物活性的 ADA、葡萄糖脑苷酯酶、嘌呤核苷磷酸化酶、低密度脂蛋白和人凝血因子Ⅷ，以及用于制备肿瘤疫苗的各种细胞因子基因等。

近来，皮肤成纤维细胞越来越受到重视，薛京伦等利用皮肤成纤维细胞成功治疗血友病 B。Wong 等对 5 例常染色体隐性遗传病营养不良型大疱性表皮松解症（dystrophic epidermolysis bullosa，DEB）患者背部非损伤皮肤直接皮内注射同种异体皮肤成纤维细胞，2 周~3 个月内真皮与表皮交界处Ⅶ型胶原增加到了 1.5~2 倍，且皮肤活检时未提示免疫反应。Hasegawa 等用成纤维细胞体外培养出的真皮类似物治疗 DEB 患者，1 周后创面出现大量肉芽组织，4 周后溃疡边缘上皮形成，提示皮肤成纤维细胞能够释放血管内皮生长因子和纤维蛋白，从而在创面上形成肉芽组织。这些数据提示成纤维细胞在临床应用中的可行性。目前该类细胞已广泛运用于遗传病和肿瘤等疾病的细胞治疗。

五、肝细胞

肝脏是人体代谢过程的中心，是分泌血浆白蛋白和酶的主要脏器。肝细胞移植（liver cell transplantation，LCT）是将分离、培养的肝细胞植入体内，促进自身肝再生和重建，恢复肝功能，用于治疗肝衰竭或遗传性代谢性肝脏疾病。

肝细胞对治疗因肝细胞功能不全引起的各种遗传病来说是重要的。成年哺乳动物的肝细胞基本上是不分裂的分化细胞，对反转录病毒感染不敏感，但可以运用腺病毒感染。肝脏受到损伤或部分切除时，肝细胞再生分裂补充失去的肝脏时可用于反转录病毒感染。1987 年，Ledley 等用无血清培养液（SUM-3）成功地培养了新生小鼠肝细胞，并证明肝细胞能被带有 neo 基因的反转录病毒载体感染而显示出 G418 抗性。Wilson 等将一个带有 β-gal 基因及 neo 基因的反转录病毒载体转入原代培养的大鼠肝细胞。25% 的肝细胞能有效表达 β 半乳糖苷酶。他们还把人低密度脂蛋白（LDL）受体的 cDNA 转移到有遗传性高脂血症的 Watanaba 兔肝细胞中，发现转染细胞 LDL 受体活性最高可达正常兔肝细胞的 4 倍。

肝细胞原代培养扩增目前还有困难，因而这种基因转移要获得足够量的可供移植的细胞较为困难。黏附在葡聚糖颗粒上的肝细胞能移植到大鼠腹腔内保留 2 个月，并且能部分缓解低蛋白血症的 Nagose 大鼠和患血胆红素过多症的 Gunn 大鼠临床症状 1 个月。其他材料如含肝细胞生长因子的聚四氟乙烯多孔支持物等也能作为肝细胞生长的支持材料。Ponder 等将转有 α-抗胰蛋白酶的小鼠肝细胞注射到脾脏内，发现移植后 2 个月可在肝脏中检测到大部分注入的细胞，α-抗胰蛋白酶能在小鼠体内持续高达 6 个月。这些结果提示，经遗传修饰的肝细胞可在异位发挥正常作用。

（一）肝细胞移植的优点

1. 可以保留原器官肝脏的功能，为自体细胞的再生和基因治疗提供可能性。

2. 操作简便，手术风险较小。

3. 可采用冻存细胞，进行及时治疗。

4. 肝细胞可去分化而获得干细胞/祖细胞表型，具有高度可塑性。

（二）肝细胞移植方式

肝细胞移植注射方式有多种，常用的有经门静脉、腹腔和脾内注射。其疗效取决于移植的量和移植的细胞活性。肝细胞移植可使患者的临床症状得到缓解，并为肝移植争取时间。目前已有临床报道采用肝细胞移植治疗遗传性代谢性肝病、各种原因导致的急慢性肝功能衰竭等。

（三）肝细胞移植面临的问题

1. 肝细胞供者缺乏　尽管细胞分离技术已日臻成熟，但目前的技术条件下，肝细胞只能原代培养，尚不能扩增培养，因此存在供应不足的问题。

2. 移植肝细胞凋亡　移植的肝细胞必须整合到宿主肝组织中才能存活、增殖，否则易被宿主免疫系统排斥，逐渐凋亡。

3. 免疫抑制　目前尚没有一个公认的移植后免疫抑制治疗方案，大多数免疫抑制治疗采用肝移植方案。

4. 移植后不良反应　大量的液体及细胞输注术后可能造成门静脉高压及胃消化道出血及门静脉血栓形成。

5. 移植部位感染　免疫抑制剂使用后易发生腹腔、门静脉感染，需严密观察，加强无菌操作，必要时使用抗生素。

六、肌细胞

肌细胞作为细胞治疗的靶细胞研究较晚，但进展较快，也被列为非常有发展前景的细胞之一。肌肉是药物注射的常用组织，对外源药物毒性耐受力强，肌肉组织数量大，易获取，可用于体外培养；成肌细胞（肌肉前体细胞）容易分离培养，并易于病毒基因转移，经基因转移的成肌细胞容易植回肌肉，并且易与原位肌纤维融合，而且已有 Duchenne 型肌营养不良（DMD）患者行成肌细胞移植的安全经验，移植处有丰富的血管可将基因产物运输到全身。

过去由于认为成肌细胞不具有分泌特性，因而较少研究这类细胞。1991 年，Barr 和 Blau 等分别将人生长激素基因（hGH）转移到小鼠成肌细胞株 C2C12 中，并将 hGH 表达的肌细胞注射到小鼠骨骼肌中，发现 hGH 在小鼠肌肉和血浆中表达 3 个月以上，从而提出了成肌细胞用于细胞治疗的设想。

Dai 等通过反转录病毒将由 MCK 启动子/增强子驱动的狗 FIX cDNA 转移到原代小鼠成肌细胞中，并直接注射小鼠，结果获得 FIX 低水平持续表达。Yao 等将带有 lacZ 基因的 BAG 载体和带有人 FIXc DNA 的 LIXSNL 载体分别转移到小鼠 C2C12 成肌细胞中，注射小鼠后，分别发现注射处 50%~90% 的肌肉可染成蓝色，表达 β 半乳糖酶，其中人 FIX 在小鼠血液中获得高达 1.0μg/mL 的表达水平。

七、内皮细胞

血管内皮细胞作为基因治疗的靶细胞，其优点是内皮细胞直接参与血液循环，利用它的代谢和蛋白质分泌功能，使转入的外源基因表达产物能更快传递。1989 年，Zwiebel 等用 MoMLV 反转录病毒构建 3 个带有不同基因的重组载体转染大鼠主动脉内皮细胞，发现感染的细胞均能表达各自转入的基因。其中用带有大鼠生长激素（rGH）基因的载体（G2N）转染的细胞，生长在人造血管移植物上能持续分泌 rGH 超过 1 个月，激素浓度高达 1 060ng/（10⁶ 细胞/24h）。

肝窦内皮细胞（liver sinusoidal endothelial cell，LSEC）是一种缺乏基底膜的内皮细胞。血友病 A 是由于位于 X 染色体上凝血因子Ⅷ（FⅧ）基因突变或缺失，导致 FⅧ功能缺陷，出现凝血功能障碍。实验证明，肝窦内皮细胞是 FⅧ的主要来源。Fomin 等将胎儿 LSEC 移植到免疫缺损的小鼠（uPA-NOG）体内，发现小鼠血浆中 FⅧ的平均表达水平较前增高，约为其标准值的 32%，这给胎儿 LSEC 治疗血友病 A 提供了可能。

八、淋巴细胞

（一）动物实验进展

由于动物骨髓细胞长期表达至今令人失望，因此以 Blease 等为首的研究小组开始了以淋巴细胞为靶细胞进行基因转移表达的研究。他们首先从小鼠开始实验，结果表明，双嗜性反转录病毒能够成功地把外源基因转入小鼠 T 淋巴细胞，载体基因无论在体外还是体内都能稳定表达。接着他们进行了猴的实验。用 N2 载体、SAX 载体和 LASN 载体转染猴 T 淋巴细胞，neo 基因也能稳定地表达。这些细胞各自输回猴体内，体内 neo 基因持续表达 727 天，hADA 表达 19 天，hADA 产量比未处理前增加 1 倍。用 hADA 转染的两只猴子，外源基因表达持续时间分别为 119 天和 14 天。同时，他们做了大量 ADA 缺乏症患者 T 淋巴细胞的体外试验。从 ADA 缺乏的儿童血液中分离单核细胞，在含有细胞分裂剂 Ril-2 和 anti-OK3 的培养液中培养数天，促使 T 淋巴细胞增殖，然后用 LASN 反转录病毒载体重复感染两次，经感染的细胞置于 G418 选择培养液中培养 7 天。测定结果表明，未经感染细胞 ADA 酶活性 <0.01μmol/（L·h·毫克蛋白）。转染的细胞 ADA 酶活性达 2.93μmol/（L·h·毫克蛋白），约是正常值的 2.7 倍，说明转入的人 ADA 基因已经纠正了细胞内的生化异常。将转染的 T 细胞注射到小鼠和猴子体内，发现这些基因修饰的细胞在没有 rIL-2 的情况下，也能存活 539 天，其中 neo 基因持续表达 5 个月，而且含有病毒载体的细胞还可维持辅助性 T 细胞功能。

（二）临床应用进展

第一个将基因转入患者体内的试验就是用反转录病毒载体将 neo 基因转入淋巴细胞，然后输回到患者体内。黑色素瘤患者的肿瘤浸润性淋巴细胞（TIL）经过处理回输到自身体内，同时给予 IL-2，可以杀伤肿瘤细胞。为了更好地了解这种处理方法，确定输回的 TIL 在体内的分布和存活情况，Rosenberg 等用 LNL16 病毒载体把 neo 基因转移到 TIL，并输回患者体内。试验结果表明，患者接受处理的忍受力很好，没有发现由于基因转移引起的副作用。转入的 TIL 不仅在血液中存在，而且在肿瘤区域也有生存。一半以上患者的癌组织有明显消退。在 TIL 和患者体内都没有发现可感染的病毒。这一试验证明，反转录病毒可以作为基因转移载体进入 TIL，输回给黑色素瘤患者。这一途径很可能为癌症患者提供真正的基因治疗。

首例遗传病的基因治疗用的也是 T 淋巴细胞。1990 年 9 月，美国 Blease 小组对一位 4 岁 ADA 缺乏症女孩进行了世界首次基因治疗临床试验，向患者体内输注经遗传修饰的 T 细胞 1×10¹⁰ 个/次，每 1~2 个月一次，连续输注 1 年，间断半年后再输注 3 次，一共输注 11 次。2 年后停止基因治疗。同时辅以 PEG-ADA 治疗。患者接受基因治疗

5 年来,体内 ADA 浓度由低于正常值的 1% 上升到接近正常值的 20%,淋巴细胞数量正常,细胞和免疫功能正常,病情好转,尤其是在基因治疗停止后外源 ADA 基因仍然能够表达。

（三）淋巴细胞移植的优点

基因转移的 T 淋巴细胞能够安全地大量输回体内,并长时间存在,而且能够不断地产生转入基因的蛋白产物。这一事实说明,T 淋巴细胞是一个很好的基因治疗途径。T 淋巴细胞与其他细胞相比具有明显的优势:容易从血液中获取,容易被病毒转染,容易在体内扩增,容易被输回体内。

九、角质细胞

角质细胞具有以下优点:①易于获取,移植技术也较成熟,并已成功地用于烧伤患者的表皮再生;②移植物便于控制并且必要时可取出;③通过干细胞的增殖潜能保留不断自我更新的能力。

研究表明,相对分子质量为 90 000 的脱脂蛋白 E 完全能够借分泌进入血液循环。因而,角质细胞可能用作蛋白质合成或者作为具有包括低相对分子质量化合物在内的代谢功能的基因治疗靶细胞。狗的角质细胞中基因转移的效率达到 10%~76%。基因转移后的角质细胞可以分泌具有生物活性的新基因表达产物,人生长激素基因（hGH）经反转录病毒载体转入人角质细胞,然后经无胸腺的小鼠进行皮下移植,1 周后仍可在移植物中测到人生长激素。将含有表达 neo 基因的狗角质细胞移植到狗的皮下,130 天后 1% 左右的角质细胞成为 G418 抗性克隆,说明移植后很长一段时期内转移的基因仍能保持活性。1993 年,Gerrard 等将人 FIX cDNA 转移到原代人角质细胞中,离体细胞 FIX 分泌量为 580ng/（10^6 细胞/24h）;将基因修饰细胞移植到裸鼠体内,有低水平的表达。2015 年 6 月,德国波鸿鲁尔大学儿童医院采用自体转基因角化细胞培养后移植治疗 1 例 7 岁交界性大疱性表皮松解症（junctional epidermolysis bullosa,JEB）患儿,在随后 21 个月的随访中,再生的表皮保持完整,能抵抗外界机械力,没有出现水疱或糜烂。

十、肿瘤细胞

肿瘤细胞是肿瘤治疗研究中最常用的载体细胞。无论采用免疫增强基因、药敏自杀基因,还是肿瘤抑制基因,肿瘤细胞总是首选的载体细胞。在增强宿主免疫系统功能的治疗方面,人们首先采用细胞因子类基因转移 TIL 淋巴细胞,期望增强淋巴细胞对肿瘤的特异杀伤作用。由于在人体内 TIL 的靶向性不强等因素,人们把研究重点转移到肿瘤细胞上,希望通过细胞因子的转移,增强肿瘤细胞的免疫原性,使机体的抗肿瘤能力增强。除了细胞因子外,MHC 抗原基因、共刺激因子基因、癌抗原基因,甚至抑癌基因、异种基因等转移肿瘤细胞,均能引起免疫增强和保护作用。又如,药敏自杀基因 HSV-tk、CD 等转移肿瘤细胞中,加入前药核苷酸类似物（NAs）GCV、ACV 或 5-FC,可以显著提高肿瘤细胞对这些药物的敏感性。

十一、总结

在细胞治疗研究中,载体细胞研究已经取得了很大进展,但是所有这些方法对于细胞治疗来说还不尽完善。这些细胞各有所长,可以在不同疾病研究中相互补充。

第二节 子宫内干细胞治疗

子宫内干细胞移植（in utero hematopoietic stem cell transplantation,IUHCT）是一项全新的可以治疗在怀孕早期被诊断有遗传病的方法,但同时也可能导致严重的缺陷或死亡。现有的科学证据表明,该项技术可以使供体细胞达到一定的临床效果,所形成的稳定嵌合体可以长期存活。但是,迄今很少有病例获得成功,这在某种程度上与当初的设想相去甚远,同时用于移植的干细胞的来源和类型,以及对所治疗疾病的选择还有争议。

一、实施干细胞子宫内移植的可行性和优越性

干细胞子宫内移植就是通过手术方法或直接用 B 超引导将干细胞注入胎儿的腹腔中,使其在胎儿体内定居、生长、扩增。早在 1945 年 Owen 就观察到某些牛的异卵双生子中存在由于胎盘间血液循环交叉而产生的造血系统嵌合体。这一现象后来在灵长类和人类中也有发现。胎儿在生长发育的较早期,其免疫系统特别是起重要作用的 T、B 淋巴细胞尚未发育成熟,不能对抗原物质产生有效的免疫应答,而主要由母体的血胎屏障为其提供保护。此时如果有外来物质进入,不仅不会引起免疫排斥,相反会被当作自身抗原而诱导产生免疫耐受。另外,在胎儿期,胎儿自身的造血系统正处于快速生长、扩增阶段,这就为外来的 HSC 增殖提供了很大的空间。

目前人 HSC 嵌合模型已在小鼠、猴、绵羊、山羊等多种动物体中建立起来。Zanjani 等在研究人/绵羊嵌合模型中发现,人 HSC 能在绵羊体内存活 2 年以上,且将绵羊骨髓中的 HSC 分离纯化后再次植入胎羊中也能得到同样的嵌合体。这些研究结果均表明 HSC 子宫内移植在技术上是完全可行的。异体的 HSC 不仅能在受体体内长期存活,还可以保持其原有的特性。

孕早期的胎儿因处于免疫幼稚期,进行 HSC 移植一般不会产生严重的排斥反应,所以给操作带来了极大的便利。此外,由于移植的 HSC 被胎儿免疫系统当成自身抗原而诱导产生免疫耐受,这就为胎儿出生后再次移植相同来源的 HSC 进行治疗提供了可能,这一点也是普通 HSC 移植所无法比拟的。另外,某些疾病在怀孕期就会对胎儿造成损伤,如能在此时进行治疗,一方面会提高疗效,另一方面还可能阻止疾病症状的出现。除此之外,由于移植的造血干细胞来自正常个体,其基因的表达完全正常,因此除了血液病外,其他一些因子缺乏引起的遗传性疾病（如血友病、苯酮尿症等）也可用这一方法进行治疗。我们甚至可以设想给胎儿注射多个正常个体来源的造血干细胞混合物,以达到免疫接种的目的。这样不仅可以起到早期治疗的目的,还

可以降低胎儿出生后接受造血干细胞移植的配型难度。

二、移植的时机

HSC 子宫内移植之所以不需要对受体使用免疫抑制剂，就是因为移植时胎儿的免疫系统尚未成熟，它不能对外来的抗原进行有效识别和应答，因此选择合适的移植时机就显得格外重要。如果时间过早，此时胎儿很小，操作十分困难，注射部位控制不准确会大大降低嵌合体中人 HSC 的比例，甚至导致移植失败。而时间过晚，胎儿免疫系统发育逐渐成熟，就可能对移植物产生排斥反应，从而导致移植失败。目前在胎儿的免疫系统何时成熟上还有争论，Pahal 等发现，怀孕 13 周后胎肝及血液循环中 T 细胞的数量增殖很快，而 Renda 等则在怀孕 7~16 周的胎肝及血液循环中检测到了 TCR 的成熟 β 链转录产物。但总的来说，大家认为在怀孕 13~16 周之间进行移植，胎儿的免疫系统不会对移入的 HSC 产生强烈的排斥。

当然，如果治疗的胎儿患有 T 细胞缺陷症或联合免疫缺陷综合征，其免疫功能严重低下，移植的时间可适当延后，Flake 和 Wengler 等分别在母体怀孕 16.5 周和 28 周时用上述方法成功地治疗了两例重症联合免疫缺陷（severe combined immunodeficiency，SCID）。

三、供体细胞的来源及移植剂量

（一）供体细胞的来源

供体细胞的来源一直是 IUHCT 探究的重要问题。若供受体 MHC 不符、宿主免疫功能低下且供体中含有较多的免疫细胞，就会发生移植物抗宿主病（GVHD）。因此移植物中如不能最大限度地将 T 细胞去除，胎儿就极有可能产生 GVHD，从而导致流产。Pahal 等在胎儿外周血及胎肝进行研究后发现，胎肝中的 T 细胞远少于外周血（2.5% 与 18.6%），越是发育早期的胎肝，成熟的 T 细胞越少，而 CD34$^+$ 的造血干/祖细胞比例则大大高于后者（17.5% 与 4.3%），这正符合宫内造血干细胞移植对供体细胞的要求，所以胎肝成为研究者的主要选择对象。但它亦有不少难以克服的缺点，胎肝由于来源较少，使用前需冷冻保存，这会大大影响移植的效果，另外，它还存在获得的细胞少、组织易坏死、操作时易被细菌污染等问题，更为重要的是，伦理上的争议极大地限制了胎肝的广泛应用。

正因为如此，人们又开始考虑用去除了 T 细胞的成人作为供体，但动物体上的实验都因 GVHD 而未获得理想的结果，这表明用常规方法还难以使骨髓中的 T 细胞控制到可以接受的水平。近年来，以免疫磁珠为代表的 HSC 分选、富集技术得到了很大的发展，其在富集 HSC 的同时还能最大程度地去除免疫细胞，而脐血中的造血干/祖细胞的含量比成人外周血中高 10 倍左右，同时免疫细胞的数量远低于成人骨髓，且来源十分丰富，且不存在伦理上的障碍，因此从脐血中分离获得的 HSC 可满足 IUHCT 移植的需要。

（二）供体细胞移植剂量

造血干细胞 IUHCT 移植后能否在受体体内有效扩增与移植剂量是否相关？现在研究认为，这主要取决于机体微环境中是否能提供足够的支持龛（supportive niches），使得 HSC 完成增殖和归巢，供体细胞的移植剂量只要能达到有效地占据这些支持龛的要求即可，剂量过大不仅不会对其增殖带来多大的帮助，反而会因导入的 T 细胞数量增多（注：现有的技术水平还不可能完全去除 T 细胞）而引起 GVHD。绵羊及山羊等大动物上的实验表明，每个受体中移入 10^6 个左右的细胞是合适的。Milner 等人在研究小鼠的 HSC 子宫内移植时发现，当这些受体小鼠出生后 2、4、7 天时分别注射三次同一来源的 HSC 会极大地提高供体细胞的增殖水平，这些动物实验为我们探究恰当的移植时机奠定了理论基础。

四、IUHCT 动物实验进展

1979 年，Fleischman 和 Mintz 首次使用 *c-kit*-deficient（W/W^v）小鼠行 IUHCT，在其妊娠的第 11 天通过胎盘注射供体的骨髓 HSC，受体小鼠表现出完整的造血功能。在小鼠、山羊、犬类及灵长类动物中，IUHCT 在有干细胞缺失的模型中的移植成功率高于正常模型。在绵羊体内，不仅可以将同种异体胚胎肝脏来源干细胞行 IUHCT，异种人 HSC 行 IUHCT 后，受体也可产生持续的造血功能。IUHCT 在动物模型中表现出的耐受性和植入性，为人类 IUHCT 提供了可行性依据。

五、IUHCT 临床应用进展

在过去的 25 年中，大概有 50 例 IUHCT 治疗不同遗传性疾病的报道，包括血红蛋白增多症、慢性肉芽肿性疾病、Chediak-Higashi 综合征和先天性代谢性疾病，供体细胞来源及移植方法不尽相同。第 1 例成功案例于 1989 年治疗罕见淋巴细胞综合征，从 7~10 周流产胎儿组织中采集 HSC，处理培养后，通过脐静脉将干细胞缓慢注入胎儿。对于 X 连锁重症联合免疫缺陷（X-linked severe combined immunodeficiency，X-SCID）疾病，至少有 10 例取得了成功，但临床观察到产前移植疗效并没有优于产后移植，故 IUHCT 并没有进入广泛的临床应用。慢性肉芽肿病和 Chediak-Higashi 综合征采用 IUHCT 后，受体体内未能检测到供体移植物。血红蛋白病采用 IUHCT 后，12 例 β 地中海贫血受体仅 2 例出生后检测到供体移植物，1 例 α 地中海贫血患者形成微嵌合体（microchimerism）。在治疗代谢性疾病时，7 例患者仅 2 例移植成功，但其中 1 例没有临床改善，另 1 例可能因 GVHD 死于分娩前。

六、面临的问题及需要克服的困难

HSC 子宫内移植目前面临的问题主要是如何尽量减少移植时母体及胎儿的危险和怎样提高供体细胞的增殖水平并保持其长期存在。

对母体的危险主要是由操作时的损伤造成的。以前移植时需要实施手术，这有一定风险，但现在随着技术的进步，在动物实验中已能实现 B 超引导下的腹腔直接注射，有资料显示，其危险度已降至 1% 左右。对胎儿的危险则主要来自 GVHD。胎儿对 GVHD 十分敏感，Mckinnon 的研究认为,移植物中有超过 1×10^5 个成熟 T 细胞/kg 胎儿重量,就可能发生危险。这就要求进一步加强供体细胞分离、纯化方面的研究,以尽可能地减少 GVHD 的发生。

HSC 子宫内移植至今未能取得令人满意的临床结果,很重要的一点是因为供体 HSC 的增殖水平不高,无法获得很好的疗效,Quesenberry 等的研究认为,在怀孕的不同时期多次注射 HSC 能够使其获得大量的扩增,其效果明显好于只进行一次注射,这就说明只要有部分外源 HSC 能在体内支持龛上定居,将有效地促进其他外源细胞的增殖。因此目前需要对供体 HSC 在嵌合体中增殖、分化的机制进行深入研究,为今后的临床应用打下坚实的基础。

第三节 肌营养不良的细胞治疗

进行性肌营养不良是一组复杂的遗传性疾病,主要临床特征为进行性的肌肉萎缩和无力。根据临床症状和遗传方式分为许多类型:Duchenne 型肌营养不良(DMD)、肢-带型肌营养不良(LGMDs)、Miyoshi 型肌病(MM)、先天性肌营养不良(CMD)、Emery-Dreifuss 型肌营养不良、面-肩-肱型肌营养不良(FSHD)等。这类病的临床表现多样,发病机制复杂,但均导致肌肉萎缩,尽管其发病率低,但病情进展快、危害大、稳定遗传,目前还没有任何治疗方案能减缓和终止进行性肌损害。因此,有效的治疗必须将能表达 Dys 蛋白的正常基因移植到病变组织中,长期表达并产生足够数量的蛋白,这样既能修复正在变性的细胞,又能补充已经变性丢失的细胞,从根本上防治本病。Dys 蛋白的修复有两种方法:基因治疗和细胞治疗。细胞治疗可以是无基因修饰的正常供体的异体移植或自体移植,也可以是自体经基因修饰的细胞。能用于进行性肌营养不良细胞治疗的细胞必须具有分化为骨骼肌细胞的能力。目前已经采用的有成肌细胞移植治疗(myoblast transfer therapy,MTT)、骨髓细胞移植等。

一、成肌细胞移植

骨骼肌在损伤后有杰出的再生功能,成熟的肌细胞存在一定数量的卫星细胞,能与外源性成肌细胞融合,继续分化成异核多核性肌纤维,修复损伤的肌肉,给成肌细胞移植治疗 DMD 带来契机。Patridge 等首先提出,可以把 MTT 作为 DMD/贝克肌营养不良症(BMD)基因治疗的策略之一。他们利用 DMD 的动物模型 mdx 小鼠实验证实,移植的成肌细胞可与宿主的肌纤维细胞融合,生成多核肌纤维核表达正常的 Dys 蛋白,纠正了肌纤维的变性、坏死等病理改变,膈肌的呼吸强度和深度也基本恢复正常。Law 等用 DMD 患者父亲或兄弟的肌肉组织分离纯化的成肌细胞进行成肌细胞移植治疗,同时使用免疫抑制剂环孢素 A,发现患者肌肉中供体成肌细胞成簇状生长,并检测到部分患者肌力增强,有 1 例 Dys 蛋白表达持续长达 6 年。然而,Neumeyer 等对 3 例 BMD 患者进行了为期 1 年的成肌细胞移植治疗,显示虽有少量肌纤维表达了 Dys 蛋白,并未提高患者的肌力,认为只有进一步提高成肌细胞的移植效率,才

能发挥 MTT 的潜在治疗作用。Mendell 等人对 6 例患者行 MTT,仅 1 例在移植后的 6 个月,10.3% 的肌纤维表达供体来源的 Dys 蛋白,同时组织学证明肌肉内形成新的小肌纤维。2007 年,Skuk 团队对 1 例 DMD 行成肌细胞移植治疗,随访 1 个月和 18 个月,约 27.5% 和 34.5% 的肌纤维表达供体来源的 Dys 蛋白。Peried 等人对眼咽型肌营养不良患者行自体 MTT 移植,患者环咽肌功能有所改善,可能与新形成的肌纤维有关。

成肌细胞移植与其他基因治疗相比有一些优点:①骨骼肌细胞易于获取和移植;②成肌细胞能高度表达有活性的重组蛋白,并具有分泌特性;③可与宿主细胞融合,延长细胞存活时间,稳定表达外源基因;④移植后不干扰相邻组织的生理功能。

但目前 MTT 仍然存在一些问题:①移植细胞的分布:成肌细胞的移植分布在所有发病的肌组织中,包括心肌和膈肌,局部注射很难做到;采用全身静脉注射,细胞进入循环后无法进入组织,只能在毛细血管中堆积并形成微血栓。②DMD 患者心肌病变和智力缺陷仍然是 MTT 难以克服的问题,因为心肌细胞难以大量培养,且不互相融合,移植后的 Dys 蛋白仍局限于单个细胞中。③免疫排斥问题:在动物实验中,免疫抑制是 MTT 成功的关键,当小鼠成肌细胞移植于免疫相容的宿主可持续存在数月,而在免疫不相容的宿主则很快消失。对于同种异体移植,使用免疫抑制剂可保持供体细胞存活数月。故使用基因校正的自体细胞移植是该领域关键的研究方向。然而,该方法是目前唯一能将人类自然基因组完整转移的方式,在 DMD 实验和临床研究已取得一定进展,是迄今为止唯一能应用于 DMD 临床的治疗策略。(图 3-27-2)

二、骨髓细胞移植

(一)动物实验和临床研究进展

骨髓细胞(BMC)包括 HSC 和 MSC,是具有多向分化功能的混合细胞群。1995 年,Walitani 等第一次在体外培养基上,应用两性霉素 B 和 5-氮胞苷诱导骨髓基质细胞在体外分化成了肌小管,从而为 BMC 向肌肉方向转化提供了证据。1997 年,Giuliana 等进行了骨髓基质细胞在体内向肌细胞分化的实验:把 β-gal$^+$ 的 C57/MlacZ 转基因鼠的骨髓细胞注射到 Scid/bg 鼠的胫前肌内,在 2~5 周后发现,注射 BMC 的胫前肌组化染色发现了 β-gal$^+$ 的细胞核,说明 BMC 在体内可以向肌细胞方向分化。1999 年,Emanule 等证实了骨髓 HSC、SP 细胞、全骨髓细胞均具有向肌细胞转化的潜能。其将 C57 雄鼠的上述细胞分别经尾静脉注入雌性 mdx 鼠,5~12 周后,观察到胫前肌的肌细胞增多,有 Dys 蛋白的表达,并检测到肌细胞有 Y 染色体,证明了供体来源,说明 BMC 可以通过血液循环这一全身途径移植,并能定向分化为肌细胞,使受损肌组织得到修复,建立了骨髓移植治疗 DMD 乃至其他肌肉病的模型。

目前,BMC 静脉移植入 mdx 鼠后,其如何定居并定向分化成肌细胞的机制尚不明确。一方面,有人发现,BMT 后在受损肌肉中查到 Dys 蛋白的时间要比成肌细胞直接移

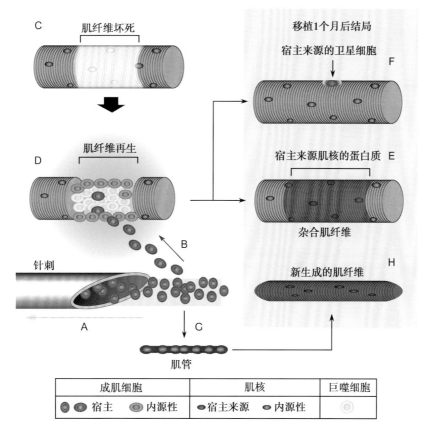

图 3-27-2 成肌细胞移植治疗进行性肌营养不良

成肌细胞悬液(A)通过趋化梯度(B)向坏死或受损的肌纤维迁移(C),使肌纤维再生(D)。移植的肌核和内源性的肌核共同表达蛋白形成肌纤维(E),一部分移植的成肌细胞可以形成新的卫星细胞(F),一部分移植的细胞可融合形成肌管(G),并分化成新的肌纤维(H)。

注:移植的成肌细胞(蓝色)、肌肉细胞(红色)、巨噬细胞(黄色)

植时间长,认为 BMC 进入体内后受到变性的肌肉组织中的某种趋化因子的趋化作用,使其与粒细胞、巨噬细胞等一起进入肌组织中,在变性微环境诱导下逐渐分化成肌源性细胞;另一方面,有人认为,移植的 BMC 首先成为受体骨髓的一部分,然后再随受体的 BMC 一起进入多向分化的轨迹,分化为肌纤维,但目前尚无定论。吕乃武等对 269 例进行性肌营养不良患者行自体骨髓和 MSC 联合经静脉移植治疗,结果显示,移植后 6 个月,81% 的患者肌力有不同程度增加;235 例患者复查肌酸激酶,80% 的患者肌酸激酶水平明显下降;51 例复查肌电图,62.7% 的患者波幅不同程度增高,运动单位增多,多相波减少。张铁斌等对 316 例进行性肌营养不良患者四肢肌肉内注射自体 MSC,结果显示,移植治疗 1 年后,81.3% 的患者肌力增加,治疗后 3~6 个月肢体肌力改善最为明显。

20 世纪 80 年代,一些研究人员得出一个结论:骨髓细胞(bone marrow,BMC)不参与肌肉的再生。Ferrai 等将小鼠全身照射后行骨髓移植,发现有少部分供者细胞参与肌肉的再生;Gussoni 给 MDX 小鼠静脉注射造血干细胞,少数肌纤维表达 Dys 蛋白。这两项实验为骨髓移植带来希望。然而后续的实验通过长期监测骨髓移植后的肌营养不良小鼠,发现在其一生中,骨髓细胞仅参与了 0.09% 的

肌纤维的生成。临床治疗的 2 例 DMD 患者均失败。1 例 1 岁的 X 连锁重症联合免疫缺陷(X-linked severe combined immunodeficiency,X-SCID)婴儿骨髓移植后,13 年后仅在其 0.5%~0.9% 的肌纤维中检测到来自供体的细胞核。另一名 16 个月龄婴儿接受脐带来源的干细胞以重建造血治疗慢性肉芽肿疾病,但 2.5 年后却又被诊断为 DMD,间接提示供体来源的 HSC 并没有纠正其肌营养不良。

(二)骨髓移植治疗进行性肌营养不良的优缺点

BMT 的优点:①BMC 取材方便;②可静脉注射,分布范围广;③BMC 具有多向分化功能,对骨骼肌、心肌、神经系统等的受损组织都可能进行修复;④BMC 易于被外源性基因转染,便于基因操作,开展自体移植;⑤BMC 携带全人类基因组,可能对 Dys 及其相关蛋白的缺乏进行修复。

缺点:①表达率低:BMC 有归巢现象,移植后的大部分细胞可能重新定居于骨髓,向肌细胞方向分化的只是少部分。②排斥反应强烈:移植前需经致死量的放疗,破坏免疫排斥系统。③目前尚不清楚 BMC 在 DMD 患者体内是否向其他方向分化,是否对其他系统的生长发育有影响。

三、其他细胞治疗策略

Moisset 等采用腺病毒载体介导 Dys 基因转染体外培

养的人成肌细胞，注入小鼠体内，注射部位的肌肉表达了 Dys 基因，但缺点是表达数量和持续时间有限。

由于成人成肌细胞含量较少，体外细胞转染和扩增比较困难、有抗原性，因此影响细胞介导基因的效率。Gibson 等发现，皮肤成纤维细胞在离体培养时可以和肌源性细胞融合成嵌合性肌小管，将正常鼠皮肤成纤维细胞植入 mdx 鼠肌肉可融合成多核性肌细胞，在第 3 周，49%~55% 的肌肉中表达了 Dys 蛋白，可见皮肤成纤维细胞可高效率地融合在肌细胞中，因其易于取材和大量培养，可将皮肤成纤维细胞移植作为一种治疗策略，但在临床试验中效果不佳。

肌源性干细胞（muscle-derived stem cell）是一类采用不同方法从肌肉中获得的具有多能细胞的总称。将正常犬来源的肌源性干细胞通过肌肉或动脉注射到肌营养不良的犬中，可恢复部分肌纤维 Dys 蛋白的表达。

四、细胞治疗进行性肌营养不良适应证及禁忌证

由于进行性肌营养不良没有明确的治疗方法，加上病情持续进展，预后不良，细胞治疗是新的治疗方法，故要把握好进行性肌营养不良的适应证和禁忌证，以提高进行性肌营养不良患者的生命质量。适应证：①进行性肌营养不良按照 8 级运动功能程度判断法为 <Ⅵ级者；②进行性肌营养不良按照 4 级病情严重程度判断法为 <Ⅲ级者。禁忌证：①进行性肌营养不良按照 8 级运动功能程度判断法为 >Ⅵ级者；②进行性肌营养不良按照 4 级病情严重程度判断法为 >Ⅲ级者。注意事项：①接受细胞治疗的患者需要长期随访；②细胞治疗实施后，仍需强调康复运动训练，如行走、张力运动和下肢伸展运动。

第四节　溶酶体贮积症的细胞治疗

溶酶体贮积症（lysosomal storage disorder，LSD）是一组遗传性代谢性疾病，是由于溶酶体内的酶（主要是酸性水解酶）、激活蛋白、转运蛋白及溶酶体蛋白加工校正酶的缺乏，引起溶酶体功能缺陷，致使代谢物在组织器官贮积导致的疾病。

目前 LSD 的分类尚未统一，根据细胞膜内水解酶、蛋白酶功能分类，可分为非膜边界溶酶体水解酶相关的 LSD，如戈谢病、Fabry 病、GM1 型神经节苷脂累积病、GM2 型神经节苷脂累积病、Krabbe 病、Pompe 病、黏多糖贮积病等；完整溶酶体膜蛋白相关的溶酶体贮积症，如 Niemman-Pick 病、Danon 病、糖脂质累积病Ⅳ型等；神经元蜡样脂褐质沉积症。根据不同酶作用底物的蓄积分类，可分为神经类脂增多症：糖脂类的蓄积，如戈谢病、Fabry 病、Krabbe 病等；黏多糖贮积病：黏多糖的蓄积，如 MPS Ⅰ、MPS Ⅱ、MPS ⅢA、MPS ⅢB、MPS ⅢC、MPS ⅣA、MPS ⅣB、MPS Ⅵ、MPS Ⅶ、MPS Ⅸ；黏多糖症：糖蛋白的蓄积，如Ⅰ细胞病、涎酸贮积病、岩藻糖苷贮积病等；糖原累积病：Pompe 病。

虽然每一种 LSD 均少见，但作为一组疾病而言，其患病率在活产婴儿中达 1/7 700，在美洲、欧洲及澳洲，LSD 在新生婴儿的发生率为 1/8 000~1/5 000，美国每年有 500~800 例 LSD 患儿出生，给社会造成极大负担。基于贮积物的复杂性及其组织分布与聚积速度的不同，LSD 既可导致多种器官系统的病变，也可仅局限于神经系统，并且自出生至成年期均可发病。

近几年部分 LSD 的治疗取得了一定进展，所采用的治疗措施旨在促进贮积物的降解，减少贮积物的合成，其中包括干细胞移植等。

一、造血干细胞移植

（一）交叉纠正理论

HSC 移植包括骨髓、外周血及脐血干细胞移植。Neufeld 通过"细胞交叉培养（cross cluture）"实验，将黏多糖Ⅰ型和Ⅱ型的成纤维细胞共同培养后发现各自的贮积物均逐渐减少，进一步得出了"交叉纠正"理论。这种现象的机制可能为溶酶体酶（至少一些部分）分泌到细胞外环境，这些酶附着在识别蛋白上（6-磷酸甘露糖），通过特异性膜受体固定在细胞膜上，细胞通过"胞饮"作用重新获得这种酶。当酶缺陷细胞与正常细胞共同培养时，缺陷细胞可以通过胞饮获得正常细胞分泌到细胞外液中的酶，而纠正其代谢缺陷。HSC 移植就是基于这种理论，即将一个酶正常"供者"HSC 移植到缺陷患者体内，供者细胞到达酶缺陷细胞附近，通过交叉纠正，改善临床症状。

1960—1970 年，Neufeld 首先证实 LSD 患者进行同种系骨髓移植后可使病情好转。至今各国对数百例 LSD 进行了 HSCT，其疗效得到了肯定。HSCT 治疗的机制，目前认为除了"交叉纠正"外，还包括酶缺陷细胞可被正常细胞替代，以及供者细胞所分泌的溶酶体酶可裂解血液中的底物，使贮积物在组织与血浆间产生浓度梯度，这种梯度可以促进贮积物清除。

（二）动物实验及临床应用

动物实验及临床经验证实 HSCT 并非对各种类型 LSD 均有效，如猫 α-甘露糖苷酶缺陷症经 HSCT 治疗后，其神经系统症状趋于稳定，体内异常贮积物显著减少。但 HSCT 对猫 β-己糖胺酶缺陷症无效，原因可能是猫的成纤维细胞在体内可释放大量 α-甘露糖苷酶到细胞外液中，却很少释放 β-己糖胺酶，因而后者达不到交叉纠正的效果。Krivit 等积累的大量经验也证实：①不同的 LSD 对骨髓移植的治疗产生不同的反应，例如黏多糖Ⅲ型（sanfilippo A/B）对骨髓移植反应极差，因为正常供者细胞产生的酶不能转移至酶缺陷细胞；②某些组织与器官对于"交叉纠正"具有拮抗性，如骨髓与中枢神经系统。

"HSCT 能否改善中枢神经系统症状"成为普遍关注的问题。动物实验证实，供者血液巨噬细胞最终可替代受者脑中的小胶质细胞。有作者对球形细胞脑白质营养不良小鼠模型进行了 HSCT，证实治疗后其存活年限延长，临床症状改善；生化与病理学研究证实，中枢神经系统内半乳糖神经酰胺酶水平增加，鞘氨醇半乳糖苷的贮积减少；组织学研究证实，脑内球形细胞也逐渐消失。由此可见，骨髓衍生细

胞确实可透过血脑屏障,并在中枢神经系统中定居。但这个替代过程在人类需要数月甚至数年的时间,所以只有对那些进展缓慢的 LSD,HSCT 才可能有效,而对进展快速的疾病则不适用。

对各种 LSD 进行 HSCT 的经验如下:①对 200 多例 MPS Ⅰ患者进行了 HSCT 治疗,结果显示内脏肿大、心功能不良、气道堵塞等症状好转,部分患者神经系统症状趋于稳定(但 HSCT 早期会有进展),骨骼病变进展缓慢,因此本病可进行 HSCT 治疗。②MPS Ⅱ已证实 HSCT 不能改善其神经系统症状。③MPS Ⅲ、MSP ⅢA、MSP ⅢB 经 HSCT 治疗后神经系统症状无变化或加重。④MSP Ⅳ(Morquio病)HSCT 治疗无效。⑤MSP Ⅵ经 HSCT 治疗可改善内脏肿大及心功能,延长存活时间,智力正常,但骨病无改善。⑥HSCT 对戈谢病Ⅰ型有效,对Ⅱ型(有中枢神经系受累)仅改善外周神经系统症状,Ⅲ型经 HSCT 治疗后可使病情不再进展或进展减慢。⑦MLD 对 HSCT 的反应取决于治疗的早晚,在临床症状出现前一年进行 HSCT 治疗效果很好,但 MLD 多是晚婴型,进展快,往往不能进行 IISCT。少年型与成人型病程早期,仍值得进行 HSCT,至少可达到症状减轻与稳定病情的作用。

二、神经干细胞移植

神经干细胞(NSC)具有潜在移行分化能力,将其注入发育中脑组织后,可产生正常神经细胞及所需酶,达到治疗作用。神经元蜡样质脂褐沉积症(neuronal ceroid lipofuscinosis,NCL)是一种常染色隐性遗传的溶酶体病,儿童期发病多见,细胞内脂褐素异常沉积在大脑皮层、视网膜等靶器官,临床表现为进行性智力运动功能倒退、难治性癫痫发作和进行性视力下降三联征。Selden 等对 6 例 NCL 婴儿行同种异体人类中枢神经系统干细胞(human CNS stem cell,HuCNS-SC)Ⅰ期临床移植研究,通过外科手术直接移植到患者大脑半球及侧脑室。研究过程中未出现移植相关的严重不良事件,证明了该方法的可行性,为 HuCNS-SC 治疗 NCL 提供了支持。

三、骨髓间充质干细胞移植

BM-MSC 与 NSC 一样,具有迁移能力,其表面可表达黏附分子并接受趋化信号,从而分布至整个大脑。将 MSC 移植到 Krabbe 小鼠大脑中发现小鼠的神经病理学特征有所改变,包括髓鞘化增加、炎症减少、运动功能改善。若将 MSC 经静脉或腹腔注射后,MSC 可迁移至多个器官,但只有少量能到达大脑,限制了 MSC 在中枢神经系统中发挥作用。在 Niemann-Pick A/B 和 C 型动物模型中,移植的 MSC 可延长宿主神经元在体内的存活,对浦肯野纤维具有保护作用并延长其在体内存活时间。在 Niemann-Pick C 型动物模型中,MSC 还可提供浦肯野纤维所需的内皮细胞生长因子,给予小脑细胞营养支持,减少疾病病理的发生。

MSC 也可作为 NSC 的辅助治疗,两者共同发挥作用,在亨廷顿病(HD)大鼠模型中,与单独移植 NSC 相比,MSC可抑制免疫反应,增加 NSC 的存活率,改善 HD 大鼠的运动功能。

第五节　骨形成障碍的细胞治疗

一、颅骨锁骨发育不全

颅骨锁骨发育不全(cleidocranial dysplasia,CCD)是一种先天性全身骨骼发育不全性疾病,发病率约为 1/1 000 000,是常染色体显性遗传,男女发病率无显著差别,致病基因为成骨细胞特异性转录因子 Runx2 基因,该基因位于第 6 染色体 p21 上,Runx2 的错意表达、基因插入、缺失或者移码突变等都是造成锁骨颅骨发育不全综合征的重要原因。临床表现为锁骨、颅骨等骨膜内化骨不全,由纤维组织代替导致的畸形,患者的典型特征为头大面小、囟门闭合延迟、颅缝增宽、上颌骨发育不全、双眼眼眶距离较大等,锁骨发育不良,两肩关节内收活动度极大,甚至两侧肩膀可在胸前靠拢,并伴有肱骨头半脱位的发生,骨盆、脊柱的锁骨可见单侧或双侧部分或完全缺失。

Saito 等采用逆转录酶-聚合酶链反应定量分析成骨细胞特异性标记物 mRNA 的方法,发现 CCD 患者的诱导多能干细胞(CCD-iPSC)诱导分化的成骨细胞低表达成骨细胞分化标记物,将这些成骨细胞移植到严重联合免疫缺陷颅骨缺损大鼠体内,呈现出较差的再生能力。接着他们采用 CRISPR/Cas 方法成功纠正了 CCD-iPSC 突变的 Runx2 基因,诱导分化的成骨细胞的分化标记物发生改变,且呈现出更好的移植再生能力。这些纠正的 iPSC 不仅可以阐明 Runx2 基因在 CCD 疾病中的作用,同时为 CCD 疾病的治疗提供了可能性。

二、软骨发育不全

软骨发育不全(achondroplasia,ACH)又称胎儿型软骨营养障碍、软骨营养障碍性侏儒等,是一种最常见的遗传性侏儒,在新生儿中的发病率为 1/77 000~1/15 000,属于常染色体显性遗传病,外显率为 100%。在 ACH 患者中 80%~90%由新生突变所引起,其发生与父龄较大有关,另外 10%~20%是由家族遗传所致。ACH 是由成纤维细胞生长因子受体 3(fibroblast growth factor receptor 3,FGFR3)跨膜区域的功能点突变引起,目前报道的突变位点有 Gly380Arg 和 Gly375Cys,前者占 ACH 患者绝大多数。临床表现上患者一般智力正常,但伴有前额突出、面中部发育不全、鼻梁下陷、四肢短小、三叉手、肌张力减退等表现。这些患者通常有复发性耳部感染,同时行走能力较差,最终发展为膝内翻。

尽管突变基因被发现多年,但目前仍无有效的治疗方法。Zou 等分离培养 3 例 Gly380Arg 基因突变的 ACH 患者的皮肤、尿液来源的体细胞,诱导其形成非整合 iPSC,发现和健康患者的 iPSC 相比,ACH 患者的 iPSC 软骨分化能力有所下降。通过 CRISPR/Cas9 技术可矫正并恢复 ACH 患者的 iPSC 软骨分化能力,恢复其 iPSC 的多能性,并保持染色体数目及结构不变。Antonio 等用骨髓 MSC 移植的方法促进骨延长区域骨骼的愈合。将骨髓 MSC 经透视下定位注入肢体骨骼愈合延迟或不愈合的部位,发现 MSC 可促进骨骼的愈合。这些研究为 ACH 的研究和治疗提供了重要的理论和实验依据。(图 3-27-3)

第六节   遗传性代谢性肝病的细胞治疗

遗传代谢性肝病是指由于遗传性酶缺陷致中间代谢通路异常,某些代谢产物或胆汁淤积导致肝细胞损伤的一大类疾病,并常伴有其他脏器的损伤,多数为常染色体隐性遗传,少数为常染色体显性遗传或 X 连锁伴性遗传及线粒体遗传。

一、肝豆状核变性

肝豆状核变性(hepatolenticular degeneration,HLD)又称 Wilson 病(Wilson's disease,WD),是一种常染色体单基因隐性遗传病,其致病基因为染色体 13q14.3 上的 ATP7B 基因,可编码铜转运 P 型 ATP 酶,该基因突变可使铜离子跨膜转运障碍,造成肝内铜蓝蛋白(ceruloplasmin,CP)合成障碍,导致铜离子在肝、脑、肾、角膜等处沉积,引起氧化损伤和细胞凋亡,导致进行性加重的肝损伤,引起肝硬化、锥体外系和精神症状、肾损害及角膜色素环等。患者需终身使用青霉胺、曲恩汀等螯合剂。而这些药物可引起严重的副作用,如过敏反应、骨髓抑制、自身免疫病。

(一)肝细胞移植

目前,肝移植是治疗肝硬化肝豆状核变性最有效的方法,而肝脏供体缺乏、术后移植排斥反应、费用较高是肝移植存在的主要问题。相对于肝移植,肝细胞移植治疗可以保留原器官的功能,为自体细胞的再生提供可能性;操作简便,手术风险较小;可采用冻存细胞,进行及时细胞治疗的优点。

为了促进排泄铜,移植的肝细胞必须整合进入肝实质,并重建肝胆排泄。采用 Dpp4 标记供体肝细胞,将其移植至 Dpp4⁻ 大鼠,光镜下可见受体大鼠 APTase⁺ 标记的胆管结构与供体肝细胞 Dpp4⁺ 标记的结构发生重叠。用荧光标记胆汁,追踪其排泄,发现移植肝细胞和邻近的原代肝细胞中构建的胆小管在功能上是连续的。这提示移植的肝细胞可整合至肝实质内,重建胆汁排泄系统,促进铜及其他有毒物质排泄,治疗 Wilson 病和胆道运输缺陷等其他疾病。已证实将肝细胞移植至 ATP7B 基因缺失或敲除的大鼠,移植的肝细胞可稳定表达 ATP7B,然而移植的细胞在肝脏内并无增殖。只有当原生肝细胞因各种原因(如肝部分切除、缺血再灌注损伤、药物、辐射等)发生损伤时,移植的肝细胞将发生代偿性增殖。但移植肝细胞在 ATP7B 基因缺失或敲除的大鼠体内的再生动力学与健康动物之间明显不同,可能因为铜对肝脏微环境的影响而导致。(图 3-27-4)

(二)干细胞移植

原代肝细胞缺乏和异种肝细胞移植后的排斥反应是目前肝细胞移植的主要问题。而自体干细胞或者 iPSC 则解决了这个问题。将小鼠的 ESC 诱导分化的肝细胞移植入肝损伤的模型体内可提高小鼠生存率。骨髓干细胞包括 MSC 和 HSC,具备易获得性,动物实验中,将人源性的 MSC 移植到有肝损的动物体内,可分化成能产生白蛋白的肝细胞,但 MSC 具有促纤维化功能,体内移植可能加重肝病的肝硬化程度,故其临床应用的安全性仍有待考察。iPSC 技术发展迅速,分化后的肝细胞具备白蛋白分泌、糖原合成、药物代谢等功能,但仅限于早期(fetal-like stages)。将 iPSC 诱导来源的肝细胞移植至小鼠体内后,监测肝脏 ATP7B 的表达,发现在观察期的数月内 ATP7B 水平无明显提高,可能需要更长的时间监测其表达。

二、尿素循环障碍

尿素循环障碍(urea cycle disorder,UCD)是一种遗传的先天性代谢缺陷疾病。在尿素循环中,共有 6 种酶参与,其中任何一种酶的缺乏或缺陷,都可使蛋白质的代谢产物氨无法转变成尿素而滞留于体内,导致血氨增高。其中鸟

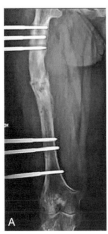
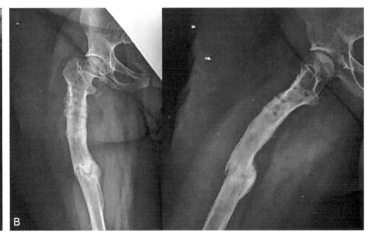
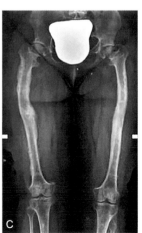

图 3-27-3   一名 21 岁 ACH 女性接受骨髓 MSC 移植方案前后对比图

A. 移植前,X 线平片显示右侧股骨在第二阶段延长期发生延迟固定。B. 三次骨髓 MSC 移植后 2 个月,外固定器已拆除,X 线平片显示骨再生的演化过程。C. 外固定器拆除后 3 个月,X 线平片显示右侧股骨愈合和骨痂形成

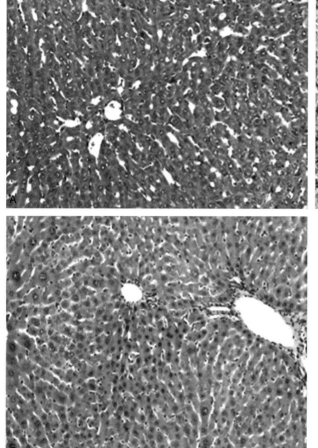

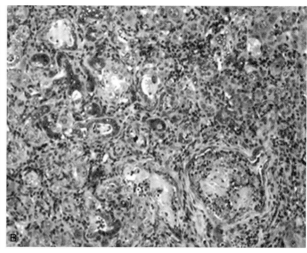

图 3-27-4 肝细胞移植治疗 LEC 铜中毒大鼠（LEC 大鼠：ATP7B 基因缺失）

A. 健康 LEA 大鼠肝脏 HE 染色；B. LEC 铜中毒大鼠肝脏 HE 染色，可见胆管纤维化、肝脏广泛损伤；C. LEC 铜中毒大鼠行健康 LEA 大鼠的肝细胞移植后肝脏 HE 染色，可见 LEC 铜中毒大鼠肝脏损伤逆转，形态恢复正常

氨酸氨甲酰基转移酶（OTC）缺陷是最常见的一种，属于 X 连锁显性遗传，其他均属于常染色体隐性遗传。

Najim 等对 4 例 UCD 患儿进行肝细胞移植，结局各不相同。1 例 14 个月龄的 OTCD 患儿接受冷冻保存的肝细胞移植，其血氨降低，尿素合成及精神症状均有所改善；1 例 42 个月龄的女婴接受新鲜分离的和冷冻保存的肝细胞移植，其血氨水平显著下降，维持在正常范围至移植后的 18 个月；而另外 2 例分别是对 1 例 5 岁和 1 例 2 岁患儿进行冷冻肝细胞移植，临床无任何疗效，未予报道。Meyburg 团队对 12 例 UCD 患者行门静脉同种异体肝细胞移植，其中只有 7 例得到全程治疗，在这 7 例患者中，4 例患者（57%）在肝细胞移植后的 1 年内尿素的代谢增高，未出现高血氨。但是仅有 1/7 的患者肝活检时发现供体细胞。

三、遗传性高胆红素血症

Crigler-Najjar 综合征是遗传性高胆红素血症的一种，主要表现为新生儿和婴幼儿持续的高胆红素血症，从而引起神经损伤。发病机制为 UGT1A1 基因突变导致葡糖醛酸转移酶的功能缺失或降低。Crigler-Najjar 综合征分为 I 型和 II 型，I 型患者为常染色体隐性遗传，II 型的遗传模式仍未明确，可能是常染色体显性遗传。

已有多项临床报道，肝细胞移植（LCT）作为一种替代治疗，可降低 Crigler-Najjar 综合征患者的血清胆红素水平，减少神经损伤，但是该疗效持续时间不超过 6 个月。肝细胞移植方法可用于等待肝移植过程中的治疗。Brendan 等以缺乏 UGT1A1 的 Crigler-Najjar 综合征大鼠为研究对象，在超声引导下运用子宫内细胞移植（IUCT）技术，将具有肝脏分化潜能的人羊膜上皮细胞（human amniotic epithelial cell，hAEC）移植到妊娠中期的胚胎鼠肝脏内，在大鼠出生后第 21 天行肝脏免疫组化分析，发现肝脏中可检测到人抗线粒体阳性细胞。该研究采用了异种宫腔穿刺产前细胞移植治疗的方法，给 Crigler-Najjar 综合征的细胞治疗提供了一个新的思路。

第七节 血液相关遗传病的细胞治疗

一、血友病 A

血友病 A（hemophilia A，HA）又称甲型血友病、抗血友病球蛋白（anti-hemophilic globin，AHG）缺乏症、第Ⅷ因子缺乏症、经典型血友病，因血浆中抗血友病球蛋白缺乏所致的凝血障碍性疾病，呈 X 连锁隐性遗传。血友病 A 为单基因遗传病，F8 基因定位于 Xq28。目前治疗 HA 的主要治疗方案是使用凝血酶原复合物或补充凝血因子制剂，但长期使用机体易产生抗体。HA 属于单基因疾病，故可基因治疗联合细胞治疗，利用质粒或病毒载体，使细胞在体外表达凝血因子，然后将细胞移植至体内。常用的靶细胞包括肝窦内皮细胞、肠上皮细胞、诱导多能干细胞、血源性生长内皮细胞、脂肪间充质干细胞及成纤维细胞（图 3-27-5）。

（一）治疗血友病 A 常用的靶细胞

1. 肝窦内皮细胞移植 肝窦内皮细胞（liver sinusoidal endothelial cell，LSEC）是存在于肝血窦中的半透膜屏障细胞，有助于清除病原体，参与免疫应答，分泌细胞因子和调节生长因子。FⅧ mRNA 可在肝脏、脾脏、淋巴结、肾脏等不同的人体组织中检测到，肝脏是 FⅧ 的主要来源，肝细胞和肝窦内皮细胞是肝脏中产生 FⅧ 的主要细胞。Kumaran 等将肝细胞混合物腹腔注射至血友病 A 的小鼠体内，发现可以纠正凝血功能障碍。随后将纯化的成熟 LSEC 经门静脉注射移植，血浆 FⅧ 活性超过正常血浆水平 10%。

2. 肠上皮细胞移植 肠上皮细胞可快速大量分裂，并可通过口服给药进入体内，使肠上皮细胞成为血友病基因治疗较有前景的靶细胞。杜建伟等采用含凝血因子Ⅸ基因（human coagulation factor Ⅸ，hFIX）的人源载体质粒 pHrnF9 转染肠上皮细胞 sw480，用 RT-PCR 方法检测 hFIX mRNA 的转录，ELISA 和凝血酶原时间检测（一期法）蛋白表达及凝血活性，结果提示 pHrnF9 质粒转染肠上皮细胞 sw480 后可表达有凝血活性的 hFIX，提示肠上皮细胞可作为血友病 B 基因治疗的靶细胞，但其在 HA 基因治疗中的有效性和安全性仍待进一步研究证实。

3. 诱导多能干细胞移植 iPSC 也可作为 HA 基因治疗靶细胞。Xu 等将小鼠尾尖成纤维细胞诱导成小鼠 iPSC，采用胚状体分化法将 iPSC 分化内皮细胞和内皮祖细胞，并将其直接注入 HA 小鼠的肝脏中，可检测到 FⅧ 蛋白的表达。Pang 等从重型 HA 患者的核糖体 DNA 基因座中获得 iPSC，使用转录激活子样效应子切口酶将 HA 患者体内的多核苷酸 DNA 位点上的 FⅧ 基因作为目标，用于挽救 FⅧ 蛋白的不足。结果显示，在目标 HA 患者的 iPSC 中可检

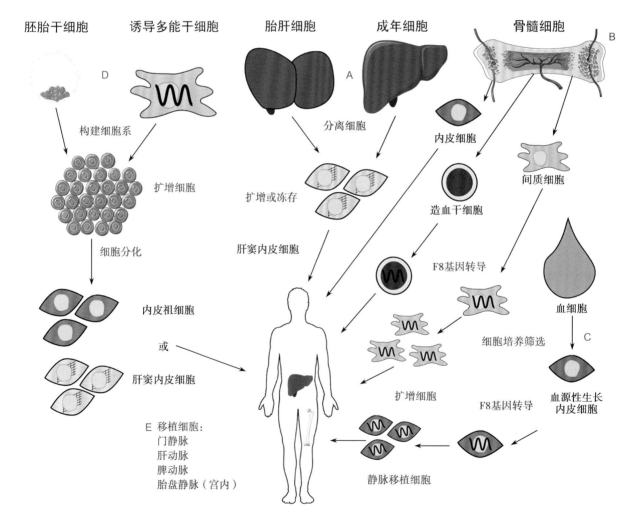

图 3-27-5 治疗血友病 A 常用的靶细胞

A. 肝窦内皮细胞；B. 骨髓细胞；C. 血源性生长内皮细胞；D. 胚胎干细胞及诱导多能干细胞；E. 移植细胞。黑色字体表示细胞或组织类型，蓝色字体表示细胞移植过程

测到外源性 FⅧ mRNA 和外源性 FⅧ蛋白的有效表达,当 iPSC 分化成内皮细胞后,仍可检测到外源性 FⅧ蛋白,表明 iPSC 可用于基因治疗的有效靶细胞,为 HA 和其他单基因疾病提供基于 iPSC 的新型治疗方法。

4. 血源性生长内皮细胞移植 血源性生长内皮细胞(blood outgrowth endothelial cell,BOEC)虽在成人外周血中表达水平很低,但可从外周血中分离,在培养基中增殖并通过基因修饰使其表达正常 FⅧ。大部分 BOEC 来源于血管壁,但有 5% 来自骨髓,这些骨髓前体细胞具有更高的增殖潜能,因此被归为 BOEC。Van den Biggelaar 等从健康供体采集的外周血中分离 BOEC,使用 LV 编码人 BDD 的凝血因子Ⅷ绿色荧光蛋白(green fluorescent protein,FⅧ-GFP)进行转导,通过流式细胞术和共聚焦显微镜进行检测发现,转导后 80% 的 BOEC 可表达 FⅧ-GFP,表明 BOEC 可作为 HA 基因治疗的靶细胞。Ozelo 等将表达 FⅧ的 BOEC 输注到 HA 小鼠体内发现,HA 小鼠体内可检测到治疗水平的 FⅧ。在 HA 犬模型体内加入延长因子 1α 启动子和增强子,可使犬 FⅧ(canine FⅧ,cFⅧ)基因表达提高至少 100 倍。现已有芯片技术将 FⅧ转导的 BOEC 重新加工后皮下移植,可校正 HA 小鼠中的部分疾病表型。

5. 骨髓细胞移植 骨髓细胞包含骨髓内皮细胞、骨髓 HSC、骨髓 MSC。利用慢病毒将 FⅧ基因转入 MSC 中,通过关节穿刺方法直接将细胞注射到关节腔内,可抑制 FⅧ缺陷小鼠急性关节出血。此外,MSC 自身具有分化为软骨细胞和成骨细胞的能力,参与免疫调节反应,分泌诸多生物活性介质。

6. 脂肪间充质干细胞移植 脂肪间充质干细胞(ADSC)具有强大的体外增殖力及分化能力,成为具有发展前景的 HA 基因治疗的靶细胞。我国学者已成功将含有 BDDFⅧ cDNA 的重组质粒成功转染至 ADSC 中,且转化后的细胞能够表达 hFⅧ,但活性不高,仍需进一步研究提高 FⅧ的活性。

7. 成纤维细胞移植 Roth 等人报道了人 HA 患者第一个临床试验,他们将表达 FⅧ基因的质粒载体转移到成纤维细胞中,再移植到人大网膜上。6 例重症 HA 患者每例移植 $1 \times 10^8 \sim 4 \times 10^8$ 个细胞不等,研究结果显示,高剂量组 FⅧ活性能增加约 15%,但缺点是该基因未能长期表达。

(二)移植方法

血友病 A 的细胞治疗中,给药方法是一个很关键的方面。如果不能有效地移植细胞,将无法提供足够水平的循环 FⅧ因子。因肝脏是 FⅧ的主要来源,肝细胞和肝窦内皮细胞是肝脏中产生 FⅧ的主要细胞,所以常采用经门静脉、肝动脉、脾静脉进行细胞移植。另外,如上所述,骨髓细胞可采用关节腔直接注射的方法,对急性关节出血有预防作用。

产前诊断血友病 A 使得子宫内移植也成为可能。子宫内移植的优点包括:①减少了免疫反应,减少了产生 FⅧ抑制性抗体的风险;②可减少对移植物大小的需求;③减少出生前后的发病率及死亡率。

二、镰状细胞病

镰状细胞病(sickle cell disease,SCD)是因 β 基因缺陷引起的一种常染色体隐性遗传病。红细胞呈镰刀状改变,其变形能力降低,易使血管栓塞及溶血性贫血。

1984 年,研究者报道了第一例采用 HSC 移植治愈 SCD 的病例,该患者采用 HLA 配型的同胞供体骨髓移植治疗急性髓系白血病(acute myeloid leukemia,AML)的同时,治愈了 SCD 及 AML 两个疾病。随后约 1 200 例 HSC 移植治疗 SCD。预处理方案也在不断改进,包括清髓、降低强度和非清髓等方法。HSC 的来源也不尽相同,包括人类白细胞抗原(human leukocyte antigen,HLA)匹配的同胞供体献血者、非血缘的 HLA 匹配的献血者、脐带血、单倍体相关的献血者。此外,MSC 移植也是治疗 SCD 的策略之一,可降低移植物抗宿主病(graft versus host disease,GVHD)的发生。目前自体 HSC 经基因治疗后的移植在不断探究中,自体细胞的移植可大大减少移植后并发症的发生。法国对 87 例患者移植前后对比发现,患者无事件生存率从 76.7% 提高到 95.3%。

第八节 其他遗传病的细胞治疗

一、亨廷顿病

亨廷顿病(Huntington disease,HD)是一种常染色体显性遗传病,呈进行性神经病变,累及大脑基底神经节变性,临床表现为不自主的舞蹈样运动,随着病情加重可出现精神症状,并伴有智力减退,最终发展成为痴呆。患者常在 30~40 岁发病,也有 10 岁以前和 60 岁以后发病的病例,属于延迟显性的疾病。

细胞治疗 HD 以补充丢失的细胞、逆转疾病的表型及延缓疾病进展为目的。目前细胞治疗 HD 的方法有组织移植或采用胚胎来源细胞、骨髓干细胞和神经干细胞等行细胞移植。(图 3-27-6)

(一)组织移植

纹状体多棘神经元的丢失是 HD 的主要类型,因此早期多采用纹状体移植。在动物实验中,将胎儿纹状体组织移植至啮齿类和灵长类 HD 动物体内,移植的组织可分化成所需的细胞类型,并且和宿主细胞整合,改善运动和认知功能。HD 大鼠在移植后,其前肢运动能力修复至接近正常水平。在临床试验中,HD 患者经神经组织移植后,运动和认识方面有所改善,但持续时间不长。Cisbani 等在 HD 患者移植 9 或 12 年后发现,移植组织周围可见萎缩的星形胶质细胞,移植区血管缺失。这提示移植后的营养支持不足导致移植细胞成活率降低,同时,移植细胞的提取方法也影响着细胞的活力。在啮齿动物 HD 模型中,胎儿纹状体细胞的悬浮液比固体移植物有更高的存活率和血管形成率。另外,胚胎组织细胞来源于流产的胎儿,存在伦理问题,故目前更多地采用细胞移植,包括 ESC、iPSC、NSC 和骨髓干细胞移植治疗。

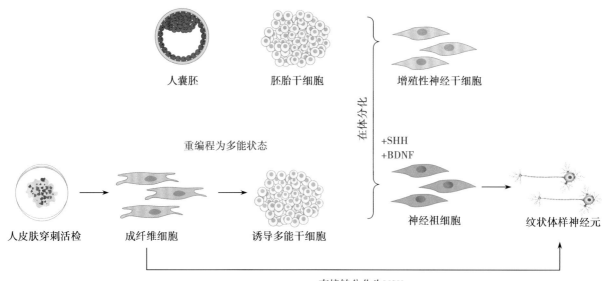

图 3-27-6　人源性多能干细胞分化为 NSC 和纹状体神经元图

囊胚来源的人类 ESC 和人类成纤维细胞经重新编程后得到的 iPSC,可诱导分化为具有神经特征的细胞,如 NSC。在培养基中加入神经营养因子等,可分化成神经祖细胞,并进一步分化为纹状体样的神经元。另外,成纤维细胞可直接分化为中型多棘神经元(MSN)。BNNF:脑源性神经营养因子;MSN:中型多棘神经元;SHH:音猬因子

（二）胚胎干细胞移植

到目前为止,ESC 移植主要在动物模型中进行测试。Ma 等发现 ESC 可分化成 GABA 神经元,神经元经荧光染色可表达 DARPP32 阳性,而 DARPP32 为纹状体多棘神经元(medium spiny neuron,MSN)特征性标记。随后他们将人类 ESC 诱导分化的神经前体细胞(neural progenitor cell,NPC)移植到 HD 小鼠中,NPC 不仅存活,而且可在小鼠纹状体中分化为 GABA 神经元,并与宿主神经元连接,减轻 HD 小鼠运动障碍。Carri 等也将人类 ESC 和多能诱导干细胞分化的 NPC,诱导为 GABA 神经元,采用免疫荧光染色显示,这些神经元不仅表达中型多棘神经元的特征性标记物,如 DARPP32、GAD65/67、GABA、CALB1、ARPP21,同时还表达多巴胺和腺苷受体。将这些 NPC 移植到 HD 大鼠中,3 周后检测,NPC 存活并分化,同时能纠正大鼠因药物诱导的转向行为。

（三）诱导多能干细胞移植

iPSC 从成人体细胞组织中产生,因此避免了相关的一些伦理问题,具有潜在的优势。2008 年,Park 等首次用 HD 患者体细胞诱导产生成纤维细胞。随后 Zhang 等进一步探究发现这些细胞可分化成 HD-特异性 NSC 和纹状体神经元。将 HD 患者 iPSC 和正常人 iPSC 对比,HD 患者 iPSC 在电生理、代谢、细胞黏附和细胞死亡方面表现出与疾病相关的变化。故采用自体多能干细胞移植时需对患者的细胞进行重新编程。

（四）神经干细胞移植

NSC 可以从胎儿、新生儿和成人大脑中分离并体外培养繁殖,能降低肿瘤形成的风险。移植的 NSC 表现出成熟的神经元生理特性,可融入宿主的神经回路中。将 NSC 移植到转基因小鼠模型后,神经元迁移、分化、改善记忆。

McBride 等将 NSC 移植到被喹啉酸损伤纹状体的大鼠模型上,他们发现,随着移植细胞大量向纹状体迁移,大鼠的运动性能增强,同时细胞向宿主的整合和分化明显增强。Chu 等在短暂局灶性脑缺血的大鼠中静脉注射 NSC 后,发现 NSC 可以迁移并整合至梗死区域,一部分能增殖分化成星形胶质细胞,小部分能分化为神经元。这些发现表明,侵入性的手术可能不再是必要,然而,这些被注射的细胞是如何穿过血脑屏障仍不明确。Lee 等人在 HD 成年大鼠模型中静脉注射 NSC,发现 NSC 可迁移到纹状体,减少纹状体萎缩,并最终分化为神经元和神经胶质。

（五）骨髓干细胞移植

将骨髓干细胞包括骨髓 HSC 和 MSC 同时移植至经喹啉酸处理过的 HD 大鼠模型的纹状体中,骨髓干细胞能在宿主中至少存活 37 天,并能明显减轻记忆缺陷。单独移植骨髓 MSC 可减轻纹状体萎缩,然而研究发现,只有 1% 的 MSC 表达神经元表型,提示 MSC 可能是通过释放生长因子而发挥神经营养作用,使尾状核中存活的细胞更有效地发挥作用,并促进其他代偿反应。Bantubungi 等在移植 8 周后的 HD 大鼠模型中检测到 MSC 和 NSC。

二、慢性肉芽肿病

慢性肉芽肿病(chronic granulomatous disease,CGD)是一种罕见的 X 连锁或常染色体遗传的原发性免疫缺陷病。基因突变引起吞噬细胞还原型辅酶Ⅱ(NAPDH)氧化酶活性缺陷,导致产生活性氧的能力减弱,严重损害了吞噬细胞吞噬微生物的能力,具有反复感染、强烈炎症反应及肉芽肿形成等临床表现。HSC 移植是目前唯一的根治手段。

2002 年,欧洲的研究小组报道,27 例 CGD 患儿接受了同胞供体 HSC,同时给予白消安为主的清髓联合治疗。其

中 9 例患者出现严重的移植物抗宿主病和感染引起的炎症暴发,主要是曲霉菌感染。通过积极治疗,其总生存率为85%,81% 的患者被治愈。在被治愈的患者中,现症感染和慢性炎症得以清除。慢性肺病的肺功能也得以改善。

最近的一项涉及 56 例患者的研究发现,随访 2 年,患者生存率达 96%,仅 3 例患者有移植物抗宿主病(GVHD)。移植后的患者不但身体状况得以改善,心理状况也得以改善。重庆医科大学附属儿童医院 2012 年成功完成 2 例CGD 患者造血干细胞移植。移植后 24 天,检测四氮唑蓝还原试验及呼吸爆发功能均恢复正常,移植后 2 个月复查CT 提示肺部感染明显减轻,患者远期疗效还在续随访中。德国的一项研究发现,9 例患者行无关供体造血干细胞移植,7 例存活,并且都达到了正常的中性粒细胞功能和结肠炎恢复,实现了追赶生长。

为了增加植入成功率,对于 CGD 患者应选择恰当的移植时机。一经确诊本病,应结合患者的临床情况,争取在生命早期进行移植。大多数已进行移植的患者,多是在发生慢性疾病后才选择移植。这时往往伴随侵蚀性真菌感染和一系列的严重感染,增加了移植的难度,加大了移植物抗宿主病的发生率。因此,建议一旦确定此病,应尽量在感染未严重影响器官功能前行移植治疗。清髓性预处理同时给予强有力抗感染治疗能有效提高植入成功率。

三、重症联合免疫缺陷

重症联合免疫缺陷(sever combined immunodeficiency,SCID)是一种体液免疫与细胞免疫同时存在严重缺陷的疾病,通常 T 细胞免疫缺陷更突出。其发病率为 1/50万~1/10 万,95% 的患者为男孩,多呈 X 连锁隐性遗传,偶呈常染色体隐性遗传及散发病例。临床表现及发病机制复杂多样,一般患儿出生 6 个月即出现病症,由于体液免疫和细胞免疫完全缺失,患儿表现出发育障碍,易患严重感染,特别是皮肤和黏膜的念珠菌病,以及病毒、真菌、条件致病菌和肺囊虫感染,患儿多夭折。

HSC 移植和基因治疗是目前治疗 SCID 最有效的方法。在一项多中心回顾性研究中,HSC 移植后总生存率达65%~70%,近期一项前瞻性队列研究显示,总生存率可达85%~90%。

(梁雪松　朱彤)

参考文献

[1] Pahal GS, Jauniaux E, Kinnon C, et al. Normal development of human fetal hematopoiesis between eight and seventeen weeks' gestation. Am J Obstet Gynecol, 2000, 183(4):1029-1034.

[2] Renda MC, Fecarotta E, Dieli F, et al. Evidence of alloreactive T lymphocytes in fetal liver:implications for fetal hematopoietic stem cell transplantation. Bone Marrow Transplant, 2000, 25(2):135-141.

[3] Grady RM, Zhou H, Cunningham JM, et al. Maturation and maintenance of the neuromuscular synapse:genetic evidence for roles of the dystrophin—glycoprotein complex. Neuron, 2000, 25(2):279-293.

[4] Smith-Arica JR, Bartlett JS. Gene therapy:recombinant adeno-associated virus vectors. Curr Cardiol Rep, 2001, 3(1):43-49.

[5] Cho W K, Ebihara S, Nalbantoglu J, et al. Modulation of Starling forces and muscle fiber maturity permits adenovirus-mediated gene transfer to adult dystrophic(mdx)mice by the intravascular route. Hum Gene Ther, 2000, 11(5):701-714.

[6] Liu Gele, David Brian T, Trawczynski Matthew, et al. Advances in Pluripotent Stem Cells:History, Mechanisms, Technologies, and Applications. Stem Cell Rev Rep, 2020, 16(1):3-32.

[7] 刘益, 胡韦维. 诱导多能干细胞在遗传性血液病中的应用与前景. 检验医学与临床, 2018, 15(18):2826-2828, 2835.

[8] Yan W F, Murrell Dédée F. Fibroblast-based cell therapy strategy for recessive dystrophic epidermolysis bullosa. Dermatol Clin, 2010, 28(2):367-370, xii.

[9] Fomin Marina E, Zhou Yanchen, Beyer Ashley I, et al. Production of factorⅧ by human liver sinusoidal endothelial cells transplanted in immunodeficient uPA mice. PLoS ONE, 2013, 8(10):e77255.

[10] Hirsch Tobias, Rothoeft Tobias, Teig Norbert, et al. Regeneration of the entire human epidermis using transgenic stem cells. Nature, 2017, 551(7680):327-332.

[11] 杜传书. 医学遗传学. 3 版. 北京:人民卫生出版社, 2014.

[12] Vrecenak Jesse D, Flake Alan W. In utero hematopoietic cell transplantation recent progress and the potential for clinical application. Cytotherapy, 2013, 15(5):525-535.

[13] Tai-MacArthur Sarah, Lombardi Giovanna, Shangaris Panicos. The Theoretical Basis of In Utero Hematopoietic Stem Cell Transplantation and Its Use in the Treatment of Blood Disorders. Stem Cells Dev, 2021, 30(2):49-58.

[14] Skuk Daniel, Tremblay Jacques P. Cell therapy in muscular dystrophies:many promises in mice and dogs, few facts in patients. Expert Opin Biol Ther, 2015, 15(9):1307-1319.

[15] 吕乃武, 杨晓凤, 许忆峰, 等. 骨髓和脐血间充质干细胞联合移植治疗杜氏型肌营养不良症 269 例疗效研究. 中国全科医学, 2010, 13(14):1525.

[16] 张轶斌, 杨晓凤, 王红梅, 等. 自体骨髓间充质干细胞移植治疗假肥大型肌营养不良症疗效分析. 临床内科杂志, 2010, 27(3):165-167.

[17] Siddiqi Faez, Wolfe John H. Stem Cell Therapy for the Central Nervous System in Lysosomal Storage Diseases. Hum Gene Ther, 2016, 27(10):749-757.

[18] Saito Akiko, Ooki Akio, Nakamura Takashi, et al. Targeted reversion of induced pluripotent stem cells from patients with human cleidocranial dysplasia improves bone regeneration in a rat calvarial bone defect model. Stem Cell Res Ther, 2018, 9(1):12.

[19] Memeo Antonio, Verdoni Fabio, Ingraffia Caterina, et al. Mesenchymal stem cells as adjuvant therapy for limb lengthening in achondroplasia. J Pediatr Orthop B, 2019, 28(3):221-227.

[20] Zou Huan, Guan Mingfeng, Li Yundong, et al. Targeted gene correction and functional recovery in achondroplasia patient-derived iPSCs. Stem Cell Res Ther, 2021, 12(1):485.

[21] Ranucci Giusy, Polishchuck Roman, Iorio Raffaele. Wilson's disease: Prospective developments towards new therapies. World J Gastroenterol, 2017, 23(30): 5451-5456.

[22] Najimi Mustapha, Defresne Florence, Sokal Etienne M. Concise Review: Updated Advances and Current Challenges in Cell Therapy for Inborn Liver Metabolic Defects. Stem Cells Transl Med, 2016, 5(8): 1117-1125.

[23] Gupta Sanjeev. Cell therapy to remove excess copper in Wilson's disease. Ann N Y Acad Sci, 2014, 1315(1): 70-80.

[24] 周徐. 肝细胞移植新型细胞来源及提高肝细胞移植效率的研究. 上海:中国人民解放军海军军医大学, 2017.

[25] Meyburg Jochen, Opladen Thomas, Spiekerkötter Ute, et al. Human heterologous liver cells transiently improve hyperammonemia and ureagenesis in individuals with severe urea cycle disorders. J Inherit Metab Dis, 2018, 41(1): 81-90.

[26] Grubbs Brendan H, Ching Mc Millan, Parducho Kevin R, et al. Ultrasound-guided in Utero Transplantation of Placental Stem Cells into the Liver of Crigler-Najjar Syndrome Model Rat. Transplantation, 2019, 103(7): e182-e187.

[27] 朱益文,闫振宇. 血友病 A 基因治疗及其进展. 医学综述, 2018, 24(20): 3988-3992, 3998.

[28] Fomin ME, Togarrati PP, Muench MO. Progress and challenges in the development of a cell-based therapy for hemophilia A. J Thromb Haemost, 2014, 12(12): 1954-1965.

[29] Zheng Yan, Chou Stella T. Transfusion and Cellular Therapy in Pediatric Sickle Cell Disease. Clin Lab Med, 2021, 41(1): 101-119.

[30] Beatriz Margarida, Lopes Carla, Ribeiro Ana Cláudia S, et al. Revisiting cell and gene therapies in Huntington's disease. J Neurosci Res, 2021, 99(7): 1744-1762.

[31] 雷小雨. 儿童慢性肉芽肿病的诊治进展. 国际儿科学杂志, 2016, 43(8): 608-610, 613.

[32] Freeman Alexandra F. Hematopoietic Stem Cell Transplantation in Primary Immunodeficiencies Beyond Severe Combined immunodeficiency. J Pediatric Infect Dis Soc, 2018, 7(suppl_2): S79-S82.

[33] Rowe R Grant, Daley George Q. Induced pluripotent stem cells in disease modelling and drug discovery. Nat Rev Genet, 2019, 20(7): 377-388.

第二十八章 血液系统疾病的细胞治疗

提要：血液系统疾病细胞治疗是临床疾病细胞治疗领域研究最早，也是临床应用最为广泛、最为深入的领域。从最早期的全血细胞输注治疗贫血，到目前治疗效果最佳的 CAR-T、CAR-NK 细胞治疗恶性血液病，最近国家批准的可自分泌抗体的 CAR-T 细胞治疗晚期实体瘤等。本章分 3 节介绍过继免疫细胞治疗、造血免疫重建、细胞因子在血液系统疾病中的应用等。

血液系统疾病的细胞治疗广义的概念包括 HSC 移植在内的所有细胞应用，其目的为治疗恶性血液病，提高治疗效果，减少疾病复发，尤其是 HSC 移植后并发症的治疗和预防。前面章节介绍了 HSC 移植技术，临床应用最多的是异基因 HSC 移植（Allo-HSCT），Allo-HSCT 后供者淋巴细胞输注（donor lymphocyte infusion，DLI）是预防和治疗白血病复发的重要应用。嵌合抗原受体 T 细胞（CAR-T 细胞）在急性淋巴细胞白血病中的治疗成功，已成为血液系统恶性疾病治疗的重要技术疗法。CAR-T 属于过继免疫治疗，过继 T 淋巴细胞免疫治疗还有 TCR-T、TIL 等。过继免疫治疗中的 CAR-T 细胞治疗在其他章节有专门介绍，本章主要介绍以 DLI 为主的免疫细胞治疗和 MSC 在血液系统疾病中的应用。

细胞因子作为一种生物合成的多肽类药物，严格意义上不属于细胞治疗的范畴，但细胞因子应用后在体内与其细胞表面受体结合，其疗效还是通过干细胞、淋巴细胞等细胞发挥作用，所以本章也将其纳入细胞治疗中进行讨论。

第一节 过继免疫细胞治疗在血液系统疾病中的应用

过继免疫细胞治疗是将体外活化和扩增的自体或异体免疫效应细胞输注患者体内的治疗方法。这些免疫细胞可以是自然杀伤细胞、树突状细胞或淋巴细胞等，可以来自同种异体或同种同体。供者淋巴细胞输注（DLI）是过继免疫治疗之一，在多种血液疾病中得到应用。本节主要介绍 DLI 及增强细胞免疫治疗的方法。

一、供者淋巴细胞输注

DLI 是治疗 Allo-HSCT 后复发的一重要治疗手段。1990 年，Kolb 等首次给 Allo-HSCT 后血液学复发的慢性粒细胞白血病患者输注供者单个核细胞（MNC），3 例患者获持续血液学和遗传学缓解。目前在世界范围已成功将这一方法应用于多种病例，包括 Allo-HSCT 后复发的慢性粒细胞白血病（CML）、急性淋巴细胞白血病（ALL）、多发性骨髓瘤（MM）、急性髓系白血病（AML）、恶性淋巴瘤（ML）等恶性血液病的治疗，以及重度地中海贫血、范科尼贫血等血液系统非恶性疾病的移植排斥。

（一）DLI 作用机制研究

DLI 抗白血病与移植物抗宿主病（GVHD）的发生密切相关。移植物抗白血病（GVL）与 GVHD 二者是可以分离的，GVHD 是由于供者 T 淋巴细胞识别宿主的同种异型抗原并直接或间接地通过一系列生物因子对宿主造成的免疫病理损害。

由于供者 T 淋巴细胞识别的抗原亦存在于白血病细胞表面，因而 T 淋巴细胞也可以将残留在体内的白血病细胞作为靶器官，发挥 GVL 效应，故临床观察到 GVL 往往依赖于 GVHD 的发生。近年来的研究发现，它们在某种程度上是可分的，这种可分性主要基于受者次要组织相容性复合体的不同分布，以及 GVL 效应细胞与白血病细胞的特异性作用。Datta 等在接受 DLI 治疗的 Allo-HSCT 后复发的 CML 患者体内发现有特异性识别 CML 细胞的供者 T 细胞反应克隆，采用 CML 细胞体外刺激 HLA 位点匹配的健康供者 T 淋巴细胞，产生的 78 个被验证的 T 细胞反应克隆中，19 个为 CML 特异性反应克隆。有意义的是，这些特异性 T 细胞克隆具有优先选用 T 细胞受体的 TCRVβ5、Vβ6/7 的特点。

人类的研究资料也提示 GVL 与 GVHD 是可分的：①Allo-HSCT 未发 GVHD 者复发率低于同基因 BMT；②去 T 细胞的 Allo-HSCT 患者，即使发生 GVHD，其复发率仍高于 Allo-HSCT 未发生 GVHD 者；③保留 T 细胞的 Allo-HSCT 未发生 GVHD 者，复发率低于去 T 细胞的 Allo-HSCT；④供者淋巴细胞输注，在未发生 GVHD 的情况下，亦可诱导 Allo-HSCT 后白血病复发患者的再次缓解。GVL 与 GVHD 的可分性为研究 DLI 抗白血病效应提供了理论依据。

（二）DLI 的临床应用

1. DLI 在治疗白血病中的应用 近年来，临床通过 DLI 提高 GVL 效应，减少移植后复发，已经取得了满意的疗效。单独输注供者淋巴细胞诱导 GVL 或同时结合干扰素（IFN）治疗血液学和细胞遗传学复发的 CML，部分病例可获再次缓解而长期生存。早期国内乔振华报道了 13 例供者淋巴细胞输注治疗：CML 7 例，其中慢性期（CML-CP）

5 例,加速期(CML-AP)和急性变(CML-BP)各 1 例,其中 6 例为非清除性 Allo-HSCT 后的患者;急性淋巴细胞白血病(ALL)2 例,其中 1 例为 Allo-HSCT 后复发者,另 1 例为多次化疗加交替半身照射后复发者;急性髓系白血病(AML-M2)2 例,1 例非清除性 Allo-HSCT 后复发者;MM 2 例,1 例为 Allo-HSCT 后复发者。

2 例 CML-CP 患者接受了体外加入白介素-2(IL-2)活化的淋巴细胞。非清除性 Allo-HSCT 后的患者,术后 4~6 周检测嵌合体,初次 DLI 一般在术后 6 周,根据嵌合体形成情况及 DLI 后 GVHD 临床的表现,一般连续 DLI 1~4 次,间隔约 4 周。13 例患者中 9 例接受非清除性 Allo-HSCT 的患者,7 例 4~6 周出现混合嵌合体,2 例形成完全嵌合体,其余 5 例有稳定的混合嵌合体。2 例供体持续造血,病情缓解,1 例部分缓解,副作用主要是白细胞、血小板数量减少,严重的发生再生障碍性贫血,输注 CD3$^+$ 细胞数量多在 1×10^7~4×10^7/kg。CML 慢性期对异基因 T 细胞介导的 GVL 效应敏感,DLI 使 80% 以上的 CML 慢性期复发患者获持久 CR,33% 复发后加速期或急变期的患者获 CR。

国内浙江大学医学院附属第一医院团队对 2013 年至 2018 年具有高危复发特征的急性白血病在半相合异基因移植后输注由 G-CSF 动员的外周血淋巴细胞,输注后予短期小剂量环孢素抗 GVHD 治疗。预防性 DLI 中位输注时间是 +117.5 天,中位 CD3$^+$ 细胞数为 3.8×10^7/kg。通过对临床特征进行严格匹配,选取半相合移植后未行预防 DLI 的高危复发急性白血病作为对照组。预防性 DLI 组及对照组中位随访时间分别为 1 293.5 天及 704.5 天。预防 DLI 组的累积复发率(20.5% vs 49.3%,$p<0.01$)明显低于对照组,并且获得了更长的 5 年无白血病生存(64.6% vs 33.9%,$p<0.01$)及总体生存(67.8% vs 41.3%,$p<0.01$)。DLI 后 100 天 II~IV 度及 III~IV 度急性 GVHD 的发生率分别为 17.6% 及 9.1%。慢性 GVHD 累积发生率及治疗相关死亡率,在预防性 DLI 组和对照组无差异。研究表明,DLI 可能通过改善 T 细胞衰竭、促进调节性 T 细胞和耐受性树突状细胞分化等功能发挥抗白血病作用。移植后预防性 DLI 在 GVHD 可控的情况下进一步发挥 GVL 效应,可显著改善高危复发患者移植后生存,临床安全有效。

另外,黄晓军团队开展的多中心真实世界研究共纳入 Allo-HSCT 治疗的复发/难治性急性白血病(R/RAL)患者 932 例,其中 297 例患者接受了强化预处理和预防/抢先供体淋巴细胞输注(p/pDLI)。预防性 DLI 在同胞相合移植 30 天后/单倍体移植 45~60 天后进行,若患者停用环孢素后无 GVHD 发生,且微小残留病灶(MRD)为阴性,抢先的 DLI 可每 6 个月重复一次。结果显示,应用预防/抢先 DLI 与未执行该方案相比,有更高的 III~IV 级 aGVHD(9%,95%CI:6%~12%)、cGVHD 发生率(48%,95%CI:42%~54%)、总生存率(51%,95%CI:45%~57%)和无病生存率(47%,95%CI:41%~53%),更低的 3 年累计复发率(32%,95%CI:27%~37%),应用预防/抢先供体淋巴细胞输注(p/pDLI)与未执行该方案相比,显著降低了急性淋巴细胞白血病(ALL)患者的复发率(HR:0.38,95%CI:0.25~0.56;$p=0.001$),提高了复发/难治性急性白血病(RRAL)患者无病生存率(AML:HR:0.72,95%CI:0.57~0.92;$p=0.009$,ALL:HR:0.47,95%CI:0.34~0.64;$p=0.001$)。结果显示,预防/抢先供者淋巴细胞输注(p/pDLI),以及强化预处理方案对患者总生存率(OS)、无病生存率(LFS)、复发率(RI)有所改善,且可耐受上述两种方案的患者有更好的 OS。

2. DLI 在治疗淋巴瘤和慢性淋巴细胞白血病(CLL)中的应用 Allo-HSCT 具有抗淋巴瘤效应,但临床上很少有 DLI 治疗淋巴瘤移植后复发的报道。Mandigers 等报道 3 例低分化、滤泡型 NHL Allo-BMT 后复发应用 DLI 治疗获 CR。在经典霍奇金淋巴瘤(cHL)中,虽然 Allo-HSCT 能为复发/难治性 cHL(R/R cHL)患者带来长期疾病控制,但移植后复发在 R/R cHL 患者中仍较为常见。相关研究显示,DLI 治疗 Allo-HSCT 后复发 cHL 患者的总缓解率(ORR)为 56%,但部分患者死于严重的 GVHD。一项回顾性研究采用 DLI 联合苯达莫司汀治疗 9 例 Allo-HSCT 后复发 cHL 患者,ORR 为 55%,30% 的患者达到 CR。3 例患者出现 4 级 aGVHD,3 例患者出现 cGVHD。EMBT 报告了 DLI 和/或维布妥昔单抗(BV)治疗 Allo-HSCT 后复发 cHL 患者的情况,BV 组和非 BV 组中分别有 66% 和 33% 的患者接受 DLI。研究结果显示,同时接受 BV 和 DLI 治疗的存活患者 CR 最高(40%),未接受 DLI 或 BV 的患者为 11%,仅接受 DLI 的患者为 24%,仅接受 BV 的患者为 21%,接受 DLI 序贯 BV 的患者为 24%($p=0.003$)。多变量分析显示,DLI 可显著改善 OS(HR:0.51;$p=0.007$)。

DLI 治疗 CLL 移植后复发的病例更少见,Rondon 等报道 1 例应用 DLI 治疗移植后复发获 CR。随着越来越多的患者接受非清髓性 Allo-HSCT 治疗,应用过继免疫治疗淋巴瘤或 CLL 无疑将是一条有希望的途径。

3. DLI 在病毒疾病和病毒诱导的肿瘤中的应用 DLI 已应用于治疗移植后腺病毒和合胞病毒感染患者。曾有报道 1 例浆细胞白血病伴呼吸道合胞病毒性肺炎患者接受 DLI 治疗后症状缓解,支气管肺泡灌洗液及拭子试验病毒抗原转阴。供者巨细胞病毒(cytomegalovirus,CMV)特异的 T 细胞克隆回输移植后复发患者可以重建抗 CMV 免疫,12 周后没有发生 CMV 感染。EB 病毒诱导的淋巴增殖性疾病(EBV-LPD)是 B 细胞多克隆增殖病,常见于实体瘤或 Allo-HSCT 后,输注 T 细胞数≥10^6/kg 的 DLI 可完全祛除该病。供者 EBV 特异的 T 细胞回输还可防治 EBV 诱导的淋巴瘤,EBV 免疫个体循环血中 1‰ 特异的记忆 T 细胞回输足以在 14~30 天内去除 EBV 病毒。

(三)DLI 输注时间、数量

供者淋巴细胞分离、采集、输注,多采用血细胞分离机采集单个核细胞(MNC)用 FCM 检测 CD3$^+$ 细胞数,采集后立即回输(ABO 血型不合者去除红细胞)。输前常规给予异丙嗪、地塞米松。首次输注时间目前仍有差异,多数认为 DLI 最早开始时间以移植后 4~6 周为宜,移植后 1~2 年内均可施行,最适时间为移植后 3~10 个月,CD3$^+$ 细胞回输数量多采用 10^5/kg,从低剂量开始使用,逐渐增量及多次输注。有报道非清除性 Allo-HSCT 后的患者,术后

4~6 周检测嵌合体,初次 DLI 在术后 6 周,根据嵌合体形成情况及 DLI 后 GVHD 临床的表现,一般连续 DLI 1~4 次,间隔约 4 周。

HSC 移植复发者,动态检测微小残留病(MRD),发现有早期复发征象者即给予 DLI。输注数量多数在 2×10^7~5×10^7/kg,少数为 10×10^7/kg 左右。我院选择在移植后血象恢复至正常即复查染色体,根据嵌合情况及 GVHD 情况选择行供者淋巴细胞输注,最早在移植后 1 个月,间隔 4~6 周可再次输注。而 Mackinnons 等对 22 例 BMT 后复发的 CML 患者用 DLI 治疗,发现 8/19 例用供者淋巴细胞治疗获得缓解的 T 细胞数量为 1×10^7 个/kg,仅 1 例发生 GVHD,其余 11 例缓解时所需 T 细胞剂量为 5×10^7~50×10^7 个/kg,8/11 例发生 GVHD,输注当天给予 1×10^7 个/kg 的 T 细胞足够引起 GVHD。然而,在移植后 9 个月输注相同剂量的 T 细胞未引起 GVHD,却能获得 GVL 作用,也证实了这种延迟的 DLI 可在减轻 GVHD 的同时不影响 GVL 效应。我科在 2 例 AML 患者行 HSC 混合 HLA 半相合异体骨髓移植后,给予供者淋巴细胞输注各 7 次,淋巴细胞数为 1.43×10^7~2.5×10^7/kg,每次输注后均静滴 IL-2 1×10^6U/d × 5d。结果除 1 例输注 IL-2 时出现过一过性发热外,余无其他不良反应,也无混合嵌合体形成,未发现急慢性 GVHD。2 例患者已分别无病存活 24 和 18 个月。

(四) DLI 的并发症

1. GVHD　DLI 治疗的主要并发症为 aGVHD 或 cGVHD,发生率分别为 60% 或 61%。GVHD 和感染引起的患者死亡率高达 20%,GVHD 的发生也与 GVL 效应有关。发生 GVHD 的患者复发率低,选择性去除移植物中 CD8⁺ T 细胞可以减少 GVHD 的发生且不增加复发率。另一种避免或限制 DLI 后 GVHD 的策略是 T 细胞体外转染“自杀基因”,通过更昔洛韦选择性去除转染的 T 细胞,进而控制 GVHD 的发生。最近 Marij T 等人认为,次要组织相容性复合体 HA 1 和 HA 2 仅表达于造血细胞系包括白血病及其前体细胞中,成纤维细胞、角化细胞和肝细胞中不表达,因而 HA 1 和 HA 2 诱导的 CTL 能够治疗 Allo-BMT 后复发且不引起 GVHD 发生,他们分离出造血系统限制性次要组织相容性复合体以产生 CTL 或克隆,回输到表达这类抗原的造血肿瘤患者体内,从而抑制 GVHD 的发生。

2. 骨髓再生不良　DLI 诱导的全血细胞减少的发生率为 18%~50%,多数患者为轻度或一过性,无须特殊治疗,2%~5% 的患者症状较持久。DLI 诱导的骨髓再生不良是异基因供者淋巴细胞对正常宿主造血细胞的破坏所致,其发生风险在 CML 慢性期血液复发者最高(1/3),其次是 MM 和 AL 复发者,CML 细胞遗传和分子水平复发最低。骨髓再生不良引起的后果有感染、出血和贫血,往往需要给予成分输血等支持治疗。DLI 后 1~2 周血细胞未恢复,应考虑应用 G-CSF 治疗,对 G-CSF 无应答的患者立即应用供者 HSC 输注。

3. 感染　感染是 DLI 治疗恶性血液病患者的另一大风险,引起的原因包括:肿瘤伴随的全骨髓萎缩、治疗的免疫无应答状态、DLI 诱导的骨髓再生不良和 GVHD 及其相关治疗等。因此在应用 DLI 治疗时,应考虑给予患者适当的预防性细菌(尤其是肺孢子菌肺炎)、病毒及真菌等感染治疗。

(五) 增强 GVL 效应的免疫细胞治疗

GVL 效应是一个复杂的过程,涉及 APC 上抗原激活的供者 T 细胞克隆扩增及分化成 TH 或 CTL。

增强 GVL 效应的方法如下:

1. 减少 DLI 前白血病细胞负荷　化疗可以减少瘤负荷,但由于化疗常引起胃肠道黏膜炎加重 GVHD,化疗 + DLI 并未在诱导 Allo-HSCT 后长期存活方面优于 DLI。人们尝试一些具有杀瘤作用且毒性低的制剂,临床上应用伊马替尼(酪氨酸激酶抑制剂)、利妥昔单抗(抗 CD20 单抗)、吉妥珠单抗(毒素偶联 CD33 单抗),均取得了满意效果。

2. 增强白血病细胞的免疫原性　根据 T 细胞激活需要双信号 MHC 限制性抗原和 APC 呈递的共刺激分子原理,Bai 等人将 T 细胞共刺激受体 CD28 的配体 B71 或 B72 转染白血病细胞并获高表达,从而增强 T 细胞免疫以杀伤肿瘤。CD40 具有强烈上调共刺激分子和黏附分子表达的作用,可逆转 T 细胞对肿瘤细胞的免疫耐受,CD40 还能使肿瘤细胞成为有效的 APC,因而有望诱发机体的 CTL 以特异杀伤肿瘤靶细胞。

3. 增加 DLI 中白血病细胞特异的初始或记忆 T 细胞的频率　当供者 T 细胞含有针对肿瘤特异抗原高频率(10^6 供者 T 细胞/kg)的记忆 T 细胞时,记忆免疫应答会立即启动,并有望在 21 天内降低肿瘤负荷,如能产生针对白血病特异抗原性的 CTL,则可诱导快速的抗肿瘤免疫应答。

4. 增强白血病应答的 T 细胞克隆扩增　控制抗原刺激的 T 淋巴细胞数量的因子至今不明确,有报道 IL-2 能够刺激抗原激活的 T 细胞增殖,单用 DLI 不能诱导缓解的患者,联合应用 IL-2 和 DLI 可再获 CR。

二、增强细胞免疫的方法

(一) 树突状细胞

树突状细胞(DC)是迄今为止发现的功能最强大的专职 APC,其刺激 T 淋巴细胞尤其是细胞毒性 T 淋巴细胞(CTL)产生免疫反应的能力较其他 APC 强 100~1 000 倍,它虽在组织中含量极少,占所在器官全部细胞的 1% 以下,但其在体内分布广泛,在非淋巴组织、淋巴器官、血液和淋巴液都有存在,在机体细胞免疫和体液免疫中均起着重要的作用,所以 DC 作为天然免疫佐剂,是现代肿瘤瘤苗研究和应用的热点,也是恶性血液病免疫治疗的理想选择。

人的 DC 具有大量 MHC-II 分子的表面表达和缺乏系列标记的特征,此系列标记如 CD14(单核/巨噬细胞);CD3(T 细胞);CD10、CD20 和 CD24(B 细胞);CD56(NK 细胞);CD66b(粒细胞)等。DC 表型随其成熟和分化的阶段不同而不同。CD1a 选择性地表达于人髓性 DC,CD83 是成熟 DC 的标志,成熟 DC 也可以高水平地表达共刺激分子(CD80、CD86、CD40)和黏附分子(CD11a、CD11c、CD50、CD54、CD58 和 CD102 等)。DC 的作用具有两方面的特点。一方面,恰当表达功能分子(如 MHC、CD40、CD80、CD86 等)

的 DC 负载抗原后可以激活 T 细胞;另一方面,表达不足或不表达上述分子的 DC 则可能诱导机体对抗原的耐受。

由于 DC 在成人外周血中含量甚微(仅占 0.1% 或更少),故绝大多数的研究人员选择从体外培养 DC 以供治疗之用。DC 的来源包括骨髓、脐血、外周血中的 CD34$^+$ 细胞和 PBMC 中的单核细胞。外周血 PBMC/MNC 源性 DC 是最常使用的体外产生 DC 的来源,本法由于采样程序简单,需血样量少,不涉及复杂的筛选和纯化过程,所用细胞因子组合简单。其基本方法是:①利用密度梯度离心(如 Ficoll-Hypaque)从静脉血中分离出外周血 PBMC;②将 PBMC 置于含自体血清的完全 1 640 培养基中,于 37℃、5%CO$_2$ 的环境中孵育 1~2 小时;③用 37℃ 培养液轻柔地洗掉非贴壁细胞;④ 将 GM-CSF(500~1 000U/mL)、IL-4(500U/mL)加入培养液中,继续培养贴壁细胞 7 天,收获细胞即为 DC。

另外,多位研究人员对上述程序进行了必要的修改,例如,Small 等将离心获得的细胞直接置于 AIM 培养液中,在无外源性血清和细胞因子的情况下,经过 40 小时含抗原的培养,也能获得成熟的 DC。实验发现,在培养液中除了 GM-CSF 和 IL-4 之外,还加入 TNF-α 10ng/mL,以促进 DC 的成熟,增强其激活 T 细胞的能力。

(二)肿瘤抗原的选择及负载

目前尚无肯定的特异性肿瘤抗原,一般所谓的肿瘤抗原大多是肿瘤相关性抗原。研究表明,肿瘤患者体内存在的微环境可能影响 DC 的成熟,进而影响其对抗原的提呈能力。很显然,由于组织的特异性,不可能存在所有肿瘤都有的共同抗原。但是,在寻找恰当的抗原及其负载形式方面还是有规律可循的。常用的方法如下:

1. 合成的来源于已知的肿瘤相关抗原(TAA)的肽或蛋白 常用的研究较多的有 MAGE-1、MAGE-3、MUC1、Her-2/neu、酪氨酸酶、CEA 或 Melan-A/MART 等肽或蛋白。同时,为了增强与 MHC-Ⅰ类分子的亲合性,提高诱导 CTL 反应的能力,此类肽的特异型可在肽的锚位用单氨基酸进行替代修饰。但是,由于个体抗原特异性的差异,此类抗原多肽的使用仅限于表达有限的特异性 HLA 单倍型的患者中,而且此类抗原属于 MHC-Ⅰ类限制性多肽,忽略了 MHC-Ⅱ限制性 Th 细胞在启动和维持有效的免疫反应方面的重要作用。

2. 全长的天然或重组蛋白抗原 使用全长的天然或重组蛋白作为抗原,可以诱导抗不同特异型的免疫反应,这些特异型有可能受 HLA 复等位基因的高度限制。所以,此类抗原通过 APC 对其免疫显性特异型的加工和提呈,可产生既受 MHC-Ⅰ类抗原限制的 CD8$^+$ T 淋巴细胞免疫反应,也可产生 MHC-Ⅱ限制性 CD4$^+$ T 淋巴细胞免疫反应,从而提高特异性的抗肿瘤反应。

3. TAA 基因转染 DC 用编码特异性肿瘤抗原的 DNA 和 RNA 或全部肿瘤 RNA,通过重组病毒如逆转录病毒和腺病毒载体对 DC 进行转染,形成表达肿瘤抗原的转基因 DC。此方法不需要预先知道患者的 MHC 类型和相关的 T 细胞多肽特异性,但受转染率和基因表达情况等的影响,并且转基因方法复杂、费用较高,临床应用受到

限制。

4. 用全部肿瘤抗原负载 DC 用全部肿瘤作为抗原来源,如肿瘤细胞溶解产物、死亡肿瘤细胞(凋亡体、坏死细胞)、与肿瘤细胞融合的 DC 等负载 DC,产生肿瘤特异性 DC。这种方法简便,不需要确定患者的 TAA 或 MHC 单倍型,有广泛的临床应用潜能。

5. 白血病性 DC 慢性粒细胞性白血病(CML)和急性非淋巴细胞白血病(AML),甚至淋巴细胞性白血病,其白血病细胞在细胞因子如 GM-CSF、IL-4 或 TNF-α 的作用下,体外培养可分化成具有诱导抗原特异性 CTL 能力的白血病性 DC,因它们包含有全部的肿瘤抗原,是一种理想的抗原提呈细胞,也是白血病性 DC 瘤苗研究的热点,但由于其肿瘤性质,直接应用有成瘤性的危险,所以其临床应用有待进一步的研究。Holtl 在处理手术后的肾癌患者时,所用抗原是经射线处理过的,以低渗法获得的肿瘤细胞溶解物。Rains 是将 DC(2×10^6/mL)与从肿瘤组织中提取的总 RNA 于 37℃ 共孵育。这种方法在缺乏明显的肿瘤抗原可供选择时,其优点是不容置疑的。

在有相对较特殊的抗原时,大多数研究人员选择根据文献报道的结构和功能特点,人工合成抗原多肽,如 Patricia 等使用的是人工合成的多肽 PSM-P1 和 PSM-P2,它们来自前列腺特异性膜抗原(PSMA),具有特异性 HLA-A0201 结合域。同样是针对前列腺癌,SMall 等所使用的抗原则是由全序列人前列腺酸性磷酸酶(PAP)和全序列人粒细胞-巨噬细胞集落因子(GM-CSF)构成的融合蛋白。此蛋白在杆状病毒内克隆成功,由 Sf21 昆虫细胞在无血清培养基中表达,最后通过柱色谱法纯化。

在传统的抗原难以起效时,也有人想到改变抗原的结构以增强其抗原性。Fong 等在治疗有血清 CEA 增高的结肠癌和非小细胞肺癌的患者时,所用抗原是 CEA605-613 的 610 位由天冬氨酸替代天冬酰胺所成的 610D。体外试验证实,这一多肽可诱导针对 CEA 的 CTL,且 CTL 可溶解表达原型 CEA 的靶细胞。抗原的负载时间对于 DC 恰当地递呈抗原具有重要的意义。一般来讲,对于需要细胞内吞和处理的抗原(如可溶性蛋白或凋亡的细胞),要求负载时 DC 处于不成熟状态。而对于可直接与 MHC 分子结合的人工合成多肽,则负载时 DC 可处于成熟状态。为避免外源蛋白的干扰,一般要求 DC 培养基中加入自体血清,至少也是健康献血者的正常 AB 型血清。

(三)DC 临床应用

目前生物治疗只能作为肿瘤治疗的辅助手段,故采用在手术或放疗、化疗结束后 4~6 周或更长时间才进行生物治疗,进行生物治疗时,为增加 DC 的产量,部分研究人员于采血前利用细胞因子动员 DC 的前体细胞,如采用 GM-CSF 10μg/(kg·d),皮下注射,连用 5 天,以增加外周血中 CD34$^+$ 细胞的数量;也有用 GM-CSF 250μg/m^2,皮下注射,连用 5 天,以增加外周血中 DC 的数量。Fong 等用 Flt3L 20mg/kg(极量 1.5mg),皮下注射,连用 10 天,以增加外周血中 DC 的数量。动员与否对 PBMC 或 DC 的产量有明显的影响,如 Fong 等在试验中发现,与未动员组相比,动员组外

周血 PBMC 由平均 9.2×10^9 增加至平均 27.0×10^9，而 DC 的数量则由平均 4.6×10^6 增加至平均 2.712×10^8。

1. DC 输注的剂量与方法 考虑到 DC 在进入人体后有一个迁移成熟的过程，各位学者选择将 DC 注入人体的方式也各不相同，就剂量而言，由于目前 DC 治疗尚处于实验阶段，故使用的细胞数量差异较大，但一般不低于 10^6。按导入方式的不同可分为以下几种：

（1）静脉注射：Small 等人的方案于门诊即可进行，细胞制剂应于制成后 8 小时内输入，且输入时间应 >30 分钟，输入后需观察 30 分钟，输入的 DC 数量不同，最低为 1.4×10^6，最高为 $1\,276 \times 10^6$，均值为 123×10^6。

（2）皮下注射：治疗于门诊进行，每 2 周 1 次，共 4 次。剂量分四种：0.1×10^6、0.25×10^6、0.5×10^6、1.0×10^6 DC/kg，皮下注射。部位则在双侧大腿和上臂（进行过放疗或通过外科手术清除了局部淋巴结的肢体除外）。各部位应间隔 6~8cm。也有采用在三角肌皮下注射以 0.1~0.2mL 生理盐水为载体的 10^6 负载抗原的 DC，每 2 周 1 次，共免疫 3 次。

（3）淋巴结内注射：除了皮下注射以外，Brossart 还尝试了腹股沟淋巴结注射治疗乳腺癌和卵巢癌，每次 6.5×10^6（均数），每 14 天 1 次，共 3 次，如果有效则每 28 天治疗 1 次，直至出现病情进展。

（4）肿瘤局部多点注射：当有超过 1cm 的皮肤或皮下转移肿瘤时，可选择进行肿瘤局部多点注射，每处肿块共注入 3×10^7 的 DC，只免疫 1 次。结果发现 DC 能在注入部位存活至少 6 周且不会出现迁移，故只在局部有效。

2. DC 输注的安全性 在一系列的临床试验中，患者对 DC 治疗耐受性好，因为大多数肿瘤相关抗原在自身正常组织亦或多或少表达，此前最令人担心的就是自身免疫性反应，但令人兴奋的是，并无迹象表明患者体内有此种反应出现。受试者中最常见的反应是低热、疲劳、恶心，个别患者可有腹泻、僵直，但这些反应均不需处理，持续时间短，具有自限性。极个别患者可有锁骨上、腋窝下、腹股沟淋巴结肿大，可持续 2 个月，不经处理亦可自行消退。

由于 DC 在输入人体之前要在体外经历较长时间的多步骤操作过程，故保证其安全亦是十分重要的，Small 等人提出了一系列的指标：①培养过程中进行无菌试验；②内毒素应低于 1.4EU/mL；③细胞活力 >72%；④CD54 分子表达 >3 倍 SD（T=0）；⑤通过流式细胞仪测细胞表型；⑥终产品的无菌检测、支原体检测。

从现有资料来看，DC 治疗应是一种有前途的生物治疗方式。Osman 等在体外以 12 个氨基酸长的 BCR-ABL（b3a2）肽刺激起源于正常供者末梢血淋巴细胞的 DC，可以激发产生出强烈的针对同源的或 HLA 相合供者的、b3a2 肽特异性的 CTL 反应，这些经肽刺激过的 DC 较未经肽刺激的 DC，对来自 HLA 相合的 CML 患者骨髓的 b3a2 阳性靶细胞有明显高的细胞毒活性，且这些 DC 对正常细胞无毒性。这一实验结果提示，用 b3a2 肽刺激的 DC 预先免疫正常供者淋巴细胞，能够提高移植物抗白血病作用而不增强移植物抗宿主病。

3. DC 治疗白血病的临床实践

（1）DC 应用于 CML：对于 Allo-SCT 后复发的 CML 患者，在给予供者淋巴细胞输注前，在体外诱导经 b3a2 肽刺激的 DC 致敏的正常供者的淋巴细胞，以激发 CTL 抗 CML 的作用，有可能提高免疫治疗的效果。CML 慢性期患者外周血单个核细胞与细胞因子如粒单核粒细胞集落刺激因子（GM-CSF）、IL-4、TNF-α 在体外共同孵育后，可产生形态学、免疫表型具有 DC 特征的细胞，荧光原位杂交（FISH）表明这些细胞中有 t（9;22）的存在，说明它们来自白血病细胞。体外测定 DC 的功能证实这些细胞具有潜在刺激淋巴细胞增殖的作用，可刺激自体 T 细胞产生强烈的抗白血病细胞的细胞毒素活性，但对 MHC 相合的正常异体骨髓细胞表现为低反应性。

用 DC 刺激的自体 T 细胞抗 CML 靶细胞的细胞活性，比单独应用 IL-2 培养扩增的自体 T 细胞强 4~6 倍，这些 T 细胞也抑制 CML 克隆前体的生长。急性早幼粒细胞白血病（APL）是常见的白血病之一，其特征是骨骼中异常早幼粒细胞恶性增生，伴有特异染色体易位 t（15;17），使位于 15 号染色体上的早幼粒细胞白血病基因（PML）和 17 号染色体上的维甲酸受体基因（RARα）发生重排，形成 PML/RARα 融合基因。该基因几乎存在于所有的 APL 细胞中，成为 APL 细胞的一种特异标志，是 APL 发病的分子基础。这种融合基因或跨其融合区的杂交分子多肽，通过自体 APC 或通过表达 HLA-DR11 限制性分子的 APC 的提呈，可在体外被 CD4+ T 淋巴细胞识别。应用由 12 种氨基酸组成的 PML-RARα 多肽，体外负载正常供者 DC，可产生肽特异性的自体 CTL，这种 DC 激活的外周血淋巴细胞在抗 PML-RARα 多肽阳性的自体巨噬细胞方面，比正常 DC 处理的淋巴细胞具有更高的细胞毒活性，其效应细胞以 CD4+ 和 CD8+ 细胞为主。同时 PML-RARα 肽加载的 DC 激活的淋巴细胞，其产生和分泌 GM-CSF 和 TNF-α 的能力也明显提高。Robinson 等报道，急性白血病（AL）细胞在细胞因子如 GM-CSF、TNF-α 等的作用下亦能向 DC 分化。用 21 例 AL 患者的 PBMC 与 GM-CSF、TNF-α 共同孵育，15 例细胞成活，其中 12 例可观察到符合 DC 典型的形态学特征。流式细胞分析显示，这些细胞有 DC 特异性抗原 CD1a、CD83 的表达，成熟 DC 还有 HLA-DR、CD40、CD80、CD86 的表达。9/12 例中混合淋巴细胞反应（MLR）测定，这些培养的细胞具有很强的抗原呈递功能。经 FISH 分析证实，AML 的 DC 起源于 5q- 及 ph+ 白血病细胞，另外 2 例髓系和淋巴系双表型白血病 CD19 持续异常表达。

该研究证实了 AL 原始细胞衍生的 DC 是恶性起源的，DC 的白血病起源有以下证据支持：①在培养的 PBMC 中，白血病原始细胞占 90%~98%，细胞数量在整个培养阶段维持稳定且具有恒定的高存活率；②在 GM-CSF、TNF-α 中培养后观察到的 DC 占 73%~92%，比在相同条件下正常祖细胞衍生的 DC 比例高；③AL 单个核细胞生成的 DC 与正常 DC 前体行为不一致。表明一种恶性细胞向具有潜在抗原提呈能力的细胞转变的倾向，这类细胞也具有很强的提呈肿瘤相关抗原的能力，因此可以用于诱导抗白血病免疫反应。此研究提示，如将体外培养诱导的白血病性 DC 作为全细胞瘤苗，在理论上这些细胞具有很强的免疫原性和刺激 CTL 的能力，因而可以作为理想的肿瘤疫苗用于肿瘤的免疫治疗，并有较好的应用前景。

（2）DC 应用于恶性淋巴瘤：恶性淋巴瘤细胞表面的免疫球蛋白克隆性抗原决定簇，既是肿瘤特异性抗原，可作为抗独特型（Id）单抗作用的靶点，又可作为肿瘤独特型疫苗诱导宿主产生 T 细胞介导的抗肿瘤免疫。B 细胞的 Id 是 DC 免疫接种技术中应用的第一种人类肿瘤细胞抗原。外周血中的 DC 前体可通过密度梯度的离心术，从外周血单个核细胞中纯化获得，然后与 Id 蛋白共同孵育 2 天，使得细胞摄取该抗原，成熟后的 DC 负载着肿瘤抗原，经过洗涤后回输体内。这种治疗方法首次被应用是在 10 例复发的滤泡性淋巴瘤病例中。在该试验中，研究者观察到 Id 抗原输注后产生的细胞增殖反应，但没有抗 Id 的抗体反应，或许是因为应用的是自身未修饰 Id 蛋白。然而，这些病例的临床治疗反应十分明显。2 例取得 CR，并分别持续了 44 个月和 54 个月；还有 1 例 PR 的病例，治疗反应持续 12 个月；1 例获得分子学的缓解。Timmerman 等先期报道了 4 例用 Id 细胞抗原负载的 DC 免疫治疗滤泡性淋巴瘤，后又报告 35 例用同样疗法免疫治疗的患者。在 10 例有可检测淋巴瘤的初治患者中，8 例产生了 T 细胞增殖性抗 Id 反应，4 例有临床反应：2 例 CR［接种后无进展存活（PFS）44 和 57 个月］，1 例 PR（PFS 12 个月），1 例产生反应（PFS 75 个月以上），其他 25 例患者首次化疗后被接种，23 例中的 15 例（65%）完成预计的接种，产生了 T 细胞和体液抗 Id 反应，连接 Id 到免疫原载体蛋白（Id-KLH）可产生高滴度 IgG 抗 Id 抗体，这些抗体可以与自体肿瘤细胞结合和诱导其酪氨酸磷酸化。在 25 例患者中，4 例（22%）有肿瘤退缩，16 例（70%）化疗后中位 43 个月无肿瘤进展，6 例在初次 DC 接种后疾病进展的患者，增加注射 Id-KLH 蛋白，其中 3 例可见肿瘤退缩（2 例 CR，1 例 PR）。表明 Id-负载的 DC 接种可诱导 T 细胞和体液抗 Id 免疫反应，产生持续的肿瘤退缩，对初次 DC 疫苗明显抵抗的患者，通过增加 Id-KLH 也可产生肿瘤退缩。

（3）DC 应用于多发性骨髓瘤微小残留病灶：利用 DC 治疗大剂量化疗后的 MM 微小残留病灶的可能性的研究十分令人关注。Reichart 等对 12 例经过大剂量化疗和外周血造血干细胞移植的患者使用了 Id 致敏的 DC 进行免疫治疗，以消灭微小残留病灶。12 例患者中包括 IgG 型 MM 9 例，IgA 型 MM 3 例，有 2 例处于 CR 状态，9 例为 PR。他们的方法是：PBSCT 后 3~7 个月，给患者 4 周回输一次自体 PBMC 来源的、自体 Id 致敏的 DC 共 2 次，继之每月回输一次 Id/KLH 以加强特异性抗肿瘤免疫反应。治疗过程中，患者除了局部红斑、硬结、酸痛和低热外，没有出现明显副作用。DC 治疗之前，没有一例患者能有可测知的、针对 Id 或 KLH 的 T 细胞增殖反应；DC 治疗之后，2 例 CR 患者产生了 Id 特异性的 T 细胞增殖性免疫反应，并且一直保持着 CR，11 例患者产生了很强的 KLH 特异性的细胞增殖性免疫反应，还有部分患者产生 Id 特异性的 CTL。其中有 1 例大剂量化疗和 PBSCT 无效的患者未进一步化疗，只接受 DC 免疫治疗，仍然存活达 20 个月，血 M 蛋白浓度由 2.3g/mL 降到

1.8g/mL。体内外大量试验表明，肿瘤抗原体外冲击致敏的 DC，少量回输即可诱导机体产生极强的抗肿瘤免疫，甚至可以治疗低免疫原性的肿瘤。肿瘤抗原负载的 DC 作用为瘤苗免疫动物，可以抵御后续致死剂量的肿瘤细胞攻击。

第二节 细胞治疗与造血免疫重建

细胞治疗血液疾病已经成为一种非常重要的手段，越来越受到人们的重视，主要有自然杀伤细胞（natural killer cell，NK cell）与造血免疫重建、MSC 与造血重建、CAR-T 细胞在恶性血液肿瘤中的研究与应用。

一、NK 细胞与造血免疫重建

NK 细胞是机体重要的免疫细胞，在对抗肿瘤和病毒感染方面有十分重要的作用。它无须抗原预先致敏即可直接杀伤靶细胞，通常被视为机体免疫防御系统的第一道防线。NK 细胞主要通过诱导靶细胞凋亡、释放效应细胞因子、介导抗体依赖性细胞毒性（ADCC）作用等途径杀伤肿瘤细胞。近年来的确凿证据表明，靶细胞表面的人类主要组织相容性复合体（HLA）Ⅰ类分子的表达与 NK 细胞的杀伤敏感性成负相关，表达 HLA-Ⅰ类分子可以保护正常细胞免受 NK 细胞的杀伤，NK 细胞在 HLA-Ⅰ类位点不同的异体移植后，供者 NK 细胞可成为同种反应性 NK 细胞，通过多种有效方式介导移植物抗白血病效应（graft versus leukemia reaction，GVLR），防止白血病复发，同时减弱 GVHD，有利于 HSCT 的预后。因为几乎每个患者基本上都可以找到 HLA 单倍体型供者，故这一发现可以极大地拓宽白血病供者的来源，人为选择能在宿主体内刺激产生同种反应性 NK 细胞的组织配型，筛选供者，或在输入大量 HSC 前清除移植物中大量 T 细胞以减轻 GVHD，同时输入同种反应性 NK 细胞，为临床的移植工作展示了良好前景。

（一）NK 细胞受体

与 T 细胞不同，NK 细胞介导的杀伤作用与靶细胞是否表达 MHC-Ⅰ类分子无关，即不具有 MHC 限制性。NK 细胞表面存在着活化型受体和抑制其反应的抑制性受体，两者间存在着某种平衡，是该细胞的特征。目前在 NK 细胞表面已发现多种 MHC-Ⅰ类分子特异性受体，如编码基因位于人类染色体 19q13.4 的免疫球蛋白家族 LRC 成员 KIR（killer Ig-like receptors）和 ILTs（Ig-like transcripts），以及位于 12p12.3-13.1 的 C 型凝集素超家族 NKC（C-type lectin coMplex）。KIR 的配体主要是多态性丰富的 HLA-Ⅰ类分子，可识别三组 MHC-Ⅰ类配体，即第 1、2 组 HLA-C 和 HLA-Ⅰ-Bw4，LRC 广泛识别经典及非经典 HLA-Ⅰ分子，而 NKC 成员的配体是多态性有限的非经典 HLA-Ⅰ类分子 HLA-E 和机体在应激状态下才表达的 MHC-Ⅰ类相关抗原 MICA/MICB，以及巨细胞病毒的某些结构 ULBP，但在正常状况下它们相互结合后对 NK 细胞的抑制作用往往比活化作用强，NK 细胞的杀伤性可以用"杀伤使 MHC 抗原消失的细胞（感染细胞和肿瘤细胞等），而对表达自体 MHC 的正常细胞没有作用"的"失去自己（missing-self）"学说来说明。

（二）NK 细胞的同种反应活性及在异体移植中的作用

HLA 和 KIR 基因遗传是独立的，但多数个体都拥有识别 3 类配体的抑制性 KIR 基因，这样 KIR 配体不同，NK 细胞亦不同，多数人表达较完全的 KIR 抑制性受体基因，可识别 HLA-I 类配体分子，当细胞不表达能被 NK 抑制性受体识别的配体时，NK 细胞被激活发挥杀伤作用，此即 NK 细胞的同种反应性。由于 KIR 识别的是一组 HLA 分子，而非某一等位基因，故 HLA 单倍型错配的移植可以有两种类型：一种是供者移植物 NK 细胞不能识别宿主细胞 HLA-I 类分子，会产生 GVH 方向的同种反应性 NK 细胞克隆，杀伤宿主靶细胞和白血病细胞；另一种是供受者间 NK 细胞"相配"，供者不产生同种反应性 NK 细胞克隆。在半相合移植中，由 NK 细胞介导的溶细胞活性由供者 NK 细胞的 KIR 独特型与受者 HLA-I 类分子的不相合所触发，这一作用被称为供者抗受者的 NK 细胞异源反应性。

Ruggeri 等分析了 57 例高危急性髓细胞白血病半相合骨髓移植，结果有 GVH 同种异基因反应性 NK 细胞的 20 例，60% 获得 5 年无病生存，全部无移植排斥和 II 度以上急性 GVHD，其余 37 例 5 年无病生存率只有 5%，其中 15% 出现移植排斥，13.7% 发生 II 度以上急性 GVHD。他们还在杂交子 1 代 H-2d/b→母代 H-2b 或 H-2d 的小鼠移植实验中进一步证实了 GVH 同种异基因反应性 NK 细胞可以杀伤受者靶细胞，即使受鼠只接受非致死量照射，也能获得超过 80% 的供者嵌合现象，或者供鼠 T 细胞增加到 2×10^7，也能获得 100% 的长期存活而无 GVHD 表现。杨志刚等以近交系小鼠 C57/6j（H-2b）为供鼠、BALB/C（H-2d）为受鼠，在移植物中增加供者的外周 T 细胞和/或 NK 细胞进行异基因骨髓移植，用流式细胞仪检测受鼠的 CD34⁺ 细胞计数和 H-2kb⁺ 细胞表达水平，血细胞自动分析仪检测外周血白细胞计数，并结合临床表现和病理检查，结果提示，增加 NK 细胞组的小鼠存活率显著大于不增加 NK 细胞组，小鼠出现 GVHD 的数量少、程度轻，外周血白细胞及骨髓 CD34⁺

细胞恢复快、H-2kb⁺ 细胞表达水平高。说明 NK 细胞可抑制小鼠异基因骨髓移植中的 GVHD 和移植排斥，促进骨髓植入及造血重建。

与 T 细胞的异源反应性不同，NK 细胞的异源反应活性在异体移植时可发挥：①通过杀伤宿主的淋系造血细胞而促进植入，在 HLA 不相合移植中，供者 NK 细胞可产生移植物异源反应活性，通过识别和杀伤受者残留的淋系细胞有力地促进植入。②异源反应活性 NK 细胞可杀灭白血病细胞从而发挥 GVL 效应，NK 细胞在遇到 KIR 独特型不相合的肿瘤细胞时，表现出强大的细胞毒作用，这是 HLA 相合移植和自体移植不能比拟的，这一优势已在 AML 患者半相合或无关供者去 T 细胞移植后显著降低复发率中得到证实。③NK 细胞强力攻击宿主的造血细胞，而对 GVHD 攻击的靶组织不具有杀伤作用，因此不诱导 GVHD，进一步通过杀伤宿主 DC 而抑制 T 细胞介导的 GVHD。

二、MSC 与造血重建

（一）MSC 促进造血重建的临床应用

MSC 具有干细胞的基本特性，为骨髓中除 HSC 外另一大类具有多向分化潜能的多能干细胞。MSC 在其所到达的组织微环境中可诱导其定向分化成多种类型的组织细胞，如成骨细胞、成软骨细胞、成肌细胞、成脂肪细胞、支持造血的基质细胞，甚至可以分化成心肌细胞和神经细胞、神经胶质细胞。通常认为，MSC 细胞体积小，核质比大，不表达分化相关的标志，如 I、II、III 型胶原，碱性磷酸酶或 osteopontin；在细胞贴壁附着后，则均一致地表达 SH2、SH3、CD29、CD44、CD71、CD90、CD106、CD120a、CD124 等其他多种表面蛋白，但不表达造血系统的标志，如 CD14、CD34 及白细胞共同抗原 CD45。（图 3-28-1、图 3-28-2）

MSC 是骨髓基质细胞的前体细胞，因此 MSC 与骨髓的造血微环境有密切的关系。动物实验表明，MSC 能促进体内的造血重建，目前国内外已开始在临床上尝试 MSC 与

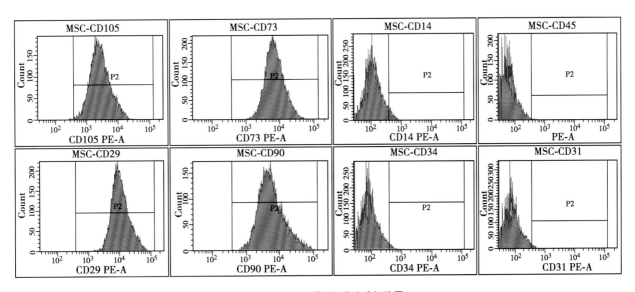

图 3-28-1　间充质干细胞流式细胞图

间充质干细胞 CD105、CD73、CD29、CD90 标记阳性；CD14、CD45、CD34、CD31 标记阴性

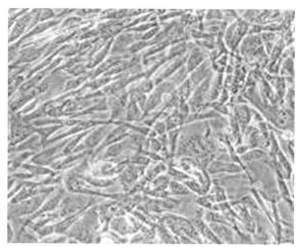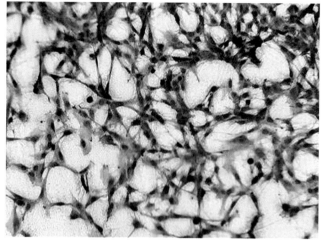

图 3-28-2　间充质干细胞体外培养形态(未染色和瑞氏吉姆萨染色)(10×10)

骨髓细胞共移植的方案,促进患者骨髓移植后的造血重建过程。孟丽娟报道用来自 12 例正常人及恶性血液病患者的骨髓单个核细胞(MNC),采用无血清培养基体外培养人 BM-MSC,10 例成功扩增。4 例患者接受扩增后 MSC 联合 APBSCs 输注,结果显示 MSC 输注无明显不良反应,中性粒细胞≥0.5×10^9/L 和血小板≥20×10^9/L 中位时间分别为 9(8~11)天和 8.3(7~10)天,说明应用无血清培养体系可培养扩增临床规模的人 MSC,而 MSC 联合 APBSCs 共移植安全可行,并提示在清髓性治疗后输注 MSC 可促进造血。

Case Western 大学应用自体外周血干细胞和 10^6/kg MSC 移植来治疗乳癌患者,MSC 植入后无副作用,且同以前相比,中性粒细胞(8 天平均 >500/μL)、血小板(13.5 天平均 >50 000/μL)均在移植后迅速增长。中国人民解放军联勤保障部队第九四〇医院已进行 2 例半相合异基因外周血混合异基因 MSC 移植,在移植异体干细胞后即回输经培养的异基因 MSC,平均 1.95×10^6/kg,移植过程顺利,植入成功,未发现任何不良反应,而治疗效果有待进一步观察。

Koc 等对进展期乳腺癌患者采用大剂量化疗后,同时进行自体外周血干细胞和骨髓 MSC(剂量为 1~2.2×10^6/kg)回输,未见明显毒性,患者造血重建速度明显加快,中性粒细胞 >0.5×10^9/L 的中位时间为 8(6~11)天、血小板≥20×10^9/L 的中位时间为 8.5(4~19)天,提示大剂量化疗后输注骨髓 MSC 可以缩短骨髓抑制时间,有利于尽快恢复患者的自主造血功能。目前在美国骨髓 MSC 输注和自体外周血干细胞移植后造血重建关系的随机试验正在进行中。Lee 等报道 1 例 20 岁高危急性髓细胞白血病女性患者,接受父亲 HLA 半相合异基因外周血 CD34$^+$ HSC 移植,联合供者体外扩增的骨髓 MSC,造血快速重建,无急、慢性移植物抗宿主病,移植 31 个月后仍持续完全缓解,提示 MSC 可有效地用于急性白血病的半相合 HSC 移植。

(二) MSC 促进造血重建的机制研究

宫立众等观察了 MSC 输注对小鼠外周血干细胞移植后造血恢复的影响。实验研究结果表明,MSC 联合外周血干细胞输注,能显著增加大剂量放、化疗处理实验动物骨髓的有核细胞数,增加骨髓造血祖细胞水平和 CFU-F 的产率,加速白细胞计数的恢复,这说明 MSC 和 HSC 有协同作用。MSC 移植加速外周血干细胞移植后的造血恢复,原因可能是增加 HSC 向骨髓内迁移和植入,增加骨髓有核细胞数量和祖细胞水平,加速造血微环境的修复和重建。是否增加了造血生长因子的分泌和细胞外基质尚待进一步研究。

(三) MSC 促进造血重建的应用优势

有文献报道,MSC 通过某种未知的机制,抑制 T 淋巴细胞反应,从而在 Allo-HSCT 中减轻或消除患者的移植物抗宿主反应,提高其生活质量。一直以来,人们都认为多能干细胞的分化潜力已受到了一定的限制,与其他干细胞相比,MSC 有着其难以比拟的优势:①取材方便,骨髓穿刺就能得到该细胞,无伦理道德问题;②培养增殖速度快,短期内可大量扩增;③可通过血脑屏障;④同种异体移植或异种移植都未出现免疫排斥反应。

三、CAR-T 细胞在恶性血液肿瘤中的研究与应用

过继免疫细胞治疗方法在恶性血液肿瘤治疗中取得显著性治疗效果的案例便是针对细胞外糖蛋白 CD19 的 CAR-T 细胞治疗(CD19.CAR-T)。CD19 主要表达于 B 细胞来源的白血病,如急性淋巴细胞白血病(acute lymphoblastic leukemia,ALL)、慢性淋巴细胞白血病(chronic lymphocytic leukemia,CLL)和非霍奇金淋巴瘤(non-Hodgkin lymphomas,NHL),其在临床上的成功应用主要归功于 CD19 糖蛋白的独特表达形式。

在不到 10 年的时间里,有超过 500 例的 ALL 或 CLL/NHL 患者接受过 CD19.CAR-T。约 80% 的复发性难治性 ALL 患者在接受 CD19.CAR-T 细胞移植后得到完全缓解,这也促使其获得 FDA 的批准。CAR-T 细胞治疗最常见的不良反应是细胞因子释放综合征(cytokine release syndrome,CRS),其主要表现为免疫系统激活失调。CAR-T 细胞治疗的另外一个副作用——对中枢神经系统(central nervous system,CNS)的毒性作用,则会导致患者死亡。后来有大

量学者不断探索,寻找新的靶点,研究显示,CAR-T 细胞在淋巴瘤、多发性骨髓瘤、髓系恶性肿瘤等方面均有显著成效。鉴于 CD19.CAR-T 在治疗急性淋巴细胞白血病(ALL)上取得的良好效果,以及多发性骨髓瘤和 ALL 在骨髓上的同源性,完全可以使用 CAR-T 来治疗多发性骨髓瘤。CAR-T 细胞治疗成败的关键是选择合适的靶抗原,必须选择在恶性肿瘤细胞特异性表达,而在正常细胞上不表达或低表达的抗原。临床上已经发现抗 CD19 的 CAR-T 可破坏 CD19$^+$ B 细胞,从而导致低丙种球蛋白血症。Lamers 等人利用特异性识别羟基酸酐酶Ⅸ(carboxy-anhydrase-Ⅸ,CAⅨ)的 CAR-T 细胞会破坏肝脏上皮细胞,从而造成 2~4 级肝毒性。

ACT CAR-T 可以用来治疗白血病、淋巴瘤和多发性骨髓瘤。然而,目前最大的问题是如何克服肿瘤相关免疫抑制机制和阻止肿瘤细胞逃逸。未来,针对肿瘤细胞需要更精确的靶向性和减少相应副作用的发生。因此,ACT CAR-T 真正广泛应用于临床还需要更加全面和系统的研究。未来使用 T 细胞治疗白血病和淋巴瘤的进展也为 T 细胞治疗实体瘤的可能性提供了重要的提示。

第三节　细胞因子在血液病中的应用

化疗使白血病患者的生存率得到明显改善,细胞因子作为化疗的辅助手段,使患者的生存率得到进一步提高。

细胞因子是由多种细胞短暂地、局部地产生,以自分泌和旁分泌的方式起作用的一个天然和获得性的低分子量蛋白质,参与调控机体的生理、病理反应。细胞因子具有多效性,即每一种细胞因子具有多种生物学效应;同时某种特异的生物学效应可以通过多种细胞因子产生。它们的作用呈级联式,在体内形成一个复杂的作用网络,对机体的病原防御、免疫调节及免疫监视起着关键性的作用。细胞因子网络的稳定是维持造血系统内环境稳定的关键因素之一,但细胞因子网络失衡在白血病发病机制中的作用目前仍不明确。

由于化疗对正常细胞的毒性作用和白血病细胞耐药性增加,目前认为细胞因子用于白血病的治疗是最有前景的方法之一。主要的设想为:①更有效地将多种细胞因子应用于临床,如早期的造血生长因子 SCF、IL-3、TPO 等,从而调节造血的生长及分化。②用外源性细胞因子激活患者自身免疫活性细胞,发挥机体杀灭白血病细胞的效应。③细胞因子拮抗剂的使用,如抗 VEGF 的抗体或 VEGF 拮抗剂治疗 AML。④用细胞因子"工程化"生产的各种免疫细胞,开展白血病的细胞生物治疗。

根据细胞因子的作用,一般将细胞因子分成四大组:①介导天然免疫的细胞因子,主要包括 IFN-α、IL-15、IL-12、TNF、IL-1 和 IL-6 等,它们主要来源于单核吞噬细胞;②介导特异免疫的细胞因子,包括 T 淋巴细胞产生的 IFN-γ、IL-2、IL-4、IL-5 和 IL-10 等;③造血生长因子,主要由骨髓基质细胞、T 细胞、巨噬细胞等分泌和产生,包括 G-CSF、GM-CSF、TPO、EPO、SCF、IL-11、IL-IFN-γ、IL-6 和 IL-7 等;

④其他细胞因子,是近年新发现的,如 VEGF、bFGF、LIF 等。目前,有多种细胞因子在临床中已得到广泛应用,其主要用于联合化疗后的升血细胞治疗、提高和恢复细胞免疫功能的治疗、造血干细胞移植的干细胞移植动员等,用于恶性血液病抗肿瘤治疗方面有效的细胞因子主要为 IFN-α、IL-2、G-CSF 等。

一、粒细胞克隆刺激因子

造血功能受控于一系列细胞因子,它们调节 HSC 和造血祖细胞(HPC)的增殖、分化和成熟,并对成熟血细胞发挥功能起一定作用。粒细胞克隆刺激因子(G-CSF)是重要的细胞因子之一,G-CSF 主要由内皮细胞、单核巨噬细胞和成纤维细胞产生。G-CSF 特异性地刺激中性粒细胞的功能活性,伴有 HSC/HPC 扩增并提升粒细胞的功能活性。由于 G-CSF 的生成细胞广泛分布于体内,这使得它有可能参与由局部感染或其他原因所致的中性粒细胞增殖与功能的增强。

自 1986 年 Nagata 等率先报告人 G-CSF 的分子克隆和 cDNA 以来,大量制备基因重组人类的 G-CSF(rhG-CSF)成为可能,现有两个主要类型的 rhG-CSF 用于研究与临床,其一源于中华仓鼠卵巢(CHO)细胞株;其二源于埃希大肠杆菌(E. Coli)。因应用 G-CSF 有利于降低细菌、真菌感染,特别是在各种原因所致的中性粒细胞减少的情况下,可发挥其独特的生物学功能,rhG-CSF 增加了对癌症患者所用化疗药物强度,因而有可能提高完全缓解率和长期存活率,并解决了 HSC 移植中的一些问题。目前 rhG-CSF 已广泛用于改善中性粒细胞减少状态,主要涉及的领域包括癌症化疗之后、异基因(allogeneic)或自体(autologous)HSCT 之后的骨髓抑制期,每天一次 rhG-CSF(2~5μg/kg),可明显缩短中性粒细胞最低点的时间,反复注射 rhG-CSF 致循环的中性粒细胞数目增加,在一定范围内细胞数量的增加与药物呈剂量依赖关系。

同时,G-CSF 可刺激造血组织释放成熟中性粒细胞,延长成熟中性粒细胞的存活期,提高中性粒细胞的趋化活性、吞噬活力,以及抗体依赖性肿瘤细胞的杀伤活性。人们已把 rhG-CSF 用于各类疾病相关的慢性中性粒细胞减少症的治疗,如再生障碍性贫血、骨髓增生异常综合征(MDS)、原发性中性粒细胞减少症、周期性中性粒细胞减少和 AIDS。但每一种疾病对 rhG-CSF 的反应都不尽相同。对于重症再生障碍性贫血(SAA),动员、收集 HSC 用于自体和异基因的 PB-SCT。一般而言,rhG-CSF 可较好地为患者耐受,其副作用主要为注射后短期内的发热、头痛、背痛和骨痛等,发生率为 5%~10%。目前,在 rhG-CSF 的临床应用中有两个值得关注的问题,一个是在难治性白血病中与化疗药物的联合应用,另一个就是发生率较低但值得重视的副作用——毛细血管渗漏综合征。

已有的研究发现,在髓性白血病细胞表面也存在着 G-CSFR 受体,而且大多数髓系白血病细胞株可经药理学剂量的 G-CSF 刺激发生不同程度的增殖。用于耐药和难治白血病的治疗研究表明,处于 G_0 期的白血病细胞对化疗不敏感。给患者使用 G-CSF，使 G_0 期的细胞进入增殖期，可明显提高 AML 白血病细胞对化疗的敏感性，从而达到更好的治疗效果。对于耐药的白血病细胞，通过 G-CSF 改变细胞周期，可使细胞的耐药性降低甚至消失，增加治疗的机会。2003 年，荷兰学者 Lowenbe RG 等报道 321 例 G-CSF 联合化疗与同期 319 例纯化疗的 AML 患者的疗效，G-CSF 组的缓解率和 5 年无病存活率均明显高于对照组，他们认为 G-CSF 的使用可致敏 AML 患者的白血病细胞，从而增强了化疗的敏感性。

此外，还有报道，对维甲酸耐药的急性早幼粒细胞白血病患者，加用 G-CSF 后可逆转耐药。而近几年造血细胞生长因子（HGF）与低剂量阿糖胞苷（Ara-C）和阿克拉霉素（ACLA）联合使用治疗难治性髓性白血病的研究也取得了可喜结果，这三药联合可促使 G_0 期白血病细胞进入增殖周期，增强药物在细胞内的代谢及对白血病细胞的毒性作用，Yamada 和 Saito 等提出 CAG 预激（Priming G）方案治疗复发、难治和 sAML 患者，取得 87% 和 62% 的 CR 率。国内近年也对这一治疗方案做了进一步观察。韩洁英等参照该方案治疗 12 例复发、难治和继发性 AML 患者，取得 42% 的 CR 率和 75% 的总有效率。这一方案的具体用法：Ara-C 10mg/($M^2 \cdot d$)，第 1~14 天每 12 小时皮下注射；ACLA 10~14mg/($m^2 \cdot d$)，第 1~4 天静脉注射，或 6mg/($m^2 \cdot d$)，第 1~8 天静脉注射。在第 1 次注射 Ara-C 之前予重组人 G-CSF 200μg/($m^2 \cdot d$) 皮下注射，在最后 1 次注射 Ara-C 前 12 小时停用，如停用 Ara-C 时外周血白细胞仍低下，则继续使用，直至粒细胞恢复正常。当外周血白细胞 $>5.0 \times 10^9$/L 时，则应减少 G-CSF 的剂量，外周血白细胞 $>20.0 \times 10^9$/L 时停用。

CAG 方案的特点在于以 G-CSF 预激，与 Ara-C、ACLA 合用，不仅可驱使处于静止期的 G_0 期 AML 细胞进入 S 期，使 DNA 多聚酶活性增加，尤其是多聚酶 α 活性，而且可增强细胞内 Ara-C 的代谢作用，增加 Ara-C TP 水平，进而使 DNA 合成降低。已知 Ara-C 是细胞周期特异性药物，主要作用于 S 期，在 G-CSF 存在的情况下，Ara-C 的半杀伤浓度显著降低，白血病细胞因持久暴露于低剂量 Ara-C 下而优先被杀伤。Acla 为蒽环类制剂，是细胞周期非特异性药物，在低浓度时具有诱导分化作用。该方案在对上述急性髓系白血病的治疗方面显示了良好的作用，不良反应也主要是血液学不良反应，中性粒细胞缺乏和血小板减少较常见，化疗间歇期骨髓抑制不容忽视。

毛细血管渗漏综合征最早是在应用白介素-2 中发现的，报道多见于应用白介素-2 及白介素-11 等药物，这是一种较严重的并发症，患者表现为全身水肿、呼吸困难、多器官功能失调，尤其是严重的肺间质水肿可致患者死亡。近年来粒细胞刺激因子引起毛细血管渗漏偶可见到。

二、白介素-2

白介素-2（interleukin，IL-2），这一名称是指由白细胞产生的、可以调节其他细胞反应的任何可溶性蛋白或糖蛋白物质。作为免疫反应的激素，白介素是通过内分泌、自分泌和旁分泌等的相互作用来实现的。白介素连锁反应的发生首先是从病原性接触和特异性抗原性反应在局部开始的，由于分泌的白介素有所不同，各类效应细胞表面所分布的白介素受体种类和数量的不同而引发了各自不同功能的表达。这些细胞包括造血细胞、免疫细胞、内皮细胞和某些非免疫系统的细胞。而白介素的旁分泌作用包括了引发、放大、维持和终结不同阶段的免疫反应等。此外，白介素也通过对血管内皮细胞、成纤维细胞、角化细胞、脂细胞等的作用发挥全身调节作用。目前以白介素命名的细胞因子已达 15 种，其中以 IL-2 研究得最为深入，应用最为广泛。

IL-2 又称 T 细胞生长因子，可以激活 T 细胞，促使淋巴细胞增生，并使体内的干扰素水平升高，从而使机体免疫功能增强，同时还有抗肿瘤作用。它是一种 133 氨基酸的糖蛋白，分子量 15 000，含一链内二硫键。通过 T 细胞、B 细胞、NK 细胞、巨噬细胞表面的受体起作用。IL-2 和 IFN-γ 代表了 TH1 辅助细胞产生的主要的细胞因子，是由抗原和 IL-12 所诱导的，可被 IL-4 和 IL-10 反向调节。IL-2 在 T 细胞的生长成熟中起了关键性的作用。它的多种生物学功能主要包括诱导抗原刺激的 T 细胞增殖，增强主要组织相容性复合体（MHC）限制性抗原特异性 T 细胞的细胞毒作用；诱导大颗粒淋巴细胞、NK 细胞的 MHC 非限制性 LAK 活性及对其他细胞因子的诱导作用。

（一）临床应用

1. 对黑色素瘤和肾癌 经过十几年的临床实践和全世界各大研究所和医院的努力，研究者发现 IL-2 对多种肿瘤细胞的治疗发挥积极作用，尤其是在黑色素瘤及肾癌的治疗方面。

IL-2 对转移性黑色素瘤有较好的结果。高剂量 IL-2 可取得 15%~20% 的有效率，其中 6% 可获完全缓解。对 266 例患者长期随访的结果表明，在获完全缓解的患者中，69% 都能长期无病生存，中位随访的时间超过了 5 年。超过 20 个月的有效患者基本都无复发，这部分患者实际上已被治愈。生物治疗虽然看到了一部分患者可以获得长期缓解，但总体效果仍然不令人满意。近年来，生物化学治疗发展得很快，引起人们的广泛重视。Lgha 等人在该疗法中用了两种方法，一种叫序贯生物化学治疗，即先用 CVD 方案化疗后再用生物治疗，另一种叫同步生物化学治疗，即二者同时用。在 114 例可评价患者中有 24 例取得了完全缓解，占 21%，45 例部分缓解，占 39%，总有效率为 60%。完全缓解者中有 12 例获得长期缓解，占总人数的 10%，到总结时仍然无病生存，范围均超过了 4~6 年。此类方案虽有较好的疗效，但毒副作用也很大。几乎所有的患者都发生Ⅳ度骨髓抑制，需要 G-CSF 支持。有 1/3 的患者需输注血小板。有 2 例患者发生治疗相关性死亡，均在序贯性生物化学治疗期。其他毒副作用包括严重的乏力、低血压、体液潴留、寒战、发热、恶心、呕吐等。法国 Salpetriere 医院 Antoine 等人只用了一个化疗药顺铂加 IFN 和 IL-2 的方法，在 127 例可评价患者中，总有效率为 49%，其中 10% 获完全缓解，中位生存期为 11 个月。

近年来，肾癌的生物治疗比较推崇 IL-2+IFN-α+5-

FU 的三联方法,有效率在 40% 左右。但细胞因子工作组(Cytokine Working Group,CWG)分别对 IL-2+IFN-α 和 IL-2+IFN-α+5-FU 的两个方案进行对比研究后发现,加 5-FU 的生物化疗方案总有效率是 16%,其中 4% 获得完全缓解,中位有效时间为 9 个月,1 年的无进展生存率为 12%,与 IL-2+IFN-α 的方案无大区别。因此 CWG 推荐门诊患者的使用方案为皮下注射 IL-2+IFN-α。但加 5-FU 的生物化学治疗究竟给患者带来多大好处目前尚无定论,仍需进一步观察和评价。而英国的 Allen 等人认为,加 5-FU 效果不好是由于冲击式给药造成的。他们用延长的连续静脉给 5-FU 法在 42 例肾癌患者中取得 38% 的有效率,又肯定了 IL-2+IFN-α+5-FU 的三联生物化学疗法。对于肾癌的肺转移,Huland 等人观察了 IL-2 的吸入疗法。他们在 6 年中治疗了 116 例患者,总有效率为 16%,另有 49% 的患者病情稳定。总的中位缓解时间为 9.6 个月,中位生存时间为 11.8 个月。他们认为 IL-2 的吸入疗法是一个无毒的有效的治疗手段。对大约 70% 的肺和纵隔转移的患者能防止肿瘤进一步发展。这一疗法还可以在门诊进行。

2. IL-2 的作用　IL-2 与特异性受体结合后,可诱导大多数淋巴细胞,包括 T、B 和 NK 细胞增殖和活化,并能够激活 T 淋巴细胞产生活化的细胞毒效应(LAK)细胞,该细胞有溶解对自发产生的 NK 细胞具有抵抗力的白血病细胞。此外,IL-2 还可以诱导产生多种细胞因子,如 IFN-γ、TNF、IL-3 等,使在炎症反应和免疫调控中起重要作用的辅助细胞的功能恢复,从而间接发挥治疗白血病的作用。已经证实,急性白血病患者自发产生的 LAK 细胞活性低,对耐药患者直接使用 IL-2 可达到暂时缓解,某些患者使用 IL-2 后可恢复对以往耐药化疗药的敏感性,但单独使用 IL-2 无法治愈白血病。

报道观察 20 例急性非淋巴细胞性白血病患者应用化疗 +IL-2 治疗方案的疗效,结果观察组患者 CD3、CD4 和 CD8 的阳性率在应用 IL-2 后的水平比对照组水平高,免疫功能恢复良好,可以降低复发率,提高 5 年无病生存率($p<0.05$)。而目前最有价值的是将 IL-2 用于移植后白血病患者的治疗,其主要作用是 IL-2 可高度激活移植后患者体内的细胞毒 T 细胞和 NK 细胞,从而发挥机体的抗肿瘤效应,减少白血病患者的残余病变,减少移植后的复发。达万明等研究了同基因骨髓混合 H2 半相合异基因骨髓移植后腹腔短期注射白介素-2(IL-2)对 P388 小鼠白血病生存的影响,结果提示,MBMT(混合骨髓干细胞移植)+IL-2 治疗组的生存率较 MBMT 组显著增高,临床观察所有小鼠皆未发生明显 GVHD,证实 MBMT 后短期 IL-2 治疗能够显著地增强 GVL 效应。在移植后早期应用 IL-2,不仅能够抑制促发 GVHD 的 T 淋巴细胞亚群的活性,减轻 GVHD 的发生,且能有效保护或增强 GVL 效应。体内应用 IL-2 或在 BMT 后不同时期应用 IL-2,显示了良好的抗肿瘤作用。对于已产生耐药性的肿瘤细胞,IL-2 能诱导 NK 前体细胞生长和分化成熟,激活 NK 细胞和 LAK 细胞,并可增强机体抗肿瘤细胞和抗病毒能力,减少感染和肿瘤复发率。

近年来,中国人民解放军联勤保障部队第九四〇医院开展了混合 HLA 半相合异体骨髓的自体骨髓移植,移植后的 DLI 加用 IL-2 的免疫治疗,一般在移植后 1~2 个月予供者淋巴结细胞输注 + 白介素-2 100 万 U 静脉滴注,1/d × 10 为 1 个疗程,间隔 1~2 个月,连续给予 3~4 个疗程,结果表明,混合移植后 DLI+IL-2 治疗安全性好,患者无不良反应,患者外周血淋巴细胞数增加,CD16⁺、CD56⁺、CD4⁺ 和 CD8⁺ 细胞,尤其是 CD8⁺ 细胞比例升高,是有利于白血病免疫治疗的指标,取得了一定的临床疗效。

3. IL-2 对淋巴瘤　Slavin 等报道了经过自体骨髓移植后还有微小残留病灶(MRD)的 56 例淋巴瘤用 IL-2+IFN-α 治疗的情况。另一组是 61 例各种条件都相匹配的历史性对照。在自体骨髓移植后 2.5~10 个月(中位 4 个月)造血系统重建完成后,皮下注射 IL-2[3×10^6~6×10^6IU/(m²·d)] 和 IFN-α2a[3×10^6IU/(m²·d)],每周 5 天,连续 4 周;休息 1 个月后再重复同样疗程。结果发现总生存期和保险统计的无病生存期 IL-2+IFN-α 治疗组明显高于历史对照组。4 年总生存率分别为 90% 和 46%($p<0.01$)。其中,霍奇金淋巴瘤更好,为 100% 和 57%。复发率也是接受免疫治疗的一组(20%)明显低于对照组(46%,$p<0.01$)。目前 DLI 已被认为是同种异体骨髓移植后复发的治疗选择。世界范围内已成功地在各类血液病用了近千例。在慢性粒细胞白血病(CML)约 70% 的患者有效,而其他癌种的有效率略低。Slavin 等报道了 17 例各类血液恶性肿瘤,他们对增加剂量的 DLI 已无效而又未表现出明显的移植物抗宿主反应的患者用了 DLI 加皮下注射 IL-2[6×10^6IU/(m²·d) × 3d]或在体外用 IL-2($6\,000$IU/mL × 4d)激活的供体淋巴细胞(ADL)加皮下注射 IL-2,结果发现 11 例对 DLI 无效的患者又重新对 DLI+IL-2 有效。5 例还用了 ADL+IL-2。总的完全缓解率为 59%(10/17),并经 PCR 技术、细胞遗传学和/或形态学技术检不出恶性克隆。在 MRD 的治疗中,同种异体干细胞移植后使用 IL-2 或异体骨髓移植后使用 DLI+IL-2 都是出于这样一种考虑,即供体淋巴细胞介导的移植物抗白血病(GVL)或移植物抗肿瘤(GVT)效应能够被最大地诱导出来,而又不加剧移植物抗宿主病,这样 IL-2 就有可能对那些表达次要组织相容性复合体、分化抗原,或癌基因突变产物的肿瘤细胞诱导出抗原特异性的 T 细胞反应。如何把 GVL 和 GVH 所牵扯的效应细胞与靶目标分开,以及使用 IL-2 在这一系统中有效地诱导 GVL 都是目前在积极探索的课题。

4. 应用 IL-2 存在的误区　在各类晚期癌症中使用 IL-2 的一些倾向性问题。有人认为 IL-2 的用量越大效果越好,原因是他们把 IL-2 作为根治某些肿瘤的特效药,而没有把它看成一种增强免疫功能的免疫调节剂。给免疫缺陷患者注射超低剂量的 IL-2[25×10^4IU/(m²·d)],发现患者循环血流中的 NK 细胞、嗜酸性细胞和单核细胞数量有所上升,更重要的是,血液循环中 CD4⁺ T 细胞以每月增加 28 细胞/mm³ 的速度上升,6 个月后平均比基线高出 168 细胞/mm³,并且增强了迟发超敏反应。KHATRI 等的工作也证实每天低剂量给予 IL-2,在治疗和预防 AIDS 相关的淋巴瘤和防止 HIV 复制扩增方面是有效的。20 世纪 90 年代初的临床研究就观察到,随着肿瘤的发展,血液中内源性 IL-2 的浓度也进行性降低,而且常与不良预后和短生存期有关,说明 IL-2 在抗肿瘤免疫反应中的生理调节作用是很重要的。

关于低剂量 IL-2 的定义和概念一直有不同的争论,一般认为每天不超过 $6 \times 10^6 IU$ 为低剂量。大多数低剂量 IL-2 的方法都是通过皮下注射,也有通过连续静脉输注给药来调节免疫功能的。常常把是否有明显的淋巴细胞增殖和嗜酸性细胞增殖来作为宿主抗肿瘤免疫调动的标志。而 $1.5 \times 10^6 IU/(m^2 \cdot d)$ IL-2 是进行这一调动的最低剂量。低于 $0.1 \times 10^6 IU/(m^2 \cdot d)$ 的剂量实际上已观察不到任何可测知的免疫学效应了。此外,使用低剂量 IL-2 还可以避免因激发巨噬细胞而形成的过度分泌 IL-4、IL-6 和 IL-10 等免疫抑制性因素,达到毒副作用小而长期激活调动 T 效应细胞和 NK 细胞的目的。因此,探索使用最适剂量 IL-2 以达到最佳调动免疫功能的效果,同时避免高剂量 IL-2 直接和间接引起的毒副作用一直是人们关心的课题。

（二）IL-2 的毒副作用及防治

应用 IL-2 可出现全身各系统的副作用,常见的有寒战、发热、乏力、头痛、关节痛,可给予解热镇痛药物如水杨酸盐处理,消化系统可见恶心呕吐、食欲不振,个别可见结肠部分坏死、消化道穿孔,部分可见肝功异常。心血管系统可见低血压、心动过速,也可见心肌梗死、心律失常。其他也可见到贫血、血小板减少、体液潴留、少尿、氮质血症、行为异常、幻觉等症状,停药并对症治疗多可好转。最严重的是毛细血管渗漏综合征。出现肺间质水肿、呼吸窘迫,应及时停药并给予激素治疗,必要时需机械辅助呼吸。为减少副作用,用药时可采用低剂量长疗程疗法。

三、干扰素

除上述的两种细胞因子外,目前临床已使用多种细胞因子治疗和辅助治疗多种疾病,如应用干扰素(interferon,IFN)治疗病毒感染、自身免疫性疾病及部分肿瘤等,应用 IL-11 促进化疗后血小板数量的回升等。其中 IFN 是目前使用最为广泛的细胞因子。IFN 是由 IFN 诱生剂诱导生物细胞产生的一类多功能、具抗病毒活性的糖蛋白。IFN 可以调节动物细胞分化,调节个体发育和物种进化。IFN 是自我稳定的产物,防御外来物质尤其是核酸的入侵,维持着正常细胞的生理状态。IFN 系统是生物细胞普遍存在的一个防御系统,它并非直接作为反式作用因子对其效应分子的基因组进行调控,而是借助受体介导的信号转导系统引发一系列特异的生化反应,直至达到调控效应分子的目的。由于 IFN 具有较强的抗病毒、抗肿瘤和参与免疫调节的作用,因此已被广泛应用于临床医学。目前应用于临床的 IFN 制剂为通过大肠杆菌或酵母表达系统生产的基因工程产物。主要作用有:

1. 直接抗病毒作用　IFN-α 是一种具有抗病毒和促进机体免疫细胞活化的细胞因子,多年来在临床用以治疗慢性乙型肝炎,具有一定的疗效。主要作用机制:调节免疫,直接抗病毒和抑制 HBV 基因增强子-1 活性,抑制病毒复制。IFN 也用于丙型肝炎的治疗。目前慢性丙型肝炎的治疗以 IFN-α 为首选。IFN 还可以用于其他病毒性疾病的治疗,例如它具有明显降低病毒性心肌炎患者血清 sIL-2R、TNF 水平的作用,具有改善和增强机体免疫功能、促进心力衰竭的恢复和改善临床病情的作用。IFN 能作用于组织细胞而产生抗病毒蛋白,从而阻碍病毒复制,保护宿主不受病毒侵害;同时可调节免疫功能,增强 T、B 细胞活性,促进吞噬细胞的吞噬作用。但 IFN 抗病毒的效果仍不理想,为提高疗效,近年来 IFN 的新制剂如长效 IFN、IFN 缓释剂、控释剂等的研究取得了新的发展。

2. IFN 用于肿瘤的治疗　IFN 的抗肿瘤作用主要是通过增强机体的免疫功能,提高巨噬细胞、NK 细胞和 CTL 的杀伤能力而对多种肿瘤有治疗作用,如 CML、CLL、骨髓增殖性疾病及多种实体瘤。IFN-α 对 CML 的治疗效果明显,它抑制了 bcr/abl 基因的转录和 P-210 癌蛋白的表达,可使 70% 的患者获得血液学缓解,30%~40% 的患者获得遗传学缓解,0~20% 的患者 RT-PCR 转阴,初始剂量为 300 万 U 皮下注射每周 3 次,逐渐可增至 500 万 U 甚至 900 万 U 隔天或每天注射,持续 1~2 年,国内常用 300 万 U 皮下注射,每周 2~3 次,持续半年至 1 年效果尚可。还可用于多发性骨髓瘤的治疗,应用 IFN-α $(3~5) \times 10^6 U$,皮下注射每周 3 次,至少 6 个月,单药治疗本病,初治患者的有效率为 10%~20%,多为部分缓解。IFN 还可用于化疗缓解后维持治疗,仍可按上述用法长期注射,难治性病例效果欠佳。

（吴涛　蒽瑞　白海）

参考文献

[1] Luca C,Barbara S,Stefania B,et al. Donor lymphocyte infusion after allogeneic stem cell transplantation. Transfus Apher Sci,2016,54(3):345-355.

[2] 乔振华,苏丽萍,马梁明,等. 供者淋巴细胞输注治疗急慢性白血病和多发性骨髓瘤的治疗. 中华内科杂志,2001,40(7).481-482.

[3] Yang L,Tan Y,Shi J,et al. Prophylactic donor lymphocyte infusion after low-dose ATG-F-based haploidentical HSCT with myeloablative conditioning in high-risk acute leukemia:a matched-pair analysis. Bone Marrow Transplant,2021,56:664-672.

[4] Wang Y,Liu QF,Wu D P,et al. Impact of prophylactic/preemptive donor lymphocyte infusion and intensified conditioning for relapsed/refractory leukemia:a real-world study. Science China Life sciences,2020,63(10):1552-1564.

[5] Mohty,R,Dulery,R,Bazarbachi,AH,et al. Latest advances in the management of classical Hodgkin lymphoma:the era of novel therapies. Blood Cancer J,2021,11:126.

[6] 白海,马晓慧,欧建峰,等. 慢性粒细胞性白血病细胞诱导分化的树突状细胞及其抗原提呈作用的研究. 现代免疫学杂志,2005,25(4):327.

[7] Lowenberg B,van Putten W,Theobald M,et al. Effect of priming with granulocyte colony-stimulating factor on the outcome of

chemotherapy for acute myeloid leukemia. N Engl J Med,2003, 349(8):743-752.

［8］达万明,曾昭铸,白海,等. 混合骨髓移植后短期 IL-2 治疗增强移植物抗白血病效应的实验研究. 西北国防医学杂志, 1998,19(2):83-85.

［9］宫立众,孙士红,夏顺中,等. 小鼠骨髓间充质干细胞输注促进外周血干细胞移植后造血恢复. 中华血液学杂志,2002,23 (10):540-541.

［10］Minguell JJ,Erices A,Conget P. Mesenchymal stem cells. Exp Biol Med(Maywood),2001,226(6):507-520.

［11］Landoni E,Savoldo B. Treating hematological malignancies with cell therapy:where are we now? Expert Opin Biol Ther,2018,18 (1):65-75.

［12］Pule MA,Savoldo B,Myers GD,et al. Virus-specific T cells engineered to coexpress tumor-specific receptors:persistence and antitumor activity in individuals with neuroblastoma. Nat Med, 2008,14(11):1264-1270.

［13］Milone MC,Fish JD,Carpenito C,et al. Chimeric receptors containing CD137signal transduction domains mediate enhanced survival of T cells and increased antileukemic efficacy in vivo. Mol Ther,2009,17(8):1453-1464.

［14］Gajewski TF,Meng Y,Blank C,et al. Immune resistance orchestrated by the tumor microenvironment. Immunol Rev, 2006,21(3):131-145.

［15］Savoldo B,Ramos CA,Liu E,et al. CD28 costimulation improves expansion and persistence of chimeric antigen receptor-modified T cells in lymphoma patients. J Clin Invest,2011,121(5):1822-1826.

［16］Zhong XS,Matsushita M,Plotkin J,et al. Chimeric antigen receptors combining 4-1BB and CD28 signaling domains augment PI3kinase/AKT/Bcl-XL activation and CD8[+] T cell-mediated tumor eradication. Mol Ther,2010,18(2):413-420.

［17］Park JH,Geyer MB,Brentjens RJ. CD19-targeted CAR T-cell therapeutics for hematologic malignancies:interpreting clinical outcomes to date. Blood,2016,127(26):3312-3320.

［18］Fesnak AD,June CH,Levine BL. Engineered T cells:the promise and challenges of cancer immunotherapy. Nat Rev Cancer,2016, 16(9):566-581.

［19］Sadelain M. CD19 CAR T Cells. Cell,2017,171(7):1471.

［20］Davila ML,Sauter C,Brentjens R. CD19-Targeted T Cells for Hematologic Malignancies:Clinical Experience to Date. Cancer J, 2015,21(6):470-474.

［21］Kochenderfer JN,Dudley ME,Carpenter RO,et al. Donor-derived CD19-targeted T cells cause regression of malignancy persisting after allogeneic hematopoietic stem cell transplantation. Blood, 2013,122(25):4129-4139.

［22］Maude SL,Frey N,Shaw PA,et al. Chimeric antigen receptor T cells for sustained remissions in leukemia. N Engl J Med,2014, 371(16):1507-1517.

［23］Grupp SA,Kalos M,Barrett D,et al. Chimeric antigen receptor-modified T cells for acute lymphoid leukemia. N Engl J Med, 2013,368(16):1509-1518.

［24］Garfall AL,Maus MV,Hwang WT,et al. Chimeric Antigen Receptor T Cells against CD19 for Multiple Myeloma. N Engl J Med,2015,373(11):1040-1047.

［25］Barrett DM,Grupp SA,June CH. Chimeric Antigen Receptor- and TCR-Modified T Cells Enter Main Street and Wall Street. J Immunol,2015,195(3):755-761.

［26］Maus MV,Grupp SA,Porter DL,et al. Antibody-modified T cells: CARs take the front seat for hematologic malignancies. Blood, 2014,123(17):2625-2635.

［27］Kohler M,Greil C,Hudecek M,et al. Current developments in immunotherapy in the treatment of multiple myeloma. Cancer, 2018,124(10):2075-2085

［28］Mikkilineni L,Kochenderfer JN. Chimeric antigen receptor T-cell therapies for multiple myeloma. Blood,2017,130(24):2594-2602.

［29］Kochenderfer JN,Dudley ME,Feldman SA,et al. B-cell depletion and remissions of malignancy along with cytokine-associated toxicity in a clinical trial of anti-CD19 chimeric-antigen-receptor-transduced T cells. Blood,2012,119(12):2709-2720.

第二十九章 实体肿瘤的细胞治疗

提要：肿瘤是多因素导致的组织细胞异常增生形成的新生物。肿瘤的临床治疗方法复杂多样，除传统的手术、化学、放射治疗外，生物免疫和靶向治疗发展迅猛，效果显著。随着免疫细胞治疗技术的发展，其在治疗血液系统肿瘤治疗领域显示出独特的效果，然而在实体瘤治疗方面效果不甚理想。本章分3节介绍肿瘤形成与肿瘤干细胞、免疫细胞治疗在实体瘤的应用与发展，以及肿瘤疫苗的研究。

肿瘤临床治疗的方法复杂多样，主要包括手术治疗、化学治疗、放射治疗、免疫治疗和靶向治疗等。患者确诊时，大部分肿瘤已经发展至中晚期，传统治疗方式并不能完全消除肿瘤尤其是已经发生远处转移的肿瘤。免疫学和肿瘤生物学等多个学科的快速发展，促使各种新兴的肿瘤免疫疗法进入临床研究并展现出强大的治疗潜力。在过去的100多年中，我们目睹了许多肿瘤研究中具有里程碑意义的发现（图3-29-1）。

肿瘤免疫治疗通过激发或重建机体的免疫系统，从而控制和杀伤肿瘤细胞，是继传统治疗后另一种有效的肿瘤治疗手段。目前临床常见的肿瘤免疫疗法包括单克隆抗体疗法、免疫检查点阻断剂疗法、过继细胞疗法、溶瘤病毒疗法和肿瘤疫苗等。免疫联合靶向治疗使恶性肿瘤患者获得临床治愈成为可能，血液系统恶性肿瘤的免疫靶向治疗，以及细胞治疗多数获得临床治愈。但在实体瘤应用方面，免疫细胞治疗，尤其是CAR-T细胞和CAR-NK细胞等，还在临床研究阶段，从报道的结果看有较好的临床结果，这为中晚期肿瘤患者带来了新的希望。

第一节 肿瘤形成与肿瘤干细胞

分子生物学的飞速发展使人们对肿瘤本质的理解更加深化。癌基因、抑癌基因、周期相关基因及蛋白质、凋亡相关基因、耐药相关基因等研究乃至人类基因组计划的蓬勃开展，将人们对于肿瘤的认识推进到了前所未有的高度。

一、肿瘤多因素、多步骤的发病机制

肿瘤形成（oncogenesis）的过程是一个多因素、多步骤的复杂过程，与一般的感染性疾病不同，肿瘤的恶性表型是包括始发突变、潜伏、促癌和演进等多个步骤中多种因素相互作用导致细胞恶变的结果。

（一）肿瘤发生的多因素

1. 外源性因素

（1）化学因素：根据化学致癌物的作用方式可以将其分为直接致癌物、间接致癌物、促癌物三类。直接致癌物是指这类化学物质进入机体后与体内的细胞直接作用，不需要代谢就能够诱导细胞癌变的物质，如烷化剂、亚硝酰胺类等。间接致癌物是指化学物质进入机体后需经体内微粒体混合功能氧化酶活化变成化学性质活泼的形式才具有致癌作用的化学物质，如多环芳烃、亚硝胺、黄曲霉毒素等。致癌因素单独作用于机体没有致癌作用，但是可以促进其他物质致癌而诱导肿瘤的形成，常见的有佛波醇酯、糖精等。体内最终致癌物通常为亲电分子，可与DNA、RNA、蛋白质等生物大分子中的亲核基团发生作用，引起碱基颠换、缺

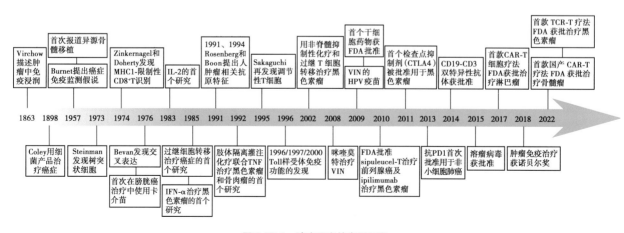

图 3-29-1 肿瘤研究的发展历程

失、DNA 交联、断裂、染色体畸变等。同时化学致癌物还可抑制甲基化酶，引起细胞中胞嘧啶的甲基化水平降低，还有可能激活某些癌基因，使细胞癌变。

（2）物理因素：电离辐射是最主要的物理性致癌因素，电离辐射对生物损伤的机制主要是产生电离，形成自由基。自由基性质活泼，通过破坏正常细胞的分子结构而产生损伤。电离辐射可以引起人体各部位发生肿瘤，据估计，其发生率在所有肿瘤的总病例数中只占 2%~3%。辐射可引起染色体、DNA 突变，或激活潜伏的致癌病毒。放射线引起的肿瘤有：白血病、乳腺癌、甲状腺肿瘤、肺癌、骨肿瘤、皮肤癌、多发性骨髓瘤、淋巴瘤等。

紫外线照射可引起细胞 DNA 断裂、交联和染色体畸变，还可抑制皮肤的免疫功能，使突变细胞容易逃脱机体的免疫监视，这些都有利于皮肤癌和基底细胞癌的发生。

（3）生物因素：病毒与肿瘤的形成密切相关，分为致瘤性 DNA 病毒和致瘤性 RNA 病毒，主要有乳-多-空病毒类、腺病毒类、疱疹病毒类、乙型肝炎病毒类和痘病毒类。致瘤性 DNA 病毒的作用发生在病毒进入细胞后复制的早期阶段，相关的瘤基因多整合在宿主细胞的 DNA 上。与人类肿瘤发生相关的多种 RNA 逆转录病毒，RNA 病毒基因组结构不同，其致瘤机制也不同。逆转录病毒感染机体后，病毒的遗传信息整合到宿主细胞的染色体中，成为细胞的组成部分。一般情况下受到正常细胞的调节控制，病毒处于静止状态，但受到化学致癌物、射线辐射等因素的作用后，可能激活病毒表达而在体内诱发肿瘤。此外，霉菌感染也是肿瘤发生的生物因素之一。

2. 内源性因素

（1）遗传因素：恶性肿瘤的种族分布差异、肿瘤的家族聚集现象、遗传性缺陷导致肿瘤形成，都提示遗传因素在肿瘤形成过程中的重要作用。早在 20 世纪 70 年代，Knudson 提出了两次突变学说（two-hit hypothesis），认为遗传型肿瘤第一次突变发生于生殖细胞，第二次突变发生于体细胞。

（2）机体免疫状态、激素水平等：机体免疫力低下，如器官移植后服用免疫抑制剂的患者较免疫力正常者更易患肿瘤；更年期妇女体内激素水平的变化使得其更易患乳腺癌等肿瘤。

（二）肿瘤发生的多阶段

1942 年，Berenblun 应用阈下剂量的苯并芘处理小鼠的皮肤达 1 年之久，仅有 3/102 只小鼠发生了皮肤肿瘤，但若用苯并芘处理几个月后，接着用巴豆油作为促癌物处理，就引起 36/38 只小鼠发生皮肤肿瘤，而若先以巴豆油处理数月，再用阈下剂量的致癌物处理，则未见肿瘤的发生。Berenblun 等根据此实验提出，癌变至少有两个既有区别又有联系的阶段构成。

1. 肿瘤发生的第一阶段为激发阶段　肿瘤发生的第一阶段是指细胞在致癌物的作用下发生了基因突变，但是突变发生后，如果没有适当的环境，就不会发展为肿瘤，此阶段也称为潜伏期。此阶段的致癌物称为启动剂，即指某些化学、物理或生物因子，它们可以直接改变细胞遗传物质

DNA 的成分或结构，一般一次接触即可完成，其作用似无明确的阈剂量，启动剂引起的细胞改变一般是不可逆的。

2. 肿瘤发生的第二阶段为促进阶段　肿瘤发生的第二阶段是指在促癌剂（刺激细胞增长的因子，如激素）的作用下开始增殖的过程，促癌剂本身不能诱发肿瘤，只有在启动剂作用后再以促癌剂反复作用，方可促使肿瘤发生，促癌剂的作用是可逆的，如果去除，引起扩增的克隆就会消失。在 Berenblun 的实验中，应用启动剂苯并芘抹涂动物皮肤并不致癌，但是几周后再涂抹巴豆油，则引起皮肤癌，由于巴豆油中的有效成分是佛波醇酯，能模仿二酰基甘油（DAG）信号，激活蛋白激酶 C 而导致肿瘤的发生。

3. 肿瘤发生的第三阶段为肿瘤演进阶段　肿瘤演进是指肿瘤在生长过程中变得越来越具有侵袭力的过程，是一种不可逆过程。

（三）肿瘤发生的基因学说

1. 原癌基因与抑癌基因　恶性肿瘤的形成往往涉及多个基因的改变，与原癌基因、抑癌基因突变的逐渐积累有关。

（1）原癌基因（oncogene）：是细胞内与细胞增殖相关的基因，是维持机体正常生命活动所必需的，在进化上高度保守。当原癌基因的结构或调控区发生变异，基因产物增多或活性增强时，可使细胞过度增殖，从而形成肿瘤。

原癌基因的产物主要包括：①生长因子，如 sis；②生长因子受体，如 fms、erbB；③蛋白激酶及其他信号转导组分，如 src、ras、raf；④细胞周期蛋白，如 Bcl-1；⑤细胞凋亡调控因子，如 Bcl-2；⑥转录因子，如 Myc、fos、jun。原癌基因的激活方式多种多样，但概括起来无非是基因本身或其调控区发生了变异，导致基因过表达，或产物蛋白活性增强，使细胞过度增殖，形成肿瘤。

（2）抑癌基因：也称为抗癌基因，早在 20 世纪 60 年代，有人将癌细胞与同种正常成纤维细胞融合，所获杂种细胞的后代只要保留某些正常亲本染色体，就可表现为正常表型，但是随着染色体的丢失又可重新出现恶变细胞。这一现象表明，正常染色体内可能存在某些抑制肿瘤发生的基因，它们的丢失、突变或失活，使激活的癌基因发挥作用。抑癌基因通过抑制细胞增殖，促进细胞分化，抑制肿瘤细胞迁移，对肿瘤细胞起负调控作用，通常认为抑癌基因的突变是隐性的。

抑癌基因主要包括：①转录调节因子，如 Rb、p53；②负调控转录因子，如 WT；③周期蛋白依赖性激酶抑制因子（CKI），如 p15、p16、p21；④信号通路的抑制因子，如 ras GTP 酶活化蛋白（NF-1）、磷脂酶（PTEN）；⑤DNA 修复因子，如 BRCA1、BRCA2。⑥与发育和干细胞增殖相关的信号途径组分，如 APC、Axin 等。

2. 基因突变理论　在肿瘤形成的分子生物学研究中，最为深入的是基因突变理论。基因改变包括染色体数目的异常和结构的异常（异位、丢失、点突变、扩增和微卫星不稳等）。该理论认为，细胞内一系列的基因突变是肿瘤发生的根本原因。肿瘤的发生是由调控细胞增殖和凋亡机制的基因缺陷引起的，特定的基因突变导致细胞增殖和凋亡的

不平衡。信号转导和周期相关基因、凋亡相关基因的突变是肿瘤发生的关键;肿瘤细胞的低分化状态、自主性增殖、侵袭转移及多药耐药等几乎所有特点,都可归因于特定基因的异常;几乎所有的致癌因素(物理的、化学的、生物的)都作用于特定基因,通过诱发基因突变起作用。控制癌症最有前途的途径是基因干预——修正突变的基因或引入自杀基因。恶性肿瘤的形成与原癌基因、抑癌基因突变的逐渐积累有关,往往涉及多个基因的改变。

二、肿瘤干细胞

发育生物学观点认为肿瘤的细胞来源可能有两种:第一种是成熟分化的细胞去分化(de-differentiation);第二种是机体或组织内已存在的干细胞在特定的分化水平停止分化或分化失常(dys-differentiation)。

基于肿瘤组织与其原发组织在组织结构和生化特点上的相似性,以及基因突变理论认为肿瘤的体细胞基因突变的结果,人们认为肿瘤细胞是由成熟体细胞在恶变过程中去分化所致。然而,实验研究和临床研究都发现基因突变理论和去分化理论存在着某些缺陷。首先,在基因突变理论中,致癌因素作用于靶组织后,敏感细胞通过发生基因改变而获得增殖活性和/或抗凋亡特性,进入正性扩增状态。但理论和经验表明,成熟细胞,比如肝细胞,无须返回低分化状态(去分化),即可在增殖信号的刺激下开始旺盛增殖,即恶变细胞无须去分化。同样,对于血液恶性肿瘤,比如不同类型的白血病表现为造血干细胞在不同发育阶段的分化阻断,这些白血病细胞在不同分化水平旺盛增殖,用去分化理论也难以解释;如在临床上对白血病细胞进行化学干预,体外和体内试验均证实它们可以被诱导向成熟分化,分化后特征性标记的染色体消失,异倍体核型也趋向于向正常核型转化,而且分化过程中出现过渡态,即在形态上介于幼稚和成熟之间,在细胞表面标志上表现为既有幼稚细胞分化抗原,又有成熟细胞分化抗原,而诱导分化完成后只表达成熟细胞分化抗原。此外,多数肿瘤来源于单克隆细胞,对于混合瘤来说,即肿瘤组织内有一种以上的瘤细胞组分,比如上皮性和间叶性的癌肉瘤,按基因突变理论,不同的瘤细胞是由不同的细胞成分突变并混合而成,应该是多克隆的。但最新研究却提示混合瘤大多数也是单克隆的,其不同细胞组分实际上来自同一个癌祖细胞。虽然在某些低等动物中已分化的细胞可以去分化,但是在哺乳动物中,已分化的细胞通常不再具备自我更新(self-renewal)能力,即使发生突变,也只是功能异常而不至于转化。以上这些矛盾对肿瘤发生的研究提出了新的挑战。

(一)干细胞与肿瘤细胞

干细胞 能通过自我更新和在特异组织中分化产生成熟细胞,多潜能分化及自我更新能力是其两个主要生物学特性。干细胞是体内具有定向分化能力和分裂能力的细胞,如骨髓细胞可以分化出各种血细胞。

肿瘤细胞和干细胞有惊人的相似之处,如均有自我更新和无限增殖的能力;较高的端粒酶活性;相同的调节自我

更新的信号转导途径,如 Hedgehog、Notch、Wnt、NF-κB 等,Hedgehog 信号通道参与早期神经系统发育和毛囊形成的调控,Hedgehog 途径中的抑制物突变后,信号系统活性增高,可诱导中枢神经系统肿瘤的产生,如 Patched 基因突变,可引起 Gorlin's 综合征和小鼠的小脑肿瘤。Notch 信号通路调控 HSC 的自我更新,通过抑制 HSC 的特定分化阶段,控制 HSC 向粒系或淋巴系分化,Notch 信号通路的过度表达可诱导恶性淋巴瘤的产生。在黑色素瘤和一些肠道肿瘤中存在异常 Wnt 信号,尤其是 Wnt 途径的组成成分,如 β-catenine、APC、Axin 等发生基因突变。日渐深入的干细胞研究表明,体内干细胞是一直存在的,并在不断更新,突变更容易在干细胞中累积,因此有学者倾向于认为肿瘤来源于恶性干细胞,提出肿瘤干细胞假说,即肿瘤起源于正常干细胞遗传突变的积累。

(二)肿瘤干细胞与肿瘤的形成

1. 肿瘤干细胞的发现 早在 1960 年就有学者发现一些来自小鼠腹水的骨髓瘤细胞只有很少一部分(1/10 000~1/100)能在体外进行克隆形成试验,只有 1%~4% 的移植白血病细胞能在脾脏形成克隆。肿瘤细胞克隆形成能力的差异提示造血系统肿瘤是异质的,这种情况发生的原因有两种:所有白血病细胞具有较低的广泛增殖能力;多数白血病细胞不能广泛增殖,仅少量细胞可定义为克隆形成细胞亚群。同样早在 20 世纪 60 年代,许多学者已找到实体肿瘤干细胞存在的证据:实体肿瘤细胞存在异质性,只有小部分细胞有克隆形成能力。

Hamburger 发现,只有 1/5 000~1/1 000 的肺癌卵巢癌与神经母细胞瘤细胞有能力在体外软琼脂培养基上形成克隆(细胞克隆培养),这与白血病细胞有很大的相似性,可能是一种肿瘤干细胞(cancer stem cell),于是假设仅少数癌细胞是实际上致瘤性的细胞,且这些致瘤细胞能被认为是肿瘤干细胞,但是由于当时实验技术等的限制,未对其进行分离纯化。1994 年,Lapidot 等人首次通过实验分离出了以 CD34$^+$CD38$^-$ 为特异表面标志的人急性粒细胞性白血病干细胞(leukemic stem cells,LSC),尽管这些细胞实际只占 0.2%。将人的白血病细胞移植至 NOD/SCID 小鼠体内,发现只有 LSC 才具有不断自我更新维持其恶性显型的作用,证明了肿瘤干细胞的存在。

随后有学者通过特异性的细胞表面标志,率先在人乳腺癌中分离纯化出乳腺癌干细胞(breast cancer initiating cell,BRCa-IC),这种细胞以 CD44$^+$CD24$^{-/low}$ 为特异细胞表面标志,脑瘤中相继分离纯化出了具有特异表面标志的肿瘤干细胞。这些研究成果开创了实体肿瘤干细胞研究的新局面,并提出实体肿瘤也是一种干细胞疾病的理念。近年来研究提示血管生成细胞本身也可能来自干细胞,此时肿瘤细胞便成为诱导者。在肿瘤的形成和演进过程中,肿瘤干细胞本身也可参与血管壁的构成。肿瘤形成过程中经过多次突变形成肿瘤细胞的异质性,其中少量的细胞具有很强的增殖能力,被称为肿瘤干细胞(tumor stem cell/cancer stem cell,CSC)。它们是一些极少的、具有自我更新不定潜能的、驱使肿瘤形成的细胞。(图 3-29-2)

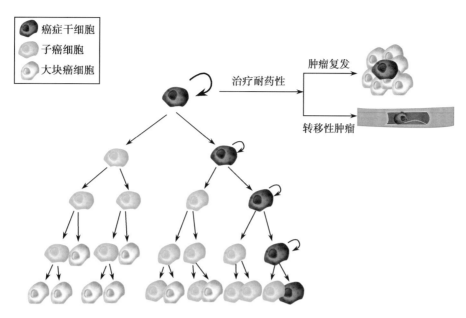

图 3-29-2　肿瘤干细胞导致治疗反应差

在含有 CSC 的异质性肿瘤中,尽管非 CSC 被消融,但 CSC 由于其自我更新的能力将维持肿瘤生长,因此会观察到肿瘤复发或转移

2. 肿瘤干细胞与肿瘤的发生　从正常组织的发生、发育和分化过程来看,肿瘤的产生实际上就是体内原已存在的干细胞未成熟分化的过程。其重要前提是组织微环境结构的破坏或改造,成熟细胞的可替代性增殖受到抑制,加之各种致癌物的作用,使诱导信号受到干扰,干细胞的不成熟分化便成为可能。肿瘤细胞所具有的大多数恶性特点,实际上也是干细胞在未成熟分化时所具有的特点。核型改变和基因突变可能是肿瘤产生过程中的伴随现象。一个癌组织分化状态的实质,是其内含的不同分化程度的干细胞所占比例的外在表现。高分化形态是由于大多数干细胞已经历了一定程度的分化;而低分化形态则是由于干细胞及其部分分化的子细胞与已分化成分相比,占了显著地位的缘故。

在缺氧、代谢物中毒等情况下,干细胞可发生自身凋亡,但总体凋亡水平低于增殖水平。由于增殖速度过快,其基因组结构趋于不稳,细胞获得额外的染色体、核型的异常或染色体微结构等突变便可能产生,引发自身凋亡或进一步获得自主性的克隆优势,此时在不依赖于生长因子的作用下,也可表现出旺盛的增殖能力和侵袭转移能力,从而形成肿瘤。被部分诱导分化的干细胞如果尚未参与组织发生,则细胞表面黏附分子的低表达使其处于相对的自由状态,更易于通过淋巴液和血液播散。能在远处转移生长的干细胞仍维持其部分分化状态,具有相似于其来源组织的结构和生化标志。但是其能否在转移的靶组织生长仍有赖于环境信号分子的特异性选择,即是否"安家"有赖于靶器官微环境的特异性识别,是有选择的。(图 3-29-3)

(三)肿瘤干细胞的研究意义

肿瘤干细胞与肿瘤形成关系的研究将对肿瘤的诊断和治疗产生深远的意义。

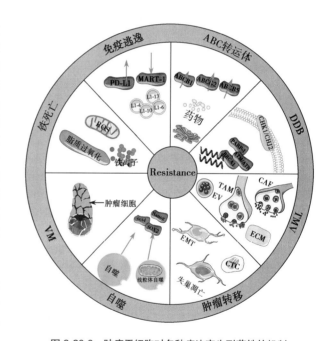

图 3-29-3　肿瘤干细胞对多种疗法产生耐药性的机制

在治疗过程中或治疗后,CSC 表现出几个特性:较高程度的药物外排活性、活跃的 DNA 修复、高 ROS 水平、VM 的倾向;此外,非肿瘤干细胞可能通过 EMT 重新获得肿瘤干细胞的特性,微环境、自噬和细胞外囊泡也有助于肿瘤复发

1. 进一步阐明肿瘤的发病机制　对实体肿瘤干细胞遗传属性、生物学行为、信号转导等进行系统研究,有助于从根本上阐明肿瘤的发生发展机制。

2. 监测肿瘤发生及进展　多年来已认识到仅有少数散布的远离肿瘤初始发生部位的癌细胞能在无明确转移癌的患者中被检测到。一种可能性是免疫监视作用在癌细胞形成可检出的肿瘤之前已将散布的癌细胞高效地杀灭。另一可能性是多数癌细胞缺乏形成新的肿瘤的能力，仅有散布的极少量的肿瘤干细胞能引起癌症转移。如果利用基因芯片等实验方法区别基因表达谱的不同，实体瘤干细胞能够预先被识别并分离出来，将能够确定出更有效的新的诊断标志物。

3. 提供治疗依据　肿瘤的发生是由于肿瘤干细胞的增殖，因此治疗的目的必须是辨别和杀灭肿瘤干细胞。有研究提示，来自不同组织的正常干细胞比来源于同一组织的成熟细胞更能耐受化疗，对肿瘤干细胞也一样，那么可以预测，由于肿瘤干细胞的增殖能力有限，它们将比肿瘤细胞对化疗药物更具耐药性。即使治疗使肿瘤完全消失，但体内残余的耐药的肿瘤干细胞足以使肿瘤复发或转移。所以以肿瘤干细胞为靶向的治疗疗效更为显著。

由于肿瘤是源于肿瘤干细胞的一种干细胞疾病，我们先前诸多关于肿瘤发生发展机制、细胞信号途径等的研究成果需要重新评价。因为肿瘤干细胞的生物学行为与其他肿瘤细胞可能存在质的差别。最新研究表明，联合黄胆素与蛋白酶抑制剂能选择性地杀伤 LSC，但对正常造血干细胞无影响，所以有效的治疗必须选择性地杀伤肿瘤干细胞。

肿瘤干细胞理论为肿瘤的产生补充了更加合理的解释，也为肿瘤治疗的深入研究提供了依据，相信随着这一领域的研究不断深入，必将实现对肿瘤的发生机制、诊断及治疗的飞跃。

第二节　免疫细胞治疗在实体瘤的应用与发展

免疫细胞治疗最早开展于 20 世纪 80 年代，是以免疫活性细胞为载体的一种生物治疗手段，分为主动和过继细胞免疫治疗两种，主要以 LAK 细胞（lymphokine-activated killer cell）、CIK 细胞（cytokine-induced killer cell）、NK 细胞（natural killer cell）、树突状细胞（dendritic cell，DC）、细胞毒性 T 淋巴细胞（cytotoxic T lymphocyte，CTL）、肿瘤浸润性淋巴细胞（tumor-infiltrating lymphocyte，TIL）、TCR-T 细胞（T cell receptor engineered T cell）和 CAR-T 细胞（chimeric antigen receptor T cell）为代表。实体瘤的细胞治疗是通过分离获取患者自身或健康供体的免疫细胞，在细胞因子的诱导下，大量扩增出具有高度抗肿瘤活性的免疫细胞，再回输到患者体内，达到抗肿瘤的目的。此疗法对恶性黑色素瘤、肾癌、胰腺癌等多种实体瘤及癌性胸腹水有很好的疗效。

近 10 年来，随着测序技术等分子生物学技术的不断进步、多学科交汇的不断深入，免疫细胞治疗的发展也随之不断加速。在传统的手术、放化疗、靶向治疗之外，免疫细胞治疗成为肿瘤治疗近年研究的热点，人们的思维已经从如何靠"外力"杀伤肿瘤细胞，逐渐集中到如何修炼"内功"，通过调动自身强大的免疫系统来抑制肿瘤，同时进一步降低治疗的副作用。

一、LAK 细胞治疗

1985 年，美国外科医生首次发现大剂量的 IL-2 在体外可以将淋巴细胞培养成具有很强肿瘤杀伤作用的细胞，称为 LAK 细胞，是最早的过继免疫治疗之一。

（一）LAK 前体细胞来源

1. 患者自体外周血　可采用白细胞分离机对患者外周血淋巴细胞进行分离，同时将其他血液成分回输。连续分离可批量获得外周淋巴细胞以满足细胞数量要求，经透析袋培养 3~5 天诱导为 LAK 细胞后再回输。如果采用原始细胞分离方法，即通过淋巴细胞分离液离心分离淋巴细胞，获取细胞数量较小，且对其他血液成分有所浪费。

2. 健康献血者外周血　健康献血者外周血亦是 LAK 前体细胞的来源之一，且不受患者病情及身体状况限制。但经淋巴细胞分离液离心分离后，只能丢弃其他血液成分。为了减少副作用，患者血型还应与献血者相符。

3. 健康胚胎胸腺与脾脏　在获得伦理委员会批准及供者知情同意后，国内曾应用健康胚胎胸腺与脾脏获取 LAK 前体细胞。水囊引产健康胚胎的胸腺与脾脏含有丰富的 LAK 前体细胞，胎龄以 4~7 个月为宜。通过机械剪碎及胶原酶消化、滤网过滤、离心、分离等处理，即得到 LAK 前体细胞。但应注意胚胎须新鲜健康，并排除肝炎、AIDS 及梅毒等多种病原感染。

（二）影响 LAK 细胞活性的因素

许多细胞因素及分子因素均能影响 LAK 细胞的扩增过程和杀伤活性，因此利用增强性因素、消除抑制性因素，对提高 LAK 细胞抗肿瘤活性、提高疗效具有重大意义。

1. 增强性因素　许多类型的白介素能影响 LAK 细胞活性。IL-1、IL-5、IL-6 单独不能诱导 LAK 细胞活性，但与 IL-2 共用可产生协同作用，其中低剂量 IL-1（50~250U/mL）效果为佳，能使 LAK 细胞活性提高 200 倍以上，其机制可能是促进 IL-2R 表达和 LAK 细胞增生，使 LAK 前体细胞对 IL-2 更敏感。IL-7、IL-12 均可单独刺激淋巴细胞，使其产生 LAK 细胞活性，此诱导作用可能经内源性 TNF 介导，与 IL-2 无关。除白介素外，其他细胞因子如 TNF、IFN-P、粒细胞-巨噬细胞集落刺激因子（GM-CSF），以及某些单克隆抗体，均能显著增强 LAK 细胞活性，其中以抗 CD3 单克隆抗体作用显著。IL-2 联合抗 CD3 单克隆抗体培养 LAK 细胞 12 天后，LAK 细胞数量可增加 100 倍以上，而单用 IL-2 培养 LAK 细胞，仅增加 6~20 倍；在杀瘤活性上，两者联合激活的 LAK 细胞活性比单独用 IL-2 诱导者强 6~23.7 倍。表型分析提示，联合激活的 LAK 细胞含有异源性细胞群，后者抗肿瘤效力与肿瘤浸润性淋巴细胞的效力相仿，因而增强了 LAK 细胞的活性。鉴于以上研究，许多实验室在诱导 LAK 细胞过程中均加入抗 CD3 单克隆抗体。

2. 抑制性因素　多核中性粒细胞（PMN）能显著抑制 LAK 细胞活性，其抑制强度与 PMN 数量成正相关。其作用机制可能是这类细胞产生的超氧化阴离子（O_2^-）介导，局部高浓度的过氧化氢与 PMN 中某些因子相互协同作用，来保护靶细胞免受攻击。而消除 O_2^- 的超氧化物歧化酶（SOD）则可部分解除这种抑制作用。由于 PMN 是循环血液中主要的白细胞成分，通常所见对某些患者注射大量 IL-2 亦难提高 IL-2/LAK 细胞疗效的现象，就可能与 PMN 的抑制作用有关。此外，某些抗细胞表面活性结构的抗体如抗 Tac 抗体、抗转铁蛋白受体抗体、抗淋巴毒性抗体及糖皮质激素类药物，均能抑制 LAK 细胞活性。

（三）IL-2/LAK 细胞的临床应用

Rosenberg 等应用 IL-2/LAK 细胞疗法治疗多种晚期实体瘤患者 222 例，其中 83 例单用 IL-2，其余联合 IL-2 和 LAK 细胞。结果 CR 16 例，PR 26 例。治疗有效的肿瘤包括肾细胞癌、黑色素瘤、大肠癌、淋巴瘤，以及肺、肝、骨、皮肤和皮下组织等多部位转移癌。目前报道应用 IL-2/LAK 细胞治疗较多的肿瘤有肾细胞癌、黑色素瘤、肝癌和大肠癌，其有效率（CR+PR）分别为肾细胞癌 21%，黑色素瘤 23%，肝癌 18%，大肠癌 12%，此外，此类细胞疗法对癌性胸腹水亦有较好的疗效。

LAK 细胞不但能直接杀伤肿瘤细胞，亦能增强患者免疫功能。临床研究表明，输注 LAK 细胞后，患者外周血 NK 细胞活性提高，sIL-2R 表达阳性率升高。血清 sIL-2R 含量降低，并能降低 $CD8^+$ T 细胞，使 $CD4^+/CD8^+$ T 细胞比值升高。通过增强免疫功能，提高了机体对抗肿瘤的能力。

此外，国内外临床研究亦证实 IL-2/LAK 细胞治疗后肿瘤患者自觉症状有所缓解，包括食欲增强、体力增加、睡眠改善、疼痛减轻等，生活质量得到显著提高。

（四）影响 IL-2/LAK 细胞疗效的因素

1. IL-2/LAK 细胞的治疗原则为长期持续给药 临床试验显示，LAK 细胞疗效受活性 LAK 细胞数与肿瘤细胞数的比例限制，对癌变程度较重和癌细胞增殖速度较快者，更需快速、大量、持久地注射 LAK 细胞和 IL-2。

2. IL-2 用量及给药途径 由于 IL-2 血浆半衰期较短，通常认为静脉持续滴注较单次大剂量静脉注射更为合理，因此国外学者多采用大剂量持续静脉给药，rIL-2 用量可超过 1 000 万 U/d，常用至患者难以耐受为止。由此导致患者的毒副作用明显，90% 以上的患者出现乏力、寒战、高热、恶心、腹泻、血小板减少、肾、肝功能紊乱、中枢神经系统异常。因此多数患者在治疗过程中常需在 ICU 进行心脏及血压监护，以防严重毒副作用危及患者生命，故其治疗所需设备要求甚高，且 rIL-2 耗费巨大。国内研究多采用低剂量 IL-2 持续注入或肌内注射，既能消除毒副作用，经济上患者也容易接受。但在疗效报道上往往与国外研究存在一定差异。

3. LAK 细胞的给药途径及方法对疗效有一定影响 如动脉插管输注 LAK 细胞治疗常获得更显著效果；手术前后配合使用对减少复发和转移有利；注射 IL-2 前预先注入小剂量环磷酰胺能减少限制性 T 细胞（Ts）的数量，对提高疗效有益。

二、CIK 细胞治疗

CIK 细胞治疗，是继 LAK 细胞之后的一代 T 细胞过继免疫治疗。肿瘤特异性 T 淋巴细胞的数量和活性决定人体抗肿瘤免疫的效果。在 LAK 细胞的培养过程中，研究者发现，在培养液中加入 CD3 单克隆抗体可以将这些细胞的肿瘤杀伤活性提高十几倍，扩增的数量也大幅提高，这种细胞称为 CD3AK 细胞。在这个基础上再在培养液中加入 INF-γ、IL-1 等细胞因子，得到表达 CD3 及 CD56、CD8 阳性的异质细胞群，这些细胞称为 CIK 细胞，相比 LAK 细胞增殖倍数更多，杀毒活力更强。

（一）CIK 细胞的获得

CIK 细胞是将人外周血单个核细胞在体外用多种细胞因子（如抗 CD3McAb、IL-2、IFN-g、IL-1a 等）共同培养一段时间后获得的，具有非 MHC 限制性杀伤活性的一群异质细胞，其主要效应细胞为 $CD3^+CD56^+$ 细胞和 $CD8^+$ T 细胞。CIK 细胞具有独特的优势，它增殖速度快，杀瘤活性高，杀瘤谱广，对多重耐药肿瘤细胞敏感，杀瘤活性不受 CsA、FK506 等免疫抑制剂的影响，对正常骨髓造血前体细胞毒性很小，能抵抗肿瘤细胞引发的效应细胞 Fas-FasL 凋亡等。

（二）CIK 细胞的作用机制

CIK 细胞主要通过以下三种途径发挥其抗肿瘤活性：

1. 直接识别并杀伤肿瘤细胞 CIK 细胞可以通过不同的机制识别肿瘤细胞，释放颗粒酶/穿孔素等毒性颗粒，导致肿瘤细胞裂解。CIK 细胞的细胞杀伤作用是非 MHC 限制性的。Mehta 和 Wolf 等均证实 CIK 细胞的细胞毒活性可被抗 LFA-1 或抗 ICAM-1 的单克隆抗体所阻滞，提示上述细胞表面黏附分子在 CIK 细胞识别肿瘤的过程中起关键作用。Negrin 早期研究指出，CIK 细胞在受到外源刺激时会释放具有细胞毒性的胞质颗粒物到膜外，对靶细胞具有直接杀伤作用。

2. CIK 细胞的间接杀肿瘤作用 通过分泌细胞因子，提高机体的免疫功能，抑制肿瘤细胞生长。CIK 细胞活化后产生的大量炎症细胞因子，如 IFN-γ、TNF-α、IL-2 等，不仅对肿瘤细胞有直接抑制作用，还可通过调节机体免疫系统反应性间接杀伤肿瘤细胞。

3. 通过诱导肿瘤细胞的凋亡抑制肿瘤生长 Hoyle 等在实验中发现，CIK 细胞在培养过程中表达 FasL，一方面增强了其对 FasL 肿瘤细胞引发的 Fas-FasL 凋亡的抵抗性；另一方面还可通过与肿瘤细胞膜表达的 Fas（Ⅰ型跨膜糖蛋白）结合，诱导肿瘤细胞凋亡，保证抗瘤活性的长期持久。

（三）CIK 细胞的临床应用

CIK 细胞主要用于自体骨髓移植物的净化、微小残留病灶的清除及晚期恶性肿瘤（包括急慢性血液系统恶性疾病，各种实体肿瘤）的免疫治疗。治疗实体瘤的应用主要集中于肾癌、乳腺癌、卵巢癌、非小细胞肺癌、结肠癌、前列腺癌和肉瘤等。

2000 年，有报道 150 例肝癌术后患者在术后 6 个月内接受 5 次 CIK 细胞治疗的效果，CIK 细胞治疗组较对照组肿瘤复发率降低约 18%。2012 年，郝希山团队研究结果显示，肾细胞癌 CIK 细胞治疗较对照治疗能明显提高患者的预后。2014 年，中山大学夏建川团队的研究，在绝经后乳腺癌患者中，相比于单纯放化疗，联合 CIK 细胞可明显改善患者的预后，4 年无进展生存率增加 13.1%，4 年总体生存率增加 19.7%。2015 年,南京医科大学第一附属医院的一项回顾性研究发现,CIK 细胞治疗能改善肺癌患者预后。2015 年,韩国的一项多中心、随机、对照Ⅲ期临床试验报道,230 例肝癌患者经局部手术、射频消融术或经皮酒精注射治疗后随机分为 CIK 细胞治疗组和对照组,结果显示,CIK 细胞治疗组中位无进展生存期为 44 个月,较对照组延长 14 个月。多项研究证实,CIK 细胞单独或联合传统放化疗能明显改善胃肠道肿瘤患者的预后。

国际上应用 CIK 细胞治疗肿瘤的Ⅰ期和Ⅱ期临床试验都显示,CIK 细胞能有效地抑制和杀灭肿瘤细胞且没有明显副作用,远较 LAK 细胞治疗安全可靠。对于手术后患者,CIK 细胞治疗在清除微小转移灶,防止肿瘤的扩散和复发,提高患者自身抗肿瘤免疫能力等方面有重要作用。临床治疗还显示 CIK 细胞用于治疗胸、腹水患者,可控制和排除胸、腹水,对杀灭胸、腹水中的癌细胞有良好的效果,对于无法手术或对化疗耐受的中晚期肿瘤患者也可以起到改善生活质量,延长生存期的积极作用。CIK 细胞治疗虽然没有通常化疗、骨髓移植后明显的毒副作用和风险,但对细胞制备技术和临床经验要求很高,只有活性足够、细胞数足够才能发挥疗效,这也是临床试验阶段难以在多中心进行试验的原因,因此质控成为其临床普及的重要制约因素。

（四）CIK 细胞治疗肿瘤的优点

1. 特异性　CIK 细胞选择性杀伤肿瘤细胞,对未转化的细胞、凝集素诱导的淋巴母细胞和正常细胞没有毒性。

2. 广谱性　CIK 细胞虽然以 CD3$^+$CD56$^+$ T 细胞为主要效应细胞,但无 T 淋巴细胞杀伤时的 MHC 限制性。CIK 细胞具有更为广谱的杀伤肿瘤作用,适应于治疗中、晚期发现的肿瘤,尤其是对脑胶质瘤、前列腺癌、胃肠道癌、肺癌、子宫癌、乳腺癌、肝癌等有疗效。

3. 增殖能力强　CIK 细胞增殖能力大大优于 LAK 细胞,短期培养后即可达到临床所需要的抗肿瘤效应细胞的数量。CIK 细胞的增殖能力和免疫活性比 LAK 细胞强数十倍,且持久地保持抗肿瘤的活性。在培养过程中加入 IFN-γ、IL-1α、抗 CD3、McAb、IL-2 等多因子后,CIK 细胞的增殖速度迅速加快,远超过 LAK 细胞。在培养的第 22 天,增殖曲线达顶峰,约增加 100 倍,其中 CD3$^+$CD56$^+$ T 细胞不仅绝对数量增加 1 000 倍以上,且所占百分比也大幅上升,至培养 28~30 天时达平台期,细胞毒活性亦达峰值,而 LAK 细胞培养前后数量没有明显增加。

4. CIK 细胞的增殖和维持　可以不依赖或少依赖外源的 IL-2,避免了 LAK 依赖大剂量 IL-2 而发生的一系列严重副作用。

5. 对多重耐药肿瘤细胞同样敏感　Wolf 用阿霉素和长春新碱诱导出多重耐药细胞系 K562/DOX 和 CCRF-CEM-VBL,发现 CIK 细胞对化疗药物敏感的亲本细胞和不敏感的转化细胞均具有强大的杀伤活性,两者比较无差别。

6. 杀瘤活性不受 CsA、FK506 等免疫抑制剂的影响　Mehtat 观察到免疫抑制剂 CsA 和 FK506 虽然可以抑制抗 CD 单抗介导的 CIK 细胞脱颗粒过程,却不影响靶细胞诱导的 CIK 细胞脱颗粒,因此 CIK 细胞对靶细胞的杀伤活性不会因此降低。

7. 对正常骨髓造血前体细胞毒性很小　Scheffold 通过 CFU-GM 形成实验检测 CIK 细胞对骨髓造血前体细胞的影响,发现 CIK 细胞对 K562 细胞的杀伤强度高达 3 级,但对 GM-CFU 仅有不足 1 级的抑制。Holyel 证实 CIK 细胞对正常髓系克隆的生成几乎没有影响,只是对红系的生成显示出轻度抑制,这可能与 CIK 细胞自身分泌较高水平的 IFN-γ 有关。

8. 抵抗肿瘤细胞引发的效应细胞 Fas-FasL 凋亡　过继免疫治疗失败的一个重要原因是过继效应细胞被肿瘤细胞表面表达的某些蛋白(主要是 FasL)诱导凋亡,而 CIK 细胞虽然在 Fas 被占据后会引起少量细胞凋亡,但对其杀瘤细胞毒性没有明显影响。Verneris 的实验提示 CIK 细胞内有抗凋亡基因表达,并检出多种保护基因,如 cFLIP、Bcl-2、Bcl-X1、DAD1 和 survivin 的转录水平上调。同时发现 CIK 细胞具备合成 FasL 的能力,CIK 细胞培养上清液中可以检测到具有生物学活性的水溶性 FasL,表明 CIK 细胞可以抵抗体内 FasL 阳性肿瘤所引发的效应细胞活性下降甚至缺失。

（五）CIK 细胞抗瘤活性的影响因素

1. 外源性细胞因子的补充　CIK 细胞的体外扩增需要外源性细胞因子,如 IL-2、IL-7、IL-12 等的辅助,这些因子控制着人免疫系统内各种抗原特异性细胞的扩增及其生物学活性。外源性 IL-2、IL-7、IL-12 可以显著促进淋巴细胞的生长,尤其在 IL-2 和 IL-7 存在的条件下,CIK 细胞的增殖率为高,而外源性 IL-2、IL-7、IL-12 对 CIK 细胞的细胞毒活性没有影响。外源性 IL-2 和 IL-7 的刺激会降低 CIK 细胞表面相应受体的表达量,而 CD28 分子在 IL-7 存在的条件下较 IL-2 时表达更高。IL-12 会降低 CIK 细胞表面 ICAM-1 的表达,而 IL-7 则会提高 CD56 的表达。

2. 多种细胞因子基因的转染　由于 CIK 细胞扩增对外源性细胞因子有依赖,因此通过基因转移方法将相关基因转入 CIK 细胞,不仅可减少外源性细胞因子的使用量,还可提高 CIK 细胞自身的抗瘤活性。

（1）IL-7:Finke 利用改进的腺病毒转基因系统将人 IL-7 基因转染 CIK 细胞,发现转染后细胞可以生成较高浓度的 IL-7。

（2）IL-2:Lu 等发现 CIK 细胞培养过程中 CD56 分子的表达是 IL-2 依赖性的,但单独 IL-2 的存在却会降低培养后 CIK 细胞的表型变化幅度。尽管有试验指出 CIK 细胞的体内治疗并不需要 IL-2 体外持续供给,但 Zoll 等的研究结果表明,体外培养中 IL-2 对 CIK 细胞的增殖和杀伤功能有促进作用。

三、NK 细胞治疗

NK 细胞属于大颗粒淋巴细胞,来源于骨髓,占外周血淋巴细胞总数的 5%~10%,具有广谱抗肿瘤作用,对肺癌、肝癌、卵巢癌、食管癌、结肠癌、胃癌、宫颈癌、骨癌等均有一定效果,特别是对淋巴瘤和白血病细胞作用更为明显,是抗瘤免疫的第一线细胞,能迅速溶解某些肿瘤细胞。

四、DC 治疗及 DC-CTL 治疗

树突状细胞(DC)是已知体内功能最强、唯一能活化静息 T 细胞的专职抗原提呈细胞,是启动、调控和维持免疫应答的中心环节。活化的树突状细胞已经成为某些肿瘤的有效治疗手段之一,也成为其他多种疾病包括感染性疾病、自身免疫病和移植排斥等治疗的希望所在。

树突状细胞治疗肿瘤的方案:将分离的自体单个核细胞,通过特定的细胞因子组合定向诱导成 DC,再用肿瘤相关抗原或者手术留取的肿瘤细胞制备的肿瘤抗原,激活诱导的 DC。这种活化的 DC 接种和输注到人体后,能刺激机体的免疫系统,诱导产生特异性的抗肿瘤免疫反应,从而达到治疗肿瘤的目的。

DC 可作为肿瘤免疫治疗的重要成分。应用 DC 制作疫苗用于肿瘤的免疫治疗取得了显著的结果,对于多种肿瘤均有免疫抑制作用,尤其在黑色素瘤、肾细胞癌、前列腺癌等免疫性肿瘤,疗效更好。

(一) DC 的临床应用研究

1996 年,以 Hsu 为首的研究小组最先报道了用肿瘤抗原冲击的 DC 可诱导 T 细胞特异的抗肿瘤效应,并具有临床疗效。自此以后,DC 研究便开始走出实验室,逐步应用于临床实践之中,许多国家开始了 DC 治疗的 I/II 期临床试验。治疗的疾病不再局限于淋巴瘤或骨髓瘤等血液系统疾病,还涉及其他许多实体瘤,如乳癌、黑色素瘤和前列腺癌等。

1. 淋巴瘤　1996 年,Hsu 等用肿瘤独特型抗原肽(idiotype,Id)冲击致敏自体 DC,以 KLH 为免疫佐剂经静脉回输给 4 例淋巴瘤患者,结果所有患者产生了抗 Id 的免疫反应;1 例患者心包周围和主动脉周围的肿块完全消失,获得完全缓解,并维持了 42 个月之久。1 例患者原来的残留病灶消失,另 2 例患者疾病保持稳定,没有进一步恶化。

2. 骨髓瘤　继淋巴瘤后用肿瘤 Id 负载 DC 以治疗恶性肿瘤的另一尝试。由于骨髓瘤是以浆细胞恶性增殖及骨髓瘤蛋白单克隆增高为特征的一种疾病,骨髓瘤蛋白的独特 Id 则成为冲击致敏 DC 的最佳肿瘤抗原产物,但治疗效果不尽如人意。

3. 黑色素瘤　黑色素瘤由于抗原性强,病灶位置浅表而便于研究。因此,对黑色素瘤抗原的研究较为透彻,临床试验开展得也较多。其抗原,如 gp100、MART-1、酪氨酸酶MAGE-1 和 MAGE-3 蛋白都可被 T 细胞特异性识别,而且抗原肽与 MHC-I 类分子结合位点的氨基酸排列也已被破解,这为 DC 疫苗在黑色素瘤中的应用奠定了基础。动物实验及早期临床试验显示,单独用这些抗原肽冲击致敏 DC或联合其他免疫佐剂协同治疗,可在体内、外诱导出抗原肽特异的免疫反应。

4. 乳癌和卵巢癌　由于 HER2 和 MUC1 抗原在乳癌和卵巢癌中的表达率较高,Bmssart 首次将 HER2 和 MUC1致敏的 DC 应用于临床并获得成功。乳癌病灶位置浅表,可通过将 DC 疫苗直接注入肿瘤内进行局灶性治疗,亦可通过静脉输注以清除体内的转移病灶。

5. 肾癌　肾癌的治疗通常为手术切除,但对于有远处多发转移灶的患者,手术治疗效果欠佳。肾癌患者大多早期即有转移,因此临床上需寻找新的治疗途径可同时针对原发病灶和远处转移灶进行治疗。DC 可递呈肿瘤抗原,并激活 T 细胞杀伤肿瘤。根据这一原理,许多临床学家制备了各种针对肾癌的 DC 肿瘤疫苗,以期刺激患者的免疫细胞杀灭体内的肾癌细胞,从而达到临床治疗的效果。

6. 前列腺癌　一些前列腺癌的相关抗原,包括前列腺碱性磷酸酶(PAP)、前列腺特异膜抗原(PSMA)和前列腺特异抗原(PSA),均能为 DC 所递呈并被 T 细胞特异识别,故这些抗原可作为临床免疫治疗的靶抗原。

2010 年 4 月,自体细胞免疫疗法 Sipuleucel-T 获得FDA 批准,用于治疗无症状或症状轻微的转移性去势难治性前列腺癌(mCRPC),这是首个被 FDA 批准的治疗性肿瘤疫苗。Sipuleucel-T 利用患者自身的免疫系统对抗前列腺癌。它的主要效应细胞为激活抗原呈递功能的自体DC。前列腺酸性磷酸酶(PAP)在 95% 的前列腺癌细胞表面有特异性表达,被选作激活患者自体 DC 的抗原成分;而粒细胞-巨噬细胞集落刺激因子(GM-CSF)则是保证抗原呈递细胞(APC)存活率的必要条件。制备 Sipuleucel-T的过程中,PAP 与 GM-CSF 融合制成专利性重组融合蛋白PA2024。自体 DC 与 PA2024 共培养后可将其蛋白消化为多肽而负载于 DC 表面,从而激活了 DC 的抗原呈递功能。当活化的 DC 被重新输入患者体内后,可以结合并激活抗原特异性细胞毒性 T 细胞,通过活化的 T 细胞对前列腺癌细胞发起进攻,延长患者的生存期。Sipuleucel-T 的 III 期临床研究(IMPACT)是一项纳入了 512 例激素治疗无效的转移性前列腺癌患者的随机、双盲、安慰剂对照、多中心试验。在为期 36 个月的试验结束时,接受 Sipuleucel-T 治疗的患者的中位生存期为 25.8 个月,对照组未接受该药治疗的患者的中位生存期为 21.7 个月,治疗组中位总体生存期获益为 4.1 个月,后续随访显示,多数患者的生存期可以达到 12个月以上。几乎所有接受 Sipuleucel-T 治疗的患者都曾发生过某种类型的不良反应。已报道的常见不良反应包括寒战、疲劳、发热、背痛、恶心、关节痛和头痛。大部分不良反应为轻度或中度。

Sipuleucel-T 的上市后临床研究 PROCEED Registry,入组人群 1 902 例,患者总生存期中位数达到 30.9 个月,该研究验证了 Sipuleucel-T III 期注册临床试验的结果,且显示出更好的临床治疗效果。在 STAND 研究中,Sipuleucel-T与化学去势疗法联合治疗非转移性去势抵抗的前列腺癌(CRPC)患者,CD54 上调和免疫反应水平,以及抗原扩散的程度比单独使用 Sipuleucel-T 治疗 mCRPC 患者要高。

因此,自 Sipuleucel-T 上市后,美国国家综合癌症网(NCCN)就将其列为新发生的 mCRPC 患者的一线用药。

(二) DC 临床治疗的展望

成效显著的 DC 临床治疗结果向人们表明,DC 疫苗免疫治疗不仅作为一个免疫医学概念为人们所接受,而且作为一种新的治疗手段和方法被许多研究人员和临床工作者所实践。到目前为止,多数 DC 临床治疗试验表明,DC 疫

苗的临床应用是安全而且有效的。随着新的肿瘤相关抗原、肿瘤特异性抗原的不断发现,以及激活 T 细胞的重要因子和 DC 的作用机制被进一步阐明,DC 的临床应用也必然得到进一步的深化。

(三) DC-CTL

随着 DC 研究的逐步发展,CTL 或 DC-CTL 也逐渐进入到肿瘤免疫治疗的范畴中。

1. CTL CTL 是以肿瘤细胞作为抗原,在有少量 IL-2 的培养基中,反复刺激取自外周血或肿瘤中的淋巴细胞而得到的。该获得肿瘤抗原信息的特异性 CTL 抗原标记主要为 $CD3^+$、$CD8^+$。CTL 是机体抗肿瘤最主要的效应性淋巴细胞,由肿瘤抗原激活并具有抗肿瘤的特异性。每个 CTL 都表达克隆型独特的 TCR 以识别特定的靶抗原,CTL 识别的是递呈在肿瘤细胞表面的、与 MHC-I 类分子结合的抗原肽片段,被激活 CTL 主要通过分泌型杀伤(通过胞吐颗粒释放效应分子如穿孔素、颗粒酶、淋巴毒素、TNF 相关蛋白等引起靶细胞裂解或凋亡)或非分泌型杀伤(通过表达 FasL 和 TRAIL 与靶细胞表面的相应受体分子结合,启动信号转导途径而诱导凋亡)途径摧毁靶细胞。

(1) CTL 的来源:①外周血淋巴细胞。新鲜外周血白细胞经洗涤后,用经过放射处理的 HLA 型相配的同源黑色素瘤细胞系刺激,可以得到特异性 CTL。②肿瘤浸润性淋巴细胞(TIL)。将肿瘤组织制备成细胞悬液,在含一定浓度 IL-2 的培养基中孵育,使 TIL 增殖,具有 $CD3^+$、$CD8^+$ 表型并能杀伤肿瘤细胞的 TIL 即为特异性 CTL。

(2) CTL 的临床应用:CTL 除具有很强的杀伤活性外,其来源也更为便捷,抗原可以是新鲜瘤细胞,也可以是培养细胞,具有较好的应用前景。

2. DC-CTL DC-CTL 是指与 DC 共培养的 T 淋巴细胞,成熟的 DC 可以通过 II 型组织相容性抗原(MHC-II)等途径提呈肿瘤抗原,有效抵制肿瘤细胞的免疫逃逸机制;而 T 淋巴细胞作为反应细胞,通过 DC 的抗原呈递,激活 T 淋巴细胞,生成效应性的细胞毒性 T 淋巴细胞,即效应性 CTL。CTL 和 DC 联合可确保高效的免疫反应。

五、TIL 治疗

TIL 的细胞表型具有异质性,一般来说,TIL 中绝大多数细胞 CD3 阳性。不同肿瘤来源的 TIL 中,$CD4^+$ T 细胞、$CD8^+$ T 细胞的比例有差异,大多数情况下以 $CD8^+$ T 细胞为主。新鲜分离的 TIL 中 $CD25^+$ 细胞的百分率较低,随着体外加 IL-2 培养时间的延长,$CD25^+$ 细胞的百分率逐渐升高。NK 细胞的标记($CD16$、$CD56$)在 TIL 体外加 IL-2 培养过程中有先增高后降低的趋势。

(一) 培养条件与 TIL 扩增及细胞毒性

临床输注的 TIL 数量及特异细胞毒性与临床反应关系密切,尤以特异性细胞毒性更为重要。

1. 培养时间对 TIL 细胞毒性的影响 Aebersold 等用 TIL 对 55 例转移性黑色素瘤患者进行治疗,发现 TIL 培养的时间超过 45 天,TIL 对自体新鲜瘤细胞溶解 <10%,临床反应率为 20%;TIL 培养时间小于 45 天,体外 TIL 对自体

新鲜瘤细胞溶解 >10%,临床反应率为 68%。理想的 TIL 培养时间应在 4~5 周,长期培养可致 TIL 细胞毒性丧失。

2. IL-2 浓度对 TIL 细胞毒性的影响 实验表明,在低浓度 IL-2 条件下,培养的 TIL 体外细胞毒性强,而在体内所产生的效应比高浓度 IL-2 培养的 TIL 更大。临床应用亦证明这一点。

3. IL-2 与 CD3MoAb 双重刺激,可提高 TIL 增殖及细胞毒性 用 IL-2 及 CD3MoAb 刺激来自人肝癌的 TIL,可发现 TIL 增殖明显,且 $CD4^+$ T 淋巴细胞占优势,但 $CD8^+CD11^+$、$CD8^+CD11^-$、$CD25^+$、$CD3^+$ T 细胞无变化。TIL 特异性地积聚于肿瘤内。CD3MoAb 在体外不但能维持人 T 细胞的长期增殖,而且能维持其抗原特异性。Pisani 等用 IL-2^+CD3MoAb 培养肺癌患者的 TIL,发现 CD3MoAb 使 IL-2 活化的 TIL 大量增殖,并增强其对自体瘤细胞的细胞毒性。观察发现 IL-2^+CD3MoAb 在双重刺激下 $CD8^+$ T 细胞明显占优势,TIL 的 IL-2 受体的表达明显增强。

4. IL-2 与 IL-4 联合培养促进 TIL 增殖 在过继免疫治疗方面,除了细胞毒性外,效应细胞的数量亦与反应率有密切关系。已证实 IL-4 是 TIL 增殖的刺激信号,IL-2 与 IL-4 联合培养比单用 IL-2 培养的 TIL 数目多 3.1 倍,但并不改变效应细胞的杀伤特异性,主要是通过增强 TIL 数目发挥治疗效果。对 38 例转移性黑色素瘤患者的 TIL 进行体内同位素示踪研究后发现,^{111}In-TIL 特异性肿瘤内积聚与输注的 TIL 数量成正比,即大剂量的 TIL 应用可提高 TIL 在肿瘤内积聚的频率,增强 TIL 的治疗效果。

5. rIL-2 与 rTNF-α 双重刺激培养可明显增强 TIL 的细胞毒性 王一理等将 15 例实体肿瘤分离出的 TIL 培养于含 rIL-2+rTNF-α 的完全培养基中,发现经此条件下培养的 TIL 只表现对自体新鲜瘤细胞的杀伤,而对同种异体新鲜瘤细胞和其他培养的细胞株呈现很低的细胞毒性。$CD8^+$ T 细胞的数量与对自体瘤细胞的杀伤成正比。这种特异性的 TIL 在体外可维持 40 天之久,某些病例的 $CD8^+$ 细胞达 98%,平均细胞毒性从 37 提高到 1 999 溶解单位,提示 rIL-2+rTNF-α 对诱导特异性 CTL 有协同作用。

(二) 环磷酰胺在 TIL 治疗中的应用

在 TIL 过继免疫治疗中,环磷酰胺(CTX)不是直接的抗肿瘤药物,而是作为肿瘤患者免疫系统调节因素起作用。动物实验表明,在 TIL 输注前,应用 CTX(25~50mg/kg)治疗荷瘤动物,可提高 TIL 输注的反应率。成功的 TIL 治疗取决于提前应用 CTX。而应用 CTX 不影响 TIL 的治疗效果,临床应用 CTX 也证明对效应细胞、细胞因子(IL-2)无影响。

(三) IL-2 在 TIL 治疗中的应用

IL-2 在 TIL 治疗中的作用是增强 TIL 的疗效。动物实验表明,单用 TIL($8×10^6$ 或 $1×10^7$)可使肺转移瘤消退,但当加用 IL-2 时,仅需输注 $1×10^6$~$2.5×10^6$ TIL,其作用即超过前者,提示联合应用 IL-2+TIL,可使其功效增加 2~5 倍。

尽管 LAK+IL-2 治疗进展期肿瘤取得了一定疗效,但由于 LAK 特异性差,活性维持需大剂量 IL-2,副作用严重,应用受限。TIL 特异性强,抗肿瘤功效是 LAK 的 50~100 倍,

维持其活性所需的 IL-2 是 LAK 的 1/100。因此,IL-2+TIL 治疗减少了副作用,患者可耐受。IL-2 维持 TIL 抗肿瘤特异性的确切浓度在逐步探索中。

（四）TIL 的临床应用

Kradin 等用从生物活体标本中分离制备的 TIL 对 6 例原发性肺腺癌患者进行多次 5.0×10^8 的 TIL 静脉输注或病灶内注入,在无 IL-2 和 CTX 的情况下,患者有较好的耐受性,其中 4 例病灶消退。他们另对常规疗法治疗无效的转移性肺癌和转移性肾细胞癌等 7 例患者采用 TIL 治疗,也获得较好的疗效。

Ratto GB 等将从手术切除的肿瘤组织标本中获得的 TIL 体外扩增,协同 IL-2 自体回输治疗 113 例非小细胞肺癌,并加用放疗(联合 TIL 治疗称为"AIT 治疗")。TIL 在术后 6~8 周静脉回输给患者,数量为 $(4~70) \times 10^9$,rIL-2 皮下注射,前 2 周剂量逐渐上升,后 2 周逐渐下降,持续 2~3 个月。

越来越多的研究者发现,TIL 过继免疫治疗进展期肿瘤,尽管肿瘤病灶有不同程度缩小或生存期有所延长,CR、PR、SD 有相当比例,但由于肿瘤细胞未完全杀灭,单纯应用 TIL 治疗晚期恶性肿瘤的远期疗效并不理想。TIL 与化疗的联合应用或交替应用,对进展期肿瘤可能达到更好的治疗效果。

人们认为化疗药物与 TIL 协同抗肿瘤作用的主要机制可能为:①化疗药物直接作用于肿瘤瘤体,杀伤肿瘤细胞,减轻肿瘤负荷,使过继免疫细胞治疗对较小肿瘤发挥有效的抗肿瘤作用;②一些化疗药物作用于机体内 Ts 细胞和免疫抑制因子,有利于过继免疫细胞治疗在无或较少抑制因素的机体内环境中介导抗肿瘤作用;③化疗药物 CTX、阿霉素（ADM）等可以使 LAK 细胞、TIL 聚集于肿瘤部位的数量增多,使肿瘤杀伤细胞发挥更大的作用。

2018 年,在《自然医学》上发表的文章指出,1 例化疗难治性激素受体阳性转移性乳腺癌患者,使用针对 4 种突变蛋白（SLC3A2、KIAA0368、CADPS2 和 CTSB）的 TIL 治疗获得极大成功,TIL 输注 22 个月后 CR,并且患者在 4 年后仍然没有复发。

2019 年,ASCO 报道了三项研究,关于 TIL 治疗在肿瘤靶向治疗和免疫治疗后的应用,为耐药性问题提供了解决方案。其中之一是在晚期复发宫颈癌中进行的多中心 Ⅱ 期临床试验 C-145-04（innovaTIL-04）研究,评估 LN-145 TIL 治疗晚期宫颈癌患者的安全性和有效性。截至 2019 年 2 月 4 日,该研究纳入了 27 例宫颈癌患者,这些患者至少接受过一线化疗,平均之前接受过 2.6 种治疗（既往接受免疫治疗者被排除）。这项研究说明,恶性黑色素瘤患者在 PD-1 单抗治疗后,TIL 治疗的 PR 可能更短,但能获得持续的 CR。因此,TIL 治疗依然是转移性黑色素瘤耐药后的一项治疗策略。

（五）TIL 临床应用的不良反应

TIL 过继免疫治疗进展期肿瘤的不良反应主要由 IL-2 引起,累及的范围与程度与剂量成正比例,但在停药后 24~48 小时症状可消失。

1. **消化系统**　恶心、呕吐的发生率为 33%~100%,胆红素升高的发生率为 11%~100%,腹泻的发生率为 30%~45%。

2. **泌尿系统**　血肌酐升高的发生率 7%~83%。

3. **呼吸系统**　呼吸困难、缺氧,24~48 小时消失、不需通气支持者占 16%。

4. **血液系统**　白细胞数低于正常者占 20%~66%,血红蛋白低于正常者占 80%~90%,血小板低于正常者占 59%~85%,需输血治疗者占 75%~80%。注射部位的浅层血管血栓性脉管炎的发生率为 100%。

5. **循环系统**　血压下降需升压治疗者占 65%~75%,心律失常的发生率为 5%。

6. **神经系统**　嗜睡的发生率为 5%。

7. 寒战、发热的发生率为 50%~89%。

8. 体重增加的发生率为 9%~50%。

（六）TIL 的应用前景及困境

国内外许多研究人员的实验表明,TIL 用于临床治疗实体瘤已取得不错的结果,其可行性在于 TIL 可直接从手术切除瘤体、活检组织、淋巴结及胸腹水中制备,避免抽取患者大量外周血制备;而且 TIL 可在体外长期培养扩增,增殖能力强于 LAK 细胞,较易达到治疗所需的效应细胞数量,并保持生物学活性。TIL 特异性强、抗肿瘤活性高,不损害正常细胞,对 IL-2 的依赖性低,机体完全可以耐受治疗剂量的 TIL,因而副作用低。在多种治疗手段,包括免疫检查点抑制剂耐药后,TIL 都能显示出可观的抗肿瘤疗效,因此新一代 TIL 在标准治疗失败后,甚至与传统治疗联合应用,都极有临床应用前景。

虽然初步的临床试验取得可喜成就,但 TIL 的广泛应用还存在许多困难。由于受制于需要临床新鲜组织或胸腹水标本,制备难度高、周期长,重复性差,限制了其临床应用。因此,纯化和鉴定出特异的 TIL 对肿瘤治疗至关重要,特别是对免疫检测点抑制剂耐药的肿瘤。TIL 治疗个体化性强,不同患者、不同病种免疫反应差异可能较大。故 TIL 的应用一是要改进优化 TIL 制备技术,力求稳定、简便,提高 TIL 的抗瘤活性;二是选择合适病例采用个体化原则,加强辅助治疗、减少费用、简化临床操作过程。TIL 的临床应用尚处于探索实践阶段,还需要做大量的工作探索和证实更有效的策略。

六、TCR-T 细胞治疗

通过细胞工程改造的 T 细胞逐渐成为科学家们研究的新焦点,T 细胞受体嵌合型 T 淋巴细胞,是通过转基因技术修饰的 T 细胞,较之前的过继免疫细胞具有更强的抗肿瘤活性,临床应用前景广阔。TCR-T 细胞的基本原理等详见第十四章。

（一）TCR-T 细胞治疗的临床应用

1999 年,Nishimura 等率先证实了 TCR-T 细胞治疗的可能性,用编码 TCR 的逆转录病毒载体转染正常的外周血淋巴细胞来源的 T 细胞,转染后 T 细胞可以很好地识别表达对应抗原的肿瘤细胞,并且拥有多种功能,如分泌细胞因子和直接溶解肿瘤细胞。动物实验证实,经 TCR 转染的 T 细胞可以明显抑制肿瘤的生长;并且在实验动物的成像分析中发现,这些转染的 T 细胞主要集中在肿瘤部位,说明 TCR 转染的 T 细胞具有肿瘤特异性。

1. 首例临床试验探索 第一例 TCR-T 细胞治疗肿瘤患者的人体临床试验在 2006 年完成。在 I 期临床试验中,Morgan 等利用逆转录病毒将特异性识别黑色素瘤相关 MART-1:27~35 抗原的 TCR 基因转导至自身外周血淋巴细胞中,用转导的 T 细胞联合 IL-2 治疗 15 例 HLA-A2 限制性转移性黑色素瘤患者。结果观察到 15 例患者中的 2 例肿瘤细胞持续性减少,而且在治疗完成 1 年后 TCR-T 细胞仍在外周血中持续存在,这次试验第一次为 TCR-T 细胞的免疫治疗提供了实践依据。为了提高 TCR-T 细胞的疗效,研究者分离了更高活性的 TCR,另一次 TCR 基因治疗的靶抗原是 MART-1:27~35 和 gp100:154~162,20 例患者中的 6 例(30%)和 16 例患者中的 3 例(19%)分别观察到肿瘤细胞的衰减。但是,患者皮肤、眼睛和耳朵中的正常黑素细胞同时受到损伤,需要应用类固醇进行治疗。这项临床试验显示,高效表达 TCR 活性的 T 细胞在杀伤肿瘤细胞的同时可能杀伤与肿瘤细胞表达相同或相近抗原的正常细胞,导致 on-target/off-tumor 毒性(靶向非肿瘤毒性)。肿瘤抗原特异性 TCR-T 细胞的临床治疗不仅能运用于黑色素瘤,还可应用于其他类型的肿瘤患者。

2. 多项临床研究在开展 目前正在进行实体瘤临床试验,包括识别 MAGE-A3、MAGE-A4、GD2、mesothelin、gp100、MART1、AFP、CEA、NY-ESO-1、HER2、HPV、EBV 系列抗原的 TCR-T 细胞治疗。Parkhurst 等利用识别癌胚抗原(CEA)的 TCR-T 细胞治疗转移性直肠癌。CEA 是一种广泛存在于多种上皮癌中的肿瘤相关性抗原(TAA),在结直肠癌细胞中显著性表达,在细胞治疗后,3 例参加临床试验的转移性结直肠癌患者的血清 CEA 水平全部明显下降,但是在这一临床试验中也出现了 on-target/off-target 毒性,可能是由于转导的 T 细胞同时作用于表达 CEA 的正常肠上皮细胞,使患者身上均出现了严重的短暂性结肠炎。上述临床试验中出现的 on-target/off-tumor 毒性提示 TCR-T 细胞的最佳靶抗原应该选取仅表达于肿瘤细胞或同时表达于非重要器官的抗原。从众多的临床试验来看,NY-ESO-1 是目前许多癌症免疫细胞治疗最有希望的靶点。第一个靶向 NY-ESO-1 的 TCR-T 细胞治疗应用于临床试验的结果于 2011 年公布,Paul F. Robbins 等人在该研究最初纳入了 17 例肿瘤细胞 NY-ESO-1 表达率高于 50% 的患者,其中 6 例为滑膜肉瘤,11 例为恶性黑色素瘤。9 例患者对治疗获得反应(反应率 53%)。其后在已有患者的基础上,纳入 12 例滑膜肉瘤、9 例恶性黑色素瘤患者的长期随访数据表明,滑膜肉瘤患者的 ORR 为 61%,预计 3 年生存率为 38%,5 年生存率为 14%。转移性恶性黑色素瘤患者 ORR 为 55%,预计 3 年生存率、5 年生存率均为 33%。其中 1 例滑膜肉瘤患者部分缓解(PR)维持近 44 个月,1 例患者获得完全缓解(CR)并维持 17 个月;而 1 例恶性黑色素瘤患者不仅获得 CR,并维持将近 54 个月。试验中观察到的大多数毒

性是由于氟达拉滨和环磷酰胺的清淋方案或全身 IL-2 给药的辅助治疗。这项研究确定了 NY-ESO-1 作为一个真正的肿瘤抗原,以及作为 TCR-T 靶点的可行性和安全性。2018 年,Yan Xia 等人进行了 4 例非小细胞肺癌患者接受 NY-ESO-1 TCR-T 细胞治疗的 I 期试验,患者的耐受性良好,没有发生严重不良事件。其中 2 例患者对 NY-ESO-1 TCR-T 细胞治疗有临床反应,其中 1 例获得 4 个月 PR。

2019 年,*Gastroenterology* 上的一篇文章报道,不表达完整 HBV 抗原的肝细胞肝癌患者的肿瘤细胞中,含有短的 HBV mRNA 可编码抗原肽表位,被 HBV 特异性 T 细胞识别并激活该细胞。含有识别这种抗原肽 TCR 的 TCR-T 细胞可用于治疗肝癌患者。该试验纳入 2 例患者,每周给予递增剂量的 TCR-T 细胞治疗 112 天或 1 年,在 1 年的治疗期中,未观察到明显副作用及肝功能损伤;其中 1 例患者的 6 个肺转移灶中的 5 个病灶在 1 年治疗期中缩小。

(二) TCR-T 细胞技术的优势与不足

1. TCR-T 细胞技术的优势 传统的过继免疫细胞治疗,只是增加了效应细胞的数量,对于效应细胞的特异性并没有提高,且效应细胞和肿瘤细胞结合的亲和力也比较低。TCR-T 细胞治疗直接改造 T 细胞与肿瘤抗原的结合部位——TCR,加强了 T 细胞针对肿瘤细胞的特异性识别过程,提高了 T 淋巴细胞对于肿瘤细胞的亲和力,使得原来无肿瘤识别能力的 T 细胞能够有效地识别并杀伤肿瘤细胞。总的来说,不仅增加了 T 淋巴细胞的数量,也提高了 T 淋巴细胞对于肿瘤细胞的杀伤性。这种方法除了能像化疗和靶向治疗一样快速杀灭肿瘤外,还避免了肿瘤疫苗和免疫检查点抑制剂的延迟效应。

2. 靶抗原存在两大不足 这是因为靶抗原主要存在两大不足:①靶抗原并非肿瘤细胞中所特有,TCR-T 细胞在杀伤肿瘤细胞的同时也会对表达靶抗原的正常细胞造成杀伤,引起不必要的组织损伤。②TCR-T 细胞主要针对免疫原性较强的肿瘤,免疫原性较弱会导致大量的肿瘤细胞发生免疫逃逸。因此,在不同的患者中寻找特异性及免疫原性强的肿瘤靶抗原,克隆高亲和性的 TCR,以及优化 TCR 的转化效率,是提高临床有效率、增加安全性的研究重点。

七、CAR-T 细胞治疗

CAR-T 细胞的发展突破了上述 TCR-T 细胞的不足,克服了 TCR-T 细胞治疗的瓶颈。CAR-T 细胞是基因工程改造表达嵌合抗原受体(CAR)的自体 T 细胞。嵌合抗原受体 T(CAR-T)细胞是将能识别某种肿瘤抗原的抗体的抗原结合部与 CD3-ζ 链或 FcεRIγ 的胞内部分在体外偶联为一个嵌合蛋白,通过基因转导的方法转染患者的 T 细胞,使其表达嵌合抗原受体(CAR)。

(一) CAR-T 细胞的优越性

与其他免疫细胞相比,CAR-T 细胞的最大优势在于将抗体的靶向特异性与 T 细胞的归巢、组织穿透和靶向摧毁能力结合起来用于肿瘤治疗,CAR 的结构分为胞外区、跨膜区和胞内区 3 个部分。功能上分为识别肿瘤表面抗原的

抗体 scFv 区、促进与肿瘤细胞表面膜近侧抗原结合的铰链区、固定 CAR 的跨膜区、增强 T 细胞活化的共刺激区和 T 细胞活化信号转导 CD3ζ 链共 5 个经典部分。

根据共刺激因子的不同,目前将 CAR-T 细胞的临床研究分为五代。第一代,不含共刺激信号元件;第二代,含有 1 个共刺激信号元件,常见的为 CD28 或者 CD137;第三代,含有 2 个或 2 个以上共刺激信号元件,常见如 CD28-CD137;前三代主要集中在共刺激因子(CD28、4/1BB、OX40)的完善,提高 CAR-T 细胞的增殖能力和杀伤力;第四代在第三代的基础上增加了细胞因子或共刺激配体,增强 CAR-T 细胞的扩增能力,延长体内停留时间,并整合自杀基因,如 iCas9 基因、单纯疱疹病毒腺苷激酶基因等,精确调控 CAR-T 细胞的功能及存活,降低严重不良事件的发生概率;第五代的创新重点为开发通用 CAR-T 细胞。

CAR-T 细胞的主要优势在于,不需要 MHC 将抗原呈递到表面就能与肿瘤细胞表面抗原直接结合,这会使更多的肿瘤细胞容易受到攻击。但是,CAR-T 细胞只能识别自身在细胞表面自然表达的抗原,因此潜在的抗原靶标范围比 TCR 少。

(二)CAR-T 细胞治疗的临床应用

CAR-T 细胞只能识别细胞表面抗原,但不受 HLA 类型的限制。CAR-T 细胞识别的抗原类型可以扩展到在肿瘤细胞中经常变化的碳水化合物和糖脂类。与 TCR-T 细胞相比较,CAR-T 细胞更普遍适用于各种 HLA 类型的患者和 HLA 缺乏表达的肿瘤,而 HLA 表达缺乏正是常见的癌症免疫逃避策略。CAR-T 细胞的临床试验涉及肿瘤靶点 CD19、CD22、CD23、CD30、ROR-1、CAIX、PSMA、MUC1、FRz、meso-RNA、CEA、CD213a2、HER2 等。大多数靶点为 CD19(治疗淋巴瘤、白血病)、BCMA(治疗多发骨髓瘤)。截至 2019 年 7 月,CAR-T 细胞在中国进行的临床试验多达 318 项,治疗领域全部为肿瘤治疗,且绝大多数为血液肿瘤。2010 年,CD19 CAR-T 细胞试验性应用于治疗复发性 B 细胞淋巴瘤患者。2011 年,《新英格兰医学期刊》和《生物转化医学》等权威医学杂志报道了一个病例,宾夕法尼亚大学的 Carl June 教授利用患者改造后的自身 T 细胞治愈了 2 例晚期慢性淋巴细胞白血病患者,开创了肿瘤免疫疗法的新纪元。CD19 CAR-T 细胞于 2011 年用于治疗慢性淋巴细胞白血病(CLL),2013 年用于治疗急性淋巴细胞白血病(ALL),均获得了极好的疗效,因此 2014 年 FDA 批准 CD19 CAR-T 细胞用于临床治疗复发/难治性急性淋巴细胞白血病。在宾夕法尼亚大学 Carl June 教授的中心接受 CD19 CAR-T 细胞治疗后完全响应的慢性淋巴细胞白血病(CLL)患者和急性淋巴细胞白血病(ALL)患者中,维持完全缓解的时间最长者,分别超过 3 年 6 个月和 2 年。Kochenderfer 对利用 CD19 联合 CD28 的第二代 CAR 治疗 NHL 患者进行了报道,这位患者在接受了改造 T 细胞和 IL-2 治疗后,又接受了包括环磷腺苷和氟达拉滨的治疗,获得部分缓解(直至 32 周),继发 B 细胞再生障碍性贫血至 39 周,血液中 CAR-T 细胞持续存在至 27 周。2017 年,FDA 批准两款 CAR-T 细胞疗法用于治疗 B 细胞淋巴瘤,均为靶向 CD19 的 CAR-T

细胞免疫疗法:Yescarta、Kymriah。这些治疗方法已经证实可以诱发显著的客观反应,即使是生存期预计仅数月的晚期患者也可获得 CR(完全缓解),在某些情况下强烈响应持续数月甚至数年。

在实体瘤治疗方面,CAR-T 细胞的研究逐渐起步。

1. 脑胶质瘤 脑胶质瘤(glioblastoma,GBM)是成人中最常见的恶性原发性脑瘤。目前其他免疫疗法对 GBM 的疗效不佳,CAR-T 细胞治疗作为该疾病的一种新疗法被广泛研究。

最有前途的一个 GBM 的 CAR 靶点是 IL13Rα2,这是一个膜结合蛋白,在超过 75% 的脑胶质瘤中过表达,与磷脂酰肌醇-3 激酶/AKT/mTOR 通路的激活相关,能增强肿瘤侵袭性,提示预后不良。IL13Rα2 的表达对 GBM 肿瘤细胞具有特异性,在正常脑组织及其他组织有限表达。*Clin Cancer Research* 在 2015 年报道了靶向 IL13Rα2 的 CAR-T 细胞治疗复发性胶质瘤患者 3 例的试验结果。该研究构建的第一代 IL13Rα2 特异性 CAR 被命名为 "IL13 zetakine"。患者接受 12 次局部注射,最大剂量为 1×10^9 个 IL13 zetakine CAR-T 细胞。将 CAR-T 细胞导入颅内切除腔后,患者耐受良好,且暂时性中枢神经系统炎症可控。注射后,在 2 例患者中观察到短暂的抗胶质瘤反应。对 1 例患者治疗前后的肿瘤组织进行分析,发现治疗后肿瘤内 IL13R-2 整体表达降低。另 1 例患者的 MRI 分析显示细胞给药部位肿瘤坏死体积增大。Brown 等人 2016 年报道了使用第二代 4-1BB 共刺激 IL13 zetakine CAR 的随访试验,1 例 50 岁复发多灶性胶质瘤(包括软脑膜炎)患者在手术切除 5 个进展性颅内肿瘤中的 3 个后,接受了 6 周的 CAR-T 细胞的腔内注射。虽然局部治疗部位病灶稳定,但其他的脊髓内病变仍有进展。然后,通过放置在右后脑室的导管装置,患者接受了 10 次额外的 CAR-T 细胞注入治疗。患者对治疗耐受良好,治疗后,该患者所有颅内和脊柱肿瘤的消退持续了 7.5 个月。虽然患者在其后的新部位继续进展,但本病例报告显示出 CAR-T 细胞在 GBM 中的治疗潜力。

人表皮生长因子受体 2(HER2)是一种在许多人类癌症中过表达的受体酪氨酸激酶,也被认为是 GBM 中 CAR 靶向的一种有前景的肿瘤相关抗原。Ahmedet 等人 2017 年公布了 17 例进展期 HER2 阳性 GBM 患者接受外周血输注 HER2 特异性 CAR-T 细胞治疗的 I 期临床结果,未观察到剂量限制毒性。所有患者在输注后通过 qPCR 检测 CAR-T-HER2 细胞,17 例患者中有 15 例在输注后 3 小时达到峰值,2 例在输注后 1 周和 2 周达到峰值。输注 6 周后,15 例患者中有 7 例体内存在 CAR-T-HER2 细胞,此后 CAR-T 细胞血液水平每月逐步下降(2 例患者 12 个月后仍为阳性,但 18 个月后无阳性)。这提示 CAR-T-HER2 细胞在灌注后没有扩增,但能以较低的增殖频率持续 1 年。在 16 例可评估的患者中,1 例出现了持续 9 个月以上的 PR(部分缓解),7 例 SD(稳定)持续 8 周至 29 个月(其中 3 例在 24~29 个月的随访中无进展)。

EGFRvⅢ 是由外显子 2~7 的框内缺失导致的,在 25%~30% 新诊断的 GBM 中存在,是 CAR-T 细胞的另一个潜在靶点。Donald M. O'Rourke 等人进行了一项Ⅰ期临床研究,10 例复发性 GBM 患者接受单剂量靶向 EGFRvⅢ的 CAR-T 细胞静脉输注治疗,证明了该 CAR-T 细胞是可行且安全的,没有靶向非肿瘤毒性(on-target/off-tumor toxicities)或细胞因子释放综合征(cytokine release syndrome,CRS)。该研究不是为评估疗效而设计的,没有患者观察到肿瘤消退(尽管有一例患者有持续 18 个月的残留病灶稳定)。所有患者外周血中均可检测到短暂的 CART-EGFRvⅢ 细胞扩增。7 例患者接受了 CART-EGFRvⅢ 术后手术干预,进行了对 CART-EGFRvⅢ 转运至肿瘤的组织特异性分析、肿瘤浸润 T 细胞和肿瘤原位微环境的表型分析,以及对治疗后 EGFRvⅢ 靶抗原表达的分析。研究发现,在这 7 例患者中,有 5 例被转移到 GBM 活性区域的 CART-EGFRvⅢ 细胞抗原减少。对肿瘤环境的原位评估显示,与未灌注 CART-EGFRvⅢ 细胞的肿瘤标本相比,灌注 CART-EGFRvⅢ 细胞后,抑制分子表达增强,调性 T 细胞浸润增强。这项对复发性 GBM 中 CAR-T 细胞的初步试验表明,尽管静脉输注可导致脑内靶向活性,但克服局部肿瘤微环境的适应性变化和解决抗原异质性可能是提高靶向 EGFRvⅢ 在 GBM 中疗效的重要手段。

2. 消化系统肿瘤   Steven C. Katz 等人 2015 年报道了肝动脉注入抗 CEA 的 CAR-T 细胞治疗 CEA 阳性肝转移癌患者的试验结果。该研究使用了含有 CD28 共刺激和 CD3 主域的第二代 CAR 结构。入组患者 8 例(分别为结肠腺癌 6 例、胃腺癌及壶腹腺癌各 1 例),在入组前接受了平均 2.5 线常规系统治疗,其中 4 例至少有 10 个肝转移灶。6 例患者完成了试验,其中 3 例患者以剂量递增的方式(10^8、10^9 和 10^{10} 个细胞)单独接受抗 CEA 的 CAR-T 细胞经皮肝动脉注入,另外 3 例患者接受最大剂量计划的 CAR-T 细胞经皮肝动脉注入(10^{10} 个细胞 ×3)和系统 IL-2 支持治疗。没有患者出现与 CAR-T 细胞相关的 3 级或 4 级不良事件。1 例患者在 CAR-T 细胞治疗 23 个月后仍存活且病情稳定,5 例患者因病情进展而死亡。在接受系统 IL-2 支持的患者中,CEA 水平较基线下降了 37%(范围为 19%~48%)。活检显示,6 例患者中有 4 例肝转移灶坏死或纤维化增加。

2017 年,第三军医大学、重庆医科大学等多位研究者发布了 CEA CAR-T 细胞治疗 CEA 阳性的转移性结直肠癌Ⅰ期临床试验(NCT02349724)的结果。10 例患者入组接受 5 个等级剂量水平的 CEA CAR-T 静脉回输(1×10^5 至 1×10^8 CAR⁺ 细胞/kg)。未观察到与 CAR-T 细胞治疗相关的严重不良事件。10 例患者中的 7 例既往治疗进展后,在 EGFR-T 细胞治疗后病情稳定。2 例患者病情稳定持续 30 多周,2 例患者经 PET/CT 和 MRI 检查后发现肿瘤萎缩。在长期观察中,大多患者血清 CEA 水平显著降低。此外,高剂量组患者外周血中还观察到 CAR-T 细胞持续存在。尤其在第二次 CAR-T 细胞治疗后,可观察到 CAR-T 细胞增殖。因此,CEA CAR-T 细胞治疗即使在高剂量组仍有较好的安全性,并且在多数患者中观察到一定有效性。

2017 年,Thistlethwaite 等人发表了一项第一代 CEA 特异性 CAR-T 细胞在转移性结直肠癌和其他 CEA 阳性实体瘤中的Ⅰ期研究。在氟达拉宾 +/− 环磷酰胺预处理后,三组患者接受了递增剂量的 CEA 特异性 CAR-T 细胞。基于临床前数据显示,IL-2 治疗可增强 CAR-T 细胞杀伤,因此在 T 细胞输注后给予系统 IL-2 支持。该试验 CAR-T 细胞移植时间短,14 天内全身 CAR-T 细胞迅速减少,未观察到客观的抗肿瘤反应。然而,预处理强度的增加(与单独使用氟达拉滨相比,环磷酰胺 + 氟达拉滨)可导致 CAR-T 细胞移植的增加。该试验的另一个重要观察是靶向非肿瘤毒性的存在。环磷酰胺-氟达拉滨预处理队列中的患者有短暂的急性呼吸道毒性,可能与 CEA 在肺上皮上的表达有关。CEA 的表达在健康肺组织中的存在在该研究之前是有争议的,但最终在本研究中被研究人员证实,这再次警醒了研究者在 CAR-T 细胞试验中考虑和评估任何器官的靶向非肿瘤毒性的重要性。

在宾夕法尼亚大学,Beatty 的实验室开发了一种特异性针对间皮素的 CAR。研究发现,几乎所有的胰腺癌组织都过量产生一种叫间皮素(mesothelin)的蛋白,针对该蛋白设计的 CAR-T 细胞,能很好地识别并攻击胰腺癌细胞。mesothelin 在胰腺导管腺癌(PDAC)细胞上过表达,但还在腹膜、胸膜、心包膜表达,可能造成靶向非肿瘤毒性。2018 年,Gregory L. Beatty 发表在 *Gastroenterology* 的Ⅰ期临床试验中,通过电穿孔转导 mRNA 至自体 T 细胞中,暂时性地表达 mesothelin 特异性 CAR。该试验纳入 6 例至少接受过二线治疗的化疗难治性转移性 PDAC 患者,接受 mesothelin 特异性 CAR-T 细胞治疗,每周 3 次,连续 3 周。所有患者均未出现剂量限制毒性(DLTs)和 CRS。通过 RECIST v1.1 获得的最佳总体反应(OR)是稳定。然而,肿瘤病变的 FDG-PET/CT 成像显示,3 例患者的总代谢活性体积(metabolically active volume,MAV)保持稳定,1 例患者下降了 70%,表明 mRNA CAR-T 细胞具有潜在的抗肿瘤活性。在 2019 年美国临床肿瘤学会上公布的最新结果显示,2 例患者的疗效评价稳定,其无进展生存时间为 3.8 个月和 5.4 个月,目前这项研究仍在进行中(NCT03323944)。

其他正在临床评估的胰胆肿瘤的 CAR 靶点包括 HER2、Claudin 18.2 和前列腺干细胞抗原(PSCA)。2018 年,中国人民解放军总医院发表文章报道了靶向 her-2 的 CAR-T 细胞治疗 her2 阳性晚期胆道癌和胰腺癌Ⅰ期临床试验(NCT01935843)结果。共纳入 her-2 阳性(>50%)晚期胆道癌和胰腺癌患者 11 例,在经过白蛋白结合型紫杉醇($100~200\text{mg/m}^2$)和环磷酰胺($15~35\text{mg/kg}$)预处理化疗后,接受 1~2 周期 CAR-T-HER2 细胞(中位 CAR⁺ T 细胞 $2.1 \times 10^6\text{/kg}$)输注。预处理的副作用为轻度到中度疲劳,恶心/呕吐,肌痛/关节痛,淋巴细胞减少。与输注 CAR-T 细胞相关的不良事件均为轻到中度,有 1 例 3 级急性发热综合征和 1 例转氨酶异常升高(> 正常上限 9 倍)。输注后毒性反应包括 1 例胃窦浸润转移的患者输注 11 天后发生可逆的严重上消化道出血,2 例 1~2 级延迟发热伴 C 反应蛋白和 IL-6 释放。所有患者均可评估,其中 1 例获得 4.5 个月的 PR(部分缓解),5 例疗效评价 SD(稳定)。中位无进展生存期 4.8 个月(范围 1.5~8.3 个月)。在 11 例输注 CAR-T-HER2 细胞的患者中,有 9 例患者的外周血中 CAR 基因拷贝数快速上升,在第二次输注 CAR-T-HER2 细胞的患者外周血中,CAR 基因拷贝数第二次出现强劲的峰值。然而,CAR-T-HER2 细胞在体内治疗水平的持续时间不能超过 30 天。遗憾的是,本试验没有获取组织样本,CAR-T 细胞在肿瘤内的浸润情况及其对肿瘤微环境的影响无法评估。Claudin18.2(CLDN18.2)是一种胃特异性膜蛋白,被认为是胃癌和其他癌症类型的潜在治疗靶点。基于此,中国研究者开发了国际上首个针对 Claudin18.2 的 CAR-T 细胞。2019 年,Claudin 18.2 特异性 CAR-T 细胞用于晚期胃和胰腺腺癌的 I 期临床试验的初步结果被公布(NCT03159819)。12 例 Claudin 18.2 阳性转移腺癌患者(胃癌 7 例,胰腺癌 5 例)在清淋化疗后接受 CAR-Claudin18.2 T 细胞输注,无严重不良事件、治疗相关死亡或严重神经毒性。11 例可评估对象中,1 例患者获得完全缓解(胃癌),3 例获得部分缓解(2 例胃癌、1 例胰腺癌),5 例病情稳定,2 例病情进展,总客观缓解率为 33.3%。2019 年,Becerra 等人还报道了 PSCA 阳性转移性胰腺癌中配体诱导的 PSCA 特异性 CAR-T 细胞的剂量递增试验的初步结果。9 例患者接受环磷酰胺的清淋治疗,第 0 天给 CAR-T 细胞治疗,第 7 天给单一剂量的 rimiducid 诱导治疗。未报告 DLTs、相关严重不良事件(SAEs)或 CRS 事件。所有患者在第 4 天观察到细胞快速移植,接受 rimiducid 治疗的 2 例患者细胞在 7 天内扩增 10~20 倍,持续时间超过 3 周。2 例患者达到轻微缓解(1 例伴随 CA199 下降),4 例患者达到稳定病情至少 8 周。

3. 泌尿生殖系统肿瘤　最早研究 CAR-T 细胞用于治疗实体瘤的瘤种之一就是肾细胞癌(RCC)。在一项靶向羧酸酐酶Ⅸ(CAⅨ)的 CAR-T 细胞Ⅰ期试验中,12 例转移性 RCC 患者接受了 2×10^7~2×10^9 个细胞/d 的 CAR-T 细胞最多 10 天的回输治疗。虽然有效性未获证明,但从这个试验中可吸取重要的教训。首先,患者产生了抗 CAR-T 细胞抗体,这提示研究者需要考虑开发 CAR 的形式和免疫原性。其次,CAR-T 细胞引起严重的肝脏酶紊乱,在肝活检中可以看到,这是由于 CAR-T 细胞与胆管上皮细胞上表达的 CAⅨ靶向外结合所致。CAR-T 细胞治疗肾细胞癌的其他试验正在进行中,包括 CCT301-38(抗 axlcar CAR-T 细胞)和 CCT301-59(抗 ror2 CAR-T 细胞)。

CAR-T 细胞治疗前列腺癌的研究早在 2002 年就开始进行。CAR 的靶点从 PSMA(prostate-specific membrane antigen)逐渐发展到 EpCAM(epithelial cell adhesion molecules)、PSCA(prostate stem cell antigen)等。2016 年,Richard P. Junghans 等人利用 anti-PSMA CAR-T 细胞治疗转移性或复发性,以及激素抵抗性前列腺癌患者。6 例患者入组,其中 5 例接受了治疗。在非清髓性化疗[环磷酰胺 60mg/(kg·d)共 2 天 + 氟达拉滨 25mg/(m²·d)共 5 天]后,给予 10^9 或 10^{10} 的 CAR-T 细胞输注及低剂量 IL-2 持续输注[75 000IU/(kg·d)持续静脉滴注 4 周]。在 2 周后细胞扩增达到 20~560 倍。所有受试者在 2 周后接受移植,2.5%~22% 的

循环 T 细胞为 PSMA CAR-T 细胞。CAR-T 细胞绝对数量在第 14 天达到峰值,在第 21~28 天研究结束时,CAR-T 细胞的总数量趋于稳定。临床未见抗 PSMA 毒性反应。5 例患者中的 2 例获得 PR(部分缓解),PSA 下降 50% 和 70%,分别持续 78 天和 150 天。在过去的 10 年中,针对 PSMA 的研究不断进展。Giuseppe Schepisi 等人将 PSMA 与 ^{177}Lu 结合,2019 年的单臂Ⅱ期临床试验(NCT03454750),评估了这一放射代谢疗法用于进展的去势抵抗性前列腺癌的安全性和有效性;另有接受阿比特龙、恩杂鲁胺,或以一至二线紫杉醇为基础的化疗后进展的患者,使用该疗法的Ⅲ期临床试验正在招募患者(NCT03511664)。

关于卵巢癌的 CAR-T 细胞研究目前较少。Kershaw 等人发表的治疗卵巢癌的 CAR-T 是针对一代抗卵巢癌相关抗原 α 叶酸受体(FR)的 I 期临床试验。纳入铂耐药/紫杉醇化疗难治性 FR 阳性卵巢癌患者 14 例,8 例接受 FR 特异 CAR-T 细胞联合高剂量 IL-2(720 000IU/kg)治疗,6 例接受双特异性 T 细胞(对 FR 和同种异体抗原均有反应)治疗(通过皮下免疫接种来自同一供体的同种异体外周血单核细胞用来刺激 T 细胞)。唯一的严重毒性反应与高剂量的 IL-2 治疗有关。没有任何患者的肿瘤减小。疗效不佳的因素可能与以下几点相关:放射标记的 CAR-T 细胞成像显示,仅在 1 例患者中 CAR-T 细胞出现肿瘤特异性定位;PCR 分析显示,CAR-T 细胞在循环中大量存在仅 2 天,此后迅速下降,1 个月后几乎检测不到;3 例患者的血清中出现了一种抑制 CAR-T 细胞的因子。这些也为后续的临床试验指明了需要注意的方向:CAR-T 细胞在肿瘤部位的富集、CAR-T 细胞的存活和肿瘤微环境中影响 CAR-T 细胞功能的细胞因子等,都会影响临床疗效。其他 CAR-T 细胞在卵巢癌中的试验正在进行中,其中一些患者正在使用直接腹膜给药来改善 CAR-T 细胞肿瘤的转移(NCT03585764、NCT02498912)。

4. 乳腺癌　细胞表面分子 c-Met 在约 50% 的乳腺癌中表达,且与激素受体/HER2 表达状态无关,因此 c-Met 被当作 CAR-T 细胞治疗乳腺癌的靶点。然而,c-Met 也低水平地存在于正常组织中。2017 年,Julia Tchou 等在一项 0 期临床试验(NCT01837602)中,验证了瘤内给药 mRNA 转染的 CAR-T-c-Met 细胞治疗转移性乳腺癌的可行性。他们通过 mRNA 引入 CAR 结构,限制了靶向 c-Met 的非肿瘤细胞效应,确保了安全性。该研究共纳入皮肤或淋巴结转移的转移性乳腺癌患者 6 例,在肿瘤内一次性注射 3×10^7 或 3×10^8 细胞。CAR-T mRNA 分别在 2 例和 4 例患者瘤内注射后的外周血和注射肿瘤组织中检测到。mRNA CAR-T-c-Met 细胞注射耐受良好,所有患者的药物相关不良反应均未超过 1 级。切除瘤内注射 mRNA CAR-T-c-Met 细胞的转移灶,进行免疫组化分析,可见注射部位广泛肿瘤坏死、细胞碎片,c-Met 免疫反应性消失,前缘和坏死区均被巨噬细胞包围。因此研究者认为肿瘤内注射 mRNA c-Met-CAR-T 细胞具有良好的耐受性,并在肿瘤内引发炎症反应。一项评估静脉输注 RNA CAR-T-c-Met 细胞的研究正在进行(NCT03060356)。其他正在进行的 CAR-T 细胞治疗乳

腺癌的试验包括用于 HER2 阴性疾病患者的 mesothelin 特异性 CAR-T 细胞（NCT02792114）和用于 HER2 阳性 CNS 疾病患者的 HER2 特异性 CAR-T 细胞（NCT02442297、NCT03696030）。

5. 肺癌　肺癌的 T 细胞试验到目前为止集中在恶性胸膜间皮瘤（MPM）上。在一项 Adusumilli 等人设计的 I 期剂量递增的人体试验中，将携带 I-caspase-9 安全基因的 CD28 共刺激 mesothelin 特异性 CAR-T 细胞皮下注射给 18 例 mesothelin 表达阳性的 MPM 患者（NCT02414269）。在接受环磷酰胺清淋后，患者接受剂量递增的 CAR-T 细胞治疗（$3 \times 10^5 \sim 1 \times 10^7$ 细胞/kg）。未观察到高于 1 级的 CAR-T 细胞相关毒性，也没有观察到任何靶向非肿瘤毒性。14 例患者随后接受了试验之外的抗 PD-1 治疗，其中 2 例患者在 PET 成像中显示出代谢反应的 CR（完全缓解），5 例患者 PR（部分缓解）。在原发性肺癌中正在进行的其他 CAR-T 细胞试验包括 ROR1（receptor tyrosine kinase-like orphan receptor 1）特异性 CAR-T 细胞用于 IV 期非小细胞肺癌（NCT02706392），以及 mesothelin 特异性 CAR-T 细胞用于复发性肺腺癌（NCT03054298）。

6. 其他　2015 年，Nabil Ahmed 等人在 *Journal of clinical oncology* 上发表了 HER2 特异性 CAR-T 细胞治疗肉瘤的 I/II 期临床试验数据。该试验纳入了 HER2 阳性的复发/难治性肉瘤患者 19 例（16 例骨肉瘤，1 例尤因肉瘤，1 例原始神经外胚层肿瘤，1 例纤维增生性小圆细胞肿瘤），患者接受剂量递增的 HER2 特异性 CAR-T 细胞治疗（$1 \times 10^4 \sim 1 \times 10^8/m^2$）。患者耐受良好，无剂量限制毒性。在剂量水平 $1 \times 10^4/m^2$ 及以上，回输 3 小时后，研究者通过 qPCR 在 16 例患者中的 14 例检测到 HER2 特异性 CAR-T 细胞。在 9 例接受大于 $1 \times 10^6/m^2$ 剂量的可评估患者中，6 例患者 CAR-T 细胞至少持续存在 6 周（$p=0.005$）。2 例患者进行了肿瘤病灶检测，病灶内均检测到 HER2 特异性 CAR-T 细胞。17 例可评估患者中，4 例病情稳定持续 12 周至 14 个月。这 4 例患者中的 3 例肿瘤缩小，其中 1 例出现大于 90% 的坏死。所有 19 例回输患者的中位总生存期为 10.3 个月（范围为 5.1~29.1 个月）。

Majzner 等人研究的 CAR-T 细胞治疗靶向一种在很多实体肿瘤中高表达的抗原 B7-H3，用于治疗髓母细胞瘤、肾母细胞瘤、尤因肉瘤、横纹肌肉瘤等，在早期动物实验取得了极好的成果，其在人体临床试验的开展也备受关注。

（三）TCR-T 细胞治疗和 CAR-T 细胞治疗的对比

相比于 CAR-T 细胞治疗，TCR-T 细胞治疗同样是对患者自身的 T 淋巴细胞进行体外改造，然后将其回输到患者体内杀伤肿瘤的细胞疗法，但这两种疗法识别抗原的机制截然不同（表 3-29-1）。

1. TCR-T　细胞治疗引入的是一个天然存在的 T 细胞受体（TCR），通过提高 TCR 的活性，来增强对癌细胞的杀伤力；而 CAR-T 细胞治疗引入的则是一个由科学家重新设计靶向肿瘤的 CAR 抗体的过程，更可能导致严重的副作用（如细胞因子风暴）。

表 3-29-1　CAR-T 细胞治疗和 TCR-T 细胞治疗的比较

	CAR-T 细胞治疗	TCR-T 细胞治疗
优点	1. 无 MHC 限制性 2. 亲合力强，杀伤活性高 3. 更适合表面抗原暴露程度更高的血液瘤	1. 毒副作用相对小 2. 可识别细胞膜表面或细胞内来源的肿瘤特异性抗原
缺点	1. 只靶向肿瘤表面抗原 2. 易导致脱靶效应，易引起细胞因子风暴 3. 无法靶向细胞内部抗原	1. 对肿瘤抗原的识别受限于人类白细胞抗原（HLA） 2. TCR 受体筛选及制备复杂

2. CAR-T　细胞治疗只能识别位于细胞表面的肿瘤特异性抗原或肿瘤相关抗原。这样的作用方式更直接，不需要抗原呈递的过程。但同时，这也决定了 CAR-T 细胞治疗更适合表面抗原暴露程度更高的血液瘤；不能有效浸润到肿瘤内部，是导致目前其在实体瘤上疗效不佳的原因之一。TCR-T 细胞治疗不仅能识别位于细胞表面的肿瘤特异性抗原或肿瘤相关抗原，还能识别细胞内的肿瘤特异性抗原或肿瘤相关抗原，这可能使其在治疗实体瘤方面略占上风。

3. 现有 CAR-T 细胞治疗面临的挑战　肿瘤特异性靶点少、CAR-T 细胞至肿瘤病灶的转运、CAR-T 细胞在免疫抑制微环境中的增殖及功能（清淋的作用、解决 T 细胞固有缺陷、免疫检查点和其他免疫抑制微生物环境因素、结合疫苗或病毒疗法进行治疗）、肿瘤的异质性、肿瘤抗原逃逸等。现有 TCR-T 细胞治疗面临的挑战：只能用于一种特定的 HLA 亚型；许多肿瘤中发生 HLA 下调或抗原丢失，阻碍 TCR-T 细胞识别肿瘤抗原并导致响应率降低等。

随着肿瘤分子生物学、肿瘤免疫学、基因工程的深入研究，肿瘤的免疫治疗在肿瘤治疗方面必将有显著进步。在临床应用过程中应密切考虑和其他疗法如化疗、放疗、靶向治疗等传统疗法及免疫检查点抑制剂等新兴疗法相结合，以增强肿瘤的细胞免疫治疗效果。随着一些关键技术和问题的逐步解决，免疫治疗必将成为肿瘤治疗的重要突破方向。

（四）CAR-T 细胞治疗的不良反应及处置

免疫相关不良反应（irAEs）的毒副作用广泛存在，CAR-T 细胞治疗相关不良反应主要包括：细胞因子释放综合征（cytokine release syndrome，CRS）、神经系统毒性、CRS 过程中的嗜血细胞性淋巴组织细胞增多症/巨噬细胞激活综合征（hemophagocytic lymphohistiocytosis/macrophage-activation syndrome，HLH/MAS）等。

1. 细胞因子释放综合征（CRS）　CRS 是 T 细胞激活所导致的一系列不可控的促炎症因子释放反应，是最常见的危及生命的不良反应（AE）。

（1）临床表现：①典型发病时间为 2~3 天；②典型持续时间为 7~8 天；③症状可能包括发热、低血压、心动过速、缺氧和寒战，CRS 可能与心功能障碍、肝脏和/或肾功能不全相关；④严重事件包括心房颤动、室性心动过速、心搏骤停、心力衰竭、肾功能不全、肾功能不全、毛细血管渗漏综合征、低血压、缺氧和嗜血细胞性淋巴组织细胞增多症/巨噬细胞激活综合征(HLH/MAS)。

一旦发生 CRS,需要迅速和紧急干预,以防止 CRS 进展;但是,首先应排除其他引起全身炎症反应的因素,包括感染和恶性肿瘤进展。中性粒细胞减少的患者应及时给予经验性抗感染治疗。

(2)CRS 的分级:1 级发热(>38℃),不能由任何其他原因(如感染等)引起;2 级发热伴不需要血管加压剂的低血压和/或缺氧,需要低流量(≤6L/min)鼻导管吸氧;3 级发热伴需一种升压药治疗(需要或不需要血管加压素)的低血压和/或缺氧,需要高流量(>6L/min)套管、面罩、非换气面罩或文丘里面罩吸氧;4 级发热伴需要多种血管升压药(不包括血管加压素)治疗的低血压和/或缺氧,需要正压(如 CPAP、BiPAP、插管和机械通气)。

与 CRS 相关的器官毒性可以根据 CTCAE v5.0 进行分级,但不影响 CRS 评分。CRS 患者则接受解热药或抗细胞因子治疗,如托珠单抗或类固醇,不再需要发热来评估后续 CRS 的严重程度。在这种情况下,CRS 分级是由低血压和/或缺氧驱动的。

(3)CRS 的处理可参考表 3-29-2 的原则建议处理。

2. 神经系统毒性 CAR-T 细胞相关神经毒性包括混乱、谵妄、失语症、癫痫发作等。因为血脑屏障的存在,中枢神经系统(CNS)通常可以与周围组织隔离,目前未完全阐

明靶向肿瘤的免疫反应导致神经毒性的具体机制。但研究者和临床医生通常认为严重的 CRS、靶向非肿瘤毒性等多因素都会导致神经毒性。炎症细胞因子可能激活血脑屏障的内皮细胞,破坏屏障的完整性,中枢神经系统内皮细胞的激活可能导致 CAR-T 细胞治疗相关的神经毒性。CAR-T 相关脑病综合征(CAR-T-related encephalopathy syndrome,CRES)是最为严重的神经毒性,它的发生、发展极其依赖单核细胞分泌的 IL-1 和 IL-6。中和这两种细胞因子能逆转 CRES。

(1)临床表现:①典型发病时间为 4~10 天。②典型持续时间为 14~17 天。③最常见的神经毒性包括脑病、头痛、震颤、头晕、失语症、谵妄、失眠、焦虑和自主神经病变,躁动不安、过度活跃或精神病的症状也可发生。④严重事件包括癫痫发作、严重和致命性脑水肿。

(2)CAR-T 细胞相关神经毒性分级

1)免疫效应细胞相关脑病(immune effector cell-associated encephalopathy,ICE)评估工具:①定位:年、月、市、医院定位,4 分。②命名:能够命名 3 个物体(例如,指向时钟、钢笔、按钮),3 分。③能够执行简单的命令(例如,"给我看两个手指"或"闭上眼睛、伸出你的舌头"),1 分。④写作:写一个标准句子的能力(例如,"我们的国花是牡丹"),1 分。⑤注意力:能够从 100 倒数到 10,1 分。

ICE 评分:1 级,7~9 分;2 级,3~6 分;3 级,0~2 分;4 级,因患者不省人事而不能做评估。

表 3-29-2 CRS 的处理

CRS 等级	抗 IL-6 治疗	糖皮质激素	支持治疗
1 级	对于 CRS 大于 3 天,有明显症状和/或并发症的患者,可考虑按 2 级使用托珠单抗	不需要	1. 首选对乙酰氨基酚 2. 血尿培养、胸片等排除感染 3. 经验性广谱抗生素治疗,如果中性粒细胞减少,考虑使用粒细胞集落刺激因子(G-CSF) 4. 静脉补液 5. 对器官毒性症状对症支持治疗
2 级	托珠单抗 8mg/kg 静脉注射 1 小时(不超过每剂 800mg);如果没有改善,8 小时重复 1 次,24 小时内不要超过 3 次,最多 4 剂	1~2 剂量抗 IL-6 治疗后持续性顽固性低血压:地塞米松 10mg/6h 静脉注射(或等值)	1. 必要时静脉补液(500~1 000mL 生理盐水,收缩压 <90mmHg 可给予第二次静脉补液) 2. 吸氧(低流量) 3. 用于两次输液及抗 IL-6 治疗后持续的难治性低血压:启用血管升压药物,考虑转入 ICU,考虑超声心动图和其他血流动力学监测 4. 如果在开始抗 IL-6 治疗后 24 小时内没有改善,按 3 级处理 5. 对器官毒性症状对症支持治疗
3 级	如果 24 小时内未达到最大剂量,按 2 级治疗进行	地塞米松 10mg/6h 静脉注射(或等值);如果难以控制,按 4 级处理	1. 转 ICU,行超声心动图检查及血流动力学监测 2. 吸氧(高流量或面罩) 3. 必要时静脉补液和使用血管升压药物 4. 对器官毒性症状对症支持治疗
4 级	如果 24 小时内未达到最大剂量,按 2 级治疗进行	地塞米松 10mg/6h 静脉注射(或同等)。如果难以控制,考虑甲基强的松龙 1 000mg/d 静脉注射	1. ICU 护理和持续血流动力学监测 2. 根据需要进行机械通气 3. 必要时静脉补液和使用血管升压药物 4. 对器官毒性症状对症支持治疗

2）成人 ASBMT 免疫效应细胞相关神经毒性综合征（immune effector cell-associated neurotoxicity syndrome, ICANS）分级共识：ICANS 分级取决于最严重的事件（ICE 评分、意识水平、癫痫发作、运动表现、颅内压升高/脑水肿），与其他因素无关。（表 3-29-3）

（3）CAR-T 细胞相关神经毒性及颅内压增高的处理：详见第三十章神经系统疾病的细胞治疗。

第三节　肿瘤疫苗的研究

癌症复发与转移是恶性肿瘤治疗失败的主要原因之一。立足于整体，用肿瘤细胞疫苗（简称瘤苗）特异性主动免疫来调节和提高机体内固有抗肿瘤能力是目前正在积极探索的生物反应调节疗法（biological response modifier therapy，BRMT）的重要内容之一。肿瘤疫苗的研制是近年来十分活跃的研究领域，目前国内外肿瘤治疗学者认为，肿瘤治疗性疫苗与其他治疗肿瘤的方法不同，它通过激活自身的免疫系统来达到治疗肿瘤的目的，具有高度特异性。20 世纪 50 年代，研究者发现了肿瘤特异性移植抗原，动物实验提示免疫系统有可能被诱导而抑制肿瘤的生长。用移植肿瘤免疫动物后，被免疫的动物不仅能排斥再次移植的肿瘤，而且在其体内能产生细胞毒性 T 淋巴细胞（CTL），这种淋巴细胞能结合并破坏肿瘤细胞。60 年代，一些学者发现 T 细胞能识别实验动物的肿瘤抗原，并排斥肿瘤。研究者们对激活 CTL 的信号进行了大量的研究。70 年代，Burnet 提出了免疫监视学说，从理论上提出了机体免疫系统在识别和排斥肿瘤中的重要作用。Harold Hewitt 发现，人体自发产生的肿瘤能诱导前述在动物身上所见到的那种免疫应答，因而认为在动物身上所观察到的肿瘤抑制只不过是宿主对移植物的排斥结果。由于当时并未在人类肿瘤上找到激活 CTL 的信号，因此肿瘤免疫的研究并不广泛。在随后的 20 年中，由于杂交瘤技术的建立、单克隆抗体的制备、细胞克隆、细胞系的建立、大鼠及小鼠同源株的建立得以实现，因此正常组织和肿瘤组织的移植成为可能。基于这些模型，作为激活 CTL 信号的肿瘤特异性抗原被陆续鉴定。另外，抗原呈递、T 细胞抗原识别等研究也取得了迅

速发展，尤其是对 CTL 抗原识别及其在肿瘤免疫排斥中的分子机制有了更深入的认识。

随着肿瘤免疫学、细胞和分子免疫学，以及基因工程技术的迅速发展，肿瘤疫苗的研究取得了显著成果。瘤苗的主动免疫疗法曾被科学家们预测为 20 世纪能彻底攻克癌症的新疗法。瘤苗具有许多优点：①能够选择性地增强肿瘤免疫，按道理应比其他一些非特异性免疫调节剂（BCG、IL-2、CP 等）更具有疗效；②与输入抗体的被动免疫或输注免疫细胞的过继免疫治疗相比较，瘤苗诱导的免疫反应可能更持久；③瘤苗能够激发细胞免疫反应；④瘤苗相对无毒性，因而在切除了原发瘤的术后早期，特别是当化疗或其他免疫疗法因其毒性而受到限制时，应选择菌苗治疗。瘤苗的治疗有广阔的应用前景，为人类攻克癌症带来了新的希望。

一、肿瘤细胞来源的肿瘤疫苗

传统疫苗致力于预防多种传染性疾病，而近年来受人瞩目的癌症疫苗，其目标是将人体免疫系统的力量集中在肿瘤细胞的消除上。癌症疫苗治疗能够引起大肿瘤的全身性消退，延长患者的生存期。肿瘤细胞能表达独特的抗原，这些抗原在正常机体内不存在（如某些病毒抗原、突变基因表达产物等），或在胚胎时期表达但在成熟机体却不表达。对于机体的免疫系统来说，瘤苗的这些独特抗原属于"外来物"，它们能为免疫系统所识别，并激活免疫系统。起初，人们用各种理化方法，如冷冻、照射、化疗等对肿瘤细胞进行处理，使之失去分裂、增殖能力，改变肿瘤细胞的抗原结构，以增强其免疫原性。但总的来说，效果尚不理想，其主要原因是在临床治疗中肿瘤细胞异质性即特异性的癌排斥抗原不表达这个核心问题未解决。后来，用来自患者自身肿瘤的完整肿瘤细胞注射，或用同种异体的完整肿瘤细胞或体外培养的细胞溶解产物注射，加以 BCG 或明矾等传统佐剂，或用半抗原修饰肿瘤细胞，虽都能诱导产生特异性的 CTL，但总效果仍不理想，只有个别患者的肿瘤消退或稳定期延长。尽管现有的免疫疗法（如免疫检查点抑制剂和嵌合抗原受体 T 细胞等）在肿瘤治疗领域已经取得了显著的成果，然而肿瘤疫苗有其独特

表 3-29-3　成人 ASBMT 免疫效应细胞相关神经毒性综合征分级

神经毒性	1 级	2 级	3 级	4 级
ICE 评分	7~9	3~6	0~2	0（患者不省人事而不能做评估）
意识水平	自发清醒	声音唤醒	只在触觉刺激下醒来	患者不省人事或需要剧烈、重复的触觉刺激才能唤醒；昏迷
癫痫发作	/	/	任何快速缓解的局灶性或全身性临床发作，或通过干预缓解的脑电图显示的非惊厥性发作	危及生命的长时间发作（>5 分钟）或重复性临床或电惊厥在发作期间不能回到基线
运动表现	/	/	/	深局灶性运动无力，如偏瘫或轻截瘫
颅内压升高/脑水肿	/	/	神经影像学上的局灶性/局部水肿	神经影像学上弥漫性脑水肿；去脑或去皮层体位；或脑神经Ⅵ度麻痹；或视神经乳头水肿；或库欣三联征

优势,肿瘤疫苗可以靶向除肿瘤特异性表面抗原以外的细胞内抗原,甚至可能引发新的肿瘤特异性 T 细胞反应。但当前已经开展的癌症疫苗的临床试验数量有限,其治疗效果和详细的原理需要研究者们的进一步探索、证实。

(一)肿瘤抗原

1. 肿瘤抗原的概念　正常组织通过自发或环境诱导,产生基因、表观遗传突变并且逐步积累。这一过程产生与正常细胞在数量或质量上不同的蛋白质,并可以引发机体对癌细胞的免疫攻击,这些蛋白质就被归类为肿瘤抗原。虽然这种抗原诱发的免疫攻击通常无法有效控制肿瘤,但肿瘤抗原的分子特性可以用于提高癌症免疫治疗的有效性。

2. 肿瘤抗原的分类　肿瘤抗原有多种分类方法,其中最常见的是根据抗原特异性分类。(表 3-29-4)

(1)肿瘤特异性抗原(tumor specific antigen,TSA):指仅表达于某种肿瘤细胞表面而不存在于正常细胞上的新抗原。此类抗原可存在于不同个体同一组织类型的肿瘤中,如人恶性黑色素瘤基因编码的黑色素瘤特异性抗原可存在于不同个体的黑色素瘤细胞,但正常黑素细胞不表达。TSA 也可为不同组织学类型的肿瘤所共有,如突变的 ras 癌基因产物可见于消化道癌、肺癌等。

(2)肿瘤相关抗原(tumor associated antigen,TAA):指既存在于肿瘤组织或细胞,也存在于正常组织或细胞的抗原物质,只是其在癌细胞的表达量远超过正常细胞,但仅表现为量的变化,而无严格的肿瘤特异性。由于 TAA 多为正常细胞的一部分,而且其抗原性较弱,故难以刺激机体产生抗肿瘤性免疫应答。目前在肿瘤研究中的抗原多为 TAA 胚胎性抗原。TAA 在肿瘤的临床实践中有很重要的作用,可用于肿瘤早期诊断的辅助指标及导向治疗的靶点,而且对疗效的评估、复发转移及预后的判断都有一定的指导意义。

(3)非常规肿瘤抗原(unconventional antigen,UCA):

前两种抗原为常规肿瘤抗原,是通过正常转录、翻译和蛋白酶体消化,从基因组的编码区产生的。相比之下,非常规抗原是指通过异常转录、翻译或翻译后修饰,从基因组的非编码区或编码区(正常或突变)中产生的抗原。然而,其中一些过程可能并不完全针对肿瘤,也可能发生在正常组织中。因此,一些非常规抗原可能具有 TAA 的特性,而另一些可能具有 TSA 的特性。

(二)肿瘤疫苗的分类

1. 患者共有抗原肿瘤疫苗　已知肿瘤抗原,并针对该抗原设计的疫苗,多为 TAA 或 TSA,此类疫苗不严格受限于肿瘤病理类型或者肿瘤原发部位,可以使更多患者受益,也是研究最多的一类疫苗策略。

共有抗原肿瘤疫苗的优势是在治疗前对患者携带的肿瘤抗原进行相对准确的评估。自 20 世纪 90 年代以来,共有抗原疫苗一直是临床前和临床研究的重点,并为整个肿瘤疫苗策略的发展提供了基础经验。

2. 个性化抗原肿瘤疫苗　抗原通常是肿瘤新生抗原,并且由于每个患者都拥有独特的抗原新表位,因此该类型疫苗的设计只针对唯一患者。该免疫原性表位必须满足特定的 HLA 限制性,并且与 T 细胞受体有足够的亲和力。这样做的时间和经济成本极高,并且需要辅以强大的生物信息运算分析能力。靶向个性化抗原最大的优势在于可以产生精确的特异性,释放绕过胸腺阴性选择的 T 细胞,使患者的 T 细胞应答更加广泛充分。

3. 未知抗原 + 强化抗原激活 APC 的肿瘤疫苗　这种方法主要依靠强免疫佐剂——热休克蛋白(heat shock protein,HSP),这是一类高度保守的应激诱导蛋白,其功能是作为分子伴侣在细胞间运输多肽和释放由 MHC-Ⅰ类分子递呈的肽,具有强大而独特的佐剂效应。基于这一理论,在获取患者肿瘤细胞后,可以提纯 HSP/多肽复合物,其中多肽包含该患者的多种抗原,尽管其抗原构成未知,但是可以诱发强大的免疫反应。经过体外处理纯化后回输患者,

表 3-29-4　肿瘤抗原的分类

肿瘤抗原		对肿瘤作用	正常组织表达	正常蛋白质的结构相似性	患者间共有	治疗靶点
大类	小类					
TAA	CGAs	不确定	部分组织表达	高度一致	是	是
	HERVs	不确定	组织差异表达	相似度低	是	有限
	TDAs	不确定	表达	高度一致	是	是
	过表达抗原	不确定	表达	高度一致	是	是
TSA	单核苷酸错义突变	罕见驱动	不表达	相似度中等	罕见	是
	插入缺失	罕见驱动	不表达	相似度低	罕见	有限
	基因融合	罕见驱动	不表达	相似度低	罕见	有限
	病毒癌基因蛋白	驱动恶变	不表达	相似度低	是	是
UCA	剪接变异替代 ORF 区后翻译修饰	未知	研究不明确 部分可能表达	相似性可变	未知	否

这些带有强大佐剂的复杂抗原可能被体内 APC 高效呈递，激活 T 细胞抗肿瘤免疫。由于这种疫苗具有更广谱的肿瘤抗原，在诱导全身性肿瘤消退中极具潜力。

4. 未知抗原 + 其他刺激因素激活 APC 的肿瘤疫苗　直接诱导 APC 募集并且负载肿瘤抗原，刺激 T 细胞活化，发挥杀肿瘤效应。

（1）树突状细胞：树突状细胞是体内功能最强的 APC，能强有力地激活初始型 T 细胞（naive T cell），诱导很强的初次免疫应答。足够活化的树突状细胞（dendritic cell，DC）是抗肿瘤免疫最强的诱导剂，具有强大的免疫刺激、迁移、分泌能力，可以最大程度地活化效应 T 细胞，同时抑制具有抑制效应的细胞。直接将未成熟的 DC 在体外负载肿瘤抗原，然后回输患者体内，DC 将抗原信息递给 T 细胞的同时还能提供共刺激信号、细胞因子信号等，充分激发 T 细胞的免疫攻击。最近 DC 疫苗的临床 Ⅰ、Ⅱ、Ⅲ 期试验也取得了不错的结果，提示 DC 疫苗在恶性肿瘤治疗中的巨大前景。

（2）Flt3L：Flt3L 是主要的造血祖细胞生长和分化因子，能直接动员 DC，尤其是交叉呈递的亚群 cDC1。输注 Flt3L 并未直接改造 DC，而是吸引大量 DC 在肿瘤附近聚集，激发活化 DC 带来的杀肿瘤效应。

（3）TLR 激动剂：Toll 样受体（Toll-like receptor，TLR）家族是先天免疫系统高度保守的部分。TLR 的激活直接促进炎症细胞因子和介质的表达。TLR 激动剂可以激活 APC，增强 T 细胞对肿瘤新抗原的免疫力。

（4）瘤内给药的溶瘤病毒：溶瘤病毒具有直接裂解肿瘤细胞、诱发并增强机体对肿瘤的特异性免疫应答、增强其他抗肿瘤药物效果等多种作用，其特异性强、不良反应小。

癌症疫苗类型见图 3-29-4。

（三）已进入临床试验的肿瘤疫苗

肿瘤疫苗的设计都紧紧围绕着"抗原"和"增强免疫反应"这两个议题开展，各类疫苗各有优劣。其中患者共有抗原肿瘤疫苗是研究最多的类型，推广前景好，但是面临着抗原靶点单一、抗原免疫原性弱、肿瘤抑制性微环境影响等因素，还需要进一步改良。

个性化疫苗可以很好地克服抗原免疫原性弱的问题，但是随之而来的问题在于制作周期长、成本高昂、推广艰难。目前研究人员也试图组合这些疫苗策略，以下是一些常见的肿瘤疫苗：

1. BNT111　BNT111 是一种纳米级脂质体 mRNA 疫苗，编码 4 种 TAA：NY-ESO-1、MAGE-A3、酪氨酸酶、TPTE，这 4 种抗原在 90% 以上的皮肤黑色素瘤中均有表达，且免疫原性高。（图 3-29-5）

Ⅰ 期临床研究结果表明，针对不可切除的黑色素瘤患者，给予 BNT111 单药或联合 PD-1 抑制剂，显示出了良好的安全性和初步抗肿瘤效果。2021 年 11 月，美国食品和药品监督管理局（FDA）授予 BNT111 快速通道资格，用于治疗晚期黑色素瘤。

2. MICB-vax　主要组织相容性复合体（MHC）相关蛋白 A 和 B（MICA/MICB）属于应激蛋白，在许多类型的人类肿瘤细胞中因 DNA 损伤而上调，但在正常细胞中表达水平很低或无法检测到，因此该指标在许多实体瘤上高水平表达。此种疫苗可同时调动 T 细胞和 NK 细胞，从而对肿瘤细胞起到杀伤作用。

由于表达 MICA/MICB 是肿瘤普遍的特点，因此针对此靶点的疫苗具有通用性。在动物模型中，MICB-vax 对黑色素瘤细胞和淋巴瘤细胞效果明显，可有效抑制肿瘤转移、预

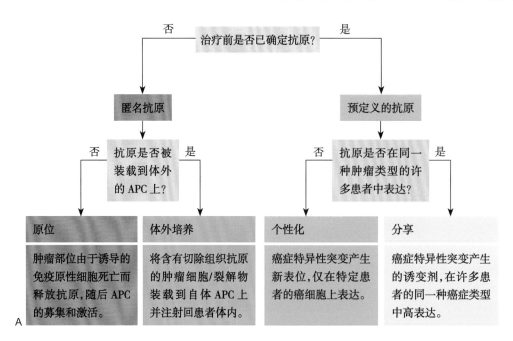

图 3-29-4　癌症疫苗类型

A.四种疫苗类型的模式。预定义的疫苗需要通过肿瘤活检和计算分析（个性化）或跨肿瘤类型的集合特征（共享）来识别抗原。匿名抗原疫苗可以在实验室（离体）或直接在肿瘤部位（原位）将抗原与 APC 共同定位。

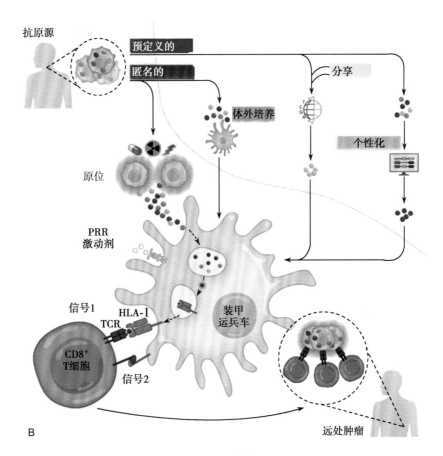

B

图 3-29-4（续）

B. 根据已知的 TAA（预先定义的与匿名的）对四种疫苗类型进行分类，哪些患者的肿瘤表达
这些 TAA（共享的与个性化的），以及 APC 如何遇到和装载 TAA（离体的与原位的）

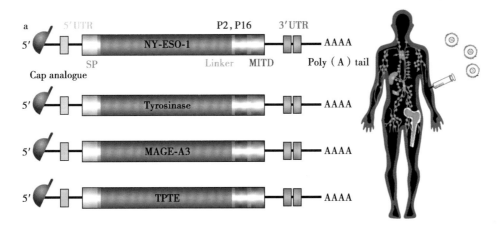

图 3-29-5　BNT111 疫苗设计

防肿瘤复发，同时有较好的安全性。该疫苗有望进一步开展人体试验，获得更多患者疗效和安全性的证明。

3. NCT02956551　是针对晚期复发肺癌患者的个体化新生抗原肽 DC 疫苗。这款疫苗由华西医院转化医学中心魏于全院士、丁振宇教授牵头研发，与其他 DC 疫苗相比，该疫苗显著缩短了新生抗原筛选、多肽合成时间，并且依托强大的算法支持，提高了抗原预测的准确性。此外，他们采取国际领先的 DC 分离诱导术加快 DC 诱导效率，利用已搭

建的平台优势提升合成新抗原肽的稳定性。该疫苗已经证明，在标准治疗方案失败的晚期肺癌患者中，其具有较好的临床疗效。

目前该疫苗还尝试应用于具有高危复发因素的肝癌根治术患者和免疫检查点抑制剂联合治疗的晚期肺癌患者。目前该项目仍在招募受试者，进行更多的优化和改良。

4. Teserpaturev　该疫苗是改变单纯疱疹病毒 1 型基因而制造的溶瘤病毒。注射的 Teserpaturev 感染癌细胞，在

癌细胞内增殖,最终使肿瘤溶解。Teserpaturev 感染正常细胞也不会发挥增殖能力,对正常细胞几乎没有影响。即使出现了副作用,也可以通过抗疱疹病毒的药物阻止病毒进一步增殖。

除此之外,死亡的癌细胞还会释放大量的抗原,激活体内的免疫系统。因此,该疫苗通过直接作用(感染和破坏癌症)和间接作用(激活体内的免疫系统)抗肿瘤。2021年 6 月,溶瘤病毒疫苗 Teserpaturev 获得日本厚生劳动省的批准,正式上市,用于治疗恶性胶质瘤。这是全球首款获得批准治疗原发性脑瘤的溶瘤病毒疗法。

二、DC 疫苗

(一) DC 的生物学特性

DC 是一类不同于巨噬细胞和 B 细胞的 APC,它具有以下特征:①能合成大量的 MHC-Ⅱ类分子;②能够表达、摄取和转运 Ag 的特殊膜受体;③能有效摄取和处理 Ag 然后迁移至 T 细胞区域,具有一个成熟化的过程;④能激活初始型 T 细胞;⑤少量的 Ag 和少量的 DC 即足以激活 T 细胞。DC 在体内主要分髓系 DC 和淋巴系 DC 两大类,大多数 DC 源于骨髓。DC 前体细胞由骨髓进入外周血,再分布到全身各组织。DC 广泛分布于除脑以外的全身各脏器,数量极微,仅占外周血单个核细胞(PBMC)的 1% 以下,占小鼠脾脏的 0.2%~0.5%。

各种来源的 DC 功能具有异质性,Fields 等研究发现,在激活 MLR 反应和摄取抗原能力上,鼠骨髓来源的 DC 比脾脏来源的 DC 要强,而且在相同培养条件下骨髓来源的 DC 产量是脾脏来源的 2 倍。Pereing 等比较了脐血 DC 和成年人外周血 DC 后发现,脐血 DC 刺激 MLR 反应的能力有限。因为取材方便,容易培养,目前临床上应用的 DC 大都直接来源于患者或健康人外周血。研究结果表明,体外培养获得的 DC 与纯化的体内成熟 DC 具有一样的 APC 功能,从而为 DC 的临床应用提供了保障。

(二) DC 抗肿瘤免疫治疗的主要机制

细胞免疫是机体抗肿瘤免疫反应的主要形式,激发机体产生有效的抗肿瘤细胞免疫应答,是提高免疫治疗疗效的关键。DC 抗肿瘤免疫治疗的主要机制有以下几种:

1. 诱导产生大量效应 T 细胞 有效的抗肿瘤细胞免疫反应的核心是产生 CD8+ 的细胞毒性 T 淋巴细胞(cytotoxic T lymphocyte,CTL)。

(1)DC 一般通过巨胞饮、受体介导的内吞方式及吞噬三种方式摄取抗原,并将抗原在胞内酸性液泡区降解加工为短肽,与细胞内 MHC-Ⅰ类和 MHC-Ⅱ类分子结合,形成肽-MHC 分子复合物,并表达于细胞表面,T 细胞可识别此肽抗原而启动 MHC-Ⅰ类限制性的 CD8+ CTL 和 MHC-Ⅱ类限制性的 CD4+ Th1 反应。

(2)DC 通过自身分泌或诱导其他细胞分泌 IL-12 而启动 CD4+ Th1 相关免疫应答,活化的 Th 细胞可通过产生 IFN-γ、GM-CSF 和 TNF-α 等细胞因子正反馈上调 DC 对 IL-12 和共刺激分子的分泌。

(3)DC 直接向 CD8+CTL 递呈抗原,CD4+ 和 CD8+T 细胞通过共同分泌细胞因子或直接杀伤而产生抗肿瘤反应。

(4)DC 高水平表达多种共刺激分子(如 B7-1/CD80、B7-2/CD86 和 CD40)和黏附分子(如 ICAM-1/CD54、LFA-3/CD58),使 T 细胞充分被激活。

2. 启动效应 T 细胞迁移至肿瘤部位 DC 具有较强的定向迁移能力,在摄取抗原后可使自身成熟,由外周组织进入次级淋巴器官,在此激发 T 细胞应答,对于 DC 如何促进效应 T 细胞的定向迁徙,目前还不完全清楚。但有报道表明,DC 能通过分泌细胞因子和趋化因子选择性趋化 T 细胞,通过血管内皮屏障增加肿瘤部位的效应 T 细胞数量。

3. 抑制肿瘤血管的组成 DC 可能通过释放某些抗血管生成物质(如 IL-12、IFN-γ)及前血管生成因子而影响肿瘤血管的形成。

(三) DC 疫苗的体外制备方法

近年来,已经开发出不同的 DC 疫苗生产新方法,例如免疫原性细胞死亡诱导、mRNA 转染,以及通过细胞穿透肽在体内将肽输送到 DC。抗原的选择已成为 DC 疫苗接种的关键。DC 疫苗的主要制备流程如图 3-29-6 所示:

1. 肿瘤抗原肽或蛋白体外致敏 DC 此类抗原多为结构与功能都较清楚,并可被 CTL 识别的肿瘤抗原。在多种动物肿瘤模型的研究中,体外经合成肿瘤抗原肽致敏的 DC 免疫接种动物后,都能产生保护性的抗肿瘤 T 细胞介导的免疫,引起肿瘤消退。前列腺癌Ⅰ、Ⅱ期临床试验结果证明,

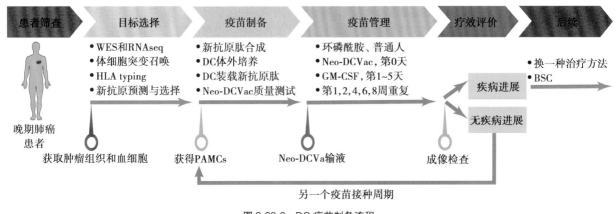

图 3-29-6 DC 疫苗制备流程

用前列腺特异性膜抗原（PSMA）中提取的多肽 PSM-P1 及 PSM-P2 体外冲击致敏 DC 来治疗晚期前列腺癌患者，能有效激发 T 细胞的增殖和抗肿瘤免疫应答，而且反应时间持久，没有明显的副作用。同样，用 MAGE-1 或 MAGE-3 肽致敏的黑色素瘤患者自身的 DC 回输体内后，也能诱导特异性 CTL 反应。De Bruijn 等的实验表明，用 HPV-16E7 蛋白致敏的 DC 不仅在体外可被 E7 特异性 CTL 识别，在体内也能引发 E7 特异性的 CTL，并且能保护患者免疫 HPV-16 诱导的肿瘤细胞的攻击。

2. 肿瘤细胞总抗原致敏 DC　由于目前对肿瘤的特异性抗原知之甚少，利用完全性肿瘤细胞抗原修饰的 DC，无须分离鉴定肿瘤的特异性抗原，可由 DC 完成对抗原的识别、摄取、加工及提呈。细胞性肿瘤抗原易于获取和制备，有较大的临床应用潜力，用肿瘤细胞总抗原致敏 DC 可能是一种更简便且有实效的方法。目前摄取完全细胞性抗原的方法有两种：肿瘤细胞提取物和未经处理的肿瘤细胞，常用的提取物包括：肿瘤细胞碎片、mRNA 和洗脱肽（即采用弱酸洗脱肿瘤细胞表面的 MHC-I 类抗原肽来冲击致敏 DC）。

（1）不分级的弱酸洗脱肽致敏 DC：Zitvogel 等利用未经纯化的、用弱酸提取的、肿瘤多肽致敏的 DC 治疗小鼠，发现弱免疫原性的肿瘤受到了强烈抑制，而免疫原性较强的肿瘤则可完全消失，并且还观察到 IL-4 和 IFN-γ 的表达水平明显上升，因弱酸可以洗脱大部分肿瘤细胞表面与 MHC-I 结合的多肽，故此方法可用于 MHC-I 类分子表达阳性的肿瘤。

（2）肿瘤提取物致敏 DC：通过反复冻融或超声破碎肿瘤细胞后，与脂质体混合，此混合物再加到 DC 培养液中，此方法制备的 DC 疫苗也能产生较强的抗肿瘤免疫效应。如移植 B16 黑色素瘤的小鼠静脉注射这种疫苗后，与对照组相比，62% 的小鼠未发生肝转移，有 30% 得到治愈。Nair 等将肿瘤提取物致敏过的 DC 与未致敏过的 DC 进行疗效比较，结果显示前者比后者疗效要高 43%。然而，肿瘤提取物或灭活的肿瘤细胞致敏的 DC 疫苗的临床应用尚有潜在的危险，因为来源于患者自身的肿瘤细胞或组织有时会严重污染正常的组织和细胞，另外，肿瘤提取物中也会有一些机体正常的抗原，由此可能诱导自身免疫反应。

（3）肿瘤细胞与 DC 的融合：将灭活的肿瘤细胞与 DC 融合后再回输，可在体内产生较强的抗肿瘤免疫，可以避免繁杂而无效的肿瘤特异性抗原鉴定。Coveney 等将经照射的小鼠乳腺癌细胞 4T1 与 DC 一起皮下免疫小鼠后，试验组小鼠对再接种的未照射肿瘤细胞的抵抗力明显增强。Wang 等用 B16-DC 和 RMA-DC 疫苗免疫小鼠后，大大降低了肿瘤的发生率和肺转移数量，并延长了生存时间。因此，本方法对未确定特异性抗原的肿瘤进行 DC 的主动性免疫治疗具有很大的应用价值。

（4）肿瘤细胞来源的 RNA 致敏 DC：学者应用来源于肿瘤细胞的 mRNA 体外刺激 DC，结果诱导小鼠产生了特异性的抗肿瘤免疫反应，提示用肿瘤细胞 mRNA 可替代肿瘤抗原刺激 DC，用于肿瘤免疫治疗。该方法与上述几种致敏 DC 的方法相比，有其独特的应用价值。由于用肿瘤抗原肽蛋白和融合肿瘤细胞都需要一定量的活的肿瘤细胞或肿瘤组织，在临床有时难以受到限制，而对于肿瘤 mRNA，只需少量就足以致敏 DC，可从来源有限的肿瘤组织中通过核酸扩增得到足够数量的 mRNA 用于刺激 DC，而且可通过差异筛选方法，获得肿瘤细胞特异性表达的肿瘤 mRNA，用它刺激 DC 可避免自身抗原刺激 DC 诱发自身免疫病的危险。

3. 基因转染 DC　由于基因转染的 DC 疫苗能提供更多更有效的可能识别的抗原表位，有效提呈抗原的时间更长，而且可以最终克服 HLA 限制，已成为最具发展前景、备受人们关注的研究热点，目前在基因转染 DC 的方法上人们已进行了许多探索，主要包括病毒载体和理化方法等两类途径。现在一致认为病毒载体对 DC 的基因转染更加有效。有研究表明，脂质体、电穿孔及磷酸钙等理化方法同腺病毒载体相比，不仅在转染和表达效率方面不如后者（5%~10%、50%~100%），而且多数方法均对 DC 有毒性，可引起 DC 的死亡和表面标志的丧失。目前应用最多的病毒载体是逆转录病毒载体、腺病毒载体和痘病毒载体。逆转录病毒载体是目前恶性肿瘤基因治疗最常用的载体，它具有使外源基因得到有效而稳定表达的特点，但临床上用于制作 DC 疫苗时，具有转染效率低、插入外源基因片段有限等缺点。

目前文献有关基因修饰 DC 的研究，最常见的病毒载体是腺病毒。由于各实验室的条件不同，腺病毒转染 DC 的效率在 50%~100% 不等。据 Dietz 等报道，联合采用脂质体和腺病毒，可以增强转染 DC 的效率。使用腺病毒载体作为基因转运载体来制备疫苗，主要问题是病毒本身基因的表达成为潜在的免疫原，但动物实验表明，反复注射病毒转染的 DC，仅仅产生低浓度的中和抗体。重组痘病毒转染的 DC 也能产生抗原特异性的 CTL，因此重组痘病毒在制备 DC 的疫苗上具有巨大潜力。

（1）编码肿瘤相关抗原（tumor associated antigen，TAA）的基因导入 DC：DC 经抗原致敏后可以有效地将抗原呈递给 T 细胞，而将编码该蛋白的基因导入 DC，经其不断释放内源性肿瘤抗原，从而更有效地激活 T 细胞。此外，由于分子生物学的发展，质粒 DNA 也易于保存与操作。目前研究较多的是黑色素瘤相关抗原 MART-1、酪氨酸酶、gp100 和卵脂蛋白等，且大多选用腺病毒为基因载体，这些肿瘤相关抗原基因修饰 DC 都能诱导产生特异性的 CTL 反应。Ishida 等用腺病毒载体将人野生型 p53 基因转入 DC 制成疫苗，免疫小鼠后，可使 70% 的小鼠免受表达人 p53 基因或表达鼠突变 p53 基因的肿瘤细胞的攻击。上述研究结果表明，将肿瘤相关抗原基因导入 DC，也能激发特异性的肿瘤免疫反应，与抗原肽或肿瘤细胞碎片直接致敏 DC 相比，其有效递呈抗原的时间更长。肿瘤相关抗原基因适用于免疫治疗的靶基因，然而大多数研究利用人工产生的肿瘤抗原或给予鼠较小的肿瘤负荷剂量，具体的治疗策略还需进一步完善才能提高治疗效果。

（2）以细胞因子基因修饰 DC：由于细胞因子使用的安全性和广泛性，以及细胞因子在 DC 对 T 细胞递呈抗原过程中的重要作用，使得编码细胞因子的基因导入 DC，从而对 DC 进行基因修饰来提高 DC 活性，成为对 DC 进行基因修饰的又一重要选择。由于存在肿瘤蛋白和 CTL 表位中 MHC 单倍型的限制，以 TAA 作为外源基因的 DC 疫苗的应用受到了影响，而以细胞因子基因修饰的 DC 疫苗则可用于几乎所有肿瘤的治疗。目前，GM-CSF、淋巴细胞趋化因子、IL-12 及 IL-7 等细胞因子都已被尝试导入 DC。结果显示，经细胞因子基因修饰后的 DC 增殖能力明显增强，并可诱导强烈的抗肿瘤免疫反应。在小鼠黑色素瘤模型中，Nishioka 发现，经 IL-12 基因修饰的 DC 瘤内直接注射后可诱导强烈的抗肿瘤免疫反应，同时肿瘤生长的被抑制程度只与由 DC 分泌而非其他来源的 IL-12 量相关，因为同样是瘤内注射，经 IL-12 基因修饰的成纤维细胞对肿瘤的生长几乎无任何抑制作用。Miller 等也发现，在小鼠黑色素瘤内直接注射导入 IL-7 基因修饰的 DC，相对未经基因修饰的 DC 可引起更明显的肿瘤消退。

（3）其他类型的 DC 疫苗：特异性抗体可以模拟肿瘤抗原被机体识别，激发针对表达相同抗原的肿瘤细胞的免疫功能。Hsu 等用特异性抗体致敏 DC 后回输给 B 细胞淋巴瘤患者，其中有 2 例产生安全的抗癌反应。另外，Zitvogel 等研究发现，肿瘤抗原冲击的 DC 可以分泌或外排一种具有抗原呈递能力的外泌体（exosome），这些小体表达 MHC-I、MHC-II 类分子和 CD86，也能在体内产生特异性 CTL，消除或抑制已建立的肿瘤的生长。由此提示外泌体作为一种新型的疫苗，可以开辟一条无细胞体系诱导体内免疫功能的新研究。

（四）DC 的临床应用研究

目前，已应用 DC 回输疗法进行治疗的肿瘤包括多发性骨髓瘤、黑色素瘤、前列腺癌和结直肠癌等。由于对黑色素瘤相关抗原的了解较清楚，DC 疫苗的临床应用相对集中于黑色素瘤患者。关于黑色素瘤合成肽 DC 疫苗的 II 期临床试验已在匹兹堡肿瘤研究所完成，取 HLA-A2$^+$ 黑色素瘤患者 PBMC，常规法诱导 DC，经洗涤后加入来源于黑色素瘤相关抗原肽、MART-1、gp100 和酪氨酸酶。将致敏 DC 在 1 个月内每隔 1 周静脉注射 1 次，结果 28 例患者中有 2 例出现完全缓解（PR），所有检测到的指标均为阴性，1 例为部分缓解（CR），有 50% 的指标下降，这些反应持续 2 年以上。另外，Mule 等用负载肿瘤溶解物和辅助抗原匙孔血蓝蛋白（KCH）的 DC 疫苗免疫黑色素患者，也取得了满意的疗效。Kugler 等用电融合技术（electro-fusion techniques）将自身肿瘤细胞和同种异体 DC 融合，产生的融合细胞表达肿瘤抗原，并具有 DC 的共刺激能力。接受治疗的 17 例肾癌患者中，7 例对杂交疫苗有反应，其中 4 例肿瘤完全消退，2 例部分消退，1 例表现为混合反应。除此之外，有 2 例严重的肺部损害得到了稳定。4 例完全消退中的 3 例在 2 次注射后所有的转移灶消失，随后 21 个月未发现肿瘤复发。临床数据表明，用肿瘤患者自身的 DC 制备的 DC 疫苗是安全的，虽然自身肿瘤成分的获取

有一定困难，但这一治疗方案为个体化免疫治疗提供了一个范例。

（五）前景和展望

虽然外科手术、放疗和化疗等均有一定程度的发展，但肿瘤患者常规治疗仍然存在高复发和转移的问题，而 DC 疫苗作为一种生物治疗方法，主要是通过纠正肿瘤患者的免疫缺陷，启动患者自身特异性肿瘤免疫反应，在消灭肿瘤细胞的同时对正常细胞的危害较轻或无损害，在临床应用上有非常大的潜力。当然，DC 运用于临床还有许多亟待解决的问题：①获取足够数量 DC 的最佳途径，以满足临床应用的要求；②使用肿瘤抗原肽、肿瘤细胞溶解物和肿瘤细胞中哪一种方法致敏 DC，可使 DC 发挥最佳功能；③应用剂量，目前一般应用剂量为 $0.3×10^5$~$3×10^5$/次，体内试验发现，低剂量 DC 多次回输可增加抗肿瘤免疫，但应用过量 DC 可抑制抗肿瘤免疫的发展；④DC 回输途径，目前多采用静脉注射，但研究发现，皮下注射也有效。尽管待解决的问题还有很多，但随着研究的进一步深入，技术的进一步完善，这些问题将会得以解决，DC 将成为肿瘤免疫治疗中一种大有前途的治疗手段。

三、肿瘤疫苗的风险与机遇

我们已经取得了一些成功，如静脉注射的 FixVacRNA 疫苗在接受过检查点抑制剂治疗的黑色素瘤患者中能够持续响应。此外，新抗原疫苗能够促进小胶质母细胞瘤中浸润 T 细胞的响应，因此，SLP 疫苗具有改变冷肿瘤和少突变肿瘤中免疫谱的能力。值得注意的是，没有接受过地塞米松治疗的患者疫苗响应最佳，这提示标准治疗可能会限制有效性。FDA 在 2010 年批准了 sipuleucel-T 用于无症状或微小症状的转移性去势抵抗前列腺癌的治疗，它是一种针对非突变 TAA 前列腺酸性磷酸酶的自体细胞免疫疗法。尽管这一抗原在临床试验中被证明是安全且有免疫原性的，但仍在存在着自身免疫毒性的潜在风险。

鉴于肿瘤中许多 TSA 已被鉴定，如最普遍的驱动致癌突变 Kras 和 p53，约 15% 病毒驱动的肿瘤中的人乳头状病毒蛋白 E6 和 E7，多种肿瘤细胞都表达的非突变的 NY-ESO-1 和 MAGE 家族蛋白等，深入理解 T 细胞识别抗原的生物学特征，有助于避免抑制性反应，寻找潜力更大的肿瘤治疗靶标。同样，DNA 损伤产生的新生抗原也可作为免疫疗法的靶点。目前，全球化的合作已经鉴定出 608 个 T 细胞结合的表位，决定多肽表位免疫原性的 5 个因素分别是强 MHC 结合亲和性、长半衰期、高表达、低亲和性或高异质性。尽管新生抗原既提升了靶向肿瘤的特异性，又刺激了 T 细胞的高活性，但其是不是更为有效的抗原靶点还有待证明，一方面，近期的研究表明，这些 T 细胞也会耗竭；另一方面，新生抗原是肿瘤早期还是晚期产生的也很关键。还有一类 TSA 是不明确的肿瘤裂解物，包括非肿瘤自身抗原和免疫抑制因子，因此相关疫苗效应很难衡量。这使得疫苗激活的 T 细胞即使到达肿瘤也可能杀伤能力有限，然而，重要的是通过这些机制的研究来打破阻碍疗效的壁垒。一些癌症疫苗组分和平台见图 3-29-7。

我们除了看到肿瘤疫苗给肿瘤治疗领域带来的希望外，也要看到一些疫苗策略的局限性。目前肿瘤疫苗面临的挑战是抗原的免疫原性弱造成肿瘤免疫耐受和优化抗肿瘤免疫逃逸佐剂的设计。与其他治疗策略相似，肿瘤疫苗也存在有效性不足和耐药的问题。为了产生免疫逃逸，肿瘤内部下调抗原表达、降低抗原呈递、改变抗原处理方式等，都阻碍了 T 细胞识别抗原，同时肿瘤微环境中产生了强大的免疫抑制微环境，阻止可能被激活的效应细胞发挥作用。虽然大多肿瘤疫苗走到Ⅲ期临床试验，但绝大多数肿瘤疫苗Ⅲ期临床试验因为未见总体生存期改善而失败。虽然肿瘤疫苗的研究之路困难重重，但我们也积累了宝贵的临床研发经验。

首先，可以将肿瘤疫苗与传统疗法联合，使患者获得最大收益。在一类患者中，标准方法（射频消融、栓塞、化疗、放疗和小分子信号通路抑制剂）也有着与疫苗类似的效应。一些药物也可能可以提供额外的刺激信号，如吉西他滨促进染色质去甲基化等。我们需要优化方案，以促进抗原释放和免疫刺激。HPV16 合成长肽疫苗已在早期宫颈癌中显示出初步的临床成功，但未在晚期患者中产生相同的疗效，这可以通过联合顺铂化疗和免疫检查点以增强其抗肿瘤的效果。联合治疗的一个关键问题是疫苗给药的时间和顺序。小鼠研究表明，在检查点抑制剂之前注射癌症疫苗比在检查点抑制剂之后更有效，这一结论也得到临床的数据支持。静脉内给药的脂质体 mRNA 疫苗 FixVac，可单独靶向多种抗原或与 PD-1 抑制剂联合使用。FixVac 可以在使用检查点抑制剂无效的黑色素瘤患者中介导持

久的客观缓解，并且其多次注射，依然能够显示出良好的肿瘤抑制的反应。树突状疫苗与其他疗法［包括 CTLA-4、PD-（L）1、IL-2、IFN-α 等］的联合提升效果不大，合成的长多肽（SLP）疫苗与顺铂和检查点阻断剂的联用还需测试。另一个关键在于疫苗干涉的时间和顺序，小鼠研究和人类患者数据都显示，在检查点阻断剂前纳入疫苗效果优于检查点阻断剂后加入的效果。

其次，同样作为免疫策略的免疫检查点抑制剂、过继细胞治疗都取得瞩目的成功，也有研究指出，将免疫治疗策略强强联合可以获得更好的预期。对于 DC 疫苗，临床上已经测试了许多联合疗法，并取得了一定程度的疗效改善，包括免疫检查点抑制剂 CTLA-4 或 PD-（L）1、T 细胞疗法、低剂量 IL-2、IFN-α、化疗等。癌症疫苗必须能够克服肿瘤诱导的免疫抑制。在前癌变阶段，癌症疫苗都会由于高度抑制性骨髓来源的抑制细胞（MDSC）的存在而效应受限。在许多肿瘤中，功能抑制的 Treg 和 MDSC 在体内的高度循环，导致免疫和临床应答都降低，这揭示在疫苗纳入前靶向这些抑制性细胞将有可能改善结果。

最后，肿瘤疫苗平台仍有潜力进一步优化，疫苗抗原早已不局限于单一抗原成分或者传统载体，DNA 疫苗、RNA 疫苗、细菌载体、病毒载体、新型纳米材料包裹等都取得了较好的效果。我们在癌症疫苗的研究上取得了飞速的进展，同时，我们也总结了肿瘤疫苗的障碍和解决这些问题的方法（表 3-29-5）。我们期待肿瘤疫苗可以推广给每一个患者的那一天。

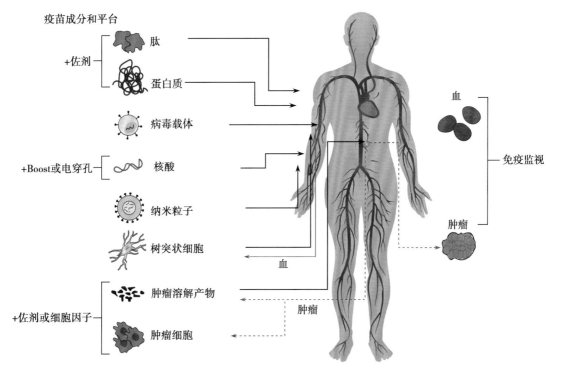

图 3-29-7　癌症疫苗组分和平台

一些癌症疫苗设计加入了细胞因子、生长因子和靶向抗体，一些疫苗可以通过电穿孔递送。临床上还需对外周血单核细胞或肿瘤进行监测以评估疫苗反应

表 3-29-5　癌症疫苗的障碍和解决这些问题的方法

难题	方法
疫苗诱导的 T 细胞质量	a. 通过添加共刺激因子和细胞因子来优化活化信号 b. 评估新抗原靶标
T 细胞多功能性和耗竭	a. 评估新抗原和表达的分支突变 b. 通过添加共刺激因子和细胞因子来优化活化或加强信号
疫苗递送和肿瘤组织渗透性	联合趋化因子、溶瘤病毒或非抑制性肿瘤杀伤剂,以激活信号,优化靶向性
抗原表达的异质性	a. 组合多种不同抗原 b. 促进表位扩张
抗原丢失或 MHC 丢失	a. 组合多种 HLA 抗原分子呈递的抗原 b. 促进表位扩张 c. 瘤内诱导 IFN-γ 信号以上调 MHC-I 类分子的表达

四、展望

当今肿瘤细胞疫苗的研究迅速发展,但想要取得更好的临床疗效,我们仍有很多问题需要解决,例如:①如何去除肿瘤细胞可能携带的某些致瘤病毒,如肝癌细胞中的乙肝病毒等,不同患者的肿瘤细胞癌基因表达程度不同,正是这些问题限制了瘤苗不能异体应用;②如何避免多次接种瘤苗后可能出现的自身免疫病;③某些修饰病毒如流感病毒等对人体可能带有一定的致病性。因此我们期望利用分子克隆及基因工程等技术来为肿瘤疫苗的研究提供新的研究思路,促进肿瘤特异性主动免疫治疗的高水平发展。

(杨静　李明阳　杨艳茹　张贺龙)

参考文献

[1] Leec J,Dosch J,Simeone DM. Pancreatic cancer stem cells. J Clin Oncol,2008,26(17):2806-2812.

[2] Alveroa B,Chen R,Fu HH,et al. Molecular phenotyping of human ovarian cancer stem cells unravels the mechanisms for repair and chemoresistance. Cell Cycle,2009,8(1):158-166.

[3] Obrien CA,Kreso A,Jamieson CH. Cancer stem cells and self-renewal. Clin Cancer Res,2010,16(12):3113-3120.

[4] Takaishi S,Okumura T,Tu S,et al. Identification of gastric cancer stem cells using the cell surface marker CD44. Stem Cells,2009,27(5):1006-1020.

[5] Eppert K,Takenka K,Lechman R,et al. Stem cell gene expression programs influence clinical outcome in human leukemia. Nat Med,2011,17(9):1086-1093.

[6] Weinstock JS,Gopakumar J,Burugula B,et al. Aberrant activation of TCL1A promotes stem cell expansion in clonal haematopoiesis. Nature,2023,616(7958):755-763.

[7] Li YR,Dunn ZS,Yu Y,et al. Advancing cell-based cancer immunotherapy through stem cell engineering. Cell Stem Cell,2023,30(5):592-610.

[8] Zhou HM,Zhang JG,Zhang X,et al. Targeting cancer stem cells for reversing therapy resistance:mechanism,signaling,and prospective agents. Signal Transduct Target Ther,2021,6(1):62.

[9] Fitzgeald TL,Mccubrey JA. Pancreatic cancer stem cells:association with cell surface markers,prognosis,resistance,metastasis and treatment. Adv Biol Regul,2014,56:45-50.

[10] Sadelain M,Riviere I,Brentjens R. Targeting tumours with genetically enhanced T lymphocytes. Nat Rev Cancer,2003,3(1):35-45.

[11] Fagan EA,Eddleston AL. Immunotherapy for cancer:the use of lymphokine activated killer(LAK)cells. Gut,1987,28(2):113-116.

[12] Grimm EA,Mazumder A,Zhang HZ,et al. Lymphokine-activated killer cell phenomenon. Lysis of natural killer-resistant fresh solid tumor cells by interleukin 2-activated autologous human peripheral blood lymphocytes. J Exp Med,1982,155(6):1823-1841.

[13] Faucia AS,Rosenberg SA,Sherwin SA,et al. NIH conference. Immunomodulators in clinical medicine. Ann Intern Med,1987,106(3):421-433.

[14] Xue D,Lu S,Zhang H,et al. Induced pluripotent stem cell-derived engineered T cells,natural killer cells,macrophages,and dendritic cell in immunotherapy. Trends Biotechnol,2023,41(7):907-922.

[15] Singh AK,Mcguirk JP. CAR T cells:continuation in a revolution of immunotherapy. Lancet Oncol,2020,21(3):e168-e178.

[16] Goldstein D,Laszlo J. The role of interferon in cancer therapy:a current perspective. CA Cancer J Clin,1988,38(5):258-277.

[17] Wang D,Sun Z,Zhu X,et al. GARP-mediated active TGF-β1 induces bone marrow NK cell dysfunction in AML patients with early relapse post-Allo-HSCT. Blood,2022,140(26):2788-2804.

[18] Yamada S,Nagafuchi Y,Wang M,et al. Immunomics analysis of rheumatoid arthritis identified precursor dendritic cell as a key cell subset of treatment resistance. Ann Rheum Dis,2023,82(6):809-819.

[19] Wu B,Shi X,Jiang M,et al. Cross-talk between cancer stem cells and immune cells:potential therapeutic targets in the tumor immune microenvironment. Mol Cancer,2023,22(1):38.

[20] Borch TH,Andersen R,Ellebaek E,et al. Future role for adoptive T-cell therapy in checkpoint inhibitor-resistant metastatic melanoma. J Immunother Cancer,2020,8(2):e000668.

[21] Bulgarelli J,Tazzari,Granato AM,et al. Dendritic Cell Vaccination in Metastatic Melanoma Turns "Non-T Cell Inflamed" Into "T-Cell Inflamed" Tumors. Front Immunol,2019,10:2353.

[22] Alhajj M,Wicha M S,Benito-Hernandez A,et al. Prospective identification of tumorigenic breast cancer cells. Proc Natl Acad Sci USA,2003,100(7):3983-3988.

[23] Tischer-Zimmermann S,Bonifacius A,Santamorena MM,et al. Reinforcement of cell-mediated immunity driven by tumor associated Epstein-Barr virus(EBV)-specific T cells during

targeted B-cell therapy with rituximab. Front Immunol,2023,14:878953.

[24] Flugel CL,Majzner RG,Krenciute G,et al. Overcoming on-target,off-tumour toxicity of CAR T cell therapy for solid tumours. Nat Rev Clin Oncol,2023,20(1):49-62.

[25] Oliveira G,Wu CJ. Dynamics and specificities of T cells in cancer immunotherapy. Nat Rev Cancer,2023,23(5):295-316.

[26] Brown CE,Alizadeh D,Starr R,et al. Regression of Glioblastoma after Chimeric Antigen Receptor T-Cell Therapy. N Engl J Med,2016,375(26):2561-2569.

[27] Sahin U,Oehm P,Derhovanessian E,et al. An RNA vaccine drives immunity in checkpoint-inhibitor-treated melanoma. Nature,2020,585(7823):107-112.

[28] Courtney AN,Tian G,Metelitsa S. Natural killer T cells and other innate-like T lymphocytes as emerging platforms for allogeneic cancer cell therapy. Blood,2023,141(8):869-876.

[29] Thompson JA,Schneider BJ,Brahmer J,et al. Management of Immunotherapy-Related Toxicities,Version 1.2022,NCCN Clinical Practice Guidelines in Oncology. J Natl Compr Canc Netw,2022,20(4):387-405.

[30] Li W,Ding L,Shi W,et al. Safety and efficacy of co-administration of CD19 and CD22 CAR-T cells in children with B-ALL relapse after CD19 CAR-T therapy. J Transl Med,2023,21(1):213.

[31] Adamik J,Butterfield LH. What's next for cancer vaccines. Sci Transl Med,2022,14(670):eabo4632.

[32] Ding Z,LiQ,Zhang R,et al. Personalized neoantigen pulsed dendritic cell vaccine for advanced lung cancer. Signal Transduct Target Ther,2021,6(1):26.

[33] Xiao Z,TanY,CaiY,et al. Nanodrug removes physical barrier to promote T-cell infiltration for enhanced cancer immunotherapy. J Control Release,2023,356:360-372.

第三十章 神经系统疾病的细胞治疗

提要：随着干细胞研究的不断深入，细胞疗法为神经系统疾病的治疗提供了新的希望。目前，多种细胞类型，包括 ESC、MSC、NSC、iPSC 等一系列细胞和细胞外囊泡，通过不同的给药途径，如静脉给药和立体定向注射局部给药，已应用于神经系统疾病，如创伤、脑卒中、退变性疾病（帕金森病、亨廷顿病），以及脑肿瘤等的治疗探索，多项相关临床试验正如火如荼地开展，展示了宽广的应用前景。本章分 8 节介绍神经系统的发育与神经干细胞，颅脑损伤、脊髓损伤、脑卒中、脑血管病恢复期、退变性疾病和胶质瘤的细胞治疗。

神经系统疾病的治疗手段往往比较局限且疗效欠佳，难治性神经系统疾病患者常常遭受瘫痪、丧失社交功能、生活困难等折磨，给社会和家庭带来沉重的负担。促进神经功能恢复和延缓疾病进展是难治性神经疾病的主要治疗目标。干细胞具有自我更新、多向分化、免疫调节的潜能，是神经再生和修复的理想细胞来源。近年来，干细胞治疗作为研究热点，已经被证明在神经系统疾病领域有确切的疗效，成为难治性神经系统疾病一个非常有希望的治疗新方向。目前注册的临床研究使用的干细胞类型包括造血干细胞、间充质干细胞和神经干细胞等，常被用于治疗包括脑卒中、脊髓损伤、帕金森病、多发性硬化、视神经脊髓炎谱系疾病、肌萎缩侧索硬化、脑肿瘤、脑瘫和缺血缺氧性脑病等神经系统疾病。干细胞治疗既是人类攻克神经疾病的一个契机，又是人类面临的一个考验。干细胞移植是治疗神经再生医学领域一个很好的选择，但是应用于临床前仍有很多问题需要被阐明。可以肯定的是，在不久的将来，干细胞治疗神经疾病将成为不可或缺的治疗措施。

第一节 神经系统的发育与神经干细胞

一、神经系统的发育

人类神经系统发育的主要程序包括诱导及原始神经胚形成（发生高峰在妊娠 3~4 周）、前脑发育（发生高峰在妊娠 2~3 个月）、神经细胞增殖、移行与分化（发生高峰在妊娠 3~5 个月）、突触连结及神经回路建立、树突发芽、膜兴奋性形成（发生高峰在妊娠 5 个月至出生后数年）、神经髓鞘化（发生高峰在出生至出生后 8 个月左右）。

人类胚胎发育的第 3 周，外胚层在脊索中胚层的诱导下分化为神经外胚层。神经外胚层通过细胞增殖、增厚而形成神经板，进而向内凹陷形成神经沟，神经沟闭合形成神经管。与此同时，沿神经板内陷的每侧边缘处出现神经嵴。神经管在其内不断升高的液体压力的作用下，前端膨胀形成三个囊，逐渐形成前、中、后脑，以后发育成中枢神经系统和周围神经系统的一部分。神经嵴细胞在神经管背中线处起源，在神经管闭合时或稍后即开始移行，逐渐分化成脑神经节、脊神经节和自主性神经系统。

二、神经细胞的基本类型

神经系统包括两类主要细胞：神经元和神经胶质细胞。

（一）神经元

神经元是一种高度分化的电激发的细胞，呈三角形或多角形，可以分为树突、轴突和胞体三个区域。神经元通过动作电位和神经递质将信息传递给其他神经元或其他细胞类型。根据接收细胞上的神经递质和受体，信号可能是兴奋性的或抑制性的。

（二）神经胶质细胞

神经系统中还有数量几十倍于神经元的神经胶质细胞，如中枢神经系统中的星形胶质细胞、少突胶质细胞、小胶质细胞和周围神经系统中的施万细胞等。

1. 星形胶质细胞 星形胶质细胞是中枢神经系统中最丰富的细胞类型，具有广泛的形态和功能异质性。星形胶质细胞可以产生神经营养因子（neurotrophic factor，NTF），并调节离子和谷氨酸稳态，维持神经元的生长、发育，并与血管周细胞一起形成血脑屏障，调节脑血流量。

2. 少突胶质细胞 少突胶质细胞和施万细胞分别构成中枢和外周神经纤维的髓鞘，使神经纤维之间的活动基本上互不干扰，起到绝缘作用。

3. 小胶质细胞 小胶质细胞（脑巨噬细胞）是中枢神经系统的常驻免疫效应细胞，通过吞噬作用清除因衰老、疾病而变性的神经元及其细胞碎片。活化的小胶质细胞也可作为抗原呈递细胞。

三、神经干细胞

（一）神经干细胞的定义

一般而言，干细胞是指具有以下特性的细胞：具有增殖分裂能力；在生物体内能终生自我维持或自我更新；具多种分化潜能，能分化为本系大部分类型的细胞；自我更新和多分化潜能可以维持相当长时间，甚至终身；对损伤和疾病具有反应和产生新细胞的能力。根据分化潜能的大小，可将之分为3类，一是全能干细胞（totipotent stem cell），即受精卵，受精后的第1小时内，受精卵可分裂为功能一致的全能细胞，将其中的任一细胞置于女性子宫内均可发育为胎儿；二是胚胎干细胞（embryonic stem cell），它具有广泛的分化潜能，可生成除胎盘外机体所有的组织细胞；三是多能干细胞（pluripotent stem cell），它局限于器官的某些特定部位，可分化为所在组织的细胞。

神经干细胞是指具有分化为神经元、星形胶质细胞和少突胶质细胞的能力，能自我更新并足以提供大量脑组织细胞的细胞。神经干细胞通常具有以下特性：来源于神经系统，能产生神经组织；有自我更新的能力；能通过不对称细胞分裂产生除自我子代（仍然是干细胞）以外的其他类型的细胞（前体细胞）。

（二）神经干细胞存在的部位

近年来的研究认为，成年哺乳动物的神经系统能终身产生神经元、胶质细胞的区域有：①侧脑室下带（subventricular zone，SVZ），此处的神经干细胞紧紧相邻于侧脑室的室管膜层，能产生联络神经元并迁移至嗅球；②海马齿状回的亚颗粒带（subgrannular zone，SGZ），这里的干细胞能产生海马的联络神经元；③纹状体、脊髓等部位也发现有神经干细胞存在。

（三）神经干细胞的超微结构

细胞的形态和结构决定着细胞的生物学功能，神经干细胞具有其独特的细胞形态和结构。扫描电镜观察未分化神经干细胞的超微结构是：细胞为圆球形，大小均匀一致，球体上有众多短而细的绒毛状突起。无数球形的神经干细胞彼此黏附在一起，聚集成一个大的球形细胞团块。细胞增殖旺盛，可见大量正在分裂增殖的细胞。细胞通过有丝分裂形成2个细胞核，细胞质未完全分开。透射电镜下观察，细胞核质比例高，胞核呈多形性、分叶状，胞质稀少，没有发育较成熟的细胞器。

扫描电镜观察已分化神经干细胞的超微结构是：从细胞表面发出众多粗大的树枝状突起或片状突起，使球形干细胞团块表面形成疏松多毛样结构。分化的细胞彼此间通过突起相互连接，形成网络状结构，细胞间构成突起（树突或轴突）-胞体联系、胞体-胞体联系或突起-突起联系。透射电镜下观察，核质比明显降低，胞质丰富，出现密集分布的多种发育成熟的细胞器，如线粒体、内质网、核糖体、高尔基体、微管或胶质微丝等，高尔基体和细胞膜之间排列着无数大小不等的囊泡。许多细胞内还可见中心粒结构。

（四）神经干细胞的电生理特性

电信号转导是生物体细胞间信息传递的主要方式，尤其在神经系统，绝大多数的信息传输依赖神经元之间的活跃电生理活动得以实现。神经干细胞研究的目的是应用它结构与功能可塑的特性来修复发生损伤或退行性病变的中枢神经系统，最终的落脚点必须是功能的成熟。形态发育与功能的成熟并不完全一致，从形态学检测达到成熟分化的细胞，其电生理功能可能尚未完全成熟。

1. 静息膜电位（resting membrane potential，RMP）

在微电极进入细胞膜前后的瞬间，可以观察到明显的电压逆转，记录基线迅速下降；静息膜电位差异较大，平均为$-79mV \pm 4mV$。

2. 动作电位（action potential，AP）　对细胞注入超过基强度的脉冲去极化电流，部分细胞可诱发出爆发的动作电位，平均为$98mV \pm 2mV$。

3. 子代细胞对注入指令电流的反应　根据细胞对注入指令电流的膜反应特性的不同，可将它们大致分为三种类型：①部分细胞具有明显的内向整流电流，由于内向整流电流的作用，以至于在输入超极化指令电流时所产生的电紧张电位变化比注入去极化指令电流时所产生的电紧张电位大，并形成特殊的时间依赖性弯曲，这些细胞在稳定状态下的I/V曲线，由于其内向整流作用，曲线上端向下弯曲，而呈非线性。②部分细胞没有表现出整流电流，在输入超极化指令电流所产生的电位变化和输入去极化指令电流时所产生的电紧张性变化幅度一致，稳定状态下的I/V曲线呈线性。③个别细胞具有外向整流电流，受其影响，以致输入去极化指令电流时所产生的电紧张电位比输入超极化指令电流时所产生的电紧张电位大，稳定状态下的I/V曲线上端向上弯曲。

在现有的培养条件下，尚不能使神经元的电生理特性与文献报道的成熟神经元的电生理特性相同，处于发育阶段的神经元，虽然可以诱发出动作电位，但是幅度和持续时间上与成熟神经元尚有差别，可能的解释是：神经元发育的成熟是受极其复杂的外环境因素调控的，现在所提供的生长条件，可能缺少刺激神经元进一步成熟的某些因子；另外也有人提出，不同部位来源的神经前体细胞或干细胞，增殖分化所需的刺激因子也不同。

（五）分离、培养、分化与鉴定

1. 培养、分离　一直没有特定的程序用于原代培养分离神经干细胞。目前主要依赖于神经干细胞对存在于无血清培养液中的丝裂原的感应能力来扩增，而其他的原代细胞在这种培养液中不易存活。基于这一特点，1992年，Reynolds和Weiss在表皮生长因子（EGF）存在的条件下，利用神经球（neurosphere）法从成鼠纹状体成功分离得到了神经干细胞。此后，研究者纷纷利用该法成功地在体外分离、提纯、扩增神经干细胞，并在此基础上进行了改良。

（1）有限稀释法分离神经干细胞：这是目前多数实验室所采用的方法。在活体动物中枢神经系统内已被确定有神经干细胞的部位切取部分组织，机械或消化后分离成单细胞悬液（2×10^8/L），在含有高浓度有丝分裂原（EGF和bFGF）的无血清培养基中孵育，其中一部分细胞增殖形成球形细胞团即神经球，这些细胞团呈Nestin（神经干细胞特异蛋白-巢蛋白）阳性，具有分化为中枢神经系统的3种主要细胞，即神经元、星形胶质细胞、少突胶质细胞的潜能。7天后经机械分离，使细胞球再次分离成单细胞，细胞计数，一般以1×10^7/L细胞数接种在24孔培养板中，7天后再次分离细胞球，以1~2个细胞/μL接种在96孔培养板中，倒置相差显微镜下观察并标记含有单个活细胞的孔，7天后标记所有含细胞球的孔，搜集细胞球再次将细胞球分离成单细胞，接种于 24 孔板中，如此反复传代，可获得较高纯度的神经干细胞。

（2）贴壁培养分离神经干细胞：目前也有人用贴壁培养的方法分离神经干细胞。将神经干细胞接种于涂有多聚左旋鸟氨酸和黏连蛋白预处理过的培养瓶中，加入 EGF 和 bFGF 以抑制其分化，细胞经 2~3 代的无血清培养后，部分细胞死亡，存活的基本上都是神经干细胞。在形态上神经干细胞多呈梭形，两端有较长的神经突起；经免疫组化染色呈 Nestin 阳性。目前体外传代培养能维持 3 个月以上。

（3）荧光标记分离神经干细胞：Wangs 等将绿色荧光蛋白（green fluorescent protein）的基因转导于神经干细胞中，而该基因的启动子为 Nestin，一旦神经干细胞表达 Nestin，则该细胞可获得绿色荧光蛋白的表达，通过荧光分析识别并分离出神经干细胞。分离的细胞经体外培养具有产生 β 微管蛋白Ⅱ型和 MAP2（微管相关蛋白）型神经元的能力。也有研究者用 Musashi1 蛋白作为该基因的启动子来分离神经前体细胞。除了这种转导荧光蛋白分离神经干细胞外，也可用荧光直接标记神经干细胞表面抗原（CD133、P75），经流式细胞术（flow cytometry）分离神经干细胞。

（4）免疫磁珠法分离神经干细胞：免疫磁珠法是 20 世纪 80 年代出现的技术，这一技术的核心是在磁珠表面包被具有免疫反应原性的抗体，直接与靶细胞的抗原分子或与事先结合在靶细胞表面的抗原进行抗原抗体反应，在细胞表面形成玫瑰花结，这些细胞一旦置于强大的磁场下，就会与其他未被结合的细胞分离，具有超强顺磁性的磁珠脱离磁场后立即消失磁性，这样就可以提取或去除所标记的细胞，从而达到阳性或阴性选择细胞的目的。

2. 分化　神经干细胞能产生具有增殖能力的先祖细胞（progenitor cell），再通过该先祖细胞形成神经元母细胞（neural precursor cell）和胶质母细胞（glial precursor cell）。经过这种连续性的限制作用，形成分化完善的分裂后细胞，如神经元和胶质细胞（图 3-30-1）。

神经干细胞的分化可能存在细胞自身基因调控和外来信号调控两种机制。许多转录因子参与细胞基因的调控，它们在特定时间通过某一途径被激活后，引起或关闭下游基因的表达，决定着神经干细胞的分化命运；同时，同一来源的神经干细胞移植到不同部位后，其分化结果也不相同，但往往与接受移植部位的细胞相似，提示外来信号调控也具有重要作用。

（1）基因调控：遗传性状在多个水平影响神经发生和细胞分化表型。碱性螺旋环螺旋（basic helix-loop-helix，bHLH）转录调控因子参与神经干细胞的分化。bHLH 蛋白在一段近 60 个氨基酸片段内具有特征序列模式：helix-loop-helix 模体，且富含上游短的碱性氨基酸。bHLH 蛋白以同源或异源二聚体形式与 DNA 相连接，helix-loop-helix 区域则参与形成二聚体。在小鼠的发育过程中，部分 bHLH 基因在处于早期有丝分裂期的神经前体细胞中表达，部分在较迟的有丝分裂后细胞表达。根据 bHLH 转录调控因子在神经分化过程中作用的先后，分为决定因子和分化因子。决定因子基因包括 MASH-1、MATH-1、MATH-4、MATH-4A 和 Ngns，这些基因在小鼠胚胎发育的极早期表达，MASH-1 蛋白可能参与从前体细胞向成熟分化细胞的转变，MATH-1 则是产生颗粒细胞所必需的基因；分化因子包括 NeuroD、NeuroD2 和 MATH-2，其在胚胎发育的晚期，在含有处于分化过程中的神经元组织器官中表达，如表达 NeuroD 的器官有小脑、海马、皮层等。另外，对果蝇神经的研究发现，bHLH 蛋白具有负调控因子，其中的 Id 基因是维持胚胎神经分化所必需的。最近的研究显示，编码 bHLH 转录因子的 Olig 基因决定少突胶质细胞的分化，同时，Olig2 选择性表达运动神经元的前体细胞，与 Ngn2 共同调节灵长类运动神经元的亚型和特性。

N-CoR 作为转录抑制因子阻止神经干细胞向胶质细胞分化。N-CoR 基因突变鼠的胚胎干细胞对 FGF2 的增殖反应降低，可分化成星形胶质样细胞。睫状神经细胞营养因子（CNTF）就是通过磷脂酰肌醇 Aktl 激酶依赖的 N-CoR 磷酸化，使 N-CoR 由胞核进入胞质，从而诱导神经干细胞向星形胶质细胞分化，这是细胞特殊基因表达的关键步骤。

Inscntesble（Insc）是调节不对称分裂过程的重要基因，其产物 Insc 蛋白在细胞内呈不对称分布，集中位于发育胚胎顶部细胞的表面，细胞不对称分裂后，一个含有 Insc 蛋白的子代细胞具有干细胞特性，而另一个不含 Insc 蛋白的子代细胞进行分化。Papsynoid（Rap）蛋白有协同 Insc 蛋白，共同参与不对称分裂的功能，Rap 基因的突变会引起 Insc 蛋白在细胞表面的分布趋于平衡，使神经干细胞分裂后形

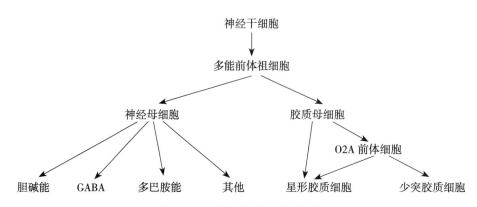

图 3-30-1　神经干细胞分化示意图

成两个相同的子代细胞。Insc 蛋白的功能还涉及其他调节蛋白如 Notch、Numb 和 Prospero 的不对称分布。

ATP-binding cassette（ABC）转运子是参与物质跨膜转运的膜蛋白，与肿瘤耐药机制有关。乳癌对抗蛋白（breast cancer resistance protein，BCRP）是 ABC 转运子超家族 ABCG2 中的成员。用差减杂交和基因芯片技术对神经干细胞和已经分化的神经细胞基因进行分析，发现 BCRP 在神经干细胞或神经前体细胞中表达丰富，Kevin 等认为 BCRP 可能是神经干细胞和造血干细胞的标记，其调节功能值得进一步研究。Nobuhiko 在永生化大鼠神经干细胞株 EG6 中利用 mRNA 差异显示技术找到了一个碱性成纤维细胞生长因子（bFGF）敏感基因，该基因只存在于脑组织，这对研究 bFGF 诱导神经干细胞增殖、分化的机制具有重要意义。神经干细胞向特定表型的神经元分化存在一定的内在调控机制。研究发现，甲状腺激素核受体转录因子 Nurrl 参与神经干细胞向多巴胺能神经元方向的定向分化。其机制之一是 Nurrl 被激活后，与位于酪氨酸羟化酶基因启动子区的反应元件相结合，引起相关基因的表达。

（2）外来信号的调控：大量实验表明，表皮生长因子（EGF）和 bFGF 均可以维持神经干细胞的自我更新能力，但两种生长因子对神经干细胞促增殖作用的时间不同。bFGF2 在神经干细胞增殖的早期阶段发挥促有丝分裂的作用，使神经干细胞获得对另一个作用更强的促有丝分裂因子 EGF 的反应性；而 EGF 在神经干细胞增殖后期发挥作用。bFGF 和 EGF 对神经干细胞分化方向的作用也不相同，bFGF2 能增加干细胞向神经元分化的比例，而 EGF 敏感的干细胞生成的神经元常少于 1%，绝大多数是星形胶质细胞，且这两种生长因子作用的神经干细胞分化形成的神经元多为 γ-氨基丁酸（GABA）能神经元。血小板源性生长因子（PDGF）可促进鼠神经干细胞分化成神经元，作为干细胞分化早期的分裂原，通过促进 c-fos 表达来增加不成熟神经元数目。对受体的研究还发现，PDGF-α 受体在神经干细胞分化过程中持续表达，PDGF-β 在未定型细胞中无表达，分化时表达增加。亲胆碱能神经元因子（CNTF）作用于 E16 大鼠海马神经干细胞，促进其向星形胶质细胞分化；而在人胚胎中 CNTF 促进神经干细胞分化成神经元，可见外来信号对人和啮齿类动物的神经干细胞分化可能起不同的调节作用。脑源性神经营养因子（BNDF）和胰岛素样生长因子可以增加 EGF 依赖性的黑质干细胞分化成的神经元的数量，其机制可能是通过上调干细胞后代中转录因子 Brn-4 介导的。另外，BNDF 可使神经干细胞分化为 GABA 能神经元的比例达 70%，而神经营养素-3（NT-3）则使分化为谷氨酸能神经元的比例高达 96%。白介素-1（IL-1）和淋巴细胞抑制因子（LIF）可以显著提高细胞生长率，IL-6、IL-11、IL-12、LIF 和粒细胞克隆刺激因子对少突胶质细胞系的成熟有诱导作用。LIF 等因子通过 LIF 受体在发育期及成熟神经系统内发挥各种作用，通过 JAK/STAT 途径决定神经前体细胞向神经元分化还是向胶质细胞分化。

（3）其他：神经细胞黏附分子（neural cell adhension molecule，NCAM）、骨形态发生蛋白（BMP）、视黄酸（RA）等在神经干细胞的增殖、分化、成熟、迁移过程中有着不同的作用。

3. 鉴定　神经干细胞及其所分化的细胞可以通过抗体检测细胞表面抗原进行鉴定。巢蛋白（nestin）是一种神经上皮干细胞的中间丝蛋白，只在神经干细胞表达，而在其分化的子代细胞中不表达。通过检测巢蛋白可以辨认神经上皮前体细胞、测定神经干细胞在脑内的分布和确定所培养的干细胞是否为神经干细胞。神经干细胞的分化可以通过测定子代细胞的细胞表型来确认。除了神经干细胞，巢蛋白还表达于神经前体细胞、有丝分裂后期的神经元和早期的神经母细胞。β-Ⅲ-tubulin 也是一种中间丝蛋白，它在神经母细胞分化谱系表达，而波形蛋白（vimentin）在神经元和成熟星形胶质细胞表达。胶质纤维酸性蛋白（glial fibrillary acidic protein，GFAP）是星形胶质细胞的特征表型，少突胶质细胞选择性表达半乳糖脑苷脂（galactocerebroside，GaLC）。

四、神经干细胞与神经修复

神经干细胞在修复受损神经组织、细胞及神经疾病基因治疗方面有良好的应用前景。

（一）细胞移植

细胞移植是修复和替代受损脑组织的有效方法，能部分重建神经环路和功能，细胞移植主要有 3 条途径：①利用分离的神经干细胞直接移植。②利用神经干细胞系的细胞进行移植，来源于人中枢神经系统生长因子依赖的神经干细胞系的建立，对基础和应用神经科学的研究有重要意义，长期培养的人中枢神经系统干细胞移植入成鼠纹状体后，其分化成神经元和胶质细胞的能力仍然保存，即便是免疫缺陷的宿主，移植后的神经干细胞也未见瘤样生长。③通过神经营养因子原位诱导神经干细胞增殖、分化，也是很好的一条神经干细胞应用途径。

（二）基因治疗

神经干细胞可作为基因载体，用于颅内肿瘤和其他神经疾病的基因治疗，利用神经干细胞系的细胞作为基因治疗载体，弥补了病毒载体的一些不足。神经干细胞应用于基因治疗有如下特点：①具有自我更新能力并在培养中增殖；②易于表达外源性基因；③可被分离成单一克隆；④在体内不易改变其干细胞特性。对帕金森病的基因治疗已有不少实验研究，如向脑内植入能表达酪氨酸羟化酶（TH）的转基因细胞，以促使其在体合成更多的多巴胺。黏多糖病Ⅶ型（mucopolysaccharidosis type Ⅶ，MPSⅦ）是由遗传缺失 β-葡萄糖苷酸酶（GUSB）基因所致，造成神经元和胶质细胞变性。通过逆转录病毒将人的 GUSB 基因转入神经干细胞系内，把细胞植入新生动物模型的脑室系统后，这些细胞可以散布到 CNS 的广泛部位，达到治疗疾病的目的。

五、外源干细胞对神经系统损伤的修复

血供受损和外力损伤是目前引起中枢神经系统损伤的常见原因，神经元缺失、病灶血运受损及继发炎症损伤是中枢神经系统损伤后的基本病理改变。中枢神经系统受损

难修复的原因包括：①神经元等神经细胞是高度分化的终末细胞，本身的再生能力较小；②神经营养因子分泌不足，局部微环境不利于受损神经系统修复；③损伤后，机体分泌炎症因子和多种细胞因子，抑制了突触再生，并加重脑血缺氧发生；④损伤部位瘢痕的形成，对神经再生具有物理和化学屏障作用，增加了神经突触延伸生长的难度。因此通过再生修复神经及血管并抑制炎症过度激活成为治疗神经损伤的关键。

（一）胚胎干细胞

有学者将小鼠 ESC 置于仅含成纤维生长因子-2（FGF-2）的培养基中增殖，然后加入血小板生长因子（PDGF），在两者的混合液体培养中，这些多能细胞维持多代而不分化，得到表达神经胶质前体标志分子的纯的多能祖细胞。当除去 FGF-2 和 PDGF 后，这些细胞最终只向少突神经胶质细胞或星形神经胶质细胞分化。在特殊的培养环境下 ESC 能被诱导分化出神经细胞系。因此 ESC 最初被认为是治疗神经功能障碍最理想的干细胞之一。

（二）间充质干细胞

MSC 能促进损伤区大脑皮质神经元增殖或抑制其凋亡和死亡，还具有免疫调节特性和抗炎特性，能分泌相关的细胞因子营养、保护脑神经。此外，MSC 与生俱来地向损伤部位归巢，可以与宿主建立联系，激活内源性干细胞的增殖和改善损伤局部微环境，从而代替或修复受损组织或器官的功能。

（三）诱导多能干细胞

裸鼠体内皮下移植 iPSC 会形成含有三个胚层各种组织的肿瘤。使用相同的技术能使 iPSC 产生于各种类型的细胞，包括脐带、胎盘间充质基质细胞、神经干细胞和脂肪衍生的前体细胞。iPSC 的优势在于强大的增殖能力和多潜能分化能力。与 ESC 相比，应用 iPSC 可以避免伦理问题。

（四）细胞外囊泡

利用外源性干细胞移植来修复神经损伤面临着血脑屏障阻挡、细胞存活率低及神经元分化数量低的主要难题。但同时研究也发现，尽管外周移植的干细胞常聚集于肺部，但仍能对中枢神经系统内的病灶起到促进神经和血管再生的修复作用，说明干细胞有可能通过分泌如干细胞来源的细胞外囊泡（stem cell-derived extracellular vesicles，SC-EVs）等因子对损伤病灶产生治疗作用。

SC-EVs 作为一种纳米级别的微小囊泡，可以有效穿透血脑屏障。近年来的研究发现，独立的 MSC-EVs 具有促进中枢神经系统损伤病灶中的内源神经元及血管内皮细胞再生的作用。而 EVs 中的微 RNA（miRNA）被认为是其发挥治疗作用的重要信号分子。通过 miRNA 的调节，EVs 能够对靶细胞起到促进增殖再生、诱导肿瘤凋亡、调节免疫反应、改变细胞状态等作用。

六、存在的问题及展望

虽然对神经干细胞已进行了很多的研究，但要在临床中应用，依然存在很多问题。

1. 神经干细胞数量少、分散分布、体外培养时取材困难，而利用其直接移植，细胞数量不足。

2. 建立神经干细胞系虽可提供细胞数量上的保证，但存在细胞抗原性问题，目前建立无免疫原性的神经干细胞系还十分困难。

3. 目前建立的神经干细胞系绝大多数来源于大鼠和小鼠，而鼠与人之间的种属差异是显而易见的，把鼠的干细胞系应用于人类疾病治疗还存在很大限制，而利用鼠神经干细胞研究干细胞分化机制，利用人神经干细胞系寻求临床应用可能是有益的思路。分别用不同手段成功地建立人胚干细胞系的报道给我们带来了希望。

4. 由于诱导分化机制仍不十分清楚，使目的性培养更加困难，也使神经干细胞原位诱导、迁移举步维艰。

5. 基因治疗仍存在一些问题：①基因物质通过血脑屏障的传递受限；②转染基因的非选择性表达；③转染基因表达的原位调节。

6. 直接利用胚胎干细胞，特别是神经干细胞移植还存在社会学、伦理学方面的问题。

神经干细胞的分离、培养、鉴定还有许多工作需要去做，诱导神经干细胞分化的微环境、诱导分化细胞的功能、神经元在脑内迁移的特性和机制等难题还有待进一步研究，神经干细胞的临床应用还有很多问题需要解决，但我们相信，神经干细胞的应用前景是非常广泛的。

第二节 颅脑损伤的细胞治疗

创伤性颅脑损伤的定义为头部受到任何打击而导致的正常脑功能受损，在全球范围都是一个重大的公共卫生问题。据文献报道，其发生率约为每年 280/百万人，大约 5 万人死亡，剩余 250 万人恢复可能需要较长的时间，且患者可能遗留各种长期神经功能缺陷及精神障碍，约 30% 的伤者永久丧失工作能力。

一、病因和病理

由于病因不同，颅脑损伤可分为闭合性损伤和开放性损伤两种类型。开放性损伤涉及异物引起的颅骨骨折及硬膜破损，而闭合性损伤是由于间接撞击造成的脑损伤。损伤范围可能为局灶性，也可能为弥漫性轴突损伤。此外，还可能存在头部减速所致的对冲伤。颅脑损伤的病理生理学存在两个阶段：原发性损伤和继发性损伤。原发性损伤发生在外力导致的脑组织机械性创伤。而继发性损伤于创伤后数小时出现，是颅脑损伤演变恶化的主要原因，主要机制为脑缺血-细胞兴奋毒性：在急性期，神经元和轴突死亡，血管内皮细胞受到损害，继而血液成分渗入包括外周免疫细胞在内的脑实质，进一步促进促炎环境；星形胶质细胞肿胀，组织水肿，颅内压升高，导致脑灌注压和脑血流量减少；引起脑缺血，进一步加重水肿，颅内压升高，形成恶性循环。

二、临床表现及诊断

（一）症状和体征

1. 意识变化 意识障碍由轻到重表现为嗜睡、朦胧、昏睡、浅昏迷、中度昏迷和深昏迷。

2. 头痛与呕吐。

3. 头部体征　着力点有巨大血肿者,应疑有颅骨骨折;颈后肌肉肿胀、强迫头位、耳后迟发性瘀斑,应注意后颅窝血肿。

4. 生命体征　颅内压升高时,典型的生命体征变化是二慢一高,即心率慢、呼吸慢、血压高。

（二）辅助检查

1. 强烈推荐

（1）影像学检查:头颅 CT 检查作为首选辅助检查;对于可疑的颅内大血管损伤的颅脑损伤患者,推荐行头颅 CTA 检查;临床考虑为弥漫性轴索损伤所致昏迷的患者,在病情允许的条件下推荐行头颅 MRI 检查。

（2）颅内压监测:对于 CT 检查发现颅内损伤灶的急性重型颅脑损伤患者,推荐行颅内压监测。

（3）脑电图检查:对于颅脑损伤后出现癫痫的患者,推荐行床边脑电图检查。

2. 推荐

（1）颅内压监测:CT 检查发现有颅内损伤灶的急性中型颅脑损伤患者,推荐行颅内压监测。

（2）脑温监测:重型颅脑损伤患者推荐行脑温监测。

（3）TCD 检测:重型颅脑损伤颅高压患者,推荐行经颅多普勒（transcranial Doppler,TCD）检测。

（4）诱发电位监测:对于容易诱发癫痫的大脑皮质损伤或重型颅脑损伤昏迷的患者,推荐行脑电图检查和脑干听觉诱发电位（brainstem auditory evoked potential,BAEP）监测。

（5）脑生物标志物检测:对于急性颅脑损伤患者,推荐检测血清 GFAP、UCH-L1 等生物学标志物。

3. 不推荐

（1）有创颅内监测:CT 检查未发现颅内异常且病情稳定的轻型颅脑损伤患者,不推荐行有创颅内监测技术,包括颅内压和脑温等监测技术。

（2）CMD 监测:CMD 尚属于临床研究技术,不推荐作为临床监测技术。

（3）脑组织氧含量监测:由于有创 $PbtO_2$ 监测数据的不稳定和局限性,不推荐其作为临床监测技术。

（三）诊断

结合病史、临床体征及神经系统查体,以及 X 线平片、CT、MRI 等影像学检查,颅脑损伤的诊断并不困难。

三、治疗

颅脑损伤的治疗手段分为非手术治疗和手术治疗。

（一）非手术治疗

绝大多数轻、中型及重型颅脑损伤患者以非手术治疗为主。非手术治疗主要包括颅内压监护、亚低温治疗、脱水治疗、营养支持疗法、呼吸道处理、脑血管痉挛防治、常见并发症的治疗、水、电解质与酸碱平衡紊乱处理、抗菌药物治疗、脑神经保护药物等。

（二）手术治疗

颅脑损伤手术的治疗原则为救治患者生命,恢复神经系统重要功能,降低死亡率和伤残率。手术治疗主要针对开放性颅脑损伤、闭合性颅脑损伤伴颅内血肿,或因颅脑外伤引起的合并症或后遗症。主要手术方式有去骨瓣减压术、开颅血肿清除术、清创术、凹陷性骨折整复术和颅骨缺损修补术。

四、细胞治疗

目前对颅脑损伤的研究主要集中于了解其病理生理机制和开发合适的治疗方法。考虑到颅脑损伤后发生的相互关联的免疫学、炎症性和神经学级联反应的病理生理学的复杂性,针对单一机制的治疗在临床试验中都以失败告终。虽然目前还没有治疗颅脑损伤的药物,但干细胞疗法在临床前研究中显示出了令人振奋的结果,特别是神经干细胞（neural stem cell,NSC）和间充质干细胞（mesenchymal stem cell,MSC）,有望成为治疗颅脑损伤的新方法。治疗的成功依赖于干细胞的存活,而干细胞的存活受到多种因素的限制,包括给药途径、给药细胞的健康状况、损伤脑组织的炎症微环境等。

（一）细胞类型

1. MSC　MSC 具有分化为神经元和胶质细胞的潜能。多项临床前研究表明:①MSC 能够选择性地迁移到颅脑损伤大鼠受损的神经组织中,随后向神经元和星形胶质细胞分化,以修复受损组织并恢复功能。②MSC 通过下调 caspase-3、抗氧化剂的产生、抑制脂氧合酶等减轻炎症反应,招募局部祖细胞替代丢失的细胞,释放脑源性神经营养因子（brain-derived neurotrophic factor,BDNF）、胶质细胞源性神经营养因子（glial cell line-derived neurotrophic factor,GDNF）、血管内皮生长因子（vascular endothelial growth factor,VEGF）和神经生长因子（nerve growth factor,NGF）等营养因子,促进损伤区大脑皮质神经元增殖或抑制其凋亡。③MSC 具有强大的抗炎能力,可减少损伤皮质中小胶质细胞或巨噬细胞、中性粒细胞、$CD3^+$ 淋巴细胞、凋亡细胞及促炎症细胞因子,从而减轻受损脑组织的炎症反应。④MSC 可以与宿主建立联系,激活内源性干细胞的增殖,改善损伤局部微环境,从而代替或修复受损组织或器官的功能。临床研究表明,BM-MSC 输注于脑皮质损伤区域周围 1 个月后,部分细胞可存活并迁移至损伤区,表达为成熟的神经元和胶质细胞样细胞,且患者机体运动能力提高;而将 BM-MSC 静脉输注到脑外伤患者体内,也能显著改善患者的神经功能（GCS 评分）,且所有患者在移植治疗后均未出现不良反应。

2. NSC　NSC 是神经系统中恒定存在的、可进行自我更新及多向分化的原始细胞,可以分化为神经元和多种胶质细胞。多项临床前研究表明:①NSC 归巢到受损组织后可能通过释放关键分子来维持细胞结构和功能,从而修复和整合损伤部位的神经元和胶质细胞;②NSC 分泌的神经营养因子能够促进内源性神经干细胞活化、移行、分化为相应类型的神经细胞，从而发挥神经保护作用；③除神经营养因子的保护作用外，NSC还具有免疫调节、抗炎、促血管生成等多种功能；④NSC具有多向分化潜能，可以迁移至损伤区域分化成神经样细胞，通过替代损伤、凋亡的神经细胞改善神经功能。

在脑外伤的实验模型中应用时，神经干细胞移植可能是颅脑损伤后神经恢复的一种有效的长期治疗方式。

（二）给药途径

干细胞给药途径是静脉给药和立体定向注射局部给药。静脉途径具有非侵入性的优势，但因为细胞在不同器官之间大量分散，能到达病变部位的输注细胞的百分比非常小，因此影响了它的治疗潜力。与静脉注射相比，通过立体定向注射局部输注干细胞是有创的，但能将干细胞直接注射到损伤部位，因此具有减少干细胞使用数量的优势（图3-30-2）。通过比较立体定向注入和侧脑室注射两种方式移植干细胞至外伤性脑损伤发现，侧脑室注入的神经干细胞在体内的成活率更高。然而，最佳的给药方式目前尚无定论。

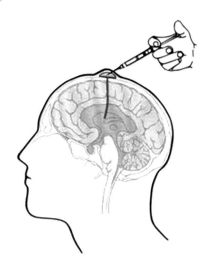

图3-30-2　立体定向注射局部输注干细胞

五、疗效与评价

应用干细胞治疗颅脑损伤的Ⅱ、Ⅲ期临床试验目前多数仍处于招募患者阶段，有限的初步结果显示，MSC移植后可显著降低炎症因子IL-1、IFN-γ和TNF的表达水平，减轻损伤后的炎症反应，且与对照组相比，移植的患者在行动能力、运动能力、沟通能力和独立生活能力方面都有改善，器官功能障碍程度更轻，意识状态更好，初步表明了治疗的可行性和有效性。而副作用的发生率在试验组和对照组间没有差异，证实了MSC治疗的安全性。未来更多临床试验结果的公布，将有助于进一步揭示干细胞对颅脑损伤治疗的价值。

尽管干细胞代表了一种重要的治疗策略，但它们仍然有局限性。干细胞移植的主要问题之一是潜在的肿瘤风险和不可预见的表型改变。尽管干细胞移植在迄今进行的临床试验中似乎是安全的，但应该始终考虑到可能的免疫反应风险。另一个问题是给药途径的选择。选择安全有效的给药途径对治疗效果至关重要，如脑内注射可能是侵入性的，而鞘内输注射可能需要大量细胞且效率较低。除了干细胞移植的方式，移植的时间也是影响干细胞治疗外伤性脑损伤效果的重要因素。研究发现，脑损伤后2天至1周内注入干细胞的疗效显著优于外伤2周后输注，而脑损伤后1个月才应用干细胞治疗，对患者的运动及认知功能的恢复已无显著益处。

目前，为了提高干细胞治疗脑损伤的疗效，针对多种联合手段的探索正在广泛开展，如与干细胞外泌体联合，与免疫细胞联合，对干细胞进行基因修饰等。随着干细胞疗法的高速发展，研究过程的不断完善和改进，干细胞治疗颅脑损伤有望取得重要突破。

第三节　脊髓损伤的细胞治疗

脊髓损伤是一种常见的严重损伤，常合并有严重残疾，甚至造成死亡，给国家、社会及家庭造成巨大的经济损失及身心伤害。据文献报道，其发生率为每年5~50/百万人，随着交通工具的日益发展，其发生率呈逐年上升的趋势。

一、病因和病理

引起脊髓损伤的最常见的原因为车祸，特别是机动车事故，其次为坠落伤、体育意外、建筑物倒塌和火器伤。由于病因不同，脊髓损伤可以分为闭合性损伤和开放性损伤两种类型。闭合性损伤脊髓损伤多见于平时，多数为脊柱受到暴力的直接或间接打击所致，因此，常合并有脊椎的骨折或脱位。开放性脊髓损伤多见于战时，为火器或刀刺伤所致。火器伤导致的脊髓损伤多为完全性，而刀刺伤所导致的脊髓损伤多为半切损伤。

（一）脊髓损伤的分型

脊髓损伤后的病理变化取决于损伤的类型和伤后的时间。脊髓损伤可以分为以下4个类型：

1. 脊髓震荡　是脊髓受到暴力打击后出现的一种可逆的生理功能紊乱，在组织学上没有可见的病理变化存在。

2. 脊髓挫伤　损伤程度可以有比较大的差异，从轻微的脊髓挫伤到脊髓广泛的软化断裂。组织学改变常随着时间的推移而不断发展。

3. 椎管内出血　椎管内有血液积聚导致脊髓的压迫症状，血液可以积聚于硬脊膜外、硬脊膜下、脊髓蛛网膜下腔。

4. 脊髓出血　脊髓实质内出血，形成血肿。

（二）脊髓损伤的分期

以上各种脊髓损失类型可以单独存在，也可以合并发生。随着时间的推移，脊髓内的病理变化不断发展，可以分为早、中、晚3期分别描述。

1. 早期　伤后立即改变为组织破裂、出血，数分钟内水肿就开始，1~2小时肿胀明显，出血部位主要在灰质中，白细胞从血管中移行出来则变为吞噬细胞，12小时可以波及脊髓整个断面,可见脊髓破碎、出血、水肿、轴突退变、脱髓鞘改变等,一般在48小时内达到高峰,可持续2~3周。24小时可见胶质细胞增多。这些早期病理改变虽然不像实验研究一样从灰质出血到白质出血,从灰质坏死到白质坏死,然而从灰质挫裂出血水肿到此段脊髓坏死还是很明确的。

2. 中期　48小时甚至5~7天可见灰白质组织坏死,特点是反应性改变与碎块移除。中心坏死区的碎块被吞噬细胞所移除,常遗留有多囊性退变,胶质细胞与胶质纤维增生。

3. 晚期　从伤后1个月起,脊髓损伤、出血、坏死水肿的碎块已被吞噬细胞移除,以后的改变大致可以分为3类:第一类是形成坏死囊腔,多囊或单囊;第二类是损伤段坏死组织被移除后,组织增生很少,成为软化区,内无神经组织存在;第三类是坏死组织被移除后,胶质增生填充空区,成为胶质化。神经组织再生大多数在中期已经开始。

二、临床表现及诊断

（一）症状和体征

1. 脊髓休克　损伤平面以下立即发生的完全性迟缓性瘫痪,各种反射、感觉、括约肌功能消失的一种临床症状。

2. 感觉障碍　损伤平面以下感觉丧失或部分丧失。

3. 运动障碍　损伤平面以下的运动功能完全或部分消失,但肌张力增高,腱反射亢进。对于损伤节段所属的肌肉,则出现下运动神经元瘫痪体征。

4. 反射活动　脊髓休克期,损伤平面以下各种反射消失;脊髓休克期之后,损伤平面以下瘫痪肢体的反射变为亢进,双下肢的肌张力由迟缓转为痉挛。

5. 膀胱功能　脊髓休克期,表现为无张力性神经源性膀胱;脊髓休克逐渐恢复时,表现为反射性神经源性膀胱和间歇性尿失禁;晚期表现为痉挛性神经源性膀胱。

6. 植物神经系统功能紊乱　①阴茎异常勃起;②颈交感神经麻痹综合征(霍纳综合征);③内脏功能紊乱;④立毛肌反应及出汗反应;⑤血压下降。

（二）辅助检查

1. 神经系统检查　①运动系统检查;②感觉系统检查;③反射检查;④自主神经检查。

2. 脑脊液检查　神经元特异性烯醇化酶、泛素羧基末端水解酶L1(ubiquitin carboxy terminal hydrolases L1,UCH-L1)、胶质纤维酸性蛋白(glial fibrillary acidic protein,GFAP)及神经丝蛋白等。

3. 影像学检查　①一般X线平片检查;②干板X线照相;③体层造影;④脊髓造影术;⑤硬脊膜外造影术;⑥CT检查;⑦MRI检查。

4. 电生理检查　①体感诱发电位;②脊髓诱发电位;③运动诱发电位。

（三）诊断

经过全面系统的神经检查,结合X线平片、CT、MRI等影像学检查及其他必要的辅助检查,脊髓损伤的诊断并不困难。

三、治疗

脊髓损伤总的治疗原则为:①治疗愈早愈好;②治疗脊柱骨折脱位;③采用综合治疗;④预防及治疗并发症;⑤功能重建与康复。

（一）治疗愈早愈好

由于脊髓损伤后的病理改变进展非常快,6小时灰质挫裂出血,12小时灰质中心坏死,出血波及白质,24小时损伤段脊髓大部分坏死,因此,治疗时间愈早愈好,部分学者认为应在伤后6小时之内行脊髓减压。

（二）治疗脊柱骨折脱位

手术常是骨折复位、减压、内固定同时进行,最好在伤后24~48小时之内进行,能较好地达到治疗目的。

（三）采用综合治疗

以往的治疗仅重视脊柱骨折脱位的复位、减压与内固定,认为脊髓损伤的恢复主要靠其自然恢复。根据实验室研究,以及近年的临床工作总结,认为激素对于脊髓损伤的继发性病理损害有明显的疗效。其他如神经节苷酯亦有对抗自由基、脂质过氧化的作用;在脊髓损失的后期,神经生长因子、神经营养因子等有利于轴突的再生。上述几种药物对于脊髓水肿和由此带来的脊髓内压力增高,效果不大。

（四）预防及治疗并发症

四肢瘫痪及截瘫,并不直接危及生命(除上颈段脊髓损伤外),脊髓损伤常见的原因为并发症,因此,预防和治疗并发症贯穿于治疗和康复的全部过程。

（五）功能重建与康复

康复水平代表了脊髓损伤现代治疗康复水平。对于脊髓损伤的患者,能否康复,患者的生活自理依赖性就大不一样。因此,制定治疗与康复计划,使治疗与康复同步进行,可明显提高患者的生存质量。

四、细胞治疗

研究中枢神经组织,特别是脑的移植已经近一个世纪,直到近30年才有所进展。以往在成年动物之间进行,一般以新生动物神经组织为供体,或以胚胎神经组织为供体。成年哺乳动物的神经元高度分化,不可能进行分裂繁殖,也不可能在病损处进行有效的修复增生,移植在受体脑中的脑组织很快被结缔组织包绕;新生动物的新皮层神经元相对尚未分化,比成年哺乳动物的神经元高度虽有较高存活率,但已经基本丧失繁殖的能力,移植很难成功。静脉、鞘内和髓内是干细胞移植最常见的途径。

在脊髓髓内移植方面,其移植方法如下:①移植物直接注入脊髓实质内,沿针道均有漏出,大部分变性坏死,少数在实质外生长,但最终细胞将萎缩或退化,因此,很难做到实质内移植。②先去除脊髓某一部分,形成腔隙,清除其残余血液,再注入神经移植物,神经移植物如具有较高的生长潜力,成功率就大。③脊髓完全断裂,在其两端实质内注入或置于其遗留的腔隙内,用此方法移植不能成功。

在脊髓损伤动物模型上进行的临床前研究中,干细胞疗法促进了运动活动和神经功能的增强,特别是神经干细胞、施万细胞和 MSC,如骨髓间充质干细胞(BM-MSC)、脂肪组织来源的间充质干细胞(AT-MSC)和脐带间充质干细胞(UC-MSC),似乎有能力再生受损的神经组织。

1. 神经干细胞   具有良好的存活和分化能力,可促进损伤区域的轴突生长及轴突传导。神经干细胞具有分化为多种类型细胞的特性。在诸多研究中表明,神经干细胞在体内能够分化为神经元、星形胶质细胞及少突胶质细胞,从而促进神经元及髓鞘的再生。此外,神经干细胞可以分泌多种促生长因子,包括脑源性神经营养因子(BDNF)、胶质细胞源性神经营养因子(GDNF)和胰岛素生长因子-1(IGF-1)。神经干细胞移植的治疗作用还包括免疫调节作用,这些细胞显示出调节性 T 细胞和巨噬细胞以减少炎性脱髓鞘的能力。在两项临床试验中,研究人员将胎儿神经干细胞通过髓内移植的方法将细胞直接注射于完全性胸段脊髓损伤的损伤部位周边:部分患者感觉运动功能有较显著改善,细胞移植后长期随访未发现肿瘤生长,验证了其安全性;但由于细胞治疗需配合免疫抑制方案,因此小部分患者出现轻中度不良反应。

2. 施万细胞   施万细胞是外周神经系统的髓鞘形成细胞。有研究表明,将其移植入脊髓损伤模型可以起到神经保护作用,促进轴突和髓鞘的再生,以改善损伤后功能,但其在体内与宿主细胞整合能力差。美国一项 I 期临床试验,将施万细胞移植入完全性胸段脊髓损伤的损伤中心发现:安全性可靠,脊髓损伤 ASIA 分级有所改善,损伤水平以下神经电生理检查可见活动增加。

3. 间充质干细胞   BM-MSC 可通过降低淋巴细胞的增殖和分化率,表现出抗炎特性;此外,BM-MSC 通过输送不同的生长因子,包括 BDNF、VEGF、NGF、GDNF、神经营养因子-3(NT-3)、成纤维细胞生长因子(FGF)和表皮生长因子(EGF)来提供营养支持和神经保护。由于其多分化特性,AT-MSC 通过参与改变受损或正在坏死的神经细胞的损伤区域,修复脊髓损伤患者受损的神经组织。UC-MSC 主要是通过释放细胞因子和营养因子,包括 IL-1、IL-10、中性粒细胞活化剂、NT-3、BDNF、VEGF、FGF 和神经细胞黏附分子促进神经组织修复,诱导轴突生长,激活受损神经元(图 3-30-3)。

4. 其他类型细胞

(1)巨噬细胞:为免疫细胞,将其移植入 SCI 患者体内后发现,患者神经功能没有任何改善。

(2)嗅鞘细胞:是一种特殊的胶质细胞,具有再生能力,但来源较少,且难以扩增。在移植入患者体内后可引起肿瘤的发生,因此不适合作为细胞治疗的来源。

五、疗效与评价

目前在实验室研究方面,较为成功的是胚胎脊髓细胞悬液移植,从 20 世纪 80 年代开始,存活率已达 90% 以上。对早期临床试验结果的荟萃分析提示,对于仅接受干细胞移植或干细胞移植联合康复治疗的脊髓损伤患者,下肢轻触评分、下肢针刺评分、ASIA 损伤程度分级改善率明显提高,残余尿量显著减少;而干细胞移植对运动评分和日常生活能力评分均无明显改善。干细胞移植的轻度不良反应发生率较高,但都能在短期内缓解。目前的研究虽然证实了细胞治疗的安全性和可行性,但最关键的疗效还未被证实。因此,需要给出更多的解决方案来提高其治疗效果,如将细胞进行基因修饰,使其能更好地整合于宿主体内;提高移植物质量及存活率,延长其存活时间;与生物材料结合;提高手术精准度。此外,在今后的研究中应当考虑个体差异性,增加可靠的功能恢复检测方法,制定统一的纳入排除标准或损伤后诊断式评估,确定脊髓损伤的最低临床重要性差异。

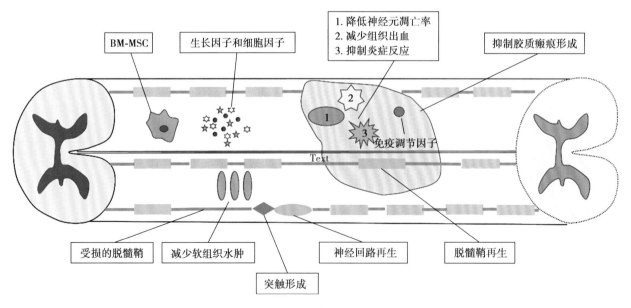

图 3-30-3   间充质干细胞修复脊髓损伤的机制

第四节　脑卒中的细胞治疗

一、概述

脑卒中分出血性脑卒中和缺血性脑卒中。多见于50岁以上、有长期高血压病及动脉粥样硬化症的中老年人,男女无明显差异。每年发病率为25~35/10万,平均年发病率为30/10万,占同期脑血管疾病的10%~15%。在我国50~55岁年龄组中,急性脑卒中的发病率为0.05%~0.2%,其发病率随年龄的增加呈对数直线上升趋势。尤其是出血性脑卒中的死亡率已跃居各类疾病之首,严重威胁着人类的健康和生命。

二、病理和病理生理

(一)病理

脑卒中常见的受累血管为大脑中动脉发出的豆纹动脉、丘脑穿通动脉和基底动脉所发出的脑桥支,因此卒中的好发部位以大脑半球深部的基底节、壳核处最为常见,其次为大脑皮层下、脑桥、丘脑和小脑等处。在长期高血压的影响下,这些动脉的管壁易发生透明变性、弹力纤维断裂;同时又多伴有动脉粥样硬化而使动脉管腔狭窄,血流阻力增大;血管的弹性及收缩功能丧失,还有的发生脑内微小动脉瘤。当患者在情绪波动、体力活动或气温剧烈下降时,这种有病理改变的小动脉就容易发生破裂而出血。临床上约70%的患者先有脑内小动脉的堵塞或狭窄,造成局部脑梗死,在此基础上小动脉发生破裂出血。

(二)病理生理

脑组织几乎没有能量的储备,需要血液循环连续地供应氧和葡萄糖。在常温时,脑血液供应停止6~8秒后,脑灰质组织内即无任何氧分子,并迅速(10~20秒)出现脑电图异常和意识障碍。停止3~4分钟后脑组织内游离葡萄糖消耗殆尽。停止5分钟后脑神经元开始完全依靠蛋白质分解来维持能量代谢,但仍可能存活达30分钟。如果血液受阻而非完全中断,则丧失功能的神经元可存活达6~8小时,偶可长达48小时。

脑血流量的调节受到很多因素的影响,相互间的关系错综复杂,最主要的因素大致为动脉压、动脉静脉压力差、脑血管阻力。脑血管阻力因素中最主要和影响最大的是脑血管管径的改变,尤其是脑部小动脉的收缩和扩张。

这是传统治疗脑卒中的病理生理依据。

三、临床表现及诊断

(一)症状和体征

急、慢性起病,可无诱因,头痛多以卒中侧为主,少数伴有癫痫发作症状。神经功能损害主要依据受累血管的分布而定。例如颈动脉系统的卒中的临床表现主要为病变对侧不同程度的肢体瘫痪或感觉障碍;如卒中在优势半球,除运动感觉障碍外,还可出现失语、失读、失写、失认或顶叶综合征。椎-基底动脉系统卒中主要表现为眩晕、眼球震颤、复视、同向偏盲、皮质性失明、眼肌麻痹、发音不清、吞咽困难、肢体共济失调、交叉性瘫痪或感觉障碍、四肢瘫痪。

(二)辅助检查

1. 脑血流图检查。
2. 局部脑血流量(rCBF)。
3. 放射性电子计算机X线断层扫描(emission computer tomography,ECT)。
4. 头颅CT或MRI扫描。
5. 全脑血管造影或DSA检查。

(三)诊断

脑血管病史;头痛;脑局灶体征;影像学结果等。

四、治疗

(一)非手术治疗

以药物治疗为主,适用于出血量不多的出血性脑卒中和绝大部分缺血性脑卒中患者,包括绝对卧床休息、适当应用镇静和降血压药物,同时应降低颅内压、防治各种并发症,待病情稍稳定后可进行治疗性腰椎穿刺。这是相对安全,但疗效又不确定的传统方法。

(二)手术治疗

对于出血性脑卒中患者,手术的目的在于清除颅内血肿,控制活动性出血,解除脑受压和缓解颅内压,适用于病情为Ⅱ级和小脑型出血者。对于病情为Ⅲ级或伴有重要器官病变,如心、肝、肺、肾等疾病的患者,则不宜手术。手术方法有两种:开颅清除脑内血肿和颅骨钻孔血肿碎吸术。对于合适的缺血性脑卒中患者,也可采用动脉内膜切除术、大网膜颅内移植术、颅外-颅内动脉吻合术、血管内介入溶栓术、颞肌贴敷术等手术治疗方法。

(三)综合性治疗

结合上述治疗以外的包括高压氧疗法、中医中药、理疗、功能康复、基因治疗和心理疗法等措施,是可行的、较为全面的对于脑卒中的治疗办法,但仅能"治标"。

五、细胞治疗

长期以来,人们对于中枢神经系统损伤及退行性改变等疾病的"治本"束手无策,关键是血脑屏障阻挡了很多通过血液进入人体的药物。由于中枢神经系统损伤后,神经元的变性、坏死是其功能障碍的主要原因,因此人们又利用胚胎脊髓移植和转基因治疗来补充受损的神经元和促进神经元生长的神经营养因子,但是不能从根本解决神经系统损伤后的结构、代谢和功能重建等问题。由此,人们希望能将健康的神经干细胞植入受损的大脑以恢复大脑的正常功能。近15年来,人们从胚胎期和成年啮齿类动物、灵长类动物,以及人的脑和脊髓中分离、培养出神经干细胞,是神经科学领域的一个重要里程碑,标志着多年来"中枢神经细胞不可再生"理论的结束,这一成果对神经系统的损伤修复、退行性疾病的治疗,以及深入研究动物的生长发育和分化具有划时代的意义,为中枢神经系统的结构和功能重建提供了新的手段,具有广阔的应用前景(图3-30-4)。

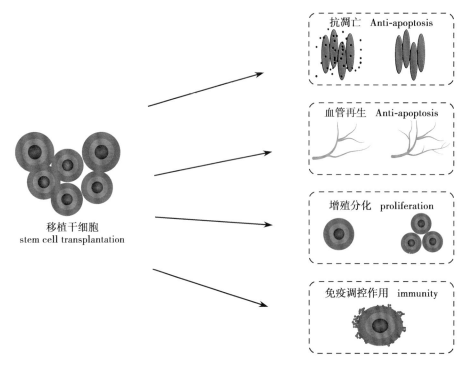

图 3-30-4 细胞治疗缺血性脑卒中的可能机制

(一) 细胞的选择

脑卒中患者可供选择细胞产品包括神经干细胞、MSC、ESC、iPSC 等。

(二) 治疗方法

从目前的临床研究结果来看，神经干细胞治疗方式主要有以下三种：经脑脊液途经移植、经外周血液循环移植和局部注射移植。

1. 经脑脊液途经移植 经脑脊液途经移植是以干细胞归巢性和脑脊液循环为理论基础的一种移植方式。将外源性干细胞注射入脑室、脑池，利用脑脊液循环，将移植干细胞带入病损脑区。小鼠出生后，在脑室注射外源性神经干细胞，7 天后给予缺血损伤，可诱导外源性神经干细胞一过性增殖，2~5 周后可见 NSC 集中分布在梗死腔周围，并在半暗区发现外源性神经干细胞分化的神经元和少突胶质细胞增多。Veizovic 等发现，大脑中动脉阻断(middle cerebral artery occlusion，MCAO)60 分钟 2 周后，MPH36 神经干细胞系移植到缺血侧纹状体和皮质 8 个位点，接受移植的动物在 18 周内，其感觉、运动障碍恢复至假手术组相同水平；而移植到缺血对侧，可见神经干细胞向缺血侧迁移，且显著减小梗死体积。Sinden 等也发现成年大鼠全脑缺血 15 分钟产生的功能障碍可被 MHP36 细胞系抑制、消除，该干细胞系还可有效地治疗脑缺血后 NMDA 介导的兴奋毒性海马 CA1 损伤产生的认知功能障碍。

Hess 等建立大鼠 MCAo 模型 4 天后，在麻醉状态下纹状体内注射 MSC，28 天后处死动物，发现供体的 MSC 在脑内存活，并迁移到距注射部位 2.2mm 处。其中有 1% 的细胞表达 NeuN，8% 的细胞表达 GFAP，表明 MSC 在体内已分化为神经元和胶质细胞，实验组的神经功能恢复情况明显好于对照组。国内安沂华等报道，大鼠胚胎神经干细胞移植治疗脑出血的实验研究证实，移植后的干细胞在脑内具有向损伤区域迁徙和多向化的能力，移植 4 周后，BrdU 染色可见移植到损伤对侧尾状核内的干细胞向损伤侧迁徙，该细胞群中大量细胞为 GFAP 染色阳性的星形胶质细胞，未发现 tubrlin-β 阳性的神经元。移植到血肿侧的干细胞环绕血肿灶排列，镜下可见大量的 GFAP 阳性的星形胶质细胞，周边可见少量 tubrlin-β 染色阳性的神经元和 GalC 染色阳性的少突胶质细胞。2002 年 11 月 23 日，我国第一例神经干细胞移植治疗老年性脑血管病的手术，在河南安阳市人民医院获得成功。而欧美一些国家已有一些神经干细胞移植治疗脑血管病的临床报道。

2. 经外周血液移植 包括静脉移植和动脉移植，静脉移植是应用最早的方式，其缺点是细胞需求量，靶向治疗效果较差。

3. 局部注射移植 通过立体定向直接将特定剂量注射入病损脑区或脊髓周围区域。虽然在动物实验上已有证据支持其疗效，但该法易造成组织损伤，且移植部位出血和感染的风险较大，现如今已很少使用。

中枢神经系统损伤后自我修复效果不令人满意的原因，除了内源性神经干细胞的数量不足外，还由于损伤局部的微环境不适宜神经细胞的再生。在这种情况下，单纯补充干细胞的数量是不够的，可以通过转基因技术，将编码神经营养因子等的基因片段导入神经干细胞中，使其在移植部位进行表达，改善局部微环境，以维持细胞的生存和增殖。此外，为了达到某种特殊的治疗目的，也需要对移植的神经干细胞进行基因修饰，使其在局部产生特殊的蛋白质，如用于治疗中枢神经系统肿瘤时，让其产生抗癌药物；治疗帕金森病时,让其产生多巴胺等。

　　(三)效果评价和展望

　　细胞疗法具有广阔的应用前景,而且具有可行性。但其生物学特性仍需要进一步研究:①是否有确定的方法鉴定神经干细胞和其他干细胞;②有丝分裂原、原癌基因或离体分离的神经干细胞是否会改变其特性;③决定神经干细胞对称分裂和非对称分裂,以及分化为神经元和胶质细胞的机制;④神经干细胞如何按正常比例分化为三种不同的细胞系等。对上述一系列问题的研究将大大加速神经干细胞在临床治疗中的应用。另外,神经干细胞虽然能迁徙入受损区,并分化成神经细胞和胶质细胞,但目前仍然无证据表明移植的神经干细胞与宿主细胞建立了真正的突触联系,并参与了宿主的神经网络形成。并且,神经干细胞增殖、分化、迁徙,以及与组织结构融合的细胞内环境的调控机制仍不清楚,对移植后神经干细胞迁徙速度、分化方向,尚缺乏有效的调控手段,使移植治疗的效果受到一定的限制。干细胞移植后的功能性分化研究尚有待于深入。

　　目前尚无患者自体间充质干细胞移植治疗脑缺血、脑出血的报道。原因:①如果是自体移植,从分离、分化、培养传代到移植 2~4 周,超过了动物实验中小于 1 周时间移植的报道;②从脑血管病进行干细胞移植的机制上看,应于早期小于 1 周干预好;③MSC 移植脑内后的分化、迁徙与周围组织相融合的调控机制尚不清楚。

　　目前已有的 ESC 由于存在免疫相容性问题,不一定适用于所有患者。未分化的 ESC 移植入体内易形成畸胎瘤。在移植前需分化成特定的细胞类型,这些诱导出的细胞移植后是否具有真正的功能(功能性分化的问题)目前尚不确定。

　　自体移植骨髓 MSC 可以回避伦理问题,而 ESC 及神经干细胞的来源主要有胚胎和克隆两个方面,而这两个方面均涉及一定的伦理问题。随着科学技术的进步,干细胞的基础研究与临床应用会进一步提高,相信会使脑血管疾病的治疗得到根本的改变。

第五节　脑血管病恢复期的细胞治疗

一、概述

　　脑血管病(cerebrovascular disease,CVD)发病后 2~10 周,患者病情已趋于稳定。除遗留局灶性神经功能障碍外,部分患者还可能存在智能、情感障碍和症状性癫痫、头痛,以及少数脑卒中后综合征的表现。这些情况都与脑血管病恢复期的治疗和预后有关,其中,对于神经功能的恢复性治疗是主要矛盾之一。

二、病理和病理生理

　　偏瘫、失语、共济失调、癫痫、智力障碍等情况,都是由于早期 CVD 发生时脑组织缺血、缺氧所致。脑组织缺血、缺氧后可造成脑细胞内游离钙离子超载、血脑屏障破坏、细胞内酸中毒,并使受损细胞产生一系列血管收缩物质和自由基等有害物质,进一步加重脑细胞损害。其中,脑血管痉挛(cerebral vascular spasm,CVS)是主要的病理过程之一。当局部脑血流(rCBF)减低到 18mL/(100g·min)以下时,会出现脑细胞代谢的异常,所引起的脑缺血症状多出现在蛛网膜下腔出血后 1 周内,常持续 1~4 周。这一时期的血液流变学改变、血液的高凝状态、脑内盗血和再灌注现象都会进一步加重脑细胞损害。这是早期开始解痉、抗凝、脑保护治疗的病理生理基础之一。脑卒中后综合征,即有些患者突然出现发热、胸痛,可能是梗死或出血后坏死的脑组织中的某些成分如髓鞘碱性蛋白(myelin basic protein,MBP)作为抗原进入血液循环,刺激肌体产生自体免疫反应,从而导致过敏性心包炎、胸膜炎及肺炎的病理生理过程。

三、临床表现及诊断

　　(一)症状和体征

　　较急性脑卒中患者的症状和体征轻,病情相对稳定,意识障碍、偏瘫、失语、视力障碍、共济失调、癫痫、智力障碍等情况逐步恢复。但同时会出现一些如脑-心综合征、电解质紊乱、肾功能异常、肺炎、中枢性胃或十二指肠损害等并发症。

　　(二)主要辅助检查

　　1. 腰椎穿刺。

　　2. 动态复查头颅 CT 或 MRI。

　　3. 脑血流动力学检查。

　　4. ECT。

　　5. 定期检查血象、心功能、肺功能和肝肾功能。

　　(三)诊断

　　注意神经系统的定位和定性诊断,以及对多脏器功能的判断。

四、治疗

　　(一)保守治疗

　　以药物治疗为主,配合氧疗、康复治疗、理疗、中药和心理治疗等方法。

　　(二)基因治疗

　　对脑血管和缺血脑组织进行基因转染,为脑梗死治疗提供了广阔的前景。但该项治疗技术尚需进行深入的研究,其安全性也有待评价。基因转染的途径有两条,一是血管内途径,采用导管将病毒载体进行血管内注射。但该方法要求阻断脑血流,因而限制了它的使用。目前,一些研究者正努力提高基因转染效率来缩短需要阻断脑血流的时间。另一种是血管周围途径,如将病毒载体注射到蛛网膜下腔,使转染的基因在颅内主要大血管周围表达,从而实现对脑血管的基因治疗。预防蛛网膜下腔出血后的血管痉挛是该途径的最佳适应证之一。

　　血管内皮生长因子(vascular endothelial growth factor,VEGF),又叫血管调理素(vasculotropin),是新近发现的一种生长因子,具有强烈促血管生成的功能,提示采用 VEGF 基因治疗,有可能促进缺血半影区的血管增生,改善该区微循环的血流供应,减少梗死的面积,以达到"分子搭桥术"

的目的。这一方法已在心血管实验中取得进展,也给脑血管病恢复期治疗带来了希望。

（三）血管内治疗

治疗技术分为血管成形术(血管狭窄的球囊扩张、支架植入)、血管栓塞术(固体材料栓塞术、液体材料栓塞术、可脱球囊栓塞术、弹簧圈栓塞术等)、血管内药物灌注(超选择性溶栓、超选择性化疗、局部止血)。但对于脑血管病恢复期的疗效,有待与外科治疗做比较性研究。

（四）并发症的预防和治疗

有时是脑血管病恢复期治疗成功与否的关键。

五、细胞治疗

细胞的选择和治疗方法同前一节,移植前进行排斥检测,移植方法一般采取组织块移植和细胞悬液移植两种方式。

效果评价和展望除了上一节的共同问题外,还由于脑血管病恢复期特殊的复杂性,使细胞治疗的临床疗效更加不确切。已有研究表明,MSC 移植可改善恢复期缺血性脑卒中大鼠的神经功能。其治疗作用可能与 Nogo-A、NgR、RhoA、ROCK 表达下调有关。但是目前国内外的基础和临床相关研究十分有限,临床应用仅限于脑卒中的神经功能恢复性治疗,存在的主要问题是神经干细胞的定向分化如何控制,以及移植后是否具有致癌性等方面。

第六节　帕金森病的细胞治疗

一、概述

帕金森病(Parkinson's disease)是一种以肌肉震颤,肌肉僵直,运动活动启动困难,姿势反射丧失为特征的疾病。1817 年,由英国医师帕金森首先描述,故而得名。目前对于病因不明确者称为原发性帕金森病,对于由脑炎、脑动脉硬化、脑外伤和中毒等产生类似临床表现的称为继发性帕金森病。原发性和继发性帕金森病的共同特点是:隐匿起病且进行性加重,震颤在静止时最明显;肢体僵硬,运动减少并逐渐丧失生活工作能力;面部表情表现为面具脸;讲话慢、音调低、音色单调;流涎;躯体俯曲,不易维持直立姿势;油脂溢出皮肤伴有脂溢性皮炎倾向。帕金森病的发病率各国统计结果不一,在 0.11%~1.06% 之间,我国为 81/10 万。好发于 50~65 岁,青年型极少,男女一样,无种族差异。

二、病理和病理生理

本病的原因目前并不完全清楚,有人提出血管机制,有人提出遗传因素和病毒,还有人提出工业毒素,或者在年龄增长过程中,影响神经系统单胺能神经细胞酶的缺陷或者某些神经肽的缺损(图 3-30-5),但目前没有可靠的检验或者检测手段来确定病因。尽管如此,人们认识到,帕金森病的病变主要在黑质、纹状体,也有在苍白球、大脑皮质等处。黑质细胞退变和破坏,黑色素消失,黑质中神经细胞数量减少、破坏,神经胶质增生,在苍白球、纹状体和脑干的蓝

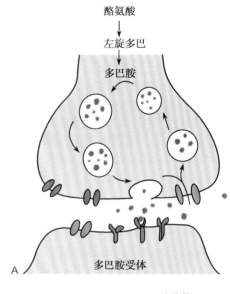

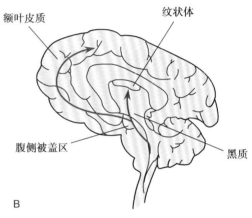

图 3-30-5　多巴胺能神经元中多巴胺生物合成和大脑中多巴胺释放的途径

斑等处亦可以见到。另一个病理变化是进行性弥漫性脑萎缩。国内有学者曾通过影像学检查发现 90% 的帕金森病患者有脑萎缩,并证明脑萎缩程度与年龄大小、疾病严重程度、类型和病期的长短相关。

三、临床表现及诊断

（一）症状和体征

1. 静止性震颤　震颤多在静止时可见,为粗大的节律性震颤,多数从手指开始,呈典型的"搓丸手"或者"点钞手"样,上肢较下肢容易出现,并可逐渐扩展到全身。

2. 僵直　肢体可呈铅管样或者齿轮样僵直,如患者颈肌僵直,头缓慢低下俯为头下落实验阳性。

3. 运动减少　患者精细动作困难,且肌肉僵直,故运动减少,有人书写困难,字迹弯曲,越写越小,称为"写字过小症"。

4. 其他表现　主要是植物神经功能紊乱的结果,例如:油脂脸、垂涎、尿频或者失禁、直立性低血压、吞咽困难、阳痿等。行走障碍表现为:有时进进退退,走路慢,步伐小,脚几乎不能离地,有时起步困难,迈步前冲,随重心越走越

快,不能停止或者转弯,为"慌张步态"。

（二）辅助检查

帕金森病是一种功能神经外科疾病,由于病变为中枢神经退行性改变,故辅助检查多没有特殊阳性表现,脑脊液生化、脑电图等检查无特殊异常,影像学检查例如 CT、MRI 常常可以发现脑萎缩。

（三）诊断

诊断帕金森病主要依赖于临床表现,主要依据是:①有遗传性,但原因多不明;②多数在 40~69 岁发病;③多从一侧起病,逐渐发展到两侧,呈现典型肌肉僵直、静止性震颤和运动减少三大主征,尤其伴有姿势反射障碍;④假面具脸,上肢屈曲,伴有前屈姿势,步行时躯干前向,小步,缺乏联合动作;⑤限于没有合并症,不伴有锥体束征,假性延髓麻痹,眼震,共济失调,感觉障碍,肌肉萎缩癫痫等帕金森综合征以外的表现;⑥病程进展缓慢;⑦脑脊液、血液生化和脑电图检查无异常;⑧应用左旋多巴有效。

四、治疗

1. 药物治疗　帕金森病药物治疗均为长期用药,早期可以使用安坦和金刚烷胺等低效药物,仅仅能控制部分临床症状。严重患者可以使用左旋多巴和复方多巴等高效药物,以及美多巴等,也可以使用多巴胺受体激动剂如溴隐亭等。但是上述药物仅仅是一种替代治疗,不能阻止本病的自然进展,目前有人提出使用丙炔苯丙胺 10mg/d 和维生素 E 2 000mg/d 进行药物预防。

2. 手术治疗

（1）锥体束和基底节手术:以前曾有许多学者尝试采用从中枢到周围神经系统的手术进行治疗,例如 Bucy 在 1930 年的脑皮层切除术,Pntnam 在 1939 年的大脑脚切断术,Cooper 在 1952 年的脉络膜前动脉结扎术等,但都由于副作用和疗效不确切而一一放弃。

（2）立体定向手术治疗:自从 1947 年临床开始立体定向手术以来,有很大发展。从早期脑立体定向手术到现在对震颤、僵直等运动障碍进行毁损的靶点有:苍白球、豆状襻、内囊、福雷尔区、丘脑腹外侧核、丘脑底核、小脑齿状核等。目前公认毁损丘脑腹外侧核治疗的有效率达到 80%~90%。立体定向手术虽然并发症较开颅手术小,但有部分副作用,例如发热、言语障碍、共济失调和肌力下降等。

（3）慢性丘脑刺激疗法:Blond 和 Benabid 分别对慢性丘脑刺激治疗运动障碍性疾病随访后发现,本手术比丘脑毁损手术安全,可以完全替代丘脑毁损手术,随着脑深部电极技术的发展,目前人们已经可以在丘脑 Vim 核植入电刺激器,植入以后,与体外刺激器相连,给予一定强度和频率的电刺激后可观察到症状明显好转,并可以根据病情调节刺激参数,使震颤达到最佳控制。脑深部电刺激的并发症刺激过程中可能出现对侧肢体或者面部麻木,肢体痉挛、小脑共济失调。

（4）微电极导向毁损术:近年来,微电极技术发展迅速。1962 年首次有报道将微电极记录技术用于临床,1966 年,Bertren 首次做了脑电单细胞记录,1973 年,Freidman 将

其用于 PD 和其他运动障碍性疾病,近年来以神经影像学和微电极导向技术为核心的神经电生理技术,使立体定向功能神经外科可以将靶点的解剖定位提高到功能定位,高选择性地毁损某核团中过度活跃的神经细胞,这一系统已经应用于临床,国内多有人称其为细胞刀。①原理:由于人脑不同神经核团的细胞外生物电活动各不相同,所以在微电极向脑内解剖靶点推进的过程中,将不断收集到脑细胞的电信号,经过放大和计算机分析处理以后即可呈现出不同的生物电波形和噪声比的变化。通过记录由肢体调节的神经元放电频率来区别运动区和非运动区,并定位靶点,其精确度可以达到微米级。②步骤:首先在局麻下安装 Leksell 型立体定向头架,然后进行 MRI 扫描。上手术台后行颅骨钻孔,根据 MRI 对神经核团的定位坐标值调度定向仪,并插入微电极以寻找毁损靶点,最后用射频电极进行毁损目标。③常用靶点:过去常用苍白球、豆状襻、内囊、福雷尔区、丘脑腹外侧核、丘脑底核、小脑齿状核等,目前公认毁损丘脑腹外侧核的治疗有效率最高,破坏此核前部对僵直有效,破坏后部对震颤较好,破坏偏内侧对下肢有效。

五、细胞治疗

主要包括以下几个方面:神经干细胞移植、胎脑黑质移植等。

（一）神经干细胞移植

神经干细胞移植治疗脑血管病的理论基础　①低免疫原性:神经干细胞是未分化的原始细胞,不表达成熟的细胞抗原,具有低免疫原性,因此在移植后相对较少发生异体排斥反应。②自我更新:克隆化的神经干细胞系,在无血清条件培养下,或经癌基因转染后,可在体外传代达 3 年以上。但经癌基因转染的神经干细胞在移植入体内后,其基因表达在 48 小时后自动下调,因此未发现肿瘤形成的现象。③多潜能分化:神经干细胞具有向神经元和胶质细胞分化的能力。体外培养发现,分化环境中的细胞因子对神经细胞的分化起到调节作用,因此可以在一定程度上控制其分化的时间和方向。随着对跨胚胎层分化调控机制的深入认识和争论,神经干细胞的移植将更加丰富多彩。④良好的组织融合性:脑室内移植的神经干细胞可以通过血脑屏障迁徙至脑实质中,与宿主细胞在形态和功能上形成良好的整合。神经干细胞与宿主神经组织的良好融合性,确保了神经干细胞的长期存活,并真正达到功能修复的能力。⑤迁徙能力:神经干细胞具有迁徙能力,一方面可以避免移植物因缺血损伤后毒物的影响而死亡;另一方面,神经干细胞在迁徙的过程中,又参与了神经功能和结构的修复。⑥长期存活:神经干细胞的低免疫性、良好的融合能力、迁徙能力,决定了神经干细胞在移植后可能长期存活。若是从自身组织中获得的 NSC,长期存活的可能性则更明显。

帕金森病已经证实是一种中枢神经退行性疾病,患者的黑质和纹状体内的多巴胺能神经元明显减少,已经证实正常成人的黑质内含有 50 万个左右具有分泌功能的多巴胺能神经元,PD 患者只有在体内的黑质神经元减少 50%

以上,纹状体内多巴胺含量减少 60%~80% 以上时才会产生症状。生物体内具有自我复制能力和多向分化潜能的干细胞广泛存在于各个系统中,哺乳动物中枢神经系统存在此类干细胞已经得到医学界公认。神经干细胞具有自我复制能力和多向分化潜能这两个基本特点,这也成为神经干细胞移植治疗帕金森病的理论基础。

迄今为止,国内外的神经科学工作者已经使用神经干细胞移植治疗中枢神经系统慢性退变性疾病(帕金森病、亨廷顿病、阿尔茨海默病)和中枢神经系统肿瘤等的动物实验,展示了十分诱人的临床应用前景。神经干细胞移植治疗帕金森病的研究已有很多。将这些研究中神经干细胞的用途归纳起来有以下三方面,这三方面的用途是相互联系、密不可分的:①用于神经细胞的替代疗法:与其他众多组织不同,中枢神经系统的自我修复能力是十分有限的,发育成熟的神经细胞缺乏再生能力。尽管成体的大脑中有神经干细胞的存在,但它们在损伤后反应性地生成新的功能性神经元的能力很弱。因此,通过将新的细胞移植到中枢神经系统内来替代因损伤或疾病而缺失的神经细胞,具有十分重要的意义。②充当基因治疗的载体:中枢神经系统损伤后自我修复效果不令人满意的原因,除了内源性神经干细胞的数量不足外,还由于损伤局部的微环境不适宜神经细胞的再生。在这种情况下,单纯补充干细胞的数量是不够的,可以通过转基因技术,将编码神经营养因子等的基因片段导入神经干细胞中,使其在移植部位进行表达,改善局部微环境,以维持细胞的生存和增殖。此外,为了达到某种特殊的治疗目的,也需要对移植的神经干细胞进行基因修饰,使其在局部产生特殊的蛋白质,治疗帕金森病时,让其产生多巴胺等。③有助于对生命科学的研究:Svenden 于 1997 年从人中枢神经系统成功分离出神经祖细胞,通过表皮生长因子和成纤维生长因子-2 的联合诱导作用后移植入单侧帕金森病的成年鼠模型的患侧纹状体,2 周以后发现移植区有大量未分化细胞,部分已经融合进入宿主的纹状体。20 周以后,完全分化的神经元亦位于移植区附近,且部分神经元可以表达酪氨酸羟化酶,其程度足以部分缓解动物的运动障碍。这说明神经干细胞移植将为治疗退行性疾病提供一条崭新的途径。目前临床应用的主要问题在于神经干细胞的定向分化如何控制,以及移植后是否具有致瘤性仍有待证实。

(二)胎脑黑质移植

自 1987 年 Lindvall 首先应用胎脑黑质移植治疗帕金森病以来,在全世界近 20 个中心有百例以上的帕金森病患者尝试了这种移植技术,而且已经取得了令人鼓舞的治疗效果。但目前没有统一的移植和效果评定标准。

1. 移植材料的选择 目前的移植材料一般都取自胎龄 8~19 周的引产胎儿的中脑腹侧黑质组织,但一般认为 17~19 周的组织移植疗效最佳。移植前进行排斥检测,移植方法一般采取组织块移植和细胞悬液移植两种方式。组织块的制作方法是将取出的胎脑组织进行机械切割或挤压破碎获得;细胞悬液的制作是采用将胎脑组织放入含有胰蛋白酶,以及 DNA 分解酶的组织液中进行分解和培养,通过提纯,制备成所需要浓度的细胞悬液进行移植。临床应用中证实,组织块的移植能更明显地改善患者的运动功能,与术前相比,组织块移植后左旋多巴用量减少 38%。

2. 移植部位和方法的选择 目前多采取双侧移植,并且移植方法多采用多靶点微移植技术,具体方法是在立体定向技术下细针穿刺,在每一侧的尾状核内选择 3 个靶点,壳核内选择 1 个靶点实施移植。Mendez 等提出了采用纹状体和黑质内同时移植的设想并应用于 3 例临床患者,取得了明显的临床效果,这为今后的临床应用开辟了一条新路。

3. 供体数量 理论上一个胎脑中所含的黑质细胞足以补充 PD 患者所损失的黑质细胞,然而移植以后,超过 90% 的多巴胺能神经元死亡,据此推测,每治疗一位 PD 患者,需要 6 个胎脑甚至更多。

4. 患者年龄的影响 国外曾有学者进行统计后发现,年龄并不影响移植的效果,但 Freed 在对 20 例 34~75 岁的 PD 患者进行同一标准移植以后发现,10 例大于 60 岁的患者几乎无效,故年龄对移植效果的影响仍然在研究中。

六、展望

帕金森病是一种临床常见的神经退行性疾病,过去手术治疗包括细胞刀治疗的着眼点都在于破坏一定的靶点,打断苍白球到丘脑腹外侧核径路或者小脑到丘脑腹外侧核径路,而药物治疗又偏重于补充患者黑质细胞受损所造成的多巴胺类神经递质的不足。以上两种治疗方法都不能影响患者的自然病程发展,都存在远期效果差的问题。而细胞治疗的着眼点在于修复患者受损的黑质多巴胺能神经细胞,使其达到满足患者自身需要的程度,严格意义上讲,是一种治本的方法,尽管目前仍存在许多技术上的难题,例如神经干细胞的分化方向如何控制等,但可以预见的是,细胞治疗最符合患者的自然生理状态,同时我们也应该看到,在细胞治疗方面我们正在取得技术上的突破,相信会为彻底治愈帕金森病提供一条崭新的途径。

第七节 亨廷顿病的细胞治疗

亨廷顿病(Huntington disease)亦称遗传性慢性进行性舞蹈病,是以基底节及大脑皮层变性为主的常染色体显性遗传性疾病,多发生在中年人,隐性起病,缓慢进展,以舞蹈样不自主运动和进行性认知障碍而导致痴呆为主要临床表现。

一、病因和病理

本病为一种常染色体显性遗传性疾病,发病年龄多在 30~40 岁,但其跨度很大,从 5~90 岁之间不等,男女发病率无明显差异,病程长短不一,一般为 10~15 年。根据最近几年的研究表明,本病的外显率为 100%,其相关基因 IT15(interesting trauscript 15)位于 4 号染色体的 4P16.3 区域 D4S180 和 D4S182 之间,长约为 210kb,编码约含 3 144 个氨基酸的多肽,命名为 Huntington 因子(Ht)。

亨廷顿病最主要的病理变化是在脑部,病变特征是脑部具有相对性的特种神经元失落，其中以基底节区病变最为明显，对于基底节区以外的脑部病变，其研究尚不充分。

脑巨检：亨廷顿病患者脑重量减轻，大多数患者较正常脑重量减少 15%~30%。脑外表显示皮层萎缩，脑沟扩大，脑回变窄，以额、顶叶为主。脑冠状切面显示大脑皮层变薄，白质减少，其特殊表现为尾状核、壳核萎缩明显（图3-30-6）。

镜检：纹状体与壳核内神经元缺失，其中以中、小型棘状神经元受损、凋亡最为明显；星形细胞增加，留存的神经元可见深染，胞体皱缩，核形瘦长，核仁消失。除神经元病损、数目减少以外，尚可见纤维胶质化，在室管膜下与血管周围最为明显；在大脑皮层中，以额叶及其前额部的第Ⅲ、Ⅴ、Ⅵ层的神经元变性、脱失为主，较大的锥形细胞受损明显。

神经介质方面的研究表明，在纹状体中，小型有棘中间神经元的缺失，使 GABA、合成酶谷氨酸脱羧酶（GAD）及多种神经肽如脑啡肽、P 物质与缩胆素明显缩小，中、大型无棘中间神经元含 NADPH- 黄递酶（NADPH-diaphorase）、生长抑素（somatostatin）、神经肽 Y 与胆碱酯酶相对不受影响，而胆碱乙酰转移酶、乙酰胆碱的合成酶进行性减少。对患者脑黑质与苍白球的多巴胺测定，结果不一；血清素、血管活化肠道多肽含量正常。

二、临床表现及诊断

（一）症状和体征

亨廷顿病的主要临床表现可归纳为异常运动和精神病症两个方面。两者可以同时发生，也可以先后发生。患者之间的临床表现差异很大；在成人、青少年、儿童期起病的患者，他们的临床表现也有所不同。成年期起病的患者，其典型的临床症状有：

1. 神经系病症　以运动障碍为主：①舞蹈症；②肌张力障碍与帕金森征群；③眼运动异常；④讷吃和吞咽困难；⑤其他神经系病症尚可见手足徐动、口舌部运动障碍、肌震挛及不自主发声等。

2. 精神病症　①情绪障碍；②精神病；③自杀；④强迫症；⑤认知障碍；⑥人格与行为异常；⑦睡眠障碍；⑧性生活障碍。

儿童期和青少年期起病的患者，其临床表现与成人有所不同。在神经征象方面，以肌张力障碍明显，经常以强直代替不自主运动，表现为运动不能性强直状态。疾病进展快。

（二）辅助检查

1. 化验检查　偶见脑脊液中蛋白含量增高。

2. 电生理检查　脑电图呈弥漫性异常。感觉诱发电位与听觉诱发电位，提示幅度降低，但潜伏期在正常范围之内。

3. 影像学检查　①CT；②MRI；③PET。

（三）诊断

依据特征性的舞蹈动作、行为人格改变、痴呆三联症，结合家族史，即可明确诊断。基因测试、神经影像学检查与神经心理学检查对诊断能有帮助。

三、治疗

目前尚无阻止或延迟亨廷顿病发生、发展的方法，治疗的重点集中在对心理及精神症状的治疗。

（一）心理及精神症状的治疗

患者常有孤独、抑郁等心理障碍，对此，必须给予鼓励。对于抑郁、焦虑的患者，可用三环类抗抑郁药物，如阿米替林、丙咪嗪、氯丙咪嗪、多虑平，也可以选用新的起血清素激活效应的抗抑郁剂如舍曲林与帕罗西汀。抗抑郁剂的抗胆碱能作用可加重患者的异常活动。

（二）对舞蹈样不自主运动的治疗

治疗的重点是既能减少舞蹈样运动，又能改善活动质量。①对抗基底节区多巴胺功能的药物，如氯丙嗪、氟哌啶醇、奋乃静、哌迷嗪等；②阻滞中枢储藏多巴胺的药物，如利血平、丁苯喹嗪等；③增加中枢氨 γ-氨基丁酸含量的药物，如丙戊酸钠等；④γ-基丁酸激动剂，如蝇蕈醇等；⑤加强胆碱的药物，如水杨酸毒扁豆碱。

（三）对运动过缓、运动不能——强直征群的治疗

可以选用治疗帕金森病的药物，如左旋多巴类、金刚烷胺和/或抗胆碱能类药物，用药要从低剂量开始，尽可能地减少不良反应。

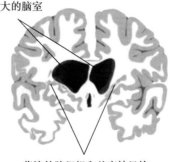

正常大脑　　　　　　亨廷顿舞蹈病的大脑

脑室　　　　　　扩大的脑室

基底神经核　　　　　萎缩的脑组织和基底神经核

图 3-30-6　亨廷顿病患者脑萎缩

（四）实验性治疗

1. 支撑线粒体能量的产生 辅酶 Q、维生素 C、维生素 B2、维生素 BT（康胃素、肉碱）。MRI 光谱学显示，亨廷顿病患者在用辅酶 Q 以后，脑乳酸盐水平下降。

2. 拮抗兴奋性神经递质 由于兴奋性神经递质介导的神经元损伤，以及谷氨酸盐拮抗剂可阻止或减慢神经元退行性变性过程，从而使用抑制谷氨酸释放的药物如拉莫三嗪等。

3. 自由基清除 维生素 E、艾地苯醌、谷胱甘肽等药物，在亨廷顿病患者的治疗中可能有保护神经的作用。

四、细胞治疗

目前对于亨廷顿病无有效的治疗方法，鉴于对帕金森病采用细胞移植有效，因此，对于亨廷顿病也在展开此类研究。移植物采用胚胎纹状体细胞或神经干细胞，目的在于改善运动障碍，并使损伤的纹状体环路得以重建。

大量动物实验通过研究特定多能干细胞（胚胎干细胞、间充质细胞和神经干细胞）移植的表达情况，肯定了其治疗的亨廷顿病价值。亨廷顿病动物实验发现，人类诱导多能干细胞（iPSC）来源的神经祖细胞（NPC）可移植入大脑并分化为正常神经元，促进实验动物行为和运动功能的恢复。

在一项新的研究中，来自美国罗切斯特大学医学中心的研究人员不仅能够触发亨廷顿病模式小鼠大脑中新的神经元产生，还证实这些新的神经元成功地整合进大脑内现存的神经元网络之中，从而急剧地延长这些接受治疗的小鼠的存活时间。该项研究证实这种治疗亨廷顿病的全新概念是可行的，即招募大脑内源性的神经干细胞来再生因这种疾病而丧失的细胞。

干细胞治疗对亨廷顿病等神经退行性疾病的治疗前景极佳，但干细胞治疗的可行性需建立在明确有效干细胞来源、优化移植流程的基础之上，今后需扩大临床前研究，在啮齿类动物和非人类灵长类动物中进一步验证。

第八节 胶质瘤的细胞治疗

胶质瘤是最常见的中枢神经系统原发性肿瘤，年发病率为 5~8/10 万，5 年病死率在全身肿瘤中仅次于胰腺癌和肺癌。其中，大多数胶质瘤（61.5%）是胶质母细胞瘤（glioblastoma，GBM），这是恶性程度最高、侵袭性最强的一类。尽管近年来手术、放化疗及分子靶向治疗取得了许多新进展，但 GBM 患者的中位生存期仅为 15~17 个月。

一、病因和病理

胶质瘤是指起源于神经胶质细胞的肿瘤，发病机制目前尚不明确，目前循证医学发现的两个危险因素是：①暴露于高剂量电离辐射，包括核泄漏污染和其他肿瘤的放疗、幼年时多次 X 线或 CT 检查；②与罕见综合征相关的高外显率基因遗传突变，如多发性神经纤维瘤病、视网膜母细胞瘤病、结节性硬化病、von-Hippel-Lindau 综合征等。此

外、化学暴露（长时间接触某些致癌化学物质，如石油、氯乙烯）、亚硝酸盐食品、病毒或细菌感染等致癌因素也可能参与脑胶质瘤的发生。

根据 WHO 中枢神经系统肿瘤分类将脑胶质瘤分为 1~4 级，其中 1、2 级为低级别脑胶质瘤，3、4 级为高级别脑胶质瘤。此外，随着病理学的发展和病理检测技术的进步，胶质瘤的遗传背景和发生发展机制逐渐清晰。越来越多的分子标志物被证明在胶质瘤的分类、分型、分级、预后和治疗方面发挥着重要的作用。2021 年发布的第 5 版《WHO 中枢神经系统肿瘤分类》整合了肿瘤的组织学特征和分子表型，提出了新的肿瘤分类标准，重点推进了分子诊断在脑胶质瘤分类诊断中的应用。

二、临床表现及诊断

（一）症状和体征

胶质瘤的临床表现主要包括颅内压增高、神经功能及认知功能障碍和癫痫发作三大类。

1. 头痛、恶心、呕吐往往与颅内压升高有关。

2. 运动、感觉异常、步态异常、视力改变、眼球运动异常、认知功能障碍。

3. 癫痫。

4. 意识障碍。

（二）辅助检查

1. 神经系统查体。

2. 影像学检查，包括头颅 CT 及 MRI。

（三）诊断

胶质瘤的临床诊断主要依靠 CT 及 MRI 等影像学诊断，MRI 特殊序列，包括弥散加权成像、弥散张量成像、灌注加权成像、磁共振波谱成像、功能磁共振成像，以及正电子发射体层成像（positron emission tomography，PET）等对胶质瘤的鉴别诊断及治疗效果评价具有重要意义。

三、治疗

脑胶质瘤治疗以手术切除为主，结合放疗、化疗、电场治疗等综合治疗方法。

（一）手术治疗

对于胶质瘤患者，手术可以解除占位效应，缓解临床症状，延长生存期，并获得足够肿瘤标本用以明确病理学诊断和进行分子遗传学检测。手术治疗的原则是最大范围地安全切除肿瘤，而常规神经导航、功能神经导航、术中神经电生理监测和术中 MRI 实时影像等新技术有助于实现最大范围地安全切除肿瘤。

（二）非手术治疗

1. 放射治疗 放疗可杀灭或抑制肿瘤细胞，延长患者生存期，常规分割外照射是脑胶质瘤放疗的标准治疗。放疗通常是在明确肿瘤病理后，采用 6~10MV 直线加速器，常规分次，择机进行。

2. 药物治疗 化疗可以延长脑胶质瘤患者的无进展生存时间及总生存时间。高级别胶质瘤生长及复发迅速，进行积极有效的个体化化疗更有价值。对于成人新诊断

GBM,术后放疗联合替莫唑胺同步辅助替莫唑胺化疗是目前临床应用的标准治疗方案。其他药物治疗如分子靶向和生物免疫治疗等,目前尚在临床试验阶段。鼓励有条件及符合条件的患者在不同疾病阶段参加药物临床试验。

3. 电场治疗　肿瘤治疗电场的原理是通过中频低场强的交变电场持续影响肿瘤细胞内极性分子的排列,从而干扰肿瘤细胞有丝分裂,发挥抗肿瘤作用。用于胶质瘤治疗的电场治疗系统是一种无创便携式设备,通过贴敷于头皮的电场贴片发挥作用,目前研究显示电场治疗安全且有效,指南推荐用于新诊断 GBM 和复发高级别胶质瘤的治疗。

四、细胞治疗

1. 胶质瘤与神经干细胞　GBM 肿瘤不可避免地复发并侵袭性不断增强。GBM 的复发归因于许多因素:①肿瘤的异质性组成,使得它们难以用单一药物靶向治疗;②血脑屏障阻碍药物扩散;③肿瘤内异常血管生成;④神经胶质瘤干细胞(glioblastoma stem cell,GSC)的存在,也称为脑肿瘤起始细胞或复发起始干细胞。

已有研究表明,与脑室下区(SVZ)有解剖关联的 GBM 在最初诊断时更常表现为多灶性的和/或在复发时进展为多灶性疾病,表明 SVZ 的转化细胞(神经干细胞或其后代)存在向外迁移到皮质的机制,类似于皮质发育过程中神经祖细胞由内向外迁移的过程。

维持端粒长度所需的端粒酶活性是干细胞区室和癌细胞的特征,具有促进细胞存活和增殖的重要功能。有研究分析了 30 例 GBM 和其他原发性或转移性肿瘤患者肿瘤和无瘤 SVZ,以及正常脑中存在的突变数量,结果表明,42.3% 的 GBM 患者中存在端粒酶催化亚基编码区或启动子突变。此外,一些 GBM 患者(5/16)的无瘤 SVZ 区域也含有通常在 GBM 中发现的驱动突变(如 TP53 和 RB1)。SVZ 的突变局限于 GFAP$^+$ 星形胶质细胞样干细胞,表明 SVZ 神经干细胞和大部分肿瘤细胞之间的谱系关系,支持神经干细胞至少在一些患者中是 GBM 起源的假设。

最近一项研究使用单细胞 RNA 测序(scRNA-Seq)在 11 例 GBM 患者样本中确定了一个具有高侵袭潜力的胶质细胞亚群,该亚群也含有 GSC 遗传标记。这是否反映了 GBM 的潜在来源是癌变过程中被重新激活的停滞胚胎组织尚无定论,但这一发现证实恶性肿瘤可能利用发育机制来促进生长和侵袭能力。

为了寻找更好的肿瘤内分布治疗药物的策略,科学家在 GBM 小鼠模型中测试了永生化的神经干细胞。研究证实,当小鼠神经干细胞被注射到肿瘤中或距肿瘤一定距离处(对侧大脑半球、脑室内或静脉内)时,其能够广泛分布于整个肿瘤中,尽管功效较低。当细胞被修饰后能够特异性表达一种治疗酶时,这种向肿瘤迁移的行为并没有改变,这为神经干细胞有可能在 GBM 治疗中靶向给药的方式提供了理论依据。

2. 细胞治疗类型　除了神经干细胞外,来源于骨髓、脂肪组织、脐带或羊水的间充质干细胞(MSC)和诱导神经干细胞(iNSC),均显示出向肿瘤趋向迁移的行为,并能广泛分布于瘤内。许多临床前试验已经探索了这些细胞在肿瘤中分布和靶向输送多种治疗剂(包括生物活性蛋白质、病毒、细胞因子、抗体、毒素或纳米颗粒)的能力。

已有研究表明,来自小鼠和人中枢神经系统不同部分的神经干细胞具有不同的增殖和分化潜能,并表达其来源区域特异的转录因子;然而也有研究发现,在培养过程中,此类转录因子的表达下调或丢失,进而改变这些细胞的分化潜能。这种变化很可能也会影响用于治疗 GBM 的神经干细胞的功能及效率,亟待进一步的潜在机制研究。

治疗性 MSC 来源于骨髓、脂肪组织、脐带血,甚至胎盘,具有丰富、易分离和繁殖的优点;它们也具有很强的向肿瘤迁移的潜力。一些研究报道,未经修饰的 BM-MSC 可以促进某些类型的肿瘤生长。然而,迄今为止,尚未见使用 BM-MSC 治疗 GBM 的临床前研究中报告成瘤性。

iNSC 由体细胞通过特异性转录因子的瞬时表达而转分化产生,可来源于患者自身细胞,从而避免在使用同种异体 NSC 时可能会遇到的免疫反应。小鼠和人胰岛素样生长因子受体细胞治疗 GBM 的有效性已在临床前研究中证实。与 MSC 类似,治疗性神经干细胞的主要安全性问题是其诱导肿瘤形成的潜力,特别是当植入已存在肿瘤的患者大脑中时,这些已有肿瘤会产生促进肿瘤生长的微环境。同基因小鼠模型中证明 iNSC 在这方面是安全的,并且不诱导肿瘤形成。iNSC 目前还没有进入临床试验阶段,尽管如此,体细胞的转分化可能是药物靶向输送的有力工具。如果能在 iNSC 中发现并设计最佳的促进 NSC 迁移和肿瘤内分布的因素,则可能极大地扩展 NSC 治疗 GBM 的应用前景。

3. 干细胞给药途径　在临床前和临床研究中,局部给药都是首选方法。脑室内给药也可达成干细胞理想的瘤内分布。对小鼠脑室给药后神经干细胞分布的定量分析和三维重建表明,即使是位于不同半球的多灶性肿瘤,这些细胞也能有效地向肿瘤迁移。神经干细胞倾向于位于肿瘤边缘,但也存在于肿瘤核心。脑室给药途径具有以下几个优点:①不受密集细胞环境的空间限制,允许剂量增加;②通过微创方式放置脑室内导管,可实现重复给药;③在脑脊液中给药的神经干细胞的生存能力可能更强。

在 GBM 小鼠模型中,不论是颅内还是静脉给药途径,更高剂量的神经干细胞会产生更好的肿瘤覆盖率,但仅达到一个临界值,之后肿瘤中实际存在的神经干细胞百分比随之下降。限制因素可能是肿瘤依赖性的或与给药技术有关;高密度的细胞过于聚集可能使存活率降低,从而限制肿瘤内的迁移和分布。全身静脉给药需要比颅内注射多约 10 倍的神经干细胞才能达到相同的肿瘤覆盖率,当治疗细胞的数量有限或生产成本非常高时,这将成为不利因素。

干细胞局部给药是侵入性操作,重复给药可能导致并发症。治疗性干细胞非侵入性给药的一种替代途径是鼻内给药,这种方法利用了鼻黏膜的解剖和生理特性,允许干细胞沿着嗅神经或三叉神经并通过血管周围途径进行运输,避免了全身静脉给药途径中血脑屏障的限制,但其存在疗效不如其他给药途径的缺点。

另一种新兴的输送干细胞治疗脑肿瘤的方式是动脉内给药途径。静脉注射干细胞的一个缺点是大部分细胞滞留在肺部，降低了治疗效果。动脉内给药可以克服这一缺点，特别是使用血管内选择性动脉内给药技术，经颈动脉给药的 MSC 已在 GBM 的临床前研究中取得突破。

4. 酶/前体药物联合细胞治疗　用于癌症治疗的酶/前体药物策略长期以来一直致力于人为地对肿瘤细胞产生选择性和局部细胞毒性，而不伤害正常细胞。最广泛使用的组合是单纯疱疹病毒胸苷激酶（HSV-TK）与更昔洛韦（GCV）和细菌酶 CD 与 5-氟胞嘧啶（5-FC）。HSV-TK 酶将 GCV 转化为 GCV 单磷酸，再被磷酸化为 GCV 三磷酸，这是一种有毒的抗代谢物，整合入 DNA 中导致分裂中的细胞死亡。缺乏 HSV-TK 的细胞仍然可以通过一种被称为"旁观者效应"的现象成为凋亡的目标，这种机制需要将活性药物从邻近细胞中转运，从而增强细胞毒性反应。相似地，细菌酶 CD 能够将无毒的前药 5-FC 转化为细胞毒性化合物 5-FU，其主要抑制 DNA 复制所需的胸苷的产生，从而使分裂期细胞死亡。

使用病毒载体的酶/前药基因治疗策略已经被广泛探索用于治疗 GBM 超过 40 年，但是仍然面临许多问题，包括病毒在肿瘤中的分布效率。神经干细胞的高度迁移能力及其在整个肿瘤和肿瘤卫星灶中分布的能力可能有助于改善这种治疗策略。

生物工程技术的巨大进步开辟了令人兴奋的新治疗途径，产生了可与嗜神经胶质瘤干细胞结合用于药物靶向输送的纳米粒子和纳米棒，以及靶向光热消融疗法。此外，MSC 和 NSC 是已知的产生外泌体最多的细胞类型。来自基因工程的 MSC 外泌体已被用于向胶质瘤细胞靶向输送前药、微小核糖核酸或肿瘤抑制剂。这些治疗策略都将为 GBM 的细胞治疗展开新的篇章。

（刘柏麟　陆丹　靳俊功　贺世明　李力　雷鹏）

参考文献

[1] Mckay R. Stem cell in the central nervous system. Science, 1997, 276（5309）:66.

[2] Gage FH. mammalian neural stem cells. Science, 2000, 287（5457）:1433.

[3] Gage FH, Temple S. Neural stem cells: generating and regenerating the brain. Neuron, 2013, 80（3）:588-601.

[4] Akter M, Kaneko N, Sawamoto K. Neurogenesis and neuronal migration in the postnatal ventricular-subventricular zone: Similarities and dissimilarities between rodents and primates. Neurosci Res, 2021, 167:64-69.

[5] Tuazon JP, Castelli V, Lee JY, et al. Neural stem cells. Adv Exp Med Biol, 2019, 1201:79-91.

[6] Alison E Willing, Mahasweta Das, Mark Howell, et al. Potential of mesenchymal stem cells alone, or in combination, to treat traumatic brain injury. CNS Neurosci Ther, 2020, 26（6）:616-627.

[7] Schepici G, Silvestro S, Bramanti P, et al. Traumatic Brain Injury and Stem Cells: An Overview of Clinical Trials, the Current Treatments and Future Therapeutic Approaches. Medicina（Kaunas）, 2020, 56（3）:137.

[8] Zipser CM, Cragg JJ, Guest JD, et al. Cell-based and stem-cell-based treatments for spinal cord injury: evidence from clinical trials. Lancet Neurol, 2022, 21（7）:659-670.

[9] Silvestro S, Bramanti P, Trubiani O, et al. Stem Cells Therapy for Spinal Cord Injury: An Overview of Clinical Trials. Int J Mol Sci, 2020, 21（2）:659.

[10] Fan X, Wang JZ, Lin XM, et al. Stem cell transplantation for spinal cord injury: a meta-analysis of treatment effectiveness and safety. Neural Regen Res, 2017, 12（5）:815-825.

[11] 韩仲岩, 唐盛孟, 石秉霞. 实用脑血管病学. 上海: 上海科学技术出版社, 1994.

[12] Hess DC, Hill WD, Martin-Studdard A, et al. Bone marrow as a source of endothelial cells and NeuN-expressing cells After stroke. Stroke, 2002, 33（5）:1362-1368.

[13] Hess DC, Hill WD, Martin-Studdard A, et al. Blood into brain after stroke. Trends Mol Med, 2002, 8（9）:452-453.

[14] Tang H, Li Y, Tang W, et al. Borlongan CV, Hess DC.G-CSF-Mobilized human peripheral blood for transplantation therapy in stroke. Cell Transplant, 2003, 12（4）:447-448.

[15] Hailiang Tang, Yao Li, Weijun Tang, et al. Endogenous Neural Stem Cell-induced Neurogenesis after Ischemic Stroke: Processes for Brain Repair and Perspectives. Transl Stroke Res, 2022, 14（3）:297-303.

[16] Brooks B, Ebedes D, Usmani A, et al. Mesenchymal Stromal Cells in Ischemic Brain Injury. Cells, 2022, 11（6）:1013.

[17] Armstrong RJ, Barker RA. Neurodegeneration: a failure of neuroregeneration? Lancet, 2001, 358（9288）:1174-1176.

[18] Kirino, Takaaki. Cerebral blood flow and metabolism. Ischemic Tolerance, 2002, 22（11）:1283-1296.

[19] Savitz SI, Rosenbaum DM. Apoptosis in Neurological Disease. Neurosurgery, 1998, 42（3）:555-574.

[20] Jianbo Zhang, Zhenjun Li, Wenchao Liu, et al. Effects of Bone Marrow Mesenchymal Stem Cells Transplantation on the Recovery of Neurological Functions and the Expression of Nogo-A, NgR, Rhoa, and ROCK in Rats With Experimentally-Induced Convalescent Cerebral Ischemia. Ann Transl Med, 2020, 8（6）:390.

[21] Lei Hao, Zhongmin Zou, Hong Tian, et al. Stem Cell-Based Therapies for Ischemic Stroke. Biomed Res Int, 2014, 2014:468748.

[22] 王忠诚, 张玉琪. 神经外科学. 2版. 湖北科技出版社, 2015.

[23] 吕颖, 白琳, 秦川. 干细胞治疗帕金森病的研究进展. 中国比较医学杂志, 2019, 29（8）:142-148.

[24] 李文水, 卢明. 间充质干细胞治疗帕金森病作用机制的研究进展. 中国微侵袭神经外科杂志, 2020, 5（1）:39-42.

[25] Dhivya V, Balachandar V. Cell replacement therapy is the remedial solution for treating Parkinson's disease. Stem Cell Investig, 2017, 4:59.

[26] Garitaonandia I, Gonzalez R, Sherman G, et al. Novel approach to

stem cell therapy in Parkinson's disease. Stem Cells Dev, 2018, 27(14):951-957.

[27] Brockmueller A, Mahmoudi N, Movaeni AK, et al. Stem Cells and Natural Agents in the Management of Neurodegenerative Diseases: A New Approach. Neurochem Res, 2023, 48(1):39-53.

[28] 张宝荣. 亨廷顿病的诊断与治疗指南. 中华神经科杂志, 2011, 44(9):638-641.

[29] 刘杰, 刘驰, 皮水平, 等. 亨廷顿病模型进展及展望. 重庆医学大学学报, 2019, 44(4):526-530.

[30] Yoon Y, Kim HS, Jeon I, Song J, et al. Implantation of the clinical-grade human neural stem cell line, CTX0E03, rescues the behavioral and pathological deficits in the quinolinic acid-lesioned rodent model of Huntington's disease. Stem Cells, 2020, 38(8):936-947.

[31] Freeman TB, Hauser RA, Sanberg PR, et al. Neural transplantation for the treatment of Huntington's disease. Prog Brain Res, 2000, 127(3):405-411.

[32] Cho IK, Hunter CE, Ye S, et al. Combination of stem cell and gene therapy ameliorates symptoms in Huntington's disease mice. NPJ Regen Med, 2019, 4:7.

[33] Saha S, Dey MJ, Promon SK, et al. Pathogenesis and potential therapeutic application of stem cells transplantation in Huntington's disease. Regen Ther, 2022, 21:406-412.

[34] 国家卫生健康委员会医政医管局, 中国抗癌协会脑胶质瘤专业委员会, 中国医师协会脑胶质瘤专业委员会. 脑胶质瘤诊疗指南(2022版). 中华神经外科杂志, 2022, 38(8):757-777.

[35] Calinescu AA, Kauss MC, Sultan Z, et al. Stem cells for the treatment of glioblastoma: a 20-year perspective. CNS Oncol, 2021, 10(2):CNS73.

[36] Wang G, Wang W. Advanced Cell Therapies for Glioblastoma. Front Immunol, 2022, 13:904133.

[37] Hersh AM, Gaitsch H, Alomari S, et al. Molecular Pathways and Genomic Landscape of Glioblastoma Stem Cells: Opportunities for Targeted Therapy. Cancers(Basel), 2022, 14(15):3743.

[38] Nana Tan, Wenqiang Xin, Min Huang, et al. Mesenchymal stem cell therapy for ischemic stroke: Novel insight into the crosstalk with immune cells. Front Neurol, 2022, 13:1048113.

[39] Susumu Yamaguchi, Michiharu Yoshida, Nobutaka Horie, et al. Stem Cell Therapy for Acute/Subacute Ischemic Stroke with a Focus on Intraarterial Stem Cell Transplantation: From Basic Research to Clinical Trials. Bioengineering(Basel), 2022, 10(1):33.

[40] Zhao T, Zhu T, Xie L, et al. Neural Stem Cells Therapy for Ischemic Stroke: Progress and Challenges. Transl Stroke Res, 2022, 13(5):665-675.

第三十一章　肝脏疾病的细胞治疗

提要:肝病是严重危害我国人民健康的一类疾病,病毒性肝炎在全世界范围内的流行与发病,给医学领域的研究提出了挑战。肝衰竭、肝癌的患者除了肝移植,无法阻止和逆转病情的进展。新型生物人工肝支持系统和细胞移植治疗慢性肝病包括肝硬化、肝衰竭、肝癌有着良好的应用前景,是一个正在迅猛发展的领域。体外肝细胞的诱导分化和多能干细胞在肝脏微环境下分化的分子基础还需进一步研究。本章分8节叙述肝脏的发生与肝干细胞、胎肝细胞治疗、成体肝细胞移植、生物人工肝、肝干细胞的研究与策略、肝硬化的细胞治疗、肝功能衰竭的细胞治疗、肝细胞癌的免疫细胞治疗。

肝脏(liver)是身体内以代谢功能为主的器官,是具有很多窦道和导管构成的实质性器官,其组织管状部分的上皮都具有相对较高的更新能力,能够进行再生和损伤诱导再生。肝干细胞的生物学特性及其医学应用的探索已成为研究的热点,为肝脏疾病及其他相关疾病的治疗带来了新希望。细胞移植是治疗肝衰竭很有希望的途径,急慢性肝衰竭患者通过细胞移植改善肝功能并延长存活时间以等待肝移植,或是一些急性肝衰竭患者通过再生能完全恢复而不需要器官移植。具有无限增殖能力的肝细胞、肝干细胞,以及来源于ESC和iPSC的细胞、MSC也是潜在的细胞来源。基于细胞移植的生物人工肝的开发更是为肝衰竭患者带来福音。随着实体瘤细胞免疫治疗的发展,越来越多新的免疫细胞治疗肝细胞癌的方法正在进行临床试验。相信在不久的将来,一定能为终末期慢性肝病、急慢性肝衰竭、肝脏代谢异常、肝细胞癌等肝脏疾病的治疗提供新的有效治疗方法。

第一节　肝脏的发生与肝干细胞

一、肝脏的发育

肝脏是人体内最大的实质器官,具有独特的结构特点,同时具有代谢、分泌、解毒等复杂的功能,胎儿时期的肝脏还具有造血功能。成人肝脏虽然不参与造血,但参与造血调节,并具有潜在的造血功能。肝脏复杂的结构和功能是从胚胎期逐渐发育生长而成的,是一系列生物学事件的有序结合。肝在发育过程中经历了内胚层阶段肝的特化、肝芽的出现、肝祖细胞的形成和增殖、肝细胞胆管细胞的分化、细胞成熟等过程。人类胚胎发育至第4周,内胚层前肠末端从腹侧壁向外伸出一内胚层囊状突起,形成肝芽,是肝与胆的始基,构成肝芽的细胞称为肝祖细胞。

肝芽迅速增大,很快长入原始横膈,在横膈中胚层细胞的诱导作用下,其末端膨大,分为头、尾两支。头支较大且生长迅速,其上皮细胞增殖、分化,形成许多细胞索并分支吻合,形成肝索,肝索内细胞不断成熟,最终发育为肝细胞。尾支较小,又称囊部,将演变成胆囊和胆囊管。肝祖细胞具有双向分化潜能,能向肝细胞和胆管上皮细胞分化。抑瘤蛋白 M(oncostain M,OSM)信号通路可促进肝祖细胞的肝向分化,进一步成熟为具有代谢功能的成熟肝细胞,表达肝细胞特有的蛋白酶如6-磷酸葡萄糖水解酶、磷酸烯醇式丙酮酸酶等。肝祖细胞向胆管发育的过程中,Notch信号通路被激活,抑制肝祖细胞的肝向分化,细胞角蛋白(ck)7、ck19、整合素34和肝细胞核因子(hepatocyte nuclear factor,HNF)13等胆管细胞标志物上调。胆管细胞根据各自所在的分支导管位置,在形态和功能上发生持续变化。

二、肝脏的再生

肝脏再生是指在正常生理或者病理情况下,部分肝细胞丢失或其功能丧失后,肝细胞重新修复的过程。肝细胞的寿命是200~300天,在正常肝脏更新中,肝细胞是被已有的肝细胞有丝分裂而不是干细胞所取代。在肝脏部分切除术后,有丝分裂更加强烈。已有实验证明,肝部分切除术后,有丝分裂信号可在血液中发现,而且两只连体大鼠中的一个肝切除术能诱导另一只大鼠的肝脏生长。肝脏再生的过程中,调节细胞周期的有三条细胞因子/生长因子信号通路,包括α肿瘤坏死因子(tumor necrosis factor-α)/IL-6、肝细胞生长因子(hepatocyte growth factor,HGF)、表皮生长因子(epidemal growth factor,EGF)/α转化生长因子(transforming growth factor-α)。其中HGF促进内皮细胞的生长和迁移,以及血管和组织结构的修复。任何途径的中断都可能延迟肝脏的再生,尽管如此,肝脏再生仍会完成,表明其他途径可能会代偿。当增殖结束,肝细胞以缺乏血窦和细胞外基质的10~14个细胞群的形式存在。随后通过凋亡、细胞运动、细胞外基质合成重新调控细胞数量,并重建血窦腔和Disse腔。

三、肝脏固有组织细胞与祖细胞

肝脏的固有组织细胞包括肝细胞、胆管细胞、内皮细胞、Kupffer 细胞、星状细胞。构成 80% 肝脏的肝细胞排列成两层肝小梁,肝小梁包围的毛细胆管将胆汁通过由肝细胞和胆管细胞混合排列构成的 hering 管输送到小叶间胆管。肝小梁被血窦分隔,血窦是由有孔的内皮细胞和 Kupffer 细胞排列而成。肝血窦有孔内皮和肝小梁之间的是 Disse 间隙。肝细胞有很多从表面突出到 Disse 间隙的微绒毛,为吸收提供很大的表面积。穿插在肝细胞中,并紧邻 Disse 间隙的是肝星状细胞。肝脏的细胞外基质主要集中在外部接地组织被膜、血管和胆管,少量存在于肝细胞(图 3-31-1)。

图 3-31-1　肝固有组织细胞结构

最近有研究利用单细胞测序技术,从 9 个人类肝组织中收集了 10 000 个单细胞转录组数据,构建了一个肝脏内细胞的单细胞测序图谱,鉴定并标记了已知的肝脏内细胞类型。随后,利用单细胞图谱分析了 EPCAM+ 细胞聚类中的细胞异质性,并从中鉴定出了一种未被识别过的介于肝细胞与胆管细胞分化倾向之间的具有双向分化能力的祖细胞。通过分析经典细胞增殖相关基因和成肝细胞经典标志物在该群细胞内的表达水平,确定了这个亚群的异质性不是由已知的人肝组织内某种类型的细胞增殖而来,因此该异质性应当来自该亚群本身。

四、外源性干细胞与肝脏微环境

肝干细胞不仅可以来源于肝脏本身,非肝源性干细胞也可以分化成肝干细胞,目前研究发现的主要有以下几类:ESC、HSC、肝内肝干细胞(卵圆细胞)、MSC、骨髓源性肝干细胞等。干细胞动员及归巢至受损肝脏的机制并不十分清楚。在肝部分切除术、肝脏炎症、缺血再灌注肝损伤时,受损的肝细胞释放趋化因子,使具有分化为肝细胞潜能的骨髓干细胞增殖、动员并归巢至受损肝脏。

肝细胞的生长不仅需要从血液中获取各种营养物质和氧,细胞外基质对于肝细胞形态结构的维持和生理功能的发挥也是必需的。肝细胞的分化表型和肝特有基因的表达与肝细胞立体结构的维持有关,在进行肝细胞大量培养时,需在培养皿中加入细胞外基质或载体,其目的就是最大

可能地模拟肝细胞生长的三维微环境。同时,肝脏中的非实质细胞,如血窦内皮细胞、Kupffer 细胞、肝星状细胞对生理状态肝细胞结构功能的保持和受损肝细胞的修复均有重要作用。此外,肝脏中还存在大量的细胞生长因子,发挥着刺激肝细胞增殖、分化的作用。

第二节　胎肝细胞治疗

一、胚胎肝脏的功能演变

肝脏是人体内具有多种代谢功能的重要器官,它不仅和糖、脂肪、蛋白质、维生素及激素的代谢有密切的关系,而且还具有分泌、排泄和生物转化等重要功能。肝脏的大部分功能在胎儿时期已经具有,出生后则进一步发展完善,但有一些功能则是胎儿肝脏所独有,在出生前或出生后这些功能就会消退,因此,胎儿肝脏的功能经历了一个不断发展演变的过程。

(一)造血功能

肝脏是胚胎的主要早期造血器官。在人类胚胎发育的第 4 周,横膈间叶细胞起源的造血细胞聚集的区域就开始产生血细胞。人胚第 6 周,造血干细胞从卵黄囊血岛迁入肝内增殖形成克隆,肝脏开始造血,肝体积和重量迅速增大;至第 10 周,肝占据腹腔的大部分,肝重为体重的 10%,主要分化为红系造血祖细胞,因此肝造血期以红细胞生成为主,亦可见巨核细胞和粒细胞,红/粒比例为 5∶1。粒细胞和巨核细胞的生成说明肝脏的造血微环境与卵黄囊不同。胎肝造血部位在血窦之外 Disse 间隙或血窦内,早期弥散分布,随之聚集成群,形成造血组织灶。第 7 周胚肝血窦内已有大量有核红细胞。胎儿期第 15~24 周,造血组织多而明显,是肝造血的旺盛期,此阶段造血组织占肝重的 30%。第 24 周后中幼粒及晚幼粒细胞增多,粒细胞的各期发育中细胞常散在于门管区。造血组织在胎儿后期逐渐减少,新生儿期仍能观察到少许造血组织灶。肝脏造血至成人时由骨髓取代,造血功能停止。但是在某些病理情况下,肝脏仍有可能恢复其造血功能。

(二)蛋白合成功能

甲胎蛋白(alpha fetoprotein,AFP)是发育中哺乳动物的一种高丰度血清糖蛋白,是由胚胎肝脏合成的早期蛋白之一。电泳区带位于白蛋白和 α 球蛋白之间。其浓度从妊娠开始后逐渐上升,胎龄 16~20 达高峰,以后逐渐下降。在原始的肝胚细胞 AFP 高度表达,因此 AFP 又被视为早期肝脏谱系的标志,同时还作为肝干细胞被激活的标志。出生后 AFP 迅速消失,如重现于成人血清中,则提示肝细胞癌或生殖腺胚胎瘤。此外,妊娠、肝病活动期和少数消化道肿瘤也能测得 AFP。肝脏是人体白蛋白唯一的合成器官,除白蛋白以外的球蛋白、酶蛋白、血浆蛋白质的生成、维持和调节都需要肝脏参与。

白蛋白的合成是肝细胞特有的功能之一,因此作为发育分化过程中肝细胞的特异标志,随着胚胎肝脏发育的进一步成熟,肝细胞合成分泌白蛋白的能力变强。人胚胎

第 8 周时肝细胞内就含有核糖核蛋白，胚胎早期就具有合成和分泌多种血浆蛋白的功能。细胞角蛋白（cytokeratin，CK）是一个多基因家族，主要在上皮细胞表达。迄今为止，已经发现至少有 20 种细胞角蛋白多肽，各种上皮细胞都有其特定的 CK 组成，因而 CK 是肝细胞鉴别中得到广泛应用的标志物之一。正常成人肝脏实质细胞的 CK 组成非常简单，仅由 CK8 和 CK18 组成，称为"肝细胞型"CK 组型，而胆管上皮细胞除含有 CK8 和 CK18 外，还有 CK7 和 CK19，称为"胆管型"CK 组型。

（三）其他

1. 糖原合成与贮存功能　肝细胞在胎儿期的功能就非常活跃，8~12 周时已能合成和贮存糖原，越到胎儿后期，肝细胞贮存的糖原量越多。

2. 胆汁分泌功能　肝索内毛细胆管于第 5~6 周出现，肝细胞分泌胆汁的功能则从第 9 周开始，并且不断增强，经胆小管及逐渐汇合而成的各级管道输送出肝。

3. 解毒功能　肝脏的解毒功能与滑面内质网密切联系，胎儿第 3 个月时，肝细胞具有丰富的滑面内质网，胚胎肝脏才具有解毒功能，但是能力较弱，出生后，在外环境因素的影响下，滑面内质网才逐渐发育并建立生物转化等功能。

二、胚胎肝细胞悬液移植在多种肝病中的应用

20 世纪 80—90 年代，是临床上胚胎肝细胞悬液输注移植治疗各种肝病的黄金时代，关于胚胎肝细胞移植治疗各种肝病的临床疗效的资料，多数是来源于国内的相关报道。

胎肝细胞悬液输注治疗肝硬化、重症肝炎是 20 世纪 80 年代末兴起的新疗法，该法对降低黄疸有显著效果，对改善凝血功能和血清蛋白情况，以及促进脾脏回缩也有一定疗效，尤其是对绝大部分患者的乏力、纳差等临床症状的改善有肯定的效果，对部分贫血患者也有明显改善。胎肝细胞悬液在我国来源较广，制备方法较简便，且输注中无明显的副作用，是治疗失代偿期肝硬化患者一种可供选择的疗法。

胎肝细胞悬液治疗肝硬化的可能机制可能有以下几个方面：①胎肝细胞植入后，在受体内发挥正常肝细胞的功能，对机体代谢起到暂时的补充支持作用。②胎肝细胞内有着丰富的肝细胞再生刺激因子、免疫调控因子、类激素样物质，能刺激肝细胞的再生与增殖。③活性物质的调节作用，现已知胎肝中含具有生物催化作用的简单蛋白质、微量元素及多种酶类和各种氨基酸（如亮氨酸、精氨酸和鸟氨酸等），这些物质可对失代偿硬化肝脏起到有利的调节作用。④胎肝细胞作为同种异体抗原，刺激体内的 T 淋巴细胞，使细胞的活力增强，从而提高受体免疫功能。⑤胎肝细胞内有约半数的造血细胞，可以增强造血功能，提高机体抵抗力。⑥胎肝细胞具有合成白蛋白及肝糖原的功能，并有解除氨及其他代谢物毒性的作用。

胚胎肝细胞移植在肝病领域里的临床实践，近年来已基本处于停滞状态。造成这一现象的原因除了伦理问题，另一个主要原因是，作为胚胎肝细胞悬液治疗肝病疗效最主要的成分之一的肝细胞生长因子（hepatocyte growth factor，HGF），已被成功地制备和商品化生产出来，并在临床上广泛应用。其在疗效上与胚胎肝细胞悬液移植的相当，又具有简便、易行、副作用少、来源充足（不依赖于胎儿肝脏）、便于储存和随时应用、不涉及伦理和人权问题等优点，目前已基本取代了胚胎肝细胞悬液移植在肝病领域的应用。

第三节　成体肝细胞移植

成体肝细胞移植（hepatocyte transplantation）是在肝移植的基础上发展起来的，用于重症肝病的治疗，可使患者恢复某些肝脏代谢功能，为自身肝细胞的再生或过渡到肝移植赢得时间。把肝细胞种植到人工肝装置上以便形成与正常天然肝脏组织相似的结构，即生物人工肝，可视为一种特殊形式的细胞移植。肝细胞移植具有很好的应用前景，它不但可以作为一种支持性疗法以治疗各种重症肝病如急性肝功能衰竭，还可以作为基因治疗的载体以治疗遗传性疾病。

肝细胞移植有两种类型：自体肝细胞移植和异基因肝细胞移植。自体肝细胞移植要通过手术从患者肝脏取下部分组织分离成单个细胞，若用于基因治疗，还必须用正常的目的基因和不同的启动子/增强子构建载体，然后用带有正常目的基因的载体转染要移植的肝细胞，再把它们移植到患者适当的部位。这种基因修饰的自体肝细胞移植不涉及排斥反应和免疫抑制药物问题，在治疗家族性高胆固醇血症等遗传性疾病中已有了成功的尝试。与自体肝细胞移植相比，异基因肝细胞移植则有两大优点：①不必对受者进行手术取肝组织，不必对移植细胞进行基因修饰；②可反复进行移植尝试。其缺点是受者要作免疫抑制治疗。

一、肝细胞移植部位

（一）肝内肝细胞移植

理论上肝脏是肝细胞植入的最适脏器，肝脏的细胞间质最有利于肝细胞生存和增殖，也只有在肝脏，肝细胞才可以形成其极性并分泌胆汁。门静脉系统是肝细胞移植最常选择的移植部位。世界上第一例以肝细胞移植为基础的基因治疗就是把肝细胞植入肝脏的门静脉系统，其可行性和安全性已经完全得到证实。在评价肝内肝细胞移植后植入细胞的命运时，需要对植入的肝细胞进行标记，以区分植入细胞和宿主细胞。重组 DNA 技术对此研究起着很大的推动作用。带有报告者基因（如 Lac-Z）的肝细胞株正用于肝移植研究。

（二）脾内肝细胞移植

在已尝试各种异位肝细胞移植部位中，脾脏髓质是移植肝细胞存活和功能发挥的最佳部位。在肝细胞植入的最初几小时，肝细胞成团分布在脾脏红髓内，脾包膜下也发现肝细胞。最初 2~3 周脾内肝细胞的线粒体出现肿胀，胞膜及核膜出现不规则现象，随后便恢复正常的结构。2~3 个

月后，移植的肝细胞形成圆形、玫瑰花状并出现假腺泡。移植的肝细胞持续生长而导致脾脏"肝化"，经过数个月后，40%的脾脏为植入的肝细胞所代替。植入的肝细胞仅限于脾脏的红髓，随后迁移到白髓。

电镜检查证实，在移植肝细胞内存在肝细胞特异性细胞器，如过氧化体等。胆小管和窦状结构明显可见。各种功能检查证实糖原、白蛋白、6-磷酸葡萄糖酶和尿素循环酶存在于移植肝细胞内。代谢性研究也证实，在移植肝细胞中存在活跃的尿素循环和细胞色素 P450 系统。白蛋白分泌、胆红素葡萄糖磷酸化和有机阴离子清除等功能在移植肝细胞也正常。用同位素 ^{131}I 标记的肝细胞移植研究表明，植入脾脏的肝细胞约有 50% 迁移到肝脏内，约有 10% 留在脾内，约有 3% 迁移到肺和胰腺内。

二、其他肝源细胞

肝细胞移植作为一种肝移植的替代治疗手段，为治疗肝功能衰竭、纠正遗传性肝缺陷提供了新的措施。然而，由于缺乏长期疗效，限制了肝细胞移植技术在临床上的应用，原代肝细胞连续培养问题、肝源细胞匮乏和以细胞灌注技术为主的某些技术问题也使得肝细胞移植研究徘徊不前。20 世纪 90 年代，国内外许多学者探讨了人胎肝细胞悬液治疗重型肝炎和慢性肝病的研究，充分肯定了胎肝细胞悬液的治疗效果。但由于应用人胎肝的伦理学和法律的限制，胎肝细胞治疗在临床上的应用难以实施。

20 世纪末，干细胞的研究进展和技术进步，给肝细胞移植研究带来新的契机。可用于肝细胞移植的肝源细胞有：①胚胎干细胞；②肝干细胞；③间充质干细胞；④成纤维细胞分化的肝细胞；⑤肝祖细胞样细胞。干细胞根据其来源不同可分为胚胎干细胞和成体干细胞两大类。ESC 是来源于人和动物胚胎内细胞团或原始生殖嵴的一种多能细胞系。但 ESC 诱导分化的组织特异性细胞用于患者的细胞替代治疗，相当于异体移植，仍存在免疫排斥的问题。近年来的研究发现，成体干细胞可在一定条件下跨系和跨层分化，而且可以取自患者本人，在体外定向诱导分化后移植给患者，不存在免疫排斥。因此，成体多能干细胞的研究，以及分化方法的探讨成为肝细胞移植的又一研究热点。

（一）胚胎干细胞

在合适的培养条件下，ESC 可以分化形成多种类型细胞，如可诱导分化为神经、造血、心肌、肌肉、内皮、血管和软骨等细胞。正是由于具有这种在体外培养条件下保持未分化状态的增殖能力和分化为多种类型细胞的潜能，使 ESC 成为一种研究哺乳动物细胞分化、组织形成过程的基本体系，也成为临床细胞移植治疗新的细胞来源。有研究从 ESC 培养出肝细胞，移植给患有先天性尿素循环障碍的新生儿作为替代治疗，直至肝移植的病例报道。

（二）肝干细胞

成体干细胞存在于各种组织器官中，它们通过取代失活的细胞或修复损伤的途径来维持组织内环境的稳定。近年来，国内外学者先后发现了肝干细胞的候选细胞，并建立了体外分离培养方法，对肝干细胞的分化诱导条件、细胞微环境、影响分化因子等进行了较为深入的研究。肝干细胞可根据来源不同分为肝源性和非肝源性两类。肝干细胞的分化和发育是一个复杂的过程，同其他干细胞类似，经过肝干细胞→肝卵圆细胞→小肝细胞→肝细胞和/或胆管细胞。目前已知的细胞因子，尤其是生长因子，在肝干细胞的增殖分化过程中起重要作用。Suzuki A 等发现，肝细胞生长因子（HGF）在体外能诱导纯化的白蛋白阴性肝干细胞向白蛋白阳性肝细胞分化，抑瘤素 M 促进其向色氨酸-2,3-加双氧酶阳性的成熟肝细胞分化。而且在 HGF 的诱导转化过程中，干细胞表达 CCAAT 增强子结合蛋白（CCAAT/enhancer binding protein，C/EBP），当 C/EBP 功能受到抑制时，干细胞仅增殖而停止向肝系细胞分化。Wnt 信号和细胞外基质有利于肝干细胞向肝细胞的分化。在肝干细胞向成熟细胞分化的过程中，细胞形态变化的同时，也表达细胞成熟分化因子。目前认为，GATA 盒、HNF4α、HNF3α、HNF6 转录因子在肝干细胞的成熟过程中起重要作用。基因敲除技术证实，HNF4α（-/-）胚肝无法形成成熟的肝脏。此外，多种生长因子、白介素、整合素在肝干细胞分化的不同阶段都有不同的表达，对于精确调控肝干细胞分化有重要作用。

（三）间充质干细胞

间充质干细胞（mesenchymal stem cell，MSC）是目前备受关注的一类具有可塑性的成体干细胞。MSC 因其具有高度的自我更新能力和多向分化潜能，以及取材方便、体内植入后不良反应较弱等优点，将成为肝细胞移植的理想种子细胞。

Petersen 等将雄性大鼠的骨髓植入放射线致死量照射的同系雌性大鼠体内，通过 Y 染色体探针原位杂交和不同基因表型的检测发现，9 天后受体大鼠的肝内有供体骨髓来源的肝卵圆细胞，呈 Y 染色体阳性，这种卵圆细胞表现出较强的增殖分化能力，能够分化为成熟的肝细胞。另有研究证明，患者骨髓移植后，供体骨髓也能分化为肝细胞和胆管细胞而参与肝损伤的修复。这些实验表明，外源的 MSC 能够掺入到不同的组织，为肝细胞移植治疗提供了新的细胞来源。

（四）成纤维细胞向肝细胞的转分化

研究者将一种新的重新编程策略，通过模仿自然再生路线，产生可增殖的肝祖细胞和功能正常的人类肝细胞。他们将成纤维细胞诱导为人肝祖细胞样细胞（human hepatic progenitor-like cell，hHPLC），体外扩增效果好，体内移植效果也很好。此外，hHPLC 在体外可以有效诱导为成熟的人肝细胞，其分子特征与人原代肝细胞高度相似。

（五）肝祖细胞样细胞

成熟的啮齿动物肝细胞可以使用小分子抑制剂重新编程为具有再生能力的祖细胞。研究者用同样的方法从人类婴儿肝细胞中获得肝祖细胞。这些细胞被称为人类化学诱导的肝祖细胞（human chemically induced liver progenitor，hCLiP），在移植后受伤的小鼠肝脏中具有显著的再生能力。hCLiP 经肝成熟诱导因子处理后，在体外重新分化为成熟的肝细胞。这些重新分化的细胞在对 CYP 诱导分子的反应中表现出细胞色素 P450（CYP）酶活性，这些活性与人类原代肝细胞的活性相当。另有学者通过传递与发育相关的线索（包括 NAD 依赖的去乙酰化酶 SIRT1 信号）实现人原代肝细胞到肝祖细胞样细胞（hepatocytes into liver progenitor-like cell，HepLPC）的有效转换的方案。这些 HepLPC 可在体外传代过程中显著扩增。在体外和体内移植时，扩张的细胞可以很容易地转化回具有代谢功能的肝细胞。

原代肝细胞在体外具有较低的扩增潜能，这是肝疾病细胞治疗和体外生物筛选的主要局限性。有学者通过多种生长因子和小分子模拟肝脏再生的信号通路，利用药物来诱导增殖人类肝祖细胞（hepatic progenitor cell，HPC）。来自健康捐赠者和儿童患者的人造血干细胞在保持其基因组稳定性的同时迅速增殖，并可在体外重新分化为代谢能力强的细胞，三维培养提高了再分化效率。最后，转录组分析显示，与 iPSC 衍生的类肝细胞相比，HPC 与成熟肝细胞的关系更为密切。研究者认为，HPC 诱导有望在体外疾病建模、个性化药物测试或代谢研究，以及生物人工肝的开发等方面得到广泛应用。

肝细胞移植是扩大肝移植供体的一个方法。相对而言，肝细胞移植技术比较简单，但要获得具有足够功能的成活移植肝细胞并使其发挥出各项功能目前还很困难。体内外试验证实，成活肝细胞能合成蛋白质和胆红素，因此对一些先天性肝脏代谢类疾病，肝细胞移植可能更具有前途。如何改善移植肝细胞的载体，选择合适的肝细胞移植部位，使肝细胞能大量地生长和分裂，并减少免疫排斥反应对移植肝细胞的破坏，是使移植肝细胞长期存活和发挥全部功能的关键，也是今后研究的热点。

第四节　生物人工肝

早期人工肝装置的设计以提供祛除血液中小分子毒物的功能为主，与人工肾有着相似之处。早期人工肝技术包括：血液透析、血液/血浆灌流、血液滤过和血浆置换。随着对非生物型人工肝的认识不断加深，促进了另外一些技术性能更好的透析或血液净化装置的产生。血液透析对分布容积大、弥散性强的小分子清除能力强，而分子量在 15~20kDa 之间的较大分子，血液滤过效果较好。血浆置换对于内毒素和与白蛋白结合的物质清除效果好，除了解毒功能外，还能补充白蛋白、凝血因子和其他血源性生物活性物质。

为克服上述单一方法的不足，提高临床疗效，近年有把以上方法联合应用，并在肝病治疗方法上取得一些令人瞩目的进展，如把活性炭、树脂和透析的方法结合起来构成生物透析治疗系统（biologic-DT），将体外白蛋白再循环系统、活性炭、树脂和透析等方法组成的分子吸附再循环系统（molecular absorbent recirculating system，MARS）能清除脂溶性、水溶性及与白蛋白结合的大、中、小分子量的毒素，同时对水、电解质和酸碱平衡失调有一定的调节作用。随着

对肝衰竭病理生理的认识不断深入，人们发现对肝功能衰竭的体外支持，不仅要清除毒素，而且需提供更全面的肝脏功能支持，包括替代肝脏的解毒、合成、转化及分泌等功能。

生物型人工肝（bioartificial liver，BAL）和组合型生物人工肝（hybrid bioartificial liver，HBL）就是基于上述理论设计的。所谓 BAL 是指在组成中含有活的生物成分，如活的器官、组织或细胞的人工肝支持系统，在生物反应器中模拟正常肝脏的代谢解毒及蛋白质合成功能。而 HBL 则指把前述生物部分与血液灌流、血浆置换等非生物型人工肝方法结合构成的人工肝支持系统，先通过物理吸附作用快速清除血浆中的部分有害物质，再和生物人工肝的生物转化功能达到更好的治疗效果。理想的人工肝支持系统应该解毒氨、胆红素、胆汁酸等有毒物质，提供白蛋白和凝血因子的合成，减少炎症反应，促进细胞再生。人工肝的适应证有：①重型病毒性肝炎，包括急性重型、亚急性重型和慢性重型肝炎。②其他原因引起的肝功能衰竭，包括药物、毒物、手术、创伤、过敏等。③晚期肝病肝移植围手术期治疗。④各种原因引起的高胆红素血症（肝内胆汁淤积、术后高胆红素血症等），内科治疗无效者。

一、细胞来源

（一）人类肝细胞

具有成熟肝细胞特征的人类肝细胞是生物人工肝最理想的细胞来源，然而其来源非常有限，因为分化了的成熟肝细胞在体外很难扩增，且供体缺乏。通过基因工程创造一种理想的细胞株是生物型人工肝的另一细胞来源。胎肝细胞在体外可以扩增，也可能在刺激下分化，但由于伦理学的限制，较难在临床上大面积使用。肝卵圆细胞具有高度增殖及多向分化的潜力，培养条件下可获得无限增殖和分化的肝细胞。肝干细胞被考虑作为生物人工肝的细胞来源之一，应用患者自身干细胞培养分化成的肝细胞用于人工肝治疗或细胞移植，在将来会成为可能。

（二）原代猪肝细胞

由于易获得性和高功能活性，原代猪肝细胞是最常用于生物人工肝的细胞之一。新鲜分离的肝细胞表现出明显的尿素合成、扑热息痛代谢和 P450 活性。1976 年 Seglen 发明的胶原酶灌注方法，仍然是今天分离肝细胞的首选方法。原代培养的猪肝细胞是另一种最常用的细胞来源。然而，在不同供体之间，这些细胞的代谢活性不同，如果培养时间大于 5 天，其功能明显减弱，种到生物反应器内存活的肝细胞明显减少。然而，猪内源性逆转录病毒（porcine endogenous retrovirus，PERV）具有猪传人异种动物性感染的潜在风险。目前没有证据表明其在人体内产生异种感染，长期免疫抑制患者在接受载有猪肝细胞的生物反应器治疗时没有发现 PERV 感染。

（三）肝癌细胞系

因 HepG2、HepaRG 人肝癌细胞系容易获得且分泌人蛋白质，最常用于生物人工肝。肝肿瘤衍生的细胞系 C3A，HepG 的亚克隆，已经被 ELAD 系统用于临床试验，C3A 虽然具有蛋白质分泌功能，然而它们缺乏尿素循环的相关基

因,表现出尿素生成和氨清除能力下降。装载有 C3A 细胞的 ELAD 系统的临床疗效有限,不能显著延长患者的生存期。HepaRG 细胞系是人双能肝祖细胞系,可分化成肝细胞簇,因此 HepaRG 细胞非常适合生物人工肝的应用。

（四）永生化细胞系

将人原代肝细胞转化为永生化前体样细胞（iHepLPC）可使人原代肝细胞实现体外快速多代次的增殖。常见的人肝细胞永生化的方法有 Large Tantigen、猿猴病毒 40 大抗原基因（SV40LT）、人端粒逆转录酶（hTERT）转导、Cre loxp 等。Large Tantigen 抑制 pp2A 的磷酸酶活性,实现细胞的无限增殖。Large Tantigen 建立的永生化细胞成熟且稳定,获得尿素生成功能强的细胞,在后期的 BAL 应用中可以减轻患者肝性脑病的症状。为避免 SV40LT 致瘤的风险,研究人员用 Cre loxp 酶特异性重组敲除可逆永生化人肝细胞中的靶向 SV40LT 基因,建立可逆永生化细胞系。永生化人肝细胞与人星状细胞共培养,或用微囊化大规模培养,可改善永生化人肝细胞的分化等级和功能,这些细胞可作为生物人工肝的选择。

（五）干细胞诱导的肝细胞

人胚胎干细胞（hESC）、诱导多能干细胞（iPSC）和骨髓间充质干细胞（BM-MSC）等干细胞可以诱导分化为功能性肝细胞。hESC 从人受精胚胎囊胚的内细胞团中分离出来,具有强人的自我更新和多功能分化的潜能。hESC 具有产生功能性肝细胞的潜能,可以作为细胞替代疗法和肝细胞移植的肝细胞源。3D 共培养系统中,胶原支架和超纤维纳米纤维可以促进肝细胞分化。iPSC 具有胚胎干细胞的特征,包括形态学、关键多能基因的表达、无限的自我更新能力。人类 iPSC 可以有效诱导成功能性肝细胞样细胞。人类间充质干细胞包括骨髓间充质干细胞（BM-MSC）、人脂肪间充质干细胞（hADSC）等。骨髓是造血干细胞和间充质干细胞的储存库,来自 hBM-MSC 的肝细胞样细胞已经成为原代细胞的替代物。hBM-MSC 可以有效地诱导成功能性肝细胞。hADSC 有相似的分化为肝细胞的潜能,且获取比较容易。

二、生物反应器

生物反应器是在体外进行生化反应的装置系统,它作为另一大核心要素,主要为种子细胞提供良好的生长代谢环境、物质交换及免疫隔离等。目前已报道的生物反应器类型主要有:中空纤维管式、微囊悬浮式、单层/多层平板式、流化床式等。其中最常用的是中空纤维管式生物反应器,但该型反应器细胞黏附差,容易聚集,从而堵塞中空纤维孔隙,不利于物质的交换和氧合,且使用该型生物反应器的 ELAD 人工肝系统宣布Ⅲ期临床试验失败,进一步证明了该型生物反应器的缺陷。在体内,正常肝脏的肝细胞与血液是直接接触的,气体及物质交换有极高的效率,而纤维素半透膜应用于生物反应器虽然有其优点,但却限制了物质交换的量和速度,因而有些学者试图探索不含纤维素半透膜的反应装置。

目前已用不同材料设计出了几种不包括半透膜的生物反应器,实验表明,肝细胞在这些反应装置中可植入的数量及细胞形态、代谢功能等都较为满意,如聚酯织物生物反应器、聚乙烯树脂生物反应器、聚氨酯泡沫生物反应器、液流床式生物反应器等。如何使生物反应器模拟肝脏的组织结构,为培养肝细胞提供良好的生存及代谢环境,是今后研究的难点之一,需要材料学、工程学、化学等多学科交叉发展。

三、常见生物人工肝

生物人工肝支持系统由装有肝细胞的生物反应器和净化装置的体外灌流系统组成,除了血液净化的功能外,还具有生物合成、分泌和能量代谢等功能。目前常见的生物人工肝有 Hepatassist 生物人工肝,以猪肝细胞微载体基于中空纤维反应器结合,患者血液先经该系统净化装置清除有毒物质,之后通过氧合器装置供氧,再通过携带猪肝细胞的生物反应器,去除血氨、胆汁酸等有毒物质,同时还可以补充白蛋白、葡萄糖等物质,最后回输到患者体内。尽管研究证明没有猪逆转录病毒感染的安全问题,但临床疗效仍有争议,处于Ⅲ期临床阶段。球储灌生物型人工肝（spheroid reservoir bioartificial liver,SRBAL）由 Mayo 医学中心开发,培育并利用 FAH-deficient 猪作为生产人源性肝细胞的生物工厂（图 3-31-2）。

模块化体外生物型人工肝系统（Modular extracorporeal liver system,MELS）由柏林夏洛特医学中心开放,MELS 主要包括生物反应器、血液透析滤过系统和白蛋白透析系统。装置包含交联在细胞室内的聚醚砜和疏水性多层中空纤维束,毛细血管滤膜构成的三维架构,使用原代人肝细胞为解毒单元。该系统可以提前制作好装置让肝细胞适应新环境,也可促进肝细胞再生并控制细胞质量。生物型人工肝（Amsterdam Medical Center bioartificial liver,AMC-BAL）由荷兰阿姆斯特丹医学中心开发,以猪原代肝细胞、亲水聚酯矩阵为生物反应器。由于涉及异种移植的问题,使用人类肝癌细胞系（HepaRG）作为该装置的肝细胞来源。

除了国外的生物人工肝系统,我国也有多个创新成果,其中典型代表有浙江大学李兰娟团队的混合型人工肝支持系统（hybrid artificial liver support system,HALSS）,该方法应用内含 5×10^9 以上猪肝细胞的生物反应器结合血浆置换装置,并用于治疗 15 例慢性重型病毒性肝炎患者。每次治疗后,患者的临床症状不同程度减轻,腹水减少,总胆红素明显下降,凝血酶原活动度上升。15 例患者中 11 例好转出院,4 例患者病情无好转死亡,治疗过程中未发生严重不良反应。中国科学院生物化学与细胞生物学研究所惠利健团队研究了基于人工诱导的功能性肝细胞（human induced functional hepatocytes,hiHep）构建的一种新型生物人工肝支持系统（hiHep-BAL）。hiHep 细胞由人源性的成纤维细胞经过转分化获得,能发挥类似肝细胞的代谢和合成功能（图 3-31-3）。他们进行了一项单中心单臂研究,入组了 10 例慢加急性肝功能衰竭（acute-on-chronic liver failure,ACLF）患者,患者在接受内科综合治疗效果不明显的情况下,接受了 1 次或 2 次 hiHep-BAL 治疗,结果显示患者均耐受,胆红素下降,凝血功能改善,MELD 评分明显

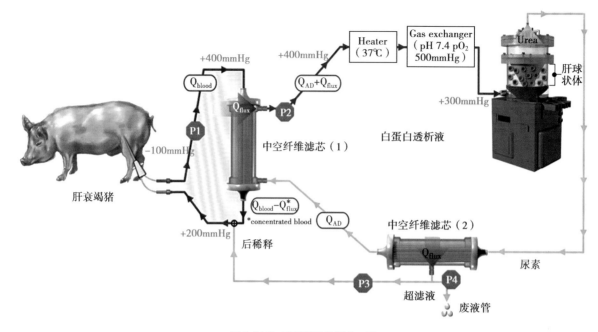

图 3-31-2 球储灌生物型人工肝

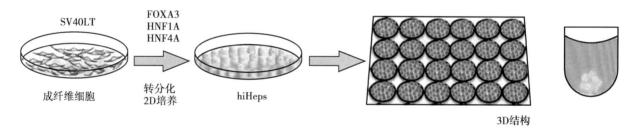

图 3-31-3 具有改善的肝结构的 hiHep 类器官

下降。武汉全干医疗公司周平团队在武汉大学中南医院完成了 6 例生物人工肝的临床试验,患者总胆红素下降均在 40% 左右,胆汁酸下降幅度在 35% 左右,治疗效果等同于同期的几例血浆置换治疗,疗效的持续时间更优。

生物人工肝的研究集中在以下两个方面:肝细胞源、生物人工肝有效性与安全性的改进。生物型人工肝在治疗肝衰竭方面有很好的发展前景,然而还面临难题,如寻找合适的细胞来源,如何使现存的生物反应器发挥供氧、分泌白蛋白、氨清除功能等。目前生物人工肝的研究大多数处在动物实验或者小规模的临床试验阶段,期待大规模的临床试验,让生物人工肝造福人类。

第五节 肝干细胞的研究与策略

肝干细胞是肝脏组织内存在的一类具有潜在分化为肝细胞能力的细胞群,这类细胞应包括肝细胞本身,因为在肝脏的再生修复过程中,肝细胞的去分化、增殖、再分化是肝细胞再生的主要机制。当肝脏损伤严重或持续存在时,肝脏内存在的干细胞,如卵圆细胞,开始增殖、分化为肝细胞或胆管细胞,以补偿肝细胞的损害。肝干细胞既存在于胚胎发育早期的胎肝,又存在于成体动物体内的肝脏。

一、肝干细胞的基本特性

肝干细胞包括两方面的特征,即具有干细胞的高增殖和分化能力,又不同于其他干细胞而具有向肝细胞和胆管细胞分化的潜能。在脊椎动物,肝细胞的增殖能力很强,经过 2~3 次分裂即可补偿损失的细胞。一般情况下,肝干细胞都处于"静止"不分裂状态,肝干细胞只有在肝脏受到严重损伤,尚存的肝细胞分裂增殖不能弥补损失的细胞后才被激活。体内的肝干细胞池的细胞很少,总数保持相对稳定,一旦肝干细胞活化,开始分裂增殖,肝干细胞池的细胞数增多,并不断向肝细胞和胆管细胞分化,补偿肝细胞的不足。在一定条件下,骨髓细胞也能参与肝脏的修复。肝干细胞的分化是在肝细胞内特异基因的调控下,在肝脏微环境的诱导下进行的,是一个缓慢的过程。肝干细胞分化也同其他干细胞类似,肝干细胞→肝卵圆细胞→小肝细胞→肝细胞或胆管细胞。

肝干细胞的增殖和分化调控总体上可以分为细胞内调控和细胞外调控。细胞内调控包括转录因子和生命周期调控;细胞外调控包括生长因子、细胞间作用及细胞外基质调控。研究显示,不仅 HGF、IFN-γ、EGF、TGF-α、TGF-β1、IL-6 血浆纤维蛋白溶酶原激活因子、过氧化物酶激活因子、淋巴毒素-β 等细胞因子和炎症因子对肝干细胞有调控作用,而且肝脏星形细胞及细胞外基质对肝卵圆细胞的增殖分化有重要作用。HGF 能激活肝干细胞,与其受体 c-Met 结合,促进卵圆细胞有丝分裂及增殖,此外,HGF 作为一种分散因子(scatter factor),能够促进卵圆细胞的迁移,这对于卵圆细胞的分化成熟有重要意义。HGF 还能诱导骨髓细胞向肝系细胞分化。EGF、TGF-α 均是促有丝分裂因子,均能与膜受体 EGFR 结合,促进卵圆细胞的增殖。而 TGF-β1、地塞米松能抑制肝卵圆细胞的增殖。

二、肝干细胞的候选细胞

根据肝干细胞起源的不同,可将其分为肝源性肝干细胞和非肝源性肝干细胞,前者主要来源于肝内未分化肝卵圆细胞,后者主要来源于骨髓造血干细胞及胰腺上皮细胞等。

(一)肝卵圆细胞

目前认为肝卵圆细胞是肝干细胞的一种中间前体细胞,可能存在于成年动物肝脏,定位于移行胆管细胞和/或终末小胆管形成的 Hering 管或来自胆管旁的胚胎样细胞。在正常情况下,卵圆细胞处于休眠期,含量非常少,通常情况下无法检测到,只有当肝脏损伤后,肝细胞的增殖受到抑制,卵圆细胞开始活化。卵圆细胞的增殖也见于一些病理条件下,如严重的肝损伤,肝细胞的增生受到阻止。研究证实,卵圆细胞具备自我更新、多项分化潜能等肝干细胞的特征,细胞具有克隆形成能力和双分化能力,在特定的病理生理条件下能分化为肝上皮细胞和胆管上皮细胞。卵圆细胞表达 CK7、CK8、CK18、CK19、白蛋白、AFP、Thy-1、SCF/c-kit、CD34、Flt-3R 等标志。细胞直径 10~12μm,核呈卵圆形,核质比例高。肝卵圆细胞表达 CD34、Thy-1 和 c-kit,以及 flt-3 受体,这些标志物都在骨髓造血干细胞中有表达,提示卵圆细胞的另一个来源可能是骨髓造血干细胞,示踪试验提示"迁移细胞"在肝内先变为嗜碱性肝细胞,然后分化为成熟肝细胞。

肝卵圆细胞的活化增殖与肝脏的生理病理微环境变化有关系。在生理状况下,肝卵圆细胞数量甚少,在肝化学性损伤、病毒性炎症、肝切除(结合肝细胞生长抑制剂)、肝硬化,以及某些遗传性疾病状况下,在肝内的细胞因子介导下,使其活化,参与肝脏的细胞增殖和功能修复,如 TGF-α、TGF-β1、IFN-γ、HGF、EGF、淋巴毒素-β、血浆纤维蛋白溶酶原激活因子、过氧化物酶激活因子,而且肝脏星形细胞也参与肝卵圆细胞的增殖分化。在有些人类肝脏疾病中,如急性或完全性肝外胆管阻塞中并未见到肝卵圆细胞;在单纯部分肝切除术后,肝卵圆细胞的增殖不明显。

(二)胎肝前体细胞

由于成年肝脏中干细胞的含量非常少,研究者将目光投向胚胎肝脏。大部分实验研究基于大、小鼠的胚肝。在鼠的胚肝中,具有干细胞性的细胞含量相对较高,为 2%~5%。大鼠胚龄 9.5~15 天(小鼠胚龄 8.5~15 天),其肝细胞形态均一,核质少,有少量液泡,在此期间的细胞大部分被认为有双分化能力。

(三)胚胎干细胞

ESC 是指从囊胚期的内细胞团中分离出来的尚未分化的胚胎细胞,可分化形成各种类型的组织。ESC 具有在体外无限增殖并保持分化成所有细胞类型的特性,理论上可以向 3 个胚层的任何类型细胞分化,其中也包括肝细胞。已有研究表明,ESC 对大鼠肝衰竭和小鼠肝硬化均有显著疗效。Hamazaki 等成功地在体外将小鼠胚胎干细胞定向分化为成熟肝细胞。在未添加任何生长因子的情况下能表达内胚层特异性基因,如 AFP、甲状腺转运蛋白、α₁-抗胰蛋白酶及白蛋白;而在添加生长因子的情况下,能表达肝细胞后期分化标志,如酪氨酸转氨酶及葡萄糖-6-磷酸酶。该研究的意义一是证实 ESC 可在体外定向分化成肝细胞;二是利用该系统可研究肝发育中生长因子的作用及细胞内信号转导机制。目前,有关 ESC 研究的限制主要集中在伦理学、组织相容性和移植后畸胎瘤发生等方面。

(四)骨髓/血液干细胞

成年动物骨髓细胞能分化为多种组织细胞,不仅能向骨骼肌细胞、心肌细胞、神经细胞分化,而且能向肝细胞分化,这说明骨髓干细胞可能是肝干细胞的一个来源。骨髓来源的干细胞主要含造血干细胞(HSC)和 MSC。MSC 在骨髓中含量最多,在其他组织器官如脐带组织、脐带血、胎盘、外周血、脂肪组织中的含量也较丰富。在适当条件尤其是肝脏损伤的情况下,骨髓 MSC 可以分化为肝细胞样细胞,这些分化细胞表现出成熟肝细胞的形态和特征,如表达肝细胞特异性基因,具有合成和分泌白蛋白、储存糖原、代谢尿素及解毒功能等。

(五)诱导多能干细胞

已有研究显示,诱导多能干细胞(iPSC)可以诱导分化为肝细胞,也可将人原代肝细胞重编程为肝细胞来源的 iPSC,此 iPSC 可定向诱导分化为内胚层细胞、肝祖细胞和成熟的肝细胞。有研究发现,小鼠 iPSC 可以在四倍体囊胚中发育成完整的胎肝,同时人 iPSC 可在体外诱导分化为具备相关功能的肝细胞样细胞。有研究者建立了以代谢性疾病患者真皮成纤维细胞制备的人 iPSC 系平台,此 iPSC 系能诱导分化成具有肝细胞表型、基因型和功能的肝细胞样细胞,显示出较强的治疗潜力。

三、肝干细胞的研究策略

肝干细胞研究的意义主要在于:肝干细胞可用来研究肝细胞发育、生长、增生、再生、纤维化及癌变的生理与病理生理过程;肝干细胞将极有可能通过肝细胞移植、生物人工肝和基因治疗,在肝病及肝脏相关疾病如血液病及免疫缺陷病的治疗上发挥重要作用。

目前对处于不同阶段和时期的肝细胞,应重在阐明每种细胞分化和成熟的机制,以及明确每种细胞在肝系细胞中扮演的角色。肝干细胞的分化成熟可能与其他细胞一样,在特定的环境作用下细胞内肝特异性核转录因子活化,表达肝细胞特异性蛋白和表面标志。为弄清肝干细胞分化成熟的过程,我们必须建立一个肝干细胞的分化、成熟都可自由控制的,且可对肝脏的其他类型细胞,如星形细胞、窦状小管上皮细胞和 Kupffer 细胞进行研究的全新的培养体系。肝干细胞的研究吸引了越来越多的科学家投身这一领域。当前，关于肝干细胞的研究策略主要有以下几个方面：

（一）从胚胎干细胞向肝细胞的诱导分化

探讨胚胎干细胞（ESC）向肝细胞的分化机制吸引着许多学者。有报道表明，ESC 具有分化成多种组织细胞的潜能，并可以在体外诱导分化为人类所需的各种组织细胞，如心肌细胞、神经元、胰腺细胞、造血细胞等，为人类治疗某些疾病带来新的希望。Jones 等以 β 半乳糖酶、AFP、白蛋白和转铁蛋白等为标志在体外证明小鼠 ESC 可诱导分化为肝细胞，为研究人类 ESC 向肝细胞分化的研究奠定了基础。肝细胞核转录因子、HGF、ECM 等皆可能作为 ESC 向肝细胞诱导分化研究的对象。

（二）核移植胚胎干细胞

核移植胚胎干细胞（nuclear-transferred embryonic stem，ntESC）是克隆技术和胚胎干细胞技术结合的产物。由于移植细胞的来源不足和机体的排斥反应问题，限制了肝细胞疗法的发展。细胞核移植（nuclear transplantation，NT）技术为解决这一问题提供了新的手段。当前的研究证明，利用细胞 NT 技术，可从成年的体细胞获得个体化的人 ntESC，该细胞与提供细胞核患者的遗传特征完全相同，这将同时解决供体器官严重缺乏和移植排斥反应两大难题。因此，该技术已成为当前探索干细胞治疗的重要途径。Wakayama 等报道应用小鼠体细胞作为供体，通过细胞 NT 技术产生了 35 株小鼠 ntESC，并发现该细胞在体外可以分化为多种细胞，证明了 ntESC 的多能性。

（三）肝干细胞的转基因修饰

肝干细胞对于传递治疗性基因可能是一种理想的载体。由于肝干细胞可以从患者自身的血液中采集，而且对于治疗非基因病也不需要免疫抑制，因此它们的应用更有吸引力。肝干细胞优先定向于损伤肝组织的现象说明这种细胞可以用在一些自身免疫性肝病中来呈递抗炎因子（如IL-10）。

（四）肝干细胞的移植途径

干细胞的输注途径包括系统性输注（静脉注射）、器官特异性输注（介入方法）和局部输注。目前干细胞治疗肝病的主要途径包括门静脉、外周静脉、肝动脉等。实验发现，干细胞移植治疗急性肝衰竭小鼠，经静脉比脾内移植效果更佳。脾内移植肝功能恢复有限，可能与脾脏内缺乏诱导干细胞分化的内环境有关。门脉灌注虽然避免了细胞归巢的问题，但由于肝组织结构在终末期肝病中已发生变化，容易导致门静脉高压和肺栓塞。而肝动脉移植自身造血干细胞治疗失代偿期肝硬化患者，可能导致肾病和肝肾综合征。因此肝干细胞的移植途径尚需进一步实验比较，优化选择。

尽管目前关于肝干细胞的研究已取得了重大进展，但还有许多重要问题尚未解决，距离临床应用还有一段差距。肝干细胞在体内的过程还无法以人工方法控制，有待进一步研究；组织的微环境在干细胞的移植分化转化过程中起着重要的作用，但究竟是哪些环境因子导致肝干细胞

向肝细胞转化，这些因子是否可以在体外获得，目前仍不清楚，这些细胞外因素将是下一步研究的焦点；尽管胎肝的形成过程已逐渐明了，但成熟肝脏中肝干细胞究竟如何分化成熟，目前仍未能找到足够的线索，从肝干细胞到卵形细胞/肝窦细胞或胆管细胞，以及从卵形细胞/肝窦细胞到肝细胞或胆管细胞只是其中可能的两条途径。相信随着干细胞技术和研究方法的改进，必将对攻克肝干细胞移植、肝组织体外成形、人工肝脏建立的焦点难题带来希望，为治疗终末期肝病作出巨大贡献。

第六节　肝硬化的细胞治疗

一、肝硬化概述

肝硬化（liver cirrhosis，LC）是一种以肝组织弥漫性纤维化、假小叶和再生结节形成为组织学特征的慢性肝病，是许多肝脏疾病晚期的共同病变。肝硬化患者常出现临床多系统受累，主要表现为肝功能减退和门静脉高压，晚期常并发上消化道出血、肝性脑病、继发感染等而死亡。根据临床表现不同，肝硬化可以分为代偿期和失代偿期，代偿期肝硬化（compensatory cirrhosis）无明显临床症状，肝功能正常或轻度异常；失代偿期肝硬化（decompensatory cirrhosis）则出现门静脉高压和肝功能严重损伤。不幸的是，大多数肝硬化病例在确诊时通常处于不可逆转的状态（失代偿期肝硬化），而且药物治疗效果不佳。

引起肝硬化的常见病因有：乙型肝炎病毒（hepatitis B virus，HBV）和丙型肝炎病毒（hepatitis C virus，HCV）感染、酒精性肝病、非酒精性脂肪性肝病（nonalcoholic fatty liver disease，NAFLD）、自身免疫性肝病（autoimmune liver disease，AILD）、遗传代谢性肝病、药物或化学毒物、寄生虫感染等。这些因素会导致肝细胞凋亡、炎症细胞募集、内皮细胞（endothelial cell）损伤，使参与肝纤维化（hepatic fibrosis）的主要细胞——肝星状细胞（hepatic stellate cell，HSC）被激活，最终导致肝硬化的发生。目前，对于肝硬化患者的治疗主要包括针对病因治疗（如抗病毒治疗）和对症支持治疗（如输注白蛋白）。众所周知，肝移植（liver transplantation）是治疗终末期肝硬化的唯一确切方法。然而，免疫排斥反应（immunological rejection）、供肝来源稀缺和高昂的治疗费用，以及治疗后再次发生肝纤维化等问题限制了肝移植的广泛应用，因此，急需寻找可以广泛应用且安全有效的替代方案。细胞治疗在基础研究及临床研究上取得了突出的成绩，是极具潜力的新兴治疗方式。

事实上，肝脏在很大程度上具有固有的再生能力，因此，停止有害因素可能会阻止纤维化的进一步发展，并在某些情况下逆转这种情况。在肝细胞增殖不足以使肝脏从肝损伤恢复的情况下，肝干细胞（hepatic stem cell）或肝祖细胞（hepatic progenitor cell，HPC）被激活，并分化为肝细胞（hepatocyte）和胆管上皮细胞（duct epithelial cell，BEC）参与肝再生。如果引起肝细胞损伤的因素不能被去除，纤维化的过程长期持续就会发展成肝硬化。

近年来,肝细胞移植(hepatocyte transplantation,HCT)被提出作为肝移植的替代疗法。肝细胞移植,就是对完整正常的肝脏或手术切下的部分肝组织,进行体外分离纯化,将分离纯化的肝细胞植入体内,恢复或重建肝功能的方法。虽然肝细胞移植应用于人类是安全的,但由于器官可获得性、供体植入失败、细胞培养活力较弱和易受低温保存损害的影响,其适用性仍然有限。

干细胞已被证明与肝脏修复密切相关,因此干细胞移植(stem cell transplantation)已经被当作肝移植的另一种替代方法。近几年,随着干细胞分离、培养技术的成熟,应用干细胞治疗肝硬化得到越来越多国内外医学及科研人员的关注,并在基础研究和临床试验方面取得了不错的效果,成为治疗肝硬化的一种新方法。

二、以干细胞为基础的肝硬化治疗的临床试验概况

在早期的干细胞治疗中,回输的细胞是包括 HSC、MSC和 EPC 的混合细胞群,该疗法可改善肝损伤和肝纤维化。虽然干细胞治疗肝硬化的确切机制尚未清楚,但就目前已经完成的部分小样本单组 I 期临床试验结果来看,干细胞治疗在肝硬化患者中显示出较好的疗效和安全性,长期随访的临床试验结果显示干细胞治疗后肝细胞癌的发病率没有增加。

一项使用人胎肝来源的干细胞治疗 25 例肝硬化患者的试验结果显示,患者 MELD 评分得到了改善。

国外几项关于输注 CD34$^+$ 造血干细胞治疗肝硬化的临床试验结果显示,输注造血干细胞可以改善血清 ALB 水平和 Child-Pugh 评分,但是并没有关于这些研究长期随访结果的报道。

骨髓 MSC 是被研究最多、最深入的干细胞种类,并且对其作用机制有较深入的理解,骨髓 MSC 疗法因此也得到了较广泛的利用。2010 年,Salama 等用 G-CSF 动员、收集的骨髓 MSC 通过肝动脉或门静脉回输,治疗 36 例慢性丙型肝炎后肝硬化患者,结果显示患者白蛋白升高,总胆红素和谷草转氨酶下降,国际标准化比值恢复正常,腹水明显减少。Lyra 等分离患者骨髓单个核细胞(bone marrow mononuclear cell,BM-MNC),经肝动脉回输治疗由慢性丙型肝炎和酒精性肝炎导致的肝硬化,提示有一定的肝功能改善效果。然而,在另一项使用自体骨髓间充质干细胞治疗肝硬化患者的随机对照试验中,并没有显示出有益的效果,并且进行干细胞治疗的患者不良事件发生率较高。这与先前临床试验相反的结果提示尚需进一步多中心大样本的临床试验来验证骨髓 MSC 的疗效和安全性,且治疗的安全性问题应该受到更多的关注。

有研究者进行了脐带间充质干细胞(umbilical cord mesenchymal stem cell,UC-MSC)治疗肝硬化的临床试验,结果表明,患者耐受性良好,不良事件发生率低,腹水量明显减少,血清白蛋白水平增加,总胆红素水平降低,MELD评分降低,5 年生存率提高。另外,还有脂肪间充质干细胞(ADSC)和经血干细胞(menstrual blood-derived stem cell,

MenSC)等目前已在肝硬化患者中进行的临床试验,尚未得出结果。

但是目前关于干细胞治疗肝硬化的临床试验仍存在局限性。在大部分临床试验中,干细胞大多是经静脉输注的,其次是通过肝动脉输注,还有一项临床试验是将干细胞直接注射到肝内和脾脏。而且,各项临床试验输注干细胞的数量和给药频率也存在较大的差异。值得注意的是,干细胞治疗的良好疗效可能随着时间的推移而逐渐减弱,但当前大部分的临床试验只评估了干细胞治疗的短期疗效,并没有进行长期的随访研究。此外,大多数临床试验并没有对受试者进行组织学的评估,这也是今后在设计临床试验时需要优化和改进的地方。

三、临床上干细胞治疗肝硬化的输注途径

输注途径的选择在一定程度可以影响干细胞治疗的效果和患者的依从性。临床上使用干细胞治疗肝硬化时,细胞输入通道主要包括肝动脉、门静脉、外周静脉、肝内或脾内注射。

(一)肝动脉

肝动脉分为左右两支,血液从腹腔干经肝动脉直接进入肝内。肝动脉由于其重要的解剖学位置,临床上主要用作肝脏肿瘤介入治疗的通路。在干细胞治疗肝硬化时,肝动脉也可作为细胞注入的通路。Walczak 等的研究表明,肝动脉输注有助于干细胞的归巢。Zhao 等学者的一项关于干细胞治疗肝病的荟萃分析结果显示,经肝动脉输注干细胞更利于患者肝功能的改善。Liao 等学者在应用骨髓间充质干细胞治疗肝硬化的临床试验中,选择经肝动脉输注干细胞,结果显示干细胞治疗组的患者在治疗后 12 周血清白蛋白(albumin,ALB)、总胆红素(total bilirubin,TBIL)等多项指标得到明显改善。

(二)门静脉

门静脉是肝门重要的脉管结构,胃肠道血液回流至肠系膜上静脉后汇入门静脉。在超声引导下穿刺门静脉,可直接注入干细胞,而且避开了肺部循环。Salama 等学者在研究中对 90 例肝硬化患者进行超声引导下经门静脉注入干细胞,术后患者未发生肝门部胆管损伤、出血等并发症。试验结果表明,经门静脉输注骨髓来源的间充质干细胞后能明显改善肝硬化患者的肝功能。但由于肝硬化患者静脉血流阻力增高,疾病晚期常伴有门静脉高压,若直接穿刺门静脉,需考虑出血风险。

(三)外周静脉

外周静脉是临床治疗时应用最为广泛的输注通道,其操作简单方便,普通病房即可完成,且并发症少,因此外周静脉也可以作为干细胞的输注通路之一。静脉注射干细胞后,首先经过肺部循环,然后进入肝脏。在这个过程中,干细胞可能被毛细血管组织中的网状内皮细胞吞噬。因此,同肝动脉输注相比,外周静脉输注疗效受到一定的削减。在 Mohamadnejad 等学者的一项自体 BM-MSC 治疗肝硬化的随机对照研究中,试验组患者均通过肘部静脉输注自体BM-MSC,结果表明,经外周静脉输注 BM-MSC 后,可以在

一定程度上改善患者的肝功能，且患者依从性好。

（四）肝内或脾内注射

除上述输注通路外，也有学者提出将干细胞直接注入肝脏或脾脏内。国内外已有动物实验表明直接经脾脏或肝脏注射干细胞可以改善肝功能。在 Amer 等的一项病例对照研究中，20 例予以 BM-MSC 治疗，其中 10 例经脾脏内注射干细胞，其余 10 例则行肝内注射，结果显示，经两种途径治疗后，肝硬化患者的血清 ALB 和终末期肝病模型（end-stage liver disease，MELD）评分得到了明显改善。肝内或脾内注射两种途径在疗效上并无差异，但经脾脏注射操作更加方便。

四、干细胞输注剂量及疗效评价

干细胞治疗肝硬化的有效性已得到临床试验的证实，但关于治疗时干细胞的输注剂量没有统一标准，国内外临床试验在输入剂量的选择上也没有明确提出理论依据。目前开展的自体 BM-MSC 治疗肝硬化的临床试验中，使用的干细胞输注剂量大致呈三个梯度，分别是：①≤5×10^7；②$5 \times 10^7 \sim 4 \times 10^8$；③>$4 \times 10^8$。

对于干细胞治疗肝硬化疗效的评估，需要多项指标综合判断，其中以肝功能和凝血功能相关指标应用最为广泛。肝功能指标主要包括谷丙转氨酶（alanine aminotransferase，ALT）、谷草转氨酶（aspartate aminotransferase，AST）、TBIL、ALB、MELD 评分、Child-Pugh 评分等。凝血功能指标主要包括凝血酶原活动度（prothrombin activity，PTA）、凝血酶原浓度（prothrombin concentration，PC）、凝血酶原时间（prothrombin time，PT）和国际标准化比值（international normalized ratio，INR）。

由于肝硬化的本质就是肝脏反复纤维化的结果，因此不论是代表肝脏合成功能的 ALB，还是体现肝细胞受损程度的 AST 和 ALT，都可直接评估治疗效果。另外，肝脏是人体内凝血因子Ⅱ、Ⅶ、Ⅸ、Ⅹ等合成的主要场所，因此凝血功能的变化可间接评估治疗效果。除上述常用指标外，临床上也有学者选择 Fibroscan 测量值、肝脏体积、脾脏体积、肝脏储备功能、血常规、功能状态评分、疲劳量表、炎症因子等作为评估指标。虽然上述指标都可以评估干细胞治疗肝硬化的疗效，但是到目前为止，国内外仍没有统一的疗效评价标准或评估模型。这是今后需要努力的方向。

五、肝硬化干细胞治疗的总结与展望

在各种以干细胞为基础治疗肝硬化的方法中，发生进行性肝纤维化和肝细胞癌仍是较为严重的中长期不良反应。在临床使用前，医生应进行仔细评估。

前文中提及的 ESC 或 iPSC 有较强的产生肝细胞样细胞的能力，但它们来源的伦理问题和在体内行为的不确定性限制了它们在临床中的应用。

在各种来源的干细胞中，骨髓 MSC 以其独特的优势引起了人们的关注，并在基础实验和临床试验中研究广泛，但仍存在许多待解决的问题：①由于目前临床试验尚不规范，骨髓 MSC 的理想给药途径尚未明确，如果选择了不适宜的

注射途径，骨髓 MSC 可能分化为肌成纤维细胞，而不是分化为肝细胞；②不同的临床试验中，单次输注剂量和输注频率会影响临床试验结果的比较，但目前国际上尚无统一的标准；③骨髓 MSC 输注后在体内的存活时间对于疗效的持续性十分重要，但是目前没有可行的骨髓 MSC 体内示踪方法，因此不能对细胞在体内的半衰期进行有效检测。最近，有研究者提出用超顺磁性氧化铁纳米颗粒和报告基因标记干细胞，结合先进的成像技术以进行干细胞体内示踪，但此方法仍需进一步研究。

随着生物技术的进步，研究人员已经设计出一系列策略来增强干细胞治疗的效果。例如，将骨髓 MSC 微囊化到微球中，以避免其分化为成肌细胞。为了促进骨髓 MSC 的归巢，研究人员开发出肝脏特异性受体修饰的骨髓 MSC。使用 CRISPR/Cas9 进行基因组编辑是当前功能基因组学中广泛使用的一项技术，可以大量应用于编辑干细胞。另有研究证实了血管内皮生长因子 A（VEGFA）-mRNA-脂质纳米颗粒（LNP）能够促进胆管上皮细胞（BEC）向功能性肝细胞转分化，并逆转小鼠肝脏的脂肪变性和纤维化，可以使用 VEGFA-mRNA-LNP 促进 BEC 向肝细胞的转分化来治疗肝脏疾病。上述新的干细胞治疗策略仍需大量动物实验和临床试验进行可行性、疗效和安全性评估。

目前，正在出现一股世界性的干细胞研究热潮。随着生物细胞实验技术和分子生物学技术的发展，干细胞研究领域也将取得突破性的进展。相信，依靠研究人员的努力，必定会在干细胞治疗肝硬化的研究和应用方面取得喜人的成果。

第七节　肝功能衰竭的细胞治疗

目前，对急慢性肝衰竭最有效的治疗方法是肝移植。但是受制于供体器官有限，手术费用高，术后免疫排斥反应等因素，因此，迫切需要开发用于严重肝病患者的替代治疗策略。

干细胞相比肝细胞有在体外更易于培养和扩增的优势，此外，它们还具有分化为肝细胞和其他肝细胞类型的能力，因此干细胞成为肝组织再生的最佳选择，细胞生物学的最新进展也表明干细胞在肝衰竭患者中的治疗潜力，基于干细胞的疗法可能成为治疗急慢性肝衰竭的一种有前途的方法，这将会减轻未来对肝移植的需求，但开发基于干细胞的治疗肝衰竭的道路仍然充满了挑战，将基础研究过渡到临床应用还需要花费更多的时间和精力。下面将阐述每种细胞类型在肝衰竭治疗中的应用。

一、胚胎干细胞

ESC 能够在体外有效分化成肝细胞样细胞（hepatocyte-like cell，HLC），产生具有成熟肝细胞特性的细胞。ESC 来源的肝细胞具有成熟肝细胞的典型形态，表达肝细胞特异性基因，移植后可定植于肝脏，提高小鼠的生存率。Tolosa 等评估了欧洲人类 ESC 系（VAL9）在对乙酰氨基酚诱发的急性肝衰竭小鼠模型移植后产生肝细胞的能力，这项研究

揭示了诱导人类胚胎干细胞分化是治疗急性肝衰竭的有效方法。但对于临床应用而言，如何产生高效、成熟和功能性的肝细胞仍然是一个巨大的挑战。尽管基础研究取得了很大进展，但是 ESC 衍生的 HLC 通常不能充分发挥肝细胞的功能。此外，细胞移植后的免疫排斥风险，以及伦理和法律问题，限制了其临床应用。

二、诱导多能干细胞

iPSC 具有与 ESC 相似的特性，包括多能性和自我更新，但 iPSC 是由体细胞体外产生的，由于不需要使用胚胎组织或卵母细胞，从而避免了伦理争议。此外，它们提供了自体使用的可能性，解决了异体排斥的问题。目前已有将 iPSC 重新诱导分化为 HLC 的报道。Shinya Yamanaka 实验室率先证明成年细胞可以重新编程为具有无限分化能力的多能状态的 iPSC，可以变成非常类似于正常肝细胞中有功能的肝细胞。目前已经开发了产生功能性肝细胞的不同策略。Takebe 等通过体外肝芽移植（iPSC-LB）从人类 iPSC 产生血管化和功能正常的人肝脏，连接到宿主血管 48 小时后，iPSC-LB 中的脉管系统能够运行。iPSC-LB 肠系膜移植可以挽救药物诱发的致命性肝衰竭模型。在小鼠肝硬化模型中，人 iPSC 使处于不同分化阶段的肝细胞重新聚集在肝组织中，在小鼠血液中检测到人特异性肝蛋白，证明了人 iPSC 衍生的多阶段肝细胞在体内具有肝再生能力。

iPSC 是单层静态组织培养物，无法维持临床应用所需的快速细胞扩增。为了克服低效的障碍，有研究将 iPSC 培养物以 3D 悬浮液的形式聚集，3D 培养的优势在于可以高密度培养 hiPSC，同时可以提高 HLC 向成年表型的功能成熟度，并提高其功能寿命。关于 iPSC 的致癌潜力，在恒河猴中进行了自体畸胎瘤形成试验，得出的结论是，虽然未分化的自体 iPSC 可形成畸胎瘤，但 iPSC 衍生的祖细胞在体内产生功能组织，而没有肿瘤迹象形成。此外，未分化细胞形成的畸胎瘤的生长效率低于同等啮齿动物模型 1/20，这可能是由于非人类灵长类动物模型与人类生理学的相似性，具有完整的免疫和炎症系统所致。该研究结果对基于 iPSC 的疗法研究非常有价值。

iPSC 对于再生医学虽然具有广阔的前景，但是，其免疫原性仍存在争议，因此在真正应用于临床之前还需要一系列问题需要解决。研究报道发现，一些源自 iPSC 中的基因表达异常，随后将在同基因受体中诱导 T 细胞依赖性免疫应答。因此，应在临床应用之前评估源自 iPSC 的治疗性细胞的免疫原性。尽管几项研究对 iPSC 及其子代的安全性持乐观态度，但 iPSC 应用于人体的免疫原性尚待进一步观察。

三、胆管树干细胞

胆管树干细胞（biliary tree stem cell，BTSC）存在于肝内外胆管树上，在胚胎期肝脏及胰腺器官发生时能够定向分化为成熟肝细胞、胆管上皮细胞、胰腺细胞，因而在肝脏、胆囊、胰腺的发生、成熟及器官维持中发挥着重要的作用，这群细胞具有低免疫原性，生理及病理状态下对于维持肝

脏的再生与修复具有重要的意义。有学者将 BTSC 通过肝脏门静脉或肝动脉途径注射入肝脏，患者接受 BTSC 治疗后，MELD 评分、生存质量及生存期均有明显改善，显示了 BTSC 良好的应用前景。同时由于干细胞本身的直径和体积较小，通过血管途径注射入肝脏后，移植效率较低，门静脉途径约为 5%，肝动脉途径约为 20%，不能完全发挥 BTSC 的潜在治疗作用，同时可能存在异位种植的风险。目前，为了提高 BTSC 的移植效率，新的移植策略和方法正在进一步研究中。

四、间充质干细胞

（一）骨髓间充质干细胞

骨髓间充质干细胞（BM-MSC）移植可通过增强大鼠肝细胞的再生，以及抑制肝应激和炎症信号来治疗对乙酰氨基酚导致的肝损伤。Salama 的研究报告显示，BM-MSC 在人类患者的肝组织再生和肝功能修复中起着非常重要的作用。MSC 和粒细胞集落刺激因子（GCSF）的组合是治疗晚期肝病非常有效的治疗策略。Wang 等招募了 10 例耐熊去氧胆酸（UDCA）的原发性胆汁性肝硬化（PBC）的患者，以评估同种异体 BM-MSC 移植的安全性和有效性。在 12 个月的随访中，评估了抗 UDCA 的 PBC 的疗效。结果显示，患者的生活质量得到改善，并且没有移植相关的副作用。

Jang 等研究了 MSC 对人类患者酒精相关性肝纤维化的安全性和抗纤维化作用，自体 MSC 注射后，他们在 11 例患者中的 6 例中观察到肝脏组织学的改善。尽管这项研究存在一些局限性，包括缺乏对照组和采样错误，但这是第一项描述 BM-MSC 在酒精相关患者中的作用的研究，这表明 BM-MSC 在肝硬化的治疗中具有抗纤维化的潜力。除了 BM-MSC，研究人员已经发现，脂肪组织源性 MSC（AT-MSC）在体外和体内也具有肝的分化潜能。该发现表明 AT-MSC 是治疗肝损伤或肝衰竭的潜在来源。

MSC 不仅是肝组织再生的细胞来源，而且还能够支持肝细胞的生长和增殖。MSC 的支持作用在细胞移植中非常有前途。肝细胞移植是治疗肝衰竭的一种选择。然而，在培养过程中维持肝细胞的活力是一个挑战。研究人员发现，MSC 可以为肝细胞移植提供结构支持，并具有抗凋亡和免疫调节作用。为了提高移植前肝细胞的活力，Gómez-Aristizábal 的研究小组试图将肝细胞与源自脐带和脂肪组织的 MSC 共培养，共培养显示出改善的肝细胞存活和功能。MSC 在肝衰竭中的治疗作用主要有：①MSC 分化为肝细胞发挥功能；②与宿主肝细胞融合；③分泌免疫调节或促进炎症消退、组织损伤修复的细胞因子，如血管生长因子、神经生长因子等。

高志良团队通过随机对照试验证实，在乙型肝炎所致的慢加急性肝衰竭患者中 MSC 能够通过改善肝功能、减少感染等并发症而减少患者的死亡率。李君团队在猪急性肝衰竭模型中，证明了骨髓来源的 MSC 能够通过阻断细胞因子风暴而延长生存期。然而也有部分研究发现，治疗组与对照组之间并无显著性差异，同时 MSC 可能会分化为肝星状细胞而有促进肝纤维化的风险，这些研究认为 MSC 并不

有利于肝功能的改善。选择合适的细胞,确定合适的剂量,选择合适的注射部位并及时注射,可以帮助改善 MSC 在目标组织中的功能和植入。MSC 的治疗效果还需进一步临床验证。

（二）胎盘来源的 MSC/基质细胞

胎盘来源的 MSC/基质细胞（PD-MSC）在细胞治疗中比其他组织如骨髓或脂肪组织的 MSC 更具吸引力。PD-MSC 具有特定的免疫调节特性,它们具有旁分泌作用,可分泌一些可溶性因子,与它们的治疗作用有关。另外,由于 PD-MSC 的迁移能力和对损伤部位的嗜性,它们也可以用作细胞载体和/或药物输送系统。PD-MSC 由于其安全性,易获得性,缺乏免疫系统刺激作用,肝组织因子的分泌和愈合特性,被认为是 ALF 的良好异体来源。根据多项研究,PD-MSC 能够以几种方式影响肝脏损伤:①高迁移能力是 PD-MSC 的主要优势。迁移通过 MSC 与受损组织环境分泌的细胞因子和黏附分子之间的相互作用,使 MSC 向受损和有炎症的部位移动。PD-MSC 是由 VCAM-1 和 VLA-4 黏附分子招募到损伤区域,通过影响 TGF-α、EGF、HGF 和 VEGF 等的细胞-细胞接触和肝细胞分泌而发挥作用。②PD-MSC 具有免疫调节特性,可以增加调节性 T 细胞,调节免疫系统,以及抑制活化的 T 细胞、NK 细胞、B 细胞和 IL-10 的产生。③PD-MSC 对 TNF-α 和 IFN-γ 分泌的免疫抑制作用可防止肝细胞凋亡并减少肝炎的发生,同时释放 HGF、IL-6、PAF 和 VEGF 诱导肝细胞再生。④MSC 能够分泌多种促血管生成因子,包括 VEGF、SDF-1α 和 MMP-1。⑤除了具有免疫调节特性外,MSC 在体内还可以分化为血管细胞和周细胞,具有分化成肝细胞样在体和体外细胞的潜力,从而改善肝损伤。（图 3-31-4）

由于胎盘为胎儿创造了一个免疫学上安全的环境,因此该功能是同种异体移植中 PD-MSC 细胞疗法的强大优势,可防止移植排斥,稳定移植并驱动 MSC,包括 BM-MSC 和羊水衍生 MSC（amniotic fluid-derived, AF-MSC）进入损伤部位。胚胎来源的 MSC 也能够迁移到胎盘和血脑屏障。

（三）来源于 MSC 的外泌体

MSC 作为肝脏疾病的治疗方法具有广阔的前景,然而,MSC 移植中医源性肿瘤的形成、细胞排斥和输注毒性的风险仍未解决。越来越多的证据表明,一种新的无细胞疗法,即分泌 MSC 的外泌体,可能因其具有 MSC 没有的优势而成为令人信服的替代方案。它们比其亲代细胞更小,且复杂程度更低,因此更易于生产和储存,没有活细胞,并且不存在肿瘤形成的风险。而且,由于它们在膜结合蛋白中的含量较低,因此它们的免疫原性低于其亲本。MSC 衍生的外泌体可能与邻近和远距离部位的多种细胞类型相互作用,以引发适当的细胞反应。它们通过维持动态和稳态

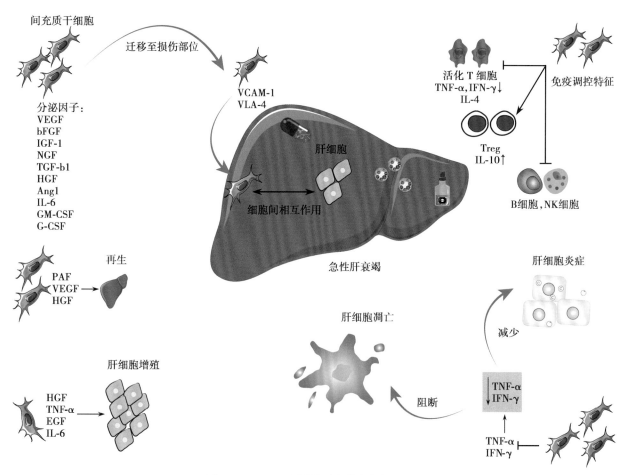

图 3-31-4　MSC 对急性肝衰竭的治疗作用机制
MSC 通过促进细胞因子分泌、免疫调节、抑制凋亡、促进肝细胞再生等不同途径发挥作用

组织微环境而影响 MSC 基质的支持功能。迄今为止，只有少数小组研究了 MSC 外泌体在急性肝损伤中的治疗作用。Tan 等发现，在对乙酰氨基酚或 H_2O_2 诱导的肝细胞损伤的体外模型，以及在 CCl4 诱导的 C57BL/6 小鼠模型中，MSC 衍生的外泌体均引起肝保护作用，小鼠存活率的提高与启动期肝脏再生相关基因的上调相关，其随后导致增殖蛋白（增殖细胞核抗原和 cyclin D1）、抗凋亡基因 Bcl-XL、信号转导和转录激活因子 3（STAT3）的高表达。

在将 MSC 及其外泌体作为一种新的治疗手段应用于再生性肝病之前，还需要确定 MSC 外泌体的最佳组织来源、剂量和频率。MSC 的治疗优势很大程度上取决于其分泌多种因子的能力，其归巢特性对于提高 MSC 的疗效至关重要。在 MSC 应用于临床治疗 ALF 和其他肝脏相关疾病之前，需要进一步的试验，以优化给药途径和剂量。

尽管利用定向分化技术可以产生肝细胞样细胞已被多项研究证明，然而肝细胞样细胞呈现不成熟表型，缺乏成熟肝细胞的全部功能，对于临床应用而言，高效产生成熟和功能性肝细胞仍然是一个巨大的挑战。体外培养全功能肝细胞目前仍具有挑战性。Vallier 等通过结合肝细胞转录因子，使 ESC 和 iPSC 朝着全能肝细胞的方向发展，正向程序设计为体外肝细胞的直接分化提供了一种新的选择。尽管体外直接肝细胞重编程仍处于起步阶段，但近年来取得了很大的进展，大大提高了临床应用自体肝细胞的效率，但为了达到临床标准，直接肝细胞重编程仍需要标准化。

细胞治疗终末期肝病展现了良好的应用前景，但在大规模应用于临床之前，在基础研究、临床研究方面还需要解决以下问题：①拓宽细胞种类，开发新的可用于临床治疗的细胞；②深化对肝脏再生机制的基础研究，细胞治疗中的免疫学问题；③开发新的移植途径与移植策略，以提高细胞治疗的疗效；④开展多中心大样本的随机对照临床研究，提高证据等级；⑤细胞治疗标准化。

随着再生医学与转化医学的进步，对于肝衰竭的细胞治疗有着光明的未来，将更加安全、有效、便捷地展开临床应用，造福广大患者。

第八节　肝细胞癌的免疫细胞治疗

一、肝细胞癌概述

世界卫生组织（WHO）的数据显示，肝细胞癌（hepatocellular carcinoma，HCC）是全球发病率第五，死亡率第二的癌症。发生肝细胞癌的主要危险因素包括乙型肝炎病毒（HBV）感染、丙型肝炎病毒（HCV）感染、黄曲霉素的摄入、酗酒、肥胖、吸烟和 2 型糖尿病等。据统计，中国每年约有 38.3 万人死于肝癌，占全球肝癌死亡人数的 51%，其中多达 80% 的 HCC 病例归因于慢性 HBV 感染。只有约 20% 的肝癌患者能被早期诊断，这些患者可以通过外科手术、射频消融术和肝移植手术进行治疗。另外约 80% 的肝癌患者被诊断时疾病已经是中晚期，失去了接受根治性手术治疗

的机会。同时，肝癌术后的高复发率导致大多数患者的不良预后。因此，深入了解肝癌发生发展的分子机制、开发新的治疗方法，对提高肝癌患者的生存率至关重要。目前，肝癌的免疫学发病机制在 HCC 中引起了越来越多的关注，肝癌免疫治疗逐渐成为治疗晚期 HCC 患者的一种潜在的有效治疗方法。

根据当前的治疗指南，外科手术、原位肝移植和经皮射频消融术只能应用于约 20% 的早期 HCC 患者，其余 80% 的中晚期 HCC 患者的治疗方法选择有限且疗效不佳。分子靶向药物索拉非尼（sorafenib）是一种多酪氨酸激酶抑制剂，是美国食品和药品监督管理局（FDA）批准的第一种针对无法进行手术切除的肝癌患者的一线治疗药物。酪氨酸激酶抑制剂仑伐替尼（lenvatinib）于 2018 年 7 月获得 FDA 批准，作为另一种一线治疗药物治疗初治的 HCC 患者。2017 年，多蛋白激酶抑制剂瑞格菲尼（regorafenib）被 FDA 批准作为肝癌治疗的二线药物，用于治疗索拉非尼无效或耐受的晚期肝癌。其他治疗方案，包括基因治疗、细胞毒化疗、放射治疗、激素治疗和中药治疗，效果仍然不佳。因此，我们迫切需要开发新的、副作用小的、疗效更好的治疗方法，以降低早中期 HCC 患者根治性治疗术后的复发风险，改善晚期 HCC 患者的生活质量，提高患者的生存期。

2018 年，美国科学家詹姆斯·艾利森（James P. Allison）和日本医学家本庶佑（Tasuku Honjo）因其在癌症免疫疗法方面的突出贡献获得诺贝尔生理学或医学奖。免疫治疗已经被认为是治疗晚期肝癌患者的一种潜在的治疗方法。免疫细胞治疗作为免疫治疗的重要手段，对抑制肝癌复发、延长患者生存期都具有重要的作用，特别是作为术后辅助治疗手段取得了较好疗效，推动了大量相关基础实验和临床试验的进行。目前的数据显示，免疫细胞治疗在多个临床试验中显示出良好的抗肝癌作用。

二、肝脏免疫与肝细胞癌的发生

（一）肝癌患者免疫治疗的理论基础

肝脏是人体重要的免疫器官，能够参与人体的免疫调节，在生理条件下，它通过促进免疫耐受（immunological tolerance）发挥保护作用。然而，在肝癌患者中，免疫耐受相关基因表达异常，并促进肿瘤细胞发生免疫逃逸（immune escape）。免疫细胞（T 细胞、NK 细胞、DC 等）的数量和功能、细胞因子和趋化因子水平、抑制性受体或其配体水平、miRNA 表达发生变化，都是导致免疫紊乱的重要原因，由此促进了 HCC 的发生发展。因此，免疫治疗可能是通过激活抗肿瘤免疫而治疗肝细胞癌的一种合适的方法。

（二）肝癌细胞的免疫逃逸机制

肝癌细胞有独特的自我保护机制来逃避宿主的免疫监视（immune surveillance）。免疫抑制细胞因子的分泌、肿瘤相关抗原（tumor associated antigen，TAA）的异常表达和局部免疫微环境的改变有助于肝癌细胞逃避免疫攻击。有证据表明，肿瘤细胞表达的免疫抑制因子抑制抗原提呈细胞（antigen-presenting cell，APC）或 T 细胞的功能，从而抑制抗原提呈和免疫应答，促进肿瘤细胞的免疫逃逸。

转化生长因子β（transforming growth factor-beta，TGF-β）是一种典型的免疫抑制因子，在肿瘤的发生过程中具有双重功能：一是在肿瘤发生的早期抑制肿瘤增殖，诱导肿瘤细胞分化和凋亡；二是在晚期肿瘤中发挥免疫抑制作用。此外，TGF-β还具有促进血管生成和诱导上皮-间充质转化的能力，促进肿瘤的侵袭和转移。TGF-β1是TGF-β的一个亚型，被认为是肿瘤发生发展的生物标志物。TGF-β1在肝脏含量丰富，具有很高的生物活性。TGF-β1在肝癌细胞中异常表达，主要涉及天然免疫功能的抑制、刺激Treg的生成以破坏抗肿瘤免疫反应，从而导致恶性肿瘤的进展。

另一种重要的肿瘤免疫逃逸相关的免疫抑制细胞因子是白介素-10（IL-10），它属于Th2型细胞因子，由单核细胞来源的巨噬细胞、树突状细胞和肿瘤细胞产生。IL-10通过多种途径发挥免疫抑制作用，促进肿瘤细胞逃避免疫监视。IL-10可以激活幼稚的CD4$^+$ T细胞，抑制Th1细胞分泌白介素-2（IL-2）、γ干扰素（IFN-γ）、肿瘤坏死因子α（TNF-α）等细胞因子，诱导CD4$^+$ T细胞向调节性T细胞（Treg）分化。IL-10可以降低抗原呈递细胞表面主要组织相容性复合体Ⅱ类分子（MHC-Ⅱ）、CD80/CD86共刺激分子的表达，降低抗原提呈能力。此外，IL-10还间接诱导细胞毒性T细胞功能衰竭。

（三）肝细胞癌自身的免疫抑制机制

由于肿瘤自身调节的多种免疫抑制机制存在，导致T细胞应答不能抑制肿瘤的进展，最终导致肝细胞癌的发生和进展。肝细胞癌自身的免疫抑制机制主要包括：①MHC抗原在肝癌细胞中下调，导致肿瘤抗原呈递障碍。②共刺激分子B7-1和B7-2在HCC中表达减少。在缺乏共刺激分子的作用下，MHC-Ⅱ类分子诱导了CD4$^+$ T细胞的无应答，进一步导致HCC的发生和免疫逃逸。③肝癌患者血液中含有大量的Treg、骨髓来源的抑制细胞（myeloid-derived suppressor cell，MDSC）和衰竭的辅助性T细胞（Th），这三种细胞能对Th1细胞和细胞毒性T淋巴细胞（CTL）产生抑制作用，使其分泌的IFN-γ和颗粒酶B（granzyme B）减少，促进肝癌细胞的免疫逃逸。而当移除Treg、MDSC和衰竭的Th之后，体内的INF-γ和Granzyme B的表达量升高，肿瘤细胞受到抑制。

三、免疫细胞治疗在肝细胞癌中的研究与应用现状

（一）适应性免疫细胞治疗

研究表明，采用根治性疗法（消融或切除手术）治疗肝细胞癌，肿瘤的复发率与肿瘤中淋巴细胞的浸润水平及外周血中肿瘤抗原特异性T淋巴细胞比率均呈负相关关系，这揭示了肿瘤浸润性淋巴细胞和肿瘤特异性T细胞在HCC治疗中的巨大潜能。

1. CAR-T细胞治疗　虽然CAR-T细胞在治疗实体瘤上的应用已经成为研究的热点，但是将它用于肝细胞癌治疗的临床研究仍然较少，更多的仍处于基础研究阶段。CAR-T细胞治疗的技术关键点在于肿瘤特异性抗原的选择。如果肿瘤细胞表达的抗原与正常蛋白的差异很小，或

者抗原的抗原性较低，就不会诱导足够的免疫反应来清除肿瘤细胞。目前，应用于肝细胞癌治疗较广泛的CAR-T细胞靶点包括磷脂酰肌醇蛋白聚糖3（glypican-3，GPC3）、甲胎蛋白（AFP）、CD133等，其中GPC3这一靶点应用最多，技术最成熟。

（1）以GPC3为靶点的CAR-T细胞治疗：GPC3是硫酸乙酰肝素糖蛋白家族中的一员，属于一种跨膜糖蛋白，在细胞的增殖、分化中发挥重要的作用。在胚胎期，GPC3对组织器官的发育起重要的调控作用，其基因突变或功能缺失将导致过度生长和畸变综合征（Simpson-Golabi-Behmel syndrome，SGBS），而出生后GPC3的异常表达与多种肿瘤的发生发展关系密切。通常来说，GPC3只能在胎儿肝脏中检测到，而在健康成人肝脏中检测不到。GPC3在70%~80%的HCC患者肝癌组织中表达上调，而在癌旁组织不表达或低表达，并与肝癌患者的预后相关，在肝癌的早期诊断、生物治疗和预后评估中具有良好的应用前景。有研究者开发了靶向肝癌GPC3的MR分子探针，该探针能与肝癌细胞特异性结合，且标记的肝癌细胞能在MR扫描仪上成像，用于肝癌的早期诊断。此外，GPC3被认为是理想的CAR-T细胞治疗HCC的靶点。

2014年，Gao等学者首次构建了以GPC3为靶点的CAR-T细胞。这种CAR-T细胞在体外能特异性杀伤GPC3阳性的HCC细胞，显著延长HCC异种移植模型的存活时间。另外，他们还发现GPC3阳性的肿瘤细胞能有效地被靶向GPC3的T细胞裂解，并且裂解的肿瘤细胞数量和肿瘤中GPC3的表达量呈正相关。动物实验结果表明，GPC3-CAR-T细胞可有效杀伤肝癌细胞并抑制肝癌细胞的生长。Jiang等利用HCC患者的肿瘤组织建立了小鼠移植瘤模型。他们发现，使用靶向GPC3的CAR-T细胞治疗后，高表达GPC3的移植瘤都被根除，而GPC3表达水平相对较低的肿瘤生长得到有效抑制。这些结果提示，靶向GPC3的CAR-T细胞可以有效清除GPC3阳性HCC细胞。Zhai等研究者纳入了13例HCC患者进行的Ⅰ期临床研究显示，GPC3-CAR-T细胞治疗延缓了HCC的进展，且安全性良好。

有研究设计了分别具有CD28和CD137共刺激信号结构域的GPC3-CAR-T细胞，体外试验发现，具有CD28共刺激信号结构域的CAR-T细胞有更高的细胞毒性，而具有CD137共刺激信号结构域的则可以诱导更明显的CAR-T细胞扩增。

（2）以AFP为靶点的CAR-T细胞治疗：AFP是一种与肝癌相关的抗原，由胎肝合成，出生后表达下调。肝细胞恶性转化会激活相关基因的表达，导致AFP的合成重新启动。AFP的主要功能是促进细胞增殖、抑制细胞凋亡，并起免疫抑制的作用，这提示它在HCC疾病进展中可能发挥作用。AFP在60%~80%的肝癌患者的肿瘤组织和血清中高表达，并且与不良预后相关，因此，AFP是CAR-T细胞免疫治疗的理想靶点。然而，AFP是在细胞内表达和分泌的，因此，对传统的CAR来说是不可靶向的。AFP在细胞内会被降解为肽段，并由MHC-Ⅰ类抗原呈递到肿瘤细胞表面。有学者根据这一特性设计了一种针对AFP-MHC复合物的高度

特异性抗体，并将其改造成 CAR 结构，命名为 ET1402L1-CAR，这种 CAR 可以识别 AFP-MHC 复合物，在动物实验中能够有效抑制 HCC 移植瘤的生长。

另外，目前大多数 CAR 针对的是肿瘤细胞表面高水平表达的肿瘤抗原，因此增加了 T 细胞过度激活和释放毒性水平的细胞因子的可能性，最终导致细胞因子释放综合征（cytokine release syndrome，CRS），这是 CAR-T 细胞治疗的副作用之一。而 AFP 在肿瘤细胞表面的表达水平不高，因此 AFP-CAR-T 细胞治疗后，肿瘤细胞表面的 AFP-MHC 复合物数量很少，理论上不会引起细胞因子释放综合征，这也是 AFP-CAR-T 细胞相比于 GPC3-CAR-T 细胞治疗的优势之一。

（3）以 CD133 为靶点的 CAR-T 细胞治疗：CD133 是一种五聚体跨膜糖蛋白，是肿瘤干细胞（tumor stem cell，TSC）和内皮祖细胞（EPC）的标志物，在多种实体肿瘤细胞表面中高表达，尤其是在 HCC 中。肿瘤干细胞和内皮祖细胞均参与肿瘤转移和复发，因此 CD133 的表达水平与 HCC 的分期、转移和预后相关。上述特性使 CD133 成为治疗 HCC 的一个合理的靶点。我国学者开发了靶向 CD133 的 CAR-T 细胞（以下简称"CART-133"），并进行了 I 期临床试验。临床试验结果表明，应用 CART-133 治疗 CD133 阳性的晚期或转移的 HCC 患者，部分患者疾病得到缓解，生存时间延长，这证实了 CART-133 治疗的可行性、有效性。CART-133 的不良反应主要集中于血液系统毒性和胆道系统毒性。大部分受试者在输注 CART-133 后的 2~5 天，血红蛋白、淋巴细胞和血小板减少。另外，临床试验中观察到胆管狭窄或胆红素水平高的患者发生 2~3 级的高胆红素血症，这可能是因为 CD133 在胆管内皮细胞上表达，输注 CART-133 细胞诱导了免疫反应，导致炎症因子释放，增加胆管阻塞，进而增加胆红素的直接分泌。因此，对于合并有胆管狭窄的患者，应慎用 CART-133 治疗。CD133 并不只在肿瘤细胞上表达，缺乏一定的肿瘤限制性，这也是阻碍 CART-133 应用于临床的重要因素。

（4）其他靶点的 CAR-T 细胞治疗：到目前为止，已有靶向上皮细胞黏附分子（epithelial cell adhesion molecule，EpCAM）、表皮生长因子受体（epidermal growth factor receptor，EGFR）、CD147、乙型肝炎病毒（hepatitis B virus，HBV）、黏蛋白 1（mucin-1，MUC-1）、c-Met/PD-L1、血管内皮生长因子-A（vascular endothelial growth factor-A，VEGF-A）的 CAR-T 细胞治疗用于治疗肝细胞癌的 I/II 期临床试验在 Clinical Trials 网站上注册，上述临床试验仍在进行。尽管 CAR-T 细胞治疗的安全性在 HCC 患者中已经得到初步确认，但 CAR-T 细胞治疗用于 HCC 的临床治疗尚需更多的临床试验以验证其安全性和有效性。

然而，通过静脉输注的 CAR-T 细胞很少渗透到肿瘤部位，大部分存在于外周血中。此外，由肝纤维化和肝硬化发展而来的肝癌纤维化程度高，物理上很难穿透。这些特征使 CAR-T 细胞向肿瘤部位的浸润变得困难且复杂。CAR-T 细胞在 HCC 治疗方面还面临着巨大的挑战，存在许多待解决的问题和局限性，主要包括缺乏合适的肿瘤相关抗原、细胞因子风暴、T 细胞归巢效率低、无法区分表达相应抗原的肿瘤细胞和正常细胞、免疫逃逸造成脱靶效应、长期安全性未知等，这些问题有待进一步的研究。

由于静脉输注 CAR-T 细胞对肝癌的治疗效果不明显，且容易造成其他系统的副作用，有学者建议以介入性的方式输注 CAR-T 细胞，以提高 CAR-T 细胞向肿瘤组织浸润的效率，减少全身副作用的发生。然而，肝脏肿瘤的大小、数量和基因表达存在个体差异，确定 CAR-T 细胞回输的最优剂量是未来必须解决的重要问题。

最新的研究发现，敲除 CAR-T 细胞的 PD-1 基因，能够增强 CAR-T 细胞的抗 HCC 作用，这一研究提示，未来可以将 CAR-T 细胞与免疫检查点阻断相结合，提高 CAR-T 细胞治疗的疗效。

2. TCR-T 细胞治疗　不同于 CAR-T 细胞，T 细胞受体工程改造 T 细胞（T cell receptor engineered T cell，TCR-T cell）主要识别加工后 MHC 呈递的胞内抗原，具有 MHC 限制性。胞内抗原在肿瘤细胞中与正常细胞中的差异较大，因此 TCR-T 细胞治疗的靶点种类数量多。研究人员可以选择亲和力适中、安全性好的抗原作为特异性靶点，这形成了 TCR-T 的独特优势。

2015 年，Antonio 教授团队构建了 HBV 特异性 T 细胞受体修饰的 T 细胞，并证实了其可行性和抗肝癌效果。随后，Antonio 团队的研究证实，无完整 HBV 抗原表达的 HCC 细胞整合有短 HBV DNA 片段，其所表达的相关抗原被提呈后可进一步被 T 细胞识别并激活 T 细胞功能；对整合 HBV DNA 的分析可指导 HBV 特异性 TCR 的正确筛选，并选用于 TCR-T 的构建。另外，在我国启动了两项相关临床试验，采取逐渐加量的 HBV/TCR-T 输注，用于治疗肝癌和预防肝癌复发，目前这两项临床试验仍在进行中。2016 年，Spear 等学者构建了一种针对丙型肝炎病毒抗原的 TCR-T 细胞（HCV1406 TCR-T），可有效治疗丙型肝炎相关肝癌。最新的研究报道了一种新的靶向 AFP_{158} 抗原表位的 TCR-T 细胞，这种细胞特异性识别 HLA-A2 阳性 AFP 阳性的 HepG2 细胞，并产生效应细胞因子，且对体外培养的正常原代肝细胞没有明显毒性，用这种 AFP 特异性 TCR-T 细胞治疗可以根除 NSG 小鼠中的 HepG2 移植瘤。另外，在我国进行的一项采用 AFP_{c332} 特异性 TCR-T 细胞治疗 HLA-A2 阳性的晚期肝癌患者的 I 期临床试验目前正在招募受试者。

与 CAR-T 细胞相比，TCR-T 细胞在治疗 HCC 方面的研究还不够深入，开展的临床试验也较少。虽然上述基础研究结果显示了 TCR-T 细胞在 HCC 治疗中的巨大潜力，但与 CAR-T 细胞治疗一样，其疗效和安全性仍需更多的实验验证。TCR-T 细胞在治疗 HCC 方面还面临着许多实体肿瘤治疗共有的问题，如肿瘤体积过大、归巢细胞数量不足、抗原的选择不佳和实体肿瘤内的免疫抑制微环境等。另外，在治疗中出现的细胞因子释放综合征、神经毒性和脱靶效应等不良反应也是研究过程中需要解决的问题。

3. DC 免疫治疗　DC 是专职抗原呈递细胞，具有强大的抗原呈递功能，能激活静息期的 T 细胞。研究表明，肝癌患者体内 DC 比例异常,功能性 DC 的比例明显减少,肿瘤微环境影响 DC 的成熟,因此,体外诱导成熟的功能性 DC 对于肝癌的主动免疫治疗具有重要意义。目前多采用肿瘤相关抗原或肿瘤细胞裂解物、肿瘤相关抗原 mRNA 和总 RNA 致敏 DC,肿瘤相关抗原基因及细胞因子基因转染 DC,肿瘤细胞和 DC 融合等方式制备 DC 疫苗,然后将这些致敏的 DC 疫苗回输机体,以诱导机体产生有效的抗肿瘤免疫应答。

（1）肝癌相关抗原物质致敏 DC:用肝癌相关抗原致敏 DC,可以使 DC 呈递肝癌相关抗原,从而激发免疫细胞对肝癌细胞的杀伤作用,达到控制和杀伤肿瘤的目的。目前主要有 6 种用于肝细胞癌治疗的肿瘤相关抗原:AFP、GPC3、纽约食管鳞状上皮癌抗原 1（New York esophageal squamous cell carcinoma 1,NY-ESO-1）、滑膜肉瘤 X 断裂点基因 2（synovial sarcoma,X breakpoint 2,SSX2）、端粒逆转录酶（telomerase reverse transcriptase,TERT）、黑色素瘤相关抗原 A（melanoma antigen-A,MAGA）。研究证实,将上述肝癌相关抗原致敏 DC,可以诱导 $CD8^+$ T 细胞的免疫应答及 Th1 型细胞因子的产生,激发机体的抗肝癌细胞免疫反应。另外,用肝癌相关抗原的 mRNA、总 RNA 或肝癌细胞株的裂解物负载 DC,诱导淋巴细胞,能显著抑制肝癌的生长。

一项 II 期临床试验表明,利用肝癌细胞系 HepG2 裂解产物刺激 DC 并进行过继免疫治疗进展期肝癌患者,其中 12.7% 的患者血清 AFP 水平较治疗前降低,肿瘤体积缩小,且耐受性良好。Palmer 等进行的一项 II 期临床试验结果显示,利用 HepG2 裂解物体外刺激成熟自体 DC 后回输,也显示相似的结果,其中部分患者还产生了抗原特异性的免疫反应。

（2）基因转染 DC:基因转染 DC 是将编码肝癌相关抗原的基因导入 DC,使肝癌相关抗原在 DC 内持续表达;或者将编码趋化因子或细胞因子的基因导入 DC,增强抗肿瘤作用。该方法不仅可以完全内源性持续表达肝癌相关抗原、持续分泌细胞因子,诱导或增强持续的免疫反应,还可以在一定程度上减少自身免疫性副作用的发生。

（3）肿瘤融合 DC 疫苗:肝癌相关抗原物质致敏的 DC 存在半衰期短的缺点,而基因转染的 DC 疫苗在生物安全性、病毒滴度及靶细胞嗜性范围方面还存在一些待解决的问题,因而限制了它们在 HCC 治疗上的应用。为此,有研究者开发了肿瘤融合 DC 疫苗。肿瘤融合 DC 疫苗是利用化学或物理的方法(融合剂或电融合技术)将体外培养的 DC 与肿瘤细胞进行融合,融合细胞后的杂交细胞能同时较高水平地表达 DC 和肿瘤细胞的抗原,克服了 DC 呈递抗原的 MHC 限制性,并且对已知和未知、特异性和非特异性的肿瘤抗原均能进行有效呈递,从而使 T 细胞活化,诱导有效的抗肿瘤免疫反应。体外试验结果表明,用聚乙二醇法制备小鼠肝癌细胞与 DC 融合疫苗,能抵抗肝癌细胞的攻击,诱导细胞毒 T 细胞活性,促进肝癌组织中 TNF-α 和 IFN-γ 的表达,延长荷瘤小鼠的生存期。

（4）联合修饰 DC:肝癌的发生、发展是一个复杂的过程,涉及多个分子及多条途径。用单一肝癌抗原负载或基因转染 DC 制备的肿瘤疫苗效果有限。如果用多种抗原同时冲击致敏 DC 或者联合抗原致敏和基因转染 DC,抗肿瘤效果会更加明显。一些联合修饰 DC 的体外试验结果显示出更强的肝癌细胞杀伤作用。

近年来,外泌体(exosome)已成为生命科学和基础医学研究的一大热点。有研究表明,肝癌 HepG2 细胞外泌体可能携带大量肿瘤抗原,能刺激 DC 成熟,可能是潜在的 DC 治疗肝癌的抗原谱。

DC 治疗通常与常规的肝癌治疗方法(消融、手术、肝动脉化疗栓塞术)联合使用以达到更好的疗效。另外,DC 也通常与 CIK 细胞联合使用,增强对肿瘤细胞的杀伤作用。DC 治疗的副作用远远小于与 CAR-T 细胞和 TCR-T 细胞治疗,患者耐受性好、依从性高。但是部分临床试验结果显示,DC 免疫细胞治疗对临床结局的改善作用有限,肿瘤复发率并无明显下降,这可能与 HCC 患者的肝脏免疫抑制微环境,以及缺乏特异性 HCC 靶标抗原有关。DC 制备方法较 CAR-T 细胞和 TCR 细胞简单,安全性高,在肝癌的辅助治疗中应用广泛。

4. 肿瘤浸润性淋巴细胞(TIL)治疗　研究表明,肝癌根治性治疗后,肿瘤复发率与肿瘤淋巴细胞浸润水平呈显著的负相关,提示 TIL 在 HCC 治疗中的巨大潜能。

TIL 治疗是从切除的肿瘤中分离并在体外培养的淋巴细胞,比 CAR-T 细胞和 TCR-T 细胞具有更多的肿瘤特异性 TCR。手术切除的肿瘤组织大部分是肿瘤细胞,但仍有少部分淋巴细胞,从肿瘤组织中分离淋巴细胞,在培养体系中添加抗 CD3 抗体和 IL-2 以得到足够多肿瘤浸润性淋巴细胞,然后回输到患者体内发挥抗癌作用。一般来说,在进行 TIL 输注前,需要静脉输注低剂量环磷酰胺(cyclophosphamide,CTX)和氟达拉滨(fludarabine)等药物以清除患者体内原有的淋巴细胞,解除骨髓和淋巴细胞抑制,提高抗肿瘤治疗的疗效。有研究对接受 TIL 治疗的 15 例 HCC 术后患者进行 14 个月的随访发现,所有患者均存活,仅 3 例患者复发,不良反应主要为轻度流感样症状,证明了 TIL 治疗肝癌的安全性和有效性。另一项临床试验结果也表明,经 TIL 治疗的肝癌患者与对照组相比,复发率减少了 38.6%,5 年生存率提高了 34.9%。虽然 TIL 有明显的治疗 HCC 的效果,但难以从 HCC 患者中分离并进行体外扩大培养,并且仅有少部分 TIL 对肿瘤抗原敏感。Rosenberg 等学者发现,只有少量 $CD8^+$ TIL 对肿瘤抗原敏感,其他大量 TIL 对肿瘤细胞不敏感,其原因是在 $CD8^+$ TIL 中存在 CD39 表达差异。CD39 是一种与慢性免疫细胞刺激有关的分子,通常在多种恶性实体瘤中的表达明显上调,其表达水平与疾病的分期和严重程度相关。另外有研究发现,$CD8^+CD39^+$ 的 TIL 具有潜在的抗肿瘤能力,但其活性受到抑制,但这种抑制可被 PD-1/PD-L1 抑制剂解除。目前该疗法还处于研究阶段,还需要对 PD-1/PD-L1 与 CD39 之间的作用机制做更深入的研究。

总的来说,TIL 治疗主要存在提取分离困难和扩增激活时间长的问题,因此在 HCC 中尚缺乏应用,目前 TIL 治疗 HCC 的临床试验较少,是潜在的 HCC 细胞治疗方式。

（二）固有免疫细胞输注治疗

1. 细胞因子诱导杀伤（CIK）细胞　欧洲肝病学会（European Association for the Study of the Liver，EASL）在最新的 HCC 治疗指南中将 CIK 细胞作为可能有效的治疗方式进行了推荐。

CIK 细胞是由来源于自体或异体外周血、脐带血或骨髓的单个核细胞，在体外经各种细胞因子诱导培养的具备抗肿瘤免疫活性的细胞群，又称为 NK 细胞样 T 淋巴细胞群，其中 CD3$^+$CD56$^+$ 细胞群是主要的效应细胞。CIK 细胞同时具有 T 淋巴细胞和 NK 细胞的特征，因而具有免疫监视、杀伤肿瘤细胞及免疫调节功能，如同"细胞导弹"，但不会伤及"无辜"的正常细胞。

CIK 细胞治疗肝癌的机制主要包括以下几个方面：①CIK 细胞输注能促使肿瘤细胞的表面受体和效应淋巴细胞的相关抗原结合，然后通过释放颗粒酶（granzyme）/穿孔素（perforin）等毒性颗粒起到直接杀伤肿瘤细胞的作用；②促进机体分泌大量细胞因子，如白介素-2（interleukin-2，IL-2）、IFN-γ、TNF-α 等，进一步发挥抗肿瘤效应；③输注到体内的 CIK 细胞可以表达 Fas 配体（Fas ligand，FasL），FasL 能够与肿瘤细胞膜所表达的 Fas 相结合，活化并传导凋亡信号，从而诱导肿瘤细胞的凋亡。

国内外多个临床试验的结果表明，CIK 细胞能降低肝细胞癌患者的血清 AFP、ALT 和 AST 水平，改善肝功能，提高生存质量。CIK 细胞用于手术后或放化疗后 HCC 患者，效果显著，能消除残留的微小转移病灶，防止肿瘤转移和复发，提高机体免疫功能。多项临床试验结果显示，CIK 细胞治疗降低了肝癌患者射频消融术（radiofrequency ablation，RFA）、根治性切除手术、肝动脉化疗栓塞术（transcatheter arterial chemoembolization，TACE）后的复发率和转移率。另有一项包括 410 例 HCC 患者的大样本研究显示，手术后接受 CIK 细胞治疗的患者总体生存（overall survival，OS）较未接受 CIK 细胞治疗的术后患者显著升高，且 CIK 治疗是 HCC 患者的一项独立预后因素。

而在晚期 HCC 患者中，由于肿瘤微环境中骨髓来源的抑制性细胞（MDSC）与 CIK 细胞相互作用，抑制了 CIK 细胞的治疗效果，诱导免疫逃逸。在小鼠 HCC 模型中，已被 FDA 批准的磷酸二酯酶 5 抑制剂他达拉非（tadalafil）阻止 CIK 细胞治疗后 MDSC 在肿瘤微环境中的积聚，提高其抗肿瘤的效果。

CIK 细胞与 DC 疫苗相结合是另一个相当重要的免疫细胞治疗策略。DC 能呈递抗原，从而激活机体获得性免疫反应，CIK 细胞能发挥自身的细胞毒性作用，并通过分泌细胞因子杀伤肿瘤细胞。将负载抗原的 DC 和 CIK 细胞共培养，既可激活 DC 的抗原提呈效应，又能发挥 CIK 细胞非 MHC 限制性杀瘤活性，联合应用可显著增加二者的杀瘤活性。肝癌患者术后辅以 DC-CIK 细胞输注有利于消除肿瘤微小残余病灶，恢复患者的免疫力，改善其生活质量。Jung 等学者研究发现，相对于单用 DC 或单用 CIK 细胞，DC-CIK 细胞可显著抑制肝癌的增殖，提高体内 CTL 的数量，增强对肝癌细胞的杀伤作用，这证实了 DC-CIK 细胞联用的互

相增效作用。Zhou 等也通过临床研究证实，微波消融联合 DC-CIK 细胞等治疗可显著降低 HBV 感染相关性肝癌患者的病毒载量，改善免疫状况。在根治性切除后，接受自体肿瘤裂解物脉冲 DC 疫苗联合活化 T 细胞输注治疗的 HCC 患者的中位无复发生存（relapse free survive，RFS）和 OS 著高于单纯手术组。

DC-CIK 细胞免疫治疗与其他过继免疫治疗如 CAR-T 细胞治疗不同，其发生的脱靶效应、细胞因子释放综合征和移植物抗宿主样损伤的不良反应未见报道。DC-CIK 细胞治疗的副作用主要以失眠、发热、寒战、兴奋等为主，未见明确器官损害的报道。另外，DC-CIK 细胞可通过攻击肿瘤细胞表面过度表达的耐药蛋白达到降低肿瘤耐药性、提高化疗药物疗效的作用。

综上所述，DC-CIK 细胞治疗可以在短期内提高肝癌患者的免疫力、改善肝功能；从远期看，DC-CIK 细胞治疗可以抑制肿瘤细胞的侵袭和转移，这对患者的预后及生存质量具有积极意义。更重要的是，DC-CIK 细胞免疫疗法副作用小、安全性高，值得进一步深入研究后在临床上应用。

2. NK 细胞　NK 细胞在针对病毒感染和肿瘤的宿主先天性免疫防御中起关键作用，可保护肝细胞免受肝炎病毒感染或恶性转化，在癌变早期即能迅速发挥杀瘤效应。越来越多的证据提示 NK 细胞在肝癌微环境中受到调节，表现为清除肿瘤细胞的能力下降，从而进一步参与肝细胞癌的发病机制。研究表明，外周血和肝脏中 NK 细胞的频率和功能与 HCC 切除术后复发和生存率相关。

有研究证实了同种异体 NK 细胞输注在 HCC 治疗中的有效性，可改善晚期 HCC 患者的预后。Lin 等人报道，经皮冷冻消融联合同种异体 NK 细胞治疗可显著延长晚期 HCC 患者的中位无进展生存期（progression free survival，PFS）（单纯消融 vs 消融联合 NK 细胞输注：7.6 个月 vs9.1 个月，$p=0.011$）。目前已开展了多项临床试验以证明 NK 细胞治疗 HCC 的效果，但是大部分临床试验尚未完成。NK 细胞治疗后，过继转移的 NK 细胞大部分仍然存于外周血中，而肿瘤组织中的 NK 细胞数量较少，这在一定程度上影响了 NK 细胞的疗效。同种异体 NK 细胞过继转移治疗的疗效可能取决于 NK 细胞分离扩增方案和 NK 细胞的纯度。为提高 NK 细胞免疫治疗的特异性和杀伤效率，一些研究者对 NK 细胞进行基因修饰，将 CAR 过继至 NK 细胞以提高其免疫效能。相比于 CAR-T 细胞，CAR-NK 细胞寿命更短，因此降低了自身免疫病的发生和肿瘤转化的风险。另外，CAR-NK 细胞释放的 IFN-γ 和粒细胞-巨噬细胞集落刺激因子（granulocyte-macrophage colony stimulating factor，GM-CSF）等细胞因子较 CAR-T 细胞安全。动物实验结果显示，人 IL-15 基因修饰的 NK 细胞具有较强的抑制肝细胞癌的作用。GPC3 特异性 CAR-NK-92 在 GPC3 高表达或低表达的肝癌移植瘤中显示出很强的抗肿瘤活性，并且对于 GPC3 阴性的肝癌细胞没有显示出细胞毒性。

目前，NK 细胞过继转移治疗肝癌的临床试验较少，根据前期临床试验的结果，可以认为基于 NK 细胞的细胞治疗方法在治疗 HCC 方面是安全和有效的。NK 细胞治疗可

以延长 HCC 患者的生存时间，提高生活质量，但仍需要进一步通过大样本、多中心、随机对照研究来评估疗效。

3. NKT 细胞　NKT（natural killer T）细胞是一群细胞表面既有 T 细胞受体，又有 NK 细胞受体的特殊 T 细胞亚群，被证明在各种免疫介导的疾病中具有调节作用。最近的研究表明，NKT 淋巴细胞在抗肿瘤免疫中起重要作用。NKT 细胞激活后，迅速产生大量的趋化因子、Th1 型细胞因子（如 IFN-γ、TNF-α），调节 DC、巨噬细胞、B 细胞、T 细胞和 NK 细胞的功能。

动物实验表明，过继转移肝癌抗原刺激 NKT 细胞后，肿瘤在 4 周内完全消失。由于 NKT 细胞具有直接和间接抗肿瘤反应的能力，有望成为肝癌免疫细胞治疗的一种新模式。但是目前基于 NKT 细胞的免疫细胞治疗临床试验很少，尚需大量的临床试验以验证其安全性和有效性。

4. 淋巴因子激活的杀伤细胞治疗　淋巴因子激活的杀伤细胞（lymphokine-activated killer cell，LAK cell）是用高浓度 IL-2 激活肿瘤患者自体或正常捐赠者的外周血单核细胞，激活之后的细胞在体外具有广谱的抗肿瘤活性，可直接溶解、杀伤肿瘤细胞。Takeda 等学者曾经报道 LAK 细胞治疗 HCC 的有效性。在另外一项随机临床试验中，HCC 患者在肝切除手术后，利用 IL-2 体外激活淋巴细胞进行过继免疫治疗后，复发率较对照降低 18%。但是这种方法临床报道不多，而且 LAK 细胞治疗 HCC 的疗效有限且存在争议，现基本被弃用。

四、肝癌肝移植患者的免疫细胞治疗

目前免疫细胞治疗在肝癌患者治疗中发挥着积极的作用，然而对肝癌肝移植这类处于免疫抑制状态的特殊人群，应用免疫细胞治疗也可以得到相似的效果。由于肝癌肝移植术后患者机体处于免疫抑制状态，如果采用依赖机体自身免疫能力激发的肿瘤疫苗治疗和阻断免疫耐受的免疫检查点阻断治疗，可能均难以发挥作用，因此过继免疫细胞治疗有可能是最直接、也最有效的增强机体抗肿瘤免疫的方法。

对肝癌肝移植患者进行过继免疫细胞治疗必须考虑以下两个方面的问题：第一，安全性问题。输入的免疫细胞不会激发移植肝排斥反应，也不会诱导机体的移植物抗宿主病（GVHD）的发生。第二，有效性问题。输入的免疫细胞必须能发挥抗肿瘤的疗效，不受免疫抑制剂影响。

（一）免疫细胞治疗肝癌肝移植患者的可行性

利用供体来源的活化的免疫细胞，与供肝来源于同一机体，不会引起移植肝排斥反应；抗肿瘤的效应细胞，包括 NK 细胞、肿瘤特异性 CTL 和供体来源的 DC-CIK 细胞，在体外完成了活化、增殖，回输到受体内，不受免疫抑制剂的影响，可以继续发挥杀伤肿瘤细胞的作用；部分未充分活化的 T 淋巴细胞在受体内受免疫抑制剂作用，不会分化、增殖，因此不会引起 GVHD。

（二）肝癌肝移植患者的免疫细胞治疗策略

扩增供肝或供体来源的 NK 细胞，在体外完成活化、扩增后回输；利用自体肿瘤裂解物制备 DC-CIK 细胞，反复冻融裂解移植切除的肝癌标本中的肿瘤细胞，获得自体肿瘤裂解物，然后负载 DC，制备 DC-CIK 细胞，回输给受体；利用肝癌特异性肿瘤抗原多肽来制备供体来源的 CTL，即获取受体的肝癌组织，进行全基因组测序，获得特异性突变位点，人工合成肿瘤抗原多肽后负载活化供体 DC，激活供体产生特异性 CTL。

肝移植术后进行免疫细胞治疗是十分必要的，可以清除体内残存的肝癌细胞，减少复发的风险。但由于肝癌肝移植患者术后免疫状态的特殊性，免疫细胞治疗的使用应当更加谨慎，免疫细胞治疗在肝癌肝移植患者中的广泛应用有待更多的临床前期研究与临床研究进行验证。

五、免疫细胞治疗肝癌的总结与展望

HCC 具有免疫原性，且处于免疫抑制状态，因此，免疫细胞治疗的应用对 HCC 的治疗发展具有重大的意义。肝癌的免疫细胞治疗正处于快速发展阶段，基因工程 T 细胞、TIL、DC、CIK 细胞、NK 细胞等免疫细胞治疗的安全性和有效性都已得到初步证实，但目前临床使用的免疫细胞治疗较为单一且疗效有限，因此仍需加强联合治疗模式的研究。综上所述，免疫细胞治疗为肝癌患者带来新的曙光，但仍需要更多研究促进 HCC 免疫治疗的发展。

目前大多数新的免疫细胞治疗肝癌的方法正在进行临床试验。其中大部分临床试验显示出明显的抗肿瘤效果，但要使这些方法在临床上得到广泛应用，仍有很长的路要走。首先，对于每一种免疫细胞治疗肝癌的方法，都需要有标准化的操作程序。完整的操作程序应当包括用于治疗的细胞来源、细胞培养方法、免疫细胞的给药途径和剂量、治疗频率和周期等。其次，应为不同的肝癌患者制定个体化的免疫细胞治疗方案，选择适当的治疗开始时机，根据患者的肿瘤相关抗原表达情况，选择治疗的靶点组合。目前，免疫细胞治疗的研究策略由单一的治疗手段发展到联合多种免疫细胞治疗，以期从整体上提高患者的先天性免疫和适应性免疫功能，取得更为满意的疗效。未来，有必要设计更多高质量的临床研究以优化不同免疫细胞联合治疗方案。另外，在应用这些免疫细胞治疗的同时，尚需要探索更多的疗效预测指标，或者建立预测免疫细胞治疗疗效的模型，尽可能选择能最大获益的目标 HCC 患者。值得肯定的是，随着研究的不断深入，免疫细胞治疗将充分发挥其疗效好、安全性较高的优点，在 HCC 治疗中发挥更大的作用。

（周云　黄月华　郭永红）

参考文献

［1］贾战生. 肝病细胞治疗基础与临床. 北京：人民卫生出版社，2005.

［2］王家骢，李绍白. 肝脏病学. 3 版. 北京：人民卫生出版社，2013.

［3］庞希宁，徐国彤，付小兵. 现代干细胞与再生医学. 北京：人民卫生出版社，2017.

［4］中华医学会医学工程学分会干细胞工程专业学组. 干细胞移植规范化治疗肝硬化失代偿的专家共识（2021）. 临床肝胆

病杂志,2021,37(7):1540-1544.

[5] 刘凯,王立峰,王福生,等. 肝硬化与肝癌临床细胞治疗进展与展望. 中华肝脏病杂志,2019(11):822-826.

[6] 徐小元,丁惠国,李文刚,等. 肝硬化诊治指南. 实用肝脏病杂志,2019,22(6):770-786.

[7] 王邓,孙航,吴传新. 自体骨髓干细胞治疗肝硬化的应用及管理. 临床肝胆病杂志,2019,35(4):895-898.

[8] 郭世民,魏巍. 间充质干细胞用于肝纤维化及肝硬化治疗的研究进展. 肝脏,2017,22(6):551-553.

[9] 孙慧聪,张国尊,郭金波,等. 脐带源间充质干细胞移植治疗肝纤维化及肝硬化的相关机制. 中国组织工程研究,2015,19(41):6638-6645.

[10] 王晓雨,张磊,吴常生,等. 人脐带间充质干细胞在治疗肝硬化中的研究进展及展望. 基层医学论坛,2019,23(31):4571-4572.

[11] 刘凤永,王茂强. 间充质干细胞:细胞替代治疗肝硬化. 中华肝胆外科杂志,2019(4):308-311.

[12] 白佳萌,刘光伟,谢露,等. 间充质干细胞及其外泌体在肝再生领域的应用. 中国组织工程研究,2022,26(19):3071-3077.

[13] 唐雨豪,王骏成,朱应钦,等. 肝细胞癌的免疫治疗研究进展. 中国肿瘤临床,2019,46(9):441-446.

[14] 张德智,牛俊奇. 肝细胞癌靶向治疗和免疫治疗的临床进展. 中华肝脏病杂志,2019(11):834-837.

[15] Sun Lulu, Wang Yuqing, Cen Jin, et al. Modelling liver cancer initiation with organoids derived from directly reprogrammed human hepatocytes. Nat Cell Biol, 2019, 21:1015-1026.

[16] Horisawa K, Suzuki A. Cell-Based Regenerative Therapy for Liver Disease. In: Nakao K, Minato N, Uemoto S, eds. Innovative Medicine: Basic Research and Development. Tokyo: Springer, 2015.

[17] Kwak KA, Cho HJ, Yang JY, et al. Current Perspectives Regarding Stem Cell-Based Therapy for Liver Cirrhosis. Can J Gastroenterol Hepatol, 2018, 2018:4197857.

[18] Kojima Y, Tsuchiya A, Ogawa M, et al. Mesenchymal stem cells cultured under hypoxic conditions had a greater therapeutic effect on mice with liver cirrhosis compared to those cultured under normal oxygen conditions. Regen Ther, 2019, 11:269-281.

[19] Eom YW, Kim G, Baik SK. Mesenchymal stem cell therapy for cirrhosis: Present and future perspectives. World J Gastroenterol, 2015, 21(36):10253-10261.

[20] Llovet JM, Zucman-Rossi J, Pikarsky E, et al. Hepatocellular carcinoma. Nat Rev Dis Primers, 2016, 2:16018.

[21] Yu F, Ji S, Su L, et al. Adipose-derived mesenchymal stem cells inhibit activation of hepatic stellate cells in vitro and ameliorate rat liver fibrosis in vivo. J Formos Med Assoc, 2015, 114(2):130-138.

[22] Rashidi H, Alhaque S, Szkolnicka D, et al. Fluid shear stress modulation of hepatocyte-like cell function. Arch Toxicol, 2016, 90(7):1757-1761.

[23] Tolosa L, Caron J, Hannoun Z, et al. Transplantation of hESC-derived hepatocytes protects mice from liver injury. Stem Cell Res Ther, 2015, 6:246.

[24] Yu SJ, Yoon J-H, Kim W, et al. Ultrasound-guided percutaneous portal transplantation of peripheral blood monocytes in patients with liver cirrhosis. Korean J Intern Med, 2017, 32(2):261-268.

[25] Singh VK, Kalsan M, Kumar N, et al. Induced pluripotent stem cells: applications in regenerative medicine, disease modeling, and drug discovery. Front Cell Dev Biol, 2015, 3:2.

[26] Tolosa L, Pareja E, Gómez-Lechón MJ. Clinical Application of Pluripotent Stem Cells: An Alternative Cell-Based Therapy for Treating Liver Diseases? Transplantation, 2016, 100(12):2548-2557.

[27] Zhao L, Chen S, Shi X, et al. A pooled analysis of mesenchymal stem cell-based therapy for liver disease. Stem Cell Res Ther, 2018, 9(1):72.

[28] Zekri A-RN, Salama H, Medhat E, et al. The impact of repeated autologous infusion of haematopoietic stem cells in patients with liver insufficiency. Stem Cell Res Ther, 2015, 6:118.

[29] Qi X, Guo X, Su C. Clinical outcomes of the transplantation of stem cells from various human tissue sources in the management of liver cirrhosis: a systematic review and meta-analysis. Curr Stem Cell Res Ther, 2015, 10(2):166-180.

[30] Kim SJ, Choi CW, Kang DH, et al. Emergency endoscopic variceal ligation in cirrhotic patients with blood clots in the stomach but no active bleeding or stigmata increases the risk of rebleeding. Clin Mol Hepatol, 2016, 22(4):466-476.

[31] Dhawan A. Clinical human hepatocyte transplantation: Current status and challenges. Liver Transpl, 2015, 21 Suppl 1:S39-S44.

[32] Raphael P H Meier, Redouan Mahou, Philippe Morel, et al. Microencapsulated human mesenchymal stem cells decrease liver fibrosis in mice. J Hepatol, 2015, 62(3):634-641.

[33] Wang Y, Yu X, Chen E, et al. Liver-derived human mesenchymal stem cells: a novel therapeutic source for liver diseases. Stem Cell Res Ther, 2016, 7(1):71.

[34] Zhang F, Wen Y, Guo X. CRISPR/Cas9 for genome editing: progress, implications and challenges. Hum Mol Genet, 2014, 23(R1):R40-R46.

[35] Smith C, Abalde-Atristain L, He C, et al. Efficient and allele-specific genome editing of disease loci in human iPSCs. Mol Ther, 2015, 23(3):570-577.

[36] Aizarani N, Saviano A, Sagar, et al. A human liver cell atlas reveals heterogeneity and epithelial progenitors. Nature, 2019, 572(7768):199-204.

[37] Katsuda T, Matsuzaki J, Yamaguchi T, et al. Generation of human hepatic progenitor cells with regenerative and metabolic capacities from primary hepatocytes. Elife, 2019, 8:e47313.

[38] Xie BQ, Sun D, Du YY, et al. A two-step lineage reprogramming strategy to generate functionally competent human hepatocytes from fibroblasts. Cell Res, 2019, 29(9):696-710.

[39] Fu GB, Huang WJ, Zeng M, et al. Expansion and differentiation of human hepatocyte-derived liver progenitor-like cells and their use for the study of hepatotropic pathogens. Cell Res, 2019, 29(1):8-22.

[40] Unzu C, Planet E, Brandenberg N, et al. Pharmacological Induction of a Progenitor State for the Efficient Expansion of Primary Human Hepatocytes. Hepatology, 2019, 69(5):2214-

2231.

[41] Eva R,Bram DC,Joery DK,et al. Strategies for immortalization of primary hepatocytes. J Hepatol,2014,61(4):925-943.

[42] Lotfinia M,Kadivar M,Piryaei A,et al. Effect of Secreted Molecules of Human Embryonic Stem Cell-Derived Mesenchymal Stem Cells on Acute Hepatic Failure Model. Stem Cells Dev, 2016,25(24):1898-1908.

[43] Wang J,Sun M,Liu W,et al. Stem Cell-Based Therapies for Liver Diseases:An Overview and Update. Tissue Eng Regen Med, 2019,16(2):107-118.

[44] Pareja E,Gómez-Lechón MJ,Tolosa L. Induced pluripotent stem cells for the treatment of liver diseases:challenges and perspectives from a clinical viewpoint. Ann Transl Med,2020,8 (8):566.

[45] Tomaz RA,Zacharis ED,Bachinger F,et al. Generation of functional hepatocytes by forward programming with nuclear receptors. Elife,2022,11:e71591.

[46] Li S,Bi Y,Wang Q,et al. Transplanted mouse liver stem cells at different stages of differentiation ameliorate concanavalin A-induced acute liver injury by modulating Tregs and Th17 cells in mice. Am J Transl Res,2019,11(12):7324-7337.

[47] Zhang X,Tang L,Yi Q. Engineering the Vasculature of Stem-Cell-Derived Liver Organoids. Biomolecules,2021,11(7):966.

[48] Overi D,Carpino G,Cardinale V,et al. Contribution of Resident Stem Cells to Liver and Biliary Tree Regeneration in Human Diseases. Int J Mol Sci,2018,19(10):2917.

[49] Wang JL,Ding HR,Pan CY,et al. Mesenchymal stem cells ameliorate lipid metabolism through reducing mitochondrial damage of hepatocytes in the treatment of post-hepatectomy liver failure. Cell Death Dis,2021,12(1):1-15.

[50] Shokravi S,Borisov V,Zaman BA,et al. Mesenchymal stromal cells(MSCs)and their exosome in acute liver failure(ALF):a comprehensive review. Stem Cell Res Ther,2022,13(1):192.

[51] Saleh M,Taher M,Sohrabpour AA,et al. Perspective of placenta derived mesenchymal stem cells in acute liver failure. Cell Biosci,2020,10:71

[52] Hu C,Wu Z,Li L. Mesenchymal stromal cells promote liver regeneration through regulation of immune cells. Int J Biol Sci, 2020,16(5):893-903.

[53] Kang SH,Kim MY,Eom YW,et al. Mesenchymal stem cells for the treatment of liver disease:present and perspectives.Gut Liver, 2020,14(3):306-315.

[54] Mizukoshi E and Kaneko S. Immune cell therapy for hepatocellular carcinoma. J Hematol Oncol,2019,12(1):52.

[55] Yang JD,Hainaut P,Gores GJ,et al. A global view of hepatocellular carcinoma:trends,risk,prevention and management. Nature Reviews Gastroenterology & Hepatology,2019,16(10):589-604.

[56] Zongyi Y,Xiaowu L. Immunotherapy for hepatocellular carcinoma. Cancer Letters,2020,470:8-17.

[57] Rizvi F,Lee YR,Diaz-Aragon R,et al. VEGFA mRNA-LNP promotes biliary epithelial cell-to-hepatocyte conversion in acute and chronic liver diseases and reverses steatosis and fibrosis. Cell Stem Cell,2023,30:1640-1657.e8.

第三十二章　心血管疾病的细胞治疗

提要：细胞治疗在诱导心肌细胞再生、减少心肌细胞死亡及抑制心室重塑中发挥了一定的治疗作用，已成为未来心血管疾病防治的重要发展方向。本章分8节，分别介绍心血管发育与干细胞，间充质干细胞、骨髓来源干细胞、心脏干细胞、诱导多能干细胞等用于心脏疾病治疗的细胞种类及其特点，干细胞治疗缺血性心脏病和非缺血性心脏病的临床进展，以及干细胞治疗心血管疾病面临的挑战和前景，以期从基础研究及临床应用两个方面介绍心血管疾病细胞治疗的现状及未来发展。

目前，缺血性心脏病仍是全球范围内的主要致死和致残原因。因此，急需建立有效的治疗模式以提高心血管疾病患者群体的生活质量和生存率。聚焦缺血性心脏病，包括 MSC、骨髓来源干细胞、心脏干细胞和 iPSC 及其细胞衍生物等干细胞疗法已不断被尝试用于开发治疗心血管疾病的新方法。在过去的30年里，基于干细胞治疗心血管疾病的基础研究和临床研究均有进展，学界对干细胞治疗心血管疾病也充满期望，但这一领域仍处于初级阶段，很多基础性科学问题仍未能解析清楚，所进行的临床试验规模也较小，干细胞疗效也缺乏定论。很多阴性的临床试验结果令人悲观，但如同其他新技术一样，早期失败并不能彻底否定干细胞治疗心血管疾病的作用，它仍有可能在未来取得成功。另外，干细胞治疗心血管疾病的不良事件非常罕见，足以证明其优秀的安全性。总之，虽然基于干细胞的心血管疾病疗法可能在短时间内无法取得突破，但干细胞治疗心血管疾病仍是一个值得探索和期待的重要方向。

第一节　心血管发育与干细胞

一、心脏与血管系统的发育

（一）血管发育

1. 脉管系统是生命体发育的早期事件　脉管系统是最早发育的器官之一，并必须在整个发育过程中发挥功能，以适应胚胎不断发生变化的组织需求。一旦胚胎大于 2mm，就严重依赖自身功能性脉管系统，因为被动扩散不足以为所有细胞提供氧气和营养。成年人的身体也是如此，毛细血管渗透到每一毫米的组织。这些毛细血管是由一个层次分明的血管网络提供的。大血管的发育模式是固定的，而小血管和毛细血管的发育模式是随机的，并受氧气供应和需求的调节。血管由提供与血液接触的血管内（管腔）表面的内皮细胞和与内皮细胞外（管腔外）表面相互作用的壁细胞组成。Mural 细胞通常是周细胞，而构成微循环的小血管和毛细血管等大多数血管的血管壁仅由周细胞包围的内皮细胞组成。较大的血管，特别是小动脉、动脉和静脉，被平滑肌细胞和弹性纤维包裹，提供收缩力，较大的动脉和静脉也有一个由成纤维细胞组成的有组织结构，产生胶原蛋白。

2. 血管系统各种细胞可能来源不同　组成血管系统的各种细胞类型并非来自单一的胚胎来源，来自多种来源的细胞最终可以获得相同的命运。考虑到血管几乎与身体中的每个器官和组织都有关联，局部组织提供前体细胞是有道理的。大部分血管系统来自中胚层，尽管一些对大动脉和大脑血管有贡献的壁细胞来自神经嵴。主要血管，如背主动脉和主静脉，由称为成血管细胞的内皮细胞前体形成，这些前体从胚胎的外侧区域向中线迁移，然后聚集成索并形成管腔。被称为体节的中胚层凝聚物也会产生成血管细胞，这些成血管细胞向内侧迁移，对神经管周围的血管有贡献，向外侧迁移，对肢体血管有贡献。大多数器官雏形产生成血管细胞，使局部组织血管化，并连接到从主要导管血管中发芽并植入器官的血管。然而，中枢神经系统（大脑和脊髓）缺乏固有的成血管细胞。中枢神经系统的血管是通过从周围血管萌芽到大脑中而形成的，在某些情况下，单个成血管细胞也迁移到大脑中并开始新的血管形成。进一步的细胞谱系示踪分析表明，包括周细胞和平滑肌细胞在内的壁细胞主要从局部来源募集到血管。因此，脉管系统具有多种细胞类型，并且不是均匀产生的，而是来自不同来源和部位的细胞的混合体和随机事件。这种不同的病因可能会影响血管功能和疾病倾向。

3. 血管干细胞和祖细胞是维持脉管结构和功能稳态的基础　干细胞和祖细胞是如何促进血管发育的？血管发育所需的干细胞并不是单一胚胎来源，因为内皮细胞和壁细胞来源于不同的胚层，这类似于 HSC，它既能自我更新，又可以分化为所有的血管谱系。也可以说，不需要血管干细胞，因为一旦内皮细胞分化，它们就保留了增殖能力，并通过新生血管形成新的血管，而能够募集到壁谱系存在于大多局部环境中的间充质细胞。然而，在发育过程中，血管室、内皮和壁均与干细胞、祖细胞或两者相关。这种联系表明，干细胞和祖细胞可能有助于正常和异常的血管发育。血管干细胞或祖细胞也可能持续到成年，并可能导致疾病

干细胞和祖细胞参与血管发育的证据来自对成血管细胞和造血内皮的研究，对心脏祖细胞的分析，以及对周细胞发育潜力的研究。

成血管的干细胞、祖细胞的存在仍然有争议。因为目前的证据也可以用 HSC 来源的内皮细胞来解释，该内皮由分化良好的内皮细胞组成，负责产生造血细胞。最近在小鼠和斑马鱼身上进行的谱系追踪、活体成像和遗传学研究已经证实，在特定的发育阶段和部位，内皮细胞会产生造血细胞，这些细胞或后代会在成年动物中形成 HSC。标记物分析和成像表明，这一过程涉及内皮细胞转分化为造血细胞。在一项研究中，内皮细胞分裂与来自造血内皮的造血细胞生成密切相关，表明造血内皮细胞有时经历不对称分裂以产生内皮细胞和造血细胞。在分子水平上，转录因子 Runx1 是向造血细胞过渡所必需的，一旦造血细胞形成，就不再需要；在分化的内皮细胞中，转录因子 HoxA3 通过下调 Runx1 来维持内皮表型。一个统一的混合模型具有产生血管母细胞的内皮细胞，这些内皮细胞有助于形成血源性内皮。最近的一项研究表明，小鼠成血管细胞集落在培养物中产生造血内皮支持这种联系。发育过程中血源性内皮形成的时间和空间限制表明，外部因素也可能有助于其形成。

谱系追踪分析表明，来源于体节的单个胚胎细胞对平滑肌和血管内皮细胞都有贡献，还报道了对平滑肌和内皮命运具有双重潜能的体细胞。这些体内证据支持早期的 ESC 分化谱系关系的体外分析。这些关系在发育的心脏中得到了很好的证明，该心脏包含祖细胞，当在体内进行基因标记时，这些祖细胞有助于多个谱系分化；此外，祖细胞分离物在体外产生心肌细胞、血管平滑肌和内皮细胞。因此，来自多种实验方法的证据为在特定的胚胎位置存在双能或多能祖细胞提供了令人信服的证据，这些祖细胞对内皮和平滑肌谱系都有贡献。

（二）心脏发育

既往观点认为，成年心肌细胞在受伤后无法再生。因此，全面了解心脏再生和干细胞治疗在心脏修复中的作用，了解心脏的结构和发育，以及心脏祖细胞在其再生中的作用至关重要。心脏祖细胞是前体多能细胞，可以在心脏中分化为不同类型的肌细胞和非肌细胞。确定这些细胞的起源，以及它们如何分化为不同的细胞群，形成一个完整的功能性心脏，一直是领域内的重要问题。通过确定调节心脏细胞谱系的分子机制，可以深入了解重新激活这些途径的潜力，以此作为治疗成年心肌细胞损失或损伤的手段。

1. **人类胚胎心脏的发育**　在人类胚胎发育的过程中，原肠胚形成第 3 周后，心脏开始从中胚层形成。在这个阶段，胚胎从双层（即由两层表成细胞和次成细胞组织组成）转变为三层胚胎，这个过程被称为原肠胚形成，形成外胚层、中胚层和内胚层三个胚层。最初，在朝向其尾端的双层胚胎卵圆盘中形成带有节点的原条。这种原条使心脏中胚层细胞在原肠胚形成过程中通过原条向内迁移，并定位在原条前方的区域，称为内脏中胚层。来自相邻内胚层和外胚层的几种调节途径调节心脏中胚层的诱导，包括骨形态发生蛋白（BMP）、淋巴结途径、成纤维细胞生长因子（FGF）和 Wnt 信号通路，以及形态发生梯度。

2. **胚胎心脏发育的最早迹象**　心脏基本上是由迁移的心脏中胚层细胞发育而来的，这些心脏中胚层细胞在 T 淋巴细胞转录因子的控制下瞬时表达主调节因子中胚层后部 1（Mesp1）和 BHLH 转录因子 1。为了维持心脏中胚层谱系，Mesp1 转录因子通过激活 Wnt Dickkopf（Wnt 信号通路抑制剂 1）来抑制 Wnt 信号通路。心脏中胚层细胞表达 Mesp1 标记，被认为是心脏发育的最早迹象。这些未分化的 CMC 快速增殖并向颅侧迁移，人类胚胎的第 2 周和小鼠胚胎的第 E7.5 天，形成新月形心脏。因此，Mesp1+ 细胞的顺序结合受到时空信号的控制，从而产生不同的心脏祖细胞，并表达特异性标记物。

3. **胚胎心脏中的三种心脏祖细胞**　在胚胎心脏中已鉴定出三种心脏祖细胞，心源性中胚层细胞（cardiogenic mesoderm cell，CMC）、心脏神经嵴细胞（cardiac neural crest cells，CNCC）和心外膜前细胞（pre-epicardial cell，PE）。心源性中胚层细胞形成两个场，第一个心场（FHF）形成左心室和心房，而第二个心场（SHF）形成右心室和流出道（OFT）。FHF 和 SHF 中的心脏前体表达特异性标记物，如 Gata-4、Nkx2.5、Mef2c 和 Islet1。心外膜前细胞产生的心脏祖细胞可以分化为植入心肌、平滑肌、冠状血管内皮细胞和位于房室隔膜的少量肌细胞的间质成纤维细胞。因此，心肌细胞、心外膜、心内膜和心脏神经嵴细胞间的相互作用导致胎儿心脏的四个分隔室的形成。

二、心脏干、祖细胞的构成

（一）胚胎心脏干、祖细胞的构成

大多数关于心脏胚胎发生的知识都来自动物研究，这导致了巨大的知识差距，限制了我们对人类心脏细胞发育的理解。小鼠和人类之间的解剖学趋同是理解心脏发育阶段的关键因素。动物研究表明，在胚胎发生过程中，心脏祖细胞在调节不同心脏细胞的顺序组装中发挥着关键作用。这些祖细胞包括 CMC、CNCC 和 PE。

1. **心源性中胚层细胞（CMC）**　在脊椎动物的早期发育中，CMC 来源于一个常见的中胚层谱系，发展为 FHF 和 SHF。FHF 在小鼠妊娠第 7.5 天形成，在人类妊娠第 16~18 天形成，此时早期心脏祖细胞中胚层形成心脏新月。FHF 细胞的标记物是转录因子 NKX2-5 和环核苷酸门控离子通道 HCN4。在心脏新月期，FHF 祖细胞通过 BMP、FGF 和 Wnt/β-连环蛋白的作用进行分化。相反，SHF 祖细胞在进入心管之前保持未分化和增殖状态。SHF 由新月形心脏内侧和前部的咽中胚层形成，并且是胰岛 1（ISL1）阳性。未分化 SHF 细胞的增殖受 FGF、Notch、经典 Wnt 和 Hedgehog 信号通路的调节。在小鼠胚胎发育的第 8 天，来自心脏新月的细胞迁移到中线，形成线性心管，作为随后心脏生长的支架。心脏前部和后部的进一步扩张是由次级心脏场的细胞迁移引起的。许多中间体来源于第一和第二心脏场衍生的 CPC，随后产生心脏中的所有主要细胞，包括心肌细胞、血管平滑肌细胞、动脉和静脉内皮细胞、成纤维细胞和心脏传导系统的细胞。此外，由 miRNA 和 lncRNA 介导的表观遗传学调节对于 CPC 向终末分化的肌肉和非肌肉心脏谱系的进展也具有重要意义。

2. 心脏神经嵴细胞（CNCC） 这是第二种来自外胚层的心脏祖细胞，其特征是分化为非心脏细胞类型。它们经历上皮-间质转化（EMT），并在咽弓 3、4 和 6 处向心脏迁移。CNCC 有助于主动脉-肺动脉隔膜、锥管垫（即房室垫）、平滑肌的发育和大动脉的适当模式形成。此外，CNCC 产生心脏副交感神经支配和 His-Purkinje 纤维的结缔组织绝缘。一些信号通路、转录因子和分泌分子已被证明在 CNCC 的诱导、迁移和分化过程中相互作用以指导 CNCC。神经嵴诱导和规范的关键参与者是 BMP/TGF-β 生长因子、FGF、Wnt/β-catenin 信号通路和视黄酸（RA）。

CNCC 迁移到心脏流出道上的特定位点由化学信号引导，如 semaphorin 3C、连接蛋白 43 及 FGF 信号。流出道下方的心肌表达信号蛋白，信号蛋白与其在 CNCC 上的受体结合，导致细胞骨架重排和细胞迁移。主动脉弓动脉图案化的最后过程由 TGF-β 和 PDGF 信号通路控制。编码这些信号通路或分子的基因发生突变会导致各种先天性心脏病，但目前还没有能够识别和追踪 CNCC 的独特分子标记。相反，分子谱系标记和鸡-鹌鹑嵌合体允许间接追踪 CNCC。这种鸡-鹌鹑嵌合体技术允许将鹌鹑组织移植到鸡胚中，反之亦然，以跟踪胚胎发育过程中特定区域的命运。

然而，一项研究报告了新生儿和成年小鼠心脏中的多能 CNCC 群体，正好在心脏侧群体中。侧群（SP）细胞是休眠的组织驻留祖细胞，首次通过 ATP 结合盒（ABC）转运蛋白流出 Hoechst-33342 染料的独特能力进行鉴定。分离 SP 细胞，并在培养时形成心球，类似于神经球形成的情况。该心包膜表达 Nestin 和 Musashi-1 标记物，分离后分化为神经元、神经胶质细胞、黑素细胞、软骨细胞和肌成纤维细胞。一旦标记的心球细胞被移植到鸡胚中，它们就会迁移

到心脏，类似于内源性 CNCC，并有助于缓冲区和流出道的收缩。

3. 心外膜前细胞（PE） 包围心内膜和心肌的心脏最外层被称为心外膜。PE 是产生心外膜细胞的胚胎祖细胞。在心脏的成环阶段，心外膜前细胞迁移，用心外膜覆盖心脏表面。一些心外膜细胞分离并经历 EMT，侵入心肌壁，并产生心外膜衍生细胞（EPDC）。侵袭性 EPDC 分化为冠状血管平滑肌细胞（SMC）、内皮细胞、心外膜下和心肌内成纤维细胞。PE 的诱导和维持受 FGF 和 BMP 信号通路之间相反的相互作用的调节。FGF 信号转导诱导内脏中胚层中的心外膜前命运，而 BMP 信号转导诱导心肌分化。推动 EPDC 分化为原发性冠状血管的重要信号分子是 TGF-β 超家族、FGF、视黄酸、Hedgehog 和 VEGF。长期以来，人们认为 PE 是一种心外细胞群，然而，最近的分子分析和谱系追踪研究发现，CPC 作为 SHF 祖细胞表达 Nkx2-5 和 Isl-1 标记物，有助于心外膜前细胞的形成。此外，这些心外膜前祖细胞表达 Wt1 和 Tbx18 标记物，并可分化为心肌细胞、内皮细胞和 SMC。这支持了 SHF 祖细胞（Nkx2-5 和 Isl-1 阳性）在心脏发育过程中有助于 PE 形成的说法。

（二）成年心脏干、祖细胞的构成

长期以来，人们认为心脏细胞缺乏自我更新的能力，因此损伤后再生的潜力有限。将干细胞直接注入心脏的再生潜力仍然受到许多挑战的阻碍，例如产量和分化潜力有限。干细胞治疗对心脏病患者的益处被认为是由旁分泌作用引起的，例如 CPC 驱动的趋化因子 CXCL6 介导的血管生成。在正常的生理衰老过程中，心肌细胞的发生是由先前存在的心肌细胞的缓慢分裂引起的。（图 3-32-1）

然而，最近的研究表明，在成年心脏中存在新心肌细胞的产生，这重新引起了人们对心脏再生的兴趣。胚胎中 CPC 的发现鼓励了研究者在成年心脏中进一步寻找此类祖细胞。研究者发现，广泛分布在成年心脏、心房、心室和其他部位的内源性异质性细胞群在心肌再生中发挥作用。这

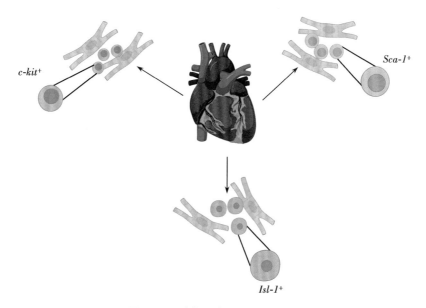

c-kit⁺　　Sca-1⁺　　Isl-1⁺

图 3-32-1　成年心脏干、祖细胞的构成

些 CPC 是静止细胞，在正常生理条件下对修复心肌细胞损伤的贡献最小。CPC 在损伤心脏中维持稳态或其修复功能的具体生物学作用尚不清楚。根据其特异性细胞标记物如 c-kit（CD117）、Isl-1（胰岛素基因增强子蛋白）和 Sca-l（干细胞抗原-1）的表达，成年 CPC 被分为不同类型。然而，这些标记物不是特异性的，并且与其他组织标记物重叠。这些细胞的主要特征是自我更新和克隆形成，以及分化为心肌细胞、平滑肌细胞和内皮细胞等心脏谱系细胞的多潜能性。这些细胞在培养物中的体外繁殖特征是黏附形成球状，称为心球（CS）。球状体是最早在 NSC 中定义的非黏附、多细胞漂浮的细胞簇。据报道，在补充有心球形成介质的非黏性基质上培养患者的心耳标本，得到人心球。该培养基含有表皮生长因子、碱性成纤维细胞生长因子、凝血酶、心肌营养素-1 和 B27。CS 显示出表达 MSC 标记物（如 CD105、CD13、CD73 和 CD166），以及早期和晚期心脏标记物（Nkx2.5、GATA4 和连接蛋白 43）的原始祖细胞和定向祖细胞的异质性群体。CS 表现出分化为心肌细胞、平滑肌细胞和内皮细胞的多能性，在 I 期临床试验中已作为治疗心肌梗死的有前途的细胞来源。

此外，在成人心脏中发现了心外膜前起源的 CPC，这些细胞表达血小板衍生生长因子受体 α（PDGFRα⁺）和 c-kit。PDGFRα⁺ 细胞可以分化为平滑肌细胞和血管内皮细胞，为受伤心脏的血管和间质组织提供来源。最近的一项研究表明，某些类型的 CPC，如 Bmi1⁺ 细胞，有助于心肌细胞损伤后的再生，是心脏修复过程中干、祖细胞的来源。

三、血管干细胞与血管修复

血管损伤后修复对于维持血管稳态和功能至关重要。干/祖细胞被证明在血管修复过程中参与受损血管细胞的再生和修复。研究表明，骨髓干/祖细胞是修复血管损伤的干细胞主要来源。然而，谱系追踪研究表明，不同群体的血管驻留干/祖细胞在不同的血管损伤和修复过程中也发挥着不可忽视的作用。响应剪切应力、炎症或其他风险因素诱导的血管损伤，这些血管干/祖细胞可以被激活，从而分化为不同类型的血管壁细胞，参与血管修复。

（一）血管内皮祖细胞

内皮祖细胞（EPC）是一组从骨髓中动员的细胞，参与损伤后的内皮修复。事实上，内皮祖细胞有多种组织来源，包括骨髓、脾脏、血管壁、脂质和胎盘。目前，内皮祖细胞被定义为具有典型的克隆增殖能力和干细胞特征，并能分化为成熟内皮细胞的一群异质性细胞群体。

EPC 由异质性细胞群组成 EPC 实际上由不同的细胞群组成。早期 EPC 出现在早期培养阶段，其存活时间短，不会分化为内皮细胞。早期 EPC 可以释放 SDF-1 和 VEGF 来激活邻近的成熟内皮细胞，以促进血管新生。它的免疫特征是 CD45⁺、CD14⁺ 和 CD31⁺、CD146⁻、CD133⁻ 和 Tie2⁻。与早期 EPC 不同，晚期 EPC 也可称为内皮细胞集落形成细胞（ECFC），它们来源于血管壁、人类胎盘和白色脂肪组织。与早期 EPC 相比，晚期 EPC 具有更高的增殖能力和更长的生存时间，并且可以分化为成熟的、具有功能的内皮细胞，

参与血管修复。它的免疫特征是为 CD31⁺、vWF⁺、VE 钙黏蛋白⁺、CD146⁺ 和 VEGFR2⁺，CD45⁻、CD14⁻。

有研究表明，血管壁内皮细胞的更新是由 EPC 完成的。存在于血管中的 EPC 具有多种能力，如自我更新、多向分化潜能和强大的增殖能力。大动脉和静脉血管壁中的固有 CD157⁺ EPC 显示出再生为内皮细胞和修复血管损伤的潜力。动物研究证明，EPC 移植可以减少动脉损伤后新生内膜的形成，并加速恢复血管内皮功能。内皮祖细胞归巢在血管重塑中起着核心作用。一些细胞因子被证明能够通过促进骨髓来源的 EPC 动员和归巢来加速受损颈动脉的快速再内皮化。调节 EPC 动员和归巢的血管生成趋化因子包括 CXCL1、CXCL7 和 CXCL12。它们通过 EPC 上表达的相应受体如 CXCR2 和 CXCR4 发挥作用。

（二）血管平滑肌祖细胞

平滑肌祖细胞（SMPC）最大的特征之一是其来源异质性。血管损伤后再生血管平滑肌的平滑肌祖细胞有多种来源。2004 年，Hu 等人首次证实在 Apoe⁻/⁻ 小鼠的主动脉根中存在 Sca-1⁺、c-kit⁺、CD34⁺ 和 Flk1⁺ 祖细胞。他们发现 Sca-1⁺ 驻留的外膜祖细胞可以迁移并分化为血管平滑肌细胞，在动脉粥样硬化进展过程中发挥重要作用。后来研究发现，驻留在血管外膜的 Sca-1⁺、CD34⁺ 和 PDGFRβ⁺ 的干/祖细胞也可以在体外分化为血管平滑肌细胞。另外，Flk⁺ 祖细胞可能既可以分化为平滑肌细胞，也可以分化为内皮细胞。Flk1 是血管平滑肌表型转化的关键调节因子，它抑制血管平滑肌细胞分化，并始终维持 Sca-1⁺ 祖细胞表型，这些细胞会多向分化，从而防止单一细胞分化方向导致的病理性血管重塑。根据谱系追踪研究，Gli1⁺ 细胞也被证明是血管外膜中的祖细胞，表达 CD34、Sca-1 和 PDGFRβ，并有助于血管修复和相关疾病。

（三）血管间充质干细胞

血管 MSC 是具有增殖和免疫调节作用的多能干基质细胞。MSC 在血管内膜中表达其典型标志物 CD13、CD73 和 CD90，在血管外膜中表达 CD29、CD44 和 CD105。然而，不同来源 MSC 的分化趋势也不同。骨髓源性 MSC 表达 SH2、SH3、CD29、CD44、CD71、CD90、CD106、CD120a、CD124，并易于分化为成骨细胞。脂肪来源的 MSC 表达 CD34、CD13、CD45、CD14、CD144、CD31，并易于分化为脂肪细胞。研究发现，与骨髓来源的 MSC 相比，脂肪组织来源的 MSC 更容易分离，含量也更多。它们还可以避开伦理问题，被广泛用于干细胞研究。

表达周细胞和间充质标志物的 CD34⁺CD31⁻ MSC，具有高增殖和多向分化能力，可以与血管内皮细胞发生双向相互作用并促进血管生成。在后肢缺血的小鼠模型中，研究人员还发现，来源于 MSC 的血管内皮样细胞在体外具有强大的促血管新生能力。值得注意的是，MSC 存在于许多器官的血管周围环境中，包括肾脏、肺、肝脏和心脏。血管驻留的 Gli1⁺ MSC 是损伤诱导的器官纤维化的主要成纤维细胞来源，这归因于它们的集落形成活性和分化为成纤维细胞的能力。这些细胞在血管修复中的作用取决于周围环境变化对它们分化方向的指导作用。

（四）周细胞

周细胞是位于末端小动脉和毛细血管中的高密度壁细胞。周细胞与血管内皮细胞直接接触，参与调节血管通透性、内皮稳定性和微血管收缩。目前，周细胞仍然没有特异性分子标记。目前已知的周细胞标志物如 NG2、CD146、PDGFR-B 也在平滑肌干细胞和 MSC 中表达。

早在 1992 年就发现血管周细胞具有成骨潜力，说明周细胞可能是成骨细胞祖细胞。周细胞和 MSC 在维持血管稳态方面的作用是相似的。周细胞可以通过旁分泌能力促进局部 MSC 增殖和分化，二者共同维持血管稳态。体外试验发现，来自不同人类组织的周细胞和 MSC 的血管生成和多谱系分化潜力，通过磁珠细胞分选富集了脂肪细胞和骨髓中的 CD34⁻CD146⁺ 周细胞。只有骨髓来源的周细胞表现出三元分化潜力，而脂肪细胞来源的周细胞在 TGF-β1 的刺激下表现出较低程度的向软骨分化的能力。这些结果表明，周细胞作为干细胞的再生潜力取决于其组织来源。Tbx18-CreERT2 细胞谱系追踪实验表明，周细胞在各种病理条件下（如血管衰老）细胞特征保持一致，不会分化为其他细胞。这一发现挑战了周细胞具有干细胞多能性特征这一观点。

第二节　间充质干细胞治疗心血管疾病

一、用于心脏疾病治疗的 MSC

多种干细胞可用于心脏修复（图 3-32-2）。

1970 年，Friedenstein 等人发现，在人骨髓中有一些细胞在塑料培养瓶培养时可以贴壁。后续的研究发现，这些细胞可以向不同的方向分化为软骨、骨、造血支持基质和骨髓脂肪细胞。由于这一群细胞具有多能性，人们推测其能够分化为其谱系之外的中胚层结缔组织，例如肌肉、肌腱、韧带及脂肪组织等。因此，这一群细胞被命名为 MSC。然而，由于各实验室间分离、扩增和鉴定 MSC 的方法存在较大的差异，导致学界对 MSC 的研究方法始终无法统一。2006 年，国际细胞治疗协会规定 MSC 必须至少满足以下特点：①在标准培养条件下可以在塑料培养器皿上贴壁；②表达 CD73、CD90 和 CD105，而不表达 CD34、CD45、HLA-DR、CD14/CD11b、CD79a 和 CD19；③在体外具有向脂肪细胞、成骨细胞和成软骨细胞分化的潜能。

需要注意的是，MSC 这个概念已被学界广泛应用，但这个概念本身并不准确。首先，间充质只存在于胚胎中，它能多方向分化为结缔组织、造血组织及血管等，而任何成体干细胞都不具有这一能力。其次，不同的结缔组织来源于不同的神经嵴及中胚层细胞。无论是在胚胎发育过程中还是出生后，都不存在可以分化为多种结缔组织的 MSC。因此，MSC 需要更仔细、严谨的定义。MSC 来源广泛，在骨髓、脂肪、胎盘和脐带等组织中都有分布，其中骨髓来源的和脂肪来源的 HSC 是目前研究和应用最为普遍的 MSC 类型。MSC 有易于分离、扩增和不易引起免疫排斥等优点，还具有抗心肌凋亡、促进血管新生、减轻纤维化等功能，使其在治疗心血管疾病方面有着良好的应用前景。（图 3-32-3）

二、MSC 治疗心脏疾病的可能机制

（一）分泌保护性细胞因子

MSC 可以通过旁分泌作用产生并分泌一系列的细胞因子促进心脏内源性修复。MSC 分泌的因子具有促进血管新生、抗间质纤维化、抗心肌细胞凋亡等心血管保护功能。MSC 可以分泌成纤维细胞生长因子（FGF）、胎盘生长因子（PGF）和血管内皮生长因子（VEGF）等细胞因子，从而浓度依赖性地促进内皮细胞和平滑肌细胞增殖。MSC 处于缺氧环境下可增加 VEGF、FGF、肝细胞生长因子（HGF）和胰岛素样生长因子 1（IGF-1）等的表达，从而发挥心脏保护

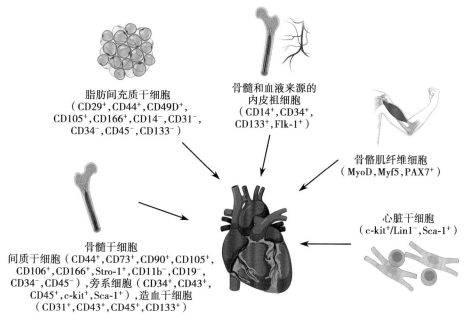

脂肪间充质干细胞
（CD29⁺,CD44⁺,CD49D⁺,
CD105⁺,CD166⁺,CD14⁻,CD31⁻,
CD34⁻,CD45⁻,CD133⁻）

骨髓和血液来源的
内皮祖细胞
（CD14⁺,CD34⁺,
CD133⁺,Flk-1⁺）

骨骼肌纤维细胞
（MyoD,Myf5,PAX7⁺）

心脏干细胞
（c-kit⁺/Lin1⁻,Sca-1⁺）

骨髓干细胞
间质干细胞（CD44⁺,CD73⁺,CD90⁺,CD105⁺,
CD106⁺,CD166⁺,Stro-1⁺,CD11b⁻,CD19⁻,
CD34⁻,CD45⁻），旁系细胞（CD34⁺,CD43⁺,
CD45⁺,c-kit⁺,Sca-1⁺），造血干细胞
（CD31⁺,CD43⁺,CD45⁺,CD133⁺）

图 3-32-2　可用于心脏修复的心脏局部和外周来源的候选干细胞

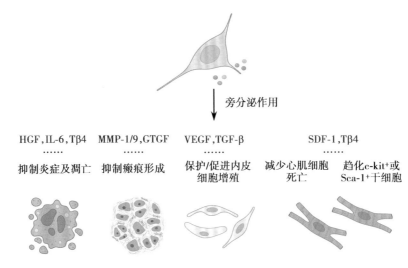

旁分泌作用

HGF,IL-6,Tβ4	MMP-1/9,GTGF	VEGF,TGF-β		SDF-1,Tβ4
......	......	......		......
抑制炎症及凋亡	抑制瘢痕形成	保护/促进内皮细胞增殖	减少心肌细胞死亡	趋化c-kit⁺或Sca-1⁺干细胞

图 3-32-3   间充质干细胞修复心肌的旁分泌机制总结

作用。在体外试验中,从低氧环境培养的 MSC 中提取条件培养基可以显著抑制成年大鼠原代心肌细胞的缺氧损伤和凋亡,并促进其自发的兴奋-收缩偶联。同时,将体外获得的 MSC 培养基注射入心肌梗死后大鼠的心肌,显著减少了心肌梗死面积并改善了心功能。一些研究表明,MSC 分泌的细胞因子分泌型卷曲相关蛋白-2(SFRP2)上调心肌细胞 Wnt 通路的关键分子 β-连环蛋白(β-catenin)的表达,进而增加一系列抗凋亡相关基因的表达,减轻缺血心肌损伤。此外,一些实验也证实 MSC 的旁分泌保护机制可能是跨物种间保守的。例如,将人源的 MSC 和乳鼠心肌细胞进行共培养,两种细胞之间不直接接触而用可供小分子通过的半透膜隔离。人源 MSC 可以显著地减轻内毒素或白介素-1β(IL-1β)诱导的乳鼠细胞损伤。这些结果说明旁分泌机制是 MSC 拮抗心肌损伤的重要机制。

(二)分泌保护性细胞外囊泡

研究者发现,MSC 分泌的细胞外囊泡和外泌体可以减轻小鼠的心脏缺血再灌注损伤,这为学界阐明 MSC 的心脏保护机制提供了一个新的方向。与成肌细胞和人源肾胚胎细胞相比,MSC 具有更强的外泌体分泌能力,可以产生更多的外泌体。这提示 MSC 分泌的外泌体具有用于心血管疾病细胞治疗的潜力。一项研究发现,使用 RNA 酶预处理 MSC 完全消除了其肾脏保护功能,而外泌体是 MSC 分泌 RNA 的主要运载体,这一结果提示外泌体所携带的 RNA 可能是 MSC 介导保护功能的主要机制之一。另外,一些环境因素也可以影响 MSC 的外泌体和细胞外囊泡的分泌。例如,低氧预处理可以增强 MSC 分泌细胞外囊泡的能力,并增强其促血管新生的功能。低氧处理的 MSC 分泌的外泌体中所包含的 miR-125b-5p 可以通过减轻缺血导致的心肌细胞凋亡而发挥心脏保护作用。因此,MSC 分泌的胞外囊泡和外泌体对心脏保护发挥着重要的作用。

(三)细胞间线粒体转移

MSC 可将其线粒体转移给受体细胞而调节受体细胞的功能。例如,将健康的 MSC 与缺乏线粒体基因的成体细胞共培养后,研究者观察到了健康的 MSC 将功能完备的线

粒体转移给了线粒体呼吸功能障碍的细胞,恢复了这些线粒体基因缺乏成体细胞的有氧呼吸作用。目前,线粒体跨细胞转移的机制尚不清楚,这一过程可能与由 F-肌动蛋白构成的通道纳米管有关。既往研究报道,线粒体 Rho GTP 酶-1(Miro1)在调控线粒体转移中发挥重要作用,且 Miro1 的表达水平与线粒体转移的能力成正相关,影响着 MSC 对心肌损伤的修复效果。体外试验表明,间充质干细胞可将线粒体转移到共培养的心肌细胞内,提示线粒体转移在心肌保护中的作用。综上,MSC 调节的线粒体转移在修复缺血再灌注损伤中可能发挥重要作用。

(四)抑制心肌纤维化

MSC 抗纤维化的作用可能是普遍存在的。多篇研究已证实 MSC 移植可以显著地减轻不同损伤因素导致的心脏、肺、肾脏、肝脏的纤维化水平。在心肌梗死后的重构过程中,瘢痕组织替代了坏死心肌组织。瘢痕的形成使心脏的顺应性降低,收缩-舒张功能不断下降,并使心脏由近椭圆形变成球形。基质金属蛋白酶在调节细胞外基质的动态平衡中发挥着重要的作用,它可以降解胶原蛋白等细胞外基质。MSC 调节组织纤维化水平的具体机制尚不清楚。一些研究表明,间充质干细胞抗纤维化的作用可能与其可以直接分泌基质金属蛋白酶相关。另一些研究发现,MSC 也可以依赖其旁分泌功能与心脏成纤维细胞进行通信,调节成纤维细胞的功能,如抑制心脏成纤维细胞增殖及其分泌胶原的能力,并促进它们释放基质金属蛋白酶去进一步降解细胞外的胶原蛋白。

(五)促进毛细血管新生

目前认为,MSC 可以通过以下机制促进心脏血管新生:①释放促血管新生的生长因子/细胞因子;②分化为血管内皮细胞或平滑肌细胞,直接参与血管新生;③作为血管周细胞支持血管新生。其中,MSC 分泌促血管新生的生长因子或细胞因子被认为是其发挥促血管新生作用主要的分子机制。VEGF 信号通路被证实是调节血管新生最重要的信号通路之一。VEGF 发挥促血管新生作用主要通过与其受体 VEGFR 结合而实现。动物实验证实,敲低 VEGF 表

达可显著地抑制 MSC 介导的促血管新生作用。同时,敲低 VEGF 表达也显著抑制了 MSC 的心脏保护作用。这提示 MSC 促血管新生作用在其修复受损心脏的过程中具有重要意义。但是,单纯外源性地给予 VEGF 并不能完全复现 MSC 及其包含 VEGF 分泌成分所介导的促血管新生作用。MSC 促进血管新生并不仅依赖 VEGF 分泌。FGF 也是调控血管新生的重要因子,是正常血管形态发生过程所必需的。其中,MSC 调节心脏血管新生可能还涉及细胞-细胞间的相互作用。例如,过表达缝隙连接蛋白 Cx43 的 MSC 可以分泌更多的 VEGF 和 FGF,同时可以进一步提高它们在缺血心脏中的促血管新生作用。另外,除了间接地分泌各种可溶性细胞因子和生长因子外,MSC 也可以直接与多种心脏结构细胞交换包含有 VEGF、FGF 和血管紧张素等促血管新生因子的外泌体和微囊泡,促进血管新生。

MSC 促进血管新生作用的具体机制可能是非常复杂的。一方面,MSC 可以刺激幼稚的血管内皮细胞再生和成熟,例如,把 MSC 和幼稚的血管内皮细胞进行共培养,MSC 可浓度和时间依赖性地促进血管内皮细胞的产生和成熟。另一方面,一些研究也支持 MSC 可以在心脏中直接分化为血管内皮细胞和平滑肌细胞,直接构成新生血管的细胞组分。有趣的是,MSC 分化为血管内皮细胞的能力可能与其组织来源有关。与骨髓来源的 MSC 相比,脐带来源的 MSC 有着更强的向血管内皮细胞分化的能力。MSC 本身就表达平滑肌细胞的标志物 α-平滑肌肌动蛋白(α-SMA),故有人推测 MSC 也可以直接分化为血管平滑肌细胞。然而,α-SMA 并不是血管平滑肌细胞所特有的,它在成纤维细胞活化后的肌成纤维细胞也高表达,因此 MSC 可能也形成肌成纤维细胞。冠脉内注射 MSC 后它主要分布于血管周边,可以作为血管周细胞激活血管内皮细胞的成管作用,促进血管网络的生成。然而,MSC 直接分化为血管结构细胞并促进血管新生的作用仍是一个猜测,一些动物实验并不支持这一结论,例如,将 MSC 移植到存活心肌组织中可以显著地增加毛细血管床的密度,而将其移植进入到瘢痕组织中却无法形成有效的毛细血管床,这提示 MSC 促进血管新生主要是其旁分泌 VEGF 和 FGF 等促血管新生因子而诱导现有的毛细血管新生,而其本身并不能定植及直接分化为血管结构细胞。

(六)减少心肌细胞死亡

通过外周静脉注射的 MSC 会被迅速地诱导至心脏的缺血损伤部位。这可能与凋亡的心肌细胞释放的 HGF 募集 MSC 有关。与对照组相比,MSC 可以显著地降低缺血损伤导致的心肌细胞凋亡,上调抗凋亡蛋白 Bcl-2 的表达,并降低促凋亡蛋白 Bax 的表达。MSC 的抗心肌细胞凋亡能力可以通过基因编辑进行改造。例如,过表达 Bcl-2 的 MSC 抑制心肌细胞凋亡的能力显著增强,并进一步改善心脏收缩-舒张功能。MSC 分泌的一些细胞因子或生长因子也具有降低心肌梗死后心肌细胞凋亡的作用,这提示旁分泌机制在 MSC 抗心肌细胞凋亡的过程中发挥着重要作用。综上,MSC 可以有效地降低缺血后心肌细胞的丢失,并维持心脏收缩-舒张功能。

(七)局部免疫调节作用

MSC 具有很好的免疫调节作用,可以抑制多种炎症相关性疾病过于激烈的免疫反应,这主要是由于 MSC 对先天性免疫反应和获得性免疫反应均具有一定的调节作用。对于自然杀伤性细胞、巨噬细胞等先天性免疫细胞,MSC 可以通过直接接触或分泌具有免疫调节效应的生物活性因子比如生长因子、细胞因子和趋化因子等调节先天性免疫细胞功能。比如,MSC 可以通过与巨噬细胞直接接触,上调巨噬细胞清道夫受体表达,并调控其吞噬作用和细胞因子分泌,也可以通过分泌转化生长因子 β(TGF-β)或花生四烯酸等物质抑制巨噬细胞和自然杀伤性细胞的增殖和炎症反应。另外,巨噬细胞可以抑制 DC 和 T 细胞亚群分布,发挥全身或区域的免疫调节作用。2020 年,Jeffery Molkentin 等报道,使用免疫抑制剂或清除巨噬细胞可显著地削弱心肌点注射 MSC 所发挥的心肌保护作用,这说明局部免疫调节效应可能是 MSC 移植后介导对缺血心肌保护作用的关键机制。

第三节　骨髓来源干细胞治疗心血管疾病

一、用于心脏疾病治疗的骨髓来源干细胞

骨髓来源干细胞(也称骨髓单核细胞)是从股骨或胫骨骨髓中分离提取出来的一群异质细胞,是骨髓中具有干细胞特征及其一些混杂细胞的总称,含有多种细胞成分,包括 HSC、MSC、单核细胞、淋巴细胞、内皮祖细胞和基质细胞等。骨髓来源干细胞在不同的培养基或者不同的刺激下有向不同细胞分化的潜能。与其他骨髓细胞成分相比,骨髓来源干细胞的获取方式简单,可轻易地通过骨髓穿刺联合密度梯度离心法分离获得,还具有无须扩增及能快速回输体内等适宜临床快速应用的优点。骨髓来源干细胞是最早探索心血管疾病细胞治疗所使用的细胞类型。因此,骨髓来源干细胞也是目前临床试验最多、临床证据最充分的用于心血管疾病治疗的细胞类型。

二、骨髓来源干细胞治疗心血管疾病的可能机制

(一)骨髓来源干细胞向心肌细胞分化

骨髓来源干细胞有分化成非造血干细胞的能力。接受冠状动脉搭桥术的缺血性心脏病患者移植骨髓单核细胞后发现,其心功能和结构均有所改善,提示骨髓来源干细胞可减轻左心室病理性重构。有人推断骨髓来源细胞的治疗作用可能是由于其分化为心肌细胞或类心肌细胞,替代了纤维化瘢痕组织,进而改善左心室结构与功能。有一些证据支持这一观点,如骨髓来源的 Sca-1⁺Lin⁻CD45⁻ 干细胞在体外具备一定的向心肌细胞分化的能力。同时,TGF-β 促进骨髓单核细胞原位向类心肌细胞转化,可提高该类细胞对缺血心肌损伤的修复能力。2001 年,Piero Anversa 实验室从雄性绿色荧光蛋白(GFP)标记小鼠的骨髓分离了

c-kit⁺ HSC,并将其移植至野生型雌性小鼠梗死心脏中。使用 GFP 或 Y 染色体作为识别标记,他们发现了心肌梗死雌性小鼠少量 GFP 或 Y 染色体阳性细胞表达了心肌细胞标志物。他还发现一些 c-kit⁺ 细胞也表达有内皮细胞和平滑肌细胞标志物。Piero Anversa 团队进一步利用细胞因子动员骨髓干细胞外迁至梗死心肌组织,发现同样可以增加梗死心肌 c-kit⁺ 干细胞来源的心肌细胞数量,并改善了心脏功能和结构。2002 年,Piero Anversa 团队提供了人类骨髓干细胞在成年期分化为心肌细胞的遗传性证据。他们检查了移植到男性宿主的女性心脏尸检标本,并发现心脏中 7%~10% 的心肌细胞和血管细胞有 Y 染色体,更令人惊异的是,其中一些 Y 染色体阳性心肌细胞展示出了高增殖能力。这些数据表明,骨髓来源的干细胞可在体分化为心肌细胞、血管内皮细胞和平滑肌细胞。

在 Piero Anversa 团队报告上述数据时,一些质疑者提出 Y 染色体和心肌细胞标志物染色可能会散布到心脏非心肌细胞中并严重干扰结果,会增加假阳性信号。2004 年,Loren Field 和 Robert Robbins 实验室分别独立报告称,c-kit⁺ 骨髓干细胞不会分化为心肌细胞并促进心脏再生。这两个实验室采用与 Piero Anversa 实验室相同的实验策略,但他们均未观察到 c-kit⁺ 骨髓干细胞分化为心肌细胞令人信服的证据。虽然骨髓干细胞并不能分化为心肌细胞,但一些研究报道,c-kit⁺ 骨髓干细胞以非常低的比例与已有心肌细胞融合。随后研究表明,骨髓干细胞分泌 VEGF 可能会促进心肌梗死后血管新生,这为骨髓干细胞移植治疗心肌梗死的有益作用提供了更合理的解释。除了旁分泌作用外,骨髓干细胞治疗还会调节局部炎症反应,募集多种不同巨噬细胞亚型积聚,改善心脏功能和结构。后续周斌等实验室利用基因示踪技术证实,骨髓干细胞在缺血心肌中并不能有效地分化为心肌细胞,甚至该过程根本不存在。

(二) 骨髓来源干细胞向血管内皮细胞分化

血管新生可以增加缺血心肌局部的血管密度,改善血液灌注,对减少心肌细胞死亡和改善心肌细胞功能均具有重要意义。因此,促进血管新生也被认为是改善缺血性心脏病的一个重要策略。如前所述,尽管含量很少,血管内皮祖细胞是骨髓单核细胞成分之一。将骨髓来源干细胞常规培养后对快贴壁细胞与慢贴壁细胞或悬浮细胞进行分离,将两类细胞在诱导血管内皮细胞分化培养基中分别培养,慢贴壁或悬浮细胞表现出的血管内皮细胞特征更加明显。因此,骨髓单核细胞慢贴壁细胞是血管内皮祖细胞富集亚群。不仅如此,骨髓单核细胞在体外也表现出向血管内皮细胞分化的能力,使用前列腺素 E₂ 刺激骨髓单核细胞可促进其向血管内皮细胞分化。向缺血心肌中移植骨髓单核细胞可以观察到心肌新生血管密度的增加,但这一过程是否来源于骨髓单核细胞直接分化来的血管内皮细胞仍存在较大争议。

(三) 骨髓来源干细胞的旁分泌和免疫调节作用

骨髓来源干细胞可以通过旁分泌作用分泌多种细胞因子,调节心肌细胞、成纤维细胞、内皮细胞和炎症细胞的功能,进而发挥心血管保护作用。骨髓来源干细胞可以分泌间质细胞来源因子-1(SDF-1),促进内源性干细胞归巢并降低心肌梗死面积。骨髓来源干细胞可以分泌血管内皮生长因子(VEGF)和胰岛素样生长因子-1(IGF-1)促进血管新生,改善心肌缺血区域血流灌注并降低心肌梗死面积。骨髓来源干细胞分泌的细胞因子如白介素-6(IL-6)可以通过激活心肌细胞 PI3K/AKT、JAK2-STAT3 等生存信号促进心肌细胞存活,减轻心肌缺血再灌注损伤。不仅如此,来源于骨髓来源干细胞的细胞因子可以抑制炎症细胞 NF-κB 信号通路,降低缺血心肌慢性炎症反应和促炎因子的产生。(图 3-32-4)

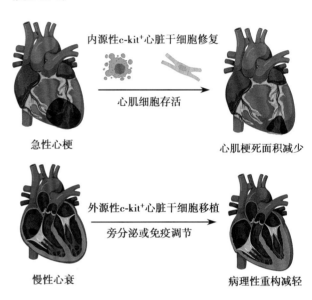

图 3-32-4 急、慢性心肌梗死心肌干细胞治疗的机制

第四节 心脏干细胞治疗心血管疾病

一、c-kit⁺ 心脏干细胞

(一) 成年心脏中含有 c-kit⁺ 心脏干细胞

Piezo Anversa 团队提出成年心脏含有 c-kit⁺ 心脏干细胞。通过自我更新和多能性测定,他们证明从成年心脏分离的 c-kit⁺ 心脏干细胞是多能的,并且可以在体外扩增,表明 c-kit⁺ 心脏干细胞可以分化为多个细胞系,包括心肌细胞、内皮细胞和平滑肌细胞。

(二) c-kit⁺ 心脏干细胞能够分化为心肌细胞理论的相关研究

Piezo Anversa 等将 GFP 标记的 c-kit⁺ 心脏干细胞注射到梗死心肌的边界区域时,他们声称检测到了从这些 c-kit⁺ 心脏干细胞分化而来的新生心肌细胞并促进了梗死心脏的修复。c-kit⁺ 心脏干细胞的多能性似乎是保守的,他们检测发现来自成年大鼠、小鼠、狗和人类心脏的 c-kit⁺ 细胞均具有分化为心肌细胞的能力。2013 年,Torella 及其同事建立了一种慢病毒系统。在该系统中,c-kit 基因启动子的一小部分被用于驱动 Cre 表达,用来在体内标记 c-kit⁺ 心脏干细胞。然而,这种方法并不一定能反映体内遗传谱系追踪研究。通过将在 c-kit 启动子控制下表达 Cre 的慢病毒注射到 Rosa26-YFP 报告小鼠的心脏中,他们在整个心肌中观察到了 c-kit 外泄的心肌细胞存在。异丙肾上腺素诱导心脏损伤后,大量(约 10%)新形成的心肌细胞表达 YFP。这些数据表明,内源性 c-kit 心脏干细胞对于心脏修复和再生是必要的。这项研究值得注意的一个局限性是,c-kit 启动子可能无法可靠地标记内源性 c-kit 基因。另外,心肌细胞可能摄取慢病毒随后 YFP 表达,将导致评估不准确。追踪 c-kit⁺ 细胞的慢病毒方法特异性仍不确定。

(三)c-kit⁺ 非心肌细胞不会分化为新的心肌细胞理论的相关研究

为了解决标记 c-kit⁺ 心脏干细胞难题,van Berlo 等人通过在内源性 c-kit 基因启动子下使用敲除策略表达 Cre,首次产生了用于谱系追踪研究的转基因 c-kit 小鼠。Cre 介导的基因重组切除了终止密码子,该终止密码子导致组成型活性荧光报告基因例如 GFP。这些信号将在 c-kit⁺ 细胞及其子代细胞中永久表达,即使它们分化为心肌细胞。c-kit⁺ 细胞示踪显示,c-kit⁺ 细胞几乎不会分化为心肌细胞。c-kit⁺ 心肌细胞是由于细胞融合而非分化导致的,表明这种水平的贡献对心脏修复不太可能具有病理生理意义,这与之前的 c-kit⁺ 心脏干细胞分化为心肌细胞的研究矛盾。随后,来自另外两个独立实验室的研究使用了类似的 Cre 敲除策略,结果与 van Berlo 等人的观察一致并得出结论,c-kit⁺ 心脏干细胞在生理情况及损伤时几乎不会分化为心肌细胞。后来,利用一种双重组酶激活谱系追踪(DeaLT)将 c-kit⁺ 非心肌细胞与 c-kit⁺ 心肌细胞区分开来,表明 c-kit⁺ 非心肌细胞不会转变为新的心肌细胞。

二、Sca-1⁺ 心脏干细胞

除了 c-kit⁺ 心脏干细胞,Sca-1 也被认为是心脏干细胞的标志物,并在过去 10 年中被深入研究。Sca-1,也称为 Ly6a,是在骨髓来源干细胞中表达 Ly-6 基因家族的一员。Sca-1 被报道为乳腺、前列腺、肺和肝脏等其他器官的干细胞或祖细胞标记。在成年心脏中,Schneider 的团队开始探索是否存在 Sca-1⁺ 心脏干细胞,并通过进行体外细胞培养分析发现,其可分化为具有肌节结构的心肌细胞。另一项研究显示,来自成年心脏的 Sca-1⁺ 细胞具有在体外分化为成熟心肌细胞、骨细胞和脂肪细胞的潜力,支持这一类干细胞具有多能性。此外,将从 aMHC-Cre nLAC 小鼠分离的 Sca-1⁺ 细胞移植到 R26 报告小鼠中,显示该类干细胞可在体内分化为心肌细胞。进一步的研究表明,克隆扩增的 Sca1⁺ 细胞移植除了旁分泌机制外,还通过心肌细胞分化改善 MI 后的心脏功能。

目前有几项研究强调了 Sca-1⁺ 细胞存在异质性。Pfister 等人报道,Sca-1⁺ 细胞由 CD31⁺ 和 CD31⁻ 群体组成,后者具有分化为心肌细胞的能力。随后的研究证实,心肌梗死后 Sca-1⁺CD31⁻ 群体增加,这些细胞的移植通过促血管生成效应显著改善了心脏功能。其他研究使用 PDGFRa 表达将这些细胞群体进一步定义为 4 个亚群,其中 PDGFRa⁺CD31⁻Sca-1⁺ 亚群包含多个心脏谱系干细胞特征。另一项研究表明,成年 Sca-1⁺ 细胞含有 CSH1 和 CSH2 亚群,其成肌能力存在于 CSH2 干细胞内。总之,这些研究记录了 Sca-1⁺ 细胞分化为心肌细胞的潜能。然而,这些研究大多数使用了细胞培养或移植试验,没有说明内源性 Sca-1⁺ 心脏干细胞是否能够在体内分化为心肌细胞。

为了直接解决 Sca-1⁺ 细胞的体内分化为心肌细胞的潜能,有人利用 Sca-1 谱系追踪和 tet-off 系统追踪了心脏生理情况及损伤后的 Sca-1⁺ 细胞的分化命运。标记的 Sca-1⁺ 细胞对衰老心脏和压力超负荷损伤后的心肌细胞有贡献。然而,最近来自 5 个独立实验室的研究表明,Sca-1⁺ 细胞不会产生新的心肌细胞。具体而言,将 Sca-1⁺ 细胞移植到梗死心肌中并没有诱导其分化为新的心肌细胞。基于 Cre 系中 Sca-1 敲除的遗传谱系追踪显示,在生理情况下或损伤后,Sca-1⁺ 细胞主要分化为内皮细胞而不是心肌细胞命运。因此,Sca-1⁺ 细胞移植的有益作用不太可能是由于直接分化为心肌细胞,而是更多地来自促进血管生成和旁分泌作用。

三、心球干细胞

心球最初是基于从出生后心房或心室心脏组织的亚培养物中分离的未分化细胞以自黏附簇的形式生长的观察而命名的。这些心球被认为具有成人心脏干细胞的特性,例如长期自我更新和移植到梗死心脏后分化为心肌细胞的能力。由于心球可以很容易地从人类心脏活检标本中分离出来并在体外扩增,因此它们为再生受损心肌提供了一种潜在的治疗策略。当将心肌内膜样品接种在组织培养皿上时,可以注意到心球来源的干细胞从核心发芽。基于基因和蛋白质表达分析,心球干细胞与新生大鼠心肌细胞的共培养导致心球干细胞分化为心肌细胞。当将心球干细胞注射到小鼠、大鼠或猪的梗死心肌时,移植的心球干细胞会分化为心肌细胞和血管内皮细胞,促进心脏功能的恢复。然而,考虑到分化的心肌细胞数量有限,心球干细胞的有益作用可能来源于其旁分泌作用,它可以提供多种生长因子来防止心脏细胞凋亡及促进血管新生。

尽管许多研究支持心球干细胞在促进心脏功能和修复损伤方面的有益作用,但还有许多其他研究对心球干细胞在心脏修复中的疗效提出了质疑。几项研究未能显示心球干细胞在减少瘢痕大小和改善射血分数方面的有益作用。也有人认为,心球干细胞的有益作用不可能通过分化为心肌细胞来实现。最近的研究表明,来自心球干细胞的外泌体促进血管生成、心肌细胞存活和增殖,这解释了心球干细胞对心肌梗死的治疗效果。此外,心球干细胞保护的作用机制可能包括心球干细胞和心肌细胞之间的直接细胞-细胞交互作用,这可能促进心肌细胞的存活和增殖。

四、c-kit⁺ 心脏干细胞是否分化为心肌细胞的争议

c-kit⁺ 干细胞是 Piero Anversa 于 2001 年首次报道的一类具有分化为心肌细胞潜能的成体干细胞。c-kit⁺ 干细胞存在于骨髓和心脏中。Piero Anversa 等称,将这类细胞注射到心梗小鼠的梗死周边区 9 天后,几乎 68% 的心梗区域会出现再生心肌细胞。这一近乎完美的心肌再生效果

使 c-kit⁺ 干细胞立刻成为研究热点。Piero Anversa 于 2003 年报道心脏本身就存在少量的 c-kit⁺ 干细胞，它们可以自我更新并分化为心肌细胞、血管平滑肌细胞和血管内皮细胞。在缺血时，c-kit⁺ 干细胞向心肌细胞分化的能力会显著增加，分化为新生心肌细胞并促进心肌修复，这类存在于心脏中的 c-kit⁺ 干细胞被他命名为 c-kit⁺ 心脏干细胞。Piero Anversa 的文章一经发表就遭到了质疑。2004 年，研究者发现，骨髓来源的 c-kit⁺ 细胞没有表达出心肌细胞特异性标志分子，而表达造血细胞特异性标志物 CD45 和髓系细胞标志物 Gr-1。体外和体内试验均没有观察到骨髓来源的 c-kit⁺ 细胞可以分化为心肌细胞。尽管存在质疑的声音，但 Piero Anversa 所展示出的 c-kit⁺ 干细胞修复心脏的良好结果推动了相关临床试验的进行。2014 年，美国学者 Jeffery D. Molkentin 利用遗传谱系示踪技术证明注射到成年小鼠心脏的 c-kit⁺ 干细胞不足 0.03% 可以转化为心肌细胞，如此低的分化效率难以实现有效的心肌细胞再生和心脏修复。2015 年，我国学者周斌报道，利用遗传谱系追踪技术，无论是在生理还是损伤情况下，小鼠心脏内源性 c-kit⁺ 干细胞基本分化为血管内皮细胞，而不会向心肌细胞分化。周斌等人还利用即刻谱系追踪技术进一步发现，尽管成年心脏中存在少量 c-kit⁺ 的心肌细胞，但这些心肌细胞是自身既往有 c-kit 表达，而并不是从 c-kit⁺ 干细胞新生而来。为了排除传统的 Cre-LoxP 谱系示踪技术存在假阳性这一问题，周斌等人还将 Dre-Rox 介导的同源重组技术引入到传统 Cre-LoxP 技术，建立了更精准的遗传谱系示踪技术，将其称命名为双重组酶激活的谱系追踪技术。周斌等人

利用这一技术进一步证明成年小鼠内源性的非心肌细胞无论在生理情况还是缺血损伤的情况下，都不会向心肌细胞转化。非心肌细胞向心肌细胞转化仅可以发生在胚胎和幼年心脏中。这些证据表明，成年哺乳动物的心脏不存在可再生为心肌细胞的干细胞亚群。2018 年 10 月，Piero Anversa 任职单位的学术委员会认为，其有 31 篇已发表的文章存在故意歪曲或伪造数据等学术不端问题，建议各期刊撤回他已发表的文章。至此，c-kit⁺ 心肌干细胞给人们带来的"海市蜃楼"被彻底被打破。学界不得不重新审视甚至暂停已经开展的 c-kit⁺ 心肌干细胞用于心肌修复的基础与临床研究。

尽管 c-kit⁺ 干细胞已被证明无法直接分化为心肌细胞，一些临床试验仍在继续进行。在心梗动物模型上也确实观察到了 c-kit⁺ 干细胞注射可以发挥一些心肌保护作用。Jeffery D. Molkentin 等人将临床上最常用的骨髓单核细胞和骨髓来源 c-kit⁺ 干细胞注射到小鼠缺血心脏中后发现，注射骨髓单核细胞和 c-kit⁺ 干细胞确实改善了小鼠心功能。他们进一步发现细胞注射部位可以观察到大量 CCR2⁺ 和 CX3CR1⁺ 巨噬细胞浸润。注射固有免疫激活剂酵母聚糖同样改善了小鼠心功能，并诱导了和细胞治疗相似的 CCR2⁺ 和 CX3CR1⁺ 巨噬细胞浸润。浸润的巨噬细胞通过抑制心脏成纤维细胞增殖和胶原分泌能力，减少梗死周边区细胞外基质沉积，从而改善缺血心脏的收缩-舒张功能。上述研究者认为，临床常用的细胞治疗方法是通过诱导急性免疫反应而发挥了心脏修复作用，为理解干细胞治疗心血管疾病的普遍机制提供了一个新的方向。（图 3-32-5）

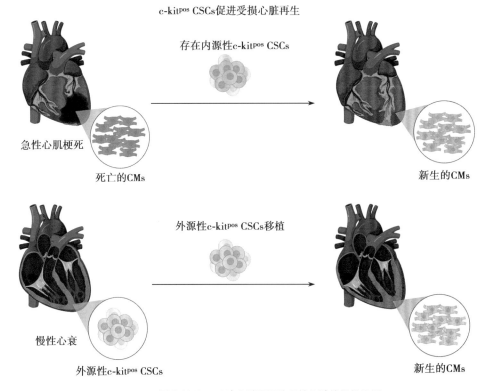

图 3-32-5　c-kit⁺ 心脏干细胞保护心脏的假想机制

第五节　诱导多能干细胞治疗心脏疾病

一、用于治疗心脏疾病的 iPSC

多能干细胞主要有 ESC 和 iPSC。其中，iPSC 由日本科学家山中伸弥于 2006 年首次发现。山中伸弥等将 4 个转录因子（c-Myc、Oct3/4、Sox2 和 KLF4）转入小鼠成纤维细胞后，获得了具有与 ESC 类似多能性的全新干细胞类型。这一项研究获得了 2012 年诺贝尔生理学或医学奖。截至目前，获得成人心肌祖细胞或心肌细胞的唯一可靠来源就是多能干细胞。最早将多能干细胞诱导为心肌细胞的方法是将胚胎小体培养在含血清的培养基中。然而，这种方法的效率极其低下，转化效率仅有 5%~10%。此后，学界始终致力于开发提高多能干细胞转化为心肌细胞效率的方法。目前，多个独立实验室已开发出将多能干细胞诱导成任何心肌祖细胞或亚型（心房、心室、起搏心肌）的方法，只是各种方法的转化效率具有较大的差别。

目前，多能干细胞转化的心肌细胞一方面可以直接用于心血管疾病的治疗，另一方面也可以为体外研发心血管疾病治疗方法或药物提供一个可靠、准确的实验平台。人原代心肌细胞难以获取，也很难在体外维持活性。因此，既往心血管疾病的治疗方法或药物研发首先以大、小鼠心肌细胞为实验对象。然而，人与大、小鼠的心脏电生理特征显著不同。例如，小鼠心肌细胞动作电位时长短、心率快（约 600 次/min）。因此，以小鼠心肌细胞为实验对象并不能完全模拟人类心脏疾病情况。然而，人源 iPSC 诱导的心肌细胞有着良好的应用潜力，提供了一个模拟人类心血管疾病情况的细胞模型。利用多能干细胞诱导的心肌细胞进行药物研发还有一个优势就是可以尽量避免混杂因素。动物疾病模型的表型受到多种因素包括基因和环境的影响。这些混杂因素都可能影响研究结果。利用 iPSC 形成心肌细胞，结合基因编辑技术（如 CRISPR/Cas9 等），学界有望将基因突变和单核苷酸多样性（SNP）在疾病发生发展过程中所发挥的作用深入、精准地研究清楚。此外，iPSC 可使用患者的体细胞，这些从患者获得的体细胞保留了全部基因信息，保证可在患者同样的基因背景下评估疾病表型及药物反应等。

二、多能干细胞治疗心脏疾病的可能机制与应用

（一）直接补充心肌细胞

心肌细胞死亡导致的心力衰竭是常见的致死性疾病。晚期心力衰竭患者只能通过心脏移植或安装起搏器进行治疗，但这些方法也只适用于部分患者，且治疗效果也非常有限。因此，利用多能干细胞来源的心肌细胞直接替代丢失、死亡的心肌细胞被认为是治疗心力衰竭的潜在方案。较多的研究已发现鼠源或人源多能干细胞来源的心肌细胞可以在小、大鼠成体心脏成功定植。而且，这些实验并没有观察到移植细胞导致的肿瘤发生。尽管这些实验都表示动物心肌梗死后的左心室收缩-舒张功能得到了改善，但这些移植物却不能与宿主原有的心肌细胞形成电-机械偶联。因此，这些移植的多能干细胞来源的心肌细胞介导的心血管保护作用可能是通过其旁分泌机制而并非移植细胞具有协同收缩功能导致的。另一个原因可能是移植细胞和宿主种属的不同。不同种属之间的心率存在很大的差别。例如，大鼠的心率为 400 次/min，小鼠的心率为 600 次/min，而人通常的心率为 60~80 次/min。一些初步的结果也发现，移植的多能干细胞来源的心肌细胞也可以与宿主的心肌细胞形成电偶联。研究者将人源多能干细胞来源的心肌细胞移植到心率较慢的豚鼠心脏中（心率 200~250 次/min），发现移植的心肌细胞能够与宿主心肌细胞发生电偶联，这也给移植心肌细胞团发挥收缩-舒张功能提供了新的实验证据。

在大动物实验上，多能干细胞治疗心血管病取得了喜人的进展。人 ESC 来源的心肌细胞可以将猴 40% 的梗死心肌替换为有活力的心肌组织，并且移植的细胞可以与宿主心肌发生电偶联。然而，这种方法还是存在安全性问题。接受多能干细胞移植的猴子出现了室性心动过速等恶性心律失常。最近研究报道，将 7.5 亿个人 ESC 来源的心肌细胞移植到心肌梗死的猴子，可以明显提高其左室射血分数。细胞移植 4 周后，猴子的射血分数较基线平均提高了 10.6%，而对照组仅提高了 2.5%。细胞移植后 8 周，射血分数比 4 周额外提高了 12.4%，而对照组却降低了 3.5%。移植细胞后新形成的心肌组织平均占已心肌梗死面积的 11.6%，并有证据表明这部分心肌组织可以和宿主心肌形成电偶联。一部分接受移植细胞治疗的猴子发生了室性心律失常，这可能是移植细胞形成的心肌组织发生了异位起搏导致的。因此，尽管多能干细胞诱导心肌再生是一个充满潜力的心血管疾病的治疗手段，但在真正应用之前，其具体机制及可能面临的风险等仍需要完善的评估（图 3-32-6）。

（二）构建体外模型用于疾病机制研究与药物筛选

1. iPSC 用于建立心律失常体外模型　长 QT 综合征（LQTS）表现为 QT 间期延长和 T 波异常，除极时间的延长增加了致命性室性心律失常发生的风险。尽管 LQTS 的临床表型已经被发现了多年，而其潜在的遗传致病机制始终不明确，也缺乏有效的治疗药物。LQTS 是最早基于诱导多能干细胞构建的心脏疾病模型。基于多能干细胞分化的心肌细胞构建的 LQTS1、LQTS2、LQTS3 疾病模型已被学界广泛应用。其中，LQTS1 是由于 KCNQ1 基因突变所导致的。KCNQ1 突变患者来源的诱导多能干细胞分化而来的心室肌细胞表现出动作电位延长，这可能与 I_{Ks} 电流减少有关。LQTS2 是由于 KCNH2 基因突变导致的。由 KCNH2 基因突变的诱导多能干细胞分化而来的心室肌细胞动作电位延长、I_{Kr} 电流减少、早期除极化频率增加等特征，造成这种心室肌细胞动作电位延长。基于患者来源的诱导多能干细胞和基因编辑手段，LQTS3 的致病基因突变被确定为 SCN5A。从相应基因突变的患者体内分离体细胞后诱导为多能干细胞，再诱导其分化为心室肌细胞仍存在一定的难

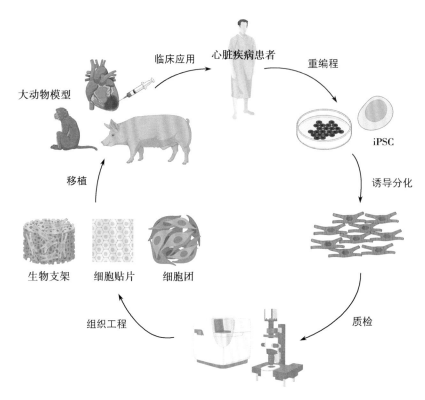

图 3-32-6 iPSC 治疗心肌梗死需要克服的环节

度。以 CRISPR/Cas9 为代表的新型基因编辑手段为利用诱导多能干细胞建立疾病模型提供了更简易、可靠的手段。例如,钙调蛋白突变会导致 Ca^{2+}/钙调蛋白依赖的 L 型钙通道失活,造成严重的 LQTS 表型(LQTS14、LQTS15)。利用 CRISPR/Cas9 技术特异性地敲除致病基因可以纠正多能干细胞分化的心肌细胞病变。这些研究给利用多能干细胞研究心脏疾病的致病机制提供了新方法,也为疾病的治疗带来了新思路。

2. iPSC 用于建立心肌病体外模型 除心律失常外,从患者获得特定的诱导多能干细胞也被用于在体外模拟心肌病。其中,多能干细胞诱导的心肌细胞就被用于模拟 LEOPARD 综合征。LEOPARD 综合征表现为雀斑、心脏电生理异常、宽眼距、肺动脉瓣狭窄、生殖器畸形、发育迟缓及耳聋等症状。遗传学研究发现,*PTPN11* 基因突变是 LEOPARD 综合征的主要致病原因。PTPN11 是一种酪氨酸磷酸酶蛋白,对调节 RAS/MAPK 信号通路至关重要。从 LEOPARD 综合征患者身上获得的诱导多能干细胞并诱导其分化为心肌细胞。这些心肌细胞表现为细胞体积增大、肌节增多,NFATC4 蛋白向核转位等。上述变化都是肥厚型心肌病的特征。此外,这种心肌细胞中 ERK 和 MEK 磷酸化水平显著增加。这提示抑制 ERK 或 MEK 磷酸化可能是治疗 LEOPARD 综合征的新策略。由多能干细胞诱导的心肌细胞也用于肥厚型心肌病的研究。这些研究发现,从肥厚型心肌病患者多能干细胞分化而来的心肌细胞体积会明显增大,其肌节也出现收缩-舒张的不协调。有研究发现,肥厚型心肌病患者的诱导多能干细胞来源的心肌细胞对药物引起动作电位的延长和心律失常更加敏感。此外,扩张型心肌病和 Barth 综合征等心肌病患者的多能干细胞诱导的心肌细胞体外模型也已有报道。

3. iPSC 用于测试药物安全性 在药物研发领域,心血管安全性一直是需要格外注意的问题。大量临床前药物能导致心室肌细胞除极延长,这可能会导致致命的心律失常的发生。心室肌细胞除极时间延长主要与 I_{Kr} 阻断有关。这已被应用于初步评估药物对心室肌细胞除极的影响。然而,药物的心血管毒性可能与多种心肌细胞电流通道有关。如果不能精确地设计实验,这可能会导致过高地估计药物的心血管毒性,而导致一些有效药物无法被继续被使用。因此,利用多能干细胞诱导的心肌细胞构建药物安全性试验平台被寄予厚望。绝大多数的成年心室肌细胞的电流通道可以在多能干细胞诱导的心肌细胞上复现。利用膜片钳技术、膜电位染色、微电流分析等电生理测量手段,基于多能干细胞诱导的心肌细胞的药物安全性测试已在大规模地进行。此外,研究发现,肿瘤患者来源的多能干细胞诱导的心肌细胞可以反映一些肿瘤药物的心血管毒性。然而,多能干细胞诱导的心肌细胞与胚胎时期心肌细胞的生理特征类似,与成年心肌细胞还是有一定的差别。为了进行药物安全性测试,多能干细胞诱导的心肌细胞应该与成年心肌细胞表型相匹配,因此将来使多能干细胞诱导的心肌细胞成熟手段的进展应该能推动这种细胞在药物安全性测试的潜力。

第六节 干细胞治疗心血管疾病的临床进展

一、骨髓来源干细胞治疗缺血性心脏病

（一）骨髓单核细胞治疗急性心肌梗死

由于大部分临床试验是采用含有骨髓来源干细胞的单个核混杂细胞进行的，在接受介入手术的同时，急性心肌梗死的患者通过冠状动脉内注射骨髓单核细胞治疗。与对照组相比，骨髓单核细胞治疗组在术后6个月的左室射血分数提高了6.7%（而对照组为0.7%），表明骨髓单个核细胞治疗可以改善缺血性心脏病患者的心功能。同时，骨髓单核细胞治疗没有增加额外的支架内血栓和恶性心律失常等严重并发症的发生率，说明在冠状动脉介入手术的同时给予骨髓单核细胞治疗可能是安全的。在此之后，一系列的临床研究接续证实急性心肌梗死患者接受冠脉内骨髓单核细胞注射可显著提高射血分数或降低心肌梗死面积。另外，一些尝试使用心肌直接注射方式给予急性心肌梗死患者骨髓单核细胞治疗的试验可观察到一定的治疗效果。

尽管早期的临床试验均报道骨髓单核细胞注射对急性心肌梗死具有治疗效果，但后续的一些研究发出了不同的声音。由美国心血管细胞治疗研究网络工作组开展的多中心、双盲、安慰剂对照的TIME试验和Late TIME试验发现，与安慰剂组相比，骨髓单核细胞治疗组患者的左室射血分数、左室容积、室壁运动等指标都没有改善。TIME试验对120例患者进行了2年随访，结果表明，接受细胞治疗组患者的左室收缩功能并没有改善。SWISS AMI试验对192例患者在急性心肌梗死后两个时间点（心肌梗死后5~7天或3~4周）进行骨髓单核细胞注射。研究结果表明，无论在哪个时间点接受骨髓单核细胞治疗，都没有观察到两组在左心室功能、心脏容积和梗死面积上有明显差异。BOOST-2试验评估了介入手术后1~2天给予骨髓单核细胞治疗153例患者的治疗效果。这一试验发现，它无法重复之前的BOOST研究所报道的骨髓单核细胞治疗急性心肌梗死的阳性结果。BOOST-2试验比较了高剂量或低剂量安慰剂组、骨髓单核细胞治疗组、γ射线辐照后骨髓单核细胞治疗组患者心功能和心肌梗死面积。加入γ射线辐照后，骨髓单核细胞治疗组是因为γ射线可以抑制骨髓单核细胞分裂，使研究者可以知道细胞分裂对骨髓单核细胞治疗急性心肌梗死是否是必要的。在6个月随访时间内，任何两组之间在左室射血分数、左室功能、梗死面积等指标上都没有差异。随机、双盲、安慰剂对照的MiHeart/AMI试验纳入了121例患者，该试验同样发现骨髓单核细胞没有改善左室功能或左室重构相关指标。

较多的研究结果不支持骨髓单核细胞具有治疗急性心肌梗死的作用，这导致学界对骨髓单核细胞治疗急性心肌梗死的临床效果产生质疑。2006年，一项随机、对照临床试验表明，急性心肌梗死患者接受冠脉内注射骨髓单核细胞治疗后，其射血分数、心肌梗死面积、主要心血管事件发生率与对照组相比均没有显著差别。骨髓单核细胞是一群不经分选的混杂细胞组合，一些研究者认为这群细胞的组分的不固定可能是导致临床试验结果不一致的原因，他们尝试利用不同来源或不同组分的骨髓单核细胞去治疗急性心肌梗死。研究者尝试使用从骨髓单核细胞分选的亚群细胞如$CD34^+$内皮祖细胞治疗急性心肌梗死。$CD34^+$内皮祖细胞得到关注的原因是其具有比较强的促血管新生作用。PreSERVE-AMI研究评估了从骨髓中分离的$CD34^+$内皮祖细胞与安慰剂治疗急性心肌梗死的效果。术后1年随访，接受$CD34^+$内皮祖细胞治疗的患者并没有在左室射血分数或静息时心肌灌注等指标上明显改善。当研究者校正了不同患者心肌缺血时间后，$CD34^+$内皮祖细胞治疗可以剂量依赖性地改善左室射血分数、降低心肌梗死面积，并提高患者生存率。这些结果提示，从骨髓单核细胞中纯化出来的细胞亚群可能有着更好的心血管治疗潜力。然而，另一项临床试验采用了未分选的骨髓单核细胞和从中分选纯化的$CD34^+CXCR4^+$内皮祖细胞治疗射血分数小于40%的急性心肌梗死患者。与对照组相比，未分选细胞治疗组与分选细胞治疗组患者的射血分数、左室收缩/舒张末期容积、死亡、再发心肌梗死和卒中等主要心血管事件的发生率与对照组相比均差异无统计学意义。而且，无论是采用骨髓来源的还是外周血来源的骨髓单核细胞进行冠脉内注射，均不能改善心肌梗死患者的心脏收缩功能。

（二）骨髓单核细胞治疗顽固性心绞痛

急性心肌梗死患者始终有顽固性心绞痛的困扰。由于微血管病变及缺乏有效治疗手段，这些患者往往不能从血运重建治疗手段中获益。因为干细胞注射可刺激血管新生从而改善心肌组织的微灌注，可能成为一种具有潜力的治疗顽固性心绞痛的方法。骨髓单核细胞，特别是经过纯化的$CD34^+$和$CD133^+$内皮祖细胞亚群，具有较强的促血管新生作用。因此，这些细胞被认为可能是治疗顽固性心绞痛患者的候选细胞类型。通过心肌内注射低或高剂量的$CD34^+$内皮祖细胞后，接受细胞治疗组心绞痛的发生频率在细胞注射12个月后较安慰剂组显著降低，分别为6.3次/周和11次/周。另外，接受细胞治疗组患者的运动耐力较对照组也显著提高。

RENEW试验尝试使用自体$CD34^+$细胞治疗顽固性心绞痛患者，细胞治疗3个月时，接受细胞治疗组较安慰剂组的总运动时间显著提高。治疗6个月时，细胞治疗组患者心绞痛的发生频率显著降低。在细胞治疗6和12个月时，接受细胞治疗组患者的运动时间较安慰剂组无明显改善。一个纳入了3项随机、双盲、安慰剂对照临床试验的荟萃分析发现，接受$CD34^+$细胞治疗的304例顽固性心绞痛患者的运动时间延长，心绞痛的发生频率降低，且治疗效果至少能维持到12个月。这些患者在随访第24个月的死亡率更低。另外一些荟萃分析还发现$CD34^+$细胞治疗降低了患者心绞痛的发作次数，增加了运动耐力，改善了心肌的血流微灌注。这些研究说明，以$CD34^+$细胞为代表的骨髓单核细胞移植治疗顽固性心绞痛可能是一个有潜力的方向。

(三)骨髓单核细胞治疗缺血性心肌病

急性心肌梗死患者远期预后与病理性心脏重构的程度有关,病理性心脏重构会导致心力衰竭和心源性猝死。作为一种长期缺血损伤导致的慢性疾病,收集、纯化并体外扩增缺血性心肌病患者自体细胞的时间充裕,因此,适用于缺血性心肌病治疗的干细胞种类更为丰富。Perin 等开展了第一个评估了骨髓单核细胞治疗缺血性心肌病患者安全性和有效性的临床试验。骨髓单核细胞治疗提高患者左室射血分数约9%,并一定程度地降低了左室收缩末期容积和心肌梗死面积。此外,在细胞治疗的第6个月和第12个月,患者的运动能力也得到了显著提高。Pokushalov 等开展了目前为止规模最大的临床试验,评估了骨髓单核细胞治疗与常规疗法对109例严重心衰(左室射血分数 <35%)患者的效果。与对照组相比,细胞治疗组 NYHA 分级和左室射血分数在治疗后第6个月时都有改善。重要的是,细胞治疗组在随访1年的时间里全因死亡率更低。这些结果提示,骨髓单核细胞治疗可能改善严重心力衰竭而无法接受再次血运重建患者的存活率。

然而,学界对骨髓单核细胞治疗缺血性心肌病的效果仍有一定的质疑。在双盲、随机的Ⅱ期临床试验 FOCUS CCTRN 研究中,接受骨髓单核细胞治疗的患者左室射血分数仅有微弱提高。在细胞治疗第6个月时,与安慰剂组相比,骨髓单核细胞治疗组患者的左室收缩末期容积、心肌最大耗氧量和心肌灌注水平与对照组相比均无明显差异。接受细胞治疗组患者的左室射血分数仅提高了 1.2%,对照组患者降低了 1.3%。尽管这一研究给出了阴性结果,但研究者在后续分析中发现,患者的左室射血分数的提高与注射细胞中 CD34[+] 和 CD133[+] 祖细胞所占比例成正相关。这一结果提示,CD34[+] 或 CD133[+] 的骨髓单核细胞亚群可能对缺血性心肌病和心衰有着更好的治疗效果。一项综合现有临床试验证据的荟萃分析发现,将骨髓单核细胞用于缺血性心肌病的治疗可提高患者左室射血分数约 4.33%,并且一定程度上降低了左室收缩/舒张末期容积。

尽管如此,我们还是要注意,现有临床试验的证据表明,骨髓单核细胞治疗对于缺血性心肌病和心衰患者的心功能改善的效果仍是有限的。总之,现有的临床试验结果提示,骨髓单核细胞治疗可能对缺血性心肌病和心力衰竭有一定的治疗效果,能一定程度地改善心脏功能和心脏重构。而且,骨髓单核细胞易于分离并可快速自体回输,临床应用相对简单。因此,关于骨髓单核细胞治疗缺血性心肌病的临床试验仍在不断进行。值得注意的是,现有临床试验结果仍存在较大分歧。这可能是由于部分骨髓单核细胞供体可能是老年或糖尿病患者,这些患者的骨髓单核细胞的亚群构成和心血管保护作用存在较大差异。因此,我们认为,对骨髓单核细胞进行进一步纯化,实现标准化的骨髓单核细胞异体移植或进行多种细胞混合移植等研究方向的努力,可能帮助明确骨髓单核细胞对缺血性心肌病或心力衰竭是否具有治疗作用。

(四)骨髓单核细胞临床试验结果争议的启示

骨髓单核细胞治疗急性心肌梗死的早期临床试验结果存在大量异质性。这些试验在细胞处理、分离和储存手段之间存在着显著的差别,缺乏标准的方法。这些因素都会影响骨髓单核细胞的数量、迁移能力和活力等生物学特征。此外,骨髓单核细胞被用于冠脉内注射治疗前,对其生物学活性仍缺乏科学和统一的标准。因此,严格、透明和标准化的操作流程对得到准确、客观和可重复的临床试验结果至关重要。无论是否承认骨髓单核细胞对急性心肌梗死具有治疗作用,这一疗法的安全性是公认的。骨髓单核细胞治疗急性心肌梗死效果存在较大分歧,这可能是由于以下原因导致的:

1. 接受细胞治疗的患者年龄与心血管危险因素的差异造成临床试验结果不一致 为了避免免疫排斥及临床伦理等因素,大部分临床研究选取患者自体来源的骨髓单核细胞给予治疗。然而,衰老、心血管危险因素、糖尿病、心力衰竭等病因都会影响骨髓单核细胞的功能及其对心肌梗死的治疗效果。利用自体骨髓单核细胞注射治疗缺血性心肌病的 FOCUS 研究发现,年轻患者或含有更多 CD34[+] 细胞的骨髓单核细胞对左室射血分数的提升效果最显著。上述研究提示,年龄等个体差异对骨髓单核细胞的构成、功能及后续的心血管治疗效果有重要影响。

2. 心肌梗死微环境的动态变化和接受治疗时间点的差异造成临床试验结果不一致 现在已公认,梗死后的心肌存在大量细胞因子、生长因子及炎症因子水平变化。这些因子具有免疫调节、诱导细胞归巢、促进血管新生等功能。这些因子会显著地影响骨髓单核细胞对急性心肌梗死的治疗效果。然而,随着血运重建及左室射血分数的变化,这些因子的水平也在剧烈地发生变化。在左室射血分数动态变化的过程中,这些因子水平的不稳定使得准确、客观地衡量细胞治疗的效果变得非常困难。

3. 不够精准的心肌梗死面积测量方法导致临床试验结果不一致 目前,磁共振成像(MRI)被广泛认为是测量左室射血分数、心腔容量和心肌梗死面积的"金标准"。然而,MRI 这一技术本身仍存在着许多不足,比如难以区分梗死组织和水肿组织;无法准确测量安装起搏器的心肌梗死患者的心功能等问题。根据 SWISS 研究,接近 25% 的心肌梗死患者在随访过程中无法进行 MRI 测量。TIME 研究发现,约 15% 的心肌梗死患者也存在类似情况。另外,MRI 设备的不同及不同医院之间的测量误差也使得 MRI 仍无法准确地评估心肌梗死患者的一些指标。

4. 骨髓单核细胞的分离及获取方法的差异导致临床试验结果不一致 尽管通过密度梯度离心法分离自体骨髓单核细胞操作便捷,但在部分研究中仍无法排除其中混杂有红细胞及肝素的潜在影响。各个试验目前仍缺乏统一的分离获取标准是影响临床试验一致性的重要原因。

5. 科研人员预期偏倚导致临床试验结果不一致 早期,一些科研人员对骨髓单核细胞治疗急性心肌梗死的效果存在着过高预期,这也可能会对试验结果产生不可避免的偏倚。目前为止,规模最大、纳入患者人数最多的评估骨髓单核细胞注射对急性心肌梗死疗效的临床研究是 REPAIR-MI 研究,共纳入 204 例患者。第二大临床试验为纳入 200 例患者的 SWISS 研究。值得注意的是,正在进行的 BAMI 研究将是规模最大的临床试验。BAMI 研究是一个多国家、多中心、随机对照的Ⅲ期试验,将纳入约 3 000 例患者,涉及 11 个欧洲国家的 17 个医疗中心。射血分数小于 45%、成功血运重建的急性心肌梗死患者将按照 1∶1 的比例被随机分为骨髓单核细胞治疗组和对照组。这些患者将在血运重建 2~8 天后接受对照或骨髓单核细胞治疗,评估其是否对全因死亡率和主要心血管事件发生率有影响。由于其严谨的设计和实施,没有商业利益的牵扯,BAMI 的研究结果将对骨髓单核细胞治疗急性心肌梗死的效果做出判定,对骨髓单核细胞进一步临床应用具有重要的指导作用。

二、间充质干细胞治疗缺血性心脏病

(一) MSC 治疗急性心肌梗死

骨髓单核细胞注射治疗急性心肌梗死患者的效果不佳使研究者迫切地寻找另一类干细胞替代骨髓单核细胞。MSC 因为上述的多重心血管保护作用得到了研究者的青睐。Hare 等报道静脉内给予异体 MSC 是安全的,并可降低急性心肌梗死后室性心动过速的发生率,提高患者的左室射血分数。特别是对于前壁心肌梗死患者,MSC 的治疗效果尤为显著。这一试验的后续研究拟纳入 220 例患者观察 MSC 治疗心肌梗死效果的Ⅱ期临床试验。Gao 等将 116 例患者随机分为安慰剂组和脐带来源 MSC 治疗组,在急性心肌梗死后 5~7 天通过冠脉注射给予脐带来源 MSC 治疗。在随访过程中,他们发现脐带 MSC 治疗可降低心肌梗死面积,并较安慰剂组提高了左室射血分数约 5%。上述研究提示,MSC 在治疗急性心肌梗死上有着良好的前景,但其具体疗效还需要更多研究去验证。

(二) MSC 治疗缺血性心肌病

MSC 用于缺血性心肌病治疗的临床试验也已广泛开展。TAC-HFT 研究是一项较早开展的评估 MSC 对缺血性心肌病治疗效果的随机、对照、Ⅱ期临床试验。这项试验比较了骨髓单核细胞、MSC 和安慰剂对缺血性心肌病的治疗效果。试验结果表明,各组患者之间的左室容积或左室射血分数都没有明显区别。然而,骨髓单核细胞和 MSC 组患者的明尼苏达州心功能不全生命质量量表(MLHFQ)的生活质量评分较基线都有显著改善。在这三组患者中,只有接受 MSC 治疗的患者的 6 分钟步行距离得到了提高。同时,MSC 治疗组患者的心肌梗死面积降低约 19%,而骨髓单核细胞治疗组及安慰剂组患者的心肌梗死面积却没有变化。这些结果提示 MSC 可能比骨髓单核细胞有着更强的抗间质纤维化作用。这种对病理性重构的治疗作用(如降低梗死面积和抗纤维化)可能是患者生活质量和运动能力改善的原因。因此,TAC-HFT 试验强调,尽管患者的左室射血分数和左室容积没有明显改善,但接受 MSC 治疗的患者的生活质量和运动能力确实得到一定程度的改善。在之后开展的随机、双盲的 TRIDENT 研究中,研究者比较了异体 MSC 移植数量对治疗缺血性心肌病效果的影响。患者分别接受安慰剂、2 000 万个或 1 亿个 MSC 移植治疗。在

接受治疗的第 12 个月,接受 1 亿个 MSC 治疗的患者左室射血分数提高了 3.7%,而接受 2 000 万个细胞治疗的患者射血分数却无任何变化。这提示 MSC 治疗心血管疾病需要较大的移植量。

1. MSC 适宜异体移植　MSC 本身缺乏主要免疫相容复合体Ⅱ(MHC-Ⅱ)的表达,而且其自身可以分泌抗炎和抗免疫排斥因子。因此,MSC 治疗不存在免疫排斥问题,尤其适合应用于异体干细胞移植。POSEIDON 试验是首个对比自体和异体 MSC 在缺血性心肌病疗效差别的临床研究。这项随机、双盲的Ⅰ、Ⅱ期临床试验评估了 3 种不同剂量的自体或异体 MSC 的安全性和有效性,并观察了多个临床终点事件的发生率。随访 1 年后,自体和异体 MSC 治疗都降低了接近 33% 的心肌梗死面积,并减少了心脏球形指数。这些结果提示 MSC 移植可以显著地抑制左室病理性重构。自体和异体 MSC 移植组均显著降低了左室收缩末期容积,但左室舒张末期容积只在异体 MSC 组显著降低。这可能是由于异体 MSC 来源于年轻、健康的供体,而自体细胞大多来自老年或合并有多种心血管危险因素的患者。这提示从健康供体获得 MSC 可以为缺血性心肌病提供一个更有效的、标准化的细胞来源。

2. 骨髓 MSC 治疗缺血性心肌病临床试验　MSC-HF 试验评估了自体 MSC 移植对 55 例严重缺血性心肌病患者(左室射血分数 <45%,NYHA Ⅱ或Ⅲ级)的治疗效果。随访至第 6 个月时,与安慰剂组相比,MSC 治疗组左室射血分数提高了 6.2%,并显著降低了左室收缩末期容积,而左室舒张末期容积没有变化。这提示 MSC 治疗对左室射血分数的影响可能与患者基线心功能水平及其缺血性心肌病的严重程度有关。上面提到的三个临床试验均使用骨髓来源的 MSC,提示这种细胞是可以在临床上安全使用的。试验结果也表明 MSC 治疗可以对左室射血分数、心脏重构指标及生活质量有一定的改善作用。目前正在进行的多中心、Ⅲ期临床试验 DREAM HF-1 研究旨在评估异体来源的 MSC 对心衰的治疗效果。间充质祖细胞是从骨髓中分离的具有多潜能的间质细胞。与 MSC 通过贴壁筛选不同,这种细胞通过特定标志物 Stro-1 和 Stro-3 筛选得到。这类细胞有着与 MSC 类似的向三系细胞分化的能力。体外试验发现,与密度梯度离心分离得到的 MSC 相比,MSC 有着更强的增殖能力和旁分泌能力。因此,学界推测,间充质祖细胞可能比 MSC 具有更强的心血管保护能力。正在进行中的 DREAM HF-1 试验拟纳入 600 例缺血性或非缺血性心衰患者,并评估异体间充质祖细胞移植对心衰的治疗效果。

3. 脂肪 MSC 治疗缺血性心肌病临床试验　脂肪 MSC 是另一个重要的 MSC 来源。一些临床试验也探究了脂肪 MSC 对缺血性心肌病的治疗效果。PRECISE 研究评估了 21 例自体脂肪 MSC 治疗缺血性心肌病的效果,并肯定了这种细胞的安全性和可行性。Athena 研究评估了不同自体脂肪 MSC 移植剂量(4 000 万和 8 000 万)对缺血性心肌病的治疗效果。随访 12 个月后,各组之间的 NHYA 分级、左室射血分数、左室收缩/舒张末期容积均没有差异,然而,接受脂肪 MSC 治疗的患者 MLHFQ 评分更高,提示患者的

生活质量得到了提高。由于它不易获取,脂肪 MSC 治疗缺血性心肌病的临床试验较少,目前还停留在Ⅱ期临床试验阶段。

4. 脐带 MSC 治疗缺血性心肌病临床试验　由于获取方式较为容易,MSC 治疗缺血性心肌病的临床试验主要采用骨髓来源 MSC。然而,成年供体的 MSC 有着受限的旁分泌能力和分化潜能。因此脐带来源的 MSC 引起了学界的注意。随机、双盲、对照的 RIMECARD 研究评估了异体来源的脐带 MSC 对 30 例心衰患者的治疗效果,其中 70% 的患者为非缺血性心力衰竭。随访 12 个月后,脐带 MSC 治疗组患者的左室射血分数提升了 7%,NYHA 分级和 MLHFQ 评分也得到了显著改善。这一项临床试验还比较了脐带来源与骨髓来源的 MSC 旁分泌能力的差异。在体外试验中,脐带 MSC 可以分泌更多的 TGF-β1 和 HGF。脐带来源的 MSC 还可以削弱共培养的 T 细胞增殖能力,表现出较强的抗炎能力。

三、iPSC 治疗缺血性心脏病

第一项利用 ESC 来源的心肌细胞治疗心衰的临床研究——ESCORT 试验已在学界谨慎且密切的关注下开展。ESCORT 试验结果已于 2018 年公开发表,这一项试验提供的数据认为,这种细胞治疗手段是初步安全和有效的。在这项试验中,研究者将 SSEA1$^+$ISL1$^+$ 的心血管系统祖细胞移植到 6 例晚期心衰患者的心脏中。6 例患者中有 1 例在术后因心衰死亡,其余患者在观察时间内心功能都有显著改善,而且没有观察到恶性心律失常和肿瘤的出现。不过,该项研究所用的多能干细胞并没有诱导为成熟心肌细胞,且注射数量不多。在这些患者中并没有观察到移植细胞产生了新的心肌组织。因此,移植的细胞介导的心血管保护作用可能仍是旁分泌作用产生的。目前,考虑到伦理原因和重编程过程可能存在的基因突变风险,多能干细胞诱导的心肌细胞尚未被用于人体试验。2015 年的一项临床试验发现,人源多能干细胞诱导心肌细胞形成的过程中发现了致癌基因的突变。因此,所有 iPSC 人体试验因安全性问题而暂停。因此,iPSC 未来在临床试验中的应用仍需更精确的研究和评估。

（一）难以获得均一、稳定的心室肌细胞制约 iPSC 的临床应用

多能干细胞诱导的心肌细胞用于临床仍面临众多困难。第一个问题是,现有方法仍难以获得均一、稳定的心室肌细胞。目前,由多能干细胞诱导心肌细胞主要的方法是通过“心肌鸡尾酒”诱导。“心肌鸡尾酒”由 TGF-β1、BMP-4、Activin A、视黄酸、IGF-1、FGF-2、α-thrombin 和 IL-6 等细胞因子组成。另一种方法是在多能干细胞中过表达某些心脏特异性的转录因子,诱导它分化为心肌细胞。然而,这两种方法诱导心肌细胞形成的能力仍然有限。第二个重要的问题是,心肌组织中的心肌细胞都通过兴奋-收缩偶联形成了一个功能协同体,而多能干细胞诱导来源的心肌细胞本身却很难将电生理及机械地整合为一体。多能干细胞来源的心肌细胞过表达连接蛋白 N-cadherin 和 Cx43 可以部分地解决这一问题。目前,人源多能干细胞可以较高效地（>80%）分化为心肌细胞。然而,这些心肌细胞中包含了不同比例的心房肌细胞、心室肌细胞和起搏肌细胞。将这些细胞混杂地注射到心脏中很难作为一个整体发挥功能。另外,多能干细胞诱导为心肌细胞涉及基因组的变化。为了避免移植后的细胞产生致癌的基因突变,实现精准、稳定且不可逆的心肌细胞定向分化也是一个需要解决的重要问题。

（二）异位起搏导致的恶性心律失常制约 iPSC 的临床应用

大动物实验发现,将多能干细胞来源的心肌细胞移植到心脏中导致了心律失常。由多能干细胞分化的心肌细胞包含多种类的心肌细胞(如心房肌细胞、心室肌细胞和起搏肌细胞等)。这些细胞分别有独特的电生理特性。因此,移植这些细胞到宿主心肌组织中可能引起恶性心律失常。此外,所有这些细胞表现为不成熟且自发收缩,有着较慢的传导速率,缺乏肌节的有序排列,导致收缩力较弱,欠佳的钙离子处理能力。单细胞测序发现,人源多能干细胞来源的心肌细胞表现为一种发育中的心肌表型,与小鼠的胚胎心肌细胞类似。这种不成熟的心肌表型也是引起心律失常的危险因素之一。因此,尽管很多分化流程主要产生的是心室肌细胞,但仍需要完善目前的分化手段,获得更纯粹的、成熟的心肌细胞。

（三）异体细胞移植的免疫排斥反应制约 iPSC 的临床应用

使用患者自体来源的 iPSC 可以避免免疫排斥反应。然而,由于时间和操作成本太高,现在主流的研究已基本放弃选用自体来源的多能干细胞,使用标准化的异体多能干细胞可以显著地提高效率。为了保证异体多能干细胞作为供体,一些研究者尝试通过去除多能干细胞人淋巴细胞抗原蛋白 HLA 等方法降低异体来源多能干细胞的免疫原性。在小鼠模型上进行的细胞移植实验证实这些细胞比对照组的多能干细胞的免疫原性低,提示这可能是降低异体多能干细胞免疫原性的有效方法。未来仍需要在大动物甚至人体试验确定这些异体多能干细胞在不适用免疫抑制剂的情况下能否长期存活。另外,为了控制致癌或免疫问题等风险,有学者建议多能干细胞需要编辑上“自杀基因”,以便在某些情况下可以主动地将它们清除。

2020 年,我们团队曾利用经导管心内膜注射系统将 iPSC 来源的心肌细胞异体移植到多例扩张性心肌病和缺血性心肌病患者的心脏中。术后患者的运动能力和生活质量评分都得到了改善,但仍出现了射血分数改善不明显和心律失常等问题。总之,多能干细胞在研究心血管疾病发病机制、测试药物安全性及通过心肌内移植改善心脏功能方面有着良好的应用前景。然而,真正想利用多能干细胞安全、有效地达到这些目的,获得均一和成熟的心肌细胞、与宿主细胞实现电生理-机械整合、避免免疫排斥反应和恶性心律失常等,都是亟待解决的一些问题。

第七节 干细胞治疗非缺血性
心脏病的临床进展

多种类型的干细胞主要用于治疗扩张性心肌病等非缺血性心力衰竭,大多数干细胞临床试验都选用缺血性心力衰竭患者,而在非缺血性心力衰竭中的尝试还是比较少的。在过去10年中,非缺血性心肌病已成为晚期心力衰竭的主要原因,占所有心脏移植50%以上。这些趋势表明,非缺血性心肌病患者可能是心力衰竭患者中最大的亚群,特别需要替代治疗方式,包括细胞治疗。非缺血性心肌病的疾病进展被认为是特定肌节和细胞骨架蛋白之间相互作用的结果。除了肌细胞的改变外,非缺血性心肌病患者还表现出血管形成缺陷、血管生成和血管生成受损。然而,与缺血性心肌病患者相比,非缺血性心肌病患者的心肌瘢痕数量明显较少,透壁受累较少。最近的证据表明,非缺血性心肌病患者的潜在疾病过程可能是可逆的,约25%的近期发作心力衰竭的非缺血性心肌病患者有相对良性的过程,左心室功能会自发恢复。此外,在非缺血性心肌病中,心外膜冠状血管正常,细胞治疗的唯一靶点是心肌功能障碍,这可能是缺血性心肌病和非缺血性心肌病患者对细胞治疗临床反应差异的重要潜在机制。

一、干细胞移植是治疗非缺血性心脏病的潜在治疗方式

到目前为止,研究非缺血性心肌病细胞治疗效果的临床试验相对较少。然而,与缺血性心肌病患者的临床研究相比,无论研究终点、细胞类型和细胞递送方式的选择如何,这些试验的结果都始终是积极的。首批试验之一是TOPCARE-DCM试验在33例非缺血性心肌病患者中进行了骨髓来源干细胞的冠状动脉内输注。3个月时,靶区局部壁运动改善,LVEF增加。根据这些发现,NT-proBNP血清水平在治疗后的第一年内显著下降。ABCD试验包括85例非缺血性心肌病患者,他们被随机分为治疗组或对照组,通过冠状窦接受未经选择的骨髓来源干细胞治疗或接受药物治疗。在28个月的平均随访时间内,细胞治疗组的LVEF显著改善,同时收缩末期容积减少。在一项针对终末期非缺血性心肌病患者的研究中也发现了类似的结果。其中22例患者随机接受粒细胞集落刺激因子(G-CSF)刺激,然后在冠状动脉内输注骨髓来源干细胞。治疗后1个月,接受干细胞输注的患者LVEF、最大耗氧量、纽约心脏协会功能分级和生活质量均有改善。

基于试点试验令人鼓舞的结果,Vrtovec等人进行了第一项前瞻性、随机、开放标签的试验,研究了非缺血性心肌病患者接受细胞治疗的长期效果。他们招募了110例患者,被随机分配到干细胞组(n=55)或对照组(n=55)。在干细胞组中,通过G-CSF动员外周血CD34⁺细胞,单采收集,并将其注射到供应靶心肌节段的冠状动脉中。5年后,接受干细胞治疗的患者LVEF、6分钟步行距离增加,NT-proBNP降低。因为在这项试验中他们观察到了对冠状动脉内CD34⁺细胞治疗的反应取决于心肌细胞滞留的程度,

他们后续进行了一项随访研究,研究使用经心内膜注射提高细胞滞留率是否能带来更好的临床改善。在40例非缺血性心肌病患者中,20例随机接受冠状动脉内注射CD34⁺干细胞治疗,20例接受经心内膜注射CD34⁺细胞治疗。6个月时,两组患者的LVEF均有改善;然而,经心内膜组治疗的患者改善更为显著。在6分钟步行距离和NT-proBNP中观察到相同的变化趋势。

在POSEIDON-DCM试验中,研究者对37例非缺血性心肌病患者的自体和异基因骨髓源性MSC进行随机比较。LVEF在两组中均增加,异基因细胞治疗的改善更为显著。运动能力和生活质量的变化也是如此,这表明异基因细胞治疗可能为提高非缺血性心肌病细胞治疗效果的一个潜在改进策略。上述试验的结果表明,与缺血性心肌病患者相比,非缺血性心肌病患者接受细胞治疗的疗效更明显,并且可能会持续更长的时间。然而,Ixmelocel-T试验结果表明,缺血性心肌病患者在细胞治疗后12个月时症状有显著改善,而非缺血性心肌病患者却没有。然而,尽管与对照组相比没有统计学差异,但非缺血性心肌病患者在细胞治疗后确实表现出纽约心脏协会级别的绝对降低和运动能力增加,这与缺血性心肌病患者的变化相当。因此,研究者认为,由于对照组的显著改善,在非缺血性心肌病组评估异骨髓来源干细胞的治疗益处可能有限。

二、干细胞移植治疗非缺血性心脏病的改进方向

尽管没有像缺血性心肌病那么多的临床数据,但一些临床尝试还是表明细胞治疗可能是非缺血性心肌病一种潜在的治疗方式,未来在该领域的研究应该更多地关注这一类型的慢性心力衰竭患者的亚群。有趣的是,最近对非缺血性心肌病的研究也表明,细胞治疗可能会影响舒张性心力衰竭并改善右心室功能。总之,这些数据表明,非缺血心脏病细胞治疗的治疗效果可能不仅仅要聚焦于LVEF的变化,因为LVEF可能并不是一个有效的终点指标。因此,为了更好地了解细胞治疗对心力衰竭的疗效,未来应该分析综合终点。尽管存在挑战,但细胞治疗似乎为越来越多的非缺血性心肌病患者提供了一种有前景的治疗策略,这些患者目前面临的治疗选择相对有限。正在进行和未来的临床试验的结果将为疾病进展的机制提供更多的见解,并更好地确定是否可以通过使用更有效的干细胞类型或重复给药策略来进一步增强非缺血性心肌病细胞治疗的效果。

第八节 干细胞治疗心血管疾病
面临的挑战和前景

利用不同的干细胞治疗心血管疾病这一领域已经发展了近20年。大量Ⅰ期、Ⅱ期临床试验的开展让学界清楚地认识了应用干细胞治疗心血管疾病仍有许多亟待解决的问题。首先,为了客观、精准、可重复性地评估干细胞治疗心血管疾病的效果,标准化的临床指标测量方式,以及可重复的分离、培养细胞的流程必须被建立。其次,我们需要选

取更合适的临床终点事件，诸如生活质量评分和一些血液标志物有望为Ⅲ期临床试验提供更合适的临床终点事件。目前，干细胞相关的临床试验常常使用左室射血分数和左室容积等与临床结局（如死亡率）相关的指标。然而，这些指标并不能客观、有力地证实干细胞的治疗效果。因此，干细胞治疗心血管疾病的临床试验应提高长期的临床随访结果，并建立严谨且合适的临床终点指标。最后，大量的关于干细胞治疗心血管疾病的临床试验停留在Ⅰ、Ⅱ期阶段，我们急需科学、有力的Ⅲ期临床试验证据指导整个干细胞治疗心血管疾病领域的发展。

一、确定有效的干细胞治疗途径与剂量

为了解释现有临床试验结果的巨大差异，我们觉得有两个重要的问题仍需更详细地进行研究。第一个是细胞治疗的途径，第二个是细胞治疗的剂量。从常识来看，这两个因素会对干细胞治疗心血管疾病的效果产生重要的影响，而现有的临床试验恰恰在这两个因素有着巨大的不同。然而，由于现在对干细胞治疗心血管病的具体机制和其生理特征尚未完全阐明，因此确定干细胞治疗的最佳途径和剂量仍是一个棘手的难题。

荟萃分析显示，干细胞经心内膜下注射途径较冠脉内注射对心血管疾病有更好的治疗效果。冠脉内注射需要细胞穿过冠脉血管与心肌组织并最终到达受损部位，这需要较强的归巢信号发挥作用。缺血心肌的归巢信号会受损，这让干细胞趋化到缺血心肌部位变得困难。目前，比较不同治疗途径对干细胞治疗心血管疾病效果的临床试验比较少。其中，Vrtovec等人开展的临床试验比较了心内膜下注射和冠脉内注射骨髓单核细胞对非缺血性扩张型心肌病的治疗效果。在该研究中，他们用放射性元素标记了干细胞，并通过PET/CT测量干细胞在心肌组织内的定植。经心内膜下注射途径进入心肌组织滞留的干细胞更多，而且接受该途径干细胞治疗的患者的心功能和运动能力也得到了更明显改善，血浆中的心衰标志物NT pro-BNP水平更低。

干细胞治疗的剂量也需要进一步确定。目前，学界认为干细胞治疗发挥心血管保护作用主要通过其旁分泌机制。旁分泌心血管保护作用分子的量是与移植干细胞的数量成正相关的。因此，到底需要植入多少干细胞才可以发挥足够的治疗效果亟待阐明。已结束和目前正在开展的临床试验在决定干细胞植入剂量这一问题上是非常武断的。通常，研究者能获得多少干细胞就给予患者多少干细胞治疗。然而，一些研究发现，干细胞移植治疗心血管疾病时细胞剂量并不是越多越好。超过一定数量的干细胞会导致治疗效果不增反降，这提示干细胞及其分泌的心血管保护分子具有独特的药物动力学效应。此外，干细胞治疗心血管疾病的效果不仅仅受数量的影响，也受它来源的供体的一些因素影响（如年龄和合并疾病因素）。这使得比较不同干细胞剂量治疗心血管疾病的效果变得更加困难。尽管有一些荟萃分析比较了不同干细胞剂量治疗心血管疾病的效果，但纳入的临床试验只有极少数是专门针对干细胞治疗剂量进行设计的。此外，现有的任何干细胞治疗途径的细

胞滞留率和远期存活率都很低。因此，阐明治疗途径如何影响干细胞定植和存活对指导选择合适的干细胞治疗剂量十分重要。另外，未来应用新的干细胞种类进行临床试验前应在临床前大动物实验上对剂量进行筛选，如对剂量梯度进行评估。（图3-32-7）

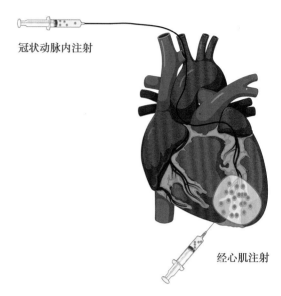

冠状动脉内注射

经心肌注射

图3-32-7　干细胞治疗心脏病的常用途径

二、筛选适宜接受干细胞治疗的患者人群

筛选合适的患者接受细胞治疗也是一个很重要的问题。目前开展的临床试验有一个很明显的差异就是患者纳入/排除标准的差异。荟萃分析提示，年轻、低射血分数、高左室容积的患者接受细胞治疗可能有更好的治疗效果。Vrtovec等人发现，干细胞移植对糖尿病患者并没有发挥应有的心血管保护作用。我们认为，未来基于基因或生化标志物来筛选、确定适合接受干细胞治疗的患者可能会进一步提高细胞治疗心血管疾病的效果。例如，研究者已鉴定出了一些接受CD34$^+$细胞治疗有效果和无效果患者之间存在明显差异的生化标志物。TIME和LateTIME研究也发现了一些接受细胞治疗有效果的人群显著上调的生化标志物。

三、提高干细胞移植后的驻留率

干细胞治疗是现在学界最热门的心血管疾病防治策略研究方向，已开展了数不胜数的基础、临床前和临床试验。不幸的是，这些试验大多数仍处于非常早期的试验阶段。细胞治疗的类型、剂量和给药途径都没有定论，甚至细胞治疗心血管疾病是否有效这一关键问题仍存有一定质疑，尚未完全定性。这些问题面临的一个共同的挑战就是干细胞移植后的低滞留率和存活率。目前，直接注射到心肌梗死区域的干细胞无法存活。无论给予高剂量还是低剂量的细胞，24小时后移植细胞在心肌梗死周边区的细胞存活率只有1%~8%。为了增强细胞在缺血心肌的滞留能力和存活能力，许多基于新型生化材料的方法已被探索。

Roche 等比较了溶于盐溶液和水凝胶携带的干细胞注射到梗死周边区后的细胞滞留率,他们发现水凝胶组比盐水组提高了8~14倍的细胞滞留率,这些结果提示将干细胞与生化材料结合可以显著增强干细胞在缺血心肌区域的滞留效果。此外,也有一些研究将特异性抗体结合在细胞上,使其识别心脏受损区域表达的特异性抗原,从而增强干细胞向受损心肌区域的归巢效果。

四、预处理或基因编辑提高干细胞对组织微环境的适应性

对干细胞进行预处理也能一定程度地增强其治疗效果。例如,低氧预处理的 MSC 的促血管新生、抗凋亡、抗纤维化能力显著增强。缺氧预处理的 MSC 还表现出更强的分化能力、旁分泌能力和归巢能力。将需要移植的干细胞提前与靶组织共培养也可以增强其移植后向靶组织的归巢能力。用 VEGF 预处理 MSC 可以使其促生存的基因 AKT 和 Bcl-XL 上调,细胞周期抑制基因 p16 和 p21 下调,从而增强 MSC 的增殖能力,并改善细胞的应激能力。IGF-1 预处理的 MSC 立刻通过尾静脉注入心肌梗死大鼠,这些细胞在 48 小时大量表达趋化因子 CXCR4。在细胞治疗第 4 周后,干细胞在梗死周边区的定植更多,毛细血管密度也显著增加,动物心功能得到进一步改善且梗死面积降低。药物预处理也是一个研究方向。例如,用曲美他嗪预处理 MSC 可以降低其因氧化应激导致的细胞膜损伤,从而维持 MSC 的活力。将预处理过的干细胞注射到梗死心脏后,动物的心功能改善更明显,且心肌组织抗凋亡信号通路分子 AKT 和 Bcl-2 表达上调。

此外,通过基因编辑手段也可以增强细胞治疗的心血管保护作用。损伤区域局部的缺氧、炎症、大量的氧化应激、缺乏支持细胞、贫瘠的营养物质供给,以及纤维化,会加剧移植后细胞的凋亡和坏死,而基因编辑或许可以改良细胞对环境的适应能力,从而增强治疗效果。我们的最新工作表明,缺血心肌局部的代谢改变对移植进入的 MSC 的命运发挥关键调控作用。大量对细胞进行基因编辑的研究已经开展,包括过表达促生存基因、促血管新生基因、抗氧化应激基因及代谢调控基因等。上述研究中细胞的存活能力和治疗能力得到增强,提示将基因编辑手段与细胞治疗结合会是一个充满潜力的领域。

五、用有效组分替代干细胞直接移植的脱细胞疗法

传统观点认为干细胞必须长期定植到靶器官/组织才能在局部起到旁分泌的作用,因此静脉注射干细胞通常被认为疗效欠佳。然而,最近有研究发现,通过静脉途径给予干细胞治疗急性心肌梗死和非缺血性扩张型心肌病也可以起到全身和心脏保护作用。由于旁分泌机制发挥疗效是目前的主流观点,未来的研究方向可能也会使用无细胞成分的干细胞分泌悬液,如体外培养干细胞获得其分泌的细胞因子。其中,这些悬液中也包含有多种 mRNA 和 miRNA 的细胞外囊泡和外泌体等。有研究发现,iPSC 和 ESC 分泌的外泌体本身可以发挥与细胞类似甚至更好的疗效,从而可以避免应用多能干细胞所带来的潜在致瘤和心律失常风险。目前的大多数药物治疗都是长期多次才能发挥疗效的,细胞治疗可能也同样如此。临床前研究发现,反复的细胞注射可以提高治疗效果,相关的临床试验也正在进行当中。

六、未来展望

20 年的基础与临床试验说明,细胞治疗心血管疾病是安全且可能有效的。目前为止,尚未有足够有力的临床试验能证明细胞治疗可以改善心血管疾病患者的预后。此外,各种类型的细胞正在各种不同的疾病模型下进行研究。过去的经验教训正在指导着第一批Ⅲ期临床试验的设计与开展。随着研究的深入,基因编辑手段、预处理或与生化材料结合的细胞,以及细胞分泌的细胞因子或外泌体等也应该逐步进入临床研究阶段。目前,Piero Anversa 等人的造假事件无疑给予心血管疾病细胞治疗领域一记重创。这一系列造假事件耗费了大量的公共财力、人力和物力,也剧烈地动摇了公众甚至科学界对心血管疾病细胞治疗的信心。更为恐怖的是,这些虚假的临床前证据使上千例患者相信并接受了一些有风险的临床试验。这一事件值得我们对科研诚信的深深反思。目前的证据让我们很难去衡量心血管疾病细胞疗法的前景,也对这一领域的科研、监管和财政支持等带来巨大的挑战。但至少有一点是明确的,正如基因疗法和免疫疗法治疗肿瘤一样,心血管疾病细胞疗法可能需要跨学科、多学科的协助探索、长期的科研资助,以及学术界和企业之间的顺畅合作。如果心血管疾病细胞疗法能够坚持走科学的道路,不弄虚作假,盲目跟风,我们觉得未来不久,这些疗法能为广大心血管病患者提供新的希望并使他们获益。

（张富洋　栾荣华　陶凌　曹丰）

参考文献

[1] Schächinger V, Erbs S, Elsässer A, et al. Intracoronary bone marrow-derived progenitor cells in acute myocardial infarction. The New England journal of medicine, 2006, 355(12):1210-1221.

[2] Stefan Janssens, Christophe Dubois, Jan Bogaert, et al. Autologous bone marrow-derived stem-cell transfer in patients with ST-segment elevation myocardial infarction: double-blind, randomised controlled trial. Lancet(London, England), 2006, 367(9505):113-121.

[3] Lunde K, Solheim S, Aakhus S, et al. Intracoronary injection of mononuclear bone marrow cells in acute myocardial infarction. The New England journal of medicine, 2006, 355(12):1199-1209.

[4] Michał Tendera, Wojciech Wojakowski, Witold Ruzyłło, et al. Intracoronary infusion of bone marrow-derived selected CD34+CXCR4+ cells and non-selected mononuclear cells in patients with acute STEMI and reduced left ventricular ejection fraction: results of randomized, multicentre Myocardial

Regeneration by Intracoronary Infusion of Selected Population of Stem Cells in Acute Myocardial Infarction (REGENT) Trial. European heart journal, 2009, 30 (11):1313-1321.

[5] Muhammad R Afzal, Anweshan Samanta, Zubair I Shah, et al. Adult Bone Marrow Cell Therapy for Ischemic Heart Disease: Evidence and Insights From Randomized Controlled Trials. Circulation research, 2015, 117 (6):558-575.

[6] Jay H Traverse, Timothy D Henry, Carl J Pepine, et al. Effect of the use and timing of bone marrow mononuclear cell delivery on left ventricular function after acute myocardial infarction: the TIME randomized trial. JAMA, 2012, 308 (22):2380-2389.

[7] Vasileios Karantalis, Wayne Balkan, Ivonne H Schulman, et al. Cell-based therapy for prevention and reversal of myocardial remodeling. American journal of physiology Heart and circulatory physiology, 2012, 303 (3):H256-H270.

[8] Kinnaird T, Stabile E, Burnett MS, et al. Marrow-derived stromal cells express genes encoding a broad spectrum of arteriogenic cytokines and promote in vitro and in vivo arteriogenesis through paracrine mechanisms. Circulation research, 2004, 94 (5):678-685.

[9] Ruenn Chai Lai, Fatih Arslan, May May Lee, et al. Exosome secreted by MSC reduces myocardial ischemia/reperfusion injury. Stem cell research, 2010, 4 (3):214-222.

[10] Tanveer Ahmad, Shravani Mukherjee, Bijay Pattnaik, et al. Miro1 regulates intercellular mitochondrial transport & enhances mesenchymal stem cell rescue efficacy. The EMBO journal, 2014, 33 (9):994-1010.

[11] EY Plotnikov, TG Khryapenkova, AK Vasileva, et al. Cell-to-cell cross-talk between mesenchymal stem cells and cardiomyocytes in co-culture. Journal of cellular and molecular medicine, 2008, 12 (5A):1622-1631.

[12] Samuel Golpanian, Ariel Wolf, Konstantinos E Hatzistergos, et al. Rebuilding the Damaged Heart: Mesenchymal Stem Cells, Cell-Based Therapy, and Engineered Heart Tissue. Physiol Rev, 2016, 96 (3):1127-1168.

[13] K Takahashi, S Yamanaka. Induction of pluripotent stem cells from mouse embryonic and adult fibroblast cultures by defined factors. Cell, 2006, 126 (4):663-676.

[14] I Kehat, D Kenyagin-Karsenti, M Snir, et al. Human embryonic stem cells can differentiate into myocytes with structural and functional properties of cardiomyocytes. The Journal of clinical investigation, 2001, 108 (3):407-414.

[15] Lian X, Hsiao C, Wilson G, et al. Robust cardiomyocyte differentiation from human pluripotent stem cells via temporal modulation of canonical Wnt signaling. Proceedings of the National Academy of Sciences of the United States of America, 2012, 109 (27):E1848-E1857.

[16] Birket MJ, Ribeiro MC, Verkerk AO, et al. Expansion and patterning of cardiovascular progenitors derived from human pluripotent stem cells. Nat Biotechnol, 2015, 33 (9):970-979.

[17] Yoshida Y, Yamanaka S. Induced Pluripotent Stem Cells 10 Years Later: For Cardiac Applications. Circulation research, 2017, 120 (12):1958-1968.

[18] Alessandra Moretti, Milena Bellin, Andrea Welling, et al. Patient-specific induced pluripotent stem-cell models for long-QT syndrome. N Engl J Med, 2010, 363 (15):1397-1409.

[19] Ilanit Itzhaki, Leonid Maizels, Irit Huber, et al. Modelling the long QT syndrome with induced pluripotent stem cells. Nature, 2011, 471 (7337):225-229.

[20] Xonia Carvajal-Vergara, Ana Sevilla, Sunita L D'Souza, et al. Patient-specific induced pluripotent stem-cell-derived models of LEOPARD syndrome. Nature, 2010, 465 (7299):808-812.

[21] Feng Lan, Andrew S Lee, Ping Liang, et al. Abnormal calcium handling properties underlie familial hypertrophic cardiomyopathy pathology in patient-specific induced pluripotent stem cells. Cell Stem Cell, 2013, 12 (1):101-113.

[22] Ping Liang, Feng Lan, Andrew S Lee, et al. Drug screening using a library of human induced pluripotent stem cell-derived cardiomyocytes reveals disease-specific patterns of cardiotoxicity. Circulation, 2013, 127 (16):1677-1691.

[23] Gang Wang, Megan L McCain, Luhan Yang, et al. Modeling the mitochondrial cardiomyopathy of Barth syndrome with induced pluripotent stem cell and heart-on-chip technologies. Nature medicine, 2014, 20 (6):616-623.

[24] Jiang-Yong Min, Yinke Yang, Kimber L Converso, et al. Transplantation of embryonic stem cells improves cardiac function in postinfarcted rats. Journal of Applied Physiology, 2002, 92 (1):288-296.

[25] Linda W van Laake, Robert Passier, Jantine Monshouwer-Kloots, et al. Human embryonic stem cell-derived cardiomyocytes survive and mature in the mouse heart and transiently improve function after myocardial infarction. Stem Cell Res, 2007, 1 (1):9-24.

[26] Stephanie I Protze, Jee Hoon Lee, Gordon M Keller. Human Pluripotent Stem Cell-Derived Cardiovascular Cells: From Developmental Biology to Therapeutic Applications. Cell Stem Cell, 2019, 25 (3):311-327.

[27] James J H Chong, Xiulan Yang, Creighton W Don, et al. Human embryonic-stem-cell-derived cardiomyocytes regenerate non-human primate hearts. Nature, 2014, 510 (7504):273-277.

[28] Chakradhar S. An eye to the future: Researchers debate best path for stem cell-derived therapies. Nature medicine, 2016, 22 (2):116-119.

[29] Jop H van Berlo, Onur Kanisicak, Marjorie Maillet, et al. c-kit⁺ cells minimally contribute cardiomyocytes to the heart. Nature, 2014, 509 (7500):337-341.

[30] Nishat Sultana, Lu Zhang, Jianyun Yan, et al. Resident c-kit (+) cells in the heart are not cardiac stem cells. Nature communications, 2015, 6:8701.

[31] Qiaozhen Liu, Rui Yang, Xiuzhen Huang, et al. Genetic lineage tracing identifies in situ Kit-expressing cardiomyocytes. Cell research, 2016, 26 (1):119-130.

[32] Yan Li, Lingjuan He, Xiuzhen Huang, et al. Genetic Lineage Tracing of Nonmyocyte Population by Dual Recombinases. Circulation, 2018, 138 (8):793-805.

[33] Fuyang Zhang, Guangyu Hu, Xiyao Chen, et al. Excessive branched-chain amino acid accumulation restricts mesenchymal

stem cell-based therapy efficacy in myocardial infarction. Signal Transduct Target Ther,2022,7（1）:171.

［34］Xing Qin,Juanjuan Fei,Yu Duan,et al. Beclin1 haploinsufficiency compromises mesenchymal stem cell-offered cardioprotection against myocardial infarction. Cell Regen,2022,11（1）:21.

［35］Mehdipour M,Park S,Huang GN. Unlocking cardiomyocyte renewal potential for myocardial regeneration therapy. J Mol Cell Cardiol,2023,177:9-20.

［36］Meng WT,Guo HD. Small Extracellular Vesicles Derived from Induced Pluripotent Stem Cells in the Treatment of Myocardial Injury.Int J Mol Sci,2023,24（5）:4577.

［37］Kalou Y,Al-Khani AM,Haider KH. Bone Marrow Mesenchymal Stem Cells for Heart Failure Treatment:A Systematic Review and Meta-Analysis. Heart Lung Circ,2023,32（7）:870-880.

［38］Menasché P. Mesenchymal Stromal Cell Therapy for Heart Failure:Never Stop DREAMing. J Am Coll Cardiol,2023,81（9）: 864-866.

第三十三章 病毒性疾病的细胞治疗

提要：细胞治疗在病毒性疾病中的应用包括两大类，一是以 NK 细胞和 T 细胞等为代表的免疫细胞，可直接杀伤感染的靶细胞；二是以间充质干细胞（MSC）为代表的干细胞，通过免疫调控等，缓解炎症损伤。本章分 4 节分别介绍了细胞治疗在 HIV、病毒性肝炎、人乳头状瘤病毒感染和其他病毒性疾病中的应用潜力和研究进展。

病毒感染直接或间接引起宿主细胞破坏或发生免疫功能紊乱、炎症损伤等，导致机体系统、器官功能紊乱或细胞功能障碍，发生疾病。对病毒性疾病的治疗，关键在于清除病原体，纠正异常的免疫系统，保护受损的靶器官，恢复机体稳态。细胞治疗在病毒性疾病中的应用，包括两大类：一是以 MSC 为代表的干细胞疗法，主要通过免疫调控、分泌及营养支持等功能，缓解病毒感染引起的过度免疫炎症损伤，如在 COVID-19 患者中，机体"炎症因子风暴"可加重肺组织及多脏器的损伤，MSC 移植被证实可以有效降低机体的炎症因子水平和炎症细胞比例；二是以 NK 细胞和 T 细胞，以及 CAR-T、CAR-NK 细胞等为代表的免疫细胞治疗，可直接通过过继的免疫细胞直接杀伤病毒感染的靶细胞，介导病毒的清除，如在乙肝病毒（hepatitis B virus，HBV）感染的小鼠模型中，携带有 HBV 表面抗原受体的 T 细胞（CAR-T 细胞）可以靶向识别并杀伤表达有表面抗原的靶细胞，从而清除携带有 HBV cccDNA 的肝细胞。

第一节 HIV 的细胞免疫重建

人类免疫缺陷病毒（human immunodeficiency virus，HIV）感染导致的"艾滋病"（获得性免疫缺陷综合征，acquired immunodeficiency syndrome，AIDS）是目前威胁人类生命健康的重大传染性疾病之一。到 2022 年底，全球约有 3 900 万 HIV 感染者，其中约 76% 的患者接受抗病毒治疗。到目前为止，HIV 已造成 4 040 多万人死亡。

一、HIV 的结构及致病机制

HIV 属于逆转录病毒，病毒核心由衣壳蛋白组成，壳内包括病毒 RNA、逆转录酶、整合酶和核壳蛋白等，病毒包膜蛋白由 gp120 表面蛋白和 gp41 跨膜蛋白两部分组成。作为感染宿主细胞的第一步，成熟的 HIV 颗粒可通过 gp120 与靶细胞膜表面的 CD4 分子结合，除了 CD4 分子，gp120 由于构象的改变可再进一步与 CXCR4 和 CCR5 结合，通过膜融合方式进入靶细胞。而感染入胞的病毒，可在逆转录酶的作用下通过反转录进行复制增殖。HIV 感染可破坏 CD4$^+$ T 细胞，引起细胞免疫系统进行性破坏。由于细胞免疫功能的下降，HIV 感染者并发各种恶性肿瘤的可能性大

大增加，同时 HIV 感染细胞所分泌的各种细胞因子也可诱发细胞异常增殖，刺激致癌病毒的增殖，同时免疫系统的破坏也易引起各种致命性感染。

二、AIDS 的治疗现状

AIDS 治疗的目标包括三个方面：病毒学目标是最大程度地降低病毒载量，将其维持在不可检测水平的时间越长越好；免疫学目标是获得免疫功能重建和/或维持免疫功能；终极目标是延长生命并提高生存质量。最好的治疗效果是治愈，是指不需服用抗逆转录病毒治疗药物就能维持"健康"。国际 AIDS 协会将 HIV 治愈分为两类："无菌性"治愈（sterilizing cure），持久根除病毒，不需服用抗逆转录病毒药物，患者血清中检测不到病毒 RNA，CD4$^+$ T 细胞中检测不到前病毒 DNA，患者的免疫功能恢复到正常；功能性治愈（functional cure），不能完全消除体内的病毒，但可以长期抑制病毒复制、减少病毒载量，即使不应用抗逆转录病毒药物也可使患者病情得到长期缓解。在 2015 年，联合国艾滋病规划署（Joint United Nations programme on HIV/AIDS）提出到 2020 年实现"90-90-90"目标，即 90% 的艾滋病病毒感染者自身知情，90% 知情的感染者获得治疗及 90% 接受治疗的人体内病毒受到抑制。

针对 AIDS 的治疗主要是抗反转录病毒治疗。高效抗逆转录病毒疗法（highly active antiretroviral therapy，HAART）又称抗逆转录病毒鸡尾酒疗法，是目前治疗艾滋病的标准疗法，该疗法的应用能够阻断正在进行的病毒复制，减少单一用药产生的抗药性，使被破坏的机体免疫功能部分甚至全部恢复，从而延缓病程进展，延长患者生命，提高生活质量。HAART 极大地降低了 AIDS 的发病率和病死率。然而，但该疗法不能清除潜伏感染于静止的 CD4$^+$ T 细胞等细胞内的病毒，而这些细胞的激活可再次引起 HIV 基因表达和成熟病毒颗粒的释放，并再次感染其他细胞，因而单用该疗法不能治愈艾滋病，患者需终生服药。因潜伏病毒库的存在，患者一旦停药，病毒多数会在停药后 3~4 周内发生反弹。但持续服药可能会引起不良反应及耐药风险，而且持续存在的 HIV-1 可能导致慢性炎症损伤。长久服药的经济负担及感染者被污名化等也是不容忽视的问题。

针对目前抗病毒药物无法清除潜伏病毒库的问题，有

学者提出"shock and kill"的策略,其治疗理念是先激活潜伏的 HIV,再通过抗逆转录药物或免疫细胞清除产生的病毒及宿主细胞,从而达到彻底清除病毒的目的。也有学者提出"lock"策略,即永久沉默病毒库,保持 HIV 储存库永久抑制。然而这些策略均处于试验阶段,距离实现 AIDS 的功能性治愈仍有遥远的距离。

三、AIDS 患者的细胞治疗

对 AIDS 患者的治疗包括病毒的清除和机体免疫功能重建。免疫功能重建的含义是指经抗病毒治疗后:①减少的 CD4⁺ T 淋巴细胞恢复正常,记忆和初始型 CD4⁺ T 细胞增加;②患者体内异常激活的免疫系统恢复正常;③CD4⁺ T 细胞恢复对记忆抗原刺激的正常反应能力,即新增加的细胞是具有正常免疫功能的细胞。细胞治疗在机体免疫功能重建中具有重要的潜力。

(一) 造血干细胞移植

造血干细胞(HSC)移植是目前报道的最有希望实现 AIDS 功能性治愈的手段之一。干细胞移植应用于 AIDS 功能性治愈,最早出现于 20 世纪 80 年代。该方法通过对 AIDS 患者进行 HSC 移植,以期供体的干细胞持续产生正常 T 淋巴细胞,而移植物抗宿主反应可能有助于清除病毒储存库。最早进行该治疗的是 2 例"波士顿患者",该患者在接受高效抗逆转录酶治疗后,又因为患上淋巴瘤而接受 CCR5 正常表达的骨髓 HSC 移植,接受移植之后,他们停止了 HAART 治疗,虽然在长达数月的时间内没有检测到 HIV 病毒,但最终病毒还是重新出现反弹。这 2 例患者虽然未能最终实现 AIDS 功能性治愈,但是 HSC 移植可以一定程度地恢复机体的免疫功能,降低病毒水平,也证实了 HSC 移植治疗的积极效果。

同性恋是艾滋病的高发人群,但是在欧洲有些同性恋没有感染艾滋病。对这些同性恋患者做全基因测序检查,一个意外发现,在普通人的 T 细胞表面,有两个"安全密码",一个被称作 CD4,另外一个则被称作 CCR5。由于基因突变,CCR5 基因编码区域第 185 号氨基酸后发生了 32 碱基缺失。这些没有感染艾滋病的同性恋就是 CCR5Δ32 的缺陷型基因。

近年报道的"柏林患者""伦敦患者",再次提示实现 AIDS 功能性治愈的可能。"柏林患者"是全球首例报道的 AIDS 痊愈患者,在 2006 年,该患者在患有 AIDS 10 多年之后再次被确诊患急性髓系白血病,在接受初期抗病毒治疗之后,其白血病再次复发。在为"柏林患者"做骨髓移植时,治疗组的医生们希望找到与其组织配型一致的骨髓捐献者,而且骨髓捐献者是 CCR5Δ32 的缺陷型基因。在欧洲,CCR5Δ32 基因不到 1%,在中国还没有发现这种 CCR5Δ32 基因人群。要满足组织配型一致和 CCR5Δ32 基因两项条件是非常小的概率。幸运的是,他找到了与"柏林患者"组织配型一致且是 CCR5Δ32 基因骨髓的捐献者。为此他接受了两次 CCR5Δ32 基因骨髓 HSC 移植。2 年后通过对该患者的活检组织检查发现,患者体内病毒消失,且 T 细胞数目也回到正常水平。

同样,位于伦敦的 1 例艾滋病患者在开始接受抗逆转录病毒药物治疗后再次确诊霍奇金淋巴瘤。该患者接受了 CCR5Δ32 基因骨髓 HSC 移植,在停用抗逆转录病毒 18 个月后,机体仍未检测到 HIV 病毒。该患者被认证为全球第二例功能性治愈患者。因此,CCR5Δ32 基因骨髓 HSC 移植使人们看到了实现 AIDS 功能性治愈的希望。在我国,这一治疗策略普及的主要存在的问题包括:①HSC 移植的成本和风险,对于非血液病患者,HSC 移植治疗手段与采用 AIDS 常规口服药物治疗的风险及收益比;②CCR5Δ32 纯合子突变基因个体 HSC 获取。同时,也有报道 1 例 AIDS 患者在接受 CCR5 突变 HSC 移植后却出现了 CXCR4 介导的 HIV 感染。因此,除了上述原因,对于 AIDS 患者的治疗,CCR5 突变 HSC 移植治疗后,HIV 是否会发生针对 CCR5 的逃逸也不容忽视。

近年来,随着 CRISPER/Cas9 等基因编辑技术的发展,研究人员通过对 HSC 进行改造,以增加其对于 HIV 基因的抗性,如通过干扰 CCR5 和 CXCR4 的表达阻断 HIV 结合感染 HSC;或者通过阻断 HIV 与细胞膜的融合及干扰复制必需因子的表达等抑制病毒在 HSC 中的增殖(图 3-33-1)。这些策略将有助于通过 HIV 抵抗的 HSC 移植实现 AIDS 的功能性治愈。

(二) 脐带血干细胞

脐带血干细胞是一种来源于新生儿脐带血的干细胞,具有自我复制和分化为各种不同细胞类型的能力。与骨髓干细胞相比,脐带血干细胞的采集过程简单、无创伤,且存储和使用更加方便。因此,脐带血干细胞被广泛应用于治疗血液系统疾病、免疫系统疾病、遗传性疾病、器官移植后的免疫抑制等多个领域。2023 年 3 月,由美国威尔康奈尔医学院 Jingmei Hsu 等领衔的研究团队,在顶级期刊《细胞》上报道了全球第一例接受 CCR5Δ32/Δ32 干细胞移植后艾滋病得到缓解的女性病例("纽约患者"),这也是继"柏林患者""伦敦患者"和"杜塞尔多夫患者"之后,全球第 4 例以研究论文形式报道的干细胞移植缓解 HIV-1 感染的病例。值得一提的是,与前三位治愈者采用的成人骨髓 HSC 移植不同,"纽约患者"移植的干细胞来自脐带血,这也是脐带血干细胞首次成功帮助艾滋病患者摆脱 HIV-1。与成人 HSC 相比,脐带血干细胞全球范围内储存相对较多,对配型的要求更低,而且出现移植物抗宿主病的风险也较低。对于不同种族的 HIV-1 感染者来说,CCR5Δ32 脐带血可能是一种更好的供体干细胞。全球的脐带血干细胞库都应积极筛查供体库中这种突变的存在情况,让更多的 HIV-1 感染者获益。

(三) 免疫细胞治疗

HIV 感染人体后可造成 CD4⁺ T 淋巴细胞数量进行性减少、细胞免疫功能损害,最后导致各种机会性感染和肿瘤。而 HAART 并不能彻底清除体内的 HIV 病毒,也无法完全恢复免疫重建。因此,通过过继性回输体外大量扩增的免疫细胞以补充 AIDS 患者的免疫细胞,使得机体免疫功能得到恢复也是目前研究的热点。目前这一治疗研究的免疫细胞主要来源于同卵双生或自体免疫细胞回输。

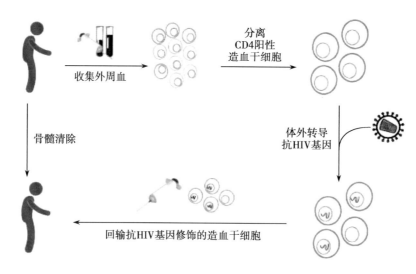

图 3-33-1　基因修饰的 HSC 移植治疗 HIV 流程图

1. CD8⁺ T 细胞　CD8⁺T 细胞即细胞毒性 T 淋巴细胞 (cytotoxic T lymphocyte,CTL),作为机体细胞免疫的重要组成部分,是宿主抗 HIV-1 应答的主要成分。正常免疫状态下,CTL 可以靶向杀伤病毒感染的宿主细胞,从而限制病毒的增殖,发挥抗病毒作用。但是在 AIDS 进展期的患者中,CTL 存在功能缺陷,且从 HAART 治疗的患者分离的 CTL 在体外并不能有效杀伤 HIV 感染的 CD4⁺T 细胞。因此,过继输入 HIV 特异性 CTL 对于恢复机体免疫功能,有效清除机体 HIV 有着巨大的潜力。而且,随着基因工程技术的发展,通过构建 HIV 特异性 CTL,如表达嵌合抗原受体的 T 细胞(CAR-T 细胞)、表达人工 T 细胞受体的 T 细胞(TCR-T 细胞)和 ex-vivo 制备的广谱 CTL 等,以增强细胞的杀伤功能也被广泛研究。但是值得说明的是,在进行免疫细胞治疗的同时,仍需要联合 HAART 治疗。目前,这些研究被证实在体外具有不错的效果,但对于临床应用的效果和作为临床治疗手段,广泛应用仍需要改进和提高。

2. CD4⁺ T 细胞　CD4⁺T 细胞在机体适应性免疫应答中具有关键作用。CD4⁺T 细胞可以参与调节 CD8⁺T 细胞的活化和功能作用的发挥,参与调节 B 细胞活化和抗体生成等。CD4⁺T 细胞也是 HIV 感染增殖的主要靶细胞,静止的记忆性 CD4⁺T 细胞是 HIV 的重要潜伏库。随着 CD4⁺T 细胞数目减少,机体的免疫功能降低。输注 CD4⁺T 细胞对于恢复机体的免疫功能也具有重要意义。然而,不容忽视的是,输注的 CD4⁺T 细胞可能会成为 HIV 的增殖场所。因此通过基因工程改造得到具有 HIV 抗性的 CD4⁺T 细胞对于重建免疫功能、调动机体抗病毒功能具有重要意义,如通过基因敲除等技术干扰 CD4⁺T 细胞表面 CCR5/CXCR4 的表达,通过破坏 HIV 入胞的辅受体从而阻断病毒入胞过程,或者是转染缺少分泌相关片段的重组抗体基因、趋化因子基因、干扰野生型病毒基因表达的反式显性负蛋白基因、核糖核酸酶基因等方式阻断 HIV 在 CD4⁺T 细胞内的复制增殖等手段得到能够抵抗 HIV 感染的 CD4⁺T 细胞。但目前这些技术大部分停留在体外试验及动物模型中,距离临床

应用仍有漫长的距离。

3. 树突状细胞(dentritic cells DC)　DC 是机体最强大的抗原提呈细胞,在固有免疫应答及适应性免疫应答过程中均具有重要的作用。在动物实验及 HIV 患者的初步试验中证实,采用灭活的 HIV 预处理 DC 和 HIV 抗原修饰的 DC 作为治疗性疫苗,可部分恢复患者 CD4⁺T 细胞的数量,降低机体病毒载量。

(四)间充质干细胞移植

HIV 感染可破坏人体的免疫系统,并最终导致死亡。其中 CD4⁺T 淋巴细胞的逐渐丢失和持续的免疫系统活化是 HIV 感染的重要特征。MSC 具有强大的免疫调控作用和抗炎功能;同时能分泌造血细胞生长因子,具有修复受损造血细胞、改善和恢复淋巴系统微环境等功能。因此,有研究团队通过临床试验探索了 MSC 输注治疗对 AIDS 患者免疫系统的影响,结果显示,AIDS 患者接受 MSC 移植后无明显的不良反应,同时 MSC 治疗能够抑制 HIV 感染者机体过度活化的免疫系统,可以改善患者的临床症状,提高其生活质量。

AIDS 的病情发展与机体免疫系统状态密切相关且相互影响,细胞治疗策略可通过输注具有 HIV 抗性的造血干细胞或免疫细胞实现机体的免疫重建,促进病毒的清除和机体功能状态的恢复。同时,联合 HAART 治疗,有望实现 HIV 的功能性治愈。

第二节　病毒性肝炎的细胞治疗

一、慢性 HBV 感染的细胞治疗

乙型肝炎是由乙型肝炎病毒(hepatitis B virus HBV)感染引起的。HBV 感染是全球性的公共卫生问题,全球 HBV 携带者可达 3.7 亿人,我国是慢性乙肝的主要流行区。HBV 属于嗜肝 DNA 病毒,由包膜蛋白(S 蛋白:HBV 表面抗原;M 蛋白:HBV 表面抗原和前 S2 蛋白;L 蛋白:表面抗

原前 S1、S2 蛋白)和核衣壳(HBV 核心抗原、不完全双链环状 DNA 及 DNA 多聚酶等)构成。在 HBV 复制过程中,病毒 DNA 进入宿主细胞核内,在 DNA 聚合酶的催化作用下,以负链 DNA 为模板,延长修补正链 DNA 缺口,形成超螺旋的共价、闭合、环状 DNA 分子(covalently closed circular DNA,cccDNA)。cccDNA 是乙肝病毒前基因组 RNA 复制的原始模板,对乙肝病毒的复制和慢性感染状态的建立具有十分重要的意义。

(一) HBV 的致病机制

HBV 的致病机制尚未完全明确,肝细胞是 HBV 感染增殖的主要靶细胞。但 HBV 通常不会直接感染损伤肝细胞,HBV 感染引起的免疫介导的病理反应是 HBV 的主要致病机制。HBV 感染可激活 NK 细胞、单核巨噬细胞及树突状细胞等早期抗病毒作用,随后存在于血液及肝细胞表面的病毒或病毒抗原成分可诱导机体产生适应性免疫应答,介导病毒的清除,同时也可造成肝细胞损伤。HBV 感染后临床症状呈多样性,可表现为重症肝炎、急性肝炎、慢性肝炎及无症状携带者,其中部分慢性肝炎可发展为肝硬化、肝细胞癌。

(二) HBV 感染的治疗现状

针对慢性乙肝患者的治疗,只有清除整合入细胞核内的 cccDNA,才能彻底消除乙肝患者的病毒携带状态,这也是抗病毒治疗的最终目标。目前,核苷类似物(nucleoside analogues,NUC)是慢性乙肝患者的主要治疗方法,但需要长期服用,一旦停药,易出现病毒的反弹,同时也存在病情继续向肝硬化、肝癌发展的可能。只有少数患者在历经数年甚至数十年的抗病毒治疗后,可以实现表面抗原的转阴,而绝大部分患者则需要长期服药并密切监测,以期及时干预肝硬化及肝癌的发生。因此,迫切需要开发新的疗法以加速 cccDNA 阳性肝细胞的清除,彻底阻断病毒的产生,同时恢复机体的免疫系统功能。

(三) HBV 细胞治疗

在慢性 HBV 感染中,病毒特异性细胞毒性 T 淋巴细胞(cytotoxic T lymphocyte,CTL)存在细胞衰老等功能缺陷。通过细胞免疫治疗或过继免疫细胞等重建有效的抗病毒 T 细胞应答也是目前研究的热点。过继细胞免疫疗法可通过回输体外大量扩增的免疫细胞,从而达到调节机体免疫功能,加速 HBV 清除的目的。过继细胞免疫疗法主要包括细胞因子诱导的杀伤细胞(cytokine induced killer cell,CIK cell)、自然杀伤细胞(natural killer cell,NK cell)等非特异性杀伤细胞和 TCR-T、CAR-T 等 HBV 特异性杀伤细胞。

1. 非特异性杀伤细胞

(1)淋巴因子激活的杀伤细胞:淋巴因子激活的杀伤细胞(lymphokine-activated killer cell,LAK cell)是将外周血单个核细胞分离并在体外扩增培养时加入细胞因子 IL-2 诱导产生的一群非特异性杀伤细胞,主要是由 NK 细胞和 T 细胞组成。LAK 细胞最初是被应用于肿瘤细胞的杀伤过程。随后多个课题组开展了 LAK 细胞对于慢性 HBV 感染患者的临床治疗研究,结果均证实 LAK 细胞治疗能够有效

地增加患者 E 抗原转阴率,降低 HBV DNA 水平,同时可以调节机体 CD4$^+$ 及 CD8$^+$ T 细胞的比例。LAK 细胞对于慢性乙肝患者的治疗具有一定的积极效果。

(2)细胞因子诱导的杀伤细胞:细胞因子诱导的杀伤细胞(cytokine-induced killer cell,CIK cell)最初是被用作抗肿瘤过继细胞免疫治疗的首选方案。其制备过程是采集人的外周血单个核细胞并在体外采用抗 CD3 单抗、IL-2、γ 干扰素等多种细胞因子诱导生成。CIK 细胞是具有非主要组织相容性复合体(MHC)限制性和细胞杀伤功能的一群异质性细胞。CIK 细胞可通过识别并释放颗粒酶/穿孔素直接杀伤肿瘤细胞或病毒感染的靶细胞,还可以释放大量的炎症因子间接杀伤靶细胞;同时 CIK 细胞可表达 FasL 蛋白并通过与靶细胞膜表达的 Fas 结合,诱导靶细胞凋亡。目前,CIK 细胞在慢性 HBV 感染患者的临床研究也在广泛开展。2015 年,《临床肝胆病杂志》发表了南京军区福州总医院谢志红课题组 CIK 细胞治疗慢性 HBV 感染的临床观察研究(84 例),结果显示,在 48 周随访观察期内,与标准的恩替卡韦(ETV)治疗组(50 例)相比,CIK 细胞治疗是安全有效的。虽然与 ETV 治疗组相比,HBV DNA 的下降水平较低,但随着观察时间的延长,CIK 细胞治疗组 HBV DNA 的阴转率逐渐升高,而且 HBeAg 阴转率和血清转换率明显高于 ETV 治疗组。这一结果提示 CIK 细胞治疗可能使机体获得持久的免疫应答效应。除此之外,还有多个课题组进行了 CIK 细胞治疗慢性 HBV 感染的临床研究,结果均证实 CIK 细胞治疗能够增强慢性乙肝患者的免疫功能,降低机体的病毒载量。

2. 特异性杀伤细胞

CD8$^+$ T 细胞:在慢性乙肝患者体内,HBV 特异性 CD8$^+$ T 细胞数量及功能缺陷是 HBV 持续感染的原因之一,纠正机体 CD8$^+$ T 细胞衰竭状态对于 HBV 治疗具有重要意义。有研究报道,1 例合并有 HBV 慢性感染的白血病患者,在接受乙肝疫苗免疫的供者的造血干细胞移植后,该患者体内的 HBV 病毒消失;而将 HBV 感染的肝移植给乙肝疫苗成功免疫的个体后,肝脏内的 HBV 也可消失。由此说明,正常的免疫系统对于 HBV 的清除至关重要。

目前,恢复慢性乙肝患者机体 T 细胞免疫的策略主要有两种:一是促进机体残留的 HBV 特异性 T 细胞的扩增,慢性 HBV 患者体内 CD8$^+$ T 细胞表面检查点分子(checkpoints)如 PD-1、CTLA-4、TIM3 等表达水平升高,细胞呈现出功能抑制状态。体外试验证实,采用检查点抑制剂如 PD-1 单抗、CTLA-4 单抗等阻断抑制性信号,可以部分恢复 T 细胞功能。但对于慢性乙肝患者,检查点抑制剂是否可以改变机体 T 细胞的功能状态,加速病毒的清除,目前尚缺乏相关的临床研究。二是将患者的外周血 CD8$^+$ T 细胞进行体外扩增,并通过基因工程技术扭转 T 细胞的功能状态或增强其 HBV 特异性免疫功能,并再次回输机体,以纠正机体的免疫状态(图 3-33-2)。通过慢病毒载体等方法介导 T 细胞表面 HBV 特异性受体的表达(TCR)。HBV 特异性 TCR 修饰的 CD8$^+$ T 细胞(TCR-redirected T

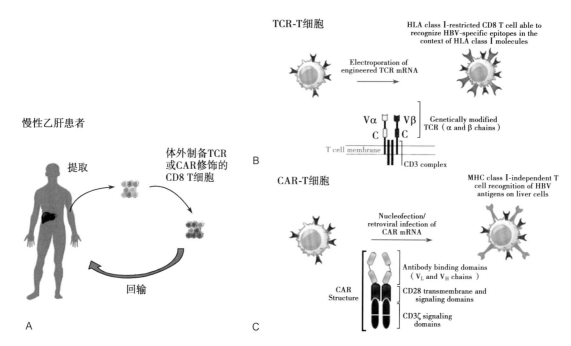

图 3-33-2　CD8$^+$T 在慢性 HBV 感染中的治疗应用策略
A. CHB 患者细胞治疗流程:CD8$^+$T 细胞提取——TCR 及 CAR 修饰——回输;B. TCR-T 细胞构建流程;C. CAR-T 细胞构建流程

cell,TCR-T)可以靶向杀伤 HBV 阳性的肝细胞,动物模型显示,回输机体后,修饰的 T 细胞可杀伤含有 cccDNA 的肝细胞,降低机体的 HBV 载量。2015 年的一项病例报道中,研究人员首次尝试对 HBV 相关肝癌转移的患者回输靶向 HBsAg 的 TCR-T 细胞,结果显示,在获得免疫重建的过程中,HBsAg 的水平得到了显著的抑制。但随着疾病的快速进展,TCR-T 细胞尚无法有效地靶向杀伤癌细胞,控制肿瘤增长。

同时,也有采用嵌合抗原受体和共刺激因子 CD28 及信号转导因子 CD23 共同修饰 T 细胞(CAR-T)直接杀伤靶细胞,而不需要抗原提呈分子的参与。采用 HBV 表面抗原对应的抗体修饰的 T 细胞(anti-S-CAR-T)可以直接杀伤 HBV 感染的肝细胞,消灭肝细胞内 cccDNA,从而清除病毒复制的细胞,有望根除 HBV 感染。2008 年,Felix 等采用抗 HBV 表面抗原的特异性抗体序列进行人原代 T 细胞修饰,构建了靶向乙型肝炎病毒表面抗原的 CAR-T 细胞。体外试验结果显示,该 CAR-T 细胞具有强大的靶向杀伤功能。同时,于 2013 年,该团队再次在 HBV 感染的转基因小鼠模型中进行了实验验证,在体实验结果显示,该 CAR-T 细胞可以有效进入小鼠肝脏,并能够靶向识别并杀伤表达 HBV 表面抗原阳性的肝细胞,从而实现抑制病毒复制的效果。而且,在体实验未出现致命性副作用。这一在体实验初次证实了 CAR-T 细胞治疗的安全性及有效性,为病毒的清除提供了新的可能性,也为靶向治疗慢性 HBV 感染引起的肝癌治疗提供了新思路。然而,HBsAg 是否稳定表达于所有感染细胞及肝癌细胞,且 HBsAg 在体内的多样性,使得人们对这一技术手段的安全性有所质疑。因此,HBsAg 作为 CAR-T 细胞免疫疗法的靶分子,是否具有良好的临床疗效及安全性仍有待进一步研究。

3. MSC 在慢性乙肝肝硬化中的应用　对于慢性乙肝肝功能失代偿期及肝硬化患者的治疗,除了常规的抗病毒和保肝治疗外,尚无有效的治疗手段。间充质干细胞具有强大的免疫调控、分泌及营养支持等功能,其对于肝脏微环境的调理作用及机体免疫状态的调控作用对于失代偿性肝硬化的治疗具有应用价值。MSC 可分泌多种营养因子和生长因子改善局部损伤微环境,促进内源性前体细胞的分化。在肝脏疾病动物模型中,MSC 能分泌肝细胞生长因子(HGF)、胰岛素样生长因子(IGF)、Delta-like ligand 4(DLL4)等促进肝细胞或肝前体细胞的再生,促进肝组织修复。有临床研究证实,对慢性乙肝肝功能失代偿期患者进行人脐带血间充质干细胞移植具有良好的安全性,同时细胞移植治疗能够有效改善患者的临床症状、肝脏合成功能,降低 Child-Pugh 评分。因此,间充质干细胞对于失代偿期肝硬化的治疗具有良好的临床应用前景。

二、慢性丙型肝炎病毒感染的细胞治疗

丙型肝炎病毒(hepatitis C virus,HCV)是导致慢性肝脏疾病的重要原因之一,全球约有 1.8 亿人感染 HCV,约 70% 的患者不能自发地清除病毒从而导致慢性 HCV 的持续性感染状态,其中 5%~20% 的慢性 HCV 感染者会在感染后 20~30 年间出现 HCV 相关并发症,如肝硬化、终末期肝病甚至肝细胞性肝癌。HCV 是单股正链 RNA 病毒,属于黄病毒科嗜肝病毒属,由 3 个结构蛋白(core、E1 和 E2、p7)及 7 个非结构蛋白(NS1、NS2、NS3、NS4A、NS4B、NS5A、NS5B)构成。病毒核衣壳外包绕着含脂质的包膜,包膜上有刺突。病毒基因组全长 9.6kDa。HCV core 蛋白即核心蛋白,组成病毒的核衣壳。核心蛋白可在多个层面

参与 HCV 的致癌过程,并参与调节细胞脂代谢、转录及抗原提呈等作用。HCV 包膜蛋白 E1、E2 由结构蛋白前体经内质网信号肽酶裂解释放。E1、E2 蛋白高度糖基化,通过非共价键形成异源二聚体,共同构成 HCV 病毒颗粒的包膜,参与病毒的吸附、入胞过程。其中 E1、E2 蛋白可引起包膜蛋白的抗原性迅速变异,介导 HCV 的免疫逃逸,导致病毒的持续感染。

近年来,作用于 HCV 的 NS3/NS4 蛋白酶及 NS5A、NS5B RNA 聚合酶等靶点的直接抗病毒药物(direct acting antivirals,DAAs)的出现,为丙肝治疗带来革命性突破,该类药物可覆盖多种病毒基因型,使得 HCV 感染者获得较高的持续性病毒应答(sustain viral response,SVR),显著提高 HCV 的治愈率。目前,以 DAAs 为基础的全口服、免干扰素的疗法已经成为慢性丙型肝炎治疗的一线方案。同时,对于慢性 HCV 感染患者进行细胞治疗的研究实验也骤然减少。但是有报道称,慢丙肝患者在 HCV 清除后仍有肝硬化及肝癌的发生,这提示机体 HCV 清除并不能说明丙肝患者的治疗及对 HCV 感染的研究可以宣告结束。同时突变的 HCV 是否可以发生抗病毒逃逸也需要密切监测。

有研究报道,靶向 HCV E2 的 CAR-T 细胞可以靶向杀伤 HCV 感染的肝细胞及非肝细胞。采用人源抗 HCV/E2 的单抗单链可变区及共刺激因子 CD28 和 CD3ζ 区域构建的 CAR-T 细胞,可以靶向裂解 1a、1b、2a、3a、4、5 等多种基因型的 HCV 感染的靶细胞。这也为发生抗病毒逃逸的 HCV 感染的治疗提供了备选方案。

第三节　人乳头状瘤病毒感染的细胞治疗

人乳头状瘤病毒(human papilloma virus,HPV)是一类小型、无包膜的双链 DNA 病毒,属于乳头状瘤病毒(papilloma virus,PV)科。目前,有 5 个属的 PV 能感染人类,包括 α、β、γ、Mu 和 Nu 属。HPV 具有嗜上皮性,可通过性接触、自体种植等方式进行传播。根据其感染的部位分为皮肤型、黏膜型,其中 β、γ、Mu 和 Nu 属为皮肤型,常见于手、足皮肤疣;α 属为黏膜型,可引起下生殖道黏膜病变或浸润性癌。按照引起肿瘤的风险,可分为低危型 HPV(low-risk HPV,LR-HPV)和高危型 HPV(high-risk HPV,HR-HPV)。LR-HPV 为 α-10 分支(如 HPV 6、11 型),是非致癌性的,通常导致生殖器疣(或称尖锐湿疣);HR-HPV 常见的分支为 α-7(主要型别为 HPV 18、45、59、39 型)和 α-9(主要型别为 HPV 16、31、33、35、52、58 型),是致癌性的,可导致子宫颈癌、阴道癌、外阴癌、肛门癌、阴茎癌、头颈部癌等。其中,HPV 16 致癌风险最高,HPV 16 和 18 型可引起 70% 的子宫颈癌。

一、HPV 的分子生物学特性

(一) HPV 的分子结构

HPV 的直径约为 60nm,呈二十面体结构,由核酸和衣壳蛋白组成(图 3-33-3)。其中核酸为闭合环状 DNA 基因组,衣壳蛋白主要由 L1 形成的 72 个五聚体构成,同时每个五聚体中间含有 L2 蛋白。病毒基因组由 1 个约 8 000 个

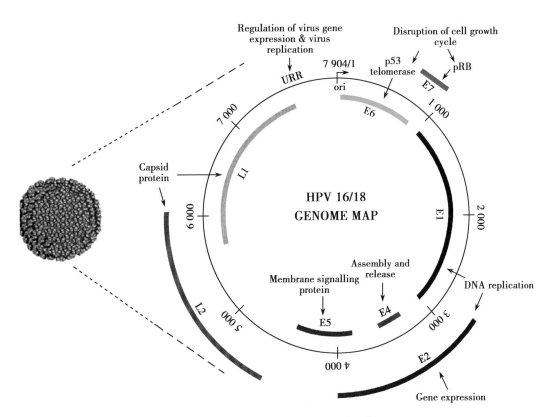

图 3-33-3　HPV 病毒颗粒及基因组构成示意图

碱基对的环状双链 DNA 构成,包含 3 个基因组区域,即早期编码区(E)、晚期编码区(L)和长控制区(long control region,LCR)。E 基因占整个基因组的 50% 以上,包括 E1、E2、E4、E5、E6 和 E7 基因,主要编码非结构蛋白。E1、E2 基因编码 E1、E2 蛋白,调节病毒 DNA 的复制和转录,且 E2 蛋白在机体感染 HPV 病毒后可以维持胞内转运及感染细胞内的 DNA 复制。E4 基因可以编码产生 E4 蛋白,可以促进病毒的复制,并可以破坏细胞骨架,促进病毒粒子从受感染的上皮细胞内逸出,向周围组织扩散。E5 蛋白可以与多种宿主细胞蛋白相互作用,最近有研究表明,E5 蛋白作为癌蛋白,可以刺激细胞增殖,抑制死亡受体诱导的细胞凋亡,以及调控与细胞黏附和免疫功能有关的基因复制和转录。而 E6、E7 基因编码产生的 E6、E7 蛋白作为主要的致癌蛋白,参与了细胞癌变的过程,诱导感染细胞向癌变方向发展。L 基因占整个基因组的近 40%,位于早期基因的下游,分别编码病毒的 L1 和 L2 蛋白。HPV 的衣壳蛋白由主要蛋白 L1 和次要蛋白 L2 组成。LCR 基因位于 L1 基因和 E6 基因间的非编码区,其长度约为 850bp,占整个基因组的 10%,可分为 3 个区段:5'区段、中心区段、3'区段,不具有蛋白质编码功能,但包含病毒转录、细胞蛋白翻译的多个调控位点,从而调控早、晚期编码区的基因转录和病毒颗粒的合成。

(二) HPV 的生命周期

HPV 的生命周期分为建立、维持和扩增 3 个阶段。

1. **建立阶段** 包括 HPV 转录和进入细胞核后的基因组扩增。感染 HPV 后,病毒 DNA 最初以"游离体(episome)"的形式存在,基因表达受到严格调控。E 基因编码的 E1 和 E2 蛋白参与病毒基因组扩增,E2 蛋白与 LCR 基因的复制起始点结合,具有调控病毒 DNA 复制的作用。在 E2 蛋白的作用下,E1 蛋白被招募到相应位点,形成序列特异性的 E1-E2-起始子复合物。之后,E2 蛋白以三磷酸腺苷(ATP)依赖的方式从复合物中解离,剩下的 E1-ori 复合物帮助病毒 DNA 解旋,并招募宿主 DNA 复制因子进行病毒 DNA 的复制,此时,宿主细胞内为低病毒拷贝数。

2. **维持阶段** 此阶段是为了维持一定数量的病毒基因组,并保持持续感染。病毒基因组的复制发生在细胞周期的 S 期,E2 基因在这个阶段至关重要,其作用是将 HPV 基因组连接到宿主染色体上,保证病毒基因组在有丝分裂期进入宿主细胞。在这个阶段,HPV 基因组可以在基底细胞中维持数年至数十年,部分发生癌前病变或者自行逆转,少数进展为肿瘤。然而,从新发感染→持续感染→癌前病变→癌变的人群不足 10%,这意味着免疫系统对 HPV 病毒有清除作用。

3. **扩增阶段** 被感染的基底层细胞向上皮表面分化,病毒拷贝数扩增至数千拷贝,表达丰富的 E6 和 E7 基因激活宿主细胞 DNA 的复制,使病毒 DNA 继续合成。HPV L1 和 L2 的表达,促进 HPV 基因组进行组装,成熟病毒颗粒从外层上皮细胞释放,以传染性病毒颗粒的形式离开细胞。

二、HPV 与宫颈癌

(一) HPV 在宫颈癌发生中的作用

宫颈癌是一种常见的女性生殖系统恶性肿瘤,研究表明,在所有威胁女性健康的恶性肿瘤中,发达国家宫颈癌的发病率和死亡率已跌至第 9 位和第 10 位,而在发展中国家的发病率和死亡率均排在第 2 位。研究表明,HPV 病毒整合入人体基因组或者游离于细胞核中,造成细胞增殖异常,从而引起宫颈癌。HPV 感染普遍存在,但只有少数感染 HR-HPV 者最终发展为浸润性癌。大多数情况下,HPV 可被免疫系统清除,然而,为了完成其生命周期和复制,HPV 已具备逃避宿主免疫监测的机制,并增加了长期感染和细胞转化的机会。从 HPV 感染到扩增,依赖于宿主细胞的分化,即从基底细胞到表层分化的鳞状上皮细胞。从 HPV 感染到病毒颗粒释放约需要 3 周时间,这也是基底细胞向上移动、分化和脱落所需要的时间。

(二) HPV 感染诱发宫颈癌的机制

从 HPV 感染到病变的出现,可能需要几周至几个月,表明 HPV 可有效地躲避宿主的防御,其机制可能包括三个方面。

HPV 病毒 DNA 和蛋白质存在于宿主细胞核中,可逃避宿主免疫系统的监测;另外,由于 E2 基因对 E6、E7 的转录抑制活性,早期 HPV 病毒的基因表达很低,从而最大限度地减少了潜在的宿主免疫系统的影响。

HPV 感染后,不会出现因病毒复制和组装而导致的细胞溶解或细胞病理性死亡,因而没有炎症或促炎因子的释放,免疫系统不会收到危险信号;此外,HPV 通过从分化的角化细胞自行脱落而远离免疫监测,不会进入血管或淋巴管,也不会激发免疫反应;同时,也反映出从发现 HPV 感染到检出血清阳性需要一定的时间,如 HPV 16 型感染从子宫颈刮片首次检出 HPV DNA 到血清阳性,平均需要 9 个月的时间。

HPV 病毒可全面下调角质细胞的固有免疫传感器,抑制Ⅰ型干扰素反应。

HPV 病毒感染与宫颈癌的发病特点之间的关系研究表明,约 40% 的已婚妇女在一生中至少有一次宫颈 HPV 感染。30~35 岁之后,HPV 阳性率逐渐升高,至 55~59 岁再次到达高峰,这应该是免疫力下降造成的。在美国,HPV 检测已被作为 30 岁以上女性的首要筛查项目。近来研究表明,HPV 在 20~25 岁年龄段中分布最多,这可能与此年龄段性生活最为活跃有关,与此同时,宫颈癌年轻化趋势日益明显,提示宫颈癌发病年龄的提前可能与 HPV 在低年龄段的高感染率有关。HPV 是人类肿瘤发病中唯一可以完全确认的致癌病毒,预防 HPV 感染就可以预防宫颈癌。随着人们对 HPV 感染因素及其致癌机制的认识越来越明确,HPV 疫苗日益受到人们的重视。目前各个国家都致力于研究减毒、安全、高效、低成本的 HPV 疫苗,以期有效地预防和治疗宫颈癌。根据免疫学设计方法不同,HPV 疫苗可分为两类:预防性疫苗和治疗性疫苗。HPV 预防性疫苗主要针对健康人群,预防宫颈癌的发生。HPV 治疗性疫苗是将编码 HPV 抗原蛋白的 DNA 直接导入机体内,外源基因编码 HPV 抗原蛋白,诱导 $CD4^+$ 和 $CD8^+$ 免疫应答。

HPV 的感染成为宫颈癌发生、发展中最主要的风险因素。在宫颈癌的病变部位,HPV E6 和 E7 蛋白处于恒定的高表达状态。E6 和 E7 蛋白高表达的特征为宫颈癌免疫治疗特异性靶向抗原提供了选择优势。目前,许多治疗性疫苗策略主要集中于刺激生成和激活能识别表达靶标抗原 E6 和 E7 感染细胞的 T 细胞。

三、HPV 感染的细胞治疗

HPV 感染的细胞治疗是一种新型的治疗方法,主要是通过改变患者自身的免疫系统,增强其对 HPV 病毒的免疫力,从而达到治疗的效果。

(一) DC 疫苗治疗

DC 作为抗原呈递细胞是固有免疫和适应性免疫之间的桥梁。基于 DC 的 HPV 疫苗需要用 HPV 抗原加载 DC,然后将预加载的细胞输送给患者。其最突出的特点之一是能够刺激初始 T 细胞(naive T cell)增殖,激发特异的免疫反应,尤其是 Th1 免疫反应。使用患者自身的 DC 来制备疫苗,通过注射疫苗,刺激患者的免疫系统产生针对 HPV 病毒的免疫反应。在携带抗原基因的病毒载体转染 DC 的研究中,DC 疫苗可有效诱导细胞毒性 T 淋巴细胞的生成,特异性杀伤机体多处部位的 HPV 感染细胞或者 HPV 相关肿瘤细胞,且不会对正常组织造成重大损伤。将 IIPV 16 及 18 的 E7 蛋白负载到自体 DC 制备治疗性细胞疫苗,用于常规治疗难以控制的复发性或转移性宫颈癌患者,所有患者对此疫苗的耐受性良好,未观察到局部或全身性毒性反应。

2014 年,军事医学科学院曾报道过一项采用 DC 诱导 CTL 治疗 HPV 感染宫颈癌患者的临床试验,该试验收集 2010 年 11 月至 2012 年 5 月在本院采用 CTL 治疗 HPV 阳性的宫颈癌患者 8 例,采集宫颈癌患者外周单个核细胞,以重组腺病毒介导 HPV 16/18 E6/E7 转染 DC,并将诱导产生的 CTL 回输给患者,每次回输细胞量为 $1×10^9$ 个,每 2 周回输一次,6 次为 1 个疗程。随访 6~27 个月,观察患者临床疗效和安全性。结果显示,CTL 治疗的 8 例 HPV 感染的宫颈癌患者中 5 例 HPV 转为阴性,其中治疗前缓解和稳定状态的 6 例患者经 CTL 治疗后 5 例转为阴性,治疗前进展状态的 2 例患者无效;1 例处于部分缓解状态的宫颈癌患者经 CTL 治疗后达到完全缓解状态。全部治疗患者均无明显的不良反应,部分患者生活质量得到明显改善。

(二) T 细胞治疗

将患者自身的 T 细胞分离出来,通过体外扩增和激活或修饰改造,再将其注射回患者体内,增强其免疫力,从而增强对 HPV 感染细胞的杀伤作用。T 细胞治疗主要包括三大类:肿瘤浸润性淋巴细胞(tumor infiltrating lymphocyte, TIL),工程 T 细胞受体 T 细胞(engineered T cell receptor T cell),嵌合抗原受体 T 细胞(chimeric antigen receptor T cell)。尽管在血液系统肿瘤和转移性黑色素瘤的治疗中,T 细胞治疗被证明具有显著疗效,但其在上皮恶性肿瘤中的

治疗作用尚未取得突破,其是否可以介导转移性宫颈癌的消退还有待证实。目前用治疗性疫苗靶向 HPV E6 和 E7 治疗宫颈癌具有很大的研究价值,希望在治疗晚期宫颈癌方面取得有意义的进展。

(三) TIL 疗法

在肿瘤组织内浸润了大量的 T 细胞,这些细胞中存在部分针对肿瘤特异性抗原的 T 细胞,能够深入肿瘤组织内部杀伤肿瘤的免疫细胞,TIL 疗法将肿瘤组织中的 T 细胞分离出,在体外进行刺激扩增后,回输到患者体内,从而扩大免疫应答,治疗原发性或继发性肿瘤。目前,已经有系列试验证实 TIL 在宫颈癌治中的作用。一项临床前试验结果中,学者从 HPV 阳性的宫颈癌患者的肿瘤引流淋巴结中分离出单个核细胞,这些细胞经 HPV E6 刺激后,可分化出 HPV 16 E6 和 E7 特异性反应性 T 细胞。一项 II 期临床试验结果显示,在 HPV 相关宫颈癌患者中,回输 HPV E6/E7 孵育的 T 淋巴细胞,9 例患者中有 3 例表现出客观的肿瘤免疫反应,2 例患者的反应持续 1 年以上。

(四) TCR-T 细胞治疗

通过筛选和鉴定能够特异性结合靶点抗原的 TCR 序列,采用基因工程手段将其转入到患者外周血来源的 T 细胞中(或异源 T 细胞),再将改造后的 T 细胞回输至患者体内,使其特异性识别和杀伤表达抗原的靶细胞。目前,构建能够靶向识别 HPV E6 和 E7 的工程化的 TCR-T 细胞的技术已经十分成熟,并且系列临床试验也在开展(表 3 33 1)。一项采用 E6 特异性的 TCR-T 细胞对于 HPV 16 感染的宫颈癌患者治疗的 I/II 期临床试验结果显示,E6 TCR-T 细胞移植联合淋巴细胞清除和 IL-2 治疗,可引起 HPV 相关癌症的消减。

(五) CAR-T 细胞治疗

嵌合抗原受体 T 细胞通过基因工程方法,使 T 细胞表达特定抗原的受体,以增强 T 细胞特异的杀伤功能。该疗法首先需要收集患者的外周血并分离 T 细胞,将 T 细胞在体外进行刺激扩增,并通过病毒载体转入特定的 CAR 基因,随后再将 CAR-T 细胞回输给患者,在患者体内行使特定的肿瘤杀伤作用。

(六) NK 细胞治疗

NK 细胞作为人体免疫系统的重要组成部分,具有得天独厚的优势。其应用时无须预先致敏,对于肿瘤细胞的杀伤具有广谱、高效的特点。NK 细胞可以通过释放穿孔素、颗粒酶直接杀伤靶细胞,同时还可以诱导细胞凋亡,甚至激发肿瘤免疫效应。对肿瘤的发生、发展、扩散过程均有较好的抑制作用。因此 NK 细胞对于肿瘤的效应除了杀伤外,还可应用于早期肿瘤的根治。宫颈上皮内瘤变作为宫颈癌的临床前期,若不及时控制,很容易进展到更深一层的临床分期,甚至发展为原位癌或宫颈癌。癌巢周围 NK 细胞的浸润较少,通过过继免疫输注 NK 细胞使得瘤体附近 NK 细胞的含量人为性地升高,可达到良好的杀灭瘤体的作用。

此外,由于人为提高宫颈细胞及其外环境中 NK 细胞的浓度,利用其免疫杀伤作用可阻止宫颈组织中 HPV 定植感染,阻断由于 HPV 感染导致宫颈上皮内瘤变进一步加重

表 3-33-1　TCR-T 细胞治疗 HPV 阳性宫颈癌临床试验

TCR-T 细胞的治疗方法	联合治疗方式	患者数量	临床试验分期	国际临床试验编号
HPV E6 TCR-T 细胞	无	HPV$^+$ 转移或复发宫颈癌或头颈肿瘤患者(20 例)	Phase I	NCT03578406
HPV E7 TCR-T 细胞	无	HPV16$^+$ ⅡB~ⅣA 宫颈癌患者(180 例)	Phase I	NCT04476251
HPV E7 TCR-T 细胞联合 IL-2	氟达拉滨,环磷酰胺	HPV16$^+$ 转移或复发宫颈、外阴、阴茎、肛门和口咽癌患者(180 例)	Phase I/II	NCT02858310
宫颈癌细胞特异性 CAR-T 细胞(PBMCs of patients who have GD2,PSMA,Muc1,or Mesothelin-positive cervical cancer will be obtained through apheresis,and T cells will be activated and modified to cervical cancer-specific CAR-T cells)	无	Ⅲ、Ⅳ期或复发性宫颈癌(20 例)	Phase I/II	NCT03356795

的过程。因此,可利用患者自身的 NK 细胞来攻击 HPV 感染的细胞,从而达到治疗的效果。需要注意的是,这些治疗方法都还处于实验室研究阶段,尚未广泛应用于临床治疗,需要进一步研究和验证。同时,由于不同患者的免疫系统存在差异,因此治疗效果可能会有所不同。

第四节　其他病毒性疾病的细胞治疗

一、在病毒性脑炎中的应用

病毒性脑炎是常见的中枢神经系统感染性疾病,临床上以发热、头痛、行为及意识改变为特征。病毒性脑炎病重病死率较高,易造成不同程度的神经系统后遗症。由日本乙型脑炎病毒(Japanese encephalitis virus,JEV)感染引起的流行性乙型脑炎(epidemic encephalitis B,简称乙脑)是我国法定的乙类传染病,致死率高达 20%~30%,30%~50% 的幸存者将伴有长期的神经系统后遗症,给家庭及社会带来极大的精神和经济负担。JEV 在流行区域主要感染人群为免疫力低下的儿童和老人,在非流行地区,感染者主要为成年人。乙型脑炎尚无特异性抗病毒药物及有效地抑制炎症损伤促进神经系统再生的修复手段,对于脑炎患者的治疗以对症处理及支持治疗为主。目前,针对 JEV 的抗病毒药物多处于基础研究阶段。MSC 具有免疫调控功能及旁分泌作用、营养支持等功能。动物水平初步表明 MSC 在乙脑模型中具有积极的干预效果。小鼠模型中证实,通过尾静脉移植的小鼠骨髓 MSC 能够提高小鼠模型的生存率,改善脑炎进展。进一步的研究发现,MSC 能够减轻 JEV 诱导的神经元死亡,并能抑制小胶质细胞的活化,减轻脑组织损伤。

体外模型显示,当 MSC 与神经元共培养时,JEV 在其中的增殖受到抑制。而目前,MSC 对于病毒性脑炎的治疗主要处于动物水平的实验,但是结合 MSC 的生物学特性及其在中枢神经系统疾病中的应用,对于危重症患者,以 MSC 作为辅助治疗的手段以缓解脑组织炎症损伤,改善后遗症,有着潜在的应用价值。同时,随着生物工程技术的发展,对 MSC 进行基因修饰以增强其作用功能和靶向性的研究也引起普遍关注。通过生物工程技术,增强 MSC 向损伤部位的趋化募集,强化其作用功能,可使其发挥更好的作用效果。

二、在 EB 病毒感染中的应用

EB 病毒(Epstein-Barr virus,EBV)是疱疹病毒科嗜淋巴细胞病毒属的成员,基因组为 DNA。EBV 是传染性单核细胞增多症的病原体。EBV 作为第一个被发现的致瘤病毒,逐渐被证实其与多种淋巴源性及上皮细胞性肿瘤如鼻咽癌、儿童淋巴瘤的发生发展密切相关。据估计,每年约有 120 000 例新发肿瘤与 EBV 感染相关,且成年人中 95% 均感染过 EBV,其中常见的有鼻咽癌、胃癌、Burkitt 淋巴瘤、霍奇金淋巴瘤等。B 细胞和上皮细胞是 EBV 的主要宿主细胞。EBV 在口咽部上皮细胞内增殖,然后感染 B 淋巴细胞,这些细胞大量进入血液循环而造成全身性感染,并可长期潜伏在人体淋巴组织中。EBV 感染可表现为增殖性感染和潜伏性感染。不同感染状态表达不同的抗原,增殖性感染期表达的抗原有 EBV 早期抗原、EBV 衣壳蛋白和 EBV 膜抗原,潜伏性感染期表达的抗原有 EBV 核抗原和潜伏膜蛋白。EBV 相关肿瘤高发于潜伏Ⅱ期,该期仅表达低水平的 EB 病毒抗核抗原 1(EBV nuclear antigens 1,EBNA1)及潜伏膜蛋白 1/2 型(latent membrane protein 1/2,LMP1/2),因此病毒特异性细胞毒性 T 淋巴细胞在该期相对幼稚,导致该期肿瘤细胞容易逃避免疫监视。

已有研究表明,体外诱导 EBV 特异性 CTL 的产生及扩增,继而回输至 EBV 阳性鼻咽癌复发患者体内,可以有效控制疾病的进展。LMP 特异的 CTL 回输更是可以诱导淋巴瘤患者完全缓解。以上研究进一步证实,提升免疫系统对于病毒抗原的识别能力在 EBV 相关肿瘤的治疗中至关重要。但相较于 CTL 的治疗方案,CAR-T 细胞在 EBV 中的进展稍显缓慢。2014 年,南京医科大学率先将 CAR-T 细胞治疗应用于 EBV 相关肿瘤。研究筛选出可特异性识别 LMP-1 胞外区的 scFv 序列,并以此为基础构建了靶向 LMP-1 的 CAR-T 细胞,并在 LMP-1 阳性的鼻咽癌细胞系及

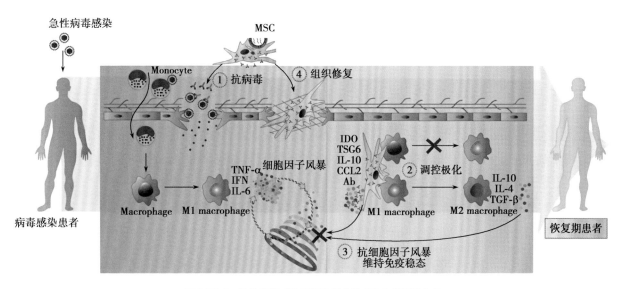

图 3-33-4 急性病毒感染致机体损伤和 MSC 的调控作用

荷瘤小鼠中验证了 CAR-T 细胞的有效性。以此为基础,该机构于 2016 年 11 月启动了 LMP-1 CAR-T 细胞治疗鼻咽癌的 I 期临床试验,但相关数据未见公开。

三、在病毒感染所致的急性"烈性"传染病中的应用潜力

在病毒感染所致的急性"烈性"传染病中,如新冠病毒感染、埃博拉出血热、登革出血热、肾综合征出血热(hemorrhagic fever with renal syndrome,HFRS)等,病毒感染导致靶细胞损害,诱导局部炎症反应和/或全身细胞因子风暴及继发免疫病理损害,是疾病进展和重症患者死亡的主要原因。

MSC 是一群来源于中胚层的成纤维细胞样干细胞,可调控单核/巨噬细胞活化,发挥抗炎和维持组织稳态作用,在病毒感染性疾病中显示出巨大的治疗潜力。病毒感染导致靶细胞损害的同时,以 MSC 为主的组织细胞反应以维持组织稳态,多种组织细胞系统和分子参与其中,构成了组织微环境场所,表现出不同的临床特征和结局(图 3-33-4)。

在多种急性病毒感染过程中,单核/巨噬细胞(monocyte macrophage,Mo/Mφ)系统活化是启动全身细胞免疫反应细胞因子风暴的始动环节,在调控组织损害过程中发挥重要作用。病毒能够直接感染单核细胞并在其中复制,随单核细胞扩散至全身,活化的单核细胞进入各组织分化为巨噬细胞,激活机体固有免疫应答与适应性免疫应答。在病毒感染急性期,发挥促炎作用的 M1 样 Mo/Mφ 占主导,在清除病原的同时,也加重免疫病理损害;而在感染恢复期,发挥抑炎作用的 M2 样 Mo/Mφ 增多,占主导地位,促进组织修复并重建免疫稳态。对 COVID-19 感染研究发现,病毒可直接感染 Mo,引起炎症反应的激活,释放促炎症细胞因子和趋化因子,诱导 T 细胞活化,继而诱导 M1 样 Mφ 产生更多促炎症细胞因子,反过来进一步促进 T 细胞活化,单核/巨噬细胞过度激活与细胞因子风暴及疾病严重程度相关。因此,在病毒感染后,抑制 M1 样单核细胞过度活化,促进 M2

样单核细胞产生,重建促炎/抗炎平衡,对抗细胞因子风暴形成,对 HFRS 疾病预后具有重要意义。

MSC 调控单核/巨噬细胞系统,发挥抗炎和维持组织稳态作用,在病毒感染性疾病治疗中显示良好的应用前景。近年来发现,MSC 存在于机体所有组织中,通过对免疫细胞活性调节、组织细胞损伤修复,在炎症反应调控中发挥重要作用。MSC 对固有免疫系统及适应性免疫系统多种细胞均具有调控功能。MSC 与巨噬细胞相互作用,促进 IL-10 的产生,抑制促炎症细胞因子释放,此外,MSC 还能促进巨噬细胞向损伤部位募集,促进组织再生或改善免疫紊乱,维持组织稳态。同时,MSC 能够维持免疫稳态、参与组织修复。

总之,MSC 通过广泛调控多种免疫细胞以维持机体免疫稳态,对急性病毒感染所致的过度炎症反应具有潜在的治疗价值。MSC 能通过增强抗病毒免疫以抑制病毒复制及促进病毒清除,并使机体在清除病原体和抑制过度免疫反应之间保持平衡。

(边培育 王临旭 张静)

参考文献

[1] Pernet O,Yadav SS,An DS. Stem cell-based therapies for HIV/AIDS. Advanced Drug Delivery Reviews,2016,103:187-201.

[2] Hutter G,Nowak D,Mossner M,et al. Long-term control of HIV by CCR5 Delta32/Delta32 stem-cell transplantation. N Engl J Med,2009,360(7):692-698.

[3] Gupta RK,Abdul-Jawad S,McCoy LE,et al. HIV-1 remission following CCR5Δ32/Δ32 haematopoietic stem-cell transplantation. Nature,2019,568(7751):244-248.

[4] Bertoletti A,Tan A T,Koh S. T-cell therapy for chronic viral hepatitis. Cytotherapy,2017,19(11):1317-1324.

[5] Krebs K,Bottinger N,Huang LR,et al. T cells expressing a chimeric antigen receptor that binds hepatitis B virus envelope proteins control virus replication in mice. Gastroenterology,2013,

145（2）：456-465.

［6］ Qasim W，Brunetto M，Gehring AJ，et al. Immunotherapy of HCC metastases with autologous T cell receptor redirected T cells，targeting HBsAg in a liver transplant patient. J Hepatol，2015，62（2）：486-491.

［7］ Boni C，Barili V，Acerbi G，et al. HBV Immune-Therapy：From Molecular Mechanisms to Clinical Applications. International journal of molecular sciences，2019，20（11）：2574.

［8］ Leng Z，Zhu R，Hou W，et al. Transplantation of ACE2 - Mesenchymal Stem Cells Improves the Outcome of Patients with COVID-19 Pneumonia. Aging and disease，2020，11（2）：216.

［9］ Zhong H，Fan XL，Fang SB，et al. Human pluripotent stem cell-derived mesenchymal stem cells prevent chronic allergic airway inflammation via TGF-beta1-Smad2/Smad3 signaling pathway in mice. Mol Immunol，2019，109：51-57.

［10］ Chan MC，Kuok DI，Leung CY，et al. Human mesenchymal stromal cells reduce influenza A H5N1-associated acute lung injury in vitro and in vivo. Proc Natl Acad Sci USA，2016，113（13）：3621-3626.

［11］ Wang X，Li SH，Zhu L，et al. Near-atomic structure of Japanese encephalitis virus reveals critical determinants of virulence and stability. Nat Commun，2017，8（1）：14.

［12］ Baraniak P R，Mcdevitt T C. Stem cell paracrine actions and tissue regeneration. Regenerative Medicine，2010，5（1）：121-143.

［13］ Uccelli A，Moretta L，Pistoia V. Mesenchymal stem cells in health and disease. Nat Rev Immunol，2008，8（9）：726-736.

［14］ Kokaia Z，Martino G，Schwartz M，et al. Cross-talk between neural stem cells and immune cells：the key to better brain repair？ Nature Neuroscience，2012，15（8）：1078-1087.

［15］ Scheel TKH，Rice CM. Understanding the hepatitis C virus life cycle paves the way for highly effective therapies. Nature Medicine，2013，19（7）：837-849.

［16］ Shi M，Zhang Z，Xu R，et al. Human mesenchymal stem cell transfusion is safe and improves liver function in acute-on-chronic liver failure patients. Stem Cells Transl Med，2012，1（10）：725-731.

［17］ Bian P，Ye C，Zheng X，et al. Mesenchymal stem cells alleviate Japanese encephalitis virus-induced neuroinflammation and mortality. Stem Cell Res Ther，2017，8（1）：38.

［18］ Bollard C M，Gottschalk S，Torrano V，et al. Sustained complete responses in patients with lymphoma receiving autologous cytotoxic T lymphocytes targeting Epstein-Barr virus latent membrane proteins. J Clin Oncol，2014，32（8）：798-808.

［19］ McLaughlin LP，Gottschalk S，Rooney CM，et al. EBV-Directed T Cell Therapeutics for EBV-Associated Lymphomas. Methods Mol Biol，2017，1532：255-265.

［20］ Jensen BO，Knops E，Cords L，et al. In-depth virological and immunological characterization of HIV-1 cure after CCR5Δ32/Δ32 allogeneic hematopoietic stem cell transplantation. Nat Med，2023，29（3）：583-587.

［21］ Hsu J，Van Besien K，Glesby MJ，et al. HIV-1 remission and possible cure in a woman after haplo-cord blood transplant. Cell，2023，186（6）：1115-1126.e8.

［22］ Etemad B，Sun X，Li Y，et al. HIV post-treatment controllers have distinct immunological and virological features. Proc Natl Acad Sci USA，2023，120（11）：e2218960120.

［23］ Zafarani A，Razizadeh MH，Pashangzadeh S，et al. Natural killer cells in COVID-19：from infection，to vaccination and therapy. Future Virol，2023：10.2217/fvl-2022-0040.

［24］ Campos-Gonzalez G，Martinez-Picado J，Velasco-Hernandez T，et al. Opportunities for CAR-T Cell Immunotherapy in HIV Cure. Viruses，2023，15（3）：789.

［25］ Buschow SI，Jansen DTSL. CD4+ T Cells in Chronic Hepatitis B and T Cell-Directed Immunotherapy. Cells，2021，10（5）：1114.

［26］ Liu JY，Zhang JM，Zhan HS，et al. EBV-specific cytotoxic T lymphocytes for refractory EBV-associated post-transplant lymphoproliferative disorder in solid organ transplant recipients：a systematic review. Transpl Int，2021，34（12）：2483-2493.

［27］ Ferrall L，Lin KY，Roden RBS，et al. Cervical Cancer Immunotherapy：Facts and Hopes. Clin Cancer Res，2021，27（18）：4953-4973.

［28］ Dass SA，Selva Rajan R，Tye GJ，et al. The potential applications of T cell receptor（TCR）-like antibody in cervical cancer immunotherapy. Hum Vaccin Immunother，2021，17（9）：2981-2994.

［29］ Oyouni AAA. Human papillomavirus in cancer：Infection，disease transmission，and progress in vaccines. J Infect Public Health，2023，16（4）：626-631.

［30］ Avila JP，Carvalho BM，Coimbra EC. A Comprehensive View of the Cancer-Immunity Cycle（CIC）in HPV-Mediated Cervical Cancer and Prospects for Emerging Therapeutic Opportunities. Cancers（Basel），2023，15（4）：1333.

第三十四章　消化系统疾病的细胞治疗

提要:干细胞具有自我更新和分化为特定细胞的能力,被用于临床治疗多种疾病的研究,在消化系统疾病治疗应用方面也展现出广阔的前景。本章分为 4 节,重点论述了干细胞疗法用于治疗炎症性肠病、肝纤维化、胰腺炎等消化道疑难重症的应用现状,并针对潜在机制进行了剖析与展望。

消化系统来源于胚胎的中胚层和内胚,由消化道和消化腺两大部分组成。干细胞可以分化出消化系统的各种功能细胞,如胃肠道、肝脏的各种功能细胞,新生的这些功能细胞可以替换掉坏死病变的细胞,或起到免疫调节作用,恢复人体消化腺的正常生理结构和功能。一些消化系统疾病已被临床应用于干细胞治疗,如克罗恩病、肝硬化、溃疡性结肠炎等。韩国于 2017 年批准自体脂肪间充质干细胞移植治疗复杂性克罗恩病并发肛瘘,我国已有干细胞治疗溃疡性结肠炎患者的临床试验,显示出明显疗效。此外,干细胞治疗为肝硬化、胰腺炎等消化系统疾病的治疗带来新的契机。大量相关临床试验及基础机制研究正在开展。

第一节　胃肠系统的发育与肠干细胞

干细胞是指未分化的生物细胞,又称祖细胞,具有自我更新和分化为特定细胞的能力。当前干细胞已被用于治疗多种疾病,如白血病、系统性红斑狼疮、肝纤维化、白塞病(Bechet's disease,BD)和炎症性肠病(inflammatory bowel diseases,IBD)等,并取得了令人欣喜的效果。

一、胃肠系统的发生发育

人体原始消化管(primitive gut)形成于人胚第 3~4 周,头段称前肠(foregut),尾段称后肠(hindgut),与卵黄囊相连的中段称中肠(midgut)。食管、胃、十二指肠的上段、肝、胆、胰主要由前肠分化而成;十二指肠中段至横结肠右 2/3 部的肠管则由中肠分化而来;从横结肠左 1/3 部至肛管上段的肠管则由后肠分化形成。这些消化器官中的黏膜上皮、腺上皮均来自内胚层,结缔组织、肌组织、血管内皮和外表面的间皮则来自中胚层。

(一) 食管和胃的发生

食管起源于原始咽尾侧的一段原始消化管,随颈、胸部器官发育而逐渐延形成,在此过程中,食管表面上皮由单层增生为复层,至第 8 周,过度增生复层上皮凋亡退化,食管腔逐渐形成。

原始胃又称胃的原基,在人胚第 4~5 周时,由位于食管尾侧的前肠发生梭形膨大而形成,此后,胃的背侧缘生长较快,形成胃大弯侧,并且胃大弯头端膨起,形成胃底;胃的腹侧缘则生长较慢,形成胃小弯侧。胃的发生,由胃背系膜发育而来并突向左侧,使胃大弯由背侧转向左侧,胃小弯由腹侧转向右侧,由此,胃沿胚体纵轴顺时针旋转 90°,由原来的垂直方位变成由左上至右下的斜行方位。

(二) 肠的发生

肠道由胃以下的原始消化管分化而来,最初为一条直管,以背系膜连于腹后壁。由于肠道发生速度快,致使肠管向腹部弯曲而形成 U 形中肠襻(midgut loop),伴随肠系膜上动脉行于肠襻系膜的中轴部位。中肠襻顶端连于卵黄蒂,并以此为界,分为头支和尾支,头支后续演化为空肠和回肠的大部分,居于腹腔中部,尾支则主要演化为结肠,位居腹腔周边,其中降结肠尾段移向中线,形成乙状结肠。尾支近卵黄蒂处还会形成一突起,即盲肠突(cecal bud),为小肠和大肠的分界线,后续盲肠突的近段发育为盲肠,远段发育为阑尾。在人胚第 6 周以后,卵黄蒂退化闭锁,脱离肠襻并消失。

(三) 直肠的发生与泄殖腔的分隔

直肠的发生来源于泄殖腔(cloaca),由后肠末段膨大而来。泄殖腔背侧头端与尿囊相连通,腹侧尾端以泄殖腔膜封闭。人胚第 4~7 周,尿囊与后肠之间的间充质增生,向尾端生长,呈横向镰状隔膜突入泄殖腔内,形成尿直肠隔(urorectal septum),此后与泄殖腔膜融合,将泄殖腔分隔为腹侧的尿生殖窦(urogenital sinus)和背侧的原始直肠。原始直肠进而分化为直肠和肛管上段,尿生殖窦则继续参与泌尿生殖系统的形成,泄殖腔膜也被分为腹侧的尿生殖膜(urogenital membrane)和背侧的肛膜(anal membrane)。肛膜的外方为外胚层向内凹陷形成的肛凹(anal pit)。人胚第 8 周末,肛膜破裂,肛管相通。肛管的上段上皮来源于内胚层,下段上皮来源于外胚层,二者之间以齿状线分界。

二、肠道稳态与肠道上皮屏障

(一) 肠道稳态简介

肠道不仅是人体的消化吸收器官,也是免疫器官。肠道上皮屏障在人体抵御外源性病原微生物、维持肠道稳态方面扮演重要角色。肠道上皮细胞、免疫细胞和间质细胞与肠道微生物之间存在持续相互作用,对于调控肠道局部免疫平衡,乃至全身免疫应答和免疫耐受都具有重要作用。

研究发现,肠道稳态失衡与炎症性肠病(inflammatory bowel disease,IBD)和肠癌的发生直接相关。肠道稳态主要是肠道微生物、肠道上皮屏障、肠道免疫细胞三者之间的相互作用构成的一种动态平衡。肠道最外层是数量庞大、种类纷繁的肠道微生物菌群落,数量高达 100 万亿,这些肠道微生物对于机体营养吸收、免疫系统发育有着重要的调控作用,但其中有些病原菌会导致肠炎的发生,肠道上皮细胞形成了一道物理性和化学性屏障,将肠道微生物和肠道免疫细胞隔开,这是肠道稳态形成的基本条件。

肠道细胞之间通过紧密连接蛋白连接成一道单细胞的物理屏障。同时,肠道上皮细胞特化成几类不同的功能性细胞,其中杯状细胞分泌大量的黏液蛋白,与肠上皮细胞分泌的抗菌肽、防御素等分子一起在上皮层外围形成一道化学性屏障,将肠道微生物与机体隔开。肠道上皮屏障的这种结构对于肠道稳态的形成非常重要,是肠道稳态形成的基本条件。而分布在肠道上皮间和肠道上皮下固有层内的免疫细胞则是肠道稳态形成的监视器和调节器。肠道内分布有全身几乎所有已知的免疫细胞类型,包括最外层的上皮间淋巴细胞(intraepithelial lymphocyte,IEL)、固有淋巴细胞(巨噬细胞、NK 细胞、树突状细胞等)、适应性免疫细胞(T 细胞、B 细胞)。这些免疫细胞共同组成了肠道复杂的免疫系统,发挥免疫监视、免疫应答和免疫调节作用。

(二)肠道上皮屏障功能

肠道上皮屏障功能是肠道稳态形成的根本。肠道上皮层是人体内最大的黏膜表面,面积超过 400 平方米。肠道上皮层是由肠道隐窝和绒毛构成的一层单细胞屏障。肠道上皮屏障的更新是由位于隐窝底部的 LGR5+ 肠道干细胞分化和增殖来完成的。小肠的上皮细胞层更新速度是 3~5 天,结肠的更新速度是 5~7 天。肠道上皮保持很快的更新速度,这有利于迅速修复食物和微生物带来的机械性和化学性损伤。肠道干细胞通过增殖向上产生 TA(transit amplifying)细胞,TA 细胞是一群快速增殖的肠道细胞,它通过快速增殖向上分化,产生了许多功能性的肠道上皮细胞亚型如杯状细胞、肠上皮细胞、Tuft 细胞、肠内分泌细胞等。

肠道上皮细胞和微生物相互作用至关重要,一方面,分泌性的肠道上皮细胞如潘氏细胞、杯状细胞分泌抗菌蛋白(antimicrobial protein,AMP)和黏液蛋白(mucin)形成了一道生化屏障。此外,杯状细胞分泌的三叶因子(trefoil factor 3,TFF3)和抵抗素样分子 β(resistin-like molecule β,RELMβ)促进了黏液蛋白之间的交联,形成了一层致密而无菌的黏液内层,而相对稀松的黏液外层则是肠道共生菌的定植区域,并且为肠道微生物提供了营养。

另一方面,肠道微生物与上皮的相互作用也可以促进上皮屏障的维持,如肠道微生物加强了肠上皮之间紧密连接蛋白复合体的完整性,并可以促进肠道杯状细胞分泌黏液蛋白。由此可见,肠道上皮和微生物之间的相互作用对于肠道稳态的维持至关重要。而肠道上皮细胞维持屏障功能和免疫调节功能的关键是其能识别微生物信号,并将这些信号传递给下方的免疫细胞,引起合适的免疫应答以应

对肠道共生菌和病原菌。肠道上皮细胞表达多种模式识别受体,可以将不同的微生物信号传递给不同的免疫细胞,并产生不同的免疫应答。例如,肠道共生菌刺激上皮细胞产生的 TSLP、TGF-β、RA(retinoic acid)可以促进 CD103+ 树突状细胞(DC)产生 IL-10 等细胞因子,进而促进 Treg 的产生,维持肠道的免疫耐受。此外,这些因子也可以激活附近的巨噬细胞,清除靠近上皮层的肠道共生菌。而在寄生虫感染过程中,肠道上皮细胞分泌的 TSLP 和 IL-25 可以促进单核细胞和髓系来源细胞形成 2 型免疫应答,并进一步促进 Th2 细胞的增殖,从而有效地抵抗寄生虫感染。

(三)肠道免疫细胞与免疫屏障

肠道中几乎存在所有已知的免疫细胞类型,这些免疫细胞有着各自特殊的作用,同时它们又相互影响,互相补充,共同维持合适的免疫应答,形成特殊的肠道免疫应答系统。固有免疫细胞如 NK 细胞、中性粒细胞、巨噬细胞、DC 等在感染早期清除病原菌方面有重要作用。中性粒细胞可以迅速对病原菌感染产生应答,迁移至感染部位,吞噬并清除病原菌,并产生炎症效应,招募其他免疫细胞参与抵抗感染。NK 细胞产生的 IFN-γ 可以有效抵抗病毒感染,并可激活巨噬细胞清除病原菌。DC 和巨噬细胞还可以通过抗原呈递作用,激活适应性免疫,从而产生对某些病原菌特异而高效的免疫应答,如 DC 摄取肠道微生物,迁移至肠系膜淋巴结中,可以刺激 B 细胞分泌 IgA 至肠腔中,IgA 可以和肠道微生物特异性结合,调整肠道微生物的组成。而 DC 识别一种特殊的肠道共生菌 SFB(segmented filamentous bacteria)后可以诱导 Th17 细胞的产生,从而有效抵抗一些肠道病原菌如柠檬酸杆菌(*C. Rodentium*)及真菌的感染。

肠道共生菌促进上皮细胞和 CD103+ 树突状细胞产生的 TGF-β 和 IL-10 有助于 Treg 的产生,维持肠道的免疫耐受。最近新发现的一群固有样淋巴细胞(ILC)在肠道黏膜免疫应答中的作用十分重要。ILC1 细胞在抵抗胞内菌感染和病毒入侵方面有重要作用;ILC2 的主要作用是抵抗寄生虫感染,并参与肠道组织的修复过程;而 ILC3 在抵抗真菌感染,控制共生菌过度发展中有关键作用,并且参与肠道组织的损伤修复。

三、肠道组织损伤修复与肠道干细胞

肠道组织的修复主要依赖于肠道干细胞的快速增殖和分化。肠道干细胞分化如图 3-34-1 所示。

肠道干细胞微环境(intestinal stem cell niche)的维持是肠道上皮损伤修复的保障。在正常状态下,肠道干细胞微环境主要是由肠道干细胞本身和周围的基质细胞、上皮细胞、淋巴细胞等组成。肠道干细胞的自我更新和正常分化主要受 Wnt 信号通路和 Notch 信号通路控制。Notch 信号主要来自相邻细胞间的直接接触,促使 Notch 配体和受体结合,激活 Notch 信号通路。在胚胎发育时期,肠道基质细胞与肠道干细胞接触而提供的 Notch 信号对于肠道干细胞的正常分化有重要作用。而在成年小鼠中,肠道基质细胞对干细胞的调节作用主要通过调控 Wnt 信号及其抑制

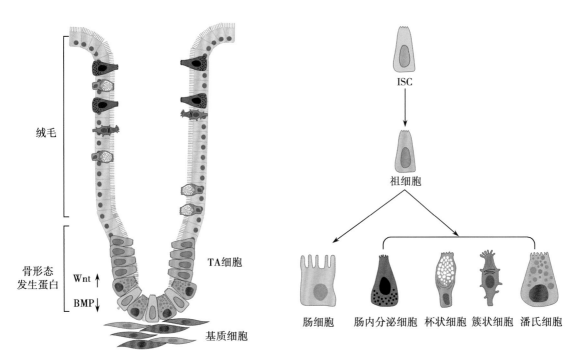

图 3-34-1 肠道干细胞的分化

信号 BMP 信号的激活程度来实现。位于隐窝底部,靠近干细胞位置的肠道基质细胞分泌大量的 Wnt 信号刺激剂(如 Wnt2b、Wnt5a 等)、重要的 Wnt 信号增强剂(R-spondin1),以及 BMP 信号拮抗剂(Noggin、GremLin 等)。这些信号共同维持了干细胞周围的 Wnt 信号激活强度,为干细胞的自我更新和增殖提供了有利的环境。而隐窝顶部的基质细胞则主要分泌 BMP 信号分子如 BMP4 等,降低 Wnt 信号激活强度,促进肠道细胞的正常分化。

最近研究发现,在肠道损伤和炎症状态下,肠道免疫细胞特别是巨噬细胞可能也参与肠道干细胞微环境的调控。有研究指出,在 DSS 的损伤情况下,激活的巨噬细胞可以将"损伤的信号"带给周围的肠道干细胞,促进其快速增殖,加快损伤修复。此外,Saha 等人发现,在辐照引起的肠道损伤情况下,肠道巨噬细胞可以分泌 Wnt 信号刺激剂促进肠道干细胞的增殖和分化,加快肠道损伤修复。因此,研究在肠道损伤和炎症的情况下,肠道干细胞微环境中重要信号如 Wnt 信号的来源、变化及其调控机制,对于阐明肠道损伤后的修复机制和临床 IBD 的治疗十分重要。

第二节 炎症性肠病的细胞治疗

一、干细胞治疗炎症性肠病

炎症性肠病(inflammatory bowel disease,IBD)主要包括溃疡性结肠炎(ulcerative colitis,UC)和克罗恩病(Crohn disease,CD)。免疫异常在 IBD 的发病中具有重要作用。近 20 年来,我国 IBD 就诊人数呈快速上升趋势。现有的 IBD 治疗着眼于控制活动性炎症和调节免疫紊乱,常用的药物有美沙拉嗪、糖皮质激素、生物制剂(如英夫利西单

抗、阿达木单抗)和手术治疗,但是对于难治性的、复杂的、激素抵抗或者依赖的 IBD 患者效果不理想,并且带来许多不良反应,因此急需新的治疗方法。近年来有文献报道干细胞移植治疗炎症性肠病是一种新型治疗方法。

(一) 干细胞治疗炎症性肠病的历史

最早的干细胞治疗 IBD 的报道发表于 20 世纪 90 年代,属于干细胞治疗其他疾病时的偶然发现,文献类型多为病例报道或病例系列。1998 年,Kashyap 等报道了 1 例非霍奇金淋巴瘤合并 CD 的患者接受自体 HSCT 后,在随访的 7 年中未出现 CD 复发。同年,Lopez 等人也报道了 6 例同时合并 CD 的白血病患者在接受骨髓移植治疗后,有 5 例患者的 CD 病情都得到了 1 年以上的缓解,其中 4 例缓解时间最高长达 15 年。由此发现干细胞移植对于 IBD 可能具有治疗作用,此后,越来越多的基础或临床研究对干细胞治疗 IBD 尤其是 CD 进行了探索。

(二) 干细胞治疗克罗恩病

当前用于 IBD 治疗的干细胞主要包括造血干细胞(HSC)和间充质干细胞(MSC)。

1. HSC 用于治疗克罗恩病 HSC 起源于中胚层,分布于红骨髓中,具有分化为各种血液细胞的潜力。近年来诸多研究报道 HSC 移植(HSC transplantation,HSCT)对传统药物无效的难治性 CD 具有治疗作用。Burt 等人报道了样本量最大的病例回顾性研究,一共有 24 例难治性 CD 患者接受了 HSCT 治疗,在中位随访时间 5 年时,24 例中有 18 例取得了临床缓解[CD 活动指数(CDAI)<150],虽然 5 年之后大部分患者出现复发,但是重新开始治疗后,约 70% 的患者取得了持续缓解。其他多篇研究也报道了相似的发现。其中,Cassinotti 等人报道,对于复发的患者,仅通过低剂量激素和传统免疫抑制治疗就能控制疾病活动。

自体干细胞国际克罗恩病试验(autologous stem cell international Crohn disease trial,ASTIC)研究是 HSCT 治疗 CD 领域的第一项随机对照研究(randomized control study, RCT),共纳入了 11 个中心,旨在探索自体 HSCT 治疗难治性 CD 患者的有效性。研究对象为经 3 种免疫抑制剂、生物制剂或皮质激素后效果不佳,生活质量受到严重影响,但又无法耐受手术的难治性克罗恩病患者。疗效评价标准为:同时满足在移植后 1 年时间内 CD 系统性缓解[CD 活动度评分(CDAI)<150]持续最少 3 个月、可以脱离所有免疫抑制剂或生物制剂、内镜及影像学评估胃肠道无病变。最终结果发现,与传统疗法相比,自体 HSCT 并不能达到以上效果,对于促进 CD 患者的瘘管愈合也缺乏效果,并且存在不可忽视的副作用。因此研究者得出结论,该研究发现并不支持 HSCT 广泛应用于难治性克罗恩病。但是不得不说,该研究的评价标准(必须同时满足以上条件)是十分苛刻的。通过对单个研究对象进行探索性分析发现,接受 HSCT 治疗的患者停用免疫抑制药物的比例要明显高于对照组,CDAI 也要明显低于对照组,生活质量和内镜下肠道病变缓解情况都要优于对照组,表明 HSCT 治疗对这部分患者是存在一定的积极作用的。

目前将 HSCT 应用于临床还为时尚早,因为 HSCT 的副作用也不容忽视,主要是移植前使用化学毒性药物对患者原有免疫系统进行去除所导致的免疫抑制和毒性药物的直接副作用。根据文献报道,在移植准备期和移植后的 100 天内是副作用的高发期,主要是免疫抑制期延长导致的病毒和细菌感染继发败血症风险增高。ASTIC 研究中唯一的 1 例死亡患者就同时合并了肝窦阻塞综合征(sinusoidal obstructive syndrome)。虽然目前还无法判断该综合征是由于药物直接引起还是败血症的结果,但是在未来的研究中,缩短移植准备时的免疫抑制时间和减少毒性药物的暴露是十分必要的。

另一项来自欧洲 7 个国家 19 个中心的回顾性研究,则以未参加 ASTIC 研究的 CD 患者为对象,一共纳入 82 例药物和手术治疗效果不佳的患者,对这些患者接受 HSCT 后的病情进行随访发现,中位随访时间 41 个月时,68% 的患者达到完全缓解或症状明显改善,54% 的患者在移植后 1 年内不需要药物治疗,27% 的患者移植后一直不需要药物治疗。在需要再次使用药物治疗的患者中,57% 的患者对既往无效的药物产生了应答并取得临床缓解。有 1 例患者因为巨细胞病毒感染在移植后 56 天时死亡。多变量分析发现,若存在肛周疾病,则移植后易复发,很可能还需要药物治疗。

2. MSC 用于治疗克罗恩病　当前大部分 MSC 研究主要着眼于 MSC 治疗单纯性 CD 或瘘管形成的 CD 情况,只有两项研究探索了 MSC 治疗 UC 的情况。根据注入途径不同,研究又分为两大类:经血管注入(全身性移植)和病变局部注入(局部移植)。经血管注入 MSC 的研究概况如下:2006 年,一项开放标签的随机化先导研究纳入了 10 例中重度的 CD 患者,给予骨髓来源的 MSCT 治疗,结果发现,移植后 28 天有 9 例患者 CDAI 明显下降。最新一项 RCT 研究显示,经血管注入脐带 MSC 治疗 CD,共纳入了 82 例患者,移植后随访 12 个月,试验组中的 41 例患者 CDAI 和激素用量均明显低于对照组,无严重不良事件发生,表明脐带 MSC 治疗 CD 安全有效。

MSCT 局部注入治疗主要用于瘘管形成的 CD 患者,同样取得了令人鼓舞的研究结果。1 项探索剂量的对照研究报道,21 例合并有难治性肛瘘的 CD 患者,分别给予 1×10^7、3×10^7、9×10^7 MSC 或者安慰剂注入患者肛周瘘管,结果发现,在移植后 12 周时,试验组的三组患者中分别有 40%、80% 和 20% 的患者实现了内容物外排停止,磁共振成像提示瘘管内容物积聚长度 <2cm,而安慰剂组该有效率为 33.3%。另一项发表于 Lancet 上的多中心、随机对照Ⅲ期临床试验纳入了 212 例合并复杂活动性瘘管的 CD 患者,使用脂肪组织来源的 MSCT 治疗,与安慰剂进行了对比,移植后第 24 周时,试验组和对照组临床缓解(瘘管无引流物外排)率分别为 53% 和 41%,另外,50% 的试验组患者的瘘管获得了客观缓解(评价指标为同时满足瘘管内容物外排停止和磁共振成像下瘘管液体积聚长度 <2cm),而安慰剂组仅有 34.3% 的患者实现了客观缓解,并且中位缓解时间试验组也明显快于安慰剂组(6.7 周 vs 14.6 周)。

此后,该研究组继续对以上研究人群进行随访,发现在移植后 52 周时,试验组 vs 对照组临床缓解率为 59.2% vs 41.6%,客观缓解率为 56.3% vs 38.6%,不良事件发生率在两组间无差异,表明 MSCT 用于 CD 瘘管治疗安全有效,该研究结果同样发表在消化领域顶级期刊 Gastroenterology 上。安全性方面,MSCT 并无毒副作用或者异位组织生成,而最常见的副作用为一过性发热,导致发热的原因可能是间充质干细胞受到病毒或者细菌感染。

(三)干细胞治疗溃疡性结肠炎

与 CD 相比,当前干细胞移植用于治疗 UC 的临床研究还十分有限,大多病例均采用了 MSC 进行移植,仅有非常少数的 UC 病例采用了 HSC 移植治疗。MSC 是最常见的多能干细胞之一,除了免疫调节作用之外,MSC 还具有促进局部黏膜损伤修复的作用。目前,MSC 的获取已十分容易,可以从骨髓和其他多种组织器官中通过分离、纯化、扩增获得。根据已有的动物实验和人体试验结果,均提示 MSC 可能是一种潜在有效的治疗手段。

1. MSC 治疗溃疡性结肠炎的动物实验　大部分动物实验结果提示 MSC 移植有助于抑制 DSS 所诱导的小鼠结肠炎病情。MSC 治疗组小鼠疾病活动指数均明显低于对照组,结肠长度长于对照组,组织病理学评价提示 MSC 治疗组小鼠结肠炎症更轻。此外,在大鼠模型中,使用脂肪来源的 MSC 进行黏膜下注射也发现可以改善所诱导的结肠炎,尤其是能预防狭窄。但必须指出的是,以上结果仅仅是一个初步的实验结果,因为大部分动物实验在一定程度上存在以下问题:未报道实验组和对照组研究对象的基线数据,分组过程没有进行随机化,也未设盲,因此可能带来相应的实验误差及检测误差,进而影响实验结果。为了进一步细致探索 MSC 对于 UC 的治疗作用,还需要更高质量的体内试验。

2. **MSC 治疗溃疡性结肠炎的临床研究** 根据目前已有临床研究结果,MSC 移植治疗 UC 总体安全有效,但研究设计往往比较简单,超过一半的研究缺乏对照组,还需要更多的高质量研究来进一步验证 MSC 对 UC 的治疗作用。MSC 移植治疗后 UC 的愈合率在 80% 左右,要明显高于 5-氨基水杨酸组。当前临床研究所采用的 MSC 大部分来源于骨髓,少部分来源于脐带血。考虑到骨髓来源的 MSC 采集过程有创,并且随着干细胞分化,其寿命也会缩短。而脐带血干细胞尽管制备成功率要低于骨髓 MSC(63% vs 100%),但是优点在于采集过程具有无创性,且增殖能力更强,局部聚集发生率更低。至于 MSC 移植的途径,大部分研究均采用了静脉注射的方式,少部分患者接受了内镜下黏膜下注射。但是目前暂未发现静脉注射和黏膜下注射 MSC 在诱导 UC 缓解和 UC 复发之间存在差异。结合既往文献报道,静脉注射、腹腔注射和内镜下黏膜下注射似乎都是可行的移植方式。值得注意的是安全性方面,目前已有研究报道均无威胁生命的严重并发症发生,部分研究报道,可有一过性发热和失眠等轻度不良反应。

3. **MSC 治疗溃疡性结肠炎的可能机制** 尽管 UC 的病因和发病机制还不清楚,但是越来越多的研究发现,固有免疫和适应性免疫异常在 UC 的发生发展中具有重要作用。而 MSC 可能通过释放生长因子等多种细胞因子和免疫调节分子,发挥重建结肠黏膜上皮屏障和免疫调节作用。此外,MSC 还具有免疫抑制作用,可以抑制效应 T 细胞激活和调节性 T 细胞(Treg)形成。还有学者发现,MSC 可以促进炎症性 M1 极相巨噬细胞向抗炎性 M2 极相巨噬细胞转化。

4. **存在的问题** 目前还不清楚 MSC 必须要迁移至病变局部还是可以通过分泌细胞因子远程作用。但有学者报道,与干细胞直接注射相比,在注射时使用纤维胶或者窦道填充物,病变的愈合率要更高(71% 和 83% vs 50%)。当前

的研究普遍样本量偏小,研究设计不够严谨,人体试验时未能从影像、内镜及组织病理的层面全面评估 MSC 的作用,还需要高质量的多中心、大样本、随机对照试验进一步验证干细胞移植治疗 UC 的效果。

(四)干细胞治疗炎症性肠病的可能机制

传统的治疗以抑制免疫炎症反应为主,并不能直接促进黏膜愈合。干细胞治疗在抑制炎症反应的同时还能促进黏膜愈合(图 3-34-2)。

HSCT 治疗 IBD 的机制主要是通过药物去除体内的炎症反应细胞,然后通过移植自体或异基因 HSC 来重建骨髓,最终实现正常的免疫耐受以治愈疾病。当自身淋巴细胞被去除,干细胞重建后,胸腺会从头开始重建 T 淋巴细胞免疫,包括调节性 T 细胞(regulatory T cell,Treg),同时抑制辅助性 T 细胞 17(T-helper 17,Th17),最终重启适应性免疫。一项先导研究发现,自体 HSCT 应用于 CD 后,Treg 增多了,分泌炎症因子的细胞减少,提示 HSCT 改善了患者的免疫功能。除此之外,我们猜想,移植前骨髓动员和使用化学毒性药物去除自身免疫细胞的过程会导致肠道菌群及肠道黏膜改变,对 CD 患者可能也有治疗作用。MSCT 治疗 IBD 的机制主要包括两方面:免疫调节和促进黏膜再生。

1. **免疫调节** MSCT 调节免疫功能主要包括:①MSCT 可以直接抑制树突状细胞、B 细胞、T 细胞等多种免疫细胞激活,其中对 T 细胞的抑制主要通过表达整合蛋白和黏附分子与 T 细胞结合以抑制 T 细胞增殖;②抗原处理过的 MSC 可以分泌多种免疫调节因子;③MSC 通过表达吲哚胺可阻碍 T 细胞周期并诱导 T 细胞凋亡,以达到免疫抑制的效果;④MSC 与 Treg 相互作用有助于重建 IBD 患者免疫稳态。

2. **促进黏膜再生** MSC 可以分化为再生效应细胞,如角质形成细胞、成纤维细胞和内皮细胞,这些细胞有助于促进血管再生、肉芽组织生成和再上皮化的过程,最终达到促

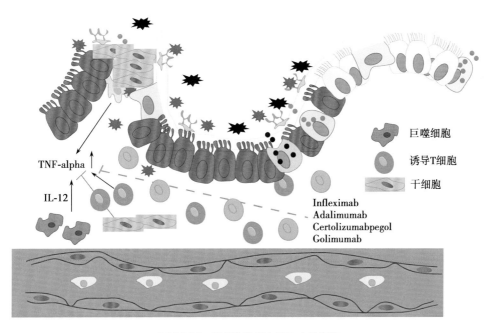

图 3-34-2 干细胞治疗在 IBD 中的应用

进黏膜愈合的效果;另外,活动期的 CD 瘘管内含大量细胞因子,MSC 与这些因子相遇,会导致 MSC 的抗炎作用得到增强,并发挥组织修复的作用。

二、干细胞治疗白塞病

白塞病(Behcet's disease,BD)是一种病因不明,病理生理机制复杂的临床综合征,主要包括口-眼-生殖器三联征,除此以外,还可发生皮肤、黏膜、关节、眼睛、血管系统、神经系统和胃肠道等多脏器受累,临床表现包括口腔溃疡、生殖器溃疡、结节样病变、丘疹样脓疱、过敏等,严重时可威胁生命。其中 BD 累及胃肠道时又称为肠型 BD,病程易重症化,死亡率高。BD 还有一个浪漫的名字,称为丝绸之路病,是因为在东亚、远东和地中海等“丝绸之路”所经过地区发病率较高,并且 BD 在不同地区,疾病表型会不尽相同,肠型 BD 多见于远东地区,尤其是日本。

治疗方面,BD 患者以关节炎或者皮肤黏膜病变为主要表现时,通常采用秋水仙碱类药物治疗;当 BD 累及多脏器时,根据疾病的严重程度,可能需要免疫抑制剂、生物制剂和激素治疗,但是有部分患者经过以上诸多治疗后仍效果不佳,病情顽固难治,称为难治性 BD,这些患者往往对免疫抑制剂甚至生物制剂无效,预后欠佳。但是越来越多的文献报道,HSCT 对这些患者有效,可成功诱导疾病缓解。

目前 HSCT 主要包括自体造血干细胞移植、异基因造血干细胞移植和脐带血造血干细胞移植,绝大部分患者只需要一次移植治疗。根据既往文献报道,HSCT 主要用于两种情况下的 BD 治疗:未合并血液学异常但有其他重要脏器受累的难治性 BD 患者,或者 BD 合并 MDS、AA、AML 等血液学异常时。

1. HSCT 用于治疗肠型 BD 等难治性 BD 难治性 BD 患者并不合并血液学障碍,但往往伴有中枢神经系统和/或心血管系统受累,或为单纯肠型 BD 患者。目前已报道的病例以欧洲报道居多,临床表现缺乏典型的三联征。根据既往文献报道,大部分单纯难治性 BD 患者 HSCT 治疗时以自体造血干细胞移植(ASCT)为主。

根据一项系统综述的研究结果,约一半的患者经过 HSCT 治疗可获得缓解,并且在使用集落刺激因子治疗后无 BD 患者出现复发现象。一项来自意大利的文献报道,1 例肠 BD 患者接受 HSCT 后随访 2 年,患者病情获得完全缓解。对于 ASCT 无效的患者,也有学者尝试了异基因 HSCT,Marmont 等人报道 1 例患者因同时累及中枢神经系统,接受 ASCT 后效果不佳,后又进行一次异基因 HSCT,患者维持病情缓解约 2 年后复发。

安全性方面,ASCT 用于单纯难治性 BD 患者总体上是安全的,未见严重并发症报道,但患者可能出现轻度胃肠道不适、中性粒细胞减少性发热等不良事件。至于严重并发症,主要发生于异基因 HSCT 之后。上述接受过两次移植治疗的 BD 患者在第一次 ASCT 后无不良事件发生,但是在异基因 HSCT 后出现了 GVHD,累及肠道和肝脏。另有 1 例患者进行异基因 HSCT 后 2 个月因感染死亡,提示 BD 需要进行 HSCT 时首选 ASCT,无效时可考虑异基因 HSCT,但需要警惕 GVHD,甚至致死性严重并发症的发生。

2. HSCT 用于治疗 BD 合并血液学障碍 根据复旦大学附属华东医院的一项队列研究结果,约 2%(16/805)的 BD 患者会并发 MDS。而另一项系统综述则报道,BD 合并血液学障碍主要包括 MDS、AA 和 AML,其中肠型 BD 患者占比超过一半(6/11)。目前 HSCT 用于治疗 BD 的报道多见于韩国和日本的病例。大部分患者都有口腔溃疡、生殖器溃疡和皮肤病变。细胞核型检查往往发现 trisomy 8 等染色体异常。治疗上,大部分患者接受了异基因 HSCT,少部分接受了脐带血干细胞移植,只有 1 例患者接受了 ASCT。

值得注意的是,Soysal 等人总结了 2013 年以前所有的肠型 BD 合并血液学异常的病例,这些患者在接受 HSCT 后 BD 病情及血液学异常均得到缓解,并且在平均 30 个月的随访期内无患者出现复发,另一项研究回顾了 10 例肠型 BD 合并骨髓衰竭的患者经 HSCT 治疗后,完全缓解率达到 70%,提示 HSCT 对于 BD 合并血液学异常的患者有效率高,尤其是肠型 BD 患者。安全性方面,感染是最重要的死亡原因,感染实际主要为移植前的清髓过程和移植后的大剂量免疫抑制剂治疗过程。此外,脐带血干细胞移植后患者可出现 GVHD(累及皮肤、肠道)、肠气肿、中性粒细胞减少性发热和巨细胞病毒血症等并发症。考虑到 HSCT 的潜在高风险性,尤其是异基因 HSCT,对于高龄及一般状况欠佳的患者,可以考虑使用阿扎胞苷(azacytidine)作为替代治疗,这是一种嘧啶核苷类似物,目前已在部分病例报道中证实有效。

3. 干细胞治疗 BD 的可能机制 目前发现,传统免疫抑制剂或者生物制剂无效的原因可能是 BD 合并血液学异常时患者体内会表达非常高水平的促炎症细胞因子,包括 IL-1b、IL-6、IL-8、IL-17、IL-18、TNF-α 和 IFN-γ 等。而 HSCT 之所以能成功诱导疾病缓解,可能是通过以下方式发挥作用:①HSCT 之后高强度的免疫抑制治疗可能发挥了协同作用,导致 BD 缓解;②干细胞移植后免疫重启可能是主要原因,同时治疗了 BD 和血液学疾患,促进了疾病缓解;③部分 BD 患者染色体异常,存在 8 号染色体三体型畸变(trisomy 8),会产生多种促炎症细胞因子,加重病情,而 HSCT 能够在外周血中产生正常的染色体替代 trisomy 8,也在一定程度上起到控制炎症反应的作用。

4. 总结 HSCT 可能是一种潜在有效的治疗手段,适用于合并重要脏器受累,尤其是肠型 BD 患者及合并有血液学异常的 BD 患者。在考虑 HSCT 用于治疗 BD 时,还需要同时考虑到潜在的获益和风险,总体上推荐 ASCT,推荐非清髓 HSCT。对于肠型 BD 未合并血液学异常的患者,推荐自体 HSCT,自体 HSCT 效果不佳的患者可以尝试异基因 HSCT。对于合并有血液学异常的 BD 患者,目前多采用异基因 HSCT。安全性方面,GVHD 是最常见的并发症,感染是最常见的致死原因,尤其是异基因 HSCT,在正式启动 HSCT 治疗前,无论是医生还是患者,都需要正视 HSCT 的相关风险。但值得欣喜的是,近年来通过细致的风险评估和支持治疗的进步,HSCT 的死亡率已经明显下降。

第三节　干细胞治疗肝硬化

肝硬化(liver cirrhosis)是由病毒、酒精等多种病因引起的、以肝小叶破坏、假小叶形成为病理表现的一种慢性肝病。肝硬化是各种原因的进行性肝病的常见终点,可导致慢性肝衰竭,并发肝性脑病、自发性细菌性腹膜炎、腹水和食管静脉曲张。大多数病例在诊断时通常处于不可逆转的状态。尽管目前肝硬化的治疗有了进展,然而终末期肝硬化的内科治疗效果仍然较差,原位肝移植(orthotopic liver transplantation,OLT)是目前已知的唯一解决终末期肝硬化的方法。然而,免疫排斥和供体来源的缺乏等一系列问题阻碍了这一治疗方法的普遍应用。近年来,基于干细胞的治疗被认为是一种有前途的治疗替代方案。

一、干细胞治疗肝硬化的现状

此前,肝细胞移植被提出作为肝移植的替代方法,已被证明可以修复受损的肝脏。虽然肝细胞移植在人类中是安全的,但由于器官的可用性、供体移植的失败、细胞培养的生存能力弱和低温保存损伤的脆弱性,其适用性仍然有限。最近的实验研究和人体研究表明,干细胞移植在改善肝功能方面具有替代肝细胞的治疗潜力。目前,已知至少有三种类型的骨髓来源的干细胞可以分化成类肝细胞(HLC),进而促进肝硬化肝脏的重塑,包括造血干细胞(HSC)、间充质干细胞(MSC)和内皮祖细胞(EPC)。此外,胚胎干细胞(ESC)和诱导多能干细胞(iPSC)等其他干细胞也可分化为HLC。大量临床前研究证实了干细胞移植可在肝损伤模型中恢复肝功能。

鉴于不同病因不同时期肝硬化患者的细胞免疫功能状态不同,应该选择不同类型的干细胞。早期酒精性肝硬化、自身免疫性肝病、肝硬化合并慢加急性肝衰竭的早期患者,其细胞免疫功能亢进或无明显减弱,而间充质干细胞具有免疫负调节作用,故此类患者更适合间充质干细胞移植治疗。相反,晚期酒精性肝硬化、病毒性肝炎后肝硬化,以及肝硬化合并慢加急性肝衰竭晚期的患者,较适合使用造血干细胞移植治疗。

早期的自体骨髓来源干细胞移植可改善肝损伤和功能,其中的肝细胞可能是包括HSC、MSC和EPC在内的混合细胞群。一些小样本的单臂I期临床研究提示干细胞移植在肝硬化患者中显示了一些前景。输注骨髓来源干细胞已被作为肝部分切除术患者的一种支持措施。尽管确切的作用机制仍未明确,但目前研究的结果已对该疗法的安全性有了保证。此外,备受关注的干细胞治疗后肝细胞癌的发生率并没有增加。一项在25例肝硬化患者中使用人类胚胎肝源性干细胞的试验证明,接受治疗后,患者的MELD评分得到了改善。自从Pai等人报道自体输注CD34⁺细胞可以提高血清白蛋白水平和Child-Pugh评分以来,已经有几项使用HSC的临床研究取得了很好的结果。然而,大多数结果仅显示出暂时效应,还有许多问题有待解答。

在各种来源的干细胞中,MSC因其来源丰富、易于采集保存、增殖分化能力强、免疫原性低、无伦理争议等独特优势,在实验研究和临床试验中得到了广泛的研究,特别是骨髓来源的MSC(BM-MSC)已得到广泛利用。在两项早期的研究中,有报道称少数患者自体注射BM-MSC可改善肝功能。两组20例患者的对照研究证实了骨髓MSC的安全性和短期疗效,并显著改善Child-Pugh和MELD评分。随后的研究继续证实了BM-MSC移植的有效性。同样,有研究对脐带血来源MSC(UC-MSC)在临床试验中进行评估。试验结果显示,UC-MSC输注耐受良好,可显著改善患者的肝脏功能并提高生存率。

综上所述,在肝硬化患者中进行的干细胞试验已经证明了普遍的功能改善。此外,还发现了改进MELD和Child-Pugh评分,有望为肝硬化患者提供新的治疗选择。

二、干细胞治疗肝硬化的可能机制

目前,大量研究对干细胞治疗肝硬化的作用机制有了初步认识,然而,具体作用机制极为复杂(图3-34-3),尚无明确统一的研究证实。但主要的潜在机制被认为是双重

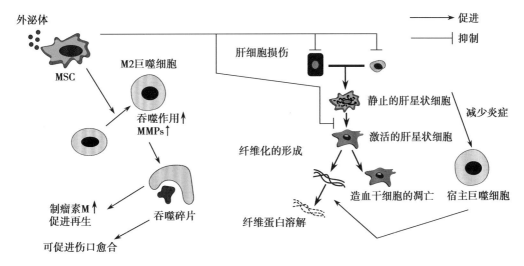

图 3-34-3　MSC 治疗肝脏疾病的机制

的:一是通过旁分泌作用改善微环境,二是通过对功能肝细胞的替代。

对于 HSC 的作用,目前的研究提出了两种机制。一是通过转分化从头生成类肝细胞,另一种是通过细胞融合对常驻肝细胞进行基因重编程。目前最常被研究的 MSC 的作用机制也得到了更多的研究。越来越多的证据表明,MSC 的作用主要是通过旁分泌机制而不是转分化来介导的。在肝纤维化的动物实验模型中,注入的 BM-MSC 已被证明可移植入宿主肝脏并改善纤维化。骨髓 MSC 可以下调促炎和纤维化细胞因子的活性,刺激肝细胞增殖,并促进基质金属蛋白酶降解胶原。使用 MSC⁻ 条件培养基的处理再次证实了 MSC 的旁分泌作用,即随着几种抗炎和抗纤维化细胞因子的上调,肝细胞的增殖增加和凋亡减少。此外,MSC 还可以通过旁分泌作用调节活化的肝星状细胞的功能。

三、存在的问题

虽然干细胞治疗的基础及临床研究获得许多可喜成果,但是仍有诸多的现实问题有待解决。

首先,骨髓 MSC 的理想移植途径尚未阐明,在临床运用中尚未标准化。目前应用于临床的移植途径主要包括经肝动脉移植、门静脉移植、肝内移植、外周静脉移植、腹膜腔移植、脾内移植等。移植途径的选择可能会直接影响干细胞归巢定植量及治疗效果。骨髓 MSC 根据注射途径可分化为肌成纤维细胞而不是肝细胞。迄今仍缺乏各种移植途径比较的相关文献报道,仍需进一步深入研究。此外,最佳注射剂量和注射次数是另一个实际问题。不同剂量的临床疗效、安全性及耐受性均有不同。

在细胞治疗中使用的干细胞来源不同,有优点也有缺点。有专家研究表明,hUC-MSC 有致瘤可能。Karnoub 等研究发现,乳腺癌细胞诱导 MSC 分泌细胞因子腺体 5(CCL5),该因子可促进乳腺癌细胞的侵袭性及转移。还有研究分析发现,MSC 不促进 MCF-7 裸鼠肿瘤的生长,但可能促进 MCF-7 裸鼠转移瘤的形成。此外,临床使用的 ESC 或 iPSC 虽然最具有产生 HLC 的能力,但其伦理问题和体内行为不确定性是主要问题。畸胎瘤的形成和免疫调节药物的使用是干细胞使用时需要关注的方面。对于各种基于干细胞的治疗,进行性肝纤维化和肝细胞癌仍然是可怕的中、长期副作用。在临床使用之前,应确认其体内安全性,包括毒性和致瘤性,所以,目前干细胞治疗的安全性问题仍存在质疑,未来仍需长期追踪随访,通过大样本、多中心随机等临床试验来验证。

目前尚缺乏成熟的跟踪移植 MSC 的方法。虽然存活时间对持续疗效很重要,但这些有益的影响随着时间的推移而减弱或者没有被测量。值得注意的是,仍有与之前的报道相反的研究出现,一项随机对照研究报道,在肝硬化患者中使用自体骨髓间充质干细胞并没有显示出有益的效果。因此,到目前为止所报道的临床研究的质量还不足以得出明确的结论。在接下来的研究中,患者登记必须明确区分代偿性肝硬化患者和功能受损患者。只有随机对照设

计才能评估可靠的临床效益。在有条件的情况下,应推荐长期随访和组织学证据。

从功能改善和临床参数的角度来看,干细胞移植对于肝硬化的治疗似乎很有希望。然而,长期疗效尚未证实,标准化的方案探索,以及新技术的运用有望克服目前有关干细胞治疗临床应用的障碍。

第四节　干细胞治疗胰腺炎

胰腺炎的特征是从受损的外分泌细胞中释放出胰腺消化酶,临床上可分为急性和慢性。急性胰腺炎(acute pancreatitis,AP)是急性腹痛的常见病因,在大多数情况下是自限性的,仅有 10%~15% 的急腹症患者出现急性重症胰腺炎。急性重症胰腺炎可导致胰腺组织坏死和器官衰竭,死亡率高达 30%~47%。急性胰腺炎是由胰腺腺泡细胞中酶的急性激活引起的,导致胰腺组织溶解。胰腺炎与炎症细胞因子的局部产生有关,例如白介素(IL)-1、IL-6、肿瘤坏死因子 α(TNF-α)和 γ 干扰素(IFN-γ),远端器官衰竭是由某些炎症趋化因子的产生所致。急性胰腺炎的治疗策略仍然缺乏,且多为保守治疗。多数情况下,如感染时,治疗仅限于液体疗法和抗生素。营养支持和预防性治疗主要通过抑制胰腺酶的合成和分泌来预防进一步的胰腺损害。

而慢性胰腺炎(chronic pancreatitis,CP)是一种进行性疾病,会导致内分泌和外分泌胰腺组织受损,并伴有糖尿病和外分泌胰腺功能不全。饮酒、遗传突变和胰管阻塞是慢性胰腺炎最常见的危险因素。慢性胰腺炎与慢性炎症相关,会导致胰腺纤维化、腺泡萎缩和胰管阻塞。由于胰腺损害无法逆转,因此慢性胰腺炎的治疗主要是保守的,主要着眼于缓解慢性顽固性腹痛,解除胰管梗阻,改善胰腺内外分泌功能和并发症的控制,保护和改善残存的胰腺功能,但临床效果并不理想。复发性或持续性 AP 可发展成 CP,且 CP 与胰腺癌的发生有一定关联,因此要积极控制胰腺炎症。

目前干细胞治疗已被认为可用于治疗许多难治性疾病。MSC 可以自我更新并进行多分化。MSC 通过其免疫调节作用分泌抗炎症细胞因子,抑制促炎症细胞因子和调节免疫细胞活化,降低急性炎症反应。MSC 抑制 T 细胞增殖和 B 细胞成熟,并激活调节性 T 细胞以进一步抑制体外免疫反应。MSC 通过多种机制减少慢性炎症和随后的纤维化,包括下调转化生长因子 β1(transforming growth factor-β,TGF-β1)的表达,TGF-β1 是慢性炎症和纤维化的主要调节剂。MSC 还减弱局部缺氧和氧化应激。MSC 减少胶原蛋白的分泌,它是细胞外基质(ECM)的主要成分,可减轻 ECM 的过度分泌及其在纤维化过程中的降解。MSC 通过降低抗炎症细胞因子的水平并抑制免疫球蛋白和活性免疫细胞的产生来发挥免疫抑制作用。此外,MSC 可特异性转移至受损组织并诱导缺血组织中的血管生成。鉴于这些优点,MSC 有望成为组织炎症细胞替代治疗的候选药物,且已有学者的研究支持骨髓间充质干细胞(bone marrow mesenchymal stem cell,BM-MSC)通过释放 miR-9 到

受损的胰腺并抑制 NF-κB 信号通路来改善 SAP,同时促进坏死的胰腺组织再生。

由于缺乏针对急性和慢性胰腺炎的有效疗法,以及与严重急性胰腺炎相关的高死亡率,因此非常需要一种新的治疗方法。由于 MSC 治疗的可及性,相对安全性和伦理限制少等优点,使其成为实验性干细胞治疗中最常用的方法。

一、间充质干细胞治疗胰腺炎

目前用于胰腺炎治疗的干细胞主要是 MSC,且主要是在动物实验中应用。大部分动物实验结果提示 MSC 移植有助于抑制动物体内急、慢性胰腺炎的发生发展。

首先是间充质干细胞在 AP 中的应用。通过向 Sprague-Dawley 大鼠腹膜内注射蛙皮素诱导轻型 AP,胰腺实质内注射 3% 牛磺胆酸钠溶液诱发重型 AP 发现,与对照组大鼠相比,尾静脉注入 MSC 减少了两种胰腺炎模型中胰腺腺泡细胞的变性,水肿和炎症细胞浸润,同时也降低了轻、重度 AP 大鼠的炎症介质和细胞因子的表达。在大鼠淋巴结细胞中发现,接受 MSC 输注的 AP 大鼠胰腺组织中 CD3[+] T 细胞数量减少,Foxp3(+)表达增加。此研究中还观察到大量 MSC 迁移到胰腺炎症部位,且胰腺中与人特异性染色体着丝粒重组提示,注入的 MSC 被很好地整合到了胰腺中,同时损伤越重的 AP 中检出的 MSC 数量越多,表明组织损伤可能在 MSC 向胰腺的迁移中起重要作用。Bo Qu 等人报道了在左旋精氨酸诱导的小鼠急性胰腺炎模型中,通过尾静脉移植 PKH26 标记的 BM-MSC 后发现,BM-MSC 迁移到受损的胰腺腺泡和导管中,促进胰腺细胞的再生,同时发现粒细胞集落刺激因子(granulocyte colony stimulating factor,G-CSF)可以促进这一过程。

其次是关于 MSC 在 CP 的研究。Lin 等用 BM-MSC 移植治疗雨蛙素诱导的小鼠慢性胰腺炎模型,结果表明 BM-MSC 可以分化产生胶原细胞,这些胶原细胞可以填充纤维化胰腺,促进胰腺纤维化分化成肌成纤维细胞,从而有助于胰腺组织的病理修复。Lazebnik 等将 BM-MSC 植入慢性胰腺炎动物模型中,探讨得出了移植细胞的最佳剂量和作用时间长短,为 BM-MSC 进行临床研究提供了理论基础。

二、相关机制

胰腺炎的发病机制复杂,常见的观点有以下三种:胰腺酶的自我消化、白细胞过度活化和炎症反应的级联扩增。

MSC 在胰腺炎中发挥作用的机制十分复杂,尚不完全清楚(图 3-34-4),目前研究表明,BM-MSC 对不同种类的急、慢性胰腺炎动物模型均可起到治疗作用,在一定程度上改善胰腺纤维化,减少巨噬细胞浸润,减少促炎症细胞因子分泌,但这些修复过程的作用机制尚未明确。

MSC 治疗胰腺炎的可能机制推测与以下几个方面有关:

1. **迁徙和归巢**　大量研究证实,体外输注的 MSC 有向损伤的胰腺组织迁移与定植的特性,同种异体或自体 BM-MSC 注入慢性胰腺炎个体后,可通过迁徙和归巢聚集在受损胰腺组织。一项研究表明,将荧光染料 CFSE 标记的脐带间充质干细胞(umbilical cord-derived mesenchymal stem cell,UC-MSC)输注到 CP 大鼠体内,在胰腺部位检测到 CFSE 标记的 UC-MSC,UC-MSC 治疗组胰腺组织学评分及纤维化程度均低于对照组,同时也抑制了胰腺星状细胞(PSC)的活性。MSC 也能进入受损胰腺的血管内皮,使微小循环通道得以修复,从而改善损伤细胞的营养状态,使损伤细胞得以修复。在一项 AP 动物模型的研究中,研究者发现 SDF-1/CXCR4 轴在调节 BM-MSC 向损伤的胰腺部位迁移与定植的过程中发挥重要作用。

2. **直接分化为胰腺干细胞**　BM-MSC 具有分化为胰腺干细胞的潜能,有研究发现,MSC 在 AP 中可分化为胰腺

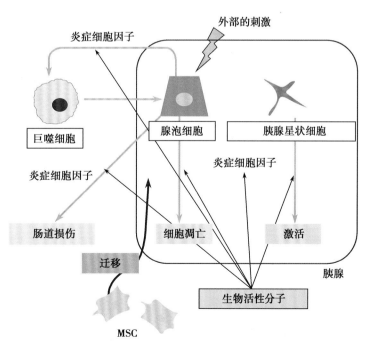

图 3-34-4　间充质干细胞治疗急、慢性胰腺炎的潜在机制

干细胞、导管细胞、腺泡细胞、胰岛(样)细胞等,从而发挥修复作用。Qu 等将荧光染料 PKH26 标记的 BM-MSC 输注到 AP 大鼠体内,在胰腺部位发现 PKH26 标记的 BM-MSC 的细胞表面表达胰腺腺泡细胞表面分子标记(如 Pax-4、Ngn3、Nkx-6)。还可通过旁/自分泌方式分泌多种生物活性分子(如干细胞特异性生长因子、拮抗炎症因子等)抑制 PSC 的活化,从而起到促进组织修复、改善组织器官功能的作用。此外,Sun 等发现,脂肪间充质干细胞(adipose derived MSC,ADSC)在 CP 小鼠中,能减轻炎症、胰腺纤维化程度,并能分化为腺泡样细胞。

3. **免疫调节**　BM-MSC 可通过发挥其免疫调节作用,抑制 T 淋巴细胞、细胞毒性 T 淋巴细胞和 NK 细胞等,从而减少组织坏死,增加常驻干细胞增殖,最终促进组织再生。研究发现,MSC 输注后能减少 AP 胰腺组织中 CD3$^+$ T 细胞数,增加 Foxp3$^+$ 调节性 T 细胞数量。Jung 等首次证实 BM-MSC 能有效缓解 MAP 与 SAP 大鼠炎症反应与组织损伤。MSC 输注后能显著降低 AP 动物模型血清与胰腺组织中促炎因子(TNF-α、IL-1β、IL-6、IFN-γ)的表达水平,增加血清与胰腺组织中抗炎因子(IL-4、IL-10、TGF-β)的表达水平。此外,该团队的前期工作也证实人脐带间充质干细胞(UC-MSC)能有效减轻 SAP 大鼠胰腺损伤与炎症程度。Kawakubo 等发现,人羊膜间充质干细胞(human amniotic mesenchymal stem cell,hA-MSC)能抑制 PSC 产生单核细胞趋化蛋白 1(monocyte chemotactic protein 1,MCP-1)和 IL-8。而另一项研究表明,抑制 PSC 产生 MCP-1 能降低胰腺纤维化程度。

4. **促进血管新生**　Qian 等研究发现,BM-MSC 通过 SDF-1α/CXCR4 轴在 SAP 中促进血管新生(VEGF↑、ANG-1↑、HGF↑、TGF-β↑、CD31↑)来促进损伤胰腺组织修复。促进损伤胰腺血管新生,能够有效改善胰腺血液循环,加速修复,因此增强 MSC 的促血管新生能力,或许能更有效地修复损伤胰腺。未来,MSC 治疗胰腺炎的详细机制值得进一步研究探索。

三、存在的问题

MSC 已被用作多种急性疾病的组织修复,MSC 输注疗法已对多种急性损伤模型显示出有益效果,例如急性肺损伤、心肌梗死、移植物抗宿主病和肾损伤,然而,迄今为止,很少有研究调查细胞治疗在胰腺炎中的潜在作用,胰腺干细胞的许多研究都集中在胰岛上。①同时我们目前所熟知的 MSC 生物学功能均为体外培养状态下的生物学特性,而对原始状态 MSC 的生物学功能却知之甚少。②BM-MSC 移植安全性问题:目前 BM-MSC 移植治疗胰腺炎仍限于动物实验阶段,但其后续主要是用于人类胰腺炎治疗,所以移植的安全性也是必须考虑的。有研究表明,干细胞移植后多因素的内皮功能失衡能够导致血栓性微血管病。此外,BM-MSC 的自我更新和增殖潜能有类似于肿瘤细胞的特征,是否存在致瘤性的可能也是安全隐患之一。③BM-MSC 移植的途径、时间和数量还没有统一的标准;移植后潜在的不良反应对治疗效果的影响等,这些问题制约着

BM-MSC 移植在胰腺炎的临床研究或治疗的开展。

(梁洁　苏松　储屹)

参考文献

[1] Ramadan Rana,van Driel Milou S,Vermeulen Louis,et al. Intestinal stem cell dynamics in homeostasis and cancer. Trends Cancer, 2022,8(5):416-425.

[2] 苏松,梁洁. 干细胞移植治疗炎症性肠病的临床与基础研究进展. 中华炎性肠病杂志(中英文),2019,3(1):52-55.

[3] 李继承,曾园山. 组织学与胚胎学. 9 版. 北京:人民卫生出版社,2018.

[4] de Morree Antoine,Rando Thomas A. Regulation of adult stem cell quiescence and its functions in the maintenance of tissue integrity. Nat Rev Mol Cell Biol,2023,24(5):334-354.

[5] Snowden JA,Panes J,Alexander,T,et al. Autologous Haematopoietic Stem Cell Transplantation(auto-HSCT)in Severe Crohn's Disease: A Review on Behalf of ECCO and EBMT. J Crohns Colitis,2018,12 (4):476-488.

[6] Ellis Stephanie J,Fuchs Elaine. Relocation sustains intestinal stem-cell numbers. Nature,2022,607(7919):451-452.

[7] Apostolou Effie,Blau Helen,Chien Kenneth,et al. Progress and challenges in stem cell biology. Nat Cell Biol,2023,25(2):203-206.

[8] Luo H,Li M,Wang F,et al. The role of intestinal stem cell within gut homeostasis:Focusing on its interplay with gut microbiota and the regulating pathways. Int J Biol Sci,2022,18(13):5185-5206.

[9] Burt RK,Ruiz MA,Kaiser RL,et al. Stem Cell Transplantation for Refractory Crohn Disease. JAMA,2016,315(23):2620.

[10] Brierley CK,Castilla-Llorente C,Labopin M,et al. Autologous Haematopoietic Stem Cell Transplantation for Crohn's Disease:A Retrospective Survey of Long-term Outcomes from the European Society for Blood and Marrow Transplantation. J Crohns Colitis, 2018,12(9):1097-1103.

[11] Mishra R,Dhawan P,Srivastava AS,et al. Inflammatory bowel disease:Therapeutic limitations and prospective of the stem cell therapy. World J Stem Cells,2020,12(10):1050-1066.

[12] Markovic BS,Kanjevac T,Harrell CR,et al. Molecular and Cellular Mechanisms Involved in Mesenchymal Stem Cell-Based Therapy of Inflammatory Bowel Diseases. Stem Cell Rev,2018, 14(2):153-165.

[13] Molendijk I,Bonsing BA,Roelofs H,et al. Allogeneic Bone Marrow-Derived Mesenchymal Stromal Cells Promote Healing of Refractory Perianal Fistulas in Patients With Crohn's Disease. Gastroenterology,2015,149(4):918-927. e6.

[14] Panes J,Garcia-Olmo D,Van Assche G,et al. Expanded allogeneic adipose-derived mesenchymal stem cells(Cx601) for complex perianal fistulas in Crohn's disease:a phase 3 randomised,double-blind controlled trial. Lancet,2016,388 (10051):1281-1290.

[15] Panes J,Garcia-Olmo D,Van Assche G,et al. Long-term Efficacy and Safety of Stem Cell Therapy(Cx601)for Complex Perianal

Fistulas in Patients With Crohn's Disease. Gastroenterology, 2018,154(5):1334-1342. e4.

[16] Lightner AL,Faubion WA. Mesenchymal Stem Cell Injections for the Treatment of Perianal Crohn's Disease:What We Have Accomplished and What We Still Need to Do. J Crohns Colitis, 2017,11(10):1267-1276.

[17] Hawkey CJ,Hommes DW. Is Stem Cell Therapy Ready for Prime Time in Treatment of Inflammatory Bowel Diseases? Gastroenterology,2017,152(2):389-397. e2.

[18] Gregoire,C,Lechanteur,C,Briquet,A,et al. Review article: mesenchymal stromal cell therapy for inflammatory bowel diseases. Aliment Pharmacol Ther,2017,45(2):205-221.

[19] Shi X,Chen Q,Wang F. Mesenchymal stem cells for the treatment of ulcerative colitis:a systematic review and meta-analysis of experimental and clinical studies. Stem Cell Res Ther,2019,10 (1):266.

[20] Shi Y,Wang Y,Li Q,et al. Immunoregulatory mechanisms of mesenchymal stem and stromal cells in inflammatory diseases. Nat Rev Nephrol,2018,14(8):493-507.

[21] Eduardo Martín Arranz,María Dolores Martín Arranz,Tomás Robredo,et al. Endoscopic submucosal injection of adipose-derived mesenchymal stem cells ameliorates TNBS-induced colitis in rats and prevents stenosis. Stem Cell Res Ther,2018,9 (1):95.

[22] Park HJ,Kim J,Saima FT,et al. Adipose-derived stem cells ameliorate colitis by suppression of inflammasome formation and regulation of M1-macrophage population through prostaglandin E2. Biochem Biophys Res Commun,2018,498(4):988-995.

[23] Lightner AL,Wang Z,Zubair AC,et al. A Systematic Review and Meta-analysis of Mesenchymal Stem Cell Injections for the Treatment of Perianal Crohn's Disease:Progress Made and Future Directions. Dis Colon Rectum,2018,61(5):629-640.

[24] Hatemi G,Christensen R,Bang D,et al. 2018 update of the EULAR recommendations for the management of Behcet's syndrome. Ann Rheum Dis,2018,77(6):808-818.

[25] Soysal T,Salihoglu A,Esatoglu SN,et al. Bone marrow transplantation for Behcet's disease:a case report and systematic review of the literature. Rheumatology(Oxford),2014,53(6):1136-1141.

[26] Shen Y,Ma HF,Luo D,et al. High Incidence of Gastrointestinal Ulceration and Cytogenetic Aberration of Trisomy 8 as Typical Features of Behcet's Disease Associated with Myelodysplastic Syndrome:A Series of 16 Consecutive Chinese Patients from the Shanghai Behcet's Disease Database and Comparison with the Literature. Biomed Res Int,2018,2018:8535091.

[27] Kimura M,Tsuji Y,Iwai M,et al. Usefulness of Adalimumab for Treating a Case of Intestinal Behcet's Disease With Trisomy 8 Myelodysplastic Syndrome. Intest Res,2015,13(2):166-169.

[28] Takeuchi S,Watanabe T,Yoshida T,et al. Mesenchymal stem cell therapies for liver cirrhosis:MSC as "conducting cells" for improvement of liver fibrosis and regeneration. Inflamm Regen, 2019,39:18.

[29] AR Zekri,H Salama,E Medhat. The impact of repeated autologous infusion of haematopoietic stem cells in patients with liver insufficiency. Stem Cell Research & Therapy,2015,6(1): 118.

[30] F Yu,S Ji,L Su,et al. Adipose-derived mesenchymal stem cells inhibit activation of hepatic stellate cells invitro and ameliorate rat liver fibrosis in vivo. Journal of the Formosan Medical Association,2015,114(2):130-138.

[31] X Qi,X Guo,C Su. Clinical outcomes of the transplantation of stem cells from various human tissue sources in the management of Liver Cirrhosis:A systematic review and metaanalysis. Current Stem Cell Research & Therapy,2015,10(2):166-180.

[32] L Tolosa,E Pareja,MJ G′omez-Lech′on. Clinical Application of Pluripotent Stem Cells:An Alternative Cell-Based Therapy for Treating Liver Diseases? Transplantation,2016,100(12):2548-2557.

[33] KT Suk,JH Yoon,MY Kim,et al. Transplantation with autologous bone marrow-derived mesenchymal stem cells for alcoholic cirrhosis:Phase 2 trial. Hepatology,2016,64(6):2185-2197.

[34] Jung KH,Yi T,Son MK,et al. Therapeutic effect of human clonal bone marrow-derived mesenchymal stem cells in severe acute pancreatitis. Arch Pharm Res,2015,38(5):742-751.

[35] Qu B,Chu Y,Zhu F,et al. Granulocyte colony-stimulating factor enhances the therapeutic efficacy of bone marrow mesenchymalstem cell transplantation in rats with experimental acute pancreatitis. Oncotarget,2017,8(13):21305-21314.

[36] Wu DY,Yang G,Gou Y,et al. Human umbilical cord mesenchymal stem cells alleviate intestinal barrier injury in rats with severe acute pancreatitis. Int J Clin Exp Med,2018,11(4):3439-3446.

[37] Kawakubo K,Ohnishi S,Fujita H,et al. Effect of Fetal Membrane-Derived Mesenchymal Stem Cell Transplantation in Rats WithAcute and Chronic Pancreatitis. Pancreas,2016,45(5): 707-713.

第三十五章　内分泌代谢病的细胞治疗

提要:本章以介绍内分泌腺为起点,通过多种内分泌系统常见疾病及其并发症介绍了细胞治疗在内分泌领域的研究和应用,并进一步阐述多种细胞治疗手段的可能机制。整章内容共6节,分别为内分泌腺的发育与腺体干细胞,以及糖尿病、糖尿病周围神经病变、糖尿病足、甲状腺功能减退症和甲状旁腺功能减退症的细胞治疗。

内分泌疾病是一组由内分泌腺或内分泌组织功能和结构异常导致的疾病,主要表现为腺体功能亢进或减低,还包括激素来源异常、激素受体异常和由于激素或物质代谢失常引起的症候群。当腺体器官或内分泌细胞由于各种因素发生损伤,达到机体无法进行代偿的程度时,将会引发一系列临床症状及相关并发症。因此,干细胞的自我增殖能力及定向分化为特定组织的能力,为内分泌腺体的修复及重建提供了可能,在内分泌疾病治疗领域受到重视。

第一节　内分泌腺的发育与腺体干细胞

一、内分泌腺

内分泌腺是不具有分泌管,向血液中分泌激素的腺体,包括下丘脑、垂体、肾上腺、甲状旁腺、松果体、甲状腺、

胰岛、卵巢或睾丸等。另外,孕妇的子宫和胎盘也被认为是内分泌系统的一部分。内分泌腺可以是一个独立的器官,也可以存在于其他器官内,分泌影响身体功能和过程的激素,共同调节包括新陈代谢、细胞生长和发育等众多生命活动。(图3-35-1)

垂体是非常重要的内分泌腺,它被分为腺垂体和神经垂体两个部分,分别分泌调节甲状腺、卵巢或睾丸、肾上腺活动的激素,控制身体组织生长的生长激素,调节水平衡的抗利尿激素,促进乳腺发育与泌乳的泌乳素,刺激乳腺射乳及在分娩时促进子宫平滑肌收缩的催产素等。位于颈部的甲状腺和甲状旁腺调节新陈代谢和钙-磷平衡。位于肾脏顶部的肾上腺产生两种重要的激素:肾上腺素和皮质类固醇。肾上腺素具有增加血压和心率的作用,皮质类固醇则在包括应激反应、免疫功能和性功能在内的几个身体过程中都具有重要作用。胰腺中的胰岛能够产生两种重要的激素:胰高血糖素和胰岛素。这些激素调节血糖水平、控制能

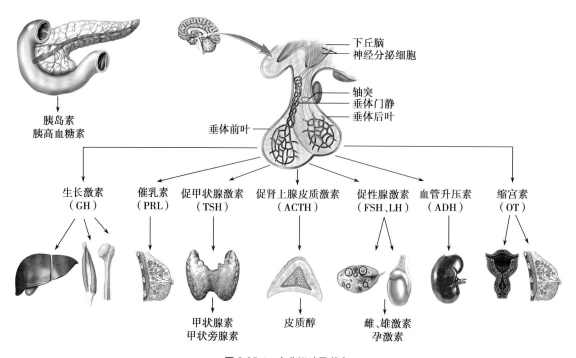

图 3-35-1　内分泌腺及激素

量的储存及转化。性激素则是由男性的睾丸和女性的卵巢产生,能够控制青春期发育。在男性中,睾丸产生雄激素控制精子的产生,而在女性中,卵巢产生雌激素和孕激素控制月经周期。

二、内分泌腺的发育

(一)垂体

垂体和下丘脑在形态和功能上与其他内分泌腺的内分泌和神经内分泌控制相关,它们在协调整个内分泌系统的许多调节反馈过程中起着关键作用。垂体通过激素反馈机制被下丘脑微小细胞神经内分泌系统靶向调控。

脑垂体包含组成结构和功能网络的内分泌细胞和非内分泌细胞,这些网络在胚胎发育期间形成,并在一生中不断变化。由特定转录因子引导的增殖、凋亡和末端基因激活等内在细胞事件导致了多种细胞群在腺垂体内的分化及激素产生。多种生长因子和其他分子信号似乎在垂体形态发生的不同阶段起着关键作用,转录因子在分泌垂体激素的细胞系的顺序分化和调节过程中的作用也被广泛描述。目前已有数种不同的垂体细胞分化模型被提出,根据近年来的研究,大多数分化的细胞来源于已经退出细胞周期的前体细胞。

促肾上腺皮质细胞是第一个实现终末分化的垂体细胞,随后是促甲状腺细胞、促生长细胞、促乳腺细胞和促性腺细胞。最早出现的促肾上腺皮质激素细胞是孤立的,但它们很快聚集成簇,并逐渐从中央区域延伸到腺体的侧部。促肾上腺皮质激素细胞能够对各种压力和炎症信号做出快速反应,刺激肾上腺产生糖皮质激素。生长激素释放激素细胞出现在垂体侧部和中央,也是迅速形成簇的孤立小细胞,控制生长激素的释放并调节生长和代谢。促甲状腺细胞与促性腺细胞都起源于垂体腹侧,它们在垂体发育的早期阶段发生分化,以使其在各自的细胞类型中产生的激素转录因子能够表达。促甲状腺细胞受到下丘脑因子促甲状腺激素释放激素的刺激分泌促甲状腺激素,并受甲状腺激素负反馈的抑制。促甲状腺激素除了调节骨骼重塑外,还促进甲状腺滤泡的发育和甲状腺激素的分泌。促性腺细胞是最后成熟的垂体前叶细胞,受促黄体生成素释放激素调控,分泌黄体生成素、卵泡刺激素,作用于性腺,诱导性成熟并维持生殖能力。

非内分泌垂体细胞、卵泡星状细胞和成体祖细胞有助于激素分泌细胞群的调节和维持。滤泡星状细胞具有星形形态和贯穿内分泌细胞的长丝状突起,类似于星形胶质细胞。在成人腺体中,它们形成了一个可兴奋的网络,以协调局部和远处的内分泌细胞群,同时还能够促进信号传递至结节部的下丘脑神经元。卵泡星状细胞产生许多生长因子和内分泌垂体细胞的功能调节剂,如 IL-6、VEGF、FGF2、annexin-1 和表达垂体激素受体,这提示它们除了能对内分泌细胞进行调节之外,还在短期反馈过程中发挥作用。

(二)甲状腺和甲状旁腺

甲状腺及其激素在器官发育和基本生理机制的稳态控制中发挥着多方面的作用,如所有脊椎动物的身体生长和能量消耗。甲状腺起源于内胚层,甲状腺祖细胞特异性地产生滤泡细胞谱系,最终形成激素产生单位——甲状腺滤泡,并组成甲状腺。这些滤泡内的分化细胞称为甲状腺细胞,可以认为其属于上皮细胞,它们具有界定滤泡腔的顶面和面向滤泡外空间的底面。正是这些细胞产生甲状腺激素三碘甲腺原氨酸和甲状腺素(T_3 和 T_4)。垂体产生的促甲状腺激素是胎儿晚期至成年期甲状腺生长和功能的主要调节因素。然而,甲状腺器官发生和新滤泡形成并不依赖于垂体的控制,而是完全依赖于局部来源的诱导信号和成形素进行正常发育。甲状腺还包含第二群产生激素的细胞,称为滤泡旁细胞或 C 细胞,这些细胞也是内胚层起源,主要合成降钙素以拮抗甲状旁腺素。此外,甲状腺还包含其他间质细胞,如巨噬细胞和肥大细胞,近年来这些细胞因其在甲状腺癌中的功能而受到关注。

值得注意的是,在哺乳动物器官发生的晚期,祖细胞才分化成滤泡细胞并开始产生激素。在此之前,胚胎和胎儿机体发育所依赖的甲状腺素完全由母体供应。

对人类而言,甲状旁腺在妊娠的第 5~12 周从第三和第四咽囊发育而来。而在小鼠中,第三咽囊的前背区形成甲状旁腺,而后腹区发育成胸腺的一个叶。早期甲状旁腺器官发生内胚层细胞群向甲状旁腺原基的分化,这一阶段之后,合并的甲状旁腺-胸腺原基从咽部分离,开始向腹部和后部迁移,并开始相互分离。此时的分离事件不涉及凋亡,而是通过由胸腺细胞上与甲状旁腺细胞相比不同的细胞黏附因子而发生。此外,目前也有学说指出两者的分离也有物理上的力参与。分离完成后,胸腺叶继续向心脏上方的前纵隔迁移,而甲状旁腺则不再继续迁移。

(三)肾上腺

肾上腺是由皮质和髓质组成的双侧内分泌器官,它们具有不同的功能和发育起源。肾上腺皮质通过一系列生化代谢途径从胆固醇合成类固醇激素。髓质产生肾上腺素和去甲肾上腺素,是交感神经系统的一部分。皮质发育自中胚层组织,而髓质起源于神经外胚层。皮质被形成肾上腺包膜的间充质细胞所包围。在被膜下,有 3 个不同的皮质区:最外侧的球状带,中间的束状带和最内侧的网状带。

肾上腺的发育始于胚胎,并持续到胎儿出生后。在人类受孕后 4~6 周内和小鼠胚胎第 9 天,从泌尿生殖嵴和背肠系膜之间的中胚层衍生体腔上皮增厚形成肾上腺皮质。出生后的肾上腺皮质分区,球状带产生醛固酮,通过肾素-血管紧张素系统调节钠潴留和血管内容量。束状带产生与糖代谢和免疫反应相关的糖皮质激素,而网状带分泌肾上腺雄激素。需要注意的是,不同物种的肾上腺皮质区也存在不同。

(四)胰腺

胰腺是内胚层衍生的复合腺体,由多种细胞类型组成,具有内分泌及外分泌功能。在外分泌胰腺中,腺泡聚集在每个导管的末端周围,形成管状网络,促进腺泡细胞合成的酶和酶原的运输。内分泌胰腺占器官体积的少数(1%~2%),由位于胰岛内的 5 种产生激素的细胞类型组成,其中最丰富的细胞类型是分泌胰岛素的 β 细胞。这些细胞通过感应血糖水平并相应地将胰岛素分泌到胰岛脉管系统中来实现体内血糖平衡。β 细胞的丧失或功能障碍会导致糖尿病，这是最常见的胰腺相关疾病。胰腺外分泌和内分泌细胞共同来源于肠内胚层的祖细胞库。在小鼠体内，胰腺的形态在胚胎发育第 8 天左右变得明显，在前肠内胚层的相对侧出现上皮芽。两个胰腺芽随后沿着假定的十二指肠和胃延伸，并由于肠的旋转，最终融合成一个器官。同时，细胞增殖导致胰腺芽快速增长，这也改变了它们的形状，并在分支形态发生的过程中开始形成分支管状结构。在胰腺发育的早期阶段，这被称为初级转变，仍未分化的胰腺上皮被间充质细胞紧密包围。

过去的数十年间，在解释导致胰腺细胞类型形成的多谱系决定的关键分子机制方面取得了重大进展。相比之下，对胰腺形态发生的调节，以及形态发生事件和细胞分化之间是否存在联系却知之甚少。

（五）性腺

性腺发育是一个复杂的过程，包括性别决定，然后分化成熟为睾丸或卵巢。在人类中，未分化的双潜能性腺出现在中肾的腹侧表面，决定卵巢或睾丸的命运。受孕后约 6 周，Y 染色体性别决定基因（sex-determining region on the Y chromosome，SRY）表达决定因子促进性腺体细胞分化成睾丸支持细胞，在其不存在时，性腺体细胞则分化成前颗粒细胞（preGC，卵巢支持细胞）。Sertoli 细胞和 preGC 协调其余性别特异性生殖腺体细胞（例如间质细胞）和生殖细胞系的分化。在男性，配子前体原始生殖细胞（primordial germ cells，PGC）分化为精子前体，与支持细胞形成索状结构并进入有丝分裂停滞。而在女性，PGC 分化为卵原细胞，进入从有丝分裂到减数分裂的异步转变。在发育的后期，颗粒细胞围绕初级卵母细胞形成原始卵泡，保持静止直到青春期开始。

三、内分泌腺干细胞

（一）垂体干细胞

仅在最近几年，成人垂体干细胞才开始在几项鉴定多种干细胞/祖细胞候选物的研究中表现出表型特征。尽管大多数研究是在鼠模型中进行的，但在成人垂体中也已经鉴定和表征了几种具有干细胞样特性的细胞群，垂体干细胞的明确证明对于再生医学具有重大的临床影响。近年发表的各种研究结果报告了不同细胞表型的鉴定，在这些研究中，部分使用集落形成试验来鉴定来自成人垂体的干/祖细胞。早在数十年前研究人员就从 Rathke 囊中分离出了可以在体外克隆扩增为集落的垂体细胞。毫不意外，他们发现这些克隆中的一些细胞是多能的，并且将其向垂体切除大鼠的下丘脑下移植后，可在体外和体内产生所有的激素细胞类型。

近年来的结果显示，约 12% 的小鼠垂体滤泡星状细胞是具有克隆源性的，并且在这些细胞形成的集落中，产生了一些生长激素或催乳素表达细胞，表明推定的祖细胞发生了分化。通过使用更复杂的体内方法，研究人员观察到一小部分集落形成垂体滤泡星状细胞分化为生长激素表达细胞。这些研究提供了若干垂体滤泡星状细胞亚群存在的证据，包括一个具有垂体祖细胞特性的亚群。重要的是，这些克隆形成细胞主要位于垂体裂的边缘区，即拟议的垂体干细胞生态位。另外，研究人员还发现，出生后垂体的一些细胞在体外表现出与干细胞相关的贴壁集落扩展等特征。然而，由于观察到的分化能力有限，这些细胞也可能属于已经分化的祖细胞。

（二）甲状腺干细胞及甲状旁腺干细胞

甲状腺祖细胞在发育过程中由 ESC 产生/衍生而来。很久以前，研究人员就已经观察到甲状腺次全切除术导致甲状腺细胞增生，提示甲状腺细胞可以进行增殖，据推测，成人甲状腺拥有约占所有甲状腺细胞 0.1% 的干细胞群。Hoshi 等人证明了成年小鼠甲状腺中存在侧群（SP）细胞。这些 SP 细胞在表达基因方面与干细胞相似，如 SCA-1 和 Oct4。另一项研究检测了诱导小鼠桥本甲状腺炎后甲状腺的再生能力。限制性甲状腺切除术已被用作小鼠甲状腺再生的模型。目前已经发现，在部分甲状腺切除术后，甲状腺的中央区显示出增生，Ozaki 等人报道了甲状腺部分切除术后甲状腺中存在未成熟细胞，可参与腺体再生。研究人员提出，未成熟细胞或者来自干/祖细胞，或者来自去分化的细胞和滤泡细胞。研究人员已经提出了数种甲状腺再生机制的模型，其原理为通过部分甲状腺切除术刺激常驻成人甲状腺的干/祖细胞或参与损伤后甲状腺再生的骨髓来源细胞，以及将先前分化的甲状腺细胞转化为促进甲状腺再生的未成熟细胞等数种假说。这些研究均证实了甲状腺干细胞在甲状腺组织修复和再生中的作用。

对人类受试者进行的其他研究首次提出了人类甲状腺中存在干细胞群的有力证据，并显示了 p63（一种干细胞标记物）在一些甲状腺细胞中的表达。而 Thomas 等人证明了一些干细胞标记物在成人甲状腺肿患者的甲状腺中的表达。Lan 等人也报道了成人甲状腺中的侧群细胞。他们从甲状腺肿的培养物中分离出这些干细胞样细胞，这些细胞具有高核质比，并表达干细胞标记基因之一的 Oct4，Fierabracci 等人在人类甲状腺中证实了这些观察结果。Murata 等人的研究结果表明，侧群细胞衍生的甲状腺细胞系（SPTL 细胞）能够在一定程度上分化成甲状腺。甲状腺部分切除术后，部分滤泡中出现少量 SPTL 细胞，其中大多数表达 NK x2-1，一种对甲状腺分化和功能很重要的转录因子，同时大量表达上皮-间质转化所需的基因，如已被 RNA 序列分析证实，并显示与间变性甲状腺癌相当的基因表达模型。SPTL 细胞在培养中发育成滤泡样结构。

既往，我们不清楚人类甲状旁腺是否含有干细胞，但此前已有研究者从手术切除的甲状旁腺中分离出了一类细胞，经酶消化和原代培养后，在培养物中出现塑料黏附的成纤维细胞样细胞，并且从随后的有限稀释和克隆扩增中得到形态均一的群体。经过进一步研究发现，这部分细胞的表面抗原类似于间充质干细胞（MSC），从分离的细胞中还观察到对胞外钙离子的摄取。此外，这些细胞还具有成骨、成软骨和成脂肪的分化潜能。这些发现都为成人体内可能存在甲状旁腺干细胞提供了证据支持。

(三)肾上腺干细胞

谱系追踪实验中的大量研究表明，成人皮质区起源于肾上腺被膜和被膜下的干/祖细胞。在肾上腺被膜和被膜下区域发现了不同的肾上腺皮质祖细胞群。与其他器官相似，成人肾上腺皮质的谱系进展也是从干细胞到祖细胞，之后进一步分化为类固醇分泌细胞。为了执行肾上腺独特的内分泌功能，维持成人肾上腺皮质的稳态并进行更新和再生，肾上腺皮质通过相互激素调节负责类固醇激素的合成及细胞分化。肾上腺皮质细胞在激素的作用下发生快速变化，使得肾上腺皮质和髓质中的三个主要部分自发地补充死亡的细胞。在肾素-血管紧张素系统的调节下，球状带产生醛固酮来调节血浆中钠和钾离子的水平，而束状带和网状带通过响应来自脑垂体的促肾上腺皮质激素（ACTH），分别合成皮质醇和肾上腺雄激素。根据激素需求和外部压力，这些类固醇由下丘脑-垂体-肾上腺轴控制。肾上腺皮质被膜和被膜下区域的肾上腺皮质干/祖细胞补充衰老的类固醇生成细胞，以维持皮质层中具有充足、健康的功能实体。sonic hedgehog（SHH）和 Wnt 信号通路相互调节每种类型的信号活动，这种相互关系对于维持肾上腺皮质的正常功能至关重要。ACTH 蛋白激酶 A（PKA）信号有助于祖细胞分化为束状带类固醇生成细胞。

尽管详细的机制仍有待阐明，但目前向心迁移假说已被广泛接受。该假说认为，肾上腺包膜或包膜下区域的未分化祖细胞持续产生分化的球状带细胞，合成盐皮质激素，这些细胞向心迁移到皮质网状带和髓质的内边界。在一项肾上腺摘除实验中，研究人员将肾上腺皮质内部内容物移除，仅留下被膜和被膜下的一层细胞，此后观察到了完全的肾上腺皮质再生，这提供了肾上腺皮质中的被膜和/或被膜下隔室包含用于内部皮质区域的干细胞/祖细胞的证据。此外，一项皮下注射台盼蓝进行活体染料标记的实验显示，最初染料标记的球状带细胞逐渐移动到束状带，最终在网状带中检测到。这一发现表明，肾上腺内部新生成的细胞可能来自被膜。另外，遗传谱系追踪实验同样为向心迁移假说提供了更直接的证据。

(四)胰腺干细胞

所有胰腺细胞类型都起源于一个共同的祖细胞群，该祖细胞群是由来自周围微环境的外源信号和内在遗传决定因素的时空整合而形成的。据报道，成人导管上皮保留了产生胰腺所有分化细胞类型的能力，所以研究人员认为，成人导管上皮是寻找干/祖细胞的合理场所。在再生的大鼠胰腺中，在部分胰腺切除术后，成熟的导管细胞同样可以通过复制退化为较低分化的细胞，其重新获得分化为胰岛、腺泡或成熟导管细胞的潜能，说明胰腺生长和再生的主要祖细胞来源之一是已经退化或去分化的成熟导管细胞。

有明确的证据表明，分化的胰腺细胞，如 β 细胞、腺泡和胰管细胞，能够并且确实复制，但是成熟 β 细胞的复制能力可能是有限的。除了分化的胰岛细胞的复制，再生医学领域近期还提出了胰岛内干细胞作为新胰岛细胞的额外来源的可能性。已经有相关研究从大鼠和人类胰岛中分离出表达巢蛋白的细胞，研究人员将其暂定为胰岛内干细胞。中间丝巢蛋白已被用作神经干细胞的标记物，这些巢蛋白阳性细胞在胚胎第 16 天的胰岛细胞群中最为丰富，但在 60 天龄大鼠的胰岛，以及导管和中心腺泡区也很常见。分离自大鼠和人胰岛的巢蛋白阳性细胞可以在培养物中扩增，并通过 RT-PCR 发现其表达肝脏、胰腺外分泌和内分泌基因，这表明它们是多能组织干细胞。通过一定的引导，巢蛋白阳性细胞可以形成球形簇，表达转录因子 PDX-1 和胰岛素、胰高血糖素和胰高血糖素样肽-1 的 mRNA。

此外，尚存在其他假定的胰岛内干细胞，如应用链脲佐菌素后，β 细胞再生时所观察到的一种"假定前体细胞"，胰腺内的卵圆细胞等，但这些假设尚不成熟。

(五)性腺干细胞

哺乳动物睾丸含有两种干细胞群，包括相对静止的"真干细胞"和活跃分裂的"祖细胞"SSC。Ratajczak 的小组首次报道了睾丸中的极小胚胎样干细胞（very small embryonic-like stem cell，VSEL），其他几个研究组也提出了成人睾丸中存在多能干细胞的假设。有研究发现，由于处于静止状态，VSEL 在小鼠睾丸中接受白消安治疗后仍然能够存活，儿童期癌症成年幸存者的无精子睾丸中也存在 VSEL。研究人员还观察到 VSEL 和 SSC 都对 FSH 治疗有反应，当化学消融的睾丸暴露于 FSH 时，导致 VSEL 的数量几乎增加了一倍。

成年哺乳动物的卵巢被认为在出生时具有固定数量的卵泡，随着年龄的增长而减少，原始卵泡的最初生长被认为是不依赖促性腺激素的。这两种观点现在都受到成人卵巢中存在的干细胞这一信息的挑战。卵泡可能通过表达 FSH 受体的干细胞有规律地装配在卵巢表面上皮/皮质区域，并且受到 FSH 调节。此外，绝经的发生可能是由于干细胞的小生境发生改变，随着年龄的增长变得无功能，因此干细胞分化为卵母细胞的过程受到影响。Tilly 等人报道了在小鼠卵巢表面上皮中发现的卵巢干细胞。在人类卵巢表面上皮细胞涂片中还发现了大小在 3~5μm 的小尺寸干细胞。

第二节　糖尿病的细胞治疗

一、糖尿病

糖尿病（diabetes mellitus，DM）是一种以高血糖为特征，由致病因素引起胰岛素分泌缺乏或胰岛素抵抗继而引发糖代谢紊乱的疾病。目前认为可分为 1 型糖尿病、2 型糖尿病、特殊类型糖尿病和妊娠期糖尿病。其中，1 型糖尿病的特点主要表现为胰岛 β 细胞被破坏、胰岛素分泌绝对不足，进而发生血糖升高。目前对于胰岛功能低下的糖尿病患者，主要治疗方法仍为进行外源性胰岛素的注射，从而降低患者血糖。但这种治疗方式并不能消除糖尿病的病因，只能缓解症状，对血糖的控制能力有限，血糖波动情况常见，同时不能有效避免视网膜病变、心血管病变、肾脏病变等糖尿病并发症的发生。同时，长期注射胰岛素也增加了感染、局部脂肪增生或萎缩等风险。因此，寻找合适的胰岛细胞再生修复方法非常必要。胰岛 β 细胞的再生和替代治疗为糖尿病的进一步治疗带来了希望。

二、糖尿病细胞治疗的基础研究

随着医学的发展,胰岛细胞移植成为治疗糖尿病的候选方案,但是该方法存在着供体不足、患者本身的排斥反应等问题,因而限制了其广泛应用。近年来,科研人员在糖尿病干细胞治疗方面取得了部分进展。目前已知可以分化为胰岛 β 细胞的干细胞有:ESC、MSC、成体干细胞等,成体干细胞主要包括肝干细胞、胰腺干细胞和 MSC 等。

(一) 胚胎干细胞

理论上,ESC 具有发育和分化成为机体其他组织细胞的潜能,将其定向诱导分化为胰岛素分泌细胞(insulin producing cell,IPC)可以达到治疗糖尿病的目的。有学者证实,ESC 可以被有效地诱导分化为分泌胰岛素的细胞,并且这些细胞可以自我组装,形成功能性的胰岛样结构。但是,目前的研究过程中遇到了许多难题,诸如细胞分化效率低下、分泌功能不稳定、分化细胞成熟度低,以及存在致畸、致瘤风险和伦理问题。因此,目前 ESC 治疗糖尿病尚未在临床应用。

(二) 间充质干细胞

MSC 能够在体外分化为功能性的 IPC,继而逆转糖尿病大鼠的高血糖状态。因此,众多研究者进行了体外诱导 MSC 分化为 IPC 的相关研究。

早期的研究发现,将大鼠部分胰腺切除,数天后从再生的胰腺中制备提取液并加入到培养基中,可以诱导大鼠骨髓 MSC 形成胰岛样结构,并且能够表达包括胰岛素在内的 4 种胰腺内分泌激素,而在接受了高糖刺激后,胰岛素的分泌量增加。此前,我国学者发现,采用阶段诱导的方法,即于不同时间点向培养基中加入相应诱导因子,可以将人脐带来源的 MSC 体外诱导为 IPC,使其分泌胰岛素。将这些细胞移植到 NOD 小鼠体内后,可以观察到与胰岛 β 细胞发育相关基因的表达,且在小鼠血清中检测到人来源 C 肽,同时小鼠血糖水平下降。大量研究表明,包括培养方式在内的众多因素均可影响干细胞的分化过程及形成胰岛样结构的能力,而这种 3D 结构的形成对细胞向表达胰岛素和其他关键标志物细胞的自分化具有重要意义。后续的研究中,研究者仍不断尝试改进诱导方法,以期待诱导生成的 IPC 功能更为成熟。但是,目前尚未能产生一种得到公认的诱导方案,现存的多种诱导方案仍然存在可重复性差、诱导效率低等缺陷,对于高糖刺激所分泌的胰岛素和 C 肽量仍显不足,因此尚不能被应用于临床治疗。

三、糖尿病细胞治疗的临床研究

(一) 1 型糖尿病的细胞治疗

早在 2007 年便有研究团队发表了关于静脉输注定向 HSC 治疗新诊断的 1 型糖尿病患者的有效性及安全性的研究成果。由于糖尿病酮症酸中毒患者未能从该治疗中获益,在后续的研究中,研究者纳入了 15 例既往未发生糖尿病酮症酸中毒,且病程小于 6 周的 1 型糖尿病患者。该研

究观察到,接受治疗的患者的胰岛 β 细胞功能增加,并且大多数患者在一定时间内可以不通过用外源性胰岛素控制血糖。后续一些关于 HSC 治疗的临床试验,同样观察到了一定时间内的血糖控制效果,使患者暂时停用胰岛素治疗,空腹 C 肽、口服糖耐量试验后 C 肽峰值升高。当患者需要再次应用外源性胰岛素时,胰岛素的用量较治疗前有所减少。在接受相关治疗的患者中,研究者主要观察到的不良反应包括干细胞活化及免疫抑制后,药物及细胞毒性相关的脱发、恶心、呕吐、发热、中性粒细胞减少及骨髓抑制等症状,另外,有 1 例患者出现了亚临床甲状腺功能减退症,同时伴有抗甲状腺球蛋白抗体和抗过氧化物酶抗体明显升高。同样,一项 UC-MSC 联合自体骨髓细胞移植治疗初发 1 型糖尿病的临床研究发现,干细胞移植治疗糖尿病安全可靠,并与 1 型糖尿病患者 C 肽曲线下面积、胰岛素曲线下面积、糖化血红蛋白、空腹血糖、每天胰岛素需要量等代谢指标的中度改善相关。

虽然在干细胞治疗 1 型糖尿病的研究方面取得了很大进展,但仍有部分患者治疗无效或效果差。研究发现,患者接受干细胞治疗的效果与基础空腹 C 肽水平存在正相关,同时也与患者的发病年龄、起病时是否合并糖尿病酮症酸中毒及部分细胞因子水平相关。如何提高干细胞治疗 1 型糖尿病的疗效,延长干细胞治疗作用时间,仍需进一步探索。

(二) 2 型糖尿病的细胞治疗

2 型糖尿病患病率明显高于 1 型糖尿病,但其病理变化系以胰岛素抵抗为主的胰岛素分泌相对不足。较 1 型糖尿病患者而言,2 型糖尿病患者胰岛 β 细胞功能存在明显优势。理论上,2 型糖尿病患者接受干细胞治疗后效果更加明显,更能从干细胞治疗中获益。从针对干细胞治疗 2 型糖尿病的研究及荟萃分析中可以看到,干细胞治疗后,患者血糖控制较前改善,每天胰岛素需要量明显减少,空腹 C 肽水平升高。经过一项长达 33 个月的随访证实,接受自体 BM-MNC 经导管胰腺注射的患者,与接受胰岛素强化治疗的患者进行对比,部分干细胞治疗组患者停用胰岛素或胰岛素用量减少,而对照组患者胰岛素用量较随访初期增加 50% 左右,干细胞治疗组的 HbA1c 及 C 肽水平好转情况也明显优于胰岛素强化组。另外,包括应用外周血单核细胞等方式治疗 2 型糖尿病等多项研究中,均可在减少胰岛素用量的同时有效控制患者血糖,并且能够观察到患者胰岛 β 细胞功能得到改善。因此,干细胞治疗可以作为 2 型糖尿病安全、有效、具有发展前景的治疗方案之一。

四、糖尿病细胞治疗的可能机制

有研究发现,移植的干细胞并非主要定植于胰腺组织中,分化为分泌胰岛素的细胞,因此认为间充质干细胞也许可以通过包括调节全身免疫反应或是分泌具有修复损伤组织作用的细胞因子,以减轻胰岛素抵抗,改善胰腺 β 细胞的生存微环境,从而缓解实验动物的高血糖状态。

在多项体内及体外试验中,MSC 均表现出具有免疫调节的特性,这种特性主要由 MSC 在细胞周期 G_1 期抑制免

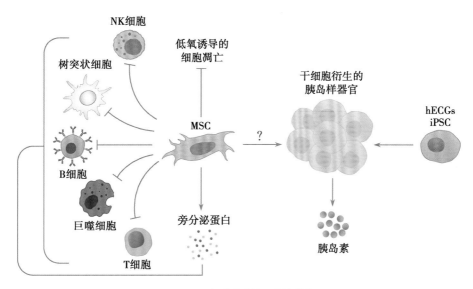

图 3-35-2　干细胞治疗糖尿病的潜在机制

疫细胞、与免疫细胞直接发生相互作用及其旁分泌作用实现。这些作用使得它能够促进胰岛 β 细胞再生、减少凋亡。相关研究证实，在干细胞治疗糖尿病的过程中，早期可以通过改善胰岛 β 细胞功能、减轻外周组织胰岛素抵抗两种机制缓解糖尿病大鼠的高血糖状态，而输注晚期，则主要通过改善外周组织胰岛素抵抗。(图 3-35-2)

(一) 促进胰岛 β 细胞再生，改善胰岛 β 细胞功能

目前普遍认为，MSC 能够促进胰岛 β 细胞再生从而实现控制血糖水平。首先，研究人员在糖尿病动物模型中观察到，经过 MSC 治疗，促进了胰岛 β 细胞的再生。静脉输注 MSC 后，1 型及 2 型糖尿病动物模型随机血糖水平明显下降，血清空腹胰岛素及 C 肽水平升高，免疫组化染色后提示胰岛 β 细胞数量较对照组增加。这些结果说明 MSC 可能具有促进 1 型及 2 型糖尿病动物胰岛 β 细胞再生的能力。其次，从目前已知的情况来看，MSC 具有向损伤组织归巢的能力。既往认为，输注的 MSC 可归巢至受损胰腺，并在体内分化为胰岛 β 细胞，但近来的研究表明，通过输注进入实验动物体内的 MSC 在肝脏、脾脏、肺部等器官及组织均可发现，但归巢到胰腺的数量极少，并且其中仅有一小部分能直接分化为 IPC。因此，有研究者相信，干细胞治疗后大量新生的 β 细胞的出现并非依靠干细胞的自身分化。另外，部分研究表明，MSC 可能通过阻断 β 细胞去分化为 α 细胞的过程，并促进糖尿病大鼠胰岛内 α 细胞再分化为 β 细胞，以进行胰岛的原位再生，从而实现 β 细胞数量的增加。再次，有团队观察到，MSC 治疗可有效降低脾细胞内 IFN-γ 与 TNF-α 的表达，上调 FoxP3 和 IL-4，说明干细胞治疗可能通过抑制促炎因子、增加抗炎因子的过程，对受损的胰岛 β 细胞功能进行修复。并且，在高糖培养条件下，MSC 能够促进自噬体和自噬溶酶体相互结合，加速受损线粒体的清除，调节线粒体功能，进而减少 INS-1 细胞凋亡并改善胰岛素分泌。当自噬体和自噬溶酶体的结合受到抑制，MSC 抑制 β 细胞凋亡的效应则明显下降。

(二) 减轻胰岛素抵抗

在研究初期，干细胞治疗糖尿病领域的关注点一直集中于细胞再生及功能恢复上，而胰岛素抵抗作为糖尿病发病的重要机制之一，直到近年来才被各个研究机构关注和重视。干细胞治疗实现减轻胰岛素抵抗的途径，可能包括活化骨骼肌、脂肪和肝脏中的胰岛素受体底物-1 (insulin receptor substrate-1，IRS-1) 的信号通路，使葡萄糖转运蛋白-4 (glucose transporter 4，GLUT4) 的表达与转位增加，以及促进巨噬细胞表型转化 (由促炎表型 M1 转化为抗炎表型 M2)、激活 PI3K/AKT 表达及 AMPK 磷酸化等方式，最终改善脂肪组织及肝脏等的胰岛素抵抗情况，以实现长期控制血糖的目的。

第三节　糖尿病周围神经病变的细胞治疗

一、糖尿病周围神经病变

糖尿病周围神经病变 (diabetic peripheral neuropathy，DPN) 是神经退行性疾病中最常发生的类型，是在 1 型和 2 型糖尿病患者病程中均可发生的并发症，且具有较高发病率。其中，1 型糖尿病患者发生周围神经病变更为多见。与其他类型的周围神经病变相比，糖尿病周围神经病变的进展更迅速，危害更严重。糖尿病周围神经病变的表现形式主要包括感觉异常和自主神经症状，如痛性周围神经病、痛温觉缺失或交感和副交感神经纤维受损等。当发生周围神经损伤时，病情持续发展甚至可能引发糖尿病足，进而导致截肢，严重影响糖尿病患者的生活质量。

虽然对于 DPN 病因方面的解析已经获得显著的进步，但是包括预防和治疗等许多方面的问题仍然没有答案。传统观念认为，神经细胞是不可再生的。然而，近年来大量研究证实，干细胞可在一定条件下通过诱导分化为神经细胞，为修复受损神经的方式带来了新的突破。因此，干细胞移

植逐渐作为 DNP 治疗的重要方案之一。

二、糖尿病周围神经病变细胞治疗的基础研究

早期研究证实，将 Schwann 细胞接种至神经导管内，可以促进神经再生。之后，Schwann 细胞成为组织工程中周围神经修复领域最常用的种子细胞。但 Schwann 细胞属于终末期细胞，增殖能力较差，且自体来源有限，体外分离、培养困难，经过传代扩增后往往出现活性下降，很大程度上限制了其在周围神经损伤性疾病治疗过程中的应用，而干细胞则可克服前述缺陷。在这之后，研究者将骨髓 MSC 注射至大鼠坐骨神经导管，观察到干细胞治疗同样具有显著的增强神经及 Schwann 细胞再生的能力。至今，众多研究已经证实，通过接受多种干细胞移植治疗，糖尿病周围神经病变相关的周围神经传导速度功能和神经周边循环情况均可得到明显改善。目前的研究对象以肌源干细胞、骨髓 MSC、脂肪 MSC 等多见。

（一）肌源性干细胞

早期，研究人员发现鸡的骨骼肌谱系中存在一种具有自我更新能力的干细胞，这种细胞可以产生 16 个最终分化的肌细胞群，从而初步了解了肌源性干细胞的部分性质，为脊椎动物胚胎发育过程中肌肉组织分化的长期性和非同步性提供了一个简单的解释。目前认为，肌源性干细胞可大量扩增复制，并且在体外经过多次传代或扩增后仍保有其原始的表型特征及维持较高水平的相关因子表达，具有促进肌肉再生和骨愈合的作用。一般情况下，肌源性干细胞将会定向分化为肌细胞，但是经过特殊诱导并且在一定条件的刺激下，它也可以分化为包括神经细胞、软骨细胞、心肌细胞等在内的多种细胞。研究发现，向培养基中加入神经营养素-3、血小板源性生长因子、胰岛素样生长因子-2，可以成功诱导其分化为类 Schwann 细胞。此外，实验证实，在小鼠骨骼肌损伤模型中，肌源性干细胞在促进受损肌肉修复过程的同时，也可以促进其周围血管及神经的再生，并且，它展现出的迁移能力要比 Schwann 细胞更为突出。研究者也在接下来的实验中证实了人和小鼠的肌源性干细胞均对长间隙周围神经损伤具有一定的治疗作用。此外，肌源性干细胞还表现出免疫赦免及低抗原性等特征，因此有研究人员认为肌源性干细胞存在异体移植甚至异种移植的可能。肌源干细胞所具有的大量复制增殖能力、多向分化的能力及其低抗原性等特点，使其具有成为理想的组织工程种子细胞的条件，目前关于肌源干细胞用于压力性尿失禁、心脏疾病、肌肉障碍疾病、神经损伤等疾病的治疗已广泛开展。

（二）骨髓间充质干细胞

目前研究骨髓 MSC 治疗周围神经损伤的方式大致分为两类：一种方式是将骨髓 MSC 直接移植到体内实现对缺损周围神经的修复，另一种方式是先将骨髓 MSC 诱导为类 Schwann 细胞，之后再将诱导分化的细胞移植于体内进行治疗。将大鼠骨髓 MSC 注射至大鼠的坐骨神经断端后，可以观察到被移植的细胞在坐骨神经断端可存活 33 天以上，其中约 5% 的细胞可以表达类 Schwann 细胞特异性标记，

并且实验动物患肢的运动功能较对照组有明显改善。研究者认为这可能与骨髓 MSC 受到局部环境内的细胞因子诱导，最终向 Schwann 细胞分化有关。以此为基础，研究者用类似实验方法进一步检测坐骨神经截断、细胞治疗后 18~180 天，坐骨神经功能随着时间推移逐渐恢复，至第 180 天时，其功能可以恢复到 96% 左右。这组实验所观察到的结果表明，骨髓 MSC 在周围神经再生修复方面具有巨大潜力。

另外，研究者也尝试将大鼠骨髓 MSC 经体外诱导后分化形成的类 Schwann 细胞悬浮于纤维管中，并移植到成年大鼠损伤的坐骨神经处，6 个月后，可以观察到接受治疗的实验动物的运动神经传导速度和坐骨神经功能显著改善。其他相关研究中也可以看到，骨髓 MSC 诱导分化成类 Schwann 细胞后，可以在体内保持类 Schwann 细胞的表型，并且具有促使髓鞘再生的能力。细胞治疗后神经损伤的修复情况通过形态检测、免疫组化、轴突再生和髓鞘形成等多方面分析，均证实将骨髓 MSC 体外诱导为类 Schwann 细胞后进行移植组较直接将其移植入体可获得更好的修复效果。（图 3-35-3）

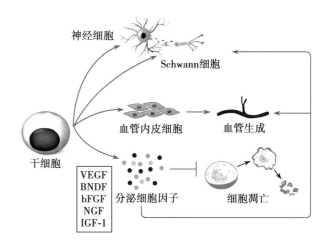

图 3-35-3　糖尿病周围神经病变的细胞治疗

（三）其他种类细胞

在动物模型中，将骨髓基质细胞移植于实验动物缺血的下肢和心肌组织后，局部促血管生成因子的浓度较移植前升高，并且可以观察到血管再生的表现。而内皮祖细胞通过分化为内皮细胞，同样可以分泌促血管生成因子，并且同时促进受体其他细胞分泌促血管生成因子，提高血管再生能力，这些改变均对神经的修复及再生具有积极意义。我国研究者发现，采用多点肌内注射移植的方式，将人脐带间充质干细胞移植到 STZ 诱导的糖尿病周围神经病变大鼠后，实验动物患肢的坐骨神经电生理表现可得到显著改善。以上干细胞治疗糖尿病周围神经病变的研究为其临床应用提供了理论基础。

三、糖尿病周围神经病变细胞治疗的临床研究

脐带 MSC 经过特定细胞因子组成的诱导剂刺激后，也可以表达神经细胞相关标记。与其他成体干细胞相比，脐

带干细胞的来源更加广泛,且采集简单,对供体无创伤,不存在伦理争议。

由于其细胞相对原始,因此具有更高的增殖潜能和分泌多种细胞因子的能力,并且免疫原性更低。因此,脐带MSC在细胞来源方面及生物学特性方面均具有一定优势。目前科研人员已经可以稳定培养出符合干细胞鉴定标准、达到临床应用要求的脐带MSC。有科研团队选取了住院治疗,有四肢末端感觉异常和/或感觉障碍,膝、跟腱反射减弱或消失,并且经电生理检查存在异常的糖尿病周围神经病变患者进行了脐带MSC治疗。患者通过1次静脉输注和1次经右侧股动脉穿刺、胰腺血管造影进行干细胞移植,两次移植术需间隔3~5天,分别于移植前、移植后1个月、3个月、6个月时测定患者的临床症状及神经电生理表现。研究结果表明,经脐带MSC治疗后,患者运动神经潜伏期、感觉神经传导速度、感觉神经传导引出率较治疗前有所改善。前述指标在术后第1个月改善最为明显,术后6个月内持续有效。然而,各神经动作电位的波幅变化无统计学意义。研究者假设,在神经电生理方面,神经传导速度降低主要由脱髓鞘改变引起,而动作电位波幅下降主要由轴索变性引起,此研究的结果可能说明脐带MSC主要通过改善周围神经的髓鞘脱失发挥作用,对轴索变性的影响不大。

同时,入组患者的空腹血糖、餐后2小时血糖、糖化血红蛋白均较治疗前好转,说明治疗后患者的临床症状及血糖情况同样得到明显改善,部分患者术后完全停用降糖药物。通过对比完全停药和未完全停药患者之间的差异,研究者认为,脐带MSC移植的治疗效果与患者病程长度、术前血糖控制情况及个人依从性相关,提示病程短、血糖控制理想、依从性好,以及电生理异常改变较轻的患者,可能在接受干细胞移植治疗之后出现更明显的获益。该研究中接受治疗的少数患者出现了皮下渗血、低热等症状,对症处理后较快缓解,并且通过长期观察,脐带MSC没有表现出明显的致瘤性,其临床应用是相对安全的。

但是,糖尿病周围神经病变的细胞治疗在临床应用方面仍存在许多不足。目前存在争议的问题包括:受损神经组织修复的速度慢,其功能的恢复同样存在疑问;运动神经与感觉神经恢复速度存在差距,是否存在发生感觉与运动不协调的风险;植入体内的干细胞是否残存有诱导剂及其是否存在细胞毒性;植入的细胞是否存在恶变风险;远期治疗效果尚不明确等。

四、干细胞治疗糖尿病周围神经病变的可能机制

现在,研究者已认识到干细胞的分化主要通过基因表达水平的调控起作用,是细胞与周边内环境相互作用的结果。经典的Wnt通路及其相关因子具有调控细胞增殖、分化及肿瘤发生发展等功能,同时也可能参与了MSC的分化调控。目前认为,MSC修复周围神经的机制可能与其旁分泌相关,少数干细胞或许可以通过分泌一定量的生物活性物质发挥修复周围神经的作用。实现神经损伤后

轴突再生需要众多因素共同参与,神经断裂后,相关组织的神经营养因子来源中断,是造成神经功能异常的重要原因之一。而在损伤形成的早期,通过局部给予外源性干细胞后,这些干细胞可以产生多种活性物质,其中部分可以起到代替靶源性神经营养因子的作用,从而避免神经细胞的凋亡,为神经细胞轴突再生创造了最基本的条件。如果随着神经细胞轴突新生的进程继续间断给予细胞治疗,将能够保证局部活性物质浓度,使受损组织处于恰当的神经营养因子浓度环境中,从而维持和促进轴突生长并向远端延伸。

另外,研究发现,由于过早髓鞘化会抑制再生轴突的延长,直至再生轴突到达目标位置时,干细胞分化而成的类Schwann细胞才被轴突激发而分裂成熟形成髓鞘,此后类Schwann细胞的分裂增殖则会停止。因此研究者认为,神经损伤后,再生神经从发育到成熟的过程存在一种自我稳态的调节,类Schwann细胞能否形成髓鞘取决于轴突提供的信息,当某些细胞因子达到一个特定的阈浓度时,类Schwann细胞才会发生髓鞘化。因此植入的干细胞可能通过其自分泌、旁分泌包含神经生长因子在内的多种活性物质,达到诱导、刺激、调控受损神经再生和成熟的目的。同时,经过移植进入受者体内的干细胞还可以通过释放相关细胞因子,趋化并调节周围细胞包括免疫及炎症在内的众多细胞活动,从而实现修复受损神经组织的目的。

第四节　糖尿病足的细胞治疗

一、糖尿病足

糖尿病足(diabetic foot,DF)是糖尿病患者最严重、最危险和最痛苦的并发症之一,患者的截肢率高,一旦发生,将会大大增加患者的医疗花费,降低患者的生活质量,加重社会负担,甚至明显增加死亡风险,缩短患者生存时间。糖尿病足的概念在1956年被首次提出,其后逐渐补充完善。WHO对糖尿病足的定义是:与下肢远端神经异常和不同程度的周围血管病变相关的足部感染、溃疡和/或深层组织破坏。

随着糖尿病及糖尿病足的认识逐步深入,生命科学领域工作者发现,糖尿病足并非单一足部症状,而是一组足部的综合征。糖尿病足所必备的因素包括:①发生于糖尿病患者;②存在足部组织营养障碍(溃疡或坏疽);③伴有一定程度的下肢神经和/或血管病变。糖尿病足一般分为神经型、缺血型和混合型三类。目前,我国糖尿病足以混合型为主,即同时存在神经损伤及缺血性改变,其次为缺血型,而单纯神经型则较为少见。

同时,感染也是糖尿病足发生的重要因素之一。糖尿病足患者易于合并感染,而感染所导致的炎症等情况同时又能加重糖尿病足溃疡,形成恶性循环。此外,尚有许多其他因素参与糖尿病足的发生。需要注意的是,虽然糖尿病患者的足部最易发生组织损伤和感染,但并不代表身体其他部位不会因糖尿病受到影响。(图3-35-4)

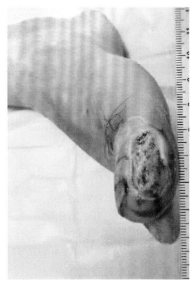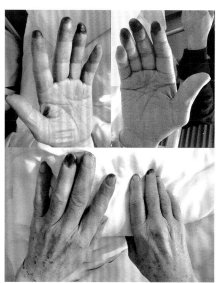

图 3-35-4   糖尿病患者足部、背部皮肤溃疡和手指坏疽

二、糖尿病足细胞治疗的基础研究

自体造血干细胞移植是近年来糖尿病足治疗领域中快速发展的新一代治疗技术,一般采用 ESC 和 MSC。

(一)胚胎干细胞

目前的研究方案着眼于将 ESC 诱导分化成为胰岛素分泌细胞,增加胰岛素分泌,从而对皮肤溃疡产生有利影响。同时,有研究者利用其干细胞特性及分化能力,通过体外培养并成功诱导 ESC 分化为表皮干细胞,继而将 ESC 源性表皮干细胞通过生物膜贴覆于小鼠全层皮肤缺损处,经过一定时间后可以观察到由其分化而来的汗腺样、表皮样、毛囊样和皮脂腺样结构,证实了 ESC 源性表皮干细胞具有分化为多种靶器官相关结构的能力。而通过向特定培养基中加入特定细胞因子,ESC 能够被诱导分化为角质化细胞,并且具有多层表皮结构,这些研究结果使得生物工程皮肤成为可能。虽然 ESC 具有多能性和非常强大的扩增能力,但由于其分化过程难以控制,存在致畸风险及其他层面的诸多问题,因此 ESC 尚未在临床进行广泛应用。

(二)间充质干细胞

1. 脐带间充质干细胞(UC-MSC)   当为糖尿病动物模型皮肤溃疡部位局部移植 UC-MSC 后,可观察到创面干燥、结痂,继而发生组织再生和创面愈合。我国研究人员建立大鼠糖尿病性皮肤溃疡模型后,通过将 UC-MSC 培养基中的上清液提取物作用于溃疡处,发现与对照组比较,治疗组动物体内 TNF-α 的表达明显下调,而血管内皮生长因子(VEGF)的水平升高,提示 UC-MSC 治疗糖尿病皮肤溃疡的机制可能与其改善微循环、抑制炎症反应的能力相关。另一项动物实验表明,将 SD 大鼠进行糖尿病皮肤溃疡建模,之后给予人脐带间充质干细胞移植治疗,接受干细胞移植的 SD 大鼠体内细胞角蛋白 K19 表达量增加,研究人员同时也观察到了治疗组所移植的干细胞顺利进行上皮化,

胶原表达增多,溃疡愈合情况较对照组良好。

2. 脐血间充质干细胞(umbilical cord blood-derived mesenchymal stem cell,UCB-MSC)   与其他种类的成体干细胞相比,倍增所需时间更短,存活时间较长,同时表现出较好的抗炎能力。研究人员用 UCB-MSC 对糖尿病足大鼠进行接种治疗后,观察到大鼠血液中神经生长因子(nerve growth factor,NGF)水平上调,股神经的电生理表现较治疗前明显改善。同时,UCB-MSC 具有产生多种相关细胞因子的能力提示其在促进创面愈合方面可能具有一定价值。

3. 骨髓间充质干细胞(BM-MSC)   BM-MSC 主要为 HSC 提供机械支撑作用,同时可以分泌多种生长因子以协助 HSC 造血,也可以进一步分化形成骨细胞、表皮细胞和神经细胞等。通过适当的诱导,BM-MSC 也可以分化为胰腺分泌细胞、真皮层成纤维细胞,同时分泌多种细胞因子,通过促进胶原合成、推动细胞迁徙、加速血管生成和通过旁分泌作用共同促进糖尿病足皮肤溃疡愈合。有研究者发现,如果通过药物刺激动员骨髓中的自体干细胞,可以达到促进小鼠伤口愈合的目的,这可能与骨髓源性干细胞动员和迁移至损伤部位,促进肉芽组织形成,并增强其上皮化作用有关。对发生溃疡的 1 型糖尿病大鼠模型给予 BM-MSC 治疗后,可以发现其与细胞分裂相关的细胞因子表达水平均高于对照组,而联合光生物调节时,BM-MSC 对 1 型糖尿病溃疡大鼠的治疗将具有更好的作用。

4. 脂肪间充质干细胞(A-MSC)   A-MSC 同样可分泌多种细胞因子,并可进一步分化为内皮细胞和上皮细胞。有研究表明,接受静脉注射 A-MSC 治疗的糖尿病足小鼠模型,A-MSC 在创面的分布明显多于正常皮肤组织,局部注射 A-MSC 后小鼠皮肤溃疡面的愈合速度明显加快。当联合应用 A-MSC 和 GLP-1 受体激动剂治疗时,可以观察到实验动物内皮细胞迁移、侵袭、增殖的过程均较前加快,提示创伤愈合过程得到推进。

三、糖尿病足细胞治疗的临床研究

自体干细胞治疗下肢缺血在临床更为多见,目前用于临床的细胞治疗主要是骨髓血和外周血干细胞移植。早在2002年,有研究者最初报道应用自体骨髓单个核细胞移植治疗发生下肢缺血的患者并获得良好治疗效果。该研究纳入了47例接受细胞治疗的患者,以直接腓肠肌肌内注射的方式进行治疗。通过临床观察,约90%的患者下肢缺血的症状得到了改善,血管造影的结果中也可以观察到有明显的侧支循环形成,所有患者均未出现明显的不良反应。由此证明了干细胞治疗糖尿病性缺血性病变及糖尿病足是一种安全、有效、可行的方法。

早期的临床试验表明,内皮祖细胞(endothelial progenitor cell,EPC)治疗对包括糖尿病足在内的外周组织缺血性疾病均有良好的治疗效果。目前认为EPC能够参与血管新生和修复损伤的血管,并且能够在灌注不足的部位经过分裂、增殖生成大量的内皮细胞。这些新生成的内皮细胞可以通过有序的排列形成血管,并能够维持其结构和功能稳定,从而增加了缺血部位的血流灌注。然而,由于采集单个核细胞和内皮祖细胞都需要对患者自身的细胞采取药物动员,造成获取细胞的过程中存在诸多问题,如干细胞动员过程中,外周白细胞水平升高所带来的心脑血管风险升高及凝血倾向,或年龄大、病程长的糖尿病患者的干细胞数量及质量不足以获得预期疗效等,都限制了这一技术在临床治疗方面的推广。也有研究者提出,将EPC进行体外培养和扩增,并通过安全可靠的手段来修饰和增强EPC的功能,可能可以克服前文所提到的问题,使得EPC成为治疗糖尿病足的理想手段。

一项临床研究观察了53例糖尿病足溃疡患者采用不同治疗方式后病情恢复的情况。入组的53例患者都接受了血管形成术介入治疗以改善患肢血液循环情况,此后,其中28例患者继续接受了人UC-MSC移植,而另外25例患者则作为对照组。通过为期3个月的随访,接受干细胞治疗的患者,新生血管数较对照组更多,其伤口愈合情况、踝肱指数测定结果、经皮氧分压等亦较对照组更好,并且没有发生明显的不良反应。而应用UC-MSC移植治疗2型糖尿病皮肤溃疡的相关临床研究同样能够观察到经过治疗的患者皮肤损伤愈合效率高于正常组。

四、糖尿病足细胞治疗的可能机制

尽管众多基础及临床研究均证实干细胞治疗可促进糖尿病足患者缺血部位血管再生,但发生这一类现象的根本机制尚未能完全阐明。目前众多研究指向的可能机制包括移植MSC在受损组织中定向分化,进而形成新的血管内皮细胞、平滑肌细胞,并参与受损血管的新生过程。然而,研究人员将MSC的条件培养基注射至实验动物皮肤溃疡等部位后,同样观察到了新生血管形成、胶原合成和成纤维细胞迁移等现象,从而加速创伤愈合,其治疗效果与直接接种干细胞差距并不明显。因此,目前也同样存在干细胞通过其旁分泌功能促进创伤愈合的假设,并且这种作用可能

较干细胞自身的定植及再分化更加重要。目前认为,干细胞可产生包括VEGF在内的多种细胞因子,均对促进血管新生、上调细胞外基质水平、减少内皮细胞的凋亡等过程具有重要意义。另外,干细胞尚能通过影响炎症相关信号通路调节糖尿病足创面炎症反应,如增加IL-10等抗炎因子的表达,并且修正与创伤愈合密切相关的巨噬细胞比例失调,即促进糖尿病足溃疡创面的巨噬细胞由促炎型的M1表型向修复型的M2表型转变,这些功能在组织的创伤愈合中发挥着关键的作用。

此外,研究人员已经确定,PI3K/AKT信号通路除了参与胰岛素稳态调节外,当这一信号通路激活,胰岛素受体底物(insulin receptor substrate,IRS)磷酸化并进一步催化AKT活化后,可促进内皮细胞增殖和迁移,发挥抗凋亡作用,从而避免外周神经及血管进一步损伤。有研究发现,进行外周血MSC移植并联合药物治疗,可以通过激活PI3K/AKT信号通路,减少细胞凋亡,并且促进内皮细胞增殖和分化,从而保护糖尿病足溃疡大鼠创伤部位并促使新生血管形成。此外,干细胞治疗后的PI3K/AKT-eNOS信号通路、PI3K/AKT/mTOR信号通路等的激活,或许都与促进创伤愈合、成纤维细胞增殖等相关。

第五节　甲状腺功能减退症的细胞治疗

一、甲状腺功能减退症

甲状腺功能减退症(hypothyroidism),简称甲减,是由于多种原因造成的甲状腺激素合成和分泌减少或其生理作用减弱,所导致的全身代谢降低综合征。根据生化检查结果,可以分为临床甲状腺功能减退症和亚临床甲状腺功能减退症。甲减的患病率与促甲状腺激素(thyrotropin,TSH)诊断切点值、年龄、性别、种族等因素有关,亚临床甲减患病率高于临床甲减。根据2020年的流行病学调查结果,以TSH≥4.2mIU/L为诊断切点,甲减的患病率为13.95%,其中12.93%为亚临床甲减,临床甲减患病率仅为1.02%,并且女性患病率高于男性。(图3-35-5)

甲减的病因复杂,以原发性甲减最多见,约占全部甲减患者的99%,造成原发性甲减的原因主要包括自身免疫因素、甲状腺手术和甲亢^{131}I治疗三个方面。中枢性甲减是指由于下丘脑病变引起促甲状腺激素释放激素(thyrotropin releasing hormone,TRH)水平低下或者垂体病变所造成的促甲状腺激素减少,进而造成甲状腺激素分泌减少。垂体大腺瘤、颅咽管瘤、垂体缺血性坏死及垂体放射性损伤是中枢性甲减中较为常见的原因。甲状腺激素抵抗综合征则较为少见,存在家族遗传倾向,是由于血中存在甲状腺激素结合抗体,或甲状腺激素受体数目减少、受体对甲状腺激素不敏感,使甲状腺激素不能正常与受体结合引起受体后效应,使得甲状腺激素在外周组织实现生物效应发生障碍而引起甲减症状。

甲减的典型症状主要表现为代谢减低和交感神经兴

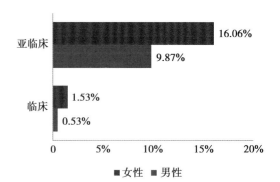

图 3-35-5 中国甲状腺疾病的流行病学现状

奋性下降,严重者可有畏寒、乏力、嗜睡、颜面及眼睑水肿、记忆力减退、体重增加、便秘、皮肤粗糙、女性月经紊乱,部分患者可出现胫前黏液性水肿。当本病累及心脏时,则可能发生心包积液和心力衰竭,危及患者生命。但甲减发病隐匿,病程较长,部分轻症或病程较短的患者缺乏自觉症状和特异性体征,从而延误就诊,不能及时纠正甲状腺功能(简称甲功),导致更严重的后果。

目前,甲减的治疗目标是其相关症状和体征消失,TSH、TT_4、FT_4值维持在正常范围。而应用甲状腺素长期替代是本病的主要治疗方式。这种终身药物替代的治疗方案给患者造成了一定程度的不便,同时,部分患者依从性不佳,不能有效纠正甲功异常,因此,有必要开发出一种更具优势的治疗方法。虽然关于异体或异位甲状腺移植等其他治疗手段相关的研究正在开展,但均存在一定局限性,尚未在临床进行推广应用。近年来,研究人员发现,胚胎干细胞在特定条件下可被诱导分化为甲状腺细胞,为甲状腺功能减退症的细胞治疗方案提供了依据。

二、甲状腺功能减退症细胞治疗的基础研究

ESC 移植治疗甲状腺功能减退症的关键点是能否将 ESC 成功诱导为甲状腺细胞。当 ESC 处于体外环境时,由于受到某些分化抑制因子的影响,不会自行进行定向分化,而是保持未分化的原始状态。而通过多种细胞因子的处理,ESC 可被定向诱导分化。然而,不同诱导因子组合后,只能将 ESC 诱导为某一固定类型的细胞,且目前这些因子诱导干细胞分化的机制尚未阐明。研究人员已掌握了诱导 ESC 分化为造血细胞、神经细胞及心肌细胞等多种细胞,同时,也着手于 ESC 定向诱导分化成为甲状腺细胞的研究。

(一)小鼠 ESC 诱导为甲状腺滤泡细胞

有研究发现,小鼠 ESC 发育过程中的某些阶段,其基因表达与甲状腺滤泡细胞存在重叠,如甲状腺球蛋白、甲状腺过氧化物酶和促甲状腺激素受体基因等,这说明 ESC 可能具有分化为甲状腺滤泡细胞的能力,或是分化后具备与甲状腺细胞相近的生物功能。继而,研究人员又发现了一种 TSH 受体启动子,在其与外源性 TSH 的共同影响下,

ESC 在体外培养期间分化为甲状腺细胞的比例明显增加,这些由 ESC 衍生的细胞在加入含有 TSH 的培养基后,形成了甲状腺滤泡样细胞群,并且在这些细胞中观察到了摄碘行为,该结果证实 ESC 诱导分化为甲状腺滤泡细胞是可行的。

(二)成人甲状腺中证明有干细胞和内胚层前体细胞的存在

在成人的骨髓、肝脏、胰脏和脑组织中都发现了干细胞的存在,同样在甲状腺中也证明可能有干细胞和内胚层前体细胞的存在。既往的研究将甲状腺肿组织切片和培养细胞中干细胞标记物 Oct4 和早期内胚层标记物 GATA-4、HNF4α 等与多种甲状腺癌细胞系中的表达情况进行对比后发现,所有原代培养物中均可检测到干细胞标记物,而分化的细胞系中未观察到任何表达。并且经过 TSH 刺激后,干细胞标志物 mRNA 的表达没有受到影响,在进行数次细胞传代后也没有明显降低。这些研究为成人甲状腺存在内胚层来源的干细胞和前体细胞提供了证据,将为评估甲状腺干细胞是否可能治疗甲状腺功能减退症提供参考依据。

(三)自体甲状腺组织移植治疗甲减

关于甲状腺组织的自体移植治疗甲减也有众多报道。既往关于甲状腺自体移植的动物实验,将所有实验动物进行甲状腺全切术后分为实验组及对照组,并将切除的少量甲状腺组织进一步处理为更细小的碎片,分别移植到实验组动物的股四头肌、腹直肌和骶背肌内,对照组动物不进行移植。在术后通过连续 8 周的放射性核素显像观察后发现,所有接受甲状腺全切术及自体移植的实验组动物,血液中的甲状腺激素水平在植入后第 2~5 周逐渐下降,第 5~8 周逐渐升高并达到正常水平。TSH 在术后第 4 周达到最大值,随后逐渐下降,直至第 8 周末。第 8 周末的放射性核素显像显示,所有实验动物均存在功能性甲状腺组织,并且均具有功能性甲状腺滤泡结构。因此研究者认为,全甲状腺切除术后,通过自体甲状腺移植完全可以替代甲状腺功能,且移植部位的选择对移植物的功能没有影响。另一项研究对犬施行甲状腺全切术后,将切除的甲状腺组织于−196℃保存 1 周后解冻,并将这些组织制成细小碎片进行移植,同

样观察到甲状腺激素明显下降,而移植后数天逐渐升高,同时在移植部位发现了具有功能的甲状腺组织。上述动物实验结果表明,甲状腺自体移植物可以成功在不同移植部位存活,并且具有内分泌功能。虽然这些研究都采取了将正常功能的甲状腺组织作为移植物,但其对于甲状腺功能减退症的细胞治疗具有一定的指导意义。

三、甲状腺功能减退症细胞治疗的临床研究

(一) 自体 HSC 移植治疗甲状腺功能减退症

由于 1 型糖尿病的发病机制中包含自身免疫因素,患者有很大可能合并有其他类型的自身免疫病,甲状腺功能减退症亦是其中之一。我国研究者在采用自体 HSC 移植治疗 93 例 1 型糖尿病儿童时观察到,2 例患儿同时合并有甲状腺功能减退症,经过细胞治疗后病情得到明显改善,于是对这 2 例病例进行了总结报道。其中一例 7 岁患儿发现口干、多饮、多尿伴血糖升高 1 个月入院。1 个月前偶查甲状腺激素水平下降,TSH 升高,诊断为甲状腺功能减退症,入院前应用左旋甲状腺素钠片口服行激素替代治疗。考虑到 1 型糖尿病、甲状腺功能减退症均为自身免疫病,研究者认为两种疾病的治疗具有相关性,通过充分沟通后为患儿进行了 T 淋巴系统清除联合自体 HSC 移植治疗。研究者应用粒细胞集落刺激因子皮下注射进行 HSC 动员,并进行外周血干细胞采集。在应用环孢霉素等相关药物进行免疫抑制等准备工作后,进行自体 HSC 回输。患儿接受治疗后第 7~9 天出现变态反应,对症处理后缓解,无感染等不良事件发生。治疗后患儿血清 C 肽回升达正常水平,停用胰岛素,左甲状腺素钠片减量,复查甲状腺功能可维持于正常水平。

另一例系 11 岁患儿,糖尿病病史 1 年余,合并甲状腺功能减退及听力减退。患儿同样接受了自体外周血 HSC 移植治疗。治疗后胰岛素减量 64%,提示胰岛功能较前修复,而此例患儿系亚临床甲减,甲功异常情况较轻,治疗后停用左甲状腺素片,复查甲状腺功能正常,同时听力得到明显改善。

(二) 国外学者甲状腺组织自体移植的临床研究

国外研究者曾进行过甲状腺组织自体移植的临床研究,并证实移植取得了一定效果。该研究对 27 例甲状腺次全切除术后甲状腺功能减退的临床资料进行了调查,其中 13 例患者在术后 4~8 个月,在前臂肌内自体移植冷冻保存的甲状腺组织,并于移植后 2~3 周进行放射性核素显像。13 例患者中的 11 例(84.6%)移植成功,移植后化验甲状腺功能显示 T3 和 T4 水平升高,TSH 下降,但仅 2 例患者实现了甲状腺功能减退的临床治愈,其余 11 例仍需口服甲状腺素治疗。该研究证实自体甲状腺组织移植于前臂后可存活,并在异位环境中发挥作用,但研究者提出仍需要评估移植组织的量以达到使甲状腺功能维持在正常状态并长期有效。

(三) 甲状腺功能减退细胞治疗的临床研究

然而,目前关于甲状腺功能减退细胞治疗的临床研究较少,对其治疗方案的制订仍有很多条件需要摸索。同时,

将干细胞用于甲减的治疗尚有很多问题需要克服。首先,作为种子细胞的干细胞必须具有在体外充足扩增并能够大批分化成熟的能力,从而实现对缺失或功能异常的甲状腺细胞的替代;其次,干细胞经诱导分化后应当具有合成甲状腺球蛋白、运输碘及碘化物的能力,并且能够以接近正常生理模式的方式储存和释放甲状腺激素;最后,移植细胞的增殖能力必须得到严格且精准的控制,以防患者细胞治疗后出现甲状腺功能亢进症。

四、甲状腺功能减退症细胞治疗的可能机制

考虑到甲状腺功能异常与自身免疫因素密切相关,研究人员推测,通过细胞治疗使甲减病情得到控制的机制,除去细胞及组织自体移植后成活具有相应内分泌功能及生理作用,以及干细胞归巢至受损组织后分化为靶细胞修复机体损伤外,还应该包括干细胞通过自分泌及旁分泌功能发挥免疫调节作用,继而阻止甲状腺组织遭受自身免疫反应性破坏,并实现免疫重建等因素。

近年的一项研究发现,MSC 通过调节 Th17/Treg 的平衡降低炎症因子水平,以实现对桥本甲状腺炎大鼠模型的治疗作用,这可能与 MSC 分泌细胞因子诱导 T 细胞分化为调节性 T 细胞,以及其通过细胞间接触依赖的机制募集并诱导分化成熟的 Th17 细胞转变为调节性 T 细胞等功能相关。(图 3-35-6)

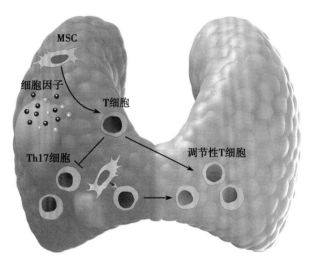

图 3-35-6　MSC 通过免疫调节作用治疗桥本甲状腺炎

另外,人体的腺体组织中存在超过 20 000 种环状 RNA(circular RNA,circRNA),其中甲状腺含有 3 777 种,部分 circRNA 在甲状腺中的表达甚至高于线性 mRNA,研究者认为这可能与甲状腺的特殊功能如分泌激素调节细胞生长有关。有研究通过通路分析对 circRNA 的靶基因进行鉴定后发现,circRNA 在甲状腺功能异常相关疾病的病因学中具有关键作用,提示 circRNA 可能可以作为一种新的生物标记物和潜在的治疗靶点,用于解释甲状腺功能异常的发生机制及相关治疗发挥作用的可能途径。MSC 具有分裂增殖和定向分化为其他成熟细胞的能力,这一过程及部分

干细胞发挥治疗作用的机制与 circRNA 关系密切，虽然目前尚无明确报道将二者联系在一起，但 circRNA 与甲状腺疾病、部分干细胞如血管内皮前体细胞均具有密切关系。也许随着对 circRNA 的研究不断深入，将更加清楚地揭示其在甲状腺功能减退症中的作用，并为甲状腺功能减退症等疾病的细胞治疗机制提供理论基础。

第六节　甲状旁腺功能减退症的细胞治疗

一、甲状旁腺功能减退症

甲状旁腺功能减退症（hypoparathyroidism）是指甲状旁腺素（parathyroid hormone，PTH）分泌不足或不能使靶器官产生生理效应，导致以低钙血症和高磷血症为特征的内分泌临床综合征。PTH 可以影响血液中的钙离子浓度，同时，血钙水平也是调节 PTH 分泌的主要因素。当血钙下降时，PTH 分泌增多，促进溶骨以维持血钙水平，并且可以通过增加肾脏对钙的重吸收，抑制磷的重吸收，以及激活肾 1α-羟化酶，促进 $1,25\text{-}(OH)_2D_3$ 的合成，从而促进小肠吸收钙磷，维持血钙水平。当甲状腺功能减退，PTH 分泌不足时，将引发一系列与低钙、高磷相关的临床症状。（图 3-35-7）

目前多数甲状旁腺功能减退症患者是继发于甲状腺或甲状旁腺手术后，由于术中损伤或切除甲状旁腺所致。对于甲状旁腺功能减退最常用的治疗方案为补充高剂量的维生素、钙剂和 PTH 替代治疗，但是这些方案并不能从根本上治疗该疾病。并且甲状旁腺通过细胞表面的受体与钙离子结合调节 PTH 的合成和释放，不依赖于完整的甲状旁腺的组织结构。因此，鉴于干细胞技术和细胞治疗领域的进步及在医学科研中取得的成绩，研究人员认为，细胞治疗方案可能同样适用于甲状旁腺功能减退症。

二、甲状旁腺功能减退症细胞治疗的基础研究

研究证实，自体干细胞可以被诱导分化为甲状旁腺细胞。经诱导分化后的甲状旁腺细胞，通过细胞移植达到治疗甲状旁腺功能减退症或许是未来一种值得期待的新型治疗方式。但目前相关技术仍未成熟，尚需要进行更全面的研究。目前已知的可以分化为甲状旁腺细胞的细胞包括骨髓 MSC、胸腺上皮细胞、脐带 MSC 和扁桃体 MSC。

（一）多种干细胞向甲状旁腺细胞的诱导分化

研究发现，不同 MSC 株通过相应手段进行处理，均可向甲状旁腺细胞分化。这些方法包括将 MSC 接种在预先铺有小鼠胚胎成纤维细胞的培养板中，之后在不同阶段应用不同浓度的小牛血清（fetal bovine serum，FBS）和 Activin A 的混合物进行培养，经过一段时间后可以诱导 ESC 向内胚层细胞分化。继而将分化而来的内胚层细胞重新接种，再次将 Activin A、FBS 和 sonic 蛋白添加至培养基中，随着培养时间推移，细胞逐渐开始表达胸腺甲状旁腺原基特异性标记物及甲状旁腺细胞特异性标记物，从而证实了 MSC 具有分化为甲状旁腺细胞的能力。

由于胸腺和甲状旁腺在发育过程中系相同组织学来源，已有研究人员验证了儿童胸腺上皮细胞转分化成甲状旁腺细胞的相关情况。该研究从手术切除的儿童胸腺组织中分离出了胸腺上皮细胞和胸腺间充质细胞，经过鉴定发现，胸腺上皮细胞较胸腺间充质细胞而言，表达更高水平的内胚层和甲状旁腺细胞标记物。因此，研究人员进一

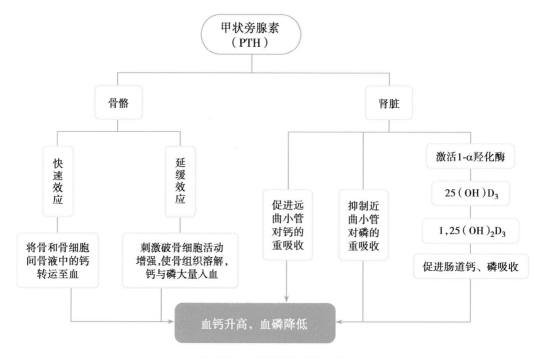

图 3-35-7　甲状旁腺激素的功能

步将胸腺上皮细胞作为研究对象,通过 Shh 因子的作用成功诱导分化出了甲状旁腺细胞,初期培养出的细胞中甲状旁腺特异性标志物表达水平明显升高,但未检测到 PTH,细胞也未贴壁生长。至分化后 4~8 周,培养的细胞逐渐完全贴壁,并开始大量分泌 PTH。如果通过向培养上清液中加入高浓度的钙离子,PTH 的分泌量则可被相应抑制。这些分化成熟并具有分泌 PTH 的细胞经皮下注射移植于基因敲除后发生免疫抑制的小鼠模型体内,连续观察 3 个月,未见实验动物体内形成瘤体,说明由胸腺上皮细胞转分化的甲状旁腺细胞相对安全,在小鼠体内不具有成瘤性。

(二) BM-MSC 向甲状旁腺细胞的分化

我国有研究团队通过将 SD 大鼠的 BM-MSC 及甲状旁腺细胞分别进行分离培养后,收集甲状旁腺细胞培养上清液,并将其加入大鼠 BM-MSC 培养基中继续进行培养,随后分别检测不同时期大鼠 BM-MSC 中与甲状旁腺细胞相关的 PTH、胶质细胞缺失基因 2(glial cell missing 2,GCM2)、钙敏感受体(calcium-sensing receptor,CASR)及其相关 RNA 水平,证实了用甲状旁腺细胞培养液进行 BM-MSC 的培养,可以促进其向甲状旁腺细胞分化。但是,该研究尚未进行进一步观察,关于 BM-MSC 诱导分化后是否具备正常甲状旁腺细胞的功能,包括能否分泌足够且具有生理功能的 PTH,是否能够长时间维持分泌功能,是否受到内环境中钙离子浓度的调控及其安全性等仍不明确。

(三) 扁桃体 MSC 向甲状旁腺细胞的诱导分化

从扁桃体组织中分离收集的扁桃体 MSC(tonsil mesenchymal stem cell,T-MSC)经过培养及诱导分化后,其细胞和培养上清液同样被验证可以存在 PTH 表达,并且细胞分泌 PTH 的水平受培养基中钙离子浓度的调控,升高培养基中的钙离子浓度,将会抑制细胞内 PTH 的合成及分泌,反之则促进。将分化而来的甲状旁腺细胞连同基质胶移植于甲状旁腺功能减退 SD 大鼠体内后,可以观察到大鼠血清 PTH 水平明显增加,同时实验动物生存率较对照组升高。为了提高组织相容性,研究人员进一步开发了酶交联明胶基水凝胶作为原位形成组织黏合剂,用这种明胶衍生物包被细胞后进行植入,接受治疗的甲状旁腺功能减退模型大鼠血钙水平及生存率均明显升高。由此说明,T-MSC 可以通过诱导向甲状旁腺细胞转分化,并且分化形成的甲状旁腺细胞能够分泌 PTH,其分泌功能受到钙浓度调节,在植入甲状旁腺功能减退模型大鼠体内后可起到一定的治疗作用。

此外,我国研究人员还曾提出脂肪间充质干细胞、转入人类 PTH 基因的血液干细胞等均可改善甲状旁腺功能减退动物模型的低钙症状,但相关研究较少,并且由于血液干细胞表面不含有钙离子受体,不能通过血清中钙离子浓度自主调节 PTH 分泌水平,限制了其进一步应用。相信随着科研水平的提高,相关技术的成熟及认识的加深,甲状旁腺功能减退症的细胞治疗将具有更广阔的前景和临床应用价值。

三、甲状旁腺功能减退症细胞治疗的临床研究

细胞移植作为一种新型治疗技术,因其移植物易成活、免疫原性低、保存条件易达到和易于重复实施的特点,近年来得到快速发展。同种异体甲状旁腺细胞移植治疗甲状旁腺功能减退症可能可以作为补充活性维生素和钙等替代治疗之外的一种新选择。有研究者观察总结了 85 例手术性甲状旁腺功能减退症患者经过同种异体细胞移植治疗后的情况,移植治疗的供体来自因继发性甲状旁腺功能亢进并在之后接受甲状旁腺切除术的患者。研究者将分离出的甲状旁腺细胞进行为期 6 周的培养和冷冻,以降低其免疫原性,减少过客淋巴细胞以减轻或避免移植排斥反应,并减少免疫抑制剂的应用,以达到延长移植细胞存活时间的目的,提高移植效率。之后经检测证实所制备培养的甲状旁腺细胞 HLA-I 表达降低,并且未见 HLA-II 阳性细胞,培养细胞活性良好。85 例患者均接受了同种异体移植,此后 25 例患者接受了二次手术,其中 6 例甲状旁腺细胞与第一次移植细胞来自同一供体,另外 19 例来自不同供体。经过观察随访,所有患者细胞移植的存活时间达(6.35±13.08)个月。64 例(55.1%)患者移植后细胞内分泌功能可维持正常水平达 2 个月以上。结合其他结果,研究者认为,异体甲状旁腺细胞移植治疗中,移植物的功能及存活并不依赖于用于移植的培养细胞的基本生存能力或分泌活性,在某些患者中,异体甲状旁腺细胞移植可能可以作为治疗永久性甲状旁腺功能低下的一种选择。

(李梦颖　李晓苗)

参考文献

[1] Hennessey JV, Garber JR, Woeber KA, et al. American Association Of Clinical Endocrinologists And American College Of Endocrinology Position Statement On Thyroid Dysfunction Case Finding. Endocrine Practice, 2016, 22(2):262-270.

[2] Yang H, Wu L, Deng H, et al. Anti-inflammatory protein TSG-6 secreted by bone marrow mesenchymal stem cells attenuates neuropathic pain by inhibiting the TLR2/MyD88/NF-κB signaling pathway in spinal microglia. Journal of Neuroinflammation, 2020, 17(1):154.

[3] Liu J, Qiu X, Lv Y, et al. Apoptotic bodies derived from mesenchymal stem cells promote cutaneous wound healing via regulating the functions of macrophages. Stem cell research & therapy, 2020, 11(1):507.

[4] Zhong Z, Chen A, Fa Z, et al. Bone marrow mesenchymal stem cells upregulate PI3K/AKT pathway and down-regulate NF-κB pathway by secreting glial cell-derived neurotrophic factors to regulate microglial polarization and alleviate deafferentation pain in rats. Neurobiology of Disease, 2020, 143:104945.

[5] Shilleh AH, Russ HA. Cell Replacement Therapy for Type 1 Diabetes Patients: Potential Mechanisms Leading to Stem-Cell-Derived Pancreatic β-Cell Loss upon Transplant. Cells, 2023, 12

（5）：698.

［6］ Veres A, Faust AL, Bushnell HL, et al. Charting cellular identity during human in vitro β-cell differentiation. Nature, 2019, 569 （7756）：368-373.

［7］ Gu B, Miao H, Zhang J, et al. Clinical benefits of autologous haematopoietic stem cell transplantation in type 1 diabetes patients. Diabetes & Metabolism, 2018, 44（4）：341-345.

［8］ Beltrán-Camacho L, Rojas-Torres M, Durán-Ruiz MC. Current Status of Angiogenic Cell Therapy and Related Strategies Applied in Critical Limb Ischemia. International Journal of Molecular Sciences, 2021, 22（5）：2335.

［9］ Lumelsky N, Blondel O, Laeng P, et al. Differentiation of embryonic stem cells to insulin-secreting structures similar to pancreatic islets. Science（New York）, 2001, 292（5520）：1389-1394.

［10］ Li Y, Teng D, Ba J, et al. Efficacy and Safety of Long-Term Universal Salt Iodization on Thyroid Disorders: Epidemiological Evidence from 31 Provinces of Mainland China. Thyroid, 2020, 30（4）：568-579.

［11］ Ranjbaran H, Mohammadi Jobani B, Amirfakhrian E, et al. Efficacy of mesenchymal stem cell therapy on glucose levels in type 2 diabetes mellitus: A systematic review and meta-analysis. Journal of Diabetes Investigation, 2021, 12（5）：803-810.

［12］ Zhao WN, Xu SQ, Liang JF, et al. Endothelial progenitor cells from human fetal aorta cure diabetic foot in a rat model. Metabolism: Clinical and Experimental, 2016, 65（12）：1755-1767.

［13］ Bar-Nur O, Russ HA, Efrat S, et al. Epigenetic memory and preferential lineage-specific differentiation in induced pluripotent stem cells derived from human pancreatic islet beta cells. Cell Stem Cell, 2011, 9（1）：17-23.

［14］ Motavalli R, Soltani-Zangbar MS, Fereydoonzadeh K, et al. Evaluation of T helper17 as skeletal homeostasis factor in peripheral blood mononuclear cells and T helper cells of end-stage renal disease cases with impaired parathyroid hormone. Molecular Biology Reports, 2023, 50（5）：4097-4104.

［15］ Kou X, Liu J, Wang D, et al. Exocrine pancreas regeneration modifies original pancreas to alleviate diabetes in mouse models. Science Translational Medicine, 2022, 14（656）：eabg9170.

［16］ An Y, Lin S, Tan X, et al. Exosomes from adipose-derived stem cells and application to skin wound healing. Cell Proliferation, 2021, 54（3）：e12993.

［17］ Li X, Xie X, Lian W, et al. Exosomes from adipose-derived stem cells overexpressing Nrf2 accelerate cutaneous wound healing by promoting vascularization in a diabetic foot ulcer rat model. Experimental & Molecular Medicine, 2018, 50（4）：1-14.

［18］ Pagliuca Fw, Millman Jr, Gürtler M, et al. Generation of functional human pancreatic β cells in vitro. Cell, 2014, 159（2）：428-439.

［19］ Jonklaas J, Bianco AC, Bauer AJ, et al. Guidelines for the Treatment of Hypothyroidism: Prepared by the American Thyroid Association Task Force on Thyroid Hormone Replacement. Thyroid, 2014, 24（12）：1670-1751.

［20］ Chen B, Sun Y, Zhang J, et al. Human embryonic stem cell-derived exosomes promote pressure ulcer healing in aged mice by rejuvenating senescent endothelial cells. Stem Cell Research & Therapy, 2019, 10（1）：142.

［21］ Yin Y, Hao H, Cheng Y, et al. Human umbilical cord-derived mesenchymal stem cells direct macrophage polarization to alleviate pancreatic islets dysfunction in type 2 diabetic mice. Cell Death & Disease, 2018, 9（7）：760.

［22］ Xie Z, Hao H, Tong C, et al. Human umbilical cord-derived mesenchymal stem cells elicit macrophages into an anti-inflammatory phenotype to alleviate insulin resistance in type 2 diabetic rats. Stem Cells（Dayton, Ohio）, 2016, 34（3）：627-639.

［23］ Navarro-Tableros V, Gai C, Gomez Y, et al. Islet-Like Structures Generated In Vitro from Adult Human Liver Stem Cells Revert Hyperglycemia in Diabetic SCID Mice. Stem Cell Reviews and Reports, 2019, 15（1）：93-111.

［24］ Zhang X, Qin J, Wang X, et al. Netrin-1 improves adipose-derived stem cell proliferation, migration, and treatment effect in type 2 diabetic mice with sciatic denervation. Stem Cell Research & Therapy, 2018, 9（1）：285.

［25］ Xing Y, Lai J, Liu X, et al. Netrin-1 restores cell injury and impaired angiogenesis in vascular endothelial cells upon high glucose by PI3K/AKT-eNOS. Journal of Molecular Endocrinology, 2017, 58（4）：167-177.

［26］ Zhou Q, Melton DA. Pancreas regeneration. Nature, 2018, 557（7705）：351-358.

［27］ Tohill M, Mantovani C, Wiberg M, et al. Rat bone marrow mesenchymal stem cells express glial markers and stimulate nerve regeneration. Neuroscience Letters, 2004, 362（3）：200-203.

［28］ Nair Gg, Liu Js, Russ Ha, et al. Recapitulating endocrine cell clustering in culture promotes maturation of human stem-cell-derived β cells. Nature cell biology, 2019, 21（2）：263-274.

［29］ Jiang G, Ma Y, An T, et al. Relationships of circular RNA with diabetes and depression. Scientific Reports, 2017, 7（1）：7285.

［30］ Panunzi A, Madotto F, Sangalli E, et al. Results of a prospective observational study of autologous peripheral blood mononuclear cell therapy for no-option critical limb-threatening ischemia and severe diabetic foot ulcers. Cardiovascular Diabetology, 2022, 21（1）：196.

［31］ Garcia-Alonso L, Lorenzi V, Mazzeo C I, et al. Single-cell roadmap of human gonadal development. Nature, 2022, 607（7919）：540-547.

［32］ Baumann K. Stem cells: Insulin-producing β cells in a dish. Nature Reviews. Molecular Cell Biology, 2014, 15（12）：768.

［33］ Abdollah Amini, Ramin Pouriran, Mohammad-Amin Abdollahifar, et al. Stereological and molecular studies on the combined effects of photobiomodulation and human bone marrow mesenchymal stem cell conditioned medium on wound healing in diabetic rats. J Photochem Photobiol B, 2018, 182：42-51.

［34］ Cao Y, Jin X, Sun Y, et al. Therapeutic effect of mesenchymal stem cell on Hashimoto's thyroiditis in a rat model by modulating Th17/Treg cell balance. Autoimmunity,2020,53（1）:35-45.

［35］Ahmadi H,Amini A,Fadaei Fathabady F,et al. Transplantation of photobiomodulation-preconditioned diabetic stem cells accelerates ischemic wound healing in diabetic rats. Stem Cell Research & Therapy,2020,11（1）:494.

［36］Anand S,Bhartiya D,Sriraman K,et al. Underlying Mechanisms that Restore Spermatogenesis on Transplanting Healthy Niche Cells in Busulphan Treated Mouse Testis. Stem Cell Reviews and Reports,2016,12（6）:682-697.

［37］中华医学会内分泌学分会. 成人甲状腺功能减退症诊治指南. 中华内分泌代谢杂志,2017,33（2）:167-180.

第三十六章　肾脏疾病的细胞治疗

提要:肾脏是机体重要的排泄器官,致病因素多,慢性疾病发病率较高,细胞治疗在肾脏疾病治疗中的应用已指日可待。本章从肾脏的发育与干细胞开始,介绍了肾小管上皮细胞再生,肾脏类器官的产生及肾脏再生,并进一步阐述了有关细胞治疗在肾脏疾病中的应用,生物人工肾,肾脏的组织工程等内容。整章内容共5节,分别为:肾脏的发育与肾脏干细胞、慢性肾脏病和急性肾损伤的细胞治疗、生物人工肾的功能替代、肾脏的组织工程和肾移植与连续性血液净化治疗。

肾脏解剖结构复杂,需要所有细胞共同组成功能单位才能产生尿液。急慢性肾脏疾病导致的肾功能衰竭严重威胁人类健康,困扰着全国近1.5亿肾病患者。传统的药物治疗和透析治疗难以逆转肾脏结构的损伤和肾功能的持续下降。在此情况下,除了异体肾移植手术外,基于干细胞移植的再生医学新技术有望为临床上治疗这类疾病带来新的思路。肾脏再生的干细胞来源包括成体肾脏干细胞、ESC、iPSC、MSC等。基于细胞移植的肾脏组织工程改造方法替代肾脏功能的研究给肾脏病患者带来新的希望,有望突破器官移植的范畴。此外,干细胞移植结合连续性肾脏替代治疗能够发挥协同清除血液内炎症因子等作用,干细胞移植结合肾移植能减轻移植后排斥反应。世界范围内的肾脏供体短缺使人们极度关注肾脏再生领域,这些研究进展为发展促进肾脏再生的新策略,提高肾病和肾移植治疗效果奠定了基础。

第一节　肾脏的发育与肾脏干细胞

一、肾单位的发育

肾脏是排出代谢废物,维持水、电解质及酸碱平衡,并具有内分泌功能的重要器官。肾脏功能主要集中在肾单位和集合管系统。肾单位(nephron)起始于皮层,进入内髓质,然后返回皮层与集合管的分支汇合。肾单位由高度特化的细胞组成。

（一）肾脏的发育

有数百种基因及蛋白质在肾脏发育过程中表达,包括各类转录因子、生长因子及黏附分子等。转录因子(transcription factor)一般位于细胞核内,直接或间接与DNA调控元件结合,以控制基因的转录水平。生长因子(growth factor)参与肾脏发育的细胞增殖、分化及形态发生。影响肾脏发育的生长因子主要通过自分泌或旁分泌作用,与邻近靶细胞表面的不同特异性受体结合,将其细胞信号传递进入细胞内,经第二信使发挥生物效应。存在于细胞外基质(extracellular matrix,ECM)的黏附分子,广泛参与细胞与细胞、细胞与ECM、细胞与细胞因子之间的相互作用,从而影响肾单位形态的发生。

包括人类在内的哺乳动物胚胎期的肾脏发育分为三个阶段,即前肾(pronephros)、中肾(mesonephros)及后肾(metanephros)。前肾和中肾在出生前均退化、消失,后肾最终发育成为永久肾脏,亦称作恒肾(permanent kidney)。

1. **前肾和中肾**　人类前肾的发生始于妊娠第22天。随着胚胎侧面体褶的形成,位于颈部体节的间叶中胚层(intermediate mesoderm)细胞逐渐向腹侧移动,形成左右两条纵行的条索状结构,称为生肾索(nephrogenic cord)。生肾索头部部分细胞受诱导分化,形成数条横行小管状结构,称为前肾小管(pronephric tubule)。前肾小管的外侧端部分向尾部延伸,并相互连接形成一条纵行的上皮细胞性小管,称为前肾管(pronephric duct),并于第4周末开始逐渐退化,前肾管下端继续向尾侧部延伸,形成中肾管(mesonephric duct),又称Wolffian管。

中肾的发生始于妊娠第24天,自第4周起,位于胸、腰部体节的间叶中胚层细胞受到邻近前肾管信号诱导,增生分化形成完整的肾单位,包含有毛细血管丛的肾小球及与之相连的成对排列的肾小管(又称中肾小管 mesonephric tubule)、成熟的远端肾小管的外侧端引流进入向尾侧延伸的中肾管,而中肾管尾侧部继续向下延伸,在第4周末与膀胱前体器官泄殖腔融合。

2. **后肾**　人类后肾的发生始于妊娠第28天,即中肾仍在发育之际,后肾已开始形成。成年肾脏完全是在后肾的基础上生长、发育和分化而来。初始形成的后肾由输尿管芽、后肾间充质组织及基质细胞三部分组成。

（1）输尿管芽(ureteric bud,UB):系由Wolffian管尾侧端的上皮细胞受到位于其周围的间充质细胞信号诱导,向其后侧凸出生长,浸入后肾间充质组织而形成。人类肾脏发育过程中,UB反复分支约15次,至妊娠20~22周,分支基本完成。UB分支的起始部分及初始分支,分别形成肾盏、肾盂、输尿管及膀胱三角区组织,而其分支的终末端部分形成肾单位的集合管,并与肾间充质细胞分化而来的远端肾小管融合。

（2）后肾间充质组织（metanephric mesenchyme，MM）：系由位于 Wolffian 管尾端周围呈弥散性分布的、来源于间叶中胚层的间充质细胞，经 UB 信号诱导，聚集并增殖而成。这种 UB 与 MM 之间互作用影响分化的现象，称为相互诱导作用。一方面，UB 细胞信号诱导 MM 细胞聚集、增殖、分化，最后形成肾小管上皮及成熟肾单位（nephron），此过程被称为间充质-上皮细胞转化（mesenchymal-epithelial transformation，MET）；另一方面，MM 信号诱导 UB 不断分支、分化，并规范其分支发生的空间位置，形成集合管、肾盏及肾盂，此过程称为 UB 分支的形态发生（ureteric bud branching morphogenesis）。

在 UB 生长进 MM 期间，Wnt9b 充当诱导位于密集肾间充质帽内的肾小管前细胞向肾脏形成的信号。诱导后，这些细胞开始表达一些转录因子（如 Six2 和 Cited1）和对肾形成至关重要的关键信号分子（如 Wnt4）。通过对密集肾间充质帽细胞命运图谱分析，表明表达 Six2、Cited1 或 Wnt4 提示密集肾间充质帽内含有肾单位干细胞/祖细胞。这一结论是基于基因标记了后肾间充质帽细胞有助于形成包括足细胞鲍曼囊在内的整个肾单位结构。在已识别的信号中，Bmp7 被认为可促进后肾间充质帽细胞的存活，同时改变 Notch 信号转导，与 MM 肾单位祖细胞分化的进展有关。由此推测 Wnt、Bmp、FGF 和 Notch 通路之间的相互作用对于调节肾单位干细胞/祖细胞的稳定和相互之间的协调十分重要。

（3）基质细胞（stromal cell）：可能由某部分特定的 MM 细胞分化而来，广泛分布于胚胎肾脏的皮质、髓质部分及 UB 茎部周围，最终形成肾脏薄膜、肾间质和纤维结缔组织，在肾脏发育过程中具有其独特作用。伴随着形成第一个 UB 分支，基质细胞已经在肾周区域，通过 FoxD 突出显示基质细胞转录因子表达，并通过基因敲除小鼠证明 FoxD1⁺ 细胞负责肾基质细胞的产生。除此之外，FoxD1⁺ 细胞还产生其他细胞类型，如血管周围肾小球内的细胞、周细胞和系膜细胞。基质细胞分泌维甲酸。后者促进 UB 中的 Ret 表达。因此，基质细胞在控制肾脏个体发育中起重要作用。

MM 中的信号可能会部分影响 UB 表达的候选发育调节因子，如 ERK、MAPK、PI3K、PLC 和 Wnt 等，但需要进一步研究它们的详细作用。

（二）分段肾单位的形成

弥散分布于 UB 分支顶端周围未被诱导的 MM 细胞，在 UB 信号的诱导作用下分裂增生并聚集成团，形成以 UB 为中心的帽状细胞聚集体（condensation）；每个聚集体最初诱导分化而形成的间充质来源的、具有上皮细胞特征的管腔样结构称为肾小囊（renal vesicle）。肾小囊细胞进一步增生分化形成特征性的逗号小体（comma-shaped body），继而再延长成为"S"形小体（S-shaped body）。"S"形小体已具有明确的肾小管上皮的结构特征，可分为三个节段：远离 UB 端部分的上皮细胞继续增殖并分化，形成足细胞及鲍曼囊，伴随出现内皮细胞浸入及毛细血管的形成，最后与新近形成的足细胞和鲍曼囊一起形成肾小球；中间段分化成近曲小管；近 UB 端依次形成髓袢（Henle's loop）降支、升支及远端肾小管，进一步与输尿管芽分支的终末端相连接，最终形成肾单位（图 3-36-1）。

在人类肾脏发育过程中，妊娠第 9 周形成后肾来源的肾小球；在第 22~34 周，形成周边的皮质区和中央的髓质区，髓质区无肾小球，皮质区的集合管可继续诱导间充质细胞；第 28 周左右，UB 分支到达外周皮质部分，但新的肾单位形成一直延续至妊娠第 36~38 周，最后每侧肾脏形成 70 万~100 万个肾单位。出生后肾小球进一步肥大，约 3.5 岁达成人肾小球大小。

二、肾小管上皮的再生

细胞再生（cellular regeneration）是指为修复缺损而发生的同种细胞的增生。再生可分为生理性再生（physiological regeneration）和修复性再生（reparative regeneration）。再生的过程涉及细胞的增殖、分化和迁移等。与低等脊椎动物不同，哺乳动物肾脏的再生能力有限。在发育过程中，肾脏部分切除可引起新的肾单位的形成（nephrogenesis），但出生后不久肾脏就失去了这种能力。在生理状况下，除了肾

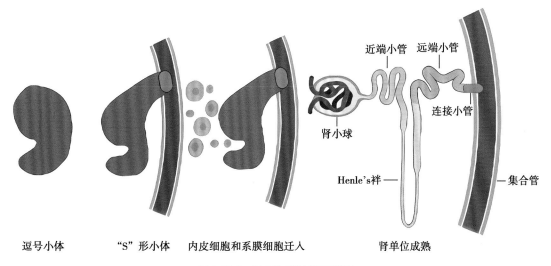

逗号小体　　　　　"S"形小体　　　　内皮细胞和系膜细胞迁入　　　　　　　　肾单位成熟

图 3-36-1　肾单位成熟过程示意图

小管上皮细胞外,其他细胞一般不发生增殖。

(一)肾小管上皮再生的理论假设

通常肾小管上皮也是静止的,但在急性缺氧和肾毒性等引发的急性肾损伤(acute kidney injury,AKI)中,它可能会显示再生和修复能力。AKI后受损的肾小管可以再生修复,但是参与修复的细胞究竟来源何处存在争议。现有假设认为这些细胞的来源可能有下三种:肾干细胞/祖细胞、损伤肾小管细胞的去分化和迁移的骨髓来源细胞。

1. **肾干细胞/祖细胞**　Oliver 等认为肾乳头可能是肾脏的干细胞巢。他们往出生3天的大鼠幼崽体内注射溴脱氧尿嘧啶核苷(BrdU)并追踪其表达,2个月后在肾乳头的间质中定位了许多BrdU染色阳性的标记保留细胞。Maeshima 等的研究进一步发现诱导大鼠缺血再灌注(I/R)AKI后,这些BrdU阳性的细胞迅速进入分裂周期并最终分化为上皮细胞。这些细胞也表达了增加的细胞增生核抗原(PCNA),可能是参与肾小管修复细胞的重要来源。肾单位外的肾干细胞或祖细胞可能迁移到受损的肾单位,然后再生肾小管。同样使用BrdU的脉冲追踪研究健康的大鼠肾脏表明,许多标记细胞存在于肾乳头。在短暂的肾缺血后修复阶段,这些细胞进入细胞周期并且BrdU信号很快从乳头上消失,尽管这部分没有细胞凋亡,包括标记细胞在内的一些肾乳头细胞,迁移到髓质并融入集合管道。然而,另一项研究未能证明乳头处标记的细胞向缺血后外髓或皮质的受损小管迁移。但又有人在成人肾组织内发现了一些具有自我复制及多向分化潜能的 CD133$^+$PAX-2$^+$、CD24$^+$CD133$^+$ 干细胞。体外扩增这些细胞并注入 AKI SCID 小鼠可显著减轻模型动物的组织损伤。最近研究表明,人类 CD24$^+$CD133$^+$ CD106$^-$ 小管祖细胞呈现出肾小管表型。将这些人体细胞注射到发生严重 AKI 的小鼠体内,在肾单位的不同部位观察到再生的管状结构,并减少了肾脏形态和功能上的损害。

2. **损伤肾小管细胞的去分化**　其他可能修复受损小管的细胞来源是剥脱的肾小管上皮细胞周围完整的或损伤较轻的小管细胞。受损的细胞脱离后,暴露的基底膜逐渐被具有间充质特征的细胞覆盖,这些特征包括扁平外观、失去极性,表达间充质运动性蛋白质。存活下来的小管上皮细胞可能会去分化为间充质状态,重新进入细胞周期,然后修复小管损伤。这种上皮-间质转化(EMT)在肿瘤学和发育生物学已深入研究,积累的证据表明其参与肾纤维化。Humphreys 等应用遗传谱系分析技术构建转基因小鼠,用 β 半乳糖苷酶(lacZ)和红色荧光蛋白(RFP)标记小管上皮细胞,诱导 I/R AKI 模型后发现,50.5% 的髓质外带上皮细胞同时表达 lacZ 和 RFP;同样方法标记间质细胞,小管上皮细胞表达 lacZ 无明显增加,提示残存小管上皮细胞增殖是肾小管上皮细胞再生修复的主要群体。在这次实验中,Six2 报告系统标记了在肾病期间肾小管上皮细胞由间充质帽内细胞产生。他们进一步使用 DNA 类似物谱系分析的方法,向小鼠体内注射 CldU 和 IdU 标记不同的 DNA 合成周期,结果显示诱导 I/R AKI 模型后,皮质和髓质外带分裂的细胞主要由受损伤和去分化的上皮细胞组成,而且

这种增殖是随机地自我复制而非少数干细胞选择性活化的产物。随后的两步核苷酸模拟脉冲研究表明,外髓小管缺血性损伤后的增殖是由上皮细胞通过 EMT 自身发生的,而不是通过肾小管或乳头内标记细胞增殖而来。

3. **迁移的骨髓来源细胞**　损伤肾小管修复的另一种可能理论是骨髓来源干细胞的干预作用。2003 年,Lin 等将 lcaZ 标记的雄性小鼠 HSC 移植入雌鼠体内并诱导 I/R AKI 模型。4 周后在雌鼠肾小管内检测到 lcaZ 阳性细胞,原位杂交进一步发现肾小管细胞内存在 Y 染色体,表示在肾脏再生过程中有些肾小管细胞来源于骨髓干细胞。另一组研究者提出源自骨髓干细胞肾间质细胞的旁分泌作用,可防止上皮细胞凋亡并增强受损上皮细胞的增殖。但用于修复受损肾小管的每种细胞的具体生物学意义仍然不清楚。信号通路在肾小管上皮再生及 AKI 再生修复的调控方面可能是多通路形成的复杂网络。可能的通路包括 EGF 受体、Notch、mTOR、Wnt、TGF-β/BMP 通路等。通过鼹鼠 AKI 模型了解到,在肾小管修复过程中,可诱导多种分子调节剂,包括生长因子、黏附分子和细胞周期调节剂等。

(二)肾小管上皮再生的新理论

随着近几年基础研究的进展,提示 AKI 后参与肾小管上皮再生修复的细胞更可能来源于近端小管本身。

1. **肾小管上皮细胞再生的理论假说**　目前有关肾小管上皮细胞再生的理论假设又着重探讨以下两点:第一,主张在小管内存在稳定的干细胞/祖细胞群,这点主要基于再生的细胞表达干细胞标记并在体外获得干细胞样特性,具有多能性;第二,假设支持发生在损伤时,任意肾小管上皮细胞可以适应性地瞬时表达再生表型,称为散在管状细胞(scattered tubular cell,STC)表型。因此,肾小管细胞数量的恢复是由于瞬时分化为 STC 增殖、再分化和成熟为极化肾小管上皮细胞。根据这个模型,假定的"干细胞"的表达与器官发生有关的标记或转录因子是对任何类型损伤的常见反应,而这些标记应该被解释为损伤和/或细胞再生的标记。

2. **多年来的研究证据**

(1)波形蛋白:30 年前,有研究首次提出波形蛋白作为 AKI 后肾小管细胞再生和增殖的标志。角蛋白(KRT)19、KRT8 和波形蛋白仅在大鼠和人类的再生肾小管上皮中观察到。有趣的是,这些表达 KRT 和波形蛋白的管状上皮细胞不同于正常分化的小管上皮细胞。电子显微镜显示,这些上皮细胞均无刷状缘,这种表型与祖细胞相似。至 20 世纪 90 年代初期,Moll 等人观察了中间丝蛋白在发育过程中及人体肾脏活检中受损组织的表达,他们发现了在受损肾小管上皮细胞中表达增强的波形蛋白、KRT19 和 KRT7。这种受损小管中间丝蛋白的增加似乎与细胞分化程度降低平行。

(2)与近端小管细胞不同的细胞亚群(STC):上述观察并没有受到太多关注,直到 2011 年,Lindgren 等再次分离出一个与近端小管(PT)细胞不同的细胞亚群,代表是 STC。他应用荧光激活细胞基于醛脱氢酶(ALDH)的分选(FACS)活动。ALDH 高度表达在小管的单个细胞中。此

外,ALDH 被认为是干细胞的选择标记。基因表达分析分离的 ALDH 高表达细胞和随后免疫组化分析鉴定出这类细胞同时为波形蛋白/KRT7/KRT19 阳性细胞群,同 Moll 等人先前描述的 PT 细胞一致。这些表型不同于正常肾小管细胞的细胞群,分散在 PT 中,被称为 STC。它们比分化正常的小管细胞小,呈楔形,线粒体显著缺乏,这表明他们更能抵抗伤害。除了表型差异外,STC 具有明确的转录功能,可以升高 CD133 的表达,与 CD24 一起成为分离假定的肾祖细胞的标志物。

3. 肾小管再生主要来源于肾小管本身　后续一系列研究普遍认为肾小管再生主要来源于其本身,小管外细胞或肾外细胞的贡献并不显著。在发生 AKI 时,参与再生的肾小管上皮细胞表达的表型似乎是伴随着细胞分化而短暂变化,因为这些细胞改变了它们的表型并表达多种标记蛋白,这代表了一种应对损伤的短暂的表型(STC 表型)改变。STC 在损伤消除后再增殖和再生分化为近端小管细胞表型(图 3-36-2)。没有足够的证据支持永久存在近端肾小管祖细胞群。表达"干细胞"标记或发育基因的重新表达可能是对 AKI 损伤的反应。

关于肾小管上皮细胞再生的起源仍然有争议。单细胞 RNA 测序似乎提供了新的方向,由于 STC 拥有一个独特的转录本配置文件,可以更深入地分离和研究它们。了解肾小管上皮细胞再生的起源、转录因子和调控通路将会产生直接意义。

三、肾脏干细胞

既往认为肾脏为不可再生器官,肾脏损伤只会导致肾单位数目减少。但是 Remuzzi 等证明哺乳动物肾脏损伤后可以见到组织纤维化及肾小球、肾小管的再生。这些研究均表明肾脏内存在具有自我修复功能的干细胞样细胞,这种特定在肾脏的干细胞样细胞在特定诱导环境下,可向肾脏的各系细胞进行分化。各种类型的发育干细胞在胚胎发育的特定阶段在体内瞬间出现,在一系列协调的过程中增殖和分化,最终产生身体器官。肾脏内的成体干细胞在出生后的整个生命中会持续存在,并有助于快速增长的器官如血液、皮肤、头发和肠道的持续更新。为此,笔者总结了有关肾脏的发育干细胞和成体干细胞的相关知识,以期更好地理解干细胞在肾脏病学诊疗中的作用机制。

(一)多能干细胞

多能干细胞(PSC)可以分化为人体所有其他类型的细胞,它们具有多种不同细胞命运的潜力。

1. 治疗性克隆产生特殊组织细胞　可以通过体细胞核转移(somatic cell nuclear transfer,SCNT)技术强行改变成体细胞核的基因表达模式,将细胞核植入去核的卵细胞内,将其细胞核重新编程(转换)为 ESC 样状态,然后再通过体外诱导分化为特殊需要的细胞类型,此过程称为治疗性克隆。因为由此产生的特殊类型细胞与供体是高度免疫相容的,可用于该个体的细胞治疗应用。但是,治疗性克隆仍然是一个低效的过程,依赖于育龄女性捐赠的宝贵人类卵子,并具有伦理挑战,这极大地限制了 SCNT 用于治疗目的的实用性。

2. 诱导多能干细胞(iPSC)　iPSC 是一类通过对已分化的体细胞进行重新编程得到的细胞,具有自我更新能力和多项分化潜能。iPSC 是自体 PSC,具有较好的免疫相容性,在植入后不需要免疫抑制。值得注意的是,由于 iPSC 在重新编程过程中可能会引起致癌性体细胞 DNA 突变,因此需要强调鉴定每一个新细胞系的特性,以尽可能确保其植入的安全性。

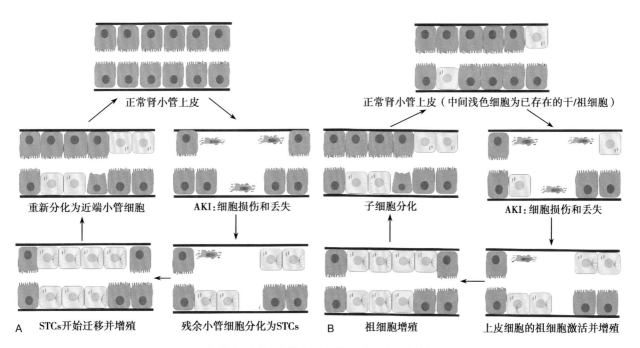

图 3-36-2　急性肾损伤(AKI)后肾小管上皮再生的总结
A.一部分残存的肾小管上皮细胞分化为 STC,STC 增殖,再分化为小管上皮细胞,促进小管修复;B.常驻的肾祖细胞的增殖、分化促进修复

3. PSC 在肾脏疾病的细胞治疗仍处在研究阶段 ESC 和 iPSC 是目前在实验室和临床中使用的两种最主要的 PSC 类型。与受精卵相比，培养中的 PSC 代表了发育的后期阶段，不能单独形成囊胚。但是在小鼠中，PSC 可以与胚胎外干细胞结合产生囊胚，囊胚可以发育成一个完整的能生育的小鼠。这表明 PSC 确实具有多能性，可以产生包括肾脏在内的整个机体。在不同组合的特定生长因子诱导下，即使经过广泛的传代，PSC 仍可在体外很容易地分化为多种体细胞类型。在某些情况下，这些细胞类型可以在实验动物中形成功能性植入物。目前应用此方法产生的 PSC 细胞系的直接用途是用以阐明人类肾脏疾病的分子和细胞机制。

(二) 肾单位祖细胞

在胚胎发育过程中，肾脏是通过两个干细胞群——输尿管芽 (ureteral bud, UB) 和后肾间充质 (metanephric mesenchyme, MM) 之间的一系列相互作用而产生的。UB 分化为集合管，而 MM 分化为肾小管、足细胞、血管系统和间质（基质）细胞。

肾单位祖细胞 (nephron progenitor cell, NPC) 是 MM 细胞的一个特殊亚群，属于干细胞的亚群，可以分化为肾单位的足细胞、近端小管和远端小管。NPC 表达特定的基因，如 SIX2，这些基因在胚胎肾脏发育过程中平衡自我更新和分化。最后一轮的分化大约在出生时完成，此后，在生物体的整个生命周期中，都会停止肾脏的生成。因此，成年哺乳动物通常缺乏 NPC 和产生新肾单位的能力，但是在某些情况下，NPC 可以持续存在于出生后的哺乳动物肾脏中。例如肾母细胞瘤，这是一种小儿肾癌，其结构类似于发育中的肾脏，表达 NPC 基因，并模仿肾脏发生的过程生长。在转基因小鼠中，NPC 中 RNA 结合蛋白 LIN28 的过表达会导致肾母细胞瘤的形成，从而使肾脏体积增大。使用此类技术，可能在出生后维持 NPC，以增加肾脏组织。但是，尚不清楚是否可以在成体细胞中重新激活肾脏发生的发育程序，或者如何控制成体肾脏中的肾发生，来产生健康的具有功能性的肾组织，而非肿瘤。

(三) 成体干细胞

1. 肾源性 CD133⁺ 细胞可能是肾脏干细胞 成体干细胞 (ASC) 通常位于组织内的一个特殊结构或生态位中。Olive 等通过 BrdU 标记研究发现，强烈的标记信号细胞多位于肾乳头等处，表明这些细胞可能在肾脏缺血、损伤修复过程中起到重要作用。体外分化实验也表明这种细胞具有多向分化能力，具有一定的干细胞特性。Bussolati 等从正常人肾脏皮质取材，用免疫磁珠分选法首次分离到一种 CD133⁺ 细胞，该细胞表达胚胎肾脏标志 PAX-2，而不表达造血系统标志 CD34 和 CD45，具有向上皮细胞和内皮细胞等分化的特点，提示这种肾源性 CD133⁺ 细胞可能是肾脏干细胞。2011 年，美国学者应用显微技术从近端肾小管处获得了 ASC。2014 年，日本学者通过对肾小管 S3 段获得的肾脏 ASC 进行体外诱导，形成了肾脏形态的三维结构。ASC 始于胎儿发育并一直持续到老年，直到机体终生，在正常情况下大多处于休眠状态，在病理状态或外因诱导下可

以表现出不同程度的再生和更新能力。

2. 肾单位不能完整再生但可替换肾单位内损伤的细胞 虽然哺乳动物的肾脏不能完全再生新的肾单位，但它们确实具有替换现有肾单位内细胞的能力。例如当因缺血再灌注导致急性肾小管损伤时，肾脏内会出现新的肾小管上皮细胞，以修复受损的上皮。正是上皮细胞亚群表现出的增生倾向，使受损的小管得以增殖和重建。但与皮肤、血液和肠等组织中的典型成体干细胞相比，在肾单位中成熟、静止的上皮细胞似乎不具有可轻易识别的干细胞生态位。此外，在体内平衡的条件下，这种上皮不会进行快速和持续的自我更新。因此，肾小管上皮细胞并不能完全代表典型的成体干细胞。相反，它们可能更像胰腺的 β 细胞，是通过其他终末分化的 β 细胞的自我复制过程来维持数量。

3. 成体肾脏中的足细胞 与肾小管上皮细胞不同，成体肾脏中的足细胞则会永久退出细胞周期，并且在损伤后无法重建正常上皮层。足细胞对损伤的主要适应反应是肥大。但有新的研究表明，在人类青春期，足细胞的数量增加了 20%，这表明足细胞可能来源于肾脏内的祖细胞。此外，在肾脏疾病患者中，往往早于临床表现就可以检测到尿中排出的足细胞，表明人体可能存在一种天生的能力来替换丢失的足细胞。动物的谱系追踪实验表明，这种新的足细胞样细胞并非来自其他足细胞。推测在鲍曼囊的壁层上皮细胞 (parietal epithelial cell, PEC) 群中存在着一个可能的替代细胞库，其中的一个细胞亚群共同表达足细胞和 PEC 标记物，由于它们在青春期或受损后能够转分化为足细胞，因而被称为"肾小球上皮过渡型细胞"或"壁层足细胞"。然而也有证据表明足细胞可以在损伤状态下过渡到壁层隔室，但尚未确定过渡型足细胞在肾小球修复中的作用。足细胞的第二个可能的替代细胞库是肾素谱系细胞 (CoRL)，它们是产生肾素的肾小球旁器中的血管平滑肌细胞。与壁层足细胞一样，CoRL 可以迁移到肾小球中，并表达足细胞特异性标志物，以及具有足突的特征。

四、肾损伤修复的其他干细胞

研究认为，具有修复肾损伤潜力的干细胞还有非肾脏 ASC。HSC 自然存在于骨髓中，并具有重新填充整个血液谱系的能力。在其他部位也可发现 HSC，如羊水和脐带血。MSC 存在于各种不同的器官中，在肾小管周围间质和血管系统中均含有 MSC 的储存库，在损伤后会形成纤维化瘢痕。同样还可以从肾动脉中纯化出人 MSC。由于 MSC 不表达 MHC-II 和共刺激分子，具有低免疫原性，同时其具有较强的旁分泌作用，是治疗慢性肾脏病 (chronic kidney disease, CKD) 较为理想的细胞之一。目前许多研究结果表明，MSC 可以分化为肾小管上皮细胞、肾小球系膜细胞、足细胞和肾小球内皮细胞。此外，体内试验也证明移植 MSC 可以改善肾功能，同时减轻肾脏损伤。

(一) 骨髓 MSC 和脂肪 MSC

骨髓 MSC 是用于器官再生修复的良好工具，可定位肾脏损伤部位。将标记的外源性骨髓 MSC 注射至缺血再灌注损伤 (IRI) 大鼠，发现这些细胞主要位于肾皮质，甚至

在 3 天后仍存在。在缺血损伤后,肾内的基质细胞衍生因子-1(SDF-1)表达增加,骨髓 MSC 表达 SDF-1 的 CXCR4,引导骨髓 MSC 到缺血部位定植。此外,透明质酸(HA)、血小板衍生生长因子-AB、前列腺生长因子-AB 和 IGF-1 也被认为是重要的趋化因子。

脂肪 MSC 与骨髓 MSC 相似,同样可分化为多种中胚层来源细胞,有定位损伤的肾脏,促进损伤肾脏结构和功能恢复的能力。静脉植入脂肪 MSC 可通过阻断炎症反应、保护血管内皮细胞、抗氧化、参与血管再生等作用保护 IRI 大鼠模型的肾功能。此外,低氧预处理的脂肪 MSC 可提高 AKI 肾脏的再生水平,明显改善了肾损伤的水平,血清中炎症因子 IL-1、IL-6 的水平也有改善,显示低氧预处理可显著改善脂肪 MSC 对顺铂诱导 AKI 的保护作用。

(二)内皮祖细胞

内皮祖细胞(endothelial progenitor cell,EPC)是一种参与胚胎时期血管生成的干细胞,在出生后参与血管内皮修复和功能的维持,可从外周血分离。肾灌注损伤时 EPC 能保护肾微血管结构和功能,减少微血管重塑,形成新血管并促进其成熟和稳定。有学者认为 EPC 是通过促进损伤区域邻近成熟内皮细胞的迁移和增殖间接发挥作用,并通过实验证实了这点。

(三)Muse 细胞

Muse 细胞称为多系分化持续应激细胞(multilineage differentiating stress enduring cells),是一种新型干细胞,为来自天然非致瘤内源性干细胞,安全性高于 iPSC。

1. Muse 细胞的生物学特性　Muse 细胞表达阶段特异性胚胎抗原 3(stage specific embryonic antigen-3,SSEA-3)阳性的细胞,来自各个器官的结缔组织和骨髓,约占单核细胞的 0.03%,还表达多能性标记 Sox2、Oct3/4 和 NANOG,并且单个细胞可能会分化成代表所有三个胚层的细胞。Muse 细胞在体外显示了三个胚层分化的自我更新能力,表明它们具有多能性的特性。Muse 细胞在体内的修复作用也证实了它们向三个胚层的分化。静脉或局部给药的幼稚 Muse 细胞迁移并整合到具有高选择性的受损组织,通过自发性补充丢失的细胞,分化为组织相容性细胞,从而导致模型中的组织修复。在体外,Muse 细胞分化为肾脏细胞的能力较强,用细胞因子进行培养诱导,Muse 细胞与非 Muse 细胞(MSC 中的 SSEA-3 阴性细胞)相比,表达代表肾脏发育标志物的 WT1 和 EYA1 的水平高得多。

2. Muse 细胞的可能治疗作用　为了评估 Muse 细胞和非 Muse 细胞在体外的治疗效果,使用阿霉素(ADR)肾病小鼠模型(这是一种公认的慢性蛋白尿性肾脏疾病的啮齿动物模型),应用严重联合免疫缺陷(SCID)和 BALB/c 两种小鼠,单剂应用阿霉素后建立模型。实验分为 Muse 细胞治疗组,非 Muse 细胞治疗组,或等量的无菌生理盐水(对照组),在 7 周后评估结构和功能恢复。在 FSGS-BALB/c 小鼠或正常免疫模型小鼠,人类 Muse 细胞可以迁移到肾小球并分化为足细胞、系膜细胞和上皮细胞。在 FSGS-SCID 实验中,Muse 细胞的治疗作用在 5 周后,仅在标记了 GFP 的 Muse 组中观察到肾小球细胞表达 podocin、WT1、megsin、

vWF 或 CD31。除了移植和分化的能力外,迁移潜力也是 Muse 细胞的另一个重要属性。由于具有出色的迁移能力和向损伤细胞分化的能力,因此在静脉注射 2~7 周后发现 Muse 细胞分布在 FSGS-SCID 的肾脏中;相反,非 Muse 细胞主要分布在肺脏和脾脏,总之,肾功能最终改善归因于 Muse 细胞,可能反映了多种机制的协同效应,包括细胞分化、旁分泌效应和免疫调节。

3. Muse 细胞的优缺点　Muse 细胞相对于其他多能干细胞(如 iPSC 或 ESC)的巨大优势之一是它的非致瘤性,其次,Muse 细胞治疗的程序较简单,可直接静脉滴注,不需要在细胞加工中心进行基因转移或诱导肾细胞。另外,Muse 细胞表现出显著的免疫抑制特性。Muse 细胞在正常免疫小鼠中显示了长达 5 周的治疗效果,大概是因为它们的免疫抑制特性。结果表明,人 Muse 细胞的同种异体移植可能在更长的时间内有效。不过 Muse 细胞的增殖能力比 iPSC 要弱,能不能获得再生医疗所需的足够细胞数量将是其进入实用阶段之前急需解决的问题。

随着干细胞研究技术和应用水平的不断深入,提取和纯化肾脏干细胞建立细胞库,拓宽肾脏干细胞的来源已成为可能,并且肾脏干细胞有望通过细胞移植、生物人工肾及基因治疗发挥巨大作用,革新肾脏疾病的传统治疗方式,造福人类。

五、用干细胞培育全新肾

(一)培育肾脏类器官

随着对干细胞研究的深入,使得体外器官再生成为可能,本部分先重点讨论如何用干细胞培育肾脏类器官。肾脏类器官是体外培养的多细胞单元,其结构类似于肾单位,是体外肾单位祖细胞(NPC)分化的产物,包括肾小管和足细胞成分。反之,分化为肾脏类器官的能力也证实了真正 NPC 的存在。培养物中的肾脏类器官含有半透明的管状结构。肾脏类器官中至少存在三个主要的肾单位部分:近端肾小管、远端肾小管和足细胞。这些成分在肾脏类器官小管内形成一个连续体,以近端到远端的顺序排列,与肾单位相匹配。以不同方案最终形成的肾脏类器官均具有上述共同点,是肾脏类器官的一个明确特征。

1. 培育过程　肾脏类器官可由原代和 PSC 来源的 NPC 产生,它们在标志物表达和培养要求方面相似。根据所使用的方案,类器官可以从较小的贴壁结构,富含肾单位细胞类型(直径约 200μm),到含有肾脏和非肾脏细胞的非纯净聚集体(直径约 3mm)。分别用两种具有肾毒性的顺铂和庆大霉素处理肾脏类器官时,肾脏类器官表现出剂量依赖性毒性,并表达一种急性肾损伤的特异性生物标志物肾损伤分子 1。肾脏类器官中的肾小管部分进一步吸收典型的肾小管特定蛋白,上述表现均与急性肾损伤时的病理表现类似。重要的是,这些生物标志物和转运蛋白的特性不同于未分化的 PSC 上皮细胞(初级外胚层),表明它们是谱系特异性的。类器官模拟了体内肾脏组织的基本特性。

肾脏具有明显的结构复杂性,至少有 26 种不同的特

异性细胞。一些重要的分子和通路驱动了中胚层和肾单位分化为生物模型,基于这些分子和通路的早期研究,对小鼠ESC 胚体使用血清培养基及多种因子组合进行处理,因子包括激活素 A、骨成形蛋白 4(BMP4)、BMP7、维甲酸、胶质源性神经营养因子(GDNF)或输尿管芽衍生条件培养基。根据这些操作规范生成了胚体细胞分化表达的标志物,如成对框基因 2(PAX2,肾小管标志物)、水通道蛋白 2(集合管细胞标志物)、WT1(肾间充质细胞和足细胞标志物)或钙黏蛋白(远端肾小管标志物),这为成功诱导肾细胞系提供了基础。遗传谱系追踪显示,帽状间充质能够诱导表达出同源框同源物 2(SIX2),代表着肾祖细胞系可以产生肾单位的所有细胞类型。Mugford 等利用分子结果标测证明了后肾的多数肾细胞类型来自间介中胚层中表达 OSR1 基因的细胞群。这些发现已被纳入分化操作规范,使用激活蛋白 A 和 Wnt 受体激动剂 CHIR99021 2 天,然后给予 BMP7 和 CHIR99021 处理 8 天,以获得 90% OSR1 基因细胞。此外,对胚体使用激活蛋白 A、维甲酸和 BMP7,并置于明胶上处理,从而产生表达 podocin、nephrin 和 synaptopodin 的人 PSC 来源肾小球上皮细胞。使用含维甲酸、BMP2 和 BMP7 的培养基对单层 PSC 培养 20 天,可获得 AQP1$^+$ 的近端小管上皮。PSC 衍生的输尿管芽细胞可以产生输尿管树,PSC 衍生的后肾间充质细胞可诱导产生有近、远端模式的 S 形结构,并启动血管生成,从而培养出胚胎肾单位。肾脏类器官一般诱导方法流程见图 3-36-3。

2. **形态与模式** 类器官的发育不仅包括细胞分化,还包括通过合适的形态与模式形成组织与器官的结构。本质上,细胞之间及细胞与微环境之间需要通过生长因子、成形素、细胞黏附分子、机械感受器等形式来相互联系。Takasato 等报道用 PSC 进行肾脏器官发育的多个例子,最初将 PSC 在基质胶上种植,经过 18 天的分化,发育出 E-钙黏蛋白阳性输尿管上皮,周围被 SIX2$^+$WT1$^+$PAX2$^+$ 后肾间充质细胞或齿状蛋白 1$^+$ 黏附蛋白 6$^+$ 肾小囊所包绕。Lam 等观察到,用 CHIR99021 处理 SIX2$^+$ 帽状间充质细胞,在分化的第 7 天获得了表达莲凝集素(近端小管标志物)的肾小管样结构。Wnt 信号诱导后肾间充质,在体内发生间充质-上皮转化并形成肾小囊。Taguchi 等用胚体形式的 PSC 作为来源细胞操作,小鼠 ESC 需 8.5 天,人 iPSC 需 14 天,可得到 SIX2$^+$WT1$^+$SALL1$^+$PAX2$^+$ 后肾间充质细胞,这种细胞在小鼠胚胎脊髓诱导下可以产生肾小管和肾小球上皮

细胞。上述研究表明,可以通过模拟胚胎肾脏发育由 PSC 衍生形成标准的肾脏器官结构。

3. **类器官的血管化** 肾脏的基本功能包括肾小球滤过、肾小管重吸收、激素分泌等,基本上都依赖于血管的存在。从胚胎血管发育可以了解到,每一个器官都有分布在原基的祖细胞,可以发育为各自器官的血管系统。增加类器官血管化的另一种方法是体外添加血管细胞和管周细胞。此外,通过异位或原位移植,预缺血类器官的血管化在体内是可以实现的。将预形成的小的功能性组织单位或类器官聚集起来,可以建造更大的器官。

当然,肾脏类器官的形态也有局限性。虽然几组研究表明肾脏类器官中含有足细胞、近端肾小管和远端肾小管,但对于这些培养物是否也含有输尿管芽(UB)和集合管网络仍存在分歧。由于分化方案的不同,不同个体的 PSC 在形成肾脏类器官方面表现出明显不同的能力,对使用这些技术进行患者特异性肾脏再生和疾病建模提出了重大的技术挑战。

肾脏类器官中还存在以下问题:①上皮细胞不成熟,并且肾小管不形成扩张的管腔或刷状缘;②足细胞不能形成具有二级和三级交叉的足突,并且似乎停滞在肾小球毛细血管袢发育阶段;③哺乳动物肾脏的发育阶段分为前肾、中肾和后肾。前肾是最原始的肾脏,而后肾形成最终的成体肾脏。目前尚不清楚源自 PSC 的类器官代表前肾、中肾或后肾的哪个阶段。

除了肾脏上皮细胞系,其他细胞类型也被发现出现在肾脏类器官培养物中。对于原发性 NPC,尚不清楚这些非上皮细胞类型的身份。对于来源于 PSC 的器官培养物,已鉴定出包括内皮细胞、成纤维细胞样基质细胞和神经元在内的非上皮细胞类型。PSC 可以自然分化为任何细胞类型,因此预计会有非肾脏细胞类型的污染。这些非肾小管细胞类型的存在可能是有利的,例如,已经观察到这些培养物中的内皮细胞与肾小管细胞类型和足细胞相互作用。但是,非肾脏细胞的存在也有缺点,因为它降低了所产生的肾脏结构的纯度和产量,而且这些结构很难分离出来。因此,将患者细胞直接重编程为 NPC 或 UB,而不是 PSC,可能是一种有前途的策略。实现将体细胞直接重新编程为 NPC 的目标,可能是建立更具重复性和实用性的肾细胞治疗策略的重要一步。但是,NPC 或 UB 的潜力比 PSC 更为有限,无法自行产生整个肾脏,也限制了该方法的应用。

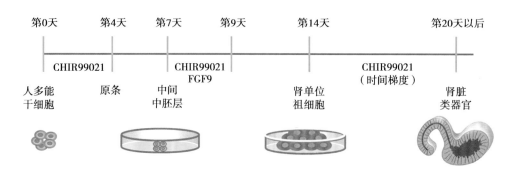

图 3-36-3 肾脏类器官一般诱导方法流程示意图

（二）肾脏再生

最终用干细胞培育成完整的肾脏，即肾脏再生，可能是我们努力的最终目标。在包括心脏、肝脏和胰腺在内的多个器官的植入实验表明，来源于干细胞的体细胞和组织可以植入动物模型中并发挥作用。目前正在实验模型中研究这种方法是否对治疗肾脏疾病有效，并在模型中不断优化肾脏干细胞的传输方式，并测试在临床中肾脏再生的潜力。

1. **干细胞注入方式**　肾脏细胞不同于血细胞，不会在全身循环，是一个致密包裹的器官，没有明显的途径可以使干细胞从血流进入肾单位。因此，在静脉给药后，肾脏干细胞是否具有植入和再生肾脏的能力，需要大量的动物模型实验。在这些实验中，肾脏通常遭受急性损伤，导致肾小球滤过屏障破坏，从而促进细胞进入肾脏和随后的植入。在应用肾毒性药物顺铂24小时后，将表达多种NPC和成体肾细胞标记物的人iPSC衍生的细胞注入小鼠尾静脉。据报道这些细胞在近端肾小管中广泛植入，与给予生理盐水或未分化的iPSC对照动物相比，治疗组小鼠的尿素水平降低了55%。这些实验表明，iPSC衍生的肾细胞对肾损伤可能有好处。但是，分离的细胞并没有显示出有能力形成具有分段肾单位的肾脏器官的能力。

（1）静脉给药：在实验模型中静脉给药脂肪MSC可以改善器官对缺血再灌注的损伤，然而，植入到受损肾脏中的脂肪MSC并不能明显促进新的肾单位的形成，而且在肾小球内异位分化为不良的脂肪细胞或成纤维细胞。总之，这些发现表明，静脉注射细胞治疗可能在肾小球滤过屏障受损的情况下提供一些益处，但也可能有副作用。

（2）肾实质注射：用注射器将细胞治疗直接送到肾皮质使用的是实质注射技术。在一项研究中，从人胎儿肾脏中纯化出$5×10^5$原代NPC，并将其直接注射到接受了5/6肾切除的免疫缺陷小鼠的肾实质中。随访显示，NPC植入与血清肌酐的适度改善有关。在另一个例子中，新生的小鼠肾脏被植入从人MSC分离培养的类器官。3周后，在小鼠近端肾小管旁观察到了与人类近端肾小管类似的结构。在类似的模型中，将小鼠原代NPC注射到新生小鼠肾脏后，与宿主小鼠形成嵌合小管和肾小球，并可根据荧光示踪剂的表达加以区分。

实质注射的优点是使细胞与肾单位直接接触。然而，肾实质中血管和肾单位紧密填充，空间有限，限制了大量干细胞的引入，并将其靶向到特定位置的能力，此外，注射细胞可能会损害现有的肾组织。用生长因子处理后，人iPSC分化为表达NPC标记物OSR1和SIX2的细胞，并在诱导缺血再灌注损伤后立即注入肾实质。尽管观察到一些植入，但将大量细胞直接注入肾实质很困难，并需要警惕使用这种方法会对肾脏造成损害。

（3）包膜下植入：包膜下植入是指在肾皮质和肾包膜之间注入细胞。肾包膜是围绕肾脏的一层薄薄的纤维膜，这个空间可以容纳大量细胞。已经由多个小组完成以包膜下植入的方式将干细胞注入小鼠肾脏肾皮质和肾包膜之间。使用这种方法，可以将外来的肾脏与现有的肾脏结构区分开，同时利于并列分析。使用产生肾脏类器官的方法，将小鼠或人NPC植入免疫缺陷小鼠的包膜下。这些生长物含有多种基质和上皮结构，其中一些类似于原始肾单位，包括肾小管和肾小球样花环，二者都比邻近的肾组织更弥散和嗜酸性。同时这些生长物还含有来自小鼠宿主的内皮结构。值得注意的是，大部分生长区域都出现了间质。同样，从人ESC衍生的肾样细胞经包膜下植入后，最终大量生长，其表达AQP1的水平与邻近的肾皮质细胞相似。在一项功能测试中，通过血清肌酐、尿素水平和组织学损伤评分确定的结果表明，与接受未分化的iPSC植入或模拟注射的小鼠相比，从包膜下植入的人iPSC衍生NPC样细胞后，可以明显改善植入前肾脏缺血再灌注损伤的影响。由于包膜是一个与肾脏其他部位不同的结构，没有明显的与肾脏连接的方式，因此这种功能改善被认为是旁分泌效应。

在此前研究的基础上，NPC的植入可导致哺乳动物肾脏中新的肾单位样结构的分化。但是，以目前的方式从肾细胞治疗中获得的组织显得杂乱无章，并且尚不清楚它们是否能整合到现存的集合管或血管网络中。细胞治疗还必须考虑到安全性，因为未成熟的肾细胞或污染的非肾细胞可能有害或具有致瘤性。

2. **以脱细胞再种植技术为基础的肾脏再生**　目前以组织、器官脱细胞再种植技术为基础的器官再生研究较多。该技术是通过SDS或Triton对组织、器官进行脱细胞，可获得具有完整支架结构的脱细胞器官。2012年，Song及其同事通过对大鼠肾脏脱细胞获得完整的肾脏支架，通过对脱细胞生物支架进行细胞灌注获得细胞再种植后的再生肾脏，并进行了形态和功能学鉴定。肾脏成体干细胞充当种子细胞，与脱细胞生物支架相结合，理论上可以产生可供移植的肾脏。

3. **其他方法**　在动物体内培养人体器官是细胞治疗和再生医学有发展前途的研究领域，为此开发了一种称为种间胚囊互补（IBC）的技术。在IBC中，将来自供体物种的PSC植入到缺乏生长特定器官能力的受体物种的胚囊期胚胎中。结果显示，供体细胞"弥补"了这种缺陷，形成了一个器官。由于所得动物包含宿主和供体组织的混合物，因此称为嵌合体。IBC尚未与人类PSC一起成功使用。但是，在验证原理的实验中，研究人员已经在小鼠体内培育了多种大鼠器官，包括胰腺、心脏和眼睛，这些器官可生长到受体器官的大小。在IBC成功用于培育人体器官之前，需要克服几个重要的技术障碍。虽然IBC器官富含供体细胞，但这些器官仍是嵌合体，包含宿主细胞和供体细胞的混合物。原因之一是器官来源于许多不同的细胞群，例如肾脏来源于UB、MM、神经、血管和间质干细胞。基因技术通常只在其中一个群体中建立一个生态位，但是有必要将所有这些群体作为目标，以便在动物体内创造一个不会引起极端免疫排斥反应的"纯"人体器官。另一个问题是，一个物种的细胞在发育过程中可能与另一物种的细胞相容性差，从而导致器官发生过程中的缺陷。

第二节 慢性肾脏病和急性 肾损伤的细胞治疗

慢性肾脏病(chronic kidney disease,CKD)是指各种原因引起的慢性肾脏结构和功能障碍≥3个月,包括肾小球滤过率(GFR)正常和不正常的病理损伤、血液或尿液成分异常,以及影像学检查异常,或不明原因GFR下降[GFR<60mL/(min·1.73m²)]超过3个月。CKD早期的治疗目标为控制蛋白尿,治疗方法主要为应用糖皮质激素及免疫抑制剂,晚期治疗方法主要为肾脏替代治疗,包括维持性血液透析、维持性腹膜透析和肾移植。急性肾损伤(acute kidney injury,AKI)可表现为短期内肾功能急剧下降,需要肾脏替代治疗。因透析治疗不能完全替代肾脏功能,存在明显局限性,且肾移植存在严重的肾源不足,需进一步探索更多的CKD和AKI治疗方法。以干细胞治疗为主的细胞治疗逐渐成为新的治疗方式。

一、治疗慢性肾脏病的干细胞种类

(一)胚胎干细胞治疗慢性肾脏病

不少动物实验应用ESC治疗肾脏疾病。张玉瑞等使用第39~44代的人ESC诱导分化获得肾前体细胞,随后将肾前体细胞通过尾静脉移植至慢性肾衰小鼠模型,结果发现,移植细胞后第7、15天小鼠肾功能明显改善,死亡率低于模型组。通过体内试验验证了ESC诱导得到的肾前体细胞,对慢性肾功能衰竭起到明显的抑制及延缓作用。Geng等将复合在微晶明胶上的鼠ESC移植到慢性肾病大鼠残存肾组织上,并用大网膜包裹移植物促进其与组织的融合。12周后,通过检测血清肌酐、尿素氮、24小时尿蛋白、肾脏病理和肾小管损伤评分结果来评价肾脏功能,结果表明,细胞干预组大鼠的血尿素、肾小球硬化指数、肾小管损伤指数明显低于未干预组。上述体内试验进一步验证了ESC治疗CKD的有效性,这些研究均为临床研究奠定了基础。

(二)诱导多能干细胞治疗慢性肾脏病

Osafune等成功将iPSC诱导分化为多种肾脏相关细胞,并可形成三维肾小管。Takasato等也报道了利用iPSC分化为肾脏类器官,其中每个肾单位包括近端小管、远端小管、髓襻、肾小球,而且其转录谱与早期妊娠的人类肾脏一致。此外,Caldas等给5/6肾脏切除的大鼠注射iPSC,结果发现大鼠血肌酐、蛋白尿降低,而肌酐清除率上升,VEGF表达增高,病理结果表明其可以减轻巨噬细胞浸润和肾小球硬化,证实了iPSC可以有效延缓CKD的进展。

(三)成体干细胞治疗慢性肾脏病

成体干细胞(ASC)对维持组织的稳态和组织损伤后的修复起重要作用。ASC包括内皮祖细胞(EPC)、MSC、脂肪间充质干细胞(ADSC)及造血干细胞(HSC)等。

1. EPC EPC起源于骨髓,当组织受到刺激或损伤时,可以通过外周血液循环至损伤部位分化为内皮细胞直接修复受损组织,也可通过旁分泌作用间接修复受损组织。Krenning等的研究表明,CKD患者的EPC数量较健康人减少、功能弱,而EPC减少是导致CKD患者心血管事件高发的独立危险因素。Zhu等通过动物实验验证了EPC能够促进肾脏血管的微循环,改善肾功能。除了直接移植EPC的方法外,许多学者通过药物提高患者体内的EPC数量及活性,从而保护患者肾功能,研究发现,EPC通过激活PI3K/AKT信号通路减轻大鼠肾脏缺血再灌注损伤。

2. MSC MSC可来源于骨髓、脐带(血)、脂肪等组织,不表达MHC-Ⅱ和共刺激分子,具有低免疫原性的特性,并具有较强的旁分泌作用,是治疗CKD较为理想的细胞之一。

许多研究表明,MSC可以分化为肾小管上皮细胞、肾小球系膜细胞、足细胞和肾小球内皮细胞。体内试验也证明移植MSC可以改善肾功能,减轻肾脏损伤。通过对5/6肾脏切除的大鼠慢性肾衰竭模型的尾静脉注射骨髓MSC,4个月后检测相关指标,发现移植细胞组大鼠体重比未移植组明显上升,且蛋白尿明显低于未移植组。该团队还发现,不同移植途径、不同移植次数对CKD的疗效具有较大差异,动脉途径移植细胞效果优于静脉途径。Villanueva等通过给大鼠移植人脂肪来源的MSC,结果表明,移植MSC的CKD大鼠的血肌酐水平降低,损伤标志物ED-1和α-SMA表达降低,同时高表达PAX-2、BMP-7、VEGF,而这3种蛋白的高表达与肾功能改善密切相关,在肾脏病理检查中发现了供体源脂肪MSC。其团队同时研究了骨髓来源的MSC对CKD大鼠的治疗作用。

二、干细胞治疗慢性肾脏病的机制

肾小球肾炎仍然是CKD的主要病因,以下将重点以MSC阐述干细胞治疗肾小球肾炎中的机制及实验。MSC可作用于不同种类的CKD动物模型,在一定程度上改善蛋白尿、降低血肌酐水平,改善肾纤维化、巨噬细胞浸润,减少促炎症细胞因子。这些修复过程的作用机制可能与以下几个方面有关:

(一)迁徙和归巢

同种异体或自体骨髓MSC通过外周血管输注或经介入操作直接注入肾血管,可通过迁徙和归巢聚集在受损肾组织从而发挥修复作用。目前已证明移植的MSC在肾损伤模型中具有归巢至肾小球、间隙组织、小管周毛细血管及肾小管的能力。Huuskes等研究发现,骨髓MSC通过静脉注入单侧输尿管结扎肾损伤小鼠,采用生物发光成像技术追踪移植细胞,在移植后1小时后,可见骨髓MSC归巢于损伤肾脏或者同时归巢于肺脏和肾脏;在移植24小时后,大部分骨髓MSC迁徙至损伤肾脏,保持至36小时。此现象说明骨髓MSC本身有迁徙和归巢肾脏的能力,机制可能与受损肾脏发出的炎症信号的趋化作用相关。

(二)旁分泌机制

MSC表达的多种生长因子,如肝细胞生长因子(HGF)、血管内皮生长因子(VEGF)和胰岛素样生长因子-1,都可以改善肾脏细胞凋亡,促有丝分裂和其他细胞因子的作用。MSC的这些旁分泌作用导致白介素-1(IL-1)、肿瘤坏死因子α(TNF-α)、γ干扰素(IFN-γ)和诱导型一氧化氮合酶等炎症因子下调,具有抗炎和器官保护作用的 IL-10,以及碱性成纤维细胞生长因子 TGF-α 和抗凋亡的 Bcl-2 上调,所有这些影响都有助于修复肾小球。一些研究已经证实,MSC 释放的微泡(microbicle,MV)可有效治疗缺血再灌注导致的急性肾损伤和后续发生的慢性肾损害。骨髓 MSC 可能主要通过释放 MV 行使旁分泌功能。

(三)抗炎和免疫调节

MSC 具有很强的免疫抑制活性。干细胞的机制可能与影响 TH1/TH2 的差异表达细胞因子有关。研究表明,Th1 细胞因子 IL-2 和 IFN-γ 与 Th2 细胞因子 IL-4 产量下降,可能上调 B 细胞产生的自身抗体,与疾病活动有关。在实验性狼疮性肾炎和 FSGS 中,输注 UC-MSC 增加 IL-4 和 IL-10,并降低 IL-2 和 IFN-γ,提示 UC-MSC 会通过调节 T 细胞分化并将 Th1 转移到 Th2 极化以延迟自身免疫。MSC 可能通过分泌转化生长因子 β(TGF-β)、吲哚胺 2,3-双加氧酶和前列腺素 E$_2$,从而促进 Th1/Th2 极化和抗炎性树突状细胞 2 型信号转导来发挥作用。在抗 Thy 1 的肾小球肾炎模型中发现 MSC 可以抑制肾小球 MSP 和 Ron 的表达,并降低血小板衍生生长因子(PDGF)和 TGF-β 的局部水平及循环水平,通过减少单核细胞渗透的效果以减轻肾小球损伤。

(四)抗纤维化

MSC 在肺脏、心脏等慢性疾病的发展中有延缓纤维化的作用。已知 TGF-α 在肾小球硬化症的发病机制中起重要作用,在肾小管间质纤维化发挥作用。Ma 等发现,通过 UC-MSC 移植可以预防 ADR 诱导的大鼠肾脏中 TGF-β1 和 CTGF 表达的增加。据报道,FM-MSC 减少了参与纤维化发生的几种基因在肾小球的表达,包括 I 型胶原、TGF-β 和 PAI-1。

(五)抗凋亡

在 ADR 引起的肾病中,在共培养条件下探讨了 MSC 衍生的 VEGF 对 ADR 损伤的足细胞的再生作用。VEGF 对足细胞具有保护作用。许多研究表明,MSC 激活 AKT 诱导 VEGF 活化是调节生存信号的关键因素。

(六)抑制氧化应激

MSC 对离体培养和电离辐射这两种产生强烈氧化应激的条件有抵抗力。MSC 能有效清除过氧化物和过氧亚硝酸盐。MSC 具有主要的酶促机制解毒活性物质,并具有防止氧化损伤蛋白质组和基因组。

三、干细胞治疗肾小球疾病的疗效

(一)系膜增生性肾小球肾炎和 IgA 肾病

抗 Thy 肾小球肾炎是经典的血管增生性肾小球肾炎模型,其特征为肾小球系膜细胞增殖和基质增生,基质内有单核细胞/巨噬细胞浸润。许多研究表明,骨髓 MSC 治疗可以改善肾脏功能和组织学变化,通过减少单核浸润,减轻系膜激活和肾小球毛细血管内膜增生。津田等报道,在抗 Thy 肾炎的大鼠中,FM-MSC 可以显著减少活化的肾小球系膜细胞增殖,肾小球单核细胞/巨噬细胞浸润,肾小球系膜基质增生,以及炎症或细胞外基质相关基因的表达,

包括 TNF-α、单核细胞趋化蛋白 1(MCP-1)、I 型胶原蛋白、TGF-β 和 1 型纤溶酶原激活剂抑制剂(PAI-1)。据报道,在大鼠抗 Thy 肾小球肾炎中,EPC 也参与肾小球内皮和肾小球膜细胞的更新,并有助于微血管修复。在另一个系膜增生性肾小球肾炎(mesPGN)模型中,Abe-Yoshio 等在注射了蛇鼠毒液的受损肾小球内移植内皮祖细胞后发现,VEGF 过度表达上皮和内皮细胞,提示 EPC 参与肾小球损害的修复。1999 年,Imasawa 等人进行过骨髓鼠模型 IgA 肾病移植(BMT),并研究正常供体的 BMT 是否可以减轻肾小球病变。3 年后,他报告同种异体干细胞移植缓解了 1 例 28 岁 IgA 肾病的患者。

(二)局灶性节段性肾小球硬化症

在实验性局灶性节段性肾小球硬化症(FSGS)(阿霉素诱导的肾病大鼠)中,骨髓 MSC 限制了足细胞的丢失和凋亡,并且部分保存了足细胞裂孔隔膜分子 nephrin 和 CD2AP。骨髓 MSC 减弱了肾小球足细胞与上皮细胞沿鲍曼囊的粘连,从而减少肾小球硬化。在临床研究中,Belingheri 等人发现,通过异体骨髓间充质干细胞输注,FSGS 患者的肾脏功能稳定,蛋白尿减少,体内的循环炎症因子下降,并且在 1 年后仍然很低。

(三)抗肾小球基底膜性肾小球肾炎

铃木等曾报道人 MSC 对 Wistar-Kyoto 大鼠抗肾小球基底膜肾小球肾炎的治疗作用。该模型大鼠输注了人 MSC（3×10^6）后,结果表明,经 hMSC 处理的大鼠肾脏蛋白尿、血清肌酐水平和肾小球新月形成的程度降低,并显示凋亡的肾小球细胞减少。肾皮质的 TNF-α、IL-1β、IL-7 的 mRNA,以及血清 IL-17A 水平降低,而 IL-4 和 Foxp3 的 mRNA,以及血清 IL-10 水平升高,证明 hMSC 治疗抗 GBM GN 涉及抗炎和免疫调节衰减机制。

(四)狼疮性肾炎

Gu 等的研究中,同种异(同)基因的骨髓 MSC 被分别用来治疗 MRL/lpr 和 NZB/NZW F1 狼疮小鼠。无论在疾病的早期阶段(9 周龄)或在成熟阶段(16 周龄),MSC 均能恢复肾小球结构,减少肾脏 IgG 和 C3 的沉积。除了同种 MSC 移植,研究者还尝试用异种 MSC 移植治疗狼疮模型小鼠。Zhou 等首先发现人类骨髓 MSC 移植联合 CYC 治疗可显著改善蛋白尿和肾脏病理,MSC 还是非常理想的基因治疗细胞载体,易被病毒载体系统所转染,经过基因修饰的 MSC 输注后可以遍布全身,不仅可以发挥免疫调节和修复的作用,又可以大量表达如细胞因子等目的基因,而且两者具有协同作用。

在治疗狼疮小鼠领域出现的基因修饰,包括将 CTLA-4 Ig 基因重组到 MSC,将人激肽释放酶 1(hKLKl)基因转染给小鼠骨髓 MSC 等。这些基因修饰过的 MSC 能改善狼疮小鼠的蛋白尿、肾功能和肾脏病理。2009 年以来,中国南京的研究小组一直在报道用于 SLE 的 MSC 输注系统,并对其进行了标准化,静脉注射患者,MSC 的治疗剂量达到 1×10^6 个细胞/kg。2010 年,Liang 等人报道了对 15 例 SLE 患者进行同种异体 MSC 移植的初步研究,结果显示,MSC 疗法可以改善 SLEDAI 评分和 24 小时蛋白尿,单臂试验揭

示了同种异体的功效和安全性。重度和难治性 SLE 患者骨髓 MSC 输注后，LN 患者的蛋白尿在 3 个月时显著降低。病例报告显示，联合治疗输注自体 HSC 和同种异体 MSC 使 1 例 25 岁的患者临床缓解，在输注后保持 36 个月的随访，证据表明，该患者的 LN 和血液学异常得到改善，并表现出 24 小时蛋白尿减少和肌酐清除率增加。

（五）糖尿病肾脏疾病

糖尿病肾脏疾病（diabetic kidney disease，DKD）是终末期肾脏疾病最主要的原因之一。将 MSC 输入 DKD 动物模型中可有效抑制肾脏炎症和氧化应激，起到抗组织纤维化的作用。此外，干细胞及其衍生细胞同样可激活受损肾脏细胞再生，参与肾脏结构和功能的恢复。

在不同的临床及基础研究中，应用干细胞治疗 CKD 已被证实确有疗效。有研究通过对 5/6 肾脏切除的大鼠慢性肾衰竭模型的尾静脉注射骨髓 MSC，在移植细胞 4 个月后检测相关指标，发现移植细胞组大鼠体重比未移植组明显上升，且蛋白尿明显低于未移植组。其团队还发现，不同移植途径、不同移植次数对 CKD 的疗效具有较大差异，动脉途径移植细胞的效果优于静脉途径。Villanueva 等通过给大鼠移植人脂肪来源的 MSC，发现移植细胞的 CKD 大鼠血肌酐水平降低，损伤标志物 ED-1 和 α-SMA 表达降低，同时高表达与肾功能改善密切相关的 PAX-2、BMP-7 和 VEGF，同时在肾脏病理检查中发现了移植的脂肪 MSC。团队同时研究了骨髓来源的 MSC 对 CKD 大鼠的作用，结果与移植脂肪 MSC 类似。Choi 等纳入 30 例 CKD 患者，通过静脉途径注射自体骨髓 MSC，结果发现细胞移植后第 1、3、6 个月，移植组血清肌酐清除率明显高于对照组，且 2 例患者蛋白尿消失。但并非所有研究都能取得明显疗效，Shekarchian 等进行了一个为期 1 年的临床试验，给 7 例不同原因导致的 CKD 患者单次输注自体骨髓 MSC，结果 6 例患者血肌酐水平、肾小球滤过率（eGFR）无明显改善，但是未发现细胞输注的不良反应，至少证明了细胞移植的短期安全性和耐受性。

四、AKI 的细胞治疗

有研究证明，脂肪 MSC 注入 AKI 模型在 6 周时可减少肾纤维化。另一项研究也表明，肾内注射脂肪 MSC 改善了血管生成，保存了完整的肾脏结构，14 天恢复肾功能。其他几项研究也证明了脂肪 MSC 对改善小鼠肾功能的作用。Bussolati 等人报道了 CD133+ 细胞可以从正常成人肾脏组织中分离出来在体外培养。当 CD133+ 细胞经静脉注射于急性肾小管坏死的严重联合免疫缺陷小鼠，可能有助于肾脏损伤组织的修复。目前认为，MSC 具有向缺血后肾脏组织靶向归巢的能力，发挥缓解肾小管损伤和促进局灶组织细胞修复的作用。干细胞刺激再生的机制可能与干细胞及其诱导增殖的细胞大量整合到急性受损的细胞中有关。在促进增殖的同时，干细胞还可通过其抗凋亡及氧化应激的作用限制 AKI 的损伤程度。在另一项对肾脏缺血再灌注的研究中也已证实，将干细胞及其衍生细胞移植到肾被膜下或直接注射到肾实质中能对肾小管损伤起到治疗作用。另外，干细胞的旁分泌机制在 AKI 的治疗中也发挥重要作用，MSC 可通过分泌胞外囊泡、VEGF、EGF 等细胞因子抑制小管细胞凋亡，同时激活肾脏细胞增殖，从而起到促进血管生成和抗肾脏纤维化等效应。

五、总结

干细胞在促进受损肾脏再生修复、保护肾功能等方面具有一定的应用前景，但尚有许多问题亟待解决：干细胞治疗缺乏统一的质控标准；选择的干细胞类型、移植方法、移植细胞数量与相应的适应证还不确定；移植后可能诱导肿瘤发生；移植后的免疫反应；移植后归巢至肾脏并存活的干细胞比例仍较低，影响了旁分泌效应和免疫调节作用。尽管面临不少困难与挑战，但干细胞治疗作为一种新的治疗手段，仍是值得期待的。细胞治疗的一个延伸是组织工程，将工程科学结合起来，创造结构和设备来替代失去的组织或器官功能（图 3-36-4）。

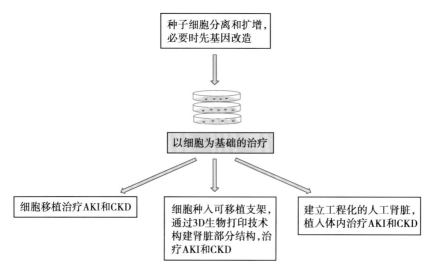

图 3-36-4 以细胞为基础治疗肾脏疾病的示意图

第三节　生物人工肾的功能替代

一、生物人工肾脏的研究概况

生物医学工程或生物工程是指构建人工组织和器官，包括将天然材料和合成材料组合起来以产生一个模式支架，使细胞能够在其上以特定的方式分层。

生物人工肾脏的一种方法是利用现有的器官作为细胞的支架，用洗涤剂灌注整个肾脏使器官脱细胞，只留下完整的细胞外基质原始形状，然后通过血管系统（顺行）或输尿管（逆行）将细胞重新引入肾脏，使其再细胞化。脱细胞的啮齿动物肾脏可以部分从原代肾细胞或 PSC 中再细胞化而来。但是，目前还没有明确的方法将特定的细胞类型靶向肾单位内的指定节段，目前尚不清楚再细胞化是否可使支架具有像肾脏一样产生和滤过尿液的功能。另一种方法是"芯片上的肾脏"装置，由植入肾细胞的合成支架组成，并受到通过管道连接的存储库的持续灌注。支架本身可以由合成材料、天然细胞外基质或这些材料的组合而成。这些装置大约只有信用卡大小，并且仅限于肾单位的特定部分，例如近端小管。毒性和转运分析表明，这些"三维"细胞培养装置比单层培养更准确地再现了肾单位的功能。目前，这些系统更多地还是应用在模拟人类肾细胞的损伤反应上。

3D 生物打印是为了对适于植入的较大结构进行生物工程处理的一项新兴技术。这种方法利用机器人的自动化在图案化的生物材料层中植入细胞，从而制造出宏观的、复杂的组织结构。为了保持结构完整性，将细胞嵌入到具有足够刚度的可生物降解的水凝胶中以承受植入。用于生物打印组织结构的模具可以基于数字化图像，并且可以包括微通道来增强扩散和细胞存活。这种技术主要用于结构和连接组织，这些组织相对简单，但是仍然不如体内相应的组织成熟和复杂。此外，尚未证明生物打印的组织结构具有长期的功能。今后将是该研究领域的重要前沿。

人工肾脏是能够进行肾脏替代治疗的医疗设备。传统的人工肾脏（透析机）只限定在短时间内高强度的治疗期，中间则为非透析期。相比之下，可穿戴式人工肾脏（WAK）是一种基于透析液再生吸附剂技术，连续不断地透析血液的微型移动式机器。最新的 WAK 试验表明，该装置可以在 24 小时内实现有效的尿毒症溶质清除，且无严重的不良反应发生。与传统透析相比，患者对 WAK 的满意度更高，但同时也观察到技术困难和性能差异。目前常用的肾脏替代治疗仅能替代肾小球的滤过功能，如果能够进一步替代肾脏物质转运、重吸收及内分泌功能，那么肾脏替代治疗将更接近肾脏的生理特点，能够改变目前急慢性肾衰竭的病程进展，这也是目前生物人工肾的发展目标。

二、生物人工肾脏的功能替代

（一）生物人工肾的构成

生物人工肾由生物人工血滤器和生物人工肾小管辅助（renal assisted device，RAD）两部分组成。生物人工血滤器是在人工生物材料（如聚砜膜）的中空纤维腔内种植内

皮细胞，使种植的细胞逃避宿主的排斥反应，并通过转基因技术，使之可合成并分泌多种肾源性物质。RAD 是由一种衬有肾小管上皮细胞的中空管状纤维生物反应膜组成的装置，旨在模拟肾小管的重吸收和分泌功能。在限定的单独的隔室中，上皮细胞在管腔内（内）和管周（外）滤液之间进行营养或毒素的载体运输，然后将管腔滤液丢弃，同时将小管周围富含营养和清除尿毒症溶质的滤液返回患者体内。一个由大约十亿个猪细胞组成的原型 RAD，沿着传统血液透析滤筒中空纤维的内部生长汇合，在犬模型中可有效地减轻急性肾功能衰竭导致的尿毒症表现。该设备还提供了肾脏的代谢功能，这是传统透析所不具备的功能。生物人工肾脏也可以是包括一个过滤装置（一个传统的高通量血液过滤器）连接着 RAD。具体来说，患者血液被泵出，进入血液过滤器的纤维，形成超滤液，被输送到 RAD 内的小管管腔下游至血液滤膜。被处理的超滤液退出 RAD 后被收集，并作为"尿液"丢弃。经过滤的血液从血液过滤器进入 RAD 通过毛细管外空间口，分散在设备的纤维中。在离开 RAD 时，经过处理的血液通过第三个泵返回到患者体内（图 3-36-5）。

（二）生物人工肾的临床前和临床研究

一系列在几种大型动物模型中进行的临床前研究验证了 RAD 在治疗急性肾脏病中的应用，其中有 1 只脂多糖诱导内毒素性尿毒症犬模型，1 只细菌性脓毒性尿毒症模型和 1 只感染性休克相关多器官功能障碍猪模型。这些研究表明，RAD 能有效取代急性尿毒症犬的肾脏过滤、运输、代谢和内分泌功能；可改善脓毒症时相关炎症因子的分泌及模型本身的心功能。

2003 年，由 FDA 批准的 I/II 期临床试验表明，对急性肾衰竭伴其他多脏器功能障碍的患者使用血透加 RAD 治疗能保持稳定的心血管功能，肾功能有所改善，死亡率由预测的 80%~95% 下降至 40%，并实现了谷胱甘肽降解和 25-OH-D_3 向 1,25-$(OH)_2$-D_3 的转变。2008 年，IIa 期多中心随机对照临床试验进一步表明，RAD 有效降低了患者起病 28、90 和 180 天的死亡率。但由于试验设计和 RAD 制备、质控方面存在障碍，之后的 IIb 期试验暂停。Humes 等利用生物人工肾装置对 1 例溶血性链球菌感染并发中毒性休克及急性肾功能衰竭的患者进行治疗。治疗后患者尿量增多，治疗前 12 小时，患者肌酐清除率为（4.9±0.9）mL/min，治疗 12 小时后，肌酐清除率增至（6.2±0.9）mL/min。同时，治疗后细胞因子如 TNF-α、IL-1β、IL-8、MCP-1、INF-γ、IL-10 及 G-CSF 均恢复到正常水平，血浆 1,25-$(OH)_2$-D_3 水平也恢复至正常。

（三）生物人工肾上皮细胞系统

为了使基于肾小管上皮细胞的治疗手段向前发展，成为一种商业上可行的、有效的生物工程设备，需要在设计和制造过程中进行改进。这种新方法是基于以往 RAD 的研究改善了的生物人工肾：生物人工肾上皮细胞系统（the bioartificial renal epithelial cell system，BRECS）。在 BRECS 的开发过程中，设计平台多次迭代升级，目前最终的设计包括：①可以大规模合理生产细胞的单元；②验证输注单元可

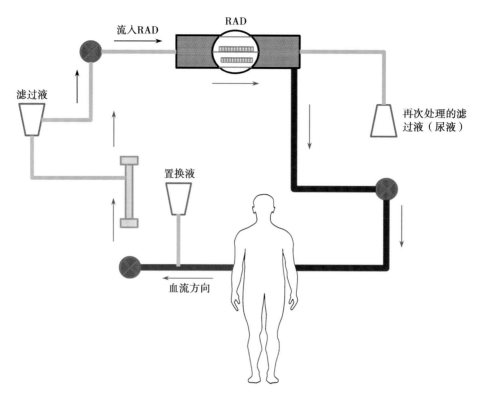

图 3-36-5　由滤过系统和 RAD 组成的生物人工肾示意图

以支持有效的 REC 种植于多孔支架上；③REC 能够耐受低温保存和运输；④通过 BRECS 注入的 REC 是安全的。血流从患者体内引出后流经标准化的滤器，产生的超滤液经过 BRECS 系统，因为 65kD 以上的分子被滤器隔离，所以 BRECS 内的肾小管上皮细胞免受人体免疫系统的影响。但该研究受到一定程度的限制，包括细胞的获取设计伦理问题、制作工艺复杂、消耗大量人力资源、运输不方便、不能冷藏（保持 37℃恒温）等，还需要进一步改进。

三、问题与展望

可以预见，生物人工肾装置可以使用经过优化的专门血液滤过膜，以模拟肾小球裂隙隔膜，这些滤过膜的滤液将通过在体内持续存在的生物反应器。这种方法面临的主要技术和概念挑战包括：①保持装置内的细胞保持活力，免受患者免疫系统的侵害，并保持完整的管状结构，以支持功能；②获得适当的泵功率和充足的水供应，因为体外透析在 4 小时内可以使用多达 200L 的水，而植入的生物人工肾中的水只能通过饮用来供应；③设计一个具有足够复杂性和组织性的肾单位样装置，以适当平衡分泌、重吸收和浓缩功能，从而产生适当成分和体积血液滤液。克服这些挑战可能会产生一种与传统治疗完全不同的肾脏替代治疗。最终目标是获得可植入的生物人工肾，包括过滤、代谢、吸收和肾脏的内分泌功能。

第四节　肾脏的组织工程

组织工程旨在应用细胞生物学、生物材料和工程学的

原理，研发用于修复、改善和重建人体病损组织或器官的生物活性替代物。

一、肾脏组织工程概述

用于工程肾功能的主要成分构建体是活细胞、基于生物材料的支架系统、生物活性因子和促进细胞行为的适当微环境。肾脏组织构建体的工程改造可能仅涉及支架系统和/或生物活性因子，其中人体的自然再生能力是培养新的组织生长的基础。利用细胞时，供体组织被解离成单个细胞，然后直接植入宿主，或在培养基中扩增，或附着在支架系统上，并在扩增后重新植入。由于难以再生而损坏的肾结构，尤其是肾小球，因此早期研究的重点是用含有肾细胞的工程构建物替代病理性肾组织。这些植入在体内的构建体显示出肾脏结构的形成会产生尿液样物质，提示使用工程化的肾构建体来增强肾功能的可能性。

随着干细胞生物学和细胞培养的进步技术，还进行了其他基础研究以专注于具有特定功能（例如滤过）的肾脏细胞类型。例如足细胞，是肾小球的关键细胞群，在肾小球滤过障碍中起主要作用，但是已知足细胞在受损的肾脏中增殖能力有限，研究集中于开发促进足细胞再生的方法，包括通过外用生物活性因子或将培养细胞输注到受损的肾脏中。这些策略旨在特异性地再生某些肾功能（例如滤过）。同样，许多研究旨在通过各种细胞来源、支架系统和生物活性因子实现针对性的特定肾功能。由此可见，肾脏组织工程包括细胞、支架系统和生物活性因子三要素，实现体外培养器官后再植入体内。（图 3-36-6）

从人体分离干细胞，进行体外扩增培养，植入支架系

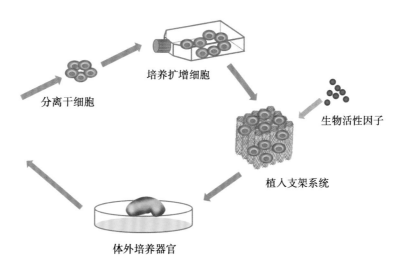

图 3-36-6　肾脏组织工程概述示意图

统,在各种生物活性因子作用下继续培养,最终获得体外培养的器官,再次植入人体。

（一）细胞来源

1. **原发性肾细胞**　肾脏组织由 20 多种专门的细胞类型组成,这些细胞在结构、组织形态和功能上各异,可以从正常状态和患病的肾脏组织收集原代肾细胞,并在维持生长的同时进行培养,以保持它们的表型和衍生功能。近端小管细胞（PTC）在肾脏生理功能中起重要作用。因此,从肾脏组织中分离功能性人肾 PTC 是必不可少的。组织学和免疫组化分析表明,大多数培养的细胞能够保留近端肾小管细胞表型,此外,在 3D 环境下培养细胞时,培养的细胞形成具功能特性的 3D 小管样结构。这些结果证明,建立细胞分离和培养方法可能最终会发展成为一种有效的方法用于 CKD 患者的治疗。

2. **多能干细胞**　随着细胞培养和分化技术的开发,可以将 ESC 分化为肾特异性细胞。最近细胞培养和分化方法的进步,使 iPSC 衍生的肾细胞谱系成为现实。类似的细胞培养技术,已用于 iPSC 生产小管细胞和足细胞。此外,iPSC 可来自人肾小球系膜细胞、尿液中存在的肾细胞、多囊性肾病患者的成纤维细胞,这些 iPSC 可以被认为是有前途的细胞肾脏组织工程的资源。

3. **胎儿和成体干细胞**　与 ESC 和 iPSC 不同,胎儿和成人干细胞可能更多实际用于肾脏工程,羊水来源的一种胎儿干细胞（AFSC）已被视为潜在细胞组织再生的来源。AFSC 展示了广泛的自我更新特征和超强的细胞分化能力。由于 AFSC 在体内不形成畸胎瘤,因此它们有可能被用于临床。AFSC 分化为肾特异性谱系的细胞已在体外培养系统中证明。另外,成人干细胞通常是从成人组织和器官,或骨髓和脂肪活检中获得。成年干细胞有自我更新的能力,它们可以分化成各种类型的细胞组织特异性谱系。

（二）支架系统

用于组织工程的支架系统的主要功能是提供一个"模板"来指导细胞行为,其中包括细胞迁移、增殖和分化,以及维持特定细胞类型的表型。因此,支架系统具有以下功能:3D 多孔结构,以便为播种细胞保持有效的营养和氧气供应;可生物降解性;适当的生物学特性来刺激、指导组织生长,以及功能组织和/或器官的形成;机械特性,用以在体外培养和体内植入过程中维持工程组织的形成。

1. **用于肾脏组织工程生物材料**　天然非细胞组织基质和合成聚合物。肾脏拥有复杂的 3D 管状结构,具有许多类型细胞群。因此,用于工程肾脏组织的肾脏特异性支架构建体需要允许一些种子细胞通过大量的细胞生长而形成正常的肾样结构。天然来源的聚合物为脱细胞组织提供了替代方法,包括胶原蛋白、透明质酸（HA）、藻酸盐、琼脂糖、壳聚糖、纤维蛋白和明胶。这些聚合物都具有充分支持细胞黏附、迁移、增殖和分化的能力。最天然的聚合物属于一类高度水合的聚合物材料,并且与天然组织相容,包括聚乙醇酸（PGA）、聚乳酸（PLA）和聚乳酸-羟基乙酸共聚物（PLGA）在内的合成聚合物也广泛用于组织工程。这些合成聚合物的降解产物无毒,相当于天然代谢产物,而且可以出于特定目的将聚合物降解速率控制在数周至数年之间。合成聚合物的缺点是它们不具备生理性,相对于生物衍生的支架,与人体的相互作用较差。合成聚合物的生物降解也可能导致炎症反应。

2. **脱细胞组织基质作为肾支架**　使用脱细胞组织基质作为肾支架显然更具吸引力,因为天然衍生的聚合物和合成的聚合物无法复制精确的空间组织肾脏等复杂结构,特别是无细胞组织通常通过机械和/或化学操作从组织中去除细胞成分,以制备富含胶原的基质。这些富含胶原蛋白的基质在植入和置换后往往会缓慢降解,与通过向内生长的细胞分泌的 ECM 蛋白有关。因此,研究者的注意力集中在生产肾脱细胞技术的发展上,可以维持天然的肾脏结构和完整性 ECM,生物活性因子和血管网络。目前已经开发出肾脏脱细胞技术来生产用于全肾工程的无细胞肾支架。

（三）生物活性因子

生物活性因子与肾衰竭引起的肾脏再生密切相关。生长因子包括表皮生长因子（EGF）、转化生长因子-α（TGF-α）、胰岛素样生长因子 1（IGF-1）、成纤维细胞生长因子（FGF）和肝细胞生长因子（HGF）。还需要进行额外的研究，以找出更有利的生长因子，可以持续增加组织增殖的能力。

二、肾脏构建体

基于细胞的方法被认为是有前途的治疗选择。此类治疗除涉及单独移植细胞，还包括植入工程化的肾脏构建体。

（一）3D 肾脏结构工程

用于 3D 肾脏结构工程的方法是将细胞播种到所需的支架系统，然后体外培养细胞接种的构建体。随后，可以将工程化的肾脏构建体制成植入体，以成功整合宿主肾组织。为此，原代肾细胞可植入多种类型的支架中。基于胶原蛋白的水凝胶已被广泛用于产生肾脏组织工程的支架。Wang 等从肾组织和肾小球中分离出肾小球上皮和肾小球膜细胞，在稳定、薄而透明的胶原蛋白凝胶上培养细胞，胶原蛋白凝胶模仿肾小球基底膜，形成一个重建的与肾细胞共培养的肾小球组织。用类似的方法，Lu 等在 3D 胶原蛋白/Matrigel 中使用混合的新生大鼠肾细胞体外支架。

（二）种子细胞自组装工程肾组织

将种子细胞自组装成工程肾组织的 3D 水凝胶支架，包含肾小管和肾小球样结构。同样有研究小组建立了 3D 模式用于体内研究的肾组织样构建体。人类原代肾细胞在基于胶原蛋白的 3D 培养系统模式下有效扩增，培养的细胞保留了基本表型、迁移能力和白蛋白摄取功能。而且在 3D 培养系统中，收集近端小管、远端均呈阳性染色标记的肾小管，发现人肾细胞形成了管状结构。将 3D 肾脏构建体植入小鼠皮下，6 周后，植入物维持其生存和肾脏表型，这些发现证明人肾细胞在 3D 培养条件下，使用胶原蛋白凝胶系统能够产生具有肾样结构的构建体，在体外可用于治疗肾功能衰竭。微脉管系统打印的成功应用，预示着在生产功能齐全的血管和神经支配的复杂组织方面（如肾脏、肝脏等），3D 生物打印有可能是唯一的解决方案。

（三）透明质酸肾脏组织的理想支架材料

透明质酸（HA）是糖胺聚糖，对组织工程非常重要，因为它在哺乳动物的发育中起着至关重要的作用。Rosines 等开发了一种 3D 细胞培养方法，可从中构建类似胎儿肾脏组织的肾样组织。在基于肾脏的研究中，作者利用 HA 支架支持输尿管芽（UB）分支，促进间质上皮转化。他们认为 HA 可能是肾脏组织的理想支架。3D 肾形成了包含肾小球和肾小管的重建体，提示可以通过移植肾节段来重建肾结构。由于供体肾脏严重短缺，医生和科学家一直在寻求新的解决方案。全器官工程的最新进展涉及器官脱细胞，当前的脱细胞/再细胞化技术，使研究人员能够成功创建许多生物工程化的完整器官，如心脏、肺、肝脏，最近，生物工程大鼠肾脏的植入证明了脱细胞/再细胞化组织的可行性。以前的研究利用胚胎干细胞和可行的肾脏外植体重建工程化的肾脏体外结构。尽管这些方法初步证明了使用肾脏再细胞化的可行性，作为肾脏生物工程的基质，全器官组织工程领域仍处于起步阶段，必须面对许多挑战。这些挑战包括：制造临床规模的脱细胞肾支架；使用临床相关的

细胞来源对支架进行有效的重新细胞化，重建功能齐全的肾脏构建体；长期植入时无严重血栓形成。

（四）肾脏组织工程用生物反应器

生物反应器提供的动态培养可使支架内的氧及营养传播更充分，代谢产物更容易排出，以及使种子细胞超过被动扩散的深度。此外，生物反应器还提供很多培养组织所必需的物理信号。在体外构建肾脏模型，除了细胞和支架的选择外，更重要的是如何更好地模拟体内的环境。其中体内流体流动的模拟是至关重要的。液体过滤是肾脏的重要功能，主要依赖肾小球和肾小管区流体流动所形成的剪切应力，其中以灌注为基础的流体流动更适合在体外模拟体内肾功能，并通过使用生物反应器系统完成，微流体系统便是其中很好的例子。通过多层微流控装置来培养及分析肾小管上皮细胞，在最佳的流体条件下，通过增强细胞极化，验证了细胞骨架的重组。此外，对流体流动的控制可能会得到不同的生物工程模型，从而能更好地模拟不同的疾病状态。

三、展望

组织工程化肾脏的关键在于如何维持种子细胞的生长，维护表型和功能的稳定，以及单个组件的开发并结合为一个整体系统，这些都是肾脏组织工程可控、可靠及可持续发展的必要条件。未来的研究需要发展更强大的动力系统，使 3D 组织结构和复杂的细胞相互作用，以及与流体流动更好地结合，从而发挥功效。脱细胞和 3D 生物打印技术在肾脏方面的应用虽然尚处于初级阶段，但具有广阔的应用前景。相信随着有关学科的发展，组织工程方法替代肾脏功能的研究必将会给肾脏病患者带来新的希望，有望突破器官移植的范畴，步入器官制造的新时代。

第五节　肾移植与连续性血液净化治疗

一、肾移植

（一）肾移植概述

同种异体肾移植仍是终末期肾脏疾病的最佳治疗方法，与血液透析和腹膜透析相比，肾移植患者有更长的存活时间和更优的生活质量。我国于 1960 年实施了首例尸体移植肾，1972 年实施首例亲属移植肾，此后国内各中心陆续开展了肾移植。目前，供肾来源包括公民死亡后捐献（donor after citizen's death，DCD）供肾和活体供肾。肾移植是一个相对复杂的系统性医疗过程，包括供肾的获取、肾移植手术及受者术后的长期随访管理。此外，活体供者也需要接受术后围手术期管理及长期随访。需要在术前对供者及受者进行严格的筛选和评估，以保证供肾获取手术和肾移植手术的顺利进行，移植肾和受者的长期存活及活体供者的健康。

1. 肾移植受者的选择

（1）适应证：各种病因导致的不可逆的肾衰竭患者均

可考虑性肾移植。一般需要满足：①65周岁以下且全身情况良好；②心肺功能良好，能耐受手术；③活动性消化道溃疡术前已痊愈；④恶性肿瘤新发或复发经手术等治疗稳定2年且无复发；⑤肝炎活动已控制，肝功能正常；⑥结核活动者，术前应行正规抗结核治疗，明确无活动；⑦无精神障碍或药物成瘾。

（2）禁忌证：有绝对禁忌证和相对禁忌证。

1）绝对禁忌证：肝炎病毒复制期，近期心肌梗死，活动性消化性溃疡，体内有活动性慢性感染病灶，未经治疗的恶性肿瘤，各种进展期代谢性疾病，伴有其他重要脏器终末期疾病，尚未控制的精神病，一般情况差，不能耐受肾移植手术者。

2）相对禁忌证：过度肥胖或严重营养不良，癌前期病变，依从性差，酗酒或药物成瘾，严重周围血管病变。

（3）病史评估和术前评估：肾移植前需进行病史评估，评估的目的是发现移植后可能影响候选者存活的共存疾病。评估还要确定移植在技术上是否可行，以及指导移植术后的免疫抑制治疗，还要进行原发性肾病的评估。虽然原发性肾病的类型不是肾移植的禁忌证，但由于术后原发性肾病具体疾病类型不同，在移植中仍存在不同程度的复发频率，因此初始评估应尽量明确肾病的病因。在某些病例中，原发性肾病更可能导致肾移植失败。复发率较高的原发性肾病包括局灶节段性肾小球硬化症、膜性肾病、膜增生性肾小球肾炎、IgA肾病、糖尿病肾病及单克隆丙种球蛋白血症。

2. 肾移植手术及术后管理　肾移植手术本质上是三个管腔的吻合：动脉、静脉和输尿管。供肾动脉通常与受者髂内动脉吻合（端端）或髂外动脉吻合（端侧），供肾静脉通常与受者髂外静脉吻合（端侧），供肾输尿管通常与膀胱黏膜吻合，最后用膀胱肌层包埋。

肾移植的术后管理同样重要。尿毒症患者自身抵抗力差，加之手术创伤、大剂量激素及免疫抑制药物的应用，术后易并发感染和其他并发症。因此在肾移植术后早期需要密切观察患者的生命体征，维持水、电解质、酸碱平衡，合理使用免疫抑制剂。早期必须注意尿量、血压、体温、创口引流物观察等。

3. 肾移植供体评估　进行活体肾移植时需要对活体供者进行评估。评估内容包括年龄、病史及体格检查、供者家族史、血液生化检查、感染方面检查、放射学检查、泌尿系统检查，以及供者的思想状态和精神状态的评估。通过评估排除掉不符合的捐赠者。

4. 肾移植排斥反应及免疫抑制剂应用　同种异体或者异种移植都会引发机体产生移植排斥反应，其本质是针对异型移植物抗原的特异性免疫应答。在进行同种异体器官移植时，受者免疫系统可识别移植物中的异体抗原，使免疫细胞增殖、活化。随后，免疫细胞激发细胞免疫和体液免疫等效应，最终导致移植排斥反应。分类如下：①超急性排斥反应（hyperacute rejection，HAR）是抗体介导的急性排斥反应的一种特殊类型，一般发生在肾移植手术血管开放后即刻至24小时。②加速性排斥反应（accelerated rejection，

ACR）通常发生在肾移植术后24小时至7天。③急性排斥反应（acute rejection，AR）是临床最常见的排斥反应，发生率为10%~30%，可发生在移植后的任何阶段，但多发生在移植术后1~3个月内。④慢性排斥反应（chronic rejection，CR）一般发生在移植术后3~6个月以后，据报道，CR以每年3%~5%的速度增加，肾移植术后10年，约有一半的患者发生CR，是影响移植肾长期存活的主要因素。由于免疫抑制剂的使用，肾移植的存活率已大为提高。肾移植的免疫抑制治疗可分为诱导治疗、维持治疗和挽救治疗。

（二）肾移植与细胞治疗

目前输注干细胞的治疗更着重于减轻肾移植后的排斥反应。在猪模型中，肾脏同种异体移植受者首先接受自体HSC的骨髓移植，这些HSC经过修饰可表达供体特异性的MHC-Ⅱ类分子，导致在缺乏持续免疫抑制的情况下，移植物的耐受性或可接受性增加。树突状细胞同样可以被修饰表达免疫调节性细胞因子或受体，从而提高肾移植物的存活率。自体MSC被注入一组肾受体评估急性排斥反应，与非细胞注射组相比，Tan等人证明了使用自体骨髓MSC后急性排斥反应发生率和感染风险较低，1年后评估肾功能更好。在另一项研究中，自体MSC可减少参与免疫排斥的调节性T细胞（Treg）。

另外，因为同种器官的紧缺，异种移植和嵌合体的研究也在不断深入。在20世纪60年代异种移植的早期临床试验中，黑猩猩被用作供体，但受者存活时间不超过2个月。随后，因为猪的驯养性，价格便宜，容易获得，而且它们的肾脏在大小、结构和生理学上都类似于人的肾脏，已成为这种手术的主要潜在供体物种。异种移植方法一直受到安全问题的困扰。首先，由于大量的非自身抗原，人体的免疫系统会迅速排斥来自其他物种的细胞。因此，异种移植排斥反应比同种异体移植排斥反应更为迅速和严重。猪细胞尤其脆弱，因为它们表达特定的碳水化合物抗原，如半乳糖基-α1,3,-半乳糖（Gal），会在人类和其他灵长类动物中引起超急性（几分钟之内）和急性（几天之内）排斥反应，这可能导致移植后不久的植入物衰竭。今后如果通过生物工程的方式在体外培育出全新的肾脏，也可以是肾移植的供体。

二、连续性肾脏替代治疗

（一）连续性肾脏替代治疗概述

连续性肾脏替代治疗（continuous renal replacement therapy，CRRT）是指每天持续24小时或接近24小时的一种长时间、连续的体外血液净化疗法，是所有连续、缓慢清除水分和溶质治疗方式的总称。该方式是模仿肾小球的滤过原理，通过两种方式即对流和弥散来达到清除溶质的目的，将动脉血或静脉血引入具有良好通透性的半透膜滤过器中，血浆内的水分和溶于其中的中、小分子量的溶质以对流的方式被清除，亦即靠半透膜两侧的压力梯度（跨膜压力）达到清除水分及溶质的目的。小于滤过膜孔的物质被滤出（包括机体需要的物质与不需要的物质），同时又以置换液的形式将机体需要的物质输入体内，以维持内环境的稳定。这一新技术在理论及临床研究不断发展，在多器官

功能障碍的救治中起到不可替代的作用。

其突出的优点是：①稳定性好：对全身血流动力学影响小，可清除大量液体而保持最小的血流动力学变化，透析膜生物相容性好。②连续性：能够24小时恒定地维持、调节水、电解质、酸碱平衡，模拟生理肾的滤过，为临床进行高能营养治疗提供可能性。③弥散与对流同时进行：尿毒症的中、小分子量毒素同时得到清除，而血渗透压变化小。④方便：可在危重患者床边进行。现已成为抢救急危重症患者肾功能衰竭的重要手段，并且不局限于肾功能衰竭。

临床治疗指征如下：①急、慢性肾功能衰竭引起人体内代谢产物蓄积和内环境（水、电解质及酸碱平衡）紊乱。②需要器官支持治疗。主要是心、肺、肝、脑等重要器官功能发生障碍或出现全身性严重感染，应用CRRT确保机体内血流动力学平稳、清除炎症介质和内毒素及体外营养支持等，具体包括：多器官功能障碍综合征；全身性炎症反应综合征（SIRS）；脓毒血症；重症急性坏死性胰腺炎；药物或毒物中毒；急性呼吸窘迫综合征；挤压综合征；严重创伤；乳酸酸中毒；慢性心力衰竭；肿瘤溶解综合征；热射病。

（二）连续性肾脏替代治疗与细胞治疗

有关肾功能衰竭干细胞治疗的研究已不在少数，也有研究将CRRT与干细胞治疗相结合，两者在改善肾功、清除血液内的炎症因子等方面具有协同作用。新近的研究则可以将CRRT与生物人工肾上皮细胞系统（BRECS）相结合，前者起到类似肾小球滤过的功能，后者则发挥类似肾小管的重吸收功能，整个系统提供连续的小溶质清除和代谢功能。

（张涵　杨洁）

参考文献

[1] 王海燕,赵明辉. 肾脏病学. 4版. 北京：人民卫生出版社, 2020.

[2] Pietilä I, Vainio SJ. Kidney development：an overview. Nephron Exp Nephrol, 2014, 126（2）：40-44.

[3] Yoshida M, Honma S. Regeneration of injured renal tubules. J Pharmacol Sci, 2014, 124（2）：117-122.

[4] Stamellou E, Leuchtle K, Moeller MJ. Regenerating tubular epithelial cells of the kidney. Nephrol Dial Transplant, 2021, 36（11）：1968-1975.

[5] Alan S.L.Yu, Glenn M.Chertow, Philip A.Marsde, Karl Skorecki, Maarten W.Taal. Brenner & Rector：The Kidney. 11th ed. Philadelphia：Elsevier, 2020.

[6] Thomson JA, Itskovitz-Eldor J, Shapiro SS, et al. Embryonic stem cell lines derived from human blastocysts. Science, 1998, 282（5391）：1145-1147.

[7] Gupta S, Verfaillie C, Chmielewski D, et al. Isolation and characterization of kidney-derived stem cells. J Am Soc Nephrol, 2006, 17（11）：3028-3040.

[8] de Almeida DC, Donizetti-Oliveira C, Barbosa-Costa P, et al. In search of mechanisms associated with mesenchymal stem cell-based therapies for acute kidney injury. Clin Biochem Rev, 2013,

[9] Takasato M, Er PX, Chiu HS, et al. Kidney organoids from human iPS cells contain multiple lineages and model human nephrogenesis. Nature, 2015, 526（7574）：564-568.

[10] Usui J, Kobayashi T, Yamaguchi T, et al. Generation of kidney from pluripotent stem cells via blastocyst complementation. Am J Pathol, 2012, 180（6）：2417-2426.

[11] Uchida N, Kushida Y, Kitada M, et al. Beneficial Effects of Systemically Administered Human Muse Cells in Adriamycin Nephropathy. J Am Soc Nephrol, 2017, 28（10）：2946-2960.

[12] Uchida N, Kumagai N, Kondo Y. Application of Muse Cell Therapy for Kidney Diseases. Adv Exp Med Biol, 2018, 1103：199-218.

[13] Andrianova NV, Buyan MI, Zorova LD, et al. Kidney Cells Regeneration：Dedifferentiation of Tubular Epithelium, Resident Stem Cells and Possible Niches for Renal Progenitors. Int J Mol Sci, 2019, 20（24）：6326.

[14] Jin M, Xie Y, Li Q, et al. Stem cell-based cell therapy for glomerulonephritis. Biomed Res Int, 2014, 2014：124730.

[15] Sattwika PD, Mustafa R, Paramaiswari A, et al. Stem cells for lupus nephritis：a concise review of current knowledge. Lupus, 2018, 27（12）：1881-1897.

[16] Maeshima A, Nakasatomi M, Nojima Y. Regenerative medicine for the kidney：renotropic factors, renal stem/progenitor cells, and stem cell therapy. Biomed Res Int, 2014, 2014：595493.

[17] Li JS, Li B. Renal Injury Repair：How About the Role of Stem Cells. Adv Exp Med Biol, 2019, 1165：661-670.

[18] Morizane R, Lam AQ, Freedman BS, et al. Nephron organoids derived from human pluripotent stem cells model kidney development and injury. Nat Biotechnol, 2015, 33（11）：1193-1200.

[19] Borges FT, Schor N. Regenerative medicine in kidney disease：where we stand and where to go. Pediatr Nephrol, 2018, 33（9）：1457-1465.

[20] Hammerman MR. Renal organogenesis from transplanted metanephric primordia. J Am Soc Nephrol, 2004, 15（5）：1126-1132.

[21] Chambers BE, Wingert RA. Renal progenitors：Roles in kidney disease and regeneration. World J Stem Cells, 2016, 8（11）：367-375.

[22] Koning M, van den Berg CW, Rabelink TJ. Stem cell-derived kidney organoids：engineering the vasculature. Cell Mol Life Sci, 2020, 77（12）：2257-2273.

[23] Huh SH, Ha L, Jang HS. Nephron Progenitor Maintenance Is Controlled through Fibroblast Growth Factors and Sprouty1 Interaction. J Am Soc Nephrol, 2020, 31（11）：2559-2572.

[24] Kang HW, Lee SJ, Ko IK, et al. A 3D bioprinting system to produce human-scale tissue constructs with structural integrity. Nat Biotechnol, 2016, 34（3）：312-319.

[25] Tumlin J, Wali R, Williams W, et al. Efficacy and safety of renal tubule cell therapy for acute renal failure. J Am Soc Nephrol, 2008, 19（5）：1034-1040.

[26] Buffington DA, Pino CJ, Chen L, et al. Bioartificial Renal

34（3）：131-144.

Epithelial Cell System（BRECS）：A Compact，Cryopreservable Extracorporeal Renal Replace-ment Device. Cell Med，2012，4（1）：33-43.

［27］Johnston KA，Westover AJ，Rojas-Pena A，et al. Development of a wearable bioartificial kidney using the Bioartificial Renal Epithelial Cell System（BRECS）. J Tissue Eng Regen Med，2017，11（11）：3048-3055.

［28］Westover AJ，Buffington DA，Johnston KA，et al. A bio-artificial renal epithelial cell system conveys survival advantage in a porcine model of septic shock. J Tissue Eng Regen Med，2017，11（3）：649-657.

［29］Song JH，Humes HD. The bioartificial kidney in the treatment of acute kidney injury. Curr Drug Targets，2009，10（12）：1227-1234.

［30］Buffington DA，Westover AJ，Johnston KA，et al. The bioartificial kidney. Transl Res，2014，163（4）：342-351.

第三十七章　自身免疫病的细胞治疗

提要:自身免疫病是一类发病原因复杂,诊治困难的疾病。传统治疗以糖皮质激素、免疫抑制剂等抑制过强的自身免疫反应为主,副作用发生率高,效果不尽如人意。近20年来,生物靶向治疗进步较大,但仍不能满足临床需求,部分患者疗效不佳,不能耐受,减停药物后复发加重。针对发病机制的细胞治疗近10余年有了长足进步,部分疗法给难治性疾病带来希望。本章分4节介绍自身免疫病和自身炎症性疾病概况,并对系统性红斑狼疮、类风湿性关节炎和系统性硬化症的细胞治疗进行介绍。

第一节　自身免疫病与自身炎症性疾病概况

一、自身免疫病的发生

自身免疫病的特征是针对正常身体成分出现异常免疫应答的病理状态,可导致炎症、细胞损伤或功能紊乱伴临床表现。自身免疫病可分为器官或组织特异性自身免疫病和全身性、系统性非器官特异性自身免疫病。前者包括自身免疫性甲状腺疾病、1型糖尿病和原发性胆汁性肝硬化等,后者则包括类风湿性关节炎、系统性红斑狼疮(systemic lupus erythematosus,SLE)、系统性硬化症、皮肌炎等疾病。目前普遍认为自身免疫病的发生主要受遗传和环境(包括感染和感染因素)的影响,如图3-37-1。

（一）遗传易感性

大多数自身免疫病在普通人群中的发病率为0.1%~1%,而患病个体的一级亲属患病率约升高5倍,同卵双胞胎的患病率约升高25倍。由此可见,遗传易感性是诱导自身免疫病发生的关键因素。

基因主要在三个层次上影响机体对自身免疫的易感性:第一,一些基因会影响免疫系统的整体反应性,从而使个体易患多种类型的自身免疫病;第二,影响T细胞识别肽的基因将机体改变的免疫反应性体现在特定的抗原和组织;第三,还有一些基因对靶组织调节免疫攻击的能力产生影响。值得注意的是,某一特定基因或突变是否导致疾病取决于宿主的整体遗传背景,即突变基因需与其他基因共同作用才可能导致疾病发生。此外,某些遗传缺陷可使患者易患一种以上的自身免疫病,因此不同的自身免疫病可能具有交叉的病理机制。

在全基因组关联研究中,单核苷酸多态性(SNPs)分析提示自身免疫病的发病与MHC位点的关联最为显著,其中包含了几个来自经典MHC-Ⅰ和MHC-Ⅱ类基因和非经典MHC-Ⅲ类基因。HLA-Ⅱ类分子HLA-DR3与系统性红斑狼疮、Sjögren综合征和自身免疫性肌炎亚型密切相关。在SLE中,HLA-DR3单倍型与抗DNA抗体的产生相关;在肌炎中,它与抗Jo1产生相关,在Sjögren综合征中,HLA-DRB1*03与抗Ro自身抗体的产生相关。在MHC-Ⅲ类区域内,包含编码补体因子4(C4A)和肿瘤坏死因子(TNF)等多个与自身免疫病相关的基因。

（二）环境因素

尽管自身免疫病的患病率会随着与患病个体的遗传相似性增加而明显增加,但在单卵双胞胎中,大多数自身免疫疾病的一致率仍不超过20%~30%,表明还有其他因素,如环境因素决定有遗传倾向的个体最终是否发病。目前已经确定了几种触发和加速系统性自身免疫反应的环境因素,包括感染因素和非感染因素,后者包括化学物质和药物、抽烟、性激素、紫外线和压力等。

1. 感染因素　大多数感染原,如病毒、细菌和寄生虫,都可以通过不同的机制触发自身免疫,微生物抗原可能通过分子模拟、对淋巴细胞的多克隆激活或损伤自身组织,进而暴露抗原来启动自身反应。多发性硬化、1型糖尿病、RA、SLE、SS、纤维肌痛等自身免疫病的发病均与感染有潜在的相关性。

2. 非感染因素　某些药物可以改变免疫系统引发的自身免疫反应,如普鲁卡因胺可诱导抗核抗体的产生及狼疮样综合征的发生。药物也可能具备半抗原和自体抗原的免疫原性,如青霉素和头孢菌素可以结合在红细胞膜上产生一种新抗原,这种新抗原引发一种自身抗体,导致溶血性贫血。

吸烟和接触烟草烟雾也被发现是引发自身免疫病的潜在诱因。最明显的是风湿性疾病,如类风湿性关节炎和系统性红斑狼疮,其次是甲状腺炎。吸烟对自身免疫疾病发病的确切影响机制尚不清楚。除了烟草烟雾以外,其他被认为与自身免疫疾病相关的因素,还包括暴露于晶体二氧化硅、有机溶剂和紫外线辐射。

与性激素密切相关的典型自身免疫病是SLE。SLE的发病年龄主要是经期妇女,且疾病活动与缓解会随月经周期和妊娠期而波动,目前认为可能是雌激素及其代谢产物在淋巴细胞成熟、活化、抗体和细胞因子的合成中发挥作用,参与了免疫调节和自身免疫反应,仍需更多研究来更深入地理解雌激素在自身免疫病中的作用机制。

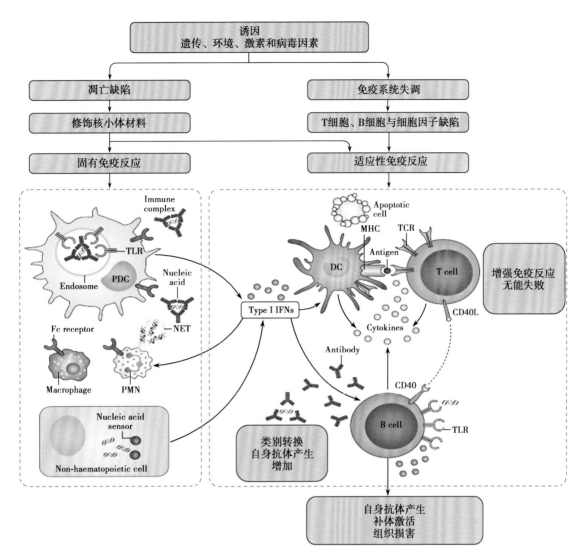

图 3-37-1　自身免疫病的发病机制

二、自身炎症性疾病

(一)自身炎症性疾病概念的提出

"自身炎症"的概念,在 1999 年由 Michael M 和 Daniel K 提出,最初用来形容肿瘤坏死因子受体相关周期性综合征(tumor necrosis factor receptor-associated periodic syndrome, TRAPS),表现为不明原因的局部或全身炎症的家族性疾病,但缺少高滴度自身抗体阳性和自身反应性淋巴细胞激活等自身免疫病的特征。随着医学研究的发展,系统性自身炎症性疾病(systemic autoinflammatory disease,SAID)逐渐被认识。SAID 的特征是发生周期性或慢性系统性炎症,可有急性发热、皮疹、浆膜炎(腹膜炎、胸膜炎、心包炎和关节炎)和淋巴结肿大等各种临床表现。急性期炎症反应因子显著升高。压力、睡眠剥夺、抗原刺激,如疫苗接种和病毒感染等,均可能引发 SAID,患者常能明确表述发病诱因。另有部分 SAID 的病程为慢性,核心特征为全身炎症;伪荨麻疹性皮疹和肉芽肿性皮炎等皮肤病表现可为这类疾病诊断提供线索;皮肤、关节和骨骼的慢性化脓性无菌性炎症也提示 SAID 的诊断。

(二)SAID 的遗传因素

SAID 常与自身免疫病相比较,两者都是免疫反应异常引发的系统性疾病,均包括单基因和多基因疾病。但自身免疫疾病主要是获得性免疫系统的功能异常,而 SAID 主要由先天性免疫系统异常引起。SAID 包括越来越多的罕见疾病,它们由先天免疫系统的功能障碍所介导,并具有一系列共同的临床特征谱。SAID 具有很强的遗传倾向,因此大多发病较早,通常在出生后的最初几小时至青少年时期发病,只有少数患者在成年期间出现症状。SAID 以单基因疾病为主,而自身免疫病以多基因疾病为主。由于 SAID 中的大多数属于罕见病,且具有广泛的临床表现谱,因此诊断困难,平均延迟诊断时间为 7.3 年。通过全外显子组(GWAS)或全基因组测序方法,有助于理解和发现单基因 SAID。

(三)抑制系统性炎症是 SAID 的治疗目标

SAID 患者的治疗目标是抑制系统性炎症,使用糖皮质激素通常可以控制 SAID 患者的炎症性病理损害,但停用激素后往往会复发。尽管 SAID 涉及多种变异基因,但由于 IL-1 家族是先天免疫和炎症小体发挥促炎作用的重要细胞因子,绝大多数 SAID 都通过 IL-1 信号通路引发下游炎症,因此 IL-1 抑制剂如阿那白滞素(anakinra)、卡那单抗(canakinumab)和利纳西普(rilonacept)逐渐成为 SAID 患者新的治疗选择。阿那白滞素是一种重组抗 IL-1 受体拮抗剂,通过结合 IL-1 受体同时抑制 IL-1α 和 IL-1β。卡那单抗是一种选择性抗 IL-1β 单克隆抗体。利纳西普通过充当与 IL-1β 结合的可溶性诱饵受体,防止 IL-1α、IL-1-β 和 IL-1Ra 与细胞表面受体的相互作用。阿那白滞素和卡那单抗是治疗 SAID 最常用的药物。自 1972 年以来,秋水仙碱一直是 FMF 的主要治疗药物,通过抑制 Pyrin 炎症小体寡聚化、干扰中性粒细胞迁移和黏附发挥抗炎作用。但有 5%~10% 的患者对秋水仙碱的治疗无反应。对于适应秋水仙碱剂量时未显示改善的无应答者,在秋水仙素治疗中添加其他治疗方案。

研究表明,抗 IL-1 药物(阿纳金拉、卡那单抗和利纳西普)、抗 TNF 药物(依那西普、阿达木单抗、英夫利西单抗)、抗 IL-6 药物(托珠单抗)和 Janus 激酶抑制剂(托法替布)可能对秋水仙碱无应答者有益。据报道,IL-6 途径抑制剂(托西珠单抗)、IL-1 受体拮抗剂(阿那白滞素)和抗 IL-1β 单克隆抗体(卡纳奴单抗)可降低疾病活动度。除 IL-1 细胞因子超家族外,干扰素也参与介导某些 SAID 的发生,如蛋白酶体相关的自身炎症综合征(PRAAS)或伴有脂肪营养不良和体温升高的慢性非典型中性粒细胞性皮肤病(CANDLE)。

三、自身免疫病的临床表现

自身免疫病较为共性的表现为关节疼痛肿胀、肌肉无力和肌痛、皮疹和长期发热等。非器官特异性自身免疫病还可累及眼、耳、鼻、口腔和重要脏器,神经系统、呼吸系统、肾脏、肝脏等均可能受累,在此仅举例常见自身免疫病的临床表现。

1. 发热 发热是自身免疫病的常见临床表现,通常表现为热程长、无毒血症状、发作与缓解交替出现等,风湿热、SLE、结节性多动脉炎、皮肌炎、大动脉炎、小血管炎等疾病均可出现低热症状。激素和免疫抑制剂对自身免疫反应引起的发热有效。此外,风湿性疾病患者由于长期应用免疫抑制剂,易合并结核等微生物感染引起发热,临床应加以鉴别。

2. 皮肤黏膜表现 风湿热、SLE、皮肌炎、白塞病、干燥综合征、血管炎等自身免疫病均可出现皮肤黏膜病变,皮疹可表现为环形红斑、皮下结节、颜面蝶形红斑、眼睑及关节伸面的红色斑丘疹、皮肤硬化、色素沉着、结节性红斑、紫癜等,不同类型的皮疹对于自身免疫病的诊断和鉴别诊断有一定提示作用。此外,SLE、白塞病、SS 患者的口腔黏膜易发生溃疡。

3. 关节表现 关节肿痛是风湿免疫病的常见症状之一,以关节受累为主的类风湿性关节炎(rheumatoid arthritis,RA)、脊柱关节病、痛风等疾病,以及某些弥漫性结缔组织病如 SLE、干燥综合征等均可出现关节症状。临床表现包括晨僵、关节肿胀、压痛、局部皮温升高、关节积液

等,需根据受累关节部位、关节症状、关节外表现、实验室检查等进行诊断与鉴别诊断。

4. 肺部表现 RA、系统性硬化症(systemic sclerosis,SSc)、干燥综合征合并非特异性间质性肺炎(NSIP)可出现干咳、胸闷、呼吸困难等症状,双下肺可闻及 Velcro 啰音。狼疮性肺炎表现为发热、干咳、气促,常与胸膜炎并发,抗生素治疗无效,但激素治疗后炎症迅速消退。SLE、结节性多动脉炎、重叠综合征等患者的肺部病变可伴有少量咯血,如伴有肺动脉受侵害,可发生大咳血。ANCA 相关性血管炎的肺部病变多见,临床表现多样,包括呼吸困难、咳嗽、咳血、哮喘、肺间质病变和肺部浸润灶。

5. 心脏表现 风湿免疫病的心脏表现包括心包炎、瓣膜病变、心肌炎、冠状动脉乃至心肌梗死,系统性血管炎、SLE、RA 等疾病可有不同类型的心脏受累,临床表现为心前区疼痛、心包摩擦音、心动加速等症状,需要结合其他症状体征和化验检查进行鉴别诊断。

6. 消化道表现 自身免疫病消化道受累可表现为腹痛、腹泻等症状,多同时伴有发热、关节痛、肌痛、皮肤损害等全身症状。系统性血管炎、SLE、强直性脊柱炎、皮肌炎、SSc 等均可出现消化道受累。

四、自身免疫病的细胞治疗来源

在过去几十年中,自身免疫病的新型药物研发取得巨大发展,包括单克隆抗体、小分子酪氨酸激酶抑制剂和细胞因子靶向抗体等在内的生物制剂临床疗效显著。虽然这些新型药物对于阻断疾病的免疫和炎症反应具有更强的特异性,但治疗仍依赖于连续或重复给药,并且副作用的风险与药物的长期累积量相关。此外,生物制剂只能改善症状并延缓疾病进展,但治愈自身免疫病的唯一方法可能是清除致病的免疫细胞而不是抑制。细胞治疗是指将正常或生物工程改造过的人体细胞移植或输入患者体内,调节、替换或清除异常细胞,从而实现再生修复或免疫治疗。目前细胞治疗已被应用于遗传疾病、晚期血液疾病、癌症、免疫性疾病、感染性疾病等病症的临床研究之中,对于自身免疫病来讲,细胞治疗可重新平衡免疫系统以恢复自我耐受,从而达到"治愈"的目的。目前自身免疫病的细胞治疗来源主要包括 HSC、MSC 和免疫细胞。

(一)造血干细胞移植

骨髓移植治疗恶性肿瘤是细胞治疗的先驱,随后自体 HSC 移植(hematopoietic stem cell transplantation,HSCT)治疗自身免疫病也逐渐得到临床试验和成功应用。尤其是常规生物制剂靶向治疗无效、预后极差的硬皮病、多发性硬化和 SLE 等自身免疫病,HSCT 为其治疗提供了新的选择。事实上,HSCT 发挥治疗作用不仅是通过高强度的免疫抑制,还包括对异常的自身免疫状态的调节。根据 HSC 来源不同,HSCT 可分为骨髓干细胞移植(BMT)、外周血干细胞移植(PBSCT)、脐带血干细胞移植和 ESC 移植,其中 BMT 和 PBSCT 是最常用的方法。

HSCT 不同于所谓的靶向治疗,HSCT 非特异性地靶向广泛的免疫感受性细胞,并为重新注入和/或残留的 HSC

产生的新的免疫库创造空间。第一步是"动员"，即使用大剂量输注环磷酰胺和亚皮下注射粒细胞集落刺激因子动员外周血祖细胞。第二步是"调理"，使用高剂量化疗、抗体耗竭或照射处理外周血祖细胞。最后一步是(自体)移植物的再融合。HSCT来源可取自骨髓，也可取自外周血。虽然骨髓中HSC的数目较外周血HSC多，但PBSCT患者恢复快，造血功能更易重建，所以临床上较多采用。另外，可以用合适的动员方法将骨髓中的HSC有效地动员到外周血中。

(二)间充质干细胞

MSC是不同于HSC的多功能基质前体细胞，存在于大多数成人组织，在移植后显示出多谱系的分化特征。与其他类型干细胞相比，MSC更易收集，存在于各种组织中，可分化为多种细胞系，且增殖性强。MSC治疗的细胞来源包括骨髓MSC(BM-MSC)、脐带MSC(UC-MSC)或脂肪组织分离的MSC(A-MSC)，其中BM-MSC是最易获得且研究最充分的MSC。

国际细胞治疗学会(The International Society of Cellular Therapy,ISCT)对间充质干细胞的定义包括三点：①这些细胞一旦在标准条件下培养，即可生长为贴壁细胞；②MSC表达CD73、CD90和CD105等多种标记物，但缺乏CD45、CD34、CD14/CD11b、CD79α/CD19和HLA-DR；③MSC能在体外分化为中胚层(如软骨细胞)、外胚层(如神经细胞)和内胚层(如肝细胞)等多种细胞类型。MSC具有自我更新和分化能力及修复潜力，随着医学研究的深入，MSC逐渐被发现能够调节免疫应答(即具有免疫调节特性)，且对先天性免疫和适应性免疫均有作用。在先天性免疫方面，MSC通过抑制中性粒细胞和自然杀伤(NK)细胞的效应功能发挥免疫抑制作用，并促进单核细胞向抗炎表型(M2)分化。在适应性免疫方面，MSC释放可溶性介质，如PGE_2、TGF-β和IDO，以及与各种免疫细胞的直接接触发挥免疫抑制能力。此外，MSC表达低水平的HLA-Ⅰ，极少表达HLA-Ⅱ，CD40、CD40L、CD80、CD86等共刺激分子的表达缺乏，这些分子特性决定了MSC无法被T细胞识别，在体内可逃避免疫监测。以上研究发现使MSC成为治疗慢性炎症疾病一种极具前景的细胞疗法选择。

(三)免疫细胞

1. 调节性T细胞　天然调节性T(regulatory T,Treg)细胞是来源于胸腺的$CD4^+$ T细胞亚群，组成性表达IL-2受体α链(CD25)，Forkhead box P3基因产物的表达是目前Treg的最佳特异性标志物。Treg在调节自身耐受、肿瘤免疫、抗感染、过敏和移植排斥等方面发挥重要作用，是维持免疫稳态的重要细胞亚群。Treg功能和数量的异常可导致自身免疫耐受的丧失和自身免疫病的发生，大量研究证实Treg能够调节自身免疫病和肿瘤免疫的易感性，并在诱导移植耐受和调节机体对微生物的反应中发挥作用。$CD4^+CD25^+$ Treg存在两个亚群：一个是细胞因子非依赖性和抗原非依赖性的天然Treg细胞亚群，另一个是由同源抗原和细胞因子募集的适应性Treg细胞亚群。前者直接来源于胸腺，后者来源于外周血的$CD4^+CD25^-$ T细胞前

体。基于Treg的细胞疗法既包括表达多克隆TCR的天然Treg，也包括在体外经基因编辑的使细胞表达某种特殊受体的Treg，如表达对自身靶抗原具有高亲和力的TCR或嵌合抗原受体(chimeric antigen receptor,CAR)，或表达其他嵌合受体如MHC肽段。

2. 恒定自然杀伤T细胞　恒定自然杀伤T细胞(invariant natural killer T cell,iNKT)具有显示自然杀伤细胞标记物的生物学特性，表达恒定的T细胞受体，能够快速产生大量Th1和Th2细胞因子，在调节自身免疫、抗过敏、抗微生物和抗肿瘤免疫反应中发挥重要作用。iNKT的细胞治疗已在1型糖尿病、SLE、关节炎等自身免疫病的动物模型中取得理想效果。

3. 树突状细胞　耐受型树突状细胞(dendritic cell,DC)可维持免疫耐受、抑制自身免疫，因此体外编辑耐受型DC成为自身免疫病的另一种细胞治疗选择。此外，通过成熟DC使抗原特异性Treg扩增，从而达到间接抑制自身免疫反应的效果。这些都为自身免疫病的细胞治疗提供了新思路。

第二节　系统性红斑狼疮的细胞治疗

一、系统性红斑狼疮概述

系统性红斑狼疮(systemic lupus erythematosus,SLE)是一种以青年女性多发的、原因未明的炎性自身免疫病，以多种免疫异常及产生多种自身抗体为特征，临床表现复杂，可累及多系统、多脏器。病情迁延难愈、反复发作，目前尚无根治办法。在20世纪50年代，5年生存率低于50%。近年来，由于糖皮质激素的合理应用，以及环磷酰胺(cyclophosphamide,CyC)等免疫抑制剂的使用，使SLE患者的生存率有了很大改观，5年存活率可达80%~96%，10年生存率达75%~85%。尽管如此，据欧洲报道，SLE每年的死亡率仍在1%左右。所以，SLE的治疗是一个远未解决的世界难题。

SLE的临床表现较为复杂。轻症者仅有发热、关节肌肉疼痛、体重下降、淋巴结肿大、面部盘状或蝶形红斑，全身血管炎性皮疹，口腔溃疡，脱发，浆膜炎等症状。重者可有严重的血液学损害、心脏损害、肺损害(狼疮性肺炎)、神经精神损害、肾脏损害及其他血管炎性损害。SLE患者体内存在多种免疫异常，抗核抗体(ANA)、抗Sm抗体、抗dsDNA抗体等与诊断关系密切。SLE的主要死因为继发感染、病情活动、肾脏损害、神经精神损害、心血管损害。

SLE的发病是在环境、遗传等多种原因的共同作用下，导致机体出现免疫异常，从而造成组织、器官的损伤。免疫异常包括抗原提呈细胞、T细胞、B细胞、NK细胞的异常，进而导致免疫耐受的破坏，产生自身反应性T细胞和B细胞。多克隆B细胞激活产生大量的免疫球蛋白及自身抗体，通过形成免疫复合物、补体介导的细胞溶解作用、吞噬作用及干扰靶细胞生理功能等途径造成组织损伤。自身反应性T细胞通过两种途径引起靶细胞死亡：穿孔素诱导细胞坏死和端粒酶B诱导的凋亡。Th1、Th2细胞产生的多种

因子，既参与了免疫异常的调节过程，又可以引起组织损伤。细胞因子在免疫的激发及免疫记忆的形成过程中起重要作用，引发后续 APC 的活化、T 细胞的分化、T 细胞与 B 细胞的相互作用，B 细胞、T 细胞、NK 细胞克隆扩增。

二、系统性红斑狼疮的治疗现状

SLE 的治疗目的是减少器官受累和损害，减少复发，减少糖皮质激素用量，延长寿命，提高患者生活质量，缓解或低疾病活动度。对于同一患者，在不同时期采用的治疗方案亦不同，总体治疗包括诱导缓解和维持治疗。近年来随着对 SLE 免疫发病机制认识的加深，新的治疗药物相继出现，给 SLE 治疗带来了较大进步。目前临床常用治疗药物见图 3-37-2。

（一）糖皮质激素

糖皮质激素（下文简称"激素"）是目前治疗 SLE 最主要的药物，对天然免疫和适应性免疫均有抑制作用，同时具有强大的抗炎作用。激素起效快，对 SLE 各种临床表现疗效确切，但其作用广泛，缺乏特异性，容易产生毒副作用，长期使用小剂量激素对身体亦能产生不利影响。例如，泼尼松每增加 1mg/d，器官损害危险度增加 5%；若剂量维持在 6~12mg/d，发生器官损害的危险度比不用激素增加 50%。因此，在长期维持治疗的过程中应尽可能把激素剂量减至最低甚至停用，这也是近年来 SLE 治疗的一个主要目标之一。

（二）环磷酰胺和硫唑嘌呤

环磷酰胺是一种烷化剂，主要作用于细胞周期中的 S 期，通过抑制 DNA 合成而发挥细胞毒作用。细胞增殖是淋巴细胞激活的重要环节，环磷酰胺通过抑制淋巴细胞增殖发挥免疫抑制作用，对 SLE 特别是狼疮性肾炎（lupus nephritis，LN）、神经精神狼疮、狼疮血管炎、狼疮肺炎等危重表现具有良好疗效，但烷化剂对细胞增殖的抑制为非选择性，可导致骨髓抑制、感染、性腺抑制或增加肿瘤风险等不良反应。

硫唑嘌呤通过抑制嘌呤合成而抑制细胞增殖，发挥免疫抑制作用。因其非选择性抑制细胞周期，故亦有骨髓抑制等不良作用，是 SLE 维持治疗的常用药物，对妊娠毒性小，相对安全。

（三）吗替麦考酚酯

吗替麦考酚酯（mycophenolate mofelil，MMF）可选择性地抑制嘌呤从头合成途径，却不抑制补救途径的嘌呤合成，故能选择性地抑制淋巴细胞增殖而避免对其他细胞产生影响，因此不发生骨髓和性腺抑制，避免了类似环磷酰胺的细胞毒副作用。MMF 的面世曾被认为是 SLE 治疗的里程碑事件。MMF 治疗 LN 的疗效与环磷酰胺相当，但毒副作用相对较少。无论是采用环磷酰胺或是 MMF 进行诱导缓解，治疗 24 周后仅略多于 1/2 的 LN 患者治疗有效，可见 LN 的治疗仍有较大改善空间。

（四）钙调磷酸酶抑制剂

钙调磷酸酶抑制剂（calcineurin inhibitor，CNI）包括环孢素和他克莫司。CNI 主要抑制 T 淋巴细胞钙调磷酸酶，通过抑制活化 T 细胞核因子（nuclear factor of activated T cells，NFAT）与 DNA 结合从而抑制 IL-2 的表达。IL-2 对 T 细胞存活和分化起关键作用，CNI 通过降低 IL-2 的表达而抑制 T 细胞的功能。因对淋巴细胞的作用具有选择性，故 CNI 并无骨髓和性腺抑制作用。他克莫司对 LN 的疗效不劣于 MMF，而联合小剂量激素和 MMF 治疗 LN 的疗效优于环磷酰胺脉冲方案。欧洲 SLE 治疗指南推荐对严重肾病综合征或疗效不佳的 LN，可加用小剂量 CNI。

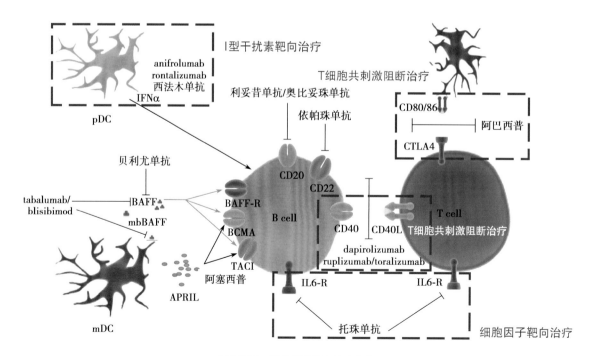

图 3-37-2　SLE 潜在靶向治疗药物

（五）甲氨蝶呤及其他药物

甲氨蝶呤主要用于治疗 SLE 皮肤和关节病变等轻症治疗。早年认为甲氨蝶呤通过抑制二氢叶酸还原酶抑制 DNA 的形成，从而抑制淋巴细胞，但近年认为其主要是通过抑制 AICAR 腺苷转化酶导致腺苷在细胞内集聚和释放，抑制淋巴细胞、单核细胞和中性粒细胞，非特异性抑制炎症反应。

硫酸羟氯喹作用机制尚不明确，有研究认为，其是通过影响溶酶体对抗原多肽的加工从而抑制免疫反应，可治疗 SLE 皮肤黏膜及关节症状，减少复发及降低疾病活动度，改善预后。孕期及哺乳可以安全使用，是 SLE 治疗的基石药物。

从上述药物发展来看，SLE 药物治疗是从非特异性抑制免疫和炎症反应开始，逐渐过渡到选择性抑制淋巴细胞，特别是 T 淋巴细胞功能。随着对 SLE 发病机制了解的深入，越来越多的特异性免疫抑制剂面世，包括生物制剂和小分子化合物抑制剂。

三、系统性红斑狼疮的细胞治疗

多项研究表明，基因本身的缺陷使多能干细胞在发育成不同谱系的免疫细胞（单核细胞、T 细胞、B 细胞）时出现功能性改变，并导致自身免疫病。因此，自身免疫病总体上可以看作是一种特殊形式的免疫缺陷病。免疫细胞的异常导致其子代细胞对机体自身成分产生免疫应答。干细胞及子细胞可能都存在缺陷。而子细胞（免疫细胞）间的相互作用和其分泌的因子，相互间的信号转导通路等环节均可出现异常。所以在干细胞及免疫相关细胞及其分泌的因子、信号转导等水平进行干预，均可能对 SLE 有治疗作用。

（一）针对 T 细胞的治疗

抗原提呈细胞激活 T 细胞需要共刺激分子作为第二信号，主要的共刺激分子包括 CD40-CD40L、CD28/CTLA-4-CD80/CD86 和 ICOS-ICOSL 等。目前针对 T 细胞的靶向治疗主要针对共刺激分子。与 B 细胞靶向治疗的成功相反，针对 T 细胞靶向治疗的效果并不尽如人意。阿巴西普（CTLA-4 Ig 融合蛋白）能与抗原提呈细胞上的 CD80/CD86 结合，阻断 T 细胞活化。但阿巴西普对 SLE 治疗的临床试验并未得到阳性结果，抗 CD40L 单克隆抗体在 SLE 的 Ⅱ 期临床试验中也显示无效。T 细胞在 SLE 发病机制中发挥重要作用，但针对共刺激分子的治疗为何无效仍需进一步研究。

（二）针对 B 细胞的治疗

在 SLE 的发病机制中，过度活动的异常 B 细胞几乎贯穿了疾病发生发展的所有过程，包括释放细胞因子、呈递抗原、产生自身抗体；通过各种细胞因子和抗原呈递过程调节 T 细胞的活化和极化。自身抗体是 SLE 最重要的特征，说明体液免疫在 SLE 的发病机制上发挥重要作用，因此靶向 B 细胞治疗理论上是有效的。

1. 利妥昔单克隆抗体（rituximab，RTX）　RTX 是针对 B 细胞表面 CD20 抗原的单克隆抗体，能定向清除 B 细胞。最早两项前瞻性对照试验 EXPLORER 和 LUNAR 均发现 RTX 可降低血清抗双链 DNA 抗体滴度，升高补体水平，但血清学改善并未使病情缓解或复发减少。有分析认为，背景治疗方案过强可能是这些临床试验失败的原因。在实际应用中，纳入 27 项研究共 456 例患者的荟萃分析显示，RTX 治疗促使 BILAG 评分（British Isles Lupus Assessment Group index）降低了 61%、系统性红斑狼疮疾病活动评分（SLE disease activity index，SLEDAI）降低了 59%。因此，美国风湿病学会（American College of Rheumatology，ACR）和欧洲抗风湿病联盟（the European League Against Rheumatism，EULAR）指南依然推荐 RTX 可用于治疗常规治疗无效的 SLE。

在正常情况下，自身反应性 B 细胞在 B 细胞发育过程中会被清除。在 SLE 患者中，过高的肿瘤坏死因子家族 B 细胞活化因子（B cell activating factor of the tumor necrosis factor family，BAFF/BLyS）会与自身反应性 B 细胞结合，为原本应该发生凋亡的自身反应性 B 细胞提供继续存活的信号，由此导致原本应该被清除的自身反应性 B 细胞得以存活，并在体内循环，不断产生自身抗体，导致组织炎症和损伤。

2. 贝利木单克隆抗体　贝利木单抗是 B 细胞活化的 BLyS 的单克隆抗体，能中和 BLyS，阻断 BLyS 与 B 细胞上的受体的结合，从而抑制自身反应性 B 细胞的存活，让更多的自身反应性 B 细胞发生凋亡，抑制自身抗体产生，影响体液免疫。BLISS-52 和 BLISS-76 两项临床试验均证实了其疗效。贝利木单克隆抗体已被美国食品和药品监督管理局批准用于治疗 SLE，但受试者的临床表现以皮肤和关节病变为主，肾损害比例低，故其对累及内脏的 SLE 疗效仍不肯定。近期发布了贝利木单克隆抗治疗 LN 的临床试验结果，显示在常规治疗的基础上加贝利木单克隆抗对 LN 有治疗作用。

3. 增殖诱导配体（aproliferation-inducling ligand，APRIL）　APRIL 是另一种 B 细胞生长因子。贝利木单克隆抗体并不能阻断 APRIL 的作用。理论上同时阻断两种通路疗效更优，但对体液免疫过度抑制亦进一步增加了感染风险。atacicept 可同时阻断 BAFF 和 APRIL，临床研究显示，其对 SLE 具有良好疗效。另一项 atacicept 临床试验显示，75mg 组的疗效优于对照组，但 150mg 组因出现 2 例死亡从而导致该亚组试验被迫提前终止。我国亦开展了同时阻断两种通道的生物制剂研究，Ⅱ 期临床试验显示有较好疗效，目前我国自行研制的靶向 B 细胞的药物注射用泰它西普（telitacicept）可同时拮抗 BLyS 和 APRILL（TACI 胞外段与 IgG1 Fc 蛋白的融合体），已经在 2020 年被批准用于 SLE 的治疗，初步应用获得了很好的疗效与安全性。

4. 硼替佐米　硼替佐米是一种靶向泛素调节蛋白降解机制的双肽基硼酸盐类似物，通过抑制哺乳动物细胞中蛋白酶体 26S 亚单位的糜蛋白酶/胰蛋白酶活性，减少核因子 JB 抑制因子的降解，从而抑制与细胞增殖相关基因的表达，最终导致肿瘤浆细胞凋亡。该药用于治疗多发性骨髓瘤。有报道难治性 SLE 用硼替佐米治疗后，浆细胞数、抗双链 DNA 抗体滴度和 SLEDAI 均减低，血清补体升高，尿蛋白减少。

5. 全身淋巴细胞放射治疗　SLE 患者体内存在大量功能亢进 B 细胞及功能异常的 T 细胞。全身淋巴细胞放射治疗能抑制 B 细胞及 T 细胞的活性，从而达到缓解病情的目的。该疗法仅适用于严重、常规治疗无效的狼疮肾炎。短期内可以明显改善病情，但以后又可复发，所以有局限性。

其他针对 B 细胞靶向治疗的研究正在进行中，包括人源化的第二代抗 CD20 单克隆抗体 ocrelizumab、抗 CD22 单克隆抗体 epratuzumab、针对 BLyS 的单克隆抗体 tabalumab。blisibimod 是一种由 4 个高亲和力 BAFF 结合结构域和人 IgG1Fc 片段组成的融合蛋白，能选择性地与游离型及膜型 BAFF 结合。III 期临床研究显示，其对 SLE 的疗效达不到基于 SLE 反应者指数 6（SLE responder index 6，SRI6）的临床终点，但能改善血清学指标，减少激素用量。

（三）靶向固有免疫系统

如前所述，固有免疫系统在 SLE 启动环节具有重要作用，树突状细胞 TLR 激活后，分泌 I 型干扰素。阻断 I 型干扰素成为 SLE 药物治疗发展的一个重要方向。阻断 I 型干扰素受体的 anifrolumab 的 III 期临床研究 TULIP1 未获得阳性结果，但 anifrolumab 的第二项 III 期临床研究 TULIP2 则显示其对 SLE 有效，已于 2022 年获得 FDA 批准用于治疗 SLE。sifalimumab 是全人源化的抗 α 干扰素单克隆抗体，II 期临床试验能达到所有研究终点，包括全身和器官特异的活动性指标。而另一个抗 α 干扰素单克隆抗体 rontalizumab 的 II 期临床研究则不能达到研究终点。

抑制 TLR 或核苷酸结合寡聚化结构域样受体蛋白（nucleotide-binding oligomerization domain-like receptor protein，NLRP）受体的活化是抑制固有免疫的另一种方法。TLR7 和 TLR9 拮抗剂能抑制下游 α 干扰素的产生，减轻狼疮动物模型的病变。研究发现，NLRP3 炎症小体或其上游通路 P2X7 受体抑制剂能减轻临床小鼠蛋白尿和肾脏病理损害。

（四）靶向细胞因子

除 α 干扰素外，其他细胞因子也在 SLE 的发病机制中发挥重要作用。针对 IL-6 和 α 干扰素的靶向治疗在 SLE 中疗效均不理想。近年来研究发现，IL-12 可促进 T 细胞向辅助性 T 细胞 1（helper T cell-1，Th1）分化，而 IL-23 则促进 Th17 分化，针对 IL-12/IL-23 的乌司奴单克隆抗体在 SLE 的 II 期临床研究取得了阳性结果。若乌司奴单克隆抗体不能在随后的临床试验被证实对 SLE 有效，说明 T 细胞在 SLE 发病机制中发挥重要作用。有趣的是，不阻断细胞因子，而直接给予细胞因子亦可用于治疗 SLE。最近报道小剂量 IL-2 能提高调节性 T 细胞比例而治疗 SLE。

（五）靶向细胞内信号通路

无论是细胞因子的作用，还是淋巴细胞的活化，均需通过激活细胞内相关信号通路来完成。近年来细胞信号通路研究突飞猛进，信号通路及相关激酶在肿瘤和自身免疫病中的作用也逐渐明确。阻断或促进细胞信号通路的传递可用于开发新的治疗手段。化学合成的小分子化合物可口服，比生物制剂更有优势，因此将成为药物发展的新方向。

最近研究发现，JAK/STAT 通路在 LN 驻留肾脏 T 细胞的维持中发挥重要作用；JAK 抑制剂托法替布能抑制此类 T 细胞功能，减轻蛋白尿和肾损害。目前已有多种 JAK 抑制剂在临床上用于治疗类风湿性关节炎等自身免疫病，但其能否用于治疗 SLE，证据尚不足。

巴瑞替尼在 SLE 的 II 期临床研究中也取得了较好疗效，III 期临床试验仍在进行中。小规模观察性研究发现，托法替布对 SLE 患者的皮疹和关节炎具有一定疗效。脾脏酪氨酸激酶抑制剂等能显著减轻狼疮小鼠皮肤和肾脏病变。近年细胞内代谢变化影响 T 细胞功能的研究，主要是针对 T 细胞内代谢关键酶的可逆性小分子抑制剂，例如用糖原合成酶激酶 3β 抑制剂治疗狼疮小鼠可减少肾损害，改善肾功能，可能成为新药研发的方向。

（六）干细胞移植

SLE 与其他自身免疫病一样，也是一种与干细胞异常相关的疾病。SLE 的发病机制与骨髓微环境的缺陷有关，且主要为 HSC 和 MSC 的缺陷。自 1997 年 Marmont 等首次报道自体骨髓干细胞移植（autologous bone marrow stem cell transplantation，auto-BM-SCT）治疗 1 例重症 SLE，并取得了良好的临床疗效以来，目前已有数百例将 HSCT 应用于治疗 SLE 的案例。随着相关研究的逐步深入，除 HSC 之外的另一种具有高度自我更新能力和多向分化潜能的 MSC 也被应用于治疗难治性、重症 SLE。

1. MSC 移植　“间充质干细胞缺陷学说”是一个较为热门的观点，也为细胞靶向治疗提供了新的理论依据。MSC 自身缺陷可能导致机体免疫抑制、免疫耐受等免疫调节作用相应减弱，对 T 和 B 淋巴细胞亚群的调节出现异常，最终参与并加速 SLE 的疾病进程。在一项涉及 16 例 SLE 患者的临床研究中，患者均接受脐带 MSC 移植（UC-MSCT），其中 2 例患者未使用任何免疫抑制药物，经过 6 个月 ~2 年的随访发现，患者均获得至少 3 个月的临床和血清学缓解，术后未发生与治疗相关的死亡或不良事件，显示其治疗严重 SLE 短期内安全有效。

另一项涉及 87 例活动性 SLE 患者的研究表明，在接受骨髓 MSC 移植（BM-MSCT）或 UC-MSCT 治疗后 4 年的随访中（平均随访时间为 27 个月），总体生存率为 94%，完全缓解率达 50%，复发率为 23%，SLEDAI 评分、血清自身抗体、白蛋白和补体水平均显著下降；6% 的患者由于非治疗相关事件死亡，其余患者未观察到严重的移植相关不良反应，证明了 MSCT 治疗 SLE 的长期安全性和有效性。然而，Carrion 等报道了 2 例 SLE 患者在应用 auto-BM-MSCT 后，外周血 $CD4^+CD25^+FoxP3^+$ 细胞计数增加，且未见明显的副作用，但疾病活动性并未降低，由此推测 MSC 诱导的 Treg 抑制作用可能依赖于高度炎症环境，在具有更高疾病活动度的患者中也许可以获得显著的临床疗效。我国 MSCT 著名专家孙凌云教授已经试验治疗了近 300 例反复发作、重症、激素和免疫抑制剂疗效不佳的 SLE 患者，报告的结果显示其临床治疗的有利意义。

MSCT 对 SLE 的合并症也具有显著临床疗效。Gu 等应用 BM/UC-MSCT 治疗难治性狼疮肾炎，在 12 个月的随访期间,60.5%(49/81)的患者肾脏病变得到缓解,虽有22.4%的患者出现了病情反复,但其肾小球滤过率较前显著升高,且未发现移植相关不良反应。一项荟萃分析显示,MSC移植治疗狼疮肾炎12个月后,SLEDAI、BILAG等疾病活动性指标显著下降(p<0.05)。肾功能和疾病控制的实验室参数,包括估计的肾小球滤过率、肌酐、血尿素氮、补体C3、白蛋白和尿蛋白,在治疗后也有显著改善。临床缓解率为28.1%,随访期间的总缓解率为33.7%。合并死亡率为5.2%,随访期间的总死亡率为5.5%。严重的不良事件非常罕见,而且与骨髓MSC治疗无关。弥漫性肺泡出血(DAH)是SLE的罕见并发症,死亡率高达50%以上。Shi等报道4例并发DAH的SLE患者接受UC-MSCT后1个月,氧饱和度恢复正常,血红蛋白明显升高,并在6个月内维持正常水平,血清白蛋白可升高至3.5g/dL,2例血小板减少的患者治疗后血小板水平明显上调,4例患者的临床表现显著改善,表明UC-MSCT可作为DAH患者的抢救和治疗策略。

在自体和异体HSCT中,如果联合MSCT,能够刺激SLE患者造血功能的重建,加速HSC植入,达到良好的预期效果。

虽然MSCT拥有良好的临床疗效和预后,但其稳定性仍需要小剂量激素和免疫抑制剂维持。如今定义的MSC的异质性和其介导的效应细胞,所涉及的信号转导通路仍未完全明确,体外MSC恶性转化、移植后机体肿瘤易感性增加、常规免疫抑制剂与MSC治疗的相互作用,以及治疗的长期安全性等目前尚没有定论。由于MSC分化潜能局限,来自不同个体的MSC存在着差异,如何大规模诱导MSC仍存在挑战。

2. 造血干细胞移植　自体HSC移植(auto-HSCT)于1996年在意大利首次被用于治疗SLE患者,此后不断有小规模的研究证实auto-HSCT在SLE和LN患者中的有效性。美国西北大学对1997—2005年间50例使用HSCT治疗的难治性SLE患者进行了单组试验,移植相关死亡率(TRM)为4%(2/50),其中1例死于播散性毛霉菌病,HSCT后5年总生存率为84%,5年后无病生存率为50%,移植后SLEDAI评分、血清学反应和肺功能都得到了改善,肾功能保持稳定。然而有研究指出,HSCT的TRM远高于这项研究,为13%。1996—2007年,欧洲血液和骨髓移植组(EBMT)登记处报告了所有首次应用auto-HSCT治疗的自身免疫病,纳入了900例患者,其中SLE 85例;在所有SLE患者中,5年生存率为85%,无进展生存率为43%,SLE的TRM为11%,诱发TRM增加的最主要原因是感染(45.7%)。

TRM的高低与移植中心的经验和自身免疫病的类型有关,移植技术越高,移植中心的经验越丰富,TRM就越低。2001—2008年,EBMT报告的28例接受auto-HSCT治疗的SLE病例中,其5年总生存率为81%±8%,无病生存率为29%±9%,复发率为56%±11%,移植操作技术与预后密切相关,其中1例SLE患者死于感染,1例死于继发性自身免疫病,1例死于SLE进展,在累及肾脏的严重SLE患者中,HSCT也不能逆转严重的肾损伤。Huang等首次对难治

性LN患者的ASCT治疗进行单中心队列研究,结果显示,其预后良好且相对安全,提示ASCT可作为治疗难治性LN的一种选择。目前临床数据显示,auto-HSCT治疗重症难治性SLE的安全性与有效性较高,但仍有复发的可能性。

异体HSC移植(Allo-HSCT)由于其局限性,目前多是小范围报道,预处理方案也不尽相同,国内有报道采用氟达拉宾+CTX+ATG方案预处理,随至移植后46个月,患者得到了完全临床缓解。2009年,EBMT回顾性研究报道了35例接受Allo-HSCT治疗的自身免疫病患者,包括2例SLE,预处理方案采用白消安、氟达拉宾和ATG,2例患者中1例死亡,1例病情进展,TRM为2年22.1%,5年30.0%。5例C1q缺陷的SLE患儿进行Allo-HSCT后,2例顽固性SLE患儿恢复了C1q的产生,随后SLE严重程度降低,1例患儿死于可的松耐受性胃肠移植物抗宿主反应,另一例患儿移植后33个月身体状况良好。Allo-HSCT的疗效还需要进行大量的临床研究证实,其安全性及有效性还有待评估。

虽然HSCT治疗SLE取得了令人欣喜的临床疗效,但仍有很多问题有待解决。首先,SLE发病机制涉及多基因异常,干细胞移植治疗尚未能从基因层面扭转SLE的发病;其次,自身免疫应答是由抗原驱动的,虽然有些研究以基因治疗辅助auto-HSCT为基础,以实现抗原特异性耐受为目标,取得了良好的预后,但在遗传疾病易感个体,特别是接受Allo-HSCT治疗后复发的患者中,"改变自我"的新抗原是否能完全实现特异性耐受仍存在争议。两种类型的HSCT都存在缺点:auto-HSCT虽不必担心来源问题,同时GVHD发生率低,TRM低,但由于造血干细胞取自自体,并没有从基因层面改变疾病的发展趋向,因此auto-HSCT复发率较高;Allo-HSCT的缺点主要为供者的来源受限,TRM和GVDH的发生率较高,费用较昂贵,副作用大等,多数患者不能接受。与auto-HSCT相比,Allo-HSCT同样会有复发的可能性,并且可能会发生继发性自身免疫疾病,有违减少死亡率、改善生活质量和致残率的移植初衷,故目前Allo-HSCT的应用相对较少。

3. HSC获取及输注方法　与其他自身免疫病的干细胞移植相近,因异体干细胞移植存在排异和GVHD,主要采用自体造血干细胞移植,分为自体骨髓干细胞移植及自体外周血干细胞移植,因后者操作简便且患者痛苦小,一般采用自体外周血干细胞移植。过程分为干细胞动员、采集、CD34+细胞筛选和冻存、预处理、干细胞回输等过程。

(1)干细胞动员及CD34+干细胞筛选:自体移植干细胞的动员用G-CSF 10μg/(kg·d)皮下注射,一般5~10天即可动员到足够数量的HSC,通常合用CTX连续2天合计2~4g/m²,目的是减少因G-CSF可能诱发的疾病发作及增加干细胞的产量。采集外周血干细胞,一般采用免疫磁珠法直接筛选CD34+干细胞,细胞数应大于2×10⁶/kg或>2×10⁴ CFU-GM/kg。如果体外处理,CD34+细胞应大于3×10⁶/kg。筛选的CD34+干细胞冻存备用。

(2)auto-HSCT前的预处理:主要目的是破坏致病的免疫系统,最大限度地减低T细胞激活所造成的异常免疫功能状态,降低复发率。有多种方案,包括免疫抑制

剂、全身射线照射、抗胸腺细胞免疫球蛋白(antithymocyte globulin,ATG)、抗人T细胞兔免疫球蛋白(Grafalon)等。临床试验一般采用的方案:CTX+ATG预处理方案,也称非清髓性预处理方案,是目前国际上公认的最佳预处理方案。其中CTX总量为200mg/kg,分4次于移植前第5天至第2天静脉1小时内滴注;兔ATG总量7.5mg/kg或Grafalon总量40mg/kg移植前分3天连续输注,输注ATG当天同时给予甲泼尼龙1mg/kg输注,亦有给予甲泼尼龙1 000mg/d输注的。这样的方案可最大程度上摧毁机体的异常免疫系统,清除自身反应的淋巴细胞。

全身照射因副作用较多,应用较少,但在近年结束的SCOT试验采用了该方法进行预处理,旨在祖细胞免疫重建之前最大程度地耗尽宿主中的T细胞,全身照射对清除分裂和静止的自身反应性克隆的独特特性可能有助于疾病的持久缓解,称为清髓性预处理方案。

移植方案如下:G-CSF动员造血祖细胞,除个别患者外未使用CTX,在白细胞分离和CD34$^+$细胞筛选后冷冻保存。预处理采用分次全身照射(800cGy,肺和肾脏屏障保护)、CTX总量120mg/kg和抗胸腺免疫球蛋白总量90mg/kg分次输注,随后进行了CD34$^+$干细胞移植。清髓性auto-HSCT对硬皮病患者具有长期生存的益处,包括改善无事件生存率和总生存期,与治疗相关的死亡和改善病情抗风湿药(disease-modifying antirheumatic drug,DMARD)移植后使用的比率低于以前非清髓性移植的报道,但以增加预期毒性为代价。

预处理过程中应注意进行水化、碱化尿液、保护心肺等重要器官功能的治疗。预处理应在洁净病房内进行。

(3)自体干细胞回输:预处理结束后即行干细胞回输,CD34$^+$细胞应≥2×10^6/kg。文献报道,中性粒细胞、血小板的平均重建时间(中性粒细胞>0.5×10^9/L,血小板>25×10^9/L)分别为12天和10天。auto-HSCT后的处理:抗感染、糖皮质激素及移植后给予造血生长因子如G-CSF、GM-CSF、促红细胞生长素等。多主张移植后激素逐渐减量,但也有移植后全部停用的。

(七)CAR-T细胞治疗系统性红斑狼疮

CAR-T细胞治疗是嵌合抗原受体T细胞免疫治疗(chimeric antigen receptor T cell immunotherapy,CAR-T)。CAR-T细胞治疗是从患者血液中收集分离T细胞,然后进行基因修饰,增强其对癌细胞的靶向和杀伤能力,T细胞在体外大量培养扩增后,再输入患者体内,并继续繁殖,最终识别体内癌细胞,将其杀死。CAR-T细胞治疗对肿瘤细胞杀伤力强,是杀伤肿瘤细胞的一种细胞治疗新手段。近年来,CAR-T在系统性红斑狼疮的实验研究也取得了可喜成绩,CAR-T识别CD19和其他B细胞表面抗原,杀死B细胞,在狼疮模型中,这一治疗策略获得了令人鼓舞的数据。

2021年8月,Georg教授等人在《新英格兰医学杂志》上发表了题为"CD19靶向CAR-T细胞在难治性系统性红斑狼疮中的应用"的文章,报道了1例用CD19-CAR-T细胞治疗重症、难治性SLE的成功病例。20岁女性狼疮患者,先后经大剂量糖皮质激素、环磷酰胺、吗替麦考酚酯、

贝利尤单抗、利妥昔单抗治疗后不缓解,停用所有药物,仅用小剂量糖皮质激素,输注CD19-CAR-T。经监测,CAR-T细胞按预期生长、扩增,随着CAR-T细胞繁殖、扩增,B细胞被耗竭,5周时患者抗双链DNA由高滴度转阴性,补体C3、C4正常,24小时尿蛋白定量由2 000mg降为250mg,SLEDAI评分由基线16分降为0分。2022年,德国学者又报道了用CAR-T细胞治疗5例SLE患者的研究。治疗4个月后B细胞正常,不再产生异常抗体,患者保持无病状态,迄今已经停用红斑狼疮药物3~17个月。这一研究初步显示了CAR-T细胞治疗对SLE有效,安全性较好。可预见这一疗法可能对其他难治性风湿免疫病有治疗作用。当然CAR-T细胞治疗对SLE等自身免疫病的疗效尚需大样本、长时间观察研究。

总之,SLE新药的治疗靶点越来越特异,减少了毒副作用,但SLE并非由单一发病机制所致,其可能是多种发病机制的同一组临床表现,过度特异治疗可能错过某些靶点,多靶点治疗不失为一种解决方案。SLE药物发展是从化学药物到生物制剂再到小分子化学抑制剂的过程,治疗方式从非特异抗炎到特异性免疫抑制和多靶点治疗的螺旋式上升过程。加强SLE发病机制研究将有助于开发更有效的药物。

第三节 类风湿性关节炎的细胞治疗

类风湿性关节炎(rheumatoid arthritis,RA)是一种发病机制尚不十分明确的全身性自身免疫病。RA是最常见的风湿病之一,国外报道发病率为1%左右,我国发病率为0.3%~0.4%。该病主要累及近端指/趾间关节、掌指关节、腕关节等小关节,亦可出现多种关节外表现,如类风湿结节、肺纤维化、心脏受累、肾脏受累等。RA以多关节破坏为特征,若未经有效治疗,关节可呈进行性侵蚀性改变,发病2年内关节破坏率可达50%,导致关节畸形、功能障碍和致残,给患者及社会带来巨大的经济负担。RA患者的寿命较同龄健康人减少3~18年,死亡率也显著高于同龄健康人。

近年来,RA的治疗突飞猛进。既往常用的非甾体抗炎药(non-steroidal- antirheumatic drug,NSAID)和DMARD治疗RA的方法均不能取得满意疗效。近年来许多新的治疗药物如生物制剂TNF-α抑制剂、IL-6和IL-1受体拮抗剂及小分子合成靶向药物JAK抑制剂如托法替布和巴瑞替尼等的应用,使部分RA患者的预后得到改善。尽管如此,由于RA的病因及发病机制尚不完全清楚,目前传统治疗方法只能缓解临床症状,复发率高,副作用非常明显,而且不能改变病情的进展,不能达到根除疾病的作用,病情仍易反复发作,部分难治性RA患者对现有治疗无效或抵抗,病情呈进行性发展,影响患者的生活质量及寿命。近年来兴起的生物制剂治疗,尽管效果比较显著,但致癌和加重感染的风险高,且费用昂贵,不能维持长期无药缓解,不能对损伤关节进行骨修复,限制了其在临床上的使用因此,迫切需要研究和发现新的有效的治疗方法。

一、RA 的发病机制

RA 的病因及发病机制尚不十分清楚。目前认为与遗传、自身免疫异常、微生物感染等相关。遗传:RA 有家族聚集特征,由此与遗传存在密切关系。携带 RA 易感基因的个体罹患 RA 的可能性增高。目前发现多种基因尤其是 HLA-DR4 与 RA 发病相关。自身免疫异常:患者的免疫系统错误地将自身正常的关节组织当作外源组织,并对其进行攻击,导致软骨、滑膜、韧带和肌腱组织发生一系列的炎症反应。微生物感染:微生物感染是 RA 发病的关键诱因,其中牙龈卟啉单胞菌、普雷沃菌属、奇异变形杆菌、EB 病毒、巨细胞病毒、人乳头状瘤病毒、疱疹病毒等多种病原体感染与疾病发生相关。吸烟是诱发 RA 的重要因素。

研究证实,RA 发病的基本原因是免疫功能紊乱引发的炎症反应,干细胞及由其分化而来的细胞(T 细胞、B 细胞、APC 细胞等免疫细胞)均存在功能缺陷。T 细胞在 RA 滑膜炎形成过程中起着至关重要的作用。CD4⁺ T 细胞为滑膜的主要浸润细胞;与 CD4⁺ T 细胞相关的 HLA-DR4/DR1 在 RA 中表达增加;RA 患者 T 细胞亚群(Th1/Th2)比例失常,Th1 活性异常增高,IFN-γ、IL-10、IL-12 等 Th1 样细胞因子分泌异常。

各种炎症细胞在黏附分子、趋化因子及其受体的作用下,穿过内皮细胞进入滑膜是 RA 发病的重要机制。抗原在 APC 上 MHC-Ⅱ分子的作用下与 T 细胞的 TCR 结合,提供 T 细胞活化的第一信号;APC 与 T 细胞的共刺激分子协同作用(B7 与 CD28/CTLA-4、CD40 与 CD40 配体等)提供第二信号,CD4⁺ T 细胞被激活。T 细胞活化后,产生炎症因子,激活 B 细胞,使其合成自身抗体,形成免疫复合物和激活补体等,参与 RA 的致病过程。炎症因子与滑膜成纤维细胞、单核细胞、巨噬细胞等相互作用,产生大量细胞因子,细胞因子产生失调、受体表达异常、拮抗调控通路缺陷,引

起关节局部炎症因子大量聚集,造成关节损伤。在这些炎症因子中,TNF-α、IL-6、IL-1 起着至关重要的作用。TNF-α 抑制蛋白多糖的合成及骨形成,促进骨吸收;IL-6 促进中性粒细胞募集,促进 T 淋巴细胞增殖和分化,促进 B 细胞抗体生成,诱导破骨细胞活化等;IL-1 在 RA 炎症细胞浸润及软骨侵蚀性损害中发挥重要作用。巨噬细胞、成纤维细胞产生的细胞因子、趋化因子及生长因子等使血管增生,形成血管翳,破坏邻近的关节软骨及骨。这些主要炎症因子及免疫细胞已成为 RA 治疗的潜在靶点,尤其是干细胞移植和针对 T 细胞、B 细胞等的治疗都非常有前景(图 3-37-3)。

二、针对 T 细胞的细胞治疗

RA 是由抗原刺激、T 细胞介导的,以及 T 细胞滑膜浸润引起的炎症反应,最终导致滑膜细胞和血管增殖,以及软骨和骨的破坏。鉴于 T 细胞在 RA 发病机制中的关键作用,国内外广泛开展了针对 T 细胞的 RA 治疗新途径的研究。

(一)作用于 T 细胞的单克隆抗体

1. 抗 CD4 单克隆抗体 CD4⁺ T 细胞在 RA 的发病中,尤其是早期阶段起重要作用,因此人们提出抗 CD4 单克隆抗体治疗 RA。抗 CD4 单克隆抗体的可能作用机制包括:①抑制细胞外 T 细胞 CD4 分子与 MHC-Ⅱ类分子相互作用;②抑制细胞内 p56ICK 与 CD3 之间的联络;③诱导免疫反应由 Th1 型细胞因子产生型向 Th2 细胞因子产生型漂移;④向 T 细胞发送负信号,诱导耐受状态;⑤依赖抗体的细胞毒作用。

多年来,很多学者研究用抗 CD4 单克隆抗体治疗 RA。由于鼠源性单抗对人有很强的免疫原性,导致对 CD4⁺ T 细胞清除过多和诱发血清病样反应等,因而未能用于人类。用于临床研究的抗 CD4 单克隆抗体目前有嵌合型(消耗性)抗 CD4 单克隆抗体及人源化的抗 CD4(非消耗性)单克隆抗体。用免疫原性更低的嵌合抗体或人源化单抗代替鼠

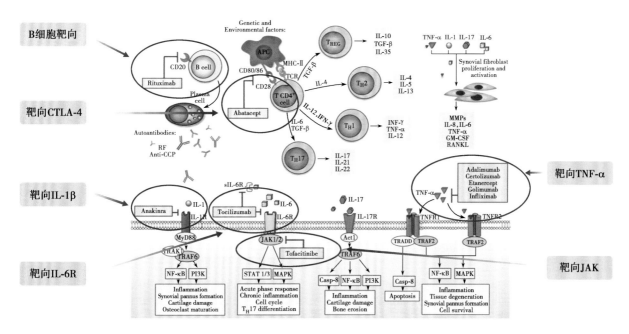

图 3-37-3 RA 的发病机制及治疗靶点

单抗有可能减少这些副作用。有研究者研究出了一种人源化的免疫原性及免疫清除作用均明显降低的单抗 IDEC-CE9.1，含有短尾猴轻链及重链可变区和人重链及 λ 轻链恒定区。有临床试验发现，该单抗治疗可使 73% 的 RA 患者达到 ACR20（美国风湿病学会关节炎改善 20%），外周血及滑膜中 CD4$^+$ 细胞与抗体结合比例与临床反应相关。部分患者长期应用后，出现淋巴细胞减少。

总之，抗 CD4 单克隆抗体治疗 RA 的前景尚难定论，有效性及安全性需进一步研究。

2. 抗 CD52 抗体   CD52 是位于淋巴细胞（B 细胞和 T 细胞）和部分单核细胞表面的一种多肽。抗 CD52 单克隆抗体可以皮下或静脉使用。一项开放的抗 CD52 单克隆抗体治疗 RA 的试验发现，部分患者可获得永久临床症状缓解，部分患者出现严重的细胞因子释放综合征及淋巴细胞减少。

3. CD5 单克隆抗体   CD5 在 T 细胞激活中起"第二信号"的作用，存在于 T 细胞和 B 细胞表面。一项开放的抗 CD5 单抗治疗早期 RA 的试验发现，60%~75% 的患者有效，但 3~6 个月后疗效下降，而且对病程 3 年以上的患者疗效较差。

（二）T 细胞活化过程的阻断

1. T 细胞受体多肽疫苗   T 细胞受体（T cell receptor，TCR）是 T 细胞膜上的跨膜蛋白，TCR 识别抗原后将信号传递到细胞内从而激活 T 细胞，所以抑制 TCR 就可能抑制 T 细胞活化。T 细胞异常增生活化是 RA 发病的基础，用特异性 TCR 多肽疫苗可以抑制相应 T 细胞，从而抑制 RA 的炎症反应，可能达到治疗作用。

2. T 细胞共刺激通路的阻断   T 细胞的激活需要两个信号：一个由抗原-TCR 提供，另一个（共刺激信号）由 T 细胞上的 CD28 与其在 APC 上的配体 B7-1/B7-2 相互作用提供。T 细胞表达与 CD28 结构相似的 CTLA-4 分子，CTLA-4 与 B7 分子有更强的结合力，提供抑制信号。活化的 T 细胞表达 gp-39，是表达于 APC 上的 CD40 的配体。CD40 刺激后，向 B 细胞传递产生抗体信号，并可诱导 B7 表达，从而诱导黏附分子及炎症因子的表达。

阻断共刺激途径 CD28 和 CD40 通路，可以防止猴移植排斥反应，有效抑制 T 细胞的功能。CTLA-4 Ig（CTLA-4 细胞外段与鼠 IgG2a 的 Fc 段融合）及抗 GP39 单克隆抗体都可以有效抑制胶原诱导的关节炎。

阿巴西普是一种可溶性融合蛋白，是由人源 CTLA-4 细胞外功能区与经过修饰的人源 IgG1 Fc 片段（铰链区-CH2-CH3 结构域）组成，采用重组脱氧核糖核酸（DNA）技术在哺乳动物细胞表达系统中生成。FDA 在 2005 年批准阿巴西普静脉注射治疗成人中重度 RA，2011 年批准皮下注射剂型。目前的适应证包括 RA、JIA（幼年特发性关节炎）、PsA（银屑病关节炎）。2020 年 1 月在中国获批上市，与甲氨蝶呤（MTX）合用，用于对改善病情抗风湿药（DMARD），包括甲氨蝶呤疗效不佳的成人中重度活动性 RA，可以减缓患者关节损伤的进展速度（X 线检测），并且可以改善身体功能。我国成人 RA 患者的建议用量为皮下

注射 125mg/ 周，也有静脉输注的临床试验。最严重的不良事件是严重感染和恶性肿瘤，最常见的不良事件是头痛、上呼吸道感染、鼻咽炎和恶心。

3. 以黏附分子为靶点的治疗   黏附分子在 T 细胞向炎症部位迁移（归巢）过程中发挥重要作用。抑制黏附分子就可以抑制 T 细胞向炎症部位迁移，从而抑制其在炎症局部的活化，达到抑制 RA 炎症反应的目的。抗 ICAM-1 单克隆抗体的 I/II 期临床试验表明，其可以降低 T 细胞的反应性，有一定疗效。

4. MHC 等位基因作为治疗靶点   HLA-DR1 和 HLA-DR4 是 RA 的易感基因。APC 将抗原处理后，与 HLA 结合，提呈给 T 细胞而使 T 细胞激活。阻断 HLA 可以抑制 T 细胞的活化。目前已经有含抗 HLA-DR 抗体的免疫球蛋白治疗 RA 的试验研究。该治疗途径主要有 3 种方法：①抗 HLA-DR 抗体，目前研究主要集中在寻找特异的 HLA 亚型结构的单克隆抗体及人源化的融合抗体；②合成的 HLA-DR1/DR4 多肽疫苗，正在观察其安全性及免疫原性和有效性；③竞争结合 HLA-DR1/DR4 的多肽，高亲和力多肽通过与 HLA-DR1/DR4 结合，阻断免疫激活过程。以上方法可能成为 RA 有效的治疗新途径。

（三）口服耐受-调节 Th 细胞治疗 RA

口服耐受是指口服抗原后，与肠相关淋巴组织作用，通过诱导宿主对摄入抗原的系统性低反应而实现宿主对摄取蛋白类抗原物质无反应。口服耐受由 T 细胞介导，小剂量抗原主要诱导调节性 T 细胞，抑制 Th1 介导的反应，而大剂量的抗原主要通过诱导 T 细胞克隆清除或克隆无能起作用。肠道局部产生的调节性 T 细胞可以移动到与摄入抗原有相同抗原决定簇的微环境中，抗原特异性 Th2 细胞则可从肠道迁移至有口服抗原存在的器官组织中，二者在局部刺激下产生抗炎症细胞因子而达到免疫耐受的作用。胶原诱导的鼠关节炎模型证实，口服 II 型胶原可有效抑制关节炎的发生。

基于以上研究，在人类进行口服牛或鸡 II 型胶原治疗 RA，结果与动物实验不尽一致，只发现鸡 II 型胶原有治疗作用，而牛 II 型胶原无治疗作用。所以该疗法尚需深入研究，以明确其治疗的安全性和有效性。

三、针对滑膜细胞治疗 RA——诱导凋亡

滑膜细胞过度增生是 RA 的重要特征，在软骨及骨的破坏中起重要作用。研究证实，RA 滑膜过度增生与凋亡异常、Fas/Fas 配体作用缺陷有关。这种缺陷可被 TNF-α 诱导，并被抗 TNF-α 的中和性单克隆抗体抑制。Fas（CD95）是 RA 滑膜细胞上的一种受体，与抗 Fas 单克隆抗体或配体作用后可以诱导滑膜细胞的凋亡，抑制滑膜细胞的增生。将抗 Fas 单克隆抗体注入 HTLVA tax 转基因小鼠后，可以改善其关节炎的症状。通过复制缺陷的腺病毒载体将 Fas 配体基因转移至小鼠关节内，其高表达可以诱导滑膜细胞的凋亡，改善胶原诱导关节炎的症状，从而达到滑膜基因切除的作用。

四、以肥大细胞为靶点治疗 RA

肥大细胞在 RA 发病中的作用日益受到重视。在动物模型及 RA 患者中都观察到关节炎局部肥大细胞数量增加，而且肥大细胞数量与疾病病情相关。肥大细胞可以产生炎症细胞因子如 IL-1、TNF-α 等，炎症因子又作用于 T 细胞、巨噬细胞、滑膜成纤维细胞。肥大细胞还参与骨破坏及骨重建，与基质金属蛋白酶（MMP）有关。在 CIA 模型中，口服肥大细胞稳定剂赖色甘酯后，不仅关节炎症状减轻，病理和 X 线也有显著改善，病情改善与肥大细胞数量下降相关，证明肥大细胞稳定剂赖色甘酯对 CIA 有很好的治疗作用。

五、针对 B 细胞的 RA 细胞治疗

19 世纪，由于在 RA 患者滑膜中发现 B 细胞生发中心，从而确定 B 细胞参与 RA 发病。RA 患者病变关节的慢性滑膜炎症可以使局部 B 细胞分化为浆细胞，从而分泌高亲和力抗体如类风湿因子（rheumatoid factor，RF）、抗环瓜氨酸抗体（anti-cyclic citrullinated peptide antibodies，抗 CCP 抗体）。该类抗体与抗原结合，形成抗原抗体复合物，促进关节的损伤。

以 B 细胞为作用靶点的免疫抑制治疗，直接抑制体液免疫反应，对 RA 有很好的治疗作用。

（一）B 细胞祛除/消耗疗法

随机双盲安慰剂对照研究发现，消耗（祛除）B 细胞的方法治疗 RA，患者病情改善，且可以降低 RF 滴度，单次治疗，疗效可持续 3 年。

该疗法主要用人鼠嵌合抗 CD20 抗体，通过抗体依赖的细胞毒作用，补体介导的融细胞作用或凋亡作用使 B 细胞死亡。

利妥昔单抗是一种特异性针对 B 淋巴细胞（CD20）的人鼠嵌合单克隆抗体。1997 年获 FDA 批准用于治疗人类恶性顽固性滤泡低分化非霍奇金淋巴瘤。2001 年首次将其试用于 RA 患者，取得了满意的效果，安全性良好，尤其对 TNF 抑制剂治疗无效的患者值得应用。对于难治性和侵蚀性 RA 联合 MTX，在第 1 天和第 15 天分别应用 1 000mg，随后 24 周重复上述疗程或依据临床评估用药，但频率不超过每 16 周 1 个疗程。

（二）抑制 B 细胞表面的共刺激分子抑制 B 细胞

抑制 B 细胞表面的共刺激分子可以抑制 B 细胞的分化成熟。有人研究了阻断 CD40-CD40 配体治疗 RA，抗 CD40 配体在动物实验取得较好疗效，但用于人时，副作用大，需进一步研究。

所以，将治疗靶位从 T 细胞转向 B 细胞，可能给 RA 的治疗带来新的突破。

六、干细胞移植治疗 RA

RA 存在干细胞缺陷，以自身免疫紊乱为特征的 RA 是一种干细胞病。RA 类似于淋巴增殖性疾病，存在 T 细胞、B 细胞、单核细胞、滑膜成纤维细胞及血管内皮细胞的过度增殖。所以干细胞移植方法用"正常的干细胞"代替异常的细胞，获取免疫重建，是治疗 RA 的有效方法。HSCT 治疗 RA 基于以下临床观察：RA 患者在接受异体骨髓移植后病情得以缓解；合并其他恶性疾病的 RA 患者接受自体造血干细胞移植后病情明显改善。

（一）HSCT 治疗 RA 的机制

HSCT 治疗 RA 的机制包括以下几个方面：RA 的发病需要多种淋巴细胞参与抗原的递呈、识别和反应，对 RA 患者进行预处理后清除了自我攻击性的淋巴细胞，抑制了炎症反应，使疾病得到短期缓解；祛除 T 细胞的干细胞回输给患者，以减少移植物中的淋巴细胞克隆，最大限度降低 T 细胞激活造成的异常免疫功能状态，从而减低复发可能；HSCT 后免疫重建是疾病长期缓解的基础。免疫重建一般发生于移植半年后，主要为细胞免疫的重建。在免疫重建过程中，患者免疫调节可能达到新的平衡或产生免疫耐受，即对自身抗原决定簇产生耐受，从而导致无反应性或自身反应程度下降，使 RA 病情得以缓解。由于 RA 的病因不是单因素的，APC、MHC-Ⅱ 基因型、骨髓微环境和生存环境并未改变，因此 RA 仍有复发可能。HSCT 术后病情复发可能还有以下原因：自身攻击的淋巴细胞继续存活；自身反应的淋巴细胞再回输；患者原有自身抗原的持续刺激等。

（二）适应证

HSCT 治疗 RA 的理想患者应符合以下条件：病情进展快，易发展到严重的关节破坏及残疾；对传统治疗药物无效；病程处于早期，尚未出现不可逆的脏器损害。

通常选择标准为：活动性、进展性、难治性 RA，易出现骨破坏，预后不良，对常规 DMARD 等效果不佳（4 种或 4 种以上的二线药物治疗无效），年龄 65 岁以下（自体移植）或 55 岁以下（异基因移植），无严重的不可逆的内脏器官受损，如左室射血分数（EF）≥45%；肺功能检查示通气及弥散功能正常；血肌酐（Cr）≤1.5mg/dL；肝功能指标正常；骨髓造血功能正常。HSCT 治疗 RA 的病例选择尚无统一标准。

（三）HSCT 分类

根据 HSC 来源不同，HSCT 可分为：骨髓干细胞移植（BMT）、外周血干细胞移植（PBSCT）、脐带血干细胞移植和胎肝干细胞移植。BMT 和 PBSCT 是常用的方法。按供者来源不同又可分为同种异体和自体移植，同种异体移植又分为同基因和异基因。同基因移植最理想，但来源太少。动物实验和既往临床观察表明，同种异体移植疗效较自体移植好，但异体移植危险性大，易发生移植物抗宿主反应，移植相关死亡率高，异基因移植病死率高达 15%~35%，故较少采用。随着年龄增长，移植相关病变的病死率也增高，因此大于 55 岁的患者行同种异体移植要慎重。自体移植相对安全，病死率低（3%~5%），年龄最大可到 65 岁，因而被广为应用。PBSCT 患者康复快，在自体移植中较 BMT 优先采用。但是，外周血中成熟自身反应 T 细胞较骨髓多，这些 T 细胞介导异常免疫反应，参与 RA 的致病过程。因此，在 T 细胞祛除不充分时，会引起 PBSCT 失败和 RA 复发。

（四）HSCT 方法

1995 年,欧洲血液和骨髓移植(EBMT)和抗风湿病联盟(EULAR)联络组正式提出了 HSCT 治疗自身免疫病(AID)的初步方案。1996 年 9 月,在瑞士巴塞尔召开了第一届国际造血干细胞治疗 AID 专题研讨会,对原方案进行了修订。

HSCT 的主要步骤:粒细胞集落刺激因子(G-SCF)和环磷酰胺(CTX)动员干细胞;细胞分离仪采集 HSC;HSC 冻存;HSC 复苏回输。

1. 干细胞来源　可取自骨髓,也可取自外周血。虽然骨髓中 HSC 数较外周血 HSC 多,但 PBSCT 患者恢复快,造血功能更易重建,所以较多采用。另外,可以用合适的动员方法将骨髓中的 HSC 有效地动员到外周血中。

2. HSC 动员　自体移植干细胞的动员用 G-CSF,每天 10μg/kg 皮下注射,一般 5~10 天即可动员到足够数量的 HSC。通常与 CTX 合用,目的是减少因 G-CSF 可能诱发的疾病发作和增加干细胞产量,每次常用 CTX 4g/m²。造血干细胞回输时 CD34⁺ 细胞数应大于 2×10⁶/kg,体外处理时 CD34⁺ 细胞应大于 3×10⁶/kg。

HSCT 前预处理的主要目的是破坏致病的免疫系统,最大限度地减低 T 细胞激活所造成的异常免疫功能状态,减低复发率。主要方案包括免疫抑制剂、全身射线照射、抗胸腺细胞免疫球蛋白(ATG)注射等。EBMT/EULAR 于 1996 年推荐了 4 种方案:①环磷酰胺(CTX)50mg/kg,移植前第 5 天至第 2 天静脉 1 小时内滴注,连续 4 天。②CTX 60mg/kg 1 小时内滴注,连续 2 小时,加全身照射。③白消安每次 1mg/kg 口服,每天 4 次,连续 4 天,同时抗惊厥预防治疗。④BEAM 联合化疗:亚硝基脲氮芥 30mg/m²,每天 2 次(移植前第 7 天);依托泊苷(VP16)250mg/m²,每天 2 次(移植前第 7 天至第 4 天);阿糖胞苷(AraC)200mg/m²,每天 2 次(移植前第 7、6、4 天);马法兰 140mg/m²(移植前第 3 天);以上均为静脉用药。

近年来,随着 HSCT 应用的增多,多数研究认为 CTX 联合 ATG 预处理方案效果好,副作用低,是目前国际上公认的最佳预处理方案。CTX 用量为 200mg/kg,ATG 为 90mg/kg,这样能最大程度地清除自身反应性淋巴细胞。全身照射因副作用较大,已很少应用。

（五）间充质干细胞治疗 RA

MSC 具有分化为骨、软骨等细胞的能力,可修复受损组织,同时抑制促炎因子,减轻炎症反应,具备免疫调节等作用。体内外试验与部分临床研究均显示,MSC 在 RA 领域具有广阔的应用前景。MSC 的免疫调节作用机制前面已有叙述。

（六）主要并发症

1. 主要并发症包括　继发感染、败血症、消化道症状(恶心、呕吐、口腔黏膜炎等)、肝脏毒性、间质性肺炎、肝静脉闭塞、出血性膀胱炎等。大剂量应用 CTX 还可出现严重全血细胞减少、致畸和性腺抑制(卵巢纤维化和不孕)等,甚至可引发癌变。青少年 HSCT 易出现巨噬细胞激活综合征(MAS)。

2. 部分患者复发可能的原因　患者病情 2 年内相当一部分可能复发,可能的原因包括:大剂量化疗后仍有一些自身侵袭性淋巴细胞、滑膜细胞、巨噬细胞等存活;即使充分洗涤,移植物中仍存留有侵袭性自身反应淋巴细胞;接触新的自身抗原使自身反应性致病性淋巴细胞再激活;干细胞的内在缺陷使调节异常;上述因素共同作用。

（七）前景与展望

目前尚不能完全判定 HSCT 的疗效及其作用的确切机制。有人观察到移植 RA 患者的骨髓细胞并不能使受者发病,HLA 相同的同胞间患病一致率仅为 10%~30%。因此,除遗传因素外,环境、外界和随机因素等可能在发病中起重要作用,这也是 HSCT 治疗 RA 疗效不确定的部分原因。

随着干细胞技术的迅猛发展,干细胞作用于 RA 已经取得了一系列的突破性成果。相信随着科学研究与医疗技术的不断发展与进步,干细胞作用于 RA 不仅仅是改善症状,而是有可能真正地阻止疾病的发展,为 RA 患者带来希望。

七、针对 APC 细胞的细胞治疗

巨噬细胞、树突状细胞(DC)、滑膜成纤维细胞等具有抗原提呈作用的细胞在 RA 的发病中发挥重要作用。RA 的发生涉及抗原呈递细胞(APC)对自身抗原的异常呈递,导致自身反应 T 细胞的激活。DC 是功能最强大的 APC 细胞,尤其在初始 T 细胞活化过程中发挥作用。DC 的激活是自身抗原被识别并产生自身免疫反应的前提,也是感染和应激导致前炎症因子释放,从而引起组织损伤的重要原因。DC 广泛分布于血液、肝、脾、淋巴结及其他非免疫器官组织中。

目前认为,DC 的来源、表型、成熟度和功能的高度不均一性,是平衡免疫反应及免疫耐受的重要环节。未成熟 DC 不表达 B7 等共刺激分子,不能活化 T 细胞,反而可致 T 细胞功能失活,诱导 T 细胞耐受,被称为“耐受性 DC”。耐受性 DC 可以诱导 T 细胞无能或低反应,诱导 T 细胞凋亡,诱导调节性 T 细胞选择性激活 Th2 亚群。所以,通过耐受性 DC 可以诱导 T 细胞耐受,从而治疗 RA。目前获得耐受性 DC 的途径主要有细胞因子培养体系和表达免疫调节分子的基因修饰工程化方法。已有研究报道取得一定疗效,可有效地缓解病情。

八、软骨细胞移植治疗 RA

现有针对 RA 炎症过程的免疫治疗虽能阻断病程,减少软骨损伤,但不能修复已受损的软骨。RA 的治疗既要防止和减少软骨损伤,又要修复已经受损的软骨,所以用细胞移植、组织工程等手段来修复关节软骨是 RA 治疗的新挑战。

机体修复组织有两种细胞:一是由自身分化完全的细胞,另一种是由未完全分化的干细胞。用能分化为软骨细胞的自体细胞移植,这些细胞可来源于滑膜细胞,也可来源于骨髓 MSC。滑膜细胞培养时需加 TGF-β1 才能发育成软骨细胞。NOD/SCID 大鼠、狒狒、山羊等动物的移植研究证实,骨髓 MSC 在体内可分化为软骨形成细胞,修复软骨及骨。有人用自体 MSC 体外扩增培养后,自体移植治疗受损的关节软骨,显示了一定疗效。

近年来,关节软骨修补的自体软骨细胞移植术在临床应用广泛。从患者自体的膝关节非承重部位采集关节软骨组织,分离软骨细胞,包埋在 I 型胶原内,培养 3 周,移植于关节软骨缺损部位,称为自体单层培养关节软骨细胞浮游液移植术。欧美已开始用于临床,治疗了数千例患者,治疗效果良好。但存在问题是移植后的细胞脱逸和缺损部位的分布不均一,尚需进一步完善。

九、针对细胞因子的治疗

淋巴细胞(T 细胞、B 细胞)和各种炎症细胞等分泌的多种细胞因子在 RA 的发病机制中发挥重要作用。它们一方面参与免疫反应的激活和炎症反应的级联放大过程,另一方面直接参与关节局部的炎症反应过程,参与骨关节的破坏。针对细胞因子的治疗包括两大类:一是用单克隆抗体或重组的细胞因子受体拮抗炎症细胞因子(如 TNF-α、IL-6、IL-1)的活性;二是利用具有抗炎作用的细胞因子(IL-4、IL-10)治疗 RA。近年来,针对 TNF-α、IL-6、IL-1 的治疗取得了较大进展,动物实验及初期临床研究获得较好的疗效,显著抑制骨关节破坏,延缓 RA 病情。目前在欧美和我国等多个国家获准临床应用,已有多种商品药物。

(一)TNF-α 抑制剂

TNF-α 是 RA 滑膜炎及其病变中的主要致病因子,存在于 RA 关节的多种细胞内,尤其是血管和软骨的连接处,不仅参与滑膜炎症反应,同时也诱发关节结构的破坏。TNF-α 抗体可以抑制 RA 滑膜细胞产生 IL-1 和 GM-CSF 的作用。目前 TNF-α 抑制剂主要包括 TNF-α 受体-抗体融合蛋白和抗 TNF-α 单克隆抗体。(表 3-37-1)

依那西普是一种人源化 TNF-α 受体-抗体融合蛋白,由 2 个 II 型 TNF-α 受体 P75 的胞外段和人 IgG1 的 Fc 段结合而成。该药与细胞外液中的可溶性 TNF-α,以及细胞膜表面的 TNF-α 高亲和结合,抑制 TNF-α 活性,控制炎症和阻断病情进展。依那西普于 1998 年 11 月获美国食品和药品监督管理局(FDA)批准上市,先后获准用于类风湿性关节炎(RA)、银屑病关节炎(PsA)、强直性脊柱炎(AS)和幼年型特发性关节炎(JIA)等风湿性疾病的治疗。

目前在中国获批用于治疗 RA 的 TNF-α 受体-抗体融合蛋白除了依那西普,还有国产的益赛普、强克、安佰诺(均为依那西普类似物),疗效和安全性与依那西普相当。

英夫利西单抗是小鼠单克隆抗体的 V 区和人 IgG 的 C 区组成的嵌合型单克隆抗体,可中和 TNF-α,从而抑制炎症反应。1997 年获 FDA 批准,适应证包括 RA、AS、PsA、溃疡性结肠炎(UC)、克罗恩病(CD)等。2007 年在中国获批上市,目前我国已批准的适应证为 RA、AS、CD、UC、斑块性银屑病。

阿达木单抗为抗 TNF-α 的人源化单克隆抗体,是人单克隆 D2E7 重链和轻链经二硫键结合的二聚物。2002 年获 FDA 批准上市,适应证包括 RA、JIA、PsA、AS、CD、UC、斑块性银屑病、葡萄膜炎等。2010 年在中国获批上市,目前我国已批准的适应证包括 RA、AS、PsA 和葡萄膜炎。

戈利木单抗为全人源化抗 TNF-α 单克隆抗体,是在中国首个获批的每月皮下注射一次的 TNF-α 单克隆抗体。2009 年获 FDA 批准上市,适应证包括 RA、PsA、AS、UC。2018 年在中国获批上市,目前我国已批准的适应证为 RA、AS。

培塞利珠单抗是目前唯一一个无 Fc 段结构域,由聚乙二醇修饰的抗 TNF-α 药物,对人 TNF-α 具有非常高的亲和力,够选择性中和 TNF-α。由于其无 Fc 段,因此几乎不会发生胎盘转运,是目前唯一被多个国家指南推荐及说明书注明,可在妊娠期和哺乳期全程使用的 TNF-α 抑制剂。该药于 2008 年 4 月 22 日获 FDA 批准上市,目前适应证已包括 RA、PsA、斑块状银屑病、AS、CD、非放射性中轴性脊柱关节炎等多种炎症性疾病。2019 年 7 月,培塞利珠单抗在中国获批上市,用于治疗中重度活动性 RA。

表 3-37-1 常用 TNF-α 抑制剂分类及用法

类别	通用名	给药方式	剂量及频次
TNF-α 抑制剂	重组人 II 型肿瘤坏死因子受体-抗体融合蛋白	皮下注射	50mg,1 次/周
	英夫利昔单抗	静脉注射	3mg/kg,第 0、第 2 和第 6 周各 1 次,随后每 8 周 1 次
	阿达木单抗	皮下注射	40mg,1 次/2 周
	戈利木单抗	皮下注射或静脉输注	皮下注射:50mg,1 次/月 静脉输注:2mg/kg,第 0 和第 4 周各 1 次,随后每 8 周 1 次
	培塞利珠单抗	皮下注射	400mg,第 0、第 2 和第 4 周各 1 次,随后 200mg/2 周
IL-6 抑制剂	托珠单抗	静脉输注或皮下注射	静脉输注:4mg/kg 每 4 周 1 次,随后根据临床反应加量至 8mg/kg,每 4 周 1 次 皮下注射:<100kg 患者,162mg/2 周,随后根据临床反应增加至每周 1 次;≥100kg 患者,162mg,q.w.
IL-1 抑制剂 *	阿那白滞素	皮下注射	100mg,1 次/d

注:* 我国尚无此类药物。

此外,TNF-α 抑制剂在炎症性肠病、成人 Still 病、白塞病、大动脉炎、干燥综合征、肌炎、皮肌炎、复发性多软骨炎、系统性硬化症和巨细胞动脉炎等疾病中的临床治疗也有报道。

TNF-α 抑制剂短期使用无明显副作用,偶见注射局部反应。长期使用可能会增加感染、恶性肿瘤的风险,也有诱发系统性红斑狼疮(SLE)等自身免疫病的报道。感染常为轻度上呼吸道感染,尚未见重症和死亡病例报道。TNF-α 抑制剂相关不良反应主要有:①严重感染和机会性感染。TNF-α 抑制剂治疗可使结核感染的机会增加或使陈旧结核复发。在用药最初 12 周内,该类药物激活潜在结核的概率最高。②引起脱髓鞘样病变和视神经炎。③导致全血细胞减少和再生障碍性贫血。④大剂量(如英夫利西单抗 10mg/kg 或依那西普 25mg 每周 3 次)应用可能会加重充血性心力衰竭。⑤接受 TNF-α 抑制剂治疗的患者淋巴瘤的发病率高于正常人群。⑥TNF 缺陷是狼疮新西兰小鼠模型发病的重要病因,因此少数接受 TNF-α 抑制治疗的患者在 TNF-α 降低后会出现狼疮样表现。⑦皮下注射可以引起针刺部位反应,静脉给药时输液反应更常见,也更严重。

(二) IL-6 抑制剂

RA 患者血清及受累关节的滑液中 IL-6 及 IL-6 受体浓度增高,并且 IL-6 及 IL-6R 水平与疾病活动度有关,DNARD 的临床疗效与 IL-6 水平下降有关,因此可将 IL-6 信号转导途径相关的分子作为治疗靶点。IL-6Ra 单克隆抗体可与 IL-6Ra 高亲和力结合,抑制 IL-6/IL-6Ra 复合物的形成,从而阻断 IL-6R 介导的信号转导和基因激活。

托珠单抗是一种人源化抗 IL-6Ra 单克隆抗体,由中国仓鼠卵巢(CHO)细胞通过 DNA 重组技术制得。2009 年获 FDA 批准,适应证包括 RA、JIA、巨细胞动脉炎。2013 年在中国获批上市,目前适应证为 RA 和全身型幼年特发性关节炎(sJIA)。

(三) IL-1 抑制剂

IL-1 参与 RA 发病的多个环节。IL-1 可直接刺激破骨细胞,是骨质吸收和破坏的主要细胞因子之一。关节腔内注射 IL-1 可诱导实验动物发生滑膜炎,伴关节软骨蛋白多糖的丢失或关节破坏。动物实验和临床观察均证实,抑制 IL-1 对 RA 有治疗作用。目前用于试验和临床研究的有 IL-1 受体拮抗剂(IL-1Ra)和可溶性 IL-1 受体(sIL-1Rs)。IL-1Ra 可与 I 型和 II 型 IL-1R 结合,但不启动信号转导,从而竞争性抑制 IL-1 与 IL-1R 结合所产生的效应。

2001 年 11 月,FDA 批准 IL-1Ra 受体抑制剂阿那白滞素用于 RA 的治疗。阿那白滞素耐受性较好,最常见的不良反应是注射部位反应,通常在用药早期出现,多数较轻微。感染发生概率也增高,有报道称严重感染的发生率为 1.8%,而对照组为 0.6%。副作用还包括过敏反应、白细胞下降、头痛、恶心、腹痛、腹泻和流感样症状等。阿那白滞素对减少关节破坏有累积效应,用药后关节侵蚀性损害及关节腔狭窄显著改善。

十、小分子靶向药物

与 RA 发病相关的细胞因子是通过向细胞内的炎症通路传导信号,影响细胞功能来致病的。如果阻断这些细胞内通路的信号转导,就有可能起到控制炎症、阻断 RA 疾病进展的作用。JAK 激酶(Janus kinase)通过与信号转导及转录激活蛋白(STAT)之间的相互作用,在细胞内细胞因子受体信号通路中发挥重要作用,与多种炎症疾病的发病机制相关,因此 JAK 可作为 RA 的治疗靶点。目前获批用于 RA 治疗的 JAK 激酶抑制剂为托法替布(tofacitinib)和巴瑞替尼(baricitinib),被称为第一代 JAK 激酶抑制剂。尚有多种不同靶向的 JAK 抑制剂在研究、试验、获批中。

以托法替布(主要抑制 JAK1、JAK3)和巴瑞替尼(主要抑制 JAK1、JAK2)为代表的 tsDMARD,具有起效快、疗效持久的特点,可口服给药,安全性较好。已被中外 RA 指南推荐用于治疗传统合成 DMARD 疗效不足或不耐受的 RA 患者,可单药使用或与传统 DMARD 合并使用,在 RA 治疗上具有与生物制剂相同的地位。

目前国际上不断有新的 JAK 激酶抑制剂被研发,进入临床研究阶段,投入临床使用,JAK 激酶抑制剂将成为 RA 治疗的新一代治疗药物,标志着 RA 治疗进入了另一个靶向治疗新时代。

十一、血浆交换疗法

其作用原理是除去抗原抗体循环免疫复合物,抑制 T 和 B 淋巴细胞活性及其释放的细胞因子和炎症介质,清除与蛋白结合的毒素等。其疗效良好,但易复发,主要用于多种疗法治疗无效和迅速进展或恶化的重症类风湿病患者。

第四节 系统性硬化症的细胞治疗

系统性硬化症(systemic sclerosis,SSc),又称硬皮病(scleroderma),是一种累及皮肤和多种脏器(食管、肠道、肺、心脏、肾脏等)的全身性自身免疫病,表现为雷诺现象、指/趾端溃疡、皮肤纤维化、增厚变硬、肾危象及肺动脉高压等血管病变,肺等脏器纤维化,自身抗体的产生和淋巴细胞的异常激活。早期病理特点主要是外周血管炎症和内皮细胞的凋亡,以后主要以胶原沉积为主要特征。SSc 分为局限型和弥漫型两种类型。局限型 SSc 患者几乎都有雷诺现象,皮损始于手、足远端,渐延伸至四肢、面部、颈部,而胸、腹部及背部较少累及,受累范围相对局限,内脏受累较轻、较少,进展速度缓慢,病程较长,预后较好。弥漫型 SSc 病变常从胸部开始,向远端扩展,胸、腹部及背部均可受累,雷诺现象发生少,内脏受累较多较重,病变进展迅速,预后较差。最易受累的内脏为消化系统、心血管系统及肺(图 3-37-4)。

本病病因及发病机制不清,免疫系统紊乱是导致血管病变和组织纤维化的重要因素。T 淋巴细胞在发病中起至关重要的作用。在 SSc 的皮损及肺泡中有淋巴细胞浸润,T 淋巴细胞被激活,对一些凋亡控制的蛋白调解失常,T 细胞亚群分布异常。成纤维细胞过度产生细胞外基质(ECM),其中 I 型胶原的沉积是内皮细胞、淋巴细胞、单核细胞及成

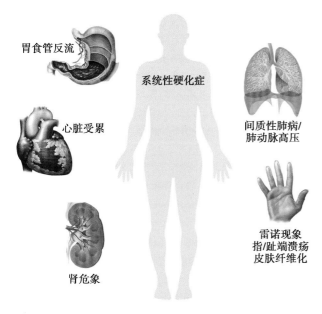

图 3-37-4　SSc 的系统受累

纤维细胞之间相互作用的异常结果。CD4$^+$ T 细胞和肺间质 CD8$^+$ T 细胞产生大量 IL-4，IL-4 激活成纤维细胞，使其胶原产生增加。同时，这些淋巴细胞产生 IFN-γ 减少，对成纤维细胞产生 I 型及 III 型胶原的抑制作用减弱。

该病目前尚无特效治疗，常规糖皮质激素、免疫抑制药物及生物制剂的应用可使部分患者病情改善，但临床治疗效果并不令人满意，尤其是目前无有效抗纤维化药物，所以常规治疗均未显示出持久的益处。内脏累及的弥漫型 SSc 是一种破坏性的自身免疫病。弥漫型 SSc 3 年生存率在远端胃肠道受累患者，仅为 25%；肢体末端皮肤受累者为 50%~60%；其他器官受累（肺、心和/或肾）者为 65%。死亡率较高，5 年内死亡率可高达 40%~50%，死因主要为肺、心脏及肾脏受累。现有治疗及临床研究均不能阻止病情进展或逆转纤维化。所以研究新的有效治疗手段非常必要，目前干细胞移植及间充质干细胞治疗已应用于临床，对于重症进展性的弥漫型 SSc 患者，自体造血干细胞移植取得了比常用免疫抑制剂更好的效果。

一、干细胞移植治疗 SSc

SSc 目前尚无有效的治疗手段，弥漫型患者病情进展快、死亡率高，对于重症 SSc 患者可进行干细胞移植治疗。由于同种异体骨髓移植风险大，容易出现移植物抗宿主病（GVHD），近年很少使用。很多学者探索用自体造血干细胞移植（auto-HSCT）治疗 SSc，auto-HSCT 也是 SSc 细胞治疗中研究最多的一种，基于的理论是应用化疗清除异常或自身反应性的免疫系统，通过干细胞移植重建一个全新的并最大可能对自身耐受的免疫系统。经过 20 余年的临床实践及治疗手段的改进，auto-HSCT 已经成为重度及快速进展的 SSc 患者的最好选择，推荐等级为 1 级，并被 EULAR 和美国血液及移植协会所推荐。

（一）病例选择

1. **入选标准**　年龄 <65 岁，符合美国风湿病学会诊断标准的 SSc 患者，预后不佳，有危及生命的重要脏器受累：较重的皮肤损害（皮肤积分 16 分以上）；肺间质或肺血管病变（FCV 或 DLCO< 预测值 70%）；心脏损害：需要治疗的心律失常，心脏扩大，中至大量的心包积液，心电图电轴左偏，射血分数 >50%；硬皮病相关的肾脏疾病：既往或现有 24 小时蛋白尿 >500mg 或 SSc 引起的血肌酐高于正常。

2. **排除标准**　年龄 <18 岁；妊娠；严重的并发症：心脏衰竭，射血分数 <50%；肺动脉高压且收缩期 PAP>50mmHg；肾功能不全，肌酐清除率 <30mL/min；肺功能减低：FCV 低于预测值的 45% 或 DLCO 低于预测值的 40%；既往骨髓损伤：白细胞 $<4×10^9$/L 或血小板 $<100×10^9$/L；合并肿瘤或骨髓增生异常综合征；未控制的感染：乙型或丙型肝炎、艾滋病、结核病等；严重的精神疾病如抑郁症或精神病。

（二）存在的问题

并发症主要包括与治疗有关的死亡、癌症和感染，另外还有消化道症状（恶心、呕吐、口腔黏膜炎等）、肝脏毒性和出血性膀胱炎等。大剂量应用 CTX 还可出现严重全血细胞减少、致畸、性腺抑制（纤维化、不孕），甚至可引发癌变。随着移植技术的成熟和临床经验的增加，移植相关死亡率较既往已明显下降，但移植仍是高风险，移植前需要慎重评估病情，尤其是仔细的心肺功能及肾功能检查，并为进一步改善风险疗效比努力。另外，骨髓干细胞移植需要特殊的条件，最好是在有经验的移植中心进行，并且费用高，限制了其应用。

（三）治疗现状

至 2019 年，共有 3 个已发表的 SSc 自体造血干细胞移植治疗的随机对照临床试验，即 ASSIST（American scleroderma stem cell versus immune suppression trial，phase II）、ASTIS（Autologous stem cell transplantation international scleroderma trial，phase III）和 SCOT（Scleroderma：Cyclophosphamide or transplantation，phase II），这些试验入组患者为重度或快速进展的 SSc 患者，经过随访观察均显示 auto-HSCT 治疗优于标准的环磷酰胺冲击治疗方案，患者皮肤病变明显改善，肺部病变好转或病情稳定。下面就上述临床试验简单介绍。

1. **ASSIST 试验**　共纳入 19 例 SSc 患者，比较 auto-HSCT 与 1 次/月 ×6 次大剂量 CTX 冲击治疗的疗效，采用非清髓性预处理方案。试验进行 1 年，中期分析发现 auto-HSCT 组患者 mRSS 评分和用力肺活量明显好转，而环磷酰胺组两项观察指标均下降，但因伦理学试验提前终止；环磷酰胺组大部分患者 1 年后进行了 auto-HSCT 治疗，治疗 1 年后发现病情均较治疗前好转。随访 2 年，auto-HSCT 治疗患者 mRSS 评分、用力肺活量、高分辨 CT 及生活质量评分均明显改善，但肺总容量及 DLCO 弥散能力较基线差异无统计学意义。试验中无死亡病例发生。

2. **ASTIS 试验**　是一项随机、多中心 III 期临床研究，总共纳入 156 例早期弥漫性进展性 SSc 患者。比较 auto-HSCT 与 1 次/月 ×12 次大剂量 CTX 冲击治疗的疗效，采用非清髓性预处理方案。试验 1 年时发现 auto-HSCT 组不良事件较 CTX 组增多，且有 8 例（10.4%）为治疗相关性死亡，而 CTX 组没有治疗相关死亡，但随着随访时间延长，CTX 组不良事件逐渐多于 auto-HSCT 组，平均随访 5.8 年，auto-HSCT 组 19 例死亡及 3 例不可逆性器官衰竭，而 CTX 组 23 例死亡与 8 例不可逆器官衰竭。综上，auto-HSCT 较 CTX 有更高的治疗相关性病死率，但患者总生存期延长，mRSS、肺功能和生活质量也有明显改善，说明 HSCT 是治疗弥漫性 SSc 的有效方法。进一步分析发现，在 8 例治疗相关性死亡的患者中，有 7 例是吸烟者，提示吸烟或许是导致治疗失败的重要因素。

3. SCOT 试验　纳入了 75 例严重皮肤和内脏受累的 SSc 患者，比较 auto-HSCT 与 1 次/月 ×12 次大剂量 CTX 冲击治疗的疗效，随访 4 年半，综合评分显示移植组优于环磷酰胺组（1 404 对配对比较中有 67% 赞成移植组、33% 赞成环磷酰胺组），无事件生存率分别为 79% 和 50%。移植组中有 9% 的患者在 4 年半前开始了疾病缓解性抗风湿药（DMARD）的使用，而环磷酰胺组为 44%。移植组与治疗相关的死亡率在 4 年半时为 3%，而环磷酰胺组为 0%。在 SCOT 试验中，到 24 个月时只有 9% 的移植受者开始 DMARD（54 个月时也为 9%），明显低于其他试验。由于有更大的造血毒性和暴露于全身照射下发生癌症的风险，故应权衡毒性作用与治疗的有益结果和潜在疾病的严重性。该试验同样发现不吸烟的 SSc 患者行移植治疗获益最大，提示吸烟是移植的危险因素。

另有一项 2018 年结束的欧洲血液和骨髓移植自体免疫疾病工作组的一项前瞻性非干预性自体造血干细胞移植治疗进行性系统性硬化症的研究，目的是进一步评价 auto-HSCT 的疗效及安全性。共入组进展性 SSc 患者 80 例（71.3% 为女性），均接受自体造血干细胞移植，方案为非清髓性预处理方案的移植方案，回输的自体干细胞分为 CD34$^+$ 筛选的和未筛选的，其中 CD34$^+$ 的为 35 例（44%）。随访 2 年结果显示，疾病无进展存活率为 81.8%，整体存活率为 90%，88.7% 的患者治疗有效，11.9% 的患者疾病进展，移植后 100 天非疾病复发导致的死亡率为 6.25%（5 例），4 例死亡病例为心源性事件，其中 3 例出现环磷酰胺毒副作用。多因素分析显示，基线皮肤病变 mRSS 积分高（mRSS>24 分）和年龄大与治疗效果有关，回输选择性的 CD34$^+$ 细胞比无选择的治疗效果更好。

上述临床研究证实了自体造血干细胞移植是治疗病情快速进展的严重 SSc 患者的有效治疗手段，术前仔细的心肺功能评估、减少环磷酰胺剂量、应用筛选的 CD34$^+$ 干细胞及在有经验的移植中心进行治疗能进一步提高临床疗效。

二、间充质干细胞治疗 SSc

MSC 还具有低免疫原性，主要体现在 MSC 表面低表达 MHC-Ⅱ类分子和缺乏 CD40、CD80 及 CD86 等共刺激分子，使受体与配体结合受阻，导致免疫耐受，这为 MSC 同种异体移植治疗自身免疫病提供了有利的条件。研究进一步证实 MSC 还具有免疫调节及免疫抑制作用，MSC 可以产生多种细胞因子和趋化因子，参与调节细胞的迁移、分化和增殖，具有免疫调节作用，从而影响先天和适应性免疫系统，这也是用于治疗自身免疫病的主要机制。MSC 的免疫调节功能包括抑制 T 细胞增殖并促进其向调节性 T 细胞（Treg）分化的能力，抑制 CD4$^+$ T 细胞诱导的 B 细胞向浆细胞分化，并直接抑制 B 细胞增殖、分化和趋化性。

在 SSc 细胞治疗方面，自体 HSC 移植已显示出明确的疗效，而 MSC 具有抗纤维化、血管生成和免疫调节的作用，在患者接受程度及费用方面都占有优势，是治疗 SSc 最具潜力的细胞治疗方法。MSC 可能在血管生成的调节中起关键作用，在小鼠后肢缺血模型中证明了 MSC 的促血管生成作用。体外试验证明，培养的 MSC 产生并释放大量促血管生成（血管内皮生长因子和基质细胞衍生因子-1 等）因子和抗凋亡因子，这些因子抑制在低氧条件下内皮细胞凋亡，并促进体外毛细血管样结构的形成。因此，MSC 具有"再生"作用，从而有助于修复受损的血管，可用于治疗 SSc 的血管损伤。但研究同时显示，自身免疫病包括狼疮、系统性硬化症及类风湿性关节炎的患者，其体内的 MSC 存在一定的功能上的缺陷，这使得自体 MSC 的使用可能会受到限制，而 MSC 的低免疫原性，为使用同种异体 MSC 提供了便利。

（一）方法

治疗的细胞来源于骨髓 MSC（BM-MSC）、脐带 MSC（UC-MSC）或脂肪组织分离的 MSC（AMSC）。BM-MSC 的获得有一定的局限性，对供体来说存在比较痛苦的有创性操作，并且骨髓中 MSC 细胞数量少（1/100 000）。在其他自身免疫病 MSC 治疗中较多使用 UC-MSC，由于 AMSC 容易获得且组织可用量高，越来越多的研究使用 AMSC 而不是 BM-MSC。主要采用静脉注射的方法，可单次或多次，细胞数量一般为 $1\times10^6\sim10\times10^6$/kg。

（二）治疗现状

近年来，已在不同的临床前动物模型中证明了 MSC 的治疗效果，MSC 在临床应用主要是个案或小样本开放非对照研究，至今还没有发表的随机前瞻性临床试验，不过部分 I 期临床试验正在进行。

Maria A.T. 等应用次氯酸盐诱导的硬皮病小鼠模型进行研究，静脉注射同基因小鼠 MSC、异基因小鼠 MSC、人骨髓来源的 MSC（hBM-MSC）或人脂肪来源的 MSC（hASC），结果显示，上述 MSC 具有同样的减轻皮肤和肺纤维化的作用，并且 hASC 比 hBM-MSC 抗纤维化作用更强，可能与 IL-1β、TNF-α 及促纤维化因子下降有关，MSC 的抗纤维化作用与 MSC 是否迁移至受损皮肤及 MSC 是否长期存活没有关系，因为在病变的皮肤组织并未发现 MSC 细胞，并且 MSC 注射体内后主要集中在肺部，生存数天后大部分被清除。Maria A.T. 等还比较了在不同时间点静脉注入不同剂量 MSC（2.5×10^5、5×10^5 和 5×10^6）的治疗效果，应用上述硬皮病小鼠模型和同基因小鼠的 BM-MSC，结果发现 MSC 输注后，在皮肤和肺部均观察到纤维化标记物（Col1、Col3、Tgfb1 和 aSma）的低表达，这与组织学改善一致。但该研究显示，MSC 为 2.5×10^5 时，皮肤改善最佳，与注射剂量成反比，并不是细胞越多效果越好。经过治疗的小鼠血清显示出较低水平的抗 Scl-70 自身抗体和增强的抗氧化能力,证实了 MSC 的全身作用。本研究还发现,MSC 对于预防和治疗均有效。MSC 通过重塑细胞外基质,以及降低促炎症细胞因子水平和增加抗氧化剂防御作用而发挥抗纤维化的作用。

Zhang H 等研究血浆置换术(PE)和同种异体 MSCT 治疗对 SSc 的影响。14 例患者在第 1、3 和 5 天接受了 3 次重复的 PE 治疗,随后接受了环磷酰胺冲击治疗,在第 8 天接受了单次 MSCT(1×10⁶/kg)。结果显示,在 12 个月的随访中,mRSS 皮肤评分明显下降,有 3 例患者患有间质性肺疾病,在联合治疗 12 个月后,所有患者的肺功能得到改善,肺 CT 影像好转。在随访期间,这种联合治疗还显著降低了抗 Scl-70 自身抗体的滴度,以及血清转化生长因子 β 和血管内皮生长因子的水平。

(三)治疗的安全性及展望

自身免疫病是 MSC 输注的新兴指征。有研究分析了 2007—2016 年 MSC 输注的 404 例自身免疫病患者,数据表明,MSC 输注对于自身免疫患者是一种安全的疗法。另有一项荟萃分析收集了 1 000 多例应用 MSC 治疗的患者,与 MSC 治疗明显相关的唯一不良事件是输注时的短暂发热,而与急性毒性、感染、恶性肿瘤或死亡无关。但是,MSC 在临床中的应用,需要根据组织来源对 MSC 进行精确标记和分离培养,严格无菌,按照严格的细胞制剂生产规范进行生产和标准化。对于 SSc 的 MSC 治疗还缺乏前瞻性随机对照试验,需要进一步临床试验证实其临床应用的安全性和有效性。

三、针对成纤维细胞的治疗

SSc 的特征之一是皮肤和脏器的纤维化,而这种纤维化与长期活化的成纤维细胞过度合成胶原有关。所以抑制成纤维细胞合成胶原的能力,是治疗 SSc 纤维化的一个可能有效的途径。

成纤维细胞通过与内皮细胞和白细胞相互作用,处在细胞因子和黏附分子的复杂生物网络中,在 SSc 的发病中发挥主要作用,导致细胞外基质蛋白的过量沉积和组织变硬。TGF-β 通过促进成纤维细胞分化为肌成纤维细胞,并促进纤维化分子的产生,在 SSc 的发病中起重要作用。而 IL-6 在 SSc 中也起着重要的作用,其调节免疫细胞和非免疫细胞。研究表明,来自 SSc 患者的血清和皮肤活检标本中 IL-6 浓度升高,IL-6 水平升高预示着更高的死亡风险、皮肤受累和肺受累加重。IL-6 可诱导心脏成纤维细胞产生 TGF-β,并增强皮肤成纤维细胞和心脏成纤维细胞 TGF-β 的信号转导。托珠单抗(tocilizumab)是一种重组人源化抗 IL-6 受体单克隆抗体,在博来霉素诱导的硬皮病小鼠模型中,应用阻断 IL-6 的抗体可减少皮肤硬化;个案报道难治性全身硬化患者在接受托珠单抗治疗 6 个月后,皮肤增厚。阻断 IL-6 信号转导可能是控制 TGF-β 炎症通路的新方法。faSScinate 研究(Ⅱ期)评估了托珠单抗在 SSc 患者中的疗效和安全性,随机安慰剂对照研究,87 例患者入组,托珠单抗 162mg/周皮下注射治疗 48 周,48 周后安慰剂组开始应

用托珠单抗治疗,托珠单抗组继续治疗,观察至 96 周,结果显示托珠单抗改善了皮肤纤维化、肺纤维化和身体功能,但增加了严重感染的风险。托珠单抗治疗 SSc 的Ⅲ期临床试验正在进行,以进一步明确其疗效和安全性,才能对其风险和益处作出明确结论。

尼达尼布(nintedanib)是一种吲哚酮衍生的小分子药物,是酪氨酸激酶的有效抑制剂,尼达尼布靶向多种增殖途径,例如血小板源性生长因子受体(PDGFR)α 和 β,成纤维细胞生长因子受体(FGFR)1、2、3,血管内皮生长因子受体(VEGFR)1、2、3,以及 Src 家族激酶 Src、Lyn 和 Lck,在低的纳摩尔浓度就可以通过阻断细胞内 ATP 结合部位而发挥作用。尼达尼布是治疗特发性肺纤维化(IPF)的有效药物。PDGFR 激酶、VEGFR 激酶和 Src 激酶的活性在 SSc 中被上调,并显示出促进成纤维细胞活化的作用。Huang J 等研究发现,在体外,尼达尼布减少了 PDGF 和 TGF-β 诱导的成纤维细胞的增殖和迁移,并呈剂量依赖性,同时减少了肌成纤维细胞的分化和胶原释放;体内试验发现,尼达尼布可以预防博来霉素诱导的小鼠皮肤纤维化,并且对已建立的纤维化模型有效,而在慢性移植物抗宿主病模型和纤维化小鼠中,尼达尼布也可改善其纤维化。SENSCIS(Safety and Efficacy of nintedanib in Systemic Sclerosis)临床试验正在进行,随着研究的深入,尼达尼布有可能成为治疗 SSc 间质性肺病的有效药物。

过氧化物酶体增殖物激活受体(PPAR)是核受体,其激活具有抗纤维化和抗炎特性,目前发现的三种亚型 PPARα、PPARδ、PPARγ 均具有抗纤维化的作用。在 SSc 患者中 PPARγ 表达下降,而 PPARγ 可直接调节 TGF-β 信号通路,抑制胶原的合成。已有研究显示,PPARα 激活剂非诺贝特可防止肺纤维化;PPARδ 激动剂 GW0742 可减少博来霉素诱导的纤维化炎症;PPARγ 调节 TGF-β 信号通路,其激动剂罗格列酮或吡格列酮能减轻模型小鼠的皮肤和肺纤维化。IVA337 可同时激活上述三种 PPAR 亚型的化合物,在博来霉素诱导小鼠和 Fra-2 转基因小鼠纤维化模型中,病变肺部的成纤维细胞中 PPAR 三种亚型的表达较正常减少,而 IVA337 治疗后,恢复了肺部成纤维细胞中 PPAR 亚型的表达。在体外试验中,IVA337 减少了人成纤维细胞中 TGF-β 诱导的经典和非经典级联反应,也抑制 TGF-β 诱导真皮成纤维细胞中胶原蛋白的合成。至今一些体外和体内临床前研究显示 IVA337 的抗纤维化特性;同时研究还发现,IVA337 可改善血流动力学和血管重塑,用于治疗 Fra-2 转基因小鼠(同时有肺间质病变和肺动脉高压)模型,大大减轻了该转基因小鼠的肺动脉压力。上述药物还没有针对 SSc 的临床试验,但通过临床前研究可以看出其有很好的抗纤维化特性,今后有可能成为治疗 SSc 的有效药物。

有研究发现,SSc 患者成纤维细胞胶原合成基因上调,通过抑制其转录过程,可以抑制胶原合成。有学者用 Ecteinascidin 743(ET-743)抑制成纤维细胞胶原合成基因转录。体外与患者皮肤成纤维细胞共培养,结果显示,Ⅰ型及Ⅲ型胶原转录的活化通过特异性的 CCAAT 结合因子

介导,ET-743 可特异性地调控该基因的活性,而对细胞的形态及生存力无影响。如果该研究能最终用于临床,将为 SSc 的治疗提供一个新的武器。

四、针对 B 细胞的治疗

在 SSc 动物模型和 SSc 患者中均发现 B 细胞功能异常。在 SSc 患者的皮肤活检和 SSc 相关间质性肺病(SSc-ILD)患者的肺组织中发现了 B 细胞浸润和 B 细胞相关基因的表达,B 细胞过度活化,产生免疫球蛋白和自身抗体。在 SSc 和小鼠模型中,活化的 B 细胞产生细胞因子包括 TGF-β,可促进纤维化。自身免疫在 SSc 的发病中起重要作用,B 细胞和 T 细胞共同作用,参与了 SSc 纤维化的发病,故针对 B 细胞的治疗可能成为治疗 SSc 皮肤和肺纤维化的潜在靶点。

（一）抗 CD20 单克隆抗体——利妥昔单抗

利妥昔单抗(rituximab,RTX)是一种以 CD20 为靶点的嵌合性单克隆抗体,CD20 表达在前 B 细胞期到前浆细胞期。有病例报告和一些开放性非对照研究,表明 RTX 治疗 SSc 有效,皮肤和肺功能均有改善,目前还没有大样本随机安慰剂对照临床研究。在欧洲硬皮病试验与研究组(EUSTAR)的多中心研究中,采用嵌套病例对照设计对 63 例 SSc 患者进行了 RTX 的疗效和安全性分析,RTX 治疗组 75% 的患者在 2 周内给予输注每次 RTX 1 000mg× 2 次,有 31 例患者(49%)在给予 RTX 时给予甲基泼尼松龙 100mg 静脉滴注,其中有 41 例(65%)患者同时合用了其他抗病风湿药(DMARD)治疗;对照组为非 RTX 治疗方案的 SSc 患者,随访半年,结果显示,重度局限性硬皮病 dSSc 患者 mRSS 评分在 RTX 治疗后与对照组相比有显著降低(n=25;24.0%±5.2% vs 7.7%±4.3%;p=0.03),并且在 RTX 治疗的患者中,与基线相比,随访时的平均 mRSS 显著降低(26.6±1.4 vs 20.3±1.8;p<0.000 1)。此外,在有限数量的间质性肺病患者中,与对照组相比,RTX 能够防止 FVC 进一步下降(n=9;0.4%±4.4% vs 7.7%±3.6%;p<0.02),故 RTX 治疗明显改善了皮肤病变,延缓了肺部病变,安全性方面与既往在其他自身免疫性风湿性疾病的研究一致,有较好的安全性。还需要大样本随机对照临床试验进一步证实其疗效及安全性。

（二）抗 B 细胞活化因子(BAFF)抗体——贝利木单抗

B 细胞活化因子也称为 B 细胞刺激因子(BLyS),其在 SSc 患者的血清中升高,与皮肤硬化程度和肺间质病变发生率有关系。贝利木单抗(belimumab)是一种重组的、完全人源的抗 BLyS 的单克隆抗体,已获得 FDA 批准用于治疗系统性红斑狼疮。贝利木单抗与可溶性人 BLyS 结合并抑制其生物学活性,导致 B 细胞凋亡和自身抗体生成降低。Jessica K. Gordon 等对贝利木单抗治疗早期弥漫型 SSc 患者进行了研究,为一项随机、双盲、安慰剂对照试验,霉酚酸酯(MMF)为治疗背景药物,以评价贝利木单抗治疗 SSc 的安全性和有效性,共纳入 20 例患者。在 52 周内,20 例最近开始使用 MMF 的患者被随机分组,给予静脉注射贝利

木单抗 10mg/kg 或安慰剂,前 3 次间隔 2 周给药 1 次,然后间隔 4 周给药 1 次,并且患者维持背景药物 MMF 1 000mg 2 次/d,52 周试验结束,两个治疗组的患者 mRSS 评分都有显著改善,贝利木单抗组的中位数差异较大,但在这项小型试验研究中没有达到统计学意义。在贝利木单抗组,B 细胞信号通路和促纤维化基因的表达显著降低,与其作用机制相符,而安慰剂组则没有。两组间不良反应相似。贝利木单抗在局限性硬皮病 dcSSc 治疗中的作用还需要更大样本的研究来确定。

五、针对 T 细胞的治疗

自身免疫在 SSc 发病中起重要作用,T 细胞刺激 B 细胞成熟并分泌多种细胞因子,从而分泌自身抗体和激活成纤维细胞,故针对 T 细胞的治疗可能对 SSc 患者有效。细胞毒性 T 淋巴细胞相关抗原 4(CTLA-4)是一种免疫调节膜受体,在调节适应性免疫应答中起着关键作用,在弥漫型 SSc 患者血清中检测到较高水平的可溶性 CTLA-4(sCTLA-4),sCTLA-4 与皮肤纤维化程度可能相关。CTLA-4 免疫球蛋白融合蛋白(CTLA-4 IgG)阿巴西普(abatacept)通过竞争性结合 APC 上的 CD80 或 CD86,进而阻断两者与 T 细胞上的 CD28 的相互作用,选择性抑制 T 细胞活化。部分病例报道显示其治疗 SSc 有效。Matthieu Ponsoye 等在博来霉素诱导的皮肤纤维化和硬皮病性慢性移植物抗宿主病小鼠模型中评估了阿巴西普的抗纤维化特性,并研究了阿巴西普在紧肤型(Tsk-1)小鼠(一种与炎症无关的皮肤纤维化模型)的功效,结果显示,阿巴西普能有效预防博来霉素诱导的皮肤纤维化,对已建立的纤维化具有治疗作用,在该模型中,阿巴西普降低了损伤皮肤中 T 细胞、B 细胞和单核细胞的浸润,阿巴西普不能保护 CB17-SCID(重症联合免疫缺陷)小鼠免受博来霉素诱导的皮肤纤维化的影响,这支持 T 细胞是驱动阿巴西普抗纤维化作用的必要条件。注射博来霉素后,病损皮肤的 IL-6 和 IL-10 水平显著降低。另外,阿巴西普对慢性移植物抗宿主模型的纤维化有改善作用,但对 Tsk1 小鼠无明显疗效。阿巴西普在三种小鼠模型中均表现出良好的耐受性。阿巴西普有可能成为常规治疗无效的 SSc 患者的有效药物。

（吴振彪 冯媛 周雅馨 李红霞）

参考文献

[1] Fanouriakis A,Kostopoulou M,Alunno A,et al. 2019 up-date of the EULAR recommendations for the management of systemic lupus erythematosus. Ann Rheum Dis,2019,78(6):736-745.

[2] Ellen Ginzler,Luiz Sergio Guedes Barbosa,David D'Cruz,et al. Phase Ⅲ/Ⅳ,Randomized,Fifty-Two-Week Study of the Efficacy and Safety of Belimumab in Patients of Black African Ancestry With Systemic Lupus Erythematosus,Arthritis & Rheumatology,2022,74(1):112-123.

[3] Merrill JT,Wallace DJ,Wax S,et al. Efficacy and Safety of Atac-icept in Patients With Systemic Lupus Erythematosus:Results of

a Twenty-Four-Week, Multicenter, Randomized, Double-Blind, Placebo-Controlled, Parallel-Arm, Phase Ⅱb Study. Arthritis Rheumatol, 2018, 70(2):266-276.

[4] Merrill JT, Shanahan WR, Scheinberg M, et al. Phase Ⅲ trial results with blisibimod, a selective inhibitor of B-cell activating factor, in subjects with systemic lupus erythematosus (SLE): results from a randomised, double-blind, placebo-controlled trial. Ann Rheum Dis, 2018, 77(6):883-889.

[5] Onuora S. Positive results for anifrolumab in phase Ⅲ SLE trial. Nat Rev Rheumatol, 2020, 16(3):125.

[6] Khamashta M, Merrill JT, Werth VP, et al. Sifalimumab, an anti-interferon-α monoclonal antibody, in moderate to severe systemic lupus erythematosus: a randomised, double- blind, placebo-controlled study. Ann Rheum Dis, 2016, 75(11):1909-1916.

[7] van Vollenhoven RF, Hahn BH, Tsokos GC, et al. Efficacy and safety of ustekinumab, an IL-12 and IL-23 inhibitor, in patients with active systemic lupus erythematosus: results of a multicentre, double-blind, phase 2, randomised, controlled study. Lancet, 2018, 392(10155):1330-1339.

[8] He J, Zhang R, Shao M, et al. Efficacy and safety of low- dose IL-2 in the treatment of systemic lupus erythematosus: a randomised, double-blind, placebo-controlled trial. Ann Rheum Dis, 2020, 79(1):141-149.

[9] Yang Y, Yan C, Yu L, et al. The star target in SLE:IL-17. Inflamm Res, 2023, 72(2):313-328.

[10] Zhou M, Guo C, Li X, et al. JAK/STAT signaling controls the fate of CD8(+)CD103(+)tissue-resident memory T cell in lupus nephritis. J Autoimmun, 2020, 109:102424.

[11] You H, Zhang G, Wang Q, et al. Successful treatment of arthritis and rash with tofacitinib in systemic lupus erythematosus: the experience from a single centre. Ann Rheum Dis, 2019, 78(10):1441-1443.

[12] Shruti Prem, Mats Remberger Ahmad Alotaibi, et al. Relationship between certain HLA alleles and the risk of cytomegalovirus reactivation following allogeneic hematopoietic stem cell transplantation. Transpl Infect Dis, 2022, 24(4):e13879.

[13] Xia Y, Ye H, Li K, et al. Efficacy of Mesenchymal Stem Cell Therapy on Lupus Nephritis and Renal Function in Systemic Lupus Erythematosus: A Meta-Analysis. Clin Invest Med, 2023, 46(1):E24-E35.

[14] 王亚静, 马丹, 武泽文, 等. 间充质干细胞在自身免疫性疾病治疗中的临床应用进展. 山西医科大学学报, 2022, 53(2):251-256.

[15] Alchi B, Jayne D, Labopin M, et al. Autologous haematopoietic stem cell transplantation for systemic lupus erythematosus: data from the European Group for Blood and Marrow Transplantation registry. Lupus, 2013, 22(3):245-253.

[16] Hoseinzadeh A, Rezaieyazdi Z, Afshari JT, et al. Modulation of Mesenchymal Stem Cells-Mediated Adaptive Immune Effectors' Repertoire in the Recovery of Systemic Lupus Erythematosus. Stem Cell Rev Rep, 2023, 19(2):322-344.

[17] Tobias Alexander, Raffaella Greco. Hematopoietic stem cell transplantation and cellular therapies for autoimmune diseases: overview and future considerations from the Autoimmune Diseases Working Party(ADWP)of the 15 European Society for Blood and Marrow Transplantation(EBMT). Bone Marrow Transplantation, 2022, 57(7):1055-1062.

[18] Lazar S, Kahlenberg JM. Systemic Lupus Erythematosus: New Diagnostic and Therapeutic Approaches. Annu Rev Med, 2023, 74:339-352.

[19] Crow MK. Pathogenesis of systemic lupus erythematosus: risks, mechanisms and therapeutic targets. Ann Rheum Dis, 2023, 82(8):99-1014.

[20] Yu-Jing Li, Zhu Chen. Cell-based therapies for rheumatoid arthritis: opportunities and challenges. Ther Adv Musculoskel Dis, 2022, 14:1-21.

[21] Burmester GR, Pope JE. Novel treatment strategies in rheumatoid arthritis. Lancet, 2017, 389(10086):2338-2348.

[22] Kobayakawa T, Miyazaki A, Kanayama Y, et al. Comparable efficacy of denosumab and romosozumab in patients with rheumatoid arthritis receiving glucocorticoid administration. Mod Rheumatol, 2023, 33(1):96-103.

[23] Abbasi M, Mousavi MJ, Jamalzehi S. Strategies toward rheumatoid arthritis therapy; the old and the new. J Cell Physiol, 2019, 234(7):10018-10031.

[24] Hoisnard L, Pina Vegas L, Dray-Spira R, et al. Risk of major adverse cardiovascular and venous thromboembolism events in patients with rheumatoid arthritis exposed to JAK inhibitors versus adalimumab: a nationwide cohort study. Ann Rheum Dis, 2023, 82(2):182-188.

[25] Benucci M, Bernardini P, Coccia C, et al. JAK inhibitors and autoimmune rheumatic diseases. Autoimmun Rev, 2023, 22(4):103276.

[26] Luque-Campos N, Contreras-López RA, Jose Paredes-Martínez M, et al. Mesenchymal Stem Cells Improve Rheumatoid Arthritis Progression by Controlling Memory T Cell Response. Front Immunol, 2019, 10:798.

[27] Wang L, Huang S, Li S, et al. Efficacy and Safety of Umbilical Cord Mesenchymal Stem Cell Therapy for Rheumatoid Arthritis Patients: A Prospective Phase I/Ⅱ Study. Drug Des Devel Ther, 2019, 13:4331-4340.

[28] Smolen JS, Landewé RBM, Bergstra SA, et al. EULAR recommendations for the management of rheumatoid arthritis with synthetic and biological disease-modifying antirheumatic drugs: 2022 update. Ann Rheum Dis, 2023, 82(1):3-18.

[29] Park EH, Lim HS, Lee S, et al. Intravenous Infusion of Umbilical Cord Blood-Derived Mesenchymal Stem Cells in Rheumatoid Arthritis: A Phase Ia Clinical Trial. Stem Cells Transl Med, 2018, 7(9):636-642.

[30] Sullivan KM, Goldmuntz EA, Keyes-Elstein L, et al. Myeloablative Autologous Stem-Cell Transplantation for Severe Scleroderma. N Engl J Med, 2018, 378(1):35-47.

[31] Henes J, Oliveira MC, Labopin M, et al. Autologous stem cell transplantation for progressive systemic sclerosis: a prospective non-interventional study from the European Society for Blood and Marrow Transplantation Autoimmune Disease Working Party.

Haematologica,2021,106(2):375-383.

[32] Matteo Doglio,Tobias Alexander,Nicoletta Del Papa,et al. New insights in systemic lupus erythematosus:From regulatory T cells to CAR-T-cell strategies.J Allergy Clin Immunol,2022,150(6): 1289-1301.

[33] Khanna D,Denton CP,Lin CJF,et al. Safety and efficacy of subcutaneous tocilizumab in systemic sclerosis:results from the open-label period of a phase Ⅱ randomised controlled trial (faSScinate). Ann Rheum Dis,2018,77(2):212-220.

[34] Jingang Huang,Christian Beyer,Katrin Palumbo-Zerr,et al. Nintedanib inhibits fibroblast activation and ameliorates fibrosis in preclinical models of systemic sclerosis. Ann Rheum Dis, 2016,75(5):883-890.

[35] Suzana Jordan,Jörg H W Distler,Britta Maurer,et al. Effects and safety of rituximab in systemic sclerosis:an analysis from the European Scleroderma Trial and Research(EUSTAR)group. Ann Rheum Dis,2015,74(6):1188-1194.

[36] Jessica K Gordon,Viktor Martyanov,Jennifer M Franks,et al. Belimumab for the Treatment of Early Diffuse Systemic Sclerosis: Results of a Randomized,Double-Blind,Placebo-Controlled,Pilot Trial. Arthritis Rheumatol,2018,70(2):308-316.

[37] Matthieu Ponsoye,Camelia Frantz,Nadira Ruzehaji,et al. Treatment with abatacept prevents experimental dermal fibrosis and induces regression of established inflammation-driven fibrosis. Ann Rheum Dis,2016,75(12):2142-2149.

[38] Kuzumi A,Ebata S,Fukasawa T,et al. Long-term Outcomes After Rituximab Treatment for Patients With Systemic Sclerosis:Follow-up of the DESIRES Trial With a Focus on Serum Immunoglobulin Levels. JAMA Dermatol,2023,159(4):374-383.

[39] Dimitrios Mougiakakos,Gerhard Krönke,Simon Völkl,et al. CD19-Targeted CAR T Cells in Refractory Systemic Lupus Erythematosus. N Engl J Med,2021,385(6):567-569.

[40] Gadioli LP,Costa-Pereira K,Dias JBE,et al. Autologous stem cell ransplantation improves cardiopulmonary exercise testing outcomes in systemic sclerosis patients. Rheumatology(Oxford), 2023,62(SI):SI101-SI106.

[41] Joana Rua,Maria Dall'Era,David Isenberg. The use of combination monoclonal antibody therapies in lupus—where are we now? Rheumatology(Oxford),2023,62(5):1724-1729.

第三十八章 骨科疾病的细胞治疗

提要: 本章首先从骨骼发育展开,介绍骨骼系统的细胞分类和组成结构,并基于细胞相互作用简要阐述骨软骨发育和骨骼发生机制;然后分别综述细胞治疗在不同部位骨骼疾病的临床应用现状,重点关注治疗的细胞类型、植入方式、细胞数量及临床治疗的安全性和有效性。整章内容共5节,分别为骨软骨发育及骨骼形成、骨修复的细胞治疗、软骨再生的细胞治疗、肌腱韧带损伤的细胞治疗和椎间盘退行性变的细胞治疗。

2019年,WHO对全球疾病负担数据分析显示,肌肉骨骼疾病患者数约为17.1亿,占全球人口总数的22%,是导致残疾的最大因素,且随着全球人口增长和老龄化加剧,患肌肉骨骼系统疾病的人数和因其导致的残疾预计在未来几十年内仍将持续增加。干细胞及其相关技术的发展和应用,为肌肉骨骼系统疾病的预防和治疗带来了新的机遇。细胞治疗在肌肉骨骼系统中的应用前景极为广阔,特别是在骨折骨不连、股骨头坏死、软骨再生修复、肌腱韧带重建、椎间盘退行性变的治疗方面显示出巨大的潜力。但临床干细胞治疗的推广还面临着诸多难题,缺乏相应的标准。本章回顾了目前细胞治疗肌肉骨骼系统疾病的临床研究,从疾病类型、细胞种类、细胞剂量、治疗方法、临床疗效等方面进行总结,以期为细胞移植治疗肌肉骨骼系统疾病的临床研究与应用提供参考。

第一节 骨软骨发育及骨骼形成

一、骨软骨发育

骨软骨组织由中胚层发育形成,其生长发育在人类胚

胎发育的第7周以后开始出现,发生方式主要分为膜内成骨和软骨内成骨两种(图3-38-1)。

(一)骨软骨形成的两种方式

膜内成骨是指间充质干细胞(mesenchymal stem cell,MSC)、骨祖细胞直接发育形成骨骼的过程,即在原始结缔组织内直接成骨。通过膜内骨化形成骨的例子是扁平骨的头颅骨、下颌骨、上颌骨,锁骨和膝盖骨。

软骨内成骨则是在长骨形成部位,MSC密集并分化出骨原细胞,继而分化为软骨细胞,软骨细胞经过增殖、分化、成熟及肥大,通过分泌Ⅱ型胶原和X型胶原等细胞外基质,形成一个具有骨骼发育雏形的软骨组织。伴随软骨细胞的成熟和肥大,肥大软骨细胞周围基质开始矿化,血管逐渐侵入,MSC接受侵入的脉管系统网络诱导,而在软骨组织的矿化前沿聚集,顺序分化为骨祖细胞和成骨细胞,合成和分泌骨胶原纤维等骨基质,最终分化为骨细胞参与骨合成和肥大软骨细胞周边的软骨基质降解,软骨组织最终被骨组织所取代形成长骨。近年有报道指出,部分肥大区软骨细胞在软骨内成骨的过程中也可以转分化为成骨细胞,参与长骨的生长。骨骼厚度的增加主要取决于膜内成骨,骨骼长度的增加主要取决于软骨内成骨。

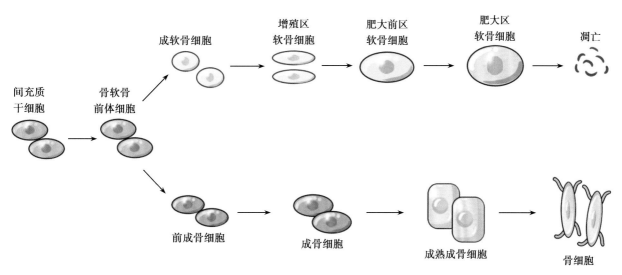

图 3-38-1 成软骨和成骨过程

膜内成骨和软骨内成骨的发生方式虽然不同，但形成骨组织后的骨代谢过程相似，都是通过成骨细胞和破骨细胞参与的骨形成与骨吸收来实现的，其代谢活动是一个动态平衡过程。

（二）骨形成的两个步骤和破骨的三个阶段

骨形成经过两个步骤。首先形成类骨质，即骨祖细胞增殖分化为成骨细胞，成骨细胞产生类骨质；然后成骨细胞被类骨质包埋后继续分化为骨细胞，类骨质矿化为骨质，形成骨组织，新生骨组织表面又有新的成骨细胞继续形成类骨质、矿化，如此不断进行。与此同时，破骨细胞介导的骨吸收过程包括三个阶段。首先是破骨细胞识别并黏附于骨基质表面；然后细胞产生极性，形成吸收装置并分泌有机酸和溶酶体酶；最后使骨矿物质溶解和有机物降解。

机体内多种细胞和细胞因子可通过复杂的信号网络对骨代谢进行调控。在个体的生长期，骨形成大于骨吸收，骨量呈线性增长，表现为骨皮质增厚、骨松质密集，这过程称为骨构建或骨塑形。在个体成熟后，骨生长停止，但骨形成和骨吸收仍在继续，处于一种平衡状态，称为骨重建。骨代谢异常会导致多种骨软骨疾病的发生，如先天性成骨不全、原发性脆骨硬化症、骨纤维营养不良、骨骺发育不良综合征、佩吉特病、类风湿性关节炎佝偻病、骨软化症、骨质疏松等。

二、骨骼中的主要细胞类型

（一）骨骼干细胞

骨骼中每种组织类型的产生和维持都离不开相应

干细胞的精确调节，这些干细胞具有分裂和分化产生不同细胞谱系的能力。骨骼中干细胞主要分为造血干细胞（hematopoietic stem cell，HSC）和骨骼干细胞两大谱系。HSC 具有典型的细胞表面蛋白组合，可在体外培育形成细胞群落，在体内具有长期造血，即产生各类血细胞的功能。骨骼干细胞（skeletal stem cell，SSC）作为非造血细胞系，如骨、软骨、血管内皮和基质起源的干细胞。

人类骨骼干细胞（SSC）的发展层级因为谱系示踪、流式细胞和单细胞测序等技术的发展已被逐步揭示。人类 SSC 的表面标记为 $PDPN^+CD146^-CD73^+CD164^+$，流式分选的 SSC，在体外具有自我更新和多向分化能力，在体内能够分化出含有骨、软骨和基质的多向性小骨。首先分化出早期骨、软骨和基质的祖细胞；接着是骨祖细胞和软骨祖细胞；最后才分化出骨骼、软骨和基质细胞。骨损伤可以诱导 SSC 激活，人类 SSC 及其衍生细胞群能够表达多种潜在的造血支持细胞因子，包括 ANGPT1、CSF1、SDF、IL-27、IL-7 和 SCF 等，可以在体外无血清条件下支持 HSC 造血。人类 SSC 及其下游骨骼细胞谱系的鉴定，绘制出了干细胞介导的人体骨骼组织形成的细胞谱系图（图 3-38-2）。

（二）成骨细胞

成骨细胞是骨细胞的前体细胞，由 MSC 沿着成骨细胞谱系发育而成，聚集在骨组织表面负责骨基质的合成、分泌和矿化，是负责骨骼形成的主要细胞。成骨细胞分泌细胞外基质蛋白，例如 I 型胶原蛋白、骨桥蛋白、骨钙蛋白和碱性磷酸酶。多个成骨细胞互相作用，形成一个称为 osteon 的骨单位。I 型胶原以羟磷灰石形式沉积钙，为骨骼提供

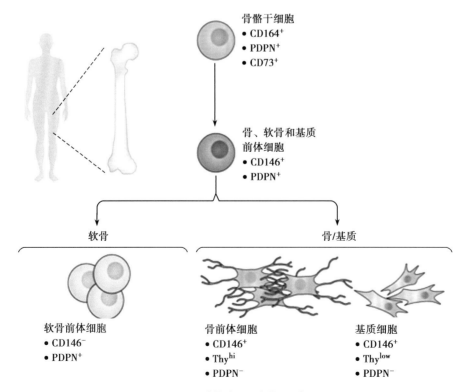

图 3-38-2　人骨骼干细胞谱系示意图

结构支撑。活跃的成骨细胞为梭形、锥形或立方形,胞质嗜碱性,具有丰富的粗面内质网和核糖体,高尔基体比较发达。成骨细胞在骨形成过程中要经历增殖、基质成熟、基质矿化和凋亡四个阶段,该过程受到机体的精确调控。

成骨细胞可分为三个不同的分化阶段:骨祖细胞、前成骨细胞和成骨细胞,并在分化的不同阶段表达不同的蛋白标志物。最初,转录因子 Sox9 的表达标志着骨祖细胞的形成,Sox9 调控软骨细胞等分化成熟。随后骨祖细胞表达决定向成骨分化方向的关键转录因子 RUNX2,成骨细胞开始发育。在成熟阶段,前成骨细胞中 Wnt-β-catenin 信号激活,进而诱导 OSTERIX 的表达,该因子表达定义了细胞向成骨细胞的分化。成骨细胞合成分泌 I 型胶原和骨钙素等非胶原蛋白等骨基质是成骨细胞分化的标记物,能反映成骨细胞分化表型特征。

（三）骨细胞

骨细胞由成骨细胞分化而来,是构成成熟骨的主要功能细胞。当骨基质钙化后,成骨细胞被包埋其中,此时细胞的合成活动停止,胞质减少,逐渐分化为骨细胞。骨细胞为含有多突起的扁椭圆形细胞,细胞核亦扁圆,胞质呈弱嗜碱性。骨细胞能产生新的细胞外基质,使骨中钙磷的沉积和释放处于稳定状态,以维持血钙平衡。骨细胞通过旁分泌作用对骨吸收和骨形成进行调控,是维持成熟骨代谢的主要细胞。

（四）软骨细胞

软骨细胞是位于软骨基质陷窝内,负责维持软骨代谢的功能细胞。幼稚的软骨细胞定位于软骨组织的表层,单个分布,体积较小,呈椭圆形,长轴与软骨表面平行,越向深层的软骨细胞体积逐渐增大呈现为圆形,细胞核圆形,染色浅,细胞质弱嗜碱性。多个成熟的软骨细胞常成群分布于软骨陷窝内,这些软骨细胞由同一个母细胞分裂增殖而成。电镜下软骨细胞有突起和皱褶,细胞质内有大量的粗面内质网和发达的高尔基复合体,以及少量的线粒体。在组织切片中,软骨细胞收缩为不规则形,在软骨囊和细胞之间出现较大的腔隙。软骨细胞具有合成和分泌基质与胶原纤维的功能。

（五）破骨细胞

破骨细胞（osteoclast,OC）是人体主要的骨吸收细胞,在骨发育、生长、修复、重建中具有重要的作用。破骨细胞起源于造血系的单核巨噬细胞系统,是一种特殊的终末分化细胞,它可由其单核前体细胞通过多种方式融合形成巨大的多核细胞。OC 直径可达 $100\mu m$,可有 2~50 个核,随着细胞成熟,胞质由嗜碱性渐变为强嗜酸性,主要分布在骨质表面、骨内血管通道周围。OC 合成分泌氢离子、碳酸酐酶、乳酸、胶原酶、组织蛋白酶 K 和水解酶等进行骨吸收,其中高表达的抗酒石酸酸性磷酸酶和组织蛋白酶 K 是 OC 的主要标志。

破骨细胞对骨基质的再吸收包括两个步骤:①无机成分（矿物质）的溶解;②骨基质有机成分的消化。破骨细胞将氢离子泵入亚破骨细胞室,从而创造一个酸性微环境,增加骨矿物质的溶解度,导致骨矿物质释放或重新进入破骨

细胞的细胞质,被输送到附近的毛细血管。在去除矿物质后,胶原酶和明胶酶被分泌到亚破骨细胞隔室中,这些酶消化和降解脱钙骨基质的胶原蛋白和其他有机成分,产生的降解产物在褶皱边缘被破骨细胞吞噬。

（六）椎间盘组成细胞

骨骼中的脊柱作为支撑机体的中轴骨,与长骨不同,有其特殊的结构,即除骨、软骨组织之外,脊柱有连接上下椎体之间的椎间盘结构。椎间盘由组织学结构及生理功能不同的三个部分组成,分别是位于中央的髓核、外周包绕的纤维环和上下覆盖于椎体骨的软骨终板。软骨终板是连接髓核纤维环与椎体的紧密连接组织,主要由软骨细胞及软骨细胞外基质组成,具有力学缓冲及营养传递的功能。

髓核主要由髓核细胞构成,由胚胎期的脊索细胞演变而来,成熟后的髓核细胞体积较大,与软骨细胞类似,表达 II 型胶原蛋白、可聚蛋白多糖等多种蛋白多糖。细胞外基质中大量蛋白多糖富含阴离子集团,使髓核含水量丰富,婴幼儿时期的髓核含水量为 80%~90%,老年时期的含水量也保持在 70% 左右。髓核组织是承受压力的主要结构。髓核的损伤及退变都伴随髓核细胞的减少和消失,因此髓核细胞的数量及功能恢复是椎间盘损伤修复的重要指标。

椎间盘纤维环位于椎间盘周缘部,是包绕髓核组织的层环状、致密纤维样组织,其中富含纤维环细胞。纤维环细胞因其表达基因及定位的差异,分为以表达 II 型胶原为主的内层纤维环细胞和表达 I 型胶原为主的外层纤维环细胞。对纤维环的最新单细胞测序数据提示,可能存在同时表达 I 型和 II 型胶原的特殊纤维环细胞类型,在纤维环损伤修复中具有非常重要的作用。

（七）肌腱细胞

肌腱是一种致密结缔组织,在肌肉骨骼系统运动功能的实施中发挥关键作用。成熟的肌腱组织中细胞含量比较少,其中的细胞组分 90%~95% 是成肌腱细胞及终末分化的肌腱细胞。肌腱细胞是肌腱组织的基本功能单位,它合成和分泌胶原等细胞外基质成分,维持肌腱组织的新陈代谢。在体外培养条件下,肌腱细胞增殖比较缓慢,经过多次传代后,肌腱细胞甚至丧失其增殖能力。肌腱具有低细胞和低血管的结构特点,使得肌腱损伤修复能力有限,其愈合主要依靠瘢痕愈合,产生的修复组织力学性能较差。

第二节　骨修复的细胞治疗

一、骨折、骨不连的细胞治疗

（一）骨折

骨折是世界各地骨科最常见的疾病之一,其愈合过程需要 6~12 周,多种原因可以导致骨折愈合失败及骨不连的发生,致残风险高。因此加速骨折愈合、缩短疗程、减少并发症产生,将会为患者带来更好的疗效。随着当今干细胞研究的不断深入,国内外的临床研究已表明骨髓来源 MSC 和脐带来源 MSC 治疗骨折具有良好的疗效。

1. 骨髓来源的干细胞治疗　骨髓来源细胞在四肢骨

折的临床治疗应用开展比较早，已有在股骨颈骨折、尺骨和桡骨骨折临床治疗中应用的报道。

2008 年，郑艳峰等使用自体红骨髓移植治疗 22 例严重粉碎性下肢骨折患者，包括股骨 6 例、胫骨 18 例和腓骨 2 例，随访半年以上，X 线平片动态观察结果显示，患者一般在 4~10 周出现典型骨痂，4~6 个月出现连续骨痂，提示临床愈合，15 例患者骨性愈合后恢复正常行走能力。同年，宋建华等采用加压螺纹钉固定和自体骨髓干细胞浓缩液注射治疗股骨颈骨折患者 63 例，其中 57 例随访患者的骨折均愈合，骨折愈合时间明显缩短。研究结果提示，自体骨髓浓缩干细胞有促进骨折愈合的作用。2012 年，唐刚健发表了自体骨髓干细胞移植治疗新鲜颈中型股骨颈骨折的随机对照研究，共纳入患者 87 例，治疗组 44 例患者施行自体骨髓干细胞移植配合采用牢固内固定技术，对照组 43 例单纯采用 3 枚空心加压螺钉内固定。临床研究观察 2 年发现，12、24 个月的髋关节 Harris 评分（Harris Hip Score，HHS）治疗组分别为 67.21 ± 10.82、86.43 ± 11.52，对照组分别为 54.72 ± 12.23、74.32 ± 14.43，两组比较差异有统计学意义；X 线平片检查结果显示，治疗组的骨折愈合情况显著优于对照组。这 2 项研究均证明自体骨髓干细胞移植配合采用牢固内固定技术方法简便、安全有效，能显著促进股骨骨折愈合并改善髋关节功能，值得临床推广。

2010 年，郎良军等发表将外固定支架联合自体骨髓干细胞断端移植治疗桡骨远端粉碎性骨折 18 例的研究结果，随访发现，骨折愈合情况为优 10 例、良 6 例、可 2 例、差 0 例，优良率 88.9%，而且未出现针道感染等不良并发症。为了进一步验证骨髓来源干细胞治疗骨折的有效性，罗实等进行了随机对照临床试验，将 60 例骨折患者（四肢骨和锁骨骨折）分为 2 组，对照组采用常规骨折切开复位内固定治疗，治疗组在对照组的基础上给予自体骨髓单个核细胞移植治疗，通过统计学分析发现，细胞移植组可显著促进骨折愈合，缩短骨折愈合时间，并降低骨折延迟愈合或不愈合的发生率。

除四肢长骨骨折之外，骨髓来源细胞还被应用于椎体骨折的治疗。2016 年，王明玲等发表对 10 例椎体压缩性骨折患者（胸椎 6 例、腰椎 4 例）进行自体骨髓单个核细胞移植治疗，所有患者手术顺利，术后无切口感染、脊髓和神经根损伤等并发症；术后随访时间为 6~12 个月，X 线平片显示，所有患者的椎体高度基本恢复正常；患者腰部疼痛视觉模拟评分（visual analogue scale，VAS）由术前 8.6 ± 1.5 逐渐下降至 1.5 ± 0.4（术后 6 个月）和 1.3 ± 0.3（术后 12 个月）；日常活动能力障碍评分由术前 72.8 ± 12.0，分别下降至 17.6 ± 4.6（术后 6 个月）、10.2 ± 3.8（术后 12 个月）。这些临床试验研究结果表明，自体骨髓来源细胞移植可以促进骨折愈合，降低术后骨折延迟愈合和骨不连等并发症的发生率，自体骨髓来源细胞移植治疗骨折安全有效。

2. 脐带来源 MSC（umbilical cord derived MSC，UC-MSC） 近年来随着 UC-MSC 储存技术的发展，UC-MSC 在临床治疗中的应用越来越多。2014 年，杨华强等将 UC-MSC 通过静脉输注和局部多点注射到常规治疗效果欠佳

的 1 例右胫腓骨中下段粉碎性骨折患者体内，4 次为一个疗程，第一、三次采用静脉输注，第二、四次采用骨折部位局部注射，每周间隔 1 次，每次治疗细胞总数 $3 \times 10^7 \sim 7 \times 10^7$ 个。术后 1、2、3 个月定期观察患者的临床症状及影像学变化。UC-MSC 治疗 1 个月后，患者在没有协助的情况下可独立缓慢行走，X 线平片显示骨折部位有新生骨形成；治疗半年后，患者右下肢受力明显好转，可以独立自由行走，X 线平片结果显示右下肢骨折部位有连续性骨痂形成，骨折部位愈合良好。

（二）骨不连

骨折延迟愈合与骨折不愈合即骨不连，是骨折术后的常见并发症，其诱发因素很多，但近年来，其发病率随着临床诊疗技术的提高已经较 20 世纪末时有明显下降。目前治疗骨折不愈合可分两大类：开放手术与闭合治疗。开放手术加自体骨移植的疗效确切并可尽早恢复肢体功能，因此是治疗的"金标准"。但手术创伤大、并发症严重、供区疼痛，尤其是局部条件不具备则治疗更加棘手。利用骨髓来源细胞进行微创闭合治疗，可有效绕开这些难题，已逐渐被应用到临床工作中，取得了良好的疗效。

浓缩自体骨髓干细胞治疗 2005 年，Hernigou 等最先报道利用浓缩自体骨髓干细胞移植技术治疗骨不连获得成功。2007 年，袁进国等通过密度梯度离心法分离纯化自体骨髓单个核细胞，经皮局部注射治疗肱骨干及胫骨干骨折术后骨不连，并与自体髂骨移植进行疗效比较，结果显示，经皮自体骨髓干细胞移植的疗效更好，较传统植骨治疗具有明显优势。王五洲等进一步对比了骨髓 MSC（bone marrow derived MSC，BM-MSC）在冲击波治疗骨不连中的作用，研究发现，冲击波联合 BM-MSC 移植后平均骨折愈合时间较单纯冲击波治疗骨不连病程缩短了 5.8 周，明显缩短了骨愈合时间，进一步证明 BM-MSC 在加速骨不连愈合过程中的重要作用。2011 年，代涛等将自体髂骨和 BM-MSC 混匀后植入骨折不愈合端，配合常规外固定。术后 3 个月发现 15 例患者的骨折线模糊，均有骨痂形成。

2008 年，张远成等将浓缩自体骨髓干细胞悬液，经皮多点分层注射于骨不连部位，发现干细胞在骨折断端早期没有建立起周围营养的情况下，仍可迅速参与骨再生与修复，而且能明显改善局部的血液循环。2010 年，他们进一步研究发现，自体浓缩骨髓干细胞移植在治疗骨不连方面起到了积极作用，因此在手术前肌内注射重组人粒细胞集落刺激因子，克服了骨髓干细胞数量不足的问题，同时结合锁定钢板内固定，解决了骨折端的稳定固定，他们的研究结果显示，应用自体浓缩骨髓干细胞经皮注入骨折端，是一种微创、安全、高效的治疗骨不连的方法。

随着对 BM-MSC 作用机制研究的深入，BM-MSC 移植治疗骨不连的临床试验逐渐增加。为了增加可移植 BM-MSC 的数量，部分团队开始采用体外培养技术对 BM-MSC 进行扩增后再进行干细胞移植治疗。2009—2011 年，张传开等研究了 41 例临床非感染性骨折骨不连患者，其中肱骨骨折 6 例、胫骨干骨折 21 例、尺骨和桡骨骨折 8 例、股骨骨折 6 例。采集患者骨髓约 10mL，全骨髓差速贴壁法对 BM-

MSC 进行体外培养扩增。采用浓度为 2.4×10^4 个/mL,总数为 9.6×10^4 个 BM-MSC,无菌条件下将自体 BM-MSC 注射到骨折断端处(X 线透视监测),术后应用抗生素预防感染。随访 9~24 个月后临床效果较好,其中优 25 例、良 9 例、可 5 例、差 2 例,总优良率达 79%。2014 年,王玉龙等对 11 例胫骨骨不连患者也采用自体 BM-MSC 体外培养增殖,后将其注入胫骨骨不连部位,发现治疗安全有效。同年,靳嘉昌等用骨髓干细胞移植治疗陈旧性胫腓骨中下 1/3 骨折 30 例,平均随访时间 14.7 个月,所有患者骨折均达到临床愈合,愈合最快的为术后 1 个月,最慢的为术后 3 个月,平均 1.7 个月,治疗总有效率达 93.3%。

上述骨髓来源的细胞治疗临床报道,包括骨髓、骨髓单个核细胞、BM-MSC 作为种子细胞进行骨折和骨不连治疗的安全性和有效性已得到证实。但细胞治疗在骨折治疗的临床应用,仍存在一些具体问题:①缺乏细胞载体,单纯细胞植入体内容易流失,不能在植入部位形成有效的细胞浓度,其成骨能力有限;②骨折种类多,如何确定不同类型不同个体最佳的 BM-MSC 移植的方法、浓度和数目,都需要进一步设计临床研究方案,推动临床试验研究,让患者获益。

总之,骨折和骨不连的治疗需要干细胞联合多种方法,制定患者最适的治疗方案,同时正确指导患者行功能锻炼,适当配合物理治疗,如电刺激、低强度脉冲超声波、体外冲击波、磁热疗法、针灸等辅助疗法,多种因素联合刺激,有效启动骨折修复程序,加速骨损伤的愈合。

二、股骨头坏死的细胞治疗

股骨头坏死(osteonecrosis of femoral head,ONFH)是一种常见的、病因复杂的骨科疾病,通常由不同病因导致股骨头供血不足、成骨能力下降,最终引起股骨头软骨下病变坏死,导致股骨头塌陷。ONFH 多发于中青年,因其早期临床症状不典型,时常发生漏诊误诊,大多数患者因此错过最佳治疗时机,最终导致股骨头变性、关节疼痛、活动受限,其高危害性给患者带来巨大的痛苦。中青年 ONFH 患者接受全髋关节置换术(total hip arthroplasty,THA)的假体寿命有限,因此,保髋治疗是绝大部分年轻患者的首选方案。ONFH 初期常用的治疗方法包括药物治疗、电刺激、髓芯减压和植骨术。随着干细胞研究的深入和再生医学的高速发展,利用干细胞治疗 ONFH 成为最具潜力的治疗方式之一。

临床 ONFH 的细胞治疗只有 1 篇使用异体 UC-MSC,其治疗的安全性和有效性证据等级不足。其余大量 ONFH 的细胞治疗临床研究都是自体骨髓来源细胞,包括骨髓细胞、骨髓单个核细胞和 BM-MSC,按照细胞植入方式分为细胞直接注射、细胞介入下血管注射、细胞复合植骨材料后移植。

(一)骨髓来源细胞联合髓芯减压

髓芯减压术是 ONFH 的主要治疗方法,早在 20 世纪末,Hernigou 等就尝试髓芯减压联合自体骨髓单个核细胞移植治疗 ONFH,并于 2002 年报道了该项临床研究的数据。研究共纳入 ONFH 患者 116 例,共 189 髋(ARCO 股骨头坏死分期:Ⅰ~Ⅱ期 145 髋,Ⅲ~Ⅳ期 44 髋)。该前瞻性研究将自体骨髓离心后获得的单个核细胞经减压孔道注入坏死股骨头内,经过 5~10 年的随访,早期 ONFH(ARCO 分期Ⅰ~Ⅱ期)的 145 髋中有 9 髋需要接受 THA,晚期 ONFH(ARCO 分期Ⅲ~Ⅳ期)的 44 髋中有 25 髋需要进行 THA,该临床试验结果表明,髓芯减压联合自体单个核细胞移植能够较好地改善早期 ONFH 患者的关节功能。2010 年,Chang 等报道自体 BM-MSC 移植联合髓芯减压术治疗 ONFH 后患者疼痛症状缓解,股骨头塌陷得到了延缓,MRI 显示股骨头骨损伤面积显著降低,股骨头软骨质量显著改善。2014 年,梁红锁等对 31 例(34 髋)早期缺血性 ONFH 患者采取髓芯减压联合 BM-MSC 移植治疗 12 个月后,通过影像学和 HHS 评分评价治疗效果,发现优良率达 87.10%,说明此方法治疗早期缺血性 ONFH 疗效显著。2014 年,Ma 等采用骨髓移植联合髓芯减压术治疗 ONFH 患者,临床治疗结果表明,在治疗的第 2 年,92% 的 ONFH 患者髋关节功能明显改善,同时发现,对于早期 ONFH 患者,细胞治疗组的病情未进展率为 100%,而对照组则为 66.7%。

近年来,很多团队开展临床对照研究,对比单纯髓芯减压术与联合 BM-MSC 移植治疗 ONFH 的临床效果,进一步证实 BM-MSC 在其中的关键治疗作用。Gangji 等在 2005 年最先比较了髓芯减压术加骨髓干细胞移植与单纯髓芯减压术治疗的疗效,发现髓芯减压术加骨髓干细胞移植治疗股骨头坏死的疗效明显优于单纯髓芯减压术。2007 年,Gangji 团队又报道了 13 例 ONFH 患者(共 18 髋)进行单纯髓芯减压和髓芯减压联合 BM-MSC 移植的随机对照试验,60 个月后试验组 10 髋中仅 1 髋行 THA,而对照组 8 髋中有 4 髋不得不行 THA,生存分析表明,两组关节软骨塌陷有统计学差异。2011 年,该团队进一步对早期 ONFH(ARCO 分期为Ⅰ期和Ⅱ期)19 例患者共 24 髋进行随机对照试验,分为单纯髓芯减压组和髓芯减压联合 BM-MSC 移植组,对比临床疗效发现,BM-MSC 移植治疗早期 ONFH 的效果显著优于单纯减压组。2016 年,该团队进一步比较髓芯减压联合 BM-MSC 移植和髓芯减压联合自体成骨细胞移植治疗 ONFH 的临床疗效,研究结果表明,自体成骨细胞较 BM-MSC 在延缓晚期 ONFH 疾病进展中更有效。Gangji 团队的研究结果证实髓芯减压联合骨髓间充质干细胞治疗早期 ONFH 的有效性,但是对于晚期 ONFH 的治疗效果不理想,这可能和 ONFH 晚期坏死区微环境受损严重,BM-MSC 修复作用有限有关。

2012 年,Sen 等也报道了骨髓单个核细胞治疗 ONFH 患者共 51 髋(ARCO 分期Ⅰ~Ⅱ期)的临床对照试验,单纯髓芯减压组 25 髋,髓芯减压后自体骨髓单个核细胞移植组 26 髋,经过 24 个月的随访,对两组的髋关节 HHS 评分、髋关节 Kaplan-Meier 生存分析和影像学检查进行分析后发现,细胞治疗组的多项指标均优于单纯髓芯减压组,对于早期 ONFH 的临床治疗效果更好。2012 年,Zhao 等发表在 *BONE* 的研究同样证明 BM-MSC 移植治疗组与单纯骨髓减压组相比,前者显著提高了髋关节 HHS 评分,同时股骨头坏死区面积显著减少。Arbeloa-Gutierrez 等报道了一项随机对照研究,将 40 例 ONFH 患者(51 髋)随机分为两组,A组(25 髋)行髓芯减压术,B 组(26 髋)于髓芯减压术后行自体 BM-MSC 移植,研究结果显示,B 组患者的临床评分和平均髋部成活率明显优于 A 组。李民等也报道了类似的研究,104 例 ONFH 患者随机分为试验组和对照组(各 52 例),对照组采用髓芯减压治疗,试验组采用髓芯减压联合 BM-MSC 移植治疗,研究发现,试验组在改善 HHS 评分及临床症状,减少 THA 等方面的作用显著优于对照组。2015年,Tabatabaee 将 18 例早中期 ONFH 患者(28 髋)随机分为两组,A 组患者行髓核减压联合股骨头内注射含自体浓缩骨髓,B 组单独行髓核减压。2 年随访结果显示,所有患者的平均 HHS 评分和 VAS 评分均有显著改善($p<0.001$),MRI 显示 A 组股骨头明显改善($p=0.046$),B 组明显恶化($p<0.001$)。结果表明,注射含 BM-MSC 的浓缩自体骨髓联合髓芯减压术是治疗早中期 ONFH 的有效方法,这种治疗可以缓解患者的疼痛,改善关节功能障碍症状,并延缓疾病的进展。

2015 年,刘建忠等回顾性分析髓芯减压联合自体 BM-MSC 移植治疗早期 ONFH 的疗效,然后与单纯骨髓减压组进行比较,术后平均随访时间 14 个月,结果表明,临床 HHS 评分前者明显优于后者,并且认为自体 BM-MSC 移植治疗早期 ONFH 是一种安全性高、效果显著的方法。2017 年,刘江锋对 65 例 ONFH 患者进行了髓芯减压联合 BM-MSC 移植治疗,男 53 例,女 12 例,平均年龄 43.1 岁(20~61),共 65 髋(ARCO 分期:Ⅰ期 29 髋,Ⅱ期 36 髋;ARCO 分型:A型 15 髋,B 型 33 髋,C 型 17 髋)。平均随访时间 7.5 年,在65 髋中,总塌陷率 46%(30/65),Ⅰ期和Ⅱ期的塌陷率分别为 34.5%(10/29)和 55.6%(20/36),在 A、B 和 C 型中的塌陷率分别为 26.7%(4/15)、42.4%(14/33)和 70.1%(12/17),最终有 15 髋进行了 THA。这项对比研究发现,BM-MSC 移植可以显著延缓或阻止早期 ONFH 患者股骨头的塌陷率,提高其保髋的成功率。

在骨科临床中,自体 BM-MSC 移植联合髓芯减压术的治疗方法在治疗早期 ONFH 上取得了良好的治疗效果,可明显改善患者的 HHS 评分,减少 ONFH 面积,延缓疾病进展,显著提高股骨头存活率,并能显著减少全髋关节置换。但这种方法对于晚期 ONFH 的治疗效果不尽如人意。

(二)骨髓来源的干细胞治疗联合介入技术

除了髓内减压联合骨髓细胞直接注射治疗 ONFH 外,还有很多临床研究尝试采用股动脉介入进行骨髓细胞移植治疗。2011 年,王红梅等对 187 例 ONFH 患者在数字减影血管造影(digital subtraction angiography,DSA)的引导下行股动脉内骨髓单个核细胞移植治疗,分别采集患者骨髓200~360mL,采用 Ficoll 密度梯度离心法分离单个核细胞,治疗后随访 3~48(24.2±4.5)个月,其中髋关节疼痛缓解者 158 例(84.5%),髋关节功能改善者 146 例(78.1%),行走间距延长者 149 例(79.7%)。影像学检查发现,移植术 6个月后,54 例行股骨头供血动脉 DSA 检查,48 例显示供血动脉较移植术前明显增多增粗,血流速度增快;12~24 个月后,72 例患者股骨头区骨质病变得到改善。从以上的研究

看出,超选择性动脉内骨髓单个核细胞移植方法简便、安全有效,对缺血导致坏死的股骨头无再次损伤,能够有效治疗缺血性 ONFH。2011 年,谭隆旺等对 32 例 ONFH 患者(54 髋)经髂骨内动脉灌注 BM-MSC 悬液及溶栓、扩血管药物治疗,6 个月后随访观察结果证实此方法治疗缺血性 ONFH 疗效显著,且简便安全。2015 年,高泽锋等募集 61 例 ONFH 患者,患者髂骨取骨髓后 Ficoll 密度梯度离心分离骨髓单个核细胞,经动脉移植进行治疗,关节功能有所改善的患者20 例(32.8%),患者的生活质量得到较好提高,总有效率为86.9%。

2013 年,蔡康等募集 40 例 ONFH 患者(50 髋),静脉注射 GM-CSF 进行干细胞动员后抽取自体骨髓分离单个核细胞,在动脉造影下经旋股内外动脉、闭孔动脉输注骨单个核细胞悬液,随访 6~18 个月后发现,92.5% 的患者髋关节疼痛有不同程度缓解,且关节活动改善,X 线平片显示股骨头坏死区域的面积显著减小且有新骨生成,动脉造影显示旋股内外动脉、闭孔动脉管径增粗,血液流速增快,股骨头缺血环境得到有效改善。

同年,Mao 等在 *BONE* 上发表动脉灌注骨髓单个核细胞治疗 62 例 ONFH 患者(78 髋)的 5 年随访研究,结果证实,经旋股内侧动脉自体 BM-MSC 灌注是一种安全、有效、微创的早期 ONFH 治疗策略。该研究表明,动脉内靶向输注骨髓单个核细胞可提高钽棒的生物力学支撑效果,提高ONFH 的治疗效果。以上研究证明,针对早期 ONFH 包括缺血性 ONFH,采取经动脉骨髓来源细胞移植治疗,操作方法简便、安全有效,无并发症,是 ONFH 安全有效的治疗方式。

(三)骨髓来源细胞复合组织工程骨

1. 自体骨联合骨髓细胞移植   自体骨无排斥反应、生物活性高、移植成功率高,是骨缺损临床治疗的"金标准"。部分学者将髓芯减压作为基础,尝试同时移植自体骨和骨髓细胞作为进一步干预措施治疗 ONFH。

2011 年,申文龙等对 26 例早期 ONFH 采用髓芯减压联合自体髂骨与自体骨髓单个核细胞移植治疗。随访6~30 个月,患者疼痛明显缓解,采用 HHS 评分,术前为51.6±4.86 分,术后为 93.8±7.36 分,差异有统计学意义($p<0.05$)。本组优 11 髋、较好 15 髋、良 4 髋、差 2 髋,优良率 93.75%。研究证实,髋关节髓芯减压植骨结合 BM-MSC 移植手术治疗早期 ONFH,具有操作简便、准确、损伤小、疗效确切等优点。2013 年,Kang 等也对 ONFH 患者采用自体髂骨联合自体骨髓细胞移植,32 个月的随访观察发现治疗效果显著。这项研究纳入 52 例 ONFH 患者(61 髋),平均随访 68 个月(60~88 个月),VAS 评分从 3.8 分提高到5.3 分,平均移动能力得分由 3.8 分提高到 5.1 分,平均行走能力得分由 4.0 分提高到 5.1 分,15 髋(小病灶)临床效果较好,20 髋(中等病灶)临床效果一般,26 髋(大病灶)临床效果较差,该研究结果表明,这种治疗方法对早中期 ONFH治疗安全有效。

2013 年,王金星等报道髓芯减压植骨联合自体 BM-MSC 移植治疗早中期 ONFH 的临床研究。研究对象为

ONFH 患者 15 例（20 髋），使用钻头等方法清除坏死病灶，并从同侧髂骨取出自体皮质骨、松质骨和 BM-MSC 装入已清除坏死骨的区域，随访 2 年发现患者 HHS 评分增加，所有患者均未进行 THA。2017 年，王满等将 36 例男性 ONFH 患者（ARCO 分期：Ⅰ期 17 例，Ⅱ期 12 例，Ⅲ期 7 例），同时进行髓芯减压术、自体髂骨移植术及自体 BM-MSC 移植术治疗。术后平均随访 12.4 个月，HHS 评分优 25 例、良 8 例、可 3 例、差 0 例，优良率 91.7%，患者疼痛症状消失、行走正常、髋关节活动范围正常或接近正常；MRI 检查提示股骨头轮廓清晰，无进一步塌陷或坏死趋势，无囊性变，骨密度均匀，硬化骨消失，关节间隙正常；术后无感染和血管神经损伤等并发症发生，无一例股骨头坏死加重或关节塌陷发生。2018 年，曾红才发表自体 BM-MSC 植入联合髓芯减压植骨支撑术治疗早中期 ONFH 的临床随机对照研究，共纳入 80 例，随机分为对照组和细胞治疗组，每组 40 例，对照组采用髓芯减压植骨术治疗，细胞治疗组采用自体 BM-MSC 植入联合髓芯减压植骨支撑术治疗。研究发现，治疗优良率治疗组明显高于对照组，差异有统计学意义；两组的 VAS 评分和 Harris 评分较治疗前均明显改善，细胞治疗组的疼痛程度降低幅度和关节功能改善幅度均优于对照组，差异均有统计学意义。

科学家同时研究自体骨联合骨髓细胞进行缺血性 ONFH 治疗的可行性。2014 年，张帆等对 20 例缺血性 ONFH 患者采用病灶清除联合植骨和 BM-MSC 移植治疗，6 个月后优良率达 70.0%，并且患者关节活动范围明显改善，血管造影显示坏死区域血管延伸且侧支吻合程度提升。王冠等将 51 例缺血性 ONFH 患者随机分为对照组 24 例和治疗组 27 例。对照组采用病灶清除和骨移植治疗，治疗组在对照组的基础上联合 BM-MSC 移植治疗，结果显示，治疗组疗效确切，并发症少，与对照组疗效差异有统计学意义。

除髂骨移植之外，李志强等在 2016 年对 48 例（58 髋）患者分别采用 BM-MSC 联合伞状支撑骨移植（36 髋）、股方肌骨柱移植（18 髋）治疗，治疗优良率达 91.67%，结果证实，BM-MSC 联合伞状支撑骨移植治疗早期缺血性 ONFH 效果良好，能够有效加速成骨、预防股骨头塌陷。这些研究显示，髓芯减压术后自体骨髓间充质干细胞移植及自体骨植入物的联合对早期缺血性 ONFH 的治疗效果十分显著。植骨材料的加入不仅能够填充髓芯减压后的遗留空间，其具有的骨引导活性还能够有效促进骨再生修复。

2. 钽棒联合骨髓细胞移植　2015 年，范震波等对 26 例 ONFH 患者（27 髋）分别采用髓芯减压+钽棒植入+BM-MSC 移植（12 髋）和髓芯减压+单纯钽棒植入（15 髋），采用 HHS 评分和 X 线平片等方法进行对比研究发现，对于早期 ONFH 的治疗，髓芯减压+钽棒植入+BM-MSC 移植在临床症状和预防股骨头塌陷方面优于髓芯减压+单纯钽棒植入（$p<0.05$）。同年，赵德伟团队对 24 例晚期 ONFH 患者进行血管化钽棒移植和自体 BM-MSC 移植的治疗效果进行比较研究，5 年随访发现，自体 BM-MSC 移植组的 HHS 评分显著提高，而且有效延迟或避免了 THA。

2015 年，Mao 团队在 *JBMR* 发表了钽棒联合骨髓单个核细胞移植和单纯钽棒植入治疗 55 例 ONFH 患者（89 髋）的随机对照研究，随访 36 个月结果显示，对照组 41 髋有 9 髋（21.95%）接受了 THA，而联合治疗组 48 髋中只有 3 髋（6.25%）需要 THA（$p=0.031$）；Kaplan-Meier 生存分析显示，联合治疗显著提高了股骨头的生存时间（$p=0.025$），同时联合治疗也显著改善了患者的 HHS（$p=0.003$）；最终两组患者的股骨头总塌陷率对照组为 15.15%（5/33 髋），联合治疗组为 8.11%（3/37 髋）。以上研究均证实，BM-MSC 移植治疗 ONFH 安全有效，可显著改善患者的症状，有助于股骨头坏死组织的修复，可有效避免或延缓 THA。

3. 生物陶瓷复合骨髓细胞移植　生物活性人工骨材料研发成果丰硕，因此人工植骨材料复合 BM-MSC 形成的生物活性骨植入在 ONFH 临床治疗中的应用潜力受到极大关注。2006 年，Kawate 等以 β-磷酸三钙（tertiary calcium phosphate，TCP）为载体，富载自体 BM-MSC 植入股骨头坏死区域联合带血管腓骨移植治疗 ONFH，纳入 3 例患者，长期随访发现，大部分骨坏死部位有不同程度缓解，影像学检查可见高密度的新骨形成。2007 年，章建华等首次报道了应用髓芯减压联合自体骨髓干细胞复载脱钙骨基质移植治疗早期 ONFH 的临床研究。该研究纳入 80 例缺血性 ONFH 患者（96 髋，Ⅰ期 62 髋、Ⅱ期 34 髋）。随访结果表明，术后患者 HHS 评分显著增加；随访超过 2 年的患者 52 例（61 髋），46 髋效果明显，10 髋病情缓解，5 髋病情无进展，优良率为 91.8%（56/61）。

2010 年，Yamasaki 等对治疗组 22 例 ONFH 患者（30 髋）采用骨髓单个核细胞复合 TCP 治疗，对照组 8 例（9 髋）单纯使用 TCP，随访结果发现，联合治疗组股骨头坏死面积减少，仅 10% 的髋关节发生股骨头塌陷，对照组 75% 的患者出现严重股骨头塌陷。2016 年，李云蠹等对 ONFH 患者实施 TCP 多孔生物陶瓷棒结合自体骨髓单个核细胞移植治疗，共治疗 17 例（21 髋），经 2 年随访，HHS 评分显著升高，术后所有患者髋部疼痛明显或完全缓解，影像学结果显示原股骨头囊性变、坏死区明显缩小或消失，且有连续骨小梁形成，股骨头外形完整无塌陷，关节间隙正常，优良率为 90.47%。此外，该项研究中无患者病程进展为股骨头塌陷而接受 THA。多孔 TCP 生物陶瓷棒结合自体 BM-MSC 移植治疗早期 ONFH 的临床疗效得到充分肯定。上述研究结果表明，BM-MSC 可以显著增加生物材料的修复作用，生物材料负载自体 BM-MSC 的使用具有更好的治 ONFH 的潜力。

目前的临床研究结果都证明骨髓来源细胞移植治疗早期 ONFH 安全有效，但对于晚期 ONFH 治疗效果还不理想。组织工程技术联合 BM-MSC 移植治疗 ONFH 的临床结果比较确实，但如何提高生物材料的有效性、安全性及如何减轻植入物进入人体后的损伤反应等问题都亟待进一步的研究。随着以细胞、生物材料支架和生物活性因子为代表的再生医学的快速发展，未来细胞治疗应用于 ONFH 的范围更加广泛，改善患者的临床症状，延缓疾病进程，甚至完全治愈 ONFH，将会开创微创外科治疗 ONFH 的新时代。

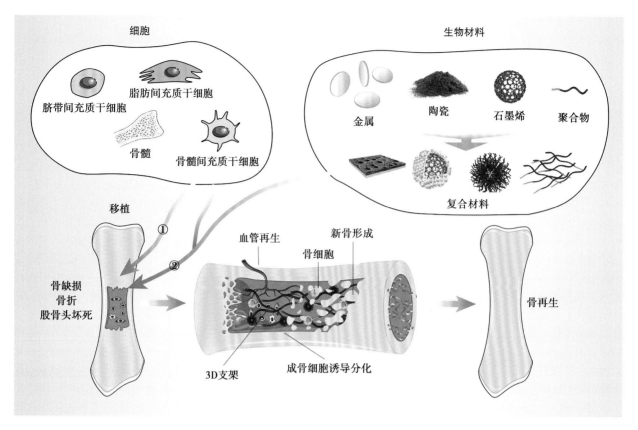

图 3-38-3　骨损伤的细胞治疗

三、骨缺损的细胞治疗

创伤、炎症、骨病等因素所造成的骨质缺损，形成较大的骨间隙称为骨缺损。骨缺损尤其是大段骨缺损，临床治疗的难度大、周期长、效果差。伴有骨缺损的骨创伤仅单靠外科手术或细胞移植是难以修复的，所以临床治疗的"金标准"是自体骨移植，但其供区数量有限且会造成二次创伤。已有大量的动物实验研究已证实细胞复合植骨材料后移植的修复效果显著优于单纯植骨材料植入，具有生物活性的组织工程骨不仅填充了缺损区域，而且细胞植入更有利于血管再生和新骨形成，加速损伤修复过程。

组织工程骨修复大段骨缺损的临床应用已开始尝试。2004 年，Lendecke 首次报道 7 岁女童自体脂肪间充质干细胞（ADSC）和自体松质骨粒用纤维蛋白胶结合用于治疗外伤性颅骨缺损，术后 3 个月 CT 扫描显示新骨形成，颅骨的连续性接近完整，这是临床上 ADSC 最先用于骨组织的修复的病例。Thesleff 等对 4 例颅骨严重缺陷的患者进行 ADSC 移植，且未进行自体骨移植，结果显示患者颅骨缺损成功修复。这 2 项临床研究初步说明自体 ADSC 移植治疗骨缺损安全有效。

骨损伤修复应用细胞治疗的研究数量很多，其中应用最广泛的细胞是骨髓来源细胞，尤其是 BM-MSC，而 ADSC 和 UC-MSC 的临床应用报道数量相对很少。（图 3-38-3）。BM-MSC 移植对于骨折、骨不连和股骨头坏死治疗的安全性和有效性已得到大量临床试验验证，但 ADSC 和 UC-MSC 移植治疗骨损伤的效果还需更多临床试验验证。相信随着组织工程技术的进一步发展，最终可以实现微创、定点、高效、安全的骨损伤修复与再生。

第三节　软骨再生的细胞治疗

外伤所致软骨损伤及缺损未及时修复则会导致疼痛的进行性加重和早期骨关节炎（osteoarthritis，OA）的发生，进而引起关节软骨退变，软骨下骨异常硬化及骨赘的形成，造成关节疼痛，行动异常，需要临床治疗。骨关节炎的治疗方法包括基础运动、药物治疗、物理治疗和手术等，然而仍有大量患者的病程以残疾和关节置换手术告终。因此针对软骨损伤和 OA 进行再生医学研究是目前的热点研究。

创伤、衰老、过度力学承载及代谢异常等都是 OA 发生的重要诱因，都可以通过多种机制造成软骨退变损伤。由于软骨组织本身的无血管特性，软骨缺损后常常难以修复，因此如何有效治疗关节软骨损伤及缺损，防治骨关节炎始终是临床医学难以解决的重大难题之一。目前临床治疗关节软骨损伤及缺损的主要方法包括微骨折法、自体骨软骨移植、同种异体软骨移植及自体软骨细胞移植。近年来，新兴的细胞治疗旨在通过细胞和组织工程对受损的关节软骨进行修复和再生，逆转关节炎疾病进程，从而达到治疗甚至治愈疾病的目的。截至 2022 年，在美国国立卫生研究院（National Institutes of Health，NIH）已注册 450 多项应用于软骨再生的细胞治疗临床试验。软骨再生细胞治疗的细胞

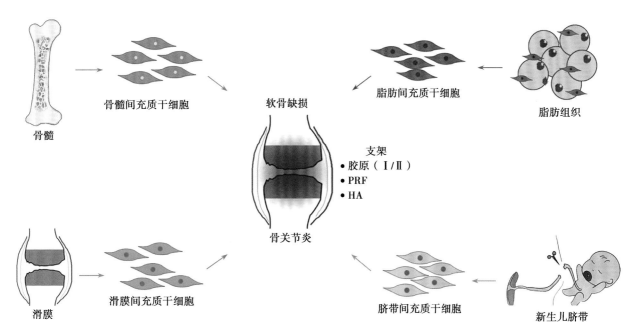

图 3-38-4　软骨再生细胞治疗的细胞来源

来源如图 3-38-4,包括软骨细胞、骨髓来源细胞、ADSC、UC-MSC 和滑膜间充质干细胞(synovial mesenchymal stem cell, S-MSC)。

一、自体软骨细胞

自体软骨细胞移植术(autologous chondrocyte transplantation,ACT)可以产生较多的透明软骨样组织修复缺损,相比其他几种方法具有更好的临床效果,目前该技术已成为治疗膝关节软骨病变最重要的手术方法之一,临床应用已扩展到治疗其他关节如踝、肩、髋、腕关节的软骨损伤。

自体软骨细胞移植自 1987 年报道以来,至今已成功应用于临床 20 余年,是目前最成熟的修复软骨损伤的细胞治疗方法。随着医学技术的进步和组织工程的快速发展,ACT 技术经历了 3 次革新:第一代 ACT 技术,也称 P-ACT 技术(periosteal covered-ACT),其标准化的移植程序包括软骨细胞体外培养,获取自体骨膜后缝合覆盖缺损区,植入软骨细胞,胶原封闭;第二代 ACT 技术使用胶原膜(通常是 I/III 型双层胶原膜)取代了骨膜片进行软骨细胞的封闭固定,称为 C-ACT 技术(collagen covered-ACT);第三代 ACT 技术将生物材料作为种子细胞的载体,也称为基质诱导的自体软骨细胞移植(matrix-induced autologous chondrocyte implantation,MACI),是将软骨细胞种植于生物支架材料上,再将其按软骨缺损区剪裁后匹配覆盖缺损区。(表 3-38-1)

1. P-ACT　1994 年,Brittberg 等报道了应用 ACT 技术治疗 23 例膝关节软骨缺损患者的疗效观察研究,术后随访平均 39 个月(16~66 个月),所有患者的临床症状包括关节疼痛、肿胀、骨擦音均得到改善,组织学分析表明,新生成的是透明软骨组织。2002 年,Peterson 等也报道了 61 例患者接受 P-ACT 治疗,24 个月随访发现,其中 50 例获得良

表 3-38-1　三代自体软骨细胞移植技术的特点

ACT	分类	技术	特点
第一代	P-ACT	自体软骨细胞植入,骨膜覆盖	骨膜生物活性好,获取受限 手术操作复杂,对医生技术要求高 软骨细胞混悬液易渗漏 软骨细胞在缺损区的分布不均匀 软骨膜片易分层、增生或脱落
第二代	C-ACT	自体软骨细胞植入,胶原膜覆盖	简化手术程序,缩短手术时间 避免取自体骨膜而造成的切口 降低术后并发症的发生
第三代	MACI	自体软骨细胞与生物材料复合	手术时间短 切口小 移植物无须缝合固定 软骨细胞立体复合材料,无流失

好效果,经过 5~11 年的随访,发现其中 51 例效果良好,对该 51 例中的 12 例患者行软骨修复组织活检,结果显示,其中 8 例表现出透明软骨的特性。2006 年,Henderson 等对 170 例关节软骨伤患者进行 P-ACT 治疗,随访发现,74% 的患者 2 年内出现了骨膜增生问题,需要再次手术解决,术后 4.5 年统计发现,再次接受手术的患者的关节功能评分明显差于未进行再次手术者。

2008 年,Rosenberger 等对 56 例年龄大于 45 岁的膝关节软骨损伤患者进行 P-ACT 治疗,平均随访 4.7 年后发现,临床效果的优良率达到 72%,但是 43% 的患者(24 例)因骨膜增生和关节粘连再次进行手术治疗。2013 年,Valderrabano 等使用 P-ACT 治疗不涉及软骨下骨的全层软

骨缺损,2 年的随访结果显示,16 例股骨髁软骨病变患者中,有 14 例获得了良好的治疗效果。2014 年的一项研究,纳入 70 例膝关节软骨损伤患者,进行 P-ACT 治疗,随访 10~12 年,结果显示,77% 的患者获得满意的临床效果。这些研究表明 P-ACT 技术适用于不涉及软骨下骨的软骨局部缺损的治疗,效果比较理想,但其中骨膜的使用容易带来骨膜增生和其他的问题,影响了其进一步的临床应用。

2. C-ACT 2004 年,Haddo 等的研究发现,相对于骨膜片的移植,自体软骨细胞复合胶原膜移植术后 1 年进行关节镜检查,移植区未出现骨膜增生肥大迹象,因此他们认为应用胶原膜修复关节软骨缺损可减少骨膜增生,获得满意的治疗效果。2006 年,Gooding 等进行了一项 P-ACT 和 C-ACT 治疗软骨缺损的随机对比研究。该研究发现,C-ACT 治疗后 74% 的患者效果良好,而 P-ACT 治疗后达到同样效果的患者为 63%;P-ACT 治疗后有 36% 的患者再次手术切除增生的骨膜,而 C-ACT 组则无一例再次手术。此项研究进一步证实,与骨膜相比,胶原膜在软骨损伤修复表层覆盖帮助软骨修复再生具有明显的优势。

3. MACI MACI 技术是将软骨细胞种植于生物支架材料上,再按照软骨缺损区剪裁后匹配覆盖缺损区,达到修复软骨损伤的目的。目前 MACI 相关的临床研究比较多,按照不同基质材料主要分为:胶原蛋白,透明质酸,纤维蛋白等基质蛋白的水凝胶材料。

(1)胶原蛋白支架:2006 年,Behrens 等用 MACI 治疗 38 例软骨缺损患者,随访 5 年以上,结果显示胶原基质复合自体软骨细胞治疗软骨缺损效果良好,关节功能显著改善,关节评分显著提高。Steinwachs 等在 2009 年也发表了使用 I/Ⅲ型胶原蛋白支架作为软骨细胞载体的研究,随访 2 年后的临床结果显示软骨修复效果良好。2012 年,Vijayan 等使用同样的方法,将 I/Ⅲ型胶原蛋白支架作为软骨细胞载体来修复膝关节软骨损伤,2~8 年的随访结果显示关节软骨修复效果好。

国内方面,张仲文等在 2010 年报告了 10 例接受 MACI 治疗的膝关节软骨缺损患者,平均年龄 34.9 岁(14~57 岁),缺损面积(3.69 ± 2.62)cm^2。术后随访 1~2 年,显示疼痛症状明显改善,生活质量提高;MRI 显示,术后 3 个月患者的软骨缺损部位得到大部分填充和修复,6 个月后移植软骨基本与周围软骨完全整合,软骨下骨水肿消失,2 年后大部分患者软骨修复组织信号与周围组织信号强度一致,软骨下骨无水肿;组织学检查显示,术后 15 个月和 2 年的新生软骨组织以透明软骨为主。

Dai 等对 7 例膝关节全层软骨损伤患者采用 MACI 治疗,患者平均年龄 16.6 岁,平均软骨损伤面积为 7.1cm^2,根据国际软骨修复协会(International Cartilage Repair Society,ICRS)分级标准为Ⅲ~Ⅳ。术后 1 年随访,7 例患者关节疼痛、肿胀明显减轻,绞索症状完全消失;KOOS 评分、国际通用膝关节评分标准(International Knee Documentation Comitee,IKDC)也明显改善;MRI 结果显示 6 例患者移植物表面完整,与自生软骨表现相同且无移植物肥大的出现,进一步证实此方法可以用于年轻患者软骨损伤的修复,没

有带来任何并发症。MACI 结合胫骨平台高位截骨术治疗 18 例膝关节内侧间室软骨损伤伴内翻畸形的患者,平均年龄 47 岁,软骨损伤面积平均为 6cm^2,软骨损伤 ICRS 分级为Ⅱ~Ⅲ,内翻畸形平均为 6°。术后 KOOS 评分结果显示 100% 的患者在术后 24 个月症状得到显著改善,并维持到术后 36 个月,89% 的患者在术后 60 个月仍显示出良好的疗效;9% 的患者内翻畸形被纠正,组织学观察发现移植物已完全修复软骨缺损,阿利辛蓝染色证实修复组织为透明样软骨。

2014 年,Zhang 等对 20 例膝关节软骨损伤患者进行 MACI 治疗,患者平均年龄 33.9 岁,平均软骨损伤面积为 4.01cm^2。术后 2 年随访结果发现,患者 KOOS 评分>80;MRI 检查显示 90% 的患者缺损完全修复,88% 的患者移植物与宿主整合良好,60% 的患者软骨下骨形态完整;关节镜对新生软骨进一步检查发现,新形成的修复组织与正常健康的软骨具有一样的色泽和硬度;阿利辛蓝染色和 HE 染色结果显示,修复组织主要为透明样软骨混合少量透明纤维软骨,在组织学水平证实了 MACI 技术的软骨修复作用。同年,Pestka 等的一项 80 例膝关节全层软骨缺损的研究证实,在接受使用 I/Ⅲ型胶原蛋白支架作为软骨细胞载体的 MACI 手术 3 年后,有 83% 的患者获得良好的临床治疗效果。

2014 年,Meyerkort 等采用 MACI 治疗 23 例膝关节软骨损伤患者,患者平均年龄 42.3 岁,ICRS 分级为Ⅲ~Ⅳ,软骨损伤面积平均为 3.5cm^2,术后最长 5 年的随访,MRI 检查结果显示,32% 的患者膝关节软骨缺损已完全修复,50% 的患者移植物修复软骨缺损>50%。临床疗效术前至术后 5 年,膝关节损伤与骨关节炎 KOOS 评分、生活质量调查问卷(SF-36)评分、6 分钟步行试验评分均得到显著改善。

同年,Saris 等有一项 MACI 和微骨折法治疗软骨损伤的随机对照临床试验报道。该研究纳入 144 例患者,平均年龄 33.8 岁,软骨损伤面积平均为 4.8cm^2,软骨损伤经 Outerbridge 分级为Ⅲ~Ⅳ。随机分为 2 组:MACI 组 72 例,微骨折组 72 例。随访 2 年发现,KOOS 评分表明 MACI 组的治疗效果明显优于微骨折组;关节镜观察组织修复发现,76% 的 MACI 组患者软骨缺损修复至正常或接近正常,而微骨折组为 60%;MRI 结果表明,83% 的 MACI 组患者和 77% 的微骨折组患者软骨缺损修复深度>50%;治疗失败率,MACI 组为 12.5%,而微骨折组为 31.9%。这项研究结果充分说明,当软骨损伤面积>3cm^2 时,MACI 的临床疗效优于微骨折。

(2)水凝胶支架

1)Hyalograft C 技术:Hyalograft C 技术以透明质酸苄基酯凝胶为支架,可在关节镜下完成手术。透明质酸属于天然聚阴离子黏多糖,具有独特的流变性能和良好的生物相容性,存在于人体所有的疏松结缔组织中。透明质酸在葡糖醛酸与苄基乙醇的作用下酯化生成透明质酸苄基酯凝胶,透明质酸苄基酯凝胶较透明质酸支撑强度强、降解速率慢。

2005 年,Marcacci 等使用 HYAFF11(透明质酸苄基酯

凝胶）复合自体软骨细胞移植治疗 141 例膝关节软骨缺损患者，术后进行 2~5 年的随访（平均 38 个月），91.5% 的患者功能改善，76% 的患者无疼痛，88% 的患者运动正常，组织学检查发现新生软骨为透明软骨。同年，Browne 等对 87 例大面积关节软骨缺损患者，软骨缺损平均面积约 4.9cm²，进行 HYAFF 11 复合自体软骨细胞移植治疗，5 年以上的随访显示，62 例患者关节疼痛、肿胀、活动度等显著改善，治疗有效率为 71%。

2011 年，Kon 等对 50 例应用 Hyalograft C 复合软骨细胞移植治疗关节软损伤患者进行长达 5 年的追踪随访，结果显示所有患者的临床评价指标明显好转，MRI 检查显示，移植物边缘整合和缺损填充良好。2014 年，Brix 等对 53 例软骨缺损患者进行 Hyalograft C 治疗，平均 9 年的随访结果显示，术后患者所有临床康复指标均显著改善，其 10 年随访组（13 例）的 IKDC 评分由术前的 40.4 分提高至 74.7 分（$p<0.05$）。尽管 Hyalograft C 治疗效果得到肯定，但因其力学强度较小、流动性强，目前已经退出了临床治疗的舞台。

2）Bioseed C 技术：Bioseed C 技术的移植材料主要为纤维蛋白水凝胶，经由聚乳酸-羟基乙酸聚二噁烷煳等化学改造，改造后支架孔隙率增大、力学强度提高。该技术采取特殊的固定方式，即仔细清创修整软骨缺损为矩形，将移植物裁剪成匹配的形状，移植物 4 个角经可吸收线缝合至软骨下骨来达到有效的固定，确保即使缺损周围软骨移植物不完整也不会发生松动。

2007 年，Ossendorf 等报道 40 例采用此技术进行治疗的患者 2 年随访结果，其中 KOOS 评分、Lysholm 评分、改良辛辛那提膝关节评分和 SF-36 评分明显提高，组织学活检显示，移植物与周围组织整合良好。2011 年，Kreuz 等报道了 52 例采用此技术治疗术后平均 4 年的随访结果，其中 KOOS 评分、IKDC 评分、Lysholm 评分和 ICRS 评分较术前明显提高，MRI 检查提示软骨缺损填充良好，表明 Bioseed C 技术是修复膝关节局部退行性缺损的有效治疗手段。

3）温固化水凝胶支架：一般采用由琼脂糖和藻酸盐构成的温固化水凝胶为支架，该材料在室温下为溶胶状态，内部具有丰富的网状结构，回植时与软骨细胞悬液均匀混合，注射至软骨缺损处后，体温下可迅速转变为凝胶态，最后以生物胶水固定。

2008 年，Selmi 等报道 17 例用温固化水凝胶作为载体的 MACI 治疗软骨缺损患者的临床研究，随访 2 年，分别从临床、影像学、关节镜下和组织学方面进行评价，结果表明所有患者的临床症状得到显著改善，IKDC 评分平均为 10 分（最高 12 分），13 例行组织学检查的患者中有 8 例（62%）可见显著的新生透明软骨，表明由琼脂糖与藻酸盐组成的水凝胶可以修复较大、较深的软骨缺损。2016 年，欧阳宏伟团队也报道了 15 例以水凝胶为载体的 MACI 治疗关节软骨缺损患者，软骨缺损面积 6~13cm²，术后随访发现，所有患者无不良反应，疼痛症状显著改善。

MACI 是支架、种子细胞和生长因子三大要素的有机结合。天然支架具有独特的细胞识别信号、良好的生物相容性和仿生效果，且临床治疗的安全性已得到验证，因此目前针对软骨损伤，MACI 治疗仍选用天然材料作为支架主体。多个研究团队研究结果表明，MACI 在膝关节软骨损伤治疗术后 6 个月内，患者情况改善最为明显，而且这种改善一直持续到术后 5 年，证实其在软骨损伤修复中的有效性。但软骨细胞体外培养去分化的问题一直是其临床应用的困扰，有学者针对支架部分提出改进，试图发现或研发更适合软骨细胞生长、能完美解决其去分化现象、更匹配的降解速率和优越的过渡期生物力学性能的三维支架。水凝胶的出现，温控和光敏材料的应用，使得关节镜下注射修复关节软骨成为可能，并可缩短手术时间和减少术后并发症的发生率。尽管这些新型材料均有满意的临床疗效，但目前为止，该技术临床研究缺乏大样本、中长期的随访结果，离获得长期完全软骨损伤修复还有一定距离。

二、骨髓间充质干细胞

2007 年，Wakitani 等在临床前研究的基础上对 5 例髌骨关节 OA 患者进行自体骨髓间充质干细胞（BM-MSC）联合胶原凝胶关节腔内移植，6 个月后患者疼痛明显减轻，患者活动能力提高，1 年后 1 例患者关节软骨活检结果显示有明显的纤维软骨形成。该团队在 2011 年发表了自体 BM-MSC 治疗 41 例膝关节 OA 患者（45 关节）的前瞻性临床研究，长期随访结果证实了自体 BM-MSC 治疗 OA 的有效性和安全性。2007 年，Kuroda 等报道了 1 例膝关节股骨内侧髁全层关节软骨损伤的病例（31 岁男性柔道运动员），通过手术将包埋于胶原凝胶中的 BM-MSC 移植到软骨缺损部位。术后 7 个月，组织学检查发现缺损处布满透明软骨组织；术后 1 年，患者恢复了正常的运动水平，没有疼痛和其他并发症发生。这三项研究初步证明了自体 BM-MSC 联合胶原凝胶促进关节软骨缺损修复的安全性和有效性。

除了联合生物材料，也有研究采用膝关节单独注射 BM-MSC 修复软骨损伤缺损。2008 年，Centeno 等报道 1 例退行性 OA 患者行自体 BM-MSC 移植治疗，2 年随访发现患者关节运动能力明显改善，MRI 显示有明显的新生软骨和半月板，关节软骨总量增加。2011 年，Davatchi 等用自体 BM-MSC 关节腔内注射治疗 4 例晚期 OA 患者的一侧膝关节，1 年随访发现患者干细胞治疗侧膝关节的活动能力和疼痛均有明显改善，且其关节功能在术后 6 个月时较治疗前改善最为明显，之后逐渐变差。其中有 3 例随访 5 年发现其治疗侧膝关节活动度、疼痛等状态均优于未行 BM-MSC 治疗前，说明自体 BM-MSC 治疗可以维持长效的作用。

2013 年，Peeters 等发表了自体 BM-MSC 关节腔注射治疗 OA 的大规模临床试验研究结果。该研究共有 844 例患者入组，出现严重的并发症的 4 例，其中 1 例骨髓感染，1 例肺栓塞（这 2 例均与抽吸取骨髓有关），2 例在治疗后的 21 个月出现了癌细胞转移（非关节注射部位，考虑与治疗不相关）；干细胞产品治疗相关不良事件 7 例，疼痛加重，水肿和骨髓抽吸导致脱水。该大规模临床试验结果表明，自体 BM-MSC 关节腔注射治疗 OA 或软骨缺损是安全有效的。2015 年，Emadedin 等也对 18 例 OA 患者进行了关节腔自体 BM-MSC（5×10^5cells/kg）注射治疗，随访 30 个月结果提示,该治疗方法具有有效性和安全性。

2016 年,有 2 篇 BM-MSC 关节腔注射治疗 I/II 期 OA 的临床试验报道。Lamo-Espinosa 等的多中心随机对照临床试验中,30 例 OA 患者被随机分为两组,一组接受透明质酸关节内注射,一组接受含有 BM-MSC 的透明质酸关节内注射,其中含 BM-MSC 组又随机分为两组:BM-MSC(低浓度)+透明质酸、BM-MSC(高浓度)+透明质酸。随访结果显示 3 组均未发现明显不良反应,BM-MSC 治疗组的疼痛、OA 指数和关节活动度明显改善,且高细胞浓度组显示出更好的治疗效果。Soler 等对 15 例 K-L 分级为 II~III 级的 OA 患者进行单次关节腔内注射平均浓度为 40.9×10^6 个 BM-MSC,随访 1 年发现西部安大略与麦克马斯特大学骨关节炎调查量表(the Western Ontarioand McMaster Universities,WOMAC)评分、VAS 评分、关节功能评分等均明显改善,其中 13 例随访至术后 4 年,发现患者的关节疼痛比术后 1 年显著减轻。

BM-MSC 移植治疗 OA 或软骨缺损的临床试验结果均表明该方法安全有效,但如何在体内确保 BM MSC 定向分化为软骨细胞形成软骨而不成骨是治疗的难点,也是限制 BM-MSC 应用于软骨损伤修复的瓶颈,亟待更深入和长期的临床试验研究,才能真正阐明 BM-MSC 在关节软骨损伤缺损修复重建中的作用机制。

三、脂肪间充质干细胞

脂肪间充质干细胞(ADSC)在多项研究中被证实具有促进软骨修复的作用,成为治疗软骨缺损和关节退行性病变的新热点。ADSC 不仅具有取材方便、创伤小、分化能力好、不易凋亡的特点,还被证实能促进关节软骨增殖与分化,是一种非常具有临床转化应用潜力的种子细胞。ADSC 应用于 OA 临床治疗试验在临床试验官网上共有 13 项(表 3-38-2),且多项临床试验研究都证实了其治疗的安全性和有效性。

表 3-38-2　ADSC 应用于骨关节炎的临床试验

适应证	临床试验 NCT 码	研究状态
骨关节炎	NCT03818737	III 期临床
骨关节炎	NCT02846675、NCT03164083	II 期临床
骨关节炎	NCT02827851、NCT02142842	II 期临床
骨关节炎	NCT03089762、NCT01739504、NCT02697682、NCT01947348	I 期临床
骨关节炎	NCT02276833、NCT02726945	I 期临床
骨关节炎	NCT02241408、NCT03166410	临床前

2012 年,Koh 等人招募了 25 例 OA 患者,采取 ADSC 联合富血小板血浆(platelet-rich plasma,PRP)关节内注射的治疗方案,并使用 Lysholm 评分系统、Tenger 活动度评分和 VAS 评分来评价治疗效果。研究结果显示,患者各项指标显著改善,并且没有明显副作用和不良反应,患者 K-L 分级治疗结果对比表明,ADSC 移植治疗 3 级患者的疗效要优于 4 级患者。

2014 年,韩国 Jo 团队招募了 18 例 OA 患者,取自体脂肪后分离 ADSC,处理后膝关节内注射,此临床研究使用 WOMAC 评分、影像学检查、关节镜辅助检查等进行评价。治疗 6 个月后随访结果表明,患者疼痛减轻、活动度增加,WOMAC 评分改善,MRI 显示治疗后膝关节软骨缺损处软骨厚度明显增加,关节镜下观察发现原软骨缺损的区域有光滑新生软骨形成,且无不良反应出现。该研究初步证明了 ADSC 治疗 OA 的安全性和有效性,对比不同细胞数量疗效结果还发现,移植使用的 ADSC 和关节软骨再生存在浓度依赖效应,特别是 1.0×10^8 个 ADSC 注射组表现出更好的改善膝关节疼痛和功能的作用。

Kim 团队在 2015 年和 2016 年分别报道 18 例和 25 例膝关节 OA 患者在实施关节镜下膝关节清理后采用关节腔内注射自体 ADSC 的治疗,随访 2 年结果显示,患者 WOMAC 评分、Lysholm 评分和 VAS 评分都得到显著改善。该团队进一步进行了一项随机对照临床研究,将 80 例膝关节 OA 患者分为两组,每组 40 例,试验组予自体 ADSC 移植联合关节镜下膝关节清理术,对照组仅予单纯关节镜下膝关节清理术,随访 24 个月发现,试验组软骨覆盖率、Lysholm 评分、KOOS 评分、VAS 评分、软骨组织修复磁共振观察评分系统(magnetic resonance observation of cartilage repair tissue,MOCART)评分均优于对照组。2016 年,Pers 等对自体 ADSC 治疗剂量进行了对比观察研究,18 例膝关节 OA 患者进行了剂量递增的自体 ADSC 注射入关节腔的临床疗效对比研究,分为低剂量组(2×10^6 个)、中剂量组(10×10^6 个)和高剂量组(50×10^6 个),结果显示,即使低剂量组,其疗效亦比基线指标有显著提高,提示自体 ADSC 是安全的,临床结果是有效的。

2017 年,有 3 篇文章报道了 ADSC 移植治疗膝关节 OA 的临床研究结果。韩健等将 OA 患者的自体 ADSC 注入关节腔内,发现患者膝疼痛减轻,关节活动度较前增大,MRI 可见关节面斑片状影较治疗前显著减少,低信号区显著减少,未见明显关节腔积液,关节面厚度增加,关节退化延缓。Elnahal 等选择了 20 例无其他并发症的膝关节 OA 患者,局麻下取患者下腹部 50g 自体脂肪组织,经胶原酶消化后,在超声引导下将 ADSC 注入膝关节腔内,随访 6 个月,20 例患者膝关节 WOMAC 评分均有所上升,治疗期和随访期间未发现与抽脂或 ADSC 注射相关的并发症,仅有 4 例患者诉膝关节注射后关节轻度疼痛,但经保守治疗后均好转。

2018 年,Spasovski 等报道了定期关节腔注射自体 ADSC 治疗 OA 患者的临床研究,招募 9 例 OA 患者,随访 18 个月,发现所有患者 KOSS 评分、特种外科医院膝关节评分、VAS 评分均有明显改善,MRI 结果提示关节内软骨明显修复,膝关节无进一步退变。2019 年,Lee 等将 24 例早期膝关节 OA 患者随机分为两组,每组 12 例,试验组予以关节腔注射自体 ADSC,对照组予以注射相同剂量生理盐水,随访 6 个月,结果发现试验组 WOMAC 评分明显提高,但对照组 WOMAC 评分无明显变化,MRI 结果显示,试验组关节软骨缺损无明显增加,对照组关节软骨缺损面积持续扩大,两组均无不良事件发生。该随机对照研究证实了 ADSC 在软骨缺损修复中的关键作用,为 ADSC 的临床应用提供了坚实的理论基础。

四、脐带间充质干细胞

近年随着各地区干细胞库的建立,脐带间充质干细胞(UC-MSC)在包括关节软骨损伤在内的多种疾病治疗中受到越来越多的重视,目前 UC-MSC 用于关节软骨损伤修复的临床应用研究报道从 2017 年开始逐步增多,临床证据等级不断提高,且已有同种异体 UC-MSC 产品获得 FDA 批准应用于 OA 和软骨缺损的临床治疗。

2017 年,Park 团队首次报道了异体 UC-MSC(5×10^6 个/mL)和 4% 的透明质酸水凝胶复合物治疗 1 例膝关节大面积骨软骨缺损患者的 5 年随访治疗效果,术后 12 个月,该患者的膝关节疼痛和功能得到明显改善,MRI、关节镜和组织学检查显示,透明样软骨完全填满缺损并与周围正常软骨一致。同年,该团队报道了一项应用此方法进行 OA 软骨再生治疗的非盲法、单中心的 I/II 期临床试验,共招募 7 例患者,ICRS 分期为 III~IV 期,共进行 7 年的随访观察分析。研究发现,术后 6 个月,所有患者的 IKDC 评分、VAS 评分均有明显改善,且在 7 年内维持相对稳定;术后 1 年组织学检查发现,缺损部位有新生的透明样软骨形成;术后 3 年 MRI 检查显示,所有患者的缺损处有新生软骨覆盖。这两项研究是最早开展 UC-MSC 治疗软骨缺损的临床试验研究,研究结果表明,UC-MSC 能够有效治疗 OA 导致的严重软骨缺损,但需要进一步扩大样本量。

韩国 Song 团队先后报道了 3 篇应用首个同种异体 UC-MSC 产品,浓度为 5×10^6 cells/mL 治疗骨关节炎及软骨缺损的临床研究。第一篇应用该产品治疗 2 例青少年膝关节剥脱性骨软骨炎,分别随访 2 年和 33 个月,术后 VAS 评分由 10 降至 0,IKDC 从 17 升至 99,Tegner 评分从 1 升至 10,MOCART 评分从 60 降至 25。第二篇应用该产品治疗 25 例 OA 导致的全层软骨缺损患者,平均年龄 64.9 岁,软骨缺损面积平均 7.2cm²,术后 1 年和 2 年的 IKDC 评分、VAS 评分和 WOMAC 评分较术前均显著改善。第三篇报道应用该产品治疗 128 例全层软骨缺损患者,ICRS 分级为 IV 期,随访 2 年,术后 VAS 评分由 7 降至 2,IKDC 从 56 升至 61,MOCART 评分从 39 降至 14。Song 团队的研究表明同种异体 UC-MSC 植入治疗膝骨关节炎和其造成的软骨缺损是安全有效的。

2020 年,韩国 Dong Jin Ryu 等发表了一项同种异体 UC-MSC 产品和骨髓浓缩细胞治疗软骨缺损的随机对照临床试验。该研究纳入 52 例患者(52 膝关节),随机分为骨髓浓缩物治疗组 27 例和 UC-MSC 治疗组 25 膝,随访 2 年,两组患者 VAS 评分、IKDC、KOOS 评分等临床疗效均显著改善,然而两组之间的治疗效果没有差异。2021 年,韩国 Hong-Chul Lim 等报道用同种异体 UC-MSC 移植和微骨折法治疗软骨缺损的随机对照临床试验。研究纳入 114 例全层软骨缺损患者,平均年龄 55.9 岁,随机平均分为 UC-MSC 治疗组和微骨折组,术后随访 3~5 年,比较 VAS 评分、IKDC、MOCAR 评分发现,与微骨折相比,UC-MSC 植入改善了关节镜检查时的软骨分级,并在 5 年内提供了更多的疼痛和功能改善。

五、滑膜间充质干细胞

滑膜间充质干细胞(S-MSC)来源于滑膜组织中,具有自我增殖能力和多向分化潜能。S-MSC 在体外传至 10 代以上仍保持良好的生长状态,属稳定传代的细胞系,S-MSC 表达间充质干细胞分子标记 CD44、CD90,不表达造血干细胞的分子标记 CD34、CD45,也不表达 II 类组织相容性抗原,S-MSC 体外具有强的克隆形成能力,并可向成脂、成骨、成软骨、成肌腱纤维分化,尤其是向软骨分化方面更具潜力。S-MSC 分化为软骨细胞后具有稳定的成软骨活性,使 S-MSC 成为修复软骨缺损的新的细胞来源。

S-MSC 治疗关节软骨损伤缺损修复的研究目前只有 2 篇报道,可能与细胞来源相对局限有关。2015 年,Sekiya 等对 10 例股骨髁处软骨损伤患者进行清创术,并将自体 S-MSC 悬液注射到软骨缺损部位,术后随访 52 个月,Lysholm 评分、MRI 和关节镜检查发现软骨缺损明显改善。2020 年,Angthong 等报道 1 例膝关节软骨严重缺损患者,将自体 S-MSC 复合胶原蛋白和富含 PRP 的纤维蛋白植入缺损部位,术后 6 周,患者足部和踝部 VAS 评分从 79 降至 53.89,但 SF36 无显著变化,还需进一步随访观察才能阐明其长期的治疗效果。S-MSC 治疗软骨再生的相关研究数量少、病例数少,且缺乏对照研究,目前尚无法证实其在治疗关节软骨损伤及 OA 中的有效性和安全性。

自体软骨细胞、BM-MSC、ADSC、UC-MSC、S-MSC 均可用于软骨损伤和 OA 的治疗,但从目前细胞治疗研究的整体现状来看,自体软骨细胞、BM-MSC、ADSC 和 UC-MSC 的临床研究较多,临床应用的安全性和有效性得到充分验证,可在临床上大力推广。但 S-MSC 治疗软骨缺损和 OA 的临床研究数量少,其应用的安全性和有效性研究有待进一步验证。异体商品化 MSC 移植的临床研究仍然是今后干细胞治疗的研究热点之一。因此,软骨再生的细胞治疗远期的研究目标在于优化更理想的细胞来源、细胞培养方式、细胞浓度和细胞移植方式等,制定个体精准化治疗方式。

第四节　肌腱韧带损伤的细胞治疗

肌腱是由平行的紧密胶原纤维组成的白色结缔组织,位于肌肉两端,是连接肌肉和骨头的桥梁,没有弹性。韧带是由弹性结缔组织和胶原纤维彼此交织成的不规则的白色致密结缔组织,位于骨与骨之间,或者用来固定内脏,有弹性。肌腱韧带的主要功能是在肌肉与骨骼之间传递力量并带动关节活动,因此常会承受高强度的力学负荷,而这样的力学负荷易导致肌腱韧带损伤并最终影响其功能。随着人口老龄化的加剧、不健康运动方式的增多,肌腱韧带损伤的发生率更是持续上升。肌腱韧带损伤的愈合十分缓慢且易形成瘢痕组织,使肌腱韧带的韧性降低,进而影响肌腱韧带的力学性能。肌腱韧带损伤修复过程长,修复期间更容易发生再次或多次受伤,这种慢性损伤可导致肌腱韧带的退行性改变,如单一或同时出现脂质沉积、蛋白多糖积累和组织钙化等,最终导致肌腱病的发生。

目前肌腱韧带损伤的治疗方法主要是非手术治疗,临床常见的非手术治疗包括使用非甾体抗炎药、冷冻疗法、低强度脉冲超声刺激和物理治疗。这些治疗方法大多可以减轻炎症及相关疼痛,但治疗后容易复发。如何获得良好的肌腱韧带再生及满意的功能恢复,是目前肌腱韧带损伤修复亟待解决的临床难题。细胞治疗肌腱韧带损伤已成为研究热点,其中皮肤成纤维细胞、BM-MSC、ADSC和肌腱细胞移植等都是肌腱韧带损伤潜在的治疗手段(图 3-38-5)。

一、皮肤成纤维细胞

2009 年,Connell 等用自体皮肤来源成纤维细胞注射治疗 12 例外侧上髁炎患者,术后每 6 个月进行一次随访。术后 6 个月,患者网球肘评估评分中位数从 78 分下降到 12 分,MRI 结果显示,肌腱厚度、撕裂数和新血管数均有所下降,12 例患者治疗效果,11 例满意,有 1 例患者术后 3 个月接受了手术治疗。Clarke 等在 2011 年对 46 例(60 髌骨肌腱)髌骨肌腱病患者进行了随机对照试验,试验组使用自体血浆培养的皮肤成纤维细胞注射,对照组仅注射自体血浆。6个月随访结果显示,维多利亚运动评估(Victorian Institute of Sport Assessment,VISA)评分组间差异显著,细胞治疗组从 44 分升至 75 分,对照组从 50 分升至 70 分,说明细胞治疗组患者恢复快;组织病理学检查显示肌腱结构恢复,两组的超声结果均显示低回声强度及实质内撕裂大小明显减小,细胞治疗组肌腱厚度显著下降,初步证实了皮肤成纤维细胞修复肌腱损伤的有效性。

2012 年,Obaid 等对 32 例跟腱病变患者进行了双盲随机对照试验,试验组采用局部麻醉浸润下皮肤成纤维细胞移植治疗,对照组采用物理治疗。随访 6 个月,VISA 评分和 VAS 评分分别对比分析双侧和单侧受累患者的治疗效果,发现细胞治疗组相比对照组,对单侧跟腱病变患者的治疗效果显著提高。目前仅有这 3 项皮肤成纤维细胞移植治疗肌腱韧带损伤的研究结果,该治疗方法的有效性得到初步验证,但募集患者较少、随访时间短,长期的安全性和有效性依然是未知数。

二、骨髓间充质干细胞

2011 年,Ellera 等应用自体骨髓间充质干细胞(BM-MSC)注射治疗 14 例完全性肩袖撕裂患者。取患者自体髂骨骨髓,注射到肌腱边缘。采用加州大学肩关节评分(the university of California at Los Angeles shoulder rating scale,UCLA)和 MRI 进行疗效评估,1 年随访结果显示,UCLA 评分从 12 提高到 31,MRI 显示所有患者的肌腱完整修复,但有 1 例患者撕裂复发。同年,Pascual 等进行自体 BM-MSC 移植治疗 8 例慢性髌骨肌腱病患者的结果发表,随访 5 年,所有患者在治疗后疼痛有明显缓解,且对治疗效果满意。这 2 项研究结果表明,BM-MSC 移植治疗具有增强肌腱修复的潜力。

2014 年,Silva 团队在对前交叉韧带重建移植物-骨愈合的研究中,对 20 例患者应用未经培养的骨髓干细胞移植进行前交叉韧带重建,术后 MRI 评价,细胞移植组和对照组间无差异,术后取活组织进行组织学检查发现,两组在细胞和胶原含量和血管化方面并无差异。因此 Silva 认为,未经培养诱导的骨髓干细胞不能促进前交叉韧带重建术后移植物-骨愈合。

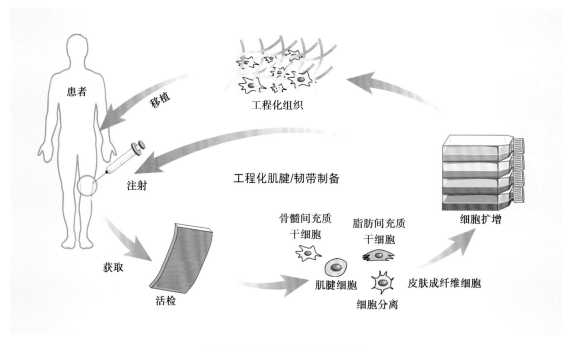

图 3-38-5　肌腱韧带损伤的细胞治疗

三、脂肪间充质干细胞

Jo 等报道了首个肌腱内注射自体脂肪间充质干细胞（ADSC）治疗肩袖损伤病例 1 例，术后患者的 VAS 评分下降了 71%，肩关节功能恢复良好，MRI 检查显示，关节囊侧肌腱缺损恢复 90%，未出现严重治疗相关不良反应，表明 ADSC 移植治疗肌腱损伤具有较好的临床效果。

四、肌腱细胞

肌腱细胞是肌腱的基本功能单位，它合成和分泌胶原等细胞外基质，维持肌腱组织的新陈代谢。目前只有一项应用肌腱细胞移植治疗肌腱韧带损伤的临床研究。Wang 等人在 2013 年发表对 17 例肱骨外上髁炎患者进行自体肌腱细胞注射治疗的研究，随访 1 年，结果显示，患者的肌腱功能得到有效改善，MRI 检查结果表明，患者的肌腱结构得到恢复，这一研究说明肌腱细胞可以改善患者的肌腱炎症状。

虽然已有大量研究案例报道了在多种动物体内应用干细胞和肌腱细胞成功修复肌腱韧带损伤，但目前采用细胞治疗肌腱韧带损伤的临床研究尚少，还处于起步阶段。细胞治疗在肌腱韧带损伤中的安全性和有效性仍无定论，哪种细胞类型对肌腱韧带组织再生修复效果更好也无定论，需要更多临床研究验证各类细胞在肌腱韧带疾病治疗中的短期及中长期效果，进而确定其应用的安全性和有效性。

第五节　椎间盘退行性变的细胞治疗

椎间盘是由 3 种不同组织构成的力学承载结构，包括髓核、纤维环和软骨终板。其中以 I 型胶原蛋白为主的外层同心环称为纤维环；椎间盘中央由 II 型胶原蛋白和蛋白多糖组成的黏性物质为髓核，每个椎间盘与头尾两侧椎体依靠软骨终板连接，最终形成机体的中轴脊柱。椎间盘退行性变（intervertebral disc degeneration，IDD）是由衰老、遗传、创伤性损伤及感染等因素引起的慢性进行性退变类疾病，椎间盘细胞退行性改变的特点在于蛋白多糖降解、结合水分子的丢失和组织渗透压的降低，最后使椎间盘的机械作用发生改变，造成退变的发生和血管神经的侵入，诱发炎症及疼痛的发生。

IDD 的发病率较高，其自身修复能力弱，严重影响患者的日常生活质量和正常工作。IDD 治疗包括保守治疗（镇痛药物及物理治疗等）和手术治疗，但这些方法仅能部分缓解临床症状，两者均无法从病因及病理学层面扭转椎间盘退变进程。IDD 主要是源于椎间盘细胞的衰老退变，因恢复椎间盘细胞的数量和功能是逆转椎间盘退变的关键，因此细胞疗法为治疗 IDD 提供了新选择。近年来，细胞治疗 IDD 的作用机制、生物材料研发及生物安全性等方面的研究获得持续进展，同时也围绕移植种子细胞也开展了很多临床试验，目前常用的细胞包括软骨细胞、BM-MSC、ADSC 和 UC-MSC。（图 3-38-6）

一、软骨细胞

2002—2006 年，德国和奥地利的研究人员进行了一项多中心、前瞻性、随机、对照、非盲法的临床研究，该研究共纳入 112 例 IDD 患者，随机分为 2 组：细胞治疗组采取自体椎间盘软骨细胞移植（autologous intervertebral disc chondrocyte transplantation，ADCT）联合椎间盘切除术，单手术组采取单纯髓核摘除术。该研究随访 2 年发现，相比单

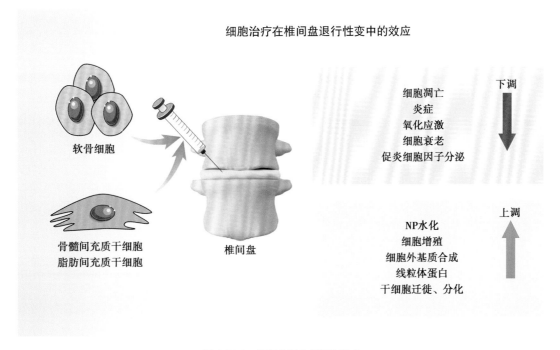

图 3-38-6　椎间盘退变的细胞治疗

手术组,细胞治疗组患者的 VAS 评分显著降低,MRI 结果显示,细胞治疗组邻近椎间盘的含水量显著升高,两组患者的退变椎间盘的高度指数没有显著性差异。这项研究初步证实了 ADCT 治疗 IDD 的安全性和有效性。

2013 年,Coric 团队发表了异体软骨细胞治疗 IDD 的研究。该研究纳入 15 例 IDD 患者(单节段腰椎退变合并下腰痛),治疗方案将同种异体青少年的软骨细胞复合纤维蛋白基质经皮植入到患者退变椎间盘中,但最终有 13 例患者接受了随访。结果发现,所有随访患者没有炎症的不良反应发生,且其术后 VAS 评分和 ODI 评分都显著降低,MRI 结果显示,所有患者未见椎间盘高度指数改变,其中有 10 例患者椎间盘的含水量增加。该研究结果初步证实了异体软骨细胞治疗 IDD 的安全性和有效性。

二、骨髓间充质干细胞

2010 年,Yoshikawa 等研究人员率先报道了 BM-MSC 治疗 IDD 的临床试验研究结果。该研究募集 2 例 IDD 患者,分别为 67 岁和 70 岁,其主要临床症状都是腰背痛和下肢麻木。该试验先分离培养患者自体 BM-MSC,随后将 BM-MSC 与真皮胶原海绵复合,最后手术开窗后将富载 BM-MSC 的胶原海绵插入患者退变椎间盘中,随访 2 年结果表明,该治疗方法提高了退变椎间盘的含水量,退变的椎间盘结构改善,显著缓解了患者的临床症状,腰椎稳定性增加,无不良反应。2011 年,Orozco 等报道了 10 例 IDD 患者采用自体 BM-MSC 注射入椎间盘髓核内治疗的研究,所有患者慢性腰背痛且纤维环完整,随访 1 年发现,9 例患者腰腿痛症状迅速缓解,VAS 评分和 Oswestry 指数得到明显改善(有效率为 71%),并与时间呈正相关,其中 1 例治疗无效。这两项研究表明,自体 BM-MSC 移植注射治疗 IDD 是安全有效的。

2015 年,Pettine 等研究 26 例椎间盘源性腰痛伴 IDD 患者接受自体骨髓浓缩物移植治疗的效果。随访观察结果显示,其中 21 例患者的腰痛症状得到持续、显著的改善,但有 8 例在 1 年后 Pfirrmann 分级降低一级;对比分析结果表明,治疗效果与植入的细胞浓度呈正相关,高浓度细胞移植组患者疼痛明显减轻、椎间盘含水量增加,且无明显不良反应。

2016 年,Soler 等将自体 BM-MSC 注射入 10 例 IDD 患者的髓核内进行治疗,随访 1 年发现,患者疼痛明显减轻,椎间盘含水量和高度得到维持。同年,Elabd 等报道应用缺氧预处理的自体 BM-MSC 移植治疗 5 例 IDD 患者的治疗结果,发现所有患者疼痛改善,并且均有不同程度的后凸减轻,MRI 影像学资料评估显示,5 例患者均达到可保持椎间盘高度或仅轻度降低,其中 4 例患者椎间盘的活动性得到了改善。尽管上述研究均为小样本量临床试验,但也证实了自体 BM-MSC 移植治疗 IDD 的有效性和安全性。

2017 年,Noriega 等发表了目前唯一一项应用异体 BM-MSC 移植治疗 IDD 的临床研究。该研究募集 24 例经保守治疗无效的 IDD 慢性腰痛患者,将其随机分为两组:试验组在局麻下向椎间盘内注射同种异体 BM-MSC,对照组采用椎旁肌肉组织的假性浸润。随访 1 年结果显示,与对照组相比,试验组患者疼痛显著改善,生活质量明显改善,残疾评分降低,MRI 检查显示,椎间盘退变情况明显改善。该研究首次证实了异体 BM-MSC 治疗 IDD 的安全性和有效性。

三、脂肪间充质干细胞

2017 年,Kumar 等发表了脂肪间充质干细胞(ADSC)移植治疗 IDD 的 I 期临床试验研究成果。研究共入选 10 例疼痛持续>3 个月、VAS 评分>4 分、Oswestry 功能障碍指数≥30% 的下腰痛 IDD 患者,随机分为低剂量组(2×10^7 个,n=5)和高剂量组(4×10^7 个,n=5)。研究低剂量和高剂量自体 ADSC 分别复合 Tissuefillo(韩国食品药品安全部批准其用作细胞递送和缺损组织填充的材料)后注射入患者的退变椎间盘。随访 1 年结果显示,无一例发生不良事件和其他严重不良事件,没有骨赘形成和椎间盘缩小;低剂量组和高剂量组各 3 例患者 VAS 评分、ODI 和 SF-36 评分显著改善,在这 6 例疗效显著的患者中,MRI 表观弥散系数图显示,其中 3 例椎间盘含水量增加,研究发现两组间差异无统计学意义。该临床试验初步证明了自体 ADSC 治疗 IDD 的安全性和有效性。

四、脐带间充质干细胞

2014 年,Pang 等应用异体脐带间充质干细胞(UC-MSC)移植治疗 2 例 IDD 患者,患者临床症状都是严重慢性椎间盘源性疼痛,随访 2 年结果显示,2 例患者的 VAS 评分和 ODI 评分均有显著下降。但目前 UC-MSC 治疗 IDD 的研究较少,其临床应用可行性还需进一步的研究证实。

综上可知,细胞治疗 IDD 的临床研究数量相对较少,使用的细胞类型包括软骨细胞、BM-MSC、ADSC 和 UC-MSC,且多数使用自体来源细胞。自体来源的软骨细胞、BM-MSC 和 ADSC 治疗 IDD 的安全性和有效性已得到初步验证,这为椎间盘细胞的再生提供了一种低风险、低成本的策略,具有潜在的长期治疗价值。

细胞治疗 IDD 的主要目的是:①通过补充髓核样细胞或其他细胞最终分化成髓核样细胞,恢复已经改变的椎间盘细胞外基质;②利用细胞补充营养或具有抗炎作用;③恢复椎间盘的生物力学功能。目前的细胞治疗方法均表明无不良并发症发生,患者的疼痛减轻,活动度改善,但退变椎间盘的高度未改变,且其生物力学功能改变未知。未来还需细胞治疗结合药物,还有其他生物活性物质、物理方法联合使用,进行大规模临床试验,获得最优的治疗效果。

总结

迄今为止,干细胞治疗肌肉骨骼系统疾病的临床试验已超过 100 例,已有 3 款治疗膝骨关节炎的间充质干细胞药物获 CFDA 批准进入临床应用。截至 2021 年,中国干细胞临床试验数量达到 628 项,已位居世界第二。细胞治疗尤其是干细胞治疗,在肌肉骨骼系统领域的应用发展迅速、可提升空间大,涉及修复骨、软骨、肌腱韧带、椎间盘等多个领域,每个领域都取得了一定的进展。然而,肌肉骨骼系统疾病的细胞治疗临床试验大多还处于临床研究的早期(Ⅰ~Ⅱ期),应用还面临着诸多挑战和障碍:①细胞治疗的研究引发了一系列的社会问题,如立法、伦理问题、社会舆论等;②对各种干细胞的体内分化和归巢机制尚未完全研究清楚,这使得研究人员无法对其定向分化进行精确操作;③多种再生组织必须具有合适的三维结构,使局部组织产生细胞外基质并具有相应的生物学功能。干细胞技术在肌肉股骨系统中的研究与应用是生命科学极其重要的组成部分,随着干细胞基础研究的发展和技术的不断进步,该领域的发展必将给生物医学领域带来深刻的变革。期待未来干细胞治疗领域迎来更多革命性的突破,从而造福人类健康。

（杨柳　高祎）

参考文献

[1] Salhotra A,Shah HN,Levi B,et al. Mechanisms of bone development and repair. Nat Rev Mol Cell Biol,2020,21(11):696-711.

[2] Yang L,Tsang KY,Tang HC,et al. Hypertrophic chondrocytes can become osteoblasts and osteocytes in endochondral bone formation. Proc Natl Acad Sci USA,2014,111(33):12097-12102.

[3] Chan CKF,Gulati GS,Sinha R,et al. Identification of the Human Skeletal Stem Cell. Cell,2018,175(1):43-56.e21.

[4] Wang H,Wang D,Luo B,et al. Decoding the annulus fibrosus cell atlas by scRNA-seq to develop an inducible composite hydrogel:A novel strategy for disc reconstruction. Bioact Mater,2022,14:350-363.

[5] Battafarano G,Rossi M,De Martino V,et al. Strategies for Bone Regeneration:From Graft to Tissue Engineering. Int J Mol Sci,2021,22(3):1128.

[6] Haeusner S,Jauković A,Kupczyk E,et al. Review:cellularity in bone marrow autografts for bone and fracture healing. Am J Physiol Cell Physiol,2023,324(2):C517-C531.

[7] Killington K,Mafi R,Mafi P,et al. A Systematic Review of Clinical Studies Investigating Mesenchymal Stem Cells for Fracture Non-Union and Bone Defects. Curr Stem Cell Res Ther,2018,13(4):284-291.

[8] Fu J,Wang Y,Jiang Y,et al. Systemic therapy of MSCs in bone regeneration:a systematic review and meta-analysis. Stem Cell Res Ther,2021,12(1):377.

[9] Brown C,McKee C,Bakshi S,et al. Mesenchymal stem cells:Cell therapy and regeneration potential. J Tissue Eng Regen Med,2019,13(9):1738-1755.

[10] Venkataiah VS,Yahata Y,Kitagawa A,et al. Clinical Applications of Cell-Scaffold Constructs for Bone Regeneration Therapy. Cells,2021,10(10):2687.

[11] Zhao L,Kaye AD,Kaye AJ,et al. Stem Cell Therapy for Osteonecrosis of the Femoral Head:Current Trends and Comprehensive Review. Curr Pain Headache Re,2018,22(6):41.

[12] Chun YS,Lee DH,Won TG,et al. Cell therapy for osteonecrosis of femoral head and joint preservation. J Clin Orthop Trauma,2021,24:101713.

[13] 高祎,冯丽,王露露,等. 干细胞在骨损伤临床治疗中应用的研究进展. 中华创伤骨科杂志,2021,23(11):1008-1012.

[14] Lv Z,Cai X,Bian Y,et al. Advances in Mesenchymal Stem Cell Therapy for Osteoarthritis:From Preclinical and Clinical Perspectives. Bioengineering(Basel),2023,10(2):195.

[15] Zelinka A,Roelofs AJ,Kandel RA,et al. Cellular therapy and tissue engineering for cartilage repair. Osteoarthritis Cartilage,2022,30(12):1547-1560.

[16] Zhao L,Kaye AD,Abd-Elsayed A. Stem Cells for the Treatment of Knee Osteoarthritis:A Comprehensive Review. Pain Physician,2018,21(3):229-242.

[17] Jayaram P,Ikpeama U,Rothenberg JB,et al. Bone Marrow-Derived and Adipose-Derived Mesenchymal Stem Cell Therapy in Primary Knee Osteoarthritis:A Narrative Review. PMR,2019,11(2):177-191.

[18] Harrell CR,Markovic BS,Fellabaum C,et al. Mesenchymal stem cell-based therapy of osteoarthritis:Current knowledge and future perspectives. Biomed Pharmacother,2019,109:2318-2326.

[19] Matheus HR,Özdemir ŞD,Guastaldi FPS. Stem cell-based therapies for temporomandibular joint osteoarthritis and regeneration of cartilage/osteochondral defects:a systematic review of preclinical experiments. Osteoarthritis Cartilage,2022,30(9):1174-1185.

[20] Arshi A,Petrigliano FA,Williams RJ,et al. Stem Cell Treatment for Knee Articular Cartilage Defects and Osteoarthritis. Curr Rev Musculoskelet Med,2020,13(1):20-27.

[21] Liang H,Suo H,Wang Z,et al. Progress in the treatment of osteoarthritis with umbilical cord stem cells. Hum Cell,2020,33(3):470-475.

[22] Doyle EC,Wragg NM,Wilson SL. Intraarticular injection of bone marrow-derived mesenchymal stem cells enhances regeneration in knee osteoarthritis. KSSTA,2020,28(12):3827-3842.

[23] Hulme CH,Perry J,McCarthy HS,et al. Cell therapy for cartilage repair. Emerg Top Life Sci,2021,5(4):575-589.

[24] Hevesi M,LaPrade M,Saris DBF,et al. Stem Cell Treatment for Ligament Repair and Reconstruction. Curr Rev Musculoskelet Med,2019,12(4):446-450.

[25] Xu Y,Zhang WX,Wang LN,et al. Stem cell therapies in tendon-bone healing. World J Stem Cells,2021,13(7):753-775.

[26] Wang C,Hu Y,Zhang S,et al. Application of Stem Cell Therapy for ACL Graft Regeneration. Stem Cells Int,2021,2021:6641818.

[27] Mahajan PV,Subramanian S,Parab SC,et al. Autologous Minimally Invasive Cell-Based Therapy for Meniscal and Anterior Cruciate Ligament Regeneration. Case Rep Ortho,2021,2021:6614232.

[28] Schol J,Sakai D. Cell therapy for intervertebral disc herniation and degenerative disc disease:clinical trials. Int Ortho,2019,43(4):1011-1025.

[29] Yao M,Wu T,Wang B. Research trends and hotspots of mesenchymal stromal cells in intervertebral disc degeneration:a scientometric

analysis. EFORT Open Rev,2023,8(3):135-147.

[30] Krut Z,Pelled G,Gazit D,et al. Stem Cells and Exosomes:New Therapies for Intervertebral Disc Degeneration. Cells,2021,10(9):2241.

[31] Chen Z,Chen P,Zheng M,et al. Challenges and perspectives of tendon-derived cell therapy for tendinopathy:from bench to bedside. Stem Cell Res Ther,2022,13(1):444.

[32] Mirghaderi SP,Valizadeh Z,Shadman K,et al. Cell therapy efficacy and safety in treating tendon disorders:a systemic review of clinical studies. J Exp Ortho,2022,9(1):85.

[33] Wang HD,Li Z,Hu X,et al. Efficacy of Stem Cell Therapy for Tendon Graft Ligamentization After Anterior Cruciate Ligament Reconstruction:A Systematic Review. Orthop J Sports Med,2022,10(6):23259671221098363.

第三十九章 烧伤创面的细胞治疗

提要:烧伤创面修复是大面积烧伤救治的关键措施,干细胞及外泌体治疗创面是一个非常有前景的治疗方法。本章第一节概述了皮肤再生基础,有助于理解了我们想要的终点(健康、无瘢痕的皮肤)和理想的模型(胎儿创面的愈合)。皮肤组织工程技术与细胞治疗相结合,有望协同改变烧伤创面和组织损伤,因此本章第二、三节主要概述了皮肤组织工程技术与细胞治疗在烧伤创面治疗方面的进展。

烧伤为皮肤软组织损伤较常见的病因。大面积烧伤常由于皮源匮乏,救治延迟而致多器官功能衰竭、重度感染甚至死亡。即使是发达国家,烧伤仍是造成病死的重要原因。近年来,用于烧伤伤口愈合的再生医学取得了进展,包括干细胞和干细胞衍生产品。用于治疗的干细胞来源各不相同,从毛囊干细胞、胚胎干细胞、脐带干细胞到间充质干细胞。干细胞利用各种途径进行伤口愈合。除此之外,来自干细胞的外泌体和条件培养基也被用于烧伤创面治疗。由于外泌体和条件培养基是无细胞疗法,并且含有各种促进伤口愈合的生物分子,因此它们作为一种替代治疗策略越来越受欢迎,并显著改善了结果。

第一节 皮肤再生基础

皮肤是覆盖在身体表面的大型复杂器官,在整个生命过程中不断更新。皮肤最重要的功能是在身体和外部环境之间形成保护性屏障,从而保护宿主不受外部因素的伤害,如病原体、机械和化学损伤、热和辐射。皮肤还可以防止水分和电解质的流失,提供绝缘,调节体温和感觉功能,是免疫监控和合成生物介质(如维生素 D)的场所。

皮肤的保护屏障可能会因烧伤、溃疡和癌症等损伤和病理而受损。治疗皮肤损伤或缺损的一个主要治疗方法是在体外培养皮肤细胞,产生表皮薄片或皮肤等后,移植到患者受影响的皮肤区域。用于治疗目的的体外上皮薄片或皮肤替代物的发展需要了解伤口愈合和表皮再生的过程,特别是涉及哪些细胞类型和机制。由可溶性因子介导的真皮和表皮细胞间的转化是表皮再生成功的关键。在本节中,我们概述了已知的表皮和真皮中与皮肤再生有关的细胞类型,以及无瘢痕创面与成人瘢痕创面的差别,有助于理解皮肤再生的潜在机制。

一、皮肤再生相关结构

皮肤主要由两层组成:①表皮:复层的鳞状上皮的上层;②真皮层:结缔组织的下层。表皮和真皮由基底膜分开。而在人类皮肤中,表皮-真皮界面表现出特有的波状结构,包括表皮突和真皮乳头。在真皮层下面,有一层皮下脂肪组织,称为皮下脂肪组织,它提供额外的减震和绝缘,并参与能量代谢和储存。

(一) 表皮

表皮由角质形成细胞的多层上皮和附属器组成(图3-39-1),如毛囊;毛囊之间的表皮区域称为毛囊间表皮。角质形成细胞是表皮的主要细胞类型,根据它们的增殖/分化状态被组织成不同的层状细胞。基底层位于真皮的正上方,含有具有高增殖能力的角质形成细胞。基底层之上依次为棘细胞层和颗粒层,最外层是角质层。角质形成细胞逐渐分化向上移行,失去了增殖能力,最后向上进入角质层。角质形成细胞的分化与形态变化有关,当到达角质层时,角质形成细胞逐渐变扁平且无核。角质形成细胞合成的结构蛋白角蛋白在不同表皮层也有不同的表达模式。角质蛋白(keratin)-5、-14 和-15 在基底层中表达,而角质蛋白-1 和-10 在棘层的角质形成细胞中表达。

(二)基底角质形成细胞/基底干细胞

整个生命周期表皮的持续更新和损伤后的皮肤再生都是由表皮干细胞介导的。这些细胞具有很高的增殖和再生潜力,其主要位于表皮的基底层(图3-39-1)。表皮干细胞群体也可以在毛囊中发现,虽然它们的主要作用是促进毛发再生,但它们也可以参与表皮伤口的愈合。然而,我们将重点讨论在表皮角质形成细胞中的干细胞。在人类皮肤中,干细胞在基底层沿表皮突角质形成细胞的确切位置仍然不确定。根据用于识别表皮干细胞的标记和被检查的皮肤类型(成人和新生儿身体的不同部位),干细胞位置已经被描述在沿着表皮突的不同位置。高水平的 β_1 整合素表达与具有干细胞特性,特别是高增殖潜力和缓慢循环能力的角质形成细胞相关。在成人乳房和头皮皮肤,以及新生儿包皮内,高水平的 β_1 整合素表达已经被观察到存在于皮肤真皮乳头最接近外表面的顶部(图3-39-1),表明在这些区域的干细胞是常驻的。使用黑色素瘤、硫酸软骨素和蛋白多糖来标记识别表皮干细胞,验证了表皮干细胞在真皮乳头的顶部。与此相反,手掌和足部皮肤在棘细胞层深处显示高 β_1 整合素水平,这表明使用该标记识别的干细胞的位置不同,取决于身体部位。基于角蛋白-15 的体内分布,表皮干细胞及其子代似乎位于成人皮肤的深表皮突内。

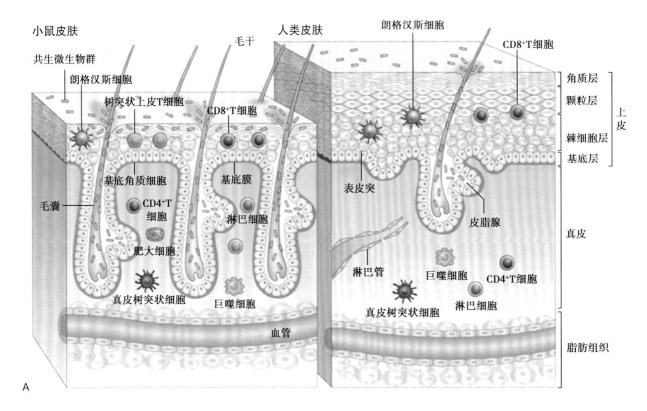

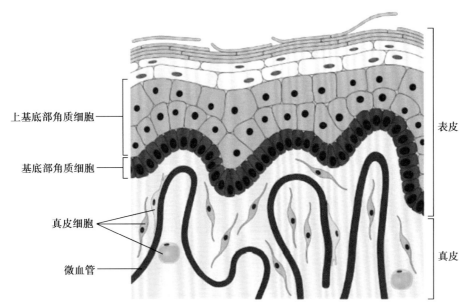

图 3-39-1 人体皮肤结构

A. 表皮是复层状鳞状上皮;真皮层是结缔组织层,可分为乳头层(浅表)和网状(深层)层,真皮内含皮肤相关的结构,称皮肤附属器,如毛囊、汗腺和皮脂腺;一层皮下脂肪组织,称为真皮。人类皮肤的表皮-真皮界面表现出特有的由表皮/表皮突和真皮乳头组成的波状结构。
B. 表皮-真皮交界处的特写图显示,每个真皮乳头含微血管,并描绘出基底层角质形成细胞的位置(包含干细胞和转运扩增细胞),例如成纤维细胞(灰色)、真皮毛细血管内的周细胞(绿色)和免疫细胞(黄色)

不管它们在基底层的位置如何,表皮干细胞都负责皮肤的更新和表皮层的生成。有不同的模型来解释表皮的更新和分层可能实现,其中基底层角质形成细胞分裂的方向是一个重要因素。在对称分裂模式中,大部分基底层角质形成细胞的分裂与基底膜平行,产生两个基底子细胞。缓慢循环的基底角质形成细胞干细胞产生高度增殖的 TA 中间细胞,经过 4~5 次对称分裂,补充基底细胞群。随后,TA 细胞分层和分化,向上迁移,穿过基底层上的表皮层,最终到达角质层。在不对称分裂模型中,大多数基底层角质形成细胞相对于基底膜将其有丝分裂纺锤体由平行转向垂直。在细胞分裂期间,基底子细胞接受增殖相关因子,而分化相关因子则分布在基底上的子细胞,从而使分化、分层的皮肤层形成。在体外,给予适当的支持和条件(如生长因子、信号和营养),人类初级基底角质形成细胞(这是一个缓慢循环的干细胞和高度增殖的 TA 细胞的混合物)可以增殖和分化成层表皮,包括基底膜,类似于体内皮肤。

（三）基底膜

分隔连接表皮和真皮的皮肤基底膜是一种主要由Ⅳ型胶原、LAMA3 和 LAMA5 两种亚型的层粘连蛋白、巢蛋白、基底膜聚糖组成的细胞外基质。基底膜的一个关键功能是为基底层角质形成细胞提供锚定和支持,从而帮助维护表皮的结构组织和完整性。一旦基底膜被破坏,即造成皮肤水疱或大疱。重要的是,基底膜是一个动态界面,允许可溶性介质的扩散,使真皮和表皮细胞间的相互交流成为可能,这在指导表皮再生中起关键作用。

（四）真皮

真皮是一层结缔组织,由含有胶原蛋白和弹性纤维的细胞外基质组成,它为表皮提供机械支持和营养。它被分为真皮乳突层(也称为表层真皮层)和真皮网状层(也称为深层真皮层)。真皮乳突层是最接近表皮的一层,真皮网状层是在真皮乳突层之下、皮下组织之上的一层。真皮包含皮肤相关附属器,如毛囊、汗腺和皮脂腺,以及血管、毛细血管和淋巴管网络。成纤维细胞及与毛囊相关的特定成纤维细胞亚型是真皮中最丰富的细胞类型,位于毛囊之间的结缔组织基质区域。真皮中发现的其他细胞类型包括真皮毛细血管内皮细胞和周细胞、免疫细胞(图 3-39-1),以及真皮的脂肪细胞和脂肪来源的间充质干细胞(mesenchymal stem cell, MSC)。

（五）成纤维细胞

成纤维细胞是真皮中最丰富的细胞类型,其主要作用是产生胶原蛋白、弹性纤维和细胞外基质的基质蛋白。此外,成纤维细胞是皮肤生理的重要调节器,能够通过细胞间直接接触可溶性因子与其他皮肤细胞,如角质形成细胞进行交流。

成纤维细胞是一个形态和功能上的异质性群体,可以分为不同的亚型。在皮肤中,位于真皮层毛囊之间的成纤维细胞,被称为毛囊间真皮成纤维细胞,并进一步分为位于真皮层的真皮乳头成纤维细胞和位于真皮网状层的真皮网状成纤维细胞。皮肤中发现的另一组成纤维细胞是毛囊相关成纤维细胞,包括毛囊真皮鞘成纤维细胞和毛囊真皮乳头成纤维细胞。毛囊真皮鞘成纤维细胞位于毛囊轴的两侧,毛囊真皮乳头成纤维细胞则位于毛囊基底部。虽然毛囊相关成纤维细胞的主要作用是调节毛囊形态形成和头发周期,但它们也可以参与表皮再生和伤口愈合。皮肤成纤维细胞亚型表现出不同的特征,包括体外培养的行为、分裂率、细胞外基质成分和可溶性因子的分泌概况,如生长激素和细胞因子等。皮肤成纤维细胞亚型特征的不同,特别是生长因子和细胞因子分泌的不同,赋予了支持角质形成细胞的不同能力。

（六）其他皮肤细胞

在人类皮肤中,毛细血管位于表皮突之间的表皮乳头,为表皮提供营养和氧气。皮肤毛细血管由内皮细胞组成,内皮细胞形成血管壁,与一层周细胞直接接触,周细胞在血管壁周围形成保护性鞘,在内皮细胞和周围的皮肤细胞外基质之间提供交界面。周细胞是间充质来源的细胞,除了具有稳定血管和调节血管发育的主要作用外,它们还具有一系列其他功能,包括参与凝血、调节免疫功能和吞噬,并可作为 MSC。周细胞的 MSC 活性意味着它们有能力分化成不同的组织细胞系,使它们能够参与包括皮肤在内的组织再生。由于真表皮乳头毛细血管襻中的周细胞和内皮细胞与表皮基底层角质形成细胞层非常接近,因此它们可能会影响表皮的再生过程。

另外,除了像 MSC 一样的周细胞群,其他的 MSC 亚型也可以在皮肤中发现,如皮下脂肪来源的 MSC。与周细胞类似,脂肪来源的 MSC 可能通过其多系潜能促进皮肤再生。尽管它们距离表皮基底层角质形成细胞很远,但它们也可能通过分泌调节真皮微环境和/或真皮细胞的因子间接促进表皮再生。

免疫细胞是皮肤中另一个重要的细胞群,因为它们有免疫监视和防御病原体方面的作用。皮肤含有树突状细胞、巨噬细胞、中性粒细胞和淋巴细胞。虽然它们在表皮再生中的作用尚未被直接确定,但免疫细胞在免疫反应中会分泌多种细胞因子和炎症介质,这些因子可能调节角质形成细胞。此外,巨噬细胞在包括皮肤在内的多种组织的伤口愈合中发挥作用,进一步支持免疫细胞促进表皮再生的观点。

二、皮肤无瘢痕愈合认识的进展

成年哺乳动物的皮肤损伤愈合后会留下瘢痕。从短期来看,瘢痕组织有助于伤口收缩,并将创面的边界拉近。然而,瘢痕形成的长期影响明显是不利的。瘢痕对皮肤的美容和功能有很大的影响。哺乳动物的胎儿皮肤就有愈合能力,不是通过修复,而是再生。理想的"无瘢创面"不是某种或某几种细胞就能够完成的,而是需要一个复杂的多功能细胞层共同完成。胎儿创面愈合的仿生学是一个复杂而多面的领域,虽然目前已取得一定进展,但仍有大量的工作需要去做。

伤口愈合对于恢复皮肤的屏障和保护功能至关重要。在止血和血栓形成后,哺乳动物表皮通过三个相互重叠的阶段愈合,即炎症、肉芽组织增生、纤维增生和成熟。瘢痕的定义为正常组织结构中肉眼可见的纤维紊乱，是细胞外基质（extracellular matrix，ECM）过量积累的结果。愈合过程是指有效并迅速重建上皮的完整性；然而，愈合所形成的皮肤并不是完全再生，其表皮扁平且无纹理，无真皮附属物，如毛囊、皮脂腺和汗腺等。新合成的胶原蛋白排列致密、错乱和无序，导致瘢痕的拉伸强度明显降低。瘢痕会限制生长，损害关节的活动能力，并对容貌、外观造成不利的心理和社会影响。当愈合涉及过量胶原沉积时，成人伤口还可以发展成病理性瘢痕，如瘢痕疙瘩、增生性瘢痕等。

然而，发生在人类胎儿早期到中期的创伤可以愈合而不形成瘢痕。不论是在体内环境还是体外环境，胚胎表皮愈合而不形成瘢痕的能力是许多哺乳动物都具有的特征。

与成人的伤口不同，胎儿的伤口能迅速愈合并完全再生真皮和表皮，包括其附属物。新合成的胶原蛋白与未损伤组织中的胶原蛋白排列及空间构象完全相同。皮肤伤口无瘢痕愈合不是子宫内特有环境造成的，而是胎儿表皮组织固有的特征。它取决于胎龄、创面大小和部位。从胚胎到成人表皮愈合表型的转变发生在妊娠 24 周左右的人类胚胎、18.5 天左右的小鼠胚胎，以及 17.5 天左右的大鼠胚胎。原则上讲，越大的伤口，无瘢痕愈合则需越小的胎龄。以口腔黏膜为例，即使是在成年哺乳动物中，其创面愈合速度也非常快，且很少产生瘢痕（图 3-39-2）。

成人皮肤创伤愈合通过修复和瘢痕，胎儿皮肤伤口愈合是无瘢痕皮肤再生。

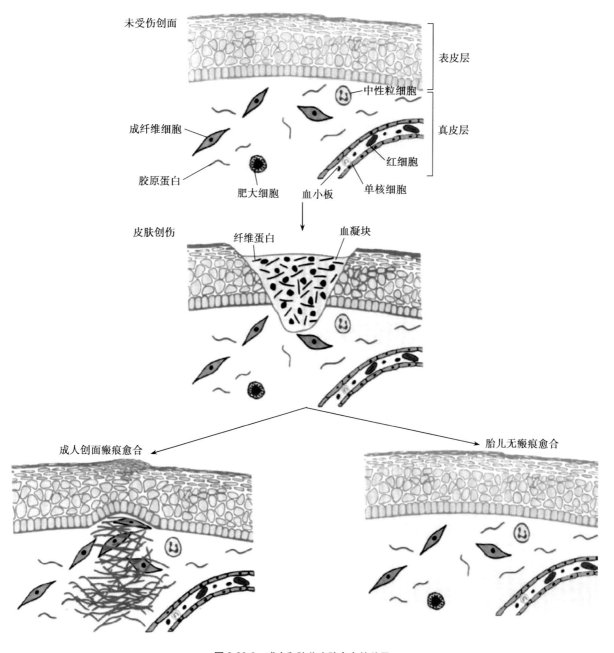

图 3-39-2　成人和胎儿皮肤愈合的差异

在临床上，无瘢痕愈合的可能性给创面的治疗带来了巨大希望。为促进成人创面的无瘢痕愈合，深入了解胎儿表皮组织再生的原理和机制，对于运用这一知识来进行研究是至关重要的。根据目前的研究，虽然无瘢痕愈合的确切细胞和分子机制尚未阐明，但在炎症反应、细胞药物、基因表达和干细胞功能等方面存在明显差异。目前组织再生应用方面的进展，特别是细胞治疗，在减少创面瘢痕方面已取得了重大进展。

本部分概述了目前对胎儿无瘢痕愈合的生物学和生物力学过程的理解，它与通过瘢痕形成的成人伤口愈合的反应有何不同，以及这一知识如何用于促进成人创面的无瘢痕愈合。（表 3-39-1、图 3-39-3）

表 3-39-1　胎儿和成人创面愈合差异

特点	胎儿创面	成人创面
炎症细胞		
中性粒细胞	低	高
巨噬细胞	低	高
肥大细胞	低	高
炎症信号分子		
促炎：IL-6、IL-8	低	高
抗炎：IL-10	高	低
血管内皮生长因子（VEGF）	可变	高
细胞外基质（ECM）		
ECM 合成速率	高	低
胶原蛋白		
III/I 型比例	高	低
合成速率	高	低
纤维的组织形态	好，呈网状，大	密集，平行，小
交联	低	高
糖胺聚糖		
透明质酸（HA）表达	高	低
HA 受体	高	低
HASA	高	低
硫酸软骨素	高	低
蛋白聚糖		
纤调蛋白聚糖	增加	减少
核心蛋白聚糖	减少	增加
肌成纤维细胞	无	有
黏附蛋白	快速增长	增速减慢
MMP/TIMP 比值	高	低

HASA：透明质酸合成酶；MMP：基质金属蛋白酶；TIMP：组织抑制金属蛋白酶

（一）炎症反应

1. 炎症细胞　炎症成分在皮肤组织损伤的几分钟内就会出现。与成人伤口相比，胎儿伤口的炎症细胞会大大减少。表皮组织损伤部位血小板的聚集和脱颗粒导致止血

和吸引中性粒细胞，是最先迁移的炎症细胞到病变部位的原因。暴露于胶原中时，胎儿的血小板聚集少于成人，并在脱颗粒时产生较少的炎症信号分子，包括较少的转化生长因子（transforming growth factor β1，TGF-β1）、血小板源性生长因子（platelet-derived growth factor，PDGF）、肿瘤坏死因子α（tumor necrosis factor-α，TNF-α）和白介素-1（interleukin-1，IL-1）。较少的趋化因子吸引较少的血液循环中的炎症细胞，低水平的 TNF-α 和 IL-1 也会降低胎儿中性粒细胞表面中性粒细胞黏附分子的上调，并限制中性粒细胞-内皮细胞的相互作用，以及胎儿伤口愈合过程中中性粒细胞的后续迁移。

单核细胞是第二类炎症细胞，从血管迁移到皮肤组织损伤处，在损伤发生后48~96小时转化为巨噬细胞。巨噬细胞参与了伤口愈合的炎症和增殖阶段。巨噬细胞进一步分泌 IL 和 TNF，刺激成纤维细胞生成胶原，介导血管生成，并产生一氧化氮。伤口部位巨噬细胞的数量与瘢痕形成的程度直接相关。在小鼠胚胎和胚胎皮肤创面中，巨噬细胞在妊娠第 14 天前几乎不存在，除非组织损伤过度。TGF-β1 是一种生长因子，将循环中单核细胞转化为活化的巨噬细胞，并且已研究证实了 TGF-β1 水平降低会导致巨噬细胞募集减少。

肥大细胞是另一种炎症细胞，主要分布在血管、皮肤和黏膜结缔组织附近。肥大细胞可脱粒释放细胞因子（IL-6 和 IL-8）、血管内皮生长因子（vascular endothelial growth factor，VEGF）和组胺，引发严重的炎症反应。丝氨酸蛋白酶，如胰凝乳酶和胰蛋白酶，在炎症早期释放，破坏细胞外基质，为后续修复做好准备。胰蛋白酶在胶原的合成和沉积中也有重要作用。然而，伤口愈合并不需要肥大细胞，而且研究显示，无论是否存在肥大细胞，小鼠皮肤伤口都能愈合。与成人皮肤创面相比，胎儿创面中肥大细胞较少，且其脱粒能力较差，脱粒后释放组胺、TGF-β 和 VEGF 也较少，这有助于减少中性粒细胞的趋化性和外渗。

2. 炎症分子　炎症信号分子的平衡有利于胎儿伤口的抗炎作用，但会促进成人伤口的炎症反应。TGF 是一种生长因子，影响愈合的各个阶段，包括炎症、血管生成、成纤维细胞增殖、胶原合成、沉积和细胞外基质的重构。TGF 蛋白在人体内有三种亚型：TGF-β1、TGF-β2 和 TGF-β3。与成人创面相比，胎儿无瘢痕愈合创面 TGF-β1、TGF-β2 水平降低，TGF-β3 水平升高，这有利于减少瘢痕的形成。TGF-β1 促进蛋白沉积和胶原基因表达，通过增加 TIMP 的表达［主要作用是抑制基质金属蛋白酶（matrix metalloproteinase，MMP）］抑制细胞外基质的降解。TGF-β1 还可吸引成纤维细胞和巨噬细胞到伤口部位，促进血管生成。研究显示，胎儿创面用 TGF-β1 处理后会产生瘢痕；成人的创面用抗 TGF-β1 或抗 TGF-β2 抗体处理后，创面愈合后无瘢痕产生。TGF-β1 通过自分泌信号调节自身的分泌，导致 TGF-β1 分泌过量，瘢痕形成。它还可以通过释放 MMP 和表达下调蛋白酶来防止其自身降解。在胎儿创面中，这种正反馈会减弱。TGF-β3 是一种强大的抗瘢痕因子，使细胞保持在相对未分化状态。TGF-β3 水平在无瘢痕创

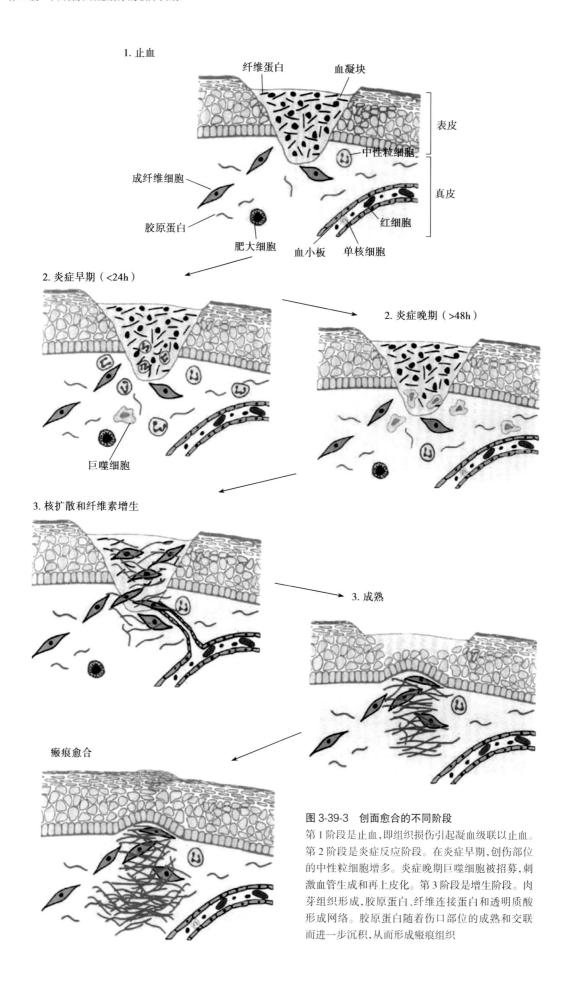

1. 止血

纤维蛋白　血凝块

表皮

中性粒细胞

真皮

成纤维细胞

胶原蛋白

红细胞

肥大细胞

血小板　单核细胞

2. 炎症早期（<24h）

2. 炎症晚期（>48h）

巨噬细胞

3. 核扩散和纤维素增生

3. 成熟

瘢痕愈合

图 3-39-3　创面愈合的不同阶段
第1阶段是止血,即组织损伤引起凝血级联以止血。
第2阶段是炎症反应阶段。在炎症早期,创伤部位
的中性粒细胞增多。炎症晚期巨噬细胞被招募,刺
激血管生成和再上皮化。第3阶段是增生阶段。肉
芽组织形成,胶原蛋白、纤维连接蛋白和透明质酸
形成网络。胶原蛋白随着伤口部位的成熟和交联
而进一步沉积,从而形成瘢痕组织

面愈合的胚胎期达到高峰。TGF-β3 的表达与缺氧诱导因子Ⅰ（hypoxic inducible factor Ⅰ,HIF1）相关,HIF1 是在缺氧环境中释放的,这是胎儿表皮发育的环境特征。另外,在成人创面添加 TGF-β3 可减少瘢痕形成。

IL-6 和 IL-8 在成人皮肤创面高表达,而在胎儿创面则呈极低表达状态。IL-10 是一种抗炎白介素,可以抑制 IL-1、IL-6、IL-8、TNF-α 和炎症细胞迁移,并允许胶原的正常沉积和正常真皮结构的重建。研究显示,IL-10 在胎儿创面中过表达,敲除 IL-10 基因的小鼠胎儿会产生瘢痕,未敲除的则不会产生瘢痕。

VEGF 是一种氧依赖因子,在胎儿表皮细胞呈低氧状态、HIF1 水平升高时释放。VEGF 在胎儿无瘢痕愈合中的作用尚不完全清楚,其作用可能是多因素的,既刺激血管生成,又有促炎作用,参与吸引炎症细胞到伤口部位。研究显示,与有瘢痕的 E18 期相比,在小鼠无瘢痕期的 E16 中,VEGF 呈更高表达状态,但在新生血管转化方面,没有形成任何组织学差异。另外,高水平的 VEGF 与人类瘢痕疙瘩和增生性瘢痕的形成有关。用中和抗体结合 VEGF 后会减少瘢痕的宽度。综上,VEGF 很可能既可以上调,又可以抑制瘢痕的形成。

（二）细胞外基质

细胞外基质（ECM）中含有丰富的蛋白质,包括纤维黏附蛋白、糖胺聚糖、蛋白聚糖和负责合成这些成分的常驻成纤维细胞（图 3-39-4）。ECM 的组成和结构在成人和胎儿创伤中不同,其生物学和生物物理性质对细胞增殖、分化和黏附有重大影响,极大可能影响创面愈合。

1. 糖胺聚糖 糖胺聚糖（glycosaminoglycan,GAG）在创面的愈合中起重要作用。与成人创面相比,胎儿创面环境中含有丰富的透明质酸（hyaluronic acid,HA）。HA 是一种主要的 GAG,主要作用是促进细胞增殖、运动和形态形成。HA 带有负电荷,能吸引水分子,防止愈合中的皮肤变形,并帮助细胞迁移。与成人创面相比,胎儿创面中 HA 的产生是加速和持续的。胎儿成纤维细胞表达更多 HA 受体。HA 合酶在胎儿和成人成纤维细胞中的不同是通过炎症细胞因子来调控的;低水平的促炎症细胞因子,包括 IL-1 和 TNF,可以下调 HA 的表达。硫酸软骨素是另外一种 GAG,在胎儿无瘢痕创面中大量产生,但在成纤维性伤口中则几乎没有。

2. 黏附分子 ECM 黏附分子包括纤维连接蛋白和肌腱蛋白,其在胎儿创面中出现的时间较成人更早。这些分子帮助组织 ECM、最小化瘢痕、吸引和结合成纤维细胞和内皮细胞到伤口。纤维连接蛋白固定细胞到伤口部位,肌腱蛋白促进细胞运动。伤口边缘的角质形成细胞通过整合素受体结合 ECM 蛋白,包括纤连蛋白、肌腱蛋白胶原和层粘连蛋白。在愈合过程中,胎儿角质形成细胞快速增加整合素受体的表达,与成人伤口中的角质形成细胞类似。在创面的愈合过程中,αvβ6 整合素受体与 TGF-β1 和 TGF-β3 结合后被认为是激活。长时间的 TGF-β3 和 αvβ6 整合素的表达可能会抑制瘢痕的形成。

3. 蛋白聚糖 蛋白多糖基质调节剂在胶原蛋白的产生、组织和降解中起重要作用。小富亮氨酸蛋白聚糖（small leucine-rich proteoglycan,SLRP）是 ECM 中的聚阴离子大分子,线性共价结合糖胺聚糖链。SLRP 与胶原蛋白分子相互作用,调节纤维的发生和胶原蛋白的转换。SLRP 在胎儿和成人创面愈合表型中表达不同。在瘢痕形成的过渡过程中,核心蛋白聚糖被上调。硫酸软骨素存在于无瘢痕创面中,而不存在于有瘢痕的创面中。纤调蛋白聚糖是一种能够结合和灭活 TGF-β 的 SLRP,在无瘢痕创面中诱导,

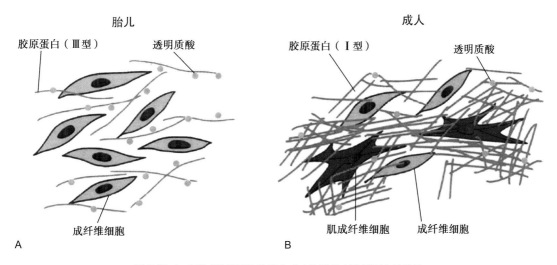

图 3-39-4 细胞外基质（ECM）在成人和胎儿皮肤创面中的差异

A. 在胎儿伤口有丰富的透明质酸和成纤维细胞,主要合成Ⅲ型胶原蛋白。胶原蛋白排列成细小的网状结构,具有最小的交联,这种结构与未受伤的皮肤难以区分。B. 成人创面中,成纤维细胞较少,透明质酸较少。Ⅰ型胶原蛋白占主导地位,致密且广泛交联。一些成纤维细胞分化为肌成纤维细胞,肌成纤维细胞收缩改变新合成的胶原的方向,关闭皮肤伤口,导致瘢痕

但在成人创面中减少，并导致瘢痕形成。

4. 胶原蛋白 胶原蛋白是 ECM 的中心成分，在成人皮肤中，Ⅰ型胶原蛋白占主导地位，而Ⅲ型胶原蛋白则是胎儿皮肤中含量最多的胶原亚型。随着胎龄的增加，Ⅰ型胶原蛋白的含量增加，这种转变与从无瘢痕愈合到有瘢痕愈合的转变有关。与这些发现相一致的是，随着胎龄的增加，前胶原蛋白 1α1 增加，而Ⅲ型前胶原的表达减少。HA 在胎儿创伤中含量丰富，可通过成纤维细胞上调Ⅲ型胶原沉积。胎儿伤口中的Ⅲ型胶原蛋白很细，合成网状结构，与未受伤皮肤中的胶原蛋白无法区分。然而，在成人伤口和妊娠晚期胎儿伤口中，新形成的Ⅰ型胶原与皮肤平行，呈密集的束状，具有更广泛的交联。这些是瘢痕中 ECM 的特征，其导致了创面的僵硬和纤维化，并能够进一步损害细胞的迁移和再生。赖氨酸氧化酶在成人伤口中表达较多，是使胶原纤维交联的重要酶。

5. 基质金属蛋白酶 在创面愈合过程中，MMP 负责重构细胞外基质。它们与 TIMP 的工作是对立的。无瘢痕创面中 MMP∶TIMP 的比值高于成人创面，有利于基质重塑的环境，而不是胶原的积累。

（三）细胞外基质细胞

成纤维细胞在创面愈合和重塑 ECM 中起着不可或缺的作用。它们是合成胶原蛋白的主要细胞。胎儿和成人成纤维细胞表现出许多差异。胎儿成纤维细胞能够同时增殖和合成，而成人成纤维细胞在合成胶原蛋白之前必须先增殖。胎儿成纤维细胞表现出增强的迁移能力和更快的增殖能力。低氧条件刺激成纤维细胞的增殖，而低氧环境可能促进胎儿成纤维细胞的功能。与成人成纤维细胞相比，胎儿成纤维细胞产生更多的总胶原和更高比例的Ⅲ型和Ⅳ型胶原。与此一致的是，在妊娠早期的胎儿创面中含有较高数量的脯氨酰羟化酶和胶原合成的限速酶。盘状结构域受体（discoid domain receptor，DDR）是酪氨酸激酶受体，存在于成纤维细胞表面，可与胶原纤维结合，具有细胞外"盘状蛋白"结构域。DDR 调节细胞增殖、分化和伤口愈合。DDR-1 受体可以导致胶原蛋白的产生类似于再生，而不是瘢痕形成。DDR-1 被Ⅰ型、Ⅳ型和Ⅴ型胶原激活，而 DDR-2 主要被Ⅰ型胶原激活。DDR-2 的延长活化与 MMP 活性的增加有关。胎儿成纤维细胞在妊娠早期存在 DDR-1，但随着胎龄的增加，DDR-2 表达稳定增加。与成人相比，胎儿中 HA 受体更丰富，成纤维细胞可促进其本身在创面中的迁移，从而加速愈合时间。但 TGF-β1 抑制 HA 合成，从而减缓成纤维细胞迁移。

随着谱系溯源的进展，我们研究团队对成纤维细胞的异质性有了更好的了解。不同的成纤维细胞谱系已经被区分为上真皮层成纤维细胞系和下真皮层成纤维细胞系。在成年小鼠受伤的皮肤中，真皮修复是由下真皮层成纤维细胞介导的。上真皮层成纤维细胞只在再上皮化过程中被招募。另一项研究表明，来自 engrailed-1（En1）表达的祖细胞，系真皮成纤维细胞的一个亚群，在胚胎发育后期和皮肤伤口愈合期间负责结缔组织的沉积。流式细胞分析显示，二肽基肽酶-4（dipeptidyl peptidase-4，DDP4）是该谱系的一个表面标记，破坏 DPP4 的酶活性可减少瘢痕。此外，在肌肉和真皮中发现的一组血管周围细胞，已被确认在急性损伤中通过解聚素和金属蛋白酶 12（ADAM12）的表达而被激活。当这些细胞被消融或通过敲除技术破坏时，创面的瘢痕和纤维化减少。

（四）机械应力

在创面愈合过程中，微机械力调节成纤维细胞的活性、聚集和胶原的定向。创面存在表面张力时倾向于瘢痕的形成，而减少创面的表面张力会减少瘢痕的产生。过度紧绷的胶原束会促进增生性瘢痕的发展。在创面愈合的增殖阶段，机械应力刺激 TGF-β1 的表达，使成纤维细胞向肌成纤维细胞分化。在成年人创面中，肌成纤维细胞具有收缩性，负责创面的闭合；它们的活动与收缩和瘢痕的程度有关。肌成纤维细胞收缩导致 ECM 发生构象变化，并通过排列胶原纤维结构导致瘢痕形成。在组织学上，胶原纤维沿肌成纤维细胞排列的方向收缩。即使存在前列腺素 E_2，胎儿成纤维细胞也比成人成纤维细胞的收缩性小，而且在胎儿伤口中几乎没有肌成纤维细胞。胎儿成纤维细胞在 TGF-β1 的作用下确实分化为肌成纤维细胞，但这种反应更容易发生在出生后的细胞中。胎儿的创面被认为是通过肌动蛋白收缩来闭合的。张力本身会增加成纤维细胞的分化和肌成纤维细胞的活性，同时也有研究显示，胎儿的创面比成人的创面受到的张力小，且胎儿皮肤的松弛可能与胶原纤维的组织和类型有关。胶原纤维组织产生了皮肤的机械张力，这被认为与 Langer 线相关。黏附斑激酶（focal adhesion kinase，FAK）通路已被证实与创面纤维化有关。通过在小鼠中使用抑制成分或敲除模型来破坏这一通路，可以减弱瘢痕的形成。同时在其他领域也证实，这一通路与人类纤维化疾病有关。

第二节 皮肤组织工程概述

一、皮肤组织工程的概念

皮肤作为覆盖和保护体表的重要组织器官，容易受到外伤、烧伤、炎症、溃疡、肿瘤术后及先天疾病等因素的损害。当皮肤严重缺损时，需要进行自体皮肤移植才能修复。然而在重度创伤或造成大面积皮肤缺损的情况下，常因缺乏可供移植的自体皮肤而致创面难以修复，从而严重影响机体形态和功能，甚至危及生命。因此，寻求可以替代自体皮肤的移植材料，解决自体皮源供应紧张和供皮区所造成的新损伤等医学难题，是临床医生亟待解决的关键科学问题之一。近年来，随着细胞学、材料学、组织工程学的发展，各种皮肤替代物相继出现，为实现皮肤的修复与再生带来了巨大的希望。特别是具有与天然皮肤结构相似的组织工程皮肤替代物，因其能模拟皮肤的真、表皮结构而比其他替代物具有更优越的性能，是当前组织工程学的研究热点。

"组织工程"（tissue engineering）的概念由美国国家科学基金会于 1987 年正式提出，这一概念也标志着损伤、缺失的组织器官修复或替代方法出现重大革新。由于皮肤结构相对简单,组织工程皮肤是最早研究和应用于临床的组织工程产品。具体方法是将体外培养的功能细胞与适当的细胞外基质(extracellular matrix,ECM)相结合,然后将其移植到皮肤受损部位。在 ECM 逐步降解的过程中,种植的细胞通过增殖分化形成了具有功能的活性皮肤组织,或者发挥趋化作用动员宿主自身正常细胞参与组织修复。组织工程的原理构建或预制皮肤组织是人类由来已久的梦想,而且也是解决大面积皮肤缺损修复时皮源缺乏的最根本途径。

人工皮肤的出现要先于组织工程概念的提出,早在1975 年,人类表皮细胞培养技术获得突破以来,就有许多学者设计出多种暂时性或永久性的皮肤替代物,并进行了大量实验和临床应用研究。组织工程皮肤初现端倪后的近30 年来,国内外研究机构均在皮肤组织工程的基础研究与临床应用方面取得了较大的进展,部分成果和产品已成功地应用于各种皮肤缺损创面的修复和再生,显示了良好的应用前景。

二、皮肤组织工程的分类

目前组织工程皮肤的种类包括表皮替代物、真皮替代物和表皮真皮复合替代物。理论上虽然可以构建出正常皮肤的简单结构,但由于皮肤组织错综复杂的结构及其与周围组织的相互作用,其生物学表现与正常生理状态下相比还是有较大差距,无论数量还是质量都还不能满足临床修复的实际需要。

(一)表皮替代物

最初研究者构想自患者取得皮肤样本,在体外培养其表皮细胞,增殖一段时间后,形成复层上皮,用于修复创面。1975 年,Rheinwald 和 Green 建立的体外角质形成细胞(Kc)培养及传代扩增技术,使得这一构想得以实现。O'connor及 Gallico 分别于 1981 年及 1984 年报道了体外培养的 Kc膜片用于治疗烧伤患者并获得成功。在随后的发展中,这一技术不断改进,在当前治疗大面积烧伤时仍作为可供选择的方法之一。异体细胞培养形成的表皮替代物因可随时应用且供应不受限制,尤其受到从事烧伤研究学者的青睐。但不可否认的是,这种方法存在耗时长(从取材活检到膜片形成至少需要 3~4 周)、不易操作、膜片过薄、耐磨性差、创面接受率低且愈合后上皮组织弹性不佳,并易发生破溃和收缩的缺点,至今在临床上未获推广。组织学检查也证实了表皮膜片覆盖创面后,重建的基底膜结构并不十分完整,缺乏成熟的 N 型胶原和锚着纤维等。因此,有部分学者认为,表皮膜片中大部分细胞为终末分化细胞,已失去进一步增殖的能力。另外,在获取时,需用酶将膜片从培养皿上消化下来,这在一定程度上也破坏了基底层细胞的黏附性。还有一个更为重要原因是,由于缺乏真皮层的支持,修复很难达到理想的效果。

为了克服以上问题,有学者提出表皮替代物应结合真皮替代物以形成复合皮结构;也有研究认为可以利用载体负载具有旺盛增殖潜能的干细胞或增殖前体细胞等代替表皮细胞直接种植到创面,比如生物膜等载体,体外试验证明对细胞无毒性,并可作为底物有效支持表皮细胞生长,在特定的培养条件下,细胞在膜上可以保持旺盛的增殖潜能,待达到汇合状态时,连同薄膜一起直接移植到创面,无须酶消化过程。细胞贴附创面后,可自行从薄膜移行到创面继续增殖分化以形成新生表皮。此类方法目前在研究或临床上均有进展,包括硅胶薄膜和整合胶原颗粒的尼龙网,聚氨酯,含有激光微孔的透明质酸膜,胶原海绵等。除生物膜外,还有学者应用纤维蛋白胶(主要是由血浆提取的纤维蛋白原和凝血酶组成,市售的纤维蛋白胶将两种成分分开包装,两者均为透明液体,可以利用其中之一将细胞制成悬液,然后用特制的注射器边推注边与另一种成分相混合,形成具有黏性的凝胶状物)载体负载表皮细胞涂抹创面,这种凝胶状载体不仅能为细胞生长代谢和迁移提供支架,而且其中还含有纤维蛋白原、纤维连接素及 V 因子等对细胞功能有一定促进作用的有效成分,更有利于创面愈合。

生长因子在表皮替代物的发展过程中也有所应用,在表皮细胞培养中可通过基因修饰来影响细胞素的合成和分泌,以增强细胞对创面的促愈合效应。如血小板源性生长因子(platelet derived growth factor,PDGF),它可由正常表皮细胞在创面修复中合成,用反转录病毒将编码人 PDGF 的基因转染到培养的表皮细胞中,再将这种表皮细胞移植到动物创面上,产生的结缔组织明显高于未经修饰的表皮,并有丰富的血管长入。也可用基质修饰,使细胞产生正常情况下并不产生的物质,如将胰岛素样生长因子(insulin like growth factor,IGF)基因导入培养的人表皮细胞后,细胞维持旺盛的增殖力而不需外加 IGF 或胰岛素。

(二)真皮替代物

为了克服表皮替代物的缺点,研究者设想在膜片下方增加支持物,以期能促进膜片的生长,提高移植后的修复质量,真皮替代物因此得以长足发展。目前多种商品化的真皮替代物已应用于临床,主要可分为以下三类:

1. 无细胞胶原海绵 1980 年,Yannas 和 Burke 等研制了一种真皮替代物,其结构分为两层,内层相当于真皮,由牛 I 型胶原与 6-硫酸软骨素构成海绵状网格,外层为薄硅胶膜,起"表皮"作用。移植后内层逐渐降解,患者自体内皮细胞和成纤维细胞长入形成新的真皮结构,2~3 周后揭去硅胶膜,可在新生真皮组织上移植薄层网状自体皮片。这种替代物已成商品,并成功用于治疗大面积深度烧伤。

2. 合成网膜 Biobrane 及由 Advanced Tissue Sciences公司开发的 Dermagraft 系列属于此类。Dermagraft 是将由新生儿包皮中获得的成纤维细胞(Fb)种植于可降解的聚乳酸网上构成,其创新点在于真皮网架中有了活细胞成分,Fb 可在网络中增殖并分泌氨基多糖、生长因子等物质。该替代物移植后 3~4 周聚乳酸网可生物降解,临床用于治疗烧伤及糖尿病溃疡创面获得成功。Biobrane 及 Dermagraft-TC 则使用尼龙网格为真皮支架,在临床上仅作为临时性敷料,Biobrane 为双层结构,内层为含大量胶原的尼龙纤维网,外层为硅胶膜。Dermagraft-TC 是将新生儿 Fb 接种于Biobrane 上组成,临床上可替代异体皮。

3. 无细胞真皮基质 异体皮用于烧伤创面的优越性

早已得到共识,但由于免疫排斥反应,仅能作为临时性敷料。Gibson 和 Medawar 研究发现,排斥反应主要是针对表皮角质形成细胞和真皮细胞,而对真皮中的胶原则无排斥。在此结论下,无细胞真皮基质 AlloDerm 问世并用于临床。研究表明,这种真皮替代物保留了细胞外基质,维持着真皮的三维空间,在创面愈合过程中不发生排斥反应,而且可引导新生细胞扩展。

(三) 表皮真皮复合皮替代物

表皮真皮正常交界处的基底膜部分有参差不齐的网状棘结构,从而大大增加了接触面积,这对皮肤的强度和耐磨性都具有重要意义。在分子水平上,真皮能促进表皮的生长和成熟,锚着纤维帮助表皮牢固地贴附于真皮。全厚创面缺乏真皮组织,仅仅移植表皮不能获得良好的贴附及愈后皮肤的质量。构建表皮和真皮的复合皮片更接近生理。最早出现的接近天然皮肤的人工皮肤是由新生儿包皮成纤维细胞与牛 I 型胶原制成 ECM,上面再接种人体表皮细胞制成的。Boyce 等在胶原-乙酰葡萄糖胺(gollagen-glycosam inoglycan,GAG)膜上移植入成纤维细胞以构成一种人工真皮,再在其表面移植表皮细胞,表皮细胞可汇合生长,其下方的基底膜蛋白-IV型胶原和层粘连蛋白,水平明显高于单独培养的表皮细胞。这种复合皮在临床应用取得良好的效果,贴附性好,新生皮肤瘢痕增生少,基底膜具有明显的棘状结构和良好的抗牵拉性,而单一的表皮皮片移植只能形成平坦的基底膜。由于胶原-GAG 膜移植后遭受创面中多种蛋白酶的攻击而影响复合皮片的贴附,改用 PGA 网的人工真皮具有更好的组织相容性和可降解性,更有利于网状表皮的贴附和血管长入,无免疫反应和炎症反应,表皮细胞在其表面汇合生长并形成复层表皮,能成功闭合裸鼠创面。人工皮肤 AlloDerm 是将尸体皮处理,制成无细胞的去表皮的真皮组织(deepidermalized dermis,DED),既大大降低了免疫原性,又保留了 ECM 支架和完整的基底膜,可与培养的成纤维细胞和表皮细胞结合构成复合皮片。表皮细胞可在 DED 表面形成分化完全的多层表皮。临床试用证明这种复合皮具有极好的耐磨性,并未见排斥反应。

在国内,关于复合皮肤的发展也很迅猛,虽然比西方发达国家起步晚,但是,近年来已受到高度重视。原第三军医大学(陆军军医大学)武津津和原第四军医大学(空军军医大学)金岩等在此领域都做出了大量研究成果,并申请了相关专利。2007 年,由金岩教授领衔研发的人工皮肤技术便获得我国第一个组织工程产品注册证书。目前,复合型人工皮已用于大面积深度烧伤创面的修复,节省了伤者自体皮源,提高了救治率。在临床上的广泛使用有待时日。

理想的皮肤替代物应具有表皮和真皮两层结构。而皮肤替代物的制备过程应该在 1~2 周内,手术中便于操作,移植到创面后很快即与创面形成良好贴附,其中表皮和真皮成分能尽快参与皮肤增殖、分化和功能成熟,形成更接近于生理的永久性的皮肤替代物。目前,皮肤组织工程的困难在于,以何种形式移植表皮细胞,采用何种细胞投递系统,在何种状态时移植,真皮成分中 ECM 的选择,既要有效

促进表皮细胞和成纤维细胞的增殖迁移,又要诱导创面基底处的纤维血管组织长入,而且要在新生皮肤成熟后自动降解,整个过程中无炎症反应,并确保不携带任何致病源。因此,如何解决以上问题是未来皮肤组织工程研究的突破口和重要方向。

三、皮肤组织工程的核心

组织工程的核心就是建立细胞与生物材料的三维空间复合体,即具有生命力的活体组织,用于对受损组织进行形态结构和功能的重建并达到永久性替代。此三维空间结构为细胞提供了获取营养、气体交换、排泄废物和生长代谢的场所,也是形成新的具有形态和功能的组织器官的物质基础。皮肤组织工程是综合应用工程学和生命科学的基本原理和理论,基本技术和方法,将体外培养扩增的正常皮肤组织细胞吸附于一种具有优良细胞相容性,并可以被机体降解吸收的生物材料上,形成复合物,即在体外预先构建一个有生物活性的种植体,然后将细胞、生物材料复合物植入创面或皮肤的病损部位,作为细胞牛长支架的生物材料逐渐被机体降解吸收的同时细胞不断增殖、分化,形成新的组织,并且其形态、功能与皮肤一致,修复组织缺损,替代组织器官的一部分或全部功能,或作为一种体外装置,暂时替代器官部分功能,达到提高生活生存质量,延长生命活动的目的。这一概念的核心是活的细胞,可供细胞进行生命活动的支架材料,以及细胞与支架材料的相互作用,这是组织工程学研究的主要科学问题。在此,种子细胞、可降解的支架材料与细胞生长调节因子并称为皮肤组织工程的三大要素。

皮肤组织工程一般采用以下 3 种策略:①细胞和生物医用材料的杂化体系:如从小块皮肤活组织中分离组织特异细胞,经过体外扩增,将其种植于生物相容性可降解聚合物构建的多孔支架内,将细胞-支架结构物回植到受损创面,随聚合物降解,可重建新组织。②细胞体系:通过直接移植皮肤细胞或干细胞在宿主微环境中发展形成新组织结构。③只有生物材料的体系:通过仿生化生物材料移植促进宿主细胞迁移完成创面修复。组织工程技术作为可能改善治疗水平的重要技术,其产品势必会具有较大的临床应用前景。同时,此技术与细胞生物学和生物材料学的研究密切相关。

四、皮肤组织工程的细胞来源

目前应用于皮肤组织工程的细胞主要是来源于自体或异体的表皮细胞、真皮成纤维细胞和血管内皮细胞等,最理想的组织工程皮肤应具有表皮和真皮两层结构,含有接近正常皮肤结构的皮肤附属器官。提取自体细胞都要从自体取材,不仅会造成新的损伤,而且体外扩增能力极为有限,多次传代后即丧失形成能力。对大面积 I 度烧伤、广泛瘢痕切除、外伤性皮肤缺损和皮肤溃疡等导致的严重皮肤缺损,仅靠自体取材难以实现皮肤的再生,因此要构建出满足临床需要的皮肤替代物,各种干细胞等也成为一种新的理想的种子细胞。

（一）自体皮肤细胞

从理论上讲，最理想的皮肤组织工程种子细胞需携带全部基因组型，满足此条件的目前只有自体组织细胞，如成纤维细胞、血管内皮细胞与表皮细胞。表皮细胞是最早出现的皮肤组织工程种子细胞，虽然取得了很好的效果，但是表皮细胞的培养受自身增殖能力的限制，需要三四周的培养时间，对于急需覆盖创面的大面积创伤患者，还不能满足治疗需要。成纤维细胞是皮肤组织损伤后的主要修复细胞，在修复过程中，成纤维细胞主要通过分泌胶原纤维和基质成分，重新建立真皮与表皮之间的再次连接，为表皮细胞的覆盖创造条件，成纤维细胞与胶原混合构成的类真皮层可促进上皮细胞生长及真皮与表皮的重组，提高愈后皮肤的结构性能，并改善移植后创面的外观。此外，成纤维细胞还可以分泌成纤维细胞生长因子，调节与表皮细胞间的相互作用，从而促进表皮细胞的增殖、迁移及分化，在调节表皮细胞形态及细胞外基质的合成方面也起到重要的作用。虽然细胞来源方便和生长速度相对较快，但是成纤维细胞功能单一，对构建皮肤附属器结构无明显优势。在自体皮肤移植的试验中，血供不足是造成移植物成活率低的重要原因。将内皮细胞引入支架材料中，可以促进人工皮肤的血管化速度。将血管内皮细胞与成纤维细胞共培养，还可形成毛细血管样结构。但其同样受到来源和自身增殖能力的限制，在临床上应用不太广泛。

（二）干细胞

表皮干细胞、真皮干细胞和毛囊干细胞等，因其在表型上与皮肤细胞有非常高的相似性，且具有更强的增殖能力和更多的生物学功能，作为皮肤组织工程的种子细胞有更多的优势。另外，有报道称，骨髓或脂肪来源的间充质干细胞等其他来源的干细胞也能作为皮肤组织工程的种子细胞，虽然其向皮肤分化的过程尚需进一步明确，但毕竟也为皮肤组织工程的研究提供了新的获取种子细胞的途径。

1. 表皮干细胞 表皮干细胞在皮肤形成过程中起重要作用，皮肤的多层表皮结构通常是由表皮干细胞再生而来。因此，表皮干细胞最有可能成为构建组织工程皮肤的种子细胞。表皮干细胞是各种表皮细胞的祖细胞，来源于胚胎的外胚层，具有双向分化的能力。一方面可向下迁移分化为表皮基底层，进而生成毛囊；另一方面则可向上迁移并最终分化为各种表皮细胞。表皮干细胞在胎儿时期主要集中于初级表皮嵴，至成人时呈片状分布在表皮基底层。

表皮干细胞在组织结构中位置相对稳定，一般是位于毛囊隆突部皮脂腺开口处与竖毛肌毛囊附着处之间的毛囊外根鞘。表皮干细胞与定向祖细胞在表皮基底层呈片状分布，在没有毛发的部位如手掌、脚掌，表皮干细胞位于与真皮乳头顶部相连的基底层。在有毛发的皮肤，表皮干细胞则位于表皮基部的基底层。表皮干细胞最显著的是慢周期性（slow cycling）、自我更新能力和双基底膜的黏附。慢周期性在体内表现为标记滞留细胞（label-retaining cell）的存在，即在新生动物细胞分裂活跃时掺入氚标记的胸苷，由于干细胞分裂缓慢，因而可长期探测到放射活性，如小鼠表皮

干细胞的标记滞留可长达2年。表皮干细胞慢周期性的特点足以保证其较强的增殖潜能和减少DNA复制错误；表皮干细胞的自我更新能力表现为在离体培养时细胞呈克隆性生长，如连续传代培养，细胞可进行10次分裂，即可产生1 024个子代细胞；表皮干细胞对基底膜的黏附是维持其自身特性的基本条件，也是诱导干细胞脱离干细胞群落，进入分化周期的重要调控机制之一。对基底膜的黏附，其主要通过表达整合素来实现黏附过程，而且不同的整合素作为受体分子与基底膜各种成分相应的配体结合。此外，体外分离、纯化表皮干细胞也是利用干细胞对细胞外基质的黏附性来进行的。

2. 真皮干细胞 真皮干细胞又叫真皮多能干细胞或真皮间充质干细胞，具有自我更新和多向分化潜能。真皮干细胞的自我更新性表现为高度增殖能力，即克隆性生长。国内外学者研究发现，其多次传代后仍能保持很强的增殖活性。同时通过多系诱导分化证实真皮干细胞具有多向分化能力，可以向骨、脂肪、血管、肝脏和神经细胞分化。研究还表明，利用基因芯片方法检测到真皮干细胞表达多种不同细胞类型的特定转录因子，包括骨、神经、肌细胞等，这可能是其多向分化的分子基础，大量试验已证实真皮干细胞通过诱导可分化为成纤维细胞而参与皮肤组织损伤修复和结构重建，真皮结构主要由成纤维细胞及其分泌的体液因子和细胞外基质组成，共同构成真皮干细胞微环境，以维持皮肤动态平衡。同时，由于真皮干细胞通过表达VEGF、PDGF、HGF、TGF-β、ICAM-1、VCAM-1和纤连蛋白等细胞因子，能激活成纤维细胞刺激胶原分泌，促进其增殖，并在一定条件下从静止期转入细胞周期而增殖分化为成纤维细胞，进而合成胶原和弹力纤维。

真皮来源的干细胞在环境改变的情况下将发生细胞衰老（cellular senescence）现象，并且这种现象最终将导致真皮干细胞自我更新能力的丧失。不同年龄的真皮干细胞对这种细胞衰老的过程具有不同的抵抗能力。一系列研究试验表明，真皮干细胞的衰老与PI3K/AKT信号通路具有密切的关系。应用LY294002及AKT inhibitorⅧ抑制该信号通路，能够迅速促使真皮干细胞进入细胞衰老状态；与之相反，加入PDGF-AA和bpv（pic）激活该通路，则能够有效地抑制真皮干细胞的衰老，促进其自我更新，并且不会影响该细胞的分化能力。该研究不仅为探索人类皮肤衰老的细胞分子机制奠定了基础，并且为今后应用成体皮肤干细胞进行组织工程皮肤的构建和应用再生医学与转化医学进行皮肤相关疾病的治疗提供了理论依据与技术支持。

3. 毛囊干细胞 毛囊是皮肤附属物之一，多位于真皮层。由于最初在毛球部发现有显著的细胞分裂，因而早期人们认为毛球是细胞分裂及毛囊生长期起始的重要部位。1990年，Cotsarelis等对小鼠皮肤进行HTdR掺入实验，4周后发现毛囊母质细胞不含有标记，而95%以上的毛囊隆突部细胞仍保持标记。从形态学上看，隆突细胞体积小，有卷曲核，透射电镜检查发现，其胞质充满核糖体，而且缺乏聚集的角蛋白丝，细胞表面有大量微线毛，是典型的未分化或"原始状"细胞。因而提出了毛囊干细胞定位

于隆突部。随后的多个实验进一步支持了该理论。毛囊干细胞最重要的特点之一也是慢周期性,而且可以有无限多次细胞周期。一个完整的毛囊周期要经过生长期、退化期和休止期。

在毛囊生长期时,位于隆突部的细胞可快速增殖,产生基质细胞,进而分化出髓质、皮质和毛囊小皮等。而后,毛基质细胞突然停止增殖,进入退化期。最后毛囊乳头被结缔组织鞘牵拉,定位于毛囊底部,在毛囊处于休止期时,通过毛囊乳头上移,使毛囊进入下一个循环。有报道认为,在毛囊的外根鞘也有黑色素干细胞定居,这些黑色素干细胞逐渐分化为毛母质黑素细胞和表皮黑素细胞,分泌黑色素,构成了表皮和毛发的颜色。另外,SCF 等细胞因子对毛囊和黑素细胞的生长发育有明显的调控作用。色素细胞的干细胞也存在于毛囊的隆突区域。曾经认为毛囊细胞分化出来的毛囊母细胞是毛囊的干细胞。在皮肤损伤时,除表皮细胞外,毛囊干细胞也被活化,参与表皮再生。

4. 间充质干细胞 MSC 是一种近年来被广泛关注的种子干细胞,它具有向多种中胚层和神经外胚层来源的组织细胞分化的能力。当把间充质干细胞植入体内,其可在多种组织如肺、骨、软骨、皮肤等处增殖和分化,并表现出相应组织细胞表型。自体骨髓 MSC 接种于表皮细胞诱导体系 3 天后,细胞即发生形态改变,诱导分化的细胞大部分为表皮干细胞,将骨髓 MSC 和支架材料复合后移植,可明显促进皮肤缺损创面愈合。因此,骨髓 MSC 作为种子细胞构建具有生物学功能的组织工程化全层皮肤具有很好的可行性。由于脂肪 MSC 可直接从抽吸出的皮下脂肪颗粒中分离获取,即使是大面积皮肤缺损的患者,也可以通过脂肪抽吸术获取足量的脂肪颗粒悬液或脂肪组织。脂肪 MSC 在体外可大规模培养和扩增,并且具有多向分化的潜能,相对于从骨髓中获取骨髓 MSC,对患者造成的创伤小得多,同时,脂肪 MSC 可被诱导分化为中胚层的众多细胞系,包括骨细胞软骨细胞、肌肉细胞和脂肪细胞等。脂肪间充质干细胞分化为表皮细胞的研究目前还不多,如果能取得突破性进展,将对解决临床上严重创伤、大面积烧伤患者的皮肤来源紧张和促进难愈创面的修复等问题提供很好的解决方法。

尽管人们在皮肤组织工程细胞领域已经取得了很多突破性进展,但还是有很多重要的问题没有探明,例如:如何增加自体细胞的增殖能力、延长细胞的生命期和提高细胞的分泌能力等;如何优选不同组织来源的同一功能的最佳细胞,建立标准细胞系,使研究工作有更好的可比性和科学性;细胞与人工细胞外基质的相互作用及影响因素;诱导多能干细胞(iPSC)定向发育成目的细胞的分子机制、如何精确有效的改造基因组、克服移植过程中的免疫学障碍等,这些问题都将会成为今后长期的研究重点。

五、皮肤组织工程的其他要素

皮肤组织工程的其他要素组织工程的核心是建立由细胞和生物材料构成的三维复合体。其中,细胞外基质(ECM)不仅是细胞的物理支架,而且在细胞的分化、增殖中起重要作用,对组织的再生与器官的形态也非常关键。由生物材料构成的细胞支架在为细胞增殖提供空间的同时,还担负着为细胞提供营养的重任。组织工程相关生物营养物质主要是具有多种生物学活性的生长因子等,生长因子是强有力的细胞行为调节剂,可调节细胞的增殖、迁移、分化及蛋白表达,并且在组织再生中具有治疗作用。生长因子不仅对促进移植细胞的增殖与分化有直接的作用,而且可维持它们的生物功能。细胞外基质在存储、显示及释放生长因子中起关键作用,复合生长因子的支架,尤其是采用天然生物材料构建的支架,可有效模拟这种细胞外基质的功能,加速组织的再生。

组织工程的目的是构建一个具有生命力或生物活性的生物体,用来替代或修复受损的组织或器官。因此,组织工程领域的发展方向应该向细胞的多样化,材料应用的智能化和工程化,细胞外基质的仿生化方向发展。最终目的是组织工程皮肤更加适合临床需求,相关产品早日得到普及和应用。

第三节 烧伤创面的细胞治疗进展

在过去的 50 年里,临床上烧伤的治疗取得了巨大的进步。目前,重度烧伤的死亡率得到了极大的改善。然而,重度烧伤患者的生活质量仍是一个巨大的挑战。研究人员正在积极研究合成替代品、生物介质、药物化合物等方法,以提高烧伤创面愈合率,减少瘢痕形成,提升烧伤患者的生活质量。近年来,在生物介质的研究中,利用干细胞,特别是成体干细胞来加速伤口愈合的速度,减少炎症,改善瘢痕和疼痛的方法得到了深入的研究。

干细胞与组织工程技术相结合有望协同改变烧伤和组织损伤。但最初该领域的进展一直较为缓慢,经历了 40 多年的努力才实现了体外表皮角质形成细胞的扩增。但随着科技的进步,以及众多学者对使用成体干细胞和组织工程来解决与伤口愈合相关问题兴趣的增加,该领域在最近的 20 年得到了突飞猛进的发展。

目前,从不同来源分离出的同种异体干细胞和自体干细胞都可用于治疗烧伤。自体干细胞是指从患者自身的骨髓、脂肪或皮肤组织中分离出来的干细胞,同种异体干细胞是指从捐赠者的组织中分离出来的干细胞。每种干细胞的使用各有利弊。早期有限的动物和人的研究表明,干细胞具有一定的免疫特权。然而,最近的一些研究报道了异体干细胞移植后的免疫排斥和包括肿瘤的形成在内的其他临床并发症。因此,相对于同种异体干细胞,使用自体干细胞的主要优点之一就是规避异体干细胞来源可能发生的免疫排斥。然而,由于严重损伤后组织缺乏或其他临床限制,异体来源同样是获取干细胞的途径。另外,从成熟分化的体细胞(主要是皮肤成纤维细胞)中提取 iPSC 作为治疗烧伤相关伤口的研究也取得了一定的进展(图 3-39-5)。

本节将从安全性、有效性和伦理角度综述不同成体干细胞及 iPSC 在烧伤创面治疗方面的应用、结果、疗效和挑战。

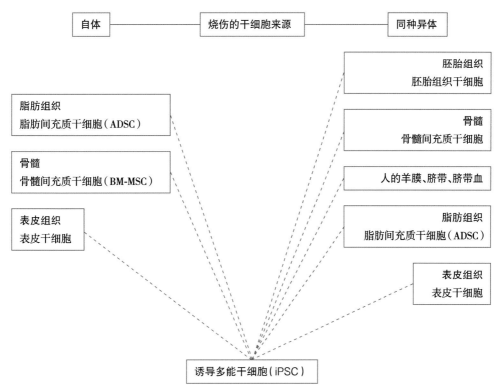

图 3-39-5　目前用于治疗烧伤相关损伤的干细胞来源

一、成体干细胞在烧伤创面治疗中的应用

(一)影响烧伤创面愈合的因素

烧伤是一种严重的创伤,不仅能引起皮肤组织的严重损伤,还可引起局部或全身强烈的炎症反应。烧伤后炎症物质的大量堆积会加重组织的损伤,短时间大量释放炎症因子会造成后期创面局部或全身炎症因子的耗竭,导致不可控的感染发生,最严重的可引起脓毒症及休克的发生,这是严重烧伤患者死亡的重要原因之一。目前,烧伤导致的内环境紊乱、炎症因子表达、器官结构功能改变等的确切机制仍不完全明确。烧伤创面的愈合过程是一个复杂而有条不紊的生物学过程,涉及机体内多种细胞、炎症因子、胶原蛋白、促血管生成因子等物质的变化,概括起来可分为炎症反应、肉芽组织增生、创面上皮化、瘢痕形成及创面愈合等基本过程。在烧伤创面的愈合过程中,以上过程都呈现出特有的连续性、整体性和一致性,任何一个环节的修复不完善或者不彻底,均可引起烧伤创面愈合不良。诸多研究显示,烧伤创面的愈合程度与损伤部位细胞的水肿、坏死程度、炎症因子及氧自由基释放、肉芽组织和新生血管生成、瘢痕修复重建等关系密切。烧伤后,机体因体液大量丢失,有效血容量急剧减少,导致循环血量和心输出量减少,组织灌注不足,细胞代谢及功能紊乱,组织修复能力下降,创面延迟愈合或不愈合。不同的治疗方法对烧伤创面愈合的作用不同,近年来,干细胞疗法在烧伤创面的应用受到广泛关注。

(二)间充质干细胞可能发挥的作用

MSC 是一种具有自我复制能力和多向分化潜能的成体干细胞。主要存在于结缔组织和器官间质中,从骨髓、脂肪、滑膜、骨骼、肌肉、肺、肝、胰腺等组织,以及羊水、脐带血中均可分离和制备 MSC。其中,脊髓与脐带血来源的 MSC 应用最为广泛。MSC 具有强大的增殖能力和多向分化潜能,在适宜的体内或体外环境下,不仅可分化为造血细胞,还具有分化为肌细胞、肝细胞、成骨细胞、软骨细胞、基质细胞等多种细胞的能力。MSC 免疫原性较弱,不存在免疫排斥的特性,同时具有免疫调节功能。MSC 可分泌多种细胞因子,移植后可通过系统分泌或旁分泌的作用调节受损组织的微环境,促进组织再生。并且 MSC 来源方便,易于分离、培养、扩增和纯化,多次传代扩增后仍具有干细胞特性。因此 MSC 目前被广泛应用于烧伤创面的治疗。

1. 人类脐带来源的干细胞　使用 hUC-MSC 可以追溯到近一个世纪以前,胎儿胎膜用于伤口的治疗被 Sabella 所描述;使用分离和丰富的 hUC-MSC 治疗烧伤伤口在过去 20 年取得了进展。hUC-MSC 具有免疫特权,并且没有伦理学问题和致肿瘤性。研究人员已经从人类脐带中分离出 MSC 和上皮干细胞,并正在积极研究其在一般伤口治疗中的应用。

Moenadjat 等人最近研究了 20 例患者在局部深度相同的创面上局部应用 hUC-MSC 和磺胺嘧啶银(silver sulfadiazine,SSD)乳膏,创面愈合更快,疼痛减轻,且无免疫反应或感染。此外,该研究还发现,在接受 hUC-MSC 治疗的患者中通过组织学检查发现,真皮-表皮交界和表皮突的形成增加。另外,Eskandarlou 等的临床研究发现,32 例接受羊膜治疗患者的创面可观察到快速上皮化、伤口愈合、活动性增强和疼痛减轻。Branski 等也观察到,在应用羊膜后,换药率明显下降,但在伤口愈合、住院时间和增生性瘢痕的发生方面没有观察到显著差异。

使用 hUC-MSC 治疗烧伤相关损伤的案例呈上升趋势。截至 2020 年 5 月,在 clinicaltrials.gov 已经有两项临床试验申请 hUC-MSC 治疗与烧伤相关的不同并发症。在第一项研究中,hUC-MSC 被用于修复烧伤后的汗腺和皮肤形态特征,而在另一项研究中,则侧重于使用 hUC-MSC 治疗眼角膜烧伤损伤。

hUC-MSC 促进烧伤创面愈合的机制尚不清楚。研究者们不断利用不同的体内和体外动物烧伤创面模型来破译各种可能的分子机制。我国学者刘玲英等在 hUC-MSC 治疗的伤口中发现伤口愈合加速,炎症细胞和炎症介质浸润减少。该研究还观察到,治疗组新生血管和I型胶原与Ⅲ型胶原比值显著增加,同时还指出,hUC-MSC 的治疗作用来源于其外泌体。该团队最近在小鼠烧伤炎症模型的研究显示,应用 hUC-MSC 外泌体过表达微 RNA(miRNA)miR-181c,可通过下调 TLR-4 信号通路,进而下调巨噬细胞反应。

总之,hUC-MSC 因具有易于收集,较少的伦理问题,低免疫原性和伤口修复等特性,是临床应用理想的干细胞来源之一。

2. 骨髓来源 MSC 随着 BM-MSC 的发现,它成为治疗慢性和急性创面的有效方法。骨髓含有两种不同类型的前体细胞,具有类似干细胞的特性,即造血细胞和间充质细胞。造血细胞很少用于创面治疗,但是 BM-MSC 经常被用于治疗创伤。目前已有大量研究证实 BM-MSC 通过旁分泌信号通路或高分化潜能促进创面愈合。嵌合小鼠研究表明,在伤口愈合过程中,骨髓源性细胞可以分化为 CD45[+] 抗原呈递纤维细胞和 CD34[+] 内皮祖细胞帮助血管生成。

Shumakov 首次在小鼠模型上描述了使用人 BM-MSC 治疗深度烧伤创面。在这项研究之后,Rasulov 等进行了另一项临床研究,使用人 BM-MSC 治疗 1 例女性患者的皮肤烧伤,该研究证实了 BM-MSC 的应用可以促进烧伤部位的血管生成,加速烧伤患者的康复。Falanga 等也报道了在小鼠和人皮肤创伤中使用纤维蛋白和自体 BM-MSC,发现 BM-MSC 可安全有效地应用于伤口,以达到更好的愈合效果。为了更好地了解和验证 BM-MSC 在烧伤相关创面愈合中的作用,众多学者作出了大量贡献。

烧伤后皮肤的主要问题之一是汗腺的丢失。BM-MSC 目前还在探索其再生特性,并通过汗腺再生来恢复皮肤的排汗功能。Ohyama 等报道,当 BM-MSC 移植到深度烧伤创面时,干细胞移植区域碘淀粉汗液测试呈阳性,证实汗腺存在。在小鼠嵌合研究中,其他研究人员也报道了汗腺中 GFP[+]BM-MSC 的结合。

3. 脂肪间充质干细胞 脂肪间充质干细胞(ADSC)治疗包括烧伤在内的不同伤口愈合模型的临床试验激增。与其他类型的干细胞相比,ADSC 为伤口愈合提供了更好的选择,因为它们很容易获得:每克脂肪可产生多达 5 000 个细胞。和其他类型的干细胞一样,它们也被报道在不同的疾病和动物模型中用于血管生成、创伤修复、免疫调节

等。自体 ADSC 特别有利于烧伤创面的愈合。在烧伤后,将烧伤组织连同一些健康的周围组织切除并丢弃是一种标准的治疗方案。在丢弃的组织中有一层皮下脂肪,这是 ADSC 驻留的地方。研究表明,丢弃的组织可以作为获取自体干细胞的来源。在烧伤后 3 天的组织创面中可分离出间质血管部分和 ADSC,分离出的细胞具有分化潜能,增殖速度、细胞因子的产生,与干细胞相关的细胞表面标志物的表达水平相似。

ADSC 已被积极研究,以解决烧伤后的增生性瘢痕。Yun 等介绍了局部应用 ADSC 降低了 Yorkshire 猪的正常瘢痕大小和柔韧性。在分子水平上,作者还观察到肥大细胞活性降低,而 TGF-β 通路成分表达增加。在另一个全层烧伤创面模型中,作者报道了 ADSC 联合聚-3-羟基丁酸酯-羟基戊酸酯基质的应用改善了伤口的愈合,并具有抗纤维化表型,主要包括:VEGF 和碱性成纤维细胞生长因子表达升高,TGF-β1 和 α 平滑肌肌动蛋白表达下调,TGF-β3 mRNA 的表达增加等。在另外的研究中也有类似的发现,在移植的皮肤下注射 ADSC,发现 VEGF 和 TGF-β3 水平升高,并且I型胶原蛋白与Ⅲ型胶原蛋白的比例显著增加。综合这些研究结果发现,ADSC 通过加速血管生成和伤口愈合的速率,减轻炎症,最重要的是调节烧伤后 ECM 基质的生成,在调节增生性瘢痕形成方面最有可能发挥有益作用。

Yun 等在烧伤伤口注射 ADSC,每 10 天注射 3 次 ADSC,每 10 天检查瘢痕,直到术后 100 天。根据观察结果,ADSC 改善了瘢痕的颜色和柔韧性,减少了细胞面积,减少了肥大细胞的总数。该研究还发现,ADSC 促进了本模型中胶原有序排列,可能是通过早期 TGF-β3 和 MMP-1 的增加,以及在瘢痕重塑的后期,α 平滑肌肌动蛋白和组织抑制金属蛋白酶 1 的减少来实现的。ADSC 通过自分泌或旁分泌调节伤口愈合的不同阶段,或通过抑制包括 p38/MAPK 信号通路在内的纤维组织相关通路,加速伤口愈合和减少增生性瘢痕形成。

4. 胎儿真皮 MSC(FDMSC) 是从不携带遗传疾病且未应用流产药物的健康孕妇意外流产胎儿皮肤中提取的一种多能干细胞,具有 MSC 的所有功能特性。与其他组织来源的干细胞相比,FDMSC 具有增殖和自我更新能力强、免疫原性低,可向损伤组织归巢,促进组织再生等优点。在适宜的环境下,FDMSC 可以体外诱导分化、体内进行移植促进皮肤创面修复,有望在未来烧伤治疗方面取得良好的进展。

FDMSC 相对于其他干细胞具有很多优越性。流产胎儿皮肤是对医学宝贵资源的一种重复利用,该细胞的获取及利用不会对供者造成痛苦,且提取过程较容易。FDMSC 能在体外稳定快速生长、传代,并稳定维持细胞的原本形态、表型,具有较高的增殖能力、多向分化特性和低免疫原性,可以比较容易地增殖扩增到临床需要的数量。另外,FDMSC 不易被 T 细胞识别,从而减少了免疫排斥反应,且其安全性已在临床干细胞移植治疗中得到验证,Fb 的增殖、迁移和蛋白质的合成能力对于创面愈合至关重要,是合成、分泌和沉积胶原蛋白及 ECM 弹性纤维的主要细胞类

型,在创面愈合早期激活 Fb 可以促进基质蛋白的产生,为创面修复提供基础。FDMSC 的条件培养基可通过下调抗凋亡蛋白的表达和上调分泌可溶性物质的瘢痕疙瘩 Fb 的凋亡蛋白的表达,加速 Fb 的凋亡,促进创面部位 Fb 细胞的规律分布,并减少胶原蛋白的积聚,增加核心蛋白聚糖的表达,从而促进皮肤创面愈合并减少瘢痕的形成。最新研究表明,FDMSC 多是通过干细胞旁分泌作用分泌生物活性因子来调节创面微环境,分泌的外泌体可以通过上调 Notch 1、Jagged 1、Hes1 来激活 Notch 信号通路,促进 ECM 蛋白合成,对 Fb 的增殖、迁移和蛋白质合成能力发挥促进作用,从而促进烧伤创面愈合。

（三）皮肤干细胞

皮肤干细胞存在于皮肤组织中,其抗原性弱,不仅具有自我更新的能力,而且有多向分化潜能,具有强大的增殖能力。皮肤干细胞能分化成皮肤缺损修复所需的各种类型的细胞,如表皮、毛发、毛囊、汗腺和皮脂腺等结构的细胞,所以,皮肤干细胞目前主要应用于皮肤组织工程(皮肤、牙齿)、创伤修复、基因研究及遗传性治疗等方面,其将来的临床应用具有广阔的前景。

1. 组织工程皮肤的构建　是研究开发并用于修复、维护、促进人体各种组织或器官损伤后的功能和形态的生物替代物的一门新兴学科。其核心是建立细胞与生物材料的三维空间复合体,即具有生命力的活体组织,用以对病理组织进行形态结构和功能的重建,并达到永久性替代。此三维空间结构为细胞提供了获取营养、气体交换、排泄废物和生长代谢的场所,是形成新的具有形态和功能的组织器官的物质基础。

皮肤直接与外界环境接触,是人体的屏障,当外伤、严重烧伤、大面积瘢痕切除等导致大面积缺损时,机体不能保持正常的自稳状态,甚至导致死亡,因此需要早期覆盖创面,恢复皮肤的屏障功能。烧伤或各种创伤造成患者大面积皮肤缺损,由于缺乏可移植的自体皮肤,只有通过使用创面覆盖物来解决皮肤缺失的早期和远期问题。

近年来,随着组织工程学的兴起,可利用培养的皮肤细胞进行自体或异体皮片覆盖创面,皮肤创伤的修复已从开始的自体皮肤移植和同种异体移植,发展到合成和组织工程的生物皮肤替代物移植。研究表明,组织工程皮肤具有广阔的应用前景,其中,同时含有真皮和表皮两种组织结构的组织工程全层皮肤,更接近正常皮肤的生理状况。但由于以往培养的角质形成细胞增殖活力有限,较难得到充足的种子细胞,异体细胞又有移植排斥反应,因此需要解决种子细胞的可靠来源问题。而皮肤干细胞是体内一种具有无限增殖能力的细胞,且有多向分化潜能,另外有报道认为,表皮干细胞可以形成毛囊或者汗腺,提示在利用表皮干细胞构建皮肤时,一定条件下可以形成皮肤附属器,这样更接近于正常皮肤。因此,利用干细胞的增殖特性,向临床患者提供大量自体表皮细胞,构建全皮替代物,不仅可以解决皮肤移植中的免疫排斥问题,而且将开辟新的种子细胞来源途径,同时为一些深度烧伤患者的临床治疗带来希望。

2. 对眼角膜烧伤的修复　角膜细胞由角膜干细胞(属于表皮干细胞)分化而来,在维持角膜的形态及功能方面起重要作用。最近,日本学者发现,利用患者自体口腔黏膜上皮细胞,在体外扩增培养后,形成自体口腔黏膜膜片,修复患者烧伤眼角膜,2~10 周后,患者视觉敏感度得到稳定改善,14 个月后,该移植物依然存在。该研究还发现,口腔黏膜上皮细胞在去上皮细胞的羊膜上进行体外培养时,具有分化为角膜上皮细胞的能力。因此,口腔黏膜上皮是修复角膜缺损的可靠细胞来源。但是利用口腔黏膜上皮细胞进行角膜修复也存在一些障碍,例如口腔黏膜上皮细胞目前在体外传代次数较少,难以获得足够的细胞数量用以构建细胞膜片。如何增加其传代次数,增加可用细胞数量,需要进一步深入研究。

3. 其他方面的应用　由于皮肤干细胞的终生存在性,在研究基因的作用及某些皮肤病的基因机制方面,会起到重要作用。另外,可利用基因转染皮肤干细胞,对其进行基因水平的改造。不仅适用于皮肤遗传性疾病,对于各种原因引起的皮肤肿瘤也同样适用,如毛囊肿瘤,在了解其发生机制的基础上,可以通过导入肿瘤抑制基因,阻断或抑制肿瘤发生过程,还可将耐药基因或造血生长因子基因导入正常毛囊干细胞或耐药细胞株,提高化疗耐受力。目前,对这些疾病的基因治疗正处于探索阶段,相信不久的将来会有新的突破。此外,在某些全身遗传性疾病的治疗中,也可能会起到一定作用,比如糖尿病的治疗,转基因后构建组织工程皮肤应用于糖尿病溃疡的覆盖治疗,同时可释放一定的治疗因子,对糖尿病起一定的治疗作用。

（四）成体干细胞应用挑战

越来越多的证据表明,即使是在体外培养的时间非常短暂,成体干细胞的基因型和表观遗传特性都会发生改变。这些改变对成体干细胞移植入人体内较长一段时间后细胞增殖和分化功能的影响需要进一步的研究。此外,对于成体干细胞在组织修复过程中涉及的机制目前的理解并不充分,也会阻碍成体干细胞移植的临床应用。最后,需要临床试验的长期观察来评估成体干细胞移植的成瘤风险。尽管存在一些困难和障碍,我们仍然有理由相信,利用成体干细胞进行组织再生和修复的前途是光明的。

二、诱导多能干细胞在烧伤创面治疗中的应用

诱导多能干细胞(iPSC)是通过向成熟细胞中转入重编程因子,使染色体编程状态恢复到干细胞时期的状态。iPSC 应用在人造皮肤方面解决的是一直以来的皮肤欠缺问题。在临床上,这些用于治疗重度烧伤和褥疮之类的慢性皮肤损伤的人造皮肤来源于动物的骨骼和肌腱,甚至是人的尸体。第一家开发和销售用人组织(被割除下的包皮)生产人造皮肤的公司由于细菌污染而召回了部分产品。该公司的产品用于糖尿病性溃疡。Paul Thomas 认为,用人体组织生产人造皮肤要优于其他动物源性材料,但是在这方面的研究仍然处于起步阶段。但近年来,研究人员已经成功地将皮肤成纤维细胞诱导成可用于组织工程的功能性角质形成细胞。在烧伤治疗方面,iPSC 的主要目标是产生不

能通过诱导其他类型干细胞产生的初级表皮系干细胞。另外,iPSC 还可通过过度表达促进伤口愈合的抗炎介质和生长因子,产生消除高代谢和炎症状态的细胞。

最初,iPSC 是通过逆转录病毒转染方法产生的,但这种方法存在表观遗传畸变、意外突变和致癌的风险,最近非病毒的基因转移方法已经被开发来解决这些问题。总之,iPSC 在烧伤的治疗上有广阔的前景。然而,在将 iPSC 从实验室转移到临床之前,还需要解决分离原代细胞的最佳组织来源、分离方法、用于伤口部位的细胞数量,以及其他临床和管理障碍。

(李学拥 王铭麒 刘毅)

参考文献

[1] Kloc M,Uosef A,Lesniak M,et al. Reciprocal interactions between mesenchymal stem cells and macrophages. The International journal of developmental biology,2020,64(10-11-12):465-469.

[2] van Zuijlen P,Gardien K,Jaspers M,et al. Tissue engineering in burn scar reconstruction. Burns Trauma,2015,3:18.

[3] Prasai A,El Ayadi A,Mifflin RC,et al. Characterization of adipose-derived stem cells following burn injury. Stem Cell Rev,2017,13(6):781-792.

[4] Rami F,Beni SN,Kahnamooi MM,et al. Recent advances in therapeutic applications of induced pluripotent stem cells. Cell Reprogram,2017,19(2):65-74.

[5] Bliley JM,Argenta A,Satish L,et al. Administration of adipose-derived stem cells enhances vascularity,induces collagen deposition,and dermal adipogenesis in burn wounds. Burns,2016,42(6):1212-1222.

[6] Driskell RR,Watt FM. Understanding fibroblastheterogeneity in the skin. Trends Cell Biol,2015,25(2):92-99.

[7] Birbrair A,Zhang T,Wang ZM,et al. Pericytes at the intersection between tissue regeneration and pathology. Clin Sci,2015,128(2):81-93.

[8] Minutti CM,Knipper JA,Allen JE,et al. Tissue-specific contribution of macrophages to wound healing. Semin Cell Dev Biol,2017,61(SupplC):3-11.

[9] Janson D,Rietveld M,Mahe C,et al. Differential effect of extracellular matrix derived from papillary and reticular fibroblasts on epidermal development in vitro. Eur J Dermatol,2017,27(3):237-246.

[10] Ojeh N,Pastar I,Tomic-Canic M,et al. Stem cells in skin regeneration,wound healing,and their clinical applications. Int J Mol Sci,2015,16(10):25476-25501.

[11] Rinkevich Y,Walmsley GG,Hu MS,et al. Skin fibrosis: identification and isolation of a dermal lineage with intrinsic fibrogenic potential. Science,2015,348(6232):aaa2151.

[12] Higgins CA,Roger MF,Hill RP,et al. Multifaceted role of hair follicle dermal cells in bioengineered skins. Br J Dermatol,2017,176(5):1259-1269.

[13] Isakson M,de Blacam C,Whelan D,et al. Mesenchymal stem cells and cutaneous wound healing:current evidence and future potential. Stem Cells Int,2015,2015:831095.

[14] Ghieh F,Jurjus R,Ibrahim A,et al. The use of stem cells in burn wound healing:a review. Biomed Res Int,2015,2015:684084.

[15] Zhang J,Liu Y,Chen Y,et al. Adipose-Derived Stem Cells: Current Applications and Future Directions in the Regeneration of Multiple Tissues. Stem cells international,2020,2020:8810813.

[16] Finnerty CC,Jeschke MG,Branski LK,et al. Hypertrophic scarring:the greatest unmet challenge after burn injury. Lancet,2016,388(10052):1427-1436.

[17] Elloso M,Kambli A,Aijaz A,et al. Burns in the Elderly:Potential Role of Stem Cells. International journal of molecular sciences,2020,21(13):4604.

[18] Jeschke MG,Rehou S,McCann MR,et al. Allogeneic mesenchymal stem cells for treatment of severe burn injury. Stem Cell Research & Therapy,2019,10(1):337.

[19] Kareem NA,Aijaz A,Jeschke MG,et al. Stem Cell Therapy for Burns:Story so Far. Biologics-Targets & Therapy,2021,15:379-397.

[20] Shpichka A,Butnaru D,Bezrukov EA,et al. Skin tissue regeneration for burn injury. Stem Cell Research & Therapy,2019,10(1):94.

[21] Lukomskyj AO,Rao N,Yan L,et al. Stem Cell-Based Tissue Engineering for the Treatment of Burn Wounds:A Systematic Review of Preclinical Studies. Stem Cell Reviews and Report,2022,18(6):1926-1955.

[22] Hoang DM,Pham PT,Bach TQ,et al. Stem cell-based therapy for human diseases. Signal Transduction and Targeted Therapy,2022,7(1):272.

[23] Jeschke MG,van Baar ME,Choudhry MA,et al. Burn injury. Nat Rev Dis Primers,2020,6(1):11.

[24] Dolp R,Eylert G,Auger C,et al. Biological characteristics of stem cells derived from burned skin:a comparative study with umbilical cord stem cells. Stem Cell Res Ther,2021,12(1):137.

[25] Tottoli EM,Dorati R,Genta I,et al. Skin wound healing process and new emerging technologies for skin wound care and regeneration. Pharmaceutics,2020,12(8):735.

[26] Rangatchew F,Vester-Glowinski P,Rasmussen BS,et al. Mesenchymal stem cell therapy of acute thermal burns: a systematic review of the effect on inflammation and wound healing. Burns,2021,47(2):270-294.

[27] Eldaly AS,Mashaly SM,Fouda E,et al. Systemic anti-inflammatory effects of mesenchymal stem cells in burn:A systematic review of animal studies. J Clin Transl Res,2022,8(4):276-291.

第四十章　整形与皮肤美容中的细胞治疗

提要:皮肤软组织健康是人体健康的重要内容,干细胞和免疫细胞存在其中,对于维持皮肤稳态、损伤修复与再生发挥重要作用。细胞治疗在皮肤病中取得了很大进展,使我们更接近于治疗从前无法治愈的疾病,如特应性皮炎、系统性红斑狼疮、银屑病、脱发、大疱性表皮松解症等。此外,干细胞在医学美容和整形手术中也越来越有吸引力。本章分为 6 节,分别介绍细胞治疗在整形外科、美容行业、皮肤创面修复、皮肤病、瘢痕防治、皮肤血管病中的应用。

皮肤是人体体积最大的器官之一,其中皮肤软组织中富含干细胞和免疫细胞,这些特殊的细胞对于维持皮肤组织稳态和健康发挥重要作用。

随着干细胞技术的发展,干细胞已被广泛应用于皮肤软组织缺损的修复治疗,并且干细胞技术在隆乳及皮肤美白、抗皱等美容领域也得到了广泛应用。不仅如此,近年来,不同来源的人间充质干细胞(human mesenchymal stem cell,hMSC)因其具有再生、免疫调节和分化能力等特征,正在成为多种难治性或复发性、免疫异常及遗传基因缺陷性皮肤病的有前景的治疗手段。

第一节　细胞治疗在整形外科中的应用

一、脂肪间充质干细胞对软组织缺损的填充修复

对软组织缺损的修复方法主要有生物材料、复合组织瓣、自体脂肪组织等填充治疗,临床上已应用多年。但生物材料修复组织也有一定的局限性,如引发局部感染、纤维化和挛缩等并发症的风险,复合组织瓣容易对机体组织造成新的损伤。

(一)脂肪间充质干细胞

脂肪间充质干细胞(ADSC)是脂肪细胞的前体,也是多种细胞如骨细胞、软骨细胞、肌细胞、表皮细胞和神经细胞等的祖细胞(图 3-40-1)。ADSC 移植可促进坏死或老化组织的修复,以及组织再生,因而可用于治疗多种组织缺损性疾病。脂肪组织 MSC 的发现,为再生医学的发展带来了新的希望。ADSC 容易获得,具有较高水平的成脂分化能力,但其分化能力受多种因素的调节,如供体因素、干细胞巢、各种分化诱导因子、生长因子和受体及细胞内信号通路等。其中干细胞巢对 ADSC 的生物学特性,尤其在维持定向分化和自我更新间的平衡起非常重要的作用。脂肪移植作为软组织填充,较常见的方法是用于颜面萎缩、下肢萎缩、单纯隆乳或乳房重建等,也具有改善瘢痕、抗衰老、皮肤年轻化等特性。由于脂肪移植可发生较高的吸收率及脂肪液化、纤维化、囊肿等并发症,移植后长期效果不确定限制了其临床应用。

(二)血管基质成分

血管基质成分(stromal vascular fraction,SVF)指脂肪组织消化离心去除上层组织和油滴后沉淀在底层的细胞组分,包括 ADSC、血管内皮细胞、血管平滑肌细胞、周细胞及大量血液循环来源的细胞,如白细胞、红细胞等。从 SVF

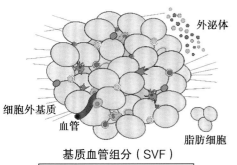

移植材料	相关细胞活动	临床应用
完整脂肪组织	多向分化	创伤愈合
非操纵性脂肪抽吸物	–成纤维细胞	瘢痕疙瘩
仿真脂肪抽吸物	–角质形成细胞	烧伤修复
基质血管组分(SVF)	–黑素细胞	脱发治疗
细胞群辅助的脂肪移植(CAL)	–内皮细胞	抗衰老
脂肪干细胞	细胞增殖	组织填充
无细胞脂肪抽吸物	细胞迁徙	
脂肪干细胞源性蛋白分泌组	常驻干细胞动员	
脂肪干细胞源性外泌体	免疫系统调节	
	血管生成	
	细胞外基质重塑	
	减轻疼痛	

图 3-40-1　脂肪间充质干细胞在整形美容和皮肤疾病中的应用

体外扩增纯化获得的 ADSC 与脂肪组织混合移植可明显提高脂肪移植的成活率及组织修复能力。细胞辅助的脂肪移植(cell-assisted lipotransfer,CAL)技术,将提纯的含 ADSC 的血管基质成分 SVF 与自体脂肪颗粒混合,制成干细胞富集的脂肪移植物进行注射移植,可明显提高移植脂肪成活率,并减少脂肪吸收率等相关并发症的发生。将该技术用于乳房假体取出术后或乳房切除术后的乳房再造、面部衰老或脂肪萎缩的填充、面部的塑形等可取得良好效果而被广泛用于隆乳术、面部脂肪萎缩、面部填充提升及面部轮廓重塑。

尽管 ADSC 以 CAL 的形式用于乳癌术后的乳房重建的疗效得到肯定,但令人担忧的是 ADSC 对肿瘤干细胞、肿瘤微环境与乳腺癌复发等的潜在影响。对乳癌术后用 CAL 进行乳房重建患者的长期随访的回顾性研究显示,乳癌复发率并无明显增加。目前乳癌治疗指南指出,乳癌术后以重建为目的 CAL 治疗应被推迟至术后 7 年,即无明显乳癌复发证据时再进行。

二、干细胞移植在皮肤创面修复中的应用

皮肤是人体最大的器官,是机体免疫的第一道防线。意外事故导致皮肤大面积损伤缺损,会引起严重的疾病,甚至危及生命。临床治疗需要快速增殖新生皮肤细胞,使皮肤伤口尽快愈合。创面愈合是由细胞、生长因子、细胞外基质分子参与的一个高度协调性过程。难愈、不愈创面及创面愈合后的过度修复等问题仍然未能解决。烧伤创面修复主要有自体移植、异体移植和异种移植三种方法,自体组织因来源有限而不能广泛应用,异体移植和异种移植融入组织能力低,且有传播疾病的风险,因此目前自体移植是治疗烧伤的最佳方法。

(一)间充质干细胞

MSC 因具有免疫原性低、多向分化潜能且来源广泛等优点而使干细胞治疗在伤口愈合方面具有巨大的应用潜力。干细胞分泌大量能促进多种细胞迁移至受损区域、加快受损部位修复的生长因子,加速表皮再生、促进组织再生、缩小伤口、改善由放射性损伤导致的皮肤萎缩。干细胞对烧伤创面的作用主要有:多向分化潜能,如分化为成纤维细胞、角质形成细胞等各种细胞;干细胞分泌的生长因子促进受损表皮修复、促进受损组织及新血管形成;改善烧伤创面局部微环境,促进创面修复愈合。研究证实,ADSC 可在创面周围分泌大量生长因子和细胞因子,增加巨噬细胞聚集,促进肉芽组织增生及新生血管形成,进而促进伤口愈合。试验证实,体外扩增的自体脂肪来源的干细胞局部注射移植可修复炎症性鼻黏膜,接受注射 30 天后,患者鼻黏膜炎症明显减轻,胶原纤维排列整齐、沉积减少,杯状细胞分泌的黏蛋白增多,鼻黏膜结构和功能得到重建和恢复。在皮肤缺损创面的皮下和真皮层注射 ADSC 后,8~10 天可出现创面完全上皮化,数月后仅残留不明显的线状瘢痕。ADSC 在治疗缺血引起的复杂创面如血栓闭塞性脉管炎和糖尿病也取得一定疗效。

(二)脂肪间充质干细胞

ADSC 可抑制病理性创面,如异常瘢痕形成。瘢痕形成是伤口愈合的最终结局,瘢痕形成的程度与伤口愈合过程中的炎症反应有关。如何调控炎症反应的分子机制,使伤口在正常愈合和瘢痕过度增生之间达到平衡,是瘢痕治疗的关键。ADSC 具有抗炎症反应及免疫抑制作用,将 ADSC 体外诱导分化为成熟脂肪细胞注射治疗萎缩性瘢痕后发现,瘢痕局部皮肤弹性明显提高。因此 ADSC 有可能用于增生性瘢痕的治疗。

三、脂肪间充质干细胞治疗骨与软骨缺损或缺陷

单位体积脂肪内可获取的干细胞数量约是同体积骨髓组织获取骨髓间充质干细胞的 500 倍,且 ADSC 具有更明显的分化、增殖及免疫调节作用。

(一)脂肪间充质干细胞使缺陷骨重新骨化

ADSC 能使缺陷骨重新骨化,已成功用于颅部缺损骨再生的患者,获得良好疗效,且不会引起传统骨移植手术后供区相关并发症。将体外培养扩增的 ADSC 种植于可吸收支架材料(如生物有机玻璃、β 磷酸三钙),混合移植治疗 13 例严重颅面骨缺损或发育不全患者,随访 12~52 个月,10 例患者的骨架结构恢复了完整性。也有报道 ADSC 用于上、下颌骨缺损的修复,将 ADSC 与 β 磷酸三钙混合后装入钛笼内移植于腹直肌内,8 个月后,将新生骨结合腹直肌游离后用于移植修复上颌骨大面积缺损,上颌骨功能及美学效果能得到较好恢复。

(二)脂肪间充质干细胞促进软骨缺陷重建

由于软骨组织本身的自我修复能力有限,因此软骨缺陷的重建较困难。ADSC 用于软骨组织再生在许多动物实验中取得了满意结果,如 ADSC 在 3D 环境下加 TGF-β 培养后移植于动物体内能形成软骨组织,未分化的 ADSC 在动物实验中能完全修复髌骨关节透明软骨缺损及耳郭缺损。因此 ADSC 在未来有望应用于修复软骨缺损。

四、ADSC 在皮肤年轻化中的应用

皮肤老化是一个多种因素参与的、表现不同的退变过程,最明显的组织学改变是成纤维细胞合成的胶原减少和变性。

ADSC 分泌的许多细胞因子和生长因子可参与刺激真皮胶原合成,促进老化皮肤的修复,其作用机制可能包括通过旁分泌途径激活真皮成纤维细胞分泌功能及促进真皮血管新生。有报道对接受单纯除皱治疗与面部 ADSC 辅助治疗的女性进行疗效比较,发现两者面部除皱效果基本一致,但 ADSC 辅助治疗的毛孔、斑点改善效果更佳。将含 20%~30%ADSC 的自体脂肪细胞注射于患者面部光老化部位真皮层发现,2 个月后,注射部位皮肤纹理及皱纹明显减轻,真皮厚度也明显增加。

总之,在整形外科领域,干细胞已被用于有效治疗各种组织缺损,包括骨和软组织缺损及因放疗或局部缺血造成的难愈合创面。干细胞治疗在隆乳及皮肤年轻化等美容领域也取得了一定效果。然而,对于干细胞治疗在组织修复中的确切机制,以及如何精确调控其临床转归,还不十

分清楚。了解 ADSC 的转归、增殖调控机制、移植细胞与周围环境的融合问题，将有益于再生医学在整形外科的应用发展。

第二节 干细胞在美容行业中的应用

一、应用于抗衰老

生物机体随时间推移，衰老随之发生。遗传因素、环境因素、行为因素等均可影响机体的衰老过程。衰老是一种自发的必然过程，是自然规律，但人们希望采取措施延缓衰老，如用抗衰老护肤品、食用延缓衰老食物、服用延缓衰老药物及各种运动等。干细胞抗衰老疗法通过修复老化变性组织、重塑皮肤弹性和光泽而延缓衰老过程，已应用多年。

干细胞抗衰老的机制与干细胞迅速增殖和分化、分泌生长因子有关。干细胞进入人体能不断增殖、分化，使新生的细胞代替受损细胞，同时激活体内休眠细胞，逐渐恢复生物学功能。干细胞分泌的一些生长因子如血管内皮生长因子(vascular endothelial growth factor,VEGF)、胰岛素样生长因子(insulin like growth factor,IGF)等可促进损伤细胞功能性恢复，从而延缓衰老进程。而干细胞的自分泌成分也是维持干细胞微环境稳定所必需。

二、应用于皮肤美白

表皮基底层黑素细胞产生的黑色素分布及含量决定了皮肤颜色。黑素细胞受外界刺激时分泌的酪氨酸在酪氨酸酶和氧化的作用下，经过一系列生理生化过程生成吲哚聚合物(黑色素)。影响皮肤美白的因素主要有酪氨酸酶活性、氧自由基、色素沉积及细胞再生能力等。将 ADSC 注射到小鼠耳背部皮下，经光照射后的组织中可观察到皮肤黑色素含量、黑素细胞数量低于未注射组，提示干细胞分泌的生长因子可抑制光照射促发的黑素细胞功能活化，从而达到预防紫外线照射导致的皮肤色素增加。另有研究表明，干细胞分泌的生长因子能抑制酪氨酸酶活性，降低酪氨酸酶相关蛋白的表达，最终抑制黑色素合成，起到美白皮肤的作用。

三、应用于面部除皱

健康的皮肤光滑而富有弹性，新陈代谢功能旺盛。随着年龄逐渐增加，在自然老化和光老化的作用下，皮肤中成纤维细胞的合成能力逐渐下降，胶原蛋白含量降低，胶原纤维交联固化，皮肤失去弹性，出现皱纹和皮肤松弛等老化现象。因此，在除皱过程中，提升成纤维细胞的合成速度和数量，是治疗皮肤皱纹的关键。研究发现，经过自体培养植入体内的干细胞分泌的细胞因子，可促进成纤维细胞增殖和迁移、促进胶原纤维合成、降低基质金属蛋白酶含量，从而增加真皮胶原含量。因此干细胞被认为是再造和恢复年轻容颜的细胞，它能使松弛下坠的皮肤收紧，恢复弹性，减少皱纹。

四、应用于脱发

脱发可以与衰老、内分泌失调、免疫性疾病、精神压力等有关，表现为毛囊异常破坏，进而头发脱落。MSC 分泌的各种生长因子可促进毛发周期。体外和体内研究表明，BM-MSC 和 ADSC 成功地促进了毛发生长，激活真皮细胞，增加增殖率，使毛囊从老的阶段转变为年轻阶段。

动物实验证实，皮内注射干细胞或皮肤外涂抹干细胞培养液，可刺激毛囊生长。一项 31 例脱发患者的小型研究使用 SVF 和富含 SVF 的脂肪移植物皮下注射到头皮中。研究表明，与未经治疗的患者相比，毛发数量增加了约 31 根/cm^2。另一项针对 20 例使用 ADSC 的脱发患者的研究表明，头发生长参数及生发率有所改善。此外，干细胞条件培养基分泌的生长因子可显著改善头发长度和头发密度。干细胞促进毛发再生的机制可能与干细胞分泌的血小板衍生生长因子(platelet derived growth factor,PDGF)、角质细胞生长因子(keratinocyte growth factor,KGF)、VEGF 等生长因子调节毛发生长周期，使更多毛囊进入生长期有关，具体机制有待进一步的研究。

第三节 干细胞在皮肤创面修复中的应用

创面修复是皮肤科和整形外科常见的临床问题，干细胞具有自我更新及多向分化潜能，近年来在皮肤创面修复领域受到广泛关注。将干细胞与促进细胞增殖的细胞因子联合应用，或采用基因工程技术及干细胞制作组织工程皮肤等新技术，可提升干细胞的修复创面能力。

一、表皮干细胞

表皮干细胞(epidermal stem cell,ESC)来源于外胚层，位于表皮基底层，是各种表皮细胞的祖细胞，具有慢周期性、自我更新增殖能力及对基底膜黏附的特点。特定微环境下表皮干细胞可被诱导分化成皮肤附属器。表皮干细胞可受年龄、表皮弹性、厚度、增殖及免疫等影响，但表皮干细胞的数目、功能、基因表达和分化反应性等始终保持稳定的水平。采用溴脱氧尿嘧啶核苷(bromodeoxy uridine,Brd U)标记追踪 ESC，发现创面修复过程中 ESC 可向创面边缘迁移并增殖，主动参与创面修复，是创面上皮化的重要来源。

二、间充质干细胞

MSC 来源于发育早期的中胚层，取材方便、容易扩增，免疫原性低。当组织血管化受损时，间充质干细胞通过分泌基质细胞衍生因子-1(stromal cell-derived factor-1,SDF-1)、血管内皮生长因子(vascular endothelial growth factor,VEGF)、胰岛素样生长因子(insulin like growth factor,IGF)、表皮生长因子(epidermal growth factor,EGF)等多种细胞因子刺激血管内皮祖细胞扩增和分化，促进干细胞分裂、血管新生、组织再生及减弱瘢痕形成，促进创伤愈合。此外，SDF-1 及其膜受体 CXC 趋化因子受体 4 型(CXC chemokine receptor 4,CXCR4)参与多种干细胞归巢和迁移、细胞增殖和血管生成。

（一）骨髓间充质干细胞

BM-MSC 最早于 1968 年,由 Friedenstein 等培养全骨髓细胞时发现,能分化为多种间充质组织。创伤愈合过程中,SDF-1/CXCR4 信号轴诱导 MSC 迁移到创伤部位,诱导分泌 VEGF、促纤维生长因子和 TGF-β 等多种生长因子,促进血管新生形成血管网,参与伤口修复。过表达 CXCR4 的 BM-MSC 迁移能力增强,可加速伤口愈合。

然而单纯移植 BM-MSC 的存活能力较差,分化成所需细胞类型的能力有限,导致应用受阻,因此研究基于 BM-MSC 技术的多种组织工程移植技术以期克服 BM-MSC 的局限性。如用 BM-MSC 和脱细胞真皮基质(acellular dermal matrix,ADM)构建组织工程皮肤对小鼠背部全层皮肤缺损创面具有很好的促愈合作用;用 BM-MSC 联合微粒皮或自体小皮片移植于猪全层皮肤缺损,能促进移植创面的微粒皮、小皮片组织成活,促进Ⅰ、Ⅲ型胶原的表达,并调节 TGF-β1 和 TGF-β3 的表达,促进创面愈合;超顺磁性氧化铁纳米颗粒标记的 BM-MSC 在磁场作用下,向创面聚集并促进创面愈合;利用甲壳素纳米纤维(chitin nanofiber,CNF)水凝胶提供一种增强 BM-MSC 再生潜力和存活能力、促进伤口愈合的功能支架,并诱导 BM-MSC 分化为创伤再生所必需的血管生成细胞和成纤维细胞;用 BM-MSC 水凝胶处理的大鼠全层皮肤伤口可以促进肉芽组织形成,加速创伤修复,比单纯注射 BM-MSC 显示出更好的细胞活性。此外,BM-MSC 可提高糖尿病大鼠足溃疡创面 VEGF 水平和小血管数目而加速创面愈合。BM-MSC 结合 EGF 可促进大鼠受辐照皮肤损伤创面的愈合。自体 BM-MSC 移植联合扩血管、抗感染及营养末梢神经等治疗糖尿病足患者的溃疡有一定效果。

（二）人胎盘来源间充质干细胞

人胎盘来源间充质干细胞(human placenta derived mesenchymal stem cell,HP-MSC)具有分化可能性多、增殖快、免疫排斥性低、使用时无须配型等优点,为优质 MSC 来源。HP-MSC 还具有较强的促血管、神经新生和创伤修复能力,转染 SDF-1 的 HP-MSC 对 CXCR4 的趋化性强,使其聚集于损伤处可加速创面愈合。HP-MSC 的细胞培养物可增强血管生成,这种作用被认为可能与细胞培养物中多种大分子外泌体的潜在作用有关。此外,HP-MSC 被认为有一定的免疫调节作用,已有学者尝试治疗卵巢早衰和过敏性疾病如哮喘等。

（三）人羊膜间充质干细胞

人羊膜间充质干细胞(human amniotic mesenchymal stem cell,HA-MSC)来源于人羊膜。人羊膜是一层隔离胎儿和母体的隔膜,无血管、神经、淋巴等。来源于人羊膜的 HA-MSC 移植体内后可归巢至宿主受损部位,定向增殖、分化为组织细胞,并分泌特定细胞因子,调节并激活机体固有 MSC 的增殖、迁移、分化,参与创面再生修复,预防瘢痕增生,促进皮瓣存活及神经功能重建。HA-MSC 的促血管生成和伤口愈合作用使其有望用于临床创伤修复治疗。

（四）人脐带间充质干细胞

hUC-MSC 从人脐带组织分离获得,可以向受损组织归巢,促进肺、肾、肝及脊髓等多种组织损伤的修复。将 hUC-MSC 与皮肤微粒联合移植到小鼠全皮层损伤创面,可观察到表皮、皮脂腺、毛囊和汗腺的新生成层,并显著提高损伤后皮肤修复质量。对严重烧伤大鼠模型伤口愈合机制的研究发现,hUC-MSC 治疗的鼠烧伤模型伤口愈合明显加快。hUC-MSC 迁移到伤口,炎症细胞浸润及 IL-1、IL-6、TNF-α 水平明显减少,伤口中新生血管形成增加,IL-10 和 TSG-6 及 VEGF 水平升高,以及Ⅰ型和Ⅲ型胶原蛋白的比例提高,表明 hUC-MSC 移植可有效改善严重烧伤大鼠模型的伤口愈合。用 hUC-MSC 治疗成年 SD 大鼠辐照诱发的皮肤溃疡的动物实验表明,hUC-MSC 可通过促进血管新生和上皮再生,改善辐射诱发的皮肤溃疡愈合。

hUC-MSC 的组织修复机制可能与 VEGF 关系密切,hUC-MSC 通过旁分泌高水平 VEGF,与血管内皮细胞上的 VEGFR2 结合,抑制下游促凋亡蛋白 caspase-3 和增加抗凋亡蛋白 Bcl-2 的表达,进而发挥促血管内皮细胞存活、增殖和抗内皮细胞凋亡的作用。有研究显示,PI3K/AKT 信号通路可能参与 hUC-MSC 介导的辐照后皮肤溃疡修复。此外,hUC-MSC 的移植促进了溃疡区域皮肤角蛋白的生成和角质形成细胞的增殖,促进溃疡中 CD31 和 VEGF 的表达、新生血管的形成。将 hUC-MSC 和纤维蛋白制作的组织工程皮肤移植至全层创伤的小鼠,发现创伤愈合过程中出现了皮肤附属器,并且愈合的创面无明显瘢痕组织,因此该治疗方法为糖尿病足溃疡和烧伤的手术治疗提供了希望。

（五）人脐带血间充质干细胞

脐血是胎儿出生时,经结扎脐带,通过脐静脉穿刺或切开引流收集到的脐带内和胎盘靠胎儿一侧血管内的血液。脐带血富含 HSC 和 MSC。UCB-MSC 具有很强的增殖、分化及形成集落能力,其受刺激后进入细胞周期的速度及对各种造血刺激因子的反应能力均高于骨髓和外周血细胞。hUCB-MSC 异体移植可促进免疫缺陷 SCID 小鼠深Ⅱ度烫伤创面愈合。用 hUCB-MSC 处理糖尿病伤口显示出更高的细胞增殖、胶原合成和糖胺聚糖水平。hUCB-MSC 对伤口愈合的作用优于成纤维细胞,因此有可能替代成纤维细胞用于创伤愈合。研究发现,hUCB-MSC 产生的血管内皮生长因子和碱性成纤维细胞生长因子的量明显更高,其胶原蛋白合成优于糖尿病者的成纤维细胞,但不优于健康成纤维细胞。因此 hUCB-MSC 比同种异体或自体成纤维细胞具有更强的促进糖尿病伤口愈合的能力,尤其是在血管生成方面。

近来,hUCB-MSC 已开始商业化,作为同种异体干细胞治疗产品被韩国食品药品管理局批准用于促进膝关节软骨再生进而修复软骨。这种同种异体干细胞治疗产品为临床难愈性创面提供了新的治疗策略。我国一些公司制备的 hUCB-MSC 已在进行组织创伤修复的临床试验。

（六）脂肪间充质干细胞

ADSC 组织移植过程中,缺血再灌注(ischemia-reperfusion,I/R)损伤不可避免。当缺血期超过组织耐受性时,会引起坏死和皮瓣衰竭。ADSC 能改善因静脉缺血再灌注损伤的皮瓣存活率。由于 ADSC 直接移植于创面后，细胞容易直接流失，造成细胞损伤和死亡。用钙结合蛋白复合物 S100A8/A9 预处理的 ADSC 注射鼠全层伤口，ADSC 的存活能力增强，并显著促进伤口愈合。将 ADSC 移植到人类无细胞羊膜上，再移植至裸鼠皮肤缺损创面，也可促进小鼠全层缺损皮肤的愈合和皮肤附属器的生成。

MSC 衍生的外泌体（exosomes）被认为是治疗缺血性疾病或损伤的新的候选药物，可能作为细胞治疗的替代治疗。对衍生自 ADSC 的外泌体，在缺血再灌注（I/R）损伤期间保护皮瓣并诱导新血管形成的作用研究发现，ADSC 的外泌体可以提高皮瓣存活率，促进新生血管形成，减轻 I/R 损伤后皮瓣的炎症反应和细胞凋亡。大量研究证实，ADSC 的分泌物中存在生长因子，有助于受损组织的增殖再生。ADSC 通过释放 IGF1、EGF、角质形成细胞生长因子（KGF）、血小板衍生生长因子（PDGF）、碱性成纤维细胞生长因子（bFGF）、转化生长因子 β（TGF-β）和血管内皮生长因子（VECF）加速再上皮化过程。据报道，由于真皮细胞活化受损，糖尿病溃疡活检中的 KGF、神经生长因子（NGF）和 VEGF 极低。向脂抽吸物的细胞外成分特别丰富，表明无细胞的外泌体可用于治疗迁延不愈的伤口。

此外，ADSC 在成纤维细胞募集、组织重塑、抗氧化和免疫反应中起作用。成纤维细胞协调细胞外结构真皮纤维形成（胶原蛋白、纤维蛋白、纤连蛋白、弹性蛋白和原纤维蛋白）和非纤维形成（蛋白聚糖、糖胺聚糖）分子的合成。成纤维细胞的激活不仅对皮肤重建很重要，而且因为它们的分泌活性通过 EGF、KGF、纤连蛋白和胶原蛋白刺激角质形成细胞的迁移和增殖而促进表皮修复。

（七）真皮间充质干细胞

真皮 MSC 来源于皮肤真皮层，正常处于相对静止状态，创伤后被激活，参与肉芽组织形成，主要通过旁分泌和分化等发挥促愈合作用。成纤维细胞是真皮结缔组织中主要间充质细胞，具有功能多样性特征。小鼠移植实验和谱系追踪显示，皮肤结缔组织中的成纤维细胞来自两个不同谱系。一种形成上皮，包括调节毛发生长的真皮乳头和控制毛发生长的肌上皮。另一种形成真皮下部，包括合成大量网状层的成纤维细胞，以及皮下前脂肪细胞和脂肪细胞。真皮 MSC 用血管内皮细胞上清液进行培养可提高血管内皮细胞的分化效率，故可用真皮 MSC 生成血管内皮细胞，促进血管形成。由于真皮 MSC 取材相对容易且适用于大规模分化培养，进而可用于临床治疗血管病变引起的皮肤组织缺损性病变。

（八）肉芽组织间充质干细胞

肉芽组织 MSC（GT-MSC）为多能干细胞，在创伤时可动员到外周血中，特别是严重烧伤时。这些细胞响应趋化信号迁移到损伤部位，调节炎症，修复受损组织并促进组织再生。但创伤尤其是严重烧伤，会产生大量肉芽组织、形成皮肤结构异常的瘢痕，甚至导致肢体功能障碍。分离 1 例年龄 12 个月的全层皮肤烧伤患者在烧伤治疗 15 天后的创面肉芽组织进行体外培养，结果扩增出具有典型间充质干细胞形态、表型、增殖和分化能力的 GT-MSC。GT-MSC 通过释放可溶性因子表现出抗纤维化的功能，且优于 BM-MSC，提示 GT-MSC 有可能用于改善烧伤创面的瘢痕化愈合。

（九）外周血来源间充质干细胞

外周血来源间充质干细胞（PB-MSC）有望成为同种异体细胞治疗的来源。密度梯度离心法从新鲜外周血中纯化单核细胞后，在特定成脂和成骨分化培养基中进行培养和扩增。细胞在连续传代后表达特异性标志物（CD90、CD105 和 CD73）及不具特异性的 CD45 标志物，确认该群细胞具有可以分化成谱系特异性定型细胞（成骨细胞和脂肪细胞）的间充质表型，这种相对容易获得的干细胞可能为再生医学开辟一个新时代。采用同源异种 PB-MSC 处理绵羊全层皮肤缺损创面，发现其具有促进肉芽组织和新生血管形成、增加结构蛋白和皮肤附属器的作用。PB-MSC 可改善浅表损伤和深部损伤的创面愈合质量，取材方便且安全，且不引起炎症反应。

三、毛囊干细胞

毛囊在提高皮肤创伤愈合速度、减少皮肤瘢痕形成及提高创面愈合质量中有重要作用。起主要作用的毛囊干细胞（hair follicle stem cell，HFSC）位于毛囊上段的 Bulge 区（位于皮脂腺开口处与立毛肌附着处之间的毛囊外根鞘）。随着对毛囊干细胞的深入研究，HFSC 在伤口愈合中的作用越来越受关注。HFSC 具有慢增殖特性及分化为表皮、皮脂腺和汗腺等上皮细胞的潜能。皮肤创伤时，HFSC 不仅参与毛囊和皮脂腺等皮肤附属器再生，还参与表皮创面修复。大鼠烧伤模型实验表明，HFSC 可促进大鼠烧伤创面愈合和抗张强度。自体皮肤移植手术中，头皮作为供皮区可反复取皮十几次，且不易产生瘢痕，提示毛囊与创面修复的密切关系。毛囊干细胞因容易获得、活跃且多潜能分化等特征，有望作为伤口愈合的细胞来源。

第四节　干细胞治疗在皮肤病中的应用

一、iPSC 在皮肤病中的应用

iPSC 是通过向体细胞中导入一些特定的多能性转录因子使其重编程为干细胞，拥有类似 ESC 的特征，具有多能分化性。相比于传统干细胞，iPSC 具有很多优势，如来源广泛并可全能分化，更少涉及胚胎干细胞长期争议的取材和伦理问题。iPSC 技术可用于制造再生皮肤、构建皮肤疾病模型，成为遗传性皮肤病的一种新型靶基因治疗工具，可为研究皮肤病发病机制提供新的平台，还可针对特定皮肤病进行细胞治疗或基因修正治疗。因此 iPSC 技术将加速再生医学在皮肤病中的应用。

（一）iPSC 分化为皮肤组织

患者来源的 iPSC 在细胞和基因治疗方面显示出显著优势。将 iPSC 有效分化成皮肤角质形成细胞和成纤维细胞而用于治疗一些皮肤病。如将正常人 iPSC 在体外成功定向分化为角质形成细胞、成纤维细胞及黑素细胞，并开发出基于两种细胞的三维皮肤等效物，可以进行皮肤建模。添加 iPSC 衍生的黑素细胞可增加模型复杂性，并发现黑素可在 iPSC 衍生的黑素细胞和角质形成细胞之间转移。将 iPSC 分化成为毛囊隆突部位的上皮干细胞可影响毛囊生长和循环，具有生成毛囊谱系（包括毛干、内毛根鞘和外毛根鞘）的能力，以此重建毛囊上皮成分。

上述 iPSC 分化而来的上皮细胞及附属器相关细胞可用于治疗伤口愈合和其他退行性皮肤病，也为脱发治疗提供新的治疗方法。Kim 等将脐带血单核细胞重编程为 iPSC，通过定向分化为成纤维细胞和角质形成细胞，并利用这两种细胞构建三维皮肤类器官，再将三维皮肤类器官移植入免疫缺陷小鼠皮下可成功维持 2 周。Umegaki-Arao 等将大疱性表皮松解症（epidermolysis bullosa，EB）患者 iPSC 分化的角质形成细胞构建的三维皮肤类器官成果移植到小鼠体内。Koehler 等开发了一种三维鼠源 ESC 培养模式，诱导出表面外胚层细胞（即表皮前体细胞），并通过体外培养建立可自发产生新生毛囊的皮肤类器官。这种皮肤发育体外模型有助于研究毛囊诱导机制和评估影响毛发生长的药物及模拟皮肤病的发生。

有学者用 iPSC 制备的三维皮肤器官系统（integumentary organ system，IOS）研发出一种新型体内移植模型，称为聚类依赖性拟胚体移植方法，发现 Wnt 信号通路可影响 IOS 移植物的毛囊生长数量。将 IOS 原位移植入裸鼠后背皮下，可以与周围宿主组织如表皮、竖脊肌和神经纤维正常连接，且无肿瘤发生。三维 IOS 系统中的生物工程毛囊显示出正常的毛发生长周期，因此 iPSC 可用于皮肤组织器官修复的替代治疗。

（二）iPSC 应用于皮肤病的细胞/基因治疗

同种异体 MSC 是指来源于同一物种的不同个体或组织的一类基质干细胞，可通过细胞分化和释放旁分泌因子促进伤口愈合。来自患者的 iPSC 携带患者自身信息，可提供治疗所需的各种自体细胞类型，移植治疗时避免了自身免疫排斥反应。利用患者来源 iPSC 分化为 MSC 进行治疗，可减少取患者骨髓的创伤。

iPSC 是可以靶向纠正基因突变的有效工具细胞，这种细胞基因修饰疗法为皮肤病的治疗提供了新视野。Itoh 等将 iPSC 分化为可产生Ⅶ型胶原蛋白的真皮成纤维细胞，用于隐性营养不良型大疱性表皮松解症（recessive dystrophic epidermolysis bullosa，RDEB）的细胞治疗。Wenzel 等构建了一种带 RDEB 疾病特征的 COL7A1 基因突变小鼠，并获得其 iPSC，再将 iPSC 进行基因修复，使其可以分化为功能性成纤维细胞，重新表达并分泌Ⅶ型胶原。移植到 RDEB 小鼠体内后通过荧光素追踪，发现小鼠真皮连接处恢复了Ⅶ型胶原沉积，并且 RDEB 小鼠皮肤对起疱的机械具有抵抗力，证明 iPSC 有可能用于 RDEB 治疗。

也有学者制备 RDEB 患者经基因校正的角质形成细胞皮肤片用于移植，即利用腺病毒介导的传统基因组编辑方法靶向修复 RDEB 患者来源的 iPSC 的 COL7A1 基因突变，以产生校正的 iPSC。校正的 iPSC 可以分化为角质形成

成细胞，分泌Ⅶ型胶原，在体外类器官培养和小鼠移植实验中能形成分层表皮。用内转录激活因子 CRISPR-基因编辑技术，对显性营养不良性 EB 患者来源的 iPSC 进行基因编辑、分选，被成功编辑的 iPSC 可以分化成分泌Ⅶ型胶原蛋白的角质形成细胞和成纤维细胞，证实了突变位点特异性基因组编辑在显性失活疾病中应用的可行性。

二、干细胞在治疗色素障碍性皮肤病中的应用

黑素细胞位于表皮的基底层，产生黑色素以保护皮肤免受紫外线伤害。黑色素决定人类皮肤和头发的颜色。在白化病和白癜风中观察到的黑素细胞功能障碍不仅会引起美容问题，还增加患皮肤癌的风险。白癜风是一种后天局限性色素脱失性皮肤病，临床上较常见，以皮肤颜色减退、变白、边界清楚为特征，是一种常见的毁容性自身免疫性皮肤病，对患者自尊和生活质量产生负面影响。目前治疗仍较困难，主要治疗方法有药物、光疗、光化学疗法（PUVA）、移植和免疫治疗等，但疗程长且效果并不令人满意。

（一）多谱系分化应激持久细胞

除 ESC 和 iPSC 外，人类皮肤组织还保留了多能干细胞，称为多谱系分化应激持久细胞（multi-lineage differentiating stress enduring cell，Muse）。从人成纤维细胞和脂肪组织中分离出来的 Muse 可分化为功能性黑素细胞（Muse-MC）。有学者成功地将 Muse 分化为成纤维细胞和角质形成细胞，并用 Muse 衍生的黑素细胞、成纤维细胞和角质形成细胞创建了三维（3D）重构皮肤。因此，人体皮肤中的 Muse 可成为皮肤重建的来源。

（二）脂肪 Muse

有学者分析了 11 个来自人体皮下组织脂肪间充质干细胞中的 Muse 诱导黑素细胞的能力，发现脂肪 Muse 在 6 周的培养过程中顺序表达与黑素细胞相关的基因，如编码受体酪氨酸激酶的 KIT，参与调节黑素细胞发育的 MITF，编码黑素体酶的 TYRP1，编码黑素细胞特异性 I 型跨膜糖蛋白的 PMEL，与多巴色素异构酶活性相关的 DCT，黑皮质素 1 受体 MC1R 和酪氨酸酶 TYR，并且发现脂肪 Muse 可通过 α-MSH 刺激增加黑色素含量。此外，10g 脂肪组织在培养 6 周后可产生至少 2.5×10^6 个黑素细胞，证明从脂肪 Muse 诱导黑素细胞可能是一种获得足够数量黑素细胞用于临床治疗和体外研究黑素细胞分化的新方法。

（三）黑素细胞移植

临床上移植非培养的自体黑素细胞治疗白癜风不易成功，细胞需注射到基底层附近才能少量存活，注射过深或过浅均易导致黑素细胞移植失败，且对毛发类型白癜风无效，即黑素细胞无法重新构建以毛囊为核心的成体皮肤色素体系。角质形成细胞分泌的碱性成纤维细胞生长因子、α 黑素细胞刺激素、内皮素、神经生长因子、肝细胞生长因子、粒细胞集落刺激因子等，通过受体介导的信号转导通路，调节黑素细胞的增殖、分化。Baer 等用黑素细胞与角质形成细胞体外共培养，移植到白癜风皮损处获得良好的皮色恢复效果。黑素细胞可在移植部位皮肤形成色素沉着，角质形成细胞则促进修复，使伤口快速愈合不留瘢痕。

（四）脂肪间充质干细胞治疗

ADSC 也被证实对黑素细胞分化、增殖及迁移有很大影响。采用 ADSC 和黑素细胞共培养发现，ADSC 有效刺激黑素细胞增殖、分化及迁移的作用明显强于黑素细胞单独培养，可能与 ADSC 可促进碱性成纤维细胞生长因子、干细胞生长因子分泌等有关。将不同比例原代培养的人脂肪间充质干细胞和人原代培养黑素细胞移植到 SD 大鼠和裸鼠中，取得了良好效果。

（五）免疫细胞在皮肤色素病中的应用

研究表明，大量 CD8+ T 淋巴细胞在白癜风皮损真皮浅层浸润，并具有黑素细胞抗原特异性而针对性杀伤黑素细胞，导致角质形成细胞不可逆的凋亡、正常皮肤色素减退，是白癜风发病的可能机制之一。因此，如何抑制白癜风皮损周围 CD8+ T 淋巴细胞浸润、有效调节皮损周围免疫环境，成为白癜风治疗对策的研究方向。有研究将白癜风患者皮损周围的 CD8+ T 淋巴细胞和人真皮 MSC 共同培养，发现真皮 MSC 可抑制 CD8+ T 淋巴细胞的活性及增殖，引起淋巴细胞的多种细胞因子分泌减少并促进其凋亡，这可能与白癜风患者皮损附近免疫微环境密切相关。研究提示，用真皮 MSC 与自体黑素细胞共培养移植技术，通过真皮 MSC 抑制皮损周围 CD8+ T 细胞功能及活性，从而增加移植复色成功率，有效治疗白癜风，但仍需较多临床前研究和评估。

三、干细胞治疗在大疱性表皮松解症中的应用

（一）大疱表皮松解症是不同原因所致

表皮干细胞作为转基因治疗的靶细胞，在单基因遗传性皮肤病的研究及治疗中有广阔的应用前景。

1. 大疱表皮松解症（epidermolysis bullosa，EB） 是一组由编码表皮-真皮交界处（dermal-epidermal junction，DEJ）结构分子的基因突变引起的，皮肤或黏膜受到轻微外伤即可引起水疱的一组异质或多相的遗传性皮肤病，目前尚无特别有效治疗方法。干细胞基因疗法治疗大疱性表皮松解症研究取得了很大进展。

2. 交界性大疱性表皮松解症（junctional epidermolysis bullosa，JEB） 是一种常染色体隐性遗传病，由编码基膜成分的层粘连蛋白 5（laminin 5，LAM5）基因突变所致。将表达编码 LAM5-b3 的反转录病毒导入患有 LAM5-β3 基因缺陷的 JEB 患者的表皮干细胞，并将其植入受损皮肤。随访 1 年发现，受损皮肤能够合成具有正常水平的 LAM5，并保持牢固的表皮连接，水疱消失，无感染、炎症及免疫反应发生。

3. 隐性营养不良性大疱性表皮松解症（recessive dystrophic epidermolysis bullosa，RDEB） 是由于缺乏Ⅶ型胶原引起的遗传性水疱性疾病，以支持治疗为主。最近的临床试验表明，BM-MSC 移植可改善基底膜结构和促进皮肤伤口愈合。Ⅶ型胶原从供体干细胞转移至受体 RDEB 细胞的机制尚不明确。

（二）BM-MSC 衍生的细胞外囊泡的治疗作用

BM-MSC 衍生的细胞外囊泡主要有两个作用：①帮助细胞外空间运输Ⅶ型胶原；②用编码Ⅶ型胶原的信使 RNA 为 RDEB 成纤维细胞补充Ⅶ型胶原蛋白，诱导 RDEB 成纤维细胞 COL7A1 翻译并合成自己的Ⅶ型胶原 α 链蛋白，帮助增加受体细胞可利用的Ⅶ型胶原蛋白水平。

为评估静脉移植同种异体 BM-MSC 治疗成人 RDEB 的安全性，以及是否能改善伤口愈合和生活质量。一项前瞻性 Ⅰ/Ⅱ 期开放性研究招募 10 例成人 RDEB 接受 2 次 BM-MSC 静脉输注（第 0 天和第 14 天；每次剂量 $2 \times 10^6 \sim 4 \times 10^6$ 细胞/kg）。结果表明，BM-MSC 耐受良好，观察 12 个月无严重不良事件，8 例受试者疾病活动评分降低，瘙痒明显减轻，1 例患者表现出Ⅶ型胶原的短暂增加。因此认为，BM-MSC 输注治疗 RDEB 患者安全、有效。此外，有试验将健康人和 RDEB 患者角质形成细胞衍生的 iPSC（KC-iPSC）诱导培养后经皮下和静脉内注射给受伤的免疫缺陷小鼠，发现 KC-iPSC 诱导的细胞与 MSC 相容，且在受伤的免疫缺陷小鼠上皮区域检测到人Ⅶ型胶原，提示 KC-iPSC-MSC 在 RDEB 的治疗中可能具有一定的潜在应用前景。

四、干细胞治疗在皮肤自身免疫病中的应用

MSC 可通过细胞间接触或分泌免疫调节递质旁分泌两种方式影响免疫细胞，包括 T、B 淋巴细胞、DC 和 NK 细胞的增殖、募集、功能及凋亡，发挥其免疫调节作用。干细胞可通过改变微环境发挥免疫调节作用，干细胞通过与炎症微环境免疫应答相互作用，产生抗炎症细胞因子，抑制炎症引起的过度免疫应答。MSC 治疗对自身免疫病的治疗，可参考第三十七章。

自体 HSC 移植治疗能诱导或缓解难治性自身免疫性风湿性疾病，基本原理是用特定方案去除患者自身反应性免疫记忆。常用抗胸腺细胞球蛋白或抗 CD52 进行体内免疫细胞耗竭，或从移植物选择 CD34+ 干细胞并更新 Treg 群，有效重置免疫系统。但需权衡和评估移植相关的死亡率（ransplantation-related mortality，TRM）与疾病相关死亡率，移植前选择和筛选患者至关重要。此外，其他细胞治疗如使用多能间充质干细胞也可能具有治疗自身免疫病的潜力。从骨髓和其他身体部位分离出的 MSC 具有特定的免疫调节和抗炎特性，经过扩增后回输治疗，但 MSC 治疗的安全性和有效性仍需进一步评估。

（一）系统性红斑狼疮

系统性红斑狼疮（SLE）是一种多态性、多系统性自身免疫病，可引起多器官损伤和多种自身抗体产生。间充质干细胞是具有低免疫原性的多能干细胞，通过与免疫细胞的相互作用而具有免疫调节和修复特性，被认为是治疗各种自身免疫病和炎症性疾病有前途的治疗手段。MSC 用于治疗难治性 SLE 和狼疮性肾炎患者已有超过 10 年的历史。多数临床研究是自我对照研究，只有少数是随机对照试验。一项荟萃分析评估 MSC 治疗 SLE 患者的疗效和安全性，结果显示，SLE 疾病活动指数降低，尿蛋白降低，补体 C3 上升。也有 4 项研究报告了输注过程中的不良事件，包括发烧、腹泻和头痛。结果表明，MSC 可以改善 SLE 患者的疾病活动性、蛋白尿和低补体血症，但仍需要大规模和高

质量的随机对照试验来验证 MSC 治疗 SLE 患者的疗效和安全性。MSC 治疗 SLE 的机制尚不清楚。凋亡细胞的清除障碍被认为与 SLE 的发病机制有关。

有研究表明，MSC 可通过增加 PGE_2 产生促进凋亡细胞清除。一篇包括 8 项前瞻性或回顾性病例的系列研究和 4 项随机对照试验研究的荟萃分析发现，MSC 治疗 3 个月和 6 个月时蛋白尿低于对照；而 MSC 治疗在 2 个月和 6 个月时 SLE 活动性指数（systemic lupus erythematosus disease activity index，SLEDAI）低于对照组，MSC 治疗不良反应发生率低于对照。结果表明，MSC 治疗可以较好地控制狼疮患者的蛋白尿。MSC 因此可能是 SLE 患者有希望的治疗手段。此外，也有研究发现，与单独培养的 T 淋巴细胞相比，与 UC-MSC 共培养的 SLE 患者 T 淋巴细胞分泌 γ 干扰素、IL-4、IL-6 和 IL-10 显著降低。T 淋巴细胞中 TNF-α、骨桥蛋白和 NF-κB 的表达水平也显著降低，而 miR-181a 表达显著升高，即 UC-MSC 在体外可能上调 miR-181a、下调炎症相关基因的表达，提示 UC-MSC 对 SLE 患者 T 淋巴细胞具有一定的免疫调节和抑制作用。

（二）硬皮病

弥漫性皮肤系统性硬化症即硬皮病（systemic sclerosis，SSc），通常预后很差。造血自体造血干细胞移植（ASCT）已成为难治性患者的有效治疗选择。有学者进行了硬皮病清髓性 ASCT 与环磷酰胺治疗的疗效比较研究，结果表明，清髓性 ASCT 在硬皮病患者中获得了长期益处，包括改善无事件死亡发生率和总体生存率，但以增加预期毒性为代价。与治疗相关的死亡和移植后使用缓解疾病进展的抗风湿药（disease-modifying anti-rheumatic drug，DMARD）的比率低于先前非清髓性移植的报道。一项随机对照的美国硬皮病研究表明，HSCT 相对环磷酰胺冲击治疗具有一定的优越性。随访 4 年半显示了良好的耐受性。

此外，用各种非清髓性治疗方案的三个较小的前瞻性队列研究和一项回顾性分析也显示了 HSCT 治疗后皮肤受累和肺活量的改善。移植相关的毒性和死亡率仍然是 HSCT 的重要问题，因此应为高死亡风险的患者尽早提供 HSCT 的选择，并通过调整治疗方案降低 HSCT 的毒性。目前研究者对 HSCT 的作用机制仍知之甚少，但认为可能与调节性 T 细胞的改变有关。越来越多的证据表明，快速恶化的 SSc 患者 HSCT 治疗的收益可能更明显。但仍需要确定最佳的患者，以及移植前检查和移植后管理。日本的一项 I/II 期临床试验旨在进行 ASCT 治疗严重 SSc 的有效性和安全性评估，19 例重度 SSc 患者入选。用环磷酰胺（$4g/m^2$）和非格司亭［$10\mu g/(kg\cdot d)$］动员外周血干细胞。所有患者均接受高剂量环磷酰胺（200mg/kg）单一疗法作为治疗方案，并接受 CD34 选择或未接受自体 CD34 选择的 HSCT。移植后随访 8 年，CD34 选择组皮肤硬化改善显著好于未接受 CD34 选择组，但并发如巨细胞病毒和带状疱疹病毒感染更常见。两组发生严重不良事件（如细菌感染或器官毒性）的频率相似，均未发生与治疗相关的死亡。因此认为，CD34 选择的 ASCT 可能对改善皮肤硬化和肺功能有利。将 CD34 选择的 ASCT 联合大剂量环磷酰胺治疗，可提供良好的获益与风险平衡。

（三）天疱疮

天疱疮是一种累及全身皮肤、黏膜的有潜在致死性的自身免疫性皮肤病。发病机制为抗桥粒芯糖蛋白（desmoglein，Dsg）1 和抗 Dsg3 自身抗体的产生引起表皮细胞松解，产生裂隙水疱，治疗方案包括糖皮质激素、免疫抑制剂、生物制剂等。疗效肯定但易复发，需长期治疗。干细胞移植用于治疗难治性天疱疮已有 10 多年的历史，因干细胞移植治疗重症天疱疮有效而备受关注。

多数学者认为 HSCT 治疗天疱疮仅限于标准免疫抑制治疗后无效、病情进展、复发后难以缓解或不能耐受免疫抑制剂累积毒性的患者。造血干细胞表面特异性表达 CD34、CD133 等分子，为天疱疮患者移植后的免疫重建提供了可能。一项研究评估了 12 例天疱疮患者接受自体外周血造血干细胞移植（APHSCT）的疗效。用环磷酰胺、粒细胞集落刺激因子动员外周血干细胞，并注入纯化的自体 CD34+ 干细胞。平均随访期为 80.3 个月，总生存率和完全临床缓解率分别为 92%（11/12）和 75%（9/12）。不良反应包括发热、过敏、感染和肝酶升高。APHSCT 后 2 个月，只有 1 例患者死于严重的败血症和多器官功能衰竭。APHSCT 被认为是天疱疮患者有前途的治疗选择。

由于 MSC 表达低水平 MHC-I 分子，且不表达 MHC-II 分子或共刺激分子，使其拥有免疫豁免权，能逃避宿主免疫识别和清除。因此 MSC 移植不需要进行移植前免疫清零。MSC 可通过激活 Fas/FasL（CD95+/CD95+ 受体）诱导 T 淋巴细胞凋亡。同时 MSC 下调 B 淋巴细胞表面受体（如 CXCR4/CXCR5）及该受体相应配体在其他细胞的表达，影响 B 淋巴细胞趋化性、抑制 B 淋巴细胞分化，从而抑制自身抗体的产生。利用 MSC 的免疫抑制作用进行移植治疗天疱疮，可以促进天疱疮症状的缓解。王心声等报道了首例运用脐带 MSC 治疗难治性天疱疮，接受脐带 MSC 30mL 和脐血干细胞 30mL 治疗后 1 个月，患者皮损基本消退、愈合，随访 10 个月病情稳定无复发。国内外已有多个临床中心采用干细胞移植治疗重症天疱疮，并进行长期随访。已有数据表明，HSCT 用于治疗难治性天疱疮可达到较高临床缓解率（75%~100%），缩短了完全缓解所需时间。长期随访也表明，该治疗可明显改善患者的生活质量，延长无症状存活时间。因此 MSC 对天疱疮的疗效及安全性值得肯定。

五、干细胞治疗皮肤 T 细胞淋巴瘤

原发性皮肤 T 细胞淋巴瘤（cutaneous T cell lymphoma，CTCL）是一组非霍奇金淋巴瘤，病损主要表现在皮肤。蕈样肉芽肿（mycosis fungoides，MF）是最常见的 CTCL，通常病程缓慢，多数患者在疾病早期，仅约 1/3 的患者处于晚期（通常是 IIB 期或更高）。晚期和进行期的治疗选择特别有限。异基因 HSCT 作为 CTCL 的治疗选择已引起广泛关注。回顾性分析 CTCL 的自体 HSCT 应用显示，自体造血干细胞移植有较好应答。但其中 75% 的病例复发，疾病进展时间中位数仅 2.3 个月。而自体移植前的 T 细胞耗竭也显示

出高复发率,此高复发率可能与移植后细胞毒性反应有关。通过回顾研究分析同种异体干细胞移植在 CTCL 中的治疗价值,认为同种异体移植有一定的优越性。使用非清髓性调节的异体移植方案,移植物抗淋巴瘤的作用在延长无进展生存期中起重要作用。但对于合适的患者选择和正确的治疗时机尚无共识,须考虑治疗并发症的发生率和死亡率。

六、干细胞治疗脱发

脱发(hair loss,HL)由多种因素决定,如遗传因素(遗传营养不良和雄激素性脱发)、激素混乱(甲状腺器官疾病、胰岛素抵抗)、免疫系统(斑秃和红斑狼疮)、营养不良、环境因素(药物、紫外线辐射)、精神障碍(压力)和衰老等。危害因素影响毛发生长循环、降低干细胞活性和毛囊修复能力。脱发的特征是活跃生长期(生长期)缩短和休息期(休止期)过早诱导。毛发组织工程和干细胞治疗已成为脱发治疗的新方法。使用干细胞可促进头部毛发的再生能力。因此脱发的干细胞治疗正从临床前的模型研究发展为临床试验。

(一)富血小板血浆用于雄激素性脱发

近几年有较多报道富血小板血浆(platelet-rich plasma,PRP)用于雄激素性脱发(androgenetic alopecia,AGA)的治疗,认为是一种安全有效的治疗手段。一项 PRP 和含人毛囊 MSC 的微移植治疗雄性脱发(AGA)的临床研究表明,治疗后平均头发厚度、平均头发数和头发密度均有明显改善。对作用机制的研究表明,真皮乳头细胞中 Wnt 信号增加是促进毛发生长的主要机制。MSC 和血小板衍生的生长因子通过细胞增殖延长毛发生长期(FGF-7)、诱导细胞生长(ERK 激活)、刺激毛囊发育(β-catenin)并抑制凋亡,从而促进头发生长。

(二)微移植人皮肤脂肪组织衍生的头皮

有学者研究了微移植人皮肤脂肪组织衍生的头皮组织中获得的再生毛发。头皮活检组织(2mm×2mm)被机械破碎、离心分离获得毛囊干细胞(HD-AFSC)自体微移植物溶液,将其注射到雄性脱发患者头皮上(评级:Norwood-Hamilton 2~5 和 Ludwig 1~2)。在最后一次微型移植物注射后第 23 周和第 44 周时,患者头发密度明显改善。与基线值相比,治疗区域平均头发密度分别增加了 33%±7.5% 和 27%±3.5%。头皮活检组织评估显示,微移植 11 个月后,每平方毫米毛囊数量与基线相比有所增加(分别为1.4+0.27 和 0.46+0.15)。因此,微型移植物中的 HD-AFSC 有可能作为脱发的替代治疗。

(三)间充质干细胞维持干细胞生态位和延长生长期毛囊的作用

MSC 在维持干细胞生态位(包括毛囊干细胞)和延长生长期毛囊起着关键作用。目前对 ADSC 和 SVF 细胞旁分泌功能治疗脱发的作用研究较多。ADSC 分泌体可促进体外、离体和体内的头发生长。ADSC 的培养基可增强离体人毛器官培养物中毛干的伸长率。皮内注射 ADSC 条件培养基可增加男性型和女性型脱发患者的头发密度和头发直径。头皮 SVF 转植可显著改善患者皮肤质量、头发厚度和密度。此外,ADSC 衍生蛋白质保护人真皮细胞免受雄

激素和活性氧引起的细胞毒性损伤。因此,干细胞注射治疗女性和男性 AGA 是一种有前途的治疗选择。

七、干细胞治疗在特应性皮炎中的应用

特应性皮炎(atopic dermatitis,AD)是一种慢性和复发性炎症性皮肤病,影响全世界 20% 的儿童和 3% 的成年人。特征为瘙痒性湿疹性皮肤病变、皮肤屏障功能受损、Th2 型免疫过度活化和血清免疫球蛋白 E 水平升高。越来越多的证据表明,MSC 介导的免疫调节作用可用于治疗炎症过敏性皮肤病。有学者回顾了 MSC 治疗特应性皮炎的临床前和临床研究,以及可能的生物学机制。过去的几年中,已有较多关于干细胞治疗的研究。(图 3-40-2)

已有基于 MSC 治疗在动物模型和人体试验中被证实临床表现明显改善,其免疫调节作用机制可以是通过抑制 T 细胞和 B 细胞的活化,释放抗炎症细胞因子(IL-10 和 TGF-β),减少 IL-4、IFN-γ 及 IgE 的生成。此外,MSC 能够抑制 AD 小鼠模型中的肥大细胞脱粒。研究证实,MSC 衍生的外泌体及其提取物也可以有效缓解 AD。一项针对 34 例中重度 AD 患者的临床试验表明,皮下注射人脐带间充质干细胞(低剂量 $2.5×10^7$,高剂量 $5×10^7$),AD 的治疗效果呈剂量依赖性。尽管几项研究表明,通过调节多个靶标,hUC-MSC、BM-MSC 或 ADSC 衍生的 MSC 可以抑制 AD 的过敏性进展,但仍有一些应考虑的重要问题,如使用的干细胞类型、移植的细胞数量、细胞制备的预处理、治疗的相关目标、给药途径和频率。目前,临床试验(Clinical Trials)列出了 10 余项基于 MSC 的治疗 AD 的临床试验,见表 3-40-1。

八、干细胞治疗在银屑病的应用

银屑病是一种慢性炎症性皮肤病,具有很强的遗传易感性和免疫异常特征,典型临床表现为鳞屑性红色斑块伴瘙痒。全球患病率约 2%。由于 hMSC 具有抗炎和免疫调节作用而被用于银屑病的治疗研究已有 5 年余,并已在体外动物实验、临床前试验、临床试验中证实了疗效。在一系列临床前和临床研究中,不同类型干细胞 hMSC、hAT-MSC、hUCB-MSC 对银屑病均有一定的治疗作用,如银屑病皮损减轻或消失,疾病严重度指标(Psoriasis Area and Severity Index,PASI)评分降低,甚至有患者多年不复发。(图 3-40-3)

干细胞治疗银屑病的机制,可能是 MSC 可通过降低局部血管生成和炎症因子水平、抑制角质形成细胞的炎症反应,以及 DC 介导的 CD4$^+$T 细胞活化和分化而减轻银屑病皮损。基于 hMSC 的细胞疗法似乎疗效最佳。尚需要更多的研究来标准化治疗剂量、确定细胞的自体或同种异体性质、给药途径。目前,临床试验(Clinical Trials)列出了数十项基于 MSC 的银屑病治疗的临床试验,见表 3-40-2。

九、干细胞治疗在着色性干皮病的应用

着色性干皮病是一种常染色体隐性遗传性疾病,基因缺陷导致患者 DNA 修复功能障碍,机体无法修复紫外线照射后产生的皮肤组织基因突变,多数患者可继发皮肤恶性

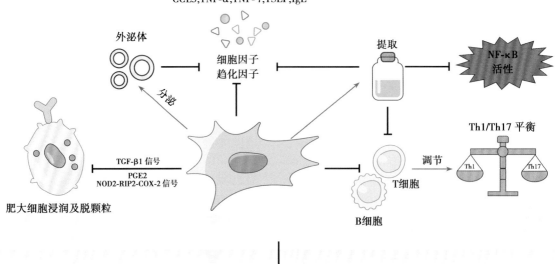

图 3-40-2 间充质干细胞抗炎和免疫调节作用在特应性皮炎的应用

表 3-40-1 间充质干细胞治疗特应性皮炎的临床研究

临床试验号码	单位	阶段	预计招募数量	年龄	应用方式	剂量	频率	随访时间	干细胞类型	主要结局
NCT02888704	韩国国立忠南大学医院	Phase 1	13	19~70 岁	静脉内	1.0×10^8 或 3.0×10^8 cells	1 次	12 周	成人间充质干细胞	不良反应
NCT03252340	韩国国立忠南大学医院	Phase 1	11	19~70 岁	静脉内	1.0×10^8 或 3.0×10^8 cells	1 次	60 个月	成人间充质干细胞	肿瘤形成
NCT01927705	韩国天主教医疗中心	Phase 1, 2	34	20~60 岁	不明确	2.5×10^7 或 5.0×10^7 cells	1 次	4 周	人脐带血间充质干细胞	SCORAD
NCT03458624	韩国首尔圣玛丽医院	Phase 1	14	19~70 岁	静脉内	Unclear	不明确	3 年	不明确	不良反应
NCT05004324	韩国朝鲜大学医院	Phase 3	308	19 岁以上	不明确	5.0×10^7 cells /1.5mL	1 次,5 个区域（双上臂、双大腿和腹部）	12 周	人脐带血间充质干细胞	EASI
NCT03269773	韩国釜山大学医院、全南大学医院、东国大学医院、嘉川大学吉医院、天主教医院、峨山医院、中央大学保健院、汉阳大学医院、三星首尔医院、首尔大学医院、亚洲大学医院	Phase 3	197	19 岁	不明确	5.0×10^7 cells/1.5mL		24 周	人脐带血间充质干细胞	EASI50

续表

临床试验号码	单位	阶段	预计招募数量	年龄	应用方式	剂量	频率	随访时间	干细胞类型	主要结局
NCT04179760	韩国仁荷大学医院	Phase 1,2	92	19岁以上	静脉内	1.0×10^6 cells/kg	3次（week 0,2,4）	24周	人骨髓间充质干细胞	EASI50
NCT04137562	韩国忠南大学医院、高丽大学安山医院、中央大学医院、庆熙大学医院、首尔大学医院、首尔大学博拉美医院	Phase 2	118	19~70岁	静脉内	0.5×10^8 cells/5mL	2次	5年	成人间充质干细胞	EASI50

缩写：SCORAD，SCORing Atopic Dermatitis；EASI，eczema area and severity index。

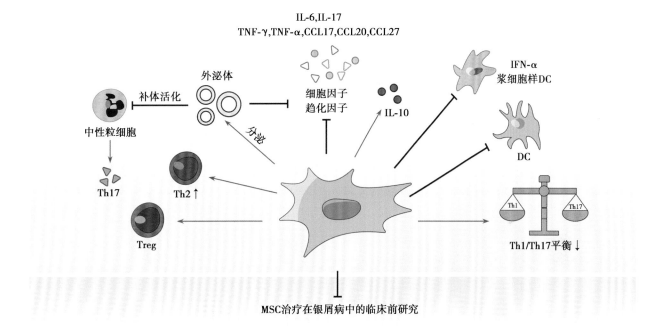

图 3-40-3　间充质干细胞治疗可以重新平衡免疫细胞并抑制银屑病模型中的炎症介质

表 3-4-2　间充质干细胞治疗银屑病的临床研究

临床试验号码	单位	阶段	预计招募数量	年龄	应用方式	剂量	频率	随访时间	干细胞类型	主要结局评估
NCT03765957	中国中南大学湘雅医院	Early Phase 1	12	18~65岁	静脉内	$(1.5 \times 2) \times 10^6$ cells/kg 或（2.5×3）$\times 10^6$ cells/kg	4次（week 0,2,4,6）	6个月	人脐带间充质干细胞	PASI75,PGA
NCT03745417	中国广东省中医院	Phase 1,2	5	18~65岁	静脉内	2×10^6 cells/kg	5次（week 0,2,4,6,8）	12周	人脐带间充质干细胞	PASI
NCT04785027	中国广东省中医院	Phase 1,2	16	18~65岁	静脉内	2×10^6 cells/kg	5次（week 0,2,4,6,8）	12周	脂肪间充质干细胞	PASI

续表

临床试验号码	单位	阶段	预计招募数量	年龄	应用方式	剂量	频率	随访时间	干细胞类型	主要结局评估
NCT03392311	中国广东省中医院	Phase 1,2	8	18~65岁	静脉内	2×10^6 cells/kg	5次(week 0,2,4,6,8)	12周	脂肪多能间充质干细胞	PASI
NCT04275024	中国广东省中医院	Not Applicable	8	18~65岁	静脉内	2×10^6 cells/kg	5次(week 0,2,4,6,8)	12周	脂肪多能间充质干细胞	PASI
NCT03265613	中国广东省中医院	Phase 1,2	7	18~65岁	静脉内	0.5×10^6 cells/kg	3次(week 0,4,8)	12周	脂肪多能间充质干细胞	不良事件
NCT02491658	中国军事医学科学院附属医院	Phase 1,2	30	18~65岁	不明确	1.0×10^6 cells/kg	6次(week 0,1,2,3,5,7)	1年	人脐带间充质干细胞	PASI,DLQI
NCT03424629	北京大学第三医院和天津永合生物技术有限公司	Phase 1	57	18~60岁	静脉内	1.0×10^6 或 3.0×10^6 cells/kg	6次(week 0,1,2,3,5,7)	52周	人脐带间充质干细胞	PASI75,PGA
NCT02918123	韩国天主教大学首尔圣玛丽医院	Phase 1	9	19~65岁	皮下	0.1×10^8 或 0.5×10^8 或 2.0×10^8 cells	1次	4周	人脐带间充质干细胞	不良事件,细胞因子变化,PASI,BSA
NCT05523011	新加坡国立大学医院	Phase 1	10	21岁以上	局部	100μg	每天3次共20次	20天	MSC外泌体软膏	SCORAD,不良事件

缩写:PASI 75,Psoriasis Area and Severity Index ≥75%;PGA,Physician Global Assessment;DLQI,Dermatology Life Quality Index;BSA%,the Body Surface Area;SCORAD,SCORing Atopic Dermatitis。

肿瘤。利用转基因技术将正常的等位基因转移到患者皮肤干细胞内,并筛选出正常干细胞。对这些干细胞进行连续培养并检测基因序列,发现可完整保存转移基因,在器官样皮肤培养和人体皮肤重建中具有完全正常的核苷酸切除修复功能,为着色性干皮症的治疗带来了希望。

十、干细胞治疗在硬化性苔藓的应用

硬化性苔藓(lichen sclerosus,LS)是一种慢性、复发性、炎症性皮肤黏膜病,好发于肛门生殖器部位。LS的临床特征是萎缩性或硬化性斑块、糜烂和瘢痕形成。发病机制尚不清楚,通常认为与自身免疫病相关。组织硬化和萎缩导致疼痛和功能障碍,影响生活质量。少数情况下,LS演变为阴茎和外阴不典型增生甚或鳞状细胞癌。外用超强效皮质类固醇是标准治疗,但复发率高。

自2010年以来,基于ADSC和SVF的方法已被提出用于LS的治疗。脂肪移植治疗外阴LS后的组织学评估显示表皮角化过度,慢性炎症和纤维化减少,肉眼观察皮损有明显改善。富含SVF的脂肪移植LS患者显示,在瘙痒、疼痛、灼热改善方面受益较多,质量生活显著改善。ADSC

治疗LS有效的机制可能与其抗氧化作用有关。脂肪组织分泌物质含抗氧化酶,并具有显著超氧化物歧化酶和过氧化氢酶活性。脂肪移植后LS的纤维化明显改善。这种抗纤维化作用与ADSC的抗炎作用有关。

第五节　干细胞在瘢痕防治中的应用

严重创伤、烧伤、手术及某些疾病等均可导致皮肤瘢痕形成,不仅可引起局部组织的质地及结构改变而影响美观、引起疼痛和瘙痒,还可因严重的瘢痕挛缩累及关节运动而使功能受限,严重影响患者的生活质量。瘢痕的形成包括多种细胞因子和多个修复阶段之间的协同作用,如胶原受体重排、表达α-平滑肌肌动蛋白(α-SMA)的肌成纤维细胞的激活,以及受影响组织中高水平TGF-β1的产生和分泌。瘢痕疙瘩是一种纤维组织过度增生性疾病,是对损伤的反应过度,机制复杂,涉及遗传易感性、机械生物学、内分泌因素、感染、过度炎症反应等。瘢痕的传统治疗方法有局部注射药物、手术切除、放疗、外涂药物、激光治疗等,但效果不尽如人意。

一、自体脂肪移植技术的应用

自体脂肪移植技术应用于皮肤瘢痕修复治疗的原理是脂肪组织富含的脂肪间充质干细胞（ADSC）具有与骨髓干细胞相似的干细胞特性，具有多向分化功能，在适当条件下能够分化为成骨细胞、软骨细胞、肌肉细胞、造血和神经元，甚至还被证明可以分化为角质形成细胞，因此可以促进伤口愈合。ADSC 可自分泌或旁分泌多种细胞因子，如转移生长因子（TGF-β）、血管内皮生长因子（VEGF）、碱性成纤维细胞生长因子（bFGF）、肝细胞生长因子（HGF）等，可促进胶原合成及血管再生，促进创面愈合，对组织再生及重塑具有重要作用。一些临床观察和动物实验表明，在伤口愈合的过程中，ADSC 可影响细胞外基质重塑，血管生成和皮肤瘢痕中的炎症过程，以促进组织再生，同时防止受伤区域瘢痕过度形成。ADSC 在创伤愈合的早期可诱导驻留组织细胞有丝分裂、促进成纤维细胞增殖、增加血管生成、肉芽组织形成、促进伤口愈合。但在伤口上皮化后瘢痕形成和结构重塑过程中却起抑制作用，可减少深层组织纤维化，最终减少皮肤瘢痕形成，实现皮肤功能性的修复。

二、脂肪间充质干细胞治疗瘢痕的作用

ADSC 具有多潜能性，包括脂肪生成、成骨和软骨生成分化，还可抑制人瘢痕疙瘩来源的成纤维细胞的增殖和胶原合成，从而减少炎症和纤维化。ADSC 对瘢痕过度增生的调节机制可能是通过旁分泌作用调节多种凋亡相关分子、增强基质金属蛋白酶 MMP 的分泌及活性，进而抑制炎症反应、促进创面愈合、重塑真皮结构。因此 ADSC 有望作为瘢痕疙瘩的治疗方法。由于肥大细胞参与调节血管稳态和血管生成，上调成纤维细胞增殖，导致胶原蛋白过度合成和成纤维细胞分化为肌成纤维细胞。ADSC 可以通过抑制肥大细胞的数量和活性来抑制肥厚性瘢痕形成。

三、脂肪间充质干细胞衍生的外泌体释放

脂肪间充质干细胞衍生的外泌体释放（ADSC-Exos），在细胞迁移、增殖和胶原合成中发挥重要作用。ADSC-Exos 主要通过调节Ⅲ型与Ⅰ型胶原的比例、TGF-β3 与 TGF-β1 的比例、基质金属蛋白酶 3（MMP-3）和组织抑制金属蛋白酶 1（TIMP-1）的比例而减少瘢痕的形成，促进人真皮成纤维细胞的分化，以及组织重建和结构优化。此外，ADSC 旁分泌活性可抑制 T 细胞增殖，协调伤口部位 CD4+ T 细胞各亚群之间的平衡，降低炎症期 NK 细胞功能，刺激 T 细胞产生 IL-10 等，进而抑制瘢痕增生。

ADSC 可通过与新型材料形成复合物发挥作用。有学者开发了 ADSC-Exos 递送胶原蛋白/聚（L-丙交酯-共己内酯）[P（LLA）-Cl]纳米纱线材料，模拟天然组织基质的形态结构，具有生物相容性和力学性能，促进新生血管形成、细胞增殖和组织再生，同时限制瘢痕形成、胶原沉积和多层上皮形成。另有研究表明，透明质酸可用作 ASC-Exos 构建系统中的固定剂，有利于在伤口区域保留外泌体，促进上皮再生，有助于修复伤口，减少瘢痕形成。有学者开发

ADSC-Exos 水凝胶载体系统和基于生物材料的 Integra™ Matrix Wound Dressing、XenoMEM™ 和 MatriStem™ 作为人类 ADSC 递送载体，发现均有促进皮肤附属器再生和抑制瘢痕组织形成的作用。总之，ADSC 的优点是来源广泛和高增殖能力，临床应用中具有低免疫原性，并且更安全和更有效。ADSC 在组织学上可促进健康组织再生，减少成纤维细胞和重建胶原蛋白；分子水平上，ADSC 通过直接分化和旁分泌机制减少肥厚性瘢痕形成；临床上可改善增生性瘢痕的颜色、弹性、质地、厚度和大小。因此 ADSC 对减轻肥厚性瘢痕形成的积极作用具有广泛的应用前景。

四、间充质干细胞治疗伤口愈合

MSC 可加速伤口愈合过程，通过分泌大量旁分泌生长因子或细胞间接触而发挥免疫调节、抗纤维化和血管生成的作用。MSC 在皮肤伤口愈合过程中减弱炎症过程，其参与免疫调节的主要旁分泌因子有：TGF-β、前列腺素 E$_2$（PGE$_2$）、肝细胞生长因子（HGF）、IL-10、IL-6、吲哚胺 2，3-二加氧酶（IDO）、一氧化氮（NO）和人类白细胞抗原 G（HLA-G）等。而 MSC 抑制由 IDO、PGE$_2$ 和 TGF-β1 介导的 NK 细胞的增殖和功能，HLA-G5 可抑制 NK 细胞介导的细胞溶解，并减少 γ 干扰素（IFN-γ）分泌。目前 MSC 影响瘢痕过度增生的临床前研究主要为瘢痕成熟之前伤口愈合过程中的预防性应用。一项系统评价和荟萃分析优先报告条目评估了活体模型上 MSC 移植治疗肥厚性瘢痕和瘢痕疙瘩的有效性，共纳入了十一项病例对照研究，这些研究用 MSC 或 MSC 条件培养基治疗了 156 名受试者。十项研究评估了肥厚性瘢痕，一项研究了瘢痕疙瘩。所有研究都根据临床和组织学外观评估了瘢痕，且多数研究都结合了免疫组化分析。纳入的研究均发现使用 MSC 或 MSC 条件培养基可改善瘢痕，且无明显并发症。研究表明，在动物模型中，多种细胞来源的间充质干细胞疗法可以成为治疗肥厚性瘢痕和瘢痕疙瘩的有效方法，且不会引起明显的并发症。

五、脂肪组织衍生物治疗痤疮

痤疮是青春期出现的一种常见皮肤病，会引起巨大社会心理压力。痤疮的特征是粉刺、脓疱和丘疹、瘢痕。最近报道，真皮下注射 SVF 可抑制炎症、减少丘疹和脓疱数量。脂肪组织衍生物已被研究用于治疗痤疮后瘢痕。一项临床试验证实，胶原蛋白消化的脂质抽吸物注射治疗可以整体改善萎缩性痤疮瘢痕。酶促获得的 SVF 与 PRP 联合使用治疗痤疮瘢痕有效。有学者提出一种基于 ADSC 外泌体或 ADSC 条件培养基结合点阵二氧化碳激光的无细胞辅助治疗可改善痤疮瘢痕。

第六节　干细胞在皮肤血管病中的应用

血管损伤导致的缺血性疾病是临床常见的严重危害中老年人健康的疾病。治疗一般采用药物、血管搭桥、支架等，治疗效果往往不甚理想。近年来，干细胞移植治疗展现了较好的临床应用前景，为血管病变尤其是缺血患者带来

新的希望。

一、脂肪间充质干细胞治疗下肢缺血性疾病

脂肪间充质干细胞(ADSC)在治疗下肢缺血性疾病方面的研究较多。ADSC 被不断应用于移植治疗各种难治性疾病,如糖尿病溃疡、脑卒中、下肢缺血和心肌梗死等,并且显示 ADSC 可改善缺血区域的供血和功能。ADSC 在慢性糖尿病伤口的再生治疗中具有较好的发展潜力。

ADSC 在条件培养基下可以向组织内多种细胞分化,在局部微环境下,ADSC 能诱导分化成为骨细胞、软骨细胞、脂肪细胞和心肌细胞等。ADSC 具有跨胚层分化的潜能,可被诱导分化为血管内皮细胞。新生血管生成主要包括两阶段:血管发生和血管形成。血管发生主要通过内皮祖细胞的分化、增殖、迁移,在已经成熟的血管床的基础上形成毛细血管,并形成血管网。ADSC 在体内被证实向血管内皮细胞分化和迁徙,并参与血管构建过程。

ADSC 促进血管再生的机制可能为:①ADSC 自我分化成血管内皮细胞参与新生血管的形成;②ADSC 在损伤局部自分泌和调节周边细胞表达多种细胞活性因子,促进局部血管新生,抑制细胞凋亡;③ADSC 与血管内皮细胞协同作用,从而促进血管新生。

已有报道自体或异体 ADSC 移植可有效治疗下肢缺血。通过病毒介导 VEGF、HGF 等基因转染,以及低氧预处理 ADSC,可增强下肢缺血组织血管新生的能力。将 ADSC 与含成纤维细胞生长因子-2(FGF2)的可降解缓释凝胶共同注射到小鼠缺血下肢肌肉内,注射后第 4 周和第 12 周进行肌肉样本分析发现,细胞存活率、新生毛细血管数量和相关促血管生长因子的表达量明显增高。将 ADSC 与可注射明胶微冰胶进行体外预培养形成 3D 微组织,然后定点注射治疗区域,发现 ADSC 可有效对抗病灶区域缺血、炎症,使下肢缺血性小鼠实现血管和肌肉组织再生,避免截肢的发生。该可注射型可降解明胶微冰胶能与 ADSC 相互作用,为 ADSC 创造一个较好的微环境,使 ADSC 在病变局部黏附、生长和增殖,减少 ADSC 在缺血部位的死亡和流失,以确保缺血局部有足够的细胞数量发挥治疗作用。

二、脐带间充质干细胞对糖尿病伤口愈合的作用

有学者探讨了 UC-MSC 对糖尿病伤口愈合的作用及潜在机制。结果表明,UC-MSC 通过增强血管生成来加速伤口愈合;通过局部输注 UC-MSC 募集到伤口组织的宿主巨噬细胞数量大于成纤维细胞移植或对照募集的宿主巨噬细胞数量。并且 UC-MSC 条件培养基激活的巨噬细胞增强了糖尿病血管内皮细胞的功能,包括血管生成、迁移和趋化性。因此,UC-MSC 可通过巨噬细胞表型的重塑诱导血管内皮细胞的功能恢复,有助于糖尿病小鼠伤口的愈合。

三、白塞病的细胞治疗实践

白塞病(Behcet disease,BD)是一种以细小血管炎为病理基础的、慢性进行性发展和反复发作的多系统损害性疾病,临床不能完全治愈,治疗目的主要是控制症状、防止重要脏器损害,并且减缓疾病的发展。研究报道,1 例 55 岁的 BD 女性患者,表现为全身红斑结节样、丘疹性脓疱性病变,合并复发性口腔和生殖器溃疡伴复发性腿部溃疡和行走困难,常规治疗无明显疗效。而 MSC 注射联合小剂量强的松和沙利度胺治疗有效改善了腿部溃疡,且随访 34 个月无复发,受累腿功能正常。因此,单一 MSC 输注或与其他药物联合使用,在治疗难治性、顽固性血管性疾病中均有潜在价值。

(程浩 华春婷)

参考文献

[1] Li Y,Ye Z,Yang W. An Update on the Potential of Mesenchymal Stem Cell Therapy for Cutaneous Diseases. Stem Cells Int,2021,2021:8834590.

[2] Khandpur S,Gupta S,Gunaabalaji DR. Stem cell therapy in dermatology. Indian J Dermatol Venereol Leprol,2021,87(6):753-767.

[3] Shpichka A,Butnaru D,Bezrukov EA,et al. Skin tissue regeneration for burn injury. Stem Cell Res Ther,2019,10(1):94.

[4] Li P,Guo X. A review:therapeutic potential of adipose-derived stem cells in cutaneous wound healing and regeneration. Stem Cell Res Ther,2018,9(1):302.

[5] Chen H,Hou K,Wu Y,et al. Use of Adipose Stem Cells Against Hypertrophic Scarring or Keloid. Front Cell Dev Biol,2021,9:823694.

[6] Gentile P,Garcovich S. Adipose-Derived Mesenchymal Stem Cells(AD-MSCs)against Ultraviolet(UV)Radiation Effects and the Skin Photoaging. Biomedicines,2021,9(5):532.

[7] Tran DK,Phuong T,Bui NL,et al. Exploring the Potential of Stem Cell-Based Therapy for Aesthetic and Plastic Surgery. IEEE Rev Biomed Eng,2023,16:386-402.

[8] Dou S,Yang Y,Zhang J,et al. Exploring the Role and Mechanism of Adipose Derived Mesenchymal Stem Cells on Reversal of Pigmentation Model Effects. Aesthetic Plast Surg,2022,46(4):1983-1996.

[9] Crowley JS,Liu A,Dobke M. Regenerative and stem cell-based techniques for facial rejuvenation. Exp Biol Med(Maywood),2021,246(16):1829-1837.

[10] Jo H,Brito S,Kwak BM,et al. Applications of Mesenchymal Stem Cells in Skin Regeneration and Rejuvenation. Int J Mol Sci,2021,22(5):2410.

[11] Zhang C,Li Y,Qin J,et al. TMT-Based Quantitative Proteomic Analysis Reveals the Effect of Bone Marrow Derived Mesenchymal Stem Cell on Hair Follicle Regeneration. Front Pharmacol,2021,12:658040.

[12] Shimizu Y,Ntege EH,Sunami H,et al. Regenerative medicine strategies for hair growth and regeneration:A narrative review of literature. Regen Ther,2022,21:527-539.

[13] Ling L,Hou J,Liu D,et al. Important role of the SDF-1/CXCR4

axis in the homing of systemically transplanted human amnion-derived mesenchymal stem cells（hAD-MSCs）to ovaries in rats with chemotherapy-induced premature ovarian insufficiency（POI）. Stem Cell Res Ther, 2022, 13（1）:79.

［14］Cai Y, Li J, Jia C, et al. Therapeutic applications of adipose cell-free derivatives: a review. Stem Cell Res Ther, 2020, 11（1）:312.

［15］Babakhani A, Nobakht M, Pazoki Torodi H, et al. Effects of Hair Follicle Stem Cells on Partial-Thickness Burn Wound Healing and Tensile Strength. Iran Biomed J, 2020, 24（2）:99-109.

［16］Lee J, Rabbani CC, Gao H, et al. Hair-bearing human skin generated entirely from pluripotent stem cells. Nature, 2020, 582（7812）:399-404.

［17］Toyoshima KE, Ogawa M, Tsuji T. Regeneration of a bioengineered 3D integumentary organ system from iPS cells. Nat Protoc, 2019, 14（5）:1323-1338.

［18］Jacków J, Guo Z, Hansen C, et al. CRISPR/Cas9-based targeted genome editing for correction of recessive dystrophic epidermolysis bullosa using iPS cells. Proc Natl Acad Sci USA, 2019, 116（52）:26846-26852.

［19］Rashidghamat E, Kadiyirire T, Ayis S, et al. Phase Ⅰ/Ⅱ open-label trial of intravenous allogeneic mesenchymal stromal cell therapy in adults with recessive dystrophic epidermolysis bullosa. J Am Acad Dermatol, 2020, 83（2）:447-454.

［20］Zheng B, Zhang P, Yuan L, et al. Effects of human umbilical cord mesenchymal stem cells on inflammatory factors and miR-181a in T lymphocytes from patients with systemic lupus erythematosus. Lupus, 2020, 29（2）:126-135.

［21］Wu X, Jiang J, Gu Z, et al. Mesenchymal stromal cell therapies: immunomodulatory properties and clinical progress. Stem Cell Res Ther, 2020, 11（1）:345.

［22］Zhou T, Li HY, Liao C, et al. Clinical Efficacy and Safety of Mesenchymal Stem Cells for Systemic Lupus Erythematosus. Stem Cells Int, 2020, 2020:6518508.

［23］Krefft-Trzciniecka K, Piętowska Z, Nowicka D, et al. Human Stem Cell Use in Androgenetic Alopecia: A Systematic Review. Cells, 2023, 12（6）:951.

［24］Hua C, Chen S, Cheng H. Therapeutic potential of mesenchymal stem cells for refractory inflammatory and immune skin diseases. Hum Vaccin Immunother, 2022, 18（6）:2144667.

［25］Shin KO, Ha DH, Kim JO, et al. Exosomes from Human Adipose Tissue-Derived Mesenchymal Stem Cells Promote Epidermal Barrier Repair by Inducing de Novo Synthesis of Ceramides in Atopic Dermatitis. Cells, 2020, 9（3）:680.

［26］Sullivan KM, Goldmuntz EA, Keyes-Elstein L, et al. Myeloablative Autologous Stem-Cell Transplantation for Severe Scleroderma. N Engl J Med, 2018, 378（1）:35-47.

［27］Bellei B, Migliano E, Picardo M. Therapeutic potential of adipose tissue-derivatives in modern dermatology. Exp Dermatol, 2022, 31（12）:1837-1852.

［28］Brembilla NC, Vuagnat H, Boehncke WH, et al. Adipose-Derived Stromal Cells for Chronic Wounds: Scientific Evidence and Roadmap Toward Clinical Practice. Stem Cells Transl Med, 2023, 12（1）:17-25.

［29］Ren G, Peng Q, Fink T, et al. Potency assays for human adipose-derived stem cells as a medicinal product toward wound healing. Stem Cell Res Ther, 2022, 13（1）:249.

［30］Bojanic C, To K, Hatoum A, et al. Mesenchymal stem cell therapy in hypertrophic and keloid scars. Cell Tissue Res, 2021, 383（3）:915-930.

［31］Kwon HH, Yang SH, Lee J, et al. Combination Treatment with Human Adipose Tissue Stem Cell-derived Exosomes and Fractional CO_2 Laser for Acne Scars: A 12-week Prospective, Double-blind, Randomized, Split-face Study. Acta Derm Venereol, 2020, 100（18）:adv00310.

［32］Tedesco M, Bellei B, Garelli V, et al. Adipose tissue stromal vascular fraction and adipose tissue stromal vascular fraction plus platelet-rich plasma grafting: New regenerative perspectives in genital lichen sclerosus. Dermatol Ther, 2020, 33（6）:e14277.

［33］Paganelli A, Tarentini E, Benassi L, et al. Mesenchymal stem cells for the treatment of psoriasis: a comprehensive review. Clin Exp Dermatol, 2020, 45（7）:824-830.

［34］Zhang S, Chen L, Zhang G, et al. Umbilical cord-matrix stem cells induce the functional restoration of vascular endothelial cells and enhance skin wound healing in diabetic mice via the polarized macrophages. Stem Cell Res Ther, 2020, 11（1）:39.

［35］Ayano M, Tsukamoto H, Mitoma H, et al. CD34-selected versus unmanipulated autologous haematopoietic stem cell transplantation in the treatment of severe systemic sclerosis: a post hoc analysis of a phase Ⅰ/Ⅱ clinical trial conducted in Japan. Arthritis Res Ther, 2019, 21（1）:30.

［36］Li Y, Wang Z, Zhao Y, et al. Successful mesenchymal stem cell treatment of leg ulcers complicated by Behcet disease: A case report and literature review. Medicine（Baltimore）, 2018, 97（16）:e0515.

第四十一章　口腔疾病的细胞治疗

提要: 口腔疾病发病率高,随着国人健康水平的提高,人们对口腔疾病的认识和对口腔健康的要求也在升高;牙源性干细胞及干细胞库的建立,牙髓和牙周疾病的细胞治疗实践,并与材料技术结合,使口腔疾病的治疗,人群的口腔健康水平有了大幅提升。本章分5节,分别从牙发育与再生的机制、口腔疾病治疗的细胞学基础、牙髓疾病的干细胞治疗、牙周疾病的干细胞治疗和牙齿脱位的细胞治疗简要概述。

人群中口腔疾病有着较高的发生率,而这些疾病往往会导致牙体、牙周、牙槽骨等多个组织器官的损伤甚至缺失。而目前口腔疾病以修复性治疗为主,即去除原有的病变组织后,替换以人工材料修复缺损部分,如牙髓疾病治疗中的根管治疗术、牙周疾病中的植骨术和牙齿缺失疾病的种植术。然而,传统口腔疾病的治疗方法仍存在种种局限。随着组织工程学科的发展,细胞治疗作为一种再生性的治疗手段在口腔疾病中的研究日益深入。

第一节　牙发育与再生的机制

一、牙髓组织的发育

牙髓(dental pulp)是牙齿的内部软组织,主要包含间充质、神经、血管、淋巴管等组织。组织形态学观察,牙髓结构主要包括外周牙髓区(peripheral pulp zone)和中心牙髓区(central pulp zone)。从外至内,外周区可分为前期牙本质层(predentin)、成牙本质细胞层(odontoblastic zone)、无细胞层(cell free zone)和富含细胞区(cell rich zone)。前期牙本质是由成牙本质细胞分泌基质并初步矿化而形成的;成牙本质细胞层是成牙本质细胞极性化并规则排列而形成的细胞层;无细胞层中包含大量的毛细微血管、牙本质胶原纤维(von korff's纤维)及神经纤维(A-δ纤维和C纤维)等;富含细胞区包括呈现凝聚形态的未分化间充质细胞,可以迁移分化为成牙本质细胞。牙髓的轴中心区有微动静脉穿行,大量I型胶原纤维等基质蛋白交织而成细胞外基质,而成纤维细胞、免疫细胞、未分化细胞散布其中。牙髓与牙本质相连紧密,并且在牙齿发育过程中相互依存,牙本质可以为牙髓提供保护,同时牙髓是牙本质营养和感知的来源,因此二者统称为牙髓-牙本质复合体,而牙髓-牙本质复合体的形成是牙齿发育的关键。牙髓组织由牙乳头组织(dental papilla)发育而来。牙齿形态发生启动时期,第一鳃弓口腔上皮增生突入外胚间充质形成牙蕾结构,牙蕾上皮释放的信号分子诱导其周围的间充质细胞聚集增生为牙乳头。在钟状晚期,牙乳头细胞在来自上皮的信号影响下开始分化,接触成釉器上皮基底膜的细胞首先分化为前成牙本质细胞,同时合成并分泌牙本质细胞外基质并促进矿化。此时牙乳头已经携带牙齿形态发生的信息。进入分泌期后,前期成牙本质细胞分化成熟,细胞轴突开始延伸,并分泌相关牙本质基质蛋白,呈高柱状的极性化形态,为成牙本质细胞(odontoblast),此时牙乳头组织逐步转变为牙髓组织。伴随着牙髓的发育,牙髓中心的一部分细胞分化为纤维细胞,形成胶原,而另一些细胞则维持不分化的状态,是牙髓组织的种子细胞,保留其分化的潜能。牙乳头由不同的细胞簇群构成,包括中胚层和神经嵴来源的细胞。中胚层源性的细胞可分化为血管、淋巴及免疫细胞等,而神经嵴源性细胞常被称为外胚间充质细胞,主要分化为牙源性相关细胞。

在钟状期早期,牙乳头组织中轴出现内皮细胞融合而成的微血管网,以后与牙乳头外周的毛细血管结构连接,逐渐形成位于成牙本质细胞和成牙本质细胞下层的毛细血管床。随着牙本质的形成,成牙本质细胞层的血管逐渐增加。牙齿形态发生的早期,由神经管(neural tube)发育而来的神经纤维已经伸展至牙胚附近的外胚间充质组织中,但是神经纤维包绕和分布于牙囊而后才进入牙乳头。首先进入发育中牙髓组织的神经纤维源于三叉神经,并与血管系统的形态发生相互伴随,早期的这些神经纤维虽然是感觉神经来源的,但它们的作用主要是促进血管成熟和调控血流,通过控制血液供应及分泌神经信号分子影响牙胚的发育。这些感觉神经纤维在成牙本质细胞间交织成网,并且可以深入牙本质小管,形成成牙本质细胞下神经丛,发挥末端感受反应器的生理作用。而植物神经分布晚于感觉神经,主要分布在根髓组织的主干血管附近,发挥调节新陈代谢和细胞分化的作用。

牙齿的后天性发育一直延续至牙齿萌出以后,其中主要是牙根的发育。牙根发育是上皮根鞘、牙乳头和牙囊相互作用的结果,三者在组织学上共同构成牙根发育的"生发中心",称为发育期根端复合体(developing apical complex,DAC)。DAC中包含大量未分化间充质细胞,比相邻的牙髓组织具有更高的增殖活性、克隆形成能力和体外多向分化能力,并且可以分化为牙本质、牙骨质等组织。同时,DAC组织中存在丰富的毛细血管网,可提供更多的原始细胞和营养物质。

当上皮根鞘逐渐断裂离开牙根表面进而形成牙周组织，最终逐渐退化为 Malassez 上皮剩余时，牙根发育完成并停止。牙根发育的结束，在形态学上表现为根端内聚闭合形成根尖孔，而临床上评价牙根发育完成，还包括牙髓组织形成足够的牙本质、牙骨质，从而达到一定厚度的根管壁。牙髓组织的发育随着牙根尖孔的闭合而停止。但是在根尖孔的神经血管和牙髓组织内仍存在大量的未分化间充质细胞，它们是牙髓发育与再生的基础。

二、牙根及牙周组织的发育

（一）牙根的发育

牙根的发育是一个复杂且连续的生物学过程，与牙髓牙本质发育过程相似，牙根的发育是由上皮性的颈环（cervical loop）和间充质来源的牙乳头、牙囊共同在时空上协调有序诱导分化而成的。在牙冠发育基本完成后，牙根也随即开始发育形成。成釉器中的内、外釉上皮和中间层中的细胞向根方延伸，并且包绕着牙囊、牙乳头组织，形成牙根发育的"起始组织"，随着该组织继续成熟和分化，最终形成赫特威上皮根鞘（HERS），HERS 是牙根发育的生发中心。随后上皮根鞘所包绕的牙乳头向根方生长，牙乳头表层细胞和上皮根鞘基底膜相接触，在其诱导下分化为成牙本质细胞并合成矿化基质，初步形成根部牙本质。根部牙本质的发育过程与冠部牙本质类似，但是根部成牙本质细胞与冠部在形态上有较大的差别，因此分泌的胶原蛋白略有差异，同时根部牙本质的形成较冠部稍慢。当根部牙本质发育完成后，上皮根鞘断裂，此时牙囊细胞穿过断裂的上皮根鞘进入牙本质表面。

一般认为牙囊细胞分为三层，中间层的细胞发育为成纤维细胞，形成牙周膜纤维；靠近牙槽骨的外层细胞分化为成骨细胞并分泌骨基质；靠近根部牙本质表面的牙囊细胞在 HERS 的诱导下分化为成牙骨质细胞并分泌牙骨质基质，此时的牙骨质称为原发性牙骨质或无细胞牙骨质。与牙本质发育相似，牙根的发育也是硬组织与软组织交替形成的动态过程。待牙根发育至 2/3，进入功能状态后，开始形成细胞性牙骨质，覆盖于原发性牙骨质表面，越靠近牙颈部，细胞性牙骨质层越薄，根尖 1/3 几乎全部由细胞性牙骨质构成。

（二）牙周组织的发育

随着牙齿萌出和移动，牙齿逐渐承受咬合力并行使咀嚼功能，牙周膜纤维中的细胞增殖并分化为致密的主纤维束，在牙的全生命周期内，均匀不断地更新和改建。待牙根基本发育完成后，断裂的上皮根鞘发生退化，在牙根表面呈团状或条索状散在排列，形成 Malassez 上皮剩余（ERM）。上皮剩余的作用至今仍不完全明确，传统研究表明，上皮剩余平时处于静止状态，在受到局部炎症微环境的影响时，可能会增殖成为颌骨囊肿和牙源性肿瘤；也有研究表明，上皮剩余具有防止骨和基质吸收的能力，在维持牙根稳态中具有重要作用。上皮剩余在维持牙周微环境中具有重要的作用，研究表明，牙再植和牙移植后，牙根吸收的程度与剩余存活的上皮剩余量有着直接的关系。在牙根发育过程中，

牙骨质和牙周纤维形成的过程与牙髓牙本质复合体类似，都是软组织、基质和矿化节律性更替的过程；但是与牙髓牙本质复合体相对单一的微环境不同，牙周微环境包括发育期上皮根鞘、牙囊、牙乳头三种异质性细胞结构，这三种组织相互作用，共同构成了牙根-牙周嵌合体的三维微环境，这种微环境结构又称为根端发育期复合体（DAC）。

三、牙髓及牙周组织中血管、神经的发育

（一）牙髓来自牙乳头

牙乳头是成釉器下方密集分布的间充质细胞团，细胞分裂多，细胞间质少。当成釉器进入钟状期时，牙乳头外围的细胞在内釉上皮的诱导下，分化为成牙本质细胞，一些不成熟的树枝状抗原呈递细胞出现在成牙本质细胞周围。一旦成牙本质细胞开始形成牙本质，牙乳头就成为牙髓。此时在牙髓中为密集的小而未分化的间充质细胞，呈星状，细胞间质少，细胞核相对较大。随着牙髓的发育，牙髓中心处的一部分细胞分化为纤维细胞，胞质增多，形成胶原，并将其包埋在基质中；而另一些细胞维持不分化状态，保留将来再分化的潜能。随着发育的进展，在上皮根鞘的诱导下，根部牙本质和牙骨质形成，根部牙髓通过根尖孔与根尖周及牙周组织交通，并随牙根数目出现多个根髓。根髓中的未分化间充质细胞常位于血管周围，受到一定刺激后，这些细胞可向成纤维细胞及成牙本质细胞分化。

（二）牙髓血管的生成

钟状期早期有小血管自颌骨进入牙乳头，是未来的牙髓血管。其中数支成为牙髓的主要血管，走行至牙尖区，然后发出许多小的分支，形成位于成牙本质细胞层和成牙本质细胞下层的毛细血管床。随着牙本质的形成，成牙本质细胞层的毛细血管数量增加，可见有些毛细血管紧邻前期牙本质，偶尔进入牙本质。淋巴管出现的时间不清楚。成熟牙髓中的巨噬细胞、血管周细胞和淋巴样细胞可能是随血管进入牙髓的。

（三）牙髓神经的生成

牙齿形态发生的早期，由神经管（neural tube）发育而来的神经纤维已经伸展至牙胚附近的外胚间充质组织中，但是神经纤维包绕和分布于牙囊后才进入牙乳头。首先进入发育中牙髓组织的神经纤维源于三叉神经，并与血管系统的形态发生相互伴随，早期的这些神经纤维虽然是感觉神经来源的，但它们的作用主要是促进血管成熟和调控血流，通过控制血液供应及分泌神经信号分子影响牙胚的发育。钟状期末期牙髓组织中成牙本质细胞层开始出现神经营养因子（neurotrophin）、神经生长因子（nerve growth factor，NGF）及脑源性神经营养因子（brain-derived neurotrophic factor，BDNF）的表达信号，提示三叉神经神经纤维已经延伸并分布于该区域。随着牙胚的发育，这些感觉神经纤维在成牙本质细胞间交织成网，并且可以深入牙本质小管，形成成牙本质细胞下神经丛，发挥末端感受反应器的生理作用。

另有研究发现，管内神经末梢不仅仅是牙本质持续形成过程中埋入的，也是神经轴突发育伸长的主动过程。在牙

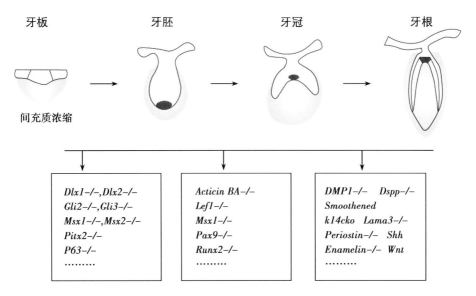

图 3-41-1   牙齿的发育过程

根形成之前,牙髓组织中的感觉神经纤维与微血管系统共同发育,分化为髓鞘化的 A-δ 纤维和无髓鞘的 C 纤维,牙冠部位,尤其是牙尖区域分布密集,而牙根分布较少,牙髓外周组织中分支密布而中心区稀少,最终形成树冠样的分布模式。植物神经分布晚于感觉神经,主要分布在根髓组织的主干血管附近,调节新陈代谢和细胞分化。(图 3-41-1)

四、血管、神经与牙髓牙周组织的再生

血管在组织再生中起到了重要的作用,是一切组织损伤修复和再生的基础。牙齿根尖口狭窄、根管狭长,在组织再生中,局部血液供给较差,因此牙髓再生中的血管再生尤为重要。

1960 年,国际著名的牙髓病治疗专家 Nygard Ostby 的研究表明,牙髓坏死和根尖周炎疾病的成熟恒牙,可以通过刺激其根尖 1/3 组织形成血管化的组织,提出了牙髓再生的理念。我国著名的牙体牙髓病治疗专家史俊男教授和儿童牙病专家杨富生教授在 1980 年也开始采用类似的根管自血疗法,进行牙髓再血管化的治疗探索。由于当时适应证的选择和牙髓诱导药物及材料的限制,临床疗效不尽理想。20 世纪 70 年代,国际著名牙齿外伤专家 J. O. Andreasen 研究发现,对于外伤造成的年轻恒牙牙齿完全脱出,再血管化这种治疗方式也是适用的,而且牙齿离体时间和发育程度与再血管化的成功率有关系。牙根尖口越大,再血管化的血运和新生组织的形成就越好;离体时间越短,细胞再生的可能性越大。

牙髓血运重建术的广泛应用也证明了血运系统重建在牙髓再生中的重要作用。人类牙根尖区组织学结构包括发育期根端复合体(包括 HERS、牙乳头、牙囊)、牙周组织、齿槽骨、血管及神经等组织。目前,根尖区已发现的发育期牙源性干细胞有牙根尖牙乳头干细胞(SCAP)和根尖周牙囊干细胞(PAFSC),而其他成体干细胞有牙髓干细胞(DPSC)、牙周膜干细胞(PDLSC)、骨髓间充质干细胞(BM-MSC)和血管内皮干细胞等。这些干细胞是间充质源性干细胞,拥有多向分化潜能,可以分化成特异性组织形成细胞。牙髓坏死及根尖周炎的年轻恒牙是否能牙髓再血管化取决于根尖周残余发育组织的状态和数量。从发育学角度上说,SCAP 是根尖周组织中数量最多和分化状态较原始的干细胞群落,被公认为是牙髓再血管化和根尖成形的主要角色。许多研究已证实 SCAP 的干细胞生物学性能也强于其他根尖区的干细胞,而且 SCAP 复合羟磷灰石支架植入猪颌骨中可以形成牙根样结构。但是 SCAP 的组织学位置离根管最近,也最容易受到来自根管感染物质的影响,因此根尖周炎症的轻重和临床就诊时间的快慢,直接影响 SCAP 细胞群落的保有量,进而决定牙髓再血管化治疗的效果。同时,根管内形成血凝块在牙髓血运重建中有着重要的作用。血凝块中包含大量的纤维蛋白(fibrin)、纤连蛋白(fibronectin)和玻连蛋白(vitronectin),可以形成利于细胞黏附的支架,促进细胞贴附、伸展和迁移,血凝块中的其他蛋白网架还为根管内间充质干细胞提供聚集支架和基质。牙髓再血管化动物模型实验显示,根管内充盈血凝块或血凝块结合胶原蛋白,则根管内有活力的组织细胞聚集较多,根管壁增厚程度愈大。此外,根管内壁的牙本质层具有特异性的形态和结构,也为干细胞的增殖分化活动提供天然的支架。

神经再生一直是牙髓再生中较为困难的环节,有学者在基于干细胞聚合体的牙髓再生动物学实验中发现,再生组织中含有大量神经纤维,在部分组织中甚至能够观察到再生的神经元,但是对于神经纤维和神经元再生的相关机制,目前仍有待进一步研究。

第二节　口腔疾病治疗的细胞学基础

一、牙源性干细胞

（一）牙囊干细胞

牙囊（dental follicular,DF）是一种松散的外胚组织衍生的结缔组织囊,环绕在发育中的牙齿周围,在牙齿发育和萌出中起着关键作用。Handa 等率先报道了牛牙囊中含有牙囊干细胞（dental follicular stem cell,DFSC）,牙囊是牙齿萌出所必需的,并且调节成骨细胞和破骨细胞的形成。当牙齿穿出牙龈时,牙囊分化为牙周膜,将牙齿固定在周围的牙槽骨上。由于牙周组织起源和发展于牙囊,我们有理由推测牙囊干细胞是牙周再生的理想细胞来源。实验结果表明,牙囊干细胞移植到免疫缺陷小鼠体内后,能够在体内成功生成新的牙骨质组织。

随后,在人类智齿的牙根形成阶段也发现了类似的牙囊祖细胞,其表达特定的干细胞标志物（如 nestin 和 Notch-1）,并在培养中显示出快速附着和体外形成钙化结节的能力。此外,在保留干细胞特性的同时,这些细胞可以在传代 30 次后仍保留干细胞特性,体内移植后仍能够形成类似牙骨质-牙周膜样的组织。近年来,通过免疫组化和 RT-PCR 技术,人们发现牙囊干细胞是由不同的细胞亚群组成,这些亚群具有胚胎干细胞特异性标记的表达（Oct4、NANOG 和 Sox2）,骨髓间充质干细胞特异性标记的表达（Notch1、active Notch1、STRO、CD44、HLA-ABC 和 CD90）,神经干细胞特异性标记的表达（nestin 和 β-Ⅲ-tubulin）,神经嵴干细胞特异性标记的表达（p75 和 HNK1）,以及神经胶质细胞特异性标记的表达（GFAP）。这些结果首次证实牙囊中存在神经嵴干细胞和胶质样细胞,表明牙囊干细胞包含不同来源的干细胞群,提示牙囊干细胞可能是成体细胞干细胞在再生医学应用中的种子细胞来源。Yao 和同事在大鼠下颌第一磨牙的牙囊中通过 Hoechst 和碱性磷酸酶染色,以及侧群干细胞标记物表达的检测,明确了干细胞的存在,同时也提示这些细胞具有向成骨细胞/成牙骨质细胞、脂肪细胞和神经细胞分化的能力。

后来在克隆分选实验中,研究人员分离出三个亚克隆群（每个克隆来自一个 hDFSC）,并分析了它们的形态、增殖、表位谱、体外矿化特征和体内移植特征。结果显示,三个亚克隆（HIM-DFSC1、2、3）显示了不同的表型,分别代表了牙周膜细胞、未分化细胞和成骨细胞/成牙骨质细胞。Tsuchiya 等人通过获得猪的牙囊干细胞,并研究不同细胞外基质组分的作用（如Ⅰ型胶原、纤维连接蛋白、层粘连蛋白和Ⅳ型胶原）,表明牙囊干细胞在体内外均能诱导钙化。此外,这群细胞在成骨分化、体外矿化能力和极限骨缺损的新骨形成方面与猪牙周膜干细胞、骨髓来源的间充质干细胞相比无显著差异,提示牙囊干细胞、牙周膜干细胞与骨髓间充质干细胞在骨形成的潜力上没有差异。

（二）根尖牙乳头干细胞

根尖牙乳头干细胞（stem cell from apical papilla,SCAP）是一类从年轻恒牙的根尖牙乳头组织中分离出的成体间充质干细胞群。与牙髓干细胞等其他牙源性间充质干细胞不同的是,根尖牙乳头干细胞端粒酶活性呈阳性,提示根尖牙乳头干细胞为一种未成熟的干细胞。SCAP 可表达 STRO-1、CD13、CD29、CD34、CD44、CD73、CD90、CD105、CD106、CD146、NANOG、Oct3/4 等间充质干细胞标志,但不表达 CD18、CD45、CD117、c-kit 和 CD150,此外,根尖牙乳头干细胞还表达牙髓干细胞和骨髓间充质干细胞没有的表面抗原 CD24。SCAP 作为一类独特的干细胞类型,是根部牙本质内侧原发性成牙本质细胞的前体细胞,与牙髓干细胞相比,其增殖活性和克隆形成能力更强,群体倍增时间更短,迁移速度更快。

从发育生物学角度来看,根尖牙乳头干细胞是原发性成牙本质细胞的来源,形成原发性牙本质;而牙髓干细胞则是替代性成牙本质细胞来源,形成继发性和修复性牙本质。与牙髓干细胞相比,其增殖活性和克隆形成能力更强,群体倍增时间更短,迁移速度更快,并且成牙能力更强,可形成典型的牙本质-牙髓复合体样组织。经胰岛素样生长因子 IGF-1 诱导后的根尖牙乳头干细胞团可形成编织骨样结构。

（三）牙髓干细胞

牙髓干细胞（dental pulp stem cell,DPSC）是从恒牙牙髓组织中分离培养出的干细胞,是第一个在口腔周围区域发现的干细胞类型,也是研究最彻底的牙源性干细胞。DPSC 在体外能够保持低分化状态和有效增殖,经相应条件诱导后可向成脂细胞、成骨细胞、成软骨细胞、神经细胞、心肌细胞、肝细胞、肌管细胞、血管内皮细胞等谱系分化。与骨髓间充质干细胞（bone marrow mesenchymal stem cell,BM-MSC）相比,牙髓干细胞具有较弱的成骨、成软骨和成脂能力,在成神经和成牙能力方面优于骨髓间充质干细胞,且具有比 BM-MSC 更好的免疫调节能力,抑制 T 细胞的同种异体反应。与冠髓相比,根髓的 DPSC 分布密度更高,形态更具原始性,并且增殖活性和分化能力更强,提示牙髓干细胞是不同分化阶段的干细胞的混合体。牙髓干细胞体内异位移植实验能形成牙本质牙髓样复合体结构、成牙本质样细胞及骨样组织。

（四）脱落乳牙牙髓干细胞

脱落乳牙牙髓干细胞（stem cell from exfoliated deciduous teeth,SHED）是施松涛教授课题组首次从人类脱落乳牙的剩余牙髓组织中筛选和培养出的一类具有多向分化潜能和高度增殖能力的 MSC。乳牙的形态发生从胚胎第 6 周就已开始,几乎与颌骨发育同步进行,因此乳牙牙髓中的干细胞具有胚胎早期间充质干细胞的性能。另外,SHED 与 DPSC 两类牙髓干细胞同名异质,从发育生物学角度来看,DPSC 仅具有间充质细胞的特性,而 SHED 细胞具备神经嵴源性细胞的生物学行为,换而言之,DPSC 是组织发育晚期的下游细胞。SHED 不仅表达 STRO-1、CD13、CD29、CD44、CD73、CD90、CD105、MUC18、CD146 和 CD166 等 MSC 标志,还表达 ESC 标志（Oct4 和 NANOG）、阶段特异性胚胎抗原（SSEA-3 和 SSEA-4）和肿瘤识别抗原（TRA-1-60 和 TRA-1-81）等。由于其可表达多种神经细胞标志,在成神经诱导下，βⅢ-tubulin 和 NeuN 等神经细胞标志性蛋白的表达水平上调，细胞突起较多，形成类似神经干细胞的球样集落。在血管内皮生长因子的刺激下，脱落乳牙干细胞可表达 VEGFR2、CD31、血管内皮钙黏蛋白等血管内皮标志性蛋白，形成毛细血管芽。研究证实，SHED 具有高度的增殖能力和广泛的多向分化能力，其成血管和成神经分化潜能远强于 DPSC，动物模型实验也证实 SHED 能在脊髓神经损伤、脑损伤中起到一定的修复作用，因此 SHED 细胞虽然被认为是成体牙源性干细胞，但其根本特性还是胚胎发育期的牙源性干细胞。此外，SHED 与脐带血干细胞一样，获得较为便利，来源更为广泛，同时符合伦理要求，是目前干细胞治疗及组织工程研究最受关注的种子细胞之一。

(五)牙周膜干细胞

近年来，学者从恒牙牙周膜组织中分离出一群未分化的、具有自我更新和多向分化潜能的成体 MSC，即牙周膜干细胞(periodontal ligament stem cell，PDLSC)，通常其主要位于微血管周边，在原位为牙齿提供支撑并保持组织的稳定。早期牙周炎症时，该干细胞数量明显增多，分布更广泛。PDLSC 的定向分化潜能受多种因素影响，如年龄、机械张力、缺氧状态、支架材料、成纤维细胞生长因子等。血管内皮细胞与 PDLSC 共培养时，前者可明显上调后者的成骨分化能力。

PDLSC 在特定的培养基诱导下，可以向成骨细胞、成牙骨质细胞、成脂细胞、成软骨细胞谱系分化。将 PDLSC 移植至裸鼠皮下，可形成牙骨质-牙周膜样组织，周边附着有类似 Sharpey's fiber 纤维的致密胶原纤维，包埋在牙骨质样组织结构中，但其牙向分化的具体调控机制仍不明确。将 HA/TCP 颗粒置于牙周缺损的免疫缺陷大鼠中，移植 8 周后，骨缺损处出现典型的牙骨质/牙周膜样结构。在一个更相关的比格犬模型中，建立了涉及根尖区域的牙周极限缺损，并将牙周膜、牙髓和根尖乳头的干细胞微球移植到重度牙周缺损中。随后使用免疫组织化学、3DMicro-CT 和临床指标评估结果。结果表明，牙周膜干细胞对牙周韧带、牙槽骨、牙骨质，以及周围神经和血管的再生能力最强。在另一项研究中，hPDLSC 被包裹在一种新型的光敏甲基丙烯酸明胶(GelMA)微凝胶阵列中，并辅以纳米透明质酸(HA)来评估体外骨分化和体内矿化组织形成。结果显示，培养的 hPDLSC 的成骨基因(如 ALP、BSP、OCN 和 RUNX2)表达增强，而微凝胶构建物异位移植到免疫缺陷小鼠中显示矿化组织形成增加，血管形成丰富。

在其他的研究中，Hakki 和同事证明了骨形态发生蛋白(BMPs)在调节骨/矿化组织相关基因表达和 hPDLSC 的生物矿化中发挥重要作用，并表现出剂量依赖性，BMP-6 是最有效的诱导因子。透明质酸对牙周膜干细胞的早期成骨分化有积极作用(如提高存活率和增殖率)，但对后期成骨分化有一定的抑制作用。在培养过程中加入谱系特异性诱导剂，牙周膜干细胞还能分化为其他细胞系，包括脂肪源性、软骨源性、心肌源性、神经源性，甚至肝源性分化。此外，Pelaez 报告了物理刺激的潜在作用(如机械应变)在基于心脏相关转录和蛋白的表达，以及牙周膜干细胞在心肌分化中的作用。此外，该报告还建议，由于牙周膜干细胞起源于胚胎神经嵴，且保留部分胚胎表型，因此对心肌梗死的治疗具有重要的潜力。

最近，Vasanthan 和同事首次描述了牙周膜干细胞通过两期肝源诱导策略有效分化为肝细胞谱系的能力。该研究监测了从成纤维细胞到多面体形态的形态学转变，以及肝脏关键标志物(如糖原存储、白蛋白和尿素分泌)的表达，强调了牙周膜干细胞作为损伤或丢失器官(如肝脏)再生的治疗方法的潜力。尽管自体局部 PDLSC 是牙周再生的重要来源，但是有学者发现，损伤发生后，机体骨髓组织中的间充质干细胞(BM-MSC)能被动员活化、募集，并迁移到牙周部位，参与牙周组织的再生修复，该现象又称为细胞归巢。但是目前无论是外源性再生，还是内源性再生的临床转化应用，仍面临着伦理、生物安全性、诊疗标准及质控评估等问题。

二、干细胞库的建立

虽然自体细胞移植的使用消除了潜在的宿主免疫反应，但是由于细胞捐赠者的健康和疾病状态与干细胞间的潜在变化等原因，往往无法提供足够数量或者良好质量的干细胞。由于成体干细胞具有低免疫原性和免疫抑制的良好特性，具有异体细胞移植的重要潜力。对于基于干细胞技术的牙再生而言，充足的牙源性干细胞则显得至关重要，因此一个具有 GMP 标准的"牙源性干细胞库"是必不可少的。近年来在国际和国内已经建立了多个干细胞库，这也为基于干细胞的牙再生转化应用研究提供了坚实的基础。

牙源性干细胞库要建立标准的源齿运输技术、干细胞分离及提取技术、干细胞储存技术，此外还要有标准的生产车间，进行安全标准的质量控制等。其中干细胞制备车间根据《药品生产质量管理规范》2010 年版、《无菌医疗器具生产管理规范》YY0033—2000、《医药工业洁净厂房设计规范》GB 50457—2008 规划设计，洁净度达到 C 级，要符合干细胞制备车间设计要求。干细胞制备相关人员也要符合标准要求，具有细胞生物学、微生物学和生物化学专业知识，具有正高级专业职称；从事干细胞制剂制备和质量管理 10 年，具有较强的组织协调能力，从事管理工作 10 年，经过 CCP 培训，并获得资质，并参加过生物制品及细胞治疗等相关培训，能够履行干细胞制剂制备管理的职责；熟悉国家、部门、地方关于干细胞制剂制备的政策、法令和法规。

干细胞的质量管理体系根据国家标准也有一定的要求，在此列出相关的标准：

1. 制定并遵循获取细胞来源供体标准操作程序　用于干细胞临床研究的细胞来源应符合原卫生部关于人体器官移植供体和血液制品来源的相关规定，符合国家药品监督管理局《人体细胞治疗研究和制剂质量控制技术指导原则》。

2. 制定并遵循获取移植用细胞的标准操作程序　移植用干细胞的制备应遵循干细胞制剂制备标准操作规程。

3. 细胞制备条件应具备 GMP 实验室认证　细胞制备实验室应具备省级以上药品监督管理部门和疾病预防控制

中心认证的 GMP 实验室洁净级别,有细胞采集加工、鉴定、保存和临床应用全过程的标准操作程序和完整的质量管理记录。制定并遵循 GMP 实验室维护标准操作程序。

4. 遵循细胞产品质量控制标准进行质控 遵循细胞产品质量控制标准并拥有与其配套的检测设备和检测方法。

5. 按照所批准的质量控制标准严格检测 必须按照所批准的细胞产品质量控制标准对每批次细胞产品进行严格检测。

6. 细胞制剂制备过程的记录和鉴定报告永久保存制剂制备部应具有细胞制备及鉴定过程的原始记录和鉴定报告,并永久保存。

7. 临床级干细胞制剂成品及原材料符合干细胞制备质量目标。

总之,标准的牙源性干细胞库的建立为干细胞临床的应用奠定了基础,但是具体的牙相关干细胞临床项目研究还需要符合干细胞临床研究一系列相关标准的要求。基于这些临床规范化的标准,才能开展系列的牙源性干细胞临床治疗。

第三节 牙髓疾病的干细胞治疗

一、牙髓疾病的治疗现状

牙体牙髓疾病是口腔疾病中最常见的疾病,主要分为龋病和牙髓根尖周疾病,当龋病进展严重时,也可导致牙髓坏死以致发展成为牙髓及根尖周疾病。患有牙髓及根尖周疾病的牙齿主要表现为牙齿停止发育,失去活力,牙体组织硬度降低,牙体色泽发生改变等。

(一)牙髓疾病

对于牙髓坏死的年轻恒牙来说,其牙根发育不完全,根尖孔未形成,根尖呈开放状态,无法进行常规根管治疗,其远期预后效果不佳。而传统的根尖诱导成形术(apexification)是在控制感染的基础上,使用药物或手术方法保存和诱导根尖部残存的牙髓和根尖周软组织,促进牙根继续发育或形成钙化屏障封闭根端。其细胞生物学基础是利用牙髓组织细胞和根尖牙乳头组织细胞的增殖和分化活性,发育形成牙根尖周组织。尽管根尖诱导成形技术的广泛开展和临床应用大大提高了年轻恒牙牙髓坏死治疗的临床疗效,但在恢复根尖周组织的生理结构和功能上,还远未达到临床所期望的目标。

在临床工作中,根尖诱导成形术的疗效取决于牙髓坏死的年轻恒牙中残存组织量,如果根尖周炎症严重,导致这些未分化干细胞大量坏死,则根尖周组织不能重建,进而造成牙根发育长度不足,根管壁薄,根尖端形态异常,故其远期疗效不佳。有学者还采用根尖屏障术(apical barriers)进行治疗,通过非手术方法将生物相容性材料(如 MTA、冻干骨粉等)充填到根管根尖部,在根尖端形成钙化封闭桥。尽管该方法可以封闭根尖,降低根折发生率,但牙根发育长度不足,会造成牙齿萌出高度受限,导致牙齿排列不齐。

(二)牙根疾病

对于牙根已经发育完全的成熟恒牙来说,其治疗方法主要为根管治疗术。无论以上何种情况或治疗方法,因为没有生活牙髓通过血液和营养的供给,患牙随着时间的推移都会发生牙体变色,牙体组织强度下降以致冠折、根折等不良的预后情况。因为传统的牙髓治疗方式存在着种种缺陷,越来越多的临床工作者致力于牙髓再生的研究并取得了一定的成果。

二、非干细胞治疗牙髓疾病

牙髓血运重建是 Iwaya 等在 2001 年创造出的一种具有组织再生理念的牙髓治疗方法,其方法是在彻底的根管消毒下,尽可能保护根尖周牙乳头组织,形成以血凝块为主的天然支架,并提供丰富的生长因子,诱导其分化为成牙本质细胞和成骨细胞等,从而促使牙髓再生和牙根继续发育。尽管牙髓血运重建术被美国牙医学会(ADA)和国际儿童牙医协会(IAPD)推荐应用,但是其临床研究多为个例报道,尚无明确的适应证及禁忌证。

此外,前期文献综合分析发现,牙髓血运重建后,根管内形成的硬组织均为类牙骨质样或类骨质样结构,而非管状牙本质;同样,在术后长期随访中也能发现,绝大多数患牙会出现根管弥漫性钙化及根管闭锁等并发症。组织学研究同样发现,根管内组织多为纤维和肉芽组织混合物。牙髓血运重建术不可能形成正常形态结构的牙髓-牙本质复合体,主要是由于血凝块中不具备诱导间充质干细胞成牙分化的生长因子;此外,根尖区牙乳头及根管内的血源性间充质干细胞的数目不足以支持全牙髓组织再生。

三、干细胞治疗牙髓疾病

对于牙髓再生而言,以什么样的形式去递送种子细胞促进其再生能力一直是一个有待研究的问题,在目前组织修复再生的研究过程中,细胞的递送方式也在发生改变。

(一)细胞注射治疗

在组织器官修复及再生研究伊始,细胞注射治疗和细胞诱导治疗是最为常见的方法。对于细胞注射来说,因注射细胞较低的存活率和无法固定于损伤组织,所以这种方式的有效性较为低下,并且注射细胞的免疫排斥反应也是导致其治疗失败的最主要原因。由于注射治疗的局限性,学者们随后进行了细胞的诱导治疗,通过体外诱导后,使细胞能够行使某种特定的功能(如成骨、成脂、成神经等诱导),但是这种方式必须借助于载体来实现,因此其应用受到了限制。

(二)细胞复合生物支架材料治疗

细胞治疗方式的不足促使另一种策略的出现,也就是细胞复合生物支架材料。支架材料能够为细胞的生长、分化、黏附和迁移提供相应的生物三维环境。生物支架材料应当具有传送营养、氧及代谢产物的能力,还可逐步降解,进而被再生组织代替,并保留最终组织结构的特征,而且应有良好的生物相容性、非毒性及合适的物理机械性。常用的生物支架材料主要有天然生物材料、脱细胞基质及合成材料。天然生物材料主要以胶原和壳聚糖为主，对于牙髓再生而言，胶原纤维广泛存在于牙髓组织中，具有很强的伸缩能力，很好的生物相容性，其自身的多孔结构也适合于细胞的黏附生长，但是胶原的机械性能较差，容易发生收缩，不利于细胞的迁移、增殖。而壳聚糖在牙髓组织再生中的研究则相对较少。细胞外基质在再生领域因其较低的宿主反应和较为良好的与机体整合的能力，在治疗皮肤创伤修复等领域得到了很广泛的应用。但是，对于牙髓再生而言，其较差的机械性能和可塑性则限制了其使用。

在再生领域，学者们一直在探索创新利用合成生物材料来实现组织器官再生，其原理就是将种子细胞复合至合成生物材料中并植入到缺损器官。对于牙髓再生而言，这种方式提高了其机械性能，但是将无机物离子与生物聚合物混合，容易形成不均匀的混合物，导致其结构和强度不稳定，会影响种子细胞的黏附、增殖和分化。近来，有学者对这种制作生物支架材料的方式进行了改革，制作出一种纳米纤维凝胶和二氧化硅生物活性玻璃的混合支架材料（nano-fibrous gelatin/silica bioactive glass，NF-gelatin/SBG），这种支架材料符合人体组织的纳米三维立体结构，组织结构更加均匀，机械强度显著提高，具有利于细胞黏附、迁移和增殖的生物学性能。目前生物支架材料的研究仅限于体外或者动物实验，合成生物材料在临床应用的安全性、伦理性尚有待研究。

（三）细胞聚合体技术

为了解决生物支架材料在牙髓组织再生中的种种问题，学者提出了细胞聚合体这一技术。传统牙髓再生的研究方法是用单细胞悬液复合生物支架材料构建组织工程牙髓，但是这种方式的有效性和安全性相对较差。应用细胞膜片工程（cell sheet engineering）可以构建组织工程牙齿，这种培养方法通过细胞自身分泌的细胞外基质形成内源性支架（endogenous scaffold），有利于细胞与细胞间、细胞与胞外基质间的交互作用和遗传信息的传递，有利于维持细胞三维有序的发育空间，有利于细胞外基质的分泌和局部微环境的建立，进而有利于工程牙组织的形态发生。但是单层细胞膜片厚度不足，塑形和机械性能不佳，在使用过程中会出现皱缩等现象，不利于操作。此外，人体的组织器官是三维立体结构，而单层细胞膜片在组织再生中则无法达到这样的要求。有学者提出多层细胞膜片（multi-layered cell sheet，MLCS）的结构，其方法是将多个单层细胞膜片复合培养，以构建出多层的三维结构。但由于每层细胞间缺乏相互的连接和交流，不易获得血液供给，导致无法获取营养，同时代谢产物无法顺利排出的现象，故细胞容易死亡，导致三维组织结构的破坏。

最近有学者提出了细胞聚合体（cell aggregate，CA）的概念，通过细胞体外长时间诱导培养，使其含有丰富的细胞外基质和足够的细胞量，同时其表面细胞伸张充分，细胞连接紧密，具有良好的弹性和可塑性，此外，细胞聚合体富含生物因子和活性蛋白，利于维持干细胞的状态和分化潜能。研究表明，间充质干细胞对基质微环境的弹性非常敏感，可随弹性指数变化而向某一谱系专向分化，并产生相应的细

胞表型，如类似于脑组织的软基质对干细胞有"神经向"诱导功能，类似于肌肉组织的弹性基质可诱导干细胞"肌向"分化，类似于软骨的硬基质则有"骨向"诱导功能。细胞聚合体技术可为种子细胞提供较为丰富的细胞外基质环境，足够维持一定时间内的细胞在缺乏营养供给的状态下生理活动所需的物质条件，同时也避免了外源性支架材料和生长因子安全性的担忧。研究显示，将 SHED 细胞聚合体复合全长牙本质管植入裸鼠皮下 3 个月后，可见到根管内充满了再生牙髓组织，其形态较为规则，并具有牙本质、血管及神经形成相关的细胞和组织结构，并且再生组织细胞仍旧保有 SHED 的生物学特性。

四、牙髓疾病的干细胞临床转化研究

有学者在动物实验的基础上，在体外通过基质细胞衍生因子 1（stromal cell-derived factor 1，SDF-1）和粒细胞集落刺激因子（granulocyte colony stimulating factor，G-CSF）诱导的自体牙髓干细胞符合胶原支架材料培养后，将细胞注入患者因牙髓坏死而彻底消毒的根管内，上方覆盖明胶海绵和封闭材料。经过 24 周的观察后，MRI 显示 5 例患者根管中有类似于牙髓组织的软组织形成，RVG 显示患牙的根管壁有一定程度地增厚，牙髓活力测试显示，随着植入时间的增长，其测试数值有一定程度地下降，提示其牙髓活力在缓慢恢复，以上证据都提示此种方式能够实现牙髓组织的再生。

但是，该临床转化研究也存在着一些问题，首先，牙髓活力测试有较大的假阳性率，并不能作为牙髓是否生活的一个金指标；其次，该试验未进行牙髓血流、患牙的冷热刺激和磨改试验的检测，故无法判断髓腔内再生的软组织是牙髓组织还是肉芽组织；再次，通过该试验所展示的影像学结果发现，有些患牙的根管壁有过度、不规则增厚的现象，故这种体外诱导并复合胶原的细胞植入根管后的转归还有待验证。同时，本研究仅为临床转化应用而非临床试验。

（一）乳牙牙髓干细胞聚合体用于牙髓再生的临床试验

随后，有学者结合了牙髓血运重建术的基本原理，利用患者自体 SHED 细胞聚合体植入根管内并成功实现了牙髓组织再生。该学者在临床上收集了 40 例上颌切牙区牙髓坏死的年轻恒牙患者，年龄在 6~10 岁，所有患牙的根尖口均未闭合。进行统计学样本量估计后，按照试验/对照为 3∶1 的比例将患者随机分配到自体细胞聚合体移植组和传统的根尖诱导成形术组。试验组在首次就诊时进行彻底的根管消毒、封药，并且通过开髓拔髓的方式获得其自体乳尖牙牙髓组织，然后进行细胞聚合体培养。

首次复诊时，在根管消毒、干燥的基础上，针刺根尖组织使之出血，随后将 SHED 细胞聚合体植入根管中，并在其上方用 MTA 进行封闭；而对照组则按照传统的根尖诱导方法进行治疗。两组均在术后 3、6、9、12、18 个月进行复诊。试验组在术后 6 个月复诊时通过 CBCT 及 RVG 可以看到牙根明显增长、根尖口缩窄和根冠壁增厚，而对照组仅为单纯的根尖闭合，牙根长度并无明显变化。同时试验组在 6

个月或9个月时可以在根管口见到明显的钙化桥形成,这些现象能够间接证明植入的细胞聚合体在根管中已经分化为牙髓组织。而在术后12个月复诊时,该学者又发现了一些较为特殊的现象,即在术后12个月对所有患者进行牙髓活力及血流测试时发现,试验组患儿对于冷热刺激、牙髓活力仪和机械磨改试验的反应均为阳性,而对照组则均为阴性。同时通过术前后CBCT比较和两组间的比较发现,试验组牙根增长的长度和根尖口缩窄的宽度较对照组有明显变化,且均有统计学意义。(图3-41-2)

在术后12个月时,试验组个别患者因修复原因需要进行根管治疗术,故拔除其再生牙髓组织并对其进行组织学检测。结果显示,再生牙髓和正常牙髓组织具有相同的组织结构,对其感觉神经特异性蛋白进行荧光染色,结果均为阳性,这也间接证明了患者对于外界刺激的感觉的可靠性。在随后对所有患者进行的随访中,没有一例患者发生

任何并发症和不良反应,并且对所有患者术前和术后6个月及12个月均进行了血液学及免疫学检测,并未发现任何异常,证明了此种干细胞治疗方式的安全性。

综合以上的所有结果,能够得出利用自体SHED细胞聚合体进行牙髓再生的临床试验是安全且有效的,同时,再生牙髓组织不仅有正常的组织结构,而且能够行使和正常牙髓相同的感觉及发育功能。至此,该学者首次利用干细胞治疗的方式实现了牙髓组织的再生,也证明了组织工程化牙髓临床转化应用的安全及有效性,同时该研究也是国际上首个干细胞用于牙髓再生的临床试验。

(二)牙髓再生的临床试验的质量控制及疗效评价

在干细胞临床试验中,需要对每一例患者建立独立的临床试验研究方案和临床试验病例报告表CRF chart见图3-41-3~图3-41-5。

对患者每次就诊的具体情况进行详细统计,包括常规

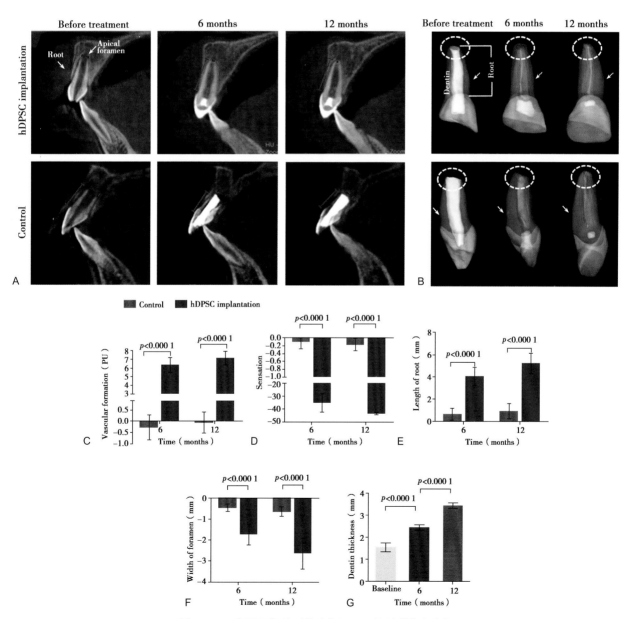

图3-41-2　乳牙牙髓干细胞聚合体用于牙髓再生的临床试验

CLINICAL TRIAL PROTOCOL

临床研究方案

研究目的：
研究代码：
版本编号：V1.1
版本日期：2013.1.20

_____

细胞治疗年轻恒牙外伤致根尖周炎疾病的临床研究

这是一项公开的、前瞻性的单中心研究,用以评估

该研究为历时一年的跟踪随访临床研究。

合作方：

以下修正和管理修正已于准备之日起实施于此研究计划:

修正编号	修正日期	局部修正编号	局部修正日期
V1.0	2013.1.20		

管理变化编号	管理变化日期	局部管理变化编号	局部管理变化日期

1

图 3-41-3　临床试验研究方案

申办方:

细胞治疗年轻恒牙牙髓疾病的临床研究

病例报告表
(Case Report Form)

临床试验中心号:□

受试者编号:□□□

受试者姓名缩写:□□□□

临床试验研究者:＿＿＿＿＿＿＿　(签字)

临床试验申办单位:

临床试验统计单位:

版本号: 1.0

临床试验开始日期: 2018 年 11 月 31 日

图 3-41-4　临床试验病例报告表

试验中心编号	患者随机号	患者姓名缩写	材料编号	第四次访视日期（第12周±3天）
⓪□	□□□	□□□□	□□□	②⓪①□ 年 □□月□□日

第四次访视/第4页：

不良事件记录

不良事件名称 （项目及评分按第17页附表2标准填写）	程度 （按下方*标准说明填写）			发生时间	消失时间	与受试物的相关性 （按下方**标准说明填写）					处理	结果
	1	**2**	**3**			**0**	**1**	**2**	**3**	**4**		
	□	□	□			□	□	□	□	□		
	□	□	□			□	□	□	□	□		
	□	□	□			□	□	□	□	□		
	□	□	□			□	□	□	□	□		
	□	□	□			□	□	□	□	□		
	□	□	□			□	□	□	□	□		
	□	□	□			□	□	□	□	□		
	□	□	□			□	□	□	□	□		

注：不良事件的程度和与受试物的相关性，按下列标准对各项进行评分。

* **不良事件程度的填写：**

1= 轻：无须特殊处理
2= 中：药物治疗等相关处理，不影响后果
3= 重：致命或有生命威胁，除一般的抢救治疗外可能还需重新手术取出植入物

** **不良事件与受试物的相关性评分填写：**

0：肯 定
1：很可能
2：可 能
3：怀 疑
4：不可能

*** **如有严重不良事件发生，必须填写第27页"严重不良事件报告表（SAE）"**

患者其他不适主诉： 有 □ 无 □

31

图 3-41-5 不良事件记录

的临床检查、术后反应、干细胞制品的检测和用量、相关材料的使用等，均需要有详实的记录。同时，对于每次就诊时是否发生不良事件或者严重不良事件，以及相应的处理方法，均需在"不良事件"中如实记录。如有严重不良事件发生，试验单位负责人必须在 24 小时内将《严重不良事件报告表》呈报单位伦理委员会、临床试验负责单位和项目申办单位，同时还必须向试验所在地卫生厅呈报。

干细胞用于牙髓再生的临床试验中，疗效评估分为首要评估目标（牙髓活力情况及牙根继续发育状况）和次要评估目标（患牙功能、临床指标、炎症控制及组织病理学表现）。

牙髓活力评估通过临床检查或检查器材评估患牙的颜色、光泽及冷热刺激反应，衡量研究患牙是否获得牙髓血管提供的营养供应；通过激光多普勒血流仪检测患牙牙髓血流量，衡量研究牙髓再血管化的情况；通过牙髓电活力仪检测患牙牙髓活力，衡量研究再生牙髓的功能。随后对可量化的指标进行统计分析。牙根发育情况在就诊中通过影像学（CBCT）的定量记录进行分析和评估。其余次要评估标准则按照相应的方法在 CRF 表中进行详细记录。

第四节　牙周疾病的干细胞治疗

一、牙周疾病的诊治现状

牙周炎是一种广泛的炎症状态，会不可逆转地侵袭破坏牙周组织，最后导致牙齿丧失。因此，控制牙周炎疾病进程，修复牙周及牙槽骨组织是牙周疾病的最终治疗目标。但是传统的牙周治疗如刮治术及翻瓣术等，主要聚焦于炎症控制，无法达到组织再生的目的。因此，有效并且稳定的牙周组织再生技术研究具有非常重要的临床意义。

引导组织再生术（guided tissue regeneration，GTR）是在临床中最先使用的牙周再生手段，其原理是利用生物膜材料阻止牙龈结缔组织向根方生长，诱导组织形成牙周新附着。生物膜材料根据疾病程度可使用不可吸收型（聚四乙烯）和可吸收型（Bio-Gide 等）材料。虽然 GTR 技术已在临床治疗中广泛使用，但是其临床疗效和联合植骨术使用的必要性仍具有不确定性，需要进一步验证。植骨术也是临床中较为普遍的牙周再生治疗手段，通过移植新鲜骨材料达到牙槽骨修复和牙周组织再生的目的。

目前临床使用的骨移植材料有自体骨、同种异体骨（新鲜冷冻骨、冻干骨等）、异种骨（牛骨、珊瑚）和骨替代产品（聚合物、生物陶瓷、羟基磷灰石等），目前临床中最常使用的是 Bio-Oss 材料，通过对天然牛骨进行特殊工艺加工，保留牛骨中的骨小梁结构，为骨细胞和血管组织的迁移再生提供了良好的环境。

随着研究进一步深入，生长因子和蛋白衍生物也在牙周再生中得到越来越广泛的使用，研究发现，成纤维细胞生长因子 2（fibroblast growth factor，FGF-2）、血小板源性生长因子（platelet derived growth factor，PDGF）、骨形态发生蛋白（bone morphogrnrtic protein，BMP）和釉基质蛋白衍生物

（enamel matrix derivative，EMD）均在动物学实验中显示出一定的牙周再生和骨组织修复能力。但是由于牙周及其支持组织结构微环境复杂，以上方式只能实现片段化的牙周再生，无法重建整个牙周组织结构。

二、牙周疾病的细胞治疗

随着组织工程和纳米材料研究的逐步推进，牙周再生也取得了进一步发展，目前关于牙周再生主要有两种技术体系：外源性再生和内源性再生。

（一）牙周外源性再生技术

引导组织再生术、植骨术、生长因子及活性蛋白的使用，虽然可以在一定程度上达到牙周缺损修复的目的，但是当牙周缺损较大、病情较为严重时，由于局部能够行使修复功能的干细胞数目不足，以上方法则无法实现牙周再生的目标。因此外源性干细胞移植技术成为牙周再生新的研究方向。大量研究表明，干细胞移植修复牙周组织缺损能够取得较好的治疗效果，其中牙源性干细胞治疗优于其他间充质或上皮性干细胞，但 DPSC 与 PDLSC 的治疗效果没有明显差异。

干细胞移植术不仅能够解决损伤区域可用于修复再生的细胞数量不足的问题，同时，由于干细胞自身的免疫调节作用，能够很好地调节术区的局部炎性微环境。研究显示，移植异体 PDLSC 能够在牙周缺损动物模型原位再生类似牙周膜的结构，将人来源的 SHED 移植入牙周缺损区域，也能够在大动物模型中实现类似牙周组织结构的再生，并且没有发生排异和炎症反应。以上结果提示，牙源性干细胞不仅能够行使再生功能，还能够通过分泌前列腺素 E_2 诱导 T 细胞失活，以及启动细胞凋亡蛋白 1 和其配体，从而抑制 B 细胞活性，使其具有低免疫原性和显著的免疫抑制作用。干细胞移植促进组织再生，使细胞能够准确达到损伤区域并行使修复功能，因此细胞移植的方式对于组织再生的效果至关重要。

有研究将细胞复合支架材料进行移植后发现，材料降解过程中会引起局部的炎症反应，影响再生效果。因此无支架材料的细胞移植技术在牙周缺损再生中应用较为广泛，细胞注射技术在组织再生中使用比较普遍。研究显示，局部注射 PDLSC 或 DPSC 能够修复牙周组织，但是由于细胞悬液流动性较大，注射后大量细胞流失，影响再生效果。因此有研究通过构建细胞膜片和细胞聚合体技术，利用细胞外基质作为天然支架材料，既避免了生物支架材料降解引起的局部炎症反应，又能够使细胞准确地植入损伤区域，发挥再生功能。最初的实验是在小动物模型中进行的，比如老鼠或大鼠。人牙周膜干细胞薄片采用自然生长的方法收获，然后移植到免疫缺陷大鼠手术制造的牙周缺损中。4 周后，在所有的模型中都观察到新形成的牙骨质/牙周膜样结构，说明 hPDLSC 膜片能够再生牙周组织。

随后，通过添加骨传导因子（如抗坏血酸、β-甘油磷酸酯和地塞米松）来优化生成 hPDLSC 膜片的培养条件，结果显示，hPDLSC 在体内和体外的骨分化能力均能够增强。在大动物模型中，将犬的牙周膜干细胞 dPDLSC 在骨诱导

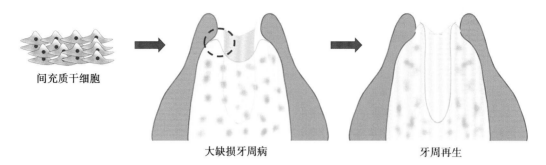

间充质干细胞　　　　大缺损牙周病　　　　牙周再生

图 3-41-6　间充质干细胞能够实现牙周炎疾病的牙周组织再生

培养基中培养 5 天后移植到三壁骨缺损模型，观察到了牙周韧带和牙骨质的形成，目前干细胞用于牙周疾病的治疗已经开展了多个临床试验，研究显示，自体 PDLSC 注射和自体 PDLSC 细胞膜片结合 Bio-Oss，在临床中能够较好地修复牙周炎中的骨缺损，并一定程度上实现牙周愈合，同时干细胞的应用也具有较好的安全性，但基于干细胞的牙周治疗疗效仍需进一步验证。（图 3-41-6）

（二）牙周内源性再生技术

目前基于干细胞的组织再生技术是组织工程和再生医学的研究热点，但由于干细胞应用的安全性、伦理性等问题，临床转化应用面临着严峻的挑战。而内源性再生可为组织器官再生提供一种新的思路和理念。牙周组织内源性再生理念是指通过刺激机体自身修复（self-repair）再生潜能，活化机体自身的内源性间充质干细胞，通过细胞募集和归巢，实现牙周组织的原位再生。

内源性再生具有三个重要的环节：①诱导细胞归巢，通过局部释放生物活性物质（SDF-1、G-CSF 等）募集术区和血运中的干细胞迁移至损伤区域；②促进细胞定植，通过仿生纳米材料或者天然材料模拟细胞再生时所需微环境，促进细胞在损伤区域的定植；③调控细胞发挥再生功能，通过纳米生物材料调节局部微环境中细胞的免疫应答，激活干细胞的修复再生能力。目前，富血小板纤维蛋白（platelet-rich fibrin，PRF）、浓缩生长因子（concentrate growth factors，CGF）在牙周组织再生中的使用具有内源性再生的特点。PRF、CGF 是通过低速和变速离心的方式获取的天然血源性材料，不仅富含生长因子（TGF-β1、PDGF、SDF-1 等）可以促进细胞的归巢，还具有大量的纤维蛋白，为细胞的存活和分化提供了良好的局部微环境。研究显示，在大动物牙周缺损模型和临床试验中，PRF、CGF 单独或者结合生物骨粉使用，能够达到一定的临床牙周愈合效果，但是目前相关研究仅为散在报道，仍需大量的临床研究验证其安全性及有效性，同时，PRF、CGF 在牙周再生中使用的精确性、靶向性和有效性也有所欠缺。目前有研究通过构建靶向控释的纳米生物材料的方式，以期诱导细胞归巢并模拟再生微环境，但目前的相关研究仍处于细胞学层面，尚无动物学实验结果。

第五节　牙齿脱位的细胞治疗

一、牙齿脱位疾病的诊疗现状

调查显示，高达 33% 以上的儿童在 12 岁以前曾受到牙-牙槽外伤。世界卫生组织（WHO）在 1969 年对牙-牙槽外伤进行了分类，Andreasen JO 等人于 1972 年对其进行了修正。牙齿完全脱位（avulsion）是最严重的牙外伤之一，是指牙齿受外力后从牙槽窝中脱出。牙全脱位后，牙髓、牙周、根尖周组织受到撕脱性机械性损伤，根尖端神经血管束和牙周附着组织的断裂导致牙齿失去营养供给与感觉功能，易发生坏死、感染和化学性损伤，最终能否组织重建取决于牙髓与牙周组织的受损程度。离体牙组织细胞状态受离体时间、储存介质等因素影响。脱位牙离体时间越久，牙髓牙周根尖周组织受损越严重，再植后牙髓牙周组织重建的概率越低。

调查显示，由于医疗条件所限及牙外伤知识不够普及，牙再植术（replantation）通常在牙脱位后 1~4 小时进行。延迟再植指牙齿脱位后离体时间超过 1 小时，重新再植回牙槽窝的治疗方法。延迟再植的牙齿由于体外储存时间过长，牙髓、牙周与根尖周的组织细胞发生了不可逆性的损伤，预后不佳。国际牙齿外伤协会（IADT）牙外伤指南建议，牙脱位超过 1 小时后，需彻底清理牙根表面残余坏死的牙周膜与其他污染物，用 2% 氟化钠浸泡后再植回牙槽窝，7~14 天内去除坏死牙髓组织，根管充填氢氧化钙制剂，防止牙根发生炎性吸收。但是再植后患牙失去牙髓组织的血供营养，牙冠发生变色，质地脆性增加；此外，尽管氟化物可以抑制牙根吸收，减缓牙根吸收的速度，但并不能阻止牙根发生替代性吸收即根骨粘连（ankylosis），使牙槽骨最终代替牙根硬组织，此外，如果吸收无自限性，则可能导致牙齿松动脱落的结局；另外，对于年轻恒牙而言，牙根发育未完成，替代性吸收导致患牙不能正常萌出，牙齿萌出高度低于邻牙，出现患牙"下沉"的现象。脱位牙延迟再植后如何有效地重建牙髓与牙周组织是近年来的研究热点。

二、牙齿脱位疾病细胞治疗的临床转化研究

为了解决牙齿完全脱位疾病治疗中的问题和最大程度地保存患牙,有学者开展了乳牙牙髓干细胞聚合体用于完全脱位牙牙髓牙周联合再生的临床试验,该试验利用患儿自体乳牙牙髓干细胞制备聚合体后复合经过处理的脱位牙并再植入牙槽窝内,以期实现牙髓牙周联合再生。再生治疗患者术后 1 年观察未见异常,术后 2 年成功率约为80%,治疗效果明显好于传统延期再植治疗,并且具有良好的生物安全性。

临床试验结果显示,①干细胞复合再植后能够重建牙及支持组织的形态结构:患者术后髓腔结构清晰,根尖区未见不规则炎性阴影;固有牙槽骨连续性良好,牙周间隙宽度正常,牙根表面形态完整,未发生牙根吸收及根骨粘连现象。②干细胞复合再植后能够恢复生理功能:术后 12 个月后,牙齿颜色光泽及萌出高度均与健康邻牙相近;术后 6 个

月,再生牙髓组织逐渐恢复血运及感觉功能,术后 12 个月,检测指标接近健康牙齿;术后 12 个月,牙齿动度及探诊深度均恢复至正常生理状态,患牙能够行使正常的咀嚼功能;牙根未发育完成的部分患者,经过全牙再生性治疗后,牙根继续发育,根尖闭合。该临床试验结果初步证明了干细胞聚合体用于完全脱位牙牙髓牙周联合再生治疗的有效性及安全性,也为后续大规模开展多中心临床转化应用试验奠定了坚实的基础。(图 3-41-7)

将干细胞植入应用于组织工程牙再生的临床转化应用的研究目前还较少,通过对比能够发现,复合了外源性细胞因子和支架材料的种子细胞,其安全性得到了验证,但是其最终的转归和对牙齿发育的影响还有待考证。而通过自体干细胞聚合体植入的方式则在稳定性、有效性上更胜一筹。这也提示我们如何提高干细胞聚合体的生物学性能对未来组织工程牙能够更好地应用于临床转化应用有着至关重要的作用。

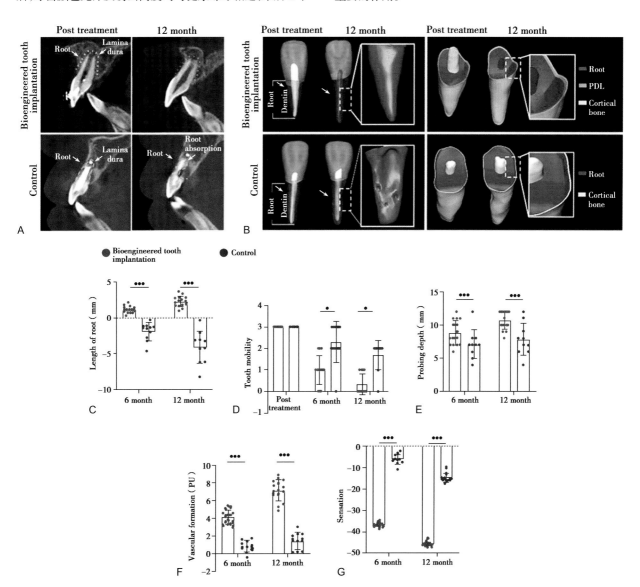

图 3-41-7　乳牙牙髓干细胞用于牙齿完全脱位全牙再生性治疗的临床试验

(李蓓　郭皓　轩昆)

参考文献

[1] Morsczeck C,Götz W,Schierholz J,et al. Isolation of precursor cells (PCs) from human dental follicle of wisdom teeth. Matrix Biol,2005,24(2):55-65.

[2] Al Hindi M,Philip MR. Osteogenic differentiation potential and quantification of fresh and cryopreserved dental follicular stem cells-an in vitro analysis. J Stem Cells Regen Med,2021,17(1):28-34.

[3] Wang S,Mu J,Fan Z,et al. Insulin-like growth factor 1 can promote the osteogenic differentiation and osteogenesis of stem cells from apical papilla. Stem Cell Res,2012,8(3):346-356.

[4] Handa K,Saito M,Yamauchi M,et al. Cementum matrix formation in vivo by cultured dental follicle cells. Bone,2002,31(5):606-611.

[5] Murakami M,Horibe H,Iohara K,et al. The use of granulocyte-colony stimulating factor induced mobilization for isolation of dental pulp stem cells with high regenerative potential. Biomaterials,2013,34(36):9036-9047.

[6] Ding G,Wang W,Liu Y,et al. Effect of cryopreservation on biological and immunological properties of stem cells from apical papilla. J Cell Physiol,2010,223(2):415-422.

[7] Seo BM,Miura M,Gronthos S,et al. Investigation of multipotent postnatal stem cells from human periodontal ligament. The Lancet,2004,364(9429):149-155.

[8] Yang X,Ma Y,Guo W,et al. Stem cells from human exfoliated deciduous teeth as an alternative cell source in bio-root regeneration. Theranostics,2019,9(9):2694-2711.

[9] Chen FM,Gao LN,Tian BM,et al. Treatment of periodontal intrabony defects using autologous periodontal ligament stem cells:a randomized clinical trial. Stem Cell Res Ther,2016,7:33.

[10] Gronthos S,Mankani M,Brahim J,et al. Postnatal human dental pulp stem cells (DPSCs) in vitro and in vivo. Proc Natl Acad Sci USA,2000,97(25):13625-13630.

[11] Guo H,Li B,Wu M,et al. Odontogenesis-related developmental microenvironment facilitates deciduous dental pulp stem cell aggregates to revitalize an avulsed tooth. Biomaterials,2021,279:121223.

[12] He L,Zhou J,Chen M,et al. Parenchymal and stromal tissue regeneration of tooth organ by pivotal signals reinstated in decellularized matrix. Nat Mater,2019,18(6):627-637.

[13] Kinane DF,Stathopoulou PG,Papapanou PN. Periodontal diseases. Nat Rev Dis Primers,2017,3:17038.

[14] Li Z,Wu M,Liu S,et al. Apoptotic vesicles activate autophagy in recipient cells to induce angiogenesis and dental pulp regeneration. Mol Ther,2022,30(10):3193-3208.

[15] Miura M,Gronthos S,Zhao M,et al. SHED:stem cells from human exfoliated deciduous teeth. Proc Natl Acad Sci USA,2003,100(10):5807-5812.

[16] Wu M,Liu X,Li Z,et al. SHED aggregate exosomes shuttled miR-26a promote angiogenesis in pulp regeneration via TGF-beta/SMAD2/3 signalling. Cell Prolif,2021,54(7):e13074.

[17] Xuan K,Li B,Guo H,et al. Deciduous autologous tooth stem cells regenerate dental pulp after implantation into injured teeth. Sci Transl Med,2018,10(455):eaaf3227.

[18] Ul Hassan S,Bilal B,Nazir MS,et al. Recent progress in materials development and biological properties of GTR membranes for periodontal regeneration. Chem Biol Drug Des,2021,98(6):1007-1024.

[19] Zurina IM,Presniakova VS,Butnaru DV,et al. Tissue engineering using a combined cell sheet technology and scaffolding approach. Acta Biomaterialia,2020,113:63-83.

[20] Sui BD,Zhu B,Hu CH,et al. Reconstruction of Regenerative Stem Cell Niche by Cell Aggregate Engineering. Methods Mol Biol,2019,2002:87-99.

[21] BY Lan,X Lin,WJ Chen,et al. Effect of lipopolysaccharide-stimulated exosomes from human dental pulp stem cells combined with stromal cell-derived factor-1 on dental pulp regeneration. Zhonghua Kou Qiang Yi Xue Za Zhi,2022,57(1):60-67.

[22] Levin L,Day PF,Hicks L,et al. International Association of Dental Traumatology guidelines for the management of traumatic dental injuries:General introduction. Dental Traumatology,2020,36(4):309-313.

[23] Sonoyama W,Liu Y,Fang D,et al. Mesenchymal stem cell-mediated functional tooth regeneration in swine. PLoS One,2006,1(1):e79.

[24] Piva E,Tarlé SA,Nör JE,et al. Dental Pulp Tissue Regeneration Using Dental Pulp Stem Cells Isolated and Expanded in Human Serum. Journal of Endodontics,2017,43(4):568-574.

[25] Gronthos S,Brahim J,Li W,et al. Stem cell properties of human dental pulp stem cells. J Dent Res,2002,81(8):531-535.

[26] Zhu B,Liu W,Zhang H,et al. Tissue-specific composite cell aggregates drive periodontium tissue regeneration by reconstructing a regenerative microenvironment. J Tissue Eng Regen Med,2017,11(6):1792-1805.

[27] Vasanthan P,Govindasamy V,Gnanasegaran N,et al. Differential expression of basal microRNAs' patterns in human dental pulp stem cells. J Cell Mol Med,2015,19(3):566-580.

[28] Ma L,Huang Z,Wu D,et al. CD146 controls the quality of clinical grade mesenchymal stem cells from human dental pulp. Stem Cell Res Ther,2021,12(1):488.

[29] Chen Y,Ma Y,Yang X,et al. The Application of Pulp Tissue Derived-Exosomes in Pulp Regeneration:A Novel Cell-Homing Approach. Int J Nanomedicine,2022,17:465-476.

[30] Zheng L,Liu Y,Jiang L,et al. Injectable decellularized dental pulp matrix-functionalized hydrogel microspheres for endodontic regeneration. Acta Biomater,2023,156:37-48.

[31] Sadeghian A,Kharaziha M,Khoroushi M,et al. Dentin extracellular matrix loaded bioactive glass/GelMA support rapid bone mineralization for potential pulp regeneration. Int J Biol Macromol,2023,234:123771.

[32] Han Y,Koohi-Moghadam M,Chen Q,et al. HIF-1α Stabilization Boosts Pulp Regeneration by Modulating Cell Metabolism. J Dent Res,2022,101(10):1214-1226.

[33] Liang Q,Liang C,Liu X,et al. Vascularized dental pulp regeneration using cell-laden microfiber aggregates. J Mater Chem B,2022,10(48):10097-10111.

[34] Lai H,Li J,Kou X,et al. Extracellular Vesicles for Dental Pulp and Periodontal Regeneration. Pharmaceutics,2023,15(1):282.

第四十二章 细胞治疗在抗衰老和老年病防治中的应用

提要：衰老是生命的基本过程，老年病复杂多样，并多呈现慢性进行性发展，抗衰老望长寿是人类追求的梦想。干细胞与免疫细胞治疗理论和技术的发展，推动了细胞治疗在抗衰老和老年病防治中的应用，通过输注特殊的干细胞或免疫细胞，以纠正细胞衰老、干细胞耗竭、免疫衰老等，促进老年人群的健康。近年来的研究和新闻报道，细胞治疗产品在老年病防治和抗衰老中发挥重要作用，在临床实践中也展示出良好前景。本章分 4 节，分别介绍衰老的概述、细胞治疗在抗衰老和老年病防治中的应用基础、细胞治疗在老年病防治中的发展历程和细胞治疗在抗衰老中的应用价值。

随着全球老龄化，特别在我国，社会医疗保障体系尚未完善，经济发展不均衡等大背景下，如何改善老龄人群的健康状况，实现积极老龄化（active aging），老而不衰，衰而无疾，是人类永恒的追求。衰老是生命过程的一个阶段，也是老龄人群常见疾病的病理生理学基础。人体是由各种细胞组成的，细胞衰老是人体各种功能衰退的基础。应用来源于人类组织的细胞，通过实验室的激活、扩增、修饰等方法，替代因为增龄而导致的细胞数量减少、细胞功能下降，甚至替代衰老细胞，可以实现在细胞或者组织上的结构替代和功能改善。因而，细胞治疗技术不仅成为临床各种疑难重症疾病治疗的新方法，也成为防治老年疾病发生、抗衰老的新手段。

第一节 衰老的概述

一、衰老的定义

衰老（aging）是一种自然界生物的普遍现象，是生命过程中的一个阶段。人体衰老是指伴随着时间推移，机体出现形态结构退行性改变、生理功能降低、精神和心理功能衰退等。人体衰老是一个漫长的动态变化过程，人体各组织器官并不是同步发生衰老，并且衰老的速度也不一致，如胸腺萎缩始于青春期，并迅速进展，到 40 岁壮年期，80% 以上的胸腺组织被脂肪组织取代。衰老与老化（senescence）的概念基本一致，老化一般是指"开始衰老"，机体开始出现轻微的退行性改变，即老化改变。

二、衰老的基本特征

从细胞层面，随着时间的推移，细胞增殖分化能力和生理功能逐渐发生衰退，细胞会逐渐衰老。对个体而言，衰老表现为生理完整性的渐进性丧失，进而导致功能损伤和死亡风险增加。近年来，衰老研究取得了前所未有的进展，特别是研究人员发现了一系列衰老特征及标志物。

（一）驱动衰老的特征条件

衰老是由符合以下条件的特征驱动的：①随年龄发生变化；②通过实验增强该特征可加速衰老；③治疗干预该特征可减缓、停止甚至逆转衰老。

2023 年 1 月，西班牙奥维耶多大学的 Carlos López-Otín 和法国古斯塔夫鲁西研究所的 Guido Kroemer 等人阐述了衰老的十二大特征：基因组稳定性丧失、端粒损耗、表观遗传学改变、蛋白稳态丧失、巨自噬失活、线粒体功能障碍、细胞衰老、干细胞耗竭、慢性炎症、营养感应失调、细胞间通信改变和肠道微生物群失调（图 3-42-1）。这些特征相互联系，一种特征的实验性加重或减弱通常也会影响其他特征。这表明了一个事实，即衰老是一个复杂的过程，必须作为一个整体来看待。

（二）衰老的十二大特征

1. 基因组稳定性丧失 随着衰老发展，细胞基因组损伤加剧，修复通路受抑。基因组的完整性和稳定性普遍受到外源性因素（化学、物理和生物因素）和内源性因素（如 DNA 复制错误、染色体分离缺陷、氧化过程和自发性的水解反应）两方面的威胁。机体进化出了一系列复杂的 DNA 修复和维护机制，来处理细胞核 DNA 和线粒体 DNA（mitochondria DNA，mtDNA）受到的损害，从而确保染色体结构的完整和稳定。但这些 DNA 修复网络效率会随年龄增长而降低，导致基因组损伤的积累和细胞质中 DNA 的异位积累逐渐加剧。另外，细胞核结构中，核纤层作为锚定染色质和蛋白质复合体的支架，随着年龄增加也会出现缺陷累积，导致基因组不稳定。研究表明，减少核 DNA 突变负荷或者增强/改变其修复，可能会延缓衰老和衰老相关疾病的发生，但在这方面仍然缺乏进一步的因果证据。mtDNA 由于复制率高、修复效率有限、线粒体内氧化微环境改变，以及缺乏保护性组蛋白，更容易受到衰老相关突变的影响。避免、减弱或纠正 mtDNA 突变可能有助于延长健康寿命和预期寿命。

2. 端粒损耗 染色体末端的 DNA（端粒）损伤会导致衰老和衰老相关疾病。端粒损伤后，DNA 复制酶无法完成端粒区域的真核 DNA 复制，在几轮细胞分裂后，端粒大幅度缩短，从而诱发基因组不稳定，最终导致细胞衰老或凋

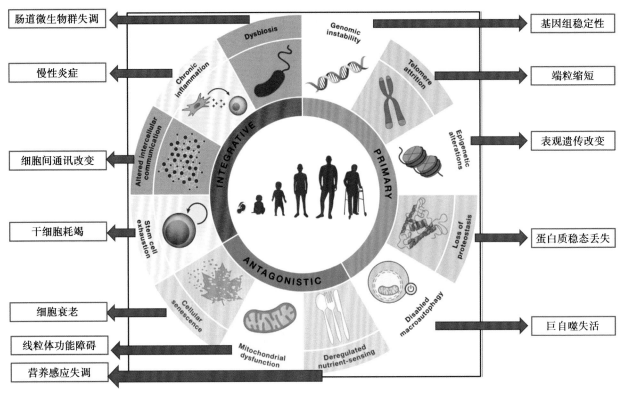

图 3-42-1 衰老的十二大特征

亡。端粒损耗可通过端粒酶的逆转录活性来消除,端粒酶是一种活性核糖核蛋白,可以延长端粒以保证其足够的长度。然而,大多数哺乳动物体细胞内并不表达端粒酶,这导致随着细胞寿命的增加,端粒序列会受到持续不断的累积性损伤。与基因组不稳定性不同(基因组不稳定性有利于肿瘤发生),而端粒损耗可以限制细胞的复制,减缓癌变过程,可能具有拮抗恶性肿瘤的作用。

人类端粒酶缺乏与肺纤维化、再生障碍性贫血和先天性角化不良等疾病的过早发生有关,所有这些疾病都阻碍了受影响组织的再生能力。端粒缩短也在人类和小鼠等多个物种的衰老过程中被观察到。端粒损耗率受到年龄、遗传变异、生活方式和社会因素的影响,并且取决于受影响细胞的增殖活力,可以用于预测许多物种的寿命长度。转基因动物模型解释了端粒损耗、细胞衰老和机体衰老之间的因果关系。科学家利用端粒缩短的小鼠模型已经证明端粒损耗是端粒综合征和主要的衰老相关疾病(如肺和肾纤维化)的原因。

端粒缩短或延长的小鼠分别表现出寿命的缩短或延长。这些端粒动力学和机体衰老之间的联系使得研究人员可以设计新的干预措施来延缓衰老和衰老相关疾病。例如,使用基因治疗方法激活端粒酶的策略已经在肺纤维化和再生障碍性贫血的小鼠模型中取得了治疗效果。当端粒酶被基因编辑重新激活后,端粒酶缺陷小鼠的早衰症状可以被逆转。除此之外,通过药物激活或者病毒激活端粒酶可以延缓小鼠衰老,而端粒超长的小鼠则显示出寿命的延长和代谢健康的改善。与此类似,在阿尔茨海默病的小鼠模型中,经过改造,使成体神经元可以维持端粒酶生理水平

的小鼠表现出神经元的存活和认知功能的维持。因此,通过控制端粒酶的激活有望延缓衰老并治疗端粒疾病。

3. 表观遗传学改变 表观遗传是指由 DNA 序列变化以外的机制引起的表型或基因表达变化。在衰老过程中,机体会发生多种表观遗传改变:DNA 甲基化模式改变、组蛋白翻译后修饰异常、染色质重塑异常和非编码 RNA(ncRNA)功能失调。这些改变影响了基因表达和其他细胞活动,并最终引起癌症、神经退行性疾病、代谢综合征和骨科疾病等一些与衰老相关的疾病的发展和恶化。大量生物酶系统地参与了表观遗传模式的产生与维持,包括 DNA 甲基转移酶、组蛋白乙酰化酶、去乙酰化酶、甲基化酶、去甲基化酶,以及涉及染色质重塑或 ncRNA 合成和成熟的蛋白复合体。以 DNA 甲基化为例,人类 DNA 甲基化修饰的模式随着时间的推移积累了多种多样的变化。

基于选定位点上 DNA 甲基化状态的表观遗传时钟已用于预测实际年龄和死亡风险,以及评价可能延长人类寿命的干预治疗。组蛋白的整体丢失和组蛋白翻译后修饰的组织依赖性变化也与衰老密切相关。组蛋白表达的增加延长了果蝇的寿命,而在老年人和早衰症患者的成纤维细胞中,组蛋白 H4K16ac 或者 H3K4me3 的水平增加,H3K9me3 或 H3K27me3 的水平显著降低。这些组蛋白修饰会导致转录本改变,细胞稳态丢失和衰老相关代谢水平的下降。核小体是细胞中 DNA 缠绕在组蛋白上所形成的一种束状结构,其减少可能使 RNA 聚合酶Ⅱ(Pol Ⅱ)在行进过程中的阻力降低,进而加快其移动的速率。研究人员发现,衰老细胞中的核小体(nucleosome)数量下降。

近日,德国科隆大学团队研究发现,负责进行转录的

Pol Ⅱ,其在沿着 DNA 链制作 RNA 分子的平均速度会随着机体衰老而上升,然而在精确度上却降低,也就是细胞所生产的 RNA 与 DNA 之间不相匹配的情形增加。重要的是,当研究人员提高细胞中组蛋白的表达时,Pol Ⅱ的移动速度也随之变慢,提示,组蛋白修饰和 Pol Ⅱ也可能是延缓衰老的干预靶点。

4. 蛋白质稳态丧失　蛋白质的正常折叠是维持细胞正常功能所必需的。由于衰老过程中错误翻译、错误折叠或不完整蛋白质的产生增加,细胞内蛋白质稳态可能被破坏。蛋白质翻译延伸的减慢和氧化损伤的积累,会分散用于蛋白质折叠的分子伴侣。此外,许多与年龄有关的神经退行性疾病,包括渐冻症和阿尔茨海默病,都可能是由蛋白质突变引起的,这些蛋白质突变使蛋白质容易发生错误折叠和聚集,从而影响维持健康状态所需的蛋白质修复、清除和更新过程。当蛋白质质量控制的机制失效时,蛋白质稳态网络也会崩溃,如内质网中未折叠蛋白反应功能下降,正确折叠的蛋白质的稳定性受损,以及用于降解蛋白质的蛋白酶体或溶酶体不足。一些与年龄相关的疾病,如肌萎缩侧索硬化症、阿尔茨海默病、帕金森病和白内障,都与蛋白质稳态受损有关。系列动物实验表明,蛋白质稳态的破坏可以加速衰老,改善蛋白质稳态可以延缓衰老过程。

5. 巨自噬失活　巨自噬是自噬的主要形式。自噬是细胞代谢的重要一环,如同“人体回收站”。自噬通过溶酶体来降解大分子、细胞器甚至微生物。自噬过程中,细胞质物质被隔离在双膜囊泡中形成自噬体,随后与溶酶体融合以消化管腔内容物。自噬过程不仅涉及蛋白质稳态,还影响非蛋白质大分子(比如异位细胞溶质 DNA、脂质囊泡和糖原)、整个细胞器和入侵的病原体。自噬抑制可加速衰老。与年龄相关的自噬能力下降是细胞器更新变弱的重要机制之一。有充分的证据表明,刺激自噬可以增加模式生物的寿命。过表达 Atg5 可以延长小鼠寿命、改善代谢和运动功能。小鼠实验表明,口服亚精胺诱导多种细胞自噬,可使寿命延长约 25%,同时延缓心脏衰老。

6. 线粒体功能障碍　线粒体是细胞的动力来源,同时也可能是炎症和细胞死亡的潜在触发因素。当活性氧或 mtDNA 从线粒体中泄漏时,可导致炎症小体或胞质 DNA 传感器激活,诱发炎症反应;当半胱天冬酶、核酸酶等的激活剂从膜间隙释放出来时,可诱发细胞死亡。随着年龄的增长,mtDNA 突变积累、蛋白稳态失衡导致呼吸链复合体不稳定、细胞器周转减少、线粒体动力学变化,使线粒体功能逐渐恶化。这种情况导致线粒体生物能量的生成降低,ROS 的产生增加,导致炎症和细胞死亡。线粒体功能受损会导致细胞自稳态失衡,并加速细胞衰老和机体衰老。

7. 细胞衰老　细胞是人体结构和功能的基本单位。机体组织器官的退行性改变,是从每一个细胞的衰老开始的,因而细胞衰老(cellular senescence)决定了机体组织器官的结构退化,功能降低。细胞衰老是由美国科学家 Hayflick 首先提出来的,是指具有增殖能力的细胞在生命活动过程中,随着时间的推移,细胞增殖与分化能力和生理功能逐渐发生衰退的变化过程,表现为逐渐停止增殖、体积膨大、颗粒物增多的现象。细胞衰老是一种由急性或慢性损伤引起的反应。细胞衰老涉及的分子机制较多,氧自由基学说认为机体代谢产生的氧自由基对细胞损伤的积累导致了细胞衰老;端粒学说提出细胞染色体端粒缩短的衰老生物钟理论;DNA 损伤学说认为细胞衰老是 DNA 损伤的积累;基因学说认为衰老相关基因导致了细胞衰老的发生;分子交联学说则认为生物大分子之间形成交联导致细胞衰老,也有学者认为,脂褐素蓄积、糖基化和蛋白质合成差错,诱发了细胞衰老。

另外,引发原发性衰老的损伤类型包括癌基因信号、遗传毒性损伤、线粒体损伤、病毒或细菌感染、营养失衡和机械应激等,细胞衰老是细胞增殖与分化能力等生理功能逐渐发生衰退的变化过程。衰老细胞在多种组织中的累积速度不同。和年轻人相比,老年人组织中衰老细胞可累积到 2~20 倍,其中主要影响成纤维细胞、内皮细胞和免疫细胞。在衰老过程中所有类型的细胞都会经历细胞衰老,即使大脑或心脏等缓慢增殖的组织也可能含有衰老细胞。

8. 干细胞耗竭　干细胞是具有无限制自我更新与增殖分化能力的一类细胞。具有增殖和分化能力的干细胞耗竭,可导致组织器官细胞数量失去动态平衡,出现再生功能下降。在几乎所有的成体干细胞区室中,均发现了相似的干细胞功能性耗竭现象,端粒缩短是多种成体干细胞随年龄增长而衰退的重要原因。随着衰老进展,机体在稳定状态下的组织更新逐渐衰退,损伤后的组织修复能力也会受损。皮肤表皮、毛囊等组织更新较快的部位,有多个干细胞巢,通过组织干细胞增殖分化,实现更新和稳态维持。

当机体出现衰老时,干细胞逐步耗竭,会出现皮肤皱纹、脱发等。最新研究发现,随着人类增龄老化,毛囊黑色素干细胞会被卡在“毛囊凸起”的干细胞隔室中,无法成熟,同时也无法接收 Wnt 信号刺激,最终停止再生,这也是为什么人体衰老后头发变灰变白的原因之一。而肝脏、肺或胰腺等在正常情况下更新较慢的器官,组织修复在很大程度上依赖于损伤诱导的细胞去分化和可塑性。损伤诱导非干细胞去分化,重新激活沉默的干性转录程序(细胞重编程),从而获得组织修复所需的可塑性。一般认为,在机体衰老过程中,成体干细胞的衰老乃至耗竭是组织器官衰老和老年性疾病的基础因素。目前,干细胞耗竭已成为抗衰老研究的重要靶点。

9. 慢性炎症　炎症在衰老过程中逐渐增加,伴有全身表现,以及病理性局部表型,包括动脉硬化、神经炎症、骨关节炎和椎间盘退变等。炎症细胞因子和生物标志物的循环浓度会随着年龄的增长而增加。血浆中 IL-6 水平升高,是全因死亡率的预测性生物标志物。免疫监视缺陷、自身耐受丧失、生物屏障的维持和修复减少等,都会导致全身性炎症的发生。衰老过程中的慢性炎症是由所有其他标识引起的多种紊乱导致的,免疫系统的衰老可能会驱动机体衰老,相应地,抗炎治疗也具有广泛的健康寿命和预期寿命延长效应。

10. 营养感应失调　营养感应网络包括细胞外配体,如胰岛素和胰岛素样生长因子、酪氨酸激酶,以及细胞内信号级联。营养感应网络是细胞活动的中央调节器,调节着包括自噬、mRNA 和核糖体生物发生、蛋白质合成、葡萄糖、核苷酸和脂质代谢、线粒体生物发生和蛋白酶体活性等细胞活动。通过基因调节降低营养感应网络组分的活性,可以在不同动物模型中延长预期寿命和健康寿命。此外,表观遗传年龄也与人类细胞的营养感知有关。在青年时期,营养感应信号网络的活动会促进有益合成代谢,但随着年龄增长,却会发展出促衰老的特性。

11. 细胞间通信改变　细胞可通过旁分泌、可溶性衰老相关分泌表型、胞外囊泡性衰老相关分泌表型、细胞外基质-细胞相互作用、代谢物等进行相互影响。衰老与细胞间通信改变有关,后者会增加系统中的噪声并且损害机体稳态,干扰激素调节。细胞间通信改变主要是由细胞内在驱动的,但这些紊乱最终导致炎症反应增加,免疫监控能力下降,最终导致生态失调。目前与细胞间通信改变相关的衰老研究集中在寻找具有促衰老或延长寿命特性的血源性系统因子、细胞间不同的通信系统的作用等领域。

12. 肠道微生物失调　肠道微生物群可参与并影响多种生理过程,包括营养消化和吸收、对病原体的防御作用和必需代谢产物的产生过程等。肠道菌群还与周围神经系统、中枢神经系统和其他远处的器官相互关联,并影响宿主整体健康的维持。病理性衰老的多组学研究表明,早衰小鼠模型表现出肠道生物菌群失调,包括变形杆菌和蓝细菌的丰度增加,以及疣状菌的水平降低。与这些发现一致的是,人类早衰患者也出现肠道生物菌群失调,而长寿的人体内肠道变形杆菌则显著减少,疣状菌显著增加。粪便微生物群移植(fecal microbiota transplantation,FMT)实验显示,将野生型小鼠的肠道微生物移植到两种早衰小鼠模型中能提高早衰小鼠的健康期和寿命。相反,从早衰供体到野生型小鼠的 FMT 可诱导有害的代谢改变。同时,肠道生态失调也参与全身慢性炎症反应。细菌-宿主双向交流的破坏会导致肠道微生物失调,进而导致多种病理状况,例如肥胖症、2 型糖尿病、溃疡性结肠炎、神经系统疾病、慢性心血管疾病和癌症。通过 FMT 疗法、益生菌等改善肠道微生物群,有望恢复机体免疫系统功能、大脑功能、卵巢功能和生育能力等,延长健康寿命和预期寿命。

三、衰老的机制

生物体衰老是一个复杂的生物学变化过程,主要是机体结构和功能随着时间的推进发生渐进性的老化与衰退,其本质是机体内分子、细胞和器官发生老化积累,最终导致生物体死亡。明确衰老背后的调控机制,进而控制衰老的进程一直是科学家追求的目标。1939 年,科学家发现限制热量摄入可延长小鼠的寿命。近年来,随着基础生物学的不断进步,某些长寿基因、长寿因子的发现,衰老细胞清除、干细胞修复及某些衰老通路的发现,使得衰老的机制研究取得了令人瞩目的成就。如刺激自噬活性可以延缓衰老,其中胰岛素/胰岛素样生长因子信号通路(insulin/insulin-like growth factor signaling pathway,IIS)、哺乳动物雷帕霉素蛋白(mammalian target of rapamycin,mTOR)信号通路、

sirtuins 通路均可通过自噬调控参与衰老进程。另外,氧化应激、细胞衰老与免疫衰老也会导致生物体衰老。明确调节衰老的信号通路途径及信号通路之间的互作关系、细胞衰老与免疫衰老的发生过程,是抗衰老研究的关键。

(一)胰岛素/胰岛素样生长因子信号通路

胰岛素/胰岛素样生长因子信号通路(IIS 通路)是第一个被证实能够影响衰老的通路,具有高度保守性,可参与调控酵母细胞、线虫、昆虫和哺乳动物的衰老过程。IIS 通路的激活可以通过 AKT 激活 mTOR 或抑制 FOXO(forkhead box O transcription factor,FOXO)信号进而抑制自噬活性,并且在秀丽隐杆线虫中的研究发现,抑制 IIS 通路中的关键上游组成分子 AGE-1(磷脂酰肌醇-3 激酶,PI3K p110 催化亚单位)和 daf-2(胰岛素样受体同源蛋白)可以显著延长其寿命。在果蝇、线虫和啮齿动物模型中也证明抑制胰岛素信号通路能够延长寿命。对人类的研究发现,全球的百岁老人群体中 FOXO3 信号通路上一些等位基因的突变率明显升高。

(二)雷帕霉素靶蛋白信号通路

雷帕霉素靶蛋白(target of rapamycin,TOR)是在雷帕霉素研究中首次发现的靶蛋白。雷帕霉素具有强大的抗真菌特性,可以抑制细胞的生长,并发挥免疫调节剂的作用。其在酿酒酵母被首次发现,TOR1 和 TOR2 基因的突变株能够抵抗雷帕霉素引起的细胞周期阻滞。TOR 是一种多用途的蛋白质,是生长因子、营养吸收、能量状态和各种压力信号的调节中枢,参与调控 mRNA 翻译、自噬、转录和线粒体功能等多种过程。在秀丽隐杆线虫中,携带 TOR 和胰岛素信号通路基因突变的双突变体,寿命几乎增加了 5 倍。哺乳动物的 TOR 基因被称为 mTOR(mammalian target of rapamycin),是一种非典型丝氨酸/苏氨酸蛋白激酶,属于 PI3K 家族,与多种蛋白相互作用形成 2 个不同的复合物,分别为 mTORC1 和 mTORC2。mTORC1 对雷帕霉素敏感,参与调节细胞生长、增殖、发育、自噬、先天性和适应性免疫反应等生理活动,并通过影响细胞自噬、内质网应激、线粒体等形成复杂调控网络,在衰老与长寿中发挥关键作用。而 mTORC2 对雷帕霉素不敏感,主要参与调控细胞存活和细胞骨架结构。mTOR 信号通路与许多衰老相关疾病如代谢综合征、心血管疾病、神经退行性病变、肿瘤等的发生发展密切相关,故以 mTOR 为靶点的药物在延缓衰老及治疗衰老相关疾病中具有巨大潜力。

(三)Sirtuins 家族

Sirtuins 是生命体中广泛存在的一类依赖于烟酰胺腺嘌呤二核苷酸(nicotinamide adenine dinucleotide,NAD^+)的组蛋白脱乙酰酶,其家族成员从原核生物到真核生物高度保守,都具有高度保守的 NAD^+ 结合域和核心催化域,以及长度和序列可变的 N 端和 C 端。哺乳动物体内共有 7 种 Sirtuins(即 SIRT1~7),分布在不同亚细胞结构中,每种 Sirtuin 蛋白都包含有助于其细胞定位的初级氨基酸信号序列。SIRT1、SIRT2、SIRT3、SIRT6 和 SIRT7 是真正的蛋白脱乙酰基酶,而 SIRT4 和 SIRT5 无脱乙酰基酶活性,但可从蛋白分子的赖氨酸残基上移除其他的酰基。SIRT1、

SIRT2、SIRT6 和 SIRT7 主要通过表观遗传调控发挥作用，而 SIRT3、SIRT4 和 SIRT5 主要存在于线粒体中。在小鼠和非人类灵长类动物模型中显示，增强 Sirtuins 活性可增加其健康寿命。NAD^+ 是 Sirtuins 工作所必需的"燃料"，当 NAD^+ 水平下降时，会影响细胞核与线粒体的通信，导致 Sirtuins 活性降低；而当 NAD^+ 水平提升后，才能维持 Sirtuins 的活性。越来越多的证据表明，NAD^+ 水平和 Sirtuins 活性会随着年龄增加、衰老或摄入高脂肪饮食而下降。相反，禁食、葡萄糖剥夺、饮食限制和锻炼可增加细胞内 NAD^+ 水平。NAD^+ 水平的下降与许多衰老相关疾病存在因果关系，包括认知能力下降、癌症、代谢性疾病、肌少症和虚弱。许多与衰老相关的疾病可以通过恢复 NAD^+ 水平来减缓甚至逆转。所以，补充 NAD^+，运用 NAD^+ 激活 Sirtuins 长寿蛋白进而调控细胞平衡也是抗衰老和延长寿命的重要研究方向。

（四）氧化应激

机体代谢产生的活性氧（reactive oxygen species，ROS）可攻击细胞内的大分子物质如 DNA、蛋白质等，引起氧化损伤。许多物种及多种组织的氧化损伤伴随着衰老而积累。在 20 世纪 50 年代，内生自由基学说建立，该学说认为，体内的自由基分子来自一些基本的代谢进程如呼吸作用产生的氧气，尤其是线粒体产生的超氧化物，是衰老的病理生理学关键介质。正常情况下，机体的抗氧化能力与不断产生的氧自由基之间保持着动态平衡。及时清除过多的氧自由基，能避免组织氧化损伤，但如果氧自由基产生增多，超出机体清除的能力范围，或者机体抗氧化能力下降导致动态平衡被打破，就会引起组织的氧化损伤，诱发疾病，加速衰老。

线粒体是细胞生物氧化的主要部位，是产生氧自由基的主要场所，同时线粒体自身也是内源性自由基攻击的靶部位。在衰老的过程中，线粒体必然要遭到氧化破坏，线粒体功能丧失是衰老和年龄相关疾病的标志之一。尽管高水平的自由基在一般情况下会涉及细胞损伤和炎症反应，但在低水平的情况下它们也可以通过适当的应激来增强细胞的防御力。线粒体内自由基的产生和抗氧化防御机制平衡失调时，生物体内某些分子会发生氧化损伤并表现出过早衰老的生化和临床表现，而长寿动物则具有较强的对抗活性氧的能力和更好的线粒体功能。

（五）细胞衰老

随着时间的推移，在执行生命活动的过程中，细胞增殖与分化的能力，以及其他生理功能逐渐发生衰退。细胞衰老是一种稳定的细胞周期阻滞状态，是细胞生长发育的必然过程，也是应对不同压力的一种防御机制。细胞衰老主要表现为细胞增殖停滞、细胞凋亡抵抗和复杂的衰老相关分泌表型（senescence-associated secretory phenotype，SASP）。衰老过程中积累和分泌的 SASP 会促进炎症反应，改变细胞间通信并限制再生，从而导致组织功能障碍和病变。

在幼龄小鼠体内移植少量衰老细胞会引起衰弱状态，缩短寿命。衰老细胞在许多疾病中出现局部或特定组织的积累。组织修复被认为是一个两步走的过程。细胞衰老，然后是免疫细胞招募和免疫清除衰老细胞。小鼠实验证明，消除衰老细胞能够治愈多种疾病，并延长多种自然衰老小鼠的健康寿命。目前抗衰学界的重点研究方向之一是衰老细胞清除药物（senolytics），这是一类选择性杀死衰老细胞的小分子化合物。衰老细胞清除不会阻止衰老过程的发生，而是重新执行衰老细胞的自然免疫清除。清除衰老细胞或延缓细胞衰老，是抗衰老研究的潜在方向。

（六）免疫衰老

固有免疫系统和适应性免疫系统都会随着年龄增加发生免疫图谱的改变。衰老引起的免疫系统改变称为免疫衰老（immunosenescence）。免疫衰老是造成慢性炎症的原因之一。在机体自然衰老的过程中，促炎系统和抑炎系统的失衡会引起慢性、系统性的炎症反应状态，即炎性衰老（inflammaging）。炎性衰老是在 2000 年提出来的，是指生物体在年老时，其细胞和组织中炎症标志物的水平升高，导致慢性炎症的发生。慢性炎症处于一种低级的、不增殖的及慢性的促炎症反应的状态。慢性炎症引发的应对各种应激防御能力的下降，以及促炎状态逐步增加，是整个衰老过程的主要特征。同时，慢性炎症反应也可以加速衰老和相关疾病的发生。

慢性炎症与大多数年龄相关的疾病有关，包括癌症、2 型糖尿病、心血管疾病、神经退行性疾病和老年综合征。炎性衰老已经被当作是一个加速衰老的生物标记物，也是衰老生物学的一个特点。造成慢性炎症的原因很多，包括遗传、肥胖、氧化应激、慢性感染等。有研究表明，尽管百岁老人体内促炎症因子（如白介素-6）表达水平较高，但其体内高水平的抗炎网络可以抵消这种损伤，进而实现长寿。因此，纠正体内过度的慢性炎症状态，实现促炎反应和抗炎反应的平衡，可能是延缓衰老或延长寿命的潜在方向。

四、衰老与老年病

老年病（geriatric disease/aged disease）是指随着人的年龄增加而发病率明显升高，且与衰老密切相关的疾病总称，属于慢性病的范畴。机体在老化的基础上，发生生理性退行性改变，退行性改变加重，演变成病理性退行性改变，即为老年病。退行性改变不一定在老年期才发生，所以，老年病不能简单地表述为老人所患的疾病，如女性骨质疏松发生在 40 岁左右。老年病的发生除遗传因素外，还与不良生活方式、环境因素、社会因素等相关。

随着全球人口老龄化，老年病成为各国人口健康的巨大挑战。高血压、冠心病、糖尿病、脑卒中和癌症等成为老龄人口的高发病，积极做好老年病防治，减少老年病发生，提高老年人的生活质量不仅仅是医学问题，也是社会问题。在许多方面，衰老和老年病有着同源性。机体组织细胞的退行性改变是衰老与老年病共同的病理生理基础，老年病就是一组退行性疾病、衰老性疾病。衰老是老年病的基础病因，老年病是衰老的必然结果。衰老发生越快，老年病发生越早，衰老是老年病的百病之源。

第二节 细胞治疗在抗衰老和
老年病防治中的应用基础

一、细胞衰老与细胞治疗

细胞衰老（cellular senescence）是由美国科学家Hayflick首先提出来的，是指具有增殖能力的细胞在生命活动过程中，随着时间的推移，细胞增殖与分化能力和生理功能逐渐发生衰退的变化过程，表现为逐渐停止增殖、体积膨大、颗粒物增多的现象。

（一）细胞衰老是一把双刃剑

细胞是人体结构和功能的基本单位，机体组织器官的退行性改变，是从每一个细胞的衰老开始的，因而，细胞衰老决定机体组织器官的结构退化，功能降低。但不可忽略的是，细胞衰老也是一种有效的抗肿瘤策略，可阻止潜在的肿瘤细胞的增殖。因此，细胞衰老就像一把双刃剑，对我们的健康既有有益的作用，也有不利的影响。

细胞衰老涉及的分子机制较多，氧自由基学说认为，机体代谢产生的氧自由基对细胞损伤的积累导致了细胞衰老；端粒学说提出，细胞染色体端粒缩短的衰老生物钟理论；DNA损伤学说认为，细胞衰老是DNA损伤的积累。基因学说认为衰老相关基因了细胞衰老的发生；分子交联学说则认为，生物大分子之间形成交联导致细胞衰老，也有学者认为，脂褐素蓄积、糖基化和蛋白质合成差错，诱发了细胞衰老。

（二）组织修复的两步过程

组织修复被认为是一个两步走的过程。细胞衰老，然后是免疫细胞招募和免疫清除衰老细胞。正常状态下，细胞衰老能够促进损伤组织修复，同时，避免组织发生癌变。其过程包括：①衰老细胞的识别；②免疫细胞的招募、衰老细胞的清除和组织的再生修复。任何过程的失误均可导致

机体发生病变。准确识别衰老细胞，及时清除并进行再生修复，可保证机体正常运行；能够识别衰老细胞，但无法清除时，机体将发生衰老。图3-42-2展示了细胞衰老与干细胞在组织发展中的作用。

（三）细胞衰老的两个方面

在衰老的机体中，细胞衰老后，一方面，可引起细胞功能和数量减少，导致器官功能减退。老年人的细胞增殖能力下降，使机体发生损伤时，自我再生修复能力降低，如骨骼肌细胞数量减少导致的肌肉萎缩，肌力下降，运动功能降低。此外，细胞衰老导致老年人细胞的功能减退，如与青春期的免疫细胞相比，老年期的免疫细胞，在刺激信号的作用下，释放细胞因子的速度和数量下降，由此，导致老年人免疫功能降低。

另一方面，衰老细胞可分泌SASP等炎症介质，导致慢性炎症反应。衰老细胞仍然是活细胞，这些细胞可以分泌一些特定的细胞因子（如炎症因子），从而破坏细胞周围的微环境，影响正常细胞行使功能，进而导致器官退行性变及多种衰老相关疾病的发生发展。清除衰老细胞可以有效减少衰老相关疾病的症状。多个研究小组通过筛选小分子化合物库发现，某些化合物能够选择性清除衰老细胞，即衰老细胞杀伤性化合物（senolytics）。小鼠实验证明，消除衰老细胞能够治愈多种疾病，并延长多种自然衰老小鼠的健康寿命和总体寿命。选择性杀死衰老细胞，实现衰老细胞清除是目前抗衰学界的重点研究方向之一。

（四）延缓细胞衰老的策略

目前清除衰老细胞，延缓细胞衰老的策略主要有：非药物干预饮食热量限制，在接受饮食热量限制的成年人与小鼠体内，细胞衰老分子标志物p16INK4a等表达显著降低，衰老细胞数量减少；肝脏脂肪沉积显著降低，肝细胞中端粒相关DNA损伤灶减少。其作用机制包括减少ROS、细胞自噬增加、去乙酰化酶Sirtuins的表达增加和DNA损伤反应降低等。另外还包括减少衰老细胞SASP释放、促进

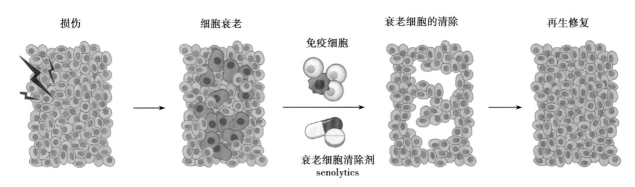

内容	衰老细胞的识别	免疫细胞的招募、衰老细胞的清除和组织的再生修复	结果
生理性	OK	OK	修复
病理性	OK	失败	衰老/疾病
成瘤性	失败	失败	肿瘤

图 3-42-2 细胞衰老与干细胞在组织发展中的作用

衰老细胞凋亡等策略。

（五）免疫细胞清除衰老细胞

免疫系统在清除衰老细胞的过程中发挥着重要作用（图 3-42-3）。NK 细胞通过膜受体诱导细胞凋亡或通过酶破坏靶细胞膜清除衰老细胞。组织内巨噬细胞或循环单核细胞作为抗原提呈和吞噬细胞，可被衰老细胞分泌的 SASP 趋化致靶点，并通过 TLRs 信号产生可溶性细胞毒因子如 ROS、TNF-α 和一氧化氮介导靶细胞杀伤，或通过调理素作用杀死靶细胞。体液免疫系统能够识别衰老相关的生物分子并产生抗体等组分，这些抗体可附着在衰老细胞表面，通过调理作用增强吞噬细胞对衰老细胞的吞噬。T 淋巴细胞系统中，与 NK 细胞相似，CD8+ T 淋巴细胞可识别杀伤衰老的靶细胞，TH1 型 CD4+ T 细胞可通过产生炎症细胞因子，增强免疫细胞对衰老细胞的监视清除作用。TH2 型 CD4+ T 细胞分泌 IL-4 和 TGF-β，可下调 NK 细胞和 CTL 表面 NKGD2 的表达，对衰老细胞的清除具有负调控作用。

（六）NK 细胞治疗在抗衰老中的作用

免疫系统功能的下降与衰老细胞的堆积均可加速衰老，因此通过增强免疫细胞清除衰老细胞的能力也可实现衰老细胞的清除，通过将外周血 NK 细胞过继输注给患者，可引起患者外周血 T 细胞中衰老相关基因的下调。NK 细胞移植也显著降低了衰老脂肪组织中衰老标志物和 SASP 的水平。在小鼠实验中，NK 细胞移植能够成功清除小鼠体内的衰老细胞，而且联合使用一种多巴胺释放肽后，能进一步提高 NK 细胞清除衰老细胞的能力。

二、干细胞耗竭与细胞治疗

机体不同的组织器官具有不同的更新速率。大脑中的神经元或心脏中的心肌细胞能够终生存在。而有的器官，其分化细胞类型会不断丢失并迅速得到补充，如红细胞、单核细胞、皮肤和肠道的上皮细胞。具有更高更新速率的细胞在很大程度上由非常活跃的干细胞的后代所取代，例如骨髓中的造血干细胞（hematopoietic stem cell, HSC）可以分化形成血液中的所有细胞，肠隐窝中的肠干细胞（intestinal stem cell, ISC）可以产生肠壁上皮细胞。相比之下，更新速率低或极低的细胞（神经元和肌肉纤维）利用较少的干细胞群进行再生（图 3-42-4）。

（一）干细胞维持组织稳态

干细胞在维持组织内环境稳态中起着至关重要的作用，同时微环境也能调节干细胞，二者共同形成了一个再生单元。这些再生单元会对机体损伤等刺激产生剧烈反应。不仅如此，它们还会受到外界刺激的影响，如饮食和运动。成体干细胞来源于胚胎干细胞（embryonic stem cell, ESC）。尽管 ESC 增殖十分活跃，但绝大部分成体干细胞则会保持静息状态。因此，静息干细胞构成了一个可被诱导增殖的细胞库，在衰老过程中发挥再生与修复的作用。一般认为，在机体衰老过程中，成体干细胞的衰老乃至耗竭是组织器官衰老和老年性疾病的基础因素。

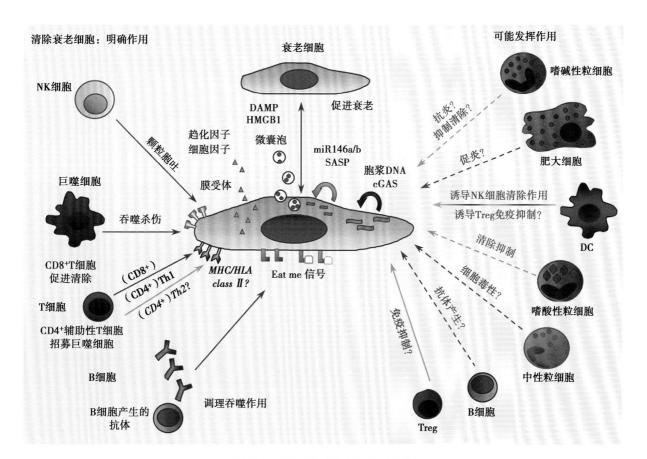

图 3-42-3 免疫细胞对衰老细胞清除的作用

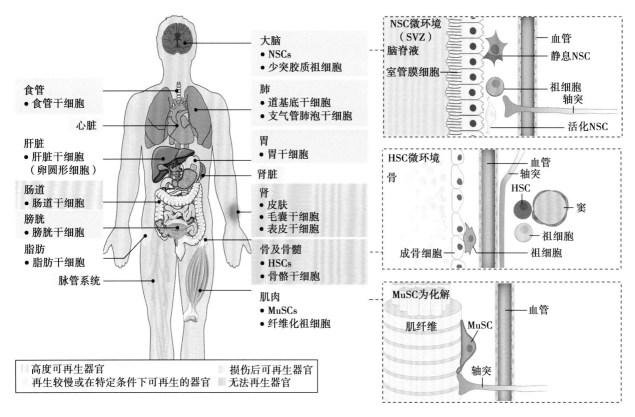

图 3-42-4　具有干细胞和干细胞微环境的器官

(二) 组织干细胞耗竭是衰老的特征之一

组织干细胞耗竭是衰老的主要特征。细胞衰老的最显著改变是细胞的增殖能力下降,人体发育成熟后,各组织器官中不断有细胞增殖新生,替代衰老死亡的细胞,使各组织器官的细胞数量维持一种动态平衡。绝大多数成体干细胞的数量和功能会随着机体衰老而下降。具有增殖和分化能力的干细胞的耗竭,可导致组织器官细胞数量失去这种动态平衡,出现再生功能下降,如人体的造血功能会随着年龄增长而下降。同样,在老年小鼠中,HSC 的细胞周期活性总体下降,同时老年 HSC 的细胞分裂次数少于年轻 HSC。造血功能下降除可引起贫血和恶性肿瘤等疾病外,还可导致适应性免疫细胞生成减少。在几乎所有的成体干细胞区室中,均发现了相似的干细胞功能性耗竭现象,端粒缩短是多种成体干细胞随年龄增长而衰退的重要原因。持续性的端粒损耗会激活 p53 依赖的凋亡途径,导致组织干细胞耗竭,诱发器官萎缩,尤其是在自我更新率高、快速增殖的组织中,如皮肤、肠、睾丸等。目前,干细胞耗竭已成为抗衰老研究的重要靶点。

(三) 干细胞耗竭的细胞治疗策略

针对干细胞耗竭的治疗主要包括以下三种策略:

1. 干细胞及其子代的移植　可以用作与年龄相关的退行性疾病的治疗策略或促进损伤后的修复。神经干细胞移植已被考虑用于神经退行性疾病和卒中。例如将小胎鼠神经干细胞移植到阿尔茨海默病小鼠模型中可限制淀粉样蛋白沉积并逆转突触功能障碍。此外,将来自胎儿或胚胎的人类神经干细胞移植到卒中小鼠模型的海马中,可减少

炎症并改善卒中的有害影响。肌肉干细胞移植已在临床前研究中进行,主要用于儿童疾病,如肌营养不良和体积性肌肉损失等创伤性损伤的治疗,HSC 或其后代的移植(通过骨髓移植或动员的外周血祖细胞)用于治疗癌症,如白血病或骨髓纤维化。

2. 激活组织内的内源性干细胞库　利用内源性干细胞库改善疾病组织功能具有更高的效率,风险更低。例如增加脑源性神经营养因子(BDNF)水平并促进神经发生,可以改善阿尔茨海默病小鼠模型的认知能力。另外,通过调节干细胞环境或直接影响干细胞状态来恢复衰老干细胞的年轻特性,如异时异体共生(利用年轻血液因子改善衰老群体干细胞微环境)、运动、饮食、干细胞重编程等。

3. MSC 抗衰老　MSC 是一类具有自我更新和多向分化潜能的成体干细胞,在退行性疾病、创伤修复、组织与器官功能重建及抗衰老治疗中具有巨大的应用价值。前期大量的实验研究显示,通过干预手段促使衰老机体的干细胞功能恢复,可使衰老机体年轻化。但由于其干预手段的复杂性,通过逆转衰老机体的成体干细胞实现抗衰老的技术尚不成熟。相比之下,MSC 移植纠正衰老退行性疾病及损伤修复重建更易于实现。MSC 来源广泛且伦理争议小,是理想的干细胞抗衰种子细胞。大量临床试验结果显示,MSC 可促进细胞修复和组织再生,且具有较高的安全性。目前,美国、日本和我国已相继开展了 MSC 治疗老年衰弱症的临床研究。MSC 静脉移植有望改善老年人生活质量、提高活动能力、改善免疫功能。

三、免疫衰老、慢性炎症与细胞治疗

(一)免疫衰老

1962 年，Walford 提出免疫衰老学说，指出免疫系统功能的衰退是造成机体衰老的重要因素。免疫系统具有免疫监视、防御、调控的作用。免疫衰老（immune aging/immunosenescence）是指机体免疫系统随增龄而发生的一系列退化、代偿与重建。随着年龄的增加，人体的免疫细胞不仅仅数量上减少，每类免疫细胞的免疫功能也降低了，即老人机体出现了"防御部队减员，单兵种战斗力下降"的双重衰老特征，免疫衰老是老年人易患感染性疾病、冠心病、阿尔茨海默病、恶性肿瘤及多种慢性疾病的重要因素之一。

免疫系统由免疫器官、免疫细胞，以及免疫活性物质组成。免疫器官可分为中枢免疫器官和外周免疫器官。中枢免疫器官包括骨髓和胸腺，是免疫细胞发生、分化、成熟的场所；外周免疫器官包括淋巴结、脾脏、黏膜相关淋巴组织，如扁桃体、阑尾、肠集合淋巴结，以及呼吸道和消化道黏膜下层的许多分散淋巴小结和弥散淋巴组织，是 T、B 淋巴细胞定居、增殖的场所及发生免疫应答的主要部位。

1. 中枢免疫器官衰老

（1）胸腺衰老：胸腺是人体最先衰老的免疫器官，新生儿胸腺重 15~20g，至青春期可达 30~40g，青春期后即呈现增龄性萎缩，至 60 岁胸腺组织重量下降至 10~15g。胸腺组织萎缩表现为结构退化，细胞数量减少，间质脂肪化、纤维化，胸腺内 T 淋巴细胞的发育障碍及向外周输出的 T 淋巴细胞数量减少（图 3-42-5），从而导致 T 细胞介导的免疫效应减弱，与感染、自身免疫病、肿瘤等的发生关系密切。

（2）骨髓衰老：表现为造血组织逐渐被脂肪组织所替代，HSC 的再生活性、自我更新能力降低，最终导致老年人 T、B 淋巴细胞生成减少，浆细胞的百分比降低，导致产生持久性高亲和力抗体的能力下降，此外，老年人骨髓中促炎因子 TNF-α、IL-6 和 IL-15 升高可刺激破骨细胞骨吸收，使老年人易患骨质疏松、骨关节炎等疾病。

2. 外周免疫器官衰老

（1）脾脏结构与年龄：脾脏是人体最大的周围淋巴样免疫器官，其实质由红髓和白髓构成，是淋巴细胞迁移和受抗原刺激后发生免疫应答、产生免疫效应分子的重要场所。随着年龄增加，脾脏红髓、白髓细胞密度降低，特别是脾脏边缘区内 B 细胞缺陷，导致对微生物荚膜多糖的抗体应答减弱，最终导致老年人的免疫应答效率降低，免疫功能低下。

（2）淋巴结组织与年龄：淋巴结是接受抗原刺激并产生免疫应答的场所。人体淋巴结数量随着年龄增加而减少，并且淋巴组织逐渐出现脂肪沉积、透明化，使其过滤恶性细胞或微生物的能力受损，易致病原体和恶性肿瘤细胞扩散，导致老年人感染性疾病发病率上升，肿瘤免疫防御能力降低，肿瘤发病率增高。此外，老年淋巴结中滤泡树突状细胞（FDC）数量显著降低，致使老年人体液免疫减退。

3. 免疫细胞衰老

（1）T 细胞衰老：显著特点是增殖能力下降，这与老年人的免疫细胞端粒长度变短、端粒酶活性下降密切相关。外周初始 T 细胞的比例和数量减少，以及记忆 T 细胞的数量增加是免疫老化的标志性改变之一。这种变化是导致老年人感染和癌症高发的重要原因之一。T 细胞衰老的另一个标志是 CD28 分子表达减少。随着年龄增加，CD28⁻ T 细胞比例逐渐增加，特别是具有免疫杀伤作用的 CD8⁺ T 细胞，亚群内研究发现，CD8⁺CD28⁻ T 细胞克隆能力下降，从而显著降低对新病原体的应答。此外，CD4⁺CD28⁻ T 细胞能通过分泌 IFN-7 激活巨噬细胞，促进泡沫细胞的形成并导致老年人动脉粥样硬化斑块的形成与发展。调节性 T 细胞（Treg）是一种抑制自身反应性效应 T 细胞亚群。研究表明，在老年人血液循环中，记忆 Treg 的数量增加与老年人疫苗接种后的体液免疫应答呈负相关。但是，也有不同的研究结果认为，Treg 的增加可能对预防衰老相关的自身免疫病如类风湿性关节炎至关重要。

（2）B 细胞衰老：表现为 B 细胞的百分比和绝对数量下降，这一变化会引起外周 B 细胞增殖及分化能力降低。B 细胞根据来源不同可分为 B1、B2 两个亚群，B1 细胞产生的抗体多为低亲和力的 IgM，具有多反应性，可形成多种自身抗体。B1 细胞在抗体介导的自身免疫病（如系统性红斑狼疮、类风湿性关节炎、Graves 病等）中数量明显增多，功能活跃，在自身免疫病中扮演重要角色。衰老个体 B 细胞亚

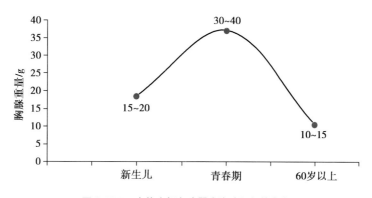

图 3-42-5　人体中枢免疫器官胸腺组织的衰老

群向 CD5+ B1 偏移,这可能是老年人罹患自身免疫病的原因之一。此外,记忆 B 细胞可产生高水平的促炎症细胞因子如 IL-la、IL-113、IL-6 和 TNF,表明 B 细胞可能与老年人的慢性炎症性疾病增加有关。

(3)巨噬细胞衰老:巨噬细胞具有强大的吞噬功能、抗原处理和提呈能力,是机体免疫系统的一个重要组成部分。研究表明,老年人巨噬细胞的抗原提呈能力随着年龄增加而下降,肿瘤逃脱免疫监视,从而有利于肿瘤的生长和转移。中性粒细胞是对细菌、酵母和真菌感染的主要免疫防御细胞。随着年龄增加,中性粒细胞的数目保持不变,但老年人中性粒细胞的趋化性、吞噬性、产生活性氧、胞内杀伤和脱颗粒的能力下降,导致感染性疾病发生风险增高,如老年人常见感染肺炎。

(4)树突状细胞衰老:DC 是专职抗原呈递细胞,其在老年人外周血、皮肤和胸腺中的数量减少及其产生 IFN-I 和 IFN-Ⅲ的能力显著降低,向 T 细胞递呈抗原的能力也降低,导致老年人对病毒感染的免疫防御受损,对疫苗应答低下和对感染的易感性增加。此外,DC 中慢性低度炎症介质 IL-6、TNF、IFN 的基础水平在老年人中升高,诱导动脉粥样硬化导致心脑血管病,以及帕金森病、阿尔茨海默病等神经退行性疾病和恶性肿瘤的发生。

(5)NK 细胞衰老:NK 细胞是固有免疫的重要组成部分。老年人体内 NK 细胞的绝对数量增加,但是单个细胞的功能下降,表现为产生细胞毒性作用下降。研究表明,高 NK 细胞毒性与长寿和健康相关,而低 NK 细胞毒性则与感染、动脉粥样硬化的发病率和死亡率增加及对流感疫苗反应性差有关,NK 细胞的毒性降低还可增加癌症发生的风险。

(6)免疫活性物质:研究发现,老年机体呈现慢性非特异性炎症状态,表现为外周血中炎性标志物升高,包括 C 反应蛋白(C-reactive protein,CRP)、IL-18、TNF-α 和 IL-6 等。慢性炎症状态是许多慢性病如糖尿病、心血管病、神经退行性疾病和自身免疫病发生的重要危险因素。

(二)增龄对免疫系统的影响

为了更加详细地明确增龄变化对于人类免疫系统的影响,2020 年,我国多个实验室联合对数十个健康青壮年和老年群体的外周血单个核细胞进行组学分析和流式质谱检测。结果显示,与青年群体相比,衰老群体外周血适应性免疫细胞群 B 细胞和 T 细胞群所占比例下降,而固有免疫细胞群单核巨噬细胞系统、NK 细胞所占比例增加。进一步对各细胞群亚群分析显示,固有免疫细胞亚群抗原提呈功能下降,并且向炎性表型极化;而适应性免疫细胞亚群中,初始 B/T 细胞所占比例进一步下降,耗竭型 T 细胞及衰老相关的 B 细胞亚群比例增加,效应性记忆性 T 细胞、调节性 T 细胞比例相对增加,表明衰老可以重塑人免疫细胞图谱(图 3-42-6)。

进一步对老年 COVID-19 患者的研究分析显示,衰老重塑人类免疫细胞谱,能够增加 COVID-19 的易感性和易损性。年轻健康个体的免疫系统保持稳态,能够及时清除病原体。衰老导致免疫系统中单核细胞比例增加、T 细胞减少。衰老促进了 T 细胞从幼稚型和记忆型到效应型、衰竭型和调节型的极化,并增加了晚期 NK 细胞、年龄相关 B 细胞、炎症性单核细胞和功能失调的树突状细胞的数量。此外,年龄增长导致与 SARS-CoV-2 易感性相关的基因表达增加,表明老年人的易感性增加。重要的是,衰老诱导树突状细胞失去抗原呈递能力,并转向炎症状态。

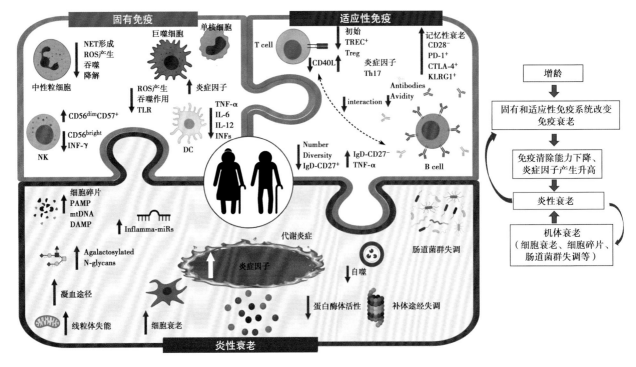

图 3-42-6　免疫老化与炎性衰老

免疫衰老的机制极其复杂,免疫衰老是对机体衰老过程的一种适应与重塑。老年人的免疫衰老的表现非常明显,导致抗感染和抗肿瘤防御能力下降,感染和癌症的发病率提高,致死率和病残率大幅度提升,严重影响老年人的寿命和生活质量,给家庭和社会带来巨大的经济负担,因此需要更广泛的研究,提出新的免疫干预目标,以减少衰老的有害影响,并利用有益的影响因素改善老年人的健康。免疫衰老不仅可以导致机体对于病原体的易感性增加,患癌风险增加,同时,在非感染状态下,也会使机体处于慢性低水平炎症状态。

（三）细胞治疗在抗免疫系统衰老的应用

通过移植不同种类的细胞,补充老年机体因为衰老导致的免疫细胞数量下降,激活免疫细胞功能是细胞治疗抗免疫衰老的主要策略。但是,因为免疫系统与内分泌系统、神经系统功能相互影响,免疫衰老是对机体衰老过程的一种适应与重塑。因而,单一通过免疫干预,是否是抗衰老的一种安全、有效的方式,尚待进一步研究。

1. 免疫细胞与衰老的预防及修复　应用免疫细胞增强免疫功能,延缓衰老进程和疾病发生,在国内外的应用中逐渐得到肯定。增强免疫细胞对衰老细胞的清除作用,也是抗衰老研究的重要方向。2015年,梅奥医学中心提出,将达沙替尼和槲皮素组合,选择性诱导衰老细胞死亡的Senolytic策略,证明清除体内的衰老细胞可以延长动物模型寿命。随后通过"改造"免疫细胞以增强对衰老细胞的清除作用的研究引起广泛关注。

（1）T细胞与抗衰老:动物实验证实,接受老年鼠的脾脏细胞后,年轻鼠出现生存期缩短;而将年轻鼠的T细胞输入到脾脏切除的老年鼠体内,可以明显延长生存时间。因此,将一个人青春期的免疫活性细胞低温贮存,至其年老时再予输回,可能修复衰退的免疫功能和抗衰老。另外,通过CAR-T细胞清除衰老细胞是抗衰老研究的另一个热点方向。著名期刊 Nature 发文报道,尿激酶型纤溶酶原激活物受体(uPAR)阳性细胞会在小鼠衰老过程中积累,通过靶向uPAR的CAR-T细胞输注,能够有效清除年轻动物中的衰老细胞,并逆转肝脏纤维化;而在老年小鼠中,通过靶向uPAR的CAR-T细胞治疗,可以改善老年小鼠的运动能力,并改善老年小鼠和高脂饮食小鼠的代谢功能障碍,且无明显组织损伤和毒性作用。我国学者也证实,NKG2D配体(NKG2DL)可在衰老细胞高表达,通过构建靶向NKG2DL的CAR-T细胞(NKG2D-CAR-T),能够选择性地清除衰老细胞小鼠体内的衰老细胞。

（2）NK细胞与抗衰老:NK细胞的作用是通过释放颗粒酶和激活死亡受体杀伤癌变细胞、衰老细胞和体内不正常细胞,在外周血中占淋巴细胞总数10%~15%。NK细胞与衰老细胞表面的受体结合,释放穿孔素、颗粒酶和细胞因子,诱导细胞凋亡信号的产生,促使衰老/病变细胞走向凋亡,同时,刺激和恢复机体新生细胞的产生,提高细胞活性,延缓细胞的病变,从而达到预防肿瘤发生与抗衰老的目的。

2. 细胞治疗在肿瘤治疗中的应用　肿瘤是免疫衰老相关性疾病之一,老年人群肿瘤发病率高的主要因素之一是老年人免疫系统的衰退。免疫系统在防御外来生物入侵的同时还承担着维护机体内部稳定的职能,对变异和衰老细胞及时清除,因此,免疫系统是人体防止肿瘤发生、发展的天然免疫屏障。临床上,常用于增强机体免疫功能,防治肿瘤的细胞治疗方案主要包括TIL、LAK细胞、CIK细胞、DC、NK细胞等几大类,是通过体外免疫细胞扩增、激活培养,将免疫细胞输注给肿瘤患者,增强患者的免疫功能,从而实现防治肿瘤复发。这些研究结果说明,细胞衰老与机体衰老及老年疾病的发生存在必然联系,也为通过多种方法清除衰老细胞或实现细胞去衰老、输入干细胞,补充替代衰老细胞,从而减少衰老相关疾病的发生提供了理论依据。详见第二十九章。

第三节　细胞治疗在老年病防治中的发展历程

细胞治疗始于人类第一次输血。1818年,著名学术杂志 Lancet 发表了英国医生詹姆斯·布伦德尔(James Blundell)的临床试验报告(Experiments on the Transfusion of Blood),描述了他在临床上,通过输血成功救治了几例危重患者的案例。1956年,美国医生爱德华·唐纳尔·托马斯(Edward Donnall Thomas)首次成功地应用骨髓移植治疗白血病,开启了HSC移植在临床血液系统疾病的应用。1988年,法国巴黎圣路易医院与美国印第安纳大学医学院合作,首次进行白细胞抗原(HLA)相合的同胞间脐带血HSC移植,成功救治了一例范科尼贫血患儿,开创了人类利用属于"医疗废弃物"的新生儿干细胞的新纪元。1992年,世界上第一个脐带血库——美国纽约脐带血库建立;1996年,第一份来自脐带血的HSC,以"细胞制品"的身份应用于白血病、重症再生障碍性贫血等血液系统疾病,诞生了一种"活"的药品——"细胞药"。

随着生物技术的发展和人类对干细胞的认识进一步提高,研究者在人体很多组织中发现了一群具有增殖和分化潜能,并通过分泌功能调控细胞微环境的MSC。2010年,世界上第一个来源于异体骨髓的MSC药物被批准上市,用于治疗移植物抗宿主病(graft-versus-host disease,GVHD)。目前,国际上批准上市的细胞药物已有20多种(表3-42-1),其中,大部分药物用于心肌梗死、退行性骨关节炎、肿瘤等老年高发疾病治疗。我国药品监督管理局的官方网站显示有近30种细胞药物获得受理,进入临床试验,主要适应证为老年疾病,如脑卒中、关节炎、糖尿病等(表3-42-2)。

应用细胞移植治疗疾病的机制之一是"替代作用",利用干细胞的增殖和分化潜能,提高患者受损组织的再生和修复能力,如美国、韩国等国家应用自体/异体MSC,治疗退行性膝关节炎;另一个治疗机制是利用干细胞的分泌功能,干细胞可以分泌各种细胞因子和生长因子,调节细胞的微环境。如MSC可以分泌一些细胞因子,调控机体的免疫功能,抑制免疫排斥反应,这是世界上第一个干细胞药物治疗GVHD的原理。

表 3-42-1　国际获批的细胞药物(数据仅供参考)

时间	国家	商品名	适应证	细胞类型
2007	韩国	CreaVax RCC	转移性肾细胞癌	DC(树突状细胞)
2007	韩国	ImmneCell-LC	肝癌	CIK 细胞
2009	比利时	Chondro Celect	膝关节软骨损伤	自体软骨细胞
2010	美国	Provenge	激素难治性前列腺癌	DC(树突状细胞)
2011	美国	Prochymal	儿童急性移植抗宿主疾病	异体骨髓间充质干细胞
2011	韩国	Cellgram	急性心肌梗死	自体骨髓间充质干细胞
2011	美国	Hemacord	遗传性或获得性造血疾病	脐带血干细胞
2012	韩国	Cartistem	退行性关节炎	异体脐带血干细胞
2012	韩国	Cupistem	复杂性克罗恩病并发肛瘘	自体脂肪间充质干细胞
2012	加拿大	Prochymal	儿童急性移植抗宿主疾病	异体骨髓间充质干细胞
2012	美国	Multistem	赫尔勒综合征	骨髓等来源多能成体祖细胞
2012	美国	Ducord HPC	造血干细胞移植	脐带血造血干细胞
2013	美国	Allocord HPC	造血干细胞移植	脐带血造血干细胞
2013	美国	Trinity ELITE	肌萎缩性侧索硬化症	异体骨基质间充质干细胞
2015	意大利	Holoclar	中重度角膜边缘干细胞缺损	角膜缘干细胞
2016	日本	Temcell	移植物抗宿主病	异体骨髓间充质干细胞
2017	美国	Kymriah	ALL,DLCL	CAR-T 细胞
2017	美国	Yescarta	NHL(CD19)	CAR-T 细胞
2017	印度	APCeden	非小细胞肺癌	DC(树突状细胞)
2017	澳洲	Ortho-ACL	软骨和关节修复	自体软骨细胞
2018	日本	Stemirac	脊髓损伤	自体骨髓间充质干细胞
2018	欧盟	Alofisel	复杂性克罗恩病并发肛瘘	异体脂肪间充质干细胞
2019	欧盟	Zynteglo	地中海贫血	自体造血干细胞
2020	印度	Stempeucel	下肢缺血	骨髓间充质干细胞
2020	美国	Tecartus	MCL(CD19)	CAR-T 细胞
2021	美国	Breyanzi	DLBCL(CD19)	CAR-T 细胞
2021	美国	Abecma	MM(BCMA)	CAR-T 细胞
2021	中国	亦凯达	LBCL(CD19)	CAR-T 细胞
2021	中国	倍诺达	LBCL(CD19)	CAR-T 细胞

表 3-42-2　我国细胞药物研发情况

（数据来源于国家药品监督管理局药品审评中心，截至 2022 年 8 月）

日期	受理号	药品名称	适应证
2018	CXSL1800017	IM19 嵌合抗原受体 T 细胞注射液	复发或难治 CD19 阳性的急性 B 淋巴细胞白血病（B-ALL）
2018	CXSL1700137	人牙髓间充质干细胞注射液	慢性牙周炎，如慢性牙周炎所致的牙周组织缺损
2018	CXSL1800080	IM19 嵌合抗原受体 T 细胞注射液	复发或难治 CD19 阳性的非霍奇金淋巴瘤
2018	CXSL1800101	注射用间充质干细胞（脐带）	难治性急性移植物抗宿主病
2018	CXSL1800117	人胎盘间充质干细胞凝胶	糖尿病足溃疡
2018	CXSL1700188	人脐带间充质干细胞注射液	急、慢性溃疡性结肠炎
2019	CXSB1900004	人原始间充质干细胞	造血干细胞移植后的急性和慢性移植物抗宿主病的治疗和预防
2019	CXSL1900016	人脐带间充质干细胞注射液	膝骨关节炎
2019	CXSL1900124	人脐带间充质干细胞注射液	激素耐药的急性移植物抗宿主病
2019	JXSL1900126	缺氧耐受人异体骨髓间充质干细胞	缺血性脑卒中
2019	JXSL1900121	CTL019	暴露于基于慢病毒的 CAR-T 细胞治疗的患者的长期随访
2020	CXSL2000005	人脐带间充质干细胞注射液	类风湿性关节炎
2020	CXSB2000045	人脐带间充质干细胞注射液	激素治疗失败急性移植物抗宿主病
2021	CXSL2100035	IM19 嵌合抗原受体 T 细胞注射液	复发或难治的 CD19 阳性的套细胞淋巴瘤
2021	CXSL2100056	注射用间充质干细胞（脐带）	急性呼吸窘迫综合征
2021	CXSB2101025	人脐带间充质干细胞注射液	激素治疗失败急性移植物抗宿主病
2021	CXSL2101179	人脐带间充质干细胞注射液	膝骨关节炎
2021	CXSL2101224	ELPIS 人脐带间充质干细胞注射液	中、重度慢性斑块型银屑病
2021	CXSL2101297	异体人源脂肪间充质干细胞注射液	非活动性/轻度活动性腔内克罗恩病的成年患者的复杂肛周瘘
2021	CXSL2101296	人脐带间充质干细胞注射液	特发性肺纤维化
2021	CXSL2101334	CG-BM1 异体人骨髓间充质干细胞注射液	感染引起的中重度成人急性呼吸窘迫综合征
2021	CXSL2101353	人源 TH-SC01 细胞注射液	非活动性/轻度活动性克罗恩病肛瘘
2021	CXSL2000299	CRISPR/Cas9 基因修饰 BCL11A 红系增强子的自体 CD34+造血干祖细胞注射液	不能接受常规干细胞移植的输血依赖型 β 地中海贫血
2021	CXSL2101443	CAStem 细胞注射液	急性呼吸窘迫综合征
2021	CXSL2101444	自体自然杀伤细胞注射液	消化道肿瘤（NK）
2021	CXSL2101456	人羊膜上皮干细胞注射液	造血干细胞移植后激素耐药型急性移植物抗宿主病
2022	CXSL2200064	IMS001 注射液	治疗多发性硬化I/IIa 期临床试验
2022	CXSL2200097	人脐带间充质干细胞注射液	结缔组织病相关间质性肺病
2022	CXSL2200098	人脐带间充质干细胞注射液	缺血性脑卒中

有一些人体已分化的功能细胞，如软骨细胞、T淋巴细胞，也已经被用于临床的一些疾病治疗，如自体软骨细胞治疗膝关节炎，体外激活的T淋巴细胞（CIK细胞）防治肿瘤等。伴随着生物技术的发展，一些基因改造的细胞也已经成为临床有效的治疗药物，如美国诺华公司治疗白血病的靶向免疫细胞药物CAR-T。除了HSC和MSC，ESC和iPSC也是临床研究的热点，特别是iPSC，如果能解决其临床应用的安全问题，iPSC将为未来细胞治疗的种子细胞来源提供新方法。

第四节　细胞治疗在抗衰老中的应用价值

衰老是老年病的病因与机制，任何抗衰老的方法也是老年病有效的防治手段。本书论述细胞治疗在人体不同器官系统应用的疾病种类中，大部分疾病属于老年病，如神经系统的Parkinson's病、脑卒中；心血管系统的心肌梗死、心力衰竭；内分泌与代谢疾病中的糖尿病等，故不在本章重述。本节将描述细胞治疗在衰老表现（皮肤皱纹和白发、脱发）中的应用价值。

一、细胞治疗在皮肤抗衰老中的应用

人体衰老最外在的表现是皮肤衰老，本书第三十九章和四十章中，描述了细胞治疗在整形科和皮肤科中的应用，在本章不再详述。从细胞层面上讲，皮肤衰老是由于各种因素，导致真皮中成纤维细胞发生衰老、凋亡、受损及数量减少，导致真皮中胶原蛋白合成减少，皮肤变薄，出现皮肤弹力下降、皱纹、松弛等衰老表现。

人类对年轻美貌的向往，促使细胞治疗很早被应用到皮肤抗衰老领域。2001年，Zuk最先报道了脂肪间充质干细胞，促进了细胞抗衰老在整形科和皮肤科中的应用。大量研究结果显示了细胞治疗在皮肤抗衰老中的显著效果，但同时，也有大量的新闻报道，细胞抗皮肤衰老的乱象。

（一）皮肤抗衰老应用的细胞种类

1. 干细胞　干细胞是临床上皮肤抗衰老中应用的最热点细胞，其临床应用依据不在本部分赘述。在各国干细胞应用的法规和临床指南要求上，最常应用的干细胞是来源于自体组织的干细胞，所以，自体脂肪组织的MSC是近20年国内外临床最常用的干细胞，随着干细胞制备技术的提高，异体脐带组织来源的MSC也成为皮肤抗衰老的热点备选干细胞，特别是那些无法提供自体脂肪组织的患者。MSC在皮肤再生和年轻化中的作用：在皮肤再生方面，可促进细胞增殖和新生血管的形成，减少皮肤病灶的炎症反应；在嫩肤方面，可产生胶原蛋白和弹性纤维，抑制金属蛋白酶激活，并对紫外线辐射诱导造成的衰老进行保护（图3-42-7）。尽管研究者发现ESC和iPSC在皮肤抗衰老中具有明显效果，但是受临床法规限定，还不能进入临床试验研究阶段。

2. 皮肤成纤维细胞　临床上，最早应用于皮肤抗衰老的细胞是来源于自身皮肤组织中提取的成纤维细胞，详见本书第三十九章和第四十章的描述。

3. 富含血小板血浆　富含血小板血浆（platelet rich plasma，PRP）应用于皮肤抗衰老已经有近30年的临床经验。严格意义上讲，血小板不是细胞，是由巨核细胞裂解形成的具有完整胞膜的细胞成分，血小板含有大量的活性物质，包括可以增加皮肤细胞活力、促进细胞增殖等作用的生长因子。PRP中含有大量血小板和血浆中所有蛋白成分，注射到皮下，可增加组织间液的蛋白质含量，提高细胞外液的胶体渗透压，使组织间液量增加，也就实现了皮肤的保水，改善弹性、光泽度的效果。PRP的应用改善了皮肤细胞微环境，激活了皮肤细胞的活力，实现了细胞抗衰老的效果。此外，由于PRP来源于自体外周血，并且PRP的制备流程相对简单易操作，符合临床自体血液制品的应用规定，使PRP在皮肤抗衰老中得到了广泛应用，不仅被用于改善皮肤衰老，也成为脱发治疗的一种新方法。但是，PRP在皮肤抗衰老的临床应用规范尚需进一步完善。

4. 细胞分泌成分　无论是干细胞还是皮肤成纤维细胞，均合成分泌多种类型细胞因子和成分，包括：①生长因子：有表皮生长因子（EGF）、血管内皮生长因子（VEGF）、转化生长因子β（TGF-β）、胰岛素样生长因子（IGF）等。②细胞因子：有γ干扰素（IFN-γ）、单核细胞趋化蛋白1（MCP-1）等。③细胞外囊泡（extracellular vesicle，EV）等亚细胞颗粒，如外泌体（exosomes，直径30~150nm）、微囊泡（microvesicles，直径100~1 000nm）等，这些细胞外囊泡中含有来源于母细胞的RNA、DNA、蛋白质、脂质等，可以被细胞吞噬并利用，提高了皮肤细胞的生物活性。随着生物技术的发展，可以在体外通过干细胞、皮肤成纤维细胞培养，大量获取细胞分泌成分，并应用冷冻及冻干粉技术，保存这些有效的细胞成分，根据临床应用需求，成为临床应用产品，外延了细胞治疗技术在皮肤抗衰老中的应用范围，同时，也降低了细胞治疗的一些不确定风险。

（二）细胞治疗在皮肤抗衰老中的应用方式

在本书第三十九章和第四十章中描述了临床具体的应用方式。早期通过局部皮下注射细胞，主要是自体成纤维细胞和自体脂肪间充质干细胞，一般是将细胞悬浮在生理盐水或含有玻尿酸的溶液中，按临床需求配制不同用量，用于面部去皱纹、瘢痕填充等。目前，有研究者通过静脉回输干细胞的方式，希望通过干细胞的增殖分化和分泌功能调整机体全身的再生能力，达到抗衰老的目的，这种全身应用的方式，其规范性和效果评价尚待进一步的临床数据支持。

（三）细胞治疗在皮肤抗衰老应用中尚待解决的问题

细胞治疗较早应用于皮肤抗衰老领域，各个国家对皮肤抗衰老的临床技术、相关产品的管理规范不同，导致细胞抗衰老技术在世界各地呈现不同现象。尽管在日本、韩国、瑞士等国家，制定了相对完善的临床技术应用指南、生物制剂的管理规范，但是，也和我国一样，存在着监管不力，临床和市场乱象问题，亟待行业协会和监管部门出台专业规范，特别是关于细胞治疗的疗效专业性评价和行业共识。同时，也需要细胞体外制备技术的规范，因为是"活"的细胞制剂，细胞数量及质量是决定细胞抗衰老的关键因素，所以

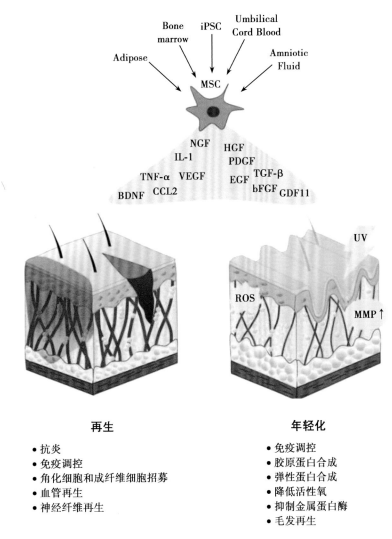

再生
- 抗炎
- 免疫调控
- 角化细胞和成纤维细胞招募
- 血管再生
- 神经纤维再生

年轻化
- 免疫调控
- 胶原蛋白合成
- 弹性蛋白合成
- 降低活性氧
- 抑制金属蛋白酶
- 毛发再生

图 3-42-7　干细胞在皮肤抗衰老中的作用机制

需要大力发展区域的专业细胞制备中心,为各家临床机构提供专业化的技术服务,保障临床应用的安全性、有效性。

二、细胞治疗在抗头发衰老中的应用

头发变白是衰老最早的迹象之一,通常头发变白后很难自然逆转。人类的头发大约有 10 万根。头发有生长期、退行期和休止期,每天正常脱发 50~100 根,每月生长 1~2cm。头发是一种长毛,由髓质和毛皮质构成,颜色由毛皮质中的色素决定。毛发分为两部分:突出皮面的部分称为毛干,而生长于皮肤内的是毛根。通过毛球部位的毛母细胞的细胞分裂,细胞一个接一个上升,一边角化一边伸长。毛发的生命通常为 3~6 年的成长期,之后经过 2~3 周的退化期进入休止期,3~4 个月脱落,之后从毛孔长出新的毛发,即为毛发循环。白发、脱发等头发状况是人类遇到的最普遍的状况之一,头发变白通常是一个从中年开始的渐进过程。

(一) 毛囊结构与着色机制

毛根植入于毛囊内,毛囊位于皮肤内,生长于表皮和真皮之间,生长期毛囊可深达皮下组织,是一种相对于皮肤表面斜置的盲管。成熟的毛囊,又称毛囊皮脂腺单位。毛囊是一个复杂的结构,由若干同心圆状的细胞层呈柱状排列。毛囊由许多亚结构组成,这些亚结构在解剖上和功能上既彼此独立,又有着密切的联系。纵向方向,毛囊由浅入深分为 3 个部分,自毛囊口至皮脂腺开口部称为漏斗部,皮脂腺开口至立毛肌附着处称为峡部,立毛肌附着处以下称为球部。峡部末端立毛肌附着处的外毛根鞘细胞增殖形成隆突区(bulge),为毛发上端的标记。毛囊包含恒定区和循环区,恒定区包括毛隆突和皮肤乳头,与竖毛肌和皮脂腺相连,在整个头发周期中都存在。在生长期,来自真皮乳突区的生长刺激可诱导干细胞增殖、迁移至毛球部位,并分化成表皮角质细胞、毛干、皮脂腺,形成完全成熟的毛囊。在毛囊的隆突区有一个干细胞池,是角质形成细胞、黑素细胞和间质真皮细胞的干细胞库。干细胞池在毛囊干细胞维持中起着核心作用,并充当信号整合平台,将来自周围神经或脂肪组织的信号传递至干细胞(图 3-42-8)。

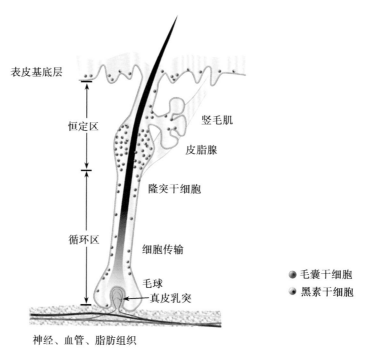

表皮基底层

恒定区

竖毛肌

皮脂腺

隆突干细胞

循环区

细胞传输

毛球
真皮乳突

● 毛囊干细胞
● 黑素干细胞

神经、血管、脂肪组织

图 3-42-8　毛发生长期毛囊结构

毛囊干细胞(hair follicle stem cell,HFSC)定植在毛囊隆突部位,是毛囊中的原始细胞,属于成体干细胞,具有干细胞的特性,包括多向分化潜能、潜在高增殖能力和保持细胞静止的能力。当相邻部位受到损伤后,毛囊干细胞可从原定位的隆突部中迁出并参与损伤部位修复。毛囊干细胞在毛囊增殖循环中发挥重要作用。隆突部位目前被认为是毛囊干细胞储存的主要部位。

黑素细胞干细胞(melanocyte stem cell,McSC)定位于毛囊隆突区,多处于静息状态,能够维持自我更新,具有慢周期性,是调节色素再生的重要保证。McSC 可分化为前黑素细胞,经过短暂扩增后最终分化为黑素细胞,进而分泌黑素形成色素性毛发。黑素细胞是毛囊中唯一一种具有合成和分泌黑素颗粒功能的细胞。在第 1 个毛发周期的生长期,毛母质内的黑素细胞直接由黑素母细胞分化而成,并在退行期凋亡。与此同时,隆突区的 McSC 增殖、分化成前黑素细胞群体。在下一个毛发周期生长期开始时,前黑素细胞首先被激活,直接分化成短暂扩增细胞,并不断向毛球部迁移,进一步分化成为黑素细胞。形成的黑素细胞通过树突状突起联系四周的角质形成细胞,从而传递黑素颗粒,完成毛发着色;黑素细胞则会在退行期早期凋亡,等待下一个周期新的补充。外界刺激与内环境的改变,可破坏 McSC 的稳态,导致白发等色素障碍性疾病的发生。

(二)衰老致白发、脱发的机制

在大多数哺乳动物和人类中,McSC 比 HFSC 更早耗竭,这导致头发在衰老过程中逐渐变成灰色,并在所有毛囊的色素完全消失后变成白色,并最终脱落。

1. 白发的形成机制——McSC 的作用　白发的形成机制有许多假设,如 McSC 的减少及其稳态的破坏,黑素细胞移行能力的丧失,毛发周期中生长期的缺失,黑素细胞的凋亡,黑素小体转运和黑素体合成障碍等。最近,纽约大学格罗斯曼医学院 Mayumi Ito 教授团队在 *Nature* 报道了头发随着年龄增长而变白的原因,他们发现,McSC 具有在毛囊生长区之间来回迁徙的能力,随着衰老的进行,这些干细胞会被"困住",从而失去了维持头发颜色的能力,进而导致头发变白。McSC 由干细胞状态和成熟状态的分化,取决于它们在毛囊中所处的位置。在毛基质中 Wnt 蛋白会刺激 McSC 成熟分化为黑素细胞。而在毛囊隆突区,McSC 接触的 Wnt 信号是在毛基质区中的数万亿分之一,这就导致隆突区的 McSC 无法分化成熟为黑素细胞。

随着头发老化、脱落、反复长出,越来越多的 McSC 被"困在"毛囊隆突区,无法进一步成熟,更无法产生黑色素。这些发现表明,McSC 的运动和可逆分化是保持头发健康和颜色的关键。让 McSC 重新恢复移动能力,或通过物理方式让 McSC 移回到毛囊毛基质区,将会为防止头发变白或逆转白发开辟一种潜在的新方法。

2. 毛发生长与脱落维持平衡或失衡　正常脱落的头发都是处于退行期及休止期的毛发,由于进入退行期与新进入生长期的毛发不断处于动态平衡,故能维持正常数量的头发。机体衰老往往会伴随明显的头发脱落。随着衰老的进行,HFSC 逐渐丢失,毛囊间充质逐渐萎缩。同时,在衰老的皮肤中,毛囊 HFSC 表现出衰老样特征,并且在毛囊间充质中发现了衰老相关的分泌表型。HFSC 功能障碍是导致与年龄相关的脱发的主要原因。通过对比年轻与年老小鼠毛囊干细胞发现,随着年龄的增长,毛囊中的干细胞不仅数量上减少了,形态上更是萎缩、干瘪的,功能严重缺失。

有趣的是,2021 年,美国西北大学的华人科学家在

Nature Aging 中报道,在衰老过程中,是 HFSC "逃跑"而非死亡导致脱发。他们发现,6~8 个月龄的年轻小鼠毛囊干细胞群位于皮脂腺下方,空间形态非常清晰,但是 20 个月龄以上的老年小鼠毛囊细胞数量显著减少,位置上移,毛囊体积也明显缩小。但年轻小鼠与衰老小鼠毛囊中凋亡细胞的数量并没有区别。进一步发现,衰老组织中细胞黏附和细胞外基质相关基因表达下调,如 Actg1、Cd34、Itgb6 和 Npnt,导致大约有 5.8% 的衰老毛囊出现类似细胞"逃逸"的现象。对比衰老小鼠,Foxc1 和 Nfatc1 双敲除小鼠毛囊干细胞逃跑更多。在年老的小鼠中,上皮细胞逃逸到真皮,导致毛囊小型化。研究人员通过活体成像捕捉到单个上皮细胞从毛囊干细胞区迁走和毛囊解体的过程。该研究表明,老化的 HFSC 无法维持许多特异性细胞黏附和细胞外基质基因的表达。反过来,受损的微环境和减少的细胞黏附允许上皮细胞逃离 HFSC 区域进入真皮,导致干细胞衰竭,最终使毛囊变性,出现脱发。

（三）可能纠正白发、脱发的细胞治疗手段

维持 McSC 的稳态并使其激活、再生,或者让"困在"毛囊隆突区的 McSC 重新恢复移动能力,或通过物理方式让 McSC 移回到毛囊毛基质区,将会为防止头发变白或逆转白发提供突破口。另外,可借鉴用于治疗白癜风的黑素细胞培植用于改善白发,黑素细胞培植术就是从患者自体细胞中分离出活性黑素细胞,结合多种黑色素营养液,培植到白斑处,让黑色素快速产生。HSC 通过旁分泌相关细胞因子,修复黑素细胞,恢复黑素细胞的分泌功能,刺激黑色素生成,复色良好。

通过激活毛囊中的干细胞,促进头发生长,有望改善脱发。2013 年,日本研究人员将 iPSC 和实验鼠的幼成纤维细胞混合后移植到实验鼠的皮下,2~3 周后,实验鼠皮肤上形成了毛囊状结构并长出了体毛。2015 年,美国的研究人员将人类 iPSC 诱导分化为可刺激毛发生成的类毛乳头细胞,并将这些细胞移植到免疫缺陷的裸鼠中,成功诱导形成了毛囊。2015 年,*BMC medicine* 报道了干细胞治疗斑秃患者,使头发再生。2020 年,*Stem Cells Transl Med* 发表的一项随机双盲对照临床试验结果表明,脂肪来源的干细胞提取物(adipose-derived stem cell constituent extract, ADSC-CE)治疗组的患者的头发数量与对照组相比有显著改善。干细胞治疗可以增加头发的密度和厚度(图 3-42-9)。

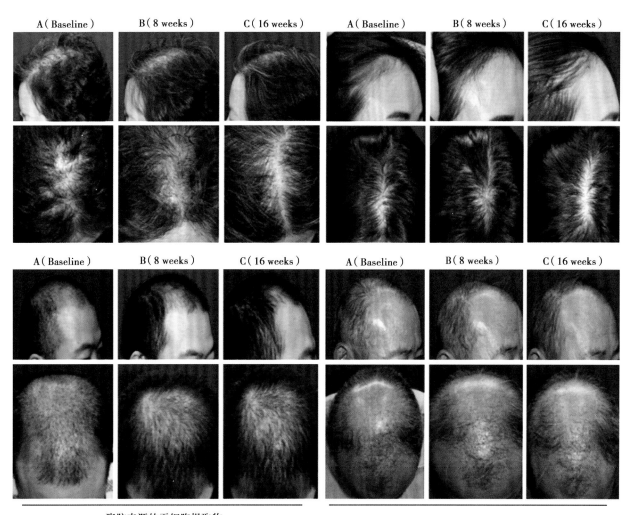

脂肪来源的干细胞提取物
处理组

对照组

图 3-42-9　脂肪间充质干细胞提取物改善脱发临床试验结果图

干细胞有望成为脱发患者头发再生的安全治疗策略，具有巨大的临床应用潜力。其作用机制可能包括：①干细胞治疗可改善局部微环境，活化毛囊细胞，促使毛发生长；②干细胞治疗通过改善头皮血运，使更多营养有效地到达毛囊，营养毛发生长；③干细胞改善头皮内的脂肪情况，为毛发生长创造优越环境。随着干细胞治疗研究的不断深入，干细胞治疗脱发性疾病的相关报道也逐渐增多，干细胞治疗诱导毛囊再生的成功，为治疗脱发性疾病奠定了基础。

三、小结

衰老是老年病的主要发病机制之一，而人体的衰老始于细胞衰老。伴随着生物技术发展，人类有能力获得干细胞、免疫细胞、皮肤细胞、软骨细胞等各种功能细胞。因而，细胞不仅可以作为一种新的有效成分，以一种"活"的药物身份治疗各种疾病；也可以作为一种新的手段，以一种颠覆性的治疗技术身份替代或清除机体因为各种原因导致的损伤细胞、衰老细胞，从而达到疾病治疗和抗衰老的效果。作为一种新的抗衰老和防治老年病的手段，细胞治疗将在生物技术、生物医药、临床医学、社会伦理学等多学科的共同发展中，逐步被完善。

（于艳秋　边培育）

参考文献

［1］ YoungInLee，SoominKim，JiheeKim，et al. Randomized controlled study for the anti-aging effect of human adipocyte-derived mesenchymal stem cell media combined with niacinamide after laser therapy. J Cosmet Dermatol，2021，20（6）：1774-1781.

［2］ Mengzhu Lv，Simeng Zhang，Bo Jiang，et al. Adipose-derived stem cells regulate metabolic homeostasis and delay aging by promoting mitophagy. FASEB J，2021，35（7）：e21709.

［3］ ShengshengPan，SiyuGong，JingjuanZhang，et al. Anti-aging effects of fetal dermal mesenchymal stem cells in a D-galactose-induced aging model of adult dermal fibroblasts. In Vitro Cell Dev Biol Anim，2021，57（8）：795-807.

［4］ Ashang L Laiva，Fergal J O'Brien，Michael B Keogh. Anti-Aging β-Klotho Gene-Activated Scaffold Promotes Rejuvenative Wound Healing Response in Human Adipose-Derived Stem Cells. Pharmaceuticals（Basel），2021，14（11）：1168.

［5］ Yue Chen，Xinglan An，Zengmiao Wang，et al. Transcriptome and lipidome profile of human mesenchymal stem cells with reduced senescence and increased trilineage differentiation ability upon drug treatment. Aging（Albany NY），2021，13（7）：9991-10014.

［6］ Lu Peng，Shihuan Tang，Honghui Li，et al. Angelica Sinensis Polysaccharide Suppresses the Aging of Hematopoietic Stem Cells Through Sirt1/FoxO1 Signaling. Clin Lab，2022，68（5）：210731.

［7］ Yingqian Zhu，JianliGe，CeHuang，et al. Application of mesenchymal stem cell therapy for aging frailty：from mechanisms to therapeutics. Theranostics，2021，11（12）：5675-5685.

［8］ Aqsa Muzammil，Muhammad Waqas，AhitshamUmar，et al. Anti-aging Natural Compounds and their Role in the Regulation of Metabolic Pathways Leading to Longevity. Mini Rev Med Chem，2021，21（18）：2630-2656.

［9］ Dang Khoa Tran，Thuy Nguyen Thi Phuong，Nhat-Le Bui，et al. Exploring the potential of stem cell-based therapy for aesthetic and plastic surgery. IEEE Rev Biomed Eng，2023，16：386-402.

［10］ BisharaAtiyeh，FadiGhieh，AhmadOneisi. Nanofat Cell-Mediated Anti-Aging Therapy：Evidence-Based Analysis of Efficacy and an Update of Stem Cell Facelift. Aesthetic Plast Surg，2021，45（6）：2939-2947.

［11］ Campisi，Kapahi P，Lithgow GJ，et al. From discoveries in ageing research to therapeutics for healthy ageing. Nature，2019，571（7764）：183-192.

［12］ Debès C，Papadakis A，Grönke S，et al. Ageing-associated changes in transcriptional elongation influence longevity. Nature，2023，616（7958）：814-821.

［13］ Bai Z，Yang P，Yu F，et al. Combining adoptive NK cell infusion with a dopamine-releasing peptide reduces senescent cells in aged mice. Cell Death Dis，2022，13（4）：305.

［14］ Brunet A，Goodell MA，Rando TA. Ageing and rejuvenation of tissue stem cells and their niches. Nat Rev Mol Cell Biol，2023，24（1）：45-62.

［15］ Jo H，Brito S，Kwak BM，et al. Applications of Mesenchymal Stem Cells in Skin Regeneration and Rejuvenation. Int J Mol Sci，2021，22（5）：2410.

［16］ Shin W，Rosin NL，Sparks H，et al. Dysfunction of Hair Follicle Mesenchymal Progenitors Contributes to Age-Associated Hair Loss. Dev Cell，2020，53（2）：185-198.e7.

［17］ Zhang C，Wang D，Wang J，et al. Escape of hair follicle stem cells causes stem cell exhaustion during aging. Nat Aging，2021，1：889-903.

［18］ Tak YJ，Lee SY，Cho AR，et al. A randomized，double-blind，vehicle-controlled clinical study of hair regeneration using adipose-derived stem cell constituent extract in androgenetic alopecia. Stem Cells Transl Med，2020，9（8）：839-849.

［19］ López-Otín C，Blasco MA，Partridge L，et al. Hallmarks of aging：An expanding universe. Cell，2023，186（2）：243-278.

［20］ Zheng Y，Liu X，Le W，et al. A human circulating immune cell landscape in aging and COVID-19. Protein Cell，2020，11（10）：740-770.

［21］ Santoro A，Bientinesi E，Monti D. Immunosenescence and inflammaging in the aging process：age-related diseases or longevity? Ageing Res Rev，2021，71：101422.

［22］ Sun Q，Lee W，Hu H，et al. Dedifferentiation maintains melanocyte stem cells in a dynamic niche. Nature，2023，616（7958）：774-782.

［23］ Hasegawa T，Oka T，Son HG，et al. Cytotoxic CD4+ T cells eliminate senescent cells by targeting cytomegalovirus antigen. Cell，2023，186（7）：1417-1431.e20.

［24］ Liu L，Kim S，Buckley MT，et al. Exercise reprograms the inflammatory landscape of multiple stem cell compartments during mammalian aging. Cell Stem Cell，2023，30（5）：689-705.e4.

［25］ Dorronsoro A，Santiago FE，Grassi D，et al. Mesenchymal stem cell-derived extracellular vesicles reduce senescence and extend health span in mouse models of aging. Aging Cell,2021,20(4):e13337.

[26] Roe K. NK-cell exhaustion,B-cell exhaustion and T-cell exhaustion-the differences and similarities. Immunology,2022,166(2):155-168.

[27] Brauning A,Rae M,Zhu G,et al. Aging of the Immune System:Focus on Natural Killer Cells Phenotype and Functions. Cells,2022,11(6):1017.

[28] Franco AC,Aveleira C,Cavadas C. Skin senescence:mechanisms and impact on whole-body aging. Trends Mol Med,2022,28(2):97-109.

[29] Yousefzadeh MJ,Flores RR,Zhu Y,et al. An aged immune system drives senescence and ageing of solid organs. Nature,2021,594(7861):100-105.

[30] 刘保池. 疾病与衰老的细胞治疗. 上海:上海科学技术文献出版社,2023.

[31] 玉燕萍,郑松柏. 免疫衰老及其影响老年病发生机制的研究进展. 老年医学与保健,2018,24(6):732-734.

[32] 赵睿,董晨,周为,等. 人体免疫衰老与肿瘤及感染的关系研究进展. 中华医学杂志,2019,99(16):1278-1280.

[33] 黄丽映,刘韬. 免疫细胞衰老表现及免疫功能变化的研究进展. 中华细胞与干细胞杂志(电子版),2020,10(2):119-124.

[34] Yang D,Sun B,Li S,et al. NKG2D-CAR T cells eliminate senescent cells in aged mice and nonhuman primates. Sci Transl Med,2023,15(709):eadd1951.

[35] Amor C,Fernández-Maestre I,Chowdhury S,et al. Prophylactic and long-lasting efficacy of senolytic CAR T cells against age-related metabolic dysfunction. Nat Aging,2024,24:3385749.

[36] Amor C,Feucht J,Leibold J,Ho YJ,et al. Senolytic CAR T cells reverse senescence-associated pathologies. Nature,2020,583(7814):127-132.

第四十三章　呼吸疾病与结核病的细胞治疗

提要:呼吸疾病与结核病是全球发病和死亡的主要原因之一,目前针对许多呼吸系统的疾病尚无有效的治疗手段。基于干细胞、免疫细胞的再生医学技术为这些疾病的治疗带来了新希望。本章共分为6节,分别为呼吸系统疾病细胞治疗概述、呼吸系统发育与肺源性干细胞、呼吸系统良性疾病的细胞治疗、免疫细胞在肺癌治疗中的应用、结核病的细胞治疗,以及典型病例报告。

第一节　呼吸系统疾病细胞治疗概述

呼吸系统是执行机体和外界进行气体交换功能的器官的总称,其主要功能为吸入氧气,排出二氧化碳。

一、呼吸系统疾病分类与病因

呼吸系统疾病(respiratory diseases)是指局限于呼吸系统的疾病。从生理上分为两类:阻塞性肺疾病和限制性肺疾病。从解剖学上可分为:上呼吸道疾病、下呼吸道疾病、肺间质疾病和血管性肺病。另一类呼吸系统疾病即为呼吸系统肿瘤,分为良性、恶性两大类。常见的恶性肿瘤为原发性支气管肺癌(bronchial lung cancer)简称肺癌,约占肺部肿瘤的90%,其中非小细胞肺癌(non-small cell lung cancer, NSCLC)约占肺癌的80%。2019年,中国最新癌症报告显示,肺癌在所有癌症的致死率排名中,位居我国恶性肿瘤死亡第1位。

(一)生理解剖结构及组织细胞组成

从生理解剖结构及组织细胞组成上看,呼吸系统是一个由上皮细胞和其他类型基质细胞共同构成的复杂器官:由肺内的各级支气管、肺泡、血管及淋巴管等组成。肺泡表面有一层完整的上皮,包括Ⅰ型肺泡上皮细胞(AECⅠ)和Ⅱ型肺泡上皮细胞(AECⅡ)。相邻肺泡之间的薄层结缔组织为肺泡间隔。细胞外基质(ECM)是肺泡间隔的主要结构成分。AECⅠ扁平且较薄,易受损伤,覆盖了肺泡95%的表面积,是进行气体交换的部位,无增殖能力,损伤后由AECⅡ增殖分化补充。AECⅡ可分泌表面活性物质以减少肺泡表面张力,增加肺顺应性。新型冠状病毒(COVID-19)即主要通过AECⅡ受体通道进入细胞。肺表面活性物质由90%脂质和10%蛋白质组成。肺泡上皮受损,肺表面活性物质的生成明显减少,肺泡渗出液中的蛋白质破坏表面活性物质,促进急性肺损伤(acute lung injury, ALI)病情进展。Clara细胞是指主要衬覆于远端细支气管的非纤毛上皮细胞、非黏液分泌细胞,具有活跃的分泌、增殖分化等多种生物学特性;Clara细胞具有分泌蛋白、表达细胞色素氧化酶、对外源物的生物转换作用,以及作为呼吸道中的短暂扩充

细胞来修复受损的呼吸道上皮,有免疫抑制、抗炎症、抗纤维化、抗肿瘤等多种生物活性。

(二)呼吸疾病的主要病因

在执行呼吸任务的过程中,呼吸系统上皮细胞会发生一定程度的损耗和破坏,特别是当接触到一些外来的或内在的有害物质(例如大气污染物、细菌、病毒或血液中的毒性物质)时,呼吸系统上皮细胞会大量死亡并诱发炎症反应,从而导致肺部组织大规模损伤的发生。肺损伤是肺疾病的一种常见情况,急性肺损伤严重者可发展为急性呼吸窘迫综合征(acute respiratory distress syndrome, ARDS),其发病率为26.3/10万人,致死率高,预后差;慢性肺损伤进一步加重可进展为慢性阻塞性肺疾病(chronic obstructive pulmonary disease, COPD)、特发性肺纤维化(idiopathic pulmonary fibrosis, IPF)和支气管扩张(bronchiectasis)等。

大气污染是影响公众健康的首要危险因素之一。颗粒物,特别是空气动力学直径$\leqslant 10\mu m$的可吸入颗粒物(PM10)的污染,是许多大城市的主要健康问题。近年来,越来越多的流行病学、毒理学资料研究表明,可吸入颗粒物与人类疾病的发病率、死亡率关系密切,能引起哮喘、肺功能下降、呼吸系统炎症,甚至累及心血管系统、神经系统、免疫系统,促使癌症发生。

感染是呼吸疾病最常见的病因。各种医学微生物或寄生虫都可能引起呼吸系统感染性疾病,病毒和细菌是其最常见的病原体,还有许多未发现的病原体。另外,还有免疫性疾病、遗传病和肿瘤等病因。肺结核(tuberculosis, TB)是由结核杆菌感染引起的疾病,结核菌通常造成肺部感染,也会感染身体的其他部分。大多数感染者没有症状,称为潜伏结核感染。如果此时没有适当治疗,10%的潜伏感染患者会恶化为开放性结核病(active tuberculosis),致死率为50%。

二、细胞治疗是呼吸疾病治疗新的重要措施

呼吸系统疾病的高发病率、慢性病程、慢性损害肺功能的特点,导致其成为威胁人类生命的主要凶手之一,因此,呼吸系统疾病的诊断和治疗仍在快速发展中。针对许多持续进展的呼吸系统疾病,目前尚无有效的治疗手段。

基于干细胞治疗的再生医学技术和免疫细胞治疗技术为这些疾病的治疗带来了新的希望。关于"细胞治疗",美国食品和药品监督管理局(FDA)的解释是"通过将体外处理或改造过的自体、异体、异种来源的细胞输入人体以达到对疾病或创伤预防、治疗、缓解的目的"。

早在20世纪70年代,细胞治疗就在血液相关疾病的治疗(输血和骨髓移植)中得到应用。细胞治疗能够弥补器官移植领域中的不足,如器官或组织来源严重不足、免疫排斥明显、手术时间长、技术要求高等。随着生物工程技术、免疫学、肿瘤免疫学理论的发展,干细胞和免疫细胞的基础研究不断成熟,细胞治疗逐渐成为组织器官损伤性疾病和癌症治疗的曙光。近年来,细胞治疗随着Kite、Juno、诺华等国际知名的制药公司和生物科技公司的产品获批上市,逐渐显示火热状态。我国细胞治疗的临床申报也在不断增加,呈现井喷状态。

目前细胞治疗根据治疗目的和机制不同主要分为三类:第一类为成体干细胞用于组织损伤的细胞治疗;第二类为MSC或iPSC;第三类为抗肿瘤的细胞治疗,即免疫细胞治疗,如LAK细胞、TIL、CIK细胞、NK细胞、DC、TCR-T/CAR-T细胞治疗等。用于治疗作用的细胞,无论是干细胞还是免疫细胞,根据来源又分为异体细胞和自体细胞。相比于异体细胞,自体细胞更具有安全性。

第二节　呼吸系统发育与肺源性干细胞

一、呼吸系统发育

呼吸系统由两大部分组成:呼吸道和肺。呼吸道由

鼻、咽、喉、气管等组成,而肺是实现气体交换的核心器官。鼻腔上皮发育来自外胚层,除此之外其他呼吸系统的上皮均由原始消化管内胚层分化而成。

呼吸系统的发育分为三期:胚胎期、胎儿期、出生后期。

(一)胚胎期和胎儿期

1. 胚胎期呼吸系统的发育　胚胎期是指胎龄3~7周,是肺发育的最初阶段,主要标志是主呼吸道和肺芽(lung bud)的形成。胚胎第4周时,原始咽的尾端底壁正中出现一纵行的浅沟(喉气管沟),此沟逐渐加深并从尾端开始愈合,同时向头端推移,最后形成一长形盲囊,即气管憩室,是喉、气管、支气管和肺的原基。气管憩室的末端膨大,形成左右两支即肺芽,是支气管和肺的原基。肺芽和食管间的沟加深,肺芽在间叶组织间延伸,并分支形成未来的主支气管。叶支气管、段支气管和次段支气管约分别于胎龄的37、42和48天形成(图3-43-1)。

2. 胎儿期呼吸道和肺泡的发育　胎儿期又分为假腺期(胚胎第7~16周)和小管期(胚胎第16~25周)。假腺期主要是主呼吸道的发育到末端支气管的形成。特点是形成胎肺,再分支形成未来的肺泡管。胚胎第13周时,随着纤毛细胞、杯状细胞和基底细胞的出现,近端呼吸道出现上皮分化。上皮分化呈离心性,未分化的细胞分布于末端小管,而分化中的细胞分布于近端小管。上叶支气管发育早于下叶。早期呼吸道周围是疏松的间叶组织,疏松的毛细血管在这些间叶组织中自由延伸。肺动脉与呼吸道相伴生长,主要的肺动脉管道出现于胚胎第14周。肺静脉也同时发育,只是模式不同,肺静脉将肺分成肺段和次段。在假腺期末期,呼吸道、动脉和静脉的发育模式与成人相对应。小管期(胚胎第16~25周)主要为腺泡和血管形成。此期是肺

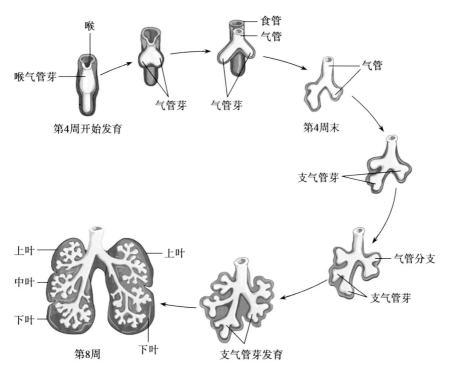

图 3-43-1　呼吸系统、肺的发育

组织从不具有气体交换功能到具有潜在交换功能,包括腺泡出现、潜在气-血屏障的形成,以及Ⅰ型和Ⅱ型上皮细胞分化,且20周后逐渐开始分泌表面活性物质。腺泡是由一簇呼吸道和肺泡组成,源于终末支气管,包括2~4个呼吸性细支气管,末端带有6、7级支芽。其初步发生对未来肺组织气体交换界面发育是至关重要的第一步。

最初围绕在呼吸道周围较少血管化的间叶组织进一步血管化,并更接近呼吸道上皮细胞,毛细血管最初形成一种介于未来呼吸道间的双毛细血管网,随后融合成单一毛细血管。随着毛细血管和上皮基底膜的融合,气-血屏障结构逐渐形成。在小管期,气-血屏障面积呈指数增长,从而使壁的平均厚度减少,气体交换潜力增加。随着间质变薄,小管长度和宽度都增加,同时逐步有了血供。小管期的许多细胞被称为中间细胞,因为它们既不是成熟的Ⅰ型上皮细胞,也不是Ⅱ型上皮细胞。

在人类胚胎约20周后富含糖原的立方细胞胞质中开始出现更多的板层小体,通常伴有更小的多泡出现,后者是板层小体的初期形式。Ⅱ型上皮细胞中糖原水平随着板层小体内糖原水平增加而减少,糖原为表面活性物质合成提供基质。终末囊泡期(胚胎第25周~足月)主要为第二嵴引起的囊管再分化,此期对最终呼吸道分支形成很重要。终末囊泡在肺泡化完成前一直在延长、分支及加宽。随着肺泡隔,以及毛细血管、弹力纤维和胶原纤维的出现,终末囊泡进一步发育成原始细胞。原始肺泡内表面被覆内胚层来源的上皮细胞,被认为是肺泡上皮的干细胞。起初,细胞为立方形,即Ⅱ型肺泡上皮细胞,以后部分Ⅱ型细胞变成薄的单层扁平上皮,发育为Ⅰ型肺泡上皮细胞。到出生时,肺泡与毛细血管已相当发达。因此,胎儿一出生即具备可独立生存的呼吸功能。

(二)出生后期

出生后期又称为肺泡期,是肺泡发育和成熟的时期,也是肺发育的最后一个环节,绝大多数气体交换表面是在该阶段形成的。胎儿出生时肺的发育已基本成熟,但进一步完善需到3岁。肺泡表面上皮细胞分化,形成很薄的气-血屏障,是肺发育成熟的形态学标志,从胎儿晚期到新生儿早期肺泡化进展迅速。伴随着肺组织结构的发育成熟,其功能发育亦趋成熟(图3-43-2)。

二、成体肺源性干/祖细胞

肺干细胞是存在于肺组织内的成体干细胞,它们在稳态下以极低的频率分裂,具有长期自我更新和产生一种或多种高度分化功能细胞的能力;肺祖细胞也能分化为一种或多种高度分化细胞,但是通常被认为仅具有有限的自我更新能力。由于目前尚无公认的可评估自我更新能力的体内或体外试验来区别肺干细胞和祖细胞,并且这种自我更新能力可能受微环境因素的影响,所以学者们多将肺干细胞和祖细胞一并讨论。肺内的干/祖细胞包括肺上皮干/祖细胞、肺MSC和肺内皮祖细胞。

肺源性干细胞在气道损伤修复中的作用机制还在深入研究中,搞清楚其作用机制对肺脏疾病的防治意义深远。气道上皮在刺激损伤后的修复过程可分为3个相辅相成的步骤:①邻近上皮细胞通过局部扩散和迁移覆盖受损裸露区域;②肺上皮干/祖细胞通过迁移和增殖重建上皮;③上皮干/祖细胞分化为各种特定细胞以修复气道屏障和呼吸功能。

(一)近端气道(气管-支气管)肺上皮干/祖细胞

基底细胞(basal cell,BC)是在小鼠的气管和近端气道,以及人类全气道的稳态与损伤后再生修复中起重要作用的干/祖细胞。BC(Trp63$^+$NGFR$^+$Krt5$^+$)在基质胶中培养可形成克隆结构,并且这种克隆结构表达纤毛细胞和Clara细胞的表面标记。作为气道上皮的组织特异性干细胞,它们在气道损伤后可以产生不同于稳态环境下的祖细胞亚群,因此它们的异质性还有待于进行进一步研究。

(二)细支气管肺上皮干/祖细胞

细支气管肺泡干细胞(bronchioalveolar stem cell,BASC)位于小支气管与肺泡交界处,同时拥有支气管上皮棒状细胞和Ⅱ型肺泡上皮细胞的分子特征。它们共表达CCSP和pro-SPC,可在体外自我更新并能分化为Clara细

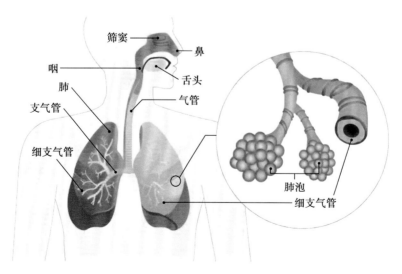

图3-43-2　人呼吸道

胞、I型肺泡细胞（type I alveolar cell，ATI）和Ⅱ型肺泡细胞（type Ⅱ alveolar cell，ATⅡ），但是不能分化为纤毛细胞。虽然这些细胞，有些学者称之为远端气道干细胞（distal airway stem cell，DASC），与气管基底干细胞有类似的分子标记，但是却与基底干细胞在体外培养和体内移植实验中表现出不同的特性。气管基底干细胞在体外和体内研究中生成的都是更接近近端的气道上皮，而这些细胞在体外可形成肺泡球状物，在体内可产生肺泡细胞和 Clara 细胞，并且 krt5 谱系研究表明，这些细胞是在肺损伤后才产生的（图 3-43-3）。

（三）肺泡上皮干/祖细胞

ATⅡ细胞早于 1974 年就被鉴定为肺泡上皮的干/祖细胞，Chapman 等的研究表明，在博来霉素肺损伤后，来源于肺泡上皮细胞的一种新亚群 ATⅡ细胞再生，这种新的细胞表达层粘连蛋白受体 4（α6⁺β4⁺），在移植实验中能形成气道和肺泡结构。

（四）人肺上皮干/祖细胞

目前，关于人肺上皮干/祖细胞所知甚少。Fujino 等获得了人肺泡上皮祖细胞（alveolar epithelial progenitor cell，AEPC），这些细胞拥有 ATⅡ细胞和 MSC 的一些基因，提示它们在肺泡上皮细胞和 MSC 之间的表型重叠。以上表明，许多新发现的推定的肺上皮干/祖细胞具有异质性或处于争论状态，尚需多种体内和体外试验来进一步鉴定和验证。

肺泡上皮和支气管基底层上皮来源的两类肺干细胞均在肺部损伤修复过程中起着重要的作用。二者在功能上存在相互补充的关系。就目前来看，支气管基底层细胞在培养和移植方面的优势使其在临床应用上有更高的潜力，有望通过新生肺部结构修复肺的损伤，重建肺部的生理功能，从而达到疾病治疗的目的。

中国科学院生物化学与细胞生物学研究所周斌研究组利用一种新型双同源重组标记技术，在小鼠体内实现了特异性标记和示踪支气管肺泡干细胞，在证明支气管肺泡干细胞确实存在的同时发现，在正常条件下，支气管肺泡干细胞可以实现缓慢自我更新，以维持肺脏功能运转。研究人员还通过一系列实验发现，支气管肺泡干细胞在不同损伤模型中具有"跨界"多向分化潜能。当支气管受损后，支气管肺泡干细胞能增殖、分化为支气管上皮棒状细胞和纤毛细胞；而当肺泡受损后，这群支气管肺泡干细胞又能增殖、分化为I型和Ⅱ型肺泡上皮细胞，进而恢复肺功能。该研究为肺脏的损伤修复和再生医学研究提供了新的思路，为肺部疾病干细胞治疗提供了坚实的理论基础，具有重要意义。

（五）上皮干细胞和基底细胞临床应用研究现状

基底细胞（basal cell，BC）是近端气道上皮实施自我更新的主要干细胞亚群。利用支气管基底层细胞进行细胞治疗，目前在美国国立卫生研究院（National Institute of Health，NIH）临床研究官方数据库 Clinical Trials 上可以查询到已登记的相关临床研究如表 3-43-1 所示，其中包含支气管扩张（bronchiectasis，BE）、肺纤维化（pulmonary fibrosis，PF）、慢性阻塞性肺疾病（COPD）和间质性肺病（interstitial lung disease，ILD）。

以上注册应用临床研究的支气管基底层细胞的移植均为自体细胞移植，即利用稳定的工艺从患者自体分离出支气管基底层细胞后，在体外大量扩增，制备成临床级的人支气管基底层细胞自体回输制剂。

首例报道应用人支气管基底层细胞的临床应用研究，其具体实施方案是：研究者 Wei Zuo 团队通过支气管镜刷检获取 2 例患者的刷检组织，之后在 GMP 规范的环境中，从刷检组织中成功分离和扩增支气管基底层细胞，进行无滋养细胞体外扩增，再通过支气管镜将临床级的自体支气管基底层细胞按 1×10^6 个细胞/kg 的剂量分别回输到 2 例患者的远端肺叶。

细胞回输后，分别在 1、3 和 12 个月对患者的临床状态进行评估，持续随访跟踪 20 个月，结果显示，2 例患者未发生不良反应。细胞移植后，患者的肺功能检测中 FEV1、FVC 和 DLCO/VA 指标显著恢复。其中 1 例患者 CT 复查结果也显示支气管囊性扩张发生区域性的修复（图 3-43-4）。患者

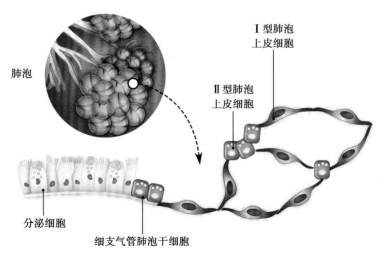

肺泡

Ⅰ型肺泡
上皮细胞

Ⅱ型肺泡
上皮细胞

分泌细胞

细支气管肺泡干细胞

图 3-43-3　细支气管肺泡干细胞

表 3-43-1 已在 Clinical Trials 系统上登记的支气管基底层细胞临床研究 *

	Title	Status	Study Results	Conditions	Interventions	Locations
1	Autologous Transplantation of Bronchial Basal Cells for Treatment of Bronchiectasis	Unknown status	No Results Available	• Bronchiectasis	• Biological: Bronchial basal cells	• Guangzhou Institute of Respiratory Disease, The First Affiliated Hospital of Guangzhou Medical University, Guangzhou, Guangdong, China
2	COPD Treatment by Transpantation of Autologous Bronchial Basal Cells	Recruiting	No Results Available	• Chronic Obstructive Pulmonary Disease (COPD)	• Biological: Autologuos transplantation of bronchial basal cells	
3	Autologous Bronchial Basal Cells Transplantation for Treatment of Chronic Obstructive Pulmonary Disease (COPD)	Unknown status	No Results Available	• Chronic Obstructive Pulmonary Disease	• Biological: Bronchial basal cell	• Nanfang Hospital of Southern Medical University, Guangzhou, Guangdong, China
4	Autologous Bronchial Basal Cells Transplantation for Treatment of Bronchiectasis	Unknown status	No Results Available	• Bronchiectasis	• Biological: Bronchial basal cells	• First Affiliated Hospital of the Third Military University, PLA (Southwest Hospital), Chongqing, Chongqing, China
5	Autologous Transplantation of Bronchial Basal Cells for Treatment of COPD	Unknown status	No Results Available	• COPD	• Biological: Bronchial basal cells	
6	Autologous Bronchial Basal Cells Transplantation for Treatment of CRD Including COPD, BE and PF	Unknown status	No Results Available	• Chronic Respiratory Disease	• Biological: bronchial basal cells	• The First Affiliated Hopsital of Soochow University, Suzhou, Jiang Su, China
7	Autologous Bronchial Basal Cell Transplantation for Treatment of COPD	Completed	No Results Available	• Chronic Obstructive Pulmonary Disease	• Biological: Bronchial basal cells	• First Affiliated Hospital of the Third Military University, PLA (Southwest Hospital), Chongqing, Chongqing, China
8	Treatment of COPD by Autologous Transplantation of Bronchial Basal Cells	Unknown status	No Results Available	• Chronic Obstructive Pulmonary Disease	• Biological: bronchial basal cells	• the First Affiliated Hospital of Shantou University Medical College, Shantou, Guang Dong, China
9	An Exploratory Study on the Treatment of Chronic Obstructive Pulmonary Disease With Autologous Bronchial Basal Cell Transplantation	Completed	No Results Available	• Cell Transplantation	• Other: autologous bronchial basal cell transplantation	• Huai'an First People's Hospital, Huai'an, Jiangsu, China

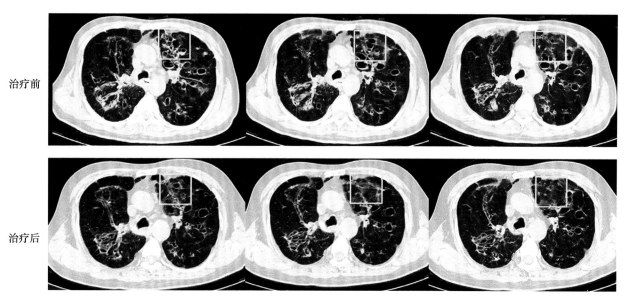

图 3-43-4　支气管基底层细胞治疗支气管扩张临床试验 CT 图片

患者 CT 复查结果显示支气管囊性扩张发生区域性的修复(黄色框内所示)

自述呼吸困难的症状改善,运动能力增强,咳嗽减少,急性加重的次数也减少;另 1 例患者也明显感受到咳嗽减少和急性加重次数减少。该临床试验提示自体支气管基底层细胞在支气管扩张的治疗中显示出有效的迹象,为临床研究的进一步探索提供了坚实的基础。

在 Clinical Trials 中可以查询到 5 项关于支气管基底层细胞移植治疗 COPD 的早期临床研究,目的是探索自体支气管基底层细胞移植治疗 COPD 的安全性和有效性。从查询到的内容看,临床研究的对象多为 40~75 岁的 COPD 患者群,无性别偏向,既有单中心、非随机、前后对照的试验设计,也有同期对照的试验设计,试验组的干预均为自体支气管基底层细胞移植。而评估的主要疗效指标也是肺功能的指标,其他次要疗效指标包含肺功能、HRCT 评分、6 分钟步行距离和一些量表分析。研究中也有一项针对间质性肺病(interstitial lung disease,ILD)的。ILD 是肺间质相关的一组肺部疾病总称,包含弥漫性肺实质、肺泡炎症和间质纤维化等病理病变。而特发性肺纤维化(idiopathic pulmonary fibrosis,IPF)是一种严重的 ILD 类型,患者生存时间仅 3~5 年,目前治疗措施主要为肺移植。在我国干细胞备案系统中,已有 1 项名为"人自体支气管基底层细胞治疗间质性肺病临床研究"的项目成功备案(注册号为 CMR-20161212-002)。该项临床研究采用单中心、非随机、前后自身对照的设计,其目的主要用于评价自体支气管基底层细胞移植治疗 ILD 的安全性和有效性。

近期,来自北京生命科学研究所的汤楠课题组及南京医科大学附属无锡人民医院陈静瑜教授团队关于肺泡干细胞的细胞行为和调控机制方面取得了重大进展,在 Cell 上的研究论文揭示了机械张力通过调控多个信号通路共同促进了肺泡干细胞的增殖、分化和最后的肺泡再生。在高度模拟 IPF 的小鼠模型中进一步阐明肺泡再生障碍导致肺泡干细胞暴露于持续升高的机械张力,是诱发肺纤维化从肺

叶边缘起始并不断向肺中心进行性发展的关键驱动因素。

2016 年,由同济大学医学院左为教授和任涛教授共同主导的"人自体支气管基底层细胞(肺脏干细胞)移植治疗间质性肺病临床研究"通过支气管镜检的方法,从成人肺部支气管上皮刷取细胞,从中筛选出 Sox9 阳性的肺脏干细胞(Sox9 是这类干细胞的蛋白标志物)。为了验证肺脏干细胞的再植修复能力,研究者将标记了 GFP 荧光蛋白的肺脏干细胞移植到小鼠受损的肺脏内,3 周后,小鼠的肺脏变得十分健康,人类肺细胞大面积整合到小鼠的肺内,形成了"人-鼠嵌合肺",小鼠的肺脏"重生"了。基于良好的初期动物实验结果,研究团队成功地在患者肺部支气管上皮分离出 Sox9 阳性的肺脏干细胞,并将其应用于临床试验,术后 3~12 个月,患者肺功能有效改善且保持良好。不仅如此,在细胞移植的过程中辅以抗纤维化药物吡非尼酮(pirfenidone),抑制 TGF-β 信号通路,也会进一步提升移植效率。该研究通过专家组评审,成为我国 8 家干细胞临床研究项目之一,正式从基础研究转入临床治疗研究阶段,迄今已有 20 多例患有肺纤维化、肺气肿等肺脏疾病的患者接受治疗。

综上,肺上皮干/祖细的深入研究不仅对肺部疾病的发生发展过程有重要意义,而且在再生医学、靶向治疗等领域,为肺癌在内的难治性肺部疾病的治疗提供了一种新的方向。

第三节　呼吸系统良性疾病的细胞治疗

一、间充质干细胞

MSC 的生物学特性属于多能干细胞,具有多向分化潜能、造血支持和促进干细胞植入、免疫调控、自我复制、旁分泌等特点,来源于多种组织类型。在临床试验中,MSC 主

要来源于成人骨髓,其次是脂肪组织,还可来源于脐带组织和胎盘组织。国际细胞治疗协会的间充质和组织干细胞委员会定义了关于人类 MSC 的基本标准:首先,在标准条件下培养时,细胞必须是贴壁生长;其次,MSC 表面表达 CD105、CD73、CD90 和 STRO-1,不表达 CD45、CD34、CD14 或 CD11b、CD79a 或 CD19 及 HLA-DR;同时 MSC 在体外可分化为成骨细胞、脂肪细胞和软骨细胞。

（一）间充质干细胞治疗肺损伤的优势

MSC 相对于 ESC 或 iPSC 具有获得容易、体外扩增培养操作相对简单,无论是自体还是异体来源的 MSC 移植,在临床试验中未见明显的毒性反应和致瘤性报道,无 GVHD 报告。对于肺部疾病的细胞治疗,由于 MSC 经静脉注射后首归巢于肺中,这利于更好地发挥治疗肺损伤的作用,也是应用细胞治疗肺部疾患的明显优势。

（二）间充质干细胞治疗肺损伤的分子机制

目前,就 MSC 治疗肺损伤的机制研究很多,归纳起来有以下几种。

1. 通过分子信号通路机制

（1）磷脂酰肌醇 3-激酶/蛋白激酶 B（PI3K/AKT）:PI3K/AKT 是胞内脂质激酶家族成员,可以使磷脂酰肌醇和磷酸肌醇的 3′-羟基基团磷酸化,具有调节细胞代谢、存活和极性,以及调控囊泡运输的功能。PI3K 是胰岛素和生长因子反应的关键成分,它调节新陈代谢和细胞生长,活化第二信使,参与细胞分化、增殖、凋亡和迁徙等。

近期,Xie 等提出了 PI3K 和 Notch 信号作为哮喘肺中 MSC 的主要分子靶标。MSC 的移植通过阻止 AKT 磷酸化的表达而导致 PI3K 信号转导受到抑制,从而导致哮喘大鼠的肺部炎症和气道重塑得到抑制。在接受人胎盘来源的 MSC（PL-MSC）的哮喘大鼠的肺部,Notch-1、Notch-2 和 jagged-1 减少,Notch-3、Notch-4 和 δ 样配体（delta）-4 表达增加。Notch 信号通路表达的改变伴随着针对 Th1 免疫的免疫应答极化,这表现为血清 IFN-γ 水平升高和 IL-4 和 IgE 水平下降。此外,在 PL-MSC 治疗的哮喘大鼠的肺组织中观察到杯状细胞增生和黏液产生减少,表明 MSC 通过调节 Notch 信号转导抑制哮喘症状。

（2）Wnt 信号通路:Wnt 信号通路在肺泡细胞的发育生长和损伤修复中起重要作用。在小鼠 MSC 与小鼠肺上皮细胞共培养实验中,MSC 分化为 II 型肺泡上皮细胞与 Wnt 信号通路有关,Liu 及其同事证明了移植的 MSC 成功植入能够体外分化表达 SPC 的功能性 ATII 样细胞［surfactant protein-C（SPC）-expressing AT2 cell］进入肺气肿肺组织,激活经典的 Wnt/β-catenin 途径。

（3）NF-κB 信号通路:NF-κB 由一系列转录因子组成,这些因子在炎症、免疫、细胞增殖、分化和存活中起关键作用,NF-κB 家族包含的转录因子控制大量靶基因的表达以适应环境的变化,有助于协调炎症和免疫应答。肺部感染将诱导 Toll 样受体（Toll-like receptor,TLR）依赖的 NF-κB 激活通路,在肺泡巨噬细胞中增加了 CXCL8 和 CXCL11 的分泌。这些炎症趋化因子在炎症时浓度增加,肺部会吸引产生 γ 干扰素（IFN-γ）的中性粒细胞和 CD4+ Th1 细胞,从

而增强炎症细胞因子和蛋白水解酶的分泌。MSC 可通过分泌 TSG-6,抑制 NF-κB 信号通路,减少炎症反应,促进抗炎症细胞因子的表达,将巨噬细胞转化为抗炎表型,促进菌性肺炎的减轻。细菌性肺炎是全世界最常见的感染致死的疾病之一。最近还发现,MSC 产生微泡,可能促进肺泡巨噬细胞的吞噬活性,导致革兰氏阴性大肠杆菌诱导的细菌性肺炎的缓解。

2. 通过旁分泌机制   在早期的研究中,人们将 MSC 的治疗效果归因于局部移植和分化为各种类型细胞的能力,但随着研究的进一步深入,人们发现 MSC 移植入体内后,不能长期存活,大部分细胞在血管中死亡,推测治疗作用可能是依赖于旁分泌机制产生的大量生物活性因子。大多数健康或疾病环境的细胞能够持续释放细胞外囊泡（extracellular vesicles,EV）进入周围环境,在应用 MSC 治疗中,通过旁分泌机制进行细胞间信息交流,该方式有望替代干细胞移植。

（1）分泌细胞因子:MSC 可产生多种细胞因子,其可分泌具有细胞保护和修复特性的生长因子、成纤维细胞生长因子、血管内皮生长因子和肝细胞生长因子等。

成纤维细胞生长因子可以与成纤维细胞生长因子受体结合,激活 PI3K 途径,从而对细胞功能发生调控作用,改善受损 II 型肺泡上皮细胞的炎症以改善肺损伤。将 MSC 加入到含肺祖细胞的 3D 培养基中,发现其增加了肺泡的分化和器官形成,MSC 条件培养基不仅可以促进肺泡器官的形成,而且可促使中性粒细胞凋亡以减轻肺损伤,这表明 MSC 条件培养基中的一些因子发挥了作用。

（2）细胞外囊泡:EV 是细胞主动释放的纳米级膜泡。PARK 等进行的体外肺实验表明,MSC 释放的微囊泡增加了肺泡液体清除率,降低了肺蛋白的通透性,经过聚肌胞苷酸预处理后,显著降低了细菌定植数量。通过 Toll 样受体 3 激动剂预处理后的 MSC 来源微囊泡在离体肺内的抗大肠杆菌能力明显增强,如前所述,其与增强巨噬细胞吞噬细菌活性有关。

（3）外泌体:外泌体（exosomes）是一种能被大多数细胞分泌的微小膜泡,具有脂质双层膜结构,直径为 40~100nm,密度为 1.13~1.18g/mL。研究表明,MSC 来源的外泌体通过核内体途径产生,起到与干细胞相似的生理作用,能够保护内毒素诱导的肺损伤、调节免疫系统功能等。该外泌体的产生过程始于细胞膜表面内吞作用形成的早期内吞体,早期内吞体再成熟为晚期内吞体,晚期内吞体膜通过内向出芽作用,包裹特异分选的蛋白、核酸等物质形成多个管腔囊泡（ILV）,这种管腔囊泡即为外泌体的前体。晚期内吞体内包含多个 ILV 后,即成为多泡体（MVB）。随后,大多数 MVB 与溶酶体融合,导致 MVB 的内含物降解,而少数 MVB 的膜表面有 CD63、溶酶体跨膜蛋白（lysosomal membrane protein,LAMP）1、LAMP2 等,介导其与细胞质膜融合,并向胞外释放外泌体。（图 3-43-5）

（三）MSC 介导的炎性肺病和肺纤维化的缓解

1. MSC 在 COPD 中的应用   COPD 是一种具有气流阻塞特征的慢性支气管炎和/或肺气肿,可进一步发展为肺

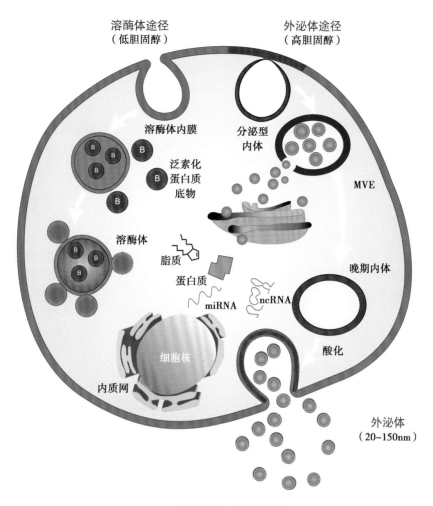

溶酶体途径
（低胆固醇）

外泌体途径
（高胆固醇）

溶酶体内膜

泛素化
蛋白质
底物

分泌型
内体

MVE

溶酶体

脂质

蛋白质

晚期内体

miRNA

ncRNA

酸化

细胞核

内质网

外泌体
（20~150nm）

图 3-43-5　细胞外泌体

心病和呼吸衰竭的常见慢性疾病。世界卫生组织报告显示，COPD 居全球死亡原因的第 4 位，可谓是威胁人类健康的第 4 大杀手。近年来，随着环境污染等因素的加重，其发病率有逐年增高的趋势。COPD 以不完全可逆的气流受限为特征，病情呈进行性发展，其发病机制复杂，病理学改变累及肺脏的多级结构，包括中央及周围的气道、肺实质乃至肺血管。目前认为，COPD 的病理损伤属于不可逆性病变，依靠机体自身的能力无法达到组织的完全修复。因此，迫切需要寻找到一种参与肺部组织结构修复和重建的有效方法。之前有研究证实，骨髓 MSC 可以在体内、体外分化为肺实质细胞，在炎症等因素的趋化下，外源的骨髓 MSC 有向肺损伤部位汇集的现象。

外源 MSC 可能通过以下机制参与肺的损伤修复：①在局部微环境作用下诱导分化为肺泡上皮和支气管上皮细胞等结构细胞，参与组织的修复过程；②通过免疫调节作用，为损伤修复提供有利环境；③外泌体与 COPD 的肺实质和周围气道的慢性炎症、肺气肿和小气道的狭窄及重塑过程密切相关。外泌体在 COPD 发病机制中的作用使其有望成为 COPD 治疗的靶点。

目前，基于外泌体的治疗策略大致可分为 2 种：①消除与 COPD 形成相关的外泌体以阻断介导的细胞内信号转导，从而阻止炎症过程的发生，Fujita 等的研究表明，外泌体中的 miR-210 通过阻断 ATG7 促进成纤维细胞向肌成纤维细胞分化抑制自噬，进而引起 COPD 的气道重塑；②使用具有免疫调控功能的外泌体发挥免疫抑制作用来抑制 COPD 的炎症与气道重塑。Du 等发现，MSC 的外泌体能促进调节性 T 细胞的增殖，通过上调 COPD 尤其是哮喘患者中外周血单核细胞的抑制因子 IL-10、TGF-β 而发挥免疫抑制作用。

越来越多的临床研究探讨了 MSC 治疗慢性阻塞性肺疾病的安全性和有效性，并且取得了很大的突破。在 Clinical Trials 系统中注册的干细胞治疗 COPD 的临床研究项目有近 30 个，其中多项显示已完成。

2013 年，美国 UCLA 的团队发表了他们利用异基因来源的 MSC 治疗慢性阻塞性肺疾病的临床效果。共入组 62 例中度到重度 COPD 患者，随机分成接受静脉回输间充质干细胞的治疗组和安慰剂组，随后接受为期 2 年的回访。在随访期间，显示间充质干细胞治疗可以显著降低 COPD 患者的 C 反应蛋白，显著改善患者系统性炎症的表现。治疗组没有出现回输毒性、死亡或者严重的不良反应事件，说明间充质干细胞治疗非常安全，患者依从性良好。

2. MSC 在急性呼吸窘迫综合征（ARDS）治疗中的作用

ARDS 是临床常见的危重症，是引起重症患者呼吸衰竭的主要原因。ARDS 的主要病理特点为弥漫性肺泡上皮细胞和毛细血管内皮细胞受损、通透性增加所导致的肺间质水肿。促进肺泡上皮细胞的有效修复是 ARDS 治疗的关键靶点之一。目前 ARDS 的临床治疗仍以保护性肺通气、限制性液体管理等支持性治疗手段为主，缺乏特效药物治疗。MSC 在移行至肺损伤部位后能分化为肺泡上皮细胞，从而修复损伤肺组织结构，保护肺功能。Walter 等研究发现，移植入体内的外源性 MSC 可以在肺损伤部位分化成肺泡上皮细胞等肺关键功能细胞，并起到相应的效用来使受损组织逐渐恢复到正常状态。Rojas 等发现，归巢的 MSC 分化为肺上皮细胞和肺血管内皮细胞，从而使受到损伤的肺组织得到保护。另外，Cai 等在脂多糖（lipopolysaccharide，LPS）诱导的 ARDS 小鼠中注入外源性 MSC，发现 MSC 可归巢到损伤的肺组织内并转化为 II 型肺泡上皮细胞。综上，MSC 定向分化可能是修复 ARDS 损伤肺组织的重要手段。

MSC 通过旁分泌释放的 IL-6、PGE-2、IL-10 可抑制 T 细胞增殖、活化，阻止树突状细胞成熟，且可使成熟的树突状细胞向调节型树突状细胞分化，后者可令 T 细胞转为调节状态，成为非常有效的免疫抑制细胞；通过分泌 TGF-β、IFN-γ、PGE-2、IL-10、TNF-α 等对固有免疫的调节来体现 MSC 对 ARDS 过度活化的炎症反应的抑制作用。

2022 年 9 月 5 日，中山大学项鹏及易慧敏发表研究论文，该研究假设胆碱能抗炎通路（CAP），被认为是一种神经免疫通路，可能参与了 MSC 减轻 ARDS 的治疗机制。使用脂多糖（LPS）和细菌性肺部炎症模型，该研究发现 MSC 输注后 6 小时，炎症细胞浸润和伊文思蓝（Evans blue）渗漏减少，肺组织中胆碱乙酰转移酶（ChAT）和囊泡乙酰胆碱转运蛋白（VAChT）的表达水平显著增加。当迷走神经被阻断或使用 α7 烟碱型乙酰胆碱（ACh）受体（α7nAChR）敲除小鼠时，MSC 的治疗效果显著降低，提示 CAP 可能在 MSC 治疗 ARDS 的作用中发挥重要作用。该研究结果进一步表明，MSC 衍生的前列腺素 E₂（PGE₂）可能促进 ACh 的合成和释放。此外，基于 nAChR 和 α7nAChR 激动剂的功效，该研究发现，在临床研究（ChiCTR2100047403）中，烟碱型胆碱能受体兴奋剂洛贝林可减轻 ARDS 患者的肺部炎症和呼吸道症状。总之，该研究揭示了以前未被认识的 MSC 介导的 CAP 激活机制作为 MSC 缓解 ARDS 样综合征的手段，为 MSC 的临床转化或治疗 ARDS 患者的 CAP 相关策略提供了见解。

3. MSC 治疗肺纤维化　肺纤维化是肺泡壁的慢性炎症和进行性纤维化，伴有稳定的进行性呼吸困难，最终因缺氧或右心衰竭而死亡。病理改变以成纤维细胞增殖及大量细胞外基质聚集并伴炎性损伤、组织结构破坏为特征，是许多肺部疾病的终末结局，如急性呼吸窘迫综合征、特发性肺纤维化、尘肺病等，患者病情重，病死率高，临床上尚缺乏有效的治疗手段。其中，特发性肺纤维化（IPF）是一种慢性、进行性、纤维化间质性肺炎，从症状发作到准确诊断之间具有时间差异，难以早期诊断。大量临床前试验显示，MSC

能够有效改善肺部纤维化，或将成为特发性纤维化的潜在治疗方向。有临床试验结果表明，MSC 治疗特发性肺纤维化可使部分患者的病情得到有效缓解。

2017 年，中国人民解放军陆军军医大学西南医院报道了 MSC 治疗放射性肺纤维化的结果。入组患者 8 例，通过支气管镜对肺纤维化病灶部位灌洗并单次注入 MSC（$1×10^6$/kg）。8 例患者均能够耐受 MSC 治疗，随访观察无严重不良反应发生。6 例患者自述气促、咳嗽等症状有所好转，CT 显示肺密度下降，说明 MSC 治疗的安全性和耐受性良好，能够减轻患者的临床症状，降低肺纤维化密度。

2018 年，第三军医大学西南医院熊玮主任，利用 UC-MSC 对 8 例放射性肺纤维化患者（乳腺癌 2 例，肺癌 6 例）开展临床治疗。通过支气管镜对 RPF 的病灶部位灌洗后单次注入 $1×10^6$/kg 的 MSC，于治疗前和治疗后第 3 天、3 个月、6 个月进行临床症状、血液指标和圣乔治呼吸问卷、6 分钟步行距离、肺功能指标、相关炎症因子、CT 肺密度的变化情况记录。结果表明，上述患者经 MSC 治疗后自觉气促、咳嗽等症状好转，血常规、C 反应蛋白、肝肾功能指标无明显变化，TGF-β1 表达和 CT 肺密度均呈现下降趋势。

2019 年，有报道首次在人体内高剂量干细胞治疗特发性肺纤维化伴肺功能快速下降的临床研究结果。共招募 20 例受试者，随机分为两组，治疗组每 3 个月进行 2 次静脉回输 MSC，每次剂量为 $2×10^8$ 个细胞。肺功能指标的分析显示，MSC 有效地遏制了特发性肺纤维化的快速进展，具有一定的治疗效果。安全性评估未发现治疗相关的显著不良反应事件，说明高剂量累积性 MSC 移植治疗是安全的。

2020 年 1 月有研究报道，选择 20 例特发性肺纤维化患者为受试者，其中 11 位男性，9 位女性，年龄在 33~74 岁之间，被随机均分为两组，分别为 MSC 治疗组和安慰剂组。治疗组进行 BM-MSC 静脉输注，12 周为 1 周期，共 4 周期，在第 39 周完成最后一次输注，每周期输注 2 次，每次间隔 7 天，每次输 $2.0×10^8$ 个 MSC，体积为 400mL/袋，整个治疗周期共输注 $1.6×10^9$ 个 MSC。安慰剂组按照同一时间表进行输注同体积生理盐水。根据对肺功能指标的分析显示，同安慰剂组相比，MSC 治疗组的 FVC（用力肺活量）、DLCO（一氧化碳弥散量）、6MWTD（6 分钟步行距离测试）各项指标相对于对照组都有所提升，提示 MSC 具有一定的治疗效果，遏制了肺纤维化的快速发展，安全性评估未发现治疗相关的显著不良反应事件，证明了 MSC 治疗的有效性和安全性。

至 2022 年 10 月，在 Clinical Trials 系统上登记的细胞疗法治疗 COPD 的临床试验有 17 项，包括干细胞 10 项，PRP-PC 细胞治疗 1 项，自体支气管基底细胞抑制治疗 5 项，自体骨髓细胞治疗 1 项。

二、细胞治疗在新型冠状病毒感染（COVID-19）中的临床实践

自 COVID-19 感染暴发以来，某些患者的病情会发生迅速恶化，患者多在发病 1 周后出现呼吸困难和/或低氧

血症,严重者快速进展为急性呼吸窘迫综合征、脓毒症休克、代谢性酸中毒等,对肺组织造成严重损伤。其原因是人体自身的免疫系统对病毒反应过度,这个问题通常被称为"细胞因子风暴",当免疫系统触发失控反应时,它会对自身细胞造成比它试图对抗的入侵者更大的伤害。细胞因子是一种广泛存在于体内的小分子,由特定的细胞释放出来,以帮助对抗感染。

MSC 凭借免疫调节、抗炎作用和修复受损组织的特性来抑制免疫系统过度激活、控制肺部急性炎症反应和促进内源性修复,尤其是 MSC 有助于抵抗细胞因子风暴,基于这种功能,成为了新型冠状病毒感染危重症患者救治的重要新策略。国际国内学者就试用 MSC 治疗新型冠状病毒感染危重症,取得了可喜的结果,并有多项临床研究被不同国家机构批准。需要了解更多 MSC 治疗新型冠状病毒感染相关内容可参考第四十四章。

第四节　免疫细胞在肺癌治疗中的应用

免疫疗法已被成功应用于多种肿瘤的治疗,显著提高了患者的生存质量。免疫细胞治疗是当前免疫疗法研发的重点方向之一。2013 年,肿瘤免疫疗法被 *Science* 评为十大突破,2016 年《麻省理工科技评论》(MIT Technology Review)又将应用免疫工程治疗疾病评为年度十大突破技术。2016 年,美国国情咨文中提出癌症"登月计划",其中重点之一就是肿瘤免疫疗法的开发。

一、肺癌免疫细胞治疗

应用于肺癌的细胞治疗,主要是免疫细胞治疗,通过对免疫细胞进行体外改造,以激发或增强机体抗肿瘤免疫应答杀伤肿瘤、抑制肿瘤生长。免疫细胞治疗发展历经了由非特异性免疫到无差别化特异性免疫,再到差别化特异性免疫的发展阶段。非特异性免疫细胞包括自体淋巴因子激活的杀伤细胞(lymphokine-activated killer cell,LAK cell)、细胞因子诱导的杀伤细胞(cytokine-induced killer cell,CIK cell)及 NK 细胞,这类细胞通过从外周血细胞中分离并经淋巴因子或细胞因子诱导刺激获得;另一类效应细胞为肿瘤抗原特异性 T 细胞,包括肿瘤浸润性淋巴细胞(TIL)、CTL 和经基因修饰改造的 T 细胞,如 CAR-T 细胞、TCR-T 细胞等。免疫细胞基本内容详见第十二章。下面介绍 DC、CIK 细胞、NK 细胞、TCR-T 细胞与 CAR-T 细胞在肺癌治疗中的临床实践。

(一) DC 与 CIK 细胞治疗肺癌的临床研究

DC 与 CIK 细胞联合治疗肺癌,是主动免疫的一种新的治疗策略。DC 可以捕获肿瘤相关抗原,表达淋巴细胞共刺激分子,分泌各种细胞因子并启动细胞免疫和体液免疫;CIK 细胞与 DC 共培养具有相互促进作用,可明显提高 DC 特异性共刺激分子的表达和 IL-12 的分泌,进而提高 CIK 细胞对肿瘤细胞的杀伤活性。在临床上,免疫细胞治疗已被成功应用于肺癌等多种肿瘤的治疗,可显著提高患者的生存质量。

郑秋红和吕章春等分别报道,体外试验中肿瘤抗原致敏的 DC 诱导的 CIK 细胞对肺癌细胞的杀伤活性明显高于单纯的 CIK 细胞,随着效靶比的升高,DC-CIK 细胞对肺癌细胞的杀伤效应随之增强,并探讨 DC 增强 CIK 细胞杀伤活性的可能机制。DC 表面的树枝状突起可使其负载肿瘤抗原并呈递给 CIK 细胞,激活后的 DC 分泌 IL-12、IL-18 及 IFN-γ 等细胞因子,刺激 Th0、Th2 细胞向 Th1 细胞分化,并强烈激发 Th1 型特异性免疫应答。

(二) NK 细胞治疗肺癌的临床实践

NK 细胞被认为是机体抗感染、抗肿瘤的第一道天然防线。NK 细胞与 T 细胞不同,无须肿瘤特异性抗原识别便可以直接杀伤肿瘤细胞,是肿瘤免疫治疗的重要效应细胞。它们识别的主要靶细胞是 MHC-I 类分子缺乏的细胞,而 MHC-I 类分子缺乏常常是肿瘤细胞的特征之一。NK 细胞是机体天然免疫的主要承担者,同时还是调节天然免疫和获得性免疫的关键细胞,因此,近年来针对 NK 细胞的 ACI 研究逐渐受到人们的关注。2022 年 6 月,美国癌症研究所 Samik 博士等人,以 "Landscape of cancer cell therapies: trends and real-world data" 为题在 *Nature* 子刊上发文,对当前的癌症细胞治疗前景进行了深入分析,包括研发管线和临床试验,除 CAR-T 细胞治疗继续领跑细胞治疗管线外,基于 NK 细胞的疗法在 2021—2022 年增长了 55%,尤其在实体瘤治疗领域。此外,同种自体细胞治疗在过去一年中的增长为 23%,而同种异体细胞治疗相对增加得更快(33%)。Clinical Trials 系统上显示,截至 2023 年 4 月,与 NK 细胞、CIK 细胞、基因改造 NK 细胞治疗肺癌的相关临床试验达 30 多项。

近两年,免疫检查点抑制剂无疑是最成功的肿瘤免疫疗法之一,已经改变了肺癌的治疗前景。人 NK 细胞也会表达 PD-1,并且与免疫检查点抑制剂的抗肿瘤反应相关。在 2022 年世界肺癌大会上公布了 NK 细胞疗法 SNK01,与 PD-1 抑制剂帕博利珠单抗(pembrolizumab)联用,治疗非小细胞肺癌(NSCLC)长达 2 年的临床试验随访数据。结果显示,与帕博利珠单抗单药相比,组合疗法治疗的患者无进展生存期(PFS)显著延长;联合治疗组的总体缓解率(ORR)为 44%,与帕博利珠单抗单独治疗的 0 相比,明显更高;并且接受最高剂量的 NK 细胞治疗的患者的 ORR 可以达到 50%。此外,2 年的长期随访结果显示,联合治疗组的生存率为 58.3%,PD-1 单药组为 16.7%,联合治疗组的生存率增长了 41.6%。以上这些基于 NK 细胞治疗非小细胞肺癌的临床试验结果无疑是振奋人心的。

二、TCR-T 细胞和 CAR-T 细胞在肺癌治疗的临床实践

T 细胞受体基因工程技术(engineered T cell receptor gene)使得构建特异性更强的 T 细胞克隆成为可能。主要包括 2 类技术,即 TCR 基因修饰 T 细胞技术(TCR-T 细胞)和嵌合抗原受体 T 细胞技术(CAR-T 细胞)。

(一) TCR 基因修饰技术

研究者分离鉴定肿瘤特异性 TCR 基因,通过整合载体

转移到新的 T 细胞中,赋予受体细胞与供体 T 细胞同样的抗原特异性。但是,成功分离体内肿瘤抗原特异性的高亲和力 T 细胞仅在一小部分恶性肿瘤中可以完成,由此产生了一种分离肿瘤特异性 TCR 基因的替代方法:利用表达人类 MHC 分子的小鼠,其中 MHC 分子可以提呈肿瘤抗原至小鼠免疫系统来作为外源抗原识别,这个策略的成功需要在用于人体前将小鼠 TCR 基因一定水平地人源化,以避免可能产生的免疫原性。目前这方面已取得了一些进展。除此之外,TCR 转基因还存在的一个主要问题是转基因 TCR 链可能与患者的内生 TCRα/β 链发生错配,从而产生不确定的特异性,还可能产生移植物抗宿主病。为克服这个困难已经进行了一些研究,包括 TCR 基因的鼠源化、TCR 基因的改构。例如密码子优化、TCR 恒定区引入半胱氨酸、限制 TCRα/β 转基因转导至寡克隆或 γδ T 细胞。然而,考虑到 TCR 转基因可能同内源 TCR 错配,以及对于肿瘤细胞表面的 MHC-抗原肽复合物的下调,进一步产生了一种采用嵌合单链抗体(single-chain variable fragment,scFv)受体的基因工程策略。另外,TCR 转基因技术还受到 MHC 限制性影响,并且 TCR 结合的抗原多为蛋白肽段,不能识别糖类与糖脂类抗原,使得抗原范围局限,也部分限制了这类技术的广泛应用。

笔者团队从 2005 年开始从事肿瘤相关抗原肽特异性 CTL 的诱导建立及 TCR 相关研究,直接参与完成肿瘤相关抗原 WT1 及 Aurora kinase A 特异性 TCR 基因转导 CD8+ T 细胞研究,所获 TCR-T 细胞经体外、体内鉴定,证实了其对肺癌或白血病细胞的杀伤作用。另外,采用嵌合有沉默内源性 TCR 基因的 shRNA 和编码优化改进的外源性 TCR 基因的逆转录病毒载体,转导 T 细胞后可获得内源 TCR 不表达、外源 TCR 优化表达的 T 细胞克隆(siTCR-T),研究结果显示,siTCR-T 具有更好的免疫效应与安全性。

（二）CAR-T 细胞技术

CAR 的出现,使 T 细胞可通过非 MHC 限制性途径与肿瘤抗原发生反应,突破了抗原种类的限制,避免肿瘤通过抗原提呈缺陷而导致的免疫逃逸现象。T 细胞的遗传修饰,不只限于保证 T 细胞的抗原特异性。而且可以插入改善 T 细胞效能的基因,这些基因包括共刺激分子表达基因、凋亡抑制基因、肿瘤微环境调节基因、诱导稳定增殖基因和编码可以促进 T 细胞归巢的趋化因子受体基因。采用 scFv 的 CAR-T 细胞的一个明显优势是,与常规 TCR 只能针对蛋白抗原相比,CAR 并不局限于蛋白抗原,可以靶向糖类和糖脂类肿瘤相关抗原,而这些抗原不像蛋白抗原那么容易突变。糖类抗原由于在肿瘤细胞上异常高表达,也能够作为有效的免疫治疗抗原靶点。

（三）存在的问题和展望

肿瘤 ACI 中也存在一些问题:①疗效欠佳,一是由于回输的肿瘤杀伤细胞数量绝对或相对不足,Budhu 等采用 B16 黑色素瘤动物模型来研究 CTL 数量与杀伤活性的关系,提示在缺乏其他免疫细胞的前提下,完全清除 1g 黑色素瘤需要至少 108 个肿瘤特异性 CTL,二是体内免疫抑制微环境的存在,部分限制了输注免疫细胞的杀伤活性。采

用环磷酰胺对患者进行预处理,可减少免疫抑制细胞的数量,提高 ACI 的效果。②安全性问题。③ACI 是一种高度个体化的治疗,与现有的肿瘤实践尚不能很好地匹配。这种治疗手段耗费人力,需要熟练的实验室操作技术。在本质上,对每个患者都需要制作一种新的抗肿瘤"制剂",这种个体化很强的特性,使其商业化推广相对困难。

目前已有越来越多的证据表明,ACI 是治疗恶性肿瘤的有效手段,具有其他治疗方式无法比拟的优越性,有十分广阔的临床应用前景。但在 ACI 中,高效快速的免疫细胞体外筛选扩增、多个肿瘤靶点的靶向、免疫细胞在体内长期存活、免疫细胞的体内增殖问题尚未能很好地解决,这些问题需要更多的探索和更多新技术的不断涌现。随着肿瘤免疫学、肿瘤分子生物学及基因工程技术的不断发展和进步,人们对肿瘤的认识和理解不断加深,以及 ACI 临床实践的不断开展,针对 ACI 存在的问题,通过优化细胞培养、增强免疫细胞功能、改善免疫抑制微环境、优化免疫细胞组成成分和联合治疗方法,必能使 ACI 的效果不断提高,为控制甚至治愈肿瘤带来希望。截至 2020 年 6 月,在 Clinical Trials 系统上登记的 T 细胞治疗与肺癌相关联的临床试验超过 600 项,足以证明免疫细胞在肺癌治疗领域正如火如荼。

第五节 结核病的细胞治疗

结核病是人类已知的最古老和最具毁灭性的疾病之一,尽管卡介苗和抗结核药物的问世,减少了结核病,尤其是重症结核病的发生,但结核病在现代社会仍然造成很高的死亡率。我国是全球 22 个结核病高负担国家之一。

一、结核病的流行现状

2018 年 WHO 估计,全球每年有 1 000 万结核病新发病例,150 万人死于结核病;2018 年全球估算利福平耐药结核病患者数约 48.8 万,其中耐多药约占 78%;全球仅有 56% 的耐多药结核患者和 39% 的广泛耐药结核病得到成功治疗。2018 年我国新发结核病例 91.8 万,发病率 67/10 万。其中男性 62.2 万人(67.8%),女性 29.6 万人(32.2%),占全球每年新发病例的 15%,位居世界第 2 位,死亡(不含 HIV+)3.5 万人。2018 年中国利福平耐药结核病患者为 7.3 万,占全球的 13%。我国耐多药治疗成功率仅为 41%。

目前结核病的治疗原则主要是在较长时间内联合使用抗结核药物,联合化疗的药物数量多,不良反应大,患者耐受不佳,可能导致产生耐药的风险。结核分枝杆菌(Mtb)可对一种或多种抗结核药物产生耐药性,增加治疗的难度和治疗失败的风险。异烟肼和利福平是我们目前治疗普通肺结核最重要的两种药物。而结核病患者感染的结核分枝杆菌至少对一线药物异烟肼和利福平产生耐药性,称为耐多药结核病(multidrug resistant tuberculosis,MDR-TB)。广泛耐药结核病(extensively-drug resistant tuberculosis,XDR-TB)的定义是 MDR-TB 加上对任何一种氟喹诺酮类药物的耐药性,以及至少一种二线注射药物(即卷曲霉素、卡那霉

素或阿米卡星)耐药。耐多药结核病和广泛耐药结核病的持续蔓延对全球结核病控制构成了重大威胁,因此,科学家一直在尝试寻找新的结核病治疗方法,卡介苗是预防结核病发生和重症结核病发生的有效手段,但随着时间的推移,卡介苗对成人的保护效果差异很大,所以许多科学家开始研究提高细胞免疫来抵抗结核分枝杆菌的方法。

二、结核病的免疫特点

(一)结核分枝杆菌的免疫机制

结核病为细胞免疫,进入人体的 Mtb 被肺吞噬细胞吞噬后虽未被杀死,但吞噬细胞却能将其进行处理,并将其抗原呈递给 T 淋巴细胞,致使 T 淋巴细胞活化、致敏及在表面产生抗体样受体,当致敏淋巴细胞再次接触抗原(结核杆菌或结核杆菌素)后,致敏的淋巴细胞很快分裂、增殖,并释放出各种淋巴因子(lymphokines),包括巨噬细胞趋化因子、移动抑制因子、巨噬细胞激活因子等。这些淋巴因子可使巨噬细胞聚集在结核杆菌周围,防止 Mtb 播散,这些因子可激活巨噬细胞,被激活的巨噬细胞具有细胞免疫能力,能抵抗 Mtb 在细胞内生长,并产生水解酶和杀菌素,吞噬和杀灭大部分 Mtb,然后形成上皮样细胞和朗格汉斯细胞,而后形成结核结节,使病变局限。巨噬细胞的激活可阻止结核病灶的进展,也阻止外源性 Mtb 的再感染。但巨噬细胞在破坏、杀灭 Mtb 时,巨噬细胞亦死亡。这样,在结核病灶中,有巨噬细胞的不断进入和不断死亡,而且进入的巨噬细胞加速激活,当激活速度加快到巨噬细胞死亡前能杀死细胞内的 Mtb 时,病灶即开始愈合。在结核病的免疫过程中,T 淋巴细胞和吞噬细胞的相互作用,可使大部分感染的 Mtb 被清除;二者功能的任何异常都能降低机体抵抗 Mtb 的能力,引起结核感染的扩散。部分 Mtb 在肺泡巨噬细胞内存活下来,形成结核性肉芽肿,它是预防感染和炎症扩散的关键事件,但肉芽肿病变内的 Mtb 可能不会被完全杀死,处于休眠状态,我们叫它"持留菌",当机体免疫力下降时,这部分细菌再次活动,形成结核病灶,造成机体损伤。(图 3-43-6)

(二)结核分枝杆菌的抗原处理和抗原呈递细胞

人体免疫是通过抗原呈递细胞(antigen presenting cell,APC)或靶抗原呈递细胞来实现的。免疫系统中的抗原呈递细胞指能够摄取、加工、处理抗原,并通过 MHC 分子将内源性或者外源性抗原肽呈递于细胞表面,呈递给 T、B 淋巴细胞等免疫细胞。专职抗原呈递细胞有单核-吞噬细胞、树突状细胞、B 细胞;非专职抗原呈递细胞有内皮细胞、成纤维细胞、各种上皮及间皮细胞等。被细胞内寄生病原感染的靶细胞则是由吞噬细胞转变成的靶抗原呈递细胞。嗜酸性粒细胞也具有抗原呈递作用。

1. 结核病免疫抗原呈递细胞有两类　一类是免疫活性的单核-吞噬细胞、DC、APC。另一类是被 Mtb 感染的吞噬细胞,Mtb 在吞噬细胞内形成抗溶酶体膜对抗吞噬细胞的杀灭作用,通过抑制吞噬溶酶体成熟而减弱其杀菌活性;Mtb 也通过产生转化生长因子 β(transforming growth factor-β,TGF-β)抑制被感染吞噬细胞凋亡,逃避宿主免疫识别。这时,被感染的吞噬细胞不但没有杀灭抗原的免疫活性,反而成为庇护 Mtb 的靶细胞,同时也成为内源性抗原呈递细胞。

2. 抗原处理、呈递和识别途径

(1)外源性抗原处理、呈递和识别途径:APC 经吞噬、胞饮、吸附或经巨噬细胞 IgG Fc 受体、补体受体 1 介导的调理作用摄入 Mtb 形成吞噬体,吞噬体与溶酶体融合形成吞噬溶酶体,抗原在吞噬溶酶体内被蛋白水解酶降解为小分子多肽,其中包括免疫原性抗原肽。分泌小泡携带内质网中合成的 MHC-Ⅱ类分子进入高尔基体,通过与吞噬溶酶体融合,使抗原肽与小泡内 MHC-Ⅱ类分子结合形成抗原肽 MHC-Ⅱ类分子复合抗原。该复合抗原表达于 APC 表面,可被相应 CD4$^+$T 细胞识别结合,而 CD8$^+$T 细胞不能识别。

(2)内源性抗原处理、呈递和识别途径:靶细胞抗原又称内源性抗原,是细胞自身合成的抗原。被 Mtb 感染的

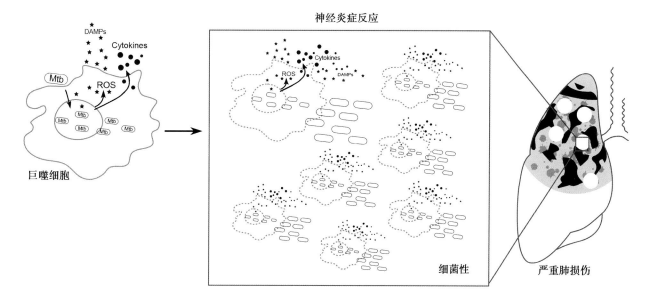

图 3-43-6　肺结核相关组织坏死

靶细胞与 Mtb 相互作用，在靶细胞内生成内源性抗原，胞质中的小分子聚合多肽体（LMP）将其降解成小分子多肽；小分子多肽与某些蛋白在胞质内结合后，经抗原肽转运体（TAP）转运到内质网中，通过加工修饰成为免疫原性抗原肽；抗原肽与 MHC-Ⅰ类分子结合，形成抗原肽 MHC-Ⅰ类分子复合抗原；后者转入高尔基体，通过分泌小泡将其运送到靶细胞表面，供相应 CD8+ T 细胞识别结合，而 CD4+ T 细胞不能识别。

（三）非异性免疫效应细胞和免疫调节细胞

1. 巨噬细胞 巨噬细胞是组成抵抗 Mtb 感染最为有效的抗菌成分。其效应作用表现在可吞噬 Mtb，其吞噬溶酶体溶解、杀伤或抑制 Mtb。巨噬细胞能吸引、募集其他的免疫细胞到达炎症发生部位发挥免疫保护作用。巨噬细胞在 Mtb 和其他细胞因子的刺激下，能够产生很多与抗结核免疫调节和效应相关的细胞因子如 IFN-γ、TNF-α、IL-2、IL-23；也产生抑制性细胞因子如 IL-6、IL-10。IL-6 能刺激早期 IFN-γ 的产生，也可以抑制正常巨噬细胞对 IFN-γ 的反应。

2. NK 细胞 NK 细胞是参与对细胞内病原体免疫的重要成员。NK 细胞在结核病的早期阶段就被激活，是产生 IFN-γ 和穿孔素的重要细胞，具有溶解靶细胞的功能。NK 细胞还可通过激活 CD8 细胞产生 IFN-γ，裂解被感染细胞，把自然免疫和获得性免疫联系起来。

3. 中性粒细胞 Mtb 感染后，中性粒细胞是首先到达 Mtb 复制场所的免疫细胞，在结核结节中聚集，能杀死 Mtb，但中性粒细胞过多会导致病理性组织损伤加重。

4. 抗结核免疫调节 T 细胞 抗结核免疫是依赖于细胞介导的免疫，主要是因为 Mtb 生活在细胞内（通常为巨噬细胞），通常需要 T 细胞效应机制来控制或消灭 Mtb。获得性免疫记忆细胞主要为 T 细胞，包括 CD4+ T 细胞、CD8+ T 细胞和 CD4+CD8+ 双阳 T 细胞。在结核病免疫反应中起主要作用的是 CD4+ T 细胞。CD4+ T 细胞表达 α/βT 细胞受体，与吞噬体处理过的抗原识别和 APC 表面 MHC-Ⅱ类分子某些小肽片段提呈有关。CD8+ T 细胞则识别胞液处理过的抗原，并提呈细胞表面 MHC-Ⅰ类分子。一般来说，CD4+ T 细胞通过激活效应细胞和使其他免疫细胞聚集于感染部位以增强宿主免疫反应。而 CD8+ T 细胞更有可能对靶细胞产生细胞毒作用。Mtb 的细胞壁成分，特别是阿拉伯甘露聚糖（LAM）可使 T 细胞趋化至感染部位，活化 T 细胞聚集于感染部位，并与 APC 相互作用。结核性肉芽肿中含有 CD4+ T 细胞和 CD8+ T 细胞，参与肉芽肿内感染的控制和预防再活化。

（四）参与免疫调节的细胞因子

细胞因子通常分为五大类：①天然免疫相关效应因子如 INF-α/β、TNF、IL-1、IL-6 等。②淋巴细胞活化、生长、分化相关调节因子如 IL-2、IL-4、TGF-β、IL-9、IL-10、IL-12 等。③炎症反应激活因子如 IFN-γ、淋巴毒素（LT）、巨噬细胞移动抑制因子（MIF）等。④未成熟免疫细胞生长、分化相关刺激因子如 IL-3、GM-CSF、IL-7 等。⑤细胞毒性细胞因子如穿孔素、颗粒酶、颗粒溶素等。以上细胞因子除颗粒溶素外，均不具有直接杀灭结核分枝杆菌的作用。

在整个免疫反应链中，以上细胞因子或多或少，直接或间接地发挥着免疫调节作用，但当前大多数学者认为，参与结核病免疫调节的细胞因子主要是上述②、③、④类细胞因子。IFN-γ 只是一种炎症反应的激活因子，并不是炎症反应越强对人体的免疫保护就越强，往往是过强的炎症反应会导致人体的组织病理学损伤。

（五）参与抗结核分枝杆菌免疫的效应分子

主要包括天然免疫相关的效应因子如 INF-α/β、TNF、IL-1、IL-6 等，与细胞毒性作用有关的细胞因子如穿孔素、颗粒酶、颗粒溶素等。其中只有颗粒溶素能直接杀灭结核分枝杆菌。

三、间充质干细胞和肺结核

1977 年首次报道了干细胞与结核病研究，是 Marchal 和 Milon 发表的将卡介苗感染的小鼠的骨髓细胞注入人致死量照射过的小鼠体内的研究，结果发现，在贫血状态下 HSC 仍分化为白细胞而不是红细胞。随后，干细胞与结核病的报道多为干细胞移植后发生结核病的个例或综合调查，这些病例的共同特点是接受异体干细胞移植的人，发生肺结核的概率高于同种干细胞移植的人，可能的原因有：一是接受的异体干细胞本身带有 Mtb；二是使用免疫抑制剂，使机体内潜伏感染的 Mtb 复制，造成结核病灶，这是研究者们认为发生结核的主要原因；三是因使用免疫抑制剂，接受干细胞移植的人受环境中 Mtb 的感染而发生结核病。

尽管干细胞种类很多，目前关于干细胞与结核病机制的研究主要集中 MSC。它与结核分枝杆菌的感染和潜伏密切相关。（图 3-43-7）

（一）MSC 参与结核病的组织修复和免疫调节

结核病对肺组织造成破坏，导致瘢痕形成、肺实质改变和支气管变形，使患者肺功能下降，增加了气流阻塞和慢性阻塞性肺疾病发生的风险。2013 年，Wang 等证实外源性的 MSC 在炎症因子和趋化因子的协同作用下，向肺损伤部位聚集，进一步分化为肺泡细胞及血管内皮细胞等修复肺损伤组织。MSC 活化细胞因子，改善肺泡和肺血管的结构和功能。MSC 通过 PI3K/AKT 信号增强肺微血管内皮细胞自噬，减轻缺血再灌注肺损伤的严重程度，降低肺功能障碍的生理指标，减轻结构性肺损伤，MSC 还可以降低肺部炎症和蛋白通透性，防止肺水肿的发生。

T 细胞在 Mtb 感染的控制中发挥重要作用，在 Mtb 感染过程中，Th1 细胞增强巨噬细胞杀灭细菌的活性，Th2 细胞抑制 Th1 细胞的释放，从而削弱免疫反应。MSC 抑制 T 淋巴细胞增殖，促进和诱导 Treg 和 Th2 细胞分泌 IL-4，抑制 IFN-γ 的分泌，从而抑制炎症反应。MSC 可迁移到机体损伤部位，通过分化为受损组织和旁分泌细胞因子，有效发挥抗炎免疫调节和组织再生的作用。MSC 已被证实能提高细菌感染小鼠的存活率，说明 MSC 的治疗可抑制感染中器官损伤级联的概念：MSC 可减少炎症性肺损伤，使慢性炎症转化为有益的免疫反应，从而改善临床预后。

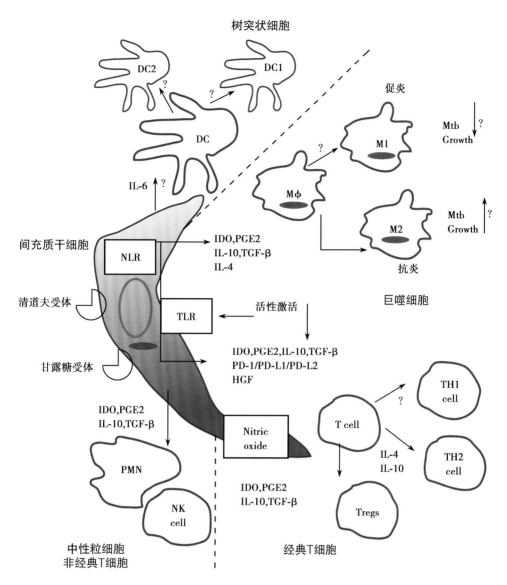

图 3-43-7　MSC 在结核病发病过程中发挥作用

（二）MSC 在 Mtb 潜伏感染中的作用

肺结核可形成结核性肉芽肿（tuberculous granuloma，TG），以防止感染和炎症的扩散。Mtb 可以长时间在 TG 内存活，造成 Mtb 的潜伏感染。1/3 的人类患有潜伏结核感染，当人体抵抗力下降，潜伏结核感染就有可能成为活动性肺结核。MSC 表达许多抑制因子，如 TGF-β、PGE₂ 和 NO，这些抑制因子可抑制 T 细胞的反应，限制人免疫细胞杀死 Mtb，不利于 Mtb 的清除。此外，MSC 影响 M1/M2 型巨噬细胞的分化。Raghuvanshi 等第一次证实骨髓 MSC 聚集和浸润在结核病小鼠的肉芽肿病灶周围，通过产生 NO 和其他免疫抑制剂来抑制 T 细胞免疫反应，这提示 MSC 可能是结核病治疗干预的潜在靶标。Beamer 等通过小鼠 Mtb 感染动物模型发现，小鼠肺部、脾脏及骨髓等部位都有 Mtb 感染，采用利福平和异烟肼治疗，可以有效清除肺部和脾中的 Mtb，而骨髓 MSC 中仍有活的 Mtb 和结核分枝杆菌的 DNA，提示骨髓 MSC 是 Mtb 感染过程中重要的靶细胞。这些研究均说明 MSC 可能保护 Mtb 不受宿主免疫应答的影

响，并为病原体提供了一个生态位。我们应通过对 MSC 细胞内机制的了解，努力消除休眠的 Mtb。

此外，有研究表明 MSC 调控 Mtb 的生长，Schwartz 等发现 MSC 促进脾脏肉芽肿中的 Mtb 生长，而 Poly（A:U）的研究发现，MSC 抑制脾脏肉芽肿内 Mtb 的生长。此外，MSC 表现出内在的自噬作用，在结核感染期间通过清除受体介导的内化或吞噬和自噬，限制 Mtb 的生长。因此，siRNA 阻断未激活但感染 Mtb 的 MSC 的自噬可以促进分枝杆菌的生长。此外，雷帕霉素激活自噬有助于杀死 MSC 中的 Mtb。

（三）MSC 与耐药肺结核的关系

MSC 是耐多药结核病的蓄水池，应采取措施消除 Mtb 休眠状态。

MSC 吞噬 Mtb 后合成更多脂滴，脂滴包裹 Mtb，使 Mtb 对抗生素不敏感而耐药。另外，被 MSC 吞噬的 Mtb 处于休眠状态，常规抗结核药物反应差，可能的原因是 MSC 天然高表达 ABC 家族转运蛋白及外排泵等蛋白，如 Bcrp1/

ABCG2,可以利用 ATP 水解提供的能量,将药物从细胞内泵出,改变药物在细胞内的分布,降低药效,引起耐药产生,从而保护 Mtb,这可能是造成 Mtb 在 MSC 中逃避药物治疗的原因之一。Kaur 等研究发现,Mtb 感染骨髓 MSC 并在其内生长,并对抗结核药物利福平和异烟肼不敏感,同时发现 Mtb 感染后骨髓 MSC 中的 ABCG2 外排泵表达上调,这可能是骨髓 MSC 内 Mtb 对抗生素不敏感的原因;随后还发现,在使用抗结核药物的同时抑制 ABCG2 外排泵,可增加抗结核药物对骨髓 MSC 内 Mtb 的杀伤作用;该研究证实,骨髓 MSC 中的 Mtb 能够逃避抗生素作用而存活,主要是通过宿主 ABCG2 外排泵产生耐药实现的,抑制外排泵是一种有效的辅助化疗手段,有助于清除耐药性 Mtb。

在 Mtb 感染后,MSC 还会旁分泌前列腺素 E_2(PGE$_2$),并通过影响 MSC 的嗜菌性介导 Mtb 耐药。Jain 等研究表明,Mtb 感染脂肪 MSC 后,炎症细胞因子被激活,合成并分泌大量的前列腺素 E_2,从而抑制吞噬细胞的抗菌效应(包括吞噬作用、产生 NO、溶酶体杀伤和抗原呈递等),导致 MSC 中 Mtb 的耐药性进一步增加,使 Mtb 更好地生长;抑制前列腺素 E_2 有助于改善 ADSC 中 Mtb 的存活率,可对结核病的治疗结局产生影响。

四、造血干细胞在结核病预防及免疫治疗中的作用

(一) HSC 表面蛋白可用于新疫苗研发

卡介苗接种后进入骨髓,改变了 HSC 和多能祖细胞的转录微环境,并诱导分化产生针对 Mtb 的记忆 T 细胞,对预防结核病,尤其是婴幼儿期播散性结核病具有重要作用。Kaufmann 等通过构建小鼠模型,发现卡介苗可使细胞谱系分化抗原阴性、III 型酪氨酸激酶受体家族蛋白 c-kit 和淋巴细胞抗原 6 复合体 A 双阳性细胞(LKS$^+$细胞)增殖相关基因表达上调,并促进 CD150$^-$且 III 型酪氨酸激酶受体家族蛋白 c-kit 和淋巴细胞抗原 6 复合体 A 双阳性细胞(LKS$^+$细胞)及 CD48$^+$的多能祖细胞向髓系分化,从而间接调控 HSC 向造血祖细胞,造血祖细胞向单核细胞的分化,即卡介苗能够提高巨噬细胞对 Mtb 的固有免疫,增强巨噬细胞活性和 T 淋巴细胞的活化,这些细胞可提供比初始单核/巨噬细胞更有力的抗结核防御作用,具有较强的杀菌能力。另外,这种具有强杀菌能力的单核/巨噬细胞在体内具有一定的持久性,提示识别 HSC 标志性蛋白可作为研发抗结核和其他传染病疫苗的一种新策略。

(二) HSC 基因修饰预防结核分枝杆菌感染

Hetzel 等研发了一种 HSC 基因治疗方法,使用特异性表达 IFN-γ 受体 1 基因(Ifngrl)的慢病毒载体,在卡介苗感染前将基因矫正的 HSC 移植到 Ifngrl 缺失的小鼠体内,结果发现,接受移植的小鼠巨噬细胞可稳定表达 Ifngrl,还可预防严重卡介病,并恢复肺和脾巨噬细胞的抗分枝杆菌活性,保护小鼠免受严重的结核分枝杆菌感染,是一种基于 HSC 免疫基因修饰预防感染的策略。

(三) 骨髓 MSC 免疫调节治疗结核病

Mtb 在免疫细胞和周围肺组织中引发炎症反应,导致

免疫功能障碍和组织损伤。而 MSC 会迁移到肺损伤和炎症区域,修复受损组织。它们还能改变宿主的免疫反应,并能促进 Mtb 的清除。对 36 例白俄罗斯耐多药结核病患者在抗结核治疗的同时也进行了骨髓 MSC 的提取、培养和再灌注,结果显示,骨髓 MSC 注射组患者在细菌学和临床疗效都有改善,说明 MSC 治疗可显著改善耐多药结核病患者的预后。Skrahina 等人在耐多药结核病中使用自体骨髓 MSC,结果显示,在耐药结核病患者中,自体骨髓 MSC 的系统移植能够减轻细菌的排放,有利于肺部空洞闭合。在另一项临床开放 I 期安全试验中显示,MDR-TB 和 XDR-TB 使用自体骨髓来源的 MSC 治疗后,疾病的总体预后均有显著改善。后者的研究确立了 MSC 移植在结核病患者中的安全性。新西兰兔膀胱结核模型发现,单剂量向膀胱黏膜层注入 MSC 可显著减少膀胱壁变形和炎症,并阻碍了纤维化的进程,证实了注射 MSC 联合抗结核药物对膀胱功能恢复的疗效。

有研究显示,异体骨髓 MSC 由于组织排斥,可能无法存活更长时间,而自体骨髓 MSC 因其寿命较长而更适合移植。许多研究表明,结核病时肺部免疫反应的加剧会导致严重的炎症反应和病理反应,因此迫切需要探索 MSC 在结核病免疫治疗中的作用。

有报道,器官移植患者在接受干细胞输注后接受了免疫抑制治疗,这可能增加了机体感染 Mtb 和重新激活体内潜伏 Mtb 的概率。最佳的移植方法可能是利用骨髓 MSC 与药物联合设计,以避免 Mtb 的再激活。

五、胚胎干细胞与结核病新药研发

在体外特定培养条件下,ESC 可分化为转录组学和免疫学特征与经典巨噬细胞相似、能够分泌炎症因子(如 NO、IFN-γ 等),还能够抑制甚至杀死结核分枝杆菌的巨噬细胞。Han 等通过诱导 ESC 分化增殖为巨噬细胞,并筛选出一种被称为"10-DEBC"的新型抗结核分枝杆菌药物,为治疗结核病的发生发展奠定基础。因此,干细胞不仅有可能作为结核病的新型免疫治疗药物,也可以为结核病的新药研发提供筛选模型。

六、小结

MSC 是一种新型的免疫细胞,具有多能性和可塑性。在感染性疾病治疗中,MSC 能进入损伤组织,增加支气管肺泡干细胞的增殖潜能,恢复肺上皮细胞等作用。MSC 可抑制 Mtb 生长,并可扩展成为调节结核相关感染和炎症的免疫治疗手段。多个临床试验证实 MSC 对炎症和组织修复的调节作用。多项研究表明,将 MSC 输注到耐多药结核病中是安全的,具有显著的临床效果。因此,MSC 输注可作为 MDR-TB 患者的免疫治疗工具,为 MDR-TB 患者提供挽救性治疗选择,以限制组织损伤,并将无效的炎症反应转化为有效的抗病原体免疫反应,可能缩短抗结核治疗的时间。骨髓 MSC 通常与抗结核药物联合使用,可能降低结核病恶化的风险。最后,AID-ATD 可以增强 MDR 结核免疫治疗中 MSC 的安全性和有效性。

第六节　典型病例报告

病例一　肝硬化合并结核又继发新冠感染用 hUC-MSC 治疗报告

患者屈某某,女,现年 84 岁。诊断乙肝肝硬化失代偿期已 10 年有余,2014 年继发脊柱结核椎旁脓肿,出现发热等中毒症状;2021 年因感冒肝硬化失代偿加重;2022 年感染新型冠状病毒,危重型出现多脏器功能衰竭。近 10 年来 3 次在规范化基础病治疗的基础上,应用了人脐带间充质干细胞(hUC-MSC)治疗,获得满意治疗效果,让老人家渡过了多个"关键"时刻,目前仍健康,肝功能基本稳定,生活自理,享受晚年幸福生活。现将三次治疗结果报告如下。

一、乙肝肝硬化失代偿期合并结核应用 MSC 保驾抗结核成功治疗

(一) 病情介绍

1. 入院情况　患者屈某某,2014 年 2 月,75 岁,在劳累后出现了腹胀、下肢水肿及乏力的症状,在当地医院检查提示失代偿期肝硬化,给予补充白蛋白、抗病毒、保肝利尿等内科综合治疗,病情缓解出院。2 个月后患者再次出现乏力腹胀,伴随发热症状,入院后完善各项检查,确诊为:乙肝肝硬化失代偿期、继发性肺结核(陈旧病灶)、结核性胸膜炎、结核性腹膜炎、胸椎结核(10~12)伴椎旁脓肿、重度营养不良。

2. 诊疗过程　评估病情后,拟启动抗结核四联(异烟肼 0.3g 1 次/d、利福喷丁 0.3g 2 次/周、乙胺丁醇 0.5g 1 次/d、莫西沙星 0.4g 1 次/d)抗结核治疗,但患者乙肝肝硬化失代偿期,除肝功能异常外,存在多种并发症,因脾功能亢进导致白细胞和血小板下降,抗结核治疗难以启动。后经过多方讨论,在输注人脐带 MSC"保驾"治疗的支持下,成功启动抗结核治疗,获得了很好的前期治疗效果。经过 1 年多的抗结核、抗乙肝病毒、内科综合支持和间断静脉输注 MSC 等治疗,结核治愈、乙肝病毒不可检出、肝硬化维持稳定状态。至今,老人家健康生活了 8 年。

(二) 分析与讨论

1. MSC 是治疗失代偿肝硬化的一种新措施　失代偿期肝硬化是多种肝脏疾病晚期的共同病变,肝组织弥漫性纤维化、假小叶和再生结节形成,临床上表现为上消化道出血、肝性脑病、继发感染等并发症,肝移植是治疗终末期肝硬化的唯一确切方法。然而,免疫排斥反应、供肝来源稀缺和高昂的治疗费用等问题限制了肝移植的广泛应用。细胞治疗作为一种肝移植的替代治疗手段,为治疗肝功能衰竭、纠正遗传性肝缺陷提供了新的措施。hUC-MSC 在体内外特定的诱导条件下可分化为多种成体成熟细胞,多项研究指出,MSC 能在生长因子、细胞因子、肝细胞或非实质肝细胞等的作用下分化为肝样细胞,并参与肝脏疾病中免疫调节、细胞增殖及损伤修复等,且其来源较为丰富、取材方便、易于培养、低免疫原性且不伴伦理争议,在多个治疗中心已

应用于肝硬化的治疗。在该患者的治疗中,早期使用 hUC-MSC 对患者的失代偿期肝硬化的功能改善起到良好的治疗作用。

2. MSC 在抗结核抗炎治疗发挥重要作用　结核分枝杆菌感染对肺组织造成破坏,导致瘢痕形成、肺实质改变和支气管变形,导致患者肺功能下降,增加了气流阻塞和慢性阻塞性肺疾病发生的风险。T 细胞在 Mtb 感染的控制中发挥重要作用,MSC 能够抑制 T 淋巴细胞增殖,促进和诱导 Treg 和 Th2 细胞分泌 IL-4,抑制 IFN-γ 的分泌,从而抑制炎症反应。MSC 可迁移到机体损伤部位,通过分化为受损组织和旁分泌细胞因子,有效发挥抗炎免疫调节和组织再生的作用。该患者应用 hUC-MSC 可减少炎症性肺损伤,使慢性炎症转化为有益的免疫反应,从而改善了患者的临床预后。

3. MSC 治疗化解了抗结核与肝损害之间的矛盾,起到了保驾护航的作用　该患者因免疫力低下,易合并各种机会性感染,本次因合并结核分枝杆菌感染,且腹腔、肺部、脊柱等多系统受累,如果采取不抗结核治疗,患者的生命会受到严重的威胁,但抗结核病治疗需要联合使用多种抗结核药物,且疗程长,不良反应大,甚至有产生耐药的风险,加上患者本身有失代偿期肝硬化,治疗过程还出现了药物性肝损害,临床治疗矛盾突出。为此,我们选择输注 hUC-MSC 治疗。hUC-MSC 一方面直接参与了肝细胞的修复,另一方面其外泌体(hUC-MSC-Exo)携带的谷胱甘肽过氧化物酶 1(GPX1),参与解毒、减少氧化应激和凋亡的作用,并抑制药物诱导的肝细胞凋亡,保护了抗结核药物性导致的药物性肝损伤。同时 hUC-MSC 能改变宿主的免疫反应,促进结核分枝杆菌的清除,还会迁移到肺损伤和炎症区域,修复受损组织。

在患者的治疗中,输注 hUC-MSC 有效地化解了失代偿期肝硬化和抗结核治疗之间的矛盾,起到了保驾护航的作用,支持患者足量足疗程的抗结核,同时维持了肝功能稳定,达到了很好的治疗效果。

二、乙肝肝硬化失代偿期继发感染加重 MSC 治疗获得恢复

(一) 病情介绍

1. 当时病情介绍　2022 年 9 月,患者"感冒"后出现乏力、食欲减退、下肢水肿,肝功能再次失代偿,入院检查后仍然诊断为乙型肝炎肝硬化失代偿期,存在低蛋白血症、门静脉高压等,肝功能及凝血系列均有异常,胸部 CT 提示左肺上叶尖后段、左肺上叶前段、右肺上叶尖段多发实性结节,双肺多发渗出性改变,心影增大。因失代偿期肝硬化原因,患者控制食量,平素饮食较为清淡、食量少,且有偏食习惯,以蔬菜为主,较少摄入蛋白类食物,入院时体重仅有 40kg,BMI 为 16.64,消瘦,皮下脂肪减少,皮褶厚度变薄,白蛋白、总蛋白、前白蛋白低,血红蛋白仅 64g/L,肾小球滤过率 29.44mL/(min·1.73m²),伴有低钙,为中-重度营养不良。

2. 诊疗经过　结合此前的治疗经验,我们在内科综合治疗的基础上,加强营养支持治疗,抗感染提高免疫功能等

治疗，并再次给予静脉输注 hUC-MSC 治疗，患者的下肢水肿减轻，食欲和体力都逐步恢复，复查肝功能复常，凝血功能好转。

（二）分析与讨论

1. hUC-MSC 起到了很好的"维持组织稳态"作用 由于患者有失代偿期肝硬化基础，长期存在白细胞、血小板低下，凝血功能异常、少量腹水等临床表现，且保持长期稳定，这是此类患者临床上的一种"新常态"，也是其机体的一种稳态。本次治疗中，hUC-MSC 起到了很好的"维持组织稳态"作用。同时由影像学不难看出，既往结核分枝杆菌的感染对肺组织造成了破坏，导致瘢痕形成、肺实质改变和支气管变形，导致患者肺功能下降，增加了气流阻塞和慢性阻塞性肺疾病发生的风险，该患者已出现心影增大。输注 hUC-MSC 后，外源性的 hUC-MSC 在炎症因子和趋化因子的协同作用下，向肺损伤部位聚集，进一步分化为肺泡细胞及血管内皮细胞等修复肺损伤组织，hUC-MSC 活化细胞因子，可能对于改善肺泡和肺血管的结构及功能起到积极作用。

2. hUC-MSC 抗肺纤维化作用 外源 hUC-MSC 可能通过以下机制参与肺的损伤修复：①在局部微环境作用下诱导分化为肺泡上皮和支气管上皮细胞等结构细胞，参与组织的修复过程；②通过免疫调节作用，为损伤修复提供有利环境。

3. hUC-MSC 抗炎调节免疫功能也是本次治疗恢复的基础 这次的治疗起到了很好的抗炎及调节免疫作用，使老人再次恢复了健康生活，同时 hUC-MSC 的治疗对后来抵御新型冠状病毒肺炎感染也起了重要作用。

三、乙肝肝硬化失代偿期继发 COVID-19（危重型）应用 MSC 成功救治

（一）病情介绍

1. 当时病情介绍 2023 年 1 月，该患者感染新型冠状病毒，出现发热、咳嗽、胸闷气短，呼吸频率大于 30 次，血氧饱和度降至 93% 以下，当地医院 CT 提示双肺间质性肺炎、肺间质性改变、双侧胸腔积液，以右侧为著，心影增大，心包积液，脾大，白蛋白低下，诊断为重型新型冠状病毒感染。

2. 诊疗经过 入院后患者精神极差，病情危重。依据《新型冠状病毒感染诊疗方案（试行第十版）》，结合该患者乙肝肝硬化失代偿期基础病，老年患者，重度营养不良等，制定了个体化治疗方案，在氧疗的支持下，采用抗感染、化痰、平喘、提高免疫功能、强有力的支持（避免激素应用）等内科综合治疗，为促进患者治疗效果，再次加用静脉输注 hUC-MSC 治疗 3 次，患者体温恢复正常，胸闷气短及咳嗽症状明显减轻，复查胸部 CT 提示双肺炎症性改变，密度改变较前变淡，部分吸收好转。在 hUC-MSC 及内科综合治疗的作用下，老人家病情显著改善，同时维持了肝功能代偿稳定，重型新冠病毒感染获得治愈。

（二）分析与讨论

1. MSC 在新冠早期的治疗作用 感染新冠病毒后，患者多在发病 1 周后出现呼吸困难和/或低氧血症，严重者快速进展为急性呼吸窘迫综合征、脓毒症休克、代谢性酸中毒等，对肺组织造成严重损伤，但某些患者病情会迅速恶化，尤其是有慢性基础病的老年人。其原因是人体自身的免疫系统对病毒反应过度，称为"细胞因子风暴"，会对自身细胞造成较大的伤害。在感染新冠病毒后的救治中，早期使用 hUC-MSC，凭借其免疫调节、抗炎作用和修复受损组织的特性来抑制免疫系统过度激活、控制肺部急性炎症反应和促进内源性修复，尤其是 hUC-MSC 有助于抵抗细胞因子风暴，可以抑制免疫系统过度激活导致的二次损伤。从 CT 片可以看到，输注 hUC-MSC 后，患者双肺弥漫性间质性肺炎明显好转，故早期使用 hUC-MSC，对于新冠病毒感染的治疗有着积极的作用。

2. MSC 抗衰老维持了患者健康生活近 10 年 干细胞进入人体后能不断增殖、分化，新生的细胞代替受损细胞，同时激活体内休眠细胞，逐渐恢复生物学功能。干细胞分泌的一些生长因子如血管内皮生长因子（vascular endothelial growth factor，VEGF）、胰岛素样生长因子（insulin like growth factor，IGF）等可促进损伤细胞功能性恢复，从而延缓衰老进程。而干细胞的自分泌成分也是维持干细胞微环境稳定所必需，输注 hUC-MSC 对患者抗衰老方面也有一定的效果。（图 3-43-8、图 3-43-9）

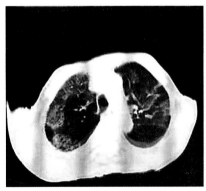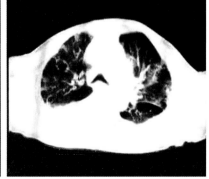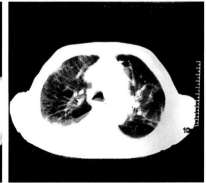

图 3-43-8 显示失代偿期肝硬化患者合并重症新冠病毒感染，hUC-MSC 救治成功的肺部 CT 影像

图 3-43-9　hUC-MSC 治疗肝硬化失代偿期合并结核后又感染新冠病毒成功救治

小结

hUC-MSC 的治疗贯穿了患者失代偿期肝硬化、结核分枝杆菌感染、常见病毒感染和新型冠状病毒肺炎的治疗全程,利用 hUC-MSC 免疫调节、细胞增殖及损伤修复功能,患者成功地扛过了多种类型的感染,并且在多重打击下,仍然维持了肝功能的稳定,在多种危重疾病的治疗中,仍然拥有了较高的生活质量,达到了非常好的疗效。

病例二　肺间质纤维化应用 hUC-MSC 治疗

一、病情介绍

患者王某某,男,现年 75 岁。既往在面粉厂工作 35 年,吸烟史 50 年。间断咳嗽、咳痰、气短 30 年余,未予重视及特殊治疗。2023 年 7 月,胸部 CT 发现两肺间质增生并有炎症,2023 年 8 月 2 日,在外院呼吸科,给予抗感染、止咳化痰等治疗,并口服"乙磺酸尼达尼布软胶囊"抗肺纤维化,8 月 12 日,症状好转出院。8 月 22 日,患者咳嗽、咳痰、呼吸困难再次加重,就诊我院进一步治疗。

二、诊疗经过

入院后患者精神差,病情较重,咳嗽、咳痰、呼吸困难等症状明显,血气分析:酸碱度 7.436,二氧化碳分压 39.9mmHg,氧分压 67.3mmHg,胸部 CT 提示双肺间质纤维化伴炎症,给予抗感染、止咳化痰等治疗,为提高患者治疗效果,取得患者家属同意后,加用静脉输注人脐带间充质干细胞(human umbilicalcord mesenchymal stem cell,hUC-MSC)治疗 3 次,每次 2×10^8 个 MSC,同时联合吸入干细胞外泌体,治疗后患者咳嗽、气短和呼吸困难等症状明显减轻,活动量较前增加,精神状态及食欲好转,复查胸部 CT 提示双肺炎症范围较前缩小,密度较前变淡。在 hUC-MSC 及内科综合治疗的作用下,患者症状显著改善,同时精神、食欲好转,活动量增加,一定程度上提高了患者的生活质量及健康程度。

三、分析与讨论

1. 肺纤维化(pulmonary fibrosis,PF)　该病是一种复杂的肺间质疾病,是由各种肺损伤引起的异常修复,如吸烟、病毒感染、辐射、自身免疫反应、衰老、遗传因素和环境暴露(如石棉和二氧化硅)等因素可导致正常肺结构被破坏,修复过程中细胞外基质(extracellular matrix,ECM)和肌成纤维细胞促进肺纤维化,引起肺功能进行性下降。该患者有吸烟史和面粉厂工作史,是发生肺纤维化的重要因素。PF 的发病机制复杂,有多种细胞和分子参与其中,包括上皮细胞、间充质细胞和 ECM 之间无数的多向相互作用决定。肺泡上皮细胞是肺泡 Ⅰ 型(AT Ⅰ)和肺泡 Ⅱ 型(AT Ⅱ)细胞的组合。AT Ⅱ 细胞具有分泌、代谢和免疫功能,是肺泡上皮细胞的祖细胞,能够自我更新并分化为 AT Ⅰ 细胞,并维持肺泡上皮的完整性。国内外越来越多的证据表明,AT Ⅱ 损伤是 PF 发病的早期关键因素。一方面,损伤的肺泡上皮分泌多种细胞因子和生长因子(如 TGF-β),促进成纤维细胞分化为可产生 ECM 的收缩性肌成纤维细胞。另一方面,活化的成纤维细胞/肌成纤维细胞产生炎症介质,包括 TGF-β、白细胞介素(IL)-1 和 IL-33,促进成纤维细胞形成,募集免疫细胞,加重慢性炎症。

2. PF 的治疗缺乏特效药物　迄今为止,IPF 的治疗主要包括化学药物、氧疗和器官移植。吡非尼酮和尼达尼布是 FDA 批准用于治疗 IPF 的仅有的两种药物。两种药物在降低肺功能下降率和减缓疾病进展方面显示出有效性,但这些药物只能起到缓和作用,仅能延缓疾病进展。它们不能阻止或逆转已经形成的纤维化。此外,由于恶心和腹泻等不良反应,有部分患者难以耐受这两种药物。目前,肺移植是晚期 PF 患者唯一可行的治疗方法,但这一选择受到手术复杂性和供体缺乏的限制。因此,迫切需要开发新的治疗药物来预防或逆转 PF 的进展,并修复受损的肺泡上皮细胞。随着新的治疗策略的不断发展,基于细胞的治疗逐步进入临床研究。

3. MSC 和外泌体的治疗是一种新的选择　MSC 是

一种多能细胞,能够修复因损伤和疾病而受损或破坏的肺上皮。然而,随后有研究发现,MSC 很难在损伤的肺内植入并分化为肺泡上皮细胞。因此,MSC 能否移植并分化为功能性肺细胞尚存争议。最近的大多数研究都支持这样的观点,即 MSC 通过其免疫调节和抗炎功能或通过旁分泌作用促进内源性组织再生,从而阻止急性肺损伤(acute lung injury,ALI)的进展。大量关于动物和人类的文献支持 MSC 治疗 ALI、PF 和 COVID-19 引起的急性肺炎的疗效,因为 MSC 具有多能性、迁移能力和保留免疫特权的组合。

在 MSC 和其他类型干细胞治疗的临床应用中,合适的给药途径、剂量和给药频率是影响疗效的重要因素。在基于 MSC 的 PF 治疗的临床前和临床研究中,给药途径主要有静脉注射、气管内滴注和腹腔内注射。静脉注射是大多数研究中主要的给药途径,其微创、操作简单,是治疗各种肺部疾病最常用的 MSC 给药方法。此外,静脉给药的MSC 可以接收受损组织释放的信号,从而诱导细胞归巢到损伤区域。我们为该患者选择了静脉输注给药途径,该患者共输注 3 次 hUC-MSC,每次间隔 1 周。而不同剂量的MSC 已用于各种临床前和临床研究,一些临床前研究表明,MSC 在啮齿动物体内的有效剂量范围为 $0.1 \times 10^7 \sim 5 \times 10^7$ 个 MSC/kg。在该患者的治疗中,每次给予 2×10^8 个 MSC,在有效剂量范围内,输注过程中及输注后无任何不适症状,说明 MSC 治疗的安全性和耐受性良好。国外学者 Phuong-Uyen C 等利用吸入肺球体细胞分泌组(LSC-Sec)和外泌体(LSC-Exo)治疗不同模型的肺损伤和纤维化。分析表明,LSC-Sec 和 LSC-Exo 可以通过重建正常肺泡结构、减少胶原积累和肌成纤维细胞增殖来减轻和解决博来霉素及二氧化硅诱导的纤维化。该实验发现了吸入分泌组和外泌体在两种肺纤维化实验模型中显示出肺再生的治疗潜力。本例患者在静脉输注 MSC 的基础上联合吸入干细胞外泌体,治疗后自觉气短等不适症状较前好转,CT 显示肺密度下降,提示联合治疗能够减轻患者的临床症状,降低肺纤维化密度。但因患者配合度等因素,未进一步完善肺功能检测及肺穿刺活检等,无法从病理生理角度进一步评估治疗效果。

通过该病例,我们分析了临床应用不同类型干细胞治疗 PF 时应考虑的一些关键问题,如给药途径、剂量和频率。此外,还分析了 MSC 及干细胞来源外泌体治疗 PF 的优越性和目前存在的问题。总之,我们推测,基于干细胞的治疗对 PF 有很好的疗效。然而,大多数基于 MSC 的 PF 治疗的临床试验尚未完成,要实现 MSC 治疗 PF 的临床应用,还需要进行更多的临床试验,期望我们后期能够提供更多的临床依据。

(安军 刘锦程 刘莉 马春燕 王媛媛 贾战生)

参考文献

[1] Barati M,Akhondi M,Mousavi NS,et al. Pluripotent Stem Cells:Cancer Study,Therapy,and Vaccination. Stem Cell Rev Rep,2021,17(6):1975-1992.

[2] Kathiriya JJ,Brumwell AN,Jackson JR,et al. Distinct Airway Epithelial Stem Cells Hide among Club Cells but Mobilize to Promote Alveolar Regeneration. Cell Stem Cell,2020,26(3):346-358.e4.

[3] Ma Q,Ma Y,Da X,et al. Regeneration of functional alveoli by adult human SOX9$^+$ airway basal cell transplantation. Protein Cell,2018,9(3):267-282.

[4] Wu H,Yu Y,Huang H,et al. Progressive Pulmonary Fibrosis Is Caused by Elevated Mechanical Tension on Alveolar Stem Cells. Cell,2019,180(1):107-121.e17.

[5] Li JW,Wei L,Han Z,et al. Mesenchymal stromal cells-derived exosomes alleviate ischemia/reperfusion injury in mouse lung by transporting anti-apoptotic miR-21-5EUR. J Pharmacol,2019,852:68-76.

[6] Lin HY,Xu L,Xie SS,et al. Mesenchymal stem cells suppress lung inflammation and airway remodeling in chronic asthma rat model via PI3K/Akt signaling pathway. Int J Clin Exp Pathol,2015,8(8):8958-8967.

[7] Li Y,Qu T,Tian L,et al. Human placenta mesenchymal stem cells suppress airway inflammation in asthmatic rats by modulating Notch signaling. Mol Med Rep,2018,17(4):5336-5343.

[8] Park J,Kim S,Lim H,et al. Therapeutic effects of human mesenchymal stem cell microvesicles in an ex vivo perfused human lung injured with severe E. coli pneumonia. Thorax,2018,74(1):43-50.

[9] Xu S,Liu C,Ji HL. Concise Review:Therapeutic Potential of the Mesenchymal Stem Cell Derived Secretome and Extracellular Vesicles for Radiation-Induced Lung Injury:Progress and Hypotheses. Stem Cell Transl Med,2019,8(4):344-354.

[10] Su VY,Lin CS,Hung SC,et al. Mesenchymal Stem Cell-Conditioned Medium Induces Neutrophil Apoptosis Associated with Inhibition of the NF-kappaB Pathway in Endotoxin-Induced Acute Lung Injury. Int J Mol Sci,2019,20(9):2208.

[11] Vakhshiteh F,Atyabi F,Ostad SN. Mesenchymal stem cell exosomes:a two-edged sword in cancer therapy. Int J Nanomedicine,2019,14:2847-2859.

[12] Fujita Y,Araya J,Ito S,et al. Suppression of autophagy by extracellular vesicles promotes myofibroblast differentiation in COPD pathogenesis. J Extracell Vesicles,2015,4:283-288.

[13] Río C,Jahn AK,Martin-Medina A,et al. Mesenchymal Stem Cells from COPD Patients Are Capable of Restoring Elastase-Induced Emphysema in a Murine Experimental Model. Int J Mol Sci,2023,24(6):5813.

[14] Du YM,Zhuansun YX,Chen R,et al. Mesenchymal stem cell exosomes promote immunosuppression of regulatory T cells in asthma. EXP CELL RES,2018,363(1):114-120.

[15] Du Y,Ding Y,Chen X,et al. MicroRNA-181c inhibits cigarette smoke-induced chronic obstructive pulmonary disease by regulating CCN1 expression. Respir Res,2017,18(1):155.

[16] Hezam K,Wang C,Fu E,et al. Superior protective effects of PGE$_2$ priming mesench -ymal stem cells against LPS-induced acute lung injury(ALI)through macrophage immunomodulation. Stem Cell Res Ther,2023,14(1):48.

［17］Laffey JG,Matthay MA. Fifty Years of Research in ARDS. Cell-based Therapy for Acute Respiratory Distress Syndrome. Biology and Potential Therapeutic Value. Am J Resp Crit Care,2017,196（3）:266-273.

［18］Zhang L,Zhuo Y,Yu H,et al. Spatio-temporal metabolokinetics and therapeutic effect of CD106⁺ mesenchymal stem/stromal cells upon mice with acute lung injury. Cell Biol Int,2023,47（4）:720-730.

［19］Averyanov A,Koroleva I,Konoplyannikov M,et al. First in human high cumulative dose stem cell therapy in idiopathic pulmonary fibrosis with rapid lung function decline. Stem Cell Transl Med,2020,9（1）:6-16.

［20］Dinh PC,Paudel D,Brochu H,et al. Inhalation of lung spheroid cell secretome and exosomes promotes lung repair in pulmonary fibrosis. Nat Commun,2020,11（1）:1064.

［21］Ligresti G,Raslan AA,Hong J. Mesenchymal cells in the Lung:Evolving concepts and their role in fibrosis. Gene,2023,859:147142.

［22］Liang B,Chen J,Li T,et al. Clinical remission of a critically ill COVID-19 patient treated by human umbilical cord mesenchymal stem cells. Medicine,2020,99（31）:e21429.

［23］Zhang Z,Shao S,Liu X,et al. Effect and safety of mesenchymal stem cells for patients with COVID-19:systematic review and meta-analysis with trial sequential analysis. J Med Virol,2023,95（4）:e28702.

［24］Bukreieva T,Svitina H,Nikulina V. Treatment of Acute Respiratory Distress Syndrome Caused by COVID-19 with Human Umbilical Cord Mesenchymal Stem Cells. Int J Mol Sci,2023,24（5）:4435.

［25］Chenari A,Hazrati A,Hosseini AZ,et al. The effect of mesenchymal stem cell-derived supernatant nasal administration on lung inflammation and immune response in BCG-vaccinated BALB/c mice. Life Sci,2023,317:121465.

［26］Kumar C,Kohli S,Chiliveru S,et al. A retrospective analysis comparing APCEDEN（（R））dendritic cell immunotherapy with best supportive care in refractory cancer. Immunotherapy-Uk,2017,9（11）:889-897.

［27］Sharpe M,Mount N. Genetically modified T cells in cancer therapy:opportunities and challenges. Dis Model Mech,2015,8（4）:337-350.

［28］World Health Organization. Global tuberculosisi report 2022. Geneva:World Health Organization,2022.

［29］Khan A,Hunter RL,Jagannath C. Emerging role of mesenchymal

stem cells during tuberculosis:The fifth element in cell mediated immunity. Tuberculosis,2016,101S:S45-S52.

［30］Amaral EP,Vinhaes CL,Oliveira-de-Souza D,et al. The Interplay Between Systemic Inflammation,Oxidative Stress,and Tissue Remodeling in Tuberculosis. Antioxid Redox Sign,2020,34（6）:471-485.

［31］吴蓓蓓,黄薇,王志敏. 间充质干细胞在结核病治疗中的应用与问题. 中国防痨杂志 2019,41（2）:233-235.

［32］Fatima S,Kamble SS,Dwivedi VP,et al. Mycobacterium Tuberculosis Programs Mesenchymal Stem Cells to Establish Dormancy and Persistence. The Journal of Clinical Investigation,2020,130（2）:655-661.

［33］Jain N,Kalam H,Singh L,et al. Mesenchymal stem cells offer a drug-tolerant and immune-privileged niche to Mycobacterium tuberculosis. Nat Commun,2020,11（1）:3062.

［34］Zhang X,Xie Q,Ye Z,et al. Mesenchymal Stem Cells and Tuberculosis:Clinical Challenges and Opportunities. Front Immunol,2021,12:695278.

［35］Wallis RS,O'Garra A,Sher A,et al. Host-directed immunotherapy of viral and bacterial infections:past,present and future. Nat Rev Immunol,2022,23（2）:121-133.

［36］Xiao S,Zhou T,Pan J,et al. Identifying autophagy-related genes as potential targets for immunotherapy in tuberculosis. Int Immunopharmacol,2023,118:109956.

［37］Han HW,Seo HH,Jo HY,et al. Drug Discovery Platform Targeting M tuberculsis with Human Embryonic Stem ce11-Derived Macrophages.Stem Cell Reports. Stem Cell Reports,2019,13（6）:980-991.

［38］Gupta N,Vedi S,Garg S,et al. Harnessing Innate Immunity to Treat Mycobacterium tuberculosis Infections:Heat-Killed Caulobacter crescentus as a Novel Biotherapeutic. Cells,2023,12（4）:560.

［39］Rajan SK,Cottin V,Dhar R,et al. Progressive pulmonary fibrosis:an expert group consensus statement. Eur Respir J,2023,30,61（3）:2103187.

［40］Cheng W,Zeng Y,Wang D. Stem cell-based therapy for pulmonary fibrosis. Stem Cell Res Ther,2022,4,13（1）:492.

［41］Yu D,Xiang Y,Gou T,et al. New therapeutic approaches against pulmonary fibrosis. Bioorg Chem,2023,138:106592.

［42］Strykowski R,Adegunsoye A. Idiopathic Pulmonary Fibrosis and Progressive Pulmonary Fibrosis. Immunol Allergy Clin North Am,2023,43（2）:209-228.

第四十四章　新型冠状病毒感染的细胞治疗

提要:新型冠状病毒感染是一种新的疾病,因其传染性强,迅速引起全球大流行,造成了巨大危害。依靠传统的预防和治疗方法,挽救了很多患者的生命,但也付出了巨大的代价。抗病毒药物在早期应用可以取得一定效果,但在危重症患者的救治方面,仍有许多新的治疗方法值得探索。细胞治疗作为一种新的治疗方法,在多种疾病治疗中取得了可喜的成果,临床试验表明,其对新冠病毒感染患者也有治疗作用,表现出较好的治疗前景,开发适合新冠病毒感染患者救治的细胞治疗方法是重要的研究方向。本章分为 6 节,分别介绍新型冠状病毒感染流行现状、分子生物学、临床特征、临床救治、干细胞及细胞外泌体治疗等临床实践。

新型冠状病毒病(corona virus disease 2019,COVID-19),是由 2019 年发现的一种新型冠状病毒引起的急性传染病,病毒变异快,传播迅速,已导致全世界大流行,疫情持续时间长达 3 年多。新型冠状病毒感染后,导致机体多脏器损害,早期以呼吸道感染为主要表现,严重者表现为肺炎和特殊的影像学征象。人群普遍易感。自 2020 年初新冠疫情暴发以来,给全球经济、人类生活、社会政治造成很大影响。我国在早期称为新型冠状病毒肺炎,2022 年 11 月已改称为新型冠状病毒感染。

根据国家卫健委颁布的《新型冠状病毒感染诊疗方案(试行第十版)》,将疾病分为轻型、普通型、重型和危重型。对新型冠状病毒感染的防控,各国都相继制定了符合自己国情的诊疗方案和防控方案,我国也制定了多个版本的防控方案和诊疗方案,并不断更新。2020 年 1 月,我国将该病作为急性呼吸道传染病纳入《中华人民共和国传染病防治法》规定的乙类传染病,并按照甲类传染病管理,2023 年 1 月将其调整为"乙类乙管"。

第一节　新型冠状病毒感染流行现状

2019 年底,多个国家出现了新型冠状病毒病(corona virus disease 2019,COVID-19)疫情,病原体被确定为与严重急性呼吸综合征(SARS)、中东呼吸综合征(MERS)同属的新型冠状病毒。2020 年 1 月 10 日鉴定出病原体。2020 年 2 月 11 日,新型冠状病毒被国际病毒分类委员会命名为"severe acute respiratory syndrome coronavirus-2,SARS-CoV-2","新冠肺炎"疾病也被 WHO 命名为"COVID-19"。

新型冠状病毒肺炎是由新型冠状病毒感染导致的肺炎。截至 2023 年 2 月 11 日,全球约有 6.7 亿人感染,684 万人死亡,新冠病毒变异毒株已经发现上千种,新的毒株呈现出致病性低、传播性强、免疫逃逸增强的特点,仍然存在再次传播并致病的风险。

SARS-CoV-2 的传播能力在三种高致病性冠状病毒中是最强的。估测得到 SARS-CoV-2 基本再生数(basic reproduction number,R_0)在 1.8~3.6 之间。SARS-CoV 的 R_0 为 2.0~3.0,略低于 SARS-CoV-2。与 SARS-CoV 和 SARS-CoV-2 相比,MERS-CoV 传播能力较弱,R_0 低于 1。

传染源主要是新冠病毒感染者,在潜伏期即有传染性,发病后 3 天内传染性最强。经呼吸道飞沫和密切接触传播是主要的传播途径。在相对封闭的环境中经气溶胶传播。接触被病毒污染的物品后也可造成感染。人群普遍易感。感染后或接种新冠病毒疫苗可获得一定的免疫力。老年人及伴有严重基础疾病的患者感染后重症率、病死率高于一般人群,接种疫苗后可降低重症及死亡风险。

已经感染过 SARS-CoV-2 的人群,或多或少存在一些后遗症。主要指 SARS-CoVer-2 感染 3 个月后症状持续存在至少 2 个月,且未能被任何其他疾病解释。其常见症状通常包括疲劳、呼吸困难、脑雾、头痛、恶心、呕吐、焦虑、皮疹、关节疼痛和心悸等;据统计,包括不常见的症状,共约有 200 种不同的临床表现。同时,新型冠状病毒感染不可预测的发展轨迹可能对感染者长期的心理健康、工作能力、运动耐量造成影响,并可能加剧肥胖流行。因此,新型冠状病毒感染作为一种严重的公共卫生事件,值得高度重视。

预防措施主要包括新冠病毒疫苗接种和一般预防措施。接种新冠病毒疫苗可以减少新冠病毒感染和发病,是降低重症和死亡发生率的有效手段,符合接种条件者均应接种。符合加强免疫条件的接种对象,应及时进行加强免疫接种。保持良好的个人及环境卫生,均衡营养、适量运动、充足休息,避免过度疲劳。提高健康素养,养成"一米线"、勤洗手、戴口罩、公筷制等卫生习惯和生活方式,打喷嚏或咳嗽时应掩住口鼻。保持室内通风良好,做好个人防护。

第二节　新型冠状病毒分子生物学

SARS-CoV-2 是新型冠状病毒感染的病原体,是目前已知的第七种人类冠状病毒,属于 β 冠状病毒属的严重急性呼吸综合相关冠状病毒（severe acute respiratory syndromed-related coronavirus，SARS-CoV）。

一、SARS-CoV-2 的生物学特性

SARS-CoV-2 病毒颗粒呈球形，直径为 60~140nm，具有囊膜（envelope），有和其他冠状病毒类似的形态特征。囊膜表面分布有长 9~12nm 的刺突状突起，为病毒的 S 蛋白，呈放射状排列（图 3-44-1）。在电子显微镜下，病毒粒子外观形似日冕。体外分离培养 SARS-CoV-2 时，在接种 96 小时后可在人呼吸道上皮细胞中观察到细胞病变，接种非洲绿猴肾细胞（VeroE6）和人肝癌细胞（Huh-7）等细胞后可出现典型的细胞病变。

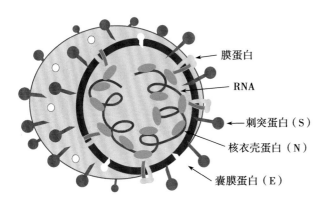

膜蛋白
RNA
刺突蛋白（S）
核衣壳蛋白（N）
囊膜蛋白（E）

图 3-44-1　SARS-CoV-2 结构示意图

SARS-CoV-2 基因组为单股正链 RNA，大小约 30kb，具有和其他冠状病毒类似的基因组结构，包括 6 个主要的开放阅读框（open reading frame，ORF）。从基因组的 5′ 端到 3′ 端依次为编码复制相关非结构蛋白的 ORF1a/1b，以及分别编码刺突蛋白（S 蛋白）、囊膜蛋白（E 蛋白）、膜蛋白（M 蛋白）和核衣壳蛋白（N 蛋白）的 4 个结构蛋白基因。S 基因下游还分布有 ORF3、ORF6、ORF7a/7b、ORF8 等多个编码辅助蛋白的附属基因。

SARS-CoV-2 在人群中流行和传播的过程中基因频繁发生突变，当新冠病毒不同的亚型或子代分支同时感染人体时，还会发生重组，产生重组病毒株；某些突变或重组会影响病毒生物学特性，如 S 蛋白上特定的氨基酸突变后，会导致新冠病毒与 ACE2 亲和力增强，在细胞内复制和传播力增强；S 蛋白一些氨基酸突变也会增加对疫苗的免疫逃逸能力和降低不同亚分支变异株之间的交叉保护能力，导致突破感染和一定比例的再感染。截至 2022 年底，世界卫生组织（WHO）提出的"关切的变异株"（variant of concern，VOC）有 5 个，分别为阿尔法（Alpha，B.1.1.7）、贝塔（Beta，B.1.351）、伽玛（Gamma，P.1）、德尔塔（Delta，B.1.617.2）和奥密克戎（Omicron，B.1.1.529）。奥密克戎变异株 2021 年 11 月在人群中出现，相比 Delta 等其他 VOC 变异株，其传播力和免疫逃逸能力显著增强，在 2022 年初迅速取代 Delta 变异株成为全球绝对优势流行株。

截至 2022 年 12 月，奥密克戎 5 个亚型（BA.1、BA.2、BA.3、BA.4、BA.5）已经先后演变成系列子代亚分支 709 个，其中重组分支 72 个。随着新冠病毒在全球的持续传播，新的奥密克戎亚分支将会持续出现。全球数个月以来流行的奥密克戎变异株主要为 BA.5.2，但是 2022 年 10 月份以来，免疫逃逸能力和传播力更强的 BF.7、BQ.1 和 BQ.1.1 等亚分支及重组变异（XBB）的传播优势迅速增加，在部分国家和地区已经取代 BA.5.2 成为优势流行株。

室温条件下，气溶胶中的 SARS-CoV-2 可在 16 小时内维持感染性。SARS-CoV-2 在不同物体表面的稳定性不同，在塑料、不锈钢表面可存活 3 天，在硬纸板、布料等表面的存活时间在 1 天以内。SARS-CoV-2 对紫外线和热敏感，56℃ 30 分钟、乙醚、75% 乙醇、含氯消毒剂、过氧乙酸和氯仿等脂溶剂均可有效灭活病毒，氯己定不能有效灭活病毒。

SARS-CoV-2 的结构研究提示，S 蛋白在病毒感染靶细胞过程中发挥重要作用，其为跨膜蛋白，相对分子质量约为 150 000，被宿主细胞的 Furin 蛋白酶切割成 S1 和 S2 两个亚单位；S1 含 1 个受体结合域（receptor-bindingdomain，RBD），负责确定宿主细胞与病毒受体结合域组成的细胞靶向性；S2 作为膜融合亚单位，负责介导病毒在传播宿主细胞中的融合。在基因组角度上，SARS-CoV-2 与 SARS-CoV 有 79% 的相似度，与 MERS-CoV 有 50% 的相似度。在蛋白结构上，SARS-CoV-2 与 SARS-CoV 的 S 蛋白的 S1 区有 50 个相同的氨基酸，同时 RBD 区也相似，提示它们可能均利用血管紧张素转换酶 2（angiotensin-converting enzyme 2，ACE2）感染宿主细胞。ACE2 是一种质膜结合的蛋白水解酶，它从特定的生物活性寡肽中去除 1 个羧基末端氨基酸，与 ACE 不同，卡托普利等抑制剂不能抑制 ACE2 的功能。

二、致病机制

（一）SARS-CoV-2 的受体

SARS-CoV-2 进入细胞依赖于病毒 S 蛋白与宿主细胞 ACE2 受体结合，启动宿主细胞 II 型跨膜丝氨酸蛋白酶活化。ACE2 广泛分布于人体细胞表面，特别是 II 型肺泡上皮细胞（AT2）和毛细血管内皮细胞，AT2 细胞也高度表达 II 型跨膜丝氨酸蛋白酶，所以 SARS-CoV-2 易累及肺部。SARS-CoV-2 和严重急性呼吸综合征冠状病毒（SARS-CoV）与 ACE2 的结合模式相似，但是由于 SARS-CoV-2 的 C 末端结构域的关键氨基酸残基置换，导致其与 ACE2 的亲和力更高。有研究表明，SARS-CoV 和 SARS-CoV-2 的抗原性存在显著差异。此外，细胞跨膜蛋白酶丝氨酸 2（TMPRSS2）已被证明在感染中发挥作用。SARS-CoV-2 有可能通过这些受体引起广泛的组织感染，包括肺、心脏、肾脏、肝脏、肠道甚至大脑。

（二）SARS-CoV-2 导致固有免疫和适应性免疫失衡

体外试验表明，SARS-CoV-2 与 SARS-CoV 均能感染 I 型和 II 型肺泡上皮细胞及肺巨噬细胞，相较于 SARS-CoV，SARS-CoV-2 有更强的感染和复制能力，但对干扰素（interferon，IFN）和一些促炎因子表达的促进作用较差，即对固有免疫的激活作用更弱。通常冠状病毒感染会促进 T

细胞激活和分化，并释放大量炎症因子，研究发现，ICU 收治的新型冠状病毒感染患者相比于非 ICU 收治患者的淋巴细胞更低。Ouyang 等发现，SARS-CoV-2 感染可能导致辅助性 T 细胞 Th1 和 Th17 失活，并损伤机体的炎症反应，尤其在重症新型冠状病毒感染患者中 T 细胞数量下降，而且促炎症细胞因子表达被抑制。对新冠感染患者单核细胞的测序结果也表明处于活化和增殖状态的 T 细胞，以及 B 细胞占比明显增加，多个 B 细胞和 T 细胞亚型和疾病的严重程度相关。这些结果均说明 SARS-CoV-2 感染可导致机体的免疫反应失衡，但是具体机制尚不清楚。

（三）SARS-CoV-2 促发炎症因子风暴

"炎症因子风暴"是指机体免疫系统紊乱引起过度的炎症反应，炎症从局部扩散至全身，导致系统损伤。Huang 等发现，新型冠状病毒感染可促发炎症级联反应，患者血浆促炎介质如白介素（interleukin，IL）-1B、IL-1RA、IL-7、IL-8、IL-9、IL-10、碱性成纤维细胞生长因子 2、粒细胞集落刺激因子、粒细胞巨噬细胞集落刺激因子、IFN-γ、γ 干扰素诱导蛋白-10（CXLC10）、单核细胞趋化蛋白（MCP）-1（CCL2）、巨噬细胞炎性蛋白（MIP-1α、MIP-1β）、血小板衍生生长因子（PDGF-B）、肿瘤坏死因子 α（TNF-α）和血管内皮生长因子 A 等水平升高；与非 ICU 收治的新型冠状病毒感染患者相比，ICU 收治的患者 IL-2、IL-7、IL-10、粒细胞集落刺激因子、γ 干扰素诱导蛋白-10、MCP-1、MIP-1α 和 TNF-α 水平更高；另外，在重症新型冠状病毒感染患者中应用托珠单抗（抗 IL-6 受体单抗），可显示出较好的临床应用价值，提示炎症风暴既可加重疾病严重程度，也可能是介导新型冠状病毒感染发病的主要因素。同时，Zhou 等发现，重症新型冠状病毒感染患者 CD4+ T 淋巴细胞迅速活化，成为致病性 Th1，产生粒细胞巨噬细胞集落刺激因子等，诱导炎性 CD14+CD16+ 单核细胞高表达 IL-6，加速炎症反应。如这些细胞大量进入肺循环，可加剧患者肺功能损害并导致死亡。这可能是 SARS-CoV-2 导致炎症风暴进而造成肺损伤甚至死亡的机制之一（图 3-44-2）。

三、新型冠状病毒感染的病理生理特点

新型冠状病毒感染的肺部病理改变与严重急性呼吸综合征（SARS）和中东呼吸综合征（MERS）相似，表现为广泛的弥漫性肺泡损伤，伴有双侧水肿、蛋白样或纤维素样渗出物、AT2 反应性增生和以淋巴细胞为主的间质单核炎性浸润；出现间质成纤维细胞增生、肺泡上皮细胞脱落和透明膜形成的现象，提示急性呼吸窘迫综合征（ARDS）肺泡上皮细胞和相邻的毛细血管内皮细胞均表达 ACE2。当

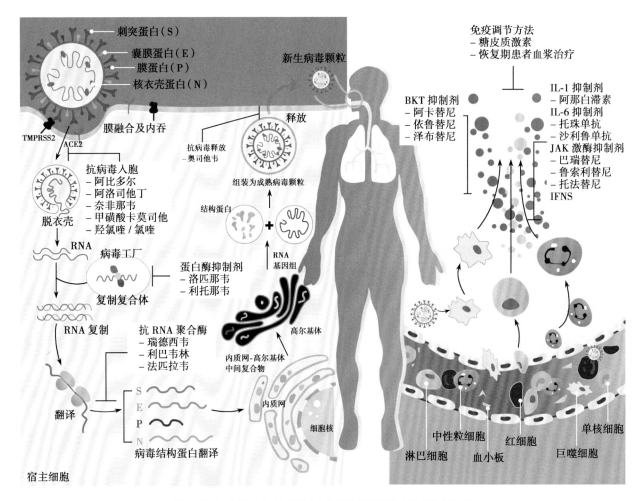

图 3-44-2　SARS-CoV-2 侵袭人体引发新型冠状病毒感染的机制

SARS-CoV-2 入侵靶组织时,病毒快速复制会导致大量上皮细胞和内皮细胞死亡,引发大量促炎因子和趋化因子的产生,肺泡毛细血管膜受损则导致血管渗透性增加,当病毒反复入侵 AT2 时,肺泡壁则会处于持续破坏和修复的恶性循环,最终导致进行性弥漫性肺损伤。此外病毒诱导 ACE2 下调,导致肾素-血管紧张素系统(RAS)功能障碍,进一步增强炎症和血管通透性。除了肺部损伤之外,全身其他脏器也容易累及,如出现急性心肌损伤、胃肠道症状、轻中度肝损伤、急性肾损伤和神经系统症状等。不同于 SARS,新型冠状病毒感染患者的血栓栓塞风险也会增加,如 ICU 收治患者的静脉血栓栓塞发生率为 27%,其中 80% 有肺栓塞。在尸检报告中发现肺血管内有微血栓,主要发生在单核细胞浸润、病毒感染细胞和弥漫性肺泡损伤等炎症环境中。淋巴细胞计数减少与疾病的严重程度密切相关。

第三节 新型冠状病毒感染的临床特征

一、临床表现

潜伏期多为 2~4 天。主要表现为咽干、咽痛、咳嗽、发热等,发热多为中低热,部分病例亦可表现为高热,热程多不超过 3 天;部分患者可伴有肌肉酸痛、嗅觉味觉减退或丧失、鼻塞、流涕、腹泻、结膜炎等。少数患者病情继续发展,发热持续,并出现肺炎相关表现。

重症患者多在发病 5~7 天后出现呼吸困难和/或低氧血症。严重者可快速进展为急性呼吸窘迫综合征、脓毒症休克、难以纠正的代谢性酸中毒和出凝血功能障碍及多器官功能衰竭等。极少数患者还有中枢神经系统受累等表现。

儿童感染后的临床表现与成人相似,高热相对多见;部分病例症状可不典型,表现为呕吐、腹泻等消化道症状,或仅表现为反应差、呼吸急促;少数可出现声音嘶哑等急性喉炎或喉气管炎表现,或喘息、肺部哮鸣音,但极少出现严重呼吸窘迫;少数出现热性惊厥,极少数患儿可出现脑炎、脑膜炎、脑病,甚至急性坏死性脑病、急性播散性脑脊髓膜炎、吉兰-巴雷综合征等危及生命的神经系统并发症;也可发生儿童多系统炎症综合征,主要表现为发热伴皮疹、非化脓性结膜炎、黏膜炎症、低血压或休克、凝血障碍、急性消化道症状及惊厥、脑水肿等脑病表现,一旦发生,病情可在短期内急剧恶化。

二、肺部影像学表现

合并肺炎者早期呈现多发小斑片影及间质改变,以肺外带明显,进而发展为双肺多发磨玻璃影、浸润影,严重者可出现肺实变,胸腔积液少见。肺部影像学表现主要分为 4 期:①早期:单发或多发的局限性磨玻璃影,多数边界不清楚。②进展期:有新的病灶出现,可出现大小不等的实变,原有的病灶可融合或部分吸收。③重症期:大部分肺呈现斑片状磨玻璃影表现,双肺大部分受累时呈"白肺"表

现。④吸收期:病灶吸收或出现纤维条索影。如图 3-44-3 显示,武汉火神山医院一位中年女性患者,炎症进展期经治疗后肺部炎症吸收过程。

三、实验室检查

1. 一般检查 发病早期,外周血白细胞总数正常或减少,可见淋巴细胞计数减少,部分患者可出现肝酶、乳酸脱氢酶、肌酶、肌红蛋白、肌钙蛋白和铁蛋白增高。部分患者 C 反应蛋白(CRP)和血沉升高,降钙素原(PCT)正常。重型、危重型病例可见 D-二聚体升高,外周血淋巴细胞进行性减少,炎症因子升高。

2. 病原学及血清学检查

(1)核酸检测:可采用核酸扩增检测方法检测呼吸道标本(鼻咽拭子、咽拭子、痰、气管抽取物)或其他标本中的新冠病毒核酸。荧光定量 PCR 是目前最常用的新冠病毒核酸检测方法。

(2)抗原检测:采用胶体金法和免疫荧光法检测呼吸道标本中的病毒抗原,检测速度快,其敏感性与感染者病毒载量呈正相关,病毒抗原检测阳性支持诊断,但阴性不能排除。

(3)病毒培养分离:从呼吸道标本、粪便标本等可分离、培养获得新冠病毒。

(4)血清学检测:新冠病毒特异性 IgM 抗体、IgG 抗体阳性,发病 1 周内阳性率均较低。恢复期 IgG 抗体水平为急性期 4 倍或以上升高有回顾性诊断意义。

四、诊断

1. 诊断原则 根据流行病学史、临床表现、实验室检查等综合分析,作出诊断。新冠病毒核酸检测阳性为确诊的首要标准。

2. 诊断标准 具有新冠病毒感染的相关临床表现;具有以下一种或以上病原学、血清学检查结果:①新冠病毒核酸检测阳性;②新冠病毒抗原检测阳性;③新冠病毒分离、培养阳性;④恢复期新冠病毒特异性 IgG 抗体水平为急性期 4 倍或以上升高。

五、临床分型

1. 轻型 以上呼吸道感染为主要表现,如咽干、咽痛、咳嗽、发热等。

2. 中型 持续高热 >3 天和/或咳嗽、气促等,但呼吸频率(RR)<30 次/min、静息状态下吸空气时指氧饱和度 >93%。影像学可见特征性新冠病毒感染肺炎表现。

3. 重型 成人符合下列任何一条,且不能以新冠病毒感染以外其他原因解释:①出现气促,RR≥30 次/min。②静息状态下,吸空气时指氧饱和度≤93%。③动脉血氧分压(PaO_2)/吸氧浓度(FiO_2)≤300mmHg(1mmHg=0.133kPa),高海拔(海拔超过 1 000 米)地区应根据以下公式对 PaO_2/FiO_2 进行校正:$PaO_2/FiO_2 \times [760/大气压(mmHg)]$。④临床症状进行性加重,肺部影像学显示 24~48 小时内病灶明显进展 >50%。

2 月 13 日

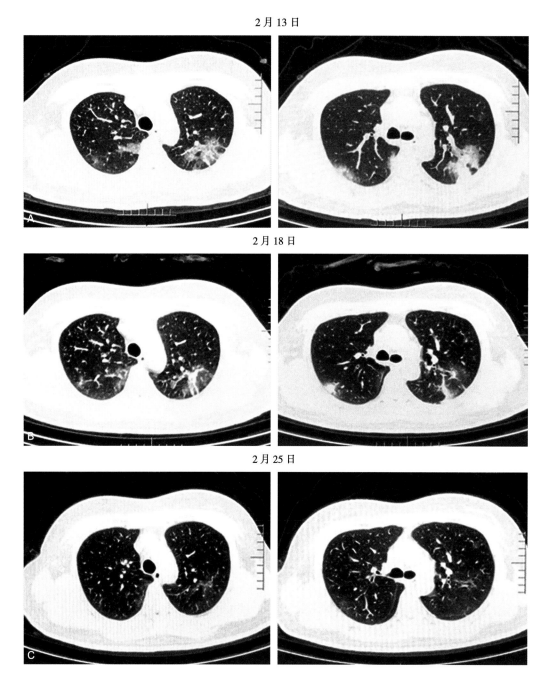

2 月 18 日

2 月 25 日

图 3-44-3　2020 年火神山医院一位新冠病毒感染患者胸部 CT 炎症吸收过程（姜泓供图）

儿童符合下列任何一条：①超高热或持续高热超过 3 天。②出现气促（<2 个月龄，RR≥60 次/min；2~12 个月龄，RR≥50 次/min；1~5 岁，RR≥40 次/min；>5 岁，RR≥30 次/min），除外发热和哭闹的影响。③静息状态下，吸空气时指氧饱和度≤93%。④出现鼻翼扇动、三凹征、喘鸣或喘息。⑤出现意识障碍或惊厥。⑥拒食或喂养困难，有脱水征。

4. 危重型　符合以下情况之一者：①出现呼吸衰竭，且需要机械通气；②出现休克；③合并其他器官功能衰竭需 ICU 监护治疗。

六、预后

大多数患者预后良好，病情危重者多见于老年人、有慢性基础疾病者、晚期妊娠和围产期女性、肥胖人群等。

第四节　新型冠状病毒感染临床救治

新型冠状病毒感染后临床治疗的主要手段包括抗病毒治疗、免疫调节治疗和对症支持治疗。

一、一般治疗

（一）对症支持治疗

按呼吸道传染病要求隔离治疗。保证充分的能量和营养摄入，注意水、电解质平衡，维持内环境稳定。高热者可进行物理降温、应用解热药物。咳嗽咳痰严重者给予止咳祛痰药物。

（二）生命体征监测

对重症高危人群应进行生命体征监测，特别是静息和活动后的指氧饱和度等。同时对基础疾病相关指标进行监测。

（三）病情评估必要的检查

根据病情进行必要的检查，如血常规、尿常规、CRP、生化指标（肝酶、心肌酶、肾功能等）、凝血功能、动脉血气分析、胸部影像学等。

（四）生命支持治疗

根据病情给予规范有效的氧疗措施，包括鼻导管、面罩给氧和经鼻高流量氧疗。

（五）抗菌药物应用原则

避免盲目或不恰当地使用抗菌药物，尤其是联合使用广谱抗菌药物。

（六）做好基础疾病治疗

有基础疾病者给予相应治疗。

二、抗病毒治疗

（一）奈玛特韦片/利托那韦片组合包装

适用人群为发病 5 天以内的轻、中型且伴有进展为重症高风险因素的成年患者。用法：奈玛特韦 300mg 与利托那韦 100mg 同时服用，每 12 小时 1 次，连续服用 5 天。使用前应详细阅读说明书，不得与哌替啶、雷诺嗪等高度依赖 CYP3A 进行清除，且其血浆浓度升高会导致严重和/或危及生命的不良反应的药物联用。只有母亲的潜在获益大于对胎儿的潜在风险时，才能在妊娠期间使用。不建议在哺乳期使用。中度肾功能损伤者应将奈玛特韦减半服用，重度肝、肾功能损伤者不应使用。

（二）阿兹夫定片

用于治疗中型新冠病毒感染的成年患者。用法：空腹整片吞服，每次 5mg，每天 1 次，疗程至多不超过 14 天。使用前应详细阅读说明书，注意与其他药物的相互作用、不良反应等问题。不建议在妊娠期和哺乳期使用，中重度肝、肾功能损伤患者慎用。

（三）莫诺拉韦胶囊

适用人群为发病 5 天以内的轻、中型且伴有进展为重症高风险因素的成年患者。用法：800mg，每 12 小时口服 1 次，连续服用 5 天。不建议在妊娠期和哺乳期使用。

（四）单克隆抗体

安巴韦单抗/罗米司韦单抗注射液。联合用于治疗轻、中型且伴有进展为重症高风险因素的成人和青少年（12~17 岁，体重≥40kg）患者。用法：二药的剂量分别为 1 000mg。在给药前两种药品分别以 100mL 生理盐水稀释后，经静脉序贯输注给药，以不高于 4mL/min 的速度静脉滴注，两药之间使用生理盐水 100mL 冲管。在输注期间对患者进行临床监测，并在输注完成后对患者进行至少 1 小时的观察。

（五）静注新型冠状病毒感染人免疫球蛋白

可在病程早期用于有重症高风险因素、病毒载量较高、病情进展较快的患者。使用剂量为轻型 100mg/kg，中型 200mg/kg，重型 400mg/kg，静脉输注，根据患者病情改善情况，次日可再次输注，总次数不超过 5 次。

（六）康复者恢复期血浆

可在病程早期用于有重症高风险因素、病毒载量较高、病情进展较快的患者。输注剂量为 200~500mL（4~5mL/kg），可根据患者个体情况及病毒载量等决定是否再次输注。

（七）先诺特韦片/利托那韦片组合包装

有效成分为先诺特韦。用于治疗轻中度新型冠状病毒感染的成年患者。口服，空腹给药。片剂需整片吞服，不得咀嚼、掰开或压碎。先诺特韦必须与利托那韦同服。如不与利托那韦同服，先诺特韦的血浆水平可能不足以达到所需的治疗效果。首次应用应在出现症状 3 天或以内尽快使用。推荐剂量为先诺特韦 0.750g（2 片）联合利托那韦 0.1g（1 片），每 12 小时口服给药，连续服用 5 天。

（八）氢溴酸氘瑞米德片

口服小分子新冠病毒感染治疗药物，用于治疗轻中度新型冠状病毒感染的成年患者。

（九）来瑞特韦片

治疗轻中度新型冠状病毒感染的成年患者。

三、免疫治疗

（一）糖皮质激素

对于氧合指标进行性恶化、影像学进展迅速、机体炎症反应过度激活状态的重型和危重型病例，酌情短期（不超过 10 天）使用糖皮质激素，建议地塞米松 5mg/d 或甲泼尼龙 40mg/d，避免长时间、大剂量使用糖皮质激素，以减少副作用。

（二）白介素-6 抑制剂

托珠单抗。对于重型、危重型且实验室检测 IL-6 水平明显升高者可试用。用法：首次剂量 4~8mg/kg，推荐剂量 400mg，生理盐水稀释至 100mL，输注时间大于 1 小时；首次用药疗效不佳者，可在首剂应用 12 小时后追加应用 1 次（剂量同前），累计给药次数最多 2 次，单次最大剂量不超过 800mg。注意过敏反应，有结核等活动性感染者禁用。

四、抗凝治疗

用于具有重症高风险因素、病情进展较快的中型病例，以及重型和危重型病例，无禁忌证的情况下可给予治疗剂量的低分子肝素或普通肝素。发生血栓栓塞事件时，按照相应指南进行治疗。

五、俯卧位治疗

具有重症高风险因素、病情进展较快的中型、重型和危重型病例，应当给予规范的俯卧位治疗，建议每天不少于12小时。

六、重型、危重型支持治疗

(一) 治疗原则

在上述治疗的基础上，积极防治并发症，治疗基础疾病，预防继发感染，及时进行器官功能支持。

(二) 呼吸支持

1. 鼻导管或面罩吸氧　PaO_2/FiO_2 低于 300mmHg 的重型病例均应立即给予氧疗。接受鼻导管或面罩吸氧后，短时间（1~2 小时）密切观察，若呼吸窘迫和/或低氧血症无改善，应使用经鼻高流量氧疗（HFNC）或无创通气（NIV）。

2. 经鼻高流量氧疗或无创通气　PaO_2/FiO_2 低于 200mmHg 应给予经鼻高流量氧疗（HFNC）或无创通气（NIV）。接受 HFNC 或 NIV 的患者，无禁忌证的情况下，建议同时实施俯卧位通气，即清醒俯卧位通气，俯卧位治疗时间每天应大于12小时。部分患者使用 HFNC 或 NIV 治疗的失败风险高，需要密切观察患者的症状和体征。若短时间（1~2 小时）治疗后病情无改善，特别是接受俯卧位治疗后，低氧血症仍无改善，或呼吸频数、潮气量过大或吸气努力过强等，往往提示 HFNC 或 NIV 治疗疗效不佳，应及时进行有创机械通气治疗。

3. 有创机械通气　一般情况下，PaO_2/FiO_2 低于 150mmHg，特别是吸气努力明显增强的患者，应考虑气管插管，实施有创机械通气。但鉴于部分重型、危重型病例低氧血症的临床表现不典型，不应单纯把 PaO_2/FiO_2 是否达标作为气管插管和有创机械通气的指征，而应结合患者的临床表现和器官功能情况实时进行评估。值得注意的是，延误气管插管，带来的危害可能更大。早期恰当的有创机械通气治疗是危重型病例重要的治疗手段，应实施肺保护性机械通气策略。对于中重度急性呼吸窘迫综合征患者，或有创机械通气 FiO_2 高于 50% 时，可采用肺复张治疗，并根据肺复张的反应性，决定是否反复实施肺复张手法。应注意部分新型冠状病毒感染患者肺可复张性较差，应避免过高的 PEEP 导致气压伤。

4. 气道管理　加强气道湿化，建议采用主动加热湿化器，有条件的使用环路加热导丝保证湿化效果；建议使用密闭式吸痰，必要时气管镜吸痰；积极进行气道廓清治疗，如振动排痰、高频胸廓振荡、体位引流等；在氧合及血流动力学稳定的情况下，尽早开展被动及主动活动，促进痰液引流及肺康复。

5. 体外膜肺氧合（ECMO）启动时机　在最优的机械通气条件下（$FiO_2 \geq 80\%$，潮气量为 6mL/kg 理想体重，$PEEP \geq 5cmH_2O$，且无禁忌证），且保护性通气和俯卧位通气效果不佳，并符合以下之一，应尽早考虑评估实施 ECMO。①$PaO_2/FiO_2 < 50mmHg$ 超过 3 小时；②$PaO_2/FiO_2 < 80mmHg$ 超过 6 小时；③动脉血 $pH < 7.25$ 且 $PaCO_2 > 60mmHg$ 超过 6 小时，呼吸频率 >35 次/min；④呼吸频率 >35 次/min 时，动脉血 $pH < 7.2$ 且平台压 >30cmH_2O。符合 ECMO 指征，且无禁忌

证的危重型病例，应尽早启动 ECMO 治疗，避免延误时机，导致患者预后不良。ECMO 模式选择：仅需呼吸支持时选用静脉-静脉方式 ECMO（VV-ECMO），是最为常用的方式；需呼吸和循环同时支持时则选用静脉-动脉方式 ECMO（VA-ECMO）；VA-ECMO 出现头臂部缺氧时可采用静脉-动脉-静脉方式 ECMO（VAV-ECMO）。实施 ECMO 后，严格实施保护性肺通气策略。推荐初始设置：潮气量 <4~6mL/kg 理想体重，平台压 $\leq 25cmH_2O$，驱动压 $<15cmH_2O$，PEEP 5~15cmH_2O，呼吸频率 4~10 次/min，$FiO_2 < 50\%$。对于氧合功能难以维持或吸气努力强、双肺重力依赖区实变明显或需气道分泌物引流的患者，应积极俯卧位通气。

(三) 循环支持

危重型病例可合并休克，应在充分液体复苏的基础上，合理使用血管活性药物，密切监测患者血压、心率和尿量的变化，以及乳酸和碱剩余。必要时进行血流动力学监测。

(四) 急性肾损伤和肾替代治疗

危重型病例可合并急性肾损伤，应积极寻找病因，如低灌注和药物等因素。在积极纠正病因的同时，注意维持水、电解质、酸碱平衡。连续性肾替代治疗（CRRT）的指征包括：①高钾血症；②严重酸中毒；③利尿剂无效的肺水肿或水负荷过多。

七、细胞治疗

细胞治疗是指外源性的干细胞经体外分离、培养、增殖、分化等过程，将经过处理的干细胞移植到人体内，用于组织修复和免疫调节，进而改善机体功能。已有将细胞治疗用于肝硬化、肾脏病、尿毒症、MERS-COV 等疾病的治疗。因此，可以考虑通过细胞治疗方法来提高机体免疫力，修复新型冠状病毒感染导致的组织损伤。MSC 具有组织修复、免疫调节和多向分化潜能等功能，且在流感病毒相关性肺炎及其他肺疾病中有一定疗效，因此可能是治疗新型冠状病毒感染潜在有效方法。目前，我国已将干细胞技术应用于新型冠状病毒感染重症患者的治疗，初步显示安全有效。

八、心理干预

患者常存在紧张焦虑情绪，应当加强心理疏导，必要时辅以药物治疗。

九、中医治疗

本病属于中医"疫"病范畴，病因为感受"疫疠"之气，各地可根据病情、证候及气候等情况，可参照《新型冠状病毒感染诊疗方案（试行第十版）》提供的方案进行辨证论治。涉及超药典剂量，应当在医师指导下使用。针对非重点人群的早期新冠病毒感染者，可参照《新冠病毒感染者居家中医药干预指引》《关于在城乡基层充分应用中药汤剂开展新冠病毒感染治疗工作的通知》中推荐的中成药或中药协定方，进行居家治疗。

第五节　间充质干细胞在新型冠状病毒感染中的应用

一、MSC 在肺疾病中的应用

MSC 具有多向分化的潜能,可分化成多个胚层的细胞,能够被 Ⅱ 型肺泡上皮细胞诱导分化为上皮细胞,特异性地参与肺组织再生,为肺部疾病治疗提供新途径。同时因其取材方便(骨髓、脂肪、脐带最常见)、来源丰富、容易培养、增殖力旺盛、免疫原性低的优点,而日益成为干细胞研究领域的热点。骨髓 MSC 静脉移植后,大量细胞在肺内聚集,通过发挥抗炎、免疫调节和再生的特性保护肺泡上皮细胞,修复肺微环境,预防肺纤维化,治疗肺功能障碍。以 MSC 为基础的免疫调节治疗已被提出作为一种合适的治疗方法并开始进行多项临床试验,其在人体应用的安全性和有效性已通过小、大规模的临床试验证实。因此,运用 MSC 治疗肺部疾病可能是有效的。

MSC 给药后可改善多种肺部疾病如慢性阻塞性肺疾病、急性呼吸窘迫综合征和特发性肺纤维化的疾病相关参数。MSC 用于治疗支气管哮喘、ARDS、慢性阻塞性肺疾病和间质性肺疾病有多种机制,未来研究的领域发展可致力改善 MSC 归巢到受损的肺组织,从而治疗各种肺部疾病。

(一)慢性阻塞性肺疾病

目前认为,慢性阻塞性肺疾病(COPD)的病理损伤属于不可逆性病变,依靠机体自身的能力无法达到组织的完全修复。之前有研究已证实,骨髓 MSC 可以在体内、体外分化为肺实质细胞,在炎症等因素的趋化下,外源的骨髓 MSC 向肺损伤部位汇集,参与肺的损伤修复。一方面,在局部微环境作用下诱导分化为肺泡上皮和支气管上皮细胞等结构细胞参与组织的修复过程;另一方面,通过免疫调节作用,为损伤修复提供有利环境。但目前而言,应用 MSC 干预治疗 COPD 的相关研究较少。

在一项研究骨髓 MSC 移植治疗大鼠慢性阻塞性肺疾病的实验结果中,BM-MSC 能够归巢到 COPD 大鼠的肺组织并存活,同时对 COPD 大鼠具有治疗作用。另一项研究显示,经尾静脉注射的大鼠骨髓 rMSC 能在大鼠 COPD 模型的肺组织内定植并长期存留,改善 COPD 肺部的病理学损伤,调节局部及全身的炎症因子水平,且无明显致瘤性和成纤维化倾向。在一定范围内,这种治疗效果无明显量效关系。

MSC 在 COPD 中的作用机制

(1)抑制炎症反应:MSC 可通过下调炎症因子水平,抑制肺部炎症反应。有学者进行了一项临床随机对照研究,给中、重度 COPD 患者输注 MSC,在第一次输注 MSC 4 个月后,患者血清 C 反应蛋白水平明显下降,提示 MSC 对 COPD 的炎症反应可能具有抑制作用,但其机制尚不清楚,可能是通过旁分泌机制分泌某些溶解性抗炎因子或激活细胞内的抗炎通道发挥作用。

(2)纠正蛋白酶/抗蛋白酶失衡:蛋白酶与抗蛋白酶之间的动态平衡可维持正常的肺泡结构,蛋白酶释放、激活与

炎症反应之间形成正反馈回路。有学者给吸烟诱导的肺气肿大鼠肺内输注 MSC,发现大鼠肺气肿减轻,肺功能得到改善,血清 MMP-9、MMP-12 水平明显降低。MSC 的肺保护机制可能与阻断蛋白酶释放、激活和炎症反应之间形成正反馈回路而纠正蛋白酶/抗蛋白酶失衡。

(3)抗细胞凋亡:多项研究发现,MSC 可促进血管内皮生长因子(VEGF)分泌及诱导 VEGF 受体-2 的表达,VEGF 可促进肺泡上皮细胞增殖,维持正常的肺泡结构,予 VEGF 受体抑制剂则可加速肺泡上皮细胞凋亡。在肺气肿患者或吸烟者的肺组织、诱导痰及 BALF 中,VEGF 及其受体的基因、蛋白表达水平明显降低,且在木瓜酶及吸烟诱导的肺气肿大鼠模型中,MSC 移植可减少肺泡上皮细胞凋亡,故推测 MSC 可能通过逆转吸烟暴露对 VEGF 信号通路的抑制作用,抑制肺泡上皮细胞凋亡,达到治疗 COPD 的目的。MSC 移植还可通过改变凋亡基因及抗凋亡基因表达水平来抑制肺泡上皮细胞凋亡。MSC 移植可上调木瓜酶诱导的肺气肿大鼠肺组织中抗凋亡基因 Bcl-2 的表达水平,下调促凋亡基因 Bax 的表达水平,也可通过降低 caspase-3 的活性来抑制细胞凋亡。

(4)抑制氧化应激:研究发现,对脂多糖诱导的肺损伤大鼠行 MSC 移植能提高大鼠存活率,同时降低氧化应激水平。MSC 移植可降低过氧化物丙二醛(MDA)含量,同时上调血红素氧化酶-1 水平,后者具有很强的抗氧化应激及细胞保护作用。在自发性卒中动物模型中,MSC 移植也可降低脑组织氧化应激水平。

(二)肺纤维化

特发性肺纤维化(IPF)是一种慢性、进行性、纤维化性间质性肺疾病,组织学和/或胸部高分辨率 CT(HRCT)表现为普通型间质性肺炎(UIP),病因不明,好发于老年人,目前认为 IPF 源于肺泡上皮反复发生微小损伤后的异常修复。特发性肺纤维化(IPF)病死率很高,以药物治疗为主,但只能延缓疾病进展,改善患者生活质量,延长生存期。

MSC 作为一个新的治疗选择或许能够逆转肺纤维化,达到治愈的目标,目前已应用于临床研究中。MSC 可归巢、迁移并分化为肺泡上皮细胞以修复受损的肺组织,还可通过抑制炎症因子表达、分泌多种生物活性分子等机制发挥其抗炎、抗纤维作用。MSC 不表达 Ⅱ 类 MHC,具有"免疫特权",因此可以用于同种异体移植。目前的临床研究表明,MSC 可改善患者的临床症状及肺功能,提高生活质量,并且大多数患者对治疗的耐受性良好。但部分患者在治疗后出现肺部感染、IPF 进一步恶化甚至呼吸衰竭等表现,这些是否与 MSC 治疗相关,仍有待进一步研究。

MSC 用于 IPF 的机制

(1)归巢和迁移:IPF 是一种上皮源性疾病。反复损伤和肺泡上皮细胞(AEC)的异常修复干扰正常的上皮-成纤维细胞相互作用,并在纤维化过程中起主要作用。在博来霉素(BLM)诱导的 IPF 动物模型中,BM-MSC 在肺组织损伤后归巢到肺部,表现出上皮样表型并减轻炎症和胶原沉积。BM-MSC 的迁移由一些趋化因子及其受体介导,趋化因子基质细胞衍生因子-1(SDF-1)通过与细胞表面上

的同源受体 CXCR4 相互作用,使其迁移到受损组织。与正常人的肺组织相比,IPF 患者的肺中 SDF-1 和 CXCR4 表达增加,有利于 MSC 的迁移运动。

(2)分化:Wnt/β-catenin 信号参与组织重塑、纤维化、损伤和肺部疾病,也调节 MSC 的分化。归巢到受损肺部后,由 Wnt 途径介导,MSC 可分化为Ⅱ型 AEC,并参与体内外肺泡上皮的更新。Liu 等研究发现,经典 Wnt 途径中的 β-catenin 和糖原合成酶激酶-3β(GSK-3β)在小鼠 MSC 分化为Ⅱ型 AEC 的过程中被激活,β-catenin 在小鼠 MSC 中的过度表达激活了 Wnt 通路,进一步提高了其对小鼠上皮损伤的保护作用和对 ARDS 的治疗作用。进一步研究发现,Wnt5a 通过体外非经典 c-JunN-末端激酶(JNK)或蛋白激酶 C(PKC)信号转导促进 MSC 分化为Ⅱ型 AEC。然而,MSC 通过分化成上皮细胞而对 PF 具有拮抗作用仍存在争议,在盐酸诱导的急性肺损伤(ALI)动物模型中,MSC 没有改善 ALI 的病理改变,Wnt3α 激活的 Wnt 信号转导抑制了 MSC 的上皮分化过程,促进肺纤维化。另有研究表明,MSC 在移植的动物模型中可以被诱导成纤维细胞和肌成纤维细胞,加重肺纤维化。因此骨髓间充质干细胞具有植入损伤肺并分化为特定细胞类型的能力,然而,决定肺内 MSC 分化的细胞因子和信号途径尚不清楚,仍有待进一步研究。

(3)下调炎性介质和促纤维化介质的表达:脂肪间充质干细胞(ADSC)下调促炎症细胞因子 IL-2、IL-1b、肿瘤坏死因子(TNF)和转化生长因子(TGF)β 的表达,导致炎症减轻,另外可以下调成纤维细胞生长因子(FGF)、结缔组织生长因子(CTGF)、胶原(COL)3a1 和 CoL1a1 等促纤维化介质的表达,减轻肺纤维化。此外,有研究发现,ADSC 下调基质金属蛋白酶(MMP)的表达,导致组织抑制金属蛋白酶(TIMP)的表达减少,从而维持 MMP-TIMP 平衡,防止由博来霉素引起的肺损伤中基质重构,降低胶原沉积,减轻肺纤维化。

(4)MSC 旁分泌因子:MSC 在肺损伤修复和再生中具有旁分泌作用。MSC 具有分泌多种生物活性分子的能力,如参与免疫系统信号转导的蛋白质、细胞外基质重塑物、生长因子及其调节因子,这些生物活性分子可以调节局部炎症反应并修复受损组织。

(5)免疫调节:有研究报告,MSC 可改变树突状细胞(DC)、幼稚和效应 T 细胞(Th1/Th2)及 NK 细胞的细胞因子分泌谱,以诱导一种更具抗炎作用的细胞因子或耐受表型。MSC 还能诱导调节性 T 细胞(Treg),并维持 Treg 抑制自身反应性 T 效应器反应的能力。有人提出,在 MSC 存在下,体内产生的 Treg 将持续扩增。鉴于注射外源性的短期 MSC 可以作为催化剂来扩增持久的抗原特异性 Treg,这将对它们的免疫调节潜能产生重要影响。

(6)微泡:研究表明,从间充质干细胞释放的微泡可以明显改善 IPF 的症状。

(7)MSC 的基因修饰治疗:研究表明,肝细胞生长因子(HGF)基因对 MSC 进行修饰,用于组织损伤性疾病的修复治疗,具有明显的优势。表现为:①局部高分泌的 HGF 可以使 MSC"停留"在损伤组织局部,有利于 MSC 向损伤组织细胞的分化;②HGF 可使 MSC 的移植存活率升高(HGF 的抗 MSC 凋亡作用),进而提高治疗效果。作用机制可能与其减轻肺组织的炎症有关。

(8)抗氧化应激:正常生理情况下,体内活性氧(ROS)的生成与清除保持动态平衡。当肺组织内有过多的 ROS 时,就会引发氧化应激反应。许多研究表明,在 IPF 发病的过程中,氧化应激可以贯穿始终,氧化应激产生的活性氧可直接或间接损伤细胞的蛋白质、脂质、核酸等成分,是许多疾病发生的病理生理基础。Nrf2(NF-E2-related factor2)是细胞氧化应激反应中的关键因子,受 Keap1 的调控,通过与抗氧化反应元件 ARE 相互作用,调节抗氧化蛋白和Ⅱ相解毒酶的表达,在抗炎、抗肿瘤、神经保护等方面发挥广泛的细胞保护功能,骨髓 MSC 的移植可抑制博来霉素诱导肺纤维化的形成,其显著提高肺纤维化大鼠 Nrf2 的含量,进而促进下游保护性蛋白血红素加氧酶-1(HO-1)、γ-谷氨酸半胱氨酸合成酶(γ-GCS)和 NADP(H)醌氧化还原酶 NQO1 的表达,清除活性氧(ROS),抑制肺组织氧化应激反应,由此减少肺组织中 HYP 的含量,减轻损伤的肺组织中成纤维细胞的增生和细胞外基质沉积。

(三)肺损伤与急性呼吸窘迫综合征

急性肺损伤(ALI)是指各种直接和间接致伤因素导致的肺泡上皮细胞及毛细血管内皮细胞损伤,出现弥漫性肺间质及肺泡水肿,导致急性低氧性呼吸功能不全。以肺容积减少、肺顺应性降低、通气/血流比例失调为病理生理特征,其发展至严重阶段(氧合指数 <200)被称为急性呼吸窘迫综合征(ARDS)。尽管支持治疗和抗生素使用有所改善,但仍与高死亡率(30%~40%)有关。目前,尽管对急性呼吸窘迫综合征的生物学和生理病理的认识有所进步,但在 ARDS 的治疗中,仍然没有可用的药物治疗手段和有效的护理标准,主要处理方法限于支持性措施,干细胞的功能多样性为进一步治疗 ARDS 提供了可能。

此前,已经有一些临床前研究评估了不同实验性肺部炎症模型(流感、克雷伯菌、铜绿假单胞菌或大肠杆菌)中治疗 ALI 的效果。尽管采用不同的应用途径(静脉、气管内或鼻内)和不同剂量的细胞,但实验结果表明,MSC 可减少细菌负荷、肺损伤、炎症、肺水肿和促进上皮创伤修复。一项在美国进行的Ⅱa 期临床试验中,ARDS 患者接受高剂量异体骨髓 MSC(10×10^6cell/kg)治疗,未观察到呼吸系统不良反应,患者氧合指数改善,血浆 ANG-2 水平降低,表明 MSC 治疗减轻了内皮细胞损伤。李兰娟等的研究也表明同种异体经血来源的 MSC 可以显著降低感染 H_7N_9 患者的死亡率,并对 4 例 MSC 移植患者进行为期 5 年的随访中,未发现 MSC 移植产生有害影响。

MSC 治疗 ARDS 的机制除了免疫调节、促进细胞再生、抑制纤维化外,还表现在具有一定的抗菌效果。一方面干细胞通过表达干扰素刺激基因(ISG)(CCL2、IFI6、ISG15、PMAIP1、SAT1 和 p21/CDKN1A)或者 ACE2 和 TMPRSS2 受体低表达对相关病原体具有耐受性;另一方面还能分泌抗菌物质(抗菌肽、防御素等),通过抑制 DNA 或 RNA 的合成,并与某些细胞内靶标相互作用来介导抗菌细胞的杀伤。据报道,主要的作用依赖于抗菌肽 LL-37 的产生。

二、干细胞在新型冠状病毒感染的研究

(一) MSC 治疗新型冠状病毒感染的理论依据

1. MSC 趋化至炎症部位　MSC 进入机体后可在靶组织脉管系统中被捕获,然后穿过内皮细胞归巢至靶组织。大量研究表明,MSC 受损伤部位趋化因子的影响,更易聚集在损伤部位。Wang 等发现 MCP-1、MIP-1α 和 IL-8 可促进 MSC 向损伤部位的迁移。Ji 等发现,在大鼠脑损伤模型中,损伤部位趋化因子、基质细胞衍生因子-1 和不规则趋化因子的表达增加,MSC 表达的 CXCR4 和 CX3CR1 分别是基质细胞衍生因子-1 和不规则趋化因子的受体,表达的 CCR2、CCR5 为其他趋化因子的受体,提示趋化因子与其受体的相互作用介导了 MSC 向损伤部位归巢。重症新型冠状病毒感染患者中已发现 MCP-1、MIP-1α 等趋化因子表达增加,提示 MSC 进入机体后更容易趋化至炎症部位。目前大量研究表明,大多数经静脉注射的骨髓来源MSC(>80%)迅速滞留在肺中,仅一部分归巢到肝脏、脾脏和炎症或损伤部位等。据报道,骨髓 MSC 在肺部的停留时间从 7 天到 3 个月不等,但也有研究发现,MSC 注射后 18 小时,肺部不能检测到 MSC 的信号,这可能是由于检测方法和模型不同,即 MSC 静脉注入体内后更倾向于在肺部聚集,从而发挥相应作用。(图 3-44-4)

2. MSC 的组织修复作用　MSC 不但可通过细胞分化,还可通过分泌各种细胞因子参与组织修复。有几项研究报道,肺组织损伤可促进 MSC 在肺中停留,同时骨髓来源 MSC 能够分化为肺的气道和上皮细胞,但是其在机体内很快会被免疫系统清除,所以 MSC 还可能通过其他机制对相应组织产生保护作用。急性肾损伤、肝硬化或糖尿病并发症等实验模型显示,MSC 对这些疾病的改善与其产生的生长因子相关,特别是肝细胞生长因子(hepatocytegrowthfactor,HGF)、胰岛素样生长因子-1,以及与血管生成和神经发生有关的生长因子,如血管内皮生长因子、红细胞生成因子和胶质细胞源性神经营养因子等。Rubio 等发现,异基因脂肪来源的 MSC 可抑制博来霉素诱导的小鼠肺和皮肤的纤维化,从而证实 MSC 可促进受损组织的修复并防止器官纤维化,而且一些临床前研究提示 MSC 对肺气肿和慢性阻塞性肺疾病的疗效与 MSC 产生的 HGF 和 VEGF 相关,HGF 可通过稳定内源性 Bcl-2、抑制低氧诱导因子-1α 表达和活性氧生成,从而抑制肺泡上皮细胞凋亡。MSC 还可以通过细胞间的缝隙连接和直接的细胞器转运通道将线粒体转运至肺泡上皮细胞,以此增加上皮细胞 ATP,减轻肺泡上皮细胞损伤,降低血管通透性和减轻炎症细胞的浸润。因此 MSC 也可能通过其分化潜能、分泌保护性细胞因子和线粒体转运等方式而对新型冠状病毒感染患者的肺组织或其他受损组织进行修复。

3. MSC 促进免疫功能正常化　MSC 具有独特的非分化细胞表面标志物如 CD146 和 CD200,并表达基质和 MSC 标志物,如 CD105、CD44、CD29、CD71 和 CD73。它们在受损组织中起免疫耐受和免疫调节作用,通过对 T 细胞、B 细胞、树突状细胞和巨噬细胞发挥作用,帮助再生和恢复环境。

4. MSC 的免疫调节作用

(1) MSC 对 T 细胞的免疫调节作用:①T 细胞增殖抑制:T 细胞介导的免疫对各种自身免疫病、恶性肿瘤和感染起着关键的保护作用,然而有研究发现,在体外人的骨髓 MSC 可抑制 T 细胞的增殖。MSC 通过 TGF-β(转化生长因子β)和 HGF(肝细胞生长因子)将 T 细胞阻滞在 G_1 期,抑制 T 细胞的增殖。②T 细胞凋亡:活化的 T 细胞凋亡是

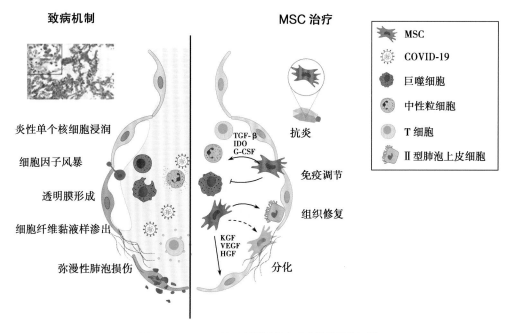

图 3-44-4　MSC 治疗新型冠状病毒感染的可能机制

由色氨酸产生 kynurenine 介导的 Fas/Fas 配体依赖通路。③调节 T 细胞的活化和分化:MSC 诱导 IL-10 的产生,并抑制 IFN-γ 和 IL-17 的产生,因此可减少调节性 T 细胞的产生,同时调节树突状细胞和自然杀伤细胞。④抗炎作用:MSC 诱导 IL-1Ra 和 IL-1β 的产生,具有抗炎作用,进而治愈受损组织。⑤免疫调节:当炎症因子如 IFN-γ、肿瘤坏死因子 TNF-α、IL-1α 或 IL-1β 刺激 MSC 时,其免疫调节电位被触发,导致一氧化氮(NO)和前列腺素 E₂(PGE₂)上调 iNOS 和 COX-2 的表达。

MSC 对 B 细胞的作用是由 CCL-2 通过 STAT3 失活和 PAX5 诱导介导的。因此,MSC 继续导致:①细胞周期阻滞;②抑制浆细胞的产生免,使免疫球蛋白分泌受损;③趋化作用减少;④IL-1Ra(白介素-1 受体拮抗剂)的产生控制 B 细胞分化和关节炎进展细胞外囊泡,来源于 MSC,抑制 B 细胞增殖、分化和免疫球蛋白的产生;⑤调节性 B 细胞的诱导进而产生 IL-10(抗炎)。

(2)MSC 对树突状细胞的免疫抑制作用:①抑制 DC 激活,使内吞作用下降。②减少 IL-12 的产生,细胞成熟阻滞,抑制单核细胞形成树突状细胞。③使成熟的 DC 处于不成熟状态:巨噬细胞和 MSC 巨噬细胞可以分为 M1 型巨噬细胞和 M2 型巨噬细胞,M1 型巨噬细胞产生各种促炎分子对抗微生物,M2 型巨噬细胞通过产生 IL-10 的免疫调节作用参与组织再生。MSC 具有增强损伤血脑屏障部位巨噬细胞再生活性的潜力。当 MSC 与巨噬细胞一起培养时,其分化为 M2 型巨噬细胞,M2 型巨噬细胞可导致高水平的抗炎 IL-10 和低水平的促炎分子。MSC 与巨噬细胞的相互作用可以通过增加 IL-10 和减少 TNF-α 和 IL-6 的产生来对抗局部炎症。

(3)MSC 对 NK 细胞的作用:NK 细胞和 MSC 通过 IDO、PGE₂、HLA-5 和 ev 介导,高比率地抑制 NK 细胞的增殖、促炎分子的产生和细胞毒性,阻断这些分子可以逆转 MSC 的作用。

(4)MSC 与中性粒细胞的相互作用:中性粒细胞在急性炎症中起关键作用,MSC 可与中性粒细胞相互作用,抑制静息中性粒细胞凋亡(IL-6 介导),增加中性粒细胞招募(通过 IL-8 和巨噬细胞迁移抑制因子-mif)。此外,超氧化物歧化酶 3 介导的小鼠血管炎模型炎症抑制显示了 MSC 的抗炎特性,减少组织损伤血脑屏障。在大肠杆菌内毒素治疗急性肺损伤小鼠中,MSC 衍生的微泡已被证明能抑制中性粒细胞进入肺实质。

从以上讨论可以明显看出,MSC 几乎具有能与所有免疫细胞相互作用的先天能力。它们的作用要么通过各种生长和免疫调节因子介导,要么通过细胞与细胞的直接接触。由于它们的免疫调节特性,它们已被用于许多免疫介导的疾病,如与 NK 细胞、多形核细胞(PMN)、树突状细胞、巨噬细胞、T 细胞和 B 细胞的相互作用(图 3-44-5)。

(二)MSC 治疗新型冠状病毒感染的临床试验

1. 受试者选择 多数 MSC 治疗急性肺损伤的临床研究在 ARDS 等危重症患者中开展。一方面危重症患者的死亡率高,预后较差,除支持性治疗外,临床上缺乏有效的治疗手段;另一方面,对 MSC 在肺损伤患者中的安全性认识尚不充分,与病情相对较轻的患者相比,危重症患者对于预期可能有效的药物在安全性方面的包容度相对较高,且更符合伦理规范。

2. 疗效评价 常用的整体功能评价指标包括全因死亡率、机械通气时间、ICU 住院时间和 SOFA 评分等;呼吸功能评价包括肺损伤评分(lung injury score,LIS)、PaO₂/FiO₂等;通过监测干细胞输注前后肺泡上皮损伤及血管内皮损伤标志物、炎症因子、干细胞分泌的细胞因子,以及其他器官功能损伤的生物标志物等,也有助于深入了解干细胞的作用机制,完善临床试验的设计和研究方法等。由于疾病严重程度、临床表现差异较大,现有治疗手段下患者的预后也存在较大的差异。因此,不建议将基线和预后预测差异较大的受试者纳入同一个临床试验中。而对于疗效评价指标的选择,需要有针对性,以准确评价不同患者群体的临床获益,如全因死亡率、ICU 住院时间等指标适用于对危重型患者的疗效评价,不一定适用于无须机械通气或 ICU 支持治疗的患者;呼吸功能评价指标的暂时改善则不足以反映危重症患者的临床获益。因此,如果入组标准较为宽泛,患者病情的异质性将显著增加临床试验主要疗效分析的复杂性,降低临床试验结果的可靠性。

3. 风险控制 尽管现有的临床研究结果显示间充质干细胞产品的耐受性总体良好,但不同干细胞产品,其来源、细胞组成、生产工艺和质量标准等并不一致,都可能对干细胞的安全性风险产生影响。特别是在重症或危重症新冠病毒感染患者临床表现复杂多变、干细胞有效性尚不明确的情况下,应通过制定全面细致的风险控制措施,尽可能避免不良反应对患者的病情发展和治疗产生不利影响。结合干细胞的生物学特性、给药方式、体内分布和新冠病毒感染患者的病理生理改变,理论上干细胞治疗可能导致的不良反应包括输注风险、免疫抑制作用导致病毒清除延缓、成瘤性等。

输注风险可能来自两方面:一是与干细胞质量标准和生产工艺有关的产品风险,如培养过程中添加的血清、培养基等异源性物质可能导致的发热、过敏反应,以及细菌或支原体污染风险;二是与干细胞给药途径和输注后体内分布有关的风险,干细胞经静脉途径给药后,首先经过肺循环,大量的干细胞会短暂滞留在肺部毛细血管,在患者肺功能受损的情况下,可能进一步加重肺部微循环负担,导致气体交换功能下降、心脏负荷加重等,密切监测输注后的呼吸和循环指标有助于及时发现可能的输注风险。

在临床前研究中,MSC 可以通过分泌炎症抑制因子发挥免疫抑制作用,抑制炎症反应过度活化造成的肺损伤,但另一方面,中东呼吸综合征冠状病毒(MERS-CoV)及严重急性呼吸综合征冠状病毒(SARS-CoV)感染中应用糖皮质激素的临床经验显示,激素可能延长病毒的清除时间。因此,在新冠病毒感染者中应用干细胞时,其免疫抑制作用是否会降低机体免疫系统清除新冠病毒的效率,仍需要进行密切观察。除了免疫调节作用,干细胞治疗的另一种可能机制是在局部分化为功能细胞,修复受损组织器官的功能。

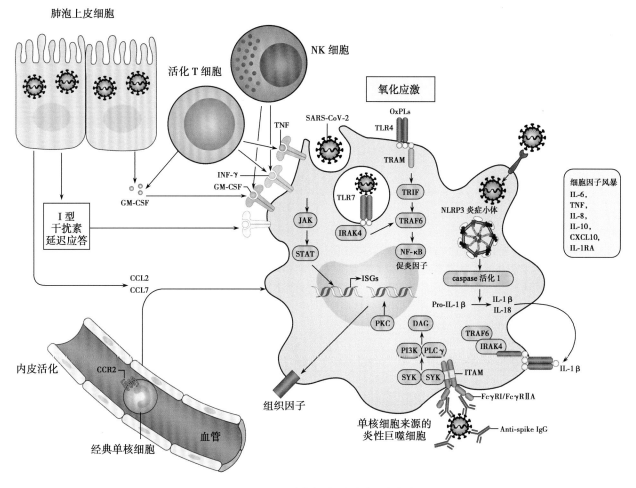

图 3-44-5　巨噬细胞在新型冠状病毒感染中的作用

随着干细胞分化能力的提高,也伴随着自我更新能力或潜在成瘤性风险的增加,由于新冠病毒感染临床试验的持续时间相对较短,仅通过临床试验期间的访视往往不足以评价成瘤性等长期风险,应通过对受试者的长期随访持续观察该风险。

（三）MSC 在新型冠状病毒感染的临床研究进展

Wilson 等对 9 例中度至重度 ARDS 患者分别进行低、中、高单剂量静脉注射 MSC 治疗。3 例患者接受低剂量 MSC 治疗［100 万个细胞/kg 预测体重（predivted body weight,PBW）］;3 例患者接受中等剂量的 MSC（500 万个细胞/kg PBW）;最后 3 例患者接受大剂量 MSC（1 000 万个细胞/kg PBW）。主要结果包括预先指定的输注相关事件和严重不良事件的发生率,初步结果显示安全性良好,无明显不良反应,特别是在肺部炎性渗出极其明显的阶段,MSC 治疗在一定程度上有助于改善患者的氧合指数,降低肺部的炎性损伤,对 ARDS 有一定的控制作用。除 ARDS 外,已开展了多项 MSC 用于特发性和放射性损伤原因引起肺纤维化的临床研究。肺纤维化目前还无特异性的治疗药物。虽然氧疗、机械通气、肺康复等有助于缓解因肺功能损伤导致的呼吸窘迫症状,但是对于急性进展期肺纤维化患者,肺移植是唯一有效的备选方案。而肺移植 1 年生存率仅

70%,5 年生存率仅 20%。MSC 治疗肺纤维化的初步结果显示患者的耐受性良好,细胞治疗未加重纤维化进程,6 个月后各项肺功能指标较为稳定,无明显进展。

截至 2023 年 1 月 15 日,Clinical Trials 上共登记有 148 项干细胞治疗新型冠状病毒感染的临床试验,有超过 10 项研究结果发表。李兰娟等报道,2 例重症患者接受 1×10^6cells/kg 剂量、连续 3 次、间隔 1~3 天冻存宫血 MSC 输注后,外周血淋巴细胞数量升高,炎症指标（IL-6 和 C 反应蛋白）降低,肺功能改善,双侧肺渗出病灶吸收。赵春华等报道,7 例普通型、重型和危重型患者接受 1×10^6cells/kg 剂量、单次 MSC 输注后无不良反应发生,所有患者在治疗后 2 天内症状明显缓解。3 例患者包括 2 例普通型和 1 例重型患者在治疗 10 天后出院。西班牙的 Sanchez-GuijoF 等报道,13 例重型和危重型患者接受 1×10^6cells/kg 剂量、1~3 次脂肪 MSC 输注后呼吸状况改善,炎症因子水平降低。胡明等报道,1 例重症患者接受 5×10^7cells/次、3 次、间隔 3 天脐带来源 MSC 输注后,炎症指标降低,CT 影像学改善。伊朗的 Hossein Baharvand 等报道,11 例因新型冠状病毒感染诱发 ARDS 的患者接受 2×10^8cells/次、3 次、间隔 2 天脐带或胎盘 MSC 输注后无不良反应,呼吸窘迫症状缓解,炎症因子水平降低。胡宝洋等报道了一项纳入 27 例发

生肺纤维化新型冠状病毒感染患者的非随机、开放 I 期临床研究,按照 3×10^6 cells/kg 剂量、1~3 次人 ESC 来源的基质和免疫调节细胞(hESC-IMRC)输注可减轻肺纤维化程度。近期美国 Camillo Ricordi 等报道了一项纳入 24 例危重型新型冠状病毒感染相关 ARDS 患者的随机、对照、双盲研究,$(10 \pm 2) \times 10^7$ cells/次、2 次、间隔 3 天的脐带 MSC 输注具有良好的安全性,能够显著改善患者的存活率,并缩短治疗时间。

王福生等报道了脐带 MSC 治疗新型冠状病毒感染的临床 I 期和 II 期研究。I 期结果显示,3×10^7 cells/次、3 次、间隔 3 天的脐带 MSC 输注对 9 例普通型和重型患者的安全性良好;在武汉地区开展的 II 期随机、双盲、多中心临床研究,共纳入 100 例重型患者,结果显示,4×10^7 cells/次、3 次、间隔 3 天的脐带 MSC 输注能够有效减少重型新型冠状病毒感染患者肺部损伤的体积,改善患者的活动耐力,在 2022 年,该团队公布了接受 MSC 治疗的新型冠状病毒感染患者的 1 年随访结果,相关研究显示,脐带间充质干细胞对新型冠状病毒感染患者的肺部病变和症状恢复有长期益处,且具有良好的安全性。

上述临床研究表明,不同来源的 MSC 治疗普通型、重型、危重型的患者均有良好的安全性,有助于降低炎症因子水平、促进肺部损伤修复、提高活动耐力、缩短住院时间。

(四) MSC 的质量控制原则

所用细胞产品达到药物临床试验或临床研究备案所要求的质量标准,参考《人源性干细胞及其衍生细胞治疗产品临床试验技术指导原则(试行)》,不达到上述标准的细胞不能开展临床应用。干细胞供者筛选应建立并执行评估标准,筛查既往病史、家族史、当前健康报告,必要时还应包括出入疫区等其他情况的报告及样本检测进行干细胞供者的评估;样本采集必须得到供者或其法定代表人、监护人的同意,并签署知情同意书,同时经伦理委员会批准;样本的接收、转运应有专人负责,并做好标识和记录;制备过程必须在 B 级洁净实验室内按照标准操作流程进行,严格无菌操作。非完全密封状态下的细胞操作(如分离、培养、灌装等),以及与细胞直接接触的无法终端灭菌的试剂和器具的操作,应在 B 级背景下的 A 级环境中进行。应制定干细胞采集、分离和干细胞库建立的标准操作及管理规程,并在符合《药品生产质量管理规范》(GMP)要求的基础上严格执行,可根据干细胞的特性、制备工艺及预期用途,建立细胞库分级管理体系,如可建立种子库和工作细胞库的二级管理体系。细胞的质量检验和干细胞制剂的放行应参考《干细胞制剂质量控制及临床前研究指导原则(试行)》《细胞治疗产品研究与评价技术指导原则(试行)》《干细胞制剂制备质量管理自律规范》等相关指导原则。需要体外培养和扩增的干细胞在培养过程中,需要注意定期更换培养液、及时传代。生产制备过程中使用的培养基、培养过程的添加物等重要原材料和辅料尽量使用经监管当局批准的产品(如药用辅料等),否则建议使用适合产品的高质量级别的产品。干细胞可按照标准程序进行储存、解冻复苏。制备的干细胞制剂只能在 4~8℃短时间保存,建议在 12 小时内进行细胞移植。输注前可通过细胞计数和活力测定对干细胞进行质量检测,有条件的可使用流式细胞仪进行干细胞表型的鉴定。

(五) 实施条件与要求

开展干细胞治疗新型冠状病毒感染临床研究项目的医疗机构、项目负责人及主要研究者资质等,原则上要符合国家卫健委和国家药监局制定的《干细胞临床研究管理办法(试行)》相关规定的要求。在抗击疫情的紧急情况下,可在省级或地市级新型冠状病毒感染患者定点收治医院开展干细胞治疗新型冠状病毒感染临床研究(医疗机构可以不是三甲医院),但项目负责人及主要研究者应具备开展干细胞临床研究的经验,资质应符合《干细胞临床研究管理办法(试行)》的相关要求。

对于已经获得国家药监局临床试验批件的候选细胞药物,按照药物临床试验进行管理。对于已经完成国家卫健委和药监局联合备案的干细胞临床研究项目,按照备案的临床研究方案执行。

开展干细胞治疗新型冠状病毒感染临床研究需制定详细的临床研究方案,并通过临床研究机构学术委员会的科学性审查和伦理委员会的伦理审查。参加单位应在满足符合伦理、知情同意、项目备案和临床注册等条件下开展临床研究。

三、干细胞治疗新型冠状病毒感染的展望

针对新型冠状病毒感染的细胞治疗药物开发难点主要为缺乏合适的动物模型、明确的药物作用机制(motivation of action,MOA)、有关病毒是否存在变异可能性的准确数据等,同时,如何在疫情特殊的情况下设计合理的临床试验方案也是面临的重要挑战。首先,由于 SARS-CoV-2 的强传染致病性,故动物实验需要在高等级(P3 以上)实验室完成,并且动物建模和稳定性测试也需要一定的时间,所以虽已有报道显示成功获得新型冠状病毒感染的动物模型,但仍需要进一步数据证实其稳定有效。其次,MSC 的非特异性导致 MSC 成药的 MOA 不是很明确,到底是哪一种作用机制在患者体内起到主导并产生实际疗效仍需要进一步的临床前和临床研究来阐述。同时,由于 SARS-CoV-2 属于单链 RNA 病毒,核酸稳定性不高,是病毒中较容易变异的种类,因此开发的特异性药物可能对于变异的病毒产生不了持续疗效。最后,在临床试验设计上,目前大部分的临床研究项目还是研究者发起的探索性临床研究(investigator initiated trial,IIT),临床试验方案的设计往往比较简单,多为单臂或者简单的平行对照,缺乏随机双盲的临床研究。此外,在临床实际疗效判定、入排标准和标准治疗方案等方面有比较大的出入,需要进一步明确和形成临床共识。前述报道 2 个已发表的 MSC 治疗新型冠状病毒感染的临床研究结果虽然初步证实了 MSC 治疗的安全性和潜在的治疗效果,但属于个例报道,在临床设计、病例数量等方面均需要通过更严谨和详实的随机、双盲、对照的多中心临床研究进行确认。

对于重型新型冠状病毒感染患者,除了进行常规抗病

毒治疗外,更重要的是针对 CSS、ARDS 及急性肺功能损伤等方面进行治疗,以遏制重症患者病程并降低患者的死亡率。而 MSC 在全面抗炎及损伤修复两方面都具有巨大的优势,且在临床使用过程中具有较好的安全性。因此,在保证 MSC 工艺和质量的基础上,采用 MSC 治疗重型新型冠状病毒感染,遏制重症患者的病情进展,降低患者的死亡率,值得大胆尝试。

临床前和初步的临床资料表明,MSC 通过其抗炎和免疫调节等作用,可以减轻病毒引起的机体过度免疫应答造成的肺损伤,降低发生 CSS 和 ARDS 的风险。并且目前的研究已显示出 MSC 治疗新型冠状病毒感染是安全、有效的,但是现有的研究存在样本量较小、随访时间短等问题,缺乏说服力,限制了其在临床的推广应用。因此,需要进一步通过大规模、多样本、多中心、长时间随访的研究来验证 MSC 治疗新型冠状病毒感染的疗效、安全性及相应的机制。此外,MSC 输注的时间、剂量、适应证、禁忌证及是否发生不良反应等问题也需要进一步关注。

深入研究 MSC 及其免疫调节机制,有助于更好地靶向 MSC,发挥损伤部位的作用。高剂量间充质干细胞会增加高凝和器官衰竭的风险。由于 MSC 的副作用,研究人员正在研究修改 MSC,通过使用细胞因子产品,或 MSC 分泌组,以提高效力、生产能力、储存、使用的特异性,并降低成本。值得注意的是,MSC 衍生的外泌体易于生产和储存,而且与 MSC 给药的治疗效果相当。虽然研究仍处于起步阶段,但有多种不同的方法可以进一步探索 MSC 功能。

另外,MSC 已被用作细胞载体治疗多种疾病,但其治疗效果的机制仍不确定。体内外研究表明,MSC 的诱导分化参与了相关的信号通路,并且各个亚群会出现不同的分化特性。在肺部疾病的治疗中应用特异的 MSC 亚群,联合相应的通路激活或抑制药物进行分化修复治疗,可能会成为肺部疾病治疗的新途径。

第六节　干细胞来源的外泌体在新型冠状病毒感染中的治疗作用

一、外泌体介绍

外泌体(exosome)是细胞外产生的直径在 $40\sim160nm$(平均 100nm)的膜囊泡,内含多种细胞成分,包括 DNA、RNA、脂质、代谢物、胞质和细胞表面蛋白。外泌体的生物合成和内体成熟途径相关,晚期内体可以形成多泡体,多泡体内含有管腔内泡,内体与细胞质膜融合会导致管腔内泡分泌到细胞外形成外泌体。

人体几乎所有的细胞都可以产生外泌体,包括干细胞,同一细胞在不同生理或病理环境下产生的外泌体也有所不同。近来的研究表明,外泌体在细胞间的信号传递过程中发挥了重要作用,甚至能够通过循环系统对远处的组织细胞进行调节,改变它们的生理功能,进而影响发育、免疫应答、疾病发生等生物学过程。MSC 来源的外泌体(mesenchymal stem cells-derived exosome,MSC-E)的局部调节作用被认为是干细胞治疗新冠肺炎的重要机制之一。与静脉输注干细胞相比,它具有更低的免疫原性,体积小能够穿过内皮屏障和运输成本低等优势。

二、干细胞来源的外泌体治疗新型冠状病毒感染的作用机制

(一) MSC-E 的调节作用

MSC-E 包含各种蛋白质、脂质、DNA、mRNA、miRNA、细胞器、含有表面受体和分子的细胞膜成分,其主要通过旁分泌和内分泌发挥其生物效应,目前研究认为,MSC-E 可能有 MSC 的所有关键功能,比如减轻肺部炎症、维持细胞因子平衡、抑制炎症细胞浸润和促进免疫细胞向有益表型转变等。

MSC-E 中的成分在其发挥功能时起重要作用,其中的蛋白质包括细胞因子和生长因子,比如角化生长因子、血管生成素 1、表皮生长因子、HGF 和基质细胞衍生因子-1 等,研究发现,通过降低 siRNA,MSC-E 中角化生长因子含量可减弱其抗炎和肺保护作用。MSC-E 还可通过传递 mRNA 和 miRNA 激活自噬和抑制靶器官细胞的凋亡、坏死和氧化应激,促进其存活和再生,当肺部出现中性粒细胞和单核细胞浸润时,释放的活性氧和蛋白水解酶会导致肺泡上皮细胞损伤或死亡,有研究发现,MSC-E 中的 miR-21-5p 可保护肺泡上皮细胞免受氧化应激的损伤,抑制上皮细胞的内源性和外源性凋亡途径,而且 MSC-E 还是 α_1-抗胰蛋白酶(AAT)的天然载体,可维持 AAT 在体内的稳定性和活性,从而保护上皮细胞免受蛋白水解酶的损伤。

除此之外,MSC-E 还有和 MSC 类似的抗炎作用,主要是通过免疫调节性 miRNA 和免疫调节蛋白作用于炎症细胞,如 M1 型巨噬细胞、DC 和 Th1/Th17 细胞等,促进其表型转化为抗炎或免疫抑制细胞,也可抑制 B 细胞的增殖分化和增加调节性 T 细胞/效应 T 细胞比值。当新型冠状病毒感染由于肺泡液清除能力下降而出现肺水肿时,MSC-E 可通过角化生长因子上调 II 型肺泡上皮细胞的 Na^+-K^+-ATP 酶的 $\alpha1$ 亚基,促进肺泡液的转运,以减轻肺水肿;还有研究发现,MSC-E 在特发性肺纤维化模型中可减少胶原沉积和炎症,在损伤修复模型中可通过抑制 TGF-β2/SMAD2 途径减少瘢痕形成。

MSC-E 通过增加抗炎因子的分泌(TGF-β、IL-10)和减少促炎因子(IL-1β、TNF-α、IL-17 等)的分泌来调节免疫微环境。一些临床前研究表明,人脐带间充质干细胞外泌体可通过携带 miR-451 调控 TLR4/NF-κB 通路降低烧伤诱导和肠缺血-再灌注导致的大鼠急性肺损伤,大鼠血清和肺组织中 TNF-α、IL-1β 和 IL-6 水平明显下降。此外,外泌体还通过调节性 miRNA 和调节蛋白作用于炎症细胞,如 M1 型巨噬细胞、DC 和 Th1/Th17 细胞等,促进其表型转化为抗炎或免疫抑制细胞,也可抑制 B 细胞的增殖分化和增加调节性 T 细胞/效应 T 细胞比值。

(二) 减少组织损伤与促进细胞再生

肺上皮细胞在维持肺泡稳定中发挥关键作用。干细胞来源的外泌体可以通过多种途径来抑制上皮细胞的凋

亡,通过向靶细胞转移不同种类的 RNA 来促进多种连接蛋白(E-cadherin、clodin-1、occludin、ZO-1)的表达和重新定位;激活 PI3K/AKT 信号通路,缓解高氧诱导的细胞损伤;下调 miR181 和上调 sirtuin 1(SIRT1)表达来抑制上皮细胞凋亡等。外泌体还可以改善内皮功能,通过向内皮细胞转移血管生成素-1(Ang-1)mRNA 或者内皮生长因子来抑制内皮细胞凋亡;通过转移 miR126 下调芽状相关 EVH1 结构域蛋白 1(SPRED1)的表达激活 RAF/ERK 信号通路,增强受体内皮细胞的增殖、迁移和毛细血管的形成,改善肺损伤。

三、干细胞来源的外泌体治疗新型冠状病毒感染的临床试验

鉴于 MSC-E 治疗肺损伤的临床前试验取得了诸多可喜进展,以及传统手段对治疗新型冠状病毒感染的局限性,已有多项 MSC-E 治疗新型冠状病毒感染的临床试验立项开展,部分项目已经获得了一定的进展。这些试验的 MCS-E 来源于脂肪 MSC、骨髓 MSC、脐带 MSC 等,治疗方式包括静脉输注和雾化吸入等。在江苏省无锡市第五人民医院开展的脐带 MSC 治疗新型冠状病毒感染患者的初步研究显示,7 名受试者均未发生继发感染、过敏和其他危及生命的不良反应,同时,患者的影像学较前好转,初步显示出外泌体的安全可行性和治疗性;另一项在武汉市金银潭医院开展的雾化吸入人异体脂肪 MSC 衍生的外泌体治疗重症新型冠状病毒感染患者的 IIa 期试验也显示,所有患者均能耐受相关治疗,未发现明显的不良事件,同时所有接受治疗的患者淋巴细胞计数有所增加,炎性指标(CRP、IL-6 等)下降,CT 结果显示肺部病变较前消退。这些结果都表明,在治疗新冠病毒感染方面,干细胞来源的外泌体是一种安全有效的方法,具有广阔的应用前景。

四、干细胞来源外泌治疗新冠肺炎的挑战

MSC-E 的作用机制尚未完全明了,外泌体的功能与其携带的小分子物质(蛋白、RNA、脂质等)有关,研究显示,在 MSC-E 中发现了大量不同的 miRNA 片段,其中 258 个 miRNA 与细胞因子和趋化因子相关,266 个 miRNA 与细胞死亡(焦下垂、凋亡和坏死)基因相关,这些物质的产生容易受到外界环境的干扰。因此,优化和标准化 MSC 培养及预处理条件对外泌体功能的影响至关重要。同时,需要 5~10 倍的 MSC 才能产生与 MSC 直接治疗效果相匹配的 MSC-E 剂量,外泌体疗法的开发和生产需要大规模、标准化的分离程序以确保产品质量。在目前有限的临床方案中,外泌体的干细胞来源、给药方式、剂量不尽相同,治疗的最佳给药方式和剂量,以及预防或减轻肺损伤的风险和临床疗效有待于进一步研究。

(徐哲　姜泓　王福生)

参考文献

[1] 周娟,胡玲俐,谭英征,等. 间充质干细胞治疗危重型新型冠状病毒肺炎患者的疗效分析. 实用心脑肺血管病杂志,2020,28(8):14-18.

[2] 罗小敏,颜岑,冯英梅. 新型冠状病毒肺炎的研究进展与展望. 北京医学,2020,42(10):911-916.

[3] Hoffmann M,Kleine-Weber H,Schroeder S,et al. SARS-CoV-2 cell entry depends on ACE2 and tmprss2 and is blocked by a clinically proven protease inhibitor. Cell,2020,181(2):271-280.e8.

[4] Huang C,Wang Y,Li X,et al. Clinical features of patients infected with 2019 novel coronavirus in Wuhan,China. Lancet,2020,395(10223):497-506.

[5] 李美,张华勇,孙凌云. 间充质干细胞在新型冠状病毒肺炎治疗中的研究现状. 中华细胞与干细胞杂志(电子版),2020,10(4):240-245.

[6] Fox SE,Akmatbekov A,Harbert JL,et al. Pulmonary and cardiac pathology in African American patients with COVID-19:an autopsy series from New Orleans. Lancet Respir Med,2020,8(7):681-686.

[7] 东静玉,宋佳静,孙燕,等. 新型冠状病毒肺炎潜在的药物和疗法的作用机制及治疗现状. 陕西师范大学学报(自然科学版),2020,48(3):7-17.

[8] 宋小连. 骨髓间充质干细胞移植对慢性阻塞性肺病气道及肺实质损伤的修复作用. 上海:中国人民解放军海军军医大学,2009.

[9] 张超凤,区庆坚,王志红,等. 骨髓间充质干细胞移植治疗大鼠慢性阻塞性肺疾病. 心肺血管杂志,2011,30(1):62-66.

[10] 金志贤,周开华,毕虹,等. 间充质干细胞治疗慢性阻塞性肺疾病机制研究进展. 山东医药,2015,55(2):96-98.

[11] Behnke J,Kremer S,Shahzad T,et al. MSC Based Therapies-New Perspectives for the injured lung. J Clin Med,2020,9(3):682.

[12] 高建超,万志红,黄云虹,等. 关于间充质干细胞治疗新型冠状病毒肺炎的临床试验的几点考虑. 中国新药杂志,2020,29(15):1734-1737.

[13] Wilson JG,Liu KD,Zhou HJ,et al. Mesenchymal stem(stromal)cells for treatment of ARDS:a phase 1 clinical trial. Lancet R espir Med,2015,3(1):24-32.

[14] Sánchez-Guijo F,García-Arranz M,López-Parra M,et al. Adipose-derived mesenchymal stromal cells for the treatment of patients with severe SARS-CoV-2 pneumonia requiring mechanical ventilation. A proof of concept study. E Clinical Medicine,2020,25:100454.

[15] Meng F,Xu R,Wang S,et al. Human umbilical cord-derived mesenchymal stem cell therapy in patients with COVID-19:a phase 1 clinical trial. Signal Transduct Target Ther,2020,5(1):172.

[16] 徐若男,谢云波,孟繁平,等. 新型冠状病毒肺炎临床治疗及间充质干细胞治疗的进展. 中华传染病杂志,2020,38(8):528-532.

[17] Chen J,Hu C,Chen L,et al. Clinical Study of Mesenchymal Stem Cell Treatment for Acute Respiratory Distress Syndrome Induced by Epidemic Influenza A(H7N9)Infection:A Hint for COVID-19 Treatment. Engineering(Beijing),2020,6(10):1153-1161.

[18] Shi L,Yuan X,Yao W,et al. Human mesenchymal stem cells treatment for severe COVID-19:1-year follow-up results of a randomized,double-blind,placebo-controlled trial. EBioMedicine,2022,75:103789.

[19] Xu R,Feng Z,Wang FS. Mesenchymal stem cell treatment for COVID-19. EBioMedicine,2022,77:103920.

[20] Ren X,Wen W,Fan X,et al. COVID-19 immune features revealed by a large-scale single-cell transcriptome atlas. Cell,2021,184(7):1895-1913.

[21] Gusev E,Sarapultsev A,Solomatina L,et al. SARS-CoV-2-Specific Immune Response and the Pathogenesis of COVID-19. Int J Mol Sci,2022,23(3):1716.

[22] 国家卫生健康委员会办公厅,国家中医药管理局办公室. 新型冠状病毒感染诊疗方案(试行第十版). 2022 年 12 月.

[23] Andrews N,Stowe J,Kirsebom F,et al. Covid-19 Vaccine Effectiveness against the Omicron(B.1.1.529)Variant. N Engl J Med,2022,386(16):1532-1546.

[24] Long B,Carius BM,Chavez S,et al. Clinical update on COVID-19 for the emergency clinician:Presentation and evaluation. Am J Emerg Med,2022,54:46-57.

[25] Chavda VP,Bezbaruah R,Valu D,et al. Adenoviral Vector-Based Vaccine Platform for COVID-19:Current Status. Vaccines(Basel),2023,11(2):432.

[26] Chavda VP,Bezbaruah R,Dolia S,et al. Convalescent plasma(hyperimmune immunoglobulin)for COVID-19 management:An update. Process Biochem,2023,127:66-81.

[27] Kalluri R,LeBleu VS. The biology,function,and biomedical applications of exosomes. Science,2020,367(6478):eaau6977.

[28] Hu Q,Zhang S,Yang Y,et al. Extracellular vesicles in the pathogenesis and treatment of acute lung injury. Mil Med Res,2022,9(1):61.

[29] Yousefi D M,Goodarzi N,Azhdari M H,et al. Mesenchymal stem cells and their derived exosomes to combat Covid-19. Rev Med Virol,2022,32(2):e2281.

[30] Chu M,Wang H,Bian L,et al. Nebulization Therapy with Umbilical Cord Mesenchymal Stem Cell-Derived Exosomes for COVID-19 Pneumonia. Stem Cell Rev Rep,2022,18(6):2152-2163.

[31] Zhu YG,Shi MM,Monsel A,et al. Nebulized exosomes derived from allogenic adipose tissue mesenchymal stromal cells in patients with severe COVID-19:a pilot study. Stem Cell Res Ther,2022,13(1):220.

[32] Davis HE,McCorkell L,Vogel JM,et al. Long COVID:major findings,mechanisms and recommendations. Nat Rev Microbiol,2023,21(3):133-146.

[33] Najjar-Debbiny R,Gronich N,Weber G,et al. Effectiveness of Paxlovid in Reducing Severe Coronavirus Disease 2019 and Mortality in High-Risk Patients. Clin Infect Dis,2023,76(3):e342-e349.

[34] Zhang HP,Sun YL,Wang YF,et al. Recent developments in the immunopathology of COVID-19. Allergy,2023,78(2):369-388.

[35] Yuan Y,Jiao B,Qu L,et al. The development of COVID-19 treatment. Front Immunol,2023,14:1125246.

[36] Dryden-Peterson S,Kim A,Kim AY,et al. Nirmatrelvir Plus Ritonavir for Early COVID-19 in a Large U.S. Health System:A Population-Based Cohort Study. Ann Intern Med,2023,176(1):77-84.

[37] Prabhu M,Riley LE. Coronavirus Disease 2019(COVID-19)Vaccination in Pregnancy. Obstet Gynecol,2023,141(3):473-482.

[38] Arashiro T,Arima Y,Muraoka H,et al. Coronavirus Disease 19(COVID-19)Vaccine Effectiveness Against Symptomatic Severe Acute Respiratory Syndrome Coronavirus 2(SARS-CoV-2)Infection During Delta-Dominant and Omicron-Dominant Periods in Japan:A Multicenter Prospective Case-control Study(Factors Associated with SARS-CoV-2 Infection and the Effectiveness of COVID-19 Vaccines Study). Clin Infect Dis,2023,76(3):e108-e115.

[39] Arashiro T,Arai S,Kinoshita R,et al. National seroepidemiological study of COVID-19 after the initial rollout of vaccines:Before and at the peak of the Omicron-dominant period in Japan. Influenza Other Respir Viruses,2023,17(2):e13094.

第四十五章　生殖系统疾病的细胞治疗

提要： 生殖系统是维护人类健康及繁衍的重要系统，但卵巢早衰、宫腔粘连、生殖系统肿瘤和男性生殖系统疾病，严重影响患者的生育能力，目前尚无有效的治疗方法。近年来，随着人类辅助生殖技术、干细胞与再生医学的发展，细胞治疗技术在生殖系统疾病领域的应用具有广泛的前景。本章分 6 节，分别介绍生殖系统的发育与生殖干细胞、生殖疾病治疗的细胞类型、卵巢衰老的细胞治疗、子宫粘连的细胞治疗、妇科肿瘤的免疫细胞治疗和男性生殖系统疾病的细胞治疗。

第一节　生殖系统的发育与生殖干细胞

生殖腺是产生生殖细胞的器官。生殖细胞的功能是由父代向子代传递遗传物质并构建新的生命。生殖腺由睾丸和卵巢组成，分别产生精子和卵子。在正常男性成年以后，睾丸能够产生和提供精子。卵子是由卵巢中的卵泡产生的，成年女性的卵巢位于子宫两侧，并在女性的一生中产生有限的卵子。

一、生殖腺的发育

生殖腺由生殖嵴演化而来。第 4 周，在胚胎背壁中线的两侧，即背系膜的两侧，各出现一条纵嵴，向腹膜腔突出，即尿生殖嵴。第 5 周，两内侧嵴的体腔上皮细胞增生加厚，上皮层下的间质也不断增殖，向腹膜腔突出，形成生殖嵴，外侧则分化成中肾。生殖嵴是体细胞聚集形成，即生殖上皮。直到第 6 周生殖嵴内受精卵卵母细胞才出现生殖细胞，生殖嵴迅速长大，与中肾分开形成内细胞团细胞原始生殖腺，具有分化为卵巢或睾丸的双重潜能。两性的生殖细胞并不来自生殖上皮，而是来自原始生殖细胞（primordial germ cell，PGC）。在哺乳类和人类胚胎中，PGC 于受精后第 4 周出现在靠近尿囊的卵黄囊壁内，体积较大呈圆形。从这里 PGC 借着变形虫样的运动，沿着后肠的背系膜，向着生殖嵴的部位迁移。在发育的第 6 周，PGC 就迁入生殖嵴，如果它们没有达到生殖嵴，则生殖腺就不发育。PGC 对生殖腺发育成卵巢或睾丸具有诱导作用。

人胚第 7 周时，约有 1 000 个 PGC。PGC 的糖原含量高，并有较强的碱性磷酸酶活性，能做变形运动。在 PGC 到达生殖嵴前后，生殖嵴的体腔上皮增生，穿入到深部的间质中，在间质内形成若干形状不规则的索，即原始性索（primitive sex cord），这些索状结构渐渐把迁入的 PGC 包围起来。在男性和女性的胚胎内，这些索都与表面上皮相连，此时不可能区别男性或女性生殖腺。

（一）精子的发生

1. 精子发生在睾丸的曲细精管　睾丸是男性产生精子的地方，精子发生于睾丸的曲细精管（seminiferous tubule）中。睾丸的各个组成部分和整体的功能都受到下丘脑-脑垂体内分泌腺体的影响。另外，睾丸局部的自分泌、旁分泌调节机制在睾丸的生精功能调控中也起到重要的作用。精子的发生必须在下述结构功能完备的基础上进行。睾丸间质组织中最重要的细胞是睾丸间质细胞（Leydig 细胞），在下丘脑-脑垂体的调节下主要合成雄性激素-睾酮，人类睾丸每天合成 6~7mg 睾酮，占血浆睾酮的 95%。除此之外，睾丸间质中还有免疫细胞、血管、淋巴管、神经、纤维组织和疏松连接组织。睾丸间质尚包含巨噬细胞和淋巴细胞等免疫细胞。巨噬细胞可能通过分泌某些细胞因子而影响睾丸间质细胞的功能，尤其是睾丸间质细胞的增殖、分化和类固醇合成过程。巨噬细胞分泌影响类固醇合成的刺激因子和抑制因子。

2. 睾丸的生精细胞和支持细胞　睾丸的曲细精管占睾丸总体积的 60%~80%，它含有生精细胞及管周细胞和支持细胞（Sertoli 细胞）。曲细精管被特殊的固有层（lamina propria）包绕，其中包括胶原层（layer of collagen）构成的基底膜和管周细胞（peritubular cell）（又称肌成纤维细胞）。支持细胞是位于生精上皮的壁细胞。该细胞位于管壁基底膜并延伸至曲细精管管腔。从广义而言，它可被认为是生精上皮的支持结构。支持细胞延伸到生精上皮的全层，沿着支持细胞胞体，精原细胞发育至成熟精子的所有形态、生理变化过程都在此发生。支持细胞影响精子发生的过程。另外，生精细胞可以调控支持细胞的功能。支持细胞可决定睾丸的最终体积和成人的精子生成数量。在靠近基底膜一侧，支持细胞形成了特殊的膜性结构，使细胞彼此之间相互连接，消除细胞间隙（闭塞性紧密连接），构成了血睾屏障的存在。功能完备的血睾屏障依赖于支持细胞的发育成熟，并且在精子生成障碍时，血睾屏障功能发生紊乱。血睾屏障可能具有两个重要的功能：隔离精子使其避免免疫系统的识别；提供减数分裂和精子发生的特殊环境。

3. 精子发生的 3 个过程　精子的发生可以分为 3 个过程，精原细胞位于生精上皮的基底部，分为 A、B 两种类型。A 型精原细胞进一步分为 Ad 型和 Ap 型精原细胞。在正常情况下，Ad 型精原细胞不发生任何有丝分裂，应该被视为精子发生的精原干细胞；Ap 型精原细胞则通常分化增殖为两个 B 型精原细胞。B 型精原细胞分裂增殖为初级精母细胞，随后，初级精母细胞开始 DNA 合成过程。精母细胞经历了减数分裂的不同阶段。粗线期时 RNA 的合成十分活跃。减数分裂的结果是产生单倍体生精细胞，又称精子细胞。

在精子生发的过程中，减数分裂是一个非常关键的过程，在这个阶段，遗传物质相互重组、遗传物质只复制一次，细胞连续分裂两次，最终形成染色体数目减少一半的精子细胞。次级精母细胞产生于第一次分裂后，含有双份单倍体染色体。在第二次分裂时，精母细胞演变为单倍体的精子细胞。第一次分裂前期大概持续 1~3 周，而除此之外的第一次分裂的其他阶段和第二次分裂在 1~2 天之内完成。第二次分裂后形成精子细胞，是没有分裂活性的圆形细胞。圆形的精子细胞经过复杂的显著变化转变为不同长度的精子细胞和精子。在第二次分裂中，细胞核发生聚缩和塑性，同时鞭毛形成和胞质明显扩张。全部精子细胞变形的过程称为精子形成。

4. 生精过程的调控 睾丸的生精及合成雄激素两项功能都受到下丘脑和脑垂体的负反馈调节。睾酮可以抑制 LH、FSH 的分泌。对于 FSH，抑制素 B 是更为重要的调节物质。LH 促进睾丸间质细胞合成睾酮，FSH 则控制支持细胞调节精子生成的作用。睾酮在睾丸间质中的作用对于精子发生过程也十分重要。精子发生的初次生精过程，一般在 FSH 和 LH 的影响下完成。但是高浓度的睾酮单一作用也可以诱导精子发生。在睾酮分泌型睾丸间质细胞瘤附近和 LH 受体激活性突变的患者体内，都可以见到完整的精子发生过程。非常关键的治疗目的就是试图在睾丸间质中聚集高浓度的睾酮。临床常用的办法是使用 hCG，它具有较高的 LH 和 FSH 活性。激素在生精维持、生精再激活中同样有重要作用。大剂量睾酮通过负反馈机制抑制促性腺激素的分泌，并导致射精中的精子数量大量减少；即使使用 FSH 后，精子生成的数量也只能达到正常数量的 30%。与之相似，使用 hCG 后也可以造成生精数量减少，其机制是由于 hCG 刺激产生的睾酮发挥了负反馈抑制，但是其抑制生精的作用不如单独使用睾酮的效果明显。而且，hCG 的生精抑制作用可以在使用 FSH 后完全恢复。hCG 和睾酮抑制生精的效果差异是由于在睾丸间质中睾酮的浓度更高。使用抗体免疫中和 FSH 可以明显减少灵长类动物和人类男性的精子发生。在抑制内生性促性腺激素分泌后，FSH 可以持续地维持生精过程。

最近的证据发现，脑垂体切除的患者中，在缺少 LH、FSH 受体激活性突变的情况下，生精功能可以正常存在。尽管还不知道睾丸间质的睾酮浓度，但是这例患者提示 FSH 受体结构激活对于正常生精是十分必要的。推测睾酮的作用可能是激活 FSH 受体，使 FSH 与其结合后发挥作用。LH、FSH 和睾酮的协同作用对维持正常生精和生精再激活必不可少。

精子发生期间染色质浓缩，使 DNA 不能够转录，这种情况在精子完全形成之前完成。各种动物在精子形成中转录停止的时刻不完全相同。例如在果蝇，RNA 合成在初级精母细胞期间停止，而小鼠，在成熟分裂后不久的精子细胞中还在进行，要在细胞核开始伸长时才完全停止。

（二）卵子的发生

卵子的发生（oogenesis）需要特定的细胞经过一系列的有丝分裂和减数分裂后才得以实现。卵子的发生过程包括卵原细胞（oogonium）的形成、增殖，卵母细胞（oocyte）的生长、发育和成熟等。成年卵巢是一对卵圆形的器官，平均大小为 2.5cm × 2.0cm × 1.5cm。

1. 卵子和卵泡的来源 卵巢表面被覆一层立方或扁平上皮细胞，称为生殖上皮，它们为卵子和卵泡的来源。上皮的下方有一薄层结缔组织，称为白膜。卵巢的内部又可分为皮质和髓质两部分，其中皮质位于卵巢的周围部分。在发育成熟的卵巢中，皮质部分的结构和组成极为复杂，其主要的结构有：①处于不同发育时期的卵泡。②排卵后卵泡的残留部分，在腺重体分泌的黄体生成素（luteinizing hormone，LH）的作用下，迅速繁殖增大，形成大量的多角形黄体细胞，组成黄体。③排出的卵未受精，黄体即退化变成白色的结缔组织瘢痕，称为白体。髓质部分位于卵巢中央，由疏松结缔组织构成，其中含有许多血管、淋巴管和神经，可为卵巢提供营养物质、信息分子等。卵巢除产生卵细胞以外，还可合成和分泌多种雌激素和孕激素。

雌激素主要包括雌二醇（estradiol）、雌三醇（estriol）和雌酮（estrone），其中雌二醇的含量最高，生物学作用也最显著。雌性激素的主要作用是刺激和维持女性生殖器官正常的生长发育和女性第二性征的出现；在月经周期中还能刺激子宫内膜增生。孕激素包括孕酮（或称为黄体酮、黄体素 progesterone）和 17 羟孕酮。孕激素可以促进子宫内膜的继续增长、刺激子宫内膜中的腺组织进行分泌，为受精卵子宫内着床和发育做好准备，并且抑制排卵和产生月经。此外，卵巢还可以分泌少量的雄激素、松弛素（relaxin）和卵泡抑制素（follistatin）等。

2. 卵泡的生长与发育 卵泡的发育包括原始卵泡（primordial follicle）经过生长和发育，依次经历初级卵泡（primary follicle），次级卵泡（secondary follicle），三级卵泡（tertiary follicle）直至成熟卵泡（mature follicle）的整个生理过程。原始卵泡形成是体细胞侵入生殖细胞的合胞体并包裹卵母细胞形成卵泡的过程。在这个过程中，伴随着大量卵母细胞的凋亡和颗粒细胞的迁移。近年来，对原始卵泡形成过程进行了大量研究，发现了一些影响原始卵泡形成的关键分子和基因。传统观点认为，激素对原始卵泡的形成并不关键，因为在芳香化酶基因敲除的小鼠卵巢中还能观察到原始卵泡、初级卵泡、次级卵泡和腔前卵泡。此外，小鼠雌激素受体缺失后，原始卵泡的形成亦未受明显影响。但近年来的研究发现，雌激素和孕酮在原始卵泡的形成中起着重要的作用。啮齿类动物血清中雌二醇（E_2）的浓度在出生后 0~2 天剧烈下降，类固醇激素的水平在牛胎儿发育的后期也明显下降，这些下降恰好与原始卵泡的形成同步发生。对啮齿类动物进行的体内和体外研究发现，雌激素和孕酮可以抑制新生鼠卵巢生殖细胞合胞体的破裂，进而抑制原始卵泡的形成。

正常情况下,一个卵泡只含有一个卵母细胞,极少出现多个卵母细胞的卵泡(multiple oocyte follicle,MOF)。MOF 的形成可能是由于合胞体没有完全解体就被体细胞包围而形成。而以雌激素或孕酮处理培养的小鼠卵巢,则会明显增加 MOF 的数量。因此认为,高水平的类固醇激素可抑制生殖细胞合胞体的解体和卵泡的形成,而其水平的降低则在一定程度上促进原始卵泡的形成。另一种颗粒细胞来源的调节卵泡募集效率的因子是 AMH,属于 TGF-β 超家族,生于出生后小鼠和人卵巢的颗粒细胞内,在卵泡生长的早期阶段和发育起始中起抑制作用。最初,AMH 被认为在胎儿时期雄性胎儿性别分化时发挥作用,导致米勒管退化。在人卵巢原始卵泡中检测不到 AMH 蛋白,在初级卵泡的颗粒细胞中可以检测到,并在次级卵泡和早期有腔卵泡中大量存在。当由次级卵泡中的颗粒细胞分泌时,AMH 以一种旁分泌的形式来抑制原始卵泡募集。

与野生型的小鼠卵巢相比,Amh$^{-/-}$ 雌性小鼠中卵泡的激活过程不受抑制,以至于原始卵泡过早衰竭。这些研究表明,AMH 在生长卵泡池中产生,作为邻近原始卵泡的旁分泌负反馈信号来抑制生长卵泡的募集。进一步研究表明,AMH 抑制卵泡的发育。在 4 个月龄 Amh$^{-/-}$ 雌性小鼠中,原始卵泡的数量下降,生长卵泡的数量增加,导致卵巢重量的增加。在 13 个月龄时,卵巢内原始卵泡池几乎完全衰竭,但出现大量发育到晚期的腔前卵泡和有腔卵泡。将新生鼠卵巢在含有 AMH 的培养基中培养,结果表明,在 GDF9 或 Ⅱ-AMH 受体 mRNA 的影响下,生长卵泡的数量明显减少,卵泡募集受阻,而卵巢内抑制素的产生增加。在卵泡晚期阶段,AMH 减弱了在腔前卵泡内 FSH 的刺激生长作用。因此,AMH 在决定 FSH 敏感性和优势卵泡的循环募集与选择中起重要作用。

总之,卵泡发育是在一个极其复杂的内环境下完成的,并具有高度的协调性。它不仅受下丘脑-垂体-卵巢轴调节,还受卵巢自身的旁分泌和自分泌因子的调控,此外,其他组织产生的影响细胞发育的通路、外环境因素等对卵的发育和排卵也有一定影响,但其具体机制国内外研究还很少。因此研究卵泡成熟发育相关调控机制,可以为卵巢早衰等卵泡发育相关疾病的治疗供理论依据。

二、生殖腺干细胞

精子发生和卵子发生的共同之处是其最终产物精子和卵子均是单倍体细胞,但精子和卵子形成细胞的分化过程是不同的,其主要区别在于出生后睾丸内存在有精原干细胞(spermatogonia stem cell,SSC)。SSC 可以在男性生命期间不断增殖并分化成精子。而传统的观点认为,哺乳动物卵子发生主要在胎儿期,由 PGC 分化为卵原细胞,在出生前终止于数分裂前 1 期。因此动物出生时即具有全部数量有限的卵母细胞,出后并不存在不断生成卵子的生殖干细胞(germline stem cell,GSC)。但近年来对 GSC 的研究获得很大进展,如非生殖系成体干细胞体外分化为生殖细胞,成体生殖腺外也存在 GSC,睾丸内多潜能 GSC 的提取

等,使传统的 GSC 观念不断更新。

(一)精原干细胞

1. 精原干细胞的发现与标志 精原干细胞(spermatogonial stem cell,SSC)是生长于睾丸曲细精管基底膜区域的男性 GSC,既能通过自我更新维持 GSC 库的稳定,又能通过严格而有序的调控,最终分化形成精子,维持男性正常的生殖能力。形态学上,SSC 紧贴曲细精管基底膜,直径 12μm,核大,呈圆形或卵圆形,染色质细小、核仁明显,胞质除核糖体外,细胞器不发达。SSC 可以在体外扩增,还可以对其进行基因操作、富集和冻存而不失其特性。目前用于 SSC 鉴定的表面标记物有 α$_6$-2 整合素、β$_1$-2 整合素、酪氨酸蛋白激酶(c-kit)、碱性磷酸酶(alkaline phosphatase,AKP)和阶段特异性胚胎抗原-1(stage specific embryonic antigen-1,SSEA-1)等。SSC 具有很强的可塑性,能在体外重编程为 ESC 样的多能干细胞,使其在干细胞治疗和再生医学领域具有独特的优势。

青春期前生殖细胞开始分化后,SSC 源源不绝地提供正在分化的精原细胞使得精子发生得以维持。SSC 能够自我更新并能产生用于分化的干细胞。为了维持这种能力,就像其他成体干细胞一样,SSC 需要驻留在一个为其生存并保持其潜能提供相关因子的独特环境,也称为巢(niche)。从出生到性成熟,SSC 的数量增加,在这个过程中,曲细精管提供了巢形成的环境支持。SSC 巢最有可能位于曲细精管的基底膜,它是由支持细胞造就的微环境。

2. 支持细胞在生精中的作用 支持细胞专门为成体生殖细胞发育提供所需的营养和架构支持。以前一直认为一个支持细胞因子——TGF-β 超家族的神经胶质细胞源性的神经营养因子(GDNF)最可能负责干细胞巢的形成。而现在有资料表明,正如从围产期到青春期睾丸的发育一样,SSC 的调控也是变化的;在围产期它受 GDNF 的调控,而在青春期则依赖 Ets 相关分子(ERM)。支持细胞是生精上皮唯一的体细胞,ERM 就定位其中;已经确定它在成人睾丸支持细胞中维持 SSC 巢。在发育期和成人睾丸中,ERM 对干细胞的更新是必不可少的,有人认为在精子发生启动的过程中,SSC 能发育新的干细胞巢。在睾丸中,SSC 停留在干细胞巢中,即使受到毒素损伤也能再生并生成精子。反之,巢或支持细胞的微环境的损伤则可能限制或阻止 SSC 的精子发生。

3. 精原干细胞的多能性 SSC 一直被认为是单能的,只能分化为精子细胞。但最近的研究显示,体外培养能使 SSC 去分化而具有类似 ESC 的多能性,这些去分化的 SSC 细胞被称为多能性成体生殖干细胞(multipotent adult germline stem cell,maGSC)。与 ESC 相似,SSC 能在滋养层细胞呈岛状或簇状生长,同时也表达 Oct3/4 和碱性磷酸酮,且 maGSC 表达 GPR125,这表明其是生殖细胞来源。进一步研究 ESC 样细胞的生物学特性,发现其可表达 ESC 的相关基因和表面标记物如 SSEAL、Oct4、NANOG、Rex-1 等,体外培养可形成拟胚体,这证明 ESC 样细胞不仅具有 ESC 的形态,而且具有 ESC 的多能性质。ESC 样细胞移植小鼠后能产生肿瘤,并能在体外分化为所有三个胚层的组织,如外

胚层(神经、上皮)、中胚层(成骨细胞、肌细胞、心肌细胞)和内胚层(胰腺细胞)。

人睾丸组织能在培养条件下产生 ESC 样细胞。现已从成人睾丸中分离了可更新的多能干细胞群,它具有 ESC 的特征,被命名为生殖腺干细胞(gonadal stem cell,GSC)。GSC 与 MSC 有相似的生长动力学、扩增速率、克隆形成能力和分化能力。从小鼠睾丸细胞中亦能成功地培养出多潜能 GSC。以成年 Stra8-EGFP 转基因小鼠为对象,分选 CFP 阳性的睾丸细胞在含 GDNF 的培养液中可培养出 SSC,继续在含有 LIF 和小鼠胚胎成纤维细胞(mouse embryonic fibroblast,MEF)饲养细胞的条件下培养,有多潜能 GSC 出现。睾丸内多潜能 GSC 培养成功的关键是培养条件的筛选,CDNF 和胎牛血清是诱导高纯化 SSC 生成 ESC 样细胞的必要条件,LIF 则促进其增殖。与 ESC 培养分化的心肌细胞相似,从新生小鼠和成年小鼠提取的多潜能 CSC 也能成功地培养分化为有功能的心肌细胞。与 ESC 相比,睾丸内多潜能 GSC 不涉及 ESC 相关的伦理和免疫排斥问题。

(二) 卵巢生殖腺干细胞

卵巢生殖干细胞是来自卵巢皮层的双潜能干细胞,能通过对称分裂产生一个新的干细胞或不对称分裂分化为卵巢生殖细胞和原始颗粒细胞。卵巢生殖干细胞在光镜下呈圆形,15~20μm,数目稀少,经传代增殖后可成串或成簇存在,经 PCR 检测表达果蝇 vasa 基因同源类似物(MVH)、具体结合转录因子 4(Oct4)、同源框蛋白质(Mango)、干扰素诱导的跨膜蛋白(Fragilis)、二肽基肽(Stella)、酪氨酸激酶受体(c-kit)等多种生殖细胞和干细胞标志物。

1. 卵巢生殖干细胞的发现　卵巢生殖干细胞的发现、成功分离及建系打破了垄断生殖医学界 100 多年的卵泡池固定学说,并为有效地增加原始卵泡池、改善卵巢功能和延缓卵巢衰老带来了前所未有的希望。传统观点认为,机体和组织器官的衰老是由于干细胞衰老导致的,但在卵巢衰老中,卵巢干细胞巢的衰老和退化被认为是导致卵巢生殖功能衰退的主要因素,而并非只是由于卵巢生殖干细胞本身的衰老所致,卵巢干细胞巢中的免疫系统相关的细胞和分子参与卵巢生殖干细胞的不对称分裂,引起生殖细胞的产生并调节其发生对称分裂和迁移、生成新的颗粒细胞及胎儿和成人的原始卵泡、促进原始卵泡的选择和生长,以及优势卵泡的形成,从而维持卵巢的正常功能。此结论基于如下现象:

(1) 卵巢网通道中含有的免疫系统相关细胞是卵巢生殖干细胞形成卵巢所必需的。人类胚胎卵巢是通过生殖嵴区域腹膜间皮的卵巢干细胞的进化而定性的,由来自中肾管的卵巢网形成。卵泡的发育通常始于卵巢皮质的最内层,靠近卵巢网,而卵巢网是卵泡发育所必需的。卵巢网通道中含有免疫系统相关的细胞如小的未提呈的 MDC,它们分化成大量活化的 MDC,尚有 T 细胞。这些免疫系统相关细胞是卵巢网形成卵巢必需的。

(2) 免疫系统相关细胞是卵巢生殖干细胞巢的重要组成部分,并触发卵巢生殖干细胞的非对称分裂。胎儿卵巢生殖干细胞巢由 PGC、未提呈的 MDC 和 T 淋巴细胞组成。未定型的卵巢生殖干细胞产生于妊娠第 6 周,先于原始生殖细胞的到达,原始生殖细胞在第 7 周侵入卵巢生殖干细胞层。卵巢生殖干细胞只有在细胞信号如 MDC 分泌的 CD14、T 淋巴细胞分泌的 CD8 和激素信号(如绒毛膜促性腺激素和雌二醇)的共同作用下才能发生非对称分裂产生次级生殖细胞,次级生殖细胞进入卵巢皮层,最终分化为卵母细胞。被 MDC 和 T 细胞提呈的卵巢生殖干细胞数量决定生殖细胞的数量。

(3) 免疫系统相关细胞触发卵巢生殖干细胞的对称分裂并启动卵泡的生长,免疫系统的衰退导致卵泡更新的停止。初级 CD14$^+$ MDC 和 T 淋巴细胞在一些卵巢表面上皮中扩展,触发生殖细胞的对称分裂;免疫系统的功能在 35~40 岁明显下降,与此同时,卵泡更新停止。

2. 卵巢衰老与干细胞衰老密切相关　在卵巢衰老中,卵巢干细胞巢的衰老和退化被认为是导致卵巢生殖功能衰退的主要因素,而非卵巢生殖干细胞本身的衰老。免疫系统和循环系统对卵巢干细胞巢的衰老有至关重要的作用,但其具体机制还需进一步研究。当前,环境污染、化学残留、职业暴露、生活压力和医疗风险等因素对女性卵巢功能造成的损害,使不孕症及卵巢功能早衰成为影响人类繁衍与女性身心健康的主要疾病。据统计,目前全球 8 000 万~1.1 亿不孕症患者中,约 40% 的女性与卵巢功能衰退有关,约 1% 未及 40 岁的妇女因罹患卵巢早衰而提前绝经;另外,由于人类平均寿命延长和二孩政策的放开,受生理性卵巢衰老所困的高龄女性对于提高生活质量,以及延长生殖寿命的需求日益强烈。因此,探讨卵巢生殖衰老发生的机制,并通过提高免疫力间接延缓卵巢衰老过程的发生具有重要意义及广泛前景。

第二节　生殖疾病治疗的细胞分类

一、脐血与脐带间充质干细胞

(一) 脐血干细胞

近十几年的研究发现,脐带血中含有 HSC、MSC 等多类干细胞,同时还含有 NK 细胞、淋巴细胞(Treg、CTL 等)等多种类细胞,是干细胞治疗、免疫细胞治疗的重要资源。这些细胞可以通过分裂维持自身细胞的特性和数量,又可进一步分化为各种组织细胞,从而在组织修复等方面发挥积极作用。脐带血已成为 HSC 的重要来源,已经被广泛地应用于临床,是宝贵的人类生物资源。

根据我国国家卫生健康委员会的有关规定,脐带血移植可以用于治疗血液系统疾病、恶性肿瘤、部分遗传病、先天性疾病及代谢性疾病等。截至 2020 年,全球脐带血应用近 80 000 例,中国脐带血累计应用超过 16 000 例,脐带血移植数量逐年增加,但与世界领先地区相比,中国脐血移植处于起步阶段。随着脐带血存储量的增加,移植技术的成熟,中国脐带血移植会逐步向国际水平靠近。

(二)脐带间充质干细胞

脐带间充质干细胞(UC-MSC)来源于胎儿脐带结扎后残留的血液和遗弃的脐带组织,是以人脐带血血清为主体的 UC-MSC 培养扩增的方法。通过流式细胞仪检测,贴壁的 MSC 均表达 CD44、CD29,低表达 CD106,不表达造血细胞表型 CD14、CD34、CD45 和内皮细胞表型 CD31,也不表达 HLA-DR。UC-MSC 倍增时间为 30 小时,细胞周期分析表明,$G_0 \sim G_1$ 期和 G_2-M 期所占比例分别为 78.84% 和 11.16%。因此,应用灭活脐带血清培养体系可成功扩增人 UC-MSC,培养的细胞具有 MSC 的基本特性,为建立 MSC 库和临床应用提供了理论依据。

在众多以细胞为基础用于治疗的案例中,UC-MSC 是较有效且可靠的细胞来源,从脐带分离出来的 MSC 是目前医学领域备受关注的研究热点,相对于其他来源的 MSC,脐带来源的 MSC 具有较高的增殖能力和自我更新能力,且其免疫原性低、无道德伦理问题、获得方式可靠。UC-MSC 具备多种有益的生物学特性,但其释放的一些细胞因子或趋化因子也可能是有害的,如 TNF-α 和 IL-6,因此细胞移植时的剂量、移植频率等问题,均需要研究人员进一步探索。目前对 UC-MSC 表面标记尚存在一定争议,因其来源多样性、供体差异及其他原因,学术界尚未对其标志物表达达成普遍共识,因此确定 UC-MSC 的特异性标记物,对未来 UC-MSC 的鉴定、保存和临床治疗应用具有重要的现实意义。

二、羊膜干细胞与羊水干细胞

(一)羊膜干细胞

1. 羊膜干细胞的来源　羊膜是胎盘的最内层组织,位于胎儿绒毛膜的表面,是与发育中的胎儿联系紧密的胚胎发育早期产物,也是母体与胎儿之间进行物质交换的重要组织。羊膜为半透明的薄膜,有韧性,无神经、血管、淋巴管,包裹着羊水和胎儿,为胚胎提供生长发育的环境。其厚度仅 0.02~0.5mm,由上皮层、基底层和基质层(结缔组织层)组成。人羊膜干细胞(human amniotic stem cell,hA-SC)是由胎盘靠近胎儿一侧的羊膜组织分离而来的干细胞,包括人羊膜上皮细胞(human amniotic epithelial cell,hAEC)和人羊膜间充质干细胞(hA-MSC)。这两种干细胞都具有多能干性、有无限增殖性和抗炎特性、无致瘤性和免疫原性、安全性高、含量丰富、易于获取、无伦理争议等优势,获得医学界的广泛关注,是再生医学和细胞治疗临床应用的理想种子细胞。

2. 羊膜干细胞的分化潜能　国外研究者已经证明,羊膜干细胞体外可分化为具有功能的胰岛 β 细胞、肝细胞、心肌细胞、骨骼肌细胞、软骨细胞、脂肪细胞及神经元等,并在整体动物水平上证明了羊膜 MSC 具有治疗卒中、肺损伤、肝纤维化、肝硬化、大脑损伤、皮肤损伤及肿瘤等的潜能。我国科学家近年来在羊膜干细胞研究方面也取得了可喜的成绩,研究发现,羊膜上皮干细胞可用于桥本甲状腺炎、系统性红斑狼疮、脊髓损伤、卵巢早衰、葡萄膜炎、视网膜黄斑病变、子宫内膜损伤等的治疗。截至目前,在中国临床试验

中心注册的干细胞临床试验共计 612 项,其中羊膜干细胞临床试验 3 项,适应证包括帕金森病、急性植物抗宿主病、慢性移植物抗宿主病相关干眼症等。

3. 羊膜干细胞临床实践

(1)羊膜干细胞治疗神经系统损伤性疾病和自身免疫病:羊膜干细胞可以分化成神经细胞,分泌多种神经递质和神经营养因子来治疗受损和退化的神经系统疾病,如老年痴呆、帕金森病、多发性硬化、脑出血、脑卒中等,这是其他干细胞和免疫细胞所不具备的。同时,羊膜干细胞通过旁分泌表达广谱抗炎因子,表达多种生长因子,来针对性地抑制自身免疫病的异常炎症。这为自身免疫病开辟了一种新的有针对性的治疗方法,为自身免疫病患者,如系统性红斑狼疮、类风湿性关节炎等带来了更好的治疗方法。

(2)羊膜干细胞治疗糖尿病的临床研究:近来有研究发现,hA-MSC 在体外经自然生物诱导剂 RPF(大鼠再生胰腺提取物)诱导可分化为分泌胰岛素的细胞。也有学者通过实验观察到羊膜 MSC 能形成胰岛样细胞团 7LC,免疫组织化学法显示,已分化的 7LC 可表达人胰岛素、胰高血糖素、生长抑素。而实时定量 PCR 显示,除表达人胰岛素、胰高血糖素、生长抑素外,还表达 Ngn3、ls11。将其移植入实验性糖尿病小鼠,可使小鼠恢复正常的血糖且没有免疫排斥反应,说明羊膜间充质干细胞具有形成新生胰岛的能力,使其可能用于细胞替代治疗糖尿病。

(3)羊膜干细胞用于修复子宫内膜的临床研究:有研究表明,将 65 例子宫内膜损伤患者分为研究组和对照组,研究组采用注射羊膜干细胞来修复子宫内膜损伤,研究组患者子宫腔的纤维化面积比率为 0.526 ± 0.037,对照组的腔内纤维化面积比率为 0.231 ± 0.041,研究组患者的子宫腔纤维化面积比率明显低于对照组(t=45.36,p<0.05),研究组患者的子宫腔内的腺体数量为(11.23 ± 1.31)个,对照组患者的子宫腔内的腺体数量为(5.03 ± 1.28)个,研究组患者的宫腔内腺体数量明显高于对照组(t=43.25,p<0.05);研究组的并发症发生率为 21.2%,对照组的并发症发生率为 59.4%,研究组患者的并发症发生率明显低于对照组(χ^2=7.148,p<0.05)。表明使用羊膜干细胞治疗子宫内膜损伤对宫腔纤维化比例和腺体的数量恢复具有改善效果。

除此之外,人羊膜干细胞对于其他方面的损伤性疾病,如缺血性心血管病、干燥综合征、哮喘、肺和肝的纤维化病变、烧伤修复、心肌梗死、急性肝损伤、肾损伤、关节炎、放射性损伤唾液腺、口腔颌骨缺损等疾病都有一定的疗效。

(二)羊水干细胞

羊水干细胞(amniotic fluid-derived stem cell,AFSC)的形态学特征、免疫表型和中胚层分化潜能与间充质干细胞类似,增殖比 MSC 更快,可以表达多能性标志物八聚体结合转录因子(Oct4)。因其处于原始阶段,免疫原性较低、易于获取,为再生医学提供了新的干细胞来源。AFSC 移植可以通过预防卵泡闭锁和维持健康卵泡的机制来改善化疗所致 POF 小鼠的生殖能力,但在体内并未发现 AFSC 分化成的颗粒细胞和生殖细胞。

1. AFSC 的分群　原代羊水干细胞包括 2 种细胞群:

贴壁细胞和非贴壁细胞。通过贴壁细胞对培养基的黏附作用可对羊水细胞进行分离培养。妊娠中期行产前诊断的孕妇，通过超声引导下羊膜腔穿刺获取少量羊水，室温离心，制成细胞悬液接种于培养基后，在 37℃、5%CO$_2$ 的培养条件下进行培养，细胞达 70%~80% 融合时进行传代培养。常用的培养基为含有胎牛血清、ChangB、ChangC、谷氨酰胺及抗生素等的 α-MEM 培养基。也可采用 CD117 免疫磁珠或流式细胞仪分离出 CD117$^{+/-}$AFSC，分离出的 AFSC 可以在无饲养层细胞的培养基中良好生长。

2. AFSC 的表面标志物　AFSC 可表达 MSC 及 ESC 的部分表面标记物和基因产物，是处于 MSC 和 ESC 中间阶段的干细胞。AFSC 可表达多潜能性标记物如 Oct4、SSEA3、SSEA4、NANOG、KLF4、MYC、TRA1-60 和 TRA1-81。早在 2002 年就有研究发现 AFSC 可表达 ESC 特异性基因产物 Oct4，随后被大量研究证实。Oct4 在干性调节中起关键作用，当细胞分化时其水平下调。但是关于 Oct4 是否在调控干细胞增殖与分化中起关键作用一直备受争议。AFSC 还可表达 MSC 的表面标记物 CD90、CD105、CD73、CD44 和 CD29，而不表达造血干细胞标记物如 CD45、CD34、CD133，也不表达组织相容性复合体Ⅱ、CD40、CD80、CD86。最近一项研究显示，随着培养代数的增加，CD105 的表达增多。由于 CD105 是一种 MSC 表面标记物，长期的培养可能更有利于细胞向 MSC 方向分化。尽管已有大量研究证实这些标记物在 AFSC 的表达，但是不同文献所报道的标记物和阳性表达率不尽相同，这可能是由于分离方法和培养条件不同，或者是取自不同胎龄和不同个体的标本中 AFSC 本身的异质性所致。探寻特异性的标记物，建立统一的分离纯化标准将有助于 AFSC 的鉴定。

3. AFSC 的作用与临床实践　尽管对于 AFSC 的分离鉴定仍存在许多问题，但已有大量体外试验或动物模型研究构建出 AFSC 细胞系，并研究其分化能力和治疗作用：①AFSC 在脑卒中和神经系统分化中的作用；②AFSC 在心肌梗死及血管再生中的作用(图 3-45-1)；③AFSC 在肺上皮重建和肺疾病治疗中的作用；④AFSC 在肾损伤恢复中的作用。

AFSC 作为一种新型的多能干细胞，可用于遗传病基

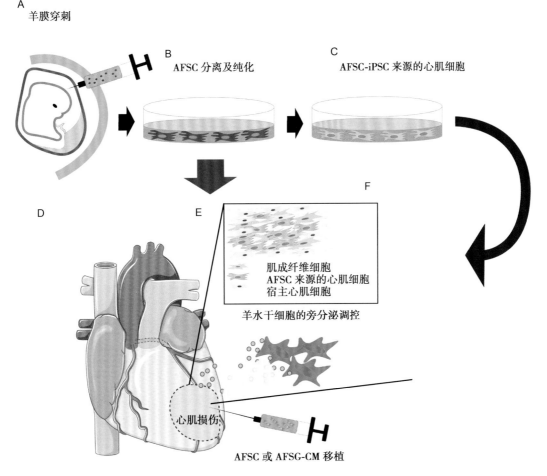

图 3-45-1　羊水干细胞诱导心肌再生的机制
A. 在怀孕期间通过羊膜穿刺术取出羊水，分离并纯化羊水干细胞。B. 经过特异性筛选后，在体外扩增羊水干细胞用于直接或间接使用。C. 通过体外成熟的分化程序诱导成心肌细胞。D. 通过心内注射将羊水干细胞或羊水干细胞衍生的心肌细胞移植到缺血性坏死心肌组织，对损伤心肌进行修复。E. 移植物与宿主心肌融合，并偶联收缩和电流传导。F. 羊水干细胞也可能通过旁分泌向心肌微环境释放生长因子来保护心肌细胞

因治疗的研究。但是，想要应用 AFSC 作为致病基因修复和自体细胞移植的细胞来源，必须要有良好的基因转导体系确保 AFSC 高效表达相关基因产物。近来，有研究应用载有人类免疫缺陷病毒 1 型、脾病灶形成病毒的长末端重复序列启动子和标记基因增强型绿色荧光蛋白的慢病毒载体系统转染细胞，这些细胞可表达 MSC 表面标记物，而不表达造血干细胞和内皮细胞表面标记物，并具有分化为脂肪细胞和骨细胞的潜能。AFSC 可从产前诊断羊膜腔穿刺所得标本中获取，对母体和胎儿影响较小，可在体外诱导为多种组织细胞用于细胞移植和疾病治疗，且生物学特性稳定，体外试验未发现畸胎瘤形成，因而有望作为一种新型干细胞来源而广泛应用于再生医学和疾病治疗领域。

4. AFSC 应用存在的问题　尽管自发现 AFSC 以来已涌现出大量的研究，但是目前 AFSC 的研究仍处于初级阶段，尚有许多问题需要攻克，如 AFSC 的来源和在体内的生理功能如何；是否有更特异的细胞表面标记物用于 AFSC 的分离和纯化；AFSC 干性的调控机制和诱导分化的调节机制如何；怎样才能构建一个理想的装载 AFSC 的支架材料；AFSC 移植至体内的安全性如何；体内生化环境是否会对 AFSC 的诱导有干扰；AFSC 的宫内移植会对母胎产生怎样的影响；应用 AFSC 基因治疗有效性如何等，这些问题都需要进一步探索。

三、其他用于生殖医学细胞治疗的细胞类型

除了上述与生殖相关的干细胞，还有其他细胞治疗的细胞类型，可用于生殖系统疾病的细胞治疗。目前在临床试验中的各种细胞疗法中，不同来源的 MSC 和 T 细胞在临床研究占主导地位，而 DC、NK 细胞、红细胞、单个核细胞和血小板也都是细胞治疗的重要内容。

（一）血液不同细胞成分均可用于细胞治疗

目前批准应用的只有 T 细胞和 DC 为治疗产品。大多数被批准的 T 细胞产品是用于血液系统恶性肿瘤的 CAR-T 细胞治疗，而 DC 产品被用作治疗实体肿瘤。红细胞和血小板虽然不是药品，但在临床输血中广泛使用。

1. 免疫细胞　T 细胞是适应性免疫细胞，能够直接清除突变或感染的宿主细胞，激活其他免疫细胞，并产生细胞因子来调节免疫反应。NK 细胞是先天免疫细胞，通过颗粒释放溶解分子和快速产生促炎症细胞因子来破坏肿瘤细胞和病毒感染细胞。DC 是专业抗原呈递细胞（APC），通过将抗原输送至引流淋巴结，并将其呈递给 CTL 和 Th 细胞来调节适应性免疫细胞。在癌症治疗中，T 细胞和 NK 细胞用作细胞毒性药物，而 DC 主要用作癌症疫苗。

2. 单个核细胞　单个核细胞主要是指单核细胞、巨噬细胞、骨髓单个核细胞（BMMC）或外周血单个核细胞（PBMC）。单核细胞是固有免疫系统的循环细胞，在炎症、感染或损伤时渗出到组织中。一旦进入组织，它们最终分化为巨噬细胞，这是一种驻留在组织中的固有免疫细胞。

（二）用于细胞治疗的干细胞

目前批准的干细胞治疗，包括 HSC、MSC，以及角膜缘干细胞（limbal stem cell，LSC）。HSC 产品主要被批准用于治疗血液疾病。MSC 适用于多种疾病，包括心血管疾病、移植物抗宿主病（GVHD）、退行性疾病和炎症性肠病等。唯一的角膜缘干细胞产品被批准用于 LSC 缺陷。干细胞占当前细胞治疗临床试验的 36%。干细胞治疗试验，主要是 HSC 和 MSC 的临床试验，涵盖了广泛的适应证。MSC 在临床试验上广泛应用于退行性疾病、自身免疫疾病、炎症疾病和创伤等。值得注意的是，大多数 MSC 治疗试验都处于早期阶段，在第 1 阶段（44%）和第 2 阶段（47%）的数量几乎相同，显示出它们对未来细胞治疗的巨大影响潜力。

四、批准上市的免疫细胞产品

细胞治疗是目前临床前和临床环境中研究最多的治疗方式之一，许多细胞治疗产品已获得批准。大多数 T 细胞产品是用于血液系统恶性肿瘤的 CAR-T 细胞治疗，而 DC 产品是用于治疗实体肿瘤的疫苗。

（一）CAR-T 细胞治疗

CAR 的两个基本部分包括用于识别癌细胞表面抗原的细胞外靶点结合域和细胞内信号部分，由共同刺激和激活域组成，启动包括激活、扩增和细胞杀伤在内的过程。值得注意的是，所有经批准的 CAR-T 细胞产品都是自体的，并且含有靶向 CD19 的 CAR（CD19 是 B 细胞表面标记物）。

（二）DC 疫苗

DC 疫苗是免疫细胞治疗另一个热门领域，主要采用自体细胞。大约 93% 的临床试验用于癌症治疗，其余适应证包括自身免疫病、感染病和移植相关病。DC 用于前列腺癌、卵巢癌、结直肠癌和非小细胞肺癌等疾病的治疗。

五、批准的干细胞产品

截至目前，共有 21 种干细胞产品已在全球获得批准，获批产品主要由 HSC 或 MSC 组成。

1. 造血干细胞　目前全球批准的 HSC 疗法主要用于造血干细胞移植的治疗。欧盟 EMA 批准 2 种基于自体造血干细胞的基因疗法，Strimvelis 用于腺苷脱氨酶缺乏症（ADA-SCID），Zynteglo 用于治疗输血依赖性地中海贫血。脐血造血干细胞比其他来源（如骨髓、外周血）的异体造血干细胞更有优势。因为脐血获得更容易，对人类白细胞抗原（HLA）的耐受性更高，GVHD 的风险较低。此外，Strimvelis 和 Zynteglo 均是 EMA 批准的基于自体造血干细胞的基因疗法。2016 年，EMA 批准 Strimveli 适用于腺苷脱氨酶缺乏症（ADA-SCID），一种由腺苷脱氨酶（ADA）基因编码突变引起的免疫缺陷疾病。2019 年，EMA 批准 Zyntegl 适用于治疗输血依赖性地中海贫血，这是一种由 β-珠蛋白基因突变引起的遗传性疾病，导致成人血红蛋白显著减少或缺失。

2. 间充质干细胞　目前全球批准的 MSC 产品共有 10 种，但没有一款获得 FDA 的批准。根据作用机制和批准的适应证，MSC 产品可分为两大类：组织修复和免疫调节。其中，有 3 种 MSC 产品已被批准用于组织修复应用。2011 年，韩国 KFDA 批准基于 MSC 的组织修复产品 Cellgram，适用

于治疗急性心肌梗死。2012 年,韩国 KFDA 批准另一种基于 MSC 的组织修复产品 Cartistem,适用于重复性和/或创伤性软骨退行性病变,包括退行性骨关节炎。2010 年,韩国 KFDA 批准一种自体脂肪来源的细胞产品 Queencell,适用于皮下组织缺损的治疗。不过,Queencell 并非由单一 MSC 组成,而是由 MSC、周细胞、肥大细胞、成纤维细胞和内皮祖细胞组成,类似于 SVF。

MSC 具有免疫调节功能,可用于调节多种疾病的免疫反应。其中,7 种 MSC 产品已被批准,适应证包括克罗恩病(Alofisel、Cupistem)、急性移植物抗宿主病(Prochymal、TEMCELL)、肌萎缩侧索硬化(NeuroNata-R)、脊髓损伤(Stemirac)和 Buerger 病引起的严重肢体缺血(Stempeucel)。Alofisel,一种异体脂肪来源 MSC 产品。EMA 批准的唯一 MSC 产品,适应证是克罗恩病复杂肛周瘘。作用机制主要是 MSC 抑制活化淋巴细胞增殖,从而减少促炎症细胞因子产生。Cupistem,一种自体脂肪来源 MSC 产品。2012 年获得韩国 KFDA 批准,适应证是克罗恩病复杂肛周瘘。Prochymal,一种异体骨髓来源 MSC 产品,2012 年获得加拿大 CFIA 批准,适应证是儿童类固醇难治性急性 GVHD。

六、展望

目前,细胞治疗领域发展迅速,但也存在很多技术、伦理及法律方面的问题。各种来源的干细胞在生殖健康领域的应用前景非常广阔,相关研究都取得了令人振奋的结果,但很多问题仍需要我们正视并解决:干细胞应用研究多是动物模型层面,应用于人体的疗效仍需大量临床试验证明;干细胞在靶器官的植入方法和停留时间方面存在缺陷,很多研究缺乏切实的分化证据;移植治疗的安全性和有效性需进一步考证,异体来源的干细胞仍存在伦理争议等。以上种种仍需医学工作者和研究者进行深入的分析和研究,以期早日实现干细胞在临床上的常规及广泛应用,为广大患者的治疗带来福音。近年来,用干细胞在体内外诱导培养生殖干细胞虽然取得了较大进展,为常规治疗难以解决的不孕不育患者获得生物学后代带来希望,但是将干细胞应用于生殖医学仍面临许多难题。目前的研究多局限于动物模型,虽然性发育在不同哺乳动物间是保守的,但还是存在较多差异,因此将动物实验应用于人类还受到较多限制。最后,从异性中获得生殖干细胞最具有挑战,还需要大量实验探索以推动其研究与应用。

第三节　卵巢衰老的细胞治疗

一、卵巢早衰的发病机制

卵巢早衰(premature ovarian failure,POF)是一种以 40 岁前闭经、不孕、雌激素缺乏、卵泡减少和促性腺激素升高为特征的疾病。POF 的发病率为 1%~7%,近年来发病率呈上升趋势。

（一）卵巢具有排卵和内分泌两种功能

生育期女性的性功能旺盛,卵巢功能发育成熟,在下丘脑垂体的调控下进行周期性排卵,合成并分泌甾体类激素和多肽激素。卵泡(follicle)是卵巢的基本结构和功能单位,它由一个卵母细胞(occyte)和周围卵母细胞的卵泡细胞(follicular cell)组成。原始卵泡在胎儿时期就已经形成,约为 700 万个,形成了卵母细胞有限的储备池。在出生前初级卵母细胞进入最后一轮 DNA 合成,停留在第一次减数分裂前期。青春期女性在每个生殖周期排卵前都会有一批初级卵母细胞完成第一次减数分裂,发育成次级卵母细胞或者退化,导致原始卵泡的储备池不断消耗。

（二）卵巢早衰的定义

随着女性年龄的增加,卵泡储备池逐渐耗竭,卵巢也随之衰老,功能逐渐下降,月经紊乱,引发多种低雌激素症状,影响女性的心理和生理健康。而现代生活方式的改变,晚婚晚育、推迟生育计划的女性越来越多。卵巢的衰老严重影响女性的生育愿望。

Keettel 教授于 1964 年提出了卵巢早衰(premature ovarian failure,POF)的概念。2015 年国际会议确定,POF 的定义为 40 岁以下妇女,排除妊娠后,发生超过 4 个月的闭经,间隔 1 个月至少 2 次血基础 FSH 超过 40IU/L。而 40 岁之前出现的闭经或月经稀发、促性腺激素升高和刺激素缺乏称为卵巢功能不全(premature ovarian insufficiency,POI)。目前,POF 和 POI 女性的发病年龄逐渐提前,严重影响女性的生殖与身体健康,除有闭经表现外,远期还会增加骨质疏松、心血管疾病和阿尔茨海默病的发生率。若患者有生育需求,常常伴有不孕。目前,癌症患者有年轻化趋势,癌症患者的生存率也逐渐增高,但是放化疗技术的使用是造成女性医源性 POI/POF 的原因之一。因此,年轻癌症患者的生育需求凸显迫切性。

（三）多种因素引起卵巢功能衰竭

引起 POI/POF 的发病原因多而复杂,目前已知的有:①遗传因素,如染色体异常、基因突变、线粒体 DNA 突变或缺失;②自身免疫因素,如自身免疫性甲状腺炎、甲状旁腺功能减退、糖尿病、肾上腺皮质功能不全(Addision 病)及多腺体自身免疫病、系统性红斑狼疮、类风湿性关节炎等;③感染因素,如结核分歧杆菌、志贺菌、腮腺炎病毒、水痘-带状疱疹病毒、巨细胞病毒、疟原虫等;④化学因素,如中国金属、橡胶制品、塑料制品、挥发性有害气体、二噁英、多氯联苯、DDT 等;⑤物理因素,如电磁辐射、核辐射等;⑥医源性因素,包括手术、放化疗、雷公藤等;⑦不明原因的因素。其中多数患者属于不明原因的,称为特发性 POI/POF。

不明原因的 POI/POF 患者最多,难以实施病因治疗。根据患者有无生育需求而进行临床处理。对于无生育需求的 POI/POF 患者,其治疗主要以缓解症状、改善生理和心理状态为主。对于有生育需求的 POI/POF 患者,除缓解临床症状、预防和减少远期并发症外,还需兼顾改善卵巢功能和助孕治疗,是临床的重大难题。目前的治疗方法有激素补充治疗、免疫治疗、褪黑激素补充、脱氢表雄酮(dehydroepiandrosterone,DHEA)补充等,多数是以缓解症状为主要疗效,使用时应严格把握禁忌证,不建议盲目使用。

（四）干细胞治疗 POI/POF

随着再生医学的发展,可以使用健康和功能性细胞(如干细胞)来替代老化或受损的细胞。干细胞治疗 POI/POF 是近年来的研究热点,主要通过卵巢源性干细胞移植恢复卵母细胞的再生,以及通过 MSC 修复受损的卵巢而改善卵巢功能(图 3-45-2)。已经有文献证明,干细胞治疗在临床及卵泡耗竭和卵巢功能障碍的动物模型中有一定的治疗效果,尤其是骨髓干细胞,为治疗 POI/POF,恢复患者的卵巢功能带来了新的希望。

大量的研究证明,干细胞移植对生殖系统疾病如子宫内膜损伤或卵巢早衰等治疗效果显著,且不良反应少。而多种来源干细胞治疗 POF 的研究已取得了很好的结果,成为临床治疗 POF 的理想选择。Chen 等的一项针对干细胞治疗 POF 的荟萃分析显示,纳入研究的多种来源干细胞包括 hUC-MSC、脂肪间充质干细胞、iPSC、卵巢颗粒样细胞、人羊膜上皮细胞、人脐带血单核细胞、人子宫内膜 MSC、BM-MSC、皮肤来源 MSC 及微小核糖核酸转染的人 iPSC,干细胞移植均可以增加 POF 模型动物的卵巢重量,平衡血清激素水平,增加妊娠次数和恢复生育能力,显著改善了 POF 模型动物的卵巢功能,证明了干细胞移植治疗 POF 的潜力。推测干细胞的疗效可能归因于干细胞的分化、归巢和旁分泌功能。

二、骨髓干细胞治疗卵巢早衰

骨髓干细胞(bone marrow derived stem cell, BM-DSC)是一种低免疫原性的成体干细胞,广泛存在于骨髓微环境中,在一定条件下具有自我更新和分化成多种组织细胞的潜力。BM-DSC 获取容易,体外增殖条件成熟,由于其旁分泌和免疫调节功能,可迁移到组织损伤部位,并在一定因子的诱导下分化为组织中特定的细胞类型,重建局部微环境。BM-DSC 能够促进生殖细胞形成,是生殖力保持方面应用前景广泛的干细胞。BM-DSC 移植能够恢复化疗药物引起的 POF 动物模型中的卵巢功能,减少颗粒细胞凋亡,激活卵泡发育。在临床上,BM-DSC 的移植能够提高部分 POF 患者的雌激素水平和抗米勒管激素(anti-Müllerian hormone, AMH)水平,恢复月经、卵泡生长和排卵,并分娩健康活产儿。

（一）骨髓干细胞治疗卵巢早衰的可能机制

研究表明,BM-DSC 移植后随血液循环进入卵巢能够发育成卵泡膜细胞、颗粒细胞、卵丘细胞和血管内皮细胞,但是并不会生成卵泡和黄体。这表明 BM-DSC 修复卵巢的功能主要是依靠旁分泌作用。BM-DSC 通过分泌趋化因子、生长因子等旁分泌信号,在血管生成、抗凋亡、抗纤维化、抗炎和免疫调节等方面具有重要作用,从而改善微环境,促进受损组织的恢复。在促进血管生成方面,BM-DSC 分泌的细胞因子能够为损伤的卵巢提供营养,促进卵巢的恢复。研究表明,BM-DSC 分泌的 VEGF 能够促进血管生成素、血管长度和面积的增加,刺激血管新生。在抗纤维化方面,BM-DSC 能够抑制成纤维细胞增殖,减少其在细胞外基质中的过度沉积,从而改善卵巢纤维化。

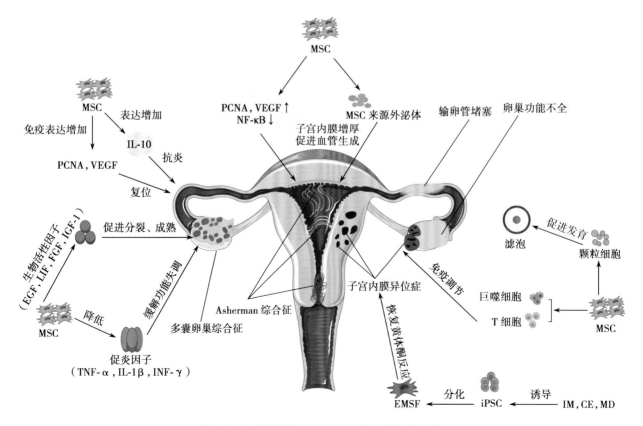

图 3-45-2　干细胞治疗女性生殖系统疾病的多种途径

在抗凋亡方面,BM-DSC 分泌的抗凋亡因子能够抑制颗粒细胞凋亡。研究发现,在 BM-DSC 培养中检测到的 VEGF、HGF(hepatocyte growth factor)和 IGF-1(insulin-like growth factor 1)等因子,能够促进颗粒细胞增殖,增加类固醇激素分泌,调节细胞周期蛋白,抑制凋亡。另有学者发现,BM-DSC 中与凋亡调节相关的 miRNA 能够抑制 POF 动物模型中的颗粒细胞凋亡通路。BM-DSC 旁分泌引起的抗凋亡作用还与转化生长因子(TGF)、碱性成纤维细胞生长因子(basic fibroblast growth factor,bFGF)和粒细胞-巨噬细胞集落刺激因子(granulocyte macrophage colony-stimulating factor,GM-CSF)有关,具体调节机制仍需要进一步探索。

（二）骨髓干细胞治疗卵巢早衰的临床实践

2015 年报道了世界上首例干细胞治疗卵巢早衰诞生的婴儿,研究者利用是自体 BM-DSC 卵巢移植技术,这是干细胞治疗卵巢早衰的常用技术。目前需要关注的是干细胞的输注途径和输注细胞数量。在输注途径方面,已经有多种方法将干细胞注入一侧或双侧卵巢,如经阴道超声引导注射、腹腔镜下卵巢动脉导管穿刺注射等;输注剂量各家报道不一。2018 年,Herraiz 等人通过皮下注射细胞集落刺激因子(G-CSF),促进 BM-DSC 释放入外周血,再通过单采术收集干细胞,最后通过动脉内导管插入卵巢动脉,使 81.3% 的女性 POR 患者的卵巢功能得到改善。目前,临床上仍需要进一步研究创伤性更小且更有效的干细胞治疗方法。

三、用于治疗卵巢早衰的其他干细胞

（一）间充质干细胞

除上文提到的 BM-MSC,还有来自脐带、脂肪、人经血和羊水/羊膜的 MSC,通过静脉注射或剖腹手术,用显微注射针移植到 POI/POF 的动物模型中,修复卵巢功能。研究表明,hUC-MSC 能够恢复化疗药物诱导的 POI 小鼠的卵巢功能和生育潜力,其主要作用是促进卵巢血管生成和颗粒细胞增殖。2018 年,孙海翔教授报道 hUC-MSC 能够磷酸化 FOXO3、FOXO1,激活原始卵泡,并在胶原支架的作用下顺利让 1 例 POF 患者分娩健康婴儿,这是世界首例干细胞复合胶原支架治疗 POF 患者并顺利分娩的病例。ADSC 来源于人脂肪组织,适用于同种自体或异体移植细胞治疗。ADSC 的提取简单且微创,可以从手臂、大腿或腹部的皮下脂肪组织中获得。有临床研究报道,腹腔镜下移植自体 ADSC 后,POI 患者月经恢复,FSH 水平下降。经血 MSC(MD-MSC)具有多能性和高度增殖特征。研究显示,静脉注射 MD-MSC 可以通过刺激细胞增殖来修复卵巢损伤或改善卵巢功能。hA-MSC 分离自包裹羊水的羊膜,具有多种分化能力和抗炎作用。研究表明,移植 hA-MSC 能够降低 POI 模型动物的炎症细胞因子,增加雌激素水平,减少 FSH 水平,恢复卵巢功能并妊娠。

（二）胎儿间充质干细胞

胎儿间充质干细胞(fetal mesenchymal stem cell,f-MSC)的寿命比成年 MSC 更长。f-MSC 的外泌体是一种超强的免疫调节剂,能够抑制 NK 细胞的增殖、活化和细胞毒性。研究报道,f-MSC 能改善化疗药物诱导的 POI 模型动物的氧化应激水平,调节糖酵解,从而抵御氧自由基对卵巢的损害。

（三）干细胞外泌体

细胞外囊泡(extracellular vesicle,EV)含多种生物活性物质,如蛋白质、脂质、长链非编码 RNA(lncRNS)、mRNA、miRNA 等参与细胞间通信。外泌体移植后能够作用于卵巢细胞,通过负调控 PI3K/AKT 信号通路抑制细胞凋亡,从而起到恢复受损卵巢功能,延缓卵巢功能下降的作用。另有临床研究表明,hUC-MSC 的外泌体移植可以通过促进细胞增殖、抑制凋亡速率来恢复 POI 的卵巢功能。ADSC 的外泌体与 POI 患者的颗粒细胞共培养,能够促进颗粒细胞增殖,减缓凋亡。

尽管几乎所有关于干细胞治疗的研究都显示了对 POI/POF 治疗的有效性,但其潜在的分子机制和安全性尚不完全清楚。可能的治疗机制涉及迁移、抗凋亡作用、抗纤维化活性、抗炎症、免疫调节和抗氧化应激等。干细胞应用于 POI/POF 的临床治疗仍需不断探索。

第四节　子宫粘连的细胞治疗

一、子宫粘连

宫腔粘连(intra uterine adhesions,IUA),又称 Asherman 综合征,是指由于内膜损伤导致内膜纤维化,进而引起子宫宫腔部分或全部闭塞的一组疾病,是妇科常见、严重影响生育功能且治疗效果不佳的子宫疾病。该疾病临床表现为月经异常、不孕、反复流产等,约占致不孕症病因的 20%,且发病率正逐年升高。IUA 可引起经量减少、闭经、不孕或反复流产等,严重影响育龄妇女的生理及生育功能。宫腔粘连的一线治疗包括宫腔镜下粘连分离术(TCRA)、物理屏障防止粘连复发、雌孕激素治疗促进子宫内膜再生。现有预防 IUA 术后再粘连的措施有宫腔球囊、宫内节育器、透明质酸钠、羊膜及干细胞等,但疗效有限,尚缺乏能确切实现子宫内膜再生修复的有效手段。尽管轻度的宫腔粘连患者通过以上的常规治疗效果尚可,然而,中、重度宫腔粘连患者术后粘连复发率仍高,甚至可高达 62.5%。

（一）病因机制

IUA 临床多发生于有人工流产、刮宫等多次宫腔内操作史或子宫结核等继发感染所导致的子宫内膜基底层受损,子宫内膜细胞和腺体修复障碍、功能受损,最终导致瘢痕形成(图 3-45-3)。但其发生机制尚不明确,目前专家共识认为 IUA 的发病机制主要有纤维细胞增生活跃学说及神经反射学说。

1. 纤维细胞增生活跃学说　子宫内膜基底层受损造成上皮细胞或间质细胞再生障碍、新生血管受阻、成纤维细胞增生和细胞外基质过度沉淀,进而导致纤维结缔组织增生、瘢痕形成。

2. 神经反射学说　子宫内膜受损引起反射性神经痉挛,并处于持续性痉挛状态,进而引起宫腔积血、闭经、月经

过少等临床症状，并失去对雌激素、孕激素等卵巢激素刺激的反应。

包括基底层损伤、内膜纤维化瘢痕形成、内膜腺体萎缩、缺氧缺血微环境形成等。

（二）治疗方法

无临床症状或无生育要求的 IUA 患者可以选择不予治疗；轻度临床症状且有生育要求的 IUA 患者，可选择药物治疗（雌、孕激素类药物）；对于有中、重度临床症状的 IUA 患者，首选治疗手段为宫腔镜下宫腔粘连分离术，并在术后放置宫内节育器、宫内支撑球囊等防止再粘连。但现阶治疗手段复发率高，如何降低复发率、根治 IUA 成为 IUA 治疗的一大难题。

二、细胞治疗

人类子宫内膜中存在成体干细胞，其数量减少或缺失会对子宫内膜的再生修复产生影响，进一步引起 IUA。多项动物及临床研究证实，激活内源性的子宫内膜干细胞（endometrial mesenchymal stem cell, e-MSC）、移植自体干细胞或异体干细胞可有效治疗 IUA。

（一）骨髓间充质干细胞

BM-MSC 移植到 IUA 大鼠模型子宫内进行动物实验，多项实验研究均表明，BM-MSC 治疗组子宫内膜腺体的数量增加且纤维化面积比降低，雌激素受体（ER）、孕激素受体（PR）在治疗后敏感性均有所增加，起到了有效修复子宫内膜的作用。另有实验研究人 MSC 的外泌体（MSC-Exo）及其过表达 miR-29a 后治疗 IUA 的体外、体内试验。体外试验表明，MSC-Exo 与子宫内膜细胞共培养可定向增殖、迁移并具有等效子宫修复作用，体内试验表明，

过表达 miR-29a 的 MSC-Exo 可通过降低 αSMA、胶原蛋白 1（Collagen1）、Smad2 和 Smad3 抵抗纤维化，并进一步修复受损粘连的子宫内膜。

与此同时，也有诸多研究表明，MSC 联合电针、生物支架等手段将取得更好的治疗效果。MSC 与电针联合治疗 IUA 的动物实验结果显示，各治疗组受损子宫均有一定程度的恢复，以 MSC 联合电针组效果最好，进一步研究表明，电针通过激活基质细胞衍生因子-1/C-X-C 趋化因子受体4（SDF-1/CXCR4）轴促进移植的 MSC 向受损子宫迁移，与其他各组相比，联合治疗组在妊娠第 8 天病变的子宫内膜中，子宫内膜细胞波蛋白（vimentin）和角蛋白（CK）表达上调，VEGF 和 bFGF 分泌增加，胚胎植入率提高。另有实验研究表明，PGS 支架等生物支架搭载 BM-MSC 移植治疗中的 TGF-β1、VEGF、胰岛素样生长因子-1（IGF-1）等水平明显高于仅局部原位注射移植组，促进子宫内膜损伤修复的作用更强。

多项研究证明 BM-MSC 能有效治疗 IUA 并改善妊娠情况。但是成人 BM-MSC 的数量及增殖分化潜能会随年龄增大而快速下降，且采集须行骨髓穿刺，可能存在感染、免疫力低下等风险，除此以外，BM-MSC 潜在的致瘤性、低滞留性尚存争议，故现阶段 BM-MSC 的临床应用限制较大。

（二）脐带间充质干细胞

实验研究结果表明，UC-MSC 从治疗后 14 天开始分化为上皮细胞、血管内皮细胞和 ER 细胞，在子宫组织中多数定位于间质，较少位于子宫内膜和腺体的上皮，可有效改善由机械刮宫引起的子宫内膜纤维化，促进血管增生，促进子宫内膜愈合修复，恢复 IUA 模型的生育能力。另有实验研究建立恒河猴 IUA 动物模型，构建装载 UC-MSC 的

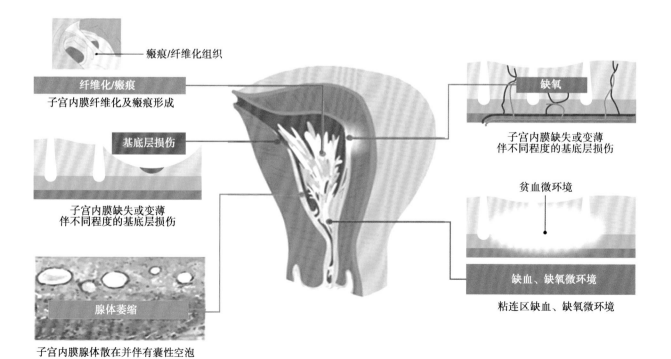

图 3-45-3　子宫粘连发病机制

疏水性缔合水凝胶复合物（huMSC/HA-GEL）并移植治疗，UC-MSC虽未在体内稳定植入，但术后IUA恒河猴月经周期、宫腔内生理情况和子宫内膜病理学特征均有明显优化，且其治疗作用多与旁分泌作用、炎症因子相关。

装载UC-MSC的胶原支架（CS/UC-MSC）应用于子宫内膜再生，可在体外通过旁分泌作用促进人子宫内膜基质细胞增殖，抑制细胞凋亡；在子宫内膜损伤模型中，CS/UC-MSC移植可维持正常的腔内结构，促进子宫内膜再生和胶原重塑，诱导内膜细胞增殖和上皮细胞恢复，增强ESR1和PGR的表达，并使再生子宫内膜接受胚胎的能力得到提高，即CS/UC-MSC可有效促进子宫内膜结构重建和功能恢复，并起到治疗IUA的作用。

冻干羊膜联合UC-MSC治疗中重度IUA的临床试验，通过妇科彩超、宫腔镜检查等比较各治疗组子宫内膜厚度的差值、美国生育协会（AFS）评分及妊娠情况，发现UC-MSC可在冻干羊膜上正常生长、繁殖，冻干羊膜联合UC-MSC可有效治疗IUA并促进子宫内膜的生长，且治疗效果明显优于单纯UC-MSC治疗和透明质酸钠凝胶治疗组，其可能机制为通过干细胞归巢作用或旁分泌方式进行再生修复。

UC-MSC可能是最有效的细胞治疗工具，其原因为容易获取、来源丰富、更快的自我更新力、对供者无影响和无伦理争议，且在异体移植时不存在免疫排斥反应或弱排斥反应，就现阶段研究而言，UC-MSC移植治疗在IUA的干细胞治疗中是应用最为广泛、争议最少的一种治疗手段。

（三）子宫内膜间充质干细胞

子宫内膜间充质干细胞（endometrial mesenchymal stem cell，e-MSC）能通过多种方法从月经血中获得，故又称经血干细胞（menstruation blood stem cell，MenSC），已有研究表明，e-MSC能在体外转化为内膜的上皮细胞和基质细胞。

实验研究表明，MenSC主要来源于子宫内膜基质部，可表达血管前性细胞标志血小板源性生长因子（PDGF）、CD146等，可在动物体内存活并定植于子宫内膜区域的腺体周围，移植后可有效改善IUA，促进子宫组织细胞的增殖分化，并进一步修复子宫、生成腺体，还能够降低纤维化程度，抑制炎症作用，改善生育能力，其治疗机制可能为上调子宫内膜vimentin和CK18、IL-1β、IL-4、IL-10的表达，下调Collagen1和IL-6、CTGF的表达，改善大鼠子宫内膜的功能。

MenSC联合雌激素移植的临床试验结果表明，VEGF、血小板衍生生长因子（PDGF-BB）、vimentin、CK、整合素α-6（CD49f）的表达较模型组升高，但较正常人组依旧偏低，故MenSC联合雌激素移植可改善子宫内膜环境，且在临床上具有一定的有效性。

MenSC在获取的条件上具有简便性、可重复性和非侵袭性的优点，是良好的间充质干细胞来源，还具有增殖速度快、低免疫原性的优点，且经实验证明，MenSC移植后，IUA大鼠无各类型的中毒、感染反应，没有肿瘤及子宫内膜异位症的发生，故MenSC成为多能干细胞中一种新的潜在资源。

（四）人脂肪间充质干细胞

实验研究表明，ADSC与原代e-MSC在Transwell小室中共培养，在细胞生长因子的共同作用下，ADSC明显向e-MSC进行分化。也有人探索了ADSC通过其旁分泌作用分泌的外泌体对IUA模型大鼠的疗效观察，结果显示，其不仅维持了子宫的正常结构，促进了子宫内膜的再生，还改善了子宫内膜的容受性。将ADSC注入IUA大鼠模型中，发现其可分化为子宫内膜上皮细胞，使受损的子宫内膜得到显著的改善，微血管密度、子宫内膜厚度和腺体数量均增加。雌激素和孕激素受体的表达也增加，且大鼠的生育能力也在一定程度上得到了恢复。

ADSC具有来源丰富、自身取材方便的特点，其增殖能力优于BM-MSC，生长因子分泌能力及免疫能力强于其他干细胞，因此ADSC在个体化细胞治疗及组织工程中是较有优势的成体干细胞。但是有研究发现，体内移植ADSC后存活时间较短，且治疗靶向性较差，故其发展也受到了影响。

（五）人羊膜间充质干细胞

大鼠实验表明，经宫腔和尾静脉移植后的hA-MSC主要分布在子宫内膜基底层，治疗后子宫内膜厚度、内膜血管及腺体个数增加，纤维化面积减少，且可改善妊娠情况和胚胎结合情况。其作用机制可能是：hA-MSC移植通过促进bFGF、VEGF和IGF-1的表达来修复子宫内膜，并通过下调Collagen1、组织抑制金属蛋白酶1（TIMP-1）、血小板衍生长因子-c（PDGF-C）、血小板应答蛋白-1（THBS1）和CTGF的表达降低内膜纤维化程度，从而促进损伤子宫内膜的再生，并提高生育力。

联合hA-MSC和雌激素进行治疗的动物实验通过计算腺体数目、检测VEGF和CK蛋白的表达后得出结论：联合治疗的效果明显优于单独治疗组，hA-MSC可以向受损的子宫内膜中迁移，通过分泌VEGF诱导血管再生，而雌激素为hA-MSC诱导提供了良好的微环境，可使其保持高活性，更好地促进子宫内膜的再生修复。hA-MSC具有易获取、低免疫原性的优势，移植时也无须严格配型，且不表达端粒酶，故无致瘤性，也成为了该干细胞的一大优势点。

综合近年多项基础、临床研究可知，BM-MSC、ADSC等多种干细胞均可有效改善IUA，不同的干细胞也各有利弊，综合而言，UC-MSC的优势更为明显，临床应用也更为广泛，但也存在潜在致瘤性、凋亡及衰老速度快的问题。

三、展望

干细胞是一类具备增殖及分化潜能的细胞群体，并且其容易获得，伦理争议少，具有自我免疫调节功能，在再生医学中的研究越来越深入，同时也被应用于IUA的治疗（图3-45-4），干细胞治疗IUA的有效性毋庸置疑，但是该治疗技术尚处于初步研究阶段，有很多问题需要研究者进一步研究，诸如干细胞种类的选择、移植的部位及方式、移植后干细胞的存活率及分化比例等。明确IUA的发病机制及干细胞作用的具体机制，才能有效地克服这些问题，将

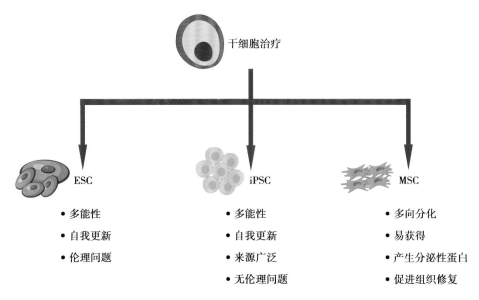

图 3-45-4   用于细胞治疗的干细胞类型的优缺点

干细胞用于 IUA 患者的临床治疗。

研究证实,骨髓源性、胚胎源性和经血源性干细胞均对子宫内膜损伤有改善作用,但这些干细胞来源数量少且存在伦理争议、收集困难等实际问题。脂肪间充质干细胞(ADSC)来源广泛,且更易实现自体移植,伦理争议及免疫排斥少,逐渐成为修复子宫内膜的干细胞来源之一。Zhao 等研究证实,ADSC 来源的外泌体可促进子宫内膜再生和生育能力恢复,有望成为治疗严重宫腔粘连和不孕症的一种有前途的治疗策略。除干细胞外,富血小板血浆(platelet-rich plasma,PRP)目前已被广泛应用于再生医学,并对 IUA 子宫内膜再生修复初步显示出良好的疗效。研究显示,由于 PRP 具有促进组织再生修复的潜能,PRP 作为浓缩的血小板制品,其在组织再生修复中可以促进细胞的增殖分化、促进新生血管形成、抗炎和预防感染、合成与分泌细胞因子及生物支架。

尽管目前 PRP 治疗 IUA 的临床研究尚处于起步阶段,仍需大样本临床试验进一步验证其疗效,但鉴于 PRP 在细胞试验及动物实验的积极成果,PRP 有望成为促进子宫内膜再生修复的新方法。富血小板血浆目前已被广泛应用于再生医学,并对 IUA 子宫内膜再生修复进行新的探索,初步显示出良好的疗效。但是,仍然存在一些问题需要解决。首先,由于 PRP 本身成分复杂,其所释放的多种细胞因子促进组织再生修复的确切机制仍需进一步阐明;其次,目前对 PRP 的制备方案及有效治疗浓度缺乏统一共识。

第五节   妇科肿瘤的免疫细胞治疗

宫颈癌、卵巢癌和子宫内膜癌等是严重威胁女性健康的妇科三大肿瘤。对于进展期、复发转移性肿瘤,免疫治疗成为继手术、放疗、化疗三大传统治疗手段后的重要新型辅助治疗而备受人们关注。传统的肿瘤治疗手段对晚期和终末期患者作用有限,由于残留恶性肿瘤细胞和转移灶的存在,肿瘤复发和进展仍是常见问题;而且患者在化疗期间很容易出现肝肾功能异常和免疫抑制等反应,且化疗可影响患者的机体免疫反应,对患者的生存质量造成不良影响。新的细胞免疫治疗可激发减弱的免疫系统,从而改善标准抗癌治疗的效果。

细胞免疫治疗,又称过继细胞免疫治疗,是一种基于细胞的治疗方法,它使用患者自身或供体的经过基因工程改造和/或离体扩增的免疫细胞来改善患者的免疫功能,以对抗肿瘤。目前细胞免疫治疗主要包括的细胞类型为:肿瘤浸润性淋巴细胞(tumor infiltrating lymphocyte,TIL)和转基因 T 淋巴细胞,后者包括基于 T 细胞受体(antigen-specific T-cell receptor,TCR)的 T 细胞(TCR-T)、嵌合抗原受体(chimeric antigen receptor,CAR)-T 细胞(CAR-T)、γ/δT 细胞、自然杀伤细胞(nature killer cell,NK cell)等。

一、肿瘤浸润性淋巴细胞

在实体瘤治疗领域,肿瘤浸润性淋巴细胞(tumor infiltrating lymphocyte,TIL)治疗被认为是最有潜力的细胞治疗类型之一。

虽然用于不同肿瘤患者的 TIL 来源不同,但最终回输到患者体内的 TIL 治疗产品的生产过程都是类似的。主要包括前快速扩增、快速扩增和回输体内 3 个阶段。大量的 TIL 治疗临床研究主要集中在黑色素瘤、卵巢癌、肺癌和肉瘤等肿瘤,近年来,TIL 治疗已扩展到卵巢癌和宫颈癌。目前研究显示,TIL 治疗黑色素瘤和宫颈癌的效果较为突出,代表性的产品是 LN-144(lifileucel)和 LN-145。对于非小细胞肺癌、骨肉瘤和卵巢癌,TIL 治疗也被证实有一定的效果。

二、转基因 T 淋巴细胞

(一) 基于 T 细胞受体的免疫治疗

合成有效的肿瘤特异性 TCR 修饰 T 细胞(TCR modified

T cell,TCR-T)需要从肿瘤患者分离出一段确定的合适的目标序列,这段序列可以从罕见的天然存在的肿瘤反应性T细胞中克隆,也可以通过转基因小鼠的方法获得,即通过表达人类白细胞抗原(human leukocyte antigen,HLA)并选取与肿瘤靶抗原起免疫反应的转基因鼠,提取其高亲和力的TCR,致免疫后编码新TCR的α和β链基因从小鼠T细胞中分离出来。这些基因对肿瘤靶抗原具有特异性,随后克隆到逆转录病毒载体中。这种方法已成功用于制备经修饰的自体T细胞,T细胞在体外扩增出针对肿瘤抗原的高亲和力TCR。修饰后的TCR-T识别肿瘤相关抗原(tumor associated antigen,TAA),这些抗原由抗原呈递细胞(antigen presenting cell,APC)以依赖于HLA的方式呈递。Sun等应用小干扰RNA(small interfering RNA,siRNA)沉默内源性TCR并合成MAGE-A4-限制性T细胞,而且经过临床前测试,并成功应用于1例平滑肌肉瘤患者,取得良好疗效。

(二)基于嵌合抗原受体T细胞的免疫治疗

嵌合抗原受体T(CAR-T)细胞最早于1989年由ZeligEshhar提出,他将抗体的轻重链与T细胞受体(TCR)的恒定区相连,构建出不依赖主要组织相容性复合体(MHC)的嵌合T细胞受体。基于该原理,他提出具有肿瘤特异性嵌合抗原受体(CAR)的T细胞可用于杀灭肿瘤细胞的设想。经过多年发展,CAR-T技术日渐成熟,且被美国食品和药品监督管理局(FDA)批准用于治疗血液系统恶性肿瘤,取得了极佳的疗效,CAR-T可特异性结合肿瘤抗原并活化T细胞,从而发挥肿瘤杀伤作用,在白血病及淋巴瘤治疗中取得了显著疗效,在实体瘤治疗中也有一定的进展。该方法首先需从患者外周血中分离出T细胞,采用基因工程技术进行修饰,使其能够表达肿瘤特异性嵌合抗原受体,并在体外大量扩增后再回输至患者体内,肿瘤特异性抗原受体可以特异性识别肿瘤细胞膜表面抗原,并激活T细胞对肿瘤细胞实施免疫清除。

CAR-T细胞免疫疗法已经在卵巢癌治疗的研究中取得进展。CAR-T是基因工程T细胞,具有针对癌细胞的主要组织相容性复合体非依赖性、肿瘤特异性和免疫介导的细胞溶解作用。除此之外,CAR-T还被尝试用于抗衰老和抗纤维化治疗等方面。近年来,我国已批准多个CAR-T治疗产品上市,但在其临床准入环节和临床应用流程的管理方面,目前还未达成共识。在卵巢癌方面,卵巢癌细胞具有多种肿瘤特异性抗原,这使其成为CAR-T细胞治疗的优良靶向标志物。动物实验和1期试验证实了CAR-T细胞治疗具有改善卵巢癌患者预后的巨大潜力,但仍存在一些需要攻克的难题,如细胞因子释放综合征、免疫抑制性肿瘤微环境和免疫细胞运输受损。探索和改进治疗卵巢癌的CAR-T细胞免疫治疗策略,将可以改善预后和死亡率,并使患者获得更好的疗效和临床预期。

但截至目前,CAR-T细胞治疗尚不能对实体肿瘤产生稳定和持续的抑制作用。

(三)基于γ/δT细胞的治疗

γ/δT细胞是一小群异质性T细胞(<5%),但在感染和多种肿瘤疾病中发挥重要作用,与传统的α、βT细胞不同,其TCR具有γ和δ链;γ/δT细胞可直接通过其细胞毒或间接通过其他免疫活性损毁目标细胞,还可以发挥抗原呈递细胞(APC)的作用。

外周血中γ/δT细胞的主要亚群是具有抗肿瘤和抗病毒预防作用的Vγ9δ2T细胞,该类细胞被认为具有潜在的免疫治疗价值。因其识别的抗原具有MHC非依赖性,因此不会引起移植物抗宿主病(graft versus host disease,GVHD)。γ/δT细胞可由外周血单个核细胞(peripheral blood mononuclear cell,PBMC)获取,并在体外经细胞因子(IL-2等)和抗原(异戊烯焦磷酸等)扩增,也可在体内经磷酸单酯抗原扩增,其确切的抗肿瘤效果还有待临床试验验证。

(四)基于自然杀伤细胞的免疫治疗

NK细胞通过其细胞溶解功能和产生γ干扰素保护机体免受病毒感染或癌症的侵害,近年来,人们对其强大的抗肿瘤能力进行了大量研究。NK细胞作为先天免疫系统的关键组成部分,在无预刺激的情况下即可消除肿瘤细胞或病毒感染细胞,也不产生GVHD不良反应。因此,发挥癌症患者NK细胞的抗肿瘤活性是一个基本的治疗目标。蔡红霞等研究报道,细胞免疫治疗配合化疗治疗卵巢癌的疗效显著,联合治疗组患者的细胞免疫功能各项指标均显著优于对照组。其原因可能是细胞免疫治疗可以结合靶细胞发挥直接杀伤的作用,且可以促进细胞因子生成,提升杀伤肿瘤细胞的作用,对于肿瘤细胞的凋亡和坏死均有诱导作用。

(五)基于细胞因子诱导的杀伤细胞的免疫治疗

细胞因子诱导的杀伤细胞(cytokine-induced killer cell,CIK cell)是CD3+CD56+ NK-T细胞的异质群体,可以从PBMC、脐带血和骨髓中获得,然后用γ干扰素、抗CD3抗体和IL-2进行体外扩增。朱颧顼等认为,树突状细胞(dendritic cell,DC)-CIK细胞免疫治疗联合化疗治疗卵巢癌,可增强患者的细胞免疫功能,降低不良反应发生率,提高疗效。白力允等报道称,DC-CIK细胞免疫治疗联合紫杉醇+卡铂(TP方案)化疗治疗晚期卵巢癌,可提升患者细胞免疫功能,改善患者自身抗肿瘤能力,降低毒副作用。

(六)基于树突状细胞的免疫治疗

DC是一群特殊的肿瘤相关抗原呈递细胞(tumor associated antigen-presenting cell,tAPC),具有启动和维持免疫反应的独特能力,抗原免疫调节剂激活内源性DC是新的细胞免疫治疗策略。根据其起源和定位,DC可分为不同的几种类型,包括浆细胞样DC、常规或髓样DC和朗格汉斯DC,此外,单核细胞在炎症过程中还可分化为炎性DC。具有调节局部先天性和适应性免疫反应作用的组织常驻记忆CD8+ T(tissue-resident memory CD8+ T,Trm)细胞激活后迁移到富含DC的淋巴结区,通过DC激活抗原弥散,进而诱导细胞毒性CD8+ T的扩增和抗肿瘤免疫。

DC输注与免疫检查点抑制剂(checkpoint inhibitor,CPI)联合治疗是当前临床试验的方向。已有TriMix DC疫苗与伊匹单抗(ipilimumab)联合治疗黑色素瘤的临床试验,结果为 80% 的患者治疗后出现显著的细胞毒性反应。DC 细胞免疫治疗研究主要集中在黑色素瘤和胶质母细胞瘤。

第六节 男性生殖系统疾病的细胞治疗

一、睾丸衰老

睾丸衰老一方面体现在雄激素缺乏,主要表现为血清睾酮浓度的下降,这种变化是从 30 岁时开始并逐渐进展,平均每年血清总睾酮下降 0.5%~1.5%,血清游离睾酮下降 2%~3%,可能是由于男性在 30 岁以后体内性激素结合蛋白含量逐渐升高,进而导致游离睾酮下降速度加快。雄激素生理作用广泛,发挥生物活性效应的靶器官众多,诸如生殖、泌尿、皮肤、骨骼、肉、造血、心血管及神经系统等均有雄激素受体的表达。因此雄激素缺乏不仅可以引起性欲减退、男性勃起功能障碍(erectile dysfunction,ED)等性功能障碍症状,还可引起骨质疏松、向心性肥胖和代谢综合征等全身症状,以及精力降、记忆力减退、睡眠障碍、抑郁症等神经系统和精神心理症状。另外,睾丸衰老还会引起生精功能减退、生育力下降。早期研究发现,40 岁是精液质量的"分水岭",精子总数、精子活力和正常形态精子百分率自此开始出现下降,男性 25 岁以下年龄组的不育概率为 8.1%,而 40 岁以上年龄组的不育概率升高至 18.7%,与 25 岁以下的男性相比,45 岁以上男性的配偶受孕时间平均延长了 5 倍。

二、性功能衰老的机制

现在有多种关于人类细胞衰老分子假说如氧化应激损伤、端粒缩短、DNA 损伤、线粒体功能障碍、发育程序、沉默信息调节蛋白复合物,以及 p536 和 p16-INK4a 这两种基因介导细胞衰老的信号通路如 Wnt/catenin 等。细胞衰老后不仅增殖停滞、生理功能下降,还会分泌一系列细胞因子,包括促炎因子、生长因子、趋化因子和基质重塑酶等,称为衰老相关分泌表型(senescence associated secretory phenotype,SASP)。SASP 的产生可以恶化局部微环境,巩固自身衰老表型的同时促进邻近细胞发生衰老,进而导致恶性循环。由于衰老细胞具有凋亡抵抗的特点,机体对其清除功能减弱,使得衰老细胞在体内不断累积并最终导致器官结构和功能的衰退。近几年衰老小鼠模型的构建实现了对衰老的可视化研究,例如,在编码 p16 的 CDKN2A 基因的启动子上插入带有荧光的 p16:3MR 转基因小鼠。

三、诊断评估

男性性功能衰老的评估主要针对第二性征发育、睾丸内分泌功能、生精功能阴基勃起功能等,目前尚无整体评估男性性功能衰老状态的方法或手段,且缺少足够有效识别的生物学标志物,那么我们只能从男性生殖及性功能相关的检测评估出发。诊断评估项目及内容见表 3-45-1。

四、干细胞在 ED 治疗中的应用

(一)间充质干细胞

骨髓单核细胞群(bone marrow mononuclear cell,BM-MNC)是包括 MSC、内皮祖细胞和 HSC 在内的异质性细胞群,具有抗凋亡、营养神经和血管生成作用。其中 MSC 是一种成体干细胞,具有向多种组织细胞分化的潜能,并能够分泌多种促进组织修复的生长因子,可以在体外扩增用于基于细胞的药物治疗。同时,MSC 介导的再生涉及多细胞机制。使用这些未分化干细胞的积极效果并非归因于靶组织内的细胞分化和直接整合,而是通过旁分泌作用实现免疫调节,从而分泌细胞因子和生长因子减少炎症并促进愈合。MSC 在几乎所有血管形成的组织中都丰富,考虑与包裹在毛细血管周围的血管周细胞相关。

Demour 等首次使用 BM-MSC 对 4 例糖尿病性难治性 ED 患者进行连续 2 次的活性药物试验(intracavernosal injection,ICI),并随访了 2 年,结果显示,注射耐受性良好,没有显著不良反应,勃起功能和硬度也有显著改善。Yiou 等对行前列腺癌根治术(radical prostatectomy,RP)后出现 ED

表 3-45-1　男性性功能衰老的评估

项目	内容
第二性征	睾丸容积;阴茎长度和直径;喉结发育;乳房不发育等
睾丸内分泌功能	血清睾酮(T)、游离睾酮(cFT)、性素结合蛋白(SHBG)等
生精功能	精液常规(精液量、液化时间、pH 值、精子浓度、形态学、活动率等)睾丸容积(睾丸 B 超测量睾丸大小)、血清卵泡刺激素(FSH)和血清、精浆抑制素 B(INHB)等
阴茎勃起功能	功能检测,包括视听刺激勃起检测(audio visual seual stimulation,AVSS);夜间阴茎勃起硬度(nocturnal penile tumescence and rigidity,NPTR);阴茎彩色多普勒超声检查(color Doppler duplex ultrasound,CDDU);阴茎海绵体注射血管活性药物试验(intracavernosal injection,ICI)等 评估问卷,包括勃起功能国际问卷(international index of erectile function,IIEF)、勃起质量量表(quality of erection questionnaire,QEQ)、勃起硬度分级(erection hardness score,EHS)等
其他	主要涉及一些评估问卷,包括中老年男性雄激素缺乏自测表(androgen deficiency in the aging male questionnaire,ADAM)、男性性健康调查问卷(male sexual health questionnaire,MSHQ)、性生活质量调查表(sexual life quality questionnaire,SLQQ)等

的 12 例最大剂量 PDESi 药物治疗无效患者给予 BM-MSC 的 ICI，4 组相同情况的患者注射剂量逐步增加（分别为 2×10^7、2×10^8、1×10^9 和 2×10^{10}），在 6 个月后采用 IIEF、勃起硬度量表问卷和彩色双多普勒，对研究对象的勃起功能情况和阴茎血管形成情况进行评估。结果发现，其中 12 例患者在联合口服 PDE5i 的情况下有 9 例性功能明显改善；分组比较后，发现随着注射剂量增加，自发勃起的改善明显更大，并且临床疗效与海绵状动脉的收缩期峰值流速的升高和阴茎一氧化氮释放试验比例的增加有关，且该研究没有报告严重的注射后不良反应。试验的第二阶段增加了 6 例患者，并注射了第一阶段确定的最佳剂量（1×10^9）的 BM-MSC，结果显示，在第一阶段参加试验的患者中，没有前列腺癌复发，但勃起功能较 1 年前时间点略低，这表明使用 BM-MSC 进行 ICI 是安全的，但随着时间的推移，可能需要重复多次的注射以维持更好的疗效。但是由于 MSC 的扩增能力低并且易于衰老，同时由于伦理、取材麻醉穿刺的疼痛等，极大地限制了骨髓衍生干细胞在临床中的应用。

（二）脂肪来源性干细胞

近期研究发现，脂肪来源性干细胞（ADSC）和骨髓干细胞具有相同的分化和治疗能力，且 ADSC 与其他类型的干细胞相比，具有来源充足、取材容易、分离培养步骤简便、体外增殖能力强、免疫抑制特性等优点，提示在以后的科学研究及临床应用中，将是一个更好的选择。

2019 年，Protogerou 等做过一项一期前瞻性研究，选取 8 例 RP-ED 患者，分成 A、B 2 组。A 组患者行抽脂术取 50~100mL 脂肪组织并分离得到 ADSC，并且从每例患者外周血抽取 20mL 以得到血小板裂解液（platelet lysate，PL），混合注入患者阴茎海绵体内。B 组患者只注射血小板裂解液作为对照组。试验发现，注射后随访 1 个月和 3 个月勃起功能得到改善。在两种治疗方案前后，患者在第 1 个月和第 3 个月 IIEF-5 评分比较，差异均有统计学意义。该研究的结果表明，ADSC 和 PL 在 ED 患者中的应用令人满意。Haahr 等使用 ADSC 对 17 例有 RP 手术史的 ED 患者（药物治疗无法恢复）进行 ICI，结果显示，ADSC 具有良好的耐受性，仅 5 例患者出现与吸脂有关的轻微不良事件，2 例者在注射部位出现红肿或肿胀，1 例者出现阴囊和阴茎血肿，并发现其中有 8 例能在没有使用口服药物的情况下实现勃起并完成性交。随访 1 年后分析显示，RP 术后恢复了尿控力的患者通过注射可以明显改善性功能。

（三）胚胎干细胞

早在 2004 年，美国加州大学的 Bochinski 等报道了将从大鼠胚囊中分离出的 ESC 进行培养，并引入脑源性神经营养因子对其标记，最终分化为神经源性 ESC 并注射入具有海绵体神经损伤（cavernous nerve injury，CNI）的 ED 大鼠模型。实验结果表明，神经源性胚胎干细胞能显著改善神经源性 ED 大鼠的勃起功能，并且提高盆神经节和阴茎组织中神经纤维及一氧化氮合酶（nitric oxide synthase，NOS）阳性神经纤维含量。但由于伦理与法律的限制，ESC 在 ED 研究中的使用受到限制，相关的临床应用研究较少。

（四）脐带间充质干细胞

UC-MSC 具有强增殖、低免疫原性、多潜能分化等特点，是干细胞治疗 ED 的一个不错选择。Bank 等将 UC-MSC 注入 7 例 ED 伴有糖尿病患者的阴茎海绵体内，与口服 PDE5i 结合后病情明显好转，9 个月以来监测每天勃起与血糖情况和药物剂量，并评估患者的 IIEF，研究发现，3 例患者在 1 个月内恢复了晨勃，2 例患者联合 PDE5i 治疗 6 个月后，成功达到满意的性生活，所有患者除 1 例外均有性欲增加的表现，但这项研究受到样本量较小的限制。

（五）胎盘干细胞

PDSC 可以有效地促进血管生成，并且与骨髓间充质干细胞和脂肪组织相比具有更高的再生活性。在一项针对 8 例 ED 患者的研究中，Levy 等注入 PDSC 后评估收缩期峰值速度、舒张末期速度、勃起时阴茎长度、阴茎宽度和用 IIEF-5 评估勃起功能，发现收缩期峰值速度显著改善，其中 5 例患者在第 2 个月，另外 3 例患者在第 3 个月通过使用 PDE5i 成功勃起。

（六）尿源干细胞

尿源干细胞（urine-derived stem cell，USC）可以通过无创的方法从人体的尿液中分离培养得到，并且具有强大的增殖能力和多向分化潜能。同时，USC 已被证明在体外具有多向分化潜能，在特定细胞因子的诱导下可以分化为 EC 和 SMC。Ouyang 等将 USC 进行成纤维细胞生长因子（fibroblast growth factor 2，FGF2）基因改造，并注入 2 型糖尿病大鼠 ED 模型阴茎海绵体内，在细胞移植 28 天后，大鼠阴茎海绵体内压力（intracavernosal pressure，ICP）和海绵体内压力/平均动脉压（intracavernosal pressure/mean arterial pressure，ICP/MAP）显著提高，改善了勃起功能，证实 USC 可以旁分泌许多促生长因子，并保持内皮分化潜能，特别是 USC 在经过 FGF2 基因改造后，对改善糖尿病患者阴茎海绵体组织中的内皮功能有意义。Yang 等 USC 进行色素上皮衍生因子（pigment epithelium-derived factor，PEDF）基因修饰，注射到双侧 CNI 的大鼠模型中，在细胞移植 28 天后，证实 USC 和 USCGFP/PEDF⁺ 的旁分泌作用修复了受损的海绵状结构，改善了勃起功能，从而改善了内皮细胞功能，增加了平滑肌的含量，减少了海绵状组织中的纤维化和细胞凋亡。

五、展望

男性 ED 已成为影响男性健康的常见疾病。干细胞研究是 21 世纪生命科学领域的创新之举，目前已在治疗 ED 方面取得了一定的进展，早期研究显示干细胞或基因修饰的干细胞对 ED 治疗持久有效，并有可能成功治愈 ED。然而 ED 的干细胞治疗仍存在许多问题，体内注射的干细胞具有形成肿瘤的风险，该风险与注射的细胞数量成正相关，但也有文献显示，干细胞恶性转化和肿瘤形成的可能性非常低，同时借助纳米技术使干细胞留在原位以降低肿瘤形成的风险。目前干细胞治疗 ED 的临床应用数据正在缓慢累积，并证明短期内似乎是安全有效的，但从长期看，可能的基因组或表观遗传学变化、感染（包括带有病毒整合的人畜共患病感染）和潜在的免疫反应都无法确定。

（李明阳　柴佳　唐雪原　贾青鸽　黄艳红

丁旭　马国慧　梁宇同　周冬梅）

参考文献

［1］Xiaobo Liu, Jiajia Li, Wenjun Wang, et al. Therapeutic restoration of female reproductive and endocrine dysfunction using stem cells. Life Sci, 2023, 322:121658.

［2］Zhao Y, Ye S, Liang D, et al. In Vitro Modeling of Human Germ Cell Development Using Pluripotent Stem Cells. Stem Cell Reports, 2018, 10(2):509-523.

［3］Chen X, Li C, Chen Y, et al. Differentiation of human induced pluripotent stem cells into Leydig-like cells with molecular com-pounds. Cell Death Dis, 2019, 10(3):220.

［4］Kosar Babaei, Mohsen Aziminezhad, Seyedeh Elham Norollahi, et al. Cell therapy for the treatment of reproductive diseases and infertility: an overview from the mechanism to the clinic alongside diagnostic methods. Front Med, 2022, 16(6):827-858.

［5］Fernandez-Moure JS, van Eps JL, Cabrera FJ, et al. Platelet-rich plasma: a biomimetic approach to enhancement of surgical wound healing. J Surg Res, 2017, 207:33-44.

［6］Samadi P, Sheykhhasan M, Khoshinani HM. The use of platelet-rich plasma in aesthetic and regenerative medicine: a comprehensive review. Aesthetic Plast Surg, 2019, 43(3):803-814.

［7］Leah C Ott, Christopher Y Han, Jessica L Mueller, et al. Bone Marrow Stem Cells Derived from Nerves Have Neurogenic Properties and Potential Utility for Regenerative Therapy. Int J Mol Sci, 2023, 24(6):5211.

［8］Chu CR, Rodeo S, Bhutani N, et al. Optimizing clinical use of biologics in orthopaedic surgery: consensus recommendations from the 2018 AAOS/NIH U-13 Conference. J Am Acad Orthop Surg, 2019, 27(2):e50-e63.

［9］Ishizuka B. Current Understanding of the Etiology, Symptomatology, and Treatment Options in Premature Ovarian Insufficiency(POI). Front Endocrinol(Lausanne), 2021, 12:626924.

［10］Francesc Fàbregues, Janisse Ferreri, Marta Méndez, et al. In Vitro Follicular Activation and Stem Cell Therapy as a Novel Treatment Strategies in Diminished Ovarian Reserve and Primary Ovarian Insufficiency. Frontiers in Endocrinology, 2021, 11:617704.

［11］Yantao He, Dongmei Chen, Lingling Yang, et al. The therapeutic potential of bone marrow mesenchymal stem cells in premature ovarian failure. Stem Cell Research & Therapy, 2018, 9(1):263.

［12］Boxian Huang, Jiafeng Lu, Chenyue Ding, et al. Exosomes derived from human adipose mesenchymal stem cells improve ovary function of premature ovarian insufficiency by targeting SMAD. Stem Cell Research & Therapy, 2018, 9(1):216.

［13］Lijun Ding, Guijun Yan, Bin Wang, et al. Transplantation of UC-MSCs on collagen scaffold activates follicles in dormant ovaries of POF patients with long history of infertility. Science China Life Sciences, 2018, 61(12):1554-1556.

［14］Li Quanxi, Davila Juanmahel, Kannan Athilakshmi, et al. Chronic Exposure to Bisphenol A Affects Uterine Function During Early Pregnancy in Mice. Endocrinology, 2016, 157(5):1764-1774.

［15］Sebbag L, Even M, Fay S, et al. Early Second-Look Hysteroscopy: Prevention and Treatment of Intrauterine Post-surgical Adhesions. Front Surg, 2019, 6:50.

［16］Dreisler E, Kjer JJ. Asherman's syndrome: current perspectives on diagnosis and management. Int J Womens Health, 2019, 11:191-198.

［17］Salazar CA, Isaacson K, Morris S. A comprehensive review of Asherman's syndrome: causes, symptoms and treatment options. Curr Opin Obstet Gynecol, 2017, 29(4):249-256.

［18］Tan Qingqing, Xia Dandan, Ying Xiaoyan. miR-29a in Exosomes from Bone Marrow Mesenchymal Stem Cells Inhibit Fibrosis during Endometrial Repair of Intrauterine Adhesion. International journal of stem cells, 2020, 13(3):414-423.

［19］Liangjun Xia, Qingyu Meng, Jin Xi, et al. The synergistic effect of electroacupuncture and bone mesenchymal stem cell transplantation on repairing thin endometrial injury in rats. BioMed Central, 2019, 10(1):244.

［20］Liaobing Xin, Xiaona Lin, Feng Zhou, et al. A scaffold laden with mesenchymal stem cell-derived exosomes for promoting endometrium regeneration and fertility restoration through macrophage immunomodulation. Acta Biomaterialia, 2020, 113:252-266.

［21］Zheng Jia-Hua, Zhang Jing-Kun, Kong De-Sheng, et al. Quantification of the CM-Dil-labeled human umbilical cord mesenchymal stem cells migrated to the dual injured uterus in SD rat. Stem Cell Research & Therapy, 2020, 11(1):280.

［22］Liaobing Xin, Xiaona Lin, Yibin Pan, et al. A collagen scaffold loaded with human umbilical cord-derived mesenchymal stem cells facilitates endometrial regeneration and restores fertility. Acta Biomaterialia, 2019, 92:160-171.

［23］Ouyang Xiaolan, You Shuang, Zhang Yulin, et al. Transplantation of human amnion epithelial cells improves endometrial regeneration in rat model of intrauterine adhesions. Stem cells and development, 2020, 29(20):1346-1362.

［24］Xinrong Wang, Hongchu Bao, Xuemei Liu, et al. Effects of endometrial stem cell transplantation combined with estrogenin the repair of endometrial injury. Oncology Letters, 2018, 16(1):1115-1122.

［25］Chang Qiyuan, Zhang Siwen, Li Pingping, et al. Safety of menstrual blood-derived stromal cell transplantation in treatment of intrauterine adhesion. World journal of stem cells, 2020, 12(5):368-380.

［26］Kumar A, Watkins R, Vilgelm AE. Cell therapy with TILs: training and taming T cells to fight cancer. Front Immunol, 2021, 12:690499.

［27］Mayor P, Starbuck K, Zsiros E. Adoptive cell transfer using autologous tumor infiltrating lymphocytes in gynecologic malignancies. Gynecol Oncol, 2018, 150(2):361-369.

［28］Sarnaik AA, Hamid O, Khushalani NI, et al. Lifileucel, a tumor-infiltrating lymphocyte therapy, in metastatic melanoma. J

Clin Oncol,2021,39（24）:2656-2666.

[29] Sun Q,Zhang X,Wang L,et al. T-cell receptor gene therapy targeting melanoma-associated antigen-A4 by silencing of endogenous TCR inhibits tumor growth in mice and human. Cell Death Dis,2019,10（7）:475.

[30] Wculek SK,Cueto FJ,Mujal AM,et al. Dendritic cell in cancer immunology and immunotherapy. Nat Rev Immunol,2020,20（1）:7-24.

[31] Collin M,Bigley V. Human dendritic cell subsets:an update. Immunology,2018,154（1）:3-20.

[32] Menares E,Gálvez-Cancino F,Cáceres-Morgado P,et al.Tissue-resident memory CD8[+] T cells amplify anti-tumor immunity by triggering antigen spreading through dendritic cell. Nat Commun,2019,10（1）:4401.

[33] De Keersmaecker B,Claerhout S,Carrasco J,et al. TriMix and tumor antigen mRNA electroporated dendritic cell vaccination plus ipilimumab:link between T-cell activation and clinical responses in advanced melanoma. J Immunother Cancer,2020,8（1）:e000329.

第四十六章　细胞治疗的标准、规范与伦理

提要：随着近年细胞治疗领域国家管控宽松及相关政策支持，以干细胞治疗和免疫细胞治疗为代表的细胞治疗产品不断涌现，基因治疗技术与细胞治疗技术的结合，助推了新的细胞治疗技术的产生，现已成为医学治疗领域国际竞争的重要领域。细胞治疗产品作为一种特殊活体药物，运用于临床治疗需要符合国家（际）审批，建立相关生产标准及规范，同时又要充分考虑法律及伦理问题。为此，本章以 3 节内容，分别介绍细胞治疗的临床数据及国内外标准、细胞治疗的国家 GMP 标准，以及道德与伦理。

近年来，随着干细胞治疗、免疫细胞治疗和基因编辑等基础理论、技术手段和临床医疗探索研究的不断发展，细胞治疗产品为一些严重及难治性疾病提供了新的治疗思路与方法。为规范和指导这类产品按照药品管理规范进行研究、开发与评价，国际、国家层面，以及部分省级政府相继制定一些政策和指导原则。我国一直在加紧干细胞领域相关标准的制定，中国细胞生物学学会标准工作委员会共主导国际标准提案 16 项、国家标准提案 42 项、团体标准提案 24 项。参与在研国际标准 19 项、国家标准 13 项，在干细胞领域标准化建设、规范干细胞行业发展、保障受试者权益、促进干细胞转化应用等方面发挥了重要作用。我国在干细胞领域率先制定相关标准，并引领国际标准的制定，不仅能够规范科研实践、规范伦理标准，更对科研成果转化和行业发展至关重要。

第一节　细胞治疗的临床数据及国内外标准

一、临床数据

细胞治疗目前是临床前和临床中研究最多的治疗方式之一，许多细胞治疗产品已获得批准。截至 2022 年初，全球已经批准 32 款细胞治疗产品上市，其中 11 种免疫细胞，包括 CAR-T 7 种、DC 3 种、CIK 细胞 1 种；21 种干细胞，包括 UC-MAC 10 种、MSC 10 种，角膜缘干细胞 1 种。以干细胞（stem cell）为检索词检索美国 NIH 临床试验数据库，得到临床试验项目共 6 508 项，以美国、欧洲、中国为主，其中 206 个项目处于"未招募"状态，933 项处于"正在招募"状态，1 283 项处于"未知状态"，295 项被"撤回"，875 项被"终止"，2 842 项"已完成"。以间充质干细胞（mesenchymal stem cell，MSC）为检索词检索美国 NIH 临床试验数据库，得到临床试验项目共 1 183 项，其中 63 个项目处于"未招募"状态，191 项处于"正在招募"状态，367 项处于"未知状态"，49 项被"撤回"，42 项被"终止"，379 项"已完成"。以嵌合抗原受体 T 细胞（chimeric antigen receptor T cell，

CAR-T cell）为检索词检索美国 NIH 临床试验数据库，得到临床试验项目共 947 项，其中 102 个项目处于"未招募"状态，470 项处于"正在招募"状态，186 项处于"未知状态"，28 项被"撤回"，24 项被"终止"，49 项"已完成"。从疾病治疗领域来看，神经系统疾病、癌症和肿瘤类疾病、呼吸道疾病、血液和淋巴疾病、心血管疾病是目前临床研究中较多研究的疾病领域。

以急性肝衰竭（acute hepatic failure，ALF）为例，其疾病特点是无肝病基础者在短时间内发生大量肝细胞坏死导致肝脏的合成、解毒、排泄、生物转化等功能发生严重障碍，出现以凝血功能障碍、黄疸、肝性脑病、腹水等为主要表现的临床综合征。目前以对症支持治疗为主，检索 ALF 和间充质干细胞治疗，得到共 9 个临床试验，其中有 1 项被"撤回"，5 项处于"未知状态"，1 个"已完成"，1 个"正在进行中"，1 项被"终止"。其中 5 项为中国申请。

以新型冠状病毒感染（corona virus disease 2019，COVID-19）为例，多项研究已发现间充质干细胞能够通过调控炎症应答、促进组织修复等方式用于疾病治疗。检索 COVID-19 和间充质干细胞治疗，得到共 103 个临床试验，其中有 9 项被"撤回"，22 项处于"未知状态"，26 个"已完成"，20 项处于"正在招募"状态，3 项被"终止"。其中 15 项为中国申请。

二、国际标准

目前国际上多个发达国家和地区已经颁布了细胞治疗的相关法规。其中 FDA 颁布了用于全面管理基于人类细胞和组织的治疗产品（Human Cell and Tissue based Products，HCT/P）生产过程的指导规范，即 cGTP（current Good Tissue Products）。细胞治疗可大致分为免疫细胞治疗和干细胞治疗。以干细胞治疗为例，目前美国、欧盟、日本、韩国、中国等地的发展较为领先，相应的干细胞产品政策也较为完善。现对以上几个主要国家和地区的干细胞产品的监管状况进行概述。

（一）美国

美国食品和药品监督管理局（Food and Drug Administration，

FDA）将干细胞临床应用归类于细胞治疗。FDA 负责保证生物制品的安全、纯度、效力和有效性，而干细胞临床试验、干细胞治疗、干细胞产品生产、销售等环节均由 FDA 下属的生物制品评估与研究中心（CBER）负责监管。CBER 根据各种监管机构对产品进行监管，包括《公共卫生服务法》和《食品药品和化妆品法》。主要分为研究性新药申请（IND）、生物制品许可申请（BLA）、CBER 监管产品的上市前批准（PMA）等。

研究性新药申请（IND）是临床研究发起人要求获得 FDA 授权，以向人类施用研究性药物或生物制品的请求。通常进行临床研究以收集安全性和有效性信息，以支持生物和药物产品的商业销售。除非获得免除，否则临床研究的申办者必须通过提交 IND 申请获得 FDA 的授权才能进行研究。临床研究必须遵循一系列法律法规，旨在保护参与人体试验的人体受试者的权利、安全和福利，确保临床试验数据的质量、有效性和完整性，并促进临床试验数据的可用性，向公众提供新的医疗产品。此外，CBER 网站中各种指导文件和标准操作程序可用于阐明 IND 过程的政策和程序。

临床试验通过后，申请人须向 CBER 提交生物制品许可申请（BLA）将生物产品引入市场。BLA 由从事制造的任何法人或实体或负责遵守产品和企业标准的许可证申请人提交。需提交内容包括：申请人信息、产品/制造信息、临床前研究、临床研究、标签。干细胞产品审批过程和时间与其他生物制品药品一致，但是具体审查的关注点可能会因产品而异。

美国对干细胞治疗的早期临床试验和监管管理主要集中在 3 个基本方面：

1. 限制传染病传播的风险 主要限制的是捐赠者和接受者之间的传染，FDA 通过一系列严格的标准筛选捐赠者和接受者，检测捐赠者细胞或组织中是否存在相关传染病病原体并对供体进行特定要求，以最大程度地减少传染病传播风险。

2. 建立生产质量管理规范 生产质量管理规范是细胞治疗产品安全性的关键，一定要在各环节把好质量关，把感染的风险降到最低。

3. 收集细胞治疗产品的安全性及有效性证明 细胞治疗产品在加工过程中的安全性及有效性证明，并可对发现存在违规问题的已上市产品进行召回。

目前，FDA 正在努力与其他国家的监管部门探索国际干细胞治疗领域共同的管理制度，以求在全球干细胞产业进行统一监管。为加速审批细胞疗法产品进度，FDA 拟设立一个"再生医学先进疗法（RMAT）"认证的新政策，并对符合该认证的疗法给予一系列加速审批的优惠政策。目前 FDA 已经发布了两项草案和两项指导文件，这些文件将构建起 RMAT 政策的基础框架。

（二）欧盟

欧洲药品管理局（European Medicines Agency，EMA）负责泛欧洲范围的药品审批。EMA 共有 7 个科学委员会，主要通过向新药研发公司提供科学建议、出台指南、监督指导，来帮助制药公司完善产品的上市申请，他们分别是：人用药品委员会、药物警戒风险评估委员会、兽药委员会、孤儿药品委员会、草药产品委员会、先进疗法委员会和儿科委员会。此外，还有一些从事相关科学工作的组织。

欧盟将干细胞产品归为新型治疗产品（ATMP），即源于基因、细胞和组织的药品，所有的 ATMP 都由 EMA 集中许可，评估需要 210 多天。在人用药品委员会（CHMP）审核决定前，先进疗法委员会（CAT）为各种 ATMP 的申请提出全面的科学意见，它们受益于单一的评估和许可程序。在 ATMP 的审评过程中，CAT 会对每一个 ATMP 申请准备草案意见，然后送交给 CHMP，CHMP 在此基础上提供批准或拒绝上市许可的建议。CAT 还参与 EMA 针对研发 ATMP 的 SME 的质量和非临床试验认证，并就 ATMP 的分类提供科学建议。

药品在欧盟上市可通过两种方式进行，"集中授权"和"国家授权"。集中授权方式走集中程序，即药品通过 EMA 的上市许可后，可在所有欧盟成员国上市，对应的审批程序是针对整个欧盟市场的集中审批程序。而国家授权方式对应的注册程序则通过非集中程序、各成员国之间的互认程序和成员国自主的成员国审批程序。

上市许可申请所有材料送交 EMA 审评员审评（负责的正副审评员由 EMA 主管科学委员会指定），整个审评过程的协调和审评报告草案起草由审评人员负责。他们自行或召集其他专家共同完成审评后，起草出评估报告的草案。在此期间，审评员要就报告中的说明及提到的缺陷与申请人沟通，并对注册申请人的答复进行评估，并将有关材料送人用药品委员会或兽药委员会讨论。解决有争议的意见和问题后，起草最终评估报告。审评工作完成后，制作初稿意见，而后由 CHMP 采用并作出授权与否的决定。集中审评的期限是 210 天，批准的上市许可证有效期为 5 年，申请人要在许可证失效前的 9 个月提前提出延期申请。

在干细胞治疗应用的监管上，欧洲重视科学立法、政府引导、行业治理，实行行业管理机构之间无缝隙对接监管，提供必要的政府服务，使生物科技企业和医疗机构能够安全、科学、有效地研发干细胞产品。欧盟于 2004 年颁布有关人体组织和细胞研究及应用的指令（The Parent Directive），为成员国相关立法提供了一个制度框架。2006 年颁布 2 个技术指令，为成员国相关立法提供了详细的技术基准，3 个指令合称为细胞指令（EUTCD）。

（三）英国

以英国为例，在英国卫生体系（NHS）下，药品不能直接进入市场，英国在干细胞技术产品及药品监管上成立了人体组织管理局（HTA）及药品和保健产品监管署（MHRA）两个监管机构。HTA 是由卫生部设立的具有执法和监管职能的非政府部门公共机构，规定干细胞基础研究和临床应用的各种标准，负责监督干细胞采集、处理、储存、分配，以及患者的知情同意和临床治疗；MHRA 是卫生部的执行机构，属于政府机构，负责监管干细胞产品的生产、加工、销售、评估及授权、不良反应监测，并根据不同的对象制定了一系列指南文件。HTA 和 MHRA 规范有序的运作,有效地确保了干细胞产品合理、安全的研发,积极推动了干细胞产业的发展。欧盟表示,监管部门需谨慎平衡干细胞产品早期介入临床应用给患者带来的价值和无效药物的不良反应及其他风险的关系。研发商必须向监管部门提供与质量、安全和效力相关的证据,确保所有的药品安全、有效且质量优良等。

（四）韩国

韩国的干细胞产品由韩国 FDA 进行监管,以确保产品的安全和有效性。为了规范生命科学和生命技术,韩国颁布了生物伦理和生物安全法,并采用该法对干细胞产品进行集中监管。该法案允许 ESC 的研究,尤其支持成体干细胞的研究,同时也允许治疗性克隆,但禁止生殖性克隆和不同种族间精胚的转移。韩国国家生命伦理委员会对干细胞产品的类型、对象,以及使用胚胎或人类 ESC 的来源进行监管,国家卫生部部长提出具体审批意见。韩国政府推出了关于推进干细胞产业投资发展的政策,通过立法来简化干细胞治疗产品授权的过程,减少干细胞产业化发展的障碍。

（五）日本

在干细胞基础研究领域,日本政府从积极和长远的角度出发,在干细胞伦理、准则和社会应用等方面制定了有约束力的指导方针。日本厚生劳动省于 2001 年组织了干细胞临床研究专家委员会,集中讨论了干细胞技术临床应用的限制范围、临床评估系统、技术向临床转移和其衍生产品的监管等多个问题。2006 年制定了关于干细胞应用安全和有效性的指导方针,以及对投资商和患者伦理指导及知情同意制度,以确保治疗的安全、透明度和隐私的保护。这两项指导确定了日本干细胞研究的双重评审系统。

日本把干细胞临床试验分为疗效试验和临床研究 2 类,但日本的监管部门不参与临床研究,在一定程度上限制了其积累审查经验的机会。在胚胎干细胞应用方面,日本成立了人类胚胎研究专家委员会,并制订了《人类胚胎干细胞研究准则》,规定日本各个协会的伦理委员会和国家的检查标准,每个伦理委员会通过的研究草案都要被详细检查。

2014 年底,日本出台了两项新法律:《再生医学安全法》(第 85/2013 号法律)、《药品和医疗器械法》(第 84/2013 号法律)。第一个法案的目的是加速创新再生医学疗法的临床应用和商业化。它涵盖了使用加工过的细胞的临床研究和医疗实践,并规定了对人体实施细胞治疗所需的许可程序。这些指南对于临床阶段的细胞使用非常重要。同样,药品和医疗器械法案为再生药物产品引入了一个具体的监管框架。

根据药品和医疗器械法案,在探索性临床试验证明了可能的效益和安全性后,再生药物可以有条件和有时限地获得市场批准。根据这些新法律,一旦一家公司在人类中证明了安全性和基本效率数据,并按照药品和医疗器械法案中描述的标准生产了细胞产品,细胞疗法就可以获得 7 年的有条件批准。这允许有数据报告要求的商业使用和全国保险覆盖的潜力。药品和医疗器械法案对再生医学的定义包括组织工程产品、细胞治疗产品和基因治疗产品。同

时设置 7 年有条件审批期,这些法律的目的是通过允许公司从有条件的市场许可中受益,加速细胞疗法在日本的商业化。

因此,在 I 期和 II 期临床试验中表现出安全性和可能有效性的细胞疗法可以获得长达 7 年的有条件批准,在此期间:①开展大规模、后期的临床试验;②在日本市场上寻求细胞疗法的收益。在 7 年的有条件批准期内,公司必须继续向日本制药和医疗器械管理局(PMDA)提交临床试验数据,随后在 7 年内申请最终上市批准或撤回产品。日本的监管环境为公司提供了一个独特的机会,可以“快速通道”临床试验,并在日本市场寻求新的细胞治疗产品的批准。

（六）非国家机构

干细胞干预引起的伦理、社会和公众关注,促使国际干细胞研究学会(ISSCR,一个由干细胞科学家组成的国际非营利组织)发布了干细胞研究和临床转化指南。虽然这些自愿准则是有用的,但它们缺乏世卫组织准则可能提供的政治、法律和道德权威。此外,如果卫生组织根据其《干细胞研究和临床转化指南》通过了干细胞产品条例,所有会员国将被要求采取相应的立法步骤,除非它们表示保留。这一举措还将有助于加强国家监管环境,并帮助主权政府应对此类监管可能面临的政治反对。

联合国教育、科学及文化组织(UNESCO)生物伦理宣言承认“在应用和推进科学知识,医疗实践和相关的技术,应该考虑人类的弱点。应保护特别易受害的个人和群体,尊重这些人的人格完整性”。《宣言》并没有规定各国政府有积极的责任来减轻人类的各种脆弱性。但是,它强调各国政府和国际社会必须了解脆弱性产生和可加以利用的情况,并采取措施减轻这种利用。《宣言》第 14 条还规定,“促进人民的健康和社会发展是政府的一项重要目标,是社会所有部门共同的目标”。在管理方面,这意味着各国政府应管理生物医学研究和防止欺诈;与此同时,还应采取一致的国际应对措施,促进对已证实和未证实的干细胞疗法的临床应用、全球生产、销售和营销进行监管。

这类行动有先例,因为 WHO 以前处理过与已建立的卫生系统和临床实践平行或对抗的其他卫生行业相关的监管、治理和卫生问题。例如根据 WHO 关于制定关于正确使用传统、替代和替代药物的消费者信息的指导方针,12 个会员国选择规范传统、替代和替代药物的做法和产品。

如果根据第 21 条通过条例在政治上具有挑战性,WHO 可以根据国际会计准则委员会的准则制定一份业务守则。这将鼓励在商业化提供干细胞之前分享和收集有关安全性和有效性的证据,并阐明应作为国家有关临床实践的法律和法规基础的伦理原则。

WHO 的其他作用是:向资源贫乏国家提供急需的技术指导;利用其机制收集和传播专家意见;就干细胞的制造、许可、管制和适当使用等问题召集专家咨询小组和委员会;提供跨辖区信息共享平台;建立全球治理框架,监测各国在规范干细胞产业方面的进展。这样一个平台可以鼓励跨国学习,并有助于确定和调整跨司法管辖区的最佳护理标准。

三、中国标准

中国细胞治疗研究领域发展较晚，但其备发展潜力大、市场范围广、科技含量逐步提高等特点。以干细胞研究为代表的细胞治疗技术的不断发展为人类多种疾病治疗带来希望，但鉴于早期监管不足、技术缺陷、信息匮乏、商业运作、利益驱使等问题，中国干细胞治疗相对混乱。"魏则西事件"为我国干细胞科研、医疗领域敲响了警钟，一段时间内我国禁止了一切干细胞项目的申请和应用。随着干细胞研究不断取得突破及进展，欧美、日、韩等国将干细胞治疗设为国家未来发展重要领域，我国干细胞治疗的春天也逐步到来。近年来随着监管政策的调整，我国干细胞领域的研究又开始大量涌现。

（一）国家政策相继颁布

干细胞治疗方面　在细胞治疗方面，我国国家药品监督管理局发布《人体细胞治疗研究和制剂质量控制技术指导原则》，用于指导细胞治疗类产品的研发。2015年7月，国家药品监督管理局会同国家卫生计生委组织制定了《干细胞临床研究管理办法（试行）》（国卫科教发〔2015〕48号）和《干细胞制剂质量控制及临床前研究指导原则（试行）》（国卫办科教发〔2015〕46号），确定了两委局联合工作机制，成立了国家干细胞临床研究专家委员会。为加强对干细胞临床研究和应用的专项检查，2017年4月，两委局联合印发《关于加强干细胞临床研究备案与监管工作的通知》（国卫办科教函〔2017〕313号）。国家药品监督管理局正研究制定细胞产品的临床前和临床研究技术、工艺、质量控制等技术规范，逐步完善监管政策和措施。目前，中国干细胞的伦理监管由国家卫生健康委员会、科技部和各医疗机构的伦理委员会负责；国家卫生健康委员会和食品药品监督管理局负责干细胞治疗及产品的审批和监管。

我国对干细胞疗法的重视程度持续上升，2017年以来，国家密集出台多项发展规划支持引导干细胞产业的发展，如《"十三五"国家战略性新兴产业发展规划》《"十三五"生物技术创新专项规划》《"十三五"卫生与健康科技创新专项规划》等政策规划依次出台，对干细胞产业发展提出了纲领性的方向与要求。为了保障规划的落地实施，我国同时配套大量政策法规，对干细胞领域的研发和临床研究进行监管。10余年来，我国对干细胞产品的监管经历了从视为药品监管，到视为第三类医疗技术监管，再到视为药品监管的路径转换。干细胞治疗在很长时间内同时存在"药品"和"医疗技术"两种监管归口的争议。2009年3月2日出台的《医疗技术临床应用管理办法》明确将自体干细胞列入第三类医疗技术，允许通过能力审核的医疗机构开展第三类医疗技术的临床应用。2015年7月20日出台的《干细胞临床研究管理办法（试行）》，明确干细胞治疗相关技术不再按照第三类医疗技术管理。2016年10月，国务院发布《"健康中国2030"规划纲要》，其中提到发展干细胞与再生医学等医学前沿技术。2016年11月国务院《"十三五"国家战略性新兴产业发展规划》涉及，规范干细胞与再生领域法律法规和标准体系，持续深化干

细胞与再生技术临床应用。2016年12月国家发改委发布《"十三五"生物产业发展规划》，首次提出建立个体化免疫细胞治疗技术应用示范中心，并具体提出发展干细胞、嵌合抗原受体T细胞免疫治疗等生物治疗产品，建设干细胞等生物产业标准物质库。2017年5月国家六部委《"十三五"健康产业科技创新专项规划》，明确将干细胞与再生医学列为发展的重点任务，深入开展干细胞与疾病发生等方面的应用研究和转化开发，加快临床应用。2017年12月18日《细胞治疗产品研究与评价技术指导原则（试行）》的出台，以及2018年6月国家市场监督管理总局受理干细胞新药的临床试验申请，为干细胞治疗产品按照药品上市路径指明发展方向。

《人源性干细胞及其衍生细胞治疗产品临床试验技术指导原则（征求意见稿）》的发布，更是进一步提示干细胞作为药品的临床试验操作规范。其中指出，干细胞相关产品进入临床试验时，应遵循《药物临床试验质量管理规范》（2020年修订版）（GCP）等一般原则要求，同时该指导原则对干细胞产品开展探索性临床试验、确证性临床试验和临床试验结束后研究等方面提出了技术指导，有助于相关企业单位合法合规开展临床研究。

2022年9月24日，由中国牵头制定的全球首个干细胞国际标准ISO 24603《人和小鼠多能性干细胞通用要求》，1项国家标准《细胞无菌检测通则》和《人类干细胞研究伦理审查技术规范》《人自然杀伤细胞》《人中脑多巴胺能神经前体细胞》《人神经干细胞》7项团体标准。ISO 24603《人和小鼠多能性干细胞通用要求》是国际标准化组织ISO系统中第一个干细胞的标准，规定了多能干细胞的建系培养、生物学特性、质量控制、信息管理、分发和运输等要求。中国发布世界首个干细胞国际标准，获得干细胞及标准领域中外专家的广泛关注与高度评价。

近年来，我国一直加紧干细胞领域相关标准的制定，中国细胞生物学学会标准工作委员会共主导国际标准提案16项、国家标准提案42项、团体标准提案24项；参与在研国际标准19项、国家标准13项，在干细胞领域标准化建设、规范干细胞行业发展、保障受试者权益、促进干细胞转化应用等方面发挥了重要作用。我国在干细胞领域率先制定相关标准，并引领国际标准的制定，不仅能够规范科研实践、规范伦理标准，更对科研成果转化和行业发展至关重要。

（二）各地方政府部门为推动细胞治疗发展发布的相关政策

上海市科委、市经济信息化委、市卫生健康委三部门联合发布了《上海市促进细胞治疗科技创新与产业发展行动方案（2022—2024年）》，围绕上海细胞治疗创新链和产业链，按照坚持创新策源、坚持双链融合、坚持赋能产业、坚持开放合作的原则，聚焦基础研究、技术创新、临床研究、产业发展、产品监管、保障政策等核心关键问题，以全球视野、全局思维，系统谋划未来3年我市促进细胞治疗科技创新和产业发展路径，重点在产业规模、创新基地和平台建设、创新产品、企业培育、人才培养等方面提出了明确目标，凝练形成了一批重点任务，制定出台了一系列配套支持政策。

提出包括 4 个方面 13 项重点任务:一是增强科技创新策源能力,包括强化基础研究前瞻布局、加强关键技术攻关、加快核心装备与材料研发 3 项任务;二是提升临床研究和转化水平,包括加强临床研究布局、建立临床研究和转化平台、深化产医融合发展 3 项任务;三是提升产业发展能级,包括优化产业空间布局、提升企业创新能级、促进产业全链条发展、加强行业服务能力建设 4 项任务;四是强化政策支持,包括加强产品上市审批支持和服务、推动研发用物品及特殊物品通关便利化、优化伦理审查和人类遗传资源审批服务 3 项任务。

2022 年 8 月 16 日,昆明市人民政府官网正式发布《昆明市细胞产业发展规划(2021—2035 年)》。规划中提出,将举全市之力打造干细胞和再生医学集群,使之成为昆明大健康产业的标志性亮点。探索规范细胞治疗技术标准、制备标准和临床应用,推动建立细胞治疗临床研究与转化应用试点,探索细胞治疗创新发展路径。优先支持自体、最小操作、对尚无有效治疗手段且临床证明有效的细胞治疗技术转化。

2022 年 7 月 15 日,湖南省药品监督管理局、湖南省卫生健康委员会、湖南省科学技术厅发布《关于加强细胞治疗产品临床研究管理的通知》(湘药监发〔2022〕19 号),为的是进一步规范湖南省细胞治疗产品(以下简称细胞产品)临床研究管理,推动湖南省生物技术创新发展,管控细胞产品临床研究风险。

2022 年 6 月 30 日,四川省药品监督管理局印发《关于进一步促进医药产业创新发展的若干措施(试行)》(以下简称《措施》),为深化改革创新、增强发展动能、加快建设医药产业强省提供政策支撑。《措施》指出,鼓励药品研发创新。鼓励企业自主研发和建设生产设施,支持采用合同研发生产组织(CDMO)、合同生产组织(CMO)等方式,开展抗体药物和基因治疗、细胞治疗等创新药物,以及临床急需药物研发、生产。在疫苗管理厅际联席会议框架下,探索建立重大创新疫苗评审工作机制。

海南省制定了《博鳌乐城先行区干细胞医疗技术准入和临床研究及转化应用管理办法》和《海南省创制新药成果转移转化基地建设项目申报书》,探索干细胞和新药转化在博鳌乐城国际医疗旅游先行试验区先行先试。

第二节　细胞治疗的国家 GMP 标准

近年来,随着干细胞治疗、免疫细胞治疗和基因编辑等基础理论、技术手段和临床医疗探索研究的不断发展,细胞治疗产品为一些严重及难治性疾病提供了新的治疗思路与方法。为规范和指导这类产品按照药品管理规范进行研究、开发与评价,制定本指导原则。由于细胞治疗类产品技术发展迅速且产品差异性较大,本原则主要是基于目前的认知,提出涉及细胞治疗产品安全、有效、质量可控的一般技术要求。随着技术的发展、认知的提升和经验的积累,将逐步完善、细化与修订不同细胞类别产品的具体技术要求。由于本指导原则涵盖多种细胞类型的产品,技术要求的适

用性还应当采用具体问题具体分析的原则。

一、范围

(一) 指导原则

本指导原则所述的细胞治疗产品是指用于治疗人的疾病,来源、操作和临床试验过程符合伦理要求,按照药品管理相关法规进行研发和注册申报的人体来源的活细胞产品,包括由细胞系,以及自体或者异体的免疫细胞,干细胞和组织细胞等生产的产品。本指导原则不适用于输血用的血液成分、已有规定的未经体外处理的造血干细胞移植、生殖相关细胞,以及由细胞组成的组织、器官类产品等。

(二) 适用范围

本指导原则的规定适用于细胞治疗产品从供体材料的运输、接收、产品生产和检验到成品放行、储存和运输的全过程。

对于供体材料的采集和产品的使用,企业应当建立供体材料的采集和产品的使用要求并提供培训。

(三) 通用要求

细胞治疗产品的生产和质量控制应当符合本指导原则要求和国家相关规定。

二、原则

(一) 特殊性

细胞治疗产品具有以下特殊性,应当对其生产过程和中间产品的检验进行特殊控制:

1. 细胞来源和个体差异　用于细胞治疗产品的供体材料具有固有的可变性,其质量受细胞的来源、类型、性质、功能、生物活性,包括可能携带传染性疾病的病原体在内的供体个体差异等因素的影响。

2. 工艺特点　产品生产批量小,自体细胞治疗产品需根据单个供体来划分生产批次,生产过程中可能需根据供体材料的可变性,在注册批准的范围内对生产工艺进行必要的调整。

3. 产品特殊性　细胞治疗产品通常对温度敏感,应当在生产过程中监控产品温度及相应工艺步骤的时限,并在规定时限内完成产品的生产、检验、放行和使用。

4. 防止污染和交叉污染　鉴于供体材料的可变性及可能含有传染性疾病的病原体,且培养过程易导致污染,细胞治疗产品的生产全过程应当尤其关注防止微生物污染。

5. 溯源　自体细胞治疗产品如发生混淆,对使用者将产生严重后果,确保产品从供体到受者全过程正确标识且可追溯尤其重要。

(二) 风险控制策略

根据细胞治疗产品的特殊性,企业应当对产品及其从供体材料的接收直至成品储存运输的全过程进行风险评估,制定相应的风险控制策略,以保证产品的安全、有效和质量可控。

(三) 生物安全

企业应当建立生物安全管理制度和记录,具有保证生物安全的设施、设备,预防和控制产品生产过程中的生物安

全风险,防止引入或传播病原体。

三、人员

(一)生产人员

生产负责人应当具有相应的专业知识(如微生物学、细胞生物学、免疫学、生物化学等),至少具有 3 年从事生物制品或细胞治疗产品生产或质量管理的实践经验。

(二)质量人员

质量负责人和质量受权人应当具有相应的专业知识(如微生物学、细胞生物学、免疫学、生物化学等),至少具有 5 年生物制品或细胞治疗产品生产、质量管理的实践经验,从事过生物制品或细胞治疗产品质量保证、质量控制等相关工作。

(三)人员安全防护培训

从事细胞治疗产品生产、质量保证、质量控制及其他相关人员(包括清洁、维修人员)应当经过生物安全防护的培训,尤其是经过预防经供体材料传播疾病方面的知识培训,以防止传染性疾病的病原体在物料、产品和人员之间传播,以及对环境潜在的影响。

(四)人员活动限制

生产期间,未采用规定的去污染措施,从事质粒和病毒载体制备和细胞治疗产品生产的人员不得穿越不同的生产区域。

四、厂房、设施与设备

(一)厂房分区设计

细胞治疗产品、病毒载体和质粒的生产应当分别在各自独立的生产区域进行,并配备独立的空调净化系统。

(二)阳性供体材料生产厂房要求

含有传染性疾病病原体的供体材料,其生产操作应当在独立的专用生产区域进行,并采用独立的空调净化系统,保持相对负压。

(三)密闭系统

宜采用密闭设备、管路进行细胞治疗产品的生产操作;密闭设备、管路安置环境的洁净度级别可适当降低。

(四)隔离器

同一生产区域有多条相同的生产线,且采用隔离器的,每个隔离器应当单独直接排风。

(五)生产操作环境的洁净度级别

细胞治疗产品、病毒载体、质粒的生产操作环境的洁净度级别,可参照表 3-46-1 中的示例进行选择。

(六)隔离贮存

含有传染性疾病病原体的供体材料和细胞治疗产品应有单独的隔离区域予以贮存,与其他仓储区分开,且采用独立的储存设备,相应的隔离区和储存设备都应当有明显标识。

五、物料

(一)原料控制

细胞治疗产品生产用生物材料,如工程菌、细胞株、病

表 3-46-1 细胞治疗产品生产洁净度级别与生产操作示例

洁净度级别	细胞治疗产品生产操作示例
B 级背景下的局部 A 级	1. 处于未完全密封状态下产品的生产操作和转移 2. 无法除菌过滤的溶液、培养基的配制 3. 病毒载体除菌过滤后的分装
C 级背景下的 A 级送风	1. 生产过程中采用注射器对处于完全密封状态下的产品、生产用溶液进行取样 2. 后续可除菌过滤的溶液配制 3. 病毒载体的接种、除菌过滤 4. 质粒的除菌过滤
C 级	1. 产品在培养箱中的培养 2. 质粒的提取、层析
D 级	1. 采用密闭管路转移产品、溶液或培养基 2. 采用密闭设备、管路进行的生产操作、取样 3. 制备质粒的工程菌在密闭罐中的发酵

毒载体、动物来源的试剂和血清等,应当保证其来源合法、安全并符合质量标准,防止引入或传播病原体。

(二)供体材料接收风险评估及控制

应当根据微生物的生物安全等级和传染性疾病的等级进行风险评估,建立供体材料接收的质量标准并定期回顾其适用性,采取相应的控制措施。

异体供体材料不得含有经细胞、组织或体液传播疾病的病原体。

(三)材料接收

企业对每批接收的供体材料,至少应当检查以下各项内容:

1. 来源于合法的医疗机构且经企业评估批准。

2. 运输过程中的温度监控记录完整,温度和时限符合规定要求。

3. 包装完整无破损。

4. 包装标签内容完整,至少含有能够追溯到供体的个体识别码、采集日期和时间、采集量及实施采集的医疗机构名称等信息,如采用计算机化系统的,包装标签应当能追溯到上述信息。

5. 供体材料采集记录。

6. 供体的临床检验报告,至少应当有检测传染性疾病病原体的结果。

(四)阳性供体材料

经检测含有传染性疾病病原体的自体供体材料,企业应当隔离存放,每个包装都有明显标识。

经检测含有传染性疾病病原体的异体供体材料,企业不得接收。

(五)质量评价

投产使用前,应当对每批供体材料进行质量评价,内容至少应当包括:

1. 确认供体材料来自指定的医疗机构及供体,并按照第十七条第(四)款内容核对相关信息。

2. 运输过程中的温度监控记录完整,温度符合规定

要求。

3. 供体材料从医疗机构采集结束至企业放行前的时长符合规定的时限要求。

4. 供体材料包装完整，无破损。如有破损则不得放行，并按不合格物料处理。

5. 运输、储存过程中出现的偏差，应当按规程进行调查和处理。

（六）供体材料放行

不合格的异体供体材料，企业不得放行用于生产。

如遇危及患者生命的紧急情况，企业应当联系医疗机构，经医疗机构评估和患者知情同意，并获得医疗机构书面同意，同时经评估无安全性风险时，可按规程对自体供体材料进行风险放行。

（七）阳性供体材料隔离

含有传染性疾病病原体的供体材料和成品在贮存、发放或发运过程中不得接触不含有传染性疾病病原体的供体材料和成品。

（八）运输确认

供体材料和成品的运输应当经过确认。

六、生产管理

（一）批的划分

单一供体、单次采集的供体材料在同一生产周期内生产的细胞治疗产品为一批。

（二）培养基模拟试验

病毒载体和细胞治疗产品无菌生产操作的培养基模拟试验应当符合以下要求：

1. 采用非密闭系统进行无菌生产操作的，培养基模拟试验应当包括所有人工操作的暴露工序。

2. 采用密闭系统进行无菌生产操作的，培养基模拟试验应当侧重于与密闭系统连接有关的步骤；未模拟的操作应当有风险评估和合理的说明。

3. 需要很长时间完成的无菌生产操作，应当结合风险说明缩短模拟某些操作（如离心、培养）时长的合理性。

4. 某些对微生物生长有抑制作用可能影响培养基模拟试验结果的无菌生产操作（如冻存），经风险评估后可不包含在培养基模拟试验中。

5. 同一生产区域有多条相同生产线的，每条生产线在成功通过培养基模拟试验的首次验证后，可采用括号法或矩阵法或联用方法每班次半年再进行一次培养基模拟试验。

使用相同设备和工艺步骤生产的不同产品，可采用括号法进行培养基模拟试验，模拟某些生产操作的极端条件；如采用矩阵法进行培养基模拟试验，应当模拟相似工艺步骤的最差条件；采用联用方法的，应当说明理由及合理性，模拟应当包括所有的无菌生产操作及最差其条件、所有生产用的设备类型。

（三）工艺验证

采用自体供体材料生产的细胞治疗产品，其工艺验证应当至少符合以下要求：

1. 所用的供体材料可来源于健康志愿者。

2. 所用的供体材料来源于患者的，可采用同步验证的方式。

3. 实际同时生产的最大产能。

（四）病毒载体和质粒工艺验证

病毒载体和质粒的生产应当进行工艺验证，至少包含三个连续的完整工艺生产批次。

（五）生产中污染和交叉污染的防控

细胞治疗产品生产过程中应当采取措施尽可能防止污染和交叉污染，如：

1. 采用含有传染性疾病病原体的自体供体材料进行生产的，其生产、转运过程中不得接触其他不含有传染性疾病病原体的供体材料或产品。

2. 未采用密闭设备、管路生产的，不得在同一区域内同时进行多个产品或多个批次的生产操作，但产品已密封的培养操作除外。

3. 采用密闭设备、管路在多条生产线上同时生产同一品种的多个批次时，应当采取有效措施规范人员、物料和废弃物的流向。

4. 密闭设备、管路发生意外的开启或泄漏，应当基于风险评估制定并采取有效的应急措施。

5. 在密闭条件下进行细胞培养的，同一培养箱内可同时培养和保存不同品种、不同批次的产品，但应当采取有效措施避免混淆；在非密闭条件下进行细胞培养的，同一培养箱只可培养和保存同一批次的产品。

（六）微生物污染的处理

应当制定监测各生产工序微生物污染的操作规程，并规定所采取的措施，包括评估微生物污染对产品质量的影响，确定消除污染并可恢复正常生产的条件。处理被污染的产品或物料时，应当对生产过程中检出的外源微生物进行鉴别，必要时评估其对产品质量的影响。

应当保存生产中所有微生物污染和处理的记录。

（七）生产中混淆和差错的防控

细胞治疗产品生产过程中应当采取措施尽可能防止混淆和差错，如：

1. 生产过程中的供体材料和产品都应当有正确的标识，低温保存的产品也应当有标识。

2. 供体材料和产品的标识信息中应当有可识别供体的具有唯一性的编号（或代码）。

3. 生产前应当仔细核对供体材料和产品的标识信息，尤其是用于识别供体的具有唯一性的编号（或代码），核对应有记录。

4. 生产过程中需对产品标识的，应当确认所标识信息的正确性，并与供体材料上用于识别供体的具有唯一性的编号（或代码）一致，确认应有记录。

（八）及时目检

细胞治疗产品生产用包装容器及其连接容器（如有）应当在使用前和灌装后立即进行目检，以确定是否有损坏或污染迹象。

（九）一次性耗材

直接接触细胞治疗产品的无菌耗材应当尽可能使用

一次性材料。

（十）中间品转运

生产过程中的中间产品和物料的转运有特殊要求的，如温度，应当对转运条件有明确的规定，并有相应的转运记录。

七、质量管理

（一）留样

无法使用成品留样的，可选择与成品相同成分的中间产品留样，留样包装、留样保存条件及留样期限应当满足留样的目的和要求。

因满足临床必需而无法留样的，应当在批记录中附有成品的照片，能够清晰体现成品标签的完整信息。

（二）产品放行前质量评价

细胞治疗产品放行前的质量评价应当确认每批产品的信息完整、正确且可追溯，否则不得放行。

（三）有条件放行产品

发生危及患者生命的紧急情况而必须提供检验结果未达到放行质量标准的产品时，企业应当联系医疗机构，获得医疗机构书面同意和患者的知情同意书，并经企业专人医学评价，认为患者用药的受益大于风险，且产品的安全性指标符合放行质量标准的，可有条件放行该批产品。

有条件放行批次产品的医疗机构书面同意、患者的知情同意书和企业医学评价，以及放行后可能增加的额外检验记录和报告均应当纳入该批记录中。

企业应当将有条件放行批次产品的质量情况、医疗机构的评估情况和患者用药后的情况，按年度书面报告给省级药品监督管理部门。

（四）记录保存

细胞治疗产品的批记录应当至少保存至产品有效期后 5 年。

采用异体供体材料生产的细胞治疗产品，其批记录应当长期保存。

（五）不合格品和过期留样产品的处理

应当建立安全、有效处理不合格供体材料、中间产品、成品、过期留样样品的操作规程，处理应当有记录。

（六）质量缺陷的处理

企业获知细胞治疗产品在运输和使用过程中发现有质量缺陷，如包装袋破损、标签信息错误和脱落，或者产品温度在运输过程中超标，应当立即启动应急处理并展开调查，相关应急处理和调查应当有记录和报告。必要时还应当启动产品召回。

有质量缺陷但不涉及安全性指标的产品，如仍需临床使用，应参照（三）有条件放行产品执行。

八、产品追溯系统

（一）追溯系统

企业应当建立产品标识和追溯系统，确保产品在供体材料接收、运输、生产和使用全过程中，来源于不同供体的产品不会发生混淆、差错，且可以追溯。

该系统宜采用经验证的计算机化系统，应当可以实现对产品的双向追溯，包括从供体材料接收、运输、生产、检验和放行，直至成品运输和使用的全过程。

（二）唯一供体编号

企业应当对每一个供体编制具有唯一性的编号（或代码），用于标识供体材料和产品。

（三）书面操作规程

企业应当建立书面操作规程，规定供体材料和产品在接收、运输、生产、检验、放行、发放过程中正确标识与核对标识信息的操作和记录，确保可识别供体且具有唯一性的编号（或代码）不会发生标识错误或遗漏，且具有可追溯性。

（四）信息交流

企业应当与医疗机构建立信息交流机制，及时交流供体材料采集、产品使用及与产品质量相关的关键信息等，必要时采取相应的措施。

九、供体材料的采集和产品的使用

（一）医疗机构资格

企业应当选择具有合法资质的医疗机构作为供体材料采集和产品使用的机构。质量管理部门应当对医疗机构进行质量评估，会同有关部门对医疗机构进行现场质量审计，以确保医疗机构供体材料的采集、产品的使用符合要求。

质量管理部门对质量评估不符合要求的医疗机构应当行使否决权。

（二）对医疗机构的认可程序

企业应当建立对医疗机构进行质量评估和批准的操作规程，明确医疗机构的资质、选择的原则、质量评估方式、评估标准及合格医疗机构批准的程序，并明确现场质量审计的内容、周期、审计人员组成及资质。

（三）合格机构名单和质量档案

企业质量管理部门应当指定专人负责医疗机构的现场质量审计，分发经批准的合格医疗机构名单，并建立每家医疗机构的质量档案。

（四）质量协议

企业应当与经批准的合格医疗机构签订质量协议。质量协议的内容应当包括供体材料的采集方法、保存条件和质量标准。

（五）医疗机构资格取消

企业应当定期对医疗机构采集供体材料和使用产品的情况进行回顾和评估，一旦发现医疗机构出现不符合操作规程，且可能会对患者造成不利影响的情况，应当及时要求医疗机构采取纠正措施和预防措施，必要时不再纳入合格医疗机构名单。

（六）采集操作规程

企业应当制定供体筛查标准，制定供体材料采集、运输、接收标准操作规程，详细说明供体材料的采集方法、保存和运输条件及接收的标准。

（七）产品使用指导

企业应当制定详细的产品使用操作规程。产品在医疗机构使用前需要现场配制的,应当详细描述复苏方法、稀释清洗方法、配制的环境、无菌要求、暂存时间和温度、转运方式等,必要时可以图片或视频形式说明。

(八)培训

企业应当对医疗机构人员进行供体材料采集和产品使用的培训,培训应当有记录。

十、术语

(一)供体

指提供用于细胞治疗产品生产用细胞的个体,可以是健康人,也可以是患者。

(二)供体材料

指从供体体内获得的细胞治疗产品生产用的细胞。

(三)自体细胞治疗产品

指将从患者体内采集到的细胞经生产加工后再回输到患者体内的细胞治疗产品。

第三节　道德与伦理

21世纪生物治疗领域取得快速发展,多种新型治疗手段研发不断成熟,为多种疾病治疗提供可能。然而,新技术的突破同样给公共卫生系统组成及监管带来巨大挑战。以干细胞治疗为主的细胞治疗领域蓬勃发展,但由于技术及监管的不完全成熟,其潜在的安全性风险、疗效的稳定性和医疗利益的标准等问题,使细胞治疗研发人员、医护人员和患者形成巨大的意见分歧。干细胞科学的进步带来了治疗方法的发展与革新,但同时也需要对干细胞治疗给予高度关注。

一、道德约束

干细胞由于能够自我更新,并能根据干细胞的来源及其生物学可塑性发展成特定的细胞类型,因而引起了科学、临床和公众的兴趣。人们希望,干细胞可以用来替换受损的细胞,或者为细胞再生创造环境,从而治疗多种疾病,包括骨关节炎、糖尿病、黄斑变性和帕金森病。目前为止,干细胞治疗已在多种疾病动物疾病模型中证明有效,并且多个国家已批准开展了大量干细胞治疗临床试验。

然而,尽管缺乏充足、有力证据支持它们的使用,但在全球范围内,已有医院(诊所)和相关企业向患有严重疾病的患者提供基于干细胞的治疗。干细胞治疗行业的不断扩展充分利用了目前各国监管的弱点和差异,这表明有必要采用一套国际规则来监管干细胞治疗行业,以达到科学、良性及有效性发展。

尽管过去只局限于监管基础设施薄弱的中低收入国家,但未经证实的干细胞疗法提供商目前正在拥有复杂生物医学监管体系的高收入国家开展业务。在这些本应受到高度监管的司法管辖区,此类疗法的提供者处于监管不足的领域——介于临床实践、研究和创新之间的灰色地带。在某些情况下,这些灰色地带之所以出现,是因为监管机构引入了基于风险的框架,将干细胞的某些用途排除或豁免于监管其他生物和非生物疗法的机制。监管机构也接受干细胞干预作为医学标准实践的一部分。

这些管理上的弱点至少在三个方面构成了一个公共卫生问题。

第一,许多患者可能会受到未经证实的干细胞治疗的伤害。虽然患者有权选择或拒绝可能带来重大风险的药物治疗,但这些选择的有效性取决于他们所获得的有关治疗的信息和他们作出知情选择的能力。然而,寻求干细胞治疗的患者往往是脆弱的,他们可能绝望地想要任何他们认为可以挽救他们生命或提高其质量的治疗。他们也可能会认为这些治疗是安全有效的,不仅相信他们的医疗提供者是有能力的,并将他们的最大利益放在心里,而且相信这些干细胞治疗得到了适当的管理。

第二,由于该行业监管不力,它很少受到公众监督和问责。这种透明度的缺乏使临床医生能够提供未经证实和可能不安全的治疗,并根据私人保健市场能够承担的费用来确定其费用,而不需要任何形式的监管或医疗控制。这可能使患者在经济上处于弱势,产生严重的社会心理后果,并使个人和社区失去本可用于别处的资源。此外,在一些国家,干细胞干预措施造成的不良健康影响的费用由公共保健系统承担,而不是由干细胞诊所或患者承担。

第三,监管失败不仅使不择手段的提供者在缺乏监管的情况下运作,也意味着不良影响可能被低估,因为被失败的干细胞治疗所伤害的患者很少寻求法律补救。由于缺乏监督,受到这些治疗伤害的患者及其家属也可能在经济上受到影响。

因此,如果不能有效地规范干细胞行业,可能会对患者及其家属、公共卫生系统、干细胞科学、生物医学的研究和公众信任产生一系列不利影响。鉴于这些威胁在当地和全球具有重大意义,必须考虑全球组织,特别是世界卫生组织(WHO)在管制和遏制干细胞产业方面的作用。为了解决国家和国际上对干细胞产业监管不足相关的问题,需要制定一个全球战略。这一战略可由WHO制定,应能缓和全球干细胞产业,保护全球健康和公共安全,并促进未来的研究,以增加干细胞产业的证据基础。

国家卫生计生委、国家食品药品监管总局于2015印发《干细胞临床研究管理办法(试行)》,总则里关于干细胞伦理要求的总方针是:干细胞临床研究必须遵循科学、规范、公开、符合伦理、充分保护受试者权益的原则。开展干细胞临床研究的医疗机构是干细胞制剂和临床研究质量管理的责任主体。机构应当对干细胞临床研究项目进行立项审查、登记备案和过程监管,并对干细胞制剂制备和临床研究全过程进行质量管理和风险管控。医疗机构伦理委员会应当由了解干细胞研究的医学、伦理学、法学、管理学、社会学等专业人员及至少一位非专业的社会人士组成,人员不少于7位,负责对干细胞临床研究项目进行独立伦理审查,确保干细胞临床研究符合伦理规范。

二、伦理、宗教考虑

基督教、伊斯兰教、佛教并称为世界三大宗教,不同宗教具有其独特的教义及信条,特别是在生命起源、胚胎、生育等方面都有相应的观点。细胞治疗的实质就是一种细胞、组织移植技术,特别是干细胞治疗,其细胞来源多样,其中来源于胚胎干细胞的研究及治疗就尤其惹人关注,相应的道德、伦理问题自始至终争论不休。而以间充质干细胞为代表的成体干细胞相关讨论就相对较少。在科学地认识干细胞治疗的理论及价值之外,各个宗教同样具有其独特的认识及观点。

(一)伊斯兰教

"伊斯兰教"的字面意思是服从,服从安拉的意志,服从上帝的意志。伊斯兰教规范着穆斯林个人生活的方方面面,从婚姻到饮食习惯,从祭祀到休闲时间。伊斯兰教法涉及意识形态和信仰、行为和举止,以及日常的实际问题。虽然成人干细胞的使用在未来有很大的潜力,并且很少有人反对,但目前用于实验的干细胞来源主要是胚胎和胎儿组织。因此,胚胎的道德问题是讨论的核心。伊斯兰教认为人的生命是有价值的,从受孕开始就应该得到保护。然而,伊斯兰教确实承认某种形式的二元论——也就是说,它承认肉体和灵魂共同存在,并结合起来形成一个"完整的人"。许多拥有不同信仰传统的穆斯林学者认为,在伊斯兰传统中,治疗性克隆的使用,以及任何促进这一目标的研究都将得到主要法律的认可。在专门为减轻人类疾病的目的进行克隆的情况下,不存在任何道德障碍来阻止任何可能的利益大于可能的危害的这种研究。必须记住,在穆斯林传统中,对于生物技术问题没有单一的约束性观点,对于新出现的生物技术问题尤其如此。由于伊斯兰教原则上允许各种行动,只要它们没有被明确禁止,通过试管授精或克隆创造胚胎,只要是为了改善人类健康,就应该被允许。

(二)基督教

基督教是对奉耶稣基督为救世主的各教派统称,包括罗马公教(Catholic)、正教(Orthodox)、新教(Protestant)三大派及其他一些小教派,其基本教义都出自《圣经》。基督教教义反对一切与胚胎及胚胎来源材料的相关研究及治疗手段,基督教认为,世界是上帝创造的,上帝照着自己的形象造人。而成人干细胞、脐带干细胞,以及一系列免疫细胞治疗是可以被基督教教义接受的。基督教认为制造人类胚胎作为供应运用的生物材料是不道德的,因其并未尊重胚胎身为人的尊严。即使本身崇高,对科学、对其他人或社会都有可见的利益,也不得以活胚胎进行试验——无论该胚胎是否有继续生存的能力,是在母体内或体外。培育母体内或试管中的人类胚胎做实验或商业用途,完全违反人类尊严。对基督徒来说,支持对胚胎干细胞进行研究是不符合圣经的,无论胚胎是如何获得的。因此,对于基督教教义来说,以脐带间充质干细胞替代既往胚胎干细胞相关研究具有显著临床研究及运用发展潜力。

(三)佛教

佛教广泛传播于亚洲及世界各地,尤其对于我国的社会政治和文化生活产生过重大影响。佛教宗旨为:诸恶莫作,众善奉行。自净其意,是诸佛教。从基本理论上来说,以干细胞、免疫细胞为代表的新兴细胞治疗是以挽救生命、

祛除病痛为目的的研究及临床治疗领域,是符合佛教宗旨及教义的医疗行为。但细胞治疗是器官移植的一种变形或者精细化、亚单位操作,有可能涉及生命、胚胎、器官等多个层面的伦理及道德问题和思考。对于器官移植,佛教伦理认为,供体的一方自愿效法菩萨大行,舍身肉头目髓脑以利济众生,这种"身布施、无畏施"的慈悲心行是可贵的。菩萨有可能宁愿自己受苦报,因为利益其他众生,以怜悯心而杀恶人,阻止恶人犯重大恶业而受大苦报。但是,并没有讨论到可否以人类胚胎来利益其他众生的议题。因此,新时代的菩萨道之伦理问题,需要研讨如何基于善权方便,为利他故,配合医疗相关法规修订,建立规范与基准,以便对于保护生命及改善生命发生冲突时,找出适当的平衡点。

(叶传涛 马宏炜 贾战生)

参考文献

[1] Wang LL, Anselmo AC, Mitragotri S, et al. Cell therapies in the clinic. Bioeng Transl Med, 2021, 6(2):e10214.

[2] Lv YT, Zhang Y, Liu M, et al. Transplantation of human cord blood mononuclear cells and umbilical cord-derived mesenchymal stem cells in autism. J Transl Med, 2013, 11:196.

[3] Nguyen Thanh L, Nguyen HP, Ngo MD, et al. Outcomes of bone marrow mononuclear cell transplantation combined with interventional education for autism spectrum disorder. Stem Cells Transl Med, 2021, 10(1):14-26.

[4] Sharma A, Gokulchandran N, Sane H, et al. Autologous bone marrow mononuclear cell therapy for autism: an open label proof of concept study. Stem Cells Int, 2013, 2013:623875.

[5] Kellathur SN, Lou HX. Cell and tissue therapy regulation: worldwide status and harmonization. Biologicals, 2012, 40(3):222-224.

[6] Committee for Advanced Therapies. Challenges with advanced therapy medicinal products and how to meet them. Nat Rev Drug Discov, 2010, 9(3):195-201.

[7] 黄清华. 英国卫生体系基本法研究. 法制研究, 2012, 1(8):46-59.

[8] Oh IH. Regulatory issues in stem cell therapeutics in Korea: efficacy or efficiency? Korean Hematol, 2012, 47(2):87-89.

[9] 谢正福. 国内外干细胞研究及临床应用监管状况. 生命的化学, 2013, 33(4):478-482.

[10] Mi-Kyung Kim. Oversight framework over oocyte procurement for somatic cell nuclear transfer: comparative analysis of the Hwang Woo Suk case under South Korean bioethics law and U.S. guidelines for human embryonic stem research. Theor Med Bioeth, 2009, 30(5):367-384.

[11] Kawakami M, Sipp D, Kato K. Regulatory impacts on stem cell research in Japan. Cell Stem Cell, 2010, 6(5):415-418.

[12] 位田隆一. 日本的人类胚胎干细胞研究. 医学与哲学, 2004, 25(4):15-17.

[13] Vladislav Volarevic, Bojana Simovic Markovic, Marina Gazdic, et al. Ethical and Safety Issues of Stem Cell-Based Therapy. Int J Med Sci, 2018, 15(1):36-45.

［14］Paul S Knoepfler. From Bench to FDA to Bedside:US Regulatory Trends for New Stem Cell Therapies. Adv Drug Deliv Rev,2015, 82-83:192-196.

［15］曾庆想,李淳伟,李婵,等. 干细胞标准化的研究进展. 中国生物制品学杂志,2022,35(9):1143-1148+1152.

［16］中国医药生物技术协会. 自体造血干细胞移植规范. 中国医药生物技术,2022,17(1):75-93.

［17］陈云,邹宜諠,张晓慧,等. 韩国与日本干细胞药品审批、监管及对我国的启示. 中国新药杂志,2018,27(3):267-272.

［18］谈在祥,蒋雨彤. 我国干细胞临床研究与应用的规制及监管研究. 卫生经济研究,2021,38(7):33-37+43.

［19］张秋菊,周吉银,蒋辉. 我国干细胞临床研究现状与伦理问题分析. 中国医学伦理学,2022,35(3):259-262.

［20］李少婷,黄永增,蔡晓珍,等. 胚胎干细胞临床试验中的伦理学问题及对策分析. 中国医学伦理学,2018,31(9): 1162-1165.

［21］陈睿. 中国科学家对人类胚胎干细胞研究伦理规范的认知和态度——基于访谈的研究. 自然辩证法通讯,2020,42(7): 108-115.

［22］冯姝,黄磊,程雨蒙,等. 公立医院开展干细胞临床研究中的伦理审查实践探讨. 中国医学伦理学,2021,34(3):319-322.

［23］项楠,汪国生,厉小梅. 我国干细胞临床研究现状分析、政策回顾及展望. 中华细胞与干细胞杂志(电子版),2020,10(5): 303-309.

［24］李欣,陆东哲,张懿中,等. 干细胞制备过程中伦理风险的系统性综述. 医学与哲学,2022,43(10):10-12.

［25］美国细胞和基因治疗指南网站:https://www.fda.gov/vaccines-blood-biologics/biologics-guidances/cellular-gene-therapy-guidances.

［26］中国医药生物技术协会-干细胞备案网站:http://www.cmba.org.cn/common/index.aspx-nodeid=281.htm.

［27］ISO 24603 国际标准《人和小鼠多能性干细胞通用要求》,中国,2022 年 9 月 24 日.

中英文名词对照索引